INDEX
LITTERATURAE ENTOMOLOGICAE

Serie II:
Die Welt-Literatur
über die gesamte Entomologie
von 1864 bis 1900

Von
Dr. Walter DERKSEN Dr. Ursula SCHEIDING-GÖLLNER
Deutsches Entomologisches Institut
der Deutschen Akademie der Landwirtschaftswissenschaften
zu Berlin

Band III
M—R

1968
DEUTSCHE DEMOKRATISCHE REPUBLIK
DEUTSCHE AKADEMIE DER LANDWIRTSCHAFTSWISSENSCHAFTEN
ZU BERLIN

Herausgegeben von der Deutschen Akademie der Landwirtschaftswissenschaften zu Berlin
Druckgenehmigung Ag 505/89/68
Herstellung: Druckerei „Hermann Duncker“, Leipzig, und F. Mitzlaff KG, Rudolstadt

M

(Maag, Jacob)
Zur Raupenvertilgung. Wien. ill. Gartenztg., **10** (**18**), 481—482, 1885.

Maassen, J . . . Peter
geb. 9. 12. 1810 in Duisburg, gest. 2. 8. 1890 in Falkenstein (Schwarzwald), Inspektor d. Berg-Märkischen Eisenbahn. — Biogr.: Ent. News, **1**, 146, 1890; (W. F. K.) Entomol. monthly Mag., (2) **1** (**26**), 273, 1890; Entomologist, **23**, 328, 1890; (Max Wildermann) Jb. Naturw., **6** (1890—91), 507, 1891; Zool. Anz., **14**, 16, 1891; (F.) Ent. Jb., **1892**, 197, 1892.
— Verzeichniss der Schmetterlinge, welche bei Neuenahr und Altenahr gefangen sind[1]). Stettin. ent. Ztg., **29**, 430—449, 1868.
— Muthmaassliche Anzahl der Schmetterlinge resp. Bemerkungen zu den Betrachtungen des Gerichtsraths Keferstein. Stettin. ent. Ztg., **31**, 49—62, 1870 a.
[Engl. Übers. der Fußnote S. 58:] British Lepidopterists as vieweg by a German. Entomol. monthly Mag., **6**, 238—239, (1869—70) 1870.
— Ueber Noctuen-Fang. Stettin. ent. Ztg., **31**, 329—333, 1870 b.
[Siehe:] Weymer, G.: 398—399.
— Ueber Eulenfang. Stettin. ent. Ztg., **32**, 26—28, 1871.
— *Antheraea Gueinzii*, eine alte Saturnide aus Natal. Stettin. ent. Ztg., **34**, 111, 1873.
[Siehe:] Staudinger, O.: **33**, 120—123, 1872.
— Bemerkungen über *Urania ripheus*. Stettin. ent. Ztg., **40**, 113—115, 1879.
— Bemerkungen zu der von A. G. Butler vorgenommenen Revision der Sphingiden. (Transactions of the Zoological Society of London 1877.) Stettin. ent. Ztg., **41**, 49—72, 1880 a.
— Beitrag zur Kenntniss der Schmetterlings-Verbreitung. Stettin. ent. Ztg., **41**, 158—174, 1880 b; Nachtrag zur Schmetterlings-Fauna von Kissingen. **42**, 94—96, 1881.
— siehe Weymer, Gustav & Maassen, J . . . Peter 1890.

Maassen, J . . . Peter & **Weymer**, G . . . W . . .
Beiträge zur Schmetterlingskunde.[2]) 5 Lief.[3]) 4°, Elberfeld, 1869—85.
1. 2 S., 10 Taf., 1869.
2. 1 S., 10 Taf., 1872.
3. 1 S., 10 Taf., 1873.
4. 1 S., 10 Taf., 1881.
○ 5. 1 S., 10 Taf., 1885.

Mabaret du Basty, Paul Gabriel
○ Des accidents produits par la piqûre des hyménoptères porte-aiguillons. 4°, 44 S., Paris, 1875.

Mabègue, V . . .
Les irrigations et le sulfure de carbone. C. R. Acad. Sci. Paris, **89**, 401—402, 1879.

Maberly, F . . . Hyde
Formalin in insect stings. Lancet, **76**, Bd. 2, 731, 1898.

Mabilde, Adolfo P . . .
Estudo sobre a vida de insectos do Rio Grande do Sul. E sobre a caça, classificação e a conservação de uma collecçã, mais ou menos regular. Guia practica para os principiantes colleccionadores de insectos. 8°, 238+2 (unn.) S., 24 Taf., Porto Alegre, Typ. Gundlach & Schuldt, 1896.

---
[1]) vermutl. Autor, lt. Text. Maassen
[2]) ab Lief. 2 in Zusammenarbeit mit G. W. Weymer
[3]) als Manuskript gedruckt

Mabille, Leroy siehe Leroy-Mabille,

Mabille, Jules
geb. 1831.
— in Mission scientifique Cap Horn (1887—88) 1887.

Mabille, Paul
geb. 1835, gest. 6. 4. 1923 in Perreux. — Biogr.: Ent. News, **34**, 256, 1923; (E. Rabaud) Bull. Soc. ent. France, **1923**, 102, 1923; (A. Musgrave) Bibliogr. Austral. Ent., 206—207, 1932.
— (Compte-rendu des excursions sur plusieurs points du département.)[1]) Bull. Soc. Sci. Hist. nat. yonne, **18**, Part III, XXXII—XLIII, 1864 a.
[Siehe:] Loriferne: **27** ((2) **7**), Part II, 3—17, 1873.
— (Excursions dans les forêts d'Othe et de Pontigny.)[1]) Bull. Soc. Sci. Hist. nat. Yonne, **18**, Part III, LX—LXXVII, 1864 b.
[Siehe:] Loriferne: **27** ((2) **7**), Part II, 3—17, 1873.
— (Quelques remarques sur l'*Anthometra concoloraria* Led., *plumularia* Boisd.) Ann. Soc. ent. France, (4) **6**, Bull. LI—LII, 1866 a.
— Notices sur les lépidoptères de la corse (1. notice). Ann. Soc. ent. France, (4) **6**, 545—564, Farbtaf. 8 (Fig. 6—9), 1866 b; . . . avec une énumération monographique des Eupithécies de la Corse. (4) **7**, 635—658, Farbtaf. 14, 1867; . . . avec la liste des Acidalides de ce pays, la 2. partie de l'énumération monographique des Eupithécies de la Corse et la description de quatre *Eupithexia* nouvelles pour la faune parisienne (3. notice). (4) **9**, 53—80, Farbtaf. 2, 1869.
[Siehe:] Bellier de la Chavignerie, J. B. E.: (4) **10**, Bull. VII—VIII, 1870.
— (Notice sur les Insectes de la Corse.) Ann. Soc. ent. France, (4) **8**, Bull. LXXXIX—XC, 1868.
— Remarques sur divers Lépidoptères observés auprès de Carcassonne. Ann. Soc. ent. France, (4) **9**, 388, 1869 a.
— [Liste des Lépidoptères à Carcassonne, département dell'Aude.) Petites Nouv. ent., **1** (1869—75), 22, 1869 b.
— [Nouvelles espèces du genre *Eupithecia*.] Petites Nouv. ent., **1** (1869—75), 96, 1870; 168, 1871.
— Notice bibliographique sur les travaux du Dr. P. Rambur. Ann. Soc. ent. France, (5) **2**, 307—312, 1872.
— Recherches et observations lépidoptérologiques. Ann. Soc. ent. France, (5) **2**, 489—502, Farbtaf. 15, (1872) 1873.
— (Sur la vie évolutive de la *Deiopeia pulchra* Schiff.) Ann. Soc. ent. Belg., **17**, C. R. CVII—CVIII, 1874.
— (Caractères fournis par les tibias postérieurs des mâles pour distinguer les espèces du *Pellonia*.) Ann. Soc. ent. France, (5) **4**, Bull. CCLII—CCLIII (= Bull. Soc. . . ., **1874**, 285—286), (1874) 1875 a.
— (Note géographique relative au *Papilio Alexanor*, Lép.) Ann. Soc. ent. France, (5) **5**, Bull. XV (= Bull. Soc. . . ., **1875**, 14), 1875 b.
— (Note géographique relative aus *Carabus macrocephalus*, Col.) Ann. Soc. ent. France, (5) **5**, Bull. XXIV (= Bull. Soc. . . ., **1875**, 23), 1875 c.
— (Note sur la chenille de la *Gelechia ocellatella*, Lép., fléau des betteraves.) [Mit Angaben von E. L. Ragonot.] Ann. Soc. ent. France, (5) **5**, Bull. CVI—CVII (= Bull. Soc. . . ., **1875**, 110—111), 1875 d.

---
[1]) vermutl. Autor

— Un problème à résoudre. Moeurs des Hespériens. Feuille jeun. Natural., **6**, 13—15, (1875—76) 1875 e.
— siehe Laboulbène, Alexandre & Mabille, Paul 1875.
— (Note sur l'*Hepialus lupulinus*, Lép.) [Mit Angaben von Th. Goossens.] Ann. Soc. ent. France, (5) **5**, Bull. CCXIII (=Bull. Soc. . . ., **1875**, 237), (1875) 1876 a.
— Sur la classification des Hespériens, avec la description de plusieurs espèces nouvelles. Ann. Soc. ent. France, (5) **6**, 251—274, 1876 b.
— (*Nycteola falsalis*, Lép.) Ann. Soc. ent. France, (5) **6**, Bull. XLVIII (=Bull. Soc. . . ., **1876**, 49—50), 1876 c.
— (*Selidosema oliveirata* et *Eugonia dryadaria*, Lép.) Ann. Soc. ent. France, (5) **6**, Bull. CIX—CX (=Bull. Soc. . . ., **1876**, 122—123), 1876 d.
— (Note sur la *Sesia Chrysidiformis*.) Petites Nouv. ent., **2** (1876—79), 57, 1876 e.
— (Quelques diognoses d'Hespériens.) Ann. Soc. ent. France, (5) **5**, Bull. CCXIII—CCXV (=Bull. Soc. . . ., **1875**, 249—250), (1875) 1876 f; (5) **6**, Bull. IX—XI, XXV—XXVII, LIV—LVII, CLII—CLIII, CXCVII—CCII (=Bull. Soc. . . ., **1876**, 18—19, 26—29, 55—58, 165, 225—229), 1876; (5) **7**, Bull. XXXIX—XL (=Bull. Soc. . . ., **1877**, 49—50, 67—68), 1877.
— Catalogue des Lépidoptères de la côte occidentale d'Afrique. Bull. Soc. zool. France, **1**, 194—203, 274—281, 1876 g; Catalogue des Lépidoptères du Congo. **2**, 214—240, 1877.
— (Description de trois espèces nouvelles de Lépidoptères de Madagascar: *Anthocharis, Eronia*.) Ann. Soc. ent. France, (5) **7**, Bull. XXXVII—XXXIX (=Bull. Soc. . . ., **1877**, 30—31, 48—49), 1877 a.
— Diagnoses de quelques espèces nouvelles de Lépidoptères provenant de Madagascar: *Lycaena, Cyclopides, Mycalesis*.) Ann. Soc. ent. France, (5) **7**, Bull. LXXI—LXXIII (=Bull. Soc. . . ., **1877**, 87—88, 100—101), 1877 b.
— Diagnose d'un nouveau Sphingide provenant du Congo. Bull. Soc. zool. France, **2**, 491, 1877 c.
— Diagnose d'Hesperides. Petites Nouv. ent., **2** (1876—79), 114, 1877 d.
— Diagnoses de Lépidoptères de Madagascar. Petites Nouv. ent., **2** (1876—79), 157—158, 1877 e; 285, 1878.
— Descriptions de Lépidoptères nouveaux du groupe de Hespérides. Petites Nouv. ent., **2** (1876—79), 161—162, 165—166, 1877 f; 197—198, 201—202, 205, 229—230, 233—234, 237—238, 242, 261, 1878.
— siehe Gaschet, Pierre-Auguste & Mabille, Paul 1877.
— Catalogue des Hespérides du Musée royal d'Histoire naturelle de Bruxelles. Ann. Soc. ent. Belg., **21**, 12—44, 1878 a.
— (Chenilles de Lépidoptères qui pouvaient vivre aux dépens des fleurs de nos jardins.) Ann. Soc. ent. France, (5) **7**, Bull. CLXIII—CLXIV (=Bull. Soc. . . ., **1877**, 223—224), (1877) 1878 b.
— (Une Saturnide nouvelle: *Antheraea laestrygon*.) Ann. Soc. ent. France, (5) **7**, Bull. CLXXX—CLXXXI (=Bull. Soc. . . ., **1877**, 247—248), (1877) 1878 c.
— Diptères à noms terminés en myia.) Ann. Soc. ent. France, (5) **8**, Bull. V—VI (=Bull. Soc. . . ., **1878**, 5), 1878 d.
— (Six diagnoses de Lépidoptères nouveaux, provenant de Madagascar et d'Afrique: *Strabena, Mycalesis, Satyrus, Aterica, Pieris*.) Ann. Soc. ent. France, (5) **8**, Bull. LXXV—LXXVII (=Bull. Soc. . . ., **1878**, 91, 107—108), 1878 e.
— (*Hydraecia micacea*, Lép.) Ann. Soc. ent. France, (5) **8**, Bull. CXX (=Bull, Soc. . . ., **1878**, 161), 1878 f.
— Lepidoptera Africana. Bull. Soc. zool. France, **3**, 81—95, 1878 g.
— Note sur la *Païda mesogona*. Petites Nouv. ent., **2** (1876—79), 274, 1878 h.
— Lepidoptera Madagascariensia; species novae. Bull. Soc. philom. Paris, (7) **3** (1878—79), 132—144, 1879 a.
— *Diphthera aequatoria* — nouvelle Noctuelle de la côte du Congo. Guide Natural., **1**, 26, 1879 b.
— Note sur une petite collection de Lépidoptères recueillies à Madagascar. Naturaliste, **1**, Nr. 1, 3—4; Nr. 3, 4—5, 1879 c.
— Recensement des Lépidoptères hétérocères observés jusqu'à ce jour à Madagascar. Ann. Soc. ent. France, (5) **9**, 291—304, 1879 d; 305—348, Farbtaf. 6, (1879) 1880.
— Diagnoses Lepidopterum Malgassicorum. Ann. Soc. ent. Belg., **23**, C. R. XVI—XXVII, 1880 a.
— Note sur une collection de Lépidoptères recueillis à Madagascar. Ann. Soc. ent. Belg., **23**, C. R. CIV—CIX, 1880 b.
— (*Erycides decolor* (sp. n.), *Palemon* et *spurius* (sp. n.), Lép.) Ann. Soc. ent. France, (5) **9**, Bull. XLVI (=Bull. Soc. . . ., **1880**, 62), 1880 c.
— (*Eucrostis albicornaria* et *nudilimbaria*, Lép.) Ann. Soc. ent. France, (5) **9**, Bull. CLIV—CLV (=Bull. Soc. . . ., **1879**, 207—208), (1879) 1880 d.
— (Descriptions de trois nouvelles espèces de Lépidoptères de Madagascar: *Smithia, Idmaïs & Daphnaeura*.) Ann. Soc. ent. France, (5) **9**, Bull. CLXXIII—CLXXIV (=Bull. Soc. . . ., **1879**, 235—236), (1879) 1880 e.
— Note sur plusieurs envois de Lépidoptères provenant de Madagascar. Ann. Soc. ent. Belg., **25**, C. R. LV—LXIII, 1881 a.
— Notice nécrologique sur Achille Guenée. Ann. Soc. ent. France, (6) **1**, 5—12, 1881 b.
— Description de lépidoptères de Madagascar. Naturaliste, **2**, 99—100, 134—135, 1882.
— Description d'Hespéries. Ann. Soc. ent. Belg., **27**, C. R. LI—LXXVIII, 1883 a.
○ Microlépidoptères.[1]) Ann. Soc. Linn. Lyon, **29**, 176—?, Taf. 4, 1883? b.
— Descriptions de Lépidoptères exotiques. Ann. Soc. ent. Belg., **28**, C. R. CLXXXIV—CXCI, 1884 a.
— Notice nécrologique sur A. de Graslin. Ann. Soc. ent. France, (6) **3**, 561—564, (1883) 1884 b.
— (Note sur l'*Attacus Cynthia*.) Ann. Soc. ent. France, (6) **3**, Bull. CXXVII (=Bull. Soc. . . ., **1883**, 188), (1883) 1884 c.
— (*Callimorpha Hera* L. près de Paris.) Ann. Soc. ent. France, (6) **3**, Bull. CXXVII (=Bull. Soc. . . ., **1883**, 188), (1883) 1884 d.
— (Lépidoptères observés aux environs de Paris.) Ann. Soc. ent. France, (6) **4**, Bull. CXIV—CXV (=Bull. Soc. . . ., **1884**, 163—164), 1884 e.
— Diagnoses de Lépidoptères nouveaux. Bull. Soc. philom. Paris, (7) **9** (1884—85), 55—70, 1885.
— in Grandidier, Alfred [Herausgeber] (1875—1900 ff.) 1885.
— (*Cyrnus insolutus*.) Ann. Soc. ent. France, (6) **5**, Bull. CCXXV, (1885) 1886 a.
— (Les névroptères des environs de Paris, Phryganeidae: *Neuronia ruficrus, Phryganea grandis, P. striata, P. varia, P. obsoleta, P. minor* et *Agrypnia pagetana*.) Ann. Soc. ent. France, (6) **6**, Bull. CXIII—CXIV, 1886 b.

[1]) vermutl. Autor

— (Quelques remarques synonymiques relativement à divers Lépidoptères: *Crenis, Endropia* et *Turckheimia.*) Ann. Soc. ent. France, (6) **6**, Bull. CXCVII—CXCVIII, (1886) 1887.
[Siehe:] Dewitz, H.: N. Acta Acad. Leop., **41**, Abt. 2, 173—212, (1880) 1879; **42**, 61—91, 1881.
— in Grandidier, Alfred [Herausgeber] (1875—1900 ff.) 1887.
— in Mission scientifique Cap Horn (1887—88) 1887.
— (Description de quelques Lépidoptères nouveaux de Tunisie et d'Algérie: *Bombyx, Agrotis, Hadena, Epidemicia, Cucullia, Lithostege, Cidaria* et *Acidalia.*) Ann. Soc. ent. France, (6) **8**, Bull. XLII—XLIII, LI—LII, LVIII—LIX, 1888 a.
— (Description d'un Lépidoptère nouveau de Madagascar: *Psyche Joannisii.*) Ann. Soc. ent. France, (6) **8**, Bull. LXVII—LXVIII, 1888 b.
— (Une note sur les Orthoptères des environs de Senlis.) Ann. Soc. ent. France, (6) **8**, Bull. LXXIII—LXXV, 1888 c.
— Diagnoses de Lépidoptères (Hespérides) nouveaux. Naturaliste, (2) **2**, 77—78, 5 Fig.; 98—99, 5 Fig.; 108—109, 5 Fig.; Description de Lépidoptères ... 146—148, 7 Fig.; 169—171, 9 Fig.; 180—181, 3 Fig., 1888 d.
— Diagnoses de Lépidoptères nouveaux. Naturaliste, (2) **2**, 221, 4 Fig.; 242, 5 Fig.; 254—255, 6 Fig.; 265—266, 2 Fig.; 275, 2 Fig., 1888 e; (2) **3**, 99, 4 Fig.; 127, 2 Fig.; 144—145, 2 Fig.; 216—217, 4 Fig., 1889.
— (Description de deux Lépidoptères nouveaux de l'Afrique orientale: *Acraea areca* et *Acraea Vuilloti.*) Ann. Soc. ent. France, (6) **8**, Bull. CLXIX—CLXX, (1888) 1889 a.
— (Note sur un genre nouveau de Lépidoptères: *Enosis.*) Ann. Soc. ent. France, (6) **9**, Bull. IX—X, 1889 b.
— (La chenille de l'*Urania Ripheus* Drury.) Ann. Soc. ent. France, (6) **9**, Bull. XLVI, 1889 c.
— (Description de quelques Hespérides nouvelles du genre *Pamphila.*) Ann. Soc. ent. France, (6) **9**, Bull. LXXXIV—LXXXV, 1889 d.
— (Descriptions de quelques espèces nouvelles d'Hespérides du genre *Butleria.*) Ann. Soc. ent. France, (6) **9**, Bull. XCI—XCIII, 1889 e.
— (Un Lépidoptère Hétérocère d'Afrique: *Sarothroceras.*) Ann. Soc. ent. France, (6) **9**, Bull. XCIX—C, 1889 f.
— siehe Lebrun, Ed ...; Fairmaire, Léon & Mabille, Paul 1889.
— Notice nécrologique sur Théodore Goossens. Ann. Soc. ent. France, (6) **9**, 499—500, (1889) 1890 a.
— (Description de Lépidoptères (Hespérides) nouveaux: *Pamphila, Eagris, Steropes, Ceratrichia, Choristoneura, Acleros, Cobalus, Hyda* et *Stethotrix.*) Ann. Soc. ent. France, (6) **9**, Bull. CXLIX—CL, CLV—CLVI, CLXVII—CLXIX, CLXXXIII—CLXXXIV, (1889) 1890 b.
— Desmarest, Eugène, décédé. Ann. Soc. ent. France, (6) **10**, Bull. V—VI, 1890 c.
— Reiche, L., décédé. Ann. Soc. ent. France, (6) **10**, Bull. LXXXVIII—XC, 1890 d.
— (Note sur les *Phalaena Euphemai* Cram.) Ann. Soc. ent. France, (6) **10**, Bull. CXXII—CXXIV, 1890 e.
— in Voyage Alluaud Assinie (1889—93) 1890.
— Description d'Hespérides nouvelles. (Première partie.) Ann. Soc. ent. Belg., **35**, C. R. LIX—LXXXVIII; ... (deuxième partie). CVI—CXXI; ... (troisième partie). CLXVIII—CLXXXVII, 1891 a.
— (Notes lépidopterologiques: *Coenostegia.*) Ann. Soc. ent. France, (6) **10**, Bull. CXLVI—CXLVIII, (1890) 1891 b.
— (*Saalmulleria*, gen. nov.) Ann. Soc. ent. France, (6) **10**, Bull. CXLVIII—CXLIX, (1890) 1891 c.
— (Description de Bombycite: *Artaxa Charmetanti.*) Ann. Soc. ent. France, (6) **10**, Bull. CCIV, (1890) 1891 d.
— (*Ismene Brussauxi*, n. sp.) Ann. Soc. ent. France, (6) **10**, Bull. CCXXI—CCXXII, (1890) 1891 e.
— (*Cyligramma amblyops*, n. sp.) Ann. Soc. ent. France, **60**, Bull. XC—XCI, 1891 f.
— (*Nolera melanthiata*, n. sp.) Ann. Soc. ent. France, **60**, Bull. CXXVII, 1891 g.
— (Capture de *Bombyx rubi* L.) [Mit Angaben von Gustave-Arthur Poujade.] Ann. Soc. ent. France, **60**, Bull. CXXVII, CXXVIII, 1891 h.
— (Descriptions de deux Lépidoptères nouveaux: *Sesia* et *Callimorpha.*) Ann. Soc. ent. France, **60**, Bull. CLXXIV—CLXXV, (1891) 1892 a.
— (Note synonymique et descriptions: *Xanthospilopteryx* et *Eusemia.*) Ann. Soc. ent. France, **60**, Bull. CLXXXII, CLXXXV, (1891) 1892 b.
— (Six Lépidoptères Hétérocères d'Afrique: *Zygaena, Glaucopis, Syntomis* et *Machia*?.) Ann. Soc. ent. France, **61**, Bull. CXXXVIII—CXL, 1892 c.
— (*Zygaena sardoa*, n. sp.) Ann. Soc. ent. France, **61**, Bull. CL—CLI, 1892 d.
— Description de Lépidoptères Nouveaux. Ann. Soc. ent. Belg., **37**, 50—65, 1893.
— Descriptions de quelques Hespérides nouvelles [*Anastrus, Achlyodes, Tagiades, Nisoniades* et *Proteides*]. Ann. Soc. ent. France, **64**, LV—LIX, 1895.
— siehe Giard, Alfred & Mabille, Paul 1895.
— Description de Lépidoptères nouveaux. Ann. Soc. ent. France, **66**, 182—231, Farbtaf. 9, (1897) 1898 a.
— Description de Lépidoptères de Madagascar.[1]) Bull. Mus. Hist. nat. Paris, **5**, 373—375, 1898 b.
— Description d'une Lithoside nouvelle de l'île Maurice [Lép.] [*Lithosia mauritia*]. Bull. Soc. ent. France, **1899**, 220—221, 1899 a.
— Descriptions de Lépidoptères nouveaux de Madagascar [*Nudaria Lithosia* et *Nola*]. Bull. Soc. ent. France, **1899**, 270, 1899 b.
— Lepidoptera nova malgassica et africana. Ann. Soc. ent. France, **68**, 723—753, (1899) 1900 a.
— Description d'une Hespéride nouvelle [Lép.] [*Eudamus Biolleyi*]. Bull. Soc. ent. France, **1900**, 230, 1900 b.

Mabille, Paul & **Dognin**, Paul
Diagnoses des Lépidoptères nouveaux. Naturaliste, (2) **3**, 25—26, 3 Fig.; 58—59, 2 Fig.; 67—68, 3 Fig.; 133—134, 2 Fig.; 173—174, 4 Fig.; 239, 3 Fig., 1889.

Mabille, Paul & **Viard**, Lucien
(Captures de Lépidoptères: *Colias, Arctia* et *Plusia.*) Ann. Soc. ent. France, **64**, Bull. CCCLXXIV—CCCLXXV, 1895.

Mabille, Paul & **Vuillot**,
○ Novitates Lepidopterologicae. 12 Fasc. 4°, 161 S., 22 Taf., Paris, 1890—95.
1.—2. 15 S., 2 Taf., 1890.
3.—6. 17—48, 5 Taf., 1891.
7.—9. 49—89, 5 Taf., 1892.
10.—11. 91—134, 6 Taf., 1893.
12. 135—161, 4 Taf., 1895.

Mabille, V ...
Sur la *Butalis acanthella* God. Abeille, **13**, CXCVII—CXCVIII, (1875) 1874.

---
[1]) vermutl. Autor, lt. Text L. Mabille

Macagno, J . . .
○ Provvedimenti contro la fillossera. Ispezioni ai vigneti Liguri. Giorn. vinic., **1876**, Nr. 49—50, 1876.
○ Sulla fillossera gallicola. Giorn. Atti Soc. Acclim. Agric. Sicilia, Luglio-Ottobre, 1880.

McAldowie, Alexander M . . .
On the Colours of Animals, and the Arrangement of Pigment in Lepidoptera. Sci. Gossip, **15**, 36—38, 6 Fig., 1879.

Macalister, Alexander
geb. 1844.
○ Remarks on a case in which living caterpillars were supposed to have been vomited. Med. Press Dublin, (2) **12**, 478—479, 1865.
— Notes on *Gyropus dicotylis*, a new Species of Parasite. Proc. zool. Soc. London, **1869**, 420—423, 1 Fig., 1869.
○ An Introduction to Animal Morphology and Systematic Zoology. Part I. Invertebrata. 8°, XV+461 S., ? Fig., London, Longmans, 1876.

McAlpine, Daniel
Zoological atlas (including comparative anatomy) with practical directions and explanatory text for the use of students. Invertebrata. 22 (unn.) S., 16 Taf. (15 Farbtaf.), Edinburgh &London, W. & A. K. Johnston, 1881.
— Entomogenous Fungi. Victorian Natural., **12** (1895—96), 63—64, (1896) 1895.
— A Fungus on a Beetle. Victorian Natural., **13** (1896—97), 56, (1897) 1896.
— The sooty mould of citrus trees; a study in polymorphism. Proc. Linn. Soc. N. S. Wales, **21** (1896), 469—499, Taf. XXIII—XXXIV, (1896) 1897.
— siehe Tepper, Johann Gottlieb Otto & McAlpine, Daniel 1898.
— Brief Report on Locust-Fungus Imported from the Cap. Agric. Gaz. N. S. Wales, **10**, 1213, (1900) 1899.

McArthur, Harry
geb. 1846, gest. 8. 2. 1910 in London, Sammlungsreisender. — Biogr.: Entomologist, 43, 103—104, 1910; (R. South) Entomol. Rec., 22, 76, 1910.
— *Eupithecia nanata*, var. *curzoni*. [Mit Angaben von E. A. Fitch.] Entomologist, **17**, 276—277, 1884.
— Captures in the Brighton District. Entomologist, **23**, 259, 1890 a.
— Urticating Hairs of Lepidoptera. Entomologist, **23**, 293, 1890 b.
— Birds feeding on Nauseous Insects. Entomologist, **24**, 122, 1891.
— Note on *Hepialus humuli* in Orkney. Entomologist, **28**, 204, 1895 a.
— (*Hypsipetes sordidata* from sallow.) Proc. S. London ent. Soc., **1894**, 71, [1895] b.
— (Specimens of *Agrotis vestigialis* etc. from Orkney.) Proc. S. London ent. Soc., **1895**, 53, [1896].
— (*Triphaena comes* (*orbona*, Fb.) taken in Orkney.) Proc. S. London ent. Soc., **1896**, 29, [1897] a.
— (Noticeable forms of *Abraxas grossulariata*.) Proc. S. London ent. Soc., **1896**, 49, [1897] b.
— (A specimen of *Arctia caia*.) Proc. S. London ent. Soc., **1897**, 146, [1898].

McArthur, Neil
geb. 1828?, gest. 18. 11. 1897 in Brighton. — Biogr.: Entomologist, 30, 332, 1897.
— *Deiopeia pulchella* at Brighton. Entomologist, **9**, 259, 1876.

Macauly, C . . . N . . . B . . .
in Lamborn, Robert H . . . 1890.

McBride, A . . . S . . .
Entomological notes. [Col.] Canad. Entomol., **12**, 106—107, 1880.

McCalman, D . . .
○ Dipterous larva which had been removed from the arm of a child. Glasgow med. Journ., (4) **12**, 222—225, 1879. — ○ [Abdr.?:] Brit. med. Journ., **3**, 92, 1879.

Maccari, Guiseppe B . . .
Apologia del riccio. Atti Soc. ogr. Gorizia, **5**, 84—85, 1866.

McCartee, D . . . B . . .
On some Wild Silkworms of China. Journ. North China Branch R. Asiat. Soc., (N. S.) Nr. 3, 75—80, 1866.

Mac Carthy,
La faune de l'Algérie. Rev. scient., (3) **1**, 476—477, 1881.

Mccarthyr, Gerald
Fungi versus insects. Science, **22**, 218—219, 1893.

McCaul, Samuel
Lycaena Boetica. Entomologist, **12**, 154—155, 1879.
— *Vanessa Antiopa* at Herne Bay. Entomol. monthly Mag., **17**, 113, (1880—81) 1880.
— *Ennomos autumnaria* at Herne Bay. Entomologist, **14**, 256, 1881.

Macchiali, L . . .
○ [Über den Erreger der Schlaffsucht an den Seidenwürmern.] Staz. sper. Agr. Ital., **20**, 114—129, 1891. [Ref.:] Seyfert,: Zbl. Agrik.- Chem., **20**, 395—396, 1891.

Macchiati, Luigi
○ Gli afidi del pesco, colla descrizione di une specie nuova; noto. 8°, 6 S., 1 Taf., Sassari, tip. Dessi, 1880.
— Osservazioni sulla Fillossera del leccio in Sardegna. Bull. Soc. ent. Ital., **13**, 188—190, 1 Fig., 1881 a.
○ Altro contributo agli Afidi di Sardegna, con la descrizioni di une specie nuova. Riv. scient. indust., 1881 b.
[Ref.:] Bull. Soc. ent. Ital., **13**, 323, 1881.
— Aggiunta agli Afidi di Sardegna. Bull. Soc. ent. Ital., **14**, 243—249, 1882 a.
— Specie di Afidi che vivono nelle piante della Sardegne settentrionale, con qualche nozione sul polimorfismo di detti insetti. Bull. Soc. ent. Ital., **14**, 331—337, 1882 b.
— La Clorofilla negli Afidi. Bull. Soc. ent. Ital., **15**, 163—164, 1883 a.
[Franz. Übers.:] La Chlorophylle dans les Aphides. Bull. Soc. Linn. Nord France, **6**, 374—376, 1882—83.
— Fauna e Flora degli Afidi di Calabria. Bull. Soc. ent. Ital., **15**, 221—240, 1883 b; 254—287, (1883) 1884.
— Nota. A proposito della teoria del Chiarissimo Sig. J. Lichtenstein del titolo: „L'evoluzione biologica degli Afidi in generale e della Fillossera in particolare". Bull. Soc. ent. Ital., **16**, 259—268, 1884 a.
○ Gli Afidi pronubi. N. Giorn. bot. Ital., **15**, Nr. 2, 1884?b.
— Flora degli Afidi dei dintorni di Cuneo, colla descrizione di alcune specie nuove. Bull. Soc. ent. Ital., **17**, 51—70, 1885.
— siehe Cugini, G . . . & Macchiati, Luigi 1891.
○ Sulla biologie del *Bacillus Cubonianus*, sp. nov. Malpighia, **5**, Taf. XXI, 1892.

[Ref.:] De Toni, Johannes B...: Ztschr. Pflanzenkrankh., **2**, 43—44, 1892.
— Intorno alla funzione difensiva degli Afidi. Boll. Soc. bot. Ital., **1900**, 284—290, 1900.

McClean, R...
(Short Notes from the Exchange Baskets.) [Mit Angaben von F. G. Whittle, E. A. Atmore, H. H. Corbett, N. M. Richardson.] Entomol. Rec., **6**, 44—45, 1895.

McCluney, Mary F...
The Green-striped Maple-worm. Period. Bull. Dep. Agric. Ent. (Ins. Life), **3** (1890—91), 160, (1891) 1890.

McClung, Clarence Erwin
geb. 1870, gest. 1946. — Biogr.: (D. H. Wenrich) Science, **103**, 551—552, 1946.
— A Peculiar Nuclear Element in the Male Reproductive Cells of Insects. Zool. Bull., **2**, 187—197, 14 Fig., 1899.
— The Spermatocyte Divisions of the Acrididae. Kansas Univ. quart., **9**, Ser. A, 73—100, Taf. XV—XVII (m. Taf. Erkl.), 1900.

McCoig, John
Gum-leaf Extract for destroying Insects. Agric. Gaz. N. S. Wales, **2** (1891), 223, (1892) 1891.

McConnell, Primrose
Insects which prey upon Agricultural Plants. Trans. Highl. agric. Soc. Scotland, **14**, 87—110, 1882.

McCook, Henry Christopher
geb. 1837, gest. 1911. — Biogr.: (D. K. Ludwig) Journ. Presbyterian Hist. Soc., **6**, 97—146, 1911 m. Porträt & Schriftenverz.; (L. O. Howard) Dict. Amer. Biogr., **11**, 603, 1933; (P. Bonnet) Bibliogr. Araneorum, 44—45, 1945.
— Habits of *Formica rufa.* Proc. Acad. nat. Sci. Philadelphia, **1876**, 199—200, 1876 a.
— Notes on the architecture and habits of *Formica Pennsylvanica,* the Pennsylvania Carpenter Ant. Trans. Amer. ent. Soc., **5**, 277—289 + 3 (unn., Taf. Erkl.) S., Taf. II—IV, (1874—76) 1876 b.
— On the Vital Powers of Ants. Proc. Acad. nat. Sci. Philadelphia, **1877**, 134—137, 1877 a.
[Ref.:] Die Lebensfähigkeit der Ameisen. Natur Halle, (N. F.) **3** (**26**), 686, 1877; Great Vitality of Ants. Nature London, **16**, 523, 1877.
— The Agricultural Ants of Texas. Proc. Acad. nat. Sci. Philadelphia, **1877**, 299—304, 1877 b.
— Mound-making Ants of the Alleghenies, their Architecture and Habits. Trans. Amer. ent. Soc., **6**, 253—296, 13 Fig., Taf. II—VI, 1877 c.
[Ref.?:] ... Alleghenies. Amer. Natural., **12**, 431—445, 8 Fig., 1878.
— The Mode of Recognition among Ants. Proc. Acad. nat. Sci. Philadelphia, **1878**, 15—19, 1879 a.
— Toilet Habits of Ants. Proc. Acad. nat. Sci. Philadelphia, **1878**, 119—122, 1879 b.
— Mandibles of Ants worn by Use. Sci. Gossip, **15**, 231, 1879 c.
— [Note on the Mandibles of the Agricultural Ant of Texas (*Pogonomyrmex barbatus*).] Trans. Amer. ent. Soc., **7**, X—XI, (1878—79) 1879 d.
— [Observations of the habits and architecture of the Honey Ant, *Myrmecocystus mexicanus* Wesmael and of *Pogonomyrmex occidentalis* Cresson.] Trans. Amer. ent. Soc., **7**, XXII—XXIII, (1878—79) 1879 e.
— The natural history of the agricultural ant of Texas. A monograph of the habits, architecture, and structure of *Pogonomyrmex barbatus.* 8°, 311 S., 24 Taf., Philadelphia, J. B. Lippincott & Co., 1880 a.[1])
[Ref.:] Forel, Auguste: Étude sur les moeurs du *Pogonomyrmex barbatus.* Arch. Sci. phys. nat., (3) **1**, 481—486, 1879; Wasmann, Erich: Schnelligkeit und Muskelkraft von *Pogonomyrmex barbatus.* Natur u. Offenbar., **30**, 507—510, 1884.
— Cutting or Parasol Ant, *Atta fervens,* Say. Proc. Acad. nat. Sci. Philadelphia, **1879**, 33—40, 1880 b. — [Abdr.:] On the Architecture and Habits of the Cutting Ant of Texas (*Atta fervens*). Ann. Mag. nat. Hist., (5) **3**, 442—449, 1879.
— Note on the Adoption of an Ant-Queen. Proc. Acad. nat. Sci. Philadelphia, **1879**, 137—138, 1880 c. — [Abdr.:] Ann. Mag. nat. Hist., (5) **4**, 252, 1879.
— Mode of Depositing Ant-eggs. Proc. Acad. nat. Sci. Philadelphia, **1879**, 140, 1880 d.
— Note on the Marriage-flights of *Lasius flavus* and *Myrmica lobricornis.* Proc. Acad. nat. Sci. Philadelphia, **1879**, 140—143, 1880 e. — [Abdr.:] Ann. Mag. nat. Hist., (5) **4**, 326—328, 1879.
— Note on Mound-making Ants. Proc. Acad. nat. Sci. Philadelphia, **1879**, 154—156, 1880 f.
— Combats and Nidification of the Pavement Ant, *Tetramorium Caespitum.* Proc. Acad. nat. Sci. Philadelphia, **1879**, 156—161, 1880 g.
— On *Myrmecocystus Mexicanus,* Wesm. Proc. Acad. nat. Sci. Philadelphia, **1879**, 197—198, 1880 h. — [Abdr.:] Ann. Mag. nat. Hist., (5) **4**, 474, 1879.
— Note on a new Northern Cutting Ant, *Atta septentrionalis.* Proc. Acad. nat. Sci. Philadelphia, **1880**, 359—363, 1 Fig., 1881 a.
— The Shining Slavemaker. — Notes on the Architecture and Habits of the American Slave-making Ant, *Polyergus lucidus.* Proc. Acad. nat. Sci. Philadelphia, **1880**, 376—384, Taf. XIX, 1881 b.
— The Honey Ants of the garden of the gods and the Occident Ants of the american plains. A monograph of the architecture and habits of the Honey-bearing Ant, *Myrmecocystus Melliger* with notes upon the anatomy and physiology of the alimentary canal; together with a natural history of the Occident Harvesting Ants, or stone mound builders of the american plains. 8°, 188 S., 7 Fig., 13 Taf., Philadelphia & London, J. B. Lippincott & Co., 1882 a.
[Ref.:] Hagen, Hermann August: Die Honigameise und die westliche Ameise. Stettin. ent. Ztg., **43**, 347—352, 1882. — [Abdr.:] Ent. Nachr., **8**, 186—191, 1882.
— The Honey Ants of the Garden of the Gods. Proc. Acad. nat. Sci. Philadelphia, **1881**, 17—77, Taf. I—X, 1882 b.
[Ref.:] Die Honigameise und andere amerikanische Ameisen. Kosmos, **11**, 296—298, 1882.
— On the Habits of the Ant-Lion. Proc. Acad. nat. Sci. Philadelphia, **1882**, 258—260, 1883 a. — [Abdr.:] Ann. Mag. nat. Hist., (5) **11**, 288—291, 1883.
— Ants as benefical Insecticides. Proc. Acad. nat. Sci. Philadelphia, **1882**, 263—271, 1883 b.
— A Web-Spinning Neuropterous Insect. Proc. Acad. nat. Sci. Philadelphia, **1883**, 278—279, 1884 a.
— The Occident Ant in Dakota. Proc. Acad. nat. Sci. Philadelphia, **1883**, 294—296, 1884 b.
— How a Carpenter Ant Queen founds a Formicary. Proc. Acad. nat. Sci. Philadelphia, **1883**, 303—307, 1884 c. — [Abdr.:] Ann. Mag. nat. Hist., (5) **13**, 419—423, 1884.

[1]) Copyright 1879.

— Tenants of an old farm. Leaves from the note-book of a naturalist. 5+456+4 S., New York, 1885 a.
— The Rufous or Thatching Ant of Dakota and Colorado. Proc. Acad. nat. Sci. Philadelphia, **1884**, 57—65, 5 Fig., 1885 b.
— Note on the Intelligence of a Cricket parasitised by a *Gordius*. Proc. Acad. nat. Sci. Philadelphia, **1884**, 293—294, 1885 c. — [Abdr.:] Ann. Mag. nat. Hist., (5) **15**, 275—276, 1885.
— A New Parasitic Insect upon Spider Eggs. Proc. Acad. nat. Sci. Philadelphia, **1884**, 294—295, 1885 d.
— Modification of Habit in Ants through fear of Enemies. Proc. Acad. nat. Sci. Philadelphia, **1887**, 27—30, 1888 a.
— Note on the Sense of Direction in a European Ant, *Formica rufa*. Proc. Acad. nat. Sci. Philadelphia, **1887**, 335—338, 1888 b. — [Abdr.:] Ann. Mag. nat. Hist., (6) **2**, 189—192, 1888.
○ American Spiders and their Spinning work. 3 Bde. 4°, Philadelphia, 1889—93.
3. [Darin:]
Howard, Leland Ossian: Parasites of spiders. 57—62, 1893.
— in Lamborn, Robert H . . . 1890.
— siehe Skinner, Henry & McCook, Henry Christopher 1899.

McCorquodale, W . . . H . . .
Horn-feeding Larvae. Nature London, **58**, 140—141, 1 Fig., 1898 a.
[Ref.:] South, Richard: *Tinea vastella*. Entomologist, **31**, 168—169, 1898; De Grey Thomas & Durrant, John Hartley: „Horn-feeding Larvae". Entomol. monthly Mag., (2) **9** (**34**), 244—246, 1898.
— Maggots in Sheep's Horns. Nature London, **58**, 546, 1898 b.
[Siehe:] Traherne, G. G.: 521.
— siehe Strachan, Henry & McCorquodale, W . . . H . . . 1898.

McCoy, Frederick Sir Prof.
geb. 1823 in Dublin, gest. 13. 5. 1899 in Brighton (Melbourne), Prof. d. Naturwiss. d. Univ. von Melbourne. — Biogr.: Victorian Natural., **16**, 19, 92, 1899; (H. B. W.) Nature London, **60**, 83, 1899; Zool. Anz., **22**, 304, 1899; (H. W.) Proc. R. Soc. London, **75**, 43—45, 1904—05; (A. Musgrave) Bibliogr. Austral. Ent., 208, 1932.
— The Australian Representative of *Cynthia cardui*. Ann. Mag. nat. Hist., (4) **1**, 76, 1868.
— Note on the Appearance in Australia of the *Danais Archippus*. Ann. Mag. nat. Hist., (4) **11**, 440—441, 1873 a.
— On the Appearance of *Danais Archippus* in Australia. Ann. Mag. nat. Hist., (4) **12**, 184, 1873 b.
○ Natural History of Victoria. Prodromus of the Zoology of Victoria, or figures and descriptions of the living species of all classes of the Victorian indigenous animals. (Decade 1—20.) 2 Bde. 4°, ? Farbtaf., Melbourne & London, 1878—90.

McCutchen, A . . . R . . .
Periodical Cicadas in Georgia. Amer. Entomol., **2**, 372, 1870.

McDade, J . . . E . . .
(Two Myrmeleonidae new to the State of Illinois.) Ent. News, **5**, 47, 1894.

McDonald, G . . . L . . .
Peculiar Mistake of *Dytiscus marginalis*. Entomologist, **16**, 263—264, 1883.

Macdonald, J . . . D . . .
Contributions à la géographie médicale. Notes sur la topographie et l'histoire naturelle de l'ile de Lord Howe. Arch. Méd. nav., **17**, 241—250, 1872.

Macdonogh, Douglas
Case of faecal accumulation, with maggots. Lancet, **66**, Bd. 1, 606, 1888.

McDougall, G . . .
○ Notes on Bruchidae — the Pea and Bean-Beetles. Trans. Stirling nat. Hist. Soc., **19**, 93, 1897.

Mac Dougall, Robert Stewart
Ueber Biologie und Generation von *Pissodes notatus*. Forstl.-naturw.Ztschr., **7**, 161—176, 197—201, 1898 a.
— Ueber *Pissodes piniphilus*. Forstl.-naturw. Ztschr., **7**, 201—207, 1898 b.
— On the Validity of *Pissodes validirostris* (Schoenh.) as a Species. Proc. R. phys. Soc. Edinb., **14** (1897—01), 65—69, (1902) [1899] a.
— Insect Pests of Domesticated Animals. Trans. Highl. agric. Soc. Scotland, (5) **11**, 162—204, 24 Fig., 1899 b.
— Insect Attacks in 1898. Trans. Highl. agric. Soc. Scotland, (5) 11, 287—293, 1899 c; . . . in 1899. (5) **12**, 295—307, 5 Fig., 1900.

Macdowall, E . . . L . . .
Cuckoos (*Cuculus canorus*) and Caterpillars. Ann. Scott. nat. Hist., **1893**, 183, 1893.

McDowall, H . . .
Macroglossa Stellatarum. Entomologist, **3**, 189, (1866—67) 1866.
— *Sirex Gigas*. Entomologist, **3**, 317, (1866—67) 1867 a.
— *Cerura vinula* cannibalistic. Entomologist, **3**, 367, (1866—67) 1867 b.
— *Amphydasis prodromaria*. Entomologist, **4**, 78, (1868—69) 1868 a.
— Mortality among Larvae of *Bombyx Yama-mai*. Entomologist, 4, 151, (1868—69) 1868 b.
— *Dicranura furcula*. Entomologist, **4**, 151—152, (1868—69) 1868 c.
— *Cirrhoedia xerampelina* bred. Entomologist, **4**, 152, (1868—69) 1868 d.
— *Phigalia pilosaria* [var.]. Entomologist, **25**, 145, 1892.
— *Spilosoma mendica* var. *rustica*. Entomologist, **27**, 23, 1894.

MacDowell, E . . .
Abundance of *Satyrus Semele* in Ireland. Entomologist, **6**, 142, (1872—73) 1872.

Mace, C . . .
Ants: Are they Pirates? Sci. Gossip, (**9**) (1873), 92, 1874.

Maceo, H . . .
Diseases of Blue-bottle Flies etc. Sci. Gossip, **18**, 47, 1882.

Mc Farland, Joseph
A table of the species of *Vespa* found in the United States, with descriptions of two new species. Trans. Amer. ent. Soc., **15**, 297—299, 1888.

Macfarlane, J . . . M . . .
On the Distribution of Honey-Glands in Pitchered Insectivorous Plants. Nature London, **31** (1884—85), 171—172, (1885) 1884.
— Observations on Pitchered Insectivorous Plants. (Part I.) Ann. Bot. London, 3, 253—266, Taf. XVII, (1889

—90) 1889; . . . (Part II). 7, 403—458, 1 Fig., Taf. XIX—XXI, 1893.

McGann, T . . .
Bees and Flowers. Sci. Gossip, **13**, 44, 1877.

McGechie, J . . .
(*Prionus coriarius.*) Entomol. Rec., **3**, 63, 1892.

McGee, W . . . J . . .
Memoir of J. Duncan Putnam. Proc. Davenport Acad. nat. Sci., **3** (1879—81), 241—247, 1883.

McGillavry, Th . . . H . . .
○ De kleuren van *Cicindela.* Werk. Genootsch. Natuurk. Amsterdam, **1** (1870—71), Nr. 4, 1—5, 1871.

McGillivray, Alexander Dyar Prof.
geb. 15. 7. 1868 in Inverness (Ohio), gest. 24. 3. 1924 in Urbana (Ill.), Prof. f. system. Ent. d. Univ. Illinois. — Biogr.: Ann. ent. Soc. Amer., **17**, 233, 1924 m. Porträt; Ent. News, **35**, 190, 1924; (J. H. Comstock) Science, (N. S.) **59**, 503, 1924; (W. A. Riley) Ent. News, **35**, 224—228, 1924; Entomol. monthly Mag., **60**, 191, 1924; (A. Musgrave) Bibliogr. Austral. Ent., 208—209, 1932; (H. Osborn) Fragm. ent. Hist., 207—208, 1937.
— A catalogue of the Thysanoura of North America. Canad. Entomol., **23**, 267—276, 1891.
— Washington Tenthredinidae and Uroceridae. Canad. Entomol., **25**, 237—244; Correction. 296, 1893 a.
— North American Thysanura. Canad. Entomol., **25**, 127—128; . . . —II. 173—174; . . . —III. 218—220; . . . —IV. 313—318, 1893 b; . . . —V. **26**, 105—110, 1894.
— New species of *Nothochrysa.* Canad. Entomol., **26**, 169—171, 1894 a.
— New species of Tenthredinidae, with tables of the species of *Strongylogaster* and *Monectenus.* Canad. Entomol., **26**, 324—328, 1894 b.
— The American species of *Perineura.* Canad. Entomol., **27**, 7—8, 1895 a.
— New Hampshire Tenthredinidae. Canad. Entomol., **27**, 77—82, 1895 b.
— New Tenthredinidae. Canad. Entomol., **27**, 281—286, 1895 c.
— The American species of *Isotoma.* Canad. Entomol., **28**, 47—58, 1896.
— New Species of *Tenthredo.* Journ. N. York ent. Soc., **5**, 103—108, 1897.
— *Tenthredo* — new species. Canad. Entomol., **32**, 177—184, 1900.

McGregor, John
Acherontia Atropos at Culross, N. B. Entomol. monthly Mag., (2) **7** (**32**), 227, 1896.

McGregor, R . . .
Lime for Pumpkin Beetles. Agric. Gaz. N. S. Wales, **10**, 847, (1900) 1899.

McGregor, T . . . M . . .
A list of the Hemiptera Heteroptera and Homoptera occurring in Perthshire. Ann. Scott. nat. Hist., **1893**, 213—221, 1893 a.
— Hemiptera, Heteroptera and Homoptera collected in Perth District, 1892. Entomol. monthly Mag., (2) **4** (**29**), 92—93, 1893 b.
— List of additional Hemiptera collected in Perth district in 1893. Ann. Scott. nat. Hist., **1894**, 99—100, 1894 a.
— *Pamphilius erythrocephalus* at Dalguise. Ann. Scott. nat. Hist., **1894**, 184, 1894 b.
— The Cinnabar Moth in Perthshire. Ann. Scott. nat. Hist., **1895**, 199, 1895 a.
— *Salda Muelleri* in Perthshire. Ann. Scott. nat. Hist., **1895**, 254, 1895 b.

McGregor, T . . . M . . . & **Kirkaldy**, George Willis
○ List of the Rhynchota of Perthshire. Trans. Proc. Perthsh. Soc. nat. Sci., **3**, 1—5, 1899.

Mach, Edmund
Einige Notizen über *Phylloxera vastatrix.*[1]) Weinlaube, 4, 236—238, 250—253, 4 Fig., 1872 a.
— *Dactylopius longispinus.* Weinlaube, **4**, 322, 1872 b.
— Die *Phylloxera vastatrix* in Frankreich. Bericht über eine im Auftrage des k. k. Ackerbauministeriums unternommenen Reise in das südliche Frankreich. Ann. Önol., **3**, 462—486, 1873 a.
○ *Phylloxera.* Weinlaube, **5**, 280, 1873 b.
— Ueber *Phylloxera vastatrix.* Weinlaube, **7**, 17—18, 1875.
— Einseitige Kalidüngung als Mittel gegen die Blutlaus [und Reblaus]. [Nach: Mitt. landw. Gartenbauver. in Bozen.] Pomol. Mh., (N. F.) **2**, 97—99, 1876.
○ Misure per combattere la Tortrice o Tignola dell' uva (Caròl, Cajòl, Bissòl). Atti Soc. agr. Gorizia, (N. S.) **29**, 180—190, 208—215, 1890.

Mach, Edmund & **Nessler**, J . . .
○ Einseitige Kalidüngung als Mittel gegen die Blutlaus. Landw. Bl. Innsbruck, **3**, 164—165, 1875.

Mach, Johann
○ Beschreibung der hiesigen Aufzucht des japanischen Seidenspinners der Eiche *Yama-mai.* Allg. Seidenbau-Ztg., **4**, 41, 83—84, 1867.
— Zucht des Eichen[seiden]spinners in Kärnthen. [Nach: Wien landw. Ztg.] Ann. Landw. Wbl., **8**, 264—266, 1868 a.
○ Über die heurige Zucht des Eichenseidenspinners (*Bombyx Yama-mai*). Mitt. Mähr.-Schles. Ges. Ackerb., **1868**, 195—196, 1868 b.
○ Die Versuche mit der Zucht des Eichenseidenspinners *Bombyx Yama-Maï* Mitt. Mähr.-Schles. Ges. Ackerb., **1868**, 271—272, 280, 1868 c.
— [Japanischer Eichenspinner (*Yama mai*) acclimationsfähig im freien Eichenwald.] Tagebl. Vers. Dtsch. Naturf., **42**, 192, 1868 d.
○ Die Zucht der *Yama-mai*-Raupe (des Eichenspinners). Allg. Dtsch. Ztschr. Seidenbau, **4**, 12—13, 1869 a.
○ Relazione intorno à un allevamento di *Yama-Maï* perfettamente riuscito. Sericolt. Austriaca, **1**, 20, 1869 b.
○ Osservazioni risguardanti l'articolo sulla trattura dei bozzoli Yama-Maï pubblicato al No. 15 della Sericolt. austr. Sericolt. Austriaca, **2**, 138—139, 1870.
— Kurze Anleitung zur Zucht des Eichenseidenspinners, *Bombyx Yama-mayu.* Ztschr. Akklim. Berlin, (N. F.) **9**, 23—30, 1871.
— siehe Heese, Ad . . . & Mach, Johann 1871.
○ Über die Acclimatisation des *B[ombyx] Yama-mayu.* Jahresber. Mähr. Seidenbau-Ver., **1874**, 188—189, 1874.
○ Die Eichenspinner. Jahresber. Mähr. Seidenbau-Ver., **1878**, 125—126, 1878.
○ Über die Zucht der Yama-maju-Raupe. Jahresber. Ver. Seidenbau Brandenburg, **1877—78**, 11—12, 1879.

Machenhauer, F . . .
Präparation der Libellen für Sammlungen. Stettin. ent. Ztg., **40**, 539, 1879.

Machin, William
geb. 1922 in Bristol, gest. 13. 8. 1894 in London, Schriftsetzer in London. — Biogr.: (C. G. Barrett) Entomol.

[1]) vermutl. Autor

monthly Mag., (2) **5**, **(30)**, 214, 1894; Entomologist,**27**, 300, 1894; Entomol. Rec., **5**, 209—210, 1894; (J. S. Sequeira) Entomol. Rec., **5**, 248—249, 1894.
— *Platypteryx unguicula.* Entomol. monthly Mag., **1**, 148, (1864—65) 1864.
— Note on *Gelechia humeralis* (*Lyellella* of Dbl. Cat.). Entomol. monthly Mag., **1**, 186, (1864—65) 1865.
— Prior Appearance of Male or Female, & c. Entomologist, **3**, 86, 187—188, (1866—67) 1866.
— List of Lepidoptera bred, with some Dates, Localities and Food-plants. Entomologist, **4**, 126—129; Lepidoptera . . . 154, (1868—69) 1868 a.
— *Chesias spartiata.* Entomologist, **4**, 166, (1868—69) 1868 b.
— Early Appearance of Lepidoptera this Season. Entomologist, **4**, 233, (1868—69) 1869.
— Micro-Lepidoptera in the City. Entomologist, **5**, 32, (1870—71) 1870 a.
— Micro-Lepidoptera on Hackney Marshes. Entomologist, **5**, 32, (1870—71) 1870 b.
— *Coleophora Therinella.* Entomologist, **5**, 32, (1870—71) 1870 c.
— *Nephopteryx angustella.* Entomologist, **5**, 77—78, 1870—71) 1870 d.
— Lepidoptera on Hackney Marshes. Entomologist, **5**, 184, (1870—71) 1870 e.
— Occurrence of Lepidoptera at Southend in June last. Entomologist, **5**, 279—280, (1870—71) 1871 a.
— Lepidoptera in Epping Forest. Entomologist, **5**, 293, (1870—71) 1871 b.
— Captures of Lepidoptera in July. Entomologist, **5**, 393—394, (1870—71) 1871 c.
— Lepidoptera bred in 1871. Entomologist, **5**, 440—441, (1870—71) 1871 d.
— Captures during April, May, and June, 1872. Entomologist, **6**, 187—188, (1872—73), 1872.
— Captures in Epping Forest in 1872. [Lep.] Entomologist, **6**, 335, (1872—73) 1873.
— Micro-Lepidoptera Taken or Reared in 1874. Entomologist, **8**, 80—82; Correction of an Error. 113, 1875.
— *Pseudopterpna cytisaria.* Entomologist, **10**, 74, 1877 a.
— Gelechidae reared in 1876. Entomologist, **10**, 75, 1877 b.
— *Gelechia Albipalpella.* Entomologist, **10**, 143, 1877 c.
— Tineina in Hackney Marshes. Entomologist, **10**, 163, 1877 d.
— Tineina reared in 1876. Entomologist, **10**, 49—50, 1877 e; . . . in 1877. **11**, 41—42, 1878.
— *Eupithecia subciliata, Hypolepia sequella,* and *Lithocolletis trifasciella,* bred. Entomologist, **11**, 20, 1878 a.
— *Gelechia scriptella.* Entomologist, **11**, 20, 1878 b.
— Occurrence of *Spilodes palealis* at Fyfield, Essex. Entomologist, **11**, 20, 1878 c.
— *Aechmia dentella* and *Ephippiphora nigricostana.* Entomologist, **11**, 93, 1878 d.
— *Heusimene fimbriana.* Entomologist, **11**, 93, 1878 e.
— A run to Epping Forest. Entomologist, **11**, 117, 1878 f.
— *Acronycta alni.* Entomologist, **11**, 141, 1878 g.
— Captures at Epping Forest. [Lep.] Entomologist, **11**, 142—143, 1878 h.
— *Gelechia gerronella* bred. Entomologist, **11**, 189, 1878 i.
— Micro-lepidoptera Larvae on Hackney Marshes. Entomologist, **11**, 232—233, 1878 j.
— Occurrence of Micro-lepidoptera in the neighbourhood of Plumstead. Entomologist, **12**, 60, 1879 a.
— *Catoptria aemulana.* Entomologist, **12**, 109—110, 1879 b.
— Captures at Box Hill during July and August. [Lep.] Entomologist, **12**, 297, 1879 c.
— *Apamea unanimis.* Entomologist, **13**, 16, 1880 a.
— Captures at Plumstead, &c. [Lep.] Entomologist, **13**, 65—66, 1880 b.
— *Coleophora Wilkinsonella,* &c. Entomologist, **13**, 93, 1880 c.
— *Caradrina morpheus.* Entomologist, **13**, 93, 1880 d.
— Micro-lepidoptera bred this season. Entomologist, **13**, 165, 1880 e.
— *Elachista cerussella.* Entomologist, **13**, 244, 1880 f.
— *Pterophorus trigonodactylus.* Entomologist, **13**, 283, 1880 g.
— Lepidoptera reared in 1880. Entomologist, **14**, 44, 1881 a.
— Insects reared from Larvae collected on the Essex Salt-marshes. Entomologist, **14**, 69, 1881 b.
— *Coleophora inulae*: a species added to the British Fauna. Entomologist, **15**, 204, 1882.
— *Coleophora salinella.* Entomologist, **16**, 18—19, 1883 a.
— *Tinea pallescentella.* Entomologist, **16**, 64, 1883 b.
— *Aechmia dentella* near Croydon. Entomologist, **16**, 92, 1883 c.
— Tortrices in May. Entomologist, **16**, 164—165, 1883 d.
— Two new species of the genus *Coleophora* added to the British Fauna. Entomologist, **17**, 87, 1884 a.
— *Psyche reticella.* Entomologist, **17**, 166, 1884 b.
— Abundance of Micro-Lepidoptera. Entomologist, **17**, 212, 1884 c.
— *Coleophora potentillae,* Boyd. Entomologist, **17**, 281, 1884 d.
— Notes on Coleophorae. Entomologist, **18**, 55, 1885 a.
— *Retinia turionana.* Entomologist, **18**, 169, 1885 b.
— Notes on Gall collecting. [Lep.] Entomologist, **18**, 173, 1885 c.
— *Anacampsis* (*Gelechia*) *albipalpella.* Entomologist, **18**, 245, 1885 d.
— *Paedisca oppressana* in Epping Forest. Entomologist, **18**, 245, 1885 e.
— *Coleophora vibicigerella,* Zell. Entomologist, **18**, 246, 1885 f.
— *Ochsenheimeria vacculella* in Epping Forest. Entomologist, **18**, 264, 1885 g.
— *Xanthia ferruginea* feeding on Ash. Entomologist, **18**, 301, 1885 h.
— *Dicrorampha distinctana* on the Essex Salt Marshes. Entomologist, **19**, 232, 1886 a.
— Notes on Gall Collecting. Entomologist, **19**, 259, 1886 b.
— *Ochsenheimeria vacculella.* Entomologist, **19**, 303—304, 1886 c.
— *Argyrolepia badiana.* Entomologist, **20**, 110—111, 1887 a.
— *Eupoecilia udana.* Entomologist, **20**, 159—160, 1887 b.
— *Oecophora unitella.* Entomologist, **20**, 213, 1887 c.
— Larva of *Harpipteryx scabrella.* Entomologist, **20**, 233, 1887 d.
— Note on *Coleophora therinella.* Entomologist, **21**, 15, 1888 a.
— *Gelechia acuminatella.* Entomologist, **21**, 91—92, 1888 b.

— Habits of the larva of *Eudorea dubitalis*. Entomol. monthly Mag., (2) **1** (**26**), 22, 1890.

Machleidt, G . . .
Zwitterbildung eines Tagfalters. Jh. naturw. Ver. Lüneburg, **9** (1883—84), 131, 1 Farbtaf. (unn.), 1884.

Machleidt, G . . . & **Steinvorth**, Heinrich
Verzeichnis der um Lüneburg gesammelten Macrolepidoptern nebst Bemerkungen über Oertlichkeit und Lebensweise nach den Aufzeichnungen und Mittheilungen der Sammler. Jh. naturw. Ver. Lüneburg, **9** (1883—84), 29—69, 1884.
[Siehe:] Kohlrausch, F.: **10** (1885—87), 73, 1887.

Macho Velado, Jerónimo
Recuerdos de la Fauna de Galicia. — Insectos lepidópteros observados en dicha comarca. An. Soc. Hist. nat. Españ., (2) **2** (**22**), 221—242, 1893.

Macilween, George
Bee Boring. Sci. Gossip, (**6**) (1870), 117, 1871.

McIntire, J . . .
Is it *Podura*? Sci. Gossip, (**3**) (1867), 45, 1868.

McIntire, S . . . J . . .
Bromley: and what I found there. Sci. Gossip, **1865**, 246—248, 2 Fig., 1866 a.
— Cat-Fleas. Sci. Gossip, **1865**, 278—279, 2 Fig., 1866 b; (**2**) (1866), 46, 1867; (**3**) (1867), 47, 1868.
— How to Mount the Proboscis of the Blowfly. Sci. Gossip, (**2**) (1866), 20, 1867 a.
— Wings of British Butterflies. Sci. Gossip, (**2**) (1866), 27—29, 1867 b.
— The Scales of Insects. Sci. Gossip, (**2**) (1866), 55—58, 11 Fig.; 112, 1867 c.
— Hairs of *Dermestes*. Sci. Gossip, (**3**) (1867), 206, 3 Fig.; *Anthrenus*. 254, 2 Fig., 1868 a.
— Podurae. Sci. Gossip, (**3**) (1868), 53—59, 15 Fig., 1868 b; [Correction.] (**4**) (1868), 160, 1869.
— On Podurae. Journ. Quekett micr. Club, **1**, 73—76, 1868—69.
— Notes on the Scale-bearing Podurae. Monthly micr. Journ., **1**, 203—208, Taf. VII—VIII, 1869.
— The Structure of the Scales of Certain Insects of the Order Thysanura. Monthly micr. Journ., **3**, 1—5, Taf. XXXVII, 1870.
— Notes on the Minute Structure of the Scales of Certain Insects. Monthly micr. Journ., **5**, 3—13, Taf. LXIX—LXXI, 1871.
— The Test *Podura*. Sci. Gossip, (**8**) (1872), 100—101, 1 Fig., 1873 a.
— The Thysanuradae. Sci. Gossip, (**8**) (1872), 272—274, 5 Fig., 1873 b; . . . (Second Article.) (**9**) (1873), 4—7, 10 Fig., 1874.
— Note on a curious Proboscis of an unknown Moth. Monthly micr. Journ., **11**, 196—197, Taf. LIX (2 Fig., unn.), 1874.
— Notes on Some Remarkable Coccids from British Guiana. Journ. Quekett micr. Club, (2) **3**, 315—317; Further Notes on some Coccids . . . 353—355, Taf. XXVI, (1887—89) 1889 a; Further Notes upon Remarkable Coccidae from . . . (2) **4**, 22—25, Taf. I, (1889—92) 1889.
○ Notes on some of the Scale Insects inimical to Vegetation found in the Botanical Gardens, Georgetown, British Guiana. Timehri, (N. S.) **3**, 308—313, Taf. I—II, 1889 b.

McIntosh, John
Insect Preventives. Garden. Chron., (3) **4**, 515; Gas-Tar. 546, 1888.

McIntosh, William
○ The Butterflies of New Brunswick. Bull. nat. Hist. Soc. N. Brunswick, **4**, Nr. 17, 114—121, 223—225, 1899.

Mack,
○ [On the larva of *Thereva*?] Proc. Essex Inst., **5** (1866—67), 94, ? Fig., 1866—68.

Mack, E . . .
Über Seidenraupenzucht. Verh. Ver. Naturk. Pressburg, **8**, SB. 60, 1864—65.
— Über die seuchenartige Krankheit der Seidenraupe. Verh. Ver. Naturk. Pressburg, **9**, SB. 4, 1866.

Mackay, John
The Lepidoptera of North Knapdale, Argyllshire. Entomologist, **19**, 54—57, 1886.
— Abundance of *B*[*ombyx*] *rubi* larvae. Brit. Natural., **1**, 36, 1891 a.
— Sutherland Lepidoptera. Brit. Natural., **1**, 46—48, 1891 b.
— *V*[*anessa*] *cardui* at Cape Wrath, Sutherlandshire. Brit. Natural., **2**, 55—56, 1892 a.
— *Hepialus hectus*. Brit. Natural., **2**, 78, 1892 b.

McKay, W . . .
Hybernated specimen of *Geotrupes typhaeus* near Manchester. Entomologist, **24**, 124, 1891.

Mackenzie, A . . .
siehe Stapley,; Mackenzie, A . . . & Ransom, Arthur 1882.

Mackenzie, J . . . D . . . B . . . F . . .
○ A Preliminary List of the Moths of Miramichi with Notes Thereon. Proc. nat. Hist. Ass. Miramichi, Nr. 1, 37—39, 1899.

Mackenzie, Vivian St. Clare
The ant-hills at the Paris exhibition. Entomologist, **33**, 245—246, 1900.

Macker,
in Peyerimhoff, Henri de (1868) 1880.

Mackett, W . . . H . . .
Acherontia atropos at Gosport. Entomologist, **24**, 298, 1891.
— Varieties of Butterflies. Entomologist, **25**, 288, 1892.
— Notes from Gosport. [Lep.] Entomologist, **27**, 71, 1894.

Macket, W . . . H . . .; **Brameld**, R . . . E . . . & **Adye**, James Mortimer
Deiopeia pulchella. [Mit Angaben von John H. Ashford, H. J. Webb, J. T. Williams u. a.] Entomologist, **25**, 166—168, 1892.

Mackey, B . . . Peter
Lepidoptera in the neighbourhood of Woodchester. Entomol. monthly. Mag., **2**, 69, (1865—66) 1865.

MacKinnon, F . . . M . . . A . . .
The Pupal Habits of *Cossus ligniperda*. Entomologist, **33**, 177, 1900.

Mackinnon, Philip Walter
geb. 8. 9. 1849 in Mussovrie (Indien), gest. September 1912 in London.

Mackinnon, Philip Walter & **Nicéville**, Lionel de
A list of the butterflies of Mussoorie in the western Himalayas and neighbouring regions. Journ. Bombay nat. Hist. Soc., **11**, 205—221, 1897; 368—389, 585—605, Farbtaf. U—W, 1898.

Mackintosh, D . . .
Tenacity of vitality in larvae and low forms of organic life. Lancet, **68**, Bd. 2, 690, 1890.

Mackmurdo, W . . . G . . .
(*Hybernia marginaria* (*progemmaria*) var. *Fuscata.*) [Mit Angaben von J. A. Clark, G. A. Harker und J. W. Tutt.] Entomol. Rec., **1**, 59, (1890—91) 1890 a.
— (*Argynnis aglaia* var. *charlotta.*) Entomol. Rec., **1**, 59, (1890—91) 1890 b.
— (*Bombyx quercus* larva pupating in August.) [Mit Angaben von J. W. Tutt.] Entomol. Rec., **2**, 186, 1891 a.
— (Strange copulation.) Entomol. Rec., **2**, 201, 1891 b.
— (*Cuspidia leporina* at Wanstead.) Entomol. Rec., **2**, 210, 1891 c.

McKnight, Charles S . . .
Lepidoptera of the Adirondack Region of the State of New York. Ent. News, **3**, 87—89, 1892.
[Siehe:] Dyar, Harrison G.: 180.
— (One ♀ specimen of *Spilosoma prima* Slosson and *Calymnia calami* Harvey in New York.) Ent. News, **4**, 127, 1893.

Mackonochie, J . . . A . . .
(Retarded development of wings of *Taeniocampa stabilis* on emergence.) Entomol. Rec., **1**, 304—305, (1890—91) 1891.
— (The Relative Fading of Tint from Exposure.) Entomol. Rec., **4**, 109, 1893.
— Collecting at Douglas, Lanark. Entomologist, **27**, 352—353, 1894.
— siehe Jacoby, A . . .; Mackonochie, J . . . A . . . & Fuller, K . . . H . . . 1894.
— (*Plusia ni.*) Entomol. Rec., **7**, 204, (1895—96) 1896 a.
— (*Sphinx convolvuli* in Scotland.) Entomol. Rec., **7**, 204, (1895—96) 1896 b.
— *Colias edusa* in Cornwall. Entomologist, **30**, 269, 1897.

Mackonochie, J . . . A . . .; **Watson**, A . . . B . . . & **Dixon**, Henry J . . .
Further details of the *Colias* invasion. [Mit Angaben von A. T. Mitchell & T. M. Seesdale.] Entomologist, **26**, 17—18, 1893.

Mackonochie, J . . . C . . .
Carsia imbutata and *Cidaria populata* in Lancashire. Entomologist, **25**, 245, 1892 a.
— Food-plant of *Celaena haworthii.* Entomologist, **25**, 245, 1892 b.

McLachlan, Robert
geb. 10. 4. 1837 in Ongar (Essex), gest. 23. 5. 1904 in Lewisham b. London. — Biogr.: Proc. ent. Soc. London, **1886**, LXXXI—LXXXIII, 1886; (A. E. E. & E. S.) Entomol. monthly Mag., (2) **15** (**40**), 145—148, 1904; Entomol. Rec., **16**, 217, 1904; (K. J. M.) Ann. Scott. nat. Hist., Nr. 52, 201—203, 1904; (P. P. C.) Ent. News, **15**, 226—228, 1904 m. Porträt; (E. B. Poulton) Proc. ent. Soc. London, **1904**, XXXVIII, XCVI—XCVIII, 1904; (W. F. K.) Nature London, **70**, 106, 1904; (W. J. L.) Entomologist, **37**, 195—196, 1904; (H. J. Kusnezov) Rev. Russe Ent., **4**, 253—254, 1904; (E. Saunders) Proc. Linn. Soc. London, **177**, 42—43, 1904; Insektenbörse, **21**, 267, 1904; (E. S.) Proc. R. Soc. London, **75**, 367—370, 1905; (E. O. Essig) Hist. Ent., 707—708, 1931; (A. Musgrave) Bibliogr. Austral. Ent., 210—211, 1932; Cent. Hist. ent. Soc. London, **1933**, 141—142, 1933.
— Capture of *Butalis incongruella* at West Wickham. Entomol. monthly Mag., **1**, 22, (1864—65) 1864 a.
— On the Trichopterous genus *Polycentropus*, and the allied genera. Entomol. monthly Mag., **1**, 25—31, (1864—65) 1864 b.
— Occurrence of *Cordulia arctica* in Ireland. Entomol. monthly Mag., **1**, 76, (1864—65) 1864 c.
— On a singular Caddis-worm case from Ceylon. Entomol. monthly Mag., **1**, 125—126, 3 Fig., (1864—65) 1864 d.
— On the Types of Phryganidae described by Fabricius from the Banksian Collection. Trans. ent. Soc. London, (3) **1**, 656—659, (1862—64) 1864 e.
— [Acari upon *Libellula striolata*, humble bees and butterflies. Mit Angaben von J. O. Westwood; F. Smith & E. Shepherd.] Trans. ent. Soc. London, (3) **2**, Proc. 36—37, (1864—66) 1864 f.
— Note on *Zelleria hepariella* and *Z. insignipennella.* Zoologist, **22**, 8972, 1864 g.
— Notes on british Trichoptera. Entomol. Annual London, **1864**, 140—153, 1864 h; **1868**, 1—7, 1868.
— A synonymic list of the British Trichoptera. Entomol. Annual London, **1865**, 29—36, 1865 a.
— Note on the manner in which the females of the genus *Leuctra* carry their eggs. Entomol. monthly Mag., **1**, 216, (1864—65) 1865 b. — [Abdr., z. T.:] The way in which . . . Entomologist, **2**, 207—208, (1864—65) 1865.
— Observations on the habits of the Ant-Lion (*Myrmeleon formicarius*). Entomol. monthly Mag., **2**, 73—75, (1865—66) 1865 c.
— *Sialis fuliginosa*, pictet; a species new to Britain. Entomol. monthly Mag., **2**, 107—108, 2 Fig., (1865—66) 1865 d.
— Notes on the occurrence of *Aeschna borealis* and other Dragon-flies at Rannoch. Entomol. monthly Mag., **2**, 117—118, (1865—66) 1865 e.
— (*Myrmeleon formicarius* bred in England.) Trans. ent. Soc. London, (3) **2**, Proc. 106—107, (1864—66) 1865 f.
— (*Aeshna borealis* captured in Scotland.) Trans. ent. Soc. London, (3) **2**, Proc. 112, (1864—66) 1865 g.
— (Varieties of *Sterrha sacraria* bred from eggs.) Trans. ent. Soc. London, (3) **2**, Proc. 124—125, (1864—66) 1865 h. — [Abdr.:] Bred Varieties of *Sterrha Sacraria.* Entomologist, **3**, 9—10, (1866—67) 1866.
— (Andromorphous females of *Calopteryx splendens.*) Trans. ent. Soc. London, (3) **2**, Proc. 125, (1864—66) 1865 i.
— Trichoptera Britannica; a Monograph of the British Species of Caddis-flies. Trans. ent. Soc. London, (3) **5**, 1—184, Taf. 1—XIV, (1865—67) 1865 j.
— Description d'un genre nouveau et d'une espece nouvelle d'Insectes Trichoptères européens (*Molannodes Zelleri*). Ann. Soc. ent. France, (4) **6**, 175—180, Farbtaf. 8 (Fig. 1—5)[1]), 1866 a.
— (Note sur des oeufs du *Myrmeleon formicarius.*) Ann. Soc. ent. France, (4) **6**, Bull. XV—XVI, 1866 b.
— On sound-producing Lepidoptera. Entomol. monthly Mag., **2**, 70—71, (1865—66) 1866 c.
— *Sterrha sacraria* near Worthing. Entomol. monthly Mag., **2**, 92, (1865—66) 1866 d.
— Notes on three little-known species of British Hemerobidae. Entomol. monthly Mag., **2**, 268—270, (1865—66) 1866 e.
— Occurrence of *Sisyra Dalii* and *S. terminalis* near Reigate. Entomol. monthly Mag., **3**, 68, (1866—67) 1866 f.
— Remarks on Dr. Jordan's notes „On the similarity of the insects of North America and of England." Entomol. monthly Mag., **3**, 70—71, (1866—67) 1866 g.

[1]) Lt. Text als Taf. 9 bezeichnet

— *Sialis fuliginosa* in Dorsetshire. Entomol. monthly Mag., **3**, 95, (1866—67) 1866 h.
— Cannibalism of the larvae of *Coccinella.* Entomol. monthly Mag., **3**, 95, (1866—67) 1866 i.
— Note respecting a species of *Apatania.* Entomol. monthly Mag., **3**, 113, (1866—67) 1866 j.
— An unusual food-plant for *Sphinx ligustri.* Entomol. monthly Mag., **3**, 137—138, (1866—67) 1866 k.
— Note on Phryganidae found in Caves. Entomol. monthly Mag., **3**, 141, (1866—67) 1866 l.
— Occurrence of *Lestes macrostigma,* Eversmann, in the island of Corsica. Entomol. monthly Mag., **3**, 141, (1866—67) 1866 m.
— A few words on the gall-making Aphides of the Elm. Entomol. monthly Mag., **3**, 157—159, (1866—67) 1866 n.
— Description of a new Neuropterous Insect belonging to the genus *Corydalis,* Latreille. Journ. Ent. London, **2**, 499—500, Taf. XX, 1866 o.
— Ueber *Lasiocephala taurus* Costa. Stettin. ent. Ztg., **27**, 361—362, 1866 p.
— Observations on some remarkable Varieties of *Sterrha sacraria,* Linn., with general Notes on Variation in Lepidoptera. Trans. ent. Soc. London, (3) **2**, 453—468, Farbtaf. XXIII, (1864—66) 1866 q.
[Franz. Übers. S. 458—468 von] Maurice Girard & J. Fallou: Notes generales sur les variations des Lépidoptères. [Mit] Notes de MM. Maurice Girard et J. Fallou [335—350]. Ann. Soc. ent. France, (4) **7**, 323—350, 1867.
— Descriptions of new or little-known Genera and Species of Exotic Trichoptera; with Observations on certain Species described by Mr. F. Walker. Trans. ent. Soc. London, (3) **5**, 247—278, Taf. XVII—XIX, (1865—67) 1866 r.
— A new Genus of Hemerobidae, and a new Genus of Perlidae. Trans. ent. Soc. London, (3) **5**, 353—354, (1865—67) 1866 s.
— [Note on the eggs of an *Ascalaphus* or *Myrmeleon.*] Trans. ent. Soc. London, (3) **5**, Proc. VI, (1865—67) 1866 t.
— (Note on larva-case of *Limnephilus.*) Trans. ent. Soc. London, (3) **5**, Proc. XIV—XV, (1865—67) 1866 u.
— (Remarkably dark variety of *Cabera pusaria.*) Trans. ent. Soc. London, (3) **5**, Proc. XXII, (1865—67) 1866 v.
— (The cases of *Halesus digitatus* and *Enoicyla pusilla.*) Trans. ent. Soc. London, (3) **5**, Proc. XXIII, (1865—67) 1866 w.
— [*Sisyra Dalii* captured near Reigate.] Trans. ent. Soc. London, (3) **5**, Proc. XXIII, (1865—67) 1866 x.
— [*Sciops* McLach. synonymous with *Hydromanicus* Brauer.] Trans. ent. Soc. London, (3) **5**, Proc. XXVIII, (1865—67) 1866 y.
— (Abberrations in neuration of Psocidae.) Trans. ent. Soc. London, (3) **5**, Proc. XLV, (1865—67) 1866 z.
(*Macroglossa stellatarum* flying up and down walls.) [With remarks of Mr. Bond and Dr. Wallace.] Trans. ent. Soc. London, (3) **5**, Proc. XLIX, LXX, (1865—67) 1866 aa.
— siehe Smith, Frederick & M'Lachlan, Robert 1866.
— A Monograph of the British Psocidae. Entomol. monthly Mag., **3**, 177—181, 194—197, 226—231, 241—245, 270—276, Taf. 2, (1866—67) 1867 a.
— Notes on the larvae of *Hydroptila.* Entomol. monthly Mag., **4**, 17, (1867—68) 1867 b.
— Notes on *Oegoconia quadripuncta* (*Kindermanniella,* Z.). Entomol. monthly Mag., **4**, 90—91, (1867—68) 1867 c.
— Additions, &c., to the british Tenthredinidae. Entomol. monthly Mag., **4**, 102—105; Additional notice respecting the maple-mining saw-fly (*Phyllotoma Aceris*). 123, (1867—68) 1867 d.
— A new species of *Coniopteryx* from Australia. Entomol. monthly Mag., **4**, 150—151, (1867—68) 1867 e.
— New Genera and Species, etc., of Neuropterous Insects; and a revision of Mr. F. Walker's British Museum Catalogue of Neuroptera, part II (1853), as far as the end of the genus *Myrmeleon.* Journ. Linn. Soc. (Zool.), **9**, 230—281, Taf. 8, (1868) 1867 f.
— Bemerkungen über europäische Phryganiden, nebst Beschreibung einiger neuer Genera und Species. Stettin. ent. Ztg., **28**, 50—63, 1867 g.
— New Genera and Species of Psocidae. Trans. ent. Soc. London, (3) **5**, 345—352, (1865—67) 1867 h.
— [Note on *Trichoscelia notha* Erichs. (Mantispidae).] Trans. ent. Soc. London, (3) **5**, Proc. XCIX, (1865—67) 1867 i.
— [On two examples of gynandromorphism among insects.] Trans. ent. Soc. London, (3) **5**, Proc. XCIX, (1865—67) 1867 j.
— [Monstrosities in Sawflies.] Trans. ent. Soc. London, (3) **5**, Proc. XCIX, (1865—67) 1867 k.
— Notes sur la *Monocentra lepidoptera* de Rambur (Phryganides). Ann. Soc. ent. France, (4) **8**, 749—752, Taf. 12 (Fig. 7—13), 1868 a.
— On a new species belonging to the Ephemerideous genus *Oligoneuria* (*O. Trimeniana*). Entomol. monthly Mag., **4**, 177—178, (1867—68) 1868 b.
[Franz. Übers. von] Emile Joly: Sur une nouvelle espèce du genre d'Ephémérines *Obligoneuria* (*O. Trimeniana*). Bull. Soc. Sci. nat. Nîmes, **5**, 65—68, 1877.
— *Stenophylax alpestris,* Kolenati; a Trichopterous insect new to Britain. Entomol. monthly Mag., **4**, 205, (1867—68) 1868 c.
— Occurrence in England of the larva of a terrestrial Trichopterous insect; probably *Enoicyla pusilla,* Burmeister. Entomol. monthly Mag., **5**, 43—44, (1868—69) 1868 d.
— *Tenthredo olivacea* of Klug, a new British saw-fly. Entomol. monthly Mag., **5**, 44, (1868—69) 1868 e.
— Addition to the list of British Trichoptera (*Agrypnia picta,* Kolen.). Entomol. monthly Mag., **5**, 125, (1868—69) 1868 f.
[Siehe:] Pryer, H.: 143—144.
— *Enoicyla pusilla,* the terrestrial Trichopterous insect, bred in England. Entomol. monthly Mag., **5**, 143; Further note on *Enoicyla pusilla.* 170, (1868—69) 1868 g.
— On some new Forms of Trichopterous Insects from New Zealand; with a List of the Species known to inhabit those Colonies. Journ. Linn. Soc. (Zool.), **10**, 196—214, Taf. 2, (1870) 1868 h.
— *Atropos.* Sci. Gossip, (3) (1867), 51—52, 1868 i.
— (*Neuronia clathrata* captured in Staffordshire.) Trans. ent. Soc. London, (3) **5**, Proc. CVIII, (1865—67) 1868 j.
— A Monograph of the British Neuroptera-Planipennia. Trans. ent. Soc. London, **1868**, 145—224, Taf. VIII—XI, 1868 k.
— Contributions to a Knowledge of European Trichoptera. (First Part.) Trans. ent. Soc. London, **1868**, 289—308, Taf. XIV, 1868 l.
— (*Lucanus cervus* hybernating underground.) [With remarks of Mr. A. E. Eaton and Mr. Janson.] Trans. ent. Soc. London, **1868**, Proc. IX, 1868 m.

— (*Anax mediterraneus* in Italy.) Trans. ent. Soc. London, **1868**, Proc. XVIII, 1868 n.
— (Apply of petroleum oil in France.) Trans. ent. Soc. London, **1868**, Proc. XXXII—XXXIII, 1868 o.
— (*Enoecyla pusilla* new to Britain.) Trans. ent. Soc. London, **1868**, Proc. XLI, 1868 p.
— siehe Grey, Thomas de & M'Lachlan, Robert 1868.
— Névroptères de Mingrélie. Note sur les Névroptères non-Odonates recueillis en Mingrélie en 1868 par M. Théophile Deyrolle. Ann. Soc. ent. Belg., **12**, 101—104, 1868—69.
— Considerations on the Neuropterous Genus *Chauliodes* and its Allies; with Notes and Descriptions. Ann. Mag. nat. Hist., (4) **4**, 35—46, 1869 a.
— On the British Species of Tortrices belonging to the genus *Eupoecilia* of Curtis. Entomol. Annual London, **1869**, 83—93, 1869 b.
— Description of a new Species of Psocidae (*Caecilius atricornis*) inhabiting Britain. Entomol. monthly Mag., **5**, 196, (1868—69) 1869 c.
— Capture of *Dianthoecia irregularis*, Hufn. (*echii*, Borkh.) in Britain. Entomol. monthly Mag., **5**, 220, (1868—69) 1869 d.
— Note on a British example of *Libellula* (*Diplax*) *vulgata*. Entomol. monthly Mag., **5**, 220, (1868—69) 1869 e.
— On a neuropterous insect from N. W. India, belonging to the genus *Dilar*. Entomol. monthly Mag., **5**, 239—240, 1 Fig., (1868—69) 1869 f.
— Two additions to the British Trichoptera. Entomol. monthly Mag., **5**, 277—278, (1868—69) 1869 g.
— New species, &c., of Hemerobiina; with synonymic notes (first series). Entomol. monthly Mag., **6**, 21—27, 1 Fig., (1869—70) 1869 h; . . . Hemerobiina-second series (*Osmylus*). 195—201, (1869—70) 1870.
— Diagnoses of three new species of Calopterygina. Entomol. monthly Mag., **6**, 27—28, (1869—70) 1869 i.
— *Chrysopa vulgaris* hybernating in a hornet's nest. Entomol. monthly Mag., **6**, 33, (1869—70) 1869 j.
— Note on *Anax formosus*. &c., at Lee. Entomol. monthly Mag., **6**, 61, (1869—70) 1869 k.
— Caddis-Worms and their Cases. Sci. Gossip, (4) (1868), 152—155, 21 Fig., 1869 l.
— Synopsis of the Species of *Panorpa* occurring in Europe and the adjoining Countries; with a Description of a singular new Species from Java. Trans. ent. Soc. London, **1869**, 59—70, Taf. IV, 1869 m.
— Note on *Boreus hyemalis* and *B. Westwoodii*. Trans. ent. Soc. London, **1869**, 399—401, 2 Fig., 1869 n.
— (Gigantic species of Ephemeridae.) Trans. ent. Soc. London, **1869**, Proc. VIII, 1869 o.
— (Note on Podurae.) Trans. ent. Soc. London, **1869**, Proc. XIII, 1869 p.
— (*Termes* (*tenuis*?) from St. Helena.) Trans. ent. Soc. London, **1869**, Proc. XIII, 1869 q.
— (Transformations of *Mantispa*.) Trans. ent. Soc. London, **1869**, Proc. XX, 1869 r.
— Notes additionnelles sur les Phryganides décrites par M. le Dr. Rambur. Ann. Soc. ent. Belg., **13**, 5—12, 1869—70; Supplément aux Notes . . . **16**, 149—153, 1873.
— *Phyllotoma melitta*, Newman, = *Fenusa betulae*, Zaddach. Entomol. monthly Mag., **6**, 213—214, (1869—70) 1870 a.
— The sexes of *Coniapteryx psociformis*. Entomol. monthly Mag., **6**, 238, (1869—70) 1870 b.
— What are *Perla bicaudata* of Linné and *P. maxima*, of Scopoli? Entomol. monthly Mag., **6**, 265—266, (1869—70) 1870 c.
— On a singular instance of partial gynandromorphism in a Trichopterous insect. Entomol. monthly Mag., **7**, 19, (1870—71) 1870 d.
— On the Occurrence of the Neuropterous genus *Sialis* in Chili. Entomol. monthly Mag., **7**, 145—146, (1870—71) 1870 e.
— Descriptions of a new genus and four new species of Calopterygidae, and of a new genus and species of Gomphidae. Trans. ent. Soc. London, **1870**, 165—172, 2 Fig., 1870 f.
— (*Brachycentrus subnubilus*, gynandromorphous.) Trans. ent. Soc. London, **1870**, Proc. XXIII, 1870 g.
— (Variation of larva of *Deilephila galii*.) Trans. ent. Soc. London, **1870**, Proc. XXXII, 1870 h.
— Occurrence of *Cordulia metallica*, Van der Lind., a Dragon-fly new to Britain. Entomol. monthly Mag., **7**, 38, (1870—71) 1870; Entomol. Annual London, **1871**, 1 Taf. (unn., Fig. 4), 1871.
— Stray notes on swiss Trichoptera. Entomol. Annual London, **1871**, 15—17, 1871 a.
— Notes on the Hemipterous genus *Halobates*. Entomol. monthly Mag., **7**, 208—209, (1870—71) 1871 b.
— *Sialis fulginosa* in the Lake District. Entomol. monthly Mag., **8**, 39—40, (1871—72) 1871 c.
— Some considerations as to Mr. Lewis's views concerning Entomological Nomenclatur. Entomol. monthly Mag., **8**, 40—41, (1871—72) 1871 d.
— *Agrion tenellum* at Weybridge. Entomol. monthly Mag., **8**, 65, (1871—72) 1871 e.
— *Butalis cicadella* at Weybridge. Entomol. monthly Mag., **8**, 92, (1871—72) 1871 f. — [Abdr.:] Entomologist, **5**, 421, (1870—71) 1871.
— Is the ‚instinct' of bees ever at fault? Entomol. monthly Mag., **8**, 93, (1871—72) 1871 g.
[Siehe:] Hudd, A. E.: 109.
— *Bittacus apterus* nov. sp. Entomol. monthly Mag., **8**, 100—102, 1 Fig., (1871—72) 1871 h.
— *Phacopteryx brevipennis* at Ranworth Fen. Entomol. monthly Mag., **8**, 137, (1871—72) 1871 i.
— The species of the Trichopterous genus *Plectrocnemia*. Entomol. monthly Mag., **8**, 143—146, 3 Fig., (1871—72) 1871 j.
— Psocidae injurious to Tea. Entomol. monthly Mag., **8**, 161, (1871—72) 1871 k.
— On new Forms etc., of extra-European Trichopterous Insects. Journ. Linn. Soc. (Zool.), **11**, 98—141, Taf. 2—4, (1873) 1871 l.
[Ref.:] The Position of the Caddis Flies. Amer. Natural., **11**, 707—713, 1871.
— An Attempt towards a Systematic Classification of the Family Ascalaphidae. Journ. Linn. Soc. (Zool.), **11**, 219—276, (1873) 1871 m.
— Remarks concerning the identification of *Myrmeleon formicaleo*, *formicarium* and *formicalynx* of Linné. Trans. ent. Soc. London, **1871**, 441—444, Proc. XLVII, 1871 n.
— (Eggs on tusk of Indian elephant.) Trans. ent. Soc. London, **1871**, Proc. XVIII—XXII, 1871 o.
— (Mimicry between *Libellula pulchella* and *Plathemis trimaculata*.) [With remarks of Mr. Bates and Prof. Westwood.] Trans. ent. Soc. London, **1871**, Proc. XXXIX, 1871 p.
— (Upon the synonymy of two common species of European ant-lions.) Trans. ent. Soc. London, **1871**, Proc. XL, 1871 q.

— Notes on the Trichoptera of Zetterstedt's „Insecta Lapponica," in connection with the nomenclature of British species. Entomol. monthly Mag., **7**, 281—282, (1870—71) 1871 r; Second note on ... Lapponica," according to Wallengren's determinations. **10**, 163—165, (1873—74) 1873.
— siehe Sélys-Longchamps, Michel Edmond de & MacLachlan, Robert 1871—72.
— Note sur la *Phryganea* (*Setodes*) *interrupta* Fab. (*Mystacida trifasciata* Thévenet). Ann. Soc. ent. France, (5) **2**, 18, 1872 a.
[Siehe:] Thevenet, Jules: (5) **1**, 371—373, (1871) 1872.
— On a Trichopterous insect (*Limnophilus*) from the Falkland Islands. Entomol. monthly Mag., **8**, 273, (1871—72) 1872 b.
— Description of a remarkable new species of Agrionina from Madagascar. Entomol. monthly Mag., **9**, 1—2, 1 Fig., (1872—73) 1872 c.
— Occurrence of *Sissyra Dalii*, McLach., in abundance. Entomol. monthly Mag., **9**, 62—63, (1872—73) 1872 d.
— An addition to the list of British Psocidae (*Stenopsocus stigmaticus*, Imhoff and Labram). Entomol. monthly Mag., **9**, 63—64, (1872—73) 1872 e.
— Descriptions of a new genus and five new species of Exotic Psocidae. Entomol. monthly Mag., **9**, 74—78, 1 Fig., (1872—73) 1872 f.
— *Hemerobius inconspicuus* (McL.) at Rannoch. Entomol. monthly Mag., **9**, 88, (1872—73) 1872 g.
— The larva of the Trichopterous genus *Brachycentrus* and its case. Entomol. monthly Mag., **9**, 166, (1872—73) 1872 h.
— [Bemerkungen über Netzflügler Sibiriens und des europäischen Russlands.] Заметка о сетчатокрылыхъ Сибири и европейской Россіи. [Russ.] [Izv. Obšč. Ljubit. Estest. Antrop. Etnogr.] Изв. Общ. Любит. Естест. Антроп. Этногр., **10**, Lief. 1, 120—123, 3 Fig., 1872 i.
— On the external sexual apparatus of the males of the genus *Acentropus*. Trans. ent. Soc. London, **1872**, 157—162, 4 Fig., 1872 j.
— (Apides attacked by parasitic Hymenoptera.) Trans. ent. Soc. London, **1872**, Proc. II—III, 1872 k.
— Instructions for the collection and preservation of Neuropterus insects. Entomol. monthly Mag., **9**, 99—104, 168—172, (1872—73) 1872 l; 173—176, 225—232, (1872—73) 1873.
[Dtsch. Übers., z. T., veränd.:] Anleitung zum Sammeln und Präparieren der Neuropteren. Ent. Nachr. Putbus, **1**, 103—106, 113—116, 118—121, 128—129, 136—137, 142—146, 1875.
— A Catalogue of the Neuropterous Insects of New Zealand, with Notes, and Descriptions of new Forms. Ann. Mag. nat. Hist., (4) **12**, 30—42, 1873 a.—[Abdr.:] Trans. Proc. N. Zealand Inst., **6** (1873), XC—XCIX, 1874.
— Notes sur les Myrméléonides décrits par M. le Dr. Rambur. Ann. Soc. ent. Belg., **16**, 127—141, 1873 b.
— Description d'une nouvelle espèce d'*Echthromyrmex* genre des Myrméléonides. Ann. Soc. ent. Belg., **16**, 142—144, 1873 c.
— Notes sur quelques espèces de Phryganides et sur une *Chrysopa*. Bull. Soc. Natural. Moscou, **45** (1872), part. 2, 187—194, 9 Fig., 1873 d.
Dragon-flies at sea. Etnomol. monthly Mag., **9**, 273, (1872—73) 1873 e.
— Note concerning the metamorphoses of *Batrachedra praeangusta*. Entomol. monthly Mag., **10**, 90, (1873—74) 1873 f.
— Occurrence of *Megalomus hirtus* near Aberdeen. Entomol. monthly Mag., **10**, 90—91, (1873—74) 1873 g.
— Neuroptera at Weybridge. Entomol. monthly Mag., **10**, 91, (1873—74) 1873 h.
— *Oniscigaster Wakefieldi*, a new genus and species of Ephemeridae from New Zealand. Entomol. monthly Mag., **10**, 108—110, 1 Fig., (1873—74) 1873 i.
— Three species of Tenthredinidae new to Britain. Entomol. monthly Mag., **10**, 113, (1873—74) 1873 j.
— Abundance of *Halesus auricollis*, Pict., in Wharfedale. Entomol. monthly Mag., **10**, 140—141, (1873—74) 1873 k.
— Neuropterologisches. (Gattg. *Palpares, Myrmelon.*) Deutsche Übers. v. C. A. Dohrn. Stettin. ent. Ztg., **34**, 444—451, 1873 l.
— (Dragon-flies preyed upon by insects.) Trans. ent. Soc. London, **1873**, Proc. XIV, 1873 m.
— (Gynandromorphism in one of the Syrphidae.) Trans. ent. Soc. London, **1873**, XXIV, 1873 n; Correction. **1874**, XIII, 1874.
— [Notes on Olivier's Collection of Coleoptera.] Trans. ent. Soc. London, **1873**, Proc. XXXI, 1873 o.
— Venomous Caterpillars. Nature London, **8**, 101, 1873 p; **9** (1873—74), 6, 1874.
— siehe Stainton, Henry Tibbets & M'Lachlan, Robert 1873.
— Some entomological errors in Cryptogamic Botany. Entomol. monthly Mag., **10**, 183, (1873—74) 1874 a.
— Note concerning *Acanthaclisis americana*, Drury. Entomol. monthly Mag., **10**, 210, (1873—74) 1874 b.
— Notes on some Odonata, &c., in the collection of the Royal Dublin Society. Entomol. monthly Mag., **10**, 227—228, (1873—74) 1874 c.
— Description of the larva and case of *Brachycentrus subnubilus*, Curtis. Entomol. monthly Mag., **10**, 257—259, (1873—74) 1874 d.
— A brood of white-ants (Termites) at Kew. Entomol. monthly Mag., **11**, 15—16, (1874—75) 1874 e.
— *Chrysopa tenella*, &c., at Weybridge. Entomol. monthly Mag., **11**, 65, (1874—75) 1874 f.
— Note on some Odonata (Dragon-flies) from the Sandwich Islands, &c. Entomol. monthly Mag., **11**, 92, (1874—75) 1874 g.
— The British species of *Chrysopa* examined with regard to their powers of emitting bad odours. Entomol. monthly Mag., **11**, 138—139, (1874—75) 1874 h.
— An entomological scrap. Entomol. monthly Mag., **11**, 159, (1874—75) 1874 i.
— On *Oniscigaster Wakefieldi*, the singular Insect from New Zealand, belonging to the Family Ephemeridae; with Notes on its Aquatic Conditions. Journ. Linn. Soc. (Zool.), **12**, 139—146, Taf. V, (1876) 1874.
○ The Abdomen of the New Zealand May-fly [*Oniscigaster Wakefieldii*]. Pop. Sci. Rev., **13**, 108, 1874 k.
— On a new Insect [*Oniscigaster Wakefieldi*] belonging to the Family Ephemeridae, with Notes on the Natural History of that Family. Rep. Brit. Ass. Sci., **43** (1873), 118, 1874 l.
— (Remark respecting transformations of *Oniscigaster Wakefieldi*.) Trans. ent. Soc. London, **1874**, Proc. VI, 1874 m.
— (Remark on the supposed aquatic larva of *Palustra Laboulbeni*.) Trans. ent. Soc. London **1874**, Proc. VI, 1874 n.
— [A species of Locustidae sold in Shanghai in cages.] Trans. ent. Soc. London, **1874**, Proc. VI, 1874 o.

— (*Anobium* destructive to printer's blocks.) Trans. ent. Soc. London, **1874**, Proc. XXIII—XXIV, 1874 p.
— (Remark respecting Cheimatobia brumata.) [With remarks of Mr. Boyd & Jenner Weir.] Trans ent. Soc. London, **1874**, Proc. XXX, 1874 q.
— A Monographic Revision and Synopsis of the Trichoptera of the European Fauna. 8°, IV+522+CIII S., 59 Taf., London, J. van Voorst; Berlin Friedländer & Sohn, 1874—80; First Additional Supplement. IV+76 S., 7 Taf., 1884.
— (Sur les ètuis en hélice formés par des Phryganides appartenant au genre *Helicopsyche* Névr.) Ann. Soc. ent. France, (5) **5**, Bull. LXXVII—LXXVIII (=Bull. Soc. . . ., **1875**, 81—82), 1875 a.
— *Helicopsyche-cases* from Sikkim. Entomol. monthly Mag., **11**, 239, (1874—75) 1875 b.
— A probable heliciform case-making larva among the Curculionidae. Entomol. monthly Mag., **11**, 239, (1874—75) 1875 c.
— Probable discovery of the imago of *Helicopsyche* in Europe. Entomol. monthly Mag., **12**, 15, (1875—76) 1857 d.
— An addition to the known species of British Trichoptera (*Stenophylax rotundipennis*, Brauer). Entomol. monthly Mag., **12**, 65, (1875—76) 1875 e.
— Abnormal absence of an ocellus in a Trichopterous insect. Entomol. monthly Mag., **12**, 65, (1875—76) 1875 f.
— *Psoricoptera gibbosella* near Plymouth. Entomol. monthly Mag., **12**, 114, (1875—76) 1875 g.
— Descriptions de plusieurs Nevroptères-Planipennes et Trichoptères nouveaux de l'île de Célébes et de quelques espèces nouvelles de *Dipseudopsis* avec considérations sur ce genre. Tijdschr. Ent., **18** (1874—75), 1—21, Taf. 1—2 (z. T. farb.), 1875 h.
— Notes sur une collection de types des Phryganides, dérites par feu M. F. J. Pictet, existant dans le Musée Royal d'Historie Naturelle à Leide. Tijdschr. Ent., **18** (1874—75), 22—32, 1875 i.
— A Sketch of our present knowledge of the Neuropterous Fauna of Japan (excluding Odonata and Trichoptera). Trans. ent. Soc. London, **1875**, 167—190, 1875 j.
— [Potato-beetle found in potato pits, eating the tubers greedily.] Trans. ent. Soc. London, **1875**, Proc. X, 1875 k.
— (Insects taken in Kerguelen's Land.) Trans. ent. Soc. London, **1875**, Proc. XII, 1875 l.
— (*Enoicyla pusilla* bred from cases found near Worcester.) Trans. ent. Soc. London, **1875**, Proc. XXII, 1875 m.
— in Fedčenko, Aleksej Pavlovič [Herausgeber] (1874—87) 1875.
— siehe Ward, Frederic H . . . & M'Lachlan, Robert 1875.
— „*Halesus digitatus.*" Entomol. monthly Mag., **12**, 187—188, (1875—76) 1876 a.
— The colony of American white ants at Vienna. Entomol. monthly Mag., **13**, 17, (1876—77) 1876 b.
— *Ascalaphus Kolyvanensis* var. *Ponticus* (an spec. distincta?). Entomol. monthly Mag., **13**, 35—36, (1876—77) 1876 c.
— Another British example of *Ebulea stachydalis*. Entomol. monthly Mag., **13**, 64, (1876—77) 1876 d.
— (*Caryborus bactris* destroying nuts of *Copernicia conifera.*) Trans. ent. Soc. London, **1876**, Proc. XVI, 1876 e.
— (Species of Acrydiidae in Africa, mimicking the sand of the district.) Trans. ent. Soc. London, **1876**, Proc. XVI, 1876 f.
— (Curious cases of *Paralichas* from. S. Africa.) Trans. ent. Soc. London, **1876**, Proc. XVI—XVII, 1876 g.
— [A larva-case of peculiar structure of *Oiketicus*.] Trans. ent. Soc. London, **1876**, Proc. XVII, 1876 h.
— [*Diplax meridionale* infested with Acari.] Trans. ent. Soc. London, **1876**, Proc. XXI—XXII, 1876 i.
— (Espèces intéressantes de Phryganides recueillis par feu C. Van Volxem.) Ann. Soc. ent. Belg., **20**, C. R. XXIII, 1877 a.
— Note sur l'insecte fossile décrit par M. P. de Borre sous le nom de *Breyeria borinensis*. Ann. Soc. ent. Belg., **20**, C. R. XXXVI—XXXVII, 1877 b.
— Description d'un Psocide nouveau de le Belgique. Ann. Soc. ent. Belg., **20**, C. 2, LIV—LV, 1877 c.
— Note sur la *Perla Selysii*, Pictet. Ann. Soc. ent. Belg., **20**, C. R. LV—LVI, 1877 d.
— Note sur l'*Himantopterus fuscinervis*, Wesm. Ann. Soc. ent. Belg., **20**, C. R. LVI—LVII; [Rectification.] LXX, 1877 e.
○ Sur une nouvelle espèce du genre d'Éphémérines *Oligoneuria* (*O. trimeniana*). Traduction par Émile Joly, avec appendice. Bull. Soc. Sci. nat. Nîmes, **5**, 65—72, 1877 f.
— Locusts in Yorkshire. Entomol. monthly Mag., **13**, 216, (1876—77) 1877 g.
— A species of Trichoptera new to Britain. Entomol. monthly Mag., **14**, 18, (1877—78) 1877 h.
— *Colias Edusa* at Lewisham in June. Entomol. monthly Mag., **14**, 40, (1877—78) 1877 i.
— *Colias Edusa* in London. Entomol. monthly Mag., **14**, 40, (1877—78) 1877 j.
— The recent abundance of *Colias Edusa* in Britain. Entomol. monthly Mag., **14**, 66, (1877—78) 1877 k.
— Description of a new Neuropterous Insect from New Guinea, belonging to the genus *Myiodactylus*, Brauer. Entomol. monthly Mag., **14**, 85—86, (1877—78) 1877 l.
— On some new and little-known forms of *Agrionina* (Légion Pseudostigma, de Sélys). Entomol. monthly Mag., **14**, 86—88, (1877—78) 1877 m.
— Description of a new species of *Setodes* occurring in the British Isles. Entomol. monthly Mag., **14**, 105—106, (1877—78) 1877 n.
— *Phryganea obsoleta* in Ireland. Entomol. monthly Mag., **14**, 117, (1877—78) 1877 o.
— *Erotesis baltica*, McLach.; a Trichopterous insect new to Britain. Entomol. monthly Mag., **14**, 162, (1877—78) 1877 p.
— On the Nymph-stage of the Embidae, with notes on the Habits of the Family, etc. Journ. Linn. Soc. (Zool.), **13**, 373—384, Taf. XXI, (1878) 1877 q.
— On some Peculiar Points in the Insect-Fauna of Chili. Nature London, **17** (1877—78), 162, 260, (1878) 1877 r.
— Sense of Hearing, etc., in Birds and Insects. Nature London, **15** (1876—77), 254, 1877 s.
— The Number of Species of Insects. [Mit Angaben von T. H. Huxley.] Nature London, **15** (1876—77), 275, 1877 t.
— On *Notiothauma Reedi*, a remarkable new genus and species of Neuroptera from Chili, pertaining to the family Panorpidae. Trans. ent. Soc. London, **1877**, 427—430, Taf. X (Fig. 1—5), 1877 u.
— (Larva case found on a *Mimosa* from Zanzibar, probably allied to *Psyche* or *Oiketicus*.) Trans. ent. Soc. London, **1877**, Proc. II, 1877 v.

— [*Ophideres materna*, taken at sea in lat. 25° 24′ S., long. 62° 10′ E.] Trans. ent. Soc. London, **1877**, Proc. V—VI, 1877 w.
— (Cocoon of one of the *Cetoniidae* from Cameroons.) Trans. ent. Soc. London, **1877**, Proc. VI, 1877 x.
— (*Himantopterus* believed to belong to the Lepidoptera.) Trans. ent. Soc. London, **1877**, Proc. XVII, 1877 y.
— [*Phyllotoma aceris* causing blisters on species of *Acer*.] Trans. ent. Soc. London, **1877**, Proc. XVII, 1877 z.
— in Günther, Albert [Herausgeber] 1877.
— [*Sisyra Dalii, fuscata, terminata*, Névr.) Ann. Soc. ent. France, (5) **8**, Bull. CXVIII (=Bull. Soc. . . ., **1878**, 160), 1878 a.
— On the habits of *Biston hirtaria*. Entomol. monthly Mag., **15**, 14, (1878—79) 1878 b.
— Description of a new species of *Cordulegaster* from Costa Rica. Entomol. monthly Mag., **15**, 35, (1878—79) 1878 c.
— *Phylloxera* in Scotland. Entomol. monthly Mag., **15**, 69, (1878—79) 1878 d.
— Destructive insects in the Island of Ascension. Entomol. monthly Mag., **15**, 79—80, (1878—79) 1878 e.
Chrysopa tenella, Schneider. Entomol. monthly Mag., **15**, 91—92, (1878—79) 1878 f.
— *Potamanthus luteus* at Weybridge. Entomol. monthly Mag., **15**, 92, (1878—79) 1878 g.
— Neuroptera from France. Entomol. monthly Mag., **15**, 112—113, (1878—79) 1878 h.
— Report on the Insecta (including Arachnida) collected by Captain Feilden and Mr. Hart between the Parallels of 78° and 83° North Latitude, during the recent Arctic Expedition. Journ. Linn. Soc. (Zool.), **14**, 98—122, 1 Fig., (1879) 1878 i.
[Darin:]
Osten Sacken, Charles Robert: (Diptera.) 116—118.
— Note sur les Embiens. Petites Nouv. ent., **2** (1876—79), 193, 1878 j.
○ Remarks on the Colorado-Beetle, and on the Panic existing as to the possibility of its becoming obnoxious in this Country. Rep. Brit. Ass. Sci., **47**, (1877), 102, 1878 k.
— Calopterygina collected by Mr. Buckley in Ecuador and Bolivia. Trans. ent. Soc. London, **1878**, 85—94, 1878 l.
— (Remarks on secretion from head of *Termes Rippertii*.) Trans. ent. Soc. London, **1878**, Proc. XII, 1878 m.
— („Coffee-borer", larva from Zanzibar.) Trans. ent. Soc. London, **1878**, Proc. XII—XIII, 1878 n.
— (Specimen of *Heliothis scutosa* from Irland.) Trans. ent. Soc. London, **1878**, Proc. L, 1878 o.
— [Remarks on *Ascalaphus longicornis*.] Trans. ent. Soc. London, **1878**, Proc. L, 1878 p.
— (Cases of larvae of Trichoptera from Brazil.) Trans. ent. Soc. London, **1878**, Proc. LV, 1878 q.
— [Remarks about Lepidoptera and Trichoptera. Mit Angaben von H. T. Stainton, J. O. Westwood & Wood-Mason.] Trans. ent. Soc. London, **1878**, Proc. LVI, 1878 r.
— in Nares, George Strong 1878.
— siehe Smith, Frederick & M'Lachlan, Robert 1878.
— in Stoliczka, Ferdinand [Herausgeber] (1878—91) 1878.
— In Betreff der Präparation der Phryganiden. Ent. Nachr., **5**, 199—200, 1879 a.
— On the power of resisting intense cold possessed by *Cheimatobia brumata*. Entomol. monthly Mag., **15**, 205, (1878—79) 1879 b.
— Obituary. Adam White. Entomol. monthly Mag., **15**, 210—211, (1878—79) 1879 c.
— *Helicopsyche* bred in England. Entomol. monthly Mag., **15**, 239—240; . . . in Europe. 257, (1878—79) 1879 d.
— Description of a new Species of *Hetaerina* from Costa Rica. Entomol. monthly Mag., **15**, 244, (1878—79) 1879 e.
— The Cuckoo feeding on Dragon-flies. Entomol. monthly Mag., **16**, 22, (1879—80) 1879 f.
— On the preservation of Trichopterous insects. Entomol. monthly Mag., **16**, 45, (1879—80) 1879 g.
— The recent abundance of *Vanessa cardui*. Entomol. monthly Mag., **16**, 49—51, (1879—80) 1879 h.
— A second British locality for *Stenopsocus stigmaticus*, Imhoff. Entomol. monthly Mag., **16**, 94—95, (1879—80) 1879 i.
— *Psectra diptera*, Burm., at Strasbourg. Entomol. monthly Mag., **16**, 95, (1879—80) 1879 j.
— An unrecorded habit in the life-history of certain Trichopterous insects. Entomol. monthly Mag., **16**, 135—136, (1879—80) 1879 k. — [Abdr.:] Amer. Entomol., 3 ((2) **1**), 59, 1880.
— Did Flowers Exist During the Carboniferous Epoch? Nature London, **19** (1878—79), 554, 1879 l.
— (Correlation of Mutilation in the Larva with Deformity in the Imago.) Trans. ent. Soc. London, **1879**, Proc. XXXII, 1879 m.
— (*Oligotoma Saundersi* from Jubbulpore.) Trans. ent. Soc. London, **1879**, Proc. XLIII, 1879 n.
— siehe Müller, Fritz & M'Lachlan, Robert 1879.
— in Wallengren, Hans Daniel Johan 1879.
— (*Biorrhiza aptera*.) Ent. Nachr., **6**, 71, 1880 a.
[Siehe:] Beijerinck, M. W.: 45—46.
— On Calopterygina from the Island of Sumatra, collected by Herr Carl Bock. Entomol. monthly Mag., **16**, 203—206, (1879—80) 1880 b.
— Occurrence of *Limnophilus subcentralis*, Brauer, in Britain. Entomol. monthly Mag., **16**, 277, (1879—80) 1880 c.
— Note on *Coniopteryx lutea*, Wallengren. Entomol. monthly Mag., **17**, 21, (1880—81) 1880 d.
— *Elipsocus cyanops*, Rostock, a species new to Britain. Entomol. monthly Mag., **17**, 21; . . . Rostock. 71, (1880—81) 1880 e.
— Occurrence of the Neuropterous genus *Dilar* in South America. Entomol. monthly Mag., **17**, 39, (1880—81) 1880 f.
— Discovery of the winged form of *Prosopistoma punctifrons*. Entomol. monthly Mag., **17**, 46, (1880—81) 1880 g.
— Notes on some Neuroptera-Planipennia described by the late Mons. A.-Edouard Pictet, in his „Nèvroptères d'espagne" (1865). Entomol. monthly Mag., **17**, 62—64, (1880—81) 1880 h.
— Insects from Portugal. Entomol. monthly Mag., **17**, 71, (1880—81) 1880 i.
— *Prosopistoma punctifrons*. Entomol. monthly Mag., **17**, 117, (1880—81) 1880 j.
— Two additions to the Dragon-flies of Switzerland. Entomol. monthly Mag., **17**, 141, (1880—81) 1880 k.
— *Chrysopa pallida* in Switzerland. Entomol. monthly Mag., **17**, 141, (1880—81) 1880 l.
— *Eucalyptus* Galls. Entomol. monthly Mag., **17**, 145—147, 3 Fig., (1880—81) 1880 m.

[Ref.:] Riley, Charles Valentine: Galls on *Eucalyptus.* Amer. Natural., **15**, 402—403, 1881.
— *Oligoneuria rhenana.* Entomol. monthly Mag., **17**, 163, (1880—81) 1880 n.
— *Prosopistoma punctifrons.* Nature London, **22**, 460, 1880 o.
— [On galls on a broad-leaved *Eucalyptus,* made by a Lepidopterous Larva.] Trans. ent. Soc. London, **1880**, Proc. XXXII, 1880 p.
— in Eaton, Alfred Edwin [Herausgeber] (1880—87) 1880.
— siehe Joly, Émile & MacLachlan, Robert 1880.
— Note sur la femelle du *Diastatomma tricolor* Pal. de Beauvois. Ann. Soc. ent. Belg., **25**, C. R. LXIII—LXV, 1881 a.
— Note sur le mâle de *Perla Selysii* Pictet. Ann. Soc. ent. Belg., **25**, C. R. CXVIII—CXIX, CXLII, 1881 b.
— Abundance of *Clothilla picea,* Motsch. Entomol, monthly Mag., **17**, 185—186, (1880—81) 1881 c.
— Trichoptera and Neuroptera of the Upper Engadine in August. Entomol. monthly Mag., **17**, 217—222, (1880—81) 1881 d.
— Description of a new species of Trichoptera (*Polycentropus Kingi*) from Scotland. Entomol. monthly Mag., **17**, 254—255, 2 Fig., (1880—81) 1881 e.
— On two new Panorpidae from Western North America. Entomol. monthly Mag., **18**, 36—38, 2 Fig., (1881—82) 1881 f.
— A North American Species of *Dilar.* Entomol. monthly Mag., **18**, 55, (1881—82) 1881 g.
— *Sartena* (Hagen, 1864) = *Neurorthus* (Costa, 1863). Entomol. monthly Mag., **18**, 89, (1881—82) 1881 h. [Siehe:] Hagen, Hermann August: 140.
— Finska Trichoptera. Medd. Soc. Fauna Flora Fenn., **7**, 157—189, 1881 i.
— Notes on Odonata, of the subfamilies Corduliina, Calopterygina, and Agrionina (Légion Pseudostigma), collected by Mr. Buckley, in the district of the Rio Bobonaza, in Ecuador. Trans. ent. Soc. London, **1881**, 25—34, 1881 j.
— Description of a new Species of Corduliina (*Gomphomacromia fallax*) from Ecuador. Trans. ent. Soc. London, **1881**, 141—142, 1881 k.
— (Three species of the genus *Dilar,* Rambur.) Trans. ent. Soc. London, **1881**, Proc. V, 1881 l.
— (*Gastrophysa raphani,* bred from parthenogenetic ovum.) Trans. ent. Soc. London, **1881**, Proc. XXVII, 1881 m.
— Trichoptères, Névroptères-Planipennes et Pseudo-Névroptères récoltés, pendant une excursion en Belgique, au mois de juillet 1881. Ann. Soc. ent. Belg., **25**, C. R. CXXVI—CXXXVI, 1881 n; [Rectification.] **26**, C. R. LXXVIII, 1882.
— in Markham, Albert Hastings 1881.
— siehe Meade, Richard Henry & McLachlan, Robert 1881.
— Note sur la *Psectra diptera* Burmeister. Ann. Soc. ent. Belg., **26**, C. R. LXXVII—LXXVIII, 1882 a.
— *Nesocordulia* MacLachlan (de νῆσος = insula). Nouveau sous-genre de Cordulines de la légion *Cordulia.* Ann. Soc. ent. Belg., **26**, C. R. CLXX—CLXXII, 1882 b.
— Measurements in Descriptive Entomology; a suggestion. Entomol. monthly Mag., **18**, 205—207; ... Entomology. 237—238, (1881—82) 1882 c. [Siehe:] Douglas, J. W.: 236—237.
— A marine Caddis-fly. Entomol. monthly Mag., **18**, 278, (1881—82) 1882; **19**, 46, (1882—83) 1882 d.
— Note on *Setodes argentipunctella,* McLach. Entomol. monthly Mag., **19**, 21, (1882—83) 1882 e.
— Abundance of *Lithocolletis platani,* Stdgr., at Pallanza. Entomol. monthly Mag., **19**, 94, (1882—83) 1882 f.
— Re-discovery of *Perla Ferreri,* Pictet. Entomol. monthly Mag., **19**, 109, (1882—83) 1882 g.
— *Chrysopa minima,* Kiljander, = *Ch. dasyptera,* McLach. Entomol. monthly Mag., **19**, 117, (1882—83) 1882 h.
— A new European *Panorpa.* Entomol. monthly Mag., **19**, 130—132, 1 Fig., (1882—83) 1882 i.
— The Neuroptera of Madeira and the Canary Islands. Journ. Linn. Soc. (Zool.), **16**, 149—183, (1883) 1882 j.
— On a Marine Caddis-fly (*Philanisus,* Walker, = *Anomalostoma,* Brauer) from New Zealand. Journ. Linn. Soc. (Zool.), **16**, 417—422, 5 Fig., (1883) 1882 k.
— A Revised List of British Trichoptera, brought down to date; compiled with especial regard to the „Catalogue of British Neuroptera", published by the Society in 1870. Trans. ent. Soc. London, **1882**, 329—334, 1882 l.
— (Neuroptera and Trichoptera from Switzerland and North Italy.) Trans. ent. Soc. London, **1882**, Proc. XVIII, 1882 m.
— (Fossil species alluded to Limnophilidae.) Trans. ent. Soc. London, **1882**, Proc. XVIII—XIX, 1882 n.
— in Cavanna, Guelfo [Herausgeber] 1882.
— Neuroptera of the Hawaiian Islands. — Part I. Pseudo-Neuroptera. Ann. Mag. nat. Hist., (5) **12**, 226—240; ... — Part II. Planipennia, with General Summary. 298—303, 1883 a.
— Description d'une espèce nouvelle de Corduline du sous-genre *Syncordulia.* Ann. Soc. ent. Belg., **27**, C. R. XC—XCI, 1883 b.
— Note sur l'*Ascalaphus ustulatus* Eversmann. Ann. Soc. ent. Belg., **27**, C. R. CXLII—CXLIII, 1883 c.
— Remarks on certain Psocidae, chiefly British. Entomol. monthly Mag., **19**, 181—185, 3 Fig., (1882—83) 1883 d.
— *Dilar japonicus,* n. sp. Entomol. monthly Mag., **19**, 220—221, (1882—83) 1883 e.
— The larva of *Saturnia carpini* with respect to its edibility by birds. Entomol. monthly Mag., **20**, 96, (1883—84) 1883 f.
— *Myrmeleon Erberi,* Brauer, = *M. inconspicuus,* Rambur. Entomol. monthly Mag., **20**, 103—104, (1883—84) 1883 g.
— *Halesus guttatipennis,* McLach., as a British insect. Entomol. monthly Mag., **20**, 116, (1883—84) 1883 h.
— Two new species of *Anax,* with notes on other Dragon-flies of the same genus. Entomol. monthly Mag., **20**, 127—131, (1883—84) 1883 i.
— (Living specimens of *Polistes hebraeus* from London Docks.) Trans. ent. Soc. London, **1883**, Proc. III, 1883 j.
— The distinctive and sexual characters of *Chrysopa flava,* Scopoli and *Ch. vittata,* Wesmael. Entomol. monthly Mag., **20**, 161—163, (1883—84) 1883 k; ... (Second Notice). (2) **4** (**29**), 108—109, 1893.
— Description de deux espèces nouvelles de Gomphines orientales. Ann. Soc. ent. Belg., **28**, C. R. VII—X, 1884 a.
— *Acanthaclisis occitanica* and *A. baetica*; A differential essay. Entomol. monthly Mag., **20**, 181—184, (1883—84) 1884 b.
— Concerning *Tomateres pardalis,* F., and *T. clavicornis,* Latr., two very closely allied species of exotic Myr-

meleonidae. Entomol. monthly Mag., **20**, 184—185, (1883—84) 1884 c.
— *Formicalea tetragrammicus*, F., as a Swiss insect. Entomol. monthly Mag., **20**, 185, (1883—84) 1884 d.
— Four species of *Chrysopa* unrecorded for Switzerland. Entomol. monthly Mag., **20**, 185, (1883—84) 1884 e.
— Destruction by White Ants at Calcutta. Entomol. monthly Mag., **20**, 185—186, (1883—84) 1884 f.
— *Botys urticata* in February: a problem for solution. Entomol. monthly Mag., **20**, 227, (1883—84) 1884 g.
— The British dragon-flies annotated. Entomol. monthly Mag., **20**, 251—256, (1883—84) 1884 h.
— Geographical distribution of *Chrysopa venosa*, Rambur. Entomol. monthly Mag., **20**, 274—275, (1883—84) 1884 i.
— On an extraordinary helicifrom Lepidopterous larva-case from East Africa. Entomol. monthly Mag., **21**, 1—2, 2 Fig.; . . . Africa: Supplementary. 27, (1884—85) 1884 j.
[Siehe:] Kirby, W. F.: 67; Dohrn, C. A.: Stettin. ent. Ztg., **45**, 351, 1884.
— *Sympetrum meridionale*. Entomol. monthly Mag., **21**, 21—22, (1884—85) 1884 k.
— Note on *Vanessa cardui*. Entomol. monthly Mag., **21**, 66—67, (1884—85) 1884 l.
— The electric light as an attraction for Trichoptera. Entomol. monthly Mag., **21**, 91, (1884—85) 1884 m.
— Trichoptera from Unst, North Shetland. Entomol. monthly Mag., **21**, 91, (1884—85) 1884 n.
— *Lype reducta*, Hagen; an addition to the British Trichoptera. Entomol. monthly Mag., **21**, 113, (1884—85) 1884 o.
— *Caecilius atricornis*, McLach., near Chertsey. Entomol. monthly Mag., **21**, 113—114, (1884—85) 1884 p.
— On a small collection of Trichoptera from Unst, North Shetland. Entomol. monthly Mag., **21**, 153—155, (1884—85) 1884 q.
— (Specimen of Nemopteridae from Coquimbo.) Trans. ent. Soc. London, **1884**, Proc. XXVIII, 1884 r.
— (Occurrence of *Tapinostola bondii* in Rügen.) Trans. ent. Soc. London, **1884**, Proc. XXXII, 1884 S.
— Recherches névroptérologiques dans les Vosges. Rev. Ent. Caen, **3**, 9—20, 1884 t; Notes additionelles sur les Névroptères des Vosges. **4**, 1—4, 1885; **5**, 123—124, 1866; **6**, 57—58, 1887.
— in Eaton, Alfred Edwin [Herausgeber] (1880—87) 1884.
— Description d'une espèce nouvelle de Myrméléonide du genre *Gymnocnemia*. Ann. Soc. ent. Belg., **29**, C. R. XXV—XXVI, 1885 a.
— Note on Oviposition in *Agrion*. Entomol. monthly Mag., **21**, 211, (1884—85) 1885 b.
— On the sub- aquatic habits of the imago of *Stenopsyche*, a genus of Trichoptera. Entomol. monthly Mag., **21**, 234—235, (1884—85) 1885 c.
— A new Dragon-fly of the genus *Anax* from Madagascar. Entomol. monthly Mag., **21**, 250—251, 1 Fig., (1884—85) 1885 d.
— A swarm of *Deiopeia pulchella* in the Atlantic Ocean. Entomol. monthly Mag., **22**, 12—13, (1885—86) 1885 e.
— *Cordulia arctica*, Zett., in the Schwarzwald (Baden). Entomol. monthly Mag., **22**, 93—94, (1885—86) 1885 f.
— Trichoptera from Belfast. Entomol. monthly Mag., **22**, 165, (1885—86) 1885 g.
— On the discovery of a species of the Neuropterous family Nemopteridae in South America, with general considerations regarding the Family. Trans. ent. Soc. London, **1885**, 375—379, 1885 h.
— (*Deiopeia pulchella* in Atlantic.) Trans. ent. Soc. London, **1885**, Proc. XIV, 1885 i.
— (*Drepanopteryx phalaenoides* in Lanarkshire.) Trans. ent. Soc. London, **1885**, Proc. XXV, 1885 j.
— siehe Douglas, John William & M'Lachlan, Robert 1885.
— in Lansdell, Henry 1885.
— siehe Weir, John Jenner & M'Lachlan, Robert 1885.
— siehe Westwood, John Obadiah; M'Lachlan, Robert & Weir, John Jenner 1885.
— Note on the synonymy of *Perla virescentipennis*, Blanchard. Entomol. monthly Mag., **22**, 215, (1885—86) 1886 a.
— On the existence of „scales" on the wings of the Neuropterous genus *Isocelipteron*, Costa. Entomol. monthly Mag., **22**, 215—216, (1885—86) 1886 b.
— *Drepanopteryx phalaenoides* at Hastings. Entomol. monthly Mag., **22**, 239—240, (1885—86) 1886 c.
— *Tinodes dives*, Pict., in Cumberland. Entomol. monthly Mag., **23**, 17, (1886—87) 1886 d.
— Note on the case, &c., of *Oxyethira costalis*, Curt. Entomol. monthly Mag., **23**, 17, (1886—87) 1886 e.
— Notes concerning *Chrysopa ventralis, prasina, abdominalis, aspersa*, and *Zelleri*. Entomol. monthly Mag., **23**, 33—36, (1886—87) 1886 f.
— On some points of variation in *Chrysopa septempunctata*, Wesm. Entomol. monthly Mag., **23**, 36—38, (1886—87) 1886 g.
— Discovery of the Trichopterous genus *Calamoceras* in Central France. Entomol. monthly Mag., **23**, 38, (1886—87) 1886 h.
— *Kolbia quisquiliarum*, Bertkau, a genus and species of Psocidae new to Britain. Entomol. monthly Mag., **23**, 38—39, (1886—87) 1886 i.
— The genus *Dilar* in France. Entomol. monthly Mag., **23**, 91, (1886—87) 1886 j.
— *Ascalaphus hispanicus*, Rambur, in France. Entomol. monthly Mag., **23**, 91—92, (1886—87) 1886 k.
— Two new species of Corduliina. Entomol. monthly Mag., **23**, 104—105, (1886—87) 1886 l.
— *Micromus aphidivorus*, Schrk. (*angulatus*, Steph.), near London. Entomol. monthly Mag., **23**, 138—139, (1886—87) 1886 m.
— Une excursion névroptérologique dans la Forêt-Noire (Schwarzwald). Rev. Ent. Caen, **5**, 126—136, 1886 n; *Aeschna borealis*, Zett., in the Schwarzwald, and a correction. Entomol. monthly Mag., (2) **3** (**28**), 79, 1892.
— Ueber entomologische Systematik. [Vorwort von C. A. Dohrn.] Stettin. ent. Ztg., **47**, 217—223, 1886 o.
— *Chloroperla Capnoptera* n. sp. Tijdschr. Ent., **29** (1885—86), 157—158, 1886 p.
— (*Paussus Favieri* from Portugal.) Trans. ent. Soc. London, **1886**, Proc. XIX, 1886 q.
— [Insects from the Pyrénées Orientales.] Trans. ent. Soc. London, **1886**, Proc. XLII—XLIII, 1886 r.
— (Note concerning certain Nemopteridae.) Trans. ent. Soc. London, **1886**, Proc. LVII, 1886 s.
— A Chapter of an Autobiography. [In:] The President's Address. Trans. ent. Soc. London, **1886**, Proc. LXXXI—LXXXIV, 1886 t.
— (Jumping seeds.) Trans. ent. Soc. London, **1886**, Proc. XLIV, 1886 u; **1887**, Proc. XXXI, 1887.
— Note additionnelle sur l'*Ascalaphus ustulatus*. Eversmann. Ann. Soc. ent. Belg., **31**, C. R. XXXIV—XXXV, 1887 a.

— (Sur les parasites des bouchons.) Ann. Soc. ent. Belg., **31**, C. R. L, 1887 b.
— *Periplaneta australasiae*, F., at Belfast. Entomol. monthly Mag., **23**, 235, (1886—87) 1887 c.
— The occasional occurrence of *Cossus ligniperda* at „sugar." Entomol. monthly Mag., **24**, 10, (1887—88) 1887 d.
— *Psychopsis meyricki*, n. sp. Entomol. monthly Mag., **24**, 30—31, (1887—88) 1887 e.
— *Notholestes elwesi*, a new genus and species of Calopterygina. Entomol. monthly Mag., **24**, 31—32, (1887—88) 1887 f.
— *Chrysopa stictoneura*, Gerstäcker, = *Nothochrysa insignis*, Walker. Entomol. monthly Mag., **24**, 44, (1887—88) 1887 g.
— *Hydroptila femoralis*, Eaton, and *H. londispina*, McLach., probably only one species. Entomol. monthly Mag., **24**, 44—45, (1887—88) 1887 h.
— Note on *Nothochrysa capitata*, F., and *Chrysopa tenella*, Schnd. Entomol. monthly Mag., **24**, 69, (1887—88) 1887 i.
— Note on four species of Ephemeridae from Eastern Amurland. Entomol. monthly Mag., **24**, 69—70, (1887—88) 1887 j.
— A new species of *Aeschna* from South America. Entomol. monthly Mag., **24**, 76—77, (1887—88) 1887 k.
— Note on *Pyrausta punicealis*. Entomol. monthly Mag., **24**, 86—87, (1887—88) 1887 l.
— Concerning *Taeniopteryx maracandica*, McLach. Entomol. monthly Mag., **24**, 90, (1887—88) 1887 m.
— The true position of the genus *Chimarrha*. Entomol. monthly Mag., **24**, 90, (1887—88) 1887 n.
— *Caecilius Dalii* abundant in Somersetshire. Entomol. monthly Mag., **24**, 136, (1887—88) 1887 o.
— A marine caddis-fly in New South Wales. Entomol. monthly Mag., **24**, 154—155, (1887—88) 1887 p.
— Insects and Frost. Garden. Chron., (3) **1**, 148, 1887 q.
— Butterfly Swarms. Garden. Chron., (3) **2**, 228, 1887 r.
— Description de plusieurs nouvelles espèces de Panorpides provenant du Japon et de la Sibérie orientale. Mitt. Schweiz. ent. Ges., **7**, 400—406, 1887 s.
— (Neuroptera collected in various parts of Australia and Tasmania.) Trans. ent. Soc. London, **1887**, Proc. XXII—XXIII, 1887 t.
— [*Phylloxera punctata* on oak-leaves.] Trans. ent. Soc. London, **1887**, Proc. XXXV, 1887 u.
— in Insecta Przewalskii Asia Centrali (1887—90) 1887.
— in Nordenskiöld, Nils Adolf Erik von (1882—87) 1887.
— *Neuronia clathrata*, Kol., reported from the London District. Entomol. monthly Mag., **24**, 173, (1887—88) 1888 a.
— *Nothochrysa capitata* in Norfolk. Entomol. monthly Mag., **24**, 214, (1887—88) 1888 b.
— *Rhyacophila munda* in West-Central France. Entomol. monthly Mag., **24**, 262, (1887—88) 1888 c.
— *Neuronia clathrata* in the London district. Entomol. monthly Mag., **25**, 67, (1888—89) 1888 d.
— *Corydalis asiatica*, Wood-Mason. Entomol. monthly Mag., **25**, 133, (1888—89) 1888 e.
— *Rhyacophila munda* Mac-Lachl., en France. Rev. Ent. Caen, **7**, 56, 1888 f.
— [*Epitrix fuscata* (?) attaching young tobacco-and egg-plants.] Trans. ent. Soc. London, **1888**, Proc. XIX, 1888 g.
— *Aeschna borealis*, Zett. Entomol. monthly Mag., **25**, 273—274, (1888—89) 1889 a.
— Neuroptera collected by Mr. J. J. Walker, R. N., on both sides of the straits of Gibraltar. Entomol. monthly Mag., **25**, 344—349, (1888—89) 1889 b.
— *Fumea* (?) *limulus*, Rogenhofer. Entomol. monthly Mag., **25**, 362, (1888—89) 1889 c.
[Siehe:] Rogenhofer, A. F.: Verh. zool.-bot. Ges. Wien, **39**, SB. 60—61, 1889.
— Trichoptera collected in Iceland by Mr. P. B. Mason in the summer of 1889. Entomol. monthly Mag., **25**, 421—423, (1888—89) 1889 d.
— (*Aeschna borealis*, a little-known species of European Dragonflies.) Trans. ent. Soc. London, **1889**, Proc. IX—X, 1889 e.
— (*Forficula auricularia* with a parasitic *Gordius*.) Trans. ent. Soc. London, **1889**, Proc. XLVI, 1889 f.
— (Specimen of *Zygaena filipendulae*.) Trans. ent. Soc. London, **1889**, Proc. XLVI, 1889 g.
— Psocidae and Mistletoe. Entomol. monthly Mag., (2) **1** (**26**), 23—24, 1890 a.
— *Drepanopteryx phalaenoides*, L., in Yorkshire. Entomol. monthly Mag., (2) **1** (**26**), 52—53, 1890 b.
— William Sweetland Dallas. Entomol. monthly Mag., (2) **1** (**26**), 194—195, 1890 c.
— Pastor Wallengren's Classification of Scandinavian Trichoptera. Entomol. monthly Mag., (2) **1** (**26**), 212—214, 1890 d.
— A hint concerning Raphidia. Entomol. monthly Mag., (2) **1** (**26**), 244—245, 1890 e.
— Two species of Psocidae new to Britain. Entomol. monthly Mag., (2) **1** (**26**), 269—270, 1890 f.
— *Aeschna juncea*, L., near Ringwood. Entomol. monthly Mag., (2) **1** (**26**), 271, 1890 g.
— Notes concerning *Psocus quadrimaculatus*, Latreille, of which *Ps. subnebulosus*, Steph., is a synonym. Entomol. monthly Mag., (2) **1** (**26**), 287—289, 1890 h.
— *Raphidia cognata*, Ramb., as a British insect. Entomol. monthly Mag., (2) **1** (**26**), 304, 1890 i.
— Trichoptera observed in the Exmoor District in autumn. Entomol. monthly Mag., (2) **1** (**26**), 316—317, 1890 j.
— (Insects devastating orange trees in the island of Malta.) Trans. ent. Soc. London, **1890**, Proc. XX, 1890 k.
— [Note on *Mecyna deprivalis*.] Trans. ent. Soc. London, **1890**, Proc. XXI, 1890 l.
— (Neuropterous larva found in tombs at Cairo.) Trans. ent. Soc. London, **1890**, Proc. XXXI, 1890 m.
— The Genus *Perissoneura*. Ent. Nachr., **17**, 319—320, 1891 a.
— The marine caddis-fly of New Zealand. Entomol. monthly Mag., (2) **2** (**27**), 24, 1891 b.
— Note concerning *Pseudomacromia elegans* and *pretiosa*, Karsch. Entomol. monthly Mag., (2) **2** (**27**), 111, 1891 c.
— *Raphidia cognata*, Ramb., as a British Insect. Entomol. monthly Mag., (2) **2** (**27**), 170, 1891 d.
— Concerning the female of *Isocelipteron fulvum*, Costa. Entomol. monthly Mag., (2) **2** (**27**), 308, 1891 e.
— *Hemerobius pellucidus*, Wlkr., near Exeter. Entomol. monthly Mag., (2) **2** (**27**), 308, 1891 f.
— An Asiatic *Psychopsis* (*Ps. birmana*, n. sp.). Entomol. monthly Mag., (2) **2** (**27**), 320—321, 1891 g.
— Change of habit induced by local conditions. Entomol. monthly Mag., (2) **2** (**27**), 330—331, 1891 h.
— Descriptions of new species of holophthalmous Ascalaphidae. Trans. ent. Soc. London, **1891**, 509—515, 1891 i.

- — Supplementary Note on the Neuroptera of the Hawaiian Islands. Ann. Mag. nat. Hist., (6) **10**, 176—179, 1892 a.
- — Neuroptera observed in the Channel Islands in September, 1891. Entomol. monthly Mag., (2) **3** **(28)**, 4—6, 1892 b.
- — A *Chrysopa* destructive to Coccids in New South Wales. Entomol. monthly Mag., (2) **3** **(28)**, 50, 1892 c.
- — Additional notes on the Neuroptera of the Island of Sark. Entomol. monthly Mag., (2) **3** **(28)**, 74, 1892 d.
- — *Hylemyia nigrescens*, Rnd., destructive to Carnations and Picotees. Entomol. monthly Mag., (2) **3** **(28)**, 135—136, 1892 e.
- — *Philopotamus montanus*, Donov., var. *chrysopterus*, Morton, in the West of England, with notes on the Neuration. Entomol. monthly Mag., (2) **3** **(28)**, 182—183, 1892 f.
- — *Colias Edusa*. Entomol. monthly Mag., (2) **3** **(28)**, 216, 1892 g.
- — *Colias Edusa* (*Helice*) in the Isle of Wight. Entomol. monthly Mag., (2) **3** **(28)**, 265, 1892 h.
- — Mr. Albarda's Collection of Palaeartic Neuroptera. Entomol. monthly Mag., (2) **3** **(28)**, 290—291, 1892 i.
- — *Plusia moneta*. Entomol. monthly Mag., (2) **3** **(28)**, 309—310, 1892 j.
- — (Re-appearance of *Plutella cruciferarum*.) Trans. ent. Soc. London, **1892**, Proc. XXIV, 1892 k.
- — The Genus *Harpobittacus*, Gerstäcker. Ent. Nachr., **19**, 316—317, 1893 a.
- — On the pith for mounting minute insects. Entomol. monthly Mag., (2) **4** **(29)**, 15—16, 1893 b.
- — Obituary. Professor John Obadiah Westwood. Entomol. monthly Mag., (2) **4** **(29)**, 49—51, 1 Taf. (unn.), 1893 c.
- — On the employment of Arsenic as a preservative in Collections of Insects. Entomol. monthly Mag., (2) **4** **(29)**, 106—108; On arsenic as a preservative. 145, 1893 d.
- — The decadence of British Butterflies, with suggestions for a close-time. (Abstracted from a Presidential Address delivered before the West Kent Natural History, &c., Society on February 22nd, 1893.) Entomol. monthly Mag., (2) **4** **(29)**, 132—138, 1893 e.
- — Obituary. Francis Polkinghorne Pascoe. Entomol. monthly Mag., (2) **4** **(29)**, 194—196, 1893 f.
- — Galls of *Biorhiza aptera* on *Betula*. Entomol. monthly Mag., (2) **4** **(29)**, 263, 1893 g.
- — [Remarks relating to Mr. Milton's paper on „Dragonflies".] Trans. City London ent. nat. Hist. Soc., **1892**, 7, [1893] h.
- — On species of *Chrysopa* observed in the Eastern Pyrenees; together with descriptions of, and notes on, new or littleknown Palaearctic forms of the genus. Trans. ent. Soc. London, **1893**, 227—234, 1893 i.
- — (*Erebus odora* taken at sea.) Trans. ent. Soc. London, **1893**, Proc. II, 1893 j.
- — (Notes on *Paltostoma torrentium*.) Trans. ent. Soc. London, **1893**, Proc. XVII—XVIII, 1893 k.
- — Obituary. Prof. Hermann August Hagen. Entomol. monthly Mag., (2) **4** **(29)**, 288, 1893 l; (2) **5** **(30)**, 18—20, 1894.
- — siehe Douglas, John William & McLachlan, Robert 1893.
- — On Two small Collections of Neuroptera from Tachien-lu, in the Province of Szechuen, Western China, on the frontier of Thibet. Ann. Mag. nat. Hist., (6) **13**, 421—436, 1894 a.
- — Two new Species of Myrmeleonidae from Madagascar. Ann. Mag. nat. Hist., (6) **13**, 514—517, 1894 b.
- — *Pulex imperator* Westwood. Ent. Nachr., **20**, 161—162, 1894 c.
- — Obituary. (Prof. Hermann August Hagen.) Entomol. monthly Mag., (2) **5** **(30)**, 18—20, 1894 d.
- — Cave-frequenting habit of *Bittacus chilensis*. Entomol. monthly Mag., (2) **5** **(30)**, 39, 1894 e.
- — *Thermobia furnorum*, Rovelli, a heat-loving Thysanuran, in London bakehouses. Entomol. monthly Mag., (2) **5** **(30)**, 52—53, 1894 f.
- — *Thermobia furnorum*, Rovelli, and *Lepismodes inquilina*, Newman. Entomol. monthly Mag., (2) **5** **(30)**, 85, 1894 g.
- — Obituary. John Jenner Weir. Entomol. monthly Mag., (2) **5** **(30)**, 116—117, 1894 h.
- — Is the Cockchafer (*Melolontha vulgaris*) decreasing in numbers in this country? Entomol. monthly Mag., (2) **5** **(30)**, 164, 1894 i.
- — *Palpares walkeri*, a remarkable new species of Myrmeleonidae from Aden. Entomol. monthly Mag., (2) **5** **(30)**, 173—175, 1894 j.
- — *Adicella filicornis*, Pict., in the New Forest. Entomol. monthly Mag., (2) **5** **(30)**, 185—186, 1894 k.
- — *Rhaphidia notata*, F., and *R. maculicollis*, Steph., common in the New Forest. Entomol. monthly Mag., (2) **5** **(30)**, 186, 1894 l.
- — Some additions to the Neuropterous Fauna of New Zealand, with notes on certain described species. Entomol. monthly Mag., (2) **5** **(30)**, 238—243, 270—272, 1894 m.
- — Two species of Psocidae new to Britain. Entomol. monthly Mag., (2) **5** **(30)**, 243—244, 1894 n.
- — (Notes on *Lecanium prunastri*.) Trans. ent. Soc. London, **1894**, Proc. XVIII—XIX, 1894 o.
- — (Two new species of Ichneumonidae from Devonshire: *Pimpla bridgmani* and *Praon absinthii*.) Trans. ent. Soc. London, **1894**, Proc. XXXII, 1894 p.
- — [Combat of *Cheimatobia brumata*.] Trans. ent. Soc. London, **1894**, Proc. XL, 1894 q.
- — Some new Species of Odonata of the „Légion" Lestes, with Notes. Ann. Mag. nat. Hist., (6) **16**, 19—28, 1895 a.
- — Hans Daniel Johan Wallengren. Entomol. monthly Mag., (2) **6** **(31)**, 53—54, 1895 b.
- — The supposed marine Hydroptilid. Entomol. monthly Mag., (2) **6** **(31)**, 70, 1895 c.
- — An overlooked record of the occurrence of *Thermobia domestica* (*furnorum*) in Britain. Entomol. monthly Mag., (2) **6** **(31)**, 75—76, 1895 d.
- — A small contribution to a knowledge of the Neuropterous Fauna of Rhenish Prussia. Entomol. monthly Mag., (2) **6** **(31)**, 109—112, 1895 e.
- — A query as to a peculiarity observable in certain examples of *Nothochrysa capitata*, F., and *N. fulviceps*, Steph. Entomol. monthly Mag., (2) **6** **(31)**, 121—122, 1895 f.
- — *Stenophylax concentricus*, Auct. (nec Zett.), renamed *S. permistus*. Entomol. monthly Mag., (2) **6** **(31)**, 139—140, 1895 g.
- — On exceptional oviposition in *Pyrrhosoma minium*, Harris. Entomol. monthly Mag., (2) **6** **(31)**, 180—181, 1895 h.
- — Occurrence in East Anglia of *Mesophylax aspersus*, Rbr., a caddis-fly new to Britain. Entomol. monthly Mag., (2) **6** **(31)**, 255, 1895 i.
- — Obituary. Prof. Charles Valentine Riley. Entomol. monthly Mag., (2) **6** **(31)**, 269—270, 1895 j.

— Obituary. Emile Louis Ragonot.[1] Entomol. monthly Mag., (2) **6** (**31**), 287, 1895 k.
— (Female of *Pyrrhosoma minium.*) Trans. ent. Soc. London, **1895**, Proc. XX, 1895 l.
— On Odonata from the Province of Szechuen, in Western China, and from Moupin, in Eastern Thibet. Ann. Mag. nat. Hist., (6) **17**, 364—374, 1896 a.
— On some Odonata of the Subfamily Aeschnina. Ann. Mag. nat. Hist., (6) **17**, 409—425, 1896 b.
— On some Neuroptera from the summit of Ben Nevis, collected by Mr. W. S. Bruce. Ann. Scott. nat. Hist., **1896**, 105—106, 1896 c.
— *Hadena peregrina* Tr., as a British insect. Entomol. monthly Mag., (2) **7** (**32**), 19—20, 1896 d.
— *Raphidia Ratzeburgi*, Br., on the Simplon. Entomol. monthly Mag., (2) **7** (**32**), 42, 1896 e.
— Singular Monstrosity in a Dragon-fly. Entomol. monthly Mag., (2) **7** (**32**), 83, 1896 f.
— On a probable sense organ in the male of *Panorpa.* Entomol. monthly Mag., (2) **7** (**32**), 150—151, 1896 g.
— The generic term *Neuronia* as applied in Trichoptera and Lepidoptera. Entomol. monthly Mag., (2) **7** (**32**), 175, 1896 h.
— *Agrion mercuriale*, Chp., in the New Forest. Entomol. monthly Mag., (2) **7** (**32**), 181, 1896 i.
— Oceanic migration of a nearly cosmopolitan Dragonfly (*Pantala flavescens*, F.). Entomol. monthly Mag., (2) **7** (**32**), 254, 1896 j.
— Notes on a few Neuroptera from the Tyrol. Entomol. monthly Mag., (2) **7** (**32**), 258, 1896 k.
— Trichoptera collected by Dr. Chapman at the Varanger Fiord. Entomol. monthly Mag., (2) **7** (**32**), 277, 1896 l.
— Ravages of Termites („White Ants") at Sydney, N. S. W. Entomol. monthly Mag., (2) **7** (**32**), 278, 1896 m.
— (On the genus *Meleoma* A. Fitch.) Ent. News, **7**, 175, 1896 n.
[Siehe:] Banks, Nathan: 95—96.
— Trichoptera from Finmark. Entomol. Rec., **8**, 296—297, 1896 o.
— (Monstrosity in *Hetaerina occica.*) Trans. ent. Soc. London, **1896**, Proc. XVII, 1896 p.
— (A discussion as to the best means of preventing the extinction of certain British Butterflies.) [With remarks of Prof. Meldola, Mr. Goss, Mr. Elwes a. o.] Trans. ent. Soc. London, **1896**, Proc. XXIX—XXXVI, 1896 q.
— *Boreus hiemalis* near Edinburgh. Entomol. monthly Mag., (2) **8** (**33**), 46, 1897 a.
— Odonata collected by the Rev. A. E. Eaton in Algeria: With Annotations. Entomol. monthly Mag., (2) **8** (**33**), 152—157, 1897 b.
— *Chrysopa flava*, Scop., in South Australia. Entomol. monthly Mag., (2) **8** (**33**), 157, 1897 c.
— Obituary. Dr. Fritz Müller.[1] Entomol. monthly Mag., (2) **8** (**33**), 162—163, 1897 d.
— *Harpalus ruficornis*, F. destructive to ripe Strawberries. Entomol. monthly Mag., (2) **8** (**33**), 171—172, 212, 1897 e.
— A hint as to breeding wood-feeding insects. Entomol. monthly Mag., (2) **8** (**33**), 237—238, 1897 f.
— Obituary. Joseph William Dunning.[1] Entomol. monthly Mag., (2) **8** (**33**), 260, 281—283, 1897 g.
— *Holocentropus stagnalis*, Alb., near Ipswich. Entomol. monthly Mag., (2) **8** (**33**), 280, 1897 h.
— (Hybernation of *Hypena.*) Ent. News, **8**, 133, 1897 i.

[1]) vermutl. Autor

— (Locusts used as food.) Trans. ent. Soc. London, **1897**, Proc. V, 1897 j.
— *Thaumatoneura inopinata*, a new genus and species of Calopteryginae. Entomol. monthly Mag., (2) **8** (**33**), 130—131, 1897 k; The habitat of *Thaumatoneura inopinata*, McLach. (2) **11** (36), 189, 1900.
— Descriptions de deux espèces nouvelles de Némoptères du genre *Croce* McLach. [Névr.]. Bull. Soc. ent. France, **1898**, 169—171, 1898 a.
— *Limnophilus affinis* at sea ten miles from land. Entomol. monthly Mag., (2) **9** (**34**), 21, 1898 b.
— Some new species of Trichoptera belonging to the european fauna, with notes on others. Entomol. monthly Mag., (2) **9** (**34**), 46—52, 4 Fig., 1898 c.
— A few Psocidae from the Eastern Pyrenees. Entomol. monthly Mag., (2) **9** (**34**), 153—154, 1898 d.
— Birds and Butterflies. Entomol. monthly Mag., (2) **9** (34), 162, 1898 e.
— Obituary. Osbert Salvin. Entomol. monthly Mag., (2) **9** (**34**), 164—165, 1898 f.
— *Narycia melanella*, Hw.: a point of nomenclature. Entomol. monthly Mag., (2) **9** (**34**), 186, 1898 g.
— Obituary. John Van Voorst. Ernest Charles Auguste
— Candèze. Entomol. monthly Mag., (2) **9** (**34**), 214—216, 1898 h.
— *Aeschna borealis*, Zett. (1840), = *AE. caerulea*, Ström. (1783), but not *AE. squamata*, Müller (1764). Entomol. monthly Mag., (2) **9** (34), 226—228, 1898 i.
— What is *Libellula aenea*, Linné?: a study in nomenclature. Entomol. monthly Mag., (2) **9** (**34**), 228—230, 1898 j.
— *Bittacus Hageni*, Brauer, in Wallachia. Entomol. monthly Mag., (2) **9** (**34**), 233, 1898 k.
— *Hyperetes guestfalicus*, Kolbe, a genus and species of Apterous Psocidae new to Britain. Entomol. monthly Mag., (2) **9** (**34**), 247—248, 1898 l.
— On Neuroptera collected by Mr. Malcolm Burr in Wallachia, Bosnia, Hercegovina, &c., in July and August, 1898. Entomol. monthly Mag., (2) **9** (**34**), 248—249, 1898 m.
— On two species of Calopteryginae from the Island of Lombock, with varietal notes. Entomol. monthly Mag., (2) **9** (34), 272— 274, 1898 n.
— Neuroptera-Planipennia collected in Algeria by the Rev. A. E. Eaton. Trans. ent. Soc. London, **1898**, 151—168, 1898 o.
— Considerations on the Genus *Tetracanthagyna* Selys. Trans. ent. Soc. London, **1898**, 439—444, 1898 p.
— in Dixey, Frederick Augustus; Burr, Malcolm & Pikkard-Cambridge, Octavius 1898.
— Remarques sur quelques Odonates de l'Asie Mineure méridionale comprenant une espèce nouvelle pour la faune paléarctique. Ann. Soc. ent. Belg., **43**, 301—302, 1899 a.
— Trichoptera, Planipennia, and Pseudo-Neuroptera, collected in Finmark in 1898 by Dr. T. A. Chapman and Mr. R. W. Lloyd. Entomol. monthly Mag., (2) **10** (**35**), 28—30, 1899 b.
— Trichoptera, Planipennia, and Pseudo-Neuroptera, collected in the district of the Lac de Joux (Swiss Jura) in 1898. Entomol. monthly Mag., (2) **10** (**35**), 60—65, 1899 c.
— Notes on certain Palaearctis species of the genus *Hemerobius.* No. 1. — Introductory remarks and the Group of *H. nervosus.* Entomol. monthly Mag., (2) **10** (**35**), 77—80, 4 Fig.; . . . No. 2. — *H. marginatus, H. lutescens, H. humuli*, and *H. orotypus.* 127—133, 8 Fig.; . . . No. 3 — *H. stigma* (*limbatus*), and the

group of *H. pini.* 149—153, 4 Fig.; . . . No. 4 — *H. nitidulus* and *H. micans.* 184—186, 2 Fig., 1899 d.
— *Helicopsyche* bred in New Zealand. Entomol. monthly Mag., (2) **10** **(35)**, 116—117, 1899 e.
— An observation on the voluntary submergence of the female of *Enallagma cyathigerum,* Chp. Entomol. monthly Mag., (2) **10** **(35)**, 207, 1899 f.
— *Psocus major,* Loens, at Merton (Norfolk). Entomol. monthly Mag., (2) **10** **(35)**, 210, 1899 g.
— *Psocus major* (Kolbe), Loens, in Co. Wexford. Entomol. monthly Mag., (2) **10** **(35)**, 234, 1899 h.
— The use of the stalked eggs of *Chrysopa* as suggested by Dr. Asa Fitch. Entomol. monthly Mag., (2) **10** **(35)**, 234—235, 1899 i.
— A new species of *Stenosmylus* from New Zealand. Entomol. monthly Mag., (2) **10** **(35)**, 259—260, 1899 j.
— *Ectopsocus briggsi,* a new genus and species of Psocidae found in England. Entomol. monthly Mag., (2) **10** **(35)**, 277—278, 1 Fig., 1899 k.
— A second Asiatic species of *Corydalis.* Trans. ent. Soc. London, **1899**, 281—283+1 (unn., Taf. Erkl.) S., Taf. IX, 1899 l.
— (Species of *Poecilocerus* injurious to *Calotropis* trees in Nubia.) Trans. ent. Soc. London, **1899**, Proc. XIII, 1899 m.
— (Hornets girdling ash-twig.) Trans. ent. Soc. London, **1899**, Proc. XX, 1899 n.
— (*Deilephila lineata* from Colorado.) Trans. ent. Soc. London, **1899**, Proc. XX, 1899 o.
— Concerning *Teratopsocus maculipennis,* Reuter, with notes on the brachypterous condition in females of Psocidae. Entomol. monthly Mag., (2) **11** **(36)**, 6—7, 1900 a.
— A striking instance of neural variation in a Psocid. Entomol. monthly Mag., (2) **11** **(36)**, 14, 1900 b.
— Psocidae on the wing: a query. Entomol. monthly Mag., (2) **11** **(36)**, 43, 1900 c.
— Obituary. Richard Henry Meade.[1]) Entomol. monthly Mag., (2) **11** **(36)**, 46—47, 1900 d.
— The old British localities for *Libellula fulva,* Müll. Entomol. monthly Mag., (2) **11** **(36)**, 65, 1900 e.
— *Hyperetes guestfalicus,* Kolbe, at Dover. Entomol. monthly Mag., (2) **11** **(36)**, 88, 1900 f.
— An extraordinary melanic variety or aberration of *Enallagma cyathigerum. Chp.,* ♂. Entomol. monthly Mag., (2) **11** **(36)**, 110—111, 3 Fig., 1900 g.
— Note concerning *Rhinocypha fulgidipennis,* Guérin. Entomol. monthly Mag., (2) **11** **(36)**, 114, 1900 h.
— *Hemianax ephippiger,* Burm., at Brindisi. Entomol. monthly Mag., (2) **11** **(36)**, 114, 1900 i.
— A remarkable new mimetic species of *Mantispa* from Borneo. Entomol. monthly Mag., (2) **11** **(36)**, 127—129, 1 Fig., 1900 j.
— *Plectrocnemia brevis,* McLach., an addition to the British Trichoptera. Entomol. monthly Mag., (2) **11** **(36)**, 149—150, 1900 k.
— An unusual variety of *Sympetrum flaveolum,* L., ♀, from the island of Alderney. Entomol. monthly Mag., (2) **11** **(36)**, 209, 1900 l.
— *Bertkauia prisca,* Kolbe, a genus and species of Psocidae new to Britain. Entomol. monthly Mag., (2) **11** **(36)**, 220— 221, 1900 m.
— Abstract of an article by Mons. A. Lancaster on migrations of *Libellula quadrimaculata* in Belgium in June, 1900. Entomol. monthly Mag., (2) **11** **(36)**, 222—226, 1900 n.

[1]) vermutl. Autor

— *Agrion hastulatum,* Charp., a new British Dragon-fly. Entomol. monthly Mag., (2) **11** **(36)**, 226, 1900 o.
— Dragon-flies in Inverness-shire and Sutherlandshire. Entomol. monthly Mag., (2) **11** **(36)**, 241, 1900 p.
— Two species of *Psocus* allied to *Ps. bifasciatus,* Latr., likely to occur in Britain. Entomol. monthly Mag., (2) **11** **(36)**, 242, 1900 q.
— Fürnrohr's „Naturhistorische Topographie von Regensburg:" a hint to students of Collembola. Entomol. monthly Mag., (2) **11** **(36)**, 244—245, 1900 r.
— The exact locality for the Aviemore example of *Agrion hastulatum.* Entomol. monthly Mag., (2) **11** **(36)**, 263, 1900 s.
— *Halesus guttatipennis,* McLach., and *Ecclisopteryx guttulata.* Pict., in Gloucestershire. Entomol. monthly Mag., (2) **11** **(36)**, 263, 1900 t.
— A recent British example of *Rhaphidia cognata,* Rbr. Entomol. monthly Mag., (2) **11** **(36)**, 263, 1900 u.
— A few „Neuroptera" from Sutherlandshire. Entomol. monthly Mag., (2) **11** **(36)**, 263—264, 1900 v.
— Some Trichoptera from the vicinity of Seaton, South Devon. Entomol. monthly Mag., (2) **11** **(36)**, 264, 1900 w.
— (Extraordinary aberration of *Enallagma cyathigerum.*) Trans. ent. Soc. London, **1900**, Proc. IV, 1900 x.
— (*Rhinocyphea fulgidipennis* a native of Cochin China.) Trans. ent. Soc. London, **1900**, Proc. VII, 1900 y.
— (Specimen of genus *Tetracanthagyna.*) Trans. ent. Soc. London, **1900**, Proc. XXV—XXVI, 1900 z.
— siehe Brooks, William & MacLachlan, Robert 1900.
— in Peel, Charles Victor Alexander [Herausgeber] 1900.

McLachlan, Robert & **Browne**, G . . . F . . .
[Species of *Stenophylax* and of *Paniscus* in ice-cave in Switzerland.] Trans. ent. Soc. London, (3) **2**, Proc. 116, (1864—66) 1865.

McLachlan, Robert & **Eaton**, Alfred Edwin
○ A Catalogue of British Neuroptera. 4°, VIII+42 S., London, 1870.
— (Lepidoptera from Grinnell Land.) Trans. ent. Soc. London, **1877**, Proc. XXV—XXVI, 1877.

M'Lachlan, Robert & **Fitch**, Edward Arthur
(*Phylloxera vastatrix* in Victoria.) Trans. ent. Soc. London, **1884**, Proc. V—VI, 1884.

M'Lachlan, Robert & **Janson**, Edward Wesley
[Remarks on Hymenoptera and Coleoptera.] Trans. ent. Soc. London, (3) **5**, Proc. XC—XCI, (1865—67) 1867.

MacLachlan, Robert & **Oustalet**, Jean Frédéric Émile
[Neuroptères fossiles du terrain tertiaire de la France.] Ann. Soc. ent. France. (5) **3**, Bull. CXCIX—CC, CCVIII —CCIX (=Bull. Soc. . . ., **1873**, Nr. 14, 10; Nr. 15, 2—4), (1873) 1874.

McLachlan, Robert & **Penny**, R . . . Greenwood
Glow-worms v. Snails. Nature London, **20**, 219—220, 1879.

M'Lachlan, Robert & **Shaw**, Eland
(*Tettix australis* subaquatic in its habits.) Trans. ent. Soc. London, **1886**, Proc. II—III, VIII—X, 1886.

M'Lachlan, Robert & **Trimen**, Roland
[*Papilio Merope* and *P. Cenea* (♀) taken in copula.] Trans. ent. Soc. London, **1880**, Proc. XXXII—XXXIII, 1880.

M'Lachlan, Robert & **Waterhouse**, Charles Oven
(Report on ravages caused by *Anisophia austriaca* at Taganrog.) Trans. ent. Soc. London, **1878**, Proc. LVII—LIX, 1878.
— (Injury to hops.) Trans. ent. Soc. London, **1880**, XXIX—XXX, XLIII—XLIV, 1880.

— (Fungoid parasites of insects.) Trans. ent. Soc. London, **1881**, Proc. I—II, 1881.

M'Lachlan, Robert; **Trimen**, Roland & **Fitch**, Edward Arthur
[Report on *Phylloxera vastatrix* upon the Vines in the Colony of Victoria, Australia.] Trans. ent. Soc. London, **1881**, XI—XII, 1881.

McLachlan, W . . . A . . .
Abstract of Paper on „The Communication of Infection by Flies." Proc. phil. Soc. Glasgow, **30** (1898—99), 307, 1899.

McLain, M . . . C . . .
Bad Bugs. Amer. Entomol., **2**, 53, 1870.

McLain, Nelson W . . .
in Riley, Charles Valentine [3. Juni] 1887.
— in Riley, Charles Valentine (1879) 1887.
— in Riley, Charles Valentine (1879) 1888.

McLaren, D . . . C . . .
The Mode of Extrication of the American Silk-Worm Moth. Amer. Natural., **12**, 454—456, 1878.

MacLaren, J . . . D . . .
○ The Occidental Ant in Kansas. Bull. Washburn Coll., **22**, 7—10, 1887.

McLaughlin, Wm . . . J . . .
Enemy of the Potatoe-bug. Amer. Natural., **2**, 330, (1869) 1868.

Maclean, Allan Dr. med.
geb. 1796?, gest. 5. 9. 1869 in Colchester, Arzt in Colchester. — Biogr.: (E. Newman) Entomologist, **4**, 357—358, (1868—69) 1869.
— Eggs of *Vanessa Urticae.* Entomologist, **2**, 288, (1864—65) 1865.

MacLeay, William John
geb. 13. 6. 1820 in Caithness (Schottland), gest. 7. 12. 1891 in Sidney (N. S. Wales). — Biogr.: (F. D. Godman) Trans. ent. Soc. London, **1891**, LI, 1891; Proc. Linn. Soc. N. S. Wales, (2) **6** (1891), 705, 707—716, 1892; (Max Wildermann) Jb. Naturw., **7** (1891—92), 537, 1892; Leopoldina, **28**, 52, 1892; Zool. Anz., **15**, 72, 1892; Entomol. monthly Mag., (2) **3** (**28**), 26, 1892; (A. A. Abbie) Proc. Linn. Soc. N. S. Wales, **83** (1958), 197—202, (1959) 1958.
— On the Insects of Australia allied to the Glaphyridae. Trans. ent. Soc. N. S. Wales, **1**, 75—90, 1864 a.
— Descriptions of new genera and species of Coleoptera from Port Denison. Trans. ent. Soc. N. S. Wales, **1**, 106—130, Taf. IX, 1864 b.
— (Three new species of the Anoplognathidae from Port Denison, North Australia.) Trans. ent. Soc. N. S. Wales, **1**, XVIII—XX, 1864 c.
— On the Scaritidae of New Holland. Trans. ent. Soc. N. S. Wales, **1**, 134—154, 1864 d; 176—198, 1865; **2**, 58—70, (1873) 1869.
— Description of a New Genus of Carabideous Insects. Trans. ent. Soc. N. S. Wales, **1**, 155—157, Taf. XV, 1865 a.
— The Genera and Species of the Amycteridae. Trans. ent. Soc. N. S. Wales, **1**, 199—298, 1865 b.
— The President's Address. [William Sharp MacLeay Nekrolog.] Trans. ent. Soc. N. S. Wales, **1**, XLII—L, 1865 c.
— New Species of Amycteridae. Trans. ent. Soc. N. S. Wales, **1**, 319—340, 1866 a.
— (List of the Lepidopterous insects from Cape York, presented to the Museum by Mr. Moore.) Trans. ent. Soc. N. S. Wales, **1**, LIII—LV, 1866 b.
— [Descriptions of *Carenum mucronatum* and *Scaraphites laticollis,* new species from South Australia.] Trans. ent. Soc. N. S. Wales, **1**, LV—LVI, 1866 c.
— (*Psamatha chalybea* and *Diamma bicolor* near Melbourne.) Trans. ent. Soc. N. S. Wales, **1**, LVI, 1866 d.
— (Description of a new *Tetracha* and three Scaritidae.) Trans. ent. Soc. N. S. Wales, **1**, LVIII—LIX, 1866 e.
— (A rare insect, *Magamerus Kingii* MacLeay.) Trans. ent. Soc. N. S. Wales, **1**, LXI, 1866 f.
— (Diurnal lepidoptera new to the Australian Fauna.) Trans. ent. Soc. N. S. Wales, **1**, LXI, 1866 g.
— Notes on a collection of Insects from Gayndah. Trans. ent. Soc. N. S. Wales, **2**, 79—205, (1873) 1871; 239—318, (1873) 1872.
— Miscellanea Entomologica [Coleoptera]. Trans. ent. Soc. N. S. Wales, **2**, 319—370, 1873.
— Notes on the Zoological Collections made in Torres Straits and New Guinea during the Cruise of the „Chevert." Proc. Linn. Soc. N. S. Wales, **1**, 36—40, 1877 a.
— The Coleoptera of the Chevert expedition. Proc. Linn. Soc. N. S. Wales, **1**, 164—168, 1877 b.
— Notes on the Entomology of New Ireland. Proc. Linn. Soc. N. S. Wales, **1**, 301—306, 1877 c.
— On some new Carabidae from Port Darwin. Proc. Linn. Soc. N. S. Wales, **2**, 213—217, 1878.
— On a species of the Phasmatidae destructive to eucalypti. Proc. Linn. Soc. N. S. Wales, **6** (1881), 536—539, 1882.
— Note on a reputed poisonous Fly of New Caledonia. Proc. Linn. Soc. N. S. Wales, **7** (1882), 202—205, 1883 a.
— Observations on an Insect injurious to the Vine. Proc. Linn. Soc. N. S. Wales, **7** (1882), 344—347, 1883 b.
— siehe Tate, Ralph & Macleay, William 1883.
— Notices of some undescribed Species of Coleoptera in the Brisbane Museum. Proc. Linn. Soc. N. S. Wales, **8** (1883), 409—416, 1884.
— The insects of the Maclay-Coast, New Guinea. Proc. Linn. Soc. N. S. Wales, **9** (1884), 700—712, 1885 a.
— Revision of the genus *Lamprima* of Latreille, with descriptions of new species. Proc. Linn. Soc. N. S. Wales, **10** (1885), 129—140, (1886) 1885 b.
— Two new australian Lucandiae [Lucanidae]. Proc. Linn. Soc. N. S. Wales, **10** (1885), 199—202, (1886) 1885 c.
— A new genus of the sub-family Lamprimides of Lacordaire. Proc. Linn. Soc. N. S. Wales, **10** (1885), 473 474, (1886) 1885 d.
— The insects of the fly river, New Guinea, „Coleoptera." Proc. Linn. Soc. N. S. Wales, (2) **1** (1886), 136—157, 183—204, (1887) 1886 a.
— Miscellanea entomologica. 1. The genus *Diphucephala.* Proc. Linn. Soc. N. S. Wales, (2) **1** (1886), 381—402; . . . 2. The genus *Liparetrus.* 807—852, (1887) 1886 b; . . . 3. The Scaritidae of new Holland. (2) **2** (1887), 115—134; . . . 4. „The Helaeides." 513—550, (1888) 1887; . . . 5. „The Helaeides." 635—675, 1888.
[Siehe:] R. T.: Trans. Proc. R. Soc. Australia, **9** (1885—86), 218—219, 1887.
— The insects of the Cairns district, nothern Queensland. Proc. Linn. Soc. N. S. Wales, (2) **2** (1887), 213—238, 307—328, (1888) 1887.
— Notes on some Scaritidae from Queensland, with descriptions of two new species. Proc. Linn, Soc. N. S Wales, (2) **2** (1887), 972—973, 1888 a.

— Notes on Mr. Froggatt's collections made during the year 1887, in the vicinity of Derby, King's Sound, N. W. Australia. Proc. Linn. Soc. N. S. Wales, (2) **2** (1887), 1017-1020, 1888 b.
— The insects of King's Sound and its vicinity. Proc. Linn. Soc. N. S. Wales, (2) **3** (1888), 443—480, 897—924, 1227—1246, (1889) 1888 c.

MacLeay, William Sharp
geb. 21. 7. 1792 in London, gest. 26. 1. 1865 in Sydney. — Biogr.: (William MacLeay jun.) Trans. ent. Soc. N. S. Wales, **1**, XLII—L, 1865 m. Schriftenverz.; (F. P. Pascoe) Trans. ent. Soc. London, **1866**, Proc. 139, 1866.
— [Introduced trees attacked by our indigenous Xylophagous Coleoptera.] Trans. ent. Soc. N. S. Wales, **1**, XL, 1865.

McLellan, D ...
(*Sesia apiformis*, with its larva and chrysalis.) Proc. nat. Hist. Soc. Glasgow, **4** (1878—80), 17, (1881) 1880.

Macleod, Herbert W ... G ...
siehe Ross, Ronald & Macleod, Herbert W ... G ... 1900.

MacLeod, Jules (= Julius)
[Ref.] siehe Müller, Hermann 1873.
— La respiration chez les insectes. Feuille jeun. Natural., **9**, 148—150, 2 Fig., (1878—79) 1879.
○ La structure des trachées et la circulation péritrachéenne. 8°, 70 S., 4 Taf., Bruxelles, Manceaux, 1880 a.
— Contribution à l'étude du rôle des insectes dans la pollinisation des fleurs hétérostyles (*Primula elatior*). Bull. Acad. Belg. (Cl. Sci.), (2) **50**, 27—33, 1880 b.
— Untersuchungen über die Befruchtung der Blumen. (Zweite vorläufige Mittheilung.) Bot. Zbl., **29**, 116—121, 150—154, 182—185, 213—216, 1887.
— De bevruchting der bloemen door de insecten (Statistische beschouwingen). Handeling. Nederl. Natuurk. Congr., **1** (1887), 133—138, 1888.
— De Pyreneeënbloemen en hare bevruchting door Insecten. Eene bijdrage tot de bloemengeographie. Bot. Jaarboek, **3**, 260—485, Taf. IX—XIII, 1891.
— Algemeene beschouwingen over de bloemen-biologie. Handeling. Nederl. Natuurk. Congr., **4**, stuk 2, 190—196, 1893.
○ Over de bevruchting der bloemen in het Kempisch gedeelte van Vlaanderen. [Mit Zus.fassg. in Franz.] 693 S., 125 Fig., Gent, 1894.

Macloskie, George
geb. 14. 9. 1834 in Castletown (Irland), gest. 4. 1. 1920 in Princeton (N. Jersey), Prof. f. Biologie an der Princeton Univ. — Biogr.: Ent. News, **31**, 89—90, 1920 m. Schriftenverz.; (H. Osborn) Fragm. ent. Hist., 227, 1937.
— The Proboscis of the House-Fly. Amer. Natural., **14**, 153—161, 3 Fig., 1880.
— The Endocranium and Maxillary Suspensorium of the Bee. Amer. Natural., **15**, 353—362, 6 Fig., 1881. [Franz. Übers.:] L'endoxrâne et le suspenseur maxillaire de l'Abeille. Journ. Micr., **5**, 370—375, 394—397, Taf. XIII, 1881.
— Pneumatic Functions of Insects. Psyche Cambr. Mass., **3**, 375—378, (1886) 1882.
— The Structure of the Tracheae of Insects. Amer. Natural., **18**, 567—573, 4 Fig., 1884 a.
— Head of Larval *Musca*: Preliminary Note. Psyche Cambr. Mass., **4**, 218—219, (1890) 1884 b.
— [Ref.] siehe Grosse, Franz 1885.
— Poison Fangs and Glands of the Mosquito. Science, **10**, 106—107, 1887; Poison-Apparatus of the Mosquito. **12**, 144, 1888.
— The Poison-Apparatus of the Mosquito. Amer. Natural., **22**, 884—888, 3 Fig., 1888.
— Gills of Insect-Larvae. Psyche Cambr. Mass., **4**, 110—112, (1883) 1890.

McLouth, C ... D ...
Insect Swarms. Science, **22**, 151, 1893.

McLure, John
Italian, Alp, or Ligurian Bees. Sci. Gossip, **(6)** (1870), 257, 1871.
— Artificial Swarming of Bees. Sci. Gossip, **(7)** (1871), 15—17, 1 Fig., 1872.

McMechan, J ... H ...
The American Association. Rep. ent. Soc. Ontario, **1874**, 3—5, 1875.

MacMillan, Conway
○ Note on an Minnesota species of *Isaria* and an attendant *Pachybasium*. Journ. Mycol. Washington, **6**, Nr. 2, 75—76, 1891?.

Macmillan, H ...
An Entomologist's Paradise. [Nach: Holidays on Highlands.] Sci. Gossip, **(6)** (1870), 277, 1871.

Macmillan, M ...
Lycaena Argiolus. Entomologist, **6**, 103, (1872—73) 1872.

McMillan, R ...
Wasp-Stings. Science, **11**, 122, 1888.

Macmillan, W ...
Shower of Insects. Sci. Gossip, **(7)** (1871), 165, 1872.
— *Phylloxera Vastatrix*. [Mit Angaben von Edward Newman.] Entomologist, **6**, 523—524, (1872—73) 1873.
— *Scotosia Certata*. Entomologist, **7**, 140, 1874.
— Clothes' Moths. [Mit Angaben von E. A. Fitch.] Entomologist, **13**, 222—223, 1880.
— *Cirroedia xerampelina* in Somerset. Entomologist, **15**, 19, 1882 a.
— Lepidoptera at Ivy. Entomologist, **15**, 43, 1882 b.
— *Lycaena Argiolus*. Entomologist, **15**, 130, 1882 c.
— The Death Watch. Entomologist, **17**, 144, 1884.
— *Acherontia atropos* in Somerset. Entomologist, **18**, 243, 1885 a.
— *Sphinx convolvuli* in Somerset. Entomologist, **18**, 260, 1885 b.
— Lepidoptera in Somerset. Entomologist, **20**, 42, 1887.
Vanessa Io. Brit. Natural., **2**, 103, 1892.
— (Larvae of a Saw-fly in Somerset.) Entomol. Rec., **7**, 63, (1895—96) 1895 a.
— (*Sphinx convolvuli* and *Acherontia atropos* in Somerset.) Entomol. Rec., **7**, 112, (1895—96) 1895 b.

MacMillen, C ...
○ Twenty-two common Insects of Nebraska. Bull. agr. Exp. Stat. Nebraska, **1**, Nr. 2, Art. II, 1—101, 1888.

McMunn, Charles Alexander
geb. 1852.
○ Spectroscopic observations on the colouring matter of Insects.[1]) Proc. Birmingham nat. Hist. Soc., **3**, 385—387, 1883?.

[1]) vermutl. Autor

— Note on a Method of obtaining Uric Acid Crystals from the Malpighian Tubes of Insects and from the Nephridium of Pulmonate Mollusca. Journ. Physiol. London, 7, 128—129, 1886 a.
— Researches on Myohaematin and the Histohaematins. Phil. Trans. R. Soc. London, 177, 267—298, Taf. 11—12, 1886 b.

McMurrich, James Playfair
A Text-book of Invertebrate Morphology. New York, Henry Holt & Co., 1894.

McMurtrie, W . . . G . . .
Lepidoptera of Lulworth Cove. Entomologist, **20**, 183—184, 1887 a.
— Abundance of Pieridae in Somersetshire. Entomologist, **20**, 227—228, 1887 b.
— Additional Notes on the Diurni of Lulworth Cove. Entomologist, **20**, 267—268, 1887 c.

McMurtrie, William
in Riley, Charles Valentine [8. Dez.] 1883.

McNab, William Ramsay Prof. Dr.
geb. 1844, gest. 3. 12. 1889 in Dublin, Direktor d. Bot. Gartens in Glasnevin u. Prof. f. Bot. am Coll. Sci. in Dublin. — Biogr.: Entomol. monthly Mag., (2) **1** (**26**), 26, 1890; Leopoldina, **26**, 53, 1890, Zool. Anz., **13**, 48, 1890.
— Occurrence of *Lathridius filum*, Aubé; a species new to Britain. [Mit Angaben von E. C. Rye.] Entomol. monthly Mag., **3**, 46, (1866—67) 1866.
— Capture of *Telephorus Darwinianus*, in the South of Scotland. Entomol. monthly Mag., **4**, 42, (1867—68) 1867 a.
— Note on *Oxytelus flavipes*, Stephens. Entomol. monthly Mag., **4**, 112, (1867—68) 1867 b.
— [Coleoptera, collected in Egypt by Prof. Piazzi Smyth.] Proc. R. phys. Soc. Edinb., **3** (1862—66), 335, 1867 c.
— Recent Additions to the Coleopterous Fauna of Mid Lothian. (Specimens exhibited.) Proc. R. phys. Soc. Edinb., **3** (1862—66), 404—406, 1867 d.
— Occurrence of *Agabus Solieri* near Dumfires and Clova. Entomol. monthly Mag., **4**, 283, (1867—68) 1868.
— Capture in Britain of *Hydroporus discretus*. Entomol. monthly Mag., **6**, 87, (1869—70) 1869.
— Occurrence near Cirencester of a species of *Meloë* new to Britain. Entomol. monthly Mag., **7**, 149, (1870—71) 1870.
— Capture of *Odontaeus mobilicornis* at Cirencester. Entomol. monthly Mag., **8**, 38, (1871—72) 1871.

McNeill, Jerome
A Remarkable Case of Longevity in a Longicorn Beetle (*Eburia quadrigeminata*). Amer. Natural., **20**, 1055—1057, 1886.
— *Dissosteira carolina*. Canad. Entomol., **19**, 58—59, 1887.
— An Insect Trap to be used with the Electric Light. Amer. Natural., **23**, 268—270, 1 Fig., 1889 a.
— *Colias caesonia*, Stoll. Canad. Entomol., **21**, 43—46, 1889 b.
— Notes upon *Gryllus* and *Oecanthus*. Ent. Amer., **5**, 101—104, 1889 c.
— The male element the originating factor in the development of species. Psyche Cambr. Mass., **5**, 269—272, (1891) 1889 d.
— A List of the Orthoptera of Illinois. Psyche Cambr. Mass., **6**, 3—9, 21—27, 62—66, 73—78, (1893) 1891.
— Revision of the Truxalinae of North America. Proc. Davenport Acad. nat. Sci., **6** (1889—97), 179—274, Taf. 1—VI, 1897; Some corrections in generic names in Orthoptera. Psyche Cambr. Mass., **8**, 71, (1899) 1897.
— McNeill on Truxalinae. Psyche Cambr. Mass., **8**, 55, (1899) 1897.
— Notes on Arkansas Truxalinae. Canad. Entomol., **31**, 53—55, 1899 a.
— Arkansas Melanopli. Psyche Cambr. Mass., **8**, 332—334, 343—346, 366—371, 1899 b.
— Variation in the venation of *Trimerotropis*. Amer. Natural., **34**, 471—481, 12 Fig., 1900 a.
— *Orchelimum*, Serv. Canad. Entomol., **32**, 77—83, 1900 b.
— The Orthopteran genus *Trimerotropis*. Psyche Cambr. Mass., **9**, 27—36, (1902) 1900 c.

Macowan, Peter
siehe Trimen, Roland; Peringuey, Louis & Macowan, Peter 1886.
— Economic Entomology at the Cape of Good Hope. [Nach: Journ. Dep. Agric. Cape Colony.] Period. Bull. Dep. Agric. Ent. (Ins. Life), **5** (1892—93), 272—273, 1893.

MacPherson, Peter
Some causes of the decay of the Australian Forests. Trans. Proc. R. Soc. N. S. Wales, **19** (1885), 83—96, 1 Taf. (unn.), 1886.

Macpherson, T . . .
Note on *Hestia Malabarica*. Journ. Bombay nat. Hist. Soc., **2**, 164—165, 1 Taf. (unn.), 1887.

Macpherson, W . . . M . . .
Public Insectariums. Sci. Gossip, (**7**) (1871), 190, 1872.

McRae,
(*Colias edusa* not abundantly two years in succession.) [Mit Angaben von R. Adkin, Hawes, Auld u. a.] Proc. S. London ent. Soc., **1892—93**, 51—53, [1894].

Macrae, George
Tunnelling Bees. Sci. Gossip, (**6**) (1870), 190, 1871.

Macrae, R . . .
Cholera and flies. Brit. med. Journ., **1894**, Bd. 2, 1388, 1894.
— By-ways of infection. (Flies and cholera.) [Nach: Indian med. Gazette.] Brit. med. Journ., **1895**, Bd. 1, 38, 1895.

McRae, W . . .
Dasycampa rubiginea, Eremobia ochroleuca and *Sphinx Convolvuli*, at Christchurch. Entomologist, 7, 22—23, 1874.
— *Sphinx Convolvuli* and *Macaria alternata* at Christchurch. Entomologist, **8**, 278, 1875 a.
— *Sphinx Convolvuli* at Christchurch. Entomologist, **8**, 278, 1875 b.
— *Cossus ligniperda* at Sugar. Entomologist, **9**, 207—208, 1876 a.
— *Deiopeia pulchella* and *Sphinx Convolvuli* near Christchurch. Entomologist, **9**, 258, 1876 b.
— Absence of *Colias Edusa* in 1878. Entomologist, **11**, 228, 1878.
— *Laphygma exigua*. Entomologist, **12**, 182, 1879 a.
— Abundance of *Pyrameis cardui* and *Plusia gamma*. Entomologist, **12**, 222, 1879 b.
— *Deilephila livornica* at Bournemouth. Entomologist, **13**, 281, 1880.

— Abundance of *Hybernia defoliaria* and other Larvae in the New Forest. Entomologist, **14**, 179, 1881 a.
— Probable Extermination of *Hesperia Actaeon* at Lulworth. Entomologist, **14**, 252—253, 1881 b.
— Entomological Notes from Bournemouth. Entomologist, **14**, 261—262, 1881 c.
— Retarded Development of *Saturnia carpini*. Entomologist, **15**, 131—132, 1882 a.
— *Acronycta alni* in the New Forest. Entomologist, **15**, 162, 1882 b.
— Scarcity of Insects. Entomologist, **15**, 209, 1882 c.
— *Lycaena Boetica* near Bournemouth. Entomologist, **15**, 260, 1882 d.
— Retarded Emergence of *Sphinx ligustri*. Entomologist, **16**, 187, 1883 a.
— Prolonged Existence of Ichneumon in Pupa. Entomologist, **16**, 188—189, 1883 b.
— Notes from Bournemouth; and remarks on the scarcity of Lepidoptera. Entomologist, **16**, 201—203, 1883 c.
— *Sphinx convolvuli* in Hampshire, &c. Entomologist, **16**, 235, 1883 d.
— *Colias edusa* in Hampshire. Entomologist, **16**, 259, 1883 e.
— *Epunda nigra* at Bournemouth. Entomologist, **17**, 43, 1884.
— *Choerocampa celerio* at Bournemouth. Entomologist, **18**, 294, 1885 a.
— Abundance of *Sphinx convolvuli* at Bournemouth. Entomologist, **18**, 296—297, 1885 b.
— *Deiopeia pulchella* in Hampshire. Entomologist, **18**, 298—299, 1885 c.
— *Anosia plexippus* in Bournemouth. Entomologist, **19**, 277, 1886.
— *Macroglossa stellatarum* at Bournemouth. Entomologist, **26**, 327, 1893.

MacSwaine, J . . . B . . . S . . .
Sirex gigas in Ireland. Entomologist, **22**, 237, 1889.

McWeeney, E . . . J . . .
in Notes Fauna Flora Clonbrock 1896.

Madagascar siehe Recherches Faune Madagascar 1868—77.
Madagascar siehe Liste Coléoptères Madagascar 1899.

Madarassy, László
Új légy-fajok. Diptera nova ex Hungaria. Természetr. Füz.; Naturhist. Hefte, **5** (1881), 37—39, 1882.

Máday, Izidor
[In der Angelegenheit der Phylloxera.] A phylloxera ügyében. Természettud. Közl., **6**, 397, 1874.

Madden, G. . . C . . . (B)
A short account of a four days' trip to Sherwood Forest. Entomol. monthly Mag., **9**, 139—140, (1872—73) 1872.
— Curious Instinct in Bees. Entomologist, **6**, 567, (1872—73) 1873.
— *Sphinx Convolvuli* at Huddersfield. Entomologist, **8**, 223, 1875.
— Preservation against Mites, &c. Entomologist, **9**, 71, 1876.
○ A paper on *Apis mellifica*. Young Natural. London, **2**, 11—12, 22—23, 1880.

Maddison, J . . .
Late Emergence of *Paec. Populi*. Brit. Natural., **1**, 34, 1891.

Maddison, T . . . (A)
(*Lycaena medon* var. *salmacis*.) Entomol. Rec., **1**, 97—98, (1890—91) 1890.
— (*Eudorea ulmella* (*Scoparia conspicualis*) in the Castle Eden District.) Entomol. Rec., **1**, 347, (1890—91) 1891 a.
— (*Polia chi* var. *olivacea*.) Entomol. Rec., **2**, 107, 1891 b.
— (*Agrotis cinerea*.) Entomol. Rec., **2**, 164, 1891 c.
— (*Agrotis ravida*.) Entomol. Rec., **2**, 185, 1891 d.
— (Moisture Experiment.) Entomol. Rec., **3**, 51—52, 1892.
— (Heredity.) [Mit Angaben von A. W. Mera.] Entomol. Rec., **4**, 3—4, 1893.
— siehe Robinson, Arthur & Maddison, T . . . 1893.
— (*Eupithecia succenturiata* and *E.subfulvata*.) [Mit Angaben von J. Finlay & Richard Freer.] Entomol. Rec., **7**, 83, (1895—96) 1895 a.
— (How should larvae of *Agrotis ashworthii* be hybernated?) [Mit Angaben von J. W. Tutt, L. S. Brady.] Entomol. Rec., **7**, 85—86, (1895—96) 1895 b.
— (*Polia chi* var. *olivacea*.) Entomol. Rec., **7**, 143—144, (1895—96) 1895 c.
— (An autumnal emergence of *Noctua conflua*.) Entomol. Rec., **7**, 155, (1895—96) 1895 d.
— (Uniformity in the sizes of pins used.) Entomol. Rec., **7**, 202—203, (1895—96) 1896 a.
— (*Acherontia atropos* at Durham.) Entomol. Rec., **8**, 193, 1896 b.
— (Notes from Durham.) Entomol. Rec., **8**, 269, 1896 c.
— (Retarded emergences of *Petasia nubeculosa*, and hints as to pairing this species in captivity.) Entomol. Rec., **9**, 182, 1897.
— (Variation of *Diurnea fagella*.) Entomol. Rec., **11**, 191, 1899.
— (Erratic emergence of *Abraxas grossulariata*.) Entomol. Rec., **12**, 130—131, 1900.

Maddock, P . . . H . . .
Lepidoptera near Marlborough. Entomologist, **15**, 68—69, 1882.

Maddox, Richard L . . .
On the apparent relation of the Nerves to the Muscular Structures in the Aquatic Larva of *Tipula crystallina* of De Geer. Proc. R. Soc. London, **16** (1867—68), 61—62, 1868.
— Remarks on the General and Particular Construction of the Scales of some of the Lepidoptera, as bearing on the Structure of the „Test Scale" of *Lepidocyrtus curvicollis*. Monthly micr. Journ., **5**, 247—266, Taf. LXXXVI—LXXXVIII, 1871
— Experiments on Feeding some Insects with the Curved or „Comma" Bacillus, and also with another Bacillus (*B. subtilis*?). Journ. R. micr. Soc., (2) **5**, 602—607; Further Experiments on Feeding Insects . . . 941—952, 1885.
○ On the Apparent Structure of the Scales of *Seira buskii* in relation to the Scales of *Lepidocyrtus curvicollis*. Trans. Amer. micr. Soc., **18**, 194—200, 1 Taf., 1897.
○ Experiments in Feeding some Insects with Cultures of Comma or Cholera Bacilli. Trans. Amer. micr. Soc., **20**, 75—79, 1899.

Mader,
○ Zur Förderung des Seidenbaues. Mitt. Mähr.-Schles. Ges. Ackerb., **1867**, 282—283, 1867.

Mader,
Das Absterben der Obstbäume in Süd-Tirol. Ill. Mh. Obst-Weinbau, (N. F.) **10**, 206, 1874.
— Mittel gegen die Blutlaus. (Auszug eines Vortrages:) Die Blutlaus und ihr Auftreten im Vereinsgebiet des Landwirthschafts- und Gartenbau-Vereins. [Nach: Mitt. landw. Gartenbauver. Bozen.] Pomol. Mh., (N. F.) **1**, 237—239, 361—365, 2 Fig., 1875.

Mader, W . . .
Beiträge zur Kenntnis reiner Honigsorten. Arch. Hyg., **10**, 399—444, 1890.
○ [Sonderdr.:] Dissertation München. 48 S., München, 1890.

Madeson, M . . . T . . .
Eremobia ochroleuca in Kent. Entomologist, **6**, 546, (1872—73) 1873.

Madinier, P . . .
○ Breve noticia sobre o cafeeiro. Revista Agric. Imp. Ins. Fluminense, **3**, 29—34, 1870.

Madoskie, G [Ref.]
siehe Kraepelin, Karl 1883.
— [Ref.] siehe Emery, Carlo 1884.
— [Ref.] siehe Witlaczil, Emanuel 1885.

Mäklin, Friedrich Wilhelm
geb. 21. 5. 1821 in Wiborg, gest. 8. 1. 1883 in Helsingfors, Prof. d. Zool. d. Univ. Helsingfors. — Biogr.: Wien. ent. Ztg., **2**, 48, 1883; Ent. Nachr., **9**, 56, 1883; (Albert Fauvel) Rev. Ent. Caen, **2**, 48, 1883; (G. Kraatz) Dtsch. ent. Ztschr., **27**, 396—397, 1883; (Oskar Th. Sandahl) Ent. Tidskr., **4**, 6—8, 51—52, 1883 m. Schriftenverz.; (C. V. Riley) Amer. Natural., **17**, 424, 1883; Psyche Cambr. Mass., **4**, 39, (1890) 1883; Acta Soc. scient. Fenn., **14**, 1—16, (1885) 1883; Leopoldina, **19**, 55, 1883; Zool. Anz., **6**, 80, 1883; (O. M. Reuter) Finsk Biogr. Handbok, 1528—1530, 1900.
— Om blinda djur. Öfv. Finska Vetensk. Soc. Förh., **6** (1863—64), 5—9, 1864 a.
— Darwins teori om uppkomsten af djur- och vextarter. Öfv. Finska Vetensk. Soc. Förh., **6** (1863—64), 83—134, 1864 b.
— Om uppkomsten af mjöldrygor (*Secale cornutum*). Öfv. Finska Vetensk. Soc. Förh., **6** (1863—64), 151—152, 1864 c.
— Om vivipara dipter-larver. Öfv. Finska Vetensk. Soc. Förh., **8** (1865—66), 22—32, 1866 a.
— Om Strepsiptera och deras förekommande i Finland. Öfv. Finska Vetensk. Soc. Förh., **8** (1865—66), 84—92, 1866 b.
— Monographie der Gattung *Strongylium* Kirby, Lacordaire und der damit zunächst verwandten Formen. Acta Soc. scient. Fenn., **8**, 215—218, 1867 a.
— Ytterligare om Strepsiptera och deras förekommande i Finland. Öfv. Finska Vetensk. Soc. Förh., **9** (1866—67), 66—69, 1867 b.
— Några notiser om insekt-faunan i trakten af staden Petrosawodsk. Öfv. Finska Vetensk. Soc. Förh., **11** (1868—69), 71—78, 1869 a.
— Bidrag till kännedom om den geografiska utbredningen i Finland af *Holostomis phalaenoides* L. och *Hol. altaica* Fisch. v. Waldh. Öfr. Finska Vetensk. Soc. Förh., **11** (1868—69), 78—81, 1869 b.
— Verldshandelns inflytande på enskilda djurarters geografiska utbredning. Öfv. Finska Vetensk. Soc. Förh., **12** (1869—70), 87—93, 1870 a.
— Om *Cicada montana* Scop. och dess förekommande i Finland. Öfv. Finska Vetensk. Soc. Förh., **12** (1869—70), 94—96, 1870 b.
— Om parthenogenesis eller jungfrulig fortplantning hos *Polistes gallica* L. Öfv. Finska Vetensk. Soc. Förh., **12** (1869—70), 112—118, 1870 c.
— Synonymische und systematische Bemerkungen. [Coleoptera.] Stettin. ent. Ztg., **33**, 242—249, 1872. [Siehe:] Sahlberg, John: **34**, 62—64, 1873.
— Neue Mordelliden. Acta Soc. scient. Fenn., **10**, 561—595, 1875 a.
— Neue Canthariden. Acta Soc. scient. Fenn., **10**, 597—632, 1875 b.
— Neue *Statira*-Arten und einige mit der genannten Gattung verwandte Formen. Acta Soc. scient. Fenn., **10**, 633—660, 1875 c.
— Neue Cisteliden. Acta Soc. scient. Fenn., **10**, 661—682, 1875 d.
— Anmärkningar beträffande några förut beskrifna Canthariden. Öfv. Finska Vetensk. Soc. Förh., **17** (1874—75), 77—83, 1875 e.
— Diagnoser öfver några nya siberiska insektarter. Öfv. Finska Vetensk. Soc. Förh., **19** (1876—77), 15—32, 1878 [1877?][1]).
[Darin:]
Reuter, Odo Morannal: *Salda amoena* Reut. n. sp. 31—32.
— Nya arter af slägtet *Poecilestus* Blanchard. Öfv. Finska Vetensk. Soc. Förh., **20** (1877—78), 64—94, 1878 a.
— Några bidrag till kännadom af slägtet *Talanus* Dejean Cat. Öfv. Finska Vetensk. Soc. Förh., **20** (1877—78), 95—103, 1878 b.
— Diagnoser öfver förut obeskrifna *Statira*-arter från Nya Granada. Öfv. Finska Vetensk. Soc. Förh., **20** (1877—78), 104—117, 1878 c.
— Fabricii och Erichsons *Statira*-arter ånyo beskrifna. Öfv. Finska Vetensk. Soc. Förh., **21** (1878—79), 243—247, 1879.
Ytterligare diagnoser öfver några nya sibiriska Coleopter-arter. Öfv. Finska Vetensk. Soc. Förh., **22** (1879—80), 79—86, 1880.
— Coleoptera insamlade under den Nordenskiöld'ska expiditionen 1875 pa nagra ösar vid Norges nordvestkust, pa Novaja Semlja och ön Waigatsch samt vid Jenissej i Sibirien. Svenska Vetensk.-Akad. Handl., (N. F.) **18** (1880), Nr. 4, 1—48, 1881.

Märcker, Max . . .
siehe Gerstäcker, Carl Eudard Adolf; Nördlinger, Herman von & Märcker, Max . . . 1875.
○ Über die *Phylloxera*-Epidemie in Frankreich. Ztschr. landw. Zentr.-Ver. Prov. Sachsen, **33**, 77—81, 1876.

Märklin,
Traubenwurm. Wbl. landw. Ver. Baden, **1869**, 245, 1869.

(Märky,)
Megfulladt vizibogár. Rovart. Lapok, **6**, 196; [Dtsch. Zus.fassg.:] (Ertrunkener Schwimmkäfer.) (Auszug) 18, 1899.

Märtens,
Tortrix viridana. Ztschr. Forst- u. Jagdwes., **6**, 119—120, 1874.

Maestri,
siehe Gibelli,; Maestri, & Colombo 1873.

Maestri, Angelo
○ Nuovi cenni sulla *Vanessa* del cardo e Relazione in-

[1]) 1878 sehr wahrscheinlich Druckfehler, Arbeit wird im Zool. Record für 1877 zitiert.

torno alle farfalle notturne che danneggiano il granoturco. 8°, 8 S., Pavia, tip. Succ. Bizzoni, 1879.

Maffre, E . . .
○ Racines adventives ou volantes créées par une methode nouvelle et mises hors des atteintes du *Phylloxera*. 8°, Montpellier, 1880.

Magalhaensische Sammelreise siehe Hamburger Magalhaensische Sammelreise 1896—1907.

Magalhães, P . . . S . . . de
○ Subsidio al estudo das Myiases. Rio de Janeiro, 1893. [Ref.:] Havelburg: Zbl. Bakt. Parasitenk., **14**, 370—371, 1893.
— (Diptères parasites connues au Brésil.) Bull. Soc. zool. France, **20**, 116—118, 1895.
— Observations sur les Dermatobies. Bull. Soc. zool. France, **21**, 178—179, 1896.

Magdala,
La zeuzère de marronnier. [Nach: Journ. Agric. Hortic. Gironde.] Insectol. agric., **1**, 49—52, 2 Fig., 1867 a.
— Le Liparis disparate (*Liparis dispar*, Linn.). [Nach: Boisduval, Essai sur l'Entomologie horticole.] Insectol. agric., **1**, 135—139, 3 Fig., 1867 b.

Magenau,
○ Der Kartoffelkäfer. Wbl. landw. Ver. Baden, **1877**, 213—214, 1877.
○ Über einige heuer besonders häufig vorkommende schädliche Insecten. Wbl. landw. Ver. Baden, **1878**, 219—221, 1878.

Magerstein, Vinc . . . Th . . .
Einiges aus der Naturgeschichte der Tannenrindenläuse „*Chermes* L." Zbl. ges. Forstwes., **9**, **320—323**, 1 Fig., 1883.

Maget, G . . .
Note sur la faune du Japon. Arch. Méd. nav., **28**, 5—22, 1877.

Maggi, G . . .
○ Sulle prove precoci in aprile. Giorn. Indust. serica, **3**, 115—116, 1869.
○ Sulla confezione del seme bachi. Giorn. Indust. serica, **4**, 193—195, 1870.
○ Sulla conservazione delle sementi. Riv. settim. Bachicolt., **3**, 17, 1871.
○ Osservazioni sulla nota del signor Dr. Alberto Levi circa i suoi esperimenti sui caratteri esterni delle singole deposizioni. Riv. settim. Bachicolt., **4**, 206—207, 1872.
○ Sulla partenogenesi delle farfalle del baco da seta. Riv. settim. Bachicolt., **5**, 6—7, 1873 a.
○ Sugli esami microscopici. Riv. settim. Bachicolt., **5**, 21—22, 1873 b.
○ Sui doppi e sulle rugginose. Riv. settim. Bachicolt., **8**, 61—63, 1876.

Maggi, Leopoldo Prof.
geb. 15. 5. 1840 in Rancio-Valcuvia, gest. März? 1905 in Pavia?. — Biogr.: (P. Pavesi) Boll. Mus. Zool. Anat. Torino, **20**, Nr. 489, 1—6, 1905.
— Sull' architettura delle formiche. Nuove osservazioni. Rend. Ist. Lomb. Sci. Lett., (2) **7**, 86—89, 1874 a.
— Sopra un nido singolare della *Formica fuliginosa* Latr. Atti Soc. Ital. Sci. nat., **17**, 64—98, 3 Fig., Taf. III—VI, 1874 b; Intorno ai nidi della . . . **18**, 83—91, 1875. — [Abdr., z. T.?:] Studi Labor. Stor. nat. Univ. Pavia, **1874—75**, 11 S., 1875.

Magistris, L . . . F . . . de
siehe Dalla Vedova, G . . . & Magistris, L . . . F . . . de 1895.

Magliani, A . . .
siehe Majorana-Calatabiano, & Magliani, A . . . 1879.

Magnien, Achille
Culture des laitues. Bull. Soc. Linn. Bruxelles, **20**, Nr. 3, 6—7; Nr. 4—5, 5—6, 1895 a.
— Manière de tuer et d'utiliser les hannetons détruits.[1]) [Ref.] Rev. scient., (4) **4**, sem. 2, 62—63, 1895 b.
— Contre le Puceron lanigère. Bull. Soc. Linn. Bruxelles, **24**, Nr. 2, 5—7, 1898.

Magnin,
Chevaux tués par des larves d'Oestrides cuticoles. C. R. Mém. Soc. Biol. Paris, (7) **2** (**32**) (1880), C. R. 193—194, 1881.

Magnin, A . . .
○ Rapport à M. le Ministre de l'agriculture et du commerce sur les travaux du comité d'études et de vigilance pour la destruction du phylloxera dans le département du Rhône pendant l'année 1879 et sur la situation phylloxérique de ce département. 8°, 24 S., Lyon, Gazette agricole et viticole du Sud-Est, 1880.

Magnin, Ant . . .
○ Le *Leptinus testaceus* de la grotte des Orcières et les insectes cavernicoles. Mèm. Soc. Hist. nat. Doubs, Nr. 1, 54—56, 1900.

Magnin, Jules (Antonie Maurice)
geb. 9. 4. 1859 in Paris.
— *Cicindela maritima*. Feuille jeun. Natural., **8**, 161, (1877—78) 1878.
— Note sur l'habitat du *Sibinia sodalis* Germ. [Col.]. Bull. Soc. ent. France, **1896**, 386, 1896.
— (*Lathridius Bergrothi* Reitt.) Bull. Soc. ent. France, **1897**, 306, 1897 a.
— Note sur les moeurs du *Sibinia sodalis* Germ. [Col.]. Bull. Soc. ent. France, **1897**, 309—310, 1897 b.
— Captures de Coléoptères dans les environs de Paris. Bull. Soc. ent. France, **1899**, 333, 1899.

Magnus, Hugo
Ein Blick in die Sinnenwelt der Tiere. Humboldt, **1**, 430—436, 1882.

Magnus, Paul Wilhelm
geb. 1844.
— (Ueber das Auftreten von *Niptus hololeucus* Fald. bei Greiz.) SB. Ges. naturf. Fr. Berlin, **1883**, 48—49, 1883.
— Über die Bestäubungsverhältnisse von *Silene inflata* Sm. Verh. bot. Ver. Brandenburg, **29** (1887), V—VI, 1888.

Magretti, Paolo Dr.
geb. 15. 12. 1854 in Milano, gest. 30. 8. 1913 in Paderno Dugnano b. Mailand. — Biogr.: (R. Gestro) Ann. Soc. ent. France, **82**, 792, 1913; Ent. News, **24**, 432, 1913; (Senna) Bull. Soc. ent. Ital., **45**, 245—247, 1913; Miscellanea, **21**, 48—49, 1913; (G. Mantero) Ann. Mus. Stor. nat. Genova, (3) **6**, 51—58, 1913—15 m. Porträt & Schriftenverz.; (F. Sordelli) Atti Soc. Ital. Sci. nat., **53**, 1—10, 1914.
— Rapporto su di un'escursione nella Sardegna compiuta nel dicembre 1877. Atti Soc. Ital. Sci. nat., **21**, 451—463, 1878; Una seconda escursione zoologica all'Isola di Sardegna. Lettera al Prof. P. Pavesi. **23**, 18—41, Taf. 1, 1880.

[1]) vermutl. Autor

○ Intorno ad alcune casi di albinismo negli Invertebrati. Boll. scient. Pavia, **3**, Aprile, 1881 a.
○ Del prodotto di secrezione particolare in alcuni Meloidi: esame microscopico. Boll. scient. Pavia, **3**, 23—27, 12 Fig., 1881 b.
— Osservazioni e note sulla cattura di alcuni Imenotteri. Resoc. Soc. ent. Ital., **1881**, 7—8, 1881 c.
— Sugli Imenotteri della Lombardia. Memoria I. Bull. Soc. ent. Ital., **13**, 3—42, 89—123, 213—273, 1881 d; ... Memoria II. **14**, 157—190, 269—301, 1882; ... Memoria III. **19**, 189—257, Taf. VI—VII; 289—322, (1887) 1888.
○ Sopra una galla di quercia raccolta dal fu prof. G. Balsamo-Crivelli. Boll. scient. Pavia, Nr. 1, 1882 a.
○ Richerche microscopiche sopra i liquidi di secrezione e di circulazione nelle larve d'alcuni Imenotteri tentredinidei. Boll. scient. Pavia, **4**, 58—59, 1882 b.
— Varietà ed anomalie osservate in alcune specie di Tentredini. Bull. Soc. ent. Ital., **14**, 239—241, 1882 c.
— Di alcune specie d'Imenotteri raccolte in Sardegna. Natural. Sicil., **1** (1881—82), 158—162, 1882 d.
— in Cavanna, Guelfo 1882.
— Descriptions de trois nouvelles espèces d'Apiaires trouvées en Italie. Ann. Soc. ent. France, (6) **3**, 199—205, Taf. 7 (Nr. III, Farbfig. 1—3), 1883.
— Nel Sudàn orientale. Ricordi d'un viaggio in Africa per studii zoologici. Atti Soc. Ital. Sci. nat., **27**, 257—355, Taf. X, 1884 a.
— Raccolte Imenotterologiche nell'Africa orientale. Relazione preventiva. Bull. Soc. ent. Ital., **15**, 241—253, 3 Fig., (1883) 1884 b; Risultati di raccolte ... orientale. Ann. Mus. Stor. nat. Genova, (2) **1** (**21**), 523—636, 3 Fig., Farbtaf. **I**, 1 Karte, 1884.
— Nota d'Imenotteri raccolti dal Signor Ferdinando Piccioli nei dintorni di Firenze Colla descrizione di alcune nuove specie e di un genere nuovo. Bull. Soc. ent. Ital., **16**, 97—122, Farbtaf. II, 1884 c.
○ Spedizione G. Godio nel Sudan orientale, 1883. Genni preliminari sulle osservazioni e raccolte di Storia naturale. Cosmos Torino, **8**, fasc. III, 1884 d.
— Di una galla di Cinipide trovata sulle radici della vite (*Vitis vinifera*). Bull. Soc. ent. Ital., **17**, 207—208, 1885.
— Varietà e specie nuove di Imenotteri Terebranti, Tentredinidei. Bull. Soc. ent. Ital., **18**, 24—29, 1886.
— Diagnosi di alcune specie nuove d'Imenotteri Pompilidei raccolte in Lombardia. Nota preventiva. Bull. Soc. ent. Ital., **18**, 402—405, (1886) 1887 a.
— La mouche a scie du rosier (*Hylotoma pagana*). Naturaliste, (2) **1**, 107—108, 1 Fig., 1887 b.
— Sur quelques particularités biologiques de deux espèces d'insectes hyménoptères. Naturaliste, (2) **3**, 84—85, 1 Fig., 1889.
— Imenotteri di Siria raccolti dall'Avv. to Augusto Medana R. Console d'Italia a Tripoli di Siria, con descrizione di alcune specie nuove. Ann. Mus. Stor. nat. Genova, (2) **9** (**29**), 522—548, (1889—90) 1890.
— Di alcune specie d'Imenotteri raccolte dall'Ing. L. Bricchetti Robecchi nel Paese dei Somali. Ann. Mus. Stor. nat. Genova, (2) **10** (**30**), 950—960, (1890—91) 1892.
— in Viaggio Leonardo Fea Birmania (1887—1900) 1892.
— in Esplorazione Giuba 1895.
— Di alcuni Imenotteri parassiti di Lepidotteri. Atti Soc. Ital. Sci. nat., **36**, 83—86, 1896.
— in Viaggio Leonardo Fea Birmania (1887—1900) 1897.
— Imenotteri della seconda spedizione di Don Eugenio dei Principi Ruspoli nei paesi Galla e Somali. Ann. Mus. Stor. nat. Genova, (2) **19** (**39**), 25—56, 1898.
— Imenotteri dell'ultima spedizioni del Cap. Bottego. Ann. Mus. Stor. nat. Genova, (2) **19** (**39**), 583—612, (1898) 1899.

Magri,
Kolik von Bremsenlarven [Oestridae]. [Nach: Med. vet. Torino, 1868.] Repert. Tierheilk., **30**, 78—79, 1869.

Magriñá, Antonio
○ Mi resumen filoxérico de 1878—1880. An. Agric. Argent., (2) **1**, 395—399, 1880.

Mahony, James A ...
On the Organic Remains found in Clay near Crofthead Renfrewshire. Geol. Mag., **6**, 390—393, 1869.

Mahr, Carl Herm[ann]
Beitrag zur Kenntniss fossiler Insecten der Steinkohlenformation Thüringens. N. Jb. Min. Geol. Palaeont., **1870**, 282—285, 2 Fig., 1870.

Mahrenholtz,
(Larven des „Coloradokäfers" [*Coccinella 7-punctata*].) Jahresber. Schles. Ges. vaterl. Kult., **64** (1886), 226—227, 1887.

Mahul, S ... Emma
○ L'entomologie en cent distiques dediée aux jeunes garçons avec une préface également en vers, contenant la biographie, comme naturaliste, du général comte Dejean, son père. 4°, 159 S., Firenze, tip. Botta, 1870.

Maiburg, Alfred v ...
Die Totengräber in der Natur. Nerthus, **2**, 128—129, 1 Fig. (S. 127), 1900.

Maier, Ernst
○ Zur Bekämpfung des Apfelblütenstechers. Ill. Gartenztg. Erfurt, **12**, 17, 1898.

Maillard, E ... Oct ...
De la *Lucilia hominivorax* [*Compsomyia macellaria*]. Arch. Méd. nav., **18**, 222—224, 1872.

Maillard, Pierre Néhémie
geb. 1813.
○ Papillons des Deux-Sèvres. Description des Rhopalocères ou papillons diurnes suivie de celle des Sphingides. 16°, XXII+70 S., ? Fig., Melle, Lacuve, 1878.

Maillard de Marafy, de
siehe Malartic, H ... de & Maillard de Marafy, de 1872.

Mailles, Ch ...
L'Industrie de la Cochenille au Guatémala. [Nach: Montreal Daily Star.] Bull. Soc. Acclim. Paris, (4) **3** (**33**), 122—123, 1886.
— Maladie des ailantes. Bull. Soc. Acclim. Paris, (4) **5** (**35**), 909—910, 1888.

Maillet,
siehe Balbiani, Edouard Gérard & Maillet, 1881.

Maillot, Eugène
geb. 1841.
— Sur la sériciculture en Corse. C. R. Acad. Sci. Paris, **69**, 361—363, 1869.
○ [Ital. Übers.:] Sulla sericoltura in Corsica. Giorn. Indust. serica, **3**, 300—301, 1869.

○ L'industria serica in Corsica. Riv. settim. Bachicolt., **3**, 26, 33—34, 1871.
— Le retrait de l'épidémie des vers à soie et la méthode Pasteur. Journ. agric. prat. Paris, **37**, Bd. 2, 76—78, 1873 a.
○ La decrescenza dell'epidemia dei bachi da seta ed il metodo Pasteur. Riv. settim. Bachicolt., **5**, 166—167, 174—175, 177—178, 1873 b.
○ Le système Pasteur et ses résultats. 8°, 18 S., Montpellier, Coulet, 1875 a.
○ Mémoires et documents sur la sériciculture. De la production des graines de vers à soie. 8°, 24 S., Montpellier, Coulet, 1875 b.
○ Rapport sur la 3. question relation à la flacherie. Act. Mém. Congr. séricicol. int., **4** (1874), 146—151, 1875 c.
○ Note sur le sens du mot gattine. Act. Mém. Congr. séricicol. int., **4** (1874) 190, 1875 d.
— Rapport sur les maladies des cédratiers en Corse. Ann. agron., **1**, 321—349, 1875 e.
○ Della produzione del seme bachi. Riv. settim. Bachicolt., **7**, 142—143, 146—147, 149—150, 153—154, 157, 1875 f.
○ De l'art d'élever les vers à soie. 8°, 34 S., Montpellier, Coulet, 1876 a.
○ De l'éclosion des graines de vers à soie par le frottement, l'electricité et l'hivernation artificielle. Revue des travaux les plus récents. 8°, 23 S., Montpellier, Coulet, 1876 b.
○ Méthodes de sélection pour la confection des graines de vers à soie; revue des travaux les plus récents. 8°, 23 S., Montpellier, Coulet, 1876 c.
○ Des principes du grainage. 2. Aufl. 8°, 27 S., Montpellier, C. Coulet, 1878.
○ I principii del confezionamento del seme. Bacologo Ital., **1**, 76—78, 84—85, 93—94, 100—101, 107—108, 113—114, 1878—79.
○ Méthode économique pour les éducations de vers à soie. 8°, 7 S., Draguignan, impr. Latil, 1880.

Mailly, (Nicolas) Édouard
geb. 1810, gest. 1891.
— Sur le dessein qu'on avait formé en 1760 de faire l'acquisition du naturaliste Michel Adanson et de son cabinet pour l'Université de Louvain. Mém. cour. Acad. Belg. (Cl. Sci.), **29**, Nr. 1, 1—20, 1880.

Main,
(*Aspidomorpha sanctae-crucis.*) Proc. S. London ent. Soc., **1899**, 71—72, [1900].

Mainardi, Athos Prof. Dr.
gest. 26. 11. 1943.
— Elenco di Platiceridi, Scarabeidi, Buprestidi e Cerambicidi raccolti presso Livorno. Bull. Soc. ent. Ital., **30**, 221—231, (1898) 1899.

Maindron, Maurice
geb. 7. 2. 1857 in Paris, gest. 19. 7. 1911 in Paris. — Biogr.: Dtsch. ent. Ztschr., **1911**, 732, 1911; (A. Janet) Bull. Soc. ent. France, **1911**, 272—279, 1911; (H. Desbordes) Dtsch. ent. Nation.-Bibl., **2**, 136, 1911; (H. Desbordes) Ann. Soc. ent. France, **80** (1911), 503—510, (1911—12) 1912 m. Porträt & Schriftenverz.; (A. Semenov-Tjan'-Šanskij) Rev. Russe Ent., **12**, 637—638, 1912.
— (*Leucospis Moleyrei*, Hym.) Ann. Soc. ent. France, (5) **8**, Bull. CIX—CX (= Bull. Soc. . . ., **1878**, 165), 1878 a.
— (*Leucopsis histrio.*) Ann. Soc. ent. France, (5) **8**, Bull. CXXX (= Bull. Soc. . . ., **1878**, 174), 1878 b.
— Notes pour servir à l'histoire des Hyménoptères de l'Archipel Indien et de la Nouvelle-Guinée. Ann. Soc. Soc. ent. France, (5) **8**, 385—398, Farbtaf. 9, 1878 [1879] a; (5) **9**, 173—182, Taf. 5, 1879.
— (*Leucospis Gambeyi.*) Ann. Soc. ent. France, (5) **8**, Bull. CLXIV—CLXV (= Bull. Soc. . . ., **1878**, 221—222), (1878) 1879 b.
— (Diagnose d'une nouvelle espèce d'Hyménoptères: *Odynerus ponticerianus.*) Ann. Soc. ent. France, (6) **2**, Bull. XV—XVI (= Bull. Soc. . . ., **1882**, 17), 1882 a.
— Histoire des Guêpes solitaires (Euméniens) de l'Archipel Indien et de la Nouvelle-Guinée. Ann. Soc. ent. France, (6) **2**, 69—76; . . . 2. partie. 169—188; . . . 3. partie. 267—286, Farbtaf. 3—5, 1882 b; Appendice au mémoire sur les Guêpes solitaires de l'archipel Austro-Malais. Sur la vie évolutive de l'*Eumenes petiolatus* var. Fabr., espèce habitant les indes orientales. (6) **5**, 219—224, Taf. 4, 1885.
— Les Papillons. Bibliothèque des Merveilles, 8°, 5 (unn.) + 272 S., 98 Fig., Paris, Libr. Hachette & Co., 1888 a.
○ La decalcomanie des papillons. Lépidochromie. La Nature, **16**, Bd. 2, 285—286, 4 Fig., 1888 b.
○ Conseils aux amateurs d'histoire naturelle. La chasse aux papillons. La Nature, **16**, Bd. 1, 203—306, 15 Fig.; 269—270, 7 Fig.; . . . La collection des papillons, **16**, Bd. 2, 107—110, 11 Fig., 1888 c. . . . Chasse et préparation des chenilles, **17**, Bd. 1, 251—254, 3 Fig., 1889.
— Lettre entomologique sur Obock. Ann. Soc. ent. France, **62**, Bull. CCIX—CCX, 1893.
— (Voyage dans le golfe d'Oman.) Bull. Mus. Hist. nat. Paris, **3**, 44—47, 1897.
— Descriptions de deux espèces nouvelles de Carabiques de l'Inde orientale [Col.] [*Chlaenius* et *Pheropsophus*]. Bull. Soc. ent. France, **1898**, 130—131, 2 Fig., 1898.
— Matériaux pour servir à l'histoire des Cicindélides et des Carabiques. I. Énumération des Cicindélides recueillis en septembre 1896, à Kurrachee (Sind). Ann. Soc. ent. France, **68**, 379—384, 4 Fig., 1899 a.
— Description d'une nouvelle espèce de Coléoptère Carabique recueillie dans le Sind (Inde occidentale) [*Pheropsophus Desbordesi*]. Bull. Soc. ent. France, **1899**, 16—17, 1899 b.
— Description d'une espèce nouvelle de *Cardiomera* [Col. Carab.]. Bull. Soc. ent. France, **1899**, 155—156, 1899 c.
— Description de nouveaux *Chlaenius* de l'Asie orientale [Col.]. Bull. Soc. ent. France, **1899**, 250—252, 1899 d.
— A propos des pelotes habitées par les chenilles de *Trichophaga*. Bull. Soc. ent. France, **1899**, 402, 1899 e.
— A monsieur le Professeur A. Giard. Ann. Soc. ent. France, **69**, 113—115, 1900 a.
— Description d'une nouvelle espèce d'Insecte coléoptère (*Calosoma Grandidieri*) découverte dans le sud de Madagascar par M. Alfred Grandidier. Bull. Mus. Hist. nat. Paris, **6**, 16—17, 1 Fig., 1900 b.

Maisch, John M . . .
Chinese blistering bugs. [Nach: Proc. Amer. pharm. Ass.] Pharm. Journ. London, (3) **3** (1872—73), 726—728, 1873.

Maison, Emile
[Ref.] siehe Petit, G . . . Albert 1897?.

Maisonnave, Juan
○ Instruccion sobre la filoxera, dirigada á los labradores. Madrid, 1878.

Maisonneuve, P . . .
Nouvelles recherches sur l'Anthonome du poirier. [Nach: Bull. Soc. indust. Angers, 1892.] Bull. Soc. Sci. Ouest, **2**, Teil 2, 37—38, 1892.

Maistre, Jules
Sur les effets des sulfocarbonates. C. R. Acad. Sci. Paris, **85**, 535, 1877.
— (Emploi du sulfocarbonate de potassium pour le traitement des vignes phylloxérées.) C. R. Acad. Sci. Paris, **87**, 102—103, 1878.
— Effets des sulfocarbonates dilués sur les vignes. C. R. Acad. Sci. Paris, **89**, 117—118, 1879 a.
○ Manière de conserver les vignes. Journ. Agric., **1**, 269—273, 1879 b.
— Note sur le *Phylloxera*. Les Mondes, **50**, 65—67, 1879 c.
○ Traitement des vignes par le sulfocarbonate de l'eau. Journ. Agric., **1**, 110—112, 1880 a.
○ Sur le congrès viticole de Saragosse. Journ. Agric., **4**, 191, 1880 b.
○ I bachi da seta. Bacologo Ital., **3**, 169—170, 1880—81.
— Moyen de combattre la maladie de la vigne. C. R. Acad. Sci. Paris, **95**, 474—475, 1882.
— Les vignes françaises conservées malgré le *Phylloxera*. [Mit Angaben von Boiteau & Barral.] C. R. Ass. Franç. Av. Sci., **11** (1882), 860—862, 1883.
○ *Phylloxera*. Journ. vinic., **9**, Nr. 26, 1, 1890.

Maitland, & **Ritsema**, Conrad, Cz.
(*Mutilla europaea* L.) Tijdschr. Ent., **29** (1885—86), XXV—XXVI, 1886.

Maitland, R . . . T . . .
(Opkweeking van rupsen van *Saturnia Pernyi*.) Tijdschr. Ent., **18** (1874—75), LXXXII—LXXXVIII, 1875.
— Determinatie der Dieren, beschreven en afgegeeld in de werken van Job Baster en Martinus Slabber. Tijdschr. Nederl. dierk. Ver., **2**, 7—15, 1876.

Maitres, Léon
○ Un ennemi du blé. Journ. Agric. prat. Paris, **30**, Bd. 1, 73, ? Fig., 1866.

Majendie, W . . . R . . . S . . .
(Lepidoptera of Sidmouth, Devon.) Entomol. Rec., **2**, 114—116, 1891.

Majewski, Erazmus
○ Insecta Neuroptera Polonica. 42 S., Warszawa, 1882.

Majorana-Calatabiano,
Provvedimenti contro la *Philloxera vastatrix*. Agricoltura Ital., **5**, 160—164, 1879.

Majorana-Calatabiano, & **Magliani**, A . . .
Legge per combattere la *Phylloxera vastatrix*. [Nach: La Gazzetta Ufficiale, 4. April.] Agricoltura Ital., **5**, 230—232, 1879.

Makowsky, Alexander
geb. 1833.
— Massenhaftes Auftreten der Raupen von *Vanessa Cardui* in Mähren. Verh. naturf. Ver. Brünn, **4** (1865), SB. 61—63, 1866.
— [Ueber *Hylotoma rosarum*.] Verh. naturf. Ver. Brünn, **6** (1867), SB. 39, 1868 a.
— Bericht über den Stand der Naturalien-Sammlungen, sowie über die Betheilung von Lehranstalten im Jahre 1867. Verh. naturf. Ver. Brünn, **6** (1867), SB. 80—86, 1868 b; . . . Jahre 1868. **7** (1868), SB. 61—62, 1869; . . . Jahre 1869. **8** (1869), SB. 67—69, 1870; . . . Jahre 1870. **9** (1870), SB. 77—80, 1871; . . . Jahre 1871. **10** (1871), SB. 54—57, 1872; . . . Jahre 1872. **11** (1872), SB. 51—53, 1873; . . . Jahre 1873. **12** (1873), H. 2., SB. 51—62, 1874; . . . Jahre 1874. **13** (1874), SB. 73—87, 1875; . . . Jahre 1875. **14** (1875), SB. 84—87, 1876; . . . Jahre 1876. **15** (1876), SB. 62—64, 1877; . . . Jahre 1877. **16** (1877), SB. 46—48, 1878; . . . Jahre 1878. **17** (1878), SB. 50—53, 1879; . . . Jahre 1879. **18** (1879), SB. 60—62, 1880; . . . Jahre 1880. **19** (1880), SB. 75—77, 1881; Bericht über die Einläufe und über die Betheilung von Lehranstalten mit Naturalien im Jahre 1881. **20** (1881), SB. 50—51, 1882; Bericht über die Einläufe bei den Naturaliensammlungen und über die Betheilung von Schulen im Jahre 1886. **25** (1886), SB. 60, 1887; . . . Jahre 1887. **26** (1887), SB. 47—49, 1888; . . . Jahre 1888. **27** (1888), SB. 49—50, 1889; . . . Jahre 1889. **28** (1889), SB. 46—48, 1890; Bericht über die Einläufe an Naturalien und Betheilung von Schulen mit naturhistorischen Sammlungen im Vereinsjahre 1890. **29** (1890), SB. 42—44, 1891; . . . Vereinsjahre 1891. **30** (1891), SB. 59—60, 1892; . . . Vereinsjahre 1892. **31** (1892), SB. 41—42, 1893; Bericht über den Stand der Naturaliensammlungen und die Betheilung von Schulen mit Lehrmittelsammlungen. **32** (1893), SB. 56—57, 1894; . . . **33** (1894), SB. 44—45, 1895; . . . **35** (1896), SB. 25—26, 1897; Bericht über die Einläufe an Naturalien im Jahre 1897. **37** (1898), SB. 24—25, 1899; . . . Jahre 1899. **39** (1900), 23—24, 1901.
— Über einen Feind der Rübensaaten. Verh. naturf. Ver. Brünn, **7** (1868), SB. 32, 1869.
— Ueber rübenverwüstende Käfer. Verh. naturf. Ver. Brünn, **9** (1870), SB. 49, 1871.
— Über *Atomaria linearis*. Verh. naturf. Ver. Brünn, **11** (1872), SB. 32, 1873.
— siehe Skácel, A . . . & Makowsky, Alexander 1874.
— Über massenhaftes Auftreten von *Zabrus gibbus* in Mähren. Verh. naturf. Ver. Brünn, **13** (1874), SB. 40, 1875 a.
— [Über den Käfer *Anomala Frischii*.] Verh. naturf. Ver. Brünn, **13** (1874), SB. 45, 1875 b.
— Über das Auftreten der *Phylloxera vastatrix* in Klosterneuburg. Verh. naturf. Ver. Brünn, **13** (1874), SB. 52—59, 1875 c.
— *Truxalis nasuta*. Verh. naturf. Ver. Brünn, **14** (1875), SB. 77, 1876 a.
— Ueber *Grapholita reliquana*. Verh. naturf. Ver. Brünn, **14** (1875), SB. 54, 1876 b; **15** (1876), H. 1, SB. 33, 1877; **16** (1877), SB. 31, 1878.
— Ueber *Harpalus ruficornis* Fr. Verh. naturf. Ver. Brünn, **15** (1876), H. 1, SB. 21, 1877 a.
— Ueber *Coccus Vitis*. Verh. naturf. Ver. Brünn, **15** (1876), H. 1, SB. 33—34, 1877 b.
— Ueber *Anthonomus Pyri* und *Anomala Vitis*. Verh. naturf. Ver. Brünn, **16** (1877), SB. 34, 1878.
— Ueber Rübenschädlinge. Verh. naturf. Ver. Brünn, **17** (1878), SB. 31, 1879.
— Ueber Verheerungen durch Insecten. Verh. naturf. Ver. Brünn, **25** (1886), SB. 40, 1887.

Malan, A . . .
Fleas in Rabbit. Sci. Gossip, **16**, 21, 1880.

Malapert,
(Note sur les dégâts causés par le *Bombyx anastomosis*.) [Mit Angaben von Bellier de la Chavignerie & J. Fallou.] Ann. Soc. ent. France, (4) **10**, Bull. VIII—IX, 1870.

Malard, A . . . Eug . . .
Liste des ouvrages et mémoires publiées de 1822 à 1891 par Armand de Quatrefages de Bréau. Arch. Mus. Hist. nat. Paris, (3) 4, I—XLIX, 1892.

Malartic, H . . . de
Utilisation des écorces de Muriers. [Nach: Journ. Agric. prat. Paris, Nr. 14, 1874.] Landw. Jb., 3, 19, 1874.

Malartic, H . . . de & **Maillard de Marafy**, de
(*Bombyx Ya-ma-maï* et *B. Mylitta.*) Bull. Soc. Acclim. Paris, (2) **9**, 453—456, 1872.

Malbosc, P . . . de
○ Maladie des vers à soie. Journ. Agric. prat. Paris, **31**, Bd. 1, 763—764, 1867.

Malbranche, Alexandre François
geb. 1818, gest. 1888.
○ Note sur la petite Tenthrède du pin. Bull. Soc. Agric., **27**, 1872.
— Invasion des bois de pins par la petite Tenthrède du pin (*Tenthredo pini*). Bull. Soc. Amis Sci. nat. Rouen, **8** (1872), Sem. 2, 27—30, 1873.
— (Diverses espèces de galles à feuilles de chêne.) Bull. Soc. Amis Sci. nat. Rouen, (2) **15** (1879), 105—106, (1879) 1880.

Maldifassi, Avv . . .
○ Sul raccolto bozzoli nel distretto della camera di commercio nel 1880. Bacologo Ital., **3**, 202—204, 1880—81. — ○ [Abdr.?:] Riv. settim. Bachicolt., **12**, 141—143, 1880—81.

Malé,
Migrations de Papillons. [Mit Angaben von Maurice Girard.] Bull. Insectol. agric., **4**, 97—101, 1 Fig., 1879.
— La Guêpe sylvestre. [Nach: Journ. Campagnes.] Bull. Insectol. agric., **11**, 152—155, 1 Fig., 1886.

Malefosse, de
○ Invasion des vignobles du Narbonnais par la chenille de l'*Agrotis segetum*. Bull. Soc. Hist. nat. Toulouse, **14**, 195, 1880.

Malegnane, de
Observations relatives à l'opinion exprimée par M. Guérin-Méneville, sur l'apparition du *Phylloxera* considérée comme une conséquence de la maladie de la vigne. C. R. Acad. Sci. Paris, **77**, 1015, 1873.

Malet, H[ugh] P[oyntz]
Stings of Wasps. Sci. Gossip, **(9)** (1873), 69, 1874.

Malfatti, B . . .
(Un metodo facile per rilevare il disegno esatto delle ali di alcuni Artropodi e particolarmente degli Ortotteri e dei Neurotteri.) Resoc. Soc. ent. Ital., **1878**, 4—5, 1878 a.
— (Una mostruosità da un *Conocephalus mandibularis* Charp. ♂.) Resoc. Soc. ent. Ital., **1878**, 5, 1 Fig., 1878 b.

Malfatti, Giovanni
○ Sull' accoppiamento delle farfalle. Riv. settim. Bachicolt., **5**, 190, 198—199, 1873.
— Osservazioni sopra alcuni insetti fossili dell'ambra e del copale. Atti Soc. Ital. Sci. nat., **21**, 181—195, 1878.
— Sulla *Cochylis ambiguella* Hubn. Atti Soc. Ital. Sci. nat., **22**, 306—308, 1879 a.
— Intorno ad alcune specie di Ortotteri genuini Lombardi. Lettera al Professore Targioni-Tozzelti. Atti Soc. Ital. Sci. nat., **22**, 309—320, 1879 b.
— Due piccoli Imenotteri fossili dell' ambra siciliana. Comunicazione preventiva. Atti Accad. Lincei, Transunti, (3) **5** (1880—81), 80—86, 2 Fig., 1881 a.
— Bibliografia degli insetti fossili italiani finora conosciuti. Atti Soc. Ital. Sci. nat., **24**, 89—100, 1881 b.

Malfi,
○ *Myiasis intestinalis*, Fliegenlarven im Darm. Rif. med., Nr. 167, 1898.

Maliandi, Alessio
○ Apicoltura. Picentino, (3) **8**, 12—15, 315—316, 1865.

Maligny, Perny de siehe Perny de Maligny

Maling, William
Notes of Local Lepidoptera. Nat. Hist. Trans. Northumb., **3** (1868—70), 381—382, 1870.
— *Phibalapteryx conjunctaria*, &c., near Newcastle. Entomologist, **5**, 227—228, (1870—71) 1871 a.
— Captures near Newcastle. [Lep.] Entomologist, **5**, 445—446, (1870—71) 1871 b.
— Insects Reared during the Year (1872). [Lep.] Entomologist, **6**, 282—283, (1872—73) 1873.
— *Vanessa Polychloros* in Northumberland. Entomologist, **7**, 89—90, 1874 a.
— *Vanessa Antiopa* near Newcastle. Entomologist, **7**, 225, 1874 b.
— Notes on the Occurrence of Lepidoptera in Northumberland and Durham, in 1874. Nat. Hist. Trans. Northumb., **5** (1873—76), 141—146, (1877) 1875; . . . in 1875. 277—282, 1877.
— Lepidoptera at Newcastle-on-Tyne. Entomologist, **9**, 19, 1876.
— (*Apamea fibrosa, Leucania littoralis, Notodonta dromedarius, Acronycta leporina* and *Anisopteryx aesculana.*) — Nat. Hist. Trans. Northumb., **7** (1877—79), 269, 1880 a.
— (*Tipula oleracea.*) Nat. Hist. Trans. Northumb., **7** (1877—79), 269—270, 1880 b.
— (*Tortrix viridana.*) Nat. Hist. Trans. Northumb., **7** (1877—79), 270, 1880 c.
— Uncommon Lepidoptera near Newcastle. Entomologist, **14**, 259, 1881.

Malinge,
Manuel de l'Apiculteur. 12°, 84 S., 1 Taf., Angers, Typ. Lemesle & Méhouas, 1866.

Malings, James
Coleoptera at Shooter's Hill, Kent. Entomol. monthly Mag., **25**, 133, (1888—89) 1888.
— *Athous rhombeus*, Ol., at Cobham Park. Entomol. monthly Mag., (2) **1 (26)**, 272, 1890.

Malinowski, von
Beiträge zur Naturgeschichte der Gyrinen. Verh. zool.-bot. Ges. Wien, **14**, 677—680, 1864.
— Beiträge zur Naturgeschichte der Wanderheuschrekke (*Acridium migratorium* L.). Verh. zool.-bot. Ges. Wien, **15**, 67—76, 1865.

Maliva,
Ueber die Verbreitung einiger Cynipiden-Arten im Alpengebiete. Oesterr. Forst-Ztg., **16**, 155, 1898.

Mallász, Josef
geb. 1875, gest. 12. 3. 1933 in Déva.
— Erdély faunájára új bogarak. Rovart. Lapok, **5**, 43; [Dtsch. Zus.fassg.:] (Neue siebenbürgische Käfer, Enumeration.) (Auszug) 4, 1898.

— Déva bogárvilága. Orv.-Természettud. Értesitö, **20** (1898), Naturw. Abt. 69—94; [Dtsch. Zus.fassg.:] Die Käferfauna von Déva. Revue 41, 1899 a.
— A *Coccinella* némely sajátságáról. Rovart. Lapok, **6**, 113—116; [Dtsch. Zus.fassg.:] Ueber gewisse Eigenheiten der Coccinellen. (Auszug) 11, 1899 b.
— Erdély bogár-faunájából. Rovart. Lapok, **7**, 12—14; [Dtsch. Zus.fassg.:] Aus der Käferfauna Siebenbürgens. (Auszug) 1, 1900 a.
○ [Über die Untergattung *Loxocarabus*.] A *Loxocarabus* alnemról. Termeszettud. Közl., **32**, Beih. 85—93, 7 Fig., 1900 b.

Mallet-Chevallier,
○ Le commencement et la fin du *Phylloxera vastatrix*. Mémoire sur la guérison de la nouvelle maladie de la vigne. 8°, 59 S., ? Taf., Montpellier, impr. D. Pujolas, 1876.

Malley, F . . . W . . .
Another Strawberry Saw-fly. (*Monostegia ignota* (Nor.).) Period. Bull. Dep. Agric. Ent. (Ins. Life), **2** (1889—90), 137—140, 2 Fig., (1889—90) 1889.
[Ref.:] Life History and Embryology of *Monostegia* (*Selandria*) *ignotia* (Nor.). Proc. Iowa Acad. Sci., [1] (1887—89), [part 1], 65—66, 1890.

Mallia, Frederick K . . .
The parasite of the Bulrush Caterpillar. Natural. Gazette, **2**, 52, 1890.

Malloch, John Russell
geb. 1875.
— *Colias Hyale* in Scotland. [Mit Angaben von C. G. B.] Entomol. monthly Mag., (2) **8 (33)**, 62—63, 1897.
— *Sirex gigas* in Dumbartonshire. Entomol. monthly Mag., (2) **11 (36)**, 242—243, 1900 a.
— *Vespa austriaca* in Scotland. Entomol. monthly Mag., (2) **11 (36)**, 264, 1900 b.

Mallock, A . . .
Insect Sight and the Defining Power of Composite Eyes. Proc. R. Soc. London, **55**, 85—90, 3 Fig., 1894.

Mallock, Margaret
Supposed New British Butterfly. [Mit Angaben von Edward Newman.] Entomologist, **2**, 312—313, (1864—65) 1865.

Malloizel, Godefroy
Armand de Quatrefages de Bréau. — Liste chronologique de ses travaux. Bull. Soc. Hist. nat. Autun, **6**, 1—152, 1 Karte, 1893.

Mallot-Boulley,
Le Puceron lanigère. [Nach: L'Horticulteur Briard.] Bull. Soc. Linn. Bruxelles, **22**, Nr. 7, 6, 1897.

Mally, Charles W . . .
Hackberry Psyllidae found at Ames, Iowa. Proc. Iowa Acad. Sci., **1** (1893), part 4, 131—138, 1894.
— Psyllidae found at Ames. Proc. Iowa Acad. Sci., **2** (1894), 152—171, Taf. XV—XVII, 1895.
— siehe Osborn, Herbert & Mally, Charles W . . . 1896.
— siehe Webster, Francis Marion & Mally, Charles W . . . 1897.
— siehe Webster, Francis Marion & Mally, Charles W . . . 1898.
— A female of the Purslane Saw-Fly, *Schizocerus* sp.?, with a Male Antenna. Rep. Ohio Acad. Sci., **7**, 34—35, 1 Fig., 1899.
— siehe Webster, Francis Marion & Mally, Charles W . . . 1899.
○ The Fruit Moth, *Ophiusa lienardi*. Agric. Journ. Cape Good Hope, **17**, 41—44, 1900 a.
— Fish oil soap for the rose bug. *Macrodactylus subspinosus* Fab. Ent. News, **11**, 546, 1900 b.

Mally, Fred(erick) William Prof.
geb. 30. 11. 1868 in Des Moines (Iowa), gest. 7. 5. 1939 in San Antonio (Texas), County agric. Agent in Texas. — Biogr.: (H. Osborn) Fragm. ent. Hist., 235, 1937; Arb. physiol. angew. Ent., **6**, 4, 379, 1939; Journ. econ. Ent., **32**, 601, 1939; Ann. ent. Soc. Amer., **34**, 262, 1941; (H. Osborn) Fragm. ent. Hist., **2**, 99—102, 1946 m. Porträt.
— *Monostegia ignota* Norton. Period. Bull. Dep. Agric. Ent. (Ins. Life), **3** (1890—91), 9—12, (1891) 1890.
— The Boll Worm of cotton. A report of progress in a supplementary investigation of this insect. Bull. U. S. Dep. Agric. Ent., Nr. 24, 1—50, 2 Fig., 1891.
— An insectivorous Primrose. (*Oenothera speciosa*.) Proc. ent. Soc. Washington, **2** (1890—92), 288—290, (1893) 1892 a.
— [*Micromus insipidus* reared.] Proc. ent. Soc. Washington, **2** (1890—92), 330—331, (1893) 1892 b.
— in Riley, Charles Valentine [Herausgeber] Bull. U. S. Dep. Agric. Ent., Nr. 26, 1892.
— Report on the Boll Worm of Cotton (*Heliothis armiger* Hübn.). Bull. U. S. Dep. Agric. Ent., Nr. 29, 1—73, Taf. I—II, 1893.

Malm,
Om larvens till *Scaeva scambus* Staeg. förekomst i tarmkanalen hos menniskan. Forh. Skand. Naturf., **12** (1880), 540—544, 1883.

Malm, August Wilhelm Dr.
geb. 1821, gest. 5.? 3. 1882 in Göteborg, Direktor d. naturhist. Mus. in Göteborg. — Biogr.: (Jacob Spångberg) Ent. Tidskr., **3**, 157—159, 161—162, 1882; Ent. Nachr., **8**, 218, 1882; Zool. Anz., **5**, 316, 1882; Wien. ent. Ztg., **1**, 128, 1882; Nat. Novit. Berlin, Nr. 6, 64, 1882.
— Några ord med anledning af Prof. Bohemans föredrag om parning mellan insekter af olika arter. Forh. Skand. Naturf., **9** (1863), 403—404, 1865.
— [Präparation von Insekten.] Ent. Nachr. Putbus, **1**, 50, 1875.
— in Spångberg, Jacob 1880.

Malmgren, Anders Johan Prof. Dr.
geb. 1834, gest. 1897, Gouverneur von Uleåborg. — Biogr.: (O. M. Reuter) Finsk biogr. Handbok, **1899**, 1431—1433, 1899.
— Het Dierlijk leven of Spitsbergen. Album Natuur, (N. R.) **1864**, 117—127, 1864.

Malone,
Fécondation de la reine des Abeilles. [Nach: Field, 23 April, 1870.] Bull. Soc. Acclim. Paris, (2) **7**, 536, 1870.

Malpas, James
Plusia orichalcea in Pembrokeshire. Entomol. monthly Mag., **18**, 109, (1881—82) 1881.

Malphighi, Marcello
geb. 10. 3. 1628 in Crevalcuore, gest. 29. 11. 1694 in Rom, Arzt in Bologna. — Biogr.: (A. M. C. Duméril) Consid. gen. Classe Ins., 244, 1823; (L. C. Miall) Early Naturalists, their lives and work, 145—166, 1912; (W. A. Locy) Biology and its makers, 58—67, 202—205, 1915 m. Schriftenverz.; (W. A. Locy) Story Biol., 229—240, 1925 m. Porträt; (Erik Nordenskiöld) Hist. Biol., 159—164, 1935 m. Porträt.

○ Traité du ver à soie. [Franz. Übers. aus dem Latein. (1669) und Notizen von E. Maillot.] 4°, XVI + 154 S., 12 Taf., Montpellier, Coulet, 1878.

Malvezin, Théophile
○ Lettre à la chambre de commerce de Bordeaux sur le phylloxera de la vigne. 8°, 56 S., Bordeaux, Lefebvre, 1874.

[**Malyšev**, I . . . A . . .] **Малышев**, И . . . А . . .
○ [Über den Kiefernspinner in dem Gussev'schen Revier der Stadt Malzov, Gouvernement Vladimir, Distrikt Melenki im Jahre 1867.] О сосновом шелкопряде, Появившемся в Гусевской даче г. Мальцова, Владим. г., Мелнков. у. в 1867 г. Land- u. Forstwirtschaft, Teil 100, Abt, II, 189, 1869.
○ [Über die Nonne in dem Gussev'schen Revier der Stadt Malzov, Gouvernement Vladimir, Distrikt Melenki.] О шелкопряде монахе в Гусевской даче л. Мальцова, Владимирской г., Меленков. у. Land- u. Forstwirtschaft, Teil 103, 115—121, 1870.

Malzac de Sengla, A . . . de
○ Études sur l'acclimatation du ver à soie du mûrier du Japon. Mémoire adressé, le 30 juillet, à la Soc. imp. zool., suivi des inductions que l'on peut tirer de la seconde éducation. 8°, 45 S., Alais, impr. Martin, 1865.

Man, J . . . G . . . de
Lijst der op Molencate bij Hattem gevonden insecten. Tijdschr. Ent., **13** ((2) **5**), 34, (1870) 1869.
— Eene variatie in het Aderbeloop der vleugels eener Mycetphilide. Tijdschr. Ent., **27** (1883—84), 137—139, Taf. 7 (Fig. 1—2), 1884.

Mancardi, L . . .
○ Allevamento dei bachi 1873—74. Giorn. Indust. serica, **7**, 249—252, 1873.

Manchesney, C . . . P . . .
Notes on *Zeuzera pyrina* Fab. Ent. Amer., **6**, 31—33, 1 Fig., 1890.

Mancini, C . . .
La lotta contro l'Afide lanigero del melo. [Nach: Agricol. pinerolese.] Riv. Ital. Sci. nat. (Boll. Natural. Siena), **17**, Boll. 145—146, 1897.

Mancini, O . . .
in Cavanna, Guelfo [Herausgeber] 1882.

Mancini, V . . .
Cocciniglia bianca della vite. [Nach: Giornale di Viticultura e di Enologia.] Riv. Ital. Sci. nat. (Boll. Natural. Siena), **17**, Boll. 124—125, 1897.

Manders, Neville
geb. 1859 in Marlborough, gest. August 1915 auf Gallipoli, Colonel. — Biogr.: (H. Rowland-Brown) Entomol. monthly Mag., (3) **1** (**51**), 317—319, 1915; (H. Rowland-Brown) Entomologist, **48**, 223—224, 1915; (G. Wheeler) Entomol. Rec., **27**, 239—240, 1915.
— *Lycaena Acis* near Cardiff. Entomologist, **8**, 271, 1875.
— Distribution of Lepidoptera. Entomol. monthly Mag., **22**, 213—214, (1885—86) 1886 a.
— Entomological field notes at Sûakin. Entomol. monthly Mag., **22**, 277—279, (1885—86) 1886 b.
— The urticating properties of certain larvae. [Mit Angaben der Herausgeber.] Entomol. monthly Mag., **24**, 118, (1887—88) 1887.
— Description of the larva and pupa of *Cynthia Erota*, F. Entomol. monthly Mag., **25**, 37—38, (1888—89) 1888.
— Notes on the Lepidoptera of Mooltan. Entomol. monthly Mag., (2) **1** (**26**), 14—17, 1890 a.
— A Catalogue of the Rhopalocerous Lepidoptera collected in the Shan States, with notes on the country and climate. Trans. ent. Soc. London, **1890**, 511—539, 1890 b.
— The Butterflies of Rawal Pindi and the Murree Hills (Punjab). Entomol. monthly Mag., (2) **3** (**28**), 88—92, 130—132, 1892.
— (Variety of *Lycaena theophrastus* from Raval Pindi.) Trans. ent. Soc. London, **1893**, Proc. XIV—XV, 1893.
— siehe Nicéville, Lionel de & Manders, Neville 1900.

Mandsbridge, W . . .
(Var. of *Gonopteryx rhamni*.) Entomol. Rec., **1**, 282—283, (1890—91) 1891.

Mandy, W . . . B . . .
Papilio Machaon at Hythe, Kent. [Mit Angaben der Herausgeber.] Entomol. monthly Mag., (2) **11** (**36**), 160, 1900.

Manès, A . . .
Vers à soie métis de l'ailante et du ricin introduits dans notre colonie de l'île de la réunion. Rev. Séricicult. comp., **1864**, 311, (1864) 1865.

Manger, K . . .
Eine Silphenabnormität. Soc. ent., **2**, 82—83, 1887.
— *Melasoma lapponicum* L. in Bayern. Soc. ent., **3**, 50, (1888—89) 1888.
— Ein monströser *Carabus catenulatus*. Ill. Wschr. Ent., **1**, 195, 1896 a.
— [Coleopteren bei Nürnberg.] Ill. Wschr. Ent., **1**, 436, 484, 516, 580, 628, 1896 b; **2**, 224, 256, 304, 1897.
— Ein monströser *Carabus irregularis* F. Ill. Wschr. Ent., **2**, 79, 1897.
— *Carabus granulatus* L. Ill. Ztschr. Ent., **3**, 169, 1898 a.
— *Cicindela campestris* — *silvatica*. Ill. Ztschr. Ent., **3**, 217, 1898 b.
— *Prionus coriarius*. Ill. Ztschr. Ent., **3**, 282, 1898 c.
— *Harpalus* (*Pardileus*) *calceatus* Dft. Ill. Ztschr. Ent., **3**, 359, 1898 d.
— *Carabus catenulatus* Scop. Ill. Ztschr. Ent., **3**, 375, 1898 e.
— Die Puppenruhe von *Tenebrio molitor* L. Ill. Ztschr. Ent., **4**, 170, 1899.
— Coleoptera in Paraffin. Soc. ent., **15**, 9, (1900—01) 1900 a.
— Beiträge zur Coleopteren-Fauna der Rheinpfalz[1]). Soc. ent., **15**, 27, 91, (1900—01) 1900 b.

Mangerel, Maxime
La chasse aux coléoptères en automne. Feuille jeun. Natural., **11**, 14—15, (1880—81) 1880; *Tropideres dorsalis* Thunb., et *sepicola* Herbst. 43, (1880—81) 1881.

Mangin, Arthur
geb. 1824, gest. 1887.
— Nos ennemis et nos alliés. Études zoologiques. 8°, 1 (unn.) + 592 S., 106 Fig., 20 Taf., 1 Frontispiz, Tours, Alfred Mame & fils, 1870.

Mangold, E . . .
○ Practische Methode zur Heuschreckenvertilgung. Dtsch. landw. Pr., **3**, 200—201, 1876.
○ Über Vertilgungsmassregeln gegen die grosse Kiefernraupe *Phalaena bombyx pini*. Stettin, Schindler & Mukell, 1896.

[1]) Fortgesetzt nach 1900.

Mangold, K . . .
Die Parthenogenesis der Bienen und neuere Angriffe auf dieselbe. Jh. Ver. Math. Naturw. Ulm, **7**, 35—47, 1895 a.
— Zur Frage der Fortpflanzung der Bienen. Natur Halle, (N. F.) **21** (44), 580—582, 1895 b.
— Das Bienenwachs. Jh. Ver. Math. Naturw. Ulm, **8**, 55—67, **1897.**

Mankiewicz,
Ueber das Vorkommen von Fliegenlarven in der Nasenhöhle. Virchows Arch., **44** ((4) **4**), 375, 1868.

Mann,
○ Über die Gewohnheiten der Wespen und der Gottesanbeterin (*Mantis religiosa*). Ausland, **42**, 1027—1028, 1869.

Mann, A . . . J . . .
Papilio machaon in Kent. Entomologist, **33**, 248, 1900 a.
— *Libellula quadrimaculata.* Entomologist, **33**, 248, 1900 b.

Mann, Benjamin Pickman
geb. 30. 4. 1848 in West Newton (Mass.), gest. 22. 3. 1926 in Washington, Examiner in U.S. Patent Office. — Biogr.: Ent. News, **37**, 192, 1926; Psyche Cambr. Mass., **33**, 172, 1926 m. Porträt; Washington Post, 24. März, 1926; Science, **63**, 353, 1926; Proc. ent. Soc. Washington, **38**, 124, 1936; (H. Osborn) Fragm. ent. Hist., 171, 1937.
— (On the preservation of larvae in carbolic acid.) Proc. Boston Soc. nat. Hist., **12** (1868—69), 163, (1869) 1868.
— The White Coffee-leaf Miner. Amer. Natural., **6**, 332—341, Taf. 5 (S. 341); 596—607, 1 Fig., Taf. 5 (Corrected, S. 605), 1872.
[Siehe:] Chambers, V. T.: 489—490.
— *Anisopteryx vernata* distinguished from *A. pometaria.* Proc. Boston Soc. nat. Hist., **15** (1872—73), 381—384, 1873; Explanation of the „Corrigenda" to a Communication in these Proceedings, Vol. XV, pp. 381—384, Entitled: *Anisopteryx* . . . **16** (1873—74) 204—209, 1874.
— Description of a Monstrous Female Imago of *Anisopteryx pometaria,* with Remarks on the Pupa. Proc. Boston Soc. nat. Hist., **16** (1873—74), 163—165, 1874.
— Proper Wood for Insect-boxes. Psyche Cambr. Mass., **1**, 64, (1877) 1875 a.
— Notes on Luminous Larvae of Elateridae. Psyche Cambr. Mass., **1**, 89—93, (1877) 1875 b.
— A Synonym of *Anisopteryx pometaria.* Canad. Entomol., **8**, 164, 1876 a.
— [*Anisopteryx vernata* and *A. pometaria* with undeveloped wings.] Proc. Boston Soc. nat. Hist., **18** (1875—76), 201, (1877) 1876 b.
— Insect Calendars. Psyche Cambr. Mass., **1**, 155, (1877) 1876 c.
— Notes on the White Mountain Faunae. Psyche Cambr. Mass., **1**, 183—184, (1877) 1876 d.
— What are the Causes of Assembling among Insects? Psyche Cambr. Mass., **2**, 39—40, (1883) 1877 a.
— Descriptions of some Larvae of Lepidoptera, respecting Sphingidae especially. [Mit Beiträgen von A. R. Grote, S. H. Scudder, W. V. Andrews.] Psyche Cambr. Mass., **2**, 65—79, (1883) 1877 b; 265—272, (1883) 1879.
— siehe Scudder, Samuel Hubbard & Mann, Benjamin Pickman 1877.
— *Prionus* prolific. Psyche Cambr. Mass., **2**, 189, (1883) 1878.
— in Riley, Charles Valentine; Packard, Alpheus Spring & Thomas, Cyrus 1878.
— in Riley, Charles Valentine; Packard, Alpheus Spring & Thomas, Cyrus 1880.
— *Xylocopa* Perforating a Corolla Tube. Psyche Cambr. Mass., **3**, 298, (1886) 1882 a.
[Siehe:] Murtfeldt, Mary Esther: 343.
— Cluster-Flies. Psyche Cambr. Mass., **3**, 378—379, (1886) 1882 b.
— Promoting Locust Ravages. Psyche Cambr. Mass., **3**, 379—380, (1886) 1882 c.
— Vactor Tousey Chambers [Nekrolog]. Psyche Cambr. Mass., **4**, 94, (1890) 1883.
— A New Entomological Society. Papilio, **4**, 41, 1884 a.
— The Bibliography of Entomology. Annual Address of the Retiring President of the Cambridge Entomological Club, 11 January, 1884. Psyche Cambr. Mass., **4**, 155—159, (1890) 1884 b.
— Francis Gregory Sanborn [Nekrolog]. Psyche Cambr. Mass., **4**, 205, (1890) 1884 c.
— Food-plants of *Pulvinaria innumerabilis.* Psyche Cambr. Mass., **4**, 224, (1890) 1884 d.
— Herbert Knowles Morrison [Nekrolog]. Psyche Cambr. Mass., **4**, 287, (1890) 1885.
— [*Heliconius phyllis* with odor-giving tufts.] Proc. ent. Soc. Washington, **1** (1884—89), 41, (1890) 1888 a.
— [Manuscripts and collections of Melsheimer, F. E.] Proc. ent. Soc. Washington, **1** (1884—89), 60—61, (1890) 1888 b.
— Migration of *Aganisthos acheronta.* Psyche Cambr. Mass., **5**, 168, (1891) 1889.
— [The behaviour of decapitated locusts.] Proc. ent. Soc. Washington, **2** (1890—92), 73, (1893) 1891.

Mann, Benjamin Pickman & **Sanborn**, Francis Gregory
[*Carabus Chamissonis* in Labrador and on the Mt. Washington, N. H.] Proc. Boston Soc. nat. Hist., **13** (1869—71), 207, (1871) 1870.

Mann, F . . . W . . .
Spilosoma Zatima. Ent. Ztschr., **3**, 2, 1889.

Mann, Fr . . .
[Schwarze Punkte bei *Euproctis chrysorrhoea.*] Ent. Ztschr., **10**, 68—69, (1896—97) 1896.

Mann, Harold
Colias edusa in Spring. Entomologist, **22**, 160, 1889.

Mann, J . . . K . . .
Deilephila livornica. Entomologist, **13**, 13—14, 1880.

Mann, Joseph (Johann)
geb. 19. 5. 1804 in Gabel (Nordböhmen), gest. 20. 3. 1889 in Wien, Maler, Sammelreisender und Präparator (am Hofcabinet in Wien). — Biogr.: (A. Rogenhofer) Wien. ent. Ztg., **2**, 241—244, 1889 m. Porträt; (A. Rogenhofer) Ann. naturhist. Hofmus. Wien, **4**, Notizen 79—81, 1889; SB. naturw. Ges. Isis, **1889**, 18—19, 1889; Leopoldina, **25**, 111, 1889.
— Verzeichnis der Microlepidopteren. 8°, 8 (unn.) S., Wien, o. J.
— Nachtrag zur Schmetterling-Fauna von Brussa. Wien. ent. Mschr., **8**, 173— 190, Farbtaf. 4—5 (5: Fig. 1—4), 1864.
— Fischer von Röslerstamm. Verh. zool.-bot. Ges. Wien, **16**, 51—52, 1866 a. — [Abdr.:] Mitt. Nordböhm. Excurs.-Club, **5**, 245—248, 1882.
— Aufzählung der im Jahre 1865 in der Dobrudscha gesammelten Schmetterlinge. Verh. zool.-bot. Ges. Wien, **16**, 321—360, Taf. 1 B, 1866 b.

— Schmetterlinge gesammelt im J. 1866 um Josefsthal in der croat. Militärgrenze. Verh. zool.-bot. Ges. Wien, **17**, 63—76, 1867 a.
— Schmetterlinge gesammelt im Jahre 1867 in der Umgebung von Bozen und Trient in Tyrol. Verh. zool.-bot. Ges. Wien, **17**, 829—844, 1867 b.
— Zehn neue Schmetterlingsarten. Verh. zool.-bot. Ges. Wien, **17**, 845—852, 1867 c.
— Lepidoptern gesammelt während dreier Reisen nach Dalmatien in den Jahren 1850, 1862 und 1868. Verh. zool.-bot. Ges. Wien, **19**, 371—388, 1869.
— Beitrag zur Lepidopteren-Fauna von Raibl in Ober-Kärnten. Verh. zool.-bot. Ges. Wien, **20**, 39—44, 1870.
— Beitrag zur Kenntniss der Lepidopteren-Fauna des Glockner-Gebietes nebst Beschreibung drei neuer Arten. Verh. zool.-bot. Ges. Wien, **21**, 69—82, 1871.
— Beschreibung sieben neuer Microlepidopteren. Verh. zool.-bot. Ges. Wien, **22**, 35—40, 1872.
— Verzeichnis der im Jahre 1872 in der Umgebung von Livorno und Pratovecchio gesammelten Schmetterlinge nebst Beschreibung von zwei neuen Schaben aus Sicilien. Verh. zool.-bot. Ges. Wien, **23**, 117—132, 1873.
— siehe Rogenhofer, Alois & Mann, Josef 1873.
— Beiträge zur Kenntniss der Microlepidopteren-Fauna der Erzherzogthümer Oesterreich ob und unter der Enns und Salzburgs. Wien. ent. Ztg., **3**, 172—176, 193—196, 225—228, 273—276, 303—306, 1884; **4**, 5—8, 45—50, 71—74, 97—98, 129—132, 161—166, 197—200, 233—236, 265—273, 1885.

Mann, Josef & **Rogenhofer**, Alois
Anchinia dolomiella, ein neuer Kleinschmetterling aus dem Höhlensteiner-Thale (Tirol). Verh. zool.-bot. Ges. Wien, **27** (1877), SB. 32—33, 1878 a.
— Zur Lepidopteren-Fauna des Dolomiten-Gebietes. Verh. zool.-bot. Ges. Wien, **27** (1877), 491—500, 1878 b.

Mann, [Robert James]
geb. 1817, gest. 1886.
— Insect Life in Natal. — Ants White, Black, and Red. Intell. Observ., [N. S.] **3**, 336—343, 1869; The Insects of Natal — a Further Personal Reminiscence. [N. S.] **4**, 130—138, 1870.

Mann, W . . .
Chelonia caja bred from eggs laid this year. Entomologist, **5**, 452, (1870—71) 1871.

Mann, W . . . A . . .
Ligurian Bee. Sci. Gossip, (6) (1870), 282, 1871.

Mann, W . . . K . . .
Sphinx Convolvuli at Bristol. Entomologist, **8**, 222—223, 1875.
— *Sphinx Convolvuli* at Clifton. Entomologist, **9**, 258, 1876.
— *Papilio Machaon* near Bristol. Entomologist, **14**, 66, 1881 a.
— Notes on *Platypteryx sicula*. Entomologist, **14**, 258, 1881 b.
— *Drepana sicula*. Entomol. monthly Mag., **18**, 141, (1881—82) 1881 c.
— *Acronycta alni* near Bristol. Entomologist, **15**, 235, 1882 a.
— *Acronycta alni* near Bristol. Entomol. monthly Mag., **19**, 89—90, (1882—83) 1882 b.
— Late appearance of *Abraxas ulmata*. Entomologist, **25**, 293, 1892.

Mannaberg, Julius
Die Malaria-Krankheiten. (Specielle Pathologie und Therapie.) 452 S., Wien, Alfred Hölder, 1899.

Manning, Warren H . . .
Plants injured by *Capsus quadrivittatus*. Period. Bull. Dep. Agric. Ent. (Ins. Life), **1** (1888—89), 293, (1888—89) 1889.

Manolescu, J . . .
○ [Bericht über die in der VII. Weinbauregion ausgeführten Arbeiten.] Raport asupra lucrărilor executate la reg. VII viticolă. Bull. Minist. Agric. Bukarest, **4**, 381—392, 1892.

Manrique, José Gregorio
○ Extincion de la langosta. Posibilidad de la propagación de apidemias fungoides con éxito. Mem. Com. centr. Langosta, **2—3**, 297—322, 1900.

Mansbridge, William
(Variety of *Phigalia pilosaria*.) Entomol. Rec., **2**, 7—8, 1891 a.
— (Variety of *Coremia ferrugata*.) Entomol. Rec., **2**, 200, 1891 b.
— (A Species of *Tinea* feeding in samples of fish guano.) [Mit Angaben von Tutt.] Proc. S. London ent. Soc., **1890—91**, 19—20, 148—149, [1892].
— (Melanism in Yorkshire Lepidoptera.) Entomol. Rec., **4**, 110—111, 1893 a.
— (Melanic variety of *Hybernia aurantiaria*.) Entomol. Rec., **4**, 111—112, 1893 b.
— (Notes on Melanism in Yorkshire Lepidoptera.) [Mit Angaben von C. G. Barrett, Adkin, Tutt u. a.] Proc. S. London ent. Soc., **1892—93**, 97—99, 100—101, [1894].
— Variety, form, race, and aberration. Entomologist, **28**, 213—214, 1895 a.
— (*Abraxas grossulariata*, L.) [Mit Angaben von Adkin & Fenn.] Proc. S. London ent. Soc., **1894**, 69, [1895] b.
— The Rhopalocera of the Indian Territory in 1893—4. Proc. S. London. ent. Soc., **1894**, 120—124, [1895] c.
— Lepidoptera in Epping Forest. Sci. Gossip, (N. S.) **2**, 173, 1895 d.
— Some Continental Varieties of British Species recently recorded. Entomologist, **29**, 63—64, 1896 a.
— (Melanic specimens of *Phigalia pedaria*, Fb.) [Mit Angaben von Adkin.] Proc. S. London ent. Soc., **1895**, 34—35, [1896] b.
— (A series of *Hybernia marginaria*.) [Mit Angaben von Barrett, South, Tunaley u. a.] Proc. S. London ent. Soc., **1896**, 25—26, [1897] a.
— (Varieties of *Abraxas grossulariata*.) Proc. S. London ent. Soc., **1896**, 52, [1897] b.
— (Cocoons of *Clisiocampa neustria*.) Proc. S. London ent. Soc., **1896**, 54, [1897] c.
— Notes upon *Agrotis auxiliaris*, Grote. Proc. S. London ent. Soc., **1896**, 116—118, [1897] d.
— (Specimes of *Polyommatus* (*Lycaena*) *bellargus*.) [Mit Angaben von Tutt.] Proc. S. London ent. Soc., **1898**, 113, [1899].

Mansel Weale, J . . . P . . . siehe Weale, J . . . P . . . Mansel

Mansfield, M . . . J . . .
Gonepteryx rhamni and *Colias edusa* in Dorsetshire. Entomologist, **17**, 271, 1884.
— *Plusia moneta* in Berks. Entomologist, **28**, 18, 1895.
— *Plusia moneta* in East Berks. Entomologist, **29**, 264, 1896.

Mansion,
(Recherches récentes sur la force des animaux.) Ann. Soc. scient. Bruxelles, 7 (1882—83), C. R. 85—88, 1883.

Mansion, A . . .
La chasse des libellules par les grenouilles. [Nach: Rev. scient.] Cosmos Paris, (N. S.) **43** (**49**), 31—32, 1900.

Manson, Patrick
geb. 3. 10. 1844, gest. 8. 4. 1922 in London, Arzt. — Biogr.: (L. O. Howard) Pop. Sci. monthly, **87**, 66, 1915 m. Porträt; (P. P. Calvert) Ent. News, **33**, 159, 1922; (W. M. K.) U.S. Naval med. Bull., **17**, 269—272, 1922; (E. J. Wood) Amer. Journ. trop. Med., **2**, 361—368, 1922 m. Porträt; Journ. trop. Med. Hyg., **25**, 155—208, 1922; (L. O. Howard) Rep. Board Smithson. Inst., **1921**, 1923 m. Porträt; (L. O. Howard) Hist appl. Ent., 1930.
— On the Destiny of the *Filaria* in the Blood. Rep. Brit. Ass. Sci., **52** (1882), 579, 1883 .
— The Metamorphosis of *Filaria sanguinis hominis* in the Mosquito. Trans. Linn. Soc. London (Zool.), (2) **2**, 367—388, Taf. 39, (1879—88) 1884.
[Franz. Übers., gekürzt:] La métamorphose de la *Filaria sanguinis hominis* dans le moustique. Arch. Méd. nav., **42**, 321—341, 1884.
— Histoire de la vie des germes de la malaria hors du corps humain. [Ref. nach Catrin.] Arch. Méd. exp. Anat. path., (1) **8**, 524—540, 1896.
○ Tropical diseases. A manual of the diseases of warm climates. 8°, 424 S., ? Fig., 2 Taf., London; New York, William Wood & Co., 1898 a. — ○ 2. Aufl. 1900.
— Surgeon-Major Ronald Ross's recent investigations on the mosquito-malaria theory. Brit. med. Journ., **1898**, Bd. 1, 1575—1577, 3 Fig., 1898 b.
— The Mosquito and the Malaria Parasite. Brit. med. Journ., **1898**, Bd. 2, 849—853, 3 Fig., 1898 c.
○ An Exposition of the Mosquito-Malaria Theory and its Recent Development. Journ. trop. Med., **1**, 4—8, 23 Fig., 1898 d.
— Experimental proof of the mosquito-malaria theory. Brit. med. Journ., **1900**, Bd. 2, 949—951, 3 Fig., 1900.
[Darin:]
Manson, P . . . Thurburn: Notes of experiment. 950—951.
— The Parasitology, Etiology and Prevention of Malaria. [Nach: Lancet, Dez. 15, 1900.] Jahresber. Leist. Fortschr. Med., **35** (1900), Bd. 1, 366, 370, 1901.

Manson, P . . . Thurburn
in Manson, Patrick 1900.

Mansuy, A . . .
Les taons et les oestres. [Nach: La Culture.] Insectol. agric., **1**, 237—239, 1867.
[Siehe:] Thiriat, X.: 232—237, 239—240.

Mantero, Giacomo
geb. 1878.
— Description d'une nouvelle espèce de *Vipio* Latr. —*Vipio Gestroi,* n. sp. Feuille jeun. Natural., **27**, 119, 2 Fig., (1896—97) 1897.
— in Res Ligusticae (1886—1900) 1898.
— in Res Ligusticae (1886—1900) 1899.
— in Viaggio Loria Papuasi Orientale (1890—1900) 1899.
— Nota sul genere *Spinaria* Brullé. Ann. Mus. Stor. nat. Genova, (2) **20** (**40**), 542—545, 1 Fig., (1899) 1900.
— in Viaggio Loria Papuasi Orientale (1890—1900) 1900.

Manteuffel, Fr . . . von
○ Die Vertilgung der Maikäfer und deren Larven. Allg. Forst- u. Jagdztg., **41**, 100—103, 1865 a.
○ Resultate der Massnahmen gegen die Maikäfer-Kalamität. Landw. Wbl. Balt. Zentr. -Ver., **1865**, 94, 101 —123, 1865 b.

Mãntulescu, G . . .
○ [Bericht über die in der XII. Weinbauregion im Jahre 1891 ausgeführten Arbeiten.] Raport asupra lucrărilor executate in anul 1891 la reg. XII viticola. Bul. Minist. Agric. Bukarest, **4**, 102—109, 1892?.
○ [Vortrag über die Reblaus im Lande, die Schäden des Weinbaues und die üblichen Bekämpfungsmittel, gehalten am 9. April 1892 den Weingärtnern in Odobesci.] Conferinţă ţinută podgorenilor din Odobesci, in dina de 9 Aprilie 1892, asupra filoxerei în téră, pagubele aduse viticulturei nóstre şi mijlócele de combatere ce se întrebutinţéză. Bul. Minist. Agric. Bukarest, **4**, 681—689, 1893.

Manuf,
siehe Ratte, A . . . Felix & Manuf, 1884.

Manuel, R . . . A . . .
Notes on Silk-worms. Sci. Gossip, **16**, 282, 1880.

Manzanos, Fernando Moragues y de siehe Moragues y de Manzanos, Fernando

Manzini, G . . .
○ Apicoltura. Boll. Com. agr. Como, **1**, 10—14, 23—25, 79—81, 98—102, 123— 124, 139—142, 169—171, 1869.

Manzone, Faustino
siehe Casagrande, D . . . & Manzone, Faustino 1890.
— Sugli Imenotteri della provincia di Roma. Boll. Soc. Rom. zool., **2**, 19—35, 1893.

Mapes, Henry H . . .
The Rose-breasted Grosbeak (*Goniaphea Ludoviciana*). Amer. Natural., **7**, 493, 1873.

Mapleton, C . . . W . . .
Great flight of beetles. [Mit Angaben von E. C. Rye.] Entomol. monthly Mag., **16**, 18—19, (1879—80) 1879.

Mapleton, H . . . M . . .
Death's-head Moth Caterpillars Abundant. Sci. Gossip, (N. S.) **3**, 109, 1896.

Mappei, Vincenzo
○ Saggi di bacologia. 8°, Chieti, tip. Scalpelli, 1865.

Marangoni, Carlo
Ricerca delle larve minatrici nelle piante per mezzo dei raggi X di Röntgen. Atti Accad. agr. Georg. Firenze, (4) **19** (**74**), 191—196, 1896.
— Die Anwendung der Röntgenstrahlen zur Auffindung tierischer Schädlinge in Pflanzen. [Nach: Agricoltura e bestima, **1896**, 280.] Zbl. Agrik.-Chem., **28**, 572, 1899.

Marangoni, G . . .
○ Il calcino e la disinfezione dei locali. Bacologo Ital., **1**, 45—46, 1878—79.

Marcard, J . . . V . . .
Amtliche Bekanntmachung, betreffend Durchfuhr von Gewächsen. Pomol. Mh., (N. F.) **10** (**30**), 215—216, 1884.

Marcel, Dupont
Destruction des guêpes par le sulfure de carbone. Journ. Agric. prat. Paris, **44**, Bd. 2, 570, 1880.

Marcellin, J . . . Auguste
Le Rucher. Traité pratique. Avec une lettre de M. Alphonse Karr auquel l'ouvrage est dédié. 12°, VII + 231 S., 1 Fig., 1 Taf., Aix (en Provence), Selbstverl., 1866.

March, E . . .
[Ref.] siehe Marchal, Paul 1895.
— [Ref.] siehe Decaux, François 1897.

March, John
Wisconsin Letter on *Cicada septendecim*. Period. Bull. Dep. Agric. Ent. (Ins. Life), **1** (1888—89), 218, (1888—89) 1889.

Marchal,
Die Reblaus. [Nach: „Gironde".] Ztschr. landw. Ver. Hessen, **45**, 313, 1875 a. — ○ [Abdr.?:] Württemb. Wbl. Land- u. Forstw., **28**, 31, 1875. — ○ [Abdr.?:] Fränk. Weinbau, **1876**, 23—24, 1876.
○ Über die Wurzellaus des Weinstockes. Weinlaube, **7**, 357, 1875 b.

Marchal,; **Houberdon**,; **Defranoux**,; **Chapellier**, & **Lebrunt**,
Rapports de la commission d'agriculture de la Société d'Emulation des Vosges, sur les récompenses a décerner à l'agriculture en 1871. Ann. Soc. Dép. Vosges, **14**, H. 1, 59—86, 1871.

Marchal,
Le bombyx du ricin. Bull. Agric. Comm. Tunis, **2**, 133, 1897.

Marchal, Ch . . .
Singulier manège d'une Libellule. Feuille jeun. Natural., **12**, 111, (1879—80) 1880.
— Notes sur les Coléoptères capturés aux environs du Creusot en 1878—1879 et 1880. Mém. Soc. Sci. nat. Saône-et-Loire, **4**, 125—146, 1882; . . . en 1881 et 1882. (Deuxième liste.) **5**, 45—56, 1883; . . . en 1883. (3. liste.) 177—190, 1884.
— *Carabus auratus*. Feuille jeun. Natural., **14**, 78—79, (1883—84) 1884.
— Habitat de deux curculionides. Feuille jeun. Natural., **15**, 81, (1884—85) 1885 a.
— Aperçu sur la faune entomologique d'Anost. (Coléoptères.) Mém. Soc. Sci. nat. Saône-et-Loire, **6**, 50—54, 1885 b.
— Habitat du *Coraebus amethystinus* Ol. Feuille jeun. Natural., **18**, 10, (1887—88) 1887.
— siehe Fauconnet, Louis & Marchal, Ch . . . 1887.
— Tableau synoptique (Faune de France). Famille des Lyctides (Insectes coléoptères). Feuille jeun. Natural., **18**, 50—51, (1887—88) 1888.
— siehe Fauconnet, Louis & Marchal, Ch . . . 1888.
— Notes sur trois Cynipides. Feuille jeun. Natural., **19**, 63, (1888—89) 1889 a.
— Tableau dichotomique des Guêpes françaises. (Hyménoptères.) Feuille jeun. Natural., **19**, 157—159, (1888—89) 1889 b.
○ Dénombrement d'une colonie d'Insectes. Bull. Soc. Saône, **4**, 237, 1890 a.
○ Coup d'oeil sur le Mimétisme chez les Insectes. Bull. Soc. Saône, **4**, 238—247, 1890 b.
— Notes sur les Hyménoptères de Saône-et-Loire de la famille des Mellifères. Bull. Soc. Hist. nat. Autun, **6**, 465—486, 1893.
— Sur l'abondance des Guêpes en 1893. Bull. Soc. Hist. nat. Autun, **7**, Proc.-Verb. 17—18, 1894 a.
— Les Bibions. Bull. Soc. Hist. nat. Autun, **7**, Proc.-Verb. 73—74, 1894 b.
— Galles de la cupule du gland. Bull. Soc. Hist. nat. Autun, **7**, Proc.-Verb. 185—186, 1894 c.
— siehe Rebeillard, & Marchal, Ch . . .[1]) 1894.
— Liste annotée des Fourmis de Saône-et-Loire. Bull. Soc. Hist. nat. Autun, **8**, 431—441, 1895 a.
— Notes sur quelques insectes du Creusot.[1]) Bull. Soc. Hist. nat. Autun, **8**, Proc.-Verb. 103—105, 1895 b.
— Un diptère parasite des Orthoptères. Feuille jeun. Natural., **25**, 45—46, (1894—95) 1895 c.
— Notes sur quelques insectes de Saône-et-Loire, capturés en 1895. Bull. Soc. Hist. nat. Autun, **9**, Proc.-Verb. 23—26, 1896 a.
— Note sur l'expansion, en Saône-et-Loire, de quelques espèces méridionales d'Hémiptères. Bull. Soc. Hist. nat. Autun, **9**, Proc.-Verb. 27, 1896 b.
— Insectes nuisibles à la vigne. Bull. Soc. Hist. nat. Autun, **9**, Proc.-Verb. 62—66, 1896 c.
— Quelques mots sur trois parasites du Grosseillier épineux. Bull. Soc. Hist. nat. Autun, **9**, Proc.-Verb. 143—144, 1896 d.
— Note sur une Fourmi d'Algérie. Bull. Soc. Hist. nat. Autun, **9**, Proc.-Verb. 221—222, 1896 e.
— L'insecte qui piqua Linné. Feuille jeun. Natural., **27**, 37—38, (1896—97) 1896 f.
— Quelques mots sur les Parasites et les Galles du Chou. Bull. Soc. Hist. nat. Autun, **10**, Proc.- Verb. 175—179, 1897 a.
— Coup d'oeil sur l'année 1897. Bull. Soc. Hist. nat. Autun, **10**, Proc.-Verb. 287—288, 1897 b.
— Trois insectes nouveaux pour Saône-et-Loire. Bull. Soc. Hist. nat. Autun, **10**, Proc.-Verb. 289—290, 1897 c.
— Premières notes sur les Hémiptères de Saône-et-Loire. Bull. Soc. Hist. nat. Autun, **11**, part. I, 557—593, 1898 a.
— La Cochenille du faux Acacia (*Lecanium robiniarum* Douglas). Bull. Soc. Hist. nat. Autun, **11**, part. II, 96—97, 1898 b.
— Aperçu sur la Faune vivante des mines. Bull. Soc. Hist. nat. Autun, **12**, part. 2, Séance 215—226, 1899 a.
— Insectes semblant devenir rares en Saône—et—Loire. Feuille jeun. Natural., **30**, 35, (1899—1900) 1899 b.
— Les années à hannetons. Feuille jeun. Natural., **30**, 110—111, (1899—1900) 1900.

Marchal, Ch . . . & **Quincy**, Ch . . .
Notes biologiques sur le *Cleonus* ou *Bothynoderes albidus*, Fab. — (*Niveus*, Bonsd.; — *Affinis*, Schrk.) et son parasite. Mém. Soc. Sci. nat. Saône-et-Loire, **6**, 74—78; Notes complémentaires par Ch. Quincy. 78—79, 1886.

Marchal, Paul Dr.
geb. 27. 9. 1862 in Paris, gest. 2. 3. 1942 in Paris, Direktor d. Inst. nation. agronomique in Paris. — Biogr.: (H. Sachtleben) Arb. physiol. angew. Ent., **9**, 127, 1942; (P. Vayssière) Ann. Inst. nation. agronom., **33**, 5—33, 1942; (P. Vayssière) Ann. Soc. ent. France, **111**, 149—165, 1942 m. Porträt & Schriftenverz.; (H. Sachtleben) Arb. morphol. taxon. Ent., **9**, 133, 1942; Graellsia, **1**, 31, 1943; (J. del Canizo) Bol. Patol. veg. ent. agric., **12**, 481—485, 1943 m. Porträt; (H. C. R. Hitier) Acad. Agr. France, **31**, 392—394, 1945.
— Étude sur l'instinct du *Cerceris ornata*. Arch. Zool. exp. gén., (2) **5**, 27—60, 6 Fig., 1887.
— L'acide urique et la fonction rénale chez les Invertébrés. Mém. Soc. zool. France, **3** (1890), 31—87, 1889.

---
[1]) vermutl. Autor

— Formation d'une espèce par le parasitisme. Étude sur le *Sphecodes gibbus.* Rev. scient., **45** ((3) **19**), 199—204, 1890.
— Notes sur la vie et les mœurs des Insectes. (Observations sur „*Ammophila affinis*", Kirby.) Arch. Zool. exp. gén., (2) **10**, 23—36, 1892.
— (Sur la motilite des tubes de Malpighi.) Ann. Soc. ent. France, **61**, Bull. CCLVI—CCLVII, (1892) 1893 a.
— Remarques sur les *Bembex.* Ann. Soc. ent. France, **62**, 93—98, 1893 b.
— Observations biologiques sur les Crabronides. Ann. Soc. ent. France, **62**, 331—338, Taf. 8, 1893 c.
— Sur les nidifications du *Sphex splendidulus* et du *Chalicodoma Perezi.* Arch. Zool. exp. gen., (3) **1**, Notes et Revue XXIX—XXX, 1893 d.
— Étude sur la reproduction des Guêpes. C. R. Acad. Sci. Paris, **117**, 584—587, 1893 e.
— Sur le réceptacle séminal de la Guêpe (*Vespa germanica*). Note préliminaire. Ann. Soc. ent. France, **63**, 44—49, 1 Fig., 1894 a.
— (Sur les moeurs d'*Apion pisi* Fab.) Ann. Soc. ent. France, **63**, Bull. CXLIII, 1894 b.
— Note préliminaire sur la distribution des sexes dans les cellules du guèpier. Arch. Zool. exp. gén., (3) **2**, Notes et Revue III—V, 1894 c.
— Sur les Diptères nuisibles aux Céréales, observés à la Station entomologique de Paris en 1894. C. R. Acad. Sci. Paris, **119**, 496—499, 1894 d.
— La vie des Guêpes. Rev. scient., (4) **1**, 225—234, 1894 e.
— (Sur les ouvrières pondeuses chez les Abeilles.) Ann. Soc. ent. France, **63**, Bull. CXCV—CXCVII, (1894) 1895 a.
— (Observations sur un Microlépidoptère: *Gracilaria juglandella* Mann.) Ann. Soc. ent. France, **64**, Bull. CCI, 1895 b.
— La Cécidomyie de l'Avoine: *Cecidomyia avenae* (Dipt.). Ann. Soc. ent. France, **64**, Bull. CCLXII—CCLXIV, 1895 c.
— (Observations sur un Coléoptère: *Epilachna argus* Fourc.) Ann. Soc. ent. France, **64**, Bull. CCCI—CCCII, 1895 d.
— La Cécidomyie de l'avoine (*Cecidomyia avenae,* nov. sp.). C. R. Acad. Sci. Paris, **120**, 1283—1285, 1895 e.
[Ref. (z. T. Abdr.):] March, E . . .: Bull. Soc. Sci. nat. Ouest, **5**, part. 2, 79—81, 1895.
— Étude sur la reproduction des Guêpes. C. R. Acad. Sci. Paris, **121**, 731—734, 1895 f.
[Engl. Übers.:] On the Reproduction of Wasps. Ann. Mag. nat. Hist., (6) **17**, 181—183, 1896.
[Ref.:] Domestic Economy of Wasps. Amer. Natural., **30**, 504—505, 1896.
— Observations biologiques sur *Cecidomyia destructor* (Dipt.). (Communication préliminaire.) [Mit Angaben von Alexandre Laboulbène.] Ann. Soc. ent. France, **64**, Bull. CXXXIV—CXXXVI, CCIII, CCCII—CCCIII, 1895 g; Les Cecidomyies des céréales et leurs parasites. **66**, 1—105, 9 Fig., Taf. 1—8, 1897.
— [Ref.] siehe Eimer, Gustav Heinrich Theodor 1895.
— [Ref.]siehe Wasmann, Erich 1895.
— La reproduction et l'évolution des guèpes sociales. Arch. Zool. exp. gén., (3) **4**, 1—100, 8 Fig., 1896 a.
[Ref.:] Cuenot, Lucien: Année biol., **2** (1896), 236—239, 1898.
— L'entomologie appliquée en Europe. Bull. Soc. Acclim. Paris, **43**, 201—208, 345—348, 428—440, 1896 b.
— Sur deux Cécidomyes nouvelles [Dipt.] vivant sur la pomme de terre et sur le lierre (*Asphondylia Trabuti* et *Dasyneura Kiefferi*). Bull. Soc. ent. France, **1896**, 97—100, 2 Fig., 1896 c.
— Remarques sur la fonction et l'origine des tubes de Malpighi. Bull. Soc. ent. France, **1896**, 257—258, 1896 d.
— Invasion, dans l'Allier, de la *Cicadula sexnotata,* Fall. [Hém.]. Bull. Soc. ent. France, **1896**, 259, 1896 e.
— Observations sur les *Polistes.* Cellule primitive et première cellule du nid. — Provisions de miel. — Hibernation. — Association de reines fondatrices. Bull. Soc. zool. France, **21**, 15—21, 2 Fig., 1896 f.
— La reproduction et l'évolution des guèpes sociales. Rev. scient., (4) **6**, 649—655, 1896 g.
— [Ref.] siehe Beijerinck, Martin Wilhelm 1896.
— [Ref.] siehe Emery, Carlo 1896.
— [Ref.] siehe Hyatt, Alpheus & Arms, J . . . M . . . 1896.
— Note sur la biologie de *Lauxania aenea* Fall., Diptère nuisible au Trèfle. Bull. Soc. ent. France, **1897**, 216—217, 1897 a.
— Sur quelques Hémiptères nuisibles de Tunisie. Bull. Soc. ent. France, **1897**, 217, 1897 b.
— Sur quelques Carabides s'attaquant aux Fraisiers. Bull. Soc. ent. France, **1897**, 217—218, 1897 c.
— Note sur le *Baris spoliata* Bohem., Coléoptère nuisible aux Betteraves en Tunisie. Bull. Soc. ent. France, **1897**, 234, 1897 d.
— Sur les ravages exercés par *Pygaera anastomosis* L. [Lép.] dans les plantations de Peupliers de la vallée de l'Aube. Bull. Soc. ent. France, **1897**, 235, 1897 e.
— Sur les insectes nuisibles de Tunisie et d'Algérie. C. R. Ass. Franç. Av. Sci., **25** (1896), part. 2, 490—494, 1897 f.
[Ref.:] Matzdorff, Carl: Ztschr. Pflanzenkrankh., **8**, 163, 1898.
— Sur les réactions histologiques et sur la galle animale interne provoquées chez une larve de Diptère (*Cecidomyia destructor*) par un Hyménoptère parasite (*Trichacis remulus*). C. R. Mém. Soc. Biol. Paris, (10) **4** (**49**), C. R. 59—60, 1897 g.
— L'équilibre numérique des espèces et ses relations avec les parasites chez les insectes. C. R. Mém. Soc. Biol. Paris, (10) **4** (**49**), C. R. 129—130, 1897 h.
— La castration nutriciale chez les hyménoptères sociaux. C. R. Mém. Soc. Biol. Paris, (10) **4** (**49**), C. R. 556—557, 1897 i.
— Contribution à l'étude du développement embryonnaire des Hyménoptères parasites. C. R. Mém. Soc. Biol. Paris, (10) **4** (**49**), C. R. 1084—1086, 1897 j.
— On the Biology of *Camarota flavitarsis,* Meig. Entomol. monthly Mag., (2) **8** (**33**), 30—31, 1897 k.
— Notes d'entomologie biologique sur une excursion en Algérie et en Tunisie. *Lampromya Miki,* nova species; Cécidies. Mém. Soc. zool. France, **10**, 5—25, Taf. I, 1897 l.
— L'*Aspidiotus perniciosus* ou le San José-Scale des États-Unis et les Cochenilles d'Europe voisines vivant sur les arbres fruitiers. Bull. Soc. Acclim. Paris, **45**, 277—287, 3 Fig., 1898 a.
— Le cycle évolutif de l'*Encyrtus fuscicollis* [Hymén.]. Bull. Soc. ent. France, **1898**, 109—111, 1898 b.
— La dissociation de l'oeuf en un grand nombre d'individus distincts et le cycle évolutif chez l'*Encyrtus fuscicollis* (Hyménoptère). C. R. Acad. Sci. Paris, **126**, 662—664, 1898 c.
[Engl. Übers. von] E. E. Austen: On the Dissociation of the Egg into a Large Number of Distinct Indivi-

duals, and the Cycle of Development in *Encyrtus fuscicollis* (Hymenopteron). Ann. Mag. nat. Hist., (7) **2**, 28—30, 1898.
[Engl. Übers.:] A New Method of Asexual Reproduction in Hymenopterous Insects. Nat. Sci., **12**, 316—318, 1898.

— [Ref.] siehe Howard, Leland Ossian 1898.

— (*Ogcodes pallipes* Latr. (= *Henops marginatus* Meig.). Bull. Soc. ent. France, **1899**, 286, 1899 a.

— Sur les *Chrysomphalus ficus* et *minor*, Cochenilles nuisibles récemment importées. Bull. Soc. ent. France, **1899**, 290—292, 1899 b.

— Comparaison entre le développement des hyménoptères parasites à développement polyembryonnaire et ceux à développement monoembryonnaire. C. R. Mém. Soc. Biol. Paris, (11) **1** (**51**), C. R. 711—713, 1899 c.

— Notes biologiques sur les Chalcidiens et Procotrypides obtenus par voie d'élevage pendant les années 1896, 1897, et 1898. Ann. Soc. ent. France, **69**, 102—112, 1900 a.

— Le *Lophyrus pini*, Hyménoptère nuisible aux Pins; moyens de la détruire. Bull. Soc. Acclim. Paris, **47**, 58, 1900 b.

— (Un parasite des oeufs de *Gerris* (*Proctotrypide*).) Bull. Soc. ent. France, **1900**, 328, 1900 c.

— Sur les moeurs et le rôle utile de *Nabis lativentris* Boh. [Hémipt. Hétéropt.]. Bull. Soc. ent. France, **1900**, 330—332, 1900 d.

— (*Toron* (*digiphagus* n. sp.) trouvé dans les pontes de *Gerris*.)[1]) Bull. Soc. zool. France, **25**, 167, 1900 e.

— Le retour au nid chez le *Pompilus sericeus* V. d. L. C. R. Mém. Soc. Biol. Paris, **52**, C. R. 1113—1115, 1900 f.

Marchal, Paul & **Giard**, Alfred
(Sur une invasion de la chenille d'*Heliophobus* (*Neuronia*) *popularis* Fab. dans le Nord de la France.) [Mit Angaben von Moniez.] Ann. Soc. ent. France, **63**, Bull. CXLII—CXLIII, 1894; CLV—CLVI, CLVI—CLIX, CLXXIII, (1894) 1895.

Marchand, Ernest
Observations sur l'*Echynomyia fera* (Linné) (Accouplement; Appareil génital; Reproduction; Moeurs). Bull. Soc. Sci. nat. Ouest, **6**, Teil 1, 119—136, Taf. II, 1896.

— siehe Viaud-Grand-Marais, Ambroise & Marchand, Ernest 1897.

— siehe Dominique, Jules & Marchand, Ernest 1898.

— (Une autre fleur-piège, *Mandevillea suaveolens*.) Bull. Soc. Sci. nat. Ouest, **9**, II, 1899.

— Sur le retour au nid du *Bembex rostrata* Fabr. (Unique observation.) Bull. Soc. Sci. nat. Ouest, **10**, Teil 1, 247—250, 1900 a.

— (*Chlorops ornata*, observé en quantité innombrable.) Bull. Soc. Sci. nat. Ouest. **10**, XXVIII—XXIX, 1900 b.

Marchand, Ernest & **Bonjour**, Samuel
Sur les fleurs-pièges de l'*Araujia sericifera* Brot. et du *Mandevillea suaveolens* Lindl. Bull. Soc. Sci. nat. Ouest, **9**, Teil 1, 57—84, 6 Fig., 1899.

Marchand, V ...

○ Mémoire sur le phylloxera. Bull. Com. vitic. Pyrénées-Orient., **1869**, 50—54, 1869.

○ Étude sur l'emploi du gaz sulfhydrique pour la destruction du *Phylloxera vastatrix* ou puceron souterrain qui attaque les racines de la vigne et sur l'efficacité de ce gaz contre l'oidium. 8°, 16 S., Perpignan, Latrobe, 1870 a. — 2. Aufl. Verdun, impr. Renvé-Lallemant, 1875.

○ Question de physique générale au sujet du *Phylloxera vastatrix*, et d'autres parasites dont les larves vivent dans lo sous- sol. Cosmos, **1870**, 172—178, 1870 b.

Marchant, R ...

○ *Acherontia atropos* [in the streets of York]. Naturalist London, (N. S.) **3**, 58, 1877—78.

Marché, Alfred

○ Note de voyage sur les iles Mariannes. Bull. Soc. Geogr. commerc. Havre, **1898**, 49—61, 65—96, 1899.

Marchese, Giovanni
geb. 1853.

○ Archeologia bacologica. La donna nell' allevamento dei bachi da seta. Bacologo Ital., **1**, 21—22; ... II. I guastamestieri. 36—38; ... III. La terra promessa. 52—54; ... IV. Sono 40 secoli che si predica! 68—70; ... V. Il porto. 85—86; ... VI. Un passo indietro. 101—102; ... VII. Calce, carbone e riso. 108—110; ... VIII. Per un calcio! 124—126; ... IX. I bachi da seta di una volta. 141—142; ... X. 157—158; ... XI. I boschi o le capanne per l'imboschimento dei bachi da seta. 172—173, 1878—79 a.

○ La qualità della foglia di gelso nei suoi rapporti colla quantità. Bacologo Ital., **1**, 267—268, 1878—79 b.

○ La bacheria. Bacologo Ital., **1**, 361—363, 377—379, 393—395, 1878—79 c.

○ Il minor peso dei bozzoli e l'alta temperatura. Riv. settim. Bachicolt., **11**, 125—126, 1879. — ○ [Abdr.?:] Bacologo Ital., **2**, 145—146, 1879—80.

— siehe Ottavi, Ottavio & Marchese, Giovanni 1879—80.

○ Flaccidezza ereditaria o accidentale? Riv. settim. Bachicolt., **12**, 101, 1880. — ○ [Abdr.?:] Bacologo Ital., **3**, 97—98, 1880—81.

○ D'onde viene e come va a finire il baco da seta. Bacologo Ital., **3**, 4—5, 11—12, 20—21, 36—38, 1880—81 a.

○ Chi deve allevare i bachi da seta. Bacologo Ital., **3**, 41—42, 1880—81 b.

○ Fra un sonno e l'altro. Bacologo Ital., **3**, 66—69, 1880—81 c.

○ I malanni dei bachi da seta. Bacologo Ital., **3**, 81—82, 1880—81 d.

○ L'ostracismo ai bachi da seta ed ai gelsi!? Bacologo Ital., **3**, 89—91, 1880—81 e.

○ La produzione dei bozzoli a L. 1, 80 al chilog. Bacologo Ital., **3**, 177—178, 1880—81 f. — ○ [Abdr.?:] Riv. settim. Bachicolt., **12**, 150—151, 1880.

Marchesetti, Carlo de
La caverna di Gabrovizza presso Trieste. Atti Mus. Stor. nat. Trieste, **8**, 143—184, Taf. I—VI, 1890.

Marchet, Gustav
geb. 1846.

○ *Phylloxera* und Gesetzgebung in Frankreich. Österr. landw. Wbl., **1879**, Nr. 35, 1879.

○ Die Reblausgesetzgebung Oesterreichs. Über Auftrag des Vereines zum Schutze des Österreichischen Weinbaues. 8°, 42 S., Wien, 1896.
[Engl. Übers.?:] La legislazione austriaca concernente la fillossera. Compilazione fatta per incarico della Società per la tutela della viticoltura austriaca. Atti Soc. agr. Gorizia, (N. S.) **36**, 100—122, 148—166, 1896.

[1]) vermutl. Autor

— Rückblick auf die Entwickelung des Feldschutzes in Oesterreich. Oesterr. landw. Wbl., **25**, 17—18, 25—26, 1899.

Marchi, Pietro
Nota statistica di un allevamento di bachi da seta, fatto nel R. Museo di Firenze nella primavera del 1864. Atti Accad. agr. Georg. Firenze, (N. S.) **11**, 208—214, 1864.
— Sopra un nuovo metodo proposto per la confezione del seme da bachi da seta. Atti Accad. agr. Georg. Firenze, (N. S.) **14**, 133—136, 1867.
— siehe [Ref.] Targioni-Tozzetti, Adolfo 1867.
○ Della dominante malattia dei bachi da seta, dell' esame microscopico delle uova e del suo piu giusto valore. 2. Aufl. 8°, 31 S., Firenze, tip. Cellini & Co., 1876.
— (*Homalomyia prostrata* Bouché, sue larve nell'intestino di una donna.) Resoc. Soc. ent. Ital., **1879**, 16—17, 1879.

Marchoux, D . . .
Biogr.: (L. O. Howard) Pop. Sci. monthly, 1915 m. Porträt.
— Au sujet de la transmission du paludisme par les moustiques. Ann. Hyg. Méd. colon. Paris, **2**, 22—25, 1899.

Marchoux, Emil
geb. 1862, gest. 1943. — Biogr.: (E. Roubaud) Bull. Soc. Pathol. exot., **36**, 319—324, 1943.
— Note sur un Rotifère (*Philodina parasitica* n. sp.) vivant dans le tube digestif de larves aquatiques d'insectes. C. R. Mém. Soc. Biol. Paris, (10) **5** (**50**), C. R. 749—750, 1898.

Marcialis, Efisio
Saggio di un Catalogo metodico dei principali e più comuni animali invertebrati della Sardegna. Boll. Soc. Rom. zool., **1**, 246—282, 1892.

Marcille,
siehe Bertainchand, & Marcille, 1898.

Marck,
○ Colorado-Käfer. Österr. landw. Wschr., **1877**, Nr. 27, 1877.

Marck, W . . . von der
gest. 1900.
— Ernst von Roehl. Nekrolog. Verh. naturhist. Ver. Preuss. Rheinl., **39**, Korr.bl. 53—55, 1882.

Marcolini, A . . . & **Marcolini**, C . . .
Nozioni principali per il buon allevamento dei bachi da seta. 16°, 3 S., Pesaro, tip. Rossi, 1880.

Marcolini, C . . .
siehe Marcolini, A . . . & Marcolini, C . . . 1880.

Marconi, F . . .
○ La *Doriphora decemlineata*. Econ. rur. Arti Commercio, **21**, 1878.

Marcot-Didieux,
Des verminières pour la nourriture des poules. Bull. Insectol. agric., **4**, 140—143, 151—156, 172—174, 187—190, 1879.

Marcotti, Pietro
○ Stufatura dei bozzoli. Giorn. Indust. serica, **5**, 349, 1871.

Marcou, John Belknap
○ Annotated catalogue of the published writings of Charles Abiathar White.[1]) Bull. U. S. nat. Mus., **30**, 113—181, 1885.

[1]) Supplement siehe Timothy W. Stanton 1898.

Marcy,
○ Note sur l'utitité des pontes élevées isolément. Act. Mem. Congr. séricicol. int., **4** (1874), 270—271, 1875.

Marée, Charles
Acronycta Alni and *A. pyrophila* at Stratford-on-Avon. Entomologist, **9**, 20, 1876.

Marefield, John R . . . B . . .
Lepidoptera at Swanage. Entomologist, **32**, 309, 1899.

Marek, G . . .
○ Untersuchungen über die Schädigung der Erbsensamen durch den Samenkäfer *Bruchus pisi*. Österr. landw. Wbl., **4**, 242—243, 255—257, ? Fig., 1878.

Marès,
Note accompagnant la présentation d'un Ouvrage „Sur les Cépages de la région méridionale de la France". C. R. Acad. Sci. Paris, **112**, 1183—1185, 1891.

Marès, Henri
○ [Notes sur la maladie de la vigne comme causée par l'action des froids.] Bull. Com. agric. Carpentras, **55**, 305—306, 492—493, 1868 a.
○ [Sur la nouvelle maladie de la vigne.] Bull. Com. agric. Carpentras, **55**, 308—320, 1868 b. — ○ [Abdr.?:] Messag. agric. Midi, **1868**, 231—234, 1868. — ○ [Abdr.?:] Bull. Soc. Agric. Hérault, **1868**, 402—415, 1868.
○ Rapport de la Commission (Villeperdrix, Gensoul, Marin et Dugrail) envoyée a Roquemaure pour étudier la maladie de la vigne. Bull. Soc. Agric. Hérault, **1868**, 397—399, 1868 c.
— Production de graines de vers à soie exemptes de germes corpusculeux. C. R. Acad. Sci. Paris, **66**, 1292—1297, 1868 d.
○ Note sur la pourriture des racines, maladie de la vigne qui sévit actuellement dans les vignobles des rives du Rhône. Messag. Midi, Sept., 1868 e. — ○ [Abdr.?:] Bull. Soc. Agric. Hérault, **1868**, 455, 1868. — ○ [Abdr.?:] Messag. agric. Midi, **9**, 331—339, 1868.
○ [Discussion sur la nouvelle maladie de la vigne devant le Congrès scientifique tenu à Montpellier.] Messag. agric. Midi, **1869**, 5. März, 58, 60, 61, 1869 a.
○ [Lettres à M. Barral relatives à l'emploi du soufre contre le *Phyllocera*.] Journ. Agric., **1869**, 733—734, 1869 b; **1870**, 37—38, 1870.
— Sur la maladie corpusculeuse des vers à soie.[1]) C. R. Acad. Sci. Paris, **71**, 293—296, 1870. — [Abdr.:] Journ. Agric. prat. Paris, **2**, 182—185, 1870—71.
— Note sur la maladie de la vigne caractérisée par le *Phylloxera*. C. R. Acad. Sci. Paris, **76**, 209—213, 335—336, 1873 a.
— De la propagation du *Phylloxera*. C. R. Acad. Sci. Paris, **77**, 1408—1411, 1873 b.
— Sur les résultats des expériences faites par la Commission de la maladie de la vigne du département de l'Hérault. C. R. Acad. Sci. Paris, **77**, 1455—1460, 1873 c.
○ Note sur les moyens de détruire divers insectes qui attaquent les luzernes. 8°, 20 S., Montpellier, impr. Grollier, 1874 a.
○ Notes sur quelques expériences ayant pour but d'atténuer ou prévenir les attaques du phylloxera. Ann. Soc. Agric. Dordogne, **35**, 312—315, 1874 b.
— Des progrès de la maladie de la vigne pendant l'hi-

[1]) vermutl. Autor

ver. Des moyens pratiques de combattre la maladie de la vigne. C. R. Acad. Sci. Paris, **78**, 1620—1624, 1874 c.

○ *Phylloxera.* Des moyens pratiques de combattre la maladie de la vigne. Progrès de la maladie de la vigne pendant l'hiver. 18°, 11 S., Paris, Delahaye; Montpellier, Coulet, 1875 a.

○ Note rectifiant le compte rendu de son discours relativ à l'action des hautes températures pendant les élevages des vers à soie.[1]) Act. Mém. Congr. séricicol. int., **4** (1874), 306—307, 1875 b.

○ Destruction du *Phylloxera vastatrix.* Bull. Soc. Agric. Lozère, 26, 135—139, 1875 c.

— Sur les résultats des expériences faites par la Commission de la maladie de la vigne du département de l'Hérault, en 1874. Traitement des vignes malades.[1]) C. R. Acad. Sci. Paris, **80**, 1044—1048, 1875 d.

○ Rapport de la Commission supérieure du *Phylloxera.* Journ. Agric. prat. Paris, **39**, Bd. 1, 321—323, 1875 e.

— Des moyens de reconstituer les vignes dans les contrées où elles ont été détruites par le *Phylloxera.* C. R. Acad. Sci. Paris, **82**, 958—963, 1876 a.

— Sur le danger de l'introduction de certaines vignes americaines dans les vignobles d'Europe. C. R. Acad. Sci. Paris, **82**, 1138—1140, 1876 b.

— Résultats obtenus dans le traitement par les sulfocarbonates des vignes phylloxérées. C. R. Acad. Sci. Paris, **83**, 427—429, 1876 c.

— Résultats obtenus sur les vignes phylloxérées, par leur traitement au moyen des sulfocarbonates, des engrais et de la compression du sol. C. R. Acad. Sci. Paris, **83**, 1142—1146, 1876 d.

— Sur l'emploi des sulfocarbonates et du sulfure de carbone dans le traitement de la vigne. C. R. Acad. Sci. Paris, **84**, 1440—1444, 1877 a.

— Production de galles phylloxériques sur les feuilles des cépages du midi de la France. C. R. Acad. Sci. Paris, **85**, 273—277, 1877 b.

— Sur la disparition spontanée du *Phylloxera.* C. R. Acad. Sci. Paris, **85**, 564—567, 1877 c.

— Du traitement des vignes phylloxérées. C. R. Acad. Sci. Paris, **90**, 28—31, 74—77, 1880 a.

— Résultats obtenus dans le traitement des vignes par le sulfocarbonate de potassium. C. R. Acad. Sci. Paris, **90**, 1530—1532, 1880 b.

— Le phylloxéra, les insecticides, les vignes américaines. C. R. Ass. Franç. Av. Sci., **8** (1879), 1023—1037, 1880 c.

— Sur le traitement des vignes phylloxérées. C. R. Acad. Sci. Paris, **92**, 109—114, 1881.

Marès, L . . .

○ Sur le traitement des vignes phylloxérées. 8°, Montpellier, Grollier, 1880.

Marès, Roger

Situation phylloxérique du vignoble algérien. Bull. Agric. Commerce Tunis, **4**, Nr. 11, 60—67, 1899.

Maresch, Paul

Der Kartoffelblattsauger. (*Chlorotia flavescens.*) Ein neuer Kartoffelfeind. Oesterr. landw. Wbl., **25**, 310—311, 2 Fig., 1899.

Marey, Étienne Jules

geb. 1830, gest. 1904.

— Détermination expérimentale du mouvement des ailes des insectes pendant le vol. C. R. Acad. Sci. Paris, **67**, 1341—1345, 2 Fig., 1868 a.

[Engl. Übers.:] The Velocity of Insects' wings during Flight. Intell. Observ., (N. S.) **3**, 52—54, 1869.

— Collège de France. Histoire naturelle des corps organisés. Rev. Cours scient., **6**, 61—64, (1868—69) 1868 b; 171—176, 7 Fig.; 252—256, 1 Fig.; 578—583, 4 Fig.; 601—604, 3 Fig.; 646—656, 13 Fig.; 700—704, 4 Fig., (1868—69) 1869.

[Engl. Übers.:] Lectures on the phenomena of flight in the animal kingdom. Rep. Board Smithson. Inst., **1869**, 226—285, 31 Fig., 1871.

○ Über den Flug der Insekten. Ausland, **42**, 287—288, 1869 a.

— Reproduction mécanique du vol des insectes. C. R. Acad. Sci. Paris, **68**, 667—669, 1869 b.

[Engl. Übers.:] Mechanical Reproduction of the Flight of Insects. Ann. Mag. nat. Hist., (4) **4**, 216—217, 1869.

— Note sur le vol des insectes. C. R. Mém. Soc. Biol. Paris, (4) **5** (**20**) (1868), C. R. 136—139, 212, 1869 c.

— Recherches sur le mécanisme du vol des insectes. Journ. Anat. Physiol., **6**, 19—36, 18 Fig.; 337—348, 3 Fig., 1869 d.

— Mémoire sur le vol des Insectes et des Oiseaux. Ann. Sci. nat. (Zool.), (5) **12**, 49—150, 42 Fig., 1869 e; (2) 15, Nr. 13, 1—62, 23 Fig., 1872.

— [Ref.] siehe Plateau, Felix 1869.

— The Flight of Birds and Insects. [Nach: Cosmos.] Amer. Natural., **4**, 439, (1871) 1870 a.

— Réponse à une Note précédente de M. Pettigrew [S. 875—877]. C. R. Acad. Sci. Paris, **70**, 1093—1094, 1870 b.

○ Animal Mechanism. A Treatise on terrestrial and aerial Locomotion. The International Scientific Series **11**. 8°, London, Henry S. King & Co., 1874. — ○ 3. Aufl. XVI + 283 S., ? Fig., London, 1883.

[Ref.:] Marey's Animal Mechanism. Nature London, **10**, 498—500, 5 Fig.; 516—519, 6 Fig., 1874.

— (Locomotion aérienne). [Nach: La Machine animale.] Bull. Soc. Sci. nat. Nimes, **3**, 81—83, 1875.

— La méthode graphique dans les sciences expérimentales. Trav. Labor. Physiol. exp. (Marey), [**1**] (1875), 123—161, 30 Fig.; . . . (Suite). 255—278, 10 Fig., 1876; . . . expérimentales. **2**, 133—219, 42 Fig., 1876.

— Le vol des insectes étudié par la Photochronographie. C. R. Acad. Sci. Paris, **113**, 15—18, 1 Fig., 1891. — ○ [Abdr.?:] La Nature, **20**, Bd. 1, 135—138, 1 Fig., 1892.

○ [Vergleich der Bewegungsformen verschiedener Tiere.] La Nature, **21**, 215—218, 1893.

[Engl. Übers.?:] Comparative locomotion of different animal. Rep. Board Smithson. Inst., **1893**, 501—504, Taf. XXIII—XXV, 1894.

○ Movement. 8°, 323 S., London, 1895.

Margagli,

(Überwinternde Insekten.) Giorn. Sci. nat., **15** (1880—82), Nr. 1, 1882.

Margini, Silvio

○ Il mercato dei bozzoli in Reggio-Emilia nel 1879. Bacologo Ital., **2**, 187—188, 195—197, 1879—80.

Margó, Th . . .

Die Classifikation des Tierreiches mit Rücksicht auf die neueren zoologischen Systeme. Math. naturw. Ber. Ungarn, **1** (1882—83), 234—260, Taf. V, 1883.

[Engl. Übers. von] W. S. Dallas: The Classification of the Animal Kingdom, with reference tho the newer Zoological Systems. Ann. Mag. nat. Hist., (5) **13**, 313—334, 1884.

---

[1]) vermutl. Autor

Margoled,
siehe Zurcher, & Margoled, 1873.

Margottat, A . . .
○ Ein Ventilator zum Abtrocknen des Maulbeerlaubes, zum Trocknen der Wäsche und zur Reinigung der Luft in den Seidenzucht-Anstalten. Allg. Dtsch. Ztschr. Seidenbau, **2**, 39, 1868.

Margottin,
Destruction de la mouche jaune des rosiers. Ou Hylotome de la rose (*Hylotoma rosarum*). [Nach: Essai Ent. hortic.] Insectol. agric., **1**, 43—49, 1 Farbtaf. (unn.), 1867.

Marhula, J . . .
Borkenkäfer in den bosnischen Waldungen. Oesterr. Forst-Ztg., **12**, 256, 1894 a.
— Schädliche Insecten in den bosnisch-herzogowinischen Staatswaldungen. Oesterr. Forst-Ztg., **12**, 276, 1894 b.

Mari, Erasmo
○ Ai coltivatori di bachi da seta che hanno fiducia nella semente da lui preparata. 8°, 16 S., Ascoli, tip. Caroli, 1875.

Marie, T . . .
Sur l'axtraction des acides libres de la cire d'Abeilles. C. R. Acad. Sci. Paris, **119**, 428—431, 1894.

Marielle, A . . .
○ Exposition des Insectes. Presse scient. deux Mondes, **3**, 572—575, 1865.

Marindin, A . . . I . . .
(*Sphinx convolvuli* in Hants.) Entomol. Rec., **2**, 258, 1891.
— (Fading of *Geometra vernaria* and *Iodis lactearia*.) [Mit Angaben von J. W. Tutt.] Entomol. Rec., **4**, 200, 1893.

Marindin, L . . . F . . .
Vanessa antiopa in Hants. Entomologist, **22**, 306, 1889.

Marion, Antoine Fortuné
geb. 1846, gest. 1900.
— Sur l'emploi du sulfure de carbone contre le *Phylloxera*.[1]) C. R. Acad. Sci. Paris, **82**, 1381, 1876 a.
— Expériences relatives à la destruction du *Phylloxera*[1]). C. R. Acad. Sci. Paris, **83**, 38—41, 1876 b.
— Rapport sur les expériences faites par la Compagnie Paris—Lyon—Méditerranée, pour combattre le Phylloxera.[1]) C. R. Acad. Sci. Paris, **83**, 1087—1088, 1876 c.
— Sur les résultats obtenus par l'emploi du sulfure de carbone pour la destruction du *Phylloxera*. C. R. Acad. Sci. Paris, **85**, 1209—1210, 1877 a.
— Über die *Phylloxera vastatrix*. [Nach: Frankf. Journ.][1]) Ztschr. landw. Ver. Hessen, **47**, 250—251, 1877 b.
○ Traitement des vignes phylloxériées par le sulfure de Carbone. Rapport sur les expériences et sur les applications en grande culture effectuées en 1877. 4°, Paris, 1878.
— Sur la réapparition du *Phylloxera* dans les vignobles soumis aux opérations insecticides. [Mit Angaben von Dumas.] C. R. Acad. Sci. Paris, **88**, 1308—1310, 1879.
○ Application du sulfure de carbone au traitement des vignes phylloxérées. 4. année. Rapport sur les travaux de l'année 1879 et sur les résultats obtenus. 4°, 118 S., Paris, P. Dupont, 1880.

[1]) vermutl. Autor

Marion, Antoine Fortuné & **Gastine,** G . . .
Remarques sur l'emploi du sulfure de carbone au traitement des vignes phylloxérées. C. R. Acad. Sci. Paris, **112**, 1113—1117, 1891.

Marius, Prosper
Métamorphose. Bull. Soc. Sci. nat. Nimes, **4**, 92—93, 1876.

Mark, Edward Laurens
geb. 1847.
— Beiträge zur Anatomie und Histologie der Pflanzenläuse, insbesondere der Cocciden. Arch. mikr. Anat., **13**, 31—86, Taf. IV—VI, 1877.
— The Nervous System of *Phylloxera*. Psyche Cambr. Mass., **2**, 201—207, 1 Fig., (1883) 1879.
— Simple Eyes in Arthropods. Bull. Mus. comp. Zool. Harvard, **13**, 49—105, Farbtaf. I—V, (1886—87) 1887.

Marker, Carl
Ueber den *Pissodes Harcyniae* Hrbst. Zbl. ges. Forstwes., **26**, 116—117, 1900.

Markham, Albert Hastings Sir
geb. 1841
○ A Polar reconnaissance, being the Voyage of the „Isbjörn" to Novaya Zemlya in 1879. 8°, XVI+361 S., ? Fig., 2 Kart., London, 1881.
[Darin:]
McLachlan, Robert: Notes on the Insects. 350—352.

Marlatt, Charles Lester
geb. 26. 9. 1863 in Atchinson (Kansas), gest. 3. 3. 1954 in Washington?, Leiter d. Bureau of Entomol. U. S. Dep. Agric. Washington. — Biogr.: Proc. ent. Soc. Washington, **38**, 125, 1936; (E. N. Cory; W. D. Reed & E. R. Sasscer) Proc. ent. Soc. Washington, **57**, 37—43, 1955 m. Porträt.
— Fall Collecting of Hymenoptera from *Solidago* sp. and its Results. Ent. Amer., **2**, 202—203, (1886—87) 1887 a.
— Notes on a Red Cedar Saw-Fly. Trans. Kansas Acad. Sci., **10** (1885—86), 80—83, 3 Fig., 1887 b.
— Notes on the Oviposition of the Buffalo Tree-Hopper. Trans. Kansas Acad. Sci., **10** (1885—86), 84—85, 2 Fig. [S. 83], 1887 c.
— Report of a Trip to investigate Buffalo Gnats. Period. Bull. Dep. Agric. Ent. (Ins. Life), **2** (1889—90), 7—11, (1889—90) 1889 a.
— A Report on the Lesser Migratory Locust. Period. Bull. Dep. Agric. Ent. (Ins. Life), **2** (1889—90), 66—70, (1889—90) 1889 b.
— Notes on the early stages of three moths. Trans. Kansas Acad. Sci., **11** (1887—88), 110—114, 3 Fig., 1889 c.
— [*Apathus elatus* — the male of *Bombus fervidus*. Mit Angaben von Riley, Ashmead, Schwarz.] Proc. ent. Soc. Washington, **1** (1884—89), 202—203, 1890 a.
— Swarming of *Lycaena Comyntas*, Godt. Proc. ent. Soc. Washington, **1** (1884—89), 206, 1890 b.
— An Ingenious Method of Collecting *Bombus* and *Apathus*. Proc. ent. Soc. Washington, **1** (1884—89), 216, 1890 c.
— Abundance of Oak-feeding Lepidopterous Larvae in the Fall of 1889. Proc. ent. Soc. Washington, **1** (1884—89), 259—260, 1890 d.
— Mortality among Flies in the District. Period. Bull. Dep. Agric. Ent. (Ins. Life), **4** (1891—92), 152—153, (1892) 1891 a.

— The Xanthium *Trypeta.* Proc. ent. Soc. Washington, 2 (1890—92), 40—43, 2 Fig., (1893) 1891 b. — [Dasselbe:] Period. Bull. Dep. Agric. Ent. (Ins. Life), 3 (1890—91), 312—313, 2 Fig., 1891.
— (The food habits of the Buprestid *Psiloptera drummondi* L. and G.)[1] Proc. ent. Soc. Washington, 2 (1890—92), 43, (1893) 1891 c.
— Observations on the habits of Vespas. Proc. ent. Soc. Washington, 2 (1890—92), 80—83, (1893) 1891 d.
— Notes on the genus *Metopius,* with description of a new species and table of species. Proc. ent. Soc. Washington, 2 (1890—92), 101—105, 1 Fig., (1893) 1891 e.
— The final molting of Tenthredinid larvae. Proc. ent. Soc. Washington, 2 (1890—92), 115—117, (1893) 1891 f.
— siehe Riley, Chales Valentine & Marlatt, Charles Lester 1891.
— A new Sweet Potato Saw-fly. (*Schizocerus privatus* Norton.) Period. Bull. Dep. Agric. Ent. (Ins. Life), 5 (1892—93), 24—27, 1 Fig., (1893) 1892 a.
— A study of the ovipositor in Hymenoptera. Proc. ent. Soc. Washington, 2 (1890—92), 201—205, 2 Fig., (1893) 1892 b.
— [The Pear-tree *Psylla* in Maryland.] Canad. Entomol., 26, 271, 1894 a.
— The Buffalo Tree-hopper. (*Ceresa bubalus* Fab.) Period. Bull. Dep. Agric. Ent. (Ins. Life), 7 (1894—95), 8—14, 4 Fig., (1895) 1894 b.
— Notes on Insecticides. Period. Bull. Dep. Agric. Ent. (Ins. Life), 7 (1894—95), 115—126, (1895) 1894 c.
— The Pear-tree *Psylla* in Maryland. Period. Bull. Dep. Agric. Ent. (Ins. Life), 7 (1894—95), 175—185, (1895) 1894 d.
— The Hibernation of the Chinch Bug. Period. Bull. Dep. Agric. Ent. (Ins. Life), 7 (1894—95), 232—234, (1895) 1894 e.
— The Codling Moth double-brooded. Period. Bull. Dep. Agric. Ent. (Ins.Life), 7 (1894—95), 248—251, (1895) 1894 f.
— The Currant Stem-Girdler. (*Phylloecus* [*Janus*] *flaviventris* Fitch.) Period. Bull. Dep. Agric. Ent. (Ins. Life), 6 (1893—94), 296—301, 1 Fig., 1894 g.
— Notes on Insecticides. (Proceedings of the seventh annual Meeting of the Association of Economic Entomologists.) Bull. U. S. Dep. Agric. Ent., (N. S.) Nr. 2, 19—26, 1895 a.
— The Elm Leaf-beetle in Washington. (Proceedings of the seventh annual Meeting of the Association of Economic Entomologists.) Bull. U. S. Dep. Agric. Ent., (N. S.) Nr. 2, 47—50, 1895 b.
— The Pear-tree Psylla. (*Psylla pyricola* Foerst.) Circ. U. S. Dep. Agric. Ent., (2) Nr. 7, 1—8, 6 Fig., 1895 c.
— The Imported Elm Leaf-beetle. *Galerucella luteola* Mull. (*Galeruca xanthomelaena* Schrank.) Circ. U. S. Dep. Agric. Ent., (2) Nr. 8, 1—4, 1 Fig., 1895 d.
○ The Hessian fly. (*Cecidomya destructor* Say.) Circ. U. S. Dep. Agric. Ent., Nr. 12, 1—4, 1895 e. — Neue Aufl. (2) Nr. 12, 1900.
— Experiments with Winter Washes against the San José Scale, season of 1894—95. Period. Bull. Dep. Agric. Ent. (Ins.Life), 7 (1894—95), 365—374, 1895 f.
— The Currant Stem-girdler. (*Phylloecus flaviventris* Fitch.) Period. Bull. Dep. Agric. Ent. (Ins. Life), 7 (1894—95), 387—390, 2 Fig., 1895 g.
— Notes on Paris Green. Period. Bull. Dep. Agric. Ent. (Ins. Life), 7 (1894—95), 408—411, 1895 h.

[1]) vermutl. Autor

[Ref.:] Sajó, Karl: Arsensalze als insektentötende Mittel. Ztschr. Pflanzenkrankh., 6, 106—109, 1896.
— Neuration of the wings of Tenthredinidae. Proc. ent. Soc. Washington, 3 (1893—96), 78—82, 2 Fig., (1896) 1895 i.
— Further note on the structure of the ovipositor in Hymenoptera. Proc. ent. Soc. Washington, 3 (1893—96), 142—143, 1 Fig., (1896) 1895 j.
— On the food-habits of *Odynerus.* Proc. ent. Soc. Washington, 3 (1893—96), 172—173, (1896) 1895 k.
— Further note on the Codling moth. Proc. ent. Soc. Washington, 3 (1893—96), 228—229, (1896) 1895 l.
— The American species of *Scolioneura* Knw. Proc. ent. Soc. Washington, 3 (1893—96), 234—236, (1896) 1895 m.
— The Hemipterous mouth. Proc. ent. Soc. Washington, 3 (1893—96), 241—249, 3 Fig., (1896) 1895 n.
— The hibernation of Nematids, and its bearing on inquilinous species. Proc. ent. Soc. Washington, 3 (1893—96), 263—267, (1896) 1895 o.
— Comparative Tests with New and Old Arsenicals on Foliage and with Larvae. (Proceedings of the eighth annual Meeting of the Association of Economic Entomologists.) Bull. Dep. Agric. Ent., (N. S.) Nr. 6, 30—35, 1896 a.
— Insecticide Soaps. (Proceedings of the eighth annual Meeting of the Association of Economic Entomologists.) Bull. U. S. Dep. Agric. Ent., (N. S.) Nr. 6, 38—41, 1896 b.
— A house-infesting Spring-tail (*Lepidocyrtus americanus,* n. sp.). Canad. Entomol., 28, 219—220, 1 Fig., 1896 c.
— Some new Nematids. Canad. Entomol., 28, 251—258, 1896 d.
— The Peach-tree Borer. (*Sannina exitiosa* Say.) Circ. U. S. Dep. Agric. Ent., (2) Nr. 17, 1—4, 1 Fig., 1896 e.
— [Notes on Texas Insects.] Proc. ent. Soc. Washington, 4 (1896—1901), 44—46, (1901) 1896 f.
— Revision of the Nematinae of North America, a subfamily of leaf-feeding Hymenoptera of the family Tenthredinidae. Techn. Ser. U. S. Dep. Agric. Ent., Nr. 3, 135 S., 70 Fig., 1 Taf. (unn.), 1896 g.
— siehe Howard, Leland Ossian & Marlatt, Charles Lester 1896.
— Notes on Insecticides. (Proceedings of the ninth annual meeting of the Association of Economic Entomologists.) Bull. U. S. Dep. Agric. Ent., (N. S.) Nr. 9, 54—63, 1897 a.
— The woolly aphis of the apple. (*Schizoneura lanigera* Hausmann.) Circ. U. S. Dep. Agric. Ent., (2) Nr. 20, 1—6, 2 Fig., 1897 b.
— The Buffalo Tree-hopper. (*Ceresa bubalus* Fab.) Circ. U. S. Dep. Agric. Ent., (2) Nr. 23, 1—4, 2 Fig., 1897 c.
— The Ox Warble. (*Hypoderma lineata* Villers.) Circ. U. S. Dep. Agric. Ent., (2) Nr. 25, 1—10, 10 Fig., 1897 d.
— The Pear Slug. (*Eriocampoides limacina* Retzius.) Circ. U. S. Dep. Agric. Ent., (2) Nr. 26, 1—7, 4 Fig., 1897 e.
— Insect Control in California. Yearb. U. S. Dep. Agric., **1896**, 217—236, 2 Fig., Taf. V, 1897 f.
— The Peach Twig-borer. (*Anarsia lineatella* Zell.) Bull. U. S. Dep. Agric. Ent., (N. S.) Nr. 10, 7—20, 5 Fig., 1898 a.
— The Periodical Cicada. An account of *Cicada septendecim,* its natural enemies and the means of preventing its injury, together with a summary of the distri-

bution of the different broods. Bull. U. S. Dep. Agric. Ent., (N. S.) Nr. 14, 1—148, 57 Fig., Taf. I—III, 1 Frontispiz, 1898 b.
[Ref.:] Schenkling, Siegmund: Die siebzehnjährige Cicade. Natur Halle, 47, 447—451, 2 Fig., 1898.
— Notes on Insecticides. (Proceedings of the tenth annual meeting of the Association of Economic Entomologists.) Bull. U. S. Dep. Agric. Ent., (N. S.) Nr. 17, 94—98, 1898 c.
— Some new Nematids. Canad. Entomol., **30**, 302—304, 1898 d.
— House ants (*Monomorium pharaonis*, et al.) Circ. U. S. Dep. Agric. Ent., (2) Nr. 34, 1—4, 3 Fig., 1898 e.
— A brief historical survey of the science of entomology, with an estimate of what has been, and what remains to be, accomplished. Proc. ent. Soc. Washington, **4** (1896—1901), 83—120, (1901) 1898 f.
— Japanese Hymenoptera of the Family Tenthredinidae. Proc. U. S. nat. Mus., **21**, No. 1157, 493—506, (1899) 1898 g.
— in Howard, Leland Ossian 1898.
— The Laisser-faire Philosophy Applied to the Insect Problem. (Proceedings of the eleventh Annual Meeting of the Association of Economic Entomologists.) Bull. U. S. Dep. Agric. Ent., (N. S.) Nr. 20, 5—19, 1899 a.
— Temperature Control of Scale Insects. (Proceedings of the eleventh Annual Meeting of the Association of Economic Entomologists.) Bull. U. S. Dep. Agric. Ent., (N. S.) Nr. 20, 73—76, 1899 b.
— An Account of *Aspidiotus ostreaeformis*. (Proceedings of the eleventh Annual Meeting of the Association of Economic Entomologists.) Bull. U. S. Dep. Agric. Ent., (N. S.) Nr. 20, 76—82, 4 Fig., 1899 c.
— *Aspidiotus convexus*, Comst. — A correction. Canad. Entomol., **31**, 208—211, 1899 d.
— (Fitch's Cotton Scale Insect.) Ent. News, **10**, 146, 1899 e.
— An investigation of applied entomology in the Old World. [Mit Angaben von Fernow, Schwarz, Benton.] Proc. ent. Soc. Washington, **4** (1896—1901), 265—292, (1901) 1899 f.
— Some Common Sources of Error in Recent Work on Coccidae. Science, (N. S.) **9**, 835—837; Recent ... **10**, 657—660, 1899 g.
[Siehe:] Cockerell, T. D. A.: **10**, 86—88, 1899.
— A Dangerous European Scale Insect not hitherto reported, but already well established in this country. Science, (N. S.) **10**, 18—20, 1899 h.
— siehe Howard, Leland Ossian & Marlatt, Charles Lester 1899.
○ How to control the San Jose Scale. Circ. U. S. Dep. Agric. Ent., (2) Nr. 42, 1—6, 1900 e.
— *Aspidiotus Diffinis*. Another Scale Insect of Probable European Origin Recently Found in North America. Ent. News, **11**, 425—427, 1900 b.
— The European Pear Scale. *Diaspis piricola* (Del Guercio) Saccardo, 1895. Ent. News, **11**, 590—594, 1900 c.
— La lutte contre les insectes nuisibles. [Nach: Amer. Ass. econ. Entomol. 1899.] Rev. scient., (4) **13**, 257—264, 1900 d.

Marlew, H... W... Bell siehe Bell-Marlew, H... W...

Marloth, R...
Some scientific results of an excursion to the Hex River Mountains. Trans. S. Afr. phil. Soc., **8** (1890—95), 86—92, 1896 a.
— The Fertilization of ‚*Disa uniflora*', Berg, by insects. Trans. S. Afr. phil. Soc., **8** (1890—95), XCIII—XCIV, 1896 b.

Marmet, F...
○ Mémoire sur le traitement de la vigne pour combattre le *Phylloxera* 17 Juillet 1874. 8°, 10 S., Béziers, impr. P. Rivière, 1874.

Marmottan,
Excursion entomologique annuelle dans les Vosges et l'Alsace en 1866 [Coleoptera & Lepidoptera]. Ann. Soc. ent. France, (4) **7**, 669—680, 1867 a.
— (Trois espèces de Coléoptères rares pour la faune parisienne.) Ann. Soc. ent. France, (4) **7**, Bull. LVI—LVII, 1867 b.
— (Note sur le *Callidium humerale*.) Ann. Soc. ent. France, (4) **7**, Bull. LXII, 1867 c.
— (Note au sujet du *Callidium castaneum* obtenu en grand nombre à Paris.) [Mit Angaben von Aubé, Giraud & Reiche.] Ann. Soc. ent. France, (4) **8**, Bull. XLIX, 1868 a.
— (Note sur le *Leistes semi-nigra* et *Mycetophagus ruficollis* rencontré dans la forêt de Fontainebleau.) Ann. Soc. ent. France, (4) **8**, Bull. LXII, 1868 b.
— (*Sympiezocera Laurasi*.) Ann. Soc. ent. France, (5) **3**, Bull. CXXI (=Bull. Soc. ..., **1873**, Nr. 6, 4), 1873.
— siehe Brisout de Barneville, Charles & Marmottan, 1883.

Marne, Marcel
Procédé pour détruire les courtilières [*Gryllotalpa vulgaris*]. Ann. Soc. Agric. Dordogne, **32**, 365—366, 1871.

Marner, Harold M...
Polyommatus boetica in Sussex. Entomologist, **26**, 301, 1893.

Marnière, Georges de la siehe La Marnière, Georges de

Marno, Ernest
gest. 31. 8. 1883 in Chartum, Sammelreisen in Afrika. — Biogr.: (A. Rogenhofer) Verh. zool.-bot. Ges. Wien, **33** (1883), SB. 21—22, 1884; Wien. ent. Ztg., **2**, 288, 1883; (Hansal) Fremdenblatt vom 12. 10. 1883; Zool. Anz., **6**, 616, 1883.
— Zur Biologie v. *Hexatoma*. Verh. zool.-bot. Ges. Wien, **18**, SB. 74—75, 1868.
— Die Typen der Dipteren-Larven als Stützen des neuen Dipteren-Systems. Verh. zool.-bot. Ges. Wien, **19**, 319—326, 4 Fig., 1869.
— [Reisebericht aus Chartum.] Verh. zool.- bot. Ges. Wien, **21**, SB. 5, 1871.
— Reisen in Hoch-Sennaar. Petermanns geogr. Mitt., **18**, 450—456, Taf. 23, 1872; **19**, 246—252, 1873.

Marott, Giacomo Pincitore siehe Pincitore Marott, Giacomo

Marowski,
[Hermaphrodit von *Argynnis paphia*; Färbung der *machaon* — Puppen.] Ent. Ztschr., **7**, 159—160, 1893.

Marpmann, G...
Die Verbreitung von Spaltpilzen durch Fliegen. Arch. Hyg., **2**, 360—363, 1884.
○ Ueber die Vernichtung von Bakterien durch Fliegen und stechende Insekten, und über den Zusammenhang von epidemischen Krankheiten mit dem Auftreten und der Entwickelung von Stechfliegen, Mücken etc. in den insektenreichen und insektenarmen Jahren. Apoth.-Ztg., **1897**, 616—618, 1897 a.

— Bakteriologische Mitteilungen. Zbl. Bakt. Parasitenk., **22**, Abt. 1, 122—132, 1897 b.
— Ueber mikroskopische und mikrochemische Untersuchungen von technischen Stoffen. Ztschr. angew. Mikr., **5**, 11—17, 38—41, 71—75, (1900) 1899.

Marquand, Ernest David
geb. 1848, gest. 1918. — Biogr.: (B. T. Rawswell) Trans. Guernsey Soc. nat. Sci., **8**, 83—90, 1918 m. Schriftenverz.
— The New Forest. Sci. Gossip, **15**, 97—99, 123—125, 8 Fig.; 150—152, 1879.
— The Thysanura and Coleoptera of the Land's End District. Trans. Penzance nat. Hist. antiquar. Soc., (N. S.) **1**, 52—70, (1880—84) 1880—81.
— The wild bees of the Land's End District. Trans. Penzance nat. Hist. antiquar. Soc., (N. S.) **1**, 101—112, (1880—84) 1881—82.
— The Aculeate Hymenoptera of the Land's End District. Trans. Penzance nat. Hist. antiquar. Soc., (N. S.) **1**, 227—234, (1880—84) 1882—83.
— The Ichneumonidae of the Land's End District. Trans. Penzance nat. Hist. antiquar. Soc., (N. S.) **1**, 340—346, (1880—84) 1883—84.
— The Hemiptera of the Land's End District. Trans. Penzance nat. Hist. antiquar. Soc., (N. S.) **2**, 29—33, (1884—88) 1884—85.
— *Danais Archippus* in Cornwall. Sci. Gossip, **21**, 262, 1885.
— (Capture, at the Lizard, of the North American butterfly (*Danais archippus*).) Trans. Penzance nat. Hist. antiquar. Soc., (N. S.) **2**, 202, (1884—88) 1885—86.
— A Submarine Insect. Trans. Penzance nat. Hist. antiquar. Soc., (N. S.) **2**, 285—286, (1884—88) 1886—87.
— *Aëpophilus Bonnairei*, Signoret. [Mit Angaben der Herausgeber.] Entomol. monthly Mag., **23**, 169—170, (1886—87) 1887 a.
— *Aepophilus Bonnairei*, a Submarine Insect. Sci. Gossip, **23**, 4—5, 2 Fig., 1887 b.
— How Insects Breathe. Trans. Penzance nat. Hist. antiquar. Soc., **1888—89**, 94—95, 1888—89.
— Occurrence of *Halictus cylindricus* ♂ in April. Entomol. monthly Mag., (2) **3** (**28**), 51, 1892.

Marquand, Edwin P . . .
The Lepidoptera of West Cornwall. Trans. Penzance nat. Hist. antiquar. Soc., (N. S.) **1**, 253—258, (1880—84) 1882—83.

Marquardt, & **Hoffmann**,
○ Bericht über die Zucht des Eichenspinners (*B*[*ombyx*] *Yama-may*). Jahresber. Ver. Seidenbau Brandenburg, **1870—71**, 21—22, 1871.

Marquet, Charles
geb. 1820 in Béziers, gest. 1900 in Toulouse, Commis principal du Service des Canaux. — Biogr.: (E. Trutat) Bull. Soc. Hist. nat. Toulouse, **33**, 182—187, 1900; Misc. ent., **8**, 70, 1900.
— Espèces nouvelles de coléoptères de France. Abeille, **1**, 372—373, 1864.
— Tableau des espèces européenes du genre *Clythra* (Laicharting). Bull. Soc. Hist. nat. Toulouse, **1**, 91—108, 1867.
— *Melanophila anthaxoides*. Marquet. (Descriptions de Coléoptères nouveaux.) Abeille, **6**, 368, 1869 a.
— Sur quelques insectes coléoptères de la famille des charançons. Bull. Soc. Hist. nat. Toulouse, **3**, 135—136, 1869 b.
— Catalogue des insectes coléoptères du Languedoc, 1. partie. Bull. Soc. Hist. nat. Toulouse, **3**, 84—106, 1869 c; . . . 2. partie. **6** (1871—72), 50—66, 1872; . . . 3. partie. **8** (1873—74), 157—170, 1874; Insectes coléoptères . . . **10**, 145—164, 1875—76; (. . . coléoptères signalés ou trouvés dans une partie du Languedoc.) **16**, 129—178, 1882; . . . coléoptères du Languedoc. **31**, 5—240, 1897.
— Excursion entomologique aux étangs de Narbonne, Béziers et Vias. Bull. Soc. Hist. nat. Toulouse, **7** (1872—73), 81—91, 1873 a.
— Sur la prétendue rareté des insectes. Bull. Soc. Hist. nat. Toulouse, **7** (1872—73), 93—95, 1873 b.
— Excursion entomologique dans les cavernes de l'Ariége. Bull. Soc. Hist. nat. Toulouse, **7** (1872—73), 322—325, 1873 c.
— Description d'une nouvelle espèce du genre *Melanophila* (Eschschotz), coléoptère de la famille des Buprestides. Bull. Soc. Hist. nat. Toulouse, **8** (1873—74), 31—32, 1874.
— Note sur les Insectes hyménoptères du Languedoc. Bull. Soc. Hist. nat. Toulouse, **9**, 193—194; Additions et corrections au mémoire de M. Marquet intitulé: „Aperçu des insectes . . ." I—IV, 1874—75 a.
— Excursion à la Massanne. Bull. Soc. Hist. nat. Toulouse, **9**, 275—281, 1874—75 b.
— Description de deux Coléoptères nouveaux de la France méridionale. Petites Nouv. ent., **1** (1869—75), 511, 1875.
— Notes pour servir à l'histoire naturelle des insectes Orthoptères du Languedoc. Bull. Soc. Hist. nat. Toulouse, **11** (1876—77), 137—159, 1 Taf. (unn.), 1877.
— Aperçu des Insectes hyménoptères qui habitent le midi de la France. Bull. Soc. Hist. nat. Toulouse, **13**, 129—190, 1879.
— Note sur les Ephippigères françaises en général et sur la présence, à Bagnères-de-Bigorre, d'une espèce du nord de l'Espagne (*Eph. Seoanei* Bolivar). Bull. Soc. Hist. nat. Toulouse, **14**, 309—314, 1880.
— Coup d'oil sur les insectes Névroptères Odonates (Libellulidées), qui fréquentent le Canal du Midi et ses abords, notamment à Toulouse. Bull. Soc. Hist. nat. Toulouse, **15**, 234—243, 1881.
— siehe Bormans, Auguste de & Marquet, Charles 1883.
— Matériaux pouvant contribuer à une faune entomologique du Sud-Ouest de la France. Les Hémiptères refermant les punaises, cigales, psyles, pucerons et cochenilles. Bull. Soc. Hist. nat. Toulouse, **23**, 73—82, 1889.
— Aperçu des espèces du genre *Oxybelus* Latreille qui se trouvent dans le Midi et le centre de la France. Bull. Soc. Hist. nat. Toulouse, **30**, 13—36, 1896.
— Notes hyménoptérologiques. Additions et rectifications. Bull. Soc. ent. Toulouse, **1897**, 8—10, 1897 a.
— Catalogue des Coléoptères du Languedoc. Espèces observées dans quelques régions de cette province, notamment à Toulouse, Béziers, Cette, etc. Bull. Soc. Hist. nat. Toulouse, **31**, 5—240, 1897 b.

Marquet, Charles & **Bormans**, Auguste de
Note complémentaire sur une espèce du genre *Dolichopoda* (Bolivar), de la famille des Locustaires et de l'ordre des Orthoptères. Bull. Soc. Hist. nat. Toulouse, **17**, 225—229, 1 Taf. (unn.), 1883 a.
— (*Ocnerodes Brunneri* Bol.) Bull. Soc. Hist. nat. Toulouse, **17**, 229, 1883 b.
[Siehe:] Brunner von Wattenwyl, C.: Leipzig, 1882.

Marquis, A . . .
siehe Hamet, H . . . & Marquis, A . . . 1878.

Marri, Andrea
○ Modo di preservare le piante degli insetti nocivi e specialmente dai bruchi; studi ed esperimenti; Appendice alla memoria sulla inzolforazione delle vite in val di Chiana. Montepulciano, tip. T. Fumi, 1869.

Marriott, Allan
The black variety of *Limenitis Sibylla.* Entomol. monthly Mag., **25**, 360, (1888—89) 1889.

Marriott, F... F...
Aporophyla nigra in Dorsetshire. Entomologist, **18**, 299, 1885.

Mar Rosso siehe Viaggio Assab Mar Rosso 1881—89.

Marsais, G...
○ Estado de la plaga filoxérica en Europa. [Nach: Messag. Midi.] Gaceta agric., **13**, 697—701, 1880.

Marschall, August Friedrich Graf von
geb. 10. 12. 1804, gest. 11. 10. 1887 in Obermeidling (Österr.). — Biogr.: (G. Dimmock) Psyche Cambr. Mass., **5** (1888—90), 156, (1891) 1889.
— Nomenclator Zoologicus continens nomina Systematica generum animalium tam viventium quam fossilium, secundum ordinem alphabeticum disposita. 8°, IV + 482 S., Vindobonae, tip. Caroli Ueberreuter (M. Salzer), 1873.

Marsden, Herbert W...
Lycaena Arion near Gloucester. Entomologist, **3**, 314, (1866—67) 1867.
— Captures near Gloucester in 1867. [Lep.] Entomologist, **4**, 45—47, (1868—69) 1868.
— Irish Lepidoptera in April, 1869. Entomol. monthly Mag., **6**, 39—40, (1869—70) 1869 a.
— Addition to the list of Irish Lepidoptera. Entomol. monthly Mag., **6**, 66, (1869—70) 1869 b.
— *Pieris Daplidice* near Portsmouth. Entomologist, **5**, 163, (1870—71) 1870 a.
— *Pieris Daplidice* at Portsmouth. Entomologist, **5**, 179, (1870—71) 1870 b.
— Note on the scarcity of Lepidoptera in 1869. Entomol. monthly Mag., **6**, 191, (1869—70) 1870 c.
— Captures of Lepidoptera in Gloucestershire in 1869. Entomol. monthly Mag., **6**, 191, (1869—70) 1870 d.
— Exchanging. Entomologist, **5**, 277—278, (1870—71) 1871.
— *Xylomiges conspicillaris* in Gloucestershire. Entomologist, **6**, 102, (1872—73) 1872.
— *Lycaena Arion* and the late Season. Entomologist, **12**, 220—221, 1879.
— On the probable extinction of *Lycaena Arion* in England. Entomol. monthly Mag., **21**, 186—189, (1884—85) 1885.
— On the probable extinction of *Lycaena arion* in Gloucestershire. [Mit Angaben von R. McLachlan.] Entomol. monthly Mag., (2) **7** (**32**), 176—178, 1896.
— *Lycaena arion* in Gloucestershire. Entomologist, **30**, 220, 1897.

Marseul, Sylvain Augustin de Abbé
geb. 21. 1. 1812 in Fougerolles-du-Plessis (Mayenne), gest. 16. 4 1890 in Paris, Abbé. — Biogr.: Zool. Anz., **13**, 408, 564, 1890; (R. de la Perrandiere) Ann. Soc. ent. France, (6) **10**, 421—428, 1890 m. Porträt & Schriftenverz.; Entomol. monthly Mag., **26**, 163—164, 1890; (Max Wildermann) Jb. Naturw., **6** (1890—91), 507, 1891; (F.) Ent. Jb., **1892**, 195, 1892.
— Téléphorides. Tribu de la famille des Malacodermes. Abeille, **1**, 1—108, XXXVII; Table alphabétique des genres et des espèces de Téléphorides. XXXVIII—XL, Taf. 1, 1864 a.
[Siehe:] Guérin - Méneville, I.: Ann. Soc. ent. France, (4) **4**, Bull. LII—LIII, 1864.
— Histérides de l'archipel Malais ou Indo-Australien. Abeille, **1**, 271—341, 1864 b.
— Espèces d'Histérides nouvelles ou publiées depuis le Supplément à la Monographie, appartenant à l'Europe ou bassin de la Méditerranée. Abeille, **1**, 341—368, 1864 c.
— (Remarques synonymiques.) Abeille, **4**, XXXII, (1867) 1865 a.
— Monographie des Buprestides d'Europe, du nord de l'Afrique et de l'Asie [Aussentitel]. Monographie des Buprestides. Famille des Sternoxes de Latreille [Innentitel]. Abeille, **2**, 1—396, 1865 b; 397—540, 1866; Nouveau Répertoire des Coléoptères de l'Ancien-Monde décrits en dehors de „l'Abeille" pouvant servir de complément aux Monographies. VIII. Sternoxes — Buprestides. **26** ((5) **2**), 237—308, 1889.
[Siehe:] Reiche, L.: Ann. Soc. ent. France, (4) **6**, 577—580, 1866.
— Catalogue des coléoptères d'Europe et des pays limitrophes. Abeille, **4**, 1—131; Table des genres. 10 (unn.) S.; Catalogus coleopterorum Europae et confinium. 2 (unn.) S., (1867) 1866 a[1]).
[Sonderdr.:) Catalogus coleopterorum Europae et confinium. 8°, 12 (unn.) + 131 S., Paris, Marseul, (1866).
— Descriptions d'espèces nouvelles. Abeille, **4**, XXXIII—XL, (1867) 1866 b.
— (Coléoptères découverts près de Biskra, par M. Zickel et description de la *Cassida Koechlini.*) Abeille, **4**, LXVII—LXVIII, (1867) 1866 c.
— (Note sur les doubles emplois qui ont été faits parmi les Coléoptères d'Europe.) [Mit Angaben von Sichel.] Ann. Soc. ent. France, (4) **6**, Bull. V—VIII, 1866 d.
— (Note sur un *Orchestes* à quatre taches.) Ann. Soc. ent. France, (4) **6**, Bull. XLI, 1866 e.
— Description d'espèces nouvelles de Buprestides et d'un Histéride du genre *Carcinops.* Ann. Soc. ent. France, (4) **7**, 47—56, 1867 a.
— (*Paromalus Rothii* Rosenhäuer. A cette espèce doit être rapporté le *Teretrius quercûs.*) Ann. Soc. ent. France, (4) **7**, Bull. XVIII, 1867 b.
— (Observations sur la synonymie de l'*Attelabus Fuesslini.*) [Mit Angaben von Bonvouloir, Grenier & Reiche.] Ann. Soc. ent. France, (4) **7**, Bull. LXI—LXII, 1867 c.
○ Monographie du genre *Bradybates*, genre de la famille des Curculionides. Bull. Soc. Agric. Sci. Sarthe, (2) **11**, 55—61, (1867—68) 1867 d.
— Description d'espèces nouvelles. Abeille, **4**, LXXX—LXXXII, 1867 e; Descriptions des espèces ... **5**, 171—218, (1868—69) 1868; Description d'espèces ... **8**, 413—420, (1871) 1872; **14**, 25—30, 1876.
— Monographie des Endomychides d'Europe et des contrées limitrophes. Abeille, **5**, 51—108, (1868—69) 1867 f[2]); 109—135, 137—138, (1868—69) 1868; Endomychides (Sulcicolles Muls.) Nouveau répertoire. Supplément à la Monographie publiée dans l'Abeille V, 1867. **26**, 1—20, 1889.
— [Ref.] siehe Crotch, George Robert & Sharp, David 1867.

---

[1]) S. 1—131 erschienen 1866 (nach „Avertissement" des Abeille, 4).
[2]) Die Bezeichnungen der Bogen 5—9 (= S. 51—108) „Abeille, V. 1867" stimmen nicht mit Angaben des Vorworts (S. V) überein: „Le tome V. ... se compose des livraisons 1, 2, 3, 5, 6 de 1868 et 3, 5 de 1869.

— Monographie des Attélabides. Abeille, **5**, 296—316, (1868—69) 1868 a.
— (Note relative à quelques espèces du genre *Ptenidium.*) Ann. Soc. ent. France, (4) **8**, Bull. XLVI, 1868 b.
— (Observations sur les métamorphoses d'une espèce nouvelle? de *Plocoederus.*) Ann. Soc. ent. France, (4) **8**, Bull. LI—LII, 1868 c.
— (Abänderungen vergebener Namen.) Col. Hefte, **4**, 104, 1868 d; **5**, 122, 1869.
— siehe Brisout de Barneville, Henri & Marseul, Silvain Augustin de 1868.
— Notes diverses. [Synonymies, coléoptères.] Abeille, **6**, 154—158, 1869 a.
— (Descriptions de Coléoptères nouveaux.) Abeille, **6**, 379—389, 1869 b.
— (Nomenclature d'Histérides de Montévidéo.) Abeille, **7**, XI—XII, (1869—70) 1869 c.
— Auguste-Simon Paris. (Nécrologe.) Abeille, **7**, XII, (1869—70) 1869 d.
— Charles-Nicolas Aubé. (Nécrologe.) Abeille, **7**, XII, (1869—70) 1869 e.
— [Coléoptères des environs de Paris (M. Bedel).] Abeille, **7**, XIV, (1869—70) 1869 f.
— [L'*Ataenius horticola* à Beyrouth (Peyron).] Abeille, **7**, XIV—XV, (1869—70) 1869 g.
— (Publications nouvelles; remarques synonymiques sur la monographie des *Pinotus.*) Abeille, **7**, XV—XVI, (1869—70) 1869 h.
— Histérides du sud de l'Afrique recueillis par M. le Dr. Fritsch. Berl. ent. Ztschr., **13**, 288—292, 1869 i.
— [Ref.] siehe Perez Arcas, Laureano 1869.
— Descriptions d'espèces nouvelles d'Histérides. Ann. Soc. ent. Belg., **13**, 55—138, 1869—70.
[Darin:]
Supplément au Catalogue des Histérides publié dans les Annales de la Société entomologique de France, le 1. novembre 1862. 126—136.
— Monographie des Mylabrides d'Europe et des contrées limitrophes en Afrique et en Asie. Abeille, **7**, Teil 2, 1—204, Taf. I—II+3—6 (I—II: z. T. Farbtaf.), 1870 a.
— Pierre-Achille-Augustin Doué. (Nécrologe.) Abeille, **7**, XX, (1869—70) 1870 b.
— Jules Sichel. (Nécrologe.) Abeille, **7**, XXIII, (1869—70) 1870 c.
— [*Mytilaspis ficus* trouvé sur le figuier.] Abeille, **7**, XXXI—XXXII, (1869—70) 1870 d.
— Louis-Charles-Alfred Grandin de l'Eprevier; Hartog Heys van de Lier; Ligounhe. (Nécrologe.) Abeille, **7**, XXXIII, (1869—70) 1870 e.
— (Les collections de Coléoptères de M. Doué.) Abeille, **7**, XLV, (1869—70) 1870 f.
— [*Malacogaster Bassii* Lucas.] Abeille, **7**, LXIV, 1869—70) 1870 g.
— Haliday; Théodore Lacordaire. (Nécrologe.) Abeille, **7**, LXVIII, (1869—70) 1870 h.
— Pierre-Jules Rambur. (Nécrologe.) Abeille, **7**, LXXII, (1869—70) 1870 i.
— Alexandre-Henri Haliday. (Nécrologe.) Abeille, **7**, LXXV—LXXVI, (1869—70) 1870 j.
— (Note sur les *Baridius chlorizans, cupirostris* et *picinus* ravageant les choux des jardins dans le Bas-Maine.) Ann. Soc. ent. France, (4) **10**, Bull. LXIX—LXX, 1870 k.
— [*Procas Steveni* trouvé par M. Javet à Nîmes.] Abeille, **8**, LXXXV, 1871 a.
— [Tableau synoptique du genre *Psallidium.*] Abeille, **8**, XCVII—XCVIII, 1871 b.
— Jacquel. [Nekrolog.] Abeille, **8**, XCVIII, 1871 c.
— [Remarques synonymiques sur les Otiorhynchides. Ann. Soc. ent. France, (4) **10**, Bull. LXXXVI—LXXXVII, XCIII, (1870) 1871 d.
— Description de nouvelles espèces de Coléoptères. Ann. Soc. ent. France, (5) **1**, 79—82, 1871 e.
— Remarques synonymiques sur diverses espèces d'Otiorhynchides. Ann. Soc. ent. France, (5) **1**, 247—252, 1871 f.
— Répertoire des Coléoptères d'Europe décrits isolément depuis 1864.[1]) Abeille, **8**, 1—184, 1871 g; 185—412, (1871) 1872; ... depuis 1863. (2. partie.) **9**, 1—160, (1872—73) 1872; 161—448, (1872—73) 1873; ... depuis 1863. Troisième partie. **12**, 1—288, (1875) 1874; 289—456, 1875.
— Monographie des Otiorhynchides d'après les travaux de MM. les Docteurs Seidlitz & Stierlin. Abeille, **10**, 1—80, (1872) 1871 h; 81—452, 1872; **11**, 453—658, (1873) 1872; Espèces de la tribu des Otiorhynchides décrites pendant l'impression de la monographie. 749—768, 1873.
— Guillaume Capiomont. [Nekrolog.] Abeille, **8**, CVII, (1871) 1872 a.
— [*Sympiezocera Laurasi,* une espèce française.] Abeille, **8**, CXXVIII, (1871) 1872 b.
— [*Sympiezocera Laurasi* Luc. dans la forêt de Fontainebleau.] Abeille, **8**, CXXXIX, (1871) 1872 c.
— Constantin Wesmaël. [Nekrolog]. Abeille, **9**, CL, (1872—73) 1872 d.
— (Quelques Coléoptères nouveaux.) Ann. Soc. ent. France, (5) **1**, Bull. LXVI—LXVII, (1871) 1872 e.
— Synonymie et espèces nominales. Abeille, **9**, CXLVIII; Synonymies et ... CLII, (1872—73) 1872 f; **13**, CLXVII—CLXVIII, CLXXV—CLXXVI, (1875) 1873; CLXXX, CLXXXIV, (1875) 1874; ... nominales. 2. liste. **15**, Nouv. faits div. 18—20, (1877) 1874.
— [La collection Olivier.] Abeille, **13**, CLXXVI, (1875) 1873 a.
— [L'*Aphodius rufus* Illig. et le principe de priorité.] Abeille, **15**, Nouv. faits div. 1—2, (1877) 1873 b.
— (Sur le genre *Leucolaephus* Lucas.) [Mit Angaben von H. Lucas & Achille Raffray.] Ann. Soc. ent. France, (5) **3**, Bull. LXII—LXV, CXX (=Bull. Soc. ..., **1873**, Nr. 1, 10—11, Nr. 6, 3), 1873 c.
— (Formation des noms.) Ann. Soc. ent. France, (5) **3**, Bull. CLVIII—CLX (=Bull. Soc. ..., **1873**, Nr. 10, 4—5), 1873 d.
[Siehe:] Perris, Edouard: 61, 249.
— Monographie des Mylabrides. Mém. Soc. Sci. Liège, (2) **3**, 363—665, Taf. 1—6, 1873 e.
— [Note sur l'*Oxypleurus Nodieri* et le *Julodis onopordi.*] Abeille, **13**, V, (1875) 1873 f; CLXXXVIII, (1875) 1874.
— Coléoptères du Japon recueillis par M. Georges Lewis. Énumération des Histérides et des Hétéromères avec la description des espèces nouvelles. Ann. Soc. ent. France, (5) **3**, 219—230, 1873 g; ... Lewis. 2. mémoire. Énumération des Hétéromères ... 1. Partie. (5) **6**, 93—142; ... 2. Partie. 315—340; ... 3. et dernière Partie. 447—464, 1876; 465—486, (1876) 1877.
[Siehe:] Champion, G. C.: Entomol. monthly Mag., (2) **1** (**26**), 294—295, 1876.
— Georges-Robert Crotch [Nekrolog]. Abeille, **13**, CLXXXIX—CXCI, (1875) 1874 a.

[1]) Im Inhaltsverz.: „... depuis 1863. 1re part."

— [Le *Malachius regalis* et l'*Anthocomus fasciatus.*] Abeille, **13**, 78, (1875) 1874 b.
— Monographie des Cryptocéphales du nord de l'Ancien-Monde. Abeille, **13**, [Beil.] 1—326, (1875) 1874 c.
[Siehe:] Rye, E. C.: **14**, LXXIV—LXXV, (1876) 1875.
— [*Trachys fragariae* et *Marseuli*, n. sp.] Abeille, **15**, Nouv. faits. div. 20, (1877) 1874 d.
— (Détails entomologiques intéressants de Constantinople.) Ann. Soc. ent. France, (5) **4**, Bull. LXXXIII —LXXXIV (=Bull. Soc. . . ., **1874**, 98—99), 1874 e.
— Tableau synoptique des Cassides de France. Feuille jeun. Natural., **4**, 29—31, 40—42, 50—51, (1873—74) 1874 f.
— (*Bruchus* (*Pachymerus*) *Lallemanti* n. sp.) Abeille, **14**, XXXIX, (1876) 1875 a.
— [Note sur les espèces du genre *Eros* Newman.] Abeille, **14**, XLI—XLIV, (1876) 1875 b.
— [*Rhynchites betuleti* nuisible aux vignobles.] Abeille, **14**, LI, (1876) 1875 c.
— (*Saprinus novellus, rubiginosus, tunisius*, Col.) Ann. Soc. ent. France, (5) **5**, Bull. CIII—CIV (=Bull. Soc. . . ., **1875**, 108—109), 1875 d.
— [Mélanges coléoptérologiques.] Abeille, **14**, XXIV, XXVII, XXXV—XXXVI, XXXVIII—XXXIX, (1876) 1875 e; LXXXVII—LXXXVIII, XC, CI—CII, 1876; Mélanges. [Col.] **16**, Nouv. faits div. 35—36, 38—40, (1878) 1876; 50—51, 54—60, 63—68, 1878; **17**, Nouv. faits div. 71—72, 74—76, 82—84, (1879) 1878; 94—95, 99—100, 1879.
— Appendice à la tribu des Eumolpides. Abeille, **14**, 21—32, 1876 a.
— [Note sur la synonymie de la *Revelliereia spectabilis* Perris.] Abeille, **14**, XC, 1876 b.
— [Un caractère sexuel de la *Pimelia dayensis.*] Abeille, **14**, XCIV, 1876 c.
— Trovey-Blackemore; Charles Piochard de la Brûlerie. [Nekrolog.] Abeille, **14**, CIV, 1876 d.
— (*Phytoecia flavicans* (Opsilia) et *solidaginis* ♀, Col.) Ann. Soc. ent. France, (5) **6**, Bull. LX—LXI (=Bull. Soc. . . ., **1876**, 65—66), 1876 e.
— Index des Coléoptères de l'Ancien-Monde décrits depuis 1863 dans le Répertoire de l'Abeille et autres Mémoires ou Supplément au Catalogue des Coléoptères d'Europe & pays limitrophes. Abeille, **16**, 4 (unn.) S. + I—XVI + 1—85, (1878) 1877 a.
— Histérides recueillis par M. Camille Van Volxem dans ses voyages. Ann. Soc. ent. Belg., **20**, C. R. II—III, 1877 b.
— Monographie des Malthinides de l'Ancien-Monde. Abeille, **16**, 1—36, (1878) 1877 c; 37—72, 1878; 73—96, (1878) 1877; 97—120, 1878.
— Jean-Pierre-Édouard Perris; Benoît-Philibert Perroud; Petri Pellet; Thomas-Vernon Wollaston. [Nekrologe.] Abeille, **16**, Nouv. faits div. 43—44, 1878 a.
— Andrew Murray. [Nekrolog.] Abeille, **16**, Nouv. faits div. 47, 1878 b.
— [Quatre espèces de *Carabus* d'Algérie.] Abeille, **16**, Nouv. faits div. 48, 1878 c.
— Anthicides recueillis par Camille Van Volxem dans son voyage en Portugal, Andalousie et partie boréale du Maroc, en 1871. Ann. Soc. ent. Belg., **21**, C. R. XLII-XLIII, 1878 d.
— in Schneider, Oscar & Leder, Hans (1878—81) 1878.
— Monographie des Anthicides de l'Ancien-Monde. Abeille, **17**, 1—268, Farbtaf. I—II, 1879 a.
— Énumération des Histérides rapportés de l'Archipel Malais, de la Nouvelle Guinée et de l'Australie boréale par MM. le Prof. O. Beccari et L. M. D'Albertis. Ann. Mus. Stor. nat. Genova, **14**, 254—286, 1879 b; Addition à l'énumération des Histérides . . . **16** (1880—81), 149—160, 1880.
— in Paulino d'Oliveira, Paulino [Herausgeber] (1879—81) 1879.
— (Tableau synoptique du genre *Hybalus.*) Abeille, **18**, Nouv. faits div. 119—120, (1881) 1880 a.
— Nécrologie. (Georges Haag; Ernest-Auguste Helmuth de Kiesenwetter.) Abeille, **18**, Nouv. faits div. 122 —124, (1881) 1880 b.
— Synonymies. [Col.] Abeille, **18**, Nouv. faits div. 127—128, (1881) 1880 c.
— (*Sphenoptera gemellata* et *Nanophyes Duriaei* (moeurs), Col.) Ann. Soc. ent. France, (5) **10**, Bull. LVII, LXXVIII (=Bull. Soc. . . ., **1880**, 114—115), 1880 d.
— Nouveau répertoire contenant les descriptions des espèces de Coléoptères de l'ancien-monde publiées isolément ou en langues étrangères, en dehors des Monographies ou Traités spéciaux et de l'Abeille. Abeille, **19**, 1—526, 1880 e; **20**, 1—196, 1882; **22**, 1—88, 1884; **23**, 1—392, 1885.
— Histérides nouveaux. Ann. Mus. Stor. nat. Genova, **16** (1880—81), 617—619, (1880) 1881 a.
— (*Melaenus elegans* Dej. trouvé à Louqsor (Égypte).) Ann. Soc. ent. France, (6) **1**, Bull. CXXV (=Bull. Soc. . . ., **1881**, 164), 1881 b.
— [Les vieux noms et le droit de priorité.] Abeille, **20** ((4) **2**), Nouv. faits div. 150—152, 1882 a.
— [Description du *Sphenoptera Caroli* n. sp.] Abeille, **20** ((4) **2**), Nouv. faits div. 167—168, 1882 b.
— New species of Coleoptera belonging to the families Pedilidae and Anthicidae. Notes Leyden Mus., **4**, 112—124, 1882 c.
— A new African species of the Coleopterous genus *Hister*. Notes Leyden Mus., **4**, 125—126, 1882 d.
— Espèces nouvelles de Coléoptères de la famille des Pédilides et Anthicides du Musée Royal d'hist. nat. à Leyde. Tijdschr. Ent., **25** (1881—82), 54—64, 1882 e.
— Les Entomologistes et leurs écrits. Abeille, **20** ((4) **2**), 1—60, 1882 f; **21** ((4) **3**), 61—120, 1883; **22** ((4) **4**), 121—144, 1884; **24** ((4) **6**), 145—192, 1886—87; **25** ((5) **1**), 193—224, 1888; **26** ((5) **2**), 225—286, 1889.
— Catalogue synonymique et géographique des Coléoptères de l'Ancien-Monde Europe et contrées limitrophes en Afrique et en Asie. Abeille, **20** ((4) **2**), 1—96, 1882 g; **21** ((4) **3**), 97—144, 1883; **22** ((4) **4**), 145—168, 1884; **23** ((4) **5**), 169—192, 1885; **24** ((4) **6**), 193—360, 1886—87; **25** ((5) **1**), 361—480, 1888; **26** ((5) **2**), [I—IV] + 481—559, 1889.
— Synonymies relevées par divers auteurs. Abeille, **21** ((4) **3**), Nouv. faits div. 177—178, 1883 a.
— Mélanges. Abeille, **21** ((4) **3**), Nouv. faits div. 178 —179, 182—184, 188, 1883 b.
— Nécrologie. (John Lawrence Le Conte.) Abeille, **21** ((4) **3**), Nouv. faits div. 185—188, 1883 c.
— (Trois nouvelles espèces de Coléoptères, trouvées à Nice: *Platysoma* et *Trypeticus.*) Ann. Soc. ent. France, (6) **3**, Bull. LXVII—LXIX (=Bull. Soc. . . ., **1883**, 98—99), 1883 d.
— Monographie des Chrysomélides de l'Ancien-Monde. Abeille, **21**, 1—108, 1883 e; **24**, 1—72, (1886—87) 1886; 73—190, (1886—87) 1887; **25**, 1—96, 1888; **26**, 97—148, 1889.

[Anhang:]
Leprieur, Charles Eugène: Table alphabétique des noms de genres, d'espèces et de variétés. **27**, I—XXIII, (1890—92) [1890].
— *Dorcadion.* Abeille, **21**, Nouv. faits div. 191, 1883 f; Rectifications synonymiques sur les Longicornes. **22**, Nouv. faits div. 194—195, 1884.
— Précis des genres & espèces de la tribu des Silphides de l'Ancien-Monde. Abeille, **22**, 1—204, 1884 a.
— Nécrologie. (Ernest Wehncke; O.-J. von Fähreus; Jean Schioedte; Oswald Heer.) Abeille, **22**, Nouv. faits div. 196, 1884 b.
— Description de deux espèces nouvelles de Histérides et d'Anthicides de Sumatra. Notes Leyden Mus., **6**, 161—164, 1884 c.
— siehe Brisout de Barneville, Charles & Marseul, Silvain Augustin 1884.
— Nécrologie. (Clément Hampe; Jules-Hubert Chabrier; Louis-Alexandre-Auguste Chevrolat; Louis Mors; Henri-Marie-Michel-Auguste Lartigue.) Abeille, **22**, Nouv. faits div. 200, (1884) 1885.
— Histérides et Anthicides nouveaux du Musée de Leyde. Notes Leyden Mus., **8**, 149—154, 1886.
— [Remarques synonymiques sur le *Pentarthrum Huttoni* et le *Rhyncolus Hervei.*] Abeille, **24** (1877), Nouv. faits div. Nr. 32, CXXX—CXXXI, (1886—87), 1887 a.
— (Descriptions de nouvelles espèces d'Histérides propres au Brésil: *Phelister, Epierus, Scapomegas* et *Saprinus.*) Ann. Soc. ent. France, (6) **7**, Bull. CXVIII—CXIX, CXXV—CXXVI, 1887 b.
— (Descriptions de trois nouvelles espèces d'Histérides du genre *Phelister.*) Ann. Soc. ent. France, (6) **7**, Bull. CXLVII—CXLVIII, 1887 c.
— in Veth, Pieter Jan [Herausgeber] (1881—92) 1887.
— (Deux espèces nouvelles du genre *Macrosternus.*) Ann. Soc. ent. France, (6) **8**, Bull. IX—X, 1888.
— Révision des Érotylides de l'Ancien-Monde d'après les travaux récents de M. Edmond Reitter devant servir a compléter la monographie de M. Louis Bedel publiée en 1868 dans le tome V de l'Abeille. Abeille, **26**, 1—18, 1889 a.
— Réponse à M. Joh. Schmidt. Notes Leyden Mus., **11**, 46, 1889 b.
[Siehe:] Schmidt, Joh.: **10**, 121—122, 1888.
— (Descriptions de nouvelles espèces d'Histérides du genre *Phelister.*) Ann. Soc. ent. France, (6) **9**, Bull. CXXVI—CXXVIII, CXXXVIII—CXL, CXLVI—CXLVII, (1889) 1890.

Marseul, Sylvain Augustin de & **Desbrochers des Loges**, Jules
(Note relative à la synonymie de divers Coléoptères.) [*Hister, Hetaerius, Eretmotes, Otiorhynchus.*] Ann. Soc. ent. France, (5) **3**, Bull. XIX—XX, CLXXVII—CLXXIX (=Bull. Soc. ..., **1873**, Nr. 12, 2—3), 1873.

Marsh, C ... Dwight
Swarming of a Dung-Beetle, *Aphodius inquinatus.* Amer. Natural., **19**, 716, 1885.

Marsh, H ...
Capture of *Anisoxya fuscula*, Gyll. Entomol. monthly Mag., **6**, 162, (1869—70) 1869.

Marsh, H ... C ...
Experience with the Imported Cabbage Worm. Amer. Entomol., **3** ((N. S.) **1**), 178, 1880.

Marsh, Henry
Variety of *Vanessa Io.* Entomologist, **11**, 251, 1878.
— Abnormities in Lepidoptera. Entomologist, **17**, 16—17, 1884.

Marsh, John Geo ...
New locality for *Malthodes fibulatus.* Entomol. monthly Mag., **5**, 101, (1868—69) 1868.
— Note on recent capture of *Platydema violacea*, Fab. Entomol. monthly Mag., **8**, 248, (1871—72) 1872.

Marsh, Theodore Henry
geb. 1825, gest. 1905, Reverend.
○ List of Norfolk Diurni and Nocturni not mentioned by Mr. Gunn. Naturalist London, **2**, 169—170, 1866.
— *Vanessa Antiopa* near Norwich. Entomol. monthly Mag., **9**, 108, (1872—73) 1872.

Marsh, Wm ... D ...
Some observations made in 1887 on *Danais Archippus*, Fabr. Canad. Entomol., **20**, 45—47, 1 Fig., 1888.

Marshall, A ...
Asthena blomeri, &c., in Buckinghamshire. Entomologist, **24**, 245, 1891.

Marshall, A ... K ...
Teracolus Auxo, Lucas, reared from eggs laid by *T. Topha*, Wallengr. Entomol. monthly Mag., (2) **8** (33), 52—54, 1897.

Marshall, Arthur
Acronycta alni. Entomologist, **17**, 209—210, 1884.

Marshall, Arthur Milnes
geb. 1852 in Birmingham, gest. 31. 12. 1894, Prof. f. Zool. u. vergl. Anat. am Owens College. — Biogr.: (F. E. W.) Trans. Rep. Manchester micr. Soc., 1892 m. Porträt & **1893**, 71—72, 1893.
— Some recent Developments of the Cell Theory. Trans. Rep. Manchester micr. Soc., **1890**, 1—19, 1890.

Marshall, F ...
Unsere Käfer. Anleitung zum Sammeln, Bestimmen u. Präparieren der Käfer Mitteleuropas. Bücher des Wissens. **146**. 8°, 104 S., 28 Fig., 4 Farbtaf., Berlin & Leipzig, Hermann Hillger, [1900?].

Marshall, George Frederick Leycester
Some new or rare species of Rhopalocerous Lepidoptera from the Indian region. Journ. Asiat. Soc. Bengal, **51**, Teil II, 37—43, Farbtaf. IV, 1882.
— A new Species of *Hipparchia* (Lepidoptera Rhopalocera) from the N. W. Himalayas. Journ. Asiat. Soc. Bengal, **51**, Teil II, 67—68, (1882) 1883 a.
— Notes on Asiatic Butterflies, with Descriptions of some new Species. Proc. zool. Soc. London, **1882**, 758—761, 1883 b.

Marshall, George Frederick Leycester & **Nicéville**, Lionel de
Some new Species of Rhopalocerous Lepidoptera from the Indian Region. Journ. Asiat. Soc. Bengal, **49**, Teil II, 245—248, (1880) 1881.
— The butterflies of India, Burmah and Ceylon. A descriptive handbook of all the known species of Rhopalocerous Lepidoptera inhabiting that region, with notices of allied species occurring in the neighbouring countries along the border. 3 Bde.[1]) 8°, Calcutta, Central Press Co., 1882—90.
1. Nymphalidae. 5 (unn.) + VII + 327 S., 15 Fig., 17 Taf., 1 Frontispiz, 1882.
2. Nymphalidae [Forts.], Lemoiidae. IV + 2 (unn.) + 332 S., 7 Taf., 1 Frontispiz, 1886.

[1]) Bd. 2—3 nur von L. de Nicéville.

3. Lycaenidae. XII+5 (unn.) +503 S., 5 Taf. (1 Farbtaf.), 1 Frontispiz, 1890.
[Abdr., **3**, 478—481:] The habits of the Pomegranate Butterfly (*Virachola isocrates*) of India, as recounted by de Niceville, (Butt. India, III., 478—481). Canad. Entomol., **22**, 243—248, 1890.

Marshall, Guy Anstruther Knox Sir
geb. 20. 12. 1871 in Amritsar (Indien), gest. 8. 4. 1959 in London, Direktor d. Imp. Inst. of Entomol. in London. — Biogr.: Rev. appl. Ent., **47**, Ser. A, 157; Ser. B. 65, 1959; Ann. Mag. nat. Hist., (13) **1**, 753—754, (1958) 1959 m. Porträt; (G. Schmidt) Ent.Bl., **55** (1959), 281, 1960.
— Notes on the Genus *Byblia* (=*Hypanis*). Ann. Mag. nat. Hist., (6) **18**, 333—340, 1896 a.
— Senses of insects. Entomologist, **29**, 42—48, 1896 b.
— Notes on Seasonal Dimorphism in South African Rhopalocera. Trans. ent. Soc. London, **1896**, 551—565, 1896 c.
[Siehe:] Butler, Arthur Gardiner: **1897**, 105—111, Proc. V—VI, 1897.
— On the Synonymy of the Butterflies of the Genus *Teracolus*. Proc. zool. Soc. London, **1897**, 3—36, 1897 a.
— Stridulation of Cicadidae in Mashunuland. Zoologist, (4) **1**, 517—520, 1897 b.
— Seasonal Dimorphism in Butterflies of the Genus *Precis*, Doubl. Ann. Mag. nat. Hist., (7) **2**, 30—40, 1898 a.
— Spider versus Wasp. Zoologist, (4) **2**, 29—31, 1898 b.
— Notes on the South African Social Spiders (*Stegodyphus*). Zoologist, (4) **2**, 417—422, 1898 c.
— Mosquitos and malaria. Entomologist, **33**, 218—220, 1900 a.
— Fruit damaged by Moths in South Africa. Entomol. monthly Mag., (2) **11** (**36**), 207—208, 1900 b.
— Observations on Mimicry in South African Insects. (Abstract of results, arranged and communicated by E. B. Poulton.) Rep. Brit. Ass. Sci., **70**, 793—795, 1900 c.
— Organic Evolution. Zoologist, (4) **4**, 327—334, 1900 d.
[Siehe:] Distant, William Lucas: (4) **3**, 529—553, 1899; (4) **4**, 116—130, 1900.
— Conscious Protective Resemblance. Zoologist, (4) **4**, 536—549, 1900 e.

Marshall, John P . . .
○ Mode of construction of the cocoons of *Microgaster*. Amer. Natural., **12**, 558—560, ? Fig., 1878.

Marshall, P . . .
New Zealand Diptera: No. 1. Trans. Proc. N. Zealand Inst., **28** ((N. S.) **11**) (1895), 216—250, Taf. V—VII; . . . No. 2. — Mycetophilidae. 250—309, Taf. VIII—XIII; . . . No. 3. — Simulidae. 310—311, Taf. XIV, 1896 a.
— On *Dodonidia helmsi*, Fereday. Trans. Proc. N. Zealand Inst., **28** ((N. S.) **11**) (1895), 312—313, Taf. XV, 1896 b.
[Siehe:] Hawthorne, E. F.: **30** ((N. S.) **13**) (1897), 559—560, 1 Fig., 1898.

Marshall, Tho . . .
Deilephila Galii at Stanley-by-Perth. Entomologist, **5**, 182, (1870—71) 1870.
— (*Deilephila galii*.) [Nach: Trans. Proc. Perthsh. Soc. nat. Sci., 1870.] Scott. Natural., **1**, 24, 1871—72.
— A second Scottish locality for *Anticlea sinuata*. Scott. Natural., **1**, 215, 1871—1872.

Marshall, Thomas Ansell Reverend
geb. 18. 3. 1827 in Keswick, gest. 11. 4. 1903 in Ajaccio (Corsika). — Biogr.: (G. C. Bignell) Entomol. Rec., **15**, 190—191, 1903; (R. McLachlan) Entomol. monthly Mag., (2) **14** (**39**), 152—153, 1903; (E. B. Poulton) Trans. ent. Soc. London, **1903**, LXXV—LXXVI, 1903.
— Description of a new Genera and Species of Eumolpidae from the Collection of the Rev. Hamlet Clark. Ann. Mag. nat. Hist., (3) **13**, 380—389, 1864 a.
— An essay towards a knowledge of British Homoptera. Entomol. monthly Mag., **1**, 150—155, 198—201, 226—229, 251—253, 272—275, (1864—65) 1864 b; **2**, 31—34, 53—59, 82—85, 102—105, 124—126, 145—146, (1865—66) 1865; 177—181, 197—199, 220—224, 1 Fig.; 250—252, 1 Fig.; 265—268, 1 Fig., (1865—66) 1866; **3**, 9—12, 29—31, 82—85, 103—104, 125—128, 149—152, (1866—67) 1866; 197—200, 218—221, 246—248, 265—270, (1866—67) 1867.
— Eumolpidarum Species novae. Journ. Ent. London, **2**, 347—352, (1866) 1865 a.
— Corynodinorum Recensio. Journ. Linn. Soc. (Zool.), **8**, 24—50, (1864—65) 1865 b.
— Hemiptera and Hymenoptera of Freshwater Bay, Pembrokeshire. Entomol. monthly Mag., **3**, 92, (1866—67) 1866 a.
— Hemiptera at Loch Rannoch. Entomol. monthly Mag., **3**, 118, (1866—67) 1866 b.
— Homoptera at Rannoch. Entomol. monthly Mag., **3**, 118—119, (1866—67) 1866 c.
— Note on a short-winged species of *Cryptus*. Entomol. monthly Mag., **3**, 190—191, (1866—67) 1867 a.
— Description of a new genus and species of British Hymenoptera, allied to *Pezomachus*. Entomol. monthly Mag., **3**, 193—194, 1 Fig., (1866—67) 1867 b.
— Descriptions of British Hymenoptera (Proctotrupidae) new to science, &c. Entomol. monthly Mag., **3**, 223—226, 2 Fig., (1866—67) 1867 c.
— Note on *Platymischus dilatatus*, Westw. ♀. Entomol. monthly Mag., **4**, 166—167, (1867—68) 1867 d.
— On some British Cynipidae. Entomol. monthly Mag., **4**, 6—8, 101—102, 124—126, 146—148, (1867—68) 1867 e; 171—174, 223—226, 271—275, (1867—68) 1868; **6**, 178—181, (1869—70) 1870.
— On some British Diapriadae. Entomol. monthly Mag., **4**, 201—203, 227—230, (1867—68) 1868 a.
— Description of a new species of *Dryinus*, Latr. Entomol. monthly Mag., **4**, 203—204, 1 Fig., (1867—68) 1868 b.
— A few words on bad spelling. Entomol. monthly Mag., **4**, 259—260; A few more words . . . 280—282, (1867—68) 1868 c.
[Siehe:] Dunning, J. W.: **5**, 181—186, (1868—69) 1868.
— Notes on some parasitic Hymenoptera, with descriptions of new species. Entomol. monthly Mag., **5**, 154—160, (1868—69) 1868 d.
— Insects found on glaciers. Entomol. monthly Mag., **5**, 170, (1868—69) 1868 e.
— A Reply to Mr. Dunning's Remarks on the Gender of *Acanthosoma*. Entomol. monthly Mag., **5**, 208—209; A Further Reply to Mr. Dunning's . . . 234—238, (1868—69) 1869.
[Siehe:] White, F. Buchanan: 230—234.
○ Ichneumonidum Britannicarum Catalogus. 8°, 22 S., London, 1870 a.

— Description of a new species of Braconidae belonging to a genus new to Britain. Entomol. monthly Mag., **6**, 228, (1869—70) 1870 b.
— *Myrmecomorphus rufescens*, Westw. Entomol. monthly Mag., **8**, 65, (1871—72) 1871 a.
— Discovery of the ♂ of *Pezomachus trux*, Först. Entomol. monthly Mag., **8**, 162, (1871—72) 1871 b.
— Notes on some Corcican Insects. Entomol. monthly Mag., **7**, 225—228, 248—250, (1870—71) 1871 c; ... (With descriptions of new genera and species of Hemiptera.) **8**, 191—195, 243—245, (1871—72) 1872.
— On *Pezomachus trux*, Först., and *P. fasciatus*, Fab., ♂. Entomol. monthly Mag., **8**, 180—181, (1871—72) 1872 a.
— Description of *Wesmaëlia cremasta*, a new Braconid from Great Britain and Spain. Entomol. monthly Mag., **8**, 257—258, (1871—72) 1872 b.
— Note on *Agrothereutes Hopei*, Gr. Entomol. monthly Mag., **9**, 119—120, (1872—73) 1872 c.
— Description of a new species of *Aphidius* from Britain. Entomol. monthly Mag., **9**, 123—124, (1872—73) 1872 d.
— Notes on Part III. of the Catalogue of British Insects published by the Entomological Society of London; Hymenoptera [Chrysididae, Ichneumonidae, Braconidae, and Evaniidae]. Trans. ent. Soc. London, **1872**, 259—264, 1872 e.
— Descriptions of two new species of Ichneumonidae (*Anomalon* and *Mesostenus*) from Great Britain. Entomol. monthly Mag., **9**, 240—241, (1872—73) 1873 a.
— Note on preserving insects in collections. Entomol. monthly Mag., **10**, 166, (1873—74) 1873 b. — [Abdr.?:] Amer. Natural., **8**, 369, 1874.
— New British Species, Corrections of Nomenclature etc. (Cynipidae, Ichneumonidae, Braconidae, and Oxyura). Entomol. Annual London, **1874**, 114—146, 1874 a.
— Descriptions of a new genus and two new species of European Oxyura. Entomol. monthly Mag., **10**, 207—209, (1873—74) 1874 b.
— Description of a new European species of Bethylides (Hymenoptera: Oxyura). Entomol. monthly Mag., **10**, 222—223, (1873—74) 1874 c.
— Descriptions of two new British Ichneumonidae. Entomol. monthly Mag., **12**, 194—195, (1875—76) 1876.
— Descriptions of Hymenoptera from Spitzbergen, collected by the Rev. A. E. Eaton. Entomol. monthly Mag., **13**, 241—242, (1876—77) 1877.
— Deformity in an Ichneumon. Entomol. monthly Mag., **14**, 278, (1877—78) 1878 a.
— Notes on the Entomology of the Windward Islands. Trans. ent. Soc. London, **1878**, Proc. XXVII—XXXVIII, 1878 b.
— Monograph of British Braconidae. Part I. Trans. ent. Soc. London, **1885**, 1—280, 3 Fig., Farbtaf. I—VI, 1885; ... Part II. **1887**, 51—131, Farbtaf. V, 1887; ... Part III. **1889**, 149—211, Farbtaf. X—XI, 1889; ... Part IV. **1891**, 7—61, Farbtaf. II, 1891; ... Part V. **1894**, 497—534, Taf. XI—XII (z. T. farb.), 1894; ... Part VI. **1895**, 363—398, Taf. VII, 1895; ... Part VII. **1897**, 1—31, Taf. I (Fig. 1—2 farb.), 1897; ... Part VIII. **1899**, 1—79+1 (unn., Taf.Erkl.) S., Farbtaf. I, 1899.
○ On the Study of Entomology. Wiltsh. arch. nat. Hist. Mag., **23**, 51—59, 1886.
— (Notes on *Holopedina polypori*.) Trans. ent. Soc. London, **1887**, Proc. XXXII, 1887.
— in André, Edmond & André, Ernest [Herausgeber] (1879—1900) 1888.
— in André, Edmond & André, Ernest [Herausgeber] (1879—1900) 1891—96.
— On a new genus and species of Belytidae from New Zealand. Entomol. monthly Mag., (2) **3** (**28**), 275—277, 2 Fig.; Note on *Tanyzonus bolitophilae*, p. 275. 308, 1892.
— in Simon, Eugène [Herausgeber] (1889—1900) 1892.
— *Chrysomela goettingensis*. Entomol. monthly Mag., (2) **4** (**29**), 238, 1893.
— *Ibalia cultellator*, Latr. Entomol. monthly Mag., (2) **6** (**31**), 27—28, 1895 a.
— Note on the transformations of a *Pteromalus*. Entomol. monthly Mag., (2) **6** (**31**), 253—254, 4 Fig., 1895 b.
— Survival of *Acherontia atropos* after being struck by an Ichneumon. Entomol. monthly Mag., (2) **7** (**32**), 265—266, 1896.
— siehe Saunders, Edward & Marshall, Thomas Anself 1896.
— in Thornley, Alfred 1896.
— Rare Hymenoptera and Diptera in Cornwall. Entomol. monthly Mag., (2) **8** (**33**), 149—150, 1897 a.
— The parasitism of *Ichneumon* (*Leistodromus*) *nycthemerus*, Grav. Entomol. monthly Mag., (2) **8** (**33**), 235, 1897 b.
— *Encyrtus* bred from *Depressaria heracleana*. Entomol. monthly Mag., (2) **8** (**33**), 235—236, 1897 c.
— Papillon et Ichneumon. Rev. scient., (4) **7**, 278, 1897 d.
[Dtsch. Übers.?:] Schmetterling und Ichneumon-Wespe. Ill. Wschr. Ent., **2**, 367, 1897.
— in André, Edmond & André, Ernest [Herausgeber] (1897—1900) 1897—1900.
— Description de Braconides. Bull. Mus. Hist. nat. Paris, **4**, 369—371, 1898; Descriptions de ... **5**, 372—373, 1899.
— Heterocerous Lepidoptera in Corsica in 1898. Entomol. monthly Mag., (2) **10** (**35**), 139—141, 1899.
— Description de deux espèces nouvelles de Braconides. Bull. Mus. Hist. nat. Paris, **6**, 363—364, 1900 a.
— List of some Corsican Diptera. Entomol. monthly Mag., (2) **11** (**36**), 112—114, 1900 b.

Marshall, Thomas Ansell & **Desvignes**, Thomas
Note on a new British *Ichneumon*. Entomol. monthly Mag., **4**, 130, (1867—68) 1867.

Marshall, W ... C ...
Captures at Derwent Water. [Lep.] Entomologist, **4**, 201, (1868—69) 1869.
— Lepidoptera in Cornwall. Entomologist, **5**, 244—245, (1870—71) 1871.
— *Rhodocera Rhamni* in Cumberland. Entomologist, **6**, 60, (1872—73) 1872 a.
— Pupae at Derwent Water. [Lep.] Entomologist, **6**, 242, (1872—73) 1872 b.
— Capture of *Tachinus rufipennis* in Yorkshire. Entomol. monthly Mag., **9**, 159, (1872—73) 1872 c.
— Fertilisation by Moth. Nature London, **6**, 393, 1872 d.
— *Emelesia unifasciata* at Cheltenham. Entomologist, **7**, 209, 1874 a.
— Note on *Sesia apiformis*. Entomol. monthly Mag., **10**, 181, (1873—74) 1874 b.
— Mode of Escape of *Sesia apiformis* from its Cocoon. Rep. Rugby School nat. Hist. Soc., **1873**, 43—45, Taf. II (Fig. [3]), 1874 c.
— *Lycaena Arion*. Entomologist, **10**, 135—136, 1877.

Marshall, William (Adolf Ludwig) Prof. Dr.
geb. 6. 9. 1845 in Weimar, gest. 16. 9. 1907 in Leipzig, Prof. d. Zool. u. vergl. Anat. d. Univ. in Leipzig. — Biogr.: (C. Schaufuss) Ent. Wbl., **24**, 174—175, 1907; (W. Horn) Dtsch. ent. Ztschr., **1907**, 591, 1907.
— Der Floh, das ist des weiblichen Geschlechtes schwarzer Spiritus familiaris von literarischer und naturwissenschaftlicher Seite beleuchtet durch W. A. L. Philopsyllus.[1]) 8°, VIII+171+1 (unn.) S., Weimar, Druck R. Wagner, 1880.
— Descendenztheorie (in Beziehung zur Zoologie) und Phylogenie. Zool. Jahresber., **1880**, Abt. I Allgemeines bis Vermes, 100—111, 1881; **1881**, Abt. I Allgemeines bis Vermes, 65—78, 1882.
— [Ref.] siehe Wulp, Frederik Maurits van der 1884.
— Spaziergänge eines Naturforschers. 8°, 3 (unn.) +341 +1 (unn.) S., 4 Taf., Leipzig, Artur Seemann, 1888.
— [Herausgeber]
Zoologische Vorträge. 11 Hefte.[2]) 8°, Leipzig, Richard Freese, 1889—92.
3.—4. Marshall, William: Leben und Treiben der Ameisen. 3 (unn.) +144 S., 1889.
7.—8. Eckstein, Karl: Pflanzengallen und Gallentiere. 2 (unn.) +88 S., 4 Taf., 1891.
10. Loose, Arthur: Schmarotzertum in der Tierwelt. 4 (unn.) +180 S., 1892.
— Ueber die Vertheilung der Farben bei einheimischen Schmetterlingen. Ztschr. Naturw., (5. F.) **5** (**67**), 47—58, 1894 a.
— Ueber thiergeographische Beziehungen des südwestlichsten Theils der paläarktischen Region zu deren östlichen Hälfte. Ztschr. Naturw., (5. F.) **5** (**67**), 401—426, 1894 b.
○ Neu eröffnetes, wundersames Arznei-Kästlein. Leipzig, Twietmayer, 1896 a.
○ Über schmarotzende Insektenlarven. Natur Halle, **45**, 329—331, 1896 b.
○ Interessante Missbildungen. Ztschr. Naturw., **69** ((6) **7**), 234, 1896 c.
— Monatliche Tierbelustigungen. Dtsch. Tierfr., **1**, 62—69, 85—92, 106—113, 128—135, 149—157, 168—175, 186—194, 208—215, 1897.
— Die Thierwelt Cubas. Ztschr. Naturw., (5. F.) **9** (**71**), 219—236, 1898.
— in Hoffmann, Hans 1899.
— Die Tierwelt Chinas. Ztschr. Naturw., (5. F.) **11** (**73**), 71—96, 1900 a.
— Geflügelzüchter, Tierärzte, Menschenärzte und zoologische Wunder. Ztschr. Naturw., (5. F.) **11** (**73**), 369—397, 1900 b.

Marshall, William P . . .
Box for Catching Insects. Sci. Gossip, (**2**) (1866), 204—205, 1 Fig., 1867.
— Striped Hawk-Moth. Sci. Gossip, (**3**) (1867), 162, 1868.
○ On the transformation of the gnat (*Culex pipiens*). Proc. nat. Hist. Soc. Birmingham, **1869**, 80—87, 1869.

Marshall, William Stanley
Beiträge zur Kenntnis der Gregarinen. Arch. Naturgesch., **59**, Bd. 1, 25—44, Taf. II, 1893.

Marsilli, Angelo
○ Al quesito II.: Progressi fatti nell' applicazione del sistema cellulare. Atti Mem. Congr. bacol. int., **2**, 267—269, 1872.

[1]) Pseudonym für W. Marshall.
[2]) nur z. T. entomol.

Marsilli, Aug . . .
○ Der Einfluss der unbeschränkten Paarung der Schmetterlinge auf die Eierablage. Österr. Seidenbau-Ztg., **3**, 159—160, 1871.

Marsilli, Frat . . .
siehe Azzolini, Pompeo & Marsilli, Frat . . . 1871.

Marston, Priors
British versus European Lepidoptera. Entomologist, **16**, 108—112, 1883.

Martel, V . . .
Rapports sur les excursions ordinaires faites par la Société pendant le 2. semestre de l'année 1883. — Novembre. Bull. Soc. Sci. nat. Elbeuf, **2**, 102—104, 1883.
— Excursions ordinaire et du Comité d'Entomologie en novembre. Bull. Soc. Sci. nat. Elbeuf, **3** (1884), 31—34, 1885.
— [Déformations des fleurs de *Barbarea vulgaris* (*Cecidomya barbarea* Curt.).] Bull. Soc. Sci. nat. Elbeuf, **10**, 31, 1891 a.
— Note sur l'excursion du 18 Novembre à Tourville-la-Rivière. Bull. Soc. Sci. nat. Elbeuf, **10**, 56—58, 1891 b.
— Les Cécidies des environs d'Elbeuf. Première liste des Galles et Galloïdes récoltées aux environs d'Elbeuf en 1891. Bull. Soc. Sci. nat. Elbeuf, **10**, 79—134, 1891 c; . . . Deuxième Liste . . . d'Elbeuf et sur quelques points du département de la Seine-Inférieure, en 1892 et 1893. **12** (1893), 73—83, 1894; . . . Seine-Inférieure. **15** (1896), 44—67, Taf. I—IV, 1897.
[Darin:]
Kieffer, Jean Jacques:[1]) Appendice. I. Description de deux genres nouveaux de Cécidomyides (G. *Cystiphora* et *Macrolabis*) et d'une espèce nouvelle (*Macrolabis Marteli* Kieff.). 59—63.
— Diptère nouveau (*Macrolabis Marteli*). Bull. Soc. Sci. nat. Elbeuf, **11**, 32, 1892 a.
— Observation cécidiologique: (*Cecidomya sysimbrii*). Bull. Soc. Sci. nat. Elbeuf, **11**, 32—33, 1892 b.
— Excursion du 22 Mai à Igoville. (Près Pont-de-l'Arche.) Bull. Soc. Sci. nat. Elbeuf, **11**, 40—41, 1892 c.
— Rapport sur l'Excursion extraordinaire du 21 Août 1892 à Heurteauville & Jumièges. Bull. Soc. Sci. nat. Elbeuf, **11**, 51—56, 1892 d.
— *Aphis persicae* Kalt. Feuille jeun. Natural., **23**, 31, (1892—93) 1892 e.

Martelli-Belognini,
○ Sei giornate a Milano e suoi dintorni in occasione del V. Congresso bacologico internazionale. 8°, 31 S., Pistoja, Tip. Niccolai, 1876.

Marten, John
in Riley, Charles Valentine; Packard, Alpheus Spring & Thomas, Cyrus 1880.
— in Thomas, Cyrus (1878) 1881.
— New Tabanidae. Canad. Entomol., **14**, 210—212, 1882; **15**, 110—112, 1883.
— in Riley, Charles Valentine; Packard, Alpheus Spring & Thomas, Cyrus 1883.
— Description of *Asphondylia helianthiglobulus*. Psyche Cambr. Mass., **5**, 102—103, (1891) 1888.
— New Notes on the Life history of the Hessian Fly. Period. Bull. Dep. Agric. Ent. (Ins. Life), **3** (1890—91), 265—266, 1891.

[1]) Orig. siehe Wien. ent. Ztg., **11**, 212—224, 1892.

○ Description of a new species of gallmaking Diptera. Bull. Ohio agric. Exp. Stat., **1**, 155, 1895.

Martens, Eduard (Carl) von
geb. 1831, gest. 1904.
— [Spiralgewundene Gehäuse einer vermutlich mit *Psyche* verwandten Insektenlarve.] SB. Ges. naturf. Fr. Berlin, **1866**, 20, 1867.
— Ueber Thiernamen.[1]) Zool. Garten Frankf. a. M., **10**, 50—56, 1869.
— [Ref.] siehe Siebold, Carl Theodor von 1871.
— [Ref.] siehe Graber, Veit 1872.
— Meer-Insecten. [Sammelref.] Naturf. Berlin, **6**, 103—105; Weitere Beobachtungen über Meerinsecten. 185—186, 1873.
— in Preussische Expedition Ost-Asien (1864—76) 1876.
— (Die Larven eines Wasserkäfers aus einem Teiche bei Tegel.) SB. Ges. naturf. Fr. Berlin, **1881**, 107, 1881 a.
— (Ueber eigenthümliche Insecten-Eier aus Jamaica.) SB. Ges. naturf. Fr. Berlin, **1881**, 161—162, 1 Fig., 1881 b.
— (Ueber eine Insectenlarve, welche einer Nacktschnecke täuschend ähnlich sieht.) [*Microdon* sp., Syrph.] SB. Ges. naturf. Fr. Berlin, **1887**, 183, 1887.
— (Über den Grad von Wahrscheinlichkeit, der beim Bestimmen der den Alten bekannten Thierarten erreicht werden kann.) SB. Ges. naturf. Fr. Berlin, **1889**, 69—76, 1889.
— (Drehungsrichtung der schneckenförmigen Gehäuse von Insektenlarven [Lep., Neuropt.].) SB. Ges. naturf. Fr. Berlin, **1891**, 79—85, 1891.

Marter,
Bericht über die 29. Versammlung des Preußischen Forstvereins für beide Provinzen Preußen in Thorn am 19. und 20. Juni 1900 [u. a. *Liparis monacha*]. Ztschr. Forst- u. Jagdwes., **32**, 488—496, 1900.

Marti, Fr . . .
Die Lärchen-Minirmotte im Berner-Oberland. Schweiz. Ztschr. Forstwes., **1880**, 29—32, 1880.

Marti y Thomas,
○ No se comprende. Articulo referente á las operaciones filoxéricas del Sr. Miret en el Ampurdan. Revista Centro agron. Catalan., **2**, Nr. 6, 133—136, [vor 1880] a.
○ Insistimos. Articulo referente á las operaciones filoxéricas del Sr. Miret en el Ampurdan. Revista Centro agron. Catalan., **2**, Nr. 7, 151—154, [vor 1880] b.

Martia,
Rats as enemies to bees. Garden. Chron., (3) **27**, 310, 1900.

Martial, Louis Ferdinand
in Mission scientifique Cap Horn (1887—88) 1888.

Martin,
Caprification du Figuier en Kabylie. Bull. Soc. Acclim. Paris, (2) **6**, 622—631, 1869.

Martin, & **Wailly**, Alfred
[*Attacus Yama-maï.*] Bull. Soc. Acclim. Paris, (2) **10**, 748—749, 1873.

Martin,
(Larvas de *Sympiezocera.*) An. Soc. Hist. nat. Espãn., **7**, Actas 41—42, 1878.

[1]) andere Forts. nicht entomol.

Martin,
[Fifty species of insects from Mozambique imbedded in gum copal of the posttertiary period.] Canad. Entomol., **11**, 202, 1879.

Martin,
siehe Austin, E . . . P . . . & Martin, 1881.

Martin,
Zur Raupe von *Thecla rubi.* Ent. Ztschr., **10**, 68, (1896—97) 1896 a.
— *Lycaena*-Raupen als Mordraupen. Ent. Ztschr., **10**, 78, (1896—97) 1896 b.

Martin,
(On Collecting in New York City Forty Years Ago.) Journ. N. York ent. Soc., **6**, 200, 1898.

Martin, A . . .
Notes sur quelques Coléoptères de la Faune du Brionnais. Feuille jeun. Natural., **7**, 76—77, (1876—77) 1877.
— *Cicindela germanica.* Feuille jeun. Natural., **8**, 45, (1877—78) 1878 a.
— *Carabus intricatus.* Feuille jeun. Natural., **8**, 46, (1877—78) 1878 b.

Martin, A . . .
(Missbildungen bei Käfern.) Ill. Wschr. Ent., **2**, 479, 639—640, 719, 1897 a.
— Eine Exkursion in den Harz. [Col.] Ill. Wschr. Ent., **2**, 671—672, 1897 b.
— Über *Galerucella nympheae* L. Ill. Ztschr. Ent., **3**, 16, 1898 a.
— Coleopteren-Fundorte. Ill. Ztschr. Ent., **3**, 120; . . . II. 137—138; . . . III. 155, 1898 b.
— *Lina aenea* — *Agelastica alni.* Ill. Ztschr. Ent., **3**, 299, 1898 c.
— Monströse Coleopteren. Ill. Ztschr. Ent., **4**, 220; . . . II. 235, 1899.

Martin, Charles
(Mort de M. Mauss, de Compiègne (Oise).) Ann. Soc. ent. France, (4) **4**, Bull. XLVI—XLVII, 1864.

Martin, Daniel S . . .
(Insect inclusions in fossil gums.) [Mit Angaben von Ashby & Walker.] Journ. N. York micr. Soc., **11**, 86—87, 1895.
— (Insect inclusions in fossil resins.) Journ. N. York ent. Soc., **5**, 206, 1897.

Martin, Emmanuel
geb. 1827 in Paris.
— (Note sur des Lépidoptères observés pendant la saison d'hiver à Hyères.) Ann. Soc. ent. France, (4) **4**, Bull. VI—VII, 1864 a.
— (Note sur quelques Lépidoptères qu'il a rencontrés pendant son séjour à Hyères.) [Mit Angaben von Bellier de la Chavignerie.] Ann. Soc. ent. France, (4) 4, Bull. XLIV—XLV, 1864 b.

Martin, F . . .
Naturgeschichte für die Jugend beiderlei Geschlechts. 6. Aufl. 8°, X+585+1 (unn.) S., 12 Fig., 32 Farbtaf., Stuttgart, Schmidt & Spring, 1869.

Martin, F . . .
○ Zur Lebensweise der Borkenkäfer. Zbl. ges. Forstwes., **3**, 156, 1877.

Martin, Félix
Ici et là. (Fragments inédits.) Act. Soc. Jurass. Émul., **31** (1880), 57—67, 1881.

Martin, Henri
Préparation d'un squelette de Chauve-Souris par la *Tinea pellionella.* [Nach: Naturaliste, 1882.] Bull. Soc. Sci. nat. Nîmes, **11**, 96—97, 1883.

Martin, H . . . Charles
(Observation sur les moeurs des *Nemognatha.*) Ann. Soc. ent. France, **60**, Bull. LIV, 1891.

Martin, Horace T . . .
○ Castorologia, or the history and traditions of the Canadian Beaver. (Appencides.) 8°, XVI+238 S., ? Fig., 14 Taf., 2 Kart., London & Montreal, 1892.
[Darin:]
Riley, Charles Valentine: *Platypsyllus Castoris.* — Systematic relations of *Platypsyllus,* as determined by the Larva.

Martin, J . . . O . . .
A study of *Hydrometra lineata.* Canad. Entomol., **32**, 70—76, 12 Fig., 1900.

Martin, Joanny
gest. Oktober 1905 in Montgeron (Seine-et-Oise), Präparator am Mus. Hist. nat. in Paris. — Biogr.: (E. L. Bouvier) Bull. Soc. ent. France, **1905**, 205, 221—222, 1905.
— Sur la respiration des larves de Libellules. Bull. Soc. philom. Paris, (8) **4** (1891—92), 122—124, 1892.
— Modifications de l'appareil respiratoire de la Nèpe cendrée pendant son développement. Bull. Soc. philom. Paris, (8) **5** (1892—93), 57—58, 1893 a.
— Les trachées et la respiration trachéenne. C. R. Soc. philom. Paris, **1893**, Nr. 5 [Déc.], 3—4, 1893 b.
— Origine et formation des faux stigmates chez les Nepidae (Hemiptères). Bull. Mus. Hist. nat. Paris, **1**, 110—111, 1895.
— Hémiptères du Turkestan oriental recueillis par M. Chaffanjon. Bull. Mus. Hist. nat. Paris, **2**, 29—30, 1896 a.
— Les larves d'Hémiptères cryptocérates, appartenant aux familles des Belostomidae, Naucoridae et Nepidae. Bull. Mus. Hist. nat. Paris, **2**, 234—235, 1896 b.
— Sur genre nouveau d'Hémiptère de la tribu des Scutellerinae [*Solenotichus*]. Bull. Soc. ent. France, **1897**, 263—264, 1897 a.
— Description d'une espèce nouvelle de Leptopodinae [Hém.] [*Erianotus madagascariensis.*] Bull. Soc. ent. France, **1897**, 274—275, 1897 b.
— Catalogue des espèces de Phymatidae (Hémiptères hétér.) des collections du Muséum de Paris. Bull. Mus. Hist. nat. Paris, **4**, 147—149, 1898 a.
— Descriptions d'espèces nouvelles de *Nepidae* [Hém.]. Bull. Soc. ent. France, **1898**, 66—68, 4 Fig., 1898 b.
— (Capture d'un Hémiptère, *Aradus aterrimus* Fieb.) Bull. Soc. ent. France, **1898**, 213, 1898 c.
— Note sur le genre *Philia* et description d'une nouvelle espèce [Hém.]. Bull. Soc. ent. France, **1898**, 225—227, 1898 d.
— siehe Lesne, Pierre & Martin, Joanny 1898.
— Catalogue des Hémiptères Plataspidinae des collections du Muséum d'histoire naturelle de Paris. Bull. Mus. Hist. nat. Paris, **5**, 229—233, 1899.
— Espèce nouvelle d'Hémiptère de la famille des Pyrrhocoridae. Bull. Mus. Hist. nat. Paris, **6**, 20—21, 1900.

Martin, John H . . .
○ Microscopic Objects. London, Van Voorst, 1871? [Ref.:] Sci. Gossip, **7** (1871), 64, 1872.

Martin, L . . .
Zur Sperlingsfrage. Zool. Garten Frankf. a. M., **14**, 464—467, 1873.

Martin, Ludwig Dr. med.
geb. 17. 2. 1858 in München, gest. 10. 12. 1924 in Puchheim b. München, holländ. Arzt auf Sumatra. — Biogr.: (K. v. Rosen) Dtsch. ent. Ztschr. Iris, **39**, 5—10, 1925 m. Schriftenverz.
— Lepidopterologisches aus Sumatra. Berl. ent. Ztschr., **35**, 1—10, 1890.
— Aus meinem Tagebuche. Berl. ent. Ztschr., **37** (1892), 291—298, (1893) 1892.
— Eine neue *Ornithoptera* aus Sumatra. Berl. ent. Ztschr., **37** (1892), 492, 1893 a.
— Neue Lepidopteren aus Sumatra. Natuurk. Tijdschr. Nederl.-Indië, **53** ((10) **2**), 332—340, 1893 b; . . . Sumatra. Fortsetzung. **55** ((10) **4**), 57—71, 1896. ○ [Sonderdr.:] Einige neue Tagschmetterlinge von Nordost-Sumatra. 8°, 7 S., München, 1895; . . . Sumatra. Fortsetzung. 14 S., 1895.
— Verzeichniss der in Nordost-Sumatra gefangenen Rhopaloceren. Dtsch. ent. Ztschr. Iris, **8**, 229—264, (1895) 1896.
— siehe Nicéville, Lionel de & Martin, Ludwig 1896.
— Verzeichniss der auf Sumatra vorkommenden Lemoniiden. Dtsch. ent. Ztschr. Iris, **9**, 351—362, (1896) 1897.

Martin, Louis de
○ Le *Phylloxera* dans la Gard. Messag. Midi, 3 Juillet, 1870. — ○ [Abdr.?:] Journ. Agric., 5 Août, 1870.

Martin, M . . .
Détermination du sexe d'Insectes Coléoptères de même espèce. Ann. Soc. ent. France, **63**, 61—63, 1894.

Martin, Philipp Leopold
gest. 8. 3. 1885 in Stuttgart. — Biogr.: (Domnick) Psyche Cambr. Mass., 5 (1888—90), 36, (1891) 1888.
— Die Praxis der Naturgeschichte. Ein vollständiges Lehrbuch über das Sammeln lebender und todter Naturkörper; deren Beobachtung, Erhaltung und Pflege im freien und gefangenen Zustand; Konservation, Präparation und Aufstellung in Sammlungen etc. 3 Teile.[1] 8°, Weimar, Bernhard Friedrich Voigt, 1869—78.
○ 1. Taxidermie oder die Lehre vom Konserviren, Präpariren, Naturaliensammeln auf Reisen, Ausstopfen und Aufstellen der Thiere, Naturalienhandel etc. 3. Aufl. von C. L. Brehm, die Kunst, Vögel als Bälge zu bereiten etc. in gänzl. Umarbeitung. XII+160 S., 5 Taf., 1869.
2. Dermoplastik und Museologie. Oder das Modelliren der Thiere und Aufstellen und Erhalten von Naturaliensammlungen. Unter Mitwirkung von Bauer, G. Jäger, Steudel und der Maler Paul Meyerheim und Friedrich Specht. XVIII+240 S., 6 Taf., 1870.
[Darin:]
Bauer: Praktische Zootomie oder Thier-Zergliederungskunst. 81—125.
—: Fang, Zucht und Präparation der niederen oder wirbellosen Thiere für Sammlungen. 126—161.
[Darin:]
Steudel, Wilhelm: Präparation der Mikrolepidopteren oder Kleinschmetterlinge. 139—152.

○ 3. Naturstudien. 2 Hefte.
1. Die botanischen, zoologischen und Akklimatisationsgärten, Menagerien, Aquarien und Terrarien in ihrer gegenwärtigen Entwickelung. IX+252 S., 12 Taf., 1878.

— [Herausgeber]
Illustrirte Naturgeschichte der Thiere. 2 Bde.[1]) 8°, Leipzig, F. A. Brockhaus, 1882—84.
2. Abt. 2. XXXVI+645 S., 188 Fig., 5 Taf., 1884.
[Darin:]
Rey, Eugène: Die Insekten, Tausendfüssler und Spinnenthiere. V—VI+1—296+629—637, 88 Fig., 5 Taf.

Martin, René
geb. 5. 6. 1846 in Châtellerault (Dép. Vienne), gest. 20. 8. 1925 in Villa Alemana (zw. Valparaiso u. Santiago). — Biogr.: (Lucien Berland) Ann. Soc. ent. France, **96**, 27—30, 1927 m. Schriftenverz.; (P. P. Calvert) Ent. News, **38**, 197—205, 1927 m. Porträt.

— Les Odonates du département de l'Indre. Rev. Ent. Caen, **5**, 231—251, 1886.
— A hibernating Dragon-fly. [Mit Angaben der Herausgeber.] Entomol. monthly Mag., **23**, 235, (1886—87) 1887.
— Les Lépidoptères du Département de l'Indre. Rev. Ent. Caen, **7**, 26—56, 1888 a.
○ Hibernation de la *Sympecma fusca.* Rev. scient. Bourb. Centre France, **1**, 53—57, 1888 b.
— Les espèces françaises de la tribu des Gomphines. (Insectes Névroptères du sous-ordre des Odonates.) Feuille jeun. Natural., **18**, 31—34; Tableau synoptique (Faune de France). Les Cordulines (Insectes Névroptères). 61—64; . . . (France). Tribu des Aeschnines (Insectes Névroptères du sous-ordre des Odonates). 99—103; . . . France). Tribu des Libellulines. . . . 148—150, 156—161, (1887—88) 1888 c; Les Agrionidées françaises . . . **19**, 31—33, 83, 95—97, 110—113, 138—141, (1888—89) 1889.
— (Communication sur *Calamoceras Volxemi* M.-L.) Ann. Soc. ent. France, **60**, Bull. CLXIV—CLXVI, (1891) 1892 a.
— (Sur deux Oiseaux destructeurs d'Odonates.) Ann. Soc. ent. France, **60**, Bull. CLXIX—CLXXI, (1891) 1892 b.
— Les espèces françaises de la famille des Limnophilines. Feuille jeun. Natural., **22**, 104—106, 156—161, 226—228, (1891—92) 1892 c; **23**, 24—28, (1892—93) 1892.
— Les Trichoptères du département de l'Indre. Rev. Ent. Caen, **11**, 1—23; Note additionelle aux Trichoptères de l'Inde. 76, 1892 d.
— Les Perlides du département de l'Indre. Rev. Ent. Caen, **11**, 198—201, 1892 e.
— Les Psocides du département de l'Indre. Rev. Ent. Caen, **11**, 285—288, 1892 f.
— Le *Bittacus tipularius.* Rev. scient. Bourb. Centre France, **5**, 49—53, 1892 g.
[Ref.:] Bull. Soc. Sci. nat. Ouest, **3**, Teil 2, 19—20, 1893.
— Les espèces françaises de la famille des Sericostomatines. (Névroptères.) Feuille jeun. Natural., **23**, 35—37, 57—59, 73, (1892—93) 1893 a.
— Les Névroptères planipennes de l'Indre. Rev. Ent. Caen, **12**, 142—147, 1893 b.
— Odonates de Chypre. Bull. Soc. zool. France, **19**, 135—138, 1894.

[1]) nur z. T. entomol.

— Description d'un nouvel Odonate du genre *Tetracanthagyna* (Névr.). Ann. Soc. ent. France, **64**, Bull. CCCXCIII—CCCXCV, 1895 a.
— Sur la faune des Odonates de la Loire-Inférieure. Bull. Soc. Sci. nat. Ouest, **5**, Teil 1, 151—157, 1895 b.
— Les espèces françaises de la famille des Leptocerines. Feuille jeun. Natural., **25**, 109—113, 134—137, 3 Fig., (1894—95) 1895 c.
— Une éclosion de Libellules. Feuille jeun. Natural., **25**, 141—142, (1894—95) 1895 d.
— in Alluaud, Charles [Herausgeber] (1893—95) 1895.
— Sur les Odonates recueillis par le Dr. Festa au Darien et à Cuenca. Boll. Mus. Zool. Anat. comp. Torino, **11**, Nr. 240, 1—3, 1896 a.
— Odonates des îles Séchelles. Mém. Soc. zool. France, **9**, 101—112, 1 Fig., 1896 b.
— in Viaggio Borelli Argentina Paraguay (1894—99) 1896.
— Les grandes Libellules considérées comme animaux utiles détruisant les Insectes nuisibles. Bull. Soc. Acclim. Paris, **44**, 308—311, [1897].[1])
— Description d'Odonates nouveaux. Ann. Soc. ent. France, **66**, 589—594, (1897) 1898.
— siehe Tepper, Johann Gottlieb Otto & Martin, René 1899.
— Odonates nouveaux ou peu connus. Bull. Mus. Hist. nat. Paris, **6**, 103—108, 1900.

Martindale, Isaac C . . .
geb. 15. 7. 1842 in Byberry, gest. 3. 1. 1893 in Camden (N. York), Kassierer in einer Bank. — Biogr.: Ent. News, **4**, 37—38, 1893 m. Porträt; Leopoldina, **29**, 107, 1893.

— Obituary Notice of Charles F. Parker. Proc. Acad. nat. Sci. Philadelphia, **1883**, 260—265, 1884.
— A new form of Cabinet for Butterflies. Ent. News, **1**, 126—127, 1890.

Martineau, Ed . . .
(Le *Phylloxera.*) C. R. Acad. Sci. Paris, **79**, 151, 1874.
○ Le phylloxera dans la Gironde. Journ. Agric. prat. Paris, **39**, Bd. 2, 58—59, 1875.

Martinez,
[Verwüstungen durch *Colaphus ater* Ol.] An. Soc. Hist. nat. Españ., **1**, Actas 17, 1872.

Martinez, Alonso
○ Las últimas conferencias celebradas en Montpellier acerca del ingerto sobre vid americana. Confer. agric. Prov. Madrid, **4**, 541—559, 1879—80.

Martinez de la Escalera, Manuel
(Diagnosis de especies nuevos del género „*Bathyscia*".) An. Soc. Hist. nat. Españ., (2) **7 (27)**, Actas 36—39, 1898 a.
— (Ligera noticia de su expedición entomológica por el Asia Menor.) An. Soc. Hist. nat. Españ., (2) **7 (27)**, Actas 150—151, 1898 b.
— Examen del grupo Bathysciae de España. An. Soc. Hist. nat. Españ., (2) **8 (28)**, 363—412, (1899) 1900 a.
— (Descripciones de algunas nuevas especies de „*Dorcadion*".) An. Soc. Hist. nat. Españ., (2) **9 (29)**, Actas 232—241, 1900 b.
— (Nota sobre la caza de los *Rhizotrogus.*) An. Soc. Hist. nat. Españ., (2) **9 (29)**, Actas 269—270, 1900 c.

[1]) laut Titelblatt 1896 erschienen

Martinez y Fernández, Antonio
(Descripción de un nuevo *Euryphymus* y dos *Caloptenopsis.*) An. Soc. Hist. nat. Españ., (2) **5** (**25**), Actas 11, 1896.
— (Nuevas especies del grupo Calopteni.) An. Soc. Hist. nat. Españ., (2) **7** (**27**), Actas 34—36, 1898.

Martinez y Saez, Francisco de Paula
geb. 30. 3. 1835 in Madrid, gest. 26. 4. 1908 in Madrid, Prof. d. Zool. d. Univ. in Madrid. — Biogr.: (J. Gogorza) Bol. Soc. Españ. Hist. nat., **8**, 208—215, 1908 m. Porträt & Schriftenverz.
— [Käfer aus Spanien.] An. Soc. Hist. nat. Españ., **1**, Actas 23, 1872 a.
— (*Necrodes littoralis* L., en Cabezon de la Sal.) An. Soc. Hist. nat. Españ., **1**, Actas 36, 1872 b.
— Datos sobre algunos coléopteros de los alrededores de Cuenca. An. Soc. Hist. nat. Españ., **2**, 53—75, Farbtaf. I, 1873 a.
— Descripciones coleópteros de España. An. Soc. Hist. nat. Españ., **2**, 407—418, 1873 b; **3**, Farbtaf. 13, 1874.
— (Hyménoptères d'Espagne.) An. Soc. Hist. nat. Españ., **3**, Actas 29—32, 1874 a.
— (Especies recogidas en Menorca.) An. Soc. Hist. nat. Españ., **3**, Actas 67, 1874 b.
— (*Saprinus cruciatus* F., en Menorca.) An. Soc. Hist. nat. Españ., **4**, Actas 12, 1875 a.
— (Una especie del género *Labadidostomis* Lacord.) An. Soc. Hist. nat. Españ., **4**, Actas 47—48, 1875 b.
— [Coleopteren der Balearen.] An. Soc. Hist. nat. Españ., **5**, Actas 23, 1876.
— (Especies del género *Poecilus.*) An. Soc. Hist. nat. Españ., **6**, Actas 32—33, 1877 a.
— [Dos estafilinidos nuevos para la fauna española.] An. Soc. Hist. nat. Españ., **6**, Actas 46, 1877 b.
— [Sobre *Oloperus nanus* Fairm. y *Poecilus nitidus* Dej.] An. Soc. Hist. nat. Españ., **6**, Actas 50, 1877 c.
— [Spanische Coleoptera, gesammelt von M. Laguna.] An. Soc. Hist. nat. Españ., **12**, Actas 18—32, 1883.
— (Über spanische *Dorcadion.*) An. Soc. Hist. nat. Españ., **13**, Actas 45—47, 1884.
— (Coleópteros recogidos en España y Norte de Africa.) An. Soc. Hist. nat. Españ., **15**, Actas 48—55, 1886.
— in Quiroga, Francisco 1886.
— (*Agrypnus notodonta* Latr.) An. Soc. Hist. nat. Españ., **17**, Actas 21—22, 1888.
— (Noticia del estudio del R. P. Wasmann sobre los géneros *Atemeles* y *Lomechusa* y sobre los animales mirmecófilos.) An. Soc. Hist. nat. Españ., **18**, Actas 36—39, 1889.
— Noticia necrológica del Sr. D. Laureano Pérez Arcas.) An. Soc. Hist. nat. Españ., (2) **3** (**23**), Actas 278—296, 1 Taf. (unn.), 1894.
— Nota biográfica de D. Marcos Jiménez de la Espada. An. Soc. Hist. nat. Españ., (2) **7** (**27**), 207—228, 1 Taf. (unn.), 1898.
— [Ref.] siehe Pantel, José 1898.

Martini, A . . .
○ La composizione chimica della foglia del gelso. Bacologo Ital., **3**, 226—228, 1880—81.

Martini, Wilhelm
geb. 14. 8. 1846 in Sömmerda, gest. 25. 8. 1913 in Bad Ems, Kaufmann. — Biogr.: (A. Petry) Dtsch. ent. Ztschr. Iris, **27**, 142—144, 1913 m. Schriftenverz.; Jh. Ver. Schles. Insektenk., **7**, XX—XXXIII, 1914; (O. Rapp) Beitr. Fauna Thüringen, **2**, II, 1936 m. Porträt.
— Das Tödten der Insecten. Ent. Nachr. Putbus, **2**, 143, 1876 a.
— Ersatz für Markstückchen. Ent. Nachr. Putbus, **2**, 143—244, 1876 b.
— Spannadeln. Ent. Nachr., **7**, 144, 1881.
— Lepidopterologische Beobachtungen. Ent. Nachr., **9**, 14—16, 1883 a.
— Lepidopterologisches. Ent. Nachr., **9**, 53—54, 1883 b.
— Einsammel-Verfahren bei Lepidopteren. Korr.bl. ent. Ver. Halle, **1**, 37—38, 1886 a.
— Vier Minierraupen. Korr.bl. ent. Ver. Halle, **1**, 54—55, 1886 b.
— *Coleophora Ochrea* var. *Thuringiaca.* Ztschr. Ent. Breslau, (N. F.) **12**, 61, 1887.
— *Antispila Petryi* nov. spec. Stettin. ent. Ztg., **59**, 398—405, 1898.

Martorell y Peña, Manuel
siehe Cuni y Martorell, Miguel & Martorell y Peña, Manuel 1876.
○ Catàlogos sinonìmicos de los insectos en contrados en Cataloña aumentado, con los recentemente, halla dos por el autor, en los diversos ordones de los Coleòpteros, Hemìpteros, Hymenòpteros, Ortòpteros, Lepidòpteros, Dipteros y Nevròpteros. 8°, 200 S., Barcelona, tip. N. Ramirez & Co., 1879.

Martorell, Miguel (Cuni y) siehe Cuni y Martorell, Miguel

Martragny, Eug[en] de
○ Sentinelle, prenez garde à vous [*Bombyx dispar*]. Insectol. agric., **3**, 12—15, ? Fig., 1869.

Marty, Pierre
De l'ancienneté de la „*Cecidomyia fagi*". Feuille jeun. Natural., **24**, 173, (1893—94) 1894.

Marval, J . . . de
(Sobre la influencia de las lluvias sobre el *Margarodes vitium.*) Act. Soc. scient. Chili, **6**, LVI, 1896 a.
— (Sobre la eclosion de los quistes del *Margarodes vitium.*) Act. Soc. scient. Chili, **6**, LIX—LX, 1896 b.
— (Sobre el *Margarodes vitium.*) Act. Soc. scient. Chili, **6**, XCIX—C, CVII—CVIII, (1896) 1897.

Mary des Forts Mory,
○ Les Bombycites et en particulier le *Bombyx* [*Cnethocampa*] *pityocampa.* 8°, 23 S., 1 Taf., Lyon, impr. Storck, 1876.

Marzona,
○ Fütterversuche an Seidenwürmern. Allg. Dtsch. Ztschr. Seidenbau, **4**, 13, 1869.

Masaraky, Wiktor Wictoriwitsch siehe Mazarakij, Victor Victorovič

Mascaraux, Félix
Capture de l'*Aphodius cervorum* Fairm., dans les Landes. Feuille jeun. Natural., **29**, 209—210, (1898—99) 1899.

Masch, A . . .
Hirsezünsler (*Botys silacealis*). [Nach: Wien. landw. Ztg., Nr. 39.] Landw. Zbl., **18**, Bd. 2, 254—255, 1870.

Maschek, V . . .
Erinnerungen und Notizen. [Cyankalium.] Ent. Jb., **9**, 137—142, 1900.

Maschke, Franz
○ Über den Maulbeerbaum und Seidenzucht. Jahresber. Mähr. Seidenbauver., **1**, 30—36, 1864.

Masefield, John R ... B ...
siehe Daltry, Thomas William & Masefield, John R ... B ... 1898.
— Notes from North Staffordshire [Lep., Hym.]. Entomologist, **33**, 17—18, 1900.

Masius,
(Experience with the „bite" of *Benacus griseus.*) [Mit Angaben von Howard u. Riley.] Proc. ent. Soc. Washington, **2** (1890—92), 347, (1893) 1892.

Maskell, William Miles
geb. 1840 in Hampshire (Engl.), gest. 1. 5. 1898 in Wellington (N. Seeland), Registrar d. Neu-Seeland Univ. — Biogr.: Entomologist, **31**, 176, 1898; Trans. N. Zealand Inst., **31**, 708—709, 1898; Entomol. monthly Mag., (2) **9** (**34**), 139, 165, 1898; Minutes Wellington phil. Soc., **29**, 165, 1898; Leopoldina, **34**, 130—131, 1898; Zool. Anz., **21**, 428, 1898; (R. Trimen) Trans. ent. Soc. London, **1898**, LIV—LV, (1898—99) 1899; (L. O. Howard) Hist. appl. Ent., 1930; (E. O. Essig) Hist. Ent., 702—704, 1931 m. Porträt.
— On a Hymenopterous Insect parasitic on Coccidae. Trans. Proc. N. Zealand Inst., **11** (1878), 228—230, Taf. IX, 1879 a.
— On some Coccidae in New Zealand. Trans. Proc. N. Zealand Inst., **11** (1878), 187—228, Taf. V—VIII, 1879 b; Further Notes on Coccidae in New Zealand, with Descriptions of new Species. **14** (1881), 215—229, Taf. XV—XVI, 1882; **16** (1883), 120—144, 1 Fig., Taf. I—II, 1884; ... Zealand. **17** (1884), 20—31, Taf. VIII, 1885; Further Notes on New Zealand Coccidae. **19** ((N. S.) **2**) (1886), 45—49, Taf. II, 1887; Further Coccid Notes: with Descriptions of New Species from New Zealand, Australia, and Fiji. **23** ((N. S. **6**) (1890), 1—36, Taf. I—VII, 1891; ... Species, and Remarks on Coccids from New Zealand, Australia, and elsewhere. **24** ((N. S.) **7**) (1891), 1—64, Taf. I—XIII, 1892; ... Descriptions of several New Species, and Discussion of various Points of Interest. **26** ((N. S.) **9**) (1893), 65—105, Taf. III—VIII, 1894; ... Description of New Species from New Zealand, Australia, Sandwich Islands, and elsewhere, and Remarks upon many Species already reported. **27** ((N. S.) **10**) (1894), 36—75, Taf. I —VII, 1895; ... Species, and Discussion of Questions of Interest. **28** ((N. S.) **11**) (1895), 380—411, Taf. XVI—XXIII, 1896; ... Discussion of Points of Interest. **29** ((N. S.) **12**) (1896), 293—331, Taf. XVIII—XXII, 1897; **30** ((N. S.) **13**) (1897), 219—252, Taf. XXIII—XXVII, 1898.
— Note on an Aphidian Insect infesting Pine Trees, with observations on the name *„Chermes"* or *„Kermes."* Trans. Proc. N. Zealand Inst., **17** (1884), 13—19, Taf. VII, 1885.
— An account of the insects noxious to agriculture and plants in New Zealand. The scale-insects (Coccididae). 8°, 3 (unn.) + 2 + 116 + 24 (unn.) S., 23 Taf. (20 Farbtaf.), Wellington, print. Geo. Didsbury, 1887 a.
[Ref.:] Nature London, **37**, 125—126, (1887—88) 1887.
— On the „Honeydew" of Coccidae, and the Fungus accompanying these Insects. Trans. Proc. N. Zealand Inst., **19** ((N. S.) **2**) (1886), 41—45, Farbtaf. I, 1887 b.
○ On *Henops brunneus,* Hutton. Trans. Proc. N. Zealand Inst., **20**, 106—108, Taf. X, 1888. — [Abdr.:] Ann. Mag. nat. Hist., (6) **2**, 194—196, 1888.
— On the distinction between Lecanidinae, Hemi-Coccidinae and Coccidinae. Entomol. monthly Mag., **25**, 405—409, (1888—89) 1889 a.
[Siehe:] Morgan, Albert C. F.: 275—277.
— On some Gall-producing Insects in New Zealand. Trans. Proc. N. Zealand Inst., **21** ((N. S.) **4**) (1888), 253—258, Taf. XI—XII, 1889 b.
— On Some new South Australien Coccidae. Trans. Proc. R. Soc. Australia, **11** (1887—88), 101—111, Taf. XII—XIV, 1889 c.
— *Icerya purchasi,* and its insect-enemies in new Zealand. Entomol. monthly Mag., (2) **1** (**26**), 17—19, 1890 a.
— How do Coccids produce cavities in plants? Entomol. monthly Mag., (2) **1** (**26**), 277—280, 1890 b.
— On a new australian Coccid. Proc. Linn. Soc. N. S. Wales, (2) **5** (1890), 280—282, Taf. XV, (1891) 1890 c.
○ On some species of Psyllidae in New Zealand. Trans. Proc. N. Zealand Inst., **22**, 157—170, Taf. X—XII, 1890 d.
○ On some Aleurodidæ from New Zealand and Fiji. Trans. Proc. N. Zealand Inst., **22**, 170—176, Taf. XIII, 1890 e.
— Description of a New Scale-Insect infesting Grass. Agric. Gaz. N. S. Wales, **2** (1891), 352—353, 7 Fig., (1892) 1891 a.
— Descriptions of new Coccidae. Indian Mus. Notes, **2**, 59—62, Taf. I, 1891 b.
— Migrations and new localities of some Coccids. Entomol. monthly Mag., (2) **3** (**28**), 69—71, 1892 a.
— A new *Icerya,* and some other new Coccids from Australia. Entomol. monthly Mag., (2) **3** (**28**), 183—184, 1892 b.
— On the Establishment of an Expert Agricultural Departement in New Zealand. (Abstract.) Trans. Proc. N. Zealand Inst., **24** ((N. S.) **7**) (1891), 625—627, 1892 c.
— Mould in Cabinets. [Mit Angabe der Herausgeber.] Entomol. monthly Mag., (2) **4** (**29**), 72—73, 1893 a.
— A few remarks on Coccids. Entomol. monthly Mag., (2) **4** (**29**), 103—105, 1893 b.
— Notes on Cocoanut palm Coccidae. Indian Mus. Notes, **3**, 66—67, 1 Fig., (1896) 1893 c.
— Remarks on certain genera of Coccidae. Entomologist, **27**, 44—46, 93—95, 166—168, 1894 a.
— On a new species of *Psylla.* Entomol. monthly Mag., (2) **5** (**30**), 171—173, 1894 b.
— The Egyptian *Icerya* in Australia. Period. Bull. Dep. Agric. Ent. (Ins. Life), **6** (1893—94), 268, 1894 c.
— On a new species of Coccid on fern-roots. Proc. Linn. Soc. N. S. Wales, (2) **8** (1893), 225—226, Taf. VII (Fig. 1—4), 1894 d.
— A Moth-Catching Plant. Sci. Gossip, (N. S.) **1**, 181, 1894 e.
— Notes on some Genera and Species of Coccidae. Ann. Mag. nat. Hist., (6) **16**, 129—138, 1895 a.
— Synoptical List of Coccidae reported from Australasia and the Pacific Islands up to December, 1894. Trans. Proc. N. Zealand Inst., **27** ((N. S.) **10**) (1894), 1—35, 1895 b.
— A Chapter in the History of the Warfare against Insect-pests. Trans. Proc. N. Zealand Inst., **27** ((N. S.) **10**) (1894), 282—284, 1895 c.
— On the so-called Vegetable Caterpillar and other Fungi that attack Insects. [Mit Angaben von Hudson, J. Hector, W. Buller u. a.] Trans. Proc. N. Zealand Inst., **27** ((N. S.) **10**) (1894), 665—668, 1895 d.
— The Pernicious or San José Scale. *Aspidiotus perniciosus,* Comstock, and *Aonidia fusca,* Maskell: A Question of Identity or Variation. Agric. Gaz. N. S. Wales, **6** (1895), 868—870, 1896 a.

— *Aspidiotus perniciosus,* Comstock, and *Aonidia fusca,* Maskell: a question of identity or variation. Entomol. monthly Mag., (2) **7** (**32**), 33—36, 1896 b. — [Abdr.:] Canad. Entomol., **28**, 14—16, 1896.
— Notes on Coccidae. Entomol. monthly Mag., (2) **7** (**32**), 223—226, 1896 c.
— *Aleurodes eugeniae,* a new species of Bug. Indian Mus. Notes, **4**, 52—53, 1 Fig., (1900) 1896 d.
— Contributions towards a Monograph of the Aleurodidae, a Family of Hemiptera-Homoptera. Trans. Proc. N. Zealand Inst., **28** ((N. S.) **11**) (1895), 411—449, Taf. XXIV—XXXV (XXV—XXXV z. T. farb.), 1896 e. — [Abdr. S. 424—425, 427—428, 431—432:] Descriptions of three species of Indian Aleurodidae. Indian Mus. Notes, **4**, 143—145, Taf. XII, (1900) 1899.
— On a Collection of Coccidae, principally from China and Japan. Entomol. monthly Mag., (2) **8** (**33**), 239—244, 1897.
— On Some Australian Insects of the Family Psyllidae.[1]) Trans. Proc. R. Soc. Australia, **22** (1897—98), 4—11, Taf. I—III, 1898.

Mašl, Kasp[ar]
○ [Die Käfer der Umgebung von Chrudim.] Bronci okolí Chrudímě. Progr. Gymn. Chrudim, **1883**, 13—21, 1883.

Mason, Alfred E . . . Harley siehe Harley-Mason, Alfred E . . .

Mason, Chas . . . E . . .
(Variety of *Colias edusa.*) [Mit Angaben von J. W. Tutt.] Entomol. Rec., **4**, 271, 1893.

Mason, J . . .
(*Dasycampa rubiginea* at Clevedon, Somersetshire.) Entomol. Rec., **1**, 39—40, (1890—91) 1890 a.
— (Moths at Flowers of *Tritoma uvaria.*) Entomol. Rec., **1**, 40—41, (1890—91) 1890 b.
— (Notes on *Asthena blomeri* (*pulchraria*).) Entomol. Rec., **1**, 138, (1890—91) 1890 c.
— (Practical hints.) Entomol. Rec., **1**, 141—142, (1890—91) 1890 d.
— (Capture of *Mecyna polygonalis.*) Entomol. Rec., **1**, 215, (1890—91) 1890 e.
— (Fecundation before Hybernation.) Entomol. Rec., **1**, 327, (1890—91) 1891 a.
— (*Poeciliocampa populi.*) Entomol. Rec., **1**, 341, (1890—91) 1891 b.
— (Flowers attractive to Moths.) Entomol. Rec., **2**, 64—65, 1891 c.
— (*Orthotaelia sparganiella.*) Entomol. Rec., **2**, 210, 1891 d.
— (*Sphinx convolvuli* at Clevedon.) Entomol. Rec., **2**, 237, 1891 e.
— (Banded var. *of Agriopis aprilina.*) Entomol. Rec., **2**, 273, 1891 f.
— (*Taeniocampa opima.*) Entomol. Rec., **2**, 294—295, 1891 g.
— (Rare Insects at Clevedon.) Entomol. Rec., **4**, 44, 1893.
— (Short Notes from the Exchange Baskets.) [Mit Angaben von Riding, C. Fenn, Robertson, N. M. Richardson.] Entomol. Rec., **6**, 56—57, 263, 1895 a.
— (Impudence of wasps.) Entomol. Rec., **7**, 148—149, (1895—96) 1895 b.
[Dtsch. Übers.:] Wespen-Frechheit. Insektenbörse, **13**, 12, 1896.

[1]) postum veröffentl.

— (*Acherontia atropos* at Clevedon.) Entomol. Rec., **7**, 155, (1895—96) 1895 c.
— (*Sphinx convolvuli* at Clevedon.) Entomol. Rec., **7**, 155—156, (1895—96) 1895 d.
— (*Xylina semibrunnea* at Clevedon.) Entomol. Rec., **7**, 156, (1895—96) 1895 e.
— (*Dasycampa rubiginea* at Clevedon.) Entomol. Rec., **7**, 156, (1895—96) 1895 f.
— (Micro collecting at Clevedon in 1895.) Entomol. Rec., **7**, 205, (1895—96) 1896 a.
— (Honeydew.) Entomol. Rec., **8**, 218, 1896 b.
— (Second brood of *Cyaniris argiolus.*) Entomol. Rec., **8**, 218, 1896 c.
— (*Sphinx convolvuli* at Clevedon.) Entomol. Rec., **9**, 23, 1897.
— (Lepidoptera at Clevedon.) Entomol. Rec., **10**, 312, 1898.
— (*Macroglossa stellatarum* attracted by colour.) Entomol. Rec., **12**, 53, 1900 a.
— (Vanessids in Somerset.) Entomol. Rec., **12**, 53, 1900 b.
— (*Acherontia atropos* and *Sphinx convolvuli* in Somerset.) Entomol. Rec., **12**, 53, 1900 c.
— (*Pyrameis atalanta* in January.) Entomol. Rec., **12**, 53, 1900 d.

Mason, J . . . & **Mera**, Arthur William
(*Poecilocampa populi.*) Entomol. Rec., **4**, 44, 1893.

Mason, J . . .; **Finlay**, John & **Buckell**, Francis John
Practical Hints. Entomol. Rec., **5**, 45, 1894.

Mason, J . . . T . . .
Rocks. Ent. News, **2**, 153—154, 1891.
— Notes on *Callimorpha.* Ent. News, **3**, 52—53, 1892.

Mason, James Eardley
Dicyphus constrictus, Boh. Entomol. monthly Mag., **25**, 36, (1888—89) 1888.
— Aquatic habits of *Salda.* Entomol. monthly Mag., **25**, 236—237, (1888—89) 1889 a.
— Hemiptera-Heteroptera in West Cornwall. Entomol. monthly Mag., **25**, 237—238, (1888—89) 1889 b.
— Note on *Nabis limbatus.* Entomol. monthly Mag., **25**, 457, (1888—89) 1889 c.
— *Apatura Iris,* L. Entomol. monthly Mag., (2) **1** (**26**), 256, 1890.
— Orthoptera, Neuroptera and Trichoptera of the Alford District of North Lincolnshire. Naturalist London, **1896**, 129—132, 1896 a.
— Some Diptera of the Alford District, North Lincolnshire. Naturalist London, **1896**, 175—180, 1896 b.
— *Chironomus sylvestris* at Lincoln. Naturalist London, **1897**, 178, 1897.
— Hemiptera in the Channel Islands. Entomol. monthly Mag., (2) **9** (**34**), 209—210, 1898 a.
— *Gerris najas,* DeG., in the north. Entomol. monthly Mag., (2) **9** (**34**), 210, 1898 b.
— Some Hemiptera-Heteroptera of the Isle of Man. Naturalist London, **1898**, 139—140, 1898 c.
— Additions to the List of Hemiptera-Heteroptera of Lincolnshire. Naturalist London, **1898**, 209—210, 1898 d.
— *Ischnura elegans* near Lincoln. Naturalist London, **1900**, 215, 1900 a.
— *Rhagium bifasciatum* at Lincoln. Naturalist London, **1900**, 246, 1900 b.
— *Leptocerus dissimilis* near Lincoln. Naturalist London, **1900**, 252, 1900 c.
— Hummingbird Hawkmoth at Lincoln. Naturalist London, **1900**, 300, 1900 d.

Mason, James Wood siehe Wood-Mason, James

Mason, Norman N ...
siehe Müller, Hermann & Mason, Norman N... 1882.

Mason, Philip Brookes
geb. 2. 1. 1842 in Burton-on-Trent, gest. 6. 11. 1903 in Burton-on-Trent. — Biogr.: (E. B. Poulton) Trans. ent. Soc. London, **1903**, LXXVI, 1903; Entomol. Rec., **15**, 345, 1903; Lancet, **165**, 1405—1406, 1903; (W. W. Fowler) Entomol. monthly Mag., (2) **15** **(40)**, 17—18, 1904; (H. W. Ellis) Proc. R. Soc. London, (A) **17**, 63, 1942.
— Coleoptera from Portland, &c. Entomol. monthly Mag., **16**, 134, (1879—80) 1879 a.
— (*Harpalus oblongiusculus* from Portland.) Trans. ent. Soc. London, **1879**, Proc. XXXVI, 1879 b.
— (*Euplectus ambiguus* from Repton.) Trans. ent. Soc. London, **1879**, Proc. XXXVI, 1879 c.
— (British specimen of *Xylophasia zollikoferi* a variety of *X. polyodon.*) Trans. ent. Soc. London, **1882**, Proc. X, 1882 a.
— (Supposed British specimens alluded to *Agrotis helvetina.*) [Mit Angaben von H. T. Stainton & J. Sang.] Trans. ent. Soc. London, **1882**, Proc. X, 1882 b.
— Capture of *Phaneroptera falcata*, Scop., in England. [Mit Angaben von R. McLachlan.] Entomol. monthly Mag., **20**, 186, (1883—84) 1884.
— *Eudorea ulmella*, Dale, and *E. conspicualis*, Hodgkinson. Entomol. monthly Mag., **23**, 163, 1 Fig., (1886 87) 1886.
— *Pterophorus heterodactylus*, Haworth, and *Scoparia gracilalis*, Doubleday. Entomol. monthly Mag., **25**, 162, (1888—89) 1888 a.
— [Varieties of *Saturnia carpini.*] Trans. ent. Soc. London, **1888**, Proc. XV, 1888 b.
— (*Crematogaster scutellaris* probably imported with cork.) Trans. ent. Soc. London, **1889**, Proc. XXIII, 1889 a.
— (Collection of Lepidoptera made in Iceland.) Trans. ent. Soc. London, **1889**, Proc. XXXIV—XXXV, 1889 b.
— Insects and Arachnida captured in Iceland in 1889. Entomol. monthly Mag., (2) **1** **(26)**, 198—200, 1890 a.
— Rectification relative à l'*Aepophilus*. Rev. Ent. Caen, **9**, 357, 1890 b.
— *Plusia bimaculata*, Stephens, = *P. verticillata*, Guenée. Entomol. monthly Mag., (2) **2** **(27)**, 163, 1891.
[Ref.:] Brit. Natural., **1**, 155—156, 1891.
— *Noctua conflua*. Brit. Natural., **2**, 100, 1892 a.
— *Hercyna phrygialis*, Hb., probably a British insect. [Mit Angaben der Herausgeber.] Entomol. monthly Mag., (2) **3** **(28)**, 264, 1892 b.
— *Niptus hololeucus*. [Mit Angaben der Herausgeber.] Entomol. monthly Mag., (2) **4** **(29)**, 238, 1893 a.
○ The functions of a local Natural History Society, with special reference to the study of Plant Galls. Proc. Burton Soc., **2**, 15—29, 1893 b.
— Discovery of *Trioza centhranthi*, Vall., in England. [Mit Angaben von J. W. D.] Entomol. monthly Mag., (2) **5** **(30)**, 231, 1894.
— *Neoclytus caprea*, Say, and *N. erythrocephalus*, F., two North American Longicorns bred in this country. Entomol. monthly Mag., (2) **8** **(33)**, 91, 1897 a.
— Supposed Occurrence of American Beetles in Ireland. Irish Natural., **6**, 134, 1897 b.
— *Cryptohypnus meridionalis*, Lap., an addition to the British List of Elateridae. [Mit Angaben von G. C. C.] Entomol. monthly Mag., (2) **9** **(34)**, 207, 1898 a.
— (*Lathridius filum* found in envelope from Franz Josef Land.) Trans. ent. Soc. London, **1898**, Proc. XXI, 1898 b.
— (Dormant Buprestid larva in wood.) Trans. ent. Soc. London, **1898**, Proc. XXXIV, 1898 c.
— *Rhizophagus perforatus*, Er., in the carcass of a dog. Entomol. monthly Mag., (2) **10** **(35)**, 94, 1899.
— Occurrence of *Stilbum splendidum*, F., v. *amethystinum*, F., in England. Entomol. monthly Mag., (2) **11** **(36)**, 243, 1900.

Mason, R ... Z ...
Profits of Bee-keeping in Wisconsin. Trans. Wisconsin agric. Soc., **9** (1870), 302—308, 1871.

Mason, Richard
○ Mason's Guide to Tenby. 7. Aufl. 8°, 270 S., ? Fig., 2 Taf., 1 Karte, Tenby, [1875].
[Darin:]
Barrett, Charles Golding: The Lepidopterous Insects of Pembrokeshire. 248—258.

Mason, T ... G ...
Sesia ichneumoniformis in Gloucestershire. Entomologist, **22**, 234, 1889.

Masquard, Eugène de
Les maladies des vers à soie (Muscardine, Gattine, Pébrine, Corpusculine, Morts-flats, Grasserie, Négrone, etc.) causes, nature et moyen de les prévenir ou d'en diminuer considérablement les ravages, avec l'exposé pratique de nouvelles règles pour la culture du mûrier, les magnaneries, l'éducation et le grainage, et précedées d'un Apercu historique sur l'art d'éléver les vers à soie en France, depuis leur introduction jusqu'à nos jours. 8°, XXVIII+29—107 +64 S., Paris, libr. agricole, 1868.
○ De l'éducation rationnelle des vers à soie et de la décentralisation de la sériciculture en France. 8°, 20 S., Lyon, Vingtrinier, 1870 a.
— Aus dem Bericht des Herrn ... aus Nîmes für den Ackerbau-Congress in Lyon, April 1869. [Seidenraupe.] Ver.Bl. Westfäl.-Rhein. Ver. Bienen- u. Seidenzucht, **21**, 46—52, 1870 b.
○ Note sur l'état déplorable de la sériciculture en France. 8°, 7 S., Nîmes, 1877.
— La pétition des sériciculteurs. Journ. Agric. prat. Paris, **42**, Bd. 2, 333—335, 1878.
○ Situazione della bachicultura francese. Bacologo Ital., **1**, 173—174, 1878—79.

Massa, Camillo
(Intorno ad una larva di Nematode nell' *Ateucus sacer.*) Atti Soc. Natural. Modena, Rendiconti, (3) **2**, 89, 1884.
— Parto verginale nella *Sphinx Atropos*. Bull. Soc. ent. Ital., **20**, 64—65, 1888.
[Ref.:] Heyden, Lucas von: Zool. Garten Frankf. a. M., **30**, 63, 1889.

Massalongo, Caro (B ...) Dr.
geb. 1852, gest. 1928. — Biogr.: (A. Trotter) Marcellia, 24, 144—155, 1927.
— Di un dittero galligeno che vive sull'olivo. Riv. Ital. Sci. nat., **10**, Boll. 91, 1890.
— Di alcuni entomocecidii della flora veronese. Bull. Soc. bot. Ital., **1892**, 80—83, 1892 a.
— Sopra un Dittero-cecidio dell' *Eryngium amethystinum L.* Bull. Soc. bot. Ital., **1892**, 429—430, 1892 b.
— Deformazione parassitaria dei fiori di *Ajuga chamaepitys* Schreb. Bull. Soc. bot. Ital., **1892**, 430—431, 1892 c.

— Entomocecidii italici. Atti Congr. bot. int., **1892**, 21—53, 1893 a.
— Due nuovi entomocecidii scoperti sulla *Diplachne serotina*, Link. e *Cynodon Dactylon* Pers. Bull. Soc. bot. Ital., **1893**, 31—33, 1893 b.
— Entomocecidii nuovi o non ancora segnalati nella flora italica. Bull. Soc. bot. Ital., **1893**, 427—431, 1893 c.
○ Osservazioni intorno ad un rarissimo Entomocecidio dell' *Hedera helix*, L. N. Giorn. bot. Ital., **25**, 19, Taf. I, 1893 d.
○ Descrizione di un nuovo Entomocecidio scoperto in Sardegna. N. Giorn. bot. Ital., **1895**, [4 S.], 1 Taf., 1895.
— Intorno alla galla di *Pemphigus utricularius* Pass. Bull. Soc. bot. Ital., **1896**, 105—107, 1896 a.
— Sopra le foglie di *Nerium Oleander* L., deformate dall' *Aspidiotus Nerii* (Bouché). Bull. Soc. bot. Ital., **1896**, 120—123, 1896 b.
○ Le galle nell: Anatome Plantarum di M. Malpighi. Malpighia, **11**, 1—43, 1898.

Massalongo, Caro & **Ross**, Hermann
Ueber sicilianische Cecidien. Ber. Dtsch. bot. Ges., **16**, 402—406, Taf. XXVII, 1898.

Massalongo, Orseolo
○ Prospetto ragionato degli Insetti della provincia di Verona. Mem. Accad. Agric. Verona, (3) **67**, 199—583, 1891.
○ Danni causati da vari insetti. Boll. agr. Veron., **2**, 1892? a.
○ Minatore dei tralci di vite. Boll. agr. Veron., **2**, 1892? b.
○ La Processione del pino (*Cnethocoampa pityocampa*). Boll. agr. Veron., **2**, ? Fig., 1892 c.
○ Pioggia d'Insetti. Bull. agr. Veron., **2**, ? Fig., 1892? d.
○ Calendario entomologico Veronese. Mem. Accad. Agric. Verona, **69**, 1894.
[Ref.:] Leonardi, Gustavo: Riv. Patol. veg., **3** (1894—95), 361—362, (1896) 1895.
○ Nota sopra una *Locusta* delle Caverne. 8°, 11 S., Verona, 1895.
— Nuova contribuzione alla fauna entomologica del Veronese. Mem. Accad. Agric. Verona, (3) **72**, Fasc. III, 47—258, Taf. I—VI (VI Farbtaf.), 1896.

Massana, Manuel
○ Estudio sobre la langosta y el medio de combatirla. Semana rur., **4**, 835—838, 843, ? Fig., 1898.

Massányi, Mihály
○ [In der Umgebung der Stadt Léva gefundene Käfer. In: Nachrichten des staatlichen Lehrerseminars in Léva, vom Jahre 1871—72.] Léva város területén talált téhelyröpüek. [In:] Ertesitvény a lévai állami tanítóképezdéröl az 1871—72, 3—5, Tanév, végén Nyitra, 1872.

Massart,
Formicides récoltés a Buitenzorg (Java). Ann. Soc. ent. Belg., **40**, 245—249, 3 Fig., 1896.

Massee, G[eorge Edward]
A new *Cordyceps*. Ann. Bot. London, **8**, 119, 1894.

Massénat,
Vers à soie du mûrier. Éducations exemptes de gattine à Brive. Rev. Séricicult. comp., **1864**, 186—187, 1864.

Massey, Herbert
(*Colias edusa* var. *helice*.) Entomol. Rec., **4**, 4—5, 1893.
— *Lycaena aegon* var. *corsica* on the Westmoreland Mosses. Entomol. Rec., **7**, 127—129, (1895—96) 1895.

Masson, Célestin
○ [Lettre à M. Marès sur la nouvelle maladie de la vigne.] Bull. Com. agric. Carpentras, **1868**, Nr. 2, 302—305, 1868.
○ [Lettre à M. le Dr. Fr. Cazalis sur l'état des vignes dans cette région.] Messag. agric. Midi, **10**, 188—190, 1869.
○ [Lettre à M. Faucon sur les bons effets de l'humidité du sol contre le phylloxera.] Messag. agric. Midi, **1870**, 5. März, 31—32, 1870.

Masson, Ed . . .
Variété de *Silpha obscura*.[1]) Feuille jeun. Natural., **7**, 143, (1876—77) 1877 a.
— *Dicerca berolinensis*. Feuille jeun. Natural., **8**, 23, (1877—78) 1877 b.
— Notice sur les Cicindèles du département du l'Oise. Feuille jeun. Natural., **17**, 119—120, (1886—87) 1887.
— Manière de préparer les Libellulidées. Feuille jeun. Natural., **18**, 103—104, (1887—88) 1888.
— Le *Bolboceras mobilicornis*. Feuille jeun. Natural., **21**, 56—57, (1890—91) 1891.

Masson, N . . .
Vermine des Gallinacés. Bull. Insectol. agric., **11**, 177—179, 1886.

Massute, Friedrich
Beiträge zur Kenntnis der chemischen Bestandteile von *Quassia amara* L. und *Picraena excelsa* Linds. Arch. Pharm., **228**, 147—171, 1890.
[Ref.:] Journ. Pharm. Chim., (5) **22**, 206—210, 1890.

Masterman, H . . .
Early appearance of *Melanthia ocellata*. Entomologist, **12**, 205, 1879.

Masters, Charles
Pieris Daplidice at Eastbourne. Entomol. monthly Mag., (2) **4** (**29**), 189, 1893.

Masters, George
geb. Juli 1837 in Kent (Engl.), gest. 26. 6. 1912 in Sydney (N. S. Wales), Curator der Macleay Collection (ab 1888 in der Univ. in Sydney). — Biogr.: (Semenov-Tian-Shansky) Rev. Russe Ent., **12**, 639, 1912; Ent. News, **23**, 436, 1912; Entomol. monthly Mag., **48**, 219—220, 1912; (W. W. Froggatt) Proc. Linn. Soc. N. S. Wales, **38**, 2—5, 1913; (A. M. Lea) Victorian Natural., **45**, 165—167, 1928; (J. J. Fletcher) Proc. Linn. Soc. N. S. Wales, **54**, 214, 217—218, 220—230, 233, 235, 239, 1929; (A. Musgrave) Bibliogr. Austral. Ent., 219, 1932.

— in Pascoe, Francis Polkinghorne 1868.
○ Catalogue of the described Diurnal Lepidoptera of Australia. 8°, 24 S., Sydney, 1873.
— Catalogue of the described Coleoptera of Australia. Proc. Linn. Soc. N. S. Wales, **10** (1885), 359—444, 583—672, 1886; (2) **1** (1886), 21—126, 259—380, 585—686, (1887) 1886; 979—1036, 1887; (2) **2** (1887), 13—94, (1888) 1887; (2) **10** (1895), Suppl. 647—694, 1896; **21** (1896), Suppl. 695—754, (1896) 1897.
— (Entomogenous fungi.) Proc. Linn. Soc. N. S. Wales, (2) **2** (1887), 109—110, (1888) 1887.

[1]) vermutl. Autor

— (Note on *Danais petilia* Stoll. and *D. chrysippus* Linn.) Proc. Linn. Soc. N. S. Wales, (2) **2** (1887), 1076—1077, 1888 a.
— Catalogue of the known Coleoptera of New Guinea, including the islands of New Ireland, New Britain, Duke of York, Aru, Mysol, Waigiou, Salwatty, Key, and Jobie. Proc. Linn. Soc. N. S. Wales, (2) **3** (1888), 271—334, 925—1002, (1889) 1888 b.

Masters, H . . .
Pea Weevil. [Mit Angaben von E. Newman.] Entomologist, **5**, 117, (1870—71) 1870.

Masters, [John]
(Description of the male of *Gastrophora Henricaria* of Guénée.) Trans. ent. Soc. N. S. Wales, **1**, XXIV, 1864.

Mateos, Marcelo Rivas siehe Rivas Mateos, Marcelo

Materiali Fauna Tunisina
Materiali per lo studio della Fauna Tunisina raccolti da G. e L. Doria. 7 Teile[1]). Ann. Mus. Stor. nat. Genova, 1884—85.
3. Emery, Carlo: Rassegna delle formiche della Tunisia. (2) **1** (**21**), 373—386, 4 Fig.
4. Parona, Corrado: Sopra alcune Collembola e Thysanura di Tunisi. 425—438, Farbtaf. II.
5. Ferrari, Pietro Mansueto: Rincoti. 439—522, 5 Fig., 1884.
7. Bormans, Auguste de: Orthoptères. (2) **2** (**22**), 97—115, 2 Fig., 1885.

Mathan, de
Note sur l'*Ochthebius Lejolisii* Mulsant et Rey. Ann. Soc. ent. France, (4) **5**, 199—202, 5 Fig., 1865.

Mathew, F . . . S . . .
Melitaea Artemis in North Devon. Entomologist, **15**, 209, 1882.

Mathew, Gervase Frederick
geb. 11. 2. 1842 in Bishop's Tawton (N. Devon), gest. 10. 2. 1928 in Lee House (Dovercourt/Essex), Oberzahlmeister d. Marine. — Biogr.: (J. J. Walker) Proc. Linn. Soc. London, **1927—28**, 125, 1927—28; (N. D. Riley) Entomologist, **61**, 119—120, 1928; Ent. News, **39**, 296, 1928; (J. J. Walker) Entomol. monthly Mag., **64**, 92—93, 1928; (H. J. Turner) Entomol. Rec., **40**, 48, 1928; (J. E. Collins) Proc. ent. Soc. London, **3**, 103, 1929; (A. Musgrave) Bibliogr. Austral. Ent., 219—220, 1932.
— *Thecla betulae*, near Cork.[2]) Entomol. monthly Mag., **1**, 116, (1864—65) 1864.
— *Acherontia atropos*.[2]) Naturalist London, **1** (1864—65), 157, 1865.
— *Pygaera bucephala* feeding on the Cork-tree. Entomologist, **3**, 44, (1866—67) 1866 a.
— *Sphinx ligustri* feeding on holly. Entomol. monthly Mag., **3**, 163, (1866—67) 1866 b.
○ On the abundance of *Cynthia cardui* and other Lepidoptera in 1865. Naturalist London, **2**, 327—329, 1866 c.
— *Grapta C-album* in Devonshire. Entomol. monthly Mag., **5**, 147, (1868—69) 1868.
— Early appearance of *Acronycta aceris*. Entomol. monthly Mag., **7**, 17, (1870—71) 1870; **8**, 18, (1871—72) 1871.
— Abundance of larvae at Sheerness. Entomol. monthly Mag., **8**, 18, (1871—72) 1871.

[1]) nur z. T. entomol.
[2]) lt. Text G. F. Mathews, vermutlich G. F. Mathew

— *Anaitis plagiata*. Entomologist, **6**, 27—28, (1872—73) 1872 a.
— Opening the Campaign. [Lep.] Entomologist, **6**, 29—30, (1872—73) 1872 b.
— Earliness of the Season. [Lep.] Entomologist, **6**, 51, (1872—73) 1872 c.
— Notes on the habits of *Liparis salicis*. Entomol. monthly Mag., **8**, 206—207, (1871—72) 1872 d.
— List of Lepidoptera forwarded to Edward Newman. Entomologist, **7**, 62—66, 1874 a.
— Notes on the habits of *Cicada Gigas*. Entomol. monthly Mag., **11**, 175—177, (1874—75) 1874 b.
— Abundance of Larvae near Plymouth in June, 1872. Entomologist, **8**, 12—14, 1875 a.
— Name of Insect. [Hym.] Entomologist, **8**, 89, 1875 b.
— Doings at Sallows. Entomologist, **8**, 99—103, 1875 c.
— Notes on *Lycaena Arion*. Entomologist, **10**, 35—40, 70—73, 1877 a.
— Life history of *Papilio Archidamas*. Entomol. monthly Mag., **14**, 152—153, (1877—78) 1877 b.
— Rare Lepidoptera near Dartmouth. Entomol. monthly Mag., **14**, 157, (1877—78) 1877 c.
○ Abundance of the Larvae of *Depressaria nervosa*. Young Natural. London, **1**, 267, 1879.
○ Notes on the habits of *Pieris Daplidice* L. in Turkey. Young Natural. London, **1**, 281—282, 1879—80.
— Description of the Larva of *Cidaria fulvata*. Entomologist, **14**, 67—68, 1881 a.
[Siehe:] Porritt, Geo. T.: 87.
— *Odonestis potatoria* var. Entomologist, **14**, 68, 1881 b.
— List of Lepidoptera observed in the Neighbourhood of Gallipoli, Turkey, in 1878. Entomol. monthly Mag., **18**, 10—13, 29—32, 92—100, (1881—82) 1881 c.
— Life History of *Deilephila spinifascia*, Butler. Entomol. monthly Mag., **18**, 131—133, (1881—82) 1881 d.
— Scarcity of *Colias Edusa* in 1881. Entomol. monthly Mag., **18**, 210, (1881—82) 1882 a.
— *Smerinthus populi* and *Notodonta dictaea* double-brooded. Entomol. monthly Mag., **18**, 211, (1881—82) 1882 b.
— Life History of *Callidryas Drya*, Boisd. Entomol. monthly Mag., **18**, 219—220, (1881—82) 1882 c.
— Entomological notes from Teneriffe, St. Vincent, &c. Entomol. monthly Mag., **18**, 256—259, (1881—82) 1882 d.
— Remarks on some Central American species of *Pyrrhopyge*, Hübn. Entomol. monthly Mag., **19**, 18—19, (1882—83) 1882 e.
— Random notes on New Zealand Lepidoptera. Entomologist, **17**, 217—221, 247—250, 266—269, 1884.
— *Acherontia atropos* and *Macroglossa stellatarum* at Sea. Entomologist, **18**, 295, 1885 a.
— Rough notes on the natural history of the Claremont Island. Proc. Linn. Soc. N. S. Wales, **10** (1885), 251—258, (1886) 1885 b.
— An afternoon among the butterflies of Thursday Island. Proc. Linn. Soc. N. S. Wales, **10** (1885), 259—266, (1886) 1885 c.
— Life-History of three species of Western Pacific Rhopalocera. Trans. ent. Soc. London, **1885**, 357—368, Farbtaf. X, 1885 d.
— (*Hypolimnas bolina* from Pacific Islands.) Trans. ent. Soc. London, **1885**, Proc. XXVI, 1885 e.

— A visit to the Claremont Islands. Zoologist, (3) **9**, 453—458, 1885 f.
— An afternoon among the Butterflies of Thursday Island. Entomologist, **19**, 33—36, 84—87, 1886 a.
— Possible acclimatization of *Papilio Erectheus*, Don., in Europe. Entomol. monthly Mag., **22**, 235, (1885—86) 1886 b.
— Descriptions of some new Species of Rhopalocera from the Solomon Islands. Proc. zool. Soc. London, **1886**, 343—350, Farbtaf. XXXIV, 1886 c.
— Descriptions of some new species of Rhopalocera from the Solomon Islands. Trans. ent. Soc. London, **1887**, 37—49, Farbtaf. IV, 1887 a.
— (Variety of the female of *Lycaena telicanus*.) Trans. ent. Soc. London, **1887**, Proc. II, 1887 b.
— [Species of Rhopalocera from the Solomon Islands.] Trans. ent. Soc. London, **1887**, Proc. XIII, 1887 c.
— Life-histories of Rhopalocera from the Australian region. Trans. ent. Soc. London, **1888**, 137—188, Farbtaf. VI, 1888.
— Description of the larvae of two species of *Ismene* from Eastern Africa. Entomol. monthly Mag., **25**, 428, (1888—89) 1889 a.
— Descriptions and life-histories of new species of Rhopalocera from the Western Pacific. Trans. ent. Soc. London, **1889**, 311—315, 1889 b.
— *Heliothis armigera* at Chatham. Entomologist, **23**, 344, 1890 a.
— Scarcity of Lepidoptera. Entomologist, **23**, 346, 1890 b.
— Abundance of certain Larvae. [Lep.] Entomologist, **23**, 347, 1890 c.
— *Cucullia absinthii* in Devonshire. Entomologist, **24**, 298, 1891 a.
— Larvae of *Hadena pisi*. Entomologist, **24**, 298—299, 1891 b.
— Larvae of *Larentia didymata*. Entomologist, **24**, 299, 1891 c.
— Effect of change of climate upon the emergence of certain species of Lepidoptera. Trans. ent. Soc. London, **1891**, 503—507, 1891 d.
— *Cucullia chamomillae*. Entomologist, **25**, 16—17, 1892 a.
— *Hesperia lineola* at Harwich. Entomologist, **25**, 17, 1892 b.
— *Plusia moneta* bred in England. Entomologist, **25**, 253—254, 1892 c.
— Abundance of the Larvae of *Pieris brassicae*. Entomologist, **25**, 287, 1892 d.
— *Hesperia lineola*. Entomologist, **25**, 289, 1892 e.
— *Pyrameis* (*Vanessa*) *atalanta*. Entomologist, **25**, 291, 1892 f.
— *Gortyna ochracea*. Entomologist, **25**, 291, 1892 g.
— *Pyrameis* (*Vanessa*) *cardui*. Entomologist, **25**, 291, 1892 h.
— *Eupithecia absinthiata*, &c. Entomologist, **25**, 292, 1892 i.
— *Notodonta dromedarius*. Entomologist, **25**, 321, 1892 j.
— (Notes on *Plusia moneta*.) Trans. ent. Soc. London, **1892**, Proc. XXV—XXVI, 1892 k.
— *Plusia moneta*. Entomologist, **26**, 253, 1893.
— siehe Walker, Francis Augustus; Mathew, Gervase Frederick & Still, John H . . . 1893.
— Scarcity of Butterflies. Entomologist, **27**, 218, 1894 a.
— *Colias hyale* at Dovercourt. Entomologist, **27**, 221, 1894 b.
— *Sphinx convolvuli* in Essex, 1895. Entomologist, **29**, 23, 1896 a.
— *Pyrameis cardui*, 1895. Entomologist, **29**, 24, 1896 b.
— *Colias edusa* in Somerset, 1895. Entomologist, **29**, 24, 1896 c.
— *Eupithecia albipunctata* bred in December. Entomologist, **29**, 65—66, 1896 d.
— *Brephos notha* Three Years in the Pupa-state. Entomologist, **29**, 191, 1896 e.
— Note on *Porthesia chrysorrhoea*. Entomologist, **29**, 192, 1896 f.
— *Leucania straminea*. Entomologist, **29**, 286, 1896 g.
— Rearing *Acherontia atropos*. Entomologist, **29**, 328, 1896 h.
— *Leucania favicolor*, Barrett. Entomol. monthly Mag., (2) **7** (**32**), 261—262, 1896 i.
— (Remarkable variety of *Mamestra abjecta*.) Trans. ent. Soc. London, **1896**, Proc. XXXVI, 1896 j.
— *Tortrix pyrastrana*. Entomologist, **30**, 45, 1897.
— Notes on Lepidoptera from the Mediterranean. Entomologist, **31**, 77—84, 108—116; Lepidoptera from the Mediterranean: Additions and Corrections. 141, 1898 a.
— Lepidoptera at Sea. Entomologist, **31**, 220, 1898 b.

Mathew, Gervase Frederik & **Tutt**, James William
[Notes on a new species of *Leucania*.] Trans. ent. Soc. London, **1896**, Proc. XXXVI, XXXVIII—XXXIX, 1896.

Mathew, Gwendaline
Colias edusa in Oxfordshire. Entomologist, **30**, 248, 1897.
— *Colias edusa* in Sussex. Entomologist, **31**, 293, 1898.

Mathew, Marjorie
Pieris rapae in January. [Mit Angaben von Richard South.] Entomologist, **32**, 95, 1899.

Mathew, Murray Alexander
Choerocampa Celerio at Weston-super-Mare. Entomol. monthly Mag., **6**, 142, (1869—70) 1869.
— *Colias Edusa* near Taunton. Entomol. monthly Mag., **14**, 40, (1877—78) 1877.

Mathew, Murray W . . .
Abundance of *Cynthia Cardui* and *Macroglossa Stellatarum* at Instow. Entomologist, **2**, 324, (1864—65) 1865.

Mathews, A . . .
Elephant Hawk Moth. Sci. Gossip, (4) (1868), 215, 1869.

Mathews, G . . . F . . .
New Locality for *Claviger foveolatus*. Zoologist, **22**, 9077, 1864.

Mathey, Alfred
○ Conseil général de Saône-et-Loire; *Phylloxera*. Application du sulfocarbonate de potassium au traitement des vignes de Mancey (Saône-et-Loire). 8°, Mâcon, E. Protat, 1875.
— Impuissance des sulfocarbonates contre le *Phylloxera*. Monit. scient., **18** ((3) 6), 704—706, 1876.

Mathiasch, W . . .
○ Der Schaden durch Maikäfer und Engerlinge. Mitt. Mähr.-Schles. Ges. Ackerb., **55**, 214—215, 1875.

Mathiász, János
siehe Führer, Adolf & Mathiász, János 1884.

Mathieu, C . . .
Die kalifornische Schildlaus. [Nach: Kobelt in „Mittheilungen über Obst- und Gartenbau".] Pomol. Mh., 42, 35—36, 1896.

Mathison, John
Deilephila Galii at Selkirk and in Buckinghamshire. Entomologist, 5, 168—169, (1870—71) 1870.

Matisz, Janos
○ Fiume és a magyar-horvát tengerpart. Budapest, 1897.
[Ref.:] Dietl, Ernö: Die Thierwelt des Littorale (Fiume und der Seeküste). Rovart. Lapok, 4, 214—216; Dtsch. Auszug 19—20, 1897.

Matsumura, M . . .
Apple-borer (*Laverna Herellera* Dup?). Zool. Mag. Tokyo, 8, 59—65, 98, 1 Taf., 1896.
— Pear-borer (*Nephopteryx rubrizonella*, Rag.). Annot. zool. Jap., 1, 1—3, Taf. I, 1897.
— A Summary of Japanese Cicadidae with Description of a New Species. Annot. zool. Jap., 2, 1—20, Taf. I, 1898 a.
— Insects collected on Mount Fuji. Annot. zool. Jap., 2, 113—124, 1898 b.
— Two Japanese Insects Injurious to Fruit. Bull. U. S. Dep. Agric. Ent., (N. S.) Nr. 10, 36—40, 2 Fig., 1898 c.
— On two new species of *Phloeothrips*. Annot. zool. Jap., 3, 1—4, Taf. I, (1899—1901) 1899.
— in Carew-Gibson, E . . . A . . . 1899.

Matsumura, Shonen (=Shyônen) Prof.
geb. 5. 3. 1872 in Akashi b. Kobe, gest. 7. 11. 1960 in Tokyo. — Biogr.: Kontyû, 25, 1957 m. Porträt.
— Neue japanische Microlepidopteren. Ent. Nachr., 26, 193—199, 1900 a.
— Uebersicht der Fulgoriden Japans. Ent. Nachr., 26, 205—213, 257—270, 1900 b.
— Die schädlichen Lepidopteren Japans. Ill. Ztschr. Ent., 5, 324—329, 342—347, 366—368, 379—382, 1900 c.
— (Zwei neue von ihm gesammelte paläarktische Jassiden-Arten.) SB. Ges. naturf. Fr. Berlin, **1900**, 232—235, 5 Fig., 1900 d.

Mattei, G[iovanni] E[ttore]
Una farfalla rara nel Bologuese. [*Deilephila nerii* L.] Boll. Natural. Siena (Rev. Ital. Sci. nat.), 8, 140, 1888 a.
— Le formiche et la disseminazione [*Amaranthus*]. Boll. Natural. Siena (Rev. Ital. Sci. nat.), 8, 140, 1888 b.
— siehe Mettica, Ettore & Mattei, Giovanni Ettore 1888.
— Sui pronubi del *Sauromatum guttatum*. Riv. Ital. Sci. nat., 12, 133—134, 1892.

Matthes, Franz
Bastarde vom Tagpfauenauge (*Vanessa io*) und großen Fuchs (*Vanessa polychloros*). Isis Magdeburg (Berlin), 2, 102, 1877.
— Eine Aufgabe für Schmetterlings-Züchter. Isis Magdeburg (Berlin), 6, 66—69, 1881.

Matthew, George Frederick
geb. 1837.
○ Fossil Insects of the Cordaites shales of St. John. N. B. Bull. nat. Hist. Soc. N. Brunswick, 15, 49—60, 4 Fig., 2 Taf., 1897.

Matthews, Andrew
geb. 18. 6. 1815, gest. 14. 9. 1897 in Gumley (Leicestersh.), Reverend in Gumley (Leicestersh.). — Biogr.: (W. W. Fowler) Entomol. monthly Mag., 33, 258—260, 1897; Ent. News, 8, 256, 1897; Entomologist, 30, 276, 1897; (R. Trimen) Trans. ent. Soc. London, **1897**, LXXIII, 1897; Zool. Anz., 20, 511, 1897; Misc. ent., 5, 136, 1897; (A. Musgrave) Bibliogr. Austral. Ent., 220, 1932.
— Description of a fourth new species of *Trichopteryx*, taken by Messrs. Crotch in the Canary Island. Entomol. monthly Mag., 2, 35—36, (1865—66) 1865 a.
— On various species of Trichopterygidae new to Britain. Entomol. monthly Mag., 1, 173—178, (1864—65) 1865 b.
— Descriptions of three new species of *Trichopteryx* found in the Canary Islands. Entomol. monthly Mag., 1, 247—250, (1864—65) 1865 c.
— Descriptions of several Species of Trichopterygidae found by Dr. H. Schaum in various parts of North America and Brazil. Ann. Mag. nat. Hist., (3) 17, 141—149, Taf. V, 1866 a.
— Notes on some species of Trichopterygidae new to Britain and of various alterations of nomenclature in the same Family. Entomol. monthly Mag., 2, 241—245, (1865—66) 1866 b; Note on the *Boeocrara littoralis* of Thomson. 4, 18—19, (1867—68) 1867.
— Description of a New Genus of Trichopterygidae, lately discovered in the United States. Ann. Lyc. nat. Hist. N. York, 8, 406—413, Taf. 15, 1867.
— *Choerocampa Elpenor* and *Smerinthus Populi.*[1]) Entomologist, 4, 133, (1868—69) 1868 a.
— On some species of Trichopterygia new to the British List. Entomol. monthly Mag., 5, 9—13, (1868—69) 1868 b.
— Query concerning *Choerocampa Elpenor*. [Mit Angaben der Herausgeber.] Entomol. monthly Mag., 5, 108, (1868—69) 1868 c.
— [*Trichopteryx Silbermanni* Wenck. et *T. variolosa* Muls.] Abeille, 7, II—III, (1869—70) 1869.
— Note on a species of *Ptenidium* new to the British list. Entomol. monthly Mag., 7, 152, (1870—71) 1870.
— New British Trichopterygia (with diagnoses of new species). Entomol. monthly Mag., 8, 151—153, (1871—72) 1871.
— Trichopterygia illustrata et descripta. A monograph of the Trichopterygia. 4°, XIII+1 (unn.) +188+1 (unn., Taf.Erkl.) S., 2 Fig., 31 Taf., London, E. W. Janson, 1872 a; ○ Supplement edited by Philip B. Mason. 114 S., 7 Taf., London, O. E. Janson & Sohn, 1900.
— Description of *Actinopteryx australis* the first species of Trichopterygia discovered in Australia. Cistula ent., 1, 93—94, (1869—76) 1872 b.
— Descriptions of two new species of *Amphizoa* discovered in Vancouver's Island by Mr. Joseph Beauchamp Matthews. Cistula ent., 1, 119—122, (1869—76) 1872 c.
— Notes on Trichopterygia, with descriptions of two new species. Entomol. monthly Mag., 9, 178—180, (1872—73) 1872 d.
— Description of a new Australasian Species of Trichopterygia. Cistula ent., 1, 123—124, (1869—76) 1873.
— Notes on Australasian and North American Trichopterygia; with descriptions of four new species. Cistula ent., 1, 295—299, (1869—76) 1874.
— A Reply to Criticisms on the „Trichopterygia Illustrata." Cistula ent., 2, 1—10, (1875—82) 1875.
— An essay on the genus *Hydroscapha*. 8°, 20+1 (unn., Taf.Erkl.) S., 1 Fig., 1 Taf., London, E. W. Janson, 1876.

[1]) lt. Text A. Mathews

— Notes on the Trichopterygia found in America by the late G. R. Crotch, Esq., with descriptions of the new species. Cistula ent., **2**, 165—177, (1875—82) 1877 a.
— Occurrence of two species of Trichopterygia new to Britain (including one new to science). Entomol. monthly Mag., **14**, 35—36, (1877—78) 1877 b.
— Note on capture of *Leistotrophus cingulatus* in Devonshire; with Obituary notice of the Rev. H. Matthews. [Mit Angaben von den Herausgebern.] Entomol. monthly Mag., **14**, 38—39, (1877—78) 1877 c.
— Note on *Osphya bipunctata.* [Mit Angaben von E. C. Rye.] Entomol. monthly Mag., **14**, 39, (1877—78) 1877 d.
— On the genus *Amblyopinus*, and description of a new species from Tasmania. Cistula ent., **2**, 275—279, Taf. VI, (1875—82) 1878 a.
— Description of a new species of *Ptilium*, discovered by Mr. Aug. Simson, in Tasmania. Cistula ent., **2**, 327—328, (1875—82) 1878 b.
— Descriptions of two new species of *Trichopteryx* and record of the captures of *T. volans* in Britain. Entomol. monthly Mag., **15**, 64—65, (1878—79) 1878 c.
— Synopse des espèces des Trichopterygiens qui habitent l'Europe & les contrées limitrophes. Abeille, **18**, 1—68, (1881) 1878 d; Supplément à la monographie des *Trichopteryx.* 69—76, 1881.
— Descriptions of three new species of Trichopterygia, found by the Rev. T. Blackburn in the Sandwich Islands. Cistula ent., **3**, 39—42, Taf. 2 (Fig. 2—4), 1882 a.
— *Ptinella Fauveli*, n. sp. Rev. Ent. Caen, **1**, 184—185, 1882 b.
— On the „Classification of the Coleoptera of North America," by Dr. J. L. LeConte and Dr. G. H. Horn (Washington: 1883). Ann. Mag. nat. Hist., (5) **12**, 167—172, 1883 a.
— Essay on the Genus *Myllaena.* Cistula ent., **3**, 33—44, 1883 b.
— Note on *Throscidium invisibile.* Cistula ent., **3**, 45, 1883 c.
— Note on the Genus *Actidium.* Cistula ent., **3**, 46—48, 1883 d.
— siehe Fowler, William Weekes & Matthews, Andrew 1883.
— Trichopterygidae found in Japan by Mr. G. Lewis. Cistula ent., **3**, 77—84, Taf. 4, 1884 a.
— Notes on M. Fauvel's observations on *Amblyopinus Jansoni*, with a figure and full dissections of *Amblyopinus Jelskii.* Cistula ent., **3**, 85—97, Taf. 5, 1884 b.
[Siehe:] Fauvel, Albert: Rev. Ent. Caen, **2**, 37—40, 1883.
— A Memoir of Ant-life by the late Rev. H. S. R. Matthews. Entomol. monthly Mag.,**20**, 209—210, (1883—84) 1884 c.
— Synopsis of North American Trichopterygidae. Trans. Amer. ent. Soc., **11**, 113—156, 1884 d.
— (Description des *Orthoperus columbianus* et *Borrei.*)[1]) Ann. Soc. ent. Belg., **29**, C. R. LXVIII—LXIX, 1885 a.
— Synopsis of the British species of *Orthoperus.* Entomol. monthly Mag., **22**, 107—110, (1885—86) 1885 b.
— On a new genus allied to *Corylophus.* Entomol. monthly Mag., **22**, 160—161, (1885—86) 1885 c.

[1]) vermutl. Autor

— Corylophidarum species novae e musaeo fioriano. Bull. Soc. ent. Ital., **18**, 432, 1886 a.
— Description of a new genus, and some new species of Corylophidae. Entomol. monthly Mag., **22**, 224—228, (1885—86) 1886 b.
— New Genera and Species of Corylophidae in the Collection of the British Museum. Ann. Mag. nat. Hist., (5) **19**, 105—116, 1887.
— in Godman, Frederick Ducane & Salvin, Osbert [Herausgeber] (1881—1911) 1887—88.
— New Genera and Species of Trichopterygidae. Ann. Mag. nat. Hist., (6) **3**, 188—195; New Trichopterygidae. 370, 1889.
— Vier neue europäische Coleopteren-Arten aus der Familie der Corylophidae. Wien. ent. Ztg., **9**, 151—152, 1890.
— Notes on Dr. C. Flach's Synonymic List of the European Trichopterygidae. Ann. Mag. nat. Hist., (6) **9**, 442—448, 1892.
— Corylophidae and Trichopterygidae found in the West-Indian Islands. Ann. Mag. nat. Hist., (6) **13**, 334—342, 1894.
— A monograph of the coleopterous families Corylophidae and Spaeriidae.[1]) Edited by Philip B. Mason. 4°, 8 (unn.) +220+1 (unn., Taf.Erkl.) S., 3 Fig., 9 Taf., London, O. E. Janson & Son, 1899.

Matthews, Coryndon
Proposal for a new entomological society. Entomologist, **21**, 10—12, 1888.
— Notes on some new and rare British Diptera. Entomol. monthly Mag., **25**, 378—379, (1888—89) 1889.
— *Calliphora erythrocephala*, Mg., from a wasp's nest. Entomol. monthly Mag., (2) **2** (**27**), 329, 1891.
— *Brachypalpus bimaculatus*, Mcq., in South Devon. Entomol. monthly Mag., (2) **3** (**28**), 268, 1892.
— Felt versus Pith, for mounting minute insects. [Mit Angaben von R. McLachlan.] Entomol. monthly Mag., (2) **4** (**29**), 72, 1893.
— *Syrphus guttatus*, Fall., new to Britain. Entomol. monthly Mag., (2) **5** (**30**), 39, 1894.

Matthews, T . . .
Lycaena Alexis hermaphrodite. [Mit Angaben der Herausgeber.] Entomol. monthly Mag., **12**, 111, (1875—76) 1875.

Matthias,
Versuche mit dem Graf v. Pückler'schen Nonnenvertilgungs-Apparat. Ausgeführt im Sommer 1898 in der Königlichen Oberförsterei Lyck. Münden. forstl. Hefte, **14**, 123—133, 2 Fig., 1898.

Matthiesen,
Strongylus armatus, *Ascaris megalocephala* und *Gastrophilus equi* bei einem und demselben Füllen. Berlin. tierärztl. Wschr., **1895**, 554—555, 1895.

Matthiesen, Ludwig
○ Die physiologische Optik der Facettenaugen unseres einheimischen Leuchtkäfers. Ztschr. vergl. Augenheilk., **7**, 1892.
— Die physiologische Optik der Facettenaugen unseres einheimischen Leuchtkäfers nach der Exnerschen Theorie des aufrechten Netzhautbildes. Arch. Ver. Naturgesch. Mecklenb., **46** (1892), 99—104, Farbtaf. X—XI, 1893.

Mattirolo, Oreste
geb. 1856.
— Sopra alcune larve micofaghe. Bull. Soc. bot. Ital., **1896**, 180—183, 1896.

[1]) postum veröffentl.

Mattiuzzi, Francesco
siehe Pinchetti, Pietro; Mattiuzzi, Francesco & Nessi, Giovanni Battista 1873.

Mattos, W . . . Sydney de
Captures near Reigate. [Lep.] Entomologist, **3**, 353, (1866—67) 1867.
— *Ino Globulariae* in Wales. Entomologist, **5**, 146, (1870—71) 1870.

Matuschka, Victor Graf von Toppolczan und Spaetgen
geb. 13. 6. 1825, gest. 7. 7. 1909, Regierungsrat u. Forstmeister in Oppeln u. Preuß. Abgeordneter. — Biogr.: (R. Dittrich) Jh. Ver. Schles. Insektenk. Breslau, H. 3, XXI—XXII, 1910.
— (Vorzeigung eines *Laccobius* aus der Pliniusquelle in Bormio.) Jahresber. Schles. Ges. vaterl. Kult., **50** (1872), 175, 1873.
— (*Lygaeus equestris* und *Pachymerus aterrimus* Fieb.) Jahresber. Schles. Ges. vaterl. Kult., **51** (1873), 173, 1874 a.
— (Über Xylophagen und deren Gänge.) Jahresber. Schles. Ges. vaterl. Kult., **51** (1873), 173, 1874 b.

Matzdorff, Carl
Ueber Schutz- und Trutzfarben im Thierreiche. Mtl. Mitt. naturw. Ver. Frankf. a. O., **2**, 145—151, 161—166, 177—181, (1884) 1885. — [Abdr. ohne S. 149—151:] Insekten-Welt, **2**, 53—56, 65—67, 1885.
— [Ref.] siehe Brocchi, Paul 1895.
— [Ref.] siehe Britton, Wilton Everett 1896.
— [Ref.] siehe Sturgis, W . . . C . . . 1896.
— [Ref.] siehe Marchal, Paul 1897.
— [Ref.] siehe Vermorel, V . . . 1897.
— Die San José-Schildlaus. Ztschr. Pflanzenkrankh., **8**, 1—7, 1 Fig., Taf. I, 1898.
— [Ref.] siehe Gennadius, P . . . 1898.
— Neue Beobachtungen und Untersuchungen über Krankheiten tropischer Nutzpflanzen. [Sammelref.] Ztschr. Pflanzenkrankh., **10**, 288—292, 1900 a.
— Pflanzenkrankheiten der Staaten Georgia und Florida. [Sammelref.] Ztschr. Pflanzenkrankh., **10**, 347—349, 1900 b.

Matzky, A . . .
○ Relazione sul 2. e 3. allevamento dei bivoltini verdi della provincia Oshiu. (Cartone No. 4.) Sericolt. Austriaca, **3**, 39—40; [Dtsch. Fassg.:] Bericht über die 2. und 3. Aufzucht der Bivoltini Grünspinner aus der Provinz Oshiu. (Kart. N. 4.) Österr. Seidenbau-Ztg., **3**, 39—40, 1871.

Matzner,
○ Die schlesische Bienenzucht in früheren Jahrhunderten. Schles. Prov. bl., (N. F.) **10**, 447, 1871.

Mauch, Carl
geb. 1837, gest. 1875.
— Reisen im Inneren von Südafrika 1865—1872. Petermanns geogr. Mitt., Ergänzungsbd., **8** (1873—74), 2 (unn.) S. +1—52, 1 Karte, 1874.

Maud'Heux,
Note sur un essai d'élevage du ver à soie du chêne, tenté à Epinal (Vosges) en 1868. Ann. Soc. Dép. Vosges, **13**, H. 1, 184—191, 1868.

Mauduit, Léon
○ Le phylloxera, procédé végétal pour sa destruction, ou moyens d'en préserver les vignes en les fertilisant. 8°, 15 S., Châteauroux, impr. Migné, 1875.

Maumenet,
Rapport sur des éducations de *Bombyx Mylitta* (1867—1868) et *Yama-maï*, (1868). Bull. Soc. Acclim. Paris, (2) **5**, 650—653, 663, 857—858, 1868.
— (Sur éducations de vers à soie: *Bombyx Mylitta*.) Bull. Soc. Acclim. Paris, (2) **6**, 711—712, 1869.
— (Sur le *Noctua ruris* dans les Vignes.) Bull. Soc. Acclim. Paris, (2) **9**, 204—205, 1872.

Maumenet, Édouard
○ [Note sur la valeur des travaux de sériciculture de M. Pasteur sur l'emploi de microscopie.] Proc.-verb. Acad. Gard, **1874**, 11—17, 1874.
○ Note sur des vers-à-soie provenant de corpusculeux et pouvant donner de bonnes récoltes. Mém. Acad. Gard, **1874**, 671—676, 1875.

Maupas,
Sur la fécondation de l'*Hydatina senta* Ehr. C. R. Acad. Sci. Paris, **111**, 505—507, 1890.

Mauppin, Alfred
(*Cnemidotus rotundatus*, Col.) [Mit Angaben von de Marseul.] Ann. Soc. ent. France, (5) **5**, Bull. CCIX (=Bull. Soc. . . ., **1875**, 233—234), (1875) 1876.

Maurer,
[*Lycaena Baetica* L. bei Gumpoldskirchen] Jahresber. Wien. ent. Ver., **5** (1894), 3, 1895; **8** (1897), 3—4, 1898.

Maurer, H[einrich]
Bemerkung zu dem Artikel des Hrn. Dir. Dr. Thomae in Wiesbaden „Ueber Stachelbeerraupen und Schutzmittel gegen dieselben". Ill. Mh. Obst- u. Weinbau, (N. F.) **8**, 281—282, 1872.

Maurial, L . . .
○ Rapport sur les liquides dérivés du miel exposés en 1868. Insectol. agric., **2**, 206—210, 1868.
○ Le Phylloxera et complices. Journ. vinic., **8**, Nr. 79, 1, 1879 a.
○ Les comités de vigilance. Du *Phylloxera*. Journ. vinic., **8**, Nr. 82, 1, 1879 b.

Maurice, Charles
[*Leucania vitellina* et l'*Eupithecia Innotata*, entre Douai et Lille.] Petites Nouv. ent., **2**, 138, (1876—79) 1878.
— Des larves aquatiques dans les différents groupes de Lépidoptères. Bull. scient. Dép. Nord, (2) **4** (**13**), 115—120, 1881. — [Abdr.:] Journ. Microgr., **5**, 223—226, 1881.
— Les Insectes Fossiles spécialement d'après les travaux de Sir Samuel Scudder. Ann. Soc. géol. Nord, **9** (1881—82), 152—180, 1883.
— [Ref.] siehe Scudder, Samuel Hubbard 1890.

Maurice, E . . . F . . .
○ Note sur les graines de vers à soie du Japon. Ann. Soc. Agric. Dép. Loire, **13**, 35—38, 1869.

Maurice, Jules
Nouvelles entomologiques. — *Henestaris laticeps* et *Lignyodes enucleator*. Bull. scient. Dép. Nord, (2) **1** (**10**) (1878), 320, 1879.
— Relations entre les faunes entomologiques d'Europe et d'Amérique. Bull. scient. Dép. Nord, (2) **2** (**11**) (1879), 108—112, 1880.

Maurin, Amédée
geb. 1826.
○ Invasion des sauterelles. Histoire, anatomie, marche, moeurs, reproduction, revages, leur importance en

agriculture, moyens de destruction. 8°, Paris, Challamel aîné, 1866.

Maurissen, Adrien-Hubert
geb. 1823, gest. 15. 7. 1892 in Maestricht. — Biogr.: (M. E. de Sélys-Longchamps) Ann. Soc. ent. Belg., **36**, 389—391, 1892; (C. Willemse) Natuurhist. Maandbl., **49**, 186, 1960 m. Porträt.
— Macrolépidoptères observés dans le duché de Limbourg. Tijdschr. Ent., **9** ((2) **1**), 169—188, 1866; Supplement à la liste des Macrolépidoptères du Limbourg néerlandais. **13** ((2) **5**), 122—137, (1870) 1869.
— [Vangsten in de omstreken van Maastricht.] Tijdschr. Ent., **25** (1881—82), XX—XXVI, 1882 a.
— Lijst van Insecten, in Limburg en niet in de andere provincien van Nederland waargenomen. Tijdschr. Ent., **25** (1881—82), CX—CXX, 1882 b.

Maury, A . . .
○ Note sur le phylloxera. Ann. Soc. Méd. Lyon, (2) **25**, 256—263, 1877.

Maus, W . . .
Hermaphroditen von *Saturnia Pavonia* L. (*carpini* S. V.). Ent. Nachr., **7**, 355—356, 1881.

Mauverin, T . . .
○ Lettre à la cambre de commerce de Bordeaux sur le *Phylloxera* de la vigne. Bordeaux, Ch. Lefebvre, 1874.

Mauvezin, C . . .
L'instinct des hyménoptères. Rev. scient. Paris, (3) **11** (**37**), 427—430, 1886.

(Mavre,)
Un nuovo chiappa insetti. [Nach: Journ. Soc. Hortic. Nord France.] Riv. Ital. Sci. nat. (Boll. Natural. Siena), **17**, Boll. 116, 1897.

Mavrogordato, F . . .
○ Cyprus and its Recources. Journ. R. Colon. Inst., **26**, 1893.

Maw, George
Singular Freak of the Insect and Feathered Tribes. Zoologist, **22**, 9266, 1864.

Mawer, W[alter]
Swarms of Flies. Sci. Gossip, **21**, 238, 1885.

Mawson, George
gest. 10. 11. 1884. — Biogr.: (G. Dimmock) Psyche Cambr. Mass., **4** (1883—85), 266, (1890) 1885.
— How to Look for *Notodonta Carmelita*. Entomologist, **2**, 151, (1864—65) 1865 a.
— *Lobophora viretata* and *L. polycommata*. Entomologist, **2**, 151, (1864—65) 1865 b.
— How to Look for *Notodonta trepida*. Entomologist, **2**, 151, (1864—65) 1865 c.
— How to Look for *Cymatophora ridens*. Entomologist, **2**, 151, (1864—65) 1865 d.
— Dyings of Caterpillars. Entomologist, **2**, 151—152, (1864—65) 1865 e.
— Superabundance of Common Larvae. Entomologist, **2**, 152, (1864—65) 1865 f.
— *Acherontia Atropos* near Cockermouth. Entomologist, **3**, 314, (1866—67) 1867.

Maxted, Charles
Sirex gigas in Hants. Entomologist, **23**, 292, 1890.
— Variety of *Hepialus lupulinus*.[1]) [Mit Angaben von Richard South.] Entomologist, **24**, 197, 1891 a.

[1]) lt. Text Ch. Maxsted

— (Pale Variety of *Hepialus lupulinus*.) Entomol. Rec., **2**, 108, 1891 b.

Maxwell, Herbert
The Clouded Yellow Butterfly (*Colias edusa*). Ann. Scott. nat. Hist., **1893**, 48, 1893.

Maxwell, Walter
The Hawaiian Islands. Yearb. U. S. Dep. Agric., **1898**, 563—582, 1899.

Maxwell-Lefroy, Harald siehe Lefroy, Harald Maxwell

May,
○ Betrachtung über die Weideschafe belästigende Insecten und der Mittel, dieselben abzuhalten. Schles. landw. Ztg., **9**, 113—114, 1868. — ○ [Abdr.?:] Landw. Zentr.-Ver. Kassel, (N. F.) **1**, 276—281, 1868.

May,
Versteigerung von Nonnenfraßholz in Bayern. Ztschr. Forst- u. Jagdwes., **24**, 409—412, 1892.

May,
On the Variation in the Colour of the Cocoons of *Saturnia pavonia*. Trans. City London ent. nat. Hist. Soc., **1896** (1895—96), 5—6, [1897].

May, Albert
Uropteryx sambucaria in November. Entomologist, **31**, 293, 1898.
— Note on *Cossus ligniperda*. [Mit Angaben von Richard South.] Entomologist, **32**, 17—18, 1899 a.
— Cannibalism of *Arctia villica* Larvae. Entomologist, **32**, 165, 1899 b.
— *Cossus ligniperda* Larva. Entomologist, **33**, 128—129, 1900 a.
— *Plusia gamma*. Entomologist, **33**, 130—131, 1900 b.
— Abundance of *Plusia gamma*. Entomologist, **33**, 307, 1900 c.

May, Harry H . . .
geb. 1878, gest. 18. 8. 1943 in Uckfield (Sussex), Geschäftsmann in Plymouth. — Biogr.: (G. W. Wynn u. a.) Entomol. monthly Mag., **80** ((4) **5**), 43, 1944.
— (*Leucoma salicis* in the London district.) Entomol. Rec., **10**, 229, 1898.
— (Rearing *Leucania albipuncta* from ova.) Entomol. Rec., **11**, 308, 1899.
— (Variety of *Strenia clathrata*.) Trans. ent. Soc. London, **1900**, Proc. XV, 1900.

May, Hugo sen.
geb. 1840, gest. 6. 7. 1899. — Biogr.: Jahresber. Wien. ent. Ver., **10** (1899), 26—27, 1900 m. Schriftenverz.
— Macro-Lepidopteren gesammelt im Gebiete des Schneeberges in Niederösterreich. Jahresber. Wien. ent. Ver., **1891**, 21—24, 1891 a.
— *Acidalia Nitidata* HS. und Beschreibung der Raupe derselben. Jahresber. Wien. ent. Ver., **1891**, 25—26, 1891 b.
— Ueber die ersten Stände einiger Geometriden. Jahresber. Wien. ent. Ver., **2** (1891), 23—29, 1892; **3** (1892), 39—47, 1893.
— *Colias chrysotheme* ex ovo. Ent. Ztschr., **8**, 134, 1894 a.
— Ueber die ersten Stände von *Cleogene Niveata* Sc. Jahresber. Wien. ent. Ver., **4** (1893), 37—38, 1894 b; **7** (1896), 5, Farbtaf. I (Fig. 1), 1897.
— Ueber *Colias Chrysotheme* Esp. Jahresber. Wien. ent. Ver., **5** (1894), 41—47, Farbtaf. 1, 1895.

May, Hugo jun.
[*Cidaria Tempestaria* H. S. in den Krainer Alpen.] Jahresber. Wien. ent. Ver., **6** (1895), 4, Farbtaf. I (Fig. 1—2), 1896 a.

— (Im heurigen Jahre gesammelte Falter.) Jahresber. Wien. ent. Ver., **6** (1895), 4—5, 1896 b.
— (Verdunkeltes Exemplar von *Scodiona Belgaria* Hb.) Jahresber. Wien. ent. Ver., **8** (1897), 6, Farbtaf. I (Fig. 7), 1898.
— siehe Fleischmann, Friedrich & May, Hugo jun. 1898.
— in Fleischmann, Friedrich 1900.

May, Ottavio
○ Il mercato delle sete di Marsiglia nel 1879. Bacologo Ital., **3**, 250—251, 1880—81.

May, W . . .
Moultings of *Deilephila Galii.* Entomologist, **5**, 201—202, (1870—71) 1870.

May, W . . .
Ueber das Ventralschild der Diaspinen. Jb. Hamburg. wiss. Anst., **16** (1898), Beih. 2 (=Mitt. naturhist. Must. **16**), 143—147, 1899 a.
— Ueber die Larven einiger *Aspidiotus*-Arten. Jb. Hamburg. wiss. Anst., **16** (1898), Beih. 2 (=Mitt. naturhist. Mus. **16**), 149—153, 4 Fig., 1899 b.

May, Walther
Ueber die Beobachtungen des Ameisenlebens. Isis Magdeburg, **11**, 289—290, 298—300, 306—307, 314—315, 1886; **12**, 20—21; Ueber das Geschlecht *Strongylognathus.* 45, 1887.

Maycock, E . . . H . . .
Colias Edusa in April. Entomologist, **11**, 115—116, 1878.

Mayer,
○ Der Frostschmetterling. Ztschr. Ver. Nassau. Land- u. Forstwirte, **57** ((N. F.) **6**), 217—219, 1875.
○ Der Apfelblüthenstecher (*Anthonomus pomorum*). Ztschr. Ver. Nassau. Land- u. Forstwirte, **60** ((N. F.) **9**), 233—234, 1878.

Mayer,
Praktische Erfahrungen über das Impfen der Engerlinge mit *Bothrytis tenella.* [Nach: Württemb. Wbl. Landw., Nr. 7, 77, 1893.] Zbl. Bakt. Parasitenk., **14**, 333—336, 1893.

Mayer, A . . .
Das Abraupen der Obstbäume im Frühjahr. Ill. Mh. Obst- u. Weinbau, (N. F.) **6**, 153, 1870.

Mayer, A . . .
○ Zu den Methoden der Maikäfervertilgung. Ztsch. Rübenzuckerver., **1878**, 410, 1878. — ○ [Abdr.?:] Fühlings landw. Ztg., **1878**, Nr. 5, 1878. — ○ [Abdr.?:] Ztschr. landw. Ver. Hessen, **50**, 91—92, 1880.

Mayer, Ad . . .
siehe Ritzema Bos, Jan & Mayer, Ad . . . 1878.

Mayer, Alfred Goldsborough
The Development of the Wing Scales and their Pigment in Butterflies and Moths. Bull. Mus. comp. Zool. Harvard, **29**, 207—236+7 (unn., Taf.Erkl.) S., Taf. 1—7, 1896. — [Abdr. S. 226—230:] Entomologist, **30**, 51—55, 1897.
[Siehe:] Chapman, T. A.: Entomol. Rec., **9**, 78—79, 1897.
— On the Colour and Colour-Patterns of Moths and Butterflies. Bull. Mus. comp. Zool. Harvard, **30**, 169—256+10 (unn., Taf. Erkl.) S., Taf. 1—10 (5—8 Farbtaf.), (1896—97) 1897 a. — [Abdr.?:] Proc. Bostno Soc. nat. Hist., **27**, 243—333+10 (unn., Taf.Erkl.) S., Taf. 1—10 (5—8 Farbtaf.), 1897.
— A new hypothesis of seasonal-dimorphism in Lepidoptera. Psyche Cambr. Mass., **8**, 47—50, 59—62, (1899) 1897 b.
— (Insects of the Fiji Islands.) Psyche Cambr. Mass., **8**, 202—203, (1899) 1898.
○ On the development of colour in Moths and Butterflies. Biol. Lect. Wood's Hole, **1899**, 157—164, 1899.
— On the Mating Instinct in Moths. Psyche Cambr. Mass., **9**, 15—20, (1902) 1900. — [Abdr.:] Ann. Mag. nat. Hist., (7) **5**, 183—190, 1900.

Mayer, Alfred M . . .
○ Organs of Hearing in Insects. Pop. Sci. Rev., **13**, 446, 1874. — [Abdr.?:] Amer. Natural., **8**, 236—237, 1874. — [Abdr.?:] Entomologist, **7**, 113—114, 1874.
○ Experiments of the supposed Auditory Apparatus of the *Culex mosquito.* Phil. Mag., (4) **48**, 371—385, 1875. — [Abdr.?:] Ann. Mag. nat. Hist., (4) **15**, 349—364, 1 Fig., 1875. — [Abdr.?:] Amer. Natural., **8**, 577—592, 1 Fig., 1874.

Mayer, Georg
Zur Epidemiologie der Malaria. Dtsch. militärärztl. Ztschr., **29**, 497—511, 1900.

Mayer, Heinrich
Ein Beitrag zur Biologie der *Phora rufipes* Mg. Soc. ent., **1**, 146—147, 1887.

Mayer, Joh . . .
Zur Entwicklung des Nachtkerzenschwärmers oder kleinen Oleanders (*Pterogon Oenotherae*, Esp.). Isis Magdeburg (Berlin), **7**, 86—87, 1882.

Mayer, Julius
Ueber die Classification und Determination der Orthopteren nach Stal. Soc. ent., **1**, 157—158, 1887.

Mayer, L . . .
Ueber die algerischen Pillendreher. Soc. ent., **1**, 45—46, 1886.

Mayer, Paul (=Paolo)
geb. 1848, gest. 1923. — Biogr.: (T. Péterfim) Ztschr. wiss. Mikr., **41**, 145—154, 1924.
— Anatomie von *Pyrrhocoris apterus* L. Arch. Anat. Physiol., **1874**, 313—347, Taf. VII—IX, 1874; **1875**, 309—355, Taf. IX—X, 1875.
— (Über den Stinkapparat der Feuerwanze (*Pyrrhocoris apterus* L.).) Mitt. naturw. Ver. Neuvorpomm., **7**, VII—VIII, 1875.
— Über Ontogenie und Phylogenie der Insekten. Eine akademische Preisschrift. Jena. Ztschr. Naturw., **10** ((N. F.) **3**), 125—221, Taf. VI—VI c (VI Farbtaf.), 1876 a.
[Ref.:] Packard, Alpheus Spring: Mayer's Ontogeny and Phylogeny of Insects. Amer. Natural., **10**, 688—691, 1876.
— Über den Tonapparat der Cikaden. Tagebl. Vers. Dtsch. Naturf., **1876**, Beil. 120, 1876 b.
— Über die Mundwerkzeuge der Hemipteren. Tagebl. Vers. Dtsch. Naturf., **49**, Beil. 179, 1876 c.
— Der Tonapparat der Cikaden. Ztschr. wiss. Zool., **18**, 79—92, 3 Fig., 1877.
— Sopra certi organi di senso nelle antenne dei Ditteri. Atti Accad. Lincei, (3) **3** (1878—79), 211—220, 1 Taf. (unn.), 1879 a.
— Zur Lehre von den Sinnesorganen bei den Insecten. Zool. Anz., **2**, 182—183, 1879 b.
— Tracheata im Allgemeinen. Zool. Jahresber., **1879**, 390—391, 1880 a.

— Arthropoda. 1. Allgemeines. Zool. Jahresber., **1879**, 384—389, 1880 b; **1880**, Abt. II Arthropoda, 1—4, 1881; **1881**, Abt. II Arthropoda, 1—6, 1882; **1882**, Abt. II Arthropoda, 1—3, 1883; **1883**, Abt. II Arthropoda, 1—8, 1884; **1884**, Abt. II Arthropoda, 1—6, 1885; **1885**, Abt. II Arthropoda, 1—7, 1886.
— Hexapoda. Zool. Jahresber., **1879**, 470—488, 1880 c; ... I. Anatomie, Biologie etc. **1880**, Abt. II Arthropoda, 105—123, 1881; ... I. Anatomie, Ontogenie u.s.w. mit Ausschluss der Biologie. **1881**, Abt. II Arthropoda, 117—139, 1882; **1882**, Abt. II Arthropoda, 119—147, 1883;**1883**, Abt. II Arthropoda, 99—122, 1884; **1884**, Abt. II Arthropoda, 145—179, 1885; **1885**, Abt. II Arthropoda, 125—164, 1886; **1886**, Arthropoda 44—82, 1888; **1887**, Arthropoda 38—57, 1888; **1888**, Arthropoda 48—75, 1890.
— Zur Naturgeschichte der Feigeninsecten. Mitt. zool. Stat. Neapel, **3**, 551—590, 2 Fig., Taf. XXV—XXVI, 1882.
— Über die „Keimbläschen" der Fliege. Zool. Anz., **13**, 367—368, 1890.
— siehe Giesbrecht, Wilhelm & Mayer, Paul 1891.
— Ueber das Färben mit Carmin, Cochenille und Hämateïn-Thonerde. Mitt. zool. Stat. Neapel, **10**, 480—504, (1891—93) 1892 a.
— Zur Kenntniss von *Coccus cacti*. Mitt. zool. Stat. Neapel, **10**, 505—518, Taf. 32, (1891—93) 1892 b.

Mayer, Paul & **Giesbrecht**, Wilhelm
Geschichte der Zoologie. Zool. Jahresber., **1883**, Abt. I Allgemeines bis Bryozoa, 1—5, (1884—85) 1885 a.
— Allgemeine Litteratur. Zool. Jahresber., **1883**, Abt. I Allgemeines bis Bryozoa, 5—8, (1884—85) 1885 b.
— Allgemeine Methodik. Nomenclatur. Zool. Jahresber., **1883**, Abt. I Allgemeines bis Bryozoa, 8—9, (1884—85) 1885 c.
— Arthropoda. Zool. Jahresber., **1898**, 57 S., 1899; **1899**, 60 S., 1900.

Mayet, Valéry Prof.
geb. 1839, gest. 1909, Prof. an d. Landwirtschaftsschule in Montpellier. — Biogr.: Ent. Rdsch., **26**, 74, 1909; (W. Horn) Dtsch. ent. Ztschr., **1909**, 583, 1909.
— siehe Mulsant, Étienne 1864—75.
— siehe Mulsant, Étienne & Mayet, Valéry 1868.
— siehe Mulsant, Étienne & Mayet, Valéry 1871—72.
— siehe Mulsant, Étienne & Mayet, Valéry 1872.
— (Quelques remarques sur le *Phylloxera*.) [Mit Angaben von Boisduval, Leprieur, Berce & Signoret.] Ann. Soc. ent. France, (5) **3**, Bull. CXL—CXLIII (=Bull. Soc. ..., **1873**, Nr. 8, 7—9), 1873 a.
— (*Phylloxera vastatrix*.) Ann. Soc. ent. France, (5) **3**, Bull. CLXXI (=Bull. Soc. ..., **1873**, Nr. 11, 3), 1873 b.
○ Note sur une excursion entomologique aux Albères. Ann. Soc. Hortic. Hist. nat. Hérault, (2) **3**, 121—146, 1873 c.
— siehe Lichtenstein, Jules & Mayet, Valéry 1873.
— (*Sitaris colletis*, Col., esp. nouv.) Ann. Soc. ent. France, (5) **3**, Bull. CXCVIII—CXCIX (=Bull. Soc. ..., **1873**, Nr. 14, 8—10), (1873) 1874 a.
[Siehe:] Lichtenstein, J.: XX—XXI, 1873.
— (*Aromia moschata*.) [Mit Angaben von Thévenet.] Ann. Soc. ent. France, (5) **3**, Bull. CXCIX (=Bull. Soc. ..., **1873**, Nr. 14, 9—10), (1873) 1874 b.
— Remarques sur les Coléoptères vivipares. Petites Nouv. ent., **1** (1869—75), 433, 1874 d.
— Observations sur les moeurs des *Vesperus*. Petites Nouv. ent., **1** (1869—75), 447, 1874 e.
— Mémoire sur les moeurs et les métamorphoses d'une nouvelle espèce de Coléoptère de la famille des Vésicantes le *Sitaris colletis*. Ann. Soc. ent. France, (5) **5**, 65—92, 94, Taf. 3—4 (4: Fig. 21—33), 1875 a.
○ Mémoire sur les moeurs et les métamorphoses d'une nouvelle espèce de Coléoptère de la famille des Vésicants, le *Sitaris Colletis*. Ann. Soc. Hortic. Hist. nat. Hérault, (2) **7**, 191—208, 245—255, 1875 b.
— siehe Lichtenstein, Jules & Mayet, Valéry 1875.
— (*Adelops Delarouzei*, Col.) Ann. Soc. ent. France, (5) **6**, Bull. CXCV (=Bull. Soc. ..., **1876**, 222—223), (1876) 1877 a.
— (Triongulin des *Mylabris*, Col.) Ann. Soc. ent. France, (5) **6**, Bull. CXCVI—CXCVII (=Bull. Soc. ..., **1876**, 223—225), (1876) 1877 b.
— Les insectes utiles. Bull. Insectol. agric., **3**, 49—52, 65—68, 83—85, 97—101, 1878 a.
○ Conférence sur les sens des Insectes. Bull. Soc. Sci. nat. Béziers, **2** (1877), 43—49, 1878 b.
○ Compte-rendu entomologique de l'excursion à Fonfroide (Aude). Bull. Soc. Sci. nat. Béziers, **2** (1877), 77—82, 1878 c.
○ Liste des insectes coléoptères à Lamalou et au Caroux dans l'excursion des 8 et 9 juillet. Bull. Soc. Sci. nat. Béziers, **2** (1877), 118—120, 1878 d.
○ Les insectes nuisibles. Conférence à la préfecture de l'Hérault le 22 février 1878. Messag. agric. Midi, 1878 e.
— Le *Vesperus Xatarti*. Bull. Insectol. agric., **4**, 21—22, 1879 a.
— Observations sur les pontes du Phylloxera ailé en Languedoc. C. R. Acad. Sci. Paris, **89**, 894—895, 1879 b.
— siehe Lichtenstein, Jules & Mayet, Valéry 1879.
— Sur l'oeuf d'hiver du *Phylloxera*. C. R. Acad. Sci. Paris, **91**, 715—717, 1880 a; **92**, 1000—1001, 1881. — [Abdr., z. T.:] Journ. Microgr., **5**, 223, 1881.
— Éclosion des vers à soie par le frottement. C. R. Ass. Franç. Av. Sci., **8** (1879), 754—756, 1880 b.
○ La maladie des oliviers aux environs de Montpellier. [*Dacus oleae*.] Journ. Agric. prat. Paris, **44**, Bd. 2, 866—867, 1880 c.
— (Sur la nymphose du *Crioceris merdigera*.) Ann. Soc. ent. France, (6) **1**, Bull. CXXVI (=Bull. Soc. ..., **1881**, 165), 1881 a.
— Le *Dacus oleae*, mouche ennemie de l'olivier. Bull. Insectol. agric., **6**, 13—14, 1881 b.
— Nouvelles recherches sur l'oeuf d'hiver du *Phylloxera*; sa découverte à Montpellier. C. R. Acad. Sci. Paris, **92**, 783—785, 1881 c.
— Sur les moyens à employer pour détruire l'oeuf d'hiver du *Phylloxera*. C. R. Acad. Sci. Paris, **93**, 689—691, 1881 d.
— (Une note sur les moeurs des *Cerambyx*.) Ann. Soc. ent. France, (6) **1**, Bull. CLXII—CLXIV (=Bull. Soc. ..., **1881**, 223—225), (1881) 1882 a.
— (Une note sur les métamorphoses des *Dorcadion*.) Ann. Soc. ent. France, (6) **2**, Bull. LIX—LXI (=Bull. Soc. ..., **1882**, 70—71), 1882 b.
— Résultats des traitements effectués, en Suisse, en vue de la destruction du *Phylloxera*. C. R. Acad. Sci. Paris, **95**, 969—976, 1882 c.
— (Une note sur les *Eurythyrea* du Languedoc.) Ann. Soc. ent. France, (6) **3**, Bull. CXLVIII—CXLIX (=Bull. Soc. ..., **1883**, 221—222), (1883) 1884.
— Ce que renferme un terrier de Gerboise. Échange, **1**, Nr. 12, 1—3, 1885; **2**, Nr. 13, 2, 1886.

— Notice nécrologique sur Jules Lichtenstein. Ann. Soc. ent. France, (6) **7**, 49—58, 1887 a.
— (*Cybister Roeseli.*) [Mit Angaben von Ernest Olivier.] Ann. Soc. ent. France, (6) **7**, Bull. LXXXVII—LXXXVIII, 1887 b.
— (Descriptions de nouvelles espèces de Coléoptères de Tunisie: *Dromius, Rhyssemus, Pachydema* et *Acmaeodera.*) Ann. Soc. ent. France, (6) **7**, Bull. LXXXIX, XCIV—XCV, 1887 c.
— (Description de la larve du *Scarites buparius* Forst.) Ann. Soc. ent. France, (6) **7**, Bull. CLXII—CLXIV, (1887) 1888 a.
— (Description des larves des *Calosoma Maderae* F. et *Olivieri* Dej.) Ann. Soc. ent. France, (6) **7**, Bull. CLXXI—CLXXIV, (1887) 1888 b.
— (Description de la larve de l'*Eunectes sticticus* Lin.) Ann. Soc. ent. France, (6) **7**, Bull. CCIII—CCIV, (1887) 1888 c.
— (Description de *Barbitistes Berenguieri.*) Ann. Soc. ent. France, (6) **8**, Bull. CXI—CXII, (1888) 1889.
— Les insectes de la vigne. 8°, XXVIII+470+3 (unn.) S., 81 Fig., 5 Taf. (4 Farbtaf.), Montpellier, Camille Coulet; Paris, Georges Masson, 1890 a.
— (Description d'un *Opatrum* nouveau de Tunisie.) Ann. Soc. ent. France, (6) **10**, Bull. CIV—CV, 1890 b.
— (Description de la larve de *Vesperus strepens* Fabr.) Ann. Soc. ent. France, (6) **10**, Bull. CLXXXIX—CXCI, (1890) 1891.
— De la direction à donner aux études entomologiques. Bull. Soc. Sci. nat. Nîmes, **21**, CX—CXV, 1893.
— Notes sur les Cétoines et sur les larves de *Trichodes ammios.* Ann. Soc. ent. France, **63**, 5—8, 1894.
— La Cochenille des vignes du Chili (*Margarodes vitium* Giard). (Communication préliminaire.) Ann. Soc. ent. France, **64**, Bull. CXXXVI—CXXXVIII, 1895; ... Girard). **65**, 419—435, 1 Fig., (1896) 1897.
— (Sobre el *Margarodes vitium.*) Act. Soc. scient. Chili, **6**, XXX, 1896 a.
○ Another Enemy of the Vine. The Coccus of Chile. Agric. Journ. Cape Good Hope, **9**, 158—161, 1896 b.
— Note sur les *Margarodes vitium* Giard [Hém.]. Bull. Soc. ent. France, **1896**, 50—51, 1896 c.
— Une nouvelle fonction des tubes de Malpighi. C. R. Acad. Sci. Paris, **122**, 541—543, 1896 d. — [Abdr., mit Angaben von Jules Künckel d'Herculais und Lamey:] Bull. Soc. ent. France, **1896**, 122—127, 207—210, 1896.
— Le Tenthrède de la vigne. Rev. scient., (4) **5**, 250, 1896 e.
— La Cochinilla de las viñas de Chile. (*Margarodes vitius* Giard.) An. Soc. cient. Argent., **44**, 241—259, 2 Fig., 1897 a.
— Notice nécrologique sur C.—V. Riley. Ann. Soc. ent. France, **65**, 630—640, 1 Taf. (unn.), (1896) 1897 b.
— Note sur les Insectes dits des terrains salés. Bull. Soc. ent. France, **1897**, 214—215, 1897 c.
— Longévite des kystes de *Margarodes.* Bull. Soc. ent. France, **1897**, 169—170, 1897 d; **1899**, 73, 1899.
— Essai de géographie zoologique de l'Hérault Faune terrestre. [Aus:] Géographie générale de l'Hérault publiée par la Société Languedocienne de Géographie. 8°, 119 S., 20 Fig., Montpellier, impr. Ricard Frères, 1898 a.
— Les Coléoptères hypogés dans l'Hérault. Bull. Soc. ent. France, **1898**, 84—88, 1898 b.
— Sur un hybride de *Carabus rutilans* Dej. et *C. hispanus* Fabr. [Col.]. Bull. Soc. ent. France, **1898**, 136—137, 1898 c.
— Description de la femelle du *Polyarthron Faure-Bigueti* Pic [Col.]. Bull. Soc. ent. France, **1899**, 75—76, 1899 a.
— Faune entomologique de Tombouctoi. Bull. Soc. ent. France, **1899**, 74—75, 1899 b.
— Note sur le *Caenoptera* (*Molorchus*) *Marmottani* Ch. Brisout [Col.] et description du mâle de cette espèce. Bull. Soc. ent. France, **1900**, 226—228, 1900 a. [Siehe:] Pic, Maurice: 300—301.
— Note sur l'*Aurigena unicolor* Ol. [Col.]. Bull. Soc. ent. France, **1900**, 229—230, 1900 b.
— Contribution à la faune entomologique des Pyrénées-Orientales (Coléoptères). Misc. ent., **8**, 49—53, 75—77, 92—96, 140—144, 1900 c.[1])

Mayet, Valéry & **Géhin**, Joseph Jean Baptiste
(Sur les *Carabus* des Corbières.) Ann. Soc. ent. France, (6) **1**, Bull. XVII—CX, CXXIII—CXXV (=Bull. Soc. ..., **1881**, 142—143, 162—164), 1881; CLXI—CLXII (=Bull. Soc. ..., **1881**, 222—223), (1881) 1882.

Mayet, Valéry & **Grenier**, Auguste
(Note sur l'*Asilus barbarus* parasite du *Phyllognathus Silenus.*) Ann. Soc. ent. France, (4) **6**, Bull. LXIV, 1866.

Maynard, A ... & **Maynard**, H ...
○ Du timbrage officiell des cartons. Rev. Séricicult., **3**, 45—47, 1869.

Maynard, Charles Johnson
geb. 1845 auf einer Farm in Newton (Mass.), gest. 15. 10. 1929 auf einer Farm in Newton (Mass.). — Biogr.: (C. F. Batchelder) Journ. Soc. Bibliogr. nat. Hist., **2**, 227—260, 1951 m. Schriftenverz.
○ The naturalist's guide in collecting and preserving objects of natural history, with a complete catalogue of the birds of eastern Massachusetts. 8°, X+170 S., ? Fig., Boston Fields; Osgood & Co.; London, Trübner, 1870. — Neue Aufl. 12°, IX+170 S., Salem (Mass.), 1877.
— A New Species of Butterfly from Florida. Amer. Natural., **7**, 177—178, 1873.
○ The Butterflies of New England, with original descriptions of 106 species. 4°, IV+65 S., 8 Farbtaf., Boston (Mass.), 1886.
— Notes on the White Ant, found on the Bahamas. Psyche Cambr. Mass., **5**, 111—113, (1891) 1888.
○ Manual of North American Butterflies. 8°, IV+226 S., ? Fig., 10 Taf., Boston (Mass.), 1891.

Maynard, H ...
siehe Maynard, A ... & Maynard, H ... 1869.

Mayne, T ...
○ A case of death by maggots. Indian med. Gazette, **10**, 17, 1875.

Mayor, C ... M ...
Notes from Paignton, S. Devon. [Lep.] Entomologist, **28**, 59—60, 133, 1895.

Mayr, Gustav L ... Prof. Dr.
geb. 12. 10. 1830 in Wien, gest. 14. 7. 1908 in Wien, Lehrer in Wien. — Biogr.: (Semenov-Tian-Shansky) Rev. Russe Ent., **8**, 349—350, 1908; Ent. News, **19**, 396, 1908; (K. W. Dalla-Torre) Wien. ent. Ztg., **27**, 255—271, 1908 m. Porträt & Schriftenverz.; (K. W. Dalla Torre) Marcellia, **7**, 122—139, 1908 m. Porträt; Wien. ent. Ztg., **28**, 344, 1909; (A. Forel) Mitt. Schweiz. ent. Ges., **11**, 361—364, 1909; (F. F. Kohl) Verh. zool.-bot. Ges. Wien, **58** (1908), 512—528, 1909 m. Porträt & Schriftenverz.; (A. Musgrave) Bibliogr. Austral. Ent., 220—221, 1932.

[1]) Forts. nach 1900

— Das Leben und Wirken der einheimischen Ameisen. Österr. Rev., **3**, 201—209, 1864 a.
— Diagnosen neuer Hemipteren. Verh. zool.-bot. Ges. Wien, **14**, 903—914, 1864 b; **15**, 429—446, 1865; **16**, 361—366, 1866.
— Myrmecologische Beiträge. SB. Akad. Wiss. Wien, **53**, Abth. I, 484—517, 1 Taf. (unn.), 1866 a.
— Diagnosen neuer und wenig gekannter Formiciden. Verh. zool.-bot. Ges. Wien, **16**, 885—908, Taf. XX, 1866 b.
— Vorläufige Studien über die Radoboj-Formiciden, in der Sammlung der k.k. geologischen Reichsanstalt. Jb. geol. Reichsanst. Wien, **17**, 47—62, Taf. I, 1867 a.
— Adnotationes in monographiam Formicidarum Indo-Neerlandicarum. Tijdschr. Ent., **10** ((2) **2**), 33—119, Taf. 2, 1867 b.
[Darin:]
Snellen van Vollenhoven, Samuel Constant: Bijschrift bij het opstel van Dr. Mayr. 118—119.
— Formicidae novae americanae collectae a Prof. P. de Strobel. Annu. Soc. Natural. Modena, **3**, 161—178, 1868 a.
— Die Ameisen des baltischen Bernsteins. Beitr. Naturk. Preuss., Nr. 1, IV+1—102+5 (unn., Taf.Erkl.) S., Taf. I—V, 1868 b.
[Ref.:] Die Ameisen im baltischen Bernstein. Ausland, **42**, 815, 1869.
— *Cremastogaster Ransonneti* n. sp. Verh. zool.-bot. Ges. Wien, **18**, 287—288, 1868 c.
— siehe Reise Novara „1857—59" (1864—75) 1868.
— Die mitteleuropäischen Eichengallen in Wort und Bild. Jahresber. Rossauer Communal-Oberrealschule, [**9**], 1—34+4 (unn., Taf.Erkl.) S., Taf. I—IV, 1870 a; ... (Zweite Hälfte.) **10**, 35—70+3 (unn., Taf.Erkl.) S., Taf. V—VII, 1871.
[Engl. Übers. von] Anna Weise (verheiratete Anna Herkomer) & E. A. Fitch: Descriptions of Oak-galls. [Mit Angaben von Edward Newman, Francis Walker & Edward A. Fitch.] Entomologist, **7**, 1—4, 2 Fig.; 50—56, 3 Fig.; 73—75, 2 Fig.; 98—99, 2 Fig.; 145—146, 2 Fig.; 170—171, 2 Fig.; 193—195, 2 Fig.; 217—218, 2 Fig.; 241—252, 1 Fig.; 265—267, 2 Fig., 1874; **8**, 73—76, 2 Fig.; 97—99, 3 Fig.; 121—122, 2 Fig.; 145—147, 2 Fig.; 169—170, 1 Fig.; 254—255, 2 Fig.; 289—291, 2 Fig., 1875; **9**, 1—3, 2 Fig.; 26—42, 2 Fig.; 50—52, 3 Fig.; 74—78, 6 Fig.; 115—117, 2 Fig.; 121—124, 2 Fig.; 146—150, 1 Fig.; 171—172, 2 Fig.; 194—197, 2 Fig.; 219—221, 2 Fig.; 245—247, 2 Fig.; 268—269, 1 Fig., 1876; **10**, 67—70, 1 Fig.; 86—89, 1 Fig.; 121—124, 3 Fig.; 160—162, 2 Fig.; 172—173, 1 Fig.; 206—209, 1 Fig.; 234—235, 2 Fig.; 249—251, 2 Fig.; 297—299, 2 Fig., 1877; **11**, 14—16, 1 Fig.; 31—33, 1 Fig.; 87—88, 1 Fig.; 114—115, 2 Fig.; 133—136, 2 Fig.; 145—147, 2 Fig.; 180—183, 2 Fig.; 204—207, 3 Fig.; 220—226, 4 Fig., 1878.
— Formicidae novogranadenses. SB. Akad. Wiss. Wien, **61**, Abth. I, 370—417, 1 Taf. (unn.), 1870 b.
— Neue Formiciden. Verh. zool.-bot. Ges. Wien, **20**, 939—996, 1870 c.
— Die Belostomiden. Monographisch bearbeitet. Verh. zool.-bot. Ges. Wien, **21**, 399—440, 1871.
— Formicidae borneenses collectae a J. Doria et O. Beccari in territorio Sarawak annis 1865—1867. Ann. Mus. Stor. nat. Genova, **2**, 133—155, 1872 a.
— Die Einmiethler der mitteleuropäischen Eichengallen. Verh. zool.-bot. Ges. Wien, **22**, 669—726, 1872 b.
— Bemerkung über die Lebenskraft der Gallen von *Dryophanta scutellaris* u. *Cynips radicis*. Verh. zool.-bot. Ges. Wien, **24**, SB. 37, 1874 a.
— Die europäischen Torymiden biologisch und systematisch bearbeitet. Verh. zool.-bot. Ges. Wien, **24**, 53—142, 1874 b.
[Siehe:] Walker, Francis: Cistula ent., **1**, 325—337, (1869—76) 1874.
— Die europäischen Cynipiden-Gallen mit Ausschluss der auf Eichen vorkommenden Arten. Jahresber. Rosseau. Oberrealsch. Wien, **15**, [24+3 (unn., Taf. Erkl.) S.], 3 Taf., 1876 a.
— Die australischen Formiciden. Journ. Mus. Godeffroy, H. 12, 56—115, 1876 b.
— Die europäischen Encyrtiden. Biologisch und systematisch bearbeitet. Verh. zool.-bot. Ges. Wien, **25** (1875), 675—778, 1876 c.
— in Fedčenko, Aleksej Pavlovič [Herausgeber] (1874—87) 1877.
— Die Chalcidier-Gattung *Olinx*. Verh. zool.-bot. Ges. Wien, **27** (1877), 155—164, 1878 a.
— Formiciden. Gesammelt in Brasilien von Professor Trail. Verh. zool.-bot. Ges. Wien, **27** (1877), 867—878, 1878 b.
— Arten der Chalcidier-Gattung *Eurytoma* durch Zucht erhalten. Verh. zool.-bot. Ges. Wien, **28** (1878), 297—334, 1879 a.
— Beiträge zur Ameisen-Fauna Asiens. Verh. zool.-bot. Ges. Wien, **28** (1878), 645—686, 1879 b.
— Die Ameisen Turkestan's gesammelt von A. Fedtschenko.[1]) Tijdschr. Ent., **23** (1879—80), 17—40, 1880 a.
— Ueber die Schlupfwespengattung *Telenomus*. Verh. zool.-bot. Ges. Wien, **29** (1879), 697—714, 1880 b.
○ Die Genera der gallenbewohnenden Cynipiden. Jahresber. Commun. Oberrealsch. 1. Bezirk Wien, **20**, [38 S.], ? Fig., 1881 a.
— Beschreibung einer neuen Gallwespe. Verh. zool.-bot. Ges. Wien, **30** (1880), SB. 5—8, 1881 b.
○ Die europäischen Arten der gallenbewohnenden Cynipiden. Jahresber. Commun. Oberrealsch. 1. Bezirk Wien, **21**, [44 S.], 1882.
— Drei neue ost-indische Formiciden-Arten. Notes Leyden Mus., **5**, 245—247, 1883 a.
— Az *Epitritus argiolus* Em. nevü hangya előfordulása Magyarországban. Természetr. Füz.; Naturhist. Hefte, **6** (1882), 141—142; [Dtsch. Fassg.:] Ueber das Vorkommen der *Epitritus argiolus* Em. genannten Ameise in Ungarn. 196—197, 1883 b.
— Ueber *Chilaspis Löwii* Wachtl. Wien. ent. Ztg., **2**, 7—8, 1883 c.
— (Parasiten (*Onix*) aus Gallen auf *Berberis cerris*.) Mitt. Schweiz. ent. Ges., **7**, 8, (1887) 1884.
— in Lansdell, Henry 1885.
— Feigeninsekten. Verh. zool.-bot. Ges. Wien, **35** (1885), 147—250, Taf. XI—XIII, 1886 a.
[Ref.:] Müller, Fritz: Feigenwespen. Kosmos, **18**, 55—62, 1886; Die Feigeninsekten. Jb. Naturw., [**1**] (1885—86), 200—201, 1886.
— Notizen über die Formiciden-Sammlung des British Museum in London. Verh. zool.-bot. Ges. Wien, **36**, 353—368, 1886 b.
— Eine neue Cynipide aus Mexico. Verh. zool.-bot. Ges. Wien, **36**, 369—372, Taf. XII, 1886 c.
— Die Formiciden der Vereinigten Staaten von Nordamerika. Verh. zool.-bot. Ges. Wien, **36**, 419—464, 1886 d.

[1]) Russ. Übers. siehe A. P. Fedčenko [Herausgeber] (1874—87) 1877.

— Ueber *Eciton-Labidus.* Ein myrmecologischer Beitrag. Wien. ent. Ztg., **5**, 33—36, 115—122, 1886 e.
— Südamerikanische Formiciden. Verh. zool.-Ges. Wien, **37**, 511—632, 1887.
— in Insecta N. Przewalskii Asia Centrali (1887—90) 1890.
— in Veth, Pieter Jan [Herausgeber] (1881—92) 1892.
— Ergänzende Bemerkungen zu E. Wasmann's Artikel über springende Ameisen. Wien. ent. Ztg., **12**, 23, 1893.
— in Stuhlmann, Franz [Herausgeber] (1891—1901) 1893.
— Afrikanische Formiciden. Ann. naturhist. Hofmus. Wien, **10**, 124—154, 1895.
— in Beiträge Insektenfauna Kamerun (1893—1900) 1896.
— *Telenomus Sokolowi,* sp. n. [Lat. u. Dtsch.] [Trudy Russ. ent. Obšč.] Труды Русс. энт. Общ.; Horae Soc. ent. Ross., **30** (1895—96), 442—443, 1897 a.
— Formiciden aus Ceylon und Singapur. Természetr. Füz., **20**, 420—436, 1897 b.
— Drei neue Formiciden aus Kamerun gesammelt von Herrn Prof. Reinhold Buchholz. Ent. Tidskr., **21**, 273—279, 1900.

Mayr, Heinrich
Naturwissenschaftliche und forstliche Studien im nordwestlichen Rußland. Samenprovenienz, pflanzengeographische und waldbauliche Probleme, Waldbenutzung, forstlicher Unterricht, forstliche Ausstellung. Allg. Forst- u. Jagdztg., (N. F.) **76**, 81—91, 117—131, 156—160, 1900.

Mayr, P . . . Matthaeus
Rhynchota Tirolensia. II.[1]) Hemiptera Homoptera (Cicadinen). Ber. naturw.-med. Ver. Innsbruck, **10** (1879), 79—101, (1880) 1879.

[**Mazarakij**, Victor Victorovič] **Мазаракій**, Викторъ Викторовичъ
geb. 5. 10. 1857, gest. 18. 11. 1912, Jurist. — Biogr.: (G. Jacobson) Rev. Russe Ent., **12**, XXIX—XXXIII, 1912 m. Porträt & Schriftenverz.
— [Entomologische Excursion in die Umgebung von St. Petersburg im Oktober 1897.] Энтомологическая Экскурсія въ окрестностяхъ С.-Петербурга въ октябре 1897 г. [Trudy Russ. ent. Obšč.] Труды Русс. энт. Общ.; Horae Soc. ent. Ross., **31** (1896—97), CXXXVII—CXLII, 1898.
— [Über einige Insekten der Petersburger Fauna. (*Myrmeleon formicarius* L.)] О нескольkихъ насекомыхъ Петербургской фауны. [Trudy Russ. ent. Obšč.] Труды Русс. энт. Общ.; Horae Soc. ent. Ross., **34** (1899—1900), XXXII—XXXIV, 1900.

Mazaroz, J . . . P . . .
○ Destruction du Phylloxéra de la vigne. [A Messieurs les Sénateurs et Députés, membres des commissions législatives du phylloxéra. Paris, 28 juin 1879.] 4°, 11 S., Paris, impr. A. Chaix & Co., 1879 a.
○ Le plus grand péril public du moment est représenté par le Phylloxéra et ses causes. Danger du sulfure de carbone. Efficacités des engrais minéraux et végétaux mélangés. Moyens précis de leur emploi. [Auf einem zweiten Titelblatte:] Destruction du Phylloxéra ainsi que de la funeste influence du sulfure de carbone. 8°, 62 S., Paris, Selbstverl., 1879 b.
○ Destruction du phylloxéra de la vigne, par l'hygiène naturelle ainsi que par la culture de la vigne basée sur les engrais insecticides et reconstitutifs. 3. Aufl. 8°, XXIII + 100 S., 1 Fig., Paris, Germer Baillière & Co., 1879 c. — ○ 4. Aufl. XXIII + 105 S., 1879. — ○ 6. Aufl. 1879.
○ Traitement général pour la destruction du phylloxéra, d'après la connaissance exacte des causes de sa présence. Solution. 8°, 52 S., ? Fig., Paris, l'auteur, 1880 a.
○ Conclusion génerale sur la destruction du phylloxera de la vigne. Nouvelles Lettres. 2. Aufl. 8°, 162 S., Paris, G. Baillière & Co., 1880 b.

[1]) I. siehe Vincenz Maria Gredler, 1870.

Maze, W . . . P . . . Blackburne siehe Blackburne-Maze, W . . . P . . .

Mazel, L . . .
[Abondance des papillons de la famille des sphinx.] Naturaliste, **3**, 198—199, 1885.

Mazotti, G . . .
○ Nuovo sistema di imboscare i bachi da seta. 8°, 12 S., 1 Taf., Brescia, tip. Apollonio, 1876.

Mazzacuva, Pasquale
○ Il Kamsin ed i bachi da seta in Egitto. Riv. settim. Bachicolt., **7**, 130, 1875.

Mazzini, David
Fiori ed insetti. Giorn. Soc. scient. Genova, **9**, Abbon. post. 3—31, 1886.

Mazzocchi, Pompeo
○ Viaggio nell' interno del Giappone. Giorn. Indust. serica, **6**, 385—395, 1872. — ○ [Abdr.?:] Riv. settim. Bachicolt., **7**, 125—126, 1875.

Mazzoni, Vittorio
Composizione anatomica dei nervi e loro modo di terminare nei muscoli delle cavallette (*Oedipoda fasciata* Siebold). Mem. Accad. Sci. Bologna, (4) **9**, 547—550, 1 Taf. (unn.), 1888.

Mead, C . . . E . . .
Collops bipunctatus as an enemy of the Colorado potato beetle. Amer. Natural., **33**, 927—929, 1899.

Mead, Edward
Breeding *Notodonta dictaeoides.* Entomologist, **25**, 71—72, 1892.

Mead, Theodore L . . .
geb. 23. 2. 1852 in Fishkill (N. Y.), gest. 1936 in Winter Park (Florida). — Biogr.: Yearb. Amer. Amaryllis Soc., **2**, 11—22, 1935; (M. Brown) Lepidopt. News, **9**, 185—190, 1955.
— *Papilio* (var.?) *Calverleyi,* captured in Florida. Amer. Natural., **3**, 332, (1870) 1869 a.
— Musical Larvae. Canad. Entomol., **1**, 49, 1869 b.
— Extension of habitat of *Pieris rapae,* Linn. Canad. Entomol., **2**, 36, (1870) 1869 c.
— Larva of *Sesia diffinis,* Boisd. Canad. Entomol., **2**, 157—158, 1870; Erratum. **3**, 38, 1871.
— Description of a remarkable variety of *Limenitis Misippus.* Canad. Entomol., **4**, 216—217, 1872.
— Generic Nomenclature. Canad. Entomol., **5**, 18, 1873 a.
— Notes on collecting. [Lep.] Canad. Entomol., **5**, 78—80, 1873 b.
— Our specific nomenclature. Canad. Entomol., **5**, 108—109, 1873 c.
— Interesting captures. [Lep.] Canad. Entomol., **7**, 39—40, 1875 a.

— Notes upon some Butterfly eggs and larvae. Canad. Entomol., **7**, 161—163, 1875 b.
— in Reports Explorations Surveys West Hundreth Meridian (1874—89) 1875.
— Notes on some of the genera of Mr. Scudder's „Systematic Revision." Canad. Entomol., **8**, 232—238, 1876.
— Description of two new Californian Butterflies. Canad. Entomol., **10**, 196—199, 1878 a.
— Notes on certain Californian Diurnals. Psyche Cambr. Mass., **2**, 179—184, (1883) 1878 b.
— *Limenitis Eros* versus var. *Floridensis.* Canad. Entomol., **13**, 79—80, 1881.
— *Thecla laeta.* Papilio, **2**, 18, 1882.
— Butterflies on Grandfather Mountain, North Carolina. Canad. Entomol., **24**, 313—314, 1892.

Mead, W . . . J . . .
Saturnia carpini Two Years in Pupa. Entomologist, **25**, 121, 1892.

Mead-Briggs, H . . .
Rare Butterflies in Kent. Sci. Gossip, (N. S.) **2**, 195, 1895.
— Vipers [& Lepidoptera] in damp Place. Sci. Gossip, (N. S.) **3**, 110, 1896 a.
○ Caterpillar of the Eyed Hawk-Moth. Sci. Gossip, (N. S.) **3**, 137, 1896 b.

Meade, Richard Henry
geb. 1814, gest. 23. 12. 1899 in Bradford (Engl.), Arzt in Bradford. — Biogr.: (G. H. Verrall) Trans. ent. Soc. London, **1899**, XXXVII—XXXIX, 1899; Ent. News, **11**, 412, 1900; (R. MacLachlan) Entomol. monthly Mag., (2) **11 (36)**, 46—47, 1900; (J. Mik) Wien. ent. Ztg., **19**, 88, 1900; Misc. ent., **8**, 70, 1900.
— Observations on Diptera. Entomologist, **6**, 251—255, (1872—73) 1872.
— On the Arrangement of the British Anthomyiidae. Entomol. monthly Mag., **11**, 199—203, 220—224, (1874—75) 1875.
— Monograph upon the British species of *Sarcophaga*, or flesh-fly. Entomol. monthly Mag., **12**, 216—220, 260—268, 3 Fig., (1875—76) 1876.
— Notes on the Anthomyiidae of North America. Entomol. monthly Mag., **14**, 250—252, (1877—78) 1878.
○ *Exorista hortulana* Mgn. [♀]. Naturalist London, (N. S.) **4**, 180—182, 1878—79; (N. S.) **5**, 22—23, (1879—80) 1879.[1])
— *Exorista hortulana,* Meigen. Entomol. monthly Mag., **16**, 95, (1879—80) 1879 a.
— Parasitic Diptera. Entomol. monthly Mag., **16**, 121—122, (1879—80) 1879 b.
— Obituary. Professor Camillo Rondani. Entomol. monthly Mag., **16**, 138—139, (1879—80) 1879 c.
— A few remarks upon certain Dipterous insects. Entomologist, **13**, 177—179, 1880 a.
— On *Musca hortorum,* Fallén, and allied species. Entomol. monthly Mag., **17**, 22—28, (1880—81) 1880 b.
— Note on leaf-mining Dipteron. Entomologist, **14**, 71, 1881 a.
— Notes on Diptera. Entomologist, **14**, 285—289, 1881 b; Additions to Notes . . . **15**, 24, 1882.
— Annotated list of British Anthomyiidae. Entomol. monthly Mag., **18**, 1—5, 1 Fig.; 27—28, 62—65, 101—104, 123—126, 1 Fig., (1881—82) 1881 c; 172—176, 201—205, 1 Fig.; 221—224, 265—270, (1881—82) 1882; **19**, 29—33, 145—148, (1882—83) 1882; 213—220, (1882—83) 1883; **20**, 9—14, 59—61, 104—109, (1883—84) 1883; Supplement to annotated . . . **23**, 179—181, 250—253, (1886—87) 1887; **24**, 54—58, 73—76, (1887—88) 1887; Second supplement . . . **25**, 393—396, 424—426, 448—449, (1888—89) 1889; Additions to the list . . . (2) **2 (27)**, 42—43, 1891.
— in Fitch, Edward Arthur 1881.
— Note on Parasitic Diptera. Entomologist, **15**, 140—141, 1882.
— Description of a new maritime fly belonging to the Family Scatomyzides, Fallén. Entomol. monthly Mag., **22**, 152—154, (1885—86) 1885.
— Note on *Ceratinostoma maritimum.* Entomol. monthly Mag., **22**, 178, (1885—86) 1886.
— siehe Inchbald, Peter & Meade, Richard Henry 1886.
— *Cecidomyia destructor,* Say. The Hessian Fly. Entomologist, **20**, 170—173, 1 Fig., 1887.
— *Diplosis pyrivora,* Riley, the pear-gnat. Entomologist, **21**, 123—131, 3 Fig., 1888 a.
— On two additional British species of Sarcophagidae, or Flesh flies. Entomol. monthly Mag., **25**, 27—28, (1888—89) 1888 b.
— Description of the Ash-cauliflower gnat. Entomol. monthly Mag., **25**, 77, (1888—89) 1888 c.
— siehe Inchbald, Peter & Meade, Richard Henry 1888.
— Another ash-flower-fall inquiline. Entomol. monthly Mag., **25**, 186, (1888—89) 1889 a.
— *Anthomyia Marshami,* Stephens. Entomol. monthly Mag., **25**, 211, (1888—89) 1889 b.
— siehe Inchbald, Peter & Meade, Richard Henry 1889.
— Annotated list of British Tachiniidae. Entomol. monthly Mag., (2) **2 (27)**, 85—94, 125—129, 153—157, 228—232, 263—267, 324—329, 1891; (2) **3 (28)**, 17—20, 35—39, 75—79, 93—97, 126—130, 150—153, 177—182, 210—212, 233—237, 259—262, 1892; Supplement to annotated . . . (2) **5 (30)**, 69—73, 107—110, 156—160, 1894.
— Speciei novae Tachinidarum descriptio. Wien. ent. Ztg., **11**, 114—115, 1892.
— Remarks upon the synonymy of some rather obscure Diptera in the family Anthomyiidae, together with a notice of some unrecorded British species. Entomol. monthly Mag., (2) **4 (29)**, 219—223, 1893 a.
— *Hylemyia festiva,* Zett. Entomol. monthly Mag., (2) **4 (29)**, 285, 1893 b.
— The European bluebottle fly in New Zealand. Entomol. monthly Mag., (2) **5 (30)**, 136, 1894.
— On new and obscure British species of *Diastata.* Entomol. monthly Mag., (2) **6 (31)**, 169—170, 1895.
— On the terminology of the scale-like organs which lie between the roots of the wings and the scutellum of Diptera. Entomol. monthly Mag., (2) **8 (33)**, 29—30, 1897 a.
— Remarks upon Methods of Killing Diptera. Entomol. monthly Mag., (2) **8 (33)**, 151—152, 1897 b.
— Description of new Dipteron of the genus *Phorocera* inhabiting Britain. Entomol. monthly Mag., (2) **8 (33)**, 223—224, 1897 c.
— Flesh-flies bred from Snails. Entomol. monthly Mag., (2) **8 (33)**, 251, 1897 d.
— British Diptera unrecorded or undescribed by English Authors. Entomol. monthly Mag., (2) **10 (35)**, 30—33, 100—103, 1899 a.
— A Descriptive List of the British Cordyluridae. Entomol. monthly Mag., (2) **10 (35)**, 169—177, 217—224, 1899 b.

[1]) Bd. 5 verglichen

Meade, Richard Henry & **Giard**, Alfred
(Description d'un Diptère nouveau de la famille des Anthomyidae: *Phorbia seneciella* et observations sur l'éthologie de *Phorbia seneciella* Meade.) Ann. Soc. ent. France, **61**, Bull. CXVI—CXX, 1892.

Meade, Richard Henry & **McLachlan**, Robert
The generic term „*Degeeria*". Entomol. monthly Mag., **18**, 19, 43, (1881—82) 1881.
[Siehe:] Ridley, H. N.: **17**, 270—271, (1880—81) 1881.

Meade, Richard Henry & **Riley**, Charles Valentine
○ Is *Cyrtoneura stabulans* a parasite or scavenger? Amer. Natural., **16**, 746—747, 1882.

Meaden, C . . . W . . .
○ The cattle fly, *Compromyia macellaria*. Journ. Trinidad Natural. Club, **2**, 279—281, 1896.

Meadows, Taylor
Production de la soie et éducation du ver à soie du chêne, dans le nord de la Chine. Bull. Soc. Acclim. Paris, (2) **4**, 201—206, 1867.

Mearns, Edgar A . . .
A Study of the Vertebrate Fauna of the Hudson Highlands, with Observations on the Mollusca, Crustacea, Lepidoptera, and the Flora of the Region. Bull. Amer. Mus. nat. Hist., **10**, 303—352, 1898.

Measor, H . . . A . . .
Preserving Lepidoptera from Mould or Mites. [Mit Angaben von Edward Newman.] Entomologist, **6**, 284, (1872—73) 1873.

Mecker,
○ Das neue Einwesensystem, als Grundlage zur Bienenzucht, oder: wie der rationelle Imker den höchsten Ertrag von seinen Bienen erzielt. Auf Selbsterfahrungen gegründet. 8°, 344 S., Frankenthal, Selbstverl., (1869).
— Die Bienenzucht in volkserziehender Rücksicht. Ver. bl. Westfäl.-Rhein. Ver. Bienen- u. Seidenzucht, **30**, 18—21, 1879.

[**Mečnikov**, Il'i Il'ič] **Мечников**, Ильи Ильич
geb. 15. 5. 1845 in Ivanovk (Bez. Charkov), gest. 15. 7. 1916 in Paris, Vize-Direktor am Pasteur-Institut. — Biogr.: (A. Bogdanov) Material. Gesch. Zool. Russland, **2**, 3 (unn.) S., 1889 m. Porträt & Schriftenverz.; (E. R. L.) Proc. R. Soc. London, (B) **89**, LI—LIX, 1915—17; Ent. News, **27**, 383—384, 1916; (A. Semenow-Tian-Tschansky) Rev. Russe Ent., **16**, 399—404, 1916; Dtsch. ent. Ztschr., **1916**, 365, 1916; (R. Lankester) Nature London, **97**, 443—446, 1916; (E. F. Pla) Mem. Soc. Cubana Hist. nat., **2**, 228—234, 1916 m. Schriftenverz.; (G. F. Petrie) Nature London, **149**, 547—548, 1942.
— Ueber die Entwicklung der Cecidomyienlarve aus dem Pseudovum. Arch. Naturgesch., **31**, Bd. 1, 304—310, 1865.
— Untersuchungen über die Embryologie der Hemipteren. Vorläufige Mitteilung. Ztschr. wiss. Zool., **16**, 128—132, 1866 a.
— Embryologische Studien an Insecten. Ztschr. wiss. Zool., **16**, 389—500, Taf. XXIII—XXXII, 1866 b.
○ [Entwicklungsgeschichte der Blattläuse und von *Chironomus*.] Исторія развитія травяныхъ вшей и гиронома. [Trudy St. Petersb. Obšč. Estest.] Труды С.-Петерсб. Общ. Естест.; Trav. Soc. Natural. St. Petersb., **1**, Lief. 1, 67, 1870.
○ Über die schädlichen Insekten des Ackerbaus. H. III. Der Getreidekäfer. Die Krankheiten der Larven des Getreidekäfers [*Anisoplia austriaca*]. [Russ.] 32 S., 1 Taf., Odessa, tip. Franzow, 1879.
— [Materialien zur Kenntniss schädlicher Insekten Südrusslands.] Материалы къ ученію о вредныхъ насекомыхъ юга Россіи. [Zap. N. Ross. Obšč. Estest.] Зап. Н. Росс. Общ. Естест.; Mém. Soc. N. Russe Natural., **6**, part 2, 1—10, 1880 a.
— Zur Lehre über Insectenkrankheiten. Zool. Anz., **3**, 44—47, 1880 b.

Męczinski, J . . .
○ [Schule der Bienenzucht.] Szkoła pszczeinictwa. 1. Teil. 8°, 27 S., 2 Taf., Przemysl, Nakład autora, 1867.

Mecznikoff, Elias siehe Mečnikov, Il'i Il'ič

Mecznikow, Elias siehe Mečnikov, Il'i Il'ič

Medenbach, Alexander Benjamin de Rooy van
geb. 4. 4. 1841, gest. 4. 2. 1878 in Arnhem. — Biogr.: (G. Kraatz) Dtsch. ent. Ztschr., **22**, 226, 1878; Tijdschr. Ent., **22**, III, 1878.
— Beschrijving der rups van *Lobophora viretata* Hübn. Tijdschr. Ent., **14** ((2) **6**), 179—180, 1871.
— [Schade door rupsen van *Ocneria monacha* L. teweeggebragt.] Tijdschr. Ent., **18** (1874—75), XXX, 1875.

Meder, Oskar Prof. Dr.
geb. 1. 10. 1877 in Georgenburg (Ostpr.), gest. 13. 3. 1944 in Kiel, Oberlehrer in Kiel. — Biogr.: (J. F. Heydemann) Ent. Ztschr., **58** 33—34, 1944; Nachr.bl. ent. Sekt., **3**, 38, 1948.
— Einiges über die lateinischen Namen. Ent. Ztschr., **10**, 92—93, (1896—97) 1896.

Medicus, W . . .
Der Kiefernspinner und sein vorjähriges Auftreten in der Pfalz. Natur Halle, (N. F.) **2** (**25**), 493—495, 1876.
— Der Colorado- oder Kartoffelkäfer *Leptynotarsa* s. *Doryphora decemlineata*. Jahresber. Pollichia, **34—35**, 59—67, 1877.
○ Mittel gegen die Kornwürmer. Ztschr. Ver. Nassau. Land- u. Forstwirte, **60** ((N. F.) **9**), 182—184, 1878.

Medicus, Wilh . . .
Illustrierter Raupenkalender. Zusammenstellung der Raupen nach Monaten, in welchen sie vorkommen, und mit Angabe, von welchem Futter sie leben und wo sie hauptsächlich zu finden sind. 8°, V+1 (unn.) +80 S., 7 Farbtaf., Kaiserslautern, Aug. Gotthold, [1889].

Medina y Ramos, Manuel
(Himenópteros.) An. Soc. Hist. nat. Españ., **17**, Actas 24, 1888 a.
— (Excursiones.) An. Soc. Hist. nat. Españ., **17**, Actas 24—31, 1888 b.
— Descripción de una nueva especie de himenótero.) An. Soc. Hist. nat. Españ., **17**, Actas 117, 1888 c.
— (Excursión de 18 de Noviembre de 1888 á Tomares y San Juan de Aznalfarache.) An. Soc. Hist. nat. Españ.,**17**, Actas 121—123, 1888 d.
— (Descriptcón de una nueva especie de himenótero.) Naturaliste, (2) **2**, 263—264, 1 Fig., 1888 e.
— (Indicación de varios crisídidos de los alrededores de Sevilla.) An. Soc. Hist. nat. Españ., **18**, Actas 61, 1889 a.
— (Indicaciones sobre los daños que causan diversos hemipteros en los sembrados y especialmente la *Aelia acuminata* en los trigos.) An. Soc. Hist. nat. Españ., **18**, Actas 89—91, 1889 b.
— (Noticias sobre la existencia del *Oecanthus pellucens* Scop. en Cazalla y Guadalcanal.) An. Soc. Hist. nat. Españ., **18**, Actas 126—127, 1889 c.

— (Lista de los ortópteros de Andalucía existentes en el Museo de la Universidad de Sevilla.) An. Soc. Hist. nat. Españ., **19**, Actas 14—17, 1890 a.
— (Lista de coleópteros de Fuente-Piedra.) An. Soc. Hist. nat. Españ., **19**, Actas 45—46, 1890 b.
— (Sobre el *Apate Francisca* Fabr. y el *bimaculata* Ol. como enemigos de la vid.) An. Soc. Hist. nat. Españ., **19**, Actas 46, 1890 c.
— (Hemípteros recogidos en Guadalcanal y Cazalla de la Sierra por los Sres. Calderón y Río.) An. Soc. Hist. nat. Españ., **19**, Actas 105—106, 1890 d.
— (Ápidos recientemente encontrados en Sevilla.) An. Soc. Hist. nat. Españ., **19**, Actas 106, 1890 e.
— (Lepidópteros de Constantina (Sevilla).) An. Soc. Hist. nat. Españ., **19**, Actas 106, 1890 f.
— (Crisídidos de Hornachuelos recogidos por D. Manuel García Núñez.) An. Soc. Hist. nat. Españ., **19**, Actas 114, 1890 g.
— Catálogo provisional de las hormigas de Andalucía. An. Soc. Hist. nat. Españ., **20**, 95—104, 1891 a.
— Nuevas especies de Euménidos de Andalucía. An. Soc. Hist. nat. Españ., **20**, 105—107, 1891 b.
— (Nota sobre Le Hanneton et sa larve por G. Delacroix.) An. Soc. Hist. nat. Españ., (2) **1** (**21**), Actas 3—5, 1892 a.
— (Formicidos de la Coruña.) An. Soc. Hist. nat. Españ., (2) **1** (**21**), Actas 69—70, 1892 b.
— (Formicidos de Tenerife.) An. Soc. Hist. nat. Españ., (2) **1** (**21**), Actas 85, 1892 c.
— (Nuevas especies de Véspidos de España.) An. Soc. Hist. nat. Españ., (2) **1** (**21**), Actas 142—145, 1892 d.
— (Catálogo provisional de los Véspidos de Andalucía.) An. Soc. Hist. nat. Españ., (2) **1** (**21**), Actas 145—148, 1892 e.
— (Notas entomológicas.) An. Soc. Hist. nat. Españ., (2) **1** (**21**), Actas 177—178, 1892 f.
— (Lista de algunos tentredinidos españoles.) An. Soc. Hist. nat. Españ., (2) **2** (**22**), Actas 27, 1893.
— (Notas entomológicas. Especies de los géneros *Blaps* y *Pimelia* del Museo de Sevilla.) An. Soc. Hist. nat. Españ., (2) **3** (**23**), Actas 19—20, 1894.
— (Hemipteros de Andalucía existentes en el Museo de Historia natural de la Universidad de Sevilla, clasificados por D. Ignacio Bolivar.) An. Soc. Hist. nat. Españ., (2) **4** (**24**), 67—75, 1895 a.
— (Coleópteros de Andalucía existentes en el Museo de Historia natural de la Universidad de Sevilla, clasificados por D. Francisco de P. Martinez y Sáez.) An. Soc. Hist. nat. Españ., (2) **4** (**24**), Actas 25—61, 1895 b.
— (Datos para el conocimiento de la fauna himenopterológica de España.) An. Soc. Hist. nat. Españ., (2) **4** (**24**), Actas 11—12, 108—109, 142—143, 156—157, 1895 c; (2) **5** (**25**), Actas 112—116, 1896; (2) **6** (**26**), Actas 191—192, 1897; (2) **8** (**28**), 115, 1899.
— (Nota sobre transiciones entre *Eumenes pomiformis* Rossi y *Mediterraneus* Kriechb.) An. Soc. Hist. nat. Españ., (2) **6** (**26**), Actas 80, 1897 a.
— (Observación sobre las costumbres de una hormiga (*Pheidole pallidula* Nyl.).) An. Soc. Hist. nat. Españ., (2) **6** (**26**), Actas 174—175, 1897 b.
— siehe Paúl y Arozarena, Manuel de & Medina y Ramos, Manuel 1897.
— (Datos para el conocimiento de la fauna himenopterológica de Portugal.) An. Soc. Hist. nat. Españ., (2) **7** (**27**), 152—154, 214, 1898.

Mednyánszky, Dénes (= Dionys) Baron von
geb. 1830.
— [Über die Reblaus.] Verh. Ver. Naturk. Presburg, (N. F.) **3** (1873—75), 137—145, 1880.
[Siehe:] Rózsay, Emil: 129—137.
— (Über die Resultate des zu Lausanne am 2. August 1877 zur Erörterung der *Phylloxera*-Frage versammelten internationalen Congresses.) Verh. Ver. Naturk. Presburg, (N. F.) H. 4 (1875—80), 124—138, 1881.

Mee, J . . . W . . .
Ants and Ant-eaters. Sci. Gossip, **13**, 41—42, 1877.

Meech, W . . . W . . .
The Toad vs. Cockroaches. Period. Bull. Dep. Agric. Ent. (Ins. Life), **1** (1888—89), 341, (1888—89) 1889.

Meehan, Thomas
geb. 1826 in England, gest. 1901, State Botanist in Philadelphia. — Biogr.: (L. O. Howard) Hist. appl. Ent., 15, 1930 m. Porträt.
— [Insects and flowers.] Proc. Acad. nat. Sci. Philadelphia, **1870**, 90, 1870 a.
— (On a singular habit in *Reduvius novenarius* Say.) Proc. Acad. nat. Sci. Philadelphia, **1870**, 110, 1870 b.
— (A peculiar storing up of trupentine in *Reduvius novenarius.*) Proc. Acad. nat. Sci. Philadelphia, **1871**, 51—52, 1871 a.
— On Objections to Darwin's Theory of Fertilization through Insect Agency. Proc. Amer. Ass. Adv. Sci., **19** (1870), 280—282, 1871 b.
— On the Agency of Insects of Obstructing Evolution. Proc. Acad. nat. Sci. Philadelphia, **1872**, 235—237, 1872. — ○ [Abdr.?:] The Lens, **2**, 158—160, 1873.
— Fertilization of the *Yucca.* Bull. Torrey bot. Club, **4**, 63—64, 1873 a. — [Abdr.?:] Proc. Acad. nat. Sci. Philadelphia, **1873**, 414, 1873.
— Fertilization of *Pedicularis Canadensis.* Proc. Acad. nat. Sci. Philadelphia, **1873**, 287, 1873 b. — [Abdr.?:] Ann. Mag. nat. Hist., (4) **12**, 497, 1873.
— Poisonous character of the Flowers of *Wistaria Sinensis.* Proc. Acad. nat. Sci. Philadelphia, **1874**, 84, 1874.
— Insectivorous Sarracenias. Proc. Acad. nat. Sci. Philadelphia, **1875**, 269, 1875 a.
— The *Drosera* as an Insect Catcher. Proc. Acad. nat. Sci. Philadelphia, **1875**, 330, 1875 b.
— Self-Fertilization in *Browallia elata.* Proc. Acad. nat. Sci. Philadelphia, **1876**, 13—14, 1876 a.
— Are Insects any material aid to plants in fertilization? Proc. Amer. Ass. Sci., **24** (1875), part 2, 243—251, 1876 c.
— On Self-fertilization and Cross Fertilization in Flowers. [Nach: Penn Monthly, 1876.] Proc. Amer. Ass. Sci., **25** (1876), 253, 1877.
— Varying experiences. Nature London, **18**, 334, 1878.
— On the Fertilization of *Yucca.* North Amer. Entomol., **1**, 33—36, (1879—80) 1879 a.
Boring of Corollas from the Outside by Honey-Bees. Proc. Acad. nat. Philadelphia, **1878**, 10—11, 1879 b.
— Habits and Intelligence of *Vespa maculata.* Proc. Acad. nat. Sci. Philadelphia, **1878**, 15, 1879 c.
○ Bees and flowers. Bull. Torrey bot. Club, **7**, 66, 1880.
○ *Pronuba* ♂ an *Yucca.* Proc. Amer. Ass. Sci., **30**, 205—207, 1882?.
— Exudation from Flowers in Relation to Honey-dew. Proc. Acad. nat. Sci. Philadelphia, **1883**, 190—192, 1884.

— On Torsion in the Hollyhock, with some observations on cross-fertilization. Proc. Acad. nat. Sci. Philadelphia, **1886**, 291—292, 1887 a.
— On the Fertilization of *Cassia Marilandica.* Proc. Acad. nat. Sci. Philadelphia, **1886**, 314—318, 1887 b.
— Contributions to the life histories of plants, No. II.[1]) Proc. Acad. nat. Sci. Philadelphia, **1888**, 274—283, 1889; . . ., No. X. **1894**, 53—59, 2 Fig.; . . ., No. XI. 162—171, 1 Fig., 1895. — [Abdr. S. 169—171:] Ann. Mag. nat. Hist., (6) **14**, 155—156, 1894.
— Carnivorous Plants [*Darlingtonia Californica*]. [Nach: Meehan's Monthly, 1895.] Science, (N. S.) **1**, 165, 1895.

Meehan, Thomas & **Gray**, Asa
Fertilization of Flowers by Insect Agency. [Mit Angaben von Martindale.] Proc. Acad. nat. Sci. Philadelphia, **1876**, 108—112, 1876.

Meek, Alexander
○ Note on *Hypoderma equi.* Veterinarian, **69**, 455—456, 2 Fig., 1896.
○ The Ox *Hypoderma* [*bovis*] or Warble Fly-an account of the observations of an Aberdeenshire Farmer. Veterinarian, **71**, 134—137, 1898.

Meek, Edward (G . . .)
Eupithecia Fraxinata and *Cymatophora fluctuosa.* Entomol. monthly Mag., **1**, 50, (1864—65) 1864 a.
— *Eupoecilia sodaliana.* Entomol. monthly Mag., **1**, 123, (1864—65) 1864 b.
— *Tapinostola Bondii.* Entomol. monthly Mag., **1**, 123, (1864—65) 1864 c.
— *Clostera anachoreta.* Entomol. monthly Mag., **1**, 123, (1864—65) 1864 d.
— A list of Lepidoptera captured in 1864. Entomol. monthly Mag., **1**, 189—192, (1864—65) 1865.
— Captures at Folkestone. Entomol. monthly Mag., **2**, 210, (1865—66) 1866 a.
— *Trochilium chrysidiforme* at Folkestone. Entomol. monthly Mag., **3**, 69, (1866—67) 1866 b.
— Re-discovery of *Sericoris euphorbiana.* Entomol. monthly Mag., **3**, 91, (1866—67) 1866 c.
— Capture of *Catoptria microgrammana* at Folkestone. [Mit Angaben von H. G. Knaggs.] Entomol. monthly Mag., **3**, 91, (1866—67) 1866 d.
— Occurrence of *Eupoecilia curvistrigana* near Barnstaple. Entomol. monthly Mag., **3**, 116, (1866—67) 1866 e.
— Capture of *Stigomonota leguminana,* (*deflexana*), in Epping Forest. Entomol. monthly Mag., **3**, 163, (1866—67) 1866 f.
— Painted Insects. [*Sesia scoliaeformis.*] Entomologist, **3**, 45, (1866—67) 1866 g.
— Note on *Dicrorampha flavidorsana,* Knaggs. Entomol. monthly Mag., **3**, 186, (1866—67) 1867 a.
— Discovery of the larva of *Sesia chrysidiformis.* [Mit Angaben der Herausgeber.] Entomol. monthly Mag., **4**, 13, (1867—68) 1867 b.
— New locality for *Eupoecilia ambiguana.* Entomol. monthly Mag., **4**, 37, (1867—68) 1867 c.
— *Cucullia gnaphalii* bred. Entomol. monthly Mag., **4**, 114, (1867—68) 1867 d.
— A white-belted variety of *Sesia culiciformis.* [Mit Angaben von H. G. Knaggs.] Entomol. monthly Mag., **4**, 153, (1867—68) 1867 e.

[1]) nur z. T. entomol.

— Correction of an error. [Mit Angaben von H. G. Knaggs.] Entomol. monthly Mag., **4**, 154, (1867—68) 1867 f.
[Siehe:] Knaggs, H. G.: 122—123.
— *Crambus rorellus* at Folkestone. Entomol. monthly Mag., **5**, 150, (1868—69) 1868.
— Occurrence of *Acidalia herbariata* in London. Entomol. monthly Mag., **6**, 14, (1869—70) 1869 a.
— *Dianthoecia compta & D. Barrettii* at Howth. Entomol. monthly Mag., **6**, 66, (1869—70) 1869 b.
— Discovery of the larva of *Sesia ichneumoniformis.* Entomol. monthly Mag., **6**, 89—90, (1869—70) 1869 c.
— Remarkable variety of *Argynnis Selene.* Entomol. monthly Mag., **6**, 95, (1869—70) 1869 d.
— Occurrence of *Lemiodes pulveralis,* Hb.; a genus and species of Lepidoptera new to Britain. [Mit Angaben der Herausgeber.] Entomol. monthly Mag., **6**, 141, (1869—70) 1869 e.
— *Lemiodes pulveralis.* Entomologist, **5**, 31, (1870—71) 1870 a.
— *Depressaria pallorella,* &c., in Sussex. Entomol. monthly Mag., **7**, 41, (1870—71) 1870 b.
— Occurrence of *Pempelia obductella,* F. R., a species new to Britain. Entomol. monthly Mag., **7**, 85, (1870—71) 1870 c.
— Captures of Lepidoptera in 1870. Entomol. monthly Mag., **7**, 87, (1870—71) 1870 d.
— (Variety of *Glyphisia crenata* from the Isle of Man.) Trans. ent. Soc. London, **1870**, Proc. XXVIII—XXIX, 1870 e.
— (*Nyssia lapponaria* at Rannoch.) Trans. ent. Soc. London, **1871**, Proc. XVIII, 1871.
— (*Nephopteryx argyrella* near Gravesend.) Trans. ent. Soc. London, **1872**, Proc. XXXVII, 1872.
— *Dianthoecia Compta.* Entomologist, **6**, 546—547, (1872—73) 1873 a; **7**, 19—20, 1874.
[Siehe:] Gregson, C. S.: **7**, 17—19, 1874.
— Hints as to the habits, &c., of the British species of *Sesia.* Entomol. monthly Mag., **10**, 160—162, (1873—74) 1873 b.
— *Dianthoecia Albimacula.* Entomologist, **7**, 165, 1874 a.
— Larvae of *Dianthoecia Albimacula.* Entomologist, **7**, 177, 1874 b.
— Collecting and Setting Lepidoptera. Sci. Gossip, **(9)** (1873), 23, 1874 c.
— *Ephippiphora ravulana.* Entomologist, **8**, 231, 1875 a.
— *Phoxopteryx paludana,* &c. Entomologist, **8**, 231, 1875 b.
— Death of Mr. Charles Tester. Entomologist, **8**, 288, 1875 c.
— Larva and food-plant of *Pachnobia hyperborea* (*alpina,* Westw.). Entomol. monthly Mag., **13**, 164—165, (1876—77) 1876 a.
— A report on the Invertebrate Cretaceous and Tertiary Fossils of the Upper Missouri Country. Rep. U. S. geol. Surv. Territ., **9**, 1—629 + 52 (unn., Taf.Erkl.) S., 45 Fig., Taf. 1—45, 1876 b.
— *Ephippiphora ravulana.* Entomologist, **11**, 70, 1878 a.
— *Eupoecilia curvistrigana.* Entomologist, **11**, 70, 1878 b.
— *Sericoris Doubledayana.* Entomologist, **11**, 93, 1878 c.
— *Xylomiges conspicillaris.* Entomologist, **11**, 142, 1878 d.

— *Eupoecilia Geyeriana* and *Gelechia palustrella.* Entomologist, **11**, 212, 1878 e.
— Capture of *Acidalia ochrata.* Entomol. monthly Mag., **15**, 88, (1878—79) 1878 f.
— *Catoptria aemulana.* Entomologist, **12**, 130, 1879 a.
— *Eupithecia togata.* Entomologist, **12**, 158, 1879 b.
— *Acidalia herbariata.* Entomologist, **12**, 226, 1879 c.
— *Eupoecilia gilvicomana,* Zell.: a Tortrix new to Britain. Entomologist, **12**, 263—264, 1879 d.
○ *Cucullia chamomillae* [not hybernating in the imago state]. Young Natural. London, **1**, 76, 1879—80.
— *Eupithecia jasioneata.* Entomol. monthly Mag., **18**, 87, (1881—82) 1881 a.
— Collecting in the Hebrides. Entomologist, **14**, 184, 1881 b.
— An Afternoon in Wicken Fen. Entomologist, **14**, 185—186, 1881 c.
— *Eupithecia jasioneata,* Crewe. Entomologist, **14**, 212—213, 1881 d.
— *Caradrina ambigua.* W. V. A Lepidopteron new to the Britisch Fauna. Entomologist, **14**, 281, 1881 e.
— *Eupithecia helveticaria.* Entomologist, **15**, 41, 1882 a.
— Early Lepidoptera. Entomologist, **15**, 67, 1882 b.
— *Anerastia Farrella.* Entomologist, **15**, 68, 1882 c.
— Lepidoptera of the Salt-marshes. Entomologist, **15**, 137, 1882 d.
— *Anerastia Farrella.* Entomol. monthly Mag., **18**, 219, (1881—82) 1882 e.
[Siehe:] Atmore, Edward A.: 211—212.
— *Notodonta tritophus* at Southwold. Entomologist, **17**, 253, 1884 a.
— Collection in Suffolk. [Lep.] Entomologist, **17**, 278, 1884 b.
— *Cidaria reticulata* in North Wales. Entomol. monthly Mag., **23**, 110—111, (1886—87) 1886.
— Note on *Deilephila galii.* Entomol. monthly Mag., **25**, 111, (1888—89) 1888.
— *Sphinx convolvuli* in Hants. Entomologist, **26**, 18, 1893.

Meek, Fielding Bradford
geb. 1817, gest. 1876.
— in Hayden, Ferdinand Vandeveer [Herausgeber] (1873—90) 1876.

Meek, J . . . A . . .
○ Maggots [*Calliphora vomitoria*] in the external ear. Atlanta med. Journ., **12**, 74, 1874.

Meek, Martha
Hadena peregrina at Lewes. Entomol. monthly Mag., **5**, 150, (1868—69) 1868.

Meeker, N . . . C . . .
The Ravages of Insects. [Nach: Proc. Amer. Institute Farmers' Club, New York Tribune, 25. Aug., 1868.] Amer. Entomol., **1**, 53, 1868.

Meer,
○ Korte handleiding voor de teelt des *Bombyx mori* op Java. Tijdschr. Nijverh. Nederl. Indie, **12** ((N. S.) 7), 1—46, 1866.

Meerwarth, H . . .
Die Randstructur des letzten Hinterleibssegments von *Aspidiotus perniciosus* Comst. Jb. Hamburg. wiss. Anst., **17** (1899), Beih. 3 (=Mitt. bot. Mus.), 1—15, 5 Fig., 1 Taf. (unn.), 1900.

Meeske, H . . .
Field Notes. Ent. News, **4**, 116—118, 1893.
— (A collecting trip in a cemetery near Brooklyn, N. Y.) Ent. News, **6**, 227—228, 1895.

Meess, Adolf
Erster Beitrag zur Kenntnis der Hemipteren-Fauna Badens. Mitt. Bad. zool. Ver., Nr. 1—8 (1899—1900), 37—43, 56—61, 71—75, 91—94, 1900.

Meetkerke, C . . . E . . .
Insects and flowers: A question. [Nach: Med. Bull.] Pharm. Journ. London, (3) **16** (1885—86), 1028—1030, 1886.

Megenberg, Conrad von
Das Buch der Natur. Die erste Naturgeschichte in deutscher Sprache. In Neu-Hochdeutscher Sprache bearbeitet und mit Anmerkungen versehen von Hugo Schulz. 8°, X+445 S., Greifswald, Julius Abel, 1897. [Ref.:] Aus einer alten Naturgeschichte. Insektenbörse, **14**, 112, 117—118, 124—125, 127—128, 134—135, 141, 1897.

Mégnin, Jean Pierre
geb. 1828.
— Insectes dénicheurs de truffes. Insectol. agric., **1**, 324—327, 1867 a.
— Le coccus du laurier-rose. Insectol. agric., **1**, 331—334, 1 Taf. (unn., Fig. 1 farb.), 1867 b.
○ À propos de la mouche que est devenue la puce truffière. Insectol. agric., **1**, 355—356, 1868 a.
○ Les poux du cheval [*Trichodectes* et *Haematopinus*]. Insectol. agric., **1**, 361—363, 1 Taf., 1868 b.
— L'Altise potagère. Puces de jardins. Insectol. agric., **2**, 70—71, 1 Taf. (unn., Fig. 1 farb.), 1868 c.
— L'alucite des céréales. Insectol. agric., **2**, 101—104, 1 Taf. (unn., z. T. farb.), 1868 d.
○ Diptères parasites des animaux. Insectol. agric., **2**, 170—172, 1 Taf.; . . . (Oestrides.) 195—204, 1 Taf., 1868 e.
○ Mouche plate (Hippobosque, Mouffet [*Hippobosca*]). Insectol. agric., **2**, 324—325, ? Fig., 1868 f.
○ *Simulia* tacheté [*columbaczensis*]. Insectol. agric., **2**, 325—327, ? Fig., 1868 g.
— Sur l'organisation des Acariens de la famille des Gamasides; caractères qui prouvent qu'ils constituent une transition naturelle entre les Insectes hexapodes et les Arachnides. C. R. Acad. Sci. Paris, **81**, 1135—1136, 1875 a.
[Engl. Übers.:] On the Organization of the Acarina of the Family Gamasidae-Characters which prove that they constitute a natural Transition between the Hexapod Insects and the Arachnida. Ann. Mag. nat. Hist., (4) **17**, 102—103, 1876.
— Mémoire sur la question du transport et de l'inoculation des virus par les mouches. Journ. Anat. Physiol., **11**, 121—133, 1 Taf., 1875 b. — ○ [Abdr.?:] Journ. Méd. vét. milit. Paris, **12**, 461—475, Taf. VII, 1875.
○ Du rôle des mouches dans la propagation du charbin et autres affections virulentes. Journ. Méd. vét. milit. Paris, **12**, 461—475, 1875 c.
○ [Communication sur les inoculations par les mouches.] Recu. Méd. vét. Paris, **52** ((6) 2), 83—88, 1875 d.
— (Diptères des plaies des animaux vivants.) Ann. Soc. ent. France, (5) **8**, Bull. III—V, XIII—XIV (=Bull. Soc. . . ., **1878**, 3—4, 14—15), 1878 a.
— (*Pharyngomyia* (*Oestrus*) *picta,* Dipt.) Ann. Soc. ent. France, (5) **8**, Bull. LXXXIV (=Bull. Soc. . . ., **1878**, 103), 1878 b.

— (*Podurhippus pityriasicus*, Thys.) Ann. Soc. ent. France, (5) **8**, Bull. CXIII—CXIV (= Bull. Soc. . . ., **1878**, 149—150), 1878 c.

— (*Smynthurus lupulinae*, Thys.) Ann. Soc. ent. France, (5) **8**, Bull. CXXXV—CXXXVI (= Bull. Soc. . . ., **1878**, 181—182), 1878 d.

○ Sur des mouches provenant de larves trouvées dans le pharynx d'un cerf [*Pharyngomyia picta*]. Recu. Méd. vét. Paris, **55** ((6) **5**), 601—602, 1878 e.

○ Sur une larve d'Oestre trouvée dans l'un des pédoncules cérébraux chez un cheval mort d'apoplexie. Recu. Méd. vét. Paris, **55** ((6) **5**), 602—603, 1878 f.

— (*Stomoxis calcitrans* et *Pangonia neo-caledonica*, Dipt.) Ann. Soc. ent. France, (5) **8**, Bull. CXLIV—CXLV (= Bull. Soc. . . ., **1878**, 197—198), 1878 g; (*Pangonia neo-caledonica*, Dipt.) (5) **9**, Bull. LX—LXI (= Bull. Soc. . . ., **1879**, 74—75), 1879.

— (*Gastrophilus pecorum* (parasites), Dipt.) Ann. Soc. ent. France, (5) **9**, Bull. CXVII—CXVIII (= Bull. Soc. . . ., **1879**, 158—159), 1879 a.

○ Note sur l'acclimatation d'une nouvelle espèce d'Oestrides en France. Recu. Méd. vét. Paris, **56** ((6) **6**), 787—789, 1879 b.

○ Les parasites et les maladies parasitaires chez l'homme, les animaux parasites et les animaux sauvages avec lesquells ils peuvent être en contact. Insectes, Arachnides, Crustacés. [2 Teile]. 8°, Paris, G. Masson, 1880 a.
[1.] 484 S., 63 Fig.
[2.] Atlas. 26 Taf.
2. Aufl. Les parasites articulés chez l'homme et les animaux utiles. (Maladies qu'ils occasionnent.) Augmentée d'un appendice: Sur les Parasites des cadavres. 1895.
[1.] 4 (unn.) + 510 S., 91 Fig.
[2.] Atlas. 29 (unn., Taf.Erkl.) S., 26 Taf.

— (*Hypoderma bovis* (larves), Dipt.) Ann. Soc. ent. France, (5) **10**, Bull. LXX—LXXI (= Bull. Soc. . . ., **1880**, 102—103), 1880 b.

— (*Phylloxera*, Hém.) Ann. Soc. ent. France, (5) **10**, Bull. C (= Bull. Soc. . . ., **1880**, 134—135), 1880 c.

— (*Asilus barbarus*, Dipt.) [Mit Angaben von Bouthery.] Ann. Soc. ent. France, (5) **9**, Bull. CXXXIV—CXXXV, CLII (= Bull. Soc. . . ., **1879**, 181—182, 205), (1879) 1880 d.

○ Chevaux tués par des larves d'Oestrides cuticoles. Arch. vét. École Alfort, **5**, 536—538, 1880 e. — ○ [Abdr.?:] Journ. Méd. prat. Paris, **48**, 293, 1880. — [Abdr.?:] C. R. Mém. Soc. Biol. Paris, (7) **2**, C. R. 193—194, (1880) 1881.

— (Les parasites et les maladies parasitaires.) Bull. Soc. zool. France, **5**, XXVIII—XXIX, 1880 f.

— (*Tipula oleracea*.) [Mit Angaben von Alexandre Laboulbène et G.-H. Horn.] Ann. Soc. ent. France, (6) **2**, Bull. CVI—CVII (= Bull. Soc. . . ., **1882**, 128—129), 1882.

— L'Entomologie et la Médecine légale. Bull. Soc. Sci. phys. nat. climat. Alger, **20**, 218—219, 1883 a.

— Une application de l'entomologie à la médecine légale. Naturaliste, **2**, 212—213; Application . . . 339—340, 1883 b. — [Ref. & Abdr. S. 212—213:] Une application . . . Ann. Soc. ent. Belg., **27**, C. R. LXXXIII—LXXXVI, 1883. — [Abdr. S. 212—213:] De l'application . . . C. R. Mém. Soc. Biol. Paris, (7) **5** (**35**) (1883), C. R. 151—156, 1884.
[Schwed. Übers. von] Oskar Th. Sandahl: Entomologien avänd i rättsmedicinens tjenst. Ent. Tidskr., **4**, 39—44; [Franz. Zus.fassg.:] Une application de l'entomologie à la médecine légale. 57, 1883.

— (Insectes trouvés sur ou dans un cadavre.) Rev. Hyg. Paris, **5**, 203—204, 1883 c.

— L'application de l'entomologie à la médecine légale. Bull. Insectol. agric., **9**, 96—99, 8 Fig., 1884 a.

— Le *Trichodectes lipeuroides* n. sp. (du *Cervus mexicanus*). Naturaliste, **2**, 494—495, 1 Fig., 1884 b.

— siehe Jousseaume, Félix & Mégnin, Jean Pierre 1884.

— siehe Trouessart, Édouard Louis & Mégnin, Jean Pierre 1884.

— siehe Laboulbène, Alexandre & Mégnin, Jean Pierre 1885.

— La faune des tombeaux. C. R. Acad. Sci. Paris, **105**, 948—951, 1887. — [Abdr.?:] C. R. Mém. Soc. Biol. Paris, (8) **4** (**39**), C. R. 655—658, 1887. — [Abdr.?, mit Angaben von Brouardel & G. Pouchet:] Ann. Hyg. Méd. Paris, (3) **19**, 160—166, 1888.
[Ref.:] Handlirsch, Adam: Verh. zool.-bot. Ges. Wien, **38**, SB. 47—49, 1888.

○ Le silphe de la betterave. La Nature, **16**, Bd. 2, 155—156, 1 Fig., 1888.

— (Insectes du genre *Corisa* servent à la nourriture des oiseaux.) Rev. Sci. nat. appl. Paris (Bull. Soc. Acclim. Paris), **38**, 289—290, 1891.

— La faune des cadavres. Application de l'entomologie à la médicine légale. Encyclopédie scientifique des Aide-Mémoire. 8°, 214 + 1 (unn.) S., 28 Fig., Paris, G. Masson, (1894) a.
[Siehe:] Heyden, Lucas von: Zool. Garten Frankf. a. M., **36**, 380—381, 1895.
[Ref.:] S. P.: Über die Fauna der Gräber. Ill. Wschr. Ent., **1**, 194—195, 1896; Müller, C . . .: Die Fauna der Leichen. Zool. Garten Frankf. a. M., **36**, 271—275, 1895.

— La faune des cadavres. C. R. Mém. Soc. Biol. Paris, (10) **1** (**46**), C. R. 663—665, 1894 b. — [Abdr.:] Ann. Hyg. Méd. Paris, (3) **33**, 64—67, 1895.

— Sur les variations de régime de certains insectes. Bull. Soc. zool. France, **20**, 133—134, 1895 a.

— A propos du *Stylogamasus lampyridis* A. Gruvel. Bull. Soc. zool. France, **20**, 178, 1895 b.

— Application de l'entomologie à la médecine légale. Ann. Hyg. Méd. Paris, (3) **35**, 424, 1896 a.

— Note sur une collection d'Insectes des cadavres intéressants à connaître au point de vue médico-légal, offerte au Muséum. Bull. Mus. Hist. nat. Paris, **2**, 187—190, 1896 b.

— Le Pou de l'Eléphant. Bull. Mus. Hist. nat. Paris, **3**, 167—169, 2 Fig., 1897.

— Les parasites de la mort. Une cause peu connue de la momification des cadavres. Arch. Parasit. Paris, **1**, 39—43, 1 Fig., 1898 a.

○ Trois nouveaux cas d'application de l'entomologie à la médecine légale. Bull. Acad. Méd. Paris, (3) **39**, 313—320, 1898 b.

— Un cas de parasitisme, chez le cheval, par le *Leptotena cervi*. C. R. Mém. Soc. Biol. Paris, (11) **1** (**51**), C. R. 231—232, 1899.

Mégnin, Jean Pierre & **Bouthery**,
(*Oestrus ovis* L.) Ann. Soc. ent. France, (5) **9**, Bull. CXXXIV, CLII (= Bull. Soc. . . ., **1879**, 181—182), (1879) 1880.

Mégnin, Jean Pierre & **Laboulbène**, Alexandre
(*Oestrus equi* et *haemorrhoidalis*, Dipt.) Ann. Soc. ent. France, (5) **8**, Bull. XL—XLII, LIII (= Bull. Soc. . . ., **1878**, 52—53, 64), 1878.

Mégnin, Jean Pierre & **Menault**, Ernest
Le Charançon du colza. (*Grypidius brassicae.*) Insectol. agric., **2**, 36—42, 1 Taf. (unn., Fig. 1 farb.), 1868.

Méguelle, A . . .
Digne et ses environs. Notes d'un lépidoptériste 1873—1874. Feuille jeun. Natural., **5**, 11—12, 23—25, (1874—75) 1874 a; 30—33, 1875.
— (*Procris ampelophaga* Hb., espèce nouvelle pour la faune française.) Petites Nouv. ent., **1** (1869—75), 379, 1874 b.
— (*Deilephila porcellus*, Lép.) [Mit Angaben von Bellier de la Chavignerie.] Ann. Soc. ent. France, (5) **5**, Bull. LIII, LXXVIII (= Bull. Soc. . . ., **1875**, 58), 1875 a.
— (*Valeria oleagina*, Lép.) Ann. Soc. ent. France, (5) **5**, Bull. XCI (= Bull. Soc. . . ., **1875**, 94), 1875 b.

Méhaignery, Léon
Une plante insecticide. Ann. Soc. Charente-Inf., Nr. 16 (1879), 51—56, 1880.

Méhely, Lajos (= Ludwig) von
Adatok a Barczaság bogárvilágának ismeretéhez. Supplementa ad notitiam faunae coleopterorum Burciae.) Orv.-Természettud. Értesitö, **11**, Naturw. Abt. 193—240; [Dtsch. Zus.fassg.:] Beiträge zur Coleopteren-Fauna des Burzenlandes. 295—297, 1889.
— Ujabb adatok Erdély s különösen a Barczaság bogárvilágának ismeretéhez. (Supplementa ad faunam Coleopterorum Transsylvaniae.) Orv.- Természettud. Értesitö, **12**, Naturw. Abt. 257—288; [Dtsch. Zus.-fassg.:] Neuere Daten zur Kenntniss der Käferwelt Siebenbürgens, insbesondere des Burzenlandes. 357—360, 1890.
— „*Carabus violaceus* L. var. *Wolfi* Dej." és tudományos autokratia. Orv.-Természettud. Értesitö, **13**, Naturw. Abt. 61—72; [Dtsch. Zus.fassg.:] *Carabus violaceus* L. var. *Wolfi* Dej. 85—91, 1891.
— Erdély új és ritka bogárfajai. Orv.-Természettud. Értesitö, **17**, Naturw. Abt. 179—197; [Dtsch. Zus.-fassg.:] Für Siebenbürgen neue und seltene Käferarten. 256—257, 1895.

Mehring, Johannes
gest. 24. 11. 1878 in Frankenthal (Bayern), Schreinermeister. — Biogr.: (P.) Ver.bl. Westfäl.-Rhein. Ver. Bienen- u. Seidenzucht, **30**, 35, 1879.
○ Zur Reinzucht von italienischen Bienen. Thiergarten, **1**, 236, 1864.
— Ueber unregelmäßige Eierlage der Bienen. Ver.-bl. Westfäl.-Rhein. Ver. Bienen- u. Seidenzucht, **16**, 6—7, 1865.
○ Werth des Blütenstaubes [für die Bienen]. Österr.-Ungar. Bl. Gefl.- u. Kaninchenzucht, **1**, 204, 1878 a.
— Reiche Trachten verdrängen die Brut. Ver.bl. Westfäl.-Rhein. Ver. Bienen- u. Seidenzucht, **29**, 42—43, 1878 b.

Meidinger,
Naturwissenschaftliche Chronik des Grossherzogthums Baden. Verh. naturw. Ver. Karlsruhe, H. 8, 491—506, 1881.

Meier, A . . .
○ Ungewöhnliches Vorkommen von *Bostrichus chalcographus* und *Hylesinus minimus*. Mschr. Forst- u. Jagdwes., **1866**, 219—220, 1866.

Meier, Hermann
Die Thierwelt der Insel Borkum. Natur Halle, **14**, 319—320, 326—328, 335—336, 340—342, 1 Fig.; 348—350, 4 Fig.; 372—375, 4 Fig.; 380—383, 5 Fig., 1865.
— Thiere vor Gericht. Natur Halle, **21**, 119—120, 134—136, 137—139, 1872.

Meier, Wll . . .
Varietäten der Coccinellide: *Hippodamia septemmaculata* Degeer. Ent. Nachr., **23**, 317; Noch einige Bemerkungen über die Varietäten . . . 365—366, 1897.
— *Xylotheca Meieri* Reitter var. *minor* W. Mr. Ent. Nachr., **25**, 72, 1899 a.
— Über Abänderungen einiger Coleopteren-Arten, welche bei Hamburg gefunden wurden. Ent. Nachr., **25**, 97—102, 1899 b.
— *Timarcha* v. *Fracassii* — *Chrysomela sirentensis* — *Hippodamia* v. *equiseti*. Ent. Nachr., **26**, 78, 1900 a.
— Beitrag zur Coleopteren-Fauna Unter-Frankens. Ent. Nachr., **26**, 90—94, 1900 b.
— *Timarcha Schenklingi* n. sp. Ent. Nachr., **26**, 161—162, 1900 c.
— Coleopterologische Notizen. Ent. Nachr., **26**, 218—219, 1900 d.

Meigen, Fr . . .
Die Besiedelung der Reblausherde in der Provinz Sachsen. Bot. Jb., **21**, 212—257, 1896.

Meigen, Johann Wilhelm
geb. 3. 5. 1764 in Solingen, gest. 11. 7. 1845 in Stolberg (Rheinl.), Lehrer, zuletzt Organist in Stolberg. — Biogr.: (K. Boventer) Sudhoffs Arch., **44**, 45—53, 1900 m. Porträt.
— Systematische Beschreibung der bekannten europäischen zweiflügeligen Insecten. 8.—10.[1]) Theil oder 2.—4. Supplementband. Bearbeitet von Hermann Loew: Beschreibungen europäischer Dipteren. 3 Bde. 8°, Halle, H. W. Schmidt, 1869—73.
1. XVI + 310 + 1 (unn.) S., 1869.
2. VIII + 319 + 1 (unn.) S., 1871.
3. VIII + 380 S., 1873.

Meijere, Johannes Cornelis Hendrik de Prof. Dr.
geb. 1. 4. 1866 in Deventer, gest. 6. 11. 1947 in Amsterdam. — Biogr.: (B. J. Lempke) Ent. Ber., **12**, Nr. 279, 201, 1948; (G. Barendrecht & G. Krüsemann) Tijdschr. Ent., **90** (1946), 1—15, 1949 m. Porträt & Schriftenverz.
— (*Cecidomyia rosaria* Löw.) Tijdschr. Ent., **33** (1889—90), XXVII—XXVIII, 1890 a.
— (Over individueele afwijkingen in het aderbeloop der vleugels bij Diptera-soorten. Tijdschr. Ent., **33** (1889—90), CXII—CXIII, 4 Fig., 1890 b.
— (Een aantal merkwaardige Diptera.) Tijdschr. Ent., **34** (1890—91), XXX—XXXI, 1891 a.
— (Vliegtijd van *Pseudophia lunaris* W. V.) Tijdschr. Ent., **34** (1890—91), CXXI, 1891 b.
— (Dubbel-cocon van *Notodonta dromedarius* L.) Tijdschr. Ent., **34** (1890—91), CXXI, 1891 c.
— (Over *Argynnis Paphia* L.) Tijdschr. Ent., **34** (1890—91), CXXI—CXXII, 1891 d.
— Ueber zusammengesetzte Stigmen bei Dipterenlarven, nebst einem Beitrag zur Metamorphose von *Hydromyza livens*. Tijdschr. Ent., **38**, 65—100, 33 Fig., 1895 a.
— (Eenige Diptera nog slechts zelden in ons vaderland gevonden.) Tijdschr. Ent., **38**, [Zomervergad.] XXXV—XXXVI, 1895 b.
— (*Echinomyia grossa* L.) Tijdschr. Ent., **39**, XLII, 1896 a.
— (Eenige zeldzame Diptera van Limburg.) Tijdschr. Ent., **39**, XLII—XLIII, 1896 b.
— (Over de zeldzame inlandsche Diptera.) Tijdschr. Ent., **39**, CXXXI—CXXXIII, 1896 c.

[1]) 1.—7. Theil vor 1864

— (Vangst eener voor onze fauna nieuwe Noctuine *Zanclognatha tarsicrinalis* Kn.) Tijdschr. Ent., **39**, **CXXXVI**, **1896 d.**
— in Semon, Richard [Herausgeber] (1893—1913) 1896.
— (Eenige merkwaardige Diptera). Tijdschr. Ent., **41** (1898), Versl. 38—39, 1899 a.
— [Lebenswijze van inlandsche Diptera.] Tijdschr. Ent., **41** (1898), Versl. 39—40, 1899 b.
— Sur un cas de dimorphisme chez les deux sexes d'une Cecidomyide nouvelle (*Monardia van der Wulpi*). Tijdschr. Ent., **42** (1899), 140—152; Versl. 58, Taf. 9—10, (1900) 1899 c.
— *Cyclopodia Horsfieldi* n. sp., eine neue Nycteribiide aus Java. Tijdschr. Ent., **42** (1899), 153—157, 1 Fig., (1900) 1899 d.
— Matériaux pour l'étude des Diptères de la Belgique. Ann. Soc. ent. Belg., **44**, 37—46, 1900 a.
— [Afwijken te *Tachina larvarum*.] Tijdschr. Ent., 42 (1899), Versl. 29, 1900 b.
— [*Nycteribia* n. sp.] Tijdschr. Ent., **42** (1899), Versl. 29—30, 1900 c.
— [Tarsus bij de Diptera.] Tijdschr. Ent., **42** (1899), Versl. 30—31, 1900 d.
— [Metamorphose en verwantschap der Lonchopteridae.] Tijdschr. Ent., **42** (1899), Versl. 58—59, 1900 e.
— [Ongevleugelde wyfjes bij Cecidomyidae.] Tijdschr. Ent., **43** (1900), Versl. 7, (1901) 1900 f.
— [Syrphidenlarven en rupsen van *Harpyia vinula* L.] Tijdschr. Ent., **43** (1900), Versl. 8—9, (1901) 1900 g.
— Bemerkungen zu der Notiz Imhof's über „Punctaugen bei Tipuliden". Zool. Anz., **23**, 200, 1900 h.
— Über die Prothoracalstigmen der Dipterenpuppen. (Vorläufige Mittheilung.) Zool. Anz., **23**, 676—678, 1900 i.
— Über die Larve von *Lonchoptera*. Ein Beitrag zur Kenntniss der cyclorrhaphen Dipterenlarven. Zool. Jb. Anat., **14**, 87—132, Taf. 5—7, (1901) 1900 j.

Meinandier,
○ L'invasion phylloxerique en France. Mém. Soc. Sci. nat. Seine-et-Oise, **12** (1874—82), 346, 1883.

Meinert, Frederik Vilhelm August Dr.
geb. 3. 3. 1833 in Kopenhagen, gest. Jan. 1912, Inspektor am Zool. Mus. in Kopenhagen. — Biogr.: Entomol. monthly Mag., (2) **14** (**39**), 153, 175, 1903; (A. Klöcker) Ent. Medd., (2) **2**, 65—71, 1903; (A. Semenov) Rev. Russe Ent., **3**, 344, 1903; (C. Engelhart) Ent. Medd., **12**, 18, (1918—19) 1918; Henriksen) Ent. Medd., **15**, 253—262, (1921—37) 1927 m. Porträt & Schriftenverz.; (L. O. Howard) Hist. appl. Ent., 1930.
— Bemerkungen über den Bau des Hinterleibes bei den Forficulen. (Nachwort zu den Bemerkungen des Hrn. Prof. Schaum.) Arch. Naturgesch., **30**, Bd. 1, 141—144, 1864 a.
— De danske Arter af *Forficula*. Naturhist. Tidskr., (3) **2**, 427—482, Taf. XIX, (1863—64) 1864 b.
— *Miastor metraloas*: yderligere Oplysning om den af Prof. Nic. Wagner nyligt beskrevne Insektlarve, som formerer sig ved Spiredannelse. Naturhist. Tidskr., (3) **3**, 37—43, (1864—65) 1864 c.
— Om Larvespirernes Oprindelse i *Miastor*-Larven. Naturhist. Tidskr., (3) **3**, 83—86, (1864—65) 1864 d.
— Weitere Erläuterungen über die von Prof. Nic. Wagner beschriebene Insectenlarve, welche sich durch Sprossenbildung vermehrt. Aus dem Dänischen mit Bemerkungen übersetzt von C. Th. v. Siebold. Ztschr. wiss. Zool., **14**, 394—399, 1864 e.
— Endnu et Par Ord om *Miastor*, tillig emed Bemaerkninger om Spiredannelsen hos en anden *Cecidomyia*-Larve og om Aeggets Dannelse og Udvikling i Dyreriget overhovedet. Naturhist. Tidskr., (3) **3**, 225—238, (1864—65) 1865 a.
— Campodeae: en familie af Thysanurernes orden. Naturhist. Tidskr., (3) **3**, 400—440, Taf. XIV, (1864—65) 1865 b.
[Engl. Übers., gekürzt:] On the Campodeae, a Family of Thysanura. Ann. Mag. nat. Hist., (3) **20**, 361—378, 3 Fig., 1867.
— siehe Wagner, Nicolas; Meinert, Frederik Vilhelm August; Pagenstecher, [Heinrich Alexander] & Ganine, 1865.
— Nouvelles observations sur la multiplication des Cécidomyies. Ann. Sci. nat. (Zool.), (5) **6**, 16—18, 1866.
[Engl. Übers.:] Observations on the Reproduction of the Cecidomyidae. Ann. Mag. nat. Hist., (3) **18**, 496—498, 1866.
— En for den danske Fauna ny *Forficula*. Naturhist. Tidskr., (3) **5**, 276—277, (1868—69) 1868 a.
— Om dobbelte Saedgange hos Insekter. Fortsatte Bidrag til forficulernes Anatomi. Naturhist. Tidskr., (3) **5**, 278—294, Taf. XII, (1868—69) 1868 b.
— Om en ny Slaegt med ynglende Larveform af Cecidomyiernes Familie. Naturhist. Tidskr., (3) **6**, 463—466, (1869—70) 1870 a.
— Om Kjønsorganerne of Kjønsstoffernes Udvikling hos *Machilis polypoda*. Naturhist. Tidskr., (3) **7**, 175—186, Taf. X, (1870—71) 1870 b.
— Om Aeggets Anlaeg og Udvikling og om Embryonets første Dannelse i *Miastor*larven. Naturhist. Tidskr., (3) **8**, 345—378, Taf. XII, (1872—73) 1872.
○ Traek af Myrernes Foerd i og uden for Troperne. Tidsskr. pop. Fremst. Naturvidensk., (5. R.) **2**, 177—223, ? Fig., 1875.
○ Om Mundens bygning hos Larverne af Myrmeleontiderne, Hemerobierne og Dytiscerne. Vidensk. Medd. naturhist. Foren., **1879—80**, 69—72, 1879—80.
— Om Ordenen Diploglossata. Vidensk. Medd. naturhist. Foren., **1879—80**, 343—346, 1880?.
— in Spångberg, Jacob 1880.
— Fluernes Munddele Trophi Dipterorum. 4°, 1 (unn.) +91 S., 6 Taf., Kjøbenhavn, H. Hagerups, 1881 a.
○ Spirakelpladen hos Scarabae-Larveine. Vidensk. Medd. naturhist. Foren., **1881**, 289—292, 1881 b.
— Om retractile antenner hos en dipterlarve, *Tanypus*. Ent. Tidskr., **3**, 83—86, 3 Fig.; [Franz. Zus.fassg.:] Sur les antennes rétractiles d'une larve de diptère, *Tanypus*. 103, 1882 a.
— Die Mundtheile der Dipteren. Zool. Anz., **5**, 570—574, 599—603, 1882 b.
[Siehe:] Becher, Ed.: **6**, 88—89, 1883.
— Om Sammensaetningen af Hovedet og Tydningen af Munddelene hos Insekterne samt om Insektordenernes Systematik. Forh. Skand. Naturf., **12** (1880), 510—513, 1883 a.
— Munddelenes Bygning hos Fluerne (Diptera). Forh. Skand. Naturf., **12** (1880), 523—526, 1883 b.
— Om Coleopterernes Elytra's (Daekvingers) Homologi. Forh. Skand. Naturf., **12** (1880), 538—539, 1883 c.
— Om et Organ hos Lepidopterer, homologt med Halteres hos Dipterer. Forh. Skand. Naturf., **12** (1880), 539, 1883 d.
— *Mochlonyx* (*Tipula*) *culiciformis*, De G. Overs. Danske Vidensk. Selsk.-Forh., **1883**, Medd. 1—19,

Taf. I; Résumé: Sur le *Mochlonyx* . . . 7—11, 1883—84.
[Engl. Übers. von] W. S. Dallas: *Mochlonyx (Tipula) culiciformis,* De Geer. Ann. Mag. nat. Hist., (5) **12**, 374—387, 1883.
— Tungens Udskydelighed hos Steninerne, en Slaegt af Staphylinernes Familie. Vidensk. Medd. naturhist. Foren., **1884—86**, 180—207, 1 Fig., Taf. XV—XVI, 1884—86.
— De eucephale Myggelarver. Sur les larves eucéphales des Diptères. Leurs moeurs et leurs métamorphoses. Danske Vidensk. Selsk. Skr., Naturv. Afd., (6) **3**, 369—493, Taf. I—IV, (1885—86) 1886 a.
— Lidt om *Tachina*-Larvers Snylten i andre insektlarver. Ent. Tidskr., **7**, 191—193; [Franz. Zus.fassg.:] Quelques notes sur la vie parasitaire de la larve de *Tachina* dans d'autres larves d'insectes. 205—206, 1886 b.
— Gjennemborede Kindbakker hos *Lampyris*- og *Drilus*-Larverne. Ent. Tidskr., **7**, 194—196, 2 Fig.; [Franz. Zus.fassg.:] Mandibules percées chez des larves de *Lampyris* et de *Drilus.* 206, 1886 c.
— Die Unterlippe der Käfer-Gattung *Stenus.* Zool. Anz., **10**, 136—139, 1887.
— Catalogus Orthopterorum Danicorum. De danske Insekter af Graeshoppernes Orden. Ent. Medd., **1**, 1—21, 1887—88 a.
[Siehe:] 198.
— Vandløberne, Hydrometridae, deres Faerden og Leven. Ent. Medd., **1**, 81—100, 1887—88 b.
— *Carabus clathratus* og *Tachina pacta.* Ent. Medd., **1**, 114—118, 1887—88 c.
[Ref.:] Schöyen, Wilhelm Maribo: Zbl. Bakt. Parasitenk., **4**, 466, 1888.
— En Spyflue, *Lucilia nobilis,* snyltende hos Mennesket. Ent. Medd., **1**, 119—122, 1887—88 d.
[Engl. Übers. von] Martin L. Linell: *Lucilia nobilis* parasitic on Man. Period. Bull. Dep. Agric. Ent. (Ins. Life), **5** (1892—93), 36—37, 1892.
[Ref.:] Schöyen, Wilhelm Maribo: Zbl. Bakt. Parasitenk., **4**, 274—275, 1888.
— Slaegten *Metrocoris* Mayr og dens „forma praematura" *Halobatodes* B. White. Ent. Medd., **1**, 140—143, 1887—88 e.
— *Scydmaenus*-Larven. Ent. Medd., **1**, 144—150, Taf. I, 1887—88 f.
— Om vore faunistiske Fortegnelser. Ent. Medd., **1**, 151—164, 1887—88 g.
— Catalogus Coleopterorum (Eleutheratorum) Danicorum. Addidamentum tertium. Fortegnelse over de i Danmark levende Coleoptera (Eleutherata). Tredie Tillaeg.[1]) [Beiträge zu Arbeiten von J. C. Schiödte in Naturhist. Tidskr.] Ent. Medd., **1**, 33—80; Catalogus Coleopterorum Danicorum. Fam. Mycetophagidae, Dermestidae, Byrrhidae, Georyssidae, Parnidae, Heteroceridae et Cisidae. Fortegnelse over de i Danmark levende Mycetophager, Dermester, Byrrher, Georysser, Parner, Heterocerer og Ciser. 165—197, 1887—88 h.
[Siehe:] 198.
— Tillaeg og Rettelser til de i foregaaende Hefter givne Fortegnelser over danske Insekter. Ent. Medd., **1**, 198, 1887—88 i.
[Siehe:] 1—21, 33—80, 165—197.
— Catalogus Coleopterorum Danicorum. Fam. Staphylinidae. Pars I. Fortegnelse over de i Danmark levende Rovbiller. Første Deel. Ent. Medd., **1**, 215—284, 1887—88 j; . . . Pars II. . . . Anden Deel. **2**, 227—266, 1889—90; . . . Pars III. . . . Tredie Deel. **3**, 1—18, 1891—92.[1])
— siehe Bergsee, Vilhelm & Meinert, Frederik 1887—88.
— Ein bischen Protest. Zool. Anz., **11**, 111—113, 1888.
[Siehe:] Raschke, W.: **10**, 18—19, 1887; **11**, 562—564, 1888.
— Contribution à l'anatomie des Fourmilions. Overs. Danske Vidensk. Selsk. Forh., **1889**, 43—66, Taf. III—IV, (1889—90) 1889 a.
○ *Philornis molesta,* en paa Fugle snyltende Tachinarie. Vidensk. Medd. naturhist. Foren., **1889**, 304—317, Taf. VI, 1889 b.
— Om Fangst af Vandinsekter. Ent. Medd., **2**, 88, 1889—90 a.
— Larvae *Luciliae* sp. in orbita *Bufonis vulgaris.* (Spyfluelarver i Øiet af en levende Skrubtudse.) Ent. Medd., **2**, 89—96, 5 Fig., 1889—90 b.
— *Ugimyia*-Larven og dens Leie i Silkeormen. Ent. Medd., **2**, 162—184, Taf. III, 1889—90 c.
— Lidt om Insamling af Larver. Ent. Medd., **2**, 187—195, 1889—90 d.
— *Aenigmatias blattoides* Dipteron novum apterum. Ent. Medd., **2**, 212—226, Taf. IV, 1889—90 e.
— How does the *Ugimyia*-Larva imbed itself in the Silkworm? Ann. Mag. nat. Hist., (6) **5**, 103—112, 1890.
— *Pediculus humanus* L. et trophi ejus. Lusen og dens Munddele. Ent. Medd., **3**, 58—83, Taf. I, 1891—92 a.
— Traek af Insektlivet i Venezuela. Ent. Medd., **3**, 125—166, 1891—92 b.
— Biøinene hos *Tomognatus sublaevis.* Ent. Medd., **3**, 205—206, 1891—92 c.
— Fortegnelse over Zoologisk Museums Billelarver. Larvae Coleopterorum Musaei Hauniensis. Ent. Medd., **3**, 167—205, 1891—92 d; **4**, 1—110, 1893—94.
— Om Insekternes Respiration, navnlig Trachegjaellerespirationen. Forh. Skand. Naturf., **14**, 476—493, 1892.
— Larverne af Slaegten *Acilius.* (Larvae generis Acilii.) Overs. Danske Vidensk. Selsk. Forh., **1893**, 167—190, Taf. I, (1893—94) 1893.
— Sideorganerne hos Scarabae-Larverne. Les organes latéraux des larves des Scarabés. Danske Selsk. Skr. Naturv. Afd., (6) **8**, 1—72, Taf. I—III, (1895—98) 1895.
— *Rheumatobates Bergrothi* n. sp. Ent. Medd., **5**, 1—9, Taf. I—II, 1895—96 a.
— Spiricula cribraria hos Oldenborre-Larven. Ent. Medd., **5**, 102—109, 1895—96 b.
— Gyrin-Larvernes Mundbygning. Ent. Medd., **5**, 139—147, 1895—96 c.
— Bidrag til Strepsipterernes Naturhistorie. Ent. Medd., **5**, 148—182, 4 Fig., 1895—96 d.
— Pulicidae Danicae. (De danske Lopper.) Ent. Medd., **5**, 183—194, 1895—96 e.
— Chr. Drewsen. Bidrag til en Biographi. Ent. Medd., **5**, 195—200, 1 Taf. (unn.), 1895—96 f.
— Contribution à l'histoire naturelle des Strepsiptères. Overs. Danske Vidensk. Selsk. Forh., **1896**, 67—76, 4 Fig., (1896—97) 1896.
— Om Mundbygningen hos Insekterne. (Sur l'appareil buccal des insectes.) Overs. Danske Vidensk. Selsk. Forh., **1897**, 299—321; [Franz. Résumé.] 322—324, 14 Fig., (1897—98) 1897 a.

[1]) Tillaeg 1—2 siehe J. C. Schiödte

[1]) Pars IV: siehe Joh. P. Johansen, 1895.

— Neuroptera, Pseudoneuroptera, Thysanopoda, Mallophaga, Collembola, Suctoria, Siphunculata Groenlandica. Vidensk. Medd. naturhist. Foren., **1896**, 154—177, 1897 b.

— Larvernes Betydning for Systematiken. Forh. Skand. Naturf., **15** (1898), 288—290, 1899.

Meinheit, C[arl] (=Karl)
Beobachtung einer zweimaligen Begattung eines weiblichen Lepidopterons. Verh. Ver. naturw. Unterh. Hamburg, **4** (1877), 210—211, 1879 a.

— (*Bombyx rubi* und *Taeniocampa*.) Verh. Ver. naturw. Unterh. Hamburg, **4** (1877), XXII, 1879 b.

— Beobachtungen über Zunahme des Melanismus unter den Grossschmetterlingen der Dortmunder Gegend. Jahresber. Westfäl. Prov. Ver. Münster, **19** (1890), 62—65, 1891.

— (Die europäischen Sphingiden.) Jahresber. Westfäl. Prov. Ver. Münster, **21** (1892—93), 41—42, 1893.

Meischke, A . . .
Schutz der Cyclamen vor Thrips. Dtsch. Gärtn. Ztg. Erfurt, **13**, 394, 1898.

Meissner, G . . . E . . .
○ Le puceron de la vigne au point de vue entomologique; les préservatifs et les remèdes naturels. Messag. Midi, 26 Juill., 1869.

○ [Sur la présence du *Phylloxera* à Murviel, près de Saint Georges-d'Orques.] Messag. Midi, 26 Juillet, 1871.

○ Sur la rapidité de la reproduction du *Phylloxera*. C. R. Acad. Sci. Paris, **77**, 522—523, 1873.

○ Sur quelques nouveaux points de l'histoire naturelle du *Phylloxera vastatrix*. C. R. Acad. Sci. Paris, **79**, 598—600, 1874.

○ Über die aus dem Winterei abstammende *Phylloxera*. Weinbau, **2**, 207—208, 1876.

○ Les vignes américaines en France et aux Etats-Unis. 15 S., Vienne, 1878.

Meister, U . . .
Die Folgen des trockenen Vorsommers. Schweiz. Ztschr. Forstwes., **1870**, 193—195, 1870.

Meiszner, Károly
A *Lasiocampa pruni*-ból. Rovart. Lapok, **5**, 83; [Dtsch. Zus.fassg.:] (*Lasiocampa pruni* und *quercifolia*.) (Auszug) 10, 1898.

Melander, Axel Leonard Dr.
geb. 3. 6. 1878 in Chicago (Illinois), Prof. f. Biol. am College of the City of N. York. — Biogr.: (J. Ch. Bradley) Trans. Amer. ent. Soc., **85**, 292, (1959) 1960.

— A decade of Dolichopodidae. Canad. Entomol., **32**, 134—144, 15 Fig., 1900.

— in Godman, Frederick Ducane & Salvin, Osbert [Herausgeber] (1881—1911) 1900—01.

Melander, Axel Leonhard & **Brues**, Charles Thomas
New Species of *Hygroceleuthus* and *Dolichopus*, with Remarks on *Hygroceleuthus*. Biol. Bull., **1**, 123—148, 22 Fig., 1900.

Melchert, G . . .
Einige Vorschläge zur Präparation. Ent. Nachr., **6**, 116—117, 1880.

Meldola, Raphael Prof.
geb. 19. 7. 1849 in Islongton? (London?), gest. 16. 11. 1915 in London, Prof. f. organ. Chemie d. Univ. London. — Biogr.: Entomol. monthly Mag., **52** ((3) **2**), 21, 1916; Ent. News, **27**, 46—47, 1916; (W. L. D.) Entomologist, **49**, 23—24, 1916; (W. A. T. u. a.) Proc. R. Soc. London, (A) **93**, XXIX—XXXVII, 1917 m. Porträt.

— Fascination exercised by a Frog. [Lep.] Entomologist, **4**, 232—233, (1868—69) 1869 a.

— Noctuas on Stinging Nettles. Entomologist, **4**, 303, (1868—69) 1869 b.

— *Aplecta occulta* in Essex. Entomologist, **4**, 325, (1868—69) 1869 c.

— *Chelonia villica* feeding on Blackthorn. Entomologist, **5**, 319—320, (1870—71) 1871.

— siehe Butler, Arthur Gardiner & Meldola, Raphael 1871.

— The relationship between colour and edibility in larvae. Entomol. monthly Mag., **9**, 68—69, (1872—73) 1872 a.

— *Vanessa Antiopa* at Twickenham and at Hull. Entomol. monthly Mag., **9**, 109, (1872—73) 1872 b.

— A case of mimetic analogy among the British Geometrae. Entomol. monthly Mag., **9**, 163, (1872—73) 1872 c.

— Ants and Aphides. Nature London, **6**, 279, 1872 d.

— (Varieties of British Lepidoptera.) Trans. ent. Soc. London, **1872**, Proc. XXVII, 1872 e.

— (Variety of the larva of *Acherontia Atropos*.) Trans. ent. Soc. London, **1872**, Proc. XXXVIII, 1872 f.

— On the Amount of Substance-waste undergone by Insects in the Pupal State; with Remarks on *Papilio Ajax*. Ann. Mag. nat. Hist., (4) **12**, 301—307, 1873 a.

— Artificially-veined Specimen of *Pieris Rapae*. Entomologist, **6**, 315, (1872—73) 1873 b.

— On certain Class of Cases of Variable Protective Colouring in Insects. Proc. zool. Soc. London, **1873**, 153—162, 1873 c.

— Note on *Iphiclides Ajax*. Ann. Mag. nat. Hist., (4) **14**, 239—240, 1874.

— *Sphinx convolvuli* at Twickenham. Entomol. monthly Mag., **12**, 139, (1875—76) 1875.

— (Parasites on *Pieris brassicae* and *rapae*.) Trans. ent. Soc. London, **1876**, Proc. XXXV, 1876.

— *Leucania albipuncta* at Deal. Entomologist, **10**, 255, 1877 a.

— The recent appearance of *Colias Edusa*. Entomol. monthly Mag., **14**, 110, (1877—78) 1877 b.

— (Larvae of a beetle destructive to mangolds.) Trans. ent. Soc. London, **1877**, Proc. XV, 1877 c.

— (*Monohammus titillatus* captured in Birkenhead.) Trans. ent. Soc. London, **1877**, Proc. XXII, XXV, 1877 d.

— (Five-winged specimen of *Gonepteryx rhamni*.) Trans. ent. Soc. London, **1877**, Proc. XXVI, 1877 e.

— (A gynandromorphous specimen of *Pieris brassicae*.) Trans. ent. Soc. London, **1877**, Proc. XXVI, 1877 f.

— siehe Wood-Mason, James & Meldola, Raphael 1877.

— Entomological Notes bearing on Evolution. Ann. Mag. nat. Hist., (5) **1**, 155—161, 1878 a.

— *Leucania extranea* at Walmer. Entomol. monthly Mag., **15**, 107, (1878—79) 1878 b.

— [Variety of *Leucania conigera*.] Trans. ent. Soc. London, **1878**, Proc. I, 1878 c.

— (Ants (*Crematogaster* and *Camponotus*) mimicked by spiders.) Trans. ent. Soc. London, **1878**, Proc. XIV, 1878 d.

— (*Prodryas Persephone*, a fossil butterfly from Colorado tertiaries.) Trans. ent. Soc. London, **1878**, Proc. XLVI, 1878 e.

— (Specimen of *Erebus odorus* from Jamaica showing „scent-tufts".) Trans. ent. Soc. London, **1878**, Proc. LII, 1878 f.

— (Chemical composition of insects.) Trans. ent. Soc. London, **1878**, Proc. LVII, 1878 g.
— Butterflies with Dissimilar Sexes. Nature London, **19** (1878—79), 586—588, 1879 a.
— (Bombycidae from South Australia.) Trans. ent. Soc. London, **1879**, Proc. XV—XVI, 1879 b.
— (*Bittacomorpha clavipes* from California.) Trans. ent. Soc. London, **1879**, Proc. XXX, 1879 c.
— On the Protective Attitude of the Caterpillar of the Lobster Moth [*Stauropus fagi*]. Trans. ent. Soc. London, **1880**, Proc. III—IV, 1880.
— (Varieties of Lepidoptera captured in Britain.) Trans. ent. Soc. London, **1881**, Proc. XXVII, 1881 a.
— (*Drosera*.) Trans. Essex Field Club, **1** (1880—81), XXII—XXIII, 1881 b.
— Mimicry between Butterflies of Protected Genera. Ann. Mag. nat. Hist., (5) **10**, 417—425, 1882 a.
— (An ovo-viviparous moth.) Trans. ent. Soc. London, **1882**, Proc. XXII—XXIII, 1882 b.
— The Developmental Characters of the Larvae of the Noctuae as Determining the Position of that Group. Trans. Essex Field Club, **2** (1881—82), 19—28, 2 Fig., 1882 c.
— The Distribution of *Abraxas ulmata*. Entomologist, **16**, 236, 1883.
— siehe Wallace, Alfred Russell & Meldola, Raphael 1883.
— *Nonagria sparganii*, Esp. Entomologist, **17**, 253, 1884 a. — [Abdr.:] ... Esp., at Deal. Entomol. monthly Mag., **21**, 135, (1884—85) 1884.
— [*Prionus coriarius* at Buckhurst Hill.] Trans. Essex Field Club, **3** (1882—83), LXXVIII, 1884 b.
— [On Humble-bees dead under lime-trees.] Trans. Essex. Field Club, **3** (1882—83), LXXVIII—LXXIX, 1884 c.
— (On effect of certain flowers upon Bees.) Trans. Essex Field Club, **3** (1882—83), LXXIX, 1884 d.
○ Remarks on variation, dimorphism etc. in Butterflies. Trans. Essex Field Club, **3**, LXXXV—LXXXVI, 1884? e.
— siehe Christy, Riginald W... & Meldola, Raphael 1884.
— *Colias edusa, Acherontia atropos, Sphinx convolvuli* and *Choerocampa celerio*. Entomologist, **18**, 294—295, 1885.
— London Lepidoptera. Entomologist, **20**, 235—236, 1887.
— (Melanic specimen of *Catocala nupta*.) Trans. ent. Soc. London, **1888**, Proc. XXXVII, 1888.
— The Lepidoptera of Leyton and neighbourhood: a contribution to the County Fauna. Essex Natural., **1891**, 153—170, 1891.
— siehe Coste, F... H... Perry & Meldola, Raphael 1892.
— Variation of *Xylophasia polyodon*, &c., in Donegal. Entomol. monthly Mag., (2) **4** (**29**), 236, 1893 a.
— *Colias Edusa* in South Devon. Entomol. monthly Mag., (2) **4** (**29**), 236, 1893 b.
— *Xanthia ocellaris* at Twickenham. Entomol. monthly Mag., (2) **5** (**30**), 161, 1894.
— Discussion on the Ex-President's Address delivered at the last Annual Meeting. Trans. ent. Soc. London, **1895**, Proc. IV—VII, 1895 a.
— (Remarks on *Dermestes vulpinus*.) Trans. ent. Soc. London, **1895**, Proc. VIII—IX, 1895 b.
— The speculative Method in Entomology. [In:] The President's Address. Trans. ent. Soc. London, **1895**, Proc. LII—LXVIII, 1895 c. — [Abdr.:] Nature London, **53**, 352—356, (1895—96) 1896.
— (*Tinea biselliella* damaging bristles in London.) Trans. ent. Soc. London, **1896**, Proc. LVI, 1896 a.
— (The Utility of Specific Characters and Physiological Correlation.) [In:] The President's Address. Trans. ent. Soc. London, **1896**, Proc. LXIV—XCII, 1896 b.
— *Coremia quadrifasciaria* and *Melanippe procellata* in Essex. Entomologist, **33**, 249, 1900 a.
— *Pieris daplidice*, &c., at Bognor. Entomologist, **33**, 306, 1900 b.
— *Leucania vitellina* and *Plusia festucae* at Bognor. Entomologist, **33**, 306, 1900 c.
— *Ennomos alniaria* at Bognor. Entomologist, **33**, 306, 1900 d.
— *Vanessa antiopa* in Essex. Entomologist, **33**, 354, 1900 e.
— *Caradrina ambigua* at Pagham. Entomologist, **33**, 355, 1900 f.

Meldola, Raphael & **Weir**, John Jenner
(Remarks on variation of *Hipparchia semele*.) Trans. ent. Soc. London, **1878**, Proc. XLV, 1878.

Meldrum, T...
Melanthia albicillata var. *suffusa*. Entomologist, **15**, 161, 1882.
— Variety of *Cirrhoedia xerampelina*. Entomologist, **16**, 236, 1883.

Melichar, Leopold Dr.
geb. 5. 12. 1856 in Brünn, gest. 2. 9. 1924 in Brünn, Leiter d. Sanitären Abt. im Österr. Innenminist. in Wien. — Biogr.: (Navrátil) Wien. ent. Ztg., **36**, 31—36, 1917; **41**, 186, 1924; (W. E. C.) Entomol. monthly Mag., **60**, 263, 1924; (W. E. China) Entomologist, **57**, 240, 1924; (F. J. Rambousek) Acta Soc. ent. Cechosl., **22**, 1—3, 1925 m. Portrait; Ent. News, **36**, 224, 1925; (A. Musgrave) Bibliogr. Austral. Ent., 221—222, 1932.
— Cicadinen (Hemiptera—Homoptera) von Mittel-Europa. 8°, XXVII + 364 + 14 (unn.) S., 12 Taf., Berlin, Felix L. Dames, 1896 a.
— Hemiptera — Homoptera (Cicadina Burm.). Ent. Jb., **6**, 5, 11—12, 19, 28—29, 39, 48—49, 59—60, 68, 75, 82—83, 90, 95—96, 1896 b; **8**, 5—7, 13—14, 22—23, 30—31, 39—40, 49—50, 60—61, 71—72, 79—80, 87—88, 95, 100—101, 1898.
— Deux Homoptères nouveaux. Rev. Ent. Caen, **15**, 287—288, 1896 c.
— Eine neue Homopteren-Art der Gattung *Platypleura* Am. Serv. von Madagascar. Wien. ent. Ztg., **15**, 198—200, Taf. I, 1896 d.
— Eine neue Homopteren-Art. Wien. ent. Ztg., **15**, 205—206, 1896 e.
— Einige neue Homoptera-Arten und Varietäten. Verh. zool.-bot. Ges. Wien, **46**, 176—178, 1896 f.
— Die Sing-Cicaden. Ent. Jb., **7**, 216—221, 1897 a.
— Einige neue Homopteren-Arten und Varietäten aus Dalmatien und dem Küstenlande. Wien. ent. Ztg., **16**, 67—72, 1897 b.
— Homopterologische Notizen. Wien. ent. Ztg., **16**, 147—148, 188—190, 1897 c; **19**, 238, 1900.
— Monographie der Ricaniiden (Homoptera). Ann. naturhist. Hofmus. Wien, **13**, 197—359, 1 Fig., Taf. IX—XIV, 1898 a.
— Eine entomologische Reise nach dem Süden. Ent. Jb., **8**, 138—143, 1898 b.
— Quelques espèces nouvelles de Jassides (Homoptères). Rev. Ent. Caen, **17**, 63—67, 1898 c.
— Vorläufige Beschreibung neuer Ricaniiden. Verh. zool.-bot. Ges. Wien, **48**, 384—400, 1898 d.
— Eine neue Homopteren-Art aus Schleswig-Holstein. Wien. ent. Ztg. **17**, 67—69, 3 Fig., 1898 e.

— Einige neue Homopteren aus der Ricaniiden-Gruppe. Verh. zool.-bot. Ges. Wien, **49**, 289—294, 1899 a.
— Beitrag zur Kenntniss der Homopteren-Fauna von Tunis. Wien. ent. Ztg., **18**, 175—190, 1899 b.
— Beitrag zur Kenntniss der Homopteren-Fauna von Sibirien und Transbaikal. Wien. ent. Ztg., **19**, 33—45, 1900 a.
— Eine neue Art der Homopteren-Gattung *Aphrophora*. Wien. ent. Ztg., **19**, 58—60, 1900 b.
— Ueber die Homopteren-Art *Rhytistylus pellucidus* (Fieb.). Wien. ent. Ztg., **19**, 268—270, 4 Fig., 1900 c.

Melicher, Ludwig Josef
Die Bienenzucht in der Weltausstellung zu Paris 1867 und die Bienencultur in Frankreich und in der Schweiz. 8°, XIV+198 S., 26 Fig., Wien, Wilhelm Braumüller, 1868.
— Skizze der nützlichen und schädlichen Insekten als Grundlage zur Gründung eines „Österreichischen Insekten-Central-Vereins." 8°, 3 (unn.) + 43 S., Wien, Selbstverl., 1869. — ○ 2. Aufl. Skizze der nützlichen und schädlichen niederen Thiere, insbesondere der Insekten, als ... XXIV+62 S., Wien, Wilhelm Braumüller (in Comm.), 1869.

Méline,
Reproduction des Ichneumons. Feuille jeun. Natural., **6**, 107, (1875—76) 1876.

[**Melioranskij**, Vladimir Michailovič] **Мелиоранский**, Владимир Михаилович
— Къ фауне Macrolepidoptera южнаго берега Крыма. Einiges über die Grossschmetterlinge der Südküste der Halbinsel Krim. [Russ. m. dtsch. Zus.fassg.] [Trudy Russ. ent. Obšč.] Труды Русс. энт. Общ.; Horae Soc. ent. Ross., **31** (1896—97), 216—239, Taf. VII (Farbfig. 6+7), (1898) 1897.

Melioransky, Wladimir siehe Melioranskij, Vladimir

Mélise, Louis
[Captures intéressantes d'espèces mentionnés au Catalogue de M. Mathieu.] Ann. Soc. ent. Belg., **17**, C. R. XVIII—XIX, 1874 a.
— [Captures de coléoptères rares en Belgique.] Ann. Soc. ent. Belg., **17**, C. R. LXXVI, 1874 b.
— Rapport sur l'excursion annuelle de la Société Entomologique, à Baudoir (Hainaut). Ann. Soc. ent. Belg., **17**, C. R. XCI—XCVI, 1874 c.
— (Sur les motifs pour, et les moyens propres à exposer en entier les collections entomologiques des Musées publics.) Ann. Soc. ent. Belg., **17**, C. R. CLIX—CLXIV, 1874 d.
— (Sur le *Necrophorus interruptus* Steph.) Ann. Soc. ent. Belg., **18**, C. R. LXXIII, 1875.
— Espèces nouvelles de Phasmides, décrites par C. Stal. Ann. Soc. ent. Belg., **20**, C. R. LXII—LXVIII, 1877.
— (Observations sur la métamorphose des Lépidoptères.) Ann. Soc. ent. Belg., **22**, C. R. XCII—XCIV, 1879 a.
— [Entwicklung des Schmetterlings nach Verstümmelung der Raupenbeine.] Ent. Nachr., **5**, 333, 1879 b.
— Les Lucaniens de Belgique. Ann. Soc. ent. Belg., **24**, 41—54, 1880.
— siehe Weinmann, Rodolphe & Mélise, Louis 1881.

Melissari, F ... S ...
○ Sul modo di riconoscere il sesso nelle crisalidi a mezzo dei raggi Röntgen. Boll. Bachicolt., (3) **3**, Nr. 9—10, 133—136, 1897.

Mell, A ...
Schmetterlingkundliches vom Ural. [Mit Angaben von Reinh. Ed. Hoffmann.] Naturalien-Cabinet, **6**, 292, 1894.

Mella, Carlo Arborio
Di un nuovo genere e di una nuova specie di Fitocoride. Bull. Soc. ent. Ital., **1**, 202—204, Taf. IV (Fig. A farb.), 1869.
— Emitteri del Vercellese. Bull. Soc. ent. Ital., **25**, 346—355, (1893) 1894.

Melland, B ...
Histologie des fibres musculaires striées. [Nach: Quarterly Journal de Lankester.] Bull. scient. Dép. Nord, (2) **7—8 (16)**, 257, 1884—85.

Melle, B ...
Brimstone Butterfly. Sci. Gossip, (**3**) (1867), 119, 1868.
— Bee of Cuba. Sci. Gossip, (**4**) (1868), 47, 1869.

Mellichamp, J ... H ...
Notes on *Sarracenia variolaris*. Proc. Amer. Ass. Sci., **23** (1874), part 2, 113—133, 1875.
— Migration of Butterflies. Amer. Natural., **15**, 577, 1881.

Mellmann, Paul Prof. Dr.
geb. 1856, gest. 14. 5. 1934 in Berlin, Direktor d. Königstädt. Oberrealsch. in Berlin.
— Die geographische Verbreitung der Schweizer Staphylinini. Progr. Städt. Höheren Bürgersch. Berlin, Nr. 108, Wiss. Beil. 1—34, 1890.
[Ref.:] Rätzer, August: Soc. ent., **5**, 107—108, (1890—91) 1890.

Mello de Souza Brandão, & **Menezez**, L ... de
○ Contribucoes para à historia do myosis ou bicheiro das fossas nasales. 4°, Rio de Janeiro, 1875.

Mellor, Thomas
○ *Hadena glauca* [captured]. Naturalist London, **1**, 55, 1865.

Mellusson, F ...
Sphinx pinastri in Suffolk. Entomologist, **28**, 257, 1895.

[**Mel'nikow**, Nikolaj Michailovič] **Мельников**, Николай Михаилович
geb. 14. 7. 1840 in Kasan. — Biogr.: (A. Bogdanov) Material. Gesch. Zool. Russland, **1**, 1 (unn.) S., 1888 m. Porträt & Schriftenverz.
— Beiträge zur Embryonalentwickelung der Insekten. Arch. Naturgesch., **35**, Bd. 1, 136—189, Taf. VIII—XI, 1869.

Meloni, Nicolò
○ Della bachicoltura in Sardegna. Giorn. Indust. serica, **6**, 243—244, 1872 a.
○ Situazione della bachicoltura in Sardegna per rapporto alla produzione del seme. Riv. settim. Bachicolt., **4**, 133—134, 1872 b.
○ L'isolamento e la riproduzione delle razze indigene di bachi da seta. Storia di tre campagne bacologiche in Sardegna. Riv. settim. Bachicolt., **5**, 162—163, 165—166, 1873. — ○ [Abdr.?:] Giorn. Indust. serica, **7**, 322—325, 1873.
○ Della ibernazione delle uova del filugello. Riv. settim. Bachicolt., **8**, 106—107, 109, 1876.
○ Influenza della razza, della ibernazione e della temperatura sullo schiudimento delle uova del filugello. Bacologo Ital., **1**, 44—45, 1878—79.

○ Come sia possibile ottenere sementi di bachi immune dall' atrofia e dalla flaccidezza. Bacologo Ital., **2**, 378—380, 387—389, 393—394, 1879—80.
○ L'incubazione dei semi di bachi svernati a bassa temperatura. Bacologo Ital., **3**, 369—370, 1880—81.

Melsheimer, M[arcellus]
(Beitrag zur Intelligenz der Thiere.) Verh. naturhist. Ver. Preuss. Rheinl., **38** ((4) **8**), Korr. bl. 173—174, 1881.

Melson, G . . . H . . .
Sphinx convolvuli in Warwickshire. Entomologist, **10**, 300, 1877.

Meltendorf,
Winterzucht von Flechtenspinnern. Ent. Ztschr., **7**, 188—194, 1893.

Melvill, A . . . H . . .
Deiopeia pulchella at Folkestone. Entomologist, **13**, 281, 1880.

Melvill, James Cosmo
geb. 1. 7. 1845 in London, gest. 4. 11. 1929 in Shrewsbury, Kaufmann. — Biogr.: (N. D. Riley) Entomologist, **63**, 96, 1930; (F. E. Weiss) Proc. Linn. Soc. London, **142** (1929—30), 211—213, 1931.
○ The Flora of Harrow. With notices of the Birds of the Neighbourhood, by the Hon. F. C. Bridgeman and the Hon. G. O. M. Bridgeman; and of the Butterflies and Moths by C. C. Parr and E. Heathfield. 8°, VI+127 S., 1 Karte, London, Harrow, 1864. — ○ Neue Aufl. VIII +176 S., 1876.
— Melanism in *Xylophasia polyodon.* Sci. Gossip, (4) (1868), 280, 1869.
— Captures in 1869. Entomologist, 5, Nr. 74, II—III, (1870—71) 1870.
— Quill Pens. [Lep.] Entomologist, **5**, 244, (1870—71) 1871.
— Description of *Lycaena Arthurus,* a new European Butterfly. Entomol. monthly Mag., **9**, 263, (1872—73) 1873 a.
[Siehe:] Staudinger, Otto: 290.
— *Vanessa Antiopa.* Sci. Gossip, (8) (1872), 263, 1873 b.
— *Eupithecia Knautiata.* [Mit Angaben von Edward Newman.] Entomologist, **8**, 133—134, 1875.
— Diurni observed in the Streets of Manchester. Entomologist, **12**, 271, 1879.
— *Triphaena pronuba.* Entomologist, **14**, 213, 1881.
— Cannibalism in *Pieris crataegi.* Entomologist, **16**, 15—16, 1883.
— *Charaeas graminis.* Entomologist, **17**, 253—254, 1884.
— On *Hypocephalus Armatus* (Desm.). Proc. lit. phil. Manchester Soc., **25** (1885—86), 223—229, 1886.
— (On seven of the rarest of the Heterocera of Europe.) Proc. lit. phil. Manchester Soc., **26** (1886—87), 54—55, 1887.
— *Noctua sobrina* in Kincardineshire. Entomologist, **22**, 235, 1889 a.
— *Crambus furcatellus* in Sutherlandshire. Entomologist, **22**, 236, 1889 b.
— *Choerocampa nerii.* [Mit Angaben von Richard South.] Entomologist, **24**, 195—196; . . . *nerii* in Britain. 221, 1891.
— [On *Papilio Antimachus* (Drury).] Mem. Manchester lit. phil. Soc., (4) **5**, 90—91, 1892 a.
— [*Chaerocampa Nerii,* the Oleander Hawk Moth near Manchester.] Mem. Manchester lit. phil. Soc., (4) **5**, 96, 1892 b.
— Descriptions of a new butterfly of the genus *Calinaga* from Siam. Trans. ent. Soc. London, **1893**, 121—122, Farbtaf. VII, 1893.
— (The Rhopalocera of New Zealand.) Mem. Manchester lit. phil. Soc., (4) **8**, 84—85, 1894.
— (On *Plusia moneta.*) Mem. Proc. Manchester lit. phil. Soc., (4) **10** (1895—96), 94, 1896.
— (*Calophasia platyptera* Esper in Sussex.) Mem. Proc. Manchester lit. phil. Soc., **41** (1896—97), XXI—XXII, 1897.
— A very unusual variety of *Vanessa urticae* Linn. Mem. Manchester lit. phil. Soc., **43** (1898—99), XXIII, 1900.

Melvill, T . . . Cosmo
Lepidoptera in Lucerne-fields. Sci. Gossip, (4) (1868), 257—258, 1869.

Melville, Mary
Preparatory States of the Common Cockroach. [Mit Angaben von Edward Newman.] Entomologist, **4**, 156, (1868—69) 1868.

Melvin, A . . . D . . .
Local Naturalists. Sci. Gossip, **18**, 73—74, 1882.

Melvin, W . . . F . . .
Papilio polymnestor in Bombay. Journ. Bombay nat. Hist. Soc., **4**, 157, 1889.

Mély, E . . . de
Strabon et le *Phylloxera.* C. R. Acad. Sci. Paris, **116**, 44—45, 1893.

Mély, F . . . de
Traitement des Vignes phylloxérées, par les mousses de tourbe imprégnées de schiste. C. R. Acad. Sci. Paris, **117**, 379—381, 1893.
— Le traitement des vignes phylloxérées, par les mousses de tourbe imprégnées de schistes. C. R. Acad. Sci. Paris, **120**, 67—69, 1895.

Melzer,
○ Der Erbsenkäfer, *Bruchus pisi.* Landw. Mitt. Prag, **1876**, 13, 1876.

Melzer, H . . .
○ Zur Lehre von der Parthenogenesis der Bienen. Dtsch. Forst-Ztg., **1898**, Beil. Nr. 16, 1898.
[Ref.:] Schröder, Christoph: Ill. Ztschr. Ent., **3**, 186—187, 1898.

Memoria Trabajos Comisión Pachuca
○ Memoria de los trabajos ejecutados por la Comisión cientifica de Pachuca . . . dirigida por . . . R. Almaraz . . . 4°, 358 S., 12 Farbtaf., 2 Kart., México, 1865.
[Darin:]
Villada, Manuel Maria: Estudios sobra la Fauna . . . 261—345.
Penãfiel, A . . . & Villada, Manuel Maria: Estudio sobra una nuova especie del género „*Cantharis*".
Villada, Manuel Maria: Catálogo de la colecion de Insectos I. in Pachuca.

Menalda van Schouwenburg, H . . . J . . .
○ De ypenspintkever (*Eccoptogaster Scolytus*) te Dordrecht. Album Natuur, **1871**, 31—32, 1871.

Menault, Ernest
○ Les Insectes considérés comme nuisibles à l'agriculture. Moyens de les combattre. 12°, 275 S., Paris, Furnet; Jouvet & Co., 1866. — [Abdr., z. T.:] Criquets ou sauterelles [Acrididae]. Ann. Soc. Agric. Dordogne, **32**, 354—362, 1871.

— siehe Mégnin, Jean Pierre & Menault, Ernest 1868.
○ [Über den Instinkt der Tiere.] O zmyślności zwierząt. 16°, 166 S., Warszawa, 1872.
○ Les abeilles à l'approche de l'hiver. La Nature, **2**, Bd. 1, 9—10, 1874 a.
○ Les insectes nuisibles devant l'assemblée naturale. La Nature, **2**, Bd. 1, 246—247, 1874 b.

Mendenhall, Nereus
Note on *Mutilla* (*occidentalis* L.). Amer. Natural., **17**, 323—324, 1883.

Mendola, A . . .
○ Qual'è l'effetivo vantaggio della semicoltura delle viti americane resistenti contra la fillossera? Riv. Viticolt. Enolog., **3**, 374—376, 1879.

Mendoza, E . . .
siehe Herrera, Alfonso L . . . & Mendoza, E . . . 1866.

Mène, Ch . . .
Analyses de quelques insectes tinctoriaux. C. R. Acad. Sci. Paris, **68**, 666, 1869 a.
○ Analyse de vers à soie, sains et malades. Insectol. agric., **2**, 360—363, (1868) 1869 b. — [Abdr.?:] Rev. Mag. Zool., (2) **21**, 29—31, 1869.
○ Analyse des soies du commerce. Insectol. agric., **3**, 164—165, 1869 c.

Menegaux, A . . .
Utilisation de la ramie en sériciculture. Naturaliste, (2) **5**, 8, 1891.
— Sur l'Hylésine brillant. C. R. Ass. Franç. Av. Sci., **26**, part. 1, 308—309, 1898.
— Sur la grasserie du ver à soie d' après le travail de Bolle. [Nach: Der Seidenbau in Japan]. Bull. scient. France Belg., **32** ((5) **1**), 201—219, 2 Fig., 1899 a.
— Sur un curieux parasite du ver à soie, (*Ugimyia sericariae* Rondani), d'après les recherches de Sasaki. Bull. scient. France Belg., **32** ((5) **1**), 333—340+1 (unn., Taf. Erkl.) S., Taf. IV, 1899 b.

Menegaux, A . . . & **Cochon**, J . . .
Sur la biologie de l'Hylésine brillant. C. R. Acad. Sci. Paris, **124**, 206—209, 1897. — [Abdr.:] Biologie . . . Cosmos Paris, (N. S.) **36** (**46**), 249—250, 1897.

Menezez, L . . . de
siehe Mello de Souza Brandão, & Menezez, L . . . de 1875.

Menge, Franz Anton
geb. 15. 2. 1808 in Arnsberg (Westfahlen), gest. 26. 1. 1880 in Danzig, Oberlehrer u. Prof. in Danzig. — Biogr.: (B. Ohlert) Schr. naturf. Ges. Danzig, (N. F.) **5**, H. 1—2, XXXX—XXXXVIII, (1881—83) 1881; (N. F.) **8**, H. 2, 97—98, (1892—94) 1893; (P. Bonnet) Bibliogr. Araneorum, 35—36, 1945 m. Porträt.
— Ueber ein Rhipidopteron und einige andere im bernstein eingeschlossene tiere. Schr. naturf. Ges. Danzig, (N. F.) **1**, H. 3—4, [Beitrag 3], 1—8, 22 Fig., 1866.
[Sonderdr.:] Beigabe zu: Preussische Spinnen. 1866. 8°, 1 (unn.) + 8 S., 22 Fig., Danzig, Druck A. W. Kafemann, 1866.
— Ueber eine im bernstein eingeschlossene *Mermis*. Schr. naturf. Ges. Danzig, (N. F.) **3**, H. 1, [Beitrag 5], 1—2, 1 Fig., (1875) 1872.

Mengel, Levi Walter Scott Dr.
geb. 27. 9. 1868? in Reading? (Pennsylv.), gest. 3. 2. 1941 in Reading (Pennsylv.), Direktor d. Mus. u. d. Kunstgalerie in Reading (Pennsylv). — Biogr.: Ent. News, **52**, 90, 178—180, 1941; „In Memoriam" Reading Teachers' Ass., 1—23, 1941.
— siehe Skinner, Henry & Mengel, Levi Walter 1893.
— Description of a new species of *Myscelia* from Western Mexico. Ent. News, **5**, 96, 1894.
— Four New Species of Butterflies from South America. Ent. News, **10**, 166—168, Taf. V, 1899.

Menger, H . . .
Insektenleben auf der Eiche. Naturfr. Eschweiler, **1**, 188—190, 1890.

Ménier,
Note sur le *Sylvanus sexdentatus* Fab. et son invasion dans le bourg de Riaillé. Ann. Soc. Acad. Nantes, (5) **7**, 222—228, 1 Taf. (unn.), 1877.

Ménier, Ch . . .
(*Xestobium rufovillosum*.) Bull. Soc. Sci. nat. Ouest, **10**, XX, 1900.

Ménière, C . . .
○ Observation sur la tribu des insectes Vésicants en Anjou. Bull. Soc. Méd. Angers, (N. S.) **1** (1864), 54—59, 1865.

Ménine,
○ Note sur une Noctuelle [*Noctua ruris*]. Bull. Acad. Agric. Poitiers, **1872**, 87—96, 1872.

Mense, C . . .
Chininglycerin und andere äussere Mittel gegen Mükkenstiche und Malaria. Arch. Schiffs- u. Tropenhyg., **4**, 14—15, 1900.

Menshootkin, Boris M . . .
On some Butterflies occurring in the government of St. Petersburg. Entomologist, **27**, 183—184, 1894 a.
— A variety of *Argynnis aglaia*, L. Entomologist, **27**, 329—331, 1 Fig., 1894 b.
— Meteorological and other conditions influencing the appearance of moths. Entomologist, **29**, 101—103, 1896.
— Aberrations of Lepidoptera captured in 1896. Entomologist, **30**, 79—80, 1897.

Menudier, [A . . .]
○ Expériences faites dans le vignoble de Mr. Chansseronge à Colombiers par le Comice agricole de Saintes (Charente-Inférieure). Messag. Midi, **1875**, 121—123, 1875.
○ Expériences contre le *Phylloxera*. Journ. Agric., **3**, 256—258, 1877 a.
○ Sur la submersion des vignes. Journ. Agric., **4**, 164, 1877 b.
○ Instructions sur les moyens pratiques de combattre le *Phylloxera*, de constituer des vignobles à racines résistantes et de détruire la Pyrale. 8°, 16 S., Saintes, impr. Hus, 1878 a.
○ Les insecticides et les cépages américains. Journ. Agric., **2**, 140—141, 1878 b.
— (Lutte entreprise contre le phylloxera dans la Charente-Inférieure.) Journ. Agric. prat. Paris, **43**, Bd. 2, 340, 1879.
— Bezüglich der Mittel gegen die *Phylloxera*. [Nach: Weinlaube, **18**, 224, 1886.] Zbl. Agrik.-Chem., **15**, 645—646, 1886.

Mény, Ch . . .
Ver à soie de l'ailante. Réussite de son élevage. Rev. Séricicult. comp., **1864**, 198—199, 1864.

Menzbier, M . . . A . . .
Über das Kopfskelet und die Mundwerkzeuge der Zweiflügler. Bull. Soc. Natural. Moscou, **55**, Teil 1, 8—71, Taf. II—III, 1880.

Menzel, August Prof.
geb. 1810 in Bayreuth, gest. 16. 12. 1878 in Zürich, Lehrer in Zürich. — Biogr.: Mitt. Schweiz. ent. Ges., **5**, 492—494, (1880) 1879 m. Schriftenverz.
— Zur Geschichte der Biene und ihrer Zucht. [Darin S. 35—48:] François Huber von Genf. Neujahrsbl. naturf. Ges. Zürich, **67**, 1—48, 1 Taf. (unn.), 1865.
— Die Bienenkultur der Schweiz. [In:] Allgem. Beschreibung und Statistik der Schweiz, 187—257, Brugg, Druck Fisch; Wild & Co., 1869 a.
— Die Biene in ihren Beziehungen zur Kulturgeschichte und ihr Leben im Kreislaufe des Jahres. Neujahrsbl. naturf. Ges. Zürich, **71**, 1—78, 1 Taf. (unn.), 1869 b.
— Ordnungszustände im Bienenstaat. Ver. bl. Westfäl.-Rhein. Ver. Bienen- u. Seidenzucht, **22**, 164—165, 1871.

(Menzer,)
Kriegslist gegen die Wespen. Wien. ill. Gartenztg., **18** (**25**), 353, 1893.

Mer, Émile
Moyen de préserver les boids de la vermoulure. C. R. Acad. Sci. Paris, **117**, 694—696, 1893; Nouvelles recherches sur un moyen des préserver la bois de Chêne de la vermoulure. **127**, 1252—1255, 1898. — ○ [Abdr.?:] Ann. agron., **25**, 16—?, 1899. — [Abdr.?:] Cosmos Paris, (N. S.) **40** (**48**), 56—57, 1899.
[Ref.:] Wrampelmeyer,: Neue Untersuchungen eines Mittels um Holz vor dem Wurmstich zu schützen. Zbl. Agrik.-Chem., **29**, 34—35, 1900.

Mera, Arthur William
geb. 1849? in Hammersmith, gest. 21. 7. 1930. — Biogr.: (H. J. Turner) Entomol. Rec., (N. S.) **42**, 143—144, 1930; Entomologist, **63**, 264, 1930; Naturalist London, **1930**, 37—38, 1931.
— Lepidoptera attracted by Electric light. [Mit Angaben von J. T. C(arrington).] Entomologist, **14**, 160—161, 1881.
— (Rearing *Lasiocampa quercifolia*.) Entomol. Rec., **1**, 66—67, (1890—91) 1890.
— (Retardation in the Pupal Stage producing Variation.) Entomol. Rec., **2**, 36, 1891 a.
— (*Nonagria concolor* in Suffolk.) Entomol. Rec., **2**, 257, 1891 b.
— siehe Newman, William & Mera, Arthur William 1891.
— (Variation of *H[adena] pisi*.) Entomol. Rec., **3**, 125, 1892.
— siehe Mason, J . . . & Mera, Arthur William 1893.
— siehe Tutt, James William & Mera, Arthur William 1895.
— (Varieties of *Hybernia defoliaria*.) [Mit Angaben von T. Maddison, W. M. Christy.] Entomol. Rec., **7**, 202, (1895—96) 1896.
— *Amphidasys betularia* var. *doubledayaria* in the London District. Entomologist, **30**, 200, 1897 a.
— (*Abraxas grossulariata* in the winter.) Entomol. Rec., **9**, 61, 1897 b.
— (*Amphidasys betularia* ab. *doubledayaria* at Forest Gate.) Entomol. Rec., **9**, 181, 1897 c.
— [Varieties of Lepidoptera.] Proc. S. London ent. Soc., **1896**, 70—71, [1897] d.
— Rapid Metamorphosis of *Drepana falcataria* (*Platypteryx falcula*). Entomologist, **31**, 220, 1898 a.
— (*Taeniocampa opima* in the London district.) Entomol. Rec., **10**, 230, 1898 b.
— siehe Christy, William Miller & Mera, Arthur William 1898.
— (Breeding *Camptogramma fluviata*.) Entomol. Rec., **11**, 110, 1899 a.
— Stoutness of walls of cocoon of *Eriogaster lanestris*. Trans. City London ent. nat. Hist. Soc., **1898** (1897—98), 5, [1899] b.
— (*Cabera pusaria* ab. *rotundaria* and a parallel ab. of *C. exanthemaria*.) [Mit Angaben von T. Maddison, J. C. Moberly.] Entomol. Rec., **12**, 21—22, 1900 a.
— (Erratic emergence of Domesticated *Spilosoma lubricipeda* var. *radiata*.) Entomol. Rec., **12**, 131, 1900 b.
— (*Laphygma exigua* in South Devon.) Entomol. Rec., **12**, 347, 1900 c.
— *Spilosoma lubricipeda*. [Mit Angaben von Tutt, Raynor, Bacot, Dadd.] Trans. City London ent. nat. Hist. Soc., **9** (1898—99), 7—8, 1900 d.
— Notes on *Spilosoma lubricipeda*. Trans. City London ent. nat. Hist. Soc., **9** (1898—99), 29—32, 1900 e.

Mera, Arthur William; **Wooley**, H . . . S . . . & **Hart**, E . . . Percival
Deiopeia pulchella in 1892: Additional Records. [Mit Angaben von W. T. Pearce.] Entomologist, **25**, 191, 1892.

Mercanti, F . . .
○ Gli animali parassiti dell' uomo. 16°, 179 S., 33 Fig.(?), Milano, Höpli, 1894.
[Ref.:] Zbl. Bakt. Parasitenk., **19**, Abt. 1, 358, 1896.

Mercer, A . . .
Death's Head Larvae. Sci. Gossip, (**3**) (1867), 262, 1868.

Mercer, W . . .
Erebia Ligea at Margate. Entomologist, **8**, 198, 1875.

Mercer, William Fairfield
The Development of the Wings in the Lepidoptera. Journ. N. York ent. Soc., **8**, 1—20, Taf. I—V, 1900.

Merchant, J . . . W . . .
Oyster-shell Bark-lice in Mississippi; Apple-tree Root-louse. [Mit Angaben von C. V. Riley.] Amer. Entomol., **2**, 302—303, 1870 a.
— Nest of the Bald-faced Hornet. Amer. Entomol., **2**, 303, 1870 b.

Mercolini, L . . .
○ Guardate il baco: precetti di bachicoltura razionale. 2. Aufl. 8°, 106 S., Fermo, tip. G. Mecchi, 1878.

Meredith, Louisa Anne
geb. 20. 7. 1812 in Hampstead, gest. 21. 10. 1895 in Melbourne b. Birmingham. — Biogr.: Austral. Encycl., **2**, M—Z, 57, 1926; (M. Swann) Journ. Proc. R. Austral. Hist. Soc., **15**, 1—29, 1929; (A. Musgrave) Bibliogr. Austral. Ent., 222, 1932.
○ Tasmanian Friends and Foes. Feathered, Furred, and Finned. A Family Chronicle of Country Life, Natural History, and Veritable Adventure. 8°, 259 S., ? Fig., 8 Farbtaf., London, 1880. — ○ 2. Aufl. 1881.
○ Last Series. Bush Friends in Tasmania, Native Flowers, Fruits and Insects, Drawn from Nature, with free descriptions and illustrations in Verse. 2°, VI + 76 S., 12 Farbtaf., London, 1891.

Mérice,
Culture du Ver à soie en Amérique. [Nach Romulus Bonhomme in: Revue mensuelle Washington, 1872.] Bull. Soc. Acclim. Paris, (2) **10**, 387—388, 1873.

Mériel, Pierre de
Machine à vapeur pour les pulvérisations insecticides. La Nature, (2) **3** (**27**), Sem. 2, 215, 1 Fig., 1899.

Méritan, E ...
siehe Jouve, A ... & Méritan, E ... 1870.
— siehe Jouve, A ... & Méritan, E ... 1872.
— siehe Jouve, A ... & Méritan, E ... 1874.

Merkel, August
geb. 8. 7. 1837 in Einbeck, gest. 19. 8. 1897 in Brooklyn. — Biogr.: (O. Dietz) Ent. News, **8**, 184, 1897.
— (The Formation of New Genera.) Ent. News, **5**, 253—254, 1894.

Merkel, Friedrich Siegismund
geb. 1845.
— Ueber die Contraction der gestreiften Muskelfaser. Arch. mikr. Anat., **19**, 649—702, Taf. XXX, 1881.

Merkel, L ...
Anstrich für Klebgürtel gegen Frostspanner. Ill. Mh. Obst- u. Weinbau, (N. F.) **8**, 219—221, 1872.

Merkl, Ede
Egyes adatok a *Phryganophilus ruficollis* életrajzához. Természetr. Füz., **2**, 114—115; [Dtsch. Zus.fassg.:] Beitrag zur Lebensweise des *Phryganophilus ruficollis.* 179, 1878.
— Az *Anophthalmus milleri.* Friv. eddigi lelhelyei. Természetr. Füz., **3**, 112—114; [Dtsch. Zus.fassg.:] Ungarische Fundorte der Käfergattung *Anophthalmus.* 185, 1879.
— [Über die Art des Eierlegens der Caraben.] A Carubusok peterakási módjáról. Rovarászati Lapok, **1**, 171—173, 1883 a.
— [Ratschläge zum Sammeln.] Gyüjtési tanácsok. Rovarászati Lapok, **1**, 186—188, 1883 b.
— [*Phosphuga* var. *alpicola* Küst. als Feindin der Alpenweiden.] *Phosphuga* var. *alpicola* Küst. mint a havasi legelök ellensége. Rovarászati Lapok, **1**, 207—208, 1883 c.
— A tömegesen fellépö rovarok ellenségei. Rovart. Lapok, **4**, 23—24; [Dtsch. Zus.fassg.:] Die Feinde der massenhaft auftretenden Insekten. (Auszug) 3, 1897 a.
— A gyüjtési kedv fokozása. Rovart Lapok, **4**, 28—31; [Dtsch. Zus.fassg.:] Die Steigerung der Sammellust. (Auszug) 3, 1897 b.
— A *Carabus*-álczák színe. Rovart. Lapok, **4**, 77—78; [Dtsch. Zus.fassg.:] Farbe der *Carabus*-Larven. (Auszug) 8, 1897 c.
— A *Procerus gigas.* Rovart. Lapok, **4**, 111; [Dtsch. Zus.fassg.:] (*Procerus gigas* Cr.) (Auszug) 10, 1897 d.
— Két kihaló bogárfaj. Rovart. Lapok, **4**, 127—128; [Dtsch. Zus.fassg.:] Zwei aussterbende Käferarten. (Auszug) 11, 1897 e.
— A *Xylosteus spinolae.* Rovart. Lapok, **4**, 154—155; [Dtsch. Zus.fassg.:] (*Xylosteus spinolae.*) (Auszug) 14, 1897 f.
— A gyüjtés keleten. Rovart. Lapok, **4**, 166—169; [Dtsch. Zus.fassg.:] Das Sammeln im Orient. (Auszug) 15, 1897 g.
— Adalék Biharmegye bogár-faunájához. Rovart. Lapok, **4**, 186—189, 207—210; [Dtsch. Zus.fassg.:] Beitrag zur Käferfauna von Bihar. (Auszug) 17, 19, 1897 h.
— A repczének egy elfeledett ellensége. Rovart. Lapok, **5**, 44; [Dtsch. Zus.fassg.:] (Ein vergessener Raps-Feind.) (Auszug) 4, 1898.
— Nehány érdekes bogárról. Rovart. Lapok, **7**, 85; [Dtsch. Zus.fassg.:] (Ueber einige interessante Coleopteren.) (Auszug) 7, 1900.

Merle,
Die Obstmadenfalle. Pomol. Mh., **41**, 150—151, 1 Fig., 1895.

Merlin, A ... A ... C ... Eliot
Note on Some Recent Observations of the Foot of the House Fly. Journ. Quekett micr. Club, (2) **6**, 146—147, (1894—97) 1895; Further Note ... 348, (1894—97) 1897.
— The Foot of the House Fly. Amer. monthly micr. Journ., **18**, 201—202, 1897.
— Note on the Tracheal Tubes of Insects, etc. Journ. Quekett micr. Club, (2) **7**, 405—406, (1898—1900) 1900.

Merlin, Charles Louis William
gest. 1896.
○ Wasps. Rep. Marlborough nat. Hist. Soc., **1865**, 8—12, 1866.

Merriam, Clinton Hart Dr.
geb. 1856, gest. 19. 3. 1942. — Biogr.: (R. F. Daubunnire) Quart. Rev. Biol., **13**, 327—322, 1938; Ent. News, **53**, 150, 1942; Science, **95**, 318, 1942.
— Ravages of a Rare Scolytid Beetle in the Sugar Maples of Northeastern New York. Amer. Natural., **17**, 84—86, 5 Fig., 1883.

Merrick, E ... C ...
○ Grasshoppers [*Caloptenus spretus*] in the North-west. Field and Forest, **2**, 64—65, 1876—77.

Merrick, J ... M ...
○ The Strawberry and its Culture: with a descriptive catalogue of all known varieties. 12°, 128 S., Boston, Tilton & Co., 1870.
[Ref.:] Rep. Comm. Agric. Washington, **1870**, 523—525, 1871.
— Essai de la cochenille. [Nach: Journ. Anvers.] Journ. Pharm. Chim., (4) **18**, 39—40, 1873.
— Zur Cochenilleprüfung. [Nach: Ztschr. anal. Chemie.] Pharm. Centralhalle Berlin, **18**, 122, 1877.

Merrifield, Frederick
geb. 1831?, gest. 28. 5. 1924 in Brighton, Rechtsanwalt. — Biogr.: Entomol. monthly Mag., (3) **10** (**60**), 156, 1924; Ent. News, **35**, 304, 1924; (E. E. Green) Proc. ent. Soc. London, **1924**, CLXI—CLXII, 1924; (E. B. Poulton) Entomologist, **57**, 239—240, 1924; Entomol. Rec., **36**, 93—94, 1924.
— *Deilephila lineata. Acronycta alni,* &c. in Sussex. Entomol. monthly Mag., **5**, 107, (1868—69) 1868.
— Why certain kinds of Insects are in some years so much more plentiful than in others. Entomologist, **4**, 276—278, (1868—69) 1869.
— Practical suggestions and enquiries as to the method of breeding *Selenia illustraria* for the purpose of obtaining data for Mr. Galton. Trans. ent. Soc. London, **1887**, 29—34; Discuss. Proc. V—VIII, 1887 a.
— Report of Progress in Pedigree Moth-breeding to Dec. 7th, 1887, with observations on some incidental points. Trans. ent. Soc. London, **1887**, Proc. LVIII—LXII, 1887 b; **1888**, 123—136, Taf. V, 1888.
— Information wanted as to *Selenia illunaria,* &c. Entomol. monthly Mag., **24**, 229—230, (1887—88) 1888 a.
— Distribution, time of appearance, habits, size, &c., of the genus *Selenia.* Entomol. monthly Mag., **25**, 38, (1887—88) 1888 b.
— Incidental observations in Pedigree Moth-breeding. Trans. ent. Soc. London, **1888**, Proc. XXXIX—XLIII, 1888 c; **1889**, 79—97, 1889.

— The Cold Summer of 1888, and Double-brooded Moths. Entomologist, **22**, 140—141, 1889. — [Dasselbe:] Effect of the late inclement season on double-brooded moths. Entomol. monthly Mag., **25**, 308, (1888—89) 1889.
— Systematic temperature experiments on some Lepidoptera in all their stages. Trans. ent. Soc. London, **1890**, 131—159, Farbtaf. IV—V; Proc. LX—LXII, 1890 a.
— Conspicuous Effects on the markings and colouring of Lepidoptera caused by exposure of the pupae to different temperature conditions. Trans. ent. Soc. London, **1890**, Proc. XL—XLII, 1890 b; **1891**, 155—168, Farbtaf. IX; Proc. VII—VIII, 1891. — [Abdr. S. 164+167 m. Ergänz.:] Temperature experiments with moths. Psyche Cambr. Mass., **6**, 148—149, (1893) 1891.
— (Temperature and Variation.) Entomol. Rec., **1**, 272—273, (1890—91) 1891 a.
— The effects of artificial temperature on the colouring of several species of Lepidoptera, with an account of some experiments on the effects of light. Trans. ent. Soc. London, **1891**, Proc. XXXIII—XXXVII, 1891 b; **1892**, 33—44, 1892.
— siehe Fenn, Charles & Merrifield, Frederic 1891.
— Double-broodedness: whether influenced by the state of the food- plant? Entomol. monthly Mag., (2) **3** (**28**), 20—21, 1892 a.
— (Effects of Temperature on the Colouring of Lepidoptera.) [Mit Angaben von J. W. Tutt.] Entomol. Rec., **3**, 49—50, 1892 b.
— (Series of *Drepana falcataria.*) Trans. ent. Soc. London, **1892**, Proc. XXIII, 1892 c.
— [Pupae of *Pieris napi* and their surroundings.] Trans. ent. Soc. London, **1892**, Proc. XXX, 1892 d.
— The colouring of *Chrysophanus phloeas* as affected by temperature. Entomologist, **26**, 333—337, 1893 a.
— *Aporia crataegi* introduced. [Mit Angaben von R. McLachlan.] Entomol. monthly Mag., (2) **4** (**29**), 163—164, 1893 b.
— The effects of temperature in the pupal stage on the colouring of *Pieris napi, Vanessa atalanta, Chrysophanus phloeas,* and *Ephyra punctaria.* Trans. ent. Soc. London, **1893**, 55—67; Proc. XXXVI—XL, Farbtaf. IV, 1893 c.
— (Effects of temperature on *Vanessa c-album.*) Trans. ent. Soc. London, **1893**, Proc. XXVIII—XXIX, 1893 d.
— (Low temperature forms of *Vanessa atalanta.*) Trans. ent. Soc. London, **1893**, Proc. XXXIV, 1893 e.
— *Aporia crataegi* introduced at Windsor. Entomol. monthly Mag., (2) **5** (**30**), 112, 1894 a.
— (*Vanessa atalanta,* L.) Proc. S. London ent. Soc., **1892—93**, 60—61, [1894] b.
— Temperature Experiments in 1893 on several species of *Vanessa* and other Lepidoptera. Trans. ent. Soc. London, **1894**, 425—438, Taf. IX, 1894 c.
— [Hybrids of Lepidoptera.] Trans. ent. Soc. London, **1894**, Proc. XXXV, 1894 c.
— *Aphomia sociella.* Entomol. monthly Mag., (2) **6** (**31**), 95—96, 1895.
— in Standfuss, Maximilian (1894) 1895.
— (Hybernation of *Pyrameis atalanta.*) Entomol. Rec., **8**, 169, 1896 a.
— (Temperature experiments on *Gonepteryx rhamni* and *Vanessa atalanta.*) Trans. ent. Soc. London, **1896**, Proc. XXV—XXVII, 1896 b.
— (A number of bred specimens.) [Mit Angaben von Tutt.] Proc. S. London ent. Soc., **1896**, 41—42, [1897] a.
— (*Cordyceps* growing from a Cicada larva.) Trans. ent. Soc. London, **1897**, Proc. VIII, 1897 b.
— (Results of temperature experiments on Lepidoptera.) Trans. ent. Soc. London, **1897**, Proc. XVIII—XX, XLVIII, 1897 c.
— (*Attacus ricini* in Lombardy.) Entomol. Rec., **10**, 204, 1898 a.
— Recent Examples of the Effect on Lepidoptera of Extreme Temperatures applied in the Pupal Stage. Proc. S. London ent. Soc., **1897**, 69—72, [1898] b.
— (Results of temperature experiments on lepidopterous pupae.) Trans. ent. Soc. London, **1898**, Proc. XXXIV, 1898 c.
— (The Colouring of Pupae of *P[apilio] machaon* and *P. napi* caused by the exposure to coloured surroundings of the larvae preparing to pupate.) [With remarks of Mr. Bateson and Prof. Poulton.] Trans. ent. Soc. London, **1898**, Proc. XXX—XXXIII, 1898 d.
— Gradual formation of pigment on the dark pupa of *Papilio machaon.* Entomol. Rec., **11**, 262—264, 1899 a.
— (Lepidoptera from Italy.) Trans. ent. Soc. London, **1899**, Proc. X, 1899 b.
— (*Hemaris bombyliformis* with wings covered with scales.) Trans. ent. Soc. London, **1899**, Proc. XV, 1899 c.
— Experiments on the colour-susceptibility of the pupating larva of *Aporia crataegi,* and on the edibility of its pupa by birds. Entomol. monthly Mag., (2) **11** (**36**), 186—187, 1900 a.
— Larvae of *Deilephila euphorbiae.* Entomol. Rec., **12**, 320—322, 1900 b.
○ On Instincts which in some Insects Produce Results Corresponding with those of the Moral Sense in Man. South-East. Natural., **5**, 22—29, 1900 c.
○ On the Colour of Pupae in Relation to their Surroundings. South-East. Natural., **5**, 30—31, 1900 d.
— (Green and Dark forms of pupae of *Papilio machaon.*) Trans. ent. Soc. London, **1900**, Proc. X, 1900 e.
— (Variety of *Argynnis dia.*) Trans. ent. Soc. London, **1900**, Proc. XVIII, 1900 f.

Merrifield, Frederick & **Chapman**, Thomas Algernon
(Note on pupal and imaginal wings of *Aporia crataegi.*) Trans. ent. Soc. London, **1900**, Proc. IX—X, XXIII—XXV, 1900.

Merrifield, Frederick & **Dixey**, Frederick Augustus
(Temperature experiments on *Limenitis sibylla.*) Trans. ent. Soc. London, **1895**, Proc. X—XIII, 1895.

Merrifield, Frederick & **Poulton**, Edward Bagnall
The Colour-relation between the pupae of *Papilio machaon, Pieris napi* and many other species, and the surroundings of the larvae preparing to pupate, etc. Trans. ent. Soc. London, **1899**, 369—433, 1899.

Merrifield, Frederick & **Tutt**, James William
(Hybernation of *Pararge egeria.*) Entomol. Rec., **8**, 168—169, 1896.

Merriman, H . . . H . . .
Forcing Pupae. Entomologist, **19**, 68—69, 1886.

Merrin, Joseph
geb. 1822? in London, gest. 23. 3. 1904 in Gloucester. — Biogr.: Entomol. monthly Mag., (2) **15** (**40**), 112, 1904; Entomol. Rec., **16**, 192, 1904; Leopoldina, **41**, 39, 1905.
— Preservation of Larvae. Entomologist, **2**, 177—178, (1864—65) 1865 a.
— *Acherontia Atropos*: males and barren females bred. Entomologist, **2**, 325, (1864—65) 1865 b.

— *Macroglossa Stellatarum.* Entomologist, **2**, 328, (1864—65) 1865 c.
— Prior Appearance of Male or Female, &c. Entomologist, **3**, 50—52, (1866—67) 1866.
— A Plague of Ants. Entomologist, **3**, 299—301, (1866—67) 1867 a.
— Food-plants of the larger Nocturni. Entomologist, **3**, 345, (1866—67) 1867 b.
— Is *Minoa Euphorbiata* double-brooded? Entomologist, **3**, 346, (1866—67) 1867 c.
— *Xylomiges conspicillaris* near Gloucester. Entomologist, **4**, 78, (1868—69) 1868 a.
— Notes on *Lycaena Arion.* Entomologist, **4**, 104—105, (1868—69) 1868 b.
— *Acidalia ornata:* retarding effect of heat. Entomologist, **4**, 126, (1868—69) 1868 c.
— The Early Season. [Lep.] Entomologist, **4**, 233, (1868—69) 1869 a.
— Eggs of *Polyommatus Arion.* Entomologist, **4**, 301—303, (1868—69) 1869 b.
— Contribution towards a Life-History of *Lycaena Arion.* Entomologist, **5**, 139—140, (1870—71) 1870 a.
— Fly-parasite on *Chelonia caja.* [Mit Angaben von E. Newman.] Entomologist, **5**, 146—147, (1870—71) 1870 b.
— *Choerocampa Celerio* and *Vanessa Antiopa* at Cheltenham. Entomologist, **5**, 173, (1870—71) 1870 c.
— Impregnation of *Vanessa Polychloros.* Entomologist, **5**, 178—179, (1870—71) 1870 d.
— Exchanging. [Mit Angaben von Edward Newman.] Entomologist, **5**, 266—267, (1870—71) 1871 a.
— *Stauropus Fagi* on the Cotswolds. Entomologist, **5**, 320, (1870—71) 1871 b.
— *Lycaena arion* in the Cotswolds. Entomol. Rec., **9**, 101—103, 1897 a.
— (Note on *Callimorpha dominula.*) Entomol. Rec., **9**, 153—154, 1897 b.
— (Hybernation of *Eugonia polychloros.*) Entomol. Rec., **9**, 328—329, 1897 c.
— (Aberrations of Diurni.) Entomol. Rec., **9**, 332, 1897 d.
— (Note on *Drepana binaria.*) Entomol. Rec., **9**, 335, 1897 e.
— On the habits and aberrations of *Melitaea aurinia.* Entomol. Rec., **10**, 31—32, 1898 a.
— (Early emergences.) Entomol. Rec., **10**, 79, 1898 b.
— The „Extinct" *Chrysophanus dispar.* Entomol. Rec., **11**, 208—209, 1899.

Merryweather, M . . .
Larva of the Emperor Moth. [Nach: Young England.] Entomologist, **2**, 96, (1864—65) 1865.

Merryweather, R . . .
Captures near Hartlepool. Entomol. monthly Mag., **1**, 144, (1864—65) 1864.

Mertens, R . . .
○ Der Haselnussbohrer. Ill. Gartenztg. Erfurt, **6**, 88, 1892.
— Neues Verfahren zum Fangen der Maikäfer. Mbl. Obstbau, **7**, 49—50, 1 Fig., 1899.

Mertz, Arthur
(*Urapterix Sambucaria.*) Insektenbörse, **6**, Nr. 22, 1889.

Mervoyer,
○ Emploi pour la destruction des insectes, des eaux de l'avage obtenue dans l'épuration des huiles. Bull. Ass.scient. France, **18**, 254—255, 1876 a.
○ [Note sur l'emploi pour la destruction des insectes, des eaux de l'avage obtenues dans l'épuration des huiles.] C. R. Acad. Sci. Paris, **83**, 92—93, 1876 b.

Merz, G . . .
Maßregeln gegen den Fichten-Rüsselkäfer (*Curculio Pini*). Allg. Forst- u. Jagdztg., (N. F.) **63**, 443—444, 1887.

Meschede, F . . .
○ Ein Fall von Erkrankung, hervorgerufen durch verschluckte und lebendig im Magen verweilende Maden. Arch. prakt. Anat., **36**, 300—301, 1866.

Meschinet, J . . . de
○ Le *Phylloxera.* Rapport lu à la chambre consultative d'agriculture des Deux-Sèvres. 8°, 28 S., Niort, impr. Favre, 1875.

Meske, Otto von
geb. 5. 2. 1837 b. Königsberg, gest. 13. 8. 1890 in Albany. — Biogr.: Ent. Amer., **6**, 180, 1890.
— Ueber den nächtlichen Betrieb der Schmetterlingsjagd in Nordamerika. Ent. Nachr. Putbus, **4**, 75—77, 1878.

Mesmin, L . . .
Nécrologie. (J. Croissandeau.) Misc. ent., **3**, 47—48, 1895.

Mesmin, Louis
Chasse dans les lieux inondés, aux environs de Poitiers. Feuille jeun. Natural., **6**, 89, (1875—76) 1876 a.
— Moeurs de la *Myrmedonia collaris.* Feuille jeun. Natural., **6**, 118—119, (1875—76) 1876 b.
[Engl. Übers.:] Habits of *Myrmedonia collaris.* Entomol. monthly Mag., **13**, 64—65, (1876—77) 1876.

Mesnil, Eug . . . du
Sur l'emploi de l'outil désigné sous les noms de dame ou pilon, pour combattre le *Phylloxera* et cultiver la vigne. C. R. Acad. Sci. Paris, **79**, 461, 1874.
○ *Phylloxera.* Emploi de l'outil appelé dame pour prévenir les ravages des insectes et la croissance des herbes parasites. 8°, 12 S., Dijon, impr. Durantière, 1875.
— Sur le dépérissement des vignobles de la Côte-d'Or. C. R. Acad. Sci. Paris, **83**, 817, 1876.

Mesnil, Felix
geb. 1868, gest. 1938. — Biogr.: (M. Caullcry) Bull. biol. France Belg., **72**, [4 S.], 1938 m. Porträt; (C. Jogeur) Riv. Parasit., **2**, 250—251, 1938 m. Porträt; (C. Raubaud) Bull. Soc. Pathol. exot., **31**, 173—177, 1938 m. Porträt; Arch. Inst. Pasteur Algerie, **16**, 1—2, 1938.
— Coccidies et paludisme. Première partie: Cycle évolutif des Coccidies. Rev. gén. Sci. pur. appl., **10**, 213—224, 10 Fig.; . . . Deuxième partie: L'hématozoaire du paludisme. 275—285, 9 Fig., 1899.
— Quelques remarques au sujet du „Déterminisme de la métamorphose". C. R. Mém. Soc. Biol. Paris, **52**, C. R. 147—150, 221, 1900.
[Siehe:] Giard, Alfred: 131—134.

Messea, A . . .
○ Contribuzione allo studio degli Ortotteri romani. Lo Spallanzani, **19**, 407—421, 1891.

Messikommer, Jacob
○ Ein Feind der Obstbäume. Schweiz. landw. Ztg., H. 2, 1878 a.
— Beobachtungen am Bienenstande. Schweiz. landw. Ztschr., **6**, 271—273, 1878 b.

Mestayer,
(Remarks on Formol.) Trans. Proc. N. Zealand Inst., **30** ((N. S.) **13**) (1897), 556, 1898.

Mestre, Gaston
De l'exploration des grottes au point de vue entomologique. Bull. Soc. Hist. nat. Toulouse, **13**, 22—34, 1879.
[Darin:]
Abeille de Perrin, Elzéar: Tableau synoptique des *Trechus* aveugles français. 30—34.

Mestre, P . . . P . . .
○ Quelques mots sur le phylloxera. 12°, 15 S., Montpellier, impr. Martel aîné, 1875.

Metalnikoff, S . . . siehe Metal'nikov, S . . . I . . .

[**Metal'nikov,** S . . . I . . .] **Метальниковъ,** С . . . И . . .
○ (Sur les organes excréteurs de quelques insectes.) О выделительнихъ органахъ некоторыхъ насекомыхъ. [Russ.] Bull. Acad. Sci. St. Pétersb., (5) **4**, 57—72, 1 Farbtaf. (unn.), 1896 a.
○ (Sur l'absorbtion de fer par le tube digestif de la Blatte (*Blatta orientalis*). О поглощніи солей железа пищеварительнымъ каналомъ таракана (*Blatta orientalis*). [Russ.] Bull. Acad. Sci. St. Pétersb., (5) **4**, 495—497, 2 Fig., 1896 b.

Metaxas, Constantin C . . .
Les sauterelles en Irak-Arabi et leur extermination. Rev. Sci. nat. appl. Paris (Bull. Soc. Acclim. Paris), **37**, 584—590, 1890.

Metcalf, Maynard M . . .
Hearing in Ants. Science, (N. S.) **11**, 194, 1900.

Metlitzky, Heinrich
Die Mayr'sche Nonnenfackel. Oesterr. Forst-Ztg., **10**, 124, 1 Fig. [S. 126], 1892.

Metschnikoff, Elias siehe Mečnikov, Il'i Il'ič

Metschnikow, Elias siehe Mečnikov, Il'i Il'ič

Mettica, Ettore & **Mattei,** Giovanni Ettore
Note entomologiche (*Deilephila* del l'Oleandro). Boll. Natural. Siena (Riv. Ital. Sci. nat.), **8**, 154, 165—166, 1888.

Metz, Ernst
Phylloxera vastatrix und Engerlinge. Gartenfr. Wien, **8**, 9—11, 1875.

Metzger,
Vertilgung der Schildlaus. Dtsch. landw. Pr., **17**, 392, 416, 1890.

Metzger, A . . .
Beitrag zur Käferfauna des ostfries. Küstenrandes und der Inseln Nordernei und Juist. Kl. Schr. naturf. Ges. Emden, **12**, 3—14, 1867; Zweiter Beitrag . . . Jahresber. naturf. Ges. Emden, **53** (1867), Beil. 1—7, 1868.
— Nachträge zur Fauna von Helgoland. Bemerkungen und Nachträge zu Prof. Dr. K. W. v. Dalla Torre's Schrift „Die Fauna von Helgoland." Zool. Jb. Syst., **5**, 907—919, 1891.
— Aus meinen Nonnen-Studien. Münden. forstl. Hefte, H. 5, 92—102, 1894.
— Forstentomoloische Mittheilungen [*Hylesinus, Pimpla & Liparis*]. Münden, forstl. Hefte, H. 12, 59—72, 1897.

Metzger, A . . . & **Müller,** Nicolaus Jacob Carl
Die Nonnenraupe und ihre Bakterien. Untersuchungen ausgeführt in den zoologischen und botanischen Instituten der königl. preussischen Forstakademie Münden. Münden. forstl. Hefte, Beih. 1, V + 1 (unn.) + 160 + 1 (unn.) + 49 (unn., Taf.Erkl.) S., 45 Taf., 1895.
[Ref.:] Eckstein, Karl: Ztschr. Forst- u. Jagdwes., **28**, 74—77, 1896.

Metzger, Anton
geb. 21. 1. 1832 in Wien, gest. 24. 1. 1914 in Wien, Sparkassenbeamter in Wien. — Biogr.: (H. Rebel) Verh. zool.-bot. Ges. Wien, **64**, 164—167, 1914 m. Porträt & Schriftenverz.
— Beschreibung der Raupe von *Dyschorista Suspecta* Hb. ab. *Iners* (Tr.) Germ. Jahresber. Wien. ent. Ver., **2** (1891), 19—21, 1892 a.
— Beitrag zur Lepidopteren-Fauna von Weyr in Oberösterreich (an der Eisenbahnlinie Amstetten — Klein-Reifling). Jahresber. Wien. ent. Ver., **2** (1891), 13—17, 1892 b; . . . Oberösterreich (I. Nachtrag). **10** (1899), 63—67, 1900.
— Beitrag zur Lepidopteren-Fauna von Friesach in Kärnthen. Jahresber. Wien. ent. Ver., **3** (1892), 27—35, 1893; Nachtrag zur Lepidopteren-Fauna . . . **5** (1894), 29—32, 1895; Nachtrag II zur Lepidopteren-Fauna . . . **7** (1896), 23—24, 1897.
— Das Weissbriachthal im Salzburg'schen, ein neuer Fundort von *Erebia Arete* F. Jahresber. Wien. ent. Ver., **4** (1893), 29—30, 1894 a.
— Beiträge zur Lepidopteren-Fauna von Millstadt in Kärnthen. Jahresber. Wien. ent. Ver., **4** (1893), 31—35, 1894 b.
— Beschreibung der Raupe von *Hypopta Caestrum* Hb. Jahresber. Wien. ent. Ver., **5** (1894), 25—26, 1895.
— *Melanargia Galathea* aberr. *Amarginata* mihi. Jahresber. Wien. ent. Ver., **8** (1897), 21, Farbtaf. I (Fig. 1—2), 1898 a.
— *Melanargia Galathea* ab. *Galene* O. (absque *ocellis*). Jahresber. Wien. ent. Ver., **8** (1897), 23, Farbtaf. I (Fig. 3), 1898 b.
— Beitrag zur Macrolepidopterenfauna von Raibl in Ober-Kärnten und Preth in Istrien. Jahresber. Wien. ent. Ver., **8** (1897), 31—45, 1898 c.

Metzler, Georg
geb. 10. 3. 1863, gest. 21. 12. 1880 in Frankfurt a. M. — Biogr.: (G. Kraatz) Dtsch. ent. Ztschr., **25**, 339—340, 1881; (Weinmann) Ann. Soc. ent. Belg., **1881**, XIII—XIV, 1881.
— Ueber die europäischen *Melolontha*-Arten. Dtsch. ent. Ztschr., **26**, 229—234, 1882.

Meunier, Albin
Méthode générale de traitement des maladies à microbes et à parasites chez les hommes, les animaux et les végétaux. Ann. Soc. Agric. Lyon, (5) **10** (1887), 177—191, 1888.

Meunier, Fernand Anatole Prof. Dr.
geb. 23. 4. 1868, gest. 13. 2. 1926. — Biogr.: Ent. News, **37**, 312, 1926; Bull. Soc. ent. France, **1926**, 65, 1926.
— Tératologie entomologique. Feuille jeun. Natural., **17**, 131, (1886—87) 1887.
— La chasse aux Bourdons. Feuille jeun. Natural., **18**, 54, (1887—88) 1888 a.
— Cas de Cyclopie chez un Hyménoptère. Feuille jeun. Natural., **19**, 21, (1888—89) 1888 b.
— Eumenidae. Natural. Sicil., **7** (1887—88), 150—151, 1888 c.
[Siehe:] Handlirsch, Anton: **8** (1888—89), 63—66, (1889) 1888.
— Megachillidae. Natural. Sicil., **7** (1887—88), 152, 1888 d.
[Siehe:] Handlirsch, Anton: **8** (1888—89), 63—66, (1889) 1888.

— Tableau dichotomique des Espèces, variétés Belges du Genre *Bombus*, Latreille. Natural. Sicil., **7** (1887—88), 173—175; ... genre *Psithyrus*, Lepelletier de St. Fargeau. 175—176, 1888 e.
[Siehe:] Handlirsch, Anton: **8** (1888—89), 63—66, (1889) 1888.
— Prodrome pour servir à la monographie des Espèces variétés Belges, du Genre *Bombus*, Latreille. Natural. Sicil., **7** (1887—88), 195—200, 245—253, 1888 f.
[Siehe:] Handlirsch, Anton: **8** (1888—89), 63—66, (1889) 1888.
— Description d'une nouvelle espèce d'Euménides du Brésil. Natural. Sicil., **7** (1887—88), 300—301, 1888 g.
[Siehe:] Handlirsch, Anton: **8** (1888—89), 63—66, (1889) 1888.
— Description d'une nouvelle espèce de Sphégides du Brésil. Natural. Sicil., **7** (1887—88), 301—303, 1 Fig., 1888 h.
[Siehe:] Handlirsch, Anton: **8** (1888—89), 63—66, (1889) 1888.
— Tableau dichotomique pour servir à l'histoire naturelle des Chrysides que l'on rencontrent aux environs de Bruxelles. Natural. Sicil., **8** (1888—89), 48—54, (1889) 1888 i.
— Matériaux pour servir à l'étude des espèces variétés Belges, du genre *Psithyrus* Lepelletier de St. Fargeau. Natural. Sicil., **8** (1888—89), 76—80, (1889) 1888 j.
— Description d'une nouvelle espèce de *Megachile* du Congo. Jorn. Sci. Acad. Lisboa, (2) **1**, 140—141, 1889 a.
— Description d'une nouvelle espèce ou peu connue de „Crabronides". De la tribu des Mellinites. Naturaliste, (2) **3**, 24—25, 1889 b.
— Description d'une nouvelle espèce de Stelidae de l'Afrique occidentale. Bull. Soc. ent. Ital., **21**, 115—117, (1889) 1890 a.
— Anomalie dans la nervation de l'aile d'un hyménoptère. Feuille jeun. Natural., **20**, 125, (1889—90) 1890 b.
— Anomalie dans la nervation d l'aile d'un Hyménoptère. Feuille jeun. Natural., **20**, 175, (1889—90) 1890 c.
— Observations sur quelques Apides d'Ecuador. Jorn. Sci. Acad. Lisboa, (2) **2**, 63—65, 1890 d.
— Description d'une espèce nouvelle „ou peu connue" de *Bombus* d'Ecuador. Jorn. Sci. Acad. Lisboa, (2) **2**, 66, 1890 b.
— (Description d'une espèce nouvelle de Cératine (Hyménoptère): *Ceratina Congoensis*.) Ann. Soc. ent. France, (6)**10**, Bull. CCI—CCII, (1890) 1891.
— Aperçu des genres de Dolichopodidae de l'Ambre suivi du Catalogue bibliographique des Diptères fossiles de cette Résine. Ann. Soc. ent. France, **61**, 377—384, 8 Fig., 1892 a.
— (Deux nouveaux genres de Leptidae de l'Ambre tertiaire: *Chrysopila* et *Palaeochrysopila*.) Ann. Soc. ent. France, **61**, Bull. LXXXIII, 1892 b.
— (Sur deux Diptères rares: *Chortophila histrio* Zett. et *Exorista villica* Zett.) Ann. Soc. ent. France, **61**, Bull. CCVII—CCIX, (1892) 1893 a.
— (Sur deux Diptères: *Homalomyia hamata* Macquart et *Hydrotaea palestrica* Meigen.) Ann. Soc. ent. France, **62**, Bull. XXVIII, 1893 b.
— (Notes diptérologiques: *Chortophila, Homalomyia, Lasiops* et *Coenosia*.) Ann. Soc. ent. France, **62**, Bull. LXIV-LXV, 1893 c.
— (Sur deux Diptères: *Siphonella oscinina* Fallén et *Lasiops semipellucida* Zett.) Ann. Soc. ent. France, **62**, Bull. CXCIII—CXCIV, 1893 d.
— (Sur les Syrphidae fossiles de l'Ambre tertiaire (Diptères): *Ascia actuels* et *A. fossiles*.) Ann. Soc. ent. France, **62**, Bull. CCXLIX—CCL, 1 Fig., 1893 e.
— (Descriptions de deux Anthomyinae (Diptères) nouveaux du Tyrol: *Spilogaster* et *Trichopthicus*.) Ann. Soc. ent. France, **62**, Bull. CLVIII—CLX, 1893 f; **63**, Bull. CCIII—CCIV, 1894.
— Note sur les Platypezidae fossiles de l'ambre tertiaire. Bull. Soc. zool. France, **18**, 230—232, 6 Fig., 1893 g; Note complémentaire sur les ... **19**, 22—24, 1894.
— (Description d'un nouveau genre et d'une nouvelle espèce de Tachinines (Diptères): *Tachina* et *Mikiella*.) Ann. Soc. ent. France, **62**, Bull. CCLXXIII—CCLXXVI, (1893) 1894 a.
— (Une note sur quelques Diptères fossiles de l'Ambre tertiaire: Empidae et Dolichopodidae.) Ann. Soc. ent. France, **62**, Bull. CCCXXXII—CCCXXXIV, 2 Fig., (1893) 1894 b.
— Note sur quelques Mycetophilidae, Chironomidae et Dolichopodidae de l'ambre tertiaire. Ann. Soc. ent. France, **63**, 21—22, 1894 c.
— (Une note complémentaire sur quelques Diptères fossiles de l'ambre tertiaire.) Ann. Soc. ent. France, **63**, Bull. IX—X, 1894 d.
— (Une note sur les Mycetophilidae fossiles de l'ambre tertiaire.) Ann. Soc. ent. France, **63**, Bull. CX—CXII, 3 Fig., 1894 e.
— (Note sur quelques Mycetophilidae et Chironomidae des lignites de Rott.: *Sciara* et *Chironomus*.) Ann. Soc. ent. France, **63**, Bull. CXVI—CXVII, 1894 f.
— Note sur les Buprestidae fossiles du calcaire lithographique de la Bavière. Bull. Soc. zool. France, **19**, 14—15, 1894 g.
— Note sur la classification des Hyménoptères et des Diptères. Bull. Soc. zool. France, **19**, 31—34, 1894 h.
— Note sur une contre-empreinte de Bibionidae des lignites de Rott. Bull. Soc. zool. France, **19**, 101—102, 1894 i.
— Note sur les Mycetophilidae fossiles de l'ambre tertiaire. Wien. ent. Ztg., **13**, 62—64, 3 Fig., 1894 j.
— (Une note sur quelques Tipulidae de l'ambre tertiaire (Dipt.).) Ann. Soc. ent. France, **63**, Bull. CLXXVII—CLXXVIII, 1 Fig., (1894) 1895 a.
— (Observations au sujet des Bibionidae (Diptères) des lignites de Rott.) Ann. Soc. ent. France, **63**, Bull. CCXXX—CCXXXII, (1894) 1895 b.
— (Sur quelques Empidae et Mycetophilidae et sur un curieux Tipulidae de l'ambre tertiaire (Diptères).) Ann. Soc. ent. France, **64**, Bull. XIII—XV, 3 Fig., 1895 c.
— Note sur deux prétendues empreintes de Diptères des schistes de Solenhofen: *Aktea dubia* Münster et *Sciara prisea* Germar. Ann. Soc. ent. France, **64**, Bull. CXCIV—CXCV, 1895 d.
— Note sur des empreintes d'Insectes des schistes de Solenhofen. Ann. Soc. ent. France, **64**, Bull. CCXXIII—CCXXIV, 1895 e.
— Observations sur *Schoenomyza littorella* Fallén. Ann. Soc. ent. France, **64**, Bull. CCXCIII, 1895 f.
— Note complémentaire sur deux prétendues empreintes de Diptères des schistes de Solenhofen. Ann. Soc. ent. France, **64**, Bull. CCXCIV, 1895 g.
— Descriptions de deux nouvelles espèces de Tachininae (Dipt.): *Platychyra* et *Thryptocera*. Ann. Soc. ent. France, **64**, Bull. CCXCIV—CCXCVI, 1895 h.

— Observations sur quelques Diptères tertiaires, et catalogue bibliographique complet sur les insectes fossiles de cet ordre. Ann. Soc. scient. Bruxelles, **19** (1894—95), Mém. 1—16, 1 Taf. (unn.), 1895 i.
— Les Dolichopodidae de l'ambre tertiaire. Ann. Soc. scient. Bruxelles, **19** (1894—95), Mém. 173—175, 6 Fig., 1895 j.
— Les Diptères des temps secondaires. Ann. Soc. scient. Bruxelles, **19** (1894—95), Mém. 177—178, 1895 k.
— (Quelques réflexions sur l'évolution des insectes.) Ann. Soc. scient. Bruxelles, **19** (1894—95), C. R. 68—71, 1895 l.
— (Notes diptérologiques.) Ann. Soc. scient. Bruxelles, **19** (1894—95), C. R. 20—21, 71—74, 1895 m.
— Note sur les Carabidae des schistes de Schernfeld. Bull. Soc. zool. France, **20**, 206—208, 2 Fig., 1895 n.
— Les chasses hyménoptérologiques aux environs de Bruxelles. Ann. Soc. scient. Bruxelles, **19** (1894—95), Mém. 179—188, 1895 o; **20** (1895—96), Mém. 268—276, 1896.
— Les Agrionides Fossiles des Musées de Munich et de Haarlem. Ann. Soc. ent. France, **65**, 30—35, Taf. 1—3, 1896 a.
— Note sur quelques insectes des Schistes de Solenhofen. Ann. Soc. ent. France, **65**, 36—37, Taf. **4**, 1896 b.
— Note sur un hyménoptère des lignites du Rhin. Ann. Soc. scient. Bruxelles, **20** (1895—96), Mém. 277—278, 1896 c.
— La prétendue période glaciaire à l'époque houillière de M. Julien et la faune entomologique du Stéphanien de Commentry. Ann. Soc. scient. Bruxelles, **20** (1895—96), Mém. 279—280, 1896 d.
— Mimétisme du *Pycnopogon fasciculatus* Loew. Feuille jeun. Natural., **26**, 121, (1895—96) 1896 e.
— Les *Belostoma* fossiles des Musées de Munich et de Haarlem. Mém. Soc. zool. France, **9**, 91—100, 1 Fig., Taf. V—VIII, 1896 f.
— Quelques réflexions au sujet du nouveau système de classification des insectes „Muscides" de M. Girschner [1893 & 1896]. Ann. Soc. scient. Bruxelles, **21** (1896—97), Mém. 40—44, 1897 a.
[Ref.:] Mik, Josef: Wien. ent. Ztg., **16**, 170, 1897.
— Sur un Mycétophilide de l'ambre tertiaire [*Palaeoempalia*]. Bull. Soc. ent. France, **1897**, 218, 1897 b.
— Observations sur quelques insectes du Corallien de la Bavière. Riv. Ital. Paleont. Bologna, **3**, 18—23, 1 Fig., 1897 c.
— Les chasses diptérologiques aux environs de Bruxelles. Bull. Soc. scient. Bruxelles, **21** (1896—97), Mém. 27—35, 1897 d; **22** (1897—98), Mém. 313—347, 1898.
— Quelques mots sur les faunes hyménoptérologiques et diptérologiques de la Bulgarie septentrionale. Ann. Soc. scient. Bruxelles, **22** (1897—98), Mém. 348—350, 1898 a.
— Liste des diptères et des hyménoptères capturés sur les dunes de Blankenberghe. Ann. Soc. scient. Bruxelles, **22** (1897—98), Mém. 351—352, 1898 b.
— (Les types ancestraux des Insectes.) Ann. Soc. scient. Bruxelles, **22** (1897—98), C. R. 25—28, 1898 c.
[Ref.:] Rev. crit. Paléozool., **4**, 60—61, 1900.
— (Observations sur quelques insectes fossiles du Musée de Munich.) Ann. Soc. scient. Bruxelles, **22** (1897—98), C. R. 111—113, 1898 d.
— (Description de quelques coléoptères de l'Oligocène d'Armissan (Aude).) Ann. Soc. scient. Bruxelles, **22** (1897—98), C. R. 113—115, 1898 e.
— Les insectes des temps secondaires. (Revue critique des fossiles du musée paléontologique de Munich.) Arch. Mus. Teyler, (2) **6**, 85—148+1 (unn.) S., Taf. I—XXX, (1900) 1898 f.
— Über einige fossile Coleopteren des Münchener Museums. Ill. Ztschr. Ent., **3**, 372—373, 1898 g.
— Sur les Conopaires de l'ambre tertiaire [Dipt.]. Bull. Soc. ent. France, **1899**, 145—146, 2 Fig., 1899 a.
— Note sur les Dolichopodidae de l'ambre tertiaire [Dipt.]. Bull. Soc. ent. France, **1899**, 322—323, 1899 b.
— Note sur les collemboles de l'ambre tertiaire. Bull. Soc. scient. Bruxelles, **23** (1898—99), Mém. 261—262, 1899 c.
— Ein neues fossiles Insekt des lithographischen Schiefers von Solenhofen. Ill. Ztschr. Ent., **4**, 125, 1 Fig., 1899 d.
— Sur les Diptères du copal du Musée provincial de Koenigsberg. Misc. ent., **7**, 128—129, 1899 e.
— Révision des Diptères fossiles types de Loew conservés au Musée provincial de Koenigsberg. Misc. ent., **7**, 161—165, 169—182, Taf. I—IV, 1899 f.
— Études de quelques Diptères de l'ambre tertiaire [*Palaeopoecilostola, Poecilostiella, Gonomyiella, Heteropoecilostola, Palaeoerioptera, Palaeogonomyia, Haploneura* et *Critoneura*]. Bull. Soc. ent. France, **1899**, 334—335, 3 Fig.; 358—359, 3 Fig.; 392—393, 2 Fig., 1899 g; **1900**, 111—112, 2 Fig., 1900.
— [Ref.] siehe Henneguy, Louis Félix 1899.
— Un insecte névroptère dans une résine du Landénien de Léau (Brabant). Ann. Soc. géol. Belg., **27**, LXXVI—LXXIX, 3 Fig., 1899—1900.
— (Présentation d'un insecte névroptère du Copal du Landénien de Léau.) Ann. Soc. scient. Bruxelles, **24** (1899—1900), C. R. 102—103, 1900 a.
— Sur des élytres de Coléoptères de la tourbe préglaciaire de Lauenburg (Elbe). Bull. Soc. ent. France, **1900**, 166—167, 1900 b.
— Sur quelques Mymaridae du copal fossile [Hymén.]. Bull. Soc. ent. France, **1900**, 192—195, 6 Fig., 1900 c.
— Sur les Mymaridae de l'ambre et du copal [Hymén.] [*Litus, Limacis* et *Prestwichia*?]. Bull. Soc. ent. France, **1900**, 364—367, 2 Fig., 1900 d.
— Über die Mycetophiliden (Sciophilinae) des Bernsteins. Ill. Ztschr. Ent., **5**, 68—70, 9 Fig, 1900 e.
— Sur quelques prétendus *Naucoris* fossiles du Musée de Munich. Misc. ent., **8**, 12—13, 1900 f.
— Új kövesült bogarat. Rovart. Lapok, **7**, 131; [Dtsch. Zus.fassg.:] (Ein neuer versteinerter Käfer.) (Auszug) 12, 1900 g.

Meunier, J . . . A . . .
Insectologie industrielle. Les cochenilles tinctoriales et leurs produits. Bull. Insectol. agric., **9**, 17—22, 33—36; . . . La Cochenille laque et ses produits. 100—102, 103—107, 132—134, 1884.
— Insectologie industrielle. Les vésicants. Bull. Insectol. agric., **11**, 17—22; La Cantharide. 48—54, 1886.

Meunier, Jules
La ponte des insectes. Rev. scient. Paris, **48** (1891—92), 328—335, 1892.

Meunier, Stanislaus
geb. 18. 7. 1843 in Paris, gest. 24. 4. 1925 in Paris, Prof. d. Geol. am Mus. in Paris. — Biogr.: (G. Dollfus) Bull. Soc. Sci. nat. Reims, **44**, 175—179, 1925; (A. De Gregorio) Natural. Sicil., **24**, 128—129, (1923—26) 1926.
— Traité de paléontologie pratique gisement et description des animaux et des végétaux fossiles de la France, indication de localités fossilifères, etc. 8°, XI+495

+4 (unn.) S., 815 Fig., 2 Kart., Paris, J. Rothschild, o. J. [1884][1]).

Meunier, Victor
geb. 1817, gest. 1903.

○ Les insectes nuisibles. Vie des Champs, **1865**, 562, 1865.

Meurer, F...
Schmetterlinge der Umgegend von Rudolstadt in systematischer Reihenfolge nebst Notizen über die Fundorte, die Erscheinungszeit der Schmetterlinge und Raupen, die Nahrungspflanzen etc. 8°, IV+110 S., Rudolstadt, Müller, [1874].

Meuret, M...
Sur des microlépidoptères nuisibles aux poiriers. Bull. Insectol. agric., **9**, 177—178, 1884.

Meves, Friedrich
Über Centralkörper in männlichen Geschlechtszellen von Schmetterlingen. Anat. Anz., **14**, 1—6, 2 Fig., (1898) 1897 a.
— Zur Struktur der Kerne in den Spinndrüsen der Raupen. Arch. mikr. Anat., **48**, 573—579, Taf. XXVI, 1897 b.
[Siehe:] Korschelt, E.: **47**, 500—550, 1896.
— Ueber den von v. la Valette St. George entdeckten Nebenkern (Mitochondrienkörper) der Samenzellen. Arch. mikr. Anat., **56**, 553—606, 2 Fig., Taf. XXVI—XXVII (XXVI Farbtaf.), 1900.

Meves, Julius (Seelhorst-)
geb. 17. 10. 1844 in Göttingen, gest. 30. 8. 1926 in Södertälje. — Biogr.: (Chr. J. Aurivillius) Ent. Tidskr., **47**, 248—251, 1926 m. Porträt & Schriftenverz.; Ent. News, **38**, 261, 1927.
— En äktenskapshistoria från fjärilsverlden. Ent. Tidskr., **7**, 99—101; [Franz. Zus.fassg.:] Moeurs nuptiales du monde Lépidoptère. 138, 1886 a.
— Bidrag till kännedomen om svenska fjärilars geografiska utbredning. Ent. Tidskr., **7**, 102—104; [Franz. Zus.fassg.:] Contributions à la connaissance de l'extension des papillons suèdois. 139, 1886 b; **9**, 17—18; [Franz. Zus.fassg.:] 18, 1888; **15**, 95—96, 1894.
— (Om „Trädborrens" framfart i våra granskogar under de senaste 20 åren.) Ent. Tidskr., **8**, 3; [Franz. Zus.-fassg.:] (Les graves dégâts causés pendant les 20 dernières années par le Bostriche typographe (*Tomicus typographus*).) 135—136, 1887 a.
— Skogsinsekters härjningar. Ent. Tidskr., **8**, 27—34; [Franz. Zus.fassg.:] Ravages occasionnés par les insectes forestiers. 154, 1887 c.
— För larv-uppfödare. Ent. Tidskr., **8**, 3—4, 35—37, 1 Fig.; 136; [Franz. Zus.fassg.:] Pour les éleveurs de larves. 154, 1887 b.
— (Märklig aberration och en ny aberration af nattfjärilen.) Ent. Tidskr., **8**, 177; [Franz. Zus.fassg.:] (*Cymatophora* Or. aberr. *unimaculata*, *Agrotis Baja*, aberr. *Punctata*, et *Cidaria pupillata*.) 204, 1887 e.
— Ur skogstjänstemannens officiela berättelser för år 1886. Ent. Tidskr., **9**, 11—14; ... 1887. 155—158, 1888 a.
— *Cidaria pupillata* Thnbrg. Ent. Tidskr., **9**, 29—31; [Franz. Zus.fassg.:] *Cidaria* (*Larentia*) *pupillata* Thnbrg. 31—32, 1888 b.
— *Cidaria sordidata* F. Ent. Tidskr., **9**, 32, 1888 c.
— Aberrationer. Ent. Tidskr., **9**, 40, 1888 d.
— (En för Sverige ny varietet.) Ent. Tidskr., **9**, 52; [Franz. Zus.fassg.:] (*Cabera pusaria* L. var. *rotundaria* nouvelle pour la Suède.) 54, 1888 e.

[1]) nach Cat. Brit. Mus.

— Veränderlichkeit des *Argynnis aphirape* Hübn. var. *ossianus* Herbst. Ent. Tidskr., **15**, 179—189, 8 Fig., 1894.
— Utrotningsmedel mot skogsinsekter. [Nach: Allg. Forst- u. Jagdztg., 1894.] Ent. Tidskr., **16**, 61—62, 1895.
— Skogsinsekters massvisa förekomst åren 1886—1895. Ur Skogstjänstemännens årsberättelser. Ent. Tidskr., **17**, 145—163, 1896. — [Abdr.:] Uppsats. prakt. Ent., **6**, 65—83, 1896.
— (Intressantare fjärilar, tagna sista sommaren på Vermdön.) Ent. Tidskr., **18**, 62, 1897.
— Lepidopterologiska notiser. Ent. Tidskr., **20**, 219—222, 1899 a.
— Försök med ägg och unga larver af nunnan (*Lymantria Monacha* L.). Ent. Tidskr., **20**, 222—223, 1899 b.
— [Ref.] siehe Nordenadler, H... 1899.

Meves, (M...) W...
(Entomologiska utflykter på Öland.) Ent. Tidskr., **3**, 196; [Franz. Zus.fassg.:] (Excursions entomologiques dans l'île d'Öland (Baltique).) 214, 1882.
— Mindre bekanta eller för Sverige nya nattfjärilar. Ent. Tidskr., **5**, 71—72; [Franz. Zus.fassg.:] Papillons nocturnes peu connus ou nouveaux en Suède. 94, 1884 a.
— (*Hadena rufuncula* Hw. en för Skandinavien ny Noctua.) Ent. Tidskr., **5**, 96; [Franz. Zus.fassg.:] (Une Noctua nouvelle pour la Scandinavie.) 206, 1884 b.
— (Fjärilfångst på Dalarö.) Ent. Tidskr., **5**, 189; [Franz. Zus.fassg.:] (Moisson lépidoptérologique de l'été dernier à Dalarö, dans l'archipel de Stockholm.) 226, 1884 c.
— (*Spilosoma mendica* Cl., hvilken dödats med cyankalium.) Ent. Tidskr., **7**, 6; [Franz. Zus.fassg.:] (*Spilosoma mendica* Cl.) 122, 1886 a.
— (Varietet af *Zygaena Lonicerae* Esp.) Ent. Tidskr., **7**, 6; [Franz. Zus.fassg.:] (Une variété très curieuse, de *Zygaena Lonicerae* Esp.) 122, 1886 b.
— (Nattfjärilar från Island.) Ent. Tidskr., **7**, 8; [Franz. Zus.fassg.:] (Une intéressante collection de phalènes islandais.) 124—125, 1886 c.
— (Artförändringar af nattfjäriln *Plusia Iota*.) Ent. Tidskr., **7**, 150; [Franz. Zus.fassg.:] (Modification du papillon nocturne *Plusia Iota*.) 202, 1886 d.
— (En högst egendomlig hermafroditism af dag-fjärilen *Colias Hecla* Lef.) Ent. Tidskr., **10**, 157; [Franz. Zus.fassg.:] (Un hermaphrodisme du papillon diurne, *Colias Hecla* Lef.) 159, 1889.

Mexia, Matias Ramos
La Evolucion de las animales[1]). Revista Mus. La Plata, **2**, 361—392, 8 Fig., 1891; **3**, 81—128, 31 Fig.; 169—248, 77 Fig., 1892; **4**, 3—52, 32 Fig., 1892.

Mexique & Amérique Centrale siehe Mission scientifique Mexique & Amérique Centrale 1868—97.

Mey,
[Ref.] siehe Sawtschenko, J... G... 1892.

Meyer,
[Ref.] siehe Guérin Méneville, Félix Edouard 1864.

Meyer,
Über Faulbrut, ägyptische Bienen und Anderes. Ver.-bl. Westfäl.-Rhein. Ver. Bienen- u. Seidenzucht, **18**, 53—55, 1867.

Meyer,
Vertilgung des Ungeziefers bei Schweinen. Dtsch. landw. Pr., **22**, 620, 1895.

[1]) nur z. T. entomol.

Meyer,
Nutzen und Kultur des Mottenbaumes. Natur u. Haus, **7** (1898—99), 305—307, 1899.

Meyer,
[Melanotische Lepidopteren bei Saarbrücken.] Insektenbörse, **17**, 189, 1900.

Meyer, A . . .
Beiträge zu einer Monographie der Phryganiden Westphalens. Stettin. ent. Ztg., **28**, 153—169, 1867.

Meyer, A . . .
Bericht über eine im Auftrage der Regierung unternommene Untersuchung des rheinischen Reblausgebietes. Mtl. Mitt. naturw. Ver. Frankf. a. O., **3**, 154—158, 163—173, 1886.

Meyer, Adolf Bernhard
geb. 1840.
— Die Gedanken einer Hummel ueber den Plan und Zweck des Weltalls. Dem Englischen des Th. Parker († 1860) nacherzählt. 8°, 5 (unn.) +37+1 (unn.) S., Leipzig, Druck W. Drugulin, [1877].
— Ein kleiner Beitrag zu der Frage der Verwerthung öffentlicher Sammlungen zu Specialstudien von Seiten nicht an denselben Angestellter. Stettin. ent. Ztg., **43**, 353—357, 1882.

Meyer, Adolf Bernhard & **Carus,** Julius Victor
Zoogeographie. Zool. Jahresber., **1879**, 54—56, 1880; **1880**, Abt. I Allgemeines bis Vermes, 65—85, 1881.

Meyer, Arthur
Japan wax. [Nach: New Remedies, November, 1879.] Pharm. Journ. London, (3) **10** (1879—80), 607—608, 1880.

Meyer, Aug . . .
Mittel gegen Erdflöhe. [Nach: Mitt. landw. Zentr.-Ver. Braunschweig.] Dtsch. landw. Pr., **6**, 41, 1879.

Meyer, Bernhard
(Parasitische Pilze.) Korr.bl. Naturf.-Ver. Riga, **32**, 23—24, 1889.
— Über die Symbiose. Korr.bl. Naturf.-Ver. Riga, **34**, 46—50, 1891.

Meyer, F . . .
[*Pygaera Anastomosis* bei Hitzacker a. Elbe.] Insekten-Welt, **3**, 117, 1887.

Meyer, Ferdinand
○ Die Erbsenverwüster. Aus der Heimat, **1864**, 189—192, 1864.

Meyer, G . . .
○ Die Vertilgung der Maikäfer. Hannov. land- u. forstw. Ver.bl., **6**, 77—78, 1867.

Meyer, H . . .
Geschichtliche Bemerkungen zu Dr. H. Landois' Aufsatz: „Über die Entwicklung der büschelförmigen Spermatozoen bei den Lepidoptern", im 1. Heft dieses Jahrganges, S. 50. Arch. Anat. Physiol., **1866**, 288, 1866.

Meyer, Hans
Ueber das Cantharidin. Lotos, **45**, **131**—136, 1897.

Meyer, Hans Heinrich Joseph
geb. 1858.
○ Ostafrikanische Gletscherfahrten. Forschungsreisen im Kilimandscharo-Gebiet. 8°, XIV,+376 S., ? Fig., 21 Taf. (1 Farbtaf.), 3 Kart., Leipzig, 1890.
[Darin:]
Fromholz, Carl: Die Schmetterlinge.
Kolbe, Hermann Julius: Die Käfer.
○ [Engl. Übers.:] Across East African Glaciers. 8°, London, 1891.

Meyer, Hermann
geb. 1851, gest. 19. 11. 1919 in Saalfeld a. S. — Biogr.: (Albrecht) Ent. Ztschr., **32**, 81, (1918—19) 1919 m. Porträt.
— Kleiner Beitrag zum Kapitel [*Sphinx*] *„Nerii"*. Insekten-Welt, **2**, 107—108, 1885.

Meyer, Julius L . . .
The Butterfly and the Humming Bird. Bull. Brooklyn ent. Soc., **2**, 74, (1879—80) 1879.
— *Catocala Gisela*, n. sp. Bull. Brooklyn ent. Soc., **2**, 96, (1879—80) 1880.

Meyer, K . . . G . . .
○ Zur Geschichte des Insektenlebens. Hannov. land- u. forstw. Ver.bl., **4**, 166, 172—173, 1865.

Meyer, Léopold
Une course entomologique dans le Valais, en 1869. (Traduit de l'allemand.) Feuille jeun. Natural., **1**, 30—31, 42—43, 49—50, (1870—71) 1870; 56—57, 64—65, (1870—71) 1871.

Meyer, Paul
geb. 15. 5. 1876 in Hamburg, gest. 5. 4. 1951 in Wien. — Biogr.: (F. Heikertinger) Kol. Rdsch., **32**, 84, 1951; (H. Sachtleben) Beitr. Ent., **1**, 191—192, 1951; Ent. Bl., **47—48**, 113—119, 1952 m. Schriftenverz.; Ent. Bl., **50**, 236, 1954; (H. Strouhal) Dtsch. Entomologentag Hamburg, 85, 1954.
— Diagnosen sechs neuer *Acalles*-Arten der palaearctischen Region, nebst einigen synonymischen Bemerkungen über diese Gattung. Gegeben als Vorarbeit zu einer Bestimmungs-Tabelle der Chryptorrhynchiden Europa's und der angrenzenden Länder. Wien. ent. Ztg., **15**, 13—16, 1896.
— in Reitter, Edmund [Herausgeber] (1879—1900 ff.) 1896.
— Ein neuer blinder Rüsselkäfer aus Algier. Wien. ent. Ztg., **16**, 207, 1897.

Meyer, R . . .
[Ref.] siehe Mouline, E . . . 1865.

Meyer, W . . .
○ Befruchtung der Obstbäume im Treibhaus durch Bienen. Natur Halle, **46**, 7, 1897.

Meyer, Wilhelm
Linnés Leben und Wirken. Natur u. Offenbar., **42**, 724—748, 1 Fig., 1896.

Meyer-Darcis, Georges
gest. 1914, Kaufmann. — Biogr.: (S. Doebeli) Mitt. Schweiz. ent. Ges., **12**, 313—316, (1910—17) 1914.
— (Description d'une nouvelle espèce de Buprestide: *Julodis Frey-Gessneri.*) Ann. Soc. ent. Belg., **27**, C. R. XXXIX—XL, Taf. IV B, 1883.
— (*Termitobia physogastra* from the Congo district.) Trans. ent. Soc. London, **1890**, Proc. XXXVIII, 1890.

Meyer-Dürr, L . . . Rudolf
geb. 12. 8. 1812 in Burgdorf, gest. 2. 3. 1885 in Zürich, Kaufmann. — Biogr.: Entomol. monthly Mag., **21**, 259, 1885; (G. Dimmock) Psyche Cambr. Mass., **4**, 266, (1890) 1885; (G. Stierlin) Mitt. Schweiz. ent. Ges., **7**, 170—181, 1885; (J. Mik u. a.) Wien. ent. Ztg., **4**, 160, 1885; (G. Kraatz) Dtsch. ent. Ztschr., **29**, 23—24, 1885;

(R. M'Lachlan) Trans. ent. Soc. London, **1885**, Proc. XLII, 1885; (H. Frey) Mitt. Schweiz. ent. Ges., **7**, 263, 1886; (E. Handschin) Mitt. Schweiz. ent. Ges., **31**, 109—120, 1958 m. Porträt.

— Zusammenstellung der auf meiner Reise durch Tessin und Ober-Engadin (1863) beobachteten und eingesammelten Neuroptern. Mitt. Schweiz. ent. Ges., **1**, 219—225, (1865) 1864.

— (Moeurs de quelques Hémiptères.) Petites Nouv. ent., **1** (1869—75), 33, 1869.

— Entomologische Parallelen zwischen den Faunen von Central-Europa und der südamerikanischen Provinz Buenos-Ayres. Mitt. Schweiz. ent. Ges., **3**, 175—178, (1872) 1870 a.

— Hemipterologisches. Zwei neue Capsiden nebst Bemerkungen über die Gruppe der grünen *Lygus*-Arten. Mitt. Schweiz. ent. Ges., **3**, 206—209, (1872) 1870 b.

— Sammelberichte. Neue Heteropteren für die schweizerische Fauna. Mitt. Schweiz. ent. Ges., **3**, 209—210, (1872) 1870 c.

— (Notes sur quelques Hémiptères.) Petites Nouv. ent., **1** (1869—75), 53, 1870 d.

— Die Psylloden. Skizzen zur Einführung in das Studium dieser Hemipterenfamilie. Mitt. Schweiz. ent. Ges., **3**, 377—406, (1872) 1871.

— Skizze des entomologischen Charakters von Corsika. Mitt. Schweiz. ent. Ges., **3**, 7—14, 1872 a.

— Ein Wort über die verschiedenen Methoden, kleinste Insekten in Sammlungen aufzustellen. Mitt. Schweiz. ent. Ges., **3**, 22—28, 1872 b.

— Die Neuroptern-Fauna der Schweiz, bis auf heutige Erfahrung. Mitt. Schweiz. ent. Ges., **4**, 281—352, (1877) 1874; 353—436, (1877) 1875; Berichtigungen und Ergänzungen zu meiner „Neuroptern-Fauna der Schweiz". **5**, 9—13, (1880) 1877.

— (Methode, die Farbe großer Libellen zu erhalten.) Mitt. Schweiz. ent. Ges., **4**, 442, (1877) 1875.

— Uebersichtliche Zusammenstellung aller bis jetzt in der Schweiz einheimisch gefundenen Arten der Phryganiden. Zur Förderung der schweizerischen Neuroptern-Kunde. Mitt. Schweiz. ent. Ges., **6**, 301—333, (1884) 1882.

— Seltene Libellen der schweizerischen Fauna. Mitt. Schweiz. ent. Ges., **7**, 52—55, (1887) 1884.

Meyere, Johannes Cornelis Hendrik de siehe Meijere, Johannes Cornelis Hendrik de

Meynell, Edgar (J . . .)
Lepidoptera at Tenby. Entomologist, **26**, 325, 1893.

— *Bombyx rubi* Larvae. Entomologist, **30**, 297, 1897 a.

— *Colias edusa* and *Sphinx ligustri* in Pembrokeshire. Entomologist, **30**, 299, 1897 b.

Meynell, G . . . J . . .
Polia flavicincta in the North. Entomologist, **28**, 308, 1895.

Meyners d'Estrey, H . . .
Culture et maladie du Cacaotier à la Guyane. Rev. Sci. nat. appl. Paris (Bull. Soc. Acclim. Paris), (4) **6** (**36**), 862—864, 972—974, 1889.

— Culture de la Cochenille aux iles Canaries. Rev. Sci. nat. appl. Paris (Bull. Soc. Acclim. Paris), **38**, 231—234, 1891.

Meynier,
○ Empoisonnement par la chair de grenouilles infectées par des insectes de genre *Mylabris*. Arch. Méd. milit. Paris, **1893**, 53, 1893.

Meyrick, Edward
geb. 24. 11. 1854 in Ramsbury (Wiltsh.), gest. 31. 3. 1938 in Thornhanger/Marlborough (Wiltsh.), Lehrer in Marlborough. — Biogr.: (A. Musgrave) Bibliogr. Austral. Ent., 222—225, 1932; (T. Bainbrigge Fletcher) Entomol. Rec., **50**, 49—51, 1938 m. Porträt; Entomol. monthly Mag., **74** ((3) **24**), 136—137, 1938; Arb. morphol. taxon. Ent., **5**, 295, 1938; Trans. Proc. R. Soc. N. Zealand, **68**, 141—142, 1938 m. Porträt; (August Busck) Proc. ent. Soc. Washington, **40**, 177—179, 1938 m. Porträt; (W. H. T. Tams) Entomologist, **71**, 121—122, 1938; (K. J. Hayward) Revista Soc. Argentina, **10**, 87—89, 1938; (A. Diakonoff) Tijdschr. Ent., **81**, Versl. LXXXV, 1938; (J. C. F. Freyer) Proc. ent. Soc. London, (6) **3**, 58—59, 1938; (W. H. T. Tams) Nature London, **141**, 776—777, 1938; (K. Gantger) Dtsch. ent. Ztschr. Iris, **52**, 96—97, 1938; (J. S. G. u. a.) Rep. Marlborough Soc., **87**, 51—53, 1939 m. Porträt; (A. W. Hell) Obit. Not. Fellows R. Soc. London, **2**, 531—548, 1939 m. Porträt & Schriftenverz.; (A. J. T. Janse) Journ. ent. Soc. S. Africa, **1**, 151—155, 1939 m. Porträt; Indian Journ. Ent., **1**, 128, 1939; (Bainbrigge Fletcher) Moths South Africa, **4**, X—XXV, 1942.

— Occurrence of *Myelois cirrigerella*, Zk., a species new to Britain. Entomol. monthly Mag., **11**, 237—238, (1874—75) 1875.

— *Paedisca rufimitrana*, H.-S., new to Britain. Entomol. monthly Mag., **13**, 187—188, (1876—77) 1877 a.

— On a form of *Depressaria costosa*, Haw. [Mit Angaben von H. T. Stainton.] Entomol. monthly Mag., **13**, 281—282, (1876—77) 1877 b.

— A *Butalis* new to Britain. Entomol. monthly Mag., **14**, 111, (1877—78) 1877 c.

— Larva of *Nepticula quinquella*. Entomol. monthly Mag., **14**, 111—112, (1877—78) 1877 d.

— Micro-Lepidoptera in Australia. Entomol. monthly Mag., **15**, 70—71, 1878.
[Dtsch. Übers. von] P. C. Zeller: Microlepidoptern in Australien, ein Brief des Hrn. Edward Meyrick. Stettin. ent. Ztg., **41**, 223—227, 1880.

— On the Australian Oecophoridae. Entomol. monthly Mag., **15**, 259, (1878—79) 1879 a.

— Occurrence of *Lita solanella*, Bsd., in Australia. Entomol. monthly Mag., **16**, 66, (1879—80) 1879 b.

— Descriptions of Australian Micro-Lepidoptera. Proc. Linn. Soc. N. S. Wales, **3**, 175—216, 1879 c; **4**, 205—242, 1880; **5** (1880), 132—182, 204—271, 1881; **6** (1881), 410—536, 629—706, 1882; **7** (1882), 148—202, 415—547, 1883; **8** (1883), 320—383, 469—519, 1884; **9** (1884), 721—792, 1045—1082, 1885; **10** (1885), 765—832, 1886; (2) **2** (1887), 929—966, 1888; (2) **3** (1888), 1565—1703, 1889; (2) **7** (1892), 477—612, 1893; **22** (1897), 297—435, (1898) 1897.

— On a micro-lepidopterous insect destructive to the potato. Proc. Linn. Soc. N. S. Wales, **4**, 112—114, 1880.

— Australian gall-making Lepidopterous larvae. Entomol. monthly Mag., **17**, 185, (1880—81) 1881.

— *Carposina*, H.-S., referable to the Tortricina. Entomol. monthly Mag., **19**, 69—70, (1882—83) 1882.

— On some Australian Phycidae. Entomol. monthly Mag., **19**, 255—256, (1882—83) 1883 a.

— On the synonymy of certain Micro-Lepidoptera. Entomol. monthly Mag., **19**, 265—266, (1882—83) 1883 b; **20**, 122—123, (1883—84) 1883.
[Siehe:] Butler, Arthur Gardiner: **20**, 14—15, (1883—84) 1883.

— Notes on Hawaiian Micro-Lepidoptera. Entomol. monthly Mag., **20**, 31—36, (1883—84) 1883 c.

— *Crambus ramosellus*: change of nomenclature. Entomol. monthly Mag., **20**, 141, (1883—84) 1883 d.
— Additional Synonymy of *Endotricha pyrosalis*, Gn. Entomol. monthly Mag., **20**, 167, (1883—84) 1883 e.
○ Descriptions of New Zealand Microlepidoptera. III. Oecophoridae. N. Zealand Journ. Sci., **1**, 522—525, 1883 f.
○ Monograph of New Zealand Geometrina. N. Zealand Journ. Sci., **1**, 526—531, 1883? g.
— On the classification of some families of the Tineina. Trans. ent. Soc. London, **1883**, 119—131, 1883 h.
— (Fertilisation of red clover in New Zealand.) Trans. ent. Soc. London, **1883**, Proc. XXIX—XXX, 1883 i.
— Descriptions of New Zealand Micro-Lepidoptera. Trans. Proc. N. Zealand Inst., **15** (1882), 3—68, 1883 j; **16** (1883), 3—49, 1884; **17** (1884), 68—120, 121—140, 141—149, 1885; **18** ((N. S.) **1**) (1885), 162—183, 1886; **21** ((N. S.) **4**) (1888), 154—188, 1889.
[Siehe:] Butler, Arthur Gardiner: Cistula ent., **3**, 65—75, 1884.
— A Monograph of the New Zealand Geometrina. Trans. Proc. N. Zealand Inst., **16** (1883), 49—113, 1884 a; Supplement to a Monograph of the ... **17** (1884), 62—68, 1885.
— On the classification of Australian Pyralidina. Trans. ent. Soc. London, **1884**, 61—80, 277—350, 1884 b; **1885**, 421—456, 1885.
[Ref.:] Rebel, Hans: Stettin. ent. Ztg., **52**, 104—116, 1891.
— On the Synonymy of some Pyralidina. Entomol. monthly Mag., **21**, 202, (1884—85) 1885 a.
— On the generic name *Barsine*. Entomol. monthly Mag., **21**, 252, (1884—85) 1885 b.
— An Ascent of Mount Kosciusko. Entomol. monthly Mag., **22**, 78—82, (1885—86) 1885 c.
— On Lepidoptera from St. Vincent. Entomol. monthly Mag., **22**, 105—106, (1885—86) 1885 d.
— List of South Australian Micro-Lepidoptera. Trans. Proc. R. Soc. Australia, **7** (1883—84), 10—16, 1885 e.
— Notes on Synonymy of Australian Lepidoptera described by Mr. Rosenstock. Ann. Mag. nat. Hist., (5) **17**, 528—530, 1886 a.
— A luminous insect larva in New Zealand. [Mit Angaben der Herausgeber.] Entomol. monthly Mag., **22**, 266—267, (1885—86) 1886 b.
[Siehe:] Hudson, G. V.: Trans. Proc. N. Zealand Inst., **19** ((N. S.) **2**) (1886), 62—64, 1887.
— On the synonymy of some species of *Nyctemera*. Entomol. monthly Mag., **23**, 15—16, (1886—87) 1886 c.
— On some Lepidoptera from the Fly River. Proc. Linn. Soc. N. S. Wales, (2) **1** (1886), 241—258, (1887) 1886 d.
— Notes on synonymy of australian Micro-Lepidoptera. Proc. Linn. Soc. N. S. Wales, (2) **1** (1886), 803—806, (1887) 1886 e.
— On the classification of the Pterophoridae. Trans. ent. Soc. London, **1886**, 1—21, 1886 f.
— Descriptions of Lepidoptera from the South Pacific. Trans. ent. Soc. London, **1886**, 189—296, 1886 g.
— Notes on Nomenclature of New Zealand Geometrina. Trans. Proc. N. Zealand Inst., **18** ((N. S.) **1**) (1885), 184, 1886 h.
— Revision of australian Lepidoptera. Proc. Linn. Soc. N. S. Wales, (2) **1** (1886), 687—802, (1887) 1886 i; (2) **2** (1887), 835—928, 1888; (2) **4** (1889), 1117—1216, 1890; (2) **5** (1890), 791—879, 1891; (2) **6** (1891), 581—678, 1892.
[Siehe:] R. T.: Trans. Proc. R. Soc. Australia, **9** (1885—86), 218—219, 1887.
— The Curtis collection. Entomol. monthly Mag., **23**, 223, (1886—87) 1887 a.
— *Ephestia ficulella*, Barrett. = *desuetella*, Walker. Entomol. monthly Mag., **24**, 8—9, (1887—88) 1887 b.
— *Parnassius Delius*, Esp., captured in North Wales. [Mit Angaben der Herausgeber.] Entomol. monthly Mag., **24**, 130, (1887—88) 1887 c.
— Descriptions of new Lepidoptera. Proc. Linn. Soc. N. S. Wales, (2) **1** (1886), 1037—1048, 1887 d.
— On Pyralidina from Australia and the South Pacific. Trans. ent. Soc. London, **1887**, 185—268, XXVIII—XXX, 1887 e.
[Siehe:] Butler, Arthur Gardiner: **1886**, 381—441, 1886.
— Descriptions of some exotic Micro-Lepidoptera. Trans. ent. Soc. London, **1887**, 269—280; Proc. XXVIII—XXX, 1887 f.
— Monograph of New Zealand Noctuina. Trans. Proc. N. Zealand Inst., **19** ((N. S.) **2**) (1886), 3—40, 1887 g; O Supplement to a ... **20**, 44—47, 1888.
— Descriptions of new australian Rhopalocera. Proc. Linn. Soc. N. S. Wales, (2) **2** (1887), 827—834, 1888 a.
— On the Pyralidina of the Havaiian Islands. Trans. ent. Soc. London, **1888**, 209—246, 1888 b.
○ Notes on New Zealand Geometrina. Trans. Proc. N. Zealand Inst., **20**, 47—62, 1888 c.
○ Notes on New Zealand Pyralidina. Trans. Proc. N. Zealand Inst., **20**, 62—73, 1888 d.
○ Notes of New Zealand Tortricidae. Trans. Proc. N. Zealand Inst., **20**, 73—76, 1888 e.
○ Descriptions of New Zealand Tineina. Trans. Proc. N. Zealand Inst., **20**, 77—106, 1888 f.
— On the interpretation of neural structure. [Mit Angaben von R. McLachlan.] Entomol. monthly Mag., **25**, 175—178, (1888—89) 1889 a.
— On the extension of European Lepidoptera to Japan. Entomol. monthly Mag., **25**, 178—179, (1888—89) 1889 b.
— Lepidoptera near Marlborough in 1888. Entomol. monthly Mag., **25**, 184—185, (1888—89) 1889 c.
— *Chauliodus insecurellus* in Wilts. [Mit Angaben von H. T. Stainton.] Entomol. monthly Mag., **25**, 361, (1888—89) 1889 d.
— On the genus *Cenoloba*, Wlsm. Entomol. monthly Mag., **25**, 372—373, (1888—89) 1889 e.
— On some Lepidoptera from New Guinea. Trans. ent. Soc. London, **1889**, 455—522, 1889 f.
— *Mecyna polygonalis*, Tr., in New Zealand. Entomol. monthly Mag., (2) **1** (**26**), 87—88, 1890 a.
[Siehe:] Smith, W. W.: 51—52.
— Date of Zeller's Crambidae. [Mit Angaben von H. T. Stainton.] Entomol. monthly Mag., (2) **1** (**26**), 111—112, 1890 b.
— *Mecyna polygonalis*, Tr., in New Zealand. [Mit Angaben der Herausgeber.] Entomol. monthly Mag., (2) **1** (**26**), 245—246, 1890 c.
— *Aplota palpella* in Wilts. Entomol. monthly Mag., (2) **1** (**26**), 271, 1890 d.
— Disappearance of *Pararge Aegeria*. Entomol. monthly Mag., (2) **1** (**26**), 297, 1890 e.
— Descriptions of additional australian Pyralidina. Proc. Linn. Soc. N. S. Wales, (2) 4 (1889), 1105—1116, 1890 f.
— On the classification of the Pyralidina of the European fauna. Trans. ent. Soc. London, **1890**, 429—492,

1890 g. [Ref.:] Rebel, Hans: Stettin. ent. Ztg., **52**, 103—116, 1891; Hering, Eduard: **52**, 116—128, 1891.
○ Descriptions of New Zealand Lepidoptera. Trans. Proc. N. Zealand Inst., **22**, 204—220, 1890 h.
— Descriptions of Australian Lepidoptera. Trans. Proc. R. Soc. Australia, **13** (1889—90), 23—81, 1890 i; **14** (1890—91), 188—199, 1891.
— A fortnight in Algeria, with descriptions of new Lepidoptera. Entomol. monthly Mag., (2) **2** (**27**), 9—13, 55—62, 1891 a.
— Change of name of a palaearctic Pyrale. Entomol. monthly Mag., (2) **2** (**27**), 50, 1891 b.
— *Cosmopteryx orichalcea* in Wilts. Entomol. monthly Mag., (2) **2** (**27**), 221, 1891 c.
○ On types of structure in the Lepidoptera. Rep. Marlborough nat. Hist. Soc., **39**, 95—100, Taf. III—V, 1891 d.
— New Species of Lepidoptera. Trans. Proc. N. Zealand Inst., **23** ((N. S.) **6**) (1890), 97—101, 1891 e.
— (*Coremia ferrugata* and *unidentaria.*) [Mit Angaben von J. W. Tutt.] Entomol. Rec., **3**, 224—225, 254—255, 1892 a.
[Siehe:] Pierce, F. N.: 177.
— On New Species of Lepidoptera. Trans. Proc. N. Zealand Inst., (N. S.) **7** (**24**) (1891), 216—220, 1892 b.
— On the classification of the Geometrina of the European fauna. Trans. ent. Soc. London, **1892**, 53—140, Taf. III, 1892 c.
[Siehe:] Grote, A. Radcliffe: Proc. X—XV, 1896.
[Ref.:] Rebel, Hans: Stettin. ent. Ztg., **53**, 247—264, 1892.
— (Varieties of *Euproctis fulviceps.*) Trans. ent. Soc. London, **1892**, Proc. II, 1892 d.
— Pre-occupied generic names in Lepidoptera. Entomol. monthly Mag., (2) **5** (**30**), 230, 1894 a.
— On a collection of Lepidoptera from Upper Burma. Trans. ent. Soc. London, **1894**, 1—29, 1894 b.
— On Pyralidina from the Malay Archipelago. Trans. ent. Soc. London, **1894**, 455—480, 1894 c.
— An Handbook of British Lepidoptera. 8° VI+1 (unn.) +843+1 (unn.) S., 104 Fig., London & New York, Macmillan & Co., 1895 a.
[Ref.:] Carrington, John Thomas: The New Lepidopterology. Sci. Gossip, (N. S.) **2**, 229—231, 1 Fig.; 256, 1895; De Grey, Thomas: Entomol. monthly Mag., (2) **6** (**31**), 283—286, 1895; Entomol. Rec., **7**, 211—216, (1895—96) 1895.
— Pre-occupied Generic Names in the Lepidoptera. Entomol. monthly Mag., (2) **6** (**31**), 72, 1895 b.
— (Use of generic terms in Lepidoptera.) Trans. ent. Soc. London, **1896**, Proc. XXVIII—XXIX, 1896 a.
[Siehe:] Grote, A. Radcliffe: Proc. X—XV.
○ Entomological Section. Rep. Marlborough nat. Hist. Soc., Nr. 44, 109—119, 1896 b; Nr. 45, 75—88, 1897; Nr. 46, 51—64, 1898; Nr. 47, 44—54, 1899; Nr. 48, 43—55, 1900.
— Lepidoptera in Ross-shire. Entomol. monthly Mag., (2) **8** (**33**), 234, 1897 a.
— Occurrence of *Crambus perlellus,* var. *rostellus,* in Ross-shire. Entomol. monthly Mag., (2) **8** (**33**), 255, 1897 b.
— On Lepidoptera from the Malay Archipelago. Trans. ent. Soc. London, **1897**, 69—92, 1897 c.
— Descriptions of New Lepidoptera from Australia and New Zealand. Trans. ent. Soc. London, **1897**, 367—390, 1897 d.
— Moth and their Classification. Zoologist, (4) **2**, 289—298, 1898.
— in Sharp, David [Herausgeber] (1899—1900 ff.) 1899.
— New Hawaiian Lepidoptera. Entomol. monthly Mag., (2) **11** (**36**), 257—258, 1900 a.
— *Halesus guttatipennis,* McLach., in Wilts. Entomol. monthly Mag., (2) **11** (**36**), 288, 1900 b.
○ Hand-list of the Lepidoptera of the District. Rep. Marlborough nat. Hist. Soc., Nr. 48, 70—101, 1900 c.

Meyrick, Edward & **Pascoe,** Francis Polkinghorne
(Insect fauna of New Zealand.) Trans. ent. Soc. London, **1883**, Proc. XXIX, 1883.

Meyrick, Edward & **Tutt,** James William
(Classification by Structure of Imago.) Entomol. Rec., **3**, 104—111, 1892.
[Siehe:] Tutt, J. W.: 50—51.

Mezzetti, Ignazio
○ Sull' esame microscopico del seme bachi. Giorn. Indust. serica, **4**, 25—26, 1870 a.
○ Studi microscopici sul baco da seta. Riv. settim. Bachicolt., **2**, 54—55, 1870 b.

Miall, Louis Compton Dr.
geb. 1843, gest. 21. 2. 1921, Prof. f. Biol. d. Univ. Leeds. — Biogr.: (H. S.) Entomol. monthly Mag., **57** ((3) **7**), 93—94, 1921; (P. P. C.) Ent. News, **32**, 191—192, 1921; (L. W. Rothschild) Trans. ent. Soc. London, **1921**, Proc. CXXIX, 1921.
— Some difficulties in the life of aquatic insects. Nature London, **44**, 457—462, 1891. — [Abdr.?:] Rep. Board Smithson. Inst., **1891**, 349—364, 1893.
[Franz. Übers.:] Quelques difficultés de l'existence des insectes aquatiques. Rev. scient., **48** ((3)**22**), 483—492, (1891—92) 1891.
— *Dicranota;* a carnivorous Tipulid larva. Trans. ent. Soc. London, **1893**, 235—253, Taf. X—XIII, 1893.
— Note upon Prof. Dr. Friedr. Brauer's Bemerkungen (Berl. Entom. Zeitschr. Bd. XXXIX, p. 235). Berl. ent. Ztschr., **39**, 447, 1894.
○ The natural History of Aquatic Insects. 8°, 395 S.,? Fig., London & New York, Macmillan & Co., 1895 a.
[Siehe:] Howard, Leland Ossian: Entomol. Rec., **9**, 16—17, 1897.
[Ref.:] Plateau, Félix: Les Insectes aquatiques. Naturaliste, (2) **9**, 199—202, 2 Fig., 1895; Naturalist London, **1896**, 51—52, 1896.
— The transformations of Insects. Nature London, **53** (1895—96), 152—158, (1896) 1895 b.
— Life history studies of animals. Rep. Board Smithon. Inst., **1897**, 483—506, 1898.
— Gooseberry Saw-fly. Nature London, **60**, 222, 1899.

Miall, Louis Compton & **Denny,** Alfred
The Natural History of the Cockroach (*Periplaneta orientalis*). Sci. Gossip, **20**, 59—63, 5 Fig., 1884 a.
— The Outer Skeleton of the Cockroach. Sci. Gossip, **20**, 106—111, 8 Fig., 1884 b.
— The Alimentary Canal of the Cockroach. Sci. Gossip, **20**, 150—155, 7 Fig., 1884 c.
— The Organs of Respiration and Circulation in the Cockroach. Sci. Gossip, **20**, 203—210, 9 Fig., 1884 d.
— The Nervous System of the Cockroach. Sci. Gossip, **20**, 244—252, 13 Fig., 1884 e.
— The structure and life-history of the Cockroach (*Periplaneta orientalis*). An introduction to the study of insects. Studies in comparative anatomy. III. 8°, 7 (unn.) +224 S., 125 Fig., London, Lovell Reeve & Co.; Leeds, Richard Jackson, 1886.
[Darin:]
Plateau, Félix: Respiratory Movements of Insects. 159—164, 5 Fig.
Nusbaum, Joseph: The Embryonic Development

of the Cockroach. 181—195, 15 Fig.
Scudder, Samuel Hubbard: The Cockroach of the Past. 205—220, 7 Fig.

Miall, Louis Compton & **Hammond**, Arthur Rashdall
The Development of the Head of the Imago of *Chironomus*. Trans. Linn. Soc. London (Zool.), (2) **5**, 265—279, Taf. 28—31, (1888—94) 1892.
— The structure and life-history of the Harlequin Fly (*Chironomus*). 8°, VI+2 (unn.)+196 S., 129 Fig., 1 Frontispiz, Oxford, Clarendon press, 1900.

Miall, Louis Compton & **Shelford**, Robert
The Structure and Life-history of *Phalacrocera replicata*. With an Appendix on the Literature of the earlier stages of the Cylindrotomina, by Baron C. R. Osten Sacken, Hon. F. E. S. Trans. ent. Soc. London, **1897**, 343—366+4 (unn., Taf. Erkl.) S., Taf. VIII—XI, 1897.

Miall, Louis Compton & **Walker**, Norman
The Life-history of *Pericoma canescens* (Psychodidae). With a Bibliographical and Critical Appendix by Baron Osten-Sacken. Trans. ent. Soc. London, **1895**, 141—153, Taf. III—IV, 1895.

Micé,
(Les progrès du phylloxera dans le Bordelais.) Journ. Agric. prat. Paris, **44**, Bd. 2, 354—355, 1880.

Micé,; **La Vergne**, & **Froidefond**,
○ Rapport à M. le Préfet de la Gironde sur les traveaux des deux groupes de la société d'agriculture et de la commission générale du phylloxera du département de la Gironde, concernant la maladie de la vigne, dite du phylloxera, qui ont été exécutés en 1878. 8°, 64 S., Bordeaux, impr. Crugy, 1879.

Michael, Albert Davidson
geb. 1836.
— Metropolitan Entomology. Sci. Gossip, **13**, 215, 1877.
— House-flies and their Parasites. Sci. Gossip, **15**, 39, 1879.
— Parasitism. Journ. Quekett micr. Club, (2) **3**, 208—224, (1887—89) 1888.
— On the Association of Gamasids with Ants. Proc. zool. Soc. London, **1891**, 638—653, Taf. XLIX—L, 1891.

Michael, Annie
Filaria in Larva of a Lepidopteron. Entomologist, **6**, 265, (1872—73) 1872.
— *Deiopeia pulchella* at the Land's End. Entomologist, **8**, 279—280, 1875; **9**, 276, 1876.

Michael, M . . . J . . .
Colias Edusa near London. Entomol. monthly Mag., **14**, 89, (1877—78) 1877 a.
— New Zealand Caterpillar. Rep. Rugby School nat. Hist. Soc., **1876**, 15, 1877 b.
— On Ants. Rep. Rugby School nat. Hist. Soc., **1876**, 47—49, 1877 c.
○ Four days in Wicken Fen. [Captures of Lepidoptera.] Rep. Rugby School nat. Hist. Soc., **1878**, 23—25, 1879.

Michael, Otto
geb. 3. 3. 1859 in Fischendorf b. Sagan, gest. 23. 11. 1934 in Sprottau-Eulau, Glas- u. Porzellanmaler, später Sammelreisender. — Biogr.: (H. Wrede) Ent. Ztschr., **47**, 85—86, 1933 m. Porträt; Insektenbörse, **50**, 147, 1933; (H. Wrede) Ent. Ztschr., **48**, 137—138, 1934 m. Porträt & Schriftenverz.
— Ueber den Fang und die Lebensweise der wichtigsten Tagfalter der Amazonasebene. Dtsch. ent. Ztschr. Iris, **7**, 193—237, 1894 .

Michaëlis, Georg
Bau und Entwicklung des männlichen Begattungsapparates der Honigbiene. Ztschr. wiss. Zool., **67**, 439—460, Taf. XXVI, 1900.

Michaelis, K . . .
Nutzen der Staare (*Sturnus vulgaris*). Orn. Mschr., **19**, 238, 1894.

Michaelsen, Wilhelm Prof. Dr.
geb. 9. 10. 1860 in Hamburg, gest. 18. 2. 1937 in Hamburg, Hauptkustos am Zool. Staatsinst. d. Univ. Hamburg. — Biogr.: Der Biologe, **6**, 144, 1937; Festschrift E. Strand, **4**, 662—664, 1938 m. Porträt.
— in Hamburger Magalhaensische Sammelreise (1896—1907) 1896.

Michard, A . . .
Hoplia caerulea. Feuille jeun. Natural., **10**, 48, (1879—80) 1880.
— Excursions entomologiques dans le massif de la Grande-Chartreuse. Feuille jeun. Natural., **13**, 98—101, (1882—83) 1883.
— *Poecilopeplus tardifi* n. sp. Rev. Ent. Caen, **6**, 139, 1887.

Michel,
(Sur les Fourmis.) Bull. Soc. Sci. nat. Nimes, **2**, 50, 52, 1874.

Michel, F . . .
○ Destruction du phylloxera. 8°, 8 S., Paris, impr. Clavel, 1880.

Michel, Johann
Beitrag zur Käferfauna der Umgegend Reichenbergs. Mitt. Ver. Naturfr. Reichenberg, **27**, 24, 1896.

Michel, Julius
Ein Beitrag zur Diskussion der Nützlichkeits- und Schädlichkeitsfrage. Orn. Mschr., **19**, 37—41, 1894 a.
— *Picus minor* als Vertilger der Larven des Aspenbockes (*Saperda populnea*). Orn. Mschr., **19**, 95—96, 1894 b.

Michelacci, Augusto
Brevi cenni intorno alle Cause della Pellagra. Atti Accad. agr. Georg. Firenze, (4) **8** (**63**), 323—355, 1885.

Michele, Gabriele
○ El problima della Mosca della olive è di interesse internazionale. Giorn. Agric. Regno Ital., **21**, Nr. 12, [10 S.], 1884?.

Michelet, Jules Prof.
geb. 21. 8. 1798 in Paris, gest. April 1874?, Prof. f. Geschichte. — Biogr.: La Nature, **2**, 214—215, 1874; Ent. Nachr., **2**, 112, 1876; (F. Katter) Ent. Kalender, **2**, 71—72, 1877; (C. Gerber) Michelet Naturaliste, 24 S., Marseille, 1900.
○ L'Insecte. 6. Aufl. 12°, XI+408 S., Paris, Hachette & Co., 1867. — ○ Neue Aufl. 8°, 140 Fig., 1875. — ○ 8. Aufl. XXXIV+480 S., 1877. — ○ 11. Aufl. XLIV+340 S., 1890.
[Engl. Übers.:] The insect. 8°, 140 Fig., London, Nelsons, 1874.

Michelle, Massida Meloni
Sulla conservazione in liquidi dei bruchi, larve ed arachnidi. Riv. Ital. Sci. nat., **10**, Boll. 132, 1890.

Michelotti, Emilio
○ Allevamento seme bachi a tre mute. Riv. settim. Bachicolt., **6**, 138—139, 1874.

Michels, Heinrich L . . .
Beschreibung des Nervensystems von *Oryctes nasicornis* im Larven-, Puppen- und Käferzustande. Ztschr. wiss. Zool., **34**, 641—702, Taf. XXXIII—XXXVI, 1880. [Sonderdr.:] Dissertation Göttingen. 8°, 39 S., 3 Taf., Bleicherode, Druck Wilhelm Niehoff, 1879.

M[ichelsen], E . . .
Das diesjährige Ungeziefer. Hannov. land- u. forstw. Verbl., **15**, 281—282, 1876 a.
— Der Kohlweißling und seine Feinde. Hannov. land- u. forstw. Ver. bl., **15**, 358, 1876 b.
— [Ref.] siehe Gerstäcker, Carl Eduard Adolf 1876.

Michener, Ch . . . B . . .
in Salmon, Daniel Elmer [Herausgeber] 1891.

Michon, Joseph
siehe Couanon, Georges; Michon, Joseph & Salomon, E . . . 1899.

Michow, Henry
Ueber *Criocephalus.* Berl. ent. Ztschr., **8**, 395—396, (1864) 1865.
— Ueber *Necrophorus microcephalus* Thoms. Berl. ent. Ztg., **10**, 411—412, 1866.
[Engl. Übers. von] E. C. Rye: Observations on *Necrophorus microcephalus,* Thoms. Entomol. monthly Mag., **6**, 182, (1869—70) 1870.
○ Die Begrenzung der deutschen Necrophoren-Arten [Coleopterorum genus *Necrophorus* Fabr.]. 8°, 29 S., Jena, Druck Hossfeld & Oetling, 1873.

Mick, J . . .
○ Nochmals *Tomicus duplicatus.* Zbl. ges. Forstwes., **3**, 637—639, 1877.
○ Zur Abwehr [*Tomicus duplicatus* betreffend]. Zbl. ges. Forstwes., **4**, 165—167, 1878.

Micklitz, Franz
gest. 16. 9. 1893 in Radmannsdorf (Krain), Forstmeister. — Biogr.: Wien. ent. Ztg., **12**, 312, 1893; (Max Wildermann) Jb. Naturw., **9** (1893—94), 511, 1894.
— Das Auftreten der Borkenkäfer in Oberkrain 1875. Mitt. Krain. Küstenländ. Forstver., H. 1, 41—50, 1876.

Micklitz, Th . . .
Schälschäden und Rachenbremsen. Oesterr. Forst-Ztg., **12**, 14, 1894.

Middeldorpff, Franz Constantin
geb. 4. 10. 1820 in Breslau, gest. 22. 9. 1873 in Manderscheid (Rheinprov.), Oberförster.
— Entomologisches. 1. *Tenthredo* (*Lophyrus*) *similis.* 2. Verfolgung des Rüsselkäfers. 3. Verlohnung der Sammler der Kienraupe. Allg. Forst- u. Jagdztg., (N. F.) **44**, 278—279, 1868.
○ Die Vertilgung der Kiefernraupen (*Phalaena (Bombyx) pini*) durch Theerringe, nebst Notizen über die Pilzkrankheit der Kiefernraupen. 8°, IV + 52 S., Berlin, Wiegandt; Hempel & Parey, 1872.
[Ref.:] Ztschr. landw. Ver. Hessen, **42**, 324—325, 1872.

Midden-Sumatra siehe Veth, Pieter Jan [Herausgeber] 1881—92.

Middendorff, Alexander Theodor von
geb. 6. 8. 1815 in Petersburg, gest. 1894.
— [Herausgeber]
Reise in den äussersten Norden und Osten Sibiriens während der Jahre 1843 und 1844 mit allerhöchster Genehmigung auf Veranstaltung der Kaiserlichen Akademie der Wissenschaften zu St. Petersburg ausgeführt. 4 Bde.[1]) 4°, St. Petersburg, Kaiserl. Akademie Wissenschaften, 1847—75.
4. Übersicht der Natur Nord- und Ost-Sibiriens. 2 Teile mit mehrer. Lief. II. Lief. 1: Die Thierwelt Sibiriens. 2 (unn.) + III + 785—1094 S., 10 Fig., 1867.
Lief. 2: Die Thierwelt Sibiriens (Schluss). Haus- und Anspannthiere, Fahrzeuge, Fischfang und Jagd. 4 (unn.) + 1095—1394 S., 48 Fig., 1874.

Middleton, Catherine
Protection from Forest Flies. Sci. Gossip, **14**, 238, 1878.

Middleton, Nettie
A new species of Aphis, of the genus *Colopha.* Bull. Illinois Labor. nat. Hist., **1**, 17, 1878.
— in Thomas, Cyrus (1878) 1881.

Middleton, Robert Morton
On a remarkable use of Ants in Asia Minor. Journ. Linn. Soc. (Zool.), **25**, 405—406, 1896.

Midgley, Tho[mas]
○ A Substitute for Card for Setting Coleoptera, etc. Rep. Proc. Mus. Ass., **11**, 128—129, 1900.

Miedel, Joseph
(Coléoptères nouveaux pour la faune belge.) Ann. Soc. ent. Belg., **11**, C. R. XIX, 1867—68 a.
— [Liste des Coléoptères capturées au Hockay, à la Baraque-Michel et dans le Hertogenwald.] Ann. Soc. ent. Belg., **11**, C. R. XCV—XCVI, 1867—68 b.
— (Plusieurs Coléoptères nouveaux pour la faune.) Ann. Soc. ent. Belg., **14**, C. R. LXII, 1870—71.
— (Coléoptères nouveaux ou rares pour la faune belge.) [Mit Angaben von Putzeys.] Ann. Soc. ent. Belg., **18**, C. R. CVII—CVIII, 1875.
— Observations sur les *Opatrum.* Dtsch. ent. Ztschr., **24**, 136—140, 1880.

Mieg, Thierry
Aberrations nouvelles de lépidoptères européens. Naturaliste, **3**, 236—237, 1886.

Miele, Sebastiano
Reazioni comparative per distinguere le tre materie coloranti: della Coccíniglia o Carminio, del legno di Campeggio e di quello del Brasile o Fernambucco. Ann. Accad. Aspir. Natural., (Era 3) **1**, 77, 1887.

Mignard,
○ Larves de mouche carnassière dans l'épaisseur de croûtes varioliques. Gazette méd. Strassbourg, **4**, 45, 1869.

Mignault, L . . . D . . .
○ Excursion [entomologique] de la Société d'histoire naturelle de Montréal. Natural. Canad., **10**, 252—254, 1878.
— Les Plantes insectivores. Bull. Insectol. agric., **4**, 145—148, 1 Fig.; 161—164, 180—183, 1879; **5**, 13—16, 29—32, 3 Fig.; 49—55, 2 Fig., 1880.
○ Quelques notes sur la fertilisation des plantes. Natural. Canad., **12**, 242—250, ? Fig., 1881.

Mignucci, François
○ Le phylloxera en Corse. 8°, 30 S., Bastia, impr. Ollagnier, 1875.

Migula, W . . .
Die Verbreitungsweise der Algen. [Mit Angaben von Otto Zacharias.] Biol. Zbl., **8** (1888—89), 514—517, (1889) 1888.

[1]) **1—3** vor 1864; **4**, I nicht entomol.; **4**, II nur z. T. entomol.

Mihi,
Ueber Sektionsberichte. Insekten-Welt, **3**, 98—99, 1886.

Mik, Joseph
geb. 23. 3. 1839 in Hohenstädt (Mähren), gest. 13. 10. 1900 in Wien, Prof. u. Schulrat in Wien. — Biogr.: Misc. ent., **8**, 24, 1890; Mitt. naturw. Ver. Troppau, **6**, 245—246, 1900; Leopoldina, **36**, 180, 1900; Insektenbörse, **17**, 353, 1900 m. Porträt; Trans. ent. Soc. London, **1900**, Proc. XLIV—XLV, 1900; Ent. Nachr., **26**, 363, 1900; (G. Kraatz) Dtsch. ent. Ztschr., **44**, 9, 1900; Zool. Anz., **23**, 680, 1900; (Friedrich Brauer) Wien. ent. Ztg., **20**, 1—7, 1901 m. Porträt; (F. Brauer) Bot. Zool. Österr. 1850—1900, 347—348, 1901; (C. R. Osten-Sacken) Record Life Work Entomol., 164—180, 1903.

— Dipterologische Beiträge. Mit einem Vorworte von J. R. Schiner. Verh. zool.-bot. Ges. Wien, **14**, 785—798, 1864; **28** (1878), 617—632, Taf. X, 1879.
— Beitrag zur Dipterenfauna des österreichischen Küstenlandes. Verh. zool.-bot. Ges. Wien, **16**, 301—310, Taf. IA, 1866.
— Dipterologische Beiträge zur „Fauna austriaca." 1. Beschreibung neuer Arten. 2. Nachträge [zu Mik Josef 1864]. Verh. zool.-bot. Ges. Wien, **17**, 413—424, Taf. X, 1867.
— Über neue oder weniger bekannte österreichische Dipteren. Verh. zool.-bot. Ges. Wien, **18**, SB. 89—90, 1868.
— Beiträge zur Dipteren-Fauna Österreichs. Verh. zool.-bot. Ges. Wien, **19**, 19—36, Taf. IV, 1869; Beitrag ... **24**, 329—354, Taf. VII, 1874.
— Nochmals *Tomicus* (*Bostrychus*) *duplicatus* Sahlb. Zbl. ges. Forstwes., **3**, 637—639, 1877.
[Siehe:] Henschel, Gustav: 526—528.
— Dipterologische Untersuchungen. Jahresber. akad. Gymn. Wien, **1877—78**, 1—24, 1 Taf. (unn.), 1878.
— Ueber *Amphipogon spectrum* Whlb., insbesondere über die systematische Stellung desselben. Verh. zool.-bot. Ges. Wien, **28** (1878), 473—476, 1 Fig., 1879.
○ Instandsetzung zoologischer Schulcabinette seitens des Lehrers. V.[1]) Dipteren. Naturhistoriker, **2**, Nr. 1, Nr. 2, Nr. 5, Nr. 7, Nr. 15, 1880?; ... VI. Fang, Zucht und Conservirung der Käfer. **3**, 5—6, [1880—81] 1880; ... VII. Über das Präparieren der Dipteren. 45—46, [1880—81] 1881.
— Zu E. Girschner's „Dipterologischen Studien". Ent. Nachr., **7**, 326—327, 1881 a.
— Beschreibung neuer Dipteren. Verh. zool.-bot. Ges. Wien, **30** (1880), 347—358, 1 Fig., 1881 b.
— Dipterologische Mittheilungen. Verh. zool.-bot. Ges. Wien, **30** (1880), 587—610, Taf. XVII, 1881 c; ... II. **31** (1881), 315—330, Taf. XVI; ... III. 353—358, 1882.
— Ueber das Präpariren der Dipteren. Verh. zool.-bot. Ges. Wien, **30** (1880), 359—378, 5 Fig., 1881 d; ... von Dipteren. Wien. ent. Ztg., **1**, 121—123, 1882. — [Abdr. des 1. Teils:] Ent. Nachr., **7**, 189—213, 5 Fig., 1881. — [Abdr. des 1. Teils:] Die Präparation der Dipteren (Zweiflügler). Isis Magdeburg (Berlin), **8**, 348—350, 355—356, 364—365, 379—380, 386—388, 393—396, 402—404, 410—412, 1883.
[Niederl. Übers. des 1. Teils und Anmerkg. von] F. M. von Wulp: Over het prepareren van Diptera, naar het Hoogduitsch van Josef Mik, Professor aan het academisch gymnasium te Weenen. Tijdschr. Ent., **25** (1881—82), XCI—CIX, 4 Fig., 1882.

[1]) I—IV nicht entomol.

[Ref.:] Riley, Charles Valentine: Preparation of Diptera. Amer. Natural., **15**, 1008, 1881.
— [Ref.] siehe Osten-Sacken, Charles Robert 1881.
— Diptera, gesammelt von Hermann Krone auf den Aucklands-Inseln bei Gelegenheit der deutschen Venus-Expedition in den Jahren 1874—1875. Verh. zool.-bot. Ges. Wien, **31** (1881), 195—206, Taf. XIII, 1882 a.
— Einige Worte über P. Gabriel Strobl's „Dipterologische Funde um Seitenstetten". Verh. zool.-bot. Ges. Wien, **31** (1881), 345—352, 1882 b.
— Metamorphose von *Tipula rufina* Meig. Wien. ent. Ztg., **1**, 35—39, Taf. I (Fig. 1—12), 1882 c.
— Ueber die Dipteren-Arten *Hemerodromia precatoria* Fall. und *Hemerodromia melanocephala* Hal. Wien. ent. Ztg., **1**, 39—42, Taf. I (Fig. 13—18), 1882 d.
— Einige dipterologische Bemerkungen. Wien. ent. Ztg., **1**, 63—65, 1882 e.
— Ueber *Trichocera hirtipennis* Siebke. Wien. ent. Ztg., **1**, 140—142, 1 Fig., 1882 f.
— Ueber die Dipteren-Gattung *Neottiophilum* Frnfld. Wien. ent. Ztg., **1**, 194—197, 1882 g.
— Zur Biologie von *Gonatopus pilosus* Thoms. Wien. ent. Ztg., **1**, 215—221, Taf. III, 1882 h.
— Ueber ein neues Gallinsect aus Nieder-Oesterreich. Wien. ent. Ztg., **1**, 265—269, 1 Fig., 1882 i.
— Dipterologische Notizen. Wien. ent. Ztg., **2**, 39—41, 64—66, 1883 a.
— Die Dipterengattung *Poecilobothrus*. Wien. ent. Ztg., **2**, 88—90, 105—107, 1883 b.
— Zur Kenntniss der „*Limnobina anomala*" O. S. Wien. ent. Ztg., **2**, 198—202. 2 Fig., 1883 c.
— Eine neue Gallmücke. Wien. ent. Ztg., **2**, 209—216, Taf. III, 1883 d.
— [Ref.] siehe Gobert, Emile 1883.
— [Ref.] siehe Pandellé, Louis 1883.
— Dipterologische Bemerkungen. 1. Synonymisches. 2. Ueber *Sciara ocellaris*. Verh. zool.-bot. Ges. Wien, **33** (1883), 181—192, 1884 a; Einige ... **35**, 327, 332, 1886.
— Fünf neue österreichische Dipteren. Verh. zool.-bot. Ges. Wien, **33** (1883), 251—262, 4 Fig., 1884 b.
— Eine neue Dipteren-Art aus Niederösterreich. Wien. ent. Ztg., **3**, 4—6, 1884 c.
— Biologische Fragmente. Wien. ent. Ztg., **3**, 65—71, Taf. I, 1884 d.
— Vier neue Dipteren aus Nieder-Oesterreich. Wien. ent. Ztg., **3**, 81—82, 1884 e.
— Nachträge zu Schiner's „Fauna Austriaca (Diptera)". Wien. ent. Ztg., **3**, 201—206, 1884 f.
— Zur Synonymie von *Cecidomyia onobrychidis* Bremi. Wien. ent. Ztg., **3**, 215—217, 2 Fig., 1884 g.
— [Ref.] siehe Grzegorzek, Adalbert 1884.
— [Ref.] siehe Schlechtendal, Dietrich von 1884.
— Dipterologische Winke [*Phaeomyia*]. Ent. Nachr., **11**, 341—343, 1885 a.
— Ein neuer europäischer *Doros*. (Dipterologischer Beitrag.) Wien. ent. Ztg., **4**, 52—54, 1885 b.
— Ueber Zoocecidien auf *Taxus baccata* L. und *Euphorbia Cyparissias* L. Wien. ent. Ztg., **4**, 65—66, Taf. I, 1885 c.
[Siehe:] Schlechtendal, D. H. R. von: **5**, 61, 1886.
— Ueber die Dipteren-Gattung *Hypochra* Lw. Wien. ent. Ztg., **4**, 277—283, 1885 d.
— Zur Biologie von *Tychius crassirostris* Kirsch. (Ein coleopterologischer Beitrag.) Wien. ent. Ztg., **4**, 289—292, Taf. IV, 1885 e.
— [Ref.] siehe Joseph, Gustav 1885.

— Bemerkungen zu einigen dipterologischen Aufsätzen in den „Entomologischen Nachrichten". Ent. Nachr., **12**, 201—205, 213—218, 1886 a.
— Einige Worte zu dem Artikel „Parthenogenesis bei Käfern" in den Entomologischen Nachrichten 1886, pag. 200. Eine dipterologische Notiz. Ent. Nachr., **12**, 315—316, 1886 b.
— Die Dipteren-Genera Paolo Lioy's. Ent. Nachr., **12**, 321—328, 1886 c.
— Erwiderung auf den Artikel: „Zur Verständigung" in den „Entomol. Nachrichten", Jahrg. XII. pag. 251. Ent. Nachr., **12**, 343—344, 1886 d.
— *Cecidomyia Beckiana* n. sp. auf *Inula Conyza* DC. Verh. zool.-bot. Ges. Wien, **35** (1885), 137—145, 4 Fig., Taf. X, 1886 e.
— Ueber die Artrechte von *Tipula oleracea* L. und *Tipula paludosa* Meig., nebst einigen Worten über das Exstirpiren des Hypopygiums der Dipteren zum Zwecke der Artbeschreibung. Verh. zool.-bot. Ges. Wien, **36**, 475—483, 4 Fig., 1886 f.
— Eine neue Dipteren-Art aus Süd-Tirol. Wien. ent. Ztg., **5**, 22—24, 1886 g.
— Ein neues hochalpines Dipteron. Wien. ent. Ztg., **5**, 57—59, 1886 h.
— Dipterologische Miscellen. Wien. ent. Ztg., **5**, 101—102, 276—279, 317—318, 1886 i; **6**, 33—36, 187—191, 238—242, 264—269, 1887; **7**, 27—31, 94, 140—142, 181—182, 221—222, 299—303, 327, 1888; **8**, 232—236, 1889; **9**, 153—158, 1890; **10**, 1—5, 59—61, 189—194, 1891; **11**, 55—56; ...(2. Serie). 116—117, 181—186, 1892; **13**, 22—27, 49—54, 164—168, 1894; **14**, 93—98, 1895; **15**, 106—114, 241—248, 1896; **16**, 34—40, 1 Fig., 1897; **17**, 60—66, 167—172, 1898; **18**, 208—212, 1899; **19**, 18—21, 71—76; ... (3. Serie). 143—152, 1900.
[Siehe:] Bigot, J. M. F.: **6**, 215, 1887 & Ann. Soc. ent. France, (6) **8**, Bull. CXXVI—CXXVII, CLXXXV, (1888) 1889; Brauer, Friedrich & Bergenstamm, J. von: Denkschr. Akad. Wiss. Wien, **56**, 69—180, 1889.
— Eine neue *Drosophila* aus Nieder-Oesterreich und den Aschanti-Ländern. (Ein dipterologischer Beitrag.) Wien. ent. Ztg., **5**, 328—331, 1886 j.
— Ueber *Elliptera ommissa* Egg. (Ein dipterologischer Beitrag.) Wien. ent. Ztg., **5**, 337—344, Taf. VI, 1886 k.
— in Becker, Moritz Alois [Herausgeber] (1886—88) 1886.
— [Ref.] siehe Neuhaus, Gustav Hermann 1886.
— [Ref.] siehe Williston, Samuel Wendell 1886.
— Verzeichnis der Arten-Namen, welche in Schiner's Fauna Austriaca (Diptera, Tom. I et II.) enthalten sind. 8°, 5 (unn.) + 57 S., Wien, A. Pichler's Witwe & Sohn, 1887 a; Verbesserungen zu meinem „Verzeichnis ...". Wien. ent. Ztg., **7**, 57—64, 1888.
— Über Herrn Dr. Joseph's Beobachtungen parasitisch lebender Hypodermenlarven am Menschen. Dtsch. Medizinal-Ztg., **8**, 785—786, 1887 b.
[Siehe:] Joseph, Gustav: 1053—1054; Joseph, Gustav: Ent. Nachr., **11**, 17—22, 1885.
— Einige Worte zu Dr. J. Schnabl's „Contributions à la faune diptèrologique." Ent. Nachr., **13**, 234—237, 1887 c.
[Siehe:] Schnabl, Joh.: 343—349.
— Ueber Dipteren. 1. Drei neue österreichische Dipteren. 2. Bemerkungen zu einigen schon bekannten Dipterenarten. Verh. zool.-bot. Ges. Wien, **37**, 173—188, Taf. IV, 1887 d.
— Einige Worte zu meinem Referate über Dr. G. Joseph's Artikel: „Ueber Fliegen als Schädlinge und Parasiten des Menschen." Wien. ent. Ztg., **6**, 87—98, 1887 e.
— Ueber einige Empiden aus Kärnten. (Ein dipterologischer Beitrag.) Wien. ent. Ztg., **6**, 99—103, 1887 f.
— Diagnosen neuer Dipteren. Wien. ent. Ztg., **6**, 161—164, 1887 g.
— Ueber eine schon beschriebene, aber noch nicht benannte österreichische Dipterenart. Wien. ent. Ztg., **6**, 261—263, 1887 h.
— Zur Biologie von *Zonosema Meigenii* Lw. und einer neuen Anthomyinen-Art. (Ein dipterologischer Beitrag.) Wien. ent. Ztg., **6**, 293—302, Taf. V, 1887 i.
— Ueber *Apogon Dufourii* Perr. (Ein dipterologischer Beitrag.) Wien. ent. Ztg., **6**, 311—313, 1887 j.
— [Ref.] siehe Gobert, Émile 1887.
— siehe Schnabl, Jan 1887.
— Antwort auf Herrn Dr. J. Schnabl's „Entgegnung" auf meine Kritik seiner „Contributions à la faune diptérologique." Ent. Nachr., **14**, 41—45, 1888 a.
— Die Veränderlichkeit der Färbung des Haarkleides von *Volucella bombylans* L., welche in Hummelnestern schmarotzt. Verh. zool.-bot. Ges. Wien, **38**, SB. 63—64, 1888 b.
— Nomenclatorische Fehltritte. Verh. zool.-bot. Ges. Wien, **38**, SB. 64—67, 1888 c.
— (Ein spinnendes Dipteron.) Verh. zool.-bot. Ges. Wien, **38**, SB. 97—98, 1888 d.
— Ueber die Gallmücke, deren Larve auf *Lamium maculatum* L. Triebgallen erzeugt. Wien. ent. Ztg., **7**, 32—38, Taf. I, 1888 e.
— Ueber einige von G. A. Olivier beschriebene Dipteren. Wien. ent. Ztg., **7**, 91—93, 1888 f.
— Ueber die Dipterengattung *Alloeostylus* Schnabl und über die sogenannten Kreuzborsten bei Anthomyiden-Weibchen. Wien. ent. Ztg., **7**, 135—139, 1888 g.
— Zur Biologie von *Ceratopogon* Meig., nebst Beschreibung einer neuen Art dieser Gattung. Wien. ent. Ztg., **7**, 183—192, Taf. II, 1888 h.
— Vorläufige Diagnose einer neuen Dipteren-Art. Wien. ent. Ztg., **7**, 243, 1888 i.
— Zur Biologie einiger Cecidomyiden. Wien. ent. Ztg., **7**, 311—316, Taf. IV, 1888 j.
— Eine neue schweizerische Art aus der alten Gattung *Clinocera* Meig. (Ein dipterologischer Beitrag.) Wien. ent. Ztg., **8**, 71—72, 1889 a.
— Ueber die Dipterengattung *Euthera* Lw. Wien. ent. Ztg., **8**, 129—134, 2 Fig., 1889 b.
— Eine neue, aus den Beskiden stammende Art der alten Gattung *Clinocera* Meig. Wien. ent. Ztg., **8**, 150—152, 1889 c.
— Ueber einige Ulidinen aus Tekke-Turkmenien. Ein Beitrag zur Kenntniss der Dipterengattungen *Empyelocera* Lw. und *Timia* Wied. Wien. ent. Ztg., **8**, 187—201, 1889 d.
— Kritik zur 34. Partie der „Diptères nouveaux ou peu connus" (XLII, Diagnoses de nouvelles espèces. Ann. Soc. ent. France, 1888, 253—270) von J. Bigot. Wien. ent. Ztg., **8**, 214—215, 1889 e.
[Siehe:] Bigot, Jacques-Marie-Frangile: Ann. Soc. ent. France, (6) **9**, Bull. CXXXIII—CXXXIV, (1889) 1890.
— Einige Bemerkungen zur Kenntniss der Gallmücken. Wien. ent. Ztg., **8**, 250—258, Taf. III, 1889 f.
— Zur Kenntniss der Dolichopodiden (Dipt.). Wien. ent. Ztg., **8**, 305, 1889 g.
— Zur Biologie von *Hormomyia capreae* Winn. (Ein dipterologischer Beitrag.) Wien. ent. Ztg., **8**, 306—308, Taf. V, 1889 h.

— Med. Dr. Franz Löw. Ein Nachruf. Wien. ent. Ztg., **9**, 49—61, 1 Taf. (unn.), 1890 a.
— Drei Cecidomyiden-Gallen aus Tirol. Wien. ent. Ztg., **9**, 233—238, Taf. I—II, 1890 b.
— Ueber *Toxotrypana curvicauda* Gerst. und *Mikimyia furcifera* Big. (Ein dipterologischer Beitrag.) Wien. ent. Ztg., **9**, 251—254, 1890 c.
[Siehe:] Röder, Victor von: **10**, 31—32, 1891.
— Ueber die dipterologischen Referate in den Jahrgängen 1882 bis inclusive 1890 der Wiener Entomologischen Zeitung. Wien. ent. Ztg., **9**, 281—308, 1890 d.
— *Ugimyia sericicariae* Rond., der Parasit des japanischen Seidenspinners. Ein dipterologischer Beitrag. Wien. ent. Ztg., **9**, 309—316, Taf. III (Fig. 7—8), 1890 e.
[Engl. Übers.:] *Ugimyia sericariae* Rond., the Parasite of the Japanese Silkworm. Period. Bull. Dep. Agric. Ent. (Ins. Life), **4** (1891—92), 113—119, 1891.
[Siehe:] Bigot, Jacques-Marie-Frangile: Ann. Soc. ent. France, **60**, Bull. XV, 1891.
— Ein Beitrag zur „Bibliotheca Entomologica". Wien. ent. Ztg., **10**, 65—96, 1891 a.
— *Epithalassius Sancti* Marci, ein neues Dipteron aus Venedig. Wien. ent. Ztg., **10**, 186—187, 1891 b.
— Ueber die Dipterengattung *Pachystylum* Mcq. Wien. ent. Ztg., **10**, 206—212, 1891 c; Noch Einiges über . . . **11**, 245—248, 1892.
— Vorläufige Notiz über *Parathalassius Blasigii*, ein neues Dipteron aus Venedig. Wien. ent. Ztg., **10**, 216—217, 1891 d.
— Eine Cecidomyiden-Galle auf *Biscutella saxatilis* Schleich. aus „Val Popena" in Italien. Wien. ent. Ztg., **10**, 309—310, Taf. IV, 1891 e.
— Zur Kenntniss der Dipterengattung *Hilara*. Wien. ent. Ztg., **11**, 78—85, 1892 a.
— Bemerkungen zu dem vorstehenden Artikel Prof. Brauer's und v. Bergenstamm's „Berichtigung" in der Wiener Entomologischen Zeitung, Jahrg. 1891, pag. 108—109. Wien. ent. Ztg., **11**, 110—113, 1892 b.
— Einige Worte zur Nomenclatur. Wien. ent. Ztg., **11**, 166, 169, 1892 c.
[Siehe:] Krauss, H.: 164.
— Ueber ein neues hochalpines Dipteron aus der Familie der Dolichopodiden. Wien. ent. Ztg., **11**, 279—282, 1892 d.
— Ueber zwei Cecidomyiden-Gallen aus Tirol. Wien. ent. Ztg., **11**, 306—308, Taf. III, 1892 e.
— Ueber *Asphondylia melanopus* Kieff. Wien. ent. Ztg., **12**, 292—296, Taf. III, 1893 a.
— Ueber ein asselartiges Fliegentönnchen aus einer Colonie von *Schizoneura ulmi* L. Wien. ent. Ztg., **12**, 313—314, Taf. IV, 1893 b.
— Einige Worte über *Hilara sartor* Beck. Ein dipterologischer Beitrag. Ent. Nachr., **20**, 49—53, 1894 a.
— Einige Worte zu Herrn Girschner's Artikel in den Entomologischen Nachrichten, Jahrg. 1894, pag. 61, betitelt: „Beiträge zur Biologie von *Hilara*." Ent. Nachr., **20**, 151—155, 1894 b.
— Ein Beitrag zur Biologie einiger Dipteren. Jahresber. akad. Gymn. Wien, **1893—94**, 1—20, 1 Fig., 1 Taf. (unn.), 1894 c. — [Abdr. m. Zusatz auf S. 272:] Wien. ent. Ztg., **13**, 261—284, 1 Fig., Taf. II, 1894.
— Ueber *Echinomyia Popelii* Portsch. Wien. ent. Ztg., **13**, 100, 1894 d.
— Zur Verständigung (in Sachen der *Hilara Sartor*). Wien. ent. Ztg., **13**, 197—199, 1894 e.
[Siehe:] Girschner, Ernst: Ent. Nachr., **20**, 241—244, 1894.
— Ueber eine neue *Agromyza*, deren Larven in den Blüthenknospen von *Lilium Martagon* leben. Ein dipterologischer Beitrag. Wien. ent. Ztg., **13**, 284—290, Taf. III, 1894 f.
— Eine neue Cecidomyiden-Galle auf *Euphorbia palustris* L. Wien. ent. Ztg., **13**, 297—298, Taf. IV, 1894 g.
— Ueber Tachiniden, deren drittes Fühlerglied gespalten ist. Wien. ent. Ztg., **14**, 101—103, 1895 a.
— Bemerkungen zu den Dipteren-Gattungen *Pelecocera* Meig. und *Rhopalomera* Wied. Wien. ent. Ztg., **14**, 133—136, 1895 b.
— Ueber eine bereits bekannte Cecidomyiden-Galle an den Blüthen von *Medicago sativa* L. Wien. ent. Ztg., **14**, 287—290, Taf. III, 1895 c.
— Zur Biologie von *Chirosia trollii* Zett. Wien. ent. Ztg., **14**, 296—300, Taf. IV, 1895 d.
— Ueber eine *Asphondylia*-Galle. Ein dipterologischer Beitrag. Wien. ent. Ztg., **15**, 209—212, Taf. II, 1896 a.
— Eine neue Cecidomyiden-Galle auf *Centaurea Scabiosa* L. Wien. ent. Ztg., **15**, 292—294, Taf. IV, 1896 b.
— Ueber *Heteroneura decora* Lw. und *Helomyza tigrina* Meig. Ein dipterologischer Beitrag. Ent. Nachr., **23**, 129—134, 1897 a.
— Einige Bemerkungen zur Dipteren-Familie der Syrphiden. Wien. ent. Ztg., **16**, 61—66, 113—119, 1897 b.
— Zur Biologie von *Urophora cardui* L. Ein dipterologischer Beitrag. Wien. ent. Ztg., **16**, 155—164, Taf. I—II, 1897 c.
— Einiges über Gallmücken. Wien. ent. Ztg., **16**, 284—296, Taf. IV, 1897 d.
— [Ref.] siehe Meunier, Fernand 1897.
— Ein neuer *Chamaesyrphus* (Dipt.). Wien. ent. Ztg., **17**, 143—146, 1898 a.
— Merkwürdige Beziehungen zwischen *Desmometopa M-atrum* Meig. aus Europa und *Agromyza minutissima* v. d. Wulp aus Neu-Guinea. (Ein dipterologischer Beitrag.) Wien. ent. Ztg., **17**, 146—151, 1898 b.
— Ueber eine Suite mediterraner Dipteren. Wien. ent. Ztg., **17**, 157—166, 1898 c.
— Altes und Neues über Dipteren. Wien. ent. Ztg., **17**, 196—219, Taf. II—III, 1898 d.
— Zur Biologie von *Rhagoletis cerasi* L., nebst einigen Bemerkungen über die Larven und Puparien der Trypetiden und über die Fühler der Musciden-Larven. Wien. ent. Ztg., **17**, 279—292, Taf. IV, 1898 e.
— [Ref.] siehe Dahl, Friedrich 1898.
— *Verrallia* nov. gen. Pipunculidarum (Dipt.). Wien. ent. Ztg., **18**, 133—137, 1899 a.
[Siehe:] Becker, Th.: Berl. ent. Ztschr., **42**, 25—100, 1897.
— Ueber die Dipterengattung *Microdon*. Wien. ent. Ztg., **18**, 138—143, 1899 b.
— Zur Lebensweise von *Larinus carinirostris* Gyllh. (Coleopt.). Wien. ent. Ztg., **18**, 191, 1899 c.
— Ueber ein noch nicht beachtetes Tastorgan bei Dipteren, insbesonders bei gewissen Leptiden und Tabaniden. Wien. ent. Ztg., **18**, 230—234, 1899 d.
— Eine neue *Aulax*-Galle. Ein hymenopterologischer Beitrag. Wien. ent. Ztg., **18**, 279—281, Taf. III, 1899 e.
— Ein neuer *Thinophilus* (Dipt.) von Sardinien. Wien. ent. Ztg., **19**, 79—82, 1900 a.
— Eine neue *Helomyza* (Dipt.) aus Österreich. Wien. ent. Ztg., **19**, 128—130, 1900 b.
— [Ref.] siehe Stein, Paul 1900.

Mik, Josef & **Wachtl**, Fritz A . . .
Commentar zu den Arbeiten von Hartig und Ratzeburg über Raupenfliegen (Tachiniden). Auf Grund einer Revision der Hartig'schen Tachiniden-Sammlung. Wien. ent. Ztg., **14**, 213—250, 5 Fig., 1895. — [Abdr.:] Zbl. ges. Forstwes., **21**, 341—351, 415—428, 5 Fig., 1895.

Mike, S . . . J . . .
[Schmetterling-Abdrücke.] Lepkelenyomatok. Rovarászati Lapok, **1**, 139—140, 1883.

Mikosch, Carl
Ueber die insectenfressenden Pflanzen. Ein Vortrag, gehalten in der Monatsversammlung der k. k. Gartenbau-Gesellschaft am 29. November 1878. Gartenfr. Wien, **11**, 163—168, 1878.

Milani, A . . .
Ueber abnormale Brutgänge von *Hylesinus minor*, Htg. Forstl.-naturw. Ztschr., **2**, 140—144, 37 Fig., 1893.
— Zur Morphologie des Fühlers von *Polygraphus poligraphus* (L.). Münden. forstl. Hefte, H. 8, 92—98, 1895.
— Beiträge zur Kenntniß der Biologie des *Xylechinus pilosus* (Kn. ?). Forst.-naturw. Ztschr., **7**, 121—136, Taf. I—II, 1898.

Milani, Paolo & **Garbini**, Adriano
Ein neues Verfahren, die Flügelschuppen der Schmetterlinge auf Papier zu übertragen. Zool. Anz., **7**, 276—278, 1884. — [Abdr.:] Isis Magdeburg (Berlin), **9**, 280—281, 1884.
[Ital. Übers.:] Nuovo metodo per transportare le squame dei Lepidotteri sulla carta. Bull. Soc. ent. Ital., **16**, 293—294, 1884. — [Abdr. ?:] Boll. Natural. Siena (Riv. Ital. Sci. nat.), **5**, 59, 1885.

Milazzo, Ant . . .
○ Il *Coccus citri* o l'ammelato della vite. Palermo, 1873.

Milburn, William
(*Lycaena agestis* var. *salmacis.*) Entomol. Rec., **1**, 331, (1890—91) 1891 a.
— (Collecting sallow catkins.) Entomol. Rec., **1**, 341, (1890—91) 1891 b.

Milcke, F . . . W . . .
Papierdüten zum Transport von Schmetterlingen. Ent. Nachr. Putbus, **2**, 61, 1876.

Milde,
Zur Vertilgung der Blattlaus in Gurkenbeeten. Jahresber. Schles. Ges. vaterl. Kult., **54** (1876), 365—366, 1877.

Milde, Julius
Die Sing-Cicaden. Aus der Natur, **28** ((N. F.) **16**), 399—400, 1864.
— Zoologische Mittheilungen aus Meran. Verh. zool.-bot. Ges. Wien, **15**, 961—962, 1865.
— Naturgeschichtliche Mittheilungen über Meran. Erste Mittheilung: Die Sing-Cicaden. Progr. Realschule Heiligen Geist Breslau, **1866**, 1—49, 1866 a.
— Bilder aus dem Süden. (4. Die Sing-Cicade.)[1] Natur Halle, **15**, 323—326, 9 Fig.; 340—343, 350—352, 358—360, 1866 b.
— Über die Thierwelt Meran's. Jahresber. Schles. Ges. vaterl. Kult., **44** (1866), 55—59, 1867.

[1]) andere nicht entomol.

Milford, F . . .
Remarks on the *Coccus* of the Cape Mulberry. Trans. Proc. R. Soc. N. S. Wales, **11** (1877), 270—271, 1878.

Milhau,
○ Rapport sur un Mémoire de M. de Plagniol, concernant la conservation des graines de vers à soie pendant l'hiver. Act. Mém. Congr. séricicol. int., **4** (1874), 162—173, 1875.

Milius, Alph[onse]
○ [Note sur la préparation d'un mélange contenant du cyanure de potasium pour détruire le *Phylloxera*.] C. R. Acad. Sci. Paris, **82**, 1190, 1876.

Mill, Hugh Robert
siehe Rattray, John & Mill, Hugh Robert 1885.

Millardet, (Pierre Marie) Alexis
geb. 1838, gest. 1902.
— Étude sur les vignes d'origine américaine qui résistent au Phylloxera. Mém. prés. Savants Acad. France, **22**, Nr. 16, 1—48, 1 Fig., 1876.
— Observations au sujet d'une Communication récente de M. Fabre [780]. C. R. Acad. Sci. Paris, **85**, 899—900, 1877 a.
○ De la résistance au *Phylloxera* de quelques vignes d'origine américaine. Journ. Agric. prat. Paris, **41**, Bd. 2, 138—141, 177—179, 209—213, 275—278, 1877 b; **42**, Bd. 2, 767—770, 1878.
○ La question des vignes américaines au point de vue théorique et pratique. 8°, 82 S., Bordeaux, Féret & fils, 1878 a.
○ Histoire des principales variétés et espèces de vignes d'origine américaine, qui résistent au *Phylloxera*. 4°, Paris; Bordeaux; Lyon; Bâle & Genève, Masson, 1878 b.
— Théorie nouvelle des altérations que *Phylloxera* détermine sur les racines de la vigne européenne. C. R. Acad. Sci. Paris, **87**, 197—200, 1878 c. — [Abdr. ?:] Journ. Agric. prat. Paris, **42**, Bd. 2, 186—187, 313—315, 1878.
— Sur les altérations que le *Phylloxera* détermine sur les racines de la vigne. C. R. Acad. Sci. Paris, **87**, 315—318, 1878 d.
— Résistance au *Phylloxera* de quelques types sauvages de vignes américaines. C. R. Acad. Sci. Paris, **87**, 739—740, 1878 e.
— Résistance au *Phylloxera* du *Vitis riparia*. Journ. Agric. prat. Paris, **42**, Bd. 1, 269—270, 1878 f.
— Appauvrissement du sol par le sulfocarbonate de potassium. Journ. Agric. prat. Paris, **42**, Bd. 2, 917, 1878 g.
○ Des altérations produites par le *Phylloxera* sur les racines de la vigne. Rev. int. Sci. biol., **2**, 375, 1878 h.
○ Études sur quelques espèces de vignes sauvages de l'Amérique du Nord faites au point de vue de leur application à la reconstitution des vignobles detruits par le *Phylloxera*. 48 S., 1 Taf., Bordeaux, Selbstverl., 1879 a.
○ Sur la pourriture de la vigne phylloxérée. Rev. int. Sci. biol., **4**, 562, 1879 b.
— siehe Gayon, U . . . & Millardet, Alexis 1879.
— La résistance au phylloxera du Clinton et du Taylor. Journ. Agric. prat. Paris, **44**, Bd. 1, 24—27, 43—46, 166—168, 1880 a.
— Le *Phylloxera* dans la Gironde. Journ. Agric. prat. Paris, **44**, Bd. 1, 259—261, 1880 b.
— Notes sur les vignes américaines. Journ. Agric. prat. Paris, **44**, Bd. 1, 396—398, 1880 c.

— Le voeu du comité central de la Gironde. Journ. Agric. prat. Paris, **44**, Bd. 1, 438—440, 1880 d.
— Phylloxera et Pourridié. Journ. Agric. prat. Paris, **44**, Bd. 1, 820—823, 2 Fig.; 900—904, 2 Fig.; Bd. 2, 11—14, 1880 e.
○ Nouvelles recherches sur la résistance et l'immunité phylloxériques, échelles de résistance. Journ. Agric. prat. Paris, **1892**, [8 S.]; Notice sur quelques portegreffes résistant à la chlorose et au phylloxéra. [6 S.], 1892.
[Ref.:] Dufour, Jean: Ztschr. Pflanzenkrankh., **2**, 176—179, 1892.
— Étude des altérations produites par le Phylloxéra sur les racines de la vigne. Act. Soc. Linn. Bordeaux, **53** ((6)3), 151—177, Taf. IV—VIII, 1898.
○ [Ref. ?:] Altérations phylloxériques sur les racines. Rev. Viticult., **10**, 692—?, 717—?, 753—?, 1898.

Millardet, Alexis & **Gayon**, U...
Recherches nouvelles sur l'action que les composés cuivreux exercent sur le développement du *Peronospora* de la vigne. C. R. Acad. Sci. Paris, **104**, 342—344, 1887.

Miller, A...
Ant Battles. Amer. Natural., **14**, 209, 1880.

Miller, C... & **Jones**, Albert Hugh
Notes on *Clisiocampa castrensis*, *Mamestra abjecta*, &c., at Gravesend. Entomol. monthly Mag., **6**, 114, (1869—70) 1869.

Miller, Edward Ingleby
Resting Habit of *Vanessa atalanta*. Entomologist, **19**, 60—61, 1886.
— British Orthoptera. Entomologist, **22**, 169—175, 10 Fig.; 195—198, 1889.

Miller, Elizabeth
(*Euvanessa antiopa* at Chelmsford.) [Mit Angaben von J. W. Tutt.] Entomol. Rec., **12**, 273, 1900 a.
— (*Acherontia atropos* near Chelmsford.) Entomol. Rec., **12**, 275, 1900 b.

Miller, Henry
Catocala Fraxini at Ipswich. Entomologist, **6**, 222, (1872—73) 1872.
— Food of *Diphthera Orion*. Entomologist, **6**, 389—390, (1872—73) 1873 a.
— Keeping Chrysalids. Sci. Gossip, (**8**) (1872), 261—262, 1873 b.
— *Sphinx pinastri* in Suffolk. Entomologist, **10**, 210, 1877 a.
— *Acherontia Atropos*. [Mit Angaben von E. A. Fitch.] Entomologist, **10**, 300, 1877 b.
— Destroying mites [in a cabinet of Lepidoptera]. Sci. Gossip, **14**, 17, 1878.
— *Acronycta alni*. Entomologist, **12**, 272, 1879.
— *Coremia quadrifasciaria*. Entomologist, **15**, 19, 1882.
— *Choerocampa celerio* at Felixstowe. Entomologist, **18**, 262, 1885.
— An attraction for Butterflies. Entomologist, **19**, 46, 1886 a.
— Habits of the Larva of *Polia flavicincta*. Entomologist, **19**, 91—92, 1886 b.

Miller, J... C...
Late larvae of *Pieris brassicae*. Entomol. monthly Mag., **7**, 185—186, (1870—71) 1871.
— *Colias Edusa* near London. Entomol. monthly Mag., **14**, 111, (1877—78) 1877.
— *Plusia gamma*. Entomol. monthly Mag., (2) **3** (**28**), 287—288, 1892.

Miller, Ludwig
geb. 21. 8. 1820 in Laibach (Krain), gest. 4. 4. 1897 in Wien, Kanzleibeamter am Ackerbauministerium.
— *Homalota glacialis* n. sp. Wien. ent. Mschr., **8**, 200—201, 1864.
— Neue Käfer-Arten. Verh. zool.-bot. Ges. Wien, **16**, 817—828, 1866.
[Franz. Übers. S. 817—819:] Nouvelles espèces de Coléoptères. Abeille, **6**, 95—97, (1869) 1868.
— *Timarcha Lomnickii* n. sp. Verh. zool.-bot. Ges. Wien, **17**, 503—504, 1867 a.
[Franz. Übers., z. T.:] Nouvelles espèces de coléoptères. Abeille, **6**, 105—106, (1869) 1868.
— Ein Beitrag zur unterirdischen Käferfauna. *Adelops croaticus* n. sp. Verh. zool.-bot. Ges. Wien, **17**, 551—552, 1867 b.
[Franz. Übers., z. T.:] *Adelops croaticus* Miller. Abeille, **6**, 106, (1869) 1868.
— Eine entomologische Reise in die ostgalizischen Karpathen. Verh. zool.-bot. Ges. Wien, **18**, 3—34, 1868.
[Franz. Übers., z. T., veränd.:] Voyage entomologique dans les Karpathes de la Galicie orientale. Abeille, **7**, 137—148, (1869—70) 1871.
— Zwei neue *Otiorhynchus*-Arten. Verh. zool.-bot. Ges. Wien, **20**, 219—220, 1870.
— Eine coleopterologische Reise durch Krain, Kärnten und Steiermark im Sommer 1878. Verh. zool.-bot. Ges. Wien, **28** (1878), 463—470, 1879. — ○ [Abdr. ? S. 467—468?:] Seltene Käferfunde in den Heiligenbluter Alpen. Carinthia, **69**, 203—204, 1879.
— Bericht über eine im Frühling 1879 nach Dalmatien unternommene coleopterologische Reise. Verh. zool.-bot. Wien, **30** (1880), 1—8, 1881.
— Neue Coleopteren aus Griechenland, gesammelt von E. v. Oertzen. Verh. zool.-bot. Ges. Wien, **33** (1883), 263—266, 1884.

Miller, Samuel Henry & **Skertchly**, Sydney Barber Josiah
○ The Fenland: past and present. 8°, XXXII + 649 S., ? Fig., 21 Taf. (1 Farbtaf.), 1 Karte, Wisbech & London, 1878.
[Darin:]
Balding, James: Lepidoptera.

Miller, W...
○ Bees as fertilizing agents. Garden. Chron., (N. S.) **11**, 138—139, 1879.

Miller, W... von
siehe Harz, Carl Otto & Miller, W... von 1892.

Miller, W... von & **Rohde**, G...
Zur Kenntnis des Cochenillefarbstoffs. Ber. Dtsch. chem. Ges., **26**, 2647—2672, 1893.

Millet,
(Zabre bossu (*Zabrus gibbus*).) [Mit Angaben von Aubé.] Bull. Soc. Acclim. Paris, (2) **6**, 141—142, 1869.

Millière, Pierre
geb. 1. 12. 1811 in Saint-Jean-de-Losne (Côte d'Or), gest. 29. 5. 1887 in Cannes, Apotheker, dann Kaufmann. — Biogr.: Entomol. monthly Mag., **24**, 70—71, 1887; (N. M. Kheil) Berl. ent. Ztschr., **31**, 383—386, 1887; (A. Constant) Ann. Soc. ent. France, (6) **7**, 209—214, 1887 m. Schriftenverz.; Leopoldina, **23**, 214, 1887; (M. des Gozis) Rev. Ent. Caen, **6**, 248—253, 1887 m. Schriftenverz.; (Dimmock) Psyche Cambr. Mass., **5**, 36, 1888; (F. J. M. Heylaerts) Ann. Soc. ent. Belge, **32**, C. R. LXXIV—LXXVII, 1888.

— Note sur l'*Haemerosia renalis*, Hub. Ann. Soc. ent. France, (4) **4**, 195—196, Farbtaf. 5 (Fig. 5), 1864 a.
— Iconographie et description de Chenilles et Lépidoptères inédits.[1]) Ann. Soc. Linn. Lyon, (N. S.) **11**, 1—45, 3 Fig., Farbtaf. 45—50; 258—288, Farbtaf. 55—58, 1864 b; (N. S.) **12** (1865), 413—444, Farbtaf. 59—62, 1866; (N. S.) **13**, 1—86, Farbtaf. 63—70, 1866; (N. S.) **14** (1866), 297—388, Farbtaf. 71—80, 1867; (N. S.) **15** (1867), 189—235, Farbtaf. 81—84, 1868; (N. S.) **16**, 1—82, Farbtaf. 85—92, 1868; (N. S.) **17**, 1—88, Farbtaf. 93—100, 1869; (N. S.) **18** (1870—71), 1—80, Farbtaf. 101—108, 1872; (N. S.) **19**, 1—90, Farbtaf. 109—116, 1872; (N. S.) **25**, 1—12, Farbtaf. 155, 1878.
○ [Sonderdr.:] 3 Bde. 8°, Paris, F. Savy, 1859—69.
2. 506 S., 50 Taf., 1864.
3. 2 (unn.) + 388 S., 48 Taf., 1869.
— [Chenilles rejetées par l'estomac d'un enfant.] Ann. Soc. Linn. Lyon, (N. S.) **12** (1865), XXIV—XXV. 1866.
— (Observations sur une seconde éclosion annuelle du *Lasiocampa pini*.) Ann. Soc. ent. France, (4) **8**, Bull. XCI, 1868.
— Catalogue raisonné des Lépidoptères du département des Alpes-Maritimes. Mém. Soc. Sci. nat. Cannes, **2**, 89—219, 1870 a[2]); **3**, 161—167, 1873[3]); **5**, 51—216, 2 Farbtaf., 1875; Lépidoptères des Alpes-Maritimes. [1. Suppl.] Naturaliste, **1**, 228—229, 1880; Catalogue raisonné des Lépidoptères des ... 2. Supplément. Natural. Sicil., **4** (1884—85), 147—150, 170—176, 195—199, 218—223, 233—237, 275—280, 301—304, 1885; **5** (1885—86), 16—21, 44—48, 67—72, (1886) 1885; 102—104, 127—132, 152—156, 176—180, 195—204, 220—224, 225—231, 1886.
— (Lépidoptères nouveaux.) Petites Nouv. ent., **1** (1869—75), 88, 1870 b; 172, 1872.
— Notice sur la faune lépidoptérologique de la vallée de Lantosque. Petites Nouv. ent., **1** (1869—75), 255—256, 1872 a.
— Descriptions de Lépidoptères nouveaux de France. Rev. Mag. Zool., (2) **23**, 61—63, (1871—72) 1872 b.
— Lépidoptères nouveaux de France. (*Ephestia Egeriella. Acrolepia Citri. Butalis Asmodella.*) Petites Nouv. ent., **1** (1869—75), 310, 1873 a.
— Description de huit Lépidoptères inédits d'Europe. Rev. Mag. Zool., (3) **1** (**36**), 1—10, 1873 b.
— Description de Lépidoptères nouveaux d'Europe. Rev. Mag. Zool., (3) **2** (**37**), 241—251, 1874.
— Description de chenilles et de Lépidoptères inédits d'Europe. Ann. Soc. ent. France, (5) **5**, 11—14, Farbtaf. 1, 1875 a.
— *Hypopta caestrum* Hb. Petites Nouv. ent., **1** (1869—75), 523, 1875 b.
— in Ragusa, Enrico 1875.
○ Lépidoptérologie. 8 Fascicules. ([Sonderdr.:] 8°, Cannes), 1875—81.
1. 16 S., 2 Farbtaf., 1 Frontispiz, 1875. [Abdr. aus:] Mém. Soc. Sci. nat. Cannes, **5**, 1875.
2. 14 S., 1 Farbtaf., 1877. [Abdr. aus:] Ann. Soc. ent. Belg., **20**, 1877.
3. Mém. Soc. Sci. nat. Cannes, **7** (1877—78), 20—43, Taf. III—IV, 1878.
[Sonderdr.:] 24 S., 2 Farbtaf.
4. 14 S., 1 Farbtaf., 1878. [Abdr. aus:] Ann. Soc. Linn. Lyon, **21**, 1878.

[1]) Beginn vor 1864
[2]) Lt. Zool. Rec. 1871, lt. Umschlagblatt 1872 erschienen
[3]) lt. Umschlagblatt 1874 erschienen

5. Mém. Soc. Sci. nat. Cannes, **8** (1878—79), 109—139, Taf. V—VII, 1879.
[Sonderdr.:] 31 S., 3 Farbtaf.
6. 20 S., 2 Farbtaf.,
7. 24 S., 1 Farbtaf.
8. Ann. Soc. Linn. Lyon, (N. S.) **29** (1882), 153—188, Taf. I—IV, 1883.
[Sonderdr.:] 27 S., 4 Farbtaf., 1882.
— Iconographie et description de six espèces de chenilles inédites des environs de Cannes (Alpes-Maritimes) avec leurs papillons à peine connus. Ann. Soc. ent. Belg., **20**, 58—66, Farbtaf. I, 1877 a.
— Description de six Lépidoptères d'Europe. Ann. Soc. ent. France, (5) **7**, 5—12, Farbtaf. 1, 1877 b.
— *Zygaena hilaris* Och. (var. *Onionidis* Mill.). Petites Nouv. ent., **2** (1876—79), 249—250, 1878.
— Description de lépidoptères inédits d'Europe. Naturaliste, **1**, 138—139, 1879.
— Deux nouveaux faits de Parasitisme. Rev. Ent. Caen, **1**, 167—168, 1882.
— Notes Lépidoptérologiques. Natural. Sicil., **3** (1883—84), 33—37, (1884) 1883 a.
— Notes Lépidoptérologiques. Rev. Ent. Caen, **2**, 40—42, 1883 b.
— *Nychiodes lividaria*, Hb. var. *Ragusaria*, Mill. Natural. Sicil., **3** (1883—84), 196, Farbtaf. III (Fig. 1), 1884 a.
[Siehe:] Bellier de la Chavignerie, J. B. E.: 297.
— Chenilles européennes inédites ou imparfaitement connues et notes lépidoptérologiques. Natural. Sicil., 4 (1884—85), 7—16, Taf. I, (1885) 1884 b.
— Lépidoptères inédits et notes entomologiques. Rev. Ent. Caen, **3**, 1—7, Taf. I, 1884 c.
— Acidalie nouvelle, Lépidoptères nouveaux et chénilles inédites pour la Faune française. Ann. Soc. ent. France, (6) **5**, 113—120, Farbtaf. 2, 1885 a.
— (Note relative à la *Zygaena Wagneri* Mill.) Ann. Soc. ent. France, (6) **5**, Bull. XCII—XCIII, 1885 b.
— (Description d'un Lépidoptère nouveau: *Tinea Turatiella*). Ann. Soc. ent. France, (6) **5**, Bull. CXI, 1885 c.
— Chenilles nouvelles, Lépidoptères nouveaux ou peu connus. Ann. Soc. ent. France, (6) **6**, 5—10, Farbtaf. 1, 1886 a.
— (Diagnose d'une nouvelle espèce de Microlépidoptère: *Bucculatrix*.) Ann. Soc. ent. France, (6) **6**, Bull. XXIII—XXIV, 1886 b.
— (Une note sur une nouvelle espèce de Lépidoptère: *Psilothrix incerta*.) Ann. Soc. ent. France, (6) **6**, Bull. LIII—LIV, 1886 c.
— Chenilles inédites et lépidoptères nouveaux pour la faune européenne. Natural. Sicil., **6** (1886—87), 1—9, Taf. I, (1887) 1886 d.
— Notes entomologiques (N. 3). Natural. Sicil., **5** (1885—86), 241—245, 1886 e; ... (N. 4). [Lepidoptera.] **6** (1886—87), 125—130, 1887.
— Lépidoptères nouveaux ou peu connus. Chenilles nouvelles. Ann. Soc. ent. France, (6) **7**, 215—221, Farbtaf. 5 (Fig. 1, 4—14), 1887.

Milligan, J ... M ...
Intelligence on the Hawk Moth. Amer. Natural., **10**, 50, 1876.

Milliken, Robert
Report on Outbreaks of the Western Cricket and of certain Locusts in Idaho. Period. Bull. Dep. Agric. Ent. (Ins. Life), **6** (1893—94), 17—24, (1894) 1893.

Million, Louis
○ Étude sur la responsabilité des vices de la graine de ver à soie. Rev. Sericicult., **2**, 630—635, 1868.
○ Sulla responsabilità dei difetti della semente dei bachi. Riv. settim. Bachicolt., **2**, 113—114, 117—118, 122, 126, 1870.

Mills, Charles
Phylloxera and Viticulture. Agric. Gaz. N. S. Wales, **2** (1891), 520—523, (1892) 1891.

Mills, G . . . K . . .
○ On the Ichneumon Fly. Rep. Marlborough nat. Hist. Soc., **1866**, 18—21, 1867.

Mills, Helen
siehe Snow, William Appleton & Mills, Helen 1900.

Mills, Henry
○ *Corethra plumicornis.* Amer. Journ. Micr. N. York, **4**, 49—50, 1 Taf., 1879.

Mills, John W . . .
Thecla W-Album on the Flowers of the Lime Tree. Entomologist, **7**, 174, 1874.
— *Sphinx Convolvuli* at Maldon. Entomologist, **8**, 276, 1875.
— *Papilio machaon* and *Colias hyale* in Essex. Entomologist, **10**, 191, 1877.

Mills, Lewis G . . .
The Spiracles of the Fly. Sci. Gossip, **1865**, 199—201, 2 Fig., 1866 a.
— Spiracles of Insects. Sci. Gossip, **1865**, 254—255, 3 Fig., 1866 b.
— Proboscis of Blow-fly. Sci. Gossip, (**2**) (1866), 23, 1867 a.
— Gastric Teeth of Insects. Sci. Gossip, (**2**) (1866), 249—250, 3 Fig., 1867 b.
— The Wasps Sting, its Poison Gland. Sci. Gossip, (**3**) (1867), 60, 1868.
— Stings and Poison Glands of Bees and Wasps. Sci. Gossip, (**4**) (1868), 148—151, 5 Fig., 1869.
— The Winter Home of the Humble Bee. Sci. Gossip, (**5**) (1869), 41, 1 Fig., 1870.
— Stings of Wasps and Bees. Sci. Gossip, (**9**) (1873), 50—51, 1874.
— The Teeth of the Blow-fly. Sci. Gossip, **14**, 147—150, 2 Fig., 1878.

Millspaugh, Charles F . . .
siehe Hopkins, Andrew Delmar & Millspaugh, Charles F . . . 1892.

Milly, Léon de
○ [Note on the rearing of the Ailanthus Silkworm.] Rep. Acclim. Soc. N. S. Wales, **3**, 53—55, 1864.
— Rapport sur des éducations de *Bombyx yama-mai* et de *Bombyx cynthia,* faites dans le département des Landes. Rev. Séricicult. comp., **1865**, 29—32, 1865.
— Éducations d'*Attacus cynthia* faites au château de Canenx (Landes) en 1873. Bull. Soc. Acclim. Paris, (3) **1**, 209—213, 1874.

Milne, Oswald
Deilephila Galii at Weybridge. Entomologist, **8**, 271, 1875.

Milne, William
(Emergence of *Aplecta occulta* in November.) Entomol. Rec., **1**, 290, (1890—91) 1891.

Milne-Edwards, Alphonse, siehe Edwards, Alphonse Milne

Milne-Edwards, Henri siehe Edwards, Henri Milne

Milone, Luigi Marzullo
○ L'industria dei bachi da seta in Sicilia. Riv. settim. Bachicolt., **7**, 79, 1875.

Milson, W . . . D . . .
Vanessa Antiopa near Basingstoke. Entomologist, **9**, 201, 1876.

Milton, F . . .
Preservation of Neuroptera. Entomologist, **20**, 284—285, 1887.
— Pupation of *Cossus.* Entomologist, **21**, 56, 1888 a.
— Collecting in Somersetshire. [Lep., Col.] Entomologist, **21**, 62—63, 1888 b.
— *Smerinthus tiliae* abundant. Entomologist, **21**, 232, 1888 c.
— Various Captures. [Col., „Orth.", Hom., Heter., Hym., Trich., Dipt.] Entomologist, **21**, 323, 1888 d.
— Food of *Nyssia zonaria.* Entomologist, **22**, 113, 1889.
— Hydradephaga near London. Entomologist, **23**, 20, 1890 a.
— (Notes of the Season (Coleoptera).) Entomol. Rec., **1**, 133—134, (1890—91) 1890 b.
— *Acronycta aceris.* Brit. Natural., **1**, 216, 1891 a.
— *Pachyta octomaculata,* F. Brit. Natural., **1**, 244—245, 1891 b.
— Dragon flies. Brit. Natural., **2**, 37—40, 1892 a.
— Killing insects on the setting-board. Brit. Natural., **2**, 124, 1892 b.
— Larvae destroyed by mice. Brit. Natural., **2**, 152, 1892 c.
— Notes on captures. Brit. Natural., **2**, 265—266, 1892 d.
— (Diptera in Somersetshire.) Entomol. Rec., **2**, 189—190, 1892 e.
— (Coleoptera taken by digging in the banks of streams at Mitcham.) Trans. City London ent. nat. Hist. Soc., **1891**, 12—13, [1892] f.
— The Entomology of a London Bakehouse. Entomol. monthly Mag., (2) **5** (**30**), 85—86, 1894.
— Senses of Insects. [Salt.] Entomologist, **28**, 304, 1895 a.
— *Acherontia atropos* in Somerset. Entomologist, **28**, 310, 1895 b.
— The Front Legs of *Agriopis aprilina.* Entomologist, **29**, 360, 1896.
— Note on *Aulax glechoma.* Entomologist, **31**, 139, 1898.
— Incidental Collecting in the Lake District. [Col., Lep., Dipt. Neur.] Entomologist, **32**, 239, 1899 a.
— *Drepanopteryx phalaenoides* at Windermere. Entomol. monthly Mag., (2) **10** (**35**), 235, 1899 b.
— (Local Orthoptera in 1899.) [Mit Angaben von Malcolm Burr.] Entomol. Rec., **11**, 333, 1899 c.

Milton, J . . . L . . .
Mosquitoes. Sci. Gossip, (**5**) (1869), 54, 1870.

Milton, John . . .
○ The practical bee-keeper; or, concise and plain instructions for the management of bees and hives. 12°, London, Milton 1870.

Minà-Palumbo, F[rancesco] Dr.
geb. 1814?, gest. 12. 3. 1899 in Castelbuono. — Biogr.: (L. Failla) Natural. Sicil., (N. S.) 3, 26—28, 1899.
○ L'Apicoltura in Sicilia. Giorn. Agric., **16**, 100—101, 1871.

○ Il miele siciliano. 8°, 11 S., Palermo, tip. Lorsnaider, 1872.

— Monografia sulla coltivazione del frassino. (S. 610—611: X. Insetti nocivi.)[1]) Agricoltura Ital., **2**, 606—612, 1876.

— Rassegna di entomologia agraria. Insetti degli Esperidi. Agricoltura Ital., **4**, 238—244, 1878 a.

— Ampelopatie. Agricoltura Ital., **4**, 590—592, 721—723, 1878 b.

— [Auswanderung von Distelfaltern, *Vanessa* (*Pyrameis*) *cardui*.] Zool. Garten Frankf. a. M., **19**, 383, 1878 c.

— Rassegna di entomologia agraria. — Nota sopra insetti osservati in Sicilia nel 1879. Agricoltura Ital., **5**, 545—552, 1879.

— Saggio di bibliografia italiana sulla Fillossera. Agricoltura Ital., **7**, 74—82, 155—160, 225—230, 1881 a.

— Dell' azione delle meteore sugli insetti. Agricoltura Ital., **7**, 406—408, 1881 b.

— Ditteri nocivi al frumento. Natural. Sicil., **1** (1881—82), 93—96, 1882.

— Cattura di una *Calosoma*. Natural. Sicil., **2** (1882—83), 175, 1883 a.

— Lepidotteri druofagi. Natural. Sicil., **2** (1882—83), 298—302, 1883 b; **3** (1883—84), 31—32, 54—56, 92—96, (1884) 1883; 120—124, 184—186, 247—248, 298—300, 323—324, 347—348; **4** (1884—85), 16—20, (1885) 1884.

— *Attelabus curculionoides*, Ln. Natural. Sicil., **3** (1883—84), Beil. 27—28, 1884.

— Contribuzione alla Fauna Entomologica Sicula. Natural. Sicil., **6** (1886—87), 33—38, (1887) 1886; 92—94, 115—119, 147—153, 1887.

○ Parassiti animali del Tabacco. Agricoltura Ital., **6**, 1890 a.

— *Cochylis ambiguella* Hbn. Agric. merid. Portici, **13**, 103—105, 1890 b.

○ Insetti ampelofagi. Agricoltura Ital., **17**, 705—714, 1891 a.

— Clitridi ampelofagi. Agric. merid. Portici, **14**, 11, 1891 b.

— La Cochilide. Agric. merid. Portici, **14**, 23—24, 1891 c.

— *Pentodon punctatus*, Villers. Agric. merid. Portici, **14**, 117—119, 1891 d.

— Insetti della vite. Agric. merid. Portici, **14**, 277—278, 1891 e.

— Bibliografia sicula di Scienze Naturali. Cenni.[2]) Natural. Sicil., **12** (1892—93), 1—8, 9—12, 13—20, 1893; **13** (1893—94), 1—12, 13—20, 21—28, 29—36, 1894; (N. S.) **1** (**15**), 1—10, 11—22, 1896; (N. S.) **2**, 1—19, 1897.

— I Parassiti del melo. [Nach: Giorn. Agric. Ital., **22**, 1896.] Riv. Patol. veg., **5** (1896), 387, (1897) 1896.

○ Le meteore et i parassiti. Boll. Ent. agr. Padova, **4**, 285—287, 1897.
[Ref.:] Ztschr. Pflanzenkrankh., **7**, 311, 1897.

Minà'Palumbo, Francesco & **Failla-Tedaldi**, Luigi
Materiali per la fauna lepidotterologica della Sicilia. Natural. Sicil., **6** (1886—87), 229—236, 1887; **7** (1887—88), 10—21, 46—53, 65—72, (1888) 1887; 81—87, 133—139, 153—156, 201—205, 225—233, 269—272, 1888; **8** (1888—89), 1—10, 29—36, 57—62, (1889) 1888; 81—89, 105—115, 129—140, 153—164, 181—194, 200—202, 1889.

[1]) andere Teile nicht entomol.
[2]) nur Entomol. enthaltende Forts. aufgenommen

Minakata, Kumagusu
Some Oriental Beliefs about Bees and Wasps. Nature London, **50**, 30, 1894.

— Notes on the Bugonia-Superstitions. — The Occurrence of *Eristalis Tenax* in India. Nature London, **58**, 101—103, 1898.

Minardi, A . . .
Coleotteri anormali. Riv. Ital. Sci. nat., **19**, Boll. 8, 1899.

Minchin, Edward Alfred
geb. 1866, gest. 1915. — Biogr.: (H. M. Woodcock) Parasitology, **25**, 157—162, 1925.

— Note on a New Organ, and on the Structure of the Hypodermus in *Periplaneta Orientalis*. Quart. Journ. micr. Sci., (N. S.) **29**, 229—233, Taf. XXII, (1889) 1888.
[Ref.:] Westhoff, Fritz: Der Stinkapparat der Küchenschabe. Jb. Naturw., **1889—90**, 330—331, 1890.

— Further Observations on the Dorsal Gland in the Abdomen of *Periplaneta* and its allies. Zool. Anz., **13**, 41—44, 1890.

Minck,
(*Dianthoecia capsophila* in den Umgebungen von Prag.) Berl. ent. Ztschr., **33**, (10), (1889) 1890.

Mingaud, Galien
Excursion lépidoptérologique de Nimes à Poulx et à la Baume, faite le 4 mai 1889. Bull. Soc. Sci. nat. Nimes, **17**, XLVI—XLVII, 1889.

— (Criquets algériens.) Bull. Soc. Sci. nat. Nimes, **19**, LXXVIII—LXXIX, 1891 a.

— Liste des Hémiptères capturés dans les environs de Nimes en 1891. Bull. Soc. Sci. nat. Nimes, **19**, XCVIII—C, 1891 b; **20**, XIX—XX, 1892.

— (Comptes-rendus d'excursions au bois des Espeisses.) Bull. Soc. Sci. nat. Nimes, **20**, XXXII, XLIII, 1892 a.

— (Sur l'*Altica oleracea* et le *Rhynchites betuleti*.) Bull. Soc. Sci. nat. Nimes, **20**, XLVI, 1892 b.

— (Sur l'*Ernobius mollis*.) Bull. Soc. Sci. nat. Nimes, **20**, XLIX, 1892 c.

— (Sur le *Bacillus gallicus*.) Bull. Soc. Sci. nat. Nimes, **20**, LII, 1892 d.

— Sur quelques orthoptères capturés dans les environs de Nimes. Bull. Soc. Sci. nat. Nimes, **20**, LXII, 1892 e.

— (Sur la capture dans le Gard de la *Saga serrata*.) Bull. Soc. Sci. nat. Nimes, **20**, XLVII, XLIX, 1892 f; Note sur la capture du *Saga serrata* Fabre (Insecte orthoptère) dans les environs de Nimes. **21**, 40—45, 1893.

— Emile Joly [Nekrolog]. Bull. Soc. Sci. nat. Nimes, **22**, XXXI—XXXII, 1894 a.

— Moeurs et métamorphoses de la *Saga serrata*. Bull. Soc. Sci. nat. Nimes, **22**, LIX—LX, LXIII—LXIV, 124—126, 1894 b.

— [*Colias edusa* ♂ accouplé avec *C. hyale* ♀.] Bull. Soc. Sci. nat. Nimes, **22**, LX, 1894 c.

— Lézards et Mantes. Bull. Soc. Sci. nat. Nimes, **22**, LXX, 1894 d.

— Voracité d'un *Ephippiger*. Bull. Soc. Sci. nat. Nimes, **22**, LXX, 1894 e.

— Lutte d'une *Argiope* fasciée avec une Mante religieuse. Bull. Soc. Sci. nat. Nimes, **22**, LXXIII—LXXIV, 1894 f.

— Coléoptères nuisibles aux plantations de pins. Bull. Soc. Sci. nat. Nimes, **22**, LXXII—LXXIII, 1894 g; . . . pins dans le Gard. **27**, XXXII, (1899) 1900.

— (Le *Pachytylus Cinerascens* en Camargue.) Bull. Soc. Sci. nat. Nimes, **23**, LIV, 1895 a.
— Dégâts occasionnés par l'*Anobium paniceum* Lin. Bull. Soc. Sci. nat. Nimes, **23**, LXVI—LXVIII, 1895 b.
— La Faune des cadavres. Bull. Soc. Sci. nat. Nimes, **23**, LXXIX—LXXX; Application de l'Entomologie à la médecine légale. 95—99, 1895 c.
— Capture de *Platypsyllus Castoris* (Ritsema) sur un castor du Gardon. Bull. Soc. Sci. nat. Nimes, **23**, LXIX—LXXI; Nouvelle capture ... *Castoris* (Coléoptères) sur un autre castor du Gardon. 100—109, 1895 d; Troisième capture ... *Castoris* et découverte de sa larve sur un jeune castor du Gardon. **24**, 65—67, 1896.
— (Parasites de la Genette et du Blaireau.) Bull. Soc. Sci. nat. Nimes, **24**, XXXVI, 1896 a.
— *Platypsyllus castoris.* Feuille jeun. Natural., **26**, 56; Nouvelle capture de *Platypsyllus castoris.* 81; Troisième capture de *Platypsyllus castoris* Ritsema, et découverte de sa larve. 223, (1895—96) 1896 b.
— La pyrale de la vigne dans les environs de Nimes, en 1897, et ses parasites. Bull. Soc. Sci. nat Nimes, **25**, XLI—XLII, 1897 a.
— Liste de quelques Chrysides capturées dans les environs de Nimes. Bull. Soc. Sci. nat. Nimes, **25**, LVII—LVIII, 1897 b.
— Le *„Coroebus bifasciatus"* dans les environs de Nimes en 1898. Bull. Soc. Sci. nat. Nimes, **26**, 36—38, 1898.
— Nouvelles captures: 1. de Castors dans le Gardon et dans le Rhône; 2. de *Platypsyllus castoris* Ritsema et de larves de ce coléoptère. Bull. Soc. Sci. nat. Nimes, (N. S.) **27**, 9—12, 1 Fig., (1899) 1900 a.
— La *Phyllotoma aceris* Kalt., dans le Gard et dans l'Hérault. Bull. Soc. Sci. nat. Nimes, (N. S.) **27**, 39—44, (1899) 1900 b.
— Pupes de Diptères trouvées dans une momie. Bull. Soc. Sci. nat. Nimes, (N. S.) **27**, 85—86, (1899) 1900 c.
— Le *Bruchus irresectus* Fahr., parasite des haricots cultivés. Bull. Soc. Sci. nat. Nimes, (N. S.) **27**, 103—107, (1899) 1900 d.
— La *Thaïs Cassandra* aux environs de Nimes. Bull. Soc. Sci. nat. Nimes, (N. S.) **27**, XXX, (1899) 1900 e.
— Le *Charaxes Jasius* Lin., dans les environs de Nimes. Bull. Soc. Sci. nat. Nimes, (N. S.) **27**, XL—XLI, (1899) 1900 f.
— La Blatte germanique à Nimes. Bull Soc. Sci. nat. Nimes, (N. S.) **27**, XLIII—XLIV, (1899) 1900 g.

Mingazzini, Pio Prof.
geb. 4. 5. 1864 in Rom, gest. 25. 5. 1905 in Florenz. — Biogr.: (P. Stefanelli) Bull. Soc. ent. Ital., **37**, 97—106, 1905; Ric. Labor. Anat. Roma, **11**, I—XII, (1905—06) 1905 m. Porträt & Schriftenverz.
○ Saggio di un Catalogo dei Coleotteri della Campagna romana. Lo Spallanzani, **14**, 1885.
○ La concimazione del terreno vegetale per opera di alcuni Lamellicorni, con osservazioni sulle loro abitudini. Roma, 1887.
○ Ricerche anatomiche el istologiche sul tubo digerente delle larve di alcuni Lamellicorni fitofagi. Nota prelimare. Boll. Soc. Natural. Napoli, (1) **2**, 1888 a.
— Catalogo dei Coleotteri della Provincia di Roma, appartenenti alla famiglia dei Carabici. Bull. Soc. ent. Ital., **20**, 113—128, 1888 b.
— Ricerche sulla struttura dell' ipodermide nella *Periplaneta orientalis.* Atti Accad. Lincei, Rend., (4) **5**, Sem. 1, 573—578, 1889 a.
— Ricerche sul tubo digerente dei Lamellicorni fitofagi (insetti perfetti). Nota preliminare. Boll. Soc. Natural. Napoli, (1) **3**, 24—30, 1889 b.
— Catalogo dei Coleotteri della Provincia di Roma appartenenti alla famiglia dei Lamellicorni. Boll. Soc. Natural. Napoli, (1) **3**, 54—67, 1889 c.
○ Ricerche sul canale digerente delle larve dei Lamellicorni fitofagi. Mitt. zool. Stat. Neapel, **9**, 1—112, Taf. 1—4, (1889—91) 1889 d.
[Ref.:] Alimentary Canal of Lamellicorn Larvae. Journ. R. micr. Soc., **1890**, 30, 1890.
— Ricerche sul canale digerente dei Lamellicorni fitofagi. Insetti perfetti. Mitt. zool. Stat. Neapel, **9**, 266—304, Taf. 9—11, (1889—91) 1889 e.
○ Trattoto di zoologia medica. Roma, 1898.
[Ref.:] Janus, **2**, 503—504, (1897—98) 1898.

Mink, Wilhelm
geb. 1807 in Krefeld, gest. 1883, Oberlehrer in Krefeld. — Biogr.: (C. Roettgen) Käfer Rheinprov., 11, 1911.
— Springende Hymenopteren Puppen. Tijdschr. Ent., **15** ((2) **7**), 285—286, 1872.

Minor, W ... C ...
Further remarks on larve budding. Amer. Journ. Sci., (2) **39**, 362—263, 1865.
— [Ref.] siehe Wagner, Nicolas 1865.

Minor Blackford, Charles
Pests and Their Antidotes. Scient. Amer., **81**, 140, 1899.

Minot, Charles Sedgwick
geb. 23. 12. 1852 in West Roxbury (Mass.), gest. 19. 11. 1914, Prof. f. vergl. Anat. d. Harvard med. School. — Biogr.: (P. P. C.) Ent. News, **26**, 47—48, 1915; (E. S. Morse) Biogr. Mem. Nat. Acad. Sci., **9**, 263—285, 1920 m. Porträt & Schriftenverz.; (H. Osborn) Fragm. ent. Hist., 206—207, 1937.
— (On the broods of *Chrysophanus americanus.)* Proc. Boston Soc. nat. Hist., **12** (1868—69), 98, (1869) 1868.
— (Description of the male of *Hesperia Metea* Scudd.) Proc. Boston Soc. nat. Hist., **12** (1868—69), 319—320, 1869 a.
— [The total number of species and genera in several orders of North American insects.] Proc. Boston Soc. nat. Hist., **12** (1868—69), 380, 1869 b.
— (On abnormal cocoons of Bombycidae.) Proc. Boston Soc. nat. Hist., **12** (1868—69), 410, 1869 c.
— American Lepidoptera. I. Geometridae Latr. Proc. Boston Soc. nat. Hist., **13** (1869—71), 83—85; ... II. Phalaenidae Latr. 169—171, (1871) 1869 d.
— Brief notes on the transformations of several species of Lepidoptera. Canad. Entomol., **2**, 27—29, (1870) 1869 e; *Hyperchiria varia.* **4**, 160, 1872.
— Cabbage butterflies. Amer. Entomol., **2**, 74—77, 8 Fig., (1870) 1869—70.
— Beech-nuts in Cocoon of the *Cecropia.* Amer. Entomol., **2**, 242, 1870 a.
— Food Plants of *C. Promethea.* Canad. Entomol., **2**, 100, 1870 b.
— Cocoon of the *Cecropia.* Canad. Entomol., **2**, 100, 1870 c.
— Notes on the Flight of N. E. Butterflies. Proc. Boston Soc. nat. Hist., **14** (1870—71), 55—56, (1872) 1871.
— Notes on *Limochores bimacula,* Scudd. Canad. Entomol., **4**, 150, 1872.
— Recherches histologiques sur les trachées de l'*Hydrophilus piceus.* Arch. Physiol. norm. pathol., (2) **3**, 1—10, Taf. VI—VII, 1876. — [Abdr.:] Trav. Labor. Histol. Coll. France, **1876**, 1—10, Taf. I—II, 1877.

— A Lesson in Comparative Histology. Amer. Natural., **12**, 339—347, 3 Fig., Taf. II, 1878.
— in Riley, Charles Valentine; Packard, Alpheus Spring & Thomas, Cyrus 1880.
— Aperçu d'embryologie comparée, histoire des génoblastes et théorie du sexe. Journ. Microgr., **5**, 30—34, 71—78, 1 Fig.; 174—181, 210—216, 488—492, Taf. II, VII, 1882; **6**, 27—32, Taf. XX, 1883.
— [Ref.] siehe Viallanes, Henri 1883.
— in Riley, Charles Valentine (1880) 1885.
— Zur Kenntniss der Insektenhaut. Arch. mikr. Anat., **28**, 37—48, Taf. VII, 1886.

Minsmer, J...
Liste des coléoptères capturés du 15 Mars au 31 Août 1889, à Lodève (Hérault). Échange, **6**, 150—151, 156, 1890.

Mion,
Les mystères d'une ruche. 8°, 155 S., 12 Taf., Lyon, P. N. Josserand, 1872.

Miot, Henri
Les insectes auxiliaires et les insectes utiles. Journ. Fermes, **1**, 94—96, 110—112, 124—127, 147—150, 167—168, 185—187, 205—207, 224—227, 2 Fig.; 243—245, 264—267, 1 Fig.; 306—307, (1868—69) 1869. [Sonderdr.:] 12°, 101 S., ? Fig., Versailles & Paris, 1870.
— (Influence du gaz sulfhydrique sur les Insectes.) Ann. Soc. ent. France, (5) **6**, Bull. CLXIV—CLXV (= Bull. Soc. ..., **1876**, 178—179), 1876.
— Notice nécrologique sur le colonel Goureau, Membre honoraire. Ann. Soc. ent. France, (5) **9**, 389—400, (1879) 1880.

Miquel,
Notes d'histoire naturelle sur le Fouta-Djallon. Ann. Hyg. Méd. colon. Paris, **1**, 396—414, 1898.

Miraglia, Nicola
○ La Fillossera. Agric. merid. Portici, **5**, Nr. 2, 1881. — ○ [Abdr.?:] N. Antologia, 1881.
[Ref.:] Caruso, Girolamo: La Fillossera per Nicola Miraglia. Agricoltura Ital., **7**, 725—727, 1881.

Miraglia, Nicola; **Targioni-Tozzetti**, Adolfo & **Lawley**, Francesco
○ Rapporto dei delegati all Congresso di Losanna per la *Phylloxera*. An. Agric. Argent., **104**, [72 S.], 1877.

Miranda Ribeiro, A... de
○ Contra os inimigos. — Um inimigo das pimenteiras. Lavoura Rio de Janeiro, (2) **2**, 58—59, ? Fig., 1899.

Mirbach, A... von
Merkwürdiger Fundort von *Deileph*[*ila*] *Nerii*. Ent. Ztschr., **6**, 26, 1892.

Miret y Ferrada, J...
○ Estudios sobre la *Phylloxera vastatrix* precedidos de una reseña histórica de la vid y do sus enfermedades. 4°, 220 S., 1 Taf., Barcelona, Eudaldo Puig, 1879.
○ La verdad sobre la campaña contra la filoxera en el Ampurdan (provincia de Gerona). 15 S., Barcelona, 1880.

Miró y Salgado, Juan
○ Observaciones sobre los medios de impedir ó aminorar los estragos de la filoxera. 8°, 18 S., Jerez, impr. Guadalete, 1878.

Mirus, R...
Vergiftung von Bienen durch Hefe. [Nach: Arch. Pharm., (2) **146** (**196**), 176.] N. Jb. Pharm., **35**, 292—295, 1871.

Mische, A...
Einige Bemerkungen über das Präpariren der Lepidopteren und Coleopteren. Korr.bl. int. Ver. Lep. Col. Sammler, **1**, 30, 1884 a.
— Zu den Tödtungsmethoden der Lepidopteren und Coleopteren. Korr. bl. int. Ver. Lep. Col. Sammler, **1**, 31, 1884 b.
— Ein Beitrag zur Entwicklungsgeschichte von *Limenitis populi*. Insekten-Welt, **2**, 15—16, 1885.
— *Deiopeia Pulchella* L. (*Pulchra* Schiff.). Soc. ent., **1**, 130, 1886.
— Zu *Crateronyx Dumi* L. Soc. ent., **1**, 149, 1887 a.
— Beitrag zur Ueberwinterung der Lepidopteren. Soc. ent., **2**, 4, 11, 21, 1887 b.
— Bemerkungen über *Thais Cerisyi* und einige andere Lepidopteren. Soc. ent., **4**, 112, (1889—90) 1889.

Mische, William
Rare Beetle injurious to Sweet-potato roots in Louisiana. Amer. Entomol., **3** ((N. S.) **1**), 297, 1880.

Mischkowsky, R...
Schutz der Obstbäume gegen Raupenfrass. Dtsch. Gärtn. Ztg. Erfurt, **3**, 158—159, 1888.

Miskin, William Henry
Occurrence of *Danais Archippus* in Queensland. [Mit Angaben der Herausgeber.] Entomol. monthly Mag., **8**, 17, (1871—72) 1871.
— (Remarks on *Mynes Guerini* and *Geoffroyi*.) Trans. ent. Soc. London, **1873**, Proc. XXVII, 1873.
— New Lycaenidae from Queensland. Entomol. monthly Mag., **11**, 165, (1874—75) 1874 a.
— Note on *Mynes Guerini*, Wallace. Trans. ent. Soc. London, **1874**, 237—240, 1874 b.
[Siehe:] Wallace, Alfred R.: **1869**, 77—81, 277—288, 321—349, 1869.
— Note on „A Catalogue of the described Diurnal Lepidoptera of Australia, by Mr. George Masters of the Sydney Museum." Trans. ent. Soc. London, **1874**, 241—246, 1874 c.
— (*Attacus Hercules* taken in the neighbourhood of Cape York.) Trans. ent. Soc. London, **1875**, Proc. XXVI, 1875.
— On a new and remarkable species of *Attacus*. Trans. ent. Soc. London, **1876**, 7—9, 1876 a.
— Descriptions of new species of Australian Diurnal Lepidoptera. Trans. ent. Soc. London, **1876**, 451—457, 1876 b.
— On *Ogyris Genoveva* Hewitson, and its life-history. Trans. ent. Soc. London, **1883**, 343—345, Farbtaf. XV, 1883.
— Note on *Tachyris melania* of Fabricius. Trans. ent. Soc. London, **1884**, 91—92, 1884 a.
— Descriptions of new Australian Rhopalocera. Trans. ent. Soc. London, **1884**, 93—96, 1884 b.
— siehe Aurivillius, Christopher & Miskin, William Henry 1884.
— *Papilio parmatus* (G. R. Gray) at Mackay. Proc. R. Soc. Queensland, **4** (1887), 17, [1888].
— Descriptions of hitherto undescribed australian Lepidoptera (Rhopalcera). Proc. Linn. Soc. N. S. Wales, (2) **3** (1888), 1514—1520, 1889 a.
— Descriptions of some new Species of Australian Hesperidae. Proc. R. Soc. Queensland, **6**, 146—154, (1890) 1889 b.
— Revision of the Australian Species of the lepidopterous genus *Terias*, with descriptions of some new Species. Proc. R. Soc. Queensland, **6**, 256—263, (1890) 1889 c.

— Note on some undescribed Australian Lepidoptera (Rhopolocera). Proc. R. Soc. Queensland, **6**, 263—266, (1890) 1889 d.

○ Note on a collection of Lepidoptera from S. E. New Guinea. [In:] Her Majesty's Colonial Possessions. Nr. 103, British New Guinea. Report on the Blue Book, 117—124, London, 1890 a.

— A revision of the australian species of *Euploea*, with synonymic notes, and descriptions of new species. Proc. Linn. Soc. N. S. Wales, (2) **4** (1889), 1037—1046, 1890 b.

— A revision of the australian genus *Ogyris*, with description of a new species. Proc. Linn. Soc. N. S. Wales, (2) **5** (1890), 23—28, (1891) 1890 c.

— Descriptions of hitherto undescribed australian Lepidoptera (Rhopalocera) principally Lycaenidae. Proc. Linn. Soc. N. S. Wales, (2) **5** (1890), 29—43, (1891) 1890 d.

— A synonymical catalogue of the Lepidoptera Rhopalocera (Butterflies) of Australia with full bibliographical reference; including descriptions of some new species. Ann. Queensland Mus., **1**, I—XX+1—93+I—IX, 1891 a.

— A Revision of the Australian Sphingidae. Proc. R. Soc. Queensland, **8** (1890—91), 1—26+2 (unn., Index) S., 1891 b.

— New Species of Australian Macro-Lepidoptera (Heterocera). Proc. R. Soc. Queensland, **8** (1891—92), 57—59, 1892 a.

— Further Note on Australian Sphingidae. Proc. R. Soc. Queensland, **8** (1891—92), 60—64, 1892 b.

Mission Alluaud Diego-Suarez

Mission scientifique de M. Ch. Alluaud dans le territoire de Diego-Suarez (Madagascar-Nord). Avril-août 1893. [5 Teile.] 1894—97.

[1.] Kerremans, Charles: Buprestides. Ann. Soc. ent. Belg., **38**, 338—357, 1894.

[2.] Candèze, Ernest: Les Elatérides de Madagascar. **39**, 50—69.

[3.] Senna, Angelo: Brenthides. 290—293.

[4.] Emery, Carlo: Formicides. 336—345, 3 Fig., 1895.

[5.] Schmidt, Johannes: Ann. Soc. ent. France, **64**, Bull. CXXXI—CXXXIV, 1895.

Mission scientifique de M. Ch. Alluaud aux Iles Séchelles (mars-avril-mai 1892) siehe Alluaud, Charles [Herausgeber] 1893—95.

Mission scientifique Cap Horn

Mission scientifique du Cap Horn 1882—83. Herausgeb. Ministères de la Marine et de l'Instruction publique. 7 Bde.[1]) 4°, Paris, Gauthier-Villars, 1887—88.

1. Martial, Louis Ferdinand: Histoire du voyage. IX +1 (unn.) +496 S., 7 Fig., 9 Taf., 3 Kart., 1888.

6. Zoologie. ? Teile.

  2. Insectes. 1887.

    I. Fairmaire, Louis: Coléoptères. 3—63, Taf. I—II.

    II. Signoret, Victor: Hémiptères. 1—7.

    III. Mabille, Jules: Névroptères. 1—8, 1 Taf.

    IV. Mabille, Paul: Lépidoptères. 1—35, Taf. I—III.

    V. Bigot, Jaques Marie Françille: Diptères. 1—45, Taf. I—IV: [Berichtigungen.] Ann. Soc. ent. France, (6) **8**, XXX, 1888; Note rectificative concernant quelques Diptères du Cap Horn. Bull. Soc. zool. France, **13**, 101—102, 1888; Note. Wien. ent. Ztg., **7**, 109, 1888.

    [Zu IV: Span. Übers., z. T., von] G. Bartlett Calvert: Lepidópteros colectados. An. Univ. Chile, **88**, 373—397, 1895.

[1]) nur z. T. entomol.

Mission scientifique Mexique & Amérique Centrale

Mission scientifique au Mexique et dans l'Amérique Centrale, etc. 13 Bde.[1]) 4°, Paris, 1868—97.

[Darin:]

Edwards, Henri Milne: Recherches zoologiques pour servir à l'histoire de la faune de l'Amérique centrale et du Mexique. 7 Teile. 1870—94.

6. Saussure, Henri de: Études sur les myriapodes et les insectes. 2 Sect. 1870—79.

   Sect. 1: Études sur les insectes orthoptères. 3 (unn.) +529+2 (unn.) +8 (unn., Taf. Erkl.) S., 8 Taf. (5 Farbtaf.), 1870—79.

Mistral,

○ [Lettre au sujet des bons effets de la submersion des vignes phylloxérées.] Messag. agric. Midi, **1875**, 339, 1875.

Mit, W . . . C . . .

Protective resemblances in S. American insects. Entomologist, **27**, 51—55, 1894.

Mitchell, A . . .

Deilephila Galii at Wolsingham. Entomologist, **5**, 168, (1870—71) 1870.

Mitchell, A . . . Vincent

Larvae on Monkshood. [Lep.] Entomologist, **27**, 347, 1894 a.

— Notes on *Pieris brassicae*, &c. Entomologist, **27**, 348, 1894 b.

Mitchell, Alfred T . . .

Abraxas ulmata double-brooded. Entomologist, **14**, 257, 1881.

— *Sphinx convolvuli*, &c. Entomologist, **16**, 283, 1883.

— Notes on the Season: Eastbourne; New Forest; Malvern. [Lep.] Entomologist, **18**, 319—321, 1885.

— Pupation of *Cossus*. Entomologist, **20**, 274—275, 1887 a.

— New Forest Notes. Entomologist, **20**, 282—283, 1887 b.

— *Anthocharis cardamines* and *Vanessa urticae* (vars.). Entomologist, **22**, 72, 1889 a.

— *Sphinx ligustri* on Laurestinus. Entomologist, **22**, 73, 1889 b.

— New Forest Notes. [Lep.] Entomologist, **22**, 115—116, 1889 c.

— The Entomological Season of 1890. Notes from the New Forest [Lep.]. Entomologist, **24**, 73—74, 1891 a.

— Abnormal Pupation of *Acherontia atropos*. Entomologist, **24**, 76, 1891 b.

— Emergence of Imago after injury to Larva. Entomologist, **24**, 171, 1891 c.

— (*Eugonia fuscantaria* (Variation of larva).) Entomol. Rec., **2**, 273, 1891 d.

— New Forest Notes. Entomologist, **25**, 17—18, 1892 a.

— Breeding *Notodonta dictaeoides*. Entomologist, **25**, 20, 1892 b.

— (*Smerinthus ocellatus*, Variety of Larva.) Entomol. Rec., **3**, 279—280, 1892 c.

— (*Ennomos autumnaria*.) Entomol. Rec., **3**, 301, 1892 d.

— The great abundance of *Pyrameis atalanta* and *P. cardui*. Entomologist, **26**, 16, 1893 a.

— *Ennomos autumnaria* at Ramsgate. Entomologist, **26**, 18, 1893 b.

[1]) nach Cat. Brit. Mus., nur z. T. entomol.

— Great scarcity of Larvae. [Lep.] Entomologist, **26**, 256—257, 1893 c.
— (*Chrysophanus phloeas* Var.) Entomol. Rec., **4**, 295, 1893 d.
— (*Uropteryx sambucata* and *Pygaera bucephala* in September.) Entomol. Rec., **4**, 298, 1893 e.
— (*Calamia lutosa* in London.) Entomol. Rec., **4**, 298, 1893 f.
— Collecting at Wicken. Entomologist, **27**, 28—29, 1894.
— *Liparis salicis* in the London District. Entomologist, **28**, 83, 1895 a.
— Great Abundance of Larvae of *Abraxas grossulariata*, 1894. Entomologist, **28**, 89, 1895 b.
— Note on *Variessa urticae.* Entomologist, **29**, 127, 1896 a.
— Wingless or partially wingless Females. Entomologist, **29**, 127, 1896 b.
— Retarded Emergences. [Lep.] Entomologist, **29**, 129, 1896 c.
— *Callimorpha hera* in South Devon. Entomologist, **29**, 131, 1896 d.
— Early and Late Emergence [Lep.]. Entomologist, **29**, 315, 1896 e.
— „Apple trees and Wingless Females." Entomologist, **29**, 360, 1896 f.
— (*Saturnia pavonia* (*carpini*) hermaphrodite and dark aberration.) Entomol. Rec., **8**, 184, 1896 g.
— (Aberrations of *Odonestis potatoria.*) Entomol. Rec., **8**, 184, 1896 h.
— *Eugonia fuscantaria* and *Ennomos quercinaria.* Entomologist, **30**, 318, 1897 a.
— *Amphydasys betularia* var. *doubledayaria.* Entomologist, **30**, 318, 1897 b.
— *Angerona prunaria*: is the Larva a general feeder? Entomologist, **30**, 318—319, 1897 c.
— *Odonestis potatoria*: Aberration of the Female. Entomologist, **30**, 322, 1897 d.
— *Boarmia rhomboidaria* double-brooded. Entomologist, **31**, 268, 1898 a.
— *Hadena pisi*: extraordinary abundance in the larval state. Entomologist, **31**, 268, 1898 b.
— Electric Light versus Gas Light (Incandescent). Entomologist, **31**, 291, 1898 c.
— Larvae at Chiswick. [Lep.] Entomologist, **32**, 258—259, 1899 a.
— Lepidoptera attracted by Electric Light at Shepherd's Bush. Entomologist, **32**, 259, 1899 b.

Mitchell, Amos
Sphinges *Convolvuli.* [Mit Angaben von B. B. Scott.] Sci. Gossip, (4) (1868), 258, 1869.
— *Drepanopteryx phalaenoides*, L., in Durham. [Mit Angaben von R. McLachlan.] Entomol. monthly Mag., (2) **1** (**26**), 90, 1890.

Mitchell, I . . . N . . .
(Capture of *Neonympha Mitchellii* at Dover, N. J.) Ent. News, **2**, 13, 1891.

Mitchell, J . . .
Remarks on Captain Hutton's Paper „On the Reversion and Restoration of the Silkworm". Trans. ent. Soc. London, (3) **2**, 443—444, (1864—66) 1866.
— Additions to the Knowledge of Silk. Journ. Asiat. Soc. Bengal, **37**, Teil II, 169—170, 1868.

Mitchell, Louis
Duration of Life of the *Danus* [*Danaus*] *Archippus.* Amer. Natural., **6**, 237—238, 1872.

Mitford, C . . . B . . .
(An Account of a visitation of Locusts in Sierra Leone.) Proc. zool. Soc. London, **1894**, 1—2, 1894.

Mitford, E . . . L . . .
Caterpillars destructive to Oaks. Zoologist, (3) **14**, 317, 1890.
— Insect Migration. Zoologist, (3) **19**, 388—389, 1895.

Mitford, Robert
Vanessa Antiopa near Tenterden. Entomol. monthly Mag., **2**, 132, (1865—66) 1865.
— Notes on some of the British species of Psychidae. [Mit Angaben der Herausgeber.] Entomol. monthly Mag., **6**, 94, (1869—70) 1869.
— Notes on Psychidae. Entomol. monthly Mag., **6**, 186, (1869—70) 1870.

Mitis, Heinrich von
geb. 28. 3. 1845 in Linz, gest. 7. 2. 1905 in Mautern a. d. D., Militärrechnungsrat. — Biogr.: (H. Rebel) Verh. zool.-bot. Ges. Wien, **55**, 266—268, 1905 m. Schriftenverz.
— Beitrag zur Falter-Fauna von Bosnien. Wien. ent. Ztg., **1**, 22, 1882.
— Revision des Pieriden-Genus *Delias.* Dtsch. ent. Ztschr. Iris, **6**, 97—153, Farbtaf. II—III, 1893.
— Ueber Varietäten und Aberrationen von Schmetterlingen und deren Bedeutung für die Descendenz-Forschung. Jahresber. Wien. ent.Ver., **6** (1895), 29—38, Farbtaf. I (Fig. 3), 1896.
— Ueber *Apatura*-Varietäten u. Aberrationen. Jahresber. Wien. ent. Ver., **9** (1898), 45—54 + 1 (unn., Taf. Erkl.) S., Farbtaf. I, 1899.
— *Vanessa Xanthomelas* Esp. aberr. *Chelys.* Jahresber. Wien. ent. Ver., **10** (1899), 77—81, Farbtaf. I (Fig. 3), 1900.

Mitra, Sarat Chandra
On Some Superstitions regarding Drowning and Drowned Persons. Journ. Asiat. Soc. Bengal, **62**, Teil III, 100—109, (1896) 1894.

Mitschke, R . . . H . . .
Entomologische Sammelreise auf Ceylon. Ent. Ztschr., **3**, 67—68, 79—80, 1889.

Mitschke, Rudolf
D[*eilephila*] *Nerii*, *Celerio* u. *Pt*[*erostoma*] *Proserpina.* Insekten-Welt, **4**, 37—38, 1887.
— *Menelaides Jophon* or *Papilio Jophon.* (Beitrag zur Schmetterlingsfauna Ceylons.) Ent. Ztschr., **4**, 72—73, 79—80, 1890.
— Reisebilder von Ceylon. Ent. Ztschr., **5**, 69—70, 77—78, Beil. 110, 1891.

Mittmann, Robert
Material zu einer Biographie Christian Konrad Sprengel's. Naturw. Wschr., **8**, 124—128, 138—140, 147—149, 1893.

Mivart, St. George
geb. 1827, gest. 1900.
○ On the Genesis of Species. 296 S., ? Fig., London, Macmillan & Co., 1871. — ○ 2. Aufl. XV + 342 S., ? Fig., 1 Taf., London & New York, 1871.
[Ref.:] The . . . Amer. Natural., **5**, 223—226, 1871.

Mizermon, L . . .
○ Mémoire sur la maladie de la vigne, lu au comice agricole de Narbonne dans la séance du 21 mai 1874. 4°, Narbonne, 1874.

Mlčoch, Augustin
Raupenschäden auf Krautäckern. Oesterr. landw. Wbl., **21**, 276, 1895.
— Maikäfersuppe. Oesterr. landw. Wbl., **22**, 212, 1896 a.
— Die Spargelfliege (*Ortalis fununans*). Oesterr. landw. Wbl., **22**, 220, 1896 b.

Moberg, Adolf Prof.
geb. 1813, gest. 1895, Prof. d. Physik u. Staatsrat.
— Klimatologiska Iakttagelser i Finland föranstaltade och utgifna af Finska Vetenskaps-Societeten. Andra delen. År 1856—1875. I. Fenologiska anteckningar ordnade och sammanstälda. Bidr. Finl. Natur og Folk, **41**, I—XI + 1—318 + 4 (unn.) S., 1885.
— Fenologiska iakttagelser i Finland åren 1750—1845. (Supplement till Naturalhistoriska Dagenteckningar gjorda i Finland Åren 1750—1845 (Notiser ur Sällskapets pro Fauna et Flora Fennica förhandlinger H. 3 [1857]).) Bidr. Finl. Natur og Folk, **55**, I—XI + 1—165, 1894.

Moberg, Johan Christian
geb. 1854.
— Om en Hemipter från Sveriges Undre Graptolitskiffer. Förh. Geol. Fören. Stockholm, **14**, 121—124, 2 Fig., 1892.

Moberly, E . . . H . . .
Deilephila lineata at Newport, I. W. Entomol. monthly Mag., **5**, 129—130, (1868—69) 1868.

Moberly, J . . . C . . .
Nauseous Larvae eaten by the Cuckoo. Entomologist, **24**, 77, 1891.
— (Breeding *Callimorpha hera*.) Entomol. Rec., **7**, 163, (1895—96) 1895.
— (Habit of the larva of *Boarmia roboraria* in spring in nature.) Entomol. Rec., **7**, 315, (1895—96) 1896 a.
— (Aberration of *Bupalus piniarius*.) Entomol. Rec., **8**, 184, 1896 b.
— (Aberrations of *Limenitis sibylla* and *Dryas paphia*.) Entomol. Rec., **8**, 305, 1896 c.
— (Larvae in the New Forest.) Entomol. Rec., **9**, 20, 1897 a.
— (Pale grey aberrations of *Boarmia abietaria*.) Entomol. Rec., **9**, 61, 1897 b.
— (Variation of *Oporabia filigrammaria*.) Entomol. Rec., **9**, 61, 1897 c.
— (New Forest in 1896.) Entomol. Rec., **9**, 63, 1897 d.
— Obituary. Albert Houghton, Died Feb. 23rd, 1897. Entomol. Rec., **9**, 124—125, 1897 e.
— (Notes from New Forest and Wicken.) Entomol. Rec., **9**, 296, 1897 f.
— (Notes on *Taeniocampa gracilis* vars. *rufescens* and *brunnea*.) [Mit Angaben von A. Robinson.] Entomol. Rec., **10**, 203, 1898 a.
— (Food-plants of *Trichiura crataegi*.) Entomol. Rec., **10**, 312, 1898 b.
— (Variation of *Hydrilla palustris*.) [Mit Angaben von E. F. Studd.] Entomol. Rec., **11**, 23—24, 1899.
— (Breeding *Oenistis quadra*.) Entomol. Rec., **12**, 304, 1900 a.
— (Change of colour in pupa of *Apatura iris* just before emergence.) Entomol. Rec., **12**, 350—351, 1900 b.

Moberly, J . . . C . . . & **Bowles**, Edward Augustus
(Autumnal emergences of *Acherontia atropos*.) Entomol. Rec., **9**, 61, 1897.

Moberly, J . . . C . . . & **Tutt**, James William
(On the Number of British species of *Oporabia*. — Life-History of *Oporabia filigrammaria*.) Entomol. Rec., **8**, 41—42, 1896.

[**Močalkin**, O . . . S . . .] **Мочалкин.** О . . . С . . .
[Über Ursachen, die den Fortschritt der inländischen Bienenzucht hemmen.] О причинахъ, препятствующихъ успеху отечественного пчеловодства. [Izv. Obšč. Ljubit. Estest. Antrop. Etnogr.] Изв. Общ. Любит. Естест. Антроп. Этногр., **46**, Lief. I (= [Zool. Sad Akklim.] Зоол. Сад Акклим., **2**, Lief. I), 9—10, 1885 a.
— [Demonstration eines veränderten Bienenstock's nach Borisov und Mitteilungen über den Gang der Bienenzucht auf eigenem Stand (Ljublino). Демонстрировалъ улей Борисовскаго, имъ измененный, и сообщилъ о ходе пчеловодства на своей пасеке (с. Люблино) следующее. [Izv. Obšč. Ljubit. Estest. Antrop. Etnogr.] Изв. Общ. Любит Естест. Антроп. Этногр., **46**, Lief. I (= [Zool. Sad Akklim.] Зоол. Сад Акклим., **2**, Lief. I), 14—15, 3 Fig., 1885 b.

Mocker, Ferd[inand]
Aus Russlands Käferwelt. Entomologische Notizen. Oesterr. Forst-Ztg., **17**, 123—124, 4 Fig., 1899 a.
— Tannentriebwickler. Oesterr. Forst-Ztg., **17**, 158, 1899 b.

Mockler-Ferryman, A . . . F . . .
Epunda nigra, Dasycampa rubiginea, &c., at Camberley. Entomologist, **33**, 308, 1900.

Mocquerys,
in Insectes Romilly-sur-Andelle 1873.

Mocquerys, Émile
geb. 1825 in Rouen, gest. 1916 in Sfax (Tunis). — Biogr.: Bull. Soc. ent. France, **1916**, 277, 1916.
— Supplément à l'énumération des insectes coléoptères.[1]) Observés jusqu'alors dans le département de la Seine-Inférieure. Bull. Soc. Amis Sci. nat. Rouen, **6—7** (1870—71), 55—79, 1872; Deuxième supplément à l'énumération des coléoptères de la Seine-Inférieure. **9** (1873), Sem. 2, 49—66, 1874; Troisième supplément . . . (2) **14** (1878), 125—135, 1879.

Mocquerys, Simon
geb. 1792 in Troyes, gest. 12. 2. 1879 in Rouen, Zahnarzt. — Biogr.: Recu. Coléopt. anormaux, Lief. 6—10, Rouen, 1864—75; Petites Nouv. ent., **2**, 311, (1876—79) 1879; Proc. North. ent. Soc., **2**, 311, 1879; (A. Fauvel) Annu. ent. Paris, **1880**, 121—122, 1880.
— Recueil de coléoptères anormaux [Außentitel]. Coléoptères anormaux [Innentitel]. Lief. 6—10.[2]) 8°, 106 Fig., mit Text, Rouen, Selbstverl., 1864—75?. — Neue Aufl. Tératologie entomologique. Recueil de Coléoptères anormaux. XVI + 142 S., 125 Fig., Rouen, impr. Léon Deshays, 1880.
— Entomologie Appliquée au commerce des laines.[3]) Bull. Soc. Amis Sci. nat. Rouen, **2** (1866), 286—291, 1867.
— siehe Levoiturier, J . . . Alexander & Mocquerys, Simon 1872.
— Cas pathologique d'un *Carabus purpurascens*[3]). Bull. Soc. Amis Sci. nat. Rouen, (2) [**13**][4]), 37—38, 1 Fig., 1877.

[1]) Hauptarbeit vor 1864
[2]) nach Horn-Schenkling erschienen die ersten 5 Lieferungen (= 32 Taf.) vor 1864
[3]) vermutl. Autor
[4]) irrtüml. als **12** angegeben

Mocquerys, Simon & **Levoiturier,** J... Alexandre
Liste des insectes coléoptères récoltés au Marais-Vernier, le 30 Mai 1869. Bull. Soc. Amis Sci. nat. Rouen, **5** (1869), 188—189, 1870.

Mocsáry, L... R...
○ Adatok Zólyam-és Liptómegyek faunájához. Data ad faunam Hungariae septentrionalis comitatuum: Zólyam et Liptó. Math. Termeszettud. Közlem., **15**, 1877—78.

Mocsáry, Sándor (= Alexander)
geb. 27. 9. 1841 in Nagyvárod (Ungarn), gest. 26. 12. 1915, Abteilungsdirektor am Nationalmus. in Budapest. — Biogr.: (E. Csiki) Rovart. Lapok, **17**, 162—175, 1910 m. Schriftenverz.; Rovart. Lapok, **18**, 27, 1911; (S. Moscáry) Rovart. Lapok, **19**, 81—113, 127—128, 1912; (H. Soldanski) Dtsch. ent. Ztschr., **1916**, 87, 1916; Rovart. Lapok, **23**, 1—7, 31, 1916 m. Porträt & Schriftenverz.; (H. L. Viereck) Ent. News, **33**, 157—158, 1922; (A. Musgrave) Bibliogr. Austral. Ent., 227—228, 1932.

○ [Charakteristische Daten zur Kenntnis der Käfer vom Comitat Bihar. [In:] Geschichte und Tätigkeit des vom 6.—11 IX. 1869 in Fiume abgehaltenen XIV. Kongress der ungarischen Ärzte und Naturforscher.] Jellegzö adatok Biharmegye téhelyröpüinek ismertetéhez. [In:] A magy. orvosok és természet vizsgalók 1869. sept. 6—11-ig Fiumében tartott XIV. nagygýl. tört. vázl. és munkálatai. 311—318, Budapest, 1870.

— Zur Hymenopteren-Fauna Siebenbürgens. Verh. Mitt. Siebenbürg. Ver. Naturw., **24**, 117—122, 1874.

○ [Aus dem Leben der Ameisen.] A hangyák életéböl. Fövárosi Lapok, **12**, 524—525, 1875 a.

○ [Die Würdigung der Insektenkunde.] A rovartan méltatása. Fövárosi Lapok, **12**, 992—993, 1875 b.

○ [Die Musikanten der Insektenwelt.] A rovarvilág zenészei. Fövárosi Lapok, **12**, 1184—1185, 1875 c.

— [Über die Ameisen.] A hangyákról. Természettud. Közl., **7**, 229—240, 1875 d.

— [Über die Heuschrecken des Komitat Torontál.] A torontálmegyei sáskákról. Természettud. Közl., **7**, 408—409, 1875 e.

— [Der Welswurm bei Györ.] Harcsaférgek Györ mellett. Természettud. Közl., **7**, 409, 1875 f.

○ [Über Heuschrecken.] A sáskákról. Természettud. Szemle, H. 4—5, 1875 g.

○ [Die Ameisen und ihre Freunde.] A hangyák és barátaik. Budapest Bazár melléklapja, **17**, 167, 175, 1876 a.

○ [Die Kolibris der Insektenwelt.] A rovarvilág kolibrijei. [Chrysididae.] Fövárosi Lapok, Nr. 103, 1876 b.

○ [Die Wiesen-Bienen.] A rét méhec [*Anthophila*]. Fövárosi Lapok, **13**, 986—987, 992—993, 1876 c.

— [Coleoptera und Lepidoptera des Bihar Comitats.] Biharmegye téhely-és pikkelyröpüi. Math. Természettud. Közlem., **11** (1873), 95—156, 1876 d.

○ [Aus dem Leben der Wespen.] A darázsok életéböl. Orvos Természettud. Szemle, **2**, 98—107, 1876 e.

○ [Die Rolle der Schlupfwespen in der Natur.] Fürkészfélék szerepe a természetben. Természettud. Közl., **8**, 71—75, 88—91, 1876 f.

○ [Aus dem Leben der Gallwespen.] A gubacs darázsok életéböl. Természettud. Közl., **8**, 211—218, 225—235, 1876 g.

— [Die Wirkung und Heilkraft des Bienen-Giftes.] A méh mérgének hatása és gyógyitó ereje. Természettud. Közl., **8**, 361—362, 1876 h.

— [Das Akklimatisieren nützlicher, europäischer Insekten in fremden Erdteilen.] Európai hasznos rovarok meghonositása más világrészekben. Természettud. Közl., **8**, 405—406, 1876 i.

○ [Aus dem Leben der Pompiliden.] A diszdarázsok életéböl. Természettud. Szemle, Nr. 23, 1876 j.

○ [Aus dem Leben der Goldwespen [Chrysididae].] A diszdarázsok életéböl. Természettud. Szemle, H. 23, 361—363, 1876 k.

○ [Die Fliege von Kolumbacz.] A kolumbácsi légy. Vasárnapi újság, H. 21, 329—330, 1876 l.

○ [Über die Sinnesorgane der Honigbiene.] A mézelö méh érzékei. Fövárosi Lapok, **14**, 127, 1877 a.

○ [Die Leuchtkäfer.] A világitó rovarokról. Fövárosi Lapok, **14**, 542—543, 1877 b.

— [Zur Fauna des Zemplén- und Ung-Comitats.] Adatok Zemplén és Ung megyék faunájához. Jelentes az 1874 — ik év nyarán e megyék területén gyüjtött állatokról. Math. Természettud. Közlem., **13** (1875—76), 131—185, 1877 c.

— Trois espèces nouvelles d'Abeilles. Petites Nouv. ent., **2** (1876—79), 109, 1877 d.

— Biologiai jegyzetek. Természetr. Füz., **1**, 23—24; [Dtsch. Zus.fassg.:] Hymenoptera. 53, 1877 e.

— Uj hártyaröpüek a nemzeti muzeum gyüjteményében. Hymenoptera nova in collectione Musei Nationalis Hungarici. [Ungar.] Természetr. Füz., **1**, 87—91; [Dtsch. Zus.fassg.:] 126, 1877 f.

○ [Aus dem Leben der Honigbiene.] A mézelö méh életéböl. Természettud. Közl., **9**, 29—35, 43—54, 1877 g.

○ Bihar és Hajdu Megyék Hártya-, Két-, Reczés-, Egyenes-és Félröpül. Hymenoptera, Diptera, Neuroptera, Orthoptera et Hemiptera Hungariae comitatuum. Math. Természettud. Közlem., **14** (1876—77), 37—80, 1877 h.

— Mellifera nova in collectione Musaei Nationalis Hungarici. Uj Méh-fajok a nemzeti muzeum gyüjteményében. [Ungar.] Természetr. Füz., **1**, 231—233; [Dtsch. Zus.fassg.:] 259, 1877 i; **2**, 15—21, 118—123; [Dtsch. Zus.fassg.:] 61, 180, 1878; **3** (1878), 8—12, 233—244; [Dtsch. Zus.fassg.:] 33, 269, 1879.

— Drei neue Schlupfwespen aus Ungarn. Ent. Nachr. Putbus, **4**, 209—210, 1878 a.

— [Zur Fauna des Zólyom — und Liptó — Comitats.] Adatok Zólyom és Liptó megyék faunájához. Math. Természettud. Közlem., **15** (1877—78), 223—263, 1878 b.

— Espèces nouvelles du genre *Eucera* Latr. Petites Nouv. ent., **2** (1876—79), 277—278, 1878 c.

— Biologiai jegyzetek. Természetr. Füz., **2**, 123—125; [Dtsch. Zus.fassg.:] Biologische Notizen. [*Priocnemis vulneratus* Costa; *Palingenia longicauda* Oliv.] 180—182, 1878 d.

○ [Über die Lebensweise der Eintagsfliegen.] A kérészek életéböl. Természettud. Közl., **10**, 319—321, 1878 e.

○ [Kurze Schilderung der Lebenserscheinungen der Hymenopteren.] A hártyaröpü rovarok életjelenségeinek rövid vázlata. Természettud. Közl., **10**, 325—327, 1878 f.

— Data ad faunam hymenopterologicam Sibiriae. Tijdschr. Ent., **21** (1877—78), 198—200, 1878 g.

○ [Charakteristische Daten zur Hymenopteren-Fauna von Budapest und Umgebung. [In:] Die naturgeschichtliche, ärztliche und kulturelle Beschreibung von Budapest und Umgebung.] Data characteristica ad faunam hymenopterologicam regionis Budapestinensis. (Jellemzö adatok Budapest környékének hártya-

röpü faunájához.) [In:] Budapestés környéke természetrajzi, orvosi és közmivelödési leirása, [23 S.], 1879 a.
— Eine kleine Notiz über *Xenodocon ruficornis* Först. Ent. Nachr., **5**, 11, 1879 b.
— Zur Biologie einiger Chrysiden. Ent. Nachr., **5**, 92—93, 1879 c.
○ Ujabbadatok Temesmegye hártyaröpü faunájához. — Data nova ad faunam hymenopterologicam Hungariae meridionalis, comitatus Temesiensis. Math. Természettud. Közlem., **16**, 1—70, 1879 d.
— Új hártyaröpüek a magyar faunából. Hymenoptera nova e fauna Hungarica. [Ungar.] Természetr. Füz., **3**, 115—141; [Dtsch. Zus.fassg.:] 185—186, 1879 e.
— Synonymische Bemerkungen. Ent. Nachr., **7**, 18—20, 1881 a.
— Drei neue Hymenopteren. Ent. Nachr., **7**, 327—330, 1881 b.
— A magyar Fauna másnejü darázsai. (Heterogynidae Faunae Hungaricae.) Math. Természettud. Közlem., **17**, 1—96, Taf. I—II (I: Fig. 1—2 farb.), 1881 c.
— Új hártyaröpüek a föld különbözö részeiböl. Hymenoptera nova e variis orbis terrarum partibus. Természetr. Füz.; Naturhist. Hefte, **4**, 267—275; [Dtsch. Zus.fassg. (Revue):] Hymenoptera nova. 331, (1880) 1881 d; **5**, 29—37; [Dtsch. Zus.fassg. (Revue):] 89, 1881.
○ A Magyar Fauna Fémdarázsai. A Magyar Tudományos Akadémia Altal a vitĕz-fele jutalommal (1882) kosorüzott pályanni. Chrysididae Faunae Hungaricae. Opus ab Academia Hungarica Scientiarum coronatum et editum. 4°, 94 S., 2 Taf., Budapest, 1882 a.
[Dtsch. Übers., z. T.:] I. Aus der Geschichte der Literatur der Goldwespen. Ent. Nachr., **9**, 136—139; II. Zur geographischen Verbreitung der Goldwespen. 140, 1883.
— Literatura Hymenopterorum. Természetr. Füz.; Naturhist. Hefte, **6** (1882), 3—122, (1883) 1882 b; [Dtsch. Zus.fassg.:] 195, 1883.
— Hymenoptera nova europaea et exotica. Európai és másföldi új hártyaröpüek. [Latein. & Ungar. (z. T.)] Ertek. Természettud. Köreböl, **13**, 1—72, 1883 a.
— [Über das Leben der *Bombus*-Arten.] A dongó méhek életéröl. Természettud. Közl., **15**, 505—513, 3 Fig., 1883 b.
— Két méhfaj kölcsönös viszonya egymáshoz. Rovart. Lapok, **1**, 20—21; [Franz. Zus.fassg.:] Relation mutuelle entre deux espèces d'abeilles. Suppl. IV, 1884 a.
— Hermaphrodita rovarok a m. n. muzeumban. Rovart. Lapok, **1**, 53—57, 1 Fig.; [Franz. Zus.fassg.:] Les Insectes hermaphrodites du Musée national de Hongrie. Suppl. VII, 1884 b.
— Kártékony bogár-e a csajkó? Rovart. Lapok, **1**, 59—60; [Franz. Zus.fassg.:] (Le *Lethrus apterus*.) Suppl. VIII, 1884 c.
— A lopó-darázsok életmódjáról. Rovart. Lapok, **1**, 82—83; [Franz. Zus.fassg.:] (Sur les moeurs des *Pelopoeus*.) Suppl. XI, 1884 d.
— Cserebogaraink. Rovart. Lapok, **1**, 118—122, 2 Fig.; [Franz. Zus.fassg.:] Nos hannetons. Suppl. XIV—XV, 1884 e.
— A müvészméhekröl. Rovart. Lapok, **1**, 181—184, 2 Fig.; [Franz. Zus.fassg.:] Sur les Abeilles artistes. Suppl. XXIV, 1884 f.
— Characteristische Daten zur Hymenopteren-Fauna Siebenbürgens. Természetr. Füz.; Naturhist. Hefte, **8**, 218—226; [Ungar. Zus.fassg.:] Jellemzö adatok erdély hártyaröpü rovarainak faunájához. 185—186, 1884 g.
— Species generis *Anthidium* Fabr. regionis palaearcticae. Természetr. Füz.; Naturhist. Hefte, **8**, 241—278, 1884 h.
— Egy fazekas-darázsról. Rovart. Lapok, **2**, 15—16, 1 Fig.; [Franz. Zus.fassg.:] (Description du nid de l'*Agenia punctum* Vanderl.) Suppl. II, 1885 a.
— Egy elcsufitott áldozat. Rovart. Lapok, **2**, 106—107, 1 Fig.; [Franz. Zus.fassg.:] (*Rogas circumscriptus* Nees.?) Suppl. XVIII, 1885 b.
— Két érdekes fa-rontó darázs. Rovart. Lapok, **2**, 147—148; [Franz. Zus.fassg.:] (Découverte des *Sirex fantoma* Fabr. et *augur* Kl.) Suppl. XXI, 1885 c.
— [Über das Leben der Schlupfwespen.] A fürkész-darázsok életeröl. Természettud. Közl., **17**, 16—21, 9 Fig., 1885 d.
— Species novae vel minus cognita generis *Pepsis* Fabr. Természetr. Füz.; Naturhist. Hefte, **9**, 236—271, 1885 e; **17**, 1—14, 1894.
— Species aliquot Tenthredinidarum novae. Ent. Nachr., **12**, 2—3, 1886 a.
— Biologisches über die Ichneumoniden, Proctotypiden und Chalcididen. Math. naturw. Ber. Ungarn, **3** (1884—85), 263, [1886?] b.
— A magyarországi fa-rontó darázsok. Rovart. Lapok, **3**, 9—13, 1 Fig.; 38—42, 67—73, 98—106, 113—120; [Franz. Zus.fassg.:] Les Siricides de la Hongrie. Suppl. III, VI, XI—XII, XIII—XIV, XV—XVII, 1886 c.
○ Adatok magyarország fürkésdarázsainak ismeretéhez. (Data ad cognitionem Ichneumonidarum Hungariae.) I. Ichneumones, Wesm. Math. Természettud. Közlem., **20**, 51—144, Taf. VII, 1886 d.
— Eine neue Goldwespen-Art und -Varietät aus Deutschland. Ent. Nachr., **13**, 291, 1887 a.
— Studia synonymica. Természetr. Füz., **11**, 12—20, (1887—88) 1887 b.
— Species tres novae generis *Anthidium* Fabr. Természetr. Füz., **11**, 28—29, (1887—88) 1887 c.
— Species sex novae generis *Pepsis* Fabr. e collectione Musaei Bremensis. Abh. naturw. Ver. Bremen, **10**, 161—163, (1889) 1888 a.
○ [Der diesjährige Heuschreckenzug.] Az idei sáskajárásról. Természettud. Közl., **1888**, 329—343, 1888 b.
— Catalogus Chrysididarum Europae et confinium. Természetr. Füz., **12**, 57—71, 1889 a.
— Monographia chrysididarum orbis terrarum universi. (Földünk fémdarázsainak magánrajza.) Dissertation Academia scientiarum Hungarica. Editio separata sectionis tertiae eiusdem Academiae. 1888—1889. II. (A M. T. Akademia III. Osztályának Külön Kiadványa. 1888—1889. II.) 4°, XV+643 S., 2 Taf., Budapest, Typ. societatis franklinianae (Franklin-Tarsulat), 1889 b; Additamentum primum ad Monographiam Chrysididarum orbis ... Természetr. Füz., **13**, 45—66, 1890; Additamentum secundum ... **15**, 213—240, (1892) 1893. — [Abdr. S. V—X:] A föld fémdarázsai. Math. Természettud. Ertesitö, **7** (1888—89), 178—185, 1889.
[Dtsch. Übers. S. V—X:] Monographia chrysididarum orbis terrarum universi. Ent. Nachr., **15**, 345—353, 1889. — [Abdr.:] Math. naturw. Ber. Ungarn, **7** (1888—89), 91—99, 1890.
— Tenthredinidae et Siricidae novae. Természetr. Füz., **14**, 155—159, 1891.
— Synonymisches. Ent. Nachr., **18**, 208, 1892 a.

— Hymenoptera in expeditione Comitis Belae Szechenyi in China et Tibet a Dom. G. Kreitner et L. Lóczy anno 1879 collecta. Természetr. Füz., **15**, 126—131, 1892 b.
— E fauna Apidarum Hungariae. Természetr. Füz., **17**, 34—37, 1894.
— Hymenoptera parasitica educata in collectione Musaei Nationalis Hungarici. Természetr. Füz., **18**, 67—72, 1895.
— Species Hymenopterorum magnificae novae in collectione Musaei Nationalis Hungarici. Természetr. Füz., **19**, 1—8, Farbtaf. I, 1896 a.
— Egy lepke érdekes története. Természetr. Füz., **19**, 125—127, Farbtaf. IV; [Dtsch. Übers.:] Die interessante Geschichte eines Schmetterlinges. 225—227, 1896 b.
— Az újguineai hangyákról. Rovart. Lapok, **4**, 107—108, 1 Fig.; [Dtsch. Zus.fassg.:] Die Ameisen von Neu-Guinea. (Auszug) 10, 1897 a.
— Species septem novae generis *Euglossa* Latr. in collectione Musaei Nationalis Hungarici. Természetr. Füz., **20**, 442—446, 1897 b.
— Hymenoptera nova e fauna Hungarica. Természetr. Füz., **20**, 644—647, 1897 c.
— in Fauna Regni Hungariae (1896—1900) 1897.
— siehe Széchenyi, Béla [Herausgeber] (1890—97) 1897.
— Magyarország Hymenopterái. Ungarns Hymenopteren. [Ungar. & Dtsch.] Természetr. Füz., **21**, 153—163, 1898 a. — [Abdr. S. 154—158:] Magyarország Hymenoptera-faunája. Rovart. Lapok, **5**, 171—175; [Dtsch. Zus.fassg.:] Hymenoptera-Fauna von Ungarn. (Auszug) 23—24, 1898. — [Abdr. S. 158—163:] Math. naturw. Ber. Ungarn, **15** (1897), 115—121, 1899.
— Species novae generum: *Euglossa* Latr. et *Epicharis* Klug. Természetr. Füz., **21**, 497—500, 1898 b.
— Species novae generis *Centris* Fabr. in collectione Musaei Nationalis Hungarici. Természetr. Füz., **22**, 251—255, 1899 a.
— Species Chrysididarum novae in collectione Musaei Nationalis Hungarici. Természetr. Füz., **22**, 483—494, 1899 b.
— siehe Horváth, Géza von & Mocsáry, Sándor 1899.
— Magyarország Neuropterái. Rovart. Lapok, **7**, 31—34; [Dtsch. Zus.fassg.:] Die Neuropteren Ungarns. (Auszug) 3, 1900 a.
— A Hymenopterák gyüjtéséröl. Rovart. Lapok, **7**, 70—72, 128—129; [Dtsch. Zus.fassg.:] Das Sammeln der Hymenopteren. (Auszug) 7, 12, 1900 b.
— A legnagyobb nappali pillangók. Rovart. Lapok, **7**, 89—93; [Dtsch. Zus.fassg.:] Die grössten Tagfalter. (Auszug) 9, 1900 c.
— Magyarország Neuropterái. Ungarns Neuropteren. Természetr. Füz., **23**, 109—116, 1900 d.
— Siricidarum species duae novae. Természetr. Füz., **23**, 126—127, 1900 e.
— in Fauna Regni Hungariae (1896—1900) 1900.
— siehe Horváth Géza von & Mocsáry, Sándor 1900.

Modes, C . . .
[*Antheraea pernyi* ♀ mehrfach befruchtet von ♂♂.] Ent. Ztschr., **5**, 32, 1891.

Moe, Niels Green
geb. 26. 1. 1812 in Modum, gest. 16. 9. 1892 in Kristiania, Gärtner. — Biogr.: (W. M. Schöyen) Ent. Tidskr., **13**, 275—279, 1892; (L. R. Natvig) Norsk ent. Tidskr., **7**, 15—16, 1944 m. Porträt.
○ Nyttige og skadelige Insekter med Oplysning om deres Virksomhed i Naturen, systematisk ordnede og samlede. 8°, 14 S., Christiania, Ad. Cammermeyer, 1874.

Möbius, Karl Prof. Dr.
geb. 7. 2. 1825 in Eilenburg, gest. 27. 4. 1908 in Berlin, Direktor d. zool. Mus. u. Prof. in Berlin. — Biogr.: Insektenbörse, **12**, 37, 1895; (Friedrich Dahl) Zool. Jb., **8**, Suppl. 1—22, 1906? m. Schriftenverz.; (R. von Hanstein) Naturw. Rdsch., **23**, 361—363, 373—375, 1908; Wien. ent. Ztg., **27**, 254, 1908; (W. Horn) Dtsch. ent. Ztschr., **1908**, 538, 1908; Zool. Anz., **33**, 96, 1908.
— (Über den hüpfenden Samen der *Euphorbia*.) Schr. naturw. Ver. Schlesw.-Holst., **1**, 34, 1875 a.
— [Über ein Nest von *Vespa vulgaris* L.] Schr. naturw. Ver. Schlesw.-Holst., **1**, 36, 1875 b.
— (Über die Kaffee-, Vanille- und Zuckerrohrkultur auf Mauritius.) Schr. naturw. Ver. Schlesw.-Holst., **2**, H. 2, 103—104, 1877.
— Liste der Autoren zoologischer Artbegriffe. Zusammengestellt für die zoologische Sammlung des Königlichen Museums für Naturkunde in Berlin. (Für die zoologische Sammlung gedruckt.) 8°, 3 (unn.) + 87 S., Berlin, Druck Carl Fromholz, 1888. — 2. Aufl. Liste der Autoren zoologischer Art- und Gattungsnamen zusammengestellt von den Zoologen des Museums für Naturkunde in Berlin. 2 (unn.) + 68 S., Berlin, R. Friedländer & Sohn, 1896.
— [Eine Buckelzirpe (*Oxyrhachis tarandus* F.), welche Akazienstacheln nachahmt.] SB. Ges. naturf. Fr. Berlin, **1889**, 165, 1889.
— Die Tiergebiete der Erde, ihre kartographische Abgrenzung und museologische Bezeichnung. Arch. Naturgesch., **57**, Bd. 1, 277—291, 1 Karte, 1891.
— (Brief Dr. Haase's (Leuchtkäfer u. Telyphonen).) SB. Ges. naturf. Fr. Berlin, **1893**, 242, 1893.
— in Deutsch-Ost-Afrika (1894—98) 1898.

Möbusz, Albin
Ueber den Darmkanal der *Anthrenus*-Larve nebst Bemerkungen zur Epithelregeneration. Arch. Naturgesch., **63**, Bd. 1, 89—128, Taf. X—XII, 1897.

Möglich, Ludwig
siehe Dorfmeister, Georg; Eberstaller, Josef; Gatterer, Franz & Möglich, Ludwig 1864.

Möllenkamp, W . . .
Mesotopus regius aus Guinea. Dtsch. ent. Ztschr., **1896**, 360, 2 Fig., (1896) 1897.
— Eine Prachtsendung aus dem Innern der Insel Sumatra. [Col.] Soc. ent., **12**, 145—146, (1897—98) 1898.
— Sechs neue Lucaniden-Arten und eine neue Varietät. Notes Leyden Mus., **22**, 44—48, (1900—01) 1900.

Möller,
Dorthesia species. Jh. Ver. Math. Naturw. Ulm, **1**, 44—46, 1888.

Möller,
[Glyzeringelatine-Präparate.] Ent. Ztschr., **5**, 101—103, 1891 a.
— Ueber Zwecke und Nutzen der Crystallgallerte-Präparate. Ent. Ztschr., **5**, 109—111, 1891 b.

Möller, Alfred Dr.
geb. August 1860 in Berlin, gest. November 1922 in Eberswalde. — Biogr.: (P. Calvert) Ent. News, **38**, 262, 1927; (R. Falek) Hausschwamm-Forsch., **9**, 1—11, 1927 m. Porträt.
— Die erfolgreiche Bekämpfung eines Kulturfeindes ohne direkte Vertilgungsmaßregeln. Ztschr. Forst- u. Jagdwes., **20**, 528—538, 1888.
— siehe Schimper, Andreas Franz Wilhelm [Herausgeber] (1888—1901) 1893.

Möller, Gösta
(För den svenska faunan nya arter.) Ent. Tidskr., 17, 222, 1896.

Möller, Gustav Fredrik
geb. 9. 10. 1826 in Sjörup, gest. 10. 10. 1889 in Trelleborg, Arzt im Dragoner-Reg. von Scanie. — Biogr.: (C. H. Neren) Ent. Tidskr., 10, 181—190, 1889 m. Porträt & Schriftenverz.
— Novae hymenopterorum species descriptae. Ent. Tidskr., 3, 179—181, 1882 a.
— Bidrag till kännedomen om parasitlifvet i galläpplen och dylika bildninger. Ent. Tidskr., 3, 182—186, 1882 b.
[Engl. Übers. veränd. von] Benjamin Pickmann Mann: Contribution to the Knowledge of Parasitic Life in Galls. Psyche Cambr. Mass., 4, 89—91, (1890) 1883.
— Bidrag till Sveriges Hymenopter-fauna. Ent. Tidskr., 4, 91—95; [Franz. Zus.fassg.:] Contributions à la faune hyménoptérologique de la Suède. 120, 1883.
— Om Kålfjärillarvens parasiter. Ent. Tidskr., 7, 81—85; [Franz. Zus.fassg.:] Parasites du papillon du chou. 137, 1886 a.
— Parasitkläckningar. Ent. Tidskr., 7, 87—88; [Franz. Zus.fassg.:] Eclosions de parasites. 138, 1886 b.
— *Saturnia Pyri* Schiff., tagen i Skåne. Ent. Tidskr., 7, 144; [Franz. Zus.fassg.:] *Saturnia pyri* Schiff., trouvée en Scanie. 199, 1886 c.
— Mittheilungen über die Parasiten des *Pieris Brassicae*. Ent. Ztschr., 1, 8, 1887.

Möller, Jöns Gustaf
geb. 1832, Maler u. Violinist in Helsingborg.
— Kort Beskrifning öfver Skandinaviens skalbaggar (Coleoptera). 3 Teile[1]). 8°, Lund, Gleerup, 1863—90.
2. 43 S., 8 Taf., 1866.
3. 124 S., 9 Taf., 1890.

Möller, L . . .
Die Abhängigkeit der Insecten von ihrer Umgebung. 8°, VI+1 (unn.)+107+1 (unn.) S., 1 Karte, Leipzig, Wilhelm Engelmann, 1867.

Möller, Peter von
geb. 20. 5. 1809 in Helsingborg, gest. 28. 11. 1883 in Stockholm. — Biogr.: (Jacob Spångberg) Ent. Tidskr., 5, 67—68, 92, 1884.
— Några ord om ollonborrarne och sädesknäpparne samt om den skada de förorsaka. Ent. Tidskr., 2, 51—53; [Franz. Zus.fassg.:] Quelques mots sur les Hannetons (*Melolontha vulgaris*) et sur les Taupins (Elatérides), ainsi que sur les ravages exercés par ces insectes. 59—60, 1881.

Moellinger,
[*Sphinx convolvuli* etc. 1876 in Menge bei Pfeddersheim.] Ent. Nachr. Putbus, 4, 91, 1878 a.
— (Ueber das Auftreten des Maikäfers.) Ent. Nachr. Putbus, 4, 103, 1878 b.

Möllinger, J . . .
○ Auch ein Rebenfeind [*Eumolpus vitis*]. Ztschr. landw. Ver. Hessen, 50, 297—298, 1880.

Möllmann, Fr . . .
[Raupe von *Mamestra pisi* 24 Stunden im Wasser.] Insekten-Welt, 4, 40, 1887.

Mönnich, W . . .
Meine Erfahrungen in Betreff der Woll-, Blut- und Schildlaus. Wien. ill. Gartenztg., 22 (29), 336—338, 1897.

[1]) Teil 1 1863

— Der Blüthenstecher. Wien. ill. Gartenztg., 24 (31), 392—394, 1899.

Mörch, J . . .
○ Über die Vertilgung des Frostschmetterlings [*Cheimatobia brumata*]. Agron. Ttg., 1871, *Nr.* 3, 1871.

Mörschel,
Ein Fraß der großen Kiefernraupe (*Gastropacha pini*). Forstwiss. Zbl., 15 (37), 633—645, 1893.

Möschke,
Ein Beitrag zu dem Artikel: „Ein kleiner Blumenfeind" [S. 4—5]. Ztschr. bild. Gartenkunst, 3, 46, 1892.

Möschler, Heinrich Benno
geb. 28. 10. 1831 in Herrnhut, gest. 21. 11. 1888 in Kronförstchen b. Bautzen, Gutsbesitzer. — Biogr.: (O. Staudinger) Stettin. ent. Ztg., 50, 133—137, 1889; (H. Christoph) Berl. ent. Ztg., 33, 193—196, 1889; (E. Möbius) Dtsch. ent. Ztschr. Iris, 57, 11 (1—27), 1943.
— Beiträge zur Schmetterlingsfauna von Labrador[1]). Wien. ent. Mschr., 8, 193—200, Farbtaf. 5 (Fig. 13—17), 1864; Stettin. ent. Ztg., 31, 113—125, 251—254, 265—272, 364—375, 1870; 35, 153—166, 1874; 44, 114—124, 1883.
[Siehe:] Grote, August Radcliffe: Canad. Entomol., 4, 125—126, 1872.
— Aufzählung der in Andalusien 1865 von Herrn Graf v. Hoffmannsegg gesammelten Schmetterlinge. Berl. ent. Ztschr., 10, 136—146, 1866 a.
— Neue Microlepidopteren von Sarepta. Berl. ent. Ztschr., 10, 147—150, 1866 b.
— Tineen der Ober-Lausitz. Abh. naturf. Ges. Görlitz, 13, 69—85, 1 Taf. (unn.), 1868; 14, 57—67, 1 Taf. (unn.), 1871.
— *Butalis Heinemanni*. Stettin. ent. Ztg., 30, 372—373, 1869.
— Neue exotische Schmetterlinge. Stettin. ent. Ztg., 33, 336—362, 1872; Berichtigung. 34, 247, 1873.
— Ueber das Ausfüttern der Insecten-Kästen. Stettin. ent. Ztg., 34, 96—98, 1873 a.
— Ueber Morphiden. Stettin. ent. Ztg., 34, 197—199, 1873 b.
— [Ref.] siehe Hayden, Ferdinand Vandeveer [Herausgeber] 1873—90.
— Beschreibung des Mannes von *Lomatosticha nigrostriata* Mschlr. Stettin. ent. Ztg., 35, 148—149, 1874 a.
— Exotisches [z. T. Ref.]. I. *Philampelus vitis* L. II. Lepidoptera Rhopaloceres and Heteroceres. Indigenous and excotic with descriptions and coloured illustrations by Herman Strecker. Stettin. ent. Ztg., 35, 303—313, 1874 b; . . . III. Catalogue of the Sphingidae of North-America by A. R. Grote. 36, 202—211, 282—289, 1875; . . . IV. Synonymic List of the butterflies of North-America, North of Mexico, by Samuel H. Scudder. Part I. Nymphales. 37, 32—41, 293—315, 1876; . . . V. Surinamische vlinders van J. C. Sepp en Zoon. Amsterdam 1848—52. 39, 424—443, 1878; Nordamerikanisches (Berichtigung). 40, 246, 1879.
— [Ref.] siehe Boisduval, Jean Alphonse & Guénée, Achille 1874.
— Kasten-Ausfütterung. Ent. Nachr. Putbus, 1, 35, 1875.
— Das Entschuppen der Schmetterlingsflügel durch Chlorwasser. Ent. Nachr. Putbus, 2, 122—123, 1876.
— *Anarta Tenebricosa* n. sp. Stettin. ent. Ztg., 38, 498—500, 1877 a.

[1]) andere Beiträge vor 1864

— Beiträge zur Schmetterlingsfauna von Surinam. Verh. zool.-bot. Ges. Wien, **26** (1876), 293—352, Taf. III—IV, 1877 b; ... II. **27** (1877), 629—700, Taf. VIII—X, 1878; ... III. **30**, 379—486, Taf. VIII—IX, 1880; ... IV. **31**, 393—442, Taf. XVII—XVIII, 1882; ... V. (Supplement.) **32** (1882), 303—362, Taf. XVII—XVIII, 1883.
— Die Familien und Gattungen der europäischen Tagfalter. Abh. naturf. Ges. Görlitz, **16**, 136—213, Taf. I—III, 1879 a.
— Neue exotische Hesperidae. Verh. zool.-bot. Ges. Wien, **28** (1878), 203—230, 1879 b.
— Ueber das deutsche Bürgerrecht von *Ochsenheimeria Birdella* Crt. Ztschr. Ent. Breslau, (N. F.) **7**, 82—85, 1879 c.
— [Ref.] siehe Rössler, Adolph 1880—81.
— Die Familien und Gattungen der europäischen Schwärmer. Abh. naturf. Ges. Görlitz, **17**, 1—40, Taf. I, 1881.
— [Ref.] siehe Check List Macro-Lepidoptera America North of Mexiko 1881—82.
— Beiträge zur Schmetterlings-Fauna des Kaffernlandes. Verh. zool.-bot. Ges. Wien, **33** (1883), 267—310, Taf. XVI, 1884 a.
— Bemerkungen zu dem Verzeichniss der Falter Schlesiens von Dr. M. F. Wocke. cf. Zeitschrift für Entomologie, Neue Folge 3. und 4. Heft. Ztschr. Ent. Breslau, (N. F.) **9**, 28—45, 1884 b.
— Die Nordamerika und Europa gemeinsam angehörenden Lepidopteren. Verh. zool.-bot. Ges. Wien, **34** (1884), 273—320, 1885.
[Darin:]
Rogenhofer, Alois Friedrich: Zusatz zu H. B. Möschler's Aufsatz. 319—320.
[Siehe:] Smith, John B.: Stettin. ent. Ztg., **46**, 221—224, 1885.
— [Ref.] siehe Smith, John Bernhard 1885.
— The systematic position of the genus *Triprocris* Grt. Ent. Amer., **1**, 227—228, 1 Fig., (1885—86) 1886 a.
— On the American species of the genus *Utetheisa*, Huebner. Ent. Amer., **2**, 73—75, (1886—87) 1886 b.
— [Ref.] siehe Elwes, Henry John 1886.
— Beiträge zur Schmetterlings-Fauna der Goldküste. Abh. Senckenberg. naturf. Ges., **15**, H. 1, 49—100 + 1 (unn., Taf.Erkl.) S., 1 Farbtaf. (unn.), 1887.
— Beiträge zur Schmetterlings-Fauna von Jamaica. Abh. Senckenberg. naturf. Ges., **14**, H. 3, 25—84 + 4 (unn.) S., 1 Farbtaf. (unn.), 1888 a.
— On *Bolina fascicularis*, (Hübn.) Guénée. Ent. Amer., **3**, 197—198, (1887—88) 1888 b.
— A More Wicked Worm! Ent. Amer., **4**, 34, 1888 c.
— On the neuration of *Zygaena*. Soc. ent., **3**, 17, (1888—89) 1888 d.
— *Botys Retowskyi* n. sp. Stettin. ent. Ztg., **49**, 128, 1888 e.
— Necrolog. Johannes Schilde. Stettin. ent. Ztg., **49**, 315—316, 1888 f.
— Die Lepidopteren-Fauna der Insel Portorico. Abh. Senckenberg. naturf. Ges., **16**, 69—360 + 1 (unn., Taf. Erkl.) S., 1 Farbtaf. (unn.), (1891) 1890?.

Moesmang, Julius
Verhalten verschiedener Vögel gegenüber der Nonne (*Liparis monacha*). Orn. Mschr., **15**, 336—337, 1890.

Moewes,
Phosphorescenz bei Insekten und Tausendfüßern. Humboldt, **6**, 260—261, 1887.

— Symbiose zwischen Pflanzen und Ameisen im tropischen Amerika. Mschr. ges. Naturw., **7**, 456—459, 4 Fig., 1888.

Möwis, Paul
Das Insektensammeln im nördlichen Indien. Mit Berücksichtigung der geographischen und politischen Verhältnisse in Sikkim. Berl. ent. Ztschr., **33**, 273—279, (1889) 1890.

Moffarts, Karl de
Description d'une Aberration de *Vanessa Urticae* L. Misc. ent., **3**, 122—123, 1895.

Moffarts, Paul de
Note sur les Chrysomélides de Belgique. Ann. Soc. ent. Belg., **37**, 88—91, 1893 a.
— Les Chrysomélides de Belgique. Ann. Soc. ent. Belg., **37**, 179—229, 1893 b.

Moffat, Charles Bethune
geb. 1859, gest. 1945. — Biogr.: (P. G. Kennedy u. a.) Irish Natural. Journ., **8**, 349—370, 1946.
— The Importation of Humble Bees into New Zealand. Sci. Gossip, **14**, 67, 1878.
— The Reported Scarcity of Butterflies. Sci. Gossip, **20**, 187, 1884.
— Bees and the Colours of Flowers. Sci. Gossip, **21**, 191, 1885.
— Butterfly Reappearances. Irish Natural., **1**, 145—146, 1892 a.
— The Clouded Yellow. Sci. Gossip, **28**, 269—270, 1892 b.
— The Brown Hairstreak (*Thecla betulae*) in County Wexford. Irish Natural., **3**, 223, 1894 a.
— The small Heath Butterfly (*Coenonympha pamphilus*): Single or Double-Brooded? Irish Natural., **3**, 223, 1894 b.
— Demoiselle Dragon-flies in Ireland. Sci. Gossip, (N. S.) **1**, 158, 1894 c.
— *Formica rufa*, L., in Co. Wexford. Irish Natural., **5**, 143—144, 1896.
— *Bupalus piniaria*, L., in Ireland. Irish Natural., **6**, 283, 1897.
— *Macroglossa stellatarum* in 1899. Irish Natural., **8**, 185, 1899 a.
— *Vespa rufa* and other Wasps in Co. Wexford. Irish Natural., **8**, 208, 1899 b.
— Late Wasps' Nests. Irish Natural., **9**, 47, 1900 a.
— *Orobanche major* fertilised by Wasps. Irish Natural., **9**, 181, 1900 b.
— „Warbles" in Horses. Irish Natural., **9**, 247, 1900 c.

Moffat, John Alston
geb. 1825 in Milton b. Glasgow, gest. 26. 2. 1904 in London. — Biogr.: Rep. ent. Soc. Ontario, **31**, 1900 m. Porträt; (C. J. S. Bethune) Canad. Entomol., **36**, 84, 1904; Leopoldina, **40**, 56, 1904; (C. J. S. Bethune) Rep. ent. Soc. Ontario, **35** (1904), 109—110, 1905 m. Porträt & Schriftenverz.
— An instance of retarded development. [Lep.] Canad. Entomol., **9**, 138—139, 1877 a.
— *Limenitis proserpina*. Canad. Entomol., **9**, 140, 1877 b.
— [Caterpillars of *Papilio thoas* feeding on *Dictamnus fraxinella*.] Canad. Entomol., **11**, 240, 1879.
— Swarming of [*Danais*] *Archippus*. Canad. Entomol., **12**, 37, 1880 a. — [Abdr.:] Rep. ent. Soc. Ontario, **1880**, 36, 1881.
— [*Ephesia elonympha, Papilio marcellus, P. philenor* etc. captured at Ridgeway.] Canad. Entomol., **12**, 264, 1880 b.

— [*Calosoma scrutator* at the north shore of Lake Erie.] Canad. Entomol., **13**, 18—19, 1881 a. — [Abdr.:] Rep. ent. Soc. Ontario, **1881**, 29, 1882.
— [*Papilio cresphontes* larvae on prickly ash.] Canad. Entomol., **13**, 115, 1881 b. — [Abdr.:] Rep. ent. Soc. Ontario, **1881**, 30, 1882.
— Entomological notes [*Saperda Fayi*]. Canad. Entomol., **13**, 175, 1881 c. — [Abdr.:] Rep. ent. Soc. Ontario, **1881**, 29—30, 1882.
— [*Macrosila cingulata*, Fab. at Long Point.] Canad. Entomol., **13**, 256, 1881 d.
— Notes on last year's collecting. [Lep., Col.] Canad. Entomol., **14**, 57—58, 1882 a. — [Abdr.:] Rep. ent. Soc. Ontario, **1882**, 27—28, 1883.
— The Development of a *Luna*. Canad. Entomol., **14**, 98—99, 1882 b. — [Abdr.:] Rep. ent. Soc. Ontario, **1882**, 28—29, 2 Fig., 1883. — [Abdr., mit Zusatz:] (Wing Expansion.) Entomol. Rec., **2**, 153—154, 1891.
— [Note on *Clytus pictus* and *Cyllene robinia*.] Canad. Entomol., **14**, 200, 1882 c.
— (*Heliothis Armigera* Hub.) Rep. ent. Soc. Ontario, **1881**, 30, 1882 d.
— Last year's collecting. [Lep.] Canad. Entomol., **15**, 99—100, 1883 a. — [Abdr.:] Rep. ent. Soc. Ontario, **1883**, 38—39, 1884.
— [Early stages of *Calopteron reticulatum*.] Canad. Entomol., **15**, 179—180, 1883 b.
— *Glaucopteryx cumatilis* and *magnoliata*. Canad. Entomol., **16**, 179—180, 1884 a.
— [Note on *Callosamia angulifera*.] Canad. Entomol., **16**, 119—120, 1884 b.
— (The size of [*Callosamia*] *angulifera*.) Canad. Entomol., **16**, 179—180, 1884 c.
— [Note on *Phytonomus punctatus* and *Nematus Erichsonii*, the Larch saw fly.] Canad. Entomol., **16**, 215, 1884 d.
— Notes on Ant Lions. Canad. Entomol., **16**, 121—122, 1884 e; **18**, 76—77, 1886. — [Abdr., m. Zusatz „*Callosamia angulifera*":] Rep. ent. Soc. Ontario, **15**, 36—37, 1885; **17**, 19—20, 1887.
— Notes on *Apatelodes angelica*, Grote. Canad. Entomol., **17**, 34—35, 1885 a.
— [*Chrysomela labyrinthica* or *pnirsa* at Hamilton.] Canad. Entomol., **17**, 40, 1885 b.
— [Neuroptera determined for me by Dr. Hagen.] Canad. Entomol., **17**, 120, 1885 c.
— Additions to the list of Canadian Lepidoptera. Canad. Entomol., **18**, 31—32, 1886 a.
— [*Dilophonota Ello* L. has reached Ontario.] Canad. Entomol., **18**, 179, 1886 b.
— Additions to the list of Canadian Lepidoptera. Canad. Entomol., **19**, 4—5, 1887 a.
— Further additions to the list of Canadian Micro-Lepidoptera. Canad. Entomol., **19**, 88—89, 1887 b.
— *Danais archippus*. Canad. Entomol., **20**, 136—138, 1888 a.
— [Chrysalis of *Arzama Obliquata* beneath the bark.] Canad. Entomol., **20**, 139, 1888 b.
— Captures in 1887. [Lep.] Canad. Entomol., **20**, 178—179, 1888 c.
— *Arzama obliquata*. Canad. Entomol., **20**, 238—239, 1888 d.
— Species, varieties, and check lists. Rep. ent. Soc. Ontario, **18** (1887), 27—28, 1888 e.
— *Danais archippus*. Canad. Entomol., **21**, 19—20, 1889 a.
— *Arctia phyllira*, Drury. Canad. Entomol., **21**, 60, 1889 b.
— *Arzama obliquata*. Canad. Entomol., **21**, 99, 1889 c.
— Additions to the Canadian list of Lepidoptera. Canad. Entomol., **21**, 153, 1889 d.
— Notes on larvae of *Euchetes Egle*. Rep. ent. Soc. Ontario, **19** (1888), 20—21, 1889 e.
— Rare captures. [Col.] Canad. Entomol., **22**, 60, 80, 1890 a.
— Some thoughts on the determination of species. Rep. ent. Soc. Ontario, **20** (1889), 83—85, 1890 b.
— *Aellopos titan*. Canad. Entomol., **23**, 41, 1891 a.
— Canadian Rhyncophora. Canad. Entomol., **23**, 66, 1891 b.
— Some observations on the collecting of 1890. [Lep.] Canad. Entomol., **23**, 111—113, 1891 c.
— Additions to the Canadian list of Microlepidoptera. Canad. Entomol., **23**, 167—168, 1891 d.
— Thoughts on species. Canad. Entomol., **23**, 178—179, 1891 e.
— (Wing Structure.) Entomol. Rec., **2**, 274—275, 1891 f.
— *Hetaerina Americana*. Canad. Entomol., **24**, 11, 1892 a.
— *Melitaea phaeton*. Canad. Entomol., **24**, 18, 1892 b.
— *Petrophora silaceata*. Canad. Entomol., **24**, 18, 1892 c.
— The Cucumber Moth. Canad. Entomol., **24**, 132, 1892 d.
— (Canadian species of *Crambus*.) Canad. Entomol., **24**, 183, 1892 e.
— *Phlegethontius 5-maculatus*. Canad. Entomol., **24**, 237, 1892 f.
— (Powers of resisting the action of cyanide.) Ent. News, **3**, 16, 1892 g.
— Additions to the list of Canadian Lepidoptera. Canad. Entomol., **25**, 149—151, 1893 a.
— *Lithophane oriunda*. Canad. Entomol., **25**, 186—188, 1893 b.
— Rearing *Sphinx* Chrysalids. Canad. Entomol., **25**, 234—235, 1893 c.
— *Papilio cresphontes*. Canad. Entomol., **26**, 54, 1894 a.
— Some notes on the collecting season of 1893. [Lep.] Canad. Entomol., **26**, 123—126, 1894 b.
— *Bellura diffusa*. Canad. Entomol., **26**, 148, 1894 c.
— Assembling of *Attacus promethea*. Canad. Entomol., **26**, 240, 1894 d.
— *Platysamia columbia*. Canad. Entomol., **26**, 281—283, 1894 e.
— Note on *Cicindella scutellaris* var. *lecontei* Dej. Journ. N. York ent. Soc., **2**, 80, 1894 f.
— Mosquitoes. Rep. ent. Soc. Ontario, **24** (1893), 43—48, 2 Fig., 1894 g. — [Abdr.:] Journ. Bombay nat. Hist. Soc., **9**, 84—92, 1894.
— A Reappearance of *Pieris Protodice*, Boisd. Rep. ent. Soc. Ontario, **25**, 61—62, 1894 h.
— Remarks, on the structure of the undeveloped wings of the Saturniidae. Rep. ent. Soc. Ontario, **25**, 63—65, 1894 i.
— *Acridium Americanum*. Canad. Entomol., **27**, 52, 1895 a.
— Notes on collecting, and names new to the Canadian List. [Lep.] Canad. Entomol., **27**, 147—148, 1895 b.
— Entomological notes. [*Dilophenota ello*.] Canad. Entomol., **27**, 172, 1895 c.
— Melsheimer's sack bearer. Canad. Entomol., **27**, 227, 1895 d.

— *Sphinx Canadensis,* Boisduval. Canad. Entomol., **27**, 280, 1895 e.
— *Oenectra flavibasana,* Fern. Canad. Entomol., **27**, 286, 1895 f.
— siehe Buckell, Francis John & Moffat, John Alston 1895.
— A moth out of place. [*Taeniocampa vegetata,* Morr.] Canad. Entomol., **28**, 169, 1896 a.
— The Growth of the Wings of a Luna Moth. Rep. ent. Soc. Ontario, **26** (1895), 36—38, 2 Fig., 1896 b.
— Variation, with special Reference to Insects. Rep. ent. Soc. Ontario, **26** (1895), 41—47, 1896 c.
— Observations on the Season of 1895. Rep. ent. Soc. Ontario, **26** (1895), 38—41, 5 Fig., 1896 d; Notes on the Season of 1896. **27** (1896), 76—79, 2 Fig., 1897; ... of 1897. **28** (1897), 67—70, 2 Fig., 1898; ... of 1898. **29** (1898), 100—103, 1 Fig., 1899; ... of 1899. **30** (1899), 98—100, 2 Fig., 1900.
— *Brotis Vulneraria* Again. Canad. Entomol., **29**, 160, 1897 a.
— Successful collecting at electric light. [Lep.] Canad. Entomol., **29**, 177—178, 1897 b.
— *Sphinx luscitiosa,* Clem. Canad. Entomol., **29**, 224, 1897 c.
— Some insects, rare in Canada, taken at Hamilton by Mr. James Johnston. Canad. Entomol., **30**, 69—72, 1898 a.
— *Catocala illecta,* Walk. Canad. Entomol., **30**, 140, 1898 b.
— *Deidamia inscripta,* Harr. Canad. Entomol., **30**, 204, 1898 c.
— The Value of Systematic Entomological Observations. Rep. ent. Soc. Ontario, **28** (1897), 45—48, 1898 d.
— Protective Resemblances. Rep. ent. Soc. Ontario, **28** (1897), 64—67, 1898 e.
— A Southerner arrested in Canada. [Lep.] Canad. Entomol., **31**, 17—18, 1899 a.
— *Taeniocampa rubrescens,* Walk. Canad. Entomol., **31**, 144, 1899 b.
— Butterfly wing structure. Canad. Entomol., **31**, 337—338, Taf. 6, 1899 c.
— A Bit of History. Rep. ent. Soc. Ontario, **29** (1898), 61—62, 1899 d.
— Random Recollections in Natural History. Rep. ent. Soc. Ontario, **29** (1898), 67—70, 1 Fig., 1899 e.
— *Hydroecia stramentosa,* Guen. Canad. Entomol., **32**, 61—64, Taf. 2, 1900 a.
— *Hydroecia stramentosa.* Canad. Entomol., **32**, 133, 1900 b.
— Remarks upon some Cuban Insects. Rep. ent. Soc. Ontario, **30** (1899), 75—77, 1 Fig., 1900 c.
— The Wing Structure of a Butterfly. Rep. ent. Soc. Ontario, **30** (1899), 78—81, 1 Taf. (unn.), 1900 d.

Mogenau, E . . .
Zur Frage der Wiedererholung kahlgefressener Fichten. Aus dem Walde, Nr. 7, 1891.

Moggridge, John-Traherne
geb. 8. 3. 1842 in Swansea, gest. 24. 11. 1874 in Mentone. — Biogr.: (S. S. Saunders) Trans. ent. Soc. London, **1874**, Proc. XXXVII, 1874; (E. Simon) Ann. Soc. ent. France, (5) **5**, 5—8, 1875; (F. Katter) Ent. Kal., 80, 1876.
— Harvesting ants and trap-door spiders. Notes and observations on their Habits and Dwellings. 8°, XI + 156 S., 5 Fig., 12 Taf. (4 Farbtaf.), London, L. Reeve & Co., 1873; Supplement to harvesting ants and trap-door spiders. XI + 1 (unn.) + 157—304 S., 8 Taf., 1874. [Ref.:] Paladilhe, [Alcide]: Rev. Sci. nat. Montpellier, **3** (1874—75), 327—339, 494—506, 511—512, 1874; Rochette, G . . .: Nouvelles observations sur les moeurs des fourmis et des araignées du midi de la France. Arch. Sci. phys. nat., (N. S.) **50**, 49—69, Taf. I, 1874; Neue Beobachtungen über die Sitten der Ameisen in Südfrankreich. Ent. Nachr. Putbus, **1**, 39—41, 1875.
— (The) Fertilisation of the Fumariaceae. [Mit Angaben von Charles Darwin, Hermann Müller, Alfred W. Bennett, S. Moore & T. Comber.] Nature London, **9** (1873—74), 423, 460—461, 484, 1874 a.
— [On *Aphaenogaster* (*Atta*) *structor*.] Trans. ent. Soc. London, **1874**, Proc. V, 1874 b.

Moggridge, John-Traherne & **Power,** H . . .
Chrysomela Banksii. Nature London, **10**, 355, 419, 1874.

Mohnen,
Der Fleiss und die Thätigkeit der Bienen. Ver.bl. Westfäl.-Rhein. Ver. Bienen- u. Seidenzucht, **17**, 21—23, 1866.
— Die Biene und Arten derselben. Ver.bl. Westfäl.-Rhein. Ver. Bienen- u. Seidenzucht, **23**, 134—137, 1872.
— Thätigkeit der Bienen. Ver.bl. Westfäl.-Rhein. Ver. Bienen- u. Seidenzucht, **24**, 12—13, 1873 a.
— Krankheiten und Uebel der Bienen. Ver.bl. Westfäl.-Rhein. Ver. Bienen- u. Seidenzucht, **24**, 76—77, 1873 b.
— Krainer und deutsche Bienen. Ver.bl. Westfäl.-Rhein. Ver. Bienen- u. Seidenzucht, **27**, 129—131, 1876.
— Über Bienenracen. Ver.bl. Westfäl.- Rhein. Ver. Bienen- u. Seidenzucht, **28**, 135—137, 1877.

Mohnike, Otto
Uebersicht der Cetoniden der Sunda-Inseln und Molukken, nebst der Beschreibung zweiundzwanzig neuer Arten. Arch. Naturgesch., **37**, Bd. 1, 225—320, Taf. V—VII, 1871 a.
[Siehe:] Snellen van Vollenhoven: Tijdschr. Ent., **15** ((2) **7**), 125—128, 1872.
— (Die Cetoniden der Sunda-Inseln und Molukken.) Verh. naturhist. Ver. Preuss. Rheinl., **28**, SB. 102—103, 1871 b.
— Die Cetoniden der Philipinen und Sulu-Inseln. Verh. naturhist. Ver. Preuss. Rheinl., **29**, SB. 196—198, 1872.
— Die Cetoniden der Philippinischen Inseln. Arch. Naturgesch., **39**, Bd. 1, 109—247, Taf. VI—XI, 1873 a.
— (Bei Coleopteren beobachtete Fälle von monströser Körperbildung.) Verh. naturhist. Ver. Preuss. Rheinl., **30**, SB. 169—172, 1873 b.
— (Neue und seltene Käfer aus den Familien der Cetoniden und Dynastiden.) Verh. naturhist. Ver. Preuss. Rheinl., **31**, SB. 261—262, 1874.
— [*Physodera noctiluca,* ein leuchtender Carabide von Java.] Verh. naturhist. Ver. Preuss. Rheinl., **32**, SB. 154, 1875.
— Blicke auf das Pflanzen- und Thierleben der malaiischen Inseln. Natur u. Offenbar., **25**, 641—665, 705—729, 1879; **26**, 18—41, 72—96, 129—153. 1 Fig.; 193—218, 1 Fig.; 257—281, 321—345, 1 Fig.; 385—409, 1 Fig.; 449—473, 513—534, 577—603, 641—664, 705—716, 1880; **27**, 17—32, 81—97, 145—161, 321—338, 1 Fig.; 402—416, 458—483, 513—532, 1 Fig.; 577—595, 1 Fig.; 641—656, 1 Fig., 1881; **28**, 50—57, 113—126, 178—185, 193—209, 298—311, 337—360, 411—425, 483—492, 531—539, 577—586, 705—727, 1882; **29**, 46—60, 65—81, 144—162, 193—203, Taf. 13—18, 1883.

Mohr, Carl (=Karl)
Die Insektengifte und pilztötenden Heilmittel. 8°, VIII+118 S., 10 Fig., Stuttgart, Eugen Ulmer, 1893.
— Versuche, betreffend die Vertilgung der *Cossus*raupen in Belgien. Ztschr. Pflanzenkrankh., **4**, 91, 1894 a.
— Vertilgung der Heckenraupen auf *Crataegus Oxyacantha.* Ztschr. Pflanzenkrankh., **4**, 91—94, 1894 b. [Siehe:] Schöyen, W. M.: **5**, 7—8, 1895.
— Mitteilungen über die Ursachen von Pflanzenschädigungen durch Insecticide. Ztschr. Pflanzenkrankh., **6**, 208—209, 1896.
— Verfahren der direkten Vertilgung der Reblaus am Stock. Ztschr. Pflanzenkrankh., **8**, 69—70, 1898 a.
— Über Krankheiten der Pfirsichbäume. Ztschr. Pflanzenkrankh., **8**, 344—345, 1898 b.
— Die offizielle Insektenkunde in Frankreich. Natur u. Haus, **9**, 58—59, 1900 a.
— Versuche über die Bekämpfung der Blutlaus mittelst Petrolwasser. Ztschr. Pflanzenkrankh., **10**, 154, 1900 b.
— Die Pflanzenschutzmittel und die Geheimmittel. Ztschr. Pflanzenkrankh., **10**, 314—315, 1900 c.

Mohr, Chr . . .
○ „Benzolin" als wirksamstes Vertilgungsmittel gegen die Blutlaus. Journ. agric. Metz, Nr. 2, 1896. [Ref.:] Noack, Fritz: Ztschr. Pflanzenkrankh., **7**, 52, 1897.

Mohr, Charles & **Roth**, Filibert
The Timber Pines of the Southern United States, together with a discussion of the structure of their wood. Bull. U. S. Dep. Agric. Div. Forest, Nr. 13 (rev. Edit.), 1—176, 18 Fig., Taf. I—XXVII, 1897.

Mohr, Eduard
○ Reise nach den Victoriafällen des Zambesi. Leipzig, Ferdinand Hirt & Sohn, 1875. [Ref.:] Carus, Theodor: Natur u. Offenbar., **22**, 242—251, 281—288, 334—343, 385—396, 1876.

Mohr, Otto
Metrocampa margaritaria Fr. Soc. ent., **2**, 83, 1887.

Moisant,
Notes diverses. Bull. Soc. Sci. nat. Elbeuf, **9**, 60—63, 1890.

Moitessier, A[lbert]
siehe Lichtenstein, Jules; Moitessier, A[lbert] & Jaumes, A . . . 1885.

Mojsisovics von Mojsvar, August Prof.
geb. 1857, gest. 1897.
○ Leitfaden bei zoologisch-zootomischen Präparierübungen. 8°, VIII+232 S., ? Fig., Leipzig, 1879. — 2. Aufl. XII+259 S., 127 Fig., Leipzig, W. Engelmann, 1885.
○ Zoologische Übersicht der österreichisch-ungarischen Monarchie. [In:] Die oesterr.-ungar. Monarchie in Wort und Bild. Übersichtsband, Abt. 1, 249—328, 10 Fig., Wien, 1887.
○ Bericht der Section für Zoologie des permanenten Comités zur naturwissenschaftl. Erforschung der Steiermark für das Jahr 1890. 8°, 10 S., Graz, 1891; . . . Jahr 1891. 11 S., 1892; . . . des Naturwissenschaftl. Vereines für Steiermark für das Jahr 1892. 8 S., 1893.

Mokrshezky, Sigmund siehe Mokrzecki, Zygmunt Atanazy

Mokrý, Theodor
○ Versuche in der Bekämpfung des Nonnenspinners mittelst künstlicher Infektion der Schlaffsuchtspaltpilze. Ver.schr. Forst- u. Naturk. Prag, **1896—97**, 69—79, 1896—97.

Mokrzecki (= Мокржецкий), Zygmunt Atanazy Prof.
geb. 2. 5. 1865 in Dzitryki b. Lida, gest. 3. 3. 1936 in Warschau, Prof. f. Entomol. u. Forstschutz an d. Hochschule f. Landwirtsch. in Warschau. — Biogr.: (L. O. Howard) Journ. econ. Ent., **7**, 247—248, 1914 m. Porträt; Polskie Pismo Ent., **6**, 1—11, 1927 m. Porträt & Schriftenverz.; (Wladyslaw Lomnicki) Polski Pismo Ent., **6**, 11—30, 1927; (N. N. Bogdanov-Katjkoff) Défense des Plantes, **4**, 800—802, 1927 m. Porträt; Casapismo Przyrodnicze Zeszyt, **7**, 5—8, 1927 m. Porträt & Schriftenverz.; Anz. Schädlingsk., **4**, 37, 1928; (L. O. Howard) Hist. appl. Ent., 1930; (S. Minkiewiez) Na Jubilenz 70—Lecia Uradzin Prof. Z. Mokrzeckiego, 1—31, 1935; (J. A. Czyzenski) Polskie Pismo Ent., **14—15**, 1—80, 1935—36 m. Porträt & Schriftenverz.; Arb. morphol. taxon. Ent., **3**, 224, 1936; (Jan Pawłowicz) Dóswiadczalnictwa Lesnego (Rech. forest.), **4**, 6 S., 1938 m. Porträt; (S. Nowicki) Ztschr. angew. Ent., **24**, 656—657, 1938 m. Porträt.
○ Übersicht über Landhäuser im Isjum-Forst Charkov Gouvernement, in Verbindung mit der Bekämpfung von *Dendrolinus pini* L. (Russ.) Lesnoj Journ. St. Petersb., Nr. 4, 1892.
○ [Stengeleule oder Getreidemotte (*Tapinostola musculosa* Hb.). Biologie und ihre Massenvermehrung. 8°, 12+1 (unn., Taf.Erkl.) S., 1 Farbtaf., Simferopol, tip. Spiro, 1896.] Стеблевая совка или хлебный мотылекъ (*Tapinostola musculosa* Hb.). Биологiя т. m. И ея вторженiе. Симферополь, тип. Спиро, 1896 a.
○ [Über den Rüsselkäfer *Otiorrhynchus asphaltinus* Germ. 8°, 11+ (unn. Taf.Erkl.) S., 1 Taf., St. Petersburg, tip. Spiro, 1896.] Ушастый слониеъ или скосарь *Otiorrhynchus asphaltinus* Germ. С. Петербургъ, тип. Спиро, 1896 b.
○ [Wurzelläuse vom Getreide. *Pentaphis trivialis, Forda marginata, Paracletus cimiciformis.*] Корневыя тли хлебныхъзлаковъ Дневникъ зоол. Отдъленiя общества и зоологическаго Музея. [Izv. Obšč. Ljubit. Estest. Antrop. Etnogr.] Изв. Общ. любит. Естест. Антроп. Этногр., **86** ([Trudi zool. Otd. Obšč.] Труды зоол. Отд. Общ., **10**), 9—11, 3 Fig., 1896 c.
○ Einige Beobachtungen über den Cyclus der Geschlechts-Entwicklung der *Schizoneura lanigera* Hausm. Некоторыя наблюденiя надъ цикломъ половаго развитiя *Schizoneura lanigera* Hausm. [Zap. Nov. Obšč. Estest.] Зап. Нов. Общ. Естест.; Mém. Soc. nouv. Russe Natural., **20**, part 2, 23—28, 1 Farbtaf. (unn.), 1896 d.
— Sur une nouvelle espèce d'Aphidien trouvée en Crimée sur les racines de la vigne. [Trudy Russ. ent. Obšč.] Труды Русс. энт. Общ.; Horae Soc. ent. Ross., **30** (1895—96), 438—441, 3 Fig., 1897 a.
— [Über neue schädliche Insekten der Krim.] О новыхъ вредныхъ насекомыхъ Крыма. [Trudy Russ. ent. Obšč.] Труды Русс. энт. Общ.; Horae Soc. ent. Ross., **31** (1896—97), LXXXVI—LXXXVII, 1897 b.
○ Schädliche Tiere und Pflanzen im taurischen Gouvernement, auf Grund der Beobachtungen von 1898. [Russ.] 5 S., Simpheropol, 1898 a.
○ Übersicht über die geographische Verbreitung der Gruppe Melolonthini im Gouvernement von Taurus, in Verbindung mit hierauf bezüglichen biologischen Notizen. (Russ.) Tagebuch Zusammenk. Russ. Naturf. Aerzte Kiew, **10**, 175—177, 1898 b.
— in Howard, Leland Ossian 1898.

— [Periodische Erscheinungen im Tier- und Pflanzenleben im Winter 1894—95 in der Krim im Vergleich mit den Wintern der vorigen Jahre.] Периодическая явленiя въ жизни животныхъ и растенiи въ зиму 1894—1895 г. въ сравненiи съ зимами прошлыхъ летъ. [Trudy St. Peterb. Obšč. Estest. (Otd. Bot.)] Труды С.-Петерб. Общ. Естест. (Отд. Бот.), **29**, Fasc. 3, 156—176, 1899.

— К биологии *Oberea oculata Linné* var. *borysthenica* nova. Zur Biologie der *Oberea oculata Linné* var. *borysthenica* nova. [Russ. & Dtsch.] [Trudy Russ. ent. Obšč.] Труды Русс. энт. Общ.; Horae Soc. ent. Ross., **34** (1899—1900), 294—299, Taf. I (Fig. 1 farb.), 1900.

Mokrzecky, Sigmund siehe Mokrzecki, Sygmunt Atanazy

Mokrzhetski, Sigmund siehe Mokrzecki, Sygmunt Atanazy

Molesworth, Caroline

geb. 1794, gest. 1872.

○ The Cobham Journals and summary of Meteorological and Phenological Observations (1825—1850). Herausgeb. E. Ormerod. 8°, XXII + 180 S., London, 1880.

Molesworth, E . . . A . . .

Hybernated *Vanessa antiopa* with yellow borders. Entomologist, **26**, 219, 1893.

Moleyre, Louis

geb. 1858, gest. 15. 1. 1886 in Bagnolet (Seine), Präparator am Mus. in Paris. — Biogr.: Ann. Soc. ent. France, (6) **6**, Bull. XVII, 1886.

— Recherches sur les organes du vol chez les Insectes de l'ordre des Hémiptères. C. R. Acad. Sci. Paris, **95**, 349—352, 1882.

— Les Pentatomes (Pentatomidae Auct., Coniscutes Amyot et Serville). Hémiptères Hétéroptères. Bull. Insectol. agric., **10**, 133—138, 1 Fig., 1885 a.

— Insectes et Crustacés comestibles. Bull. Soc. Acclim. Paris, (4) **2** (**32**), 500—523, 3 Fig.; 562—585, 4 Fig.; 668—698, 7 Fig., 1885 b.

— Insectes et Crustacés comestibles. Bull. Insectol. agric., **11**, 29—32, 33—43, 55—61, 2 Fig.; 67—72, 1 Fig.; 83—89, 2 Fig.; 103—104, 1 Fig.; 120—127, 137—144, 159—160, 1886.

Molfino, G . . . M . . .

○ Dell' inutilità e danno di chiantare le vite monna per combattere la Filossera. Giorn. Agric. Regno Ital., **5**, 1878.

Molin, Raffaele (= Rafael)

○ Dell' apicoltura. Gazzeta Venezia, Nr. 141, 1864. — ○ [Abdr.?:] Boll. Ass. agr. Friulana, **9**, 384—392, 1864.

— L'educazione razionale delle api insegnata ai contadini. 8°, 1 (unn.) + 94 S., 14 Fig., Padova, tip. G. B. Randi, 1866.

— Studien über das Wesen und die Grenze der in den letzten 25 Jahren verheerenden Seuchen der Seidenraupen. Jahresber. Österr.-Schles. Seidenbauver., **10**, 74—105, 1868 a.

— Die Wanderungen einer Raupe [*Bombyx mori*] durch Asien und Europa. Ver.bl. Westfäl.-Rhein. Ver. Bienen- u. Seidenzucht, **19**, 170—173, 1868 b.

— Das Leben des Seidenspinners (*Bombyx Mori*). Jahresber. Österr.-Schles. Seidenbauver., **11**, 30—68, 1869.

— Das Leben und die rationelle Zucht der Honigbiene. 8°, XV + 212 S., 31 Fig., Wien, Wilhelm Braumüller, 1880.

Molineux, A . . .

Lucerne Pest. Agric. Gaz. N. S. Wales, **7** (1896), 807—809, (1897) 1896.

Molliard, Marin

Recherches sur les Cécides florales. Ann. Sci. nat. (Bot.), (8) **1**, 67—245, Taf. 3—14, 1895.

○ Sur la galle de l'*Aulax Papaveris*. Rev. gén. Bot., **11**, 209—217, 1899 a.

— Sur les caractères anatomiques de quelques Hémiptérocécidies foliaires. Trav. Stat. zool. Wimereux, **7**, Misc. biol. 489—504, 4 Fig., 1899 b.

Molnár, István

○ [Der Kornrüssler.] A magrára zsuzsok (*Curculio frumentarius* R., *Calandra Granaria*). Természettud. Közl., **3**, 235—238, 1871.

Molon, F . . .

○ Congresso internazionale sericolo die Parigi 1878. Sulla malattia della flaccidezza del baco da seta. Considerazioni e quesiti. Boll. agr. Vicenza, **11**, Suppl. [11 S.], 1878.

Molony, H . . .

The Sharp-winged Hawk Moth [*Chaerocampa celerio*]. Sci. Gossip, **13**, 232, 1877.

Moltke, M . . . & **Wartig**, Ed . . .

○ Literatur der Maulbeerbaum- und Seidenzucht. Allg. Dtsch. Ztschr. Seidenbau, **4** (1869—71), 69—72, 73—80, 1870.

Mona, Agostino (= Aug . . .)

Dell' apicoltura nel cantone Ticino. Pensieri. 8°, 30 S., Bellinzona, tip. Carlo Colombi, 1871 a.

○ Dell' apicoltura in genere, sua importanza e necessità di migliorarla e popolarizzarla in Italia. Ann. Colonia agric. Macerata, **2**, 19—38, 51—74, 91—117, 1871 b. — ○ [Abdr.?:] Boll. Com. agr. Chiavari, **3**, 5—43, 128—141, 1871.

○ Saggio di apicoltura popolare razionale. 8°, 16 S., 1 Taf., Bellinzona, tip. Colombi, 1874.

○ Proposta di un mezzo per minorare i danni della fillossera presentata alla Società agraria di Gorizia dal direttore della Scuola agraria provinciale. Atti Mem. Soc. agr. Gorizia, **14**, 185—187, 1875 a.

○ Ein Mittel gegen die Reblaus. Weinbau, **1**, 166—167, 1875 b.

— L'abeille italienne, moyens de se la procurer, de faire accepter les mères, de les multiplier, etc. 8°, VIII + 131 S., Paris, impr. Donnaud, 1876.

Monchy, le Ricque de siehe Le Ricque de Monchy,

Monclar,

(Le phylloxera dans le Tarn.) Journ. Agric. prat. Paris, **43**, Bd. 2, 274, 1879.

Moncomble, Georges

La Punaise des lits. *Cimex lectuarius* (Lin.) — *Acanthia lectuaria* (Fabr.). Bull. Insectol. agric., **14**, 183—185, 1889.

Moncreaff, Henry

Peculiarity in the Structure of *Chelonia caja*. Entomologist, **2**, 86, (1864—65) 1864 a.

— Changes of Skin in the Genus *Smerinthus*. Entomologist, **2**, 100—101, (1864—65) 1864 b.

— Larva of *Chelonia villica*. Entomologist, **2**, 144, (1864—65) 1865 a.

— Larva of *Lasiocampa Quercifolia*. Entomologist, **2**, 144—145, (1864—65) 1865 b.

— *Ennomos alniaria* at Southsea. Entomologist, **2**, 145, (1864—65) 1865 c.
— Larvae of *Aspilates citraria*. Entomologist, **2**, 145, (1864—65) 1865 d.
— Hymenopterous Parasite in Cocoon of *Odonestis potatoria*. Entomologist, **2**, 145—146, (1864—65) 1865 e.
— Larva of *Bombyx neustria:* glutinous secretion of the Female Imago. Entomologist, **2**, 177, (1864—65) 1865 f.
— Occasional Abundance or Rarity of certain Species. Entomologist, **2**, 179, (1864—65) 1865 g.
— Note on the Larva of *Liparis Salicis*. Entomologist, **2**, 191, (1864—65) 1865 h.
— Poisonous Property of the Larva of *Liparis auriflua*. Entomologist, **2**, 191—192, (1864—65) 1865 i.
— Variety of *Satyrus Janira*. Entomologist, **2**, 294—295, (1864—65) 1865 j.
— Pupa of *Lycaena Alexis* producing a Parasite as well as its proper Imago. Entomologist, **2**, 295, (1864—65) 1865 k.
— *Acherontia Atropos* near Portsea. Entomologist, **2**, 297, (1864—65) 1865 l.
— The Great Rove-beetle preying upon the Turnipgrub. Entomologist, **2**, 300—301, (1864—65) 1865 m.
— *Colias Edusa* and *Acherontia Atropos* at Portsdown near Portsmouth. Entomologist, **2**, 311—312, (1864—65) 1865 n.
— Development of the Wings of Lepidoptera. Entomologist, **3**, 39, (1866—67) 1866 a.
— Larva of *Polyommatus Phlaeas* hybernates. Entomologist, **3**, 41, (1866—67) 1866 b.
— *Apion difformis* at Southsea. Entomologist, **3**, 43, (1866—67) 1866 c.
— Prior Appearance of Male or Female Lepidoptera. Entomologist, **3**, 70—71, (1866—67) 1866 d.
— Larval Poison and Parasites of *Liparis chrysorrhoea*. Entomologist, **3**, 150—151, (1866—67) 1866 e.
— *Arctia fuliginosa* double-brooded. Entomologist, **3**, 164—165, (1866—67) 1866 f.
— Larva of *Epione advenaria*. Entomologist, **3**, 315—316, (1866—67) 1867 a.
— Economy of *Depressaria nervosa*. Entomologist, **3**, 328—329, (1866—67) 1867 b.
— Malformed *Brachinus crepitans*: Can Coleoptera reproduce a Leg? Entomologist, **3**, 329, (1866—67) 1867 c.
— *Sterrha Sacraria* at Southsea. Entomologist, **3**, 347, (1866—67) 1867 d.
— Galls and Gall-insects. Entomologist, **4**, 76—77, (1868—69) 1868 a.
— Coleoptera at Southsea. Entomologist, **4**, 117—118, (1868—69) 1868 b.
— Pupa State of Insects, especially *Cynips* and *Ichneumon*. Entomologist, **4**, 124—126, (1868—69) 1868 c.
— Notes from Southsea: Swarms of Coleoptera. Entomologist, **4**, 142—143, (1868—69) 1868 d.
— *Sibinia Statices*, a new Coleopteron of the Family Curculionidae. Entomologist, **4**, 218, (1868—69) 1869 a.
— *Orchestes Alni* in a Branch of Whitethorn. Entomologist, **4**, 218—219, (1868—69) 1869 b.
— *Sterrha sacraria* at Southsea. Entomologist, **4**, 352, (1868—69) 1869 c.
— *Depressaria Cnicana* at Southsea. Entomologist, **4**, 355—356, (1868—69) 1869 d.
— *Hydroporus cuspidatus*, &c., at Southsea. Entomologist, **4**, 356, (1868—69) 1869 e.
— *Philonthus cicatricosus*. Entomologist, **5**, 43—44, (1870—71) 1870 a.
— Economy of *Depressaria cnicella*. Entomologist, **5**, 200—201, (1870—71) 1870 b.
— Occurrence of *Dyschirius angustatus*, Ahr. (*jejunus*, Daws.), on the south coast. Entomol. monthly Mag., **6**, 213, (1869—70) 1870 c.
— Note on economy of *Mecinus* and *Baridius*. Entomol. monthly Mag., **7**, 81, (1870—71) 1870 d.
— Notes on Portsea Coleoptera. Entomol. monthly Mag., **7**, 154—155, (1870—71) 1870 e.
— Notes on Gall-makers and their Parasites. Entomologist, **5**, 239—240, (1870—71) 1871 a.
— Life-history of *Mixodia Hawkerana*. Entomologist, **5**, 240—242, (1870—71) 1871 b.
— Food of *Calocampa exoleta*. Entomologist, **5**, 242, (1870—71) 1871 c.
— Description of the Larva of *Agdistes Bennetii*. Entomologist, **5**, 321—322, (1870—71) 1871 d.
— Life-history of *Gymnancycla canella*. Entomologist, **5**, 430—431, (1870—71) 1871 e.
— Note on possible double-broods of *Thyamis*. Entomol. monthly Mag., **7**, 207, (1870—71) 1871 f.
— Notes on the metamorphoses of *Metatropis rufescens*. Entomol. monthly Mag., **8**, 136, (1871—72) 1871 g.
— A New British *Coleophora*. Entomologist, **6**, 567, (1872—73) 1873 a.
— Note on *Tychius haematocephalus*. Entomol. monthly Mag., **10**, 157—158, (1873—74) 1873 b.
— *Aphilothrix Sieboldii* in England. Entomologist, **7**, 93, 1874 a.
— *Dianthoecia albimacula* Bred: Description of the Larva. Entomologist, **7**, 130—132, 1874 b.
— Economy of *Phycis Davisellus*. Entomologist, **7**, 132, 1874 c.
— Note on *Orchestes iota*; with a moral. Entomol. monthly Mag., **12**, 40, (1875—76) 1875.
— *Ennomos alniaria*. Entomol. monthly Mag., **16**, 229, (1879—80) 1880 a.
— Captures near Portsmouth. Entomol. monthly Mag., **16**, 230, (1879—80) 1880 b.
— Life-history of *Gelechia Brizella*. Entomol. monthly Mag., **18**, 56, (1881—82) 1881.
— *Tychius haematocephalus* at Gosport. Entomol. monthly Mag., **23**, 66, (1886—87) 1886.

Moncreiffe, Thomas Sir

geb. 9. 1. 1822, gest. 16. 8. 1879 in Moncreiffe House (Bridge of Earn). — Biogr.: (F. B. White) Entomologist, **12**, 232, 1879; (H. T. Stainton) Entomol. monthly Mag., **16**, 118—119, (1879—80) 1879; Naturaliste, **1**, 111, 1879; Zool. Anz., **2**, 480, 1879; Nat. Novit. Berlin, Nr. 17, 174, 1879; (F. Buchanan White) Scott. Natural., **5**, 145—148, 1879 m. Porträt.

— Early Captures of Lepidoptera. Scott. Natural., **1**, 176, (1871—72) 1872.
— Notes on Lepidoptera in 1873. Scott. Natural., **2**, 120, (1873—74) 1873.
— Occurrence of *Leioptolus brachydactylus* Tr. in Scotland. Scott. Natural., **2**, 203, (1873—74) 1874.
— Lepidopterological Notes. Scott. Natural., **3**, 9, (1875—76) 1875.
— The Lepidoptera of Moncreiffe Hill. Scott. Natural., **4**, 38—46, 99—110, 144—152, (1877—78) 1877; 191—198, 241—244, 293—297, 334—340, (1877—78) 1878; **5**, 24—27, 69—77, (1879—80) 1879.
— *Eupithecia togata* and *Stigmonota perlepidana* [in Scotland]. Scott. Natural., **4**, 297, (1877—78) 1878 a.

— Capture of *Coccyx distinctana* [in Scotland]. Scott. Natural., **4**, 341, (1877—78) 1878 b.
— Curious habit of *Chrysocoris festaliella.* Scott. Natural., **4**, 341, (1877—78) 1878 c.
— Occurrence of *Deiopeia pulchella* in Scotland. Scott. Natural., **5**, 36, (1879—80) 1879 a.
— Lepidoptera in the Spring of 1879. Scott. Natural., **5**, 115—116, (1879—80) 1879 b.
— Notes on „The Lepidoptera of Moncreiffe Hill." Scott. Natural., **5**, 118, (1879—80) 1879 c.

Mond, M . . .
Sphinx Convolvuli. [Mit Angaben von Edward Newman.] Entomologist, **6**, 545, (1872—73) 1873.

Monell, Joseph Tarrigan
geb. 15. 9. 1859 in St. Louis (Missouri), gest. 9. 5. 1915 in St. Louis (Missouri). — Biogr.: (J. J. Davis) Ent. News, **26**, 380—383, 1915 m. Porträt & Schriftenverz.; (Davis J. J.) Journ. econ. Ent., **8**, 503, 1915; (H. Osborn) Fragm. ent. Hist., 213—214, 1937.
— A new genus of Aphidae. Canad. Entomol., **9**, 102—103, 1877.
○ A new species of *Lachnus.* Valley Natural., 1878.
— siehe Riley, Charles Valentine & Monell, Joseph 1879.
— in Comstock, John Henry 1880.
— Notes on Aphididae. Canad. Entomol., **14**, 13—16, 1882.

Monestier, Ch . . .
○ Procédé Ch. Monestier. Expériences faites par MM. Lautaud, d'Ortoman, Monestier. Destruction du phylloxera par le gaz. 12°, 45 S., Montpellier, Coulot, 1873.
○ Procédé Ch. Monestier. Jules Deiss et Cie à Salon (Bouches-du-Rhône) seuls concessionnaires. Destruction du *Phylloxera* par les Gaz. Constation de l'efficacité de ce procédé. 8°, 13 S., Marseille, typ. Barlatier-Feissat, 1874 a.
— Sur l'application du sulfure de carbone mélangé au goudron et aux alcalis pour la destruction du *Phylloxera.* C. R. Acad. Sci. Paris, **78**, 1828—1829, 1874 b.
○ Destruction du phylloxera par le gaz. Nouveaux développements. 8°, 16 S., Marseille, impr. Barlatier-Feissat, 1875.

Monforand, P . . . de
in Roussin, A . . . (1867—83) 1867.

Mongrand, E . . .
Grainage cellulaire de l'éducation d'un once d'après le système Pasteur. Bull. Soc. Acclim. Paris, (3) **1**, 582—589, 1874 a.
— Deux éducations d'*Attacus Yama-maï* faites en 1873 et 1874. Bull. Soc. Acclim. Paris, (3) **1**, 699—712, 1874 b.
— Éducations de vers à soie faites à Saintes (Charente-Inférieure), en 1875. Bull. Soc. Acclim. Paris, (3) **2**, 668—676, 1875.

Monicke,
○ Sobre la larva de un diptero que na occasionado mortales en algunos soldados de Méjico. Revista Progres Cienc. fis. nat., **16**, 317—318, 1866.

Monier-Vinard,
○ [Lettre au sujet des moyens employés pour combattre la maladie de la vigne.] Bull. Soc. Agric. Hortic. Vaucluse, **1868**, 277, 1868. — ○ [Abdr.?:] Messag. agric. Midi, **9**, 345—346, 1868?.

Moniez, Romain Louis
geb. 1852, Prof. d. med. Fakultät in Lille.
○ Un Diptère parasite du crapaud. (*Lucilia bufonivora.*) Bull. scient. Dép. Nord, **8**, 25—27, 1876.
○ Sur les Lucilies parasites des Batraciens. Bull. scient. Dép. Nord, **9** (1877), 67—69, 1878.
— Note sur le genre *Gymnospora,* type nouveau de Sporozoaire. Bull. Soc. zool. France, **11**, 587—594, 10 Fig., 1886.
— Sur un Champignon parasite du *Lecanium hesperidum* (*Lecaniascus polymorphus* nobis). Bull. Soc. zool. France, **12**, 150—152, 1887 a.
— Note sur un parasite nouveau du ver à soie. Bull. Soc. zool. France, **12**, 535—536, 1887 b.
— Les mâles du *Lecanium hesperidum* et la parthénogénèse. C. R. Acad. Sci. Paris, **104**, 449—451, 1887 c. [Ref.:] Löw, Franz: Verh. zool.-bot. Ges. Wien, **38**, SB. 54—55, 1888.
— Observations pour la revision des Microsporidies. C. R. Acad. Sci. Paris, **104**, 1312—1314, 1887 d.
— Note sur la faune des eaux douces de la Sicile. Feuille jeun. Natural., **20**, 17—19, (1889—90) 1889.
— Notes sur les Thysanoures. (I.) Rev. biol. Nord France, **2**, 24—31; . . . (II.) 365; . . . (III.) 429—433, 4 Fig., 1890 a; . . . (IV.) **3** (1890—91), 64—67, 3 Fig.; . . . (V.) 68—71, (1891) 1890.
— Acariens et Insectes marins des côtes du Boulonnais. Rev. biol. Nord France, **2** (1889—90), 149—159, 7 Fig.; 186—198, 7 Fig.; 270—274, 321—326, 5 Fig.; 338—350, 5 Fig.; 403—408, 5 Fig., 1890 b.
— Sur l'*Atlantonema rigida* v. Siebold, parasite de différents Coléoptères coprophages. C. R. Acad. Sci. Paris, **112**, 60—62, 1891. — [Abdr.?:] Rev. biol. Nord France, **3** (1890—91), 282—284, 1891.
— Mémoire sur quelques Acariens et Thysanoures parasites ou commensaux des Fourmis. Rev. biol. Nord France, **4** (1891—92), 377—391, 1892.
— Espèces nouvelles de Thysanoures trouvées dans la grotte de Dargila (*Campodea dargilani, Sira Cavernarum, Lipusa cirrigera*). Rev. biol. Nord France, **6** (1893—94), 81—86, (1894) [1893].
— Sur quelques Arthropodes Trouvés dans des fourmilières. Rev. biol. Nord France, **6** (1893—94), 201—215, 4 Fig., 1894 a.
— Sur l'Insecte qui attaque les Cèpes et Mousserons desséchés et sur les moyens de la détruire. Rev. biol. Nord France, **6** (1893—94), 325—328, 1894 b.
— *Isotoma pallida,* Collembole nouveau du Brésil. Rev. biol. Nord France, **6** (1893—94), 354, 1894 c.
— Sur un Hyménoptère halophile, Trouvé au Grau du Roi, près d'Aigues-Mortes. Rev. biol. Nord France, **6** (1893—94), 439—441, 1894 d.
— La chenille du *Neuronia* (*Heliophobus*) *popularis* dans les environs d'Avesnes en 1894, ses dégats, ses ennemis naturels, moyens employés pour la détruire. Rev. biol. Nord France, **6** (1893—94), 460—478, 1894 e.
— Quelques Arthropodes de la grotte des Fées, près la ville des Baux. Rev. biol. Nord France, **6** (1893—94), 479—482, 1894 f.

Monillefer,
Erfahrungen über die Wirkung des alkalischen Sulfocarbonates zur Zerstörung der *Phylloxera* (Reblaus). [Nach: Wochenbl. landw. Ver. Baden.] Ztschr. landw. Ver. Hessen, **44**, 403—404, 1874.

Monin, F . . .
Physiologie de l'abeille, suivi de l'art de soigner et d'exploiter les abeilles d'après une méthode simple,

facile et applicable à toutes sortes de ruches. 8°, 301 S., Lyon, Mégret & Ch. Méra; Paris, J. B. Baillière & fils, 1866.

Monini, Pietro
Il baco della *Saturnia Carpini* o *Pavonia Minor*. Riv. Ital. Sci. nat. (Boll. Natural. Siena), **16**, Boll. 100—101, 1896.

Monistrol, (Marqués de)
○ Discurso pronunciado por el Excmo. Sr. Marqués de Ministrol en el Senado en la session del 30 de Marzo de 1878, y contestacion del Excmo Sr. Ministro de Fomento relativo á medidas contra la Filoxera. Gaceta. agric. Fomento, 1878.

Monks, Sarah P...
Curious Habit of a Dragon-Fly. Amer. Natural., **15**, 141, 1881.

Monnier,
Sur le rôle des organes respiratoires chez les larves aquatiques. C. R. Acad. Sci. Paris, **74**, 235, 1872. — [Abdr.:] Rev. Mag. Zool., (2) **23**, 231, (1871—72) 1872.

Monnier, D...
in Forel, François Alphonse Christian 1874.

Monnier, L...
○ *Phylloxera* et les cépages américains. Bull. Soc. Agric. Poligny, **20**, 151—152, 1879.

Monnier, L... & **Covelle**, E...
○ Le phylloxera dans le canton de Genève d'août 1877 à février 1878. Rapports au département de l'Intérieur. 8°, 36 S., 1 Taf., Genève, Georg, 1878.

Monnot,
Catalogue des Coléoptères de la Sarthe. Bull. Soc. Agric. Sci. Sarthe, **1883**, [24 S.], 1883.

Monod, G... H...
La pensée chez les animaux. Rev. scient., (4) **5**, sem. 1, 808—809, 1896.

Montague, H...
Coleoptera at Stockwell. Zoologist, **22**, 9064, 1864.
— London Lepidoptera. Entomol. monthly Mag., **5**, 49, (1868—69) 1868.

Montana, J... Gil siehe Gil y Montana, J...

Montanari, Moldo
Gite agrarie nella Campania Felice. [II.; III.][1]) Agric. merid. Portici, **13**, 340—345, 358—361, 1890.

Montandon, Arnold (Lucien)
gest. 4. 11. 1922 in Jassy (Rumänien). — Biogr.: (J. Desneux) Bull. Soc. ent. Belg., **4**, 123, 1922; Ent. News, **34**, 255, 1923; Entomol. monthly Mag., **59** ((3) **9**), 39, 1923; (A. Musgrave) Bibliogr. Austral. Ent., 228—229, 1932.
— *Dolichus flavicornis*. Feuille jeun. Natural., **7**, 10, (1876—77) 1876.
— Brostenii et la vallée de la Bistriza. Feuille jeun. Natural., **8**, 86—87, (1877—78) 1878; ... Bistriza (Roumanie). **9**, 75—78, (1878—79) 1879; ... Bistriza. **10**, 59—62, 112—115; ... la Forêt de la Bistriza. 128—130, (1879—80) 1880.
— Cas de difformité d'un *Dytiscus marginalis*. Feuille jeun. Natural., **9**, 66, (1878—79) 1879 a.
— Chasse au vinaigre. Feuille jeun. Natural., **9**, 119, (1878—79) 1879 b.
— Souvenirs de Valachie. Bull. Soc. Étud. scient. Angers, **10**, 43—50, 1880.
○ [Die rumänische Entomologie. Die Koleopteren von dem Gute Broşteni, distr. Suceava.] Entomologia românǎ. — Coleopterele de pe domeniul Broşteni diu judeţul Suceava. Anal. Acad. Român., (2) **6**, 1884 a.
— Description d'un Hémiptère-Hétéroptère nouveau. Rev. Ent. Caen, **4**, 280—281, 1884 b.
— Souvenirs de Moldavie. Le Domaine royal de Brosteni. Bull. Soc. Étud. scient. Angers, **14** (1884), 365—390, 1885 a.
— Description d'un Hémiptère-Hétéroptère nouveau et notes additionelles. Rev. Ent. Caen, **4**, 113—115, 1885 b.
— Hémiptères-Hétéroptères de Moldavie et description de deux nouveaux *Eurygaster*. Rev. Ent. Caen, **4**, 164—172, Taf. I (Fig. 1—3), 1885 c.
— Hémiptères-Hétéroptères des environs de Gorice (Illyrie) et description d'une espèce nouvelle. Rev. Ent. Caen, **5**, 105—111, 1886 a.
— Hémiptères-Hétéroptères de la Dobroudja. Rev. Ent. Caen, **5**, 257—264, 1886 b.
— Excursions en Dobroudja. Bull. Soc. Étud. scient. Angers, (N. S.) **16** (1886), 31—64, 1887 a.
— Description d'Hémiptères-Hétéroptères nouveaux et notes sur quelques Hémiptères recueillis par M. Bedel, en Algérie (1886). Rev. Ent. Caen, **6**, 64—68, 1887 b.
— Lygaeides nouveaux de la faune paléarctique. Rev. Ent. Caen, **8**, 287—292, 1889.
— Hémiptères hétéroptères paléarctiques nouveaux. Rev. Ent. Caen, **9**, 174—180, 1890.
— Deux Hémiptères nouveaux. (Section des Hydrocorises Latr.) Rev. Ent. Caen, **11**, 73—76, 1892 a.
— Hémiptères-Hétéroptères nouveaux. Rev. Ent. Caen, **11**, 265—273, 1892 b.
— Hémiptères Plataspides nouveaux. Rev. Ent. Caen, **11**, 273—284; Études sur la sousfamille des Plataspidinae. 294—312, 1892 c; **12**, 222—238, 1893.
— Hémiptères de la S. Fam. des Plataspidinae recoltés par M. le Dr. Elio Modigliani à l'île d'Engano sur la côte occidentale de Sumatra. Ann. Mus. Stor. nat. Genova, (2) **13** (**33**), 294—298, 1893 a.
— Lygaeides exotiques. Notes et descriptions d'espèces nouvelles. Ann. Soc. ent. Belg., **37**, 399—406, 1893 b.
— Espèces nouvelles ou peu connues de la famille des Plataspidinae. Ann. Soc. ent. Belg., **37**, 558—570, 1893 c.
— Notes on American Hemiptera Heteroptera. Proc. U. S. nat. Mus., **16** (1893), No. 924, 45—52, (1894) 1893 d.
— Nouvelles espèces du genre *Coptosoma* d'Australie et de Nouvelle Guinée appartenant aux collections du Musée Civique de Gênes. Ann. Mus. Stor. nat. Genova, (2) **14** (**34**), 413—427, 1894 a.
— Nouveaux Genres et Espèces de la S. F. des Plataspidinae. Ann. Soc. ent. Belg., **38**, 243—281, 1894 b.
— Pentatomides. Notes et descriptions. Ann. Soc. ent. Belg., **38**, 619—648, 1 Fig., 1894 c.
— in Viaggio Leonardo Fea Birmania (1887—1900) 1894.
— Hémiptères nouveaux de la section des Hydrocorises Latr. Ann. Soc. ent. Belg., **39**, 471—477, 6 Fig., 1895 a.
— Nouvelles espèces de Coréides de l'Amérique intertropicale. Ann. Soc. ent. France, **64**, 5—14, Farbtaf. 1, 1895 b.

[1]) nur z. T. entomol.

— Contributions à la faune entomologique de la Roumanie. Nouvelles espèces d'hémiptères-hétéroptères. Bul. Soc. Sci. fiz. România, **4**, 158—162, 1895 c.
— in Esplorazione Giuba 1895.
— in Viaggio Borelli Argentina Paraguay (1894—99) 1895.
— Hémiptères de la S. Fam. des Plataspidinae recoltés par M. M. Loria et Modigliani en Océanie et conservés au Musée Civique de Gênes. Notes et descriptions d'espèces nouvelles. Ann. Mus. Stor. nat. Genova, (2) **17** (**37**), 11—125, (1896—97) 1896 a.
— Plataspidinae. Nouvelle série d'études et descriptions. Ann. Soc. ent. Belg., **40**, 86—134, 1896 b.
— Hémiptères Hétéroptères exotiques. Notes et descriptions. Ann. Soc. ent. Belg., **40**, 428—450, 508—520, 1896 c; **41**, 50—66, 1897.
— Les Plataspidines du Muséum d'histoire naturelle de Paris. Ann. Soc. ent. France, **65**, 436—464, (1896) 1897 a.
— Hemiptera-Heteroptera Coreidae. Notes sur le genre *Vilga* Stål et descriptions d'espèces nouvelles. Bul. Soc. Sci. România, **6**, 183—186, 1897 b.
— Hémiptères-Hétéroptères de l'Équateur, trois espèces nouvelles, de la fam. Coreidae. Bul. Soc. Sci. România, **6**, 246—251, 1897 c.
— Hémiptères nouveaux des collections du Muséum de Paris. Bull. Mus. Hist. nat. Paris, **3**, 124—131, 1897 d.
— Hemiptera cryptocerata. Bull. Mus. Zool. Anat. comp. Torino, **12**, Nr. 297, 1—8, 1897 e.
— Nouvelles espèces d'Hémiptères-Hétéroptères d'Algérie et de Tunisie. Rev. Ent. Caen, **16**, 97—104, 1897 f.
— Hemiptera cryptocerata. Fam. Naucoridae. — Sous-fam. Cryptocricinae. Verh. zool.-bot. Ges. Wien, **47**, 6—23; Sous-fam. Laccocorinae. 435—454, 1897 g; ... Sous-fam. Limnocorinae. **48**, 414—425, 1898.
— in Jaquet, Maurice 1897.
— in Viaggio Leonardo Fea Birmania (1887—1900) 1897.
— Hémiptères-Hétéroptères. Une nouvelle forme dans le genre *Ranatra*. Description d'une espèce nouvelle. Bul. Soc. Sci. România, **7**, 56—58, 1 Fig., 1898 a.
— Nouvelle espèce du genre *Coptosoma* de la faune paléartique. Bul. Soc. Sci. România, **7**, 206—208, 1898 b.
— Hemiptera Cryptocerata. Notes et descriptions d'espèces nouvelles. Bul. Soc. Sci. România, **7**, 282—290, 430—432, 506—512, 1898 c; ... Cryptocerata. S. Fam. Mononychinae. Notes ... **8**, 392—407, 774—780, 1899.
— Hémiptères Hétéroptères nouveaux des Collections du Muséum de Paris. Bull. Mus. Hist. nat. Paris, **4**, 72—75, 1898 d.
— Insectes de la dernière expédition Bottego. Plataspidinae. Ann. Mus. Stor. nat. Genova, (2) **19** (**39**), 551—554, (1898) 1899 a.
— Hémiptères, Hétéroptères Plastapidinae notes et descriptions d'espèces nouvelles. Ann. Soc. ent. Belg., **43**, 126—132, 1899 b.
○ [Bericht über die dem Naturhistorischen Museum vorgelegten Wirbellosen. Studien über die in einigen Kornfeldern in diesem Herbst erschienenen schädlichen Insekten.] Raport asupra Nevertebratelor supuse Nuseului de storia Naturala. Studii asupra insectelor distrugaloare cari s'au ivit in cite-va semanaturi de grun, un toamna aceasta. Bul. Minist. Agric. Bucarest, **11**, Nr. 7, 536—537, 1899 c.
— A propos des soi-disant pluies d'insectes. Bul. Soc. Sci. România, **8**, 179—190, 1899 d.
— Hemiptera Heteroptera. Fam. Coreidae. Notes et Descriptions de trois nouvelles espèces américaines. Bul. Soc. Sci. România, **8**, 190—195, 1899 e.
— Deux espèces nouvelles d'Hémiptères hétéroptères des collections du Muséum de Paris. Bull. Mus. Hist. nat. Paris, **5**, 79—81, 1899 f.
— Hémiptères hétéroptères. Trois espèces nouvelles du genre *Zaitha* Am. et Serv., des collections du Muséum de Paris. Bull. Mus. Hist. nat. Paris, **5**, 170—173, 1899 g.
— in Junod, Henry Alexandre [Herausgeber] 1899.
— Notes sur quelques Hémiptères Hétéroptères et descriptions d'espèces nouvelles des collections du Musée Civique de Gênes. Ann. Mus. Stor. nat. Genova, (2) **20** (**40**), 531—541, (1899) 1900 a.
— Hemiptera-Heteroptera. Espèces nouvelles de la faune paléarctique. Bull. Soc. Sci. România, **9**, 155—160, 1900 b.
— Sur les insectes nuisibles en Roumanie. Bul. Soc. Sci. România, **9**, 201—209, 1900 c.
— Notes sur quelques genres de la fam. Belostomidae. Bul. Soc. Sci. România, **9**, 264—273, 1900 d.
— Les acridiens du delta du Danube. Bul. Soc. Sci. România, **9**, 462—472, 1900 e.
— Hemiptera-Cryptocerata. Description d'une nouvelle espèce du genre *Amorgius*. Bul. Soc. Sci. România, **9**, 561—563, 1900 f.
— Contributions à la faune entomologique de la Roumanie. Bul. Soc. Sci. România, **9**, 563—568, 744—753, 1900 g.
— Hémiptères exotiques nouveaux ou peu connus des collections du Musée National Hongrois. Természetr. Füz., **23**, 414—422, 1900 h.

Montani, C ... Montano
○ Educazione del Yama-May. Giorn. Indust. serica, **3**, 27—28, 1869.

Montault, Barbier siehe Barbier-Montault,

Montebello, Gustave de
Notes sur les Vers à soie *Yama-maï*. Bull. Soc. Acclim. Paris, (2) **7**, 150—155, 1870.

Monteil, E ...
Théorie nouvelle du vol naturel. Bull. Soc. Sci. nat. Nimes, **4**, 24—29, 51—60, 1876.

Monteiro, A ... A ... de Carvalho siehe Carvalho Monteiro, A ... A ... de

Monteiro, J ... J ...
Notes from Lourenço Marques, South Africa. Entomol. monthly Mag., **13**, 89, (1876—77) 1876.

Monteiro, Rose
○ Delagoa Bay: ist Natives and Natural History. 8°, XII + 274 S., ? Fig., 6 Taf., London, 1891.

Monteiro de Barros, José Lopez
○ A nova molestia das vinhas. Jorn. Hortic. Porto, Nr. 99, 1872.

Montel, Achille
○ Le Phylloxera. Messag. Midi, **1870**, 1 Juillet, 1870.

Montell, Justus Elias Dr. phil.
geb. 16. 8. 1869 in Geta, gest. 6. 8. 1954 in Turku, Intendent d. biol. Sammlg. d. Åbo Akad. in Turku. — Biogr.: (K. J. Valle) Ann. ent. Fenn., **20**, 191, 1954; (A. Nordmann) Notul. ent. Helsingfors, **35**, 33—34, 1955.

— (Fjärilar från Åland.) Medd. Soc. Fauna Flora Fenn., **19** (1891—92), 8; Dtsch. Übersicht. 166, 1893 a.
— (Microlepidoptera från Åland.) Medd. Soc. Fauna Flora Fenn., **19** (1891—92), 25; Dtsch. Übersicht. 166—167, 1893 b.
— (Nya fjärilar från Åland). Medd. Soc. Fauna Flora Fenn., **19** (1892—93), 58; Dtsch. Übersicht. 166, 1893 c.
— (Nya macrolepidoptera.) Medd. Soc. Fauna Flora Fenn., **20** (1893—94), 25; Dtsch. Übersicht. 117, 1894.

Montessus, F... B... de
Voyage d'une caravane en Savoie et en Suisse. Mém. Soc. Sci. nat. Saône-et-Loire, **2**, 125—190, Farbtaf. I—II, 1882.

Montet,
(Deux remarques sur les sauterelles et les criquets.) Bull. Soc. Sci. nat. Nimes, **5**, 76—77, 1877.

Montgomery,
(A beautiful xanthic example of *Epinephele tithonus*.) Proc. S. London ent. Soc., **1896**, 55, [1897].
— (A brood of *Apamea ophiogramma*.) Proc. S. London ent. Soc., **1897**, 130—131, [1898] a.
— (Use of benzine and blowpipe.) Proc. S. London ent. Soc., **1897**, 155, [1898] b.
— (A series of *Pieris napi*.) [Mit Angaben von Tutt, Carpenter u. a.] Proc. S. London ent. Soc., **1899**, 76—78, [1900] a.
— (A series of *Epinephele hyperanthes*.) Proc. S. London ent. Soc., **1899**, 103—104, [1900] b.

Montgomery, A... M...
(A bred series of *Nyssia hispidaria*, Hb.) Proc. S. London ent. Soc., **1895**, 33—34, [1896].
— *Amblyteles notatorius*, Gr., bred. Entomol. monthly Mag., (2) **10** (**35**), 273—274, 1899.

Montgomery, E... M...
Variety of *Lycaena bellargus* (*adonis*). Entomologist, **29**, 130—131, 1896.
— *Colias edusa*, 1895. Proc. S. London ent. Soc., **1895**, 83—87, [1897].
— (Note on *Pieris napi*.) Proc. S. London ent. Soc., **1897**, 145—146, [1898].

Montgomery, Thomas Harrison jr. Prof.
geb. 5. 3. 1873 in New York, gest. 19. 3. 1912 in Philadelphia, Prof. d. Zool. d. Univ. Pennsylvania. — Biogr.: Ent. News, **23**, 239—240, 1912 m. Porträt; (P. Bonnet) Bibliogr. Araneorum, 55—56, 1945.
— Preliminary Note on the Chromatin Reduction in the Spermatogenesis of *Pentatoma*. Zool. Anz., **20**, 457—460, 9 Fig., 1897.
— The Spermatogenesis in *Pentatoma* up to the Formation of the Spermatid. Zool. Jb. Anat., **12**, 1—88, 1 Fig., Taf. 1—5, (1899) 1898.
— Chromatin Reduction in the Hemiptera: a Correction. Zool. Anz., **22**, 76—77, 1899.
— Note on the genital organs of *Zaitha*. Amer. Natural., **34**, 119—121, 2 Fig., 1900 a.
— On Nucleolar Structures of the hypodermal Cells of the Larva of *Carpocapsa*. Zool. Jb. Anat., **13**, 385—392, Farbtaf. 27, 1900 b.

Monthly Lectures School Horticulture Australia
○ Monthly Lectures delivered at [the] School of Horticulture, by various specialists, during 1892—1893. Dep. Agric. Australia. 8 Teile.[1]) 8°, 124 S., ? Fig., 10 Taf., Melbourne, 1893.
[Darin:]
5. Frenche, C...: Economic Entomology: some advantages to be derived from its study.
8. Chambers, L... T...: The Commercial aspect of Bee-keeping.

[1]) Nur z. T. entomol.

Monti, Giulio
○ Diario bacologico per l'anno 1873. 8°, 48 S., Parabiago, tip. del riformatorio, 1873 a.
○ Forno pneumatico Castrogiovanni. Giorn. Indust. serica, **7**, 170, 1873 b.

Monti, Rina Prof. Dr.
geb. 16. 8. 1861 in Arcisate, gest. 25. 1. 1937 in Pavia, Prof. f. vergl. Anat. u. Physiol. d. Univ. Mailand. — Biogr.: (L. Pirocchi) Atti Soc. Ital. Sci. nat., **76**, 55—69, 1937; (C. Jucci) Festschr. Embrik Strand, **4**, 664—670, 1938 m. Porträt & Schriftenverz.
— Ricerche microscopiche sul sistema nervoso degli insetti. Nota preventiva. Rend. Ist. Lomb. Sci. Lett., (2) **25**, 533—540; Errata-Corrige. 654, 1892; ○... insetti. Boll. scient. Pavia, **15**, 105—122, 1893. [Ref.:] Recherches microscopiques sur le système nerveus des insectes. Arch. Ital. Biol., **22**, 142—145, (1895) 1894.

Monticelli, Fr[ancesco] Sav[erio]
Di un' altra specie del genere „*Ascodipteron*" parassita del *Rhinolophus clivosus* Rupp. Ric. Labor. Anat. Roma, **6**, 201—230, Taf. 9, (1897—98) 1898.

Monticome, Carlo
○ Brevi nozioni popolari per riconoscere la fillosserosi, ossia nuova malattia delle viti. 8°, 12 S., Asti, tip. G. Vinassa, 1879.

Montillot, Louis
gest. 1902 in Montrouge. — Biogr.: Leopoldina, H. 39, 86, 1903.
— L'amateur d'insectes. Organisation, chasse, récolte description des espèces, rangement et conservation des collections. Bibliothèque des connaissances utiles. 12°, VIII+352 S., 197 Fig., Paris, libr. J.-B. Baillière & fils, 1890.
— Les insectes nuisibles. Bibliothèque des connaissances utiles. 8°, 306 S., 156 Fig., Paris. J.-B. Baillière & fils, 1891.

Montillot, P...
Les *Haemonia*. [Nach: La Nature, Nr. 172.] Bull. Soc. Linn. Nord France, **3**, 164—166, 179—183, 1876—77.

Montillot, Ph...
○ L'amateur d'insectes, caractères et moeurs des insectes, chasse, préparation et conservation des collections. 352 S., 197 Fig., 1900?.

Montlezun, Armand de
Récolte des coléoptères dans des détritus des inondations. Bull. Soc. Hist. nat. Toulouse, **29** (1895), XVIII—XX, 1896.
— Notes relatives à la récolte de quelques buprestides de la région. Bull. Soc. ent. Toulouse, **1897**, 3—6, 1897.

Montmahou, C... de
○ La vie et les moeurs des insectes. [Nach: R. de Réaumur: Mémoires pour servir à l'histoire des Insects.] Mémoires de Réaumur. 12°, IV+334 S., Paris, Delagrave & Co., 1868. — ○ 2. Aufl. 1870. — ○ 4. Aufl. 18°, 1880.

Montolin, Marquès de
○ Rectificaciones á conceptos emitidos en la discussion de la ley contra la filoxera en el Congreso y el Senado, y en publicaciones recientes. Revista Inst. agric. San Isidro, **1878**, 244—256, 1878.
○ Destruccion de la filoxera y estudio de la resistencia de las vides americanas. An. Agric. Argent., **4** ((2) **1**), 456, 1880 a.
○ La filoxera en el Ampurdan, correspondencia. Revista Inst. agric. San Isidro, **1880**, 64, 1880 b.
○ La defensa contra la filoxera y las plantas de cepas americanas. Revista Inst. agric. Catalan., **1880**, 25, 1880. — ○ [Abdr.?:] Gaceta agric. Fomento, **1880**, 526—531, 1880. — ○ [Abdr.?:] An. Agric. Argent., **4** ((2) **1**), 149, 1880.

Montpellier, J... L...
Interesting Notes from South France. Amer. Entomol., **3** ((N. S.) **1**), 76—77, 1880.

Montrichard, Mme la marquise de
○ Lavori che il Laboratorio bacologico di Lecco si offre di eseguire pei terzi. 8°, 20 S., Lecco, tip. Piantini, 1873.

Montrougé, A... de
○ L'électro-phylloxéricide; exposé théorique et descriptif avec croquis sur ce nouveau procédé de destruction du phylloxera par l'emploi de moyens et appareils électro-chimiques. 8°, 39 S., Toulouse, Privat, 1880.

Montrousier,
siehe Perroud, Benoît Philibert & Montrousier, 1864.

Monzini, G...
○ Intruzione sul modo di adoperare il profumo preservativo e desinfettante del calcino o mal de segno dei bachi da seta. 16°, 24 S., Milano, tip. L. Bertolotti & Co., 1878.

Moody, Henry Loring
Lepidopterous larvae fighting; and tenacity of life in larva of *Clisiocampa silvatica*. Canad. Entomol., **2**, 176—177, 1870.
— Notes on the habits of the Ant Lion. Canad. Entomol., **5**, 63—65, 1873.
— *Rhagium lineatum*. Canad. Entomol., **7**, 96, 1875.
— The Aborted Wings of *Boreus*. Psyche Cambr. Mass., **1**, 161—162, (1877) 1876 a.
— The Mandibles of the Larvae of *Eros*. Psyche Cambr. Mass., **1**, 185—187, (1877) 1876 b.
— The Larva of *Chauliodes*. Psyche Cambr. Mass., **2**, 52—53, (1883) 1877.
— Transformations of *Nacerdes melanura*. Psyche Cambr. Mass., **3**, 68, (1886) 1880 a.
— Larvae of the Family Pyrochroidae. Psyche Cambr. Mass., **3**, 76, (1886) 1880 b.

Moon, Dorrien Graham
(*Euvanessa antiopa* in Norfolk.) Entomol. Rec., **11**, 278, 1899.

Moor, E... C...
Colias Hyale at Woodbridge. Entomologist, **4**, 146, (1868—69) 1868 a.
— *Vanessa Antiopa* at Grundisburgh. Entomologist, **4**, 147, (1868—69) 1868 b.

Moore,
○ Notes on Mascarene Orchidology. Journ. Bot. London, (N. S.) **5** (**14**), 289—292, 1876.
[Ref.:] Bot. Jahresber., **4** (1876), 943—944, 1878.

Moore,
○ Marking on Podura Scales. The Microscope, **2**, 186—?, 3 Fig., 1883.

Moore,
[*Xyleborus morigerus* attacks orchids.] Irish Natural., **8**, 45, 1899.

Moore, Allen Y...
(*Papilio asterias*.) Canad. Entomol., **7**, 60, 1875.

Moore, Charles
On a Plant-and Insect-bed on the Rocky River, New South Wales. Quart. Journ. geol. Soc. London, **26**, 2—3, 261—263, Taf. XVIII, 1870.
[Ref.:] On Australian mesozoic geology and on a plant and insect bed on the Rocky River. Verh. geol. Reichsanst. Wien, **1870**, 284—285, 1870.

Moore, D...
Pediculus capitis. Journ. Micr. nat. Sci., **2**, 122—123, 1 Fig., 1883.

Moore, D... & **Underhill**, H... M... J...
Pygidium of Flea. Journ. Micr. nat. Sci., (3) **1** (**10**), 91, 186, 1891.

Moore, F... C...
The silkworm moths of India or Indian Saturnidae, a family of Bombycia moths, with antennae of males distichously pectinate and body woolly. 4°, 6 Farbtaf., 18?.

Moore, Frederic Dr.
geb. 13. 5. 1830 in London, gest. 10. 5. 1907 in London, Kurator am Mus. of East Indian Comp. — Biogr.: Entomol. monthly Mag., (2) **18** (**43**), 162—163, 1907; (H. Fruhstorfer) Ent.Wbl., **24**, 151—152, 1907; (W. L. Distant) Zoologist, (4) **11**, 239, 1907; (W. Horn) Dtsch. ent. Ztschr., **1907**, 535, 1907; Leopoldina, **43**, 88, 1907; (C. O. Waterhouse) Trans. ent. Soc. London, **1907**, XLVI, 1907; Ent. Ztschr., **21**, 102, 1907; Proc. Linn. Soc. London, **1907—08**, 56, 1907—08; (O. Krancher) Ent. Jb., **17**, 199, 1908; (A. Musgrave) Bibliogr. Austral. Ent., 228, 1932.
— in Lang, A... M... (1864—65) 1864.
— List of Diurnal Lepidoptera collected by Capt A. M. Lang in the N. W. Himalayas. Proz. zool. Soc. London, **1865**, 486—509, Farbtaf. XXX—XXXI, 1865 a.
— Descriptions of New Species of Bombyces from North Eastern India. Trans. ent. Soc. London, (3) **2**, 423—425, Farbtaf. XXII, (1864—66) 1865 b.
— (A collection of Lepidoptera from the North-Western Himalaya.) Trans. ent. Soc. London, (3) **2**, Proc. 89, (1864—66) 1865 c.
— (Two Entomogenous Fungi found at Darjeeling.) Trans. ent. Soc. London, (3) **2**, Proc. 89—90, (1864—66) 1865 d.
— [Notes on ravages by *Tomicus monographus*.] Trans. ent. Soc. London, (3) **5**, Proc. LXXV—LXXVI, (1865—67) 1866.
— siehe Wallace, Alfred Russel & Moore, Frederic 1866.
— [Cocoons of *Sagra*.] Trans. ent. Soc. London, **1870**, Proc. XXIX, 1870.
— Descriptions of New Indian Lepidoptera. Proc. zool. Soc. London, **1872**, 555—583, Farbtaf. XXXII—XXXIV, 1872.
— List of Diurnal Lepidoptera collected in Cashmere Territory by Capt. R. B. Reed, 12th Regt., with Descriptions of new Species. Proc. zool. Soc. London, **1874**, 264—274, Farbtaf. XLIII, 1874 a.
— Descriptions of New Asiatic Lepidoptera. Proc. zool. Soc. London, **1874**, 565—579, Farbtaf. LXVI—LXVII, 1874 b.

— Descriptions of Asiatic Diurnal Lepidoptera. Ann. Mag. nat. Hist., (4) **20**, 43—52, 1877 a.
— New Species of Heterocerous Lepidoptera of the Tribe Bombyces, collected by Mr. W. B. Pryer chiefly in the District of Shanghai. Ann. Mag. nat. Hist., (4) **20**, 83—94, 1877 b.
— Descriptions of Ceylon Lepidoptera. Ann. Mag. nat. Hist., (4) **20**, 339—348, 1877 c.
— The Lepidopterous Fauna of the Andaman and Nicobar Islands. Proc. zool. Soc. London, **1877**, 580—632, Tarbtaf. LVIII—LX, 1877 d.
— Descriptions of new Species of Lepidoptera collected by the late Dr. F. Stoliczka during the Indian-Government Mission to Yarkund in 1873. Ann. Mag. nat. Hist., (5) **1**, 227—237, 1878 a.
— A Revision of certain Genera of European and Asiatic Lithosiidae, with characters of new Genera and Species. Proc. zool. Soc. London, **1878**, 3—37, Farbtaf. I—III, 1878 b.
— Descriptions of new Asiatic Hesperidae. Proc. zool. Soc. London, **1878**, 686—695, Farbtaf. XLV, 1878 c.
— List of Lepidopterous Insects collected by the late R. Swinhoe in the Island of Hainan. Proc. zool. Soc. London, **1878**, 695—708, 1878 d.
— in Anderson, John [Herausgeber] 1878.
— Descriptions of new Genera and Species of Asiatic Lepidoptera Heterocera. Proc. zool. Soc. London, **1879**, 387—417, Taf. XXXII—XXXIV, 1879 a.
— A List of the Lepidopterous Insects collected by Mr. Ossian Limborg in Upper Tenasserim, with Descriptions of new Species. Proc. zool. Soc. London, **1878**, 821—859, Farbtaf. LI—LIII, 1879 b.
— Descriptions of the species of the Lepidopterous genus *Kallima*. Trans. ent. Soc. London, **1879**, 9—15, 1879 c.
— Descriptions of new Asiatic Diurnal Lepidoptera. Proc. zool. Soc. London, **1879**, 136—144, 1879 d; **1883**, 521—535, Farbtaf. XLVIII—XLIX, 1883.
— siehe Stoliczka, Ferdinand [Herausgeber] (1878—91) 1879.
○ [Lepidoptera captured near Winchester.] Young Natural. London, **1**, 355, 1879—80.
— Descriptions of new indian lepidopterous insects from the collection of the late Mr. W. S. Atkinson. Herausgeb. Asiatic Society of Bengal, Calcutta. 3 Teile. 8°, XI + 312 + 7 (unn.) S., 8 Farbtaf., London, print. Taylor & Francis, 1879—88.
  1. XI + 88 S., 3 Farbtaf., 1879.
    [Darin:]
      Grote, Arthur: Introduction. V—XI.
      Hewitson, William Chapman: Rhopalocera. 1—4.
      Moore, Frederic: Heterocera (Sphingidae-Hepialidae). 5—88.
  2. Heterocera (continued) (Cymatophoridae-Herminiidae). 2 (unn.) S. + 89—198, 3 Farbtaf., (1881?) 1882.
  3. . . . (continued) (Pyralidae, Crambidae, Geometridae, Tortricidae, Tineidae). 2 (unn.) S. + 199—312 + 3 (unn., Taf.Erkl.) S., 2 Farbtaf., (1887?) 1888.
— On the Asiatic Lepidoptera referred to the genus *Mycalesis*; with descriptions of new genera and species. Trans. ent. Soc. London, **1880**, 155—177, 1880.
○ The Lepidoptera of Ceylon. 3 Bde. 4°, London, 1880—87.
  1. XII + 190 S. (= 1—40, 18 Taf., 1880; 41—190, 53 Taf., 1881), 71 Taf., 1880—81.
  2. 162 S. (= 1—72, 36 Taf., 1882; 73—162, 36 Taf., 1883), 72 Taf., 1882—83.
  3. 578 + XV S. (= 1—304, 38 Taf., 1885?; 305—392, 14 Taf., 1886; 393—578 + I—XV, 20 Taf., 1887), 72 Taf., 1885—87.
  [Ref.:] Piepers, Murinus Cornelius: Tidjschr. Ent., **32** (1888—89), Versl. CXXI—CXXIII, 1889.
— Descriptions of new Genera and Species of Asiatic Nocturnal Lepidoptera. Proc. zool. Soc. London, **1881**, 326—380, Farbtaf. XXXVII—XXXVIII, 1881 a.
— Descriptions of new Asiatic diurnal Lepidoptera. Trans. ent. Soc. London, **1881**, 305—313, 1881 b.
— On the Genera and Species of the Lepidopterous Subfamily Ophiderinae inhabiting the Indian Region. Trans. zool. Soc. London, **11**, 63—76, Farbtaf. 12—14, (1885) 1881 c.
— Description of a new Species of *Crastia*, a Lepidopterous Genus belonging to the Family Euploeinae. Ann. Mag. nat. Hist., (5) **9**, 453, 1882 a.
— List of the Lepidoptera collected by the Rev. J. H. Hocking, chiefly in the Kangra District, N. W. Himalaya; with Descriptions of new Genera and Species. Proc. zool. Soc. London, **1882**, 234—263, Farbtaf. XI—XII, 1882 b.
  [Darin:]
    Graham Young, A . . .: *Pareba vesta*. 243.
— siehe Jones, E . . . Dukinfield & Moore, Frederic 1882.
— Descriptions of new Genera and Species of Asiatic Lepidoptera Heterocera. Proc. zool. Soc. London, **1883**, 15—30, Farbtaf. V—VI, 1883 a.
— A Monograph of Limnaina and Euploeina, two Groups of Diurnal Lepidoptera belonging to the Subfamily Euploeinae; with Descriptions of new Genera and Species. Proc. zool. Soc. London, **1883**, 201—252, 253—324, Farbtaf. XXIX—XXXII, 1883 b.
— Descriptions of some new Asiatic Diurnal Lepidoptera; chiefly from specimens contained in the Indian Museum, Calcutta. Journ. Asiat. Soc. Bengal, **53**, Teil II, 16—52, 1884 a.
— Description of a new Lepidopterous Insect belonging to the Heterocerous Genus *Trabala*. Journ. Asiat. Soc. Bengal, **53**, Teil II, 205, 1884 b.
— Descriptions of new species of Indian Lepidoptera-Heterocera. Trans. ent. Soc. London, **1884**, 355—376, 1884 c.
— Description of a Species of Wild-Mulberry Silkworm, allied to *Bombyx*, from Chehkiang, N. China. Ann. Mag. nat. Hist., (5) **15**, 491—492, 1885 a.
— Description of a new Species of the *Zetides* Section of *Papilio*. Ann. Mag. nat. Hist., (5) **16**, 120, 1885 b.
— List of the Lepidopterous Insects collected in Cachar, by Mr. J. Wood-Mason, Part I, — Heterocera.[1]) Journ. Asiat. Soc. Bengal, **53**, Teil II, 234—237, (1884) 1885 c.
— List of the Lepidopterous Insects collected in Tavoy and in Siam during 1884—85 by the Indian Museum Collector under C. E. Pitman, Esq., C. I. E., Chief Superintendent of Telegraphs. Part I. Heterocera.[2]) Journ. Asiat. Soc. Bengal, **55**, Teil II, 97—101, (1887) 1886 a.
— List of the Lepidoptera of Mergui and its Archipelago collected for the Trustees of the Indian Museum, Calcutta, by Dr. John Anderson, F. R. S., Superintendent of the Museum. Journ. Linn. Soc. (Zool.), **21**, 29—60, Farbtaf. 3—4, (1889) 1886 b.

[1]) Part II siehe James Wood-Mason & Lionel de Nicéville.
[2]) Part II siehe H. J. Elwes & Lionel de Nicéville. 1887.

— Descriptions of new Genera and Species of Lepidoptera Heterocera, collected by Rev. J. H. Hocking, chiefly in the Kangra District, N. W. Himalaya. Proc. zool. Soc. London, **1888**, 390—412, 1888.
— On some Indian Psychidae. Journ. Asiat. Soc. Bengal, **59**, Teil II, 262—264, (1891) 1890.
○ Lepidoptera indica. Descriptions of all Lepidoptera of the Indian region. 9 Bde. (112 Teile).[1]) 4°, London, 1890—1900 ff.[2])
1. 12 Teile. VIII + 310 S. (= I—VIII + 1—112, 1890; 113—176, 1891; 177—310, 1892), 94 Taf., 1890—92.
2. 12 Teile. 274 S. (= 1—112, 1893; 113—176, 1894; 177—248, 1895; 249—274, 1896) 86? Taf., 1893—96.
3. 12 Teile. 254 S. (= 1—48, 1896; 49—112, 1897; 113—216, 1898; 217—254, 1899), 96 Taf., 1896—99.
4. 12 Teile. 260 S. (= 1—112, 1899; 113—260, 1900), 1899—1900.
— A new Psychid injurious to sâl. Indian Mus. Notes, **2**, 67, 1891.
— Descriptions of some new Species of Asiatic Saturniidae. Ann. Mag. nat. Hist., (6) **9**, 448—453, 1892.
— The Silk-cotton Pod Moth. Indian Mus. Notes, **3**, 68—70, 1 Fig., (1896) 1893 a.
— A new Lasiocampid Defoliator. Indian Mus. Notes, **3**, 89, 2 Fig., (1896) 1893 b.

Moore, Frederic; **Walker**, Francis & **Smith**, Frederick
Descriptions of some new Insects collected by Dr. Anderson during the Expedition to Yunan. Proc. zool. Soc. London, **1871**, 244—249, Farbtaf. XVIII, 1871.

Moore, H... F...
The published scientific papers of John A. Ryder. Proc. Acad. nat. Sci. Philadelphia, **1896**, 239—256, 1897.

Moore, Harry
(A series of nests of *Pelopaeus humilis*, L.) Proc. S. London ent. Soc., **1888—89**, 151—152, [1890].
— (Retarded Development.) Entomol. Rec., **3**, 37, 1892 a.
— (Food and Variation.) Entomol. Rec., **3**, 155, 1892 b.
— (*Biston hirtaria*.) Entomol. Rec., **3**, 165, 1892 c.
— (*Melanippe montanata*.) [Mit Angaben von J. W. Tutt.] Entomol. Rec., **3**, 187—188, 1892 d.
— *Biston hirtaria* in February. Entomologist, **26**, 162, 1893 a.
— Homoptera and *Terrubia robertsii*? Entomologist, **26**, 163, 1893 b.
[Siehe:] Billups, T. R.: Proc. S. London ent. Soc., **1892—93**, 100, [1894].
— Destructive Insects in Africa. [Salt.] Entomologist, **26**, 163, 1893 c.
— (Several cases of insects of all orders, collected during a tour through France to Geneva.) Proc. S. London ent. Soc., **1894**, 23—24, [1895] a.
— (*Ephippigera vitium*.) Proc. S. London ent. Soc., **1894**, 58, [1895] b.
— (*Ocneria dispar*, L.) [Mit Angaben von Barrett, Tutt & Fenn.] Proc. S. London ent. Soc., **1894**, 69—70, [1895] c.
— Collecting on Wheels. Sci. Gossip, (N. S.) **2**, 285—288, 1896.

[1]) nach 1900 fortgesetzt.
[2]) Erscheinungsjahre nach C. D. Sherborn, Ann. Mag. nat. Hist. 1893—94 & 1901.

— (Habits of *Erebia neoridas*.) Entomol. Rec., **10**, 154—155, 1898 a.
— (Query as to the position of *Pseudopontia*.) Entomol. Rec., **10**, 180—181, 1898 b.
— (Aberrations of *Arctia caia*.) Entomol. Rec., **10**, 202—203, 1898 c.
— [Venation and Scales of *Pseudopontia paradoxa*.][1]) Proc. S. London ent. Soc., **1897**, 131—133, 2 Fig., [1898] d.
— (On the Orthoptera at La Grande Chartreuse.)[1]) Proc. S. London ent. Soc., **1897**, 152—153, [1898] e.
— (Lepidoptera taken in France.) Proc. S. London ent. Soc., **1897**, 154, [1898] f.
— (The migration of locusts.) Entomol. Rec., **11**, 76, 1899 a.
— (*Anasa tristis*, De Geer, *Murgantia histrionica*, Hahn, *Anolphthalmus tenuis*, Horn & *Blissus leucopterus*, Say.) Proc. S. London ent. Soc., **1898**, 97—98, 1899 b.
— (Two specimens of *Arctia caia* bred from ova.) Proc. S. London ent. Soc., **1898**, 101, [1899] c.
— (*Polia chi*, as an example of protective resemblance.) Proc. S. London ent. Soc., **1898**, 111, [1899] d.
— (How does the earwig fold its wings?) [Mit Angaben von Malcolm Burr.] Entomol. Rec., **12**, 78—79, 1900 a.
— (How long does *Blatta orientalis*, Linn., ♀ carry its ootheca before deposition?) Entomol. Rec., **12**, 79—80, 1900 b.
— (Note on the abundance of *Papilio machaon* in Northern France.) Entomol. Rec., **12**, 303, 1900 c.
— [*Eulema dimidiata* and its share in the fertilisation of *Catasetum tridentatum*.] Proc. S. London ent. Soc., **1899**, 106—107, [1900] d.

Moore, Henry
In the matter of *Dianthoecia Barrettii*. Entomologist, **5**, 30—31, (1870—71) 1870 a.
— *Dianthoecia Barrettii* or *conspersa*. Entomologist, **5**, 81, (1870—71) 1870 b.
— Capture in Britain of *Plusia acuta*, Walker. [Mit Angaben der Herausgeber.] Entomol. monthly Mag., **7**, 138, (1870—71) 1870 c.

Moore, J...
Xylina Zinckenii at Darenth. Entomologist, **5**, 204, (1870—71) 1870 a.
— Capture of *Xylina Zinckenii* at Darenth. Entomol. monthly Mag., **7**, 140, (1870—71) 1870 b.
— *Cerastis erythrocephala* at Darenth Wood. Entomologist, **5**, 461, (1870—71) 1871.
— siehe Taylor, George; Rowntree, James H... & Moore, J... 1872.

Moore, J... Percy & **Calvert**, Philip Powell
(Kingbirds eating dragonflies.) Ent. News, **11**, 340, 1900.

Moore, John
Phycis Davisellus in the New Forest. Entomologist, **6**, 199, (1872—73) 1872.

Moore, Ris von
Reisebilder vom Kap Skagen und die Ausbeute an Coleopteren daselbst. Soc. ent., **6**, 163—164, 178—179, (1891—92) 1892; **7**, 21, 27, (1892—93) 1892.

Moore, T...
Deilephila Galii at Stamford, Hill. Entomologist, **5**, 169, (1870—71) 1870.

[1]) vermutl. Autor

Moore, T . . .
Wasp-Paper under the Microscope. Sci. Gossip, **23**, 116, 1887.

Moore, Thomas
Death's-Head Moth at Sea. Sci. Gossip, **1865**, 41, 1866.

Moore, T[homas] J[ones]
in Jones, E . . . Dukinfield & Moore, Frederic 1882.

Moore, W . . . J . . .
○ Locusts. Indian med. Gazette, **7**, 218, 241, 1872.
○ The Indian Locust. Indian med. Gazette, **8**, 225—227, 1873.

Mora,
○ Note sur quelques insectes dangereux de l'ordre des Hyménoptères. Bull. Soc. Borda, **2**, 321—327, 1877.

Moraes,
○ Trabalhos contra o phylloxera no Alto Douro. Agricult. Portugal, **1879**, 225, 1879.

Moragues y de Manzanos, Fernando
Coleópteros de Mallorca. An. Soc. Hist. nat. Españ.,**18**, 11—34, 1889.
— Insectos de Mallorca. An. Soc. Hist. nat. Españ., (2) **3 (23)**, 73—87, 1894.

Morales, Bálbino Cortés siehe Cortés y Morales, Bálbino

Morand, Mario
○ Prezzi delle sete a Milano durante un secolo dal 1778 al 1877. Bacologo Ital., **3**, 178—181, 1880—81 a.
○ Le esportazioni delle fabbriche europee agli Stati Uniti. Bacologo Ital., **3**, 236—238, 1880—81 b.
○ La sericoltura in Francia ed in Italia. Bacologo Ital., **3**, 401—402, 1880—81 c.

Morávek, Joh . . .
Mittel gegen den Rübenkäfer (*Cleonus punctiventris*). Oesterr. landw. Wbl., **22**, 243—244, 1896.
○ Fahrbarer Verstäuber zur Vertilgung der Rübenrüsselkäfer und dessen Anwendung. [Nach: Österr. landw. Wbl., **1897**, 250, 1897.] Zbl. Bakt. Parasitenk., **4**, Abt. 2, 156—157, 1898.

Moravic, Ferdinand Ferdinandovič siehe Morawitz, Ferdinand Ferdinandovič

Moraw, F . . .
Auftreten von *Oscinis Frit.* Verh. naturf. Ver. Brünn, **14** (1875), SB. 24—26, 1876.
— *Mantis religiosa* bei Rohatetz. Verh. naturf. Ver. Brünn, **15** (1876), 47, 1877.
— Ueber das Auftreten von *Chlorops taeniopus.* Verh. naturf. Ver. Brünn, **16** (1877), SB. 19—20, 1878.

Morawitz, August
Verzeichniss der um St. Petersburg aufgefundenen Crabroninen. (Les crabronines des environs de St.-Pétersbourg.) [Dtsch.] Bull. Acad. Sci. St.-Pétersb., **7**, 451—463, 1864.
— Über eine neue, oder vielmehr verkannte Form von Männchen unter den Mutillen, nebst einer Übersicht der in Europa beobachteten Arten. (Sur une nouvelle forme du mâle chez les Mutilles et revue des espèces de cet insecte, observées en Europe.) [Dtsch.] Bull. Acad. Sci. St.-Petersb., **8**, 82—141, 1865. — [Abdr.:] Mél. biol., **4** (1861—65), 671—756, 1865.
— Über die in Russland und den angrenzenden Ländern vorkommenden *Akis*-Arten. Horae Soc. ent. Ross., **3**, 3—48, 1865—66.
— Einige Bemerkungen über die Crabro-artigen Hymenopteren. Quelques observations sur les Hyménoptères appartenant au groupe des Crabronides. [Dtsch.] Bull. Acad. Sci. St.-Pétersb., **9**, 243—273, 1866.
— Zur Kenntniss der chilenischen Carabinen. (Sur quelques Carabides du Chili.) [Dtsch.] Bull. Acad. Sci. St.-Petersb., **30**, 383—445, 1886 a. — [Abdr.:] Mél. biol., **12** (1884—88), 325—414, 1888.
— Zur Kenntniss der adephagen Coleopteren. Mém. Acad. Sci. St.-Pétersb., (7) **34**, Nr. 9, 1—88, 1886 b.
— Entomologische Beiträge. (1. Zwei neue centralasiatische *Carabus*-Arten. 2. Zur Synonymie einiger Caraben.) Bull. Acad. Sci. St.-Petersb., (N. S.) **1 (33)**, 33—82, (1890) 1889?. — [Abdr.:] Mél. biol., **13**, 1—50, 1889.

Morawitz, Ferdinand Ferdinandovič
geb. 3. 8. 1827 in St. Petersburg, gest. 5. 12. 1896 in St. Petersburg. — Biogr.: (A. Bogdanov) Material. Gesch. Zool. Russland, **1**, 2 (unn.) S., 1888 m. Porträt & Schriftenverz.; (R. Meldola) Trans. ent. Soc. London, **1896**, Proc. XCV, 1896; (A. Semenov) Horae Soc. ent. Ross., **31** (1896—97), I—X, (1898) 1897 m. Porträt & Schriftenverz.; (Max Wildermann) Jb. Naturw., **12** (1896—97), 165, 1897.
— Ueber *Vespa Austriaca* Panzer und drei neue Bienen. Bull. Soc. Natural. Moscou, **37**, Nr. 4, 439—449, 1864.
— Über einige Andrenidae aus der Umgegend von St. Petersburg. Horae Soc. ent. Ross., **3**, 61—79, 1865—66.
— Bemerkungen über einige vom Prof. Eversmann beschriebene Andrenidae, nebst Zusätzen. Horae Soc. ent. Ross., **4**, 3—28, 1866—67 a.
— *Anthaxia Gerneti* nov. spec. Horae Soc. ent. Ross., **4**, 35—36, 1866—67 b.
[Franz. Übers.:] Abeille, **5**, 276—277, (1868—69) 1868.
— Uebersicht der im Gouvernement von Saratow und um St. Petersburg vorkommenden *Odynerus*-Arten. Horae Soc. ent. Ross., **4**, 109—144, 1866—67 c.
— Ein Beitrag zur Hymenopteren-Fauna des Ober-Engadins. Horae Soc. ent. Ross., **5**, 39—71, 1867—68 a.
— Ueber einige Faltenwespen und Bienen aus der Umgegend von Nizza. Horae Soc. ent. Ross., **5**, 145—156, 1867—68 b.
— Die Bienen des Gouvernements von St. Petersburg. Horae Soc. ent. Ross., **6** (1869), 27—71, 1870; **9** (1872), 151—159, 1873.
— Beitrag zur Bienenfauna Russlands. Horae Soc. ent. Ross., **7** (1870), 305—333, 1871.
— Neue südeuropäische Bienen. Horae Soc. ent. Ross., **8** (1871), 201—231, 1872 a.
— Ein Beitrag zur Bienenfauna Deutschlands. Verh. zool.-bot. Ges. Wien, **22**, 355—388, 1872 b.
— Neue suedrussische Bienen. Horae Soc. ent. Ross., **9** (1872), 45—62, 1873 a.
— Synonymische Bemerkungen. Horae Soc. ent. Ross., **9** (1872), 63, 1873 b.
— Miscellanea. I. Faltenwespen aus Krasnowodsk. Horae Soc. ent. Ross., **9** (1872), 294—298, 1873 c.
— Drei neue griechische *Anthidium.* Horae Soc. ent. Ross., **10** (1873), 116—123, 1873—74 a.
— Die Bienen Daghestans. Horae Soc. ent. Ross., **10** (1873), 129—189, 1873—74 b.
— in Fedčenko, Aleksej Pavlovič [Herausgeber] (1874—87) 1875.
— Zur Bienenfauna der Caucasusländer. Horae Soc. ent. Ross., **12** (1876), 3—69, (1876—77) 1876 a.
— [Verzeichnis der Insekten, welche A. M. Chlebnikow in der Nähe von Kiachta gesammelt und der Russ.

ent. Ges. zugesandt hat.] Списокъ насекомыхъ собранныхъ А. М. Хлебниковымъ около Кяхты и присланныхъ Русскому Энтомологическому Обществу. [Trudy Russ. ent. Obšč.] Труды Русс. энт. Общ., **8**, 323—324, 1876 b.
— in Fedčenko, Aleksej Pavlovič [Herausgeber] (1874—87) 1876.
— (Notice sur l'excursion entomologique qu'il a fait pendant l'été passé, en compagnie avec Mr. Ch. Fixsen dans le Caucase.) Horae Soc. ent. Ross., **12** (1876), VII—X, 1876—77.
— Nachtrag zur Bienenfauna Caucasiens. Horae Soc. ent. Ross., **14** (1878), 3—112, (1879) 1877.
— Ein Beitrag zur Bienen-Fauna Mittelasiens. (Description des espèces de la famille des Apides rapportées de l'Asie centrale.) [Dtsch.] Bull. Acad. Sci. St.-Pétersb., **26**, 337—389, 1880.
— Die russischen *Bombus*-Arten in der Sammlung der Kaiserlichen Academie der Wissenschaften. (Les Bourdons russes du Musée zoologique de l'Académie.) [Dtsch.] Bull. Acad. Sci. St.-Petersb., **27**, 213—265, 1881. — [Abdr.:] Mél. biol., **11** (1880—83), 69—144, 1883.
— Neue russisch-asiatische *Bombus*-Arten. [Trudy Russ. ent. Obšč.] Труды Русс. энт. Общ.; Horae Soc. ent. Ross., **17** (1882), 235—245, (1882—83) 1883 a.
— Neue Ost-Sibirische *Anthophora*-Arten. Rev. mens. Ent., **1**, 33—36, 1883 b.
— *Anthophora Sagemehli*, nov. sp. Rev. mens. Ent., **1**, 93—96, 1883 c.
— Erwiderung auf die Kritik des Herrn Generals Radoszkowsky, russische *Bombus*-Arten betreffend. Bull. Soc. Natural. Moscou, **58** (1883), Teil 2, 28—35, 1884 a.
— Uebersicht der um Krassnowodsk gesammelten *Anthophora*-Arten. Rev. mens. Ent., **1**, 123—128, 1884 b.
— *Anthidium Christophi* nov. sp. [Trudy Russ. ent. Obšč.] Труды Русс. энт. Общ.; Horae Soc. ent. Ross., **18** (1883—84), 66—68, 1884 c.
— *Stelis ruficornis* [Trudy Russ. ent. Obšč.] Труды Русс. энт. Общ.; Horae Soc. ent. Ross., **18** (1883—84), 137—140, 1884 d.
— Eumenidarum species novae. [Trudy Russ. ent. Obšč.] Труды Русс. энт. Общ.; Horae Soc. ent. Ross., **19**, 135—181, 1885 a.
— Notiz über *Melitta curiosa* Mor. [Trudy Russ. ent. Obšč.] Труды Русс. энт. Общ.; Horae Soc. ent. Ross., **19**, 181—182, 1885 b.
— in Lansdell, Henry 1885.
— Neue transcaucasische Apidae. [Trudy Russ. ent. Obšč.] Труды Русс. энт. Общ.; Horae Soc. ent. Ross., **20** (1886), 57—81, (1885—87) 1886.
— Ueber transcaspische *Chlorion*-Arten. [Trudy Russ. ent. Obšč.] Труды Русс. энт. Общ.; Horae Soc. ent. Ross., **21**, 347—352, 1887.
— in Insecta Przewalskii Asia Centrali (1887—90) 1887.
— Hymenoptera aculeata nova. [Dtsch. & Latein.] [Trudy Russ. ent. Obšč.] Труды Русс. энт. Общ.; Horae Soc. ent. Ross., **22**, 224—302, 1888.
— Hymenopterologische Mittheilungen. [Trudy Russ. ent. Obšč.] Труды Русс. энт. Общ.; Horae Soc. ent. Ross., **23**, 540—554, 1889.
— in Insecta Potanin China—Mongolei(1887—90) 1889.
— Hymenoptera fossoria Transcaspica nova. [Dtsch. & Latein.] [Trudy Russ. ent. Obšč.] Труды Русс. энт. Общ.; Horae Soc. ent. Ross., **24** (1889—90), 570—645, 1890 a.
— Ueber Astrachan'sche Fossoria. [Trudy Russ. ent. Obšč.] Труды Русс. энт. Общ.; Horae Soc. ent. Ross., **25** (1890—91), 175—233, (1891) 1890 b.
— Notiz über einige *Sphex*-Arten. [Trudy Russ. ent. Obšč.] Труды Русс. энт. Общ.; Horae Soc. ent. Ross., **25** (1890—91), 234—235, (1891) 1890 c.
— in Insecta Potanin China—Mongolei (1887—90) 1890.
— Hymenoptera aculeata rossica nova. [Dtsch. & Latein.] [Trudy Russ. ent. Obšč.] Труды Русс. энт. Общ.; Horae Soc. ent. Ross., **26** (1891—92), 132—181, 1892.
— Kareliens Fossoria. [Trudy Russ. ent. Obšč.] Труды Русс. энт. Общ.; Horae Soc. ent. Ross., **27** (1892—93), 95—115, 1893 a.
— Die *Stelis*-Arten von Terijoki. [Trudy Russ. ent. Obšč.] Труды Русс. энт. Общ.; Horae Soc. ent. Ross., **27** (1892—93), 116—119, 1893 b.
— Catalog der von D. Glasunov in Turkestan gesammelten Hymenoptera fossoria. [Trudy Russ. ent. Obšč.] Труды Русс. энт. Общ.; Horae Soc. ent. Ross., **27** (1892—93), 391—428, 1893 c.
— Neue Hymenopteren vom Pamir. [Trudy Russ. ent. Obšč.] Труды Русс. энт. Общ.; Horae Soc. ent. Ross., **27** (1892—93), 429—433, 1893 d.
— Supplement zur Bienenfauna Turkestans. [Trudy Russ. ent. Obšč.] Труды Русс. энт. Общ.; Horae Soc. ent. Ross., **28** (1893—94), 1—87, 1894 a.
— Beitrag zur Raubwespenfauna Turkmeniens. [Trudy Russ. ent. Obšč.] Труды Русс. энт. Общ.; Horae Soc. ent. Ross., **28** (1893—94), 327—365, 1894 b.
— Beitrag zur Bienenfauna Turkmeniens. [Trudy Russ. ent. Obšč.] Труды Русс. энт. Общ.; Horae Soc. ent. Ross., **29** (1894—95), 1—76, 1895 a.
— Materialien zu einer Vespidenfauna des Russischen Reiches. [Trudy Russ. ent. Obšč.] Труды Русс. энт. Общ.; Horae Soc. ent. Ross., **29** (1894—95), 407—493, 1895 b.
— Ueber einige transcaspische Raubwespen. [Trudy Russ. ent. Obšč.] Труды Русс. энт. Общ.; Horae Soc. ent. Ross., **30** (1895—96), 144—160, (1897) 1896 a.
— Neue *Anthidium*-Arten. [Trudy Russ. ent. Obšč.] Труды Русс. энт. Общ.; Horae Soc. ent. Ross., **30** (1895—96), 161—168, (1897) 1896 b.
— Notiz über *Crabro Jaroschewskyi* F. Mor. [Trudy Russ. ent. Obšč.] Труды Русс. энт. Общ.; Horae Soc. ent. Ross., **30** (1895—96), 169—170, (1897) 1896 c.
— *Camptopoeum schewyrewi* sp. n. [Trudy Russ. ent. Obšč.] Труды Русс. энт. Общ.; Horae Soc. ent. Ross., **31** (1896—97), 62, (1898) 1897.

Morbitzer, Libor
○ Erprobte Mittel, die Bienenzucht möglichst nutzbar zu machen. Mitt. Mähr.-Schles. Ges. Ackerb., **1865**, 121—124, 1865.
○ Über die Ursachen der großen Verluste an Bienenvölkern in den letzten zwei Winterperioden. Mitt. Mähr.-Schles. Ges. Ackerb., **1866**, 148—150, 1866.
— Ursachen, welche das sogenannte „Hobeln" und das Vorspielen der Bienen veranlassen. Ver.bl. Westfäl.-Rhein. Ver. Bienen- u. Seidenzucht, **18**, 122—123, 1867.
— Die Krainer Biene. Ver.bl. Westfäl.-Rhein. Ver. Bienen- u. Seidenzucht, **19**, 53—56, 1868.

[**Mordvilko**, Aleksandr Konstantinovič] **Мордвилко**, Александр Константинович
geb. 3. 2. 1867 in Stolovič (Gouv. Minsk), gest. 12. 7. 1938 in Melnički Ručei (Gouv. Leningrad). — Biogr.: Arb. morphol. taxon. Ent., **5**, 295, 1938; (B. P. Uvarov) Nature London, **142**, 1027—1028, 1938; (D. N. Borodin) Ann. ent. Soc. Amer., **33**, 487—494, 1940 m. Porträt

& Schriftenverz.; Ent. Obozr., **28**, 135—137, 1945 m. Schriftenverz.

○ Recherches sur la faune et l'organisation de fam. Aphidae. [Russ.] Protok. Obšč. Varšav, **3**, Nr. 8, 8—14, 1893.

○ [Zur Fauna und Anatomie der Familie der Aphididae im Privisljanskischen Gebiet.] К фауне и анатоміи сем. Aphididae Привислянскаго края. [Rab. Labor. zool. Kab. Varšava] Раб. Лабор. зоол. Каб. Варшава, **1894—95**, I—VIII+I—274, Taf. I—II, 1894—95.

— Zur Biologie und Systematik der Baumläuse (Lachninae Pass. partim) des Weichselgebietes. Zool. Anz., **18**, 73—85, 93—104, 1895 a.

— Zur Anatomie der Pflanzenläuse, Aphiden. (Gattungen: *Trama* Heyden und *Lachnus* Illiger.) Zool. Anz., **18**, 345—364, 10 Fig.; Berichtigungen zu meiner in No. 484 erschienenen Abhandlung: „Zur Anatomie der Pflanzenläuse, Aphiden". 402, 1895 b.

— [Zur Biologie einiger Blattlausarten. (Fam. Aphidae Pass.). (Aus dem Zoologischen Laboratorium der Warschauer Universität).] Къ біологіи некоторыхъ видовъ тлей (Сем. Aphididae Pass.). (Изъ Зоологической Лабораторіи Варшавскаго Университета.) [Rab. Labor. zool. Kab. Varšava] Раб. Лабор. зоол. Каб. Варшава, **1896**, 23—146, 14 Fig., 1897 a.

— Къ біологіи и морфологіи тлей (сем. Aphididae Pass.). Zur Biologie und Morphologie der Pflanzenläuse (Fam. Aphididae Pass.). [Russ.] [Trudy Russ. ent. Obšč.] Труды Русс. энт. Общ.; Horae Soc. ent. Ross., **31** (1896—97), 253—313, 15 Fig., (1898) 1897 b; **33**, 1—84, 21 Fig., 162—302, 3 Fig., 1900.[1])

○ [Biologische Studien über die Pflanzenläuse. Vorläufige Mitteilung. 3 Hefte. Warschau, typ. Warschauer Lehr-Bezirk, 1898 a.

1. Über die Migrationen und einige andere Erscheinungen im Lebenscyclus der Pflanzenläuse. 20 S.
2.—3. Heterogonie und Polymorphismus bei den Pflanzenläusen im Zusammenhang mit ihren Lebensbedingungen. Wohnorte und Wechselbeziehungen zu anderen Thieren. 27 S.]

Изследованія по біологіи тлей. Предварительныя сообщенія. Варшава, Тип. Варш. учебн. округа, 1898.

1. О миграціяхъ и некоторыхъ другихъ явленіяхъ въ жизни тлей.
2.—3. Гетерогонія и полиморфизмъ у тлей въ связи съ условіями ихъ существованія. Места обитанія и взаимоотношеніе съ другими животными.

○ [Hétérogonie et polymorphisme chez les Pucerons en rapport avec les conditions de leur existence. Vorläufige Mitteilung.] Гетерогонія и полиморфизмъ у тлей въ связи съ условіями ихъ существованія. Предв. сообщ. [Rab. Labor. zool. Kab. Varšava] Раб. Лабор. зоол. Каб. Варшава, **1897**, 191—209, 1898 b.

○ [Habitat des Pucerons et rapports de ces insectes avec d'autres animaux. Vorläufige Mitteilung.] Места обитанія тлей и взаимоотношеніе этихъ насекомыхъ съ другими животными. Предв. сообщ. [Rab. Labor. zool. Kab. Varšava] Раб. Лабор. зоол. Каб. Варшава, **1897**, 209—217, 1898 c.

— [Über die Migrationen und einige andere Erscheinungen im Leben der Blattläuse.] О миграцияхъ и некоторыхъ другихъ явленияхъ въ жизни тлей. [Rab. Labor. zool. Kab. Varšava] Раб. Лабор. зоол. Каб. Варшава, **1898**, 1—20, 1899.

[1]) Fortsetzung nach 1900

Mordwilko, Aleksander Konstantinowitsch siehe Mordvilko, Aleksandr, Konstantinovič

More, Alexander Goodman

geb. 5. 9. 1830 in London, gest. 22. 3. 1895 in Dublin, Curator am Mus. nat. Hist. in Dublin. — Biogr.: Journ. Bot. London, **33**, 225—227, 1895 m. Porträt; (R. M. Barrington) Irish Natural., **4**, 109—116, 1895; Nat. Sci., **6**, 351, 1895.

— *Colias Edusa* in Ireland. Zoologist, (2) **1** (**24**), 151, 1866.

— Report on Experiments made in 1869, with the Japanese Silkworm, *Bombyx Yama-mai.* Journ. R. Dublin Soc., **5**, 486—489, 1870.

— Food-plant of *Taeniocampa rubricosa.* Zoologist, (2) **7** (**30**), 3027—3028, 1872.

More, Robert Schaw

Acherontia atropos in Hampshire. Entomologist, **33**, 351, 1900 a.

— *Colias edusa* in Surrey. Entomologist, **33**, 353, 1900 b.

Moreau,

○ Une nouvelle lueur d'espoir contre la maladie de la vigne et contre le *Phylloxera.* [Nach: Le Cultivateur 1876.] 8°, 16 S., Bordeaux, impr. Duverdier & Co., 1877.

Morehouse, G . . . W . . .

The Structure of the Scales of *Lepisma saccharina.* Amer. Natural., **7**, 666—669, 1873. — ○ [Abdr.?:] Lens, **2**, 245—247, 1873. — [Abdr.:] Monthly micr. Journ., **11**, 13—15, 1874.

Moreira, Carlos

geb. 7. 10. 1869 in Rio de Janeiro.

○ Contra os inimigos — *Aspidiotus cydoniae* Comst., *A. convexus* Comst. e *A. perniciosus* Comst. Lavoura, (2) **5**, 140—144, ? Fig., 1899.

Moreira, Nicoláo

Direktor d. bot. Gartens. — Biogr.: Arch. Mus. Rio de Janeiro, **9** [= Rev. Mus. Rio de Janeiro, **1**], XV, 1895.

— Insectologia. Lepidopteros. Arch. Mus. Rio de Janeiro, **4** (1879), 1—13, Taf. I, 1881.

Morel, S . . .

Un dernier mot sur la *Leptinotarsa decemlineata.* Bull. Soc. Amis Sci. nat. Rouen, (2) [**13**][1]) (1877), 135—138, 1878.

Morel-de-Ville, G . . .

Callimorpha hera in Devonshire. Entomologist, **32**, 254, 1899.

Moreno, Aniceto

Observaciones acerca de las costumbres de las Hormigas. Mem. Revista Soc. cient. Antonio Alzate, **14** (1899—1900), Revista 60—62, 1900.

Morenos, David Levi siehe Levi-Morenos, David

Moreschi, B . . .

○ Resoconto del XIX. Congresso apistico tenutosi in Halle an der Saale li 16—18 settembre 1874. Coltivatore, **32**, 346—350, 1874.

Moreschini, A . . .

Vanessa xanthomelas. Boll. Natural. Siena (Riv. Ital. Sci. nat.), **8**, 123, 153, 1888.

Moreton, F . . .

○ *Colias edusa* [near Devonport]. Young Natural. London, **1**, 276, 1879—80.

[1]) irrtüml. als **12** angegeben

(Morgan,)
A Simple and Efficacious Codling-moth Trap. Agric. Gaz. N. S. Wales, **5** (1894), 125, (1895) 1894.

Morgan, Albert C ... F ...
Notes on experiments made with the winged form of *Phylloxera vastatrix radicicola.* Trans. ent. Soc. London, **1885,** Proc. XXVII—XXXII, 1885.
— *Aspidiotus rapax,* Comstock, in Europe (*Aspidiotus rapax,* Comstock, Rep. of Ent. of U. S. Dept. of Agr. for year 1880 [1881], pp. 307, 308, pl.xii, fig. 6). Entomol. monthly Mag., **24,** 68—69, (1887—88) 1887 a.
— Observations upon *Aspidiotus rapax,* Comstock, and *A. camelliae* (Boids.), Signoret: two allied species of Coccidae. Entomol. monthly Mag., **24,** 79—82, (1887—88) 1887 b.
— *Aspidiotus Zonatus,* Frauenfeld. Entomol. monthly Mag., **24,** 205—208, 1 Fig., (1887—88) 1888 a.
— Observations on Coccidae (No. 1). Entomol. monthly Mag., **25,** 42—48, Taf. 1; ... (Nr. 2). 118—120, Taf. II, (1888—89) 1888 b; ... (No. 3). 189—196, Taf. III; ... (No. 4). 275—277, Taf. IV; ... (No. 5). 349—353, Taf. V, (1888—89) 1889; ... (No. 6). (2) **1** (**26**), 42—45; ... (No. 8). 226—230, 1890; ... (No. 9). (2) **3** (**28**), 12—16, 1892.
[Siehe:] Maskell, W. M.: 405—409, 1889.
— A new genus and species of Aleurodidae. Entomol. monthly Mag., (2) **3** (**28**), 29—33, Taf. I, 1892.
— *Aspidiotus palmae* and *Diaspis tentaculatus,* N. Spp. (ante pp. 40—41: [T. D. A. Cockerell]). Entomol. monthly Mag., (2) **4** (**29**), 80, 1893.
— in Cockerell, Theodore Dru Alison 1893.

Morgan, Alfred
The Relation of Flowers to Insects. Proc. lit. phil. Soc. Liverpool, **30** (1875—76), LXXVI—LXXVIII, 1876.

Morgan, Conwy Lloyd
geb. 1852.
— Note on the „Singerjie" (*Platypleura capensis*). Trans. S. Afr. phil. Soc., **1** (1877—80), 161—164, 1880.
○ The senses and sense-organs of Insects. Proc. Bristol Natural. Soc., **5,** 178—182, 1887.
— Instinct and Intelligence in Animals. Pharm. Journ. London, (4) **6** (**60**), 134—135, 1898.

Morgan, H ...
Wasp's Nest and Glowworms. Sci. Gossip, (4) (1868), 71, 1869.

Morgan, H ... A ...
Texas Screw-worm. (*Compsomyia* (*Lucilia*) *macellaria.*) Bull. Louisiana agric. Exp. Stat., (2) Nr. 2, 28—40, 4 Fig., 1890.
[Ref.:] Period. Bull. Dep. Agric. Ent. (Ins. Life), **3** (1890—91), 131—132, (1891) 1890.
— A Simple Device for the Preparation of Oil Emulsions. (Proceedings of the eighth annual Meeting of the Association of Economic Entomologists.) Bull. U. S. Dep. Agric. Ent., (N. S.) Nr. 6, 93—94, 1 Fig., 1896.

Morgante, L ...
○ Sette quesiti relativi all' apicoltura. Bull. Ass. agr. Friulana, **11,** 300—333, 1866.

Moriarty, T ... B ...
○ Case of erysipeloid inflammation of nose, in result of irritation set up of lies maggots in the posterior nares. Indian med. Gazette, **12,** 263, 1877.

Morice, Albert
Coup d'oeil sur la faune de la Cochinchine française. 8°, 101 S., Lyon, Genève & Bale, H. Georg, 1875. — [Abdr.:] C. R. Ass. Amis Sci. nat. Lyon, **1874,** 25—121, 1875. — [Abdr. S. 12—37:] Arch. Méd. nav., **24,** 432—451, 1875.

Morice, Francis David
geb. 23. 6. 1849 in St. John's Wood (London), gest. 21. 9. 1926 in Woking (London), Reverend. — Biogr.: Entomologist, **69,** 328, 1926; (F. Laing) Entomol. monthly Mag., **62,** 242, 268—269, 1926 m. Porträt; Proc. ent. Soc. London, **1,** 75—76, 1926; Science, (N. S.) **64,** 524, 1926; Entomol. Rec., **38,** 144, 1926; (H. Hedicke) Dtsch. ent. Ztschr., **1926,** 359—360, 1926; Ent. News, **38,** 32, 96, 1927; (A. Musgrave) Bibliogr. Austral. Ent., **229,** 1932.
— Rare Aculeate Hymenoptera in 1889. Entomol. monthly Mag., **25,** 434—435, (1888—89) 1889.
— Aculeate Hymenoptera at Lowestoft in August, 1891. Entomol. monthly Mag., (2) **2** (**27**), 276, 1891 a.
— *Myrmosa melanocephala* in Warwickshire. Entomol. monthly Mag., (2) **2** (**27**), 276, 1891 b.
— Aculeate Hymenoptera in 1892. Entomol. monthly Mag., (2) **4** (**29**), 10—12, 1893 a.
— *Bombus pomorum* and *lapidarius.* Entomol. monthly Mag., (2) **4** (**29**), 90, 1893 b.
— Hymenoptera in Shetland and Orkney. Entomol. monthly Mag., (2) **5** (**30**), 259—260, 1894.
— An annotated Revision of the British Chrysididae. Entomol. monthly Mag., (2) **7** (**32**), 116—127; British Chrysididae: correction of an error. 233, 1896 a.
— On the identity of *Ampulex fasciata,* Jur., and *A. europaea,* Gir. Entomol. monthly Mag., (2) **7** (**32**), 255—256, 1896 b.
— in Thornley, Alfred 1896.
— Bees in February, 1897. Entomol. monthly Mag., (2) **8** (**33**), 89, 1897 a.
— *Andrena angustior,* Kirby, ♂, with 12-jointed antennae. Entomol. monthly Mag., (2) **8** (**33**), 89—90, 1897 b.
— A new British Chrysid: *Hedychridium coriaceum,* Dhb. Entomol. monthly Mag., (2) **8** (**33**), 181, 1897 c.
— Notes on some British Hymenoptera. Entomol. monthly Mag., (2) **8** (**33**), 181—183; ... (No. 2). 230—231, 1897 d.
— Notes on some Tenthredinidae, with additions to the British List. Entomol. monthly Mag., (2) **8** (**33**), 209—211, 1897 e.
— *Psen concolor,* Dahlbom: a New British Fossorial Aculeate. Entomol. monthly Mag., (2) **8** (**33**), 252—253, 1897 f.
— New or little-known Sphegidae from Egypt. Trans. ent. Soc. London, **1897,** 301—316 + 1 (unn., Taf.Erkl.) S., Taf. VI; ... a Correction. 434, 1897 g.
— Further Notes on Saw-flies (Tenthredinidae) from the Summit of Ben Nevis, including a Species new to Britain. Ann. Scott. nat. Hist., **1898,** 80—81, 1898 a.
— Some new British Tenthredinidae. Entomol. monthly Mag., (2) **9** (**34**), 127—128, 1898 b.
— Pastor Konow's proposals as to the Classification of Hymenoptera. Entomol. monthly Mag., (2) **10** (**35**), 124—127, 1899 a.
— Autumn Hymenoptera near Woking in 1899. Entomol. monthly Mag., (2) **10** (**35**), 273, 1899 b.
— Fourteen-jointed antennae in a ♂ *Ammophila.* Entomol. monthly Mag., (2) **10** (**35**), 273, 1899 c.

— Illustrations of specific characters in the armature and ultimate ventral segments of *Andrena* ♂. Trans. ent. Soc. London, **1899**, 229—243+3 (unn., Taf.Erkl.) S., Taf. V—VII, 1899 d.
— Notes on *Andrena taraxaci*, Giraud, and the species most resembling it, with synoptic tables, and descriptions of two new species. Trans. ent. Soc. London, **1899**, 243—252, 1899 e.
— [Notes on the genus *Exoneura*.] Trans. ent. Soc. London, **1899**, Proc. XIX, 1899 f.
— Descriptions of new or doubtful Species of the Genus *Ammophila* (Kirby) from Algeria. Ann. Mag. nat. Hist., (7) **5**, 64—70, 1900 a.
— *Tenthredopsis thornleyi*, Konow, a new saw-fly (British). Entomol. monthly Mag., (2) **11** (**36**), 40—41, 1900 b.
— *Ellampus truncatus*, Dahlb.: An addition to the list of British Chrysids. Entomol. monthly Mag., (2) **11** (**36**), 107—108, 1900 c.
— A revised synoptic table of British Chrysids. Entomol. monthly Mag., (2) **11** (**36**), 129—131, 1900 d.
— An Excursion to Egypt, Palestine, Asia minor, &c., in search of Aculeate Hymenoptera. Entomol. monthly Mag., (2) **11** (**36**), 164—172, 1900 e.
— Re-occurrence of *Heriades truncorum*, L., in England. Entomol. monthly Mag., (2) **11** (**36**), 203—204, 1900 f.
— Rare Hymenoptera near Cobham (Surrey). Entomol. monthly Mag., (2) **11** (**36**), 210, 1900 g.
— (Remarkable hermaphrodite of the bee *Podalirius* (=*Anthophora*) *retusus*.) Trans. ent. Soc. London, **1900**, Proc. XIV, 1900 h.
— (*Formica fusca* in a nest of *F. sanguinea*.) Trans. ent. Soc. London, **1900**, Proc. XIX, 1900 i.

Morière,
geb. 1809, gest. 1866.
— Notice biographique sur le docteur Perrier. Bull. Soc. Linn. Normand., (2) **2** (1867), 161—171, 1 Taf. (unn.), 1868.

Morin,
○ La galle de *Cynips Calicis* autour de Dinan. Bull. Soc. Sci. méd. Ouest, **2**, 274, 1893.

Morin, Éd . . .
Sur les ravages produits à l'île de la Réunion par des insectes qui attaquent les cannes à sucre. C. R. Acad. Sci. Paris, **65**, 1083—1084, 1867 a.
— (Sur les ravages produits à l'île de la Réunion par des insectes qui attaquent la canne à sucre.) Rev. Mag. Zool., (2) **19**, 450—451, 1867 b.

Morin, H . . .
Sm[erinthus] Quercus. Ent. Ztschr., **5**, 48, 1891 a.
— Ueber Selbstverfertigung von Geräthen. Ent. Ztschr., **5**, 54—55, 1 Fig., 1891 b.
— Ein neues Verfahren zum Raupenpräpariren. Ent. Ztschr., **5**, 63, 1891 c.
— Die Nonnenraupe in Bayern. Ent. Ztschr., **5**, 71, 1891 d.
— Eine neue Käferfalle. Ent. Ztschr., **5**, 127, 1 Fig., 1891 e.
— Ueber das Aufweichen von Käfern. Ent. Ztschr., **5**, 135, 1891 f.
— Die Haus-Insecten. Ent. Ztschr., **5**, 159—160, 1892 a.
— Etwas vom „Flicken."[1]) Ent. Ztschr., **6**, 137—138, 1892 b.

[1]) vermutl. Autor

— Mimicry bei einheimischen Insekten. Ent. Ztschr., **6**, 57—59, 1892 c.
— "Mimicry". Ent. Ztschr., **6**, 89—91; „Zur Debatte". 97—98; Noch ein Wort zur Streitfrage. 105—106, 1892 d.
[Siehe:] Redlich, H.: 91—92, 98—99.
— Die Präparation der Falter für die Sammlung. Ent. Ztschr., **7**, 27—36, 1893 a.
— Wie versorgt man am besten seine Reisebeute? Ent. Ztschr., **7**, 105—108, 1893 b.
— Ein Sammlerplätzchen in Süd-Tirol. Ent. Ztschr., **9**, 42—43, 1895 a.
— Welche Thiere aus der Insektenwelt sind dem Schutze der Forstleute, Landwirthe und Gärtner, sowie der allgemeinen Berücksichtigung zu empfehlen und warum? Ent. Ztschr., **9**, 67—68, 74—76, 82—84, 91—92, 106—107, 1895 b; **10**, 13—14, 20—21, 28, 53—54, 60—61, 78, 94—95, 125—126, (1896—97) 1896.
— Weiteres zur Frage der Schutzfärbung. Ent. Ztschr., **9**, 171—172, 1896 a.
— Eine epochemachende Erfindung. Ent. Ztschr., **10**, 1—2, (1896—97) 1896 b.
— Entomologisches aus Südtirol. Ent. Ztschr., **10**, 44, (1896—97) 1896 c.
○ Die Königinzelle im Termitenbau. Natur Halle, **45**, 237, 1 Fig., 1896 d.
○ Spaziergänge eines Naturforschers am Wasser. Bl. Aquar.- u. Terrarien-Fr., **10**, 144—148, 159—161, 1 Taf., 1899.

Moritz, J . . .
Bericht über die Verhandlungen der Sektion für Weinbau auf der 28. Versammlung deutscher Land- u. Forstwirthe in München. Ann. Önol., **3**, 263—308, 376—422, 1873 a.
— Neue Feinde des Weinstockes. Wbl. landw. Ver. Baden, **1873**, 117, 301, 1873 b.
○ Die Wurzellaus des Weinstocks. (*Phylloxera vastatrix*.) Dtsch. landw. Pr., **1**, 178—179, ? Fig., 1874; **2**, 159, ? Fig., 1875.
○ Kurze Mitteilung über eine in die Schweiz unternommene Reise zur Beschaffung von Material für einen die *Phylloxera vastatrix* betreffenden Instructionscursus. Weinbau, **1**, 37—38, 1875.
— siehe Blankenhorn, Adolph & Moritz, J . . . 1875.
— siehe Nördlinger, Hermann & Moritz, J . . . 1875.
— siehe Blankenhorn, Adolph; David, Georg & Moritz, J . . . 1875.
○ Auffindung der *Phylloxera vastatrix* an von einer deutschen Rebschule bezogenen Reben. Weinbau, **2**, 158, 1876. — ○ [Abdr.?:] Fränk. Weinbau, **1876**, 50, 1876. — ○ [Abdr.?:] Württemb. Wbl. Land- u. Forstw., **28**, 151, 1876.
— siehe Blankenhorn, Adolph & Moritz, J . . . 1876.
○ Über den gegenwärtigen Stand der *Phylloxera*frage in Deutschland. Weinbau, **3**, 103, 120—121, 139—140, 1877.
— [Ref.] siehe Duclaux, E . . . 1877.
○ Über die Reblaus. Dtsch. Garten- u. Obstbauztg., Nr. 6, 1878.
— Vorkommen des sog. Heuwurmes in den Blüthen des wilden Weinstockes. Weinbau, **5**, 129, 1879.
○ Die Rebenschädlinge, vornehmlich die *Phylloxera vastatrix* Pl., ihr Wesen, ihre Erkennung und die Massregeln zu ihrer Vertilgung. 8°, IV+56 S., ? Fig., Berlin, Wiegandt, Hempel & Parey, 1880 a. — ○ 2.

Aufl. ... Massregeln zu ihrer Verhütung. 4°, 92 S., 1891.
[Ref.:] Die durch die *Phylloxera vastatrix* an den Reben verursachten Krankheitserscheinungen. Dtsch. landw. Pr., **7**, 349—350, 5 Fig., 1880.

○ Ancora sui nemici naturali della filossera. Riv. Viticolt. Enol. Ital., **4**, Nr. 2, 1880 b.

— in Phylloxera (Reblaus) 1880.

— Vorkommen des sog. Sauerwurmes (*Tortrix ambiguella*) in den Johannisbeeren. Weinbau, **7**, 163—164, 1881.

— siehe Hadelich, W ... & Moritz, J ... 1881.

— Arbeiten auf dem Gebiete der *Phylloxera*-Frage. [Sammelref.] Zbl. Agrik.-Chem., **11**, 268—270, 1882 a.

— Über die *Phylloxera vast[atrix]* und ihre Bekämpfung. [Sammelref.] Zbl. Agrik.-Chem., **11**, 553—555; ... und deren Bekämpfung. 612—615, 761—762, 1882 b; ... und die Mittel zu ihrer Bekämpfung. **12**, 116—117; ... und ihre Bekämpfung. 272—274, 547—551, 1883; **13**, 49—52, 1884.

— Die *Phylloxera vastatrix* Pl. Humboldt, **5**, 285—288, 6 Fig., 1886.

— Beobachtungen und Versuche, betreffend die Reblaus. *Phylloxera vastatrix* Pl., und deren Bekämpfung. Arb. Gesundheitsamt Berlin, **8**, 507—577, 9 Fig., Taf. XIX—XXI, 1893; **12**, 661—685, Taf. XV, 1896.
[Ref.:] Schenkling, Siegmund: Naturw. Wschr., **11**, 276—277, 1896.

○ Auftreten und Bekämpfung von Rebenkrankheiten (mit Ausnahme der Reblaus) im Deutschen Reiche im Jahre 1896. Mitt. Gesundheitsamt Berlin, 1898?.
[Ref.:] Thiele,: Ztschr. Pflanzenkrankh., **8**, 307—310, 1898.

Moritz, J ... & **Buhl**, F ... A ...
Ueber den dermaligen Stand der Reblausfrage insbesondere in Deutschland. Ber. Verh. Dtsch. Weinbaukongr., **8** (1885), 95—109, 1886; **9** (1886), 39—48, 1887.

Moritz, J ... & **Ritter**, C ...
○ Die Desinfektion von Setzreben vermittelst Schwefelkohlenstoff zum Zwecke der Verhütung einer Verschleppung der Reblaus (*Phylloxera vastatrix* Pl.). 2 Fig., Berlin, Julius Springer, 1894.
[Ref.:] Hiltner, L ...: Zbl. Bakt. Parasitenk., **1**, Abt. 2, 653—654, 1895; Voigt,: Zbl. Agrik.-Chem., **24**, 503—504, 1895.

Morley, Claude
geb. 22. 6. 1874 in Astley Bank (Blackheath), gest. 13. 11. 1951 in Monks' Soham House b. Woodbridge (Suffolk). — Biogr.: Trans. Suffolk nat. Soc., **7**, LXXVII—LXXVIII, 1951 m. Porträt; Entomol. monthly Mag., **87** ((4) **12**), 327, 1951; (N. D. R.) Entomologist, **85**, 121—122, 1952 m. Porträt; (H. Sachtleben) Beitr. Ent., **2**, 327, 1952.

— *Dicranura Vinula*. — The Puss Moth. Sci. Gossip, **29**, 38—42, 1893 a.

— *Cheimotobia brumata* and *Hybernia rupicapraria* contemporaneous. Sci. Gossip, **29**, 68—69, 1893 b.

— *Hydrometra gibbifera*. Sci. Gossip, **29**, 118, 1893 c.

— The Entomological Spring of 1893 at Ipswich. Sci. Gossip, **29**, 127—129, 1893 d.

— Insects at Light during 1893. Entomologist, **27**, 26—27, 1894 a; ... 1894. **28**, 61—63; ... 1895. 313—314, 1895.

— Coleoptera at Ipswich in 1893. Entomol. Rec., **5**, 52—55, 1894 b; ... in 1894. **6**, 114—118, 1895; ... in 1895. **7**, 153—155, 182—183, (1895—96) 1896.

— Glowworms in October. Entomologist, **29**, 64—65, 1896 a.

— Coleoptera in the early spring of 1896. Entomol. monthly Mag., (2) **7** (**32**), 90—91, 1896 b.

— Mimicry in *Hypera punctata*, F. Entomol. monthly Mag., (2) **7** (**32**), 91, 1896 c.

— Coleoptera at Dover in April. Entomol. monthly Mag., (2) **7** (**32**), 159—160, 1896 d.

— Coleoptera at Eastbourne (and Polegate), Sussex. Entomol. monthly Mag., (2) **7** (**32**), 160, 1896 e.

— Insectivorous Insects. Entomol. monthly Mag., (2) **7** (**32**), 182, 1896 f.

— *Xysta* (*Phasia*) *cana*, Mgn., an addition to the British List, and other Diptera. Entomol. monthly Mag., (2) **7** (**32**), 212, 1896 g.

— The Sallower's Dream. Entomol. Rec., **7**, 279—280, (1895—96) 1986 h.

— Notes on Apions and their Larvae. Entomol. Rec., **8**, 179—181, 1896 i.

— Notes on Coleoptera. A Day among the Deal Sand-Hills. — The Beetles of old Coast-Lines. Entomol. Rec., **8**, 231—233, 1896 j.

— Ten Days' collecting (Coleoptera) at Brandon, Suffolk. Entomol. monthly Mag., (2) **8** (**33**), 9—11, 1897 a.

— *Bagous diglyptus* Boh., at Ipswich. Entomol. monthly Mag., (2) **8** (**33**), 44—45, 1897 b.

— On the early stages of *Metriocnemus fuscipes*, Mg. Entomol. monthly Mag., (2) **8** (**33**), 49—50, 2 Fig.; *Metriocnemus fuscipes*, M.: a correction. 90, 1897 c.

— Coleoptera in a bag of Suffolk fluvial rejectamenta. Entomol. monthly Mag., (2) **8** (**33**), 86—87, 1897 d.

— *Libellula fulva*, Müll., and *Aeschna mixta*, Latr. in Suffolk. Entomol. monthly Mag., (2) **8** (**33**), 106—107, 1897 e.

— Early appearance of *Formica rufa*. [Mit Angaben von E. S.] Entomol. monthly Mag., (2) **8** (**33**), 158, 1897 f.
[Siehe:] Bignell, G. C.: 141.

— Local Lists. Entomol. monthly Mag., (2) **8** (**33**), 232, 1897 g.

— Position of ovipositing *Satyrus Semele*. Entomol. monthly Mag., (2) **8** (**33**), 232, 1897 h.

— *Phorocera incerta*, Meade, at Ipswich. Entomol. monthly Mag., (2) **8** (**33**), 258, 1897 i.

— A day in Kirby's Country. Entomol. monthly Mag., (2) **8** (**33**), 265—267, 1897 j.

— *Nomada guttulata*, Schenck, at Ipswich. Entomol. monthly Mag., (2) **8** (**33**), 280, 1897 k.

— Notes on Coleoptera. „Mud-larking." — The beetles of a mud-flat. Entomol. Rec., **9**, 10—13, 1897 l.

— Notes on Coleoptera. Beetles that destroy forests (the Scolytidae). Entomol. Rec., **9**, 32—35; ... forests (Longicornia). 114—116, 1897 m.

— Coleoptera near London in June. Entomol. Rec., **9**, 232—233, 1897 n.

— Coleoptera in the winter. Entomol. Rec., **9**, 307—310, 1897 o.

— A list of the Hymenoptera-Aculeata of the Ipswich district. Entomologist, **31**, 12—17, 38—41, 1898 a.

— *Limnophilus nigriceps*, Zett., at Ipswich. Entomol. monthly Mag., (2) **9** (**34**), 21, 1898 b.

— *Rhinomacer attelaboides*, F., at Ipswich. [Mit Angaben von W. W. F.] Entomol. monthly Mag., (2) **9** (**34**), 160, 1898 c.

— Sirices in Suffolk. Entomol. monthly Mag., (2) **9** (**34**), 213, 1898 d.

— *Anchomenus gracilipes,* Duftschm., in Britain: an additional record. [Mit Angaben von G. C. C.] Entomol. monthly Mag., (2) **9** **(34)**, 221—223; *Anchomenus gracilipes*: correction. 279, 1898 e.
— *Quedius nigrocaeruleus,* Muls.: an additional British record. [Mit Angaben von G. C. C.] Entomol. monthly Mag., (2) **9** **(34)**, 267—268, 3 Fig., 1898 f.
— (Micros and mould at Ipswich.) Entomol. Rec., **10**, 204, 1898 g.
— Rare Diptera and Coleoptera. Trans. City London ent. nat. Hist. Soc., **1897** (1896—97), 33, [1898] h.
○ Insects found at Eastbourne. Trans. Eastbourne nat. Hist. Soc., **3**, 163—164, 1898 i.
— The Coleoptera of Suffolk. 8°, XIV + 113 S., 1 Karte, Plymouth, James H. Keys, 1899 a.
[Ref.:] Entomol. Rec., **11**, 196, 1899.
○ The Hymenoptera of Suffolk. I.-Aculeata. 8°, VIII + 22 S., ? Kart., Plymouth, James H. Keys, 1899 b.
— A contribution to the Entomology of Northamptonshire. Entomologist, **32**, 222—224, 1899 c.
— *Cardiastethus fasciiventris,* Garb., in Suffolk. Entomol. monthly Mag., (2) **10** **(35)**, 117, 1899 d.
— *Ptinus germanus,* F., in Suffolk. Entomol. monthly Mag., (2) **10** **(35)**, 117, 1899 e.
— *Xiphydria dromedarius,* Fab., in Suffolk. Entomol. monthly Mag., (2) **10** **(35)**, 190—191, 1899 f.
— The Insects of a Suffolk Broad in August. Entomol. monthly Mag., (2) **10** **(35)**, 208—209, 1899 g.
— Mutilation of Cryptophagi. Entomol. monthly Mag., (2)**10** **(35)**, 265—266, 1899 h.
— *Caecilius atricornis,* McLach., near Ipswich. Entomol. monthly Mag., (2) **10** **(35)**, 272—273, 1899 i.
— (*Brephos notha* near Ipswich.) Entomol. Rec., **11**, 135, 1899 j.
— (*Platylabus pedatorius,* Fab.) Entomol. Rec., **11**, 332, 1899 k.
○ On the Ichneumonid Genus *Pezomachus,* Gravenhorst. Trans. Leicester lit. phil. Soc., **5**, 295—301, 1899 l.
— Proctotrypids ex Lepidopterous Ova. Entomologist, **33**, 247, 1900 a.
— Parasitic Hymenoptera, &c., near Ipswich in October. Entomol. monthly Mag., (2) **11** **(36)**, 42—43, 1900 b.
— On *Sphegophaga vesparum,* Curt. [Mit Angaben von C. M.] Entomol. monthly Mag., (2) **11** **(36)**, 117—124, 1900 c.
— *Helcon annulicornis,* Nees, confirmed as British. Entomol. monthly Mag., (2) **11** **(36)**, 174—176, 1900 d.
— *Colias Hyale* and *Edusa* in Suffolk. Entomol. monthly Mag., (2) **11** **(36)**, 238—239, 1900 e.
— Tachinidae, &c., on oak trunks. Entomol. monthly Mag., (2) **11** **(36)**, 244, 1900 f.
— *Ceuthorrhynchidius mixtus,* Muls. and Rey in Britain: an additional record. Entomol. monthly Mag., (2) **11** **(36)**, 287—288, 1900 g.
— A quarter of an hour on the Breck. Entomol. monthly Mag., (2) **11** **(36)**, 288—289, 1900 h.,
— On the emergence of *Listrodromus quinqueguttatus,* Grav., with a description of its pupa. Entomol. Rec., **12**, 186—188, 1 Fig., 1900 i.

Morley, Claude & **Elliott**, Ernest
The New Forest in May. Entomol. monthly Mag., (2) **6** **(31)**, 192—194, 1895.

Morley, Geo[rge] Stanley
Apatura iris. Entomologist, **28**, 233, 1895 a.
— *Sphinx convolvuli* in Surrey. Entomologist, **28**, 281, 1895 b.
— Notes on *Arctia caia.* [Mit Angaben von Richard South.] Entomologist, **28**, 312, 1895 c.

Morley, J . . . L . . . Colison siehe Colison-Morley, J . . . L . . .

Morley, Thomas
Note on the capture of a species of *Tomicus* new to our list. Entomol. monthly Mag., **4**, 187, (1867—68) 1868 a.
— Occurrence of *Anthicus bimaculatus* at Southport. Entomol. monthly Mag., **4**, 232, (1867—68) 1868 b.
— Curious locality of *Ischnomera melanura.* Entomol. monthly Mag., **5**, 20, (1868—69) 1868 c.
— Occurrence of *Bembidium obliquum* at Manchester. Entomol. monthly Mag., **6**, 162, (1869—70) 1869.
— Coleoptera near Manchester. Entomol. monthly Mag., **7**, 107—108, (1870—71) 1870.
— Note on the question of hybrids in Coleoptera. Entomol. monthly Mag., **8**, 135, (1871—72) 1871.
— Curious locality for *Homalium Allardi.* [Mit Angaben von E. C. Rye.] Entomol. monthly Mag., **9**, 268, (1872—73) 1873.

Morley, W . . . A . . .
○ Entomological Notes for the Young Collector. 12°, VIII + 129 S., London, Stock, 1896.

Morlot, E . . .
○ Le *Phylloxera.* Deux mots de la chaux de gaz, aux sulfocarbonates divers. 8°, 23 S., Epinal, impr. Fricotel, 1876.
○ Le *Phylloxera.* Des sulfures et sulfocarbonates divers du Dumas. 8°, 24 S., Epinal, impr. Fricotel, 1880 a.
○ Sur les vignes américaines en Amérique. Journ. Agric., **4**, 247—249, 1880 b.

[**Morozov**, G . . . L . . .] **Морозовь**, Г . . . Л . . .
○ [Kurze Anleitung zur Präparation der Thiere für Sammlungen, oder Darstellung der Hilfsmittel zum Ausstopfen der Thiere, Herstellung von Skeletten und Insektensammlungen.] 2. Aufl. 8°, 1 + 34 S., St.-Petersburg, tip. Tovarščestva „Obsc. Pol'za", 1875.
Краткое наставленіе къ приготовленію животныхъ для коллекцій, или изложеніе способовъ набивки чуъелъ, препарированія скелетовъ и собиранія насекомыхъ. 2. Издан. С.-Петербургъ, тип. Товарищества «Общ. Польза», 1875.

Morpurgo, M . . .
○ Sull' allevamento del filugello; ricordi popolari ai bachicultori della provincia di Padova. 8°, 22 S., Padova, tip. Penada, 1878.
○ Il confezionamento del seme serico. Ricordi popolari ai bachicultori. Giorn. agr. Ital., **13**, Nr. 1, [21 S.], 1879.
— I pasti e le varie età del baco. Atti Soc. agr. Gorizia, **19** ((N. S.) **5**), 184, 1880.
○ Dell' imboscamento. Bacologo Ital., **3**, 83—84, 1880—81.

Morren, Charles Jacques Édouard
geb. 2. 12. 1833 in Gand, gest. 28. 2. 1886 in Liége. — Biogr.: (F. Crépin) Annu. Acad. Sci. Belg., **53**, 419—452, 1887 m. Porträt & Schriftenverz.
— (Sur les plantes insecticides.) Ann. Soc. ent. Belg., **18**, C. R. CXVI—CXVII, 1875 a.
— Observations sur les procédés insecticides des *Pinguicula.* Bull. Acad. Belg., (2) **39**, 870—881, 1 Taf. (unn.), 1875 b.
— Note sur les procédés insecticides du *Drosera rotundifolia* L. Bull. Acad. Belg., (2) **40**, 6—13, 1 Taf. (unn.), 1875 c.

— Note sur le *Drosera binata* Labill., sa structure et ses procédés insecticides. Bull. Acad. Belg., (2) **40**, 525—535, Taf. I—IV (I Farbtaf.), 1875 d.
— La théorie des plantes carnivores et irritables. Bull. Acad. Belg., (2) **40**, 1040—1096, 1875 e.

Morres,
Ichneumoniden-Larve im Totenkopf-Schmetterling. Ent. Jb., **7**, 52, 1898.

Morrill, Augustus
Cotton Culture and the Cotton Worm at Manzanillo, Mexico. Amer. Entomol., **3** ((N. S.) **1**), 152, 1880.

Morris,
(*Papilio ajax*.) Canad. Entomol., **11**, 203, 1879 a.
— [Peaches, grapes etc. pierced by bees. (Mit Angaben von Comstock, Macloskie & Riley.)] Canad. Entomol., **11**, 204, 1879 b.
— [Orders of true gall producers. (Mit Angaben von Mann, Osborn & Hoy.)] Canad. Entomol., **16**, 177, 1884 a.
— [Dearth of larvae and Butterflies. (Mit Angaben von Saunders, Hoy, Smith, Underwood, Fernald u. a.)] Canad. Entomol., **16**, 177—178, 1884 b.

Morris, Arthur P...
Choerocampa nerii near Dartmouth. Entomologist, **29**, 332—333, 1896.

Morris, Beverly R[obinson]
Polyommatus porsenna. Proc. ent. Soc. Philadelphia, **3**, 199, 1864.
— Stray notes on Canadian Diptera. Canad. Entomol., **6**, 176—178, 1874.

Morris, C... G...
Deiopeia pulchella at Brighton. Entomologist, **25**, 221, 1892.

Morris, C... H...
Ptilium affine, Er. Entomologist, **17**, 166, 1884.
— Coleoptera near Lewes. Entomol. monthly Mag., **22**, 185, (1885—86) 1886.
— *Coccinella labilis*, Muls., attached to the nests of *Formica rufa*. Entomol. monthly Mag., **25**, 36, (1888—89) 1888.
— Capture of a female *Phosphaenus hemipterus* at Lewes. Entomol. monthly Mag., (2) **4** (**29**), 162, 1893.

Morris, Charles
○ Habits and Anatomy of the Honey-bearing Ant [*Myrmecocystus melliger*]. Journ. Sci., (3) **2**, 430—434, 1880.

Morris, Cha[rles] E...
Gynandrous example of *Saturnia pavonia*. Entomologist, **26**, 164, 1893.
— *Deilephila livornica* in Sussex. Entomologist, **28**, 232, 1895.

Morris, D...
Caterpillar Fungus. Sci. Gossip, **16**, 234, 1880.

Morris, Ernest
○ Insect pests of the Amazon. Carlestown News, **1**, Nr. 37, 1879.

Morris, Francis Orpen
geb. 25. 3. 1810 in Cove b. Cork (Irland), gest. 10. 2. 1893 in Nunburnholme (Yorksh.), Vikar in Nunburnholme (Yorksh.). — Biogr.: (H. J. Elwes) Trans. ent. Soc. London, **1893**, Proc. LVII, 1893; Entomol. monthly Mag., (2) **4** (**29**), 73, 1893; Entomologist, **26**, 144, 1893; Zool. Anz., **16**, 276, 1893.

— A history of british butterflies. [2. Aufl.?] 8°, VIII + 168 + 29 S., 73 Taf. (71 Farbtaf.), London, Groombridge & sons, 1864. — ○ 4. Aufl. 4°, 159 S., 72 Farbtaf., 1876.
○ A Catalogue of British Insects, in all the orders. 8°, 56 S., London, 1865 a.
— The Entomological Collection in the British Museum. Naturalist London, **1** (1864—65), 8—9, 32, 1865 b.
— Note on the sound produced by *Chloephora prasinana*. Entomol. monthly Mag., **8**, 138—139, (1871—72) 1871.
— A natural history of british moths. Accurately delineating every known species, with the english as well as scientific names, accompanied by full descriptions, date of appearance, lists of the localities they haunt, their food in the caterpillar state, and other features of their habits and modes of existence, etc., etc. 4 Bde. 8°, London, George Bell & Sons, 1872 a.
1. XVI + 253 S., 30 Farbtaf.
2. IV + 180 S., 30 Farbtaf.
3. IV + 223 S., 36 Farbtaf.
4. IV + 321 S., 36 Farbtaf.
— *Vanessa Antiopa* near York. Entomol. monthly Mag., **9**, 110, (1872—73) 1872 b.
— *Vanessa Antiopa* at Ramsey, Hunts. Entomol. monthly Mag., **9**, 110, (1872—73) 1872 c.

Morris, G... K...
Harvesting Ants in New Jersey. Amer. Entomol., **3** ((N. S.) **1**), 228, 1880 a.
— A new leaf-cutting ant in New Jersey. Amer. Entomol., **3** ((N. S.) **1**), 264—265, 1880 b.
— A new Harvesting Ant. Amer. Natural., **14**, 669—670, 1880 c.
— A New Leaf Cutting Ant. Amer. Natural., **15**, 100—102, 1881.

Morris, H... S...
Plusia moneta at Reading. Entomologist, **28**, 256, 1895.

Morris, Herbert
Cocoon of *Telea polyphemus*. [Mit Angaben von Charles V. Riley.] Amer. Natural., **17**, 664, 1883.

Morris, J... B...
Plusia moneta in Surrey, 1895. [Mit Angaben von Richard South.] Entomologist, **29**, 166, 1896 a.
— *Plusia moneta* in Surrey. Entomologist, **29**, 263, 1896 b.
— Variety of *Nemeophila plantaginis*. Entomologist, **30**, 266—267, 1897 a.
— *Plusia moneta* in Surrey. Entomologist, **30**, 271, 1897 b.
— *Heliothis peltigera* and *Xanthia gilvago*. Entomologist, **31**, 267, 1898.

Morris, J... C...
[Retarded development of *Samia cynthia*.] Canad. Entomol., **8**, 198, 1876 a.
— [*Scaphinotus elevatus* in Ontario.] Canad. Entomol., **8**, 199, 1876 b.

Morris, James; **Westwood,** John Obadiah & **Bates,** Henry Walter
(*Coccus* injurious to the sugar cane.) Trans. ent. Soc. London, (3) **2**, Proc. 25—26, (1864—66) 1864. [Siehe:] Icéry: Proc. 51—55.

Morris, John Goodlove Dr.
geb. 14. 11. 1803 in York (Pennsylv.), gest. 10. 10. 1895 in Lutherville, Reverend. — Biogr.: Ent. News, **6**, 273—274, 1895 m. Porträt; Leopoldina, **32**, 56, 1896; Zool.

Anz., **19**, 64, 1896; Nat. Cyclop. Amer. Biogr., **3**, 61, 1897; (J. B. Smith) Pop. Sci. monthly, **76**, 471, 1910 m. Porträt; Proc. ent. Soc. Washington, **38**, 127, 1936; (H. Osborn) Fragm. ent. Hist., 167—168, 1937.

— The luminous Larva. Canad. Entomol., **1**, 14, (1869) 1868.
— The Philenor Swallow-tail. [Mit Angaben von C. V. Riley.] Amer. Entomol., **2**, 241, 1870 a.
— A Coincidence. Amer. Entomol., **2**, 304, 1870 b.
— Seventeen-year Locust two Years too late. Amer. Entomol., **2**, 304, 1870 c.
— What is the function of the forceps in *Forficula*? Canad. Entomol., **9**, 218—219, 1877.
— President's address. [The progress of American Entomology during the past ten years.] Canad. Entomol., **13**, 184—189, 1881. — [Abdr.:] Rep. ent. Soc. Ontario, **1881**, 14—17, 1882.
— Visit to an old time Entomologist. Ent. Amer., **1**, 2—4, (1885—86) 1885.

Morris, S . . .
Diminutive diurni. Entomologist, **19**, 178, 1886.

Morris, T . . . Edward
Deilephila Livornica in Staffordshire. Entomologist, **5**, 96—97, (1870—71) 1870.

Morris, William
Did Flowers Exist during the Carboniferous Epoch? Nature London, **20**, 404, 1879.

Morrison, Herbert Knowles
geb. 24. 1. 1854 in Boston (Mass.), gest. 15. 6. 1885 in Morgantown (N. Carolina). — Biogr.: Papilio, **4**, 189, (1884) 1885; Ent. Amer., **1**, 100, (1885—86) 1885; (B. P. Mann) Psyche Cambr. Mass., **4**, 287, 1885; Leopoldina, **22**, 56, 1886; Zool. Anz., **9**, 60, 1886; (E. O. Essig) Hist. Ent., 709—710, 1931 m. Porträt; (H. Osborn) Fragm. ent. Hist., 1937.

— Specific nomenclature. [Lep.] Canad. Entomol., **5**, 70—71, 1873 a.
— Notes on an interesting specimen of *Pamphila zabulon*, Boisd. & Lec. Canad. Entomol., **5**, 164, 1873 b.
— The law of priority in nomenclature. Canad. Entomol., **5**, 166—168, 1873 c.
— Remarks on recent names given to some Lepidopterous Insects. Canad. Entomol., **5**, 204—205, 1873 d.
— Notes on North American Lepidoptera. Bull. Buffalo Soc. nat. Sci., **1** (1873—74), 186—189, 1874 a.
— Description of two new Noctuidae from the Atlantic District. Bull. Buffalo Soc. nat. Sci., **1** (1873—74), 274—275, 1874 b.
— Descriptions of New Noctuidae. Bull. Buffalo Soc. nat. Sci., **2** (1874—75), 109—117, (1875) 1874 c.
— On the Species of *Calocampa.* Bull. Buffalo Soc. nat. Sci., **2** (1874—75), 190—192, (1875) 1874 d.
— On *Anisopteryx vernata* and *pometaria.* Canad. Entomol., **6**, 29—32, 1874 e.
— On two new species of Noctuidae. Canad. Entomol., **6**, 105—106, 1874 f.
— On a new species of *Ceramica.* Canad. Entomol., **6**, 249—251, 1874 g.
— On the species referred to *Orthodes* by Guenee. Canad. Entomol., **6**, 251—254, 1874 h.
— On *Cirroedia pampina* Guen. Canad. Entomol., **6**, 259—260, 1874 i.
— Description of New Noctuidae. Proc. Boston Soc. nat. Hist., **17** (1874—75), 131—166, (1875) 1874 j.
— New North American Lepidoptera. Proc. Boston Soc. nat. Hist., **16** (1873—74), 194—203, 1874 k.
— Interesting Capture [*Nymphalis Milberti* Godt.]. Psyche Cambr. Mass., **1**, 4, (1877) 1874 l.
— List of Lepidoptera collected at Cliftondale and Wyoming, Mass., May 30, 1874. Psyche Cambr. Mass., **1**, 16, (1877) 1874 m.
— On an Appendage of the male *Leucarctia acraea.* Psyche Cambr. Mass., **1**, 21—22, (1877) 1874 n.
— Summer Butterflies at the White Mountains. Psyche Cambr. Mass., **1**, 25—26, (1877) 1874 o; 34—35, (1877) 1875.
— [On my species corrected by Mr. Grote.] Canad. Entomol., **7**, 15—17, 78—80, 1875 a.
— Description of a new North American species of *Mamestra*, and of a genus allied to *Homohadena.* Canad. Entomol., **7**, 90—91, 1875 b.
— On two new species of Homoptera. Canad. Entomol., **7**, 148—149, 1875 c.
— Description of a new *Hadena* from the White Mountains. Canad. Entomol., **7**, 198, 1875 d.
— Notes on an interesting eastern variety of *Oncocnemis chandleri.* Canad. Entomol., **7**, 213—214, 1875 e.
— Descriptions and notes on the Noctuidae. Canad. Entomol., **7**, 214—216, 1875 f.
— Notes on the Noctuidae, with descriptions of certain new species. Proc. Acad. nat. Sci. Philadelphia, **1875**, 55—71, 428—436, 1875 g.
[Siehe:] Grote, A. R.: 328.
— List of a Collection of Texan Noctuidae, with Descriptions of the New Species. Proc. Boston Soc. nat. Hist., **17** (1874—75), 209—221, 1875 h.
— Notes on the Noctuidae. Proc. Boston Soc. nat. Hist., **18** (1875—76), 114—126, (1877) 1875 i.
— Notes on White Mountain Noctuidae. Psyche Cambr. Mass., **1**, 41—43, (1877) 1875 j.
— Varieties of *Cleora pulchraria* Minot. Psyche Cambr. Mass., **1**, 68—70, (1877) 1875 k.
— On the Insect Fauna of the White Mountains. Psyche Cambr. Mass., **1**, 85, (1877) 1875 l.
[Siehe:] Grote, A. R.: 76—77.
— Descriptions of New North American Noctuidae. Proc. Boston Soc. nat. Hist., **18** (1875—76), 237—241, (1877) 1876.
— Insect Deformities. Psyche Cambr. Mass., **2**, 155, (1883) 1878.
— List of butterflies taken by H. K. Morrison in Dacotah and Montana, 1881. Canad. Entomol., **14**, 6, 1882.
— Localities of Diurnals. Papilio, **3**, 43, 1883.
[Siehe:] Edwards, W. H.: **1**, 43—48, 1881.

Morrison, Herbert Knowles & **Hagen**, Herman August
Is *Aletia argillacea* winter-killed every year? Psyche Cambr. Mass., **2**, 23, (1883) 1877.

Mors, Louis Auguste Remacle
geb. 1826 in Verviers (Belgien), gest. 17. 12. 1884 in Paris, Ingenieur. — Biogr.: (G. Dimmock) Psyche Cambr. Mass., **4** (1883—84), 266, (1890) 1885; (Léon Fairmaire) Ann. Soc. ent. France, (6) **4**, 367—368, (1884) 1885; (G. Kraatz) Dtsch. ent. Ztschr., **29**, 23, 1885; Abeille, **22**, Nouv. faits div. 200, (1884) 1885.

— (Note sur la manière de vivre du *Carabus clathratus.*) [Mit Angaben von E. Desmarest, de Bonvouloir & Laboulbène.] Ann. Soc. ent. France, (4) **4**, Bull. XLI—XLII, 1864.
[Coléoptères rares pris en Belgique.] Ann. Soc. ent. Belg., **11**, C. R. LXV, 1867—68.
— Coléoptères à ajouter à la faune (Catalogue). Ann. Soc. ent. Belg., **12**, C. R. LVI, 1868—69 a.
— Lépidoptères. (Renseignements locaux.) Ann. Soc. ent. Belg., **12**, C. R. LVI—LVII, 1868—69 b.

— [Coléoptères mentionnés par M. Van Segvelt et M. Donckier comme nouveaux ou rares pour la faune belge.] Ann. Soc. ent. Belg., **19**, C. R. LXV—LXVI, 1876.
— (Lettres sur des captures de Coléoptères faites en Belgique il y a quelques années.) Ann. Soc. ent. Belg., **26**, C. R. XCIII—XCVI, 1882 a.
— (Lettre sur quelques anciennes captures de Coléoptères aux environs de Louvain et de Bruxelles.) [Mit Angaben von Preudhomme de Borre.] Ann. Soc. ent. Belg., **26**, C. R. CVI—CVII, 1882 b.

Morsbach,
Mittel zur Vertilgung von Läusen bei Lämmern. Dtsch. landw. Pr., **8**, 145, 1881.

Morsbach, Adolf
geb. 1822, gest. 3. 3. 1903 in Dortmund, Geh. Sanitätsrat. — Biogr.: (H. Landois) Jahresber. Westfäl. Prov. Ver. Münster, **31**, 144—148, 1903 m. Porträt.
— Ein einfaches Mittel, den Metallglanz der Cassiden zu erhalten. Stettin. ent. Ztg., **26**, 114—115, 1865.

Morse, Albert Pitts
geb. 10. 2. 1863 in Sherborn (Mass.), gest. 29. 4. 1936 in Wellesley, Prof. d. Zool. u. Entomol. am Wellesley-Coll. — Biogr.: (E. O. Essig) Hist. of Ent., 710—712, 1931 m. Porträt; Ent. News, **47**, 228, 1936; (T. S. Palmer) Auk, **53**, 372—373, 1936; (R. Dow) Psyche Cambr. Mass., **44**, 1—11, 1937; (C. E. Mickel) Ann. ent. Soc. Amer., **30**, 182—183, 1937; (H. Osborn) Fragm. ent. Hist., 272, 1937; (H. Osborn) Fragm. ent. Hist., **2**, 103, 1946 m. Porträt.
— A Suggestion to Lepidopterists. Ent. News, **3**, 121—122, 1892.
— A melanistic locust. Psyche Cambr. Mass., **6**, 401—402, 1893 a.
— A specimen of *Xabea bipunctata.* Psyche Cambr. Mass., **6**, 406, 1893 b.
— A new species of *Stenobothrus* from Connecticut, with Remarks on other New England species. Psyche Cambr. Mass., **6**, 477—479, 6 Fig., 1893 c.
— On the use of Bisulphide. Journ. N. York ent. Soc., **2**, 191, 1894 a.
— *Spharagemon:* a study of the New England species. Proc. Boston Soc. nat. Hist., **26**, 220—240, 9 Fig., (1896) 1894 b.
— Wing-length in some New England Acrididae. Psyche Cambr. Mass., **7**, 13—14, 53—55, (1896) 1894 c.
— A preliminary list of the Acrididae of New England. Psyche Cambr. Mass., **7**, 102—108, 167, (1896) 1894 d.
— Notes on the Orthoptera of Penikese and Cuttyhunk. Psyche Cambr. Mass., **7**, 179—180, (1896) 1894 e.
— Notes on the Acrididae of New England. Psyche Cambr. Mass., **7**, 147—154, 163—167, (1896) 1894 f; ... II. Tryxalinae. 323—327 + 1 (unn., Taf.Erkl.) S.; 342—344, 382—384, 402—403, 407—411, 419—422, 443—445, Taf. 6—7, 1896; Notes on New England Acrididae. — III. Oedipodinae. **8**, 6—8, 35—37 + 1 (unn., Taf.Erkl.) S.; 50—51, 64—66, 80—82, 87—89, 111—114, (1899) 1897; ... IV. — Acridiinae. 247—248, 255—260 + 1 (unn., Taf.Erkl.) S.; 269—273, 279—282, 292—296, Taf. 2 + 7, (1899) 1898.
— New North American Odonata. Psyche Cambr. Mass., **7**, 207—211, 274—275; *Enallagma pictum* Morse. 307, (1896) 1895 a.
— Revision of the species of *Spharagemon.* Psyche Cambr. Mass., **7**, 287—299, 6 Fig., (1896) 1895 b.
— New North American Tettiginae. Journ. N. York ent. Soc., **3**, 14—16, 107—109, 1895 c; Illustrations of North ... **4**, 49, Taf. II, 1896; New North ... **7**, 198—201, 1899.
— Some Notes on Locust Stridulation. Journ. N. York ent. Soc., **4**, 16—20, 1896 a.
— Both Sides of Butterflies. Journ. N. York ent. Soc., **4**, 20—22, 1896 b.
— Pacific coast collecting. Psyche Cambr. Mass., **8**, 160—167, 174—177, (1899) 1898.
— The distribution of the New England locusts. Psyche Cambr. Mass., **8**, 315—323 + 1 (unn., Taf.Erkl.) S., Taf. 8, 1899.
— in Godman, Frederick Ducane & Salvin, Osbert [Herausgeber] (1881—1911) 1900—08.

Morse, Edward Sylvester
geb. 1838.
— A new Insect Box. Amer. Natural., **1**, 156, 1 Fig., (1868) 1867.

Morse, F ... W ...
Phylloxera. Science, **7**, 417—418, 1886.

Morse, George W ...
The Cotton Caterpillar. Monthly Rep. Dep. Agric., **1867**, 249—250, 1868.

Morse, W ... R ...
V[anessa] Antiopa. Sci. Gossip, **14**, 143, 1878.

Mortensen, R ... C ...
Lucilia sylvarum Meig. als Schmarotzer an *Bufo vulgaris.* Zool. Anz., **15**, 193—195, 1892.

Mortimer, Charles Henry
gest. 21. 10. 1932 in Dorking. — Biogr.: Entomol. monthly Mag., (3) **18** (**68**), 279, 1932.
— *Crabro gonager,* Lep., and *Panzeri,* v. d. Lind., in the London district. Entomol. monthly Mag., (2) **6** (**31**), 122, 1895.
— *Ceropales variegata* near Holmwood. Entomol. monthly Mag., (2) **8** (**33**), 215, 1897.
— Lively halves of a bisected insect. Entomol. monthly Mag., (2) **9** (**34**), 67, 1898.

Morton, Alexander
geb. 1855? in Hardtimes Landing (Louisiana), gest. 1907 in Sandy Bay (Hobart), Direktor d. Tasmanian Mus. — Biogr.: Proc. R. Soc. Tasmania, **1906—07**, XLIII—XLIX, 1908; (A. Musgrave) Bibliogr. Austral. Ent., 230, 1932.
— *Oestrus ovis* or Gadfly of the Sheep. Pap. Proc. R. Soc. Tasmania, **1884**, 258—259, 1885.
— Notes on a grub found infesting the orchards of Hobart, with a few remarks on the subject of insect pests generally. Pap. Proc. R. Soc. Tasmania, **1889**, 249—251, 1890.

Morton, Emily L ...
geb. 3. 4. 1841 in Rocklawn/New Windsor (N. York), gest. 8. 1. 1920 in New Windsor (N. York). — Biogr.: (H. H. Newcomb) Ent. News, **28**, 97—101, 1917 m. Porträt; (H. H. Newcomb) Ent. News, **31**, 149—150, 1920.
— *Arctia nais.* Papilio, **2**, 18, 1882.
— Notes on *Danais archippus,* Fabr.[1]) Canad. Entomol., **20**, 226—228, 1888.
— American Notes. Brit. Natural., **1**, 33, 1891 a.
— American and English Lepidoptera. Brit. Natural., **1**, 151, 1891 b.
— Notes from New Windsor. Ent. News, **3**, 1—3, 1892.

[1]) vermutl. Autor, lt. Text Emily M. Morton

— siehe Dyar, Harrison Gray & Morton, Emily L... 1895.

Morton, H...
Bombyx Neustria. Sci. Gossip, (**11**), 214—215, 1875.

Morton, Kenneth John
geb. Mai 1858 in Carluke (Lanarksh.), gest. 29. 1. 1940 in Edinburgh, Bankangestellter. — Biogr.: (P. P. Calvert) Ent. News, **51**, 73, 237—240, 1940; (F. C. Fraser u. a.) Entomologist, **73**, 143—144, 1940.

— Voluntary submergence by the female of *Phryganea.* [Mit Angaben von R. McLachlan.] Entomol. monthly Mag., **19**, 28, (1882—83) 1882.
— Notes on the Trichoptera of upper Clydesdale. Entomol. monthly Mag., **19**, 194—196, (1882—83) 1883 a.
— Occurrence of *Oecetis furva,* Ramb., and other Trichoptera in Co. Monaghan, Ireland. Entomol. monthly Mag., **20**, 142, (1883—84) 1883 b.
— Note on the development of *Phryganea striata.* [Mit Angaben von R. Mc L.] Entomol. monthly Mag., **20**, 168, (1883—84) 1883 c.
— Description of a variety of *Philopotamus montanus,* Donovan, from Scotland. Entomol. monthly Mag., **20**, 273, (1883—84) 1884 a.
— On the larva, &c., of *Beraeodes minuta,* Linné. [Mit Angaben von R. McLachlan.] Entomol. monthly Mag., **21**, 27—29, (1884—85) 1884 b.
— *Adicella filicornis,* Pict.; an addition to the British Trichoptera. [Mit Angaben von R. McL.] Entomol. monthly Mag., **21**, 91, (1884—85) 1884 c.
— Notes on the larva, &c., of *Asynarchus coenosus,* Curt. Entomol. monthly Mag., **21**, 125—126, (1884—85) 1884 d.
— siehe King, James John Francis Xavier & Morton, Kenneth John 1884.
— *Beraea pullata* and *Crunoecia irrorata* bred. Entomol. monthly Mag., **22**, 43, (1885—86) 1885 a.
— *Lepidostoma hirtum* bred. Entomol. monthly Mag., **22**, 66, (1885—86) 1885 b.
— *Drepanopteryx phalaenoides,* L., in Scotland: a re-discovery. Entomol. monthly Mag., **22**, 139—140, (1885—86) 1885 c.
— On the case, &c., of *Agraylea multipunctata,* Curt. (= *Hydroptila flabellifera,* Bremi). Entomol. monthly Mag., **22**, 269—272, (1885—86) 1886 a.
— *Agrypnia Pagetana,* Curt., and other Trichoptera in Ireland. Entomol. monthly Mag., **23**, 138, (1886—87) 1886 b.
— Notes on some spring-frequenting Trichoptera. Entomol. monthly Mag., **23**, 146—150, (1886—87) 1886 c.
— On the cases, &c., of *Oxyethira costalis,* Curt., and another of the Hydroptilidae. Entomol. monthly Mag., **23**, 201—203, (1886—87) 1887 a.
— *Apatania fimbriata,* Pict., a caddis-fly new to the British Isles. Entomol. monthly Mag., **24**, 118, (1887—88) 1887 b.
— Additional Trichoptera from Glasslough, Ireland. Entomol. monthly Mag., **24**, 136, (1887—88) 1887 c.
— Another Caddis-fly new to the British Isles: *Tinodes maculicornis,* Pict. Entomol. monthly Mag., **24**, 136, (1887—88) 1887 d.
— The larva, &c., of *Philopotamus.* Entomol. monthly with references to other species of Hydroptilidae. Entomol. monthly Mag., **24**, 171—173, 7 Fig., (1887—88) 1888 a.
— The larva, &c., of *Philopotamus.* Entomol. monthly Mag., **25**, 89—91, (1888—89) 1888 b.
— Note on *Orthotrichia angustella* and its case. Entomol. monthly Mag., **25**, 93—94, (1888—89) 1888 c.
— Note on *Stenophylax stellatus* and *S. latipennis.* [Mit Angaben von R. McLachlan.] Entomol. monthly Mag., **25**, 235—236, 2 Fig., (1888—89) 1889 a.
— On the position of *Chimarrha.* Entomol. monthly Mag., **25**, 262, (1888—89) 1889 b.
— Notes on *Agrypnia Pagetana* and other Trichoptera. Entomol. monthly Mag., **25**, 323, (1888—89) 1889 c.
— Notes on the metamorphoses of two species of the genus *Tinodes.* Entomol. monthly Mag., (2) **1** (**26**), 38—42, 8 Fig.: A correction. 90, 1890 a.
— Notes on the Metamorphoses of British Leptoceridae (No. 1). Entomol. monthly Mag., (2) **1** (**26**), 127—131, 11 Fig.; ... (No. 2). 181—184, 11 Fig.; ... (No. 3). 231—236, Taf. I—II, 1890 b.
— On the Oral Apparatus of the larva of *Wormaldia,* a Genus of Trichoptera. Proc. Trans. nat. Hist. Soc. Glasgow, (N. S.) **2** (1886—88), 115—117, Taf. II, 1890 c.
— *Drepanopteryx phalaenoides,* Linn., in Scotland. Entomol. monthly Mag., (2) **2** (**27**), 308, 1891.
— *Hydroptila Maclachlani,* Klapálek, a caddis fly new to Britain. Entomol. monthly Mag., (2) **3** (**28**), 108, 1 Fig., 1892 a.
— *Limnophilus decipiens,* Kol., in Ireland. Entomol. monthly Mag., (2) **3** (**28**), 110, 1892 b.
— *Drepanopteryx phalaenoides.* Entomol. monthly Mag., (2) **3** (**28**), 194, 1892 c.
— Notes on Trichoptera and Neuroptera from Ireland. Entomol. monthly Mag., (2) **3** (**28**), 301, 1892 d.
— On the preparatory states of *Diplectrona felix,* McLach. Entomol. monthly Mag., (2) **4** (**29**), 84—86, Taf. 1, 1893 a.
— *Lestes nympha,* Selys, and other dragonflies in Cambridgeshire. [Mit Angaben von R. McLachlan.] Entomol. monthly Mag., (2) **4** (**29**), 215, 1893 b.
— On variation in *Vanessa urticae* and *Erebia blandina* in Scotland. Entomol. monthly Mag., (2) **4** (**29**), 223—224, 1893 c.
— Notes on Neuroptera. Entomol. monthly Mag., (2) **4** (**29**), 249, 1893 d.
— Notes on Hydroptilidae belonging to the European Fauna, with descriptions of new species. Trans. ent. Soc. London, **1893**, 75—82, Taf. V—VI, 1893 e.
— *Agriotypus armatus,* Curtis, in Perthshire. Entomol. monthly Mag., (2) **5** (**30**), 62—63, 1894 a.
— Occurrence of the yellow male of *Hepialus humuli,* L., in Lanarkshire. Entomol. monthly Mag., (2) **5** (**30**), 212, 1894 b.
— *Phibalapteryx lapidata,* Hb., in South Lanarkshire. Entomol. monthly Mag., (2) **5** (**30**), 257, 1894 c.
— Palaearctic Nemourae. Trans. ent. Soc. London, **1894**, 557—574, Taf. XIII—XIV, 1894 d.
— Neuroptera observed in Glen Lochay. Entomol. monthly Mag., (2) **6** (**31**), 260—263, 1895 a.
— Early Perlidae. Entomol. monthly Mag., (2) **6** (**31**), 121, 1895 b; (2) **7** (**32**), 112, 1896.
— A new species of Trichoptera from Finnish Lapland *Asynarchus productus.* [Mit Angaben von J. Sahlberg.] Medd. Soc. Fauna Flora Fenn., **21** (1894—95), 60, 109—111, 1 Fig.; Dtsch. Übersicht. 136, 1895 c.
— Habits of *Coremia munitata,* Hb. Entomol. monthly Mag., (2) **7** (**32**), 39, 1896 a.
— Hydroptilidae collected in Algeria by the Rev. A. E. Eaton. Entomol. monthly Mag., (2) **7** (**32**), 102—104, 5 Fig., 1896 b.

— *Allotrichia pallicornis,* Eaton, and other Trichoptera from Clydesdale. Entomol. monthly Mag., (2) **7** (**32**), 231—232, 1896 c.
— New and little-known Palaearctic Perlidae. Trans. ent. Soc. London, **1896**, 55—63, Taf. II, 1896 d.
— Lepidoptera observed in Glen Lochay. Entomol. monthly Mag., (2) **8** (**33**), 1—4, 1897 a.
— *Coenonympha tiphon* and its varieties. Entomol. monthly Mag., (2) **8** (**33**), 28—29, 1897 b.
— Variation in *Lycaena minima.* Entomol. monthly Mag., (2) **8** (**33**), 43, 1897 c.
— Neuroptera observed in 1897, chiefly in the New Forest and in the Fens. Entomol. monthly Mag., (2) **8** (**33**), 275—278, 1897 d.
— Aberrations of *Argynnis paphia* and *Thecla quercûs.* Entomol. monthly Mag. (2) **9** (**34**), 1, Taf. I. 1898 a.
— Two new Hydroptilidae from Scotland and Algeria respectively. Entomol. monthly Mag., (2) **9** (**34**), 107—109, 2 Fig., 1898 b.
— *Isopteryx torrentium,* Pictet and *I. Burmeisteri* Pictet; with notes on other species of the genus. Entomol. monthly Mag., (2) **9** (**34**), 158—160, 4 Fig., 1898 c.
○ Note on the Occurrence of *Anabolia nervosa* in June, with Remarks on the Effect of Altitude on the Time of Appearance of Insects. Ann. Scott. nat. Hist., **1899**, 22—25, 1899 a.
○ *Aeschna coerulea,* Ström, a Boreal Dragonfly. Ann. Scott. nat. Hist., **1899**, 26—29, 1899 b.
— Entomological Notes from Glen Lochay and Loch Tay including record of an *Oxyethira* new to Britain. Entomol. monthly Mag., (2) **10** (**35**), 53—55, 1899 c.
— *Philopotamus montanus,* var. *chrysopterus,* on the Pentland Hills. Entomol. monthly Mag., (2) **10** (**35**), 157—158, 1899 d.
— Neuroptera and Trichoptera observed in Wigtownshire during July, 1899, including two species of Hydroptilidae new to the British List. Entomol. monthly Mag., (2) **10** (**35**), 278—281, 1899 e.
— Notes on the Scottish species of the genus *Hemerobius.* Ann. Scott. nat. Hist., **1900**, 30—32, 1900 a.
— Notes on Wigtownshire Lepidoptera. Ann. Scott. nat. Hist., **1900**, 156—159, 1900 b.
— Some old records of the occurrence of certain Dragon-flies in Scotland. Entomol. monthly Mag., (2) **11** (**36**), 108—110, 1900 c.
— *Xenolechia aethiops,* Westw., and *Adela cuprella,* Thnb., in Scotland. Entomol. monthly Mag., (2) **11** (**36**), 159, 1900 d.
— Descriptions of new species of Oriental Rhyacophilae. Trans. ent. Soc. London, **1900**, 1—7+1 (unn., Taf. Erkl.) S., Taf. I, 1900 e.

Morton, Kenneth John & **King,** James John Francis Xavier
Aeschna borealis, Zett., at Rannoch. Entomol. monthly Mag., **25**, 383, (1888—89) 1889.

Morton, Robert
Dipterous Larvae under the Shell of a Tortoise. Sci. Gossip, (7) (1871), 41—42, 1872.

Morton, W . . .
Impressions de voyage. Bull. Soc. Vaudoise Sci. nat., **36**, 301—325, 1900.

Mortonson, Alb . . . Sam . . .
Entomologiska bidrag till Kinnekulles fauna. Göteborgs Vetensk. Vitterh. Handl., **12**, 1—23, 1873.
— (Coléoptères de l'île d'Öland, trouvés pendant l'été de 1882.) Ent. Tidskr., **4**, 46—47, 1883.
— (En för svenska faunan ny skalbagge *Elmis angustatus.*) Ent. Tidskr., **5**, 96; [Franz. Zus.fassg.:] (*Elmis angustatus,* un coléoptère nouveau pour la faune suédoise.) 206, 1884.

Mortreux, M . . .
Ueber die Darstellung des Kantharidins und die Probe auf Kanthariden. Pharm. Centralhalle Berlin, **5**, 339, 1864.

Morvillo, A . . . & **Lanza,** S . . .
○ La produzione dei bozzoli nella provincia di Palermo. Bacologo Ital., **3**, 218—220, 1880—81.

Mory, E . . .
Eine coleopterologische Sammelreise in Graubünden. Soc. ent., **8**, 148—149, 155, 162, (1893—94) 1894.
— *V*[*anessa*] *cardui.* Soc. ent., **12**, 141, (1897—98) 1897.

Mory, Eric
Sammelexcursion im Oberwallis 1895. [Lep., Col.] Soc. ent., **11**, 36—38, 44—45, 52—53, 58—61, (1896—97) 1896.
— Beitrag zur Odonatenfauna des Jouxthales. Mitt. Schweiz. ent. Ges., **10**, 187—196, 1899 a.
— Kleinere Streifzüge im Jouxtal 1898. [Lep.] Soc. ent., **14**, 60—61, 67—69, 74—75, 82—84, (1899—1900) 1899 b.

Mory, Eugen
Parthenogenesis of *B*[*ombyx*] *quercus.* Soc. ent., **10**, 3—4, (1895—96) 1895.

Mosca, Luigi
○ La *Phylloxera vastatrix.* Mezzo di distruggerla e di preservarne la vigna col panello o sansa di ricino. Ann. Accad. Agric. Torino, **17** (1874), 121—129, 1875.

Moseley, Henry Nottidge
geb. 1844, gest. 1891.
— Ein Verfahren um die Blutgefässe der Coleopteren auszuspritzen. Ber. Verh. Sächs. Ges. Wiss., **23**, 276—278, 1 Farbtaf. (unn.), 1871 a. — [Abdr.:] Arb. physiol. Anst. Leipzig, **6** (1871), 60—62, 1 Farbtaf. (unn.), 1872.
— On the Sound made by the Death's Head Moth, „*Acherontia Atropos*". Nature London, **6**, 151—153, 1 Fig., 1872.
— Sections of Insects. Amer. Natural., **7**, 119, 1873 a.
○ Injection of the Blood-vessels and finest Gland-ducts of Insects. Quart. Journ. micr. Sci., (N. S.) **13**, 85, 1873 b.
○ On the Circulation in the Wings of *Blatta orientalis* and other Insects, and on a New Method of Injecting the Vessels of Insects. Quart. Journ. micr. Sci., (N. S.) **11**, 389—395, 1 Taf., 1871 b.
[Ref.:] Circulation in Insects. Amer. Natural., **6**, 178, 1872.
— Further notes on the Plants of Kerguelen, with some remarks on the Insects. Contribution to the Botany of H. M. S. „Challenger" XXVII. Journ. Linn. Soc. (Bot.), **15**, 53—54, 1877. — [Abdr., z. T.?:] Remarks on the Insects of Kerguelen's Land. Journ. Linn. Soc. (Zool.), **12**, 578—579, 1876.
— Wingless Insects of the Falkland Islands. Nature London, **18**, 619, 1878.

Moser,
Täuschung und Erkenntniss bei Honigbienen. Oesterr. landw. Wbl., **20**, 204, 1895.

Moser, Carl
Aus dem Insectenleben in Höhlen und Dolinen am Karste. Mitt. Sekt. Naturk. Österr. Tour.-Club, **5**, 5, 1893.
— Maikäfer im Jänner. Mitt. Sekt. Naturk. Österr. Tour.-Club, **6**, 7, 1894.

Moser, Enr . . .
Sull' esportazione del seme bachi del Turkestan. [Nach: Il Sole.] 8°, 8 S., Milano, tip. del Sole, 1870.

Moser, Ferdinand
Blutlaus. Mitt. Gartenbau-Ges. Steiermark, **20**, 38, 1894.

Moser, L . . . Karl
Welchen Einfluß übt das elektrische Licht auf die Schmetterlinge aus? Natur Halle, (N. F.) **18** (**41**), 151, 1892.

Moses, Henry
Colias edusa in Reading. Sci. Gossip, (**5**) (1869), 210, 1870.

Mosler, Carl Friedrich
geb. 1831.
Mosler, Carl Friedrich & **Peiper**, Erich
○ Thierische Parasiten. Specielle Pathologie und Therapie, herausgegeben von H. Nothnagel, **6**. 8°, XII + 345 S., 124 Fig. (?), Wien, 1894.
[Ref.:] Braun, Maximilian: Zbl. Bakt. Parasitenk., **16**, 752—755, 1894.

Mosley, S . . . H . . .
○ Work for the Insect Breeder. — November. Young Natural. London, **1**, 13—14, 1879—80 a.
○ Enemies to Garden Crops. The Cabbage Tribe. Young Natural. London, **1**, 102—103; . . . II. Turnips. 229—230, ? Fig.; . . . III. Enemies to Gooseberries and Currants. 320—326, 1879—80 b; . . . IV. Grassland. **2**, 35—36, 1880.

Mosley, Seth Lister
geb. 1848.
— *Epunda nigra* and *Noctua glareosa* at Sherwood Forest. Entomologist, **7**, 228, 1874.
— Captures of Lepidoptera in 1874. Entomologist, **8**, 19—20, 1875 a.
[Siehe:] Doubleday, Henry: 37—38.
— *Leucophasia Sinapis*. Entomologist, **8**, 21, 54, 1875 b.
[Siehe:] Doubleday, Henry: 37.
— *Fidonia atomaria*. Entomologist, **8**, 22, 1875 c.
— *Cucullia Scrophulariae*. Entomologist, **8**, 54, 1875 d.
[Siehe:] Doubleday, Henry: 37—38.
— Grease and Mites. Entomologist, **9**, 156—157, 1876 a.
— Preserving Larvae. Entomologist, **9**, 157, 1876 b.
— On preserving Dragon-flies. [Mit Angaben von R. McLachlan.] Entomol. monthly Mag., **13**, 88—89, (1876—77) 1876 c.
— Yorkshire Hemiptera-Homoptera in 1877. (Family Psyllidae.) Trans. Yorksh. Natural. Union, **1877**, Ser. D, 17—18, 1877 a.
— Yorkshire Diptera in 1877. Trans. Yorksh. Natural. Union, **1877**, Ser. D, 19—22, 1877 b.
○ *Psylla alni* [very common near Huddersfield]. Naturalist London, (N. S.) **3**, 59, 1877—78 a.
○ Hints to Yorkshire Entomologists. Naturalist London, (N. S.) **3**, 116—118, 1877—78 b.
○ Hints on collecting Insects. Diptera. Naturalist London, (N. S.) **3**, 148—149, 1877—78 c.
— Persistent Variation in British Butterflies. Naturalist London, (N. S.) **4**, 182—184, 1879 a; (N. S.) **5**, 4—10, (1879—80) 1879.
— On some causes which seem to operate in the production of varieties in Lepidoptera. Naturalist London, (N. S.) **5**, 53—57, 65—68, (1879—80) 1879 b.
○ Sherwood Forest. Young Natural. London, **1**, 89—91, 100—101, 108—109, 1879—80 a.
○ *A*[*cherontia*] *atropos* making a noise. Young Natural. London, **1**, 300, 1879—80 b.
○ *Agrotis lucernea* et Huddersfield. Young Natural. London, **1**, 308, 1879—80 c.
○ Illustrations of Varieties of British Lepidoptera. 27 Teile. Huddersfield, 1879—82.
1.—12. 54 Taf., 1879.
13.—23. 47 Taf., 1880.
24. 4 Taf., 1881.
25.—27. 13 Taf., 1882.
— *Acronycta menyanthides*. [Mit Angaben von Geo. T. Porritt.] Naturalist London, (N. S.) **5**, 139—140, 1 Fig., (1879—80) 1880.
○ On the Classification of British Insects. Naturalist London, **7**, 188, 1882?; **8**, 4—9, 24—26, 1883?.
○ An Attempt to Classify the British Lepidoptera, so as to form a connection with the Trichoptera at one end and the Hymenoptera at the other. Naturalist London, **8**, 87—89, 1883? a.
— Where are the insects? Naturalist London, (N. S.) **9**, 85—88, (1883—84) 1883 b.
— Where are the Insects? Naturalist London, (N. S.) **9**, 119—120, 137, (1883—84) 1884.
— Educational Collections of Insects. Sci. Gossip, **24**, 43—44, 1888 a.
— Rose Pests. Sci. Gossip, **24**, 195—196, 1888 b; **25**, 101—103, 1889.
— Variety of *Pieris brassicae*. Entomologist, **22**, 112, 1889.
— Vegetable galls and gall insects. Brit. Natural., **3**, 90—94, 1893 a.
— *Chrysomela goettingensis*. Entomol. monthly Mag., (2) **4** (**29**), 193, 1893 b.
— *Dryophanta disticha*. Entomol. monthly Mag., (2) **4** (**29**), 194, 1893 c.
○ *Abraxas grossulariata* and its varieties. Natural. Journ., **4**, 6—9, 33, 78, 113, 161, 185, ? Fig., 1895.
[Ref.:] La variabilité de l'*Abraxas grossulariata*. Feuille jeun. Natural., **26**, 15, 1 Fig., (1895—96) 1895.

Mosley, S . . . S . . .
○ Capture of Lepidoptera in 1872. Yorksh. Natural. Record., Nr. 9, 136—137, 1873.
○ Macro-Lepidoptera at Sherwood, Forest. Naturalist London, (N. S.) **2**, 116—119, 1876—77.
○ Beginning Work [Capture of Lepidoptera on the 5th of March]. Young Natural. London, **1**, 162—163, 1879—80.

Moss, Arthur Miles
Amphydasis strataria near Windermere. Entomologist, **21**, 156—157, 1888.
— Notes on the Season: Windermere. [Lep.] Entomologist, **25**, 245—246, 1892.
— (The Breeding of *Bombyx rubi* and *Spilosoma fuliginosa*.) Entomol. Rec., **4**, 113—115, 1893.
— (An act of vandalism.) [Mit Angaben von J. W. Tutt.] Entomol. Rec., **6**, 95—96, 1895.
— Re-appearance of *Deilephila galii* on the Lancashire and Cheshire Coast. Entomologist, **30**, 290—293, 1897 a.

— On the Habits of *Cidaria reticulata.* Entomol. monthly Mag., (2) **8** (**33**), 99—101, 1897 b.
— *„Deilephila galii of* 1897." Entomologist, **31**, 30—31, 1898 a.
— Larvae on Impatiens. [Lep.] Entomologist, **31**, 243, 1898 b.
— *Cucullia asteris* near Windermere. Entomologist, **31**, 264—265, 1898 c.
— Note on the life-history of *Nemeobius lucina.* Entomologist, **32**, 91—92, 1899 a.
— *Cucullia chamomillae.* Entomologist, **32**, 93—94, 1899 b.
— *Chaerocampa elpenor* on Wild Balsam. Entomologist, **33**, 270, 1900 a.
— *Sirex gigas.* Entomologist, **33**, 307, 1900 b.
— *Colias edusa* and *Acherontia atropos* in Kendal District. Entomologist, **33**, 353—354, 1900 c.

Moss, Wilfred
Death's Head Hawk Moth. Midl. Natural., **8**, 296—297, 1885.

Mosse, G . . . S . . .
(*Papilio Turnus* a ♀ coloured like the ♂.) Trans. ent. Soc. London, **1868**, Proc. XXXIX, 1868.

Motelay,
(A propos du travail de M. le docteur Marchal sur la dissociation de l'oeuf en un grand nombre d'individus distincts et sur le cycle evolutif chez les *Eucyrtus fuscicollis* (Hyménoptères).) Act. Soc. Linn. Bordeaux, (6) **3** (**53**), XX—XXI, 1898 a.
— (Note sur un papillon que la vue et non l'odeur des fleurs attirait.) Act. Soc. Linn. Bordeaux, (6) **3** (**53**), LXIV—LXV, 1898 b.

Motschalkin, O . . . S . . . siehe Močalkin, O . . . S . . .

Motschoulsky, Victor Ivanowitsch siehe Motschulsky, Victor Ivanovič

Motschulsky, Victor Ivanovič
geb. ca. 1810, gest. 5. 6. 1871 in Simferopol, Offizier. — Biogr.: (M. S. Solsky) Horae Soc. ent. Ross., **6**, Suppl. 1—118, (1870) 1868; (A. R. Wallace) Trans. ent. Soc. London, **1871**, Proc. LII, 1871; (E. Newman) Entomologist, **6**, 56, 1872; (C. A. Dohrn) Stettin. ent. Ztg., **33**, 73, 1872; (S. A. de Marseul) Abeille, **24**, 164—170, 1886—87; (A. Becker) Insektenbörse, **22**, 4, 14, 1905; (R. Dow) Bull. Brooklyn ent. Soc., **9**, 99—100, 1914; (W. Horn) Ent. Mitt., **16**, 1—9, 93—98, 1927; (E. O. Essig) Hist. Ent., 715—722, 1931; (A. Musgrave) Bibliogr. Austral. Ent., 231, 1932.
— Énumeration des nouvelles espèces de Coléoptères rapportés de ses voyages. Bull. Soc. Natural. Moscou, **37**, Nr. 3, 171—240; Nr. 4, 297—355, 1864; **38**, Teil 2, 227—313, 1865; **39**, Nr. 3, 225—290, Taf. VII, 1866; **40**, Teil 1, 39—103, 1867; **41**, Teil 2, 170—201, Taf. VIII, 1868; **42**, Teil 1, 252—275, 1869; **42** (1869), Teil 1, 348—354, 1870; **43**, Teil 1, 18—49, 379—407, Taf. II—IV, 1870; **45**, Teil 3, 23—55, 1872; **46**, Teil 1, 466—482, 1873; **46** (1873), Teil 2, 203—252, 1874; **48**, Teil 2, 226—242, 1874; **49**, Teil 2, 139—155, 1875.
— Un genre nouveau de Staphilinites de l'Amérique septentrionale. Bull. Soc. Natural. Moscou, **38**, Nr. 2, 583—584, 1 Fig., 1865.
— Catalogue des Insectes reçus du Japon. Bull. Soc. Natural. Moscou, **39**, Nr. 1, 163—200, 1866 a.
— Essai d'un catalogue des Insectes de l'Ile de Ceylon. Supplément.[1]) Bull. Soc. Natural. Moscou, **39**, Nr. 2, 393—446, 1866 b.

[1]) Originalarbeit 1863

— Catalogue des Lépidoptères rapportés des environs du fl. Amour depuis la Schilka justqu'à Nikolaevsk. Bull. Soc. Natural. Moscou, **39**, Nr. 3, 116—119, 1866 c.
— Genres et espèces d'insectes, publiés dans différents ouvrages par Victor Motschulsky. Horae Soc. ent. Ross., **6** (1869), Suppl. 1 (unn.) +118 S., (1870) 1868.
— Coléoptères rapportés de la Sibérie or et notamment des pays situés sur les bords du fleuve Amour, par Schrenck, Maack, Ditmar, Voznessenski, etc., déterminés et décrits. [Abdr., z. T., veränd., mit franz. Übers. der lat. Diagnosen aus V. de Motschulsky 1860 in L. v. Schrenck, Reisen und Forschungen im Amurlande, **2**, 77—257, 1860.] Abeille, **16**, 52—168, 1878.
— Insectes de la Sibérie rapportés d'un voyage fait en 1839 et 1840. [Aus: Mém. Acad. Sci. St. Pétersb., **13**, 1—274, 1844.] Abeille, **18** ((3) **6**), 51—152, (1881) 1880.

Mott, Frederick Thompson
The Invasion of Ladybirds. Sci. Gossip, (**5**) (1869), 267—268, 1870.
— Colour in Flowers not due to Insects. [Mit Angaben von G. S. Boulger (520) & Th. Comber (520).] Nature London **10**, 503, 520, 1874.
— A Festival of Gnats. Midl. Natural., **2**, 247—248, 1879.
— The Weapons of Butterflies. Midl. Natural., **8**, 297, 1885.
— On the Weapons of Animals. [Nach: Leicester lit. phil. Soc., 1885.] Midl. Natural., **9**, 129—133, 1886.

Mott, T . . . T . . .
Swarm of Beetles. Sci. Gossip, (**6**) (1870), 233, 1871.

Mottard, E . . .
○ Destruction du *Phylloxera* dans les vignes d'Ampuis (Rhône). 8°, Lyon, Labonet, 1875.

Motter, Murray Galt
A Contribution to the Study of the Fauna of the Grave. A study of on hundred and fifty disinterments, with some additional experimental observations. Journ. N. York ent. Soc., **6**, 201—231, Tab. I—II, 1898.

Moufflet, Alfred
geb. 3. 6. 1821 in Rochefort, gest. 1. 10. 1866 in Senegal, Arzt in Senegal. — Biogr.: (H. Deyrolle) Ann. Soc. ent. France, (4) **6**, 607—610, 1866.
— (Observations sur la phosphorescence du *Fulgora lanternaria.*) Ann. Soc. ent. France, (4) **5**, Bull. LXII, 1865 a.
— (Larves de *Bothrideres* parasites du *Lagocheirus araneiformis.*) Ann. Soc. ent. France, (4) **5**, Bull. LXII, 1865 b.

Mouhot, Alexandre Henri
geb. 1826, gest. 1861.
○ Travels in the central parts of Indo-China (Siam), Cambodia, and Laos, during 1858—60. 2 Bde. 8°, ? Fig., London, 1864.
[Darin:]
Castelnau, Francis Louis Nompar de Caumont de Laporte de: Carabideous insect discovered in Laos.

Mouillefert, Pierre
geb. 1846.
— Expériences sur l'emploi des sulfocarbonates alcalins pour la destruction du *Phylloxera.* [Mit Angaben von Dumas.] C. R. Acad. Sci. Paris, **79**, 645—647, 1874 a.

— Expériences faites à Cognac, sur des vignes phylloxérées, avec le coaltar recommandé par M. Petit. C. R. Acad. Sci. Paris, **79**, 773—775, 1874 b.
— Nouvelles expériences avec les sulfocarbonates alcalins, pour la destruction du *Phylloxera;* manière de les employer. C. R. Acad. Sci. Paris, **79**, 851—854, 1874 c.
— Effets du sulfocarbonate de potassium sur le *Phylloxera.* C. R. Acad. Sci. Paris, **79**, 1184—1189, 1874 d.
○ Le *Phylloxera.* Moyens proposés pour le combattre. Etat actuel de la question. 8°, ? Fig., ? Taf., Paris, G. Masson, 1875 a.
○ Le *Phylloxera vastatrix* et la nouvelle maladie de la vigne. Bull. Ass. Elèves Grignon, **1875**, [43 S.], 1875 b.
[Sonderdr.:] 8°, 43 S., Paris, G. Masson, 1875.
— Origine du *Phylloxera* à Cognac. C. R. Acad. Sci. Paris, **80**, 1344—1346, 1875 c. — ○ [Abdr.?:] Bull. Ass. scient. France, **16**, 186—188, 1875.
[Dtsch. Übers. von:] J. Moritz: Ursprung der *Phylloxera* zu Cognac. Weinbau, **1**, 111—112, 1875.
○ Le *Phylloxera.* Rapport officiel sur les résultats obtenus par M. Rohart, à Mongaugé, avec son procédé de destruction du phylloxera. Journ. Agric. prat. Paris, **39**, Bd. 2, 180—183, 1875 d.
○ Destruction du phylloxera. Journ. Agric. prat. Paris, **39**, Bd. 2, 284—286, 326—327, 1875 e.
○ Résumé des résultats obtenus en 1875 à Cognac avec le sulfocarbonate de potassium. Journ. Agric. prat. Paris, **39**, Bd. 2, 799—805, 1875 f.
— Notice sur l'emploi du sulfocarbonate de potassium pour combattre la maladie de la vigne causée par le *Phylloxera.* Monit. scient., **17** ((3) **5**), 742—744, 1875 g.
— Lettre adressée à M. le Président de la Commission du *Phylloxera.* C. R. Acad. Sci. Paris, **82**, 317, 1876 a.
— État actuel des vignes soumises au traitement du sulfocarbonate de potassium depuis l'année dernière. C. R. Acad. Sci. Paris, **83**, 34—38, 1876 b.
— Résultats obtenus à Cognac avec les sulfocarbonates de sodium et de baryum appliqués aux vignes phylloxérées. C. R. Acad. Sci. Paris, **83**, 209—214, 1876 c.
— Note sur la présence et l'origine du *Phylloxera* à Orléans. C. R. Acad. Sci. Paris, **83**, 728—732, 1 Fig., 1876 d.
— (Sur l'efficacité du traitement des vignes phylloxérées par le sulfocarbonate de potasse.) C. R. Acad. Sci. Paris, **83**, 851—852, 1876 e.
— Remarques, à propos des observations présentées par M. Bouillaud, sur les effets produits par les sulfocarbonates [873—875]. C. R. Acad. Sci. Paris, **83**, 959—960, 1876 f.
— Résultats obtenus à Cognac sur les vignes phylloxérées, en combinant le traitement avec les sulfocarbonates alcalins et la décortication des ceps suivie d'un badigeonnage. C. R. Acad. Sci. Paris, **83**, 1224—1227, 1876 g.
○ Le *Phylloxera.* Expériences du comité de Cognac. Solution pratique de la guérison des vignes phylloxérées par les sulfocarbonates alcalins. 4°, 80 S., Paris, G. Masson, 1877 a.
○ Le *Phylloxera.* Comité de Cognac. Résumé des résultats obtenus de 1874 à 1877 avec les sulfocarbonates alcalins. [Cognac.] 16°, 48 S., Paris, Librairie agricole, 1877 b.
— Reconstitution du vignoble français par le sulfocarbonate de potassium. C. R. Acad. Sci. Paris, **84**, 694—697, 1877 c.
— Expériences faites à la station viticole de Cognac, dans le but de trouver un procédé efficace pour combattre le *Phylloxera.* C. R. Acad. Sci. Paris, **84**, 1077—1078, 1877 d.
— Résultats obtenus à Cognac depuis 1875 par l'emploi des sulfocarbonates alcalins. C. R. Acad. Sci. Paris, **84**, 1367—1368, 1877 e.
— Sur l'état des vignes traitées à Cognac par les sulfocarbonates alcalins. C. R. Acad. Sci. Paris, **85**, 29—30, 1877 f. — ○ [Abdr.?:] Journ. Agric. prat. Paris, **41**, Bd. 2, 57—59, 1877.
○ Le *Phylloxera.* Résumé des résultats obtenus en 1876, à la station viticole de Cognac. Mode d'emploi des sulfocarbonates alcalins. Journ. Agric. prat. Paris, **41**, Bd. 1, 167—170, 228—231, 262—264, 1877 g.
○ Excursion dans les pays phylloxérés. Journ. Agric. prat. Paris, **41**, Bd. 2, 614—618, 642—646, 676—681, 1877 h.
— siehe Cornu, Maxime & Mouillefert, Pierre 1877.
○ Traitement des vignes phylloxérées par le sulfocarbonate de potassium. Rapport sur les applications en grande culture effectuées en 1878 avec les procédés mécaniques de MM. P. Mouillefert et Félix Hembert. 8°, 76 S., Paris, librairie agricole, 1878 a.
○ Conservation des vignes françaises. Principes de l'application des sulfocarbonates alcalins à la guérison des vignes phyloxérées au moyen des procédés mécaniques de MM. Mouillefert et Félix Hembert. Preuves de l'effacacité de ce remède. 8°, 44 S., Paris, librairie agricole, 1878 b.
— État actuel de l'invasion phylloxérique. Journ. Agric. prat. Paris, **42**, Bd. 1, 742—745, 1878 c.
— Application du sulfocarbonate de potassium aux vignes phylloxérées. C. R. Acad. Sci. Paris, **89**, 27—29, 1879 a.
— Sur les résultats fournis par le traitement des vignes phylloxérées, au moyen du sulfocarbonate de potasse, et sur le mode d'emploi de cet agent. C. R. Acad. Sci. Paris, **89**, 774—776, 1879 b.
○ Traitement des vignes par le sulfocarbonate de Potassium. Journ. Agric., **4**, 346—350, 1879 c.
— État actuel de la question du sulfocarbonate. Journ. Agric. prat. Paris, **43**, Bd. 1, 126—131, 158—162, 1879 d.
○ Emploi du sulfocarbonate de potassium contre le *Phylloxera,* application économique et pratique par les procédés mécaniques de Mouillefert et Félix Hembert. 8°, 12 S., Paris, impr. Donnaud, 1880a.
— Principes de l'application du sulfocarbonate de potassium aux vignes phylloxérées. La Nature, **8**, sem. 1, 102—?, 122—123, 134—136, 210—211, 1880 b.
○ Application du sulfocarbonate de potassium au traitement des vignes phylloxérées au moyen du système mécanique breveté et des procédés de MM. P. Mouillefert et Félix Hembert. 7. Année. Rapport sur les travaux de l'année 1880. 4°, 112 S., Paris, Société nationale contre le Phylloxera, 1881 a.
○ Application du sulfocarbonate de potassium aux vignes phylloxérées. Ann. Soc. Agric. Dép. Charente, **61**, 91—93, 1881 b.
— Action du sulfocarbonate de potassium sur les vignes phylloxérées. C. R. Acad. Sci. Paris, **92**, 218—224, 1881 c.
— Traitement des vignes phylloxérées, par le sulfocarbonate de potassium, en 1882. C. R. Acad. Sci. Paris, **96**, 180—181, 1883.

Mouline, E . . .
Observations relatives à la maladie des vers à soie.

C. R. Acad. Sci. Paris, **61**, 413—416, 480—481, 638—639, 1865. — [Abdr. S. 413—416:] Rev. Séricicult. comp., **1865**, 226—230, 1865. —[Abdr. S. 413—416:] Rev. Mag. Zool., (2) **17**, 272—276, 1865. [Ref.:] ○ Observaciones relativas a la enfermedad de los gusanos de seda. Revista Progres Cienc. fis. nat., **15**, 508—509, 1865; Beobachtungen der Seidenraupen-Krankheit. Ver.bl.Westfäl.-Rhein. Ver. Bienen- u. Seidenzucht, **17**, 14, 1866; Meyer, R.: Zur Frage der Seidenzucht. Zool. Garten Frankf. a. M., **6**, 474—476, 1865.

Moulins, Charles des siehe Des Moulins, Charles

Moult, le siehe Le Moult,

Moulton, J . . . T . . .
Flies riding on a Tumble-dung. Amer. Entomol., **3** ((N. S.) **1**), 226, 1880.

Mourier,
De la sériciculture au Japon. Bull. Soc. Acclim. Paris, (2) **3**, 90—97, 1866. — [Abdr.?:] Rev. Séricicult. comp., **1866**, 37—45, 1866.

Mourlon, Michel Félix
geb. 1845.
— Allocution à l'occasion de la mort du Baron Michel-Edmond de Selys Longchamps. Bull. Soc. Belg. géol., **14** ((2) **4**) (1900), Proc.-verb. 315—318, 1900—01.

Mourret, Émile
○ [Sur la nouvelle maladie de la vigne.] Messag. Midi, 7. Sept., 1869; 3. Sept., 1870.
○ Le phylloxera dans le domaine de Émile Mourret. Lettres et observations dans la période d'invasion de 1868 à 1874. 8°, 77 S., Nîmes, impr. Baldy-Riffard, 1875.

Moursou, J . . .
○ Nouvelles recherches sur l'origine des taches ombrées. Ann. Dermat. Syph. Paris, **9**, 198—221, ? Fig., 1877—78.
○ A propos de la coïncidence des taches ombrées et des poux de pubis [*Phthirius inguinalis*]. Mouvem. méd. Paris, **16**, 537, 1878.

Mousley, H . . .
(*Erebia aethiops* ab. *obsoleta*.) Entomol. Rec., **11**, 269, 1896.
— (Aberrations of *Erebia aethiops*.) Entomol. Rec., **12**, 297, 1900.

Mowlem, J . . . E . . .
Anosia plexippus near Swanage. Entomologist, **19**, 247, 1886.

Mozziconacci, A . . .
Quelques mots sur la Cantharide à vésicatoire. Bull. Insectol. agric., **5**, 115—118, 1880.
— Quelques mots sur la cantharide à vésicatoire. Bull. Insectol. agric., **9**, 153—157, 1884.

Mrâzek, A . . .
[Ref.] siehe Sniezek, Jan. 1894.

Mucelli, Elisa Fabris siehe Fabris-Mucelli, Elisa

Mudge, B . . . F . . .
gest. 1879.
○ The Fossil Insects of Colorado. Kansas City Rev. Sci. Indust., **2**, 438, 1878.

Mücke, Friedrich
Was ist über die Lebensweise des großen braunen Rüsselkäfers, *Hylobius abietis*, bekannt? Dtsch. Forstztg., **1**, 105—109, (1886—87) 1886 a.
— Der Kiefernspinner, *Phalaena Bombyx pini (Gastropacha pini)*. Dtsch. Forstztg., **1**, 116—117, (1886—87) 1886 b.
— Der Kiefernbastkäfer, *Hylesinus ater*. Dtsch. Forstztg., **2**, 233—235, (1887—88) 1887.
— Welche Resultate ergaben Untersuchungen von Kiefern- und Fichtenstöcken aus dem Wadel 1886/87 auf Rüsselkäferlarven während des Winters 1887/88? Dtsch. Forstztg., **3**, 227, (1888—89) 1888.
— Die grauen Rüsselkäfer. Dtsch. Forstztg., **5**, 225—226, (1890—91) 1890.

Müggenburg, Friedrich Hans
geb. 16. 8. 1865 in Zwickau, gest. 3. 7. 1901 in Berlin, Assist. am Zool. Mus. d. Univ. Berlin. — Biogr.: (B. Lichtwardt) Ztschr. syst. Hymenopt. Dipter., **2**, 1, 1902.
— Der Rüssel der Diptera pupipara. Arch. Naturgesch., **58**, Bd. 1, 287—332, Taf. XV—XVI, 1892.

Mühl, Adolf
geb. 8. 11. 1834 in Königsberg i. Pr., gest. 24. 7. 1911 in Frankf. a. O., Reg.- u. Forstrat. — Biogr.: (Sg.) Dtsch. ent. Nat.-Bibl., **2**, 135, 1911 m. Porträt.
— *Clerus substriatus*. Berl. ent. Ztschr., **10**, 292, 1866.
— Ueber *Clytus pantherinus* Sav. Wien. ent. Ztg., **10**, 185—186, 1891 a.
— Uebersicht der europäischen Arten der Coleopteren-Gattung *Liparthrum* Woll. Wien. ent. Ztg., **10**, 201—202, 1891 b.

Mühlberg, F[riedrich]
(Die *Phylloxera*-Frage.) Mitt. Schweiz. ent. Ges., **4**, 448—449, (1877) 1875.
— Die Reblaus. Oeffentlicher Vortrag, gehalten in der Aula des neuen Schulhauses in Aarau, im Winter 1875/76. Mitt. Aargau. naturf. Ges., **1**, 116—187, 1 Taf. (unn.), 1 Karte, [1878].
— in Phylloxera (Reblaus) 1880.

Muehlberg, Friedrich & **Kraft**, A . . .
○ Die Blutlaus. Ihr Wesen, ihre Erkennung und Bekämpfung, &c. 8°, 55 S., 1 Farbtaf., Aarau, 1885.

Mühlen, Max von zur
geb. 12. 12. 1850 in Dorpat, gest. 24. 12. 1918, Direktor d. Baltischen Fischereidistriktes. — Biogr.: (G. Schneider) Korr.bl. Naturf.-Ver. Riga, **59**, (5)—(6), 1927.
— Die Psociden Liv-, Est- und Kurlands. SB. Naturf. Ges. Dorpat (Jurjew), **6** (1882), 329—334, (1884) 1883.
— Verzeichniss der in Liv-, Est- und Kurland bisher aufgefundenen Neuropteren. Arch. Naturk. Liv- Ehst- u. Kurl., (2) **9**, 221—236, 1884.
— Über hiesige Formiciden. SB. Naturf. Ges. Dorpat, **8**, 327—333, 1889.

Mühlenfeld, E . . .
Ein interessanter africanischer Käfer. Naturfr. Eschweiler, **1**, 59, 1890 a.
— Ein geehrter Sonderling. Naturfr. Eschweiler, **1**, 137—138, 1890 b.

Mühlenpfordt, E . . . G . . . B . . .
Nochmals die Ameisen als Raupenfeinde. Hannov. land- u. forstw. Ver.bl., **12**, 78, 1873.

Mühlert, R . . .
Ein originelles Treibhäuschen für Bienenzüchter. Garten- Mag., **47**, 187, 1 Fig., 1894.

Mühlhäuser,
○ Der Heuwurm, Sauerwurm, *Tortrix uvana*. Württemb. Wbl. Landw., **1**, 257—258, 1878.

Mühlhäuser, F . . . A . . .
○ Über das Fliegen der Insekten. Jahresber. Pollichia, **22—24**, 37—42, 1866.

Mühlhausen, K . . .
Varietäten von *Mel[itaea] Athalia*. Ent. Ztschr., **3**, 10, 1889 a.
— Larven in den Fruchtköpfen der Karden- oder Weberdistel (*Dipsacus silvestris*). Ent. Ztschr., **3**, 87—88, 1889 b.

Mühlig, Johann Gottfried Gottlieb
geb. 29. 1. 1812 in Kalbsrieth (Thür.), gest. 12. 4. 1884 in Frankf. a. M., Verwalter d. Guita'schen Stiftung in Frankf./M. — Biogr.: Psyche Cambr. Mass., **4**, 236, 1884; Isis Magdeburg (Berlin), **9**, 141, 1884; Leopoldina, **20**, 114, 1884; Korr.bl. Iris, **1**, 15, (1884—88) 1884.
○ Über die Schmetterlinge im Allgemeinen und die Kleinschmetterlinge (Microlepidoptera) im Besonderen. Ber. Dtsch. Hochstift Frankf. a. M., Flugbl. Nr. 14—15, 56—58; Flugbl. Nr. 18—19, 73; Flugbl. Nr. 20—21, 86, 1864 a.
— Zwei neue Gelechien und eine neue *Coleophora*. ([Anhang:] Aus meinen Notizen.) Stettin. ent. Ztg., **25**, 101—103, 1864 b.
[Engl. Übers. von] Alice A. Douglas: Descriptions of two new species of *Gelechia*, and a new species of *Coleophora*; with remarks on *Coleophora olivaceella* and *C. solitariella*. Entomol. monthly Mag., **1**, 77—79, (1864—65) 1864.
— Zur Naturgeschichte der Coleophoren. Stettin. ent. Ztg., **25**, 160—165, 1864 c.
— Schädliche Schmetterlinge in der Gegend von Frankfurt a. M. Zool. Garten Frankf. a. M., **5**, 325—328, 403—406, 1864 d.
— *Coleophora tanaceti* n. sp. Stettin. ent. Ztg., **26**, 182—184, 1865.

Mühling, Paul
Die Übertragung von Krankheitserregern durch Wanze und Blutegel. Zbl. Bakt. Parasitenk., **25**, Abt. 1, 703—706, 1899.
[Ref.:] Henke, F . . .: Jahresber. Fortschr. pathog. Mikroorg., **15** (1899), 748, 819, 1901.

Mühlvenzel, C . . .
Wie züchtet man am besten Raupen aus Eiern. Insektenbörse, **3**, Nr. 3, 1886.

Mühr, Johann Baptist Mathias
geb. 1837 in Mainz, gest. 1896 in Bensheim, Geh. Schulrat & Seminardirektor in Bensheim. — Biogr.: (L. Geisenheyner) Zool. Beob. Frankf. a. M., **48**, 59, 1907; (P. Bruder) Das gelehrte Bingen, 70, 1921.
— Ein Feind des Weinstockes. [*Tortrix pilleriana* Ill.] Weinlaube, **1**, 220—221, 1869.

Mühr, Johann Baptist Mathias & **Glaser**, Ludwig
Fauna der näheren Umgebung von Bingen. *Coleoptera.*[1]) Progr. Realsch. Bingen, **1871**, 16—20, 1871; **1872**, 18—20, 1872; **1879**, 23—27, 1879; **1880—81**, 20—26, 1881.

Mülberger, Arthur
Leuchtende Eier. [Col.] Ill. Ztschr. Ent., **5**, 167, 1900.

Müllenberger, Hubert
Abnormitäten. Insekten-Welt, **2**, 107, 1885.
— Eine Verwüstung durch *Ocneria dispar*. Insekten-Welt, **3**, 50, 1886.
— Winterzucht von *Ocneria Dispar* L. (Schwammspinner). Fauna Ver. Luxemburg, **1**, 19—20, 1891 a.

[1]) 1. u. 3. Forts. nicht gesehen

— Lepidopterologische Notizen. Fauna Ver. Luxemburg, **1**, 40—41, 1891 b.
— siehe Ferrant, Victor; Klein, Edm . . . J . . . & Müllenberger, Hubert 1892.
— Unsere Weisslinge (Piérides). Fauna Ver. Luxemburg, **3**, 38—40, 1893.
— Der Schmetterlingsfang an Saalweidenkätzchen. Fauna Ver. Luxemburg, **4**, 40—41, 1894 a.
— *Dasychira fascelina* L. Fauna Ver. Luxemburg, **4**, 94—96, 1894 b.
— Die Raupe der Kupferglucke als Obstbaumschädling. Fauna Ver. Luxemburg, **6**, 30—31, 1896 a.
— *Orrhodia fragariae*. Fauna Ver. Luxemburg, **6**, 119—120, 1896 b.
— [Raupen an Obstbäumen.] Fauna Ver. Luxemburg, **6**, 120—121, 1896 c.
— Nächtliches Treiben der Insekten. Fauna Ver. Luxemburg, **7**, 73—74, 1897 a.
— Kampf zwischen einem Käfer und einem Regenwurm. Fauna Ver. Luxemburg, **7**, 91, 1897 b.

Müllenberger, Hubert & **Faber**, E . . .
Der Weidenbohrer (*Cossus ligniperda* Fab.). Fauna Ver. Luxemburg, **3**, 6—8, 1893.

Müllenhoff, Karl
Über die Entstehung der Bienenzellen. Pflüg. Arch. ges. Physiol., **32**, 589—618, 1883 a.
[Ref.:] Bott, P . . .: Kosmos, **16**, 52—60, 1885.
— Ueber die Entstehung der Bienenzellen. Berl. ent. Ztschr., **27**, 165—170, 1883 b. — [Abdr.:] Naturf. Berlin, **16**, 256—259, 1883. — [Abdr.?:] Isis Magdeburg (Berlin), **8**, 300, 306—307, 314—316, 1883. — [Abdr. S. 165—169:] Ent. Ztschr., **6**, 66—68, 1892.
[Siehe:] Dewitz, G.: Berl. ent. Ztschr., **28**, 346, 1884.
[Ref.:] Der Bau der Bienenzellen. Dtsch. landw. Pr., **10**, 519—520, 1883.
— Die Größe der Flugflächen. Pflüg. Arch. ges. Physiol., **35**, 407—453, 5 Fig., 1885 a.
— Die Größe der Flugarbeit. Pflüg. Arch. ges. Physiol., **36**, 548—572, 1885 b.
○ Die Ortsbewegungen der Tiere. Progr. Andreas-Realgymn. Berlin, **1885**, Beil. [18 S.], 1885 c.
— Apistische Mitteilungen. I. Über den Zellenbau der Honigbiene. Arch. Anat. Physiol., Abt. Physiol., **1886**, 371—375; . . . II. Über das Verfahren der Honigbiene bei der Bergung und Konservierung von Blütenstaub und Honig. 382—386. 1886.
— Die Bienenzucht in früherer Zeit. [Nach: Vortrag in der „Brandenburgia": „Die Bienenzucht in der Mark".] Dtsch. landw. Pr., **26**, 1021, 1899.

Müller,
○ Vergleichend-anatomische Darstellung der Mundtheile der Insekten. Progr. Real-Gymn. Villach, **1871**, [9 S.], 1871.

Müller,
○ [Sur un nouvel agent destructeur du *Phylloxera*.] Bull. Soc. Sci. Agric. Basse-Alsace, **12**, 54—55, 1878.

Müller,
Ein Mittel gegen die Drahtwürmer. Wien. ill. Gartenztg., **7** (**15**), 295—296, 1882.
[Ref.:] Pomol. Mh., (N. F.) **8** (**28**), 317, 1882.

Müller,
Zur Biologie von *Lasiocampa Quercifolia*. Insekten-Welt, **2**, 61, 1885.
— Bemerkungen zur Zucht von *Hyperchiria Jo*. Ent. Ztschr., **5**, 79, 1891.
— [Puppe von *Antherea pernyi* ohne Gespinst. Ent. Ztschr., **9**, 99—100, 1895.

Müller,
[Verzeichnis bemerkenswerter Käfer der Umgebung von Namslau.] Ztschr. Ent. Breslau, (N. F.) **19**, X—XI, 1894.

Müller,
Mittel gegen die „rote Made". Garten-Mag., **48**, 43, 1895.

Müller, & Rath, Otto von
Begegnung der Einschleppungs-Gefahr von *Phylloxera vastatrix.* Ber. Verh. Dtsch. Landw.-Rat, **2**, 256—259, 1873.

Mueller, Adolf [Herausgeber]
○ Aus dem Reiche des Lebens in Pflanzen-, Thier- und Menschenwelt. [2 Bde.][1]) 8°, Leipzig, 1866—70.
[2.] Leben und Eigenthümlichkeiten in der mittleren und niederen Thierwelt, im Reiche der Lurche und Fische, Insecten und übrigen wirbellosen Thiere. 2 Abth. 1868—70.
1. Glaser, Ludwig: Amphibien, Fische und Gliederthiere. 1868—70. — 2. Ausgabe. X + 242 S., ? Fig., 6 Taf., Leipzig + Berlin, 1882.

Müller, Adolf
Ein Kampf zwischen einem Grünspecht und einigen Eichelhähern um den Besitz eines Ameisenhaufens. Zool. Garten Frankf. a. M., **8**, 68—70, 1867.
— Jagd auf kleine Dämmerungsfalter und Fledermäuse durch eine Hauskatze. Zool. Garten Frankf. a. M., **21**, 253—254, 1880.
— (Der Stieglitz frißt Frostspannerraupen.) Zool. Garten Frankf. a. M., **26**, 188, 1895.
— Kuckucke unter den Insekten. [Hym.] Natur u. Haus, **5** (1896—97), 358—360, 2 Fig., 1897.

Müller, Albert
„Forty Thousand Pounds' worth of Butterflies." Entomologist, **2**, 70—71, (1864—65) 1864.
— Abundance of certain Coleoptera in Switzerland. Entomologist, **2**, 252, (1864—65) 1865 a.
— Remarkably small specimen of *Satyrus Megaera.* Entomol. monthly Mag., **2**, 117, (1865—66) 1865 b.
— *Monanthia humuli,* Fieber; a mining Hemipteron. Entomol. monthly Mag., **2**, 118, (1865—66) 1865 c.
— Popular Names in Natural History. Zoologist, **23**, 9759, 1865 d.
— Observations on the habits of the *Oligoneura rhenana* Imhoff. [Mit Angaben von R. McLachlan.] Entomol. monthly Mag., **1**, 262, (1864—65) 1865 e; Further notes on *Oligoneuria Rhenana.* **2**, 182—183, (1865—66) 1866.
— *Hepialus Humuli,* var. *thulensis.* Entomologist, **3**, 58, (1866—67) 1866 a.
— *Vanessa Ichnusa* in North Lancashire. Entomologist, **3**, 164, (1866—67) 1866 b.
— Note on Hermaphrodites. Entomol. monthly Mag., **3**, 114—115, (1866—67) 1866 c.
— Eine hemipterologische Frage. Mitt. Schweiz. ent. Ges., **2**, 133, (1868) 1866 d.
— A Glance at a few Facts connected with Alpine Entomology. Zoologist, (2) **1** (**24**), 273—279, 1866 e.
— Insects on the Snow. Zoologist, (2) **1** (**24**), 390, 1866 f.
— *Heliothis armiger* and the Army-worm. Entomologist, **3**, 213—215, (1866—67) 1867 a.
— Hermaphrodite *Trichiura crataegi.* Entomol. monthly Mag., **3**, 213, (1866—67) 1867 b.

[1]) nur z. T. entomol.

— Are Blue-bottle Flies distasteful to Bats? [Mit Angaben von Edward Newman.] Zoologist, (2) **2** (**25**), 911, 1867 c.
— Notes on gall insects. Entomol. monthly Mag., **5**, 132, (1868—69) 1868 a.
— Obituary notice of Dr. Ludwig Imhoff. Entomol. monthly Mag., **5**, 150—152, (1868—69) 1868 b.
— An economic use for the galls of *Cynips lignicola.* Entomol. monthly Mag., **5**, 171, (1868—69) 1868 c.
— In Memoriam Wilson Armistead, of Virginia House, Leeds. Zoologist, (2) **3** (**26**), 1196—1208, 1868 d.
— siehe Kidd, Henry Waring & Müller, Albert 1868.
— On the spinning of the larva of a *Cecidomyia.* Entomol. monthly Mag., **5**, 220, (1868—69) 1869 a.
— A *Trogosita* destructive to silk. Entomol. monthly Mag., **5**, 276, (1868—69) 1869 b.
— The late Dr. L. Imhoff's Works, Manuscripts and Collections. Entomol. monthly Mag., **6**, 17—18, (1869—70) 1869 c.
— Note on the oeconomy of *Nematus saliceti,* Fallén. [Mit Angaben von R. McLachlan.] Entomol. monthly Mag., **6**, 29—31, (1869—70) 1869 d.
— Observation on *Cecidomyia taxi,* Inchbald. Entomol. monthly Mag., **6**, 61—62, (1869—70) 1869 e.
— Curious habit in a *Noctua*-larva. Entomol. monthly Mag., **6**, 95, (1869—70) 1869 f.
— On the habits of *Cecidomyia salicina,* Schrk., *marginemtorquens,* Bremi, and *salicis,* Schrk. Entomol. monthly Mag., **6**, 109—111, (1869—70) 1869 g.
— *Balaninus brassicae,* Fab., an inquiline, not a gall-maker. Entomol. monthly Mag., **6**, 137, (1869—70) 1869 h.
— On the habits of *Cecidomyia urticae,* Perris. Entomol. monthly Mag., **6**, 137—138, (1869—70) 1869 i.
— [Dipterous galls on maple (*Acer camprestre*).] Trans. ent. Soc. London, **1869**, Proc. XX—XXI, 1869 j.
— (*Pterostichus Prevostii,* monstrosity with eight legs.) Trans. ent. Soc. London, **1869**, Proc. XXVIII, 1869 k.
— A Contribution towards the Life-history of *Cecidomyia persicariae,* Linn. Zoologist, (2) **4** (**27**), 1705—1707, 1869 l.
— Persistence of the Scent of *Aromia moschata.* Zoologist, (2) **4** (**27**), 1838, 1869 m.
— A Hint respecting the *Nematus*-Gall of *Rhododendron ferrugineum.* Zoologist, (2) **4** (**27**), 1838—1839, 1869 n.
— *Nematus*-Gall on *Rhododendron hirsutum.* Zoologist, (2) **4** (**27**), 1869, 1869 o.
— Acari parasitic on a *Cecidomyia.* Zoologist, (2) **4** (**27**), 1922—1923, 1869 p.
— Notes on *Nematus pedunculi,* Hartig („Blattwespen und Holzwespen," p. 388.) Entomol. monthly Mag., **6**, 184—185, (1869—70) 1870 a.
— On the examination of living gall-midges. Entomol. monthly Mag., **6**, 185, (1869—70) 1870 b.
— Something like reflection in *Ceuthorhynchus sulcicollis,* Gyll. Entomol. monthly Mag., **7**, 36—37, (1870—71) 1870 c.
— Note on Dimorphism of American Cynipidae, &c. Entomol. monthly Mag., **7**, 38—39, (1870—71) 1870 d.
— On the occurrence of *Andricus curvator,* Hartig, in Britain. Entomol. monthly Mag., **7**, 39, (1870—71) 1870 e.
— Synonymic notes on some species of *Cecidomyia.* Entomol. monthly Mag., **7**, 39—40, (1870—71) 1870 f.
— The larva of *Tipula oleracea,* Linn. (cranefly), injurious to Rye-grass. Entomol. monthly Mag., **7**, 60, (1870—71) 1870 g.

— Abundance of pupae of *Callimome devoniensis,* Parfitt, ♀. Entomol. monthly Mag., **7**, 60, (1870—71) 1870 h.
— *Lycaena Alexis* deceived. Entomol. monthly Mag., **7**, 61—62, (1870—71) 1870 i.
— A preliminary account of *Cecidomyia Dorycnii,* spec. nova, and of *Callimome Dorycnicola,* spec. nova, its parasite. Entomol. monthly Mag., **7**, 76—77, (1870—71) 1870 j.
— Note on leaf-folding gall-midges. Entomol. monthly Mag., **7**, 88—89, (1870—71) 1870 k.
— *Cecidomyia terminalis,* Loew, pruning the top-shoots of *Salix fragilis.* Entomol. monthly Mag., **7**, 89, (1870—71) 1870 l.
— *Cynips longiventris,* Hartig, a species new to the British list. Entomol. monthly Mag., **7**, 108—109, (1870—71) 1870 m.
— *Andricus inflator,* Hartig, occurring in Britain. Entomol. monthly Mag., **7**, 157—158, (1870—71) 1870 n. [Siehe:] Kidd, H. W.: 210, (1870—71) 1871.
— [Dipterous galls on tansy (*Tanacetum*).] Trans. ent. Soc. London, **1870**, Proc. V, 1870 o.
— (Differences between *Argynnis Adippe* and *Niobe.*) Trans. ent. Soc. London, **1870**, XIV, 1870 p.
— [On the odour of Cynipidae and other Hymenoptera.] Trans. ent. Soc. London, **1870**, XVI—XVII, 1870 q.
— (Galls on *Ammophila arundinacea.*) Trans. ent. Soc. London, **1870**, Proc. XXX, 1870 r.
— (Galls on oak.) Trans. ent. Soc. London, **1870**, Proc. XXXIV, 1870 s.
— (Larva and habit of *Aegosoma scabricorne.*) Trans. ent. Soc. London, **1870**, Proc. XXXVIII, 1870 t.
— Note on the Odour of Cynipidae and other Hymenoptera. Zoologist, (2) **5** (**28**), 2027—2028, 1870 u.
— Unusual Oviposition of *Rhodites Rosae,* Linn. Zoologist, (2) **5** (**28**), 2303, 1870 v.
— The Teachings of Galls. [Nach: Garden. Chron.] Zoologist, (2) **5** (**28**), 2411—2412, 1870 w.
— siehe Butler, Arthur Gardiner; Müller, Albert & Weir, John Jenner 1870.
— The Gall Midge of the Ash (*Cecidomyia betularia,* Winnertz). [Nach: Garden. Chron., 1870.] Entomologist, **5**, 248—250, (1870—71) 1871 a.
— Occurrence in Britain of *Neuroterus ostreus,* Hartig. Entomol. monthly Mag., **7**, 209—210, (1870—71) 1871 b.
— On the reniform „inner" gall of *Andricus curvator,* Hartig. Entomol. monthly Mag., **7**, 230, (1870—71) 1871 c.
[Siehe:] Kidd, H. W.: 210.
— Note on galls from the Drachenfels. Entomol. monthly Mag., **7**, 254, (1870—71) 1871 d.
— On a *Cecidomyia* forming galls on *Pteris aquilina.* Entomol. monthly Mag., **8**, 99—100, (1871—72) 1871 e.
— *Nematus Vallisnierii,* Hartig, ovipositing under difficulties. Entomol. monthly Mag., **8**, 109, (1871—72) 1871 f.
— Note on the oviposition of *Libellula* (*Sympetrum*) *flaveola,* Linné. Entomol. monthly Mag., **8**, 127—129, (1871—72) 1871 g.
— On the dispersal of non-migratory Insects by atmospheric agencies. Trans. ent. Soc. London, **1871**, 175—186; Discuss. Proc. V—VI, 1871 h.
— (On several galls of Cynipidae from Morocco.) Trans. ent. Soc. London, **1871**, Proc. II, 1871 i.
— (Notes on a *Cecidomyia* causing galls upon *Campanula rotundifolia.*) Trans. ent. Soc. London, **1871**, Proc. VIII, 1871 j.
— (Observations on the varieties of *Coenonympha satyrion* from the Gemmi.) Trans. ent. Soc. London, **1871**, Proc. X, 1871 k.
— (Galls on *Carex.*) Trans. ent. Soc. London, **1871**, Proc. X—XI, 1871 l.
— (*Diastrophus rubi* bred from galls on *Pteris aquilina.*) Trans. ent. Soc. London, **1871**, Proc. XX—XXI, 1871 m.
— (Eggs of *Libellula flaveola.*) Trans. ent. Soc. London, **1871**, Proc. XXXV—XXXVI, 1871 n.
— (*Thrips* destructive to green peas.) Trans. ent. Soc. London, **1871**, Proc. XL, 1871 o.
— [Ref.] siehe Schmid, Walther 1871.
— *Phylloxera vastatrix* in Portugal. Canad. Entomol., **4**, 167—169, 1872 a.
— Gall of *Cecidomyia* on Ground Ivy. Entomologist, **6**, 180—181, (1872—73) 1872 b.
— British gall-insects. Entomol. Annual London, **1872**, 1—22, 1872 c. — ○ Neue Aufl. 8°, 23 S., Basel, Meyri, 1876.
— On dipterous pupae found in gall-like nidi on the fronds of *Athyrium filix-faemina.* Entomol. monthly Mag., **8**, 181—182, (1871—72) 1872 d.
— *Eristalis tenax* attracted by painted flowers. Entomol. monthly Mag., **8**, 273—274, (1871—72) 1872 e.
— *Trips* soiling framed engravings. Entomol. monthly Mag., **9**, 13—14, (1872—73) 1872 f.
— On a fungoid epidemic among *Xanthochlorus (tenellus,* Wied.?). Entomol. monthly Mag., **9**, 45—46, (1872—73) 1872 g.
— Note on the oviposition of *Chrysopa.* Entomol. monthly Mag., **9**, 60—62, (1872—73) 1872 h.
— Duration of the egg-state of *Chrysopa septempunctata,* Wesmaël. Entomol. monthly Mag., **9**, 88, (1872—73) 1872 i.
— *Formica fusca:* two ♂ in copulâ with one ♀. Entomol. monthly Mag., **9**, 120, (1872—73) 1872 j.
— On the oviposition of *Pterophorus pentadactylus,* L., in confinement. Entomol. monthly Mag., **9**, 144, (1872—73) 1872 k.
— Note on a Chinese Artichoke Gall (mentioned and figured in Dr. Hance's paper „On Silkworm-Oaks") allied to the European Artichoke Gall of *Aphilothrix gemmae,* Linn. Journ. Linn. Soc. (Zool.), **11**, 428—431, (1873) 1872 l.
— On the manner in which the ravages of the larvae of a *Nematus,* on *Salix cinerea,* are checked by *Picromerus bidens,* L. Trans. ent. Soc. London, **1872**, 283—285, 1872 m.
— (Note respecting the galls of *Nematus Vallisnierii.*) Trans. ent. Soc. London, **1872**, Proc. VI—VII, 1872 n.
— A few words on *Serropalpus striatus,* Hellenius. Trans. ent. Soc. London, **1872**, Proc. X—XII, 1872 o.
— (*Anaspis maculata* in excrescences on birch.) Trans. ent. Soc. London, **1872**, Proc. XVIII—XIX, 1872 p.
— (Plague of ants in the Island of May.) [Nach: Times, 29. S.] Trans. ent. Soc. London, **1872**, Proc. XXV—XXVI, 1872 q.
— (Dipterous larvae in the fronds of *Pteris aquilina.*) Trans. ent. Soc. London, **1872**, Proc. XXVIII, 1872 r.
— Notes on the Habits of *Ozognathus cornutus.* Lec. Trans. ent. Soc. London, **1872**, Proc. XXXII—XXXIII, 1872 s.
— (Entomological papers in „Verhandlungen der schweizerischen naturforschenden Gesellschaft".) Trans. ent. Soc. London, **1872**, Proc. XXXVIII—XL, 1872 t.

— Popular Entomology. Scott. Natural., **1**, 266, (1871—72) 1872 u.
— On the spinning of the larva of *Balaninus brassicae*, Fab. Entomol. monthly Mag., **9**, 192, (1872—73) 1873 a.
— Occurrence of *Cleonus nebulosus* near London. Entomol. monthly Mag., **10**, 19, (1873—74) 1873 b.
— Perception of *Gonepteryx rhamni* at fault. Entomol. monthly Mag., **10**, 20, (1873—74) 1873 c.
— Über den Fundort von *Anthidium curvipes* Imhoff. Stettin. ent. Ztg., **34**, 154—156, 1873 d.
— Contributions to Entomological Bibliography up to 1862. — No. 1. Trans. ent. Soc. London, **1873**, 207—217, 1873 e.
— (Notes regarding the originators of the pouch-galls on cinnamon.) Trans. ent. Soc. London, **1873**, Proc. II—III, 1873 f.
— (*Araeocerus coffeae* at Basle.) Trans. ent. Soc. London, **1873**, Proc. IX—X, 1873 g. — [Abdr.:] Canad. Entomol., **5**, 156, 1873.
— (*Tribolium ferrugineum* in Ground-nuts.) Trans. ent. Soc. London, **1873**, Proc. X, 1873 h. — [Abdr.:] Canad. Entomol., **5**, 156—157, 1873.
— [Letter from W. F. Bassett: Species of *Cynips* double-brooded.] Trans. ent. Soc. London, **1873**, Proc. XV—XVI, 1873 i.
— (Remarks on geographical distribution of *Parnassius Apollo*.) Trans. ent. Soc. London, **1873**, Proc. XVIII, 1873 j.
— [Enquiry respecting the collections of Johann Samuel Clemens.] Trans. ent. Soc. London, **1873**, Proc. XVIII, 1873 k.
— [Discovery, by Dr. Emil Joly, of the larva of *Oligoneuria garumnica*.] Trans. ent. Soc. London, **1873**, Proc. XX—XXI, 2 Fig., 1873 l.
— [*Biorhiza aptera*, found on roots of *Deodara*.] Trans. ent. Soc. London, **1873**, Proc. XXVII, 1873 m.
— Invasion de la sauterelle voyageuse dans la région située au bord du lac de Bienne, communication précédente. Arch. Sci. phys. nat., (N. S.) **54**, 318—319, 1875.
— Über das Auftreten der Wanderheuschrecke am Ufer des Bielersee's. Act. Soc. Helvét. Sci. nat.; Verh. Schweiz.naturf. Ges., **58** (1874—75), 188—190, 1876.
○ [Franz. Übers. von] Clouet: De l'apparition des sauterelles voyageurs [Acrididae] sur les bords du lac de Bienne. Bull. Soc. Agric. Sci. Sarthe, (2) **16**, 226—229, 1876.
○ [Ref.?:] Das Auftreten der Wanderheuschrecke [*Pachytylus migratorius*] am ... Mitt. Mähr.-Schles. Ges. Ackerb., **56**, 124—125, 1876.
— (Partieller Melanismus. Aberration von *Abraxas grossulariata* L. und *Limenitis Sybilla* L.) Mitt. Schweiz. ent. Ges., **5**, 383, (1880) 1878 a.
— [Über Schäden an Akazien-Rebpfählen durch Larven von *Purpuricenus Koehleri* L.] Mitt. Schweiz. ent. Ges., **5**, 383—384, (1880) 1878 b.
— (Die Nymphe der Eintagsfliege *Oligoneura rhenana* Imh.) Mitt. Schweiz. ent. Ges., **5**, 384—386, (1880) 1878 c.
— Ein Brief Johann Jacob Bremi's an Ludwig Imhoff. Mitt. Schweiz. ent. Ges., **5**, 551—553, 1880 a.
Moritz Isenschmid's Zusätze zu „Kaltenbach, Die Pflanzenfeinde aus der Klasse der Insekten", Stuttgart, **1874**. 8°.) mit den Belegstücken seiner Sammlung (Nat. Mus. Bern) verglichen und herausgegeben. Mitt. Schweiz. ent. Ges., **5**, 575—576, 1880 b.
— (Eine *Tipula* mit 5 ausgebildeten Oberkörpern, Köpfen. Mitt. Schweiz. ent. Ges., **6**, 21, (1884) 1880 c.
— Naturhistorisches Museum der Stadt Bern [Sammlung Ph. Fr. Ougspurger]. Ent. Nachr., **7**, 14—15, 1881.

Müller, Albert & **Blackmore**, Trovey
(Galls from Tangier.) [With remarks of Mr. Smith.] Trans. ent. Soc. London, **1873**, Proc. XXIV, 1873.

Müller, Albert & **Gould**, John
(Liability of Dragon flies to attacks of birds.) Trans. ent. Soc. London, **1871**, Proc. XLII, XLVII, 1871.

Müller, Alexander
Schutz gegen Mottenfraß. Landw. Zbl., **22**, 246—247, 1874.
— Mittel gegen Maden im Rauchfleisch. Dtsch. landw. Pr., **10**, 343, 1883.

Müller, August
[Käfer der Insel Salanga.] Ber. Offenbach. Ver. Naturk., **22—23** (1880—82), 63, 1883.

Müller, August
Beiträge zur Käfer-Fauna. Korr. bl. ent. Ver. Halle, **1**, 6—7, 21—22, 46—47, 78—79, 1886.

Müller, C
○ Unsere Feinde im Garten und Feld. Landw. Ztschr. Kassel, **1874**, 25, 585, 624, 1874.

Müller, C ...
Schädigungen der Pflanzenwelt durch Thiere. [Sammelref.] Bot. Jahresber., **11** (1883), Abt. 2, 441—523, 1886; **12** (1884), Abt. 2, 453—514, 1887; **13** (1885), Abt. 2, 517—587, 1888.
[Siehe:] Wachtl. Fritz A.: Wien. ent. Ztg., **8**, 39, 1889.

Müller, C ...
[Ref.] siehe Mégnin, Paul 1894.

Müller, C ... C ... H ...
Koloradokäfer. [Nach: Hamburger Korrespondent, Jan. 1883.] Zool. Garten Frankf. a. M., **24**, 346—348, 1883.

Müller, C ... J ...
Colouring Matter from the Willow-tree *Aphis*. [Nach: Proc. Eastbourne nat. Hist. Soc., Nov. 1881.] Journ. R. micr. Soc., (2) **2**, 39, 1882.

Müller, Carl
Wie kommt der häufig auftretende klebrige Ueberzug auf den Blättern vieler Laubbäume, z. B. *Acer platanoides* zu Stande? Naturw. Wschr., **2**, 176, 1888.

Müller, Clemens siehe Müller, Friedrich August Clemens

Müller, E ...
Rhagium sycophanta Schrank var. *latefasciatum*. Ztschr. Ent. Breslau, (N. F.) **15**, 21, 1890.

Müller, E ...
Melanismus bei *Deilephila euphorbiae* L. Ent. Ztschr., **8**, 161, 1895.

Müller, Edwin
Insektarien. Natur u. Haus, **4** (1895—96), 197—200, 3 Fig., 1896.

Müller, Emil
○ Der deutsche Käferfreund. Kurzgefaßte Naturgeschichte der Käfer, nebst Anleitung zum Sammeln und Aufbewahren derselben und Anlegen von Käfersammlungen. 4°, XV + 96 S., 12 Farbtaf., Wien, Wenedikt, 1865.
○ Der deutsche Schmetterlingsfreund. Kurzgefaßte Naturgeschichte der Schmetterlinge nebst Anleitung zum Sammeln und Aufbewahren derselben und Anlegen von Schmetterlingssammlungen. 4°, VIII + 104 S., 18 Taf., Wien, Wenedikt, 1866.

Müller, F . . .
(Deiopeia pulchella.) Ent. Nachr. Putbus, **4**, 300, 1878.

Müller, F . . .
siehe Seeglitz, W . . . & Müller, F . . . 1886.

Müller, F . . . von
Louis Pasteur. Victorian Natural., **12** (1895—96), 74—75, (1896) 1895.

Müller, Fr. . . jun.
[Fehlen der Flügel bei *Las[iocampa] pini.*]. Ent. Ztschr., **1**, 9, 1887.
— [Mordraupe *Stauropus fagi.*] Ent. Ztschr., **5**, 38, 1891.

Müller, Ferd[inand]
Dytisci-Fang im Winter. Ent. Ztschr., **10**, 175—176, (1896—97) 1897.

(**Mueller**, Ferdinand von)
Phylloxera vastatrix. Wien. ill. Gartenztg., **21** (**28**), 417—418, 1896.

Müller, Franz
Neue Beobachtungen über die Schielspinne. Der Tonapparat bei *Prionus coriarius.* Insectenbesuch bei Salbeiblüten. Progr. Dtsch. Staats-Gymn. Kremsier, **1891—92**, 3—18, 1892.

Müller, (Friedrich August) Clemens
geb. 13. 7. 1828, gest. 16. 8. 1902 in Dresden, Fabrikbesitzer in Dresden. — Biogr.: (G. Kraatz) Dtsch. ent. Ztschr., **47**, 173—174, 1903 m. Porträt; (K. Daniel) München. kol. Ztschr., **1**, 261, 1903; Welt u. Haus, H. 51, 1928 m. Porträt.
— Käfer von Süd-Georgien. Dtsch. ent. Ztschr., **28**, 417—420, 1884 a.
— *Abax Hetzeri* nov. spec. Dtsch. ent. Ztschr., **28**, 420, 1884 b.
— Vierzehn neue Heteromeren, von Bradshaw im Zambesi-Gebiete aufgefunden und im Museum der Königlichen Zoologischen Gesellschaft „Natura Artis Magistra" zu Amsterdam befindlich. Tijdschr. Ent., **30** (1886—87), 297—308, Taf. 12, 1887.
— Eine neue *Nebria* aus der *Alpaeus*-Gruppe. *Nebria Kraatzi.* Dtsch. ent. Ztschr., **1889**, 424, 1889.
— *Otiorhynchus martinensis* n. sp. von Tyrol. Dtsch. ent. Ztschr., **1898**, 378, 1898.
— *Hypora (Phytonomus)Knauthi* n. sp. Dtsch. ent. Ztschr., **1899**, 144, 1899.
— *Pterostichus baldensis* Schm. var. *Palae.* Dtsch. ent. Ztschr., **1899**, 364, (1899) 1900.

Müller, Fritz (Johann Friedrich Theodor)
geb. 31. 3. 1822 in Windischholzhausen b. Erfurt, gest. 21. 5. 1897 in Blumenau (Brasilien). — Biogr.: (E. Roquette-Pinto) Bol. Mus. nac. Rio de Janeiro, **5**, Nr. 2, 1—23, 1929 m. Porträt.
— (On some White Ants from Itahahy, Brazil.) Proc. Boston Soc. nat. Hist., **13** (1869—71), 205—206, 1871.
— Bestäubungsversuche an *Abutilon*-Arten. Jena. Ztschr. Naturw., **7**, 22—45, 4 Fig.; . . . *Abutilon.* 441—450, 4 Fig., 1873 a.
— Die Befruchtung von Blüthen durch Insekten. Zool. Garten Frankf. a. M., **14**, 368—376, 1873 b.
— Beiträge zur Kenntniss der Termiten. Jena. Ztschr. Naturw., **7**, 333—358, 451—463, 11 Fig., Taf. XIX—XX+1 Taf. (unn.), 1873 c; **9** ((N. F.) **2**), 241-264, Taf. X—XIII, 1875.
[Engl. Übers. S. 451—463 von] Lucy Bronsen Dudley: Contribution to the Knowledge of the Termites. Amer. Natural., **24**, 1118—1131, Taf. XXXIV, 1890.
[Ref.:] Ann. Mag. nat. Hist., (4) **13**, 402—404, 1874; Arch. Sci. phys. nat., **49**, 254—259, 1874; Lubbock, Ellen: Addition to our knowledge of the Termites. Nature London, **12**, 218, 1875.
— Recent Researches on Termites and Honey-Bees. Nature London, **9** (1873—74), 308—309, 1874 a.
— The Habits of various Insects. Nature London, **10**, 102—103, 1874 b.
— siehe Darwin, Charles & Müller, Fritz 1874.
— Poey's Beobachtungen über die Naturgeschichte der Honigbiene von Cuba, *Melipona fulvipes* Guér. Im Auszuge und mit Anmerkungen. [Nach: F. Poey 1851.] Zool. Garten Frankf. a. M., **16**, 291—297, 1875.
— Einige Worte über *Leptalis.* Jena. Ztschr. Naturw., **10** ((N. F.) **3**), 1—12, 2 Fig., 1876 a.
[Ref.:] Scudder, Samuel Hubbard: Mimicry in Butterflies explained by Natural Selection. Amer. Natural., **10**, 534—536, 1876.
— Über das Haarkissen am Blattstiel der Imbauba (*Cecropia*), das Gemüsebeet der Imbauba-Ameise. Jena. Ztschr. Naturw., **10** ((N. F.) **3**), 281—286, 1 Fig., 1876 b.
— On Brazil Kitchen Middens, Habits of Ants, etc. Nature London, **13** (1875—76), 304—305, 1876 c. — [Abdr., z. T.:] Ants and Imbauba Trees. Entomologist, **9**, 67—68, 1876.
— Über Haarpinsel, Filzflecke und ähnliche Gebilde auf den Flügeln männlicher Schmetterlinge. Jena. Ztschr. Naturw., **11**, 99—114, 1877 a.
[Ref.:] K.: Schmetterlingsdüfte. Kosmos, **1**, 260—261, 1877.
— Commensalism among caterpillars. Nature London, **15** (1876—77), 264, 1 Fig., 1877 b. — ○ [Abdr.?:] Field and Forest, **2**, 217—218, 1876—77.
— Die Maracujáfalter. Stettin. ent. Ztg., **38**, 492—496, 1877 c.
— Die Stinkkölbchen der weiblichen Maracujáfalter. Ztschr. wiss. Zool., **30**, 167—170, Taf. IX, (1878) 1877 d.
— Tischgenossenschaft zweier Raupen. Zool. Garten Frankf. a. M., **18**, 67, 1877 e.
— Beobachtungen an brasilianischen Schmetterlingen. Kosmos Leipzig, **1**, 388—395, 6 Fig., 1877 f; **2**, 38—42, 7 Fig.; 218—224, 4 Fig., 1877—78. — [Abdr. S. 391—392, 393, 395, z. T.:] Die Duftschuppen der Schmetterlinge. Ent. Nachr. Putbus, **4**, 29—32, 1878.
— siehe Darwin, Charles & Müller, Fritz 1877.
— Os orgãos odoriferos da *Anthirrhaea Archaea* Hübner. Arch. Mus. nac. Rio de Janeiro, **3**, 1—7, Taf. I, 1878 a.
— A prega costal das Hesperideas. Arch. Mus. nac. Rio de Janeiro, **3**, 41—50, Taf. V—VI, 1878 b.
— Sobre as casas construidas pelas larvas de Insectos Trichopteros da provincia de Sa. Catharina. Arch. Mus. Rio de Janeiro, **3**, 99—124, Taf. VIII—X; . . . Supplemento. 125—134, Taf. XI, 1878 c.
[Dtsch. Übers. von] Hermann Müller: Über die von den Trichopteren-Larven der Provinz Santa Catharina verfertigten Gehäuse. Ztschr. wiss. Zool., **35**, 47—74; . . . Nachtrag. 74—87, Taf. IV—V, 1880.
[Franz. Übers. von] Roux: Étude sur les étuis construits par les larves de Trichoptères de la province de Sainte-Catherine (Brésil). Rev. int. Sci. biol., **10**, 53—75, 1882.
— Wo hat der Moschusduft der Schwärmer seinen Sitz? Kosmos, **3**, 84—85, 1878 d.

— In Blumen gefangene Schwärmer. Kosmos, **3**, 178—179, 1878 e.
[Siehe:] Schilde, Johannes: Ztschr. ges. Naturw., (3. F.) **3** (**51**), 690—696, 1878.

— „Blumen der Luft" [*Papilio Grayi*]. Kosmos, **3**, 187, 1878 f.

— Die Königinnen der Meliponen. Kosmos, **3**, 228—231, 1878 g.

— Pflanzengattungen, an denen mir bekannte Tagfalter-Raupen leben. Stettin. ent. Ztg., **39**, 296, 1878 h.

— Notes on brazilian Entomology. Trans. ent. Soc. London, **1878**, 211—223, 1878 i.

— (Secondary sexual charakter in several species of Pierinae.) [With remarks of Mr. Meldola and Mr. A. G. Butler.] Trans. ent. Soc. London, **1878**, Proc. II—IV, 1 Fig., 1878 j.

— Ueber *Numenia Acontius.* Zool. Anz., **1**, 13—14, 1878 k.

— Über Gerüche von Schmetterlingen. Zool. Anz., **1**, 32, 1878 l.

— Über die Vortheile der Mimicry bei Schmetterlingen. Zool. Anz., **1**, 54—55, 1878 m.

— A correlação das flores versicolores e dos insectos pronubos. Arch. Mus. nac. Rio de Janeiro, **2**, 19—23, (1877) 1879 a.

— As maculas sexuaes dos individuos masculinos das especies *Danais erippus* e *D. gilippus.* Arch. Mus. nac. Rio de Janeiro, **2**, 25—29, Taf. II, (1877) 1879 b.

— Os orgãos odoriferos das especies *Epicalia Acontius,* Lin. e de *Myscelia Orsis,* Dru. Arch. Mus. nac. Rio de Janeiro, **2**, 31—35, Taf. III, (1877) 1879 c.

— Os orgãos odoriferos nas pernas de certos Lepidopteres. Arch. Mus. nac. Rio de Janeiro, **2**, 37—42, Taf. V; . . . (Supplemento). 43—46, Taf. IV, (1877) 1879 d.

— *Epicalia Acontius.* Ein ungleiches Ehepaar. Kosmos, **4**, 285—292, 6 Fig., (1878—79.) 1879 e.

— *Ituna* und *Thyridia.* Ein merkwürdiges Beispiel von Mimicry bei Schmetterlingen. Kosmos, **5**, 100—108, 4 Fig., 1879 f.
[Engl. Übers.:] *Ituna* and *Thyridia;* a remarkable case of Mimicry in Butterflies. [Mit Angaben von Jenner Weir & Bates.] Trans. ent. Soc. London, **1879**, Proc. XX—XXIX, 4 Fig., 1879.

— On a Frog having Eggs on its Back — On the Abortion of the Hairs on the Legs of Certain Caddis-flies, &c. [Mit Angaben von Charles Darwin.] Nature London, **19** (1878—79), 462—464, 2 Fig., 1879 g.

— Notes on the cases of some south brazilian Trichoptera. Trans. ent. Soc. London, **1879**, 131—144, 1879 h.

— (*Eueides pavana* mimics *Acraea Thalia.*) Trans. ent. Soc. London, **1879**, Proc. II, 1879 i.

— [Extracts from letters regarding Brazilian caddis-flies.] Trans. ent. Soc. London, **1879**, Proc. VI—VIII, 1879 j.

— [On a curious dipterous insect from Brazil.] Trans. ent. Soc. London, **1879**, Proc. L, 1879 k.

— Über Phryganiden. Zool. Anz., **2**, 38—40, 180—182; Mittheilungen ueber . . . 283—284; Ueber . . . 405—407, 1879 l.

— *Paltostoma torrentium.* Eine Mücke mit zwiegestaltigen Weibchen. Kosmos, **8**, 37—42, 11 Fig., (1880—81) 1880 a.
[Siehe:] Osten-Sacken, C. A.: Entomol. monthly Mag., **17**, 130—132, 206, (1880—81) 1881.

— Die Imbauba und ihre Beschützer. Kosmos, **4**, 109—115, 8 Fig., 1880? b.

— Branch-cutting Beetles. Nature London, **22**, 533, 1880 c.

— A metamorphose de un insecto Diptero. Primeira parte. Descripção do exterior da larva. Arch. Mus. Rio de Janeiro, **4** (1879), 47—56; . . . Secunda parte. Anatomia do larva. 57—63; . . . Terceira parte. 65—74; . . . Quarte parte. Chrysolida e insecto perfeito. 75—85, 147—151 (Taf.Erkl.), Taf. IV—VII, 1, 1881 a.

— On female dimorphism of *Paltostoma torrentium.* Entomol. monthly Mag., **17**, 225—226, (1880—81) 1881 b.
[Siehe:] Osten-Sacken, C. R.: 130—132, 206.

— Eine Beobachtung an *Trigona mirim.* Kosmos, **10** (1881—82), 138—140, 1881 c.

— Verwandlung und Verwandtschaft der Blepharoceriden. Zool. Anz., **4**, 499—502, 1881 d.

— Bemerkenswerthe Fälle erworbener Aehnlichkeit bei Schmetterlingen. Kosmos, **10** (1881—82), 257—267, Farbtaf. VI, 1881 e; Angebissene Flügel von *Acraea Thalia.* Nachtrag zu dem Aufsatze über die Aehnlichkeit durch Ungeniessbarkeit geschützter Schmetterlingsarten. **13**, 197—201, 1 Fig., 1883.

— Caprificus und Feigenbaum. Kosmos, **11**, 342—346, 1882 a.

— Die gefügelose organische Substanz der Termiten-Nester. Kosmos, **12** (1882—83), 49—50, 1882 b.

— Biologische Beobachtungen an Blumen Südbrasiliens. Ber. Dtsch. bot. Ges., **1**, 165—169, 1 Fig., 1883 a.

— Eine Aufgabe für Lepidopterologen. Berl. ent. Ztschr., **27**, 214—216, 1883 b.

— Ueber die Lebensweise einiger Ameisenarten. Blumenauer Ztg., **3**, Nr. 1, Nr. 2, Nr. 3, Nr. 4, Nr. 5, 1883 c.

— Die Farbe der Puppen von *Papilio Polydamas.* Kosmos, **12** (1882—83), 448, 1882 [1883] d.

— Wie die Raupe von *Eunomia Eagrus* ihre Haare verwendet. Kosmos, **12** (1882—83), 449, 1 Fig., 1882 [1883] e.

— Animal Intelligence. Nature London, **27** (1882—83), 240—241, 1883 f.

— (Entomological Notes from Brazil.) Trans. ent. Soc. London, **1883**, Proc. XXIII—XXV, 1 Fig., 1883 g.

— Der Anhang am Hinterleibe der *Acraea*-Weibchen. Zool. Anz., **6**, 415—416, 1883 h.

— Fühler mit Beisswerkzeugen bei Mückengruppen. Kosmos, **15**, 300—302, 4 Fig., 1884 a.

— Christian Conrad Sprengel. Nature London, **29** (1883—84), 334—335, 1884 b.

— Butterflies as Botanists. Nature London, **30**, 240, 1884 c.
[Dtsch. Übers.:] Schmetterlinge als exacte Botaniker. Ent. Nachr., **10**, 190, 1884.

— [Observations on larvae of Nymphalinae.] Trans. ent. Soc. London, **1884**, Proc. XXIII—XXIV, 1884 d.

— Wie entsteht die Gliederung der Insektenfühler? Kosmos, **17**, 201—204, 1885 a.

— Die Zwitterbildung im Tierreiche. Kosmos, **17**, 321—334, 1885 b.

— Zur Kenntniss der Feigenwespen. Ent. Nachr., **12**, 193—199, 1886 a.

— (Notes on fig Insects.) Trans. ent. Soc. London, **1886**, Proc. X—XII, 1886 b.

— [Ref.] siehe Mayr, Gustav L . . . 1886.

— Zur Kenntniss der Feigenwespen. Ent. Nachr., **13**, 161—163, 1887 a.

— Die Nymphen der Termiten. Ent. Nachr., **13**, 177—178, 1887 b.

— Ueber die Gattung *Chimarrha.* Ent. Nachr., **13**, 225—226, 1887 c.

— Die Larve von *Chimarrha.* Ent. Nachr., **13**, 289—290, 1 Fig., 1887 d.
— Eine deutsche *Lagenopsyche.* Ent. Nachr., **13**, 337—340, 1 Fig., 1887 e.
— Die Eier der Haarflügler. Ent. Nachr., **14**, 259—261, 1888 a.
— Larven von Mücken und Haarflüglern mit zweierlei abwechselnd thätigen Athemwerkzeugen. Ent. Nachr., **14**, 273—277, 3 Fig., 1888 b.
— Contribution towards the history of a new form of larvae of Psychodidae (Diptera), from Brazil. Trans. ent. Soc. London, **1895**, 479—482, Taf. X—XI, 1895. [Siehe:] Osten-Sacken, C. R.: 483—487; Eaton, Alfred E.: 489—493.
— Die „Neue Grotte" in Adelsberg. Mitt. Dtsch. Oesterr. Alpenver., (N. F.) **15 (25)**, 241—243, 1899.

Müller, Fritz & **M'Lachlan**, Robert
(A brachiated species of Leptoceridae from Brazil.) Trans. ent. Soc. London, **1879**, Proc. XIII—XIV, 1879.

Müller, Fritz & **Müller**, Hermann
Phryganiden-Studien. Kosmos, **4**, 386—396, 12 Fig., (1878—79) 1879.

Müller, G . . .
Ueber einige seltene Nachtschmetterlinge der Umgegend von Frankfurt a. O. Mtl. Mitt. naturw. Ver. Frankf. a. O., **1**, 26—29, 37—39, (1884) 1883.

Müller, G. . . W. . .
Über *Agriotypus armatus.* Zool. Jb. Syst., **4**, 1132—1134, 1889; Noch einmal *Agriotypus* . . . **5**, 689—691, (1891) 1890.
— Beobachtungen an im Wasser lebenden Schmetterlingsraupen. Zool. Jb. Syst., **6**, 617—630, Taf. 28, 1892.

Müller, Georg
Über Hauterkrankungen bei Vögeln. Mh. prakt. Dermat., **7**, 711—717, 1888.

Müller, Georg
geb. 8. 7. 1864 in Wehnde (Eichsfeld), gest. 8. 11. 1946 in Kleinfurra, Lehrer. — Biogr.: (Rapp) Beitr. Fauna Thüringen, **1**, 52, 1935.
— *Antherea Pernyi.* Ent. Ztschr., **5**, 64, 1891.
— *Bembecia hylaeiformis,* Lasp.[1]) Ent. Ztschr., **8**, 21—22, 1894 a.
— Leuchtkäfer.[1]) Natur u. Haus, **2** (1893—94), 347, 1894 b.
— Schmetterlingszüge.[1]) Natur u. Haus, **3** (1894—95), 300—301, 1895.
— Gallenbildungen. [Dipt.][1]) Natur u. Haus, **4** (1895—96), 174, 1 Fig., 1896 a.
— Ein schlimmer Feind.[1]) Natur u. Haus, **4** (1895—96), 205—206, 1 Fig., 1896 b.
— *Hyperchiria io* Fbr.[1]) Natur u. Haus, **4** (1895—96), 238—239, 1 Fig., 1896 c.
— Landwirtschaftliche Giftlehre. 8°, VI + 171 + 1 (unn.) S., 48 Fig., Berlin, Paul Parey, 1897 a.
— Ein verborgener Schädling der Himbeeren. [*Bembecia hylaeiformis.*] Ill. Wschr. Ent., **2**, 469—471, 8 Fig., 1897 b.
— Monströse Bildung einer *Podalirius*-Puppe. Ill. Wschr. Ent., **2**, 479, 1897 c.
— Ein neuer Fundort der *Cicada montana* Scop. Ill. Ztschr. Ent., **3**, 90—91, 1898 a.
— Etwas von der Gespinstmotte.[1]) Natur u. Haus, **6** (1897—98), 285—286, 1 Fig., 1898 b.
— Über Käferzucht.[1]) Natur u. Haus, **6** (1897—98), 305—307, 3 Fig., 1898 c.

[1]) vermutl. Autor

— *Cicada montana* Scp.[1]) Natur u. Haus, **6** (1897—98), 373—374, 1 Fig., 1898 d.
— Einige weniger bekannte Schädlinge unserer Beerensträucher. [Lep., Hym.] Natur u. Haus, **7** (1898—99), 397—400, 4 Fig., 1899.

Müller, Gustav
Seidenspinner aus neuerer Zeit. Natur Halle, (N. F.) **15 (38)**, 429—430, 1 Farbtaf. (unn.), 1889.

Müller, Hermann Prof. Dr.
geb. 23. 9. 1829 in Mühlberg (Thür.), gest. 25. 8. 1883 in Prad (Tirol), Lehrer. — Biogr.: Entomol. monthly Mag., **20**, 118, (1883—84) 1883; (Ernst Krause) Kosmos, **13**, 393—401, 1883; (J. W. Dunning) Trans. ent. Soc. London, **1883**, Proc. XLVII—XLVIII, 1883; Wien. ent. Ztg., **2**, 288, 1883; Zool. Anz., **6**, 496, 1883; (Ernst Krause) Verh. naturhist. Ver. Preuss. Rheinl., **40**, Korr. bl. 151—162, 1883; Science, **2**, 487—488, 1883 m. Porträt; Ent. Nachr., **10**, 74—76, 1884.
— Entomogripischer Nachtrag. Stettin. ent. Ztg., **28**, 110—111, 1867.
[Siehe:] Dohrn, C. A.: **27**, 364—368, 1866.
— (Die Anwendung der Darwin'schen Theorie auf Blumen und blumen-besuchende Insekten.) Verh. naturhist. Ver. Preuss. Rheinl., **26**, Korr.bl. 43—66, 1869.
[Ital. Übers., mit Anmerkungen von] Fed Delphino: Applicazione della teoria Darwiniana ai fiori ed agli insetti visitatori dei fiori. Bull. Soc. ent. Ital., **2**, 140—159, 228—241, Taf. I (Fig. 1—2, 4—7, 9—13), 1870.
[Engl. Übers. nach der Ital. Übers. von] R. L. Packard: Application of the Darwinian Theory to Flowers and the Insects which visit them. Amer. Natural., **5**, 271—297, 1 Fig., 1871.
— Anwendung der Darwinschen Lehre auf Bienen. Verh. naturhist. Ver. Preuss. Rheinl., **29**, 1—96, Taf. I—II, 1872.
[Ref.:] Hensel, A . . .: Berl. ent. Ztschr., **17**, 153—158, 1873.
— Die Befruchtung der Blumen durch Insekten und die gegenseitigen Anpassungen beider. Ein Beitrag zur Erkenntniss des ursächlichen Zusammenhanges in der organischen Natur. 8°, VIII + 478 + 1 (unn.) S., 152 Fig., Leipzig, Wilhelm Engelmann, 1873 a.
[Engl. Übers. von] D'Arcy W. Thompson: The Fertilization of Flowers. With a Preface by Charles Darwin. 8°, XII + 669 S., 186 Fig., London, 1883.
[Siehe:] Saunders, Edward: Entomol. monthly Mag., **24**, 252—254, (1887—88) 1888.
[Ref.:] M. M.: La fécondation des fleurs par les insectes. Arch. Sci. phys. nat., (N. S.) **48**, 289—304, 1873; Bennett, Alfred William: The Fertilization of Flowers by Insects and their mutual Adaptation for that Function. Amer. Natural., **7**, 680—683, 1873; Mac Leod, Julius: De onderzoekingen van Professor Herman Muller omtrent de bevruchting der bloemen. Natura, **3**, Nr. 6, 1—49, Taf. IV—VI, 1885.
— Larvae of *Membracis* serving as Milk-cattle to a Brazilian Species of Honey-bees. Nature London, **8**, 201—202, 3 Fig., 1873 b; . . . of Bee. **10**, 31—32, 4 Fig., 1874.
— Probosces capable of sucking the Nectar of *Angraecum sesquipedale.* Nature London, **8**, 223, 1 Fig., 1873 c; *Macrosilia cluentius.* **16** (1877—78), 221, 1878.
— On the Fertilisation of Flowers by Insects and on the reciprocal Adaptions of both. Nature London, **8**, 187—189, 4 Fig.; . . . II. 205—206, 4 Fig.; Fertilisa-

[1]) vermutl. Autor

tion of Flowers by Insects. III. 433—435, 6 Fig., 1873 d; ... IV. **9** (1873—74), 44—46, 8 Fig.; ... V. 164—166, 5 Fig., 1874; ... VI. **10**, 129—130, 9 Fig.; ... VII. **11** (1874—75), 32—33; ... VIII. 110—112, 17 Fig.; ... IX. 169—171, 5 Fig., (1875) 1874; ... X. **12**, 50—51, 2 Fig.; ... XI. 190—191, 6 Fig., 1875; ... XII. **13** (1875—76), 210—212, 11 Fig.; ... XIII. 289—292, 7 Fig., 1876; ... XIV. **14**, 173—175, 5 Fig., 1876; ... XV. **15** (1876—77), 317—319, 11 Fig.; ... XVI. 473—475, 10 Fig., 1877; [Corr.] **16**, 265—266, 1877.

— Über die Brutversorgung der Tapezier- und Wollbienen. Jahresber. Westfäl. Prov. Ver. Münster, **2**, 41—43, 1874 a.

— Larvae of *Membracis* serving as milk-cattle to a Brazilian species of bee. Nature London, **10**, 31—32, 4 Fig., 1874 b.

— Gegenseitige Abhängigkeit von Blumen und sie befruchtenden Insecten. Zool. Garten Frankf. a. M., **15**, 377—382, 1874 c.

— Wegweiser zur Höhe der Bienenzucht und zur Erkenntniss des Bienenlebens. 2. Aufl. 12°, 68 S., Köslin, Selbstverl. (Schulz in Comm.), 1875 a. — ○ 3. Aufl. 12°, 72 S., Köslin, C. 9. Hendess, 1881.

— Ueber die Lebensweise der brasilianischen stachellosen Honigbienen *Melipona*. Jahresber. Westfäl. Prov. Ver. Münster, **3** (1874), 80—82, 1875 b.

— Function of the Ocelli of Hymenopterous Insects. Nature London, **13** (1875—76), 167—168, (1876) 1875 c.

— Stachellose brasilianische Honigbienen zur Einführung in zoologischen Gärten empfohlen. Zool. Garten Frankf. a. M., **16**, 41—55, 1875 d.

— siehe Bennet, Alfred William; Wetterhan, F ... D ... & Müller, Hermann 1875.

— (Brasilianische stachellose Honigbienen.) Jahresber. Westfäl. Prov. Ver. Münster, **5** (1876), 43—44, 1877 a.

— Über den Ursprung der Blumen. Kosmos Leipzig, **1**, 100—114, 1877 b; **2**, 395—396, (1877—78) [1878].

— Fertilisation of Flowers by Insects. Nature London, **16**, 265—266, 1877 c.

— [Beispiele von Mimicry bei Insekten.] Verh. naturhist. Ver. Preuss. Rheinl., **34**, Korr.bl. 53—54, 1877 d.

— *Ophrys muscifera*. Nature London, **18**, 221, 1878 a.

— (Ueber die Bestäubung der *Primula farinosa* L.) Verh. bot. Ver. Brandenb., **20**, 102—107, 1878 b.
[Ref.:] Über *Primula farinosa*. Bot. Jahresber., **6** (1878), Abt. 1, 319, 1880.

— Weitere Beobachtungen über Befruchtung der Blumen durch Insekten. Verh. naturhist. Ver. Preuss. Rheinl., **35**, 272—329, Taf. VI, 1878 c; **36**, 198—268, Taf. II—III, 1879; **39**, 1—104, Taf. I—II, 1882.

— Die Insecten als unbewußte Blumenzüchter. [Vorl. Mitt.] Zool. Anz., **1**, 32—33, 1878 d; ... Blumenzüchter. Kosmos, **3**, 314—337, 4 Fig.; 403—426, 5 Fig.; 476—499, 6 Fig., 1878.
[Ref.:] Insects as unconscious selectors of flowers. Amer. Natural., **13**, 257—260, 1879.

— Ueber Wechselbeziehungen zwischen Insecten und Blumen. [Vorläufige Mitteilung.] Zool. Anz., **1**, 79, 1878 e; Die Wechselbeziehungen zwischen den Blumen und den ihre Kreuzung vermittelnden Insekten. [In:] Encyclopädie der Naturwissenschaften Abth. I, Theil I: Handbuch der Botanik. Herausgeb. A. Schenk. 8°, 112 S., 32 Fig., Breslau, Trewendt, 1879?.
[Ref.:] Trelease, William: The mutual relations between flowers and the insects which serve to cross them. Amer. Natural., **13**, 451—452, 1879.

— [Gattung *Eueides* als Mimikry-Gegenbeispiel.] Jahresber. Westfäl. Prov. Ver. Münster, **7** (1878), 10, 1879 a.

— Hesperiden-Blumen Brasiliens. Kosmos, **4**, 481—482, (1878—79) 1879 b.

— *Bombus mastrucatus*, ein Dysteleolog unter den alpinen Blumenbesuchern. Kosmos, **5**, 422—431, 1879 c.

— Schützende Aehnlichkeit einheimischer Insekten. Unter Benutzung von Beobachtungen des Dr. A. Speyer in Rhoden. Kosmos, **6**, 29—39, 114—124, 5 Fig., (1879—80) 1879 d.

— In Blumen gefangene Falter. — Fleischfressende Honigbienen. Kosmos, **6**, 225—226, (1879—80) 1879 e.

— Fertilization of *Erica carnea*. Nature London, **20**, 146, 1879 f.

— Biologisches über Insecten. [Vorl. Mitt.] Zool. Anz., **2**, 40—41, 1879 g.

— siehe Müller, Fritz & Müller, Hermann 1879.

— Ein Käfer mit Schmetterlingsrüssel. Kosmos, **6**, 302—304, 4 Fig., (1879—80) 1880 a; **10** (1881—82), 57—61, 4 Fig., 1881.
[Siehe:] Hagen, H. A.: Proc. Boston Soc. nat. Hist., **20** (1878—80), 429—430, 1881.

— Die Falterblumen des Alpenfrühlings und ihre Liebesboten. Kosmos, **6**, 446—456, (1879—80) 1880 b.

— Die Bedeutung der Alpenblumen für die Blumentheorie. Kosmos, **7**, 276—287, 1880 c.

— Über die Entwicklung der Blumenfarben. Kosmos, **7**, 350—365, 1880 d.

— Die Variabilität der Alpenblumen. Kosmos, **7**, 441—455, 1880 e.

— The Fertilisers of Alpine Flowers. Nature London, **21** (1879—80), 275, 1880 f.

— Alpenblumen, ihre Befruchtung durch Insekten und ihre Anpassungen an dieselben. 8°, IV + 611 + 1 (unn.) S., 173 Fig., Leipzig, Wilhelm Engelmann, 1881 a.

— Gaston Bonnier's Stellung zur neuern Blumentheorie. Biol. Zbl., **1**, 129—133, (1881—82) 1881 b.
[Siehe:] Bonnier, Gaston: Ann. Sci. nat. (Bot.), (6) **8**, 1879; Bonnier, Gaston: Rev. scient., (3) **1** (**27**), 419—425, 1881.

— Häufiges Auftreten von *Chlorops nasuta* Schrnk. Ent. Nachr., **7**, 17, 1881 c.

— Die Entwickelung der Blumenthätigkeit der Insekten. Kosmos, **9**, 204—215, 258—272, 351—370, 415—432, 1881 d.
[Ref.:] Die Blumenthätigkeit der Bienen. Ent. Nachr., **8**, 56—61, 83—90; Verschiedene Nahrung der Männchen und Weibchen mancher Insekten. 116—119; Die Blumenthätigkeit der Käfer. 194—200, 1882.

— Prétendue réfutation par Gaston Bonnier de la Théorie des fleurs. Rev. int. Sci. biol., **7**, 450—465, 1881 e.

— Über die angebliche Afterlosigkeit der Bienenlarven. Zool. Anz., **4**, 530—531, 1881 f.

— Nachträgliche Beurteilung der von Sir John Lubbock angewandten Methode, die Farbenliebhaberei der Honigbiene zu bestimmen. Kosmos, **11**, 426—429, 1882 a.

— Geschichte der Erklärungsversuche in bezug auf die biologische Bedeutung der Blumenfarben. Kosmos, **12** (1882—83), 117—137, 1882 b.

— [Ref.] siehe Allen, Grant 1882.

— [Ref.] siehe Lubbock, John 1882.

— Die biologische Bedeutung der Blumenfarben. Biol. Zbl., **3** (1883—84), 97—105, (1884) 1883 a.

— Arbeitstheilung bei Staubgefässen von Pollenblumen. Kosmos, **7**, 241—259, 10 Fig., 1883 b.

— Versuche über die Farbenliebhaberei der Honigbiene. Kosmos, **12** (1882—83), 273—299, 1882 [1883] c.
— *Pionycha.* Kosmos, **13**, 32—36, 3 Fig., 1883 d.
— Sur le développement des couleurs chez les fleurs. Rev. int. Sci. biol., **11**, 32—53, 1883 e.
— [Ref.] siehe Ráthay, Emerich 1883.
— [Ref.] siehe Villiers, J ... H ... de 1883.
— Ein Beitrag zur Lebensgeschichte der *Dasypoda hirtipes.* Verh. naturhist. Ver. Preuss. Rheinl., **41**, 1—52, Taf. I—II, 1884.

Müller, Hermann & **Mason,** Norman N ...
Are Honey-bees Carnivorous? Amer. Natural., **16**, 681, 1882.

Müller, J ...
(Tödtungsmittel für Schmetterlinge.) Insektenbörse, **6**, Nr. 8, 1889.

Müller, Johann Friedrich Theodor siehe Müller, Fritz

Müller, Johann Karl August
geb. 16. 12. 1818 in Allstedt, gest. 9. 2. 1899? in Halle. — Biogr.: Natur Halle, 1899; (Otto Taschenberg) Jahresber. naturf. Ges. Graubünden, (N. F.) **42** (1898—99), XVI—XXVI, 1899.
— Die Erzeugung der Geschlechter bei Pflanzen und Thieren. Natur Halle, **13**, 105—108, 1 Fig.; 113—115, 121—123, 137—140, 1864 a.
— Giftfliegen. Natur Halle, **13**, 224, 1864 b.
— Ein Reiteroberst als Käfersammler. Natur Halle, **14**, 224, 1865 a.
— Der Prairien-Rollkäfer. Natur Halle, **14**, 392, 1865 b.
— Stoff und Form bei Schmetterlingen. Natur Halle, **14**, 401—403, 1865 c.
— Zum Schutze der nützlichen Vögel. Natur Halle, **16**, 54—56, 62—64, 65—68, 1867.
— Pilze und Forstinsekten. Natur Halle, **19**, 17—19, 1870 a.
— Die Wechselbefruchtung bei den Pflanzen. Natur Halle, **19**, 345—348, 353—356, 361—364, 1870 b.
— Fleischfressende Pflanzen. Natur Halle, (N. F.) **1** (**24**), 4—6, 4 Fig., 1875 a.
— Die Heuschrecken in Deutschland. Natur Halle, (N. F.) **1** (**24**), 304, 1875 b.
— Die Heuschrecken Cyperns. Natur Halle, (N. F.) **1** (**24**), 360, 1875 c.
— siehe U[le], O[tto] & Müller, Karl 1875.
— (Klima und Thierwelt in Sao Paulo.) Zool. Garten Frankf. a. M., **17**, 409—411, 1876; (Thierleben in Taubaté in Brasilien.) **18**, 137—138, 271—273, 397—399, 1877.
— [Ref.] siehe Wocke, 1876.
○ Ein schädliches Insekt auf dem Chinarindenbaume. (*Heliopeltis theivora.*) [Nach: Hasskarl, Pharm. Handelsbl., 1877.] Natur Halle, (N. F.) **3** (**26**), 642, 1877.
— [Ref.] siehe Neweklowsky, Hans 1877?.
— Neue Methode kleine Thiere aufzubewahren. [Nach: Franz Petzoldt.] Natur Halle, (N. F.) **4** (**27**), 123, 1878 a.
— Zigarren-Insekten. Natur Halle, (N. F.) **4** (**27**), 559, 1878 b.
— Die Gamma-Eule in Livland. Natur Halle, (N. F.) **4** (**27**), 672—673, 1878 c.
— Elektrische Insekten. [Sammelref.] Natur Halle, (N. F.) **6** (**29**), 534, 1880.
— Zoologische Mittheilungen Dr. W. Junkers aus den mittelafrikanischen Niam-niam-Ländern. Natur Halle, (N. F.) **7** (**30**), 243, 1881.
— Der Apollo (*Doritis Apollo*) in Thüringen. Natur Halle, (N. F.) **9** (**32**), 421, 1883.
— [Herausgeber]
Beiträge zum Seelenleben der Thiere.[1]) [Mit Angaben von Clemens Gerke; W. Engler; Thiel u. a.] Natur Halle, (N. F. **10** (**33**), 475—476, 483—484, 499—501, 505—507, 1884.
— Über das Bekämpfen der Reblaus (*Phylloxera*). [Sammelref.] Natur Halle, (N. F.) **12** (**35**), 538, 1886.
— Ueber Bienen der Kalahari. [Nach: Farini: Durch die Kalahari-Wüste.] Natur Halle, (N. F.) **13** (**36**), 71, 1887 a.
— Hermann Burmeister. Natur Halle, (N. F.) **13** (**36**), 136—138, 1 Fig., 1887 b.
— Die Heuschrecken in Süd-Amerika. [Nach: W. Sievers, Leipzig, 1887.] Natur Halle, (N. F.) **13** (**36**), 323, 1887 c.
— Über das Einfangen wilder Bienen in Australien. [Nach: Reinhold Anrep-Elmpt.] Natur Halle, (N. F.) **13** (**36**), 443, 1887 d.
— Noch einmal die südamerikanische Ameise (Saúba). [Nach: August Kappler, 1887.] Natur Halle, (N. F.) **13** (**36**), 467, 1887 e.
— Riesen-Schmetterlinge. [Nach: August Kappler, 1887.] Natur Halle, (N. F.) **13** (**36**), 479, 1887 f.
— Die Mutterpflanzen des persischen „Insektenpulvers". Natur Halle, (N. F.) **15** (**38**), 1—4, 1 Farbtaf. (unn., 1 Fig.), 1889.
— Eßbare Ameisen. [Nach: Wilh. Junker „Reisen in Afrika", 3, 430—431, 1890.] Natur Halle, (N. F.) **17** (**40**), 417, 1891 a.
— Der Staar in Elsaß-Lothringen vogelfrei? Natur Halle, (N. F.) **17** (**40**), 500—501, 511—512, 1891 b.
— [Ref.] siehe Shaler, Nathanael Southgate 1891.
— Neues über die Reblaus. Natur Halle, (N. F.) **18** (**41**), 121—123, 1892.
— Genossenschaften im Thier- und Pflanzenreiche. Natur Halle, (N. F.) **19** (**42**), 217—219, 1893 a.
— Kosmopolitische Tiere. Zool. Garten Frankf. a. M., **34**, 83—88, 117—122, 144—150, 179—186, 206—213, 227—232, 277—281, 307—310, 339—345, 375—381, 1893 b.
— *Solanum rostratum* und der Koloradokäfer. Natur Halle, (N. F.) **20** (**43**), 21—22, 1894 a.
— Ueber den Erdbeeren-Käfer (*Anthonomus signatus* Say). Natur Halle, (N. F.) **20** (**43**), 121—123, 3 Fig. [S. 126], 1894 b.
— Ein Schmarotzerthier des Mais. Natur Halle, (N. F.) **20** (**43**), 262—263, 1894 c.
— Die vermeintlichen Heilkräfte der Thiere. [Nach: William Marshall: Neueröffnetes, wundersames Arznei-Kästlein, 1894.] Natur Halle, (N. F.) **20** (**43**), 281—283, 1894 d.
— *Papilio Antimachus.* Natur Halle, (N. F.) **20** (**43**), 443, 1894 e.
— Ueber fossile Insekten. [Nach: Charles Brongniart, 1894.] Natur Halle, (N. F.) **20** (**43**), 451—452, 1894 f.
— Ueber die sogenannte Bugonia der Alten. Natur Halle, (N. F.) **21** (**44**), 363—364, 1895 a.
— Die Bläulinge. Natur Halle, (N. F.) **21** (**44**), 418—419, 1 Fig. [S. 414], 1895 b.
— Die Biene auf Kreta (*Candia*). [Nach: Sieber: Reise nach der Insel Kreta, 1823.] Natur Halle, (N. F.) **21** (**44**), 604—607, 1 Fig., 1895 c.
— Der Maikäfer. Zool. Garten Frankf. a. M., **39**, 250—255, 1898.

[1]) nur z. T. entomol.

Müller, Josef
Melolontha vulgaris. Ill. Wschr. Ent., **1**, 482, 1896.

Müller, Josef
Einige neue Formen des *Goniocarabus intermedius* Dej. aus Dalmatien. Wien. ent. Ztg., **17**, 136—137, 1898.
— Kritische Bemerkungen über *Goniocarabus intermedius* Dej. und *corpulentus* Kr. Wien. ent. Ztg., **18**, 28—32, 1899 a.
— Histeridae Dalmatiae. Wien. ent. Ztg., **18**, 149—155, 1899 b.
— Haliplidae, Hygrobiidae, Dytiscidae et Gyrinidae Dalmatiae. Verh. zool.-bot. Ges. Wien, **50**, 112—121, 1900 a.
— Ueber *Acritus nigricornis* Hoffm. und *A. seminulum* Küst. Verh. zool.-bot. Ges. Wien, **50**, 301—302, 1900 b.
— Coleopterologische Notizen. Wien. ent. Ztg., **19**, 22—23, 1900 c.
— Ueber neue und bekannte Histeriden. Wien. ent. Ztg., **19**, 137—142, 1900 d.

Müller, Julius
gest. 1899 in Brünn, Buchhalter in Brünn.
— Terminologia entomologica. Ein Handbuch sowohl für den angehenden Entomologen als auch für den Fachmann. Nach dem neuesten Standpunkte dieser Wissenschaft, 2. Aufl.[1]) 12°, VI+306+2 (unn.) S., 33 Taf. (1 Farbtaf.), Brünn, C. Winiker, 1872.

Müller, K . . . L . . .
Zur Naturgeschichte der „roten Made". Garten-Mag., **48**, 90, 1895.

Müller, Karl siehe Müller, Johann Karl August

Müller, L . . . von
[Über Zählebigkeit von Insekten (*Rhagium inquisitor*).] Ent. Nachr. **5**, 23, 1879.

Müller, L . . . E . . . Edwin
Dipterologisches. Insekten-Welt, **2**, 139—140, 1886 a.
— Ueber eine neue zweckmässige Methode zur Präparation der Käfer. Insekten-Welt, **2**, 144—145, 1886 b.
— Welche Bedeutung hat im Allgemeinen bei zoologischen Sammlungsobjekten die Bezeichnung „selten"? Insekten-Welt, **3**, 1—4, 1886 c.
— Die wunderbare Normalentwicklung angestochener Lepidopteren-Raupen nochmals betreffend. Insekten-Welt, **3**, 14—15, 1886 d.
— Billiges und praktisches Insektarium für Naturforscher und Biologen. Insekten-Welt, **4**, 9—10, 14—16, 1887.

Müller, Louis
Rapport sur l'excursion extraordinaire du 11 juin 1882 dans la vallée de l'Andelle. Bull. Soc. Sci. nat. Elbeuf, **1** (1881—82), 63—76, 1882.

Müller, M . . .
Kiefernsaat. Waldfeldbau. Insekten. Dtsch. Forstztg., **4**, 355—356, (1889—90) 1889.

Müller, Max
Betrachtungen über winzige Feinde und Freunde des Blumengartens. Natur u. Haus, **1**, 312—314, 1893.
— Frostschmetterlinge. Natur u. Haus, **2** (1893—94), 80—82, 1894.
— Mütterliche Fürsorge der heimischen Insekten. Ill. Wschr. Ent., **1**, 222—226, 238—243, 1896.
— Aus dem Larvenleben der heimischen Insekten. Ill. Wschr. Ent., **2**, 106—109, 119—122, 141—143, 1897 a.
— Frühlingsahnen — Frühlingsmahnen. Ill. Wschr. Ent., **2**, 247—250, 1897 b.
— Unsere Insekten als Musiker. Ill. Wschr. Ent., **2**, 457—459, 472—474, 1897 c.
— Am Rande der märkischen Heide. Ill. Wschr. Ent., **2**, 583—586, 616—618, 1897 d.
— Zur Lebensweise der Kohlwanze. Ill. Wschr. Ent., **2**, 653, 1897 e.
— *Bombus hypnorum* L. Ill. Ztschr. Ent., **4**, 9—10, 1899 a.
— Tapezierbienen. Hymenopterologische Mittheilungen. Insektenbörse, **16**, 136, 1899 b.
— Betrachtungen über kleine Freunde und Feinde des Hausgartens. Natur u. Haus, **8** (1899—1900), 311—314, 1900.

Müller, Nicolaus Jacob Carl
siehe Metzger, A . . . & Müller, Nicolaus Jacob Carl 1895.

Müller, Otto
○ Über die Widerstandsfähigkeit amerikanischer Reben gegen die *Phylloxera.* Wien. landw. Ztg., **32**, 58—59, 1882.

Müller, Rich[ard]
Die Kennzeichen der für den Forstmann wichtigsten Schmetterlinge. Dtsch. Forstztg., **3**, 189—191, 198—199, (1888—89) 1888.

Müller, W . . . H . . .
○ Proterandrie der Bienen. Jena, Liegnitz, 1882.
[Ref.:] Karsch, Ferdinand: Biol. Zbl., **3** (1883—84), 111—112, (1884) 1883.

Müller, Walther
Fliegenleim. Dtsch. landw. Pr., **20**, 733, 1893 a.
— Mittel gegen Fliegen. Dtsch. landw. Pr., **20**, 759, 1893 b.
— Die kleinen Feinde an den Vorräten des Landwirtes, ihre Vertilgung und Vertreibung. 8°, VIII + 1 (unn.) + 98 S., 51 Fig., Neudamm, J. Neumann, 1900.

Müller, Wilhelm
○ Ein Käfer-Eudiometer. Ann. Phys. Chem., **145**, 455—459, 1872. — [Abdr.?:] Vjschr. prakt. Pharm. München, **22**, 251—255, 1873.

Müller, Wilhelm
Ueber einige im Wasser lebende Schmetterlingsraupen Brasiliens. Arch. Naturgesch., **50**, Bd. 1, 194—212, Taf. XIV, 1884.
— Beobachtungen an Wanderameisen (*Eciton hamatum* Fabr.). Kosmos, **18**, 81—93, 7 Fig., 1886 a.
— Über die Gewohnheiten einiger *Oncideres*-Arten. Kosmos, **19**, 36—38, 1886 b.
— Schutzvorrichtungen bei Nymphalidenraupen. Kosmos, **19**, 351—361, 1886 c.
— Südamerikanische Nymphalidenraupen. Versuch eines natürlichen Systems der Nymphaliden. Zool. Jb. Syst., **1**, 417—678, 3 Fig., Taf. 12—15, 1886 d.
— Duftorgane bei Phryganiden. Arch. Naturgesch., **53**, 95—97, 2 Fig., 1887 a.
[Engl. Übers.:] Scent-organs in Phryganidae. Ann. Mag. nat. Hist., (5) **20**, 305—307, 2 Fig., 1887.
— Die Fächerflügler. — Strepsiptera. Stettin. ent. Ztg., **48**, 150—160, 1887 b.

Müller-Blumenau, Wilh[elm] siehe Müller, Wilhelm

[1]) 1. Aufl. 1860

Müller-Jacobs, A . . .
Darstellung von wässerigen Schwefelkohlenstofflösungen und von anderen Desinfectionsmitteln mittels der Sulfoleate. Dingler polytechn. Journ., (6) **5** (**255**), 391—392, 1885.

Müller-Rutz, Johann
geb. 1854, gest. 7. 5. 1944 in St. Gallen, Lehrer f. Stikkereizeichnen am Industrie- u. Gewerbemus. in St. Gallen. — Biogr.: (Th. Romann) Mitt. Schweiz. ent. Ges., **19**, 204—207, (1943—45) 1944 m. Porträt & Schriftenverz.
○ Der Fang von Nachtschmetterlingen am elektrischen Lichte; Verzeichnis der in St. Gallen an demselben beobachteten Arten. Ber. naturw. Ges. St. Gallen, **1897—98**, 397—410, 1899.
— Bericht über eine lepidopterologische Exkursion ins Kalfeuser-Thal (27. Juli bis 5. August 1899). Ber. naturw. Ges. St. Gallen, **1898—99**, 207—239, 1900.

Müller-Thurgau, H . . .
Die Ameisen an den Obstbäumen. Ztschr. Pflanzenkrankh., **2**, 134—135, 1892.
○ Heranzucht von Reben, welche der Reblaus widerstehen. Jahresber. Dtsch. Schweiz.-Versuchsstat. Wädenswil, **4**, 62—64, 1896?.
[Ref.:] Zbl. Bakt. Parasitenk., **2**, Abt. 2, 690, 1896.

Mülverstedt, H . . . von
[*Notodonta chaonia*-Raupen erkrankten durch gelblich-weisse Würmer.] Insekten-Welt, **2**, 108—109, 1885.
— *Chlaenius sulcicollis* u. *Chlaen. tristis.* Soc. ent., **2**, 76, 1887.

Münter,
○ Ein neuer Gerstenblattzerstörer. *Notiphila griseola.* Landwirt Breslau, **3**, 289, 1867. — ○ [Abdr.?:] Land- u. forstw. Ztg. Prov. Preußen, **3**, 137, 1867. — ○ [Abdr.?:] Landw. Anz. Bank- u. Handelsztg., **14**, Nr. 32, 1867. — ○ [Abdr.?:] Landw. Zbl., **15**, Bd. 2, 93, 1867.

Münter, J . . . Prof. Dr.
Beitrag zur Kenntnis der geographischen Verbreitung der Honigbiene (*Apis mellifica* L.). Ztschr. Akklim. Berlin, (N. F.) **3**, 93—97, 1865.
— Über die Honigbiene. (*Apis mellifica.*) 8°, 1 (unn.) + 40 S., Greifswald, Julius Abel, 1880.

Müntz, A . . .
La végétation des vignes traitées par la submersion. C. R. Acad. Sci. Paris, **119**, 116—119, 1894.

Münzner, O . . .
Die Rosenschabe. Rosenztg., **7**, 28—29, 2 Fig., 1892.

Müss, M . . .
Über Seidenzucht. Ver.bl. Westfäl.-Rhein. Ver. Bienen- u. Seidenzucht, **22**, 90—93, 1871.

Müthel,
Neue Käfer. Korr.bl. Naturf.-Ver. Riga, **26**, 14, 1883 a.
— Bericht über die Sammlungen: Insekten. Korr.bl. Naturf.-Ver. Riga, **26**, 46—47, 1883 b.
— (In den Jahren 1880—85 neu aufgefundene Käferarten.) Korr.bl. Naturf.-Ver. Riga, **29**, 21—22, 1886.
— Neue Käfer aus Südlivland. Korr.bl. Naturf.-Ver. Riga, **32**, 6—8, 1889.

Müttrich,
[Ref.] siehe Hess, Richard 1888.

Mützschefahl,
Nachricht von einigen Wasserinsekten in der Bartsch, wonach sich die Fischer in der Winterfischerei richten. Oekon. Nachr., **7**, 2—5, 1879.

Muhl,
Ein Raupenfrass [*Panolis piniperda*] in der Main-Rheinebene. Allg. Forst- u. Jagdztg., (N. F.) **44**, 350—352, 1868. — ○ [Abdr.?:] Wbl. Ver. Nassau. Land- u. Forstwirte, **51** ((N. F.) **21**), Forstl. Beil. 14—16, 1869.
— Die große Kiefernraupe (*Gastropacha pini*) in der Main-Rhein-Ebene. Allg. Forst- u. Jagdztg., (N. F.) **65**, 185—191, 1 Fig., 1889.

Muhr, Joseph
Die Mundtheile der Orthoptera. Ein Beitrag zur vergleichenden Anatomie. Lotos, **26**, 40—71, Taf I—VIII, 1876.
○ Die Mundtheile der Insecten. Jahresber. Dtsch. Staats-Realgymn. Prag, **6**, 1—33, 1 Taf., 1877—78.
○ Die Mundtheile der Insekten. 1 Blatt Text, 5 Taf., Prag, Dominicus, 1879.

Muir, W . . .
The Head and Sucking apparatus of the Mosquito. Canad. Natural., (N. S.) **10**, 465—466, 1883.

Muk, A . . .
Notiz über *Hypoderma equi.* [Nach: Veterinarian, Nr. 498, 1896.] Berlin. tierärztl. Wschr., **1896**, 332, 1896.

Mulcey,
○ Le phylloxera, terrible fléau de la vigne. 1. lettre. Gazette Midi, 21. Avril; . . . 2. lettre. 7. Sept., 1871.

Mulder, Claas Prof. Dr.
geb. 6. 10. 1796, gest. 4. 5. 1867 in Amsterdam, Prof. d. Zool. in Groningen. — Biogr.: (J. W. Ermerins) Jaarb. Akad. Wetensch. Amsterdam, **1867**, 1—21, 1867 m. Schriftenverz.
— Een woord over het spinnen en de spintuigen der insekten. Tijdschr. Ent., **7**, 111—128, Taf. 7, 1864 a.
— Heeft swammerdam de Kikvorschen onder de insekten gerangschikt? Tijdschr. Ent., **7**, 171—173, 1864 b.
— Ontleedkundige aanteekening over *Macrolyristes imperator*, Voll., vergeleken met eenige andere Regtvleugeligen. Tijdschr. Ent., **8**, 111—121, Taf. 8 (Fig. 1—2, 4—9), 1865.
— Wandelende Bladen. [*Phyllium.*] Jaarbje zool. Genootsch. Amsterdam, **1866**, 135—145, 1 Taf. (unn.), 1866 a.
— Mededeeling over *Toxodera denticulata* Aud. Serv. Versl. Meded. Akad. Wetensch. Amsterdam, (2) **1**, 239—245, 1866 b.

Mulder, John Frederick
geb. 1840, gest. 1921. — Biogr.: Victorian Natural., **38**, 138, 1922.
○ Notes on some of our Victorian Moths. Geelong Natural., **6**, 56—66, 1898.

Mullen, S . . . B . . .
„Stink Bush" as an Insecticide. Amer. Entomol., **3** ((N. S.) **1**), 228, 1880.
— Corn as a Trap Crop for the Boll Worm. Period. Bull. Dep. Agric. Ent. (Ins. Life), **5** (1892—93), 48, (1893) 1892.
— The Stink Bush as an Insecticide. Period. Bull. Dep. Agric. Ent. (Ins. Life), **6** (1893—94), 39—40, (1894) 1893 a.

— Observations on the Boll Worm in Mississippi. Period. Bull. Dep. Agric. Ent. (Ins. Life), **5** (1892—93), 240—243, 1893 b.

Mullenberger, Hubert siehe Müllenberger, Hubert

Mullens, F . . . A . . .
Vanessa antiopa in Sussex. Entomologist, **22**, 257, 1889.

Mullens, W . . . H . . .
Vanessa antiopa in Sussex. Entomologist, **21**, 229, 1888.

Mullins, R . . . F . . .
Tiger-Beetle's Wing-case (*Cicindela campestris*). Sci. Gossip, **22**, 113, 1886.

Mulsant, Étienne
geb. 2. 3. 1797 in Marnand (Rhône), gest. 4. 11. 1880 in Lyon, Bibliothekar in Lyon u. Lehrer am Lyceum in Lyon. — Biogr.: (J. Félissis-Rollin) Ann. Soc. ent. France, (5) **10**, 403—412, 1880 m. Schriftenverz.; Naturaliste, **1**, 319, 1880; Nat. Novit. Berlin, Nr. 23, 196, 1880; (E. A. Fitch) Entomologist, **14**, 46—47, 1881; (F. Katter) Ent. Nachr., **7**, 36, 1881; (G. Kraatz) Dtsch. ent. Ztschr., **25**, 337—338, 1881; (J. O. Westwood) Entomol. monthly Mag., **17**, 189—190, (1880—81) 1881; Feuille jeun. Natural., **11**, 43, (1880—81) 1881; Zool. Anz., **4**, 120, 1881; Amer. Natural., **15**, 262, 1881; (A. Fauvel) Annu. ent. Paris, **9**, 108—113, 1881; (A. Locard) E. Mulsant, 55 S., Lyon, 1882 m. Porträt & Schriftenverz.; (A. Tholin) Rev. Ent., **5**, 213, 1886; (J. Pouillaude) Insecta, **8**, 185—187, 1918 m. Porträt; (E. O. Essig) Hist. Ent., 715—717, 1931; (A. Musgrave) Bibliogr. Austral. Ent., 232, 1932.

— [Ravages d'*Eumolpus vitis* et des sauterelles de passage.] Ann. Soc. Linn. Lyon, (N. S.) **11**, IX, 1864.

— Opuscules entomologiques. [Abdrücke aus: Ann. Soc. Linn. Lyon. Enthalten vor allem Neubeschreibungen u. biologische Angaben. Unter Mitarbeit von A. Boucard, A. Godart, Haliday, J. Lichtenstein, Valéry Mayet, Pellet, Ch. Rey & Jules Verreaux.] 16 Hefte.[1]) 8°, Paris, Deyrolle fils, 1864—75. 14. 241 + 2 (unn.) S., 3 Taf., 1870. 15. 5 (unn.) + 212 S., 3 Taf., 1873. 16. 5 (unn.) + 212 + 55 S., 3 Taf., 1875.
[Siehe:] Lucas, H.: Ann. Soc. ent. France, (5) **10**, Bull. CXLI, 1880.

— Monographie des coccinellides. Mém. Acad. Sci. Lyon, **15**, 1—112, 1865—66; **16**, 1—112, 1866—67; ○ **17**, 1—66, 1869—70. [Sonderdr.:] 8°, 292 + 2 (unn.) S., Paris, F. Savy & Deyrolle, 1866.

— [Une larve d'Eristale dans la partie digestive d'un enfant.] Ann. Soc. Linn. Lyon, (N. S.) **12** (1865), XXII, 1866 a.

— [Une larve rongeant les filets nerveux aux dents d'un homme.] Ann. Soc. Linn. Lyon, (N. S.) **12** (1865), XXVII, 1866 b.

— [Les mouches amies des cadavres d'espèce humaine.] Ann. Soc. Linn. Lyon, (N. S.) **14** (1866), IX, 1867.

— Notice sur le Dr. Jules Sichel. Ann. Soc. Linn. Lyon, (N. S.) **17**, 383—410, 1 Taf. (unn.), 1869.

— (Passage du Criquet italique à Lyon.) Petites Nouv. ent., **1** (1869—75), 108, 1870.

— (Communication relative au Kakerlac.) Ann. Soc. Agric. Lyon, (4) **3** (1870), LXIV, 1871 a.

— Une invasion de sauterelles (*Caloptenus italicus*). Ann. Soc. Agric. Lyon, (4) **3** (1870), LXXXIII, 1871 b.

— Description de quelques Coccinellides nouvelles. Ann. Soc. Linn. Lyon, (N. S.) **18** (1870—71), 321—327, 1872.

[1]) H. 1—15 vor 1864

— [*Yponomeuta cognatella* et *Yp. padella* nuisible aux pommiers de Vals.] Ann. Soc. Agric. Lyon, (4) **5** (1872), CII, 1873.

— [*Haltica ampelophaga* dans les vignes de Mornant.] Ann. Soc. Agric. Lyon, (4) **6** (1873), LXXXIII, 1874 a.

— Notice sur Antoine Écoffet. Ann. Soc. Linn. Lyon, (N. S.) **20** (1873), 191—193, 1874 b.

— Note sur les métamorphoses des Coléoptères. [= Katalog der von Schiödte beschriebenen Larven usw.] Ann. Soc. Linn. Lyon, (N. S.) **20** (1873), 259—264, 1874 c.

— Note sur une espèce française peu connue du genre *Phytoecia*. Petites Nouv. ent., **2** (1876—79), 45, 1876.

— Transformation du Hanneton. Bull. Insectol. agric., **2**, 23—27, 3 Fig., 1877.

— (Des exemples de resurrection de vignes phylloxerées.) Ann. Soc. Agric. Lyon, (4) **10** (1877), LXVIII, LXXII, 1878 a.

— Notice sur Edouard Perris. [Nekrolog.] Ann. Soc. Linn. Lyon, (N. S.) **25**, 85—110, 1878 b.

— Notice sur Benoit-Philibert Perroud. [Nekrolog.] Ann. Soc. Linn. Lyon, (N. S.) **25**, 271—281, 1 Taf. (unn.), 1878 c.

○ Les ennemis des livres, par un bibliophile. 18°, Lyon, 1879 a.

— Notices et portraits. I. 8°, 3 (unn.) + 145[1]) + 1 (unn.) S., 7 Taf., Lyon, E. Georg, 1879 b.

— Notice sur Perroud (Benoit-Philibert). Ann. Soc. Linn. Lyon, (N. S.) **26**, 109—120, 1879 c.

— Coléoptères et Lépidoptères du Mont Pilat. [Nach: Souvenirs du Mont Pilat, **2**, 245.] Rev. Ent. Caen, **2**, 46, 1883.

Mulsant, Étienne & **Godart,** A . . .
Description de quelques Coléoptères nouveaux ou peu connus. Ann. Soc. Linn. Lyon, (N. S.) **12** (1865), 447—456, 1866.

— Description d'une espèce nouvelle du genre *Auletes*. Ann. Soc. Linn. Lyon, (N. S.) **15** (1867), 407—408, 1868 a.

— Description d'une espèce nouvelle de Coléoptère du genre *Athous*. Ann. Soc. Linn. Lyon, (N. S.) **15** (1867), 409—410, 1868 b.

— Description de deux nouvelles espèces de Coléoptères. Ann. Soc. Linn. Lyon, (N. S.) **15** (1867), 411—413, 1868 c.
[Siehe:] Lefèvre, Édouard: Ann. Soc. ent. France, (5) **1**, 98, 1871.

— Description de trois Coléoptères nouveaux. Ann. Soc. Linn. Lyon, (N. S.) **16**, 277—281, 1868 d.

— Description de deux espèces nouvelles d'*Alphitobius* (Coléoptères de la tribu des Latigenes, famille des Ulomiens). Ann. Soc. Linn. Lyon, (N. S.) **16**, 288—291, 1868 e.

— Description d'une espèce nouvelle de Coccinellide. Ann. Soc. Linn. Lyon, (N. S.) **18** (1870—71), 102—103, 1872 a.

— Description d'une nouvelle espèce de Coléoptère du genre *Somoplatus*. Ann. Soc. Linn. Lyon, (N. S.) **18** (1870—71), 104—105, 1872 b.

— Description de deux nouveaux Scymniens (tribu des Coccinellides). Ann. Soc. Linn. Lyon, (N. S.) **18** (1870—71), 198—200, 1872 c.

— Description d'une espèce nouvelle de Coléoptères du genre *Anthrenus*. Ann. Soc. Linn. Lyon, (N. S.) **18** (1870—71), 212—213, 1872 d.

[1]) Exemplar des DEI nicht vollständig

— Description d'une espèce nouvelle de Melolonthide (*Amphimallus Logesi*). Ann. Soc. Linn. Lyon, (N. S.) **18** (1870—71), 214—216, 1872 e.
— Description d'une espèce nouvelle de Lamellicornes (groupe des Coprophages). Ann. Soc. Linn. Lyon, (N. S.) **18** (1870—71), 315—316, 1872 f.
— Description d'un genre nouveau de la famille des Curculionites. Ann. Soc. Linn. Lyon, (N. S.) **20** (1873), 44—48, 1874 a.
— Description d'une espèce nouvelle de la famille des Curculionites. Ann. Soc. Linn. Lyon, (N. S.) **20** (1873), 49—51, 1874 b.
— Description d'une espèce nouvelle de Coléoptères du genre *Acalles*. Ann. Soc. Linn. Lyon, (N. S.) **20** (1873), 265—267, 1874 c.
— Description de deux espèces nouvelles de Coléoptères Lamellicornes. Ann. Soc. Linn. Lyon, (N. S.) **21** (1874), 409—412, 1875 a.
— Description d'une espèce nouvelle d'Histéride. Ann. Soc. Linn. Lyon, (N. S.) **21** (1874), 419—420, 1875 b.
— Description d'une espèce nouvelle de Coléoptères latigènes servant à former un genre nouveau. Ann. Soc. Linn. Lyon, (N. S.) **22** (1875), 181—183, 1876 a.
— Description d'une espèce nouvelle de *Scymnus*. Ann. Soc. Linn. Lyon, (N. S.) **22** (1875), 184—185, 1876 b.
— Description de deux Coléoptères nouveaux. Ann. Soc. Linn. Lyon, (N. S.) **22** (1875), 255—257, 1876 c.
— Description d'une Phytoecie nouvelle. Ann. Soc. Linn. Lyon, (N. S.) **22** (1875), 419—421, 1876 d.
— Description de deux Aphodies nouveaux ou peu connus. Ann. Soc. Linn. Lyon, (N. S.) **26**, 121—124, 1879.

Mulsant, Étienne & **Lichtenstein**, Jules
Histoire des métamorphoses du *Vespurus* [*Vesperus*] *Xatarti* de la tribu des Longicornes. Ann. Soc. Linn. Lyon, (N. S.) **18** (1870—71), 306—310, 1872.

Mulsant, Étienne & **Mayet**, Valéry
Description d'une espèce nouvelle d'Hémiptère hétéroptère constituant un nouveau genre dans la Famille des Reduviens. Ann. Soc. Linn. Lyon, (N. S.) **16**, 292—294, 1868 a.
— Description d'une espèce nouvelle d'*Anisotoma*. Ann. Soc. Linn. Lyon, (N. S.) **16**, 295—296, 1868 b.
— Description des métamorphoses de l'*Anomala vitis*. Ann. Soc. Linn. Lyon, (N. S.) **16**, 297—300, 1868 c.
— Histoire des métamorphoses de diverses espèces de Coléoptères. Mém. Acad. Sci. Lyon, **19**, 313—348, 1871—72.
— Notes pour servir à l'histoire du *Pelopoeus spirifex* (Hyménoptère de la famille des Shpégites [Sphégites]). Ann. Soc. Linn. Lyon, (N. S.) **18** (1870—71), 311—314, 1872.

Mulsant, Étienne & **Pellet**, Pétri
Description d'une espèce nouvelle de Buprestide. Ann. Soc. Linn. Lyon, (N. S.) **18** (1870—71), 201—202, 1872.

Mulsant, Étienne & **Rey**, Claudius
Histoire naturelle des coléoptères de France. [38 Teile.][1]) 1864—89.
[2.] Lamellicornes-Pectinicornes. 2. Aufl.[2]) Ann. Soc. agric. Lyon, (4) **2** (1869), 241—650, 1870; (4) **3** (1870), 155—530, Taf. I—III, 1871.
[Sonderdr.:] 5 (unn.) + 735 + 1 (unn.) + 42 + 5 (unn., Taf.Erkl.) S., 3 Taf., Paris, Deyrolle, 1871.

[1]) Die einzelnen Teile sind nicht numeriert, die Zählung ist von uns vorgenommen worden. — Teil 1—13 vor 1864
[2]) 1. Aufl. 1842

[3.] Palpicornes. 2. Aufl.[1]) Ann. Soc. Linn. Lyon, (N. S.) **31** (1884), 213—396, 1885; (N. S.) **32** (1885), 1—186 + 1 (unn.) + 2 (unn., Taf.Erkl.) S., Taf. I—II, 1886.
[14.] Térédiles. Ann. Soc. Linn. Lyon, (N. S.) **11**, 289—420, 1864; (N. S.) **12** (1865), 1—284, Taf. I—X, 1866.
[Sonderdr.:] 8 (unn.) + 391 + 3 + 10 (unn., Taf. Erkl.) S., 10 Taf., Paris, E. Savy, 1864.
[15.] Fossipèdes. Brévicolles. Ann. Soc. agric. Lyon, (3) **9**, 338—468, 1 Taf. (unn.) + Taf. I—IV, 1865.
[Sonderdr.:] 7 (unn.) + 124 + 3 (unn., Taf. Erkl.) S., Paris, E. Savy, 1865.
[16.] Colligères. Ann. Soc. Linn. Lyon, (N. S.) **13**, 89—282, Taf. I—II + 1 Taf. (unn.), 1866.
[Sonderdr.:] 7 (unn.) + 187 + 3 (unn., Taf.Erkl.) S., Paris, E. Savy, 1866.
[17.] Vésiculifères. Ann. Soc. agric. Lyon, (3) **11**, 625—943, Taf. I—VII, 1867.
[Sonderdr.:] 7 (unn.) + 308 + 7 (unn., Taf.Erkl.) S., 7 Taf., Paris, E. Savy, 1867.
[18.] Scuticolles. Ann. Soc. Linn. Lyon, (N. S.) **15** (1867), 1—188, Taf. I—III, 1868.
[Sonderdr.:] 7 (unn.) + 186 S., 3 Taf., Paris, E. Savy, 1867.
[19.] Floricoles. Ann. Soc. Linn. Lyon, (N. S.) **15** (1867), 237—402, 1868; (N. S.) **16**, 83—231 + 19 (unn., Taf.Erkl.) S., Taf. I—XIX, 1868.
[Sonderdr.:] 7 (unn.) + 315 + 19 (unn., Taf. Erkl.) S., 19 Taf., Paris, Deyrolle, 1868.
[20.] Gibbicolles. Ann. Soc. agric. Lyon, (4) **1** (1868), 179—421, Taf. I—XIV, 1869.
[Sonderdr.:] 224 + 16 (unn., Taf.Erkl.) S., 14 Taf., Paris, Deyrolle, 1868.
[21.] Piluliformes. Ann. Soc. Linn. Lyon, (N. S.) **17**, 201—382, Taf. 1—2, 1869.
[Sonderdr.:] 6 (unn.) + 175 + 3 (unn., Taf.Erkl.) S., 2 Taf., Paris, Deyrolle, 1869.
[22.] Improsternés. Uncifères. Diversicornes. Spinipèdes. Ann. Soc. agric. Lyon, (4) **4** (1871), 61—234, 2 Taf., 1872.
[Sonderdr.:] 5 (unn.) + 18 + 58 + 40 + 57 + 1 (unn.) S., Paris, Deyrolle, 1872.
[23.] Brévipennes. Aléochariens. Ann. Soc. Linn. Lyon, (N. S.) **19**, 91—426, Taf. I—V, 1872.
[Sonderdr.:] 7 (unn.) + 321 + 10 (unn., Taf. Erkl.) S., 5 Taf., Paris, Deyrolle, 1871.
[24.] Brévipennes (Aléochariens). 7 (unn.) + 155 + 2 (unn.) S., 2 Taf., Paris, Deyrolle, 1873.
[25.] Brévipennes. Aléochariens (suite). Aléocharaires. Ann. Soc. Linn. Lyon, (N. S.) **20** (1873), 285—447, 1874; (N. S.) **21** (1874), 1—403 + 5 (unn., Taf.Erkl.) S., Taf. I—V, 1875.
[Sonderdr.:] 5 (unn.) 565 + 5 unn., Taf.Erkl.) S., 5 Taf., Paris, Deyrolle, 1874.
[26.] Brévipennes. Aléochariens (suite). Myrmédoniaires. Ann. Soc. agric. Lyon, (4) **6** (1873), 33—738, Taf. I—V, 1874.
[Sonderdr.:] 5 (unn.) + 695 + 5 (unn., Taf.Erkl.) S., 5 Taf., Paris, Deyrolle, 1873.
[27.] Brévipennes. Aléochariens (suite). Myrmédoniaires (2. partie). Ann. Soc. agric. Lyon, (4) **7** (1874), 27—504, Taf. VI—IX, 1875.
[Sonderdr.:] 5 (unn.) + 470 + 4 (unn., Taf.Erkl.) S., 4 Taf., Paris, Deyrolle, 1875.

[1]) 1. Aufl. 1844

[28.] Brévipennes (suite). Staphyliniens. Ann. Soc. agric. Lyon, (4) 8, 145—868 [856], Taf. I—VI, 1876.
[Sonderdr.:] 5 (unn.) +712+7 (unn., Taf.Erkl.) S., 6 Taf., Paris, Deyrolle, 1877.

[29.] Brévipennes. Xantholiniens. 5 (unn.) +108+2 (unn., Taf.Erkl.) S., 2 Taf., Paris, Deyrolle, 1877.

[30.] Brévipennes. Pédériens. Évesthétiens. Ann. Soc. Linn. Lyon, (N. S.) **24** (1877), 1—338+2 (unn.) +7 (unn., Taf.Erkl.) S., Taf. I—VI, 1878.
[Sonderdr.:] 5 (unn.) +338+9 (unn., Taf.Erkl.) S., 6 Taf., Paris, Deyrolle, 1878.

[31.] Brévipennes. Oxyporiens. Oxytéliens. Ann. Soc. agric. Lyon, (4) **10** (1877), 443—866, Taf. I—VII, 1878.
[Sonderdr.:] 5 (unn.) +408+8 (unn., Taf.Erkl.) S., 7 Taf., Paris, Deyrolle, 1879.

[32.] Brévipennes. Phléochariens. Trigonuriens. Protéiniens. Phléobiens. Ann. Soc. Linn. Lyon, (N. S.) **25**, 191—270, Taf. I—II, 1878.
[Sonderdr.:] 3 (unn.) +74+3 (unn., Taf.Erkl.) S., 2 Taf., Paris, Deyrolle, 1879.

[33.] Belon, Marie-Joseph: Famille des Lathridiens. 1. partie. Ann. Soc. Linn. Lyon, (N. S.) **26**, 157—365, 1879.
[Sonderdr.:] 3 (unn.) +209 S., Lyon, H. Georg; Paris, J.-B. Baillière & fils, 1881.

[34.] Brévipennes. (Omaliens. Pholidiens. Supplaux Pédériens.) Ann. Soc. Linn. Lyon, (N. S.) **27**, 1—430+6 (unn., Taf.Erkl.) S., Taf. I—VI, 1880.

[35.] Brévipennes (Habrocériens Tachyporiens). (N. S.) **28** (1881), 135—308, 1882.

[36.] Brévipennes. (Tachyporiens. Trichophyens.) (N. S.) **29** (1882), 13—125+5 (unn., Taf.Erkl.) S., Taf. I—IV, 1883.

[37.] Brévipennes. (Micropéplides. Sténides.) (N. S.) **30** (1883), 153—422, Taf. I—III, 1884.

[38.] Belon, Marie-Joseph: Lathridiens, (2. partie). (N. S.) **31** (1884), 61—212, 1885.

Belon, Marie-Joseph: Supplément à la monographie des Lathridiens de France. Ann. Soc. Linn. Lyon, (N. S.) **35** (1888), 75—91, 1889.

[Siehe zu 21:] Heyden, Lucas von: Ann. Soc. ent. France, (6) **4**, Bull. XXIII, 1884.

— Histoire naturelle des Punaises de France (Scutellérides). Ann. Soc. Linn. Lyon, (N. S.) **12** (1865), 285—412, Taf. I, 1866 a; . . . (Pentatomides). (N. S.) **13**, 291—367; 1866; (N. S.) **14** (1866), 1—296, Taf. I—II, 1867; . . . (Coreides. Alydides. Bérytides. Sténocéphalides). Mém. Acad. Sci. Lyon, **18**, 185—434 +5 (unn.) S., Taf. I—II, (1870—71) 1871; . . . (Réduvides). Ann. Soc. Linn. Lyon, (N. S.) **20** (1873), 65—166; . . . (Emésides). 167—190, Taf. I—II, 1874; . . . (Lygéides). (N. S.) **25**, 131—189, 1878.
[Sonderdr.:] [6 Teile in] 2 Bde. 8°, Paris, F. Savy & Deyrolle, 1865—79.
[1.] Scutellérides. 6 (unn.) +112 S., 1 Taf., 1865.
[2.] Pentatomides. 6 (unn.) + 372 S., 2 Taf., 1866.
○ [3.] Coréides. Alydides. Bérytides. Stenocéphalides. [IV] +250 S., 2 Taf., 1870.
○ [4.] Réduvides. [II] +100 S., 1 Taf., 1873.
○ [5.] Emésides. 18 S., 1 Taf., 1873.
○ [6.] Lygéides. 59 S., 1879.
[Ref.:] Puton, Auguste: Bibliographie. Les Coréides de MM. Mulsant et Rey. Etude sur cette famille. Ann. Soc. ent. France, (5) **1**, 303—314, 1871.

— Description d'une espèce nouvelle de Coléoptères. Ann. Soc. Linn. Lyon, (N. S.) **13**, 87—88, 1866 b.

— Description d'une espèce nouvelle de Géocorise constituant un Genre nouveau parmi les Ligéides. Ann. Soc. Linn. Lyon, (N. S.) **13**, 368, 1866 c. — [Zweitdruck:] (N. S.) **14** (1866), 340, 1867.

— Description d'une nouvelle espèce de Coléoptère de la tribu des Carabides. Ann. Soc. Linn. Lyon, (N. S.) **15** (1867), 403—406, 1868 a.

— Description de trois nouvelles espèces de Byrrhides. Ann. Soc. Linn. Lyon, (N. S.) **16**, 282—287, 1868 b.

— Description de diverses espèces nouvelles de Coléoptères. Ann. Soc. Linn. Lyon, (N. S.) **18** (1870—71), 81—98, 1872 a.

— Description d'une espèce nouvelle de Pentatomide. Ann. Soc. Linn. Lyon, (N. S.) **18** (1870—71), 99—101, 1872 b.

— Description d'une espèce nouvelle de Lygée (Hémiptère hétéroptère). Ann. Soc. Linn. Lyon, (N. S.) **18** (1870—71), 126—128, 1872 c.

— Description de quelques insectes nouveaux ou peu connus. Ann. Soc. Linn. Lyon, (N. S.) **18** (1870—71), 129—169, 1872 d.

— Description d'un genre nouveau de l'ordre des Coléoptères. Tribu des Brachélytres, famille des Aléochariens. Ann. Soc. Linn. Lyon, (N. S.) **18** (1870—71), 170—175, 1872 e.

— Description d'une espèce nouvelle constituant un genre nouveau dans la famille des Aphodiens (tribu des Coléoptères Lamellicornes, branche des Aphodiaires). Ann. Soc. Linn. Lyon, (N. S.) **18** (1870—71), [176—178],[1]) 1872 f.

— Description de quelques nouvelles espèces d'Aphodiens (Coléoptères Lamellicornes). Ann. Soc. Linn. Lyon, (N. S.) **18** (1870—71), [179—184],[2]) 1872 g.

— Étude sur les espèces du genre *Orsillus* de la famille des Lygéens, ordre des Hémiptères. Ann. Soc. Linn. Lyon, (N. S.) **18** (1870—71), 203—211, 1872 h.

— Description d'une espèce nouvelle de Lamellicornes (groupe des Phyllophages). Ann. Soc. Linn. Lyon, (N. S.) **18** (1870—71), 317—318, 1872 i.

— Description de la larve de l'*Anobium denticole*, Panzer. Ann. Soc. Linn. Lyon, (N. S.) **19**, 427—429, 1872 j.

— Description d'un Lamellicorne nouveau *Oniticellus Revelierii.* Ann. Soc. Linn. Lyon, (N. S.) **19**, 430—432, 1872 k.

— Description d'une espèce nouvelle de Coléoptères. Ann. Soc. Linn. Lyon, (N. S.) **19**, 433—434, 1872 l.

— Description de divers Coléoptères brévipennes nouveaux ou peu connus. Ann. Soc. Linn. Lyon, (N. S.) **20** (1873), 1—43, 1874 a.

— Description d'une espèce nouvelle de la famille des Pectinicornes. Ann. Soc. Linn. Lyon, (N. S.) **20** (1873), 52—53, 1874 b.

— Supplément aux Altisides de feu M. Foudras. Ann. Soc. Linn. Lyon, (N. S.) **20** (1873), 215—258, 1874 c.

— Description d'un genre nouveau de la tribu des Élatérides. Ann. Soc. Linn. Lyon, (N. S.) **21** (1874), 405—408, 1875 a.

— Description d'une espèce nouvelle de Longicorne. Ann. Soc. Linn. Lyon, (N. S.) **21** (1874), 413—415, 1875 b.

— Description d'une espèce nouvelle d'Élatéride. Ann. Soc. Linn. Lyon, (N. S.) **21** (1874), 416—418, 1875 c.

— Description de deux espèces de Coléoptères nouvelles ou peu connues de la famille des Aléochariens. Ann. Soc. Linn. Lyon, (N. S.) **22** (1875), 9—11, 1876 a.

[1]) Original falsch paginiert (168—170 für 176—178)
[2]) Original falsch paginiert (171—176 für 179—184)

— Description d'une espèce nouvelle de Brévipennes. Ann. Soc. Linn. Lyon, (N. S.) **22** (1875), 12—13, 1876 b.
— Description d'une nouvelle espèce d'Hémiptère de la famille des Jassides. Ann. Soc. Linn. Lyon, (N. S.) **22** (1875), 186—188, 1876 c.
— Description d'une nouvelle espèce de Brévicolle. Ann. Soc. Linn. Lyon, (N. S.) **22** (1875), 189—190, 1876 d.
— Description d'une nouvelle espèce de Brachélytre de la tribu des Aléocharini. Ann. Soc. Linn. Lyon, (N. S.) **22** (1875), 191—193, 1876 e.
— Description d'une nouvelle espèce de Brachélytre de la tribu des Phloeocharini. Ann. Soc. Linn. Lyon, (N. S.) **22** (1875), 194—196, 1876 f.
— Description de quelques espèces de Coléoptères nouveaux ou peu connus de la tribu des Brévipennes. Ann. Soc. Linn. Lyon, (N. S.) **22** (1875), 229—252, 1876 g.
— Description d'une espèce d'Altiside nouvelle ou peu connue. Ann. Soc. Linn. Lyon, (N. S.) **22** (1875), 253—254, 1876 h.
— Description d'une espèce nouvelle d'Hémiptère-Homoptère de la tribu des Delphacides. Ann. Soc. Linn. Lyon, (N. S.) **25**, 319—321, 1878 a.
— Description d'une espèce nouvelle d'Hémiptère-Hétéroptère. Ann. Soc. Linn. Lyon, (N. S.) **25**, 323—325, 1878 b.

Mulsant, Victor
Description de la larve de *l'Apalochrus flavo-limbatus*. Ann. Soc. Linn. Lyon, (N. S.) **30** (1883), 437—439, 1884.

Munday, E . . .
Stauropus Fagi. Entomologist, **6**, 174, (1872—73) 1872 a.
— *Polyommatus Hippothoë* at Hackney Marshes. Entomologist, **6**, 221—222, (1872—73) 1872 b.

Mundie, John
Catocala fraxini near Aberdeen. Entomologist, **13**, 240—241, 1880.
— Lepidoptera in Aberdeen and Kincardineshire. Entomologist, **15**, 256, 1882.
— *Sphinx convolvuli* in Aberdeen.[1]) Entomologist, **16**, 235, 1883.

Mundt, A . . . H . . .
[*Cossus* working in old Oak trees and Cottonwood.] Canad. Entomol., **12**, 39, 100, 1880.
— Notes upon climatic influences on *Samia gloveri* of Utah and *S. ceanothi* of California. Canad. Entomol., **13**, 35—37, 1881.
— Migration of Dragon-Flies — *Aeschna heros* (Fabr.). Canad. Entomol., **14**, 56—57, 1882. — [Abdr.:] Rep. ent. Soc. Ontario, **1882**, 31—32, 1883.
— *Papilio Walshii* and *Abbotii*, Edw. Canad. Entomol., **15**, 87—89, 1883 a.
— New Method of Feeding Larvae. [Lep.] Papilio, **3**, 25—26, 1883 b.
— *Limenitis Ursula* and *L. Disippus*. Papilio, **3**, 26, 1883 c.
— [Trees and plants attacked by *Pulvinaria innumerabilis*.] Canad. Entomol., **16**, 240, 1884.

Munganast, Emil
geb. 11. 2. 1848 in Linz, gest. 21. 6. 1914 in Linz, Postoberkontrolleur in Linz. — Biogr.: (E. Reitter) Wien. ent. Ztg., **33**, 210, 1914.

[1]) vermutl. Autor, lt. Text John Mundil

— Entomologische Rückblicke. [Käferspecies aus den Grotten Krains; Übersicht der Käfer von Oberösterreich.] Jahresber. Ver. Naturk. Linz, **5**, 26—40, 1874.
— Josef Knörlein [Nekrolog]. Wien. ent. Ztg., **2**, 80, 1883.

Munk, Jacques
Über Maden in Wunden und Höhlen des menschlichen Körpers. Wien. med. Pr., **21**, 367—368, 1880.

Munk, Jos[ef]
Die Gross-Schmetterlinge der Umgebung Augsburgs. Ber. naturw. Ver. Augsburg, **33**, 79—123, 1898.

(Munkel,)
*Oestrus*larven beim Pferde. [Nach: Arch. Tierheilk.] Berlin. tierärztl. Wschr., **1894**, 175, 1894.

Munn, William Augustus
(Notes on the development of the larva of the Honeybee.) Trans. ent. Soc. London, **1870**, Proc. XXIV—XXVIII, 1870.
○ La reine des Abeilles.[1]) Land and Water, 1874? a. [Ref.:] Raveret-Wattel: Bull. Soc. Acclim. Paris, (3) **1**, 159—160, 1874.
— Stings of Wasps and Bees. Sci. Gossip, (**9**) (1873), 89, 1874 b.
— Saw-flies. Sci. Gossip, (**9**) (1873), 94, 1874 c.
— Queen Bees. Sci. Gossip, (**9**) (1873), 251—252, 1874 d.

Munoz, Richardo José Gorriz siehe Gorriz y Munoz, Richardo José

Muñoz de Castillo, José
○ La plaga filoxérica, primera parte: El insecto y la vid. Conferencia pública dada el dia 9 de Octubre de 1878 en el Ateneo de Logroño. 32 S., 1 Farbtaf., Logroño; El mismo, segunda parte. Exámen de los medios propuestos para combatirla. Conferencia . . . 30 de Oct. de 1878 . . . 32 S.; El mismo, tercera parte. Las vides americanas. Conferencia . . . 11 de Diciembre de 1878 . . . 36 S., 1878.
○ 1. Conferencia pública dada el 26 de Julio de 1879, sobre el tema: Las Corporaciones provinciales y municipales y los viticultores ante la filoxera y las vides americanas. 15 S., Logroño; 2. Conferencia pública dada el 27 de Julio de 1879, . . . : La solucion forzosa del problema suscitado por la filoxeraproncipalmente en España, es la introduccion en el cultivo de las vides resistentes al pulgon. 15 S., 1879 a.
○ El prontuario filoxérico del Sr. Graells. Las Vides Amer., **1**, 26—28, 1879 b.
○ Vade-mecum filoxérico, dedicado por la Real Sociedad Económica Mallorquina de Amigos del País à los viticultures baleares. 47 S., 2 Taf., Palma de Mallorca, 1880 a.
○ El congreso filoxerico internacional de Zaragoza. Las Vides Amer., Nr. 14, 41—46; Nr. 16, 74—96; Nr. 17, (Nov.), 1880 b.

Munro, Aeneas
○ The Locust Plague and its Suppression. XVI + 365 S., ? Fig., London, John Murray, 1900 a.
— The Locust Plague and its Suppression. Rep. Brit. Ass. Sci., **70**, 798—799, 1900 b.

Munteanu, E . . .
○ [Bericht über die Reblaus.] Raport asupra filoxerei. Bul. Minist. Agric. Bukarest, **2**, 469—473, 1890.

[1]) vermutl. Autor

○ [Bericht über die in der II. Weinbauregion ausgeführten Arbeiten.] Raport asupra lucrărilor executate la reg. II viticolă. Bul. Minist. Agric. Bukarest, 4, 376—380, 1892.

Muntz, A . . .
siehe La Loyère de & Muntz, A . . . 1878.

Munyon, Ira W . . . la siehe La Munyon, Ira W . . .

Muraoka, H . . .
Das Johanniskäfer-Licht. Journ. Coll. Sci. Tokyo, **9**, 129—139, (1895—98) 1897. — [Abdr.:] Ann. Phys. Chem., (N. F.) **59** (**295**), 773—781, 1896.
[Ref.:] Thompson, Silvanus P . . .; Overton, E . . . & Lungo, Carlo del: Fire-fly Light. Nature London, **56**, 126, 154, 294—295, 1897.

Muraska,
Photographic Action of Glow-worm's Light. [Nach: Anthony's Photo. Bull., **28**, 350.] Pharm. Journ. London, (4) **6** (**60**), 604 a, 1898.

Murdoch, J . . .
in Report International Polar Expedition Alaska 1885.
— Insect-collecting at Point Barrow, Arctic Alaska. Proc. ent. Soc. Washington, **1** (1884—89), 9—10, (1890) 1886.

Murie, James
On the Occurrence of *Oestrus tarandi*, Linn., in a Reindeer in the Society's Gardens. Proc. zool. Soc. London, **1866**, 590—592, 1 Fig., 1866.
— On a Larval *Oestrus* found in the *Hippopotamus*. Proc. zool. Soc. London, **1870**, 77—80, 1 Fig., 1870.

Murkland, Charles S . . .
Seventh annual report. Bull. N. Hampsh. agric. Exp. Stat., [**1894—95**], Nr. 31, 1—24, 6 Fig., Nov. 1895.
[Darin:]
Weed, Clarence Moores: The insect record for 1895. 12—18, 6 Fig.
Eight annual report. [**1895—96**], Nr. 40, 77—94, 4 Fig., Nov. 1896.
[Darin:]
Weed, Clarence Moores: Department of entomology. 89—94, 4 Fig.
Twelfth Annual Report. [**1899—1900**], Nr. 79, 1—38, Taf. I, Nov. 1900.
[Darin:]
Weed, Clarence Moores: Department of entomology. 24.

Murphy, Edward
The Proboscis and Blood-sucking apparatus of the Mosquito, genus *Culex*. Canad. Natural., (N. S.) **10**, 463—464, 1883.

Murphy, Joseph John
Origin of Insects. Nature London, **6**, 373, 1872; Water-beetles. **7** (1872—73), 47, 1873.
[Siehe:] White, F. Buchanan: 393.
— European Weeds and Insects in America. Nature London, **8**, 202, 1873.
○ On the origin and metamorphoses of Insects. Proc. Belfast nat. Hist. Soc., **1874**, 76—92, 1874.

Murphy, W . . . J . . .
Early Sowing of Turnip Seed: The Turnip Fly (*Phyllotera* [*Phyllotreta*] *nemorum*). Garden. Chron., (3) **1**, 714, 1887.

Murray, A . . . J . . .
○ Experiments on the action of different chemical agents on the *Haematopinus vituli* (Louse of calf). Veterinarian, **46** ((4) **19**), 321—322, 1873; **47** ((4) **20**), 21—22, 1874.

Murray, Andrew
geb. 19. 2. 1812 in Edinburgh, gest. 10. 1. 1878 in London. — Biogr.: (J. O. Westwood) Proc. ent. Soc. London, **1877**, XXXIX, 1877; Amer. Natural., **12**, 197, 1878; Rep. ent. Soc. Ontario, **9**, 24—25, 1878; Canad. Entomol., **10**, 32—34, 1878; Entomol. monthly Mag., **14**, 215—216, 1878; (G. Kraatz) Dtsch. ent. Ztschr., **22**, 229, 1878; Entomologist, **11**, 46—48, 1878; (S. A. de Marseul) Abeille, **16**, Nouv. faits div. 47, 1878; Abeille, **21**, 106—107, 1883 m. Schriftenverz.; (A. Musgrave) Bibliogr. Austral. Ent., 233, 1932.
— On the early Stages of Development of Orthopterous Insects. Journ. Linn. Soc. (Zool.), **7**, 97—105, 3 Fig., 1864 a.
— Monograph of the Family of Nitidulariae. Trans. Linn. Soc. London, **24**, 211—414 + 5 (unn., Taf. Erkl.) S., 106 Fig., Taf. 32—36 (z. T. farb.), 1864 b.
— On the Habits of the Prisopi. Ann. Mag. nat. Hist., (3) **18**, 265—268, 1866.
— List of Coleoptera received from Old Calabar, on the West Coast of Africa. Ann. Mag. nat. Hist., (3) **19**, 167—180, 7 Fig.; 334—340; (3) **20**, 20—23, 1 Fig.; 83—95, 5 Fig.; 314—323, 3 Fig., 1867; (4) **1**, 323—333, Taf. IX; (4) **2**, 91, 111, 11 Fig., Taf. VIII, 1868; (4) **5**, 430—438; (4) **6**, 44—56, Taf. II—III; 161—176, 407—413, 475—482, 1870; (4) **7**, 38—51, 1871.
— Description of a new Genus of Nitidulidae. Col. Hefte, **4**, 78, 1868 a.
— (Abänderungen vergebener Namen.) Col. Hefte, **4**, 104, 1868 b.
— On an undescribed light-giving Coleopterous Larva (provisionally named *Astraptor illuminator*). Journ. Linn. Soc. (Zool.), **10**, 74—82, Taf. 1, (1870) 1868 c. — [Abdr. S. 74—81:] Entomologist, **4**, 281—289, (1868—69) 1869.
— On some points in the History and Relations of the Wasp (*Vespa vulgaris*) and *Rhipiphorus paradoxus*. Ann. Mag. nat. Hist., (4) **4**, 346—355, 1869.
— Reply to Mr. Frederick Smith on the Relations between Wasps and Rhipiphori. Ann. Mag. nat. Hist., (4) **5**, 83—93, 1870 a.
— A last word in Reply to Dr. Chapman and Mr. Frederick Smith on the Relations of the Wasp and *Rhipiphorus*. Ann. Mag. nat. Hist., (4) **5**, 278—279, 1870 b.
— Conclusion of the History of the Wasp and *Rhipiphorus paradoxus*, with Description and Figure of the Grub of the latter. Ann. Mag. nat. Hist., (4) **6**, 204—213, Taf. XIV, 1870 c.
— Note on the Egg of *Rhipiphorus paradoxus*. Ann. Mag. nat. Hist., (4) **6**, 326—328, 1870 d.
— On the Geographical Relations of the Chief Coleopterous Faunae. Journ. Linn. Soc. (Zool.), **11**, 1—89, (1873) 1870 e.
[Siehe:] Trimen, Roland: Journ. Linn. Soc. (Zool.), **11**, 276—284, (1873) 1871.
[Ref.:] Geographical Distribution of the Beetles. Amer. Natural., **5**, 644—646, 1871.
— On Venomous Caterpillars. [Mit Angaben von J. Fayrer, Henry S. Wilson, Robert McLachlan & A. M. Festing.] Nature London, **8**, 7—8, 44—45, 101—102, 1873.
— Economic entomology. Bd. 1: Aptera. South Kensington museum science handbooks. 2 (unn.) + XXIII + 433 S., 441 Fig., 1 Taf., London, Chapman & Hall, [1877]a.

— The Colorado Beetle. Nature London, **16**, 196, 1 Fig., 1877 b. — ○ [Abdr.?:] Pop. Sci. Rev., (N. S.) **1**, 436—437, 1877. — ○ [Abdr.?:] Garden. Chron., Nr. 168, 178, 1877.
— Notes from Utah. Entomologist, **11**, 137—139, 1878.
○ Wasps: Their Life-History and Habits. Trans. Edinb. Field Natural. micr. Soc., **3**, 342—352, 1898.

Murray, C... H...
Mosquitoes vs. trout. Science, **6**, 197, 1885.

Murray, Colin
(*Choerocampa celerio* at Stratford.) Entomol. Rec., **11**, 51, 1899.

Murray, H...
Breeding *Cidaria reticulata* and *Penthina postremana*. [Mit Angaben von Richard South.] Entomologist, **19**, 251—252, 1886 a.
— Breeding *Botys terrealis*. Entomologist, **19**, 255, 1886 b.
— *Colias edusa* in Cumberland. Entomologist, **21**, 12, 1888 a.
— *Cidaria reticulata* malformed. Entomologist, **21**, 16, 1888 b.
— *Cidaria reticulata*. Entomologist, **22**, 16; ...: Erratum. 50, 1889 a.
— *Penthina postremana*. Entomologist, **22**, 16, 1889 b.
— *Stilbia anomala* in Lancashire. Entomologist, **22**, 260, 1889 c.
— *Cidaria reticulata*, long in pupa. Entomologist, **22**, 261, 1889 d.
— (Retarded Emergence.) Entomol. Rec., **3**, 15, 1892 a.
— (Late appearance of *Polia nigrocincta*.) Entomol. Rec., **3**, 37, 1892 b.
— siehe Kane, William Francis de Vismes & Murray, H 1892.
— (*Xylina conformis* in Westmoreland.) Entomol. Rec., **7**, 183—184, (1895—96) 1896 a.
— (Notes on rearing *Polia xanthomista* (*nigrocincta*).) Entomol. Rec., **7**, 206—207, (1895—96) 1896 b.
— (Rearing *Polia xanthomista* var. *nigrocincta*.) [Mit Angaben von Eustace R. Bankes.] Entomol. Rec., **9**, 39—40, 1897 a.
— (*Plebelius aegon* var. *corsica* in Westmoreland.) [Mit Angaben von J. W. Tutt.] Entomol. Rec., **9**, 294, 1897 b.
— (*Acherontia atropos* at Carnforth.) Entomol. Rec., **12**, 302, 1900 a.
— (*Jocheaera alni* in September.) Entomol. Rec., **12**, 347, 1900 b.

Murray, J...
Scarcity of Butterflies. Sci. Gossip, (N. S.) **1**, 235, 1894.

Murray, James
geb. 9. 6. 1872 in Carlisle (Cumberland), gest. 7. 3. 1942 in Gretna (Scotland). — Biogr.: N. W. Naturalist, **17**, 115—116, 1942 m. Porträt; (F. M. Day) Entomol. monthly Mag., **78**, 120, 1942; Trans. Suffolk nat. Soc., **5**, XXX, 1942.
— siehe Day, Frank H... & Murray, James 1898.
— *Bembidium schüppeli* in Cumberland. Naturalist London, **1899**, 288, 1899.
— siehe Day, Frank H... & Murray, James 1899.
— *Pyrochroa serraticornis* in Cumberland. Naturalist London, **1900**, 2, 1900 a.
— *Pissodes pininear* Carlisle. Naturalist London, **1900**, 351, 1900 b.
— siehe Day, Frank H... & Murray, James 1900.

[**Murray**, James A...]
List of Butterflies received from Major Yerbury, Campbellpur, Punjab. Journ. Bombay nat. Hist. Soc., **1**, 219, 1886.

Murray, Richard Paget
geb. 1842, gest. 1908, Reverend.
— *Cossus ligniperda* at sugar. [Mit Angaben von den Herausgebern.] Entomol. monthly Mag., **6**, 95—96, (1869—70) 1869 a.
— *Acronycta alni, Cymatophora ridens*, and *Oecophora Lambdella* near Plymouth. Entomol. monthly Mag., **6**, 113, (1869—70) 1869 b.
— Notes on Butterfly-collecting in Switzerland. Entomol. monthly Mag., **7**, 258—260, (1870—71) 1871; Mr. Murray's List of Swiss Butterflies. **8**, 38—39, (1871—72) 1871.
— Additions to the list of Manx Lepidoptera. Entomol. monthly Mag., **8**, 211, (1871—72) 1872 a.
— On some Variations of Neuration observed in certain Papilionidae. Trans. ent. Soc. London, **1872**, Proc. XXXIII—XXXIV, 1872 b.
— Descriptions of a new Species of *Daphnusa* (Sphingidae) from Queensland. Cistula ent., **1**, 178, (1869—76) 1873 a.
— Descriptions of new species of Exotic Rhopalocera. Entomol. monthly Mag., **10**, 107—108, (1873—74) 1873 b.
— Description of a new Japanese species of *Lycaena*, and change of name of *L. cassioides*, Murray. Entomol. monthly Mag., **10**, 126, (1873—74) 1873 c.
— Descriptions of some new species belonging to the genus *Lycaena*. Trans. ent. Soc. London, **1874**, 523—529, Farbtaf. X, 1874 a.
— Notes on Japanese Butterflies, with descriptions of new genera and species. Entomol. monthly Mag., **11**, 166—168, (1874—75) 1874 b; 169—172, (1874—75) 1875.
— Notes on Japanese Rhopalocera, with description of a new species. Entomol. monthly Mag., **12**, 2—4, (1875—76) 1875 a.
— (Remarks on different species of *Terias*.) [With remarks of Prof. Westwood and Mr. A. G. Butler.] Trans. ent. Soc. London, **1875**, Proc. VII—VIII, 1875 b.
— Note on *Lycaena Galathea*, Blanch. Entomol. monthly Mag., **12**, 206—207, (1875—76) 1876 a.
— List of Japanese Butterflies. Entomol. monthly Mag., **13**, 33—35, (1876—77) 1876 b.

Murray, William
gest. März 1885 in Hamilton (Ontario). — Biogr.: Canad. Entomol., **17**, 78, 1885; Rep. ent. Soc. Ontario, **16**, 23, 1886.
— On capturing Catocalas in the day-time. Canad. Entomol., **9**, 18—19, 1877.
— *Papilio thoas* [Hamilton, Ont.]. Canad. Entomol., **10**, 120, 1878.
— [*Papilio* (*thoas* var.) *cresphontes* came out Jan. 26.] Canad. Entomol., **12**, 120, 1880.

Murtfeld, Mary Esther
geb. 6. 8. 1839 in New York City, gest. 23. 2. 1913 in St. Louis (Kirkwood Missouri), Staff contributor Ent. & Bot. St. Louis Republic. — Biogr.: Canad. Entomol., **45**, 157, 1913; Journ. econ. Ent., **6**, 288—289, 1913 m. Porträt; (H. Schwarz u. a.) Ent. News, **24**, 241—242, 1913 m. Porträt; (L. O. Howard) Hist. appl. Ent., 1930; (H. Osborn) Fragm. ent. Hist., 165—166, 1937; (E. P. Meiners) Lepid. News, **2**, 83, 1948 m. Porträt.

— The Verbena Bud-Moth (*Penthina Fullerea,* Riley) in the West. Amer. Entomol., **2**, 371, 1870.
— Notes on the *Attelabus bipustulatus,* Fabr. Canad. Entomol., **4**, 143—145, 1872.
— The larvae of *Depressaria dubitella* and *Gelechia rubensella.* Canad. Entomol., **6**, 221—222, 1874.
— Larva of *Anaphora agrotipennella.* Canad. Entomol., **8**, 185—186, 1876 a.
— An experiment with a stinging larva. [Lep.] Canad. Entomol., **8**, 201—202, 1876 b.
— Rose-feeding Tortricidae. The Rose Leaftyer (*Penthina cyanana,* n. sp.). Amer. Entomol., **3** ((N. S.) **1**), 14—15, 1880 a.
— Pyrethrum for House Plants. Amer. Entomol., **3** ((N. S.) **1**), 105, 1880 b.
— New Plume Moths (Pterophoridae). Amer. Entomol., **3** ((N. S.) **1**), 235—236, 1880 c.
— New species of Tineidae. Canad. Entomol., **13**, 242—246, 1881 a.
— A Fragrant Butterfly. Psyche Cambr. Mass., **3**, 198, (1886) 1881 b.
— Habits of *Hypoprepia packardii,* Grote. Psyche Cambr. Mass., **3**, 243—244, (1886) 1881 c.
— The Grapeberry Moth (*Eudemis botrana,* S. V.). Psyche Cambr. Mass., **3**, 276, (1886) 1881 d.
○ Descent of *Dytiscus fasciventris* during a shower. Amer. Natural., **16**, 600, 1882 a.
— *Xylocopa* and *Megachile* cutting flowers. Psyche Cambr. Mass., **3**, 343, (1886) 1882 b.
[Siehe:] Mann, Benjamin Pickman: 298.
— [Ref.] siehe De Grey, Thomas (Baron Walsingham) 1882.
— Mistaken Instinct in a Butterfly. Amer. Natural., **17**, 196, 1883 a.
— Zeller's collections, errata, etc. Canad. Entomol., **15**, 138—139, 1883 b.
[Siehe:] De Grey, Thomas: 239.
— *Attacus cinctus,* Tepper. Canad. Entomol., **16**, 131—132, 1884 a.
— Sexual Characters in the Chrysalids of *Grapta interrogationis.* Psyche Cambr. Mass., **4**, 184, (1890) 1884 b.
— A Butterfly attracted by Lamplight. Psyche Cambr. Mass., **4**, 206, (1890) 1884 c.
— Larval longevity of certain Coleophorae. Ent. Amer., **1**, 222—224, (1885—86) 1886 a.
— Vernal Habit of *Apatura.* Ent. Amer., **2**, 180—181, (1886—87) 1886 b.
— Immegrant Insects, especially the European Cabbage-Worm. Trans. Acad. Sci. St. Louis, **4** (1878—86), LI—LIV, 1886 c.
— Traces of Maternal Affection in *Eutilia sinuata,* Fabr. Ent. Amer., **3**, 177—178, (1887—88) 1887.
— in Riley, Charles Valentine [Herausgeber] [3. Juni] 1887.
— Life-history of *Graptodera foliacea,* Lec. Period. Bull. Dep. Agric. Ent. (Ins. Life), **1** (1888—89), 74—76, (1888—89) 1888.
— The carnivorous Habits of Tree Crickets. Period. Bull. Dep. Agric. Ent. (Ins. Life), **2** (1889—90), 130—132, (1889—90) 1889.
— in Riley, Charles Valentine (22. November 1879) 1889.
— An interesting Tineid. (*Menesta melanella* n. sp.) Period. Bull. Dep. Agric. Ent. (Ins. Life), **2** (1889—90), 303—305, 1 Fig., (1889—90) 1890.
— in Riley, Charles Valentine [Herausgeber] [∼März] 1890.
— Outlines of entomology. Prepared for the use of farmers and horticulturists. At the request of the secretary of the state board of agriculture and the state horticultural society of Missouri. 8°, 2 (unn.) +II+132 +III S., 48 Fig., Jefferson City, print. Tribune Co., 1891 a.
— The Use of Grape Bags by a Paper-making Wasp. Period. Bull. Dep. Agric. Ent. (Ins. Life), **4** (1891—92), 192—193, (1892) 1891 b.
— Hominivorous Habits of the Screw Worms in St. Louis. Period. Bull. Dep. Agric. Ent. (Ins. Life), **4** (1891—92), 200—201, (1892) 1891 c.
— in Riley, Charles Valentine [Herausgeber] [∼März] 1891.
— The Web-worm tiger (*Plochionus timidus,* Hald). Canad. Entomol., **24**, 279—282, 1892.
— in Riley, Charles Valentine [Herausgeber] Bull. U. S. Dep. Agric. Ent., Nr. 26, 1892.
— The Osage Orange Pyralid. (*Loxostege maclurae,* n. sp., Riley.) Period. Bull. Dep. Agric. Ent. (Ins. Life), **5** (1892—93), 155—158, 1 Fig., 1893 a.
— The Cheese or Meat Skipper. (*Piophila casei.*) Period. Bull. Dep. Agric. Ent. (Ins. Life), **6** (1893—94), 170—175, (1894) 1893 b.
— in Riley, Charles Valentine [Herausgeber] [∼Juni] 1893.
— Entomological Memoranda for 1893. Period. Bull. Dep. Agric. Ent. (Ins. Life), **6** (1893—94), 257—259, 1894 a.
— Habits of *Stibadium spumosum* Gr. Period. Bull. Dep. Agric. Ent. (Ins. Life), **6** (1893—94), 301—302, 1894 b.
— Acorn Insects, Primary and Secondary. Period. Bull. Dep. Agric. Ent. (Ins. Life), **6** (1893—94), 318—324, 1894 c.
— in Riley, Charles Valentine [Herausgeber] [∼Juli] 1894.
— A new Pyralid. Canad. Entomol., **29**, 71—72, 1897.
— New Tineidae, with life-histories. Canad. Entomol., **32**, 161—166, 1900.

Murton, James
The Large Wasps. Entomologist, **4**, 105—106, (1868—69) 1868; 264, (1868—69) 1869.
— *Vanessa Polychloros* in North Lancashire. Entomologist, **6**, 221, (1872—73) 1872.

Murzel, (P . . .) J . . .
○ Die Feinde des Weinstockes, nebst Mittel zu deren Vertilgung für die deutschen Weinbergsbesitzer, Freunde des Weinbaues und Lehr-Anstalten. Landwirtschaftliche Volksbücher. 8°, IV+30 S., Leipzig, Voigt, 1876 a.
○ *Tortrix ambiguella.* Weinbau, **2**, 289—290, 1876 b.

Muschenbroek, van
○ De Nun of Nien, een nuttig Amerikansk insect [Hemipteron]. Tidsskr. Nederl. Maatsch. Nijverheid., **42** ((4. R.) **3**), 97—98, 1879.

Musée entomologique illustré des Insectes siehe Rothschild, J . . . [Herausgeber] 1876—78.

Museum Godeffroy siehe Schmeltz, Johannes Dietrich Eduard & Pöhl, C . . . A . . . [Herausgeber] 1865—84.

Musgrave, M . . . G . . .
Dysthymia luctuosa near Stroud. Entomologist, **5**, 115, (1870—71) 1870.

Musil-Dankovský, E . . .
○ [Die gemeine Maulwurfsgrille.] Krtkonožka obecná (*Gryllotalpa vulgaris*). Vesmir, **13**, 246, 1884.

Musset,
(Sur une particularité anatomique trouvée chez un insecte orthoptère, l'*Empusa pauperata* mâle.) Mém. Acad. Sci. Toulouse, (6) **4**, 723—724, 1866.

Musset, (Ch . . .)
Existence simultanée des fleurs et des insectes sur les montagnes du Dauphiné. C. R. Acad. Sci. Paris, **95**, 310—311, 1882. — [Abdr.:] Rev. int. Sci. biol., **10**, 279—280, 1882.
[Siehe:] Heckel, Ed.: C. R. Acad. Sci. Paris, **95**, 1179, 1882.
— Fonction chlorophyllienne du *Drosera rotundifolia.* C. R Acad. Sci. Paris, **97**, 199—200, 1883. — [Abdr.:] Rev. int. Sci. biol., **12**, 273—274, 1883.

Musset, G . . .
[Herausgeber]
Un illustre Rochelais. René-Antoine Ferchault de Réaumur (1683—1757) [177—188]. Correspondance de Réaumur. Ann. Soc. Charente-Inf., Nr. 21 (1884), 189—258, 1885 a; Nr. 22 (**1**) (1885), 89—191, 1886.
— La règne animal dans le langage populaire. Ann. Soc. Charente-Inf., Nr. 21 (1884), Séance publ. 39—56, 1885 b.

Musson, Charles Tucker
geb. 14. 12. 1856 in Nottingham, gest. 9. 12. 1928 in Gordon b. Sydney (N. S. Wales), Sci. Master am Hawkesbury agric. Coll. — Biogr.: (W. R. Browne) Proc. Linn. Soc. N. S. Wales, **54**, VII, 1929; (A. Musgrave) Bibliogr. Austral. Ent., 235, 1932.
— Notes on Insect and Fungous Pests. Agric. Gaz. N. S. Wales, **5** (1894), 585—587, 657—662, 703—709, (1895) 1894 a.
— Entomological Notes. Agric. Gaz. N. S. Wales, **5** (1894), 710—711, (1895) 1894 b.

Muszyka, Ludwika
[Bemerkungen über Schmetterlinge aus der Umgebung Krakaus.] Zapiski o motylach z okolic Krakowa. Spraw. Kom. Fizjogr., **1867**, (130)—(131), 1868.

Mutch, John Pratt
geb. 1855? in Ellon (Aberdeenshire), gest. 10. 5. 1934 in London, Apotheker. — Biogr.: (W. G. Sheldon) Entomologist, **67**, 263—264, 1934.
— *Sphinx convolvuli* at Holloway. Entomologist, **18**, 259, 1885.
— (Strange Papulum for Larvae of *Cossus ligniperda.*) Entomol. Rec., **3**, 138—139, 1892.
— (An entomological trip to Forres, N. B.) Entomol. Rec., **5**, 270—271, 1894 a.
— (A new method of relaxing insects.) Entomol. Rec., **5**, 305—306, 1894 b.

Mutema, Lemoire siehe Lemoire-Mutema

Muth, L . . . A . . .
Die Vertilgung der Maulwurfsgrille (*Gryllotalpa vulgaris*) in den Mistbeeten. Dtsch. Gärtn. Ztg. Erfurt, **6**, 341, 1891.

Mutti, Pietro
○ Esame microscopico del seme bachi. Giorn. Indust. serica, **6**, 123—124, 129—132, 138—140, 1872.

Muzio, G . . .
siehe Grandis, V . . . & Muzio, G . . . 1897.
— siehe Grandis, V . . . & Muzio, G . . . 1898.

Myers, A . . . T . . .
Fertilisation of the Pansy. Nature London, **8**, 202, 1873.

Myers, M . . . J . . .
Habits of *Xylotrechus convergens.* Amer. Natural., **15**, 151, 1881.

Myles, James
Notes on the destructive effects of Beetles on certain Young Plantations. Trans. bot. Soc. Edinb., **8**, 306, (1866) 1865.

N

Naacke,
(Ueberblick über die entomologische Literatur bis zum Jahre 1862.) Jahresber. Schles. Ges. vaterl. Kult., **47** (1869), 185—188, 1870.
— Ueber den Einfluss verschiedener Stoffe auf die Lebenskraft der Macrolepidopteren. Jahresber. Schles. Ges. vaterl. Kult., **51** (1873), 173—180, 1874.
— Die lepidopterologische Fauna der Reĭnerzer Gegend. Jahresber. Schles. Ges. vaterl. Kult., **52** (1874), 161—164, 1875.
— Über *Colias Palaeno* L. und *Plusia Interrogationis* L. Jahresber. Schles. Ges. vaterl. Kult., **53** (1875), 154—156, 1876.
— Zincum chloratum und sulphuricum als Tödtungsmittel für Grossschmetterlinge. Jahresber. Schles. Ges. vaterl. Kult., **54** (1876), 196—199, 1877 a.
— [*Mermis albicans* in Raupen von *Notodonta dromedarius* L.] Jahresber. Schles. Ges. vaterl. Kult., **54** (1876), 198—199, 1877 b.
— (*Dianthoecia proxima* Hbn. neu für Schlesien.) Jahresber. Schles. Ges. vaterl. Kult., **58** (1880), 196, 1881 a.
— (Interessante Varietäten von Faltern.) Jahresber. Schles. Ges. vaterl. Kult., **58** (1880), 196—197, 1881 b.

Nabias, Barthélemy de
○ Les galles et leurs habitants. 8°, VII + 144 S., Paris, 1886.

Naegele, F . . .
Ein entomologischer Ausflug in die Umgebung Freiburgs. Mitt. Bad. zool. Ver., Nr. 1—8 (1899—1900), 13—16, (1900) 1899.
— Einiges über den *Platypus cylindrus* Fabr. Mitt. Bad. zool. Ver., Nr. 1—8 (1899—1900), 43—44, 1900.

Nägeli, Alfred
geb. 27. 8. 1863 in Riesbach b. Zürich, gest. 18. 4. 1935 in Zürich, Präparator am Zool. Mus. d. Univ. Zürich. — Biogr.: (V. A.) Mitt. Schweiz. ent. Ges., **16**, 613—614, 1935 m. Porträt.
— Einige Mittheilungen über den Fang am electrischen Licht in Zürich. Mitt. Schweiz. ent. Ges., **9**, 329—337, (1897) 1896.

Nägeli, Carl Wilhelm von
geb. 1817, gest. 1891.
— Entstehung und Begriff der Naturhistorischen Art. 2. Aufl. 8°, 55 S., München, Verl. der königl. Akademie, 1865.

Nafzger, Fr . . .
Ueber Wachsuntersuchungen. Die Säuren des Bienenwachses. Ann. Chem. [Pharm.], **224**, 225—258, 1884.

Nagel, Ludwig
Zur Naturgeschichte des Erlenblattkäfers. Natur Halle, **19**, 164—166, 1 Fig., 1870.
— Beitrag zur Naturgeschichte eines Blattkäfers. Natur Halle, **23**, 101—104, 1874.

Nagel, N . . .
○ Petit manuel de l'éducateur des vers à soie. 8°, IX+57 S., Châlons-sur-Marne, Cordier-Lamotte, 1874.
— Éducations de Vers à soie faites à la station séricicole. Magnanerie expérimentale de Châlons-sur-Marne. Bull. Soc. Acclim. Paris, (3) **5** (**25**), 527—557, 1878.
— Pratique séricicole. Bull. Insectol. agric., **4**, 3—6, 22—25, 52—54, 85—87, 110—112, 143—144, 156—160, 174—176, 1879; **5**, 44—47, 1880.

Nagel, Paul
geb. 25. 12. 1859 in Dockem (Krs. Trebnitz), gest. 20. 1. 1924 Breslau, Rektor d. städtischen Volksschule in Breslau. — Biogr.: (Paul Wolf) Jh. Ver. Schles. Insektenk., **14**, 23—24, 1924.
— Biologisches. (Bemerkungen über den Einfluss eines milden Winters auf die Flugzeit der ersten Geometriden. Zur Zucht der Raupen von *Arctia Quenselii.*) Ztschr. Ent. Breslau, (N. F.) **24**, 38—39, 1899.

Nagel, Willibald A . . .
gest. 13. 1. 1911, Prof. d. Physiol. in Rostock.
— Die niederen Sinne der Insekten. 8°, 67+1 (unn., Taf. Erkl.) S., 2 Fig., 1 Taf. (unn.), Tübingen, Franz Pietzcker, 1892.
— Vergleichend physiologische und anatomische Untersuchungen über den Geruchs- und Geschmackssinn und ihre Organe mit einleitenden Betrachtungen aus der allgemeinen vergleichenden Sinnesphysiologie. Bibl. zool., H. 18, I—VIII+1—207, Taf. I—VII (VI—VII Farbtaf.), 1894.
— Der Lichtsinn augenloser Tiere. 8°, 120 S., 3 Fig., Jena, Gustav Fischer, 1896 a.
— Ueber eiweißverdauenden Speichel bei Insektenlarven: Biol. Zbl., **16**, 51—57, 103—112, 1 Fig., 1896 b.
— Über das Geschmacksorgan der Schmetterlinge. Zool. Anz., **20**, 405—406, 2 Fig., 1897.

Nahlik, Johann Edler von
Über einige Feinde des Waldes. Schr. Ver. naturw. Kenntn. Wien, **18** (1877—78), 633—692, 15 Fig., 1878.

Nanquette, V . . .
○ La vigne en Chaintres contre le phylloxera. Journ. Agric. prat. Paris, **40**, Bd. 1, 561, 1876.

Napias, E . . .
Le piante carnivore. Atti Soc. agr. Gorizia, **17** ((N. S.) **3**), 55—57, 1878.

Napier, C . . . O . . . Groom siehe Groom-Napier, C . . . O . . .

Napp, Richard
Die argentinische Republik. Im Auftrag des argentin. Central Comité's für die Philadelphia-Ausstellung. 8°, 2 (unn.) +360+I—XCVII+361—495+2 (unn.) S., 6 Kart., 10 Tab., Buenos Aires, Druck Sociedad Anónima, 1876.
[Darin:]
Weyenbergh, Hendrik; Die Thierwelt Argentiniens. 150—190.
Siewert, Max: Weberei und Färbstoffe. 287—299.

Naracott, W . . .
Hivernage de chenilles. [Nach: English Mechanic.] Bull. Soc. Linn. Nord France, **3**, 91, 1876—77.

Narcillac, de
(Chasses à l'Étang-Neuf, près Montfort-l'Amaury.) Petites Nouv. ent., **1** (1869—75), 132, 1871.
— (Remarques au sujet d'un *Hexaphyllus Pontbrianti* Mulsant.) Ann. Soc. ent. France, (5) **1**, Bull. LXXXVI, (1871) 1872.
— (*Attacus Pernyi.*) Bull. Soc. Acclim. Paris, (3) **4**, 450—452, 1877 a.
— (*Melolontha fullo* à Arcachon.) Petites Nouv. ent., **2** (1876—79), 182, 1877 b.
— (*Attacus Yama-mai.*) Bull. Soc. Acclim. Paris, (3) **6** (**26**), 733—734, 1879.
— (*Cicindela trisignata.*) Ann. Soc. ent. France, (5) **10**, Bull. LI (=Bull. Soc. . . ., **1880**, 68), 1880.

Nardi, Giuseppe
○ Cenni sullo stato dell' apicoltura nella provincia di Vicenza; cosa fù fatto e cosa resti a fare per dar vita a questa industria. Atti Accad. Olimpica Vicenza Agric., **1867**, 29—44, 1867.
[Sonderdr.:] 8°, 14 S., Vicenza, Tip. Burato, 1867.
— Relazione sul progresso d'apicoltura nella provincia di Vicenza. Bull. Com. agr. Vicenza, **1**, 35—41, 1868—69.
○ Sunto delle conferenze d' apicoltura teorico-pratica tenutosi all' Accad. Olimpica l' 11 aprile 1869. Bull. Com. agr. Vicenza, **2**, 83—85, 1869—70.

Nardo, Giandomenico (=Gian Domenico)
geb. 4. 3. 1802 in Venedig, gest. 7. 4. 1877, Arzt in Venedig. — Biogr.: (Pirona) Atti Ist. Veneto, (5) **4**, 785—850, 1877—78 m. Schriftenverz.
— Bibliografia cronologica della Fauna delle provincie venete e del mare adriatico. Atti Ist. Veneto, (5) **1**, 199—210, 305—317; Parte seconda. Bibliografia . . . Fauna del mare adriatico. 459—468, 539—567, 711—730, 1874—75; Appendici alla bibliografia . . . (5) **3**, 169—172, 1876—77.

Nares, George Strong
geb. 1831.
○ Narrative of a voyage to the Polar Sea during 1875—76 in H. M. Ships „Alert" and „Discovery". 2. Aufl. 2 Bde. 8°, ? Fig., London, 1878.
2. Appendix. McLachlan, Robert: Insects and Arachnida.

Narracott, W . . . H . . .
The Large Tiger Moth (*Arctia caja*). Sci. Gossip, (**12**), 191, 1876.

Nasakine, Nicolas de
État de la sériciculture en Russie. Journ. Agric. prat. Paris, **42**, Bd. 1, 197—201, 1878.
○ La sauterelle dévastatrice des champs en russie. Journ. Agric., **4**, 265—268, 1880.

Nash, Alexander
Note on *Saturnia carpini.* Entomol. monthly Mag., **6**, 284, (1869—70) 1870 a.
— Early occurrence of *Lycaena Argiolus.* Entomol. monthly Mag., **6**, 284, (1869—70) 1870 b.
— Does *Bombyx Rubi* feed after Hybernation? Entomologist, **5**, 78, (1870—71) 1870 c.
— Unusual abundance of *Niptus hololeucus.* Entomol. monthly Mag., **9**, 119, (1872—73) 1872.
— Note on *Abraxas ulmata.* [Mit Angaben von R. McL.] Entomol. monthly Mag., (2) 4 (**29**), 66—67, 1893 a.
— *Abraxas ulmata.* Entomol. monthly Mag., (2) **4** (**29**), 112—113, 1893 b.
— Early Lepidoptera. Entomol. monthly Mag., (2) **4** (**29**), 113, 1893 c.

— *Colias Edusa.* Entomol. monthly Mag., (2) **4** (**29**), 190, 1893 d.
— Lepidoptera in the Swansea district. Entomol. monthly Mag., (2) **4** (**29**), 236—237, 1893 e.
— *Oberea oculata* in Cambridgeshire. Entomologist, **29**, 316, 1896.
— *Deilephila galii* in Gloucestershire. Entomologist, **33**, 270, 1900 a.
— *Catocala nupta.* Entomologist, **33**, 271, 1900 b.
— siehe Harris, W ... T ... & Nash, Alexander 1900.

Nash, Alexander; **Fowler**, John Henry & **Pilley**, J ... B ... *Acherontia atropos* [in England]. [Mit Angaben von H. W. Sheppard-Walwyn, J. W. Woolhouse, W. T. Harris u. a.] Entomologist, **33**, 269—270, 1900.

Nash, C ... J ...
Collecting in Gloucestershire. Entomologist, **28**, 60—61, 1895 a.
— *Nyssia hispidaria,* &c. Entomologist, **28**, 134, 1895 b.
— Collecting in the South. [Lep.] Entomologist, **28**, 340—341, 1895 c.
— A Successful Moth-trap. Entomologist, **29**, 22—23, 1896 a.
— Notes on Sugar in the Cotswold District. [Lep.] Entomologist, **29**, 23, 1896 b.
— *Endromis versicolor* at Reading. Entomologist, **29**, 195, 1896 c.
— Abundance of *Choerocampa porcellus.* Entomologist, **29**, 264, 1896 d.
— *Triphaena subsequa* and *orbona.* Entomologist, **29**, 312—313, 1896 e.
— siehe Wells, H ... O ... & Nash, C ... J ... 1896.
— High-Flat Setting. Entomologist, **30**, 14—15, 1897 a.
— (Lepidoptera in 1896.) Notes from Reading. Entomologist, **30**, 114—116, 1897 b.

Nash, W ... Gifford
Vanessa Antiopa in Essex. Entomologist, **13**, 239, 1880.
— *Sphinx convolvuli.* Entomologist, **18**, 243, 1885.
— *Vanessa antiopa* in Suffolk. Entomologist, **33**, 304, 1900.

Nason, William Abbott
geb. 1841. gest. 1918.
— Hints in regards to Mounting Hymenoptera and Diptera. Ent. News, **5**, 245—246, 1894 a.
— New Localities for Hymenoptera. Ent. News, **5**, 246—247, 1894 b.

[**Nasonow**, Nikolaj Viktorovič] **Насонов**, Николай Викторович
geb. 26. 2. 1855 in Moskau, gest. 1939, Prof. d. Zool. d. Univ. Warschau. — Biogr.: (A. Bogdanov) Material. Gesch. Zool. Russland, **1**, 2 (unn.) S., 1888 m. Porträt & Schriftenverz.; (B. P. Uvarov) Nature London, **143**, 549, 1939.
— [Sammlung von Bienenzucht.] Коллекции по пчеловодству. [Izv. Obšč. Ljubit. Jestest. Antrop. Etnogr.] Изв. Общ. Любит. Естест. Антроп. Этногр., **39**, Lief. 1 (= [Voskr. Objasn. Kollekc. Politechn. Muz.] Воскр. Объясн. Коллекц. Политехн. Муз., **3** (1879—80)), 40—42, 1880 a.
— (Über den anatomischen Bau und die nachembryonale Entwicklung der Ameise.) [Ref. d. Vortrags zur VI. Versammlung russischer Naturforscher und Ärzte.] Zool. Anz., **3**, 162—163, 1880 b.
— [Erläuterungen über die Bienenzucht.] Объяснение коллекций по пчеловодству. [Izv. Obšč. Ljubit. Jestest. Antrop. Etnogr.] Изв. Общ. Любит. Естест. Антроп Этногр., **44**, Lief. I (= [Voskr. Objasn. Kollekc. Politechn. Muz.] Воскр. Объясн. Коллекц. Политехн. Муз., **6** (1882—83)), 54—59, 1883.
— [Über die Entwicklung des Verdauungstraktes der Biene nach dem Schlüpfen aus dem Ei.] Нада развитиема кишечнаго канала пчелы по выходъ ея изъ яйца. [Izv. Obšč. Ljubit. Jestest. Antrop. Etnogr.] Изв. Общ. Любит. Естест. Антроп. Этногр., **46**, Lief. I (= [Zool. Sad Akklim.] Зоол. Сад Акклим., **2**, Lief. I), 10—11, 1885 a.
— [Über den Bienenstock nach Schulze und Gjuler (?).] Об улье Шульце и Гюлера. [Izv. Obšč. Ljubit. Jestest. Antrop. Etnogr.] Изв. Общ. Любит. Естест. Антроп. Этногр., **46**, Lief. I (= [Zool. Sad Akklim.] Зоол. Сад Акклим., **2**, Lief. I), 22—24, 5 Fig., 1885 b.
— [Über den Bau der Hautdrüsen bei den Bienen.] (О строении кожныхъ железъ пчелы.) [Izv. Obšč. Ljubit. Jestest. Antrop. Etnogr.] Изв. Общ. Любит. Естест. Антроп. Этногр., **46**, Lief. I (= [Zool. Sad. Akklim.] Зоол. Сад Акклим., **2**, Lief. I), 33, 1885 c.
— [Untersuchungsergebnisse über die Absonderung von Futtersaft bei Bienen.] О результатахъ изследований касательно выделения молочка пчелами. [Izv. Obšč. Ljubit. Jestest. Antrop. Etnogr.] Изв. Общ. Любит. Естест. Антроп. Этногр., **46**, Lief. I (= [Zool. Sad Akklim.] Зоол. Сад Акклим., **2**, Lief. I), 35—37, 1885 d.
— [Bericht über den Stand der Bienenzucht im Jahre 1882—1883 in der Königlichen Russischen Gesellschaft für Akklimatation.] Отчеть о ходе пчеловодства за 1882—1883 года на пасеке Императорскаго Русскаго Общества Акклиматизация. [Izv. Obšč. Ljubit. Estest. Antrop. Etnogr.] Изв. Общ. Любит. Естест. Антроп. Этногр., **46**, Lief. I (= [Zool. Sad Akklim.] Зоол. Сад Акклим., **2**, Lief. I), 38—41, 1 Fig., 1885 e.
— [Über die Bienenzucht auf der Krim.] О пчеловодствъ въ Крыму. [Izv. Obšč. Ljubit. Jestest. Antrop. Etnogr.] Изв. Общ. Любит. Естест. Антроп. Этногр., **46**, Lief. I (= [Zool. Sad Akklim.] Зоол. Сад Акклим., **2**, Lief. I), 50—51, 1885 f.
— [Über den Kaumagen der Bienen.] О жевательномъ желуке пчелы. [Izv. Obšč. Ljubit. Jestest. Antrop. Etnogr.] Изв. Общ. Любит. Естест. Антроп. Этногр., **46**, Lief. I (= [Zool. Sad Akklim.] Зоол. Сад Акклим., **2**, Lief. I), 54—55, 1885 g.
— [Wildwachsende honigtragende, für Bienen schädliche Pflanzen.] Медоносныя и вредныя для пчелъ растения дико-растущия въ Московский губерния. [Izv. Obšč. Ljubit. Jestest. Antrop. Etnogr.] Изв. Общ. Любит. Естест. Антроп. Этногр., **46**, Lief. I (= [Zool. Sad Akklim.] Зоол. Сад Акклим., **2**, Lief. I), 72—80, 1885 h.
— Welche Insekten-Organe dürften homolog den Segmental-Organen der Würmer zu halten sein? Biol. Zbl., **6** (1886—87), 458—462, 2 Fig., (1887) 1886.
— [Zur Entwicklungsgeschichte der niedersten Insekten *Lepisma, Campodea* und *Lipura.*] Къ морфологии нисшихъ насекомыхъ. *Lepisma, Campodea* и *Lipura.* [Izv. Obšč. Ljubit. Jestest. Antrop. Etnogr.] Изв. Общ. Любит. Естест. Антроп. Етногр., **52**, Lief. I (= [Trudy Labor. zool. Muz. Moskovsk. Univ.] Труды Лабор. зоол. Муз. Московск. Унив., **3**, Lief. I), 15—85 + 1 (unn.) S., 68 Fig., 2 Farbtaf., 1887.
— Position des Strepsiptères dans le système selon les données du développement postembryonal et de l'anatomie. C. R. Congr. int. Zool., **2**, Part 1, 174—184, 1892.

○ List and description of the collection relating to the biology of Insects. Zoological Collections in the Cabinet of the University. Bd. 2. Kollektzii Zoologhicheskagho Kabineta. Universiteta. Spisok i opisanie kollektzii po biologhii Nasyekomuikh. 4°, 62 S., ? Fig., 1 Taf., 1894.
— Notes sur les Strepsiptères. Zool. Anz., **20**, 65—66, 1 Fig., 1897.
— [Zum Bau des Darmkanals bei den Insekten. Entomologische Notizen.] К строению кишечного канала насекомых. Энтомологическия заметки. [Rab. Labor. zool. Kab. Varšava] Раб. Лабор. зоол. Каб. Варшава, **1898**, 21—60, 3 Fig., 2 Taf., 1899 a.
— [Zur Frage der Degeneration der Magen- Epithelien bei den Insekten.] К вопросу о дегенерации эпителия желудка насекомых. [Rab. Labor. zool. Kab. Varšava] Раб. Лабор. зоол. Каб. Варшава, **1898**, 117—119, 1899 b.

Nathan, Julius
Die Unempfindlichkeit der *Eristalis*-Larven gegen üble Gerüche. Kosmos, **11**, 298—299, 1882 a.
— Die physiologische Metamorphose des Geruchssinnes von *Eristalis tenax*. Kosmos, **12** (1882—83), 50, 1882 b.

Nathorst, Alfred Gabriel
geb. 1850, gest. 1912.
— (De västförande lagren vid Pato ot på Grönland R. F.) Geol. Fören. Förh. Stockholm, **7**, 57—58, (1884—85) 1884.
— En återblick på geologiens ställning i Sverige vid tiden för Geologiska Föreningens bildande. Geol. Fören. Förh. Stockholm, **18**, 427—456, 1896.

Nathusius, Wilhelm von
geb. 1828, gest. 1899.
— Über die Schale des Ringelnattereies und die Eischnüre der Schlangen, der Batrachier und Lepidopteren. Ztschr. wiss. Zool., **21**, 109—136, Taf. VII, (1871) 1870.

Nathusius, Wilhelm von & **Salviati,** von
Jahres-Bericht über den Zustand der Landes-Kultur in Preußen für das Jahr 1871. Landw. Jb., **1**, 293—417, 6 Tab., 1872.
[Siehe:] Nathusius, W. von & Thiel, H.: **2**, 657—887, 5 Tab., 1873.

Nathusius, Wilhelm von & **Thiel,** Hans
Jahresbericht über den Zustand der Landes-Kultur in Preußen für das Jahr 1872. Landw. Jb., **2**, 657—887, 5 Tab., 1873.
[Siehe:] Nathusius, W. von & Salviati, von: **1**, 293—417, 1872.

Natzmer, von
Fingerzeige für Anfänger der Bienenzucht. Dtsch. landw. Pr., **6**, 99—100, 105, 1879 a.
— Der angehende Bienenzüchter. Dtsch. landw. Pr., **6**, 233, 1879 b.

Nauck,
Trogosita mauritanica. Korr.bl. Naturf. Ver. Riga **19**, 84, 1872.

Naudin, Charles Victor
geb. 1815, gest. 1899.
— La nouvelle maladie de la vigne et ce qu'on pourrait faire pour y remédier. C. R. Acad. Sci. Paris, **69**, 581—584, 1869 a. — [Abdr.:] Bull. Soc. Acclim. Paris, (2) **6**, 654—656, 1869.
○ Quelques observations au sujet du *Phylloxera vastatrix*. Journ. Agric. prat. Paris, **1869**, Bd. 2, 437—439, 1869 b.
— Maladie de la vigne. Bull. Ass. scient. France, **7**, 9—10, 1870.
○ Marche progressive du Phylloxera. Journ. Agric. prat. Paris, **36**, Bd. 2, 194—196, 1872.
— Le Phylloxera et les insecticides. Journ. Agric. prat. Paris, **37**, Bd. 2, 544—546, 1873.
○ Objections du procédé de l'arrachage des vignes pour la destruction du Phylloxera; indication d'un autre procédé. Bull. Ass. scient. France, **14**, 331—334, 1874 a.
○ Sur les moyens proposés pour combattre la propagation du Phylloxera et en particulier sur la méthode de l'arrachage. Bull. Ass. scient. France, **15** (1874—75), 86—87, 1874 b.
— Objections au procédé de l'arrachage des vignes pour la destruction du *Phylloxera*; indication d'un autre procédé. C. R. Acad. Sci. Paris, **79**, 197—199, 1874 c. — [Abdr.:] Bull. Soc. Acclim. Paris, (3) **1**, 541—544, 1874.
— (Emploi du tabac pour combattre le *Phylloxera*.) C. R. Acad. Sci. Paris, **79**, 458, 1874 d.
○ Le Doryphore. Journ. Agric. prat. Paris, **41**, Bd. 1, 464—466, 1877.
— [Sériciculture.] Bull. Soc. Acclim. Paris, (3) **6** (**26**), 25—52, 585—586, 1879.
— Le Chêne Zéen ou de Mirbeck. Bull. Soc. Acclim. Paris, (4) **1** (**31**), 856—857, 1884.
— (Vers à soie du Chêne.) Bull. Soc. Acclim. Paris, (4) **2** (**32**), 649—650, 1885.
— Éducation d'*Attacus Pernyi*, à Antibes. Bull. Soc. Acclim. Paris, (4) **4** (**34**), 716—717, 1887.

Naudin, Philibert
Sur les moyens proposés pour combattre la propagation du *Phylloxera*, et en particulier sur la méthode de l'arrachage. C. R. Acad. Sci. Paris, **79**, 787—788, 1874.
○ Le phylloxera et les moyens proposés pour le faire disparaître. 8°, 18 S., Dijon, impr. Marchand, 1875.

Naufock, Albert
geb. 27. 9. 1878 in Wien, gest. 8. 5. 1937 in Linz, Beamter d. österr. Staatsbahn. — Biogr.: (B. Alberti) Ent. Ztschr., **51**, 105, (1938) 1937; Arb. morphol. taxon. Ent., **4**, 242, 1937; (R. Reisser) Ztschr. Österr. Entomol. Ver., **22**, 53—55, 1937 m. Porträt & Schriftenverz.; (Alberti) Mitt. München. ent. Ges., **27**, 103—104, 1937; O. Christe) Ztschr. Wien. ent. Ges., **43** (**69**), 187—206, 1958.
— Ein weiterer Beitrag zur Zucht von *Lignyoptera Fumidaria* Hb. Jahresber. Wien. ent. Ver., **10** (1899), 73—75, Farbtaf. I (Fig. 6—8), 1900.

Naumann, Felix
Die Photographie auf entomologischem Gebiete. Ent. Jb., (**1**), 110—114, 1892.
— Über die Zucht von *Deilephila nerii* aus dem Ei. Ent. Jb., (**2**), 199—201, 3 Fig., 1893.

Nava, Giacomo
○ Influenza della malattia degli olmi sulle api. Boll. Agric. Lombarda, **9**, 91—92, 1875.

Navarro, Fernández siehe Fernández Navarro,

Navarro, Leandro
○ Enfermedades del olivo. Bol. Agric. Min. Indust., Mexico, **9**, Nr. 2, 3—115, 12 Taf., 1899.

Navás, Longinos
geb. 7. 3. 1858 in Cabacés (Taragona), gest. 31. 12. 1938 in Gerona (Spanien). — Biogr.: (J. M. y Dusmet Alonso) Bol. Soc. ent. España, **2**, 168—172, 189, 1919; (Ignacia Sala de Castellarnau) Revista Acad. Cienc.

Zaragoza, **12**, 127, 133—175, 1928; Revista Chilena Hist. nat., **38**, 208—213, 1934; (A. Musgrave) Bibliogr. Austral. Ent., 236—237, 1930; Revista Chilena Hist. nat., **38**, 208—213, 1934 m. Porträt & Schriftenverz.; Arb. morphol. taxon. Ent., **5**, 352, 1938; (Pedro Ferrando Mas) Revista Soc. Cienc. nat., **36**, 6 S., 1938; Ann. Mus. Civ. Stor. nat. Genova, **60**, 3—4, 1938—40; Bull. Soc. ent. France, **44**, 38, 1939; Bull. Mus. Hist. nat. Paris, (2) **11**, 204, 1939; Bull. Soc. ent. Ital., **71**, 153, 1939; (J. de Rio) Revista Ent. Sao Paulo, **10**, 731, 1939; (C. E. Porter) Revista Chilena Hist. nat., **43**, 91—93, 1939; (F. Campos) Revista Chilena Hist. nat., **43**, 151—154, 1939; (P. Ignacio Sala de Castellarnau) Broteria, **9**, 131—138, 1940 m. Schriftenverz.; (E. Saz) Ungarn Natural., 130 S., 1940 m. Portr.

— (Una excursión al Montsant (provincia de Tarragona). An. Soc. Hist. nat. Españ., (2) **8** (**28**), Actas 45—48, 169—177, 9 Fig., 1899 a.

— (Notas entomológicas.) An. Soc. Hist. nat. Españ., (2) **8** (**28**), Actas 235—239, 2 Fig.; 268—272, 1 Fig., 1899 b; (2) **9** (**29**), Actas 92—96, 140—144, 172—176, 218—222, 1900.

Nawratil,

Lo scarafaggio maggese e sua relazione coll' agricoltura. Atti Soc. agr. Gorizia, **4**, 122—127, 1865.

Naylor, Hilda G . . .

Sirex in North Wales. Entomologist, **22**, 140, 1889.

Naysser, A . . . B . . .

(Note sur le *Coccus hesperidum* nuisant aux Orangers de certaines contrées de la France méridionale.) Ann. Soc. ent. France, (4) **5**, Bull. LV—LVI, 1865.

Nazari, Alessio

Ricerche sulla struttura del tubo digerente e sul processo digestivo del *Bombyx Mori* allo stato larvale. Ric. Labor. Anat. Roma, **7**, 75—85, Farbtaf. 3—4, (1899—1900) 1899.

Neal, J . . . C . . .

in Riley, Charles Valentine [17. April] 1883.

— The root-knot disease of the Peach, Orange, and other plants in Florida, due to the work of *Anguillula.* Bull. U. S. Dep. Agric. Ent., Nr. 20, 7—31, Farbtaf. I—XXI (Taf. XVI—XVII & XIX nicht farb.), 1889.

— Experiments with Bacterial Cultures against Insects. Period. Bull. Dep. Agric. Ent. (Ins. Life), **3** (1890—91), 465, 1891.

Neale, Francis

Trochilium crabroniformis. Irish Natural., **1**, 42—43, 1892 a.

— Lepidoptera from the Limerick District. Irish Natural., **1**, 169—170, 1892 b.

— *Gonopteryx rhamni* and *Nonagria arundinis*, near Limerick. Irish Natural., **2**, 252, 1893.

Neale, Henry

Macroglossa stellatarum and *Choreocampa porcellus.* Entomologist, **9**, 183, 1876 a.

— *Sphinx Convolvuli* at Salisbury. Entomologist, **9**, 231, 1876 b.

— *Apatura Iris* in the New Forest. Entomol. monthly Mag., **14**, 233, (1877—78) 1878 a.

— *Apatura Iris* in the New Forest. Entomol. monthly Mag., **15**, 14, (1878—79) 1878 b.

— *Acronycta alni* in the New Forest. Entomol. monthly Mag., **15**, 107, (1878—79) 1878 c.

— Captures of Lepidoptera. Entomol. monthly Mag., **16**, 110, (1879—80) 1879.

Neale, Joseph

Hummingbird Hawkmoth at Ackworth. Naturalist London, **1899**, 298, 1899 a.

— *Rhipiphorus paradoxus* and *Carabus granulatus* near Ackworth. Naturalist London, **1899**, 303, 1899 b.

Neate, H . . . W . . .

Wasps plentiful near London. Entomologist, **3**, 28, (1866—67) 1866.

Neave, B . . . W . . .

geb. 1848?, gest. 25. 6. 1923. — Biogr.: (N. D. Riley) Proc. S. London ent. Soc., **1923—24**, 75, 1923—24.

— *Zeuzera Aesculi* in the common Holly. Entomologist, **6**, 486—487, (1872—73) 1873.

— Variety of *Ennomos angularia.* Entomologist, **9**, 49—50, 2 Fig., 1876.

Nebel, Ludwig (=Louis)

geb. 19. 8. 1861 in Frose, gest 1. 8. 1911, Lehrer. — Biogr.: (E. Heidenreich) Dtsch. ent. Ztschr., **1911**, 592, 1911; (E. Heidenreich) Dtsch. ent. Nat. Bibl., **2**, 135—136, 1911; (A. Kunze) Int. ent. Ztschr., **5**, 144—145, (1911—12) 1911.

— Die Käfer des Herzogtums Anhalt. Beiträge zu ihrer geographischen Verbreitung. I.[1]) Cerambycidae. 8°, 23 S., Dessau, Rich. Kahle (Inh. Hermann Oesterwitz), 1894 a.

— Der Biberkäfer, das jüngsteingetragene Thier der deutschen Fauna. Insektenbörse, **11**, 37—38, 1894 b.

Nechansky, H . . .

Der Controlleimring im Kampfe gegen die Nonne. Oesterr. Forst-Ztg., **10**, 53—54, 1892.

Nécsey, István (=Stefan)

geb. 12. 2. 1870, gest. 15. 3. 1902 in München, Maler u. Illustrator. — Biogr.: Rovart. Lapok, **9**, 88; [Dtsch. Auszug:] 8, 1902; (L. Aigner) Rovart. Lapok, **10**, 1—9; [Dtsch. Auszug:] 1, 1903 m. Porträt.

— A *Cheimatobia brumata*rol. Rovart. Lapok, **4**, 78—80, 1 Fig.; [Dtsch. Zus.fassg.:] Über *Cheimatobia brumata.* (Auszug) 8, 1897.

— *Penthophora morio* L. Rovart. Lapok, **6**, 8—10; [Dtsch. Zus.fassg.:] *Penthophora morio* L. (Auszug) 1, 1899 a.

— Lepkebiológiai megfigyelések. Rovart. Lapok, **6**, 199—202; [Dtsch. Zus.fassg.:] Biologische Beobachtungen über Schmetterlinge. (Auszug) 19, 1899 b.

— Lepkészeti megfigyelések. Rovart. Lapok, **7**, 4—8, 130—131; [Dtsch. Zus.fassg.:] Lepidopterologische Beobachtungen. (Auszug) 1, 12, 1900 a.

— Barsmegye nagylepkéi. Rovart. Lapok, **7**, 25—30, 59—62, 79—81; [Dtsch. Zus.fassg.:] Die Makrolepidopteren des Comitates Bars. (Auszug) 3, 6, 7, 1900 b.

Neczas, M . . .

○ Die Insekten in unseren Feldern. Mitt. Mähr.-Schles. Ges. Ackerb., **1869**, 190—192, 1869.

Needham, James George

geb. 18. 3. 1868 in Virginia (Ill.), gest. 24. 7. 1957 in Ithaca (N. York), Leiter d. Dep. f. Ent. in Cornell. — Biogr.: (Cättell) Amer. Men Sci., 5. Aufl., 713, 1927; (R. G. S.) Ent. News, **67**, 164, 1956; Bull. ent. Soc. Amer., **2**, 8, 1956; (H. H. Schwardt) Ann. ent. Soc. Amer., **52**, 338, 339, 1959 m. Porträt.

— On rearing Dragonflies. Canad. Entomol., **29**, 94—96, 1 Fig., 1897 a. — [Abdr.] Amer. monthly micr. Journ., **18**, 249—252, 1 Fig., 1897.

[1]) andere nicht erschienen.

— *Libellula deplanata* of Rambur. Canad. Entomol., **29**, 144—146, 1897 b.
— Preliminary studies of N. American Gomphinae. Canad. Entomol., **29**, 164—168, 181—186, Taf. 7, 1897 c.
○ The Digestive Epithelium of Dragonfly Nymphs. Zool. Bull., **1**, 103—113, 10 Fig., (1898) 1897 d.
○ Birds vs. dragonflies. Osprey, **2**, Nr. 6—7, 85—86, 1898.
— siehe Comstock, John Henry & Needham, James George 1898.
— Directions for Collecting and Rearing Dragon Flies, Stone Flies and May Flies. Bull. U. S. nat. Mus., Nr. 39, part 0, 9 (unn.) S., 4 Fig., 1899 a. — [Abdr. S. 7—8:] How to rear nymphs of Dragon-flies, &c. Entomol. monthly Mag., (2) **11** (**36**), 38—40, 1900.
— *Ophiogomphus*. Canad. Entomol., **31**, 233—238, 39 Fig., 1899 b.
— The fruiting of the Blue Flag (*Iris versicolor* L.). Amer. Natural., **34**, 361—386, 5 Fig., 1900 a.
— Some General Features of the Metamorphosis of the Flag Weevil *Mononychus vulpeculus* Fabr. Biol. Bull. Boston, **1**, 179—191, 10 Fig., 1900 b.
— Nymphs of Northern Odonata, still unknown. Canad. Entomol., **32**, 69, 1900 c.
— Insect drift on the shore of Lake Michigan. Occ. Mem. Chicago ent. Soc., **1**, 19—26, 1 Fig., 1900 d.

Neel, G . . . H . . .
Sphinx convolvuli in Devon. Entomologist, **28**, 280, 1895.
— siehe Hodge, Harold; Butler, W . . . E . . . & Neel, G . . . H . . . 1895.

Neervoort van de Poll, J . . . R . . . H . . .
A new species of the Buprestid genus *Calodema*. Notes Leyden Mus., **7**, 31—32, Farbtaf. 3 (Fig. 5), 1885.
— Ueber die Gattung *Clithria* Burm. Dtsch. ent. Ztschr., **30**, 297—299; Anhang. 300, 1886 a.
[Siehe:] Kraatz, Gustav: 300.
— On a new Longicorn genus and species belonging to the Agniidae. Notes Leyden Mus., **8**, 27—28, Taf. 1 (Fig. 1), 1886 b.
— On two new and some already known Longicorns, belonging to the Batoceridae. Notes Leyden Mus., **8**, 29—33, Taf. 1 (Fig. 2—5), 1886 c.
— A new species of the Heteromerous genus *Leiochrinus*, Westwood. Notes Leyden Mus., **8**, 34, 1886 d.
— Description of three new species and a Synopsis of the Buprestid genus *Nascio*, C. & G. Notes Leyden Mus., **8**, 121—125, 1886 e.
— Some remarks on *Gnathocera valida*, Jans. and *Gnathocera costata*, Ancey. Notes Leyden Mus., **8**, 126, 1886 f.
— Synonymical remarks about *Mallodon jejunum*, Pascoe. Notes Leyden Mus., **8**, 130, 1886 g.
— Novum genus Gymnetinorum. Notes Leyden Mus., **8**, 138; Corrections VI, 1886 h.
— Description of three new species and a Synopsis of the Buprestid genus *Astraeus*, C. & G. Notes Leyden Mus., **8**, 175—180; Correction VI, 1886 i.
— Five new Cetoniidae belonging to the *Lomaptera*-Group. Notes Leyden Mus., **8**, 181—188; Correction VI, 1886 j.
— Some remarks about Australian Coleoptera. Notes Leyden Mus., **8**, 222, 1886 k.
— Description of a new Australian Longicorn. Notes Leyden Mus., **8**, 223—224, 1886 l.
— Les Cicindélides de l'île de Curaçao, avec description d'une *Tetracha* nouvelle. Notes Leyden Mus., **8**, 225—227, 1886 m.
— Description of a new Paussid from South-Africa. Notes Leyden Mus., **8**, 228, 1886 n.
— Description d'une espèce nouvelle du genre *Eucamptognathus*, Chaud. Notes Leyden Mus., **8**, 229—230, 1886 o.
— Four new Cetoniidae from Central-and South-America. Notes Leyden Mus., **8**, 231—237, 1886 p.
— Description of a new Gnostid. Notes Leyden Mus., **8**, 238, 1886 q.
— A new Buprestid genus and species from the Aru-Islands. Notes Leyden Mus., **8**, 239—241, 1886 r.
— On the male of *Demelius semirugosus*, Waterh. Notes Leyden Mus., **8**, 242, 1886 s.
— Some remarks on the Longicorn genus *Megacrio*-des Pascoe. Tijdschr. Ent., **29** (1885—86), 143—145, 1886 t.
— On the classification of the genus *Lomaptera* s. l. Tijdschr. Ent., **29** (1885—86), 146—152, Taf. 7, 1886 u.
[Siehe:] Kraatz, Gustav: Dtsch. ent. Ztschr., **30**, 301—304, 1886.
— Description of a second species of the Lucanoid genus *Aegognathus* Leuthner. Tijdschr. Ent., **29** (1885—86), 153—154, 1886 v.
— Description of a new Cetonid from West-Africa (Congo). Tijdschr. Ent., **29** (1885—86), 155—156, 1886 w.
— Einige Worte aus Anlass des Aufsatzes von Dr. Kraatz: „Ueber den systematischen Werth der Forceps-Bildung von *Mycterophallus* v. d. Poll" [1886]. Dtsch. ent. Ztschr., **31**, 159—160, 1887 a.
— Description of a new genus and four new species of Longicorns. Notes Leyden Mus., **9**, 113—120, 1887 b.
— Nova species Buprestidarum. Notes Leyden Mus., **9**, 126, 1887 c.
— Nova species Cucujidarum. Notes Leyden Mus., **9**, 140, 1887 d.
— Description d'une *Trachys* nouvelle et quelques remarques Buprestérologiques. Notes Leyden Mus., **9**, 181—183, 1887 e.
— On the male of *Rosenbergia megalocephala*, v. d. Poll. Notes Leyden Mus., **9**, 184, 1887 f.
— Synonymical remarks about *Dichrosoma Lansbergei*, Krtz. Notes Leyden Mus., **9**, 185—186, 1887 g.
— Contributions to the knowledge of the Longicorn group of the Batoceridae. Notes Leyden Mus., **9**, 271—278, 1887 h.
— On the forma *priodonta* of *Odontolabis Dalmani*, Hope and the forma *teledonta* of *Odontolabis celebensis*, Leuthn. Notes Leyden Mus., **9**, 279—281, 1887 i.
— Synonymical remarks on Madagascar Cetoniidae. Notes Leyden Mus., **9**, 282, 1887 j.
— Description of a new species of the Australian Longicorn genus *Brachytria*, Newm. Notes Leyden Mus., **9**, 283—284, 1887 k.
— (Systematische waarde van het onderzoek van den penis bij Coleoptera.) Tijdschr. Ent., **30** (1886—87), CIII—CIV, 1887 l.
— Synonymical remarks on Cetoniidae. Notes Leyden Mus., **11**, 64, 1889 a.
— On *Macronota apicalis*, G & P. Notes Leyden Mus., **11**, 81—84, 1889 b.

— Sur une espèce méconnue du genre *Macroma*. Notes Leyden Mus., **11**, 141—143, 1889 c.
— On a variety of *Euzostria aruensis*, Gorh. Notes Leyden Mus., **11**, 158, 1889 d.
— Description of a new species of the Longicorn genus *Pachyteria*, Serv. Notes Leyden Mus., **11**, 219—221, Taf. 10 (Fig. 1—4), 1889 e.
— Additional remarks on *Dolichoprosopis maculatus*, Rits. Notes Leyden Mus., **11**, 222, 1889 f.; Final remark on . . . **12**, 140, 1890.
— Remarks on *Gymnetis Kerremansi*, v. d. Poll. Notes Leyden Mus., **11**, 223—224, Taf. 10 (Fig. 5), 1889 g.
— On a new species of the Lucanoid genus *Odontolabis*, Hope. Notes Leyden Mus., **11**, 225—227, 1889 h.
— On the geographical distribution of some littleknown African species of *Nigidius*. Notes Leyden Mus., **11**, 228, 1889 i.
— New species of *Hexagonia* (Carabidae) from the Malay-Islands. Notes Leyden Mus., **11**, 247—250, 1889 j.
— Descriptions of three new species of the genus *Physodera* (Carabidae). Notes Leyden Mus., **11**, 251—256, 1889 k.
— Monographical essay on the Australian Buprestid genus *Astraeus* C. ct G. Tijdschr. Ent., **32** (1888—89), 79—110, Farbtaf. 2—3, 1889 l.
— Contributions à la faune entomologique de l'Afrique centrale. Ann. Soc. ent. Belg., **34**, C. R. XCIV—XCVI, 1890 a.
— Descriptions of two new Paussidae from the Malay-Islands. Notes Leyden Mus., **12**, 1—4, 1890 b.
— On new or little-known Batoceridae. Notes Leyden Mus., **12**, 5—7, 1890 c.
— On a new Longicorn from Madagascar. Notes Leyden Mus., **12**, 8, 1890 d.
— Description of a new Goliathid from the Cameroons. Notes Leyden Mus., **12**, 131—134, 1890 e.
— Additional remarks on *Cladopalpus Hageni*, Lansb. Notes Leyden Mus., **12**, 141—142, 1890 f.
— Two new species of the Longicorn genus *Aphrodisium*, Thomson. Notes Leyden Mus., **12**, 155—158, 1890 g.
— On the forma *priodonta* of *Odontolabis Lowei*, Parry and the forma *teledonta* of *Odontolabis Sommeri*, Parry. Notes Leyden Mus., **12**, 159—160, 1890 h.
— (Over Euchiriden.) Tijdschr. Ent., **33** (1889—90), CXV—CXX, 1890 i.
— Synonymical remarks on Cetoniidae. Notes Leyden Mus., **13**, 188, 1891 a.
— (Eenige bijzonderheden omtrent een paar *Chrysomela*-soorten.) Tijdschr. Ent., **34** (1890—91), CXVII—CXVIII, 1891 b.
— (Eenige rariteiten van de zeer aanzienlijke massa hertekevers.) Tijdschr. Ent., **34** (1890—91), CXIX—CXX, 1891 c.
— On new or little known Australian Longicornia. I. Tijdschr. Ent., **34** (1890—91), 219—228, Farbtaf. 13, 1891 d.
— Synonymische Notiz. Wien. ent. Ztg., **10**, 232, 1891 e.
[Siehe:] Flach, K.: **9**, 238—240, 1890.
— in Fleutiaux, Edmond [Herausgeber] (1889—97) 1892.
— Lijst der Coleoptera door den heer Planten op de Kei-eilanden bijeengebracht. Tijdschr. Ent., **36** (1892—93), 23—27, Taf. 1 (Fig. 4—5), 1893 a.
[Darin:]
Fairmaire, Léon: Appendix. Description de deux espèces nouvelles du genre *Dietysus* des îles Kei. 26—27.
— Note sur quelques espèces d' *Astraeus*. Tijdschr. Ent., **36** (1892—93), 67—68, 1893 b.
— (Het Galeruciden-geslacht *Haplosonyx*.) Tijdschr. Ent., **37** (1893—94), LX, 1894.
— Description of a new species of the Lucanoid genus *Metopodontus*. Notes Leyden Mus., **17**, 63—64, (1895—96) 1895 a.
— Contribution to the Lucanoid fauna of Java. Notes Leyden Mus., **17**, 125—128, (1895—96) 1895 b.
— New Rhopalocera from the island of Nias. Tijdschr. Ent., **38**, 6—8, 1895 c.
— Some remarks upon certain species of *Coryphocera*. Notes Leyden Mus., **17**, 129—131, (1895—96) 1896 a.
— Some additions to the Ceylonese Cetonidae. Notes Leyden Mus., **17**, 132, (1895—96) 1896 b.
— *Euthaliopsis*, a new genus of Rhopalocera. Notes Leyden Mus., **17**, 205—206, 2 Fig., (1895—96) 1896 c.
— (Overzicht van de Cicaden behoorende tot de zoogenaamde „Oriental Region".) Tijdschr. Ent., **39**, XLI, 1896 d.

Neervoort van Poll, J . . . R . . . H . . . de & **Kannegieter,** J . . . Z . . .
On the Ceylon Cetoniidae collected by J. Z. Kannegieter. Notes Leyden Mus., **13**, 181—187, 1891.

Negra, V . . .
○ Sistema cellulare per imboscare i bachi da seta, aportata di tutti gli allevatori. Istruzione pratica corredata. 24 S., 8 Taf., Venezia, 1880.

Negri, A . . .
○ *Phylloxera vastatrix*. Conferenza tenuta la sera del 28 Settembre 1879. Bol. Com. agr. Casale, **1879**, 26 S., 1 Taf., 1879.

Negri, A . . . D . . .
○ Los enemigos naturales de la Filoxera. Bol. nac. Agric. Buenos Aires, **4**, 80—81, 1880.

Nehring, Carl Wilhelm Alfred Prof. Dr.
geb. 1845, gest. 1904.
— Raupenfrass am Knieholz des Riesengebirges. Naturw. Wschr., **8**, 445, 1893.
— [Ref.] siehe Barrows, Walter Bradford & Schwarz, Eugen Amandus 1895.

Nehrling, H . . .
Texas und seine Tierwelt. Zool. Garten Frankf. a. M., **25**, 129—137, 172—177, 197—202, 225—234, 259—266, 1884.

Neighbour, Alfred
The apiary; or, bees, bee-hives, and bee culture: being a familiar account of the habits of bees, and the most improved methods of management, with full directions, adapted for the cottager, farmer, or scientific apiarian. 8°, IX + 132 S., 2 Taf., Fig., London, Kent & Co., 1865. — 2. Aufl. 3 (unn.) + XXIII + 274 S., 1866. — 3. Aufl. . . . management. XXVI + 359 S., 1 Frontispiz, 1878.

Nekut, Franz
geb. 20. 10. 1840 in Chýnově b. Tabora, gest. 22. 8. 1909 in Chýnově, Gymnasialprof. in Prag. — Biogr.: Jubiläumsschr. Nat. Klub Prag, 1931 m. Porträt.
○ [Wanderheuschrecke.] Kobylky stěhovavé. Vesmír, **4**, 122—126, 1 Fig., 1875.

Nelson, Edward T . . .
Swarming insects. Science, 4, 111—112, 1884.

Nelson, Edward William
geb. 1855.
— in Henshaw, Henry W . . . [Herausgeber] 1887.

Nelson, Julius
The Significance of Sex. Amer. Natural., **21**, 16—24, 138—162, 219—239, Taf. I—IV & VI—VIII & XI, 1887.

Nemos, F . . .
Europas bekannteste Schmetterlinge. Beschreibung der wichtigsten Arten und Anleitung zur Kenntnis und zum Sammeln der Schmetterlinge und Raupen. 8°, 160 S., 7 Fig., 18 Farbtaf., Berlin, Paul Oestergaard, o. J.

Nenci, P . . .
○ Relazione sugli esperimenti fatti durante la campagna bacologica 1875 dal R. osservatorio bacologico di Arezzo. 4°, 16 S., Arezzo, tip. Bellotti, 1876.

Nenci, Tito
○ Sullo allevamento dei bachi da seta specialmente avuto riguardo alla malattia della flaccidezza: consigli. 16°, 68 S., Firenze, G. Barbèra, 1873.
○ Intorno ai bachi da seta specialmente avuto riguardo alle malattie dominanti pebrina e flaccidezza. Consigli preceduti da uno studio sull' arte della seta in Italia. 2. Aufl. 16°, VIII + 178 S., 3 Taf., Firenze, tip. Barbèra, 1874.
○ I bachi da seta. 3. Aufl. XII + 300 S., 47 Fig., 2 Taf., Milano, Hoepli, 1900.

Nentwich, J . . .
Ueber Canthariden. [Nach: Ztschr. Österr. Apoth. Ver., Nr. 17, 1867.] Vjschr. prakt. Pharm. München, **17**, 598—599, 1868.

Nentwig, A . . .
Mittheilungen über Leben und Entwicklung der *Psyche* var. *Stettiniensis* und *Viadrina*. (Nach eigenen Beobachtungen und diesbezüglichen Schriften: Dr. M. Standfuss, „Über das Genus *Psyche*" und Dr. O. Hofmann, „Naturgeschichte der Psychiden".) Mitt. naturw. Ver. Troppau, **6**, 235—241, 1900.

Nerén, Carl Harald
geb. 1827?, gest. 21. 10. 1901 in Skeninge, Regimentsarzt. — Biogr.: (H. Nordenström) Ent. Tidskr., **23**, 195—197, 1902 m. Porträt & Schriftenverz.
— in Spångberg, Jacob 1880.
— Bidrag till kännedomen om gräsflyet och dess parasiter. Ent. Tidskr., **6**, 169—175; [Franz. Zus.fassg.:] Contributions à la connaissance de la Noctuelle de l'herbe (*Charaeas graminis*) et de ses parasites, 218, 1885.
— Ytterligare bidrag till kännedomen om Gräsflyet och dess Parasiter. Ent. Tidskr., **7**, 45—50; [Franz. Zus.fassg.:] Contributions ultérieures à la connaissance de la teigne de l'herbe (*Charaeas graminis*) et de ses parasites. 133—134, 1886.
— Bidrag till kännedomen om ekorrespinnarens (*Stauropus Fagi* Lin.) utvecklings-historia. Ent. Tidskr., **8**, 199—201, 1887.
— Gustaf Fredrik Möller [Nekrolog]. Ent. Tidskr., **10**, 181—189; [Franz. Zus.fassg.:] Gustaf Fredrik Möller. Nécrologie. 190, 1889.
— Bidrag till kännedomen om lefnadsättet hos några skandinaviska arter af sågstekelslägtet *Emphytus*. Ent. Tidskr., **12**, 5—13; [Franz. Zus.fassg.:] Quelques notes pour servir à la connaissance de la vie des espèces Scandinaves du genre *Emphytus*. 14, 1891.
— Entomologiska sommarstudier. Ent. Tidskr., **13**, 97—116, 1892 a.
— Entomologiska Anteckningar. [Hymenoptera.] Ent. Tidskr., **13**, 57—68, 1892 b.
— Om några skalbaggars lefnadsvanor. Ent. Tidskr., **13**, 251—253, 1892 c.
— Entomologiska anteckningar 1892—1894. Ent. Tidskr., **16**, 89—96, 1895.

Neri, Francesso
Noterella entomologica. Atti Soc. Toscana Sci. nat., **10**, Proc. verb. 66—67, (1895—97) 1896 a.
— Alcuni Insetti raccolti sulla cima del Procinto. Atti Soc. Toscana Sci. nat., **10**, Proc. verb. 105—107, (1895—97) 1896 b.

Nerom, P . . . van
Insectes nuisibles aux plantations d'arbres fruitiers et forestiers. Bull. Soc. Linn. Bruxelles, **14**, 1—2, 100—102, (1888) 1887; **15**, 6—15, 68—76, 131—138, 176—180, 1889.

Nervi, P . . .
○ Caccia alla tignuola della vite. Difesa dei parassiti, **2**, Nr. 27, 1892.
[Ref.:] Gegen die Traubenmotte. Ztschr. Pflanzenkrankh., **2**, 235, 1892.

Nesbit, F . . . C . . .
Further Injury in the Treasury by Roaches. Period. Bull. Dep. Agric. Ent. (Ins. Life), **1**, 190—191, (1888—89) 1888.

Nesbitt, Allan
Captures at Light: Devonshire. Entomologist, **23**, 262, 1890 a.
— *Arctia villica* bred in October. Entomolgist, **23**, 383, 1890 b.
— (Food Plants of Larvae.) Entomol. Rec., **4**, 79, 1893.
— (A probable new species of *Euchloë*.) [Mit Angaben von J. W. Tutt.] Entomol. Rec., **5**, 146—147, 1894.

Nessi, Giovanni Battista
siehe Pinchetti, Pietro; Mattiuzzi, Francesco & Nessi, Giovanni Battista 1873.

Nessler, J . . .
○ Nähr- und Düngerwerth der Engerlinge und der Maikäfer. Wbl. landw. Ver. Baden, **1867**, 146—147, 1867.
— Milch als Zusatz zum Zucker, um Bienen zu füttern. Wbl. landw. Ver. Baden, **1871**, 379—380, 1871.
○ Die Rebwurzellaus, ihr Vorkommen bei Genf und in Südfrankreich, ihr etwaiges Auftreten auch in Deutschland und die Mittel, sie zu bekämpfen. Bericht an das grossherzogliche badische Handelsministerium. 8°, 28 S., Stuttgart, Ulmer, 1875.
— siehe Mach, Edmund & Nessler, J . . . 1875.
○ Die Rebwurzellaus und die Düngung der Reben. Wbl. landw. Ver. Baden, **1876**, 210, 1876.
— Auszug aus dem Bericht einer vom Minister der Landwirthschaft und des Handels in Frankreich berufenen Phylloxeracommission. [Nach: Wbl. landw. Ver. Baden.] Ztschr. landw. Ver. Hessen, **47**, 240—241, 1877.
— Mittel gegen den Heu- oder Sauerwurm und gegen Blattläuse. Weinbau, **4**, 206, 1878.
○ Bekämpfungsmittel des Heu- oder Sauerwurmes. Wbl. landw. Ver. Baden, **1879**, 25—28, 1879 a. — ○ [Abdr.?:] Rheingau. Weinbl., **3**, 17—18, 21—22, 1879.
— Über das Vergiften schädlicher Insecten, besonders der Blatt-, Blut-, und Schildläuse und des Heuwurmes.

Wbl. landw. Ver. Baden, **1879**, 193—196, 2 Fig., 1879 b. — [Abdr.:] Weinbau, **5**, 100—102, 2 Fig., 1879. — [Abdr.:] Dtsch. landw. Pr., **6**, 381—382, 2 Fig., 1879.
○ Nochmals über Bekämpfung des Heuwurmes und über Darstellung von Tabakextract. Wbl. landw. Ver. Baden, **1879**, 228, 1879 c.
— Über das Bekämpfen der Rebenschildlaus und der Blutlaus. Weinbau, **5**, 3—4, 1879 d.
— Zur Bekämpfung der Traubenkrankheit, sowie des Heu- bezw. Sauerwurms und über Darstellung von Giften für Insecten. Weinbau, **5**, 116, 1879 e. — ○ [Abdr.?:] Über Auftreten der Traubenkrankheit, des Heu- bezw. Sauerwurms und der Apfelbaummotte und deren Bekämpfung und ... Wbl. landw. Ver. Baden, **1879**, 220, 1879.
○ Bekämpfung der Rebschildlaus [*Pulvinaria vitis*]. [Nach: Wien. landw. Wbl., Nr. 3, 1879.] Wbl. landw. Ver. Baden, **1880**, 202, 1880 a.
○ Nochmals über die Rebschildlaus. Wbl. landw. Ver. Baden, **1880**, 217—218, 1880 b.
○ Über das Fangen des Frostspannerschmetterling's. Wbl. landw. Ver. Baden, **1880**, 353—355, 1880 c.
— Über die Untersuchung der Bronnerschen Rebschule auf Vorhandensein von Rebwurzelläusen und über Beaufsichtigung der Rebschulen überhaupt. Weinbau, **6**, 19—20, 28, 34—35, 1880 d.
— Zur Bekämpfung des Sauerwurmes. Weinbau, **6**, 92, 1880 e.
— Über die Rebenschildlaus. Weinbau, **6**, 107—108, 1880 f.
○ Zur Bekämpfung des Sauerwurms. Wbl. landw. Ver. Baden, Nr. 35, 281, 1883.
[Ref.:] Zbl. Agrik.-Chem., **13**, 284, 1884.
— Über das Vergiften schädlicher Insekten. [Nach: Wbl. landw. Ver. Baden, Nr. 8, 1886.] Dinglers polytechn. Journ., (6) **11** (**261**), 227, 1886.
— Über die Bekämpfung des Heu- oder Sauerwurmes. [Mit Angaben von Ott, Schlamp u. a.] Ber. Verh. Dtsch. Weinbaukongr., **9** (1886), 82—87, 1887.

Netter,
La peste et son microbe. [Nach: La semaine médicale, Nr. 9, 16. Februar, 1895.] Zbl. Bakt. Parasitenk., **17**, Abt. 1, 526—528, 1895.

Netter, Abraham
Examen des moeurs des Abeilles au double point de vue des Mathématiques et de la Physiologie expérimentale. C. R. Acad. Sci. Paris, **131**, 976—978, 1900.

Nettleship, Edward
○ Notes on the presence of the body-louse in prurigo senilis, and on the occurrence of lice on the head in adults. Brit. med. Journ., **1869**, Bd. 2, 435, 1869.

Netz, Carl
Drei Anekdoten zur Frage der künstlichen Wärme bei der Seidenraupenzucht. Ver. bl. Westfäl.-Rhein. Ver. Bienen- u. Seidenzucht, **16**, 27, 1865 a.
— Zwei neue Recepte gegen die Raupenseuche. Ver. bl. Westfäl.-Rhein. Ver. Bienen- u. Seidenzucht, **16**, 43—45, 1865 b.

Netz, Wilhelm
○ Der japanische und der chinesische Eichen-Seidenspinner (*Attacus Jama-Mai* und *Bombyx Pernyi*) als die naturgemäßen Seidenspinner für Deutschland, ihr Leben und ihre Züchtung. 27 S., Neuwied & Leipzig, Louis Heuser, 1883?.
[Ref.:] Zbl. ges. Forstwes., **9**, 457—458, 1883.

Netzer, von
Ueber Raupenzucht. Ent. Ztschr., **8**, 89—90, 1894.

Neuburger, Wilhelm
Sphinx convolvuli L. aberr. (*Alicea* Neuburger). Ill. Ztschr. Ent., **4**, 297, 1899 a.
— Entomologische Mittheilungen. Naturalien-Cabinet, **11**, 133—134, 1899 b.
— Mittheilungen über die Zucht exotischer Spinner in Deutschland. Naturalien-Cabinet, **11**, 245—246, 1899 c.
— *Papilio xuthus* ab. (*chinensis* Neubgr.) (Lep.). Ill. Ztschr. Ent., **5**, 168, 1900 a.
— *Hypermnestra helios* Nick. (ab. *persica* Neubgr.) (Lep.). Ill. Ztschr. Ent., **5**, 330, 1900 b.
— *Vanessa* (*Pyrameis*) *cardui* L. var *minor* Canlo. (Lep.) Ill. Ztschr. Ent., **5**, 352, 1900 c.
— *Lycaena menalcas* Frr. ♂ aberr. (Lep.). Ill. Ztschr. Ent., **5**, 370, 1900 d.
— Die Raupen von *Protoparce rustica* Fabr. Naturalien-Cabinet, **12**, 291, 1900 e.
— Eine naturwissenschaftliche Expedition nach Ostgrönland. Naturalien-Cabinet, **12**, 196—197, 1900 f.

Neuer, H ...
Worin hat die Abstumpfung der Biene bei der Buchweizentracht ihren Grund und ist dieselbe ganz oder theilweise zu heben? Ver.bl. Westfäl.-Rhein. Ver. Bienen- u. Seidenzucht, **18**, 168—170, 1867.

Neuffer,
Zur Maulwurf-Frage. Ill. Mh. Obst- u. Weinbau, (N. F.) **4**, 296—298, 1868.

Neuhaus,
○ Auf welche Weise gelangt der Landwirth am leichtesten und sichersten zu der für ihn wie für die Naturwissenschaft wichtigen Kenntniß der in landwirtschaftlicher Beziehung schädlichen und nützlichen Insekten? Mschr. landw. Prov. Ver. Brandenburg, **21**, 161—164, 1866.

Neuhaus, C ... F ...
Kann der japanischen Seidenraupe in Betreff der kräftigen Entwicklung sowie der Widerstandsfähigkeit gegen die herrschenden Krankheitsformen vor den bisher gezüchteten Seidenraupen-Racen der Vorzug eingeräumt werden? Ver.bl. Westfäl.-Rhein. Ver. Bienen- u. Seidenzucht, **16**, 73—79, 1865.

Neuhaus, Gustav Hermann
geb. 7. 10. 1810 in Berlin, gest. 26. 1. 1891 in Eberswalde?, Pfarrer.
— Selbst-Ankündigung der (dem Drucke übergebenen) Diptera marchica. Insekten-Welt, **2**, 90—91, 1885 a.
— Catalogus coleopterorum marchicorum. Mtl. Mitt. naturw. Ver. Frankf. a. O., **3**, 35—41, 58—64, 67—74, 86—88, 124—127, 138—143, (1886) 1885 b.
— Diptera marchica. Systematisches Verzeichniss der Zweiflügler (Mücken und Fliegen) der Mark Brandenburg. Mit kurzer Beschreibung und analytischen Bestimmungs-Tabellen. 8°, 3 (unn.) +XVI+371 S., 3 Fig., 6 Taf., Berlin, Nicolaische Verlagsbuchhandlung R. Stricker, 1886 a.
[Ref.:] Mik, Josef: Wien. ent. Ztg., **5**, 286—287, 1886.
— Die Ameisenarten der Mark Brandenburg. Mtl. Mitt. naturw. Ver. Frankf. a. O., **4**, 268—272, (1887) 1886 b; 296—300, 1887.

Neukirch, J ... Chr ... L ...
○ Naturbilder aus dem Insektenleben. Ein auf naturhistorischem Grunde ruhendes, belehrendes Unterhal-

tungsbuch für die Jugend. 2. Aufl. 8°, VIII + 215 S., ? Fig., Leipzig, Bernhard Schlicke, 1867.
[Holländ. Übers. von] M. J. van Nieuwkuijk; De insektenwereld. Voor de Nederlandsche Jeugd bewerkt. 8°, VI + 206 S., 84 Fig., Leiden, D. Noothoven van Goor, 1865.

Neumann,
(Hessenfliegen (*Cecidomyia destructor* Say.) und Fritfliegen *Chlorops* (*Oscinis* Latr.) *frit* L.). Oesterr. landw. Wbl., **20**, 21, 1894.

Neumann, Carl
Der Wald im Wechsel der Jahreszeiten. Naturfr. Eschweiler, **1**, 146—150, 162—167, 183—186, 1890.

Neumann, G . . .
Sacium pusillum, ennemi du blé. Feuille jeun. Natural., **23**, 46, (1892—93) 1893.

Neumann, H . . .
Ueber die Läusesucht in den Volksschulen. [Nach: Ztschr. Schulgesundheitspfl., Nr. 4, 173, 1896.] Dtsch. Vjschr. Gesundheitspfl., **29**, Suppl. 447, 1897.

Neumann, J . . . W . . .
Kaum glaublich. Ent. Jb., **8**, 72, 1899.

Neumann, Louis Georges
geb. 1846, Prof. an d. École nation. vét. in Toulouse. — Biogr.: (A. Musgrave) Bibliogr. Austral. Ent., 237, 1932.
— siehe Trouessart, Édouard Louis & Neumann, Louis Georges 1888.
— Contribution à l'étude des Ricinidae parasites des oiseaux de la famille des Psittacidae. Bull. Soc. Hist. nat. Toulouse, **24**, 55—64, 1890.
— Notes sur quelques Ricinidae d'origine exotique. Bull. Soc. Hist. nat. Toulouse, **25**, 83—93, 1 Taf. (unn.), 1891.
— (Une observation d'habitat exceptionnel de larves de puces.) Bull. Soc. Hist. nat. Toulouse, **26**, XXXIX, 1892.
— Les larves erratiques d'Hypodermes. Bull. Soc. Hist. nat. Toulouse, **30**, XVI—XVII, 1896.

Neumann, Osw . . . jun.
Auskunft über Behandlung der Puppe von *Acherontia Atropos*. Insektenbörse, **8**, Nr. 19, 1891.

Neumann, Th . . .
Pieris napi ab. *bryoniae*. Ent. Ztschr., **10**, 12—13, 1 Fig.; 28—29, (1896—97) 1896.

Neumann-Spallart, Anatol R . . .
Eine interessante Aberratio von *Melitaea Athalia* Esp. Wien. ent. Ztg., **8**, 92, 1889.

Neumayer, Georg Balthasar von
geb. 1826, gest. 1909.
— [Herausgeber]
○ Anleitung zu wissenschaftlichen Beobachtungen auf Reisen. Mit besonderer Rücksicht auf die Bedürfnisse der Kaiserlichen Marine verfasst. 8°, VIII + 696 S., ? Fig., 3 Kart., Berlin, 1875.
[Darin:]
Gerstäcker, Carl Eduard Adolf: Gliederthiere.
— [Herausgeber]
Die internationale Polarforschung 1882—1883. Die Deutschen Expeditionen und ihre Ergebnisse. Herausgeb. Deutsche Polar-Kommission. 2 Bde. 8°, Berlin, A. Asher & Co., 1890—91.
1. Geschichtlicher Theil und in einem Anhange mehrere einzelne Abhandlungen physikalischen und sonstigen Inhalts. VII + 243 + 120 S., 3 Fig., 13 Taf. (2 Farbtaf.), 4 Kart., 1891.
2. Beschreibende Naturwissenschaften in einzelnen Abhandlungen. VII + 574 S., 5 Fig., 31 Taf. (10 Farbtaf.), 1890.
[Darin:]
Steinen, Karl von den: Allgemeines über die zoologische Thätigkeit und Beobachtungen über das Leben der Robben und Vögel auf Süd-Georgien. 194—279, 7 Taf.
Pfeffer, Georg: Die niedere Thierwelt des antarktischen Ufergebietes. 455—572.

Neumeister, H . . . A . . .
Mittheilungen über eine Borkenkäferkalamität in Sachsen und dabei gemachte Beobachtungen. Tharandt. forstl. Jb., **21**, 292—301, 1871.

Neumoegen, Berthold
geb. 19. 11. 1845 in Frankfurt, gest. 21. 1. 1895 in New York, Bankier und Makler. — Biogr.: Ent. News, **6**, 65—66, 1895 m. Porträt; Ent. Rec., **6**, 191, 1895; Leopoldina, **31**, 58, 1895; Zool. Anz., **18**, 92, 1895; (H. Osborn) Fragm. ent. Hist., 143—144, 1937; (H. B. Weiss) Journ. N. York ent. Soc., **51**, 29, 1943.
— Description of a new genus and species of Zygaenidae. Canad. Entomol., **12**, 67—69, 1880.
— On a new species of *Arctia* from Florida. Papilio, **1**, 9—10, 1881 a.
— A new species of *Arctia* from Colorado. Papilio, **1**, 28—29, 1881 b.
— A new species of *Antarctia* from Mount Hood, Oregon. Papilio, **1**, 79—80, 1881 c.
— Description of a remarkable new Geometrid. Papilio, **1**, 145—146, 1881 d.
— A little beauty from Northern Arizona. [*Sphinx* (*Hyloicus*) *Dollei*. n. sp.] Papilio, **1**, 149, 1881 e.
— A new *Hemileuca* from South-Eastern Arizona. Papilio, **1**, 172—174, 1881 f.
— Emergence of Species from the Pupa State. [Lep.] Papilio, **2**, 18, 1882 a.
— Description of a New *Hyperchiria* from Arizona. Papilio, **2**, 60—61, 1882 b.
— Some New Beauties from Various Parts of Arizona. Papilio, **2**, 133—135, 1882 c.
— On some new species of *Arctia*, and sundry variations. Papilio, **3**, 70—71, 1883 a.
— Description of interesting new species of Heterocera from all parts of our continent. Papilio, **3**, 137—144, 1883 b.
— The genus *Arctia* and its variations. Papilio, **3**, 148—151, 1883 c.
— New Heterocera from various parts of our continent. Papilio, **4**, 94—96, 1884.
— Descriptions of New Lepidoptera. Ent. Amer., **1**, 92—94, (1885—86) 1885.
— New beauties from near and far. [Lep.] Ent. Amer., **6**, 61—64, 1890 a.
— [Lepidoptera protected by a peculiar odor.] Ent. Amer., **6**, 116, 1890 b.
— [Lepidoptera protected by a peculiar odor.] Ent. Amer., **6**, 116, 1890 b.
— New species of Arctians. Ent. Amer., **6**, 173—174, 1890 c; A correction. Canad. Entomol., **23**, 136, 1891.
— New Rhopalocera and Heterocera. Canad. Entomol., **23**, 122—126, 1891 a.
— About *Pseudohazis* and its variations. Canad. Entomol., **23**, 145—146, 1891 b.
— Some new and beautiful Aegeriadae. Ent. News, **2**, 107—109, 1891 c.

— Some wonderful aberrations and varieties of well-known insects. Ent. News, **2**, 150—152, 1891 d.
— On the Genus *Anaea* Hb. (*Paphia* Westw.) of Our Country. Ent. News, **2**, 175—177, 1891 e.
— Some beautiful new Bombycids from the West and Northwest. Canad. Entomol., **24**, 225—228, 1892 a; A correction. **25**, 25, 1893.
— Description of a new cossid from Texas. Ent. News, **3**, 258—259, 1892 b.
— Some new additions to the genus *Clisiocampa*, Curt. Canad. Entomol., **25**, 4—5, 1893 a.
— Description of a new *Tolype*. Canad. Entomol., **25**, 6, 1893 b.
— Description of a peculiar new Liparid genus from Maine. Canad. Entomol., **25**, 213—215, 2 Fig., 1893 c.
— Description of a new *Sphinx* and some notes on *S. coloradus* Smith. Ent. News, **4**, 133—134, 1893 d.
— A new Lithosid genus. Journ. N. York ent. Soc., **1**, 35—36, 1 Fig., 1893 e.
— An new Pericopid and some new Zygaenidae from Cuba. Canad. Entomol., **26**, 334—335, 1894 a.
— Notes on a remarkable „interfaunal" Hybrid of *Smerinthus*. Ent. News, **5**, 326—327, 1894 b.
— Some Beautiful New Forms of N. American Aegeridae. Ent. News, **5**, 330—331, 1894 c.

Neumoegen, Berthold & **Dyar**, Harrison G . . .
Descriptions of certain new forms of Lepidoptera. Canad. Entomol., **25**, 121—126, 1893 a.
— Notes on Lithosiidae and Arctiidae with descriptions of new varieties. — I. Ent. News, **4**, 138—143; . . . — II. 213—216, 1893 b.
— On an undescribed form of *Gloveria*. Ent. News, **4**, 248, 1893 c.
— New species and varieties of Bombyces. Journ. N. York ent. Soc., **1**, 29—35, 1893 d.
— A preliminary revision of the Bombyces of America, North of Mexico. Journ. N. York ent. Soc., **1**, 97—118, 153—180, 1893 e; **2**, 1—30, 57—76, 109—132, 147—174, 1894; Correction of a Misidentification-*Attacus splendidus*. **3**, 191, 1895.
— A preliminary revision of the Lepidopterous family Notodontidae. Trans. Amer. ent. Soc., **21**, 179—208, 1 Fig., 1894.

Neuschild, Alexander siehe Neuschild, Wilhelm August Alexander

Neuschild, Wilhelm August Alexander
geb. 23. 3. 1876 in Berlin.
— Ein verkannter Kolibri. Insektenbörse, **16**, 304, 1899.
— Stephens Sammlung unter'm Hammer. Ent. Ztschr., **14**, 45, (1900—01) 1900.

Neustetter, Heinrich
geb. 1873?, gest. 13. 2. 1957 in Offenhausen. — Biogr.: Ent. Nachr. bl., **5**, Nr. 3, 4, 1958; Ztschr. Wien. ent. Ges., **69**, 64, 1958.
— Beitrag zur Macrolepidopteren-Fauna von Kärnthen. Jahresber. Wien. ent. Ver., **10** (1899), 29—59, 1900.

Neuville, H . . .
siehe Richard, Jules & Neuville, H . . . 1897.

Neveu-Lamaire, Maurice
geb. 1872.
— L'hématozoaire du paludisme. Pathologie. Etiologie. Prophylaxie. Caus. Soc. zool. France, **1900**, Nr. 1, 1—24, 11 Fig., Taf. I—II, 1900.

Neviani, Antonio
Sulla conservazione e caccia dei Lepidotteri. Riv. Ital. Sci. nat., **10**, Boll. 70—71, 1890.
— Riproduzione animale e vegetale. Riv. Ital. Sci. nat., **12**, 65—66, 86—88, 101—102, 105—109, 134—136, 137—141, 1892; **13**, 9—11, 22—25, 39—43, 57—60, 93—94, 107—111, 1893.

Neville, M . . .
Bombyx Mori. Midl. Natural., **5**, 189, 1882.

Neville, Wilson
Coleophora caespitiella. [Mit Angaben von Edward Newman.] Entomologist, **2**, 299, (1864—65) 1865.

Neville-Rolfe, E . . .
The Cultivation of the Olive in Italy. Agric. Gaz. N. S. Wales, **9** (1898), 1247—1252, (1899) 1898.

Nevins, John Birkbeck
gest. 1903.
— On Recent Locust Plagues in Cyprus and in North America. Proc. lit. phil. Soc. Liverpool, **40** (1885—86), 123—162+2 (unn.) S., Taf. I—V, 1886.

Nevinson, Basil George
geb. 2. 11. 1852 in Leicester, gest. 27. 12. 1909 in Chelsea, Rechtsanwalt. — Biogr.: (W. W. Fowler) Entomol. monthly Mag., **46**, 93—94, 1910.
— *Heliothis armigera* in Leicestershire. Entomologist, **20**, 138, 1887 a.
— *Plusia ni* in Hampshire. Entomologist, **20**, 138, 1887 b.
— On a hitherto undescribed species of the genus *Phanaeus*, Macleay. Entomol. monthly Mag., **25**, 179—180; *Phanaeus lugens*. 214, (1888—89) 1889 a.
— *Plusia ni* in Dorset. Entomol. monthly Mag., **25**, 184, (1888—89) 1889 b.
— On a new *Pimelia* brought by Mr. Joseph Thomson from Morocco. Entomol. monthly Mag., **25**, 255, (1888—89) 1889 c.
— Description of a new species of the genus *Phanaeus*, Macleay. Entomol. monthly Mag., (2) **1** (**26**), 315, 1890.
— On two undescribed species of the Genus *Phanaeus*, Macleay. Entomol. monthly Mag., (2) **2** (**27**), 208—209, 1891.
○ Revised synonymic list of species in the genus *Phanaeus*, Macleay. 8°, 10 S., London, 1892 a.
— Description of three new species of the genus *Phanaeus*, Macleay. Entomol. monthly Mag., (2) **3** (**28**), 33—35, 1892 b.
— (Series of *Heliothis peltigera*.) Trans. ent. Soc. London, **1895**, Proc. VIII, 1895.

Nevinson, Edward Bonney
geb. 3. 10. 1858 in Leicester, gest. 21. 2. 1928 in Morland (Surrey), Architekt. — Biogr.: (N. D. Riley) Entomologist, **61**, 168, 1928; (W. Gardner) Entomol. monthly Mag., **64** ((3) **14**), 117—118, 1928; Entomol. Rec., **40**, 80, 1928.
— *Plusia ni* in Dorset. Entomologist, **20**, 157, 1887.
— Captures in Westmoreland, 1891. [Lep.] Entomologist, **25**, 144, 1892 a.
— *Deilephila livornica*. Entomologist, **25**, 169, 1892 b.
— *Hydrilla palustris*, &c., at Wicken. Entomologist, **30**, 222, 1897.
— *Lycaena arion*. Entomologist, **32**, 71—72, 1899.
— Aculeate Hymenoptera in North Wales. Entomol. monthly Mag., (2) **11** (**36**), 62—63, 1900.

Newall, R . . . S . . .
Snails v. Glow-worms. Nature London, **20**, 197, 1879.

— Carnivorous Wasps. Nature London, **21** (1879—80), 494, 1880.

Newbery, F... A...
(Insects at Hampstead.) Entomol. Rec., **8**, 216, 1896.

Newbe(r)ry, Emanuel Augustus
geb. 27. 2. 1845 in Hoborn, gest. 12. 10. 1927 in London?, Registrar of Marriages in London. — Biogr.: Entomol. monthly Mag., **64** ((3) **14**), 15—16, 1928.
— *Bembidium iricolor*, Bedel. A species new to the british list. Brit. Natural., **3**, 222—224, 1893 a.
— On *Bembidium iricolor*, Bedel: a new British species. [Mit Angaben von W. W. F.] Entomol. monthly Mag., (2) **4** (**29**), 250—251, 1893 b.
— *Deleaster dichrous* near Chingford. Entomol. monthly Mag., (2) **6** (**31**), 142, 1895.
— *Dystiscus dimidiatus* near London. Entomol. monthly Mag., (2) **7** (**32**), 112; ...: a correction. 181, 1896 a.
— *Malthinus fasciatus*, Ol., and *balteatus*, Suff. Entomol. monthly Mag., (2) **7** (**32**), 179, 1896 b.
— *Cercyon bifenestratus*, Kust. (=*palustris*, Thoms.). — An addition to the British list. Entomol. Rec., **11**, 265—267, 1896 c.
— *Saprinus aeneus* F., and *immundus*, Gyll. [Mit Angaben von W. W. F.] Entomol. monthly Mag., (2) **8** (**33**), 17—18, 1897 a.
— *Hypera tigrina*, &c., at Dover. Entomol. monthly Mag., (2) **8** (**33**), 18, 1897 b.
— *Harpalus froelichi*, Sturm (*Tardus*, Pz.): An addition to the British List. [Mit Angaben von Claude Morley.] Entomol. monthly Mag., (2) **9** (**34**), 84—85, 1898 a.
— (*Anthicus scoticus*, Rye, and other Coleoptera in Comberland.) Entomol. Rec., **10**, 86—87, 1898 b.
— (*Deleaster dichrous*, Gr., associated with the water vole.) Entomol. Rec., **10**, 177, 1898 c.
— (*Harpalus picipennis*, Duft., near London.) Entomol. Rec., **10**, 177, 1898 d.
— *Harpalus latus*, L., var. *erythrocephalus*, F. Entomol. monthly Mag., (2) **10** (**35**), 159, 1899 a.
— Should *Leptidia brevipennis*, Muls, be included in the British List? Entomol. monthly Mag., (2) **10** (**35**), 292, 1899 b.
— Coleoptera. On the British Species of the Genus *Olibrus*, Er. Entomol. Rec., **11**, 135—137, 1899 c.
— (*Cis vestitus*, Mell. and *C. festivus*, Pz.) Entomol. Rec., **11**, 241, 1899 d.
— Coleoptera from Snowdon. Trans. City London ent. nat. Hist. Soc., **1898** (1897—98), 2, [1899] e.

Newberry, John Strong
○ Uneducated Reason in the Cicada. School Mines quart., **7**, 152, 1886.

Newberry, Minnie
Notes on the nesting of *Anthidium paroselae* Ckll. Psyche Cambr. Mass., **9**, 94, (1902) 1900.

Newberry, W...
„Do Insects feel Pain?" Sci. Gossip, (**6**) (1870), 255—257, 1 Fig., 1871.

Newberry, W... H...
Urticating Moths. Sci. Gossip, **16**, 94, 1880.

Newbigin, Marion J...
The pigments of animals. Part I. Nat. Sci., **8**, 94—100, 173—178, 1896.
○ Color in Nature, a Study in Biology. XII + 344 S., London, J. Murray, 1898.
[Ref.:] Amer. Natural., **34**, 760, 1900.
— The Colours and Pigments of Butterflies. Nat. Sci., **14**, 138—142, 1899.

Newcomb, Harry H...
(Henry G. White.) [Nekrolog.] Ent. News, **10**, 110, 1899.

Neweklowsky, Hans
○ Zum Schutze unserer Kulturen. Beiträge zur Kenntniß der Lebensweise der Lachmöve. Mitt. orn. Ver. Wien, Nr. 1, 1877?.
[Ref.:] M[üller], K[arl]: Die Lachmöve als Insektenvertilger. Natur Halle, (N. F.) **3** (**26**), 348, 1877.

Newenham, A...
Acherontia atropos at Beverley, 1896—7. Entomologist, **30**, 176—177, 1897.

Newill, Edward J...
Oberea oculata in Wicken Fen, Cambridgeshire. Entomol. monthly Mag., (2) **10** (**35**), 269, 1899.

Newland, C... Bingham
(*Drymonia chaonia* and *Procris statices* in Co. Cork.) Entomol. Rec., **8**, 114, 1896 a.
— (Ova attacked by Ichneumons.) Entomol. Rec., **8**, 183, 1896 b.
— (Captures at Mallow.) Entomol. Rec., **8**, 189—190, 1896 c.
— (*Melitaea aurinia* in Ireland.) Entomol. Rec., **9**, 183, 1897 a.
— (Pupa of *Trochilium apiforme* driven from its cocoon.) Entomol. Rec., **9**, 260, 1897 b.
— (Assembling of *Saturnia pavonia*.) Entomol. Rec., **9**, 260, 1897 c.
— (*Cleora lichenaria* two years in pupa.) Entomol. Rec., **9**, 260, 1897 d.
— (*Macroglossa bombyliformis* in co. Cork.) Entomol. Rec., **9**, 266, 1897 e.
— (Result of spring collecting and observations in co. Cork.) Entomol. Rec., **9**, 266, 1897 f.
— (Pupation of *Cossus ligniperda* in the ground.) Entomol. Rec., **9**, 266, 1897 g.
— (*Sphinx convolvuli* in co. Cork.) Entomol. Rec., **10**, 279—280, 1898 a.
— (The hybernating stage of *Dryas paphia*.) Entomol. Rec., **10**, 280, 1898 b.
— (Notes from Llanstephan, S. Wales, 1899.) Entomol. Rec., **12**, 24—25, 1900 a.
— (Lepidoptera in the Frensham district, 1899.) Entomol. Rec., **12**, 51—52, 1900 b.

Newlyn, George
Hornet's Nest. Sci. Gossip, (**4**) (1868), 21, 1869 a.
— Insects on Ferns. Sci. Gossip, (**4**) (1868), 237, 1869 b.

Newman,
(Interesting varieties of Lepidoptera.) Proc. S. London ent. Soc., **1899**, 110—111, [1900].

Newman, Charles
Description of the Larva of *Emmelesia unifasciata*. Entomologist, **4**, 348—350, (1868—69) 1869.

Newman, E... (Miss)
Management of Pupae. Entomologist, **4**, 102, (1868—69) 1868 a.
— Abundance of *Bombyx neustria*. Entomologist, **4**, 103—104, (1868—69) 1868 b.
— Cannibalism of the Larva of *Chelonia caja*. Entomologist, **4**, 104, (1868—69) 1868 c.
— Unusual Economy of *Xyleutes Cossus*. Entomologist, **4**, 121, (1868—69) 1868 d.
— *Pieris Brassicae* and *P. Rapae* settling on wet ground. Entomologist, **4**, 130, (1868—69) 1868 e.
[Siehe:] Stevens, Samuel: 119.

Newman, Edward
geb. 13. 5. 1801 in Hampstead, gest. 12. 6. 1876 in Peckham, Buchdrucker, Herausgeb. naturw. Ztschr. — Biogr.: Amer. Natural., **10**, 700, 1876; Entomol. monthly Mag., **13**, 45—46, 1876; (J. O. Westwood) Trans. ent. Soc. London, **1876**, Proc. XLII—XLIII, 1876; Ent. Nachr., **2**, 131, 1876; Petites Nouv. ent., **2**, (152), 55, 1876; Zoologist, (2) **11**, 4973, 1876; Entomologist, **9**, V—XXIV, 1876; Zoologist, (2) **11** (**34**), III—XII, 4973, 1876 m. Porträt; (F. Katter) Ent. Kal., **2**, 73, 1877.
— Description of the Larva of *Angerona prunaria*. Entomologist, **2**, 10—11, (1864—65) 1864 a.
— Description of the Larva of *Amphydasis prodromaria*. Entomologist, **2**, 11—12, (1864—65) 1864 b.
— Description of the Larva of *Anticlea rubidata*. Entomologist, **2**, 12—13, (1864—65) 1864 c.
— Description of the Larva of *Anticlea badiata*. Entomologist, **2**, 13, (1864—65) 1864 d.
— Description of the Larva of *Ephyra trilinearia*. Entomologist, **2**, 17—19, (1864—65) 1864 e.
— Description of the Larva of *Anticlea derivata*. Entomologist, **2**, 19, (1864—65) 1864 f.
— Description of the Larva of *Coremia unidentaria*. Entomologist, **2**, 19—21, (1864—65) 1864 g.
— Agamogenesis. Entomologist, **2**, 28, (1864—65) 1864 h; 254, (1864—65) 1865.
— Description of the Larva of *Larentia caesiata*. Entomologist, **2**, 32—33, (1864—65) 1864 i.
— Description of the Larva of *Cidaria ribesiaria*. Entomologist, **2**, 33—34, (1864—65) 1864 j.
— Description of the Larva of *Platypteryx unguicula*. Entomologist, **2**, 34—35, (1864—65) 1864 k.
— Description of the Larva of *Bryophila glandifera*. Entomologist, **2**, 35—38, (1864—65) 1864 l.
— Description of the Larva of *Acronycta Aceris*. Entomologist, **2**, 43—44, (1864—65) 1864 m.
— Description of the Larva of *Triphaena orbona*. Entomologist, **2**, 44, (1864—65) 1864 n.
— Description of the Larva of *Noctua rhombiodea*. Entomologist, **2**, 45, (1864—65) 1864 o.
— Description of the Larva of *Noctua xanthographa*. Entomologist, **2**, 45—46, (1864—65) 1864 p.
— Description of the Larva of *Anchoscelis pistacina*. Entomologist, **2**, 46—47, (1864—65) 1864 q.
— Descriptions of the Larva of *Scopelosoma satellitia*. Entomologist, **2**, 47—49, (1864—65) 1864 r.
— Descriptions of the Larva of *Cosmia trapezina*. Entomologist, **2**, 49—50, (1864—65) 1864 s.
— Description of the Larva of *Polia Chi*. Entomologist, **2**, 50—51, (1864—65) 1864 t.
— Description of the Larva of *Polia flavocincta*. Entomologist, **2**, 51—52, (1864—65) 1864 u.
— Description of the Larva of *Amphipyra pyramidea*. Entomologist, **2**, 52—53, (1864—65) 1864 v.
— Description of the Larva of *Mania maura*. Entomologist, **2**, 53, (1864—65) 1864 w.
— Description of the Larva of *Pieris Napi*. Entomologist, **2**, 61—62, (1864—65) 1864 x.
— How many times do the Larvae of *Smerinthus* change their Skins? Entomologist, **2**, 67—68, (1864—65) 1864 y.
— Description of the Larva of *Anthocharis Cardamines* (Orange-tip). Entomologist, **2**, 73—74, (1864—65) 1864 z.
— Description of the Larva of *Gonepteryx Rhamni* (Brimstone). Entomologist, **2**, 74—77, (1864—65) 1864 aa.
— Description of the Larva of *Argynnis Paphia* (Silverwash Fritillary). Entomologist, **2**, 77—79, (1864—65) 1864 ab.
— Description of the Larva of *Vanessa C-Album* (White C). Entomologist, **2**, 79—81, (1864—65) 1864 ac.
— Description of the Larva of *Satyrus Megaera* (Gatekeeper). Entomologist, **2**, 81—82, (1864—65) 1864 ad.
— Description of the Larva of *Satyrus Hyperanthus* (Ringlet). Entomologist, **2**, 82—83, (1864—65) 1864 ae.
— Description of the Larva of *Chortobius Davus* (Marsh Ringlet). Entomologist, **2**, 83—84, (1864—65) 1864 af.
— Age of the Larva of the Goat Moth. Entomologist, **2**, 86, (1864—65) 1864 ag.
— Description of the Larva of *Chortobius Pamphilus* (Small Heath). Entomologist, **2**, 89—90, (1864—65) 1864 ah.
— Description of the Larva of *Polyommatus Hippothoë* (Large Copper). Entomologist, **2**, 90, (1864—65) 1864 ai.
— Description of the Larva of *Phragmataecia Arundinis*. Entomologist, **2**, 90—92, (1864—65) 1864 aj.
— Description of the Larva of *Zeuzera Aesculi* (Wood Leopard). Entomologist, **2**, 92—94, (1864—65) 1864 ak.
— Hybernation of *Vanessa C-Album*. Entomologist, **2**, 98, (1864—65) 1864 al.
— Analytical Notice of the 'Transactions of the Entomological Society of new South Wales.' Vol. i. Entomologist, **2**, 105—111, 1 Fig., (1864—65) 1864 am.
— Description of the Larva of *Nemeobius Lucina* (Duke of Burgundy). Entomologist, **2**, 113—114, (1864—65) 1864 an.
— Description of the Larva of *Polyommatus Phlaeas* (Small Copper). Entomologist, **2**, 121—123, (1864—65) 1864 ao.
— Life-history of *Lithosia caniola*. Entomologist, **2**, 123—125, (1864—65) 1864 ap.
— Description of the Larva of *Corycia temerata*. Entomologist, **2**, 125, (1864—65) 1864 aq.
— Description of the Larva of *Aspilates citraria*. Entomologist, **2**, 125—126, (1864—65) 1864 ar.
— Psyche Neuropterous. Zoologist, **22**, 8975—8976, 1864 as.
— Cells of Bees: Hexahedral Forms very general in Natural Objects. Zoologist, **22**, 9055—9057, 1864 at.
— Life-history of *Bombyx Callunae*. Entomologist, **2**, 137—139, (1864—65) 1865 a.
— Life-history of *Bombyx Quercus* (Oak Eggar). Entomologist, **2**, 139—140, (1864—65) 1865 b.
— Differentiation of the two allied Species, *Bombyx Callunae* and *Bombyx Quercus*. Entomologist, **2**, 140—141, (1864—65) 1865 c.
— Description of the Larva of *Hybernia rupicapraria*. Entomologist, **2**, 141—142, (1864—65) 1865 d.
— Life-history of *Cidaria russata*. Entomologist, **2**, 153—154, (1864—65) 1865 e.
— Life-history of *Cidaria immanata*. Entomologist, **2**, 154—155, (1864—65) 1865 f.
— Differentiation of *Cidaria russata* and *C. immanata*. Entomologist, **2**, 155—156, (1864—65) 1865 g.
— Description of the Larva of *Acronycta strigosa*. Entomologist, **2**, 156—157, (1864—65) 1865 h.
— Crickets and Cockroaches. Entomologist, **2**, 161, (1864—65) 1865 i.
— Singular Geographical Race of *Hepialus Humuli*. Entomologist, **2**, 162, (1864—65) 1865 j.
— Description of the Larva of *Lobophora polycommata*. Entomologist, **2**, 201—202, (1864—65) 1865 k.

— Description of the Larva of *Hybernia leucophaearia.* Entomologist, **2**, 202—203, (1864—65) 1865 l.
— Hybernation of *Cidaria miata.* Entomologist, **2**, 208, (1864—65) 1865 m.
— Death of Mr. MacLeay. Entomologist, **2**, 211, (1864—65) 1865 n.
— Description of the Larva of *Chelonia villica.* Entomologist, **2**, 221, (1864—65) 1865 o.
— Description of the Larva of *Epione apiciaria.* Entomologist, **2**, 221—223, (1864—65) 1865 p.
— Description of the Larva of *Pseudopterpna cytisaria.* Entomologist, **2**, 223—224, (1864—65) 1865 q.
— Description of the Larva of *Nonagria pudorina.* Entomologist, **2**, 224, (1864—65) 1865 r.
— Description of the Larva of *Nonagria lutosa.* Entomologist, **2**, 224—225, (1864—65) 1865 s.
— Natural Situation of *Stylops* among Insects. Entomologist, **2**, 231—232, (1864—65) 1865 t.
— Hybernation of *Cidaria miata* in the Imago State. Entomologist, **2**, 233—234, (1864—65) 1865 u.
— Life-history of *Boarmia perfumaria.* Entomologist, **2**, 246—249, (1864—65) 1865 v.
— *Chortobius Typhon* and *C. Davus.* Entomologist, **2**, 254, (1864—65) 1865 w.
— Life-history of *Arge Galathea.* Entomologist, **2**, 263—264, (1864—65) 1865 x.
— Life-history of *Eriogaster lanestris.* Entomólogist, **2**, 264—265, (1864—65) 1865 y.
— Life-history of *Bombyx neustria.* Entomologist, **2**, 265—267, (1864—65) 1865 z.
— Life-history of *Acherontia Atropos* (Death's-head Hawkmoth). Entomologist, **2**, 280—285, (1864—65) 1865 aa.
— Life-history of *Biston hirtarius.* Entomologist, **2**, 285—286, (1864—65) 1865 ab.
— *Pachyta livida* at Birch Wood: its power of resisting laurel-poison. Entomologist, **2**, 290, (1864—65) 1865 ac.
— Life-history of *Bombyx Trifolii.* Entomologist, **2**, 291—292, (1864—65) 1865 ad.
— Life-history of *Melitaea Athalia.* Entomologist, **2**, 243—244, (1864—65) 1865 ae.
— Life-history of *Satyrus Janira.* Entomologist, **2**, 244—246, (1864—65) 1865 af.
— Life-history of *Taeniocampa miniosa.* Entomologist, **2**, 249—250, (1864—65) 1865 ag.
— *Colias Edusa* and *C. Hyale.* Entomologist, **2**, 293, (1864—65) 1865 ah.
— Extraordinary manner of Oviposition in *Iodis vernaria.* Entomologist, **2**, 314, (1864—65) 1865 ai.
— Description of the Larva of *Fidonia carbonaria.* Entomologist, **2**, 314—315, (1864—65) 1865 aj.
— The Celery-fly. [*Euleia onopordinis* Walk.] Entomologist, **2**, 318, (1864—65) 1865 ak.
— *Macroglossa Stellatarum* two winters in Pupa? Entomologist, **2**, 328, (1864—65) 1865 al.
— Life-History Scraps in re *Colias Edusa.* Entomologist, **2**, 340, (1864—65) 1865 am.
— Life-History of *Agrotis Segetum* (the Turnip Grub). Zoologist, **23**, 9545—9549, 1865 an.
— Life-History of *Chortobius Davus.* Zoologist, **23**, 9745—9746, 1865 ao.
— Life-History of *Pygaera bucephala* (buff tip). Zoologist, **23**, 9746—9747, 1865 ap.
— Life-History of *Hadena rectilinea.* Zoologist, **23**, 9747—9748, 1865 aq.
— Life-History of *Melitaea Artemis.* Zoologist, **23**, 9814—9816, 1865 ar.
— Life-Histories of British Insects. Zoologist, **23**, 9825—9828, 1865 as.
— [Ref.] siehe Wollaston, Thomas Vernon 1865.
— Description of the Larva of *Lycaena Alexis* (Common Blue). Entomologist, **3**, 15, (1866—67) 1866 a.
— Description of the Larva of *Lobophora viretata.* Entomologist, **3**, 15—16, (1866—67) 1866 b.
— Description of the Larva of *Tephrosia cervinaria.* Entomologist, **3**, 16—17, (1866—67) 1866 c.
— Description of the Larva of *Notodonta trepida.* Entomologist, **3**, 17—18, (1866—67) 1866 d.
— Description of the Larva of *Aplecta advena.* Entomologist, **3**, 18—19, (1866—67) 1866 e.
— Description of the Larva of *Rusina tenebrosa.* Entomologist, **3**, 19, (1866—67) 1866 f.
— Life-history of *Cucullia Chamomillae.* Entomologist, **3**, 19—20, (1866—67) 1866 g.
— Description of the Larva of *Heliothis marginata.* Entomologist, **3**, 20—21, (1866—67) 1866 h.
— Changes of Name, &c. Entomologist, **3**, 27, (1866—67) 1866 i.
— The Locust of the Newspaper Press. Entomologist, **3**, 29, (1866—67) 1866 j.
— Description of the Larva of *Sphinx Ligustri.* Entomologist, **3**, 34—35, (1866—67) 1866 k.
— Life-history of *Trichiura Crataegi.* Entomologist, **3**, 48—49, (1866—67) 1866 l.
— Description of the Larva of *Cucullia umbratica.* Entomologist, **3**, 49—50, (1866—67) 1866 m.
— *Psocus* bred from *Atropos pulsatorius.* Entomologist, **3**, 66—67, (1866—67) 1866 n.
— Larvae producing Fungi. Entomologist, **3**, 74—76, 1 Fig., (1866—67) 1866 o.
— Description of the Larva of *Chelonia Plantaginis.* Entomologist, **3**, 80—81, (1866—67) 1866 p.
— Description of the Larva of *Pericallia syringaria.* Entomologist, **3**, 81—82, (1866—67) 1866 q.
— Description of the Larva of *Camptogramma bilineata.* Entomologist, **3**, 82—83, (1866—67) 1866 r.
— Description of the Larva of *Thera obeliscata.* Entomologist, **3**, 83, (1866—67) 1866 s.
— Leaf-miner of the Violet. Entomologist, **3**, 88, (1866—67) 1866 t.
— Description of the Larva of *Smerinthus ocellatus.* Entomologist, **3**, 91—92, (1866—67) 1866 u.
— Life-history of *Poecilocampa Populi.* Entomologist, **3**, 92—93, (1866—67) 1866 v.
— Description of the Larva of *Bombyx Rubi* (Fox Moth). Entomologist, **3**, 93—94, (1866—67) 1866 w.
— Description of the Larva of *Metrocampa margaritata.* Entomologist, **3**, 94—95, (1866—67) 1866 x.
— Description of the Larva of *Hemithea thymiaria.* Entomologist, **3**, 95—96, (1866—67) 1866 y.
— Description of the Larva of *Acidalia remutata.* Entomologist, **3**, 96, (1866—67) 1866 z.
— Life-history of *Ypsipetes elutaria.* Entomologist, **3**, 96—97, (1866—67) 1866 aa.
— Description of the Larva of *Dicranura furcula.* Entomologist, **3**, 97—98, (1866—67) 1866 ab.
— Description of the Larva of *Dicranura bifida.* Entomologist, **3**, 98—99, (1866—67) 1866 ac.
— Description of the Larva of *Leucania Comma.* Entomologist, **3**, 99—100, (1866—67) 1866 ad.
— Description of the Larva of *Mamestra albicolon.* Entomologist, **3**, 100—101, (1866—67) 1866 ae.
— Description of the Larva of *Amphipyra Tragopogonis.* Entomologist, **3**, 101—102, (1866—67) 1866 af.

— Description of the Larva of *Catocala sponsa.* Entomologist, **3**, 102—103, (1866—67) 1866 ag.
— Description of the Larva of *Acidalia contiguaria.* Entomologist, **3**, 112—113, (1866—67) 1866 ah.
— Description of the Larva of *Larentia multistrigata.* Entomologist, **3**, 113, (1866—67) 1866 ai.
— Description of the Larva of *Scotosia certata.* Entomologist, **3**, 113—114, (1866—67) 1866 aj.
— Description of the Larva of *Dianthoecia caesia.* Entomologist, **3**, 114—115, (1866—67) 1866 ak.
— Answers to Correspondents. [Antworten auf Fragen betr. Biologie, Zucht, Morphologie u. a. der Insekten.] Entomologist, **3**, 116—118, (1866—67) 1866 al; **7**, 210—214, 234—236, 1874; **8**, 43—45, 1875; **9**, 20—22, 71—72, 91—94, 134—144, 160—162, 184—186, 210—213, 262—263, 1876.
— Life-history of *Choerocampa Elpenor.* Entomologist, **3**, 127—128, (1866—67) 1866 am.
— *Eupithecia constrictata* in Ireland. Entomologist, **3**, 131, (1866—67) 1866 an.
— *Lithosia caniola.* Entomologist, **3**, 131, (1866—67) 1866 ao.
— Life-history of *Arctia fuliginosa.* Entomologist, **3**, 140—141, (1866—67) 1866 ap.
— Life-history of *Scoria dealbata.* Entomologist, **3**, 141—143, (1866—67) 1866 aq.
— Life-history of *Coremia ferrugata.* Entomologist, **3**, 143—145, (1866—67) 1866 ar.
— Life-history of *Cidaria sagittata.* Entomologist, **3**, 145—146, (1866—67) 1866 as.
— Life-history of *Cymatophora ridens.* Entomologist, **3**, 146—148, (1866—67) 1866 at.
— Description of the Larva of *Acidalia fumata.* Entomologist, **3**, 161—162, (1866—67) 1866 au.
— Life-history and Characters of *Aplasta ononaria.* Entomologist, **3**, 162—163, (1866—67) 1866 av.
— Egg Parasite of *Orgyia antiqua,* &c. Entomologist, **3**, 165—166, (1866—67) 1866 aw.
— A Chapter on Galls. Entomologist, **3**, 169—173, (1866—67) 1866 ax.
— Life-history of *Orgyia pudibunda.* Entomologist, **3**, 177—179, (1866—67) 1866 ay.
— *Ellopia fasciaria* and *E. prasinaria.* Entomologist, **3**, 179—181, (1866—67) 1866 az.
— Life-history of *Noctua conflua.* Entomologist, **3**, 181—182, (1866—67) 1866 ba.
— Description of the Larva of *Hecatera dysodea.* Entomologist, **3**, 182—183, (1866—67) 1866 bb.
— Description of the Larva of *Hecatera serena.* Entomologist, **3**, 183—184, (1866—67) 1866 bc.
— Life-history of *Botys terrealis.* Entomologist, **3**, 184—185, (1866—67) 1866 bd.
— Life-history of *Plutella porrectella.* Entomologist, **3**, 185, (1866—67) 1866 be.
— *Ennomos Alniaria* bred. Entomologist, **3**, 190, (1866—67) 1866 bf.
— Death of Mr. Stone. Entomologist, **3**, Nr. 32, Advertisements [unn.], (1866—67) 1866 bg.
— Death of Mr. Richard Beck. Entomologist, **3**, Nr. 34, Advertisements [unn.], (1866—67) 1866 bh.
— (Larvae of *Hepialus lupulinus* with fungoid excrescenses.) Trans. ent. Soc. London, (3) **5**, Proc. IX, (1865—67) 1866 bi.
— Description of the Larva of *Caradrina blanda.* Zoologist, (2) **1** (**24**), 7, 1866 bj.
— Descriptions of Lepidopterous Larvae. Zoologist, (2) **1** (**24**), 350—352, 1866 bk.
— Description of the Larva of *Hadena thalassina.* Entomologist, **3**, 101, (1866—67) 1867 a.
— *Phycis adornatella,* &c. Entomologist, **3**, 203, (1866—67) 1867 b.
— Reported occurrence of *Xylina Zinckenii* at New Cross. Entomologist, **3**, 203—204, (1866—67) 1867 c.
— Life-history of *Satyrus Aegeria.* Entomologist, **3**, 217—218, (1866—67) 1867 d.
— Life-history of *Satyrus Tithonus.* Entomologist, **3**, 218—220, (1866—67) 1867 e.
— Life-history of *Lycaena boetica.* Entomologist, **3**, 220—221, (1866—67) 1867 f.
— Description of the Larva of *Phibalapteryx vitalbata.* Entomologist, **3**, 222, (1866—67) 1867 g.
— Description of the Larva of *Epunda viminalis.* Entomologist, **3**, 222—223, (1866—67) 1867 h.
— Description of the Larva of *Herminia grisealis.* Entomologist, **3**, 223—224, (1866—67) 1867 i.
— Description of the Larva of *Pionea margaritalis.* Entomologist, **3**, 224—225, (1866—67) 1867 j.
— *Acidalia mancuniata* and *A. veterata.* Entomologist, **3**, 227, (1866—67) 1867 k.
— *Xylina Zinckenii* near Guildford. Entomologist, **3**, 227, (1866—67) 1867 l.
— *Formica herculanea* a British Insect. Entomologist, **3**, 244, (1866—67) 1867 m.
— *Elaphidion deflendum.* Entomologist, **3**, 244, (1866—67) 1867 n.
— Description of the Larva of *Emmelesia decolorata.* Entomologist, **3**, 325—326, (1866—67) 1867 o.
— Description of the Larva of *Noctua brunnea.* Entomologist, **3**, 326, (1866—67) 1867 p.
— Description of the Larva of *Noctua triangulum.* Entomologist, 3, 326, (1866—67) 1867 q.
— Description of the Larva of *Noctua festiva.* Entomologist, **3**, 326—327, (1866—67) 1867 r.
— *Glaea erythrocephala* near Canterbury. Entomologist, **3**, 228, (1866—67) 1867 s.
— *Naclia Ancilla* a British Insect. Entomologist, **3**, 238—239, (1866—67) 1867 t.
— Leaf-miner in the Cinerarias. Entomologist, **3**, 272, (1866—67) 1867 u.
— What is the Natural Food of Fleas, &c.? Entomologist, **3**, 317, (1866—67) 1867 v.
— Are two Species confused under the name of *Cerura vinula*? Entomologist, **3**, 328, (1866—67) 1867 w.
— Description of the Larva of *Colias Edusa.* Entomologist, **3**, 339, (1866—67) 1867 x.
— Description of the Larva of *Selenia tiliaria.* Entomologist, **3**, 339—340, (1866—67) 1867 y.
— Description of the Larva of *Boarmia rhomboidaria.* Entomologist, **3**, 340—341, (1866—67) 1867 z.
— Description of the Larva of *Fidonia atomaria.* Entomologist, **3**, 341—342, (1866—67) 1867 aa.
— Description of the Larva of *Yanthia gilvago.* Entomologist, **3**, 342, (1866—67) 1867 ab.
— A *Proctrotrupes* Parasitic on a Myriapod. Entomologist, **3**, 342—344, (1866—67) 1867 ac.
— *Lithosia complana* in Ireland. Entomologist, **3**, 346, (1866—67) 1867 ad.
— *Dianthoecia Barrettii* in Ireland. Entomologist, **3**, 349, (1866—67) 1867 ae.
— *Chrysoclista Linneella* in September. Entomologist, **3**, 352, (1866—67) 1867 af.
— *Sesia myopaeformis.* Entomologist, **3**, 354, (1866—67) 1867 ag.
— Description of the Larva of *Ephyra porata.* Entomologist, **3**, 355, (1866—67) 1867 ah.

— Description of the Larva of *Pachycnemia hippocastanaria.* Entomologist, **3**, 355—356, (1866—67) 1867 ai.
— Description of the Larva of *Melanthia ocellata.* Entomologist, **3**, 356—357, (1866—67) 1867 aj.
— Description of the Larva of *Pelurga comitata.* Entomologist, **3**, 357—358, (1866—67) 1867 ak.
— Description of the Larva of *Noctua plecta.* Entomologist, **3**, 359—360, (1866—67) 1867 al.
— Description of a Caterpillar, brought me by Mr. H. J. Harding, feeding on *Hyoscyamus niger*, on October 10th, 1867. Entomologist, **3**, 361, (1866—67) 1867 am.
— Death of Mr. Benjamin Standish. Entomologist, **3**, Nr. 36, Advertisements [unn.], (1866—67) 1867 an.
— Death of Sir William Milner. Entomologist, **3**, Nr. 39, Advertisements [unn.], (1866—67) 1867 ao.
— Death of the Rev. William Little. Entomologist, **3**, Nr. 39, Advertisements [unn.], (1866—67) 1867 ap.
— Death of the Rev. Hamlet Clark. Entomologist, **3**, Nr. 43, I—II, (1866—67) 1867 aq.
— [*Naclia ancilla* a British insect.] Trans. ent. Soc. London, (3) **5**, Proc. LXXVI, (1865—67) 1867 ar.
— (Nest of *Osmia bicornis* in the lock of a door.) Trans. ent. Soc. London, (3) **5**, Proc. LXXVI, (1865—67) 1867 as.
— Letters on Variation in Lepidoptera. Zoologist, (2) **2** (**25**), 721—727, 841—848, 1867 at; (2) **3** (**26**), 1036—1048, 1868.
— Death of the Rev. Hamlet Clark. Zoologist, (2) **2** (**25**), 840, 1867 au.
— [Ref.] siehe Wollaston, Thomas Vernon 1867.
— Death of Mr. Wilson Armistead. Entomologist, **4**, Nr. 51, I, (1868—69) 1868 a.
— Description of the Larva of *Anarta Myrtilli.* Entomologist, **4**, 21—22, (1868—69) 1868 b.
— *Bombyx Yama-Mai.* Entomologist, **4**, 27—28, (1868—69) 1868 c.
— Plague of Moths. [Nach: W. B. Clarke, Sydney Morning Herald, 1868.] Entomologist, **4**, 48, (1868—69) 1868 d.
— Life-history of *Acidalia bisetata.* Entomologist, **4**, 73—74, (1868—69) 1868 e.
— Life-history of *Eubolia palumbaria.* Entomologist, **4**, 74—75, (1868—69) 1868 f.
— Description of the Larva of *Hadena adusta.* Entomologist, **4**, 75—76, (1868—69) 1868 g.
— Description of the Larva of *Triphaena interjecta.* Entomologist, **4**, 91—92, (1868—69) 1868 h.
— Description of the Larva of *Timandra amataria.* Entomologist, **4**, 95—96, (1868—69) 1868 i.
— *Dianthoecia Barrettii.* Entomologist, **4**, 97, (1868—69) 1868 j.
— Eggs of *Scoria dealbata.* Entomologist, **4**, 100, (1868—69) 1868 k.
— Galls on *Salix herbacea.* Entomologist, **4**, 101, (1868—69) 1868 l.
— Death of Mr. John Chant. Entomologist, **4**, 106—107, (1868—69) 1868 m.
— Death of Mr. Thomas Desvignes. Entomologist, **4**, 108, (1868—69) 1868 n.
— *Pieris Rapae* at the approach of night. Entomologist, **4**, 120, (1868—69) 1868 o.
— Mortality among Larvae. Entomologist, **4**, 120, (1868—69) 1868 p.
— Life-history of *Scotosia vetulata.* Entomologist, **4**, 123—124, (1868—69) 1868 q.
— Life-history of *Ennomos fuscantaria.* Entomologist, **4**, 137—138, (1868—69) 1868 r.
— *Pieris Rapae* in abundance. Entomologist, **4**, 144, (1868—69) 1868 s.
— *Pieris Daplidice* at Margate. Entomologist, **4**, 144, (1868—69) 1868 t.
— *Argynnis Lathonia* at Croydon. Entomologist, **4**, 146, (1868—69) 1868 u.
— *Argynnis Lathonia* at Canterbury. Entomologist, **4**, 146, (1868—69) 1868 v.
— *Argynnis Lathonia* at Stowmarket. [Nach: Norwich Mercury.] Entomologist, **4**, 146, (1868—69) 1868 w.
— *Colias Hyale* at Gravesend. Entomologist, **4**, 146, (1868—69) 1868 x.
— *Argynnis Lathonia* near Margate. Entomologist, **4**, 147, (1868—69) 1868 y.
— *Catocala Fraxini* at Brighton. Entomologist, **4**, 155, (1868—69) 1868 z.
— *Catocala Fraxini* at Eastbourne. Entomologist, **4**, 155, (1868—69) 1868 aa.
— Life-history of *Taeniocampa rubricosa.* Entomologist, **4**, 157—158, (1868—69) 1868 ab.
— Description of the Larva of *Cerastis Vaccinii.* Entomologist, **4**, 158, (1868—69) 1868 ac.
— Description of the Larva of *Odontia dentalis.* Entomologist, **4**, 158—159, (1868—69) 1868 ad.
— The Life-history of *Dysthymia luctuosa.* Entomologist, **4**, 174—176, (1868—69) 1868 af.
— siehe [Ref.] Fust, Herbert Jenner 1868.
— An illustrated natural history of British Moths. With life-zize figures from nature of each species and of the more striking varieties; also full descriptions of both the perfect insect and the caterpillar, together with dates of appearance, and localities where found. 8°, VIII+486 S., 722+7 Fig., London, W. Tweedie, 1869 a.
— Death of Mr. Cooper. Entomologist, **4**, I—II, (1868—69) 1869 b.
— Contributions toward a Life-history of the Pear-fly (*Ceratitis citriperda*). Entomologist, **4**, 183—188, 1 Fig., (1868—69) 1869 c.
— Life-history of *Bombyx castrensis.* Entomologist, **4**, 189—190, (1868—69) 1869 d.
— Description of the Larva of *Acidalia emutaria.* Entomologist, **4**, 190—191, (1868—69) 1869 e.
— Life-history of *Leucania impura.* Entomologist, **4**, 191—194, (1868—69) 1869 f.
— Description of the Larva of *Pempelia formosella.* Entomologist, **4**, 194, (1868—69) 1869 g.
— *Tabanus sudeticus*, a new British Dipteron of the Family Tabanidae. Entomologist, **4**, 214—215, (1868—69) 1869 h.
— *Hoemalopota longicornis*, a new British Dipteron of the Family Tabanidae. Entomologist, **4**, 215, (1868—69) 1869 i.
— *Anthrax bifasciata*, a new British Dipteron of the Family Anthracidae. Entomologist, **4**, 215, (1868—69) 1869 j.
— *Anthrax Pandora*, a new British Dipteron of the Family Anthracidae. Entomologist, **4**, 215, (1868—69) 1869 k.
— *Anthrax semiatra*, a new British Dipteron of the Family Anthracidae. Entomologist, **4**, 215, (1868—69) 1869 l.
— *Camponiscus Healaei*, a new British Hymenopteron of the Family Tenthredinidae. Entomologist, **4**, 215—217, (1868—69) 1869 m.
— *Allanthus viduus*, a new British Hymenopteron of the

Family Tenthredinidae. Entomologist, **4**, 217, (1868—69) 1869 n.
— *Allantus Schaefferi*, a new British Hymenopteron of the Family Tenthredinidae. Entomologist, **4**, 217, (1868—69) 1869 o.
— *Platystoma Umbrarum*, a new British Dipteron of the Family Muscidae. Entomologist, **4**, 217, (1868—69) 1869 p.
— *Coccus Beckii*, a new British Hemipteron of the Family Coccidae. Entomologist, **4**, 217—218, (1868—69) 1869 q.
— Description of the Larva of *Eubolia lineolata*. Entomologist, **4**, 227, (1868—69) 1869 r.
— Description of the Larva of *Hadena glauca*. Entomologist, **4**, 227—228, (1868—69) 1869 s.
— Life-history of *Rhodaria sanguinalis*. Entomologist, **4**, 228—229, (1868—69) 1869 t.
— Life-history of *Argynnis Euphrosyne*. Entomologist, **4**, 251—253, (1868—69) 1869 u.
— Death of Mr. Walcott. Entomologist, **4**, 294, (1868—69) 1869 v.
— Scarcity of White Butterflies. Entomologist, **4**, 300, (1868—69) 1869 w.
— Scent of *Nematus Saliceti*. Entomologist, **4**, 304, (1868—69) 1869 x.
— Fireflies in Kent. [Nach: Times, 16. Juli.] Entomologist, **4**, 304, (1868—69) 1869 y.
— Description of the Larva of *Lobophora hexapterata*. Entomologist, **4**, 310, (1868—69) 1869 z.
— *Phylloxera coccinea*, an Insect infesting the Oak. [Mit Angaben von Walker.] Entomologist, **4**, 316, (1868—69) 1869 aa.
— *Crymodes exulis* in Scotland. Entomologist, **4**, 316, (1868—69) 1869 ab.
— Description of the Larva of *Acronycta Myricae*. Entomologist, **4**, 317, (1868—69) 1869 ac.
— Description of the Larva of *Acronycta Menyanthidis*. Entomologist, **4**, 317—318, (1868—69) 1869 ad.
— Larvae of *Acronycta Myricae* and *A. Menyanthidis*. Entomologist, **4**, 318, (1868—69) 1869 ae.
— Concerning phytophagous Hymenoptera whose Larvae are concealed. Entomologist, **4**, 318—321, (1868—69) 1869 af.
— Pine-shoots destroyed by *Hylurgus*. Entomologist, **4**, 326—327, (1868—69) 1869 ag.
— Life-history of the Goath-moth. Entomologist, **4**, 333—347, 3 Fig., (1868—69) 1869 ah.
— *Margarodes unionalis* at Gravesend. Entomologist, **4**, 352, (1868—69) 1869 ai.
— *Lythria purpuraria* in Essex. Entomologist, **4**, 352, (1868—69) 1869 aj.
— Death of Dr. Maclean. Entomologist, **4**, 357— 358, (1868—69) 1869 ak.
— *Anesychia echiella*. Entomologist, **4**, 353, (1868—69) 1869 al.
— How the Scorpion feeds. Entomologist, **5**, 20, (1870—71) 1870 a.
— *Mecyna polygonalis* at Bury. Entomologist, **5**, 32, (1870—71) 1870 b.
— Concerning the Classification of Butterflies. Entomologist, **5**, 33—42, (1870—71) 1870 c.
— *Petasia nubeculosa* in Scotland. Entomologist, **5**, 114, (1870—71) 1870 d.
— Life-history of *Aporia Crataegi*. Entomologist, **5**, 135—136, (1870—71) 1870 e.
— Description of a Larva of *Erebia Medea*. Entomologist, **5**, 136—137, (1870—71) 1870 f.
— Description of the Larva of *Thecla Betulae*. Entomologist, **5**, 137—138, (1870—71) 1870 g.
— Description of the Larva of *Lycaena Corydon*. Entomologist, **5**, 138—139, (1870—71) 1870 h.
— Description of the Egg of *Lycaena Arion*. Entomologist, **5**, 140, (1870—71) 1870 i.
— Description of the Larva of *Taeniocampa leucographa*. Entomologist, **5**, 141—142, (1870—71) 1870 j.
— Sawfly Larva feeding within the Stem of a Fern. Entomologist, **5**, 148—149, (1870—71) 1870 k.
— Death of M. Lacordaire. Entomologist, **5**, 150, (1870—71) 1870 l.
— Death of Mr. Haliday. Entomologist, **5**, 150, (1870—71) 1870 m.
— Life-history of *Vanessa Polychloros*. Entomologist, **5**, 158—160, (1870—71) 1870 n.
— Description of the Larva of *Eupithecia consignata*. Entomologist, **5**, 160—161, (1870—71) 1870 o.
— Description of the Larva of *Xylina semibrunnea*. Entomologist, **5**, 161—162, (1870—71) 1870 p.
— The Tea Maggot. Entomologist, **5**, 162—163, 1 Fig., (1870—71) 1870 q.
— *Pieris Daplidice* at Brighton. Entomologist, **5**, 163—164, (1870—71) 1870 r.
— Death of Mr. T. H. Allis. Entomologist, **5**, 174, (1870—71) 1870 s.
— Description of the Larva of *Lythria purpuraria*. Entomologist, **5**, 175—176, (1870—71) 1870 t.
— Description of the Larva of *Acidalia rusticata*. Entomologist, **5**, 176—177, (1870—71) 1870 u.
— Description of the Larva of *Deilephila Galii*. Entomologist, **5**, 191—192, (1870—71) 1870 v.
— Contribution towards a Life-History of *Polia nigrocincta*. Entomologist, **5**, 192—194, (1870—71) 1870 w.
— Description of the Larva of *Cucullia Verbasci*. Entomologist, **5**, 194—196, (1870—71) 1870 x.
— Description of the Larva of *Ennomos tiliaria*. Entomologist, **5**, 196, (1870—71) 1870 y.
— Return of Mr. Eedle from Scotland. [Lep.] Entomologist, **5**, 198—199, (1870—71) 1870 z.
— Description of the Larva of *Vanessa Antiopa*. Entomologist, **5**, 211—212, (1870—71) 1870 aa.
— Locust near Halifax. Entomologist, **5**, 58, (1870—71) 1870 ab.
— in Mayr, Gustav L . . . 1870.
— siehe Healy, Charles & Newman, Edward 1870.
— An illustrated natural history of british butterflies. 8°, XVI+1 (unn.) +175 S., 66+13 Fig., London, W. H. Allen & Co., [1870—71.] — Neue Aufl. London, Robert Hardwicke, 1874.
— Description of the Larva of *Tryphaena Curtisii*. Entomologist, **5**, 223—225, (1870—71) 1871 a.
— „*Ephyra strabonaria* of Zeller". Entomologist, **5**, 225—226, (1870—71) 1871 b.
— *Sirex Juvencus*. Entomologist, **5**, 287—288, (1870—71) 1871 c.
— Bee of the Egyptian monuments. Entomologist, **5**, 288, (1870—71) 1871 d.
— Larva in Elm wood (*Zeuzera Aesculi*). Entomologist, **5**, 288—289, (1870—71) 1871 e.
— *Nyssia lapponica* in Scotland. Entomologist, **5**, 290, 311, (1870—71) 1871 f.
— Insects infesting the Sheep. [Dipt.] Entomologist, **5**, 306—309, 1 Fig., (1870—71) 1871 g.
— *Haltica fuscicornia* an enemy of seedling Saintfoin and other Leguminosae. Entomologist, **5**, 309—310, (1870—71) 1871 h.

— *Tipula oleracea.* Entomologist, **5**, 312, (1870—71) 1871 i.
— Shower of Insects at Bath. Entomologist, **5**, 312—314, (1870—71) 1871 j.
— *Otiorhynchus sulcatus* and Peach Trees. Entomologist, **5**, 314, (1870—71) 1871 k.
— Bees deluded by the Colour of Spiders. Entomologist, **5**, 315—316, (1870—71) 1871 l.
— The Scale-insect or Mealy-bug. Entomologist, **5**, 327—331, 1 Fig., (1870—71) 1871 m.
— Description of the Larva of the Beautiful Hooktip. — [*Laspeyria flexula* Schiff.] Entomologist, **5**, 334—336, (1870—71) 1871 n.
— Contributions towards the Life-history of *Lycaena Argiolus.* Entomologist, **5**, 337—339, (1870—71) 1871 o.
— Beetle destroying Ten-weeks' Stock. Entomologist, **5**, 352, (1870—71) 1871 p.
— Collecting in the Holy Land. Entomologist, **5**, 353, (1870—71) 1871 q.
— Migration of Aphidea. Entomologist, **5**, 354—355, (1870—71) 1871 r.
— *Colias Europome.* Entomologist, **5**, 355, (1870—71) 1871 s.
— Worms infesting the Larvae of *Liparis chrysorrhoea.* Entomologist, **5**, 356, (1870—71) 1871 t.
— Agamogenesis in *Sphinx Ligustri.* Entomologist, **5**, 356—357, (1870—71) 1871 u.
— Egg Parasite. Entomologist, **5**, 357—358, (1870—71) 1871 v.
— Life-history of *Acidalia prataria.* Entomologist, **5**, 358—360, (1870—71) 1871 w.
— Ship-timber Beetle (*Lymexylon novale*). Entomologist, **5**, 367—370, 1 Fig., (1870—71) 1871 x.
— To set Hymenoptera. Entomologist, **5**, 370—371, (1870—71) 1871 y.
— Small Specimes of *Vanessa Urticae.* Entomologist, **5**, 371, (1870—71) 1871 z.
— Cocoon of a *Curculio.* Entomologist, **5**, 372, (1870—71) 1871 aa.
— Mould on Insects. Entomologist, **5**, 373, (1870—71) 1871 ab.
— The Strychnia and Camphor Crotchets. Entomologist, **5**, 276, (1870—71) 1871 ac.
— Life-history of *Lithostege griseata.* Entomologist, **5**, 379—382, (1870—71) 1871 ad.
— Life-history of *Aleucis pictaria.* Entomologist, **5**, 382—383, (1870—71) 1871 ae.
— Description of the Larva of *Nemoria viridata.* Entomologist, **5**, 383—385, (1870—71) 1871 af.
— The Blind Inhabitants of Figs. Entomologist, **5**, 399—403, 3 Fig., (1870—71) 1871 ag.
— Black-varnished Pins. Entomologist, **5**, 403, (1870—71) 1871 ah.
— *Borbopora Kraatzii.* Entomologist, **5**, 404, (1870—71) 1871 ai.
— Entomology in Syria. Entomologist, **5**, 404, (1870—71) 1871 aj.
— *Anthicus bimaculatus.* Entomologist, **5**, 405, (1870—71) 1871 ak.
— *Limexylon navale.* Entomologist, **5**, 405—406, (1870—71) 1871 al.
— Tenacity of Life. Entomologist, **5**, 406—407, (1870—71) 1871 am.
— Moths and "Sugar." Entomologist, **5**, 407, (1870—71) 1871 an.
— *Pieris Daplidice* at Brighton. Entomologist, **5**, 411, (1870—71) 1871 ao.
— *Deiopeia pulchella* at Brighton. Entomologist, **5**, 413, (1870—71) 1871 ap.
— Variety of *Vanessa Antiopa.* Entomologist, **5**, 423, 1 Fig., (1870—71) 1871 aq.
— *Liparis dispar* in Essex. Entomologist, **5**, 423—424, (1870—71) 1871 ar.
— Larva of *Phibalapteryx aquata.* Entomologist, **5**, 426, (1870—71) 1871 as.
— Caterpillar of Goat Moth. Entomologist, **5**, 426—427, (1870—71) 1871 at.
— Slug Larva of the Pear. Entomologist, **5**, 427, (1870—71) 1871 au.
— *Chelifer cancroides.* Entomologist, **5**, 428, (1870—71) 1871 av.
— Larva of *Odontopera bidentata.* Entomologist, **5**, 430, (1870—71) 1871 aw.
— Variety of (*Argynnis*)*Aglaia.* Entomologist, **5**, 447—448, 2 Fig., (1870—71) 1871 ax.
— Description of *Phycis Davisellus.* Entomologist, **5**, 449, (1870—71) 1871 ay.
— Death of Mr. Lock. Entomologist, **5**, 462, (1870—71) 1871 az.
— *Argynnis paphia* variety. Entomologist, **6**, 1—2, 2 Fig., (1872—73) 1872 a.
— Scales in Diptera. Entomologist, **6**, 10—12, 8 Fig., (1872—73) 1872 b.
— *Zygaena Vanadis* or *Zygaena exulans* var. *Vanadis*, a British Insect. Entomologist, **6**, 22—25, (1872—73) 1872 c.
— Description of the Larva of *Cerigo Cytherea.* Entomologist, **6**, 28—29, (1872—73) 1872 d.
— Death of Herr Heinemann. Entomologist, **6**, 32, (1872—73) 1872 e.
— The Striped Tiger Moth (*Callimorpha hera*). Entomologist, **6**, 33—36, (1872—73) 1872 f.
— Insect Perforating Lead. Entomologist, **6**, 38, (1872 73) 1872 g.
— Death of M. Victor von Motchulsky. Entomologist, **6**, 56, (1872—73) 1872 h.
— Death of Mr. Dale. Entomologist, **6**, 56, (1872—73) 1872 i.
— Variety of *Melanagria Galathea.* Entomologist, **6**, 57—58, 1 Fig., (1872—73) 1872 j.
— *Pieris rapae* in February. Entomologist, **6**, 63, (1872—73) 1872 k.
— Variety of *Choerocampa Elpenor.* Entomologist, **6**, 81, 1 Fig., (1872—73) 1872 l.
— Is *Lithosia rubricollis* double-brooded? Entomologist, **6**, 81—82, (1872—73) 1872 m.
— Death of Mr. Horne. Entomologist, **6**, 104, (1872—73) 1872 n.
— Variety of *Vanessa Io.* Entomologist, **6**, 105, 1 Fig., (1872—73) 1872 o.
— *Halophila prasinana* and *bicolorana*: Newman's British Butterflies. Entomologist, **6**, 106—107, (1872—73) 1872 p.
— Ravages of the Winter Moth. Entomologist, **6**, 108—109, (1872—73) 1872 q.
— Weevil on Rose-trees. Entomologist, **6**, 112, (1872—73) 1872 r.
— Description of the Larva of *Anchocelis rufina.* Entomologist, **6**, 126—127, (1872—73) 1872 s.
— Death of Mr. George Robert Gray. Entomologist, **6**, 128, (1872—73) 1872 t.
— Variety of *Pyrarga Megaera.* Entomologist, **6**, 129, 1 Fig., (1872—73) 1872 u.
— Description of the Larva of *Acidalia imitaria.* Entomologist, **6**, 139—140, (1872—73) 1872 v.

— Variety of *Argynnis Paphia.* Variety of *Liparis monacha.* Entomologist, **6**, 145—146, (1872—73) 1872 w.
— Grease in Dragon-flies, etc. Entomologist, **6**, 146, (1872—73) 1872 x.
— The Genus *Acentropus*, as treated by Mr. Dunning. (Trans. Ent. Soc. 1872. Part III. May.) Entomologist, **6**, 153—158, (1872—73) 1872 y.
— Description of the Larva of *Taeniocampa opima.* Entomologist, **6**, 167—168, (1872—73) 1872 z.
— Life-history of *Iodis vernaria.* Entomologist, **6**, 168—169, (1872—73) 1872 aa.
— Clover-seed Weevil. Entomologist, **6**, 177—180, 1 Fig., (1872—73) 1872 ab.
— Slug Larvae of the Cherry. Entomologist, **6**, 181, (1872—73) 1872 ac.
— Variety of the Larva of *Smerinthus populi.* Entomologist, **6**, 184, (1872—73) 1872 ad.
— Occurrence of *Vanessa antiopa* in Great Britain during the Autum[n] of 1872. Entomologist, **6**, 215—219; ... Britain and Ireland during the Autumn of 1872. 236—237, 258—259, (1872—73) 1872 ae.
— Death of Mr. Edleston. Entomologist, **6**, 272, (1872—73) 1872 af.
— A Synonymic List of Diurnal Lepidoptera. By W. F. Kirby. Zoologist, (2) **7** (**30**), 2877—2898, 1872 ag.
— *Vanessa Antiopa.* Zoologist, (2) **7** (**30**), 3236, 1872 ah.
— [Ref.] siehe Dunning, Joseph William 1872.
— Pseudobalani, or False Acorns. Entomologist, **6**, 275—278, (1872—73) 1873 a.
— The Food of *Eristalis.* Entomologist, **6**, 291, (1872—73) 1873 b.
— Death of Mr. Lord. Entomologist, **6**, 296, (1872—73) 1873 c.
— Variety of *Chelonia villica.* Entomologist, **6**, 297—298, 1 Fig., (1872—73) 1873 d.
— Variety of *Arctia mendica.* Entomologist, **6**, 321, 1 Fig., (1872—73) 1873 e.
— Variety of *Callimorpha dominula.* Entomologist, **6**, 321—322, 1 Fig., (1872—73) 1873 f.
— Migration of Butterflies. Entomologist, **6**, 330—332, (1872—73) 1873 g.
— Oak Galls. Entomologist, **6**, 338—340, (1872—73) 1873 h.
— Variety of *Pyrameis Cardui.* Entomologist, **6**, 345, 1 Fig., (1872—73) 1873 i.
— *Pieris Rapae* in February. Entomologist, **6**, 360, (1872—73) 1873 j.
— Death of M. Wencker. Entomologist, **6**, 368, (1872—73) 1873 k.
— Variety of *Argynnis Aglaia.* Entomologist, **6**, 369, 1 Fig., (1872—73) 1873 l.
— Variety of *Argynnis Lathonia* (Male). Entomologist, **6**, 393, 1 Fig., (1872—73) 1873 m.
— Hybernated *Antiopa.* Entomologist, **6**, 410, (1872—73) 1873 n.
— Variety of *Epinephele Hyperanthus.* Entomologist, **6**, 417, 1 Fig., (1872—73) 1873 o.
— Life-history of *Thecla W-Album.* Entomologist, **6**, 419—421, (1872—73) 1873 p.
— Description of the Larva of *Hesperia Actaeon?* Entomologist, **6**, 421—423, (1872—73) 1873 q.
— *Agrotera nemoralis* at Lewes and near Willesden. Entomologist, **6**, 427, (1872—73) 1873 r.
— Filaria parasitic on a Silphid. Entomologist, **6**, 432—433, (1872—73) 1873 s.
— The Rose Weevil. Entomologist, **6**, 433—434, (1872—73) 1873 t.
— Variety of *Epinephele Tithonus.* Entomologist, **6**, 441, 1 Fig., (1872—73) 1873 u.
— Galls of the Oak. Entomologist, **6**, 461, (1872—73) 1873 v.
— Galls on Orleans-plum leaves. Entomologist, **6**, 461—462, (1873—73) 1873 w.
— The Elephant's Louse. Entomologist, **6**, 465—470, 1 Fig., (1872—73) 1873 v.
— Variety of *Melitaea Euphrosyne.* Entomologist, **6**, 497—498, 1 Fig., (1872—73) 1873 y.
— *Bombyx Callunae.* Entomologist, **6**, 546, (1872—73) 1873 z.
— Variety of *Argynnis Adippe.* Entomologist, **7**, 49—50, 2 Fig., 1874 a.
— Variety of *Anthocharis Cardamines.* Entomologist, **7**, 70, 1874 b.
— *Argynnis Niobe.* Entomologist, **7**, 88, 1874 c.
— *Melitaea Selene* ? variety. Entomologist, **7**, 97, 1 Fig., 1874 d.
— The Colorado Potato Bug. Entomologist, **7**, 105—109, 1874 e.
— Death of Mr. Deane. Entomologist, **7**, 119—120, 1874 f.
— The Goat-moth Larva Underground. Entomologist, **7**, 125, 1874 g.
— Supposed Death-watch. Entomologist, **7**, 140, 1874 h.
— Bees Fertilizing Flowers. Entomologist, **7**, 184—185, 1874 i.
— Death of Mr. Crotch. Entomologist, **7**, 236—240, 1874 j.
— Death of Mr. Walker. Entomologist, **7**, 260—264, 1874 k. — [Abdr.:] Canad. Entomol., **6**, 255—259, 1874.
— [Ref.] siehe Belt, Thomas 1874.
— Variety of *Argynnis Selene.* Entomologist, **8**, 25—26, 1875 a.
— Death of Dr. Gray. Entomologist, **8**, 93—96, 1875 b.
— Description of the Larva of *Eubolia peribolata.* Entomologist, **8**, 107—108, 1875 c.
— Larvae feeding on Turnip-seed. Entomologist, **8**, 113—114, 1875 d.
— *Tenthredo Crataegi.* Entomologist, **8**, 117—118, 1875 e.
— Food-plant of *Gonepteryx Rhamni.* Entomologist, **8**, 141, 1875 f.
— *Phigalia pilosaria*: Does it feed on anything but Oak? Entomologist, **8**, 142, 1875 g.
— Tiger, or Colorado Beetle. Entomologist, **8**, 143—144, 1875 h.
— Death of Mr. [William England] Davis. Entomologist, **8**, 144, 1875 i.
— The Plague of Locusts in America. Entomologist, **8**, 150—158, 175—179, 200—207, 1875 j.
— *Chelonia villica.* Entomologist, **8**, 166—167, 1875 k.
— Singular Gall. Entomologist, **8**, 167, 1875 l.
— Fallen Pears. Entomologist, **8**, 167—168, 189, 1875 m.
— Abundance of *Callidium violaceum.* Entomologist, **8**, 185, 1875 n.
— *Hylesinus Fraxini.* Entomologist, **8**, 186, 1875 o.
— Mangold Wurzel Beetle. Entomologist, **8**, 186—188, 1875 p.
— Fireflies. Entomologist, **8**, 188, 1875 q.
— Variety of *Smerinthus Tiliae.* Entomologist, **8**, 193, 1 Fig., 1875 r.

— Description of the Larva of *Hydroecia Petasitis.* Entomologist, **8**, 195, 1875 s.
— Vitality in the Leg of a Butterfly. Entomologist, **8**, 233, 1875 t.
— Flies sticking to Glass. — What is the cause of flies adhering by the legs to window—panes, and dying in this position? Entomologist, **8**, 234—235, 1875 u.
— *Musca pluvialis.* Entomologist, **8**, 235—236, 1875 v.
— Effect of Acids to Green Insects. Entomologist, **8**, 236—237, 1875 w.
— *Thera variata.* Entomologist, **8**, 237, 1875 x.
— Hemigynous Specimen of *Lycaena Icarus; Heliophobus popularis* at Horley; to Keep the Colour of Dragonflies. Entomologist, **8**, 237—238, 1875 y.
— Variety of *Cirrhoedia xerampelina.* Entomologist, **8**, 238, 1875 z.
— Death of Mr. Doubleday. Entomologist, **8**, 240, 1875 aa.
— Life-history of the Pear-tree Slug. Entomologist, **8**, 258—268, 1875 ab.
— Description of the Larva of *Sphinx Convolvuli.* Entomologist, **8**, 272—275, 1875 ac.
— Pear-tree Slug. Entomologist, **8**, 284—285, 1875 ad.
— Duplicate Descriptions of Larvae (*Emmelesia decolarata; Lobophora hexaptera*). [Mit Angaben von Geo. T. Porritt.] Entomologist, **8**, 285, 1875 ae.
— English Names. [Lep.] Entomologist, **8**, 285, 1875 af.
— Moth with Perforating Maxillae. Entomologist, **8**, 286—287, 1875 ag.
— Paucity of Wasps; Destruction of Fruit by Bees. Entomologist, **8**, 298—299, 1875 ah.
— Gall on *Hieracium umbellatum.* Entomologist, **8**, 299, 1875 ai.
— Are there Two Broods of *Papilio Machaon* in a Season? Entomologist, **8**, 301—302, 1875 aj.
— Distinction of the Lepidopterous and Coleopterous Larvae. Entomologist, **8**, 303—304, 1875 ak.
— Export of Bees to New Zealand. Entomologist, **8**, 304, 1875 al.
— Obituary Notice of the late Dr. Gray. Zoologist, (2) **10** (**33**), 4466—4468, 1875 am.
— Variety of *Callimorpha Hera.* Entomologist, **9**, 25—26, 2 Fig., 1876 a.
— In jury to Linen in Bleach Fields by the Larvae of *Arctia rubiginosa.* Entomologist, **9**, 42—47, 1876 b.
— Collected Observations on British Sawflies. Entomologist, **9**, 59—67, 1876 c; **11**, 37—38, 88—91, 147—154, 1878.
— Description of *Polysphaenis sericina* from Guenée. Entomologist, **9**, 73—74, 1 Fig., 1876 d.
— Preserving Larvae of Lepidoptera. Entomologist, **9**, 81—82, 1876 e.
— The Mole's Flea: a Discovery for Leap Year. Entomologist, **9**, 89—90, 1876 f.
— On the British Species of *Sphekodes.* Entomologist, **9**, 97—104, 5 Fig., 1876 g.

Newman, H . . .
Swarms of *Drosophila fenestrarum* in London. [Mit Angaben von R. McLachlan.] Entomol. monthly Mag., **4**, 130, (1867—68) 1867.

Newman, H . . . W . . .
Scarcity or Abundance of Wasps in 1864. Zoologist, **22**, 9216, 1864 a.
— Hexagonal Form of the Cells of Bees. Zoologist, **22**, 9265—9266, 1864 b.

Newman, Henry
Acherontia Atropos at Leominster. Entomologist, **2**, 297, (1864—65) 1865.

Newman, Leonard Woods
geb. 1874 in Singleton b. Goodwood, gest. 11. 3. 1949, Besitzer einer Farm in Bexley. — Biogr.: (J. A .T.) Entomologist, **82**, 143—144, 1949; (E. A. Cockayne) Entomol. Rec., **61**, 80—81, 1949.
— (Hybrid *Clostera curtula* x *reclusa.*) Entomol. Rec., **11**, 269, 1896.
— (Aberrations of *Arctia caia.*) Entomol. Rec., **10**, 48, 1898 a.
— (Aberration of *Lasiocampa quercûs*). Entomol. Rec., **10**, 48, 1898 b.
— (Aberration of *Odonestis potatoria.*) Entomol. Rec., **10**, 48—49, 1898 c.
— (Partial double brood of *Pericallia syringaria.*) Entomol. Rec., **10**, 51, 1898 d.
— (*Orygia gonostigma* in Kent.) Entomol. Rec., **10**, 277—278, 1898 e.
— (*Colias edusa* at Otford, Kent.) Entomol. Rec., **10**, 278, 1898 f.
— (Cross between *Clostera curtula* and *C. pigra.*) Entomol. Rec., **11**, 239, 1899 a.
— (*Orgyia gonostigma* at Bexley, Kent.) Entomol. Rec., **11**, 278, 1899 b.
— (Double broods of *Notodonta ziczac, N. palpina,* and *N. camelina.*) Entomol. Rec., **11**, 279—280, 1899 c.
— (Foodplant of *Lasiocampa callunae.*) Entomol. Rec., **11**, 280, 1899 d.
— (*Acherontia atropos* in Kent.) Entomol. Rec., **12**, 275, 1900 e.
— (*Cymatophora ocularis* in Kent.) Entomol. Rec., **12**, 218, 1900 a.
— (Habits of the larva of *Eutricha quercifolia.*) Entomol. Rec., **12**, 219, 1900 b.
— (Note on hybrid *Clostera curtula* x *pigra* and *C. pigra x curtula.*) Entomol. Rec., **12**, 295—296, 1900 c.
— (Triple-brooded and double-brooded species of Lepidoptera.) Entomol. Rec., **12**, 296, 1900 d.
— (*Acherontia atropos* at Bexley.) Entomol. Rec., **12**, 346, 1900 e.
— (Assembling *Smerinthus ocellatus,* etc.) Entomol. Rec., **12**, 350, 1900 f.

Newman, Thomas P . . .
geb. 1846, gest. 10. 11. 1916 in Haslemere Station. — Biogr.: Entomol. monthly Mag., **52** ((3) **2**), 22, 1916.
— *Macroglossa stellatarum* at Haslemere. Entomologist, **25**, 168, 1892.
— *Macroglossa stellatarum* at Haslemere. Entomologist, **32**, 283, 1899.

Newman, W . . .
Cidaria suffumata var. *piceata.* Entomologist, **21**, 212—213, 1888.
— (Distribution of *Cidaria suffumata* var. *piceata.*) [Mit Angaben von A. Mera, T. J. Henderson, W. F. Johnson, E. D. Bostock, Arthur Horne, J. N. Still, J. Mason, G. Balding, S. Walker.] Entomol. Rec., **1**, 239—240, 1890.
— Note on the Second Brood of *Cidaria truncata.* Entomologist, **24**, 268, 1891.

Newman, W . . . J . . . Hermann
Vanessa antiopa in Oxfordshire. Entomologist, **21**, 12—13, 1888.

Newman, W[illiam] & **Mera**, Arthur William
(Fecundation before Hybernation.) Entomol. Rec., **1**, 273, (1890—91) 1891.

Newnham, A . . . T . . . H . . .
On the frequency of albinoism in Cutch, &c. With notes by Mr. E. H. Aitken. Journ. Bombay nat. Hist. Soc., **1**, 71—72, 1886 a.
— Note on *Danais dorippus*. Journ. Bombay nat. Hist. Soc., **1**, 220, 1886 b.
— English nomenclature for Indian butterflies[1]). Journ. Bombay nat. Hist. Soc., **4**, 70—71, 1889.

Newnham, C . . . E . . .
Ichneumon of *Chelonia plantaginis*. Entomologist, **15**, 163, 1882.

Newnham, F . . . B . . .
geb. 1850 in Kerry (Montgomerysh.), gest. 2. 6. 1922. — Biogr.: Entomologist, **55**, 216, 1922.
— (Pupae in a Common Cocoon.) Entomol. Rec., **1**, 236, (1890—91) 1890 a.
— (Vars. of *Anthocharis cardamines*.) Entomol. Rec., **1**, 242, (1890—91) 1890 b.
— (Varieties of *Saturnia pavonia* (*carpini*).) Entomol. Rec., **2**, 198, 1891.
— (*Nemeophila plantaginis* ab. *hospita*.) Entomol. Rec., **3**, 254, 1892 a.
— (Assembling. Entomol, Rec., **3**, 254, 1892 b.
— (*Chelonia caia* var.) [Mit Angaben von J. W. Tutt.] Entomol. Rec., **3**, 254, 1892 c.
— (Male copulating more than once.) Entomol. Rec., **3**, 255, 1892 d.
— (Foodplant of *Odonestis potatoria*.) [Mit Angaben von J. W. Tutt.] Entomol. Rec., **3**, 268, 1892 e.
— (Habit of *Stauropus fagi* larva.) Entomol. Rec., **3**, 301—302, 1892 f.
— (*Bombyx callunae* aberration.) Entomol. Rec., **4**, 5, 1893 a.
— (Autumnal emergence of *Stauropus fagi*.) Entomol. Rec., **4**, 9, 1893 b.
— (*Chelonia plantaginis* ab. *hospita*.) Entomol. Rec., **4**, 295, 1893 c.
— (Notes on various Lepidoptera.) Entomol. Rec., **4**, 298—299, 1893 d.
— Pupa of *Melitaea maturna*. Entomol. Rec., **5**, 12, 1894 a.
— Aberrations of Various Butterflies. Entomol. Rec., **5**, 12—13, 1894 b.
— (*Chelonia plantaginis* double brooded.) Entomol. Rec., **5**, 14, 1894 c.
— (Larvae of *Macroglossa stellatarum*.) Entomol. Rec., **5**, 14, 1894 d.
— (A probable new species of *Euchloë*.) Entomol. Rec., **5**, 97, 1894 e.
— (Specific Distinctness of *Euchloë cardamines* and *E. turritis*.) [Mit Angaben von Wm. F. Kirby.] Entomol. Rec., **5**, 146, 1894 f.
— (*Notodonta trepida*.) Entomol. Rec., **5**, 148, 1894 g.
— (*Endromis versicolor*.) Entomol. Rec., **5**, 148, 1894 h.
— (Further notes on *Euchloë hesperidis*.) Entomol. Rec., **5**, 219—220, 1894 i.
— (*Dicranura bifida* ab. *aurata*: New var.) Entomol. Rec., **6**, 15—16, 1895 a.
— (Some unusual food-plants.) Entomol. Rec., **6**, 33, 1895 b.
— (The lepidoptera of Church Stretton in 1896.) Entomol. Rec., **9**, 65—67, 1897 a.
— (*Choerocampa celerio* in Shropshire.) Entomol. Rec., **9**, 332—333, 1897 b.

[1]) laut Text nur A. Newnham

Newstead, Robert Prof.
geb. 11. 9. 1859 in Swanton Abbot (Norfolk), gest. 18. 2. 1947 in Chester, Prof. d. Entomol. d. Liverpool School trop. Med. — Biogr.: Arb. morphol. taxon. Ent., **3**, 301, 1936; Science, **105**, 332, 1947; (F. Laing) Entomol. monthly Mag., **83** ((4) **8**), 109, 1947 m. Porträt; Ann. trop. Med. Parasit., **41**, (1), 1947 m. Porträt; Nature London, **159**, 428—429, 1947.
— *Sesia tipuliformis*. [Mit Angaben von John T. Carrington.] Entomologist, **19**, 90, 1886.
— Aculeate Hymenoptera of Cheshire. Entomologist, **20**, 112—114, 1887 a.
— *Macaria liturata*, Variety. Entomologist, **20**, 279, 1887 b.
— Food of *Nyssia zonaria*. Entomologist, 22, 187, 1889 a.
— The male of *Chionaspis fraxini*, Sign. (*Ch. salicis*, Linn.). [Mit Angaben von J. W. D.] Entomol. monthly Mag., **25**, 436, (1888—89) 1889 b.
— *Metrocampa margaritaria* var. Entomologist, **23**, 19, 1890.
— siehe Inchbald, Peter; Newstead, Robert & Howe, Thomas 1890.
— The Cheshire Plague of Caterpillars. Entomologist, **24**, 18—20, 1891 a.
— Another Nauseous Insect eaten by a Woodpecker. Entomologist, **24**, 100, 1891 b.
— Coccinellidae eaten by Black-headed Gulls. Entomologist, **24**, 122, 1891 c.
— Red-tailed Bumble Bees eaten by Shrikes. Entomologist, **24**, 193, 1891 d.
— *Sphodrus leucophthalmus*, L., emitting strong Acid-like Fumes. Entomologist, **24**, 193—194, 1891 e.
— Insects, &c., taken in the nests of British Vespidae. Entomol. monthly Mag., (2) **2** (**27**), 39—41, 1891 f.
— A query as to the food of certain Dipterous larvae found in nests of Vespidae. Entomol. monthly Mag., (2) **2** (**27**), 78, 1891 g.
— On some new or little known Coccidae found in England. Entomol. monthly Mag., (2) **2** (**27**), 164—166, Taf. II, 1891 h; On new . . . Coccidae, chiefly English (No. 2). (2) **3** (**28**), 141—147, Taf. II, 1892; New . . . (No. 3). (2) **4** (**29**), 77—79, 4 Fig.; Notes on new or little known Coccidae (No. 4). 153—155, Taf. II, 1893; Observations on Coccidae (No. 5). 185—188, Taf. III; . . . (No. 6). 205—210, 7 Fig.; . . . (No. 7). 279—281, 1 Fig., 1893; . . . (No. 8). (2) **5** (**30**), 179—183, 3 Fig.; . . . (No. 9). 204—207, 1 Fig.; . . . (No. 10). 232—234, 4 Fig., 1894; . . . (No. 11). (2) **6** (**31**), 165—169, 6 Fig.; . . . (No. 12). 213—214, 5 Fig.; . . . (No. 13). 233—236, 3 Fig., 1895; . . . (No. 14). (2) **7** (**32**), 57—60, 2 Fig.; . . . (No. 15). 132—134, 3 Fig., 1896; . . . (No. 16). (2) **8** (**33**), 165—171, 10 Fig., 1897; . . . (No. 17). (2) **9** (**34**), 92—99, 13 Fig., 1898; . . . (No. 18). (2) **11** (**36**), 247—251, 7 Fig., 1900.
— On the alteration in the form of the scales of *Lecania* caused by internal parasites. Entomol. monthly Mag., (2) **2** (**27**), 267—268, 1891 i.
— On a successful method of rearing *D*[*eilephila*] *galii*. Brit. Natural., **3**, 226—229, 1893 a.
— *Paracletus cimiciformis*, Heyd., in ants' nests at the Loggerheads, near Mold, North Wales. Entomol. monthly Mag., (2) **4** (**29**), 115, 1893 b.
— A new Coccid in an ant's nest. Entomol. monthly Mag., (2) **4** (**29**), 138, 1893 c.
— *Mytilaspis pomorum*, Bouché, on *Cytisus* in Teneriffe and Guernsey. Entomol. monthly Mag., (2) **4** (**29**), 138, 1893 d.

— *Icerya aegyptiaca*, Doug., in India. Entomol. monthly Mag., (2) **4** (**29**), 167—168, 1893 e.
— Abundance of Wasps. Entomologist, **27**, 71, 1894 a.
— Scale insects in Madras. Indian Mus. Notes, **3**, Nr. 5, 21—32, Taf. II—III, (1896) 1894 b.
— Coccids preyed upon by birds. Entomol. monthly Mag., (2) **6** (**31**), 84—86, 1895.
— *Aspidiotus hederae*, Vallot, new to Britain. Entomol. monthly Mag., (2) **7** (**32**), 279, 1896.
— On *Coccus agavium*, Douglas. [Mit Angaben von J. W. D.] Entomol. monthly Mag., (2) **8** (**33**), 12—13, 4 Fig., 1897 a.
— Addenda [zu Green, E. E.: Notes on Coccidae ... 68—74]. Entomol. monthly Mag., (2) **8** (**33**), 74—77, 7 Fig., 1897 b.
— *Kermes variegatus*, Gmelin, ♀: a Coccid new to Britain. Entomol. monthly Mag., (2) **8** (**33**), 267, 1897 c.
— New Coccidae collected in Algeria by the Rev. Alfred E. Eaton. Trans. ent. Soc. London, **1897**, 93—103 + 1 (unn., Taf. Erkl.), Taf. IV, 1897 d.
— (Discussion on the alleged occurrence of *Aspiodiotus perniciosus*.) Trans. ent. Soc. London, **1898**, Proc. XIII—XIV, 1898.
— General Index to Annual Reports of Observations of Injurious Insects 1877—1898 by Eleanor Anne Ormerod. 8°, X + 2 (unn.) + 58 S., London, Simpkin Marshall & Co., 1899.
— *Deilephila livornica* at St. Austell. Entomol. monthly Mag., (2) **11** (**36**), 160, 1900 a.
○ The Injurious Scale Insects and Mealy Bugs of the British Isles. Journ. R. hortic. Soc., **23**, 219—262, 22 Fig., 1900 b.
— On a new Scale-Insect from Zomba, British Central Africa. Proc. zool. Soc. London, **1900**, 947—948, Taf. LIX, 1900 c.

Newton, Alfred
geb. 1829, gest. 1907.
— (Birds do they eat dragonflies.) Trans. ent. Soc. London, **1872**, Proc. XXV, 1872.
— Extraordinary Flight of Dragon—Flies. Nature London, **28**, 271, 1883. — [Abdr., z. T.:] An Extraordinary ... Entomol. monthly Mag., **20**, 88, (1883—84) 1883.
— Where are the Insects? Naturalist London, (N. S.) **9**, 102, (1883—84) 1884.

Newton, Edwin Tulley
geb. 1840.
— On the Brain of the Cockroach, *Blatta orientalis*. Quart. Journ. micr. Sci., (N. S.) **19**, 340—356, Taf. XV—XVI (XVI Farbtaf.), 1879 a.
— A New Method of Preparing a dissected Model of an Insect's Brain from Microscopic Sections. Sci. Gossip, **15**, 103—107, 5 Fig., 1879 b.

Ney, C ... E ...
Ueber die Vertilgung der Maulwurfsgrille. Allg. Forst- u. Jagdztg., (N. F.) **63**, 69—70, 1887.

Neyrèneuf, L ... Redon siehe Redon Neyrèneuf, L ...

Neyroux, S ... A ...
Le Fucus comme insecticide. Bull. Insectol. agric., **1**, 155—156, 1875.

Nibelle,
Compte rendu de l'Excursion à Saint-Valery-en-Caux et à Veules. Bull. Soc. Amis Sci. nat. Rouen, (4) **33** (1897), 51—57, 1898.
— Compte rendu de l'excursion à Honfleur et à Trouville le dimanche 5 juin 1898. Bull. Soc. Amis Sci. nat. Rouen, (4) **34** (1898), 369—373, 1899.

Niccol, Rob ...
Ueber das Vorkommen von Insekten im Rohzucker. [Nach: Journ. Chem. Méd., 413, 1865.] Pharm. Centralhalle, **8**, 26—27, 1867. — [Abdr.?:] Vjschr. prakt. Pharm. München, **15**, 591—593, 1866.

Nice, W ... A ...
○ On the Genus *Eristalis*, as Represented in Britain. Trans. Leicester lit. phil. Soc., **4**, 428—431, 1897.

Nicéville, Charles Lionel Augustus
geb. 1852 in Bristol, gest. 3. 12. 1901 in Calcutta, Staatsentomologe für Indien. — Biogr.: (W. W. Fowler) Trans. ent. Soc. London, **1901**, XXXIV—XXXV, 1901; (L. Martin) Dtsch. ent. Ztschr., **14**, 381—386, 1901; (W. F. Kirby) Entomologist, **35**, 79—80, 1902; (L. Martin) Insektenbörse, **19**, 25—26, 1902 m. Porträt; Entomol. monthly Mag., **38**, 41, 1902; Journ. Bombay nat. Hist. Soc., **14**, 140—141, 1902—03; (W. J. Holland) Ent. News, **13**, 63, 1902.
— Note on *Papilio nebulosus*, Butler. Ann. Mag. nat. Hist., (5) **7**, 385—386, 1881 a.
— A list of Butterflies taken in Sikkim in October, 1880, with notes on habits, &c. Journ. Asiat. Soc. Bengal, **50**, Teil II, 49—60, 1881 b; Second List of ... October, 1882, with ... **51**, Teil II, 54—66, 1882; Third List of ... October, 1883, with ... **52**, Teil II, 92—100, Farbtaf. X (Fig. 3), (1883) 1884; Fourth List of ... October 1884, with ... **54**, Teil II, 1—5, (1887) 1885.
— Description of a new species of Butterfly belonging to the genus *Dodona*. Proc. Asiat. Soc. Bengal, **1881**, 121—123, 1881 c.
— siehe Marshall, George Frederick Leycester & Nicéville, Lionel de 1881.
— siehe Wood-Mason, James & Nicéville, Lionel de 1881.
— siehe Marshall, George Frederick Leycester &c Nicéville, Lionel de 1882—90.
— Description of a new Species of the Rhopalocerous Genus *Cyrestis* from the Great Nicobar. Journ. Asiat. Soc. Bengal, **52**, Teil II, 1—3, Farbtaf. I (Fig. 1), 1883.
— On new and little-known Rhopalocera from the Indian region. Journ. Asiat. Soc. Bengal, **52**, Teil II, 65—91, Farbtaf. I, IX—X (I: Fig. 2—16; X: Fig. 1—2, 4—15), (1883) 1884 a.
— Note on the *Papilio polydecta* of Cramer. Trans. ent. Soc. London, **1884**, 87—89, Farbtaf. III, 1884 b. [Darin:]
Distant, William Lucas: Note. 89—90.
— Reply to Mr. Butler's paper „on the distinctness of *Aulocera scylla* from *A. brahminus*" [**21**, 245—247, 1885]. Entomol. monthly Mag., **22**, 101—103, (1885—86) 1885 a.
— List of the Butterflies of Calcutta and its Neighbourhood, with Notes on Habits, Food-plants, &c. Journ. Asiat. Soc. Bengal, **54**, Teil II, 39—54, 1885 b.
— Descriptions of some new Indian Rhopalocera. Journ. Asiat. Soc. Bengal, **54**, Teil II, 117—124, Farbtaf. II, 1885 c.
— (Seasonal dimorphism in Lepidoptera.) [With remarks of Capt. Elwes and Mr. M'Lachlan.] Trans. ent. Soc. London, **1885**, Proc. II—III, 1885 d.
[Siehe:] Butler, Arthur G.: Proc. V—VII,
— On the Life-History of certain Calcutta Species of Satyrinae, with special Reference to the Seasonal Dimorphism alleged to occur in them. Journ. Asiat.

Soc. Bengal, **55**, Teil II, 229—238, Farbtaf. XII, (1887) 1886 a.
[Dtsch. Übers. m. Bemerkungen von] A. Seitz: Nicéville über Saisondimorphismus bei indischen Faltern. Stettin. ent. Ztg., **54**, 290—307, 1893.
— On some New Indian Butterflies. Journ. Asiat. Soc. Bengal, **55**, Teil II, 249—256, Taf. XI, (1887) 1886 b.
— Further note on *Hestia malabarica.* Journ. Bombay nat. Hist. Soc., **2**, 242—243, 1887 a.
— Descriptions of some new or little-known Butterflies from India, with some Notes on the Seasonal Dimorphism obtaining in the Genus *Melanitis.* Proc. zool. Soc. London, **1887**, 448—467, Farbtaf. XXXIX—XL, 1887 b.
— siehe Elwes, Henry John & Nicéville, Lionel de 1887.
— siehe Wood-Mason, James & Nicéville, Lionel de 1887.
— Description of a new Satyrid from India. Proc. Asiat. Soc. Bengal, **1887**, 147, 1888.
— On new or little-known Butterflies from the Indian Region. Journ. Asiat. Soc. Bengal, **57**, Teil II, 273—293, Farbtaf. XIII—XIV, (1890) 1889 a.
— On new and little-known butterflies from the Indian region, with a revision of the genus *Plesioneura* of Felder and of authors. Journ. Bombay nat. Hist. Soc., **4**, 163—194, Farbtaf. A—B, 1889 b.
— Note regarding *Delias sanaca,* Moore, a Western Himalayan Butterfly. Trans. ent. Soc. London, **1889**, 343—345, 1889 c.
— siehe Indian Insect Pests 1889.
— A butterfly destructive to fruit. Indian Mus. Notes, **1**, 193—194, Taf. XII (Fig. 1), (1889—91) 1890 a.
— Description of a new morphid butterfly from North-eastern India. Journ. Bombay nat. Hist. Soc., **5**, 131—132, Farbtaf. C, 1890 b.
— On new and little-known Butterflies from the Indian region, with descriptions of three new genera of Hesperiidae. Journ. Bombay nat. Hist. Soc., **5**, 199—225, Farbtaf. D—E, 1890 c.
— List of Chin-Lushai butterflies. Journ. Bombay nat. Hist. Soc., **5**, 295—298; Second list ... 382—388, 1890 d.
— Note on the Pupae of two Indian Butterflies of the subfamily Nemeobiinae. Proc. Asiat. Soc. Bengal, **1890**, 138—141, 1890 e.
— Notes on a new genus of Lycaenidae. Trans. ent. Soc. London, **1890**, 87—88, 1890 f.
— Notes on a protean Indian butterfly, *Euplaea (Stictoploea) harrisii,* Felder. Trans. ent. Soc. London, **1892**, 247—248, 1892.
— On *Erites,* an oriental genus of satyrid butterflies. Journ. Asiat. Soc. Bengal, **62**, Teil II, 1—7, 1893 a.
— Note on the Indian Butterflies comprised in the subgenus *Pademma* of the genus *Euploea.* Journ. Asiat. Soc. Bengal, **61**, Teil II, 237—245, 1893 b.
— On new and little-known Butterflies from the Indo-Malayn Region. Journ. Bombay nat. Hist. Soc., **7**, 322—357, Farbtaf. H—J (J: Fig. 3 nicht farb.), 1893 c.
— New sumatran butterflies. Journ. Bombay nat. Hist. Soc., **7**, 555—557, 1893 d.
— On new and little-known Butterflies from North-East Sumatra collected by Hofrath Dr. L. Martin. Journ. Bombay nat. Hist. Soc., **8**, 37—56, 1 Fig., Farbtaf. K—M, 1893 e.
— Note on three North Indian Butterflies. *Euthalia nara, E. sahadeva,* and *E. anyte.* Proc. Asiat. Soc. Bengal, **1892**, 144—146, 1893 f.
— Note on the Indian and Malay Peninsula Butterflies comprised in the subgenus *Stictoplaea* of the genus *Euplaea.* Proc. Asiat. Soc. Bengal, **1892**, 158—161, 1893 g.
— On new or little-known Butterflies from the Indo-Malayan region. Journ. Asiat. Soc. Bengal, **63**, Teil II, 1—59, Farbtaf. I—V, 1894.
— in Gazetteer Sikhim 1894.
— Description of a new Nymphaline Butterfly from Burma. Ann. Mag. nat. Hist., (6) **17**, 396, 1896 a.
— Note on the „Potu" or „Pipsa" fly. (*Simulium indicum,* Becher.) Indian Mus. Notes, **4**, 54—55, (1900) 1896 b.
— Notes on the Oriental Species of the rhopalocerous genus *Eurytela,* Boisduval. Proc. Asiat. Soc. Bengal, **1895**, 108—111, 1896 c.
— Descriptions of a new *Papilio* from Bali of the nox group. Ann. Mag. nat. Hist., (6) **20**, 225—226, 1897 a.
— Note on Javan Lepidoptera Rhopalocera. Berl. ent. Ztschr., **42** (1897), 127—128, (1898) 1897 b.
[Siehe:] Fruhstorfer, Hans & Riffarth, Heinrich: 289—302, 1898.
— Description of *Neptis praslini,* Boisduval, and some species allied to it. Journ. Asiat. Soc. Bengal, **66**, Teil II, 533—541, 5 Fig., (1898) 1897 c.
— On New or Little-Known Butterflies from the Indo- and Austro-Malayan Regions. Journ. Asiat. Soc. Bengal, **66**, Teil II, 543—577, Farbtaf. I—IV, (1898) 1897 d.
— Descriptions of two new species of butterflies from upper Burma. Journ. Bombay nat. Hist. Soc., **10**, 633, 1897 e.
— siehe Mackinnon, Philip Walter & Nicéville, Lionel de 1897.
— A Revision of the Pierine Butterflies of the Genus *Dercas.* Ann. Mag. nat. Hist., (7) **2**, 478—484, 1898 a.
— On a small collection of Butterflies from Buru in the Moluccas. Journ. Asiat. Soc. Bengal, **67**, Teil II, 308—321, 1898 b.
— On new and little-known butterflies from the Indo-Malayan, Austro-Malayan, and Australian regions. Journ. Bombay nat. Hist. Soc., **12**, 131—161, Farbtaf. X—Z, AA (X: Fig. 4 nicht farb.), 1898 c.
— Notes on some butterflies from Tenasserim in Burma. Journ. Bombay nat. Hist. Soc., **12**, 329—336, Farbtaf. BB, 1899.
— On a new Genus of Butterflies from Western China allied to *Vanessa.* Journ. Asiat. Soc. Bengal, **68**, Teil II, 234, 1900 a.
— Note on *Calinaga,* an aberrant genus of Asiatic Butterflies. Journ. Asiat. Soc. Bengal, **69**, 150—155, (1901) 1900 b.
— The Food-plants of the Butterflies of the Kanara District of the Bombay Presidency, with a Revision of the Species of Butterflies there occurring. Journ. Asiat. Soc. Bengal, **69**, Teil II, 187—278, (1901) 1900 c.
— On new and little-known Lepidoptera from the Oriental region. Journ. Bombay nat. Hist. Soc., **13**, 157—175, Farbtaf. CC—EE, 1900 d.

Nicéville, Lionel de & **Elwes**, Henry John
A List of the Butterflies of Bali, Lombok Sambawa and Sumba. Journ. Asiat. Soc. Bengal, **66**, Teil II, 668—724, 1898.

Nicéville, Lionel de & **Kühn**, Heinrich
An Annotated List of the Butterflies of the Ké Isles.

Journn. Asiat. Soc. Bengal, **67**, Teil II, 251—283, Farbtaf. I, 1898.

Nicéville, Lionel de & **Manders**, Neville
A List of the Butterflies of Ceylon, with Notes on the various Species. Journ. Asiat. Soc. Bengal, **68**, Teil II, 170—233, 1900.

Nicéville, Lionel de & **Martin**, Ludwig
A list of the Butterflies of Sumatra with especial reference to the Species occurring in the north-east of the Island. Journ. Asiat. Soc. Bengal, **64**, Teil II, 357—555, 1896.

Nichita,
○ [Der Einfall der Raupen.] Invazinnea omizilor. [Rum.] Rev. Padurilor, **1**, Nr. 7, 202, 1886—87.

Nicholas, G . . . E . . .
○ The fly in its sanitary aspect. Lancet, **1873**, Bd. 2, 724, 1873.

Nicholl, Mary de la B . . .
Rhopalocera at Digne. Entomologist, **23**, 78—79, 1890.
— (Prohable double-broodedness of *Euchloë euphenoides*.) Entomol. Rec., **9**, 329, 1897 a.
— (On the summer emergence of *Gonepteryx cleopatra*.) Entomol. Rec., **9**, 329, 1897 b.
— The Butterflies of Aragon. Trans. ent. Soc. London, **1897**, 427—434, 1897 c.
— Butterfly hunting in Dalmatia, Montenegro, Bosnia, and Hercegovina. Entomol. Rec., **11**, 1—8, 1899.
— Bulgarian Butterflies. Entomol. Rec., **12**, 29—34, 64—69, 1900.

Nicholls, E . . . F . . .
Zygaena lonicerae and *filipendulae* at Conventry. Brit. Natural., **1**, 179, 1891.

Nicholls, H . . .
Trochilium chrysidiforme. Entomol. monthly Mag., **2**, 44, (1865—66) 1865. — [Abdr.:] Entomologist, **2**, 313—314, (1864—65) 1865.
— *Lycaena Arion* near Kingsbridge. Entomologist, **8**, 222, 1875.

Nichols, A . . . R . . .
The Stridulation of *Corixa*. [Mit Angaben von George H. Carpenter.] Irish Natural., **4**, 79—80, 1895.

Nichols, D . . . A . . . A . . .
Grasshoppers in the State of New York. Amer. Entomol., **1**, 96, (1868) 1869 a.
— The social wasps. Amer. Entomol., **1**, 200—201, (1868) 1869 b.

Nichols, Mary Alice
Observations on the pollination of some of the Compositae. Proc. Iowa Acad. Sci., **1** (1893), part 4, 100—103, 1894.

Nicholson,
The life-history of *Ocneria dispar*. Trans. City London ent. nat. Hist. Soc., **1894** (1893—94), 46—50, [1895]. — [Abdr.:] Entomol. Rec., **5**, 236—240, 1894.
— siehe Chapman, Thomas Algernon; Loyd, & Nicholson, 1898.

Nicholson, A . . .
A Wasp and Spider Battle. Sci. Gossip, **(10)**, 47, 1874.
— Potato Beetle. Sci. Gossip, **13**, 166, 1877.

Nicholson, C . . .
Breeding of *Bombyx rubi*. Entomologist, **21**, 233—234, 1888.
— Irregular emergence of Lepidoptera. Entomologist, **23**, 19, 1890 a.
— More Notes from the New Forest [Lep.]. Entomologist, **23**, 21, 1890 b.
— Captures at the „Sallows." [Lep.] Entomologist, **23**, 234, 1890 c.
— (Autumnal Collecting in the New Forest.) Entomol. Rec., **4**, 10—12, 1893 a.
— Aberrations of British Butterflies. Entomol. Rec., **4**, 189—191, Taf. D, 1893 b.
— (Collecting at Cromer.) Entomol. Rec., **5**, 252—253, 297, 1894 a.
— (Eggs of *Bombyx rubi* „Ichneumoned".) Entomol. Rec., **5**, 253, 1894 b.
— (Food-plants of *Bombyx quercus*.) Entomol. Rec., **5**, 297, 1894 c.

Nicholson, Edward & **Tutt**, Joseph William
(Notes on Rearing *Agrotis saucia*.) Entomol. Rec., **4**, 116—117, 1893.

Nicholson, H . . . Alleyne
Preliminary Report on Dredgings in Lake Ontario. Ann. Mag. nat. Hist., (4) **10**, 276—285, 1872.
— siehe White, Charles A . . . & Nicholson, H . . . Alleyne 1878.

Nicholson, W . . . A . . .
New Zealand Bumble-Bees and Clover. Sci. Gossip, **28**, 162, 1892.

Nicholson, William Edward
Sphinx convolvuli and *Choerocampa celerio* at Lewes. Entomologist, **18**, 261, 1885 a.
— Diurni of the Upper Engadine. Entomologist, **18**, 307—311, 1885 b.
— *Trigonophora flammea* bred. Entomologist, **20**, 17—18, 1887.
— *Laphygma exigua* at Lewes. Entomologist, **21**, 186, 1888 a.
— (Melanic varieties of *Argynnis niobe* and *A. pales*.) Trans. ent. Soc. London, **1888**, Proc. XXXVII, 1888 b.
— siehe Jones, A. A. & Nicholson, William Edward 1890.
— Notes on Collecting Butterflies in the South-east of France. Entomol. monthly Mag., (2) **3 (28)**, 270——275, 1892.
— A fortnight's collecting at Budapest [Lep.]. Entomologist, **26**, 191—193, 210—212, 1893.
— Notes on Corsican Butterflies. Entomologist, **27**, 116—120, 1894.
— Notes on Butterflies observed in the South of Spain in June, 1895. Entomol. monthly Mag., (2) **7 (32)**, 11—15, 1896 a.
— (Note on the life-history of *Thecla roboris*, Esp.) Entomol. Rec., **7**, 186—187, (1895—96) 1896 b.
— Lepidoptera from Lapland. Entomol. Rec., **8**, 294—295, 1896 c.

Nicholson, William Edward & **Lemann**, Frederick C . . .
A Holiday in the Pyrenees. Entomol. monthly Mag., (2) **5 (30)**, 220—223, 246—249, 1894.

Nicholson, William Edward & **Weir**, Jenner
(*Acidalia immorata* caught near Lewes.) Trans. ent. Soc. London, **1888**, Proc. XXXVI, 1888.

Nickerl, Franz Anton Prof. Dr.
geb. 4. 12. 1813 in Prag, gest. 4. 2. 1871 in Prag, Prof. d. Zool. an d. Univ. u. am Polytechn. Inst. in Prag. — Biogr.: Lotos, **21**, 46—48, 1871; Stettin. ent. Ztg., **32**, 318—320, 1871; Verh. geol. Reichsanst. Wien, **1871**, 66, 1871; (V. Vávra) Acta ent. Mus. Prag, **1**, 3—12, 1923; (L. O. Howard) Hist. appl. Ent., 1930.

— Neue Microlepidopteren. Wien. ent. Mschr., **8**, 1—8, Farbtaf. 5 (Fig. 5—12), 1864.
○ Über den neuen Getreideschädling *Gelechia cerealella* Oliv. S. B. Böhm. Ges. Wiss., **1865**, 40—42, 1865.

Nickerl, Ottokar
geb. 22. 1. 1838 in Prag, gest. 3. 9. 1920 in Prag, Leiter d. Samenprüfungsstelle f. Böhmen. — Biogr.: (K. M. Heller) Ent. Bl., **16**, 256, 1920; (K. M. Heller) Dtsch. ent. Ztschr. Iris, **34**, 263—266, 1920 m. Porträt; (K. Labler) Ent. Jb., **30**, 191—192, 1921 m. Porträt; (L. O. Howard) Hist. appl. Ent., 1930.
— (Über den neuen Getreideschädling *Gelechia cerealella* Oliv.) Korr. bl. zool. min. Ver. Regensburg, **19**, 177—178, 1865. — [Abdr.:] Tijdschr. Ent., **33** (1889—90), CIX—CXI, 1890.
— Beschreibung einiger Zwitterbildungen bei Lepidopteren. Verh. zool.-bot. Ges. Wien, **22**, 727—732, 1872.
○ Ein neuer Rapsfeind [*Cecidomyia brassicae*]. Österr. landw. Wbl., **4**, 269, 1878.
— Bericht über die im Jahre 1878 der Land- und Forstwirthschaft Böhmens schädlichen Insekten. Erstattet an einen hohen Landesculturrath für das Königreich Böhmen. 8°, 15 S., Prag, Verl. physiokrat. Ges., 1879; ... im Jahre 1879 der Landwirtschaft Böhmens ... 22+1 (unn.) S., 1880; ... im Jahre 1880 ... 10+1 (unn). S., Verl. Landesculturrath Böhmen, 1881; ... im Jahre 1885 ... 13+1 (unn.) S., 1 Taf., Selbstverl. (Druck Joh. Spurný), 1886; ... im Jahre 1890 ... 19 S., Druck Jul. Janů, 1891. — [Abdr., z. T.:] Ent. Nachr., **5**, 153—157, 1879.
— Entgegnung. Ent. Nachr., **6**, 287—288, 1880. [Siehe:] Stein, R. von: 257—258.
— *Goliathus Atlas* n. sp. Stettin. ent. Ztg., **48**, 174—176, 1887.
— *Carabus auronitens* Fab. Ein Beitrag zur Kenntniss vom Lebensalter der Insecten. Stettin. ent. Ztg., **50**, 155—162, 1889.
— *Syphyrorrhina Charon*. Eine neue Goliathiden-Gattung und Art. Stettin. ent. Ztg., **51**, 13—15, 1 Taf. (unn.), 1890.
— *Sehirus biguttatus* L. var. *concolor*. Stettin. ent. Ztg., **53**, 62—63, 1892.
— in Catalogus Insectorum Faunae Bohemicae (1892—97) 1894.
— in Catalogus Insectorum Faunae Bohemicae (1892—97) 1897.

Nickisson, W ...
Method of keeping Pupae of Lepidoptera. Entomologist, **2**, 317—318, (1864—65) 1865.

Nicolai
(Über ein dem Getreide schädliches Insekt.) Ztschr. ges. Naturw., **25**, 312—313, 1865.

Nicolas, A ...
Cas de Mélanisme et de Cyanisme observés chez un certain nombre de Carabiques recueillis au pic de Nère, près Barèges (Hautes-Pyrénées). Feuille jeun. Natural., **29**, 11—12, (1898—99) 1898.

Nicolas, Hector
geb. 29. 6. 1834 in Avignon, gest. 25. 10. 1899 auf einer Reise nach Aix-en-Provence, Conducteur principal des Ponts-et-Chaussées. — Biogr.: (A. Chobaut) Mem. Acad. Vaucluse, **1899**, 347—354, 1899 m. Schriftenverz.; Misc. ent., **8**, 70, 86—88, 1900 m. Schriftenverz.
— Le *Pelopoeus spirifex* Fabr. Mém. Acad. Vaucluse, **2**, 96—108, 1883.
— Fonctions des derniers anneaux de l'abdomen du *Leptidea brevipennis* Mulsant. Mém. Acad. Vaucluse, **3**, 62—67, 1884.
— Sur l'arrêt complet de développement des larves d'hyménoptères entre la période larvaire et la forme de nymphe; sur la preuve que certains actes ne sont pas guidés par l'instinct, et sur le parasitisme. C. R. Ass. Franç. Av. Sci., **14** (1885), part. 2, 457—460, 1886.
— Sur l'arrêt complet développement de certaines larves des hyménoptères et sur l'augmentation ou la diminution de nourriture imposées à d'autres larves de la même famille. C. R. Ass. Franç. Av. Sci., **15** (1886), part. 2, 601—604, 1887.
— Étude sur quelques Pompiles du midi de la France. C. R. Ass. Franç. Av. Sci., **17** (1888), part. 2, 329—335, 1888 a.
— Études comparatives sur quelques hyménoptères du midi de la France. C. R. Ass. Franç. Av. Sci., **16** (1887), part. 2, 656—662, 1888 b.
— Insectes fossiles d'Aix. — Collection du Muséum Requien, à Avignon. C. R. Ass. Franç. Av. Sci., **18** (1889), part. 2, 424—432, 1890 a.
— Les hyménoptères du midi de la France. — Le genre *Osmia*. C. R. Ass. Franç. Av. Sci., **18** (1889), part. 2, 564—570, 1890 b.
— Les Hyménoptères et leurs parasites. Échange, **6**, 189—190, 1890 c; **7**, 6—7, 13—15, 1891.
— Études sur les hyménoptères à l'Observatoire du Mont Ventoux. C. R. Ass. Franç. Av. Sci., **19** (1890), part. 2, 502—506, 1891 a.
— De la ponte de *Leptidea brevipennis* Muls. Coléoptériste, **1890—91**, 56—58, 1891 b.
— Insectes fossiles d'Aix (Provence). Descriptions de quelques nouvelles espèces (Collection de M. Matheron). C. R. Ass. Franç. Av. Sci., **20** (1891), part. 2, 425—438, 9 Fig., 1892 a.
— Observations entomologiques et autres faites au sommet du Mont Ventoux. C. R. Ass. Franç. Av. Sci., **20** (1891), part. 2, 566—571, 1892 b.
— *Ptinus sexpunctatus*. Échange, **8**, 143—145, 1892 c; **9**, 8—11, 1 Taf. (unn.), 1893.
— Vues générales sur les Hyménoptères. C. R. Congr. int. Zool., **2**, part. 2, 114—123, 1 Taf. (unn.), 1893 a.
— *Sphex splendidulus* (da Costa). C. R. Mém. Soc. Biol. Paris, (9) **5** (**45**), C. R. 826—828, 1893 b.
— Le „*Sphex splendidulus*" da Costa. C. R. Ass. Franç. Av. Sci., **22** (1893), part. 2, 636—647, 8 Fig., 1894 a.
— Biologie des Insectes. Les Hyménoptères. Misc. ent., **2**, 37—39, 1894 b.
— Larves et Nymphes de certains *Larinus* se développant sur les chardons (Cynarocephaloe) de nos régions (Avignon). Misc. ent., **3**, 89—91, 124—126, 1895; 135—140, (1895) 1896 a; **4**, 1—4, 23—25, Taf. I—II, 1896.
— *Malachius dentifrons* dans les nids terreux du *Chalicodoma muraria*. Misc. ent., **4**, 19—22, 1896 b.
— Transformation larvaire ou métamorphose nymphale. Misc. ent., **5**, 106—109, 129—133, 3 Fig.; Larve d'*Ephialtes histrio* parasite du *Cemonus unicolor* et du *Trypoxylon Attenuatum*. Description de la larve. 133—134, 1 Fig., 1897 a.
— Larves et nymphes d'Hyménoptères. *Odyneres simplex*-Fabricius. Misc. ent., **5**, 142—145, 1897 b; **6**, 5—8, 2 Fig., 1898.
— Observations sur les Hyménoptères. C. R. Ass. Franç. Av. Sci., **26** (1897), part. 2, 523—528, 1898.

Nicolas, J . . .
Note sur les insectes nuisibles aux Crucifères. Bull. Insectol. agric., **6**, 22—25, 1881.

Nicolas, Jacques
○ Constation des bons effekts des submersions des vignes malades opérées par M. Chiron. Bull. Soc. Agric. Vaucluse, **19**, 237—339, 1870.

Nicolau, G . . .
○ [Die Nonne.] Nouna sau Bombicele călugăr (*Psilura monacha*). Rumän. Übers. nach De Gail.] Rev. Pădurilor, **7**, 84—89, 148—156, 184—195, 1892.

Nicoleanu, G . . .
○ [Bericht über die in den Dörfern Lungesci, Manu und Fumureni (Distr. Vîlcea) von der Reblaus befallenen Weinberge.] Raport asupra riilor filoxerate din comunele Lungesci, Manu şi Fumureni (R. Vîlcea). Bul. Minist. Agric. Bukarest, **2**, 4—7, 1890 a.
○ [Die Massnahmen, die in Russland zur Bekämpfung der Reblaus getroffen werden. Die Mission des Herrn Imschenetzky.] Masurile ce se iau în Rusia pentru combaterea filoxerei. Misiuneâ D[lui] Gabriel Imschenetzky. Bul. Minist. Agric. Bukarest, **2**, 309—324, 1890 b.
○ [Die Weingärten für amerikanische und lokale Reben in den Jahren 1888, 1889 und 1890.] Pepinierele de viţe americane şi indigene pe anii 1888, 1889 si 1890. Bul. Minist. Agric. Bukarest, **3**, 749—811, 939—988, 1159—1198, 1891.
○ [Bericht Nr. 93 838 über die Massnahmen, die in den folgenden Jahren in den Weinbergen der Distrikte Romanati, Vălcea und Jaşi im Zusammenhang mit der Ausbreitung der Reblaus in den letzten Jahren zu treffen sind.] Referatul Nr. 93 838 asupra mésurilor ce urméză a se lua în cursul anilor viitori în podgogoriile judeţelor Romanaţi, Vălcea şi Jaşi, faţă cu întinderea şi mersul filoxerei în cursul anilor din urmă. Bul. Minist. Agric. Bukarest, **4**, 572—578, 1893 a.
○ [Dienstbericht Nr. 66 589 von 1893, betreffend die Untersuchungen und die Fortsetzung der Vernichtung der von der Reblaus befallenen Weinberge im Distr. Putna.] Referatul serviciului Nr. 66 589 din 1893, relativ la cercetarile si continnarea distrugerei vülor filoxerate din judetul Putna. Bul. Minist. Agric. Bukarest, **5**, 274—278, 2 Kart., 1893 b.

Nicolet, F . . .
Liste de Coléoptères trouvés dans les environs de Cherbourg. Mém. Soc. Sci. nat. Cherbourg, **29** ((3) **9**), 53—78, 1892—95 [1894?].
— Liste de Lépidoptères trouvés aux environs de Cherbourg. Mém. Soc. Sci. nat. Cherbourg, **30** ((3) **10**), 241—256, (1896—97) 1897.

Nicollet, B . . .
Une pyrale des fruits. Bull. Insectol. agric., **2**, 140—141, 1877.

Nicols, Arthur & **Kingsley**, C . . .
The Cockroach. [Mit Angaben von C. J. R.] Nature London, **3** (1870—71), 108, 148, 1871.

Nidiaut,
Excursion à la Tournée de Nolay (28 mai 1899). Bull. Soc. Hist. nat. Autun, **12**, part. 2, Séance 290—293, 1 Fig., 1899.

Nieciengiewicz, J . . .
○ [Der Seidenbau, praktisch und theoretisch dargestellt.] Jedwabnictwo praktycznie i teoretycznie wyłożone. 8°, 130 + 2 S., Warszawa, 1865.

Nieder-Elbe siehe Beiträge Fauna Nieder-Elbe 1875 - 99.

Niederer,
○ Versuche mit der Züchtung der japanesischen Eichenraupe *Bombyx Yama-mai* in Frankreich. Ztschr. landw. Ver. Bayern, **58**, 276—280, 1868.

Niédiélski,
Ravages du kermès de la vigne (*Coccus vitis* L.), en Crimée. [Franz. Übers. von P. Voelkel.] Bull. Soc. Acclim. Paris, (2) **7**, 328—333, 1869.

Niel, Eugène
Notice biographique sur Alexandre Malbranche, et Liste de ses travaux scientifiques. Bull. Soc. Amis Sci. nat. Rouen, (3) **24**, 57—75, 1888.
— Notice nécrologique sur Jean-Baptiste Lieury. Bull. Soc. Amis. Sci. nat. Rouen, (3) **24** (1888), 347—349, 1889.

Nielsen, A . . . J . . .
Det tidlige Foraars Macrolepidoptera. Ent. Medd., (2) **1**, 38—43, (1897—1904) 1899.

Nielsen, P . . .
○ Indenlansk silkeavl med egelv-silkeorme. Ved udgiveren af „Husvennen." 8°, 32 S., 5 Fig., Kjøben-havn, Klein, 1875.

Niemeyer, C . . . H . . . Robert
geb. 30. 5. 1862, Lehrer in Hamburg.
— in Beiträge Fauna Nieder-Elbe (1875—99) 1891.

Niepelt, Wilhelm siehe Niepelt, Friedrich Wilhelm

Niepelt, Friedrich Wilhelm
geb. 10. 11. 1862 in Striegau (Schlesien), gest. 26. 5. 1936, Inhaber einer Werkstatt f. entomol. Geräte. — Biogr.: (G. Calliess) Int. ent. Ztschr., **26**, 327—333, 1932 m. Porträt & Schriftenverz.; (E. Strand) Ent. Ztschr., **46** (1932—33), 173—175, (1933) 1932 m. Porträt; Insektenbörse, Nr. 21, 1936; Arb. morphol. taxon. Ent., **3**, 300, 1936; Kol. Rdsch., **23**, 116, 1937; Festschr. E. Strand, **4**, 670—672, 1938.
— Ueber Variationen zwischen *Vanessa antiopa* L. und var. *hygiaea* Hdrch. Ent. Ztschr., **9**, 73—74, 1895.
— Mittheilungen über die Behandlung lebender exotischer Puppen und ausgeschlüpften Spinner. Naturalien-Cabinet, **9**, 245—246, 263, 1897 a.
— Eine Zwitterbildung von *Limenitis populi*. Soc. ent., **12**, 81—82, (1897—98) 1897 b.
— Zur Naturgeschichte der *Ap.* [*atura*] *ilia* Schiff. Ent. Ztschr., **12**, 65, (1898—99) 1898.

Nietner, John
gest. 1874?, Plantagenbesitzer in Rambodde (Ceylon). — Biogr.: (Horn-Schenkling) Ind. Litt. ent., 887, 1928.
— Observations sur les ennemis du Caféier, à Ceylan.[1]) Rev. Mag. Zool., (2) **16**, 58—62, 92—94, 120—122, 237—240, 1864.
○ The Coffee tree and its ennemies. 8°, 24 S., Ceylon. Colombo, 1872. — 2. Aufl. (With an Appendix containing Mr. Abbay's paper on Coffee Leaf disease, etc.) 1872.

Nietner, Theodor
Die Rose, ihre Geschichte, Arten-Kultur und Verwendung, nebst einem Verzeichnis von fünftausend beschriebenen Gartenrosen. 4°, XIV + 281 + 160 S., 12 Farbtaf., Berlin, Parey, 1880.
[Ref.:] Gebilde auf Rosen. Dtsch. landw. Pr., **8**, 587, 1 Fig. [S. 584], 1881.

[1]) Beginn vor 1864.

Nieto, José-Apolinario
geb. 1810 in Orizaba (Mexico), gest. 29. 12. 1873 in Cordova, Besitzer einer Farm b. Cordova. — Biogr.: (A. Sallé) Ann. Soc. ent. France, (5) 4, 359—361, 1874.
— Ver à soie de l'ailante au Mexique. Rev. Séricicult. comp., **1864**, 174—175, 1864.

Nietsch, Victor
Über das Tracheensystem von *Locusta viridissima*. Verh. zool.-bot. Ges. Wien, **44** (1894), 1—8, Taf. I; Nachtrag. SB. 21, 1895.

Nieuwenhuis, Anton Willem
geb. 22. 5. 1864, Forschungsreisender.
○ De verspreiding der Malaria in verband met de geologische gesteldteid van der afdeeling Sambas, Borneo. Geneesk. Tijdschr. Nederl.-Indie, **34**, 125—?, 1894.

Niezabitowski, Lubicz Edward
gest. 1947, Prof. d. Biol. d. Univ. Posen. — Biogr.: Polsk. Pism. ent., **18**, 3, 1939—48.
— Przyczynek do fauny rośliniarek (Phytophaga) Galicyi. Spraw. Kom. Fizjogr., **32**, 63—74, 1896. [Ref.:] Beitrag zur Fauna der Blatt- und Holzwespen Galiziens. Anz. Akad. Wiss. Krakau, **1897**, 84, 1897.
— Materyały do fauny rośliniarek (Phytophaga) Galicyi. Spraw. Kom. Fizjogr., **34** (1898), 3—18, 1899. [Ref.:] (Materialien zur Fauna der Blatt- und Holzwespen Galiziens.) Anz. Akad. Wiss. Krakau, **1899**, 228, 1899.
— [Materialien zur Fauna der Chrysididae Galiziens.] Materyały do fauny Złotek (Chrysididae) Galicyi. Spraw. Kom. Fizjogr., **35**, 35—40, 1900.

Nilis,
(Coléoptères recueillis aux Îles Shetland.) Ann. Soc. ent. Belg., **21**, C. R. XII—XIII, 1878.

Nilsson, Albert
○ Växter och myror. Föredrag vid K. Vet. Akademiens högtisdag den 31 mars 1890. 12°, 16 S., Stockholm, 1890.
— Följderna af tallmätarens och röda tallstekelns uppträdande i Nerike under de senare åren. Ent. Tidskr., **14**, 49—77; [Dtsch.] Übersicht. 77—78, 1893. — [Abdr.:] Uppsats. prakt. Ent., **3**, 49—77, 1893.

Nilsson, Hendrik Gottfrid Elor
geb. 20. 10. 1850 in Eksjö, gest. 22. 1. 1942 in Släp, Angestellter d. Skand. Bank in Göteborg. — Biogr.: (Borgvall) Opusc. ent., **17**, 20, 1952.
— (Fyndet af *Vellejus dilatatus* Fabr., vid Öregrund.) Ent. Tidskr., **19**, 195, 1898.

Ninin, Henri
La Mante religieuse (*Mantis religiosa*. Linné). La division géographique de ses habitats en France. Bull. Soc. Étud. Sci. nat. Reims, [**2**], 89—99, (1892—93] 1893.
— Compte-rendu de l'excursion de Cormontreuil, 19 Février 1893. Bull. Soc. Étud. Sci. nat. Reims, [**3**], 13—16, 1894.
— Excursion à Mont-Bernon 13 Mai 1894. Bull. Soc. Étud. Sci. nat. Reims, [**4**], 87—90, 1896.
— La destruction des insectes et la protection des oiseaux. Bull. Soc. Étud. Sci. nat. Reims, **8**, 25—32, 1899.

Ninni, Alessandro Pericle
geb. 4. 4. 1837 in Venezia, gest. 7. 1. 1892 in Venezia. — Biogr.: (P. Pavesi) Bull. Soc. Veneto-Trent. Sci. nat., **5**, 70—78, 1892 m. Porträt; (G. Canestrini) Atti Ist. Veneto, (7) **4** (**51**), 85—108, 1892—93.
○ Della larva roditrice del frumento. 8°, Venezia, H. F. de Münster, 1869.
○ Nuovo insetto distruttore delle viti. 8°, 4 S., Treviso, tip. Priuli, 1870.
— Nuovo insetto distruttore delle viti. Descrizione dell' insetto e mezzi per distruggerlo. Atti Soc. agr. Gorizia, **9**, 230—231, 1870.
○ Intorno alla recente invasione della „Vanessa del Cardo" (*Pyrameis cardui* L.): nota. 4°, 10 S., 1 Taf., Treviso, tip. L. Zoppelli, 1879.
○ Contribuzione per lo studio degli Ortotteri Veneti. Venezia, Tip. Antonelli, 1879; ... Veneti. II° Catalogo degli Ortotteri genuini. Boll. Com. agr. Treviso, Nr. 9, Appendix, 1 Taf., 1880.
— Sopra due *Agrion* ed una *Cloe* nuovi pel Veneto. Lettera al Cav. E. F. Trois. Atti Ist. Veneto, (6) **2**, 599—600, 1883—84.
○ Nota sulla Cavalletta nomade o *Pachytylus migratorius* (L.). Venezia, tip. Antonelli, 1887.

Ninni, E...
Effetti prodotti sull'uomo dai peli del bruco della *Cnethocampa pityocampa* (Schiff.). Riv. Ital. Sci. nat., **19**, Boll. 76—77, 1899.

Nipeiller, Adolf
Naturgeschichte der Reblaus. Jahresber. Pollichia, **34—35**, 117—131, 1877.

Nissen, Bendix Th...
geb. 1844 in Neukirchen (Südschleswig), gest. 2. 4. 1917 in Hamburg, Seminarlehrer in Hamburg. — Biogr.: (A. C. W. Wagner) Verh. Ver. naturw. Unterh. Hamburg, **16** (1914—19), LXVII—LXVIII, 1920.
— in Beiträge Fauna Nieder-Elbe (1875—99) 1887.

Niswander, F... J...
○ Plant-lice. Bull. Wyoming Exp. Stat., Nr. 2, 27—32, 3 Fig., 1891.

Niţescu, A... N...
○ [Praktische Vorschriften zur Maulbeerkultur und Seidenzucht.] Instrucţiuni practice relative la cultura dudului şi a crescerei vermilor de mătase. Bul. Minist. Agric. Bukarest, **5**, 520—550, 5 Fig., 1893.

Nitsch,
○ Die Saateule (*Noctua segetum* L.). Mitt. Mähr.-Schles. Ges. Ackerb., **1864**, 3—4, 1864. — ○ [Abdr.?:] Ztschr. Ver. Dtsch. Zuckerrüben-Indust., **14** ((N. F.) **1**), 404—405, 1864.

Nitsche, E...
○ Bemerkungen über einige forstschädliche Arten der Gattung *Pissodes* Germ. Tharandt. forstl. Jb., **45**, ? S., 1895.

Nitsche, Hinrich (= Heinrich)
geb. 14. 2. 1845 in Breslau, gest. 8. 11. 1902 in Tharandt, Prof. d. Zool. in Tharandt. — Biogr.: (K. M. Heller) SB. naturw. Ges. Isis Dresden, **1902**, V—XI, 1903 m. Schriftenverz.; (W. Baer) Orn. Mschr., **28**, 55—56, 1903; (K. Escherich) Forstinsekten, **1**, 1914 m. Porträt; (E. Möbius) Dtsch. ent. Ztschr. Iris, **57**, 12 (1—27), 1943.
○ [Nachträge zum Referat über den Verlauf des Raupenfrasses im Gohrischen Forstrevier in den Jahren 1877—1879.] Tharandt. forstl. Jb., **30**, 321—324, 1880. [Siehe:] Roch, H.: 312—321, 1880.
— siehe Judeich, Johann Friedrich & Nitsche, Heinrich 1885—95.
— Untersuchungen französischer Forstmänner über die von *Agrilus* (*Coraebus*) *bifasciatus* Oliv. an Eichenbeständen verursachten Schäden. Tharandt. forstl. Jb., **37**, 290—294, 1887.

— Über den Frass von *Lyda hypotrophica* Hartig im Königreich Sachsen. Tharandt. forstl. Jb., **38**, 58—66, 1888.
— Ein neuer Fall von Saatkampbeschädigung durch Laufkäfer. Forstl.-naturw. Ztschr., **2**, 48, 1893 a.
○ Beobachtungen über die Eierdeckschuppen der weiblichen Processionsspinner. Sb. naturw. Ges. Isis, **1893**, 108—117, 1893 b.
— Untersuchungen über den vergleichsweisen Werth verschiedener Raupenleimsorten, sowie über die Menge der am Stamme selbst überwinternden Kiefernraupen. Tharandt. forstl. Jb., **43**, 30—38, 1893 c.
— [Der „Harzrüsselkäfer", *Pissodes Hercyniae* und *Pissodes scabricollis*.] Forstl.-naturw. Ztschr., **3**, 390—391, 1894.
○ Mittheilungen über die durch einen Rüsselkäfer, *Rhyncolus culinaris*, Germ., verursachte Beschädigung der Streckenzimmerung in einer Steinkohlengrube. Nebst Bemerkungen über Leben und Schaden der Cossonini I. Tharandt. forstl. Jb., **45**, 121—135, ? Fig., 1895.
○ Der neueste Kiefernspannerfrass im Nürnberger Reichswalde. Tharandt. forstl. Jb., **46**, 154—186, 2 Taf., 1896 a.
○ Kleinere Mitteilungen über Forstinsekten. *Phyllobius, Cneorrhinus plagiatus, Scolytus intricatus, Cerambyx scopolii, Liparis dispar, Cnethocampa.* Tharandt. forstl. Jb., **46**, 225—247, 2 Fig., 1 Taf., 1896 b.
— Ungewöhnlicher Mageninhalt eines Kuckucks. Orn. Mschr., **23**, 267, 1898.
— Frass des Fichtennestwicklers. (*Grapholitha tedella.*) SB. naturw. Ges. Isis Dresden, **1899**, 4, 1899 a.
— Einschleppung einer japanischen Laubheuschrecke. (*Rhaphidophorus marmoratus.*) SB. naturw. Ges. Isis Dresden, **1899**, 4, 1899 b.

Nitzsch, Christian Ludwig
geb. 1782 in Beucha b. Grimma, gest. 16. 8. 1837 in Halle, Prof. d. Naturgesch. in Halle. — Biogr.: (Horn-Schenkling) Ind. Litt. ent., 888, 1928.
— Beobachtungen der Arten von *Pediculus*[1]). Ztschr. ges. Naturw., **23**, 21—32, 1864.
— Die Federlinge der Sing-, Schrei-, Kletter- und Taubenvögel[1]). Ztschr. ges. Naturw., **27**, 115—122, 1866.

Nitzsche,
(Der Prozessionsspinner.) Forstl.-naturw. Ztschr., **7**, 214—215, 1898.

Nitzsche, W . . . H . . .
Der grosse Nonnenfrass im Voigtlande zu Ende des vorigen Jahrhunderts. Oesterr. Forst-Ztg., **9**, 167—168, 175—176, 181—182, 187—188, 1891.
[Ref.:] Altum, Bernhard: Ztschr. Forst- u. Jagdwes., **23**, 763—764, 1891.
— Zur Vertilgung forstschädlicher Insecten[2]). [Nach: „Münchener Allg. Zeitung".] Oesterr. Forst-Ztg., **10**, 209, 1892.

Nitzschmann, N . . . J . . .
Examination of Insect Powder. Amer. monthly micr. Journ., **12**, 155—156, 1891.

Nitya Gopal Mukerji,
Genesi del Baco da seta. Bull. Soc. ent. Ital., **22**, 203—226, (1890) 1891.

[1]) postum veröffentl.
[2]) vermutl. Autor, lt. Text W. Nitsche

Nix, Arthur P . . .
Deilephila lineata near Truro. Entomologist, **4**, 132, (1868—69) 1868.
— Occurrence of White Butterflies at Truro. Entomologist, **4**, 315, (1868—69) 1869 a.
— Agamic Reproduction of *Sphinx Ligustri.* Entomologist, **4**, 323, (1868—69) 1869 b.
— Locusts at Truro. Entomologist, **4**, 367, (1868—69) 1869 c.

Nix, John A . . .
Colias edusa in Scotland. Entomologist, **33**, 354, 1900.

Noack, Fritz
Nachträgliche Notizen über französische phytopathologische Arbeiten. [Sammelref.] Ztschr. Pflanzenkrankh., **6**, 21—29, 1896 a.
— *Plinthus poreatus* Pez., der Hopfenkäfer. [Nach: Allg. Brauer- und Hopfenztg., 16. Jan. 1895.] Ztschr. Pflanzenkrankh., **6**, 54—55, 1896 b.
— Bekämpfung der Spargelfliege (*Platyparaea poeciloptera*, Schrk.). [Nach: Klein. Ber. Tätigkeit Großherz. Bad. landw. bot. Vers. Anst. Karlsruhe 1896.] Ztschr. Pflanzenkrankh., **6**, 247—248, 1896 c.
— [Ref.:] siehe Cieslar, A . . . 1896.
— [Ref.] siehe Mohr, Chr . . . 1896.
— Molestias das plantas culturaes propagadas pela imporlacão de sementes emudas. [Nach: Bol. Inst. Agron. Est. S. Paulo, **9**, Nr. 1, 1898.] Ztschr. Pflanzenkrankh., **8**, 228—229, 1898.
— Ein neuer Weizenschädling [*Aelos pyroblaptus* Berg]. (Un novo destruidor do Trigo.) [Nach: Bol. Inst. agr. São Paulo, **9**, 261, 1898.] Zbl. Bakt. Parasitenk., **5**, Abt. 2, 467, 1899 a.
— Die Kaffeemotte. [Nach: Dtsch. Ztg., Sao Paulo, **2**, Nr. 42, 1898.] Zbl. Bakt. Parasitenk., **5**, Abt. 2, 469, 1899 b.
— Phytopathologische Beobachtungen aus Brasilien und Argentinien. [Sammelref.] Ztschr. Pflanzenkrankh., **10**, 292—293, 1900.

Noack, R . . .
○ Über die Vertilgung des den Obstbäumen schädlichen Ungeziefers. Ztschr. landw. Ver. Hessen, **41**, 75—77, 1871.
— Die Blutlaus oder wolltragende Rindenlaus. Ztschr. landw. Ver. Hessen, **42**, 409—410, 1872.

Noailles, de
Les abeilles en Pologne. [Nach: Henri de Valois et la Pologne en 1572, par le marquis de Noailles. T. I, ch. XIV.] Bull. Soc. Acclim. Paris, (2) **5**, 368, 1868.

Noakes, A . . .
Boletobia fuliginaria. Entomologist, **14**, 212, 1881.

Nobbe, F . . .
Entomologische Notizen. Forstl. Bl., (N. F.) **1**, 282—284, 1872.

Nobili, Gino de
○ Partenogenesi. Econ. agr. Trapani, **3**, Nr. 5, Nov., 1874.

Nobili, Luigi
○ La sericicultura 1880 nel circondario di Como. Bacologo Ital., **3**, 313—315, 1880—81.

Noble,
[*Vanessa Atalanta* and *Colias edusa.*] Rep. Trans. Glasgow Soc. Natural., **1875—76**, 107, 1876.

Noble, H . . .
○ Note sur le phylloxera. 8°, 7 S., Toulon, impr. Laurent, 1877.

Noble, William
Death-Watch. Sci. Gossip, **1866**, 77, (1867) 1866.

Nobre, A . . .
○ Fauna de Portugal. Coleopteros. Annu. Acad. Porto, **1897—98**, 78—122, 1897—98.

Noè, Giovanni (= Juan) Crevani Dr.
geb. 17. 4. 1877 in Pavia, Prof. d. med. Zool. an d. Univ. Santiago de Chile. — Biogr.: Revista Chilena Hist. nat., **36**, 183—187, 1932 m. Porträt.
— Contribuzione allo studio dei Culicidi. Bull. Soc. ent. Ital., **31**, 235—262, 1 Fig., 1899.
— Propagazione delle filarie del sangue, esclusivamente per mezzo della puntura delle zanzare. II. Nota premilinare. Atti Accad. Lincei, Rend., (5) **9**, Sem. 2, 357—362, 3 Fig., 1900 a.
— Una nuova specie di zanzara. Bull. Soc. ent. Ital., **32**, 150—155, Taf. I, 1900 b.
— siehe Grassi, Giovanni Battista & Noè, Giovanni 1900.

Nöggerath, Johann Jacob
geb. 10. 10. 1788 in Bonn, gest. 13. 9. 1877 in Bonn?, Berghauptmann in Bonn. — Biogr.: Verh. naturhist. Ver. Preuss. Rheinl., **34** ((4) 4),Corr.bl. 79—97, 1877; Leopoldina, **13**, 147—154, 1877.
— Lebendige Insekten als prachtvoller Schmuck der Damen in Mexico. Westermann Mh., **17** ((N. F.) **1**) (1864—65), 401—403, 1865.

Noel, Byron
Larvae of *Bombyx Rubi* burying in the Earth. Entomologist, **5**, 458—459, (1870—71) 1871.
— Variety of *Pyrarga Megaera.* [Mit Angaben von Edward Newman.] Entomologist, **6**, 485, (1872—73) 1873.

Noel, F . . .
Le Naturaliste au Cantal. Feuille jeun. Natural., **9**, 88—90, 101—103, 109—112, 121—122, (1878—79) 1879.

Noël, Paul
Lépidoptères non signalés dans la faune du département de la Seine-Inférieure. Feuille jeun. Natural., **9**, 119, (1878—79) 1879 a.
— Chasse aux lépidoptères nocturnes. Feuille jeun. Natural., **10**, 26, (1879—80) 1879 b.
— Chasses diverses aux Coléoptères. Feuille jeun. Natural., **10**, 93, (1879—80) 1880 a.
— Amélioration du vase au cyanure. Feuille jeun. Natural., **10**, 107, (1879—80) 1880 b. — [Abdr.:] Guide Natural., **2**, 282, 1880.
— Destruction des guêpiers. Feuille jeun. Natural., **10**, 162, (1879—80) 1880 c.
— (Une note relative à des lépidoptères non signalées jusqu'alors dans la faune du département de la Seine-Inférieure.)[1]) Bull. Soc. Amis Sci. nat. Rouen, (2) **16** (1880), 138—139, (1880) 1881 a.
— (Lépidoptères de la Seine-Inférieure.)[1]) Bull. Soc. Amis Sci. nat. Rouen, (2) **16** (1880), 143, (1880) 1881 b.
— Une nouvelle aberration de la *Vanessa cardui.* Feuille jeun. Natural., **11**, 102, (1880—81) 1881 c.
○ La Piéride du Chou. Journ. Agric., **1881**, avril, 1881 d.
[Sonderdr.:] 8°, 6 S., 2 Fig., 1891.

[1]) vermutlicher Autor

○ De l'emploi de l'acide sulfureux et des vapeurs de soufre en agriculture. Journ. Agric., **1891**, décembre, 1891.
[Sonderdr.:] 8°, 8 S., 8 Fig., Paris, 1891.
○ L'élevage des Abeilles par l'emploi de la nouvelle ruche è cadres mobiles. Bull. Soc. Agric. Seine-Inférieure, 1892 a.
[Sonderdr.:] 8°, 11 S., Rouen, 1892.
○ L'entomologie agricole. Journ. Agric., **1892**, janvier, [3 S.], 1892 b.
— Note sur l'*Hepialus lupulinus* Lin. Bull. Soc. Amis Sci. nat. Rouen, (3) **28** (1892), 59—63, 1893.
— Nouveau réflecteur pour la chasse aux insectes nocturnes. Bull. Soc. Amis Sci. nat. Rouen, (3) **29** (1893), 63—66, 1 Taf. (unn.), 1894 a.
— Un Insecte nouveau pour la faune française, l'*Aspidiotus ostreaeformis.* Bull. Soc. Amis Sci. nat. Rouen, (3) **29** (1893), 67—72, 1 Taf. (unn.), 1894 b.
— Les ennemis du Poirier. Description, moeurs et moyens pratiques de destruction. Cidre Poiré Argentan, **1894**, [37] +1 (unn.) S., 12 Fig., 1894 c.
— Les ennemis du Pommier. Description, moeurs et moyens pratiques de destruction. Cidre Poiré Argentan, **1894**, [36] +1 (unn.) S., 11 Fig., 1894 d.
[Ref.:] Rev. Sci. nat. Ouest, **6**, 31, 1896.
— Les accouplements anormaux chez les insectes. Misc. ent., **3**, 114, 1895.
— La chasse aux Papillons de nuit. Naturaliste, (2) **10**, 53—54, 1 Fig., 1896. — [Abdr.:] Fauna Ver. Luxembourg, **6**, 106—112, 2 Fig., 1896.
○ La Chasse aux Insectes aquatiques à l'aide de la lumière électrique. Étangs Rivières, **10**, Nr. 230, 204—205, 1897.
— Destruction des fourmis. [Nach: Petit Jardin illustré.] Bull. Soc. Linn. Bruxelles, **23**, Nr. 8—9, 9—10, 1898 a.
— Chasse aux insectes aquatiques. [Nach: Journ. Agric. 1898.] Misc. ent., **6**, 31, 1898 b.
○ Désinfection des futailles par l'emploi de l'acide sulfurique à l'état naissant. 4°, 8 S., 2 Fig., ∾ 1900 a.
— La conservation des chenilles en collection. Naturaliste, (2) **14**, 274—275, 1900 b.

Noël, Paul & **Viret**, Georges
Vie et Moeurs des Lépidoptères du genre *Vanessa* observés dans la Seine-Inférieure. Bull. Soc. Étud. scient. Angers, **13** (1883), 45—58, 1884.

Noelli, Alb . . .
○ I Ligeidi del Piemonte. Ann. Accad. Agric. Torino, **40**, [32 S.], 1897 a.
— Reduvidi del Piemonte. (Nota preventiva.) Boll. Mus. Zool. Anat. Torino, **12**, Nr. 272, 1—2, 1897 b; ○ I Reduvidi del Piemonte. Ann. Accad. Agric. Torino, **40**, [18 S.], 1897.

Nördlinger, A . . .
Lebensweise von Forstkerfen oder Nachträge zu Ratzeburg's Forstinsekten. 2. Aufl.[1]) 4°, V+73 S., 30 Fig., Stuttgart, J. C. Cotta, 1880.

Nördlinger, Herrmann
geb. 13. 8. 1818 in Stuttgart, gest. 19. 1. 1897 in Ludwigsburg, Prof. f. Forstwiss. in Hohenheim. — Biogr.: (J. T. C. Ratzeburg) Forstwiss. Schriftsteller-Lex., 379—380, 1874; Dtsch. landw. Pr., **12**, 560, 1 Fig., 1885; Oesterr. Forst-Ztg., **15**, 101, 1 Fig. [S. 100], 1897; Zbl. ges. Forstwes., **23**, 137—145, 1897 m. Porträt & Schriftenverz.; (Max Wildermann) Jb. Naturw., **13** (1897—98), 607, 1898.

[1]) 1. Aufl. 1856.

— Waldhonigthau. Krit. Bl. Forst- u. Jagdwiss., **46**, H. 2, 128—137, 1864 a.
— Die neue Seideraupe auf der Eiche. Krit. Bl. Forst- u. Jagdwiss., **46**, H. 2, 251—255, 1864 b.
— *Bostrichus domesticus* L. in der Birke. Krit. Bl. Forst- u. Jagdwiss., **46**, H. 2, 258—260, 1864 c.
— Treiben eines Hornschröterweibchens, *Lucanus cervus* L. Krit. Bl. Forst- u. Jagdwiss., **46**, H. 2, 263, 1864 d.
— *Bostrichus curvidens* Grm. in einer durch Streuablagerung getödteten Föhre. Krit. Bl. Forst- u. Jagdwiss., **47**, H. 1, 260—261, 1864 e.
○ Holzzerstörer auf den Schiffswerften. Krit. Bl. Forst- u. Jagdwiss., **49**, Bd. 1, 191—203, 1867.
— *Hylesinus suturalis* Redt., eine für Württemberg neue Bastkäferart. Jahresh. Ver. vaterl. Naturk. Württemb., **24**, 186—187, 1868 a.
— *Hylesinus minor* Hrt., und *H. piniperda* L. und *Bostrichus* Dft. in Fichten. Krit. Bl. Forst- u. Jagdwiss., **51**, H. 1, 262—265, 1868 b.
— Die kleinen Feinde der Landwirthschaft oder Abhandlung der in Feld, Garten und Haus schädlichen oder lästigen Schnecken, Würmer, Gliederthiere, insbesondere Kerfe, mit Berücksichtigung ihrer natürlichen Feinde, und der gegen sie anwendbaren Schutzmittel. 2. Aufl.[1] 8°, XXIV + 759 S., 292 Fig., Stuttgart, J. G. Cotta, 1869 a.
— Die Seideraupe auf der Eiche. Krit. Bl. Forst- u. Jagdwiss., **51**, H. 2, 260—261, 1869 b.
— Achtjährige Dauer der Entwicklung einer Bockkäfer-Larve (*Cerambyx* [*Hesperophanes*] *sericeoides* Nrdl.). Krit. Bl. Forst- u. Jagdwiss., **51**, H. 1, 262—263, 1869 c.
— Eierlegen einer Raupenfliege (*Tachina*). Krit. Bl. Forst- u. Jagdwiss., **51**, H. 2, 263—264, 1869 d.
— Einige seltene oder noch nicht bekannte Xylophagen. Krit. Bl. Forst- u. Jagdwiss., **52**, H. 1, 186—189, 1870 a.
— Wieder der Splintkäfer *Lyctus canaliculatus* L. Krit. Bl. Forst- u. Jagdwiss., **52**, H. 1, 256—260, 1870 b.
— Massenhaftes, zum Theil widersinniges Auftreten von Borkenkäfern im Jahr 1869. Krit. Bl. Forst- u. Jagdwiss., **52**, H. 1, 260—262, 1870 c.
○ Den Maikäferkrieg betreffend. Württemb. Wbl. Landw., **24**, 133—134, 1872.
— Die Maikäferfrage. Dtsch. landw. Pr., **1**, 162, 1874. ○ [Ref.:] Württemb. Wbl. Landw., **27**, 30, 1875.
— siehe Gerstäcker, Carl Eduard Adolf; Nördlinger, Herrmann & Märcker, Max . . . 1875.
○ Zur Kenntniss der Lebensweise der Rebwurzellaus. [Nach: Staatsanz. Württemberg, No. 24, Beil., 1876.] Weinbau, **2**, 69—70, 87—88, 1876 a.
— Phylloxera. [Nach: Staatsanz. f. Württembg.] Weinlaube, **8**, 67—68, 1876 b. — ○ [Abdr.?:] Weinbau, **2**, 205—206, 1876.
— Die Rebwurzellaus. Weinlaube, **8**, 253—254, 1876 c.
— Die Rebwurzellaus im Neckarthale. Weinlaube, **8**, 348—349, 1876 d.
— Wieder über Maikäferjahre. Dtsch. landw. Pr., **4**, 10, 1877 a.
○ Einfluss des Maikäferfrasses auf den Holzzuwachs. Wbl. landw. Ver. Baden, **1877**, 182, 1877 b.
○ Der Kampf gegen die Maikäfer. Dtsch. landw. Pr., **5**, 619—620, 627—628, 1878.
— Spechte und Eichhorn. Zbl. ges. Forstwes., **5**, 236—241, 1879.

[1]) 1. Aufl. vor 1864.

— Entwicklungsgeschichte des Maikäfers. Zbl. ges. Forstwes., **8**, 401—403, 1882.
— Lehrbuch des Forstschutzes. Abhandlungen der Beschädigungen des Waldes durch Menschen, Thiere und die Elemente unbelebter Natur, sowie der dagegen zu ergreifenden Massregeln. 8°, XXIV + 520 S., 222 Fig., Berlin, Paul Parey, 1884.
— Scheinbare Reblauseier. Dtsch. landw. Pr., **14**, 515, 1887.

Nördlinger, Herrmann & **Moritz,** J . . .
○ Bericht an das kaiserliche Reichskanzleramt in Berlin über ihre nach Klosterneuburg und Pregny unternommene Reise. 46 S., Berlin, Königl. Geh. Oberhofbuchdr., 1875.
[Ref.:] Weinlaube, **8**, 12—14, 1877.

Nogakushi, K . . . Toyama
Preliminary note on the Spermatogenesis of *Bombyx mori*, L. Zool. Anz., **17**, 20—24, 1894; On the Spermatogenesis of the Silk-Worm. Bull. Coll. Agric. Tokyo, **2**, 125—157, Taf. III—IV, (1894—97) 1894.

Noiret,
(L'insecte des pommes de terre *Gelechia solanella.*) Journ. Agric.prat. Paris, **44**, Bd. 1, 427, 1880.

Nolan, Edward J . . .
The Introduction of the Ailanthus Silk Worm Moth. Ent. News, **3**, 193—195, 1892.
— A biographical notice of W. S. W. Ruschenberger, M. D. Proc. Acad. nat. Sci. Philadelphia, **1895**, 452—462, 1896.
— Biographical Notices of Harrison Allen and George Henry Horn. Proc. Acad. nat. Sci. Philadelphia, **1897**, 505—518, 1898.

Nolcken, J . . . H . . . W . . . Baron
Offizier in Arensburg (Insel Vesel b. Riga).
— Mikrolepidopteren. Korr.bl. Naturf.-Ver. Riga, **16**, 19—23, 1867 a.
— Versuch einer Anleitung zum Sammeln der Mikrolepidoptera. Korr.bl. Naturf.-Ver. Riga, **16**, 67—89, 1867 b.
— Lepidopterologische Fauna von Estland, Livland und Kurland. Einleitung. 1. Abt. Macrólepidoptera. Arb. Naturf. Ver. Riga, (N. F.) H. 2, 1—294, 1868; . . . 2. Abt. Microlepidoptera. (N. F.) H. 3, 295—466, 1870; (N. F.) H. 4, I—VIII + 467—850, 1871.
[Engl. Übers. S. 350—351 (im Original statt *Peronea — Teras*):] Notes on *Peronea comariana, proteana,* and *potentillana.* Entomol. monthly Mag., **7**, 233, (1870—71) 1871.
— Lepidopterologisches. Stettin. ent. Ztg., **30**, 267—290, 1869.
— *Cidaria tristata* und *funerata.* Verh. zool.-bot. Ges. Wien, **20**, 59—68, 1870.
— Reisebriefe. Stettin. ent. Ztg., **32**, 258—267, 309—314, 371—380, 1871; **33**, 123—136, 1872.
— Eine neue Lepidopterengattung *Colletria* n. g. Beschrieben von W. Nolken, mit Hülfe P. C. Zeller's . . . Horae Soc. ent. Ross., **12** (1876), 76—81, Taf. III A, (1876—77), 1876.
— Lepidopterologische Notizen. Stettin. ent. Ztg., **43**, 173—201; Nachtrag zu den lepidopterologischen Notizen S. 173. 517—523, 1882.
— Über Schmetterlinge. Korr.bl. Naturf.-Ver. Riga, **34**, 54—55, 1891.

Nolde,
Der Nonnen-Raupenfraß in der russischen Provinz Kurland. Ackerbau-Ztg., **3**, Nr. 80, 1—2, 1875.

Noll,
(Gallen von *Dryophanta scutellaris* an den männlichen Blüthenständen von *Quercus pedunculata.*) Verh. naturhist. Ver. Preuss. Rheinl., **56**, SB. A, 41, 1899.

Noll, Friedrich Carl
geb. 1832, gest. 1893.
— Heyden, Carl Heinrich Georg [Nekrol.]. Zool. Garten Frankf. a. M., **7**, 40; Nachtrag zu dem Nekrologe des Senators Dr. phil. C. v. Heyden. 78, 1866.
— Feiner Geruch bei Schmetterlingen. Zool. Garten Frankf. a. M., **10**, 254—255, 1869.
— Mittel und Wege zur Ausbreitung der Thiere. Zool. Garten Frankf. a. M., **12**, 170—175, 204—210, 237—241, 269—275, 1871.
— Gewöhnung eines Schmetterlings an neue Nahrung. Zool. Garten Frankf. a. M., **16**, 113—114; Der Weinschwärmer, *Sphinx Elpenor*, Fuchsien fressend. 157, 1875 a.
— Der Ligusterschwärmer. Zool. Garten Frankf. a. M., **16**, 114, 1875 b.
— Ueber die verschiedenen Arten der Fortpflanzung im Thierreich. Zool. Garten Frankf. a. M., **16**, 161—168, 5 Fig.; 209—217, 6 Fig.; Berichtigung. 240, 1875 c.
— Feinde der Kartoffel. Zool. Garten Frankf. a. M., **16**, 237—238, 1875 d.
— Die Erscheinungen des sogenannten Instinctes. Zool. Garten Frankf. a. M., **17**, 51—61, 90—97, 127—133, 180—188, 239—247, 271—278, 319—325, 345—354, 1876.
— Der zweifarbige Speckkäfer, *Dermestes bicolor* F., als Feind der jungen Haustauben. Zool. Garten Frankf. a. M., **29**, 307—309, 1888.

Nonfried, Anton Franz
geb. 16. 10. 1854, gest. 16. 12. 1923.
○ [Das Isabellen-Pfauenauge.] Paví oko Isabellino (*Saturnia Isabellae* Graëlls). Vesmir Prag, **17**, 113—144, 1 Fig., 1888.
— Beschreibung einiger neuer Käfer. Verh. zool.-bot. Ges. Wien, **39**, 533—534, 1889.
— Einige neue Lamellicornier aus Kashmir und China. Dtsch. ent. Ztschr., **1890**, 89—91, 1890 a.
— Ueber Präparation und Reinigung von Coleopteren. Ent. Ztschr., **4**, 87—88, 109, 1890 b.
— Neue exotische Coleopteren. Stettin. ent. Ztg., **51**, 15—21, 1890 c.
[Siehe:] Kraatz, Gustav: Dtsch. ent. Ztschr., **1890**, 271, 1890.
— Coleopterorum species novae. Wien. ent Ztg., **9**, 76—78, 1890 d.
— Beitrag zu einer Monographie der Gattung *Plusiotis* Burm. Wien. ent. Ztg., **10**, 300—306, 1891; **11**, 127—130, 1892.
— Neue afrikanische, central-amerikanische und ostasiatische Melolonthiden und Ruteliden. Berl. ent. Ztschr., **36** (1891), 221—240, 1892 a.
— Verzeichniss der Rutelidae beschrieben nach der Herausgabe des Münchener Kataloges. Berl. ent. Ztschr., **36** (1891), 347—358; Nachträge zum Ruteliden-Verzeichniss bis Ende des Jahres 1890. 449—454, 1892 b.
— Weitere Beiträge zur Käferfauna von Südasien und Neuguinea. Berl. ent. Ztschr., **36** (1891), 359—380, 1892 c.
— Monographische Uebersicht der Prionidengattung *Callipogon* Serv. Berl. ent. Ztschr., **37** (1892), 17—24, Taf. III, (1893) 1892 d.
[Siehe:] Aurivillius, Christopher: Ent. Tidskr., **14**, 120, 1893.
— Verzeichnis der seit 1871 neu beschriebenen Glaphyriden, Melolonthiden und Euchiriden. Berl. ent. Ztschr., **37** (1892), 249—290, (1893) 1892 e.
— Beiträge zur Kenntniss einiger neuen exotischen Coleopterenspezies. Dtsch. ent. Ztschr., **1891**, 257—276, (1891) 1892 f.
— Verzeichnis der Lucaniden, beschrieben von 1875 bis Ende des Jahres 1889. Dtsch. ent. Ztschr., **1891**, 277—281, (1891) 1892 g.
— Eine neue *Sternocera* aus Yemen (Süd-Arabien). Dtsch. ent. Ztschr., **1891**, 335—336, (1891) 1892 h.
— Verzeichniss der um Nienghali in Südchina gesammelten Lucanoiden, Scarabaeiden, Bupresliden und Cerambyciden, nebst Beschreibung neuer Arten. Ent. Nachr., **18**, 81—95, 1892 i.
— Beiträge zur Coleopterenfauna von Africa und Madagascar. Ent. Nachr., **18**, 105—111, 117—127, 136—141, 1892 j.
— Zwei neue Cetonien-Varietäten. Soc. ent., **7**, 97—98, (1892—93) 1892 k.
— Monographische Beiträge zur Käferfauna von Central-Amerika. I. Rutelidae: *Epectinaspis* und *Strigoderma*. Berl. ent. Ztschr., **38**, 279—296, (1893) 1894 a.
— Beiträge zur Käferfauna von Manipur (Vorderindien). Berl. ent. Ztschr., **38**, 327—340, (1893) 1894 b.
— Beiträge zur Coleopteren-Fauna von Tebing-Tinggi (Süd-Sumatra): Lucanidae, Melolonthidae, Rutelidae, Cetonini, Buprestidae und Cerambycidae. Dtsch. ent. Ztschr., **1894**, 193—215, 1894 c.
— Beiträge zur Coleopterenfauna von Ostasien und Polynesien. Ent. Nachr., **20**, 9—14, 28—32, 45—48, 81—83, 1894 d.
— Beschreibungen neuer Lamellicornier, Buprestiden und Cerambyciden aus Central- und Süd-Amerika. Ent. Nachr., **20**, 113—128, 129—142, 1894 e.
— Coleoptera nova exotica. Berl. ent. Ztschr., **40**, 279—312, 1895 a.
— Lebenszähigkeit. Insektenbörse, **12**, 140, 1895 b.

Nonnast, Th ...
Aufweichen von genadelten und ungenadelten Faltern zum Zwecke des Spannens. Ent. Jb., **(3)**, 169—170, 1894 a.
— Cyankali-Tötungsgläser. Ent. Ztschr., **8**, 111, 1894 b.

Nopto, Th ...
Anthomyia Brassicae, die Kohlblumenfliege. Jahresber. Westfäl. Prov. Ver. Münster, **18** (1889), 25—26, 1890.

(Noquet,)
Punaise fixée sur la membrane du tympan. [Nach: Bull. méd. Nord, Nr. 10, 1881.] Rev. mens. Laryngol. Otol. Rhinol. Paris, **2**, 27, 1882.

Nordenadler, H ...
○ Nunnan (*Liparis monacha*) öfversättning. 36 S., Stockholm, P. A. Norstedt & Sönner, 1899.
[Ref.:] Meves, J.: Ent. Tidskr., **20**, 158, 1899.

Nordenskiöld, Adolf Erik von
geb. 18. 11. 1832 in Helsingfors, gest. 1901, Prof. in Stockholm, Geognost u. Polarforscher. — Biogr.: (E. Ross) Int. ent. Ztschr., **27**, 539, (1933—34) 1934.
— Account of an Expedition to Greenland in the year 1870. Geol. Mag., **9**, 289—306, 355—368, 6 Fig.; 409—427, 3 Fig.; 449—463, 6 Fig.; 516—524, Taf. VII—VIII, 1872.

— Vegas färd kring Asien och Europa. Jemte en historisk återblick på föregående resor längs gamla verldens nordkust. 2 Bde. 8°, Stockholm, F. & G. Beijers, 1880—81.
1. XV+1 (unn.)+510 S., 152 Fig., 4 Taf., 10 Kart., 1880.
2. IX+1 (unn.)+486 S., 126 Fig., 2 Taf., 1881.
[Dtsch. Übers.:] Die Umsegelung Asiens und Europas auf der Vega. Mit einem historischen Rückblick auf frühere Reisen längs der Nordküste der Alten Welt. 2 Bde. 8°, Leipzig, F. A. Brockhaus, 1882.
1. XIV+477+2 (unn.) S., 138 Fig., 17 Taf., 1 Frontispiz, 6 Kart.
2. XII+451+1 (unn.) S., 103 Fig., 22 Taf., 1 Frontispiz, 4 Kart.
[Dtsch. Übers. von] A. E. Wollheim: Die Fahrt der „Vega" um Asien und Europa; nach Nordenskiöld's schwedischem Werke frei bearbeitet und mit Anmerkungen begleitet. 8°, XII+514 S., 69 Fig., 2 Taf. (unn.), 2 Kart., Berlin, Otto Janke, 1883.

— Vega-Expeditionens Vetenskapliga Iakttagelser bearbetade af deltagare i resan och andra forskare. 5 Bde.[1]) 8°, Stockholm, F. & G. Beijers, 1882—87.
1. 6 (unn.)+812 S., 43 Fig., 8 Taf., 7 Kart., 1882.
[Darin:]
Nordenskiöld, Nils Adolf Erik von: Rapporter skrifna under loppet af Vegas expedition till d:r Oscar Dickson. 1—137, 2 Kart.
4. 6 (unn.)+582 S., 8 Fig., 47 Taf., 1887.
[Darin:]
Sahlberg, John: Bidrag till Tschuktschhalföns Insektfauna. Coleoptera och Hemiptera, insamlade under Vega-expeditionen vid halföns norra och östra kust, 1878—1879. 1—42.
—:Coleoptera och Hemiptera, insamlade, af Vega-expeditionens medlemmar på Berings sunds amerikanska kust uti omgifningarna af Port Clarence, vid Grantley Harbour och sjön Iman-Ruk den 23—26 juli 1879. 43—57.
—: Coleoptera och Hemiptera, insamlade af Vega-expeditionens medlemmar på Bering-ön, den 15—18 augusti 1879. 59—71.
Aurivillius, Christopher: Lepidoptera, insamlade i nordligaste Asien under Vega-expeditionen. 73—80, Taf. 1. MacLachlan, Robert: Report on the Neuroptera, collected by Baron Nordenskiöld during the voyage of the „Vega", in 1878—1879. 81—85.
5. 5 (unn.)+535+5 (unn.) S., 2 Kart., 1887.
[Darin:]
Stuxberg, Anton: Faunan på och kring Novaja Semlja. 1—239, 1 Karte.

— Studier och Forskningar föranledda af mina Resor i höga Norden. Ett populärt vetenskapligt bihang till „Vegas färd kring Asien och Europa". 8°, 8 (unn.)+546 S., 182 Fig., 7 Taf. (6 Farbtaf.), 5 Kart. (=Taf. 1—2 & 9—11), Stockholm, F. & G. Beijers, 1883.
[Darin:]
Aurivillius, Christopher: Insektlifvet i arktiska länder. 403—459, 1 Fig.
[Dtsch. Übers.:] Studien und Forschungen veranlaßt durch meine Reisen im hohen Norden. Ein populärwissenschaftliches Supplement zu „Die Umsegelung Asiens und Europas auf der Vega". 8°, IX+521 S., 1 Frontispiz, 179 Fig., 3 Taf. (2 Farbtaf.), 5 Kart. (=Taf. 1—2 & 5—7), Leipzig, F. A. Brockhaus, 1885.
[Darin:]
Aurivillius, Christopher: Das Insektenleben in arktischen Ländern. 387—439, 1 Fig.

[1]) nur z. T. entomol.

Nordenström, Henning Dr. med.
gest. 4./5. 11. 1919. — Biogr.: (A. Roman) Ent. Tidskr., 41 (1920), 139—141, 1921 m. Porträt & Schriftenverz.
— Några bidrag till kännedomen om svenska Hymenopterers geografiska utbredning. Ent. Tidskr., **21**, 201—208, 1900.

Nordhoff,
Es gibt Spürbienen. Jeder Schwarm muss solche haben. Ver.bl. Westfäl.-Rhein. Ver. Bienen- u. Seidenzucht, **15**, 106—108, 121—123, 1864.
— Über den Nutzen der Bienenzucht. Ver.bl. Westfäl.-Rhein. Ver. Bienen- u. Seidenzucht, **21**, 18—20, 1870.
— Die Geschichte und allmähliche Verbreitung des Seidenbaues. Ver.bl. Westfäl.-Rhein. Ver. Bienen- u. Seidenzucht, **31**, 139—143, 1880.

Nordin, Alban Emanuel
geb. 26. 11. 1853 in Göteborg, gest. 1. 7. 1939, Oberkontrolleur am Zollamt in Göteborg. — Biogr.: (Borgvall) Opusc. ent., **17**, 21—22, 1952 m. Porträt.
— *Blaps Mucronata* Latr. Ent. Tidskr., **14**, 96, 1893.

Nordin, Isidor
Anteckningar öfver Hemipterer. Ent. Tidskr., **4**, 133—134; [Franz. Zus.fassg.:] Notes sur les Hémiptères. 225, 1883; **7**, 31—34; 128, 1886; **12**, 17—21, 1891.
— (En för Sverige ny hemipter *Mesovelia furcata*.) Ent. Tidskr., **7**, 150; [Franz. Zus.fassg.:] (Un Hémiptère nouveau pour la Suède, *Mesovelia furcata*.) 202, 1886.

Nordmann, Alex[ander] von
Christian Steven, der Nestor der Botaniker. Bull. Soc. Natural. Moscou, **38**, Nr. 1, 101—161, 1 Taf. (unn.), 1865.

Nordqvist, Oscar
Bidrag till kännedomen om Bottniska vikens och norra Östersjöns evertebratfauna. Medd. Soc. Fauna Flora Fenn., **17**, 83—128, 1 Taf. (unn.), (1890—92) 1890.

Nordstedt, Carl Frederik Otto
geb. 1838.
○ Can the leaves of *Drosera* eat flesh? [Nach: Bot. Notiser, Sept. 1873.] Journ. Bot. London, (N. S.) **4** (**13**), 85—86, 1875.

Norgate, Frank
gest. März 1919. — Biogr.: (H. Rowland-Brown) Entomologist, **52**, 119, 1919.
— Notes of a Naturalist in India. Zoologist, (2) **2** (**25**), 993—997, 1867.
— *Vanessa Antiopa* at Norwich. Entomologist, **4**, 147, (1868—69) 1868.
— *Thecla Quercus* with an Orange Spot. Entomologist, **7**, 69, 1874.
— List of insects observed in Tresco, Scilly Isles, in August, 1878. Entomol. monthly Mag., **16**, 182—183, (1879—80) 1880.
○ [Lepidoptera and Coleoptera in Norfolk.] Trans. Norfolk Norwich Natural. Soc., **3**, 383—385, 1884.
— *Thecla quercûs* with an orange spot on each forewing. [Mit Angaben der Herausgeber.] Entomol. monthly Mag., **24**, 9, (1887—88) 1887.
— (On breeding *Chariclea umbra*.) Entomol. Rec., **6**, 158, 1895.

— (Secondary sexual characters: Male tufts of *Xanthia aurago* and *Leucania lithargyria.*) Entomol. Rec., **7**, 179, (1895—96) 1896 a.
— (A method of obtaining pupae.) Entomol. Rec., **7**, 203—204, (1895—96) 1896 b.
— (Hybernating larvae.) Entomol. Rec., **7**, 316, (1895—96) 1896 c.
— (Habits of larva of *Eupithecia subciliata.*) Entomol. Rec., **8**, 42, 1896 d.
— (Hermaphrodite *Fidonia piniaria.*) Entomol. Rec., **8**, 305, 1896 e.
— (Collecting near Bury (Suffolk) in 1896.) Entomol. Rec., **8**, 311—312, 1896 f.
— (Coleoptera in Suffolk.) Entomol. Rec., **8**, 312, 1896 g.
— (*Anticlea sinuata* in Suffolk.) Entomol. Rec., **8**, 312, 1896 h.
— (Breeding *Acherontia atropos.*) Entomol. Rec., **9**, 266, 1897.

Norguet, A . . . de
○ Mémoire sur les insectes nuisibles aux betteraves, présenté à la Société centrale d'agriculture du Pas-de-Calais, le 26 juillet 1865. 8°, 52 S., Arras, impr. Tierny, 1866.
○ Ravages des Chenilles sur les arbres fruitiers et les haies. Bull. scient. Dép. Nord, **1**, 240—247, 268—277, 1869.
○ *Bibio marci.* Bull. scient. Dép. Nord, **5**, 100—103, 1873.
○ *Chironomus plumosus.* Bull. scient. Dép. Nord, **6**, 74—77, 1874 a.
○ *Adelops Wollastoni.* Bull. scient. Dép. Nord, **6**, 126—129, 1874 b.
○ Faune entomologique du Nord. — Coléoptères. Mém. Soc. Sci. Lille, **6**, 8—13, 28—32, 1874 c.
○ Coléoptères myrmécophiles du Nord. Bull. scient. Dép. Nord, **7**, 25—29, 1875.

Norman, George
geb. 1. 1. 1824 in Hull, gest. 5. 7. 1882 in Peebles, Kaufmann. — Biogr.: Entomol. monthly Mag., **19**, 96, (1882—83) 1882; (T. S.) Trans. Hull Club, **1**, 105—112, 1900 m. Porträt & Schriftenverz.
— *Cicindela campestris* smelling of Roses. Zoologist, **22**, 8997, 1864 a.
— Further Natural History Notes from Norway. Zoologist, **22**, 9354—9358, 1864 b.
— *Choerocampa Celerio* near Hull. Entomologist, **2**, 327, (1864—65) 1865 a.
— Abundance of *Macroglossa Stellatarum.* Entomologist, **2**, 342, (1864—65) 1865 b.
— Hearing of Insects. [Lep.] Entomologist, **2**, 345, (1864—65) 1865 c.
— *Acherontia Atropos:* does it feed on the wing. [Mit Angaben von Edward Newman.] Entomologist, **3**, 41—42, (1866—67) 1866.
— Captures of Lepidoptera in Morayshire. Entomologist, **4**, 169—174, (1868—69) 1868 a.
— Natural History Notes from Morayshire. Zoologist, (2) **3** (**26**), 1065—1072, 1868 b.
— Pupa of *Trachea piniperda.* Entomologist, **4**, 179—180, (1868—69) 1868 c.
— A List of Noctuidae observed in Morayshire. Entomol. monthly Mag., **5**, 201—204, (1868— 69) 1869 a.
— List of Noctuidae observed in Perthshire and Morayshire in 1869. [Mit Angaben der Herausgeber.] Entomol. monthly Mag., **6**, 166—169, (1869—70) 1869 b.
— Early breeding of *Aplecta occulta.* Entomol. monthly Mag., **6**, 217, (1869—70) 1870 a.
— *Noctua baja* paired with *Leucania pallens.* Entomol. monthly Mag., **7**, 88, (1870—71) 1870 b.
— Notes on captures of Noctuidae in Morayshire in 1870. Entomol. monthly Mag., **7**, 140—142, (1870—71) 1870 c.
— *Taeniocampa gothicina,* Herrich-Schäffer, in Morayshire. [Mit Angaben der Herausgeber.] Entomol. monthly Mag., **8**, 39, (1871—72) 1871 a.
— Note on the economy of *Cossus ligniperda.* Entomol. monthly Mag., **8**, 70, (1871—72) 1871 b.
— A list of the Noctuae occurring in Morayshire. Scott. Natural., **1**, 16—18, (1871—72) 1871 c.
— Captures of Lepidoptera in Morayshire. Entomol. monthly Mag., **8**, 210—211, (1871—72) 1872 a.
— Note on the variation of *Triphaena orbona,* &c. Entomol. monthly Mag., **8**, 273, (1871—72) 1872 b.
— Early appearance of *Triphaena subsequa.* Entomol. monthly Mag., **9**, 68, (1872—73) 1872 c.
— *Vanessa Antiopa* in Morayshire. Entomol. monthly Mag., **9**, 108—109, (1872—73) 1872 d.
— Morayshire Noctuae in 1872. Entomol. monthly Mag., **9**, 141—143, (1872—73) 1872 e.
— *Vanessa Antiopa* in Morayshire. Entomol. monthly Mag., **9**, 161, (1872—73) 1872 f.
— Galls in Scotland. Scott. Natural., **1**, 154—155, (1871—72) 1872 g.
— New sugaring lamp. Entomol. monthly Mag., **9**, 199, 250, (1872—73) 1873 a.
— Black variety of *Dianthoecia conspersa* in Morayshire. Entomol. monthly Mag., **10**, 20—21, (1873—74) 1873 b.
— Captures of Noctuidae at St. Catharines, Ont. Canad. Entomol., **7**, 3—6, 21—24, 1875 a.
— Sugaring for Noctuae. Canad. Entomol., **7**, 61—62, 1875 b.
— Captures of Noctuidae at St. Catharines in the Province of Ontario. Canada West. Entomol. monthly Mag., **11**, 258—262, (1874—75) 1875 c.
— Captures of Noctuidae near Orillia, in the province of Ontario, Canada. Canad. Entomol., **8**, 67—72, 1876 a.
— Captures of Noctuidae near Orillia, in the province of Ontario. Canada West. Entomol. monthly Mag., **12**, 254—256, (1875—76) 1876 b.
— Food-plant of *Agrotis agathina.* Entomol. monthly Mag., **13**, 11, (1876—77) 1876 c.
— Morayshire Noctuae and Hemiptera-Heteroptera. Entomol. monthly Mag., **13**, 166, (1876—77) 1876 d.
— *Lygus pellucidus,* Fieb., in Morayshire. Entomol. monthly Mag., **13**, 188, (1876—77) 1877 a.
— Captures of Hemiptera-Heteroptera in Morayshire. Entomol. monthly Mag., **14**, 165—167, (1877—78) 1877 b; Morayshire Hemiptera. **15**, 255—256, (1878—79) 1879.
— Irruption of *Plusia gamma* in Perthshire. Entomol. monthly Mag., **16**, 110—111, (1879—80) 1879.
— List of Hemiptera-Heteroptera occurring at Pitlochry, in Perthshire. Entomol. monthly Mag., **16**, 175, (1879—80) 1880 a; List of Hemiptera-Homoptera . . . **18**, 213—214; Additions to the Perthshire Hemiptera. 276, (1881—82) 1882.
— *Gastrodes abietis* in Morayshire. Entomol. monthly Mag., **16**, 214, (1879—80) 1880 b.
— Hibernating Hemiptera in Perthshire. Entomol. monthly Mag., **17**, 260, (1880—81) 1881 a.
— Additions to the Morayshire Hemiptera. Entomol. monthly Mag., **18**, 18, 67, (1881—82) 1881 b.

— The Parasitic Fungi of Insects. Journ. Micr. nat. Sci., (N. S.) 3 (9), 73—82, Taf. 6—8, 1890.

Norman, J . . . M . . .
Argynnis latona in Jersey. Entomologist, **27**, 272, 1894.

Norman, S . . .
Clostera anachoreta. Entomologist, **9**, 232, 1876; **14**, 160, 1881.
— *Dasycampa rubiginea.* Entomologist, **14**, 300, 1881.

Norman, W . . . W . . .
Do the Reactions of the lower animals against Injury indicate Pain Sensations? [Mit Angaben von Jacques Loeb.] Amer. Journ. Physiol., **3**, 271—284, 1900.

Norris, A . . .
Observations on the New Zealand Glowworm, *Bolitophila luminosa.* Entomol. monthly Mag., (2) **5** (**30**), 202—203, 1894.

Norris, A . . . E . . .
Cabinet pest deterrent. Canad. Entomol., **31**, 123, 1899.

Norris, Frank B . . .
Spring Butterflies at Hyères. Entomologist, **22**, 182—185, 1889.
— Notes on Rhopalocera in Corfu. Entomologist, **24**, 179—180, 1891 a.
— Notes on Butterflies from the Apennines. Entomologist, **24**, 227—229, 1891 b.
— Notes on Italian Rhopalocera. Entomologist, **25**, 95, 1892 a.
— Notes on Rhopalocera from Italy, &c. Entomologist, **25**, 239—241, 261—267, 1892 b.
— Notes from Italy. [Lep.] Entomologist, **26**, 89—90, 1893.

Norris, Herbert E . . .
Lepidoptera in the Fens. Entomologist, **15**, 255, 1882.
— Visitors to Honeysuckle. Entomologist, **16**, 209, 1883 a.
— *Vanessa atalanta* in Huntingdonshire. Entomologist, **16**, 281—282, 1883 b.
— The butterflies of Huntingdonshire. Entomol. monthly Mag., **20**, 164, (1883—84) 1883 c.
— Localities of Diurni. Entomologist, **17**, 40—41, 1884 a.
— Huntingdonshire Diurni. Entomologist, **17**, 64—65, 1884 b.
— Birds versus Insects. Entomologist, **17**, 95—96, 1884 c.
— Influence of Civilisation upon Insects. Entomologist, **17**, 187—188, 1884 d.
— *Acherontia atropos* in Huntingdonshire. Entomologist, **18**, 258, 1885 a.
— The Migration of Aphides. Entomologist, **18**, 303, 1885 b.
— Insect migration. Entomol. monthly Mag., **21**, 232, (1884—85) 1885 c.
— Habits of *Acherontia atropos.* Entomologist, **19**, 125, 1886 a.
— Heterocera in Huntingdonshire. Entomologist, **19**, 178—179, 1886 b.

Northcote, A . . . B . . .
Killing Lepidoptera. Entomologist, **16**, 240, 1883.

Norton, Edward
geb. 1823 in Albany (N. York), gest. 8. 4. 1894 in Farmington (Conn.). — Biogr.: Ent. News, **5**, 160, 161—163, 1894 m. Porträt & Schriftenverz.; Psyche Cambr. Mass., **7**, 138, 1894; Period. Bull. Dep. Agric. Ent. (Ins. Life), **6**, 379, 1894; Wien. ent. Ztg., **13**, 234, 1894; Leopoldina, **30**, 154, 1894; (C. Ch. Bradley) Trans. Amer. ent. Soc., **85**, 280, 1960.
— Notes on Tenthredinidae, with descriptions of new species. Proc. ent. Soc. Philadelphia, **3**, 5—16, 1864.
— Catalogue of the described Tenthredinidae and Uroceridae of North America. Trans. Amer. ent. Soc., **1**, 31—84, 1 Fig.; 193—280, (1867—68) 1867; **2**, 211—236, 3 Fig., (1868—69) 1868; 237—242, 321— 368, (1868—69) 1869.
— Notes on Mexican Ants. Amer. Natural., **2**, 58—72, 1 Fig., Taf. 2, (1869) 1868.
[Span. Übers., mit Zusätzen S. 189—190, von] Aniceto Moreno: Notas sobre las hormigas mexicanas. Naturaleza, **3** (1874—76), 179—190, 1876.
— in Sumichrast, François 1868.
— Description of Mexican Ants noticed in the American Naturalist, April, 1868. Proc. Essex Inst., **6** (1867—70), 1—10, 11 Fig., (1871) 1870.[1])
— in Packard, Alpheus Spring (1869) 1870.
— Notes on North American Tenthredinidae, with descriptions of new species. Trans. Amer. ent. Soc., **4**, 77—86, (1872—73) 1872.
— in Reports Explorations Surveys West Hundreth Meridian (1874—89) 1875.
— On the Chrysides of North America. Trans. Amer. ent. Soc., **7**, 233—242, (1878—79) 1879.
— in Comstock, John Henry 1880.
— On the Decadence of Australian Forests. Proc. R. Soc. Queensland, **3** (1886), 15—22, 1887.

Nosenko, Pavel Beleckij siehe Beleckij-Nosenko, Pavel

Nossek, Hugo
Beobachtungen über das Verhalten der Raupen der *Lithosia*-Arten bei Massenvermehrung. Oesterr. Forst-Ztg., **10**, 207, 1892.

Nossenko, Paul Beletzky siehe Beleckij-Nosenko, Pavel

Nostitz, Pauline Gräfin
Johann Wilhelm Helfer's Reisen in Vorderasien und Indien. 2 Teile. 8°, Leipzig, F. A. Brockhaus, 1873.
1. X + 1 (unn.) + 299 + 1 (unn.).
2. 4 (unn.) + 262 S.

Nostrand, P . . . Elbert
siehe Hulst, George Duryea & Nostrand, P . . . Elbert 1879.

Nosworthy, J . . . C . . .
Agrotis Ripae taken inland. Entomologist, **5**, 150, (1870—71) 1870.

Notes Fauna Flora Clonbrock
Notes an the Fauna and Flora of Clonbrock, Co. Galway. Irish Natural., **5**, 217—244, Taf. 3, 1896.
[Darin:]
McWeeney, E. J. & Praeger, Robert Lloyd: Prefatory Note. 217—221.
Halbert, James Nathaniel: Hemiptera. 229; Coleoptera. 230—233.

Nott, A . . . W . . .
(To keep away insects from stuffed birds.) Natural. Gazette, **1**, 56, 1889 a.
— Modes of killing insects. Natural. Gazette, **1**, 71, 1889 b.

[1]) „Author's copies issued July, 1868."

— A holiday in the Isle of Wight. Natural. Gazette, **1**, 76, 1889 c.

Nottelle,
Sur le *Phylloxera*. C. R. Ass. Franç. Av. Sci., **3** (1874), 976, 1875.

Notthaft, Julius
Ueber die Gesichtswahrnehmungen vermittelst des Facettenauges. Abh. Senckenberg. naturf. Ges., **12**, 35—124, Taf. I—III, 1881.
— Die physiologische Bedeutung des facettierten Insektenauges. Kosmos, **18**, 442—450, 2 Fig., 1886.

Noualhier, Martial Jean Maurice
geb. 1. 9. 1860 in Château de la Borie (Limoges), gest. 7. 4. 1898 in Arcachon. — Biogr.: Entomol. monthly Mag., **34**, 165, 1898; Zool. Anz., **21**, 428, 1898; (C. Jourdheuille) Bull. Soc. ent. France, **1898**, 157, 177, 1898; (E. L. Bouvier) Bull. Mus. Hist. nat., **4**, 229—232, 1898; (A. Dollfuss) Feuille jeun. Natural., **1898**, 156, 1898; (L. de Nussac) Rev. scient. Limousin, Nr. 220, 57—67, 1911 m. Schriftenverz.
— Captures entomologiques [Coleoptera]. Feuille jeun. Natural., **15**, 22, (1884—85) 1884.
— in Voyage Alluaud Canaries (1892—95) 1893.
— Note sur le genre *Ploiaria* Scop. Reut. (*Emesodema* Spin., *Cerascoupus* Hein.) et description de quatre espèces nouvelles paléarctiques. Rev. Ent. Caen, **14**, 166—170, Taf. I, 1895.
— siehe Puton, Auguste & Noualhier, Maurice 1895.
— Note sur les Hémiptères récoltés en Indo-Chine et offerts au Muséum par M. Pavie. Bull. Mus. Hist. nat. Paris, **2**, 251—259, 1896.
— Hémiptères recueillis par M. A. Fauvel à Madère, en mai et juin 1896. Taf. I. Rev. Ent. Caen, **16**, 76—80, 1897.
— Hémiptères Gymnocérates récoltés au Sénégal par M. Chevreux (Campagne de la goélette Melita en 1889—1890), avec la description des espèces nouvelles. Bull. Mus. Hist. nat. Paris, **4**, 232—234, 1898.

Noualhier, Maurice & **Puton,** Auguste
Excursions Hémiptérologiques à Ténériffe et à Madére par Maurice Noualhier avec l'énumération des espèces récoltées et la description des espèces nouvelles par le Dr. A. Puton. Rev. Ent. Caen, **8**, 293—310, 1889.

Nouchet,
○ Vers à soie du mûrier. [Nach: La science pour tous, **11**, 1865.] Rev. Séricicult. comp., **3**, 308, 1865.

Nourrigat, Émile
Direktor d. Etablissements in Lunel z. Verbesserung d. Seidenracen. — Biogr.: (Horn—Schenkling) Ind. Litt. ent., 892, 1928.
○ Sur l'emploi des feuilles du *Morus japonica* pour l'alimentation des vers à soie. Monit. Soie, **58**, 368, 1864 a.
— Vers à soie du mûrier. (Essais précoces et gratuis de graines.) Rev. Séricicult. comp., **1864**, 6—12, 1864 b.
○ La maladie des vers à soie dépendant de celle de la feuille du mûrier. 8°, 44 S., Montpellier, impr. Boehm & fils, 1866.
— *Le Phylloxera vastatrix*. Journ. Lunel, 28 Mars, 4 Avril, 11 & 18 Avril, 2 Mai, 11 Juillet, 8 Août, 1871 a.
○ Conférence sur le Phylloxera. Association viticole du canton de Lunel pour combattre le Phylloxera. Journ. Lunel, 8 Août, 1871 b.
○ Des avantages d'une courte éducation de vers à soie et des inconvénients qui peuvent résulter d'une haute température provenant d'appareils en métal. Monit. Soie, **11**, 23 mars, 5, 1872 a.
○ Nouvelles observations sur le système de chauffage à haute température de M. le Dr. Carret. Monit. Soie, **11**, 6 avril, 3, 1872 b.
— Destruction du *Phylloxera vastatrix*. Bull. Soc. Acclim. Paris, (2) **10**, 385—387, 1873 a.
— (Note relative à la destruction des oeufs de Phylloxera qui couvrent les racines de la vigne, par leur exposition à l'air.) C. R. Acad. Sci. Paris, **76**, 361—362, 1873 b.

Novak, Anton
[*Acherontia atropos* in Dalmatien von Tachinen parasitiert.] Ent. Ztschr., **13**, 90, (1899—1900) 1899.

Novak, Giam-Battista
gest. 24. 8. 1893 in Lesina, Maestro popolare. — Biogr.: Wien. ent. Ztg., **13**, 195, 1894.
— Primo cenno sulla Fauna dell' isola Lesina in Dalmazia. Dermaptera et Orthoptera. Wien. ent. Ztg., **7**, 119—132, 1888; Secondo cenno ... Dalmazia. Orthoptera, Parte II. Glasnik Naravosl. družt., **5**, 119—128, 1890; Terzo cenno ... Dalmazia. Neuroptera. Con Appendic. **6**, 50—58, (1892—94) 1891.

Novak, Ottomar
○ Über *Gryllacris bohemica*, einen neuen Locustidenrest aus der Steinkohlenformation von Stradonitz in Böhmen. Jb. geol. Reichsanst. Wien, **30**, 69—74, 1 Taf., 1880.
[Ref.:] Bull. Soc. ent. Ital., **12**, 245, 1880.

Novara siehe Reise Novara „1857-59" 1864-75.

Novarro, Leandro
○ Instrucciones para conocer y combatir el *Aspidiotus perniciosus* (Comstock) ó plaga de San José, en América, parásito de los árboles frutales. Bol. Agric. Min. Indust. México, **8**, 3—33, 2 Taf., 1899.

Novi, Giuseppe
La Fillossera devastatrice delle viti. Atti Ist. Sci. nat. Napoli, (2) **16**, 97—242, 1879.
— Sur l'emploi des sables volcaniques dans le traitement des vignes attaquées par le Phylloxera. C. R. Acad. Sci. Paris, **90**, 1258—1259, 1880.

Nowaja Semlja siehe Expédition Nowaja Semlja 1898.

Nowakowski, Leon Dr.
Die Copulation bei einigen Entomophthoreen. Bot. Ztg., **35**, 217—222, 1877.

Nowers, J ... E ...
Acronycta alni. Entomologist, **13**, 162, 1880.
— *Zygaena filipendulae*, variety. Entomologist, **15**, 39, 1882.
— *Acherontia atropos* at Burton-on-Trent. Entomologist, **18**, 317, 1885.

Nowicki, Ad ...
○ [Der gemeine Maikäfer.] Charabaszez pospolity (*Melolontha vulgaris hippocastani*). Ziemianin, **1868**, 53—55, 60—62, 1868.

Nowicki, Maximilian Siła
geb. 9. 10. 1826 in Jabłonków (Ostgalizien), gest. 30. 10. 1890 in Krakau, Prof. d. Zool. an d. Univ. Krakau. — Biogr.: (J. Mik) Wien. ent. Ztg., **9**, 272, 1890; Zool. Anz., **13**, 636, 1890; (A. Wierzejski) Wien. ent. Ztg., **10**, 17—30, 1891 m. Porträt & Schriftenverz.; (A. Wierzejski) Kosmos Lwów, **16**, 1—24, 1891 m. Schriftenverz.; (K. Grobben) Festschr. Bot. Zool. Österr., 516, 1901; (J. Romaniszyn) Fauna Lep. Poloniae, **1**, 1930 m. Porträt.
○ Microlepidopterorum species novae, auctore ... Accedit una tabella. 8°, 31 S., Cracoviae, sumptibus V. Dzieduszycki, 1864.

○ [Die Tagschmetterlinge Galiziens.] Motyle Galicyi. Poszyt I: Motyle dzienne. 8°, LXX+152 S., 5 Taf. Lwów, nakład Wład. hr. Dzieduszyckiego, 1865 a.

— Beitrag zur Lepidopterenfauna Galiziens. Verh. zool.-bot. Ges. Wien, **15**, 175—192, 1865 b.

— [Instruktion für Beobachtungen an einheimischen Tieren.] Instrukcya dla dostrzegaczy pojawów w świecie zwierzęcym. Spraw. Kom. Fizjogr., **1866**, 108—120, 1867 a.

— [Notizen zur Fauna der Tatra.] Zapiski z fauny tatrzańskiéj. Spraw. Kom. Fizjogr., **1866**, [179]—[206], 1867 b; **1867**, (77)—(91), 1868.

— Über den Heerwurm in den Karpathen und der Tatra. Verh. zool.-bot. Ges. Wien, **17**, SB. 23—36, 1867 c.

— Beschreibung neuer Dipteren. Verh. zool. bot. Wien, **17**, 337—354, Taf. XI, 1867 d; Verh. naturf. Ver. Brünn Abh., **6** (1867), 70—97, Taf. XI, 1868. [Siehe:] Reichardt, H. W.: Verh. zool.-bot. Ges. Wien, **17**, SB. 123—124, 1867.

○ Der Heerwurm [*Sciara Thomae*]. Zips. Anz., Nr. 29, 30, 1867 e.

○ [Zoologie für die unteren der Mittelschulen.] Zoologia dla klas nizszych szkół średnich. 1868 a. — ○ 6. Aufl. 1890.

— [Über den Heerwurm und die daraus schlüpfende Trauermücke *Sciara militaris*.] O pleniu Kopalińskim i lęgnącéj się z niego pleniówce, *Sciara militaris* n. sp. Roczn. Tow. nauk. Krakow, **37**, [109 S.], Taf. I, 1868 b.

○ [Neue Insekten.] Nowe owady. Roczn. Tow. Nauk. Krakow, **37**, [54] S., Taf. II, 1868 c.

— [Verzeichnis der Schnabelkerfe.] Wykaz pluskwówek (Rhynchota F. Hemiptera L.). Spraw. Kom. Fizjogr., **1867**, (91)—(107), 1868 d.

— [Verzeichnis der Schmetterlinge der Tatra nach ihrer vertikalen Verbreitung.] Wykaz motylów tatrzańskich według pionowego rozsiedlenia. Spraw. Kom. Fizjogr., **1867**, (121)—(127), 1868 e.

— [Das Schmarotzen der Dipteren.] Pasorzytyzm dypterów. Spraw. Kom. Fizjogr., **1867**, (161)—(162), 1868 f.

— Der Kopaliner Heerwurm und die aus ihm hervorgehende *Sciara militaris* n. sp. Verh. naturf. Ver. Brünn, **6** (1867), 3—69, Taf. I, 1868 g.

○ [Die Getreideverwüster.] Niszczyciele zboża. Kraj, Nr. 99, 1869 a.

— [Faunistische Notizen.] Zapiski faunicze. Spraw. Kom. Fizjogr., **3** (1868), (145)—(152), 1869 b; **4** (1869), (1)—(30), 1870.

○ Beschreibung neuer Arthropoden. Jb. Gelehrt. Ges. Krakau, **41**, [4 S.], 1870 a.

○ [Schutzmittel gegen einige schädliche Insekten.] Środki zaradcze przeciw niektórym owadom szkodliwym. Kraj, Kwiecień, 1870 b.

○ [Die Weizenfliege veranlaßt neue Verluste.] Niezmiarka (*Chlorops taeniopus*) zagraża nową klęską. Kraj, 1870 c.

— [Bericht über die Verwüstungen der Feldfrüchte in Galizien durch schädliche Insekten im Jahre 1869.] O szkodach wyrządzonych 1869 r. w plonach polnych przez zwierzęta szkodliwe. Spraw. Kom. Fizjogr., **4** (1869), (86)—(163), 1870 d.

— [Nachtrag zum Verzeichnisse der Schnabelkerfe.] Dodatek do wykazu pluskwiaków (Rhynchota F.). Spraw. Kom. Fizjogr., **4** (1869), (237)—(240), 1870 e.

— Ueber die Weizenverwüsterin *Chlorops taeniopus* Meig. und die Mittel zu ihrer Bekämpfung. 8°, 58 S., Selbstverl. der K. K. zool.-bot. Ges. in Wien (Buchdruck. C. Ueberreuter), 1871 a.

○ Notes on *Microphorus*. Jb. gelehrt. Ges. Krakau, **42**, 72—73, 1871 b.

— Beschreibung einer neuen Käferart, nebst Ausweis der Literatur über die Käferfauna Galiziens. 8°, 7 S., Krakau, Selbstverl. (Universitäts-Buchdruck.), 1872.

— Beiträge zur Insektenfauna Galiciens. 8°, 52 S., Krakau, Selbstverl. (Jagellonische Universitäts-Buchdruck.), 1873 a.

— Beschreibungen neuer Käferarten. 8°, 6 S., Krakau, Selbstverl. (Jagellonische Universitäts-Buchdruck.), 1873 b.

○ [Beobachtungen über die dem Getreide schädlichen Thiere und über den Zustand der Ernte.] Spostrzeżenia nad szkodnikami zbożowemi i stanem plonów. 8°, 27 S., Kraków, 1873 c.

○ [Die landwirthschaftlich schädlichen Thiere, beobachtet im Jahre 1872.] Szkodniki gospodareze postrzęgane w. r. 1872. (Odbitka z Biblioteki umiejętuośći przyrodzonych.) 8°, 15 S., Kraków, druck Korneckiego, 1873 d.

— Beiträge zur Kenntnis der Dipterenfauna Galiziens. 8°, 35 S., Krakau, Jagellonische Universitäts-Buchdruck., 1873 e.

○ [Beobachtungen über die Lebensweise und die Metamorphosen der Insekten.] Spostrzeżenia nad sposobem życia i przeobrażeniami owadów. Przyrodnik Lwów, **3**, 87—95, 117—128, 1873 f.

— Beobachtungen über der Landwirthschaft schädliche Thiere in Galizien im Jahre 1873. Verh. zool.-bot. Ges. Wien, **24**, 355—376, 1873 g.

○ Beitrag zur Kenntnis der Dipterenfauna Neu-Seelands. 8°, 29 S., Krakau, Selbstverl. (Universitäts-Buchdruck.), 1875.

○ [Zoologie für Bürgerschulen.] Zoologia dla szkół wydziałowych. Krakau, 1879.

Nucchelli, Colucci Paride

○ Le api melifere. 50 S., ? Fig., Milano, Tip. Agnelli, 1868.

Nürnberg, Max

Rhopalocerenfauna von Neu-Ruppin und Umgegend. Soc. ent., **12**, 36, 43—44, 52, (1897—98) 1897.

Nürnberger, Klemens

Versuche mit fremden Seidenspinnern. Jahresber. Österr.-Schles. Seidenbauver., **8**, 81—86, 1866.

— [Aufzucht von *B[ombyx] pernyi*.] Jahresber. Österr.-Schles. Seidenbauver., **13**, 45—46, 1871.

Nueros, Federico Perez de siehe Perez de Nueros, Federico

Nüsslin, Otto Prof. Dr.

geb. 1850 in Karlsruhe, gest. 2. 1. 1915 in Baden-Baden, Prof. d. Techn. Hochschule u. Direktor d. Naturalien-Kabinetts in Karlsruhe. — Biogr.: Ent. Bl., **7**, 1—5, 1911; Wien. ent. Ztg., **34**, 68, 1915; Ent. Bl., **11**, 127, 1915; (Nüsslin-Rhumschler) Forstinsektenkunde, (4. Aufl.) 8, 1927.

— Ueber Generation und Fortpflanzung der *Pissodes*-Arten. Forstl.-naturw. Ztschr., **6**, 441—465, 2 Fig., 1897.

— Faunistische Zusammenstellung der Borkenkäfer Badens. Forstl.- naturw. Ztschr., **7**, 273—285, 2 Fig., 1898.

— Über eine Weißtannentrieblaus (*Mindarus abietinus*-Koch). Allg. Forst- u. Jagdztg., (N. F.) **75**, 210—214, 5 Fig., 1899 a.

— Die Tannen-Wurzellaus. *Pemphigus* (*Holzneria*) *poschingeri* Holzner. Allg. Forst- u. Jagdztg., (N. F.) **75**, 402—408, 7 Fig., 1899 b.

— Zur Biologie der Schizoneuriden-Gattung *Mindarus* Koch. Biol. Zbl., **20**, 479—485, 5 Fig., 1900 a.
— Generations- und Fortpflanzungsverhältnisse der *Pissodes*-Arten. Verh. naturw. Ver. Karlsruhe, **13** (1895—1900), SB. 118—119, 1900? b.

Nugent, E . . .
Humblebees vs. field-mice. Science, **2**, 470, 1883.

Nugue, A . . .
Corymbites haematodes. Feuille jeun. Natural., **20**, 150, (1889—90) 1890.

Nuñez Ortega, A . . .
○ Apuntes históricos sobre el cultivo de la Seda en Mexico. 8°, 69 S., Brüssel, G. Mayolez, 1883.

Nunney, W . . . H . . .
The British Perlidae or Stone-Flies. Sci. Gossip, **28**, 35—39, 10 Fig.; 49—51, 1892 a.
— Notes on British Dragon-Fly Names. Sci. Gossip, **28**, 206—208, 1892 b.
— Larvae-Nymphs of British Dragon-Flies. Sci. Gossip, (N. S.) **1**, 80—82, 3 Fig.; 100—102, 6 Fig.; 129—131, 9 Fig.; 148—150, 11 Fig.; 176—177, 1894.
— A new West-African Insect. Ann. Mag. nat. Hist., (6) **16**, 349—351, 1 Fig., 1895 a.
— On Scale Evolution in the Lepidopterous Genus *Ithomia.* Journ. Quekett micr. Club, (2) **6**, 99—104, 2 Fig., (1894—97) 1895 b.
— Caddis-Worms. Sci. Gossip, (N. S.) **2**, 138, 1895 c.
— Preservation of Colours of Dragon-Flies. Sci. Gossip, (N. S.) **2**, 204, 1895 d.
— Development of the Alderfly. Sci. Gossip, (N. S.) **2**, 257—258, 4 Fig., 1895 e.
Dragon-Fly Gossip. Sci. Gossip, (N. S.) **3**, 9, 3 Fig., 1896 a.
— Ferocity of Dragon-fly Larvae. Sci. Gossip, (N. S.) **3**, 82, 1896 b.

Nunzi, P . . .
○ Le mie api: memoria sullo stabilimento di apicoltura Nunzi; arnia Nunzi; purificatore e mescolatore della cera sistema Nunzi; critiche. 8°, 48 S., Montegiorgio, tip. Zizzini Frinucci, 1898.

Nurse, Charles George
geb. 1862, gest. 5. 11. 1933 in Tunbridge Wells, Lieutenant-Colonel. — Biogr.: Entomologist, **67**, 23—24, 1934; (H. Scott) Entomol. monthly Mag., (3) **20** (**70**), 20—21, 1934.
— *Boletobia fuliginaria.* Entomologist, **11**, 231, 1878.
— *Colias Edusa* and *Acronycta alni.* Entomologist, **12**, 58, 1879.
— Lepidoptera taken in Cutch. Journ. Bombay nat. Hist. Soc., **12**, 511—514, 1899.
— Sport and natural history in Northern Gujarat. Journ. Bombay nat. Hist. Soc., **13**, 337—342, 1900.

Nussbaum, Joseph siehe Nussbaum, Osip Ilarionovič

Nussbaum, Moritz
Zur Differenzirung des Geschlechts im Thierreich. Arch. mikr. Anat., **18**, 1—121, Taf. I—IV, 1880.
— Zur Parthenogenese bei den Schmetterlingen. Arch. mikr. Anat., **53**, 444—480, 1899.

[**Nussbaum**, Osip Ilarionovič] **Нуссбаум**, Осип Иларионович
geb. 15. 11. 1859 in Warschau. — Biogr.: (A. Bogdanov) Material. Gesch. Zool. Russland, **1**, 2 (unn.) S., 1888 m. Porträt & Schriftenverz.
○ [Aus den Geheimnissen des Insektenlebens.] Z tajemnic życia owadów. Przyroda przem., **9**, 483—484, 1880—81.
○ (Mundbewaffnung und Mechanismus des Aussaugens bei der *Myrmeleo*-Larve.) Uzbrojenie geby i mechanizm wysysania pokarmów u gąsienicy mrówkolwa (*Myrmeleo*). Pamiętnik fizyogr.; Physiogr. Denkschr. Warschau, **1**, 349—355, Taf. 12, 1881.
— Zur Entwickelungsgeschichte der Ausführungsgänge der Sexualdrüsen bei den Insecten. Zool. Anz., **5**, 637—643, 1882.
— [Die neuesten Überblicke über die Genesis der tierischen Gewebe.] Najnowsze poglady na geneze tkanek zwierzecych. Kosmos Lwów, **8**, 253—261, 281—288, 1883 a.
— Vorläufige Mittheilung über die Chorda der Arthropoden. Zool. Anz., **6**, 291—295, 3 Fig., 1883 b.
— [Die Entwicklung des Geschlechtsapparates bei den Insekten.] Rozwój przewodów organów płciowych u Owadów. Kosmos Lwów, **9**, 256—267, 393—409, 462—477, Taf. I—II, 1884 a.
— Bau, Entwicklung und morphologische Bedeutung der Leydig'schen Chorda der Lepidopteren. Zool. Anz., **7**, 17—21, 2 Fig., 1884 b.
— [Die Saite und Leydig's-Saite bei den Insekten.] Struna i struna Leydig'a u owadów. Kosmos Lwów, **11**, 225—243, Taf. I—II, 1886.
— in Miall, Louis Compton & Denney, Alfred 1886.
— Die Entwicklung der Keimblätter bei *Meloë proscarabaeus* Marsham. Biol. Zbl., **8** (1888—89), 449—452, 2 Fig., (1889) 1888.
— Zur Frage der Segmentierung des Keimstreifens und der Bauchanhänge der Insektenembryonen. [Vorläuf. Mitt.] Biol. Zbl., **9** (1889—90), 516—522, 1 Fig., (1890) 1889.
— Studya nad morfologia zwierzat. (Przyczynek do embryologii maika (*Meloe proscarabaeus.* Marsham).) Kosmos Lwów, **15**, 17—47, 112—145, 1 Fig.; 218—233, 325—352, 2 Fig., Taf. I—VII (Taf. II—VII farb.), 1890.
— Die nächsten wissenschaftlichen Aufgaben der Morphologie der Tiere. (Habilitations-Vorlesung.) Najbliźsze zadania naukowe morfologii zwierząt. (Odczyt habilitacyjny.) Kosmos Lwów, **16**, 172—185, 1891.

Nuttall, George Henry Falkiner Dr.
geb. 5. 7. 1862 in San Francisco, gest. 16. 12. 1937 in London, Prof. d. Biol. d. Univ. Cambridge u. Direktor d. Molteno Inst. Res. Parasit. — Biogr.: (L. O. Howard) Pop. Sci. monthly, **87**, 68, 1915; (L. O. Howard) Hist. appl. Ent., 1930; The Times, 18. 12. 1937; (H. Osborn) Fragm. ent. Hist., 231, 1937; Parasitology, **30**, 403—418, 1938 m. Schriftenverz.; Arb. morphol. taxon. Ent., **5**, 77, 1938; Canad. Entomol., **70**, 40, 1938; Ent. News, **49**, 80, 1938; Journ. Parasit., **24**, 180—183; 1938; (E. Roubaud) Bull. Soc. Pathol. exot., **31**, 1—3, 1938; (L. R. N.) Norsk ent. Tidsskr., **5**, 91, 1938; (G. S. Graham-Smith) Journ. Hyg., **38**, 129—140, 1938 m. Porträt; Nature London, **141**, 318—319, 1938; (G. S. Graham-Smith) Obit. Notices Fellows R. Soc., **2**, 493—499, 1939 m. Porträt; (H. Osborn) Fragm. ent. Hist., **2**, 105—106, 1946.
— [Ref.] siehe Bruce, David 1895.
— Zur Aufklärung der Rolle, welche die Insekten bei der Verbreitung der Pest spielen. — Über die Empfindlichkeit verschiedener Tiere für dieselbe. Eine experimentelle Studie. Zbl. Bakt. Parasitenk., **22**, Abt. 1, 87—97, 1897.

— Neuere Untersuchungen über Malaria, Texasfieber und Tsetsefliegenkrankheit. Zusammenfassender Bericht. Hyg. Rdsch. Berlin, **8**, 1084—1103, 1898 a; Nachtrag zu meinem Bericht, betreffend „Neuere ... Tsetsefliegenkrankheit" in dieser Zeitschr. Zeitschr. 1898 No. 22. **9**, 117—118, 1899.

— Zur Aufklärung der Rolle, welche stechende Insekten bei der Verbreitung von Infektionskrankheiten spielen. Infektionsversuche an Mäusen mittels mit Milzbrand, Hühnercholera und Mäuseseptikämie infizierter Wanzen und Flöhe. Zbl. Bakt. Parasitenk., **23**, Abt. 1, 625—635, 1898 b.

— The part played by Insects, Arachnids, and Myriapods in the propagation of infective diseases of man and animals. Brit. med. Journ., **1899**, Bd. 2, 642—644, 1899 a.
[Ref.:] Pakes, W. C. C.: Jahresber. Fortschr. pathog. Mikroorg., **15** (1899), 748, 818—819, 1901.

— Die Rolle der Insekten, Arachniden (Ixodes) und Myriapoden als Träger bei der Verbreitung von durch Bakterien und thierische Parasiten verursachten Krankheiten des Menschen und der Thiere. Eine kritisch-historische Studie. Hyg. Rdsch. Berlin, **9**, 209—220, 275—289, 393—408, 503—520, 606—620, 1899 b.
[Siehe:] Abel, Rudolf: 1065—1070.

○ On the rôle of Insects, Arachnids and Myriapods, as carriers in the spread of bacterial and parasitic diseases of Man and Animals. A critical and historical study. John Hopkins Hosp. Rep., **8**, 1—154, 3 Taf., 1899 c.
[Franz. Übers. von] Levrier: Rôle des Insectes, des Arachnides et des Myriapodes dans la transmission et la dissemination des Maladies bactériennes et parasitaires de l'homme et des animaux. Étude critique et historique. 161 S., Bordeaux, P. Cassignol, 1900.

— Die Mosquito-Malaria-Theorie. Zbl. Bakt. Parasitenk., **25**, Abt. 1, 161—170, 209—217, 245—247, 285—296, 337—346; Corrigendum. 395, 1899 d.
○ [Ital. Übers. von] Claudio Sforza: La teoria zanzare malaria. Giorn. med. Esercito, Nr. 11, [28 S.], 1899.

— Neuere Forschungen über die Rolle der Mosquitos bei der Verbreitung der Malaria. Zusammenfassendes Referat. Zbl. Bakt. Parasitenk., **25**, Abt. 1, 877—881, 903—911; **26**, 140—147, 1899 e; **27**, Abt. 1, 193—196, 218—225, 260—264, 328—340, 1900.

Nutting, Charles Cleveland
geb. 1858.
— [Ref.:] siehe Beddard, Frank Evers 1892.

Nylander, William Dr.
geb. 1822 in Helsingfors, gest. 1899 in Frankreich. — Biogr.: Entomol. monthly Mag., (2) **10** (**35**), 148, 1899.
— De l'ouie chez les *Anobium*. Feuille jeun. Natural., **10**, 92—93, (1879—80) 1880.

Nypels, Paul
Maladies de plantes cultivées. III.[1]) Les arbres des promenades urbaines et les causes de leur dépérissement. Ann. Soc. Belge Micr., **23**, 75—143+1 (unn., Taf. Erkl.) S., Taf. III, 1898; ... IV. Les parasites du Bois de la Cambre. **24**, 7—46+2 (unn., Taf. Erkl.) S., Taf. I—II, 1899.

Nyssens,
La chenille processionnaire. Bull. Soc. Linn. Bruxelles, **22**, Nr. 6, 2—3, 1897.

O

Oakeshott, Percy
Colias edusa. Sci. Gossip, **29**, 45, 1893.

Oakeshott, R ...
Vanessa Antiopa in the Isle of Wight. Entomologist, **10**, 237, 1877.

Oates, Frank
geb. 1840, gest. 1875.
○ Matabele Land and the Victoria Falls. A Naturalist's wanderings in the interior of South Africa. Mit Appendix. 8°, XLIII+383 S., ? Fig., 18 Taf., 4 Kart., 1 Frontispiz, London, C. Kegan Paul & Co., 1881.
[Darin:]
Appendix IV. Westwood, John Obadiah: Entomology. 331—365, 4 Taf. (3 Farbtaf.).
○ — 2. Aufl. XLIX+433 S., ? Fig., 22 Taf., 4 Kart., 1 Frontispiz, 1889.

Obenauf,
Ueber lange Puppenruhe von *Gastropacha quercus.* Ent. Nachr., **5**, 285, 1879.
[Siehe:] Frosch, E. L.: 257—258; Stein, R. von: 218.

Oberdieck, J ... G ... C ...
Noch eine Randglosse zum Thema „Schutz den Vögeln". Ill. Mh. Obst- u. Weinbau, **1866**, 232—237, 1866.
— Was, und wie viel frisst der Sperling? ermittelt nach angestellten Versuchen. Ill. Mh. Obst- u. Weinbau, (N. F.) **4**, 285—296, 1868.
— siehe Siedhof, & Oberdieck, J. G. C. 1868.
— Nochmals einige Bemerkungen über den Sperling. Ill. Mh. Obst- u. Weinbau, (N. F.) **6**, 197—201, 1870.
— Die den jungen Birnfrüchten verderblichen Mückenarten. *Sciara pyri major* und *minor* (Birnmücke) und *Cecidomya nigra*; (Schwarze Gallmücke). Ill. Mh. Obst- u. Weinbau, (N. F.) **7**, 330—334, 1871.
— siehe Gillemot, G ... L ... & Oberdieck, J ... G ... C ... 1871.
— Auffallende Erscheinung bei jungen Birnenfrüchten, in welche die *Sciara piri* Eier gelegt hat. Ill. Mh. Obst- u. Weinbau, (N. F.) **8**, 221, 1872.
— Was frisst der Staar? Ill. Mh. Obst- u. Weinbau, (N. F.) **9**, 98—99, 1873.

Oberdieck, J ... G ... C ... & L[**ucas**], Ed ...
Zur Vertilgung der Blutlaus. Ill. Mh. Obst- u. Weinbau, (N. F.) **10**, 301—302, 1874.

Oberlender,
Note sur la Zigène de la Filipendule (*Zigaena Filipendulae*). Bull. Soc. Amis Sci. nat. Rouen, (2) **14** (1878), 29—31, 1879.

Oberlin, Ch ...
○ Die *Phylloxera* im Elsass. Weinbau, **2**, 368, (385), 1876.
○ Auftreten der Phylloxera in Bollweiler. Weinbau, **3**, 40, 1877; ... in Lothringen. Landw. Ztschr. Elsass-

[1]) I. u. II. nicht entomol.

Lothringen, Nr. 20, 1877. — [Abdr.?:] Weinbau, **3**, 335—336, 1877.

○ [Note sur le *Coccus vitis.*] Bull. Soc. Sci. Agric. Basse-Alsace, **12**, 134—135, 1878 a.

○ Un nouvel ennemi de la vigne. [*Pulvinaria vitis.*] Ztschr. Wein- Obst- u. Gartenb., **4**, 45, 1878 b.

○ Le pyrophore insecticide contre le phylloxera. 8°, 11 S., Perpignan, Latrobe, 1880.

Obermeyer, W...

Bestäubung der Blumen durch Insekten. Aus der Heimat, **2** (1889—90), 25—35, 1889.

Oberschmidt, A...

Ein gutes Mittel zum Fang der Werre. Prakt. Bl. Pflanzenschutz, **3**, 70—71, 1900.

[**Obert**, Ivan Stanislavovič] **Оберт**, Иван Станиславович

geb. 28. 8. 1809 in Petersburg, gest. 18. 2. 1900. — Biogr.: (G. Jacobson) Horae Soc. ent. Ross., **35**, XXXVII—XXXIX, 1902.

— [Verzeichnis der bisher in Petersburg und seiner Umgebung gefundenen Käfer.] Список жуков найденных по сие время в Петербурге и его окрестностях. [Trudy Russ. ent. Obšč.] Труды Русс. энт. Общ., **8**, 108—139, (1876) [1874].
[Sonderdr.:] Catalogus Coleopterorum agri Petripoletani. 4°, 32 S., Petropoli, 1875.

[**Obert**, Prosper]

Catalogue des Coléoptères du département de la Somme. Mém. Soc. Linn. Nord France, **4** (1874—77), 103—323, 1877.

Oberthür (**Oberthur**), Charles

geb. 1845 in Rennes, gest. 1. 6. 1924 in Rennes, Besitzer einer Buchdruckerei. — Biogr.: (J. M. Dusmet y Alonso) Bol. Soc. ent. Españ., **2**, 182, 1919; Entomol. Rec., **36**, 115, 1924; (G. C. C.) Entomol. monthly Mag., **60**, 191, 215—216, 1924; (E. E. Green) Proc. ent. Soc. London, **1924**, CLXII, 1924; (C. Houlbert) Ann. Soc. ent. France, **93**, 163—178, 1924 m. Porträt & Schriftenverz.; (N. D. R.) Entomologist, **57**, 191—192, 1924; (H. Skinner) Ent. News, **35**, 267—269, 1924 m. Porträt; (J. L. Reverdin) Bull. Soc. lép. Genève, **5**, 91—95, 1924 m. Porträt; (V. Vlack) Acta Soc. ent. Čechosl., **21**, 108, 1924; (A. Musgrave) Bibliogr. Austral. Ent., 242, 1932.

— Rapport sur l'excursion entomologique provinciale faite dans les montagnes de la Lozère en juillet 1863. Ann. Soc. ent. France, (4) **4**, 181—194, 1864 a.

— (Lettre relative à l'excursion Entomologique dans les Alpes.)[1] Ann. Soc. ent. France, (4) **4**, Bull. XXIX—XXX, 1864 b.

— Catalogue des Lépidoptères du Département d'Ille et Vilaine. Mém. Soc. Sci. phys. nat. Ille-et-Vil., **1**, 74—82, 1865.

— (*Thaïs deyrollei.*) Petites Nouv. ent., **1** (1869—75), (7), 1869.

— (Synonymies du G. *Morpho.*) Petites Nouv. ent., **1** (1869—75), 175—176, 1872 a.

— Des variations chez les Lépidoptères. Petites Nouv. ent., **1** (1869—75), 220, 1872 b.

— Catalogue raisonné des Lépidoptères rapportés par M. Théophile Deyrolle de son exploration scientifique en Asie Mineure. Rev. Mag. Zool., (2) **23**, 480—488, Farbtaf. XXI, (1871—72) 1872 c.

— Observation sur le genre *Erebia.* Petites Nouv. ent., **1** (1869—75), 339—340, 1873.

— Ravages causés par une chenille aux plantations de Manioc, à la Guayane. Petites Nouv. ent., **1** (1869—75), 383, 1874 a.

— Lépidoptères nouveaux d'Algérie. Petites Nouv. ent., **1** (1869—75), 412—413, 1874 b.

— (Capture de l'*Argynnis pandora,* près de Rennes.) Petites Nouv. ent., **1** (1869—75), 423, 1874 c.

— (*Satyrus Prieuri* Pierret var. *Zapateri.*) Petites Nouv. ent., **1** (1869—75), 457, 1874 d.

— Étude sur quelques espèces de Lépidoptères d'Espagne. An. Soc. Hist. nat. Españ., **4**, 369—374, 1875 a; **5**, Farbtaf. XVII, (1876) 1875.

— (Chasses dans les Pyrénées.) Petites Nouv. ent., **1** (1869—75), 516—517, 1875 b.

— Études d'entomologie. Faunes entomologiques. Descriptions d'insectes nouveaux ou peu connus. 21 Lief. 8°, Rennes, impr. Oberthür & fils, 1876—1902.

1. Étude sur la faune des lépidoptères de l'Algérie. 74 (=I—XIV+15—74) S., 4 Farbtaf., 1876.
2. Espèces nouvelles de lépidoptères recueillis en Chine par M. l'abbé A. David. 34 (=I—XII+13—34) S., 4 Farbtaf., 1876.
3. Étude sur la faune des lépidoptères de la côte orientale d'Afrique. 48 (=I—X+11—48) S., 4 Taf., 1878.
4. Catalogue raisonné des Papilionidae de la collection de Ch. Oberthür à Rennes. 117 (=I—XVIII+19—117) S., 6 Taf., 1880.

○ 5. Faune des lépidoptères de l'île Askold. 88 (=I—X+11—88) S., 9 Farbtaf., 1880.

6. I. Lépidoptères de Chine. II. Lépidoptères d'Amérique. III. Lépidoptères d'Algérie. IV. Le genre *Ecpantheria.* Appendix. II. 115 (=I—X+11—115) S., 20 Farbtaf., 1881.

○ 7. Hepialides nouveaux d'Europe. Lépidoptères de l'Amérique méridionale. 36 S., 3 Farbtaf., 1883.

○ 8. Observations sur les lépidoptères de Pyrénées. 51 S., 1 Farbtaf., 1884.

○ 9. Lépidoptères du Thibet, de Mantschourie d'Asie mineure et d'Algerie. 40 S., 3 Farbtaf., 1884.

○ 10. Lépidoptères de l'Asie orientale. 35 S., 3 Farbtaf., 1884.

○ 11. Espèces nouvelles de lépidoptères du Thibet. 38 S., 7 Farbtaf., 1886.

○ 12. Premiers états de lépidoptères de la Réunion. Lépidoptères européens et algeriens IX+46 S., 7 Farbtaf., 1888.

○ 13. Lépidoptères des îles Comores, d'Algérie et du Thibet. 50 S., 10 Farbtaf., 1890.

14. Lépidoptères du genre *Parnassius.* X+18+1 (unn., Taf. Erkl.) S., 1891.
15. Nouveaux lépidoptères d'Asie. 25+1 (unn., Taf. Erkl.) S., 3 Farbtaf., 1891.
16. Lépidoptères du Pérou et du Thibet. X+9 S., 2 Farbtaf., 1892.

○ 17. Lépidoptères recueillis au Tonkin. Lépidoptères d'Afrique. VII+36 S., 4 Farbtaf., 1893.

○ 18. Zygaenidae de Madagascar. VIII+49 S., 6 Farbtaf., 1893.

19. Lépidoptères d'Europe, d'Algerie, d'Asie & d'Océanie. X+41 S., 8 Farbtaf., 1894.

○ 20. De la variation chez les lépidoptères. XX+74 S., ? Fig., 24 Farbtaf., 1896.

21. Observations sur la variation des *Helicania, Vesta* et *Thelxiope.* 26 S., 11 Farbtaf., 1902.
[Siehe:] Butler, Arthur Gardiner: Ann. Mag. nat. Hist., (5) **7**, 228—237, 1881.

— Étude sur les Lépidoptères recueillis en 1875 à Doreï

[1]) vermutl. Autor

(Nouvelle-Guinée) par Mr. le Prof. O. Beccari. Ann. Mus. Stor. nat. Genova, **12**, 451—470, 1878 a.

— (*Bombyx canensis*, Lép.) Ann. Soc. ent. France, (5) **8**, Bull. LXXXI—LXXXIII (= Bull. Soc. . . ., **1878**, 100—102), 1878 b.

○ Diagnoses d'espèces nouvelles de Lépidoptères de l'île Askold. 8°, 16 S., Rennes, 1879 a.

— (Notes synonymiques sur divers Lépidoptères: *Ithomia* et *Catagramma*.) [Korrektionen zu W. C. Hewitson: Illustrations of new species of exotic Butterflies. **1**, 1851—56.] Ann. Soc. ent. France, (5) **8**, Bull. CLIII—CLVII (= Bull. Soc. . . ., **1878**, 208—210), (1878) [1879] b.

— Observations sur les Lépidoptères des îles Sangir, et descriptions de quelques espèces nouvelles. Trans. ent. Soc. London, **1879**, 229—233, Farbtaf. VIII, 1879 c.

— Étude sur les Collections de Lépidoptères Océaniens appartenent au Musée Civique de Gênes. Ann. Mus. Stor. nat. Genova, **15** (1879—80), 461—530, Taf. II—IV (II + IV Farbtaf.), 1880 a.

— Notice nécrologique sur le docteur Boisduval. Ann. Soc. ent. France, (5) **10**, 129—138, 1880 b.

— Conservation des insectes; renseignements pour les voyageurs désireux de s'occuper d'histoire naturelle. [Nach: Bull. Soc. Geogr.] Bull. Soc. Acclim. Paris, (3) **7**, 220, 1880 c.

— in Spedizione Italiana Africa Equatoriale (1880—84) 1880.

— Nouvelle espèce d'*Hepialus* appartenant à la faune française. Ann. Soc. ent. France, (6) **1**, 527—528, (1881) 1882 a.

— (*Pieris glauconome* Klug signalée en Algérie.) Ann. Soc. ent. France, (6) **2**, Bull. LXXVI (= Bull. Soc. . . ., **1882**, 86—87), 1882 b.

— (Description d'une nouvelle espèce de Lépidoptère Hétérocère d'Algérie: *Trichosoma Breveti*.) Ann. Soc. ent. France, (6) **2**, Bull. CLXXIV (= Bull. Soc. . . ., **1882**, 238—239), (1882) 1883 a.

— (Campagne dans la région du Haut-Sénégal (Lépidoptères).) Ann. Soc. ent. France, (6) **3**, Bull. XI—XIII (= Bull. Soc. . . ., **1883**, 13—15), 1883 b.

— (Une petite collection d'Insectes, formée à Tât-sien-loû, au Thibet.) Ann. Soc. ent. France, (6) **3**, Bull. XLIII—XLIV (= Bull. Soc . . ., **1883**, 59—60), 1883 c.

— (Un aperçu de la faune des Papillons de Sebdou.) Ann. Soc. ent. France, (6) **3**, Bull. XLVII—XLIX (= Bull. Soc. . . ., **1883**, 66—68), 1883 d.

— (*Parnassius Imperator* au Thibet, dans les environs de Tât-sien-loû.) Ann. Soc. ent. France, (6) **3**, Bull. LXXVI—LXXVIII (= Bull. Soc. . . ., **1883**, 108—110), 1883 e.

— Réponse à une question de M. Serge Alphéraky. Rev. mens. Ent., **1**, 37—39, 1883 f.

— in Spedizione Italiana Africa Equatoriale (1880—84) 1883.

— (Découvertes lépidoptérologiques dans la Mantchourie continentale et description d'une Géomètre: *Metrocampa? admirabilis*.) Ann. Soc. ent. France, (6) **3**, Bull. LXXXIV—LXXXVI (= Bull. Soc. . . ., **1883**, 117—120), (1883) 1884 a.

— (Une migration considérable de Piérides, *Calicharis* et la *Pieris Calypso*.) Ann. Soc. ent. France, (6) **3**, Bull. CXXVII—CXXVIII (= Bull. Soc. . . ., **1883**, 188—189), (1883) 1884 b.

— (Description d'une espèce nouvelle de *Limenitis*.) Ann. Soc. ent. France, (6) **3**, Bull. CXXVIII—CXXIX (= Bull. Soc. . . ., **1883**, 189—190), (1883) 1884 c.

— (*Smerinthus Davidi*.) Ann. Soc. ent. France, (6) **4**, Bull. XI—XII (= Bull. Soc. . . ., **1884**, 13—14), 1884 d.

— (Collection de Lépidoptères de feu M. Philip-H. Harper.) Ann. Soc. ent. France, (6) **4**, Bull. LXII—LXIII (= Bull. Soc. . . ., **1884**, 84—85), 1884 e.

— (*Cocytodes odilia* (nov. sp.).) Ann. Soc. ent. France, (6) **4**, Bull. XC—XCI (= Bull. Soc. . . ., **1884**, 130—131), 1884 f.

— Note sur la *Chelonia Dahurica*. Boisduv. Rev. mens. Ent., **1**, 128—130, 1884 g.

— (Sur le danger que les descriptions sans figures font courir à la nomenclature.) Ann. Soc. ent. France, (6) **5**, Bull. LVI—LVIII, 1885 a.

— (*Ornithoptera Tithonus* ♀.) Ann. Soc. ent. France, (6) **5**, Bull. CXXII - CXXIII, 1885 b.

— (*Apatura Iris*.) Ann. Soc. ent. France, (6) **5**, Bull. CXXXVI, 1885 c.

— (Une excursion fit au Vernet (Pyrénées-Orientales).) [Mit Angaben von: Jules Fallou.] Ann. Soc. ent. France, (6) **5**, Bull. CCXII—CCXV, CCXXVI, (1885) 1886 a.

— (Espèces nouvelles de Lépidoptères: *Pieris, Pararge, Agarista, Abraxas*.) Ann. Soc. ent. France, (6) **5**, Bull. CCXXVI—CCXXX, (1885) 1886 b.

— (Descriptions de nouvelles espèces de Lépidoptères du Thibet et de la Chine: *Thecla, Chrysophanus*.) Ann. Soc. ent. France, (6) **6**, Bull. XII—XIII, XXII—XXIII, 1886 c.

— (Lépidoptères récoltés en Mantschourie: *Saturnia, Smerinthus, Sphinx* et *Chaerocampa*.) Ann. Soc. ent. France, (6) **6**, Bull. XLVI—XLVIII, LV—LVI, 1886 d.

— (Deux grandes collections de Lépidoptères anglais.) Ann. Soc. ent. France, (6) **6**, Bull. LXXVII—LXXIX, 1886 e.

— (Description de deux espèces de *Papilio*.) Ann. Soc. ent. France, (6) **6**, Bull. CXIV—CXV, 1886 f.

— (Sur les aberrations, l'habit et la synonymie de plusieurs Lépidoptères.) Ann. Soc. ent. France, (6) **6**, Bull. CLXV—CLXVII, (1886) 1887 a.

— (Chasses entomologiques faites dans la province d'Oran: Lépidoptères.) Ann. Soc. ent. France, (6) **6**, Bull. CLXXV—CLXXVI, (1886) 1887 b.

— Note sur la vie et les travaux de Constant Bar. Ann. Soc. ent. France, (6) **6**, Bull. Suppl. 1—12, (1886) 1887 c.

— (Descriptions de nouvelles espèces de Lépidoptères algériens: *Syrichthus, Mamestra, Cleophana, Acontia, Cimelia, Hypochroma, Acidalia, Stemmatophora, Cledeobia, Synclera, Botys* et *Orobena*.) Ann. Soc. ent. France, (6) **7**, Bull. XLVIII—XLIX, LVII—LIX, LXVII—LXVIII, LXXVI, LXXXIII—LXXXIV, XCIX—C, 1887 d.

— (*Boarmia sublunaria*.) Ann. Soc. ent. France, (6) **7**, Bull. XLIX, 1887 e.

— (Descriptions de trois espèces nouvelles de Lépidoptères de la Grande-Comore: *Papilio Humbloti, Pieris Ngaziya* et *Pieris Humbloti*.) Ann. Soc. ent. France, (6) **8**, Bull. XL—XLII, 1888 a.

— Rectification à une notice lépidoptérologique sur la Guyane française par E.-G. Honrath. Ann. Soc. ent. France, (6) **8**, Bull. LXIV, 1888 b.
[Siehe:] Honrath, Edouard G.: Berl. ent. Ztschr., **31**, 347—352, (1887) 1888.

— (Note sur des anomalies observées chez des Lépidoptères anglais: *Vanessa, Polyommatus, Zygaena, Chelonia, Venilia* et *Abraxas*.) Ann. Soc. ent. France, (6) **9**, Bull. LXXIV—LXXVI, LXXXIII—LXXXIV, 1889 a.

-- Considérations sur la nomenclature zoologique. C. R. Congr. int. Zool., [1], 471—476, 1889 b.
— (*Polymorphisme.*) Ann. Soc. ent. France, (6) **9**, Bull. CCXXXIV—CCXXXVI, (1889) 1890 a.
— (Une importante collection de Lépidoptères récoltés à Madagascar.) Ann. Soc. ent. France, (6) **9**, Bull. CCXLI—CCXLII, (1889) 1890 b.
— (Observations et description d'une *Mathania* nouvelle.) Ann. Soc. ent. France, (6) **10**, Bull. XX—XXI, 1890 c.
— (Sur l'assymétrie frontale de deux Staphylinides: *Osorius.*) Ann. Soc. ent. France, (6) **10**, Bull. CXLV—CXLVI, (1890) 1891 a.
— (Communications intéressant la faune française des Lépidoptères.) Ann. Soc. ent. France, (6) **10**, Bull. CLXXXVI—CLXXXVIII, (1890) 1891 b.
— (*Vanessa cardui.*) Ann. Soc. ent. France, **60**, Bull. LXIX—LXX, 1891 c.
— siehe Chretien, Pierre & Oberthür, Charles 1891.
— (Variations des Lépidoptères les plus communs.) Ann. Soc. ent. France, **60**, Bull. CLXII—CLXIII, (1891) 1892 a.
— (Deux formes assez distinctes de *Lycaena Dolus.*) Ann. Soc. ent. France, **61**, Bull. VIII—X, 1892 b.
— Étude sur une collection de Lépidoptères formée sur la côte de Malabar et à Ceylan par M. Emile Deschamps 1889—1890. Mém. Soc. zool. France, **5**, 237—252, 1892 c.
— Observations sur les lois qui régissent les variations chez les insectes Lépidoptères. Feuille jeun. Natural., **24**, 2—4, (1893—94) 1893.
— Sur *Vanessa cyanomelas*, Doubl. [Lépid.]. Bull. Soc. ent. France, **1896**, 171—174, 1896 a.
— Notes on *Erebia melas.* Entomol, monthly Mag., (2) **7** (**32**), 1—3, 1896 b.
[Siehe:] Lemann, Fred. C.: 4.
— Du Mimétisme chez les Insectes. Feuille jeun. Natural., **26**, 61—63, 155—157, (1895—96) 1896 c; **27**, 7—8, (1896—97) 1896.
— Les espèces pyrénéennes du genre *Erebia.* Feuille jeun. Natural., **26**, 109—111, 3 Fig., (1895—96) 1896 d.
— De la variation dans le genre *Lycaena.* Feuille jeun. Natural., **26**, 190—192, 26 Fig., (1896—97) 1896 e.
— Description d'une espèce nouvelle de *Tropaea* [Lépid. hétéroc. fam. Saturniidae]. Bull. Soc. ent. France, **1897**, 129—131, 1 Fig. [S. 174], 1897 a.
— Description de Lépidoptères nouveaux [*Tropaea* [Beschreibung siehe S. 130—131], *Penthema, Terinos, Papilio, Amauris, Neptis* et *Charaxes*]. Bull. Soc. ent. France, **1897**, 173—180, 5 Fig.; 188—194, 7 Fig., 1897 b.
— Lépidoptères hybrides appartenant à la tribu des Phalénites. Bull. Soc. ent. France, **1897**, 256—259, Taf. 1—2, 1897 c.
— Note sur *Erebia Duponcheli* [Lép.]. Bull. Soc. ent. France, **1897**, 290—292, 1897 d.
— Observations sur des *Zygaena* [Lép. Hétér.] des Basses-Alpes et des Alpes-maritimes. Bull. Soc. ent. France, **1898**, 21—25, 1898 a.
— Variétés de l'*Urania Ripheus* Cramer [Lép. Hétér.]. Bull. Soc. ent. France, **1898**, 134—136, 1898 b.
— Note sur deux espèces de Bombycides algériens [Lép. hétér.] [*Chondrostega Constantina* Aurivillius et *Spilosoma pudens* Lucas]. Bull. Soc. ent. France, **1898**, 230—231, 1898 c.
— Note sur *Phragmatoecia arundinis* Hbn. de la Loire-Inférieure. Bull. Soc. Sci. nat. Ouest, **8**, Teil 1, 67—68, 1898 d.
— in Orléans, Henry Prince de 1898.
— Description d'un *Papilio* nouveau, du Haut-Tonkin [Lép.]. Bull. Soc. ent. France, **1899**, 268, 1899 a.
— (Spring Lepidoptera near Rennes.) Entomol. Rec., **11**, 165—166, 1899 b.
— (Spring Lepidoptera in north-west France.) Entomol. Rec., **11**, 194, 1899 c.
— Lépidoptères des Pyrénées. Feuille jeun. Natural., **29**, 163—164, (1898—99) 1899 d.
— Observations sur les *Trichosoma Pudens* Lucas & *Leprieuri* Ch. Obthr. (Lépid. hétéroc.). Feuille jeun. Natural., **29**, 165—166, (1898—99) 1899 e.
— Anomalie de *Doleschallia amboinensis* Stgr. [Lép. Rhopal.]. Bull. Soc. ent. France, **1900**, 53, 1900 a.
[Siehe:] Giard, Alfred: 53—54.
— Sur le *Biston Hünii* Ch. Oberth., Lépidoptère hybride appartenant à la tribu des Phalénites. Bull. Soc. ent. France, **1900**, 274—276, Taf. 1 (6 unn. Fig.), 1900 b.
— Aberrations de *Melitaea didyma* Ochs. et *Melitaea Parthenie* Bks. [Lép.]. Bull. Soc. ent. France, **1900**, 276—277, Taf. 1 (13 unn. Fig.), 1900 c.
— Observations sur *Cerastis intricata* Bdv. et *Dasycampa Staudingeri* de Graslin [Lépid. Hétér.]. Bull. Soc. ent. France, **1900**, 352—357, 1900 d.
— Observations sur la faune anglaise. Comparée des Lépidoptères et leurs variations. Feuille jeun. Natural., (4) **1** (**31**), 12—17, Taf. III—IV, (1900—01) 1900 e.

Oberthür, Charles & **Fallou**, Jules
(*Chelonia Caja* et *Colias Edusa* var.) Ann. Soc. ent. France, (5) **10**, Bull. CXLIV—CXLVI, CXLIX—CL (=Bull. Soc. . . ., **1880**, 204—206, 213—214), (1880) 1881.

Oberthür, Charles & **Oberthür**, René
(Voyage entomologique dans les Pyrénées-Orientales.) Petites Nouv. ent., **1** (1869—75), (13), 1869.
— (Faune entomologique de Bretagne.) Ann. Soc. ent. France, (5) **8**, Bull. CXI—CXIII (=Bull. Soc. . . ., **1878**, 148—149), 1878.
— (*Vanessa cardui* et *Plusia gamma* (invasion).) [Mit Angaben von J. Fallou, M. Girard, Clément, Boisduval, Chaboz u. a.] Ann. Soc. ent. France, (5) **9**, Bull. LXXXVII—LXXXIX, XCI—XCII, XCIX—CII, CXXXIII—CXXXIV (=Bull. Soc. . . ., **1879**, 111—112, 122—123, 134—136, 180—181), 1879 a.
— (Coléoptères (irruption au sommet du Vésuve).) Ann. Soc. ent. France, (5) **9**, Bull. LXXXVIII—LXXXIX (=Bull. Soc. . . ., **1879**, 112), 1879 b.
— (Une exploration entomologique dans les Hautes-Pyrénées.) Ann. Soc. ent. France, (6) **2**, Bull. CLI—CLIV (=Bull. Soc. . . ., **1882**, 202—205), 1882.
— (Faune entomologique de l'Algérie.) Ann. Soc. ent. France, (6) **4**, Bull. LXXXV—LXXXVI (=Bull. Soc. . . ., **1884**, 117—118), 1884; Bull. CXXXII—CXXXIV (=Bull. Soc. . . ., **1884**, 201—202), (1884) 1885.
— (Le genre *Papilio.*) Ann. Soc. ent. France, (6) **8**, Bull. X, 1888.
— (Collections: Coléoptères, Paussides et Lépidoptères.) Ann. Soc. ent. France, (6) **8**, Bull. CLIX, (1888) 1889.
— (Observations sur plusieurs espèces et aberrations de Lépidoptères des Pyrénées-Orientales.) Ann. Soc. ent. France, (6) **9**, Bull. CC—CCIII, (1889) 1890.

Oberthür (Oberthur), René
geb. 1852, gest. 27. 4. 1944 in Rennes. — Biogr.: (J. M. Dusmet y Alonso) Bol. Soc. ent. Españ., **2**, 182, 1919;

(A. Collart) Bull. Ann. Soc. ent. Belg., **81**, 185, 1945; (M. Pic) Diversités ent., XIV, 1—6, 1955; (G. Schmidt) Ent. Bl., **55** (1959), 282, 1960.
— siehe Oberthür, Charles & Oberthür, René 1869.
— [Chasses coléoptérologiques dans les Pyrenées.] Petites Nouv. ent., **1** (1869—75), 131—132, 1871.
— (Voyage en Espagne.) Petites Nouv. ent., **1** (1869—75), 209—210, 211, 1872.
— (Chasses à Cancale.) Petites Nouv. ent., **1** (1869—75), 428, 1874.
— siehe Oberthür, Charles & Oberthür, René 1878.
— Notes sur quelques Coléoptères récoltés aux îles Sanghir par les chausseurs de M. A. A. Bruijn et description de trois espèces nouvelles. Ann. Mus. Stor. nat. Genova, **14**, 566—572, Farbtaf. I, 1879.
[Siehe:] Ritsema Cz., C.: Tijdschr. Ent., **28** (1884—85), CII—CIII, 1885.
— siehe Oberthür, Charles & Oberthür, René 1879.
— (*Drypta Iris* Cast.) Ann. Soc. ent. France, (6) **1**, Bull. LXII—LXIII (=Bull. Soc. . . ., **1881**, 82—83), 1881.
— siehe Oberthür, Charles & Oberthür, René 1882.
— [Herausgeber]
Coleopterorum novitates. Recueil spécialement consacré à l'étude des Coléoptères. Bd. **1**, 1[1]). 8°, 48 S., 2 Farbtaf., Rennes, René Oberthür, 1883 a.
[Darin:]
Oberthür, René: Scaphidides nouveaux. 5—16.
Chaudoir, Maximilian de †: Description de Carabiques nouveaux. 17—39, Farbtaf. I (Fig. 4) +II (Fig. 3+10).
Oberthür, René: Nouvelles espèces de Monommides. 40—46.
—: Trois *Nebria* nouvelles. 47—48.
— Note sur une nouvelle espèce de Carabique de la Tribu des Clivinides, appartenant au genre *Holoprizus* de Putzeys. Ann. Soc. ent. Belg., **27**, C. R. XL—XLI, 1883 b.
— (Description de deux espèces nouvelles de Curculionides appartenant au genre *Pachyrhynchus*.) Ann. Soc. ent. France, (6) **3**, Bull. XXV (=Bull. Soc. . . ., **1883**, 28—29), 1883 c.
— Carabiques nouveaux récoltés à Serdang (Sumatra oriental) par M. B. Hagen. Notes Leyden Mus., **5**, 215—224, 1883 d.
— (*Casnonia Sipolisi*.) Ann. Soc. ent. France, (6) **4**, Bull. XLVII—XLVIII (=Bull. Soc. . . ., **1884**, 65—66), 1884.
— siehe Oberthür, Charles & Oberthür, René 1884.
— (*Carabus auronitens* F. en Bretagne.) Ann. Soc. ent. France, (6) **4**, Bull. CXLV—CXLVIII (=Bull. Soc. . . ., **1884**, 219—221), (1884) 1885.
— (Deux espèces de Lucanides appartenant au genre *Chiasognathus* Stephens.) Ann. Soc. ent. France, (6) **5**, Bull. CXCVIII—CXCIX, (1885) 1886.
— (Collection de Coléoptères de M. J.-G. Lansberge.) Ann. Soc. ent. France, (6) **7**, Bull. CLIV, 1887.
— (Note synonymique: *Oxythyrea deserticola*.) Ann. Soc. ent. France, (6) **7**, Bull. CCI—CCII, (1887) 1888.
— siehe Oberthür, Charles & Oberthür, René 1888.
— (Les collections de Coléoptères de James Thomson.) Ann. Soc. ent. France, (6) **9**, Bull. LXI, 1889.
— siehe Oberthür, Charles & Oberthür, René 1889.
— siehe Oberthür, Charles & Oberthür, René 1890.
— (Collection de Coléoptères de feu H. W. Bates.) Ann. Soc. ent. France, **61**, Bull. CVIII—CIX, 1892.

[1]) mehr nicht erschienen

— Note sur un prétendu hybride de *Carabus rutilans* Dej. et de *C. hispanus* Fabr. [Col.] Bull. Soc. ent. France, **1898**, 242—244, 1898.

Oberthur, Charles siehe Oberthür, Charles

Oberthur, René siehe Oberthür, René

Obertreis, H . . .
Forstzoologisches (*Hylesinus micans*). Ztschr. Forst- u. Jagdwes., **29**, 93—95, 1897.

Oborn, Thomas C . . .
Public Insectaria. Sci. Gossip, (7) (1871), 231, 1 Fig., 1872.

Ockel,
○ [„Tarakane", *Blatta germanica*, im Ohre eines Soldaten.] St. Petersb. med. Ztschr., **12**, 363, 1887?.

Ockler, Alfred
Das Krallenglied am Insektenfuss. Ein Beitrag zur Kenntniss von dessen Bau und Funktion. Arch. Naturgesch., **56**, Bd. 1, 221—262, Taf. XII—XIII, 1890 a.
— Zur Kenntnis des Baues einkralliger Insektenbeine. Jahresber. Westfäl. Prov. Ver. Münster, **18** (1889), 18—19, 1890 b.

O'Connor, J . . . F . . . X . . . O . . .
○ Facts about bookworms. London, Suckling & Co., 1898.
[Ref.:] F. E. B.: Bookworms. Nature London, **58**, 435—436, 1898.

Oculus,
La chasse au *Necydalis ulmi*. Feuille jeun. Natural., **11**, 150—151, (1880—81) 1881.

Odell, John W . . .
The Crane-fly. Garden. Chron., (3) **2**, 409, 1887 a.
— Bees and Flowers. Sci. Gossip, **23**, 20—21, 1887 b.

Odell, W . . .
○ Death from the sting of a wasp. Lancet, **1873**, Bd. 2, 333, 1873.

Odier, Georges
(Plusieurs espèces d'Hydrocanthares: *Brychius*, *Hydroporus*, *Agabus* et *Gyrinus*.) Ann. Soc. ent. France, (6) **10**, Bull. XCV—XCVI, CCXIV, 1890 a.
— (Capture de deux Carabiques: *Calosoma* et *Dyschirius*.) Ann. Soc. ent. France, (6) **10**, Bull. XCVI, 1890 b.
— (Un *Hydroporus* nouveau pour la faune française.) Ann. Soc. ent. France, **60**, Bull. LXXXIX, 1891.

Odobesco,
Note sur la sériciculture en Roumanie et particulièrement sur les résultats obtenus par l'éducation des vers à soie d'origine japonaise. Bull. Soc. Acclim. Paris, (2) **3**, 140—144, 1866.

Odstrčil, Jean
(Renseignements sur les tentatives faites en Autriche pour l'introduction de *Attacus Pernyi*.) Bull. Soc. Acclim. Paris, (3) **1**, 298—299, 1874.
— (Abnormer Flügelschnitt von *Antheraea Yamamay*.) Ent. Nachr. Putbus, **2**, 161, 1876.

Odstrčil, Jean & **Girard**, Maurice
Rapport sur des éducations d'*Attacus Yamamai*, G. Mén. à Teschen (Silésie Autrichienne) et note sur les variations de cette espèce. Bull. Soc. Acclim. Paris, (3) **3**, 847—850, 2 Fig., 1876.

Odstrčil, Ludwig
○ Ein Vortrag über Seidenzucht. Mitt. Mähr.-Schles. Ges. Ackerb., **58**, 261—264, 272—278, 1878.

Oehlers, A . . .
(Lysol, als einem probaten Mittel gegen Insecten.) Wien. ill. Gartenztg., **20** (**27**), 209, 1895.

Oehlkers,
Ungezieferzüchtung. Rosenztg., **2**, 75—76; Berichtigung und Entgegnung. 88—89, 1887.
[Siehe:] Drögemüller, H.: **3**, 10—11, 1888.

Oels,
Die Verlängerung der Lebensdauer abgeschnittener Pflanzen. Ent. Ztschr., **4**, 155—156, 1891.

Oertzen, Eberhard von
geb. 26. 4. 1856 in Dorow (Pommern), gest. 11. 7. 1909 in Berlin. — Biogr.: (H. Kolbe) Berl. ent. Ztschr., **54** (1909), 81—88, 229—231, (1910) 1909.
— Verzeichniss der Coleopteren Griechenlands und Cretas, nebst einigen Bemerkungen über ihre geographische Verbreitung und 4 die Zeit des Vorkommens einiger Arten betreffenden Sammelberichten. Berl. ent. Ztschr., **30**, 189—293, (1886) 1887.
— [Herausgeber]
Berichte über die von E. v. Oertzen im Jahre 1887 in Griechenland u. Klein-Asien Gesammelten Coleopteren. Dtsch. ent. Ztschr., 1888—89.
[Darin:]
Oertzen, Eberhard von: Vorbemerkungen. **1888** (**32**), 369—371.
Stierlin, Gustav: I. *Otiorhynchus*-Arten. 372—379.
Eppelsheim, Eduard: II. Zwei neue griechische *Apion*-Arten. 380—382.
Ganglbauer, Ludwig: III. Carabidae (*Carabus, Procrustes*). 383—397.
Eppelsheim, Eduard: IV. Staphylinen. 401—410, 1888.
Ganglbauer, Ludwig: V. Carabidae (*Tapinopterus, Ditomus*), Lamellicornia, Buprestidae, Throscidae, Elateridae, Meloidae, Oedemeridae, Cerambycidae. **1889**, 49—57.
Weise, Julius: VI. Griechische Chrysomelidae und Coccinellidae. 58—65.
Faust, Johannes: VII. Griechische Curculioniden. 66—91.
Faust, Johannes: VIII. Zur Curculionidenfauna Griechenlands und Cretas. 91—98.
Reitter, Edmund: IX. Neue Arten aus verschiedenen Familien. 251—259, 1889.
[Siehe zu 383—397:] Kraatz, Gustav: 399—400.
— Beitrag zur Kenntniss der Gattung *Anomalipus*. Dtsch. ent. Ztschr., **1897**, 33—46, 1897.

Oesfeld, von
Entflogener Bienenschwarm. Dtsch. landw. Pr., **8**, 264, 1881 a.
— Das Recht, Bienenstöcke aufzustellen. Dtsch. landw. Pr., **8**, 372, 1881 b.

Österberg,
[En praktisk insekthåf.] Ent. Tidskr., **7**, 6—7, 1886.

Östergren, J . . . A . . .
siehe Hofgren, Gottfried & Östergren, J . . . A . . . 1886.

Oestlund, Oscar William Dr.
geb. 27. 9. 1857 in Attica (Indiana), Prof. d. Zool. d. Univ. Minnesota.
○ Entomology. [Kohlschädlinge.] Rep. Minnesota geol. nat. Hist. Surv., **13**, 113—123, 1886 a.
○ List of the Aphididae of Minnesota, with descriptions of some new species. Rep. Minnesota geol. nat. Hist. Surv., **14**, 17—56, 1886 b.
— Synopsis of the Aphididae of Minnesota. Bull. geol. Surv. Minnesota, Nr. 4, 3 (unn.) S. +1—100, 1887.
— On the reproduction of lost or mutilated limbs of insects. Bull. Minnesota Acad. Sci., **3**, 143—145, 1 Fig., (1883—91) 1889.
— The use of the microscope in the study of the plant lice. Bull. Minnesota Acad. Sci., **4** (1892—1910), 17—18, (1910) 1896 a.
— Ants as personal property holders. Ent. News, **7**, 225—226, 1896 b.

Oestreich,
Bemerkenswerter Unterschied im Verhalten der einzelnen Kartoffelsorten gegenüber der Erdraupe. Ztschr. Pflanzenkrankh., **4**, 56—57, 1894.

Oettl, Johann Nepomuck
geb. 29. 6. 1801, gest. 7. 9. 1866 in Prölas, Pfarrer in Puschwitz (Böhmen). — Biogr.: (W. Zacke) Jahresber. Ver. Bienenzucht Böhmen, **1868**, 57—63, 1868.
— Der Prinzstock mit Wabenrähmchen. Keine Bienenwohnung über ihn! Was einfache, leichte und bequeme, dabei milde und humane, zugleich reichlich lohnende, und überhaupt — zweckmässige und rationelle Bienenbehandlung betrifft. Eine Monographie und gewissermassen ein Nachtrag zu dem Buche „Klaus, der Bienenvater aus Böhmen". 8°, 7(unn.) + 159+1(unn.) S., 3 Taf., Prag, Friedrich Ehrlich, 1864 a.
— Die grosse Hornisse [*Vespa crabro*] ein Hauptfeind der Biene. [Nach: Lotos, **13**, 111—112, 1863.] Zool. Garten Frankf. a. M., **5**, 161, 1864 b.

O'Farrell, H . . . H . . .
Choerocampa Celerio. Entomologist, **5**, 29, (1870—71) 1870 a.
— Hybernation of Bees. Sci. Gossip, (**5**) (1869), 93, 1870 b.

Ofsiannikof, Philipp siehe Ovsjannikov, Filipp Vasil'evič

Ogata, M . . .
Über die Pestepidemie in Formosa. Zbl. Bakt. Parasitenk., **21**, Abt. 1, 769—777, 1897.

Ogden, William J . . .
Abundance of *Smerinthus*. Entomologist, **21**, 258, 1888.
— Notes from the New Forest. [Lep.] Entomologist, **24**, 42, 1891.

Ogier-Ward,
(Sur le Bombyx du chêne.) Bull. Soc. Linn. Normandie, (2) **1** (1866), 244—245, 1868.

Ogilby, J . . . Douglas
Report on a zoological collection from the Solomon Islands. Teil 2. Insecta[1]). Rec. Austral. Mus., **1**, 5—7, (1890—91) 1890.

Ogilvie, D . . . A . . .
○ On the Hook in the wings of male Sphinges [Sphingidae]. Rep. Rugby School nat. Hist. Soc., **1871**, 31—33, 1 Taf., 1872.

Ogilvie-Grant, William Robert siehe Grant, William Robert Ogilvie

Ogle, G . . .
Plusia moneta in Surrey. Entomologist, **32**, 238, 1899.

Ogle, William
geb. 1827.

[1]) nur z. T. entomol.

○ On Fertilization of Labiates and Scrophulariads. Pop. Sci. Rev., **9**, Jan., 1870 a.
— The Fertilisation of Various Flowers by Insects. (Compositae, Ericaceae, etc.) Pop. Sci. Rev., **9**, 160—172, Taf. LIX, 1870 b.

Ohaus, Friedrich (=Fritz)
geb. 5. 12. 1864 in Mainz, gest. 22. 10. 1946 in Mainz, Direktor d. Naturhist. Mus. in Mainz. — Biogr.: (Claus Nissen) Journ. Soc. Bibliogr. nat. Hist., **2**, 400—406, 19 ? m. Schriftenverz.; (E. Ross) Int. ent. Ztschr., **27**, 539, 1934; Ent. Bl., **40**, 137, 1944; (C. F. Schmuck) Mainz. Kal., **1948**, 83—99, 1948; (C. Nissen) Journ. Soc. Bibliogr. nat. Hist., **2**, 400—406, 1952 m. Schriftenverz.
— (*Goliathus giganteus* und *G. regius.*) Verh. Ver. naturw. Unterh. Hamburg, **8** (1891—93), LII, 1894.
— Über das Sammeln von Käfern nach biologischen Gesichtspunkten. Verh. Ver. naturw. Unterh. Hamburg, **9** (1894—95), 53—58, 1896.
— Beiträge zur Kenntniss der Ruteliden. I. Die Gattung *Popillia* Serv. und ihre nächsten Verwandten. II. Anomaliden von Mittel- und Süd-Amerika. Stettin. ent. Ztg., **58**, 341—440, 1897.
— Die Gattung *Popilia* Serv. (Coleoptera lamellicornia). Verh. Ges. Dtsch. Naturf., **69** (1897), Teil 2, Hälfte I, 191—192, 1898 a.
— Phaenomeridae. Parastasiidae, Anoplognathiden der alten Welt. Stettin. ent. Ztg., **59**, 3—41, 1898 b.
— Ruteliden der neuen Welt. Stettin. ent. Ztg., **59**, 42—63, 1898 c.
— *Popillia complanata* Newman und ihre Varietäten. Ent. Nachr., **25**, 220—223, 1899 a.
— Bericht über eine entomologische Reise nach Centralbrasilien. Stettin. ent. Ztg., **60**, 204—245, 1899 b; **61**, 164—191, 193—274, 1900.
— Verzeichniss der von Herrn Dr. W. Horn auf Ceylon gesammelten Ruteliden. Stettin. ent. Ztg., **61**, 362—363, 1900.

Ohlert, B . . .
Nekrolog des Herrn Professor Anton Menge. Schr. naturf. Ges. Danzig, (N. F.) **5**, H. 1—2, XXXX—XXXXVIII, (1881—83) 1881.

Ohlsen von Caprarola, Carl
Die Entomologen und die Vogelfreunde. Orn. Mschr., **23**, 212—214, 1898.

Ohlson, N . . . C . . .
Kålfjärilar till sjös. Ent. Tidskr., **12**, 3—4, 1891.

Ohlson, P . . . E . . .
En historia om en bisvärm. Ent. Tidskr., **12**, 159, 1891.

Okler,
Bau und Mechanismus des Insektenfusses. Jahresber. Westfäl. Prov. Ver. Münster, **17** (1888), 45, 1889.

Olbrich, St . . .
[Bekämpfung der Rosenblattlaus.] Rosenztg., **4**, 60, 1889.
— Vertilgung der Engerlinge. Oesterr. landw. Wbl., **21**, 196, 1895.
— Vertilgung der Engerlinge. Oesterr. Forst-Ztg., **14**, 196, 1896.
— Vertilgung der Engerlinge. Dtsch. Gärtn. Ztg. Erfurt, **14**, 238, 1899.

Oldfield, George W . . .
Epinephele Tithonus and *H. Comma* in Shropshire. Entomologist, **5**, 238, (1870—71) 1871.
— Is *Saturnia Carpini* ever Double-brooded? Entomologist, **7**, 139, 1874 a.
— Do the Larvae of *Saturnia Carpini* Hybernate? Entomologist, **7**, 289—290, 1874 b.
— Varieties caused by the Starving of Larvae. Entomologist, **9**, 87—88, 1876.
— Variety of supposed *Satyrus Tithonus.* Entomologist, **11**, 228—229, 1878 a.
— Absence of *Colias Edusa* in 1878. Entomologist, **11**, 269, 1878 b.
— Lepidoptera observed in Surrey. Entomologist, **15**, 254, 1882.
— *Colias Edusa* (*Helice*) in Surrey. [Mit Angaben der Herausgeber.] Entomol. monthly Mag., (2) **3** (**28**), 266, 1892.
— *Macroglossa stellatarum* and Colour. Entomologist, **27**, 134—135, 1894.

Oldham, Charles
geb. 1868, gest. 1942. — Biogr.: (J. J. Cash) North Western Natural., **17**, 12—13, 1942; (B. Lloyd) North Western Natural., **17**, 117—124, 1942.
— *Deiopeia pulchella* at Folkestone. Entomologist, **5**, 444, (1870—71) 1871.
— *Argynnis Lathonia* at Folkestone. Entomologist, **6**, 214, (1872—73) 1872.
— *Leucania albipuncta* at Folkestone. Entomologist, **6**, 518—519, (1872—73) 1873.
— *Leucania albipuncta* and *Catocala Fraxini* at Folkestone. Entomologist, **7**, 228, 1874.
— (A series of *Abraxas grossulariata,* L.) [Mit Angaben von Carrington & Weis.] Proc. S. London ent. Soc., **1886**, 51, [1887].
— *Zygaena pilosellae* in Wales. Entomologist, **22**, 210, 1889.
— (A variety of *Chaerocampa porcellus,* L.) Proc. S. London ent. Soc., **1888—89**, 68, [1890].
— *Leucania albipuncta* at Folkestone. Entomologist, **28**, 308, 1895 a.
— *Plusia moneta* in Essex. Entomologist, **28**, 310—311, 1895 b.
— *Odezia atrata* in Cheshire. Naturalist London, **1896**, 354, 1896.
— *Triphaena orbona,* var. Entomologist, **32**, 252—253, 1899 a.
— *Macroglossa stellatarum* in evidence. Entomologist, **32**, 255, 1899 b.
— Abundance of the Hummingbird Hawkmoth. Naturalist London, **1899**, 298, 1899 c.
— The mode in which Bats secure their prey. Zoologist, (4) **3**, 471—474, 1899 d.
— Hummingbird, Death's Head, and *Concolvulus* Hawkmoths in East Cheshire. Naturalist London, **1900**, 336, 1900 a.
— *Acherontia atropos* in East Cheshire. Naturalist London, **1900**, 360, 1900 b.

Olfers, Ernestus Fridericus Franciscus Gustavus Werner Maria de
geb. 1840.
— Ein Beitrag zur Entscheidung der Frage vom wirthschaftlichen Werth des weissen Storchs (*Ciconia alba*). Zool. Garten Frankf. a. M., **15**, 401—412, 1874.

Oliphant, F . . . S . . .
Scarcity of the garden tiger moth. Natural. Gazette, **2**, 93, 1890.

Oliveira, José Duarte
○ Novo flagello das vinhas, *Phylloxera vastatrix.* 127 S., Porto, 1872.

Oliveira, Luis
siehe Estévez Sagui, Miguel; Peluffo, Angel & Oliveira, Luis 1876.

Oliveira, Manuel Paulino de siehe Paulino d'Oliveira, Manuel

Oliver, John
Pieris rapae in February. Entomologist, **6**, 63, (1872—73) 1872.

Oliver, Paul
○ Le *Phylloxera vastatrix*, ses moeurs, caractères auxquels on peut le reconnaître, quelques procédés pour le combattre. 8°, 19 S., Perpignan, impr. Latrobe, 1878.
○ Congrès international de viticulture tenu à Lyon les 12, 13 et 14 Septembre 1880. Le sulfure de carbone. 8°, 19 S., Perpignan, Charles Latrobe, 1880.

Olivera, Eduardo
Antidoto contra las Hormigas. An. Soc. rur. Argent., **1866—67**, 452—453, 1867.

Olivi, Gino
Contributo allo studio della fauna entomologica locale. Rincoti del Modenese. Elenco sistematico-comparativo. Atti Soc. Natural. Modena, (3) **12** **(27)** (1892), 101—151, 1893.
— in Contribuzione Fauna Modenese (1884—96) 1893.
— Classando Rincoti di Candia. Atti Soc. Natural. Modena, (3) **13** **(28)** (1894), 97—100, (1894) 1895.
[Siehe:] Handlirsch, Anton: Verh. zool.-bot. Ges. Wien, **45** (1895), 302—303, 1896.

Olivier, A . . .
Note [betr. Insektensammlungen]. Feuille jeun. Natural., **10**, 162, (1879—80) 1880.
— Faune entomologique algérienne. Micro-Lépidoptères. Feuille jeun. Natural., **28**, 145—147, (1897—98) 1898.

Olivier, Joseph Ernest
geb. 6. 1. 1844 in Moulins, gest. 26. 1. 1914 in Moulins. — Biogr.: Entomol. monthly Mag., (2) **25** **(50)**, 67, 1914; Ent. News, **25**, 240, 1914; Entomol. Rec., **26**, 144, 1914; (Ch. Berthoumieu) Rev. scient. Bourb. Centre France, **27**, 4—7, 34—50, 1914 m. Porträt & Schriftenverz.; (M. Pic) Ann. Soc. ent. France, **83**, 443—457, 1914; (C. Alluaud) Bull. Soc. ent. France, **1914**, 69, 1914; (P. Kuhnt) Dtsch. ent. Ztschr., **1914**, 228, 1914; Misc. ent., **22**, 6—7, 1914; (A. Musgrave) Bibliogr. Austral. Ent., 243—244, 1932.
— (Mammifères carnivores mangent des insectes.) [Mit Angaben von Leprieur & Bedel.] Ann. Soc. ent. France, (5) **4**, Bull. CXLVII, CLXI (=Bull. Soc. . . ., **1874**, 170, 187), 1874.
[Siehe:] Bérard.: CXXXVI—CXXXVII.
— siehe Desbrochers des Loges, Jules & Olivier, Ernest 1874.
— (Résultat de ses chasses entomologiques en Algérie.) Ann. Soc. ent. France, (5) **5**, Bull. CXVII—CXIX (=Bull. Soc. . . ., **1875**, 131—133), 1875 a.
— (Liste de Coléoptères recueillis dans la forêt de Fontainebleau.) Ann. Soc. ent. France, **(5)** **5**, Bull. CXLIX (=Bull. Soc. . . ., **1875**, 163), 1875 b.
— (Note synonymique au sujet des *Mylabris festiva* Oliv. nec Pall. et *M. festiva* Pall. nec Oliv., Col.) [Mit Angaben von L. Bedel.] Ann. Soc. ent. France, (5) **5**, Bull. CLIV—CLV (=Bull. Soc. . . ., **1875**, 170), 1875 c.
— (*Anoxia emarginata*, Col.) Ann. Soc. ent. France, (5) **6**, Bull. CLXVII (=Bull. Soc. . . ., **1876**, 181), 1876 a.
— (*Feronia cantalica*, Col.) Ann. Soc. ent. France, (5) **5**, Bull. CLXXIX (=Bull. Soc. . . ., **1875**, 202), (1875) 1876 b.
○ Le *Phylloxera*. Bull. Soc. Agric. Allier, 1876 c.
— [Insectes attirés par l'odeur de sève des saules ou peupliers.] Petites Nouv. ent., **2** (1876—79), 70, 1876 d.
— Le *Doryphora* (*Leptinotarsa*) *decemlineata*. Bull. Soc. Agric. Allier, **1877**, [16 S.], 1 Taf., 1877 a. — 2. Aufl. La Chrysomèle des pommes de terre. 8°, 35 S., 1 Taf., Besançon, J. Jacquin, 1878.
— (*Cebrio dimidiatus* et *Rhizotrogus brunneus* Col.) Ann. Soc. ent. France, (5) **6**, Bull. CLXVII—CLXVIII (=Bull. Soc. . . ., **1876**, 180), (1876) 1877 b.
— Le *Leptinotarsa decemlineata*. Petites Nouv. ent., **2** (1876—79), 177, 1877 c.
○ La Doryphore des pommes de terre. Ann. Soc. Hortic. Allier, **1878**, Nr. 16, 1878.
— (*Cebrio hirundinis* = *dimidiatus*, Col.) Ann. Soc. ent. France, (5) **9**, Bull. LIII—LIV (=Bull. Soc. . . ., **1879**, 68), 1879 a.
— *Litta vesicatoria*. Feuille jeun. Natural., **9**, 48, (1878—79) 1879 b.
— L'essence de mirbane. Feuille jeun. Natural., **9**, 143—144, (1878—79) 1879 c.
— 1756—1814. G.-A. [Guillaume-Antonie] Olivier, membre de l'institut de France, sa vie, ses travaux, ses voyages. Documents inédits. 8°, 2 (unn.) + 98 (= I—II + 3—98) + 1 (unn.) S., 1 Frontispiz, Moulins, impr. C. Desrosiers, 1880.
— (*Bembidium nitidulum* Marsh.) Ann. Soc. ent. France, (6) **1**, Bull. LXXXII, 1881 a.
— (*Prionotheca coronata* Oliv.) Ann. Soc. ent. France, (6) **1**, Bull. LXXXII, 1881 b.
— Les ennemis du cresson. Bull. Insectol. agric., **6**, 104—105, 1881 c.
— Le Doryphora. Bull. Insectol. agric., **6**, 136—137, 1881 d.
— Hivernage des papillons. Feuille jeun. Natural., **11**, 165—166, (1880—81) 1881 e.
— Description du *Paussus Jousselini* Guér. Ann. Soc. ent. France, (6) **3**, 195—198, Taf. 7 (I; Fig. 1 farb.), 1883 a.
— (Description de deux nouvelles espèces de Lampyridae: *Pelania* et *Lampyris*.) Ann. Soc. ent. France, (6) **3**, Bull. LXIX—LXX (=Bull. Soc. . . ., **1883**, 99—100), 1883 b.
— Lampyrides nouveaux ou peu connus. Rev. Ent. Caen, **2**, 73—80, 326—333, 1883 c; **5**, 1—8, 1886.
○ Faune de l'Allier, ou Catalogue raisonné des Animaux sauvages observés jusqu'à ce jour dans ce département. 2 Bde.[1]) 8°, Moulins, 1883—91.
2. Part 1: Coléoptères. Bull. Journ. Soc. Agric. Allier, **1883**, 1—260, 1883; Rev. scient. Bourb. Centre France, **1**, 261—308, 1888; **2**, 309—375, 1889; Supplément aux Coléoptères. **11**, 57—62, 376—383, 1898.
Part 2: Les Orthoptères. Rev. scient. Bourb. Centre France, **4**, 101—125, 1891.
Part 3: Les Hémiptères. Rev. scient. Bourb. Centre France, **12**, 250—281, 1899.
— Essai d'une révision des espèces européennes & circaméditerranéennes de la famille des Lampyrides. Abeille, **22**, 1—56, Taf. I—II; Notes complémentaires à l'essai sur les Lampyrides. 1—4, 1884 a.
— Les Lampyrides d'Olivier dans l'Entomologie et

[1]) Bd. 1 nicht entomol.

L'Encyclopédie méthodique. Rev. Ent. Caen, **4**, 281—284, 1884 b.

— Catalogue des Lampyrides faisant partie des collections du Musée Civique de Gênes. Ann. Mus. Stor. nat. Genova, (2) **2** (**22**), 333—374, Taf. 5, 1885 a.

— Lampyrides recueillis au Brésil et à La Plata par feu C. van Volxem avec descriptions des espèces nouvelles. Ann. Soc. ent. Belg., **29**, 22—25 [bis], 1885 b.

— (La femelle du *Lampyris attenuata* Fairm.) Ann. Soc. ent. France, (6) **5**, Bull. VIII—IX, 1885 c.

— (Espèces nouvelles du genre *Luciola*.) Ann. Soc. ent. France, (6) **5**, Bull. CIX, 1885 d.
[Siehe:] Fairmaire, Léon: (6) 4, 225—242, (1884) 1885; (6) **6**, 31—96, 1886.

— Études sur les Lampyrides. Ann. Soc. ent. France, (6) **5**, 125—154, Farbtaf. 3, 1885 e; (6) **6**, 201—246, Farbtaf. 3, 1886; (6) **8**, 35—62, Farbtaf. 1, 1888.

— (Une larve de *Lampyroidea syriaca* Cost.) Ann. Soc. ent. France, (6) **6**, Bull. XXXVIII, 1886 a.

— (*Lamprohiza Paulinoi* Ern.) Ann. Soc. ent. France, (6) **6**, Bull. XXXVIII—XXXIX, 1886 b.

— (Descriptions de deux Lampyrides nouveaux: *Photuris, Pyrocaelia.*) Ann. Soc. ent. France, (6) **6**, Bull. LVIII—LIX, 1886 c.

— Lampyrides nouveaux ou peu connus du Musée de Leyde. Notes Leyden Mus., **8**, 191—194, 1886 d.

— Révision du genre *Pyrocoelia*, Gorh. (Ordre des Coléoptères; famille des Lampyrides). Notes Leyden Mus., **8**, 195—208, 1886 e.

— [Échanges des insectes des autres ordres que les Coléoptères européens.] Abeille, **24** (1876), Nouv. faits div. Nr. 28, CXV—CXVI, (1886—87) 1887 a.

— (*Bruchus Lallemanti*.) Ann. Soc. ent. France, (6) **7**, Bull. LXVII, 1887 b.

— (Description de la femelle d'une espèce de Lampyrides: *Lampyris mutabilis*.) Ann. Soc. ent. France, (6) **7**, Bull. CXVII—CXVIII, 1887 c.

— (*Adoxus vitis* Fabr.) Ann. Soc. ent. France, (6) **7**, Bull. CXXVII, 1887 d.

— Nouvelle espèce de Lampyride recoltée par M. L. Fea. Ann. Mus. Stor. nat. Genova, (2) **6** (**26**), 429—430, 1888 a.

— (Diagnose d'une nouvelle espèce de Lampyride: *Photuris aurea*.) Ann. Soc. ent. France, (6) **7**, Bull. CCXI, (1887) 1888 b.

— (Description d'une nouvelle espèce de Vésicant: *Lytta thibetana*.) Ann. Soc. ent. France, (6) **8**, Bull. LVI—LVII, 1888 c.

○ Excursion en Auvergne. Rev. scient. Bourb. Centre France, 1888 d.

○ Insectes nouveaux pour le Mont-Dore. Rev. scient. Bourb. Centre France, 1888 e.

○ Excursion au bois de Perogne. Rev. scient. Bourb. Centre France, 1888 f.

○ Excursion au Montoncel. Rev. scient. Bourb. Centre France, **1**, 1888 g.

— (Descriptions de deux espèces nouvelles de Lampyrides du Brésil: *Hyas* et *Aethra*.) Ann. Soc. ent. France, (6) **8**, Bull. CLXVII—CLXVIII, (1888) 1889 a.

— (Le genre *Cladodes*.) Ann. Soc. ent. France, (6) **9**, Bull. XCIX, 1889 b.

— Lampyrides rapportés de Bornéo par M. Platteeuw. Ann. Soc. ent. Belg., **34**, C. R. XXX—XXXI, 1890 a.

— [Un fait nouveau de la faune de l'archipel de la Sonde.] C. R. Acad. Sci. Paris, **110**, 1093, 1890 b.

— Sur un insecte hyménoptère nuisible à la vigne. C. R. Acad. Sci. Paris, **110**, 1220—1221, 1890 c.

— Un insecte hyménoptère nuisible à la Vigne. Journ. Microgr., **14**, 308—309, 1890 d.

— Les Hyménoptères de la vigne. Rev. scient. Bourb. Centre France, **3**, 141—143, 1890 e.

— Les insectes fossiles de Commentry. Rev. scient. Bourb. Centre France, **4**, 203—209, Taf. III, 1891.

— in Viaggio Leonardo Fea Birmania (1887—1900) 1891.

— (*Nyctophila Reichei* J. Duv.) Ann. Soc. ent. France, **61**, Bull. XLV, 1892 a.

— (Orthoptères des environs de Saida.) Ann. Soc. ent. France, **61**, Bull. XLV, 1892 b.

— Les Diptères parasites de l'homme. Rev. scient. Bourb. Centre France, **5**, 224—226, 1892 c.

— in Viaggio Loria Papuasi Orientale (1890—1900) 1892.

— (*Lamprohiza Paulinoi* E. Oliv., ♀.) Ann. Soc. ent. France, **62**, Bull. LXX, 1893 a.

— (*Elasmosoma berolinense* Ruth.) Ann. Soc. ent. France, **62**, Bull. LXXI, 1893 b.

— Biskra, souvenirs d'un naturaliste. Rev. scient. Bourb. Centre France, **6**, 1—21, 25—46, Taf. I, 1893 c.
[Darin:]
Pic, Maurice: *Ptinus Olivieri* n. sp. 33.

— Descriptions d'espèces nouvelles de Lampyrides. Ann. Soc. ent. France, **63**, 23—24, 1894.

— Description d'une nouvelle espèce de Lampyride du Chili. Act. Soc. scient. Chili, **4**, 339—340, (1894) 1895 a.

— (Description d'un *Lampyris* nouveau d'Algérie *Lampyris exilis*.) Ann. Soc. ent. France, **63**, Bull. CCLIII—CCLV, (1894) 1895 b. — [Abdr.:] Échange, **10**, 135—136, 1894.

— Essai d'une classification du genre *Cratomorphus*, avec descriptions de deux espèces nouvelles et catalogue synonymique. Ann. Soc. ent. France, **64**, Bull. CXLV—CXLVIII, 4 Fig., 1895 c.

— Deux espèces nouvelles de Lucioles [*Luciola Bourgeoisi* et *L. Davidis*]. [Mit Angaben von Pierre Lesne.] Ann. Soc. ent. France, **64**, CXLVIII—CXLIX, CCXL, 1895 d.

— Les Lampyrides algériens. Bull. Soc. zool. France, **20**, 65—67, 1895 e.

— Une variété nouvelle de *Lampyris*. Rev. scient. Bourb. Centre France, **8**, 212, 1895 f.

— Descriptions de Nouvelles Espèces de Lampyrides du Musée de Tring. Novit. zool., **2**, 29—34, 1895 g; **3**, 1—3, 1896.

— *Lampyris noctiluca*, var. *Carreti*. Échange, **12**, 42, 1896 a.

— Lampyrides capturés au Paraguay par M. le Dr. Bohls. Novit. zool., **3**, 4—7, 1896 b.

— Lampyrides rapportées des îles Batu par H. Raap. Ann. Mus. Stor. nat. Genova, (2) **18** (**38**), 412, 1897.

— Les Lampyrides typiques du Muséum. Bull. Mus. Hist. nat. Paris, **5**, 72—75, 371—372, 1899 a.

— Note sur *Coroebus amethystinus* Ol. [Col.]. Bull. Soc. ent. France, **1899**, 65—66, 1899 b.

— Contribution à l'étude des Lampyrides [Col.] descriptions et observations [*Lamprocera, Lucio, Hyas, Tenaspis, Cladodes, Dryptelytra, Lucidota* et *Pelania*]. Bull. Soc. ent. France, **1899**, 86—93, 1899 c.

— Révision des Coléoptères lampyrides des Antilles et description des espèces nouvelles. Bull. Soc. zool. France, **24**, 87—92, 1899 d.

— Les Lampyrides des Antilles. Proc. int. Congr. Zool., **4** (1898), 267—268, 1899 e.

— Un nouvel insecte tourneur. Rev. scient. Bourb. Centre France, **12**, 214, 1899 f.
— Faune de l'Allier. Les Hémiptères. Rev. scient. Bourb. Centre France, **12**, 250—281, 1899 g.
— Descriptions de deux nouvelles espèces de Lampyrides [Col.] [*Diaphanes seminudus* et *D. Wroughtoni*]. Bull. Soc. ent. France, **1900**, 47—48, 1900 a.
— Description d'un Lampyride nouveau, de Bornéo [Col.] [*Ototreta gravida*]. Bull. Soc. ent. France, **1900**, 285, 1900 b.
— in Contribution Faune Sumatra (1899—1900 ff) 1900.
— in Simon, Eugène [Herausgeber] (1889—1900) 1900.

Olivier, Ernest & **André**, Edmond
(Notes sur *Emphytus tener*.) [Mit Angaben von Pierre Lesne.] Ann. Soc. ent. France, (6) **10**, Bull. LXXVII —LXXVIII, CVI—CVII, 1890; CXL, (1890) 1891.

Olivier, Ernest & **Pierre**, C . . .
Obrium cantharinum L. et *Clytus antilope* Illig. Rev. scient. Bourb. Centre France, **11**, 149, 1898.

Olivier, Jules
○ Lettre à M. Bedel sur la maladie de la vigne. Bull. Soc. Agric. Hortic. Vaucluse, **18**, 229—232, 1869.
○ Lettre sur divers remèdes proposés ou expérimentés pour la guérison de la vigne. Bull. Soc. Agric. Hortic. Vaucluse, **19**, 71—76, 1870.

Olivier, L . . .
Note sur les insectes morts renfermés dans les laines en ballot. Bull. Soc. Acclim. Paris, (3) (7) (27), 171 —173, 1880. — [Abdr.?:] Bull. Insectol. agric., **5**, 95 96, 1880.

Olivier-Delamarche, G . . .
(Note sur le résultat de chasses Entomologiques qu'il a faites aux environs de Bône, en Algérie.) Ann. Soc. ent. France, (4) **4**, Bull. IX, 1864.
— Note sur l'estivation des insectes. Bull. Acad. Hippone, Nr. 1, 35—40; [Mit Angaben von Gandolphe.] 48—49, 1865.
— siehe Faidherbe, & Olivier-Delamarche, G . . . 1866.
— Notice sur les premiers correspondants de l'Académie et résumé de leurs lettres. Bull. Acad. Hippone, Nr. 13, 64—72, 1878.
— (Ephémérides entomologiques.) Bull. Acad. Hippone, Nr. 15, XIX—XXI, XXX—XXXIII, 1880; Nr. 16, III—IV, VIII—XI, XXIV, XXX—XXXII, 1881.
— Souvenirs entomologiques. Bull. Soc. Linn. Nord France, **6**, 145—149, 1882—83.

Ollet, J . . .
○ Des accidents produits par les larves de *Lucilia hominivora* à la Guyane française. 4°, 52 S., Montpellier, 1869.

Olliff, Arthur Sidney
geb. 21. 10. 1865 in Millbrook (Hampshire), gest. 29. 12. 1895 in Sidney (N. S. Wales), Governm. Entomol. d. Dep. Agric. N. S. Wales. — Biogr.: Entomol. monthly Mag., **32**, 66—67, 1896; (R. Meldola) Proc. ent. Soc. London, **1896**, XCII, 1896; Leopoldina, **32**, 100, 1896; Zool. Anz., **19**, 176, 1896; (F. B. Guthrie) Agric. Gaz. N. S. Wales, **7**, 1—4, (1896) 1897 m. Schriftenverz.; (L. O. Howard) Smithson. misc. Coll., **84**, 395—396, **1930**; (A. Musgrave) Bibliogr. Austral. Ent., 244—247, 1932.
— Variety of *Hemerophila abruptaria*. Entomologist, **13**, 283, 1880 a.
— *Epione vespertaria* at Arundel. Entomologist, **13**, 311, 1880 b.
— *Lycaena Acis* near Addiscombe. Entomologist, **14**, 43, 1881 a.
— *Pogonocherus hispidus* at Finchley. Entomologist, **14**, 45, 1881 b.
— *Strangalia quadrifasciata* at West Wickham. Entomologist, **14**, 92, 1881 c.
— Notes on *Tribolium confusum* and *Priobium castaneum*. Entomologist, **14**, 216, 1881 d.
— (Asymmetrical neuration in *Papilio americus*.) Trans. ent. Soc. London, **1881**, Proc. XXVIII, 1881 e.
— (*Harpalus cupreus* in Isle of Wight.) Trans. ent. Soc. London, **1881**, Proc. XXXVIII, 1881 f.
— *Plectroscelis aridula*, Gyll. Entomologist, **15**, 92, 1882 a.
— Description of the Larva of *Laemophloeus ferrugineus*, Stephens. Entomologist, **15**, 214—215, 1882 b.
— *Polystichus vittatus*, Brullé. Entomologist, **15**, 238, 1882 c.
— (*Anommatus 12-striatus* at Tonbridge.) Trans. ent. Soc. London, **1882**, Proc. XIV, 1882 d.
— Descriptions of two larvae and new genera and species of Clavicorn Coleoptera, and a synopsis of the genus *Helota*, MacLeay. Cistula ent., **3**, 49—61, Taf. 3, 1883 a.
— On the coleopterous genus *Holoparamecus*, Curtis. With descriptions of three species occurring in Britain. Entomologist, **16**, 1—4, 1883 b.
— Descriptions of three new species of Coleoptera (Nitidulidae) from Ceram. Entomologist, **16**, 97—99, 1 Fig., 1883 c.
— Remarks on a small collection of Clavicorn Coleoptera from Borneo, with description of new species. Trans. ent. Soc. London, **1883**, 173—186, 1883 d.
— Description of an African Species of the Coleopterous Genus *Helota*, MacLeay. Ann. Mag. nat. Hist., (5) **13**, 479—480, 1884 a.
— Additional Notes on the genus *Helota*, MacLeay, and a Synonymic List of the described species. Cistula ent., **3**, 99—101, 1884 b.
— On a remarkable new genus of Cucujidae from Brazil. Entomol. monthly Mag., **21**, 152, (1884—85) 1884 c.
— Notices of new species of Nitidulidae and Trogositidae from the Eastern Archipelago, in the collection of the Leyden Museum. Notes Leyden Mus., **6**, 73—78, 1884 d.
— Description of a new species of *Prostomis* (Cucujidae) from Ceylon and a short account of its larva. Notes Leyden Mus., **6**, 100—102, 1884 e.
— Descriptions of two new species of Nitidulidae from Sumatra. Notes Leyden Mus., **6**, 245—247, 1884 f.
— Notes on the life-history of *Porphyraspis tristis*, a palm-infesting Cassida from Brazil. Trans. ent. Soc. London, **1884**, 435—437, 1 Fig., 1884 g.
— (New species of *Helota* from Angola.) Trans. ent. Soc. London, **1884**, Proc. XI, 1884 h.
— (*Passandra sexstriata* from the Zambesi.) Trans. ent. Soc. London, **1884**, Proc. XXXI, 1884 i.
— Description of a new species of *Schizorrhina* (Cetoniidae) from West Australia. Cistula ent., **3**, 137—138, 1885 a.
— Notes on certain ceylonese Coleoptera (Clavicornia) described by the late Mr. Francis Walker. Proc. Linn. Soc. N. S. Wales, **10** (1885), 69—72, (1886) 1885 b.
— A list of the Cucujidae of Australia, with notes and descriptions of new species. Proc. Linn. Soc. N. S. Wales, **10** (1885), 203—224, (1886) 1885 c.
— Contributions towards a knowledge of the Coleoptera of Australia. Proc. Linn. Soc. N. S. Wales, **10** (1885), 467—472, (1886) 1885 d; (2) **1** (1886), 861—864,

(1887) 1886; (2) **2** (1887), 153—155, (1888) 1887; (2) 3 (1888), 1511—1513, 1889; (2) **5** (1890), 5—11, (1891) 1890.

— A list of the Trogositidae of Australia, with notes and descriptions of new species. Proc. Linn. Soc. N. S. Wales, **10** (1885), 699—715, 1886 a.

— A New Butterfly of the family Lycaenidae from the Blue Mountains. Proc. Linn. Soc. N. S. Wales, **10** (1885), 716—717, 1886 b.

— Remarks on australian Ptinidae and descriptions of new genera and species. Proc. Linn. Soc. N. S. Wales, **10** (1885), 833—840, 1886 c.

— (*Tettix australis*, Walker, on the banks of the River Nepean.) Proc. Linn. Soc. N. S. Wales, (2) **1** (1886), 163, (1887) 1886 d.

— (*Halobates wüllerstoffi*, Frauenf. [Hem.] captured in Australia.) Proc. Linn. Soc. N. S. Wales, (2) **1** (1886), 163—164, (1887) 1886 e.

— Description of a new Aphanipterous insect from new South Wales. Proc. Linn. Soc. N. S. Wales, (2) **1** (1886), 171—172, (1887) 1886 f.

— A revision of the Staphylinidae of Australia. Proc. Linn. Soc. N. S. Wales, (2) **1** (1886), 403—473, Taf. 7; 887—906, (1887) 1886 g; (2) **2** (1887), 471—512, (1888) 1887.
[Siehe:] R. T.: Trans. Proc. R. Soc. Australia, **9** (1885 86), 218—219, 1887.

— Notes on *Zelotypia stacyi*, and an account of a variety. Proc. Linn. Soc. N. S. Wales, (2) **2** (1887), 467—470, (1888) 1887.

— Short Life-histories of nine Australian Lepidoptera. Ann. Mag. nat. Hist., (6) **1**, 357—362, Taf. XX, 1888 a.

— Giant Lepidopterous Larvae in Australia. Entomologist, **21**, 18—19, 1888 b.

— On a new butterfly of the family Satyridae. Proc. Linn. Soc. N. S. Wales, (2) **2** (1887), 976—977, 1888 c.

— Report on a small zoological collection from Norfolk Island. 4. Insecta[1]). Proc. Linn. Soc. N. S. Wales, (2) **2** (1887), 1001—1014, 1888 d.

— On Rhopalocera from the vicinity of Mt. Bellenden-Ker, Queensland. Proc. Linn. Soc. N. S. Wales, (2) **3** (1888), 394—396, (1889) 1888 e.

— On two instances of colour variation in butterflies. Proc. Linn. Soc. N. S. Wales, (2) **3** (1888), 1250—1252, 1 Fig., (1889) 1888 f.

○ Australian Butterflies: a brief account of the native families, with a chapter on collecting and preserving Insects. 48 S., ? Fig., Sydney, 1889 a.

— The insect fauna of Lord Howe Island. (Lord Howe Island, its Zoology, Geology, and Physical Characters. Nr. 4.) Mem. Austral. Mus., Nr. 2, 75—98, Taf. VI, 1889 b.

— Description of a new moth of the genus *Phyllodes*. Proc. Linn. Soc. N. S. Wales, (2) **4** (1889), 113—116, 1 Fig., (1890) 1889 c.

— Insect Pests. The Codling Moth (*Carpocapsa pomonella*, Linn.). Agric. Gaz. N. S. Wales, **1** (1890), 3—10, Taf. I; . . . The Maize Moth (*Heliothris armigera*, Hüb.). 125—128, Taf. III, (1891) 1890 a.

— Insect Friends and Foes. Agric. Gaz. N. S. Wales, **1** (1890), 95—96, 284—287, (1891) 1890 b; **2** (1891), 63—66, Taf. IX, (1892) 1891.

— Entomological notes. Agric. Gaz. N. S. Wales, **1** (1890), 255—257, (1891) 1890 c; **2** (1891), 71—78, 158—159, 255—258, 4 Fig.; 349—351, 385—386, 485—488, 2 Fig.; 535, 667—671, Taf. LXII, (1892) 1891; 778, Taf. XXXIII, 1892; **3**, 26—28, 176—180, 270—271, 368—372, 430—435, 504—505, 578—580, 698—703, 828—832, 895—899, Taf. XI, 1892; **4**, 683—685, Farbtaf. IV, 1893; **5** (1894), 253—255, 1 Farbtaf. (unn.), (1895) 1894; **6** (1895), 30, (1896) 1895.

○ Insect pests. The Elephant beetle: *Orthorrhinus cylindrirostris*, Fab. Agric. Gaz. N. S. Wales, **1** (1890), 278—281, Taf. V, (1891) 1890 d.

○ The leaf-eating Lady-bird. Agric. Gaz. N. S. Wales, **1** (1890), 281—283, (1891) 1890 e.

○ A new Scale Insect destroying saltbush. Agric. Gaz. N. S. Wales, **1** (1890), 667—669, Taf. LXII, (1891) 1890 f.

— On Rhopalocera from Mt. Kosciusko, New South Wales. Proc. Linn. Soc. N. S. Wales, (2) **4** (1889), 619—624, 1890 g.

— *Pielus hyalinatus* and *P. imperialis*. Proc. Linn. Soc. N. S. Wales, (2) **4** (1889), 641—642, 1890 h.

— New species of Lampyridae, including a notice of the Mt. Wilson fire-fly. Proc. Linn. Soc. N. S. Wales, (2) **4** (1889), 643—653, 1890 i.

— On a species of moth (*Epicrocis terebrans*) destructive to red cedar and other timber trees in New South Wales. Rec. Austral. Mus., **1**, 32—35, Taf. 2, (1890—91) 1890 j. — [Abdr.?:] Agric. Gaz. N. S. Wales, **5** (1894), 513—515, 1 Taf. (unn.), (1895) 1894.

— Additions to the Insect-Fauna of Lord Howe Island, and Descriptions of two New Australian Coleoptera. Rec. Austral. Mus., **1**, 72—76, Taf. 10, (1890—91) 1890 k.

— Stray notes on Lepidoptera. Proc. Linn. Soc. N. S. Wales, (2) **5** (1890), 515—516, (1891) 1890 l; (2) **6** (1891), 27—30, (1892) 1891.

— siehe Etheridge, Robert & Olliff, Arthur Sidney 1890.

— Insect Pests (*Galerucella semipullata* Clark.). Agric. Gaz. N. S. Wales, **2** (1891), 218—219, 3 Fig., (1892) 1891 a.

— Wood Boring Beetle in Pepper and White Cedar Trees (*Bostrychus jesuita* Fabr.). Agric. Gaz. N. S. Wales, **2** (1891), 670, (1892) 1891 b.

— siehe Cobb, N . . . A . . . & Olliff, Arthur Sidney 1891.

— siehe Scobie, Robert & Olliff, Arthur Sidney 1891.

— in Whymper, Edward (1891—92) 1891.

— The Plague Locust in New South Wales. Agric. Gaz. N. S. Wales, **2** (1891), 768—777, 2 Fig., 1892.

— Report on a visit to the Clarence River District for the purpose of ascertaining the nature and extent of Insect Ravages in the Sugar-cane Crops. Agric. Gaz. N. S. Wales, **4**, 373—387, 2 Fig., Taf. XXII, 1893.

— siehe Helms, Richard & Olliff, Arthur Sidney 1893.

— Some Australian Weevils or Snout-beetles. Agric. Gaz. N. S. Wales, **6** (1895), 258—261, 1 Taf. (unn.), (1896) 1895 a.

— Australian Entomophytes, or Entomogenous Fungi, and some account fo their Insecthosts. Agric. Gaz. N. S. Wales, **6** (1895), 402—414, Taf. I—IV (1 Farbtaf.), (1896) 1895 b. — [Abdr.?:] Ann. Mag. nat. Hist., (6) **16**, 482—488, 1895.

— Australian Hepialidae. Entomologist, **28**, 114—117, 1895 c.

— Successful Introduction of Humble Bees into New South Wales. Entomol. monthly Mag., (2) **6** (**31**), 67, 1895 d.

— (*Psylla periculosa*. Larval coverings on the foliage of *Eucalyptus rudis*, Endl.) Proc. Linn. Soc. N. S. Wales, (2) **9** (1894), 740, 1895 e.

[1]) Teil 1—3 nicht entomol.

Olliff, Arthur Sidney & **Prince**, Henry
On a new *Pielus* from the Blue Mountains. Proc. Linn. Soc. N. S. Wales, (2) **2** (1887), 1015—1016, Farbtaf. XXXIX, 1888.

Olliff, Arthur Sidney; **Billups**, Thomas Richard & **Sharp**, David
(Earthworms and coleopterous larvae.) Trans. ent. Soc. London, **1884**, Proc. XVIII—XIX, 1884.

Ollivant, J . . . Eearle
Vanessa Antiopa at Llandaff. Entomol. monthly Mag., **18**, 18, (1881—82) 1881.

Ollivier,
○ Une invasion de *Cimex ornatus* à Batna. Gazette méd. Algérie, **14**, 102, 136, 1869.

Olm, Carl
Der Ameisenlöwe (*Myrmecoleon formicarius* L.). Fauna Ver. Luxemburg, **1**, 13—14, 1891.
— Ausflug vom 6. Juni 1892. Fauna Ver. Luxemburg, **2**, 36—37, 1892.
— Ausflüge der Fauna während des Jahres 1893. Fauna Ver. Luxemburg, **3**, 84—85, 1893.

Olpp, J . . .
Die Thierwelt in Deutsch-Südwest-Afrika in ihrem Verhältnisse zur Kultur. Natur Halle, (N. F.) **14** (37), 6—8, 15—18, 31—32, 56, 66—68, 78—80, 1888.

Olsoufiev, G . . . V . . . siehe Olsuf'ev, G . . . V . . .

Olsson, Peter
geb. 1833.
— Iakttagelser öfver skandinaviska fiskars föda. Acta Univ. Lund., **8** (1871), Afd. III, Beitrag VII, 1—12, (1871—72) [1872].
— Bidrag till kännedomen om Jemtlands fauna. Öfv. Vetensk. Akad. Förh. Stockholm, **33** (1876), Nr. 3, 103—151, 1877.
— [*Acherontia Atropos* L. in Schweden.] Ent. Tidskr., **2**, 210, (1881) 1882.
○ Försök till undervisning i Biskötsel. 96 S., 84 Fig., 1 Taf., Jönköping, 1885.
— Om myrernes liv. Naturen Bergen, (2) **3** (**13**), 303—313, 330—342, 1889.

[**Olsuf'ev**, G . . . V . . .] **Олсуфьев**, Г . . . В . . .
Notes sur les Onthophagides paléarctiques. I. [Ežegodn. zool. Muz. Akad. Nauk] Ежегодн. зоол. Муз. Акад. Наук; Annu. Mus. zool. Acad. Sci., **5**, 266—275, 1900.

Oltrogge, C . . .
Joh[ann] Franz Christ[ian] Heyer. Nachruf. Jh. naturw. Ver. Lüneburg, **4** (1868—69), 40—46, 1870.

Omboni, Cesare
○ Sull' allevamento ad alta temperatura. Riv. settim. Bachicolt., **4**, 93—94, 1872.
○ Carret: suo metodo d'allevamento bachi, suo calorifero. Cenni di bachicoltura. 4°, 14 S., Verona, tip. Apollonio, 1874.
[Franz. Übers.:] Carret, sa méthode d'élever les vers à soie, son calorifère. 12°, 22 S., Valence, impr. Chaléat, 1876.
○ La stufa Carret e l'alta temperatura. Riv. settim. Bachicolt., **7**, 65; Ancora l'alta temperatura e la stufa Carret. 73, 97, 1875 a.
[Siehe:] Franceschini, Felice: 65—66, 97—98.
○ Una nuova lettera sul metodo Carret. Riv. settim. Bachicolt., **7**, 109, 1875 b.

Omboni, Giovanni
geb. 1829.
— Di alcuni insetti fossili del Veneto. Atti Ist. Veneto, (6) **4**, 1421—1435, Taf. XV—XVII, 1885—86.

O'Neill,
„Some interesting Beetles." [Nach: Zambesi Mission Record.] Zoologist, (4) **3**, 237—238, 1899.

O'Neill, William
The sting of the honey bee. [Mit Angaben von Lancelot, Newton & „a bee-keeper."] Lancet, **68**, Bd. 2, 205, 1890.

Onesti,
Vers à soie du murier. Emploi de la suie pour la guérison de la gattine. Rev. Séricicult. comp., **1864**, 33—40, 1864.
— Silkworms. Pharm. Journ. London, (2) **6** (1864—65), 490, 1865.

Onions, John
The Oak Egger Moth. Sci. Gossip, (**4**) 1868), 41, 1869.

Onsea, August
[Eine neue Schmetterlingsabart aus der Umgebung von Zagreb.] Nova odlika leptira iz Zagrebačke okelice. Glasnik Naravosl. družt., **7**, 319, 1892.
— *Otiorhynchus gemmatus* Scop. und seine Varietaeten. Glasnik Naravosl. družt., **8**, 156—157, 1895—96.

Onsen, August
(Black var. of *Colias edusa*.) Entomol. Rec., **3**, 8—9, 1892.

Onslow, Douglas A . . . & **Henderson**, John
(*Liparis dispar* at Southsea.) Entomol. Rec., **3**, 187, 242, 1892.

Oor, (Lucien)
[Insectes capturés le 12 août à Grand-Bigard.] Ann. Soc. ent. Belg., **38**, 503, 1894.

Opel, F . . . M . . . Eduard
○ Lehrbuch der forstlichen Zoologie für Forstwirthe, Grundbesitzer und Jagdberechtigte. 8°, 483 S., Wien, Wilhelm Braumüller, 1869.
[Ref.:] Borggreve, [Bernard]: Ztschr. Forst- u. Jagdwes., **2**, 247—251, 1870.

Oppen, G . . . von
Zur Lebensdauer des *Hylobius abietis*. Ztschr. Forst- u. Jagdwes., **15**, 547—548, 1883.
— Untersuchungen über die Generationsverhältnisse des *Hylobius abietis*. Ztschr. Forst- u. Jagdwes., **17**, 81—118, 141—155, 1885.
[Siehe:] Altum, Bernhard: 219—230.
— Zur Rüsselkäferfrage. [Mit Angaben von Bernhard Altum.] Ztschr. Forst- u. Jagdwes., **19**, 544—562, 1887; **20**, 394—414, 1888.
[Siehe:] Hartleben,: **19**, 686—688, 1887.
— Bruthölzer gegen *Hylobius abietis*. Ztschr. Forst- u. Jagdwes., **24**, 297—315, 1892.

Oppenau, Franz von
La *Phylloxera* in California. Agricoltura Ital., **2**, 273—274, 1876.
— Di un nuovo baco da seta che si nutrisce colle foglie della quercia. Agricoltura Ital., **3**, 337—341, 410—415, 1877.
— Ein Wink für die Züchtungsversuche mit dem japanesischen Eichenseidespinner. Dtsch. landw. Pr., **7**, 81, 1880 a.

— Eichenseidespinner. Dtsch. landw. Pr., 7, 113, 1880 b.

Oppenheim, Paul
geb. 1863.
— Die Ahnen unserer Schmetterlinge in der Sekundär- und Tertiärperiode. Berl. ent. Ztschr., **29**, 331—349, Taf. X—XII, 1885.
— Die Insectenwelt des lithographischen Schiefers in Bayern. Paleontogr. Stuttgart, 34, 215—247+2 (unn., Taf. Erkl.) S., Taf. XXX—XXXI, (1887—88) 1888.
— Jurassische Insectenreste und ihre Deutungen. N. Jb. Min. Geol. Paleont., **1891**, Bd. 1, 40—57, 1891. [Siehe:] Haase, Erich: **1890**, Bd. 2, 1—33, 1890.

Oppler,
Über Feinde der Obstbäume, deren Abwehr und Vertilgung. Pomol. Mh., (N. F.) 7 (27), 306—308, 1881. — [Abdr.:] Jahresber. Schles. Ges. vaterl. Kult., **58** (1880), 244—246, 1881.

D'Orazio, Martino
○ L'arnia industriale e l'arnia a libro presentata all' Esposizione agraria di Roma del 1876. 8°, 16 S., Roma, tip. Cotta & Co., 1876.

D'Orbigny, Henri
geb. 1845, gest. 29. 6. 1915 in Paris. — Biogr.: Bull. Soc. ent. France, **1915**, 201, 1915; Bull. Mus. Hist. nat. Paris, **29**, 412, 1923; (M. Bedel) Livre Cent. Soc. ent. France, 95—99, 1932; Quart. Rev. Biol., **8**, 325—330, 1933.
— Synopsis des Aphodiens d'Europe et du bassin de la Méditerranée. Abeille, **28**, 197—271, (1892—96) 1896 a.
[Siehe:] Reitter, Edmund: Wien. ent. Ztg., **16**, 73—76, 1897.
— Description des deux nouveaux *Aphodius* méditerranéens (Col.). Bull. Soc. ent. France, **1896**, 149—150, 1896 b.
— Descriptions d'espèces nouvelles d'*Onthophagus* de l'ancien monde. Ann. Soc. ent. France, **66**, 232—244, (1897) 1898? a.
Description d'une espèce nouvelle de *Psammobius* du Nord de l'Afrique [Col.]. Bull. Soc. ent. France, **1898**, 148—149, 1898 b.
— Descriptions d'espèces nouvelles d'Onthophagides [Col.] de Mésopotamie et d'Arabie [*Caccobius* et *Onthophagus*]. Bull. Soc. ent. France, **1898**, 160—163, 177—180, 1898 c.
— Synopsis des Onthophagides paléarctiques. Abeille, **29**, 117—254, (1896—1900) 1898 d; Supplément au synopsis . . . 289—300, (1896—1900) 1900.
— (Ontofágidos recogidos en el Asia menor por D. Manuel Martinez de la Escalera.) An. Soc. Hist. nat. Españ., (2) **8** (**28**), Actas 33—34, 1899.

Orcutt, I . . . H . . .
siehe Aldrich, John Merton & Orcutt, I . . . H . . . 1890.
— siehe Aldrich, John Merton & Orcutt, I . . . H . . . 1891.
— siehe Aldrich, John Merton & Orcutt, I . . . H . . . 1892.

Ord, George
geb. 4. 3. 1781 in Philadelphia?, gest. 23. 1. 1866. — Biogr.: (S. N. Rhoads) Cassinia, **12**, 1—8, 1908 m. Porträt; (G. Quäbicker) Journ. Orn., **87**, 204—205, 1939.
— in Say, Thomas 1869.

Ord, George Walker
geb. 1871 in the Parish of King Edward in Aberdeensh., gest. 9. 8. 1899 in Glasgow, tätig am Kelvingrove Mus. in Glasgow. — Biogr.: (J. Paterson) Ann. Scott. nat. Hist., **1899**, 193—196, 1899; (R. H.) Trans. nat. Hist. Soc. Glasgow, (N. S.) **5** (1896—99), 319—321, 1900.
— The Constancy of the Bee. Trans. nat. Hist. Soc. Glasgow, (N. S.) **5** (1896—99), 85—88, 1 Taf., (1900) 1897?.
— Notes on the Tipulidae of the Glasgow District. Trans. nat. Hist. Soc. Glasgow, (N. S.) **5** (1896—99), 190—196, (1900) 1898?.
○ Entomological Reports. Ann. Anderson. Natural. Soc., **2**, 108—113, 1900 a.
— The Lepidoptera in relation to Flowers. Trans. nat. Hist. Soc. Glasgow, (N. S.) **5** (1896—99), 355—366, 1900 b.

Ordody, Istyán
○ [Der Kartoffelkäfer *Chrysomela decemlineata*.] A bourgonya-bogár *Chrysomela decemlineata*. Földmiv. Erdek., **16**, 136; **17**, 142—143, 1877.

Ordway, Henry L . . .
(On the Canker Worm (*Anisopteryx vernata*).) [Mit Angaben von F. W. Putnam u. a.] Proc. Essex Inst., **3** (1860—63), 291—294, 1864.

Orfila, Francisco Cardona siehe Cardona y Orfila, Francisco

Orieulx, J . . . de la Porte siehe Porte-Orieulx, J . . . de la

Orio, Carlo
○ Sulla epizoozia Bombicina. Torino, 1864.
○ Gli urgenti bisogni della sericoltura italiana al Giappone. Bull. Soc. geogr. Ital., Fasc. 5, parte II, 107—123, 1870.
○ Sul quesito V.: Importanza dei semi esteri, e specialmente dei giapponesi. Misure da consigliarsi ai governi ed agli allevatori onde rendere presto inutile una tale importazione. Atti Mem. Congr. bacol. int., **2**, 272—280, 1872.
○ Le nuove marche dei cartoni Giapponesi. Riv. settim. Bachicolt., **6**, 14, 1874.

Orlandi, Francesco
○ Per la produzione e scelta del seme da bachi è necessario l'uso del microscopio: memoria. 8°, 16 S., Montepulciano, tip. Fumi, 1872.
○ Conservatrice Orlandi. Riv. settim. Bachicolt., **10**, 45, 1878.

Orléans, Henry Prince de
○ From Tonkin to India by the sources of the Irawadi Jan. 1895—Jan. 1896. Engl. Übers. von H. Bent. 8°, XII+467 S., ? Fig., 18 Taf., 1 Karte, London, 1898. [Darin:]
Oberthür, Charles: Lepidoptera. 426.

Ormay, Sandor (=Alexander)
geb. 2. 4. 1855 in Alsó-Kubin, gest. 27. 3. 1938 in Budapest, Gymnasialprof. in Nagy-Szeben. — Biogr.: (Kaszab Zoltán) Fol. ent. Hungar, **4**, 90—92, (1940) 1939 m. Schriftenverz.
— Supplementa faunae coleopterorum in Transsilvania. Adatok erdély bogárfaunájához. [Ungar. & Latein.] 8°, 2 (unn.) +54 S., Nagy-Szeben, Druck Adolf Reissenberger (Theodor Steinhaussen Nachf.), 1888 a.
— Coleoptera nova e Transsilvania. Wien. ent. Ztg., **7**, 165—168, 1888 b.
○ [Neuere Daten zur Käferfauna Sieberbürgens.] Ujabb adatok Erdély bogárfaunájához. Rencontiora supple-

menta faunae Coleopterorum in Transsylvania. 65 S., Budapest, 1890.

○ [Notizen zur Käferfauna von Beregszasz.] Jegyzetek Beregszász bogárfaunájából. [Nachr. Staatl. Realschule Beregszász] Allami realiskoia értesitöje Beregszász, **1895**, 8—13, 1895.

Ormerod, Edward Latham

geb. 1819, gest. 1873, Arzt in Brighton.

— British social wasps. An introduction to their anatomy and physiology, architecture and general natural history, with illustrations of the different species and their nests. 8°, XI+270 S., 12 Fig., 14 Taf. (4 Farbtaf.), London, Longmans; Green; Reader & Dyer, 1868 a.

— Wasps. [Nach: Gardeners' Chronicle vom 19. Oktober.] Sci. Gossip, (3) (1867), 254—255, 1868 b.

— Wasps Ancient and Modern. Intell. Observ., [N. S.] 5, 452—472, 1 Fig., 1871.

Ormerod, Eleanor Anne

geb. 11. 5. 1828 in Sedbury Park (Gloucester), gest. 19. 7. 1901 in St. Albans (Hants.), arbeitete auf dem Gebiet d. angew. Entomol. — Biogr.: London News, 99, 334, 1891 m. Portrait; London News, **119**, 122, 1901 m. Porträt; (C. J. S. Bethune) Rep. ent. Soc. Ontario, 32, 121—125, 1901 m. Porträt u. Schriftenverz.; Entomologist, 34, 235—236, 1901; (W. F. K.) Nature London, 64, 330, 1901; Entomol. monthly Mag., 37, 230, 1901; (W. W. Fowler) Trans. ent. Soc. London, **1901**, XXXIV, 1901; (C. J. S. Bethune) Canad. Entomol., 33, 155—156, 241—242, 1901; (S. Lampa) Ent. Tidskr., 22, 183—186, 1901; Entomol. Rec., 13, 280, 1901; (R. Wallen) Eleanor Ormerod: Economic Entomologist. Autobiography and Correspondence. XX+348 S., London, 1904 m. Porträt; (V. Woolf) Dial, 77, 466—474, 1924; (L. O. Howard) Hist. appl. Ent., 1930; Cent. Hist. ent. Soc. London, 155—156, 1933.

— Notes on the development of *Volucella bombylans*, parasitical in the nests of Carder-bees; with observations on the development of the tubular head appendages of its pupa. Entomol. monthly Mag., **10**, 196—200, 8 Fig., (1873—74) 1874 a.

— Life history of *Meligethes*. Entomol. monthly Mag., **11**, 46—52, 2 Fig., (1874—75) 1874 b.

— Oak Spangles. [Galls of *Neuroterus lenticularis*.] Garden, Chron., (N. S.) **6**, 659, 1876.

— Notes for Observations of Injurious Insects. 8°, 7 S., 12 Fig., London, print. T. P. Newman, 1877 a.

— Turkey Oak-galls. [Mit Angaben von E. A. Fitch.] Entomologist, **10**, 42—44, 1 Fig., 1877 b.

— Oak-galls: *Aphilothrix corticis*. [Mit Angaben von E. A. Fitch.] Entomologist, **10**, 165—166, 1 Fig., 1877 c.

— Workings of *Hylesinus fraxini*. Entomologist, **10**, 183—187, 2 Fig., 1877 d.

— The Colorado Beetle. Entomologist, **10**, 217—220, 4 Fig., 1877 e.

— Turnip and cabbage-gall weevil, *Ceutorhynchus sulcicollis*. Entomologist, **10**, 246—249, 3 Fig., 1877 f.

— Oak Galls. Garden. Chron., (N. S.) **8**, 458—459, 600—601, 1 Fig., 1877 g.

— On the development of galls of *Cecidomyia Ulmariae*. Entomologist, **11**, 12—14, 1 Fig., 1878 a.

— Considerations on abnormal Gall-growth. Entomologist, **11**, 82—87, 3 Fig., 1878 b.

— Acorn- and bud-galls of *Quercus cerris*. Entomologist, **11**, 201—204, 3 Fig., 1878 c.

— Notes on *Psylliodes chrysocephala*. Entomologist, **11**, 217—220, 2 Fig., 1878 d.

— *Neuroterus laeviusculus*. Entomologist, **11**, 275—276, 1878 e.

— Notes on leaf galls on *Parinarium curatellifolium*. Entomol. monthly Mag., **15**, 97—99, 2 Fig., (1878—79) 1878 f.

— The prevention of Insect injury by the use of Phenol preparations. Trans. ent. Soc. London, **1878**, 333—335, 1878 g.

— Notes of Observations of Injurious Insects. Report, 1877. 8°, 19 S., 12 Fig., London, print. T. P. Newman, 1878 h; ... Report, 1878. 27 S., 20 Fig., West, Newman & Co., 1879; ... Report, 1879. IV+44 S., 27 Fig., W. Swan Sonnenschein & Allen, 1880; ... Report, 1880. IV+48 S., 27 Fig., London, W. Swan Sonnenschein & Allen; Edinburgh, J. Menzies & Co., 1881; Report of Observations of Injurious Insects during the Year 1881, with Methods of Prevention and Remedy, and Special Report on Turnip Fly. VI+1 (unn.) +111 S., 34 Fig., London, W. Swan Sonnenschein & Co., 1882; ... Year 1882, with ... on Wireworm. VI +98 S., 35 Fig., London, Simpkin, Marshall & Co., 1883; ... Injurious Insects and Common Crop Pests during the Year 1883, with Methods of Prevention and Remedy. VI+80 S., 28 Fig.; Appendix. (Observations on first appearance, &c., of Hop Aphis.) 16+2 (unn., Index) S., 2 Fig., 1884; Report of Observations of Injurious Insects and Common Farm Pests during the Year 1884, with Methods of Prevention and Remedy. Eighth Report.[1]) VII+122 S., 39 Fig., 1885; Report ... Year 1885 ... Remedy. Ninth Report.[2]) V+112 S., 42 Fig., 1 Tab., 1886; Report ... Year 1886 ... Tenth Report. VI+112 S., 32 Fig., 1887; Report ... Year 1887 ... Eleventh Report. VI+132 S., 34 Fig., 2 Kart., 1888; Report ... Year 1888 ... Twelfth Report. VI+130 S., 30 Fig., 1 Taf., 1 Tab.; [Angeb.:] Notes on Ox Warble Fly, or Bot Fly, *Hypoderma Bovis*, De Geer.[3]) 4 S., 5 Fig., 1889; Report ... Year 1889 ... Thirteenth Report. VIII+130 S., 43 Fig., 1 Taf., London, Simpkin, Marshall, Hamilton, Kent & Co., 1890; Report ... Year 1890 ... Fourteenth Report. VII+ 1 (unn.) +144 S., 42 Fig., 1 Taf., 1891; Report of Observations of Injurious Insects and Common Farm Pests, With Special Report on Attack of Caterpillars of the Diamond-Back Moth, during the Year 1891, with Methods of Prevention and Remedy. Fifteenth Report. VI+1 (unn.) +170 S., 24 Fig., 1892; Report of Observations of Injurious Insects and Common Farm Pests, during the Year 1892, with Methods of Prevention and Remedy. Sixteenth Report. VII+1 (unn.) +167 S., 38 Fig., 4 Taf., 1893; Report ... Year 1893 ... Seventeenth Report. VII+1 (unn.) +152 S., 33 Fig., 1 Taf., 1894; Report ... Year 1894 ... Eighteenth Report. VII+1 (unn.) +122+1 (unn.) +LXII+3 S., 47 Fig., 1 Taf., 1 Tab., 1895; Report ... Year 1895 ... Nineteenth Report. IX+1 (unn.) +156 S., 30 Fig., 2 Taf., 1896; Report ... Year 1896 ... Twentieth Report. IX+1 (unn.) +160 S., 33 Fig., 1 Taf., 1897; Report ... Year 1897 ... Twenty-first Report. 4+VII+1 (unn.) +160 S., 38 Fig., 1898; Report ... 1898 ... Twenty-second Report. VII+1 (unn.) +138 S., 30 Fig., 1 Taf., 1899; Report of Injurious Insects and Common Farm Pests during the Year 1899 with Methods of Prevention

[1]) Separat daraus: Warble or Ox Bot Fly.-First Special Report.
[2]) ... Second Special Report.
[3]) ... Third Special Report.

and Remedy. VII+1 (unn.) +152 S., 28 Fig., 2 Taf., 1900.
[Siehe:] Newstead, Robert: London, 1899.
[Dtsch. Übers., z. T.:] *Plusia gamma und Vanessa Cardui.* Ent. Nachr., **6**, 124, 1880.
— *Sitophilus granarius.* Entomologist, **12**, 51—54, 1 Fig., 1879 a.
— Considerations as to effects of temperature on insect development. Entomologist, **12**, 137—142, 1879 b.
— Undescribed Oak-galls. Entomologist, **12**, 193—194, 2 Fig., 1879 c.
— *Sitophilus oryzae.* Entomologist, **12**, 206—207, 1879 d.
— On an undetermined Oak-Gall. Entomol. monthly Mag., **15**, 197—198, 1 Fig., (1878—79) 1879 e.
— Observations of the effects of low Temperatures on Larvae. Trans. ent. Soc. London, **1879**, 127—130, X—XI, 1879 f.
— Sugar-cane Borers of British Guiana. Trans. ent. Soc. London, **1879**, Proc. XXXIII—XXXVI, 1879 g.
— Notes on the Prevention of Cane-borers. [With remarks of Mr. M'Lachlan.] Trans. ent. Soc. London, **1879**, Proc. XXXVI—XL, 1879 h.
— A use of the Hook to the tibiae of the fore-legs of *Hylobius abietis.* Entomologist, **13**, 166, 1880 a.
— ([Sugar-]Cane-borers.) Trans. ent. Soc. London, **1880**, Proc. XV—XIX, 1880 b.
— (Galls on *Tanacetum vulgare.*) Trans. ent. Soc. London, **1880**, Proc. XXVII—XXVIII, 1880 c.
○ Notes for observations of injurious insects. Trans. Watford nat. Hist. Soc., **2** (1877—79), 77—83, 12 Fig., 1880 d.
○ Notes on Economie Entomology. Trans. Watford nat. Hist. Soc., **2** (1877—79), 84—88, ? Fig., 1880 e.
○ A manual of injurious insects. With methods of prevention and remedy for their attacks to food-crops, forest-trees, and fruit. To which is appended a short introduction to Entomology. 8°, XXXVII+323 S., London, 1881 a. — 2. Aufl. XIV+1 (unn.) +410 S., 154 Fig., 1 Frontispiz, London, Simpkin; Marshall; Hamilton; Kent & Co., 1890.
— *Anthomyia betae* (the Mangold-fly). Entomologist, **14**, 165—166, 1 Fig., 1881 b.
— Schadet oder nützt die Winterkälte den Insekten? [Nach: Hannov. land.- u. forstw. Verbl., Nr. 41, 1881.] Pomol. Mh., (N. F.) **7** (**27**), 334—335, 1881 c.
— (Tree nests of Termitidae from British Guiana and Brazil.) [Mit Angaben von F. P. Pascoe & R. McLachlan.] Trans. ent. Soc. London, **1881**, Proc. V—VI, 1881 d.
— Effects of warmth and surrounding atmospheric conditions on Silkworm larvae. Entomologist, **15**, 127—129, 1882 a.
— Quarterly Report of the Consulting Entomologist. Journ. R. agric. Soc., (2) **18**, 599—604, 2 Fig., 1882 b.
— (Larvae of *Melolontha vulgaris* destructive to young pines at Salisbury.) Trans. ent. Soc. London, **1882**, Proc. XII, 1882 c.
— Observations on the Development of *Sitones lineatus.* Trans. ent. Soc. London, **1882**, Proc. XIV—XVI, 1882 d.
— (*Lina cuprea* destructive in Norway.) Trans. ent. Soc. London, **1882**, Proc. XIX, 1882 e.
— (Wireworms differently affected by various rapecakes.) Trans. ent. Soc. London, **1882**, Proc. XIX, 1882 f.
— On Methods of Prevention of Insect-injury. Trans. Hertfordsh. nat. Hist. Soc., **2** (1881—83), 1—8, (1884) 1882 g.
— Notes on Insects observed in Hertfordshire during the year 1881. Trans. Hertfordsh. nat. Hist. Soc., **2** (1881—83), 80—82, (1884) 1882 h; 187—188, (1884) 1883.
— Report on Wireworms. Journ. R. agric. Soc., (2) **19**, 104—143, 2 Fig., 1883 a.
— (Swarm of *Atherix ibis.*) Trans. ent. Soc. London, **1883**, Proc. XX, 1883 b.
○ Guide to Methods of Insect Life, and prevention and remedy of Insect ravage; being ten lectures delivered for the Institute of Agriculture, December 1883. 8°, VIII+167 S., ? Fig., London, 1884 a. — 2. Aufl. A text-book of agricultural entomology. Being a guide to methods of insect life and means of prevention of insect ravage. XVI+238 S., 163 Fig., London, Simpkin; Marshall; Hamilton; Kent & Co., 1892.
○ On the presence of grubs and maggots of injurious Insects in farm manure. Agric. Student Gazette, (2) **1**, 168—171, 1884 b.
— (*Oestrus* destructive to leather.) [With remarks of Mr. W. L. Distant, E. A. Fitch and Prof. C. V. Riley.] Trans. ent. Soc. London, **1884**, Proc. XXI, 1884 c.
— The Hessian Fly in Great Britain being Observations and Illustrations from life. 8°, 24 S., ? Fig., London, 1886 a.
— The recent appearance of the Hessian Fly, *Cecidomyia destructor* (Say), in Great Britain. Journ. R. agric. Soc., (2) **22**, 721—727, 4 Fig., 1886 b.
— (On the occurrence of the Hessian Fly (*Cecidomyia destructor*) in Great Britain.) Trans. ent. Soc. London, **1886**, Proc. LVIII—LIX, 1886 c.
○ Notes on the „Australian Bug" (*Icerya purchasi*), in South Africa. VII+36 S., ? Fig., London, 1887 a.
— The Hessian fly in Britain: life-history. Entomologist, **20**, 9—13, 4 Fig., 1887 b.
— The Hessian fly. Entomologist, **20**, 262—264, 1887 c.
— Parasites of the „Hessian fly". (*Cecidomyia destructor*, Say.) Entomologist, **20**, 317—318, 1887 d.
— *Cecidomyia destructor*, Say, in Great Britain. Trans. ent. Soc. London, **1887**, 1—6, 4 Fig., 1887 e.
— M. E. Glanville [Nekrolog]. Entomologist, **21**, 168, 1888 a.
— Annual Report for 1887 of the Consulting Entomologist. Journ. R. agric. Soc., (2) **24**, 289—296, 1888 b; ... for 1888 ... Entomologist, with additional details from previous reports respecting some of the most injourious Insects Attacks of the past Season. (2) **25**, 329—343, 5 Fig., 1889.
— Notes and descriptions of a few injurious farm & fruit insects of South Africa. With descriptions and identifications of the insects by O. E. Janson, 8°, VIII +116 S., 32 Fig., London, Simpkin; Marshall & Co., 1889 a.
— Hessian Fly. Entomologist, **22**, 190, 1889 b.
— The Hessian Fly, and its Introduction into Britain. Trans. Hertfordsh. nat. Hist. Soc., **5** (1887—89), 168—176, (1890) 1889 c.
— British Farm, Forest, Orchard, and Garden pests. 2. Aufl. London, 1890 a.
— Traps for the Winter Moth again. Period. Bull. Dep. Agric. Ent. (Ins. Life), **3** (1890—91), 69—70, (1891) 1890 b.
— The Clover-Seed Midge in England, the use of Paris green, and other notes. [Mit Angaben von L. O. Howard & C. V. Riley.] Period. Bull. Dep. Agric. Ent. (Ins. Life), **3** (1890—91), 293—294, 1891 a.

— Notes on the Season. Period. Bull. Dep. Agric. Ent. (Ins. Life), **4** (1891—92), 36—39, (1892) 1891 b.
— Lamellicorn beetles on pasturage in the Argentine territories. Entomologist, **27**, 229—232, 6 Fig., 1894 a.
— Abundance of Caterpillars of the Antler Moth, *Charaeas graminis*, Linn., in the South of Scotland. Entomol. monthly Mag., (2) **5** (**30**), 169—171, 1894 b.
— The late Miss Georgiana E. Ormerod. Entomologist, **29**, 310—311, 1 Fig., 1896.
— Handbook of insects injurious to orchard and busc fruits with means of prevention and remedy. 8°, X+286 S., 65 Fig., 1 Frontispiz, London, Simpkin; Marshall; Hamilton; Kent & Co., 1898 a.
— *Hippobosca equina*, Linn., at Ystalyfera, Glamorganshire. Entomologist, **31**, 225—226, 4 Fig., 1898 b.
— Flies injurious to stock. Being life-histories and means of prevention of a few kinds commonly injurious with special observations on Ox Warble or Bot Fly. 8°, VI+1 (unn.)+80 S., 24 Fig., London, Simpkin; Marshall; Hamilton; Kent & Co., 1900 a.
— Indian „Forest flies", *Hippobosca* (*Aegyptiaca*?), Macq. [Nach: Veterinary Record, 1895.] Indian Mus. Notes, **4**, 79—80, 1900 b.

Ormerod, Eleanor Anne & **Fitch**, Edward Arthur
(Larvae of Doleridae destructive to grass crops.) Trans. ent. Soc. London, **1881**, Proc. XIII, XIV, 1881.
— (*Sitones puncticollis* bred from larvae feeding red clover.) Trans. ent. Soc. London, **1882**, Proc. XII, 1882.

Ormerod, Eleanor Anne & **Stainton**, Henry Tibbets
(Plague of larva of *Charaeas graminis*.) Trans. ent. Soc. London, **1881**, Proc. XIII—XIV, XXIII, 1881.

Ormezzano, Q . . .
Hirondelles et Punaises. Bull. Soc. Hist. nat. Autun, **13**, Proc.-Verb. 23—24, 1900 a.
— Les sciences naturelles au concours agricole et viticole de Marcigny. Bull. Soc. Hist. nat. Autun, **13**, Proc.-Verb. 208—220, 1900 b.

Ormond, D . . . D . . .
○ Insect Wings and Scales. Trans. Stirling nat. Hist. Soc., **1879—80**, 50—52, 1880.

Ormonde, Frederic
Names, — Scientific vs. Common. Ent. News, **6**, 212—213, 1895.
— Carnivorous larva of *Melanotus communis*. Ent. News, **7**, 200—202, 1896.

Orne, John
George D. Smith [Nekrolog]. Proc. Boston Soc. nat. Hist., **21** (1880—82), 51—53, (1883) 1881.

Oro, Isidoro dell'
○ L'éducazione dei bachi da seta. Studi sui più distinti autori giapponesi e chinesi. 2. Aufl. 16°, 46 S., Milano, tip. del Sole, 1870.
○ La bachicoltura e la seta al Giappone ed in Europa: osservazioni. 8°, 32 S., ? Fig., Firenze, tip. Co., 1871 a.
○ L'esportazione dei cartoni giapponesi. Riv. settim. Bachicolt., **3**, 98—99, 1871 b.
○ La sériciculture et la soie au Japon et en Europe. Observations. (Traduites de l'Italien.) Monit. Soie, **11**, Nr. 525, 4—6; Nr. 526, 4—6, 1872.

Oro, Luigi dell'
○ Allevamento dei bachi da seta. 16°, Milano, tip. E. Civelli, 1878.

Orr, Hugh Lamont
gest. 14. 4. 1913 in Belfast. — Biogr.: Irish Natural., **22**, 115, 1913.
— Insect Notes from County Antrim. Irish Natural., **9**, 20, 1900.

Ortega, Angel Muñez
○ Apuntes historicos sobre el cultivo de la seda en Mexico. Bruxelles, Mayolez, 1883.
[Ref.:] Preudhomme de Borre, Alfred: Ann. Soc. ent. Belg., **28**, C. R. XLIV—XLV, 1884.

Ortiz, Juan A . . .
○ Insectos perjudiciales a nuestra agricultura. La lagarta o isoca de los trigales (*Leucania unipuncta*). Bol. Agric. Ganad. Buenos Aires, **2**, 37—39, ? Fig., 1900.

Ortiz y Canavate, Fernando
○ El *Phylloxera vastatrix*. Gaceta agric. Fomento, **6**, 300—304, 1878. — ○ [Abdr.?:] An. Agric. Argent., **2**, 193—199, 233—237, 1878.

Ortleb, A . . . & **Ortleb**, G . . . [1])
Anleitung zu geologisch-paläologischen Sammlungen auf Excursionen. Natur Halle, (N. F.) **19** (**42**), 481—483, 489—492, 501—502, 513—516, 2 Fig.; 525—528, 10 Fig.; 537—541, 8 Fig.; 549—553, 12 Fig.; 561—565, 6 Fig.; 573—578, 7 Fig.; 585—589, 3 Fig.; 597—601, 4 Fig., 1893.
○ Das Fangen, Präparieren und Sammeln der Schmetterlinge nebst Beschreibung derselben. 6. Aufl. 8°, 64 S., 4 Taf., Berlin, S. Mode, 1896 a.
— Das Sammeln der einheimischen Käfer nebst Beschreibung, Präparieren und Aufbewahren derselben. Der emsige Naturforscher und Sammler Nr. 7. 8°, 70 S., 4 Taf., Berlin, S. Mode, [1896] b[2]).
○ Der Raupensammler. Anleitung zum Aufsuchen und Aufziehen der Falterraupen sowie zum Präparieren und Aufbewahren derselben. 6. Aufl. 8°, 62 S., 26 Fig., Berlin, S. Mode, 1898.

Ortleb, G . . .
siehe Ortleb, A . . . & Ortleb, G . . . 1893.
— siehe Ortleb, A . . . & Ortleb, G . . . 1896.
— siehe Ortleb, A . . . & Ortleb, G . . . 1898.

Orton, Edward
The Tree-cricket again (*Oecanthus niveus*). Pract. Entomol., **2**, 94, (1866—67) 1867.

Orton, James
geb. 1830, gest. 1877.
— Contributions to the Natural History of the Valley of Quito. — No. I. Amer. Natural., **5**, 619—626; . . . — II. 693—698, 1871; . . . — No. III. **6**, 650—657, 1872.

Orval, E . . . Hecquet d' siehe Hecquet d'Orval, E . . .

Orville, Henry de siehe D'Orville, Henry

Ory, E . . .
○ Phthiriase [*Phthirius inguinalis*]. N. Dict. Méd. Chir. prat. Paris, **27**, 212—215, 1879.

[**Ošanin**, Vasilij Fedorovič] **Ошанин**, Василий Федорович
geb. 21. 12. 1844 in Politiv, gest. 1917. — Biogr.: (A. Bogdanov) Material. Gesch. Zool. Russland, **2**, 2 (unn) S., 1889 m. Porträt & Schriftenverz.
○ [Über eine Sammlung von Hemipteren.] О коллекціи

[1]) lt. Text S. Ortleb
[2]) nach Conc. Bibliogr.

полужесткокрылыхъ насекомыхъ. [Izv. Obšč. Ljubit. Estest. Antrop. Etnogr.] Изв. Общ. Любит. Естест. Антроп. Этногр., **3**, Lief. 1, 211—212, 1866.

— (Hémiptères trouvées dans le district de Svenigorod du Gouvernement de Moscou.) Bull. Soc. Natural. Moscou, 42 (1869), part. 1, [Séances] 21, (1869) 1870 a.

○ [Zwei Fälle entomologischer Besichtigung als Sachverständiger.] Два случая энтомологической экспертизы. [Izv. Obšč. Ljubit. Estest. Antrop. Etnogr.] Изв. Общ. Любит. Естест. Антроп. Этногр., **8**, Lief. 1, 190-194, 1870 b.

— (Une nouvelle espèce du genre d'Hémiptères *Apassus* trouvée dans la Sibérie orientale.) Bull. Soc. Natural. Moscou, **43** (1870), part. 2, [Séances] 39, 1871.

— Une espèce de la famille des Phytocoridees. Bull. Soc. Natural. Moscou, 44 (1871), part. 2, [Séances] 2—3, 1872 a.

— [Kurzer Bericht über die Reise ins westliche Transkaukasien.] Краткій отчетъ о поездке въ западное Закавказье. [Izv. Obšč. Ljubit. Estest. Antrop. Etnogr.] Изв. Общ. Любит. Естест. Антроп. Этногр., **10**, Lief. 1, 13-15, 1872 b.

○ (Materialien für eine Hemipteren-Fauna von Turkestan.) Ann. Turkestan. Soc. Amis Sci. nat., **1**, 99—163, 1879.

— [Seine Arbeiten über das Studium der russischen Hemipteren (*Aradus brevicollis*).] О своихъ работахъ по изученію русскихъ Полужесткокрылыхъ (*Aradus brevicollis*). [Izv. Obšč. Ljubit. Estest. Antrop. Etnogr.] Изв. Общ. Любит. Естест. Антроп. Этногр., **50**, Lief. I (= [Protok. zool. Otd.] Проток. зоол. Отд., **1**, Lief. I), 37-39, 1886.

○ Zoogeograficheskiĭ Kharakter faun'i poluzhestkokr'il 'ikh turkestana [Russ.] 8°, 116 S., Petersburg, 1891.

— Sur les limites et les subdivisions de la région paléarctique, basées sur l'étude de la faune des Hémiptères. C. R. Congr. int. Zool., **2**, Part. 2, 275—280, 1893.

Osborn, Henry L . . .

[Ref.] siehe Geddes, Patrick & Thomson, J . . . Arthur 1889.

— The Grasshopper, *Oedipoda carolina;* an Introductory Study in Zoology. Amer. monthly micr. Journ., **13**, 279—282, 1892; **14**, 1—7, 1 Taf., 1893.

Osborn, Herbert

geb. 19. 3. 1856 in Lafayette (Wisconsin), gest. 20. 9. 1954, Prof. d. Zool. u. Ent. an d. Ohio State Univ. u. Direktor d. Ohio Biol. Surv. — Biogr.: (F. W. Goding) West Amer. Soc., **8**, 39—40, 1893; (E. O. Essig) Hist. Ent., 721—724, 1931 m. Porträt; Revista Ent. S. Paulo, **13**, 440—441, 1942 m. Porträt; (J. Dorothy & Josef N. Knull) Journ. econ. Ent., **47**, 1164—1165, 1954 m. Porträt; (Raymond C. Osburn) Ann. ent. Soc. Amer., **47**, 545—547, 1954 m. Porträt; (H. Sachtleben) Beitr. Ent., **5**, 234, 1955; Naturw. Rdsch., **8**, 127, 1955.

○ On a species of plant-louse [*Chermes pinicorticis*] infesting the Scotch pine. Trans. Jowa hortic. Soc., **14**, 96—107, 1879.

— Butterflies in Iowa. Amer. Entomol., 3 ((N. S.) **1**), 226, 1880 a.

○ A destructive borer. [*Xyleutes robinae.*] Coll. quart., **3**, 12, 1880 b.

○ [Habits of *Lachnosterna fusca.]* Coll. quart., **3**, 13, 1880 c.

○ [*Trochilium denutatum* destructive to ash trees, *Fraxinus.*] Coll. quart., **3**, 14, 1880 d.

— Food Habits of *Saperda cretata.* Amer. Natural., **15**, 244, 1881.

— Notes on *Pemphigus tesselata,* Fitch. Canad. Entomol., **14**, 61—65, 1882 a.

— Aegerian Parasites. Papilio, **2**, 71—72, 1882 b.

— Habits of Thrips. Psyche Cambr. Mass., **3**, 369, (1886) 1882 c.

— *Bombus pennsylvanicus* in a deserted wren's nest. [Mit Angaben von Westcott; Riley; Kellicott & Murtfeldt.] Amer. Natural., **17**, 1171, 1883 a.

— An Epidemic Disease of *Caloptenus differentialis.* [Mit Angaben von Charles Valentine Riley.] Amer. Natural., **17**, 1286—1287, 1883 b.

— Notes on Thripidae, with descriptions of new species. Canad. Entomol., **15**, 151—156, 1883 c.

— The Ash Saw-fly (*Selandria barda* Say). Canad. Entomol., **16**, 148—152, 1 Fig., 1884 a. — [Abdr.:] Rep. ent. Ontario, **15**, 32—34, 1885.

— Notes on Mallophaga and Pediculidae. Canad. Entomol., **16**, 197—199, 1884 b.

— Classification of Hemiptera. Ent. Amer., **1**, 21—27, (1885—86) 1885.

— (*Chironomus* larvae living in the water contained in the cups of *Silphium perfoliatum.*) Ent. Amer., **1**, 211, (1885—86) 1886 a.

— Flight of Water Beetles. Ent. Amer., **2**, 63—64, (1886—87) 1886 b.

— siehe Cook, Albert John & Osborn, Herbert 1886.

— in Riley, Charles Valentine [Herausgeber] [26. Feb.] 1886.

— (The origin of the wing in *Aleurodes.*) Ent. Amer., **4**, 147, 1888 a.

— The Food habits of the Thripidae. Period. Bull. Dep. Agric. Ent. (Ins. Life), **1** (1888—89), 137—142, (1888—89) 1888 b.

— (Observations on certain species of Hemiptera.) Proc. ent. Soc. Washington, **1** (1884—89), 35, (1890) 1888 c.

— in Riley, Charles Valentine (1879) 1888.

— Identity of *Schizoneura panicola* Thos. and *S. corni* Fab. Period. Bull. Dep. Agric. Ent. (Ins. Life), **2** (1889—90), 108—109, (1889—90) 1889 a.

— Local Problems in Science. Proc. Iowa Acad. Sci., [**1**] (1887—89), part 1, 19—39, (1890) 1889 b.

— The Hemipterous Fauna of Iowa. Proc. Iowa Acad. Sci., [**1**] (1887—89, part 1, 40—41, (1890) 1889 c.

— Insects Producing Silver-Top in Grass. Amer. Natural., **24**, 970, 1890 a.

— Habits of *Cimbex Americana.* Period. Bull. Dep. Agric. Ent. (Ins. Life), **3** (1890—91), 77—78, (1891) 1890 b.

— Note on the Period of Development in Mallophaga. Period. Bull. Dep. Agric. Ent. (Ins.Life), **3** (1890—91), 115—116, (1891) 1890 c.

— On the Use of contagious Diseases in contending with injurious Insects. Period. Bull. Dep. Agric. Ent. (Ins. Life), **3** (1890—91), 141—145, (1891) 1890 d.

— On the Wax Glands of the Pemphiginae. Proc. Iowa Acad. Sci., [**1**] (1887—89), part 1, 64—65, 1890 e.

— On the Distribution of Certain Hemiptera. Proc. Iowa Acad. Sci., [**1**] (1887—89), part 1, 64, 1890 f.

— in Riley, Charles Valentine [Herausgeber] [∾März] 1890.

— The Pediculi and Mallophaga affecting man and the lower animals. Bull. U. S. Dep. Agric. Ent., Nr. 7, 1—56, 42 Fig., 1891 a.

— Silver-top in grass and the insects which may produce it. Canad. Entomol., **23**, 93—96, 1891 b.

— *Asopia farinalis* as a clover pest. Canad. Entomol., **23**, 283, 1891 c.
— (Insects attracted to electric light.) Ent. News, **2**, 77, 1891 d.
— Some Notes on Iowa Insects. Period. Bull. Dep. Agric. Ent. (Ins. Life), **3** (1890—91), 479, 1891 e.
— Report of a Trip to Kansas to Investigate reported Damages from Grasshoppers. Period. Bull. Dep. Agric. Ent. (Ins. Life), **4** (1891—92), 49—56, (1892) 1891 f. — [Abdr.:] Bull. U. S. Dep. Agric. Ent., Nr. 27, 58—64, 1892.
— An Experiment with Kerosene Emulsions. Period. Bull. Dep. Agric. Ent. (Ins. Life), **4** (1891—92), 63—64, (1892) 1891 g.
— Origin and Development of the Parasitic Habit in Mallophaga and Pediculidae. Period. Bull. Dep. Agric. Ent. (Ins. Life), **4** (1891—92), 187—191, (1892) 1891 h.
— Notes on Grass Insects in Washington, D. C. Period. Bull. Dep. Agric. Ent. (Ins. Life), **4** (1891—92), 197—198, (1892) 1891 i.
— in Riley, Charles Valentine [Herausgeber] [~März] 1891.
— Notes on the life-history of *Agallia sanguinolenta*, Prov. Canad. Entomol., **24**, 35, 1892 a.
— On the Orthopterous fauna of Iowa. Canad. Entomol., **24**, 36, 1892 b.
— Note on the species of *Acanthia*. Canad. Entomol., **24**, 262—264, 1892 c.
— Honey-Bee or House-Fly. Canad. Entomol., **24**, 269—270, 1892 d.
— Notes on Injurious Insects of 1892. Perriod. Bull. Dep. Agric. Ent. (Ins. Life), **5** (1892—93), 111—114, (1893) 1892 e.
— On the Orthopterous Fauna of Iowa. Proc. Iowa Acad. Sci., **1** (1890—91), part 2, 116—120, 1892 f.
— Homoptera injurious to grasses. Science, **19**, 228—229, 5 Fig., 1892 g.
— A partial catalogue of the animals of Iowa. [Orthoptera, Hemiptera.] Trans. Iowa Acad. Sci., **1**, 116—120, 120—131, 1892 h.
— Catalogue of the Hemiptera of Iowa. Proc. Iowa Acad. Sci., **1** (1890—91), part 2, 120—131, 1892 i; Additions and Corrections to Catalogue of Hemiptera. (1892), part 3, 103—104, 1893.
— in Riley, Charles Valentine [Herausgeber] [~März] 1892.
— *Trichodactylus xylocopae* in California. Amer. Natural., **27**, 1021—1022, 1893 a.
— (Note on *Corimelaena albipennis* Say.) Ent. News, **4**, 91—92, 1893 b.
— Report on a Trip to Northwest Missouri to Investigate Grasshopper Injuries. Period. Bull. Dep. Agric. Ent. (Ins. Life), **5** (1892—93) 323—325, 1893 c.
— Methods of treating Insects affecting Grasses and Forage Plants. Period. Bull. Dep. Agric. Ent. (Ins. Life), **6** (1893—94), 71—82, (1894) 1893 d.
— Methods of attacking Parasites of domestic Animals. Period. Bull. Dep. Agric. Ent. (Ins. Life), **6** (1893—94), 163—165, (1894) 1893 e.
— Note on Some of the More Important Insects of the Season. Period. Bull. Dep. Agric. Ent. (Ins. Life), **6** (1893—94), 193, (1894) 1893 f.
— Life Histories of Jassidae. Proc. Iowa Acad. Sci., **1** (1892), part 3, 101—103, 1893 g.
— in Riley, Charles Valentine [Herausgeber] [~Juni] 1893.
— Collecting and Studying Parasitic Insects. Amer. monthly micr. Journ., **15**, 56—59, 1 Fig., 1894 a.
— Keys to the Genera of Pediculidae and Mallophagidae. Amer. monthly micr. Journ., **15**, 344—346, 1894 b.
— Description of a new species of *Dorycephalus*. Canad. Entomol., **26**, 216, 1894 c.
— Chinch Bug Observations in Iowa in 1894. Period. Bull. Dep. Agric. Ent. (Ins. Life), **7** (1894—95), 230—232, (1895) 1894 d.
— Notes on the distribution of Hemiptera. Proc. Iowa Acad. Sci., **1** (1893), part 4, 120—123, 1894 e.
— Laboratory notes in zoology. Proc. Iowa Acad. Sci., **1** (1893), part 4, 124—127, 1894 f.
— in Riley, Charles Valentine [Herausgeber] [~Juli] 1894.
— The Phylogeny of Hemiptera. Proc. ent. Soc. Washington, **3** (1893—96), 185—189, 3 Fig., (1896) 1895.
— Insects affecting domestic animals: an account of the species of importance in North America, with mention of related forms occurring on other animals. Bull. U. S. Dep. Agric. Ent., (N. S.) Nr. 5, 1—302, 170 Fig., Taf. I—V, 1896 a.
— Notes on the Entomological Events of 1896 in Iowa. (Proceedings of the eighth annual Meeting of the Association of Economic Entomologists.) Bull. U. S. Dep. Agric. Ent., (N. S.) Nr. 6, 78—80, 1896 b.
— Observations on the Cicadidae of Iowa. Proc. Iowa Acad. Sci., **3** (1895), 194—203, 1896 c.
— Note on a new species of *Phloeothrips*, with description. Proc. Iowa Acad. Sci., **3** (1895), 228, 1896 d.
— The lost *Ledra* again. Canad. Entomol., **29**, 89, 1897.
— The Hessian Fly in the United Staates. Bull. U. S. Dep. Agric. Ent., (N. S.) Nr. 16, 1—58, 8 Fig., Taf. I—II, 1 Frontispiz, 1898 a.
— The Duty of Economic Entomology. (Proceedings of the tenth annual meeting of the Association of Economic Entomologists.) Bull. U. S. Dep. Agric. Ent., (N. S.) Nr. 17, 6—12, 1898 b.
— Notes on Coccidae occurring in Iowa. Proc. Iowa Acad. Sci., **5** (1897), 224—231, 1898 c.
— On the occurrence of the white ant (*Termes flavipes*) in Iowa. Proc. Iowa Acad. Sci., **5** (1897), 231, 1898 d.
— Additions to the list of Hemiptera of Iowa, with descriptions of new species. Proc. Iowa Acad. Sci., **5** (1897), 232—247, 2 Fig., 1898 e.
— [Collection of Odonata of the late Prof. D. S. Kellicott.] Ent. News, **10**, 144, 1899 a.
— Notes on the Hemiptera of Northwestern Iowa. Proc. Iowa Acad. Sci., **6** (1898), 36—39, 1899 b.
— Description of a new species of *Haematopinus*. Canad. Entomol., **32**, 215—216, 1900 a.
— Two new species of Jassidae. Canad. Entomol., **32**, 285—286, 1900 b.
— A New Species of *Eutettix* (Jassidae, Homoptera). Ent. News, **11**, 395—396, 1900 c.
— A Neglected *Platymetopius*. Ent. News, **11**, 501—502, 1900 d.
— The Genus *Scaphoideus*. Journ. Cincinnati Soc. nat. Hist., **19**, 187—209, Taf. IX—X, (1896—1901) 1900 e.
— A list of Hemiptera collected in the vicinity of Bellaire, Ohio. Ohio Natural., **1**, 11—12, 1900 f.
— Remarks on the Hemipterous Fauna of Ohio with a Preliminary Record of Species. Rep. Ohio Acad. Sci., **8**, 60—79, 1900 g.
— in Smith, John Bernhard 1900.

Osborn, Herbert & **Ball**, Elmer Darwin
Studies of North American Jassoidea. Proc. Davenport Acad. nat. Sci., 7 (1897—99), 45—100, Taf. I—VI, (1899)[1] 1897 a.
— Contributions to the Hemipterous fauna of Iowa. (Contr. Dept. Zool. Ent. Iowa State Coll. Agr. No. 2.) Proc. Iowa Acad. Sci., 4 (1896), 172—234, Taf. XIX—XXVI, 1897 b.
— The Genus *Pediopsis.* (A Review of the North American Species.) Proc. Davenport Acad. nat. Sci., 7 (1897—99), 111—123, (1899)[1] 1898 a.
— A Review of the North American Species of *Idiocerus.* Proc. Davenport Acad. nat. Sci., 7 (1897—99), 124—138, (1899)[1] 1898 b.

Osborn, Herbert & **Gossard**, Harry Arthur
The Clover-seed Caterpillar. (*Grapholitha interstinctana* Clem.) Period. Bull. Dep. Agric. Ent. (Ins. Life), 4 (1891—92), 56—58, (1892) 1891.

Osborn, Herbert & **Mally**, Charles W . . .
Biologic notes on certain Iowa insects. Proc. Iowa Acad. Sci., 3 (1895), 203—213, 7 Fig., Taf. XV, 1896.

Osborn, Herbert & **Sirrine**, Frank Atwood
Notes on Aphididae. Period. Bull. Dep. Agric. Ent. (Ins. Life), 5 (1892—93), 235—237, 1893 a.
— Notes on Aphididae. Proc. Iowa Acad. Sci., 1 (1892), part 3, 98—101, 1893 b.
— Plant lice infesting grass roots. Proc. Iowa Acad. Sci., 2 (1894), 78—91, 7 Fig., 1895.

Osborne, J . . . A . . .
Caterpillars [*Pieris brassicae*]. Nature London, 15 (1876—77), 7, (1877) 1876; Caterpillars [*Anthocharis cardamines*]. 16, 502—503, 1877.
— On the pupation of the Nymphalidae. Entomol. monthly Mag., 15, 59—61, 105—106, (1878—79) 1878; 257—258, (1878—79) 1879; Further observations . . . 16, 55—58; Remarks on Prof. Riley's observations . . . 148—152, (1879—80) 1879.
— On the cocoons formed by *Hypera rumicis* and its parasites, and *Cionus scrophulariae.* Entomol. monthly Mag., 16, 16—18, (1879—80) 1879 a.
— On the Pupation of the Nymphalidae. Nature London, 19 (1878—79), 507, 1879 b.
— Parthenogenesis in a Beetle. Nature London, 20, 430, 1879 c.
[Ref.:] Katter, Ferdinand: Parthenogenesis bei Käfern. Ent. Nachr., 7, 31—32, 1881.
— Mistakes of instinct [*Anthocharis cardamines*]. Sci. Gossip, 15, 160, 1879 d.
— Mistake made by Instinct. Amer. Entomol., 3 ((N. S.) 1), 221, 1880 a.
— Some facts in the Life-History of *Gastrophysa raphani.* Entomol. monthly Mag., 17, 49—57, (1880—81) 1880 b.
— On the eggs and larvae of some Chrysomelae and other (allied) species of Phytophaga. Entomol. monthly Mag., 17, 150—154, (1880—81) 1880 c.
— Parthenogenesis in the Coleoptera. Nature London, 22, 509—510, 1880 d. — [Abdr. u. Forts.:] Entomol. monthly Mag., 17, 127—130, (1880—81) 1880; Further Notes on Parthenogenesis . . . 18, 128—129, (1881—82) 1881.
— Mistakes made by Instinct. Sci. Gossip, 16, 17—18, 1880 e.
— The Cocoon of *Cionus scrophulariae.* Sci. Gossip, 16, 209, 1880 f.

[1]) lt. Umschlagbl. 1900

— The Eggs of *Chrysomela polita.* Sci. Gossip, 16, 243, 1880 g.
— Pugnacity of the Caterpillars of *Anthocharis Cardamines.* Sci. Gossip, 17, 17—18, 1881 a.
— On the Cocoon of *Cionus.* Sci. Gossip, 17, 276, 1881 b.
— Dipterous larvae in the human subject. Entomol. monthly Mag., 19, 69, (1882—83) 1882 a.
— On some points in the economy of *Zaraea fasciata.* Entomol. monthly Mag., 19, 97—100, (1882—83) 1882 b.
— On the egg of *Rumia crataegata.* Sci. Gossip, 18, 13—15, 1882 c.
— Réaumur and the Germ Theory of Disease. Sci. Gossip, 18, 41, 1882 d.
— On Growth in the Eggs of Insects. Sci. Gossip, 19, 225—227, 1883 a.
— Some further observations on the Parthenogenesis of *Zaraea fasciata,* and on the embryology of that species, and of *Rumia crataegata.* Entomol. monthly Mag., 20, 145—148, (1883—84) 1883 b; A postscript concerning Parthenogenesis in *Zaraea fasciata.* 21, 128—129, (1884—85) 1884.
— On the male of *Zaraea fasciata.* Entomol. monthly Mag., 20, 205—207, (1883—84) 1884.
— On the Embryology of *Botys hyalinalis.* Sci. Gossip, 21, 32—36, 10 Fig., 1885.

Osburn, Raymond Carroll Prof.
geb. 4. 1. 1872 auf einer Farm nahe Newark (Ohio), gest. 6. 8. 1955 in Columbus (Ohio), Leiter d. Dep. f. Zool. u. Entomol. d. Ohio State Univ. Columbus. — Biogr.: Ohio Journ. Sci., 55, 376—377, 1955; (D. F. Miller) Ann. ent. Soc. Amer., 48, 422, 1955 m. Porträt; Bull. ent. Soc. Amer., 1, 41, 1955; (H. Sachtleben) Beitr. Ent., 6, 202—203, 1956; Ohio Journ. Sci., 56, 254, 1956.

Osburn, Raymond Carroll & **Hine**, James Stewart
Dragonflies taken in a week. Ohio Natural., 1, 13—15, 1900.

Osburn, W . . .
○ The Cotton wood leaf beetle [*Plagiodera scripta* Fabr.]. Trans. Kansas Acad. Sci., 4, 24—25, 1875.

Osburn, William
Rhopalocera of Tennessee. Ent. News, 6, 245—248, 281—284, 1895.

Oschanin, Wasilij siehe Ošanin, Vasilij Fedorovič

Oschanine, Basile siehe Ošanin, Vasilij Fedorovič

Osimo, M . . .
○ Cinni sull' attuale malattia dei bachi da seta letti nelle adunanze dei giorni 23 e 24 agosto 1857 dell' J. R. Istituto Veneto di Scienze, Lettere ed Arti. 3. Aufl.[1]) 8°, 16 S., Padova, tip. Crescini, 1877.

Oslar, Ernest J . . .
Los Angeles County, California, Rhopalocera taken from Feb. 16 to 28, 1893. Ent. News, 4, 226—227, 1893.
— Some Notes on the Habits and Capture of *Aegiale streckeri* Skinner. Ent. News, 10, 495—498, 1900.

Osorio y Zavala, Amado [Herausgeber]
Fernando Póo y el Golfo de Guinea. Apuntes de un viaje[2]). An. Soc. Hist. nat. Españ., 15, 289—348, 1886.
[Darin:]
Bolivar, Ignacio: Articulados. 341—348.

[1]) andere Aufl. vor 1864
[2]) nur z. T. entomol., lt. Text A. Ossorio

Ossorio, Amado siehe Osorio y Zavala, Amado

Ossuna, M . . .
(Noticias sobre flora y la fauna de Anaga (islas Canarias).) An. Soc. Hist. nat. Españ., (2) **6** (**26**), Actas 179—186, 1897.

Osten, Ferdinand
[Zug von *Pieris rapae* in der Provinz Hannover.] Insekten-Welt, **2**, 67, 1885 a.
— Ueber Raupenzucht. Korr.bl. int. Ver. Lep. Col. Sammler, **1**, 83—84, 1885 b.
— Ueber Begattung von Sphingiden in der Gefangenschaft. Insekten-Welt, **3**, 139—140, 1887.

Osten-Sacken, Charles Robert
geb. 21. 8. 1828 in Petersburg, gest. 20. 5. 1906 in Heidelberg, Attaché d. Russ. Gesandschaft bei d. Vereinigten Staaten. — Biogr.: (A. Bogdanov) Material. Gesch. Zool. Russland, **2**, 2 (unn.) S., 1889 m. Porträt & Schriftenverz.; Introduction Rec. Life Work Ent., 1—26, 1901; Canad. Entomol., **35**, 344—346, 1903; Rec. Life Work Ent., 8+1+240 S., 1903 m. Porträt; (J. M. Aldrich) Ent. News, **17**, 269—272, 1906 m. Porträt; (C. J. S. Bethune) Canad. Entomol., **38**, 238, 1906; (G. H. V.) Entomologist, **39**, 192, 1906; (C. W. Johnson) Ent. News, **17**, 273—275, 1906; (G. H. Verrall) Entomol. monthly Mag., **42**, 234—235, 1906; Leopoldina, **42**, 99, 1906; (A. Lameere) Ann. Soc. ent. Belg., **50**, 161, 1906; (G. H. Bryan) Nature London, **74**, 180—181, 1906; (N. J. Kusnezov) Rev. Russe Ent., **6**, 382—383, 1906; (E. Korschelt) Verh. Dtsch. zool. Ges., **17**, 19—20, 1907; (J. B. Smith) Pop. Sci. monthly, **76**, 473, 1910 m. Porträt; (E. O. Essig) Hist. Ent., 724—727, 1931; (A. Musgrave) Bibliogr. Austral. Ent., 248, 1932; (H. Osborn) Fragm. ent. Hist., 141—142, 1937; (J. Ch. Bradley) Trans. Amer. ent. Soc., **85**, 280—281, 1960.
— Description of several new North American Ctenophorae. Proc. ent. Soc. Philadelphia, **3**, 45—49, 1864 a.
— Über den wahrscheinlichen Dimorphismus der Cynipiden-Weibchen. Stettin. ent. Ztg., **25**, 409—413, 1864 b.
— siehe Loew, Hermann & Osten Sacken, Charles Robert 1864—73.
— Description of some new genera and species of North American Limnobina. Proc. ent. Soc. Philadelphia, **4**, 224—242, 1865 a.
— [A luminous coleopterous larva (*Melanactes*).] Proc. ent. Soc. Philadelphia, **4**, VIII—IX, 1865 b.
— Contributions to the Natural History of the Cynipidae of the United States and of their Galls.[1]) Proc. ent. Soc. Philadelphia, **4**, 331—380, 1865 c; Trans. Amer. ent. Soc., **3**, 54—64, (1870—71) 1870.
— Two new North American Cecidomyiae. Proc. ent. Soc. Philadelphia, **6** (1866—67), 219—220, (1866—67) 1866.
— Luminous larvae. [Mit Angaben von C. J. S. Bethune.] Canad. Entomol., **1**, 38—39, (1869) 1868 a.
— Description of a new species of Culicidae. Trans. Amer. ent. Soc., **2**, 47—48, (1868—69) 1868 b.
— Alder-Bud Gall. Canad. Entomol., **1**, 89, 1869 a.
— Diptera. Rec. Amer. Ent., **1868**, 18—25, 1869 b; **1869**, 30—37, 1870; **1870**, 11—13, 1871.
— Biological Notes on Diptera. (Galls on *Solidago*.) Trans. Amer. ent. Soc., **2**, 299—303, (1868—69) 1869 c; . . . — (Article 2nd.) **3**, 51—54, (1870—71) 1870; . . . (Article 3d.) 345—347, (1870—71) 1871. — [Abdr. 345—346:] Ent. Nachr., **22**, 343—345, 1896.
— On the transformations of *Simulium*. Amer. Entomol., **2**, 229—231, 3 Fig., 1870.

[1]) Anfang vor 1864

— A List of the Leptidae, Mydaidae and Dasypogonina of North America. Bull. Buffalo Soc. nat. Sci., **2** (1874—75), 169—187, (1875) 1874 a.
— Report on the Diptera collected by Lieut. W. L. Carpenter in Colorado during the summer of 1873. Rep. U. S. geol. Surv. Territ., **7** (1873), 545—566, 1874 b.
— Notice of the Galls collected by Lieut. W. L. Carpenter [in Colorado]. Rep. U. S. geol. Surv. Territ., **7** (1873), 567, 1874 c.
— Description of the larva of *Pleocoma*, Lec. Trans. Amer. ent. Soc., **5**, 84—87, 4 Fig., (1874—76) 1874 d.
— A List of the North American Syrphidae. Bull. Buffalo Soc. nat. Sci., **3** (1875—77), 38—71, (1877) 1875 a; Corrections to the paper: A List . . . 130—131, (1877) 1876.
— Parasitic Diptera. Canad. Entomol., **7**, 72, 1875 b.
— Three new galls of Cecidomyiae. Canad. Entomol., **7**, 201—202, 1875 c.
— Prodrome of a Monograph of the Tabanidae of the United States. Part I. The Genera *Pangonia, Chrysops, Silvius, Haematopota, Diabasis*. Mem. Boston Soc. nat. Hist., **2**, 365—397, 3 Fig., (1871—78) 1875 d; . . . Part II. The Genus *Tabanus*. 421—479, (1871—78) 1876; . . . Supplement. 555—560, (1871—78) 1878.
— Note on some Diptera from the Island Guadalupe (Pacific Ocean), collected by Mr. E. Palmer. Proc. Boston Soc. nat. Hist., **18** (1875—76), 133—134, (1877) 1875 e.
— On the North American Species of the Genus *Syrphus* (in the narrowest Sense). Proc. Boston Soc. nat. Hist., **18** (1875—76), 135—153, (1877) 1875 f.
— Mimetic Resemblences between Diptera and Hymenoptera. Psyche Cambr. Mass., **1**, 96, (1877) 1875 g.
— On a supposed Case of Seasonal Dimorphism among Diptera. Psyche Cambr. Mass., **1**, 113—115, (1877) 1875 h.
[Franz. Übers. von] Jules Maurice: Sur un cas supposé de démorphisme saisonnier chez les diptères. Bull. scient. Dép. Nord, (2) **1** (**10**) (1878), 281—283, 1879.
— Report on the present condition of the Collection of Diptera of the Museum of Comparative Zoölogy. Rep. Mus. comp. Zool. Harvard, **1874**, 14—17, 1875 i.
— in Reports Explorations Surv. West Hundredth Meridian (1874—89) 1875.
— Report on the Diptera. Rep. Mus. comp. Zool. Harvard, **1875**, 21, 1876.
— in Kidder, Jerome H . . . (1875—76) 1876.
— Western Diptera: Descriptions of New Genera and Species of Diptera from the Region west of the Mississippi and especially from California. Bull. U. S. geol. geogr. Surv. Territ., **3**, 189—354, 1877 a.
— A singular habit of *Hilara*. Entomol. monthly Mag., **14**, 126—127, (1877—78) 1877 b.
— *Tachina* parasitic on Phasmidae. Psyche Cambr. Mass., **2**, 23, (1883) 1877 c.
— Report of the Diptera brought Home by Dr. Bessels from the Arctic Voyage of the „Polaris", in 1872. Proc. Boston Soc. nat. Hist., **19** (1876—78), 41—43, (1878) 1877 d.
— in Packard, Alpheus Spring 1877.
— Bemerkungen über Blepharoceriden. Ein Nachtrag zur „Revision" dieser Familie von Professor Dr. Loew. Dtsch. ent. Ztschr., **22**, 405—416, 1878 a.
— Luminous Insects, especially Diptera. Entomol. monthly Mag., **15**, 43—44, (1878—79) 1878 b.
— Insects which live in Resin. Psyche Cambr. Mass., **2**, 154, (1883) 1878 c.

— Peculiarities of Riparian Insects. Psyche Cambr. Mass., **2**, 154, (1883) 1878 d.
— Catalogue of the Described Diptera of North America. 2. Aufl.[1]) Smithon. misc. Collect., **16**, Nr. 270, I—XLVI+2 (unn.) S. +1—276, (1880) 1878 e.
— in McLachlan, Robert 1878.
— Ueber einige Fälle von Copula inter mares bei Insecten. Stettin. ent. Ztg., **40**, 116—118, 1879 a.
— Einige merkwürdige Fälle der geographischen Verbreitung von Tipuliden. Tagebl. Vers. Dtsch. Naturf., **52**, 232—233, 1879 b.
— About *Phora* being merely a Scavenger and not a true Parasite. Amer. Entomol., **3** ((N. S.) **1**), 277, 1880 a.
— The red clover and hive bees. Entomol. monthly Mag., **17**, 142, (1880—81) 1880 b.
— Note on North American Trypetidae. Psyche Cambr. Mass., **3**, 53, (1886) 1880 c.
— Ueber einige merkwürdige Fälle von Verschleppung und Nichtverschleppung der Dipteren nach anderen Welttheilen. Stettin. ent. Ztg., **41**, 326—332; Nachschrift zu Seite 332. 363, 1880 d.
— Die Tanyderina, eine merkwürdige Gruppe der Tipuliden. Verh. zool.- bot. Ges. Wien, **29** (1879), 517—522, 2 Fig., 1880 e.
— Dr. F. Müller's discovery of a case of female dimorphism among Diptera. Entomol. monthly Mag., **17**, 130—132, (1880—81) 1880 f; Dimorphism of female Blepharoceridae. 206, (1880—81) 1881.
— (Diagnoses de cinq nouveaux genres de Diptères exotiques: *Antineura, Philocompus, Xenaspis, Naupoda & Asyntona.*) Ann. Soc. ent. France, (6) **1**, Bull. XCIX—C (=Bull. Soc. ..., **1881**, 133—134), 1881 a.
— On the use of the forceps of *Forficula*. Canad. Entomol., **13**, 80, 1881 b.
— *Thyreophora antipodum*, new species of Diptera. Entomol. monthly Mag., **18**, 35, (1881—82) 1881 c.
— A brief notice of Carl Ludwig Doleschall, the Dipterologist. Entomol. monthly Mag., **18**, 114—116, (1881—82) 1881 d.
— A relie of the tertiary period in Europe, *Elephantomyia*, a genus of Tipulidae. Mitt. München. ent. Ver., **5**, 152—154, 1881 e.
— On the Larva of *Nycteribia*. Trans. ent. Soc. London, **1881**, 359—361, Taf. XVI, 1881 f.
— Enumeration of the Diptera of the Malay Archipelago collected by Prof. Odoardo Beccari, Mr. L. M. D'Albertis and others. Ann. Mus. Stor. nat. Genova, **16** (1880—81), 393—492, 8 Fig., (1880) 1881 g; **18** (1882—83), 10—20, 1 Fig., (1883) 1882.
— An essay of comparative Chaetotaxy, or the arrangement of characteristic bristles of Diptera. Mitt. München. ent. Ver., **5**, 121—138, 1881 h; Noch ein paar Worte zur Chaetotaxie, das ist die Vertheilung der Macrochaeten bei den Dipteren. Wien. ent. Ztg., **1**, 91—92, 1882. — [Abdr. m. Änderungen:] An Essay of Comparative Chaetotaxy, or the arrangement of characteristic bristles of Diptera. Trans. ent. Soc. London, **1884**, 497—517, 1 Fig., 1884.
[Ref.:] Mik, Josef: Verh. zool.-bot. Ges. Wien, **32** (1882), 8—16, 1 Fig., 1883. — [Abdr.:] Ent. Nachr., **8**, 219—229, 1882.
— [Ref.] siehe Porčinskij, Iosif Aloizievič 1881.
— Diptera from the Philippine Islands brought home by Dr. Carl Semper. Berl. ent. Ztschr., **26**, 83—120, 187—252, 13 Fig., 1882 a.
— On Professor Brauer's paper: Versuch einer Characteristik der Gattungen der Notacanthen. 1882. Berl. ent. Ztschr., **26**, 363—280, 1882 b.
— List of Butterflies collected on the Pacific Coast, principally in California, in 1876, with Notes on their Localities and Habits. Papilio, **2**, 29—31, 1882 c.
— Ants and Aphides. [Engl. Übers. aus: Entomologische Notizen VII. Stallfütternde Ameisen. Stett. ent. Ztg., **23**, 127—128, 1862.] Psyche Cambr. Mass., **3**, 343, (1886) 1882 d.
— Ueber das Betragen des californischen flügellosen *Bittacus* (*B. apterus* Mac. Lachl.). Wien. ent. Ztg., **1**, 123—124, 1882 e.
— Referate über einige in russischer Sprache erschienene dipterologische Schriften. Wien. ent. Ztg., **1**, 149—151, 171—174, 1882 f.
— Priorität oder Continuität? Wien. ent. Ztg., **1**, 191—193, 1882 g.
— Verzeichniss der entomologischen Schriften von Camillo Róndani (als Nachtrag und Fortsetzung zu dem betreffenden Artikel in H. A. Hagen's Bibliotheca Entomologica). Verh. zool.-bot. Ges. Wien, **31** (1881), 337—344, 1882 h; Berichtigungen und Zusätze zum Verzeichniss ... **34**, 117—118, 1885.
— Synonymica concerning exotic dipterology. Wien. ent. Ztg., **1**, 19—21, 1882 i; ... dipterology. No. II. Berl. ent. Ztschr., **27**, 295—298, 1883.
— On the genus *Apiocera*. Berl. ent. Ztschr., **27**, 287—294, 1883 a; Correction to my article on *Apiocera*. **30**, 139, 1886; Second notice on the Apiocerina. **36** (1891), 311—315, 1892.
[Siehe:] Coquillett, Daniel William: Psyche Cambr. Mass., **4**, 243—244, (1890) 1885.
[Ref.:] Mik, Josef: Wien. ent. Ztg., **3**, 27—29, 1884.
— A singular north-american fly (*Opsebius pterodontinus* n. sp.). Berl. ent. Ztschr., **27**, 299—300, 1883 b.
— La deformazione del *Cynodon daclylon*, prodotta dal dittero *Lonchaea lasiophtalma*, menzionata pel primo da Francesco Redi. Bull. Soc. ent. Ital., **15**, 187—188, 1883 c.
— Bemerkungen zu Prof. Weyenbergh's Arbeit [363—368]. Verh. zool.-bot. Ges. Wien, **32** (1882), 369—370, 1883 d.
— Zur Lebensgeschichte der Dipterengattung *Hirmoneura* Meig. [Nach: E. Lynch Arribalzaga, Natural. Argent., **1**, 275, 1878.] Wien. ent. Ztg., **2**, 114, 1883 e.
— [Ref.] siehe Wulp, Frederik Maurits van der 1883.
— List of the Diptera of the Island of Madeira, so far as they are mentioned in Entomological Literature. Entomol. monthly Mag., **21**, 32—34, (1884—85) 1884 a.
— *Phalacrocera replicata* Deg. Ent. Nachr., **10**, 311, 1884 b.
[Siehe:] Engel, E.: 260.
○ On the New Zealand Dipterous Fauna. N. Zealand Journ. Sci., **1884**, 198—201, 1884 c.
— Fasts concerning the importation or nonimportation of Diptera into distant countries. Trans. ent. Soc. London, **1884**, 489—496, 1884 d.
— [Ref.] siehe Kirby, William Forsell 1884.
— Verzeichniss der entomologischen Schriften von Hermann Löw. (Als Nachtrag und Fortsetzung des betreffenden Artikels in H. A. Hagen's Bibliotheca Entomologica.) Verh. zool.-bot. Ges. Wien, **34** (1884), 455—464, 1885.
○ Characters of the larvae Mycetophilidae. 30 S., 1 Taf., Heidelberg, 1886 a.
— Notes towards the Life-History of *Scenopinus fene-*

[1]) 1. Aufl. vor 1864

stralis. Entomol. monthly Mag., **23**, 51—52, (1886 —87) 1886 b.
— Some new facts concerning *Eristalis temax.* Entomol. monthly Mag., **23**, 97—99, (1886—87) 1886 e.
— Eine Beobachtung an *Hilara* (Dipt.). Ent. Nachr., **12**, 1—2, 1886 d.
— Dipterologische Notizen. Wien. ent. Ztg., **5**, 42, 1886 e.
— A luminous insect-larva in New Zealand. Entomol. monthly Mag., **23**, 133—134, (1886—87) 1886 f; 230 —231, (1886—87) 1887.
[Siehe:] Hudson, G. V.: 99—101.
— in Godman, Frederick Ducane & Salvin, Osbert [Herausgeber] (1881—1911) 1886—87.
— On Mr. Portchinski's publications on the larvae of Muscidae including a detailed abstract of his last paper: Comparative biology of the necrophagous and coprophagous larvae. Berl. ent. Ztschr., **31**, 17—28, 1887 a.
— Some North American Tachinae. Canad. Entomol., **19**, 161—166, 1887 b.
[Darin:]
Scudder, Samuel Hubbard: *Tachina theclarum.* 166.
— Studies on Tipulidae. Part. I. Review of the published genera of the Tipulidae longipalpi. Berl. ent. Ztschr., **30**, 153—188, (1886) 1887 c; . . . Part. II. Review . . . Tipulidae brevipalpi. **31**, 163—242, (1887) 1888.
— Bemerkung zu Herrn Th. Becker's Aufsatz über Dipteren-Zwitter. Wien. ent. Ztg., **7**, 94, 1888.
— in Lintner, Joseph Albert (1883) 1888.
— *Hilarimorpha* Schin. is a Leptid. Berl. ent. Ztschr., **35**, 303—304, 1890 a.
[Siehe:] Bigot, Jacques-Marie-Frangile: Ann. Soc. ent. France, **60**, Bull. XV—XVI, 1891.
— Correction to: [H. Loew] Monographs of the Diptera of North America. Vol. I, Washington, 1862. Proc. ent. Soc. Washington, **1** (1884—89), 208, 1890 b.
— Suggestions towards a better grouping of certain families of the order Diptera. Entomol. monthly Mag., (2) **2** (**27**), 35—39, 1891.
— Synopsis of the described genera and species of the Blepharoceridae. Berl. ent. Ztschr., **36** (1891), 407 411, 1892 a.
— On the Chaetotaxy of *Cacoxenus indagator* Lw. Berl. ent. Ztschr., **36** (1891), 411—413, 1892 b.
— Synonymy of *Antocha* O. S. and *Orimargula* Mik. Berl. ent. Ztschr., **36** (1891), 413—416, 1892 c.
— Additions and Corrections to the Catalogue of the described species of South-American Asilidae by S. W. Williston, in the Trans. Ent. Soc. Vol. XVIII, 1891. Berl. ent. Ztschr., **36** (1891), 417—428, 1892 d.
— On the characters of the three divisions of Diptera: Nemocera vera, Nemocera anomala and Eremochaeta. Berl. ent. Ztschr., **37** (1892), 417—466, 1893 a.
[Siehe:] Brauer, Friedrich: 487—489.
— On the so-called Bugonia of the ancients and its relation to *Eristalis tenax,* a two-winged insect. Bull. Soc. ent. Ital., **25**, 186—217, 1893 b. — [Abdr., z. T.:] The so-called Bugonia of the ancients, and its relation to a bee-like fly, — *Eristalis tenax.* Rep. Board Smithson. Inst., **1893**, 487—500, 1894. — Erw. Aufl. On the oxen-born bees of the ancients (Bugonia) and their relation . . . 8°, XIV + 80 S., Heidelberg, J. Hoerning, 1894; Additional notes in explanation of the Bugonialore of the ancients. 23 S., 3 Fig., 1895; Corrigendum concerning „Bugonia". Entomol. monthly Mag., **29**, 287, 1893.
[Ref.:] Bryan, G . . . H . . .: The Oxen-born Bees of the Ancients. Journ. Micr. nat. Sci., (3) **4** (**13**), 91 —92, 1894.
— Explanatory notice of my views on the suborders of Diptera. Entomol. monthly Mag., (2) **4** (**29**), 149—150, 1893 c.
— Singular swarms of Flies. Nature London, **48**, 176, 1893 d.
— Zur Geschichte der sogenannten Brustgräte (breastbone) der Cecidomyien, nebst einer Erinnerung an Karl Ernst von Baer. Berl. ent. Ztschr., **38**, 373—377, (1893) 1894 a.
— Rejoinder to Professor Brauer's: Thatsächliche Berichtigung etc. in the Berl. Entom. Zeitschrift XXXVII, p. 487—489; 1892. Berl. ent. Ztschr., **38** (1893). 378 —379, (1893) 1894 b.
[Siehe:] Brauer, Friedrich: **39**, 235—239, 1894.
— Two critical remarks about the recently-published third part of the Muscaria Schizometopa of MM. Brauer and Bergenstamm; also a notice on Robineau-Desvoidy. Berl. ent. Ztschr., **38** (1893), 380—386, (1893) 1894 c.
— On the atavic index-characters with some remarks about the classification of the Diptera. Berl. ent. Ztschr., **39**, 69—76, 1894 d.
— Synonymica about Tipulidae. Berl. ent. Ztschr., **39**, 249—263, 1894 e.
— A remarkable case of malformation of the discall cell in a specimen of *Liogma glabrata.* Berl. ent. Ztschr., **39**, 267—268, 1894 f.
— Three Trochobolae, from New-Zealand and Tasmania. Berl. ent. Ztschr., **39**, 264—266, 1894 g; Correction to my paper: Three Trochobolae etc. **40**, 170, 1895.
— *Eristalis tenax* in Chinese and Japanese literature. Berl. ent. Ztschr., **40**, 142—147, 1 Fig., 1895 a.
— Contributions to the Study of the Liponeuridae Loew (Blepharoceridae Loew, olim). Berl. ent. Ztschr., **40**, 148—169; Supplement to my recent paper on Liponeuridae. 351—355, 1895 b; Correction to my paper, „Contributions to the Study of the Liponeuridae, Lw." [Mit Angaben der Herausgeber.] Entomol. monthly Mag., (2) **6** (**31**), 118—119, 1895.
— *Midas* or *Mydas?* A contribution to Entomological Nomenclature. Berl. ent. Ztschr., **40**, 345—350, 1895 c.
— Fungoid disease of Tipulae, &c. Entomol. monthly Mag., (2) **6** (**31**), 215, 1895 d.
— Western Pediciae, Bittacomorphae and Trichocerae. Psyche Cambr. Mass., **7**, 229—231, (1896) 1895 e.
— Remarks on the homologies and differences between the first stages of *Pericoma,* Hal., and those of the new Brazilian species. Trans. ent. Soc. London, **1895**, 483—487, 1895 f.
[Siehe:] Müller, Fritz: 479—482.
— in Miall, Louis Compton & Walker, Norman 1895.
— Bibliographische und theilweise psychologische Untersuchung über die zwei Ausgaben der Erstlingsarbeit von H. Loew: Ueber die Posener Dipteren. Berl. ent. Ztschr., **41**, 279—284, 1896 a.
— Notice on the terms tegula, antitegula, squama and alula, as used in Dipterology. Berl. ent. Ztschr., **41**, 285—288, 1896 b.
— A New Genus of Cyrtidae (Dipt.) from New Zealand. Entomol. monthly Mag., (2) **7** (**32**), 16—18, 1896 c.
— *Camarota* as a noxious Insect. Entomol. monthly Mag., (2) **7** (**32**), 257, 1896 d.
— The larval habits of *Baccha.* [Mit Angaben der Her-

ausgeber.] Entomol. monthly Mag., (2) 7 (32), 279, 1896 e.
[Siehe:] Bradley, Ralph C.: 256.
— Prof. Mik's genus *Paracrocera* (Cyrtidae), with a Postscript about the genus *Alloeoneurus* Mik. (Dolichop.) Berl. ent. Ztschr., **41**, 323—327, (1896) 1897 a.
— Preliminary notice of a subdivision of the Suborder Orthorrhapha Brachycera (Dipt.) on chaetotactic principles. Berl. ent. Ztschr., **41**, 365—373, (1896) 1897 b.
— The genus *Phyllolabis* O. S. (Dipt., Tipul.); a remerkable case of disconnected areas in geographical distribution. Berl. ent. Ztschr., **41**, 374—376, (1896) 1897 c.
— E. D. Cope, as an entomologist. Psyche Cambr. Mass., **8**, 75, (1899) 1897 d.
— in Miall, Louis Compton & Shelford, Robert 1897.
— Identification of two genera of Nemestrinidae published by Bigot, together with some remarks on Dr. Wandolleck's paper on that family. Berl. ent. Ztschr., **42** (1897), 145—149, 1898 a.
— *Amalopis* Halid. (O. S.) versus *Tricyphona* Bergroth (not Zett.). Berl. ent. Ztschr., **42** (1897), 150—154, 1898 b.
— Notice on the synonymy of *Anopheles maculipennis*, Meigen. Entomol. monthly Mag., (2) **11** (36), 281—283, 1900 a.
— Notiz über die Erstlingsarbeit von C. Duméril über entomologische Classification, mit besonderer Rücksicht auf die Gattung *Tetanocera*. Verh. zool.-bot. Ges. Wien, **50**, 450—451, 1900 b.
[Siehe:] Hendel, Friedrich: 319—358, 1900.

Osten-Sacken, Friedrich von
Correspondance. Extrait d'une lettre adressée par S. Ex. Mr. le Baron Th. Osten-Sacken au Vice-Président. Bull. Soc. Natural. Moscou, **49**, Teil 2, [Séances] 211—213, 1875.

Osterheld,
Ein Maikäferflug im Bienwald. Allg. Forst- u. Jagdztg., (N. F.) **75**, 348—350, 1899.

Ostojić, A ...
[Ein Beitrag zur Nomenklatur der Volksnamen.] Prilog za narodnu nomenklaturu. Glasnik Naravosl. družt., **2**, 119—129, 1887.

Ostroumoff, Aleksej siehe Ostroumov, Aleksej Aleksandrovič

[**Ostroumov**, Aleksej Aleksandrovic] **Остроумов**, Алексей Александрович
geb. 1858 in Simbirsk. — Biogr.: (A. Bogdanov) Material. Gesch. Zool. Russland, **2**, 2 (unn.) S., 1889 m. Porträt & Schriftenverz.
— Eine neue Art aus der Familie „Acridiodea". Zool. Anz., **4**, 597, 1881.

Ostwald, Wolfgang
Experimental-Untersuchungen über den Köcherbau der Phryganeidenlarven. Ztschr. Naturw., (5. F.) **10** (**72**), 49—86, 2 Fig., 1899.

Oswald, Joh ...
Ungezieferfraß, Ursache und möglichste Beseitigung desselben. Ztschr. landw. Ver. Hessen, **43**, 220—221, 227—229, 1873.
— Die Bedeutung einiger Insektenarten im Haushalte der Natur. Ztschr. landw. Ver. Hessen, **46**, 292—293, 1876.

Otero Lopez-Paez, Julio
○ Memoria sobre la filoxera. 19 S., Leon, 1879 a.
○ Conferencia filoxérica dada en el Instituto de Zamora por el Secretario de la Junta provincial de Agricultura, Industria y Comercio ..., el 20 de Julio de 1879. An. Agric. Argent., **3**, 249—350, 263—265, 1879 b.

Ott, J ... G ...
Vorbedingungen zu einer guten Einwinterung der Bienenvölker. Dtsch. Gärtn. Ztg. Erfurt, **1**, 40, 1886.

Ott, Josef
Coleopterologisches [*Gymnetron*]. Soc. ent., **2**, 180, 1888 a; **3**, 170, (1888—89) 1889.
— (*Lycoperdina succincta*.) Soc. ent., **3**, 132, (1888—89) 1888 b.
— Ueber *Labidostomis humeralis*. Soc. ent., **6**, 28—29, 35—36, (1891—92) 1891.
— *Harpalus pubescens*, mit Schmarotzerfliege behaftet. Ent. Jb., (3), 290, 1894.
— Coleoptera. Ent. Jb., **6**, 4, 11, 18—19, 26—28, 36—39, 46—48, 56—59, 66—68, 74—75, 82, 89—90, 94—95, 1896.
— Der „Kampf ums Dasein". Ill. Ztschr. Ent., **5**, 9; ... Dasein. Nachtrag. 41, 1900 a.
— *Pipunculus xantocerus* Kow. — Puppe[1]). Ill. Ztschr. Ent., **5**, 25, 1900 b.
— *Pseudagenia carbonaria* Scop. (Hym.). Ill. Ztschr. Ent., **5**, 152—153, 1900 c.
— Monstroser *Callisthenes* (Col.). Ill. Ztschr. Ent., **5**, 218, 1900 d.

Ott, K ...
Ueber *Thyris fenestrella* Hb. Soc. ent., **7**, 100, 115—116, (1892—93) 1892.

Ottavi, E ...
La *Conchylis*. [Nach: Giorn. vinic. Ital., **17**, Nr. 26.] Ztschr. Pflanzenkrankh., **2**, 235, 1892.

Ottavi, G ... A ...
○ L'apicoltura in Sicilia. Coltivatore, **19**, Nr. 1, 1868.
○ L'ape e l'agiatezza acconto alla casa. [In:] Prontuario della Soc. bacologica per l'anno 1869. Casale, 1869 a.
○ J Cedui e l'apicoltura in Corsica. Coltivatore, **22**, August, 1869 b.
○ Le maraviglie delle api. 8°, Casalmonferrato, tip. del Giornale, 1873.
○ La prima età dei bachi. Bacologo Ital., **1**, 49—50, 57—58, 1878—79.
○ La pratica nel governo dei bachi da seta. Bacologo Ital., **2**, 2—4, 10—13, 17—20, 25—28, 33—35, 41—42, 49—51, 57—58, 66—69, 73—75, 89—90, 97—98, 105—106, 113—114, 121—122, 129—130, 1879—80.

Ottavi, Ottavio
○ La ruggine dei bozzoli. Giorn. Indust. serica, **6**, 65—66, 1872 a.
○ La stufa Carret e il sistema Friulano nel governo del seme bachi da seta. Riv. settim. Bachicolt., **4**, 126—127, 1872 b. — ○ [Abdr.?:] Giorn. Indust. serica, **6**, 227—229, 1872.
○ Lo strofinamento del seme. Riv. settim. Bachicolt., **6**, 114, 1874 a.
○ Studii sulla foglia del gelso. Sericoltura Firenze, (2) **3**, 142—144, 147—149, 1874 b.
○ Un nuovo decalogo pei bachicultori. Riv. settim. Bachicolt., **9**, 73, 1877. — ○ [Abdr.?:] Bacologo Ital., **1**, 61—63, 1878—79.
○ Il seme dei bachi alla vigilia della incubazione. Bacologo Ital., **1**, 4—5, 1878—79 a.

[1]) vermutl. Autor

○ Quiete pei bozzoli destinati allo sfarfallamento. Bacologo Ital., **1**, 113, 1878—79 b.
○ L'industria serica all'esposizione di Parigi. Bacologo Ital., **1**, 161—162, 169—170, 1878—79 c.
○ Utilizzazione dei residui delle bacherie. Bacologo Ital., **1**, 201—204, 1878—79 d. — ○ [Abdr.?:] Riv. settim. Bachicolt., **10**, 189—190, 1878.
○ Allarme contro l'utilizzazione del letto dei bachi da seta nell' alimentazione del bestiame. Bacologo Ital., **1**, 212—214, 1878—79 e.
○ Gli incrociamenti e la rigenerazione delle razze gialle. Bacologo Ital., **1**, 225—228, 321—323, 337—339, 1878—79 f. — ○ [Abdr.?:] Riv. settim. Bachicolt., **10**, 185—186, 1878; **11**, 34—35, 41—42, 1879.
○ La lotta fra i semi indigeni ed i giapponesi. Bacologo Ital., **1**, 332—333, 1878—79 g.
○ Il beneficio netto del seme giallo e del verde. Bacologo Ital., **2**, 297—299, 1879—80 a. — ○ [Abdr.?:] Riv. settim. Bachicolt., **12**, 1—2, 1880.
○ Ill freddo intenso ed i corpuscoli nel seme dei bachi. Bacologo Ital., **2**, 345—346, 1879—80 b.
○ Il sistema economico Cavallo per allevare i bachi da seta. Bacologo Ital., **3**, 2—4, 9—11, 17—19, 25—28, 33—36, 1880—81 a.
○ Osservazioni sul variare del peso dei bozzoli. Bacologo Ital., **3**, 153—154, 1880—81 b.

Ottavi, Ottavio & **Marchese**, Giovanni
○ Relazione sopra un pubblico allevamento di bachi col sistema economico Cavallo. Bacologo Ital., **2**, 217—219, 225—226, 233—235, 1879—80.

Ottems,
○ Untersuchungen über die Möglichkeit, den Erbsenkäfer zu tödten, ohne die Keimkraft zu schädigen. Wien. Obst- u. Garten-Ztg., **1876**, 82, 1876.

Ottinger, W...
Zur Behandlung der Insektenstiche. München. med. Wschr., **43**, 1208—1209, 1896.

Otto,
(Das Thierleben im nördlichen Grönland nach Mittheilungen von Otto Tramnitz.) SB. naturw. Ges. Isis Dresden, **1870**, 199, 1871.

Otto, A...
Alpenwanderungen von Insekten. Soc. ent., **3**, 3—4, 13, 20—21, 26, (1888—89) 1888.
— Coleopterologisches aus den Ostalpen. Soc. ent., **6**, 36—37, 43—44, 49—50, 59, 68—69, 76, 90—91, 107, 114—115, 125, 130—131, (1891—92) 1891.

Otto, Anton
Ueber *Nebria atrata* Dej. und deren Verwandte. Wien. ent. Ztg., **8**, 41—45, 1889.
— Zur Synomymie des *Ocypus olens* Müll. Wien. ent. Ztg., **9**, 62—64, 1890.
— Zwei neue Curculioniden aus Oesterreich. Wien. ent. Ztg., **13**, 1—4, 1894.
— Beitrag zur Kenntniss des Genus *Scleropterus* Schönh.[1]) Verh. zool.-bot. Ges. Wien, **47**, 65—69, 1897.

Otto, Fr...
○ Maikäfer und Engerling. Allg. Forst- u. Jagdztg., **43**, 436—437, 1867.

Otto, J...
Ueber *Calopus serraticornis* L. Soc. ent., **4**, 73, (1889—90) 1889.

[1]) vermutl. Autor

Otto, Louis
Zuchten von *Amphidasis* ab. *doubledayaria.* Ent. Ztschr., **11**, 110, (1897—98) 1897.

Otto, R...
Eignen sich mit Mineralölen getränkte Lappen zur Bekämpfung von niederen Pflanzenschädigern? Ztschr. Pflanzenkrankh., **5**, 200—203, 1895. — ○ [Abdr.?:] Österr.-Ungar. Ztschr. Zuckerindust., **24**, 1094, 1895.

Ottolengui, Rodriguez
gest. 1937. — Biogr.: (W. Horn) Arb. morphol. taxon. Ent., **4**, 241, 1937; N. York Times, 13. Juli, 1937.
— List of Lepidoptera taken at Electric Lights in Brooklyn, with notes Thereon. Ent. News, **2**, 23—27, 1891.
— Entomologizing on Mount Washington. — Part I. Ent. News. **3**, 223—226; ... Part II. 243—245, 1892 a.
— (*Citheronia sepulcralis* is found in Pennslvania.) Ent. News, **3**, 232, 1892 b.
— Note on the capture of *Brotis vulneraria.* Journ. N. York ent. Soc., **1**, 91, 1893.
— (Add *Philampelus licaon* to North American list of Lepidoptera.) Ent. News, **5**, 314, 1894.
— Aberration, variety, race and form. Ent. News, **6**, 7—11, 34—38, 77—80, 107, 1895 a.
— Types in the Neumoegen collection. — I. With a few notes Thereon. Ent. News, **6**, 216—220; ... II. 287—290, 1895 b.
— A comparison of the North American Species of *Arachnis,* with description of a New Species. Ent. News, **7**, 124—128, Taf. IV, 1896 a.
— Types in the Neumoegen Collection with a few notes thereon. Ent. News, **7**, 35—38, 227—230, 1896 b; **8**, 240—244, 1897.
— A new Noctuid. Ent. News, **8**, 25—26, Taf. II, 1897. [Siehe:] Winn, A. F.: 99.
— A new Bombycid. Canad. Entomol., **30**, 101, 1898 a.
— Metallic species of *Basilodes* and new species of allied genera. Canad. Entomol., **30**, 105—108, Farbtaf. 5, 1898 b.

Oudart, L...
L'essartage des vignes comme moyen de combattre le phylloxera. Journ. Agric. prat. Paris, **37**, Bd. 2, 368—370, 1873.

Oudemans, Anthonie Cornelis
geb. 12. 11. 1858 in Batavia, gest. 14. 1. 1934 in Arnhem, Lehrer in Arnhem. — Biogr.: (A. B. van Deinse) N. Rotterdamsche Courant, **100**, Nr. 13, 2 S., 1943; Ent. Ber., **11**, 49—50, 1943; (K. Viets) Arch. Hydrobiol., **39**, 533, 1943; Arb. morphol. taxon. Ent., **10**, 174, 1943; (G. L. van Lyndhoven) Tijdschr. Ent., **86** (1943), 1—56, 1944 m. Porträt & Schriftenverz.; (A. Hase) Ztschr. Parasitenk., **13**, 147—149, 1944.
— [Albino-varieteit van *Epinephele Janira* L.] Tijdschr. Ent., **22** (1878—79), LXXXIV, 1879.
— Die gegenseitige Verwandtschaft, Abstammung und Classification der sogenannten Arthropoden. Tijdschr. Nederl. dierk. Ver., (2)**1**, 37—56, 1 Fig., (1885—87) 1885.

Oudemans, Johannes Theodorus Dr.
geb. 22. 11. 1862 in Amsterdam, gest. 20. 2. 1934 in Amsterdam. — Biogr.: (M. Weber) Tijdschr. Ent., **75**, Suppl. I—XVI, 1932 m. Porträt & Schriftenverz.; (J. Koornneef) Natuurhist. Maandbl., **23**, 29—30, 1934 m. Porträt; (J. C. H. de Meijere) Tijdschr. Ent., **77**, 167—174, 1934 m. Porträt & Schriftenverz.; Lambillionea, **34**, 53, 1934.

— Het prepareeren van rupsen. Tijdschr. Ent., **27** (1883—84), 5—8, XVI, Taf. 1, 1884; **35** (1891—92), 27—30, Taf. 2, 1892.

○ Bijdrage tot de Kennis der Thysanura en Collembola. Acad. Proefschr. 2°, 104 S., 3 Taf., Amsterdam, J. H. de Bussy, 1887.
[Dtsch. Übers.?:] Beiträge zur Kenntniss der Thysanura und Collembola. Bijdr. Dierk., **16**, 147—226 +4 (unn.) S., Taf. I—III, 1888.

— De Nederlandsche Macrolepidoptera. [In:] Bijdragen tot de Dierkunde. Feest-Nummer van het 50-jarig bestaan van het Genootschap, Nr. 6, 1—13, Amsterdam, Th. van Holkema, 1888.

— *Thermophila furnorum* Rovelli. Tijdschr. Ent., **32** (1888—89), 425—432, 8 Fig., Farbtaf. 12, 1889 a.

— Über die Abdominalanhänge einer Lepismide (*Thermophila furnorum* Rovelli). Zool. Anz., **12**, 353—355, 1889 b.

— Einige Bemerkungen über die Arbeit von Prof. B. Grassi und Dr. G. Rovelli. „Il sistema dei Tisanuri". Natural. Sicil., **9** (1889—90), 253—255, 1 Fig., 1890 a.

— (*Attelabus curculionoides* L.) Tijdschr. Ent., **33** (1889—90), XXIX, 1890 b.

— in Weber, Max [Herausgeber] (1890—1907) 1890—91.

— Der Gletscherfloh. Ent. Ztschr., **6**, 114—115, 1 Fig., 1892 a.

— (*Calymnia trapezina* L. gevoed met die van *Bombyx neustria* L.) Tijdschr. Ent., **35** (1891—92), XV—XVI, 1892 b.

— (Eene nieuwe „Entfettungsstoff".) Tijdschr. Ent., **35** (1891—92), XVI—XVII, 1892 c.

— Nachtelijk excursies te Bussum. Tijdschr. Ent., **36** (1892—93), 1—14, 1893 a.

— De inlandsche Bladwespen in hare gedaantewisseling en leefwijze beschreven. Tijdschr. Ent., **36** (1892—93), 41—53, Farbtaf. 2, 1893 b.

— (Van *Orrhodia Vaccinii* L. overwinteren mannetjes en wijfjes.) Tijdschr. Ent., **36** (1892—93), XVIII, 1893 c.

— (De rups van *Calocampa vetusta* Hbn.) Tijdschr. Ent., **36** (1892—93), LVIII, 1893 d.

— (Nieuw voor onze fauna: *Hister succicola* Thoms.) Tijdschr. Ent., **36** (1892—93), LIX, 1893 e.

— (Over *Boarmia glabraria* Hbn.) Tijdschr. Ent., **36** (1892—93), LIX, 1893 f.

— (Eene nieuwe vang-methode voor Coleoptera.) Tijdschr. Ent., **36** (1892—93), LIX, 1893 g.

— Naamlijst van Nederlandsche Tenthredinidae. Tijdschr. Ent., **37** (1893—94), 89—152, 1894 a.

— (Zeldzame vangsten.) Tijdschr. Ent., **37** (1893—94), XVIII—XIX, 1894 b.

— (Over Nederlandsche Bladwespen.) Tijdschr. Ent., **37** (1893—94), LII—LIII, 1894 c.

— (Een paar nesten van *Vespa media.*) Tijdschr. Ent., **37** (1893—94), LIII—LIV, 1894 d.

— (Over mieren.) Tijdschr. Ent., **38**, [Wintervergad.] IV—V, 1895 a.

— (Over de teelt van *Orgyia Ericae* Germ.) Tijdschr. Ent., **38**, [Wintervergad.] XX—XXI, 1895 b.

— (Over de groene var. van *Ellopia prosapiaria* L. (var. *prasinaria* Hb.).) Tijdschr. Ent., **38**, [Wintervergad.] XXI, 1895 c.

— (Een asymmetrisch geteekend vrouwelijk exemplaar van *Fidonia clathrata* L.) Tijdschr. Ent., **38**, [Wintervergad.] XXII, 1895 d.

— (Eenige zeldzame vangsten van Macrolepidoptera.) Tijdschr. Ent., **38**, [Wintervergad.] XXII-XXIV, 1895 e.

— (Een klein injectie-spuitje.) Tijdschr. Ent., **38**, [Zomervergad.] XLVI—XLVII, 1895 f.

— siehe Piepers, Murinus Cornelius & Oudemans, Johannes Theodorus 1895.

— Ueber das Vorkommen von Fadenwürmern bei Insekten. Ent. Ztschr., **10**, 19—20, (1896—97) 1896 a.

— Systematische beschrijving der in Nederland voorkomende Thysanura. Tijdschr. Ent., **38**, 164—178, 6 Fig., (1895) 1896 b.

— Eenige faunistische en biologische aanteekeningen betreffende verschillende in 1895 gevangen en gekweekte Macrolepidoptera. Tijdschr. Ent., **39**, 77—90, 1896 c; (*Lithosia muscerda* n. var. *immaculata.*) **42** (1899), Versl. 19—20, 1900.

— Eenige nadere beschouwingen omtrent het boven beschreven exemplaar van *Catocala nupta* L. Tijdschr. Ent., **39**, 167—170, Taf. **9**, 1896 d.
[Siehe:] Caland, M.: 163—166.

— Een afrijkend voorwerp van *Sarrothripa Revayana* Schiff., var. *Ramosana* Hb. Tijdschr. Ent., **39**, 171—172, Farbtaf. 8 (Fig. 5), 1896 e.

— (*Cidaria certata* Hb.) Tijdschr. Ent., **39**, XLIX, 1896 f.

— (Rupsen van *Zonosoma trilinearia* Bkh.) Tijdschr. Ent., **39**, XLIX, 1896 g.

— (De vlindersoort *Euclidia* Mi Cl.) Tijdschr. Ent., **39**, XLIX, 1896 h.

— (Over eene bromvlieg.) Tijdschr. Ent., **39**, XLIX—L, 1896 i.

— [Over Waterkevers.] Tijdschr. Ent., **39**, L, 1896 j.

— (Over *Hybocampa Milhauseri* F.) Tijdschr. Ent., **39**, LI, 1896 k.

— (Eene excursie in Zuid-Limburg.) Tijdschr. Ent., **39**, LI—LII, 1896 l.

— (Larven van *Tiresias serra* F.) Tijdschr. Ent., **39**, LXXX—LXXXI, 1896 m.

— (Het bloeden van sommige kevers.) Tijdschr. Ent., **39**, LXXXI, 1896 n.

— (Over parasietvliegen de Tachinen.) Tijdschr. Ent., **39**, LXXXII—LXXXIII, 1896 o.

— (Het schubbenkleed der Lepidoptera.) Tijdschr. Ent., **39**, LXXXIV, 1896 p.

— (Poppen van *Zonosoma trilinearia* Bkh.) Tijdschr. Ent., **39**, LXXXIV—LXXXV, 1896 q.

— (Eenige zeldzame en afwijkende Nederlandsche Macrolepidoptera.) Tijdschr. Ent., **39**, LXXXV, 1896 r.

— [Verscheidene entomologische Beschouwingen: Afwijkend voorwerp van *Catocala nupta, Microgaster* -Cocons, gekweekte *Arctia russula, Gracilia minuta.*] Tijdschr. Ent., **39**, CXXXIII—CXXXV, 1896 s.

— [Varieteiten uit de familie der Geometridae.] Tijdschr. Nederl. dierk. Ver., (2) **5**, XLIV—XLV, (1898) 1896 t.

— Einige Bemerkungen über Dr. M. Standfuss' Handbuch der paläarktischen Gross-Schmetterlinge für Forscher und Sammler. Zool. Anz., **19**, 92—94, 97—103, 1896 u.

— Vlinders uit gecastreerde rupsen, hoe zij er uitzien en hoe zij zich gedragen. Handeling. Nederl. natuurk. Congr., **6**, 245—258, 1897 a.

— [Verscheidene exemplaren van *Ocneria monacha* L.) Tijdschr. Ent., **40**, Versl. 18—19, 1897 b.

— (Over Odonata.) Tijdschr. Ent., **40**, Versl. 19, 1897 c.

— (*Zonosoma trilinearia* Borkh.) Tijdschr. Ent., **40**, Versl. 20—21, 1897 d.

— (Eene serie van *Sarrothripa revayana* Schiff.) Tijdschr. Ent., **40**, Versl. 21—22, 1897 e.
— (Eenige vlinders binnen Amsterdam gevangen.) Tijdschr. Ent., **40**, Versl. 22—23, 1897 f.
○ Infectie door sluipvliegen. Nederl. Tijdsch. Geneesk., **2**, 849—852, 1898 a.
— Eenige faunistische en biologische aanteekeningen betreffende verschillende in 1896 en 1897 gevangen en gekweekte Macrolepidoptera. Tijdschr. Ent., **40**, 368—392, (1897) 1898 b.
— [Reductie van de vrouwelijke geslachtsorgaanen der Lepidoptera.] Tijdschr. Nederl. dierk. Ver., (2) **5**, LXIX—LXX, 1898 c.
— [Methode om het aderstelsel der vleugels van de Lepidoptera duidelijk zichtbaar te maken.] Tijdschr. Nederl. dierk. Ver., (2) **5**, CXIV, 1898 d.
— Falter aus castrirten Raupen, wie sie aussehen und wie sie sich benehmen. Zool. Jb. Syst., **12**, 71—88, 2 Fig., Taf. 3—5, (1899) 1898 e.
[Ref.:] Brandes, Gustav: Einfluss der Castration bei Insekten. Ztschr. Naturw., (5. F.) **9 (71)**, 461—464, 1898; Linden, Maria von: Biol. Zbl., **19**, 682—684, 1899.
— Auffallendes Vorkommen eines Hummelnestes. Ill. Ztschr. Ent., **4**, 187, 1899 a.
— Bijdrage tot de Kennis van den Doodshoofdvlinder (*Acherontia Atropos* L.). Tijdschr. Ent., **41**, 224—240, 1899 b.
— (Rups van *Trypanus cossus* L. met droog tarwebrood groot te brengen.) Tijdschr. Ent., **41** (1898), Versl. 35, 1899 c.
— (Verschillende afwijkende vlinderexemplaren.) Tijdschr. Ent., **41** (1898), Versl. 35—36, 1899 d.
— (*Zanclognatha tarsicrinalis* Kn. te Laag-Soeren.) Tijdschr. Ent., **41** (1898), Versl. 36—37, 1899 e.
— (*Acherontia Atropos* L.) Tijdschr. Ent., **41** (1898), Versl. 37, 1899 f.
— (Eene vergroeiing van twee achterlijfsringen bij de vrouwelijke Lepidoptera.) Tijdschr. Ent., **41** (1898), Versl. 37—38, 1899 g.
— (Over *Trichiosoma lucorum.* L.) Tijdschr. Ent., **41** (1898), Versl. 70, 1899 h.
— De nederlandsche insecten. 8°, XV+836+38 (unn., Taf. Erkl.) S. (=1—144, 1896; 145—240, 1896?; 241—336, 1897; 337—480, 1897?; 481—736, 1899; 737—836, I—XV, 1899?)[1]), 427 Fig., 38 Taf., s'Gravenhage, Martinus Nijhoff, 1900 a.
[Ref.:] Veth, Hucbert Johannes: Tijdschr. Ent., **40**, 106—110, 1897.
— *Trichiosoma lucorum* L. eene biologische Studie. Tijdschr. Ent., **42** (1899), 223—242, Taf. 14, 1900 b.
— (Eenige Lepidoptera.) Tijdschr. Ent., **42** (1899), Versl. 20—23, 1900 c.
— (Over eene *Palomena-* soort.) Tijdschr. Ent., **42** (1899), Versl. 50—52, 1900 d.
— (Op *Clematis Vitalba* L. rupsen van *Urapteryx sambucaria* L.) Tijdschr. Ent., **42** (1899), Versl. 52—53, 1900 e.
— (Een wijfje van *Acherontia atropos* L.) Tijdschr. Ent., **42** (1899), Versl. 53, 1900 f.
— (De nestgangen van *Crabro vagus* L.) Tijdschr. Ent., **42** (1899), Versl. 53—54, 1900 g.
— (Sluipwespen van *Plusia festucae* L.) Tijdschr. Ent., **42** (1899), Versl. 54—55, 1900 h.
— (Springende Hymenoptera-cocons.) Tijdschr. Ent., **42** (1899), Versl. 55—56, 1900 i.

[1]) Erscheinungsdaten nach D. MacGillavry: Ent. Ber. Nederl. Ver., **10**, 193—195, 1939.

— (En asymmetrisch geteekend, vrouwelijk exemplaar van *Smerinthus tiliae* L.) Tijdschr. Ent., **43** (1900), Versl. 24—25, (1901) 1900 j.
— (Vlinders met slechts een achtervleugel.) Tijdschr. Ent., **43** (1900), Versl. 25, (1901) 1900 k.
— (Een vrouwelijk voorwerp van *Pericallia syringaria* L.) Tijdschr. Ent., **43** (1900), Versl. 25, (1901) 1900 l.

Ouekaki, Morikouni
○ De l'éducation de vers à soie au Japon. Ouvrage traduit du texte japonais de Ouekaki-Morikouni, par Mermet de Cachon, reproduit en italien sur la version française par Isidore dell' Oro; suivi des observations sur la culture du ver à soie du Japon, la manière de faire les graines d'après le système japonais, etc. 8°, 48 S., Saint-Marcellin (Isère), impr. Vagnon, 1866.

Ounous, Léo de
Le phylloxera dans la Haute-Garonne et dans l'Ariége. Journ. Agric. prat. Paris, **43**, Bd. 2, 298, 1879.

Oustalet, Jean Frédéric Émile
geb. 1844, gest. 1905.
— Note sur la Respiration chez les nymphes des Libellules. Ann. Sci. nat. (Zool.), (5) **11**, 370—386, Taf. 10—12, 1869. — [Abdr.:] Bibl. École haut. Étud. Sci. nat., **1**, 133—149, Taf. 22—24, 1869.
[Ref.:] Note sur la respiration chez les nymphes des Libellules. C. R. Acad. Sci. Paris, **69**, 1016, 1869; Note on the Respiration of the Nymphae of the Libellulae. Ann. Mag. nat. Hist., (4) **5**, 71, 1870.
— Recherches sur les Insectes fossiles des Terrains tertiaires de la France. Ann. Sci. geol. Paris, **2**, Nr. 3, 1—178, Taf. 1—6, 1870; **5**, Nr. 2, 1—347, Taf. 1—6, 1874. — [Abdr.:] Bibl. École haut. Étud., **4**, Nr. 7, 1—178, Taf. 1—6, 1871; **11**, Nr. 1, 1—347, Taf. 1—6, 1874.
[Siehe:] Giard, A.: Bull. scient. Dép. Nord, (2) **1** (**10**) (1878), 56—62, 109—118, 1879.
[Ref.:] Desmarest, Eugène: Journ. Zool. Paris, **3**, 487—489, 1874.
— Sur les Insectes fossiles. Bull. Soc. philom. Paris, (6) **8**, 59—64, [1872] a.
— Sur l'empreinte d'une aîle de Diptère. Bull. Soc. philom. Paris, (6) **8**, 161—163, [1872] b.
— Sur quelques Libellules rapportées des îles du Cap-Vert. Bull. Soc. philom. Paris, (6) **8**, 173—175, 1872 c.
— [Ref.] siehe Cabot, Louis 1872.
— [Ref.] siehe Plateau, Félix 1872.
— (Sur les Insectes fossiles des Gypses d'Aix.) [Mit Angaben von M. Gervais.] Bull. Soc. géol. France, (3) **1** (1872—73), 387—389, 1873 a.
— Sur quelques espèces fossiles de l'ordre des Thysanoptères. Bull. Soc. philom. Paris, **1873**, 20—27, 1873 b.
— Sur un Hémiptère de la famille des Pentatomides. Bull. Soc. philom. Paris, **1874**, 14—16, 1874 a.
○ Les Insectes fossiles de la France. La Nature, **3**, 33—36, ? Fig., 1874 b.
— Les insectes des terrains tertiaires de la France. Rev. scient., (2) **14** (1874—75), 136—137, 1874 c.
— siehe MacLachlan, Robert & Oustalet, Jean Frédéric Émile 1874.
— [Don des collections d'histoire naturelle recueillis par l'amiral Vignes.] Bull. Mus. Hist. nat. Paris, **4**, 129, 1898.

— Nécrologie: A. Milne Edwards. La Nature, (2) **4** (**28**), Sem. 1, 345—346, 1 Fig., 1900.

Oustalet, Jean Frédéric Émile & **Brongniart**, Charles
(Synonymies d'espèces fossiles *Plecia*, Dipt.) Ann. Soc. ent. France, (5) **6**, Bull. XCII, 1876; (5) **8**, Bull. XLVII—XLVIII, LX—LXI (= Bull. Soc. . . ., **1876**, 98; **1878**, 60—61, 72), 1878. — [Abdr., Bull. LX—LXI:] Paléontologie entomologique. Réclamation sur une question de nomenclature. Bull. scient. Dép. Nord, (2) **1** (**10**) (1878), 105—106, 1879.

Ouvray, E . . .
Le puceron lanigère. [Nach: L'Agriculture moderne.] Bull. Soc. Linn. Bruxelles, **25**, Nr. 7, 5—6, 1900.

Ovenden, J . . .
○ *V*[*anessa*] *atalanta* at light in night. Young Natural. London, **1**, 114, 1879—80.

Overbeck, Theodor
Zur Frage über die Fortpflanzung der Honigbiene. Natur Halle, (N. F.) **21** (**44**), 487, 1895.

Overton, E . . .
[Ref.] siehe Muraoka, H . . . 1897.

Overzier, L[udwig]
geb. 1845?
— Das Auge, seine morphologische und physiologische Bedeutung in den einzelnen Thierklassen. Gaea Köln, **10**, 81—94, 4 Fig.; 198—207, 14 Fig.; 341—348, 11 Fig.; 534—540, 11 Fig.; 681—688, 1 Fig., 1874.

[**Ovsjannikov**, Filipp Vasil'evič] **Овсянников**, Филипп Васильевич
geb. 14. 6. 1827 in St.-Petersburg, gest. 10. 6. 1906. — Biogr.: (A. Bogdanov) Material. Gesch. Zool. Russland, **2**, 2 (unn.) S., 1889 m. Porträt & Schriftenverz.; (N. J. Kusnezov) Rev. Russe Ent., **6**, 383, 1906.
— Über das Leuchten der Larven der *Lampyris noctiluca*. (Sur le phénomène de la lumière produite par les larves du ver luisant (*Lampyris noctiluca*).) Bull. Acad. Sci. St. Pétersb., **7**, 55—61, 1864.
[Ref.:] L.: Korr.bl. zool. min. Ver. Regensburg, **18**, 154—155, 1864.
— Ein Beitrag zur Kenntniss der Leuchtorgane von *Lampyris noctiluca*. Mém. Acad. Sci. St. Pétersb. (7) **11**, Nr. 17, 1—11 + 1 (unn., Taf. Erkl.) S., 1 Taf. (unn.), 1868 a.
○ [Über die Leuchtorgane des Johanniswürmchens.] Объ органахъ свеченія ивановачервячка (*Lampyris noctiluca*). [Trudy Russ. Estest. Petersb.] Труды Русс. Естест. Петерб., **1** (1867—68), [Anat. Fiziol.] Анат. физиол., 145—155, 1868 b.

Owen,
○ Note on insectivorous plants in Edinburgh Botanic Gardens. Garden. Chron., (2) **16**, 347, 1881.

Owen, A . . . W . . .
Argynnis Lathonia, Pieris Daplidice, &c., at Dover. Entomologist, **6**, 214, (1872—73) 1872.

Owen, Alfred
Argynnis Lathonia in the Isle of Wight. Entomologist, **2**, 340, (1864—65) 1865 a.
— *Sterrha Sacraria* in the Isle of Wight. Entomologist, **2**, 342—343, (1864—65) 1865 b.
— *Argynnis Lathonia* in the Isle of Wight. Entomologist, **3**, 1, (1866—67) 1866.

Owen, Arthur Dunley siehe Dunley-Owen, Arthur

Owen, D . . . A . . .
Strange Developments of Stomata on *Carya alba* caused by *Phylloxera*. Period. Bull. Dep. Agric. Ent. (Ins. Life), **4** (1891—92), 327, 1892.

Owen, Ed . . . T . . .
Peculiar form of *Argynnis erinna* Edw. Ent. News, **4**, 246, 1893.

Owen, Henry F . . .
Choerocampa nerii near Dartmouth. [Mit Angaben der Herausgeber.] Entomol. monthly Mag., (2) **1** (**26**), 328, 1890.

Owen, Richard
geb. 20. 7. 1804 in Lancaster, gest. 18. 12. 1892 in Sheen Lodge (Richmond Park). — Biogr.: (F. D. Godman) Trans. ent. Soc. London, **1892**, Proc. XLVIII, 1892; Brit. Natural., **3**, 18—20, 1893; (W. A. Locy) Story Biol., 353—354, 1925; (E. Nordenskiöld) Hist. Biol., 414—417, 1935; (J. E. Canright) Proc. Indiana Acad. Sci., **67**, 268—273, 1958 m. Porträt.
— On Cerebral Homologies in Vertebrates and Invertebrates. Journ. Linn. Soc. (Zool.), **17**, 1—13, 1 Fig., 1884.

Owen, Runcliffe
The Doubleday Collection. Entomologist, **9**, 118—120, 1876.

Owsjannikow, Philip siehe Ovsjannikov, Filipp Vasil'evič

Oxbrow, A . . . W . . .
(The best way to preserve caterpillars.) Natural. Gazette, **3**, 14—15, 1891.

Oxenham, R . . . G . . .
A butterfly attracted by tobacco smoke. Journ. Bombay nat. Hist. Soc., **8**, 148, 1893.

Oxley, T . . . J . . . R . . .
Lithosia pulchella in New Zealand. Entomologist, **5**, 215, (1870—71) 1870.

Oyarzun, Aureliano
(Über die Bombyzide *Laora variabilis* F. Ph.) Berl. ent. Ztschr., **32**, (10)—(11), (1888) 1889.

Ozanne, Glenmore
○ A Few Remarks and Illustrative Cases of Myiasis. Brit. Guiana med. Annu., **11**, 4—7, 1899.

P

Paasch, Alexander Dr. med.
geb. 14. 2. 1813 in Soldin (Neumark), gest. 20. 2. 1882 in Berlin, Arzt in Berlin. — Biogr.: (Türckheim) Berl. ent. Ztschr., **26**, II, 1882.
— [Ref.] siehe Erichson, Wilhelm Ferdinand 1868—1900 ff.
— Ueber die Fühlhörner einiger Palpicornen. Berl. ent. Ztschr., **12**, 308—309, (1868) 1869.
— Von den Sinnesorganen der Insekten im Allgemeinen, von Gehör- und Geruchsorganen im Besondern. Arch. Naturgesch., **39**, Bd. 1, 248—275, 1873.
— (Ueber einen springenden Insecten—Cocon.) SB. Ges. naturf. Fr. Berlin, **1879**, 81—82, 1879.
— Kleinere Mittheilungen. [Correkt. zu Erichson: Käfer der Mark & Käfer Deutschlands I—IV, sowie Redtenbacher: Fauna Austriaca.] Dtsch. ent. Ztschr., **24**, 371—374, 1880.

— Das Messen kleiner Käfer. Berl. ent. Ztschr., **25**, 232, 1881.

Pabst, Moritz [Hermann] Dr. phil.
geb. 6. 9. 1833 in Arnstadt, gest. 15. 7. 1908 in Serkowitz-Dresden, Konrektor u. Prof. am Gymnas. in Chemnitz. — Biogr.: (C. Schaufuss) Ent. Wbl., **25**, 124, 1908; (E. Möbius) Dtsch. ent. Ztschr. Iris, **57** (1943), 14—15, (1943—44) 1944.

— (Die in Europa am häufigsten auftretenden Species der Pieridenen.) [Nach: Jahresber. Erzgeb. Gartenbau-Ver. Chemnitz, **11**, 1872?] Korr. bl. zool. min. Ver. Regensburg, **26**, 104—106, 1872.

○ Über Raupenfraß an unsern Obstbäumen. Jahresber. Erzgeb. Gartenbau-Ver. Chemnitz, **18—20**, 56—64, 1876—79.

— Die Gross-Schuppenflügler (Macrolepidóptera) der Umgegend von Chemnitz und ihre Entwicklungsgeschichte. I. Teil. Rhopalócera Tagfalter. Heterócera A. Sphinges Schwärmer. B. Bombýces Spinner. Ber. naturw. Ges. Chemnitz, **9** (1883—84), 3—100, 1884 a; . . . II. Teil. C. Noctuae (erste Hälfte). **10** (1884—86), 3—52, 1887; . . . Noctuae (zweite Hälfte). **11** (1887—89), 3—37, 1890. — [Abdr.:] Progr. Realsch. Chemnitz, **1**, Nr. 504, VIII + 50 S., 1884.

— Über *Meloë* und die eigentümliche Entwickelung der Canthariden. Ber. naturw. Ges. Chemnitz, **9** (1883—84), XVII—XIX, 1884 b.

— Entwicklungsgeschichte der *Lasiocampa Lunigera* und var. *Lobulina* Esp. Stettin. ent. Ztg., **45**, 270—272, 1884 c.

— Der Kokon von *Limenitis populi.* Insekten-Welt, **2**, 37—38, 1885 a.

— Ein vollkommner Zwitter von *Geometra Papilionaria* L. Insekten-Welt, **2**, 78, 1 Fig., 1885 b.

— (*Rapae*-Weibchen mit einem *Napi*-Männchen in Copula.) Insekten-Welt, **2**, 109, 1885 c.

— Ueber *Agrotis Rubi* Viero (*Bella* Tr.) und *Agrotis Florida* Schm. Insekten-Welt, **3**, 33, 1886 a.

— Nochmals *Agrotis Rubi.* Insekten-Welt, **3**, 73—74, 1886 b.

— *Agrotis Florida* Schm. und *Agrotis Rubi* View. Insekten-Welt, **3**, 86—87, 1886 c.

— Entwicklungsgeschichte von *Vanessa Jo* var. *Joides.* O. in schöne Verse gesetzet. Insekten-Welt, **3**, 89, 1886 d.

— Ein Curiosum [*Arctia caja* ab.]. Insecten-Welt, **3**, 97—98,1886 e.

— Denaturierter Spiritus. Ent. Ztschr., **1**, 33, 1887 a.

— [Überwinterung der *Limenitis populi*-Raupe.] Insekten-Welt, **4**, 58, 1887 b.

— Die Entwickelungsgeschichte von *Panthea Coenobita* Esp. nebst Mittheilungen über das Aufsuchen des Schmetterlings, sowie über die Erziehung der Raupe. Korr.-bl. Iris, **1**, 115—118, (1884—1888) 1887 c. — [Abdr.:] Insekten-Welt, **4**, 41—42, 1887.

— Ueber das Tödten der Schmetterlinge. Ent. Ztschr., **1**, 43—44, 1888 a.

— *Caradrina Quadripunctata* F. (*Cubicularis* Bkh.). Ent. Ztschr., **2**, 16—17, 1888 b.

— Eine Varietät von *Argynnis Paphia* L. Ent. Ztschr., **2**, 52—53, 1888 c.

— Die Entwicklungsgeschichte von *Hadena Gemmea* Ochs. Ent. Ztschr., **2**, 129—130, 1889 a.

— Ueber *Agrotis Xanthographa* F. Ent. Ztschr., **3**, 9—10, 1889 b.

— Ueber *Attacus Orizaba.* Ent. Ztschr., **3**, 63—64, 1889 c.

— Ein unheimlicher Gast auf Deutschlands Fluren. Gartenlaube, **1889**, 436—438, 1 Fig., 1889 d. — [Abdr.:] Ent. Ztschr., **3**, 131—132, 137—138, 1890.

— Vergleichung der Macrolepidopteren-Fauna von Chemnitz mit der des Leipziger Gebietes. Dtsch. ent. Ztschr. Iris, **3**, 95—127, 1890 a.

— Zur „vorläufigen Stellungnahme" des Herrn Dr. Fuchs. [*Acherontia atropos.*] Ent. Ztschr., **4**, 65—66, 1890 b.

— Ueber das Tödten der Schmetterlinge und anderer Insekten. Ent. Ztschr., **4**, 86—87, 93—94, 101—102, 1890 c.

— *Cossus Terebra* F. Ent. Ztschr., **5**, 21—22, 1891 a.

— Ueber die Systematik und wissenschaftliche Benennung der Thiere, speziell der Insekten. Ent. Ztschr., **5**, 119—120, 125—126, 1891 b.

— Über das Töten von Insekten. Ent. Jb., **(1)**, 95—102, 1892 a.

— Entwicklungsgeschichte der Chanthariden (Meloïden), insbesondere der Gattung *Meloë.* Ent. Jb., **(1)**, 154—163, 2 Fig., 1892 b.

— Amor und Psyche. Ent. Jb., **(1)**, 198—200, 1892 c.

— Die Raupe von *Acronycta Alni* L. Ent. Ztschr., **6**, 18, 1892 d.

— [Überwinterung von *Vanessa atalanta* und *V. cardui* ?] Ent. Ztschr., **6**, 68, 1892 e.

— Sterbelied einer Rubi-Raupe nach ihrer Überwinterung. Ent. Jb., **(2)**, 227—229, 1893 a.

— Ein Wort für die angewandte Insektenkunde. Insektenbörse, **10**, 18, 1893 b.

— Monographie der in der Umgebung von Chemnitz einheimischen Arten der Gattungen *Apatura* und *Limenitis.* Ent. Jb., **(3)**, 139—148, 1894 a.

— *Lasiocampa lunigera* Esp. und var. *lobulina* Esp. Ent. Ztschr., **7**, 213—215, 1894 b.

— Die Heimat, das Verbreitungsgebiet und die Entwicklungsgeschichte von *Acherontia atropos* L., Totenkopf. Ent. Jb., **4**, 137—147, 3 Fig., 1895 a.

— Zum Kapitel: Farbenveränderung bei Schmetterlingen auf chemischem Wege. Ent. Ztschr., **9**, 1—2, 1895 b.

— Die Sesiidae der Umgegend von Chemnitz und ihre Entwicklungsgeschichte. Ent. Jb., **5**, 121—133, 1896 a.

— Die Notodontidae B. der Umgegend von Chemnitz und ihre Entwicklungsgeschichte. Ent. Jb., **6**, 147—168, 1896 b.

— *Spilosoma menthastri.* Ent. Ztschr., **10**, 28, (1896—97) 1896 c.

— Ueber die Verbreitung der Rhopalocera auf den Alpen und das Verhältniss der Specieszahl der alpinen Falter zur Zahl ihrer Individuen. Ent. Ztschr., **10**, 52—53, 59—60, (1896—97) 1896 d.

— Wissenwerthes über *Acherontia atropos* L., Todtenkopf. Naturalien-Cabinet, **8**, 228—230, 244—245, 259—260, 1896 e.

— Die Bombycidae B. und Endromidae B. der Umgegend von Chemnitz und ihre Entwickelungsgeschichte. Ent. Jb., **7**, 170—188, 1897 a.

— Über *Plusia moneta* F. Ill. Wschr. Ent., **2**, 695—697, 1897 b.

— Die Papilionidae und Pieridae der Umgegend von Chemnitz und ihre Entwicklungsgeschichte. Ent. Jb., **8**, 144—157, 1898 a.

— *Apatura iris* und *ilia.*[1]) Ent. Ztschr., **12**, 44, (1898—99) 1898 b.

— Die Lycaenidae und Erycinidae der Umgegend von

[1]) vermutl. Autor, lt. Text Papst

Chemnitz und ihre Entwicklungsgeschichte. Ent. Jb., 9, 148—159, 1900 a.
— *Ocneria dispar* L. in den Vereinigten Staaten von Nordamerika. Ent. Jb., 9, 177—183, 1900 b.

Pacha, Abbate
Le *Mylabris fulgurita* comme spécifique contre la rage. Bull. Inst. Égypt., (3) 5 (1894), 39—40, (1895) 1894.

Pacheco, Eduardo Hernández siehe Hernández Pacheco, Eduardo

Pacher, David
geb. 5. 9. 1816 in Raufen b. Obervellach (Kärnten), gest. 29. 5. 1902 in Obervellach (Kärnten), Pfarrer in Obervellach. — Biogr.: (M. von Jabornegg) Carinthia, 92, 93—98, 1902; (W. Horn & S. Schenkling) Ind. Litt. ent., 907, 1928.
— Die Käferfauna des deutschen Gailthals, verglichen mit der des Rosenthales, Vellachthales und der Steiner Alpen. Jb. naturhist. Landesmus. Kärnten, H. 7, 103—162, 1865.

Pachinger, Alojos (= Alois)
(Verzeichniss der bei Klausenburg vorkommenden gewöhnlicheren Lepidopteren-Arten.) A kolozsvár vidékén gyakrabban elöforduló lepkék jegyzéke. (Enumeration Lepitopterorum in regione urbis Claudiopolis crebrius occurrentium.) [Ungar.] Orv.-Természettud. Értesitö, 13, Naturw. Abt. 159—163, 1891.

Pachmajer, O . . .
○ [Von der Verwüstung des „*Hylesinus Fraxini*".] A „*Hylesinus Fraxini*" pusztitásáról. Erdészeti Lapok, 30, 135—141, 1891.
[Ref.:] Staub,: Ztschr. Pflanzenkrankh., 2, 36—37, 1892.

Pack-Beresford, Denis Robert
geb. 23. 3. 1864 in Dublin, gest. 1942, Highsherriff du Comte de Carlor. — Biogr.: (R. L. Praeger u. a.) Irish Natural. Journ., 8, 38—40, 1942 m. Porträt; (P. Bonnet) Bibliogr. Araneorum, 1, 54, 1945 m. Porträt.
— Tube-forming Larvae. Irish Natural., 7, 4—6, 1898.
— Wasp Notes. Irish Natural., 8, 209, 1899.

Packard, Alpheus Spring
geb. 19. 2. 1839 in Brunswick (Maine), gest 14. 2. 1905 in Providence (Rhode Island), Prof. d. Zool. u. Geol. d. Brown Univ. in Providence. — Biogr.: (S. Henshaw) Bull. U. S. Dep. Agric. Ent., N. 16, 5—49, 1887; (Kingsley) Pop. Sci. monthly, 33, 145, 260—267, 1888; (M. Benjamin) Harper's Weekly, 34, 925—926, 1890 m. Porträt; Proc. Linn. Soc. London, 1904, 45—46, 1904; Insektenbörse, 22, 65, 1905 m. Porträt; (N. J. Kusnezov) Rev. Russe Ent., 5, 189—190, 1905; (F. Merrifield) Trans. ent. Soc. London, 1905, LXXXV, 1905; Canad. Entomol., 37, 111—112, 1905; Ent. News, 16, 97—98, 1905 m. Porträt; (C. Barus) Science, (N. S.). 21, 401—406, 1905; (A. D. Mead) Pop. Sci. monthly, 67, 43—48, 1905 m. Porträt; (J. S. Smith) Psyche Cambr. Mass., 12, 33—35, 1905 m. Porträt; (R. T. Jackson) Psyche Cambr. Mass., 12, 36—38, 1905; (W. J. Holland) Entomol. monthly Mag., 41, 140—141, 1905; (W. F. Kirby) Entomologist, 38, 143—144, 1905; (J. B. Smith) Pop. Sci. monthly, 76, 473, 1910 m. Porträt; (T. D. A. Cockerell) Biogr. Mem. nat. Acad. Sci., 9, 181—236, 1920 m. Schriftenverz.; (L. O. Howard) Hist. appl. Ent., 1930; (E. O. Essig) Hist. Ent., 727—729, 1931; (H. Osborn) Fragm. ent. Hist., 147—148, 1937; (J. E. Rennington) Lepidopt. News, 1, 39, 1947; 2, 54, 1948 m. Porträt; (R. W. Dexter) Bull. Brooklyn ent. Soc., 52, 57—66, 101—112, 1957 m. Porträt; (J. Ch. Bradley) Trans. Amer. ent. Soc., 85, 285, 1960.
— [Note on *Stylops Childreni*.] Proc. ent. Soc. Philadelphia, 3, 44—45, 1864 a.
— Synopsis of the Bombycidae of the United States. Proc. ent. Soc. Philadelphia, 3, 97—130, 331—396, 1864 b.
— Report on the Collection of Insects. Rep. Mus. comp. Zool. Harvard, 1863, 36—44, 1864 c.
— Notice of an Egg-parasite upon the American Tent-Caterpillar, *Clisiocampa Americana*, Harris. Pract. Entomol., 1, 14—15, (1865—66) 1865 a.
— Notes on two Ichneumons parasitic on *Samia Columbia*. Proc. Boston Soc. nat. Hist., 9 (1862—63), 345—346, 1865 b.
— Observations on the Development and Position of the Hymenoptera, with Notes on the Morphology of Insects. Ann. Mag. nat. Hist., (3) 18, 82—99, 4 Fig., 1866 a. — [Abdr.:] Proc. Boston Soc. nat. Hist., 10 (1864—66), 279—295, 4 Fig., 1866.
— Notes on the Family Zygaenidae. Commun. Essex Inst., 4 (1864—65), 7—47, Taf. 1—2, 1866 b.
— The Humble Bees of New England and their Parasites; with notices of a new species of *Anthophorabia*, and a new genus of Proctotrupidae [*Pteratomus*]. Commun. Essex Inst., 4 (1864—65), 107—140, Taf. 3, 1866 c.
— Outlines of the Study of Insects. Pract. Entomol., 1, 74—76, 2 Fig.; 94—95, 3 Fig.; 106—107, (1865—66) 1866 d.
— Revision of the Fossorial Hymenoptera of North America. Proc. Soc. ent. Philadelphia, 6 (1866—67), 39—115, (1866—67) 1866 e; 353—444, (1866—67) 1867.
— On certain entomological speculations. A review. Proc. ent. Soc. Philadelphia, 6 (1866—67), 209—218, (1866—67) 1866 f.
— Insects and their Allies. Amer. Natural., 1, 73—84, 6 Fig., (1868) 1867 a.
— The Insects of Early Spring. Amer. Natural., 1, 110—111, (1868) 1867 b.
— The Insects of May. Amer. Natural., 1, 162—164, 3 Fig.; . . . of June. 220—224, 3 Fig.; . . . of July. 277—279, 6 Fig.; . . . of August. 327—330, 5 Fig.; Insects in September. 391—392, (1868) 1867 c.
— The Red-legged Grasshopper. Amer. Natural., 1, 271—272, (1868) 1867 d.
— The Dragon-Fly. Amer. Natural., 1, 304—313, 4 Fig., Taf. 9, (1868) 1867 e.
— The Home of the Bees. Amer. Natural., 1, 364—378, 596—606, 2 Fig., Taf. 10, (1868) 1867 f.
— The Eggs of the Dragon-Fly. Amer. Natural., 1, 391, (1868) 1867 g.
— The Clothes-moth. Amer. Natural., 1, 423—427, 4 Fig., (1868) 1867 h.
[Dtsch. Übers. S. 423—426, 426—427:] Die Kleider-Motte. Jahresber. Ohio Ackerbaubehörde, 23 (1868), 561—562, 1869.
— The Horned *Corydalus*. Amer. Natural., 1, 436, 2 Fig., (1868) 1867 i.
— The Tiger-beetle. Amer. Natural., 1, 552—554, 7 Fig., (1868) 1867 j.
— View of the Lepidopterous Fauna of Labrador. Proc. Boston Soc. nat. Hist., 11 (1866—68), 32—63, (1868) 1867 k.
— (The increasing distribution of the canker worm (*Anisopteryx vernata*).) Proc. Boston Soc. nat. Hist., 11 (1866—68), 88, (1868) 1867 l.
— Entomological Calendar. Amer. Natural., 2, 110—

111, 10 Fig.; 163—165, 6 Fig.; 219—221, 2 Fig.; 331 —334, 4 Fig., (1869) 1868 a.

— The Parasites of the Honey-Bee. Amer. Natural., **2**, 195—205, Taf. 4—5, (1869) 1868 b. — [Abdr.:] Sci. Gossip, (6) (1870), 1—5, 16 Fig., 1871.

— Insects living in the Sea. Amer. Natural., **2**, 277—278, 5 Fig.; Salt-water Insects. 329—330, (1869) 1868 c.

— The Embryology of *Libellula* (*Diplax*) with Notes on the Morphology of Insects and the Classification of the Neuroptera. Proc. Amer. Ass. Sci., **16** (1867), 153—154, 1868 d.

— The Insect Fauna of the Summit of Mount Washington, as compared with that of Labrador. Proc. Amer. Ass. Sci., **16** (1867), 154—158, 1868 e.
[Ref.?:] Amer. Natural., **1**, 674—676, 1868.

— On the Development of a Dragon-fly (*Diplax*). Proc. Boston Soc. nat. Hist., **11** (1866—68), 365—372, 8 Fig., 1868 f.

— (Remarks on brine or salt water insects.) Proc. Boston Soc. nat. Hist., **11** (1866—68), 387—388, 1868 g.

— On the Structure of the Ovipositor, and Homologous Parts in the Male Insect. Proc. Boston Soc. nat. Hist., **11** (1866—68), 393—399, 11 Fig., 1868 h.

— The characters of the Lepidopterous family Noctuidae. Proc. Portland Soc. nat. Hist., **1**, 153—156, (1862) 1868? i.

— The Dragon-Fly. Sci. Gossip, (**3**) (1867), 225—227, 1868 j.

○ A Guide to the study of Insects, and a treatise on those injurious and beneficial to Crops, for the use of Colleges Farm-Schools, and Agriculturists. 8°, VIII + 702 S., 500 Fig., Salem, 1869 a. — 2. Aufl. Guide ... VIII + 702 S., 651 Fig., 11 Taf., Salem, Naturalist's Book Agency; London, Trübner & Co., 1870. — ○ 3. Aufl. 1872. — ○ 4. Aufl. 1874. — ○ 5. Aufl. XIII + 715 S., 15 Taf., New York, 1876. — ○ 6. Aufl. 1878. — ○ 7. Aufl. VIII + 715 S., 15 Taf., 1880. — 9. Aufl. XII + 715 S., 668 Fig., 15 Taf., New York, Henry Holt & Co.; Boston, Estes & Lauriat, 1889.

— A Chapter on Flies. Amer. Natural., **2**, 586—596, 4 Fig.; 638—644, 2 Fig., Taf. 12—13, 1869 b.

— Case Worms. Amer. Natural., **3**, 160—161, 4 Fig., (1870) 1869 c.

— The Salt Lake *Ephydra.* Amer. Natural., **3**, 391, (1870) 1869 d. — [Abdr.:] Animal from Salt Lake. Sci. Gossip, (5) (1869), 234, 1870.

— The Development of Insects. Amer. Natural., **3**, 490 —493, (1870) 1869 e.

— On Insects inhabiting Salt Water. Proc. Essex Inst., **6** (1867—70), 41—51, 6 Fig., (1871) 1869 f; ... No. 2. Amer. Journ. Sci., (3) **1** (**101**), 100—110, 5 Fig.; 105—107, 1871. — [Abdr. Nr. 2:] Ann. Mag. nat. Hist., (4) **7**, 230—240, 1871.

— Hymenoptera. Rec. Amer. Ent., **1868**, 1—6, 1869 g; **1869**, 1—11, 1870; **1870**, 1—3, 1871; Rep. Peabody Acad. Sci., **4** (1871) (= Rec. Amer. Ent., **1871**), 101—104, 1872; **5** (1872) (= Rec. Amer. Ent., **1872**), 101—105, 1873; **6** (1873) (= Rec. Amer. Ent., **1873**), 65—68, 1874.

— Lepidoptera Heterocera. Rec. Amer. Ent., **1868**, 13 —18, 1869 h; **1869**, 19—29, 1870; **1870**, 8—11, 1871; Rep. Peabody Acad. Sci., **4** (1871) (= Rec. Amer. Ent., **1871**), 112—119, 1872; **5** (1872) (= Rec. Amer. Ent., **1872**), 110—116, 1873; Heterocerous Lepidoptera. **6** (1873) (= Rec. Amer. Ent., **1873**), 74—88, 1874.

— List of Hymenopterous and Lepidopterous Insects collected by the Smithsonian Expedition to South America, under Prof. James Orton. Rep. Peabody Acad. Sci., **1**, 56—69, 1869 i; [Zusatz:] Rec. Amer. Ent., **1869**, 10, 1870.
[Darin:]
Norton, Edward: Description of *Strongylogaster Ortonii* from South America. 10.

— [Ref.] siehe Ganin, Mitrofan Stepanovič 1869.

— Certain Parasitic Insects. Amer. Natural., **4**, 83—99, 17 Fig., Taf. 1, (1871) 1870 a.

— A Few Words About Moths. Amer. Natural., **4**, 225 —229, Taf. 2, (1871) 1870 b.

— The Borers of Certain Shade Trees. Amer. Natural., **4**, 588—594, 9 Fig., (1871) 1870 c.

— The Caudal Styles of Insects Sense Organs, i. e. Abdominal Antennae. Amer. Natural., **4**, 620—621, (1871) 1870 d. — [Abdr.:] Ann. Mag. nat. Hist., (4) **7**, 176, 1871.

— List of Coleoptera. Canad. Entomol., **2**, 119, 1870 e.

○ New or little known injurious Insects. Rep. Mass. Board Agric., **17**, 235—263, 1 Taf., 1870 f.
[Ref.:] Injurious Insects. Amer. Natural., **4**, 684—687, 1871.

○ Notice of Hymenoptera and nocturnal Lepidoptera collected in Alaska by W. H. Dall, Director Sci. Corps, W. U. T. Exp. Trans. Chicago Acad. Sci., **2**, 25—32, Taf. II, 1870 g.

— Abdominal Sense-organs in a Fly. Amer. Natural., **4**, 690—691, 1871 a. — [Abdr.:] Ann. Mag. nat. Hist., (4) **7**, 174—175, 1871.

— Bristle-tails and Spring-tails. Amer. Natural., **5**, 91 —107, 19 Fig., Taf. 1, 1871 b.

— The Embryology of *Chrysopa,* and its bearings on the Classification of the Neuroptera. Amer. Natural., **5**, 564—568, 1871 c. — ○ [Abdr.?:] Quart. Journ. micr. Sci., (N. S.) **12**, 138—142, 1872.

— Embryological studies on *Diplax, Perithemis,* and the Thysanurous Genus *Isotoma.* Mem. Peabody Acad. Sci., **1**, Nr. 2, 1—21 + 1 (unn., Taf. Erkl.) S., 6 Fig., Taf. 1—3, 1871 d.

— Catalogue of the Phalaenidae of California. Proc. Boston Soc. nat. Hist., **13** (1869—71), 381—405, 1871 e; **16** (1873—74), 13—40, Taf. I, (1874) 1873; Occurrence of *Telea Polyphemus* in California. — A correction. Amer. Natural., **8**, 243—244, 1874. — [Abdr. S. 14—19:] On the Distribution of Californian Moths. Amer. Natural., **7**, 453—458, 1873.

— New or Rare American Neuroptera, Thysanura, and Myriapoda. Proc. Boston Soc. nat. Hist., **13** (1869 —71), 405—411, 1 Fig., 1871 f.

— List of Insects collected at Pebas, Equador, and presented by Prof. James Orton. Rep. Peabody Acad. Sci., **2—3** (1869—70), 85—87, 1871 g.

— First annual report on the injurious and beneficial insects of Massachusetts. Rep. Secr. Mass. Board Agric., **18**, 351—379, 13 Fig., Taf. 1, 1871 h; Second annual ... **19**, 331—347, 13 Fig., 1872; Third annual ... beneficial effets of insects ... **20**, 237—265, 14 Fig., 1873.
— [Abdr. 3. Rep.:] Injurious and Beneficial Insects. Amer. Natural., **7**, 524—548, 15 Fig., 1873.
[Ref. zu 2. Rep.:] Injurious Insects. Amer. Natural., **7**, 241—244, 12 Fig., 1873.

— [Ref.] siehe Kovalevskij, Alexandr Onufrievič 1871.

— [On insect-remains occurring in nodules north of Turner's Falls.] Bull. Essex Inst., **3** (1871), 1—2, 1872 a.

— Embryological studies on hexapodous insects. Mem. Peabody Acad. Sci., **1**, Nr. 3, 1—17 + 1 (unn., Taf. Erkl.) S., Taf. 1—3, 1872 b.

— Embryology of *Isotoma,* a Genus of Poduridae. Proc. Boston Soc. nat. Hist., **14** (1870—71), 13—15, 3 Fig., 1872 c.
— New American Moths; Zygaenidae and Bombycidae. Rep. Peabody Acad. Sci., **4** (1871), 84—91, 1872 d.
— List of the Coleoptera collected in Labrador. Rep. Peabody Acad. Sci., **4** (1871), 92—94, 1872 e.
○ Our common insects. A popular account of the insects of our fields, forests, gardens and houses. 8°, 225 S. (=I—XVI+17—225), 268 Fig., 4 Taf., Salem, Naturalists' agency; New York, Dodd & Mead, 1873 a.
— When is Sex Determined? Amer. Natural., **7**, 175—177, 1 Fig., 1873 b.
— Catalogue of the Pyralidae of California, with descriptions of new Californian Pterophoridae. Ann. Lyc. nat. Hist. N. York, **10**, 257—267, (1874) 1873 c.
— Notes on some Pyralidae from New England, with Remarks on the Labrador Species of this Family. Ann. Lyc. nat. Hist. N. York, **10**, 267—271, (1874) 1873 d.
— Injurious Insects in Essex County. Bull. Essex Inst., **4** (1872), 5—9, 5 Fig., 1873 e.
— Synopsis of the Thysanura of Essex County, Mass., with Descriptions of a few extralimital forms. Rep. Peabody Acad. Sci., **5** (1872), 23—51, 1873 f.
— Descriptions of New American Phalaenidae. Rep. Peabody Acad. Sci., **5** (1872), 52—81, 1873 g; . . . New North American . . . **6** (1873), 39—53, 1874.
— Notes on North American Moths of the families Phalaenidae and Pyralidae in the British Museum. Rep. Peabody Acad. Sci., **5** (1872), 82—92, 1873 h.
— On the Cave Fauna of Indiana. Rep. Peabody Acad. Sci., **5** (1872), 93—97, 1873 i.
○ Insecta [of Vineyard Sound]. Rep. U. S. Comm. Fish., **1**, 539—544, 1873 j.
— Descriptions of new species of Mallophaga collected by C. H. Merriam while in the Government Geological Survey of the Rocky Mountains, Professor F. V. Hayden, U. St. Geologist. Rep. U. S. geol. Surv. Territ., [**6**] (1872), 731—734, 5 Fig., 1873 k.
— Description of new insects. Rep. U. S. geol. Surv. Territ., [**6**] (1872), 739—741, 4 Fig., 1873 l.
— Insects inhabiting great salt lake and other saline or alkaline lakes in the west. Rep. U. S. geol. Surv. Territ., [**6**] (1872), 743—746, 1873 m.
— Nature's Means of Limiting the Numbers of Insects. Amer. Natural., **8**, 270—282, 1 Fig., 1874 a.
— The Discovery of the Origin of the Sting of the Bee. Amer. Natural., **8**, 431, 1874 b.
[Siehe:] Uljanin, Vasilij Nikolaevič in Kovalevskij, A. O.: Ztschr. wiss. Zool., **22**, 283—304, 1872.
— Occurrence of *Japyx* in the United States. Amer. Natural., **8**, 501—502, 1 Fig., 1874 c.
— The „Hateful" Grashopper [*Caloptenus spretus*] in New England. Amer. Natural., **8**, 502, 1874 d.
— On the Distribution and Primitive Number of Spiracles in Insects. Amer. Natural., **8**, 531—534, 1874 e.
— Larvae of *Anophthalmus* and *Adelops.* Amer. Natural., **8**, 562—563, 1874 f.
○ The structure of insects. Cultiv. Country Gentl., **39**, 11, 1874 g.
○ Flight, senses and growth of Insects. Cultiv. Country Gentl., **39**, 22, 1874 h.
— Les Articulés condylopodes de la caverne du Mammouth. Journ. Zool. Paris, **3**, 565—569, Taf. XVIII, 1874 i.
— On the Transformations of the Common House Fly, with Notes on allied Forms. Proc. Boston Soc. nat. Hist., **16** (1873—74), 136—150, 1 Fig., Taf. 3, 1874 j.
[Ref.:] Entomol. monthly Mag., **11**, 93, (1874—75) 1874.
— Descriptions of New North American Phalaenidae. Rep. Peabody Acad. Sci., **6** (1873), 39—53, 1874 k.
— Neuroptera. Rep. Peabody Acad. Sci., **6** (1873) (=Rec. Amer. Ent., **1873**), 107—112, 1874 l.
— On the Geographical Distribution of the Moths of Colorado. Rep. U. S. geol. Surv. Territ., [**7**] (1873), 543—544, 15 Fig., 1874 m.
— Directions for Collecting and Preserving Insects. Prepared for the use of the Smithsonian Institution. Smithson. misc. Collect., **11**, (Nr. 261), article IV, I—III+1—55, 55 Fig., 1874 n.
○ Half-Hours with Insects. 12 Teile. 8°, VIII+384 S., 2 Taf., Boston, Estes & Lauriat, 1874—77.
— *Caloptenus spretus* in Massachusetts. Amer. Natural., **9**, 573, 1875 a.
— Life-Histories of the Crustacea and Insects. Amer. Natural., **9**, 583—622, 48 Fig., 1875 b.
— Die Bewohnerschaft eines Apfelbaumes. [Dtsch. Übers.? von John G. Klippart.] Jahresber. Ohio Ackerbaubehörde, **29** (1874), 328—350, 15 Fig., 1875 c.
— On Gynandromorphism in the Lepidoptera. Mem. Boston Soc. nat. Hist., **2**, 409—412, Taf. XIV (Fig. 1—2), (1871—78) 1875 d.
— The House Fly. Amer. Natural., **10**, 476—480, 1 Fig., 1876 a.
— A Century's Progress in American Zoology. Amer. Natural., **10**, 591—598, 1876 b.
[Franz. Übers. von] Raoul Boulart: Progrès de la zoologie americaine depuis un siècle. Journ. Zool. Paris, **5**, 413—423, 1876.
— A monograph of the geometrid moths or Phalaenidae of the United States. Rep. U. S. geol. Surv. Territ., **10**, I—IV+2 (unn.) +1—607+13 (unn., Taf. Erkl.) S., Taf. I—XIII, 1876 c.
[Ref.:] Möschler, Heinrich Benno: Nordamerikanisches. Stettin. ent. Ztg., **38**, 414—426, 1877.
— [Ref.] siehe Mayer, Paul 1876.
— The Cave Beetles of Kentucky. Amer. Natural., **10**, 282—287, 1 Fig., Taf. II, 1877 a.
— The Migration of the Destructive Locust of the West. Amer. Natural., **11**, 22—29, 1877 b. — [Abdr., mit Angaben von C. J. S. Bethune:] The Destructive . . . Rep. ent. Soc. Ontario, **1876**, 29—34, 1 Fig., 1877.
— Partiality of White Butterflies for White Flowers. Amer. Natural., **11**, 243, 1877 c.
— Experiments on the Sense-Organs of Insects. Amer. Natural., **11**, 418—423, 1877 d.
[Ref.:] Versuche über die Sinnesorgane der Insekten. Naturf. Berlin, **10**, 412, 1877.
— On a new Cave Fauna in Utah. Bull. U. S. geol. geogr. Surv. Territ., **3**, 157—169, 6 Fig., 1877 e.
[Darin:]
Osten Sacken, Charles Robert: *Blepharoptera defessa* n. sp. 168.
— The insects of the American („Polaris") Arctic Expedition. [Mit Angaben von R. McLachlan.] Entomol. monthly Mag., **13**, 228—229, (1876—77) 1877 f.
— Experiments on the Vitality of Insects. Psyche Cambr. Mass., **2**, 17—19, (1883) 1877 g.
— Report on the Rocky Mountain Locust and other insects now injuring or likeley to injure field and garden crops in the western states and territories. [Mit:] Appendix. List of Coleoptera collected in 1875, in Colorado and Utah. Rep. U. S. geol. Surv. Territ.,

9 (1875), 589—815+9 (unn., Taf. Erkl.) S., 66 Fig., 9 Taf., 5 Kart., 1877 h. — ○ [Abdr.?:] Insects of the West: an account of the Rocky Mountain Locust, the Colorado Potato-beetle, the Canker-worm, Currant Saw-fly, and other Insects which devastate the crops of the country. London, 1878.
— Coloured Butterflies and Coloured Flowers. [Nach: Amer. Natural.] Sci. Gossip, **13**, 139, 1877 i.
— siehe Hagen, Herman August & Packard, Alpheus Spring 1877.
— siehe Riley, Charles Valentine; Packard, Alpheus Spring & Thomas, Cyrus 1877.
— The Mode of Extrication of Silkworm Moths from their Cocoons. Amer. Natural., **12**, 379—383, 1 Fig., 1878 a.
[Ref.:] Katter, Friedrich: Das Coconöffnen der Seidenwürmer. Ent. Nachr., **5**, 284—285, 1879.
— Memoir of Jeffries Wyman. 1814—1874. Biogr. Mem. nat. Acad. Sci., **2**, 75—126, 1878 b.
— How Lepidoptera escape from their Cocoons. [Nach: Amer. Natural.] Nature London, **18**, 226—227, 1878 c.
— Insects affecting the Cranberry, with remarks on other injurious insects. Rep. U. S. geol. Surv. Territ., **10** (1876), 521—531, 9 Fig., 1878 d.
— siehe Riley, Charles Valentine; Packard, Alpheus Spring & Thomas, Cyrus 1878.
— The Rocky Mountain Locust in New Mexico. Amer. Natural., **13**, 586, 1879 a.
— The Hessian Fly. Canad. Entomol., **11**, 137—139, 1879 b.
— siehe Cook, Albert John & Packard, Alpheus Spring 1879.
○ Zoology for High Schools and Colleges. 8°, New York, 1880 a. — ○ 3. Aufl. VIII+719 S., ? Fig., 1881. — ○ 5. Aufl. 1886.
— Moths entrapped by an Asclepiad Plant (*Physianthus*) and killed by Honey Bees. Amer. Natural., **14**, 48—50, 1880 b. — [Abdr.:] Bees Eating Entrapped Moths. Nature London, **21** (1879—80), 308, 1880. — [Abdr.:] Journ. R. micr. Soc., **3**, 241—242, 1880.
— The Cotton-worm Moth in Rhode Island. Amer. Natural., **14**, 53, 1880 c.
— Case of Protective Mimicry in a Moth. Amer. Natural., **14**, 600, 1880 d.
— Flights of „Flies". [Nach Sci. Amer.] Amer. Natural., **14**, 805, 1880 e.
— The Hessian Fly, its ravages, habits, enemies, and means of preventing its increase. Bull. U. S. ent. Comm., Nr. 4, 1—43+2 (unn., Taf. Erkl.) S., 1 Fig., Taf. I—II, 1 Karte, 1880 f. — [Abdr. S. 12—15, 38—39:] The Hessian Fly. Amer. Entomol., **3** ((N. S.) **1**), 118—121, 1 Fig., 140—141, 1880.
○ Insects injourious to the Cranberry. Trans. Wisconsin hortic. Soc., **10**, 313—322, ? Fig., 1880 g.
— [Ref.] siehe Hauser, Gustav 1880.
— siehe Riley, Charles Valentine; Packard, Alpheus Spring & Thomas, Cyrus 1880.
— Fauna of the Luray and Newmarket Caves, Virginia. Amer. Natural., **15**, 231—232, 1881 a.
— The Brain of the Locust. Amer. Natural., **15**, 285—302, Taf. I—III; ... the Embryo and young Locust. 372—379, Taf. IV—V, 1881 b.
— Locusts in Mexico in 1880. Amer. Natural., **15**, 578, 1881 c.
— Insects injurious to forest and shade trees. Bull. Dep. U. S. ent. Comm., **7**, 1—275, 100 Fig., 1881 d. — Neue Aufl. Rep. U. S. ent. Comm., **5**, VIII+957 S., 306 Fig., 40 Taf. (12 Farbtaf.), 1890.
— Bibliography of Economic Entomology. Canad. Entomol., **13**, 39, 1881 e.
— Descriptions of some new Ichneumon Parasites of North American Butterflies. Proc. Boston Soc. nat. Hist., **21** (1880—82), 18—38, (1883) 1881 f.
[Siehe:] Riley, Charles Valentine: Amer. Natural., **16**, 679—680, 1882.
— siehe Cope, Edward Drinker & Packard, Alpheus Spring 1881.
— Bot-Fly Maggots in a Turtle's Neck. Amer. Natural., **16**, 598, 1 Fig., 1882 a.
— Probable difference in two broods of *Drasteria erechthea.* Papilio, **2**, 147—148, 1882 b.
— Notes on Lepidopterous Larvae. Papilio, **2**, 180—183, 1882 c.
— siehe Griffith, H . . . G . . . & Packard, Alpheus Spring 1882.
— On the Classification of the Orders of Orthoptera and Neuroptera. Amer. Natural., **17**, 820—829, 1883 a. — [Abdr.:] Ann. Mag. nat. Hist., (5) **12**, 145—154, 1883.
— On the Genealogy of the Insects[1]). Amer. Natural., **17**, 932—945, 4 Fig., 1883 b.
[Franz. Übers.:] Sur la généalogie des Insectes. Journ. Microgr., **7**, 566—571, 622—628, Taf. V, 1883.
— The Number of Segments in the Head of Winged Insects. Amer. Natural., **17**, 1134—1138, 1 Fig., 1883 c.
[Siehe:] Riley, Charles V.: Washington, 1883.
— siehe Riley, Charles Valentine; Packard, Alpheus Spring & Thomas, Cyrus 1883.
— in Riley, Charles Valentine (1879) 1883.
— in Riley, Charles Valentine [Herausgeber] [8. Dez.] 1883.
— Egg-laying Habits of the Egg-parasite of the Canker worm. Amer. Natural., **18**, 292—293, 1884 a.
— The Larch Worm. Amer. Natural., **18**, 293—296, 2 Fig., 1884 b.
— The Hemlock *Gelechia.* Amer. Natural., **18**, 296, 1884 c.
— Notes on Moths. Amer. Natural., **18**, 632—633, 1884 d.
— The Transformations of *Nola.* Amer. Natural., **18**, 726—727, 1884 e.
— Habits of an aquatic Pyralid caterpillar. Amer. Natural., **18**, 824—826, Taf. XXIV, 1884 f.
— Aspects of the Body in Vertebrates and Arthropods. Amer. Natural., **18**, 855—861, 4 Fig., 1884 g. — [Abdr.:] Ann. Mag. nat. Hist., (5) **14**, 243—249, 3 Fig., 1884.
— Life-histories of some Geometrid Moths. Amer. Natural., **18**, 933—936, 1884 h.
— Life History of *Lochmaeus tessella.* Amer. Natural., **18**, 1044—1045, 1884 i.
— Transformations of *Caripeta angustiorata.* Amer. Natural., **18**, 1045—1046, 1884 j.
— Mode of Oviposition of the common longicorn pine borer (*Monohammus confusor*). Amer. Natural., **18**, 1149—1151, 1884 k.
— Egg-laying Habits of the Maple-tree Borer. Amer. Natural., **18**, 1151—1152, 1884 l.
— The Larval Stages of *Mamestra picta.* Amer. Natural., **18**, 1266—1267, 1884 m.

[1]) nach „Advance sheets" des 3. Report of the U. S. Entomological Commission"

— The Bees, Wasps, etc. of Labrador. Amer. Natural., **18**, 1267, 1884 n.
— in Riley, Charles Valentine (1879) 1884.
— The Number of Abdominal Segments in Lepidopterous larvae. Amer. Natural., **19**, 307—308, 1885 a.
— Unusual number of Legs in the Caterpillar of *Lagoa*. Amer. Natural., **19**, 714—715, 1885 b.
— Use of the Pupae of Moths in distinguishing Species. Amer. Natural., **19**, 715—716, 1885 c.
— Edible Mexican Insects. Amer. Natural., **19**, 893, 1885 d.
— Horn on the Anisotomini. Amer. Natural., **19**, 1003—1004, 1885 e.
— Flights of Locusts in Eastern Mexico in 1885. Amer. Natural., **19**, 1105—1106, 1885 f.
— in Kingsley, John Sterling [Herausgeber] 1885.
— in Riley, Charles Valentine (1879) 1885.
○ Briefer Zoology. 3. Aufl. 1886 a.
○ First lessons in Zoology. ? S., ? Fig., New York, 1886 b.
— Flights of Locusts at San Luis Potosi, Mexico, 1885. Amer. Natural., **20**, 170—171, 1886 c.
— On the Cinurous Thysanura and Symphyla of Mexico. Amer. Natural., **20**, 382—383, 1886 d.
— On the Nature and Origin of the so-called „Spiral Thread" of Tracheae. Amer. Natural., **20**, 438—442, 3 Fig.; 558, 1886 e.
— A New Arrangement of the Orders of Insects. Amer. Natural., **20**, 808, 1886 f.
— An Eversible „Gland" in the Larva of *Orgyia*. Amer. Natural., **20**, 814, 1886 g.
— in Riley, Charles Valentine [Herausgeber] [13. Juli] 1886.
— Notes on certain Psychidae, with descriptions of two new Bombycidae. Ent. Amer., **3**, 51—52, (1887—88) 1887 a.
— On the Systematic Position of the Mallophaga. Proc. Amer. phil. Soc., **24**, 264—272, 13 Fig., 1887 b.
— in Riley, Charles Valentine [Herausgeber] [3. Juni] 1887.
— Entomology for beginners. For the use of young folks, fruit-growers, farmers, and gardeners. 8°, XVI + 367 S., 273 Fig., New York, Henry Holt & Co., 1888 a. [Ref.:] Comstock, John Henry: Amer. Natural., **22**, 842—844, 1888.
— On Certain Factors of Evolutions. „From advance sheets of on essay on Cave Animals of North America. Mem. Nat. Acad. Sci." Amer. Natural., **22**, 808—821, 1888 b.
— List of the spiders, myriopods and insects of Labrador. Canad. Entomol., **20**, 141—149, 1888 c.
— Scales of *Lepisma*, sp. Journ. N. York micr. Soc., **4**, 90, 1888 d.
— The Cave Fauna of North America, with remarks on the Anatomy of the Brain and Origin of the Blind Species. Mem. Acad. Sci. Washington, **4**, Teil 1, 3—156, 24 Fig., Taf. I—XXVII, 1 Karte, 1888 e.
— Identification of the Notodontian Genus *Schizura* of Doubleday. Psyche Cambr. Mass., **5**, 53, (1891) 1888 f.
— S. Lowell Elliot [Nekrolog]. Ent. Amer., **5**, 83—84, 1889 a.
— On the Occurrence of Organs probably of Taste in the Epipharynx of the Mecaptera (*Panorpa* and *Boreus*). Psyche Cambr. Mass., **5**, 159—164, (1891) 1889 b.
— Duration of Life in an *Ephemera*. Psyche Cambr. Mass., **5**, 168—169, (1891) 1889 c.
— Notes on the epipharynx, and the epipharyngeal organs of taste in Mandibulate insects. Psyche Cambr. Mass., **5**, 193—199, 222—228, (1891) 1889 d.
— La distribution des organes du goût dans les Insectes. C. R. Ass. Franç. Av. Sci., **18** (1889), part. 2, 592—594, 1890 a.
— The life-history of *Drepana arcuata*, with remarks on certain structural features of the larva and on the supposed dimorphism of *Drepana arcuata* and *Dryopteris rosea*. Proc. Boston Soc. nat. Hist., **24**, 482—493, 1890 b.
— Hints of the evolutión of the bristles, spines and tubercles of certain caterpillars, apparently resulting from a change from low-feeding to arboreal habits; illustrated by the life-histories of some notodontians. Proc. Boston Soc. nat. Hist., **24**, 494—561, 2 Fig., Taf. III—IV, 1890 c.
— The Partial Life-history of *Pseudohazis eglanterina*, with remarks on the larvae of allied genera. Psyche Cambr. Mass., **5**, 325—327, (1891) 1890 d.
— The Life-history of *Seirarctia echo*. Psyche Cambr. Mass., **5**, 351—353, (1891) 1890 e.
— Notes on the Early Stages of two Sphingidae. Psyche Cambr. Mass., **5**, 396—401, (1891) 1890 f.
○ The Labrador Coast. A journal of two summer cruises to that region. 8°, VII + 513 S., ? Fig., ? Taf., ? Kart., N. York, N. D. C. Hodges, 1891 a.
— Case of a Child swallowing and passing Grubs infesting Chestnuts. Period. Bull. Dep. Agric. Ent. (Ins. Life), **3** (1890—91), 401—402, 1891 b.
— Notes on some points in the external structure and phylogeny of lepidopterous larvae. Proc. Boston Soc. nat. Hist., **25**, 82—114, Taf. I—II, (1892) 1891 c.
— On the Scale-like and Flattened Hairs of certain Lepidopterous Larvae. Ann. Mag. nat. Hist., (6) **9**, 372—375, 1 Fig., 1892 a.
— Life-history of *Calothysanis amaturaria* Walk., A Geometrid Moth. Period. Bull. Dep. Agric. Ent. (Ins. Life), **4** (1891—92), 382—384, 2 Fig., 1892 b.
— Occurrence of *Bucculatrix canadensisella* Chamb. on Birches in Rhode Island. Period. Bull. Dep. Agric. Ent. (Ins. Life), **5** (1892—93), 14—16, 1 Fig., (1893) 1892 c.
— The Bombycine Genus *Lagoa*, Type of a New Family. Psyche Cambr. Mass., **6**, 281—282, (1893) 1892 d.
— Notes on the Nesting Habits of certain Bees. Psyche Cambr. Mass., **6**, 340—342, (1893) 1892 e.
— On the larva of *Lagoa*, a Bombycine caterpillar with seven pairs of abdominal legs; with notes on its metameric glandular abdominal processes. Zool. Anz., **15**, 229—234, 2 Fig., 1892 f.
— *Aglia tau*, a connecting-link between the Ceratocampidae and Saturniidae, and the Type of a new Subfamily, Agliinae. Ann. Mag. nat. Hist., (6) **11**, 172—175, 1893 a.
— Studies on the Life-history of some Bombycine Moths, with Notes on the Setae and Spines of Certain Species. Ann. N. York Acad. Sci., **8**, 41—92, 3 Fig., (1893—95) 1893 b.
— The systematic position of *Varina ornata*, Neum. Canad. Entomol., **25**, 151—152, 1893 c.
— Notes on the Notodontian genus *Ichthyura*. Ent. News, **4**, 77—79, 1893 d.
— A New Genus and Two New Species of *Limacodes*-like Moths. Ent. News, **4**, 167—170, 2 Fig., 1893 e.
— Attempt at a new classification of Bombycine Moths. Journ. N. York ent. Soc., **1**, 6—11, 1893 f.

— Notes on the life-histories of some Notodontidae. Journ. N. York ent. Soc., **1**, 22—28, 57—76, 1893 g.
— Further Studies on the Brain of *Limulus Polyphemus*, with notes on its Embryology. Mem. Acad. Sci. Washington, **6**, 289—331, 21 Fig., Taf. I—XXXVI (Taf. IX—XVI, XVIII—XIX Farb.), 1893 h.
— Studies on the transformations of Moths of the family Saturniidae. Proc. Amer. Acad. Sci., (N. S.) **20** (**28**) (1892—93), 55—92, 2 Fig., Taf. I—III, 1893 i.
— The Life History of Certain Moths of the Family Cochliopodidae, with Notes on their Spines and Tubercles. Proc. Amer. phil. Soc., **31**, 83—108, Taf. I—IV, 1893 j.
— The Life Histories of certain Moths of the Families Ceratocampidae, Hemileucidae, etc., with Notes on the Armature of the Larvae. Proc. Amer. phil. Soc., **31**, 139—192, 1 Fig., Taf. V—XI, 1893 k.
— Notes on *Gluphisia* and other Notodontidae. Psyche Cambr. Mass., **6**, 499—502, 521—522, 1893 l.
[Siehe:] Dyar, Harrison G.: 529—530.
— On the systematic position of the Diptera. Science, **22**, 199—200, 1893 m.
— On the Origin of the Subterranean Fauna of North America. Amer. Natural., **28**, 727—751, 1894 a.
— Note on *Thermobia domestica*, and its occurrence in the United States. Entomol. monthly Mag., (2) **5** (**30**), 155—156, 1894 b.
— Occurrence of the Hen flea (*Sarcopsylla gallinacea* Westw.) in Florida. Period. Bull. Dep. Agric. Ent. (Ins. Life), **7** (1894—95), 23—24, 2 Fig., (1895) 1894 c.
— On the Inheritance of Acquired Characters in Animals with a Camplete Metamorphosis. Proc. Amer. Acad. Arts Sci., (N. S.) **21** (**29**) (1893—94), 331—370, 1894 d.
— A Study of the Transformations and Anatomy of *Lagoa crispata*, a Bombycine Moth. Proc. Amer. phil. Soc., **32**, 275—292, 1 Fig., Taf. I—VII, 1894 e.
— On the systematic position of the Siphonaptera, with notes on their structure. Proc. Boston Soc. nat. Hist., **26**, 312—355, 35 Fig., (1895) 1894 f.
— in Riley, Charles Valentine [Herausgeber] [∾ Juli] 1894.
— On a New Classification of the Lepidoptera. Amer. Natural., **29**, 636—647, 6 Fig.; 788—803, 10 Fig., 1895 a.
[Ref.:] Grote, Augustus Radcliffe: Entomol. Rec., **7**, 95—96, (1895—96) 1895.
— Life-History of *Heterocampa obliqua* Pack. Journ. N. York ent. Soc., **3**, 27—29, Taf. I, 1895 b.
— A Clew to the Origin of the Geometrid Moths. Journ. N. York. ent. Soc., **3**, 30—32, 1895 c.
— On the Larvae of the Hepialidae. Journ. N. York ent. Soc., **3**, 69—72, Taf. III—IV, 1895 d.
— The Eversible Repugnatorial Scent Glands of Insects. Journ. N. York ent. Soc., **3**, 110—127, Taf. V, 1895 e.
— Early Stages of some Bombycine Caterpillars. Journ. N. York ent. Soc., **3**, 175—180, 1895 f.
— Monograph of the Bombycine Moths of America North of Mexico, including their Transformations and Origin of the Larval Markings and Armature. Part I.[1]) Family 1.— Notodontidae. Mem. Acad. Sci. Washington, **7**, 3—390, 89 Fig., Taf. I—XLIX (Taf. VII—XXXVII Farb.), 10 Kart., 1895 g.
[Ref.:] Kellogg, Vernon Lyman: Science, (N. S.) **4**, 923—924, 1896.
— On a rational nomenclature of the veins of Insects, especially those of Lepidoptera. Psyche Cambr. Mass., **7**, 235—241, 8 Fig., (1896) 1895 h.
— Charles Valentine Riley. Science, (N. S.) **2**, 745—751, 1895 i.
— On the Phylogeny of the Lepidoptera. Zool. Anz., **18**, 228—236, 1895 j.
[Ref.:] Naturw. Wschr., **11**, 130, 1896.
— Literature on Defensive or Repugnatorial Glands of Insects. Journ. N. York ent. Soc., **4**, 26—32, 1896 a.
— The Phosphorescent Organs of Insects. Journ. N. York ent. Soc., **4**, 61—66, 1 Fig., 1896 b.
— Notes on the Transformations of the Higher Hymenoptera. Journ. N. York ent. Soc., **4**, 155—166, 5 Fig., 1896 c; **5**, 77—87, 3 Fig.; 109—120, 5 Fig., 1897.
— Obituary. Charles Valentine Riley. Rep. ent. Soc. Ontario, **26** (1895), 95—100, 1 Taf. (unn.), 1896 d.
— The number of moults in insects of different orders. [Published in advance from the author's Text book of Entomology.] Psyche Cambr. Mass., **8**, 124—126, (1899) 1897.
— A text-book of entomology including the anatomy, physiology, embryology and metamorphoses of insects. For use in agricultural and technical schools and colleges as well as by the working entomologist. 8°, XVII+729 S., 654 Fig., New York & London, Macmillan & Co., 1898 a.
— A half-century of evolution with special reference to the effects of geological changes on animal life. Proc. Amer. Ass. Sci., **47**, 311—356, 1898 b. — [Abdr.:] Amer. Natural., **32**, 623—674, 1898. — ○ [Abdr.?:] Science, **8**, 243—257, 285—293, 316—323, 1898.
— On the Markings of Notodontian Larvae. Proc. Amer. Ass. Sci., **47**, 368—369, 1898 c. — ○ [Abdr.?:] Science, (N. S.) **7**, 399, 1898.
— Paleontological notes. IV.[1]) View of the Carboniferous Fauna of the Narragansett Basin. Proc. Amer. Acad. Arts Sci., **35** (1899—1900), 397—405, 1 Fig., 1900 a.
— Occurrence of *Myrmeleon immaculatum* De-Geer in Maine. Psyche Cambr. Mass., **9**, 95, (1902) 1900 b.
— Occurrence of *Machilis variabilis* in Maine. Psyche Cambr. Mass., **9**, 107, (1902) 1900 c.

P[ackard], Alpheus Spring & **Hagen**, Herman August
Are Bees Injurious to Fruit. Amer. Natural., **2**, 52, 108, (1869) 1868.

Packard, Alpheus Spring & **Putnam**, Frederick Ward
The Mammoth Cave and its Inhabitants. Amer. Natural., **5**, 739—761, 13 Fig., 1871.

Packham, H . . .
(Varieties of *Polyommatus phlaeas*, *Syrichthus alveolus*, and *Trachea piniperda*.) Entomol. Rec., **1**, 282, (1890—91) 1891.

Padewieth, M . . .
Ein neuer *Anophthalmus* aus Dalmatien. Wien. ent. Ztg., **10**, 258, 1891.
— Übersicht der Insectenfauna der Umgebung von Fiume. La fauna degl. insetti nei dintorni di Fiume. [Dtsch. & Ital.] Mitt. naturw. Club Fiume, **2**, 103—122, 1897.
— Orthoptera genuina des kroat. Littorale und der Umgebung Fiumes. Glasnik Naravosl. družt., **11**, 8—33, 1900.

Paganetti-Hummler, Gustav
geb. 20. 12. 1871 in Wien, gest. Januar 1949 in Bad

[1]) Teil II—III nach 1900 veröffentl.

[1]) I—III nicht entomol.

Vöslau b. Wien. — Biogr.: (F. Heikertinger) Kol. Rdsch., **31** (1945—50), 151—152, 1950; (H. Strouhal) Dtsch. Entomol. — Tag Hamburg, 84, 1954.
— Gäste der Euphorbiaceae. Ill. Ztschr. Ent., **3**, 72, 1898 a.
— Höhlen-Untersuchungen aus Süd-Dalmatien. Ill. Zschr. Ent., **3**, 84—85, 1898 b.
— Beitrag zur Coleopteren-Fauna Süd-Dalmatiens. Ill. Ztschr. Ent., **3**, 133—135, 1898 c; Beitrag zur Fauna von Süd-Dalmatien. **4**, 22—24, 278—279, 1899; ... Dalmatien (Col.). **5**, 115—117, 133—135, 1900.
— Coleopterologische Liebesscenen (Ochthebien). Ill. Ztschr. Ent., **4**, 107, 1899 a.
— Über das Vorkommen von *Chevrolatia insignis* Duval. Ill. Ztschr. Ent., **4**, 346, 1899 b.
— Wie ich meinen neuen *Troglorhynchus* fand. Ill. Ztschr. Ent., **4**, 378—379, 1899 c.
— Szerelmeskedö bogarak. Rovart. Lapok, **7**, 87—88; [Dtsch. Zus.fassg.:] (Verliebte Käfer.) (Auszug) 8, 1900.

Page, Herbert E ...
(Flowers Attractive to Lepidoptera.) Entomol. Rec., **4**, 158, 1893.

Page, Rosa E ...
(*Colias edusa* and *Pyrameis cardui*.) Entomol. Rec., **9**, 268, 1897.

Page, W ... T ...
The Magpie-moth [*Abraxas grossulariata*] eaten by Birds. [Mit Angaben des Herausgebers.] Zoologist, (4) **1**, 169—170, 1897.
[Siehe:] Grabham, Oxley: 236.

Pagelsen, O ...
Beobachtungen im Maikäferjahr 1871 in Mörel bei Hohenwestedt. Schr. naturw. Ver. Schleswig-Holstein, **1**, 279—280, 1875.

Pagenstecher, Alexander siehe Pagenstecher Heinrich Alexander

Pagenstecher, Arnold Andreas Friedrich Dr. med.
geb. 25. 12. 1837 in Dillenburg, gest. 11. 6. 1913 in Wiesbaden, Geh. Sanitätsrat in Wiesbaden. — Biogr.: (L. Dreyer) Jb. Nassau Ver. Naturk., **66**, V—XVI, 1913 m. Porträt & Schriftenverz.; (L. B. P.) Entomol. monthly Mag., **49**, 278, 1913; (K. M. Heller) Dtsch. ent. Ztschr. Iris, **27**, 140—142, 1913 m. Porträt; (E. Lampa) Ent. Ztschr., **27**, 72, 84, 1913; (A. Sich) Entomol. Rec., **25**, 314, 1913; (E. Lampa) Ent. Ztschr., **28**, 9—10, 1914 m. Schriftenverz.; (A. Musgrave) Bibliogr. Austral. Ent., 248, 1932.
— Über den nächtlichen Fang von Schmetterlingen. Jb. Nassau Ver. Naturk., **29—30**, 40—54, 1876—77.
— Sections-Bericht für Zoologie, erstattet in der Generalversammlung am 17. December 1881. Jb. Nassau Ver. Naturk., **33—34**, 457—460, 1880—81.
— Notiz über *Ammoconia vetula* Dup. und ihre Raupe. Ent. Nachr., **7**, 170—172, 1881.
— Ueber Zwitterbildungen bei Lepidopteren. Jb. Nassau Ver. Naturk., **35**, 88—101, 1 Taf. (unn.), 1882.
— Beiträge zur Lepidopteren-Fauna von Amboina. Jb. Nassau Ver. Naturk., **37**, 150—326, Taf. VI—VII, 1884; Beiträge zur Lepidopteren-Fauna des malayischen Archipels. II. Heterocera der Insel Nias (bei Sumatra). **38**, 1—71, Farbtaf. I—II, 1885; ... III. Heteroceren der Aru-Inseln, Kei-Inseln und von Südwest-Neu-Guinea. **39**, 104—194, Taf. 10, 1886; ... IV. Ueber die Calliduliden. **40**, 205—244, Taf. 1—III, 1887; ... V. Verzeichniss der Schmetterlinge von Amboina. **41**, 85—217, 1888; ... VI. Über Schmetterlinge von Ost-Java. **43**, 93—110; 1890; ... VII. **46**, 27—40, Farbtaf. II—III; ... VIII. Über das muthmaassliche Weibchen von *Ornipthoptera Schoenbergi*. 81—88, Taf. IV, 1893; ... IX. 1. Über javanische Schmetterlinge. 2. Über einige Schmetterlinge von der Insel Sumba. **47**, 25—58, Taf. I; ... X. Über Schmetterlinge aus dem Schutzgebiete der Neu-Guinea-Companie. 59 —81, Farbtaf. II—III, 1894; ... XI. Über die Lepidopteren von Sumba und Sambawa. **49**, 93—170, Taf. I —III, 1896; ... (XII.) **51**, 179—200, 1898; ... XII. Über die geographische Verbreitung der Tagfalter im malayischen Archipel. **53**, 85—200, 1900.
[Ref.:] Staudinger, Otto: Stettin. ent. Ztg., **46**, 114—115, 1885.
— *Ephestia kühniella* Zeller (die sogenannte amerikanische Mehlmotte). Jb. Naussau Ver. Naturk., **38**, 114—118, 1885 a.
[Ref.:] Ein neuer Feind der Mühlen und Mehl-Magazine. Mtl. Mitt. naturw. Ver. Frankf. a. O., **4**, 19—20, (1887) 1886.
— Nekrolog. Dr. Adolf Rössler. Jb. Nassau Ver. Naturk., **38**, 149—152, 1885 b. — [Abdr.:] Stettin. ent. Ztg., **47**, 19—22, 1886.
— Heteroceren der Insel Ceram. Korr.-bl. Iris, **1**, 41 —44, Taf. II—III (II: 8—9, III: Fig. 3—4), (1884—88) 1886.
— Heteroceren der Insel Palawan. Dtsch. ent. Ztschr. Iris, **3**, 1—33, 1890 a.
— Max Saalmüller †. Nekrolog. Jb. Nassau Ver. Naturk., **43**, XX—XXI, 1890 b.
— Ueber einige neue Arten des Pyralidengenus *Tetraphana* Ragonot. Dtsch. ent. Ztschr. Iris, **5**, 1—5, Taf. I (Fig. 1—2), 1892 a.
— Ueber die Familie der Siculiden (Siculides) Guenée. Dtsch. ent. Ztschr. Iris, **5**, 5—131, Taf. I [ohne Fig. 1 —2]; Nachträge über die Familie der Siculiden. 443 —449, 1892 b.
— in Stuhlmann, Franz [Herausgeber] (1891—1901) 1893.
— Notiz über einige auf See gefangene Nachtfalter. Jb. Nassau Ver. Naturk., **48**, 179—184, 1895.
— in Semon, Richard [Herausgeber] (1893—1913) 1895.
— Neue malayische Lepidopteren. Ent. Nachr., **22**, 49 —54, 1896 a.
— *Papilio Neumoegeni* Honrath. Ent. Nachr., **22**, 151 —153; Berichtigung. 192, 1896 b.
— Die Lepidopteren des Nordpolargebietes. Jb. Nassau Ver. Naturk., **50**, 179—240, 1897.
[Ref.:] Insektenbörse, **14**, 231, 1897.
— in Kükenthal, Willy (1896—1900) 1897.
— *Hypolimnas sumbawana* Pagenst. Eine neue Nymphalide aus Sumbawa. Ent. Nachr., **24**, 81—83, 1898 a.
— Ueber das Weib von *Delias georgiana* H. Grose Smith. Ent. Nachr., **24**, 161—162, 1898 b.
— Die Lepidopteren des Hochgebirges. Jb. Nassau Ver. Naturk., **51**, 89—178, 1898 c.
— Die Lepidopterenfauna des Bismarck-Archipels. Mit Berücksichtigung der thiergeographischen und biologischen Verhältnisse systematisch dargestellt. 2 Teile. Zoologica, 1899—1900.
1. Die Tagfalter. **11**, H. 27, 2 (unn.) + 1—160 + 2 (unn.) S., 2 Farbtaf., 1899.
2. Die Nachtfalter. **12**, H. 29, 2 (unn.) + 1—268 + 1 (unn.) S., 1 Fig., 2 Farbtaf., 1900.
[Ref.:] Ribbe, Carl: Dtsch. ent. Ztschr. Iris, **12**, 265—268, 1899.

Pagenstecher, Heinrich Alexander
gest. 5. 1. 1889 in Hamburg, Direktor d. Naturhist. Mus. in Hamburg. — Biogr.: Zool. Anz., **12**, 80, 1889; Mitt. Hamburg. Zool. Mus., **56**, 1958 m. Porträt.
— Die Häutungen der Gespenstheuschrecke (*Mantis religiosa*). Arch. Naturgesch., **30**, Bd. 1, 7—25, Taf. I A, 1864 a.
— Die blasenförmige Auftreibung der Vorderschienen bei den Männchen von *Stenobothrus Sibiricus*. Arch. Naturgesch., **30**, Bd. 1, 26—31, Taf. I B, 1864 b.
— Die Trichinen, mit Rücksicht auf den jetzigen Standpunkt der Parasitenlehre. Zool. Garten Frankf. a. M., **5**, 33—39, 65—74, 2 Fig.; 97—108, 2 Fig., 1864 c.
— Die ungeschlechtliche Vermehrung der Fliegenlarven. Ztschr. wiss. Zool., **14**, 400—416, Taf. XXXIX—XL, 1864 d.
[Ref.:] Verh. naturhist.-med. Ver. Heidelberg, **3** (1862—65), 157, 1865; Upon a form of budding in some Insect Larves. Amer. Journ. Sci., (2) **39**, 110—111, 1865.
○ [Über ungeschlechtliche Fortpflanzung von *Cecidomyia*.] Amtl. Ber. Vers. Dtsch. Naturf., **1864**, 164—165, 1865 a.
— Über die Entwicklung der Gespenstheuschrecke, *Mantis religiosa*. Verh. naturhist.-med. Ver. Heidelberg, **3** (1862—65), 103—104, 1865 b.
— Die Tierwelt Australiens. Vortrag gehalten vor der Museumsgesellschaft zu Frankfurt am Main am 15. December 1865. Zool. Garten Frankf. a. M., **6**, 441—465, 1865 c.
— siehe Wagner, Nicolas; Meinert, Frederik Wilhelm August; Pagenstecher, [Heinrich Alexander] & Ganin, Metrofan 1865.
— Zur Aufstellung feiner Objecte in den Museen. Ztschr. wiss. Zool., **19**, 253—256, 3 Fig., 1869.
— *Phylloxera vastatrix*, Plancheron. Nach dem an den französischen Ackerbauminister 1872 erstatteten Kommissionsberichte. Fühlings landw. Ztg., **22** ((N. F.) **10**), 362—363, 1873.
— Über die Schnacke, *Culex pipiens* Lin. Fühlings landw. Ztg., **23** ((N. F.) **12**), 161—180, 1874 a.
— Akklimatisation des *Yama-mayu*-Spinners in den russischen Ostseeprovinzen. Fühlings landw. Ztg., **23** ((N. F.) **12**), 66, 1874 b.
— Die Speicheldrüsen der Bienen. Fühlings landw. Ztg., **23** ((N. F.) **12**), 122—128, 1874 c.
— Zur Frage des Bienenwachses. Fühlings landw. Ztg., **23** ((N. F.) **12**), 425—426, 1874 d.
— Bienenzucht. Fühlings landw. Ztg., **23** ((N. F.) **12**), 946—947, 1874 e.
— Über den Ursprung einiger Europäischer Schmetterlinge. Verh. naturhist.-med. Ver. Heidelberg, (N. F.) **1**, 78—122, (1877) 1874? f.
[Sonderdr.:] 8°, 46 S., Heidelberg, C. Winter, 1875.

Pages, de
(Sur les *Bombyx Cynthia*.) Bull. Soc. Acclim. Paris, (2) **2**, 484—486, 1865.
— (Éducations de Vers à soie.) Bull. Soc. Acclim. Paris, (2) **3**, 236—238, 451—452, 1866 a.
— Faits observés sur le *Bombyx Cynthia*. Les Mondes, **10**, 87—88, 1866 b.
— Du transport des cocons et graines de vers à soie, et description du transporteur-corneillan. Bull. Soc. Acclim. Paris, (2) **4**, 262—266, 1867.
— Sur les vers à soie. [Mit Angaben von Joly, & Sabatier.] C. R. Ass. Franç. Av. Sci., **7** (1878), 769—770, 1879.

Pagès, B . . .
○ La vigne française à racines volantes vivant malgré le phylloxera. Exposé fait à la séance officielle de la société d'agriculture de l'Hérault, le 5 janv. 1880, relativement à un procédé pour faire vivre les vignes françaises malgré le phylloxera. 12°, 10 S., Béziers, impr. Rivière, 1880.

Paglia, Lucio
○ Del governo pratico razionale delle api per gli abitanti della campagna. 8°, 31 S., Bologna, tip. Fava & Garagnani, 1877.

Pagliaruzzi, Isidoro
Sulla controprova in riguardo al Cuique suum. Atti Soc. agr. Gorizia, **9**, 81—84; Resta Cuique Suum. 151—153, 1870.
[Siehe:] Torre, G. F. del: 29—32, 117—118.

Pagnoul, A . . .
○ Über die Vertilgung und Nutzbarmachung der Maikäfer. Journ. Agric. prat. Paris, **1895**, 741—742, 1895.

Pahn, Josef
○ Erster Beitrag zur Kenntniss der Dipterenfauna von Ried. Schulprogr. Obergymn. Ried, **1872**, [32 S.], 1 Taf., 1872.

Pajno, Ferdinando
Notizie lepidotterologiche. Natural. Sicil., **5** (1885—86), 249, 1886.
— siehe Riggio, Giuseppe & Pajno, Ferdinando 1886.
— Sul rinvenimento della *Saga Serrata*, Fabr. in Sicilia. Natural. Sicil., **7** (1887—88), 166—167, 1888 a.
— Notizie di Ortotterologia Siciliana. Ortotteri raccolti nel territorio di Sclafani. Natural. Sicil., **8** (1888—89), 18—19, (1889) 1888 b.

Pajot,
[L'efficacité des bulbes de colchique contre le phylloxéra.] Ann. Soc. Agric. Lyon, (5) **4** (1881), L, 1882.

Pakes, W . . . C . . . C . . .
[Ref.] siehe Nuttall, George Henry Falkiner 1899.

Paladilhe, [Alcide]
[Ref.] siehe Siebold, Carl Theodor Ernst von 1871.
— [Ref.] siehe Moggridge, John Traherne 1873.

Paldaof, Juan Maria
La oruga de la alfalfa. An. Soc. rur. Argent., **33**, 209—214, 3 Fig., 1898.

Paleček, A . . .
○ Über die Anlage von Käfersammlungen. Progr. Böhm. Unter-Realsch. Göding, **1896**, [5 S.], 1896.

Paley, Frederick Apthorp
geb. 1815, gest. 1888.
— Fly-catching Plants. Sci. Gossip, **15**, 186—187, 1879.

Palkovits, Stef[an]
○ *Phylloxera vastatrix* (Reblaus) und deren Beseitigung und Vertilgung mit geringen Mitteln. 8°, 11 S., Wien, Klemm, 1875.

Pallas,
[Les terrains sablonneux et l'immunité phylloxérique des vignes françaises.] C. R. Acad. Sci. Paris, **96**, 1709—1710, 1883.

Palluel, Albert Cretté siehe Cretté de Palluel, Albert

Palm, C . . .
Beitrag zu den Beobachtungen über den aufwärts- und abwärtssteigenden Rosenbohrer. Rosen-Ztg., **10**, 28—29, 1895.
[Siehe:] Schlechtendal, D. von: **9**, 102—103, 1894; **10**, 13, 1895.

Palm, Charles
geb. 1836 in Calbe, gest. 5. 11. 1917, Geschäftsmann. — Biogr.: Journ. N. York ent. Soc., **25**, 237—238, 1917 m. Porträt; Ent. News, **29**, 159, 1918; (H. B. Weiss) Journ. N. York ent. Soc., **51**, 290—291, 1943.
— (*Datana major, D. palmii, D. contracta, D. angusii* and *D. integerrima* from Arkansas.) Journ. N. York ent. Soc., **1**, 11, 1893 a.
— Notes on some North American Moths. Journ. N. York ent. Soc., **1**, 20—21, Taf. 1, 1893 b.

Palm, H . . .
Der Farbencharakter der Lepidopteren. Ill. Wschr. Ent., **1**, 207—210, 1896.

Palm, Josef
Beitrag zur Dipterenfauna Tirols. Verh. zool.-bot. Ges. Wien, **19**, 395—454, 1869 a; Zweiter Beitrag[1] . . . Ztschr. Ferdinand. Innsbruck, (3) H. 16, 370—377, 1871. — [Abdr. des 2. Beitrags:] Jahresber. Real- u. Obergymn. Ried, **3**, 1—80, 1873—74.
— Beschreibung des bisher unbekannten Männchens von *Amalopis gmundensis* (Egger) aus der Familie der Tipuliden. Ztschr. Ferdinand. Innsbruck, (3) H. 14, 289—290, 1869 b.
— Beitrag zur Dipteren-Fauna Oesterreichs. Verh. zool. bot. Ges. Wien, **25** (1875), 411—422, 1876.

Palma, Giuseppe
Ditteri della fauna napolitana. Ann. Accad. Aspir. Natural., (3) **3** (1863), 37—66, Taf. VI—VII, 1864.
— Notamento d'Insetti Imenotteri Scavatori della Sicilia Settentrionale. Ann. Accad. Aspir. Natural., (Era 2) **2**, 32—44 + 1 (unn., Taf.Erkl.) S., Farbtaf. II, 1869.

Palma, Stefano
○ Vocabolario apistico. [In:] Vocabolario metodico Ital. di Agricoltura e Pastorizia, **2**, 298—303, Milano, tip. Guglielmini, 1870.

Palmarola, (Marqués de)
○ Precauciones contra la filoxera. An. Agric., **2**, 240—242, 1878.

Palmén, Johan Axel
geb. 7. 11. 1845 in Helsingfors, gest. 7. 4. 1919 in Forssa, Prof. d. Zool. in Helsingfors. — Biogr.: (K. M. Levander) Medd. Soc. Fauna Flora Fenn., **45**, 227—233, 1919 m. Porträt; (O. Nordqvist) Fauna och Flora, **14**, 131—139, 1919 m. Porträt.
— *Oedipoda migratoria* L. funnen i Finland. Medd. Soc. Fauna Flora Fenn., **1**, 131, 1876.
— Zur Morphologie des Tracheensystems. 8°, X + 149 S., 2 Taf., Helsingfors, J. C. Frenckell & Sohn, 1877.
— Zur vergleichenden Anatomie der Ausführungsgänge der Sexualorgane bei den Insekten. Morphol. Jb., **9**, 169—176, (1884) 1883.
— Über paarige Ausfuhrgänge der Geschlechtsorgane bei Insecten. Eine morphologische Untersuchung. 4°, 6 (unn.) + 107 + 1 (unn.) S., 5 Taf., Helsingfors, J. C. Frenckell & Sohn, 1884.
— (För Finlands fauna nya spinnarefjäriln *Lithosia rubricollis* L.) Medd. Soc. Fauna Flora Fenn., **15**, 179, (1888—89) 1889.

[1]) 3.—5. Beitr. siehe Pokorny, Emanuel: Verh. zool.-bot. Ges. Wien, **37**, 381—420, 1887; **39**, 543—574, 1889; **43**, 1—19, 1893.

— Bo af *Vespa vulgaris*. Medd. Soc. Fauna Flora Fenn., **24** (1897—98), 5—6; Dtsch. Übersicht. 185, 1900.

Palmer, Edward Gillett Worcester
gest. 15. 5. 1914 in Sydney (N. S. Wales). — Biogr.: (W. S. Dun) Proc. Linn. Soc. N. S. Wales, **40**, VIII, 1915; (A. Musgrave) Bibliogr. Austral. Ent., 248, 1932.
○ Notes and Exhibits. Exhibit and note on *Chelepteryx collesi* occurring in immense numbers on the 6th May in the neighbourhood of Burwood. All males. Proc. Linn. Soc. N. S. Wales, **10**, 248, 1885.
— Notes on a Great Visitation of Rats in the North and North-Western Plain Country of Queensland. Proc. R. Soc. Queensland, **2** (1885), 193—198, 1886.

Palmer, Gerard W . . .
List of Butterflies taken and seen near and at Monmouth in Seasons 1889 and 1890. Entomologist, **23**, 346—347, 1890.
— Variety of *Vanessa c-album*. Entomologist, **24**, 216, 1891.

Palmer, P . . . T . . .
To Kill House Ants. Sci. Gossip, (4) (1868), 263, 1869.

Palmer, Theodore Sherman
geb. 1868.
— in Death Valley Expedition 1893.
— Siehe Howard, Leland Ossian; Palmer, Theodore Sherman & Bailey, Vernon 1900.

Palmer, W . . . S . . .
Swarming of Bees. Sci. Gossip, (**10**), 280, 1874.

Palmstedt, Carl
Zucht des japanischen Eichenseidenspinners *Bombyx Yama-Mayu* durch Otto Fahneh'jelm, Ingenieur in Stockholm. Ztschr. Akklim. Berlin, (N. F.) **7**, 45—47, 1869.

Palumbo, Augusto Prof.
geb. 10. 3. 1842 in Tanger, gest. 17. 11. 1896 in Castelvetrano (Siz.). — Biogr.: (P. Sciascia) Natural. Sicil., (N. S.) **1** (**15**), 199—202, 1896; Misc. ent., 5, 79, 1897; Zool. Anz., **20**, 72, 1897.
— Sulla caccia dei Coleotteri. Boll. Natural. Siena (Riv. Ital. Sci. nat.), **8**, 82—83, 97, 133—134, 163, 1888 a; Riv. Ital. Sci. nat., **9**, 178—179, 1889; **10**, Boll. 25—26, 101—103, 1890; **12**, Boll. 51—52, 1892.
— Alcune note biologiche sull'*Eumenes pomiformis*, Fab. Natural. Sicil., 7 (1887—88), 162—166, 184—189, 207—210, 1888 b.
— Note di Zoologia e Botanica sulla plage selinuntina. [Coleoptera.] Natural. Sicil.,[1]) **9** (1889—90), 166—170, 191—198, 262—266, 1890; **10** (1890—91), 104—108, 1891; **11** (1891—92), 97—106, 1892; **13** (1893—94), 249—252, 1894; **14** (1894—95), 25—26, (1895) 1894; (N. S.) **1** (**15**), 124—131, 1896.
— Gli amori dell' *Hydrometra stagnorum* Lin. Riv. Ital. Sci. nat., **11**, 1—3, 1891 a.
— Osservazioni sullo *Scarites Gigas* Fab. ed i suvi agguati. Riv. Ital. Sci. nat., **11**, Boll. 25—27, 1891 b.

Pammel, Louis Hermann & **Beach**, Alice M . . .
Pollination of cucurbits. Proc. Iowa Acad. Sci., **2** (1894), 146—152, Taf. XI—XIV, 1895.

Pamplin, J . . .
○ On the Metamorphoses of Lepidoptera. Journ. Proc. Winchester scient. lit. Soc., **1**, part 2, 19—20, (1875) 1873.

[1]) Anfang [in 8] nicht entomol.

Panceri, Paolo
geb. 23. 8. 1833 in Mailand, gest. 1877 in Neapel, Prof. d. vergl. Anat. d. Univ. Neapel. — Biogr.: Bull. Soc. ent. Ital., **9**, 92, 1877.
— La luce degli occhi delle farfalle. Boll. Ass. Natural. med. Napoli, **3**, 104—109, 1872. — [Abdr.:] Rend. Accad. Sci. fis. mat. Napoli, **11**, 213—218, 1872.
○ Il baco da seta. Riv. Soc. zoofil. Napolet., **3**, 80—96, 1877.

Pančić, Josef (=Josif)
geb. 1814, gest. 1888.
○ Orthoptera in Serbia hucdum detecta. 8°, 172 S., Belgrad, 1883.

Pancritius, Paul
Beiträge zur Kenntniss der Flügelentwickelung bei den Insecten. Dissertation. 8°, 2 (unn.) 37+2 (unn.) S., 2 Taf., Königsberg i. Pr., Druck M. Liedtke, 1884 a.
— Notiz über Flügelentwicklung bei den Insecten. Zool. Anz., **7**, 370—373, 1884 b.

Pandellé, Louis
geb. 1. 3. 1824 in Plaisance (Gers), gest. 27. 2. 1905 in Tarbes. — Biogr.: (E. Gobert) Ann. Soc. ent. France, **74**, 287—288, 1905.
— in Grenier, Auguste 1867.
— Étude monographique sur les Staphylins Européens de la tribu des Tachyporini Erichson. Ann. Soc. ent. France, (4) **9**, 261—366, 1869.
— in Reiche, Louis & Lallemant, Charles 1869.
— Synopsis des Tabanides de France. Rev. Ent. Caen, **2**, 165—228, 1883.
[Ref.:] Mik, Josef: Wien. ent. Ztg., **2**, 317—318, 1883.
— Études sur les Muscides de France. Rev. Ent. Caen, **7**, 258—362, 1888; **13**, 1—113, 1894; **14**, 287—351, 1895; **15**, 1—230, 1896; **17**, [Beil.] 1—80, 1898; **18**, [Beil.] 81—220, 1899; **19**, [Beil.] 221—292, 1900.

Pandolfi, Dominik
[Anlockung der ♂♂ durch unbefruchtete ♀ von *Orgyia antiqua*.] Isis Magdeburg, **13**, 416, 1888.

Panis, Gustave
Catalogue méthodique, synonymique & alphabétique des papillons de France et manuel du lépidoptériste. Plusieurs chapitres sur la chasse, la conservation et la classification des lépidoptères, la manière d'élever les chenilles et d'employer les papillons, la description des principaux genres, un catalogue méthodique et synonymique et un catalogue alphabétique général des espèces et des genres. 8°, 320 S., 4 Taf. (mit Erkl.), Paris, Ch. Mendel, [1894].

Pankrath, Otto
Das Auge der Raupen und Phryganidenlarven. Ztschr. wiss. Zool., **49**, 690—708, Taf. XXXIV—XXXV, 1890.

Pannewitz, von
○ Der Maikäfer-Schaden (*Melolontha vulgaris*). Schles. landw. Ztg., **5**, 144—145, 148, 151—152, 1864.

Pansch, Adolf
geb. 1841, gest. 1887.
— in Hartlaub, Carl, Johann Gustav & Lindemann, M... [Herausgeber] 1873—74.

Pantanelli, Dante
○ Sull' alimento dei Girini [*Gyrinus*]. Riv. scient. indust., **4**, 165, 1872.

Pantel, José
geb. 27. 2. 1853 in Bacón (Lozère), gest. 7. 2. 1920 in Toulouse. — Biogr.: Ent. News, **31**, 210, 1920; (J. H. Foulquier) Science, (N. S.) **52**, 266—267, 1920; (J. Achard) Bull. Soc. ent. France, **1920**, 37, 1920; (L. Navas) Bol. Soc. ent. España, **3**, 105—108, 1920 m. Porträt & Schriftenverz.; (J. M. da Cunha) Broteria (Zool.), **19**, 23—29, 1921.
— Contribution à l'Orthoptérologie de l'Espagne centrale. An. Soc. Hist. nat. Españ., **15**, 237—287, 3 Fig., Taf. II, 1886.
— Catalogue des coléoptères carnassiers terrestres des environs d'Uclés aves les descriptions de quelques espèces et variétés nouvelles. An. Soc. Hist. nat. Españ., **17**, 193—245, 3 Fig., 1888.
— Notes orthoptérologiques. An. Soc. Hist. nat. Españ., **19**, 335—422, 3 Fig., Taf. III—IV, 1890; (2) **5** (**25**), 47—118, 3 Fig., Taf. I, 1896.
— Sur la larve de *Thrixion Halidayanum* Rond., Insecte diptère de la tribu des Tachininae, parasite de *Leptynia hispanica* Bol., Insecte orthoptère de la famille des Phasmidae. Stades larvaires et biologie. C. R. Acad. Sci. Paris, **124**, 472—474, 1897 a.
— Sur quelques particularités anatomiques observées dans la larve de *Thrixion Halidayanum.* C. R. Acad. Sci. Paris, **124**, 580—582, 1897 b.
— Le *Thrixion halidayanum* Rond. Essai monographique sur les Caractères extérieurs, la Biologie et l'Anatomie d'una larve parasite du groupe des Tachinaires. Cellule, **15**, 5—290, Taf. I—VI, 1898.
[Ref.:] Martinez y Saéz, Francisco & Bolivar, Ignacio: An. Soc. Hist. nat. Españ., (2) **8** (**28**), Actas 49—50, 1899.
— Sur une anomalie de *Timarcha tenebricosa* Fabr. [Col.]. Bull. Soc. ent. France, **1899**, 174—175, 1899.
— Sur le vaisseau dorsal des larves des *Tachinaires* [Dipt.]. Bull. Soc. ent. France, **1900**, 258—260, 1900.

Panton, E... Stuart
○ The Life-History of some Jamaica Hesperiidae. Journ. Inst. Jamaica, **2**, 435—441, 1 Taf., 1897.

Panton, J... Hoyes
geb. in Cupar (Schottl.), gest. 2. 2. 1898 in Guelph, Prof. d. Naturwiss. u. Geol. am agric. College in Guelph. — Biogr.: Canad. Entomol., **30**, 77—78, 1898; Rep. ent. Soc. Ontario, **29** (1898), 105, 1899.
○ San Jose Scale. Bull. Ontario agric. Coll., Nr. 106, 1—7, 3 Fig., 1897 a.
— Entomologie for Rural Schools. Rep. ent. Soc. Ontario, **27** (1896), 30—36, 2 Fig., 2 Taf. (unn.), 1897 b.
— Two Insect Pests of 1896. [Mit Angaben von Bethune, T. W. Fyles & Dearness.] Rep. ent. Soc. Ontario, **27** (1896), 44—54, 12 Fig., 1897 c.
— The Appearance of the Army Worm in the Province of Ontario during 1896. Rep. Brit. Ass. Sci., **67** (1897), 695, 1898.

Panyrek, Duchoslav
○ [Die Schädlinge des Tabaks.] Škůdové tabaku. Vesmir, **19**, 86—87, 1890.

Panzer, R...
siehe Holdhaus, C... & Panzer, R... 1864.

Paolo, Luigioni
Coleotteri raccolti nelle inondazioni dell' Aniene dal 1889 al 1892. Boll. Soc. Rom. zool., **1**, 183—184, 1892.

Paolucci, Luigi
geb. 1849.

○ Sulla Filossera in Lombardia. Ancona, tip. del Commercio, 1880.
— Passaggio staordinario di Lepidotteri. Boll. Soc. Rom. zool., **3**, 114—115, 1894.

Pap, János
○ [Die Waffen der Insekten.] A rovarok fegyverei. Természet Budapest, **3**, 11—25, 1871 a.
○ [Über Wespennester.] A darázsfészkek. Természet Budapest, **3**, 336—340, 1871 b.
○ [Die Hautflügler (Hymenoptera).] A hártyaröpüek (Hymenoptera). Természet Budapest, **5**, 15—18, 1873.
○ [Die Entwickelungsgeschichte der Insekten.] A rovarrendszer kifejlödéstörténete. Budapest. Fögymn., **1875—76**, 1876.

Papa, Francesco
○ Del morbo pediculare nel maiale [*Haematopinus*]. Giorn. Med. vet. Torino, **20**, 204—207, 1871.
○ Lezioni di apicoltura. 8°, 80 S., Torino, tip. Candelletti, 1872 a.
○ De la maladie pédiculaire du porc. Ann. Méd. vét., **21**, 158, 1872 b.

Papanek, Jos . . . Nap . . . von
Auch etwas über die Reblaus. Natur Halle, (N. F.) **18 (41)**, 332—333, 1892.

Paparel,
○ Papillon et chenille du pommier [*Hyponomeuta padella* Dup.]. Bull. Soc. Agric. Dép. Lozère, **23**, 213—214, 1872.

Papasogli, Giorgio
Lettera al prof. A. Targioni Tozzetti, intorno all'uso della nitrobenzina nella conservazione delle Collezioni entomologiche. Bull. Soc. ent. Ital., **10**, 266, (1878) 1879.
— La Fillossera e la Nitrobenzina. Bull. Soc. ent. Ital., **12**, 101—110, 1880.
○ La nitrobenzine usata come insetticida. Agric. Toscano, **9**, [6 S.], 1891.
[Ref.:] Solla, R. F.: Ztschr. Pflanzenkrankh., **2**, 54, 1892.
— [Nitrobenzol als Insekten-tötendes Mittel.] [Nach: Orosi, **14**, 192—198, 1891?] Zbl. Agrik.-Chem., **21**, 492—493, 1892.
○ La Solfolina, liquido per curare le piante affette dai parassiti. Boll. Soc. Toscana Ortic., **25**, 324, 1900?.

(Les) Papillons. Organisation, moeurs, chasse, collections, classification . . . siehe Rothschild, Jules [Herausgeber] 1876—78.

Paple, F . . . W . . .
Liparis salicis. Sci. Gossip, **24**, 282, 1888.
— The scales of insects. Natural. Gazette, **1**, 95, 1889; **2**, 9—10, 1890.
— Collecting and preserving beetles. Natural. Gazette, **2**, 1, 1890 a.
— Some remarks on killing and setting beetles. Natural. Gazette, **2**, 35, 1 Fig., 1890 b.

Pappafava, Domenico
○ La flaccidezza del baco da seta e cause che la promuovono. Dedicata al congresso bacologico internazionale di Rovereto. 8°, 7 S., Zara, tip. Nazionali, 1872 a.
○ Una delle regole per l'esame microscopico ed un consiglio agli affaticati cacciatori del Dermeste. Atti Mem. Congr. bacol. int., **2**, 270—271, 1872 b.

Paproth, Ch . . .
Über kleine rote Tierchen an den Schnittwunden und Augen der Zwergbirnbäume. Pomol. Mh., **39**, 111—112, 1893 a.
— Der Honigtau. Pomol. Mh., **39**, 182—183, 1893 b.
— Der Russtau. Pomol. Mh., **39**, 183—184, 1893 c.

Papuasi Orientale siehe Viaggio Loria Papuasi Orientale 1890—1900.

Paqualis, G . . .
Risposta al Riscontro del Sig. r. profess. Haberlandt. Atti Soc. agr. Gorizia, **9**, 59—61, 1870.

Parada, Adolfo
○ La *Phylloxera vastatrix*, sus medios naturales de propagarse y daños que causa en la vid. Conferencia dada en Jerez de la Frontera. Revista de Montes, **1880**, 15 Setiembre, 18 Octubre, 1880.

Parádi, Kálmán (= Koloman)
(Über die derzeit zwei mächtigsten Feinde der Kartoffel (Coloradokäfer).) A burgonya leghatalmasabb két ellensége korunkban (Coloradó bogár és burgonya penész). Értes. Kolozs. Orv.-Termés. Tars., **3**, 25—32, 1 Taf. (unn., Fig. 1—5 farb.), 1877.
— Ueber die *Phylloxera vastatrix* in Klausenburg. Math. naturw. Ber. Ungarn, **1** (1882—83), 376, [1884?].

Parazzi, Antonio
○ Un esperimento felice di disinfettare il seme ammalato dei bachi. Giorn. Indust. serica, **3**, 219—221, 1869.

Parent, Fic
Notice sur la Faune des Lépidoptères du Jura méridional-oriental. Feuille jeun. Natural., **8**, 53—54, (1877—78) 1878 a.
— La chasse aux papillons dans les Alpes savoisiennes. Petites Nouv. ent., **2** (1876—79), 211—212, 1878 b.

Parent, Fic & **Rebec**, J . . . N . . .
[Note sur variétés de *Parnassius Apollo* ♂ et *Pieris napi*.] Petites Nouv. ent., **2**, 66, 70, (1876—79) 1876.

Parfitt, Edward
geb. 17. 10. 1820 in Norwich, gest. 15. 1. 1892 in Exeter, Bibliothekar. — Biogr.: Entomol. monthly Mag., (2) 4 (29), 73, 1893; Leopoldina, **29**, 159, 1893; Zool. Anz., **16**, 276, 1893.
— Life History of *Anabolia nervosa*. Zoologist, **22**, 8975, 1864 a.
— Cells of Bees and Wasps. Zoologist, **22**, 9155, 1864 b.
— Further remarks on *Anommatus 12-striatus*. Entomol. monthly Mag., **2**, 13, (1865—66) 1865 a.
— Description of a Hemipterous Insect (*Capsus miniatus*) new to science. Entomol. monthly Mag., **2**, 130, (1865—66) 1865 b.
○ Some notes on that part of Mr. Chanter's Superrelating to the Insect Fauna of Lundy Island. Rep. Trans. Devonsh. Ass. Sci., **5**, 57—61, 1872.
○ The Fauna of Devon. Lepidoptera. Rep. Trans. Devonsh. Ass. Sci., **10**, 411—588, 1878; . . . Neuroptera. **2**, 386—421, 1879; . . . Hymenoptera. Section Aculeata. **12**, 501—559, 1880; . . . Order Hymenoptera; Family, Ichneumonidae; Section Pupivora. **13**, 241—292, 1881?; . . . (Euplexoptera, Orthoptera and Homoptera). **14**, 364—386, 1882?; . . . Hemiptera-Heteroptera, or Plant Bugs. **16**, 749—774, 1884?.
— On the phosphorescence of the Glow-worm. Entomol. monthly Mag., **17**, 94, (1880—81) 1880.

— *Hypopus* parasitic on Ants. Entomol. monthly Mag., **18**, 43, (1881—82) 1881 a.
— Two new species of Ichneumonidae. Entomol. monthly Mag., **18**, 78—79, (1881—82) 1881 b; 251—253, 272—273, (1881—82) 1882.
— siehe Hughes, Thomas McKenny & Parfitt, Edward 1881.
— A new species of *Hemiteles*. Entomol. monthly Mag., **18**, 184—185, (1881—82) 1882 a.
— Parasites on Homoptera. Entomol. monthly Mag., **19**, 116—117, (1882—83) 1882 b.
— *Halictus cylindricus* carnivorous. Entomol. monthly Mag., **19**, 162—163, (1882—83) 1882 c.
— *Thais Polyxena* captured in England. [Mit Angaben der Herausgeber.] Entomol. monthly Mag., **21**, 34, (1884—85) 1884.
— Note on Pulsation in the larvae of *Acronycta psi*. [Mit Angaben der Herausgeber.] Entomol. monthly Mag., **22**, 113, (1885—86) 1885.
— *Aporia crataegi* in Devonshire. Entomol. monthly Mag., **23**, 277, (1886—87) 1887.
○ Devon Collembola and Thysanura. Rep. Trans. Devonsh. Ass. Sci., **23**, 322—352, 1891.

Pargoire, L . . .
Emploi des Poulets pour la destruction du Gribouri dans les vignes. Rev. Mag. Zool., (2) **18**, 47—48, 1866.

Paris, Auguste-Simon
geb. September 1794 in Mézières (Ardennen), gest. 7. 9. 1869 in Paris?, Notar in Epernay. — Biogr.: (L. Reiche) Ann. Soc. ent. France, (4) **9**, 599—600, 1869 m. Schriftenverz.; (S. A. de Marseul) Abeille, **7**, XII, (1869—70) 1869.
— (Mort d'une femme occasionnée par la piqûre d'une Mouche.) [Mit Angaben von Aubé, Goureau, Laboulbène, Martin.] Ann. Soc. ent. France, (4) **4**, Bull. XXXV, XXXVI—XXXVII, 1864.
— siehe Guérin-Méneville, Félix Édouard & Pâris, Auguste 1864.
— (Note sur les accidents causés par des piqûres d'Insectes.) Ann. Soc. ent. France, (4) **5**, Bull. XI—XII, 1865 a.
— (Note sur une éclosion de l'*Argynnis paphia*, *Sphinx ligustri* et *Psyche graminella*.) [Mit Angaben von Sichel.] Ann. Soc. ent. France, (4) **5**, Bull. XXXVIII —XXXIX, 1865 b.
— (Documents relatifs aux piqûres de Mouches et accidents charbonneux qui les suivent.) Ann. Soc. ent. France, (4) **6**, Bull. XI, 1866.

Parish, H . . . Macrae
Choerocampa elpenor. Entomologist, **11**, 229, 1878.
○ Captures [of Lepidoptera] at Taunton. Young Natural. London, **1**, 300, 1879—80.
— Variety of *Satyrus Janira*. Entomologist, **13**, 186, 1880 a.
— Pupae of *Thecla quercus* Emitting Sound. Entomologist, **13**, 186, 1880 b.

Parke, George Henry
Eupithecia nanata. Naturalist London, **1** (1864—65), 7, 1865.

P[arker], C . . . A . . .
○ A Cumberland Marsh. *Hepialus humuli* noted as fed on by Gulls, at Drigg Common or Point. Field and Forest, **1884**, 596—597, 1884.

Parker, E . . . C . . .
Whereabouts of the Specimen of *Leucania unipuncta*. Entomologist, **8**, 228, 1875.

Parker, E . . . G . . .
[Tent Caterpillars had not had the strength to complete their cocoons.] Proc. Essex Inst., **4** (1864—65), CLX, 1866.

Parker, Henry Webster
A new hesperian. — [*Hesperia Powesheik* n. sp.] Amer. Entomol., **2**, 271—272, 1870 a.
— Iowa butterflies. Amer. Entomol., **2**, 175, 1870 b; **6**, 116, 1872.
— *Callidryas Eubule* Linn. [Mit Angaben der Herausgeber.] Amer. Natural., **4**, 761, 1871 a.
— Butterfly Notes, 1871. Amer. Natural., **6**, 115—116, 1871 b.
— Description of *Hesperia conspicua* (Edw.). Canad. Entomol., **3**, 51—52, 1871 c.
— The *Nisoniades* Butterflies. Canad. Entomol., **3**, 112—113, 1871 d.
— Novelties in Amherst, Mass. Psyche Cambr. Mass., **1**, 26, (1877) 1874.
— Hawaiin Butterflies. Psyche Cambr. Mass., **2**, 213, (1883) 1879.
— Note on *Deilephila lineata* Fabr. Psyche Cambr. Mass., **3**, 342, (1886) 1882.

Parker, John
Vanessa Antiopa near Norwich. Entomologist, **8**, 283, 1875.
— *Deilephila Galii* near Norwich. Entomologist, **9**, 258, 1876.

Parker, S . . . J . . .
Is the potato-bug larva poisonous? Monthly Rep. Dep. Agric., **1876**, 205—206, 1877.
○ [Dtsch. Übers.?:] Die Giftigkeit der Larve des Kartoffelkäfers. Dtsch. landw. Pr., **4**, 382—383, 1877.

Parkes, S . . . H . . .
On the Respiratory System of Insects. Canad. Natural., (N. S.) **3**, 417—429, 1868.

Parkin, G . . . W . . .
Death's-Head Moth at Wakefield. Naturalist London, **1899**, 332, 1899.

Parkin, J . . .
A Bee's Movements in a Room. Nature London, **57**, 8, (1897—98) 1897.

Parkin, W . . . G . . .
Wasps. Garden. Chron., (3) **27**, 317, 1900.

Parkinson, C . . .
Sugaring for Moths in June. Sci. Gossip, **29**, 187—188, 1893.

Parkinson, George S . . .
On the Formation of an Insectorium or Insect Vivarium for the Exhibition and Study of Living Tropical Insects. Sci. Gossip, **23**, 109—111, 1 Fig.; 122—124, 1887.

Parkinson, L . . . H . . .
Acronycta alni near Doncater. Entomologist, **15**, 191, 1882.

Parkinson, William
siehe Wilson-Barker, D . . . & Parkinson, William 1899.

Parm, E . . . A . . .
○ Verwüster der Rapsfelder. [*Agrotis segetum*.] Schles. landw. Ztg., **5**, 160, 1864.

Parmelee, George
siehe Tracy, William W[oodbridge] & Parmelee, George 1874.

Parmiter, Thomas
Hesperia Actaeon at Swanage and Tyneham, and *Tryphaena subsequa* at Wareham. Entomologist, **5**, 179, (1870—71) 1870.
— Larva of *Hesperia Actaeon*. Entomologist, **6**, 421, (1872—73) 1873.
— Lepidoptera in the Isle of Purbeck. Entomologist, **15**, 15—16, 1882 a.
— *Hesperia Actaeon*. Entomologist, **15**, 16—17, 1882 b.
— *Phibalapteryx vittata* and *Amphidasys betularia* at Yeovil. Entomologist, **23**, 263, 1890.

Parona, Corrado
○ Primo elenco delle podurelle di Pavia. Studi Labor. Anat. Univ. Pavia, Fasc. 1, [8 S.], 1874—75. [Sonderdr.:] 6 S., Pavia, tip. Succ. Bizzoni, 1875.
○ Alcuni insetti riscontrati dannosi nel Pavese. Studi Labor. Anat. Univ. Pavia, **1875**, [4 S.], 1875 a. — [Abdr.?:] Boll. Com. agr. Vogherese, **13**, Nr. 10, 1—4, 1876.
○ Delle Poduridi e especialmente di quelle raccolte a Pavia e dintorni. Studi Labor. Anat. Univ. Pavia, **1875**, [33 S.], 2 Taf., 1875 b. — ○ [Abdr.?:] Ann. scient. Ist. tecnico Pavia, **1875**, 2 Taf., 1875. [Ref.:] Bull. Soc. ent. Ital., **8**, 298—300, 1876.
○ Di una malattia riscontrata nei tronchi delle viti del circondario di Lugo ed insetti dannosi alla vite. Studi Labor. Anat. Univ. Pavia, **1874—75**, 114—122, 1875 c. — ○ [Abdr.?:] Boll. Com. agr. Vogherese, **12**, 1875. — ○ [Abdr.?:] Giorn. vinic. Ital., Nr. 16, 1875.
— siehe Grassi, Giovanni Battista; Pirotta, Romualdo & Parona, Corrado 1875.
— Saggio di un Catalogo delle Poduridi italiane. Atti Soc. Ital. Sci. nat., **21**, 559—611, 1 Fig., 1878?. — ○ [Abdr.?:] Studi Labor. Anat. Univ. Pavia, Nr. 11, [53 S.], 1879.
— siehe Grassi, Giovanni Battista & Parona, Corrado 1879.
○ Apicoltura. La peste delle covate. Studi Labor. Anat. Univ. Pavia, Nr. 8 (1879), 1880 a.
○ La peste dele covate. Studi Labor. Anat. Univ. Pavia, **1879**, [9 S.], 1880 b.
— Il fisianto, le farfalle e le api. 8°, 4 S., Milano, tip. Guigoni, 1882 a.
— Di alcune Collembola e Thysanura raccolte dal Professore P. M. Ferrari, con cenno corologico delle Collembola e Thysanura italiane. Ann. Mus. Stor. nat. Genova, **18** (1882—83), 453—464, (1883) 1882 b.
— Una parola di risposta al Professor Grassi Battista [203—208, 236—292]. Natural. Sicil., **3** (1883—84), 252—253, 1884.
— in Materiali Fauna Tunisina (1884—85) 1884.
— Note sulle Collembole e sui Tisanuri. Ann. Mus. Stor. nat. Genova, (2) **4** (**24**), 475—482, (1886) 1887; (2) **6** (**26**), 78—86, 10 Fig., 1888.
— in Res Ligusticae (1886—1900) 1888.
— Di alcuni Tisanuri e Collembole della Birmania. Raccolti da Leonardo Fea. Atti Soc. Ital. Sci. nat., **34**, 123—135, Taf. I, 1892.
— Larva di *Dermatobia* (Torcel) nel'uomo. Bull. Soc. ent. Ital., **24**, 313—315, (1892) 1893.
— Elenco di alcune Collembole dell'Argentina. Ann. Mus. Stor. nat. Genova, (2) **14** (**34**), 696—700, 1 Fig., (1894) 1895.
— Vittorio Bóttego [Nekrolog]. Atti Soc. Ligust. Sci. nat., **8**, 153—163, 1897.

Parona, Corrado & **Grassi**, Giovanni Battista
Meloë variegatus (Donowan). Descrizione. Studi Labor. Anat. Univ. Pavia, **1875**, [7 S.], 7 Fig., 1875 a. [Sonderdr.:] 8°, 7 S., 7 Fig., Pavia, Stabilimento tip. Successori Bizzoni, 1877.
— É un amico delle nostre api ed un nemico della *Tinea cerella*. Studi Labor. Anat. Univ. Pavia, **1875**, [4 S.], 5 Fig., 1875 b. [Sonderdr.:] 8°, 4 S., 5 Fig., Pavia, Stabilimento tip. Successori Bizzoni, 1877.
○ Contribuzione allo studio microscopico del miele e delle sue adulterazioni. Cenni. Studi Labor. Anat. Univ. Pavia, **1877**, [14 S.], 1 Taf., 1878.

Paronitti, Antonio
Alcune considerazioni sull' attuale malattia dei bachi, e proposta d' una nuova cura. Atti Soc. agr. Gorizia, **4**, 92—94, 106—108, 1865.

Parr, C . . . C . . .
in Melvill, James Cosmo 1864.

Parrott, Percy J . . .
Aspidiotus Fernaldi (Ckll.), sub-sp. *Cockerelli*, sub-sp. nov. Canad. Entomol., **31**, 10—11, 2 Fig., 1899 a.
— *Aspidiotus* (*Targionia*) *helianthi*, sp. nov. Canad. Entomol., **31**, 176, 1 Fig., 1899 b.
— New Coccids from Kansas. Canad. Entomol., **31**, 280—282, 2 Fig., 1899 c.
— The Elm Twig-girdler (*Oncideres cingulatus* Say). Trans. Kansas Acad. Sci., **16** (1897—98), 200—202, 4 Fig., 1899 d.
— siehe Cockerell, Theodore Dru Alison & Parrott, Percy J . . . 1899.
— siehe Lowe, Victor Hund & Parrott, Percy J . . . 1900.

Parry, Charles
Tomato Worm Parasites. Amer. Entomol., **2**, 88, 1870.

Parry, F . . . J . . .
Leucania L-album in Kent. Entomologist, **4**, 355, (1868—69) 1869.

Parry, Frederick John Sidney
geb. 28. 10. 1810, gest. 1. 2. 1885 in The Warren (Bushey Heath), Major. — Biogr.: Entomol. monthly Mag., **21**, 240, (1884—85) 1885; (G. Dimmock) Psyche Cambr. Mass., **4**, 266, 1885; (G. Kraatz) Dtsch. ent. Ztschr., **29**, 23, 1885; (R. McLachlan) Trans. ent. Soc. London, **1885**, Proc. XLI, 1885; Leopoldina, **21**, 112, 1885; (A. Musgrave) Bibliogr. Austral. Ent., 249—250, 1932.
— A Catalogue of Lucanoid Coleoptera; with Illustration and Descriptions of various new and interesting Species. Trans. ent. Soc. London, (3) **2**, 1—113, Taf. I—XII (I—IV Farbtaf.), (1864—66) 1864 a; A Revised Catalogue of the Lucanoid Coleoptera; with remarks on the Nomenclature, and Descriptions of New Species. **1870**, 53—118, Taf. I—III, 1870.
— (Further Remarks on Mr. James Thomson's „Catalogue of Lucanidae".) Trans. ent. Soc. London, (3) **2**, Proc. 5—8, (1862—64) 1864 b. — [Abdr.:] Zoologist, **22**, 8982—8984, 1864.
— [On a monstrosity of *Odontolabis Stevensii*.] Trans. ent. Soc. London, (3) **2**, Proc. 29—30, (1864—66) 1864 c.
— (Note on the genus *Lissapterus*.) Trans. ent. Soc. London, **1871**, Proc. XLII—XLIII, 1871. [Siehe:] Westwood, J. O.: 353—374.
— Descriptions of new species of Lucanoid Coleoptera; with remarks on the genus *Cantharolethrus*, and supplementary list. (Including descriptions by M. Snellen van Vollenhoven, and Prof. Westwood.)

Trans. ent. Soc. London, **1872**, 73—84, Taf. 1—2, 1872.
— Descriptions of new species of Lucanoid Coleoptera; and remarks upon the genera *Lissotes, Nigidius* and *Figulus.* Trans. ent. Soc. London, **1873**, 335—344, Taf. V, 1873.
— Further descriptions of Lucanoid Coleoptera. Trans. ent. Soc. London, **1874**, 365—372, Taf. IV—V, 1874.
— Description of a new species of the Lucanoid genus *Cantharolethrus,* Thomson. Cistula ent., **2**, 51—52, (1875—82) 1875 a.
— Description of a new species of *Prosopocoelus* (Coleoptera, Lucanidae). Trans. ent. Soc. London, **1875**, 161, 1875 b.
— Description of a New Genus and Species of Lucanoid Coleoptera from the interior of Tasmania. Cistula ent., **2**, 131—132, Taf. I (Fig. 1—3), (1875—82) 1876 a.
— Description of a new species of *Chiasognathus* (Coleoptera; Lucanidae). Entomol. monthly Mag., **12**, 174, (1875—76) 1876 b.
— in Veth, Pieter Jan [Herausgeber] (1881—92) 1887.

Parry, Frederick John Sidney & **Westwood**, John Obadiah
(Note on the affinities of *Nicagus obscurus.*) Trans. ent. Soc. London, **1870**, Proc. III, IX, 1870.

Parry, G . . . S . . .
Notes from Gibraltar. Entomologist, **16**, 279—281, 1883.

Parry, G[eorge]
Argynnis Lathonia at Canterbury. [Mit Angaben von W. Oxenden-Hammond.] Entomologist, **4**, 160—161, (1868—69) 1868.
— *Leucania vitellina* and *Catocala Fraxini* at Canterbury. Entomologist, **5**, 58, (1870—71) 1870 a.
— Remarkable Variety of *Euphrosyne.* Entomologist, **5**, 113, (1870—71) 1870 b.
— *Leucania albipuncta* at Canterbury. Entomologist, **5**, 172, (1870—71) 1870 c.
— *Acidalia circellata* and *Anticlea sinuata* near Canterbury. Entomologist, **5**, 366, (1870—71) 1871 a.
— Captures near Canterbury during the last fortnight in July. [Lep.] Entomologist, **5**, 394—395, (1870—71) 1871 b.
— *Leucania albipuncta* near Canterbury. Entomologist, **5**, 417, (1870—71) 1871 c.
— *Leucania albipuncta.* Entomologist, **5**, 418, (1870—71) 1871 d.
— *Cerastis erythrocephala* at Canterbury. Entomologist, **5**, 446, (1870—71) 1871 e.
— *Pachetra leucophaea* near Canterbury. Entomologist, **6**, 142, (1872—73) 1872 a; 430, (1872—73) 1873.
— *Argynnis Lathonia* at Canterbury. Entomologist, **6**, 192, (1872—73) 1872 b.
— *Argynnis Lathonia* near Canterbury. Entomologist, **6**, 212—213, (1872—73) 1872 c.
— *Catocla Fraxini* near Canterbury. Entomologist, **6**, 222, (1872—73) 1872 d.
— *Leucania L-Album* and *Catocala Fraxini* near Canterbury. Entomologist, **6**, 241—242, (1872—73) 1872 e.
— Supposed Occurrence of *Leucania commoides* in Kent. Entomologist, **6**, 522—523, (1872—73) 1873.
— In the matter of *Lathonia, Leucophaea,* and *Albipuncta.* Entomologist, **7**, 16—17, 1874 a.
— *Argynnis Lathonia* and *Catocala Fraxini* near Canterbury. Entomologist, **7**, 289, 1874 b.
— *Argynnis Niobe* near Canterbury. Entomologist, **8**, 183, 1875 a.
— *Hadena satura* in Kent. Entomologist, **8**, 229, 1875 b.
— A Locality for *Pachetra leucophaea.* Entomologist, **26**, 295—296, 1893.

Parry, J . . . & **Tutt**, James William
(The genus *Zygaena.*) Entomol. Rec., **2**, 108—110, 1891.

Parry, William
Mamestra auredo and *Dianthoecia capsophila* in the Isle of Man. Entomologist, **3**, 104, (1866—67) 1866 a.
— *Mamestra auredo.* Entomologist, **3**, 116, (1866—67) 1866 b.
— *Sesia Philanthiformis.* Entomologist, **3**, 116, (1866—67) 1866 c.

Parsons, H . . . Franklin
○ *Colias Edusa* [in Somersetshire]. Naturalist London, (N. S.) **3**, 7, 1877—78 a.
○ Hints on Natural History Collecting. Naturalist London, (N. S.) **3**, 69—74, 84—91, 1877—78 b.
○ Neglected orders [of Insects for collecting]. Naturalist London, (N. S.) **3**, 169—170, 1877—78 c.
○ [Myriads of Gnats (Culicidae) like clouds.] Naturalist London, (N. S.) **4**, 9, 1878—79.
— Plants and Animals of Different Soils. Sci. Gossip, (N. S.) **5**, 40—42, 79—80, 1898.

Parsons, James
Time of Appearance of *Acherontia Atropos.* Entomologist, 5, 32, (1870—71) 1870.
— Variety of *Argynnis Euphrosyne.* Entomologist, **5**, 409, (1870—71) 1871.

Parsons, James H . . .
Onion Maggots. Amer. Entomol., **2**, 51, 1870 a.
— Grasshoppers. Amer. Entomol., **2**, 52, 1870 b.

Parsons, W . . . E . . .
Stauropus Fagi, near Aylesbury. Entomol. monthly Mag., **1**, 72, (1864—65) 1864.
— *Sphinx Convolvuli* at Eastbourne. Entomologist, **8**, 224, 1875 a.
— *Deiopeia pulchella* at Eastbourne. Entomologist, **8**, 226—227, 1875 b.
— *Catocala Fraxini* at Eastbourne. Zoologist, (2) **10** (**33**), 4626, 1875 c.
— *Deiopeia pulchella* at Eastbourne. Zoologist, (2) **10** (**33**), 4668, 1875 d.
— *Choerocampa celerio* at Eastbourne. Entomologist, **10**, 300, 1877.
— *Synia musculosa* at Brighton. Entomologist, **16**, 261, 1883.

Partheil,
○ Prüfung des Honigs. Dtsch. Amer. Apotheker-Ztg., **1894**, 662—?, 1894.
[Ref.:] Sur l'emploi de la dialyse dans l'essai des miels. Journ. Pharm. Chim., (5) **30**, 366—368, 1894.

Partridge,
(*Ephyra trilinearia.*) Proc. S. London ent. Soc. **1897**, 155, [1898].

Partridge, Charles E . . .
Choerocampa celerio at Hastings. Entomologist, **20**, 16, 1887.
— Great abundance of Insects. [Mit Angaben von John T. Carrington.] Entomologist, **21**, 187—188, 1888 a.

— *Dicranura vinula* on Tamarisk. Entomologist, **21**, 157—158, 211—212, 1888 b.
— Unusual pairing. [Lep.] Entomologist, **21**, 282, 1888 c.
— A year's work in Portland. Entomologist, **22**, 43—45, 56—58; Lepidoptera of Portland — Corrections. 116, 1889.
— Early emergence of *S[elenia] bilunaria.* Entomologist, **23**, 135—136, 1890 a.
— Larvae of *Bombyx rubi.* Entomologist, **23**, 136, 1890 b.
— *Cucullia absynthii* near Barmouth. Entomologist, **23**, 291—292, 1890 c.
— *Deiopeia pulchella* at Shorncliffe. Entomol. monthly Mag., (2) **3** (**28**), 191, 1892 a.
— *Pieris Daplidice* at Folkestone. Entomol. monthly Mag., (2) **3** (**28**), 265, 1892 b.
— *Plusia moneta* at Shorncliffe. Entomol. monthly Mag., (2) **3** (**28**), 265, 1892 c.
— Lepidoptera of Enniskillen. Entomol. monthly Mag., (2) **4** (**29**), 281—284, 1893; Supplementary notes on the Lepidoptera ... (2) **6** (**31**), 24—25, 1895.
— *Agrotis praecox* away from the coast. Entomol. monthly Mag., (2) **6** (**31**), 241, 1895 a.
— Further captures of Lepidoptera at Enniskillen, Ireland. Entomol. monthly Mag., (2) **6** (**31**), 279, 1895 b.
— (On the food-plant of *Sciaphila colquhounana.*) [Mit Angaben von J. W. Tutt.] Entomol. Rec., **7**, 259, (1895—96) 1896.
— (The partial double-broodedness of *Plusia festucae.*) Entomol. Rec., **9**, 40, 1897.
— (Notes on the habits of the larvae of *Xylophasia scolopacina.*) Entomol. Rec., **10**, 158, 1898.
— *Colias Hyale* and *Edusa* in Kent and South Essex. Entomol. monthly Mag., (2) **11** (**36**), 238, 1900.

Partsch, Joseph
geb. 1851.
— Litteratur der Landes- und Volkskunde der Provinz Schlesien. Jahresber. Schles. Ges. vaterl. Kult., **70**, Ergänzungsh. 2, 93—160, 1893.

Parville, Henri de
○ Éclosion de la graine. Monit. Soie, **10**, 30 déc., 5, 1871.
— [L'emploi du cuivre contre le *Phylloxera*.] [Aus: Causeries scientifiques, Bd. 2, 1870—71.] C. R. Acad. Sci. Paris, **74**, 1386, 1872.
— Über die Haltung der Bienen in großen Städten. (Dtsch. Übers. von W. Medicus.) Natur Halle, (N. F.) **7** (**30**), 497—498, 1881.
— Danger des abeilles. La Nature, **10**, sem. 1, 182—183, 1882.
○ En Landeplage (Graeshoppeswaerme). Naturen Bergen, **13**, 22—27, 1889.
— Fourmis et rhumatismes. [Nach „Annales politiques et littéraires", Jg. 1896.] Fauna Ver. Luxemburg, **7**, 23—24, 1897.

Pasca, Isaac D ...
Destroying Pea Weevils. Amer. Entomol., **3** ((N. S.) 1), 205, 1880.

Paschen, F ...
Ueber die Anwendung von Fanggräben, insbesondere zur Vertilgung des *Curculio pini.* Ztschr. Forst- u. Jagdwes., **15**, 533—535, 1882.
— *Curculio* (*Strophosomus*) *obesus* und das Auftreten desselben in der Großherzogl. Mecklenb. Forstinspection Caliß. [Mit Angaben von Bernhard Altum.] Ztschr. Forst- u. Jagdwes., **18**, 389—395, 1886.

Paschwitz, E ... von Rebeur siehe Rebeur-Paschwitz, E ... von

Pascoe, Francis Polkinghorne
geb. 1. 9. 1813 in Penzance, gest. 20. 6. 1893 in Brighton. — Biogr.: (R. McLachlan) Entomol. monthly Mag., **29**, 194—196, 1893; Wien. ent. Ztg., **12**, 264, 1893; Trans. ent. Soc. London, **1893**, LV—LVI, 1893; Leopoldina, **29**, 159, 1893; Insektenbörse, **10**, 185, 1893 m. Porträt; Proc. Linn. Soc. London, **1893—94**, 33, 1893—94; Ent. News, **5**, 128, 1894; (G. Kraatz) Dtsch. ent. Ztschr., **38**, 9—10, 1894; (Max Wildermann) Jb. Naturw., **9** (1893—94), 513, 1894; Zool. Anz., **17**, 15, 1894; (J. H. Rowe) Rep. Cornwall polytechn. Soc., **6**, 159, 1928; (A. Musgrave) Bibliogr. Austral. Ent., 250—252, 1932.
— Descriptions of some New Australian Longicornia. Journ. Ent. London, **2**, 223—245, Farbtaf. XI, (1866) 1864 a; A second Series of Descriptions of New ... 352—374, Taf. XVI, (1866) 1865.
— Note on the Australian Species of *Clytus.* Journ. Ent. London, **2**, 245—246, (1866) 1864 b.
— Additions to the Longicornia of South Africa, including a few Species from Old Calabar and Madagascar. Journ. Ent. London, **2**, 270—291, Taf. XIII, (1866) 1864 c.
— (The abdomen of the females of *Obrium cantharinum* and other Longicornia.) Trans. ent. Soc. London, (3) **2**, Proc. 15, (1864—66) 1864 d.
— (A new *Atractocerus* [*Kreuslerae*] and a new *Cyphagogus* [*Odewahnii*].) Trans. ent. Soc. London, (3) **2**, Proc. 45—46, (1864—66) 1864 e.
— Longicornia Malayana; or, a Descriptive Catalogue of the Species of the three Longicorn Families Lamiidae, Cerambycidae and Prionidae, collected by Mr. A. R. Wallace in the Malay Archipelago. Trans. ent. Soc. London, (3) **3**, 1—96, (1864—69) 1864 f; 97—224, (1864—69) 1865; 225—336, (1864—69) 1866; 337—464, (1864—69) 1867; 465—496, (1864—69) 1868; 497—552, (1864—69) 1869; 553—712, Farbtaf. I—XXIV, (1864—69) 1869.
— On some New Genera of Curculionidae. Journ. Ent. London, **2**, 413—432, Taf. XVII, (1866) 1865 a.
— (A Note on Generic Names having nearly the same Sound.) [With remarks of Prof. Westwood.] Trans. ent. Soc. London, (3) **2**, Proc. 85—87, (1864—66) 1865 b.
— [On insects sinking into snow by the radiation of heat.] Trans. ent. Soc. London, (3) **2**, Proc. 90—91, (1864—66) 1865 c; ... [With remarks of Prof. Westwood and Prof. Brayley.] **5**, Proc. XIX—XX, (1864—66) 1866.
— (Insects used for the table.) Trans. ent. Soc. London, (3) **2**, Proc. 99, (1864—66) 1865 d.
— [Mode of producing sound by an Australian species of *Bolboceras*.] Trans. ent. Soc. London, (3) **2**, Proc. 107, (1864—66) 1865 e.
— (Note on *Calamobius* and *Hippopsis*.) Trans. ent. Soc. London, (3) **2**, Proc. 126, (1864—66) 1865 f.
— Notes on *Sphaerion* and *Mallocera.* Ann. Mag. nat. Hist., (3) **18**, 477—484, 1866 a.
— Notices of new or little-known Genera and Species of Coleoptera. (Part V.) Journ. Ent. London, **2**, 443—493, Taf. XVIII—XIX, 1866 b.
— List of described Species of Australian Heteromera. Journ. Ent. London, **2**, 493—499, 1866 c.
— On the Longicornia of Australia, with a List of all the Described Species, etc. Journ. Linn. Soc. (Zool.), **9**,

80—112, (1868) 1866 d; 113—142, Taf. 3—4; Supplement to the List of Australian Longicornia. 300—308, (1868) 1867.
— Catalogue of Longicorn Coleoptera, collected in the Island of Penang by James Lamb, Esq. Proc. zool. Soc. London, **1866**, 222—267, Farbtaf. XXVI—XXVIII; 504—536, Farbtaf. XLI—XLIII, 1866 e.
List of the Longicornia collected by the late Mr. P. Bouchard, at Santa Marta. Trans. ent. Soc. London, (3) **5**, 279—296, Taf. 20, (1865—67) 1866 f.
— [Note on two new species of *Articerus (Odewahnii* and *Bostockii)*.] Trans. ent. Soc. London, (3) **5**, Proc. XV—XVI, (1865—67) 1866 g.
— (Description of a new genus of Tmesisterninae.) Trans. ent. Soc. London, (3) **5**, Proc. XXVIII, (1865—67) 1866 h.
— Characters of some new Genera of the Coleopterous Family Cerambycidae. Ann. Mag. nat. Hist., (3) **19**, 307—319, 1867 a.
— Diagnostic Characters of some new Genera and Species of Prionidae. Ann. Mag. nat. Hist., (3) **19**, 410—413, 1867 b.
— [*Toxotus Lacordairii* n. sp.] Trans. ent. Soc. London, (3) **5**, Proc. LXXXIV, (1865—67) 1867 c.
○ A List of the Australian Longicorns. With additionel localities and corrections by G. Masters. 8°, 27 S., Sydney, 1868 a.
— Remarks on the Names applied to the British Hemiptera Heteroptera. Ann. Mag. nat. Hist., (4) **1**, 94—97, 1868 b.
— (*Dryocora* (n. g.) *Howittii.*) Trans. ent. Soc. London, **1868**, Proc. X, 1868 c.
— Contributions to a Knowledge of the Coleoptera. Trans. ent. Soc. London, **1868**, Proc. XI, 1868 d.
— [*Eudianodes Swanzyi* n. sp.] Trans. ent. Soc. London, **1868**, Proc. XIII—XIV, 1868 e.
— [*Oxycorynus Hydnorae* n. sp.] Trans. ent. Soc. London, **1868**, Proc. XIV, 1868 f.
— Descriptions of new Genera and Species of Tenebrionidae from Australia and Tasmania. Ann. Mag. nat. Hist., (4) **3**, 29—45, 132—153, 277—296, Taf. X—XII; 344—351, 1869 a.
— Descriptions of some new Species of Lamiidae. Ann. Mag. nat. Hist., (4) **4**, 203—211, 1869 b.
— On some new Australian Genera and Species of Curculionidae belonging to the Otiorhynchinae. Entomol. monthly Mag., **6**, 99—105, 4 Fig., (1869—70) 1869 c.
— (Exhibition of *Taphroderes distortus* from Natal.) Proc. zool. Soc. London, **1869**, 429—430, 1869 d.
— (New forms of Curculionidae.) Trans. ent. Soc. London, **1869**, Proc. IX—X, 1869 e.
— Additions to the Tenebrionidae of Australia &c. Ann. Mag. nat. Hist., (4) **5**, 94—107, 1870 a.
— Contributions towards a Knowledge of the Curculionidae. Journ. Linn. Soc. (Zool.), **10**, 434—493, Taf. XVII—XIX, 1870 b; **11**, 154—218, Taf. VI—IX, (1873) 1871; 440—492, Taf. X—XIII, (1873) 1872; **12**, 1—99, Taf. I—IV, (1876) 1874.
— A Revision of the genus *Catasarcus*. Trans. ent. Soc. London, **1870**, 13—40, 1870 c.
— Descriptions of some Genera and Species of Australian Curculionidae. Trans. ent. Soc. London, **1870**, 181—209; Further descriptions of Australian Curculionidae. 209—212, Taf. 5; Descriptions of some Genera and Species of Australian Curculionidae. 445—484, Taf. 7, 1870 d.
— (Note on *Nepharis alata.*) Trans. ent. Soc. London, **1870**, Proc. V, 1870 e.
— (*Meloë maialis*, impaled on Cactus.) Trans. ent. Soc. London, **1870**, Proc. XXXIII, 1870 f.
— Catalogue of Zygopinae, a Subfamily of Curculionidae, found by Mr. Wallace in the Eastern Archipelago. Ann. Mag. nat. Hist., (4) **7**, 198—222, 258—266, Taf. XV—XVI, 1871 a.
— Additions to the Australian Curculionidae. Ann. Mag. nat. Hist., (4) **8**, 89—99, 1871 b; (4) **9**, 132—142; (4) **10**, 84—101, Taf. I, 1872; (4) **11**, 178—199; (4) **12**, 230—239, 278—286, 1873; (4) **13**, 383—389, 412—419, 1874; (4) **16**, 55—67, Taf. I, 1875; (5) **9**, 374—383, 1882; (5) **12**, 412—421, 1883.
— Descriptions of new Genera and Species of Longicorns, including three new Subfamilies. Ann. Mag. nat. Hist., (4) **8**, 268—281, Taf. XIII, 1871 c.
— Notes on Coleoptera, with Descriptions of new Genera and Species. Ann. Mag. nat. Hist., (4)**8**, 345—361, Taf. XIV, 1871 d; (4) **10**, 317—326, Taf. XV, 1872; (4) **15**, 59—73, Taf. VIII, 1875; (5) **9**, 25—37, 1882; (5) **11**, 436—442, 1883; (5) **20**, 8—20, Taf. I, 1887.
— [Abundance of *Luciola italica* in France.] Trans. ent. Soc. London, **1873**, Proc. II, 1873.
— Descriptions of some new Asiatic Species of *Rhynchites*. Ann. Mag. nat. Hist., (4) **15**, 391—395, 1875 a.
— Descriptions of new Genera and Species of New-Zealand Coleoptera. Ann. Mag. nat. Hist., (4) **16**, 210—223, Taf. V, 1875 b; (4) **17**, 48—60; (4) **18**, 57—67, 1876; (4) **19**, 140—147, 1877. — [Abdr. d. ersten beiden Fortsetz.:] Trans. Proc. N. Zealand Inst., **9** (1876), 402—427, 1877.
— (*Cholus Forbesii*, taken at Highgate.) Trans. ent. Soc. London, **1876**, Proc. XXX, 1876.
○ Zoological Classification: a handy Book of reference, with Tables of the Subkingdoms, Classes, Orders, &c. of the Animal Kingdom, their Characters, and Lists of the Families and principal Genera. 8°, IV+204 S., London, van Voorst, 1877. — 2. Aufl. VIII+328 S., 1880.
— siehe Sharp, David & Pascoe, Francis Polkinghorne 1877.
— Descriptions of Longicorn Coleoptera. Ann. Mag. nat. Hist., (5) **2**, 370—377, 1878.
— Description of a new species of *Siderodactylus*, injurious to grape vines (imported from the cape of Good Hope) in the Island of Ascension. [Mit Angaben von R. McLachlan.] Entomol. monthly Mag., **15**, 185—186, (1878—79) 1879.
— New Neotropical Curculionidae. Ann. Mag. nat. Hist., (5) **5**, 419—428, 490—498; (5) **6**, 176—184, 1880 a; (5) **7**, 38—45, 299—308, 1881; (5) **17**, 415—428, 1886.
— Fire-fly in Australia, a Dipterous insect.) [Mit Angaben von H. S. Gorham, R. McLachlan, S. S. Saunders u. a.] Trans. ent. Soc. London, **1880**, Proc. I—III, 1880 b.
— (*Isopogon hottentottus*, captured at Box Hill, Surrey.) Trans. ent. Soc. London, **1880**, Proc. III, 1880 c.
— (Length of proboscis of Sphinx-moth from Madagascar.) Trans. ent. Soc. London, **1880**, Proc. XII, 1880 d.
— Descriptions of Curculionidae. Cistula ent., **2**, 587—601, (1875—82) 1881 a.
— On the Genus *Hilipus*, and its Neo-Tropical Allies. Trans. ent. Soc. London, **1881**, 61—102, Taf. I—II, 1881 b.
— (Large living larva of ant-lion found in London.) [Mit

Angaben von R. McLachlan.] Trans. ent. Soc. London, **1881**, Proc. XXXVII, 1881 c.
— Description of a new Species of Mantidae. Ann. Mag. nat. Hist., (5) **9**, 423—424, 1882 a.
— Note on the Classification of the Homoptera. Ann. Mag. nat. Hist., (5) **9**, 424—425, 1882 b.
— Descriptions of some new Genera and Species of Curculionidae, mostly Asiatic. Ann. Mag. nat. Hist., (5) **10**, 443—455, Taf. XVIII (Fig. 1—9), 1882 c; (5) **12**, 88—101, 1883; (5) **19**, 370—380, Taf. XI; 348—361, 1887; (6) **2**, 409—418, 1 Fig., 1888.
— A new Genus of Anthribidae. Ann. Mag. nat. Hist., (5) **10**, 455—456, Taf. XVIII (Fig. 10), 1882 d.
— siehe Billups, Thomas Richard & Pascoe, Francis Polkinghorne 1882.
— On some new Species of Curculionidae from Ceylon. Ann. Mag. nat. Hist., (5) **11**, 121—130, 1883 a.
— Descriptions of some new species of Curculionidae and Lamiidae from the island of Saleyer. Notes Leyden Mus., **5**, 83—90, 1883 b.
— (Mimicry in a moth.) [With remarks of Mr. M'Lachlan and Stainton.] Trans. ent. Soc. London, **1883**, Proc. II, 1883 c.
— (Remarkable nests probably of Mantidae.) [Mit Angaben von R. McLachlan & J. Wood-Mason.] Trans. ent. Soc. London, **1883**, Proc. XXXV, 1 Fig., 1883 d.
— siehe Meyrick, Edward & Pascoe, Francis Polkinghorne 1883.
— (*Lecanium vitis* from Jersey.) Trans. ent. Soc. London, **1884**, Proc. XIX, 1884.
— Descriptions of some new Asiatic Longicornia. Ann. Mag. nat. Hist., (5) **15**, 49—57, 1885 a.
— List of the Curculionidae of the Malay Archipelago collected by Dr. Odoardo Beccari, L. M. D'Albertis, and others. Ann. Mus. Stor. nat. Genova, (2) **2** (**22**), 201—332, Taf. I—III, 1885 b.
— (*Optis bicarinata*, a new genus and species of Colydiidae.) Trans. ent. Soc. London, **1885**, Proc. XIII—XIV, 1885 c.
— Descriptions of some new Longicornia, chiefly Asiatic and African. Ann. Mag. nat. Hist., (5) **17**, 239—246, 1886 a.
— List of Curculionidea found by Mr. Van Volxem in the neighbourhood of Rio Janeiro. Ann. Soc. ent. Belg., **30**, C. R. CLI—CLVI, 1886 b.
— On new African Genera and Species of Curculionidae. Journ. Linn. Soc. (Zool.), **19**, 318—336, Taf. 41, 1886 c.
— A New Orchid Enemy. Garden. Chron., (3) **1**, 776, 1 Fig., 1887 a.
— Descriptions of some new species of *Brachycerus*. Trans. ent. Soc. London, **1887**, 7—18, Proc. XXII, Taf. I—II, 1887 b.
— On *Byrsops*, and some allied genera. Trans. ent. Soc. London, **1887**, 323—339, Taf. XI, 1887 c.
— in Veth, Pieter Jan [Herausgeber] (1881—92) 1887.
— A list of the described Longicornia of Australia and Tasmania. 8°, VI+48 S., London, Taylor & Francis, 1888 a.
— On some new Longicorn Coleoptera. Trans. ent. Soc. London, **1888**, 491—513, Taf. XIV, 1888 b.
— [Coleoptera collected in Germany and the Jura Mountains with a note correcting the synonymy.] Trans. ent. Soc. London, **1888**, Proc. XXV, 1888 c.
— On the Weevil Genus *Centrinus* and its Allies. Ann. Mag. nat. Hist., (6) **4**, 321—330, 1889 a.
— Additional Notes on the genus *Hilipus*. Trans. ent. Soc. London, **1889**, 577—592, Taf. XVI—XVII, 1889 b.
— (*Oecodoma cephalotes* with dried leaves attached to their bodies.) Trans. ent. Soc. London, **1889**, Proc. IV—V, 1889 c.
— The entomology of a Bayswater House. Entomol. monthly Mag., (2) **3** (**28**), 230—232, 1892.

Pascoe, Francis Polkinghorne & **Dunning**, Joseph William
(Discussions on points of nomenclature.) [Mit Angaben von A. R. Wallace u. a.] Trans. ent. Soc. London, **1870**, Proc. V—VIII, 1870.

Pascoe, Francis Polkinghorne & **Gorham**, Henry Stephen
(Variability of *Arescus histrio*.) Trans. ent. Soc. London, **1880**, Proc. XXXV, 1880.

Pascoe, Francis Polkinghorne & **Wallace**,
(*Saragus floccosus* overgrown with fungus.) Trans. ent. Soc. London, **1869**, Proc. XXV, 1869.

Pascoe, Francis Polkinghorne & **Wallace**, Alfred Russell
(Mimetic resemblances.) Trans. ent. Soc. London, (3) **2**, Proc. 14—15, (1864—66) 1864.

Pascoe, Francis Polkinghorne & **Westwood**, John Obadiah
(On the geographical range of *Cossyphus*.) Trans. ent. Soc. London, (3) **2**, Proc. 82, (1864—66) 1865.
— [A new *Mecynotarsus* (*albellus*) and *Ectrephes formicarum* n. g. and sp.] Trans. ent. Soc. London, (3) **5**, Proc. XVI—XVII, XXII, (1865—67) 1866.

Păsĕreanu, I . . .
○ [Adresse Nr. 10 vom 10. Mai 1890 an den Herrn Minister für Ackerbau, Industrie und Handel.] Adresa catre D. ministru al agriculturei, industriei, comertului si domenülor, sub N°, 10 din 10 Main 1890. Bul. Minist. Agric. Bukarest, **2**, Nr. 2—3, 8—11, 1890.

Pasi, Anton Guiseppe
○ Condizione morbosa del filugello comunemente detta flaccidezza, e mezzi igienicoparassiticidi valevoli a combatterla. Atti Mem. Congr. bacol. int., **2**, 148—164, 1872.
○ Sulle malattie dei bachi da seta e sopratutto sulla flaccidezza. 16°, 96 S., Napoli, de Angelis, 1873.

Paskell, W . . .
Insects in the Valley of the Wye. Entomologist, **16**, 230—231, 1883 a.
— *Deilephila livornica* in Surrey. Entomologist, **16**, 234, 1883 b.
— *Lithostege griseata*. Entomologist, **26**, 217, 1893.
— Note on *Ephestia kühniella*. Entomologist, **32**, 73, 1899.

Pasley, L . . . M . . . S . . .
Another singular instance of parasitism. [Mit Angaben der Herausgeber.] Entomol. monthly Mag., **1**, 281, (1864—65) 1865.
— Abundance of the larvae of *Melitaea Cinxia*. Entomol. monthly Mag., **5**, 24, (1868—69) 1868 a.
— *Macroglossa stellatarum* at the end of November. Entomol. monthly Mag., **4**, 234, (1867—68) 1868 b.
— *Vanessa Antiopa* at Southsea. Entomol. monthly Mag., **9**, 138, (1872—73) 1872.
— *Colias Edusa* in Hampshire. Entomol. monthly Mag., **14**, 41, (1877—78) 1877.

Pasley, T . . . E . . . S . . .
Notodonta cucullina. Entomol. monthly Mag., **18**, 88, (1881—82) 1881.

Pasqualis, Giusto
○ Rapporto sull' impresa del confezionamento semebachi indigeni attinata per cura dell' I. R. Società agraria di Gorizia. 8°, 16 S., Gorizia, Società agraria, 1869.

○ Welchen Einfluss nimmt die begrenzte oder unbegrenzte Paarungsdauer der Schmetterlinge auf der Ausbeute an Grains? Resultate einiger an der Seidenbau-Versuchsstation in Görz ausgeführten Versuche. Österr. Seidenbau-Ztg., **3**, 145—147, 1871 a.

○ Istituto bacologico in Trento. Relazione del dirigente. Sericolt. Austriaca, **3**, 119—120, 124—125; [Dtsch. Fassg.:] Die Seidenbau-Versuchsstation in Trient. Bericht ihres Leiters. Österr. Seidenbau-Ztg., **3**, 125—126, 142—143, 1871 b.

○ Regolamento intorno e relazione sull' attività tecnica della Stazione bacologica del Consorzio agrario Trentino nel 1871. 8°, 24 S., Trento, G. Marietti; Relazione . . . nel 1872. 66 S., 1872 a.

○ Esperienze tendenti a ricercare i sintomi che presentano le farfalle letargiche, ed i seme provenienti dalle medesime. Riv. settim. Bachicolt., **4**, 209—211, 1872 b.

○ Relazione della Stazione bacologica di Trento. Sericolt. Austriaca, **4**, 45—46, 1872 c.

○ Importanza degli studii sulla sintomatica della flaccidezza ed esperienze tendenti a ricercare i sintomi, che presentano le farfalle letargiche, ed i semi provenienti dalle medesime esposte da . . . al III. congresso bacologico internazionale. Atti Mem. Congr. bacol. int., **3**, 433—440, 1873 a.

○ Bacologia popolare. Riv. settim. Bachicolt., **5**, 205—207, 1873 b; **6**, 2, 9—10, 13—14, 1874.

○ Lezioni tecnico-pratiche di bacologia adattate allo stato attuale della bachicoltura, tenute in Vittorio nell' anno 1874. Pavoda, tip. fratelli Salmin, 1875.

○ Brevi norme per l'allevamento del baco da seta. 8°, 24 S., Vittorio, tip. Longo, 1877. — 5. Aufl. 1880.

○ Scopo e vantaggi del seme giapponense giallo incrociato. 8°, 16 S., Vittorio, tip. Longo, 1880 a.

○ Di un nuovo metodo semplice ed economico per l'allevamento dei bachi. Boll. Bachicolt., **7**, 83—98, ? Fig., 1 Taf., 1880 b.

○ Un curioso fenomeno relativo agli incrociamenti. Annu. Staz. bacol. Padova, 11, 1883. — [Abdr.?:] Bull. Soc. ent. Ital., **15**, 330—331, (1883) 1884.

Pasqualis, Giusto & **Cobelli**, Eug . . .

○ Sull' ereditarietà e contagiosità della flaccidezza. Relazione sul IV. quesito presentata al congresso bacol. internaz. di Rovereto. Riv. settim. Bachicolt., **5**, 157—158, 161—162, 1873.

Pasqualis, Giusto & **Haberlandt**, Friedrich

○ Influenza dell' accoppiamento illimitato sulla deposizione delle uova. Sericolt. Austriaca, **3**, 142—143, 1871.

Pasqualis, L . . .

○ Istruzioni teorico-pratiche di bachicoltora razionale. 650 S., Coneglio, tip. Gagnani, 1896.

Pasquier,

○ Quelques mots sur la maladie des vers à soie. Ann. Soc. Agric. Dép. Indre-et-Loire, (2) **47**, 273—275, 1868.

Passavant, Philipp Theodor

geb. 18. 8. 1804 in Frankfurt a. M., gest. 2. 4. 1893 in Frankfurt a. M. — Biogr.: (H. Reichenbach) Ber. Senckenberg. naturf. Ges., **1893** (1892—93), CXXVII—CXXVIII, 1893; (Max Wildermann) Jb. Naturw., **10** (1894—95), 428, 1895.

— Parthenogenesis bei dem „Bürstenbinder" *Orgyia antiqua*. Zool. Garten Frankf. a. M., **11**, 328—331, 1870.

Passerini, Giovanni

geb. 1816, gest. 17. 4. 1893 in Parma, Prof. d. Bot. d. Univ. Parma. — Biogr.: (G. B. de Toni) Boll. Ist. Bot. Univ. Parmense, 5—16, 1892—93 m. Porträt & Schriftenverz.; Bull. Soc. ent. Ital., **25**, 218, 1893; Zool. Anz., **17**, 15, 1894; (L. O. Howard) Hist. appl. Ent., 1930.

— Flora degli Afidi italiani finora osservati. Bull. Soc. ent. Ital., **3**, 144—160, 244—260, 1871; 333—346, (1871) 1872; Aggiunta agli Afidi italiani. **6**, 137—138, 1874; Aggiunte alla Flora degli Afidi italiani colla descrizione di alcune specie nuove. **11**, 44—48, 1879.

Passerini, Napoleone

Sopra i due tubercoli addominali della larva della *Porthesia chrysorrhoea*. Bull. Soc. ent. Ital., **13**, 293—296, Taf. II, 1881 a.

— (La causa vera del coloramento dei bozzoli filati dai bachi da seta.) [Mit Angaben von Cavanna, Carobbi, Stefanelli u. a.] Resoc. Soc. ent. Ital., **1881**, 14—17, 1881 b.

○ Manuale pratico di Bachicultura: Sunto delle conferenze popolari di Bachicultura tenute l'anno 1880. 123 S., ? Fig., Firenze, Carnesecchi, 1883.

— Contro l'*Hyponomeuta*. Bull. Soc. ent. Ital., **16**, 144, 1884 a.

— Esperienze sulla decapitazione delle farfalle del Baco da seta. Bull. Soc. ent. Ital., **16**, 285—286, 1884 b.

— Sulla morte degli Insetti per inanizione. Bull. Soc. ent. Ital., **17**, 217—228, 1885.

— Esperienze sopra l'alimentazione dei bachi da seta con foglia aspersa con poltiglia cupro-calcica. Atti Accad. agr. Georg. Firenze, (4) **17** (**72**), 149—153, 1894; Sopra la alimentazione . . . aspersa di poltiglia . . . Seconda Serie di Esperienze. (4) **19** (**74**), 220—226, 1896.

— Sulle cause che rendono le piante coltivate oggi più che in passato soggette ai danni dei parassiti. Atti Accad. agr. Georg. Firenze, (4) **23** (**78**), 1—14, 1900 a.

— Sui rapporti fra gli uccelli, gli insetti e le piante coltivate proposte per la protezione della selvaggina. Atti Accad. agr. Georg. Firenze, (4) **23** (**78**), 15—33, 1900 b. — ○ [Abdr.?:] Avicula, **4**, 117—124, 150—154, 1900.

Passow, J . . .

○ Der Colorado- (Kartoffel-) Käfer (*Doryphora decemlineata*) in seinen verschiedenen Entwicklungsperioden, das Auffinden und die Vernichtung des Insektes in diesen Perioden. 2°, 1 S., ? Fig., Kassel, Fischer, 1878.

Passy, J . . . & **Passy**, P . . .

Indigestion chez les Dytisques. Feuille jeun. Natural., **8**, 64, (1877—78) 1878.

Passy, P . . .

siehe Passy, J . . . & Passy, P . . . 1878.

(**Pasteur**, J . . . D . . .)

[Locustides rares de Batavia.] Bull. Mus. Hist. nat. Paris, **1**, 297, 1895.

Pasteur, Louis

geb. 22. 12. 1822 in Dôle, gest. 28. 9. 1895 in Garches, Prof. d. Chemie an d. Sorbonne in Paris. — Biogr.: Zbl. Bakt. Parasitenk., **18**, Abt. 1, 481—493, 1895; (John T. Carrington) Sci. Gossip, (N. S.) **2**, 197—198, 1895 m. Porträt; (F. von Mueller) Victorian Natural., **12** (1895—96), 74—75, (1896) 1895; (Max Wildermann) Jb. Naturw., **11** (1895—96), 540—541, 1896.

— Sur la lumière phosphorescente des Cucuyos. C. R. Acad. Sci. Paris, **59**, 509—511, 1864.

[Darin:]
Blanchard, Charles Émile: (Details zoologiques sur l'Insecte phosphorescent.) 510—511.

— Observations sur la maladie des vers à soie. C. R. Acad. Sci. Paris, **61**, 506—512, 1865. — [Abdr.:] Rev. Mag. Zool., (2) **17**, 353—363, 1865. — [Abdr. m. Angaben von F. E. Guerin-Méneville:] Rev. Séricicult. comp., **1865**, 276—286, 1866.
[Dtsch. Übers.:] Beobachtungen über die Krankheit der Seidenraupe [291—296]. [Mit Anmerkungen unter folgendem Übertitel:] Über die Ursachen der Krankheit der Seidenraupe und über die Mittel zu ihrer Beseitigung. Ann. Landw. Berlin, **46**, 287—298, 1865.
○ [Span. Übers.?:] Observaciones sobre la enfermedad de los gusanos de seda. Revista Progres Cienc. fis. nat., **15**, 498—505, 1865.

— Nouvelles études sur la maladie des vers à soie. C. R. Acad. Sci. Paris, **63**, 126—142; ... études expérimentales sur ... 897—903, 1866 a. — [Abdr. S. 126—142:] Rev. Séricicult. comp., **1866**, 99—110, 113—125, 1866. — [Abdr. S. 126—142:] Rev. Mag. Zool., (2) **18**, 375—397, 1866.
[Dtsch. Übers., z. T.:] Neue Beobachtungen über die Krankheit der Seidenraupen. Ann. Landw. Berlin, **48**, 232—238, 1866. — [Abdr.:] Ver.bl. Westfäl.-Rhein. Ver. Bienen- u. Seidenzucht, **17**, 142—144, 150—153, 1866.

— (Observations au sujet d'une note de M. Béchamp relative à la nature de la maladie actuelle des Vers à soie.) Rev. Mag. Zool., (2) **18**, 422—425, 1866 b.

— Sur la nature des corpuscules des vers à soie. C. R. Acad. Sci. Paris, **64**, 835—836, 1867 a. — [Abdr.:] Rev. Mag. Zool., (2) **19**, 211—213, 1867.
[Ref.:] Rawack: Über die Seidenraupenkrankheit. Streitfrage über die Natur und Fortpflanzung der Körperchen. 2 Briefe Pasteur's an Dumas. (Comt. rend. LXIV. Nr. 20 und 22. ...) Ann. Landw. Wbl., **7**, 328—329, 337—339, 1867.

○ Rapport sur la maladie des vers à soie. Journ. Agric. prat. Paris, **31**, Bd. 2, 789—792, 1867 b.

— Sur la maladie des vers à soie. C. R. Acad. Sci., Paris, **64**, 1109—1113, 1113—1120, 1867 c.
[Ref.:] Rawack: Über die Seidenraupenkrankheit. Streitfrage über die Natur und Fortpflanzung der Körperchen. 2 Briefe Pasteur's an Dumes. (Comt. rend. LXIV. Nr. 20 und 22. ...) Ann. Landw. Wbl., **7**, 328—329, 337—339, 1867; Tyndall, John: Pasteur's Researches on the Diseases of Silkworms. Nature London, **2**, 181—183, 1870.

○ Rapport à son excellence M. le ministre de l'agriculture, du commerce et des travaux publics, sur la mission confiée à M. Pasteur en 1868, relativement à la maladie des vers à soie. 4°, Paris, 1868 a.

○ Éducations précoces de graines des races indigènes provenent de chambrées choisies. Bull. hebd. Ass. scient. France, **3**, 261—264, 1868 b.

— Educations précoces de graines des races indigènes provenant de chambrées choisies. C. R. Acad. Sci. Paris, **66**, 689—695, 721—729, 1868 c.

— [Rapport sur la mission, qui lui a été confiée en 1868, relativement à la maladie des vers à soie.] C. R. Acad. Sci. Paris, **67**, 581—583, 1868 d.

— (Note concernant quelques nouveaux résultats de ses recherches sur les maladies des vers à soie.) C. R. Acad. Sci. Paris, **67**, 813—814, 1868 e.

— Maladie des vers à soie. Lettre à M. Dámas. C. R. Acad. Sci. Paris, **67**, 1289, 1868 f.

— Note sur la maladie des vers à soie désignés vulgairement sous la nom de morts-blancs ou mort-flats. C. R. Acad. Sci. Paris, **67**, 1289—1292, 1868 g.

○ Lettre adressée au maréchal Vaillant, sur les bons effets de la sélection cellulaire dans la préparation de la graine de vers à soie. Bull. Soc. Agric. Dép. Lozère, **20**, 33—38, 1869 a.

— Sur les bons effets de la sélection cellulaire dans la préparation de la graine de ver à soie. C. R. Acad. Sci. Paris, **68**, 79—82, 1869 b. — [Abdr.:] Rev. Séricicult. comp., **1869**, 49—53, 1869.

— Lettre adressée à M. Dumas à propos d'une lettre de M. Cornalia, sur la méthode proposée pour régénérer les races de vers à soie. C. R. Acad. Sci. Paris, **68**, 629—639, 1869 c.
[Darin:]
Lettre de M. Cornalia à M. Pasteur. 629—639.
[Engl. Übers.:] The Microscope in Silkworm Cultivation. Monthly micr. Journ., **1**, 304—309, 1869.

— Résultats des observations faites sur la maladie des morts-flats, soit héréditaire, soit accidentelle. C. R. Acad. Sci. Paris, **68**, 1229—1234, 1869 d.

— Observations relatives à une communication précédente de M. Raybaud-Lange. C. R. Acad. Sci. Paris, **68**, 1433—1434, 1869 e.

— Note sur la sélection des cocons faite par le microscope pour la régénération des races indigènes de vers à soie. C. R. Acad. Sci. Paris, **69**, 158—160, 1869 f.

— Note sur la confection de la graine de vers à soie et sur le grainage indigène à l'occasion d'un Rapport de la Commission des soies de Lyon. C. R. Acad. Sci. Paris, **69**, 744—748, 1869 g.

○ Nuove osservazioni circa la malattia dei bachi. Giorn. Indust. serica, **3**, 381, 1869 h.

— siehe Vaillant, & Pasteur, Louis 1869.

○ Études sur la maladie des vers à soie. 2 Bde. Paris, 1870 a.
1. La pébrine et la flachette. XII+322 S., 16 Fig., 29 Taf. (z. T. Farbtaf.).
2. Notes et documents. 327 S., 1 Taf.
[Ref.:] Bull. Ass. scient. France, **7**, 251—252, 1870.

— Sur les résultats obtenus dans l'éducation des races francaises de vers à soie à Villa-Vicentina. C. R. Acad. Sci. Paris, **70**, 1319—1320, 1870 b.

— Rapport adressé à l'Académie sur les résultats des éducations pratiques de ver à soie, effectuées au moyen de graines préparées par les procédés de sélection. C. R. Acad. Sci. Paris, **71**, 182—185, 1870 c.
[Ital. Übers.:] Allemanenti dei bachi da seta, col mezzo di semi apparecchiati per via di selezione. Rapporto indirizzato all' Accademia delle scienze. Giorn. Anat. Fisiol., **2**, 272—277, 1870.

○ Relazione del sign. ... intorno alla sua educazione dei bachi alla Villa Elisa. Giorn. Indust. serica, **4**, 259—260, 1870 d.

○ Studi sulla malattia dei bachi da seta e mezzi pratici sicuri, atti a combatterla ed a prevenirne il ritorno. Riv. settim. Bachicolt., **2**, 69—70, 1870 e.

○ Rapporto indirizzato all' Accademia delle scienze sui risultati delle educazioni pratiche di bachi da seta, effettuate con sementi preparate coi metodi delle selezione microscopica. Riv. settim. Bachicolt., **2**, 129—130, 1870 f.

○ Nota in risposta all' articolo dell' egregio Prof. Cantoni inserito nel Sole dell' 8 Aprile corr. Riv. settim. Bachicolt., **3**, 65—66, 1871 a.

○ Sulla malattia della flacidità. Riv. settim. Bachicolt., **3**, 69—70, 1871 b.

○ Ancora la questione di priorità. Riv. settim. Bachicolt., **3**, 77—78, 1871 c.
○ De l'utilité des races indigènes de vers à soie plus vigoureuses. Procédé pour les obtenir. Monit. Soie, **11**, 4, 1872.
[Ital. Übers.:] Dell' utilità delle vigoro se razze endigene del baco da seta. Metodo per ottenerle. Riv. settim. Bachicolt., **5**, 1, 5—6, 1873.
— Note relative à un Rapport de M. Cornalia sur les éducations de vers à soie en 1872. C. R. Acad. Sci. Paris, **76**, 461—463, 1873.
○ [Observations sur la coexistence du *Phylloxera* et du mycélium constatée à Cully. C. R. Acad. Sci. Paris, **78**?, 1233, 1874 a.
○ La sériciculture et le procédé Pasteur. Journ. Agric. prat. Paris, **38**, Bd. 1, 229—232, 367—368, 1874 b.
○ [Ital. Übers.:] La sericoltura ed il sistema Pasteur. Riv. settim. Bachicolt., **6**, 17—18, 54—55, 1874.
— Note sur le grainage cellulaire, pour la préparation de la graine de vers à soie. C. R. Acad. Sci. Paris, **82**, 955—956, 1876.
○ La pebrina e la flaccidezza. Osservazioni presentate alla Società centrale d'agricoltura di Francia. Riv. settim. Bachicolt., **9**, 169, 1877.
— in Rommier, Alph . . . 1880.

Pasteur, Louis & **Cantoni**, Gaetano
○ Degli esami microscopici sulle farfalle. Giorn. Indust. serica, **5**, 113—116, 121—123, 1871.

Pasteur, Louis & **Raulin**, Jules
○ Note sur l'application de la méthode de M. Pasteur pour vaincre la pébrine. Ann. scient. École norm. sup. Paris, (2) **1**, 1—9, 1872 a.
○ Note sur la flacherie. Ann. scient. École norm. sup. Paris, (2) **1**, 11—21, 1872 b.
○ Sulla flaccidezza dei bachi da seta. Atti Mem. Congr. bacol. int., **2**, 129—138, 1872 c. — ○ [Abdr.?:] Riv. settim. Bachicolt., **3**, 174, 177—178, 181—182, 1871.
○ Sull' applicazione del metodo Pasteur per vincere la pebrina dei bachi da seta. Atti Mem. Congr. bacol. int., **2**, 223—230, 1872 d. — ○ [Abdr.?:] Riv. settim. Bachicolt., **4**, 25—26, 29—30, 1872. — ○ [Abdr.?:] Sericolt. Austriaca, **4**, 5—7, 11—12; [Dtsch. Fassg.:] Über die Anwendung des Pasteur'schen Verfahrens zur Abhaltung der Körperchenkrankheit der Seidenraupen. Österr. Seidenbau-Ztg., **4**, 5—6, 15—16, 22—23, 1872.

Pastor, Pascual
○ Memoria sobre la filoxera de la vid con motivo de la presentada en la provincia de Málaga. 4°, 46 S., 3 Farbtaf., Valladolid, 1878. — 2. Aufl. 8°, 75 S., 2 Fig., Valladolid, impr. Hijos de Rodriguez, 1879.

Pastorel, de
○ Sériciculture. La race Aveyronnaise régénérée. Journ. Agric. prat. Paris, **40**, Bd. 2, 313—314, 1876.
— Sériciculture etouffage des chrysalides par la vapeur ammoniacale. Journ. Agric. prat. Paris, **42**, Bd. 1, 536, 1878. — ○ [Abdr.?:] Bull. Soc. Agric. Dép. Lozère, **29**, 160—161, 1878.

Pastori, Antonio
Memoria [über Seidenraupen]. Atti Soc. agr. Gorizia, **3**, 76—77, 96—97, 1864.

Pastre, J . . .
Observations relatives aux accidents survenus dans les vignes traitées en 1881 par le sulfure de carbone. C. R. Acad. Sci. Paris, **93**, 506—508, 1881.

Paszlavszky, Josef
geb. 2. 2. 1846 in Deregnyö, gest. 21. 9. 1919 in Budapest.
— [Die Mundwerkzeuge der Insekten.] A rovarok szájrészei. Természettud. Közl., **4**, 44—53, 4 Fig.; 92—98, 4 Fig., 1872.
— [Die Brutfürsorge der Tiere.] Az állatok gondoskodása ivadékaikról. Természettud. Közl., **8**, 217—225, 1 Fig.; 257—271, 8 Fig., 1876.
— [Über die Gallen.] A gubacsokról. Természettud. Közl., **13**, 401—416, 22 Fig., 1881.
— A rózsagubacs fejlödéséröl. Természetr. Füz.; Naturhist. Hefte, **5** (1881), 198—216, Taf. I; [Dtsch. Übers.:] Ueber die Bildung des Bedeguars. 277—296, 1882.
— Adatok a gubacsdarázsok faunájához hazánkban, különösen Budapest környékén. Természetr. Füz.; Naturhist. Hefte, **6** (1882), 152—161; [Dtsch. Kurzfassg.:] Beiträge zur Cynipiden-Fauna Ungarns, besonders der Umgebung von Budapest. 197—202, 1883 a. — [Abdr.?:] . . . faunájához a Magyar-Birodalomban, Különösen . . . Math. Termeszettud. Ertesitö, **1** (1882—83), 257—266, 1883.
[Dtsch. Übers. S. 152—158, veränd.:] Math. naturw. Ber. Ungarn, **1** (1882—83), 214—223, [1884?].
— Beiträge zur Biologie der Cynipiden. Wien. ent. Ztg., **2**, 129—132, 171—174, 1883 b.
— *Cynips superfetationis*, Giraud. Adalék a gubacsdarázsok ismeretehez. Math. Termeszettud. Ertesitö, **2** (1883—84), 90—96, Farbaf. III, 1884 a.
[Dtsch. Übers.?:] *Cynips superfetationis* Gir. Ein Beitrag zur Kenntniss der Cynipiden. Math. naturw. Ber. Ungarn, **2** (1883—84), 172—177, Farbtaf. VI, [1885?].
— Hogy épit a lopó — darázs? Rovart. Lapok, **1**, 41—42, 1 Fig.; [Franz. Zus.fassg.:] Comment bâtit son nid le *Pelopoeus destillatorius*? Suppl. VI, 1884 b.
— A gubacsdarázsokról. Rovart. Lapok, **1**, 70—74, 1 Fig.; [Franz. Zus.fassg.:] Sur les Cynipides. Suppl. IX, 1884 c.
— Adalékok hazánk gubacsdarázs—faunájának ismeretéhez. Rovart. Lapok, **1**, 223—227; [Franz. Zus. fassg.:] Notes pour servir l'étude des Cynipides de la Hongrie. Suppl. XXVIII, 1884 d.
— Die Galle und Wespe der *Cynips superfetationis* Gir. Ein Beitrag zur Kenntniss der Cynipiden. Wien. ent. Ztg., **3**, 147—151, 1884 e.
— A magyar tölgy gubacsai. Rovart. Lapok, **2**, 107—108; [Franz. Zus.fassg.] (Le *Quercus conferta* Kit. et 4 espèces de Cynipides.) Suppl. XVIII, 1885 a.
— A *Coraebus bifasciatus* Ol. életmódja és kártétele hazánkban. Rovart. Lapok, **2**, 232—238, 1 Fig.; [Franz. Zus.fassg.:] Moeurs du *Coraebus bifasciatus* Ol. et ses ravages en Hongrie. Suppl. XXIX, 1885 b.
— [Über die Schädigung eines seltenen Käfers in unserer Heimat.] Egy ritka bogár kártételéröl hazánkbán. Természettud. Közl., **18**, 263—267, 1 Fig., 1886.
— Ueber den von einem seltenen Käfer in Ungarn angerichteten Schaden. Math. naturw. Ber. Ungarn, 4 (1885—86), 249, [1887?].

Pátek, Joh . . .
○ Die Maulbeerbaum- und Seidenraupen-Zucht. Unterrichts-Hilfsbuch für Lehrerbildungsschulen, für Wiederholungs- und landwirthschaftlichen Fortbildungsunterricht, zugleich als Erläuterung der Schulwandtafel Nr. 10: Maulbeerbaum- und Seidenraupenzucht. 8°, 60 S., 1 Taf., Prag, Tempsky, 1869.

Páter, Béla
[Der Kohlweissling in Nordamerika.] A káposzta-

lepke Északamerikában. Természettud. Közl., **21**, 339—340, 1889.

Paterlini, Fausto
Rapport du sériciculteur Fausto Paterlini de Lonato, province de Brescia relatif aux expériences faites par lui en 1870 avec des graines de vers à soie. (Traduction abrégée d'italien.) Bull. Soc. Acclim. Paris, (2) **9**, 175—183, 1872.

Paterson, A . . .
Acanthocinus aedilis at Doncaster. Naturalist London, **1897**, 352, 1897.
— Death's Head and Hummingbird Hawkmoths at Doncaster. Naturalist London, **1900**, 80, 1900 a.
— *Acherontia atropos* and *Macroglossa stellatarum* at Doncaster. Naturalist London, **1900**, 80, 1900 b.

Paterson, Alex . . .
Bees Poisoned by the Foxglove (*Digitalis purpurea*). Garden. Chron., (N. S.) **14**, 148, 1880.

Paterson, H . . .
○ American Blight Aphis. Quart. Mag. High Wycombe nat. Hist. Soc., **1**, 35, 1866—68.

Paterson, W . . . D . . .
Deil[e]phila livornica at Bridge of Allan. Scott, Natural., **1**, 268, (1871—72) 1872.

Pathe, C . . . H . . .
Über die Akklimatisationserfolge des hier eingeführten japanischen Maulbeer-Seidenspinners (*Bombyx mori japonida*, mit Bezug auf den grossen Absatz auf den letzten Kokon-Märkten. Ztschr. Akklim. Berlin, (N. F.) **2**, 250—255, 1864.
○ Das Ganze der Maulbeerbaumzucht nebst Anleitung zum Seidenbau vom Samenkorn bis zum Seidenfaden. In klarer und durch Zeichnungen erläuterter Darstellung der dazu nöthigen Einrichtungen und Handgriffe, nebst genauer Angabe zur Anwendung des richtigen Maulbeerbaumschnittes. 2. Aufl.[1]) 8°, XVI + 126 S., ? Fig., 2 Farbtaf., Berlin, 1865 a.
[Ref.:] J. O.: Ztschr. landw. Ver. Hessen, **44**, 210, 1874.
○ Neueste Erfahrungen seit Einführung der japanischen Racen. Jahresber. Ver. Seidenbau Brandenburg, **1864—65**, 4—8, 1865 b.

Patin, Charles
Un ver à soie nouveau. [Nach: Belgique coloniale. Dezember 1899.] Rev. Cult. colon., **6**, 21—22, 1900.

Paton, R . . . C . . .
(*Vanessa urticae* var.) Entomol. Rec., **3**, 57, 1892.
— (*Triphaena pronuba* in April.) [Mit Angaben von J. W. Tutt.] Entomol. Rec., **12**, 165—166, 1900.

Patouillard, Narcisse
geb. 1854.
— Note sur le genre *Cordyceps*. Champignon parasite des insectes. Naturaliste, (2) **1**, 203—204, 1 Fig., 1887.
— Une Clavariée entomophage. Journ. Micrographie., **16**, 91—94, 1892.

Patrigeon, [J . . . P . . .] G[abriel]
Sur un insecte qui attaque le jeune raisin. C. R. Acad. Sci. Paris, **98**, 1529—1530, 1884.
[Ref.:] Naturaliste, **6**, 522, 1884.

Patrizi, M . . . L . . .
Sur la contrazione dei muscoli striati e i movimenti del *Bombix mori*. Atti Accad. Sci. Torino, **28** (1892—93), 452—469, 16 Fig., 1893.
[Franz. Übers.:] Sur la contraction des muscles striés et sur les mouvements du „*Bombyx mori*". Arch. Ital. Biol., **19**, 177—194, 16 Fig., 1893.

Patten, G . . . L . . .
Lepidoptera in 1889. Monmouthshire. Entomologist, **23**, 69, 1890.

Patten, William
geb. 15. 3. 1861 in Watertown (Mass.), gest. 1932. — Biogr.: (J. H. Gerauld) Science, **76**, 481—482, 1932.
— The Development of Phryganids, with a Preliminary Note on the Development of *Blatta germanica*. Dissertation. Quart. Journ. micr. Sci., (N. S.) **24**, 549—602, Taf. XXXVI—XXXVI c, 1884.
— Eyes of Molluscs and Arthropods. Mitt. zool. Stat. Neapel, **6**, 542—756, Taf. 28—32, 1886. — [Abdr.:] Journ. Morphol., **1**, 67—92, Taf. III, 1887.
— Studies on the Eyes of Arthropods. (I. Development of the Eyes of *Vespa*, with Observations on the Ocelli of some Insects.) Journ. Morphol., **1**, 193—226, 1 Taf. (unn.), 1887 a; . . . (II. Eyes of *Acilius*.) **2**, 97—190, Taf. VII—XIII, (1889) 1888.
— On the Eyes of Molluscs and Arthropods. Zool. Anz., **10**, 256—261, 1887 b.
— Segmental Sense-Organs of Arthropods. Journ. Morphol., **2**, 600—602, 1889.
— Is the Ommatidium a Hair-bearing Sense Bud? Anat. Anz., **5**, 353—359, 4 Fig., 1890.
[Ref.:] Amer. Natural., **24**, 1084, 1890.
— A basis for a theory of color vision. Amer. Natural., **32**, 833—857, 10 Fig., 1898.

Patterson, A . . . D . . .
Deilephila livornica in Hants. Entomologist, **29**, 315, 1896.

Patterson, Arthur
Hints to naturalists visiting Bloaterland. Natural. Gazette, **1**, 58—59, 1889.

Patterson, W . . . H . . . jun. & **Donnan**, W . . . D . . .
Coleoptera of the Holywood District. Irish Natural., **1**, 103—104, 1892.

Patton, William Hampton
geb. 10. 3. 1853 in Waterbury (Conn.), gest. 26. 12. 1918 in Hartford (Conn.). — Biogr.: (W. E. Britton u. a.) Ent. News, **32**, 33—40, 1921 m. Porträt & Schriftenverz.; (H. Osborn) Fragm. ent. Hist., 221—222, 1937.
— Horizontal vs. Vertical Combs. [Mit Angaben von C. V. Riley.] Amer. Entomol., **2**, 155—156, 1870.
— Observations on the genus *Macropis*. Amer. Journ. Sci., (3) **18** (**118**), 211—214, 1879 a. — [Abdr.:] Ann. Mag. nat. Hist., (5) **4**, 286—290, 1879.
— A Gall-Inhabiting Ant. Amer. Natural., **13**, 126, 1879 b.
— The American Bembicidae: Tribe Stizini. Bull. U. S. geol. geogr. Surv. Territ., **5** (1879—80), 341—347, (1880) 1879 c.
— List of a Collection of Aculeate Hymenoptera made by Mr. S. W. Williston in Northwestern Kansas. Bull. U. S. geol. geogr. Surv. Territ., **5** (1879—80), 349—370, (1880) 1879 d.
— Generic Arrangement of the Bees allied to *Melissodes* and *Anthophora*. Bull. U. S. geol. geogr. Surv. Territ., **5** (1879—80), 471—479, (1880) 1879 e.
— On certain Hymenoptera. Canad. Entomol., **11**, 12—15, 1879 f.

[1]) 1. Aufl. vor 1860

— Notes on three species of *Xylocopa.* Canad. Entomol., **11**, 60, 1879 g.
— Descriptions of several new Proctotrupidae and Chrysididae. Canad. Entomol., **11**, 64—68, 1 Fig., 1879 h.
— Description of a new fossorial wasp [*Chlorion aerium.*] Canad. Entomol., **11**, 133—134, 1879 i.
— Description of several Crabronidae. Canad. Entomol., **11**, 210—215, 1879 j.
— Synopsis of the New England Species of *Colletes.* Proc. Boston Soc. nat. Hist., **20** (1878—80), 142—144, (1881) 1879 k.
— Is this *Euchaetes collaris* (Fitch.)? Psyche Cambr. Mass., **2**, 251—253, (1883) 1879 l.
— The Ovipositor of *Amblychila.* Psyche Cambr. Mass., **2**, 260—261, (1883) 1879 m.
— On the Spiracles of Coleoptera and on the Sound Produced by *Polyphylla.* Psyche Cambr. Mass., **2**, 278—279, (1883) 1879 n.
The fertilization of the Tulip. Amer. Entomol., **3** ((N. S.) **1**), 145, 1880 a.
— A note on *Melissodes nigripes.* Amer. Entomol., **3** ((N. S. **1**), 156, 1880 b.
— Two new bees of the genus *Sphecodes.* Amer. Entomol., **3** ((N. S.) **1**), 230, 1880 c.
— Description of the species of *Macropis.* Entomol. monthly Mag., **17**, 31—35, (1880—81) 1880 d.
— Some Characters useful in the Study of the Sphecidae. Proc. Boston Soc. nat. Hist., **20** (1878—80), 378—385, (1881) 1880 e.
— List of the North American Larradae. Proc. Boston Soc. nat. Hist., **20** (1878—80), 385—397, (1881) 1880 f.
— Notes on the Philanthinae. Proc. Boston Soc. nat. Hist., **20** (1878—80), 397—405, (1881) 1880 g.
— Sound-producing Organs in *Anomala, Anthonomus,* and other Coleoptera. Psyche Cambr. Mass., **4**, 146, (1890) 1884 a.
— (Some Notes on the Classification and Synonymy of Fig-Insects.) Trans. ent. Soc. London, **1884**, Proc. XIV—XVII, 1884 b.
[Siehe:] Saunders, S. S.: **1883**, 1—27, 1883.
— Notes upon *Ephestia interpunctella* (Hübn.) Zeller. Period. Bull. Dep. Agric. Ent. (Ins. Life), **3** (1890—91), 158—159, (1891) 1890.
[Siehe:] Riley, C. V. & Howard, L. O.: **2** (1889—90), 166—171, (1889—90) 1889.
— Scent-glands in the larva of *Limacodes.* Canad. Entomol., **23**, 42—43, 1891 a.
— Aphidivorous habits of *Feniseca Tarquinius* (Fabr.) Grote. Canad. Entomol., **23**, 66—67, 1891 b.
— (*Homohadena infixa.*) Ent. News, **2**, 206, 1891 c.
— Habits of *Prenolepis imparis* Say. — The Winter Ant. Amer. Natural., **26**, 871—872, 1892 a; Note on the Winter-Ant. **28**, 619, 1894.
— Description of the Female of *Aphaenogaster fulva* Roger. Amer. Natural., **26**, 872, 1892 b.
— (*Hexaplasta zigzag* (Riley).) Ent. News, **3**, 61, 1892 c.
— Notes upon Larradae. Ent. News, **3**, 89—90, 1892 d.
[Siehe:] Fox, William J.: 138.
— (*Merisus* in Europe and in America.) Ent. News, **3**, 97—98, 1892 e.
— (*Bombus fervidus* Fabr.) Ent. News, **3**, 181, 1892 f.
— Synonymy of Butterfly Parasites. Psyche Cambr. Mass., **6**, 261, (1893) 1892 g.
[Siehe:] Scudder, Samuel Hubbard: Cambridge [Mass.], 1888—89.
— A new arrangement of the Coleoptera. Canad. Entomol., **25**, 9—10, 1893 a.
— (The Preservation of the Larval Food by Digger Wasps.) Ent. News, **4**, 202—203, 1893 b.
— (Eastward Range of Pacific Coast Species.) Ent. News, **4**, 302, 1893 c.
— Habits of the Leaping-Ant of Southern Georgia. Amer. Natural., **28**, 618—619, 1894 a.
— Description of a New *Pelecinus* from Tennessee. Amer. Natural., **28**, 895—896, 1894 b.
— *Zethus aztecus* in Florida. Canad. Entomol., **26**, 140, 1894 c.
— Folded wings in *Foenus.* Canad. Entomol., **26**, 146, 1894 d.
— (Northward Range of Southern Species.) Ent. News, **5**, 224, 1894 e.
— Notes upon wasps. I. Proc. ent. Soc. Washington, **3** (1893—96), 45—47, (1896) 1894 f.
— Notes upon *Toxoneuron.* Psyche Cambr. Mass., **7**, 178—179, (1896) 1894 g.
— Relationship of the fauna of Puget Sound to that of Mexico and Canada. Canad. Entomol., **27**, 280, 1895 a.
— Systematic value of the larva of *Spermophagus.* Canad. Entomol., **27**, 290, 1895 b.
— *Monodontomerus* in Appalachia. Canad. Entomol., **29**, 59, 1897 a.
— A principle to observe in naming galls: Two new gall-making Diptera. Canad. Entomol., **29**, 247—248, 1897 b.
— Acorn Insects. Ent. News, **8**, 76—77, 1897 c.
— The number of prolegs in insect larvae. Ent. News, **8**, 122—123, 1897 d.

Patton, William Hampton & **Webster**, Francis Marion
(Identity of *Pezomachus* and *Hemiteles.*) Ent. News, **5**, 118—119, 146, 1894.

Patzelt, Victor
Brief an Herrn Prof. Dr. Gustav Laube über den Rückgang der Insectenfauna in der Umgebung von Brüx. Lotos, **46**, 4—12, 1898.

Paudler, A . . .
Naturgeschichte im Volksmunde. Mitt. Nordböhm. Excurs.-Club, **22**, 251—259, 1899.

Paul,
(Züchtung des *Attacus Yama-Mai.*) Ztschr. ges. Naturw., (N. F.) **5** (**39**), 107, 1872.

Paul,
Die Befruchtung der Bienenkönigin. Ver.bl. Westfäl.-Rhein. Ver. Bienen- u. Seidenzucht, **30**, 73—74, 1879.

Paul, Arthur W . . .
Notes on the Macro-Lepidoptera of Lübeck. Entomologist, **7**, 154—159, 1874.
— *Deiopeia pulchella* and *Epione vespertaria* at Waltham Cross. Entomologist, **8**, 280, 1875.

Paul, C . . .
○ Sur un nouveau diurétique, la blatte ou *Blatta orientalis.* Gazette hebd. Méd. Paris, (2) **16**, 279—281, 1879. — ○ [Abdr.?:] Journ. Connais. Méd. prat. Paris, (3) **1**, 160, 1879.

(**Paul**, C . . .)
Neue Fangeeinrichtung für Raupen. [Nach: Forstverkehrsbl. Nr. 9, März, 1891.] Ztschr. bild. Gartenkunst, **2**, 376, 1891.

Paul, H . . . & **Plötz**, Carl
Verzeichniss der Schmetterlinge, welche in Neu-Vorpommern und auf Rügen beobachtet wurden. Mitt. naturw. Ver. Neuvorpomm., **4**, 52—115, 1872.
[Siehe:] Plötz, Carl: **12**, 78—80, 1880.

Paul, M . . . E . . .
Pulex irritans. Lancet, **76**, Bd. 2, 730, 1898.

Paul, Moritz
gest. 22. 2. 1898 in Sitten. — Biogr.: Mitt. Schweiz. ent. Ges., **10**, 136, 1898.
— Beiträge zur Lepidopteren-Fauna von Einsiedeln. Mitt. Schweiz. ent. Ges., **5**, 508—510, (1880) 1879.
— (Beobachtungen über die Raupe von *Eupr. matronula* und die Puppe von *Saturnia pyri.*) Mitt. Schweiz. ent. Ges., **6**, 380—381, (1884) 1882.

Paul, Will . . .
(Einfluss der Malven auf die Bienen.) Wschr. Ver. Beförd. Gartenb. Berlin, **13**, 258—259, 1870.

Paúl y Arozarena, Manuel José de
geb. 1852 in Cádiz, gest. 4. 3. 1930 in Sevilla. — Biogr.: Bol. Patol. veg. Ent. Agric., **5** (1930), 223—224, 1951 m. Schriftenverz.
— (Nota acerca de los daños causados en el trigo por el *Thrips decora* Hal.) An. Soc. Hist. nat. Españ., (2) **6** (**26**), Actas 175, 1897.

Paúl y Arozarena Manuel José de & **Medina y Ramos**, Manuel
(Sobre otro insecto que también ataca al trigo.) An. Soc. Hist. nat. Españ., (2) **6** (**26**), Actas 175, 1897.

Paulcke, Wilhelm
Ueber abnorm gefärbte Stücke von *Plateumaris sericea* Linn. Weise (*Donacia*). Dtsch. ent. Ztschr., **1892**, 416, 1892.
— Zur Frage der parthenogenetischen Entstehung der Drohnen (*Apis mellif.* ♂). Anat. Anz., **16**, 474—476, 2 Fig., 1899.
— Über die Differenzirung der Zellelemente im Ovarium der Bienenkönigin (*Apis mellifica* ♀). Zool. Jb. Anat., **14**, 177—202, 1 Fig., Taf. 12—13 a, (1901) 1900.

Paulden, Frank
The Organs and Function of Reproduction in the Insecta. Trans. Rep. Manchester micr. Soc., **1895**, 43—56, 1895.

Paulet, Max . . .
Sur quelques procédés indiqués par Florentinus, pour la conservation de la vigne et pour la fabrication des vins. C. R. Acad. Sci. Paris, **83**, 1166—1167, 1876.

Pauletig, Andrea
Sul Baco d'Ailanto. Atti Soc. agr. Gorizia, **3**, 44—46, 1864 a.
[Siehe:] Radizza, Bartolommeo: 203—207, 221—222, 234—235.
— Sulla risposta del Sig. Bartolommeo Radizza intormo l'Ailanto e suo baco [203—207, 221—222 & 234—235]. Atti Soc. agr. Gorizia, **3**, 260, 1864 b.
— siehe Freschi, C . . . Gherardo & Pauletig, Andrea 1865.

Paulino d' Oliveira, Manoel (Manuel)
geb. 1837, gest. 1899, Direktor d. Mus. in Coimbra. — Biogr.: Broteria (Zool.), **11**, 5—14, 1913 m. Schriftenverz.; (J. M. Dusmet y Alonso) Bol. Soc. ent. España, 2, 193, 1919; (A. Nobre) Ann. Sci. nat. Porto, **7**, 173—175, 1901 m. Portr. u. Schriftenverz.
— Mélanges entomologiques sur les insectes du Portugal. 8°, 59 S., Coimbre, impr. de l'université, 1876.
[Ref. und Abdr., z. T.:] Heyden, Lucas von: Mitt. München. ent. Ver., **1**, 12—15, 1877.
○ Instrucçoes practicas para as Commissoes de Vigilancia e para os viticultores. 8°, 58 S., 1 Taf., Porto, 1878.
○ Le *Phylloxera* et le sulfure de carbone en Portugal. 12°, 15 S., Paris, libr. agricole, 1879 a.
○ *Phylloxera vastitrix.* Journ. hortic. Porto, Nr. 1—2, 1879 b.
— Le *phylloxera* et le sulfure de carbone en Portugal. Journ. Agric. prat. Paris, **43**, Bd. 2, 420—423, 1879 c.
— [Herausgeber]
Études sur les insectes d'Angola qui se trouvent au Muséum Nátional de Lisbonne. Jorn. Sci. Acad. Lisboa, 1879—81.
[Darin:]
Paulino d'Oliveira, Manuel: [Einleitung.] **7** (=Nr. 25), 37—38.
Marseul, Silvain Augustin de & Paulino d'Oliveira, Manuel: I. Fam. Histeridae. 39—43.
Marseul, Silvain Augustin de: II. Fam. Canctharidae. 43—67, (1879—80) 1879.
Bourgeois, Jules: Fam. Lycides. **7** (=Nr. 27), 142—150.
Paulino d'Oliveira, Manuel: Fam. Dytiscidae. 151—154.
—: Fam. Gyrinidae. 154—155.
—: Fam. Hydrophilidae. 156—158, (1879—80) 1880.
Bolivar, Ignacio: Fam. Orthoptères. **8** (=Nr. 30), 107—119, (1880—82) 1881.
○ Collecçao de documentos officiaes, memorias et noticias acerca da Agricultura, número 1. Relatorio da Commissao de Estado et tratamento das vinhas do Douro. 88 S., 1 Karte, Lisboa, 1880.
○ Études sur les insectes d'Angola qui se trouvent au Museum National de Lisbonne. Fam. Scarabaeidae. Journ. Sci. Lisboa, **9**, 40—52, (1882—83) 1882 a.
○ Catalogue des Insectes du Portugal. Revista Soc. Porto, **2**, 37—44, 94—101, 147—155, 232—240, 307—316, 366—374, 416—423, 468—475, 495—502, 593—601, 1882 b; **3**, 12—20, 65—72, 129—136, 164—173, 233—241, 281—288, 336—344, 406—414, 476—483, 525—532, 556—563, 1883.
— Études sur les insectes d'Angola qui se trouvent au Museum National de Lisbonne. Journ. Sci. Lisboa, **10**, 109—117, (1884—85) 1884.
— Catalogue des insectes du Portugal. Coleoptères. 4°, 2 (unn.) +393 S., Coimbra, impr. da universidade, [1893.]
— Catalogue des Hémiptères du Portugal. Ann. Sci. nat. Porto, **2**, 99—106, 125—140, 181—196, 1895; **3**, 17—32, 65—80, 145—149, 1896.

Paulitschke, Philipp Victor
geb. 1854, gest. 1899.
○ Die Tsetsefliege (*Glossina morsitans*). Naturhistoriker, **5**, 36—38, 1883.

Paulmier, Frederick Clark
geb. 1873, gest. 1906. — Biogr.: (E. B. W.) Science, **23**, 556, 1906.
— Cromatin Reduction in the Hemiptera. Anat. Anz., **14**, 514—520, 19 Fig., 1898.
— The Spermatogenesis of *Anasa tristis.* Journ. Morphol., **15**, Suppl. 223—272, 6 Fig., Taf. XIII—XIV, 1899.

Pauls,
Beitrag zu der Uebersicht der Tödtungsmittel für Schmetterlinge. Isis Magdeburg (Berlin), **9**, 401—402, 408—409, 416—417, 1884.
— Der erste Schmetterlingsfang im neuen Jahre. Insektenbörse, **12**, 37, 1895 a.
— Schmetterlingsbrief. Insektenbörse, **12**, 180—181, 1895 b; **13**, 3—4, 10—11, 2 Fig.; 35—36, 45—46, 87—88, 181—182, 197—199, 233—235, 257—258, 285—286, 1896; **14**, 19—21, 43—44, 1897.
— Ueber das Absterben der Arten. Ent. Ztschr., **11**, 149—151, (1897—98) 1898 a.
— Zur Erzeugung von Sommer-Generationen. [Lep.] Soc. ent., **12**, 156—157, 170—171, (1897—98) 1898 b.
— Besitzen Raupen Verwandtschaftssinn? Ent. Ztschr., **12**, 141—142, (1898—99) 1899 a.
— Wider die Totenstarre. Ent. Ztschr., **13**, 82, (1899—1900) 1899 b.
— Zucht von *Arctia hebe* ex ovo in II. Generation. Ent. Ztschr., **13**, 125—126, (1899—1900) 1899 c.
— Max Standfuss. Eine biographische Skizze. Ent. Ztschr., **13**, 187—189, 1 Fig.; 195, (1899—1900) 1900 a.
— *Amphidasis* v. *Doubledayaria* im Harz. Soc. ent., **15**, 113—115, (1900—01) 1900 b.
— [Ref.] siehe Standfuss, Maximilian 1900.

Pauls, G . . .
Clover-worms. [Mit Angaben von C. V. Riley.] Amer. Entomol., **2**, 209, 1870 a.
— Flat-Headed Apple-tree Borer. [Mit Angaben von C. V. Riley.] Amer. Entomol., **2**, 209—210, 1870 b.

Paulson, Robert
Fertilisation of *Antirrhinum Majus*. Sci. Gossip, **23**, 70—71, 1887.

Paulstich, D . . .
Die Kohlmeise als Vertilgerin der Puppen des Kohlweißlings. Mschr. Dtsch. Ver. Schutz Vogelwelt, **10**, 102—104, 1885.

Paulus, Simon
„Ein böser Rosenfeind". Rosenztg., **3**, 26, 1888.

Pauly,
Neuer Fangapparat für Rapskäfer usw. Dtsch. landw. Pr., **20**, 257, 1 Fig. [S. 258], 1893.

Pauly, August Prof.
geb. 13. 3. 1850, gest. 9. 2. 1914. — Biogr.: (A. Röhre) Ent. Bl., **10**, 129—135, 1914 m. Porträt & Schriftenverz.
— Bericht über die Veröffentlichungen auf forstzoologischem Gebiete während des Jahres 1886. Allg. Forst- u. Jagdztg., (N. F.) **63**, 426—434, 1887; . . . Jahres 1887. (N. F.) **65**, 19—27, 57—67, 1889.
— Ueber die Generationen des Fichtenbockes, *Callidium luridum*. Allg. Forst- u. Jagdztg., (N. F.) **64**, 309—312, 1888 a.
— Ueber die Generation der Bostrychiden. Allg. Forst- u. Jagdztg., (N. F.) **64**, 373—376, 1888 b.
— Erwiderung auf Herrn Oberförster W. Eichhoff's Artikel „Über die jährlich wiederholten Fortpflanzungen der Borkenkäfer" im Maihefte dieser Zeitschrift [149—157]. Allg. Forst- u. Jagdztg., (N. F.) **65**, 236—240, 1889.
— Die Nonne, *Liparis monacha*, in den bayerischen Waldungen im Jahre 1890. In Briefen an die Redaktion der Allgemeinen Forst- und Jagd-Zeitung. Allg. Forst- u. Jagdztg., (N. F.) **67**, 17—26, 57—67, 127—139, 162—174, 1891 a.
[Ref.:] Altum, Bernhard: Ztschr. Forst- u. Jagdwes., **23**, 761—762, 1891.
— Vorläufige Erwiderung auf den vorausgehenden Artikel des Herrn Oberforstrath Heiß [100—101]. Allg. Forst- u. Jagdztg., (N. F.) **67**, 238; Antwort auf Herrn Oberforstrath Heiß's Artikel: „Die Nonne etc." Im Juliheft dieser Zeitschrift. 294—295, 1891 b.
— Ueber einen Zuchtversuch mit dem kleinen braunen Rüsselkäfer *Pissodes notatus* F. Forstl.-naturw. Ztschr., **1**, 23—34, 1892 a.
— Ueber die Biologie des *Pissodes scabricollis* Redt. Forstl.-naturw. Ztschr., **1**, 364—368, 375—381, 1892 b.
— Borkenkäferstudien. Forstl.-naturw. Ztschr., **1**, 193—204, 233—238, 253—270, 315—327, 4 Fig.; 351—363, 1892 c; **3**, 376—379, 1894.
— Nachschrift zu den Nüßlin'schen und MacDougall'schen Arbeiten über *Pissodes*-Entwicklung. Forstl.-naturw. Ztschr., **7**, 207—209, 1898.
— [Ref.] siehe Dobeneck, A . . . von 1899.

Pauly, L . . .
Beiträge zu Coleopteren-Schädigungen. Soc. ent., **1**, 108, 1886.

Pauly, R . . .
Ueber Jungfernzeugung bei *Cimbex saliceti* Zdd. Forstl.-naturw. Ztschr., **1**, 165—167, 1892.

Pavani, Eugenio
siehe Tommasini, & Pavani, [Eugenio] 1872.
— Del Carso, delle sue selve, del suo rimboschimento ed appratimento. Boll. Soc. Adriat. Sci. nat., **9**, 1—49, 1885.

Pavani, Eugenio & **Stossich**, Adolfo
○ Relazione intorno alla campagna bacologica del 1870 della Società agraria di Trieste. Sericolt. Austriaca, **2**, 186—187, 191—193, 1870.

Pável, Johann (= Janos)
geb. 31. 12. 1842 in Gross-Wardein, gest. 15. 6. 1901 in Agram, Präparator u. Sammler am Mus. Budapest. — Biogr.: (L. Aigner-Abafi) Rovart. Lapok, **8**, 132—136, 1901.
— siehe Horváth, Géza & Pável, Janos 1875.
— Adatok Magyarország Lepidoptera faunájahoz. Természetr. Füz.; Naturhist. Hefte, **5** (1881), 197; [Dtsch. Zus.fassg.:] Beiträge zur Lepidopteren-Fauna Ungarns. 277, 1882; Újabb adatok Magyarország lepkefaunájához. Természetr. Füz., **20**, 71—77; [Dtsch. Zus.fassg.:] Neue Beiträge zur . . . 256, 1897.
— Egy zsákhordó pillefajról. Rovart. Lapok, **1**, 75—77, 1 Fig.; [Franz. Zus.fassg.:] Sur une espèce de Psychides. Suppl. IX, 1884 a.
— Eltérö színezetü pillangó. Rovart. Lapok, **1**, 185—186, 1 Fig.; [Franz. Zus.fassg.:] Une aberration de l'*Epinephele Janira* L. Suppl. XXIV, 1884 b.
— Két érdekes araszoló-pille. Rovart. Lapok, **1**, 209—210; [Franz. Zus.fassg.:] (Capture de deux Géométrides, *Cidaria capitata* H-Sch. et *cyanata* Hb.) Suppl. XXVII, 1884 c.
[Siehe:] Vángel, Jenö: 234.
— A *Hylotrupes bajulus* mint butorrongáló. Rovart. Lapok, **3**, 79—80; [Franz. Zus.fassg.:] (Les larves de *Hylotrupes bajalus*.) Suppl. XII, 1886 a.
— A hernyó kifujás. Rovart. Lapok, **3**, 121—123, 1 Fig.; [Franz. Zus.fassg.:] La préparation des chenilles. Suppl. XVII, 1886 b.
— in Fauna Regni Hungariae (1896—1900) 1896.
— A Mezöség lepke-faunája. Rovart. Lapok, **4**, 104—107; [Dtsch. Zus.fassg.] Schmetterlings-Fauna der Mezöség. (Auszug) 10, 1897 a.
— A budapesti entomolgusok. Rovart. Lapok, **4**, 133—

134; [Franz. Zus.fassg.:] (Einige interessante Falter aus dem National-Museum.) (Auszug) 12, 1897 b.
— Kirándulás Besztercze-Naszód megyébe. Rovart. Lapok, 5, 17—18; [Dtsch. Zus.fassg.:] Ausflug in das Comitat Besztercze-Naszód. (Auszug) 2, 1898.
— Az *Oxytripia orbiculosa* történetéhez. Rovart. Lapok, 6, 17; [Dtsch. Zus.fassg.:] (Beiträge zur Geschichte von *Oxytrypia orbiculosa*.) (Auszug) 2, 1899.

Paveri,
(Ortotteri. Specie nuove per la Lombardia.) Resoc. Soc. ent. Ital., **1878**, 21, 1878.

Pavesi, Pietro
geb. 24. 9. 1844 in Pavia, gest. 31. 8. 1907 in Asso, Prof. d. Zool. u. Direktor d. Mus. in Pavia. — Biogr.: (L. Camerano) Boll. Mus. Zool. Anat. Torino, **22**, Nr. 575, 1—15, 1907 m. Schriftenverz.; (D. Vincignerra) Ann. Mus. Stor. nat. Genova, (3) 3 (43), 579—586, 1907—08; (R. Monti) Arch. Hydrobiol., **4**, 287—295, 1909; (P. Bonnet) Bibliogr. Araneorum, **1**, 41, 1945 m. Porträt.
— Dalle mie annotazioni zoologische. Rend. Ist. Lomb. Sci. Lett., (2) **14**, 610—621, 1881.
— Escursione zoologica al lago di Toblino. Atti Soc. Ital. Sci. nat., **25**, 142—146, 1882 a.
— Altra serie di ricerche e studi sulla fauna Pelagica dei Laghi Italiani. Atti Soc. Veneto-Trent. Sci. nat., **8**, 340—403, Taf. VIII—XIV, 1882 b.
— Commemorazione del conte A. P. Ninni. Bull. Soc. Veneto-Trent. Sci. nat., **5**, 70—78, 1 Taf. (unn.), 1892.

Pavie, Auguste
geb. 1847.
— Collection d'insectes formée dans l'Indochine. Arch. Mus. Hist. nat. Paris, 1890—91.
[Darin:]
Blanchard, Émile: Avant-propos. (3) **2**, 177—178.
Bourgeois, Jules: Coléoptères. Cebrionidae, Rhipidoceridae, Dascillidae, Malacodermidae. 179—188.
Lefèvre, Édouard: Coléoptères. Clytridae, Eumolpidae. 189—202.
Bigot, Jaques Marie Frangile: Diptéres. 203—208, 1890.
Aurivillius, Christopher: Coléoptères Curculionides. (Curculionines). (3) **3**, 205—224, 2 Fig.
Lesne, Pierre: Coléoptères Curculionides. (Anthribines). 225—228.
Allard, Ernest: Coléoptères (Phytophages). 229—234.
—: Coléptères (Hétéromères). 235—236.
Brongniart, Charles: Coléptères (Longicornes). 237—254, Farbtaf. 10.
Poujade, Gustave Arthur: Lepidopteres. 255—276, Farbtaf. 11, 1891.

[Pavlov-Sil'anskij,] Павловь — Сильанский,
○ [Abhandlungen über Bienenzucht in hohlen Bäumen. Herausgeb. Imp. Vol'n. econ. Obšč. St. Petersburg. 1872.] Наставленія по части дуплянаго пчеловодства Изд. Имп. Вольн. екон. Общ. С.-Петерсбургъ. 1872.

[Pavlova, Maria I . . .] **Павлова**, Мариа И . . .
[Zum Bau des Blutgefäss- und sympathischen Nervensystems der Insekten, hauptsächlich des Geradflügler. Къ строенію кровеносной и симпатической нервной системъ насекомыхъ, примущественно прамокры лыхъ. [Rab. Labor. zool. Kab. Varsava] Раб. Лабор. зоол. Каб. Варшава, **1895**, 1—96 + I—XXII, 2 Fig., Taf. I—VI, 1895 a.
[Ref.:] Adelung, Nicolai von: Zool. Zbl., **3**, 494—499, 1896.
— Über ampullenartige Blutcirculationsorgane im Kopfe verschiedener Orthopteren. Zool. Anz., **18**, 7—13, 1 Fig., 1895 b.
— Zum Bau des Eingeweidenervensystems der Insecten. Zool. Anz., **18**, 85—87, 1895 c.
— [Zur Frage der Metamorphose in der Fam. Mantidae.] Къ вопросу о превращенияхъ в сем. Mantidae. [Rab. Labor. zool. Kab. Varšava] Раб. Лабор. зоол. Каб. Варшава, **1896**, 155—182, 1 Fig., 1 Farbtaf. (unn.), 1897.

Pavlowitch, F . . .
[Ravages occasionnés dans les bois de sapins par des larves de *Lophyrus pini* (?).] Horae Soc. ent. Ross., **13**, Bull. V, 1877.

Pawlitschek, Alfred Dr. phil.
geb. 28. 3. 1857 in Troppau, gest. Februar 1931 in Cernauti, Lehrer. — Biogr.: (Hormuzaki) Verh. zool.-bot. Ges. Wien, **85**, 132—134, 1936.
— Beobachtungen an der Makrolepidopterenfauna von Radautz nebst einem Verzeichnisse der daselbst bisher gefundenen Arten. Jahresber. Staatsgymn. Radautz, 1893.
[Sonderdr.:] 8°, 49 S., Czernowitz, H. Pardini, 1893.

Pawlow-Silvansky, siehe Pavlov-Sil'vanskij,

Pawlowa, Maria siehe Pavlova, Maria I . . .

Pawlowsky, A . . .
○ Sobre la Filoxera. Bol. Dep. nac. Buenos Aires, **7**, 590—594, 1883.

Pawson, C . . .
Recognition of Ants. Sci. Gossip, **29**, 183—184, 1893.

Pax, Ferdinand Albin
geb. 1858.
— [Ref.] siehe Büsgen, M . . . 1883.
— Euphorbiaceae africanae. II. [In:] A. Engler, Beiträge zur Flora von Africa. VIII. Bot. Jb., **19**, 76—126, 1 Fig., Taf. I—II, 1895.

Payen,
Destruction des insectes nuisibles aux récoltes: compte rendu d'un Mémoire de M. Hecquet d'Orval et état actuel de la question. C. R. Acad. Sci. Paris, **67**, 70—74, 1868 a.
— Les vers à soie et les maladies du Bombyx du mûrier. Rev. deux Mondes, **38** ((2) **77**), 622—639, 1868 b.
— La famille des Scarabéides. La chasse aux hannetons. Rev. deux Mondes, **38** ((2) **76**), 652—667, 1868 c.
[Ref.:] Fleischer, :Wbl. Land- u. Forstw., **22**, 1—8, 1870.

Payne, Fre . . . W . . . G . . .
A catalogue of the Macro-lepidoptera of Derbyshire. Entomologist, **28**, 49—52, 117—120, 170—173, 1895.

Payne, George H . . .
Instinct of Ants. Sci. Gossip, (**11**), 238, 1875.

Paz, Marcelo Lainez Ortiz de siehe Lainez Ortiz de Paz, Marcelo

Paz de la Gräells, Mariano siehe Graëlls y de la Agüera, Mariano de la Paz

Paz y Melia, A . . .
○ El cojuro de la langosta [Acrididae] en el siglo XVII. Revista Univ. Madrid, (2) **6**, 356—360, (1876) 1875.

Peabody, Charles
Notes on the Tarantula-killer. [Mit Angaben von C. V. Riley.] Amer. Entomol., **2**, 52, 1870.

Peabody, Selim Hobart
geb. 1829, gest. 1903, Prof. f. Maschinenkunde d. Univ. Illinois.
— *Arctia arge*, Drury. Canad. Entomol., **6**, 98, 1874.
— Inquieris concerning the genera of Mr. Scudder's „Systematic Revision." Canad. Entomol., **8**, 141—148, 1876.
— [Swarms of *Danais Archippus* resting in Wisconsin.] Canad. Entomol., **12**, 119—120, 1880. — [Abdr.:] Rep. ent. Soc. Ontario, **1880**, 36, 1881.
— Mr. Scudder's „Butterflies." Canad. Entomol., **13**, 246—250, 1881.

Peach,
(A specimen of the genus *Xanthia*.) [Mit Angaben von Tutt.] Proc. S. London ent. Soc., **1895**, 27—28, (1896).

Peachell, [G . . .] Ernest
Notes from Bucks. [Lep.] Entomologist, **32**, 283—284, 1899.
— *Vanessa polychloros* at Herne, Kent. Entomologist, **33**, 304, 1900.

Peacock, Edward Adrian Woodruffe siehe Woodruffe-Peacock, Edward Adrian

Peacock, Max
Hymenoptera taken at Bottesford, Lincolnshire. Naturalist London, **1900**, 239, 1900 a.
— Diptera taken at Bottesford, Lincolnshire. Naturalist London, **1900**, 246, 1900 b.
— Coleoptera taken at Bottesford, Lincolnshire. Naturalist London, **1900**, 288, 1900 c.
— Insects taken at Cadney, near Brigg. Naturalist London, **1900**, 318, 1900 d.

Peake,
On Diptera and their Wings. Canad. Natural., **5**, 234—235, 1870. — ○ [Abdr.?:] Rep. Proc. Brighton Sussex nat. Hist. Soc., **17**, 27—28, 1870.

Peal, S . . . E . . .
Sounds made by Ants. Nature London, **22**, 583, 1880.
— siehe Forbes, Henry Ogg & Peal, S . . . E . . . 1881.
— White Ants' nests. Nature London, **26**, 343, 4 Fig., 1882 a.
— Difficult cases of mimikry. Nature London, **26**, 368, 1 Fig., 1882 b.

Peale, Titian Ramsey
geb. Oktober 1799? in Philadelphia, gest. 13. 3. 1885 in Philadelphia. — Biogr.: (H. Strecker) Butterflies Moths North Amer., 259—260, 1878 m. Schriftenverz.; (G. Dimmock) Psyche Cambr. Mass., 4 (1883—85), 266, (1890) 1885; Appleton's Cyclop. Amer. Biogr., **4**, 691, 1888; (A. C. Peale) Bull. phil. Soc. Washington, **14**, 317—326, 1901; Ent. News, **24**, 1—3, 1914 m. Porträt; (W. Stone) Cassinia, **19**, 1915 m. Porträt; (F. A. Lucas) Amer. Mus. Journ., **17**, 211—212, 1917 m. Porträt; (H. W. S.) Dict. Amer. Biogr., **14**, 351—352, 1934; (H. Osborn) Fragm. ent. Hist., 25, 1937.
— Method of preserving Lepidoptera. Rep. Board Smithson. Inst., **1863**, 404—406, 3 Fig., 1864.
— („Lepidoptera of North America".) Papilio, **4**, 150, (1884) 1885.

Pearce,
○ Insect-life in the mountains of North Wales. Sci. Gossip, **19**, 159, 1883.

Pearce, W . . . G . . .
Parthenogenesis in a Moth. Entomologist, **12**, 229—230, 1879.
— (*Acidalia dilutaria* (*holosericata*), partially double-brooded, with some account of the larva.) Entomol. Rec., **8**, 305—306, 1896.
— Notes on *Hemerophila abruptaria*. Entomol. Rec., **10**, 121—122, 1898.

Pearce, W . . . T . . .
Rare Lepidoptera near Portsmouth. Entomologist, 15, 190—191, 1882 a.
— Lepidoptera near Portsmouth.[1]) Entomologist, **15**, 254—255, 1882 b.
— *Mutilla rufipes*. Entomologist, **16**, 92—93, 1883.
— Lepidoptera near Portsmouth. Entomologist, **17**, 234, 1884.
— Stridulation of Pupae of *Acherontia atropos*. Entomologist, **19**, 44, 1886.
— Abnormal Development. [Lep.] Entomologist, **22**, 21, 1889.
— *Smerinthus populi*, rapid development of. Entomologist, **23**, 18, 1890 a.
— Contributions to the Entomology of the Portsmouth district. Entomologist, **23**, 227—231, 1890 b.
— Pinkish Variety of *Arctia caia*. Entomologist, **23**, 291, 1890 c.
— Larvae of *Bombyx neustria* abundant at Stokes Bay. Entomologist, **23**, 319, 1890 d.
— Larvae of *Ephestia* sp.? feeding on Corkpacking in Grapecasks. Entomologist, **24**, 18, 1891 a.
— Contributions to the Entomology of the Porthmouth district. Entomologist, **24**, 91—93, 1891 b.

Pearce, W . . . T . . .; **Prideaux**, R . . . M . . . & **Craske**, M . . .
The Sallow Season of 1890. [Mit Angaben von J. Arkle, J. N. Young, J. E. R. Allen und L. G. Esson.] Entomologist, **23**, 200—202, 1890.

Pearce, Walter A . . .
Second Brood of *Nemeobius lucina*. Entomologist, **28**, 338, 1895.
— siehe Tait, E . . . H . . . & Pearce, Walter A . . .

Pearsall, R . . . F . . .
Description of a new Cochliipod. [*Euclea Elliotii*, n. sp.] Ent. Amer., **2**, 209, (1886—87) 1887.
— Notes on Life History of *Scopelosoma moffatiana*. Grote. Ent. Amer., **4**, 59, 1888.
— Notes on Rearing Lepidoptera. Ent. Amer., **5**, 53—54, 1889.

Pearson, A . . . W . . .
Occurrence of a *Stratiomys* Larva in Sea-Water. [Mit Angaben von A. S. Packard.] Amer. Natural., **17**, 1287, 1883.

Pearson, Amy C . . .
Ants. Sci. Gossip, (**11**), 143, 1875.

Pearson, C . . . W . . .
Platysamia columbia, S. I. Smith. Canad. Entomol., **6**, 119, 1874.
— Rare captures. [Lep.] Canad. Entomol., **7**, 80, 1875 a.
— *Grapta satyrus* (Edwards). Canad. Entomol., **7**, 216—217, 1875 b.
— Excursion of the Montreal branch to Chateauguay Basin, on Dominion Day. [Lep.] Canad. Entomol., **7**, 242—244, 1875 c.
— siehe Caulfield, F . . . B . . . & Pearson, C . . . W . . . 1877.

[1]) vermutl. Autor, lt. Text W. V. Pearce

Pearson, Douglas H . . .
Amphidasys betularia var. *doubledayaria* at Nottinghamshire. Entomologist, **23**, 319, 1890.
— Larvae of *Apamea ophiogramma* in Nottingham. Entomologist, **24**, 298, 1891 a.
— Lepidoptera at Gas Lamps. Entomologist, **24**, 299, 1891 b.
— Colour-variation in the Ova of *Biston hirtaria.* Entomologist, **25**, 163, 1892 a.
— *Notodonta dictaea* Bred. Entomologist, **25**, 170, 1892 b.
— *Sirex juvencus* in Notts. Entomologist, **25**, 291, 1892 c.
— *Ennychia octomaculata* in North Wales. Entomologist, **23**, 319, 1892 d.
— *Acherontia atropos.* Entomologist, **26**, 276, 1893 a.
— Notes from Nottinghamshire. [Lep.] Entomologist, **26**, 301, 1893 b.
— (Capture of *Chaerocampa celerio.*) Entomol. Rec., **4**, 50, 1893 c.
— Lepidoptera of Ireland. Entomologist, **29**, 66, 1896.
— (Notes on various species of Lepidoptera.) Entomol. Rec., **10**, 230, 1898 a.
— (Pupation of *Aglais urticae.*) Entomol. Rec., **10**, 310, 1898 b.
— (Lepidoptera in Yorkshire.) Entomol. Rec., **12**, 249, 1900 a.
— (*Dianthoecia capsincola* emerging as a second brood.) [Mit Angaben von J. W. Tutt.] Entomol. Rec., **12**, 304, 1900 b.

Pearson, George W . . .
Melitaea phaeton. Canad. Entomol., **9**, 139, 1877.

Pearson, James
Destructiveness of the Corn-root Plantlouse in Nebraska. Period. Bull. Dep. Agric. Ent. (Ins. Life), **4** (1891—92), 142, (1892) 1891.

Pearson, James H . . .
Notes on the larva, &c., of *Charaxes Jasius.* Entomol. monthly Mag., **10**, 113—116, (1873—74) 1873.
— *Sphinx Convolvuli* in the West of Scotland. Entomologist, **8**, 276, 1875.

Pease, Edward R . . .
Vanessa Polychloros at Westbury-on-Trym. Entomologist, **7**, 174, 1874.

Pease, T . . . H . . . Ormston
Sphinx Convolvuli in Dublin. Entomologist, **8**, 224, 1875.
— Early Emergence of *Reclusa.* Entomologist, **9**, 132, 1876.

Pecile, G . . . L . . .
○ L'apicoltura. Boll. Ass. agr. Friulana, **10**, 109—113, 1865 a.
○ Una giornata fra le api. Boll. Ass. agr. Friulana, **10**, 307—315, 1865 b.

Peck,
Ranatra linearis attacking Carp Eggs. [Nach: Naturf. Ges. Görlitz.] Entomologist, **11**, 95, 1878.

Peck, Charles Horton
○ The Black Spruce [*Abies nigra* and the noxious insects]. Trans. Albany Inst., **8**, 283—301, 1876.

Peck, George W . . .
geb. 1837? in Boston, gest. 18. 5. 1909 in Roselle Park (N. Jersey), Geschäftsmann. — Biogr.: Canad. Entomol., **41**, 220, 1909.
— [A female *Smerinthus cerisii* Kirby captured in Maine.] Canad. Entomol., **8**, 120, 1876 a.
— Observations on Sphingidae. Canad. Entomol., **8**, 239—240, 1876 b.
— Captures at sugar. [Lep.] Canad. Entomol., **9**, 140, 1877 a.
— [Lepidoptera in New Jersey.] Canad. Entomol., **9**, 220, 1877 b.
— [*Papilio cresphontes* in Fairfield Co., Conn.] Canad. Entomol., **10**, 60, 1878.

Pecka, Emanuel
geb. 17. 12. 1853 in Klučenicích, gest. 15. 10. 1921 in Prag. — Biogr.: Jubiläumsschr. nat. Klub Prag, 1921 m. Porträt.
○ [Die Mallophagen der warmblütigen Wirbeltiere.] Čmelové (Mallophaga) teplokrevných obratlovcův. Vesmir, **10**, 133—134, 4 Fig.; 151—153, 4 Fig.; 175—176, 1 Fig., 1881.
○ [Schlüssel zum Bestimmen der böhmischen Käfer.] Klič k určovani českých bronkův. Vesmir, **12**, 169—171, 2 Fig., 1883; **13**, 163—165, 4 Fig., 1884; **14**, 145—146, 1 Fig.; 174—176, 2 Fig.; 198—200, 2 Fig., 1885.
○ [Bestimmungs-Schlüssel der böhmischen Käfer. Gattung *Necrophorus.*] Klič k určováni českých bronkův. Rid *Necrophorus* Fabr. Hrobařici. Vesmir, **15**, 51, 1885; **16**, 66—67, 3 Fig., 1886.
○ [Der gemeine Hirschkäfer.] Roháč obecný (*Lucanus cervus* L.) — obojetnik. Vesmir, **16**, 61—62, 1 Fig., 1887.

Peckham, Elizabeth G . . .
siehe Peckham, George Williams & Peckham, Elizabeth G . . . 1887.
— siehe Peckham, George Williams & Peckham, Elizabeth G . . . 1895.
— siehe Peckham, George Williams & Peckham, Elizabeth G . . . 1898.
— siehe Peckham, George Williams & Peckham, Elizabeth G . . . 1900.

Peckham, George Williams Dr.
geb. 23. 3. 1845 in Albany (N. York), gest. 10. 1. 1914 in Milwaukee (Wisconsin), Lehrer an d. Oberschule in Milwaukee, später Direktor d. Milwaukee Public Library. — Biogr.: Nat. Cyclop. Amer. Biogr., **12**, 347, 1904; (H. Russell u. a.) Bull. Wisconsin nat. Hist. Soc., **11**, 109—112, 1913 m. Porträt & Schriftenverz.; Ent. News, **25**, 96, 1914; (R. A. Muttkowski) Ent. News, **25**, 145—148, 1914 m. Porträt; (E. A. Birge) Trans. Wisconsin Acad. Sci., **20**, 715—716, 1921; (H. Osborn) Fragm. ent. Hist., 142—143, 1937; (P. Bonnet) Bibliogr. Araneorum, 45—46, 1945.

Peckham, George Williams & **Peckham**, Elizabeth G . . .
On Duration of Memory in Wasps. Amer. Natural., **21**, 1038—1040, 1887 a.
○ Some observations on the special senses of Wasps. Proc. nat. Hist. Soc. Wisconsin, **1887**, 91—132, 1887 b.
— Notes on the habits of *Trypoxyllon rubrocinctum* and *Trypoxyllon albopilosum.* Psyche Cambr. Mass., **7**, 303—306, (1896) 1895.
— On the instincts and habits of the solitary wasps. Bull. Wisconsin geol. nat. Hist. Surv., Nr. 2 (=Scient. Ser. Nr. 1), I—IV+1—245+9 (unn., Taf.Erkl.) S., 3 Fig., Taf. I—XIV (Taf. I—II farb.), 1898.
[Ref.:] Schönichen, Walter: Prometheus, **10**, 553—555, 5 Fig., 1899.
— Instinct or reason? Amer. Natural., **34**, 817—818, 1900 a.
— Additional Observations on the Instincts and Habits of the Solitary Wasps. Bull. Wisconsin nat. Hist. Soc., (N. S.) **1**, 85—93, 1900 b.

Peckolt, Theodor
geb. 1822.
— Ueber brasilianische Bienen. Natur Halle, (N. F.) **19** (**42**), 579—581, 1893; (N. F.) **20** (**43**), 87—91, 223—225, 233—234, 1894.
— Brasilianische Wespen. Natur Halle, (N. F.) **20** (**43**), 268—271, 318—319, 1894.

Pédaschenco, D . . .
○ Sur la formation de la bandelette germinative chez *Notonecta glauca.* Rev. Sci. nat. St. Petersb., **1**, 358—362, 1890.

Pedersen, Birger & **Schøyen**, Wilhelm Maribo
Snelopper. Naturen Bergen, (2) **1** (**11**), 91—92, 1887.

Pedretti,
siehe Bednarovits, Giovanni & Pedretti, 1866.

Peebles, James W . . .
Ypsipetes ruberata in Scotland. Entomologist, **5**, 366, (1870—71) 1871.

Peel, Charles Victor Alexander [Herausgeber]
On a Collection of Insects and Arachnids made in 1895 and 1897, by Mr. C. V. A. Peel, F. Z. S., in Somaliland, with Descriptions of new Species. Proc. zool. Soc. London, **1900**, 4—63, Taf. I—IV (I farb.), 1900.
[Darin:]
1. Peel, Charles Victor Alexander: Narrative of the Expeditions. 4—7.
2. Austen, Ernest Edward: Diptera. 7—10, Farbtaf. I (Fig. 8).
3. Dixey, Frederick Alexander: Lepidoptera Rhopalocera. 10—17, Farbtaf. I (Fig. 4—6).
4. Druce, Herbert: Lepidoptera Heterocera. 17—21, Farbtaf. I (Fig. 1—3, 7).
5. Gahan, Charles Joseph: Coleoptera. 21—33, Farbtaf. I (Fig. 9—16).
6. McLachlan, Robert: Neuroptera. 34—35.
7. Burr, Malcolm: Orthoptera. 35—46, Taf. II.
[Darin:]
Brunner von Wattenwyl, Carl: Phasmatodea. 37—38, Taf. II (Fig. 6).
Kirby, William Forsell & Distant, William Lucas: Insects of other Orders. 46—48.

Peel, Herbert R . . .
○ Bees and Bee-Keeping. Trans. Watford nat. Hist. Soc., **2** (1877—79), 183—196, 1880.

Peers, C . . . R . . .
Plusia moneta in Middlesex. Entomologist, **25**, 193, 1892.

Peers, John
Description of the Larva of *Pterophorus trigonodactylus.* Entomolgist, **2**, 38, (1864—65) 1864 a.
— Spotting of *Tortrix* and other Larvae. Entomologist, **2**, 54—55, (1864—65) 1864 b.
— Fluid ejected by *Tortrix* Larvae. Entomologist, **2**, 55, (1864—65) 1864 c.
— Description of the Larva of *Tortrix viburnana.* Entomologist, **2**, 62—63, (1864—65) 1864 d.
— Description of the Larva of *Peronia caledoniana.* Entomologist, **2**, 63, (1864—65) 1864 e.
— Description of the Larva of *Argyrestia nitidella.* Entomologist, **2**, 63—64, (1864—65) 1864 f.
— The reimbibition of Fluid ejected by *Tortrix* Larvae. Entomologist, **2**, 97, (1864—65) 1864 g.
— *Peronea permutana* at New Brighton. Entomologist, **2**, 97, (1864—65) 1864 h.
— Fluid ejected by Larvae. Entomologist, **2**, 135, (1864—65) 1864 i.
— Curious Habit of the Larva of *Tortrix costana.* Zoologist, **22**, 8916—8917, 1864 j.
— Description of the Egg and Larva of *Tortrix ministrana.* Entomologist, **2**, 250—251, (1864—65) 1865.

Pegler, Stephen
Choerocampa celerio at Retford. Entomologist, **18**, 121, 293, 1885 a.
— Exchanging. Entomologist, **18**, 127, 1885 b.
— *Broscus cephalotes* at Retford. Entomologist, **28**, 281, 1895.

Peglion, Vittorio
La distruzione degli insetti nocivi all' agricoltura per mezzo di funghi parassiti. Riv. Patol. veg., **1**, 98—106, 1892; 190—204, 1892—93.
— [Ref.] siehe Perraud, J . . . 1893.
— I Zoocecidii della Flora Avellinese. Primo catalogo. Riv. Patol. veg., **3** (1894), 29—38, (1896) 1894.
— [Ref.] siehe Sauvageau, C[amille] & Perraud, J . . . 1894.
— Bacteriosi del gelso. [Lavori e Relazioni della R. Stazione di Patologia Vegetale presso il Museo Agrario di Roma.] Zbl. Bakt. Parasitenk., **3**, Abt. 2, 10—13, 60—64, 1897.
— Sulle cause della resistenza delle viti americane alla Fillossera. Atti Accad. agr. Georg. Firenze, (4) **23** (**78**), 183—241, 1900.

Pegum, S . . .
Pigs and Fowls as Insects and Weed Destroyers. Agric. Gaz. N. S. Wales, **4**, 843—844, 1893.

Peignot,
Anobium. Sci. Gossip, (**3**) (1867), 38, 1868.

Peillard, A . . .
○ Méthode préservatif de la maladie de la vigne due au *Phylloxera vastatrix.* 24 S., Valence, 1876.

Peiper, Erich
geb. 1856.
— siehe Mosler, Carl Friedrich & Peiper, Erich 1894.
○ Fliegenlarven als gelegentliche Parasiten des Menschen. 8°, 76 S., 41 Fig., Berlin, Louis Marcus, 1900.

Peiter,
Warum fängt der Fuchs Mäuse und Maikäfer? Aus der Heimat, **10**, 74, 1897.

Peiter, Wenzel
Pyrethrum. Natur Halle, (N. F.) **25** (**48**), 476—477, 1899.

Pekarek,
Zur Lebensweise und Vertilgung des schwarzen Fichtenbastkäfers. Oesterr. Forst-Ztg., **5**, 25—26, 1887.

Pelerin, W . . . G . . .
Capture of a species of *Omias* new to Britain. Entomol. monthly Mag., **6**, 44, (1868—69) 1868.
— Capture of *Strophosomus hirtus*, Schön., Walt. Entomol. monthly Mag., **7**, 37, (1870—71) 1870.

Péligot, Eugène Melchior
geb. 1811, gest. 1890.
— Études chimiques et physiologiques sur les vers à soie. C. R. Acad. Sci. Paris, **61**, 866—876, 1865. [Dtsch. Übers.:] Chemische und physiologische Untersuchungen über die Seidenraupen. Dinglers polytechn. Journ., (4) **32** (**182**), 411—423, 1866.

— Einfluss der chemischen Bestandtheile der Seide auf das Färben derselben, und Fütterung der Seidenraupen. Ver.bl. Westfäl.-Rhein. Ver. Bienen- u. Seidenzucht, **17**, 61—62, 1866.
○ Études chimiques et physiologiques sur les vers à soie. Ann. Chim. Phys. Paris, **12**, 445—463, 1867.
— Note sur le sulfure de carbone et sur l'emploi de sa dissolution dans l'eau pour le traitement des vignes phylloxérées. C. R. Acad. Sci. Paris, **99**, 587—591, 1884.

Pelikan von Plauenwald, Anton
geb. 24. 8. 1819 in Znaim, gest. 25. 4. 1899.
— Missbildung eines Käfers. Verh. zool.-bot. Ges. Wien, **17**, SB. 116—117, 1867 a.
— Ueber Getreide-Verwüstungen im Banate durch *Anisoplia.* Verh. zool.-bot. Ges. Wien, **17**, 693—696, 1867 b.
— [*Pachybrachis haliciensis* Mill. an der Wien nächst Hietzing erbeutet.] Verh. zool.-bot. Ges. Wien, **20**, SB. 55, 1870.
— Abnormität eines *Carabus intricatus.* Verh. zool.-bot. Ges. Wien, **28** (1878), SB. 17, 1879.

Pélisse,
Oeufs de fourmis artificiels pour l'élevage des faisandeaux, perdreaux poussins de races délicates et de tous les oiseaux insectivores. Rev. Sci. nat. appl. Paris (Bull. Soc. Acclim. Paris), 38, 746—753, 1891.

Pellegrini, F . . .
Von dem sogenannten Maiblumen-Engerling. Dtsch. Gärtn. Ztg. Erfurt, **5**, 315, 1890.

Pellegrini, Gaëtano
○ Cenni intorno a due insetti nocivi al frumento in vegetazione; memoria. 8°, 24 S., Verona, tip. Tranchini, 1872.
○ Insetti che specialmente riuscirono dannosi alle produzioni campestri nella provincia veronese durante l'anno 1874. Bull. Staz. Scuola prat. Verona, Nr. 3, 1875.

Pellet, Pétri
gest. 1877? in Paris. — Biogr.: (A. Fauvel) Annu. ent. Caen, **6**, 115, 1878; Abeille, **16**, Nouv. faits div. 44, 1878.
— in Mulsant, Étienne 1864—75.
○ Histoire Naturelle du département des Pyrénées-Orientales. Entomologie. Suite au travail sur les insectes Coléoptères des Pyrénées-Orientales de M. le Docteur Louis Companyo. Bull. Soc. agric. scient. litt. Pyrénées-Orient., **15**, [58 S.], 1866; . . . Entomologie. [18?], 472—475, 1871; **21**, 59—64, 1874.
○ Description de la larve de la *Zygia oblonga* Fabricius. Bull. Soc. agric. scient. litt. Pyrénées-Orient., **16**, 103—105, 1868.
○ Description d'un nouvel Insecte de la famille des Lamelli-cornes ou Scarabéides: Genre *Trichius* Fabricius: *Trichius Noui.* Bull. Soc. agric. scient. litt. Pyrénées-Orient., **18**, 472—475, 1871 a.
○ Un mot sur le phylloxera. Indépend. Pyrénées-Orient., **1871**, 7. Sept., 1871 b.
— [Coléoptères nouveaux (*Trichius Noui; Callidium verneti*).] Petites Nouv. ent., **1** (1869—75), 164, 1871 c.
— siehe Mulsant, Étienne & Pellet, Pétri 1872.
— (Le *Vesperus Xatarti* fait périr les vignes dans le Roussillon!) Abeille, **13**, CLXX—CLXXI, (1875) 1873 a.
○ Faune entomologique du département des Pyrénées-Orientales. Bull. Soc. agric. scient, litt. Pyrénées-Orient., **20**, 137—168, 1 Taf., 1873 b; **21**, 65—116, 1874; **22**, 321—375, 1876.
○ Histoire naturelle du département des Pyrénées-Orientales. Entomologie, etc. 8°, 52 S., Perpignon, 1874 a.
— (*Cardiomera Genei* pris à Ria.) Ann. Soc. ent. France, (5) **3**, Bull. CXCIII (=Bull. Soc. . . ., **1873**, Nr. 14, 3), (1873) 1874 b.
— siehe Lichtenstein, Jules & Pellet, Pétri 1874.
— Quelques mots sur le *Vesperus Xatarti.* Abeille, **14**, X—XII, (1876) 1875.
○ Rapport sur le Lépidoptère qui attaque les artichauts [*Depressaria subpropinquella*]. Bull. Soc. agric. scient. litt. Pyrénées-Orient., **22**, 57—63, 1876.

Pelletan, Jules
geb. 1833.
○ L'apiculture à l'exposition universelle. Journ. Agric. prat. Paris, **31**, Bd. 2, 370—373, 398—402, 1867.
— Les mello-extracteurs. Journ. Fermes, **1**, 28—30, 2 Fig., (1868—69) 1869 a.
— Apiculture: L'Aumônière, ruche à cadres et greniers mobiles. Journ. Fermes, **1**, 40—42, 2 Fig., (1868—69) 1869 b.
— La ruche l'Aumônière. Journ. Fermes, **1**, 55—57, 2 Fig., (1868—69) 1869 c.
— Études sur les extracteurs. Journ. Fermes, **1**, 284—285, 1 Fig., (1868—69) 1869 d.
○ Étude microscopique des corpuscules. Journ. Agric. prat. Paris, **39**, Bd. 2, 53—56, 1875 a.
○ Studio microscopico della flaccidezza. Riv. settim. Bachicolt., **7**, 170—171, 1875 b.
— La Bouche des Insectes. [Nach: La Nature.] Bull. Soc. Linn. Nord France, **4**, 22—27, 40—43, 56—60, 1878—79.
— La Géométrie des abeilles. Journ. Microgr., **4**, 250—253, Taf. 3—4, 1880.

Pelletier, H . . .
Le *Rhynchites autarus* et *Rhynchites Bacchus.* Feuille jeun. Natural., **6**, 131, (1875—76) 1876.
— *Phylloxera* dans le Loir-et-Cher. Feuille jeun. Natural., **8**, 23, (1877—78) 1877.
— *Cassida viridis.* Feuille jeun. Natural., **11**, 55, (1880—81) 1881.
— Intelligence d'un Hyménoptère. Feuille jeun. Natural., **17**, 17—18, (1886—87) 1886.

Pelletier, Horace
○ Petit dictionnaire d'entomologie contenant l'exposition des moeurs, des particularités et des merveilles des insectes les plus remarquables et les plus curieux. 18°, Blois, Lecesne, 1869.

Pellicot, A . . .
L'Altise de la vigne. Insectol, agric., **1**, 167—171, 1867 a.
— Des oisillons, des insectes et de la sécheresse. Insectol. agric., **1**, 243—247, 263—269, 1867 b.
○ Pourquoi le Grenache est-il plus spécialement attaqué par le fléau? Messag. agric. Midi, **9**, 362—363, 1869.
○ Sur l'arrachage des vignes phylloxérées. Journ. Agric., **2**, 147—149, 1877 a.
○ De l'action du coaltar sur les vignes. Journ. Agric., **3**, 336—337, 1877 b.
○ Le phylloxera et les vignes américaines. Journ. Agric., **2**, 477—479, 1878 a.
○ Quelques observations sur la première partie du

voyage du M. Dufour. Messag. agric. Midi, **1878**, 88—90, 1878 b.

○ Les vignes américaines et le phylloxera. Journ. Agric., **2**, 298—300, 1879.

Pellicot, [A . . .] & **Jaubert**, Jean Baptiste
(Note relative à la destruction du Phylloxera par le sulfate de fer.) C. R. Acad. Sci. Paris, **95**, 21, 1882.

Pellini, Luigi
○ Il baco del Giappone, ultima speranza del bacomano italiano. Memoria letta nel 22 Gennaio 1865 nelle Salle dell' Accademia Olimpica in Vicenza. 8°, 32 S., Vicenza, tip. Paroni, 1865.
○ La coltivazione del baco da seta col sistema a cavalloni. 8°, 16 S., Vicenza, Selbstverl., 1871.

Peloceze, E . . .
○ Destruction des insectes nuisibles à l'agriculture. Ann. Soc. Agric. Dép. Indre-et-Loire, (2) **47**, 242—247, 1868.

Pelsam,
○ Schädliche Insekten des Gouvernements Samara. Protok. naturf. Ges. Kasan, **1883**, Beil. 64, 1—33, 1883.

Pelseneer, Paul
geb. 1863.
— Première note sur les Coléoptères recueillis par M. Ed. van Beneden dans l'Amérique méridionale. Ann. Soc. ent. Belg., **34**, C. R. CLXXIV—CLXXVI, 1890.

Pelt Lechner, A . . . A . . . van
Lepidoptera om en bij Zevenhuizen (Z. H.). Tijdschr. Ent., **38**, 1—3, 1895.
— Lepidoptera om en bij Zevenhuizen (Z. H.). Tijdschr. Ent., **39**, 75—76, 1896; **40**, 152—157, Taf. 7, 1897.
— (*Nonagria sparganii* Esp., var. *strigata* Stdgr.) Tijdschr. Ent., **40**, Versl. 14, 1897.
— Een en ander over *Calamia lutosa*, Hübn. Tijdschr. Ent., **41** (1898), 93—103, Farbtaf. 2 (Fig. 1—3), 1899 a.
— Iets over het ei, de eierlegging en jonge rups van *Leucania impura*, Hb. Tijdschr. Ent., **41** (1898), 104—105, 1899 b.
— Verborgenheden uit het *Nonagria*-leven. Tijdschr. Ent., **41**, 169—172, Farbtaf. 6—7, 1899 c.
— De voorhoofdsuitsteeksels bij de Europeesche soorten der Noctuïnen-genera *Cortyna* en *Nonagria*. Tijdschr. Ent., **42** (1899), 1—2, Taf. 1, (1900) 1899 d.

Peluffo, Angel
siehe Estévez Sagui, Miguel; Peluffo, Angel & Oliveira, Luis 1876.

Pemberton-Barnes, W . . . H . . .
Vanessa antiopa in Essex. Entomologist, **19**, 248, 1886.

Peña, Manuel siehe Martorell y Peña, Manuel

Penades, Ricardo
○ Insectos útiles y perjudiciales para el labrador. [Nach: „Boletin Oficial Agricola" de Filipinas.] Bol. Agric. Min. Indust. Mexico, **5**, Nr. 5, 58—63, 1895.

Penãfiel, A . . .
in Memoria Trabajos Comisión Pachuca 1865.

Pénaurun, David de
○ Observations faites à Pujault sur la nouvelle maladie de la vigne. Bull. Soc. Agric. Hortic. Vaucluse, **1868**, 258—262, 1868 a.
— Lettre sur la nouvelle maladie de la vigne. Insectol. agric., **2**, 242—246, 1868 b.

Pender, S . . .
Migratory swarm of *Libellula quadrimaculata* off the Essex coast. [Mit Angaben von R. McLachlan.] Entomol. monthly Mag., **25**, 93, (1888—89) 1888.

Pender, W . . . S . . .
The Production of Honey. Agric. Gaz. N. S. Wales, **9** (1898), 796—802, 899—907, 3 Fig., (1899) 1898.

Pène, J . . . A . . .
○ Pestivore, ou moyen physico-tactique pour arrêter l'invasion du phylloxéra. 8°, 16 S., 2 Taf., Bordeaux, impr. Duverdier & Co., 1875.

Penecke, Karl Alphons Borromäus Josef Prof. Dr.
geb. 28. 4. 1858 in Graz, Prof. d. Paläontol. u. Geol. d. Univ. Czernowitz. — Biogr.: (A. Meixner) Carinthia II, **148** (68), 63—90, 1958 m. Porträt.
— Vier neue Rüsselkäfer aus den Ostalpen. Wien. ent. Ztg., **13**, 17—21, 1894.
— Coleopterologische Miscellen. Wien. ent. Ztg., **17**, 251—255, 1898.

Penn, George
(Strange pupation of *Dicranura vinula*.) Entomol. Rec., **1**, 347, (1890—91) 1891.

Pennell, T . . . L . . .
Description of the Larva of *Lina longicollis*. Entomologist, **15**, 46—47, 1882.

Pennell, W . . . W . . .
○ Curious result of bee sting. Med. surg. Reporter, **39**, 174, 1878.

Pennetier, Georges
geb. 1836.
— [Herausgeber]
Salle des Invertébrés. [In:] Description et Catalogue sommaire, S. 17—97. Act. Mus. Hist. nat. Rouen, Fasc. 8, 68—75, 1900.

Penning, Henry W . . .
Bees in a Shower. Sci. Gossip, **13**, 237, 1877.

Pennington, Benjamin
Disappearance of Fruit-fly at Inverell. Agric. Gaz. N. S. Wales, **10**, 852, (1900) 1899.

Penny, C . . . L . . .
siehe Sanderson, Ezra Dwight & Penny, C . . . L . . . 1900.

Penny, C . . . W . . .
○ [List of Lepidoptera captured near Wellington.] Rep. Wellington Coll. nat. Sci. Soc., **2** (1869—70), 59—61, 1871.
○ Wild Bees. Rep. Wellington Coll. nat. Sci. Soc., **9** (1878), 86—89, 1879.

Penny, R . . . Greenwood
siehe McLachlan, Robert & Penny, R . . . Greenwood 1879.

Penruddocke, G . . . H . . .
Argynnis lathonia near Salisbury. Entomologist, **17**, 182, 1884 a.
— *Apatura iris* near Salisbury. Entomologist, **17**, 182, 1884 b.

Pentland, G . . . H . . .
Great Wood-boring Wasp (*Sirex gigas*) in Ireland. Zoologist, (4) **3**, 184, 1899.

Penton, Graham T . . .
On a New Species of Parasite from the Tiger. Monthly micr. Journ., **4**, 147—148, 1870.

Penzig,
Über die in den Jahren 1873 und 1874 in einer hohlen, weissfaulen Eiche (nahe bei den an der wüthenden Neisse gelegenen Berghäusern, 1½ Meile von Liegnitz) von Herrn Eug. Schwarz und ihm selbst, sowie von Herrn Lehrer Gerhardt in Liegnitz nach und nach aufgefundenen Käfer. Jahresber. Schles. Ges. vaterl. Kult., **53** (1875), 156—157, 1876.

Penzig, Alberto Giulio Ottone
geb. 1856.
○ Un nuovo flagello degli agrumi. Ital. agric., 1883.
— Note de biologia vegetale. [I. Sobra una nuova pianta formicaria d'Africa (*Stereospermum dentatum* Rich.) S. 12—17.] Atti Soc. Ligust. Sci. nat., **6**, 12—21, Taf. I—II, 1895.

Peragallo, Alexandre
geb. 1822.
— (Note sur le *Vesperus strepens.*) Ann. Soc. ent. France, (4) **4**, Bull. XVII—XVIII, 1864.
— (Note géographique sur la *Polyopsia nigra.*) Ann. Soc. ent. France, (4) **5**, Bull. XLI, 1865 a.
— (Note sur le *Cionus fraxini.*) Ann. Soc. ent. France, (4) **5**, Bull. XLI, 1865 b.
— (Sur les dommages causés aux oliviers par le *Cionus fraxini.*) Ann. Soc. ent. France, (4) **6**, Bull. XLV—XLVII, 1866.
— Exploration entomologique de la valleé de Lantosque. Petites Nouv. ent., **1** (1869—75), 259, 1872.
— Note sur le *Vesperus strepens.* Petites Nouv. ent., **1** (1869—75), 439, 1874.
— siehe Perris, Édouard & Peragallo, Alexandre 1874.
— (Coléoptères trouvés dans la cavité centrale du *Glaucium luteum.*) Ann. Soc. ent. France, (5) **7**, Bull. CLXXIV—CLXXVI (=Bull. Soc. ..., **1877**, 244—245), (1877) 1878.
— Les insectes coléoptères du département des Alpes-Maritimes. Avec indication de l'habitat, des époques d'apparition et des moeurs de ces insectes, des plantes sur lesquelles ils vivent, des dommages qu'ils causent à l'agriculture et des services qu'ils lui rendent. 8°, 239 S., Nice, Impr. Malvano-Mignon, 1879.
— (Insectes qui nuisent à l'Olivier.) Ann. Soc. ent. France, (6) **1**, Bull. LXXI—LXXII (=Bull. Soc. ..., **1881**, 92—93), 1881 a.
— (Résultat de divers genres de chasses à Nice (Coléoptères). Ann. Soc. ent. France, (6) **1**, Bull. LXXIV—LXXV, 1881 b.
— Note sur l'*Anobium* (*Neobium*) *tomentosum* (Mulsant et Rey). Ann. Soc. Sci. Arts Alpes-Maritimes, **8**, 99—103, 1882.
○ Études sur les insectes nuisibles à l'Agriculture. 2 Teile. 8°, 376 S., 2 Farbtaf., Nice, 1882—85.
1. L'Olivier, le Frelon et son nid. 1882.
2. Le Chêne, la Vigne, l'Oranger, le Citronnier, le Caroubier, le Cerisier, le Figuier, le Châtaigner, le Pommier, le Poirier, &c. 1885.
— (Remarques sur les moeurs de deux insectes: *Capnodis tenebricosa* et *Latipalpis pisana.*) Ann. Soc. ent. France, (6) **3**, Bull. XX (=Bull. Soc. ..., **1883**, 21), 1883.
— (Chasses fort intéressantes de petits Coléoptères.) Ann. Soc. ent. France, (6) **4**, Bull. LXXXVII—LXXXVIII (=Bull. Soc. ..., **1884**, 121—122), 1884 a.
— Études d'entomologie appliquée à l'Agriculture. Ann. Soc. Sci. Arts Alpes-Maritimes, **9**, 109—252, 1884 b.
— (Note sur une chenille utile à l'agriculture: *Erastria scitula* Hb.) Ann. Soc. ent. France, (6) **6**, Bull. CXXXIV—CXXXVI, 1886.
[Dtsch. Übers.:] Ueber *Erastria scitula* Hübner. Eine Lesefrucht. Stettin. ent. Ztg., **48**, 274—276, 1887.
— (*Rosalia alpina* dans la forêt de Cannaux.) Ann. Soc. ent. France, (6) **8**, Bull. CLXVIII, (1888) 1889; (6) **9**, Bull. CLXIII—CLXIV, (1889) 1890.
— (Note sur l'*Erastria scitula.*) Ann. Soc. ent. France, (6) **9**, Bull. CLXII—CLXIII, (1889) 1890 a.
— Le *Schinus molle* (Lin.) ou faux poivrier. — La chenille, *Sericaria dispar* (*Bombyx dispar*) et le parasite de cette chenille, *Blepharipa scutellata* (Rondani). Ann. Soc. Sci. Arts Alpes-Maritimes, **12**, 29—43, 1890 b.

Pérard, A . . .
Mantis religiosa. Feuille jeun. Natural., **6**, 155—156, (1875—76) 1876.

Percheron, Gaston
Un parasite du Hanneton. Journ. Microgr., **15**, 223—224, 1891.

Perchet, A . . .
Excursion à l'Espérou 15, 16 et 17 mai 1875. Bull. Soc. Sci. nat. Nîmes, **3**, 92—98, 1875.

Percivall,
The Scarcity of the Garden Tiger Moth (*Arctia caia*). Natural. Gazette, **2**, 53, 1890.

Perego, Luigi
○ Sull' allevamento di una varietà chinese di bachi da seta. Riv. settim. Bachicolt., **5**, 69—70, 1873.

[**Perejaslavceva,** Sof'ja Michajlovna] **Переяславцева,** Софья Михайловна
geb. 1851, gest. 1. 10. 1903 in Odessa. — Biogr.: (N. J. Kuznezov) Rev. Russe Ent., **3**, 422, 1903.
— Einige Mitteilungen über Schmetterlinge des Woronetzki'schen Gouvernements.] Некоторыя сведения о чешуе-крылыхъ Воронежской губернии.[1)] [Trudy Obšč. Prirod. Charkov] Труды Общ. Природ. Харьков; Trav. Soc. Natural. Charkow, **5**, Nr. III, 1—5, 1872.

Perényi, József
A hernyók conserválása. Rovart. Lapok, **3**, 167—170; [Franz. Zus.fassg.:] La conservation des chenilles. Suppl. XXIII, 1886.

Perez, Charles Prof.
Biogr.: (W. Horn) Arb. physiol. angew. Ent., **3**, 70, 1936.
— Sur une Coccidie nouvelle (*Adelea Mesnili* n. sp.) parasite coelomique d'un Lépidoptère. Bull. Soc. ent. France, **1899**, 275—277, 1899 a.
— Sur la métamorphose des Insectes. Bull. Soc. ent. France, **1899**, 398—402, 1899 b.
— Sur une coccidie nouvelle *Adelea Mesnili* (n. sp.), parasite coelomique d'un lépidoptère. C. R. Mém. Soc. Biol. Paris, (11) **1** (**51**), C. R. 694—696, 1899 c.
— (Capture de *Prestwichia aquatica* Lubbock.) Bull. Soc. ent. France, **1900**, 7, 1900 a.
— Sur l'histolyse musculaire chez les insectes. C. R. Mém. Soc. Biol. Paris, **52**, C. R. 7—8, 1900 b.

Pérez, Jean
geb. 1833, gest. November 1914 in St. Georges-de-Didonne (Charente-Inf.), Prof. d. Univ. in Bordeaux. — Biogr.: (C. Alluaud) Bull. Soc. ent. France, **1914**, 434, 1914; Misc. ent., **22**, 50, (1914—15) 1915; Ann. Soc. ent. France, **85** (1916), 355—366, (1916—17) 1917 m. Schriftenverz.

1) lt. Inh.verz.: Perejalavceva

○ [Note sur les galles du *Phylloxera.*] Mém. Soc. Sci. phys. nat. Bordeaux, **8**, XLII—XLVI, 1870 a.

— [Note sur le mode de propogation de la puce.] Mém. Soc. Sci. phys. nat. Bordeaux, **8**, LXXXVIII—LXXXIX, 1870 b.

— Ovologie des vers à soie. C. R. Ass. Franc. Av. Sci., **1** (1872). 624, 1873.

○ Groupe national girondin. Instruction élémentaire sur le phylloxera. 8°, 20 S., Bordeaux, Féret & fils, 1874

— [Observations sur le micropyle de l'oeuf des insectes.] Mém. Soc. Sci. phys. nat. Bordeaux, **10**, I—II, 1875; (2) **1**, LV, 1876.

— (Sur quelques particularités du développement de l'oeuf chez les insectes.) Mém. Soc. Sci. phys. nat. Bordeaux, (2) **1**, XLIII, 1876.

— in Boiteau, P . . . 1876.

— (Procédé qu'emploie le Phylloxera gallicole pour passer des feuilles aux racines.) Act. Soc. Linn. Bordeaux, (4) **1 (31)**, LXV, 1876 [1877].

— (Observations sur l'*Atherix ibis.*) Act. Soc. Linn. Bordeaux, (4) **2 (32)**, XLIII, 1878 a.

— (Une observation sur une Andrène stylopisée.) Act. Soc. Linn. Bordeaux, (4) **2 (32)**, LXV, 1878 b.

— (Observations sur la parthénogenèse de l'abeille-reine, infirmant la théorie de Dzierzon.) Act. Soc. Linn. Bordeaux, (4) **2 (32)**, LXV, 1878 c.

— Mémoire sur la ponte de l'Abeille reine et la théorie de Dzierzon. Ann. Sci. nat. (Zool.), (6) **7**, Nr. 18, 1—22, 1878 d.

— Sur les causes du bourdonnement chez les Insectes. C. R. Acad. Sci. Paris, **87**, 378—380, 1878 e. — ○ [Abdr.?:] Bull. hebd. Ass. scient. France, **22**, 396—398, 1878. — ○ [Abdr.?:] Rev. int. Sci. biol., **2**, 504—506, 827—829; **3**, 280, 1879. — ○ [Abdr.?:] Les Mondes, **47**, 86, 523—525, 1878.
[Engl. Übers.:] On the Causes of the Buzing of Insects. Ann. Mag. nat. Hist., (5) **2**, 349—351, 1878.
[Siehe:] Jousset de Bellesme, George Louis Marie Félicien: 535—536.
[Ref.:] The Causes of Buzzing in Insects. Journ. R. micr. Soc., **1**, 276—279, 1878; Rev. scient., (2) **15** (1878—79), 264, 1879.

— Sur la ponte de l'Abeille reine et la théorie de Dzierzon. C. R. Acad. Sci. Paris, **87**, 408—410, 1878 f. — [Abdr.:] Bull. Insectol. agric., **3**, 151—153, 1878.
[Engl. Übers., z. T.:] On the Oviposition of the Queen-Bee and Dzierzon's Theory. Ann. Mag. nat. Hist., (5) **2**, 428—429, 1878. — [Abdr.:] Amer. Natural., **13**, 260—261, 1879.
[Ref.:] Fischer, J . . . G . . .: Über die Eierlage der Bienenkönigin und die Theorie von Dzierzon. Verh. Ver. naturw. Unterh. Hamburg, **4** (1877), 181—191, 1879.
[Siehe:] Cook, A. J. & Pachard, A. S.: Amer. Natural., **13**, 393—394, 1879.

— [Note sur le phylloxera gallicole.] Mém. Soc. Sci. phys. nat. Bordeaux, (2) **2**, XVIII, 1878 g.

— [Note sur des abeilles hermaphrodites.] Mém. Soc. Sci. phys. nat. Bordeaux, (2) **2**, XXXV—XXXVI, 1878 h.

— siehe Girard, Maurice & Pérez, Jean 1878.

— Note sur des guêpes exotiques attaquées par un champignon. Act. Soc. Linn. Bordeaux, (4) **3 (33)**, 109—112, 1879 a.

— Contribution à la faune des Apiaires de France. Act. Soc. Linn. Bordeaux, (4) **3 (33)**, 119—229, 1879 b; (4) **7 (37)**, 205—256, 1883; 257—378, Taf. XIII—XIV, (1883) 1884.

— (Reflexion sur les observations de M. Matter, de Payerne (Suisse), à propos de la théorie de Dzierzon.) Act. Soc. Linn. Bordeaux, (4) **3 (33)**, VI, 1879 c.

— (Observation sur les Abeilles stylopisées.) Act. Soc. Linn. Bordeaux, (4) **3 (33)**, XVI, 1879 d.

— (Observations relatives aux prétendus migrations de lépidoptères.) Act. Soc. Linn. Bordeaux, (4) **3 (33)**, CXVIII, 1879 e.

○ Des effets du parasitisme des *Stylops* sur les Apiaires du genre *Andrena.* Rev. int. Sci., **4**, 281—282, 1879 f.

— Note sur une Cicadelle regardée comme nuisible à la vigne. Act. Soc. Linn. Bordeaux, (4) **4 (34)**, 215—221, 1880 a.

— (Sur l'opinior de M. Fabre à propos des Halictes.) Act. Soc. Linn. Bordeaux, (4) **4 (34)**, IV, 1880 b.

— (Expérience relative à l'influence du froid sur les spermatozoides contenus dans le réservoire séminal d'une abeille-reine fécondée.) Act. Soc. Linn. Bordeaux, (4) **4 (34)**, XIV, 1880 c.

— (Sur des vers à soie qui sont arrivés à faire leurs cocons sans avoir passé par la quatrième mue.) Act. Soc. Linn. Bordeaux, (4) **4 (34)**, XVI, 1880 d.

— (Sur une espèce de cicadelle signalée comme nuisible à la vigne.) Act. Soc. Linn. Bordeaux, (4) **4 (34)**, XXVI—XXVII, 1880 e.

— (Du developpement artificial, dans l'année même où ils sont pondus, des oeufs de vers à soie.) Act. Soc. Linn. Bordeaux, (4) **4 (34)**, XXVII—XXVIIII, 1880 f.

— (Sur la cause du bourdonnement chez les insectes.) Mém. Soc. Sci. phys. nat. Bordeaux, (2) **3**, XVIII, XIX, 1880 g.

— (Sur les effets du parasitisme des *Stylops* chez les Apiaires du genre *Andrena.*) Mém. Soc. Sci. phys. nat. Bordeaux, (2) **3**, XLII, 1880 h.

— siehe Gassies, J . . . B . . . & Pérez, Jean 1880.

— (Note sur une Cicadelle qu'on rencontre sur la vigne.) Act. Soc. Linn. Bordeaux, (4) **5 (35)**, XXVI—XXVII, (1881) 1882 a.

— (Note sur un organe singulier des Hyménoptères.) Act. Soc. Linn. Bordeaux, (4) **5 (35)**, XXVII, (1881) 1882 b.

○ Le pou des abeilles. Bull. Soc. Agric. Gironde, 1882 c. — ○ [Abdr.?:] Journ. Campagnes, **1882**, 5, 1882.

— (De la parthénogénèse chez le ver à soie du mûrier.) Act. Soc. Linn. Bordeaux, (4) **6 (36)**, XXVII, (1881) [1883] a.

— (De l'odeur qu'exhalent certaines apiaires du genre *Prosopis.*) Act. Soc. Linn. Bordeaux, (4) **6 (36)**, XXVII, (1881) [1883] b.

— (D'un organe des pattes postérieures de quelques hyménoptères.) Act. Soc. Linn. Bordeaux, (4) **6 (36)**, XXVIII, (1881) [1883] c.

— (Parasites du genre *Triongulius,* observés sur un Lépidoptère.) Act. Soc. Linn. Bordeaux, (4) **6 (36)**, XLVI, (1881) [1883] d.

— siehe Lichtenstein, Jules & Pérez, Jean 1884.

— Des effets du parasitisme des *Stylops* sur les apiaires du genre *Andrena.* Act. Soc. Linn. Bordeaux, (4) **10** (40), 21—60, Taf. I—II (I Farbtaf.), 1886 a.

— Sur l'histogénèse des éléments contenus dans les gaines ovigères des Insectes. C. R. Acad. Sci. Paris, **102**, 181—183, 557—559, 1886 b.

— siehe Fairmaire, Léon & Perez, Jean 1887.

— Catalogue des Mellifères du sud-ouest. Act. Soc. Linn. Bordeaux, **44** ((5) *4*) (1890), 133—200, 1890 a.[1])
— Sur la faune apidologique du sud-ouest de la France. C. R. Acad. Sci. Paris, **111**, 991—993, 1890 b.
— Hermann Müller et la coloration de l'appareil collecteur des Abeilles. Mém. Soc. Sci. phys. nat. Bordeaux, (3) *5*, 239—249, 1890 c.
— Diagnose d'un Hyménoptère du Gran Chaco. Mém. Soc. zool. France, *4*, 499, Farbtaf. IV (Fig. 6—7), 1891.
— Pollinies d'Orchidées portées sur l'abdomen de certaines Apiaires. [In:] Notes zoologiques. 231—331. Act. Soc. Linn. Bordeaux, (5) *7* (*47*), 231—232, 1894 a.
— Le *„Cemonus unicolor"* et son parasite. [In:] Notes zoologiques. 231—331. Act. Soc. Linn. Bordeaux, (5) *7* (*47*), 232—235, 1894 b.
— De quelques particularités de la reproduction parthénogénésique du Ver à soie. [In:] Notes zoologiques. 231—331. Act. Soc. Linn. Bordeaux, (5) *7* (*47*), 235—236, 1894 c.
— Sur les habitudes du Ver à soie du mûrier élevé à l'air libre. [In:] Notes zoologiques. 231—331. Act. Soc. Linn. Bordeaux, (5) *7* (*47*), 236—238, 1894 d.
— De l'instinct maternel attribué au *„Pullex irritans"*. [In:] Notes zoologiques. 231—331. Act. Soc. Linn. Bordeaux, (5) *7* (*47*), 238—241, 1894 e.
— Du véritable usage de l'organe que MM. Canestrini et Berlese ont appelé „l'etrille" chez les Hyménoptères. [In:] Notes zoologiques. 231—331. Act. Soc. Linn. Bordeaux, (5) *7* (*47*), 241—245, 2 Fig., 1894 f.
— De l'attraction exercée par les odeurs et les couleurs sur les Insectes. [In:] Notes zoologiques. 231—331. Act. Soc. Linn. Bordeaux, (5) *7* (*47*), 245—253, 1894 g.
— Un cas remarquable de commensalisme. [In:] Notes zoologiques. 231—331. Act. Soc. Linn. Bordeaux, (5) *7* (*47*), 254, 1894 h.
— Parasitisme des „Ceropales". [In:] Notes zoologiques. 231—331. Act. Soc. Linn. Bordeaux, (5) *7* (*47*), 254—256; Encore les Céropales. 315—316, 1894 i.
— Contenu de l'estomac de deux Martinets (*Cypselus apus* L.). [In:] Notes zoologiques. 231—331. Act. Soc. Linn. Bordeaux, (5) *7* (*47*), 260—261, 1894 j.
— La Mésange et les galles du chêne. [In:] Notes zoologiques. 231—331. Act. Soc. Linn. Bordeaux, (5) *7* (*47*), 261, 1894 k.
— Sur l'évolution des galles. [In:] Notes zoologiques. 231—331. Act. Soc. Linn. Bordeaux, (5) *7* (*47*), 261—262, 1894 l.
— Sur quelques ennemies accidentels du Ver à soie. [In:] Notes zoologiques. 231—331. Act. Soc. Linn. Bordeaux, (5) *7* (*47*), 270—274, 1894 m.
— Comment les *„Microgaster"* filent leur cocon. [In:] Notes zoologiques. 231—331. Act. Soc. Linn. Bordeaux, (5) *7* (*47*), 275—276, 1894 n.
— L'Instinct des Insectes et les observations de M. Fabre. [In:] Notes zoologiques. 231—331. Act. Soc. Linn. Bordeaux, (5) *7* (*47*), 276—304, 1 Fig., 1894 o.
— Des effets de la sécheresse sur les Mellifères. [In:] Notes zoologiques. 231—331. Act. Soc. Linn. Bordeaux, (5) *7* (*47*), 304—309, 1894 p.
— Le Crapaud et le Moineau mangeurs d'abeilles. [In:] Notes zoologiques. 231—331. Act. Soc. Linn. Bordeaux, (5) *7* (*47*), 327—328, 1894 q.
— En quel état la Fausse-Teigne des ruches passe l'hiver. [In:] Notes zoologiques. 231—331. Act. Soc. Linn. Bordeaux, (5) *7* (*47*), 328—329, 1894 r.
— Sur la prétendue ventilation de la ruche par les abeilles. [In:] Notes zoologiques. 231—331. Act. Soc. Linn. Bordeaux, (5) *7* (*47*), 329—331, 1894 s.
— (Observations sur une colonie de Mélipones du Paraguay.) Act. Soc. scient. Chili, *4*, XXX, 1894 t.
— De l'organe copulateur mâle des Hyménoptères et de sa valeur taxonomique. Ann. Soc. ent. France, **63**, 74—81, 8 Fig., 1894 u.
— Sur la formation de colonies nouvelles chez le Termite lucifuge (*Termes lucifugus*). C. R. Acad. Sci. Paris, **119**, 804—806, 1894 v.
[Engl. Übers.:] On the Formation of New Colonies by *Termes lucifugus*. Ann. Mag. nat. Hist., (6) **15**, 283—284, 1895.
— Sur les essaims du Termite lucifuge. C. R. Acad. Sci. Paris, **119**, 866—868, 1894 w.
○ Espèces nouvelles de Mellifères de Barbarie (Diagnoses préliminaires). 8°, 64 S., Bordeaux, 1895 a.
— Sur la prétendue Parthénogénèse des Halictes. Act. Soc. Linn. Bordeaux, (5) **8** (**48**), 145—157, 1895 b.
— Notes hyménoptérologiques: *Coleoptera barbara* et *Ancyla oraniensis*. Ann. Soc. ent. France, **64**, Bull. CLXXII—CLXXIII, 1895 c.
— (Signes représentatifs des sexes (Hym.).) Ann. Soc. ent. France, **64**, Bull. CLXXIII—CLXXIV, 1895 d.
— Note sur un Curculionide (*Balaninus kolae* Desbr.) trouvé dans des fruits de Kola. Ann. Soc. ent. France, **64**, Bull. CLXXVI—CLXXVII, 1895 e.
— Sur la production des femelles et des mâles chez les Méliponites. C. R. Acad. Sci. Paris, **120**, 273—275, 1895 f.
[Engl. Übers.:] On the Production of Males and Females in *Melipona* and *Trigona*. Ann. Mag. nat. Hist., (6) **16**, 125—127, 1895.
— in Alluaud, Charles [Herausgeber] (1893—95) 1895.
— in Pic, Maurice [Herausgeber] 1895.
— in Voyage Alluaud Canaries (1892—95) 1895.
— (Sur les Mellifères parasites.) Act. Soc. Linn. Bordeaux, (5) **10** (**50**), XV—XVII, 1896 a.
— Le Termite Lucifuge. Bull. Soc. Acclim. Paris, **43**, 56—62, 1896 b.
— Sur les termites. Proc. Verb. Soc. Sci. phys. nat. Bordeaux, **1895—96**, 65—66, 1896 c.
— Quelques espèces de Mégachiles nouvelles ou mal connues. Act. Soc. Linn. Bordeaux, (6) **2** (**52**), LVIII—LXVII, 1897 a.
— (Observations sur le Catalogue des Hémiptères de la Gironde de MM. Lambertie et Dubois.) Act. Soc. Linn. Bordeaux, (6) **2** (**52**), LXXXIV, 1897 b.
— (Observations sur le Catalogue des Coléoptères de la Gironde publié dans les Actes, par MM. Bial de Lellerade, Blondel de Joigny et Coutures.) Act. Soc. Linn. Bordeaux, (6) **2** (**52**), LXXXV, 1897 c.
— (Sur les causes de l'attraction des fleurs sur les insectes.) Act. Soc. Linn. Bordeaux, (6) **2** (**52**), LXXXVI—LXXXVII, 1897 d.
— (Le *Bombus Lefebvrei* et l'*Aconitum Napellus*.) Act. Soc. Linn. Bordeaux, (6) **2** (**52**), LXXXVII—LXXXVIII, 1897 e.
— Sur une forme nouvelle de l'appareil buccal des Hyménoptères. C. R. Acad. Sci. Paris, **125**, 259—260, 1897 f. — [Dasselbe:] Proc. Verb. Soc. Sci. phys. nat. Bordeaux, **1896—97**, 3—4, 1897. — [Dasselbe:] Act. Soc. Linn. Bordeaux, (6) **2** (**52**), LXVI—LXVII, 1897.
— Des effets des actions mécaniques sur le développement des oeufs non fécondés du ver à soie. Proc.

[1]) lt. Umschlagbl. 1891

Verb. Soc. Sci. phys. nat. Bordeaux, **1896—97**, 9—10, 1897 g.

— (Observations sur le catalogue de MM. Bial de Bellerade, Blondel de Joigny et Coutures.) Act. Soc. Linn. Bordeaux, (6) **3** (**53**), VIII—IX, 1898 a.

— (L'*Anillus coecus* dans la Gironde.) Act. Soc. Linn. Bordeaux, (6) **3** (**53**), XLIV, 1898 b.

— (Insectes observés dans les fleurs de *Lathraea clandestina.*) Act. Soc. Linn. Bordeaux, (6) **3** (**53**), XLIV, 1898 c.

— Sur l'appendice céphalique de certaines chrysalides de *Sphinx* [Lép.]. Bull. Soc. ent. France, **1899**, 268—269, 1899 a.

— Sur quelques variations du *Bombus Latreillellus* K. [Hymén.]. Bull. Soc. ent. France, **1899**, 269, 1899 b.

— Trois Megachiles nouvelles du Chili. Revista Chilena Hist. nat., **3**, 105—109, 1899 c.

Perez, Teodosio de Stefani siehe De Stefani Perez, Teodosio

Pérez Arcas, Laureano Prof.

geb. 4. 7. 1824 in Requena, gest. 24. 9. 1894 in Requena. — Biogr.: (M. B. Sáez) An. Soc. Hist. nat. Españ., (2) **3** (**23**), Actas 278—296, 1894 m. Porträt & Schriftenverz.; (G. Kraatz) Dtsch. ent. Ztschr., **1895**, 7, 1895; Leopoldina, **31**, 218, 1895; Entomol. monthly Mag., **31**, 196, 1895.

○ Insectos nuevos ó poco conocidos de la fauna española. Revista Progres. Cienc. fis. nat., **15**, 166—186, 423—444, 1865.
[Sonderdr.:] 3 Teile. 8°, 86 S., Madrid, impr. & libr. D. Eusebio Aguado, 1865—68.
1. 23 S., 1865.
2. 32 S., 1865.
3. 30 S., 1868.

— (Note relative à la réunion des *Carabus macrocephalus* Dej. et *C. cantabricus* Chevr.) Ann. Soc. ent. France, (4) **6**, Bull. XXXIV, 1866 a.
[Siehe:] Gautier des Cottes, Baron zu Batignolles: (4) **5**, Bull. XXXIII—XXXV, 1865.

— (Note relative aux *Luperus foveolatus* Rosenh. et *Luperus sulphuripes* Graëlls.) Ann. Soc. ent. France, (4) **6**, Bull. XXXIV—XXXV, 1886 b.

— (Note relative aux *Haptoderus cantabricus* Schauf., *Argutor montanellus* Graëlls, *memorralis* Ejusd. et *Platyderus varians* Schauf.) Ann. Soc. ent. France, (4) **6**, Bull. XXXV, 1866 c.

○ Revista crítica de las especies españolas del género *Percus* (Bon.). Revista Univ. Madrid, **2**, Secc. 1, 193—220, (1870) 1869.
[Sonderdr.:] 8°, 30 S., Madrid, impr. M. Rivadeneyra, 1869.
[Ref.:] Marseul, Sylvain Augustin: (Synopse des *Percus* d'Espagne.) Abeille, **7**, LXXVII—LXXVIII, (1869—70) 1870.

— Especies nuevas ó criticas de la Fauna española. An. Soc. Hist. nat. Españ., **1**, 89—137, Taf. I—III (z. T. farb.), 1872 a; **3**, 111—155, Farbtaf. I—III, 1874.

— [Comunicacion de Sr. Sharp sobre Coleoptere.] An. Soc. Hist. nat. Españ., **1**, Actas 7, 1872 b.

— (*Haltica* (*Graptodera*) *ampelophaga* Guér.) An. Soc. Hist. nat. Españ., **1**, Actas 17—18, 1872 c.

— Un coléoptero de la fauna española.) An. Soc. Hist. nat. Españ., **1**, Actas 22—23, 1872 d.

— (*Asida luctuosa* Rosenh.) An. Soc. Hist. nat. Españ., **1**, Actas 23, 1872 e.

— (*Dryocoetes dactyliperda* Panz., en Valencia.) An. Soc. Hist. nat. Españ., **1**, Actas 31, 1872 f.

— (*Cerambyx velutinus* Brull.) An. Soc. Hist. nat. Españ., **2**, Actas 7—8, 1873 a.

— (*Dorcadion annulicorne* Chevr.) An. Soc. Hist. nat. Españ., **2**, Actas 11, 1873 b.

— (*Misolampus Goudotii* Brème.) An. Soc. Hist. nat. Españ., **2**, Actas 14—15, 1873 c.

— (*Bembidium laetum* Brullé.) An. Soc. Hist. nat. Españ., **2**, Actas 22—23, 1873 d.

— [Über die Gattung *Asida.*] An. Soc. Hist. nat. Españ., **3**, Actas 96—98, 1874 a.

— (Diversas especies del género *Timarcha.*) An. Soc. Hist. nat. Españ., **3**, Actas 102—105, 1874 b.

— (Varios ejemplates de dos especies de coleópteros.) An. Soc. Hist. nat. Españ., **6**, Actas 44—45, 1877 a.

— [Insekten der Umgebung von Madrid.] An. Soc. Hist. nat. Españ., **6**, Actas 54—61, 1877 b.

— siehe Sanz de Diego, Maximino; Perez Arcas, Laureano & Uhagon, Serafin 1880.

— (Cuestiones de nomenclatura zoológica.) An. Soc. Hist. nat. Españ., **11**, Actas 28—34, 1882.

Pérez Canto, C . . . (Lodomiro)

Sobre la embriolojia del *Margarodes vitium*, Giard. Act. Soc. scient. Chili, **6**, 14—20, 3 Fig., 1896.

Perez de Nueros, Federico

Relation des expériences faites en Espagne pour élever à l'air libre les *Attacus Pernyi* et *Yama-mai* (Traduit de l'espagnol, par. M. N. Meyer). Bull. Soc. Acclim. Paris, (3) **6** (**26**), 226—238, 1879.

— siehe Riscal, de & Perez de Nueros, Federico 1881.

Pergande, Theodore

geb. 28. 12. 1840 in Deutschland, gest. 23. 3. 1916 in Washington, Assistent am Bureau Entomol. in Washington. — Biogr.: Ent. News, **27**, 240, 1916 m. Schriftenverz.; Science, (N. S.) **43**, 492, 1916; (A. Bigson) Canad. Entomol., **48**, 213—214, 1916; (L. O. Howard) Hist. appl. Ent., 1930; (E. O. Essig) Hist. Ent., 733—734, 1931 m. Porträt; (J. S. Wade) Proc. ent. Soc. Washington, **38**, 129, 1936; (H. Osborn) Fragm. ent. Hist., 180, 1937.

○ Food Habits of *Megilla maculata.* Amer. Natural., **17**, 322—323, 1883.

— Peculiar habit of *Ammophila gryphus* Sm. Proc. ent. Soc. Washington, **2** (1890—92), 256—258, 1 Fig., (1893) 1892.

— On a Collection of Formicidae from Lower California and Sonora, Mexico. Proc. Calif. Acad. Sci., (2) **4** (1893—94), 26—36, (1895) 1893.

— Formicidae of Lower California, Mexico. Proc. Calif. Acad. Sci., (2) **4** (1893—94), 161—165, (1895) 1894.

— Observations on certain Thripidae. Period. Bull. Dep. Agric. Ent. (Ins. Life), **7** (1894—95), 390—395, 1895 a.

— The Cotton or Melon Plant-louse. (*Aphis gossypii* Glover.) Period. Bull. Dep. Agric. Ent. (Ins. Life), **7** (1894—95), 309—315, 1895 b.

— Mexican Formicidae. Proc. Calif. Acad. Sci., (2) **5** (1895), 858—896, (1896) 1895 c.

— Description of a new species of *Idolothrips.* Ent. News, **7**, 63—64, 1896.

— The Plum Plant-louse. (*Myzus mahaleb* Fonsc.) Bull. U. S. Dep. Agric. Ent., (N. S.) Nr. 7, 52—59, 1897.

— A new plant louse on tobacco. Canad. Entomol., **30**, 300—301, 1898.

— in Howard, Leland Ossian 1898.

— A new species of plant-louse injurious to violets. Canad. Entomol., **32**, 29—30, 1900.

— in Busck, August 1900.

— in Harriman Alaska Expedition 1900.

Pergande, Thomas
Thripidae wanted. Entomologist, **15**, 94—95, 1882 a.
— A request for European Thysanoptera. [Mit Angaben der Herausgeber.] Entomol. monthly Mag., **18**, 235—236, (1881—82) 1882 b.

Périé, P . . .
Plantes insectivores. Bull. Soc. Sci. nat. Nîmes, **9**, 70—72, 1881.

Périer, D . . .
○ Nouveau procédé par les anneaux de sable contre le phylloxera. 8°, 32 S., Montpellier, Selbstverl. (impr. Firmin & Cabirou), 1876.

Périn, A . . .
○ Le *Phylloxera vastatrix*. Recherches et moyens pratiques de le détruire. (Bouches-du-Rhône.) 12°, 14 S., Aix, impr. Illy, 1874.

Peringuey, Louis Albert
geb. 9. 10. 1855, gest. 20. 2. 1924 in Cape Town, Direktor d. South Afr. Mus. in Cape Town. — Biogr.: Ent. News, 35, 190, 262, 1924; Nature London, **113**, 541, 1924; Entomol. monthly Mag., **60** ((3) 10), 89, 1924; South Afr. Journ. nat. Hist., 5, 1—8, 1925 m. Porträt & Schriftenverz.; (L. O. Howard) Hist. appl. Ent., 1930.
— Notes on three Paussi. Trans. ent. Soc. London, **1883**, 133—138, 1883.
— First contribution to the South-African Coleopterous Fauna.[1]) Trans. S. Afr. phil. Soc., **3** (1881—85), 74—149+5 (unn., Taf.Erkl.) S., Taf. 1—4, 1885; Second . . . 4 (1884—88), 67—194+5 (unn., Taf.Erkl.) S., Taf. I—IV, 1888; Third . . . 6 (1889—92), part II, 1—94; Fourth . . . 95—134+2 (unn.) S., 1892; Fifth . . . Ann. S. Afr. Mus., **1**, 240—330, Taf. VI—VII, 1899.
— (Notes on some coleopterous Insects of the family Paussidae.) Trans. ent. Soc. London, **1886**, Proc. XXXIV—XXXVII, 1886.
— siehe Trimen, Roland; Peringuey, Louis & Macowan, Peter 1886.
○ Report of the Inspector of vineyards. 8°, 32 S., 1 Taf., Cape Town, 1887 a.
— *Brachycerus guineensis* spec. nov. Stettin. ent. Ztg., **48**, 407, 1887 b.
— Insects injurious to forest trees in South Africa. Trans. S. Afr. phil. Soc., **4** (1884—88), 15—25, (1888) 1887 c.
— A note on the *Phylloxera Vastatrix* at the Cape. Trans. S. Afr. phil. Soc., **4** (1884—88), XXIII—XXIV, XXV, 57—62, (1888) 1887 d; **5** (1886—89), II, VII, 1893.
— Descriptions of some new Species of Coleoptera in the British Museum. Ann. Mag. nat. Hist., (6) **2**, 219—223, 1888 a.
— Descriptions de deux espèces nouvelles du genre *Brachycerus* Ol. Ann. Soc. ent. Belg., **32**, C. R. LXXVII—LXXVIII, 1888 b.
— Parasitic bees and wasps and their own parasites. Trans. S. Afr. phil. Soc., **6** (1889—92), XVII—XXX, (1892) 1890.
— (Some beetles from the neighbourhood of Walfisch Bay-a.) Trans. S. Afr. phil. Soc., **5** (1886—89), XLVII, 1893 a.
— Note on a fly which preys on human beings. Trans. S. Afr. phil. Soc., **8** (1890—95), 23, (1896) 1893 b.
— Note on a supposed New *Icerya*. Trans. S. Afr. phil. Soc., **8** (1890—95), 50—51, (1896) 1893 c.

[1]) Fortsetzg. nach 1900

— (A dipterous fly *Cynomia pictifacies*.) Trans. S. Afr. phil. Soc., **8** (1890—95), XXII—XXIII, (1896) 1893 d.
— [Herausgeber]
(A) Descriptive Catalogue of the Coleoptera of South Africa. 12 Teile.[1]) Trans. S. Afr. phil. Soc., 1893—1900 ff.
I. Péringuey, Louis: Cicindelidae. **7**, 3 (unn.) +1 —98+2 (unn.) S., Taf. I—II, (1893—96) 1893[2]); . . . Supplement. 99—121, Taf. XI (Fig. 1—2), (1893—96) 1896; . . . Second Supplement. **10** (1897—98), 303—314, 1898.
II. —: Carabidae. **7**, 123—623+I—XIV, Taf. III—X, (1893—96) 1896; . . . First Supplement. **10** (1897—98), 315—374, Taf. XI (Fig. 3—10), 1898.
III. —: Family Paussidae. **10** (1897—98), 3—42, Taf. XII—XIII, (1898) 1897; . . . First Supplement. 375—379, Taf. XI (Fig. 11—14), 1898.
IV. Raffray, Achille: Family Pselaphidae. **10** (1897—98), 43—130+1 (unn., Taf.Erkl.) S., Taf. XVI—XVII, (1898) 1897; . . . First Supplement. 381—417, Taf. XVIII, 1898.
[V?.] Belon, Marie Joseph: Family Lathridiidae. **11** (1900—02), 35—52, (1902) 1900.
[Ref.:] Horn, Walther: Dtsch. ent. Ztschr., **1894**, 305—317, 1894.
— Description of new Cicindelidae from Mashunaland. Trans. ent. Soc. London, **1894**, 447—453, 1894.
— Descriptions of new genera and species of Coleoptera from South Africa, chiefly from Zambezia. Trans. ent. Soc. London, **1896**, 149—189, 1896 a.
— (Some insects found in the kernels of the fruit of a cicad, *Antliarrhinus zamiae*.) Trans. S. Afr. phil. Soc., **8** (1890—95), XLII, 1896 b.
— (A nematod worm, a new parasite of the migratory locust, *Pachytilus migratorius*.) Trans. S. Afr. phil. Soc., **8** (1890—95), LXVI—LXVII, 1896 c.
— Description of some New or Little Known South African Mutillidae in the Collection of the South African Museum. Ann. S. Afr. Mus., **1**, 33—94, (1899) 1898 a.
— Catalogue of the South African Hispinae (Coleoptera), with Descriptions of New Species. Ann. S. Afr. Mus., **1**, 113—130, (1899) 1898 b.
— Description de deux *Julodis* et d'un *Paussus* [Col.] sud-africains. Bull. Soc. ent. France, **1898**, 183—185, 1898 c.
— (The Natal locust and a fungus (*Bothritis Bassiana*).) Trans. S. Afr. phil. Soc., **9** (1895—97), VIII, 1898 d.
— (*Sarcophaga consobrina*.) Trans. S. Afr. phil. Soc., **9** (1895—97), XXII, 1898 e.
— (Some notes on a fly that is parasitic on human.) Trans. S. Afr. phil. Soc., **9** (1895—97), XXII—XXIV, 1898 f.
— A Contribution to the Knowledge of South African Mutillidae (Order Hymenoptera). Ann. S. Afr. Mus., **1**, 352—378, Taf. VIII, 1899 a.
— Description of Twelve New Species of the Genus *Mutilla* (Order Hymenoptera) in the South African Museum. Ann. S. Afr. Mus., **1**, 439—450, 1899 b.
— Notes sur certaines Cétoines (Cremastochilides) rencontrées dans des fourmilières ou termitières avec description d'espèces nouvelles. Ann. Soc. ent. France, **68**, 66—72, 1900.
— Some Phases of Insect Life in South Africa. Trans. S. Afr. phil. Soc., **11** (1900—02), XXVI—XLVI, 1902.

[1]) ab Teil 6 nach 1900
[2]) lt. Textblätter 1892

Péringuey, Louis & **Blandford**, Walter Fielding Holloway
The Tsetse Fly. Nature London, **54**, 247, 1896.

Perkins, Ada Steele
Acronycta Alni. Entomologist, **6**, 198, (1872—73) 1872.
— *Acronycta Alni* bred. Entomologist, **6**, 412, (1872—73) 1873.

Perkins, Anne Steele
Larvae of *Xanthia gilvago* and *X. ferruginea.* Entomologist, **6**, 547, (1872—73) 1873.
— *Xanthia aurago* and *Cirrhoedia xerampelina* near Llangollen. Entomologist, **7**, 20—21, 1874.

Perkins, C... M...
○ On British Butterflies. Trans. Watford nat. Hist. Soc., **2** (1877—79), 63—76, 1880.

Perkins, C... Mathew
Acherontia Atropos taken at a bee-hive. Entomol. monthly Mag., **19**, 236, (1882—83) 1883.

Perkins, Frances Steele
Eriogaster lanestris. Entomologist, **6**, 522, (1872—73) 1873.

Perkins, G... A...
The Cockroach and its Enemy. Amer. Natural., **1**, 293—296, (1868) 1867.
— The Cucuyo; or, West Indian Fire Beetle. Amer. Natural., **2**, 422—433, 6 Fig., (1869) 1868.
[Siehe:] Osten-Sacken, Robert: 665—666, 1869.
— The Drivers. Amer. Natural., **3**, 360—365, 1 Fig., (1870) 1869.

Perkins, G... H...
Elm Insects. [Nach: Rep. Vermont Board Agric., **11**.] Amer. Natural., **24**, 1216—1217, 1890.
— Notes on *Lachnosterna.* Period. Bull. Dep. Agric. Ent. (Ins. Life), **4** (1891—92), 389—392, 1892.
○ Insects of the year. Wermout State Bull., **60** (1897), 3—16, 5 Fig., 1898.

Perkins, Robert Cyril Layton
geb. 15. 11. 1866 in Badmington (Gloucestersh.), gest. 29. 9. 1955 in Bovey Tracy (Devon), Direktor d. Div. Entomol. d. Hawaiian Sugar Planters' Association. — Biogr.: (H. Scott & R. B. Benson) Entomol. monthly Mag., **91** ((4) **16**), 289—291, 1955 m. Porträt; (D. T. Fullaway) Proc. Hawai ent. Soc., **16**, 45—46, 1956; (H. Sachtleben) Beitr. Ent., **6**, 458—459, 1956.
— Aculeate Hymenoptera in 1886. Entomol. monthly Mag., **23**, 134—136, (1886—87) 1886.
— *Hesperia actaeon,* &c., in South Devon. Entomologist, **20**, 107, 1887 a.
— *Sesia andreniformis* in Gloucestershire. Entomologist, **20**, 108, 1887 b.
— Early appearance of *Anthophora pilipes,* Fab. Entomol. monthly Mag., **23**, 249, (1886—87) 1887 c.
— Notes on some Habits of *Sphecodes,* Latr. and *Nomada,* Fab. Entomol. monthly Mag., **23**, 271—274, (1886—87) 1887 d.
— Odour observable in males of *Pieris napi.* Entomol. monthly Mag., **24**, 11, (1887—88) 1887 e.
— Rare Aculeate Hymenoptera in 1887. Entomol. monthly Mag., **24**, 91, (1887—88) 1887 f.
— Notes on Aculeate Hymenoptera. [Mit Angaben von E. Saunders.] Entomol. monthly Mag., **25**, 128—131, (1888—89) 1888.
— Is *Sphecodes* parasitic?. Entomol. monthly Mag., **25**, 206—208, (1888—89) 1889 a.
— Wild Bees. Midl. Natural., **12**, 112—116, 125—129, 149—154, 1889 b.
— The distribution of *Bombus Smithianus,* White. Entomol. monthly Mag., (2) **1** (**26**), 111, 1890 a.
— Note on *Andrena Trimmerana,* Kirby, and *A. Rosae,* Panz. Entomol. monthly Mag., (2) **1** (**26**), 206—208, 1890 b.
— Aculeate Hymenoptera in Wiltshire in 1890. Entomol. monthly Mag., (2) **2** (**27**), 79—80, 1891 a.
— Male and worker characters combined in the same individual of *Stenamma Westwoodi.* Entomol. monthly Mag., (2) **2** (**27**), 123—124, 2 Fig., 1891 b.
— Aculeate Hymenoptera in S. Devon. Entomol. monthly Mag., (2) **2** (**27**), 194—195, 1891 c.
— Stylopized bees. Entomol. monthly Mag., (2) **3** (**28**), 1—4, 1892.
— On two apparently undescribed British species of Andrenidae. Entomol. monthly Mag., (2) **6** (**31**), 39—40, 1895.
— A collecting trip on Haleakala, Maui, Sandwich Islands. Entomol. monthly Mag., (2) **7** (**32**), 190—195, 1896.
— Notes on *Oligotoma insularis,* McLach. (Embiidae) and its immature conditions. Entomol. monthly Mag., (2) **8** (**33**), 56—58, 1897 a.
— The Introduction of Beneficial Insects into the Hawaiian Islands. Nature London, **55** (1896—97), 499—500, 1897 b.
— Notes on some Hawaiian Insects. Proc. Cambridge phil. Soc., **9** (1895—98), 373—380, (1898) 1897 c.
— On a special Acarid chamber formed within the basal abdominal segment of Bees of the genus *Koptorthosoma* (Xylocopinae). Entomol. monthly Mag., (2) **10** (**35**), 37—39, 1899 a.
— Description of two new species of *Rhyncogonus* (Otiorhynchini). Entomol. monthly Mag., (2) **10** (**35**), 56—57, 1899 b.
— *Crabro planifrons,* Thoms.: a Species new to Britain. Entomol. monthly Mag., (2) **10** (**35**), 110—112; *Crabro cavifrons,* Thom., *C. planifrons,* Thom., *C. chrysostomus,* St. Farg., and *C. saundersi,* m. 260—261, 1899 c.
— in Sharp, David [Herausgeber] (1899—1900 ff.) 1899.
— *Prosopis palustris,* sp. nov., an addition to the British Hymenoptera. Entomol. monthly Mag., (2) **11** (**36**), 49—50, 3 Fig., 1900 a.
— *Odynerus tomentosus,* Thoms., a species new to Britain, and some remarks on the Walcott Collection of Aculeate Hymenoptera. Entomol. monthly Mag., (2) **11** (**36**), 172—174, 1900 b.
— in Sharp, David [Herausgeber] (1899—1900 ff.) 1900.

Perkins, Vincent Robert
geb. 1831?, gest. 3. 4. 1922 in Wotton-under-Edge (Gloucestersh.). — Biogr.: (R. C. L. Perkins) Entomol. monthly Mag., **58** ((3) **8**), 110—111, 1922.
— Economy of *Argiolus.* Entomologist, **5**, 112—113, (1870—71) 1870.
— *Sphinx Convolvuli* in Gloucestershire. Entomologist, **9**, 231, 1876.
— *Hadena satura.* Entomologist, **10**, 99, 1877 a.
— *Argynnis Aglaia.* Entomologist, **10**, 252, 1877 b.
— Parasites on Larva of *Bombyx rubi.* Entomologist, **10**, 258, 1877 c.
— Late appearance of Lycaenidae. Entomologist, **10**, 299—300, 1877 d.
— *Heliothis armigera* in Gloucestershire. Entomologist, **11**, 116—117, 1878.
— Notes on *Spercheus emarginatus,* &c. Entomologist, **12**, 214—216, 1879 a.

— *Plusia orichalcea.* Entomologist, **12**, 221—222, 1879 b.
— Injurious Insects. Entomologist, **12**, 231, 1879 c.
— *Cantharis vesicatoria*, Linn. Entomologist, **12**, 274, 1879 d.
— Insects and their Food-plants. Entomologist, **13**, 67, 1880 a.
— *Zygaena filipendulae* and its parasites. Entomologist, **13**, 69, 1880 b.
— *Latheticus oryzae:* a new British Coleoptera. [Mit Angaben von J. A. P.] Entomologist, **13**, 95, 1880 c.
— Abundance of *Orgyia Antiqua* in London. Entomologist, **14**, 178—179, 1881 a.
— *Gracilia pygmaea.* Entomologist, **14**, 186—187, 1881 b.
— *Heliothis armigera* in Gloucestershire. Entomologist, **14**, 231, 1881 c.
— Scarcity of aculeate Hymenoptera round London. Entomologist, **14**, 238, 1881 d.
— Insects and their Food-plants. Entomologist, **14**, 261, 1881 e.
— Capture of *Crabro gonager*, ♀, in Gloucestershire. Entomol. monthly Mag., **19**, 100, (1882—83) 1882.
— Notes from Wotton-under-edge and Neighbourhood. [Lep.] Entomologist, **16**, 60—61, 1883 a.
— Early Bees. Entomologist, **16**, 93—94, 1883 b.
— *Colias edusa* in Gloucestershire. Entomologist, **16**, 233—234, 1883 c.
— Notes from Wotton-Under-Edge. [Lep., Hym.] Entomologist, **16**, 249—251, 1883 d.
— Late Wasps. Entomologist, **17**, 44—46, 1884 a.
— Curious habit of *Osmia bicolor* Schk. Entomol. monthly Mag., **21**, 38; On a singular habit of *Osmia bicolor*, Sch. 67—68, (1884—85) 1884 b.
— *Stylops.* Journ. Micr. nat. Sci., **3**, 108—113, Taf. 13, 1884 c.
— Notes on the Aculeate Hymenoptera of Gloucestershire. Entomol. monthly Mag., **22**, 145—149, (1885—86) 1885.
— *Sirex juvencus* at Wotton-under-Edge. Entomol. monthly Mag., **24**, 156, (1887—88) 1887 a.
— (Capture of *Sesia andreniformis*, Lasp.) [Mit Angaben von Carrington.] Proc. S. London ent. Soc., **1886**, 47—48, [1887] b.
— *Colias edusa* in Dorsetshire. Entomologist, **21**, 273, 1888.
— On the nests of *Osmia bicolor*, Schk. Entomol. monthly Mag., (2) **2** (**27**), 193—194, 1891 a.
— *Eros minutus* in Gloucestershire. Entomol. monthly Mag., (2) **2** (**27**), 275, 1891 b.
— *Bombus lapponicus* at Wotton-under-Edge. Entomol. monthly Mag., (2) **2** (**27**), 276, 1891 c.
— Early Hymenoptera and Hemiptera. Entomol. monthly Mag., (2) **3** (**28**), 135, 1892 a.
— *Colias Edusa*, &c., in Gloucestershire. [Mit Angaben der Herausgeber.] Entomol. monthly Mag., (2) **3** (**28**), 216—217, 1892 b.
— in Witchell, Charles A . . . & Strugnell, W . . . B . . . 1892.
— The mildness of the season. Entomol. monthly Mag., (2) **7** (**32**), 42, 1896.

Perks, F . . . P . . .
Dytiscus marginalis. Sci. Gossip, **26**, 191, 1890.

Perks, H . . .
Xylomiges conspicillaris in Worcestershire. Entomologist, **27**, 221, 1894.

Permeder, Fr . . .
Eine interessante Pilzkrankheit bei *Lasiocampa tremulifolia* Hb. (Lep.). Ill. Ztschr. Ent., **5**, 219, 1900.

Perneder, Franz
Kleiner Beitrag über Raupenzucht. Insektenbörse, **4**, Nr. 17, 1887.

Perny,
(Ver à soie du Chêne.) Bull. Soc. Acclim. Paris, (2) **3**, 167—168, 1866.
— [Sericiculture.] Bull. Soc. Acclim. Paris, (3) **10** (**30**), 111, 1883.

Perny, Paul
Monographie des chinesischen Eichenseidenspinners zu Kuy-Tscheu. (Dtsch. Übers. von Dr. L. Buvry.) Ztschr. Akklim. Berlin, (N. F.) **9**, 107—111, 1871.

Perny de Maligny,
○ Séricultиre. Journ. Agric. prat. Paris, **37**, Bd. 1, 532, 623—625, 1873.

Pero, Paolo
Nota sui Peli-Ventose de' Tarsi de' Coleotteri. Boll. Mus. Zool. Anat. Torino, **1**, Nr. 13, 3 (unn.) S., 1886.
— Studio sulla struttura e funzione degli organi di aderenza nei tarsi dei Coleotteri. Atti Soc. Ital. Sci. nat., **32**, 17—64, Farbtaf. I—IV, 1889.

Péron,
Aperçu historique et observations sur l'invasion de sauterelles en Algérie en 1866. Bull. Soc. Sci. hist. nat. Yonne, **20**, Part II, 297—331, 1866.

Perosino, F . . .
○ Rapporto intorno alla nota sopra una larva di estro bovino nell' uomo del prof. P. Giuffrida Berretta. Giorn. Accad. Med. Torino, 1880.

Pérot, Fr . . .
siehe Yves, M . . . & Pérot, Fr . . . 1896.

Perraud, J . . .
○ Nouvelles observations relatives à la biologie et au traitement de la *Cochylis.* (Zur Biologie und Bekämpfungsweise des Heuwurms.) Rev. Stat. vitic. Villefranche, **2**, 121—128, 1892?.
[Ref.:] Ztschr. Pflanzenkrankh., **3**, 101, 1893.
— (*Coccinella septempunctata* Lin.) Ann. Soc. ent. France, **62**, Bull. CCXXXVIII—CCXXXIX, 1893 a.
— (Excursion à la forêt de Hez.) [Mit Angaben von Édouard Lefèvre, Alfred Giard u. a.] Ann. Soc. ent. France, **62**, Bull. CCXXXIX—CCXLII, CCXLVI, 1893 b.
○ Un nouvel insecte destructeur de la *Cochylis.* Rev. Stat. vitic. Villefranche, **3**, 41, 1893? c.
[Ref.:] Peglion, Vittorio: Riv. Patol. veg., **2**, 266, 1893.
— siehe Sauvageau, C[amille] & Perraud, J . . . 1893.
— siehe Vermorel, & Perraud, J . . . 1893.
— siehe Sauvageau, C[amille] & Perraud, J . . . 1894.

Perraud, J . . . & **Deresse**,
○ Contribution à l'étude de la cécidomie de la vigne. Progrès agric., **1892**, 211, 1892.
[Ref.:] Ztschr. Pflanzenkrankh., **2**, 176, 1892.

Perraudière, René de la
(Conservation des collections.) [1]) Petites Nouv. ent., **2** (1876—79), 262—263, 1878.
— (Une particularité des *Blaps.*) Ann. Soc. ent. France, (6) **2**, Bull. CL—CLI (=Bull. Soc. . . ., **1882**, 201), 1882.

[1]) vermutl. Autor

— Notice nécrologique sur l'abbé S.-A. de Marseul. Ann. Soc. ent. France, (6) **10**, 421—428, 1 Taf. (unn.), (1890) 1891.
— Capture d'*Agyrtes castaneus* [Col.] en Maine-et-Loire. Bull. Soc. ent. France, **1896**, 303, 1896.
— Contribution à l'étude des premières formes des *Julodis* [Col.]. Bull. Soc. ent. France, **1897**, 113—114, 1897.
— (Cas de cannibalisme chez un Malacoderme.) Bull. Soc. ent. France, **1900**, 258, 1900.

Perret, Adrien
Compte rendu des opération de la condition des soies de Lyon. Ann. Soc. Agric. Lyon, (5) 2 (1879), 521—540, 1880.
— Le Sérigraphe de M. Edw. Serrell jeune ingénieur de New-York. Ann. Soc. Agric. Lyon, (5) 4 (1881), 35—46, 1 Fig., 1882.

Perret, Ir . . . J . . .
Les blés dans le canton de Darnetal en 1880. Journ. Agric. prat. Paris, **44**, Bd. 1, 620—621, 1880.

Perret, Michel
○ Le phylloxera et les insecticides. Journ. Agric. prat. Paris, **38**, Bd. 2, 705—706, 1874.

Perret, V . . .
Cultures de la Vanille, de la Vigne, du Caféier et du Murier combinées avec l'élevage du Ver à soie en Nouvelle-Calédonie. Bull. Soc. Acclim. Paris, **45**, 180—182, 1898.

Perrier,
○ Le phylloxera. [In:] „Les Droits de l'Homme." Juillet, Montpellier, 1870.

Perrier, A . . .
○ Le soufflet injecteur Pillon. Insectol. agric., **4**, 45—46, 1870.

Perrier, Edmond
geb. 1844, gest. 1921. — Biogr.: (C. de la Torre) Mem. Soc. Cubana Hist. nat., **4**, 29—32, 1921; (L. E. Bouvier) Ann. Sci. nat. (Zool.), (10) **17**, 1934 m. Porträt.
— Note sur la ponte de la Mante religieuse. Ann. Sci. nat. (Zool.), (5) **14**, Nr. 10, 1—2, 1870.
[Engl. Übers.:] On the Oviposition of *Mantis religiosa*. Ann. Mag. nat. Hist., (4) **8**, 294—295, 1871.
○ Les métamorphoses des Cantharides. Arch. vét. École Alfort, **4**, 437—440, 1879.
— Sur les services que l'embryogénie peut rendre à la classification. Rapport présenté au congrès international de Zoologie. Bull. Soc. zool. France, **14**, 173—195, 1889. — [Abdr.:] [Mit Angaben von Milne-Edwards, Ch. Girard & Bouvier.] C. R. Congr. int. Zool., [**1**], 179—203, 1889.
○ Traité de Zoologie. 6 Fasc. [in 5 Bde.]. 8°, VII + 2726 S., ? Fig., Paris, 1893—1903.

Perrier, R[émy]
○ Cours élémentaire de Zoologie. 8°, 774 S., Paris, 1899.

Perrin, Elzéar Abeille de siehe Abeille de Perrin, Elzéar

Perrin, H . . .
○ Studio sulle sete Tussah [*Antheraea Mylitta*]. Rev. settim. Bachicolt., **12**, 145—146, 1880. — ○ [Abdr.?:] Bacologo Ital., **3** (1880), 162—163, 1881.

Perrins, C . . . H . . .
Acronycta alni near Birmingham. Entomologist, **10**, 254, 1877.

Perris, Jean Pierre Omer Anne Édouard
geb. 14. 6. 1808 in Pau, gest. 10. 2. 1878 in Mont-de-Marsan, Vizepräs. du Conseil de préfecture in Mont-de-Marsan. — Biogr.: (Kraatz) Dtsch. ent. Ztschr., **22**, 224, 1878; (Lichtenstein) Ent. Nachr., **4**, 274, 1878; (Mulsant) Ann. Soc. Linn. Lyon, (N. S.) **25**, 85—110, 1878; Entomol. monthly Mag., **14**, 263, (1877—78) 1878; Abeille, **16**, Nouv. faits div. 43—44, 1878; (A. Laboulbène) Ann. Soc. ent. France, (2) **9**, 373—388, 1879 m. Porträt & Schriftenverz.; (A. Fauvel) Annu. ent. Caen, **7**, 116—119, 1879; Abeille, **18**, Nouv. faits div. 113, (1881) 1880; (S. A. de Marseul) Abeille, **20**, 14—19, 1882 m. Schriftenverz.; (I. Pouillaude) Insecta, **9**, 47—48, 1919.
○ Quelques mots sur la chénille que dévore les feuilles du Pin. Ann. Soc. Agric. Landes, **1864**, 177—186, 1864 a.
— Description de quelques espèces nouvelles de Coléoptères et notes diverses. Ann. Soc. ent. France, (4) **4**, 275—310, 1864 b.
[Siehe:] Fairmaire, L.: XLII.
— (Rectification géographique relative à la *Chrysomela graminis*.) Ann. Soc. ent. France, (4) **4**, Bull. XXXI, 1864 c.
— Descriptions de quelques nouvelles espèces de Coléoptères, Rectifications et Notes. Ann. Soc. ent. France, (4) **5**, 505—512, 1865 a.
— (Note sur des *Dermestes aurichalceus* et *Paramecosoma abietis* rencontrés en grand nombre dans des nids de *Bombyx pityocampa*.) Ann. Soc. ent. France, (4) **5**, Bull. XVII—XIX, 1865 b.
— Descriptions de quelques insectes nouveaux [Coleoptera]. Ann. Soc. ent. France, (4) **6**, 181—196, 1866.
○ Sur les Insectes nuisibles aux récoltes en 1865 et 1866. Ann. Soc. Agric. Landes, **1867**, 461—473, 1867.
— Descriptions de quelques Coléoptères nouveaux. Rectifications et notes. Abeille, **7**, 3—37, (1869—70) 1869 a.
[Siehe:] Bellevoye, Adolphe: **7**, XXIX, (1869—70) 1870.
— [Note sur *Antherophagus nigricornis*.] Abeille, **7**, IX—X, (1869—70) 1869 b; XXV—XXVII, (1869—70) 1870.
[Darin:]
Bugnion, Édouard: XXVI—XXVII.
[Siehe:] Seidlitz, G.: LXII—LXIII, (1869—70) 1870.
— [*Hypocoprus lathridioides* en France.] Abeille, **7**, X, (1869—70) 1869 c.
— [Sur un cadavre de *Cerambyx*.] Abeille, **7**, X—XI, (1869—70) 1869 d.
— (Additions aux insectes du pin maritime.) Abeille, **7**, XI, (1869—70) 1869 e.
— Notices entomologiques. I. Observations sur les manoeuvres de l'*Oecanthus pellucens* (Orthoptères-Grylloniens) pour la ponte de ses oeufs. II. Insectes dont les larves habitent la Vigne sauvage, le Pin, le Chêne ordinaire, le Chêne Tauzin et l'Orme. III. Sur la larve de l'*Olibrus affinis*. IV. Sur les moeurs des *Mordellistena*. V. Moeurs de la larve de l'*Anobium paniceum*. VI. Exploration des nids d'Hirondelles. Ann. Soc. ent. France, (4) **9**, 453—468, 4 Fig., 1869 f; (*Mordellistena nana* et *Perrisii*, Col.) (5) **6**, Bull. CCXVI—CCXVII, 1876.
— [Remarques synonymiques sur l'*Hyperomorphus asperatus*.] Abeille, **7**, Nouv. faits div. XXV, 1870 a.
[Siehe:] Grenier, Auguste: Ann. Soc. ent. France, (4) **10**, Bull. XV—XVI, 1870.

— Histoire des insectes du Pin maritime: Diptères. Ann. Soc. ent. France, (4) **10**, 135—232; ... Suite et fin (1). 321—366, Taf. 1—5, 1870 b.
— On the habits of the larva of *Mycetobia pallipes*, Meigen (Diptera). [Mit Angaben der Herausgeber.] Entomol. monthly Mag., **8**, 92—93, (1871—72) 1871.
— in Bonvouloir, Henry de (1870) 1871.
— [Note sur l'*Omias lepidotus* et *Trachyphloeus maculatus* [*setiger* Seidl.].] Abeille, **13**, V, (1875) 1873 a.
— Synonymies et rectifications. Abeille, **15**, Nouv. faits div. 4, 5—7, (1877) 1873 b.
— Résultats de quelques promenades entomologiques. [Vorwiegend biologische Angaben über Coleoptera.] Ann. Soc. ent. France, (5) **3**, 61—98; ... Supplément (1). 249—252, 1873 c; Nouvelles promenades entomologiques. (5) **6**, 171—244, 1876; Rectifications et additions à mes Promenades entomologiques. (5) **7**, 379—386, (1877) 1878.
[Siehe:] Brisout de Barneville, Henri: (5) **3**, Bull. CLXII—CLXIII, 1873; Marseul, M. de: Bull. CLVIII —CLX, 1873; Emery,: (5) **6**, Bull. CCXVII, 1876.
— Les Oiseaux et les Insectes. Mém. Soc. Sci. Liége, (2) **3**, 673—730, 1873 d. — [Abdr.:] Bull. Soc. Acclim. Paris, (2) **10**, 587—592, 653—659, 780—784, 828—837, 940— 952, 1873.
— Sur le genre *Hyponomeuta*. Petites Nouv. ent., **1** (1869—75), 331, 1873 e.
— Notes sur quelques Hémiptères myrmécophiles. Petites Nouv. ent., **1** (1869—75), 336—337, 1873 f.
— Descriptions de quelques Insectes jugés nouveaux. Abeille, **13**, 1—14, (1875) 1874 a.
— (La ponte des Cassides.) Abeille, **13**, CLXXXVIII, (1875) 1874 b.
— Sur le *Bruchus irresectus* Fabr.Schr. Abeille, **15**, Nouv. faits div. 9—16, (1877) 1874 c.
— (Lettre relative au *Phylloxera*.) Act. Soc. Linn. Bordeaux, (3) **9** (**29**), III—IV, (1873) 1874 d.
— Histoire curieuse sur le *Pachypus cornutus* mâle. Petites Nouv. ent., **1** (1869—75), 383—384, 1874 e.
— in Bedel, Louis 1874.
— in Gobert, Émile (1873) 1875—76.
— Larves de Coléoptères. Ann. Soc. Linn. Lyon, (N. S.) **22** (1875), 259—418, 1876 a; (N. S.) **23** (1876), 1—430+13 (unn., Taf.Erkl.) S., Taf. I—XIV, 1877. [Sonderdr.:] 8°, 6 (unn.) +590+22 (unn., Taf.Erkl.) S., 14 Taf., Paris, Deyrolle, 1877.
— Au sujet des *Ceratina* de M. Tournier. Petites Nouv. ent., **2** (1876—79), 94—95, 1876 b.

[**Perris**, Édouard & **Peragallo**, Alexandre]
Mammifères insectivores. Feuille jeun. Natural., **4**, 59—60, (1873—74) 1874.

Perroncito, Edoardo
geb. 1847, gest. 1936. — Biogr.: (P. Ghislein) Ann. Accad. Agric. Torino, **79**, 213—221, 1936 m. Porträt; (G. Penso) Ann. Parasit., **15**, 86—91, 1937 m. Porträt; (B. Babudieri) Riv. Parasit., **1**, 81—84, 1937 m. Porträt; (V. Marzocchi) Riv. Biol. Firenze, **22**, 360—361, 1937.
○ Brevi considerazioni sui corpuscoli del Cornalia. Giorn. Indust. serica, **4**, 321—322, 1870.
○ Relazione sull' andamento dell' Istituto bacologico sperimentale di Torino per l'anno 1870. Giorn. Indust. serica, **5**, 17—20, 1871 a.
○ Descrizione di alcuni pezzi patologici mandati in dono all' Istituto bacologico di Torino. Giorn. Indust. serica, **5**, 49—50, 82—83, 1871 b.
○ Risultati degli allevamenti dei bachi nel 1872. Giorn. Indust. serica, **6**, 203—205, 1872.
○ Alcuni esperimenti sulla tenacità di vita dei corpusculi di Cornalia. Ann. Accad. Agric. Torino, **17** (1874), 29—37, 1875. [Sonderdr.:] 8°, 11 S., Torino, Camilla & Bertolero, 1874.
○ Resoconto dell' Osservatorio bacologico di Torino. Ann. Accad. Agric. Torino, **18** (1875), 297—326, 1876.
○ Conferenze pubbliche di microscopia applicata alla bachicoltura tenute in Torino sotto gli auspici della R. Accademia d'Agricoltura nei mesi di marzo e d'aprile 1876. Ann. Accad. Agric. Torino, **19** (1876), 107—192, 1 Taf., 1877 a.
○ Ragguaglio sull' allevamento modello di bacchi da seta eseguito presso l'Orto sperimentale della R. Accademia d'Agricoltura di Torino. Ann. Accad. Agric. Torino, **19** (1876), 193—197, 1877 b.
○ Manuale di bachicoltura. 8°, 112 S., 10 Taf., 1879 a. — 2. Aufl. 150 S., 10 Taf., Torino, tip. Roux & Favale, 1880.
○ Relazione sui lavori del Congresso bacologico internazionale tenutosi in Parigi nel mese di settembre 1878. Ann. Accad. Agric. Torino, **21** (1878), 211—216, 1879 b.
○ Considerazioni delle sementi dei bachi da seta. Bacologo Ital., **2**, 354, 1879—80 a.
○ Dell' atrofia, pebrina, gattina. Bacologo Ital., **2**, 369—370, 381—383, 1879—80 b.
○ Azione di differenti gaz, del vuoto e della temperatura sul seme. Riv. settim. Bachicolt., **12**, 45, 1880.
— siehe Cauda,; Luvini, [Giovanni] & Perroncito, Edoardo 1880.
○ Bachicoltura moderna. Bacologo Ital., **3**, 393—394, 1880—81.
○ I Parassiti dell' uomo e degli animali utili. Delle più comuni malattie da essi prodotte profilassi e cura relativa. Bibliotheca Medica Contemporanea. 8°, XII +506 S., 233 Fig., 14 Taf., Bologna, 1882.
○ Appunti sugli insetticidi. Torino, Unione Torinese, 1894. [Ref.:] Sur les insecticides. Arch. Ital. Biol., **23**, 47—48, 1895.
— Schwefelkohlenstoff als Mittel gegen Dipterenlarven im Magendarmkanal. Zbl. Bakt. Parasitenk., **18**, Abt. 1, 532—534, 1895.
— Versuche über die Elimination der *Oestrus*larven beim Pferde. [Nach: Journ. Méd. vét. Lyon, 1896.] Berl. tierärztl. Wschr., **1896**, 586, 1896.
— Résistance des oeufs des insectes à divers poisons, substances chimiques et agents naturels. C. R. Ass. Franç. Av. Sci., **26** (1897), part. 2, 545—547, 1898.

Perroncito, Edoardo & **Bosso**, G ...
○ Expériences sur la résistance vitale des larves d'Oestre (*Gastrophilus equi*). Recu. Méd. vét. Paris, Nr. 21, 1894. [Ref.:] Jahresber. Leist. Fortschr. Med., **29** (1894), Bd. 1, 663, 666, 1895.
— Versuche über die Lebenszähigkeit der Bremsenlarven (*Gastrophilus equi*) im Magen der Einhufer. Arch. Tierheilk., **21**, 160—167, 1895 a.
○ Azioni di gas differenti e del vuoto sulle uova degli Insetti. Giorn. Accad. nazion. Vet., **44**, 297—301, 1895 b. [Ref.:] Zool. Zbl., **4**, 25, 1896.

Perrottet,
(*Bombyx Mylitta* et *B. Selene.*) Bull. Soc. Acclim. Paris, (2) **4**, 169—170, 1867.
— in Buvry, Louis 1869.

Perroud, Benoît-Philibert
geb. 12. 2. 1796 in Lyon, gest. 10. 2. 1878 in Lyon. — Biogr.: (Mulsant) Ann. Soc. Linn. Lyon, (N. S.) **25**, 271—281, 1878 m. Porträt; (G. Kraatz) Dtsch. ent. Ztschr., **22**, 227—228, 1878; Petites Nouv. ent., **2**, 212, 1878; Abeille, **16**, Nouv. faits div. 44, 1878; Ann. Soc. Linn. Lyon, **26**, 109—120, 1879; (A. Fauvel) Annu. ent. Caen, **7**, 119, 1879; (A. Musgrave) Bibliogr. Austral. Ent., 255, 1932.

Perroud, Benoît-Philibert & **Montrousier,**
Essai sur la Faune entomologique de Kanala (Nouvelle-Calédonie) et description de quelques espèces nouvelles ou peu connues.[1]) Ann. Soc. Linn. Lyon, (N. S.) **11**, 46—257, Farbtaf. I, 1864.

Perry,
(Note on the *Trinotion* and other Parasites which infest the Pelican.) Proc. lit. phil. Soc. Liverpool, **30** (1875—76), LXXX—LXXXI, 1876.

Perry, J . . . F . . .
Thecla w-album in Oxfordshire. Entomologist, **22**, 73, 1889.

Perseke,
Zur Bekämpfung des Bandholzkäfers (*Phratora*) in den Elbmarschen. Dtsch. landw. Pr., **23**, 251, 1 Fig., 1896.

Personnat, Camille
Sur le ver à soie du chêne du Japon (*Bombyx Yama-maï*). Rev. Séricicult. comp., **1864**, 119—122, 1864.
— Ver à soie du chêne (*Bombyx yama-maï*). Rev. Séricicult. comp., **1865**, 63—84, 1865.
○ Le Ver à soie du chêne (*Bombyx Yama-maï*) son histoire, — sa description, — ses moeurs, son éducation, ses produits. 8°, 128 S., ? Fig., 3 Farbtaf., Paris. Libr. agricole de la Maison rustique, 1866 a. — 2. Aufl. VIII+128 S., 1866. — 3. Aufl. 3 (unn.) +VII +1 (unn.) +124 S., 3 Farbtaf., 1866. — ○ 4. Aufl. VIII+132 S., 3 Farbtaf., Paris, 1868.
— Conférence sur le ver à soie du chêne (*Bombyx yama-maï*), donnée au palais de l'industrie à Paris, le 28 août 1865. 8°, 16 S., ? Taf., Laval, à l'École de sériciculture; Paris, libr. agricole de la maison rustique, 1866 b.
○ Sur le ver à soie de l'ailante et sur celui du chêne. Annu. Normand., **32**, 276—283, 1866 c.
— Ver à soie du chêne. Rev. Séricicult. comp., **1866**, 46—48, 1866 d.
[Siehe:] Guerin-Méneville, Félix Édouard: 48—50.
— Rapport sur ses éducations de *Bombyx Yama-maï* en 1866. Bull. Soc. Acclim. Paris, (2) **4**, 85—91, 1867.
○ Le ver à soie du chêne à l'Exposition universelle de 1867. Insectes utiles vivants. 8°, 14 S., ? Fig., Paris, Libr. agricole, 1868 a.
— Le ver à soie du chêne. (*Bombyx Yama-maï.*) Insectol. agric., **2**, 182—188, 1 Fig., 1868 b.
○ Le ver à soie du chêne au champ de mars. Journ. Agric. prat. Paris, **32**, Bd. 1, 75—77, 1868 c.
○ Les métamorphoses des insectes. Journ. Agric. prat. Paris, **32**, Bd. 1, 205—209, ? Fig., 1868 d.
— Métamorphoses des insectes. Rev. hortic., **1868**, 130, ? Fig., 1868 e.

[1]) Die Arbeit ist außerdem als 4. partie von „Mélanges entomologiques" erschienen.

○ Esposizione d'insetti utili e nocivi nel 1868. Brano di relazione sulla sericoltura. Giorn. Indust. serica, **3**, 36—37, 1869 a.
○ La sériciculture en Italie. Journ. Agric. prat. Paris, **33**, Bd. 1, 49—52, 1869 b.

Persoz, I . . .
in Buvry, Louis 1869.

Pertile, Antonio
Gli animali in giudizio. Atti Ist. Veneto, (6) **4**, 135—153, 1885—86.

Perty, Joseph Anton Maximilian
geb. 17. 9. 1804 in Ornbau (Bayern), gest. 8. 8. 1884 in Bern, Prof. d. Zool. u. allgem. Naturgesch. in Bern. — Biogr.: Psyche Cambr. Mass., **4**, 236, 1884; (G. Kraatz) Dtsch. ent. Ztschr., **28**, 437, 1884; Wien. ent. Ztg., **3**, 224, 1884.
— Ueber eine in Bern sehr zahlreich beobachtete Art von *Oscinis.* Mitt. naturf. Ges. Bern, **1866**, 233—237, 1867 a; [*Oscinis lineata* wieder sehr häufig.] **1870**, XLIV, 1871.
— Einige Insekten-Missbildungen. Mitt. naturf. Ges. Bern, **1866**, 298—309, 1 Taf. (unn.), 1867 b.
— Über den Parasitismus in der organischen Natur. Sammlg. wiss. Vortr., **4** (1869—70), 711—754, 1869.
— (Ueber den Parasitismus in der Natur.) Mitt. naturf. Ges. Bern, **1869**, XV—XXI, 1870.
— (Über sein Werk „Die Gliederfüsser Brasiliens": Delectus animalium articulatorum Brasiliae.) Mitt. naturf. Ges. Bern, **1873**, SB. 38—39, 1874 a.
— Ueber *Dinomorphus pimelioides.* Mitt. naturf. Ges. Bern, **1873**, SB. 41, 1874 b.
— Ueber *Formica fuliginosa.* Mitt. naturf. Ges. Bern, **1873**, SB. 41—42, 1874 c.
— Ueber die Rebenschildlaus *Coccus vitis* Linn. Mitt. naturf. Ges. Bern, **1873**, SB. 42, 1874 d.
— Ueber Parthenogenesis im Thierreiche. Mitt. naturf. Ges. Bern, **1873**, 71—85, 1874 e.
— Mittheilung eines Briefes des Herrn J. K. Mühlemann aus Amerika.[1]) Mitt. naturf. Ges. Bern, **1877**, 96—102, 1878.
— Erinnerungen aus dem Leben eines Natur- und Seelenforschers des neunzehnten Jahrhunderts. 8°, VIII+486 S., 1 Taf., Leipzig & Heidelberg, C. F. Winter, 1879 a.
— Necrolog des Herrn Moritz Isenschmid von Bern. Mitt. Schweiz. ent. Ges., **5**, 488—492, (1880) 1879 b. — [Abdr.:] Moritz Isenschmid, Nekrolog. Mitt. naturf. Ges. Bern, **1878**, 187—193, 1879.

Pescatore, Aug[ust] Dutreux siehe Dutreux-Pescatore, Aug[ust]

Pesenböck,
○ Der Kornkäfer, *Curculio granarius.* Allg. land- u. forstw. Ztg., **15**, 337, 1865.

Pesruches, Louis des Clouët siehe Clouët des Pesruches, Louis

Pestalozza, Alessandro
○ I bachi del Giappone. Memoria. 8°, 95 S., Milano, G. Redaelli, 1866. — 5. Aufl. 18°, 140 S., G. Brigola, 1872.
○ Die südamerikanische Seidenraupe. Allg. Dtsch. Ztschr. Seidenbau, **3**, 70—71, 95, 1869 a; **4**, 26—27, 1869.
○ Die alten Seidenraupenracen. Allg. Dtsch. Ztschr. Seidenbau, **4**, 27—28, 34—35, 1869 b.

[1]) Betr. Angewandte Entomologie

○ Del miglior modo di conservare le semente dei bachi da seta. Giorn. Indust. serica, **3**, 59—61, 66—68, 1869 c.
○ Bachicoltura. Giorn. Indust. serica, **3**, 163—164, 196, 1869 d.
○ Coltivazione del baco della Nuova Orleans. Giorn. Indust. serica, **3**, 281—283, 1869 e.
○ Conservazione e preparazione del seme. Giorn. Indust. serica, **4**, 105—106, 1870 a. — ○ [Abdr.?:] Riv. settim. Bachicolt., **2**, 61, 1870.
○ Rivista del raccolto 1870. Giorn. Indust. serica, **4**, 212, 1870 b.
○ Sullo schiudimento del seme bachi. Giorn. Indust. serica, **4**, 137—138, 1872.

Pestellini, Ippol . . .
Il bruco o tignola dell' uva. [Nach: Amico del contadino, **1**, 1883.] Arch. Ital. Biol., **6**, XXIX, (1884) 1885.

Pestellini, Ippol . . .; **Cioni**, Luigi & **Ridolfi**, Lorenzo
○ Relazione del II. Congresso degli Apicoltori italiani tenutosi a Firenze nel maggio 1874. 8°, 248 S., Firenze, 1878.

Peter, Arnold
Untersuchungen über Honig und Wachs. Mitt. Thurgau. naturf. Ges., H. 6, 77—82, 1884.

Peter, Max
Über das Sammeln des *Hylobius abietis*. Dtsch. Forstztg., **4**, 190—191, (1889—90) 1889 a.
— Vertilgung der schädlichen Raupen. Dtsch. Forstztg., **4**, 239, (1889—90) 1889 b.
— Forstinsektologisches aus dem Sächsischen Erzgebirge. Dtsch. Forstztg., **4**, 427—428, 437, (1889—90) 1889 c.
— Über die Bedeutung des *Bostrichus pusillus*. Dtsch. Forstztg., **5**, 70, (1890—91) 1890 a.
— Über die Bedeutung der Stare als Rüsselkäfer-Vertilger. Dtsch. Forstztg., **5**, 291—292, (1890—91) 1890 b.

Petermann, A . . .
Über eine neue Krankheit am Weinstock. [*Phylloxera vastatrix*.] SB. naturw. Ges. Isis Dresden, **1869**, 245—247, 3 Fig., 1870.

Peternel,
○ Curioso fenomeno. [Emigrazione di *Pieris brassicae*.] Atti Mem. Soc. agr. Gorizia, **15** ((N. S.) **1**), 328, 1876.

Peters, Carl August Friedrich Dr. med.
geb. 26. 12. 1809 in Neustrelitz, gest. 13. 5. 1894 in Neustrelitz, Geh. Medizinalrat in Neustrelitz.
— Bericht über die vom Verein am 20. Mai 1880 von Neu-Strelitz aus unternommene Excursion. Arch. Ver. Naturgesch. Mecklenb., **34**, 313—319, 1880.

Peters, E . . . D . . .
[Distribution of Coleoptera and *Colias interior*.] Ent. News, **1**, 43, 1890.

Peters, Franz
Zur Ueberwinterung der Raupen. Insektenbörse, **5**, Nr. 1, 1 Fig., 1888 a.
— Etwas über das Ueberwintern der Raupen der Gattung *Apatura*. Insektenbörse, **5**, Nr. 2, 1888 b.

Peters, H . . . W . . .
Zygaena filipendulae var. *chrysanthemi*. Entomologist, **32**, 238, 1899.

Peters, Hermann Titian
geb. 1820 in Flensburg, gest. 23. 8. 1898 in Kiel.
— Für Freunde der Schmetterlingskunde. Heimat Kiel, **3**, 85—94, 1893.
— [Libelluliden der Umgegend von Kiel.] Ill. Wschr. Ent., **1**, 131; [Nachtrag.] 195, 1896 a.
— Naturalistische Aufzeichnungen aus der Provinz Rio de Janeiro in Brasilien. Veröffentlicht von Dr. Chr. Schröder. Ill. Wschr. Ent., **1**, 229—233, 1 Fig.; 277—281, 1 Fig.; 312—316, 1 Fig.; 437—442, 1 Fig.; 485—491, 1 Fig.; 584—589; [Bemerkung zu S. 233 (Schröder).] 324, 1896 b; **2**, 17—23, 1 Fig.; 36—39, 49—55, 1 Fig.; 65—69, 1 Fig.; 81—84, 102—106, 134—137, 1 Fig.; 193—199, 1 Fig., 1897.
— [Hemipteren bei Kiel.] Ill. Wschr. Ent., **1**, 388, 1896 c.
— *Pamacra* spec. (?). Ill. Ztschr. Ent., **3**, 89—90, 1 Taf. (unn.), 1898.

Peters, Hermann Titian & **Barfod**, H . . .
Das Verhalten der Bienen gegen den Bienenvater. Heimat Kiel, 2, 219—222, 1892.

Peters, Karl F . . .
siehe Ilwof, Franz & Peters, Karl F . . . 1875.

Peters, John
Colias Hyale and *C. Edusa* in Suffolk. Entomologist, **8**, 221, 1875.

Peters, Wilhelm Carl Hartwig
geb. 22. 4. 1815 in Koldenbüttel (Krs. Eiderstedt), gest. 20. 4. 1883 in Berlin, Direktor d. Zool. Mus. in Berlin. — Biogr.: (H. von Türckheim) Berl. ent. Ztschr., **27**, II, 1883; Psyche Cambr. Mass., **4**, 59, (1890) 1883; (J. W. Dunning) Trans. ent. Soc. London, **1883**, Proc. XLVII, 1883.
— (*Podura aquatica* de Geer in ungeheueren Massen bei Oderberg in der Mark.) SB. Ges. naturf. Fr. Berlin, **1880**, 55—56, 1880.

Petersdorff, Emil
geb. 21. 6. 1836 in Berlin, gest. 16. 2. 1915 in Berlin, Inhaber eines Möbelstoffgeschäfts in Berlin. — Biogr.: (H. Belling) Dtsch. ent. Ztschr., **1917**, 322—324, (1918) 1917.
— [Über *Crateronyx dumi* L. Mit Angaben von Belling & Hensel.] Berl. ent. Ztschr., **45**, (45)—(46), 1900.

Petersen, P . . .
Die Nonne, *Phalaena Bombyx Monacha* (*Liparis monacha*), ein gefährlicher Feind der Nadelwälder. Dtsch. Forstztg., **1**, 244—246, (1886—87) 1887 a.
— Der Eichenprozessionsspinner (*Cnethocampa processionea*). Dtsch. Forstztg., **2**, 123—125, (1887—88) 1887 b.
— Der Kiefernspinner. Dtsch. Forstztg., **3**, 86—88, (1888—89) 1888 a.
— Die Borkenkäfer. Dtsch. Forstztg., **3**, 180—182, (1888—89) 1888 b.

Petersen, Peter Esben siehe Esben-Petersen, Peter

Petersen, Søren Peder
geb. 24. 4. 1868, gest. 2. 7. 1953. — Biogr.: (P. Nielsen) Flora og Fauna, **59**, 48, 1953 m. Porträt.
— Entomologiske Meddelelser. Fra Egnen syd for Silkeborg. Flora og Fauna, **2**, 50—51, 1900.

Petersen, Th . . .
Die Schildläuse. Natur Halle, (N. F.) **25** (**48**), 258—259, 1899 a.
— Krankheiten des Hopfens. Natur Halle, (N. F.) **25** (**48**), 320—321, 1899 b.

Petersen, Wilhelm Ch . . . Dr.
geb. 31. 5. 1854 in Leal (Estland), gest. 3. 2. 1933 in Reval, Schuldirektor. — Biogr.: (O. Greiffenhagen u. a.)

Beitr. Kunde Estland, **15**, 23—35, 1929; (W. Hellén) Notul. ent. Helsingfors, **13**, 50—52, 1933 m. Porträt; (C. Schawerda) Ztschr. Österr. Entomol. Ver., **18**, 45—46, 1933; (W. Meyer) Stettin. ent. Ztg., **94**, 331—332, 1933; (F. Eggers) Zool. Anz., **102**, 64, 1933; (M. Hering) Mitt. Dtsch. ent. Ges., **4**, 52—54, 1933; (A. Dampf) Beitr. Kunde Estland, **18**, 1—4, 1933; Entomol. Rec., **45**, 142, 1933; (M. Hering) Petersen Gedenkblatt, 4 S., Reval, 1933 m. Porträt & Schriftenverz.; (Ungern-Sternberg) Gedenkblatt, 4 S., 1935 m. Porträt & Schriftenverz.; (N. Kusnezov) Rev. Russe Ent., **27**, 139—142, 1937 m. Porträt & Schriftenverz.

— Bemerkungen über Fauna Bogotana. SB. Naturf. Ges. Dorpat (Jurjew), **4** (1875—77), 274—279, (1878) 1876.

— Lepidopterologisches. Korr.bl. Naturf. Ver. Riga, **22**, 7—15, 1877.

○ Über die Fauna des Batumschen Gebiets. [Russ.] Tiflis, 1881 a.

— (Über Reiseerlebnisse in Columbien.) SB. Naturf. Ges. Dorpat, **5** (1878—80), 42—47, 1881 b.

— Einige Worte über Verbreitung der Heteroceren in den Tropen. Stettin. ent. Ztg., **42**, 245—252, 1881 c. [Siehe:] Schilde, Johannes: 425—432.

— Sub rosa. Ein Brief Karlchen Miessnick's an Herrn Professor Glaser. Stettin. ent. Ztg., **44**, 399—402, 1883.

○ Reisebriefe aus Transkaukasien und Armenien. 1885.

○ Die Lepidopteren-Fauna der arktischen Gebiete von Europa und die Eiszeit. Dissertation. 8°, 143 S., St. Petersburg, 1887.

— Nachtrag zur Lepidopterenfauna der Ostseeprovinzen, insbesondere Estlands. SB. Naturf. Ges. Dorpat, **8**, 149—154, 1889.

— Fauna baltica. Die Schmetterlinge der Ostseeprovinzen Russlands. Nach der analytischen Methode bearbeitet. (I. Theil. Rhopalocera. (Tagfalter.)) Progr. Petri-Realschule Reval, **2**, 13—59, 7 Fig., 1890.

— Die Chromophotographie bei Schmetterlingspuppen. Naturfr. Eschweiler, **2**, 111—112, 1891.

— Die Entwickelung des Schmetterlings nach dem Verlassen der Puppenhülle. Dtsch. ent. Ztschr. Iris, **4**, 199—214, 5 Fig., (1891) 1892 a.

— Zur Frage der Chromophotographie bei Schmetterlingspuppen. SB. Naturf. Ges. Dorpat, **9** (1891), 232—270, 1892 b.

— Über die Ungleichzeitigkeit in der Erscheinung der Geschlechter bei Schmetterlingen. Zool. Jb. Syst., **6**, 671—679, 1892 c.

Petit, Ernest

Le Colonel Goureau. Bull. Soc. Sci. hist. nat. Yonne, **33** ((3) **1**), 85—101, 1 Taf. (unn.), 1879.

Petit, Frédéric & **Lefebvre**, Alphonse

René Vion [Nekrolog]. Bull. Soc. Linn. Nord France, **11**, 97—103, 1892—93.

Petit, G . . . Albert

○ La Truite de Rivière. (Pèche à la Mouche artificielle.) 8°, 439 S., ? Fig., Paris, Ch. Delagrave, 1897?. [Ref.:] Maison, Emile: Les Ephémères. — Pêche et histoire naturelle. Bull. Soc. Acclim. Paris, **44** (1897), 428—432, [1897][1]).

Petit, Julien

La sériciculture en Hongrie. Rev. Sci. nat. appl. Paris (Bull. Soc. Acclim. Paris), (4) **6** (**36**), 838, 1889 a.

— Migration du *Doryphora* et du *Solanum rostratum*. Rev. Sci. nat. appl. Paris (Bull. Soc. Acclim. Paris), (4) **6** (**36**), 1045, 1889 b.

[1]) Lt. Text 1896

— Les Abeilles dans l'Inde et en Malaisie. Rev. Sci. nat. appl. Paris (Bull. Soc. Acclim. Paris), **37**, 700—701, 1890 a.

— La soie en Turquie et dans la Transcaucasie. Rev. Sci. nat. appl. Paris (Bull. Soc. Acclim. Paris), **37**, 1006—1008, 1890 b.

— Le rôle de l'acide formique secrété par les Abeilles. Rev. Sci. nat. appl. Paris (Bull. Soc. Acclim. Paris), **38**, 238, 1891.

Petit, L . . .

(Note concernant les résultats fournis par l'emploi, contre le *Phylloxera* des goudrons provenant de la houille.) C. R. Acad. Sci. Paris, **77**, 1176—1177, 1873.

— Emploi de la chaux des épurateurs à gaz, pour combattre le *Phylloxera*. C. R. Acad. Sci. Paris, **79**, 600—601, 1874.

○ Le phylloxera. Régéneration de la vigne à l'aide d'un coaltar spécial. 12°, 69 S., ? Taf., Nîmes, Bedot, 1875 a.

— Sur quelques matières propres à la destruction du *Phylloxera*. C. R. Acad. Sci. Paris, **77**, 193—194, 1875 b. — ○ [Abdr.?:] Bull. hebd. Ass. scient. France, **12**, 366—367, 1875.

Petit, Louis

Présence de l'*Hypoderma Diana* en France. Bull. Soc. zool. France, **22**, 35—36, 1897.

— (Un nid de Mouche sans raison. La Fourmi volante.) Bull. Soc. zool. France, **25**, 103—104, 1900.

Petit, Th . . .

○ État de la question phylloxera. Journ. Agric. prat. Paris, **40**, Bd. 1, 54—59, ? Fig., 1876.

— Conférence de M. Rohart au Trocadéro sur la destruction du phylloxera. Journ. Agric. prat. Paris, **42**, Bd. 2, 132—134, 1878.

Petri, Karl

geb. 17. 12. 1852 in Hermannstadt, gest. 22. 11. 1932 in Hermannstadt, Bürgerschuldirektor in Hermannstadt. — Biogr.: (Arnold Müller) Verh. Mitt. Siebenbürg. Ver. Naturw., **80—81**, 6—10, 1930—31 m. Porträt & Schriftenverz.

○ Ergebnisse entomologischer Excursionen im Gebiete Schässburgs. Schässburg, 1885.

— Beitrag zur siebenbürgischen Käferfauna. Verh. Mitt. Siebenbürg. Ver. Naturw., **36**, 72—75, 1886.

— Ueber den Stand der Coleopterenfauna der Umgebung Schässburgs. (Beitrag zur Coleopterenfauna Siebenbürgens.) Verh. Mitt. Siebenbürg. Ver. Naturw., **41**, 1—26, 1891.

— [Revision der mittel- und westeuropäischen Arten der Gattung *Plinthus* Germ.] Revizija srednjo- i zapadnoevropskih vrsta roda *Plinthus* Germ. [Serbokroat.] Glasnik zem. Muz. Bosn. Herc., **7**, 425—444, 1895 a.

— Monographie des Coleopteren-Genus *Liparus* Olivier. Verh. Mitt. Siebenbürg. Ver. Naturw., **44**, 26—52, 1 Taf. (unn.), 1895 b.

— Revision der mittel- und westeuropäischen Arten der Gattung *Plinthus* Germ. Wiss. Mitt. Bosnien, **4**, 560—582 [=32—54, Sonderpaginierung des Teiles III: Naturwissenschaften], 1896.

Petri, Lionello

I muscoli delle ali nei ditteri e negli imenotteri. Bull. Soc. ent. Ital., **31**, 3—45, Taf. I—III, 1899.

Petris, Ignazio de

○ Partenogenesi delle api; chi ha ragione. Petruzio di Teramo, **3**, 14—16, 1874.

Petrobelli, A . . .
○ Effeti del sapone sulle viti. Boll. Ent. agr. Padova, **4**, 345, 1897.
[Ref.:] Solla, R . . . F . . .: Ztschr. Pflanzenkrankh., **8**, 306, 1898.

Petrobelli, R . . .
○ Rimedi contro gli insetti, Catalogo della fabbrica prodotti chimici anticrittogamici ed insetticidi. ? Fig., Padova, 1892.

Petroff, N . . . siehe Petrov, N . . .

Petrogalli, Arthur
○ [Über das Sammeln der Käfer.] A bogárgyüjtésröl. [In:] Külön lenyom. az „Altalános tanügyi közlöny" -böl. Arad., 1—30, 1880.
— [Ein Ausflug in der nächsten Umgebung von Trencsén.] Kirándulás Trencsén közvetlen környékére. Trencsén Termeszettud. Egylet Evkön.; Jh. naturw. Ver. Trencsin Comitat, **8** (1885), 93—99, 1 Fig., 1886.
— (Ausflug ins Hermaneczthal.) Kirándulás a Nagy Fátra „Hermánd" nevü völgyébe. 1886. évi julius ho 2—7. [Ungar.] Trencsén Termeszettud. Egylet Evkön.; Jh. naturw. Ver. Trencsin Comitat, **9** (1886), 57—83, 2 Fig., 1887.
— [Ein Ausflug nach Szitnya.] Kirándulás a Szitnyára. Trencsén Termeszettud. Egylet Evkön.; Jh. naturw. Ver. Trencsin Comitat, **11—12** (1888—89), 132—146, 1890.
— (Ausflug nach Kremnitz.) Kirándulás Körmöczbányára. [Ungar.] Trencsén Termeszettud. Egylet Evkön.; Jh. naturw. Ver. Trencsin Comitat, **13—14** (1890—91), 82—88, 1891.

[**Petrov**, N . . .] **Петровъ**, Н
Etwas über die Maulwurfsgrille. Bull. Soc. Natural. Moscou, **40**, Teil 2, 288—293, 1867.
[Ref.:] Die Schädlichkeit der Maulwurfsgrille [*Gryllotalpa vulgaris*]. Gaea Köln, **4**, 368, 1868.
○ [Tafeln zur Bestimmung der Gattungen der Dipteren. Hilfsmittel zur Erlernung der Naturkunde. Zusammengestellt nach Schiner, mit einer Beilage zur russischen Fauna. 147 S., 2 Taf., Jaroslavl, 1875.] Таблицы для определенія родовъ друкрылыхъ насекомыхъ (Diptera). Пособіе при изученіи естеств. исторіи. Сост. по Шинеру, съ приложеніемъ къ русской фауне. Ярославль, 1875.

Petrovskij, A . . .
siehe Sabaneev, Leonid Pavlovič & Petrovskij, A . . . 1878.

[**Petrovskij**, N . . . F . . .] **Петровский**, Н . . . Ф . . .
○ [Seidenindustrie und Seidenspinnerei im mittleren Asien. St.-Petersburg, 1874.] Шелководство и шелкоматание въ Средней Азіи. С.-Петербургъ, 1874.

Petrowitsch, M . . .
Das Wiederaufblühen des Seidenbaues in Ungarn. Natur Halle, (N. F.) **11**, 571—573, 582—584, 1885.

Petrunkevitch, Alexander Dr.
geb. Dezember 1875 in Pliski, Prof. d. Zool. an d. Yale Univ. — Biogr.: (L. L. Woodruff) Trans. Connecticut Acad. Arts Sci., **36**, 7—8, 1945; (G. E. Hutchinson) Trans. Connecticut Acad. Arts Sci., **36**, 9—15, 1945 m. Porträt & Schriftenverz.
— Über die Entwicklung des Herzens bei *Agelastica* Redt. *alni* L. (Vorläufige Mittheilung.) Zool. Anz., **21**, 140—143, 3 Fig., 1898.
— Zur Physiologie der Verdauung bei *Periplaneta orientalis* und *Blatta germanica*. (Vorläufige Mittheilung.) Zool. Anz., **22**, 137—140, 4 Fig., 1899 a.
— Die Verdauungsorgane von *Periplaneta orientalis* und *Blatta germanica*. Histologische und physiologische Studien. Zool. Jb. Anat., **13**, 171—190, 1 Fig., Taf. 11, (1900) 1899 b.

Petruzzelli,
○ Sull' industria delle api, calcolo pratico riepilogato da una relazione sulle api di G. Majone, e dedicato ai suoi amici di provincia. Napoli, tip. Comercio, 1870.

Petry, Arthur Prof. Dr.
geb. 12. 2. 1858 in Tilleda, gest. 3. 3. 1932 in Nordhausen, Lehrer in Nordhausen. — Biogr.: (A. Bergmann) Int. ent. Ztschr., **26**, 53—59, 1932 m. Porträt & Schriftenverz.; (O. Rapp) Beitr. Fauna Thüringens, **2**, II, 1936 m. Porträt.
— Eine neue Coleophore aus Thüringen. *Coleophora Kyffhusana* nov. spec. Stettin. ent. Ztg., **59**, 394—398, 1898.
— *Acentropus niveus* am salzigen See. Ztschr. Naturw., (5. F.) **10** (**72**), 363, 1899.

Pettersen, O . . . J . . . Lie siehe Lie-Pettersen, O . . . J . . .

Pettigrew, A . . .
The handy book of bees being a practical treatise on their profitable management. 12°, XII + 193 S., Fig., Edinburgh & London, William Blackwood & Sons, 1870. — 2. Aufl. XIV + 162 S., 1875.

Pettigrew, James Bell
On the Various Modes of Flight in relation to Aeronautics. Notic. Proc. R. Inst. Great Britain, **5** (1866—69), 94—107, (1869) 1867. — [Abdr.:] Rep. Board Smithon. Inst., **1867**, 325—334, 1868.
— On the Mechanical Appliances by which Flight is attained in the Animal Kingdom. Trans. Linn. Soc. London, **26**, 197—277, 19 Fig., Taf. XII—XV, (1870) 1868.
— Observations relatives aux faits signalés dans deux Communications précédentes de M. Marey, sur le vol des insectes. C. R. Acad. Sci. Paris, **70**, 875—877, 1870.
[Siehe:] Marey, Étienne Jules: 1093—1094.
— On the Physiology of Wings, being an Analysis of the Movements by which Flight is produced in the Insect, Bat, and Bird. Trans. R. Soc. Edinb., **26**, 321—448, 73 Fig., Taf. XI—XVI (XV—XVI Farbtaf.), (1872) 1870—71.
— Animal Locomotion; or, Walking, Swimming, and Flying. London, Henry S. King & Co., 1873. — ○ 3. Aufl. 8°, XIII + 264 S., ? Fig., 3 Taf., 1883.
[Ref.:] Garrod, A. H.: Pettigrew's Animal Locomotion. Nature London, **9** (1873—74), 221—222, 1874.

Pettigrew, T . . . J . . .
in Westwood, John Obadiah 1874.

Pettit, Johnson
gest. 18. 2. 1898 in Buffalo (N. Y.). — Biogr.: Canad. Entomol., **30**, 108, 1898; Ent. News, **9**, 184, 1898; Rep. ent. Soc. Ontario, **29** (1898), 105, 1899.
— Winter Collecting. [Col.] Canad. Entomol., **1**, 49, 1869 a.
— List of Coleoptera, taken at Grimsby. Canad. Entomol., **1**, 106—107, 1869 b; . . . Grimsby, Ontario. **2**, 7, 17—18, (1870) 1869; 53—54, 65—66, 84—86, 102—103, 117—118, 131—133, 150—151, 1870; **3**, 105—107, 1871; **4**, 12—14; Coleoptera taken at Grimsby. 98—99, 1872.
— Notes on a few Beetles. Canad. Entomol., **2**, 20, (1870) 1869 c.
— Collecting Beetles in Autumn and Winter. [Mit An-

gaben von C. J. S. Bethune.] Canad. Entomol., **2**, 156, 1870.
— [*Balaninus nasicus* Say infesting acorns.] Canad. Entomol., **3**, 97—98, 1871.
— Description of the Wheat Wire-Worm. *Agriotes mancus* Say. Canad. Entomol., **4**, 3—6, 7 Fig., 1872.
— List of Neuroptera. Canad. Entomol., **6**, 45, 1874.

Pettit, Rufus Hiram Dr.
geb. 11. 1. 1869 in Baldwinsville (N. York), gest. 1. 6. 1946, Consulting Entomol. am Michigan State College. — Biogr.: (E. I. Daniel) Journ. econ. Ent., **39**, 554—555, 1946 m. Porträt; Rec. Michigan State Coll., **51**, 15, 1946; (J. S. Wade u. a.) Proc. ent. Soc. Washington, **49**, 87, 1947; (E. I. Daniel) Ann. ent. Soc. Amer., **42**, 238, 1949.
— Studies in Artificial Cultures of Entomogenous Fungi. Bull. Cornell agric. Exp. State, Nr. 97, 339—378, Taf. I—XI, 1895.
— Some insects of the year 1898. Bull. Michigan agric. Exp. Stat., **175**, 341—373, 20 Fig., 1899 a.
— The Clover-root Mealy Bug. *Dactylopius trifolii*, Forbes. Canad. Entomol., **31**, 279—280, 1 Fig., 1899 b.
— A leaf-miner, *Cheironomus* sp., in water lilies. Rep. Michigan Acad. Sci., **1** (1894—99), 110—111, 1 Taf. (unn.), 1900 a.
— The habits of *Euclemensia* (*Hamadryas*) *bassettella*. A true parasite belonging to the Lepidoptera. Rep. Michigan Acad. Sci., **1** (1894—99), 112—114, 1 Taf. (unn.), 1900 b.

Pettitt, W . . . J . . .
Bees Deserting. Sci. Gossip, (**5**) (1869), 278, 1870; (**6**) (1870), 42, 1871.

Petty, S . . . Lister
Hummingbird Hawkmoth in Lake Lancashire. Naturalist London, **1899**, 332, 1899.
— Celery Fly: Ravages in North Lancashire. Naturalist London, **1900**, 74, 1900 a.
— Death's Head Moth in Lake-Lancashire. Naturalist London, **1900**, 292, 1900 b.

Petz, Josef
geb. 22. 9. 1866 in Steyr, gest. 7. 3. 1926 in Steyr, Kassendirektor d. Sparkasse in Steyr. — Biogr.: (F. Heikertinger) Wien. ent. Ztg., **43**, 47, 1926; (F. Heikertinger) Kol. Rdsch., **12**, 172—173, 1926.
— Zur Vernichtung der Reblaus. Wien. ill. Gartenztg., **18** (**25**), 86—87, 1893.

Petzholdt, [Georg Paul Alexander]
Die Bienenzucht in Algerien. [Nach: Petzholdt: Frankreich und Algerien, 367—421, Leipzig, Hermann Fries.] Arch. Pharm., (3) **8** (**208**), 474—476, 1876.

Petzold, F . . .
Aufbewahrung von Insecten und kleinen Thieren. Ent. Nachr. Putbus, **4**, 104—106, 1878.

Peyerimhoff, Marie-Antoine-Hercule-Henri de
geb. 28. 7. 1838 in Colmar, gest. 9. 4. 1877 in Perpignan, Richter in Moulins u. Perpignan. — Biogr.: Ann. Soc. ent. France, (5) **7**, Bull. LXXVI—LXXVII, 195—204, 1877 m. Schriftenverz.
— Excursion entomologique dans les Hautes-Vosges. Bull. Soc. Hist. nat. Colmar, **4** (1863), 144—162, 1864.
— (Remarques sur le travail de M. Laboulbène sur la préparation des Insectes de la taille la plus exiguë [Ann. Soc. ent. France, (4) **6**, 581—596, 1866].) Ann. Soc. ent. France, (4) **7**, Bull. XXXIV— XXXV, 1867.
— Supplément au Catalogue des Lépidoptères d'Alsace.[1]) Bull. Soc. Hist. nat. Colmar, **8—9** (1867—68), 27—39, 1868; Catalogue des Lépidoptères d'Alsace avec indication des localités, de l'époque d'apparition et de quelques détails propres à en faciliter la recherche. 3. publication comprenant les Crambines, Teignes, Microptérygines, Ptérophores et Alucites, plus la révision générale des publications précédentes. **12—13** (1871—72), 53—206, 1872; Supplément au Catalogue des Lépidoptères d'Alsace. **14—15** (1873—74), 535—553, 1874. — 2. Aufl. Catalogue des Lépidoptères d'Alsace avec indication des localités de l'époque d'apparition et de quelques détails propres a en faciliter la recherche. 2 Teile. Bull. Soc. Hist. nat. Colmar, 1880—82.
1. Macker,: Macrolépidoptères, revue et coordonnée. **20—21** (1879—80), 197—350, 1880.
2. Fettig, François Josephe: Microlépidoptères revue et coordonnée. **22—23** (1881—82), 33—214, 1882.

Supplément au Catalogue des Lépidoptères d'Alsace publié en 1880 et 1882 par M. le Dr. Macker et M. l'abbé Fettig. **24—26** (1883—85), 560—568, 1885; 2. Supplément . . . d'Alsace par M. . . . (N. S.) **1** (1889—90), 85—97, 1891; 3. Supplément . . . Alsace publié en 1880 et 1882 par M. le . . . (N. S.) **2** (1891—94), 123—130, 1894.
— Le ver de la vigne. (*Cochylis ambiguella*.) Bull. Soc. Hist. nat. Colmar, **10** (1869), 303—314, 1870 a.
— [Deux espèces nouvelles de Microlépidoptères (*Chauliodus Daucellus*; *Coleophora Cistorum*).] Petites Nouv. ent., **1** (1869—75), 57—58, 1870 b.
— [*Nemeophora Reaumurella*, nouvelle espèce de Microlépidoptère.] Petites Nouv. ent., **1** (1869—75), 66—67, 1870 c.
— [Lepidopterologische Notizen.] Mitt. Schweiz. ent. Ges., **3**, 409—415, (1872) 1871 a.
— [*Phycis rhenella* et *Ph. suavella*, Zinck.] Petites Nouv. ent., **1** (1869—75), 139, 1871 b.
— *Chimmabache fagella* S. W. Petites Nouv. ent., **1** (1869—75), 155, 1871 c.
— [Signalement d'un *Botys*.] Petites Nouv. ent., **1** (1869—75), 168—169, 1871 d.
— Description de quelques Lépidoptères nouveaux ou peu connus. Ann. Soc. ent. France, 5 (2), 7—17, 199—204, Farbtaf. 5—6, 1872 a.
— Matériaux complémentaires pour la Faune des Lépidoptères de la Suisse. Mitt. Schweiz. ent. Ges., **3**, 513—520, 1872 b.
— (Observations sur quelques Microlépidoptères.) Petites Nouv. ent., **1** (1869—75), 239—240, 1872 c.
— (Piège à noctuelles.) Petites Nouv. ent., **1** (1869—75), 247—248, 1872 d.
— Renseignements sur la chasse des Microlépidoptères. Petites Nouv. ent., **1** (1869—75), 294, 298, 300—302, 1873 a.
— Note sur les Microlépidoptères. Petites Nouv. ent., **1** (1869—75), 332—333, 1873 b.
— Observations sur les Microlépidoptères. Petites Nouv. ent., **1** (1869—75), 346, 1873 c.
— (Note sur les moeurs carnassières de la *Locusta viridissima* Orth.) Ann. Soc. ent. France, (5) **4**, Bull. CLXXV—CLXXVI (=Bull. Soc. . . ., **1874**, 199—200), 1874 a.
— (Un *Cossus ligniperda*.) Ann. Soc. ent. France, (5) **4**, Bull. CLXXVII (=Bull. Soc. . . ., **1874**, 200—201), 1874 b.
— Chasses lépidoptèrologiques en Auvergne et diagnose

[1]) Hauptarbeit vor 1864

d'une espèce nouvelle. Petites Nouv. ent., **1** (1869—75), 515—516, 1875.
— (Chasses à Cannes.) Petites Nouv. ent., **2** (1876—79), 17—18, 1876.
— Étude sur l'organisation extérieure des Tordeuses. Ann. Soc. ent. France, (5) **6**, 523—590, Taf. 10—12, (1876) 1877 a.
— (*Satyrus Aegeria*, Lép.) [Mit Angaben von P. Mabille.] Ann. Soc. ent. France, (5) **6**, Bull. CCXXXII—CCXXXIII (=Bull. Soc. ..., **1876**, 247), (1876) 1877 b.
— Diagnoses de Microlépidoptères nouveaux ou peu connus. Petites Nouv. ent., **2** (1876—79), 101—102, 1877 c.
○ Matériaux pour la faune entomologique du Bourbonnais. Bull. Soc. Émul. Dép. Allier, **15**, 293—558, 1879.

Peyerimhoff, Henri de & **Ragonot**, Émile Louis
(Chasse au mont Pilat.) Petites Nouv. ent., **1** (1869—75), 231—232, 1872.

Peyerimhoff de Fontenelle, Paul Marie de
geb. 5. 10. 1873 in Colmar, gest. 2. 1. 1957, Direktor d. „Station de Recherches" in Algier. — Biogr.: (E. Roubaud) C. R. Acad. Sci. Paris, 244, 413—416, 1957; (F. Bernard & F. Pierre) Ann. Soc. ent. France, 127, 1—8, 1958 m. Porträt.
— Note sur les *Mermis* (Nemathelminthes) parasites des insectes. Misc. ent., **2**, 25, 1894.
— Note sur l'atrophie des membres chez les orthoptères. Misc. ent., **4**, 70—71, 1896.
— (*Leptusa globulicollis* Rey.) Bull. Soc. ent. France, **1897**, 306, 1897 a.
— Sur la régénération. Misc. ent., **5**, 39—40, 1897 b.
— La variation sexuelle chez les Arthropodes. Ann. Soc. ent. France, **66**, 245—260, (1897) 1898 a.
— Description de la larve d'*Omalium rivulare* Payk. [Col.]. Bull. Soc. ent. France, **1898**, 164—166, 1898 b.
— (Dispersion de *Bothriopterus angustatus* Duft.) Bull. Soc. ent. France, **1899**, 111, 1899 a.
— Description de la larve de *Cephennium laticolle* Aub. [Col.]. Bull. Soc. ent. France, **1899**, 170—174, 3 Fig., 1899 b.
— Sur la poecilandrie dans le genre *Bythinus*, et l'identité spécifique des *B. latebrosus* Reitt. et *B. Ravouxi* Grilat [Col.]. Bull. Soc. ent. France, **1899**, 228—230, 5 Fig., 1899 c.
— Note sur la larve myrmécophile d'*Astenus filiformis* Latr. [Col.]. Bull. Soc. ent. France, **1899**, 287—289, 2 Fig., 1899 d.
— Description de deux nouveaux Staphylinidae (Col.) de la Haute Provence [*Leptusa* et *Atheta*]. Bull. Soc. ent. France, **1900**, 8—10, 1900 a.
— Description d'un nouvel Histéride fouisseur, de Biskra [Col.] [*Xenonychus bidens*]. Bull. Soc. ent. France, **1900**, 202—203, 2 Fig., 1900 b.
— Sur l'application de la loi phylogénique de Brauer. Bull. Soc. ent. France, **1900**, 219—223, 1900 c.
— Sur la valeur phylogénique et le nombre primitif des tubes de Malpigui chez les Coléoptères. Bull. Soc. ent. France, **1900**, 295—298, 1900 d.

Peyl, Joseph
Einige physiokratische Beobachtungen. Lotos, **14**, 42—44, 1864.
— Mittheilungen aus meiner Reise durch die Schweiz im Jahre 1868. Lotos, **19**, 66—70, 101—107, 120—126, 139—145, 162—163, 173—182, 195—199, 1869.

Peyl, Theodor
○ Die Reblaus, *Phylloxera vastatrix* Planch., und der Wurzelpilz des Weinstockes, *Dematophora necatrix*. Zwei Weinstockfeinde. 44 S., 1 Tab., Prag, R. Hartig, 1884.
— Über Verbreitungsgebiete und Variabilität der *Carabus*-Arten. Soc. ent., **5**, 60—61, 73—74, 82—83, 91—92, (1890—91) 1890.

Peyras, G...
siehe Renaux, A... & Peyras, G... 1874.
○ La vigne, l'*Oidium* et le *Phylloxera*. Culture pratique et traitement suivi de la formule de l'insecticide-engrais anti-phylloxérique etc. 8°, 15 S., Paris, Chr. Noblet, 1875.

Peyrat, A... du
○ Le Borer et le *Phylloxera*. 8°, 8 S., Paris, impr. Lahure, 1873.

Peyrissac, Eug...; **Laborderie-Boulou**, H...; **Barbier**, Ch... & **Rabaud**, Étienne
Le *Melolontha fullo*. Feuille jeun. Natural., **14**, 158, (1883—84) 1884.

Peyritsch, Johann Josef
geb. 1835, gest. 1889.
— Beiträge zur Kenntniss der Laboulbenien. SB. Akad. Wiss. Wien, **68** (1873), Abth. I, 227—254, Taf. I—III, 1874.
— Über Vorkommen und Biologie von Laboulbeniaceen. SB. Akad. Wiss. Wien, **72** (1875), Abth. I, 377—385, 1876.

Peyron, E...
(Chasse aux environs de Beyrouth.) Petites Nouv. ent., **1** (1869—75), 34, 1869; 243, 1872.
— (Excursion à Saint-Jean-d'Acre et à Nazareth.) Petites Nouv. ent., **1** (1869—75), 123, 1871.
— (Une excursion à Saint-Geniès, 19 avril 1874.) Bull. Soc. Sci. nat. Nîmes, **2**, 50—51, 1874.
— (Chasses en Syrie.) Petites Nouv. ent., **1** (1869—75), 459, 1875.
— Étude sur les Malachides d'Europe et du bassin de la Méditerranée. Abeille, **15**, 1—312, 1877. [Siehe:] Abeille de Perrin, Elzéar: Ann. Soc. ent. France, (6) **1**, 97—128, 1881 c; Natural. Sicil., **1**, 110—115, 137—142, 145—149, 176—179, 1882.
— Notes de chasse. [Anti-Liban.] Petites Nouv ent., **2** (1876—79), 270—271, 1878.

Peyron, John Dr.
geb. 1870?.
— *Pygaera anastomosis* L. Ent. Tidskr., **11**, 139, 1890.
— (Ett par nya fyndorter för tvenne svenska mätarefjärilar.) Ent. Tidskr., **12**, 160, 1891.
— *Mamestra Dissimilis* Knoch som skadedjur. Ent. Tidskr., **16**, 128, 1895.
— Om skyddmedel mot frostfjärilar. Ent. Tidskr., **17**, 51—58, 1896 a. — [Abdr.:] Uppsats. prakt. Ent., **6**, 51—58, 1896.
— *Brephos Nothum* Hb. Ent. Tidskr., **17**, 79, 1896 b.
— Om preparering af Fjärillarver. Ent. Tidskr., **17**, 209—215, 1896 c.
— Några iakttagelser från de senaste årens frostfjärilhärjningar. Ent. Tidskr., **18**, 33—47, 2 Fig., 1897 a. — [Abdr.:] Uppsats. prakt. Ent., **7**, 33—47, 2 Fig., 1897.
— Om våra *Cheimatobia*-arters utvecklingsstadier. Ent. Tidskr., **18**, 81—94, Farbtaf. 2, 1897 b.
— Frostmätaren eller Frostfjäriln (*Cheimatobia Bru-*

mata L.). Ent. Tidskr., **19**, 49—56, 4 Fig., 1898. — [Abdr.:] Uppsats. prakt. Ent., **8**, 49—56, 4 Fig., 1898.

Peyronnet, [Herausgeber]
Rapport sur l'excursion faite par la Société d'études scientifiques de l'Aude, le 12 Juillet 1891, à la forêt des Fanges et aux gorges de Saint-Georges. Bull. Soc. Étud. scient. Aude, **3**, 105—113, 1892.
[Darin:]
Gavoy, Louis: Liste des Coléoptères recueilles le 12 Juillet.

Peyrou, J ...
Sur l'atmosphère interne des insectes comparée à celle des feuilles. C. R. Acad. Sci. Paris, **102**, 1339—1341, 1886.

Peyrusse, A ... Cornet siehe Cornet-Peyrusse, A ...

Peyton, W ...
Cnethocampa pityocampa said to occur in Kent. [Mit Angaben von Edward Newman.] Entomologist, **7**, 82—83, 1874.

Peytoureau, Simon Alban
geb. 1864.
— Le sens de la vue chez les Arthropodes. Rev. Sci. nat. Ouest, **1**, 115—129, 9 Fig., 1891.
— Recherches sur l'anatomie et le développement de l'armure génitale mâle des Insectes orthoptères. C. R. Acad. Sci. Paris, **117**, 293—295, 1893 a.
— Recherches sur l'anatomie et le développement de l'armure génitale femelle des Insectes Orthoptères. C. R. Acad. Sci. Paris, **117**, 749—751, 1893 b.
— Exposé des opinions émises sur la valeur morphologique des pièces solides de l'armure génitale des insectes. Rev. Sci. nat. Ouest, **3**, 24—43, 1893 c.
— Sur le *Dytiscus Herbeti* (spec. nova) ♀ et ♂, et le *Dytiscus pisanus* Cast., var. *Kunstleri* (var. nova) ♀. Act. Soc. Linn. Bordeaux, (5) **7** (**47**), XXXIII—XLII, 15 Fig., 1894 a.
— Recherches sur l'anatomie et le développement de l'armure génitale femelle des Insectes lépidoptères. C. R. Acad. Sci. Paris, **118**, 358—360, 1894 b.
— Recherches sur l'anatomie et le développement de l'armure génitale mâle des Lépidoptères. C. R. Acad. Sci. Paris, **118**, 542—543, 1894 c.
— Contribution à l'étude de la morphologie de l'armure génitale des insectes. 8°, 248 S., 43 Fig., 22 Taf. (7 Farbtaf.), Paris, Société d'éditions scientifiques, 1895 a.
— Remarques sur l'organisation, l'anatomie comparée et le développement des derniers segments du corps des insectes Orthoptères. Act. Soc. Linn. Bordeaux, (5) **8** (**48**), 9—143, 6 Fig., Taf. I—XIV, 1895 b.
— Remarques sur l'Organisation et l'Anatomie comparée des derniers Segments du Corps des Lépidoptères, Coléoptères, et Hémiptères. Rev. biol. Nord France, **7** (1894—95), 29—131, Taf. I—VII, 1895 c.

Pfäfflin, Friedrich
Der verständige Bienenwirth. Nebst einer Anleitung, Herstellung der Mobilbauten durch Torfplatten von Dr. Kästner, Bordesholm. 8°, VIII+147 S., 13 Fig., Leipzig & Stuttgart, H. Johannssen, 1874. — 2. Aufl. 1878.
— Der Bienenhaushalt. Des Landmanns Winterabende. **10**. 8°, IV+136 S., 15 Fig., Suttgart, Eugen Ulmer, 1878.

Pfaff, Ernest
(Sur les *Deronectes Ceresyi* vivant dans l'eau salée.) Ann. Soc. ent. Belg., **31**, C. R. C—CI, 1887.

Pfaffenzeller, Fr[anz]
Gelechia Petasitis, n. sp. Stettin. ent. Ztg., **28**, 79, 1867.
— Neue Tineinen. Stettin. ent. Ztg., **31**, 320—324, 1870.

Pfanhauser, Franz
Interessante Beobachtung betreffend die *Phylloxera*. Oesterr. landw. Wbl., **22**, 204, 1896.

Pfannenschmid, Ed ...
(Libellenzug der *Calopteryx*-Art.) Isis Magdeburg, **14**, 191, 1889.

Pfannkuch, W ...
Über Käferfunde auf Sylt. Ill. Wschr. Ent., **1**, 429—430, 1896.

Pfau-Schellenberg, G ...
○ Zur Statistik der schweizerischen Bienenkultur. Schweiz. Seidenbau- u. Bienenztg., **1863**, 170—174, 187, 1864.

Pfeffer, Georg Johann
geb. 1854.
— in Neumayer, Georg von [Herausgeber] (1890—91) 1890.
○ Versuch über die erdgeschichtliche Entwickelung der jetzigen Verbreitungsverhältnisse unserer Tierwelt. 62 S., Hamburg, Friederichsen, 1891.

Pfeffer, W ...
Ueber fleischfressende Pflanzen und über die Ernährung durch Aufnahme organischer Stoffe überhaupt. Landw. Jb., **6**, 969—998, 4 Fig., 1877.

Pfeifer, J ...
○ Eine neue Borkenkäfer-Art [*Bostrichus duplicatus*]. Mitt. Mähr.-Schles. Ges. Ackerb., **51**, 105—106, ? Fig., 1871.
○ Beitrag zur Naturgeschichte des *Bostrichus duplicatus*. Weeber's Forst- u. Jagdtaschenb., **1872**, 35—46, ? Fig., 1872.

Pfeifer, Joséphine de
Note sur le *Sphinx Nerii*. Mém. Soc. Sci. nat. Saône-et-Loire, **2**, 100, 1878.

Pfeiffer, A ...
[Haltung von *Hydrophilus piceus* im Aquarium.] Ent. Ztschr., **2**, 113—114, 1889.

Pfeiffer, A ... [Herausgeber]
Sechszehnter Jahresbericht über die Fortschritte und Leistungen auf dem Gebiet der Hygiene. Jahrgang 1898. [Unter Mitwirkung von: R. Arndt, P. Musehold, A. Springfeld, u. a.] Dtsch. Vjschr. Gesundheitspfl., **31**, Suppl. I—XI+519, 1900.
[Siehe:] Uffelmann, J.: **17** (Suppl.), 1885 & **21** (Suppl.), 1889—**23** (Suppl.), 1891; Wehmer, R.: **27** (Suppl.), 1896—**30** (Suppl.), 1898.

Pfeiffer, E ...
[Ein Tröpfchen fettes Öl tötet *Forficula minor*.] Ztschr. ges. Naturw., (3. F.) **4** (**52**), 118, 1879.

Pfeiffer, L ...
○ Die Protozoën als Krankheitserreger. ? S., 34 Fig., 1 Taf., Fischer, 1890.
[Ref.:] Jahresber. Fortschr. pathog. Mikroorg., **6** (1890), 467—469, 1891.

Pfeiffer, Max
Ueber einige Schmarotzer der Raupen. Ent. Ztschr., **6**, 43—44, 1892 a.
— Blüthen und Schmetterlinge. Ent. Ztschr., **5**, 181—182, 1892 b.

— Ueber die Aufbewahrung der Spannbretter. Ent. Ztschr., 7, 18—19, 1893.

Pfeiffer, P . . . Anselm
Erstes Verzeichnis aus der Schmetterlings-Fauna von Kremsmünster. Jahresber. Ver. Naturk. Linz, **15**, 15 S., 1885; Zweites Verzeichnis . . . **17**, 1 (unn.) +12 S., 1887; Drittes Verzeichnis . . . Im Anhange einige Kremsmünsterer Rhynchoten. **21**, 20 S., 1892.
— Massenhaftes Auftreten von *Coccinella septempunctata* in Oberösterreich im Jahre 1893. Ent. Ztschr., 7, 162—163, 1893.

Pfeil, Graf
Meine Beobachtungen über *Nemeophila Plantaginis* und die zu ihr gehörigen Abänderungen. Isis Mageburg, **11**, 121—123, 1886.
— Sind Bärenspinner *Nemeophila Plantaginis* und *N. matronalis* selbständige Arten? Naturalien-Cabinet, **10**, 243—244, 1898.
[Siehe:] Suchert, Ernst: 295.

Pfeil, O[ttomar]
geb. 1826?, gest. 2. 7. 1866, Staatsanwalt. — Biogr. (C. A. Dohrn) Stettin. ent. Ztg., 27, 465—466, 1866.
— Zwei entomologische Riesengebirgs-Excursionen. Berl. ent. Ztschr., **9**, 219—233, (1865) 1866.

Pfennigwerth, H . . .
○ Schädliche Forstinsecten, ihre Lebensweise und Bekämpfung. Praktischer Leitfaden zum Gebrauch für Forstlehrlinge und Waldbesitzer. Unter besonderer Berücksichtigung baltischer Verhältnisse. 12°, 35 S., Reval, F. Wassermann, 1897?.

Pfietzmann, C . . .
[Zwei monströse *Carabus cancellatus* Ill. ♂.] Ill. Wschr. Ent., **1**, 578, 1896.
— Ausstopfen des Hinterleibes der *Meloë*-Arten. Ill. Wschr. Ent., **2**, 415, 1897.

Pfitzner, Rudolf
geb. 1865?, gest. 18. 3. 1921 in Darmstadt, Pfarrer in Sprottau (Schlesien). — Biogr.: (A. Seitz) Ent. Rdsch., 38, 15, 1921.
— Beschreibung einiger Aberrationen aus meiner Sammlung. Dtsch. ent. Ztschr. Iris, **10**, 158—160, 1897.
— Ein entomologischer Ausflug nach Nordafrika. Dtsch. ent. Ztschr. Iris, **13**, 69—72, 1900.

Pfizenmaier,
Ueber die Zucht der braunköpfigen Eichenspinner. (*Antherea Pernyi* Guér.) Jh. Ver. vaterl. Naturk. Württemb., **30**, 271—274, 1874.

Pfizmaier, Aug . . .
Alte Nachrichten und Denkwürdigkeiten von einigen Lebensmitteln China's. SB. Akad. Wiss. Wien (phil.-hist. Cl.), **67**, 413—466, 1871 a.
— Zur Geschichte der Wunder in dem alten China. SB. Akad. Wiss. Wien (phil.-hist. Cl.), **68**, 809—864, 1871 b.
— Denkwürdigkeiten von den Insecten China's. SB. Akad. Wiss. Wien (phil.-hist. Cl.), **78**, 345—424, 1874.
— Denkwürdigkeiten aus dem Thierreiche China's. SB. Akad. Wiss. Wien (phil.-hist. Cl.), **80**, 5—86, 1875.

Pflanz, E . . .
Vertilgung der Schildläuse auf Lorbeerbäumen. Dtsch. Gärtn. Ztg. Erfurt, **7**, 435, 1892.

(Pfleiderer,)
Schutzmittel gegen Mottenfraß für Eisenbahnwagenpolster. [Nach: Ztschr. Ver. Eisenbahnverwalt.] Dinglers polytechn. Journ., (5) **7 (207)**, 342—343, 1873.

Pflümer, Chr . . . Fr . . .
Ein Beitrag zur Schmetterlingskunde. Stettin. ent. Ztg., **40**, 157—161, 1879.

Pfoser, Gottfried
Die Ameisenpflanzen. Jahresber. Ober-Gymn. Schotten Wien, **1896—97**, 3—50, 1897.

Pfützner, Julius
siehe Fischer, C . . .; Pfützner, Julius & Stein, Friedrich 1865.
— Verzeichnis der in der Umgegend von Berlin vorkommenden Schmetterlinge. Berl. ent. Ztschr., **11**, 195—208, 1867.
— *Melitaea Melicerta* (Var. nova) ein muthmasslicher Bastard von *Athalia* Rott. u. *Dictynna* Esp. aus der Umgegend Berlin's. Berl. ent. Ztschr., **17**, 159—160, 1873.
— Systematisches Verzeichniss der Schmetterlinge Berlin's und der Umgegend. Dtsch. ent. Ztschr., **23**, 33—47, 1879; Nachtrag zum Systematischen . . . **25**, 298, 1881.
— Verzeichnis der Schmetterlinge der Provinz Brandenburg. (Einteilungs-Plan für Abteilung AIII des Museums.) Märkisches Provinzial-Museum der Stadtgemeinde Berlin. 1. Ausgabe. 8°, 99+1 (unn.) S., Berlin, 1891.

Phares, L . . .
The cotton army-worm. (*Anomis xylina*, Say.) Amer. Entomol., **1**, 242, (1868) 1869.
— The Cotton Caterpillar (*Anomis xylina*). Lecture delivered before the Farmers' Club of Woodville, Miss., May 4, 1869. Rur. Carol., **1**, 683—695, 1870.

Phelippeau, A . . .
○ Le phylloxera détruit par des procédés de culture. Les sables. 8°, 31 S., Olonne, Selbstverl. (impr. Lambert), 1876.

Phelps, J . . . Lloyd
Field Mouse and Bees. Sci. Gossip, **15**, 83, 1879.

Philbrick, George
Choerocampa celerio in Berks. Entomologist, **21**, 232, 1888.

Philip,
(Excursion 18 juin, à Charlot.) Bull. Soc. Sci. nat. Nîmes, **9**, 90, 1881.

Philip, T . . . Gray
Sirex gigas in Forfarshire. Ann. Scott. nat. Hist., **1900**, 55, 1900.

Philippe,
○ [*Sphinx celerio* très-abondante dans les environs de Bagnières.] Explorat. Pyrénées Bull. Soc. Ramond, [2], 33, 1866.

Philippi, Federico (=Friedrich)
geb. 16. 12. 1838 in Neapel, gest. 16. 1. 1910. — Biogr.: (C. E. Rotter) Revista Chilena Hist. nat., **14**, 19—27, 1910; (B. Gotschlich) Bol. Mus. nac. Chile, **1**, 39—80, 1910 m. Schriftenverz.; (E. Moore) Bol. Mus. nac. Chile, **2**, 264—298, 1910; (C. E. Porter) An. Soc. cient. Argent., **69**, 147—149, 1910 m. Porträt & Schriftenverz.; Ent. Rdsch., **27**, 46, 1910; Bol. Mus. nac. Chile, **3**, 235—272, 1911 m. Porträt; (C. E. Porter) Revista Chilena Hist. nat., **43**, 10—15, 1939 m. Porträt & Schriftenverz.; (C. E. Porter) Revista Univ., **24**, 5—9, 1939 m. Schriftenverz.; (C. A. Lizer y Trelles) Curso Ent., **1**, 24, 1947.
— siehe Philippi, Rodulfo Amando & Philippi Federico 1864.
○ Catalogo de los coleópteros de Chile. An. Univ. Chile, **71**, 1—190, 1887 a.

[Dtsch. Übers., z. T. von] Oyarzun Aureliano: Ent. Nachr., **14**, 283—286, 1880.
[Siehe:] Fauvel, Albert: Rev. Ent. Caen, **8**, 60—61, 1889.
○ Escrecencias de la vid y dos insectos daninos al agricultor. Bol. Soc. nacion. Agric. (Santiago?), **18**, 1—7, ? Taf., 1887 b.
— siehe Taules, Enrique & Philippi, Federico 1896. Entomolojia. Monografia del jénero *Rhyephenes* Schönh. An. Univ. Chile, **104**, 81—93, 1899.

Philippi, Rudolph Amandus (=Rodulfo Amando) Dr. med.
geb. 14. 9. 1808 in Berlin, gest. 23. 7. 1904 in Santiago de Chile, Museumsdirektor in Santiago. — Biogr.: Abh. Ber. Ver. Naturk. Cassel, **34—35** (1886—88), II—XII, 1889; (C. E. Porter) Revista Chilena Hist. nat., **8**, 174—177, 1904; (B. Gotschlich) Biografia del Dr. Rodulfo Amando Philippi. 184 S., Santiago, 1904; Insektenbörse, **21**, 266—267, 1904; (R. Barros) El Dr. Rodulfo Amando Philippi, su vida y sus obres. 248 S., Santiago, 1904; (J. Weise) Dtsch. ent. Ztschr., **1905**, H. 1, 173, 1905; (C. Ochsenius) Leopoldina, H. 42, 16—20, 39—40, 53—56, 59—66, 1906; (C. Stuardo u. a.) La enseñanza a de las ciencias naturales en los liceos Bosquejo historico, 1797—1900. 47—57, 1944; (C. A. Lizer y Trelles) Curso Ent., **1**, 24, 1947.
— Sobre algunos Coleópteros nuevos de Chile de la familia de las Melolontideas. An. Univ. Chile, **24**, 435—462, 1864 a.
[Sonderdr.:] Nuevos coleópteros de Chile de la familia de las Melolontideas. 8°, 29 S., 1864.
— *Eudelia rufescens* Ph., ein neuer Spinner von Chile. Stettin. ent. Ztg., **25**, 91—93, 1864 b.
— Ein Käferchen [*Elmis condimentarius* Ph.], das als Gewürz dient. Stettin. ent. Ztg., **25**, 93—96, 1864 c.
— *Coleopterodes* Philippi, ein neues Geschlecht der Wanzen. Stettin. ent. Ztg., **25**, 306—308, 1864 d; **27**, Taf. II (Fig. 2), 1866.
— Descripcion de algunos insectos nuevos chilenos. An. Univ. Chile, **26**, 651—660, 1865 a.
— *Acanthia valdiviana* und *Bacteria unifoliata.* Stettin. ent. Ztg., **26**, 63—65, 1865 b.
— Aufzählung der chilenischen Dipteren. Verh. zool.-bot. Ges. Wien, **15**, 595—782, 8 Fig., Taf. XXIII—XXIX; SB. 63—66, 1865 c.
— Einige Insekten aus Chile. Stettin. ent. Ztg., **27**, 109—117, 1866.
— Comentario critico sobre los animales descritos por Molina [Giovanni Ignazio Molina. 1782]. An. Univ. Chile, **29**, 775—802, 1867.
— Descripcion de una nueva mariposa chilena del jénero *Erebus.* An. Univ. Chile, **36**, 213—215, 1870.
— Beschreibung einiger neuer chilenischer Insecten. Stettin. ent. Ztg., **32**, 285—295, 1871.
— Chilenische Insekten. Stettin. ent. Ztg., **34**, 296—316, Taf. I—II, 1873.
— Über die Veränderungen, welche der Mensch in der Fauna Chile's bewirkt hat. [In:] Festschrift des Vereins für Naturkunde zu Cassel zur Feier seines fünfzigjährigen Bestehens, 1—20, Cassel, Druck L. Döll, 1886.
[Ref.:] Riley, Charles Valentine & Howard, Leland Ossian: Insects introduced into Chili. Period. Bull. Dep. Agric. Ent. (Ins. Life), **1**, 153—155, (1888—89) 1888.

Philippi, Rodulfo Amando & **Philippi**, Federico
Beschreibung einiger neuen Chilenischen Käfer. Stettin. ent. Ztg., **25**, 266—284, 313—406, 1864.

Philipps, Franz Maria Josef Dr. phil.
geb. 8. 9. 1869 in Köln, gest. 24. 11. 1944, Fabrikant in Köln. — Biogr.: Nachrichtenbl. ent. Sekt. naturw. Ver. Kärnten, **3**, 38, 1948.
— Wie tödtet man Insekten? Ent. Ztschr., **4**, 37, 1890 a. — [Abdr.:] Naturfr. Eschweiler, **1**, 42—43, 1890.
— Das Alter der Ameisen. Naturfr. Eschweiler, **1**, 105—106, 1890 b.
— Das kohlensaure Ammoniak. Naturfr. Eschweiler, **1**, 106, 1890 c.
— Ueber Farbenveränderung bei Schmetterlingen auf chemischem Wege. Ent. Ztschr., **8**, 142, 1894; 183, 1895.
— *Acronycta alni* L. ab. *Carola.* Soc. ent., **13**, 50, (1898—99) 1898.

Philippsen,
Zwei schlimme Kohlverwüster. Garten-Mag., **47**, 503—504, 1 Fig., 1894.

Philips, James M ...
(Venturesome Insects.) Ent. News, **4**, 53—54, 1893.

Phillips, Charles E ... G ...
Retarded Emergence. [Lep.] Entomologist, **21**, 60, 1888.

Phillips, Coleman
On Moth-destruction. Trans. Proc. N. Zealand Inst., **24** ((N. S.) **7**) (1891), 630—633, 1892.
— On the Construction of the Comb of the Hive-bee. Trans. Proc. N. Zealand Inst., **28** ((N. S.) **11**) (1895), 479—490, 1896.

Phillips, F ... J ...
Congeries of Diptera [*Chlorops lineata*]. [Mit Angaben von Edward Newman.] Entomologist, **7**, 165—166, 1874.

Phillips, Frank
Early appearance of *Saturnia carpini.* Entomol. monthly Mag., **5**, 254, (1868—69) 1869.

Phillips, Hubert C ...
(Food-plant of *Euchelia jacobaeae.*) Entomol. Rec., **10**, 18, 1898 a.
— (Food-plant of *Porthesia similis.*) Entomol. Rec., **10**, 18, 1898 b.
— (Aberration of *Polyommatus icarus.*) Entomol. Rec., **10**, 48, 1898 c.
— (London Lepidoptera.) Entomol. Rec., **10**, 50—51, 1898 d.
— (Winter emergence of *Abraxas grossulariata.*) Entomol. Rec., **10**, 79, 1898 e.
— (Lepidoptera near Reigate.) Entomol. Rec., **11**, 26, 1899 a.
— (Lepidoptera at Bognor.) Entomol. Rec., **11**, 50—51, 1899 b.
— (Protective resemblance.) Entomol. Rec., **12**, 107—108, 1900 a.
— (Autumnal emergence of *Macroglossa stellatarum.*) Entomol. Rec., **12**, 305, 1900 b.

Phillips, J ... W ...
Vanessa Antiopa near Hampstead. Entomologist, **15**, 187, 1882.

Phillips, John
Oxford Fossils. Geol. Mag., **3**, 97—99, Taf. VI, 1866.
○ Geology of Oxford and the Valley of the Thames. 8°, 524 S., Oxford, Clarendon Press, 1871.

Phillips, Robert Allen
geb. 1866, gest. 1945. — Biogr.: (A. W. S.) Irish Natural. Journ., **8**, 391—394, 1946.
— The Hornet Moth (*Trochilium crabroniformis*, Cl.) in Co. Cork. Irish Natural., **3**, 223, 1894.

Phillips, S . . . T . . .
○ Wasp stings. Lancet, **1879**, Bd. 2, 522, 1879.

Phillips, W . . . J . . . Leigh
Retarded Emergence of *Sphinx ligustri*. Entomologist, **33**, 43, 1900 a.
— Unusual Pairing of *Satyrus semele*. Entomologist, **33**, 43, 1900 b.

Phillips, William
siehe Houghton, William & Phillips, William 1886.

Philocosmos (Pseudonym) siehe Clark, Hamlet

Philopsyllus (Pseudonym) siehe Marshall, William

Phipps, M . . .
Notodonta chaonia. Entomologist, **16**, 90—91, 1883.

Phipps, Mathew M . . .
Plusia moneta and *Cucullia gnaphalii* at Tunbridge Wells. Entomologist, **25**, 220, 1892.
— *Plusia moneta* at Southborough, Tunbridge Wells. Entomologist, **26**, 277, 1893.
— *Plusia moneta* near Tunbridge Wells. Entomologist, **27**, 320, 1894.
— *Plusia moneta* near Tunbridge Wells. Entomologist, **28**, 256—257, 1895.
— Captures in the Tunbridge Wells District. Entomologist, **31**, 267, 1898.

Phipson, A . . .
(Variety of *Strenia clathrata*.) Trans. ent. Soc. London, **1875**, Proc. II, 1875 a.
— (Acari on wing of *Catocala nupta*.) Trans. ent. Soc. London, **1875**, Proc. XXIII, 1875 b.
— (Variety of *Pyrameis cardui*.) Trans. ent. Soc. London, **1880**, Proc. XX, 1 Fig., 1880.

Phipson, Thomas Lambe
geb. 1833, gest. 1908.
○ The Utilization of Minute Life; being Practical Studies on Insects, Crustacea, Mollusca, Worms, Polyps, Infusoria, and Sponges. 8°, London, Groombridge & sons, 1864.
[Ref.:] Recreations in natural history. Intell. Observ., **5**, 351—355, 3 Fig., 1864.
— Sur quelques insectes phosphorescents. Cosmos Paris, (2) **2**, 106—107, 1865 a. — [Abdr.?:] Rev. Mag. Zool., (2) **17**, 254—255, 1865.
— La contraction des muscles sous le microscope. Cosmos Paris, (2) **2**, 107—108, 1865 b.
— On the Eggs of *Corixa Mercenaria*. Intell. Observ., **11**, 467—469, 1 Fig., 1867.
— Sur la noctilucine. C. R. Acad. Sci. Paris, **75**, 547—549, 1872.

Phisalix, C . . . (Madame)
gest. 1945?. — Biogr.: (E. R.) Feuille jeun. Natural., (N. S.) **1**, 24, 1946.
— Recherches sur la matière pigmentaire rouge de *Pyrrhocoris apterus* (L.). C. R. Acad. Sci. Paris, **118**, 1282—1283, 1894.
[Ref.:] Journ. Pharm. Chim., (5) **30**, 228—229, 1894.
— Antagonisme entre le Venin des Vespidae et celui de la Vipère: le premier vaccine contre le second. Bull. Mus. Hist. nat. Paris, **3**, 318—320, 1897. — [Abdr.:] C. R. Mém. Soc. Biol. Paris, (10) **4** (49), C. R. 1031—1033, 1897. — [Abdr.:] C. R. Acad. Sci. Paris, **125**, 977—979, 1897.
— Wespengift und Viperngift als Gegengifte. [Ref. eines Vortrags.] Ztschr. angew. Mikr., **4**, 127, (1899) 1898.

Phylloxera (Reblaus)
Die Phylloxera (Reblaus), ihr Wesen, ihre Erkennung und Bekämpfung. Vier Vorträge, gehalten an der vom schweizerischen Handels- und Landwirthschafts-Departement angeordneten Conferenz von Phylloxera-Experten in Zürich am 9. und 10. April 1880. 8°, VIII + 88 S., 3 Fig., 1 Taf., Aarau, J. J. Christen, 1880.
[Darin:]
Schoch, Gustav: Naturgeschichte der Phylloxera. 1—17.
Moritz, J . . .: Die durch die Phylloxera (Reblaus) bewirkte Krankheit der Reben. (Ursache, Ursprung und Verbreitung der Reblauskrankheit. — Merkmale derselben. — Art und Weise der Untersuchungen.) 19—35, 3 Fig.
Mühlberg, F[riedrich]: Ueber Massnahmen zur Vorbeugung und Unterdrückung der Phylloxera-Krankheit und über eine zum Studium der Phylloxera nach Genf und Südfrankreich unternommene Reise. 37—56.
Krämer, Adolf: Die Thätigkeit der Gesetzgebung und Verwaltung in der Schweiz zur Abwehr und Bekämpfung der Phylloxera. (Ihre Entwicklung, ihr gegenwärtiger Stand und ihre seitherigen Erfolge.) 57—80.

Piaget, Édouard Dr.
geb. 3. 11. 1817 in Les Bayards (Canton Neuchâtel), gest. 10. 9. 1910 in Couvet, Lektor am Gymn. u. d. Höheren Bürgerschule in Rotterdam. — Biogr.: Ent. News, **22**, 288, 1911; (H. J. Veth) Tijdschr. Ent., **54**, 128—133, 1911; (G. G. Jacobson) Rev. Russe Ent., **11**, 313, 1911; (A. Musgrave) Bibliogr. Austral. Ent., 255, 1932.
— (Parasitica indigena.) Tijdschr. Ent., **8**, Bijlage D. 39—41, 1865.
— Lijst van Parasitica. Tijdschr. Ent., **11** ((2) **3**), 126—127, 1868.
— Description d'un Parasite de l'Elephant. Tijdschr. Ent., **12** ((2) **4**), 249—254, Taf. 11 (Fig. 1—14), 1869.
— Description de quelques parasites du genre *Docophorus*. Tijdschr. Ent., **14** ((2) **6**), 113—137, Taf. 6—7, 1871.
— (Diptera van Breda.) Tijdschr. Ent., **16** ((2) **8**), XXV, (1873) 1872.
— Description du *Nirmus asymmetricus* Nitzsch (Giebel p. 151, taf. VIII, fig. 8 et 9). Tijdschr. Ent., **20** (1876—77), 80—84, Taf. 6 (Fig. 1 + 1 unn. Fig.), 1877.
— *Acidoproctus*. Tijdschr. Ent., **21** (1877—78), 178—184, Taf. 12 (Fig. A—G), 1878 a.
— (Colorado-kever, onlangs te Rotterdam gevonden.) Tijdschr. Ent., **21** (1877—78), XX—XXI, 1878 b.
— (Over *Nirmus stenopygus* Nitsch.) Tijdschr. Ent., **21** (1877—78), LXXXIII, 1878 c.
— Les pédiculines. Essai monographique. 2 Bde. 4°, Leide, E. J. Brill, 1880.
1. Texte. XXXIX + 714 S.
2. Planches. 58 (unn., Taf.Erkl.) S., 56 Taf.
Suppl. XII + 200 S., 17 Taf., 1885.
[Ref.:] Taschenberg, Otto: Dtsch. ent. Ztschr., **25**, 345—347, 1881.
— Quatre nouvelles Pédiculines. Tijdschr. Ent., **24** (1880—81), 1—6, Taf. 1, 1881.
— Lijst van insecten in 1881 te Valkenburg in Limburg

verzameld. Tijdschr. Ent., **25** (1881—82), CXXXVII —CXL, 1882.
— Quelques Pédiculines nouvelles ou peu connues. Tijdschr. Ent., **26** (1882—83), 152—158, Taf. 9, 1883.
— Description d'une nouvelle Pédiculine. Notes Leyden Mus., **6**, 111—113, 1884.
— Quelques nouvelles Pédiculines. Tijdschr. Ent., **31** (1887—88), 147—164, Taf. 3—4, 1888.
— Description d'une nouvelle Pédiculine. Notes Leyden Mus., **11**, 35—36, Taf. 2 (Fig. 2), 1889.
— Quelques Pédiculines nouvelles. Tijdschr. Ent., **33** (1889—90), 223—259, Taf. 8—10, 1890.
— Un nouveau parasite du Transvaal. Tijdschr. Ent., **38**, 101—102, 1895.

Piaget, Édouard & **Hasselt**, Alexander Willem Machiel van
(Vergiftige eigenschappen van een Javaansch insect.) Tijdschr. Ent., **26** (1882—83), CXXXVII—CXL, 1883.

Piassetzky, Dr.
Les combats de grillons en Chine. [Nach: Le Tour du Monde, Nr. 1112, 1882.] Feuille jeun. Natural., **12**, 135—136, (1881—82) 1882.

Piaz, Dal
Vertilgung der Holzwürmer. Oesterr. Forst-Ztg., **14**, 275, 1896.

Piaz, A . . . M . . . dal
siehe Bioletti, F . . . T . . . & Piaz, A . . . M . . . dal 1900.

Piaz, Giorgio dal
geb. 1872.
— Grotte e fenomeni carsici del Bellunese. Mem. Soc. geogr. Ital., **9**, 178—222, 12 Fig., Taf. I—IV, 1899.

Piazza, Carlo
Gl'insetti e l'agricoltura. Riv. Ital. Sci. nat., **19**, Boll. 61—64, 79—81, 1899.

Pic, Maurice
geb. 23. 3. 1866 in Marcigny b. Digoin, gest. 29. 12. 1957 in Les Guerreaux (Saône-et-Loire). — Biogr.: Bull. Mus. Hist. nat. Paris, (2) **30**, 71—72, 1958; (A. Villiers) Ent.Bl., **54**, 3—4, 1958 m. Porträt; (H. Sachtleben) Beitr. Ent., **8**, 763, 1958; (G. Schmidt) Ent.Bl., **54**, 189, 1958; (Carl H. Lindroth) Opusc. Ent., **24**, 124, 1959.
— Un peu de Longicornes. Échange, **5**, 4—5, 1889 a.
— Mes Longicornes. Échange, **5**, 55, 67—68, 78, 1889 b.
○ Variétés, 1. article. Lyon, L. Jacquet, 1890 a; 2. article. 1897.
— (Description d'une nouvelle espèce de Longicorne du genre *Neodorcadion* Gangl.) Ann. Soc. ent. France, (6) **9**, Bull. CLXXV, (1889) 1890 b; **61**, Bull. XXVII, 1892.
— (Une note sur une espèce de Longicorne peu connue (*Vadonia bitliensis* Chevr.).) Ann. Soc. ent. France, (6) **9**, Bull. CLXXV—CLXXVI, (1889) 1890 c.
— (Description d'un Cérambycide nouveau: *Phytoecia griseipes*.) Ann. Soc. ent. France, (6) **10**, Bull. XCI, 1890 d.
— Un peu d'Entomologie n. sp.? Échange, **6**, 119—120, 1890 e.
— Rectifications et informations. Entomologiques. Échange, **6**, 156—157, 1890 f.
— Une variété de *Faronus* [*Faronus Lafertei* Aubé Var. *bicolor* mihi]. Échange, **6**, 181, 1890 g.
— Quelques remarques pour la chasse aux coléoptères. Échange, **6**, 181, 1890 h.
○ Descriptions de Longicornes de Syrie. Lyon, L. Jacquet, 1891 a.
— (*Strangalia distigma* Charp.) Ann. Soc. ent. France, (6) **10**, Bull. CLXX, (1890) 1891 b.
— (Description d'un Longicorne nouveau: *Clytus Madoni*.) Ann. Soc. ent. France, (6) **10**, Bull. CCXI, (1890) 1891 c.
— (*Nebria microcephala* Daniel.) Ann. Soc. ent. France, (6) **10**, Bull. CCXX, (1890) 1891 d.
— (Une variété nouvelle de Longicorne: *Vadonia livida* var. *Desbrochersi*.) Ann. Soc. ent. France, **60**, Bull. XVI, 1891 e.
— (Description d'un Longicorne nouveau: *Dorcadion Beloni*.) Ann. Soc. ent. France, **60**, Bull. LXXVII—LXXVIII, 1891 f.
— (Variétés ou plutôt les sous-variétés de *Clerus* (s.-g. *Thanasimus*) *rufipes* Brahm., *femoralis* Zett. *et nigricollis* Seidl.) Ann. Soc. ent. France, **60**, Bull. XCV-XCVI, 1891 g.
— (Description d'un nouveau Longicorne: *Phytoecia Ludovici*.) Ann. Soc. ent. France, **60**, Bull. CXXXIV—CXXXV, 1891 h. — [Abdr.:] Échange, **7**, 133, 1891.
— Une variété de *Cortodera*. Échange, **7**, 22—23, 1891 i.
— Sur les *Liopus punctulatus* Payk. et *nebulosus* L. Échange, **7**, 23, 1891 j.
— Toujours des Longicornes. [Berichtigung d. Cat. Col.] Échange, **7**, 38, 1891 k.
— *Cortodera* Muls. (Erreur *Cartodera* Reit. W. 1890 p. 243) *Reitteri* n. sp. Échange, **7**, 43, 1891 l.
— Sur *Crioceris tibialis* Villa et *Allecula morio* Fabr. Échange, **7**, 51, 1891 m.
— *Mycetochares* ou *Mycetochara* (rectif. syn.). Échange, **7**, 73, 1891 n.
— Description d'espèces et variétés de Longicornes Syriens. Échange, **7**, 102, 1891 o.
— Notes coléoptérologiques. Échange, **7**, 117—118, 136, 1891 p.
— Notes entomologiques. — Quelques mots sur le genre *Phytoecia*. Feuille jeun. Natural., **21**, 139, (1890—91) 1891 q.
— Notes coléoptérologiques. Feuille jeun. Natural., **21**, 237—238, (1890—91) 1891 r.
— Tableau des *Clytus* (s.-g. *Clytanthus* Thoms.) voisins du *massiliensis*. Rev. Ent. Caen, **10**, 144—147, 1891 s.
— Petite Excursion entomologique à la Grande-Chartreuse. Rev. scient. Bourb. Centre France, **4**, 133—145, 1891 t.
— Matériaux pour servir à l'étude des longicornes. 10 Hefte.[1]) 8°, Lyon, impr. L. Jacquet, 1891—1900 ff.
  1. 3 (unn.) + V + 67 S., 1891; [Corr.:] Ann. Soc. ent. France, **61**, Bull. LII—LIII, 1892.
  2. 2 (unn.) + V + 59 + 1 (unn.) S., 1898.
  3. [Part 1 + Anhang:] Catalogue bibliographique et synonymique d'Europe et des régions avoisinantes. 1 (unn.) + IV + 17 + 10 S.
  Part 2. Catalogue . . . 11—66, 1900.
— Descriptions de Longicornes d'Algérie. Abeille, **27**, 289—290, (1890—92) 1892 a.
— (Descriptions de trois Longicornes d'Asie Mineure: *Leptura* et *Phytoecia*.) Ann. Soc. ent. France, **60**, Bull. CLXXXV—CLXXXVII, (1891) 1892 b.
— (*Cortodera semilivida*, n. sp.) Ann. Soc. ent. France, **60**, Bull. CXCIII—CXCIV, (1891) 1892 c.
— (*Conizonia Leprieuri*, n. sp.) Ann. Soc. ent. France, **61**, Bull. LII, 1892 d.
— (*Lucasianus Levaillanti* Luc. à Berrouaghia.) Ann.

[1]) H. 4—10 nach 1900

Soc. ent. France, **61**, Bull. LIII, 1892 e; **64**, Bull. CCCLII, 1895.
— (*Anthicus Chobauti*, n. sp.) Ann. Soc. ent. France, **61**, Bull. LXXV—LXXVI, 1892 f. — [Abdr.:] Échange, **9**, 7, 1893.
— (*Clytus Cinctiventris* Chor.) Ann. Soc. ent. France, **61**, Bull. LXXVII, 1892 g.
[Siehe:] Chevrolat, Auguste: (6) **2**, 49—64, 1882.
— (*Cortodera umbripennis* Reitt., v. *Rosti*, var. n. et *Leptura unipunctata* F., v. *obscure-pilosa*, var. n.) Ann. Soc. ent. France, **61**, Bull. LXXXIII—LXXXIV, 1892 h.
— (*Delagrangeus angustissimus*, n. sp.) Ann. Soc. ent. France, **61**, Bull. XCIII—XCIV, 1892 i.
— (Quelques espèces et variétés nouvelles de Longicornes: *Toxotus, Cortodera, Callimus, Cerambyx, Callidium* et *Phytoecia*.) Ann. Soc. ent. France, **61**, Bull. CXI—CXII, 1892 j.
— (*Phytoecia annulicornis* Reiche.) Ann. Soc. ent. France, **61**, Bull. CXLVII, 1892 k.
— (*Agapanthia* (*Ludwigia*) *lixoides* Luc. et *Phytoecia griseipes* Pic.) Ann. Soc. ent. France, **61**, Bull. CXLVII, 1892 l.
— Descriptions et corrections [Col.]. Échange, **8**, 4, 1892 m.
— Petite étude sur le genre *Stenopterus* Steph. Échange, **8**, 21—23, 1892 n.
— Coléoptérologie descriptive. Échange, **8**, 32—33, 1892 o.
— Quelques mots sur les Anthicides. Échange, **8**, 43—44; A corriger. 66, 1892 p.
— Sur le genre *Stenopterus*. Steph. Échange, **8**, 66, 1892 q.
— Descriptions. Échange, **8**, 91, 1892 r.
— Contribution à l'Etude des Anthicides d'Algérie. Échange, **8**, 102—103, 1892 s.
— Notes entomologiques. Échange, **8**, 104, 114—115, 1892 t.
— Sur le genre *Cerambyx*. Échange, **8**, 114, 1892 u.
— Contribution à l'Étude des Coléoptères. Échange, **8**, 139, 1892 v.
— Variétés. Échange, **8**, 139—140, 1892 w.
— Descriptions-Beschreibungen. [Coleoptera.] Misc. ent., **1**, 17—19, 25—27, 53—54, 1892 x.
— *Anthicus* algériens. Misc. ent., **1**, 43—44, 1892 y.
— Deux anomalies. Rev. Ent. Caen, **11**, 258, 1892 z.
— Deux Coléoptères nouveaux. Rev. Ent. Caen, **11**, 313—314, 1892 aa; Ann. Soc. ent. France, **62**, Bull. CCLXXVII, (1893) 1894.
— L'entomologiste. Espèce et variétés [poésie]. Rev. scient. Bourb. Centre France, **5**, 78—80, 1892 ab.
— Anthicides recueillis en Algérie en Avril et Mai 1892. Rev. scient. Bourb. Centre France, **5**, 212—220, 1892 ac.
— Sur les *Tomoderus*, Laf. Coléoptères de la Famille des Anthicides. Rev. scient. Bourb. Centre France, **5**, 240—242, 1892 ad.
— siehe Heyden, Lucas von & Pic, Maurice 1892.
— in Voyage Delagrange Haute-Syrie (1893—98) 1892.
— (Descriptions des Coléoptères: *Neodorcadion* et *Anthicus*.) Ann. Soc. ent. France, **61**, Bull. CXCVI—CXCVIII, (1892) 1893 a.
— (Quelques notes synonymiques sur certains *Anthicus* (Coléoptères).) Ann. Soc. ent. France, **61**, Bull. CCXI—CCXII, (1892) 1893 b.
— (Description de deux *Anthicus* nouveaux.) Ann. Soc. ent. France, **61**, Bull. CCXXI—CCXXII, (1892) 1893 c.
— (Un procédé pour reconnaître certaines variétés artificielles chez les Coléoptères.) Ann. Soc. ent. France, **61**, Bull. CCLIX, (1892) 1893 d.
— Sur les *Polyarthron* d'Algérie et du Sénégal. Ann. Soc. ent. France, **61**, Bull. CCLIX—CCLX, (1892) 1893 e; **62**, 105—110, 1893.
— (Descriptions de nouveaux *Anthicus* (Coléoptères).) Ann. Soc. ent. France, **61**, Bull. CCLXVIII—CCLXXII, (1892) 1893 f.
— (Une espèce et une variété nouvelles de Coléoptères: *Formicomus Simoni* et *Anthicus quadridecoratus*.) Ann. Soc. ent. France, **62**, Bull. XXXIII—XXXIV, 1893 g.
— (Description de trois *Anthicus* nouveaux (Coléoptères).) Ann. Soc. ent. France, **62**, Bull. LIII—LV, 1893 h.
— (Descriptions d'espèces nouvelles de Coléoptères et notes synonymiques: *Steropes, Trotommidea, Tomoderus, Anthicus, Ptinus* et *Neoxantha*.) Ann. Soc. ent. France, **62**, Bull. LXXXV—LXXXVIII, 1893 i.
— (Quelques rectifications (Coleoptera).) Ann. Soc. ent. France, **62**, Bull. LXXXVIII, 1893 j.
— (Une vieille publication sur *Cantharis*.) Ann. Soc. ent. France, **62**, Bull. LXXXIX, 1893 k.
— (Deux Coléoptères nouveaux: *Dasytes* et *Anthicus*.) Ann. Soc. ent. France, **62**, Bull. CLXI, 1893 l.
— (Cérambycides aux environs de Bône (Algérie).) Ann. Soc. ent. France, **62**, Bull. CCXI, 1893 m; CCLXXVII, (1893) 1894.
— Sur les Anthicides publiés par M. Rey dans l'Échange, Nos 92 et 93. Échange, **9**, 5—6, 1893 n.
— Anticides nouveaux. Échange, **9**, 15—16, 1893 o.
— Descriptions de coléoptères. Échange, **9**, 26—27, 1893 p.
— Examen des Anthicides de la collection Leprieur. Échange, **9**, 38; Etude sur les Anthicides ... 51—52; Examen des Anthicides ... 64—65, 74—75, 1893 q.
— Liste des coléoptères récoltés en Algérie en l'année 1892. Échange, **9**, 87—88; (Rectifications.) 111, 1893 r.
— Essai d'une étude *Anthicus* (*lagenicolles*) *cyclodinus* Muls. Échange, **9**, 113—116, 125—128, 137—140, 1893 s.
— Notes sur quelques coléoptères, avec descriptions. Échange, **9**, 122, 1893 t.
— Anthicides Tunisiens. Échange, **9**, 122—123, 1893 u.
— Descriptions de 4 variétés de coléoptères de la faune circa-européenne. Feuille jeun. Natural., 24, 14—15, (1893—94) 1893 v.
— Sur des variétés de Coléoptères. Feuille jeun. Natural., **23**, 46, (1892—93) 1893 w.
— Description d'espèces nouvelles de la faune européenne et circa. *Anthicus* nouveaux (Coléoptères). Feuille jeun. Natural., **23**, 78—79, (1892—93) 1893 x.
— Coléoptères nouveaux de la faune circa-européenne. Feuille jeun. Natural., **23**, 111, (1892—93) 1893 y.
— Anthicides nouveaux de l'Ancien monde. Feuille jeun. Natural., **23**, 175—176, (1892—93) 1893 z.
— Sur le genre *Anthicus* Payk. Misc. ent., **1**, 52—53, 1893 aa.
— Anthicides nouveaux. Misc. ent., **1**, 126; [Dtsch. Fassg.:] Neue *Anthicus*. 127, 1893 ab.
— Descriptions de deux *Tomoderus* de Java. Misc. ent., **1**, 126—127; [Dtsch. Fassg.:] Beschreibung von zwei *Tomoderus* aus Java. 127—128, 1893 ac.
— Anthicides nouveaux. Rev. Ent. Caen, **12**, 155—156, 1893 ad.
— Descriptions de deux Anthicides exotiques. Rev. Ent. Caen, **12**, 254—255, 1893 ae.

— Xylophilides et Anthicides recueillis en Algérie en Avril et Mai 1893. Rev. scient. Bourb. Centre France, **6**, 155—162, 1893 af.
— in Olivier, Ernest 1893.
— in Voyage Delagrange Haute-Syrie (1893—98) 1893.
— Nouvelles espèces d'Anthicides appartenant au Musée Civique de Gênes. Ann. Mus. Stor. nat. Genova, (2) **14** (**34**), 582—587, 1894 a.
— Liste des Anthicides décrits postérieurement au Catalogus de MM. Gemminger et Harold (1870—1893). Ann. Soc. ent. Belg., **38**, 43—58; Additions et corrections au catalogue des Anthicides. 137—138, 1894 b; Premier supplément à ma liste des Anthicides. **41**, 212—224; . . . Addenda. 343—344, 1897. [Ref.:] Champion, George Charles: Entomol. monthly Mag., (2) **5** (**30**), 86—87, 1894.
— Descriptions de *Tomoderus* exotiques. Ann. Soc. ent. Belg., **38**, 59, 1894 c.
— Anthicides du Bengale. Ann. Soc. ent. Belg., **38**, 181—184, 1894 d.
— Notes complémentaires à ma liste des Anthicides. Ann. Soc. ent. Belg., **38**, 237—238, 1894 e.
— Tableaux synoptiques des *Ocladius* d'Europe et circa. Ann. Soc. ent. Belg., **38**, 587—588; Supplément aux *Ocladius* européens. 611, 1894 f.
— (*Phytoecia gibbicollis* Reit.) Ann. Soc. ent. France, **62**, Bull. CCLXXVI, (1893) 1894 g.
— (*Anthicus punctatissimus.*) Ann. Soc. ent. France, **62**, Bull. CCLXXVII, (1893) 1894 h.
— (*Cortodera femorata* F.) Ann. Soc. ent. France, **62**, Bull. CCLXXVII, (1893) 1894 i.
— (*Cychramus Montandoni.*) Ann. Soc. ent. France, **62**, Bull. CCLXXVIII, (1893) 1894 j.
— (Description d'une nouvelle espèce d'*Anthicus* d'Afrique: *Anthicus rugithorax.*) Ann. Soc. ent. France, **62**, Bull. CCCXIII, (1893) 1894 k.
— (Détails sur *Anemia pilosa* et *sardoa.*) Ann. Soc. ent. France, **62**, Bull. CCCXXVIII, (1893) 1894 l.
— (Liste des collections qui sont actuellement en la possession de Maurice Pic.) Ann. Soc. ent. France, **62**, Bull. CCCXXVIII, (1893) 1894 m.
— (*Ptinus* (*Bruchus*) *Thery*, n. sp. et *Dorcadion griseolineatum*, n. sp.) Ann. Soc. ent. France, **62**, Bull. CCCXLVIII—CCCXLIX, (1893) 1894 n.
— (Synonymies: *Anthicus.*) Ann. Soc. ent. France, **62**, Bull. CCCXLIX, (1893) 1894 o.
— Sur le groupe des *Microhoria* dans le genre *Anthicus*. Ann. Soc. ent. France, **63**, 98—101, 1894 p.
— Habitats de quelques Coléoptères algériens et descriptions d'espèces nouvelles. Ann. Soc. ent. France, **63**, 101—106, 1894 q.
— (Descriptions de deux Coléoptères nouveaux de la Chine orientale: *Notoxus* et *Anthicus.*) Ann. Soc. ent. France, **63**, Bull. X—XI, 1894 r.
— (Trois Coléoptères nouveaux du groupe des Dermestides: *Trinodes*, *Attagenus* et *Telopes.*) Ann. Soc. ent. France, **63**, Bull. XLIII—XLIV, 1894 s.
— (Trois *Anthicus* nouveaux et observations sur quelques Anthicides.) Ann. Soc. ent. France, **63**, Bull. LXXVII—LXXIX, 1894 t.
— Note sur quelques coléoptères nouveaux ou rares pour le département. Bull. Soc. Hist. nat. Autun, **7**, Proc.-Verb. 71—73, 1894 u.
— Descriptions de Coléoptères hétéromères africains. Bull. Soc. zool. France, **19**, 15—17, 1894 v.
— Excursion entomologique à Tougourt (fin Avril 1893). Échange, **10**, 14—21, 1894 w.
— Examen des Anthicides de la collection H. Tournier. Échange, 10, 64—65, 1894 x.
— Descriptions de deux coléoptères. Échange, **10**, 65—66, 1894 y.
— Descriptions et notes entomologiques (Coléoptères). Échange, **10**, 66, 1894 z.
— Histoire numérique de la faune Algérienne Anthicides. Échange, **10**, 67—71, 1894 aa.
— Quelques notes en passant sur plusieurs coléoptères de la collection Henri Tournier. Échange, **10**, 71—72, 1894 ab.
— Trois coléoptères syriens. Échange, **10**, 75—76, 1894 ac.
— Sur le genre *Ceralliscus* Bourg. Échange, **10**, 95—96, 1894 ad.
— Conseils aux jeunes descripteurs. [Col.] Échange, **11**, 103—106, 1894 ae.
— Sur quelques Longicornes du genre *Leptura* L. Muls. Échange, **10**, 106—108, 1894 af.
— Descriptions de deux Coléoptères de la Turquie d'Asie. Échange, **10**, 110—111, 1894 ag.
— Notes sur quelques Dasytides d'Algérie. Échange, **10**, 111—112, 1894 ah.
— Contribution à l'étude des *Amauronia* West. Échange, **10**, 113—116, 1894 ai.
— Notes entomologiques. Échange, **10**, 116, 1894 aj.
— Contribution à l'étude du genre *Cychramus* Kugl. Échange, **10**, 132—134, 1894 ak.
— Essai d'une étude sur les *Danacaea* Cast. de la Faune d'Europe et Circa. Échange, **10**, 99—106; Addenda à l'essai d'une étude sur les *Danacaea*. 134—135, 1894 al.
— Descriptions d'espèces et variétés de coléoptères asiatiques. Échange, **10**, 142—144, 1894 am.
— Descriptions de coléoptères de la faune circa-européenne. Feuille jeun. Natural., **24**, 44, 60—61, (1893—94) 1894 an.
— Deux Coléoptères nouveaux. Feuille jeun. Natural., **24**, 140, (1893—94) 1894 ao.
— Etude sur les *Melyris* proprement dits. Feuille jeun. Natural., **25**, 13—14, (1894—95) 1894 ap.
— Descriptions de Coléoptères. Mém. Soc. zool. France, **7**, 203—207, 1894 aq.
— Liste complète des Xylophilides décrits jusqu'en 1894, avec descriptions d'espèces nouvelles. Mém. Soc. zool. France, **7**, 427—436, 1894 ar.
— Descriptions de deux *Anthicus* de l'Amerique du Nord. Misc. ent., **2**, 21—22; [Dtsch. Fassg.:] Beschreibung zweier *Anthicus*arten aus Nordamerika. 13—14, 1894 as.
— Descriptions de Coléoptères nouveaux. Naturaliste, (2) **8**, 27, 32—33; Description d'un Coléoptère nouveau. 221, 1894 at; (2) **9**, 73; Description de Coléoptères nouveaux. 79—80, 94, 107—108, 1895; (2) **10**, 158—159, 170—171, 184, 1896; (2) **11**, 49, 124, 142, 156—157, 170, 182, 1897; (2) **12**, 63, 141—142, 1898; (2) **13**, 21, 264, 1899.
— Descriptions de Coléoptères du nord de l'Afrique. Naturaliste, (2) **8**, 71, 1894 au.
— Descriptions de trois Coléoptères Hétéromeres nouveaux. Naturaliste, (2) **8**, 93, 1894 av.
— Contribution à la faune coléoptérologique d'Algérie. Naturaliste, (2) **8**, 180; . . . d'Algérie. Description d'espèces nouvelles. 210—211, 247—248, 1894 aw.
— Note sur les Elmides. Rev. Ent. Caen, **13**, 193—195, 1894 ax.
— Catalogue geographique des Anthicides de France,

Corse, Algérie et Tunisie. Rev. scient. Bourb. Centre France, **7**, 19—25, 40—49, 69—79, 1894 ay.
— Xylophilides et Anthicides. Recueillis en Algérie en mai et juin 1894. Rev. scient. Bourb. Centre France, **7**, 140—146, 1894 az; ... Algérie avril-juin 1895. **9**, 37—41; ... Algérie (mai-juin 1896). 162—169, 1896; ... recueillis en Orient, en mars, avril et mai 1899. **12**, 170—178, 1899.
— (Coléoptères nouveaux pour Saône-et-Loire.) Bull. Soc. Hist. nat. Autun, **7**, Proc.-Verb. 158—159, 1894 ba.
— Description de trois *Anthicus* méditerranéens. Abeille, **28**, 195—196, (1892—96) 1895 a.
— *Anthicus* nouveaux du Musée Civique de Génes. Ann. Mus. Stor. nat. Genova, (2) **14** (**34**), 784—786, (1894) 1895 b.
— Anthicides d'Afrique de la Collection de M. Charles Alluaud. Ann. Soc. ent. France, **63**, 665—668, (1894) 1895 c.
— (Captures de Longicornes en Algérie.) Ann. Soc. ent. France, **63**, Bull. CLXXVIII—CLXXIX, (1894) 1895 d.
— (Habitats nouveaux de trois espèces rares de Longicornes: *Phytoecia, Neomaris* et *Ergates*.) Ann. Soc. ent. France, **63**, Bull. CLXXIX, (1894) 1895 e.
— (Description de deux Coléoptères nouveaux: *Ptinus* et *Formicomus* et une note sur *Anthicus dromioides* Pic.) Ann. Soc. ent. France, **63**, Bull. CXCI—CXCII, (1894) 1895 f.
— (*Anthicus Bedeli* = *A. hamicornis* Mars.) Ann. Soc. ent. France, **63**, Bull. CCXXX, (1894) 1895 g.
— (Deux notes synonymiques: *Trogoderma* et *Leptura*.) Ann. Soc. ent. France, **63**, Bull. CCLXV, (1894) 1895 h.
— (Diagnoses de plusieurs Coléoptères rapportés de Syrie: *Anthicus, Dorcadion, Orsodacne, Crioceris* et *Gynandrophthalma*.) Ann. Soc. ent. France, **63**, Bull. CCLXXXIV—CCLXXXV, (1894) 1895 i; Bull. Soc. ent. France, **1896**, 30, 1896.
[Siehe:] Abeille de Perrin, Elzéar: Bull. Soc. ent. France, **1895**, CDIV—CDVI, 1895.
— (Diagnose de deux Anthicides nouveaux: *Anthicus* et *Ochthenomus*.) Ann. Soc. ent. France, **64**, Bull. XXXVI—XXXVII, 1895 j.
— Notes sur des Coléoptères rares ou nouveaux d'Algérie [*Elmis, Ptinus, Anthicus* et *Luperus*]. Ann. Soc. ent. France, **64**, Bull. CXXVI—CXXX, 1895 k.
— Un nouveau *Tomoderus* de la Russie d'Asie (Col.) [*Tomoderus major*]. Ann. Soc. ent. France, **64**, Bull. CLXXIV, 1895 l.
— Notes coléoptérologiques sur la faune d'Akbès. Ann. Soc. ent. France, **64**, Bull. CCXXIV—CCXXV, 1895 m.
[Siehe:] Reitter, Edmund: Wien. ent. Ztg., **14**, 79—88, 1895.
— Nouvelles captures de Longicornes en Algérie (Col.). Ann. Soc. ent. France, **64**, Bull. CCLXXIV, 1895 n.
— Note sur le mâle de *Saperda ocellata* Ab. (Col.). Ann. Soc. ent. France, **64**, Bull. CCLXXIV, 1895 o.
— (Notes synonymiques: *Dasytes* et *Anthicus*.) Ann. Soc. ent. France, **64**, Bull. CCCL, 1895 p.
— (Captures de Coléoptères en Algérie, année 1895.) Ann. Soc. ent. France, **64**, Bull. CCCL—CCCLI, 1895 q.
— (Renseignements sur l'*Acimerus Schaefferi* Laich.) Ann. Soc. ent. France, **64**, Bull. CCCLI—CCCLII, 1895 r.
— (Sur divers *Anthicus* du département de l'Allier.) Ann. Soc. ent. France, **64**, Bull. CCCLII—CCCLIII, 1895 s.
— Anthicides de Madagascar recueillis par M. Ch. Alluaud (Col.) [*Formicomus, Leptaleus* et *Anthicus*]. Ann. Soc. ent. France, **64**, Bull. CCCLXXVIII—CCCLXXX, 1895 t.
— Notes sur divers *Polyarthron* d'Afrique. Ann. Soc. ent. France, **64**, Bull. CCCLXXXIV—CCCLXXXV, 1895 u.
— (Description d'une espèce nouvelle (Col.): *Polyarthron Jolyi*.) Ann. Soc. ent. France, **64**, Bull. CCCLXXXV, 1895 v.
— Anthicides récoltés dans les tabacs. Bull. Soc. zool. France, **20**, 61—65, 1895 w.
— Un cas de nomenclature. Bull. Soc. zool. France, **20**, 185—186, 1895 x.
— Etude sur quelques *Formicomus* exotiques. Échange, **11**, 6—9, 1895 y.
— Notes entomologiques. Échange, **11**, 9—11, 1895 z.
— Examen des Anthicides de la collection Lethierry. Échange, **11**, 18—20, 1895 aa.
— Descriptions de Rhytirhinides. Échange, **11**, 29—30, 1895 ab.
— Descriptions de Longicornes d'Arménie et régions voisines. Échange, **11**, 38—40, 1895 ac.
— Ptinides d'Algérie. Échange, **11**, 50—51, 1895 ad.
— Observations et Renseignements divers. Échange, **11**, 51—54, 1895 ae.
— Sur les *Phytaecia* voisins de *punctum* Mén. et *ephippium* Fab. Échange, **11**, 63—70, 1895 af.
— Longicornes de la collection H. Tournier. Échange, **11**, 75—78, 1895 ag.
— Descriptions de coléoptères d'Algérie. Échange, **11**, 78—82, 1895 ah.
— A propos de Variétés. Échange, **11**, 87—89, 106—108, 1895 ai.
— Notes sur les *Cychramus* Kugl. Échange, **11**, 89—91, 1895 aj.
— Notes diverses sur les Ptinides et descriptions d'espèces nouvelles. Échange, **11**, 99—103, 1895 ak.
— Notes complémentaires ou observations diverses à propos d'espèces et variétés omises ou cataloguées. Échange, **11**, 110—120, 1895 al.
— Deuxième étude sur les Melyrides. Échange, **11**, 123—126, 1895 am.
— Descriptions de *Macratria* d'Océanie. Échange, **11**, 133—135, 1895 an.
— Sur le mot „Type" et la synonymie entomologique. Échange, **11**, 135—137, 1895 ao.
— De l'Échange. Échange, **11**, 137—139, 1895 ap.
— Préliminaires d'une étude synoptique sur le genre *Ptinus*. L. Feuille jeun. Natural., **26**, 26—29, (1895—96) 1895 aq; 42—44, (1895—96) 1896.
— Descriptions de d'un *Xylophilus* et de plusieurs Anthicides d'Afrique. Misc. ent., **3**, 41—44, 1895 ar.
— Sur les *Danacaea* Lap. (Coléoptères Malacodermes). Misc. ent., **3**, 66—69, 1895 as.
— Descriptions d'Anthicides de l'Afrique méridionale. Misc. ent., **3**, 105—107, 1895 at.
— Diagnoses de *Danacaea*. Misc. ent., **3**, 121—122, 1895 au.
— Description de Coléoptères nouveaux de la famille des Anthicides. Naturaliste, (2) **9**, 59—60, 1895 av.
— Description de Coléoptères. Naturaliste, (2) **9**, 243, 1895 aw.
— Corrections et notes hémiptérologiques. Rev. Ent. Caen, **14**, 177—178, 1895 ax.
[Siehe:] Reuter, O. M.: 131—142.
— [Herausgeber]
Excursion entomologique dans la province l'Oran

(Algérie). Rev. scient. Bourb. Centre France, **8**, 10—13, 131—137, 173—180, 218—223, 1895 ay; **9**, 4—8, 1896.
[Darin:]
Tournier, Henri: Hyménoptères nouveaux. 11—12.
Pérez, Jean: Description des Hyménoptères nouveaux. 173—180.
— siehe Abeille de Perrin, Elzéar & Pic, Maurice 1895.
— in Esplorazione Giuba 1895.
○ L'esprit critique [distribué au Congrès de la Société entomologique de France, 1896]. Lyon, L. Jacquet, 1896? a.
— Anthicide nouveau recueilli au Cambodge et offert au Muséum par M. Pavie. Bull. Mus. Hist. nat. Paris, **2**, 250, 1896 b.
— Synonymies [*Bythinus* et *Ptinus*]. Bull. Soc. ent. France, **1896**, 30, 1896 c.
— Sur les Anthicides des États-Unis. Bull. Soc. ent. France, **1896**, 30—31, 1896 d.
[Siehe:] Casey, Thomas L.: Ann. N. York Acad. Sci., **8**, 435—838, 1895.
— Description d'un Coléoptère hétéromère du Brésil [*Copobaenus bicolor*]. Bull. Soc. ent. France, **1896**, 68—69, 1896 e.
— Sur le groupe des *Hedobia* Sturm. [Col.]. Bull. Soc. ent. France, **1896**, 69—72, 1896 f.
— Observations, remarques et renseignements entomologiques divers [Coleoptera]. Bull. Soc. ent. France, **1896**, 72—73, 1896 g.
— Description d'une *Danacaea* asiatique [Col.]. Bull. Soc. ent. France, **1896**, 148, 1896 h.
— Sur les *Pachybrachis* voisins de *P. vermicularis*, Suff. Bull. Soc. ent. France, **1896**, 202—205, 1896 i.
— Notes synonymiques [*Ceralliscus* et *Haplocnemus*]. Bull. Soc. ent. France, **1896**, 205, 1896 j.
— Première liste de Coléoptères récoltés en Algérie en 1896. Bull. Soc. ent. France, **1896**, 337—338; Deuxième liste . . . 415—416, 1896 k.
— Ptinidae recueillis à Madagascar par M. Charles Alluaud en 1893 [Col.] [*Ptinus*]. Bull. Soc. ent. France, **1896**, 352—355, 1896 l.
— Description d'un *Anthicus* nouveau d'Algérie [Col.]. Bull. Soc. ent. France, **1896**, 422—423, 1896 m.
— Notes et renseignements sur les Xylophilides (Coléoptères hétéromères). Bull. Soc. zool. France, **21**, 49—53, 1896 n.
— Descriptions et notes diverses. Échange, **12**, 61—62, 1896 o.
— Notes et diagnoses. Échange, **12**, 87—88, 1896 p.
— Habitats de Ptinides du nord de l'Afrique. Échange, **12**, 107—110, 1896 q.
— Catalogue Bibliographique et Géographique des *Macratria*, New. (Coléoptères Hétéroméres). Échange, **12**, 120—122, 1896 r.
— Notes et renseignements descriptifs sur *Anthicus insignis*, Luc. et. races viosines. Échange, **12**, 131—132, 1896 s.
— Examen des Anthicides de la collection Reitter. Feuille jeun. Natural., **26**, 178—181, (1895—96) 1896 t.
— Notes et descriptions (Coléoptères). Feuille jeun. Natural., **26**, 201—202, (1995—96) 1896 u.
— Descriptions de deux *Anthicus* syriens. Misc. ent., **4**, 5—6, 1896 v.
— Descriptions de quatre Ptinides exotiques. Misc. ent., **4**, 6—7, 1896 w.
— Coléoptères d'Asie mineure et de Syrie. Misc. ent., **4**, 35—36, 1896 x.
— Descriptions et notes sur divers Coléoptères. Misc. ent., **4**, 41—43, 1896 y.
— Descriptions de Ptinides exotiques. Misc. ent., **4**, 45—47, 1896 z.
— Diagnoses de Dasytides divers (in collection Pic.) Misc. ent., **4**, 47—48, 1896 aa.
— Coléoptères du Nord de l'Afrique. Misc. ent., **4**, 93—94, 1896 ab.
— Notes descriptives sur plusieurs Curculionides. Misc. ent., **4**, 94—96, 1896 ac.
— Descriptions de Coléoptères Rhyncophores africains. Misc. ent., **4**, 113—115, 1896 ad.
— Descriptions de Coléoptères d'Algérie et de *Syrie*. Misc. ent., **4**, 140—142, 1896 ae.
— Diagnoses de Coléoptères d'Algérie. Rev. scient. Bourb. Centre France, **9**, 101—103, 1896 af.
— Sur les *Danavaea* Laporte. Wien. ent. Ztg., **15**, 115, 1896 ag.
[Siehe:] Prochaska, J.: **14**, 295, 1895.
— Description d'un *Corticus* nouveau d'Algérie [Col.]. Bull. Soc. ent. France, **1897**, 78—79, 1897 a.
— Synonymie d'un Cléride du nord de l'Afrique [Col.] [*Corynetes*]. Bull. Soc. ent. France, **1897**, 123—124, 1897 b.
— Note sur *Otiocephala opaca* Rosh. et ses variétés [Col.]. Bull. Soc. ent. France, **1897**, 135, 1897 c.
— Note synonymique sur un *Zonabris* (*Decatoma*) [Col.]. Bull. Soc. ent. France, **1897**, 150, 1897 d.
— Descriptions de Coléoptères nouveaux d'Algérie et d'Asie Mineure [*Dasytes*, *Clytus* et *Eros*]. Bull. Soc. ent. France, **1897**, 219—221, 1897 e.
— Coléoptères récoltés en Kabylie en 1897. Bull. Soc. ent. France, **1897**, 221—222, 1897 f.
— Ichneumonides capturés en Algérie et description d'une espèce nouvelle (*Hoplismenus Berthoumieui*) [Hymén.]. Bull. Soc. ent. France, **1897**, 265—266, 1897 g.
— Sur les instincts carnassiers des *Anthicides* [Col.]. Bull. Soc. ent. France, **1897**, 266—267, 1897 h.
— Note sur quelques *Heliotaurus* [Col.]. Bull. Soc. ent. France, **1897**, 297, 1897 i.
[Siehe:] Seidlitz, Georg in Erichson, Wilhelm Ferdinand: Berlin, (1868—1900 ff.) 1898.
— Observations sur divers Coléoptères d'Algérie. Bull. Soc. ent. France, **1897**, 310—312, 1897 j.
— Descriptions de Coléoptères. Bull. Soc. Hist. nat. Autun, **10**, Proc.-Verb. 194—198, 1897 k.
— Descriptions de Coléoptères. Bull. Soc. Hist. nat. Autun, **10**, Proc.-Verb. 295—300, 1897 l.
— Diagnoses d'Hyménoptères (Ichneumoniens). Bull. Soc. Hist. nat. Autun, **10**, Proc.-Verb. 300—302, 1897 m.
— Description d'un *Acanthocnemus*, Coléoptère malacoderme nouveau. Bull. Soc. zool. France, **22**, 79—80, 1897 n.
— Note sur les Xylophilides (Coléoptères hétéromères). Bull. Soc. zool. France, **22**, 80—82, 1870 o.
— Études sur les Coléoptères Phytophages (Clytridae). Bull. Soc. zool. France, **22**, 82—88; Complément à mes études sur les Coléoptères . . . 164—165, 202—206, 1897 p.
— Sur les *Tomoderus* (Coléoptères hétéromères) de Java et Sumatra. Bull. Soc. zool. France, **22**, 166—167, 1897 q.
— Descriptions de Coléoptères asiatiques de la famille

des Cerambycidae. Bull. Soc. zool. France, **22**, 188—190, 1897 r.
— Notes sur les Coléoptères myrmécophiles. Bull. Soc. zool. France, **22**, 230—233, 1897 s.
— Descriptions de Coléoptères. Échange, **13**, 5—6, 1897 t.
— Chasse aux Ichneumonides. Échange, **13**, 26, 1897 u.
— Sur le groupe *Liparoderus*, Laf. dans le genre *Anthicus*, Payk. Échange, **13**, 50—51, 1897 v.
— Énumération d'insectes récoltés sur un chêne en Kabylie. Échange, **13**, 71; Corrigenda. 90, 1897 w.
— Saint-Martin-Vésubie. [Col., Hym.] Échange, **13**, 88—90, 1897 x; . . . Addenda. **15**, 18—20, 1899.
— Description d'une coupe nouvelle et de trois espèces de Ptinides. Feuille jeun. Natural., **27**, 102—103, (1896—97) 1897 y.
— Descriptions de Coléoptères. Feuille jeun. Natural., **27**, 119—120, (1896—97) 1897 z.
— Notes et descriptions diverses (Coléoptères). Feuille jeun. Natural., **27**, 202—204, (1896—97) 1897 aa.
— En route pour le Mzab. — Bou Saada. Misc. ent., **5**, 1—3, 35—38, 44—46, 65—72, 116—117, 124—127, 1897 ab.
— Coléoptères nouveaux. Misc. ent., **5**, 26—29, 1897 ac.
— *Theryus*. Coupe générique nouvelle dans les Curculionides. Misc. ent., **5**, 29, 1897 ad.
— Descriptions de Coléoptères. Misc. ent., **5**, 42—43, 61—63, 1897 ae.
— Notes diverses sur les Anthicides. Misc. ent., **5**, 75—77, 1897 af.
— Notes sur le sous-genre *Compsodorcadion* Gglb. Misc. ent., **5**, 94, 1897 ag.
— Remarques et observations diverses sur le genre *Danacaea* Laporte et sur Käfer Europa's XXXIII. Misc. ent., **5**, 94—97, 1897 ah.
— Sur *Asclera* v. *impressithorax* Pic. Misc. ent., **5**, 128, 1897 ai.
— Description de Coléoptères exotiques. Naturaliste, (2) **11**, 25, 1897 aj.
— Anthicides exotiques nouveaux. Naturaliste, (2) **11**, 134, 1897 ak.
— Description de Longicornes de la région Caucasique. Naturaliste, (2) **11**, 262—263, 1897 al.
— Notes sur quelques anomalies [Coléoptère]. Rev. Ent. Caen, **16**, 224—225, 1897 am.
— Berichtigung über *Asclera* var. *impressithorax*. Wien. ent. Ztg., **16**, 240, 1897 an.
[Siehe:] Reitter, Edmund: 217—220.
— siehe Chobaut, Alfred & Pic, Maurice 1897.
— Rectifications et Renseignements Entomologiques [zu A. Chobaut: Voyage chez les Beni-Mzab. Mém. Acad. Vaucluse, **18**, 131—235, 1898]. 8°, 2 S., Dugoin, 1898 a.
○ „Qu'appelle-t-on décrire trop." [Auf dem Kongress der Franz. Ent. Ges. 1898 verteilt.] Paris, 1898 b.
— Liste générale des Coléoptères Hétéromères du genre *Macratria* Newman ou *Macrarthrius* Laferté. Ann. Soc. ent. Belg., **42**, 105—108, 1898 c.
— Rectification. Addenda et corrigenda [Col.]. Ann. Soc. ent. Belg., **42**, 184, 1898 d.
[Siehe:] Champion, G. C.: 46—104.
— Xylophilides (Col. Hétéromères) du Brésil. Recueillis par M. J. Sahlberg et communiqués par son fils. Ann. Soc. ent. Belg., **42**, 260—268, 1898 e.
— Ptinides recueillis en 1897 par MM. Ch. Alluaud et D. d'Emmerez aux îles Mascareignes. Ann. Soc. ent. France, **66**, 393—401, (1897) 1898 f.
— Répertoire des publications zoologiques (1889—1897) de Maurice Pic. Ann. Soc. ent. France, **67**, 191—224, 1898 g.
— Anthicides (Col. Hétéromères) africains nouveaux des collections du Muséum de Paris. Bull. Mus. Hist. nat. Paris, **4**, 67—72, 1898 h.
— Un *Amblyderus* (Col. Hétéromères) nouveau d'Abyssinie. Bull. Mus. Hist. nat. Paris, **4**, 181, 1898 i.
— Notes sur divers Coléoptères [*Pseudomezium, Cantharis, Malachius, Dasytes, Allecula* et *Asclera*]. Bull. Soc. ent. France, **1898**, 12—14, 1898 j.
— Sur quelques Coléoptères anomaux [*Dorcus, Allecula, Omophlus, Cortodera* et *Coptocephala*]. Bull. Soc. ent. France, **1898**, 113—114, 1898 k.
— Tableau synoptique des espèces françaises du genre *Allecula* F. [Col.]. Bull. Soc. ent. France, **1898**, 114—115, 1898 l.
— Description d'un *Liopus* nouveau de Syrie [Col.]. Bull. Soc. ent. France, **1898**, 125, 1898 m.
— Description d'un *Mallosia* nouveau du Caucase [Col.]. Bull. Soc. ent. France, **1898**, 168—169, 1898 n.
— Descriptions de trois Coléoptères nouveaux de Madagascar et de l'île Maurice. Bull. Soc. ent. France, **1898**, 182—183, 1898 o.
— Description de deux *Luperus* nouveaux [Col.]. Bull. Soc. ent. France, **1898**, 311—313, 1898 p.
— Diagnose d'une variété nouvelle de *Phytoecia* [Col.]. Bull. Soc. ent. France, **1898**, 334—335, 1898 q.
— Notes synonymiques et rectificatives sur divers Coléoptères. Bull. Soc. ent. France, **1898**, 335—336, 1898 r.
— Diagnoses d'Ichneumoniens nouveaux [Hymén.] recueillis par M. L. Bleuse en Algérie. Bull. Soc. ent. France, **1898**, 352—353, 1898 s.
— Description de deux *Caryoborus* africains nouveaux [Col.]. Bull. Soc. ent. France, **1898**, 371—372, 1898 t.
— A propos de la Synonymie. Bull. Soc. Hist. nat. Autun, **11**, part. II, 17—21, 1898 u.
— Description de Coléoptères. Bull. Soc. Hist. nat. Autun, **11**, part. II, 116—125, 1898 v.
— Coléoptères rares ou nouveaux récoltés par. M. Maurice Pic cette année dans les Alpes. Bull. Soc. Hist. nat. Autun, **11**, part. II, 154—156, 1898 w.
— Où sont les types? Pas assez ou trop de priorité absolue? Bull. Soc. Hist. nat. Autun, **11**, part. II, 179—181, 1898 x.
— Note sur les Ichneumoniens (Hyménoptères) de Digoin et des environs. Bull. Soc. Hist. nat. Mâcon, **1** (1893—1900), 145—152, (1900) 1898 y; 199—201, 1900.
— Anthicides et Xylophilides [Col.] de la région malgache et d'Afrique dans la collection de M. Charles Alluaud. Bull. Soc. zool. France, **23**, 67—72, 1898 z.
— Description d'un genre nouveau et de sept Coléoptères exotiques. Bull. Soc. zool. France, **23**, 169—175, 1898 aa.
— Description d'un Coléoptères longicorne du Turkestan. Bull. Soc. zool. France, **23**, 179, 1898 ab.
— Notes et renseignements sur divers Coléoptères français. Échange, **14**, 34, 1898 ac.
— Liste de Longicornes, provenant de France ou des Alpes. Récoltés par Maurice Pic, ou faisant partie de ses collections. Échange, **14**, 86—88, 1898 ad.
— Etude synoptique sur les Coléoptères (Longicornes) ou genre *Cortodera* Muls. Feuille jeun. Natural., **28**, 77—80, 110—117; Corrigenda. 156, (1897—98) 1898 ae.
— Diagnoses de Coléoptères Malacodermes et Notes

diverses. Feuille jeun. Natural., **29**, 26—28, (1898—99) 1898 af.
— Description de Coléoptères nouveaux, d'Europe et Circà. Frelon, **6**, 35—38 [in Nr. 7—8], 1898 ag.
— Variétés et nouvelles espèces de Coléoptères. Misc. ent., **6**, 2—4, 1898 ah.
— Nécrologie. Julius Wartmann. Misc. ent., **6**, 32, 1898 ai.
— Notes sur quelques Dasytides. Misc. ent., **6**, 41—42, 1898 aj.
[Siehe:] Küster, Heinrich Carl: Nürnberg, (1873—1900 ff.) 1897.
— Diagnoses de deux *Ptinus* de l'Afrique australe et sous-genre *Eutaphrimorphus.* Misc. ent., **6**, 54—55, 1898 ak.
— Notes descriptives sur plusieurs coléoptères et sur un ichneumon (hyménoptère). Misc. ent., **6**, 73—75, 1898 al.
— Descriptions d'espèces ou variétés de Coléoptères de la faune d'Europe et Circa. Misc. ent., **6**, 97—99, 1898 am.
— Sur quelques questions de priorité inspirées par le *Nemonyx? var. semirufus* Pic. Misc. ent., **6**, 113—114, 1898 an.
— Diagnoses de coléoptères malacodermes et phytophages. Misc. ent., **6**, 137—140, 153—154, 1898 ao.
— Sur quelques coléoptères phytophages d'Akbès. Misc. ent., **6**, 155—156, 1898 ap.
— Description de Coléoptères. Naturaliste, (2) **12**, 273, 1898 aq; (2) **13**, 189, 1899; (2) **14**, 68, 211, 1900.
— Description de trois Anthicidae du Turkestan. Rev. Ent. Caen, **17**, 122—124, 1898 ar.
— A propos de *Coryna Bleusei.* Rev. scient. Bourb. Centre France, **11**, 17—20, 1898 as.
— Descriptions de Coléoptères d'Anatolie & de Syrie. Rev. scient. Bourb. Centre France, **11**, 91—94, 1898 at.
— Coléoptères nouveaux de Tombouctou. Rev. scient. Bourb. Centre France, **11**, 164—165, 1898 au.
— siehe Boileau, Henri & Pic, Maurice 1898.
— in Voyage Delagrange Haute-Syrie (1893—98) 1898.
— De l'entomologie philosophique. 8°, 4 S., Digoin, 1899 a.
— Nouvelles espèces de Coléoptères appartenant au Musée Civique de Gênes. Ann. Mus. Stor. nat. Genova, (2) **19** (**39**), 506—511, (1898) 1899 b.
— Essai d'une étude sur les *Ptinus* du Brésil. Ann. Soc. ent. Belg., **43**, 31—35, 1899 c.
— Essai d'une étude synoptique sur les *Malthinus* Latr. (Coléoptères malacodermes) d'Orient. Ann. Soc. ent. Belg., **43**, 370—377, 1899 d.
— Diagnoses de Ptinides et Anthicides [Col.] des collections du Muséum de Paris. Bull. Mus. Hist. nat. Paris, **5**, 28—32, 1899 e.
— Anthicidae et Pedilidae (Coléoptères hétéromères) recueillies au Sikkim par M. Harmand, et offerts par lui au Muséum d'histoire naturelle. Bull. Mus. Hist. nat. Paris, **5**, 76—79, 1899 f.
— Ichneumonides capturés en 1898 et descriptions de deux espèces nouvelles [Hymén.]. Bull. Soc. ent. France, **1899**, 8—10, 1899 g.
— Description d'un genre nouveau de Coléoptère d'Algérie [*Sefrania*]. Bull. Soc. ent. France, **1899**, 28—29, 1 Fig., 1899 h.
— Diagnoses de Coléoptères communiqués par M. L. Bleuse [*Anthrenus* et *Anthicus*]. Bull. Soc. ent. France, **1899**, 85—86, 1899 i.
— Liste de Coléoptères gallo-rhénans nouveaux. Bull. Soc. ent. France, **1899**, 119—120, 1899 j.
— Description de trois Cérambycides de Syrie [Col.] [*Clytus* et *Phytoecia*]. Bull. Soc. ent. France, **1899**, 209—211, 1899 k.
— Notes sur quelques Coléoptères d'Orient. Bull. Soc. ent. France, **1899**, 230—232, 1899 l.
— Description de deux Coléoptères nouveaux de Palestine [*Anemia* et *Lytta*]. Bull. Soc. ent. France, **1899**, 278—279, 1899 m.
— Description d'une variété nouvelle d'Alleculidae [Col.] de l'Espagne centrale [*Cteniopus* (*Proctenius*) *luteus* Kust.]. Bull. Soc. ent. France, **1899**, 300, 1899 n.
— Description d'une variété nouvelle de *Dorcadion* [Col.] de l'île de Rhodes. Bull. Soc. ent. France, **1899**, 300—301, 1899 o.
— Note sur les variétés de *Pentaria abderoides* Chob. et observations sur le sous-genre *Larisia* [Col.]. Bull. Soc. ent. France, **1899**, 323—324, 1899 p.
— Rectifications relatives à quelques *Anthicus* [Col.]. Bull. Soc. ent. France, **1899**, 324, 1899 q.
— Description d'un Coléoptère malacoderme, d'Asie Mineure [*Podistrina* (*Podistrella*) *malchinoides*]. Bull. Soc. ent. France, **1899**, 357—358, 1899 r.
— Renseignements sur les types des *Polyarthron* d'Algérie [Col.]. Bull. Soc. ent. France, **1899**, 390—391, 1899 s.
— Description d'une variété de *Phytoecia Astarte* Ganglb. [Col.]. Bull. Soc. ent. France, **1899**, 391—392, 1899 t.
— Diagnoses préliminaires d'Helopidae d'Asie Mineure [Col.] [*Helops*]. Bull. Soc. ent. France, **1899**, 411, 1899 u.
— Notes sur trois *Anthicus* de la Région méditerranéenne [Col.]. Bull. Soc. ent. France, **1899**, 412, 1899 v.
— (Voyage en Orient: Égypte et Palestine.) Bull. Soc. Hist. nat. Autun, **12**, part. II, 201—204, 1899 w.
— Diagnoses de Coléoptères d'Orient. Bull. Soc. Hist. nat. Autun, **12**, part. II, Séance 204—210, 252—261, 1899 x.
— Les Coléoptères Anthicides du Centre de la France. Bull. Soc. Hist. nat. Mâcon, **1** (1893—1900), 189—196, 1 Taf. (unn.), (1900) 1899 y.
— Coléoptères européens et exotiques nouveaux. Bull. Soc. zool. France, **24**, 24—28, 1899 z.
— Quelques mots sur les lois de priorité. Bull. Soc. zool. France, **24**, 211—212, 1899 aa.
— Nouvelle étude synoptique sur le genre *Microjulistus* Reitt. (*Ceralliscus* Bourg.) (Coléoptères). Feuille jeun. Natural., **29**, 169—171, (1898—99) 1899 ab.
— Contribution à l'étude du genre *Chrysanthia* Schm. Feuille jeun. Natural., **30**, 14—16, (1899—1900) 1899 ac.
— Notes sur les Coléoptères Longicornes du genre *Leptura* L. Frelon, **7**, 63—64, (1898—99) 1899 ad.
— Quelques réflexions à propos des noms donnés aux variétés. Misc. ent., **7**, 17—18, 1899 ae.
— Notes sur les Anthicides d'Europe avec diagnoses. Misc. ent., **7**, 18—21, 1899 af.
— Liste de Coléoptères de mes chasses en 1898 dans les Alpes. Misc. ent., **7**, 50—51, 1899 ag.
— Description d'un nouveau *Dorcadion* d'Espagne. Misc. ent., **7**, 81, 1899 ah.
— Notes sur les Ptinides d'Orient avec diagnoses. Misc. ent., **7**, 81—83, 1899 ai.
— Quelques mots au sujet d'une question de nomenclature zoologique. Misc. ent., **7**, 83—84, 113, 1899 aj.
[Siehe:] Griffini, Achille: 49—50.
— Sur divers Coléoptères de la faune paléarctique. Misc. ent., **7**, 113—116, 1899 ak.

— Descriptions d'Élatérides et Curculionides d'Europe et circa. Misc. ent., **7**, 139—142, 1899 al.
— Quelques mots sur les anomalies de dessins chez les Longicornes. Misc. ent., **7**, 166—167, 1899 am.
— Descriptions d'Anthicidae. Rev. Ent. Caen, **18**, 73—76, 1899 an.
— Descriptions d'Anthicidae exotiques. Rev. Ent. Caen, **18**, 105—106, 1899 ao.
— Sur quelques „Ichneumoniens" de la Coll. Tournier. Rev. scient. Bourb. Centre France, **12**, 100—103, 1899 ap.
— (Sur le genre Entomologicus.) Rev. scient. Bourb. Centre France, **12**, 249—250, 1899 aq.
— Anthicidae de l'Erythrée. Ann. Mus. Stor. nat. Genova, (2) **20** (**40**), 575—576, (1899) 1900 a.
— Diagnoses de *Macratria* de la Nouvelle Guinée. Ann. Mus. Stor. nat. Genova, (2) **20** (**40**), 597—601, (1899) 1900 b.
— Diagnoses d'Anthicidae de la Nouvelle Guinée. Ann. Mus. Stor. nat. Genova, (2) **20** (**40**), 602—608, (1899) 1900 c.
— Contribution à l'étude des Cerambycidae de Chine et du Japon. Ann. Soc. ent. Belg., **44**, 16—19, 1900 d.
— Contribution à l'étude des Ptinidae de l'Amérique centrale et méridionale. Ann. Soc. ent. Belg., **44**, 251—258, 1900 e.
— Addenda au Catalogue des Sagrides. Ann. Soc. ent. Belg., **44**, 353—354, 1900 f.
— Hylophilidae, Anthicidae et Pedilidae de l'île de Sumatra. Ann. Soc. ent. France, **68**, 754—760, (1899) 1900? g.
— Renseignements sur les Coléoptères Anthicidae de la collection L. Dufour. Bull. Mus. Hist. nat. Paris, **6**, 102—103, 1900 h.
— Description du *Bruchus scapularis* (Reiche), du Brésil [Col.]. Bull. Soc. ent. France, **1900**, 29—30, 1900 i.
— Quelques mots sur le genre *Tetropiopsis* Chob. [Col.]. Bull. Soc. ent. France, **1900**, 30—31, 1900 j.
[Siehe:] Chobaut, Alfred: **1899**, 356—357, 1899.
— Description de trois *Ptinus* d'Orient [Col.]. Bull. Soc. ent. France, **1900**, 48—49, 1900 k.
— Description d'un *Ocladius* nouveau d'Abyssinie [Col.]. Bull. Soc. ent. France, **1900**, 108, 1900 l.
— Quelques notes coléoptériques. Bull. Soc. ent. France, **1900**, 108—110, 1900 m.
— Descriptions et habitats nouveaux de divers Coléoptères d'Algérie et d'Orient [*Apotomus, Sphenoptera, Malthinus* et *Mordellistena*]. Bull. Soc. ent. France, **1900**, 123—125, 1900 n.
— Note sur des *Phytoecia* du sous-genre *Helladia* [Col.]. Bull. Soc. ent. France, **1900**, 139—140, 1900 o.
— Contribution à l'étude des Coléoptères de la Tripolitaine et de la Tunisie. Bull. Soc. ent. France, **1900**, 164—166, 1900 p.
— Captures de Coléoptères myrmécophiles, en Orient. Bull. Soc. ent. France, **1900**, 170—171, 1900 q.
— Notes synonymiques [*Anthicus, Hylophilus* et *Rosalia*]. Bull. Soc. ent. France, **1900**, 230—231, 1900 r.
— (Quelques espèces rares de Coléoptères.) Bull. Soc. ent. France, **1900**, 258, 1900 s.
— Description d'un nouveau genre d'Elmides, de Tunisie [Col.] [*Normandia*]. Bull. Soc. ent. France, **1900**, 266—267, 1900 t.
— Notes sur le genre *Malthinus* Latr. [Col.]. Bull. Soc. ent. France, **1900**, 287—288, 1900 u.
— Notes synonymiques: *Ptinus* et *Anthicus*. Bull. Soc. ent. France, **1900**, 289, 1900 v.
— Note complémentaire sur *Caenoptera* (*Molorchus*) *Marmottani* Ch. Bris. [Col.]. Bull. Soc. ent. France, **1900**, 300—301, 1900 w.
[Siehe:] Mayet, Valéry: 226—228.
— Description d'un *Otiorrhynchus* nouveau [Col.] du nord de l'Afrique. Bull. Soc. ent. France, **1900**, 316—317, 1900 x.
— Note complémentaire sur *Malthinus maritimus* Pic [Col.]. Bull. Soc. ent. France, **1900**, 383—385, 1900 y.
— Notes sur les *Bythinus* Leach, de Tunisie [Col.] et description d'une espèce nouvelle. Bull. Soc. ent. France, **1900**, 403—404, 1900 z.
— Synonymiques de quelques espèces et variétés de *Dorcadion* [Col.]. Bull. Soc. ent. France, **1900**, 404—405, 1900 aa.
— Diagnoses de Coléoptères d'Orient récoltés en 1899. Bull. Soc. Hist. nat. Autun, **13**, Proc.-Verb. 25—32, 1900 ab.
— Liste de Coléoptères rares ou nouveaux pour le département. Bull. Soc. Hist. nat. Autun, **13**, Proc.-Verb. 199—208, 1900 ac.
— Contribution à l'étude des Coléoptères d'Europe et des régions voisines. Bull. Soc. zool. France, **25**, 14—16, 1900 ad.
— Quelques mots au sujet des ouvrages écrits en collaboration. Bull. Soc. zool. France, **25**, 65—67, 1900 ae.
— Quelques mots au sujet des publications délaissées. Bull. Soc. zool. France, **25**, 172—173, 1900 af.
— Coléoptères nouveaux de la faune paléarctique. Bull. Soc. zool. France, **25**, 182—185, 1900 ag.
— Description de Coléoptères circaméditerranéens et exotiques. Échange, **16**, 19—20, 1900 ah.
— Sur le *Dorcadion*, Dalm. Échange, **16**, 29, 1900 ai.
— Diagnoses de divers „Anthicidae" et d'un „*Entypodera*" de l'Afrique orientale. Échange, **16**, 34—36, 1900 aj.
— Notes sur divers Coléoptères. Échange, **16**, 37—38, 1900 ak.
— Sur „*Zonabris* (*Mylabris*) *20-punctata*" Ol. et formes voisines. Échange, **16**, 46, 1900 al.
— Descriptions de Coléoptères algériens et tunisiens. Échange, **16**, 53—56, 1900 am.
— Rectifications et synopsis sur le genre „*Rosalia*" L. Échange, **16**, 58—60, 1900 an.
— Note sur le genre „*Esolus*" Muls-Rey. Échange, **16**, 60, 1900 ao.
— Notes et diagnoses. Échange, **16**, 61—63, 77—80, 1900 ap.
— Notes descriptives et biologiques. Échange, **16**, 65—66, 1900 aq.
— Sur le genre „*Cryptocephalus*" Geof. Échange, **16**, 66—70, 1900 ar.
— „*Hypurus optimemaculatus*" n. sp. Échange, **16**, 70, 1900 as.
— Contribution à l'étude des Longicornes. Échange, **16**, 81—83, 1900 at.
— Diagnoses de Malacodermes et d'un *Cryptocephalus*. Échange, **16**, 85—88, 1900 au.
— Diagnoses de Coléoptères du globe. Échange, **16**, 89—91, 1900 av.
— Sur divers „*Cryptocephalus*" du nord de l'Afrique. Échange, **16**, 95—96, 1900 aw.
— Contribution à l'étude des *Notoxus* (Coléoptères) d'Europe et des régions avoisinantes. Feuille jeun. Natural., **30**, 64—68, 89—91, (1899—1900) 1900 ax.
— Notes diverses sur les Coléoptères. Frelon, **8**, 1—8 [in Nr. 4], (1899—1900) 1900 ay.
— Neue Coleopteren des Hamburger Museums. Jb.

Hamburg. wiss. Anst., **17** (1899), Beih. 2 (=Mitt. naturhist. Mus. **17**), 7—10, 1900 az.
— Quelques mots sur les lois de priorité. Misc. ent., **8**, 1, 1900 ba.
— Sur le genre *Polyarthron* Serv. Misc. ent., **8**, 2—3; Addenda sur le genre *Polyarthron* Serv. 25—26, 1900 bb.
— Bibliographie entomologique. Misc. ent., **8**, 6—7; Bibliographie entomologique et notes diverses qui en résultent. 138—140, 1900 bc.
— Énumération d'insectes coléoptères recueillis en Orient en 1899. Misc. ent., **8**, 83—86, 1900 bd.
— *Cryptocephalus vittatus* F. et ses variétés. Misc. ent., **8**, 104—106, 1900 be.
— Des accidents entomologiques. Naturaliste, (2) **14**, 30, 1900 bf.
— Diagnoses de Coléoptères Américains et asiatiques. Naturaliste, (2) **14**, 57, 1900 bg.
— Quelques mots sur le variétisme. Naturaliste, (2) **14**, 120—122, 1900 bh.
— (Coléoptères rares pour la faune du centre.) Rev. scient. Bourb. Centre France, **13**, 163, 1900 bi.
— Coléoptères recueillis dans les inondations de la Loire. Rev. scient. Bourb. Centre France, **13**, 237—238, 1900 bj.
— Neue Pedilidae und Anthicidae. Verh. zool.-bot. Ges. Wien, **50**, 138—139, 1900 bk.
— in Bodemeyer, August Rudolf Eduard von 1900.
— in Insectes Congo 1900.
— in Reitter, Edmund [Herausgeber] (1879—1900 ff.) 1900.

Pic, Therèse
Über *Dorcadion divisum* Germ. und dessen Varietäten. Ent. Nachr., **25**, 349—352, 1899 a.
— Description d'un *Entypodera* de l'Afrique occidentale. Misc. ent., **7**, 4, 1899 b.
— Ueber *Rosalia alpina* L. und deren Varietäten. Ent. Nachr., **26**, 11—12, 1900 a.
— Diagnosen verschiedener *Phytaecia* aus dem Orient. Ent. Nachr., **26**, 67—68, 1900 b.
— Zwei Varietäten von *Dorcadion equestre* Laxm. Ent. Nachr., **26**, 352, 1900 c.
— in Reitter, Edmund (1879—1900 ff.) 1900.

Picaglia, Luigi
Elenco dei Coleotteri raccolti in un' escursione fatta dal Prof. A. Carruccio nell' Apennino Modense. Atti Soc. Natural. Modena, Rend., (3) **1**, 12—14, 1882.
— Contribuzione allo studio degli Ortotteri del Modenese. Atti Soc. Natural. Modena, Mem., (3) **2** (**17**), 51—70, 1883.
— in Contribuzione Fauna Modenese(1884—96) 1883.
— Pediculini nuovi del Museo di Zoologia ed Anatomia comparata della R. Università di Modena. Atti Soc. Ital. Sci. nat., **28**, 82—90, 1885 a.
— Intorno alla divisione del genere *Menopon* nei due sottogeneri *Menopon* e *Piagetia: Piagetia Ragazzii* n. sp. Atti Soc. Natural. Modena, Rend., (3) **2**, 103—108, (1884) 1885? b.
— Pediculini dell' Istituto Anatomo-Zoologico della R. Università di Modena. Atti Soc. Natural. Modena, Mem., (3) **4** (**19**), 97—162, 1885 c.
— in Contribuzione Fauna Modenese (1884—96) 1885.
— siehe Benzi, Armando & Picaglio, Luigi 1895.

Picard, Firmin
L'immunité „antimoustiquaire". Natural. Canad., 24 ((2) 4), 92—93, 1897.

Piccaluga, Emanuele
○ Dei bachi da seta e dei gelsi. Trattatella. 8°, 61 S., Novi Ligure, tip. Camusso, 1864.

Piccioli, Ferdinando Maria
geb. 26. 7. 1821 in San Felice (Firenze), gest. 14. 2. 1900 in Sesto Fiorentino (Firenze). — Biogr.: (P. Bargagli) Bull. Soc. ent. Ital., **32**, 217—228, 1900 m. Schriftenverz.
○ Sugli insetti danneggiatori dei seminati di grano nella provincia dell' Emilia ed altrove. Rapporto ed osservazioni. 8°, 14 S., Firenze, tip. Galileiana, 1864.
— Descrizione di una nuova specie d'imenottero della famiglia degli sfecidei, e appartenente alla fauna della Toscana. Bull. Soc. ent. Ital., **1**, 38—40, Taf. I (Farbfig. 1), 1869 a.
— Catalogo sinonimico e topografico dei coleotteri della Toscana con la collaborazione del sig. Piero Bargagli. Bull. Soc. ent. Ital., **1**, 56—66, 205—220, 1869 b; **2**, 35—55, 244—259, 1870; **3**, 284—297, 1871; **4**, 259—272, 1872.
— Descrizione di un nuovo genere d'Imenotteri della famiglia degli Sfecidei spettante alla Fauna Toscana. Bull. Soc. ent. Ital., **1**, 282—285, Taf. I (Fig. 2), 1869 c.
— Rivista dei coleotteri spettanti alla Fauna sotterranea, recentemente scoperti in Italia e descrizione di due nuove specie anottalme comunicate alla Società Entomologica Italiana nel' adunanza del di 26 luglio 1870. Bull. Soc. ent. Ital., **2**, 301—305, (1870) 1871 a.
— Descrizioni di due nuove specie di coleotteri italiani. Bull. Soc. ent. Ital., **2**, 306—314, (1870) 1871 b.
— Microcoleotteri dei dintorni di Firenze. Bull. Soc. ent. Ital., **5**, 52, 1873.
— (*Cratoparis Targioni* n. sp.) Resoc. Soc. ent. Ital., **1876**, 31, 1876 a.
— (*Glyptomerus etruscus* Picc.) Resoc. Soc. ent. Ital., **1876**, 32, 1876 b.
— (*Orobena extimalis* di Scopoli.) Resoc. Soc. ent. Ital., **1876**, 32—33, 1876 c.
— (*Cecidomyia Sonchi* Winerz.) Resoc. Soc. ent. Ital., **1876**, 33—34, 1876 d.
— Nuovo coleottero italiano della famiglia degli Antribidi. Bull. Soc. ent. Ital., **9**, 214—216, Taf. 7 (Fig. 1[—3]), 1877 a.
— Elenco delle specie di Coleotteri raccolti sugli Appennino di Pistoia . . . bis 1876. Bull. Soc. ent. Ital., **9**, 223—231, Taf. 8 (Fig. 1), 1877 b.
— (*Mamestra nebulosa* Huf. & *Mamestra oleracea* Linn. in Firenze.) Resoc. Soc. ent. Ital., **1878**, 10, 1878.
— siehe Cavanna, Guelfo & Piccioli, Ferdinando 1880.
— Note entomologiche. Bull. Soc. ent. Ital., **14**, 141—150, 1882.
— in Cavanna, Guelfo [Herausgeber] 1882.

Piccioli, Ferdinando & **Cavanna**, Guelfo
(Nota critica „Sulla identità degli *Oryctes nasicornis* L. e *grypus* Illig.") Resoc. Soc. ent. Ital., **1879**, 4—10, 1879.
[Siehe:] Camerano, Lorenzo: **1878**, 21—24, 1878.

Piccolomini, Luigi
○ Casellario per la confezione del seme serico. Riv. settim. Bachicolt., **7**, 2—3, 81—82, 1875 a.
○ Caratteri delle farfalle longevi e delle brevi di vita. Riv. settim. Bachicolt., **7**, 110—111, 1875 b.
○ Degli accoppiamenti. Riv. settim. Bachicolt., **7**, 189—190, 1875 c.

Picentino, dal siehe Dal Picentino,

Pichard, P . . .
Sur un Acarien destructeur du Phylloxera gallicole. C. R. Acad. Sci. Paris, **90**, 1572—1573, 1880 a. — [Abdr.:] Guide Natural., **2**, 341—342, 1880.
○ Sur un ennemi du *Phylloxera.* Les Mondes, **52** ((2) **18**), 450, 1880 b.

Pichat, Carlo Berti siehe Berti-Pichat, Carlo

Pichler, George L . . .
Remarks on certain species of the Lepidopterous genus *Ophideres,* and their capacity for piercing the epicarp of fruits. Cistula ent., **2**, 237—240, (1875—82) 1877.

Pichler, J . . .
Ueber *Pericallia Syringaria.* Ent. Ztschr., **5**, 87—88, 1891.

Pichler, Rudolf
Mordraupen. Ent. Ztschr., **7**, 83—86, 1893.
— Zur Mimikry. Ent. Ztschr., **8**, 40, 1894.

Pichon, A . . .
Sur les Vers à soie du Chêne (*B[ombyx] Pernyi*) de Chine et le Khouo-ki. Bull. Soc. Acclim. Paris, (2) **1**, 299—300, 1864.

Pichot, Pierre Amédée
geb. 1841.
— La lutte de l'homme contre les animaux. Conférence faite à la Société nationale d'Acclimatation le 13 mars 1891. Rev. Sci. nat. appl. Paris (Bull. Soc. Acclim. Paris), **38**, 687—704, 6 Fig.; 772—785, 6 Fig.; 841—853, 3 Fig., 1891.

Picht,
Forstentomologische Notizen. Krit. Bl. Forst- u. Jagdwiss., **52**, H. 2, 230—233, 1870.

Pickard-Cambridge, Frederick Octavius
geb. 1861 in Warmwell (Dorset), gest. 9. 2. 1905 in Wimbledon. — Biogr.: (E. R. Bankes) Entomol. monthly Mag., (2) **16** (**41**), 97, 1905; (P. Bonnet) Bibliogr. Araneorum, 52, 1945.
— *Stauropus fagi* in Dorset. Entomologist, **15**, 161, 1882.
— Beetles. Brit. Natural., **2**, 267, 1892.
— in Lydekker, Richard [Herausgeber] (1893—96) 1896.

Pickard-Cambridge, Octavius
geb. 3. 11. 1828 in Bloxworth House (Dorsetsh.), gest. 9. 3. 1917 in Bloxworth. — Biogr.: (A.W.P.—C.) Entomol. monthly Mag., **53** ((3) **3**), 114—115, 1917; Ent. News, **28**, 384, 1917; (H. J. T.) Entomol. Rec., **29**, 89—91, 1917 m. Porträt; (H. Rowland-Brown) Entomologist, **50**, 96, 1917; Physis, **3**, 313, 1917; Ent. News, **29**, 302, 1918; (Pickard-Cambridge) Proc. Dorset nat. Hist. Club, **38**, XLI—XLIII, 1918; Proc. Bournemouth nat. Sci. Soc., **9**, 17, 1918; Proc. R. Soc. London, **91**, XLIX—LIII, 1920; (P. Bonnet) Bibliogr. Araneorum, 38—39, 1945 m. Porträt.
— Habits of *Epeira apoclisa.* Entomologist, **3**, 215—217, (1866—67) 1867 a.
— Hybernation of *Vanessa Urticae.* Entomologist, **3**, 299, (1866—67) 1867 b.
— *Acronycta Alni.* Entomologist, **4**, 94, (1868—69) 1868.
— Conclusion of the 'Entomologist's Annual.' Zoologist, (2) **9** (**32**), 3955, 1874.
— *Laphygma exigua* in the Isle of Portland. Entomologist, **12**, 181, 1879 a.
— *Pyrameis cardui* and *Plusia gamma.* Entomologist, **12**, 223—224, 1879 b.
— *Eupithecia expallidata.* Entomologist, **12**, 225, 1879 c.
— Moths caught in the Blooms of the Burdock. Entomologist, **12**, 255, 1879 d.
— Hymenoptera in Dorsetshire. Entomologist, **14**, 137, 1881 a.
— John Blackwall, F. L. S. (Obituary notice). Entomologist, **14**, 145—150, 1881 b.
[Siehe:] Sutton, Charles W.: 190.
— *Triphaeana subsequa.* Entomologist, **14**, 213, 1881 c.
— *Deiopeia pulchella.* Entomologist, **14**, 227, 1881 d.
— *Eupithecia expallidata* two years in Pupa. Entomologist, **14**, 228, 1881 e.
— [*Acrodactyla degener* Haliday, parasite on spiders.] Proc. zool. Soc. London, **1881**, 259, 1881 f.
— External Parasites of Spiders. Entomologist, **15**, 216, 1882 a.
— Capture of *Harpalus oblongiusculus* in Dorsetshire. Entomologist, **15**, 238, 1882 b.
— Note on *Chelonia caja.* Entomologist, **15**, 283—284, 1882 c.
— *Cucullia scrophulariae* (Hübner) Two Years in Pupa. Entomologist, **17**, 143, 1884 a.
— A new British Deltoid, *Hypena obsitalis,* Hüb. [Mit Angaben von Carrington, John T.] Entomologist, **17**, 265—266, 1 Fig., 1884 b.
— *Lycaena argiades,* Pall. A butterfly new to the British Fauna. Entomologist, **18**, 249—252, 2 Fig., 1885 a.
○ On *Hypena obsitalis,* Hüb., a Deltoid Moth new to Britain. Proc. Dorset nat. Hist. Club, **6**, 70, Taf. III, 1885 b.
— Non-occurrence of Spring brood of *Lycaena argiades.* Entomologist, **19**, 230, 1886 a.
— *Oenectra pilleriana,* Schiff., and *Pterophorus paludum,* Zell. Entomologist, **19**, 256, 1886 b.
○ Notes on *Lycaena argiades,* Pall.: a Butterfly, new to Britain. Proc. Dorset nat. Hist. Club, **7**, 79—83, Taf. V, 1886 c.
— Micro-Lepidoptera in Dorsetshire. Entomologist, **20**, 307—308, 1887 a.
— *Aciptilia paludum,* Zell. Entomologist, **20**, 326, 1887 b.
○ On some rare and local Lepidoptera lately found in Dorsetshire. Proc. Dorset nat. Hist. Club, **8**, 55—60, Taf. II, 1888.
— *Cicindela germanica,* Linn., in Dorsetshire. Entomologist, **22**, 214, 1889.
— On the Need of the Revival of the 'Entomologists' Annual'. Entomologist, **23**, 65, 1890 a.
— Lepidoptera taken in Dorsetshire in 1889. Entomologist, **23**, 101—102, 1890 b.
— Notes on Lepidoptera taken in the Bloxworth District in 1890. Entomologist, **24**, 97—98, 1891.
— Notes on Lepidoptera taken in 1891. Entomologist, **25**, 82—84, 119, 1892 a.
— *Cosmopteryx orichalcella* in Dorsetshire. Entomologist, **25**, 195—196, 1892 b.
— *Scybalicus oblongiusculus* in Dorsetshire. Entomologist, **25**, 196, 1892 c.
— Noctuae in Dorsetshire. Entomologist, **25**, 196, 1892 d.
— Notes on Lepidoptera in the Bloxworth District in 1892. Entomologist, **26**, 87—89, 1893 a.
— Some reminiscences of the late Prof. Westwood. Entomologist, **26**, 74—75, 1893 b.

— Notes on *Eupoecilia geyeriana* and *Cemiostoma lotella.* Entomologist, **26**, 90, 1893 c.
— (The Burney and St. John Sales.) [Mit Angaben von J. W. Tutt.] Entomol. Rec., **5**, 74—75, 1894.
— Lepidoptera in the Bloxworth District, Dorsetshire, in the Season of 1894. Entomologist, **28**, 87—88, 1895.
— Lepidoptera at Bloxworth in 1895. Entomologist, **29**, 131—132, 1896 a; *Cnephasia cinctana* not at Bloxworth. **31**, 96, 1898.
— Brockenhurst revisited. [Lep.] Entomologist, **29**, 146—150, 1896 b.
— On Rearing *Acherontia atropos.* Entomologist, **29**, 362—363, 1896 c.
— *Sphinx pinastri* as a British Insect. Entomol. Rec., **7**, 218—219, (1895—96) 1896 d.
— (Is *Minoa murinata* (*euphorbiata*) doublebrooded?) Entomol. Rec., **8**, 136, 1896 e.
— Micro-Lepidoptera taken at Bloxworth, Dorset. Entomologist, **31**, 103—105, 1898 a.
— The Male of *Vespa austriaca* Panz. Irish Natural., **7**, 18, 1898 b.
○ Natural History Notes for 1897. Proc. Dorset nat. Hist. Club, **19**, 43—50, 1898 c.
— siehe Dixey, Frederick Augustus; Burr, Malcolm & Pickard-Cambridge, Octavius 1898.
— (*Thyreosthenius biovatus* in nests of *Formica rufa.*) Entomol. Rec., **12**, 138; (. . . ., and *Tetrilus arietinus* in nests of *F. rufa* and *Lasius fuliginosus.*) 163—164, 1900.

Pickel, A . . .
[Notiz über das Vorkommen von *Sphinx Convolvuli, Atropos* und *Nerii* bei Landsberg a. W.] Ent. Nachr. Putbus, **2**, 95, 1876 a.
— Apparat zum Aufweichen von Insekten. Ent. Nachr. Putbus, **2**, 95, 1876 b.
— (Über das Einsammeln von *nerii*-Raupen.) Ent. Nachr. Putbus, **2**, 160, 1876 c.

Pickett, C . . . P . . .
(Breeding *Sphinx convolvuli.*) Entomol. Rec., **12**, 138, 1900 a.
— (Lepidoptera in the Guildford district.) Entomol. Rec., **12**, 190—191, 1900 b.
— (Cross-pairing of Smerinthid species.) Entomol. Rec., **12**, 215—216, 1900 c.
— (Lepidoptera at Guildford.) Entomol. Rec., **12**, 219, 1900 d.
— (Lepidoptera captured during July.) Entomol. Rec., **12**, 246, 1900 e.
— (Partial double-broodedness of *Angerona prunaria.*) Entomol. Rec., **12**, 272, 1900 f.
— (Lepidoptera in July and August.) Entomol. Rec., **12**, 272, 1900 g.
— (*Sphinx convolvuli* at Chichester.) Entomol. Rec., **12**, 274, 1900 h.
— (*Porthesia chrysorrhoea* at Chichester.) Entomol. Rec., **12**, 274, 1900 i.
— (Lepidoptera at Tottenham.) Entomol. Rec., **12**, 274, 1900 j.
— (Autumnal emergence of *Macroglossa stellatarum.*) Entomol. Rec., **12**, 274, 1900 k.
— (Habits of *Colias hyale.*) Entomol. Rec., **12**, 294—295, 1900 l.
— (*Macroglossa stellatarum* at Ilford and Wimbledon.) Entomol. Rec., **12**, 305, 1900 m.

Pickhardt,
Honigthau, Mehlthau, Blattlaushonig. Ver.bl. Westfäl.-Rhein. Ver. Bienen- u. Seidenzucht, **23**, 148, 1872.
— Ist die Reinzucht fremder Bienenracen bei uns möglich und vortheilhaft? Ver. bl. Westfäl.-Rhein. Ver. Bienen- u. Seidenzucht, **26**, 48—49, 1875.
— Die Krainer Biene. Ver. bl. Westfäl.-Rhein. Ver. Bienen- u. Seidenzucht, **27**, 61—62, 1876.
— Versuch mit dem Eichenspinner (*Bombyx pernyi*). Ver. bl. Westfäl.-Rhein. Ver. Bienen- u. Seidenzucht, **30**, 13—15, 1879.

Pickin, T . . .
Catocala Fraxini at Shrewsbury. Entomologist, **6**, 241, (1872—73) 1872.

Picquenard, C . . . A . . .
Le Chanoine F. Hodée [Nekrolog]. Bull. Soc. Sci. nat. Ouest, **10**, VIII—IX, 1900.

Picquenard, Ch . . .
(*Lecania punicea* Müller sur les Abies de la montagne de Locronan (Finistère).) Bull. Soc. Sci. nat. Ouest, **9**, XIV—XV, 1899 a.
— Lépidoptères nouveaux pour le Finistère. Bull. Soc. Sci. nat. Ouest, **9**, XVI—XVII, 1899 b.

Picquendaele, G . . . de Crombrugghe siehe Crombrugghe de Picquendaele, G . . . de

Pictet, A . . . Edouard
geb. 1835 in Genf, gest. 1879 in Genf, Oberstleutnant. — Biogr.: Entomol. monthly Mag., **16**, 24, (1879—80) 1879; (H. de Saussure) Naturaliste, **1**, 134, 1879; Dtsch. ent. Ztschr., 23, 8, 1879; (J. W. Dunning) Trans. ent. Soc. London, **1879**, Proc. LXIII, 1879; Nature, **20**, 88, 1879; Nat. novit. Berlin, Nr. 12, 135, 1879; Mitt. Schweiz. ent. Ges., **5**, 555—556, (1877—80) 1880.
— Synopsis des névroptères d'Espagne. 4°, 1 (unn.) + 123 S., 14 Farbtaf., Genève, H. Georg; Paris, J. B. Baillière & fils — F. Savy, 1865.
[Siehe:] McLachlan, Robert: Entomol. monthly Mag., **17**, 62—64, (1880—81) 1880.

Pictet, Alphonse
geb. 1838.
— Locustides nouveaux ou peu connus du Musée de Genève. Mém. Soc. Phys. Genève, **30**, Nr. 6, 1—84, Taf. 1—3, (1890) 1888.
— in Godman, Frederick Ducane & Salvin, Osbert [Herausgeber] (1881—1911) 1893—99.

Pictet, Alphonse & **Saussure,** Henri de
Catalogue d'Acridiens. Mitt. Schweiz. ent. Ges., **7**, 331—376, 1887.
— De quelques orthoptères nouveaux. Mitt. Schweiz. ent. Ges., **8**, 293—318, Taf. I—II, (1893) 1891.
○ Iconographie de quelques Sauterelles Vertes. 4°, 26 S., 3 Taf., Genève, 1892.

Pictet, Arnold Dr.
geb. 29. 5. 1869 in Genf, gest. 1948, Prof. an d. Univ. in Genf. — Biogr.: (Ramieux) Mitt. Schweiz. ent. Ges., **21**, 566—570, 1948 m. Porträt; (L. B.) Lambillionea, **48**, 49, 1948.
— Développement des ailes de *Lasiocampa Quercifolia* Lin. (Lepidopt.). Arch. Sci. phys. nat., (4) **3**, 61—63, 1897.
— Note sur le développement aérien des ailes des Lépidoptères Rhopalocères. Arch. Sci. phys. nat., (4) **5**, 378—381 (C. R. **15**, 8—11), 1898 a; Développement . . . Lépidoptères. (4) **7**, 281—284 (C. R. **16**, 12—14), 1899.
— Une note sur les métamorphoses des Chrysalides de Rhopalocères. Arch. Sci. phys. nat., (4) **5**, 577—579 (C. R. **15**, 25—27), 1898 b.

— Hyménoptères et Diptères parasites de chenilles. Arch. Sci. phys. nat., (4) **7**, 79—80 (C. R. **15**, 49—51), 1899 a.
— Chenilles de *Saturnia pavonia* var. *ligurica* Weismann. Arch. Sci. phys. nat., (4) **8**, 94—96 (C. R. **16**, 45—47), 1899 b.

Pidsley, W . . . E . . . H . . .
Can Insects feel pain? Natural. Gazette, **2**, 68, 1890.

Piegeler, Gottfr[ied]
Wiederholte Beobachtung der Begattung der Bienenkönigin. Ver.bl. Westfäl.-Rhein. Ver. Bienen- u. Seidenzucht, **31**, 56, 1880.

Piel de Churcheville, H . . .
siehe Piel de Churcheville, Th . . . & Piel de Churcheville, H . . . 1900.

Piel de Churcheville, H . . . & **Piel de Churcheville,** Th . . .
Matériaux pour servir à la faune des névroptères de la Loire-Inférieure. Odonates ou Libellulidées. Bull. Soc. Sci. nat. Ouest, **5**, Teil 1, 45—52, 1895.

Piel de Churcheville, R . . .
[Ref.] siehe Croissandeau, Jules Alexandre 1891.

Piel de Churcheville, Th . . .
siehe Piel de Churcheville, H . . . & Piel de Churcheville Th . . . 1895.

Piel de Churcheville, Th . . . & **Piel de Churcheville,** H . . .
Sur le *Bacillus callicus* Charpentier. Misc. ent., **8**, 3—6, 1900 a.
— Description d'une nouvelle variété de Coccinelle. Misc. ent., **8**, 26, 1900 b.

Pielmann, A . . .
Vertilgung des Kiefernspinners, *Gastropacha pini.* Dtsch. Forstztg., **4**, 137—140, (1889—90) 1889.

Piepers, Murinus Cornelius
geb. 1836, gest. 6. 10. 1919 in Den Haag, Vizepräsid. d. Gerichtshofes von Niederländ.-Indien. — Biogr.: (L. Martin) Dtsch. ent. Ztschr. Iris, **33**, 134—135, 1919.
— [Aanteekeningen omtrent Oost-Indië Lepidoptera.] Tijdschr. Ent., **19** (1875—76), XV—XXVII, 1876.
[Dtsch. Übers. S. XVI—XXVII von] C. A. Dohrn: Zwei Leseblumen. Stettin. ent. Ztg., **37**, 336—338; Nachtrag zu S. 336 dieses Jahrganges. 441—446, 1876.
[Engl. Übers. von] W. F. Kirby: On the habits of east indian insects, especially Lepidoptera. Entomologist, **10**, 266—275, 1877.
— [Ref.] siehe Moore, Frederic 1880—87.
— (*Charaxes schreiberi* Godard.) Natuurk. Tijdschr. Nederl. Indie, **44** ((8) **5**), 313, 1885 a.
— (Het spinsel der rups van *Bizone puella,* Druri.) Natuurk. Tijdschr. Nederl. Indie, **44** ((8) **5**), 317, 1885 b.
— (Het verpoppen van vlinders.) Natuurk. Tijdschr. Nederl. Indie, **44** ((8) **5**), 336, 1885 c.
— (Vernieling van theebladen door rupsen.) Natuurk. Tijdschr. Nederl. Indie, **45** ((8) **6**), 548, 1886 a.
— (Over den invloed der weersgesteldheid op de ontwikkeling der rupsen.) Natuurk. Tijdschr. Nederl. Indie, **45** ((8) **6**), 555—556, 1886 b.
— (Over het aantal vlinders in verschillende tijden van het jaar.) Natuurk. Tijdschr. Nederl. Indie, **45** ((8) **6**), 564—566, 1886 c.
— (Over *Terias sari* (Horsf.).) Natuurk. Tijdschr. Nederl. Indie, **45** ((8) **6**), 566, 1886 d.
— (Het voorkomen van vlinders op het eiland Edam.) Natuurk. Tijdschr. Nederl. Indie, **46** ((8) **7**), 336—337, 1887.
— Ueber die Entwicklungsgeschichte einiger Javanischen Papilioniden-Raupen. Tijdschr. Ent., **31** (1887—88), 339—358, Farbtaf. 7—8, 1888.
— (*Chaerocampa Alecto* L., *Sphinx Convolvuli* L. en *Vanessa Cardui* L. op Java. Tijdschr. Ent., **32** (1888—89), CXXI, 1889 a.
— (Over den zoogenaamden hoorn der Sphingiden rupsen.) [Mit Angaben von Snellen en Brants.] Tijdschr. Ent., **32** (1888—89), CXXIII—CXXXV, 1889 b; **34** (1890—91), XIII—XVI, 1891.
— siehe Ritsema Cz., Conrad & Piepers, Murinus Cornelius 1890.
— Oberservations sur des vols de Lépidoptères aux Indes orientales neerlandaises et considérations sur la nature probable de ce phénomène. Natuurk. Tijdschr. Nederl. Indie, **50** ((8) **11**), 198—257, 1891; Nouvelles observations sur les vols des lépidoptères. **57** ((10) **1**), 107—162, 1898.
— (Verbreiding van sommige Indische vlinders.) Tijdschr. Ent., **38**, [Wintervergad.] V—VII, 1895.
— Mimétisme. C. R. Congr. int. Zool., **3** (1895), 460—476, 2 Tab., 1896 a.
— (Geestelijke eigenschappen der insecten.) Tijdschr. Ent., **39**, XXVIII—XLI, XCV—XCVI, 1896 b.
— (Over het trekken van insecten.) Tijdschr. Ent., **39**, XCVI—XCVII, 1896 c.
— (Gedresseerde vlooien.) Tijdschr. Ent., **39**, XCVII—XCVIII, 1896 d.
— (Poppen van het Lycaenidengeslacht *Spalgis.*) Tijdschr. Ent., **39**, XCVIII, 1896 e.
— (Albizzia-boomen rupsen beschadigt.) Tijdschr. Ent., **39**, XCIX, 1896 f.
— Über das Horn der Sphingiden-Raupen. Tijdschr. Ent., **40**, 1—26, 97—98, Taf. 1 (Fig. 1—25), 1897 a.
— Über die Farbe und den Polymorphismus der Sphingiden-Raupen. Tijdschr. Ent., **40**, 27—96, 99—105, Taf. 1—4 (1: Fig. 26 farb.; 2—4 Farbtaf.), 1897 b.
— (De zoölogische nomenclatuur.) Tijdschr. Ent., **40**, Versl. 2—5, 1897 c.
— Considérations sur la réglementation de la nomenclature zoologique. Mém. Soc. zool. France, **11**, 62—87, 1898 a.
— Die Farbenevolution (Phylogenie der Farben) bei den Pieriden. Tijdschr. Nederl. dierk. Ver., (2) **5**, 70—289, 1898 b.
— On the evolution of colour in Lepidoptera. Proc. int. Congr. Zool., **4** (1898), 232—235, 1899 a.
— [Medeelingen van J. C. Koningsberger over javasche schadelijke rupsen.] [Meded. Plantentuin Batavia, Nr. 20.] Tijdschr. Ent., **41** (1898), Versl. 13—18, 1899 b.
— (Het eten van dagvlinders door vogels.) Tijdschr. Ent., **41** (1898), Versl. 66—68, 1899 c.
— The evolution of colour in Lepidoptera. Notes Leyden Mus., **22**, 1—24, (1900—01) 1900 a.
— (Een kort verslag van eene kleine reis.) Tijdschr. Ent., **42** (1899), Versl. 25—29, 1900 b.
— [Javasche *Euploea*-pop.] Tijdschr. Ent., **42** (1899), Versl. 56—58, 1900 c.
— [Temperatuur en kleurenevolutie bij vlinders.] Tijdschr. Ent., **43** (1900), Versl. 9—14, (1901) 1900 d.
— (Onderzoek der geslachtsdeelen van eenige Papilioniden.) Tijdschr. Ent., **43** (1900), Versl. 48—50, (1901) 1900 e.

Piepers, Murinus Cornelius & **Oudemans,** Johannes Theodorus
(Over cyankalium.) Tijdschr. Ent., **38,** [Wintervergad.] III—IV, 1895.

Piepers, Murinus Cornelius & **Snellen,** Pieter Cornelius Tobias
Lepidoptera van Batavia (eiland Java), met aanteekeningen van P. C. T. Snellen. Tijdschr. Ent., **19** (1875—76), 138—167, Farbtaf. 7, 1876.
— Heterocera op Java verzameld door Mr. M. C. Piepers, met aanteekeningen en Beschrijvingen der nieuwe soorten door P. C. T. Snellen. Tijdschr. Ent., **20** (1876—77), 1—50, Farbtaf. 1—3, 1877.
— Opgave van en aanteekeningen over Lepidoptera in Zuid-West Celebes verzameld door Mr. M. C. Piepers, met aanmerkingen en beschrijving der nieuwe soorten door P. C. T. Snellen. Tijdschr. Ent., **21** (1877—78), 1—43, Farbtaf. 1 + Taf. 2 (Farbfig. 1—3), 1878; Lepidoptera van Celebes . . . **22** (1878—79), 61—126, Taf. 6—10 (z. T. Farbtaf.), 1879.
— Aanteekeningen over eene kleine verzameling Lepidoptera van de Talaut-eilanden. Tijdschr. Ent., **39,** 40—52, Farbtaf. 1 (Fig. 1—2), 1896.
— Enumération des Lépidoptères hétérocères recueillis à Java par Mr. M. C. Piepers, avec des notes par Mr. P. C. T. Snellen. Tijdschr. Ent., **43** (1900), 12—108, Farbtaf. 1—4, (1901) 1900.

Pierce, A . . . B . . .
Bee-Keeping. Rep. Secr. State Board Agric. Michigan, **23** (1883—84), 189—190, 1884.

Pierce, Frank Nelson
geb. 1861?, gest. März 1943. — Biogr.: Entomol. Rec., (N. S.) 55, 70, 1943; (W. M.) Entomologist, 76, 175—176, 1943; (W. Mansbridge u. a.) Northwestern Natural., 18, 228—231, 1943.
— Variety of *Triphaena pronuba.* Entomologist, **19,** 128, 1886.
— The genital armature of the genus *Miana.* Brit. Natural., **1,** 70—75, 2 Fig., 1891 a.
— (Habits of *Retinia resinana.*) Entomol. Rec., **2,** 293, 1891 b.
— Cross-breeding of Zygaenae. Brit. Natural., **2,** 80, 1892 a.
— (*Coremia ferrugata* and *unidentaria.*) Entomol. Rec., **3,** 177, 254, 1 Fig., 1892 b.
[Siehe:] Meyrick, E.: 224—225.
— siehe Johnson, Alfred J . . . & Pierce, Frank Nelson 1894.
— (An entomological Ghost.-Group of Lancashire and Cheshire entomologists.) Entomol. Rec., **12,** 349, 1900.
[Siehe:] 225—226.

Pierce, Newton B . . .
Sound-producing Organs of the Cricket. Amer. Natural., **13,** 322—324, 2 Fig., 1879.
— Olice Culture in the United States. Yearb. U. S. Dep. Agric., **1896,** 371—390, 4 Fig., Taf. VI, 1897.

Pierrat, D . . .
Notes entomologiques. Petites Nouv. ent., **1** (1869—75), 536, 1875.
— Catalogue des Orthoptères observés en Alsace et dans la chaine des Vosges. Bull. Soc. Hist. nat. Colmar, **18—19** (1877—78), 97—106, 1878.

Pierrat, D . . . & **Richter,** Clément
Utilité des insectes pour la fécondation des plantes question. Feuille jeun. Natural., **20,** 20, (1889—90) 1889; 39, (1889—90) 1890.

Pierre,
Les Mouches parasites des animaux. Les Mouches dites charbonneuses. Rev. Sci. nat. appl. Paris (Bull. Soc. Acclim. Paris), **37,** 668—670, 4 Fig.; 867—868, 1 Fig.; . . . animaux (suite). — Les Oestres. 956—959, 3 Fig.; Les Oestres (Suite et fin). 1097—1100, 2 Fig.; 1213—1215, 2 Fig., 1890.
— (Maladies causées par des insectes.) Rev. Sci. nat. appl. Paris (Bull. Soc. Acclim. Paris), **38,** 151—153, 1891 a.
— Poux et Ricins. Rev. Sci. nat. appl. Paris (Bull. Soc. Acclim. Paris), **38,** 386—387, 2 Fig.; . . . Ricins (suite). 470—472, 1 Fig., 1891 b.

Pierre, C . . . Abbé
Une nouvelle espèce de Diptère du genre *Leptis.* Feuille jeun. Natural., **19,** 49—50, (1888—89) 1889.
— Un parasite des fourmis. *Elasmosoma berolinense* Ruth. Rev. scient. Bourb. Centre France, **6,** 112—114, 1893.
— Une galle du saule. Rev. scient. Bourb. Centre France, **9,** 105—106, 1896.
— Le *Bradybatus subfasciatus* Gerst. Rev. scient. Bourb. Centre France, **10,** 14, 1897 a.
— *Ochina Latreillei* Bon. Rev. scient. Bourb. Centre France, **10,** 33, 1897 b.
— La Mercuriale et ses galles. Rev. scient. Bourb. Centre France, **10,** 97—107, Taf. II—III, 1897 c.
— (*Cyrtanaspis phalerata* Germ.) Rev. scient. Bourb. Centre France, **11,** 123, 1898 a.
— *L'Orobytis cyaneus.* Rev. scient. Bourb. Centre France, **11,** 151, 1898 b.
— *Cleonus trisulcatus* Hbst. Rev. scient. Bourb. Centre France, **11,** 211—212, 1898 c.
— Les Cécidies des *Cleonus.* Rev. scient. Bourb. Centre France, **11,** 213—214, 1898 d.
— siehe Olivier, Ernest & Pierre, C . . . 1898.
— Un Cynipide nouveau pour la France. Rev. scient. Bourb. Centre France, **12,** 24, 1899 a.
— Le *„Nematus abbreviatus"* hartig et sa cécidie. Rev. scient. Bourb. Centre France, **12,** 145—148, 3 Fig., 1899 b.
— *Rhynchites coeruleocephalus* Sch. Rev. scient. Bourb. Centre France, **12,** 179, 1899 c.
— Les premiers états de *Monophadnus monticola.* Rev. scient. Bourb. Centre France, **13,** 164—165, 1900 a.
— Le *Lixus punctiventris* Bohem. Rev. scient. Bourb. Centre France, **13,** 251—252, 1900 b.

Pierret, Émile
(Observation sur la sécrétion odorante du *Capsus capillaris.*) Ann. Soc. ent. Belg., **18,** C. R. LXXXVIII, 1875.
[Engl. Übers., z. T.:] Note on the odour emitted by Hemiptera. Entomol. monthly Mag., **12,** 114—115, (1875—76) 1875.
— (Liste des Hémiptères recueillis dans l'excursion de la Société aux environs de Namur.) Ann. Soc. ent. Belg., **19,** C. R. L—LI, 1876.
— siehe Lethierry, Lucien & Pierret, Emile 1879.

Piers, Harry
Larva of May Beetle with Parasitical Fungus. Proc. Trans. N. Scotia Inst. Halifax, **7** (1886—90), 273—275, (1890) 1889.
— Notes on Nova Scotian Zoology. No. 3.[1]) Proc.

[1]) andere Nr. nicht entomol.

Trans. N. Scotia Inst. Halifax, **8** ((2) **1**) (1890—94), 395—410, 1895.
— Preliminary Notes on the Orthoptera of Nova Scotia. Proc. Trans. N. Scotia Inst. Halifax, **9** ((2) **2**) 1894—98), 208—218, (1898) 1896.
— siehe Eaton, Lucy C ... & Piers, Harry 1896.

Pietsch,
Eine neue *Eudectus*-Art. Ztschr. Ent. Breslau, (N. F.) **19**, 17—18, 1894.
— Die Gruppe der Triboliina. Ztschr. Ent. Breslau, (N. F.) **23**, XVIII—XX, 1898.

Piffard, Albert
geb. 1835, gest. 5. 12. 1909 in Felden b. Boxmoor (Herts). — Biogr.: (Cl. Morley) Entomologist, **43**, 127—128, 1910.
— *Pionosomus varius*, Wolff, at Deal. Entomol. monthly Mag., (2) **1** (**26**), 221, 1890 a.
— Captures of rare Hemiptera and Coleoptera in 1890. Entomol. monthly Mag., (2) **1** (**26**), 296, 1890 b.
— Stylopized ♀ of *Andrena Gwynana*, race *bicolor*, captured in cop. Entomol. monthly Mag., (2) **5** (**30**), 213, 1894.
— Abundance of *Culex dorsalis*, Mg., at Aldeburgh. Entomol. monthly Mag., (2) **6** (**31**), 227—228, 1895.
— Capture of the ♂ and ♀ of *Crabro pubescens*, Shuck. [Mit Angaben von E. S.] Entomol. monthly Mag., (2) **7** (**32**), 213, 1896 a.
— Habits of *Homalium gracilicorne* and *H. brevicorne*. Entomol. monthly Mag., (2) **7** (**32**), 281, 1896 b.
— *Chortophila buccata* parasitic on *Andrena labialis*. Entomol. monthly Mag., (2) **11** (**36**), 190, 1900.

Piffard, Bernard
geb. 1832 in Tottenham, gest. 28. 3. 1916 in Christchurch (Hants.). — Biogr.: (G. T. Lyle) Entomologist, **49**, 143—144, 1916.
— *Paedisca oppressana*, Tr. Entomol. monthly Mag., **1**, 51, (1864—65) 1864 a.
— Reminiscences of an entomologial excursion up the Demerara river. Entomol. monthly Mag., **1**, 79—81, 104—107, (1864—65) 1864 b.
— *Lemmatophila phryganella* ♀ (*Novembris*, Haw.) Entomol. monthly Mag., **1**, 188, (1864—65) 1865 a.
— Remarks on leaf-rolling. Entomol. monthly Mag., **2**, 15, (1865—66) 1865 b.
— *Macroglossa stellatarum* on the wing in February. Entomol. monthly Mag., **2**, 261, (1865—66) 1866 a.
— Capture of *Aplasta ononaria*, Fuessly; a genus and species of Geometridae new to Britain. [Mit Angaben von den Herausgebern.] Entomol. monthly Mag., **3**, 110—111, (1866—67) 1866 b.
— Variety of *Thecla rubi*. Entomol. monthly Mag., **4**, 35, (1867—68) 1867.
— Occurrence of *Choerocampa nerii* at Hemel Hempstead. Entomol. monthly Mag., **13**, 138, (1876—77) 1876.
— *Cicada montana*. Entomol. monthly Mag., **18**, 40, (1881—82) 1881 a.
— Unusual abundance of *Thecla w-album*. Entomol. monthly Mag., **18**, 68, (1881—82) 1881 b.
— A Visit to the New Forest. Sci. Gossip, **17**, 200—201, 5 Fig., 1881 c.
— *Scotosia vetulata* at Hemel Hempstead. Entomologist, **33**, 249, 1900.

Pigeot, Nicolas-P ...
(*Andrena nyctemera* Im., à Charleville.) Bull. Soc. ent. France, **1900**, 186, 1900.

Pigeot, P ...
○ L'*Apion* [*apricans*] der Trèfle. Bull. Soc. Hist. nat. Ardennes, **3**, 74—75, 1896.
○ Le parasitisme chez les Insectes. Bull. Soc. Hist. nat. Ardennes, **5**, 29—37, 1898; **6**, 35—41, 1899.
○ Des Cécidies en général. Biologie des Cynipides gallicoles. Bull. Soc. Hist. nat. Ardennes, **6**, 26—29, 1899 a.
○ Première note sur les Tenthredinidae.[1]) Bull. Soc. Hist. nat. Ardennes, **6**, 71—78, 2 Fig., 1899 b; **7**, 17—28, 1900.
○ Description d'une espèce nouvelle d'*Andricus*. Bull. Soc. Hist. nat. Ardennes, **6**, 80, 1899 **c**.

Pigg, G ... R ...
Geometra papilionaria. Entomologist, **10**, 245, 1877.

Pignède, Th ...
Sur un mode de traitement des vignes phylloxérées par la chaux. C. R. Acad. Sci. Paris, **83**, 601—602, 1876.

Pigott, G ... W ... Royston siehe Royston-Pigott, G ... W ...

Pihier, Henri F ... M ...
○ Histoire naturelle et chimique des cires d'insectes. Thèse de Pharmacie. 4°, 144 S., Paris, A. Parent, 1880.

Pihl, Axel
○ Om några af de för trädgårdsväxter skadligaste insekter och smådjur samt medlen att utrota dem. Svenska Trädgårdsfören. Tidskr., **1879**, 81—87, 1879.

Pike, J ... W ...
Preservation of fossil Insects and Plants on Mazon Creek. Proc. Amer. Ass. Sci., **29** (1880), 520—524, 1881.

Pike, L ... G ...
Pairing of Butterflies of Different Species. Entomologist, **6**, 291, (1872—73) 1873.

Pike, Nicolas
The Ravages of the Leopard Moth in Brooklyn. Period. Bull. Dep. Agric. Ent. (Ins. Life), **4** (1891—92), 317—319, 1 Fig., 1892.

Pikel, V ... [**Пикель, В**]
siehe Cholodkovskij, Nikolaj Aleksandrovič Ingenickij, Iwan & Pikel, V ... 1895.
— [Zur Biologie der Bettwanzen.] К биологии постельнаго клопа. [Trudy Russ. ent Obšč.] Труды Русс. энт. Общ.; Horae Soc. ent. Ross., **32** (1898), [Bull. ent.] XVII—XXIII, (1899) 1898.

Pila, Ulysse
○ Nouvelles du Japon. Rev. Séricicult., **2**, 707—715, 1868; **3**, 9—18, 1869.

Pilate, G ... R ...
List of butterflies collected in Dayton, Ohio. Canad. Entomol., **11**, 139—140, 1879.
— Interesting captures. [Lep.] Bull. Brooklyn ent. Soc., **3**, 63, (1880—81) 1880.
— A New Variety of *Catocala*. Papilio, **2**, 31—32, 1882 a.
— List of Lepidoptera taken in and around Dayton, O. Papilio, **2**, 65—71, 1882 b.
— Mating of *Cecropia* and *Cynthia*. Papilio, **3**, 191, 1883.

[1]) Fortsetzg. nach 1900

— (Ventursome Insects.) Ent. News, **5**, 120, 1894.
— Collecting season in South Georgia. Ent. News, **8**, 51—53, 1897.

Pilati, E . . .
Chasse aux lépidoptères. Feuille jeun. Natural., **10**, 118—119, (1879—80) 1880.

Pilcher, George L . . .
Remarks on certain species of the Lepidopterous genus *Ophideres,* and their capacity for piercing the epicarp of fruits. Cistula ent., **2**, 237—240, (1875—82) 1877.

Pilgram,
Geschichtliche Entwickelung der Seidenzucht. Ver. bl. Westfäl.-Rhein. Ver. Bienen- u. Seidenzucht, **31**, 107—111, 1880.

Pilidi, C . . . D . . .
○ [Bericht über den Flachs- und Rapsbau in Belgien.] Raport asupra culturei cãnepei şi inului în Belgia. Bull. Minist. Agric. Bukarest, **1**, 46—90, 9 Fig., 1885.

Pillain, Aug . . .
Primes pour le hannetonnage. Insectol. agric., **2**, 355—356, (1868) 1869 a.
○ Le hannetonnage obligatoire. Insectol. agric., **3**, 258—260, 1869 b.
○ Moyen proposé pour la destruction des Hannetons. Insectol. agric., **3**, 259—260, ? Fig., 1869 c.
— La Chasse aux Insectes nuisibles. Bull. Insectol. agric., **1**, 28—30, 1875.

Pillaut, R . . .
La mouche cantharide. Rev. scient. Limousin, **4**, 253—259, 1896.

Pillet, Léon
Sur la Séricículture italienne. Bull. Soc. Acclim. Paris, (2) **2**, 605—607, 1865.

Pilley, J . . . B . . .
Sphinx convolvuli Larva. Entomologist, **10**, 237, 1877.
— *Deiopeia pulchella.*[1]) Entomologist, **19**, 208, 1886.
— *Acronycta alni* in Herefordshire. Entomologist, **33**, 271, 1900.
— siehe Nash, Alexander; Fowler, John Henry & Pilley, J . . . B . . . 1900.

Pilley, W[illiam] J . . .
Case of maggots in the ear. Lancet, **66**, Bd. 1, 67, 1888.

Pillsbury, John S . . .; **Riley,** Charles Valentine & **Pusey,** Pennock
○ The Rocky Mountain Locust, or Grasshopper, being the Report of Proceedings of a Conference of the Governors of several Western States and Territories, together with several other gentlemen, held at Omaha, Nebraska, on the 25th and 26th days of October, 1876, to consider the Locust Problem; also a Summary of the Best means now known for counteracting the evil. 8°, III+58 S., 8 Fig., Saint-Louis, 1876.

Pilz,
Ein Beitrag zu den Notizen über Varietäten von *Arctia caja.* Insekten-Welt, **3**, 120—121, 1887.
— *Biston Pilzii* [Standfuss]. Ent. Ztschr., **4**, 142—143, 1891 a.
— *Apatura Iris* ♀ Varietät. Ent. Ztschr., **5**, 87, 1891 b.

[1]) lt. Text J. B. Pilly

Pim, F . . . W . . .
Bees Eaten out Hollow. [Mit Angaben von W. D. Roebuck.] [Nach: The Natural History Journal, conducted by Societies in Friends Schools, **4**, 129, 1880 (York).] Trans. Essex Field Club, **3** (1882—83), LXXIX—LXXX, 1884.

Pim, H . . . Bedford
○ The structure of Lepidoptera. Rep. Dulwich Coll. scient. Soc., **2**, 31—32, 1879.
— Capture of *Stauropus fagi* near Dulwich. Entomologist, **13**, 282, 1880.
— *Coremia quadrifasciata.* Entomologist, **14**, 70, 1881 a.
— *Anchomenus marginatus,* L. Entomologist, **14**, 70, 1881 b.
— *Harpalus discoideus,* F. Entomol. monthly Mag., **18**, 112, (1881—82) 1881 c.
— (*Harpalus discoideus,* at Gravesend.) Trans. ent. Soc. London, **1881**, Proc. XXVII, 1881 d.
— siehe Wood, Theodore & Pim, H . . . Bedford 1881?.
— Coleoptera at Mablethorpe. Entomol. monthly Mag., **19**, 161, (1882—83) 1882.
— siehe Billups, Thomas Richard & Pim, H . . . Bedford 1884.
— siehe Wood, Theodore & Pim, H . . . Bedford 1884.
— Coleoptera in Thanet. Entomol. monthly Mag., **22**, 89, (1885—86) 1885.

Pimm, Arthur
Food of *Lobophora viretata.* Entomologist, **20**, 305, 1887.

Pimpinelli, O . . .
○ Nuovi istruzioni ed esperienze sull' allevamento dei bachi da seta. 16°, 24 S., Spoleto, tip. Bossi, 1877.

Pinchetti, Pietro; **Mattiuzzi,** Francesco & **Nessi,** Giovanni Battista
○ Della seta e della sua manifattura in Europa fino al 1873. Sunto storico. Riv. settim. Bachicolt., **8**, 110, 113—114, 118—119, 121—123, 125—126, 130—131, 133—135, 138—139, 1873.
[Franz. Übers.:] La soie en Europe. Sommaire historique de sa production et de ses manufactures jusqu'en 1873. 8°, 50 S., Montpellier, Coulet, 1875.

Pincitore Marott, Giacomo
Specie nuove per la Lepidottero-Fauna della Sicilia. Bull. Soc. ent. Ital., **4**, 105—106, 1872.
○ Dei Coleotteri nocivi al Sommacco. Nota. [In:] Genio Agricolo industriale, Napoli, 1873 a.
○ Lepidotteri nuovi e rari trovati in Sicilia. Bull. Com. agr. Palermo, 1873 b.
— Escursioni entomologiche al Bosco della Ficuzza e nei prossimi ex-feudi Marraccia, Catagnano e Rao — (Sicilia). Bull. Soc. ent. Ital., **5**, 180—197, 1873 c.
— Sur la *Lasiocampa otus* et son habitat. Petites Nouv. ent., **1** (1869—75), 323—324, 1873 d.
— Une invasion de *Litta vesicatoria* L., en Sicile, et ses ravages. Feuille jeun. Natural., **9**, 12—14, 23—24, (1878—79) 1878.
— Lepidotteri nuovi e rari di Sicilia esistenti nella collezione. Giorn. Sci. nat. Palermo, **14**, 50—54, Taf. III, 1879.
— Émigrations & apparitions de certains lépidoptères. Notes de mon Agenda entomologique. Feuille jeun. Natural., **10**, 115—117, (1879—80) 1880.
— Colori protettivi. Osservazioni. Riv. Ital. Sci. nat. (Boll. Natural. Siena), **17**, Boll. 81—85, 1897 a.
[Ref.:] Brandicourt, V . . .: Les couleurs protectrices.

Bull. Soc. Linn. Nord France, **13** (1896—97), 282—285, (1896—97) 1897.
— Danni del diboscamento. Riv. Ital. Sci. nat. (Boll. Natural. Siena), **17**, Boll. 93—94, 1897 b.
— *Lasio-campa Querci-folia* L. Riv. Ital. Sci. nat. (Boll. Natural. Siena), **17**, Boll. 124, 1897 c.
— Allevamenti e ricerche entomologiche. Riv. Ital. Sci. nat. (Boll. Natural. Siena), **17**, Boll. 131—132, 1897 d.
— Bruchi di *Lasiocampa Quercifolio* L. e di *Cossus ligniperda* F. Riv. Ital. Sci. nat., **19**, Boll. 57—59, 1899.

Pinckert,
○ Vertilgung der Maikäfer im künftigen Jahre. Ann. Landw. Wbl., **4**, 4—5, 1864.

Pinçon, Jules
Note sur la pébrine observée chez les vers à soie du chêne du Japon (*Bombyx Yama-maï*). Bull. Soc. Acclim. Paris, (2) **1**, 341—343, 1864 a.
— Note sur les éducations de Vers à soie entreprises au Jardin d'acclimatation. Bull. Soc. Acclim. Paris, (2) **1**, 408—411, 1864 b.
○ Auch Ya-ma-mai von der Seidenraupenkrankheit ergriffen. Schweiz. Seidenbau- u. Bienenztg., **1864**, 28, 31—32, 1864 c.
— Rapport sur les éducations de Vers à soie faites à la magnanerie du Jardin zoologique d'acclimatation du bois de Boulogne en 1866, 1867 et 1868. Bull. Soc. Acclim. Paris, (2) **6**, 20—30, 1869.

Pini, Napoleone
Descrizione di un nuovo Carabico appartenente al genere *Cychrus* Fabr. Atti Soc. Ital. Sci. nat., **14**, 224—227, Taf. IV, 1871.
— Relazione annuale della Commissione di sorveglianza contro la Fillossera sul servizio delle Vedette nell'anno 1879. Atti Soc. Ital. Sci. nat., **22**, 337—366, 1879.

Pinolini, Domenico
Gli insetti dannosi alla vite. Biblioteca Vallardi. 8°, VIII + 1 (unn.) + 215 S., 87 Fig., 1 Farbtaf., Milano, Francesco Vallardi, [wahrsch. vor 1900].

Pinson,
Maladie des vers à soie (*Bombyx Yama-maï*) attaqués par la pébrine. C. R. Acad. Sci. Paris, **58**, 969—970, 1864.

Pintner, Theodor
geb. 5. 9. 1857 in Brünn, Prof. d. Zool. an d. Univ. Wien. — Biogr.: (K. Grobben) Forsch. Fortschr., 13, 304, 1937.
— Malaria. Mitt. Sekt. Naturk. Österr. Tour.-Club, **11**, 65—67, 1899.

Piochard de (la) Brûlerie, Charles Jacob
geb. 16. 3. 1845 in Saint-Florentin, gest. 16. 6. 1876 in Saint-Florentin. — Biogr.: (Berthelot) Bull. Soc. Sci. hist. nat. Yonne, **1876**, 404—424, 1876; Petites Nouv. ent., **2**, 55, 1876; Ent. Nachr., **2**, 130—131, 1876; Abeille, **14**, CIV, 1876; (F. Katter) Ent. Kal., **2**, 72, 1877; (A. Fauvel) Annu. ent. Caen, **5**, 124—127, 1877; (E. Simon) Ann. Soc. ent. France, (5) **6**, 677—688, (1876) 1877; (S. A. Marseul) Abeille, **24**, 179—180, 1887.
— Métamorphoses de la *Serica holosericea* Scopoli. Ann. Soc. ent. France, (4) **4**, 663—667, Taf. 10 (Fig. 7—13), 1864.
— Faune du département d l'Yonne. — Coléoptères. Cicindélides et Carabides. Bull. Soc. Sci. hist. nat. Yonne, **19**, Part. II, 285—336, 1865.
— Rapport sur l'excursion faite en Espagne par la Société entomologique de France pendant les mois d'avril, mai et Juin 1865. Ann. Soc. ent. France, (4) **6**, 501—544, 1866.
— (Nouvelles espèces de Coléoptères de la famille des Carabiques, d'Espagne et des îles Baléares: *Dromius, Metabletus, Broscus, Acinopus, Stenolophus* (*Acupalpus*), *Feronia* (*Orthomus*), *Bembidium*.) Ann. Soc. ent. France, (4) **7**, Bull. LXXIX—LXXX, 1867.
— (Quelques renseignements sur l'excursion Entomologique en Espagne.) Ann. Soc. ent. France, (4) **8**, Bull. LXXIV, 1868.
— Nouvelles espèces de Coléoptères de la famille des Carabiques provenant d'Espagne et des îles Baléares. Ann. Soc. ent. France, (4) **9**, 21—30, 1869 a.
— Descriptions de nouvelles espèces espagnoles du groupe des Pandarites de la Famille des Ténébrionides. Ann. Soc. ent. France, (4) **9**, 31—38, 1869 b.
— (*Macrocheilus Saulcyi* pris en Palestine.) Petites Nouv. ent., **1** (1869—75), Nr. 3, [10], 1869 c.
— (Note sur une excursion Entomologique faite en Syrie.) Ann. Soc. ent. France, (4) **10**, Bull. XVIII—XXII, 1870.
— [Voyages en Espagne et à l'isthme de Suez.] Petites Nouv. ent., **1** (1869—75), 173, 1872 a.
— (Coléoptères nouveaux.) Petites Nouv. ent., **1** (1869—75), 179—180, 1872 b.
— Diagnose d'une nouvelle espèce d'*Anophthalmus*. Petites Nouv. ent., **1** (1869—75), 259, 1872 c.
— Exploration des grottes de l'Ariége. Petites Nouv. ent., **1** (1869—75), 263—264, 1872 d; 267—268, 271, 1873.
[Engl. Übers., z. T., veränd.:] Subterranean Entomology. Sci. Gossip, **10**, 126—127, 1874.
— Espèce et variété géographique. — Comment on peut distinguer l'une de l'autre chez les Coléoptères et en particulier chez les Carabiques. Rev. Mag. Zool., (2) **23**, 173—175, 221—225, (1871—72) 1872 e.
— Monographie des Ditomides, tribu des Carabiques. Abeille, **15**, I—VIII + 1—100, (1877) 1873 a.
[Ref.:] Kraatz, Gustav: Monographie des Ditomides. Berl. ent. Ztschr., **18**, 235—236, 1874.
— Notes pour servir à l'étude des Coléoptères cavernicoles. Ann. Soc. ent. France, (5) **2**, 443—472, (1872) 1873 b.
— Description d'une espèce nouvelle de *Leistus* (*L. Koziorowiczi*), de l'île de Corse. Ann. Soc. ent. France, (5) **3**, 253—254, 1873 c.
— Révision des espèces du genre *Acinopus*. Ann. Soc. ent. France, (5) **3**, 255—266, 1873 d.
— (Espèces en Entomologie.) [Mit Angaben von A. Fauvel & P. Mabille.] Ann. Soc. ent. France, (5) **3**, Bull. LVIII—LXII, LXXI—LXXXIV (= Bull. Soc. ..., **1873**, Nr. 1, 5—10; Nr. 2, 2—5), 1873 e. — [Abdr. S. LVIII—LXI:] Note sur l'espèce en Entomologie. Guide Natural., **2**, 224—226, 1880.
— Catalogue raisonné des Coléoptères de la Syrie et de l'île de Chypre. 1. partie. Famille des Cicindélides et des Carabides. Ann. Soc. ent. France, (5) **5**, 97—160, 1875 a; ... Famille des Carabides (Suite). 395—448, (1875) 1876.
— (Le *Bembidium* pris sur la route de Rueil.) Ann. Soc. ent. France, (5) **5**, Bull. CXI (= Bull. Soc. ..., **1875**, 123), 1875 b.
[Siehe:] Brisout de Barneville, Ch.: CII.

Piolti, Giuseppe
Descrizione di una nuova specie del Genere *Chry-*

somela Linn. Atti Accad. Sci. Torino, **15** (1879—80), 378—380, 1879.
— (Nota sopra una mostruosità in una *Chrysomela menthastri* Suffr.) Resoc. Soc. ent. Ital., **1880**, 11, 1880.
○ I Coleotteri di Rivoli (Piemonte): studio. Ann. Accad. Agric. Torino, 23, 1 Karte, 1881.
— Nei dintorni di Cesana. Boll. Club alp. Ital., **20** (1886), 248—271, Taf. X, 1887.

Piombino, G . . . B . . .
○ Sulla bachicoltura in Portogallo. Giorn. Indust. serica, **6**, 291—292, 1872.

Piot,
(La mouche de Débeh.) Bull. Inst. Égypt., (3) **1** (1890), 135—141, 1891.

Piotti, Giuseppe
○ I Coleotteri di Rivoli (Piemonte). Ann. Accad. Agric. Torino, **23** (1880), 155—207, 1881.

Piper, Charles Vancouver
geb. 1867, gest. 1926. — Biogr.: Journ. Washington Acad. Sci., **16**, 547, 1926; (H. Osborn) Fragm. ent. Hist., 201, 1937.
— A Remarkable Sembling Habit of *Coccinella transversoguttata*. Ent. News, **8**, 49—51, 1897.
[Siehe:] Snyder, Arthur J.: 99.

Pipitz, Franz Ernst Dr.
geb. 1815 in Klagenfurt, gest. 19. 3. 1899 in Graz. — Biogr.: Misc. ent., **7**, 72, 1899; Insektenbörse, **16**, 73, 1899.
— Himmelsstrafen. Ent. Nachr., **5**, 146, 1879.
— Bemerkungen über corsische Käferarten. Ent. Nachr., **6**, 190—191, 1880.
[Siehe:] Reitter, E.: 240—241.
— [*Procerus gigas* bei Frohnleiten.] Soc. ent., **3**, 132, (1888—89) 1888.

Piquet, F . . . G . . .
A List of the Butterflies inhabiting Jersey, with Notes of their Occurrence. Entomologist, **6**, 399—401, (1872—73) 1873.

Piquet, J . . .
P[ieris] Daplidice and *A[rgynnis] Lathonia* in Jersey. Entomologist, **5**, 442, (1870—71) 1871.

Pirazzoli, Odoardo
geb. 6. 4. 1815 in Imola (Bologna), gest. 30. 3. 1884 in Imola (Italien), Major. — Biogr.: (Marseul) Abeille, **22**, Nouv. faits div. 191, 1884; (G. Kraatz) Dtsch. ent. Ztschr., **28**, 438, 1884; (J. Mik u. a.) Wien. ent. Ztg., **3**, 128, 1884.
— I carabi italiani. Bull. Soc. ent. Ital., **3**, 261—281, 1871; 305—332, (1871) 1872; Correzioni. **4**, 1 (unn.) S., 1872.
— Cicindele italiane. Bull. Soc. ent. Ital., **4**, 3—28, 1872.
— Nozioni elementari intorno ai coletteri Italiani. 4°, 3 (unn.) + 212 S., Imola, tip. Ignazio Galeati & Figlio, 1882.
— Un cenno sul abitato del *Carabus cavernosus* Friv. Bull. Soc. ent. Ital., **15**, 152—157, 1883.

Pirotta, Romualdo
geb. 1853.
— siehe Grassi, Giovanni Battista; Pirotta, Romualdo & Parona, Gorrado 1875.
— Degli Ortotteri genuini insubrici. Atti Soc. Ital. Sci. nat., **21**, 59—86, 1878 a.
— Libellulidi dei dintorni di Pavia. Atti Soc. Ital. Sci. nat., **21**, 87—100, 1878 b.
— Intorno agli ortotteri ed al miriapodi del Varesotto. Atti Soc. Ital. Sci. nat., **21**, 629—647, 1878 c.
— Libellulidi italiani. Ann. Mus. Stor. nat. Genova, **14**, 401—489, 1879.

Piskaczek, Joh . . .
○ Über schädliche Insekten in der Gegend von Ullersdorf bei Schönberg. Mitt. Mähr.-Schles. Ges. Ackerb., **1865**, 344, 352, 1865.

Piso, Kornelius
gest. 1932 in Budapest.
— Az aranyos futrinka hazánkban. Rovart. Lapok, **2**, 249; [Franz. Zus.fassg.:] (Capture du *Carabus auratus* L.) Suppl. XXXI, 1885.
— Nehány kártékony erdei rovar Máramaros megyében. Rovart. Lapok, **3**, 42—43; [Franz. Zus.-fassg.:] (Les insectes nuisibles observés par l'auteur en 1884 dans le dép. de Máramaros.) Suppl. VI, 1886 a.
— Az 1885. évben Máramaros megyében elöfordult káros rovarokról. Rovart. Lapok, **3**, 223—225; [Franz. Zus.fassg.:] Les Insectes nuisibles observés pendant l'année 1885 dans le département de Máramaros. Suppl. XXVIII, 1886 b.

Pissarew, W . . . J . . .
Das Herz der Biene (*Apis mellifica*). Zool. Anz., **21**, 282—283, 1 Fig., 1898.

Pissot, Constant Emile
geb. 1826?, gest. 4. 4. 1892 in Paris. — Biogr.: Ann. Soc. ent. France, **61**, CVII, 1892.
— (Note sur les dégâts causés au bois de Boulogne par la présence en grand nombre de la *Galeruca calmariensis*.) [Mit Angaben von Chevrolat, Fallou, Lichtenstein & Poujade.] Ann. Soc. ent. France, (5) **1**, Bull. XXXV—XXXVI, 1871.
— (Observations intéressantes sur *Staphylinus olens* L.) Ann. Soc. ent. France, (6) **6**, Bull. CLXXXIX—CXC, (1886) 1887 a.
— (L'opertion par laquelle une femelle d'Ichneumonien perce une branche d'arbre.) Ann. Soc. ent. France, (6) **6**, Bull. CXC, (1886) 1887 b.
— Le Lophyre du Pin. *Lophyrus pini*. Latr. (Ordre des Hyménoptères. — Familles des Tenthrédiniens). Naturaliste, (2) **2**, 281—282, 3 Fig., 1888.
— (*Phyllobius betulae* Schönh. extrêmement nuisible.) Ann. Soc. ent. France, (6) **8**, Bull. CXX, (1888) 1889 a.
— (Observations relatives au *Crabro* (*Crossocerus*) *Wesmaeli* V. d. L.) Ann. Soc. ent. France, (6) **8**, Bull. CXX—CXXI, (1888) 1889 b.
— (*Mantis religiosa* auprès de Doulevant-le-Château.) Ann. Soc. ent. France, (6) **8**, Bull. CLVIII, (1888) 1889 c.
— (*Pentatoma dissimilis* Latr.) Ann. Soc. ent. France, (6) **8**, Bull. CXCV—CXCVI, (1888) 1889 d.
— Les Bruches (Ordre des Coléoptères tétramères; Famille des Rhynchophores Latr.). Naturaliste, (2) **3**, 22—23, 1 Fig., 1889 e.
— La Carpocapse du Pommier. (Ordre des Lépidoptères, Famille des Tordeuses.) Naturaliste, (2) **3**, 60—61, 2 Fig., 1889 f.
— La Compsidie du Peuplier. *Compsidia populnea* (Mulsant). *Saperda populnea*. Ordre des Coléoptères, Famille des Longicornes. Naturaliste, (2) **3**, 119—120, 1 Fig., 1889 g.
— Un filet tendu devant une fenêtre empêche-t-il les mouches de pénétrer dans l'appartement? Naturaliste, (2) **3**, 179—180; Addition à l'article: un filet

empêche-t-il les insectes de passer pour entrer dans les Appartements? 202—203, 1889 h.
— Le Staphylin odorant — *Staphilinus olens* Latr. et le Staphylin bleu — *St. cyaneus* Lat. (Ordre des Coléoptères. Famille des Brachélytres.) Naturaliste, (2) 3, 205—206, 1889 i.
— Chenille parasite du *Dipsacus sylvestris.* Feuille jeun. Natural., **20**, 112, (1889—90) 1890 a.
— La Gracilaire du Lilas. *Gracilaria Syringella* Fab.: Ordre des Lépidoptères (Papillons) famille des Ténéites. Naturaliste, (2) **4**, 141—142, 3 Fig.; 170—172, 1 Fig., 1890 b.
— La Tortrix des Bourgeons, *Sericoris buoliana,* Wien. (Ordre des Lépidoptères, Famille des Platyomides, Duponchel.) Naturaliste, (2) **4**, 245—246, 2 Fig., 1890 c.
— Le Bombyx du Saule *Liparis salicis,* God. Ordre des Lépidoptères: Famille des Bombycites. Naturaliste, (2) **5**, 89—90, 1 Fig., 1891 a.
— La *Tischeria complanella,* Hubn. Microlépidoptère, section des Tinéinées. Naturaliste, (2) **5**, 236—238, 3 Fig., 1891 b.
— (La chenille de *Heliothis marginata* Dup.) Ann. Soc. ent. France, **60**, Bull. CLXIII, (1891) 1892 a.
— (Les Papillons blancs ou Piérides.) [Mit Angaben von Jules Fallou.] Ann. Soc. ent. France, **60**, Bull. CLXIII—CLXIV, (1891) 1892 b.
— L'orcheste du Hêtre, *Orchestes Fagi* (Schönher). Ordre des Coléoptères. — Famille des Rhynchophores. Naturaliste, (2) **6**, 91—92, 2 Fig., 1892 c.

Pissot, P . . . E . . .
○ Insectes qui nichent dans les troncs de saules. 14 S., 1891.

Pitman, A . . .
Satyrus Hyperanthus without Rings. Entomologist, **4**, 18, (1868—69) 1868.

Pitman, M . . . A . . .
(*Plusia moneta* and *Apamea ophiogramma* at Norwich.) Entomol. Rec., **2**, 210, 1891.
— siehe Beeching, R . . . A . . . Dallas & Pitman, M . . . A . . . 1892.
— (Larvae of *Bombyx quercus,* &c.) Entomol. Rec., **6**, 34, 1895.
— (Aberration of *Spilosoma fuliginosa.*) Entomol. Rec., **10**, 48, 1898.
— siehe Raynor, Gilbert Henry & Pitman, M . . . A . . . 1899.

Pitman, M . . . A . . . I . . .
Curious Fact in the Emergence of a Moth. Entomologist, **5**, 57—58, (1870—71) 1870.
— Larvae of *Bombyx Quercus* feeding on Ivy. Entomologist, **5**, 457, (1870—71) 1871.

Pitra, P . . .
○ [Die Zeidelwirtschaft. Bd. 3, Nr. 2. 8°, 115 + XV S., Praha, Verl. Matice rolnická, 1873.] Včelaření podběrné. Ročn. 3, č. 2. Praze, Nákladem Matice Rolnické, 1873.

Pitsch, O . . .
siehe Hondius, G . . .; Pitsch, O . . . & Ritzema Bos, Jan 1875.

Pitschak, I . . .; **Galeriu,** T . . .; **Davidescu,** Fl . . . & **Gheorghiu,** Er . . . C . . .
○ [Der Einfall der Nonne in unseren Wäldern.] Invasiunea nonnei în pădurile noastre. Rev. Pădurilor Bukarest, **7**, 258—264, 1892.

Pittier, Henri François
geb. 1857.

Pittier, Henri François & **Biolley,** Paolo
Invertebrados de Costa Rica. (Especies hasta hoy coleccionadas y determinadas). Instituto fisico-geográfico nacional. 3 Teile. 8°, San José de Costa Rica A. C., tip. Nacional, 1895—97.
1. Coleópteros. 1 (unn.) + 40 + 2 (unn.) S., 1895.
2. Hemipteros Heterópteros. 24 S., 1895.
3. Lepidópteros Heteróceros. 66 S., 1897.

Pittier, Henri François & **Gétaz,** A . . .
Contributions à l'histoire naturelle du Pays-d'Enhaut Vaudois. III.[1]) Matériaux pour servir à l'étude de la faune. Bull. Soc. Vaudoise Sci. nat., **27**, 191—210, (1892) 1891.

Pittoni, J . . . C . . . von
Erfahrungen über die Anwendung des Schwefelkohlenstoffes gegen Insektenfrass in naturhistorischen Sammlungen. Verh. zool. bot. Ges. Wien, **26** (1876), 111—113, 1877.
— Erfahrungen über die Anwendung des Schwefelkohlenstoffs gegen Insektenfrass in naturhistorischen Sammlungen. Isis Magdeburg (Berlin), **5**, 39—40, 1880.

Piutti, Arnaldo
siehe Luciani, Luigi & Piutti, Arnaldo 1888.

Pize,
Note sur une nouvelle affection des oeufs du ver à soie, dite dégénérenscence graisseuse. C. R. Acad. Sci. Paris, **68**, 645—646, 1869 a. — ○ [Abdr.?:] Rev. Sericicult., **3**, 92—96, 1869.
○ De la valeur du microscope pour l'examen des graines. Rev. Séricicult., **3**, 221—225, 1869 b.

Place, F . . . A . . .
Tenacity of vitality in larvae. Lancet, **68**, Bd. 2, 793, 1890.

Place, Henry G . . .
Cirrhoedia xerampelina at Acton. Entomologist, **21**, 276, 1888.
— *Agrotis cinerea.* Entomologist, **22**, 187, 1889 a.
— *Arctia urticae* in Brighton. Entomologist, **22**, 212, 1889 b.

Plachecki, von Falken siehe Falken-Plachecki, von

Plačzek, B . . .
Die Logik in der Vogelschutzfrage. Oesterr. Forst-Ztg., **15**, 379—380, 1897 a.
— Vogelschutz oder Insektenschutz? Verh. naturf. Ver. Brünn, **35** (1896), 70—95, 1897 b.
[Abdr., z. T.:] Auszug aus der in dem XXXV. Bande Verhandlungen des naturforschenden Vereines in Brünn demnächst erscheinenden Abhandlung. Oesterr. Forst-Ztg., **15**, 244—245, 1897.
— Zu: Vogelschutz oder Insectenschutz? [Mit Angaben anonymer Autoren.] Oesterr. Forst-Ztg., **16**, 75, 115, 259—260, 316, 1898 a.
— Zur Vogelschutzfrage. Oesterr. Forst-Ztg., **16**, 147—148, 1898 b.

Plagniol,
Vers à soie du mûrier. Études sur le rapport qu'il y a entre les globules du liquide contenu dans les oeufs et la texture ou le grain des cocons. Rev. Séricicult. comp., **1864**, 70—71, 1864.
○ Note sur un insecte nuisible à la vigne. Mém. Acad. Gard, **1864—65**, 481—484, 1866.

[1]) I—II nicht entomol.

Plagniol, E . . . de
○ Rapport sur le mémoire de M. Espitallier, de Valensolle (Basses-Alpes). Act. Mém. Congr. séricicol. int., 4 (1874), 159—161, 1875 a.
○ Della conservazione delle sementi dei bachi da seta durante l'inverno. Riv. settim. Bachicolt., 7, 5—6, 9—10, 13—14, 17—18, 26—27, 29—30, 1875 b.
○ Embryologie de l'oeuf du ver-à-soie. 55 S., 1 Taf., Privas, impr. Patriote, 1886.

Plagniol, L . . . de
○ La flaccidezza e la sua ereditarietà. Nota presentata al Congresso di Lione nella seduta del 14 settembre 1872. Riv. settim. Bachicolt., 5, 13—14, 17—18, 1873.

Planchard, F . . .
[Hybernating habits of *Rhagium lineatum* Oliv. etc.] Canad. Entomol., 7, 96—97, 1875.

Planchon, François Gustave
geb. 1833, gest. 1900.
○ Le Kermès du chêne (*Lecanium ilicis*) du point de vue zoologique, commerciale et pharmaceutique. Thèse de Pharmacie. 4°, 47 S., Montpellier, Boehm & fils, 1864.
○ De la fumagine ou maladie noire de l'olivier. Maladie noire de la vigne [Coccidae]. Insectol. agric., 3, 52—55, 1869.
— Sur l'introduction des vignes américaines dans le midi de la France. Journ. Pharm. Chim., (4) 27, 52—58, 1878.
— Sur la reconstitution des vignobles au moyen des vignes américaines. Journ. Pharm. Chim., (5) 7, 473—480, 1883.
— Note sur l'état des vignobles. Journ. Pharm. Chim., (5) 14, 405—414, 449—456, 1886.

Planchon, Jules Émile
geb. März 1823 in Ganges (Frankr.), gest. 3. 4. 1888 in Paris. — Biogr.: Psyche Cambr. Mass., 5 (1888—90), 156, (1891) 1889.
○ Lettre à M. le Dr. Boisduval, sur le Rhizaphis. [*Phylloxera vastatrix*.] Petit Journal, 24 Août, 1867.
— Nouvelles observations sur le Puceron de la vigne (*Phylloxera vastatrix*) [nuper *Rhizaphis*, Planch.][1]). C. R. Acad. Sci. Paris, 67, 588—594, 1868 a.
○ Note sur la maladie qui détruit les vignes en Provence. Journ. Toulouse, Sept., 1868 b.
— siehe Bazille, Gaston; Planchon, Jules Émile & Sahnt, Felix 1868.
○ Essais préliminaires sur la destruction du *Phylloxera*. 12°, Montpellier, 1870 a.
○ Sur l'accouplement des pucerons [Aphididae] dans le midi de la France. Ann. Soc. Hortic. Hist. nat., (2) 2, 222—224, 1870 b.
— Destruction du Phylloxera de la vigne.[2]) Bull. Ass. scient. France, 7, 137—138, 1870 c.
○ La phthiriose ou pédiculaire de la vigne chez les anciens et de la cochenille de la vigne chez les modernes. Bull. Soc. Agricult. France, 1870, [8 S.], 1870 d.
○ Instruction pour la préparation du soluté alcalin de l'huile de cade et de bisulfure de calcium. Bull. Soc. Agric. Hortic. Vaucluse, 19, 82—85, 1870 e.
○ Rapport sur la maladie du phylloxera dans le département de Vaucluse; résumé des études faites sous les auspices du Conseil général de Vaucluse. Bull. Soc. Agric. Hortic. Vaucluse, 19, 241—278, 1870 f. —

[1]) vermutl. Autor, lt. Text J. V. Planchon
[2]) vermutl. Autor

○ [Abdr.?:] Messag. agric. Midi, 1870, 305—330, 1870.
[Sonderdr.:] 8°, Avignon, 1870.
— La Phthiriose ou Pédiculaire de la vigne chez les anciens et les Cochenilles de la vigne chez les modernes. C. R. Acad. Sci. Paris, 70, 1187—1189, 1870 g.
○ Sur l'emploi du bisulfure de calcium et du soluté alcalin d'huile de cade contre le phylloxera. Messag. Midi, 1870 h.
○ [Lettre à Dr. Fr. Cazalis sur les essais à faire avec le soluté alcalin d'huile de cade et bisulfure (polysulfure) de calcium pour la destruction du phylloxera.] Messag. Midi, 1870 i.
○ Essais préliminaires sur la destruction du phylloxera. Vigneron Midi, 1870, 81—96, 1870 j.
— Traitement au moyen de l'acide phénique et autres insecticides, des vignes attaquées par le *Phylloxera vastatrix*.[1]) C. R. Acad. Sci. Paris, 73, 783, 1871 a.
— Réponse à une lettre de M. L. Faucon relativement au traitement des vignes, soit par submersion, soit par les insecticides. Messag. Midi, 1871 b.
— siehe Lichtenstein, Jules & Planchon, Jules Émile 1871.
— Sur l'extension actuelle du Phylloxera en Europe. C. R. Acad. Sci. Paris, 75, 1007—1009, 1872.
○ Le *Phylloxera* et les vignes américaines. 8°, 24 S., Montpellier, impr. Grollier, 1874 a.
— Le *Phylloxera* et les vignes américaines à Roquemaure (Gard). C. R. Acad. Sci. Paris, 78, 1093—1095, 1874 b.
○ Un nouveau ennemi de la vigne. Le Grillon blanc de neige [*Oecanthus niveus* Harris]. La Nature, 2, Bd. 1, 378—379, 1874 c.
○ Le Phylloxera en Europe et en Amérique. Rev. deux Mondes, (3) 1, 544—566, 1874 d.
○ Die *Phylloxera* (Wurzellaus) in Europa und Amerika. Württemb. Wbl. Land.- u. Forstw., 26, 47—48, 1874 e.
— Les vignes américaines, leur culture, leur résistance au *Phylloxera* et leur avenir en Europe. 8°, 240 (I—XIV + 15—240) S., Montpellier, C. Coulet; Paris, Adrien Delahaye, 1875 a.
— La défense contre le phylloxera. Origine de cet insecte; son extension en Europe; moyens d'en prévenir, d'en combattre ou d'en atténuer les ravages. Ann. agron., 1, 74—97, 1875 b.
○ Die *Phylloxera* in der Auvergne. Weinbau, 1, 127, 1875 c.
— siehe Vialla, L . . . & Planchon, Jules Émile 1875.
○ Les moeurs du *Phylloxera* de la vigne. 8°, 8 S., 1 Farbtaf., Montpellier, C. Coulet, [1877], a.
○ La question phylloxérique en 1876. Rev. deux Mondes, (3) 19, 241—277, 1877 b.
○ [Sonderdr.:] 8°, 39 S., [Montpellier, Coulet]; Paris, Delahaye & Co., 1877.
○ Sur une chenille qui attaque le *Pinus excelsa* [*Tortrix dorsana*? (=*Grapholitha pactolana*)]. Ann. Soc. Hortic. Hist. nat., (2) 2, 221—222, 1878 a.
— Sur l'origine du Phylloxera découvert à Prades (Pyrénées-Orientales). C. R. Acad. Sci. Paris, 86, 749—750, 1878 b.
— Les vignes américaines. Réponse à un viticulteur découragé. Journ. Agric. prat. Paris, 43, Bd. 2, 545, 1879.
— La résistance au phylloxera du Clinton et du Taylor. A propos d'un article récent de M. Millardet. Journ. Agric. prat. Paris, 44, Bd. 1, 123—124, 1880.

[1]) vermutl. Autor

Planchon, Jules Émile & **Lichtenstein,** Jules

○ Le Phylloxera et la nouvelle maladie de la vigne. Supplément au Bulletin Nr. 4. Étude comprenant 1. le rapport de la Commission nommée par la Société des agriculteurs de France pour étudier la nouvelle maladie de la vigne par M. L. Vialla; 2. des notes entomologiques sur le *Phylloxera vastatrix* pour faire suite au Rapport de M. Vialla. 8°, 81 S., ? Fig., Montpellier libr. Coulet; Paris, libr. agric. de la maison rustique, 1869 a.

○ Notes entomologiques sur le *Phylloxera vastatrix,* pour faire suite au rapport de M. L. Vialla. Journ. Agric. prat. Paris, **33**, Bd. 2, 655—662, 1869 b. — ○ [Abdr.?:] Messag. agric. Midi, **10**, 406—417, 1870. — ○ [Abdr.?:] Rev. hortic., **1870**, 171—178, 1870.

○ Notes entomologiques sur le *Phylloxera vastatrix.* Insectol. agric., **3**, 315—324, 1 Taf., 1869 c. [Siehe:] Girard, Maurice: 325.

○ Des modes d'invasion des vignobles par le phylloxera. Messag. Midi, 1869 d. — ○ [Abdr.?:] Messag. agric. Midi, 1869. — ○ [Abdr.?:] Journ. Agric. prat. Paris, **1869**, Bd. 2, 404—407, 1869. [Sonderdr.:] 8°, 8 S., Montpellier, impr. typ. de Gras, 1869.

— Le *Phylloxera vastatrix.*[1]) Journ. Fermes, **1**, 443—447, 4 Fig., (1868—69) 1869 e.

— De l'identité spécifique du Phylloxera des feuilles et du Phylloxera des racines de la vigne. [Mit Angaben von Milne Edwards.] C. R. Acad. Sci. Paris, **71**, 298—301, 1870 a.

○ Maladie de la vigne; conseils pratiques contre le phylloxera. Messag. agric. Midi, **1870**, [12 S.], 1870 b.

○ Note sur l'identité du phylloxera des galles des feuilles et du phylloxera des racines. Messag. agric. Midi, **1870**, 235, 1870 c.

○ Maladie de la vigne. Le phylloxera: instructions pratiques adressées aux viticulteurs sur la manière d'observer la maladie du phylloxera et le phylloxera luimême. Messag. Midi, 1870 d. — ○ [Abdr.?:] Union nation. Montpellier, 1870. — ○ [Abdr.?:] Bull. Soc. Agric. Dép. Hérault, **1870**, 152—157, 1870. [Sonderdr.:] 8°, 18 S., ? Fig., Montpellier, typ. P. Grollier, 1870.

○ Invasion du département de l'Hérault par le phylloxera. Messag. Midi, 1870 e.

○ Courte note constatant la découverte faite par M. Riley sur les racines des vignes américaines du phylloxera que l'on n'y connaissait que sur les feuilles. Messag. agric. Midi, **1871**, 19—21, 1871 a.

○ Le phylloxera de la vigne en Angleterre et en Irlande. Messag. agric. Midi, **1871**, 186—190, 1871 b.

○ Note constatant l'apparition du phylloxera à Mauguio, convoquant les agriculteurs à aller l'étudier sur ce point et rappelant les bons effets obtenus de l'acide phénique (carbolique) par M. Henri Leenhardt et par M. Lugol. Messag. Midi, 1871 c.

○ Le phylloxera; renseignements scientifiques. Messag. Midi, 1871 d.

○ Conseils sur le traitement des vignes atteintes du phylloxera. Messag. Midi, 1871 e.

○ Emploi de l'huile de cade contre le phylloxera. Messag. Midi, 1871 f.

○ Le *Phylloxera.* Faits acquis et revue bibliographique. Congr. scient. France, **35**, Bd. 1, 505—621, 1 Farbtaf., 1872.

○ Le Phylloxera (de 1855 à 1873). Résumé pratique et scientifique. 8°, 40 (I—IV + 5—40) S., 1 Farbtaf., [Paris, Delahaye]; Montpellier, Coulet, 1873 a.

— De la marche de proche en proche du *Phylloxera.* C. R. Acad. Sci. Paris, **77**, 461—463, 1873 b.

Planchon, Jules Émile & **Saintpierre,** Camille

○ Premières expériences sur la destruction du puceron de la vigne: note lue devant la Soc. centr. d'agricult. d l'Hérault. Messag. Midi, 1868. — ○ [Abdr.?:] Bull. Soc. Agric. Hortic. Vaucluse, **1868**, 289—311, 1868. — ○ [Abdr.?:] Messag. agric. Midi, **9**, 273—285, 1868. — ○ [Abdr.?:] Bull. Soc. Agric. Hérault, **1868**, 426—451, 1868.

Planchon, Louis

Jules Lichtenstein [Nekrolog]. Bull. Soc. Sci. nat. Nîmes, **15**, 1—12, 1887.

— *Coraebus bifasciatus.* Feuille jeun. Natural., **23**, 14, (1892—93) 1892.

Plancy, V . . . Collin de siehe Collin de Plancy, V . . .

Planet, Louis

La Nymphe de la Cétoine dorée et sa transformation en insecte parfait. Naturaliste, (2) **3**, 204—205, 1889 a.

— Larves comestibles de Coléoptères la larve du *Prionus coriarius.* Naturaliste, (2) **3**, 280, 1 Fig., 1889 b.

— La larve et la nymphe de l'*Helops striatus.* Naturaliste, (2) **4**, 17—18, 3 Fig., 1890 a.

— La larve du *Melanotus rufipes* (Coléoptère de la famille des Elatérides). Naturaliste, (2) **4**, 74—75, 1 Fig., 1890 b.

— L'*Aromia moschata* sa Larve et sa Nymphe. Naturaliste, (2) **4**, 97—98, 1 Fig., 1890 c.

— La Larve et la Nymphe du *Dorcus parallelipipedus.* Naturaliste, (2) **4**, 156—157, 1 Fig.; 164—165, 1 Fig., 1890 d.

— La larve et la nymphe du Cerf Volant (*Lucanus cervus*). Naturaliste, (2) **4**, 215—216, 1 Fig., 1890 e.

— La larve et la nymphe du Prione Tanneur (*Prionus coriarius.*) Naturaliste, (2) **5**, 31—33, 1 Fig., 1891 a.

— La nymphe du *Telephorus rufipes.* Naturaliste, (2) **5**, 135—136, 1 Fig., 1891 b.

— Développement de l'Hydrophile brun (*Hydrophilus piceus*). Naturaliste, (2) **5**, 259—260, 5 Fig., 1891 c.

— Difformités observées chez les insectes coléoptères. Naturaliste, (2) **6**, 50—51, 5 Fig., 1892 a.

— De la différence du développement chez les insectes. Coléoptères. Naturaliste, (2) **6**, 85—87, 5 Fig., 1892 b.

— La Larve et la Nymphe de la *Harmonia impustulata.* Coléoptère de la famille des Coccinellides. Naturaliste, (2) **6**, 178—179, 1 Fig., 1892 c.

— (Un cocon de chenille de *Saturnia pyri.*) Ann. Soc. ent. France, **62**, Bull. XXX—XXXI, 1893 a.

— Larve et Nymphe de Dytique. Naturaliste, (2) **7**, 42—44, 2 Fig., 1893 b.

— Cocon anormal de *Saturnia Pyri.* Naturaliste, (2) **7**, 118—119, 5 Fig., 1893 c.

— Observations sur les phases de la coloration d'une Nymphe d'*Ichneumon ruficaudus* (Wesmaël). Naturaliste, (2) **7**, 195—197, 1 Fig., 1893 d.

— Coloration de la Nymphe du *Phymatodes variabilis,* Lin. Coléoptère de la famille des Longicornes. Naturaliste, (2) **7**, 242—244, 2 Fig., 1893 e.

— Notes entomologiques. [Difformités.] Naturaliste, (2) **7**, 275—276, 2 Fig., 1893 f.

[1]) vermutl. Autor

— Sur *Cladognatus Umhangi.* Ann. Soc. ent. France, **63**, 119—120, 1 Fig., 1894 a.
— Description d'une nouvelle espèce de Lucanide. Le *Falcicornis Groulti.* Naturaliste, (2) **8**, 44—45, 1 Fig., 1894 b.
— La nymphe du *Melanotus rufipes* Herbst. Naturaliste, (2) **8**, 107—108, 1 Fig., 1894 c.
— Observation nouvelle sur la nourriture des Lucanides de France et de leurs larves et Note sur une déformation antennaire d'un *Ctenoscelis major.* Naturaliste, (2) **8**, 119—120, 1 Fig., 1894 d.
— Note sur une nymphe de *Batocera.* Naturaliste, (2) **8**, 232—233, 1 Fig.; La Nymphe du *Batocera rubus.* 274—275, 2 Fig., 1894 e.
— (*Undaria murina* en quantités considérables.) Ann. Soc. ent. France, **63**, Bull. CCLI, (1894) 1895 a.
— Essai monographique sur les Coléoptères des Genres Pseudolucane et Lucane. Naturaliste, (2) **9**, 125—127, 4 Fig.; 144—147, 3 Fig.; 154—155, 5 Fig.; 180—182, 6 Fig.; 227—230, 6 Fig.; 252—253, 4 Fig.; 271—272, 4 Fig., 1895 b; (2) **10**, 11—12, 1 Fig.; 43—44, 3 Fig.; 99—100, 4 Fig.; 128—129, 2 Fig.; 188—189, 3 Fig.; 237—239, 7 Fig.; 256, 1 Fig.; 278—280, 6 Fig., 1896; (2) **11**, 82—84, 2 Fig.; 98—100, 6 Fig.; 106, 171—172, 6 Fig., 1898; (2) **12**, 107—109, 5 Fig.; 165—166, 2 Fig.; 214—216, 5 Fig.; 251—253, 3 Fig.; 275—278, 5 Fig., 1898; (2) **13**, 34—36, 7 Fig.; 71—73, 5 Fig.; 202—204, 5 Fig.; 276—278, 7 Fig., 1899; (2) **14**, 47—48, 5 Fig.; 96—97, 1 Fig.; 108—109, 3 Fig.; 164—165, 5 Fig.; 228—229, 5 Fig.; 285—286, 4 Fig., 1900.
— Note sur deux *Lucanus cervus* ♂ anomaux [Col.]. Bull. Soc. ent. France, **1896**, 168—169, 2 Fig., 1896.
— Sur une forme syrienne inédite du *Lucanus cervus* var. *turcicus* [Col.]. Bull. Soc. ent. France, **1897**, 64—66, 1 Fig., 1897 a.
— Descriptions de quelques *Lucanus* nouveaux. Naturaliste, (2) **11**, 179—180, 1 Fig.; 226—228, 4 Fig.; 265—267, 3 Fig., 1897 b.
— Description de Coléoptères nouveaux. Naturaliste, (2) **11**, 205—206, 2 Fig., 1897 c.
— Note sur un cas tératologique observé sur un grand Prionien. Naturaliste, (2) **11**, 287, 1 Fig., 1897 d.
— Description d'un Coléoptère nouveau. Naturaliste, (2) **12**, 19, 2 Fig., 1898; (2) **14**, 11, 1 Fig.; 21—22, 1 Fig., 1900.
— Description d'une variété nouvelle du *Metopodontus blanchardi* Parry. Ann. Soc. ent. France, **68**, 385—387, 4 Fig., 1899 a.
— Note sur le *Metopodontus Umhangi* Fairm. Ann. Soc. ent. France, **68**, 388, Taf. 1, 1899 b.
— Description d'une nouvelle espèce de Lucanide [Col.] de la famille des Cladognathides [*Metopodontus Dubernardi* n. sp.]. Bull. Soc. ent. France, **1899**, 35—37, 1 Fig., 1899 c.
— Note sur le *Metopodontus suturalis* Oliv. [Col]. Bull. Soc. ent. France, **1899**, 224—226, 2 Fig., 1899 d.
— Rectification à propos du *Lucanus formosanus* — Louis Planet et note sur l'*Hexarthrius chaudoiri* — H. Deyrolle. Naturaliste, (2) **13**, 47—48, 4 Fig., 1899 e.
— Note au sujet du *Bolbotritus Bainesi* Bates. Naturaliste, (2) **13**, 142, 1 Fig., 1899 f.
— Description d'un nouveau genre et d'une espèce nouvelle de Coléoptère . Naturaliste, (2) **13**, 174—175, 5 Fig., 1899 g.

Planet, Victor
(Capture de *Acanthocinus* (*Astynomus*) *aedilis* Lin.). [Mit Angaben von L. de Bony und Alfred Giard.] Ann. Soc. ent. France, **62**, Bull. CCXI, 1893.

Planitz, A . . . von der
○ *Carpocapsa.* Garten-Mag., **48**, 702, 1895.

Plant, John
A Beetle of Good Omen from Yucatan. Proc. lit. phil. Soc. Manchester, **15** (1875—76), 180—181, 1876.
— On Pendant Nests of a Gregarious Moth from Venezuela. Proc. lit. phil. Soc. Manchester, **20** (1880—81), 111—116, 1881.

Planta (-Reichenau), Adolph von Dr. phil.
geb. 13. 5. 1820 in Tamins, gest. 25. 2. 1895 in Zürich. — Biogr.: (Lorenz) Jahresber. naturf. Ges. Graubünden, (N. F.) **38** (1894—95), 88—102, 1895.
— Über die Fermente in den Bienen, im Bienenbrot und im Pollen und über einige Bestandtheile des Honigs. Verh. Schweiz. naturf. Ges.; Act. Soc. Helvét. Sci. nat., **57** (1873—74), 101—104, 1875; Weitere Forschungen im Haushalte der Bienen. Als Fortsetzung des in Chur 1874 gehaltenen Vortrages. **61** (1877—78), 177—202, 1879.
— Beiträge zur Kenntniss der biologischen Verhältnisse bei der Honigbiene. Jahresber. naturf. Ges. Graubünden, (N. F.) **28** (1883—84), 3—43, 2 Fig., 1885.
— Über den Futtersaft der Bienen. Ztschr. physiol. Chem., **12**, 327—354, 1888.
[Ref.:] Em. B.: Sur la pâtée nutritive des abeilles. Journ. Pharm. Chim., (5) **18**, 109—114, 1888.
— Ueber den Futtersaft der Arbeitsbienen. Jahresber. naturf. Ges. Graubünden, (N. F.) **32** (1887—88), 55—63, 1889.
— Ueber Honigbildung. Jahresber. naturf. Ges. Graubünden, (N. F.) **35** (1890—91), 140—148, 1892.
— Ueber Ameisensäure im Honig. Jahresber. naturf. Ges. Graubünden, (N. F.) **36** (1891—93), 65—75, 1893; Über den wirklichen Ursprung der Ameisensäure im Honig. (N. F.) **37** (1893—94), 3—8, 1894.

Planta, Adolph von & **Erlenmayer,** Emil
○ Activity of bees. Journ. chem. Soc. London, **38**, 725—726, 1880.

Planty, du
○ Note sur un moyen de détruire le phylloxera. 8°, 8 S., Paris, impr. Donnaud, 1873.

Plaßmann, Joseph
Deutsche Familien-Namen in ihrer Beziehung zur Natur. Natur Halle, (N. F.) **8** (**31**), 326—327, 1882.

Plate, L[udwig Hermann]
Die Bedeutung und Tragweite des Darwin'schen Selectionsprincips. Verh. Dtsch. zool. Ges., **9**, 59—208, 1899.

Plateau, Felix
geb. 16. 6. 1841 in Gand, gest. 4. 3. 1911 in Gand, Prof. an d. Univ. Gand. — Biogr.: Ent. News, **22**, 239—240, 1911 m. Schriftenverz.; (L. J. Lambillion) Rev. Soc. ent. Namuroise, **11**, 26—27, 1911; (P. L. Mercanton) Bull. Soc. Vaudoise Sci. nat., **47**, Proc.-verb. XXXVII, 1911; (G. G. Jacobsohn) Rev. Russe Ent., **11**, 313—314, 1911.
— Sur la force musculaire des Insectes. Bull. Acad. Belg. (Cl. Sci.), (2) **20**, 732—757, 1865 a; (2) **22**, 283—308, 1866.
[Dtsch. Auszug des Verf.:] Über die Muskelkraft der Insecten. Verh. naturhist. Ver. preuss. Rheinl., **22**, Korr. bl. 142—145, 1865.
[Engl. Auszug des Verf.:] On the Muscular Force of

Insects. Ann. Mag. nat. Hist., (3) **17**, 139—141, 1866; ... Insects. (Second Note.) (3) **19**, 95—99, 1867.
[Autorref.:] Les Mondes, **10**, 36—39, 1866.
[Ref.:] Arch. Sci. phys. nat., (N. S.) **25**, 87—90, 1866; (N. S.) **28**, 75—80, 1867; Dubois, Albert: Arch. cosmol. Bruxelles, **1868**, 88—95, 1868.

— Sur la force musculaire des Insectes. C. R. Acad. Sci. Paris, **61**, 1155—1156, 1865 b; **63**, 1133, 1866.

— On the Production of the Sexes in Bees. Ann. Mag. nat. Hist., (4) **2**, 252—255, 1868.

— Réflexions et expériences sur le vol des Coléoptères. Arch. Sci. phys. nat., (N. S.) **36**, 193—213, 1869.
[Ref.:] Marey, Étienne Jules: Das Fliegen der Käfer. Naturf. Berlin, **3**, 29—30, 1870.

— Recherches physico-chimiques sur les Articulés aquatiques. C. R. Acad. Sci. Paris, **73**, 100—101, 1871 a.

— Recherches physico-chimiques sur les articulés aquatiques. Mém. Sav. étr. Acad. Belg. (Cl. Sci.), **36**, (Nr. 2), 1—68, 1871 b; Bull. Acad. Belg. (Cl. Sci.), (2) **34**, 274—321, 1 Fig., 1872.

— Qu'est-ce que l'aile d'un insecte? Stettin. ent. Ztg., **32**, 33—42, 1 Taf. (unn.), 1871 c.

— Un mot sur le mode d'adhérence des mâle de Dytiscides aux femelles pendant l'acte de l'accouplement. Ann. Soc. ent. Belg., **15**, 205—212, 1871—72 a.

— (Note relative aux moeurs de la *Psyche Febretta.*) Ann. Soc. ent. Belg., **15**, C. R. XCVIII—CXIX, 1871—72 b.

— Recherches expérimentales sur la position du centre de gravité chez les insectes. Arch. Sci. phys. nat., (N. S.) **43**, 5—57, 1872 a; (Lettre d'envoi.) C. R. Acad. Sci. Paris, **74**, 440—441, 1872.
[Autorref.:] Experimental Researches upon the Position of the Centre of Gravity in Insects. Ann. Mag. nat. Hist., (4) **10**, 55—57, 1872.
[Ref.:] Naturf. Berlin, **5**, 112—113, 1872; Oustalet, Émile: Le centre de gravité chez les Insectes. Rev. scient., (2) **2** (**9**), 952, 1872.

— The Position of the Centre of Gravity in Insects. Nature London, **5** (1871—72), 297, 1872 b.

— Excursion de la Société Entomologique à Nieuport, en 1873. Ann. Soc. ent. Belg., **16**, C. R. CXXVI—CXXIX, 1873 a.

— Un parasite des Chéiroptères de Belgique (*Nycteribia Frauenfeldii.* Kol.). Bull. Acad. Belg. (Cl. Sci.), (2) **36**, 332—335, 1 Taf., 1873 b.

— L'aile des insectes. Journ. Zool. Paris, **2**, 126—137, 1873 c.

— Physico-Chemical Researches on the Aquatic Articulata. Nature London, **7**, 469, 1873 d.

— Investigation of the Phenomena of Digestion in Insects. Ann. Mag. nat. Hist., (4) **16**, 152—154, 1875 a.

— (De l'emploi des vitres jaunes pour préserver les collections entomologiques contre l'action de la lumière.) Ann. Soc. ent. Belg., **18**, C. R. IX—X, 1875 b.

— Notice sur Charles Poelman. Annu. Acad. Sci. Belg., **41**, 299—318, 1 Taf. (unn.), 1875 c.

— Recherches sur les phénomènes de la digestion chez les insectes. Mém. Acad. Belg. (Cl. Sci.), **41**, Teil 1, (Nr. 2), 1—124, Taf. I—III, 1875 d; Note additionnelle au Mémoire sur les ... (publié en 1874). Bull. Acad. Belg. (Cl. Sci.), (2) **44**, 710—735, 1877.
[Autorref.:] Journ. Zool. Paris, 4, 195—200, 1875.

— [Ref.:] Digestion in Insects. Amer. Natural., **9**, 664—665, 1875; La digestion chez les insectes. Rev. scient., (2) **11** (**18**), 453—454, 1876.

— Note sur une sécrétion propre aux Coléoptères Dytiscides. Ann. Soc. ent. Belg., **19**, 1—10, 1876 a.

— Note sur les phénomènes de la digestion chez la Blatte américaine (*Periplaneta americana,* L.). Bull. Acad. Belg. (Cl. Sci.), (2) **41**, 1206—1233, 1876 b.

— Les voyages des naturalistes belges. Bull. Acad. Belg. (Cl. Sci.), (2) **42**, 1050—1086, 1876 c.

— Sur la digestion chez les Insectes; remarques à propos d'un travail récent de M. Jousset. C. R. Acad. Sci. Paris, **82**, 340—342, 1876 d.
[Siehe:] Jousset, 97—99, 461—463.

— Note sur les phénomènes de la digestion chez la Blatte américaine (*Periplaneta americana* L.). C. R. Acad. Sci. Paris, **83**, 545—546, 1876 e.

○ Digestion in Insects. Pop. Sci. Rev., **15**, 222—223, 1876 f.

— L'instinct des insectes peut-il être mis en défaut par des fleurs artificielles? [Mit Angaben von Jousset de Bellesme & Lataste.] C. R. Ass. Franç. Av. Sci., **5** (1876), 535—540, 1877.

— Recherches expérimentales sur les mouvements respiratoires des Insectes. (Communication préliminaire.) Bull. Acad. Belg. (Cl. Sci.), (3) **3**, 727—737, 1882; ... des Insectes. Mém. Acad. Belg. (Cl. Sci.), **45**, (Nr. 8), VII + 1—219, 70 Fig., Taf. I—VII, 1884.

○ Comment on devient spécialiste. Le Guide scientifique, 1884.
[Dtsch. Übers. von] C. A. Dohrn: Wie man Specialist wird. Stettin. ent. Ztg., **46**, 65—77, 1885.

— Recherches expérimentales sur la vision chez les Insectes. — Les Insectes distinguent-ils la forme des objects? Communication préliminaire. Bull. Acad. Belg. (Cl. Sci.), (3) **10**, 231—250, 1885 a.

— Expériences sur le rôle des palpes chez les arthropodes maxillés. Première partie.[1]) Palpes des insectes broyeurs. Bull. Soc. zool. France, **10**, 67—90, 1885 b.

— Une expérience sur la fonction des antennes chez la Blatte (*Periplaneta orientalis*). Ann. Soc. ent. Belg., **30**, C. R. CXVIII—CXXII, 1 Fig., 1886 a.

— (Notice nécrologique sur Valère Liénard.) Ann. Soc. ent. Belg., **30**, C. R. CXLIX—CLI, 1886 b.

— in Miall, Louis Compton & Denny, Alfred 1886.

— Recherches expérimentales sur la vision chez les Arthropodes (première partie). a. Résumé des travaux effectués jusqu'en 1887 sur la structure et le fonctionnement des yeux simples. b. Vision chez les Myriopodes. Bull. Acad. Belg. (Cl. Sci.), (3) **14**, 407—448, Taf. I; ... Arthropodes (deuxième partie). Vision chez les Arachnides. 545—595, Taf. II, 1887; ... Arthropodes (troisième partie). a. Vision chez les Chenilles. b. Rôle des ocelles frontaux chez les Insectes parfaits. (3) **15**, 28—91, 1888; ... Arthropodes. Quatrième partie: Vision à l'aide des yeux composés. a. Résumé anatomo-physiologique. b. Expériences comparatives sur les insectes et sur les vertébrés. Mém. cour. Acad. Belg. (Cl. Sci.), **43**, (Nr. 1), 1—91, Taf. III—IV, 1889; ... Arthropodes (cinquième partie). a. Perception des mouvements chez les Insectes. b. Addition aux recherches sur le vol des Insectes aveuglés. c. Résumé général. Bull. Acad. Belg. (Cl. Sci.), (3) **16**, 395—457, Farbtaf. V, 1888.
[Ref.:] Tiebe,: Plateau's Versuche über das Sehvermögen der einfachen Augen von Schmetterlingsraupen und von vollkommenen Insekten. Biol. Zbl., **8** (1888—89), 276—282, (1889) 1888; Tiebe,: Die

[1]) andere Teile nicht entomol.

vergleichenden Versuche Plateau's über das Sehvermögen von Insekten und Wirbeltieren. [Mit Zusatz von J. Carrière.] Biol. Zbl., **8** (1888—89), 725—733, 1 Fig., 1889; **9** (1889—90), 30, (1890) 1889; Aurivillius, Christopher: Om insekternas synförmåga. Ent. Tidskr., **10**, 284—290, (1889) 1890.

— La vision chez les Insectes et chez les Vertébrés. Naturaliste, (2) **3**, 123—125, 2 Fig., 1889.

— Les Myriopodes marins et la résistance des Arthropodes à respiration aérienne à la submersion. Journ. Anat. Physiol. Paris, **26**, 236—269, 1890 a.

— Erreurs commises par des guêpes et résultant de leur vision confuse. Naturaliste, (2) **4**, 188—189, 1890 b.

— Gli organi odoranti dei Lepidotteri della regione Indo-Australiana, secondo gli studii del Dott. Erich Haase. Bull. Soc. ent. Ital., **22**, 138—143, (1890) 1891 a.

— La ressemblance protectrice chez les Lépidoptères européens. Naturaliste, (2) **5**, 251—254, 7 Fig., 1891 b.

— Une forme spéciale de Colonies temporaires de *Coccinella septempunctata.* Ann. Soc. ent. Belg., **36**, 393—396, 1 Fig., 1892 a.

— La ressemblance protectrice dans le règne animal. Bull. Acad. Belg. (Cl. Sci.), (3) **23**, 89—135, 1892 b.

— Les chenilles Carnassières. Naturaliste, (2) **6**, 71—73, 5 Fig., 1892 c.

— La rassomiglianza protettrice nei Lepidotteri europei. Bull. Soc. ent. Ital., **25**, 337—345, 4 Fig., (1893) 1894 a.

— Observations et expériences sur les moyens de protection de l'*Abraxas grossulariata* L. Mém. Soc. zool. France, **7**, 375—392, 3 Fig., 1894 b.
[Ref.:] Tiebe,: Felix Plateau's Beobachtungen und Versuche über die Schutzmittel von *Abraxas grossulariata.* Biol. Zbl., **15**, 348—352, 1895.

— Sur quelques cas de faux mimétisme. Naturaliste, (2) **8**, 39—41, 2 Fig., 1894 c.

— Cas de mimétisme chez une Tinéide. Ann. Soc. ent. Belg., **39**, 411—413, 1 Fig., 1895 a.

— Un filet empêche-t-il le passage des Insectes ailés? Bull. Acad. Belg. (Cl. Sci.), (3) **30**, 281—302, 1 Taf., 1895 b.
[Ref.:] The Sight of Insects. Amer. Natural., **30**, 410—411, 1896.

— Comment les fleurs attirent les Insectes. Recherches expérimentales. Bull. Acad. Belg. (Cl. Sci.), (3) **30**, 466—488, 1 Taf. (unn.), 1895 c; ... expérimentales. Deuxième partie. (3) **32**, 505—534, 1 Taf. (unn.), 1896; ... Troisième partie. (3) **33**, 17—41, 1897; ... Quatrième partie. (3) **34**, 601—644; ... Cinquième partie. 847—881, 1 Taf. (unn.), 1897. — [Abdr. (3) **32**—**33**:] Cosmos Paris, (N. S.) **36** (**46**), 86—90, 2 Fig.; 116—119, 4 Fig.; 144—147, 3 Fig., 1897; (N. S.) **37** (**46**), 248—251, 274—278, 1897.
[Siehe:] Kienitz-Gerloff, F.: Biol. Zbl., **18**, 417—425, 1898; Reeker, H.: Zool. Garten Frankf. a. M., **39**, 105—118, 136—150, 193, 1898.
[Ref.:] Tiebe,: Wodurch locken die Blumen Insekten an? Biol. Zbl., **16**, 417—420, 1896; **17**, 599—605, 1897; **18**, 469—475, 1898.

— [Ref.] siehe Miall, Louis Compton 1895.

— L'homochromie de la *Venilia macularia* L. Bull. Soc. zool. France, **23**, 87, 1898 a.

— Nouvelles recherches sur les rapports entre les Insectes et les fleurs. Étude sur le rôle de quelques organes dits vexillaires. Mém. Soc. zool. France, **11**, 339—375, 4 Fig., 1898 b; ... fleurs. Deuxième partie. Le choix des couleurs par les Insectes. **12**, 336—370, 1899; ... fleurs. Troisième partie. Les Syrphides admirent-ils les couleurs des fleurs? **13**, 266—285, 1900.
[Ref.:] Kienitz-Gerloff, F...: Biol. Zbl., **19**, 349—351, 1899; Tiebe,: Biol. Zbl., **20**, 490—493, 1900.

○ La vision chez l'*Anthidium magnificum* L. [In:] Cinquantenaire Soc. Biol. Paris, 235—239, 1899 a.

— La vision chez l'*Anthidium manicatum* L. Ann. Soc. ent. Belg., **43**, 452—456, 1899 b.

— Expériences sur l'attraction des insectes par les étoffes colorées et les objects brillants. Ann. Soc. ent. Belg., **44**, 174—188, 2 Fig., 1900.

Platner, Gustav
Die Karyokinese bei den Lepidopteren als Grundlage für eine Theorie der Zellteilung. Int. Mschr. Anat. Histol., **3**, 341—398, 2 Fig., Taf. XVII A & B, 1886.

— Die erste Entwicklung befruchteter und parthenogenetischer Eier von *Liparis dispar.* Biol. Zbl., **8** (1888—89), 521—524, (1889) 1888.

— Beiträge zur Kenntnis der Zelle und ihrer Theilungserscheinungen. III.[1]) Die direkte Kernteilung in den Malpighi'schen Gefässen der Insekten. Arch. mikr. Anat., **33**, 145—150, 152 (Taf. Erkl.), Taf. IX (Fig. 12—18); V. Samenbildung und Zelltheilung im Hoden der Schmetterlinge. 192—203, Taf. XIII, 1889.

Platteeuw, P... A...
Coléoptères rapportés de l'île de Bornéo. Ann. Soc. ent. Belg., **34**, C. R. XX—XXI, 1890.

Platten, E...
Choerocampa porcellus. Entomologist, **30**, 322, 1897.

Platzhoff, Albert
Verbesserte Zuchtmethode der Seidenraupe. (*Bombyx mori.*) Ver. bl. Westfäl.-Rhein. Ver. Bienen- u. Seidenzucht, **21**, 45—46, 1870.

— *Saturnia Yama-May.* Ver. bl. Westfäl.-Rhein. Ver. Bienen- u. Seidenzucht, **22**, 166, 1871; **23**, 29, 1872.

— *Bombyx Yama-Mai* [Züchtung]. Ver. bl. Westfäl.-Rhein. Ver. Bienen- u. Seidenzucht, **23**, 146—147, 1872.

Plawina, Oswald
Die Rache einer Wespe. Insektenbörse, **17**, 27—28, 1900.

Plaxton, J... W...
Migration of Butterflies, Jamaica. Sci. Gossip, **27**, 221, 1891.
[Siehe:] Strachan, Henry: **28**, 20—21, 1892.

Plaza Montero, Angel
○ La langosta. Semana rur., **3**, 660—661, 1896.

Plehn, F...
Bericht über eine Informationsreise nach Ceylon und Indien. Arch. Schiffs- u. Tropenhyg., **3**, 273—311, 1899.

— Bericht über eine Studienreise in Deutsch-Ostafrika, Unterägypten und Italien. Arch. Schiffs- u. Tropenhyg., **4**, 139—167, 1900 a.
Die neuesten Untersuchungen über Malariaprophylaxe in Italien und ihre tropenhygienische Bedeutung. Bericht an die Kolonialabteilung des auswärtigen Amtes. Arch. Schiffs- u. Tropenhyg., **4**, 339—352, 1900 b.

[1]) andere Teile nicht entomol.

Pleske, Theodor Dimitrievič
geb. 1858, gest. 1932.
— Beitrag zur Kenntniss der *Stratiomyia*-Arten aus dem europäisch-asiatischen Theile der palaearctischen Region. Wien. ent. Ztg., **18**, 237—244, 257—278, 1899.
— Beitrag zur weiteren Kenntnis der *Stratiomyia*-Arten mit roten oder zum Teil rot gefärbten Fühlern aus dem palaearktischen Faunengebiete. SB. Naturf. Ges. Dorpat (Jurjew), **12** (1900), 323—334, 1901 a.
— Studien über palaearktische Stratiomyiden. SB. Naturf. Ges. Dorpat (Jurjew), **12** (1900), 335—340, 1901 b.
— Beiträge zur weiteren Kenntnis der *Stratiomyia*-Arten mit schwarzen Fühlern aus dem europäisch-asiatischen Teile der palaearktischen Region. SB. Naturf. Ges. Dorpat (Jurjew), **12** (1900), 341—370, 1901 c.

Plessis, Huard du siehe Huard du Plessis,

Plessis, G . . . du
Libellulides des environs d'Orbe. Pour servir de contribution à la faune entomologique suisse. Mitt. Schweiz. ent. Ges., **2**, 313—321, 1868.
— (Chenilles trouvées vivantes sur la neige.) Bull. Soc. Vaudoise Sci. nat., **11**, 176, 1871 a.
— (Trychines dans les insectes.) Bull. Soc. Vaudoise Sci. nat., **10**, 734, (1868—70) 1871 b.
— (Larves de Rhyacophilides sculptant les cailloux.) Bull. Soc. Vaudoise Sci. nat., **15**, Proc. verb. 31, (1879) 1878.

Plessis-Gouret, G . . . du
Essai sur la faune profonde des lacs de la suisse. N. Denkschr. Schweiz. Ges. Naturw.; N. Mém. Soc. Helvét. Sci. nat., **29** ((3) 9), Abth. 2, [Beitr. 2], 1—63 + 1 (unn.) S., 2 Fig., 1885.

Plieninger, Wilhelm Heinrich Theodor von Prof.
geb. 17. 11. 1795 in Stuttgart, gest. 26. 4. 1879 in Stuttgart, Oberstudienrat am Württemb. statist. topogr. Bureau. — Biogr.: Leopoldina, H. 15, 165—167, 1879 m. Schriftenverz.; Zool. Jahresber., **1879**, 5, 1879.
— Gemeinfaßliche Belehrung über die Maikäfer und ihre Verheerungen sowie die geeigneten Mittel dagegen. Ein Beitrag zur Landwirtschaftlichen Fauna [Titelblatt]. Monographie der Maikäfer, ihrer Verwüstungen und der Mittel dagegen [Umschlagtitel]. 2. Aufl.[1]) 8°, 2 (unn.) + 105 S., Stuttgart, Cotta, 1868.
[Ref.:] Monographie der Maikäfer . . . Wbl. Land- u. Forstw., **20**, 108, 1868.

Plimmer, H . . . G . . . & **Bradford,** J . . . Rose
○ A preliminary note on the morphology and distribution of the organism found in the Tsetse-fly-disease. Veterinarian, **72**, 648—?, 1899.
[Dtsch. Übers.?:] Vorläufige Notiz über die Morphologie und Verbreitung des in der Tsetsekrankheit („Fly Disease" oder „Nagana") gefundenen Parasiten. Zbl. Bakt. Parasitenk., **26**, 440—447, 1899.
[Ref.:] Jahresber. Fortschr. pathog. Mikroorg., **15** (1899), 634, 639, 1901.

Ploem, J . . . C . . .
Mededeeling over eene vloeistof uitgevonden door Wickersheimer voor het conserveeren van voorwerpen uit het plantenen dierenrijk. Natuurk. Tijdschr. Nederl. Indië, **39** ((7) 9), 145—151, 1880.

[1]) 1. Aufl. 1834

Plöt,
○ Der Kohlweissling [*Pieris brassicae*]. Landw. Zbl. Elberfeld u. Solingen, Nr. 23, 1878.

Plötz, Karl
geb. 1813, gest. 12. 8. 1886 in Greifswald. — Biogr.: (R. MacLachlan) Proc. ent. Soc. London, **1886**, Proc. LXX, 1886; Zool. Anz., **9**, 556, 1886; (Dommick) Psyche Cambr. Mass., **5** (1888—90), 36, (1891) 1888; (A. Musgrave) Bibliogr. Austral. Ent., **257**, 1932.
— Eine neue Cavallerie. Stettin. ent. Ztg., **26**, 115—116, 1865.
— *Pseudopontia Calabarica* n. gen. et n. sp. Stettin ent. Ztg., **31**, 348—349, Taf. II (Fig. 1) 1870.
ent. Ztg., **31**, 348—349, Taf. II (Fig. 1), 1870.
— Winterliche Schmetterlinge. Mitt. naturw. Ver. Neuvorpomm., **5—6**, 78—80, 1873—74 a.
[Ref.:] Ent. Nachr. Putbus, **1**, 56—57, 1875.
— (Über die von Buchholz eingesandten Schmetterlinge von Accra und Victoria.) Mitt. naturw. Ver. Neuvorpomm., **5—6**, XII—XIII, 1873—74 b.
— Einige Worte über Bewusstsein, Überlegung und Geschicklichkeit der Insekten-Puppen. Mitt. naturw. Ver. Neuvorpomm., **7**, 16—19, 1875.
— Hesperiina Herr. Sch. Stettin. ent. Ztg., **40**, 175—180, 1879 a.
— Verzeichniss der vom verstorbenen Prof. Dr. R. Buchholz in West-Africa — beim Meerbusen von Guinea — gesammelten Hesperiden. Stettin. ent. Ztg., **40**, 353—364, 1879 b; Verzeichniss der vom Professor Dr. R. Buchholz in West-Africa — vom 5. Gr. nördl. bis 3 Gr. südl. Breite, auf dem Camerons-Gebirge in ungefährer Höhe von 4000 Fuss und auf der Insel Fernando-Po, vom August 1872 bis November 1875 — gesammelten Schmetterlinge. **41**, 189—206; Verzeichniss der vom Professor Dr. R. Buchholz in West-Africa gesammelten Schmetterlinge. 76—88, 298—307; Berichtigungen und Bemerkungen zum Verzeichniss der . . . 477—478, 1880.
— Die Hesperiinen-Gattung *Erycides* Hübn. und ihre Arten. Stettin. ent. Ztg., **40**, 406—411; Berichtigung zu pag. 411 dieser Zeitung. 474, 1879 c.
— Die Hesperiinen-Gattung *Pyrrhopyga* und ihre Arten. Stettin. ent. Ztg., **40**, 520—538, 1879 d.
— Die Hesperiinen-Gattung *Goniurus* Hüb. und ihre Arten. Bull. Soc. Natural. Moscou, **55**, Teil 2, 1—22, 1880 a.
— Nachtrag zum Verzeichnis der Schmetterlinge von Neu-Vorpommern und Rügen, im IV. Jahrgange dieser Mittheilungen 1872. Mitt. naturw. Ver. Neuvorpomm., **12**, 78—80, 1880 b.
— Die Hesperiinen-Gattung *Eudamus* und ihre Arten. Stettin. ent. Ztg., **42**, 500—504, 1881; **43**, 87—101, 1882.
— Einige Hesperiinen-Gattungen und deren Arten. Berl. ent. Ztschr., **26**, 71—82, 253—266, 1882 a.
— Die Hesperiinen-Gattung *Hesperia* Aut. und ihre Arten. Stettin. ent. Ztg., **43**, 314—344, 436—456, 1882 b; **44**, 26—64, 195—233, 1883.
— Die Hesperiinen-Gattung *Phareas* Westw. und ihre Arten. Stettin. ent. Ztg., **44**, 451—456, 1883 a.
— Die Hesperiinen-Gattung *Entheus* Hüb. und ihre Arten. Stettin. ent. Ztg., **44**, 456—458, 1883 b.
— Die Hesperiinen-Gruppe der Achlyoden. Jb. Nassau Ver. Naturk., **37**, 1—55, 1884 a.
— Analytische Tabellen der Hesperiinen-Gattungen *Pyrgus* und *Carcharodus*. Mitt. naturw. Ver. Neuvorpomm., **15**, 1—24, 1884 b.

— Die Hesperiinen-Gattung *Ismene* Sw. und ihre Arten. Stettin. ent. Ztg., **45**, 51—66, 1884 c.
— Die Hesperiinen-Gattung *Plastingia* Butl. und ihre Arten. Stettin. ent. Ztg., **45**, 145—150, 1884 d.
— Die Hesperiinen-Gattung *Apaustus* Hüb. und ihre Arten. Stettin. ent. Ztg., **45**, 151—166, 1884 e.
— Die Hesperiinen-Gattung *Thymelicus* Hüb. und ihre Arten. Stettin. ent. Ztg., **45**, 284—290, 1884 f.
— Die Hesperiinen-Gattung *Butleria* Kirby und ihre Arten. Stettin. ent. Ztg., **45**, 290—295, 1884 g.
— Die Hesperiinen-Gattung *Telesto* Bsd. und ihre Arten. Stettin. ent. Ztg., **45**, 376—384, 1884 h.
— Die Hesperiinen-Gattung *Isoteinon* Feld. und ihre Arten. Stettin. ent. Ztg., **45**, 385—386, 1884 i.
— Die Hesperiinen-Gattung *Carterocephalus* Led. und ihre Arten. Stettin. ent. Ztg., **45**, 386—388, 1884 j.
— Die Gattung *Abantis* Hopf. Stettin. ent. Ztg., **45**, 388—389, 1884 k.
— Die Gattung *Cyclopides* Hüb. und ihre Arten. Stettin. ent. Ztg., **45**, 389—397, 1884 l.
— Neue Hesperiden des indischen Archipels und Ost-Africa's aus der Collection des Herrn H. Ribbe in Blasewitz-Dresden, gesammelt von den Herren: C. Ribbe auf Celebes, Java und den Aru-Inseln; Künstler auf Malacca (Perak); Kühn auf West-Guinea (Jekar); Menger auf Ceylon. Berl. ent. Ztschr., **29**, 225—232, 1885 a.
— Die Hesperiinen-Gattung *Sapaea* Pl. und ihre Arten. Stettin. ent. Ztg., **46**, 35—36, 1885 b.
— Die Hesperiinen-Gattung *Leucochitonea* Wlgr.? und ihre Arten. Stettin. ent. Ztg., **46**, 36—40, 1885 c.
— System der Schmetterlinge. Mitt. naturw. Ver. Neuvorpomm., **17**, 1 (unn.) S. + 1—44, 1 Tab., 1886 a.
— Nachtrag und Berichtigungen zu den Hesperiinen. Stettin. ent. Ztg., **47**, 83—117, 1886 b.

(**Plomb**, Ch . . . M . . . L . . .)
○ La transmission du paludisme à l'homme par les moustiques. 6 Fig., Bordeaux, 1899.
[Ref.:] Jahresber. Fortschr. pathog. Mikroorg., **15** (1899), 608, 1901.

Plosel, J . . .
Der Maulwurf und die Maulwurfsgrille (Warre). Jahresber. Schles. Ges. vaterl. Kult., **56** (1878), 287—288, 1879.

Plumeau, A . . .
Du *Phylloxera* dans la Gironde et principalement de son origine. [Mit Angaben von Laliman.] C. R. Ass. Franç. Av. Sci., **1** (1872), 629—651, 660—665, 1873 a.
— Le *Phylloxera* dans la Gironde. Journ. Agric. prat. Paris, **1873**, Nr. 6, 199—202, 1873 b.
○ Le phylloxera sur la tige. 8°, 11 S., Bordeaux, impr. Crugy, 1877.

Pocklington, C . . .
Butterflies Migrating and Settling on the Sea. Entomologist, **6**, 151—152, (1872—73) 1872.

Pocklington, Henry
The colour of the wing cases of Cantharides. Pharm. Journ. London, (3) **3** (1872—73), 681—682, 1873 a.
— The colour of Cantharides. Pharm. Journ. London, (3) **3** (1872—73), 949—951, 1 Fig., 1873 b.
— Colours of Beetles' Wing-Cases. Journ. Micr. nat. Sci., **1**, 189—191, 1882.

Pocock, Reginald Innes
geb. 4. 3. 1863 in Clifton (Bristol), gest. 1947, Direktor d. zool. Gartens im Regent Park in London. — Biogr.: (P. Bonnet) Bibliogr. Araneorum, **1**, 54, 1945 m. Porträt; (E. Hindle) Nature London, **160**, 322—323, 1947.
— On the classification of the Tracheate Arthropoda. Zool. Anz., **16** (1893), 271—275, (1894) 1893.
— in Lydekker, Richard [Herausgeber] (1893—96) 1896.

Podestà, F . . .
○ Norme pratiche per l'allevameto di bachi da seta. 8°, 8 S., Cremona, tip. Ronzi & Signori, 1880.

Podmore, G . . .
siehe Donovan, Charles; Podmore, G . . . & Hodges, Albert J . . . 1890.

Pöhl, C . . . A . . .
siehe Schmeltz, Johannes Dietrich Eduard & Pöhl, C . . . A . . . [Herausgeber] 1865—84.

Pönicke,
Zerstörung der jungen Rapssaaten durch Raupen. Ztschr. landw. Zentr.-Ver. Prov. Sachsen, **24**, 82—83, 1867.

Pönicke, Curt
Ein Fangplatz für Nachtfalter. Naturalien-Cabinet, **6**, 52, 1894.

Poey, Felipe Prof.
geb. 26. 5. 1799 in Havana, gest. 28. 1. 1891 in Havana. — Biogr.: Entomol. monthly Mag., (2) **2** (**27**), 134, 1891; (Quiroza y Rodriguez) Act. Soc. Hist. nat. Españ., **20**, 127—132, 1891; Ent. News, **2**, 80, 1891; Period. Bull. Dep. Agric. Ent. (Ins. Life), **3**, 429, 1891; (F. d. Cane Godman) Trans. ent. Soc. London, **1891**, Proc. L. 1891; (F.) Ent. Jb., **1892**, 197, 1892; (A. Mestre) Mem. Soc. Cubana Hist. nat., **1**, 3—8, 1915 m. Porträt; **4**, 15—28, 1921 m. Porträt; (H. Osborn) Fragm. ent. Hist., 30—31, 1937; (C. A. Lizer y Trelles) Curso Ent., **1**, 28, 1947.
— [Ref.] siehe Grote, Augustus Radcliffe 1865.
○ Destruccion de las Bibijaguas: *Atta cephalotes*, Linn. Repert. fis. nat. Cuba, **1**, 365—368, 1866.

Poggi, Giuseppe
○ Prove precoci. Relazione bacologica finale. Riv. settim. Bachicolt., **9**, 89, 1877.

Poggiani, Carlo
○ La fillossera. Cosa è. Come venne. Danni che arreca. Rimedi. Viti resistenti. A Valmadrera. 16°, XI + 49 S., 1 Taf., Verona, tip. F. Colombari, 1879.

Pohl, E . . .
Die Raupen vor Gericht. Dtsch. Gärtn. Ztg. Erfurt, **6**, 135—137, 1891.

Pohl, F . . .
Mittel gegen die Blutläuse. Pomol. Mh., (N. F.) **1**, 55, 1875.

Pohlig,
(Zoologische Beobachtungen in Mexico.) Verh. naturhist. Ver. Preuss. Rheinl., **46**, SB. 35, 1889.

Pohlmann, C . . .
Ueber den Himberspinner (*Bombyx Rubi*). Isis Magdeburg, **10**, 57—58, 1885.

Pohlmann, E . . .
Die italienische Biene im Jahre 1863. — Ver. bl. Westfäl.-Rhein. Ver. Bienen- u. Seidenzucht, **15**, 8—10, 1864 a.
— Zur Lösung der Frage „Giebt es wirklich Spurbienen?" Ver. bl. Westfäl.-Rhein. Ver. Bienen- u. Seidenzucht, **15**, 53—59, 1864 b.

— Zum Begattungsact der Königin und Drohne. Ver. bl. Westfäl.-Rhein. Ver. Bienen- u. Seidenzucht, **16**, 122—123, 1865 a.
— Ein vorgesprungenes Drohnenglied. Ver. bl. Westfäl.-Rhein. Ver. Bienen- u. Seidenzucht, **16**, 123—124, 1865 b.

Pohlmann, E . . .
Die Zucht der Gespensteule (schwarzes Ordensband, *Mania Maura*) aus dem Ei. Isis Magdeburg (Berlin), **9**, 122—123, 1884 a.
— Der Weidenbohrer. Isis Magdeburg (Berlin), **9**, 146—147, 1884 b.
— [Wohlausgebildeter Eierstock bei der Herbstgeneration des Todtenkopfes.] Isis Magdeburg (Berlin), **9**, 156—157, 1884 c.
— Zur Kenntniß des Todtenkopfschwärmers. Isis Magdeburg, **10**, 58—59, 67—68, 1885.

Pohlmann, F . . . A . . .
Nourriture des Vers à soie. — Emploi des feuilles du Maclure épinaux. [Nach: The Australasian.] Bull. Soc. Acclim. Paris, (2) **10**, 661—662, 1873.

Pohrt, J . . .
[Formen der Bienenzellen.] Korr. bl. Naturf. Ver. Riga, **41**, 34, 1898.
[Siehe:] Kupffer, K. R.: 28—31.

Poingdestre, W . . .
Argynnis Lathonia and *Pieris Daplidice* in Jersey. Entomologist, **6**, 235, (1872—73) 1872.

Poirault, Georges
siehe Delage, Yves; Henneguy, Louis Felix & Poirault, Georges 1897.
— siehe Delage, Yves & Poirault, Georges 1897.
— siehe Delage, Yves & Poirault, Georges 1898.
— siehe Delage, Yves; Szczawinska, Wanda & Poirault, Georges 1898.

Poirot,
Sur les effets produits par la culture de l'absinthe comme insectifuge et sur son application préventive contre le Phylloxera. C. R. Acad. Sci. Paris, **91**, 607—608, 1880.

Poirson, A . . .
○ Essai historique sur l'industrie de la soie en France au temps de Henri IV. [In:] L'histoire du règne de Henri IV., 1—60, Montpellier, C. Coulet, 1877.

Poisat, G . . .
○ *Phylloxera.* Renseignements et remèdes pratiques pour éviter ou guérir la maladie de la vigne. 8°, 8 S., Bordeaux, impr. Péchade, 1875.

Poisson, J[ules]
Sur deux nouvelles plantes-pièges. Bull. Soc. bot. France, **24**, 26—31, 1877.

Poitau, A . . .
Aux entomologistes. Feuille jeun. Natural., **27**, 103, (1896—97) 1897.

Poitau, Eugène
Captures entomologiques aux environs de Paris [Coléoptères]. Feuille jeun. Natural., **27**, 186, (1896—97) 1897.

Pokorny, Alois Dr.
geb. 23. 5. 1826 in Iglau, gest. 29. 12. 1887 in Innsbruck, Direktor d. städt. Gymn. im 2. Bezirk in Wien. — Biogr.: (A. Burgerstein) Verh. zool.-bot. Ges. Wien, 37, 673—678, 1887 m. Schriftenverz.

— Blumen und Insecten in ihren wechselseitigen Beziehungen. Schr. Ver. naturw. Kenntn. Wien, **19** (1878—79), 413—440, 4 Fig., 1879.
[Franz. Übers. von] L. Quaedvlieg: Les fleurs et les insectes dans leurs rapports mutuels. Bull. Soc. Linn. Bruxelles, **9**, 143—158, 3 Fig., 1880.

Pokorny, Emmanuel
geb. 1838, gest. 21. 3. 1900 in Troppau, Handelsschuldirektor. — Biogr.: (G. H. Verall) Trans. ent. Soc. London, **1900**, Proc. XLV, 1900; (J. Mik) Wien. ent. Ztg., **19**, 136, 1900.
— Vier neue österreichische Dipteren. Wien. ent. Ztg., **5**, 191—196, 1886.
— (III.) Beitrag zur Dipterenfauna Tirols.[1]) Verh. zool.-bot. Ges. Wien, **37**, 381—420, Taf. VII, 1887 a; (IV.) . . . **39**, 543—574, 1889; V. (III.) . . . **43**, 1—19, 1893.
— Neue Tipuliden aus den österreichischen Hochalpen. Wien. ent. Ztg., **6**, 50—60, Taf. I (z. T. farb.), 1887 b.
— Bemerkungen und Zusätze zu Prof. G. Strobl's „Die Anthomyinen Steiermarks". Verh. zool.-bot. Ges. Wien, **43**, 526—544, 1893 a.
[Siehe:] Strobl, Gabriel: Wien. ent. Ztg., **13**, 65—76, 1893.
— Eine alte und einige neue Gattungen der Anthomyiden. Wien. ent. Ztg., **12**, 53—64, 1893 b.
— Eine neue *Drosophila.* Mitt. naturw. Ver. Troppau, **2**, 63—64, 1896.

Polak,
(Over *Pieris brassicae* L.) Tijdschr. Ent., **42** (1899), Versl. 32—33, 1900.

Polák, Karel
geb. 25. 1. 1847 in Mirowitz (Böhmen), gest. 17. 2. 1900 in Prag, Präparator. — Biogr.: (J. Kafka) Vesmir, 29, 121—122, 1900 m. Porträt; Jubiläumsschr. nat. Klub Prag, 1931 m. Porträt.
○ [*Tetrops praeusta*, ein neues oder vielleicht weniger bekanntes, schädliches Insekt der Zwetschenbäume.] *Tetrops praeusta* (ctyrocnik pripálený), nový neb snad méně známý škůdce stromů švestkových. Vesmir, **7**, 245, 1878.
○ [Schlüssel zur Bestimmung der böhmischen Käfer.] Klič k určovani českých bronkův. Vesmir, **11**, 104—106, 2 Fig., 1882; **12**, 15—18, 2 Fig.; 38—40, 1883; **14**, 43—45, 2 Fig., 1885; **15**, 67—68, 3 Fig., 1886.
○ [Beitrag zur Naturgeschichte des Ameisenlöwen.] Přispěvek k přirodopisu mravkolva (*Myrmecoleon formicarius* L.). Vesmir, **12**, 126—127, 1883 a.
○ [Der gesprenkelte Schildkäfer.] Štitonus mlhovitý nebo-li Kropenatý (*Cassida nebulosa* L.). Vesmir, **12**, 277—278, 1883 b.
○ [Über Fliegenschwärme.] O roji much. Vesmir, **13**, 253—254, 1 Fig., 1884.
○ [Der Vertilger der Hummeln, *Galleria colonella.*] Zhcubce medákův. Vesmir, **15**, 279—280, 1886.
○ [Über ausländische Schmetterlinge.] O motylach cizozemských. Vesmir, **18**, 181—182, 1 Fig., 1889.
○ [Geräte zum Sammeln von Insekten.] Přistroje sběratelů hmyzu. Vesmir, **20**, 29—30, 1 Fig., 1890 a.
○ [Über das Praeparieren der Schmetterlinge.] O praeparováni motýlův. Vesmir, **20**, 49—50, 1 Fig., 1890 b.
○ [Die Nonne und ihre Feinde.] Bekyně smrkova nebo-li mniška, *Ocneria monacha* L., a jeij nepřátelé. Vesmir, **22**, 241—243, 1 Fig.; 254—256, 271—272, 1893.

[1]) 1. Beitrag siehe Palm, Josef 1869; 2. Beitrag siehe Koch, Carl 1872.

○ [Die amerikanische Mehlmotte.] Mol moučný americký (*Ephestia Kühniella* Zell.). Vesmir, **23**, 133—135, 1 Fig., 1894 a.
○ [Über Insekten im Hause.] O hmyzu v domácnosti. Vesmir, **23**, 278—279, 1894 b.
○ [Über pflanzenschädliche Fliegen.] O mouchách poskozujicich rostlinstvo. Vesmir, **24**, 73—75, 1 Fig., 1895.
○ [Die Fauna der Leichen.] Fauna nebo-li zviřena mrtvol. Vesmir, **25**, 54—55, 1896.

Polarstation Jan Mayen
Die internationale Polarforschung 1882—1883. Die österreichische Polarstation Jan Mayen. Beobachtungs-Ergebnisse, &c. 3 Bde.[1]) 4°, Wien, 1886.
3. 6. Zoologie. 132 S., 9 Taf.
Becher, Eduard: Insecten. 59—66, Taf. V.

Pole, J . . .
Capture of *Deilephila livornica* in Ireland. Entomol. monthly Mag., **4**, 12, (1867—68) 1867.

Polesini,
○ Un nuovo nemico dei filugelli. Sericolt. Austriaca, **1**, 59—60, 1869.

Poletaeff, Nikolaj siehe Poletaev, Nikolaj Aleksandrovič

Poletaeff, Olga siehe Poletaev, Olga Gustavovna

[**Poletaev,** Nikolaj Aleksandrovič] **Полетаев,** Николай Александрович
geb. 1833 in Kišinev. — Biogr.: (A. Bogdanov) Material. Gesch. Zool. Russland, **2**, 1 (unn.) S., 1889 m. Porträt & Schriftenverz.
— [Die Speicheldrüsen der Libellen.] Заметка о слюнныхъ железахъ одонатъ. [Trudy Russ. ent. Obšč.] Труды Русс. энт. Общ., **10**, 99—101, 1876—77.
— Des glandes salivaires chez les Odonates (Insectes névroptères). C. R. Acad. Sci. Paris, **91**, 129, 1880 a.
○ [Über den Parallelismus der Flügelmuskeln bei Schmetterlingen und Libellen.] О параллели крыловыхъ мускуловъ бабочекъ и стрекозъ. [Reči Protok. S'ez. Ross. Estest.] Речи Проток. Съез. Росс. естест., **6**, Teil II, 87—88, 1880 b.
— (Sur les muscles d'ailes chez les Odonates.) О крыловыхъ мускулахъ стрекозъ. [Russ.] [Trudy Russ. ent. Obšč.] Труды Русс. энт. Общ., **11**, 190—194, 1880 c.
— (Die Flugmuskeln der Lepidopteren und Libelluliden.) [Résumé des Vortrags zur VI. Versammlung russischer Naturforscher und Ärzte, Dtsch. Übers. von A. Brandt.] Zool. Anz., **3**, 212—213, 1880 d.
— [Zur Frage der Bedeutung der Halteren beim Flug der Fliegen.] Къ вопросу о значении жужжалецъ мухъ для полета. [Trudy Russ. ent. Obšč.] Труды Русс. энт. Общ., **12**, 222—230, 1 Fig., 1880—81.
— Speicheldrüsen bei den Odonaten. Horae Soc. ent. Ross., **16**, 3—6, Taf. I, 1881 a.
— Du développement des muscles d'ailes chez les odonates. Horae Soc. ent. Ross., **16**, 10—37, Taf. IV—VIII, 1881 b.
— Mittheilungen über die Muskulatur des Thorax bei den Libelluliden. Horae Soc. ent. Ross., **16**, IV—V, 1881 c.
— Mittheilungen über die Flügelmuskeln der Rhopaloceren. Horae Soc. ent. Ross., **16**, XIV; Des muscles d'aile chez les Lépidoptères Rhopalocères. **16**, 436—437, 1881 d.

[1]) nur z. T. entomol.

— (Sur les muscles d'ailes chez les Rhopalocères.) О крыловых мускулах булавоусых бабочек. [Russ.] [Trudy Russ. ent. Obšč.] Труды Русс. энт. Общ., **13**, 10—18, Taf. II, (1881—82) 1881 e.
— (Sur le développement des ailes chez les Phryganides.) О развитии крыльев у фриганид. [Russ.] [Trudy Russ. ent. Obšč.] Труды Русс. энт. Общ., **17** (1882), 135—140, Taf. VI, (1882—83) 1882.
— (Sur les stémmatés et leur faculté de vision chez les Phryganides.) О глазках и их зрительной способности у фриганид. [Russ]. [Trudy Russ. ent Obšč.] Труды Русс. энт. Общ., **18** (1883—84), 40—62, Taf. II, 1884.
— Über die Spinndrüsen der Blattwespen. Zool. Anz., **8**, 22—23, 1885. — [Abdr.:] Insekten-Welt, **2**, 88—89, 1885.

[**Poletaev,** Olga Gustavovna] **Полетаев,** Ольга Густавовна
geb. 1854 in Novgorod. — Biogr.: (A. Bogdanov) Material. Gesch. Zool. Russland, **2**, 1 (unn.) S., 1889 m. Porträt & Schriftenverz.
— Quelques mots sur les organes respiratoires des larves des Odonates. Horae Soc. ent. Ross., **15** (1879), 436—451, Taf. XIX—XX, 1880 a.
— [Die Odonaten Petersburgs.] Петербургские одонаты. [Trudy Russ. ent. Obšč.] Труды Русс. энт. Общ., **11**, Nr. 3, 97—119, (1879) 1880 b.
— [Einiges über die Atmungsorgane einer Libellenlarve.] Несколько словъ объ органахъ дыхания личинокъ стрекозъ. [Trudy Russ. ent. Obšč.] Труды Русс. энт. Общ., **11**, 182—189, 1880 c.
— (Notice sur le développement des ailes chez les insectes.) Заметка о причинахъ расправки крыльевъ насекомаго при переходе его въ совершенное состояние. [Russ.] [Trudy Russ. ent. Obšč.] Труды Русс. энт. Общ., **13**, 19—30, (1881—82) 1881.
— Du coeur des Insectes. Zool. Anz., **9**, 13—15, 1886.

Poletaew, Nikolaj Aleksandrovič siehe Poletaev, Nikolaj Aleksandrovič

Poletaieu, Nikolaj siehe Poletaev, Nikolaj Aleksandrovič

Poletaiew, Nikolaus siehe Poletaev, Nikolaj Aleksandrovič

Poletaiew, Olga siehe Poletaev, Olga Gustavovna

Poletajew, Nikolaj siehe Poletaev, Nikolaj Aleksandrovič

Poletajewa, Olga siehe Poletaev, Olga Gustavovna

Poli, A . . .
○ Le febbri malariche e le zazare. Giorn. Agric. Domenica, **9**, 372, 1899.

Poling, Otto C . . .
Notes on *Neophasia terlootii*, Bhr., from Arizona, with description of a new variety. Canad. Entomol., **32**, 358—359, 1900.

Polinszky, Emil
Árvamegyei bogarak. Rovart. Lapok, **3**, 43—44; [Franz. Zus.fassg.:] (Coléoptères recueillis par M. Eug. Vángel dans le dép. d'Árva.) Suppl. VI, 1886 a.
— Adatok Scmogymegye bogárfaunájához. Rovart. Lapok, **3**, 146—148; [Franz. Zus.fassg.:] (Liste des Coléoptères recueillis dans le dép. de Somogy.) Suppl. XXI, 1886 b.
— Adatok az erdös kárpátok bogárfaunájához. Rovart. Lapok, **3**, 257—258; [Franz. Zus.fassg.:]

(L'auteur signale des captures intéressantes de Coléoptères.) Suppl. XXX, 1886 c.

Poljanec, Leopold
in Fleischmann, Friedrich 1900.

Poll, Neervoort J... R... H... van de siehe Neervoort van de Poll, J... R... H...

Pollack, Helene
Die Larve der grossen Frühlingsfliege, *Phryganea grandis* L. Jahresber. Westfäl. Prov. Ver. Münster, 22 (1893—94), 58, 1894.

Pollack, C(K)arl jun.
Einiges über meine Käfersammler. Insekten-Welt, **3**, 94, 1886 a.
— Die Carabiciden des Praters. Insekten-Welt, **3**, 97, 1886 b.
— Fang von *Aegosoma scabricorne* im schönen Ungarland. Insekten-Welt, **3**, 110—111, 1887 a.
— [*Clytus speciosus* Schneid. auf *Robinia Pseudacacia*.] Insekten-Welt, **3**, 123, 1887 b.
— Der Käferfang mittels Falle. Insekten-Welt, **3**, 123, 1887 c.
— Eine interessante Caraben-Sammlung. [Bohatsch, Wien.] Insekten-Welt, **3**, 132—133, 1887 d.
— Ein Frühlingsmorgen. Sammler, **9** (1887—88), 20, (1888) 1887 e.
— Eine entomologische Novelle. Sammler, **9** (1887—88), 63—64, 107—109, (1888) 1887 f.

Pollack, Wilhelm
(Die seit einiger Zeit in unseren Mühlen auftretende Mehlmotte, *Ephestia Kühniella* Zeller.) Jahresber. Westfäl. Prov. Ver. Münster, **13** (1884), 22—23, 1885.
— Einiges über die Überwinterung des *Lasiocampa rubi*. Jahresber. Westfäl. Prov. Ver. Münster, **15** (1886), 19—20, 1887 a.
— Schmetterlingsfunde aus der Umgegend von Münster. Jahresber. Westfäl. Prov. Ver. Münster, **15** (1886), 69—70, 1887 b.

Pollak, Franz
Processionsspinner und Ichneumoniden. Oesterr. Forst-Ztg., **7**, 225, 1889.

Pollard, H...
A Collecting Tour in North Yorkshire. Naturalist London, (N. S.) **5**, 19—22, (1879—80) 1879.

Pollard, Th...
Stinging Caterpillar. Amer. Entomol., **3** ((2) **1**), 51, 1880.

Pollay, Carlo; **Varglien,** Vittorio u. a.
Segue la citata corrispondenza. Atti Soc. agr. Gorizia, **4**, 58—59; Corrispondenza. 69—71, 108—109, 1865.

Pollen, François P... L... Dr.
geb. 7. 1. 1842 in Rotterdam, gest. 7. 5. 1886 in Leiden. — Biogr.: (Dimmock) Psyche Cambr. Mass., **5** (1888—90), 36, (1891) 1888.
— in Recherches Faune Madagascar 1868—77.

Pollera, Corrado
Della vita e degli scritti del dott. Carlo Puccinelli. Atti Accad. Sci. Lucca, **24**, 113—137, 1886.

Polligot, Eug...
○ Études chimiques et physiologiques sur les vers à soie. Ann. Chim. Physiol., **12**, 445, 1868.

Pollmann, August Dr.
geb. 1813?, gest. 16. 5. 1898 in Bonn, Dozent an d. landw. Acad. in Bonn-Poppelsdorf. — Biogr.: Leopoldina, H. 34, 112, 1898.
— Aberglaube in der Bienenzucht. Ver. bl. Westfäl.-Rhein. Ver. Bienen- u. Seidenzucht, **16**, 9, 1865.
— Bienen- und Seidenzucht in China. [Nach: Reisen der österreichischen Fregatte Novara.] Ver. bl. Westfäl.-Rhein. Ver. Bienen- u. Seidenzucht, **17**, 33—36, 1866.
— Vertrocknen der [Bienen-] Brut. Ver. bl. Westfäl.-Rhein. Ver. Bienen- u. Seidenzucht, **20**, 110, 1869.
— Wieder ein Beweis für die Parthenogenesis. [*Polistes gallica*.] Ver. bl. Westfäl.-Rhein. Ver. Bienen- u. Seidenzucht, **21**, 6, 1870 a.
— Das Bienengift. Ver. bl. Westfäl.-Rhein. Ver. Bienen- u. Seidenzucht, **21**, 189—198, 1870 b.
— Die Bienenzucht auf der Weltausstellung in Wien und die Ausstellung zu Simmering 1873. Ver. bl. Westfäl.-Rhein. Ver. Bienen- u. Seidenzucht, **25**, 17—27, 1874.
— Die Honigbiene und ihre Zucht. Nach den Grundsätzen der besten Meister und neuesten Forschungen. 8°, VIII + 229 + 1(unn.) S., 155 Fig., 1 Taf., Berlin & Leipzig, Hugo Voigt, 1875.
— Über Faulbrut. Ver. bl. Westfäl.-Rhein. Ver. Bienen- u. Seidenzucht, **28**, 168—169, 1877.
— Schwärmen und Schwarmarten. Ver. bl. Westfäl.-Rhein. Ver. Bienen- u. Seidenzucht, **29**, 18—20, 1878 a.
— Die Arbeitstheilung im Bienenstaate. Ver. bl. Westfäl.-Rhein. Ver. Bienen- u. Seidenzucht, **29**, 164—165, 1878 b.
— Werth der verschiedenen Bienenracen und deren Varietäten bestimmt durch Urtheile namhafter Bienenzüchter zusammengestellt. 8°, VIII + 70 S., Berlin & Leipzig, Hugo Voigt, [1879]a. — 2. Aufl. VIII + 200 S., Leipzig, 1889.
— Die Befruchtung der Blüthen durch die Bienen. Ver. bl. Westfäl.-Rhein. Ver. Bienen- u. Seidenzucht, **30**, 10—13, 1879 b.
— Die cyprische Biene, *Apis mellifica cypria*. Ver. bl. Westfäl.-Rhein. Ver. Bienen- u. Seidenzucht, **30**, 26—28, 1879 c.
— Werth der verschiedenen Bienenracen und deren Varietäten. Ver. bl. Westfäl.-Rhein. Ver. Bienen- u. Seidenzucht, **30**, 142—143, 150—151, 1879 d.
— Honigtrachten und Bienenrassen. Ver. bl. Westfäl.-Rhein. Ver. Bienen- u. Seidenzucht, **31**, 71—73, 1880.

Pollock, Frederick
The Pupa of a Dragon-Fly. Sci. Gossip, (4) (1868), 245—247, 1869.

Polsel, J...
Der Maulwurf und die Maulwurfsgrille (Warre). Landwirth Breslau, **15**, 541, 1879.

Pomaret,
○ Véritables causes de l'épidémie séricole et moyens offerts aux sériculteurs pour obtenir une semence saine et aux mêmes conditions qu'avant l'apparition de la maladie. 8°, 7 S., Lyon, impr. Pitrat aîné, 1880.

Pomel, A...
Sur les ravages exercés par un Hémiptère du genre *Aelia* sur les céréales algériennes. C. R. Acad. Sci. Paris, **108**, 575—577, 1889.

Pommerol, F . . .
Un petit hémiptère destructeur des larves de l'Yponemeute du pommier. Rev. scient., (4) **14**, 348—349, 1900.

Pompilian,
Automatisme, période réfractaire et inhibition des centres nerveux des insectes. C. R. Mém. Soc. Biol. Paris, (11) **1** (**51**), C. R. 400—401, 1899.
— Automatisme des cellules nerveuses. C. R. Acad. Sci. Paris, **130**, 141—144, 5 Fig., 1900 a.
○ Automatisme, période réfractaire et inhibition chez les insectes. C. R. Congr. int. Méd. Physiol., **13**, 99—108, 8 Fig., 1900 b.

Ponchet,
Ver à soie de l'ailante. Essais faits dans la Dordogne. Rev. Séricicult. comp., **1865**, 214—216, 1865.

[Ponci],
○ Esame microscopico del filo serico. Riv. settim. Bachicolt., **9**, 138, 1877.

Poncy, Ernest
in Jaquet, Maurice (1897) 1899.
— in Jaquet, Maurice (1897) 1900.

Ponsard,
Sur on nouveau procédé de destruction du phylloxera par les sulfures alcalins employés à l'intérieur du végétal dans la sève même. Monit. scient., **20** ((3) **8**), 514—517, 1878.

Ponselle, A . . .
Note sur une variété bleue de la *Cicindela flexuosa* Fabr. Feuille jeun. Natural., **30**, 111, (1899—1900) 1900 a.
— Contribution à l'étude des moeurs des Cicindèles. Feuille jeun. Natural., (4) **1** (**31**), 67—68, 5 Fig., (1900—01) 1900 b.

Ponsford, J . . . S . . .
siehe West, William & Ponsford, J . . . S . . . 1880.

Ponson, A . . .
(Coléoptères des Alpes françaises.) Ann. Soc. ent. France, (5) **3**, Bull. CLXX (= Bull. Soc. . . ., **1873**, Nr. 11, 2), 1873.
— siehe Tappes, Gabriel & Ponson, A . . . 1873.

Pontézière,
○ L'indicateur phylloxéral des sciences et des arts industriels, suivi du nouveau procédé contre l'oïdium. 8°, 16 S., Saintes, impr. Hus, 1879.

Ponti, Paolo
○ Industria delle api. Agricoltura Milano, **1868**, 27—28, 1868.

Ponto, Giov[anni] Nap . . .
○ La Fillossera in Austria dal suo primo apparire a tutto l'anno 1882. Gorizia, 1883.

Ponton, T . . . Graham
On some New Parasites. [Mallophaga.] Monthly micr. Journ., **6**, 8, Taf. XCI, 1871.
[Siehe:] Richter, H. C.: 107.

Ponton, Thomas G . . .
Yellow Variety of *Zygaena Filipendulae* at Maidstone. Entomologist, **6**, 515, (1872—73) 1873.

Ponzi, Giuseppe
geb. 1805, gest. 1885.
— Lavori degli insetti nelle ligniti del Monte Vaticano. Atti Accad. Lincei, Mem., (2) **3** (1875—76), Teil 2, 375—377, 1876 a.
— I fossili del Monte Vaticano. Atti Accad. Lincei, Mem., (2) **3** (1875—76), Teil 2, 925—959, Taf. I—III, 1876 b.

Pool, W . . . B . . .
gest. 1888.
— *Chaerocampa nerii* at Tottenham. Entomologist, **17**, 233, 1884.

Poole, Henry S . . .
(Notes on the Periodical Appearance of Ants in a Chimney, and on an Unusual Site for a Humble-Bee's Nest.) Proc. Trans. N. Scotia Inst. Halifax, **10** ((2) 3) (1898—1902), XLIX, (1903) 1900.

Poore, A . . . S . . .
(*Catocala fraxini* at Eltham.) Entomol. Rec., **12**, 304—305, 1900.

Poore, Ben: Perley
History of the Agriculture of the United States. Rep. Comm. Agric. Washington, **1866**, 498—527, Taf. XXXVI, 1867.

Pop, G . . .
○ [Bericht über die im Jahre 1891 in der 5. Weinbauregion ausgeführten Arbeiten.] Raport asupra lucrărilor executate în reg. V viticolă în anul 1891. Bul. Minist. Agric. Bukarest, **4**, 375, 1892.

Pope, M . . .
Caddis-Worms. Sci. Gossip, (**2**) (1866), 109—110, 1867.
— Chrysalis in Rock. Sci. Gossip, (**4**) (1868), 93, 1869.
— Podurae. Sci. Gossip, (**5**) (1869), 248, 1870.

Popenoe, Edwin Alonzo
geb. 1. 7. 1855, gest. 17. 11. 1913 auf seiner Farm im Süden von Topeka, Prof. am Kansas State Agric. Coll. — Biogr.: Ent. News, **25**, 240, 1914; (W. E. Britton) Journ. econ. Ent., **7**, 155, 1914; (G. A. Dean) Journ. Kansas ent. Soc., **7**, 36, 1934 m. Porträt; (H. Osborn) Fragm. ent. Hist., 1937.
— A List of Kansas Coleoptera. Trans. Kansas Acad. Sci., **5**, 21—40, 1877.
— Additions to the Catalogue of Kansas Coleoptera. Trans. Kansas Acad. Sci., **6** (1877—78), 77—86, 1878.
— Bug injuring Box-elders. Amer. Entomol., **3** ((N. S.) **1**), 162, 1880 a.
○ A new insect foe. [*Aramigus tessellatus*.] Industrialist, **5**, Suppl. Nr. 59, 1880 b.
○ The web worm. [*Eurycreon rantalis*.] Notes upon its habits, and description of the transformation. Quart. Rep. State Board Agric. Kansas, **2**, 99—103, 1880 c.
— Contributions to a knowledge of the Hemiptera-fauna of Kansas. Trans. Kansas Acad. Sci., **9** (1883—84), 62—64, 1885.
— [New Parasite of the Codling Moth and Peach-Borer Enemies. (Nach: Industrialist, 1889.)] Period. Bull. Dep. Agric. Ent. (Ins. Life), **2**, 83, (1889—90) 1889.
— Note on the Oviposition of a Wood-Borer. [*Tragidion fulvipenne*.] Trans. Kansas Acad. Sci., **12** (1889), 15—16, 1890.
— Notes on the recent Outbreak of *Dissosteira longipennis*. Period. Bull. Dep. Agric. Ent. (Ins. Life), **4** (1891—92), 41, (1892) 1891.

Popiel, Ant . . .
○ [Der Seidenbau oder praktische Belehrung zum An-

bau und zur Pflege der Maulbeerbäume und zur Produktion von Seide. 8°, 44 S., Krakau, Selbstverl., 1873.] Jedwabnictwo, czyli praktyezna nauka uprawy, rozmnažania i pielegnowania drzewekmorwowych i produkcyi jedwabiu. Kraków, 1873.

Poppe, S . . . A . . .
Verzeichniss der von M. Hollmann gesammelten Hymenopteren der Umgegend Bremens. Abh. naturw. Ver. Bremen, **8**, 590—591, 1884 a.
— Zoologische Literatur über das nordwestdeutsche Tiefland bis zum Jahre 1883. Abh. naturw. Ver. Bremen, **9**, 19—56, 1884 b; . . . Tiefland von 1884 bis 1891. **12**, 237—268, (1893) 1892[1]).
— Ein neuer *Smynthurus* aus S. W.-Afrika. Abh. naturw. Ver. Bremen, **9**, 320, 1886.
— Beiträge zur Fauna der Insel Spiekerooge. Abh. naturw. Ver. Bremen, **12**, 59—64, (1893) 1891.

Poppe, S . . . A . . . & **Schäffer,** Caesar
Die Collembola der Umgegend von Bremen. Abh. naturw. Ver. Bremen, **14**, 265—272, (1898) 1897.

Poppius, Alfred siehe Poppius, Karl Alfred

Poppius, Bertil Robert
(Två nya skalbaggar & en mätarefjäril.) Medd. Soc. Fauna Flora Fenn., **21** (1894—95), 14; Dtsch. Übersicht. 134, 136, 1895.
— (*Camptotelus costalis* från Konevits.) Medd. Soc. Fauna Flora Fenn., **22** (1895—96), 10; Dtsch. Übersicht. 107, 1896 a.
— (*Niptus hololeucus* från Esbo. [Mit Angaben von O. M. Reuter.]) Medd. Soc. Fauna Flora Fenn., **22** (1895—96), 34; Dtsch. Übersicht. 107, 1896 b.
— (*Negastrius-4-pustulatus* från Onega Karelen.) Medd. Soc. Fauna Flora Fenn., **23** (1896—97), 5; Dtsch. Übersicht. 190, 1898 a.
— (*Aphodius scropha* från Kol.) Medd. Soc. Fauna Flora Fenn., **23** (1896—97), 33—34; Dtsch. Übersicht. 190, 1898 b.
— Förteckning öfver Ryska Karelens Coleoptera. Acta Soc. Fauna Flora Fenn., **18**, Nr. 1, 1—125, (1899—1900) 1899.
— Fyra för finska faunan nya Coleoptera. Medd. Soc. Fauna Flora Fenn., **24** (1897—98), 13—14; Dtsch. Übersicht. 184, 1900 a.
— Några för Finland nya eller anmärkningsvärda insekter. Medd. Soc. Fauna Flora Fenn., **24** (1897—98), 29—30; Dtsch. Übersicht. 184—186, 1900 b.
— (För Finlands fauna nya mätaren *Lygris reticulata*.) Medd. Soc. Fauna Flora Fenn., **25** (1898—99), 8, 1900 c.
— (För Finlands fauna nya coleoptera: *Nebria*, *Cartodere*.) Medd. Soc. Fauna Flora Fenn., **25** (1898—99), 43; Dtsch. Übersicht. 135, 1900 d.
— (För Finlands fauna nya insekter.) Medd. Soc. Fauna Flora Fenn., **25** (1898—99), 56; Dtsch. Übersicht. 135, 136, 1900 e.
— (För Finlands fauna nya insekter: *Tribolium madens* & *Cerostoma nemorella* L.) Medd. Soc. Fauna Flora Fenn., **26** (1899—1900), 29; Dtsch. Übersicht. 218, 220, 1900 f.
— (För faunan nya skalbaggar: *Hyobates, Otiorynchus*.) Medd. Soc. Fauna Flora Fenn., **26** (1899—1900), 78; Dtsch. Übersicht. 218, 1900 g.
— Eine neue Art der Gattung *Cryptophagus* Herbst. Medd. Soc. Fauna Flora Fenn., **26** (1899—1900), 189—190, 1900 h.

[1]) Fortgesetzt nach 1900

Poppius, Karl Alfred Dr.
geb. 14. 2. 1846 in Jaakkima, gest. 1. 1. 1920. — Biogr.: Notul. Ent. Helsingfors, **1**, 25—26, (1921—22) 1921.
— (Nya Libellulider.)[1]) Medd. Soc. Fauna Flora Fenn., **13**, 240, 1886.
— Finlands Dendrometridae. Acta Soc. Fauna Flora Fenn., **3**, Nr. 3, 1—151, Taf. 1—11, (1886—88) 1887; Finlands Phytometridae. **8**, Nr. 3, 1—161, Taf. 13—14, 1 Karte, (1890—93) 1891.
— Ueber das Flügelgeäder der finnischen Dendrometriden. Berl. ent. Ztschr., **32**, 17—28, Taf. I, 1888.

Populus,
(Un insecte qui a fait beaucoup de dégâts dans les vignes.) Bull. Soc. Sci. hist. nat. Yonne, **21** ((2) **1**) (1867), Proc.-verb. LIII—LIV, 1868.
— Catalogue des Hémiptères du Département de l'Yonne. Bull. Soc. Sci. hist. nat. Yonne, **28** ((2) **8**), Part. II, 3—56, 1874; **34** ((3) **2**), Part. II, 13—61, 1880.
— Note sur une Hémiptère nuisible à la vigne. Petites Nouv. ent., **1** (1869—75), 507, 1875.
— *Osmia* habitant des coquilles d'*Hélix*. Feuille jeun. Natural., **18**, 22, (1887—88) 1887.
— Captures de l'*Erebia Medusa* dans le déparatement de Nord. Feuille jeun. Natural., **30**, 72, (1899—1900) 1900 a.
— *Mantispa pagana*. Feuille jeun. Natural., **30**, 72, (1899—1900) 1900 b.

[**Porčinskij,** Iosif Aloizievič] **Порчинский,** Иосиф Алоизиевич
geb. 9. 2. 1848 im Kreise Kupijanske (Charkov), gest. 8. 5. 1916 in Petersburg. — Biogr.: (A. Bogdanov) Material. Gesch. Zool. Russland, **2**, 2 (unn.) S., 1889 m. Porträt & Schriftenverz.; (A. Semenow-Tjan-Shanskij) Rev. Russe Ent., **16**, 404—406, 1916 m. Porträt; (E. N. Pavlovsky) Parasitology, **17**, 402, 1925; (L. O. Howard) Hist. appl. Ent., 1930; (G. D. H. Carpenter) Proc. ent. Soc. London, **22**, 103—113, 1947.
— Descriptions de quelques diptères nouveaux de la Sibérie orientale. Horae Soc. ent. Ross., **9** (1872), 287—291, Farbtaf. IX (Fig. 1—6), 1870.
— Notice géographique sur *Diopsis brevicornis* Say. Horae Soc. ent. Ross., **8** (1871), 287—288, 1872 a.
— (Notes sur quelques diptères.) Horae Soc. ent. Ross., **8** (1871), [Bull. ent.] XI—XII, 1872 b.
— [Note sur la *Cynomyia mortuorum* F.] Horae Soc. ent. Ross., **8** (1871), [Bull. ent.] XXII—XXIII, 1872 c.
— Deux diptères nouveaux de la Perse septentrionale. Horae Soc. ent. Ross., **9** (1872), 292—293, Taf. IX (Fig. 7—9), 1873.
— (Note sur quelques cas de développement de larves de diptères dans le corps humain.) Horae Soc. ent. Ross., **10** (1873), [Bull. ent.] XIV—XVI, 1873—74.
— [Entomologische Beobachtungen während eines Aufenthaltes im Godow'schen Kreise des Petersburg'schen Gouvernements im Jahre 1871.] Энтомологическия заметки во время моего пребывания в Гдовском уезде Петербургской губернии, в 1871 году. [Trudy Russ. ent. Obšč.] Труды Русс. энт. Общ., **7**, 44—54, Farbtaf. II, 1874 a.
— Monographie der Arten des Genus *Mesembrina*, die im russischen Reiche vorkommen.] Монография видов рода *Mesembrina*, встречающихся в российской империи. [Trudy Russ. ent. Obšč.] Труды Русс. энт. Общ., **7**, 55—60, Farbtaf. II, 1874 b.
— Matériaux pour servir à une faune diptérologique de

[1]) vermutl. Autor

la Russie. Horae Soc. ent. Ross., **11** (1875), 27—36, Taf. II, (1875—76) 1875 a.
— Enumération des espèces du genre *Cynomyia* du gouvernement de Mohilew. Horae Soc. ent. Ross., **11** (1875), 37—38, (1875—76) 1875 b.
— Krankheiten, welche im Mohilew'schen Gouvernement von den Larven der *Sarcophila Wolfarti* entstehen, und deren Biologie. Horae Soc. ent. Ross., **11** (1875), 123—162, Taf. III—V (V Farbtaf.), (1875—76) 1875 c.
— [Materialien zur Naturgeschichte der Fliegen und ihrer Larven, welche Krankheiten bei Menschen und Tieren veranlassen, mit einem Überblick über die Erscheinungen der Myiasis.] Материалы для естественной истории мухъ и личинокъ ихъ, причиняющихъ болезни у человека и животныхъ, с обзоромъ явлений мияза. [Trudy Russ. ent. Obšč.] Труды Русс. энт. Общ., **9**, 3—177, Taf. I—III, 1875—76.
— (Quatre coléoptères nouveaux pour la faune de St. Pétersbourg.) Horae Soc. ent. Ross., **13**, [Bull. ent.] IV, 1877 a.
— (Échantillons américains de grain de mais attaqués par des insectes.) Horae Soc. ent. Ross., **13**, [Bull. ent.] V, 1877 b.
— Durch Erbrechen ausgetretene Dipterenlarven (*Musca domestica*). Horae Soc. ent. Ross., **14** (1878), [Bull. ent.] VI, (1879) 1877 c.
— [Material zur Geschichte der Fauna Rußlands und des Kaukasus. Hummelartige Zweiflügler.] Материалы для истории фауны России и Кавказа. Шмелеобразныя двукрылыя. [Trudy Russ. ent. Obšč.] Труды Русс. энт. Общ., **10**, 102—198, Farbtaf. III, (1876—77) 1877 d.
— Diptera nova rossica et sibirica. Horae Soc. ent. Ross., **15** (1879), 157—158, (1880) 1879.
○ [Schädliche Insecten in Südrussland, kurz zusammengefasst von Wł. Taczanowski.] Owady szkodliwe Rossyi potudniowéj, streścid Wł. Taczanowski. Przyroda Przem., **8**, 423—425, 436—437, 452—453, 459—461, 471—473, 483—484, 1879—80.
— Mittheilungen über die vermeintlich neue *Lucilia bufonivora* Menier. Horae Soc. ent. Ross., **15** (1879), IV—V, 1880.
○ Die russischen *Isosoma* (*Eurytoma*). 8°, 36 S., St.-Petersburg, 1881 a.
○ *Phylloxera* und *Schizoneura lanigera* in Russland. [Russ.] 8°, 41 S., St. Petersburg, 1881 b.
○ Über *Chlorops Taeniopus*. 8°, 27 S., St. Petersburg, 1881 c.
— Diptera europaea et asiatica nova aut minus cognita. Horae Soc. ent. Ross., **16**, 136—145, 273—284, 1881 d; [Trudy Russ. ent. Obšč.] Труду Русс. энт. Общ.; Horae Soc. ent. Ross., **17** (1882), 3—12, (1882—83) 1882; **18** (1883—84), 122—134, (1883—84) 1884; **21**, 3—20, Farbtaf. I; [Neue und wenig bekannte Zweiflügler.] Двукрылыя новыя и малоизвестныя. 176—200, Farbtaf. VI, 1887; **26** (1891—92), 201—227, Farbtaf. I, 1892.
[Ref.:] Osten Sacken, Charles Robert: Wien. ent. Ztg., **3**, 255, 1884.
— [Larven von *Gastrophilus equi* aus dem Darmkanal des Menschen.] Horae Soc. ent. Ross., **16**, [Bull. ent.] VII, 1881 e.
— Über *Cephus pygmaeus*. Horae Soc. ent. Ross., **16**, [Bull. ent.] XIII, 1881 f.
— Mittheilungen über diejenigen schädlichen Insekten, die den grössten Schaden im Jahre 1879 angerichtet haben. Horae Soc. ent. Ross., **16**, XIV, 1881 g.
— Insectes nuisibles à l'agriculture de la russie et des moyens employés pour leur destruction. Rev. mens. Ent., **1**, 22—27, 1883 a.
— Histoire Naturelle d'un Thrips observé sur les feuilles de tabac en Bessarabie en 1882. Rev. mens. Ent., **1**, 44—53, 1883 b.
— [Über die Fliege Wohlfart (*Sarcophila Wohlfahrti*), Lebensfähigkeit der Larve auf Menschen und Tieren. Monographie.] О мухе Вольфарта (*Sarcophila Wohlfahrti*), живущей в состоянии личинок на теле человека и животных. Монография. (Sarcophilae Wohlfahrti monographia.) [Trudy Russ. ent. Obšč.] Труды Русс. энт. Общ.; Horae Soc. ent. Ross., **18** (1883—84), 247—314, 33 Fig., 1884.
— [Raupen und Schmetterlinge des St. Petersburger Gouvernement. Biologische Beobachtungen und Forschungen.] Гусеницы и бабочки С.-Петербургской губернии. Биологическия наблюдения и изследования. Lepidopterorum Rossiae Biologia. (I. Drepanulidae, Cymatophoridae, Noctuae (partim).) [Russ.] [Trudy Russ. ent. Obšč.] Труды Русс. энт. Общ.; Horae Soc. ent. Ross., **19**, 50—97, 5 Fig., Farbtaf. X, 1885 a; . . . (II—V. Coloration marquante et taches ocellées, leur origine et leur développement. Яркая охранительная окраска и глазчатыя пятна, их происхождение и источники.) [Russ.] **25** (1890—91), 3—120, 28 Fig., Farbtaf. I, (1891) 1890; **26** (1891—92), 258—411, 39 Fig., Farbtaf. II—III, 1892; **27** (1892—93), 139—224, 36 Fig., Farbtaf. IV—V, 1893; **30** (1895—96), 358—428, 28 Fig., Farbtaf. X, 1897.
— [Über die verschiedenen Formen der Vermehrung und die Verkürzung der Entwicklung einiger gewöhnlicher Fliegenarten. Auszüge und Beobachtungen.] О различных формах размножения и о сокращенном способе развития у некоторых обыкновеннейших видов мух. Изследования и наблюдения. Muscarum cadaverinarum stercorariarumque biologia comparata. [Trudy Russ. ent. Obšč.] Труды Русс. энт. Общ.; Horae Soc. ent. Ross., **19**, 210—244, 8 Fig., 1885 b.
— Наблюдения над некоторыми новыми и малоизвестными прямокрылыми. Orthoptera nonnulla nova vel parum cognita. (Cum notis biologicis.) [Russ.] [Trudy Russ. ent. Obšč.] Труды Русс. энт. Общ.; Horae Soc. ent. Ross., **20** (1886), 111—127, Farbtaf. XII, (1885—87) 1886.
○ Lepidopterorum Rossiae biologia. II. Coloration marquante et taches ocellées, leur origine et leur développement. [Russ.] 8°, 120 S., ? Fig., ? Taf., 1890.
— Изследования по двукрылымъ насекомымъ России. Biologie des mouches coprophagues et nécrophagues. Première partie. [Russ.] [Trudy Russ. ent. Obšč.] Труды Русс. энт. Общ.; Horae Soc. ent. Ross., **26** (1891—92), 63—131, 67 Fig., 1892; Биология мясныхъ и навозныхъ видовъ мухъ. Biologie des mouches coprophages et nécrophages. **32** (1898), 225—279, 9 Fig., (1899) 1898.
— [Über die den Saaten und Gräsern in den Gouvernements Perm, Tobolsk und Orenburg schädlichen Heuschrecken.] О кобылкахъ повреждавшихъ посевы и травы в губернияхъ пермской, тобольской и оренбургской. 8°, 131 S., 65 Fig., St. Petersburg, W. Demakowa, 1894.

○ Die Parasiten der schädlichen Feldheuschrecken Russlands. [Russ.] 32 S., St. Petersburg, 1895.
○ [Tabanidae und das einfachste Mittel, sie zu vernichten.] Слепни (Tabanidae) и простейшій способъ ихъ уничтоженія. [Syelsk. Khoz. Lyesovod. (Agriculture and Forestry)], **192**, 557—574, 1899.
[Siehe:] Howard, L. O.: Bull. U. S. Dep. Agric. Ent., (N. S.) Nr. 20, 24—28, 1899.
— [Über Vertreter von *Mydasidae* im transkaspischen Gebiet.] Опредставителяхъ *Mydasidae* въ Закаспийской области. Sur les espèces du genre *Perissocerus* Gerst. des environs d'Ashabad. [Russ. u. Lat.] [Trudy Russ. ent. Obšč.] Труды Русс. энт. Общ.; Horae Soc. ent. Ross., **33**, 143—146, 1900.

Porczýnski, Josef siehe Porčinskij, Iosif Aloizievič

Porrett, G . . . T . . .
Clearwing Moth. Sci. Gossip, (2) (1866), 214, 1867 a.
— Hawthorn Caterpillar. Sci. Gossip, (2) (1866), 215, 1867 b.

Porritt, George Taylor
geb. 1848 in Huddersfield, gest. 21. 1. 1927 in Huddersfield. — Biogr.: (J. J. Walker) Proc. Linn. Soc. London, **1926—27**, 92—93, 1926—27; Entomologist, **60**, 73—75, 1927 m. Porträt; Ent. News, **38**, 261, 1927; Entomol. monthly Mag., (3) **13 (63)**, 76—78, 1927 m. Porträt; (H. J. Turner) Entomol. Rec., **39**, 48, 1927; (J. E. Collin) Proc. ent. Soc. London, **2**, 104, 1927.
— *Choerocampa Celerio* at Huddersfield. Entomologist, **2**, 288, (1864—65) 1865.
— Larvae of *Emmelesia decolorata.* Entomologist, **3**, 316, (1866—67) 1867 a.
— Mortality amongst Larvae of *Eriogaster lanestris.* [Nach: Naturalist's Circular.] Entomologist, **3**, 345—346, (1866—67) 1867 b.
— *Eupithecia fraxinata* at Huddersfield. Entomologist, **4**, 17, (1868—69) 1868 a.
— Captures near Huddersfield. [Lep.] Entomologist, **4**, 32—34, (1868—69) 1868 b.
— *Choerocampa Celerio* at Huddersfield. Entomologist, **4**, 163, (1868—69) 1868 c. — [Dasselbe:] Entomol. monthly Mag., **5**, 150, (1868—69) 1868.
— Captures of Lepidoptera. Entomologist, **4**, 220—221, (1868—69) 1869 a.
— *Cidaria russata* and *C. immanata.* Entomologist, **4**, 353—354, (1868—69) 1869 b.
— The larva of *Bombyx quercus* will eat heather. Entomol. monthly Mag., **6**, 117, (1869—70) 1869 c.
— Scarcity of insects in 1869. [Mit Angaben der Herausgeber.] Entomol. monthly Mag., **6**, 117, (1869—70) 1869 d.
— Hybernal specimen of *Phlogophora meticulosa.* Entomologist, **5**, 20, (1870—71) 1870 a.
— Description of the Larva of *Nyssia hispidaria.* Entomologist, **5**, 141, (1870—71) 1870 b.
— Parasites on *Vanessa Urticae.* Entomologist, **5**, 166, (1870—71) 1870 c.
— Larvae of *Lycaena Arion.* Entomologist, **5**, 166—167, (1870—71) 1870 d.
— Description of the Larva of *Dianthoecia irregularis.* Entomologist, **5**, 177—178, (1870—71) 1870 e.
— *Calamia lutosa* near Huddersfield. Entomologist, **5**, 201, (1870—71) 1870 f.
— Description of the larva of *Xylina petrificata.* Entomologist, **5**, 216—217, (1870—71) 1870 g.
— Captures of Lepidoptera, &c., in 1869. [Mit Angaben der Herausgeber.] Entomol. monthly Mag., **6**, 191—192, (1869—70) 1870 h.
— Captures of larvae of Lepidoptera at Southport. Entomol. monthly Mag., **7**, 17, (1870—71) 1870 i.
— Captures of Lepidoptera at Witherslack. Entomol. monthly Mag., **7**, 63, (1870—71) 1870 j.
— Variety of *Polyommatus phloeas.* Entomol. monthly Mag., **7**, 110, (1870—71) 1870 k.
— On the treatment of the hybernating larva of *Bombyx rubi.* Entomol. monthly Mag., **7**, 143, (1870—71) 1870 l.
— Variety of *Chelonia caja.* Entomol. monthly Mag., **7**, 143, (1870—71) 1870 m.
— *Colias Edusa* at Huddersfield. Entomologist, **5**, 226, (1870—71) 1871 a.
— Description of the larva of *Acidalia rubricata.* Entomologist, **5**, 275—276, (1870—71) 1871 b.
— Description of the Larva of *Cabera exanthemaria.* Entomologist, **5**, 317—318, (1870—71) 1871 c.
— Description of the Larva of *Acidalia remutata.* Entomologist, **5**, 360, (1870—71) 1871 d.
— Description of the Larva of *Acidalia immutata.* Entomologist, **5**, 408—409, (1870—71) 1871 e.
— Description of the Larvae of *Acidalia subsericeata* and *mancuniata.* Entomologist, **5**, 453—455, (1870—71) 1871 f.
— Captures of Lepidoptera near Huddersfield, &c. Entomol. monthly Mag., **7**, 234—235, (1870—71) 1871 g.
— Variety of *Cidaria suffumata.* Entomol. monthly Mag., **8**, 39, (1871—72) 1871 h.
— Captures of Lepidoptera in Sherwood Forest. Entomol. monthly Mag., **8**, 88—89, (1871—72) 1871 i.
— Description of the larva of *Acidalia strigilata* (*prataria*, Bdv.). Entomol. monthly Mag., **8**, 91—92, (1871—72) 1871 j.
— Spiders and Larvae. Sci. Gossip, (6) (1870), 117, 1871 k.
— Lepidoptera in 1871. Entomologist, **6**, 7—8, (1872—73) 1872 a.
— Description of the Larva of *Cidaria miata.* Entomologist, **6**, 49, (1872—73) 1872 b.
— Description of the Larva of *Apamea oculea.* Entomologist, **6**, 124, (1872—73) 1872 c.
— Description of the Larva of *Taeniocampa cruda.* Entomologist, **6**, 138—139, (1872—73) 1872 d.
— *Ptilophora plumigera* fed on Sycamore. Entomologist, **6**, 196, (1872—73) 1872 e.
— Collecting in Sherwood Forest: abundance of *Euperia fulvago.* Entomologist, **6**, 211—212, (1872—73) 1872 f.
— Description of the Larva of *Xanthia citrago.* Entomologist, **6**, 257—258, (1872—73) 1872 g.
— Description of the larva of *Ephyra punctaria.* Entomol. monthly Mag., **8**, 183—184, (1871—72) 1872 h.
— Description of the larva of *Tephrosia crepuscularia.* Entomol. monthly Mag., **8**, 208—209, (1871—72) 1872 i.
— Description of the larva of *Tephrosia consonaria.* Entomol. monthly Mag., **9**, 17—18, (1872—73) 1872 j.
— Notes on the Lepidoptera of the Lancashire and Cheshire sand-hills. Entomol. monthly Mag., **9**, 21, (1872—73) 1872 k.
— Does *Orthosia ypsilon* hibernate as egg or larva? Entomol. monthly Mag., **9**, 66, (1872—73) 1872 l.
— Description of the larva of *Cloantha solidaginis.* Entomol. monthly Mag., **9**, 92, (1872—73) 1872 m.

— *Vanessa Antiopa* in the West Riding. Entomol. monthly Mag., **9**, 110, (1872—73) 1872 n.
— Description of the larva of *Eubolia lineolata.* Entomol. monthly Mag., **9**, 197, (1872—73) 1872 o.
— Description of the Larva of *Boarmia roboraria.* Entomologist, **6**, 281—282, (1872—73) 1873 a.
— Description of the Larva of *Eubolia mensuraria.* Entomologist, **6**, 361—362, (1872—73) 1873 b.
— Description of the Larva of *Tephrosia biundularia.* Entomologist, **6**, 385—386, (1872—73) 1873 c.
— Entomology of the Isle of Man. [Lep.] Entomologist, **6**, 454—455, (1872—73) 1873 d.
— Variety of [*Bombyx*] *Callunae.* Entomologist, **6**, 457, (1872—73) 1873 e.
— Captures of Lepidoptera in 1872. Entomol. monthly Mag., **9**, 248, (1872—73) 1873 f.
— Description of the larva of *Anisopteryx aescularia.* Entomol. monthly Mag., **9**, 272, (1872—73) 1873 g.
— Description of the larva of *Ephyra pendularia.* Entomol. monthly Mag., **10**, 71, (1873—74) 1873 h.
— Description of the larva of *Miana literosa.* Entomol. monthly Mag., **10**, 88—89, (1873—74) 1873 i.
— Note on the larva of *Polia nigrocincta.* Entomol. monthly Mag., **10**, 89, (1873—74) 1873 j.
— *Heliothis dipsacea* at Sherwood Forest. Entomol. monthly Mag., **10**, 162, (1873—74) 1873 k.
— Description of the Larva of *Zygaena Trifolii.* [Mit Angaben von Edward Newman.] Entomologist, **7**, 90, 1874 a.
— Breeding *Zygaena Lonicerae.* Entomologist, **7**, 109—110, 1874 b.
— Breeding *Taeniocampa opima.* Entomologist, **7**, 110, 1874 c.
— Description of the Larva of *Eupisteria heparata.* Entomologist, **7**, 175—176, 1874 d.
— *Nola albulalis,* &c., in North Kent. Entomologist, **7**, 180—181, 1874 e. — [Dasselbe:] Entomol. monthly Mag., **11**, 68—69, (1874—75) 1874.
— Variety of *Noctua glareosa.* Entomol. monthly Mag., **10**, 181, (1873—74) 1874 f.
— *Taeniocampa gothica,* var. *gothicina,* in Yorkshire. Entomol. monthly Mag., **10**, 277, (1873—74) 1874 g.
— Hybrids between *Smerinthus ocellatus* and *S. populi.* Entomol. monthly Mag., **11**, 116, 157, (1874—75) 1874 h.
— Description of the larva of *Acidalia straminata.* Entomol. monthly Mag., **11**, 116—117, (1874—75) 1874 i.
— Description of the Larva of *Noctua baja.* Entomologist, **8**, 55—56, 1875 a.
— Description of the Larva of *Notodonta cucullina.* Entomologist, **8**, 56—57, 1875 b.
— Larva of *Pterophorus rhododactylus.* Entomologist, **8**, 183—184, 1875 c.
— Captures in Kent. [Lep.] Entomologist, **8**, 218—219, 1875 d.
— Description of the larva of *Noctua rubi.* Entomol. monthly Mag., **11**, 210, (1874—75) 1875 e.
— Is *Larentia caesiata* double-brooded? Entomol. monthly Mag., **12**, 68, (1875—76) 1875 f.
— Description of the larva of *Pterophorus rhododactylus.* Entomol. monthly Mag., **12**, 88—89, (1875—76) 1875 g.
— Notes on Lepidoptera from the Isle of Man. Entomol. monthly Mag., **12**, 138, (1875—76) 1875 h.
○ Study of the Larvae of Lepidoptera. Naturalist London, **1**, 5, 1875—76 a.
○ [*Ablabia argentana* near Rannoch; taken by F. Buchanan White.] Naturalist London, **1**, 26, 1875—76 b.
○ Early Specimen of *Pieris rapae.* Naturalist London, **1**, 125, 1875—76 c.
○ Five days in East Sussex. Naturalist London, **1**, 177—182, 1875—76 d.
○ Discovery of the Larva of *Nola albulalis.* Naturalist London, **1**, 187, 1875—76 e; **2**, 17—18, 1876—77.
○ [*Lithosia quadra* at Barnsley.] Young Natural. London, **1**, 40, 1875—76 f.
— Description of the Larva of *Cidaria populata.* Entomologist, **9**, 13—14, 1876 a.
— Description of the Larva of *Lithosia aureola.* Entomologist, **9**, 47—48, 1876 b.
— *Pieris Rapae* in Winter. Entomologist, **9**, 69, 1876 c.
— Description of the Larva of *Ebulea crocealis.* Entomologist, **9**, 88, 1876 d.
— Description of the Larva of *Strenia clathrata.* Entomologist, **9**, 178—179, 1876 e.
— Description of the Larva of *Hyria auroraria.* Entomologist, **9**, 197—199, 1876 f.
— Description of the larva of *Botys terrealis.* Entomol. monthly Mag., **12**, 209—210, (1875—76) 1876 g.
— Note on sugaring. Entomol. monthly Mag., **12**, 236, (1875—76) 1876 h.
— Does *Polia flavocincta* ever hibernate in the imago state? Entomol. monthly Mag., **12**, 258, (1875—76) 1876 i.
— Description of the larva of *Acidalia emarginata.* Entomol. monthly Mag., **13**, 13—14, (1876—77) 1876 j.
— Captures of Lepidoptera in East Sussex. Entomol. monthly Mag., **13**, 37—38, (1876—77) 1876 k.
— Description of the pupa of *Nola albulalis.* Entomol. monthly Mag., **13**, 94, (1876—77) 1876 l.
— *Eupithecia subciliata* in Yorkshire. Entomol. monthly Mag., **13**, 108, (1876—77) 1876 m.
— Is *Dianthoecia caesia* double-brooded? Entomol. monthly Mag., **13**, 163, (1876—77) 1876 n.
— Description of the larva of *Epunda lutulenta.* Entomol. monthly Mag., **13**, 163—164, (1876—77) 1876 o.
○ The British Pyrales [Pyralidae]. Naturalist London, (N. S.) **2**, 65—72, 83—89, 1876—77.
— Description of the Larva of *Ephyra orbicularia.* Entomologist, **10**, 97—98, 1877 a.
— Description of the Larva of *Ephyra Omicronaria.* Entomologist, **10**, 137, 1877 b.
— Abundance of *Scoparia cembralis.* Entomologist, **10**, 255, 1877 c.
— Preservation of Larvae by Inflation. Entomologist, **10**, 258—259, 1877 d.
— *Eupithecia minutata* and its variety *knautiata.* Entomol. monthly Mag., **13**, 185, (1876—77) 1877 e.
— Description of the larva of *Coremia propugnata.* Entomol. monthly Mag., **13**, 213, (1876—77) 1877 f.
— Description of the larva of *Pterophorus lithodactylus.* Entomol. monthly Mag., **13**, 236, (1876—77) 1877 g.
— Description of the larva of *Axylia putris.* Entomol. monthly Mag., **13**, 248—249, (1876—77) 1877 h.
— *Trachea piniperda.* Entomol. monthly Mag., **14**, 18, (1877—78) 1877 i.
— *Choerocampa nerii.* Entomol. monthly Mag., **14**, 41, (1877—78) 1877 j.
— Description of the larva of *Eupithecia subciliata.* [Mit Angaben der Herausgeber.] Entomol. monthly Mag., **14**, 68, (1877—78) 1877 k.

— Description of the larva of *Scopula lutealis.* Entomol. monthly Mag., **14**, 114—115, (1877—78) 1877 l.
— Description of the larva of *Stenopteryx hybridalis.* Entomol. monthly Mag., **14**, 160—161, (1877—78) 1877 m.
— Yorkshire Macro-Lepidoptera in 1877. Trans. Yorksh. Natural. Union, **1877**, Ser. D, 2—10, 1877 n; .... in 1878. **1878**, Ser. D, 71—76; ... in 1879. 77—80, 1878; **1879**, Ser. D, 81—84; ... in 1880. 85—91, 1882.
○ On the occurrence of *Colias edusa* in Yorkshire in June, 1877. Naturalist London, **3**, 1—4, 1877—78 a.
○ A collecting expedition to the New Forest. Naturalist London, (N. S.) **3**, 102—106, 119—122, 1877—78 b.
— siehe Hobkirk, Charles Codrington Pressick & Porritt, George Taylor 1877—78.
— Description of the Larva of *Acidalia incanaria.* Entomologist, **11**, 18—19, 1878 a.
— Description of the Larva of *Acidalia interjectaria.* Entomologist, **11**, 91—92, 1878 b.
— Description of the Larva of *Noctua ditrapezium.* Entomologist, **11**, 141—142, 1878 c.
— Description of the Larva of *Botys asinalis.* Entomologist, **11**, 190—191, 1878 d.
— *Orgyia coenosa* at Wicken Fen. Entomologist, **11**, 229—230, 1878 e.
[Siehe:] Eeedle, T.: 212.
— The Doubleday Collection. Entomologist, **11**, 236, 1878 f.
— Description of the larva of *Tephrosia punctulata.* Entomol. monthly Mag., **14**, 235—236, (1877—78) 1878 g.
— Description of the larva of *Acidalia promutata.* Entomol. monthly Mag., **14**, 279—280, (1877—78) 1878 h.
— Description of the larva of *Eubolia bipunctaria.* Entomol. monthly Mag., **15**, 37—38, (1878—79) 1878 i.
— Description of the larva of *Miana furuncula.* Entomol. monthly Mag., **15**, 91; *Miana furuncula.* [Mit Bemerkungen von W. Buckler.] 108, (1878—79) 1878 j.
— Lepidoptera at Wicken. Entomol. monthly Mag., **15**, 110—111, (1878—79) 1878 k.
— Description of the larva of *Selidosema plumaria.* Entomol. monthly Mag., **15**, 137, (1878—79) 1878 l.
— Captures of Lepidoptera in the New Forest. Entomol. monthly Mag., **14**, 184—185, (1877—78) 1878 m.
○ *Nonagria Hellmanni* at Monk's Wood. Naturalist London, (N. S.) **4**, 40, 1878—79 a.
○ A fortnight in the Fens. Naturalist London, (N. S.) **4**, 116—120, 129—133, 1878—79 b.
— siehe Hobkirk, Charles Codrington Pressick & Porritt, George Taylor 1878—79.
— Description of the Larva of *Spilodes palealis.* Entomologist, **12**, 17—18, 1879 a.
— Description of the larva of *Collix sparsata.* Entomologist, **12**, 58—59, 1879 b.
— Description of the larva of *Emmelesia alchemillata.* Entomologist, **12**, 128, 1879 c.
— Description of the Larva of *Rhodophaea formosella.* Entomologist, **12**, 206, 1879 d.
— *Scoparia basistrigalis,* etc., near Doncaster. Entomologist, **12**, 225—226, 1879 e.
— Captures on the Lincolnshire Coast. [Lep.] Entomologist, **12**, 253—254, 1879 f.
— Variety of the larva of *Abraxas grossulariata.* Entomol. monthly Mag., **15**, 187, (1878—79) 1879 g.
— Lepidoptera of Yorkshire. Entomol. monthly Mag., **15**, 205, (1878—79) 1879 h.
— Description of the larva of *Myelois cribrum.* Entomol. monthly Mag., **15**, 258—259, (1878—79) 1879 i.
— Description of the larva of *Melliphora alvearia.* Entomol. monthly Mag., **16**, 21, (1879—80) 1879 j.
— A Dipterous parasite new to England. Entomol. monthly Mag., **16**, 44, (1879—80) 1879 k.
— Description of the larva of *Nephopteryx angustella.* Entomol. monthly Mag., **16**, 65—66, (1879—80) 1879 l.
— *Eupithecia innotata* on the Lincolnshire coast. Entomol. monthly Mag., **16**, 111, (1879—80) 1879 m.
— Description of the larva of *Crambus hortuellus.* Entomol. monthly Mag., **16**, 162, (1879—80) 1879 n.
○ Captures [of Insects] at Wicken Fen. Young Natural. London, **1**, 276—277, 1879—80.
— Description of the Larva of *Gnophos obscurata.* Entomologist, **13**, 12—13, 1880 a.
— Captures of Lepidoptera in Kent. Entomologist, **13**, 163, 1880 b.
— Lepidoptera at Wicken. Entomologist, **13**, 184—185, 1880 c.
— Abundance of Crane-flies. Entomologist, **13**, 247, 1880 d.
— Description of the larva of *Stilbia anomala.* Entomol. monthly Mag., **16**, 210—211, (1879—80) 1880 e.
— Description of larva of *Scopula olivalis.* Entomol. monthly Mag., **16**, 228, (1879—80) 1880 f.
— *Scopula prunalis.* [Mit Angaben der Herausgeber.] Entomol. monthly Mag., **16**, 229, (1879—80) 1880 g.
— Description of the larva of *Plodia interpunctella.* Entomol. monthly Mag., **16**, 261, (1879—80) 1880 h.
— Description of the larva of *Cidaria fulvata.* Entomol. monthly Mag., **16**, 276, (1879—80) 1880 i. — [Abdr.:] Entomologist, **13**, 116, 1880.
— Description of the larva of *Ephestia ficulella.* Entomol. monthly Mag., **17**, 44, (1880—81) 1880 j.
— Food of *Scopula lutealis.* Entomol. monthly Mag., **17**, 91, (1880—81) 1880 k.
— *Larentia ruficinctata* [*flavocincta*]. Naturalist London, **5** (1879—80), 107, 1880 l.
— Lincolnshire Coast Lepidoptera. Naturalist London, (N. S.) **5**, 113—116, (1879—80) 1880 m.
— *Sesia sphegiformis,* etc. [Tilgate Forest]. Naturalist London, **5** (1877—80), 188, 1880 n.
— *Odonestis potatoria,* var. Entomologist, **14**, 17, 1881 a.
— Description of the Larva of *Plusia V-aureum.* Entomologist, **14**, 66—67, 1881 b.
— Larva of *Cidaria fulvata.* Entomologist, **14**, 87, 1881 c.
[Siehe:] Mathew, Gervase F.: 67—68.
— Description of the larva of *Pterophorus galactodactylus.* Entomologist, **14**, 117—118, 1881 d.
— Description of the Larva of *Heliophobus hispida.* Entomologist, **14**, 134—135, 1881 e.
— Lepidoptera at Llandudno. Entomologist, **14**, 215—216, 1881 f.
— Description of the Larva of *Pterophorus tephradactylus.* Entomologist, **14**, 260, 1881 g.
— Description of the larva of *Euclidia glyphica.* Entomol. monthly Mag., **17**, 210—211, (1880—81) 1881 h.
— Lepidoptera at Barnwell Wold. Entomol. monthly Mag., **18**, 38—39, (1881—82) 1881 i.

— *Acidalia straminata*, &c., in Yorkshire. Entomol. monthly Mag., **18**, 68, (1881—82) 1881 j.
— Description of the larva of *Scoparia truncicolella*. Entomol. monthly Mag., **18**, 106, (1881—82) 1881 k.
— *Agrotis Ashworthii* at Penmaenmawr. Entomol. monthly Mag., **18**, 162, (1881—82) 1881 l.
— Description of the larva of *Pterophorus pterodactylus*, Linn. (*fuscodactylus*, Haw.). Entomologist, **15**, 44—45, 1882 a.
— Description of the Larva of *Pterophorus monodactylus*, Linn., = *Pterodactylus*, Haw. Entomologist, **15**, 90—91, 1882 b.
— Description of the larva of *Galleria cerella*. Entomologist, **15**, 117, 1882 c.
— Description of the Larva of *Scoparia muralis*. Entomologist, **15**, 133—134, 1882 d.
— *Pterophorus serotinus*. Entomologist, **15**, 262, 1882 e.
— Notes on *Hypsipetes elutata* and *Cidaria russata*. Entomologist, **15**, 284—285, 1882 f.
— Larvae of *Scopula lutealis* and *S. prunalis*. Entomol. monthly Mag., **18**, 189, (1881—82) 1882 g.
— Lepidoptera at Wicken Fen. Entomol. monthly Mag., **19**, 44, (1882—83) 1882 h.
— *Scoparia conspicualis*, Hodg., near Doncaster. Entomol. monthly Mag., **19**, 91, (1882—83) 1882 i.
— Captures of Lepidoptera in Yorkshire. Entomol. monthly Mag., **19**, 91, (1882—83) 1882 j.
— Notes on the larva of *Phycis carbonariella*. Entomol. monthly Mag., **19**, 110—111, (1882—83) 1882 k.
— Note on *Ephestia passulella*. Entomol. monthly Mag., **19**, 142, (1882—83) 1882 l; Further note on *Ephestia passulella*. **20**, 41, (1883—84) 1883.
— Description of the Larva of *Petasia nubeculosa*. Entomologist, **16**, 63—64, 1883 b.
— Description of the Larva of *Chilo phragmitellus*. Entomologist, **16**, 63—64, 1883 b.
— Description of the Larva of *Miana strigilis*. Entomologist, **16**, 91, 1883 c.
— Variety of *Eubolia palumbaria; Euthemonia russula, Epione vespertaria*, and *Satyrus hyperanthus*. Entomologist, **16**, 188, 1883 d.
— Description of the Larva of *Phycis adornatella*. Entomologist, **16**, 212—213, 1883 e.
— Description of the larva of *Pterophorus pentadactylus*. Entomol. monthly Mag., **19**, 187, (1882—83) 1883 f.
— Description of the larva of *Pempelia betulae*. Entomol. monthly Mag., **20**, 69—70, (1883—84) 1883 g.
— The Isle of Man form of *Vanessa urticae*. Entomol. monthly Mag., **20**, 113, (1883—84) 1883 h.
— Description of the larva of *Crambus inquinatellus*. Entomol. monthly Mag., **20**, 154—155, (1883—84) 1883 i.
— Lepidoptera in Abbott's Wood, Sussex. Naturalist London, (N. S.) **9**, 36, (1883—84) 1883 j.
— *Larentia ruficincta* &c., in Yorkshire. Naturalist London, (N. S.) **9**, 53, (1883—84) 1883 k.
— Lepidoptera new to Yorkshire. Naturalist London, (N. S.) **9**, 71, (1883—84) 1883 l.
— Entomological Notes. Naturalist London, (N. S.) **9**, 90, (1883—84) 1883 m.
— List of Yorkshire Lepidoptera. Trans. Yorksh. Natural. Union, part 6, Ser. D, **2**, 1—94, 1883 n; part 7, Ser. D, **2**, 95—190, 1884; *Coleophora fuscocuprella:* a correction. Naturalist London, **10** (1884—85), 104, 1885.
— siehe Kirby, William Forsell; Weir, John Jenner & Porritt, George Taylor 1883.
— siehe Woodd, & Porritt, [George Taylor] 1883.
— The New (?) form in the genus *Zygaena*. Entomologist, **17**, 18, 1884 a.
— Abundance of *Exapate gelatella*. Entomologist, **17**, 44, 1884 b.
— Description of the Larva of *Gymnancycla canella*. Entomologist, **17**, 111—113, 1884 c.
— Description of the Larva of *Homoeosoma nebulella*. Entomologist, **17**, 143—144, 1884 d.
— Double-broodedness of Scopariae. Entomol. monthly Mag., **20**, 188, (1883—84) 1884 e.
— Lepidoptera in the Isle of Man in July. Entomol. monthly Mag., **20**, 216, (1883—84) 1884 f.
— Description of the larva of *Pterophorus zophodactylus*, Dup., = *Loewii*, Zell. Entomol. monthly Mag., **20**, 228, (1883—84) 1884 g.
— Food-plant of *Sciaphila pascuana*, &c. Entomol. monthly Mag., **20**, 277, (1883—84) 1884 h.
— Description of the larva of *Herbula cespitalis*. Entomol. monthly Mag., **21**, 30—32, (1884—85) 1884 i.
— Description of the larva of *Crambus pratellus*. Entomol. monthly Mag., **21**, 62—63, (1884—85) 1884 j.
— Description of the larva of *Crambus cerussellus*. Entomol. monthly Mag., **21**, 86—87, (1884—85) 1884 k.
— Description of the larva of *Scoparia crataegalis*. Entomol. monthly Mag., **21**, 101—102, (1884—85) 1884 l; Correction concerning *Scoparia crataegalis*. 236, (1884—85) 1885.
— Description of the larva of *Cledeobia angustalis*. Entomol. monthly Mag., **21**, 124, (1884—85) 1884 m.
— Is *Pterophorus gonodactylus* doubledbrooded? Entomol. monthly Mag., **21**, 160—161, (1884—85) 1884 n.
— *Lasiocampa ilicifolia*. Naturalist London, (N. S.) **9**, 118, (1883—84) 1884 o.
— Notes from Cambridge. Naturalist London, (N. S.) **9**, 136—137, (1883—84) 1884 p.
— Obituary. William Buckler. Naturalist London, (N. S.) **9**, 139, (1883—84) 1884 q.
— Obituary. William Prest. Naturalist London, (N. S.) **9**, 178—179, (1883—84) 1884 r.
— Obituary. Edwin Birchall. Naturalist London, (N. S.) **9**, 194—195, (1883—84) 1884 s.
— *Eupoecilia dubitana* in Yorkshire. Naturalist London, **10** (1884—85), 15, 1884 t.
— *Crambus inquinatellus* at Huddersfield. Naturalist London, **10** (1884—85), 57, 1884 u.
— Seasonal Notes on Lepidoptera (South-west Yorkshire). Naturalist London, **10** (1884—85), 57, 1884 v.
— *Phoxopteryx diminutana* in Yorkshire. Naturalist London, **10** (1884—85), 104, 1884 w.
— *Hepialus humuli*. Naturalist London, **10** (1884—85), 104, 1884 x.
— *Stenopteryx hybridalis* and *Argyresthia retinella* at Huddersfield. Naturalist London, **10** (1884—85), 104, 1884 y.
— Note on the Larva of *Stilbia anomala*. Entomologist, **18**, 53—54, 1885 a.
— *Arctia mendica* feeding on Birch. Entomologist, **18**, 194, 1885 b.
— *Heliothis peltigera*, &c., in Yorkshire. Entomologist, **18**, 264, 1885 c.

— Lepidoptera at Southport. Entomologist, **18**, 300—301, 1885 d.
— Further notes on British Pterophoridae. Entomol. monthly Mag., **21**, 207—208, (1884—85) 1885 e.
— Description of the larva of *Pterophorus bertrami.* Entomol. monthly Mag., **22**, 103—105, (1885—86) 1885 f.
— Description of the larva of *Pterophorus cosmodactylus*, H.-S., = *punctidactylus*, Steph. Entomol. monthly Mag., **22**, 149—150, (1885—86) 1885 g.
— Lepidoptera in the Green Farm Wood, Doncaster, May 30th, 1885. Naturalist London, **10** (1884—85), 292, 1885 h.
— *Heliothis peltigera* in Yorkshire. Naturalist London, **10** (1884—85), 347, 1885 i.
[Siehe:] Robson, John E.: 393.
— Localities of *Collix sparsata* and *Eupithecia constrictata.* Naturalist London, **10** (1884—85), 347, 1885 j.
— *Bryotropha politella* in Yorkshire. Entomologist, **19**, 16, 1886 a.
— Food of the Larva of *Polia flavicincta.* Entomologist, **19**, 128, 1886 b.
— Description of the Larva of *Crambus contaminellus.* Entomologist, **19**, 130—131, 1886 c.
— Description of the larva of *Homoeosoma senecionis.* Entomologist, **19**, 211—212, 1886 d.
— *Spilodes palealis* in Yorkshire. Entomologist, **19**, 255, 1886 e.
— Description of the larva of *Scoparia angustea*, Curt., = *coarctalis*, Zell. Entomol. monthly Mag., **22**, 209—210, (1885—86) 1886 f.
— Description of the larva of *Scoparia mercurella.* Entomol. monthly Mag., **22**, 260—261, (1885—86) 1886 g.
— Description of the larva of *Crambus perlellus.* Entomol. monthly Mag., **23**, 7—8, (1886—87) 1886 h.
— Melanism in *Hibernia progemmaria* and *Diurnea fagella.* Entomol. monthly Mag., **23**, 40—41, (1886—87) 1886 i.
— Description of the larva of *Pterophorus tetradactylus.* Entomol. monthly Mag., **23**, 112, (1886—87) 1886 j.
— Description of the larva of *Pterophorus acanthodactylus.* Entomol. monthly Mag., **23**, 132—133, (1886—87) 1886 k.
— *Pterophorus dichrodactylus* and *P. Bertrami.* Entomol. monthly Mag., **23**, 163, (1886—87) 1886 l.
— Description of the larva of *Scoparia resinea.* Entomol. monthly Mag., **23**, 248, (1886—87) 1887 a.
— Description of the larva of *Ephestia ficella.* Entomol. monthly Mag., **24**, 9, (1887—88) 1887 b.
— Life-history of *Scopula decrepitalis.* Entomol. monthly Mag., **24**, 121—123, (1887—88) 1887 c.
— (Melanic varieties of *Diurnea fagella.*) Trans. ent. Soc. London, **1887**, Proc. XLV, 1887 d.
— (Specimens of *Cidaria russata.*) Trans. ent. Soc. London, **1887**, Proc. LV, 1887 e.
— siehe Stevens, Samuel & Porritt, George Taylor 1887.
— Description of the larva of *Leucania turca.* Entomol. monthly Mag., **24**, 248—249, (1887—88) 1888 a.
— Description of the larva of *Euclidia mi.* Entomol. monthly Mag., **25**, 13—15, (1888—89) 1888 b.
— Variation in *Arctia mendica.* Entomol. monthly Mag., **25**, 39, (1888—89) 1888 c.
— *Deilephila galii* at Deal. Entomol. monthly Mag., **25**, 112, (1888—89) 1888 d.
— *Chrysopa tenella*, &c., in West Yorkshire. Entomol. monthly Mag., **25**, 132, (1888—89) 1888 e.
— Melanism in *Boarmia repandata.* Entomol. monthly Mag., **25**, 161, (1888—89) 1888 f.
— (*Aretia mendica* at Huddersfield.) Trans. ent. Soc. London, **1888**, Proc. XXIII, 1888 g.
— Neuroptera, Trichoptera, and Orthoptera at Deal and neighbourhood. Entomol. monthly Mag., **25**, 214—215, (1888—89) 1889 a.
— Description of the larva of *Homoeosoma nimbella.* Entomol. monthly Mag., **25**, 245, (1888—89) 1889 b.
— Description of the larva of *Cosmia affinis.* Entomol. monthly Mag., **25**, 298, (1888—89) 1889 c.
— *Ectobia Panzeri*, var. *nigripes.* Entomol. monthly Mag., **25**, 398, (1888—89) 1889 d.
— *Eupithecia extensaria* near Hunstanton. Entomol. monthly Mag., **25**, 398—399, (1888—89) 1889 e.
— Notes on an extraordinary race of *Arctia mendica* Linn. Trans. ent. Soc. London, **1889**, 441—442, Farbtaf. XIV, 1889 f.
— (*Boarmia repandata* from Huddersfield and from the Hebrides.) Trans. ent. Soc. London, **1889**, Proc. I—II, 1889 g.
— *Limnophilus hirsutus* in abundance at sugar in Norfolk. Entomol. monthly Mag., (2) **1** (**26**), 24, 1890 a.
— *Scoparia basistrigalis* as distinct from *S. ambigualis.* Entomol. monthly Mag., (2) **1** (**26**), 88—89, 1890 b.
— Description of the larva of *Catocala fraxini.* Entomol. monthly Mag., (2) **1** (**26**), 125—126, 1890 c.
— Early abundance of *Philopotamus montanus.* Entomol. monthly Mag., (2) **1** (**26**), 161, 1890 d.
— A few days in the Cambridgeshire Fens. Entomol. monthly Mag., (2) **1** (**26**), 216, 1890 e.
— *Phacopteryx brevipennis*, Curt., at York. Entomol. monthly Mag., (2) **1** (**26**), 304, 1890 f.
— Books on Neuroptera and Trichoptera. Entomol. Rec., **1**, 73—74, (1890—91) 1890 g.
— (*Eupithecia Extensaria.*) Entomol. Rec., **1**, 110, (1890—91) 1890 h.
— (Larvae of *Tethea subtusa* and *Taeniocampa populeti.*) Entomol. Rec., **1**, 137, (1890—91) 1890 i.
— siehe Tutt, James William & Porritt, George Taylor 1890.
— A Day at Tuddenham. Entomologist, **24**, 247, 1891 a.
— „A query as to hibernation." Entomol. monthly Mag., (2) **2** (**27**), 50—51, 1891 b.
— Description of the larva of *Hypena rostralis.* Entomol. monthly Mag., (2) **2** (**27**), 73—74, 1891 c.
— Description of the larva of *Euperia fulvago.* Entomol. monthly Mag., (2) **2** (**27**), 121—122, 1891 d.
— *Stenophylax alpestris* in Yorkshire. [Mit Angaben von R. McLachlan.] Entomol. monthly Mag., (2) **2** (**27**), 249, 1891 e.
— *Pterophorus paludum* in Yorkshire. Entomol. monthly Mag., (2) **2** (**27**), 275, 1891 f.
— Re-occurrence of *Arge Galathea* in East Yorkshire. Entomol. monthly Mag., (2) **2** (**27**), 275, 1891 g.
— (*Trichoptilus paludum* on Thorne Moor.) Entomol. Rec., **2**, 210, 1891 h.
— (Neuroptera, Trichoptera and Orthoptera.) Entomol. Rec., **2**, 291—293, 1891 i.
— *Callimorpha Hera* not a Yorkshire insect. Entomol. monthly Mag., (2) **3** (**28**), 47, 1892 a.
— Substitute food for *Phorodesma smaragdaria.* Entomol. monthly Mag., (2) **3** (**28**), 47, 1892 b.
— Further notes on *Eupithecia extensaria.* Entomol. monthly Mag., (2) **3** (**28**), 122—124, 1892 c.
— Notes on a probably hitherto undescribed form of

the larva of *Plusia gamma.* Entomol. monthly Mag., (2) **3** (**28**), 255—256, 1892 d.
— A collecting expedition to East Sussex. Entomol. monthly Mag., (2) **3** (**28**), 227—230, 1892 e.
— *Colias Edusa* on the Lancashire coast. Entomol. monthly Mag., (2) **3** (**28**), 245, 1892 f.
— *Stenophylax alpestris* at Dunford Bridge, West Yorkshire. Entomol. monthly Mag., (2) **3** (**28**), 311—312, 1892 g.
— (Melanic var. of *Polia chi.*) Entomol. Rec., **3**, 7, 1892 h.
— (Dark form of *Orgyia antiqua.*) Trans. ent. Soc. London, **1892**, Proc. XXVII, 1892 i.
— (A curious *Noctua.*) Trans. ent. Soc. London, **1892**, Proc. XXVII, 1892 j.
— *Spilosoma lubricipeda* var. *zatima* (= *radiata*). Entomologist, **26**, 296, 1893 a.
— Description of the larva of *Orthosia suspecta.* Entomol. monthly Mag., (2) **4** (**29**), 41—42, 1893 b. [Siehe:] Chapman, T. A.: 42—43.
— *Nothochrysa capitata, Limnophilus fuscicornis,* &c., in East Yorkshire. [Mit Angaben von R. McL.] Entomol. monthly Mag., (2) **4** (**29**), 86, 1893 c.
— Lepidoptera at Wicken Fen and Hunstanton. Entomol. monthly Mag., (2) **4** (**29**), 212—213, 1893 d.
— [Varieties of Lepidoptera.] Trans. ent. Soc. London, **1893**, Proc. II, 1893 e.
— Lepidoptera, &c., at Morecambe. Entomol. monthly Mag., (2) **5** (**30**), 12, 1894 a.
— *Callimorpha Hera* at home in South Devon. Entomol. monthly Mag., (2) **5** (**30**), 223—224, 1894 b.
— *Nothochrysa capitata,* F., at York. Entomol. monthly Mag., (2) **5** (**30**), 231, 1894 c.
— (*Callimorpha hera* in South Devon.) Entomol. Rec., **5**, 254, 1894 d.
— Description of the larva of *Tephrosia extersaria.* Entomol. monthly Mag., (2) **6** (**31**), 65—67, 1895 a.
— *Nothochrysa fulviceps* and *N. capitata* in Lincolnshire. [Mit Angaben von R. McLachlan.] Entomol. monthly Mag., (2) **6** (**31**), 101, 1895 b.
— Description of the larva of *Boarmia consortaria.* Entomol. monthly Mag., (2) **6** (**31**), 226—227, 1895 c.
— (Series of *Mania typica* showing a curious malformation.) Trans. ent. Soc. London, **1895**, Proc. XLII, 1895 d.
— (*Halesus guttatipennis* taken at Lye.) Trans. ent. Soc. London, **1895**, Proc. XLII, 1895 e.
— Notes on Lepidoptera at Huddersfield in 1895. Entomol. monthly Mag., (2) **7** (**32**), 9—11, 1896 a.
— *Nothochrysa capitata* at Huddersfield. Entomol. monthly Mag., (2) **7** (**32**), 41, 1896 b.
— Abundance of *Halesus guttatipennis* in North Yorkshire. [Mit Angaben von R. McLachlan.] Entomol. monthly Mag., (2) **7** (**32**), 41—42, 1896 c.
— *Stenophylax rotundipennis* in East Yorkshire. Entomol. monthly Mag., (2) **7** (**32**), 278, 1896 d.
— *Stenophylax vibex* at Huddersfield. Naturalist London, **1896**, 372, 1896 e.
— (*Arctia menthrastri* bred from Morayshire ova.) Trans. ent. Soc. London, **1896**, Proc. XXV, 1896 f.
— Great abundance of *Halesus guttatipennis.* Entomol. monthly Mag., (2) **8** (**33**), 14—15, 1897 a.
— *Acidalia contiguaria* near Penmaenmawr. Entomol. monthly Mag., (2) **8** (**33**), 184, 1897 b.
— Preliminary List of the Neuroptera and Trichoptera of Yorkshire (omitting Psocidae and Ephemeridae). Naturalist London, **1897**, 115—126, 1897 c.
— *Agrotis ashworthii* in North Wales. Entomologist, **31**, 197, 1898 a.
— Description of the larva of *Caradrina ambigua.* Entomol. monthly Mag., (2) **9** (**34**), 276—278, 1898 b.
— *Limnophilus bipunctatus* near Selby: Another Addition to the Yorkshire List. Naturalist London, **1898**, 26, 1898 c.
— *Oecetis ochracea* etc. near Huddersfield. Naturalist London, **1898**, 26, 1898 d.
— *Nothochrysa fulviceps* a Yorkshire Insect. Naturalist London, **1898**, 88, 1898 e.
— The late G. C. Dennis. Naturalist London, **1898**, 113—114, 1 Fig., 1898 f.
— Yorkshire records of Lepidoptera. Naturalist London, **1898**, 116, 1898 g.
— Neuroptera and Trichoptera at Skipwith near Selby. Naturalist London, **1898**, 356, 1898 h.
— (Dark forms of *Arctia lubricipeda.*) Trans. ent. Soc. London, **1898**, Proc. XXIX, 1898 i.
— (Variety of *Bombyx quercus.*) Trans. ent. Soc. London, **1898**, Proc. XL, 1898 j.
— (Yellow variety of *Anchocelis rufina.*) Trans. ent. Soc. London, **1898**, Proc. XL, 1898 k.
— A fortnight in the highlands. [Odon., Trich., Plec., Ephem., Lep.] Entomologist, **32**, 86—91, 1899 a.
— *Agrotis ashworthii, Acidalia contiguaria,* &c., in North Wales. Entomologist, **32**, 237, 1899 b.
— *Nothochrysa capitata* in Yorkshire. Entomol. monthly Mag., (2) **10** (**35**), 210, 1899 c.
— *Pachetra leucophaea,* &c., in East Kent. Entomol. monthly Mag., (2) **10** (**35**), 210, 1899 d.
— *Colpotaulius incisus,* a Trichopteron new to Yorkshire, etc. Naturalist London, **1899**, 19, 1899 e.
— *Colpotaulius incisus* new to Yorkshire etc. Naturalist London, **1899**, 19, 1899 f.
— *Xylophasia scolopacina* at Huddersfield. Naturalist London, **1899**, 32, 1899 g.
— *Orthotaelia sparganiella* near Huddersfield. Naturalist London, **1899**, 32, 1899 h.
— *Periplaneta australasiae* at Halifax. Naturalist London, **1899**, 48, 1899 i.
— *Halesus guttatipennis* in Derbyshire. Naturalist London, **1899**, 51, 1899 j.
— *Ephestia kühniella* in Yorkshire. Naturalist London, **1899**, 51, 1899 k.
— *Arctia lubricipeda* var. *radiata* at Kirby Moorside. Naturalist London, **1899**, 68, 1899 l.
— Migration of *Libellula quadrimaculata.* Entomologist, **33**, 247, 1900 a.
— *Macroglossa stellatarum,* &c., at Huddersfield. Entomologist, **33**, 249—250, 1900 b.
— Orthoptera at Sugar. Entomologist, **33**, 301, 1900 c.
— Unusual abundance of *Acidalia inornata* at Huddersfield. Entomol. monthly Mag., (2) **11** (**36**), 208—209, 1900 d.
— *Stenophylax alpestris,* &c., at Huddersfield. Entomol. monthly Mag., (2) **11** (**36**), 209, 1900 e.
— (Distribution of *Sympetrum sanguineum* in Britain.) Entomol. Rec., **12**, 81, 1900 f.
— (*Hemerobius nitidulus* at York.) Entomol. Rec., **12**, 246, 1900 g.
— (*Acronycta ligustri* and *Eupithecia fraxinata* in North Yorkshire.) Entomol. Rec., **12**, 246—247, 1900 h.
— *Hemerobius concinnus* near Selby. Naturalist London, **1900**, 12, 1900 i.
— *Limnophilus luridus* and *Molanna angustata* at Huddersfield. Naturalist London, **1900**, 12, 1900 j.

— *Acronycta aceris* at Doncaster: an Addition to the Yorkshire List of Lepidoptera. Naturalist London, **1900**, 16, 1900 k.
— *Mamestra abjecta* and *Epunda lutulenta* in Yorkshire. Naturalist London, **1900**, 16, 1900 l.
— Unusual Abundance of *Vanessa atalanta* and *Macroglossa stellatarum* in Yorkshire. Naturalist London, **1900**, 16, 1900 m.
— *Vanessa atalanta* at Huddersfield. Naturalist London, **1900**, 62, 1900 n.
— The Celery Fly: Ravages at Huddersfield. Naturalist London, **1900**, 62, 1900 o.
— Dragonfly new to Yorkshire at Askham Bog. Naturalist London, **1900**, 256, 1900 p.

Porritt, George Taylor & **Weir**, [John] Jenner
(Varieties of *Hybernia progemmaria.*) Trans. ent. Soc. London, **1887**, Proc. XIII, 1887.

Port, A ... Dodel siehe Dodel-Port, A ...

Porta, Antonio
Hydraena (*Hoplydraena*) *Fiorii* n. sp. Misc. ent., 7, 29—31, 1899 a.
— Corrigenda [zu Leunis, Johannes: Synopsis der drei Naturreiche 1886]. Misc. ent., 7, 59, 1899 b.
— Révision du sous genre *Hoplydraena* Kuw. Misc. ent., **8**, 7—9, Taf. I, 1900 a.
— Ricerche sull' *Aphrophora spumaria* L. Rend. Ist. Lomb. Sci. Lett., (2) **33**, 920—928, Taf. VII, 1900 b.

Porta, V ... Antonio
Contributo allo studio del *Silvanus bicornis* e del *S. surinamensis* L. Riv. Ital. Sci. nat., **16**, Boll. 59—60, 1896.

Portalès, H ...
○ Agriculture. De quelques remèdes contre le phylloxera. 8°, 16 S., Nîmes, impr. Soustelle, 1873.

Portchinsky, Josef Aloizievič siehe Porčinskij, Iosif Aloizievič

Portchynsky, Josef siehe Porčinskij, Iosif Aloizievič

Porte-Orieulx, J ... de la
(Le *Melolontha fullo.*) Feuille jeun. Natural., **15**, 23, (1884—85) 1884.
— A propos de la note sur la préparation des microcoléoptères par la méthode orléanaise. Feuille jeun. Natural., **18**, 11, (1887—88) 1887.

Porter, C ... J ... A ...
Experiments with the Antennae of Insects. Amer. Natural., **17**, 1238—1245, 1883.

Porter, Carlos Emilio Prof. Dr.
geb. 1868 in Valparaiso, gest. 13. 12. 1942 in Santiago de Chile, Prof. f. Entomol. an d. Univ. in Santiago. — Biogr.: (B. F. Anguita) Revista Chilena Hist. nat., **25**, XI—XXIV, 1921; (L. O. Howard) Hist. appl. Ent., 1930; (E. E. Gigoux) Bol. Mus. nac. Hist. nat., **20**, 107—108, 1942; (Arturo Fontecilla Larrain) Rev. Ent. Caen, **14**, 321—342, 1943 m. Porträt; (L. T.) Revista Soc. ent. Argent., **11**, 485—486, 1943; Graellsia, **1**, 29, 1943; Journ. econ. Ent., **36**, 247, 1943; Bol. Labor. Clinica Razetti, **3**, 217—218, 1943; (M. Biraben) Revista Mus. La Plata, (N. S.) **1943**, 133—135, 1944 m. Porträt.
— [Sur la flore et la faune de Caldera.] Act. Soc. scient. Chili, **2**, CXLVII, 1892.
— Pequeña contribución á la fisiología de los Insectos. Sobre la naturaleza del líquido que como medio de defensa emiten algunos Coleópteros. Act. Soc. scient. Chili, **4**, 217—220, (1894) 1895 a.
— (Excursion zoologique et botanique à Chañarcillo (Copiapó).) Act. Soc. scient. Chili, **5**, XXXV, 1895 b.
— (Lista de Himenópteros con 4 especies nuevas.) Act. Soc. scient. Chili, **6**, XLIV, 1896.
— Datos para el conocimiento de los Artrópodos de la provincia de Valparaiso. Revista Chilena Hist. nat., **1**, 12—14, 21—22, 1897 a.
— Pequeña contribucion a la fauna del litoral de la provincia de Valparaiso. Revista Chilena Hist. nat., **1**, 33—35, 1897 b.
— Contribucion a la fauna de la provincia de Valparaiso. Revista Chilena Hist. nat., **2**, 31—33, 1898 a.
— Ensayo de una Bibliografia chilena de Historia Natural. Revista Chilena Hist. nat., **2**, 77—79, 108—109, 1898 b; **3**, 3—4, 33—34, 1899.
— Datos par el conocimiento de los insectos del departemento de Quillota. Revista Chilena Hist. nat., **3**, 35—36, 1899.
— Resistencia vital de algunos Artrópodos Chilenos. Revista Chilena Hist. nat., **4**, 147, 1900.

Porter, Endymion
Acentropus niveus abundant in Ireland. Entomologist, **27**, 273, 1894.
— (A dark male of *Spilosoma menthastri.*) Entomol. Rec., **7**, 12—13, (1895—96) 1895.
— Coleoptera of Upper Lough Erne, Co. Fermanagh. Irish Natural., **7**, 48—49, 1898.

Porter, James F ...
Trichonympha, and other Parasites of *Termes flavipes.* Bull. Mus. comp. Zool. Harvard, **31**, 47—68 + 6 (unn., Taf. Erkl.) S., Taf. 1—6, (1897—98) 1897.

Porter, Wilmatte
siehe Cockerell, Theodore Dru Alison & Porter, Wilmatte 1899.

Portevin, F ... A ... G ...
(Sur les moeurs de *Hedobia regalis.*) Ann. Soc. ent. France, **60**, Bull. CLII, CLX, (1891) 1892.
— Description de la larve de *Hedobia* (*Ptinomorphus*) *regalis* Duft. [Col.]. Bull. Soc. ent. France, **1896**, 15—16, 1896 a.
— Note sur les métamorphoses d'*Heterocerus fusculus* Kiesw. [Col.]. Bull. Soc. ent. France, **1896**, 294—295, 1896 b.

Portschinsky, Josef siehe Porčinskij, Iosif Aloizievič

Posada-Arango, A ...
Note sur le criquet voyageur de la Colombie. Naturaliste, **1**, Nr. 2, 4—5, 1879.

Poselger, H ... Dr. phil.
siehe Heese, J ... A ...; Poselger, H ... & Bouché, J ... 1869.
— Bericht über eine Züchtung des *Saturnia Pyri.* Ztschr. Akklim. Berlin, (N. F.) **10**, 166, 1872.

Posemuckel, Wilhelm
Unsere Küchenschabe. Natur u. Offenbar., **19**, 547—556, 1873.

Poskin,
Laboratoire d'entomologie de l'Institut agricole de l'Etat à Gembloux. — Rapport sur les études effectuées pendant le 1er semestre de 1895. Bull. Soc. Linn. Bruxelles, **21**, Nr. 4—5, 10—15; Nr. 6, 5—7, 6 Fig.; Nr. 7, 5—7, 5 Fig.; Nr. 8, 3—5, 1 Fig.; Nr. 9, 5—8, 1896.

[Pospelov, Vladimir Petrovič] **Поспелов,** Владимир Петрович
geb. 10. 3. 1872 in Bogorodick, gest. 1. 2. 1949 in Kiew. — Biogr.: Ent. Obošr., **31,** 301—314, 1950 m. Porträt & Schriftenverz.

○ [Über Beschädigungen des Winterroggens im Jeletc-Kreise durch die Hessenfliege im Jahre 1897. Ausgabe D. 12 S., Orel, Zemstvo, 1897.] О повреждении озимых хлебов в Елец у гессенской мухой летом 1897 г. Орел, 1897.

— Zur Lebensweise der Hessenfliege (*Cecidomyia destructor Say*). Ill. Ztschr. Ent., **3,** 100—102, 1898 a.

○ Über eosinophile Granulationen und Krystalloide im Fettkörper der Insekten. [Russ. m. Dtsch. Zus.fassg.] Mitt. landw. Inst. Moskau, 4, [10 S.], Taf. XII, 1898 b.
[Ref.:] Adelung, Nicolai von: Zool. Zbl., **6,** 339—340, 1899.

○ [Haben Ameisen und Bienen psychische Fähigkeiten?] Обладают ли муравьи и пчелы психическими способностями? Naturwissenschaft und Geographie, 1899 a.

○ [Hessenfliege und ihre Ichneumoniden-Parasiten im Gouvernement Orlov.] Гессенская муха и ея паразиты-наездники в Орлов. [Mitt. landw. Inst. Moskau], **1899,** 12, 1899 b.

○ [Tabellen zur Bestimmung der Orthoptera. Beilage zu Professor N. M. Kulagins Vorlesungskurs. Moskau, 1900.] Таблицы для определенiя прямокрылых (Orthoptera). Прилож. к «Курсу лекцiи» профессор Н. М. Кулагина. Москва, 1900 a.

— Die Parasiten der Hessenfliege in Russland. Ill. Ztschr. Ent., **5,** 261—264, 6 Fig., 1900 b.

[Pospelov, Vladimir Petrovič & **Kulagin,** Nikolaj Michaelovič] **Поспелов,** Владимир Петрович & **Кулагин,** Николай Михаелович

○ [Die Hessenfliege in den Gouvernements Orlev und Kursk im Jahre 1897.] Гессенская муха в Орлов и Курск в 1897 г. [Mitt. landw. Inst. Moskau], Ausgabe D, 1897.

Pospelow, Wladimir siehe Pospelov, Vladimir Petrovič

Pospjelow, Wladimir siehe Pospelov, Vladimir Petrovič

Post, Hampus Adolf von
geb. 1822.

— Bidrag till Dödskallefjärilens (*Acherontia Atropos*) lefnadshistoria. Ent. Tidskr., **5,** 193—194; [Franz. Zus.fassg.:] Contributions à la biologie de la Tête de mort (*Acherontia Atropos*). 228, 1884 a.

○ Några iakttagelser öfver tvänne härjningar å sädesslagen under sommaren 1883. Landbr. Akad. Handl. Tidskr., **1884,** [11 S.], 1884 b.

— Några iakttagelser öfver Pingborren. Ent. Tidskr., **13,** 49—50, 1892 a. — [Abdr.:] Uppsats. prakt. Ent., **2,** 49—50, 1892.

— Iakttagelser öfver *Adimonia tanaceti* Lin. Ent. Tidskr., **13,** 50—52, 1892 b. — [Abdr.:] Uppsats. prakt. Ent., **2,** 50—52, 1892.

Postans, F . . .
Chaerocampa celerio (imago and larvae) at Newmarket. Entomol. monthly Mag., **2,** 162, (1865—66) 1865.

Postans, R . . . B . . .
Note on *Parnassius apollo* in Switzerland. Entomologist, **25,** 243, 1892 a.

○ Butterflies. Trans. Eastbourne nat. Hist. Soc., (N. S.) **2,** 259—292, ? Taf., 1892 b.

— The Rhone Valley in June. Entomol. Rec., **10,** 34—36, 1898.

— (Butterflies of the Rhone valley.) Entomol. Rec., **12,** 50—51, 1900.

Postans, R . . . D . . .
Notes on *„Gonopteryx Rhamni."* Sci. Gossip, **23,** 73, 1887.

— (*Colias hyale* in the Spring.) Entomol. Rec., **1,** 338—339, (1890—91) 1891 a.

— (Killing Lepidoptera) [Mit Angaben von J. E. Tarbat, Wm. Farren.] Entomol. Rec., **2,** 67—68, 1891 b.

— (*Deiopeia pulchella.*) Entomol. Rec., **3,** 187, 1892.

— (*Polyommatus iolas* in Switzerland.) Entomol. Rec., **9,** 40—41, 1897.

Postelt,

○ Der Getreide-Laufkäfer [*Zabrus gibbus*]. Wien. landw. Ztg., **1876,** 264, 1876.

Posth,
La classification des lépidoptères. Bull. Soc. Sci. nat. Nîmes, **8,** 78—79, 1880.

Posthumus, L . . .
De zandwesp (*Ammophila sabulosa*). Album Natuur, **1892,** 27—29, 1892.

Potonié, Henry
geb. 1857.

— Eine wenig beachtete vegetabilische Fliegenfalle. Kosmos, **12** (1882—83), 139—140, 1 Fig., 1882.

Pott,
Vergleichende Untersuchung über die Mengenverhältnisse der durch Respiration und Perspiration ausgeschiedenen Kohlensäure bei verschiedenen Thierspecies in gleichen Zeiträumen nebst einigen Versuchen über Kohlensäureausscheidung desselben Thieres unter verschiedenen physiologischen Bedingungen. Landw. Versuchs-Stat., **18,** 81—166, 2 Fig., 1875.
[Ref.:] Chemical Experiments on the Respiration of Insects. Psyche Cambr. Mass., **2,** 125—126, (1883) 1878.

Pott, Emil

○ Über die Vertilgung resp. landwirthschaftliche Verwerthung der Maikäfer und Engerlinge. Ztschr. landw. Ver. Bayern, **69** ((N. F.) **13**), 319—323, 1879.

— Maikäferschrot. Dtsch. landw. Pr., **8,** 173, 1881.

Potter, A . . . T . . .
Notes on the Cicadas of New Zealand. Trans. Proc. N. Zealand Inst., **29** ((N. S.) **12**) (1896), 280—282, 1897.

— On the Habits of *Dermestes vulpinus.* Trans. Proc. N. Zealand Inst., **31** ((N. S.) **14**) (1898), 104—105, 1899.

Potter, Alistoir R . . .
Deiopeia pulchella in Sussex. Entomologist, **28,** 279, 1895.

Potter, E . . . G . . .
Acronycta alni near York. Entomologist, **22,** 187, 1889.

Potter, H . . . B . . .
Insusceptibility of Insects to Poisons. Nature London, **57,** 412, (1897—98) 1898.

Potter, Joseph
Occurrence of *Catocala fraxini* in the Regent's park. Entomol. monthly Mag., **7**, 111, (1870—71) 1870.
— *Catocala fraxini* in Hyde Park. Entomologist, **18**, 318, 1885.

Pottier, F...
○ Le cerf-volant et la résistance de l'air. La Nature, **1894**, Bd. 2, 27, 1894.

Potts, Edward
Shedding of the Tracheae in the Molting of Insects. Amer. Natural., **13**, 454, 1879 a.
— Two Chrysalids in the same Cocoon. Amer. Natural., **13**, 455, 1879 b.
— Sensitive Organs in Asclepias. Proc. Acad. nat. Sci. Philadelphia, **1878**, 293—296, 4 Fig., 1879 c.
— (Egg Parasites.) Ent. News, **2**, 53—54, 1891 a.
— (Habits of Bees.) Ent. News, **2**, 54, 1891 b.

Potts, John
Do Insects recognize Individuals? [Mit Angaben von Edward Newman.] Entomologist, **6**, 415—416, (1872—73) 1873 a.
— Insects as Weather Prognosticators. Entomologist, **6**, 524—525, (1872—73) 1873 b.
— *Acronycta Alni* at Doncaster. Entomologist, **7**, 162—163, 1874.
— Sugaring for Moths. Entomologist, **8**, 180, 1875.

Potts, T...
Vanessa Polychloros at Doncaster. Entomologist, **6**, 387, (1872—73) 1873 a.
— Varnished Pins. Entomologist, **6**, 391—392, (1872—73) 1873 b.

Potts, T... H...
Notes on a Native Species of *Mantis*. With a descriptive Note by Professor Hutton. Trans. Proc. N. Zealand Inst., **16** (1883), 114—118, 1884.

Potzelt, Hermann
Exkursionsbericht. Korr.bl. ent. Ver. Halle, **1**, 87, 1886.

Pou y Bonet, Louis
○ Noticias sobre la *Phylloxera vastatrix*. Vade-mecum del viticultor balear. 4°, 119 S., 1 Farbtaf., Palma de Mallorca, 1880.

Pouchet, Georges
○ [Notes relatives à la maladie des vers à soie, dirigées contre M. L. Pasteur.] Rev. Séricicult. comp., (4), 125—135, 1866.
— Improving Intelligence in Birds and Insects. Amer. Natural., **4**, 440—441, (1871) 1870 a.
— (Perception de la lumière chez les larves de muscidées.) C. R. Mém. Soc. Biol. Paris, (5) **1** (**21**) (1869), C. R. 268—270, 1870 b.
○ L'instinct chez les insectes. Rev. deux Mondes, (2) **85**, 682—703, 1870 c.
[Engl. Übers. von] A. R. Macdonough: Instinct in Insects. Pop. Sci. monthly, **3**, 12—21, 149—159, 1873.
— Développement du système trachéen de l'Anophèle (*Corethra plumicornis*). Arch. Zool. exp. gén., **1**, 217—232, 1 Fig., Taf. X[1]) (Fig. 1—5), 1872 a.
— De l'influence de la lumière sur les larves de diptères privées d'organes extérieurs de la vision. Première partie. Rev. Mag. Zool., (2) **23**, 110—117, 3 Fig.; 129—138, 2 Fig.; ... (Deuxième partie). 183—186, 225—231, 261—264, 312—316, (1871—72) 1872 b.
— (Sensibilité à la lumière des larves de diptères.) [Mit Angaben von M. Claude Bernard.] C. R. Mém. Soc. Biol. Paris, (5) **3** (**23**) (1871), C. R. 94, 1873.
— (Coléoptères aveugles des grottes des Pyrénées.) C. R. Mém. Soc. Biol. Paris, (5) **4** (**24**) (1872), C. R. 213—214, 1874.
— Une expérience sur l'instinct des chenilles processionaires (*Bombyx pityocampa*). C. R. Mém. Soc. Biol. Paris, (7) **2** (**32**) (1880), C. R. 131, 1881.
— Charles Robin (1821—1885), sa vie et son oeuvre. Journ. Anat. Physiol. Paris, **22**, I—CLXXXIV, 1 Frontispiz, 1886.
— Sur la nature du test des Arthropodes. C. R. Mém. Soc. Biol. Paris, (8) **5** (**40**), C. R. 685—688, 1888.
— Sur les conditions de la vie dans les grands Fonds. C. R. Congr. int. Zool., [**1**], 130—133, 1889.
— Les larves de Muscides comme facteurs géologiques. C. R. Mém. Soc. Biol. Paris, (9) **4** (**44**), C. R. 36—38, 1892.

Pouchet, Georges & **Bovier-Lapierre,**
Note sur les effets du venin d'abeille sur les tissus végétaux. C. R. Mém. Soc. Biol. Paris, (8) **2** (**37**), C. R. 457—458, 1885.

Pouillon, A...
Essai d'Entomologie appliquée. Fauna Ver. Luxemburg, **2**, 72—73, 1892; **3**, 22—23, 74—75, 1893; **4**, 55—57, 1894.

Poujade, Gustave Arthur
gest. September 1909 im Wald von Fontainebleau, Präparator f. Insekten am Naturhist. Mus. in Paris. — Biogr.: Ent. Rdsch., **26**, 115, 1909.
— (Note sur l'*Ochodaeus chrysomelinus*.) Ann. Soc. ent. France, (5) **2**, Bull. XLIX, (1872) 1873 a.
— (Note sur une chrysalide appartenant à la *Pieris rapae*.) Ann. Soc. ent. France, (5) **2**, Bull. LXXXIII, (1872) 1873 b.
— Note sur le vol de quelques Coléoptères. Ann. Soc. ent. France, (5) **3**, 523—524, Taf. 14, (1873) 1874.
— (Notes relatives à la faune entomologique des environs de Paris: *Hydroporus, Chlaenius & Pachnephorus*.) Ann. Soc. ent.France, (5) **6**, Bull. XCII—XCIII (= Bull. Soc. ..., **1876**, 99—100), 1876 a.
— (*Sesia bembeciformis*, Lép.) Ann. Soc. ent. France, (5) **6**, Bull. XCIII (= Bull. Soc. ..., **1876**, 99—100), 1876 b.
— (Quatre espèces intéressantes de Coléoptères prises à Fontainebleau: *Chrysanthia, Melanophila, Acanthoderes & Criocephalus*.) Ann. Soc. ent. France, (5) **6**, Bull. CLIX—CLX (= Bull. Soc. ..., **1876**, 171), 1876 c.
— (*Notodonta* (*Drynobia*) *melagona*, Lép.) Ann. Soc. ent. France, (5) **6**, Bull. CLXIX (= Bull. Soc. ..., **1876**, 183), 1876 d.
— (*Melitaea didyma* (variété), Lép.) Ann. Soc. ent. France, (5) **6**, Bull. CLXIX (= Bull. Soc. ..., **1876**, 182—183), 1876 e.
— (*Nemotois barbatellus*, Lép.) Ann. Soc. ent. France, (5) **6**, Bull. CLXIX (= Bull. Soc. ..., **1876**, 182—183), 1876 f.
— (*Leptura rufipennis* dans la forêt de Compiègne.) Ann. Soc. ent. France, (5) **7**, Bull. CXXIII (= Bull. Soc. ..., **1877**, 171), 1877.
— (*Pimpla angens*. Hym.) Ann. Soc. ent. France, (5) **8**, Bull. XXXIX (= Bull. Soc. ..., **1878**, 52), 1878 a.

[1]) lt. Text irrtümlicherweise Taf. VII

— (*Myrmeleo pantherinus*, Névr.) Ann. Soc. ent. France, (5) **8**, Bull. CXVIII—CXIX (= Bull. Soc. . . ., **1878**, 160—161), 1878 b.
— (*Amara eximia*, Col.) Ann. Soc. ent. France, (5) **8**, Bull. CXIX (= Bull. Soc. . ., **1878**, 161), 1878 c.
— (*Chrysopa* (*Hypochrysa*) *nobilis*, Névr.) Ann. Soc. ent. France, (5) **8**, Bull. CXIX (= Bull. Soc. . . ., **1878**, 161), 1878 d.
— (*Bittacus Hageni*, Névr.) Ann. Soc. ent. France, (5) **8**, Bull. CXIX (= Bull. Soc. . . ., **1878**, 161), 1878 e.
— (*Syrphus gracilis*, Dipt.) Ann. Soc. ent. France, (5) **8**, Bull. CXIX—CXX (= Bull. Soc. . . ., **1878**, 161), 1878 f.
— (*Gastrophilus* (*Oestrus*) *equi* et *haemorrhoidalis* (parasites), Dipt.) Ann. Soc. ent. France, (5) **9**, Bull. CXXVIII (= Bull. Soc. . . ., **1879**, 173—174), 1879 a.
— (*Callimorpha Hera*, Lép.) Ann. Soc. ent. France, (5) **9**, Bull. CXXVIII (= Bull. Soc. . . ., **1879**, 174), 1879 b.
— Observations sur les métamorphoses de l'*Attacus Atlas*. Ann. Soc. ent. France, (5) **10**, 183—188, Farbtaf. 8, 1880 a.
— Les Carabes des environs de Paris. Bull. Insectol. agric., **5**, 38—40, 1880 b.
— (*Cleora angularia* Thunb. *viduaria* W. V.) Ann. Soc. ent. France, (6) **1**, Bull. LXXVIII (= Bull. Soc. . . ., **1881**, 101), 1881.
— (Observations relatives à un Diptère: *Alophora hemiptera* Fab.) Ann. Soc. ent. France, (6) **2**, Bull. XC (= Bull. Soc. . . ., **1882**, 117—118), 1882 a.
— (Une variété de l'*Asthena candidata* W. V.) Ann. Soc. ent. France, (6) **2**, Bull. XC—XCI (= Bull. Soc. . . ., **1882**, 118), 1882 b.
— siehe André, Edmond & Poujade, Gustave-Arthur 1882.
— Métamorphoses d'un Diptère de la famille des Syrphides, genre *Microdon* Meig. = *Aphritis* Latr. (*Microdon mutabilis* Lin.). Ann. Soc. ent. France, (6) **3**, 23—30, Farbtaf. 1 (I), 1883 a; (6) **3**, Bull. XCIX (= Bull. Soc. . . ., **1883**, 139—140), (1883) 1884.
— (*Lasiocampa lunigera* Esp. en France.) Ann. Soc. ent. France, (6) **3**, Bull. LXXIII (= Bull. Soc. . . ., **1883**, 103), 1883 b.
— (La femelle du *Lampyris noctiluca*.) Ann. Soc. ent. France, (6) **3**, Bull. LXXXVII (= Bull. Soc. . . ., **1883**, 122), (1883) 1884 a.
— Note sur les attitudes des Insectes pendant le vol. Ann. Soc. ent. France, (6) **4**, 197—200, Taf. 8, 1884 b.
— (Note sur un Lépidoptère nuisible: *Hypopta caestrum* Hubn.) Ann. Soc. ent. France, (6) **4**, Bull. CVII (= Bull. Soc. . . ., **1884**, 154), 1884 c.
— Descriptions de six Lépidoptères de la province de Mou-Pin (Thibet): *Satyrus, Mycalesis, Lycoena, Syntomis, Procris* et de Satyrides nouveaux: *Debis*.) Ann. Soc. ent. France, (6) **4**, Bull. CXXXIV—CXXXVI, CXL—CXLI, CLIV—CLV, CLVIII (= Bull. Soc. . . ., **1884**, 199—200, 203, 208—209), (1884) 1885 a; (6) **5**, Bull. CXLIII, 1885.
— (*Boreus hyemalis* Lin.) Ann. Soc. ent. France, (6) **4**, Bull. CXL (= Bull. Soc. . . ., **1884**, 208), (1884) 1885 b.
— (*Coptocephala tetradyma* Küst. dans la forêt de Fontainebleau.) [Mit Angaben von Lefèvre.] Ann. Soc. ent. France, (6) **4**, Bull. CXLIV (= Bull. Soc. . . ., **1884**, 218), (1884) 1885 c.
— (Description d'un Satyride nouveau du Thibet oriental: *Debis ocellata* Pouj.) Ann. Soc. ent. France, (6) **5**, (Bull. X—XI, 1885 d.
— (Un Satyride de la province de Mou-Pin: *Mycalesis oculatissima*.) Ann. Soc. ent. France, (6) **5**, Bull. XXIV—XXV, 1885 e.
— (Description d'un Satyride du Thibet oriental: *Ypthima Albescens*.) Ann. Soc. ent. France, (6) **5**, Bull. XLI—XLII, 1885 f.
— (Éclosion de l'*Endromis versicolor*.) [Mit Angaben von Jules Fallou]. Ann. Soc. ent. France, (6) **5**, Bull. LXVI, 1885 g.
— (Description de nouvelles espèces de Lépidoptères: *Araschnia, Satyrus*.) Ann. Soc. ent. France, (6) **5**, Bull. XCIV—XCV, 1885 h.
— (Une note sur la vie et les habitudes des *Ateuchus*.) Ann. Soc. ent. France, (6) **5**, Bull. CIX—CXI, 1885 i. — [Abdr. mit Zusätzen:] Le vérité sur les rouleurs de boules. Bull. Insectol. agric., **10**, 119—123, 1 Fig., 1885.
— (Description d'une nouvelle espèce de Lépidoptères: *Lycaena opalina*.) Ann. Soc. ent. France, (6) **5**, Bull. CXLIII, 1885 j.
— (Description de deux Lycénides nouvelles de la province de Mou-Pin (Thibet): *Lycaena marginata, Lycaena Thibetensis*.) Ann. Soc. ent. France, (6) **5**, Bull. CLI, 1885 k.
— (*Sesia bembeciformes* Hubn. dans la forêt d'Armainvillers.) Ann. Soc. ent. France, (6) **5**, Bull. CLII, 1885 l.
— (L'*Attacus Cynthia*, un fléau pour les jardins.) Ann. Soc. ent. France, (6) **5**, Bull. CLXIV, 1885 m. — [Abdr.:] Bull. Insectol. agric., **10**, 142, 1885.
— (Note sur les chrysalides d'*Endromis versicolor, Sesia, Cossus* etc.) Ann. Soc. ent. France, (6) **5**, Bull. CLXIV—CLXV, 1885 n.
— (Remarques sur la *Catocala fraxini*.) Ann. Soc. ent. France, (6) **5**, Bull. CLXV, 1885 o.
— siehe Lefèvre, Edouard & Poujade, Gustave-Arthur 1885.
— (Description d'un Lépidoptère du Thibet: *Limenitis mimica*.) Ann. Soc. ent. France, (6) **5**, Bull. CC, (1885) 1886 a.
— Descriptions de deux Lépidoptères de la famille des Nymphalides: *Limenitis, Apatura*.) Ann. Soc. ent. France, (6) **5**, Bull. CCVII—CCVIII, (1885) 1886 b.
— (Descriptions de nouvelles espèces de Lépidoptères du Thibet: *Adolias Thibetana, Adolias Armandiana*.) Ann. Soc. ent. France, (6) **5**, Bull. CCXV—CCXVI, (1885) 1886 c.
— (Deux Lépidoptères Hétérocères du Thibet (Mou-Pin): *Bombyx* ? et *Hepialus*.) Ann. Soc. ent. France, (6) **6**, Bull. XCII—XCIII, 1886 d.
— (Descriptions de quatre Lépidoptères Hétérocères nouveaux du Thibet: *Bintha Aurulenta, B. Cyanicornis, B. Clathrata* et *Syntomis rubrozonata*.) Ann. Soc. ent. France, (6) **6**, Bull. CXVI—CXVIII, 1886 e.
— (Deux Lithosides nouvelles du Thibet: *Bizone bifasciata* et *Bizone interrogationis*.) Ann. Soc. ent. France, (6) **6**, Bull. CXXIV—CXXVI, 1886 f.
— (Deux Lépidoptères rares pour la faune des environs de Paris: *Polyphaenis* et *Acidalia*.) Ann. Soc. ent. France, (6) **6**, Bull. CXXVI, 1886 g.
— (Insectes rares pris dans la foret de Fontainebleau: *Dicera, Eurythyrea, Mantispa* et *Stenobothrus*.) Ann. Soc. ent. France, (6) **6**, Bull. CXXXIII—CXXXIV, CXLII—CXLIII, 1886 h.
— (Descriptions d'une Zygaenide et d'une Lithoside, provenant de Mou-Pin: *Thyrina* et *Calligenia*.) Ann. Soc. ent. France, (6) **6**, Bull. CXLIII, 1886 i.

— (Trois Lépidoptères nouveaux de la famille des *Lithosides*, capturés dans la Province de Mou-Pin (Thibet oriental): *Lithosia, Nudaria* et *Nola.*) Ann. Soc. ent. France, (6) **6**, Bull. CL—CLI, 1886 j.
— (Quelques capture d'Insectes faites aux environs de Paris: *Stenobothrus petraeus* L. Brisout, *St. stigmaticus* Ramb. et *Dendroleon pantherinus* Fabr.) Ann. Soc. ent. France, (6) **6**, Bull. CLVII, 1886 k.
— (Description d'un Lépidoptère de la famille des Lithosides, provenant de Mou-Pin (Thibet): *Aemena punctatissima.*) Ann. Soc. ent. France, (6) **6**, Bull. CLIX, 1886 l.
— siehe Laboulbène, Alexandre & Poujade, Gustave-Arthur 1886.
— Notice nécrologique sur Maurice Girard. Ann. Soc. ent. France, (6) **6**, 475—480, (1886) 1887 a.
— (*Stenobothrus stigmaticus* Rambur, *Ephippiger vitium* Serv. et *Dendroleon pantherinus* Fab.) Ann. Soc. ent. France, (6) **6**, Bull. CLXXV, (1886) 1887 b.
— (Description d'une Noctuélide nouvelle du Thibet: *Catocala Davidi.*) Ann. Soc. ent. France, (6) **7**, Bull. XXXVIII—XXXIX, 1887 c; (6) **8**, Bull. CCVII—CCVIII, (1888) 1889.
— (Description d'une espèce nouvelle de Noctuélide: *Thyatyra oblonga.*) Ann. Soc. ent. France, (6) **7**, Bull. XLIX—L, 1887 d.
— (Descriptions de Noctuélides de Mou-Pin (Thibet): *Agrotis* et *Plusia.*) Ann. Soc. ent. France, (6) **7**, Bull. LXVIII—LXIX, 1887 e.
— (Description d'une nouvelle espèce de Noctuélide: *Hadena spectabilis.*) Ann. Soc. ent. France, (6) **7**, Bull. CX—CXI, 1887 f.
— (*Toxocampa craccae* Fabr. et *Eriopus purpureofasciatus* Piller nouveaux pour la faune parisienne.) Ann. Soc. ent. France, (6) **7**, Bull. CXX, 1887 g.
— (Description d'une nouvelle Noctuélide: *Thyatyra (Gonophora) pterographa.*) Ann. Soc. ent. France, (6) **7**, Bull. CXXXV, 1887 h.
— (Description d'une nouvelle espèce de Noctuélides: *Calpe ? striata.*) Ann. Soc. ent. France, (6) **7**, Bull. CXXXIX, 1887 i.
— (Description d'une nouvelle espèce de Noctuélide: *Caradrina ? grisescens.*) Ann. Soc. ent. France, (6) **7**, Bull. CLVII, 1887 j.
— siehe Fairmaire, Léon & Poujade, Gustave-Arthur 1887.
— (Observations relatives à une éducation de la *Harpya fagi* L.) Ann. Soc. ent. France, (6) **7**, Bull. CLXIV—CLXVI, (1887) 1888 a.
— (Descriptions de nouvelles espèces de Piéride et de Noctuélide: *Pieris* et *Acronycta.*) Ann. Soc. ent. France, (6) **8**, Bull. XIX—XX, 1888 b.
— (Un Lépidoptère nouveau pour la faune algérienne: *Heliothis nubigera.*) Ann. Soc. ent. France, (6) **8**, Bull. XL, 1888 c.
— (*Clostera alpina* Bellier.) Ann. Soc. ent. France, (6) **8**, Bull. XCIX—C, CXXVI, (1888) 1889 a.
— (Espèces de chenilles d'une Chélonide et d'une Phalénide: *Spilosoma Zatima* Cram. et *Phibalapteryx aquata* Hübn.) Ann. Soc. ent. France, (6) **8**, Bull. CXXI, (1888) 1889 b.
— (*Reduvius personatus.*) Ann. Soc. ent. France, (6) **8**, Bull. CXXI, (1888) 1889 c.
— (Capture intéressante des Lépidoptères faites aux environs d'Essonnes et de Corbeil: *Phragmatoecia, Plusia* et *Phorodesma.*) Ann. Soc. ent. France, (6) **8**, Bull. CXXI—CXXII, (1888) 1889 d.
— (*Broscus cephalotes* pris à Saint-Michel-sur-Orge.) [Mit Angaben von Albert Léveillé, S.-A. de Marseul et E. Desmarest.] Ann. Soc. ent. France, (6) **8**, Bull. CLXVIII, (1888) 1889 e.
— (Note sur les *Papilio Pammon* Lin. et *P. Nicanor* Feld.) Ann. Soc. ent. France, (6) **9**, Bull. XLVII—XLVIII, 1889 f.
— (Description d'un Bombycide nouveau de Madagascar: *Liparis ? Rebuti.*) Ann. Soc. ent. France, (6) **9**, Bull. LXIII—LXIV, 1889 g.
— (Description d'un *Paussus* nouveau.) Ann. Soc. ent. France, **60**, Bull. XXXVI—XXXVII, LII, 1891 a.
— (Descriptions de deux nouvelles espèces de Lépidoptères Hétérocères du Laos: *Eusemia* et *Chalcosia.*) Ann. Soc. ent. France, **60**, Bull. LII—LIII, 1891 b.
— (Diagnoses de Lépidoptères Hétérocères du Laos: *Varnia, Acropteris, Boarminia* et *Hyperythra.*) Ann. Soc. ent. France, **60**, Bull. LXIII—LXV, 1891 c.
— (Description d'un Lépidoptère nocturne de la famille des Herminides provenant du Laos: *Bocana flavopunctatis.*) Ann. Soc. ent. France, **60**, Bull. CXXVIII, 1891 d.
— Nouvelles espèces de Lépidoptères du Laos. Naturaliste, (2) **5**, 143, 1 Fig., 1891 e.
— in Pavie, Auguste (1890—91) 1891.
— Notes Lépidoptèrologiques. Ann. Soc. ent. France, **60**, 593—598, Farbtaf. 17, (1891) 1892 a.
— Le *Papilio antimachus.* Naturaliste, (2) **6**, 287, 1 Fig., 1892 b.
○ Influence des lumières artificielles sur les insectes. Les papillons sans ailes. La Nature, **20**, Bd. 1, 55—58, 4 Fig., 1892 c.
— Description d'un Coléoptère nouveau. Naturaliste, (2) **7**, 15, 1 Fig., 1893 a.
— La Chenille de la *Harpya fagi.* Naturaliste, (2) **7**, 68—69, 1893 b.
— Métamorphoses d'*Aulacochilus Chevrolati* Luc. Ann. Soc. ent. France, **63**, 117—119, 6 Fig., 1894 a.
— (Sur le conservation des Névroptères.) Ann. Soc. ent. France, **63**, Bull. LXXV, 1894 b.
— (Description d'un lépidoptère hétérocère du Mou-Pin: *Siculodes ? lucidulina.*) Ann. Soc. ent. France, **63**, Bull. CLXXXVI, 1 Fig., (1894) 1895 a.
— Nouvelles espèces de Lépidoptères Hétérocères (Phalaenidae) recueillis à Mou-Pin par M. l'abbé A. David. Ann. Soc. ent. France, **64**, 307—316, Farbtaf. 6—7, 1895 b.
— Capture de *Stenobothrus haemorrhoïdalis* (Col.). Ann. Soc. ent. France, **64**, Bull. CCCXVIII, 1895 c.
— Note sur *Cicada orni* (Hém.). Ann. Soc. ent. France, **64**, Bull. CCCXCIX—CD, 1895 d.
— Nouvelles espèces de Phalaenidae recueillis à Mou-pin par l'Abbé A. David. Bull. Mus. Hist. nat. Paris, **1**, 55—59, 1895 e.
— Métamorphoses d'*Aulacochilus chevrolati,* Luc. Naturaliste, (2) **9**, 96, 1 Fig., 1895 f.
— siehe Guerne, Jules & Poujade, Gustave-Arthur 1895.
— in Simon, Eugène [Herausgeber] (1889—1900) 1895.
— Note sur des Vers à soie de la République du Salvador. Bull. Mus. Hist. nat. Paris, **2**, 94—95, 1896 a.
— Note sur les accidents causés par l'ingestion de Chenilles de l'*Aglossa pinguinalis.* Bull. Mus. Hist. nat. Paris, **2**, 135, 1896 b.
— Liste supplémentaire des Lépidoptères recueillis dans l'Indo-Chine et offerts au Muséum par M. Pavie. Bull. Mus. Hist. nat. Paris, **2**, 262—263, 1896 c.
— Distribution géographique de l'*Ophideres materna,* Lin. [Lép.]. Bull. Soc. ent. France, **1896**, 9, 1896 d.

— Sur les moeurs de la chenille de *Zeuzera pyrina*, Lin., ou *aesculi*, Lin. Bull. Soc. ent. France, **1896**, 189—190, 1896 e.
— Description d'une aberration mâle d'*Apatura Ilia*, Schiff. Bull. Soc. ent. France, **1896**, 202, 1896 f.
— Captures et observations biologiques. Bull. Soc. ent. France, **1896**, 366, 1896 g.
— Note sur les Lépidoptères rapportés par M. Chaffanjon de l'Asie centrale et orientale. Bull. Mus. Hist. nat. Paris, **3**, 223—224, 1897 a.
— (Une intéressante aberration de *Saturnia pyri* Schiff.) Bull. Soc. ent. France, **1897**, 185—186, 1897 b.
— (*Laelia coenosa* Hubn.) Bull. Soc. ent. France, **1897**, 233—234, 1897 c.
— *Crateronyx* (*Bombyx*) *phiplopalus*. Misc. ent., **5**, 16, 1897 d.
— Description d'une nouvelle espèce de Noctuélide indienne [Lép.] [*Acronycta Harmandi*]. Bull. Soc. ent. France, **1898**, 229, 1 Fig., 1898 a.
— Observation sur les moeurs de *Mantispa styriaca* Poda [Névr.] Bull. Soc. ent. France, **1898**, 347, 1898 b.
— Monstruosité d'une antenne chez un Névroptère. Bull. Soc. ent. France, **1899**, 44—45, 1 Fig., 1899 a.
— (Captures des Lépidoptères (Noctuélides) [*Tapinostola* et *Hydrilla*].) Bull. Soc. ent. France, **1899**, 397—398, 1899 b.
— Description d'une nouvelle espèce de Lépidoptère de Perse. Bull. Mus. Hist. nat. Paris, **6**, 68, 1900 a.
— Moeurs des Anthrènes [Col.]. Bull. Soc. ent. France, **1900**, 169—170, 1900 b.

Poujade, Gustave-Arthur & **Fallou,** Jules
(*Agrotis molothina* Esp. prise aux environs d'Essonnes.) [Mit Angaben von Émile Pissot.] Ann. Soc. ent. France, (6) **8**, Bull. CXXVI, CLXII—CLXIII, (1888) 1889 a.
— (Note sur l'élevage d'une espèce de Lépidoptère: *Bombyx rubi*.) [Mit Angaben von Théodore Seebold.] Ann. Soc. ent. France, (6) **9**, Bull. XXII—XXIII, LVIII, 1889 b; CXXXI, (1889) 1890; (6) **10**, Bull. XXX—XXXI, 1890.

Poujade, Gustave-Arthur & **Gadeau de Kerville,** Henri
(Une note sur l'hivernation des *Lépidoptères*.) [Mit Angaben von Ernest Olivier.] Ann. Soc. ent. France, (6) **7**, Bull. XXIX—XXX, L, LXVI—LXVII, 1887.

Poujade, Gustave-Arthur & **Ragonot,** Emile Louis
(Note sur les mâles et les femelles de la *Cheimatobia brumata*.) Ann. Soc. ent. France, (5) **1**, Bull. IX, 1871.

Poulain,
siehe Loriferne, & Poulain, 1881.

Poulin, H . . .
○ Lépidoptères. Procédé pour fixer sur le papier les couleurs des ailes du papillon et principalement pour obtenir les couleurs bleues. 8°, 24 S., Paris, Deyrolle, 1876.
— La Lépidochromie. L'Art de décalquer et de fixer les couleurs des ailes du papillon. 8°, 29 + 1 (unn.) S., 10 Fig., Paris, Henri Laurens, 1899.

Poulsen, M . . . & **Boas,** Johan Erik Vesti
○ En Braemselarve i Hjaernen hos en Hest. Tidsskr. Veterin. Kristiana, (2) **19**, 73—83, 1889.
[Siehe:] Boas, J. E. V.: **21**, 1—24, 1891.

Poulton, Edward Bagnall
geb. 27. 1. 1856 in Reading, gest. 21. 11. 1943 in Oxford, Hope Prof. of Zool. — Biogr.: (H. Rowland-Brown) Entomologist, **45**, 270, 1912; (G. D. H. Carpenter) Proc. Linn. Soc. London, **156**, Teil 3, 219—223, 1943—44; (J. T. Hy.) Entomol. Rec., **56**, 40, 1944; (G. D. Hele Carpenter) Obit. Not. Fellows R. Soc., **4**, 655—680, 1944 m. Porträt & Schriftenverz.; Nature London, **153**, 15, 1944; Oxford Mag., 115—116, 1944; Entomol. monthly Mag., **80**, 24, 1944; Ent. News, **55**, 18, 1944.
— *Chortodes Bondii*. Entomologist, **6**, 191, (1872—73) 1872 a.
— Late Appearance of [*Diloba*] *Caeruleocephala*. Entomologist, **6**, 262, (1872—73) 1872 b.
— *C*[*hortodes*] *Bondii*. [Mit Angaben von Edward Newman.] Entomologist, **6**, 262—263, (1872—73) 1872 c.
[Siehe:] Hearle, Nathaniel: 291—292, (1872—73) 1873.
— Searching for Moths on *Echium Vulgare*. Entomologist, **6**, 263—264, (1872—73) 1872 d.
— *V*[*anessa*] *Antiopa*. [Mit Angaben von Edward Newman.] Entomologist, **6**, 286, (1872—73) 1873 a.
— *Acosmetia caliginosa*: how to Capture it. Entomologist, **6**, 290, (1872—73) 1873 b.
— *C*[*olias*] *Hylae* and *Helice* near Reading. Entomologist, **6**, 329—330, (1872—73) 1873 c.
— *D*[*eilephila*] *Galii* in Berkshire. Entomologist, **6**, 332, (1872—73) 1873 d.
— Food-plant of *Diphthera Orion*. Entomologist, **6**, 366, (1872—73) 1873 e.
— *Vanessa Antiopa*. Entomologist, **6**, 410, (1872—73) 1873 f.
— *Phytometra Aenea*. Entomologist, **6**, 412—413, (1872—73) 1873 g.
— Description of Varieties of the Larva of *Notodonta Carmelita*. Entomologist, **7**, 176—177, 1874 a.
— *Dianthoecia Albimacula* and *Acronycta Leporina*. Entomologist, **7**, 177, 1874 b.
— Notes upon, or suggested by, the colours, markings, and protective attitudes of certain lepidopterous larvae and pupae, and of a phytophagous hymenopterous larva. Trans. ent. Soc. London, **1883**, Proc. XXXIII—XXXIV, 1883; **1884**, 27—60, Farbtaf. I, 1884.
— The Essential Nature of the Colouring of Phytophagous Larvae (and their Pupae); with an Account of some Experiments upon the Relation between the Colour of such Larvae and that of their Food-plants. Proc. R. Soc. London, **38** (1884—85), 269—315, 1 Fig., 1885 a.
— Further notes upon the markings and attitudes of lepidopterous larvae, together with a complete account of the life-history of *Sphinx ligustri* and *Selenia illunaria* (larvae). Trans. ent. Soc. London, **1885**, 281—329, Farbtaf. VII, 1885 b; (Further Notes upon Lepidopterous Larvae and Pupae, including an Account of the Loss of Weight in the Freshly-formed Pupa [& Discuss.].) **1886**, Proc. XII—XIV, 1886; [Discuss.] **1887**, Proc. XV—XXI, 1887.
— A further Inquiry into a Special Colourrelation between the Larva of *Smerinthus ocellatus* and its Food-plants. Proc. R. Soc. London, **40**, 135—173, 1886 a.
— Notes in 1885 upon lepidopterous larvae and pupae including an account of the loss of weight in the freshly-formed lepidopterous pupa, &c. Trans. ent. Soc. London, **1886**, 137—179, Proc. LII, 1886 b.
— [Remarks on larvae of Lepidoptera and their food-plants.] Trans. ent. Soc. London, **1886**, Proc. XXXII, 1886 c.

— (On the relation of the colour of pupae of Lepidoptera to that of the surface on which the larval skin is thrown off.) Trans. ent. Soc. London, **1886**, Proc. XLVI—XLVIII, 1886 d.
— (Chlorophyll-like pigment in blood of larva of *Smerinthus tiliae.*) Trans. ent. Soc. London, **1886**, Proc. LVII, 1886 e.
— (Ova and larvae of *Smerinthus ocellatus* and of *S. populi.*) Journ. Physiol. London, **8**, Proc. XXV—XXVI, 1887 a.
— An Enquiry into the Cause and Extent of a Special Colour-relation between certain exposed Lepidopterous Pupae and the Surface which immediately surround them. Phil. Trans. R. Soc. London, **178** B (1887), 311—441, 6 Fig., Farbtaf. 26, (1888) 1887 b. — [Kurzfassg.:] Proc. R. Soc. London, **42**, 94—108, 1887.
— The Experimental Proof of the Protective Value of Colour and Markings in Insects in reference to their Vertebrate Enemies. Proc. zool. Soc. London, **1887**, 191—274, 1887 c.
— On the Artificial Production of a Gilded Appearance in certain Lepidopterous Pupae. Rep. Brit. Ass. Sci., **56** (1886), 692—693, 1887 d.
— Some experiments upon the protection of Insects from their enemies by means of an unpleasant taste or smell. Rep. Brit. Ass. Sci., **56** (1886), 694—695, 1887 e.
— Notes in 1886 upon lepidopterous larvae, &c. Trans. ent. Soc. London, **1887**, 281—321, 3 Fig., Taf. X (z. T. farb.), 1887 f.
— (Poisonous effects of certain Bombyciform larvae.) [With remarks of Lord Walsingham, Mr. M'Lachlan a. o.] Trans. ent. Soc. London, **1887**, Proc. XIII—XIV, 1887 g.
— [Notes on *Sphinx convolvuli.* With remarks of Mr. Stainton and Mr. M'Lachlan.] Trans. ent. Soc. London, **1887**, Proc. XLIV—XLV, 1887 h.
— Further experiments upon the protective value of colour and markings in Insects. Rep. Brit. Ass. Sci., **57** (1887), 763—765, 1888 a.
— The secretion of pure aqueous formic acid by Lepidopterous larva for the purpose of defence. Rep. Brit. Ass. Sci., **57** (1887), 765—766, 1888 b.
— Notes in 1887 upon lepidopterous larvae, &c., including a complete account of the life history of the larvae of *Sphinx convolvuli* and *Aglia tau.* Trans. ent. Soc. London, **1888**, 515—606, Farbtaf. XV—XVII, 1888 c.
— (Note on *Smerinthus ocellatus* feeding on the nut.) Trans. ent. Soc. London, **1888**, Proc. XXVII—XXVIII, 1888 d.
— [Remarks on some cocoons of *Rumia crataegata.*] Trans. ent. Soc. London, **1888**, Proc. XXVIII, 1888 e.
— Mr. A. G. Butler's Remarks upon distasteful Insects. Ann. Mag. nat. Hist., (6) **4**, 358—360, 1889 a.
— (Yellow powder from cocoon of *Clisiocampa neustria.*) [With remarks of Mr. Stainton.] Trans. ent. Soc. London, **1889**, Proc. XXXVII—XXXIX, 1889 b.
— (Larvae of *Hemerophila abruptaria.*) Trans. ent. Soc. London, **1889**, Proc. XXXIX—XL, 1889 c.
— The colours of animals. Their meaning and use, especially considered in the case of insects. The international scientific series. **68.** 8°, XIII + 1 (unn.) + 360 S., 66 Fig., 1 Frontispiz, London, Kegan Paul; Trench; Trübner & Co., 1890 a.
— The External Morphology of the Lepidopterous Pupa: its Relation to that of the other Stages and to the Origin and History of Metamorphosis. — Parts I.—III. Trans. Linn. Soc. London (Zool.), (2) **5**, 187—212, 14 Fig., Taf. 20—21, (1888—94) 1890 b; . . . — Parts IV. & V. 245—263, Taf. 26—27, (1888—94) 1891.
— On an interesting Example of Protective Mimicry discovered by Mr. W. L. Sclater in British Guiana. Proc. zool. Soc. London, **1891**, 462—464, Taf. XXXVI (Fig. 2—3 farb.), 1891 a.
— (Larvae of *Endromis versicolora.*) Trans. ent. Soc. London, **1891**, Proc. XV, 1891 b.
— (Cocoons of *Eriogaster lanestris.*) Trans. ent. Soc. London, **1891**, Proc. XV—XVI, 1891 c.
— Further experiments upon the colour-relation between certain lepidopterous larvae, pupae, cocoons, and imagines and their surroundings. Trans. ent. Soc. London, **1892**, 293—487, Taf. XIV—XV (XIV Farbtaf.), 1892 a.
— (Two series of *Gnophos obscurata.*) Trans. ent. Soc. London, **1892**, Proc. XXX, 1892 b.
— [Ref.] siehe Haase, Erich 1892—93.
— On the sexes of larvae emerging from the successively laid eggs of *Smerinthus populi.* Trans. ent. Soc. London, **1893**, 451—456, 1893 a.
— (Method for showing the geographical distribution of insects in collections.) [With remarks of Mr. M'Lachlan, Blandford, Sharp a. o.] Trans. ent. Soc. London, **1893**, Proc. XXXIV—XXXV, 1893 b.
— Theories of evolution. Proc. Boston Soc. nat. Hist., **26**, 371—393, (1895) 1894 a.
— The Experimental Proof that the Colours of certain Lepidopterous Larvae are largely due to modified Plant Pigments derived from Food. Proc. R. Soc. London, **54** (1893), 41—42, 417—430, Farbtaf. 3—4, 1894 b.
— The enemies of Lepidopterous pupae enclosed in bark-formed cocoons. Science, **23**, 62, 1894 c.
— (Larvae of *Gastropacha quercifolia.*) Trans. ent. Soc. London, **1894**, Proc. XVI, 1894 d.
— (An apparent case of Sexual Preference in a Male Insect.) Trans. ent. Soc. London, **1894**, Proc. XLI—XLII, 1894 e.
— (The uses of colors to insects in the struggle for existence.) Proc. ent. Soc. Washington, **3** (1893—96), 139—141, (1896) 1895.
— A Naturalist's Contribution to the Discussion upon the Age of the Earth. Rep. Brit. Ass. Sci., **66** (1896), 808—828, 1896 a.
— On the Courtship of certain European Acridiidae. Trans. ent. Soc. London, **1896**, 233—252, 1896 b.
— Mimicry in butterflies of the genus *Hypolimnas* and its bearing on older and more recent theories of mimicry. Science, (N. S.) **6**, 516—518, 1897.
— Natural Selection the Cause of Mimetic Resemblance and Common Warning Colours. Journ. Linn. Soc. (Zool.), **26**, 558—612, 7 Fig., Taf. 40—44 (40—41 Farbtaf.), 1898 a.
— Protective Mimicry and Common Warning Colours. Nature London, **57**, 389, (1897—98) 1898 b.
— Mimicry in butterflies of the genus *Hypolimnas* and its bearing on older and more recent theories of mimicry. Proc. Amer. Ass. Sci., **46** (1897), 242—244, 1898 c.
— A method of labelling type speciemens in collections of Insects. Proc. Amer. Ass. Sci., **46** (1897), 244, 1898 d.
— Theories of Mimicry as illustrated by African Butterflies. Rep. Brit. Ass. Sci., **67** (1897), 689—691,

1898 e. — [Abdr.:] Entomol. Rec., **10**, 113—116, 1898.
— Protective mimicry as evidence for the validity of the theory of natural selection. Rep. Brit. Ass. Sci., **67** (1897), 692—694, 1898 f. — [Abdr.:] Entomol. Rec., **10**, 98—100, 1898.
○ The Methods of Setting and Labelling Lepidoptera for Museums. Rep. Proc. Mus. Ass., **8**, 30—36, 1898 g.
— (Seasonal dimorphism in *Precis octavianatalensis* and *P. sesamus*.) Trans. ent. Soc. London, **1898**, Proc. XXIV—XXVII, 1898 h.
— Illustrations of Mimicry and Common Warning Colours in Butterflies. Nature London, **60**, 222—225, 1 Fig., 1899.
— siehe Merrifield, Frederic & Poulton, Edward Bagnall 1899.
— (*Hypolimnas misippus*, Linn., taken in the Atlantic Ocean.) Entomol. Rec., **12**, 80—81, 1900 a.
— (*Hypolimnas misippus* captured at sea.) Entomol. Rec., **12**, 315—316, 1900 b.

Poulton, Edward Bagnall & **Bignell,** George Carter
[Notes on *Argynnis paphia* var. *valezina*. With remarks of Mr. Jenner Weir, Mr. H. Goss and Mr. M'Lachlan.] Trans. ent. Soc. London, **1888**, Proc. V—VI, XI—XII, 1888.

Poulton, Edward Bagnall & **Sanders,** Cora B . . .
An Experimental Inquiry into the Struggle for Existence in Certain Common Insects. Rep. Brit. Ass. Sci., **68** (1898), 906—909, 1899.

Poulton, Edward Bagnall & **Stainton,** Henry Tibbets
(Colour of silk of cocoons affected by the use of appropriate colours in environment at the time of the change from the larval to the pupal state.) Trans. ent. Soc. London, **1887**, Proc. L—LI, 1887.

Poulton, Edward Bagnall & **Verrall,** George Henry
[Remarks on description of insects.] Trans. ent. Soc. London, **1896**, Proc. XXI—XXII, 1896.

Pouly-Steinlen, Fr . . .
Élevage de l'*Attacus Pernyi*. Soc. ent., **1**, 145, 153, 1887.
— Élevage du *Bombyx Mori* à Lausanne. Soc. ent., **2**, 169—170, 1888.
— Une aberration du *Deilephila hippophaës*. Feuille jeun. Natural., **22**, 51, (1891—92) 1891.
— Aberration de *Deilephila Hippophaës*. Feuille jeun. Natural., **23**, 14, (1892—93) 1892.

Poussielgue, Justin
Note sur les moeurs et l'habitat de la *Cicindela flexuosa*. Naturaliste, **1**, 76, 1879.
— *Pogonocherus dentatus*. Feuille jeun. Natural., **11**, 15, (1880—81) 1880.

Poussier, A . . .
Compte rendu de l'excursion de Lillebonne et Tancarville (18 mai 1884) Partie botanique et zoologique. Bull. Soc. Amis Sci. nat. Rouen, (2) **20**, 111 — 116, 1884.

Pow, G . . .
Sirex gigas, L., in the neighbourhood of Dunbar. Ann. Scott. nat. Hist., Nr. 1, 79, 1892.

Powall, James
Pieris Brassicae with Green Wing-rays. Entomologist, **6**, 315, (1872—73) 1873 a.
— Is *Bembeciformis* in Pupa in January? Entomologist, **6**, 317, (1872—73) 1873 b.
— *Sphinx Convolvuli* at Birkenhead.[1]) Entomologist, **8**, 277, 1875.

Powell, J[ohn] W[esley]
Memorial addresses before the scientific societies of Washington. James Dwight Dana. Science, (N. S.) **3**, 181—185, 1896.

Powell, L . . .
Notes on the Stridulating Organs of the Cicada. Trans. Proc. N. Zealand Inst., **5** (1872), 286—288, Taf. XVIII (Fig. 1—4), 1873.

Power, Gustave
(*Prophthalmus Bourgeoisi, brevis, Delesserti, obscurus, pugnator, tricolor*, Col.) Ann. Soc. ent. France, (5) **8**, Bull. XXXVII—XXXVIII, XLIV—XLV (= Bull. Soc. . . ., **1878**, 50—51, 58—59), 1878 a.
— Description d'un nouveau genre et de plusieurs espèces nouvelles de Coléoptères de la famille des Brenthides. Petites Nouv. ent., **2** (1876—79), 241, 1878 b.
— Notes pour servir à la Monographie des Brenthides. Ann. Soc. ent. France, (5) **8**, 477—496, 1878 [1879]a.
— Diagnoses de nouvelles espèces de Brenthides. Petites Nouv. ent., **2** (1876—79), 297—298, 1879 b.
— Description of a new species of the family Brenthidae from Sumatra. Notes Leyden Mus., **2**, 187—188, 1880.
— in Käfer Aschanti-Gebiet 1880.

Power, Gustave; **Bourgeois,** O . . . & **Bourgeois,** Jules
Insectes coléoptères récoltés pendant l'excursion de la société aux Andelys. Le 30 Mai 1875. Bull. Soc. Amis Sci. nat. Rouen, (2) **11** (1875), 243—246, (1875) 1876.

Power, H . . .
siehe Moggridge, John Traherne & Power, H . . . 1874.

Power, John Arthur Dr. med.
geb. 18. 3. 1810 in Market Bosworth, gest. 9. 6. 1886 in Bedford (England), Arzt in London. — Biogr.: (R. McLachlan) Trans. ent. Soc. London, **1886**, Proc. LXVIII—LXIX, 1886; (W. W. Fowler) Entomol. monthly Mag., **23**, 44—45, 1886; (J. W. Dunning) Entomologist, **19**, 193—200, 1886; Leopoldina, **22**, 167, 1886; Zool. Anz., **9**, 484, 1886; (Dommick) Psyche Cambr. Mass., **5**, 36, 1888.
— Occurrence of an *Ennearthron* new to Britain. Entomol. monthly Mag., **1**, 138, (1864—65) 1864 a.
— Capture of *Quedius truncicola*. Entomol. monthly Mag., **1**, 138—139, (1864—65) 1864 b.
— Capture of *Oligota flavicornis*. Entomol. monthly Mag., **1**, 139, (1864—65) 1864 c.
— Occurrence of *Catops colonoides* of Kraatz in Britain. Zoologist, **22**, 8997—8998, 1864 d.
— Captures of rare Coleoptera. Zoologist, **22**, 8998, 1864 e.
— Revision of the Genus *Necrophorus*, as far as regards the British Species. Entomologist, **2**, 197—201, (1864—65) 1865 a.
— Captures on the Birch-Wood Day [Col.]. Entomologist, **2**, 269, (1864—65) 1865 b.
— Turner's Coleopterous Captures: a new *Anobium*. Entomologist, **2**, 270—271, (1864—65) 1865 c.
— *Atomaria ferruginea* and other Coleoptera at Birdbrook. Entomologist, **2**, 322—323, (1864—65) 1865 d.

[1]) vermutl. Autor, lt. Text J. Povall

— *Dromius fasciatus* at Littlington, near Royston. Entomologist, **2**, 323—324, (1864—65) 1865 e.
— Occurrence of a *Cryphalus* new to Britain. Entomol. monthly Mag., **1**, 212—213, (1864—65) 1865 f.
— Description of a genus and species of Brachelytra new to Britain. Entomol. monthly Mag., **1**, 222—223, (1864—65) 1865 g.
— On some new and rare species of British Coleoptera. [Mit Angaben über *Brachinus*-Arten. 259.] Entomol. monthly Mag., **1**, 235—237, (1864—65) 1865 h.
— Captures of Coleoptera during the past winter. Entomol. monthly Mag., **1**, 260, (1864—65) 1865 i.
○ [Fifteen species of Coleoptera new for the Reigate district.] Proc. Holmesdale nat. Hist. Club, **1865—66**, 6, 8, 1 Fig., 1865—66.
— *Ceuthorhynchus suturalis* of Fabricius on the Welsh Coast. Entomologist, **3**, 13—14, (1866—67) 1866 a.
— *Hydroporus neglectus* of Schaum discovered in Britain. Entomologist, **3**, 43—44, (1866—67) 1866 b.
— Rediscovered or new British Coleoptera: *Nemosoma elongatum, Hydroporus neglectus, Helophorus nanus, Phytobius 4-nodosus, Ilybius subaeneus*, &c. Entomologist, **3**, 77—80, (1866—67) 1866 c.
— Grasshoppers in British America. [Nach: Times.][1]) Zoologist, (2) **3** (**26**), 1485, 1868.
— (Seven species of Coleoptera, new to the British list.) Trans. ent. Soc. London, **1869**, Proc. XIX—XX, 1869.
— *Doryphora decemlineata.* Entomologist, **10**, 101—102. 1877.
— A contribution to the Entomology of Ireland. Entomologist, **11**, 2—8, 1878 a.
— A list of new species of Coleoptera, which have been added to the British Fauna during the Years 1872 and 1877 inclusive, with Notices of the principal changes of Nomenclature of others; being a continuation of the Catalogue contained in the „Entomologist's Annual" of 1872, up to December 31, 1877. Entomologist, **11**, 62—69, 1878 b.
— The British Hemiptera-Homoptera. Entomologist, **11**, 71—72, 1878 c.

Powers, S . . .
Strawberry Culture for the Market and the Home. Bull. Florida agric. Exp. Stat., Nr. 39, 463—503, 1897.

Powley, William
Scarcity of Insects in 1887. [Lep.] Entomologist, **21**, 19, 1888 a.
— *Vanessa antiopa* Aberration. Entomologist, **21**, 109, 1888 b.

Pozzi, Carlo
siehe Bergonzini, Curzio & Pozzi, Carlo 1873.
— siehe Bergonzini, Curzio & Pozzi, Carlo 1879.

Pozzi, Luigi
Note lepidotterologiche. Atti Soc. Natural. Modena, (3) **11** (**26**), 1—11, 1892.
— in Contribuzione Fauna Modenese (1884—96) 1892.

Pozzo di Borgo, P . . .
○ Le *Phylloxera vastatrix.* Études sur cet insecte et exposé des divers procédés pour le combattre, suivi du procédé par l'emploi des carbures d'hydrogène. 8°, 16 S., Ajaccio, impr. Pompeani, 1876.

Pozzy, B . . .
○ La terre et le récit biblique de la création. 8°, 578 S., 150 Fig., Paris, Hachette, 1874.

[1]) vermutl. Autor

Pracki, W . . .
Bombyx pini-Frass im Gouvernement Siedlez, Russisch-Polen. Oesterr. Forst-Ztg., **17**, 43, 2 Fig. [S. 44 & 45], 1899.

Prado y Sainz,
(Nota acerca de los hongos que se desarrollan sobre los insectos.) An. Soc. Hist. nat. Españ., **18**, Actas 53—54, 1889.
— (Sobre las especies españolas del género *Pimelia* que existen en la colección del Museo de Madrid.) An. Soc. Hist. nat. Españ., **19**, Actas 107—110, 1890.

Präger,
Bombyx (*Antheraea*) *Pernyi.* Stettin. ent. Ztg., **39**, 245—246, 1878.

Praeger, Robert Lloyd
geb. 1865.
— The Pine Saw-Fly (*Lophyrus pini*) in the North of Ireland. Irish Natural., **2**, 55, 1893 a.
— *Sirex gigas* in the North of Ireland. Irish Natural., **2**, 113, 1893 b.
— in Report Irish Field Club Excursion „1895" 1895.
— in Notes Fauna Flora Clonbrock 1896.
— A Plague of Ants. [Mit Angaben von H. G. Cuthbert.] Irish Natural., **7**, 254, 1898.
— in Irish Field Club Union Conference Excursion „1898" 1898.

Praetorius,
○ Die Seidenzucht im Ermlande. Ztschr. Akklim. Berlin, (N. F.) **4**, 258—265, 1866.

Praetorius, A . . .
Die Hausthiere der alten Griechen. Zool. Garten Frankf. a. M., **15**, 459—464, 1874.

Prall, S . . . E . . .
Note on the duration of the pupa stage in *Papilio hector.* Journ. Bombay nat. Hist., Soc., **10**, 697, 1897.
— The migration of butterflies. Journ. Bombay nat. Hist. Soc., **11**, 533, 1898 a.
— Speed of flight in butterflies. Journ. Bombay nat. Hist. Soc., **11**, 533—534, 1898 b.

Pramer,
(Bandartig gezeichnete aberr. von *Argynnis Paphia* L.) Jahresber. Wien. ent. Ver., **3** (1892), 7, 1893; **4**, Farbtaf. I (Fig. 2—3), 1894.

Prat, S . . .
Un cas d'urticaire externe et interne observé à bord du Japon; formes circinée et oedémateuse. Arch. Méd. nav., **50**, 371—383, 1888.

Prato, G[iovanni = Johannes] Nap . . .
○ Die sudanesischen Reben und das Creosot als Anti-Reblausmittel. Weinlaube, **12**, 591—592, 1880.
○ Der internationale *Phylloxera*-Congress zu Saragossa in Spanien. Wien, 1881 a.
— Il solfuro di carbonio come mezzo per combattere la fillossera. Atti Soc. agr. Gorizia, (N. S.) **20** (1881), 207—218, (1882) 1881 b.
— La fillossera in Austria nell'anno 1881. Atti Soc. agr. Gorizia, (N. S.) **21**, 10—19, 36—45, 127—133, 1882 a.
— I progressi dell'invasione fillosserica. Atti Soc. agr. Gorizia, (N. S.) **21**, 211—217, 1882 b.
— Per la fillossera, doryphora, peronospora ed altri parasiti. Atti Soc. agr. Gorizia, (N. S.) **21**, 248—249, 1882 c.

— Questione fillosserica. Atti Soc. agr. Gorizia, (N. S.) **21**, 312—344, 1882 d.
— Il solfuro di carbonio e la sua riabilitazione. Atti Soc. agr. Gorizia, (N. S.) **21**, 365—378, 1882 e.

Pratt, Antwerp E . . .
To the Snows of Tibet through China. 8°, XVIII + 268 S., ? Fig., 30 Taf., 1 Karte, London, 1892.

Pratt, D . . .
Pionea margaritalis. Entomologist, **9**, 278, 1876.
— *Xylomiges conspicillaris.* Entomologist, **10**, 255, 1877 a.
— The Doubleday Collection. Sci. Gossip, **13**, 17, 1877 b.
— William Goosey [Nekrolog]. Entomologist, **12**, 64, 1879.
— *Carpocapsa grossana*, remarkable length of Larval condition. Entomologist, **13**, 46—47, 1880 a.
— *Vanessa Antiopa* near Ponder's End. Entomologist, **13**, 240, 1880 b.
— *Stauropus fagi.* Entomologist, **13**, 242, 1880 c.
— Imperfect development. [Mit Angaben der Herausgeber.] Entomol. monthly Mag., **16**, 214, (1879—80) 1880 d.
— *Notodonta trepida.* Entomologist, **15**, 132, 1882 a.
— *Acronycta alni.* Entomologist, **15**, 132—133, 1882 b.
— *Choerocampa celerio* in Essex. Entomologist, **16**, 260, 1883.

Pratt, Frederick C . . .
geb. 25. 11. 1869 in London, gest. 27. 5. 1911 in Dallas (Texas), Assist. Entomol. im Büro f. Entomol. Dep. Agric. — Biogr.: (W. D. Hunter) Proc. ent. Soc. Washington, **13**, 189—190, 1911.
— [Cases of *Coleophora octagonella* Walsingham exactly resembling the thorns of orange.] [Mit Angaben von Ashmead, Hubbard, Schwarz, Howard, Gill.] Proc. ent. Soc. Washington, **4** (1896—1901), 50, (1901) 1898.
— A note on a bred *Sciara* larva. Proc. ent. Soc. Washington, **4** (1896—1901), 263—264, (1901) 1899.

Pratt, George
Successful rearing of *Bombyx Yama-mai.* Entomologist, **4**, 150—151, (1868—69) 1868.
— Early appearance of *Abraxas Grossulariata.* Entomologist, **6**, 101, (1872—73) 1872.

Pratt, Henry Sherring
Beiträge zur Kenntnis der Pupiparen. (Die Larve von *Melophagus Ovinus.*) Arch. Naturgesch., **59**, Bd. 1, 151—200, Taf. VI, 1893.
— Imaginal Discs in insects. Psyche Cambr. Mass., **8**, 15—30, 11 Fig., (1899) 1897.
○ The Female Genital Tract in *Melophagus.* Science, (N. S.) **9**, 365, 1899 a.
— The Anatomy of the Female Genital Tract of the Pupipara as observed in *Melophagus ovinus.* Ztschr. wiss. Zool., **66**, 16—42, 1 Fig., Taf. II—III, 1899 b.
— The Embryonic History of Imaginal Discs in *Melophagus ovinus* L., together with an Account of the Earlier Stages in the Development of the Insect. Proc. Boston Soc. nat. Hist., **29**, 241—272 + 8 (unn., Taf. Erkl.) S., 5 Fig., Taf. 1—7, (1901) 1900.

Pratt, Henry W . . .
Preparing Insects' Brains. Sci. Gossip, **22**, 89—90, 1886.

Pratt, Jno . . .
(On immunity from grease.) Entomol. Rec., **5**, 198, 1894.

Praun, Sigmund von
Abbildung und Beschreibung europäischer Schmetterlinge in systematischer Reihenfolge. 6 Teile.[1]) 4°, Nürnberg, Bauer & Raspe (Ludwig Korn), 1868—75.
4. Die europäischen Eulen -Noctuae- in systematischer Reihenfolge. 86 (unn.) S., 40 Farbtaf., 1868.
5. Die europäischen Spanner -Geometrae- in systematischer Reihenfolge. 49 (unn.) S., 20 Farbtaf., 1869.
6. Die europäischen Kleinschmetterlinge -Microlepidoptera- in systematischer Reihenfolge. 72 (unn.) S., 32 Farbtaf., 1869.

S. von Praun's Abbildung und Beschreibung europäischer Schmetterlingsraupen in systematischer Reihenfolge zugleich als Ergänzung von dessen Abbildung und Beschreibung europäischer Schmetterlinge. 6 Teile. [Teil 6:] Herausgeb. bzw. Bearbeiter Ernst Hofmann. 4°, Nürnberg, Bauer & Raspe (Emil Küster), 1874.
1. S. von Praun, die europäischen Tagfalterraupen — Papiliones — in systematischer Reihenfolge. 23 (unn.) S., 3 Farbtaf.
2. S. von Praun, die europäischen Schwärmerraupen — Sphinges — in systematischer Reihenfolge. 8 (unn.) S., 1 Farbtaf.
3. S. von Praun, die europäischen Spinnerraupen — Bombyces — in systematischer Reihenfolge. 21 (unn.) S., 4 Farbtaf.
4. S. von Praun, die europäischen Eulenraupen — Noctuae — in systematischer Reihenfolge. 54 (unn.) S., 12 Farbtaf.
5. S. von Praun, die europäischen Spannerraupen — Geometrae — in systematischer Reihenfolge. 36 (unn.) S., 4 Farbtaf.
6. Die Kleinschmetterlingsraupen — Microlepidoptera — in systematischer Reihenfolge nach dem Cataloge von Dr. Staudinger & Dr. Wocke 1871. Zugleich als Ergänzung von S. v. Praun's Microlepidoptera. 2 (unn.) + IV + 221 + 1 (unn.) S., 10 Farbtaf., 1875.

Prax,
○ Note sur les cubes injectés de M. Rohart [contre le phylloxera]. Bull. hebd. Ass. scient. France, **18**, 314—315, 1876.

Prediger, E . . .
Forstinsektologisches. Dtsch. Forstztg., **1**, 156, (1886—87) 1886.
— Winke zum Sammeln forstlicher Käfer. Dtsch. Forstztg., **2**, 83—84, (1887—88) 1887 a.
— Forstentomologische Beobachtungen. Dtsch. Forstztg., **2**, 100—101, (1887—88) 1887 b.
— Über das systematische Aufstellen einer forstlichen Käfersammlung. Dtsch. Forstztg., **2**, 108, 114—116, (1887—88) 1887 c.
— Zoologische Beobachtungen. Natur Halle, (N. F.) **13** (36), 500, 1887 d.
— Der schwarze Fichtenbastkäfer, *Hylesinus* (*Hylastes*) *cunicularius.* Dtsch. Forstztg., **2**, 409—410, (1887—88) 1888 a.
— Der Walzenkäfer, *Sinodendron cylindricum* Fabr., (*Scarabaeus cylindricus* L.). Dtsch. Forstztg., **3**, 88, (1888—89) 1888 b.

[1]) Teil 1—3 vor 1864

— Welche Bedeutung haben die Laufkäfer für den Wald und wie ist ihre Lebensweise? Dtsch. Forstztg., **3**, 138—139, 145—146, (1888—89) 1888 c.
— Über Aufbewahrung von Insekten. Dtsch. Forstztg., **4**, 279—280, (1889—90) 1889 a.
— Der buntgezeichnete Nagekäfer (*Anobium tesselatum* Fab.). Dtsch. Forstztg., **4**, 329—330, (1889—90) 1889 b.
— Der zottige Fichtenborkenkäfer (*Bostrichus autographus*). Dtsch. Forstztg., **5**, 187, (1890—91) 1890 a.
— Der kleine Kletterläufer oder Raupentöter (*Calosoma inquisitor* L.). Dtsch. Forstztg., **5**, 238, (1890—91) 1890 b.
— Der große Eichen-Bockkäfer (*Cerambyx heros*, Fabr.). Dtsch. Forstztg., **5**, 633, (1890—91) 1891 a.
— Wie ist die Nonne nach Norddeutschland gelangt? Dtsch. Forstztg., **5**, 653, (1890—91) 1891 b.

Prediger, Georg
geb. 5. 1. 1867, gest. 17. 6. 1913.
— Missbildung bei Käfern. Ill. Ztschr. Ent., **5**, 188, 1900.

Preedy, W . . .
Phylloxera. Agric. Gaz. N. S. Wales, **7** (1896), Suppl. 1—3, (1897) 1896.

Prehn, A . . .
„Raupe, Puppe, Schmetterling." Insektenbörse, **12**, 170—171, 1895.
— Einiges über die Benennung der Makrolepidopteren. Ent. Jb., **5**, 151—154, 1896 a.
— Welche Kenntnisse von den Insekten besass das Altertum? Ill. Wschr. Ent., **1**, 57—61, 1896 b.
— Abstammung, Alter und Entwickelung der Lepidopteren. Ill. Wschr. Ent., **1**, 75—77, 1 Fig., 1896 c.
— Die Lepidopteren im Haushalte der Natur. Ill. Wschr. Ent., **1**, 126—130, 1896 d.
— Massenflug von *Limenitis populi*. Ill. Wschr. Ent., **1**, 211, 1896 e.
— Über die Färbung der Lepidopteren. Ill. Wschr. Ent., **1**, 252—259, 1 Fig., 1896 f.
— Über die Herkunft und Bedeutung von Insektennamen. Ill. Wschr. Ent., **1**, 349—351, 1896 g.
— Über die Familien- und Gattungsnamen der paläarktischen Macrolepidopteren. Ill. Wschr. Ent., **1**, 442—445, 1896 h.
— Über deutsche und französische Schmetterlingsnamen. Ill. Wschr. Ent., **1**, 475—478, 1896 i.
— Ueber die Nahrung der Raupen. Insektenbörse, **13**, 298—299, 1896 j.
— Die Schutzmittel der Raupe. Ill. Wschr. Ent., **2**, 24—27, 39—42, 1897 a.
— Über Acclimatisierung von Insekten. Ill. Wschr. Ent., **2**, 122—127, 1897 b.
— Die Verbreitung der Lepidopteren. Ill. Wschr. Ent., **2**, 305—309, 3 Fig.; 332—334, 1897 c.
— Über die Fortpflanzung der Lepidopteren. Ill. Wschr. Ent., **2**, 376—379, 1897 d.
— Die Insekten in den Homerischen Gedichten. Ill. Wschr. Ent., **2**, 390—392, 1897 e.
— Die Feinde der Schmetterlinge. Ill. Wschr. Ent., **2**, 465—469, 1897 f.
— Ueber den Geschlechtsdimorphismus bei Schmetterlingen. Insektenbörse, **14**, 27, 33—34, 1897 g.
— Die Schutzmittel der Puppe. Insektenbörse, **14**, 45—46, 50, 1897 h.
— Schmetterlings-Zwitter. Insektenbörse, **14**, 115—116, 1897 i.
— Einiges über französische und englische Schmetterlingsbezeichnungen. Ent. Jb., **8**, 162—165, 1898 a.
— Volkstümliche Anschauungen über Insekten. Ill. Ztschr. Ent., **3**, 4—6, 1898 b.
— Über Schmetterlingsfarben und Mimicry. Mitt. philom. Ges. Elsass-Lothringen, **6**, 10—12, 1898 c.
— Schmetterlinge als uralte Ornamente. Ent. Jb., **8**, 95, 1899.
— Allerhand Absonderlichkeiten bei Raupen und Schmetterlingen. Ent. Jb., **9**, 169—171, 1900.

Preis, J . . .
○ Über Seidenzucht und ihren Nutzen für Einzelne und ganze Gemeinden. Allg. Dtsch. Ztschr. Seidenbau, **3**, 60—61, 1869 a. — [Abdr.?:] Ver.bl. Westfäl.-Rhein. Ver. Bienen- u. Seidenzucht, **20**, 111—112, 1869.
○ Seidenzucht im Freien. Allg. Dtsch. Ztschr. Seidenbau, **3**, 75, 1869 b.

Preiss, Paul
geb. 2. 2. 1859 in Jakobswalde, gest. 5. 1. 1937 in Boppard, Bureauchef d. Pfälzer Eisenbahnen. — Biogr.: (Arnold Schultze-Rhonhof) Dtsch. ent. Ztschr. Iris, **52**, 47—49, 1938; Arb. morphol. taxon. Ent., **5**, 186, 1938; Kol. Rdsch., **24**, 121, 1938; (G. R.) Rund um Boppard, **4**, Nr. 14, 2 (unn.) S., 1957 m. Porträt.
— Biologische Notiz über *Saturnia Carpini*. Ent. Nachr., **10**, 159—162, 1884 a.
— [Bösartiges Verhalten der *Angeronia prunaria* Raupe; Fressen der alten Larvenhaut nach der Häutung]. Korr.bl. int. Ver. Lep. Col. Sammler, **1**, 15, 1884 b.
— Die einheitliche und zweckmässige Präparation der Schmetterlinge. Korr.bl. int. Ver. Lep. Col. Sammler, **1**, 34—36, 1884 c.
— Ueber Wandergäste aus der Schmetterlingswelt. Isis Magdeburg, **12**, 299—302, 2 Fig., 1887.
— Abbildungen ansehnlicher Vertreter der exotischen Nachtschmetterlinge mit erläuterndem Text [Außentitel]. Abbildungen hervorragender Nachtschmetterlinge aus dem indo-australischen und südamerikanischen Faunengebiet mit erläuterndem Text [Innentitel]. 4°, IV + 9 S., 12 Taf., Coblens, Königsbach, Selbstverl. (Druck H. L. Schneid), 1888.
— Neue und seltene Arten des Lepidopteren-Genus *Castnia*. 4°, 11 S., 8 Taf. (5 Farbtaf.), Ludwigshafen a./Rhein, Selbstverl., 1899.
[Ref.:] Staudinger, Otto: Soc. ent., **14**, 20—21, 1899.

Preliminary Hand-Book Coleoptera North Eastern America
Preliminary Hand-Book of the Coleoptera of North Eastern America. Journ. N. York ent. Soc., 1894—97.
[Darin:]
Leng, Charles William & Beutenmüller, William: **2**, 87—96, 2 Fig.; 133—141, 1 Fig.; 175—190, Taf. II—IV, 1894; **3**, 73—76, 1895.
Wickham, Henry Frederick: **3**, 180—190, Taf. VII, 1895; **4**, 33—49, 1896.
Beutenmüller, William: **5**, 36—40.
Hayward, Roland: 133—149, 1897.

Preller, Carl Heinrich Dr.
geb. 20. 2. 1830 in Lübeck, gest. 2. 7. 1890 in Hamburg. — Biogr.: Leopoldina, H. 26, 165, 1890.
— Die Käfer von Hamburg und Umgegend. Ein Beitrag zur nordalbingischen Insektenfauna. 2. Aufl.[1] 8°, XII + 227 + 1 (unn.) S., Hamburg, Otto Meissner,

[1]) 1. Aufl. 1862

1867; Weitere Nachträge zur nordalbingischen Insektenfauna. Berl. ent. Ztschr., **12**, 310—311, (1868) 1869.
[Siehe:] Beuthin, H.: Stettin. ent. Ztg., **34**, 117—119, 1873.

Prenant, A . . .
Terminaison intracellulaire et réellement cytoplasmique des trachées chez la larve de l'Oestre du Cheval. C. R. Mém. Soc. Biol. Paris, (11) **1** (**51**), C. R. 507—510, 1899.
— Notes cytologiques. (Cellules trachéales des Oestres.) Arch. Anat. micr. Paris, **3** (1899—1900), 293—336, Farbtaf. XV—XVI, 1900 a.
— La notion cellulaire et les cellules trachéales. Bull. Soc. Sci. Nancy, (3) **1**, 117—130, 2 Fig., 1900 b.
— Les cellules trachéales de la larve de l'Oestre du Cheval. Bull. Soc. Sci. Nancy, (3) **1**, 133—134, 1900 c.

Prentiss, A . . . N . . .
Destruction of Obnoxious Insects by Means of Fungoid Growths. Amer. Natural., **14**, 575—581, 630—635, 1880.

Prenzel,
○ Geschichte der Einführung und Acclimatisirung japanesischer Maulbeer-Spinner in Preussisch-Schlesien in den Jahren 1861—64. Allg. Seidenbauztg., **2**, 27—29, 1865.

[**Preobrazenskij,** P . . . M . . .] **Преображенскій,** П . . . М . . .
○ [Handbuch der Zucht von Seidenwürmern und Maulbeerbäumen.] Руководство къ разведенію шелковичныхъ червей и шелковичнаго дерева. [Ztschr. Schriftkundige] Журн. Грамотей, **1876**, 45—175, 1876.

Prerovsky, Richard
Auffallendes Vorkommen eines Hummelnestes. Ill. Ztschr. Ent., **4**, 123, 1899.

Presas, [Manuel J . . .]
○ Noticias zoologicas. Insectos. Repert. fis.-nat. Cuba, **2**, 228, 1866—68.

Presse, Fr . . .
Ameisen und Bienen. Naturalien-Cabinet, **10**, 181—182, 197—198, 213—214, 227—228, 258—260, 324—325, 338—340, 1898; **11**, 4—6, 54—55, 67—68, 83—84, 1899.

Prest, J . . .
Vanessa cardui in 1899. Entomologist, **32**, 188, 1899.

Prest, William
geb. 7. 5. 1824 in York, gest. 7. 4. 1884 in York. — Biogr.: (John T. Carrington) Entomologist, **17**, 119—120, 1884; Leopoldina, **20**, 114, 1884; Zool. Anz., **7**, 304, 1884.
— Note on *Cidaria silaceata.* Entomol. monthly Mag., **3**, 235, (1866—67) 1866.
— Occurrence of *Eubolia maeniata* near York. [Mit Angaben der Herausgeber.] Entomol. monthly Mag., **3**, 186—187, (1866—67) 1867.
— *Choerocampa Celerio* near York. Entomol. monthly Mag., **5**, 173, (1868—69) 1868.
— Occurrence of *Scoparia basistrigalis* near York. Entomol. monthly Mag., **7**, 86, (1870—71) 1870.
— Captures, &c., of Lepidoptera near York, in 1870. Entomol. monthly Mag., **7**, 256—257, (1870—71) 1871.
— *Thera firmaria* in October. Entomologist, **6**, 2, (1872—73) 1872 a.
— Note on *Acidalia Inornata.* Entomologist, **6**, 6—7, (1872—73) 1872 b.
— Description of the Larva of *E. Pimpinellata,* late *Denotata.* Entomologist, **6**, 240—241, (1872—73) 1872 c.
— Variety of *C*[*irroedia*] *Xerampelina.* Entomologist, **6**, 241, (1872—73) 1872 d.
— *Vanessa Antiopa* in Yorkshire. Entomol. monthly Mag., **9**, 245, (1872—73) 1873.
— Field Naturalists' Society. *Cnethocampa pityocampa* and *Anthrocera Lonicerae.* [Mit Angaben von Edward Newman.] Entomologist, **7**, 181—182, 1874.
○ *Lithosia quadra* at York. Naturalist London, **1**, 27, 1875—76 a.
○ *E*[*upithecia*] *albipunctata.* Naturalist London, **1**, 27, 1875—76 b.
— *Choerocampa Celerio.* Entomologist, **9**, 276, 1876 a.
— *Catocala Fraxini.* Entomologist, **9**, 278, 1876 b.
— Food of *Tortrix viburnana.* [Mit Angaben von E. A. Fitch.] Entomologist, **10**, 49, 1877 a.
— On melanism and variation in Lepidoptera. Entomologist, **10**, 129—131, 1877 b.
— *Ephestia elutella,* a Destructive Insect. Entomologist, **10**, 212—213, 1877 c.
— Yorkshire Micro-Lepidoptera in 1877. Trans. Yorksh. Natural. Union, **1877**, Ser. D, 11—16, 1877 d.
— *Coleophora palliatella.* Entomologist, **11**, 94, 1878 a.
— *Agrotis agathina* and *Thera firmata* at Sugar. Entomologist, **11**, 231, 1878 b.
— *Acronycta alni.* Entomologist, **12**, 251, 1879.
○ Entomological captures near Doncaster. Naturalist London, **5**, 43, 1879—80.
— Captures near York. [Lep., Hym.] Entomologist, **13**, 218—219, 1880 a.
— *Vanessa Antiopa* near York. Entomologist, **13**, 277, 1880 b.
— *Sesia culiciformis* near York. Entomologist, **13**, 281, 1880 c.
— *Poedisca sordidana.* Entomologist, **13**, 311—312, 1880 d.
— *Sirex gigas* at sugar. Entomologist, **14**, 23, 1881 a.
— Lepidoptera on Thorne Moor. Entomologist, **14**, 181, 1881 b.
— *Paedisca sordidana* and *P. opthalmicana.* Entomologist, **14**, 259—260, 1881 c.
— Scarcity of *Eupitheciae* larvae. Entomologist, **15**, 18—19, 1882 a.
— *Scoparia conspicuata.* Entomologist, **15**, 42, 1882 b.
— *Xanthia gilvago, Aplecta occulta* and *Euperia fulvago* at Doncaster. Entomologist, **15**, 42, 1882 c.
— Notes on the Season. [Lep.] Entomologist, **15**, 162—163, 1882 d.
— Lepidoptera in the North of England. Entomologist, **16**, 161, 1883 a.
— Notes from York. [Lep.] Entomologist, **16**, 254, 1883 b.
— Note on a new form in the genus *Zygaena.* Entomologist, **16**, 273—274, 1883 c.

Prestat, E . . .
○ Note sur l'emploi du *Mylabris interrupta,* comme succédané de la cantharide. Recu. Mém. Méd. Paris, **32**, 94—96, 1876.
[Ref.:] Bl.: *Mylabris interrupta* als Ersatz für Canthariden. Arch. Pharm., (3) **10** (**210**), 378, 1877.

Preston, H . . . B . . .
In the Forest of Soignies. Natural. Gazette, **1**, 94, 1889.

Preston, Henry
Borings of Larvae of *Cossus.* Sci. Gossip, (N. S.) **1**, 181, 1 Fig., 1894.

Preston, J . . .
Vanessa Antiopa and *Colias Edusa.* Entomologist, **8**, 220, 1875.
— *Heliothis armigera* near Bristol. Entomologist, **10**, 48, 1877.

Preston, Thomas Arthur
gest. 1905. — Biogr.: Rep. Marlborough Soc. nat. Hist. Soc., **53**, 101—104, 1905.
— *Acronycta alni.* Entomol. monthly Mag., **1**, 143, (1864—65) 1864.
— The mode in which *Acherontia Atropos* makes its Noise. Entomologist, **3**, 4, (1866—67) 1866 a.
○ The external changes of a moth. Rep. Malborough nat. Hist. Soc., **1865**, 12—19, 1866 b.
○ Internal Changes of a Lepidopterous Insect. Rep. Malborough nat. Hist. Soc., **1865**, 25—31, 1866 c.
— Early White Butterflies. Entomologist, **4**, 80, (1868—69) 1868 a.
— *Deilephila lineata* at Marlborough. Entomol. monthly Mag., **5**, 128, (1868—69) 1868 b.
— *Sphinx convolvuli* at Marlborough. Entomol. monthly Mag., **5**, 128, (1868—69) 1868 c.
— *Deiopeia pulchella* near Reading. Entomologist, **5**, 80, (1870—71) 1870.

Preudhomme de Borre, Charles François Paul Alfred
geb 14. 4. 1833 in Jemeppe sur Meuse (Belgien), gest. 27. 2. 1905 in Grand-Saconnex b. Genf, Curator am Mus. Hist. nat. Belgique. — Biogr.: (E. S.) Journ. Genève, 1905; Insektenbörse, **22**, 49, 1905; Leopoldina, **41**, 44, 1905; (A. Lameere) Ann. Soc. ent. Belg., **50**, 7—11, 1906 m. Porträt; (Le Royer) Mem. Soc. Phys. Genève, **35**, 141—143, 1906; (A. Musgrave) Bibliogr. Austral. Ent., 259, 1932.
— Addenda au catalogue des Coléoptères de Belgique. Ann. Soc. ent. Belg., **8**, 277—278, 1864.
— Notice sur un nouveau genre de Ténébrionides appartenant au groupe des Adéliides. Ann. Soc. ent. Belg., **11**, 125—131, Taf. III, 1867—68 a.
— Genus *Ceraldelium,* (Nov. gen. Trib. Helopidarum). Ann. Soc. ent. Belg., **11**, C. R. LXXV, 1867—68 b.
— [Annotations au tableau des carabiques rencontrés jusqu'ici dans la région de l'Ardenne.] Ann. Soc. ent. Belg., **11**, C. R. LXXXVII—LXXXVIII, 1867—68 c.
— [Coléoptères prises à Vielsalm etc.] Ann. Soc. ent. Belg., **11**, C. R. XCIII—XCIV, 1867—68 d.
— Notice sur les femelles à élytres lisses du *Dytiscus marginalis* Linné. Ann. Soc. ent. Belg., **12**, 107—111, 1868—69 a; Addition à la notice sur les femelles . . . **13**, 13—16, 1869—70.
— [Examen des Coléoptères trouvés à Calmpthout et Groenendal.] Ann. Soc. ent. Belg., **12**, C. R. II—III, 1868—69 b.
— [Priorité pour le *Blepegenes aruspex* Pascoe = *Ceradelium armatum* P. de Borre.] Ann. Soc. ent. Belg., **12**, C. R. XXIII—XXIV, 1868—69 c.
— Additions au Catalogue des Staphyliniens de Belgique. Ann. Soc. ent. Belg., **12**, C. R. XLVI—XLVIII, 1868—69 d.
— [*Trichophya pilicornis* en grande abondance à Louvain.] Ann. Soc. ent. Belg., **12**, C. R. LII, 1868—69 e.
— [Insectes de Batavia trouvés dans une collection de squelettes humains.] Ann. Soc. ent. Belg., **12**, C. R. LXIII—LIV, 1868—69 f.
— Considérations sur la classification et la distribution géographique de la famille des Cicindélètes. Ann. Soc. ent. Belg., **13**, 139—145, 1869—70 a.
— [L'exemplaire type du *Bolithophagus gibbifer* Wesmael pas identique avec *Byrsax Coenosus* Pascoe.] Ann. Soc. ent. Belg., **13**, C. R. X—XI, 1869—70 b.
— (Considérations sur la classification et la distribution géographique de la famille des Cicindélètes.) Ann. Soc. ent. Belg., **13**, C. R. XV—XVI, 1869—70 c.
— [*Hydroporus assimilis,* Payk. nouveau pour la Faune belge.] Ann. Soc. ent. Belg., **13**, C. R. XVII—XVIII, 1869—70 d.
— (Analyse d'un article de M. G. Koch: Distribution géographique des Lépidoptères.) Ann. Soc. ent. Belg., **13**, C. R. XX—XXIV, 1869—70 e.
— [Les femelles du *Dytiscus marginalis* à élytres lisses également plus communes aux environs de St. Pétersbourg.] Ann. Soc. ent. Belg., **13**, C. R. XXIV—XXV, 1869—70 f.
— [*Haliplus striatus,* Sharp. et quelques Hydrocanthares pris à Mons et à Weert-St.-Georges.] Ann. Soc. ent. Belg., **13**, C. R. XXIX—XXX, 1869—70 g.
— [Coléoptères nouveaux et peu communes pour le pays.] Ann. Soc. ent. Belg., **13**, C. R. XXXVI, 1869—70 h.
— [Coléoptères aquatiques recueillis dans les polders d'Austruweel.] Ann. Soc. ent. Belg., **13**, C. R. XXXVIII—XXXIX, 1869—70 i.
— Note sur le *Byrsax* (*Bolitophagus*) *gibbifer* Wesmael, et sur la place qu'il doit occuper dans la classification actuelle de la tribu des Bolitophagides. Bull. Acad. Belg. (Cl. Sci.), (2) **29**, 379—384, 1870.
— Catalogue synonymique et descriptif d'une petite collection de fourreaux de larves de Phryganides de Bavière. Ann. Soc. ent. Belg., **14**, 62—71, 1870—71 a.
— Description d'une nouvelle espèce du genre *Hyphydrus.* Ann. Soc. ent. Belg., **14**, C. R. X, 1870—71 b.
— Description d'une espèce nouvelle du genre *Hydroporus.* Ann. Soc. ent. Belg., **14**, C. R. XIII—XIV, 1870—71 c.
— [Coléoptères récoltés à Paliseul (Luxembourg).] Ann. Soc. ent. Belg., **14**, C. R. XIV—XV, 1870—71 d.
— [Coléoptères intéressantes pris à Roumont, à Carlsbourg etc.] Ann. Soc. ent. Belg., **14**, C. R. XXIV—XXV, XXIX, 1870—71 e.
— Liste des Saturnides de Musée royal d'histoire naturelle de Belgique. Ann. Soc. ent. Belg., **14**, C. R. XXVII—XXIX, 1870—71 f.
— [Observations sur le rapport précédent de M. le Dr. A. Breyer.] Ann. Soc. ent. Belg., **14**, C. R. CXXXIII—CXXXV, 1870—71 g.
— [*Erebia Ligea* L., espèce nouvelle pour notre faune.] Ann. Soc. ent. Belg., **15**, C. R. VII—VIII, 1871—72 a.
— Analyse d'un Mémoire intitulé: „La Distribution Géographique du *Pachytylus migratorius* Linné, par F.-T. Köppen." Ann. Soc. ent. Belg., **15**, C. R. XVIII—XXIV, 1871—72 b.
— [*Agabus agilis* Fabr. et *Orectochilus villosus* Fab. recueillis à Lessinis.] Ann. Soc. ent. Belg., **15**, C. R. XLVIII—XLIX, 1871—72 c.
— [*Ophion undulatus* Gravenhorst attaquant aux chenilles du *Bombyx rubi.*] Ann. Soc. ent. Belg., **15**, C. R. XCII, 1871—72 d.

— [Larves de l'*Enoicyla pusilla*.] Ann. Soc. ent. Belg., **15**, C. R. XCII, 1871—72 e.

— [Fourmis extraites de cavités de Thuya d'Algérie (*Callitris quadrivalvis*).] Ann. Soc. ent. Belg., **15**, C. R. CXXX, 1871—72 f.

— (Sur la mise en pratique de la loi de priorité.) Petites Nouv. ent., **1** (1869—75), 180—181, 1872.

○ Ya-t-il des faunes naturelles distinctes à la surface du globe, et quelle méthode doit-on employer pour arriver à les définir et les limiter? Bruxelles, 1873 a.

— Note sur deux Monstruosités observées chez des Coléoptères. Ann. Soc. ent. Belg., **16**, C. R. XVIII —XIX, 2 Fig., 1873 b.

— Y a-t-il des faunes naturelles distinctes à la surface du globe, et quelle méthode doit-on employer pour arriver à les définir et les limiter? Ann. Soc. ent. Belg., **16**, C. R. XLIII—LIII, 1873 c.

— (Sur les classifications fondées sur les espèces de régions limitées.) [Mit Angaben von Putzeys.] Ann. Soc. ent. Belg., **16**, C. R. CXXX—CXXXII, 1873 d.

— (Analyse d'un mémoire de M. W. F. Kirby, sur la distribution géographique des Lépidoptères Diurnes comparée à celle des Oiseaux.) Ann. Soc. ent. Belg., **16**, C. R. CXXXVIII—CXLIII, 1873 e.

— [Réserver aux monographes le droit de changer des noms.] Ann. Soc. ent. Belg., **16**, C. R. CXLIX—CL, 1873 f.

— [Réplique à la note de M. E. de Harold sur l'autorité exclusive du monographe.] Ann. Soc. ent. Belg., **17**, C. R. IX—XIII, 1874 a.

— (Proposition d'encourager les études de faunes tout-à-fait locales.) Ann. Soc. ent. Belg., **17**, C. R. XVIII —XXI, 1874 b.

— (Nouvelles considérations sur l'opportunité de la division du travail dans les études de géographie entomologique.) Ann. Soc. ent. Belg., **17**, C. R. LVI—LXI, 1874 c.

— [Critique du travail synthétique de M. Hofmann „Isoporien der europäischen Tagfalter".] Ann. Soc. ent. Belg., **17**, C. R. LXIX—LXXIII, 1874 d.

— [Un nid de chenilles dans un grenier.] Ann. Soc. ent. Belg., **17**, C. R. CXXI—CXXII, 1874 e.

— Note sur les Géotrupides qui se rencontrent en Belgique. Ann. Soc. ent. Belg., **17**, C. R. CXXXIV—CXLIII, 1874 f.

— (Sur un système d'exposition par rotation des collections entomologiques dans les Musées.) Ann. Soc. ent. Belg., **17**, C. R. CXLVI—CXLVIII, 1874 g.

— [Sur la question de la priorité des noms.] Ann. Soc. ent. Belg., **17**, C. R. CLVII—CLVIII, 1874 h.

— Complément de la Note sur des empreintes d'Insectes fossiles. Ann. Soc. ent. Belg., **18**, C. R. LVI—LXI, 1875 a.

— (La possibilité de la naturalisation de la *Leptinotarsa decemlineata*, examinée au point de vue de la concurrence vitale.) Ann. Soc. ent. Belg., **18**, C. R. LXI—LXIV, 1875 b.

— (Sur trois nouveaux insectes fossiles.) Ann. Soc. ent. Belg., **18**, C. R. CXV, 1875 c.

○ Un papillon [*Breyeria Borinensis*] dans la houille. Bull. scient. Dép. Nord, **7**, 121—127, 1875 d.

— Entomologie horticole. [*Doryphora decemlineata*.] Bull. Soc. Linn. Bruxelles, **4**, 7—11, 1875 e.
[Engl. Übers. S. 8—11:] The Colorado Potato-Beetle. [Mit Angaben der Herausgeber.] Entomol. monthly Mag., **12**, 40—42, (1875—76) 1875.
[Sonderdr.?:] 8°, 4 S., Bruxelles, impr. Félix Callewaert Père, 1875.

— Empreintes d'Insectes fossiles découvertes dans les schistes des environs de Mons. Journ. Zool. Paris, **4**, 291—297, 1875 f. — [Auszug d. Verf.:] Note sur des empreintes . . . schistes houillers des . . . Ann. Soc. ent. Belg., **18**, XXXIX—XLII, 1875.

— [Note sur le *Breyeria borinensis*.] Ann. Soc. ent. Belg., **19**, C. R. III—IV, 1876 a.

— [Larves des Coléoptères attaquant les poteaux télégraphiques.] Ann. Soc. ent. Belg., **19**, C. R. IX, 1876 b.

— [Larves du genre *Ceutorhynchus* attaquent le colza.] Ann. Soc. ent. Belg., **19**, C. R. XXVIII, 1876 c.

— (Sur un Crapaud dévoré vivant par des larves de Muscides.) Ann. Soc. ent. Belg., **19**, C. R. LXIV, 1876 d.
[Dtsch. Übers.:] Kröten lebendig von Fliegen verzehrt. Ent. Nachr. Putbus, **3**, 127—128, 1877.

— [Dons des collections de Lépidoptères faites au Musée Royale d'Histoire naturelle par M. de Thysebaert (†) et M. Weinmann.] Ann. Soc. ent. Belg., **20**, C. R. XXIII, 1877 a.

— (Sur une éducation de larves de *Leptinotarsa 10-lineata*.) Ann. Soc. ent. Belg., **20**, C. R. LI—LIII, 1877 b.

— [La *Fulgora laternaria* L. accusée d'être venimeux.] Ann. Soc. ent. Belg., **20**, C. R. LIII, 1877 c.

— (Sur les espèces décrites par Drapiez.) Ann. Soc. ent. France, (5) **7**, Bull. LVI (= Bull. Soc. . . ., **1877**, 73—74), 1877 d.

— Cistélides, Lagriides et Pédilides recueillis au Portugal et au Maroc par C. Van Volxem. Ann. Soc. ent. Belg., **21**, C. R. XI—XII, 1878 a.

— (Cistélides du voyage de M. Jean Van Volxem au Caucase.) Ann. Soc. ent. Belg., **21**, C. R. XII, 1878 b.

— Notice sur les espèces des tribus des Panagéides, des Loricérides, des Licinides, des Chlaeniides et des Broscides, qui se rencontrent en Belgique. Ann. Soc. ent. Belg., **21**, C. R. C—CXXVII, 1878 c.

— (Sur l'oeuf et la jeune larve d'une espèce de *Cyphocrania* de Java, probablement le *C. Goliath* G. R. Gray.) Ann. Soc. ent. Belg., **21**, C. R. CCXXVII—CCXXVIII, 1 Fig., 1878 d.

— Note sur des difformités observées chez l'*Abax ovalis* et le *Geotrupes sylvaticus*. Ann. Soc. ent. Belg., **21**, CCXLIX—CCLI, 1 Fig., 1878 e.

— Étude sur les espèces de la tribu des Féronides qui se rencontrent en Belgique. Ann. Soc. ent. Belg., **22**, 31—76, 1879 a; **23**, 131—154, Taf. I, 1880.

— [*Amphigynus piceus* Marsh., rare en Belgique.] Ann. Soc. ent. Belg., **22**, C. R. VII, 1879 b.

— (Réponse aux critiques de M. Fauvel touchant les catalogues de faunes locales. Ann. Soc. ent. Belg., **22**, C. R. VII—IX, 1879 c.

— (Sur les procédés de MM. Lichtenstein et Petzold, pour la conservation des insectes dans un ambre artificiel.) Ann. Soc. ent. Belg., **22**, C. R. XLIX—L, 1879 d.

— Note sur le *Breyeria borinensis*. Ann. Soc. ent. Belg., **22**, LXXVII—LXXXIII, 1879 e.

— (Note sur la position à donner aux Caisses ou Cartons d'insectes.) Ann. Soc. ent. Belg., **22**, C. R. LXXXIII —LXXXVI, 2 Fig., 1879 f. — [Abdr.:] De la meilleure disposition à donner aux caisses et cartons des collections d'insectes. Guide Natural., **2**, 304—306, 1880.

— [Captures intéressantes. L'*Amara famelica* pris à

Calmphout.] Ann. Soc. ent. Belg., **22**, C. R. XC—XCI, 1879 g.
— Étiquetage des Collections. Petites Nouv. ent., **2** (1876—79), 305—306, 1879 h.
— Note sur le genre *Macroderes* Westwood. Ann. Soc. ent. Belg., **23**, C. R. VII—XI, 1880 a.
— Description d'une espèce nouvelle du genre *Trichillum* Harold (Coprides; Choeridiides). Ann. Soc. ent. Belg., **23**, C. R. XXVII—XXVIII, 1880 b.
— (Statistique des collections entomologiques classées du Musée royal d'Histoire naturelle à la fin de l'année 1879.) Ann. Soc. ent. Belg., **23**, C. R. LXI, 1880 c.
— Sur la distinction des deux parties qui composent l'épipleure chez certains coléoptères. Ann. Soc. ent. Belg., **23**, C. R. LXXV—LXXVI, 1880 d.
— (Anomalie observée chez une femelle du *Melolontha vulgaris*.) Ann. Soc. ent. Belg., **23**, C. R. LXXXVI, 1880 e.
— (Deux excursions du mois de mai.) Ann. Soc. ent. Belg., **23**, C. R. LXXXVI—LXXXVII, 1880 f.
— Renseignements sur le *Blastophagus piniperda*. Ann. Soc. ent. Belg., **23**, C. R. CLI—CLII, 1880 g.
— Note sur la femelle du *Rhagiosoma madagascariense* Chapuis. Ann. Soc. ent. Belg., **23**, C. R. CLII—CLIII, 1 Fig., 1880 h.
— Sur une excursion entomologique en Allemagne, pendant les mois de juin et juillet 1880. (— Carabiques et Cicindélides. Phytophages Eupodes.) Ann. Soc. ent. Belg., **23**, C. R. CLXXV—CLXXX; Suite des Coléoptères recueillis dans mon excursion en Allemagne en juin et juillet 1880 (Hydrocanthares, Histérides, Lamellicornes, Buprestides, Clérides.) CLXXXIX—CXCI, 1880 i; ... (Silphides, Dermestides, Elatérides, Cistélides, Mélandryides.) **25**, C. R. XIX—XX; ... (Palpicornes, Lagriides, Oedémérides, Longicornes.) XLVII—XLVIII; ... (Ténébrionides, Mordellides, Phytophages (moins les Eupodes).) LXXVIII—LXXIX, 1881.
— (Carabiques recueillis en Provence par M. L. Becker.) Ann. Soc. ent. Belg., **23**, C. R. CLXXX—CLXXXI, 1880 j.
— (Lamellicornes et Buprestides recueillis en Provence par M. L. Becker.) Ann. Soc. ent. Belg., **23**, C. R. CXCI, 1880 k.
— (L'histoire abrégée des vingt-cinq premières années de la Société.) Ann. Soc. ent. Belg., **24**, Assemblée gén. V—XII, 1880 l.
— (*Pinophilus opacus* = *australis*, Col.) Ann. Soc. ent. France, (5) **9**, Bull. CLXII (= Bull. Soc. ..., **1879**, 226—227), (1879) 1880 m.
[Siehe:] Fauvel, C. A.: (5) **10**, Bull. XXX—XXXI, 1880.
— Matériaux pour la faune entomologique du Brabant. Coléoptères. Première centurie. Bull. Soc. Linn. Bruxelles, **9**, 73—100, 1880 n; ... Deuxième centurie. **10**, 103—128; ... Troisième centurie. 206—216, 222—239, 1882; ... Quatrième centurie. **14**, 11—24, 39—56, 4 Fig.; 74—86, (1888) 1887.
— Quelques mots sur l'organisation et l'histoire naturelle des animaux articulés. 19 S., 1881?a.
— Liste des Criocérides recueillies au Brésil par feu Camille van Volxem suivie de la description de douze nouvelles espèces américaines de cette tribu. Ann. Soc. ent. Belg., **25**, 74—84, 1881 b.
— (Silphides, Elatérides et Méloides recueillis en Provence par M. Becker.) Ann. Soc. ent. Belg., **25**, C. R. XX—XXI, 1881 c.
— (*Onitis Vischnu*, n. sp., suivi de la description des femelles des *Onitis Lama* et *Brahma* et de la Liste des Onitides du Musée royal d'Histoire naturelle.) Ann. Soc. ent. Belg., **25**, C. R. XXXIX—XLII, 1881 d.
— (Longicornes recueillis en Provence par M. L. Bekker.) Ann. Soc. ent. Belg., **25**, C. R. XLVIII, 1881 e.
— (Sur les larves des Cordulines de Belgiques.) Ann. Soc. ent. Belg., **25**, C. R. LXIX—LXX, 1881 f.
— (Ténébrionides, Mordellides et Phytophages recueillis en Provence par M. Becker.) Ann. Soc. ent. Belg., **25**, C. R. LXXIX—LXXX, 1881 g.
— (Note sur un exemplaire d'une variété du *Carabus violaceus* pris à Groenendael par M. Duvivier.) Ann. Soc. ent. Belg., **25**, C. R. LXXXII—LXXXIII, CVII—CVIII, 1881 h.
— Description d'une nouvelle espèce de Buprestide du genre *Sternocera* rapportée de l'Afrique centrale par M. le capitaine Cambier. Ann. Soc. ent. Belg., **25**, C. R. CII—CIII, Farbtaf. IV, 1881 i.
— [Note sur une excursion à Staden.] Ann. Soc. ent. Belg., **25**, C. R. CVIII, 1881 j.
— (Sur la présence en Belgique de l'*Anomala oblonga* et sur une variété nouvelle *Baudueri* de l'*Anomala* aenea.) Ann. Soc. ent. Belg., **25**, C. R. CXIX—CXX, 1881 k.
— (Du peu de valeur du caractère sur lequel a été établi le genre ou sous-genre *Rhombonyx*.) Ann. Soc. ent. Belg., **25** C. R. CXXXVI—CXXXVIII, 1881 l.
— (Monstruosité observée chez un exemplaire de *Parandra austrocaledonica* Montrouzier.) Ann. Soc. ent. Belg., **25**, C. R. CXXXVIII, 1881 m.
— (Sur les métamorphoses des *Rhagium*.) Ann. Soc. ent. Belg., **25**, C. R. CXLIX—CLI, Taf. V, 1881 n.
— Matériaux pour la faune entomologique de la province d'Anvers. Coléoptères. [Unter Mitarbeit von Fr. Dietz & Edm. Van Segvelt.] Première Centurie. Bull. Cercle floral Anvers, **1881**, [22 S.], 1881 o; ... Deuxième Centurie. **1882**, [26] + 1 (unn.) S., 1882; ...Troisième Centurie. **1885**, [38 S.], 1885; ... Quatrième Centurie. **1891**, [58 S.], 1891.
— Materiaux pour la faune entomologique des Flandres. Coléoptères. — Première Centurie. Bull. scient. Dép. Nord, (2) **4** (**13**), 206—230, 1881 p; ... — Deuxième Centurie. (2) **5** (**14**), 165—195, 1882; ... Troisième Centurie. (2) **9** (**17**), 53—92, 2 Fig., 1886; ... Quatrième Centurie. Rev. biol. Nord France, [**3**], 1—20, 72—79, (1891) 1890; 143—150, 1891.
— Matériaux pour la faune entomologique de la province de Manur. Coléoptères. Première Centurie. Bull. Soc. Natural. Dinant., **1881**, [19 S.], 1881 g; ... Deuxième Centurie. **1883**, [27 S.], 1883; ... Troisième Centurie. [41 S.], ?.
— siehe Jacobs, Jean Charles & Preudhomme de Borre, Alfred 1881.
— Notice nécrologique sur Jules Putzeys. Ann. Soc. ent. Belg., **26**, I—VIII, 1882 a.
— (Sur le *Carabus cancellatus* et sa variété *fusus* en Belgique.) Ann. Soc. ent. Belg., **26**, C. R. VIII—X, 1882 b.
— (Sur deux variétés de Carabiques prises en Belgique.) Ann. Soc. ent. Belg., **26**, C. R. XXXIII—XXXIV, 1882 c.
— Analyse et résumé d'un mémoire de M. le Dr. G.-H. Horn: On the genera of Carabidae with special reference to the fauna of Boreal America (Philadelphia, août 1881). Ann. Soc. ent. Belg., **26**, C. R. LX—LXXIII, 1882 d.

— (Sur un caractère propre à distinguer les *Elaphrus* de la faune belge.) Ann. Soc. ent. Belg., **26**, C. R. LXXVIII—LXXX, 1 Fig., 1882 e.
— (Sur le *Notiophilus quadripunctatus.*) Ann. Soc. ent. Belg., **26**, C. R. LXXX—LXXXI, 1882 f.
— (Rapport sur les manuscrits de feu J. Putzeys.) Ann. Soc. ent Belg., **26**, C. R. LXXXVI—LXXXIX, 1882 g.
— (*Anchomenus angusticollis*, var. n. *Putzeysi.*) Ann. Soc. ent. Belg., **26**, C. R. XCI—XCII, 1882 h.
— (La capture intéressante de deux espèces rares du genre *Bembidium.*) Ann. Soc. ent. Belg., **26**, C. R. CXVI, 1882 i.
— (Sur des captures d'insectes faites en Thuringe.) Ann. Soc. ent. Belg., **26**, C. R. CXXVI—CXXVII, 1882 j.
— (Sur l'*Amara famelica.*) Ann. Soc. ent. Belg., **26**, C. R. CXLIII—CXLIV, 1882 k.
— [Note sur deux Hydrophorides.] Ann. Soc. ent. Belg., **26**, C. R. CXLIV, 1882 l.
— [Note sur *Panagaeus crux-major* var. *Schaumi* et *Orectochilus villosus.* Ann. Soc. ent. Belg., **26**, C. R. CLXXII, 1882 m.
— Matériaux pour la faune entomologique de la province de Liége. Coléoptères. Première Centurie. Mém. Soc. Sci. Liége, (2) **9**, Nr. 8, 1 (unn.) S. + I—VIII + 1—22; . . . 2. Centurie. Nr. 9, 1—29, 1882 n; . . . 3. Centurie. (2) **15**, Nr. 2, 1—51 + 1 (unn.) S., 2 Fig., 1888.
— Matériaux pour la faune entomologique de la province du Limbourg. Coléoptères. 4 Centurien. 8°, 1882—?.
1. 32 S., Tongres, impr. M. Collée, 1882.
2. 46 S., Tongres, impr. M. Collée, 1882.
3. 50 S., 1890.
4. 57 S., 2 Fig., ?.
— Liste des Mantides du Musée Royal d'Histoire naturelle de Belgique. Ann. Soc. ent. Belg., **27**, 60—81, 1883 a.
— [Note sur une espèce nouvelle d'*Agabus.*] Ann. Soc. ent. Belg., **27**, C. R. XIII, 1883 b.
— [Quelques captures intéressantes de Carabiques.] Ann. Soc. ent. Belg., **27**, C. R. XCV, 1883 c.
— (Monstruosité observée chez un *Steropus concinnus.*) Ann. Soc. ent. Belg., **27**, C. R. CXXIX, 1883 d.
— (Sur une excursion entomologique à la Landskrone, dans la vallée de l'Ahr.) Ann. Soc. ent. Belg., **27**, C. R. CXXXIII—CXXXIV, 1883 e.
— Note sur l'*Horia senegalensis* Castelnau. Ann. Soc. ent. Belg., **27**, C. R. CXXXVI—CXXXVIII, 1 Fig., 1883 f.
— La feuille qui se transforme en insecte. Ann. Soc. ent. Belg., **27**, C. R. CXLIII—CXLV, 2 Fig., 1883 g.
— [Notes sur une excursion à La Hulpe.] Ann. Soc. ent. Belg., **27**, C. R. CXLV—CXLVI, 1883 h.
○ Nos Elaphriens. Bull. Soc. Natural. Dinant., **1883**, [3 S.], 1 Fig., 1883 i.
— Matériaux pour la Faune entomologique du Hainaut. Coléoptères. Première centurie. Mém. Publ. Soc. Sci. Hainaut, (4) **7** (1882), I—XXIII, 1883 j;[1]) . . . Deuxième et troisième centurie. (4) **9** (1885—1887), I—LXXV, 4 Fig., 1887; . . . Quatrième centurie. (5) **1** (1888—1889), I—XLII, 1889.
— Matériaux pour la faune entomologique de la province du Luxembourg belge. Coléoptères. 1. Centurie. Publ. Inst. Luxembourg, **19**, 23—43; . . . 2. Centurie. 62—88, 1883 k; . . . 3. Centurie. **21**, 81—117, 2 Fig., 1891.
— [Ref.] siehe Ortega, Angel Muñez 1883.
— (Types de Boisduval et espèces rares de la collection de Papilionides du Musée Royal de Belgique.) Ann. Soc. ent. Belg., **28**, C. R. CXXV—CXXVI, 1884 a.
— De la validité specifique des *Gyrinus colymbus* Er., *distinctus* Aubé, *caspius* Ménétriés, *libanus* Aubé et *Suffriani* Sriba. Ann. Soc. ent. Belg., **28**, C. R. CLXVII—CLXX, 1884 b.
— (Monstruosité observée chez un *Carabus auratus.*) Ann. Soc. ent. Belg., **28**, C. R. CLXX—CLXXI, 1884 c.
— (Sur deux excursions à Calmpthout et sur l'excursion de la Société à Arlon. Ann. Soc. ent. Belg., **28**, C. R. CCXII—CCXIII, 1884 d.
— [L'envahissement d'un moulin à Lodelinsart par un microlépidoptère.] Ann. Soc. ent. Belg., **28**, C. R. CCXI, CCXXXVI—CCXXXVII, 1884 e.
— (Anomalies chez un *Carabus auratus.*) Ann. Soc. ent. Belg., **28**, C. R. CCXXXIX, 1884 f.
— [Capture de la *Nebria andalusiaca* Putz. en Belgique.] Ann. Soc. ent. Belg., **28**, C. R. CCCXL, 1884 g.
— Les Méloides de l'Europe centrale d'après Redtenbacher et Gutfleisch. Bull. Soc. Linn. Bruxelles, **11**, 143—154, 1884 h.
— siehe Weyers, Joseph-Léopold & Preudhomme de Borre, Alfred 1884.
— (Sur les changements apportés en ces derniers temps dans la classification générale des Insectes.) Ann. Soc. ent. Belg., **29**, C. R. LXXVII—LXXX, 1885 a.
— (Sur la capture en Belgique du *Dytiscus latissimus.*) Ann. Soc. ent. Belg., **29**, C. R. XCII, 1885 b.
— (Analyse de deux travaux récents de MM. Scudder et Brongniart sur des Arachnides fossiles.) Ann. Soc. ent. Belg., **29**, C. R. CXXXI—CXXXVII, 1885 c.
— (Une affaire litigieuse dûe au *Monomorium Pharaonis.*) Ann. Soc. ent. Belg., **29**, C. R. CXXXVII—CXXXVIII, 1885 d.
— (Coléoptères donnés à la Société par la famille Putzeys.) Ann. Soc. ent. Belg., **29**, C. R. CXXXVIII, 1885 e.
— Liste des trois cent quarante espèces de Coléoptères Carnassiers terrestres actuellement authentiquement capturées en Belgique avec la tableau synoptique de leur distribution géographique dans le pays. Ann. Soc. ent. Belg., **30**, 7—18, 1886 a; Additions à la faune belge; relevé statistique des collections du Musée Royal naturelle. **32**, XII; Addition à . . . belge XXII—XXIII, XXXVI, XLVII—XLVIII, LXIX; Annotations aux listes de Coléoptères carnassiers et Lamellicornes indigènes. LXXXIX, XCIX—C, 1888; **33**, XIV; Additions et Annotations aux listes . . . CXLIX, 1889; Annotations aux listes de Coléoptères carnassiers indigènes. **34**, LXXVII; Addition et Annotations à la liste des Carabiques indigènes. C: Annotations aux Listes de Coléoptères Carnassiers indigènes. CCXIV—CCXV, 1890; Additions et Annotations . . . Carnassiers et Lamellicornes indigènes. **35**, CCCX—CCCXI, CCCCXXV—CCCCXXVI, 1891.
— Liste des cent dix-sept espèces de Coléoptères Carnassiers aquatiques actuellement authentiquement capturées en Belgique avec le tableau synoptique de leur distribution géographique dans le pays. Ann. Soc. ent. Belg., **30**, 19—23, 1886 b.
— Description de deux espèces nouvelles du genre *Aegidium* Westwood suivies de la liste des Orphnides du Musée Royal d'Histoire naturelle de Belgique. Ann. Soc. ent. Belg., **30**, 24—26, 1886 c.

[1]) lt. Umschlagblatt, auf Titelblatt d. Bandes 1882

— Catalogue des Trogides décrits jusqu'a ce jour, précédé d'un synopsis de leurs genres et d'une esquisse de leur distribution géographique. Ann. Soc. ent. Belg., **30**, 54—82, Taf. IV, 1886 d.
— Note sur le genre *Ectinohoplia* Redtenbacher. Ann. Soc. ent. Belg., **30**, 83—87, 1886 e.
— Liste des Lamellicornes Laparostictiques recueillis par feu Camille van Volxem pendant son voyage dans le midi de la péninsule hispanique et au Maroc, en 1871. Ann. Soc. ent. Belg., **30**, 98—102, 1886 f.
— Liste des Lamellicornes Laparostictiques recueillis par feu Camille Van Volxem pendant son voyage au Brésil et à La Plata en 1872 suivie de la description de dix huit espèces nouvelles et un genre nouveau. Ann. Soc. ent. Belg., **30**, 103—120, 1886 g.
— Note sur les genres *Hapalonychus* Westwood et *Trichops* Mannerh. (inédit). Ann. Soc. ent. Belg., **30**, 121—124, 1886 h.
— Note sur le *Geotrupes stercorarius* L. et les espèces voisines. Ann. Soc. ent. Belg., **30**, C. R. XXVII—XXXIII, 1886 i.
— (Sur le *Geotrupes alpinus*.) Ann. Soc. ent. Belg., **30**, C. R. LI, LXII—LXIII, 1886 j.
— (Liste de Coléoptères capturés en Espagne par M. Weyers [Coprophages].) Ann. Soc. ent. Belg., **30**, C. R. XCIV, 1886 k.
— (*Leucopholis rorida* Fabr. monstrueux.) Ann. Soc. ent. Belg., **30**, C. R. CXLIII, 1 Fig., 1886 l.
— (Sur diverses captures indigènes.) Ann. Soc. ent. Belg., **30**, C. R. CLVI—CLVII, 1886 m.
— Note sur les *Triodonta aquila* Cast. et *cribellata* Fairm. Ann. Soc. ent. Belg., **30**, C. R. CXXIV—CXXV, 1886 n.
— (Sur la présence à Liége du *Pulvinaria vitis*.) Ann. Soc. ent. Belg., **30**, C. R. CXXXV, 1886 o.
— Sur les espèces Européennes du genre *Haplidia*. Ann. Soc. ent. Belg., **30**, C. R. CXXXVIII—CXLI, 1886 p.
— (Sur la capture de divers Coléoptères carnassiers en Belgique.) Ann. Soc. ent. Belg., **30**, C. R. CXLI—CXLII, 1886 q.
— (Sur la capture de l'*Anoxia villosa* à Calmpthout.) Ann. Soc. ent. Belg., **30**, C. R. CXLII—CXLIII, 1886 r.
— (Sur les *Micropoecila cincta* et *Breweri*.) Ann. Soc. ent. Belg., **31**, C. R. X—XI, 1887 a.
— (Sur le *Proagosternus Reichei*.) Ann. Soc. ent. Belg., **31**, C. R. XI, 1887 b.
— (Sur l'*Oenophila V-flavum*.) Ann. Soc. ent. Belg., **31**, C. R. XI, 1887 c.
— Encore les ennemis des vins en bouteilles. Ann. Soc. ent. Belg., **31**, C. R. XIV—XV, 1887 d.
— (Sur une larve supposée de *Dytiscus latissimus*.) Ann. Soc. ent. Belg., **31**, C. R. XV—XVI, 1887 e.
— (Sur le *Rhizophagus bipustulatus*.) Ann. Soc. ent. Belg., **31**, C. R. XXVII—XXVIII, 1887 f.
— (Sur la faune entomologique de nos diverses provinces.) Ann. Soc. ent. Belg., **31**, C. R. XXVIII—XXIX, 1887 g.
— (Sur la *Nebria livida* et la faune gallorhénane.) Ann. Soc. ent. Belg., **31**, C. R. XXIX—XXXI, 1887 h.
— (Sur les Arthropodes qui s'attaquent aux bouchons.) Ann. Soc. ent. Belg., **31**, C. R. XXXVI—XXXVII, 1887 i.
— (Sur les dégâts commis cette année par les Acridiens en Belgique.) Ann. Soc. ent. Belg., **31**, C. R. LXXVII—LXXIX, 1887 j.
— in Veth, Pieter Jan [Herausgeber] (1881—92) 1887.
— Liste des cent et cinq espèces de Coléoptères lamellicornes actuellement authentiquement capturées en Belgique avec le tableau synoptique de leur distribution géographique dans le pays. Ann. Soc. ent. Belg., **32**, 1—5, 1888 a.
— Liste des Passalides recueillis en 1872 par feu Camille Van Volxem, pendant son voyage au Brésil. Ann. Soc. ent. Belg., **32**, C. R. XLI—XLII, 1888 b.
— Sur le *Bembidium biguttatum* Fab. et les formes voisines. Ann. Soc. ent. Belg., **32**, C. R. LXXXIII—LXXXVIII, 1888 c.
— Pourquoi je me suis démis des fonctions de conservateur au Musée Royale d'Histoire Naturelle de Belgique. 8°, 22 S., Bruxelles, impr. Veure Monnom, 1889 a.
— Conseils pour l'étude des Palpicornes aquatiques. Ann. Soc. ent. Belg., **33**, C. R. X—XIII, 1889 b.
— Sur les *Poecilus cupreus* et *versicolor*. Ann. Soc. ent. Belg., **33**, C. R. LI—LII, 1889 c.
— (Capture de l'*Amara* (*Celia*) *municipalis*.) Ann. Soc. ent. Belg., **33**, C. R. XCVIII, 1889 d.
— (Sur les méfaits de l'*Otiorhynchus sulcatus* F. et les moyens de les prévenir.) Ann. Soc. ent. Belg., **33**, C. R. CXXXVIII—CXXXIX; (Sur l'*Otiorhynchus* ...) CXLVII—CXLVIII, 1889 e.
— Répertoire alphabétique des noms spécifiques admis ou proposés dans la sous-famille des Libellulines avec indications bibliographiques, iconographiques et géographiques. Mém. Soc. Sci. Liége, **16**, Nr. 4, 1—38, 1890.
○ [Sonderdr.:] 38 S., Brussels, 1889.
— Note sur l'*Amara convexior* Steph. ou *continua* Thomson. Ann. Soc. ent. Belg., **35**, C. R. CCCCIV—CCCCVII, 1891. — [Abdr.:] Coléoptériste, **1**, 247—249, (1890—91) 1891.
— (Captures de Coléoptères indigènes.) Ann. Soc. ent. Belg., **36**, 228, 1892.
— [Ref.] siehe Ganglbauer, Ludwig 1892—99.
— [*Dromius nigriventris* C. G. Thomson nouveau pour notre Faune.] Ann. Soc. ent. Belg., **38**, 650, 1894.
— Sur une capture en Belgique du *Pyrrhocoris marginatus* Kol. Ann. Soc. ent. Belg., **40**, 65—66, 1896 a.
— (Sur le *Pyrrhocoris marginatus* Kolenati.) Arch. Sci. phys. nat., (4) **1**, 272—273, 1896 b; (4) **2**, 652—653, 1896.
— Sur le *Sargus nitidus* Meigen et sur sa capture en Belgique. Ann. Soc. ent. Belg., **43**, 210—211, 1899.

Preudhomme de Borre, Alfred & **Ragusa,** Enrico
Lettres sur les *Nebria* de la Sicile. Natural. Sicil., **1** (1881—82), 179—182, 1882.

Preuss,
Bericht über botanische und entomologische Beobachtungen auf der Barombistation. Mitt. Dtsch. Schutzgeb., **2**, 44—61, 1889.

Preusse, Franz
Über die amitotische Kerntheilung in den Ovarien der Hemipteren. Ztschr. wiss. Zool., **59**, 305—349, Taf. XIX—XX, 1895.

Preussische Expedition Ost-Asien
○ Die Preussische Expedition nach Ost-Asien. Nach amtlichen Quellen. [2 Teile in] 4 Bde.[1]) 8°, Berlin, Verl. Kgl. Geh. Oberbuchdruckerei (R. v. Decker), 1864—76.
[II.] Martens, Eduard von: Zoologischer Theil. 2 Bde. (1866—)76.

[1]) nur z. T. entomol.

1. Allgemeines und Wirbelthiere. XII + 412 S. (= 1—192, 1866; 193—412, 1876), 15 Taf. (12 Farbtaf.), (1866—)76.

Prévost, Florent siehe Florent-Prévost,

Prevost, E . . . W . . .
Queries as to dialect names of insects. Entomol. monthly Mag., (2) **10** (**35**), 10, 1899.

Prévost, L . . .
Sur la sériciculture en Californie. Bull. Soc. Acclim. Paris, (2) **3**, 542—546, 1866.

Preyer, W . . .
Die Kataplexie und der thierische Hypnotismus. Sammlg. physiol. Abh., (R. 2) H. 1, I—IV + 1 (unn.) S. + 1—100, Taf. I—III, 1878.

Pribyl, Leo
Ein neuer Schädiger der Maispflanze. Fühlings landw. Ztg., **26**, 893, 1877 a.
○ Maiswurzelkronenlaus. Österr. landw. Wbl., Nr. 35, 1877 b.

Price, M . . . G . . . D . . .
Gortyna flavago at Horsham in October. Entomologist, **7**, 139—140, 1874 a.
— Names of Moths. Entomologist, **7**, 182, 1874 b.
— *Hepialus Velleda* at Horsham, Sussex. Entomologist, **7**, 204, 1874 c.
— *Erastria venustula* at Horsham, Sussex. Entomologist, **7**, 206—207, 1874 d.

Prideaux, R . . . M . . .
Rhopalocera at Wiesbaden. Entomologist, **22**, 88—93, 1889 a.
— *Aglia tau.* Entomologist, **22**, 186—187, 1889 b.
— Gas-lamp Entomology. Entomologist, **23**, 99, 1890 a.
— Larva of *Acronycta alni* at Clifton. Entomologist, **23**, 383, 1890 b.
— (Hybernating larvae.) Entomol. Rec., **1**, 213, (1890—91) 1890 c.
— siehe Pearce, W . . . T . . .; Prideaux, R . . . M . . . & Craske, M . . . 1890.
— Gynandromorphic specimen of *Trichiura crataegi.* Entomologist, **24**, 45, 1891 a.
— *Hybernia defoliaria* in February. [Mit Angaben von A. J. Chitty.] Entomologist, **24**, 124, 1891 b.
— Larva of *Odontoptera bidentata.* Entomologist, **24**, 269, 1891 c.
[Siehe:] Christy, T. M.: 246.
— Larva of *Acronycta alni* at Clifton. Entomologist, **24**, 267, 1891 d.
— Habits of *Cymatophora flavicornis.* Entomol. monthly Mag., (2) **2** (**27**), 134, 1891 e.
— Late appearance of early-spring Lepidoptera. Entomol. monthly Mag., (2) **2** (**27**), 167—168, 1891 f.
— Notes on the food-plants of *Thecla rubi.* Entomol. monthly Mag., (2) **2** (**27**), 249, 1891 g.
— (Pupae in a common cocoon.) Entomol. Rec., **1**, 272, (1890—91) 1891 h.
— (*Thyatira batis* (Type).) Entomol. Rec., **2**, 220, 1891 i.
— (Sugaring for *Gonophora derasa* and *Thyatira batis.*) Entomol. Rec., **2**, 257, 1891 j.
— Assembling in Lepidoptera. Entomologist, **25**, 163, 1892 a.
— Confusion between Larvae of *Drepana falcula* and *D. sicula.* Entomologist, **25**, 218, 1892 b.
— Assembling of Males of *Acidalia bisetata.* Entomologist, **25**, 218, 1892 c.
— *Lycaena arion* in South Devon. Entomologist, **25**, 221, 1892 d.
— *Polyommatus Phlaeas* pupating under earth. Entomol. monthly Mag., (2) **3** (**28**), 49, 1892 e.
— Abundance of larvae of *Vanessa cardui* in South Devon. Entomol. monthly Mag., (2) **3** (**28**), 243—244, 1892 f.
— (Variety of *Lycaena bellargus.*) Entomol. Rec., **3**, 8, 1892 g.
— (Double-broodedness of *Cidaria silaceata.*) Entomol. Rec., **3**, 19, 1892 h.
— (Setting the Forelegs of *Agriopis aprilina.*) Entomol. Rec., **3**, 85, 1892 i.
— (Use of Naphthalin.) Entomol. Rec., **3**, 85, 1892 j.
— Male v. Female Lepidoptera at Light. Entomologist, **26**, 61, 1893 a.
— *Abraxas ulmata.* Entomol. monthly Mag., (2) **4** (**29**), 112, 1893 b.
— *Arctia Caja* feeding on *Mercurialis perennis.* Entomol. monthly Mag., (2) **4** (**29**), 112, 1893 c.
— Early appearance of spring Lepidoptera. Entomol. monthly Mag., (2) **4** (**29**), 112, 1893 d.
— (The relative Fading of Tint from Exposure.) Entomol. Rec., **4**, 5, 1893 e.
— (*Camptogramma fluviata.*) Entomol. Rec., **4**, 50, 1893 f.
— *Colias edusa* in 1893. Entomologist, **27**, 70, 1894 a.
— Spring Lepidoptera. Entomol. monthly Mag., (2) **5** (**30**), 132—133, 1894 b.
— Note on *Bombyx trifolii.* Entomologist, **28**, 16—17, 1895 a.
— A remarkable source of attraction to Noctuae. Entomol. monthly Mag., (2) **6** (**31**), 27, 1895 b.
— *Colias Edusa* and *Hyale* in the Isle of Wight. Entomol. monthly Mag., (2) **6** (**31**), 173, 1895 c.
— Stray Notes on the Diurni during 1895. Entomologist, **29**, 89—92, 1896 a.
— Notes on the Life-history of *Lycaena argiolus.* Entomol. monthly Mag., (2) **7** (**32**), 76—78, 1896 b.
— *Colias Edusa* near Guildford. Entomol. monthly Mag., (2) **9** (**34**), 253, 1898 a.
— Late appearance of *Pyrameis cardui.* Entomol. monthly Mag., (2) **9** (**34**), 278, 1898 b.
— (*Agrotis puta* in May and June.) Entomol. Rec., **11**, 306, 1899.
— *Coremia quadrifasciaria* in Essex. Entomologist, **33**, 249, 1900 a.
— (Egg-Laying of *Macroglossa stellatarum.*) Entomol. Rec., **12**, 268, 1900 b.
— (Egg-Laying and Food-plants of *Macrothylacia rubi.*) Entomol. Rec., **12**, 268, 1900 c.
— (Food-plants and mode of feeding of larvae of *Callophrys rubi.*) Entomol. Rec., **12**, 268, 1900 d.
— (Mode of egg-laying of *Cyaniris argiolus,* with a note on the mode of feeding of the larva.) Entomol. Rec., **12**, 268—269, 1900 e.

Priebisch, C . . . H . . .
Biogr.: (E. Möbius) Dtsch. ent. Ztschr. Iris, **57** (1943), 16 (1—27), (1943—44) 1943.
— Verzeichniss der bis jetzt in der Umgebung von Annaberg beobachteten Dipteren. Jahresber. Annaberg-Buchh. Ver. Naturk., **3**, 66—75, 1873 a.
— Verzeichniss der bei Schneeberg von A. M. gesammelten Lepidopteren. Jahresber. Annaberg-Buchh. Ver. Naturk., **3**, 76—81, 1873 b.

Priego, Manuel
○ El gusoano de la aceituna. Semana rur., **3**, 677—678, 1896.

Priest, A . . . W . . .
Anticlea sinuata at Box Hill. Entomologist, **11**, 189, 1878.
— *Spilodes palealis* at Box Hill. Entomologist, **12**, 225, 1879.

Priest, Augustus
Black Variety of *Cabera pusaria.* Entomologist, **6**, 264, (1872—73) 1872.
— *Cucullia Gnaphalii* in Darenth Wood. Entomologist, **6**, 546, (1872—73) 1873.

Priest, B . . . W . . .
House Cricket. Sci. Gossip, (**12**), 143, 1876.

Prieur, Clément
○ Rapport sur le Congrès interdépartemental de Bordeaux pour l'étude du *Phylloxera.* Ann. Soc. Agric. Dép. Charente, **56**, 223—245, 1875.

Prillieux, & Delacroix,
Le Champignon parasite de la larve du hanneton. C. R. Acad. Sci. Paris, **112**, 1079—1081, 1891 a.
— Sur la Muscardine du Ver blanc. C. R. Acad. Sci. Paris, **113**, 158—160, 1891 b.

Prillieux, Ed . . .
Tumeurs produites sur les bois des Pommiers par le Puceron lanigère. C. R. Acad. Sci. Paris, **80**, 896—899, 1875. — ○ [Abdr.?:] Bull. Soc. bot. France, **32**, 166—171, 1875.
— Étude sur la formation et le dévelopement de quelques galles. Ann. Sci. nat. (Bot.), (6) **3**, 113—137, 1876.
[Autorref.:] C. R. Acad. Sci. Paris, **82**, 1509—1512, 1876. — ○ [Abdr.?:] Bull. Soc. bot. France, **23**, C. R. 226—231, 1876.
— Invasion du *Phylloxera* dans les vignobles des environs de Vendôme. C. R. Acad. Sci. Paris, **85**, 509, 1877 a.
— Sur les causes qui ont amené l'invasion du *Phylloxera* dans le Vendômois. C. R. Acad. Sci. Paris, **85**, 532—535, 1877 b.
○ Étude des altérations produites dans le bois du pommier par les piqûres du puceron lanigère. Ann. Inst. agron. Paris, Nr. 2 (1877—78), 39—?, 3 Taf., 1880.

Prima, F . . .
○ Considerations sur la *Lucilia hominivorax*, observations recueillies à la Guyane française. 8°, 47 S., Paris, Doin, 1882.

Primer, P . . .
Erfahrungen über Zucht von *Anth. Pernyi.* Insektenbörse, **4**, Nr. 16, 1887.

Prince, Henry
siehe Olliff, Arthur Sidney & Prince, Henry 1888.

Prince, T . . .
Death-Watch. [*Atropus pulsatoria.*] Sci. Gossip, (4) (1868), 87—88, 1869.

Prince, Thomas
Objects Viewed through the Cornea of the Insect Eye. Intell. Observ., **7**, 356—357, 2 Fig., 1865.

Princeteau, Paul & **Ramat,** Jacques
○ Du *Phylloxera.* Notes de voyage. Le phylloxera dans le Midi. La submersion. Les insecticides. Les vignes américaines. Le procédé Rohart. 8°, Bordeaux, Féret & fils, 1875.

Prins,
[Observations sur la faune du Baghirmi.] Bull. Mus. Hist. nat. Paris, **5**, 400—404, 1899.

Prinsac, S . . . de
La charité enseignée par les insectes. Feuille jeun. Natural., **1**, 18—19, (1870—71) 1870 a.
— *Coccinella bipunctata.* Feuille jeun. Natural., **1**, 44, (1870—71) 1870 b.
— Phosphorescence des nymphes de ver luisant.[1] Feuille jeun. Natural., **8**, 114, (1877—78) 1878.

Prinz, Johann
geb. 21. 11. 1845 in Wien, gest. 5. 2. 1934 in Wien, Eisenbahn-Ingenieur. — Biogr.: (H. Reisser) Ztschr. Österr. Entomol.-Ver., **19**, 41—42, 1934 m. Porträt.
— [Verpuppung von *Saturnia pyri* Schiff. an Schienen der Strecke Brünn-Prerau.] Jahresber. Wien. ent. Ver., **8** (1897), 3, 1898 a.
— (Aufzucht von *Cidaria Designata* Hb.) Jahresber. Wien. ent. Ver., **8** (1897), 4, 1898 b.
— (*Lophopteryx Camelina* L., ab. *Giraffina* Hb.) Jahresber. Wien. ent. Ver., **8** (1897), 5, 1898 c.
— Einiges über *Cidaria Anseraria* H. S. Jahresber. Wien. ent. Ver., **8** (1897), 25—30, 1898 d.
— [Ref.] siehe Rebel, Hans 1898.
— Über die Lepidopteren-Fauna von Langenzersdorf bei Wien. Jahresber. Wien. ent. Ver., **9** (1898), 31—42, 1899.
— [Häufigkeit von melanistischen Formen in Kärnthen.] Jahresber. Wien. ent. Ver., **10** (1899), 4, 1900.

Prior, C . . . H . . .
○ Distinction between Moths and Butterflies. Rep. Harrow School Sci. Soc., **1**, 13—15, 1866.

Prior, C . . . Matthew
Bats hawking for Flies at Noonday. Zoologist, (2) **11** (34), 5115, 1876.

Prior, S . . .
Insect Migration. Zoologist, (3) **19**, 435—436, 1895.

Pristo, James
Orgyia pudibunda. Entomologist, **2**, 144, (1864—65) 1865 a.
— *Bombyx Rubi.* Entomologist, **2**, 144, (1864—65) 1865 b.
— *Gonepteryx Rhamni.* Entomologist, **2**, 148, (1864—65) 1865 c.
— *Colias Edusa.* Entomologist, **2**, 148, (1864—65) 1865 d.
— *Satyrus Galathea.* Entomologist, **2**, 148—149, (1864—65) 1865 e.
— *Sphinx lineata.* Entomologist, **2**, 149, (1864—65) 1865 f.
— *Thymele Alveolus.* Entomologist, **2**, 149, (1864—65) 1865 g.
— *Cynthia Cardui.* Entomologist, **2**, 149, (1864—65) 1865 h.
— *Dicranura vinula.* Entomologist, **2**, 149—150, (1864—65) 1865 i.
— *Catocala Fraxini* in the Isle of Wight. Entomologist, **2**, 305, (1864—65) 1865 j.
— Successive Larvae of *Pyrameis Cardui.* Entomologist, **2**, 305, (1864—65) 1865 k.

[1]) vermutl. Autor

— Egg-parasite on *Pygaera bucephala.* Entomologist, **2**, 320, (1864—65) 1865 l.

— *Nemeobius Lucina* bred. Entomologist, **3**, 1—2, (1866—67) 1866 a.

— *Orgyia gonostigma* bred. Entomologist, **3**, 8—9, (1866—67) 1866 b.

— *Pygaera bucephala* feeding on the Cork-tree. Entomologist, **3**, 11—12, (1866—67) 1866 c.

— *Catocala Fraxini* in the Isle of Wight. Entomologist, **3**, 152, (1866—67) 1866 d.

— Economy of *Hoporina croceago.* Entomologist, **3**, 153—154, (1866—67) 1866 e.

— *Sterrha sacraria* in the Isle of Wight. Entomologist, **3**, 289, 348, (1866—67) 1867.

— Economy of *Endromis versicolor* in Confinement. Entomologist, **4**, 164—165, (1868—69) 1868.

— *Margarodes unionalis* in the Isle of Wight. [Mit Angaben von E. Newman.] Entomologist, **4**, 353, (1868—69) 1869.

— Gall on Ground Ivy. Entomologist, **5**, 118, (1870—71) 1870 a.

— A Visit to Hayling Island. [Lep.] Entomologist, **5**, 200, (1870—71) 1870 b.

Pritchard, B . . .

Acherontia Atropos at Shrewsbury. Entomologist, **12**, 271, 1879.

— Forcing Pupae. Entomologist, **14**, 86—87, 1881.

Prittwitz, O . . . F . . . W . . . L . . .

gest. 1873, Notar in Brieg. — Biogr.: (W. Horn & S. Schenkling) Ind. Litt. ent., 958—959, 1928.

— Beitrag zur Fauna des Corcovado. Stettin. ent. Ztg., **26**, 123—143, 307—325, 1865.

— Literarisches [zu Gabriel Koch, Leipzig 1865, und S. G. Snellen van Vollenhoven, La Haye 1865]. Stettin. ent. Ztg., **27**, 259—275, 1866.

— Lepidopterologisches. Stettin. ent. Ztg., **28**, 257—277, 1867; **29**, 185—200, 244—248, 2 Taf. (unn.),

— *Diptilon* (δι - πτίλον), ein neues Schmetterlingsgenus.

1868; **32**, 237—253, 1871.

Stettin. ent. Ztg., **31**, 349—350, 1870.

Probst,

Die gesellige Fichtenblattwespe *Lyda hypotrophica* Hrt. Krit. Bl. Forst- u. Jagdwiss., **46**, H. 2, 248—251, 1864.

Probst, W . . .

Der Nonnenraupenfrass und die Vögel. Schweiz. Ztschr. Forstwes.; Journ. Suisse Écon. forest., **1892**, 48—49, 1892.

Procházka, Joh . . .

Revision der Arten der Coleopteren-Gattung *Hapalus* Fabr. aus der paläarctischen Fauna. Wien. ent. Ztg., **11**, 263—270, 1892.

— *Dasytiscus Ragusae* Proch. nov. sp. Natural. Sicil., **14** (1894—95), 139, 1895 a.

— Revision der Coleopteren-Gattung *Danacaea* Laporte aus der paläarctischen Fauna. Verh. naturf. Ver. Brünn, **33** (1894), 7—35, Taf. I, 1895 b.

— Synonymisches über die Coleopteren-Gattung *Danacaea* Lap. Wien. ent. Ztg., **14**, 295, 1895 c. [Siehe:] Pic, Maurice: **15**, 115, 1896.

— in Reitter, Edmund [Herausgeber] (1879—1900 ff.) 1895.

Procopp, Jenö

[Aus Oaxaca.] Oaxacából. Természettud. Közl., **24**, 617—639, 3 Fig., 1892.

Proost, Alphonse

geb. 1847.

— (Les organes extérieurs se perfectionnent avant les organes générateurs.) [Mit Angaben von Breyer.] Ann. Soc. ent. Belg., **16**, C. R. LXXXVI, 1873.

— (Sur les moeurs des insectes xylophages.) Ann. Soc. scient. Bruxelles, **4** (1879—80), C. R. 104, 1880.

— (Un lépidoptère australien, qui attaque les oranges mûres.) Ann. Soc. scient. Bruxelles, **5** (1880—81), C. R. 107, 1881.

— Darwin et les progrès de la zoologie. Ann. Soc. scient. Bruxelles, **6** (1881—82), Mém. 17—85, 1882.

— Entomologie comparée. Les instincts des Hyménoptères. Rep. Quest. scient., **21**, 540—562, 1887.

— (Sur quelques cas de mimique remarquables chez les insectes.) Ann. Soc. scient. Bruxelles, **22** (1897—98), C. R. 123—125, 1898.

— (Quelques notes sur la famille des Notodontes.) Ann. Soc. scient. Bruxelles, **24** (1899—1900), C. R. 72—73, 1900 a.

— (Quelques notes sur la Cicindèle germanique.) Ann. Soc. scient. Bruxelles, **24** (1899—1900), C. R. 73, 1900 b.

Prossliner, K . . .

Das Bad Ratzes in Südtirol. Eine topographisch-kunstgeschichtlich-naturwissenschaftliche Lokalskizze. 2. Aufl. 101 S., ? Fig., Bilin (Böhmen), 1895. [Ref.:] Zool. Zbl., **3** (1896), 58, 1896.

Protin, J . . . B . . .

Abris des arbres fruitiers; puceron vert, ses dégats et sa destruction. Bull. Soc. Linn. Bruxelles, **5**, 93—98, 1876.

Proust,

Verbreitung des Milzbrandes durch Insecten-Larven. [Nach: Ann. Méd. Vét., 1894.] Berlin. tierärztl. Wschr., **1894**, 453, 1894.

Prout, Louis Beethoven

geb. 14. 9. 1864, gest. 31. 12. 1943. — Biogr.: (E. A. Cockayne) Entomol. Rec., (N.S.) **56**, 28, 1944; (A. Breyer) Revista Argent. Ent., **2**, Nr. 4, 72, 1944; (J. A. S.) London Natural., **1943**, 46—48, 1944; (E. A. Cockayne) London Natural., **1945**, 16—23, 1946.

— *Psyche pulla.* Entomologist, **24**, 296, 1891 a.

— (Notes on *Biston hirtaria.*) Entomol. Rec., **2**, 112—113, 1891 b.

— (*Coremia ferrugata* and *unidentaria.*) Entomol. Rec., **3**, 150—153, 1892 a.

— (Assembling.) Entomol. Rec., **3**, 225, 1892 b.

— First appearance of Sexes of Lepidoptera. Entomologist, **26**, 135—136, 1893 a.

— (Rapid Growth of some Summer Geométrae.) Entomol. Rec., **4**, 292—293, 1893 b.

— (Random Notes on the Hybernidae.) Trans. City London ent. nat. Hist. Soc., **1892**, 47—48, [1893]c.

— On *Ochyria ferrugata,* Cl. Canad. Entomol., **26**, 173—174, 1894 a.

— Second Brood of *Larentia viridaria* (*pectinitaria*). Entomologist, **27**, 62, 1894 b.

— (Apterous Females and Winter Emergence.) Entomol. Rec., **5**, 147—148, 1894 c; **6**, 152, 1895.

— (*Leucania albipuncta* at Sandown.) Entomol. Rec., **5**, 224, 1894 d.

— (Notes on the Life-history of *Melanippe rivata* and *M. sociata.*) Entomol. Rec., **5**, 294—296, 1894 e.

— Synonymische Bemerkungen über *Cid. Ferrugata, Spadicearia* und *Unidentaria.* Stettin. ent. Ztg., **55**, 160—161, 1894 f.

— *Caradrina superstes*, Tr., as a British Species. Entomologist, **28**, 132, 1895 a.
— Synonymic Notes on *Acidalia humiliata* and *A. dilutaria.* Entomol. Rec., **6**, 131—134, 1895 b.
— (Parthenogenesis in *Ocneria dispar.*) Entomol. Rec., **6**, 152—153, 1895 c.
— The British Representatives of the genus *Caradrina.* Entomol. Rec., **6**, 198—204, 223—228, 1895 d.
— (*Eupithecia succenturiata* and *subfulvata.*) Entomol. Rec., **7**, 109—110, (1895—96) 1895 e.
— *Coremia ferrugaria*, Haw. and *unidentaria*, Haw. Trans. City London ent. nat. Hist. Soc., **1894** (1893—94), 17—35, 2 Fig., [1895]f. — [Abdr., z. T.:] Entomol. Rec., **5**, 111—112, 1 Fig.; 115—123, 1894.
— [Remarks upon bred series of *Eupithecia assimilata.*] Trans. City London ent. nat. Hist. Soc., **1894** (1893—94), 39—40, [1895]g.
— On *Caradrina ambigua* from Sandown. Trans. City London ent. nat. Hist. Soc., **1894** (1893—94), 53, [1895]h. — [Abdr.:] Entomol. Rec., **6**, 22, 1895.
— The nomenclature of the „Bee Hawk-Moths." Entomologist, **29**, 40—41, 1896 a.
— The larva of *Mamestra sordida* (*anceps*). Entomol. monthly Mag., (2) **7** (**32**), 19, 1896 b.
— (Is nomenclature a part of the science of biology?) Entomol. Rec., **7**, 199—200, (1895—96) 1896 c.
— (Food-plants of *Hypenodes albistrigalis.*) Entomol. Rec., **7**, 206, (1895—96) 1896 d.
— Some Named Varieties in the Larentiidae. Entomol. Rec., **7**, 248—250, (1895—96) 1896 e.
— *Melanippe fluctuata.* Entomol. Rec., **8**, 54—57, 102—103, 131—133, 162—164, 1896 f.
— The *Tephrosia* Tangle. Entomol. Rec., **8**, 76—81; (*Tephrosia bistortata*, var. gen. II., *consonaria.* — A correction.) 303—304, 1896 g; Further notes on *Tephrosia bistortata* and *T. crepuscularia.* **12**, 9—11, 1900.
— (Food-plants of *Dyschorista suspecta.*) Entomol. Rec., **8**, 89, 1896 h.
— (Third broods bred in 1896.) Entomol. Rec., **8**, 306, 1896 i.
— [Variety of *Melanippe unangulata* compared with Hübner's *amniculata.*] Trans. City London ent. nat. Hist. Soc., **1895** (1894—95), 11, [1896]j.
— On the Irish *Tephrosia biundularia.* Entomologist, **30**, 140, 1897 a.
— *Acosmetia morrisii*, Morris. Entomologist, **30**, 296, 1897 b.
[Siehe:] Knaggs, H. Guard: 256—257.
— *Hydriomena furcata* (*Hypsipetes sordidata*): Its Synonymy, Variation, Geographical Distribution and Life-history. Entomol. Rec., **9**, 84—87, 110—112, 1897 c.
— An attempt to breed *Leucania albipuncta.* Entomol. Rec., **9**, 162—166, 1897 d.
— Some named Varieties in the Larentiidae. Entomol. Rec., **9**, 200—201, 1897 e.
— The Genus *Oporabia.* Entomol. Rec., **9**, 247—249, 282—286, 315—318, 1897 f.
— (Notes from Tuddenham.) Entomol. Rec., **9**, 267, 1897 g.
— (The Geometrid family Amphidasydae.) Entomol. Rec., **9**, 289—290, 1897 h.
— (Lepidoptera at Sandown.) Entomol. Rec., **9**, 296—297, 1897 i.
— siehe Tremayne, Lawrence J... & Prout, Louis Beethoven 1897.
— Some Notes on *Oporabia autumnata*, Bork. Entomol. Rec., **10**, 93—95, 1898 a.
— (*Leucania vitellina* at Sandown.) Entomol. Rec., **10**, 232, 1898 b.
— [Heredity notes to bred series of *Coremia ferrugata* and *C. unidentaria.*] Trans. City London ent. nat. Hist. Soc., **1897** (1896—97), 18, [1898]c.
— Notes on *Melanippe montanata.* Trans. City London ent. nat. Hist. Soc., **1897** (1896—97), 27, [1898]d.
— The nomenclature of British Lepidoptera. Entomologist, **32**, 59—63, 131, 1899 a.
[Siehe:] Kirby, W. F.: 131—132.
— The Variation of *Oporabia dilutata.* Entomol. Rec., **11**, 121—122, 1899 b.
— (Foodplants of *Cidaria picata.*) Entomol. Rec., **11**, 268, 1899 c.
— Excursion to Westerham. Trans. City London ent. nat. Hist. Soc., **1898** (1897—98), 8, [1899]d.
— On some heredity experiments with *Coremia ferrugata*, Linn. Trans. City London ent. nat. Hist. Soc., **1898** (1897—98), 26—34, [1899]e.
— The Fauna of the London District. Lepidoptera. Trans. City London ent. nat. Hist. Soc., **1898** (1897—98), 51—63, [1899]f; **9** (1898—99), 66—80, 1900.
— On the „Ankündung eines systematischen Werkes von den Schmetterlingen der Wienergegend" of Schiffermüller and Denis. Ann. Mag. nat. Hist., (7) **6**, 158—160, 1900 a.
— Note on *Ligdia adustata.* Entomologist, **33**, 10—11, 1900 b.
— *Oporabia autumnata* from Rannoch, with reference to several other related forms. Entomologist, **33**, 53—61, Taf. I—II, 1900 c.
— (Entomological Pins.) Entomol. Rec., **12**, 54—55, 1900 d.
— *Phibalapteryx aquata* as a British species. Entomol. Rec., **12**, 85—86, 1900 e.
[Siehe:] Tutt J. W.: 35—36.
— Psychides in 1900. Entomol. Rec., **12**, 145—147; (Psychides in 1900: a Correction.) 217—218, 1900 f.
— The Synonymy of some of the Emerald Moths. Entomol. Rec., **12**, 180—182, 1900 g.
— (The generic name *Siona*, Dup.) Entomol. Rec., **12**, 215, 1900 h.
— Restoration of Green Colour in Lepidoptera. Entomol. Rec., **12**, 221, 1900 i.
— (The types of the genera *Gortyna* and *Ochria.*) Entomol. Rec., **12**, 241—242, 1900 j.
— Four Weeks' Collecting in Scotland. Entomol. Rec., **12**, 282—284, 1900 k.
— *Leucania lithargyria* ab. Trans. City London ent. nat. Hist. Soc., **9** (1898—99), 20, 1900 l.
— Discussion on ova. [Mit Angaben von Bacot, Bell, Clark, Dadd.] Trans. City London ent. nat. Hist. Soc., **9** (1898—99), 22—23, 1900 m.
— The life-history of *Oporabia* (*Epirrita*) *autumnata*, Bkh. Trans. City London ent. nat. Hist. Soc., **9** (1898—99), 42—52, 1900 n.
— Notes on *Eupithecia coronata*, Hb. Trans. City London ent. nat. Hist. Soc., **9** (1898—99), 52—54, 1900 o.

Prout, Louis Beethoven & **Chapman,** Thomas Algernon
(*Proutia betulina* and *P. eppingella.*) Trans. ent. Soc. London, **1900**, Proc. XXIII, 1900.

Prout, Louis Beethoven & **Tutt,** James William
On the Identification of *Acidalia dilutaria*, Hb. Entomol. Rec., **7**, 124—126, (1895—96) 1895.
[Siehe:] Riding, W. S.: 234.

Prout, Louis Beethoven & **Wright,** Dudley
(*Agrotis puta* in July.) Entomol. Rec., **11**, 279, 1899.

Prouvèze-Buy,
○ Le résinate de potasse et le phylloxera. Journ. vinic., **9**, Nr. 101, 1, 1880.

Proux, Henry
○ Moyen de détruire les insectes dans les vergers et dans les treilles. Journ. Agric. prat. Paris, **1870—71**, Bd. 2, 1031—1032, 1870—71.

Provancher, Léon Abbé
geb. 10. 3. 1820 in Becancourt (Quebec), gest. 23. 3. 1892 in Cap Rouge (Quebec). — Biogr.: Entomol. monthly Mag., **28**, 247, 1892; Rep. ent. Soc. Ontario, 23, 28—30, 1892; (F. D. Godman) Trans. ent. Soc. London, **1892**, Proc. LVI, 1892; Leopoldina, **28**, 156—157, 1892; Canad. Entomol., **24**, 130—131, 1892; (Max Wildermann) Jb. Naturw., **8** (1892—93), 537, 1893; Natural. Canad., **21**, 38—41, 53—58, 85—88, 101—104, 134—137, 148—152, 182—185, 1894; **22**, 18—22, 53—57, 117—120, 133—136, 181—185, 1895; **23**, 49—53, 81—84, 113—117, 145—148, 177—180, 1896; **24**, 178—180, 1897; **25**, 34—37, 52—56, 82—86, 115—118, 133—136, 168—172, 183—187, 1898; **26**, 17—21, 41—44, 81—85, 138—142, 151—152, 162—165, 178—182, 1899; Ent. News, **6**, 209, 1895 m. Porträt; (V. A. Huard) Natural. Canad., **43**, 145—152, 1917; **44**, 17—18, 65—66, 97—98, 129—141, 153—156, 166—170, 182—186, 1918; **45**, 12—16, 134—138, 1919; (G. Maheux) Natural. Canad., **45**, 33—41, 71—75, 1918; (G. Bouchard) Natural. Canad., **45**, 113—115, 1918; Natural. Canad., **46**, 151—152, 1920; (E. O. Essig) Hist. Ent., 734—735, 1931 m. Porträt; (H. P. Osborn) Fragm. ent. Hist., 1937; (Marie Victorin) Ann. Soc. ent. Quebec, **6** (1960), 145—147, 1961 m. Porträt.

○ Description d'un nouvel Hyménoptère [*Urocerus* (*Sirex*) *tricolor*]. Natural. Canad., **1**, 17—20, 1869 a.
○ Insectes utiles. Natural. Canad., **1**, 138—140, ? Fig., 1869 b.
○ L'Anthomye de l'Ognon. (*Anthomyia ceparum*, Meigen.) Natural. Canad., **1**, 155—157, ? Fig., 1869 c.
○ Les Oestrides. Natural. Canad., **1**, 157—163, 181—185, ? Fig., 1869 d.
○ Collections des objets d'histoire naturelle. Natural. Canad., **1**, 163—169, 185—189, ? Fig., 1869 e.
○ Liste des Coléoptères pris à Portneuf, Québec. Natural. Canad., **1**, 232, 255—256, 279—280, 1869 f; **2**, 12, 60—61, 118, 178—179, 249, 271—272, 343, 367—369, 1870; **3**, 25—26, 1871.
○ La Piéride de la Rave *Pieris rapae*, Schrank. Natural. Canad., **2**, 13—18, ? Fig., 1870 a.
○ L'études des insectes et l'agriculture. Natural. Canad., **2**, 86—90, 1870 b.
○ Le Kermès du pommier *Aspidiotus conchiformis* Gmelin. Natural. Canad., **2**, 112—117, ? Fig., 1870 c.
○ Entomologie élémentaire en rapport avec la faune de Canada. Natural. Canad., **2**, 139—144, 167—174, 210—212, 236—238, 265—268, 297—299, 340—342, 364—367, 1870 d; **3**, 21—25, ?—54, 132—136, 227—229, ?—260, 292—295, 326—329, 357—359, 1871.
○ La Saperde blanche *Saperda candida*, Fabr., *Saperda bivittata*, Say. Natural. Canad., **2**, 351—355, ? Fig., 1870 e.
○ Invasion du Canada. [*Doryphora decemlineata*.] Natural. Canad., **3**, 13—20, 1871 a.
○ Liste des hémiptères pris à Quebec. Natural. Canad., **3**, 136—139, 1871 b.
○ Noms vulgaires des insectes. Natural. Canad., **3**, 139—142, 1871 c.
○ Étude de l'histoire naturelle. La Cantharide cendrée. [*Lytta cineria*.] Natural. Canad., **3**, 229—232, 1871 d.
○ Liste des Névroptères près à Quebec. Natural. Canad., **3**, 267—269, 1871 e.
○ Entomologie élémentaire en rapport avec la faune du Canada. Natural. Canad., **4**, 10—13, 34—37, 68—72, 132—138, 1872 a.
○ Description de plusieurs Hémiptères nouveaux. Natural. Canad., **4**, 73—79, 103—108, 319—320, 350—352, 376—379, 1872 b.
○ Petite faune entomologique du Canada. Natural. Canad., **4**, 164—171, 197—200, 236—240, 261—264, 292—299, 327—331, 359—361, 1872 c; ... [Coléoptères.] **5**, 12—16, 51—55, 353—359, 391—395, 404—409, 467—469, 1873; **6**, 48—?, 72—77, 1874; ... [Orthoptères.] **8**, 13—26, 52—62, 72—81, 106—116, 134—143; ... Les Neuroptères. 177—191, 209—218, 264—268, 309—315, 321—327, 1876; **9**, 38—43, 84—90, 118—123, 173—176, 201—205, 209—217, 241—244, 257—269; ... Orthoptères. Additions et Corrections. 289—300, 1877; ... Additions et corrections aux Neuroptères. **10**, 124—147, 160, 1878. [Sonderdr., z. T.?:] Petite Faune Entomologique du Canada précédée d'un Traité élémentaire d'Entomologie. 5 Bde. 8°, Québec, 1877—90.
1. Les Coléoptères. VIII + 785 + 1 (unn.) S., 52 Fig., 1877.
○ **2.** Hyménoptères. 686 S., 1883.
○ **5.** Les Hémiptères. 354 S. (=65—104, 1 Taf., 1886; 105—184, 1887; 185—204, 1888; 205—292, 1889; 295—354, 1890), 1? Taf., 1886?—90.
○ Les Ichneumonides de Quebec avec description de plusieurs espèces nouvelles. Natural. Canad., **5**, 435—452, 470—477, 1873; **6**, 29—32, 55—?, 78—81, 103—107, 143—151, 173—179, 200—205, 279—285, 298—301, 331—336, 353—370, 1874; **7**, 20—26, 48—53, 74—84, 109—121, 138—149, 175—183, 263—274, 309—317, 328—353, 1875; Additions. **8**, 315—318, 327—328, 1876; **9**, 5—16, 1877.
○ Description de plusieurs insectes nouveaux. Natural. Canad., **7**, 247—251, 1875.
○ Fréquence et disparition des insectes. Natural. Canad., **8**, 30—32, 1876.
○ Additions et corrections à la faune coléoptérologique de la province de Quebec. Natural. Canad., **9**, 305—319, 321—338, 1877 a.
○ Faune Canadienne. Les Insectes Hyménoptères. Natural. Canad., **9**, 346—349, 353—370, 1877 b; **10**, 11—18, 47—58, 65—73, 97—108, 161—170, 193—209, 225—238, 257—273, 289—299, 349—352, 353—365, 1878; **11**, 1—13, 33—43, 65—76, 119—125, 129—143, 109—122 [statt 161—175], 141—150 [statt 194—203], 173—185 [statt 225—237], 205—233 [statt 257—285], 248—266 [statt 300—318], 269—281 [statt 321—333], 1879; **12**, 4—22, 33—48, 65—81, 97—102, 112—147, 161—180, 1880; 193—207, 225—241, 257—269, 291—304, 321—333, 353—362, ? Fig., 1881; ... [Hymenoptera.] **13**, 4—15, 33—51, 65—81, 97—110, 129—144, 161—175, 193—209, 225—242, 257—269, 289—311, 321—336, 353—368, 1882; **14**, 3—20, 33—38, 1883.
○ Notes entomologiques. Natural. Canad., **10**, 189—192, 1878 a.
○ Chasse aux insectes. Natural. Canad., **10**, 219—221, 1878 b.

○ Additions à la faune entomologique de la province de Québec. Natural. Canad., **10**, 365—385, 1878 c; **11**, 301—329, 1879.
○ Capture de Coléoptères nocturnes. Natural. Canad., **11**, 60—61, 1879 a.
○ Sauvé par un insecte. Natural. Canad., **11**, 61, 1879 b.
○ Les insectes nuisibles. Natural. Canad., **11**, 150—155, 1879 c.
○ Chasse aux insectes. [Flacon à collecter et à faire mourir les insectes.] Natural. Canad., **11**, 156—158, 1879 d.
○ Chasse aux insectes [dans les environs de Québec. — Hyménoptères]. Natural. Canad., **11**, 267—268, 1879 e.
— A new Tenthredinid. Canad. Entomol., **17**, 50, 1885 a.
— Additions to North American Hymenoptera. Canad. Entomol., **17**, 114—117; [Mit Angaben von W. Brodie.] 160, 1885 b; A correction. **18**, 120, 1886.
○ Additions et corrections à la Faune hymenopterologique de la province de Quebec. [In Verbindung mit Natural. Canad. herausgegeben.] Natural. Canad., **1886**, [Beil.?] 15—164, 1886; **1887**, [Beil.?] 165—272, 1887; Additions à la faune hyménoptérologique. **1888**, [Beil.?] 273—440, 1888; ... Hyménoptérologique de la province de Quebec. **1889**, [Beil.?] 441—475, 1889.
○ Des Insectes comme aliment. Natural. Canad., **19**, 114—127, 1890 a.
○ Un naturaliste aux îles de la Madeleine. [Hymenoptera.] Natural. Canad., **19**, 189—198, 1890 b.
○ Les dernières descriptions de l'Abbé Provancher. Natural. Canad., **22**, 79—80, 1895 a.
○ Dernières publications sur les Hyménoptères. Natural. Canad., **22**, 189—191, 1895 b; **23**, 8—10, 27—28, 1896.

Prowazek, Stanislaus Josef Mathias von
Die Entstehung der Farbenwelt. Natur Halle, (N. F.) **25** (**48**), 183—186, 1899 a.
— Insektenbeobachtungen. Natur Halle, (N. F.) **25** (**48**), 478, 1899 b.
— Das Sehvermögen der Insekten. Natur Halle, (N. F.) **25** (**48**), 550, 1899 c.
— Bau und Entwicklung der Collembolen. Arb. zool. Inst. Wien, **12**, 335—370, Taf. I—II, 1900 a.
— Zur Entwicklungsgeschichte der Seele des Menschen und der Tiere. Natur Halle, (N. F.) **26** (**49**), 66—68, 1900 b.
— Zur Naturgeschichte des Rapserdflohs. Naturw. Wschr. **15**, 19—20, 1 Fig., 1900 c.
— Zur Nervenphysiologie der Insekten. Zool. Garten Frankf. a. M., **41**, 145—154, 1900 d.

Prugnaud,
○ Destruction de certaines chenilles sur les arbres fruitiers. Bull. Soc. Agric. Haute-Vienne, (3) **7**, 133—134, 1865.

Pruvot, G...
Distribution géographique. [Sammelref. Mit Angaben von P. Marchal & E. Hecht.] Année biol., **2** (1896), 559—611, 4 Fig., 1898.

Pryer,
(Capture of *Eupithecia togata*.) Trans. ent. Soc. London, **1869**, Proc. XVI, 1869.

Pryer, Henry James Stovin
geb. 10. 6. 1850 in London, gest. 17. 2. 1888 in Yokohama. — Biogr.: Entomol. monthly Mag., **24**, 277—278, 1888; (D. Sharp) Trans. ent. Soc. London, **1888**, Proc. XLIX, 1888; (J. T. Carrington) Entomologist, **21**, 167—168, 1888; Leopoldina, **24**, 109, 1888; Zool. Anz., **11**, 244, 1888; (G. Dimmock) Psyche Cambr. Mass., **5** (1888—90), 156, (1891) 1889; (Max Wildermann) Jb. Naturw., **4** (1888—89), 554, 1889.
— Capture of *Sterrha sacraria* at Highgate. Entomol. monthly Mag., **4**, 113, (1867—68) 1867.
— Note on *Agrypnia picta*, Kolenati. Entomol. monthly Mag., **5**, 143—144, (1868—69) 1868 a.
[Siehe:] McLachlan, Robert: 125.
— Note on *Scoparia Zelleri*. Entomol. monthly Mag., **5**, 149, (1868—69) 1868 b.
[Siehe:] Knaggs, H. Guard: 131.
— (*Scoparia Zelleri*, new to Britain.) Trans. ent. Soc. London, **1868**, Proc. XXXIX, 1868 c.
— (*Agrypnia picta* (Kolenati).) Trans. ent. Soc. London, **1868**, Proc. XXXIX, 1868 d.
— Hints on Preserving larvae. Entomol. monthly Mag., **6**, 201—203, (1869—70) 1870 a. — [Abdr.:] Sci. Gossip, (**6**) (1870), 51—52, 1871.
— *Melissoblaptes cephalonica* in London. Entomol. monthly Mag., **7**, 112, (1870—71) 1870 b.
— On the specific identity of *Terias Hecabe* and *T. Mandarina*. Entomol. monthly Mag., **19**, 85, (1882—83) 1882 a.
— On certain temperature forms of Japanese Butterflies. Trans. ent. Soc. London, **1882**, 485—491; Discuss. Proc. XVI—XVII, 1882 b.
— *Pieris napi*, L., versus *P. Melete*, Mén., and *P. megamera*, Butl. Entomol. monthly Mag., **20**, 82—83, (1883—84) 1883 a.
— A Catalogue of the Lepidoptera of Japan. Trans. Asiat. Soc. Japan, **11**, 216—242, 1883 b; **12**, 35—103, 1885; Additions and Corrections to a ... **13**, 22—68, 1885.
— On two remarkable cases of mimicry from Elopura, British North Borneo. Trans. ent. Soc. London, **1884**, Proc. XXXIII—XXXIV, 1884; **1885**, 369—373, Taf. X, 1885.
— Lepidoptera Identical Japan and Great Britain. Trans. Asiat. Soc. Japan, **13**, 228—235, 1885.
— Rhopalocera Nihonica: a description of the Butterflies of Japan. 3 Teile. 4°, XIII + 35 (engl. Text) + 66 (japan. Text) S., 10 Farbtaf., Yokohama, print. „Japan Mail" (Selbstverl.), 1886—89.
I. 1—12 + jap. Text, 3 Taf., 1886.
II. 13—26 + jap. Text, Taf. 4—6, 1888.
III. 27—35 + I—XIII + jap. Text, Taf. 7—10, 1889.
[Ref.:] Holland, William Jacob: New work on Japanese Butterflies. Canad. Entomol., **20**, 77—78, 1888.
— Note on *Lühdorfia Puziloi*, Ersch. Entomol. monthly Mag., **24**, 66, (1887—88) 1887 a.
— *Simulium* attacking larvae in Japan. Entomol. monthly Mag., **24**, 156—157, (1887—88) 1887 b.
— The larva of *Terias Bethesba*, O. Janson. Entomol. monthly Mag., **24**, 157—158, (1887—88) 1887 c.
— *Terias Bethesba* and *laeta*. [Mit Angaben der Herausgeber.] Entomol. monthly Mag., **24**, 185, (1887—88) 1888 a.
— White Butterflies in Japan. Entomol. monthly Mag., **24**, 261, (1887—88) 1888 b.

Pryer, William Burgess
geb. 7. 3. 1843, gest. 7. 1. 1899 in Port-Said, British Consular Agent in Nord-Borneo. — Biogr.: Misc. ent.,

7, 15, 1899; (O. E. Janson) Entomologist, **32**, 52, 1899.
— Entomology of Shanghai. Journ. North China Branch R. Asiat. Soc., (N. S.) Nr. 4 (1867), 74—79, 1868.
— Descriptions of new species of Lepidoptera from North China. Cistula ent., **2**, 231—235, Taf. IV, (1875—82) 1877 a.
— List of Rhopalocera of the Chekiang and Kiangsoo Provinces, China. Entomol. monthly Mag., **14**, 52—55, (1877—78) 1877 b.
— siehe Distant, William Lucas & Pryer, William Burgess 1887.

Pryer, William Burgess & **Cator,** D . . .
○ Preliminary list of the Rhopalocera of Borneo. Brit. North Borneo Herald, **12**, 1894.

Pryer, William Burgess & **Champion,** George Charles
Tropical Notes. Entomol. monthly Mag., **17**, 241—245, (1880—81) 1881; More Tropical Notes. **18**, 214, (1881—82) 1882; Further Tropical Notes. **19**, 59—61, (1882—83) 1882; 226—229, (1882—83) 1883.

Prytz, C . . . V . . .
I Anledning of Tomici danici o.s.v. Ent. Medd., **2**, 185—186, 1889—90.
[Siehe:] Lovendal, E. A.: 128—150.

Przeschinsky, R . . .
○ Bemerkungen dazu. (Über die Präparation entomologischer Objecte.) Ztschr. Mikr., H. 2, 55—60, 1877; Nachtrag. H. 3, 83—87, 1877.
[Siehe:] Rodrich, J. E.: H. 1, 16—25, 1877.

Publication Committee Brooklyn Entomological Society
Check-List of the Macrolepidoptera of America, North of Mexico. Bull. Brooklyn ent. Soc., **4**, Beil. 2 (unn.) S. + 1—20, (1881—82) 1881; 21—25 + I—IV, (1881—82) 1882.
[Ref.:] Möschler, Heinrich Benno: Stettin. ent. Ztg., **44**, 154—156, 1883.

Puccinelli, Carlo
geb. 1838. — Biogr.: Atti Accad. Sci. Lucca, **24**, 113—137, 1886.
○ Osservazioni negative sulla teoria della partenogenesi delle api. Agricoltore Lucca, **8**, 163—167, 1872.

Pucich, Jos . . .
Anwendung von Benzin gegen Engerlinge. Oesterr. Forst-Ztg., **15**, 160, 1897.

Puckridge, J . . . S . . .
Plusia moneta in Wiltshire. Entomologist, **32**, 212, 1899.

Püngeler, Rudolf
geb. 15. 2. 1857 in Aachen-Burtscheid, gest. 1. 2. 1927 in Aachen, Amtsgerichtsrat. — Biogr.: (M. Hering) Dtsch. ent. Ztschr., **1927**, 97—100, 1927 m. Schriftenverz.; (O Meissner) Ent. Ztschr., **41**, 285, 1927; (Goltz) Int. ent. Ztschr., **20**, 393, 1927; (K. M. Heller) Dtsch. ent. Ztschr. Iris, **1927**, 1, 1927; (K. Schawerda) Ztschr. Österr. Entomol.-Ver., **1927**, 41—42, 1927; Entomol. Rec., **45**, 142, 1933; (G. Pfaff u. a.) Festschr. 50jähr. Bestehen int. ent. Ver. Frankf. a. O., 6, 1934.
— Einige neue europäische Spanner. Stettin. ent. Ztg., **49**, 348—351, 1888.
— Lepidopterologische Mittheilungen aus der Schweiz. Stettin. ent. Ztg., **50**, 143—151, 1889; **57**, 217—241, 1896.
— Besprechung der neuen Schmetterlingsarten aus Sicilien in Nr. 2—3 des Nat. Sic. (Jahrg. 1890). Natural. Sicil., **11** (1891—92), 17—23, (1892) 1891.
[Siehe:] Failla-Tedaldi, L.: **10** (1890—91), 25—31, (1891) 1890.
— Ueber zwei Psychiden-Arten aus Sizilien. Dtsch. ent. Ztschr. Iris, **5**, 133—140, 1892 a.
[Ital. Übers. von] Enrico Ragusa: Sopra due specie di Psychidi di Sicilia. Natural. Sicil., **11** (1891—92), 212—218, 1892.
— Naturgeschichte der *Eucosmia montivagata* Dup. Stettin. ent. Ztg., **53**, 75—76, 1892 b.
— Beitrag zur Kenntniss einiger Acidalien. Stettin. ent. Ztg., **53**, 364—368, 1892 c.
— *Acidalia adelpharia* n. sp. Stettin. ent. Ztg., **55**, 76—77, 1894.
— *Cidaria anseraria* HS. = *soldaria* Tur. Soc. ent., **10**, 177, (1895—96) 1896.
— Beitrag zur Kenntniss der Geometridenfauna Japans. Dtsch. ent. Ztschr. Iris, **10**, 361—371, (1897) 1898 a.
— Diagnosen neuer Lepidopteren aus Centralasien. Soc. ent., **13**, 57—58, (1898—99)1898 b.
— Neue Macrolepidopteren aus Central-Asien. Dtsch. ent. Ztschr. Iris, **12**, 95—106, 1899; 288—299 + 2 (unn., Taf. Erkl.) S., Taf. VIII—IX, (1899) 1900; **13**, 115—123 + 1 (unn., Taf. Erkl.) S., Taf. IV, 1900.
— Ueber die Zucht von Acidalien. Ent. Ztschr., **14**, 13, (1900—01) 1900 a.
— Ueber *Cidaria dilutata* Bkh. und *autumnata* Bkh. Ent. Ztschr., **14**, 43—44, (1900—01) 1900 b.

Püschel,
[Lebensweise und Schaden der Dasselfliege.] [Mit Angaben von Klittke.] Helios, **14**, 12, 1897.

Puhlmann, Ernst
geb. 24. 8. 1864 in Brandenburg.
— Die Ködermittel. Ent. Ztschr., **4**, 141—142, 1891.
— Zum Kapitel: Farbenveränderung bei Schmetterlingen auf chemischem Wege. Ent. Ztschr., **8**, 199—200, 1895.

Pullen, G . . .
Larvae of *Bryophila perla* in December. Brit. Natural., **2**, 17, 1892 a.
— *Colias edusa* in Wiltshire. Brit. Natural., **2**, 267, 1892 b.

Puls, Jacques Charles
gest. 13. 1. 1889 in Gent, Chemiker in Gent. — Biogr.: Entomol. monthly Mag., **25**, 262, (1888—89) 1889; Leopoldina, **25**, 111, 1889; (A. Laboulbène) Ann. Soc. ent. France, (6) **9**, Bull. LXIX, 1889; (T. DeGrey) Trans. ent. Soc. Washington, **1889**, Proc. LXXXVII, 1889; (Max Wildermann) Jb. Naturw., **5** (1889—90), 576, 1890.
— Catalog der Dipteren aus der Berliner Gegend gesammelt von J. F. Ruthe. Berl. ent. Ztschr., **8**, [Beil.] 1—14, (1864) 1865.
[Siehe:] Hensel, A.: **14**, 135—136, 1870.
— [*Blatta orientalis* et *Evania laevigata*, Latr.] Ann. Soc. ent. Belg., **11**, C. R. XI—XII, 1867—68 a.
— Note sur quelques fourmis cosmopolites. Ann. Soc. ent. Belg. **11**, C. R. XXXIII—XXXIV, 1867—68 b.
— [Note sur l'*Osmia aurulenta* Latr.] Ann. Soc. ent. Belg., **11**, C. R. XXXIV, 1867—68 c.
— Liste des Tenthrédines recueillies à Vielsalm par MM. Sauveur, Weyers et Van Volxem. Ann. Soc. ent. Belg., **11**, C. R. XXXIX, 1867—68 d.
— Quelques insectes Hyménoptères, recueillis par Mr. P. Strobel dans la république Argentine. Atti Soc. Ital. Sci. nat., **11**, 256—259, 1868.
[Engl. Übers. d. Neubeschr.:] Descriptions of two new Species of Hymenoptera from the Argentine Republic. Ann. Mag. nat. Hist., (4) **4**, 295, 1869.

— [*Monomorium pharaonis*, L. dans une taverne de Bruxelles.] Ann. Soc. ent. Belg., **12**, C. R. LV—LVI, 1868—69.
— Note sur les Hyménoptères rapportés des provinces occidentales de la Transcaucasie par M. Théophile Deyrolle. Ann. Soc. ent. Belg., **13**, 147—152, 1869—70.

Pungur, Gyul (= Julius)
geb. 24. 5. 1843 in Erdö-Szengyel (Ungarn), gest. 1. 5. 1907. — Biogr.: (E. Csiki) Rovart. Lapok, **14**, 93—95; Dtsch. Zus.fassg. 5, 1907 m. Porträt; (C. Schaufuss) Ent. Wbl., **24**, 133, 1907; (W. Horn) Dtsch. ent. Ztschr., **1907**, 535, 1907; Leopoldina, **43**, 71, 1907.
○ [Die Libellen.] A szitakötö. Természet Budapest, **6**, 190—197, 1874.
— A magyarországi tücsök-félék felszárnya. Természetr. Füz., **1**, 223—228, Taf. XIII; [Franz. Übers.:] L'elytre des Gryllides de Hongrie. 255—259, 1877.
— Adatok egy kevésbbé ismert szöcske-faj természetrajzához. Rovart. Lapok, **3**, 49—55, Taf. I; [Franz. Zus.fassg.:] Notes pour servir à l'histoire naturelle d'un Orthoptère peu connu. Suppl. VII—IX, 1886.
— Beiträge zur Naturgeschichte einer wenig bekannten Laubheuschreckenart. Math. naturw. Ber. Ungarn, **4** (1885—86), 78—85, Taf. II—III, [1887?].
— A magyarországi tücsökfélék Természetrajza. (Histoire naturelle des Gryllides de Hongrie.) [Ungar mit franz. Zus.fassg.] A királyi magyar természettudományi Társulat megbizásából. 4°, VI + 1 (unn.) 79 + 4 (unn.) + 6 (unn., Taf. Erkl.) S., 6 Taf., Budapest, Verlag d. naturwiss. Ges., 1891 a.
— Adatok Szilágyvármegye Orthoptera-faunájához. Orv.-Természettud. Értesitö, **13**, (Naturw. Abt.) 255—266; [Dtsch. Zus.fassg.:] Beiträge zur Orthopteren-fauna des Szilágyer Comitates. 351—352, 1891 b.
— Adatok a *Vespa germanica* táplálkozásához. Természetr. Füz., **20**, 146—148; [Dtsch. Übers.:] Beiträge zur Ernährung der *Vespa germanica* Fabr. 257—259, 1897.
— Magyarország Orthopterái. Rovart. Lapok, **7**, 9—11; [Dtsch. Zus.fassg.:] Die Orthopteren Ungarns. (Auszug) 1, 1900.
— in Fauna Regni Hungariae (1896—1900) 1900.

Punnett, J . . .
○ An incident in bee-politics. Trans. Penzance nat. Hist. Soc., **2**, 283—285, 1864.

Puppel, M . . .
Ueber die Beschädigungen der Cerealien durch den Getreide-Blasenfuss. Schr. naturf. Ges. Danzig (Ber. Westpreuss. bot.-zool. Ver.), (N. F.) **10**, H. 1, 46—48, (1899—1902) 1899.

Purchas, Alfred
○ Lepidoptera of Herefordshire. Trans. Woolhope Natural. Field Club, **1866**, 221—225, 1867.

Purdey, William
geb. 22. 1. 1844 in Folkestone, gest. 19. 1. 1922 in Folkestone, Schlosser. — Biogr.: (W. G. Sheldon) Entomologist, **55**, 71—72, 1922.
— *Chrosis euphorbiana* bred. Entomol. monthly Mag., **5**, 106, (1868—69) 1868 a.
— Occurrence of *Argynnis Lathonia* at Folkestone. Entomol. monthly Mag., **5**, 130, (1868—69) 1868 b.
— Re-occurrence of *Aplasta ononaria* at Folkestone. Entomol. monthly Mag., **8**, 92, (1871—72) 1871.
— Larva of *Hepialus sylvinus*. Entomologist, **8**, 225—226, 1875.
— *Tapinostola Bondii*. Entomologist, **11**, 236, 1878 a.
— *Diasemia ramburialis* and *Pionea margaritalis* at Folkestone. Entomologist, **11**, 273—274, 1878 b.
— *Vanessa Antiopa* at Folkestone. Entomologist, **13**, 217, 1880.
— *Oxyptilus laetus* on the Kentish Coast. Entomologist, **23**, 346, 1890.
— Second Brood of *Mimaeseoptilus bipunctidactylus*. Entomologist, **25**, 16, 1892.
— *Stigmonota ravulana*. Entomologist, **26**, 277, 1893 a.
— Note on *Tortrix semialbana*. Entomologist, **26**, 277, 1893 b.
— *Colias edusa* in Kent. Entomologist, **26**, 363, 1893 c.
— Note on *Lozopera beatricella*. Entomologist, **32**, 306, 1899 a.
— Notes on the habits of *Lozopera Beatricella*, Wlsm. Entomol. monthly Mag., (2) **10** (**35**), 289, 1899 b.

Purdie, A[lexander]
○ Eier und Raupen neuseeländischer Schmetterlinge. N. Zealand Journ. Sci., **1**, 94—95, 1882.
○ New Zealand Larentiidae. N. Zealand Journ. Sci., **1**, 359—366, 1883?; **2**, 45—48, 64—65, 1884?.
○ Neuseeländische Dermestiden, Chrysomilide, (Schmetterlinge)?. N. Zealand Journ. Sci., **2**, 165—167, 1884?.
— Life History of *Epyaxa rosearia*, Dbld. Trans. Proc. N. Zealand Inst., **18** ((N. S.) **1**) (1885), 208—209, 1886.
— Description of a New Species of Moth (*Pasiphila lichenodes*). Trans. Proc. N. Zealand Inst., **19** ((N. S.) **2**) (1886), 69—72, 1887.

Purdie, H . . . A . . .
Food Plants of New England Butterflies. Amer. Natural., **3**, 330—331, (1870) 1869.

Purdue, John
Sphinx Pinastri in Devonshire. Entomologist, **6**, 127, (1872—73) 1872 a.
— *Prionus coriarius* in Devon. Entomologist, **6**, 242, (1872—73) 1872 b.
— *Deilephila livornica* and *D. Galii* in Devon. Entomologist, **6**, 522, (1872—73) 1873.
— *Deiopeia pulchella* in Devonshire. Entomologist, **8**, 280, 1875.
— *Bruchus rufimanus*. [Mit Angaben von John T. Carrington.] Entomologist, **10**, 143, 1877.

Purefoy, E . . . B . . .
Gonopteryx rhamni in Ireland. Entomologist, **29**, 363—364, 1896.

Purnell, Charles W . . .
True Instincts of Animals. Trans. Proc. N. Zealand Inst., **28** ((N. S.) **11**) (1895), 27—36, 1896.
— A Comparison between the Animal Mind and the Human Mind. Trans. Proc. N. Zealand Inst., **29** ((N. S.) **12**) (1896), 71—82, 1897.

Puschnig, Roman
Von unseren Heuschrecken. Mitt. Sekt. Naturk. Österr. Tour.-Club, **8**, 44—47, 53—56, 1896.
— Über das Sammeln von Orthopteren. Natur u. Haus, **6** (1897—98), 6—7, 1898.

Pusey, Pennock
siehe Pillsbury, John S . . .; Riley, Charles Valentine & Pusey, Pennock 1876.

Putman-Cramer, A . . . W . . . siehe Cramer, A . . . W . . . Putman

Putnam, Frederick Ward
geb. 1839.
— [Patented article to prevent the cankerworm (*Anisopteryx vernata* Harris) from laying its eggs upon trees.] Proc. Boston Soc. nat. Hist., **9** (1862—63), 350—351, 1865.
○ Notes on the Habits of some species of Humble Bees. Commun. Essex Inst., **4** (1864—65), 98—104, 1866 a.
○ Notes on the Leaf-cutting Bee [*Megachile*]. Commun. Essex Inst., **4** (1864—65), 105—107, 1866 b.
— The McNiel Expedition to Central America. Amer. Natural., **2**, 484—486, (1869) 1868.
— siehe Packard, Alpheus Spring & Putnam, Frederick Ward 1871.
— [*Belostoma* in carp ponds.] Proc. Boston Soc. nat. Hist., **23**, 336, (1888) 1887.
— (On two species of wasps observed in Ohio.) Proc. Boston Soc. nat. Hist., **23**, 465, 1888.
— (Obituary notice of Charles L. Flint.) Proc. Boston Soc. nat. Hist., **24**, 199—200, (1890) 1889.

Putnam, Joseph Duncan
geb. 18. 10. 1855 in Jacksonville (Ill.), gest. 10. 12. 1881 in Davenport (Iowa). — Biogr.: Canad. Entomol., **13**, 256, 1881; Papilio, **1**, 223—224, 1881; Zool. Jahresber., **1881**, 6, 1882; Zool. Anz., **5**, 148, 1882; Nat. Novit. Berlin, **2**, Nr. 3, 31, 1882; (C. V. Riley) Amer. Natural., **16**, 65, 1882; Ent. Nachr., **8**, 64, 1882; (P. B. Mann) Psyche Cambr. Mass., **3** (1880—82), 312, (1886) 1882; (W. J. McGee) Proc. Davenport Acad. nat. Sci., **3**, 241—247, 1883 m. Schriftenverz.; (C. C. Parry) Proc. Davenport Acad. nat. Sci., **3**, 225—240, 1883 m. Porträt; (L. Howard) Hist. appl. Ent., 28, 1930; (H. Osborn) Fragm. ent. Hist., 158—159, 1937.
— The Maple Bark Louse (*Lecanium acericola*, W. & R.). Proc. Davenport Acad. nat. Sci., **1** (1867—76), 37—38, 1876 a.
— List of Coleoptera found in the Vicinity of Davenport, Iowa. Proc. Davenport Acad. nat. Sci., **1** (1867—76), 169—173, 1876 b.
— List of Lepidoptera collected in the vicinity of Davenport, Iowa. Proc. Davenport Acad. nat. Sci., **1** (1867—76), 174—177, 1876 c.
— List of Coleoptera collected in the Rocky Mountains of Colorado, in 1872. Proc. Davenport Acad. nat. Sci., **1** (1867—76), 177—182, 1876 d.
— List of Lepidoptera collected in Colorado during the summer of 1872. Proc. Davenport Acad. nat. Sci., **1** (1867—76), 182—187, 267, Taf. XXXV (Fig. 5), 1876 e.
— Report on the Insects collected by Captain Jones' Expedition to Northwestern Wyoming in 1873. Proc. Davenport Acad. nat. Sci., **1** (1867—76), 187—191, 1876 f.
— Indian Names for Insects. Proc. Davenport Acad. nat. Sci., **1** (1867—76), 192, 1876 g.
— Report on the Insects collected in the vicinity of Spring Lake Villa, Utah Co., Utah, during the Summer of 1875. Proc. Davenport Acad. nat. Sci., **1** (1867—76), 193—205, 1876 h.
[Darin:]
Hagen, Herman August: Neuroptera. 204—205.
— Notes [zu: E. T. Cresson, 206—211; C. Thomas, 249—264 & J. L. LeConte, 268.] Proc. Davenport Acad. nat. Sci., **1** (1867—76), 265—267, 1876 i.
— [Insects collected on April 7th and 10th.] Proc. Davenport Acad. nat. Sci., **2** (1876—78), 10—11, (1877—80) 1877 a.
— [Butterflies observed during the month of May.] Proc. Davenport Acad. nat. Sci., **2** (1876—78), 17, (1877—80) 1877 b.
— (Additions to the list of Coleoptera and Lepidoptera.) Proc. Davenport Acad. nat. Sci., **2** (1876—78), 19—20, (1877—80) 1877 c.
— Remarks on the Habits of Several Western Cicadae. Proc. Davenport Acad. nat. Sci., **2** (1876—78), Taf. IV (Fig. 3—4), 1877—80; **3** (1879—81), 67—68, (1883) 1882.
— Biological and other notes on Coccidae. Proc. Davenport Acad. nat. Sci., **2** (1876—78), 293—347, Taf. XII—XIII, (1877—80) 1879.

Puton, Jean Baptiste Auguste
geb. 1834 in Remiremont, gest. 8. 4. 1913 in Remiremont, Arzt in Remiremont. — Biogr.: Misc. ent., **5**, 21, 1913; Revista Chilena Hist. nat., **17**, 196—197, 1913; (J. Sainte-Claire Deville) Bull. Soc. ent. France, **1913**, 175, 1913; Entomol. monthly Mag., (2) **24** **(49)**, 278, 1913.
— Description d'une nouvelle espèce de Coléoptères de la division des Malacodermes. Ann. Soc. ent. France, (4) **5**, 131—132, 1865 a.
— (Note sur le *Stenus calcaratus* de Scriba.) Ann. Soc. ent. France, (4) **5**, Bull. LXVII, 1865 b.
— (Sur les différences qui existent entre les *Calomicrus foveolatus* et *Luperus sulphuripes*.) Ann. Soc. ent. France, (4) **5**, Bull. LXVII, 1865 c.
— [Ref.] siehe Mulsant, Étienne & Rey, Claudius 1866.
— Note sur le genre *Xyloterus* Erichson. Ann. Soc. ent. France, (4) **7**, 631—634, 1867 a.
— (Note sur le *Xylopertha minuta* et sur son parasite le *Lyctus glycyrrhizae*.) [Mit Angaben von Chevrolat.] Ann. Soc. ent. France, (4) **7**, Bull. LIX, 1867 b.
— Catalogue des Hémiptères (Hétéroptères, Cicadines et Psyllides) d'Europe et du bassin de la Méditerranée. 8°, VII + 1 (unn.) + 40 S., Paris, Deyrolle, 1869 a. — 2. Aufl. 100 S., 1875. — 3. Aufl. ... (Psyllides) de la faune paléarctique. Rev. Ent. Caen, **5**, Beil. 1—100, 1886. — 4. Aufl. **18**, Beil. 1—121, 1899.
— [Siehe:] Bergroth, E.: Rev. Ent. Caen, **6**, 146—148, 1887; Reuter, O. M.: Wien. Ent. Ztg., **10**, 49—51, 1891.
— Description de trois Hémiptères nouveaux du Sahara algérien, et remarques sur une variété. Ann. Soc. ent. France, (4) **9**, 139—144, 1869 b.
— (*Crypturgus mediterraneus*.) Petites Nouv. ent., **1** (1869—75), (41)—(42), 1869 c.
[Darin:]
Eichhoff, Wilhelm Joseph: *Crypturgus mediterraneus* n. sp. 41.
— (Note sur le *Cynips corticalis* produisant des effects fâcheux pour la sylviculture.) Ann. Soc. ent. France, (4) **10**, Bull. XXXVIII—XXXIX, 1870.
— *Amara indivisa*. nov. sp. Ann. Soc. ent. Belg., **14**, C. R. VIII—X, 1870—71. — [Abdr.:] *Amara indivisa*, neue europäische Art. Stettin. ent. Ztg., **32**, 137—138, 1871.
— Notes sur quelques Hyménoptères et description d'une espèce nouvelle. Ann. Soc. ent. France, (5) **1**, 91—97, 1871 a.
— Description de deux nouvelles espèces de Psyllides et observations sur quelques espèces de cette famille. Ann. Soc. ent. France, (5) **1**, 435—438, 1871 b.
— Descriptions d'espèces nouvelles ou peu connues d'Hémiptères d'Europe et d'Algérie. Mitt. Schweiz. ent. Ges., **3**, 415—426, (1872) 1871 c.
— [Diagnoses d'espèces nouvelles d'Hémiptères.] Pe-

tites Nouv. ent., **1** (1869—75), 124—125, 165, 1871 d; 177, 1872.
— Nécrologie. [Dr. Fieber.] Petites Nouv. ent., **1** (1869—75), 191, 1872 a.
— Note sur la chasse et la préparation des Hémiptères. Petites Nouv. ent., **1** (1869—75), 262, 1872 b.
— Genera Pentatomidarum, Coreidarum, Lygaeidarum et Reduvidarum Europae, Auctore Carolo Stål. Étude bibliographique. Ann. Soc. ent. France, (5) **2**, 507—510, (1872) 1873 a.
— Notes pour servir à l'étude des Hémiptères. [Systematisch-faunistische Angaben.] Ann. Soc. ent. France, (5) **3**, 11—26, Farbtaf. 1, 1873 b; . . . 2. Partie. (5) **4**, 213—234, Farbtaf. 7, 1874; . . . 3. Partie. (5) **6**, 275—290, 1876.
— Observations sur les Guêpes sociales. Petites Nouv. ent., **1** (1869—75), 343, 1873 c.
— Tableau des guêpes sociales de France. Petites Nouv. ent., **1** (1869—75), 344, 1873 d.
— siehe Géhin, Joseph Jean Baptiste; Puton, Auguste & Tschapek, 1873.
— (Habitat de quelques *Cassida.*) [Mit Angaben von Leprieur & L. Bedel.] Ann. Soc. ent. France, (5) **3**, Bull. CCXXVII—CCXXVIII (= Bull. Soc. . . ., **1873**, Nr. 17, 5—6), (1873) 1874; (5) **4**, Bull. VIII—IX (= Bull. Soc. . . ., **1874**, 7—8), 1874.
— (Sur l'habitat du *Blabinotus Genei.*) Ann. Soc. ent. France, (5) **4**, Bull. CCXLIX (= Bull. Soc. . . ., **1874**, 283), (1874) 1875 a.
— (Sur un caractère important présenté par le *Phytoecia malachitica.*) Ann. Soc. ent. France, (5) **4**, Bull. CCXLIX (= Bull. Soc. . . ., **1874**, 283), (1874) 1875 b.
— (Sur la place systématique au genre *Lithophilus.*) Ann. Soc. ent. France, (5) **4**, Bull. CCL (= Bull. Soc. . . ., **1874**, 283—284), (1874) 1875 c.
— (Deux espèces de *Geranorhinus.*) Ann. Soc. ent. France, (5) **4**, Bull. CCL (= Bull. Soc. . . ., **1874**, 283), (1874) 1875 d.
— (Observations synonymiques relatives aux *Timarcha Lomnickii* et *rugulosa.*) Ann. Soc. ent. France, (5) **4**, Bull. CCLIX—CCLX (= Bull. Soc. . . ., **1874**, 293), (1874) 1875 e.
— (*Cyphodema Oberthüri*, sp. nov., Hém.) Ann. Soc. ent. France, (5) **5**, Bull. CLVI (= Bull. Soc. . . ., **1875**, 171), 1875 f.
— Observations sur la nomenclature entomologique. Petites Nouv. ent., **1** (1869—75), 480—481, 484, 1875 g.
— Diagnose d'une nouvelle espèce d'Hémiptères. Petites Nouv. ent., **1** (1869—75), 483, 1875 h.
— Diagnose d'un Hémiptère nouveau. Petites Nouv. ent., **1** (1869—75), 495, 1875 i.
— Espèce nouvelle d'Hémiptère (Capsides). Petites Nouv. ent., **1** (1869—75), 511, 1875 j.
— Description d'un genre nouveau d'Hémiptères de la famille des Ligaeides. Petites Nouv. ent., **1** (1869—75), 512, 1875 k.
— Description de deux genres nouveaux d'Hémiptères de la famille des Capsides. Petites Nouv. ent., **1** (1869—75), 519, 1875 l.
— Diagnoses d'une espèce nouvelle d'Hémiptère de la famille des Capsides. Petites Nouv. ent., **1** (1869—75), 523, 1875 m.
— Remarques sur le catalogue des Hémiptères d'Europe et du Bassin de la Méditerranée. Petites Nouv. ent., **1** (1869—75), 547—548, 1875 n.
— in Ragusa, Enrico 1875.
— (*Bothrostethus annulipes*, Hém.) Ann. Soc. ent. France, (5) **6**, Bull. XXXIV (= Bull. Soc. . . ., **1876**, 37), 1876 a.
— (*Heterotoma diversipes*, Hém.) Ann. Soc. ent. France, (5) **6**, Bull. XXXIX—XL (= Bull. Soc. . . ., **1876**, 44), 1876 b.
— (*Trioza centranthi* et *Neiereichii*, Hém.) Ann. Soc. ent. France, (5) **6**, Bull. CLX—CLXI (= Bull. Soc. . . ., **1876**, 171—172), 1876 c.
— (Hémiptères — Hétéroptères nouveaux pour la Faune française.) Petites Nouv. ent., **2** (1876—79), 15, 1876 d.
— Description d'un genre nouveau de la famille des
— Psyllides. Petites Nouv. ent., **2** (1876—79), 15, 1876 e.
— Note sur la classification des Coccinellides et des Endomychides. Petites Nouv. ent., **2** (1876—79), 46, 1876 f.
— Un mot de réponse à la Revue critique des *Ceratina* de M. Tournier. Petites Nouv. ent., **2** (1876—79), 90—91, 1876 g.
— siehe Lethierry, Lucien & Puton, Auguste 1876.
— siehe Reiber, Ferd . . . & Puton, Auguste 1876.
— [Notes sur la *Strachia cognata* Fieb., *Therapha nigridorsum* Put. et *Atractotypus cinctus* Perris.] Ann. Soc. ent. France, (5) **7**, Bull. XI (= Bull. Soc. . . ., **1877**, 7—8), 1877 a.
— (Descriptions de quatre nouvelles espèces de Cicadines du genre *Deltocephalus.*) Ann. Soc. ent. France, (5) **7**, Bull. XXIII—XXVI (= Bull. Soc. . . ., **1877**, 17—18, 36—37, 45—46), 1877 b; (*Deltocephalus Ferrarii* = *Notus* (*Erythria*).) (5) **10**, Bull. LXXXI (= Bull. Soc. . . ., **1880**, 117), 1880.
— (La description de deux espèces nouvelles de Lygéides de France: *Notochilus, Drymus.*) Ann. Soc. ent. France, (5) **7**, Bull. XXXIV—XXXVI (= Bull. Soc. . . ., **1877**, 66—67), 1877 c.
— (Descriptions de deux nouvelles espèces d'Hémiptères (*Platymetopius*).) Ann. Soc. ent. France, (5) **7**, Bull. LXII—LXIII (= Bull. Soc. . . ., **1877**, 77—78), 1877 d.
— (Description d'une nouvelle espèce d'Hémiptère: *Monanthia hellenica.*) Ann. Soc. ent. France, (5) **7**, Bull. LXVIII—LXIX (= Bull. Soc. . . ., **1877**, 84—85), 1877 e.
— (Quelques notes relatives à la géographie entomologique.) Ann. Soc. ent. France, (5) **7**, Bull. CXXIII (= Bull. Soc. . . ., **1877**, 171—172), 1877 f.
— (*Isometopus alienus* Fieb. et *intrusus* H. S.) Ann. Soc. ent. France, (5) **7**, Bull. CXXX (= Bull. Soc. . . ., **1877**, 180), 1877 g.
— (*Pilophorus cinnamopterus* Kb. imite *Formica congerens.*) Ann. Soc. ent. France, (5) **7**, Bull. CXXX—CXXXI (= Bull. Soc. . . ., **1877**, 180—181), 1877 h.
— (*Orobitis cyaneus* vivant sur les *Viola.*) Ann. Soc. ent. France, (5) **7**, Bull. CXXXI (= Bull. Soc. . . ., **1877**, 181), 1877 i.
— Note sur le genre *Peritrechus* Fieb. Petites Nouv. ent., **2** (1876—79), 117, 1877 j.
— Du Ptérygodimorphisme chez les Coléoptères. Petites Nouv. ent., **2** (1876—79), 137—138, 1877 k.
— (Remarques relatives à divers Hémiptères.) Ann. Soc. ent. France, (5) **8**, Bull. XXXII—XXXIII (= Bull. Soc. . . ., **1878**, 41—42), 1878 a.
— (*Monanthia histricula* (*Lasiacantha*), *strictula* (*Platychile*) et *valida* (*Lasiotropis*), Hém.) Ann. Soc. ent. France, (5) **8**, Bull. CXXXIV—CXXXV (= Bull. Soc. . . ., **1878**, 180—181), 1878 e.
— (*Hylecoetus dermestoïdes*, Col.) Ann. Soc. ent.

France, (5) **8**, Bull. CXXVII—CXXIX (= Bull. Soc. . . ., **1878**, 171—173), 1878 c.

— (*Centrocarenus Volxemi*, Hém.) Ann. Soc. ent. France, (5) **8**, Bull. CXXIX—CXXX (= Bull. Soc.. . ., **1878**, 173—174), 1878 d.

— (*Psylla* (*Arytaina*) *retamae*, [n. sp.].) Ann. Soc. ent. France, (5) **8**, Bull. CXXXIV—CXXXV (= Bull. Soc. . . ., **1878**, 180—181), 1878 e.

— Note sur l'habitat des Tingides. Petites Nouv. ent., **2** (1876—79), 226—227, 1878 f.

— (*Magdalinus violaceus*, Col.) [Mit Angaben von L. Fairmaire.] Ann. Soc. ent. France, (5) **8**, Bull. CXLIX (= Bull. Soc. . . ., **1878**, 204—205), (1878) 1879 a.

— (*Psylla aphalaroïdes*, Hém.) Ann. Soc. ent. France, (5) **8**, Bull. CLXV—CLXVII (= Bull. Soc. . . ., **1878**, 223—224), (1878) 1879 b.

— (*Elasmostethus* (*Chinocoris*) *Fieberi*, Hém.) Ann. Soc. ent. France, (5) **9**, Bull. VII—VIII (= Bull. Soc. . . ., **1879**, 7), 1879 c.

— [Quelques notes à une critique de mon Synopsis des Lygaeides de France.] Ann. Soc. ent. France, (5) **9**, Bull. XLVII—XLVIII (= Bull. Soc. . . ., **1879**, 60—62), 1879 d.
[Siehe:] Douglas,: Entomol. monthly Mag., **15**, 235—236, (1878—79) 1879.

— (*Monanthia* (*Platychila*) *ciliaris*, Hém.) Ann. Soc. ent. France, (5) **9**, Bull LIX—LX (= Bull. Soc. . . ., **1879**, 73—74), 1879 e.

— (Sur l'habitat de deux Hémiptères Hétéroptères: *Megalomerium*, *Plagiotylus*.) Ann. Soc. ent. France, (5) **9**, Bull. CIX—CX (= Bull. Soc. . . ., **1879**, 144—145), 1879 f.

— Synopsis des Hémiptères-Hétéroptères de France, de la famille des Lygaeides. Mém. Soc. Sci. Lille, (4) **6**, 273—354, 1879 g; . . . de France. 2. partie. (4) **8**, 1—77, 1880; . . . (3. partie.) (4) **9**, 65—150, 1881; . . . (4. partie.) (4) **10**, 229—357, 1882; [Corr.:] Ann. Soc. ent. France, (6) **1**, Bull. LX—LXI, 1881.

— Diagnoses d'Hémiptères nouveaux. Petites Nouv. ent., **2** (1876—79), 297, 1879 h.

— (*Stygnus* — *Stygnocoris Mayeti* Hém.) Ann. Soc. ent. France, (5) **9**, Bull. XVI—XVII (= Bull. Soc. . . ., **1879**, 16—17), (1879) 1880 a.

— [Remarques sur species du genus *Salda*.] Ann. Soc. ent. France, (5) **9**, Bull. CLII—CLIII (= Bull. Soc. . . ., **1879**, 205—206), (1879) 1880 b.

— (*Syromastes marginatus* = *longicornis* et *fundator*, Hém.) Ann. Soc. ent. France, (5) **9**, Bull. CLIII (= Bull. Soc. . . ., **1879**, 205—206), (1879) 1880 c.

— Quelques mots sur la Nomenclature entomologique. La Loi de priorité et la Loi de prescription. Ann. Soc. ent. France, (5) **10**, 33—40, 1880 d.

— (*Plaearia pilosa* = *vagabunda*, Hém. et *Rhyparochromus hirsutus* = *antennatus*, Hém.) Ann. Soc. ent. France, (5) **10**, Bull. VII (= Bull. Soc. . . ., **1880**, 9—11), 1880 e.

— (*Nabis Reuterianus* (sp. n.), Hém.) Ann. Soc. ent. France, (5) **10**, Bull. XLIII (= Bull. Soc. . . ., **1880**, 59—60), 1880 f.

— [Capture des Hémiptères à la Bernerie: *Teratocoris*, *Halocapsus*, *Atractotypus* & *Paramesus*.] Ann. Soc. ent. France, (5) **10**, Bull. XLIV (= Bull. Soc. . . ., **1880**, 60), 1880 g.

— (*Pachymerus* (g., synonymie), Hém.) Ann. Soc. ent. France, (5) **10**, Bull. LVIII—LIX, 1880 h.

— (*Notus* (*Erythria*) *Montandoni* (sp. n.), Hém.) Ann. Soc. ent. France, (5) **10**, Bull. LXXX—LXXXI (= Bull. Soc. . . ., **1880**, 116—117), 1880 i.

— Moeurs des *Hister*. Feuille jeun. Natural., **11**, 30, (1880—81) 1880 j.

— Note sur les moeurs de l'*Apion pisi*. Naturaliste, **1**, 155, 1880 k.

— siehe Reiber, Ferdinand & Puton, Auguste 1880.

— (Notes sur la synonymie et l'Habitat de quelques Hémiptères.) Ann. Soc. ent. France, (6) **1**, Bull. XXIX—XXX (= Bull. Soc. . . ., **1881**, 29—30), 1881 a.

— (Note sur divers Hémiptères: *Sehirus* & *Palomena*.) Ann. Soc. ent. France, (6) **1**, Bull. XL—XLI (= Bull. Soc. . . ., **1881**, 44—45), 1881 b.

— (Descriptions de deux espèces nouvelles d'Hémiptères de la faune paléarctique: *Megalobasis* & *Amphibolus*.) Ann. Soc. ent. France, (6) **1**, Bull. LXV—LXVI (= Bull. Soc. . . ., **1881**, 84—85), 1881 c.

— (Trois espèces d'Hémiptères nouvelles pour la faune française: *Hebrus*, *Heterocordylus* & *Piezostethus*.) Ann. Soc. ent. France, (6) **1**, Bull. LXVI—LXVII (= Bull. Soc. . . ., **1881**, 86), 1881 d.

— (Localités et habitat de divers Hémiptères et Synonymie de plusieurs Hémiptères.) Ann. Soc. ent. France, (6) **1**, Bull. CXLVI—CXLVII (= Bull. Soc. . . ., **1881**, 197—198), 1881 e.

— Enumération des Hémiptères recoltés en Syrie par M. Abeille de Perrin avec la description des espèces nouvelles. Mitt. Schweiz. ent. Ges., **6**, 119—129, (1884) 1881 f.

— (Sur la *Tenthredopsis Idriensis* Gir., trouvée en Belgique.) Ann. Soc. ent. Belg., **26**, C. R. CLXXII, 1882 a.

— Hémiptères nouveaux ou rares pour l'Alsace et les Vosges. Bull. Soc. Hist. nat. Colmar, **22—23** (1881—82), 253, 1882 b.

— Description d'une espèce nouvelle d'Hémiptères. Rev. Ent. Caen, **1**, 22, 1882 c.

— Pluie de *Corisa*. Rev. Ent. Caen, **1**, 22—23, 1882 d.
[Engl. Übers.:] A rain of water bugs. Entomol. monthly Mag., **20**, 86, (1883—84) 1883.

— De l'insuffisance du caractère unique pour la distinction des espèces. Rev. Ent. Caen, **1**, 86—90, 1882 e.

— Découverte de la forme macroptère du *Prionotylus brevicornis* Muls. Rey. Rev. Ent. Caen, **1**, 114—115, 1882 f.

— *Clytus lama* et *Neomarius Gandolphei*. Rev. Ent. Caen, **1**, 137—138, 1882 g.

— Description d'une espèce nouvelle de Psyllides. Rev. Ent. Caen, **1**, 183—184, 1882 h.

— Description d'une espèce nouvelle d'Hémiptère de France. Rev. Ent. Caen, **1**, 185, 1882 i.

— Notes Hémiptérologiques. Rev. Ent. Caen, **1**, 239—240, 1882 j; . . . (2. série.) **2**, 285—287, 1883; **3**, 142—149, 1884; **11**, 318—320, 1892.

— Note sur la synonymie de quelques *Nysius*. Wien. ent. Ztg., **1**, 223, 1882 k.

— Trois Hémiptères nouveaux. Rev. Ent. Caen, **2**, 13—15, 1883 a.

— Supplément à la liste des Tenthredides de France. Rev. Ent. Caen, **2**, 15—16, 1883 b.

— Deux espèces nouvelles de Cicadides. Rev. Ent. Caen, **2**, 45—46, 1883 c.

— L'*Agrilus sinuatus* destructeur des poiriers. Rev. Ent. Caen, **2**, 67—69, 1883 d.

— Rectification [zu: Des Gozis, Maurice: Rev. Ent., Caen, **1**, 193—207, 1882]. Rev. Ent. Caen, **2**, 72, 1883 e.

— Note sur les *Rhopalopus hungaricus, insubricus* et *siculus.* Rev. Ent. Caen, **2**, 91—93, 1883 f.
— Sur quelques Tenthredines. Rev. Ent. Caen, **2**, 254, 1883 g.
— (Lettre relative aux excès dans les changements de noms.) Ann. Soc. ent. Belg., **28**, C. R. CLVIII—CLIX, 1884 a.
— Hémiptères nouveaux. Rev. Ent. Caen, **3**, 85—88, 312—313, 1884 b.
— Note sur l'*Aepophilus.* [Mit Angaben von Albert Fauvel.] Rev. Ent. Caen, **3**, 313—314, 1884 c; Nouvelle note . . . **5**, 318, 1885.
— (Description d'une espèce nouvelle d'Hémiptère-Hétéroptère: *Holoptilus oraniensis.*) Ann. Soc. ent. France, (6) **5**, Bull. CXIX, 1885 a.
— Synonymies d'Hémiptères. Rev. Ent. Caen, **4**, 137—139, 1885 b.
— Captures d'Hémiptères et description d'une variété nouvelle. Rev. Ent. Caen, **4**, 356—357, 1885 c.
— in Exploration Scientifique Tunisie (1885—1900) 1886.
— Hémiptères nouveaux ou peu connus de la faune paléarctique. Rev. Ent. Caen, **6**, 96—105, 1887.
— Réponse aux critiques de M. le Dr. Bergroth et apercu sur la classification des Hémiptères de Schioedte. Rev. Ent. Caen, **7**, 18—23, 1888 a. [Siehe:] Bergroth, E.: 70—71.
— Description d'un Longicorne nouveau. Rev. Ent. Caen, **7**, 23, 1888 b.
— Hémiptères nouveaux ou peu connus et notes diverses. Rev. Ent. Caen, **7**, 103—110, 1888 c.
— Un genre nouveau d'Hémiptères et notes diverses. Rev. Ent. Caen, **7**, 255—257, 1888 d.
— Descriptions de six espèces nouvelles d'Hémiptères. Rev. Ent. Caen, **7**, 362—368, 1888 e. [Siehe:] Reuter, O. M.: Wien. ent. Ztg., **10**, 49—51, 1891.
— Les insectes du guy. Rev. Ent. Caen, **8**, 232, 1889 a.
— Nécrologie. Dr. Franz Loew. Rev. Ent. Caen, **8**, 276, 1889 b.
— Nécrologie. J. B. Géhin. Rev. Ent. Caen, **8**, 276, 1889 c.
— siehe Noualhier, Maurice & Puton, Auguste 1889.
— Enquête sur l'habitat des Chrysomèles. Rev. Ent. Caen, **9**, 173—174; Supplément à l'enquéte . . . 349—350, 1890 a.
— Une douzaine d'Hémiptères nouveaux et notes diverses. Rev. Ent. Caen, **9**, 227—236, 1890 b.
— Bibliographie hémiptérologiques. Rev. Ent. Caen, **10**, 288—289, 1891.
— Hémiptères nouveaux ou peu connus et notes diverses. Rev. Ent. Caen, **11**, 24—36, 1892 a. [Siehe:] Puton, A. & Noualhier, Maurice: **14**, 170—177, 1895.
— Descriptions de trois Hémiptères nouveaux. Rev. Ent. Caen, **11**, 71—72, 1892 b.
— Nécrologie. Lucien Lethierry. Rev. Ent. Caen, **13**, 118—119, 1893.
— Hémiptères nouveaux et notes diverses. Rev. Ent. Caen, **13**, 114—116, 1894.
— Victus des *Chrysomela.* Rev. Ent. Caen, **14**, 20, 1895 a.
— *Alophus triguttatus.* Rev. Ent. Caen, **14**, 20, 1895 b.
— Hémiptères nouveaux. Rev. Ent. Caen, **14**, 83—91, 1895 c.
— Hémiptères nouveaux. Rev. Ent. Caen, **15**, 232—234, 1896 a.
— Observations sur les moeurs de deux Hyménoptères fouisseurs. Rev. Ent. Caen, **15**, 234—236, 1896 b.
— Description d'une Cicadine nouvelle. Rev. Ent. Caen, **15**, 265—266, 1896 c.
— Hémiptères nouveaux. Rev. Ent. Caen, **17**, 166—176, 1898 a.
— Quatre Hémiptères nouveaux. Rev. Ent. Caen, **17**, 273—274, 1898 b.

Puton, Auguste & **Lethierry,** Lucien
Hémiptères nouveaux. Petites Nouv. ent., **1** (1869—75), 435—436, 439—440, 444, 449, 452, 1874.
— Hémiptères nouveaux de l'Algérie. Rev. Ent. Caen, **6**, 298—311, 1887.

Puton, Auguste & **Noualhier,** Maurice
Supplément à la liste des Hémiptères d'Akbès. Rev. Ent. Caen, **14**, 170—177, 1895. [Siehe:] Puton, A.: **11**, 24—36, 1892.

Putze, H . . .
in Beiträge Fauna Nieder-Elbe (1875—99) 1876.

Putzer, Paul von
Ueber Vertilgung der Traubenmotte. Weinlaube, **5**, 332, 1873.
○ Traubenpilz und Sauerwurm. Österr.- Ungar. Wein- u. Agric. Ztg., **10**, 20—21, 1879. — ○ [Abdr.?:] Dtsch. Weinztg., **15**, 263, 1878.

Putzeys, Jules Antoine Adolphe Henri
geb. 1. 5. 1809 in Liége, gest. 2. 1. 1882 in Brüssel, Sekretär d. Justizministers in Brüssel. — Biogr.: (E. Desmarest) Ann. Soc. ent. France, (6) **2**, Bull. III—IV (= Bull. Soc. . . ., **1882**, 4), 1882; Entomol. monthly Mag., **18**, 215—216, (1881—82) 1882; (F. Katter) Ent. Nachr., **8**, 64, 1882; (Alf. Preudhomme de Borre) Ann. Soc. ent. Belg., **26**, I—VIII, LXXXVI—LXXXIX, 1882 m. Schriftenverz.; Zool. Anz., **15**, 148, 1882; Amer. Natural., **16**, 330, 1882; Nat. novit. Berlin, Nr. 3, 31, 1882; Leopoldina, **19**, 165—166, 1883; (S. A. Marseul) Abeille, **21**, 102—106, 1883 m. Schriftenverz.; (A. Musgrave) Bibliogr. Austral. Ent., 260, 1932.
— Remarques sur les Amaroides. Stettin. ent. Ztg., **26**, 332—344, 1865.
— Révision générale des Clivinides. Ann. Soc. ent. Belg., **10**, 1—242, 1866 a; Supplément à la révision . . . **11**, 5—22, Taf. I, 1867—68; Deuxième supplément . . . **16**, 10—18, 1873.
— (Quelques Carabiques nouveaux ou rares pour la faune belge.) Ann. Soc. ent. Belg., **10**, C. R. VII—VIII, XII, 1866 b.
— Coléoptères trouvés en Espagne pendant l'Excursion de la Société en 1865. Amarides et Clivinides. Ann. Soc. ent. France, (4) **6**, 349—354, 1866 c.
— Note sur les *Notiophilus.* Mem. Soc. Sci. Liége, (2) **1**, 153—166 [= 169], 1866 d.
— Étude sur les *Amara* de la collection de Mr. le Baron de Chaudoir. Mém. Soc. Sci. Liége, (2) **1**, 171—283, 1866 e.
— Révision des Clivinides de l'Australie. Stettin. ent. Ztg., **27**, 33—43, 1866 f.
— Additions aux *Amara.* Stettin. ent. Ztg., **28**, 169—178, 1867.
— (Rapport sur les Carabiques recueillis dans l'excursion de Vielsalm et considérations sur la faune d'une partie des Ardennes.) Ann. Soc. ent. Belg., **11**, C. R. XXIX—XXXII, 1867—68 a.
— [Carabiques trouvés à Calmpthout, Vielsalm, Baraque-Michel et dans la Campine Limbourgeoise.] Ann. Soc. ent. Belg., **11**, C. R. XXXIX—XL, 1867—68 b.

— Les broscides. Stettin. ent. Ztg., **29**, 305—379, 1868.
— [Variétés de l'*Amara trivialis* et du *Poecilus cupreus.*] Ann. Soc. ent. Belg., **12**, C. R. LIX, 1868—69.
— Note sur le genre *Reicheia.* Abeille, **6**, 145—147, 1869.
— (Note sur les *Carabus sublaevis* et *detritus* de Drapiez.) Ann. Soc. ent. Belg., **13**, C. R. IX, 1869—70 a.
— Note sur la synonymie des espèces de Coptodérides décrites par M. le baron de Chaudoir et M. H. W. Bates. Ann. Soc. ent. Belg., **13**, C. R. XVI—XVII, 1869—70 b.
— Monographie des *Amara* de l'Europe et des pays voisins. Abeille, **11**, (Annexe) 1—100, (1873) 1870 a.
— Trechorum oculatorum Monographia. Stettin. ent. Ztg., **31**, 7—48, 145—201, 1870 b; Additions à la Monographie des *Trechus.* **33**, 167—168, 1872; ... Deux nouveaux *Trechus.* **35**, 49—50, 1874.
— Note sur le genre *Perileptus* Schaum. Stettin. ent. Ztg., **31**, 362—364, 1870 c.
— (Comparaison des listes de Carabiques de Néerlande et de Belgique.) Ann. Soc. ent. Belg., **14**, C. R. XX —XXII, 1870—71 a.
— (Chasses entomologiques de MM. Putzeys et Roelofs en Hollande.) Ann. Soc. ent. Belg., **14**, C. R. XL—XLII, 1870—71 b.
— [*Nomius pygmaeus* Dej., Coléoptère de la faune d'Europe.] Abeille, **8**, XCV, 1871.
— Sur une variété du *Panagaeus crux-major.* Ann. Soc. ent. Belg., **15**, C. R. XIV, 1871—72 a.
— Note sur le *Calathus piceus* Marsh. Ann. Soc. ent. Belg., **15**, C. R. XIV—XV, 1871—72 b.
— Description de deux espèces nouvelles du Genre *Carabus.* Ann. Soc. ent. Belg., **15**, C. R. LII—LIII, 1871—72 c.
— Carabiques nouveaux découverts dans les montagnes des Asturies (Leordes, Picos de Europa), par M. Ehlers. Ann. Soc. ent. Belg., **15**, C. R. LXX—LXXII, 1871—72 d.
— (Descriptions de deux espèces nouvelles de Carabiques: *Amara africana, Leiocnemis atro-virescens.*) Ann. Soc. ent. Belg., **15**, C. R. XCIX—CI, 1871—72 e.
— *Celia nitidiuscula.* An. Soc. Hist. nat. Españ., **2**, 51—52, 1873 a.
— Notes sur les genres *Morio* et *Perigona.* Ann. Mus. Stor. nat. Genova, **4**, 216—225, 1873 b.
— Révision des Broscides de l'Australie d'après la collection de Mr. le comte de Castelnau. Ann. Mus. Stor. nat. Genova, **4**, 307—343, 1873 c.
— Monographie des Calathides. Ann. Soc. ent. Belg., **16**, 19—96, 1873 d.
— [L'*Agonum scitulum* pris à Sluys-Kill par m. Miedel.] Ann. Soc. ent. Belg., **16**, C. R. LXXXI, 1873 e.
— [Carabiques récoltés dans la vallée de l'Ourthe (*Harpalus tenebrosus* Dej.).] Ann. Soc. ent. Belg., **16**, C. R. CXIII, 1873 f.
— (Carabiques recueillis en Écosse par M. Roelofs.) Ann. Soc. ent. Belg., **16**, C. R. CXIII, 1873 g.
— Essai sur les *Antarctia* (Dejean). Mém. Soc. Sci. Liége, (2) **5**, Nr. 4, 1—32, 1873 h.
— Relevé des Cicindélides et Carabiques recueillis en Portugal par M. Camille van Volxem en mai et juin 1871. Ann. Soc. ent. Belg., **17**, 47—60, 1874 a.
— Notice sur les Cicindèles et Carabiques recueillis dans l'île d'Antigoa par M. Purves. Ann. Soc. ent. Belg., **17**, 117—120, 1874 b.
— (Note sur les Carabiques de la collection de feu Wesmael.) Ann. Soc. ent. Belg., **17**, C. R. CXLIV—CXLV, 1874 c.
— (Carabiques recueillis par M. Roffiaen à Beaufort et Echternach.) Ann. Soc. ent. Belg., **17**, C. R. CXLV—CXLVI, 1874 d.
— Descriptions de Carabiques nouveaux ou peu connus. Ann. Mus. Stor. nat. Genova, **7**, 721—748, 1875 a.
— Rapport sur un mémoire de M. le baron de Chaudoir. (Monographie des Brachinides.) Ann. Soc. ent. Belg., **18**, C. R. III—IV, 1875 b.
— (Sur la *Doryphora decemlineata.*) Ann. Soc. ent. Belg., **18**, C. R. XVII—XIX, 1875 c.
— Notice sur les Carabiques recueillis par M. Jean Van Volxem à Ceylan, à Manille, en Chine et au Japon (1873—1874). Ann. Soc. ent. Belg., **18**, C. R. XLV —LIII; [Additions.] LXVII—LXX, 1875 d.
— (Description d'une nouvelle espèce d'*Euryoda*, de Ceylan.) Ann. Soc. ent. Belg., **18**, C. R. LXIX—LXX, 1875 e.
— (Analyse d'un travail de M. Thomson sur la classification des *Carabus.*) Ann. Soc. ent. Belg., **18**, C. R. LXX—LXXI, 1875 f.
— (Notice nécrologique sur Camille Van Volxem.) Ann. Soc. ent. Belg., **18**, C. R. CIII—CVI, 1875 g.
— [L'enseignement de l'histoire naturelle dans les Athénées. (Discours du Président.)] Ann. Soc. ent. Belg., **18**, C. R. CXXXV—CXLI, 1875 h.
— (Notice nécrologique sur le Dr. Breyer.) Ann. Soc. ent. Belg., **19**, C. R. LIV—LVI, 1876 a.
— *Sparostes africanus.* Stettin. ent. Ztg., **37**, 447, 1876 b.
— Description de quelques Clivinides de l'Inde. Ann. Soc. ent. Belg., **20**, C. R. XL—XLVII, 1877 a; **21**, C. R. CLXXII—CLXXIV, 1878.
— Carabiques nouveaux du nord de l'Inde (Darjeling). Stettin. ent. Ztg., **38**, 100—103, 1877 b.
— Deux coléoptères nouveaux de Madagascar. Stettin. ent. Ztg., **38**, 153—154, 1877 c.
— in Kraatz, Gustav [Herausgeber] (1877—79) 1877.
— Descriptions de Carabides nouveaux de la Nouvelle Grenade rapportés par Mr. E. Steinheil. Mitt. München. ent. Ver., **2**, 54—76, 1878 a.
— Description des *Selenophorus* de l'Amérique. Stettin. ent. Ztg., **39**, 1—73, 1878 b.
[Ref.:] Natural. Argent., **1**, 157—160, 1878.
— G. *Gynandropus* (Dej. spec. V. 817). Stettin. ent. Ztg., **39**, 289—296, 1878 c.
— in Schneider, Oscar & Leder, Hans (1878—81) 1878.
— *Morio.* — *Platynodes.* Stettin. ent. Ztg., **40**, 285—286, 1879.
— Études sur les insectes de l'Afrique que se trouvent au Museum Nacional de Lisbonne Fam. Cicindelidae et Carabidae. Jorn. Sci. Acad. Lisboa, **8** (= Nr. 29), 21—48, (1880—82) 1880 a.
— On two new species of Geodephagous Coleoptera from Sumatra. Notes Leyden Mus., **2**, 191—192, 1880 b.
— (Notice nécrologique sur M. le baron de Chaudoir.) Ann. Soc. ent. Belg., **25**, C. R. LXXXVII—LXXXIX, 1881.
[Dtsch. Übers., z. T. von] C. A. Dohrn: Baron Chaudoir's Nekrolog. Stettin. ent. Ztg., **42**, 444—445, 1881.
— in Veth, Pieter Jan [Herausgeber] (1881—92) 1887.

Putzeys, Jules; **Reitter,** Edmund; **Saulcy,** Félicien de & **Weise,** Julius
Neue Käferarten aus Ungarn. Dtsch. ent. Ztschr., **19**, 355—364, 1875.

Putzeyss, Jules siehe Putzeys, Jules

Pycroft, Edith
Insect-Swarms. Nature London, **20**, 431, 1879.

Pycroft, J . . .
Keeping Larvae through the Winter. [Mit Angaben von Edward Newman.] Entomologist, **4**, 20, (1868—69) 1868.

Pye, Clara
(*Plusia moneta* near Rochester.) Entomol. Rec., **9**, 266, 1897.

Pyett, Claude A . . .
gest. 2. 10. 1903 in Ipswich, Journalist. — Biogr.: Entomologist, **36**, 296, 1903; Insektenbörse, **20**, 1903.
— Lepidoptera at Light in Suffolk in 1893. Entomologist, **27**, 147, 1894 a.
— *Acherontia atropos* in Suffolk. Entomologist, **27**, 272, 1894 b.
— Lepidoptera at Light at Ipswich. Entomologist, **28**, 18—19, 1895 a.
— Early Appearance of *Phigalia pedaria*. Entomologist, **28**, 89, 1895 b.
— Lepidoptera in Suffolk. Sci. Gossip, (N. S.) **2**, 263—264, 1895 c.
— Lepidoptera at light at Ipswich. Entomologist, **29**, 53—55, 1896.
— Lepidoptera in Suffolk. Entomologist, **30**, 70—73, 1897 a.
— *Acherontia atropos* in Suffolk. Entomologist, **30**, 122—123, 1897 b.
— Notes on Suffolk Lepidoptera in 1897. Entomologist, **31**, 46—47, 1898 a.
— Notes on Lepidoptera in 1897. Entomologist, **31**, 257—258, 1898 b.

Pynaert, Ed . . .
(Schädlichkeit eines Rüsselkäfers, *Otiorhynchus sulcatus*.) [Nach: Bulletin du cercle professoral pour le progrès de l'arboriculture en Belgique.] Wschr. Ver. Beförd. Gartenb. Berlin, **13**, 311—312, 1870.
— Neues Mittel gegen die Blutlaus. [Nach: Bull. Arboricult. **1881**, 117, 1881.] Pomol. Mh., (N. F.) **28**, 189—190, 1882.

Pyot, Victor
Description d'une nouvelle espèce de Staphylinide. Ann. Soc. ent. France, (5) **4**, 79—80, Taf. 2 (II: Fig. 1), 1874.
— [Chasse aux Coléoptères en battant des fagots de bois mort.] Petites Nouv. ent., **2** (1876—79), 82, 1876.
— Conservation des Collections. Petites Nouv. ent., **2** (1876—79), 227, 1878.

Q

Quack, C . . . G . . .
Berichtigung der Mittheilungen aus dem Flachslande. Ver.bl. Westfäl.-Rhein. Ver. Bienen- u. Seidenzucht, **30**, 72—73, 1879.
[Siehe:] Schrammen, Joseph: **28**, 43—44, 1877; **29**, 156—157, 1878; **30**, 43—44, 1879.

Quaedvlieg, Louis
Description d'une anomalie observée chez un exemplaire de *Hestia Belia* Westwood. Ann. Soc. ent. Belg., **14**, 72—73, Taf. II, 1870—71.
— siehe Donckier-Huart, Ch . . . & Quaedvlieg, Louis 1871—72.
— [Ref.] siehe Weismann, August, 1872.
— [Trois Lépidoptères Hétérocères nouvelles pour la faune.] Ann. Soc. ent. Belg., **16**, C. R. XLI, 1873 a.
— (Sur les divers Catalogues publiés des Lépidoptères diurnes de Belgique.) Ann. Soc. ent. Belg., **16**, C. R. LXXV—LXXVI, 1873 b.
— [Ref.] siehe Hofmann, Ernst 1873.
— (Défense des opinions émises par M. E. Hofmann dans son ouvrage sur les Isopories des Diurnes d'Europe.) Ann. Soc. ent. Belg., **17**, C. R. LXVII—LXVIII, 1874.
— (Sur les méthodes à suivre pour arriver à connaitre la faune entomologique d'un pays.) [Mit Angaben von MM. Becker, Gobert, Preudhomme de Borre u. a.] Ann. Soc. ent. Belg., **21**, C. R. CCII—CCIII, CCIV—CCXIII, CCXXIX—CCXXXVIII, CCLVIII—CCLXVI, 1878.
— Entomologie pratique. Manière de recueillir et de conserver les insectes. Bull. Insectol. agric., **6**, 81—84, 1 Fig.; 97—100, 1881.

Quail, Ambrose
geb. 1872?, gest. 11. 2. 1905 in Tamworth (N. S. Wales). — Biogr.: Entomologist, **38**, 264, 1905; Insektenbörse, **22**, 166, 1905; (J. W. Tutt) Entomol. Rec., **17**, 304, 1905.
— (Notes on *Cossus ligniperda*.) Entomol. Rec., **2**, 211—212, 1891.
— (*Zeuzera pyrina* (*aesculi*).) Entomol. Rec., **3**, 137—138, 1892 a.
— (Notes on *Saturnia pavonia*.) Entomol. Rec., **3**, 185—186, 1892 b.
— (Larva Preserving.) Entomol. Rec., **3**, 243, 1892 c.
— Melanochroism near London.) [Mit Angaben von J. W. Tutt.] Entomol. Rec., **4**, 108—109, 1893 a.
— (Variation in the Fen District.) Entomol. Rec., **4**, 109, 1893 b.
— (Preserving larvae). [Mit Angaben von Battley, Southey, Milton]. Trans. City London ent. nat. Hist. Soc., **1892**, 3—4, [1893]c.
— (*Apamea ophiogramma* in London.) Entomol. Rec., **5**, 296—297, 1894.
— (Data wanted.) Entomol. Rec., **7**, 277, (1895—96) 1896 a.
— (Variation of *Hybernia leucophaearia*.) Entomol. Rec., **7**, 281, (1895—96) 1896 b.
— Neuration in the Lepidoptera; the study of the wings, nervures, shapes, etc. Entomol. Rec., **8**, 154—156, 224, Taf. I, 1896 c.
— („Micros" of a Kentish wood.) Entomol. Rec., **8**, 191, 1896 d.
— Neuration of the Rhopalocera. Entomol. Rec., **9**, 4—5, Taf. I, 1897.
— The Neuration of Rhopalocera. Nat. Sci., **13**, 390—395, 9 Fig., 1898.
— (Description of Hepialid larva.-*Gorina despecta*, „Walk.") Entomol. Rec., **11**, 340—341, 1899 a.
— Some Cicadides. Trans. City London ent. nat. Hist. Soc., **1898** (1897—98), 23—25, [1899]b.
— Entomology in New Zealand. Entomologist, **33**, 5—9, 1900 a.

— Diphyletism in the Lepidoptera. Entomologist, **33**, 221—223, 1 Fig., 1900 b.
[Siehe:] Grote, Augustus Radcliffe: 120—123.
— Habits of *Cossus ligniperda*. Entomologist, **33**, 224—225, 1900 c.
— Life-history of *Vanessa gonerilla*, Fabr., of New Zealand. Entomol. monthly Mag., (2) **11** (**36**), 153—156, 1900 d.
— (The larva of *Oiketicus omnivorus*, Ferèday.) Entomol. Rec., **12**, 133—134, 1900 e.
— A Fragmentary Paper on the Larval Structure etc., of *Hepialus*? *virescens* (D'Bld.) of New Zealand. Proc. R. Soc. Queensland, **15**, 89—93, Taf. 1, 1900 f.
— Life Histories in the Hepialid Group of Lepidoptera, with Description of one New Species, and Notes on Imaginal Structure. Trans. ent. Soc. London, **1900**, 411—432 + 2 (unn., Taf. Erkl.) S., Taf. V—VI, 1900 g.

Quaintance, Altus Lacy
geb. 19. 12. 1870 in New Sharon (Iowa), gest. 7. 8. 1958 b. Silver Spring (Md.). — Biogr.: Proc. ent. Soc. Washington, **38**, 130, 1936; Bull. ent. Soc. Amer., **4**, 114, 1958; (B. A. Porter) Journ. econ. Ent., **52**, 182, 1959.
— Insect Enemies of Truck and Garden Crops. Bull. Florida agric. Exp. Stat., Nr. 34, 238—327, 36 Fig., 1896 a.
— Insects injurious to stored grain and cereal products. Bull. Florida agric. Exp. Stat., Nr. 36, 357—385, 16 Fig., 1896 b.
— The Fall Army-Worm: Southern Grass Worm. (*Laphygma frugiperda*, Smith and Abbott.) Bull. Florida agric. Exp. Stat., Nr. 40, 507—512, 3 Fig., 1897 a.
— Some strawberry Insects. Bull. Florida agric. Exp. Stat., Nr. 42, 545—600, 23 Fig., 1897 b.
— On the life-history of *Brachytarsus alternatus*. Ent. News, **8**, 1—3, Taf. I; Errata. 72, 1897 c.
— siehe Cockerell, Theodore Dru Alison & Quaintance, Altus Lacy 1897.
— Three Injurious Insects. Bean Leaf-roller. Corn Delphax. Canna Leaf-roller. Bull. Florida agric. Exp. Stat., Nr. 45, 51—74, 7 Fig., Taf. I—II, 1898 a.
— Some injurious insects. Rep. Florida agric. Exp. Stat., **1898**, 56—72, Taf. I—IV, 1898 b.
— Some Insects of the Year in Georgia. (Proceedings of the eleventh Annual Meeting of the Association of Economic Entomologists.) Bull. U. S. Dep. Agric. Ent., (N. S.) Nr. 20, 56—59, 1899 a.
— New, or little known, Aleurodidae.-I. Canad. Entomol., **31**, 1—4, 7 Fig., Taf. I; . . . Aleurodidae.-II. 89—93, 6 Fig., 1899 b.
— Observations on *Diabrotica 12-punctata* Oliv. (Proceedings of the twelfth annual meeting of the Association of Economic Entomologists.) Bull. U. S. Dep. Agric. Ent., (N. S.) Nr. 26, 35—40, 1900 a.
— Contributions toward a monograph of the American Aleurodidae. Techn. Ser. U. S. Agric. Ent., Nr. 8, 9—64, Taf. I—VIII, 1900 b.

Quajat, E . . .
○ Cenno sull' inchiesta ministeriale per l'imperfetto schiudimento dei cartoni originarj Giapponesi. Riv. settim. Bachicolt., **5**, 193—195, 197—198, 1873. — ○ [Abdr.?:] Boll. Bachicolt., **1**, 17—26, 1874.
— siehe Verson, Enrico & Quajat, E . . . 1873.
— siehe Verson, Enrico & Quajat, E . . . 1874.
○ Compendio di bacologia presentato in 19 lezioni. 8°, 162 S., Padova, tip. Salmin, 1875 a. — 2. Aufl. . . . in 20 lezioni. 16°, 262 S., Verona & Padova, Drucker & Tedeschi, 1878.
○ Allevamenti di deposizioni frazionate. Boll. Bachicolt., **2**, 97—100, 1875 b. — ○ [Abdr.?:] Riv. settim. Bachicolt., **7**, 169—170, 1875.
○ Curiosità bacologica. Riv. settim. Bachicolt., **7**, 121—122, 1875 c.
— siehe Verson, Enrico & Quajat, E . . . 1875.
— siehe Verson, Enrico & Quajat, E . . . 1876.
○ Le ceneri dei bozzoli e delle crisalidi. Boll. Bachicolt., **6**, 99—108, 1879.
— siehe Verson, Enrico & Quajat, E . . . 1879.
○ La seta: condizionatura e saggi cui viene assoggettata in commercio. 8°, 32 S., Padova, tip. Penada, 1880.
— Sugli incrociamenti fra le razze bianche del Baco da seta. Bull. Soc. ent. Ital., **17**, 229—239, 1885.
— siehe Bellati, M . . . & Quajat, E . . . [1892].
— siehe Verson, Enrico & Quajat, E . . . 1895.
— Recherches sur les produits de respiration des oeufs du Ver-à-soie. Arch. Ital. Biol., **27**, 376—388, 1897 a.
○ Studi su alcune principali razze di Bachi da seta. Boll. Bachicolt., (3) **3**, 49—54, 137—142, 1 Taf., 1897 b.
○ Ricerche sui prodotti di respirazione delle uova del Bombice del gelso. Boll. Bachicolt., (3) **3**, 113—133, 1897 c.
— siehe Bellati, M . . . & Quajat, E . . . 1898.
— Sulla svernatura ed incubazione delle uova del flugello (S. M.). (Ricerche sperimentali.) Annu. Staz. bacol. Padova, **27**, 13—43, 1899 a.
— I corpuscoli redivivi. Ricerche sperimentali. Annu. Staz. bacol. Padova, **27**, 45—56, 1899 b.
— Prodotti respiratori delle uova (regolarmente svernate) durante l'incubazione normale. Annu. Staz. bacol. Padova, **27**, 57—81, Taf. I—II, 1899 c.
— Contro il Calcino. Annu. Staz. bacol. Padova, **27**, 135—141, 1899 d.
— Della possibilità o meno di prolungare la vita delle crisalidi nel Baco da seta. Annu. Staz. bacol. Padova, **28**, 15—21, 1900 e.
— Dei rapporti che passano tra il peso delle uova di razze pure e quello dei relativi incroci. Annu. Staz. bacol. Padova, **28**, 34—45, 1900 f.
— Studi su alcune principali Razze di Bachi da Seta. VI. Razza Hankova (Importata nel 1900). Annu. Staz. bacol. Padova, **28**, 53—68, 1900 g.
— Svernatura estemporanea. Nuovo metodo di conservazione razionale del seme bachi per allevamenti autunnali. Annu. Staz. bacol. Padova, **28**, 85—98, 1900 h.

Quajat, E . . . **& Verson,** Enrico
○ Note intorno allo schiudimento antecipato delle uova nel baco da seta. Boll. Bachicolt., **2**, 125—128, 1875.

Quantin, H . . .
Sur l'emploi du sulfure de carbone contre les parasites aériens. C. R. Acad. Sci. Paris, **112**, 1283—1284, 1891.

Quatrefages de Bréau, Jean Louis Armand de
geb. 10. 2. 1810 in Berthézène bei Vallerangue (Gard), gest. 12. 1. 1892, Prof. u. Direktor d. Naturhist. Mus. in Paris. — Biogr.: (J. Mik) Wien. ent. Ztg., **11**, 120, 1892; Bull. Soc. zool. France, **17**, 21—25, 1892 m. Porträt; Zool. Anz., **15**, 56, 1892; Ann. Soc. Charante-Inf., Nr. 28 (1891), 19—20, 1892; Leopoldina, **28**, 55, 1892; (C. Jourdheuille) Ann. Soc. ent. France, **61**, Bull. V,

1892; Insektenbörse, **9**, 6 (unn.), 1892; (A. Boucard) Hummingbird, **2**, 133, 1892; (Max Wildermann) Jb. Naturw., **8** (1892—93), 537, 1893; Bull. Soc. Hist. nat. Autun, **6**, 1—152, 1893 m. Porträt.

— Élevage des vers à soie. Influence heureuse de la feuille de mûrier non greffé: Résultats obtenus par Mme de Lapeyrouse. C. R. Acad. Sci. Paris, **59**, 1064, 1864.

— The Cabbage Butterfly and its Metamorphoses. Sci. Gossip, **1865**, 30—32, 74—76, 1866.

○ Sériciculture. Exposition universelle de 1867 à Paris. 8°, 24 S., Paris, Dupont, 1868.

○ Silkworm and sericulture. [Engl. Übers. von: Eliza A. Youmans.] Pop. Sci. monthly, **3**, 657—676, 1873.

— Note sur Charles Darwin. C. R. Acad. Sci. Paris, **94**, 1216—1222, 1882.
[Engl. Übers. von] Charles Darwin: Ann. Mag. nat. Hist., (5) **9**, 467—474, 1882.

— (Éducation d'Attaciens séricigènes.) Bull. Soc. Acclim. Paris, (4) **2** (**32**), 180—181, 1885 a.

— Discours prononcés aux obsèques de M. Henri-Milne Edwards le 31 juillet 1885. C. R. Acad. Sci. Paris, **101**, 333—344, 1885 b.

Quay, J...
Notes on the use of the ovipositor in the long-sting Ichneumons of the genus *Rhyssa*. Amer. Entomol., **3** ((N. S.) **1**), 219, 1880.

Quedenfeld, Albert August Ludwig
geb. 14. 3. 1866 in Uftrungen (Harz), gest. 17. 6. 1933 in Berlin.

— *Gracilaria syringella* F., ein Feind des Flieders. Natur u. Haus, **4** (1895—96), 14, 1896.

Quedenfeld, Ludwig siehe Quedenfeld, Albert August Ludwig

Quedenfeldt, Friedrich Otto Gustav
geb. 14. 6. 1817 in Graudenz, gest. 20. 11. 1891 in Berlin, Generalmajor. — Biogr.: Insektenbörse, **8**, Nr. 23, 1891; (H. Kolbe) Berl. ent. Ztschr., **37**, 241—246, 1892 m. Porträt & Schriftenverz.; Insektenbörse, **9**, Nr. 8, 1892.

— [Ref.:] siehe Erichson, Wilhelm Ferdinand 1868—1900 ff.

— Africanische Coleoptera. Dtsch. ent. Ztschr., **24**, 346—348, 1880.

— Diagnosen einiger afrikanischer Cerambyciden. Berl. ent. Ztschr., **25**, 289, 1881.

— Diagnosen dreier africanischer Cerambyciden. Berl. ent. Ztschr., **26**, 185, 1882 a.

— Kurzer Bericht über die Ergebnisse der Reisen des Herrn Major a. D. v. Mechow in Angola und am Quango-Strom, nebst Aufzählung der hierbei gesammelten Longicornen. Berl. ent. Ztschr., **26**, 317—362, Farbtaf. VI,[1]) 1882 b.

— Verzeichniss der von Herrn Stabsarzt Dr. Falkenstein in Chinchoxo (Westafrika, nördlich der Congomündungen) gesammelten Longicornen des Berliner Königl. Museums. Berl. ent. Ztschr., **27**, 131—146, Farbtaf. I, 1883 a.

— Verzeichniss der von Herrn Major a. D. von Mechow in Angola und am Quango-Strom gesammelten Cicindeliden und Carabiden. Berl. ent. Ztschr., **27**, 241—268, Taf. III (Fig. 1—11), 1883 b.

— Bemerkungen zur Unterscheidung der älteren *Tefflus*-Arten nebst Beschreibung einer neuen Species von Ost-Afrika. Berl. ent. Ztschr., **27**, 269—276, Taf. III (Fig. 12—14), 1883 c.

— Ueber *Acmastes* Schaum. Berl. ent. Ztschr., **27**, 283—285, 1883 d.

— Verzeichniss der von Herrn Major a. D. von Mechow in Angola und am Quango-Strom 1878—1881 gesammelten Pectinicornen und Lamellicornen. Berl. ent. Ztschr., **28**, 265—340, Taf. VIII—IX; Berichtigung zur Gattung *Phalangosoma*. 402, 1884.

— Verzeichniss der von Herrn Major a. D. Mechow in Angola und am Quango-Strom 1878—1881 gesammelten Tenebrioniden und Cisteliden. Berl. ent. Ztschr., **29**, 1—38, Taf. III, 1885 a.

— Vier neue Cleriden aus dem tropischen Westafrika. Berl. ent. Ztschr., **29**, 267—271, Taf. IX B, 1885 b.

— Copal-Insecten aus Africa. Berl. ent. Ztschr., **29**, 363—365, 1885 c.

— Zwei neue Anthiciden aus dem tropischen Inner-Afrika. Ent. Nachr., **11**, 51—54, 1885 d.

— Cerambycidarum Africae species novae. Jorn. Sci. Acad. Lisboa, **10**, 240—247, (1884—85) 1885 e.

— Verzeichniss der von Herrn Major a. D. von Mechow in Angola und am Quango-Strom 1878—1881 gesammelten Buprestiden und Elateriden. Berl. ent. Ztschr., **30**, 1—38, Taf. I, 1886 a.

— Ueber *Cheilopoma castaneum* Murray. Berl. ent. Ztschr., **30**, 73—74, 1 Fig., 1886 b.

— Neue und seltnere Käfer von Portorico. Berl. ent. Ztschr., **30**, 119—128, 1 Fig., 1886 c.

— Zwei neue *Notoxus* aus Central-Afrika. Berl. ent. Ztschr., **30**, 133—135, 1886 d.

— Verzeichniss der von Herrn Major a. D. von Mechow in Angola und am Quango-Strom 1878—1881 gesammelten Anthothribiden und Bostrychiden. Berl. ent. Ztschr., **30**, 303—328, Taf. VIII, (1886) 1887 a.

— Drei neue Cerambyciden von Kamerun. Berl. ent. Ztschr., **31**, 141—144, 1887 b.

— Ein neues Helopiden-Genus von Marokko. Ent. Nachr., **13**, 257—259, 1 Fig., 1887 c.

— Beiträge zur Kenntniss der Koleopteren-Fauna von Central-Afrika nach den Ergebnissen der Lieutenant Wissmann'schen Kassai-Expedition 1883 bis 1886. Berl. ent. Ztschr., **32**, 155—219, 1888 a.

— Zwei neue africanische Arten der Gattung *Pseudotrochalus*. Ent. Nachr., **14**, 194—196, 1888 b.

— Verzeichniss der von Herrn Major a. D. von Mechow in Angola und am Quango-Strom 1878—1881 gesammelten Curculioniden und Brenthiden. Berl. ent. Ztschr., **32**, 271—308, Taf. VI, (1888) 1889 a.

— Zwei neue afrikanische Tenebrioniden. Ent. Nachr., **15**, 353—356, 1889 b.

— Drei neue Tenebrioniden aus Tripolitanien. Berl. ent. Ztschr., **33**, 395—400, (1889) 1890 a.

— Eine neue Buprestide aus Ostafrika. Berl. ent. Ztschr., **35**, 135—136, 1890 b.

— Eine neue Cetonide aus Ostafrika. Berl. ent. Ztschr., **35**, 136—137, 1890 c.

— Diagnosen zweier neuen Tenebrioniden-Arten aus Tripolitanien. Ent. Nachr., **16**, 63—64, 1890 d.

— *Pelecium Drakei* n. sp. aus der Coleopteren-Tribus der Stomiden. Ent. Nachr., **16**, 302—303, 1890 e.

— Neue Käfer von Ost-Afrika. Berl. ent. Ztschr., **36** (1891), 167—174, (1892) 1891 a.

— *Brachycryptus* n. gen. *Cistelidarum*, prope *Omophlus*. Ent. Nachr., **17**, 129—130, 1891 b.

— Ein neuer *Glaphyrus* aus Tripolitanien. Ent. Nachr., **17**, 130—133, 1891 c.

[1]) Taf. auch uncol. erschienen.

— (Aberrationen von Schmetterlingen.) Berl. ent. Ztschr., **37** (1892), (3), 1893.

Quedenfeldt, Gustav siehe Quedenfeldt, Friedrich Otto Gustav

Quedenfeldt, Max
geb. 13. 6. 1851 in Glogau, gest. 18. 9. 1891 in Berlin, Premierleutnant. — Biogr.: (Eduard G. Honrath) Berl. ent. Ztschr., **36**, 473—475, 1891 m. Schriftenverz.; (E. Reitter) Wien. ent. Ztg., **10**, 276, 1891; Zool. Anz., **14**, 396, 1891; Period. Bull. Dep. Agric. Ent. (Ins. Life), **5**, 211—212, 1893.
— Vier neue Staphylinen-Arten aus dem Mittelmeer-Faunengebiet. Berl. ent. Ztschr., **25**, 291—293, 1881 a.
— Diagnose einer neuen europäischen Art der Staphylinen-Gattung *Echidnoglossa* Wollast. Berl. ent. Ztschr., **25**, 293, 1881 b.
— Zwei neue Staphylinen aus Angola. Berl. ent. Ztschr., **25**, 293—294, 1881 c.
— Diagnosen neuer Staphylinen aus dem Mittelmeer-Faunengebiet. Berl. ent. Ztschr., **26**, 181—183, 1882.
— Beiträge zur Kenntniss der Staphylinen-Fauna von Süd-Spanien, Portugal und Marokko. Berl. ent. Ztschr., **27**, 149—163, 1883 a; **28**, 97—112, 351—379, 1884.
— Eine neue Art der Staphylinen-Gattung *Oedichirus*. Er. Wien. ent. Ztg., **2**, 117—118, 1883 b.
— Ueber einige für die Mark Brandenburg neue oder bisher in derselben selten beobachtete Käfer. Berl. ent. Ztschr., **28**, 137—142, 1884 a.
— Einige seltenere Käferarten aus den Dessauischen Forsten a. d. Elbe und aus der Wittenberger Gegend. Berl. ent. Ztschr., **28**, 179—180, 1884 b.
— *Chevrolatia Bonnairei*. Berl. ent. Ztschr., **29**, 168—172, Taf. V (Fig. 1—2), 1885 a.
— Kleine coleopterologische Mittheilungen. Berl. ent. Ztschr., **29**, 180, 1885 b.
— Nekrolog. Th. Brenning. Berl. ent. Ztschr., **29**, 366—368, 1885 c.
— Wie lebt *Gnorimus variabilis* L.? Ent. Nachr., **11**, 34—36, 1885 d.
[Siehe:] Weise, Julius: Dtsch. ent. Ztschr., **29**, 32, 1885.
— Über *Chevrolatia insignis* Duv. Ent. Nachr., **11**, 54—55, 1885 e.
— Ueber *Clerus* (*Trichodes*) *sanguinosus* Chevr. Ent. Nachr., **11**, 76—77, 1885 f.
— Eine neue Art der Gattung *Chevrolatia* Duv. Ent. Nachr., **11**, 147—149, 1885 g.
— Kleine coleopterologische Mittheilungen. Ent. Nachr., **11**, 285—287, 1885 h.
— Erwiederung auf Herrn J. Weise's Bemerkungen zu meiner Mittheilung „Ueber einige für die Mark Brandenburg neue oder bisher in derselben selten beobachtete Käfer." Ent. Nachr., **11**, 310—316, 1885 i.
— Fundorte seltenerer Käferarten in der Berliner Gegend. Ent. Nachr., **12**, 9—14, 1886.
— (Koleopterenausbeute aus Marokko.) Berl. ent. Ztschr., **31**, XII, 1887 a.
— Zwei interessante neue Käfer-Varietäten aus Marokko. Ent. Nachr., **13**, 321—322, 1887 b.
— Reisebericht. [Col.] Ent. Nachr., **15**, 295—296, 1889 a.
— Ueber das Vorkommen von *Calosoma azoricum* Woll. und *Corynetes fimetarius* Woll. Ent. Nachr., **15**, 319—321, 1889 b.
— Ein neuer, dem Weinbau schädlicher Käfer in Tunesien. Berl. ent. Ztschr., **33**, 401—402, (1889) 1890 a.
— *Akis Schweinfurthi* n. sp. Berl. ent. Ztschr., **35**, 139, 1890 b.

Quedenfeldt, Max & **Eppelsheim,** Eduard
Tripolitanische Staphylinen. Berl. ent. Ztschr., **33**, 311—316, (1889) 1890.

Quelch, J . . .
○ Leaf-winged Locust. Timehri, **1890**, 141, 1890. — [Abdr.?:] Ann. Mag. nat. Hist., (6) **6**, 275, 1890.

(**Quesneville**)
Le Phylloxera. Monit. scient., **17** ((3) **5**), 972—974, 1875.
— Discussion sur les insectes nuisibles et la protection des oiseaux. [Sammelref.] Monit. scient., **20** ((3) **8**), 309—316, 1878.

Quetelet, Ad . . . [Herausgeber]
Observations des phénomènes périodiques des plantes et des animaux pendant les années 1861 et 1862. [Mit Beiträgen von J.-B. Vincent & fils, Bernardin, Edouard Lanszweert, de Selys-Longchamps, Michel Ghaye, Malaise, Charles Fritsch u. a.] Mem. Acad. Belg. (Cl. Sci.), **35**, [Nr. 6], I—IX + 1—68, 1865; . . . périodiques pendant l'année 1863. **36**, [Nr. 4], 1 Fig., 1—68; . . . 1864. [Nr. 5], 1—56, 1867; . . . pendant les années 1865 et 1866. **37**, [Nr. 3a], 1—74, 1 Fig.; . . . l'année 1866. [Nr. 3b], 1—60, 1869; . . . les années 1867 et 1868. **38**, (Nr. 2a), 1—80, 1 Fig; . . . l'année 1868. (Nr. 2b), 1—61, 1871; . . . . l'année 1869. **39**, (Nr. 3a), 1—80, 1 Fig.; . . . 1870. (Nr. 3b), 1—59, 1872; . . . 1871. **40**, (Nr. 3), 1—83, 1 Fig., 1873; . . . 1872. **41**, Teil 1, (Nr. 4), 1—75, 1 Fig., 1875.

Quilisch, H . . .
(Maikäfer.) Natur Halle, (N. F.) **16** (**39**), 515, 1890.

Quill, R . . . H . . .
The mosquito theory and the etiology of malarial fevers. Brit. med. Journ., **1896**, Bd. 1, 944, 1896.

Quilter, H . . . E . . .
The metamorphoses of *Galeruca nymphaea*, Linn. Entomologist, **20**, 178—181, 1887.

Quinby, M . . .
Mysteries of Bee-Keeping explained. Containing the Result of 35 years' experience, and directions for using the movable comb and box-hive, together with the most approved methods of propagating the Italian Bee. 8°, X + 348 S., 36 Fig., New York, Orange Judd & Co., 1865.

Quincy, Ch . . .
siehe Marchal, Ch . . . & Quincy, Ch . . . 1886.
— La matière colorante des Pucerons. Bull. Soc. Hist. nat. Autun, **9**, Proc.-Verb. 215—216, 1896.

Quinn, G . . .
○ Some Insects injurious to the Apple. Garden and Field, **22**, 24—25, 1896.

Quintana y Moscosa, Lorenzo
○ El Prontuario filoxérico del Sr. Graëlls. Gaceta agric. Fomento, **1879**, 60—64, 1879.

Quinton, W . . .
○ Two cases of larvae [of Diptera] in the human nostril. Rep. Army med. Dep. London, **8** (1866), 529, 1868.

Quirici, Gerol
○ Osservazioni, consigli e regole generali per un nuovo e migliore indirizzo nell' allevamento de bachi da seta. 8°, 16 S., Pavia, tip. succ. Bizzoni, 1879.

Quiroga y Rodriguez, Francisco
geb. 1853, gest. 1894.
— Apuntes de un viaje por el Sáhara Occidental.[1]) An. Soc. Hist. nat. Españ., **15**, 495—523, Taf. III, 1886.
[Darin:]
Bolivar, Ignacio: Ortópteros. 512—517.
—: Hemípteros. 517.
Martinez y Saez, Francisco Paula de: Coleópteros. 517—518.

Quiros, J . . .
○ Otitis verminosa des cuidada por muchos tiempo. Curacion. Sencilla. España med. Madrid, **9**, 217, 1864.

R

Raacke, O . . .
Eier, Raupe und Puppe von *Helia Calvaria.* Ztschr. Ent. Breslau, (N. F.) **7**, 86—87, 1879.

Raatz,
Mittheilungen über das Auftreten und die Vertilgung des Maikäfers im Forstgarten zu Chorin und seiner nächsten Umgebung von 1862—1891. Ztschr. Forst- u. Jagdwes., **23**, 581—599, 1891.

Rabaud, Étienne Dr. med. & rer. nat.
gest. 1956. — Biogr.: Bull. Soc. ent. France, **61**, 145, 1956.
— Chrysalide de *B(ombyx) neustria.* Feuille jeun. Natural., **14**, 118, (1883—84) 1884.
— siehe Peyrissac, Eug . . .; Laborderie-Boulou, H . . .; Barbier, Ch . . . & Rabaud, Étienne 1884.
— *Adonia variabilis* en grande quantité. Feuille jeun. Natural., **15**, 70—71, (1884—85) 1885 a.
— Chrysalide d'*Aglia Tau* Lin. Feuille jeun. Natural., **15**, 99, (1884—85) 1885 b.
— Chrysalide d'*Euchelia Jacobaeae.* Feuille jeun. Natural., **15**, 147, (1884—85) 1885 c.
— *Orgya antiqua.* Feuille jeun. Natural., **15**, 160, (1884—85) 1885 d.
— De l'accouplement des Vanesses d'espèces différentes et du résultat de cet accouplement. — Réponse à M. G. D. Naturaliste, **3**, 143, 1885 e.
— D'où proviennent les variétés et les aberrations? Naturaliste, **3**, 151, 1885 f.
— Utilité de l'étude des Insectes. Boll. Natural. Siena (Riv. Ital. Sci. nat.), **6**, 21—22, 42, 1886 a.
— Observations sur le rangement des insectes en collection. Naturaliste, **3**, 227—229, 1886 b.
— Les insectes sont-ils utiles dans la nature? Naturaliste, **3**, 262, 1886 c.
— [Per uccidere i grossi Lepidotteri.] Boll. Natural. Siena (Riv. Ital. Sci. nat.), **7**, 76, 1887 a.
— Quelques mots sur les collections d'insectes. Feuille jeun. Natural., **17**, 47—48, (1886—87) 1887 b.
— Les antennes des Lépidoptères. Naturaliste, (2) **1**, 11—13, 9 Fig.; 22—24, 10 Fig., 1887 c.
— Les ptérothèques des chrysalides des Lépidoptères aptères. Naturaliste, (2) **1**, 140—141, 1887 d.
— La *Cigale,* quelques lignes de l'histoire des sciences. Naturaliste, (2) **1**, 204—206, 1 Fig., 1887 e.
— Les Abeilles. Quelques lignes de l'histoire des sciences. Boll. Natural. Siena (Riv. Ital. Sci. nat.), **8**, 38—39, 1888 a.
— Le squelette chitineux des insectes. Feuille jeun. Natural., **18**, 127, (1887—88) 1888 b.
— Les collections de nids d'insectes. Feuille jeun. Natural., **19**, 10—11, (1888—89) 1888 c.

[1]) nur z. T. entomol.

Rabbels, Jos . . .
Aufweichen von Dütenschmetterlingen. Insektenbörse, **11**, 16, 1894.

Rabbeno, Avv . . .
○ La bachicoltura nei rapporti colla legislazione civile. Riv. settim. Bachicolt., **2**, 106, 1870.

Rabbow,
Ueber den gegenwärtigen Stand der Bienenzucht. Dtsch. landw. Pr., **12**, 285—286, 292—293, 1885.

Rabé, F . . .
(Note sur les larves qui dévorent les pousses des pins sylvestres.) Bull. Soc. Sci. hist. nat. Yonne, **41** ((3) **12**), part. III, VIII—XI, 1887.

Rabenau, [Benno Carl August Hugo] von
Die naturforschende Gesellschaft zu Görlitz. Abh. naturf. Ges. Görlitz, **18**, 253—305, 1884; **19**, 27—41, 1887.

Rabenhorst, Wilhelm Dragori von
[In Mähren auf Oleanderstöcken 4 Raupen von *Deilephila Nerii.*] Insekten-Welt, **2**, 67, 1885.

Raber,
Beobachtungen über den Marienkäfer. Aus der Heimat, **10**, 185, 1897.

Rabes, Otto
Zur Kenntnis der Eibildung bei *Rhizotrogus solstitialis* L. Ztschr. wiss. Zool., **67**, 340—348, 1 Fig., Taf. XIX, 1900.

Rabito, Leonardo
Sull'origine dell'intestino medio nella *Mantis religiosa.* Natural. Sicil., (N. S.) **2**, 181—183, 1897.

Rabl-Rückhard,
Studien über Insektengehirne. Arch. Anat. Physiol., **1875**, 480—499, Taf. XIV, 1875.

Rabot, Charles
○ A travers la Russie boréale. 4°, Paris, o. J. [vor 1900].

Rabourdin,
Lutte contre le Phylloxera. C. R. Acad. Sci. Paris, **118**, 1368, 1894.

Radau, Rodolphe
○ La force musculaire des insectes. Rev. deux Mondes, **64**, 770—777, 1866.

Raddatz, Adolf
geb. 22. 2. 1822 in Rostock, gest. 2. 2. 1913 in Rostock, Direktor d. Bürgerschule. — Biogr.: (Bornhöft) Arch. Ver. Naturgesch. Mecklenb., **67**, Abt. I, 3 (unn.) S., 1913.
— Uebersicht der in Mecklenburg bis jetzt beobachteten

Blattwespen und Holzwespen. Arch. Ver. Naturgesch. Mecklenb., **27**, 1—22, 1873 a.
[Siehe:] Rudow,: **31** (1877), 113—119, 1878.
— Uebersicht der in Mecklenburg bis jetzt bobachteten Fliegen (Diptera). Arch. Ver. Naturgesch. Mecklenb., **27**, 22—131, 1873 b.
— Dolichopoden aus Mecklenburg. Stettin. ent. Ztg., **34**, 323—334, 1873 c.
— Uebersicht der in Mecklenburg bis jetzt beobachteten Wanzen. Arch. Ver. Naturgesch. Mecklenb., **28**, 49—80, 1874 a.
[Siehe:] Rudow,: **31** (1877), 113—119, 1878.
— Uebersicht der in Mecklenburg bis jetzt beobachteten Cicaden. Arch. Ver. Naturgesch. Mecklenb., **28**, 81—98, 1874 b.
[Siehe:] Rudow,: **31** (1877), 113—119, 1878.

Radde, Gustav Ferdinand Richard
geb. 27. 11. 1831 in Danzig, gest. 16. 3. 1903 in Tiflis, Staatsrat u. Direktor d. Kaukas. Mus. in Tiflis. — Biogr.: Globus, **25**, 22—24, 1874 m. Porträt; (A. Reichenow) Orn. Zbl., **4**, 14, 1879; Wien. ent. Ztg., **22**, 108, 1903; (G. Kraatz) Dtsch. ent. Ztschr., **47**, 7, 1903; (N. Adelung) Zool. Zbl., **10**, 829—831, 1903; (A. Jacobi) Naturw. Rdsch., **18**, 309—311, 1903; Wien. ent. Ztg., **22**, 108, 1903; (R. Blasius) Journ. Orn., **52**, 1—49, 1904 m. Schriftenverz.; (K. Daniel) München. kol. Ztschr., **2**, 93, 1904.
— Vier Vorträge über den Kaukasus gehalten im Winter 1873/74 in den grösseren Städten Deutschlands. Petermanns geogr. Mitt., Ergänzungsbd. **8** (1873—74), Nr. 36, I—VI + 1—71, Taf. 1—2 (3 Kart.), 1874.
— *Pyrethrum Roseum.* Amer. Entomol., **3** ((N. S.) **1**), 252, 1880.
— [Herausgeber]
Die Fauna und Flora des südwestlichen Caspi-Gebietes. Wissenschaftliche Beiträge zu den Reisen an der Persisch-Russischen Grenze. 8°, VIII + 1 (unn.) + 425 + 1 (unn.) S., 3 Taf. (1 Farbtaf.), Leipzig, F. A. Brockhaus, 1886.
[Darin:]
Reitter, Eduard; Eppelsheim, Eduard; Chevrolat, Louis Alexandre; Ganglbauer, Ludwig & Kraatz, Gustav, zusammengestellt von Hans Leder: Die Coleopteren des Talysch-Gebietes. S. 89—235.
Christoph, Hugo: Verzeichnis aller bis jetzt in Talysch gesammelten Schmetterlinge. S. 236—246.
Horváth, Géza von: Die Hemipteren des Talysch-Gebietes. S. 246—254.
[Ref.]: Taschenberg, Otto: Leopoldina, H. 23, 39—40, 1887.
— [Herausgeber]
[Die Sammlungen des Kaukasischen Museums. 6 Bde.[1]). 4°, Tiflis, 1899—1900 ff.
1. Radde, Gustav: Zoologie. 10 (unn.) + 520 + 1 (unn.) S., 29 Taf. (2 Farbtaf.), 2 Kart., Typ. Kanzelei des Landeschefs, 1899.]
Коллекции Кавказскаго музея. 6 том. 4°, Тифлис. 1. Радде, Густав И.: Зоология. 10 (без ном.) + 520 + 1 (без ном.) стр., 29 карт. (2 цветн. карт.), 2 географ. карт., Тип. Канцеляр. Главноначальство гражданск. част. на Кавказе, 1899.

Radde, Gustav & **Koenig,** Eugen
Das Ostufer des Pontus und seine kulturelle Entwickelung im Verlaufe der letzten dreissig Jahre. — Vorläufiger Bericht über die Reisen im kolchischen Tieflande, Adsharien, am Ostufer des Schwarzen Meeres, am Unterlaufe des Kuban und über die Durchquerung der Hauptkette von Psebai nach Sotschi im Sommer 1893. Petermanns geogr. Mitt., Ergänzungsbd. **24**, Nr. 112, I—IV + 1—120, Taf. 1—2 (2 Kart.), (1895) 1894.

[1]) 2.—6. Bd. nach 1900, nicht entomol.

Rade, Emil
Sammelbericht. — [Coleoptera.] Ent. Nachr. Putbus, **2**, 114—116, 1876 a.
— Die westfälischen Donacien und ihre nächsten Verwandten. Jahresber. Westfäl. Prov. Ver. Münster, **4** (1875), 52—87, Taf. I—III, 1876 b.
— (Über die westfälischen Caraben.) Jahresber. Westfäl. Prov. Ver. Münster, **5** (1876), 47—48, 1877.
— Mit dem Tode bestraft. Stettin. ent. Ztg., **55**, 86—88, 1884.
— Sonderbarer Standort der Brutzelle von Megachile centuncolaris. Jahresber. Westfäl. Prov. Ver. Münster, **14** (1885), 19—20, 1886.
— Über Ameisenkirchhöfe und Ameisenbegräbnisse. Jahresber. Westfäl. Prov. Ver. Münster, **17** (1888), 55—57, 1889.
— *Carabus* (*Platychrus*) *irregularis* im Winterquartier. Ent. Nachr., **18**, 367, 1892.
— Zahme Wespen. Ein Beitrag für unsere Damenwelt. Ent. Nachr., **19**, 47—48, 1893 a.
— *Necrophilus subterraneus* Dej. und andere Käfer des Göttinger Gebietes 1893. Ent. Nachr., **19**, 357—363, 1893 b.
— Ueber *Carabus arvensis* var. *nigrinopomeranus.* Ent. Nachr., **21**, 17—19, 1895.
[Siehe:] Kraatz, Gustav: Dtsch. ent. Ztschr., **1895**, 272, 1895.
— Das Ködern der *Necrophorus*-Arten. Ill. Wschr. Ent., **1**, 330—333, 2 Fig., 1896 a.
— Zwei Monstrositäten. [*Carabus.*] Ill. Wschr. Ent., **1**, 371, 1896 b.
— Exkursion in das Okerthal. [Col.] Ill. Wschr. Ent., **1**, 404, 1896 c.
— Ein Coccinellen-Paradies. Ill. Wschr. Ent., **1**, 452, 1896 d.
— Winke für Käfersammler. Ill. Wschr. Ent., **1**, 539—540, 1896 e.
— Käferfang im Kalmusdickicht. Ill. Wschr. Ent., **2**, 512, 1897 a.
— Zähigkeit des Lebens während des Winters. Insektenbörse, **14**, 271—272, 1897 b.
— Ein Schaf als *Aphodius*-Massenmörder. Ill. Ztschr. Ent., **4**, 188, 1899.

Radford, W . . .
Bees' Stings. Nature London, **19** (1878—79), 340, 1879.

Radianu, S . . . P . . .
○ [Bericht über die Massnahmen zur Vertilgung von Eiern der sich auf dem Gebiete einiger Dörfer in Dobrogea befindlichen Heuschrecken.] Raport relativ la mĕsurile ce trebnesc luate pentru distrugerea ouĕlor de lăcuste ce se găsese pe teritoriul unor comune diu Dobrogea. Bul. Minist. Agric. Bukarest, **1**, 431—434, 1885 a.
○ [Bericht über einige Insekten, die die Wurzeln der Getreidepflanzen zernagen.] Raport relativ la unele insecte ce rod rădăcinele cerealelor. Bul. Minist. Agric. Bukarest, **1**, 1000—1005, 1885 b.

Radiczky, Eugen von
Zur Geschichte der Wanderheuschreuckenplage. Fühlings landw. Ztg., **25**, 651—657, 1876.

Radizza, Bartolommeo
Risposta del socio Signor Bartolommeo Raddizza alla Critica del deputato M. R. Don Andrea Pauletig, riportata nel N.ro 4, anno III. di questo giornale, sulla Memoria „L'Ailanto ed il suo Baco" [44—46], inserita nei N.ri 16, 17 e 18 anno II. del periodico sociale medesimo. Atti Soc. agr. Gorizia, **3**, 203—207; ... Pauletig sulla Memoria „L'ailanto ed il suo Baco." 221—222; Risposta alla Critica del Deputato D. Andrea ... 234—235, 1864.
[Siehe:] Pauletig, Andrea: 260.

Rádl, Em ...
○ [Das Gehirn der Insekten.] Mozek hmyzu. Výr. Zpr. Klub přirod. Praze, **28** (1897), 15, 1898.
Ueber den Bau und die Bedeutung der Nervenkreuzungen im Tractus opticus der Arthropoden. SB. Böhm. Ges. Wiss.; Věstn. Ceské Spol. Náuk, **1899** (No. XXIII), 1—19, 6 Fig., 1 Taf. (unn.), 1900 a.
— Über die Krümmung der zusammengesetzten Arthropodenaugen. (Vorläufige Mittheilung.) Zool. Anz., **23**, 372—379, 1900 b.
— Untersuchungen über den Bau des Tractus opticus von *Squilla mantis* und von anderen Arthropoden. Ztschr. wiss. Zool., **67**, 551—598, Taf. XXXII, 1900 c.

Radley, P ... E ...
Pith. [Mit Angaben der Herausgeber.] Entomol. monthly Mag., (2) **4** (**29**), 94, 1893 a.
— The prevention of mould in collections. Entomol. monthly Mag., (2) **4** (**29**), 168, 1893 b.
— Migration of Butterflies. Entomologist, **26**, 134—135, 1893 c.
— The Cyanide Reaction with Yellow Lepidoptera. Entomologist, **26**, 136, 1893 d.

[**Radoškovskij** (= **Bourmeister-Radoškovskij**), Oktavij Ivanovič] **Радошковскiй** (= Бурмейстерь Радошковскiй), Октавий Ивановичъ
geb. 7. 8. 1820 in Lomže, gest. 13. 5. 1895 in St. Petersburg, General. — Biogr.: (A. Bogdanov) Material. Gesch. Zool. Russland, **1**, 2 (unn.) S., 1888 m. Porträt & Schriftenverz.; (I. Portschinky) Horae Soc. ent. Ross., **30** (1895—96), I—VI, 1897 m. Porträt & Schriftenverz.; (E. O. Essig) Hist. Ent., 735—737, 1935.
— Les Mutilles Russes. Bull. Soc. Natural. Moscou, **38**, Nr. 2, 422—464, Farbtaf. VII—IX, 1865; Supplément aux descriptions des Mutilles Russes. **39**, Nr. 2, 299—306, 1866.
— (Observations sur les nids du genre *Polistes*.) Horae Soc. ent. Ross., **3**, [Bull. ent.] IV—V, 1865—66 a.
— [Quelques observations sur des Hyménoptères faisant la chasse à d'autres insectes.] Horae Soc. ent. Ross., **3**, XIII, 1865—66 b.
— (Description d'un genre nouveau *Pseudomelecta*, et de quelques espèces du genre *Eumenes*.) Horae Soc. ent. Ross., **3**, 53—60, Taf. I, 1865—66 c.
— Enumération des espèces de Chrysides de Russie. Horae Soc. ent. Ross., **3**, 295—310, Taf. II—VI[1]), 1865—66 d.
— Description d'un nouveau genre de *Cynips*. Bull. Soc. Natural. Moscou, **39**, Teil 1, 304—306, Taf. IX (Fig. 4), 1866.
— siehe Sol'skij, Semen; Eršov, Nikolaj Grigorivič & Radoškovskij, Oktavij Ivanovič 1867—68.
— Notes synonimiques sur quelques *Anthophora* et *Cerceris* et descriptions d'espèces nouvelles. Horae Soc. ent. Ross., **6** (1869), 95—107, 1870.

[1]) Taf. auch farb. erschienen

— siehe Sichel, Julius & Radoškovskij, Oktavij Ivanovič 1870.
— Matériaux pour servir à une faune hyménoptérologique de la Russie. Horae Soc. ent. Ross., **10** (1873), 190—195, 1873—74; **12** (1876), 82—110, 333—335, Farbtaf. II, (1876—77) 1876.
— Supplément indispensable à l'article publié par M. Gerstaecker, en 1869, sur quelques genres d'Hyménoptères. Bull. Soc. Natural. Moscou, **45**, part. 1, 1—40, Taf. I, 1872 a; **47** (1873), 133—151, Taf. I, 1874; **48**, part. 1, 132—164, 1874.
— (Note sur les variétés de *Polistes gallicus* et *P. chinensis*.) Horae Soc. ent. Ross., **8** (1871), [Bull. ent.] V—VI, 1872 b.
— [Principaux résultats de ses études sur quelques hyménoptères.] Horae Soc. ent. Ross., **8** (1871), [Bull. ent.] XVI—XVIII, 1872 c; **9** (1872), VI, 1873.
— Hyménoptères de l'Asie. Description et énumération de quelques espèces reçues de Samarkand, Astrabad, Himalaya et Ning-Po, en Chine. Horae Soc. ent. Ross., **8** (1871), 187—200, Taf. VII (Fig. 1—4), 1872 d.
— (Note sur *Pasites punctatus*.) Horae Soc. ent. Ross., **11** (1875), [Bull. ent.] IX—X, (1875—76) 1876 a.
— Comte-rendu des Hyménoptères recueillis en Egypte et Abyssinie en 1873. Horae Soc. ent. Ross., **12** (1876), 111—150, Taf. III B, (1876—77) 1876 b.
— Essai d'une nouvelle méthode pour faciliter la détermination des espèces appartenant au genre *Bombus*. Bull. Soc. Natural. Moscou, **52**, Teil 2, 169—219, 1877 a; **53**, Teil 1, 76—95, Taf. II, 1878.
— (Diagnoses de deux *Bombus* nouveaux: *B. Daghestanicus* et *Mlokosievitzii*. Horae Soc. ent. Ross., **13**, VII—VIII, 1877 b.
○ [Methode zur Bestimmung der Arten der Gattung *Bombus*.] Методъ для опредѣленiя видовъ рода Шмель (*Bombus*). [Trudy Russ. Estest. Vracej (Opdel. Zool.)] Труды Русс. Естест. Врачей (Оддел. Зоол.), **5** (1876), Lief. 3, 263—284, Taf. 1, 1877 c.
— in Fedčenko, Aleksej Pavlovič [Herausgeber] (1874—87) 1877.
— Les Chrysides et Sphégides du Caucase. Horae Soc. ent. Ross., **15** (1879), 140—156, (1880) 1879.
— Mittheilungen über einige neue, von Mlokossewitsch aus den Umgebungen von Demavend (Persien) zugesandte Hymenopteren. Horae Soc. ent. Ross., **16**, V—VI, 1881 a.
— Hyménoptères d'Angola. Jorn. Sci. Acad. Lisboa, **8** (= Nr. 31), 197—221, (1880—82) 1881 b.
— Sur quelques espèces russes appartenant au genre *Bombus*. Bull. Soc. Natural. Moscou, **58**, Teil 1, 168—226, 1883 a.
○ Beschreibung (17) neuer Hymenopteren-Arten. Naturhist. Nachr. Warschau, **2**, 72—82, 1883? b.
— Révision des armures copulatrices des males du genre *Bombus*. Bull. Soc. Natural. Moscou, **59**, Nr. 1, 51—92, 6 Fig., Taf. I—IV, 1884 a.
— Quelques nouveaux Hyménoptères d'Amérique. [Trudy Russ. ent. Obšč.] Труды Русс. энт. Общ.; Horae Soc. ent. Ross., **17** (1883—84), 17—22, Taf. I, 1884 b.
— Études hyménoptérologique. [Trudy Russ. ent. Obšč.] Труды Русс. энт. Общ.; Horae Soc. ent. Ross., **18** (1883—84), 23—29, 1884 c.
— Fourmis de Cayenne française. [Trudy Russ. ent. Obšč.] Труды Русс. энт. Общ.; Horae Soc. ent. Ross., **18** (1883—84), 30—39, 1884 d.
— in Lansdell, Henry 1885.

— Revision des armures copulatrices des mâles de la famille de mutillides. [Trudy Russ. ent. Obšč.] Труды Русс. энт. Общ.; Horae Soc. ent. Ross., **19**, 3—49, 5 Fig., Taf. I—IX, 1885.
— Révision des armures copulatrices des mâles de la tribu Philérémides. Bull. Soc. Natural. Moscou, **61** (1885), Nr. 2, 359—370, Taf. I—II, 1886 a.
— Faune hyménoptérologique Transcaspienne. [Trudy Russ. ent. Obšč.] Труды Русс. энт. Общ.; Horae Soc. ent. Ross., **20** (1886), 3—56, Taf. I—XI (XI: Fig. 48 + 48 i farb.), (1886—87) 1886 b; **21**, 88—101, Taf. IV—V, 1887; **22**, 338—349, 2 Fig., 1888; **23**, 306—312, 5 Fig., 1889; **27** (1892—93), 38—81, 490—493, 1893.
— Revision du genre *Dasypoda* Lat. [Trudy Russ. ent. Obšč.] Труды Русс. энт. Общ.; Horae Soc. ent. Ross., **20** (1886), 179—194, Taf. XIII—XV, (1885—87) 1887 a.
— Sur quelques *Osmia* russes. [Trudy Russ. ent. Obšč.] Труды Русс. энт. Общ.; Horae Soc. ent. Ross., **21**, 274—293, Taf. VII—VIII (Fig. 1—27), 1887 b.
— Revision des armures copulatrices de la famille *Epeolus*. [Trudy Russ. ent. Obšč.] Труды Русс. энт. Общ.; Horae Soc. ent. Ross., **21**, 294—296, Taf. VIII (Fig. 28—30), 1887 c.
— Hyménoptères de Korée. [Trudy Russ. ent. Obšč.] Труды Русс. энт. Общ.; Horae Soc. ent. Ross., **21**, 428—436, 4 Fig., 1887 d; **24** (1889—90), 229—232, 5 Fig., 1890.
— in Insecta Przewalskii Asia Centrali (1887—90) 1887.
— Études hyménoptérologiques. [2 Teile.] 1. Révision des armures copulatrices des mâles. 2. Description de nouvelles espèces russes. [Trudy Russ. ent. Obšč.] Труды Русс. энт. Общ.; Horae Soc. ent. Ross., **22**, 315—337, Taf. XII—XV, 1888.
— Révision des armures copulatrices des mâles de la famille Pompilidae. Bull. Soc. Natural. Moscou, (N. S.) **2** (1888), 462—493, Taf. XII—XV, 1889 a.
— Révision des armures copulatrices des mâles de la tribu des Chrysides. [Trudy Russ. ent. Obšč.] Труды Русс. энт. Общ.; Horae Soc. ent. Ross., **23**, 3—40, 4 Fig., Taf. I—VI, 1889 b.
— (Morphologie de l'armure génitale mâle des Hyménoptères et son utilité pour la classification.) Ann. Soc. ent. France, (6) **9**, Bull. CLXXII—CLXXV, (1889) 1890 a.
— Hyménoptères recoltés sur le mont Ararat. [Trudy Russ. ent. Obšč.] Труды Русс. энт. Общ.; Horae Soc. ent. Ross., **24** (1889—90), 502—510, 3 Fig., 1890 b.
— Revision des armures copulatrices des males des genres *Cilissa* et *Pseudocillissa*. [Trudy Russ. ent. Obšč.] Труды Русс. энт. Общ.; Horae Soc. ent. Ross., **25** (1890—91), 236—243, (1891) 1890 c.
— Études hyménoptérologiques. Description d'espèces nouvelles de la faune russe. [Trudy Russ. ent. Obšč.] Труды Русс. энт. Общ.; Horae Soc. ent Ross., **25** (1890—91), 244—248, 3 Fig., Taf. II (Fig. 1—6), (1891) 1890 d.
— Descriptions de Chrysides nouvelles. Rev. Ent. Caen, **10**, 183—198, 7 Fig., 1891 a.
○ Sur les Hyménoptères recueillis au mont Ararat. Trav. Soc. Varsovie (Sect. Biol.), **1**, Nr. 7, 1—3, 1891 b.
○ Sur les appendices sexuels des Hyménoptères. Trav. Soc. Varsovie (Sect. Biol.), **1**, Nr. 7, 3—5, 1891 c.
— Révision des armures copulatrices des males du genre *Colletes*. [Trudy Russ. ent Obšč.] Труды Русс. энт. Общ.; Horae Soc. ent. Ross., **26** (1891—92), 249—261, 4 Fig., Taf. II—III, 1892.
○ Sur le mal que produissent les mouches. [Russ.] Protok. Obšč. Varshav, **3**, Nr. 7, 2—9; Nr. 8, 1—8, 1893 a.
— Descriptions d'Hyménoptères nouveaux. Rev. Ent. Caen, **12**, 241—245, 1893 b.

Radziszewski, Bronislaus
geb. 1838.
— Über die Phosphorescenz der organischen und organisirten Körper. Ann. Chem. Pharm., **203**, 305—336, 1880.
[Ref.] Arch. Pharm., (3) **19** (**219**), 307—308, 1881.

Rae, John
No Butterflies in Iceland. Nature London, **17**, 243, 1878.

Raebuck, William Denison
○ *Rhagium bifasciatum* in Yorkshire. Naturalist London, (N. S.) **2**, 168—169, 1876—77.

Raesfeld, von
Bruthöhlen der *Gryllotalpa vulgaris*. Jahresber. Westfäl. Prov. Ver. Münster, **16** (1887), 28, 1888.

Raetzer, August
geb. 26. 11. 1845 in Bern, gest. 3. 10. 1907 in Büren, Pfarrer in Gadmen, Siselen u. Büren. — Biogr.: Mitt. naturf. Ges. Solothurn, **16**, 144—148, 1911 m. Porträt & Schriftenverz.
— Das Gadmenthal und seine Coleoptern-Fauna. Jb. Schweiz. Alpenklub, **11** (1875—76), 414—438, 1876.
— Eine Excursion in den alpinen Süden der Schweiz. Mitt. Schweiz. ent. Ges., **6**, 165—198, (1884) 1881.
— in Fauna Insectorum Helvetiae (1885—1900) 1888.
— Lepidopterologische Nachlese. Mitt. Schweiz. ent. Ges., **8**, 220—229, (1893) 1890.
— [Ref.] siehe Mellmann, Paul 1890.
— Ueber Schwankungen im Bestand der Coleoptern-Lokalfauna. Mitt. Schweiz. ent. Ges., **9**, 124—131, (1897) 1894.
— (Massenhaftes Vorkommen von Insekten auf Hochfirn.) Mitt. Schweiz. ent. Ges., **10**, 3—4, 1897.
— Necrolog für Notar Franz Benteli von Bern, gest. am 28. Januar 1899 im Alter von genau 75 Jahren. Mitt. Schweiz. ent. Ges., **10**, 205—210, 1899.

[**Raevskij,** I . . . S . . . **Раевский,** И . . . С . . .
[Über die Genitalien von *Blatta orientalis* und über die Entwicklung der Spermatozoiden.] О Половыхъ органахъ *Blatta orientalis* и о развитiи сперматозоидовъ. [Izv. Obšč. Ljubit. Estest. Antrop. Etnogr.], Изв. Общ. Любит. Естест. Антроп. Этногр., **16**, Lief. 3, 13—19, 1875.

Raffray, Achille
geb. 17. 10. 1844 in Angers, gest. 25. 9. 1923 in Rom, Franz. Generalkonsul in Rom. — Biogr.: (P. Luigioni) Bull. Soc. ent. Ital., **55**, 153—155, 1923; (P. Luigioni) Atti Accad. Pontificia N. Lincei, **77**, 72—79, 1924 m. Porträt & Schriftenverz.
— [Note sur les chasses coléoptérologiques en Algérie.] Abeille, **7**, LXIX, LXXIII, (1869—70) 1870 a.
— [Chasses coléoptérologiques aux environs d'Alger.] Petites Nouv. ent., **1** (1869—75), 87, 1870 b.
— [Chasses et diagnoses d'espèces découvertes aux environs d'Alger.] Petites Nouv. ent., **1** (1869—75), 159—160, 1871.
— siehe Fairmaire, Léon & Raffray, Achille 1873.
— (Détails sur le voyage entomologique qu'il vient d'entreprendre sur la côte orientale d'Afrique.) Ann. Soc. ent. France, (5) **5**, Bull. LXXXVI—LXXXVIII (= Bull. Soc . . ., **1875**, 89—91), 1875 a.

— (Morceaux de gomme copal renfermant des Insectes provenant de l'Afrique équatoriale.) Ann. Soc. ent. France, (5) **5**, (Bull.) CXXV—CXXVI (= Bull. Soc. . . ., **1875**, 138—139), 1875 b.
— siehe Deyrolle, Henri & Raffray, Achille 1876.
— [Recits de chasse à Ternate.] Petites Nouv. ent., **2** (1876—79), 121—122, 1877 a.
— Voyage en Abyssinie et à Zanzibar. Descriptions d'espèces nouvelles de la famille des Psélaphides. Rev. Mag. Zool., (3) **5** (**40**), 279—296, Taf. 3, 1877 b.
— Coléoptères Lamellicornes rapportés d'Abyssinie et Zanzibar. Descriptions des espèces nouvelles. Rev. Mag. Zool., (3) **5** (**40**), 312—336, Taf. 1 (Fig. 1—6, z. T. farb.) — Farbtaf. 2, 1877 c.
— (Une nouvelles espèce de Cétonide de la Nouvelle-Guinée: *Lomaptera gloriosa* Raffr.) Ann. Soc. ent. France, (5) **8**, Bull. LXXXVII—LXXXVIII (= Bull. Soc. . . ., **1878**, 115—116), 1878 a.
— (*Therates misoriensis*, Col.) Ann. Soc. ent. France, (5) **8**, Bull. XCVI (= Bull. Soc. . . ., **1878**, 129—130), 1878 b.
— (Coléoptères de la Malaisie et de la Nouvelle-Guinée.) Ann. Soc. ent. France, (5) **8**, Bull. CXLVI—CXLVIII (= Bull. Soc. . . ., **1878**, 202—203), (1878) 1879.
— (*Goliathinus Pluto* (sp. n.), Col.) Ann. Soc. ent. France, (5) **10**, Bull. CXXIII (= Bull. Soc. . . ., **1880**, 177—178), (1880) 1881 a.
— Description d'une nouvelle espèce de Coléoptère d'Abyssinie. Ann. Soc. ent. France, (6) **1**, 241—242, Taf. 5 (Fig. 1), 1881 b.
— (Coléoptères de la province de Bogos (Abyssinie).) Ann. Soc. ent. France, (6) **2**, Bull. V—VI (= Bull. Soc. . . ., **1882**, 5—6), 1882 a.
— (Descriptions de trois nouvelles espèces de Coléoptères propres à l'Abyssinie: *Tefflus* et *Onthophagus*.) Ann. Soc. ent. France, (6) **2**, Bull. LXX—LXXI (= Bull. Soc. . . ., **1882**, 81—82), 1882 b.
— (Description de trois nouvelles espèces de Coléoptères: *Cicindela*, *Calosoma* et *Hylotorus*.) Ann. Soc. ent. France, (6) **2**, Bull. XLVII—XLVIII (= Bull. Soc. . . ., **1882**, 57—58), 1882 c.
— Distribution géographique des Coléoptères en Abyssinie. C. R. Acad. Sci. Paris, **94**, 746—748, 1882 d.
— Psélaphides nouveaux ou peu connus. Rev. Ent. Caen, **1**, 1—16, 25—40, 49—64, 73—85, Taf. I—II, 1882 e; **2**, 229—251, Taf. IV—V, 1883; **6**, 18—56, Taf. I—II; Additions et corrections aux Pselaphides. . . . 61—62, 1887.
— Note sur la dispersion géographique des Coléoptères en Abyssinie et descriptions d'espèces nouvelles. Ann. Soc. ent. France, (6) **5**, 293—304, 1885 a; 305—326, Farbtaf. 6, (1885) 1886.
— Matériaux pour servir à l'étude des coléoptères de la famille des Paussides. Arch. Mus. Hist. nat. Paris, (2) **8**, 307—359, Taf. 15—19 (19 Farbtaf.), 1885 b; (2) **9**, 1—52, 1886.
[Siehe:] Fauvel, Albert: Rev. Ent. Caen, **6**, 201—209, 1887.
— (Un nouveau mode de préparation pour les petits insectes.) Ann. Soc. ent. France, (6) **7**, Bull. CLIV, 1887 a.
— Note sur la préparation des petits insectes et leur étude au microscope. Rev. Ent. Caen, **6**, 210—215, 1887 b.
— Étude sur les Psélaphides. Rev. Ent. Caen, **9**, 1—28, 81—172, 193—219, 264—265, Taf. I—III, 1890.
— in Simon, Eugène [Herausgeber] (1889—1900) 1890.
— (Description d'une nouvelle espèce de Psélaphide: *Trimiopsis Fleutiauxi*.) Ann. Soc. ent. France, (6) **10**, Bull. CCIV—CCV, (1890) 1891.
— in Voyage Simon Philippines (1891—93) 1891.
— Recherches anatomiques sur le *Pentaplatarthrus paussoides*, Coléoptère de la famille des Paussides. Arch. Mus. Hist. nat. Paris, (3) **4**, 91—102, Taf. 13, 1892.
— in Voyage Simon Philippines (1891—93) 1892.
— Révision des Psélaphides de Sumatra. Ann. Soc. ent. France, **61**, 463—504, Taf. 10, (1892) 1893 a.
— Essai monographique sur la tribu des Faronini (Psélaphiens). Rev. Ent. Caen, **12**, 1—53, 157—196, Taf. I—II; Supplément aux Faronini. 259—260, 1893 b.
— Révision des Psélaphides des iles de Singapore et de Penang. Rev. Ent. Caen, **13**, 197—282, Taf. I, 1894; . . . **14**, 21—82, Taf. II, 1895.
— in Voyage Simon Ceylan (1893—94) 1894.
— Revision du genre *Tyropsis* Saulcy (*Aplodea* Reitter) et description de deux genres nouveaux du même groupe. Ann. Soc. ent. France, **64**, 391—400, 1895 a.
— Note sur les *Faronus Brucki*, *Grouvellei*, *pyrenaeus*, *hispanus* et *nicaeensis*. Rev. Ent. Caen, **14**, 17—20, 1895 b.
— in Simon, Eugène [Herausgeber] (1894—98) 1895.
— Descriptions d'espèces nouvelles de Psélaphides du Brésil méridional, récoltés par M. E. A. Göld. Ann. Soc. ent. France, **65**, 128—130, 1896 a.
— Notes synonymiques sur les Psélaphides. Ann. Soc. ent. France, **65**, 131—137, 1896 b.
— (Observations sur la faune entomologique du Sud de l'Afrique.) Bull. Mus. Hist. nat. Paris, **2**, 118—119, 1896 c.
— Découverte d'un *Microtyphlus* et d'un *Reicheia* [Col.] au Cap de Bonne-Espérance; Considerations sur la Distribution géographique des Insectes dans l'Afrique australe. Bull. Soc. ent. France, **1896**, 198, 1896 d.
— Description du *Pselaphus algiricus*. n. sp. [Col.]. Bull. Soc. ent. France, **1896**, 218—219, 1896 e.
— Psélaphides d'Océanie récoltés par M. Ph. François [Col.] [*Reichenbachia*, *Anasis*, *Baraxina*, *Eupines* et *Bythinomorpha*]. Bull. Soc. ent. France, **1896**, 299—303, 1896 f.
— Note sur les Bryaxides de l'Afrique orientale et de Madagascar. Rev. Ent. Caen, **15**, 237—250, 1896 g.
— Nouvelles études sur les Psélaphides et les Clavigérides. Ann. Soc. ent. France, **65**, 227—284, Taf. 10—11, (1896) 1897?.
— siehe Péringuey, Louis [Herausgeber] (1893—1900 ff.) 1897.
— Psélaphides et Clavigérides récoltés à Diego-Suarez (Madagascar) par M. Ch. Alluaud. Ann. Soc. ent. France, **66**, 265—270, (1897) 1898?a.
— Revision des *Batrisus* et genres voisins de l'Amérique centrale et méridionale. Ann. Soc. ent. France, **66**, 431—517, Taf. 17, (1897) 1898 b.
— Diagnoses de trois Psélaphides nouveaux [Col.] [*Centrophthalmus*, *Fustigerodes* et *Arthmius*]. Bull. Soc. ent. France, **1898**, 287—289, 1898 c.
— Diagnoses de Staphylinides myrmécophiles nouveaux [Col.] [*Trilobitideus*]. Bull. Soc. ent. France, **1898**, 351—352, 1898 d.
— Notes sur les Psélaphides. Rev. Ent. Caen, **17**, 198—273, 1898 e.
— (Pselaphidae of South Africa.) Trans. S. Afr. phil. Soc., **9** (1895—97), VIII, 1898 f.

— Occurrence of blind Insects in South Africa. Trans. S. Afr. phil. Soc., **9** (1895—97), 20—22, 1898 g.
— Psélaphides et Clavigérides de Madagascar. Ann. Soc. ent. France, **68**, 516—525, (1899) 1900?a.
— Description de deux Psélaphides nouveaux [Col.] [*Pselaphus* et *Centrophthalmus*]. Bull. Soc. ent. France, **1900**, 305—306, 1900 b.
— Australian Pselaphidae. Proc. Linn. Soc. N. S. Wales, **25** (1900), 131—249, Taf. X, (1901) 1900 c. [Darin:]
Wasmann, Erich: Description of a Termite associated with a Pselaphid. 244—245.

Raffray, Achille & **Fauvel,** Albert
Genres et espèces de Staphylinides nouveaux d'Afrique. Rev. Ent. Caen, **18**, 1—44, Taf. I; Rectifications. 100, 1899.

Rafin, G . . .
[„Fourmi ignivora", espèce observée à l'île Saint-Thomas.] C. R. Acad. Sci. Paris, **99**, 212, 1884.

Ragazzi, Vincenzo
Catalogo metodico dei Coleotteri raccolti nella provincia Modenese nell'estate degli anni 1875—76[1]). Annu. Soc. Natural. Modena, [2] **12**, 175—185, 1878 a. — [Abdr.:] Contribuzione alla Fauna Entomologica Italiana. — Catalogo . . . Bull. Soc. ent. Ital., **10**, 179—188, 1878.
— siehe Spagnolini, Alessandro & Ragazzi, Vincenzo 1879.
— in Contribuzione Fauna Modenese (1884—96) 1884.

Ragonot, Émile Louis
geb. 12. 10. 1843 in Paris, gest. 13. 10. 1895 in Paris, Bankier. — Biogr.: (R. McLachlan) Entomol. monthly Mag., **31**, 287, 1895; (R. Meldola) Trans. ent. Soc. London, **1895**, Proc. LXX, 1895; (T. de G. Walsingham) Entomol. Rec., **7**, 164, 1895; (T. de G. Walsingham & C. Swinhoe) Trans. ent. Soc. London, **1895**, Proc. XXXVII, 1895; (P. Mabille) Ann. Soc. ent. France, **64**, Bull. CCCXXXIX—CCCXL, 1895; (W. J. Holland) Ent. News, **7**, 31—32, 1896; (A. Constant) Ann. Soc. ent. France, **65**, 1—18, 1896 m. Porträt & Schriftenverz.; (E. Herin) Stettin. ent. Ztg., **57**, 209—217, 1896; (Max Wildermann) Jb. Naturw., **11** (1895—96), 542, 1896; (E. L. Bouvier) Bull. Mus. Hist. nat. Paris, **3**, 355—357, 1897; (A. Musgrave) Bibliogr. Austral. Ent., 262—263, 1932.
— *Sterrha sacraria* near Birkenhead. Entomol. monthly Mag., **4**, 131, (1867—68) 1867 a.
— Aphides. Sci. Gossip, (2) (1866), 94, 1867 b.
— *Eubolia palumbaria.* Entomologist, **4**, 135, (1868—69) 1868 a.
— Moths at Nettles. Entomol. monthly Mag., **5**, 76—77, (1868—69) 1868 b.
— Occurrence of *Catocala fraxini* and other rarities in Cheshire. Entomol. monthly Mag., **5**, 128—219, (1868—69) 1868 c.
— Extraordinary variety of *Cynthia cardui.* Entomol. monthly Mag., **5**, 229—230, (1868—69) 1869 a.
— Notes on Butterflies found near Paris. Entomol. monthly Mag., **6**, 146—148, (1869—70) 1869 b.
— Insects as Food. Canad. Entomol., 2, 83—84, 1870 a.
— [Sur le système trionymique de M. Lichtenstein.] Petites Nouv. ent., **1** (1869—75), 70—71, 1870 b.
— [Note sur une Phycide nouvelle.] Petites Nouv. ent., **1** (1869—75), 147—148, 1871 a.
— *Tinea granella.* Sci. Gossip, **(6)** (1870), 66, 1871 b.
— Insects as Food. Sci. Gossip, **(6)** (1870), 66, 1871 c.

[1]) auch als Contribuzione Fauna Modenese, Nr. V.

— siehe Berce, Jean Étienne & Ragonnot, Émile Louis 1871.
— siehe Fallou, Jules & Ragonot, Émile Louis 1871.
— siehe Poujade, Gustave-Arthur & Ragonot, Émile Louis 1871.
— (Note sur la chenille et la chrysalide de la *Chelonia Hebe.*) [Mit Angaben von J. Fallou.] Ann. Soc. ent. France, (5) **2**, Bull. XXXVIII—XXXIX, 1872 a.
— (*Acrobasis Fallouella* (sp. nov.).) Ann. Soc. ent. France, (5) **2**, Bull. XLVI—XLVII, 1872 b.
— Note sur l'emploi des feuilles de lauriercerise pour ramollir les insectes. [Mit Angaben von P. Missol, Al. Laboulbène & Leprieur.] Ann. Soc. ent. France, (5) **2**, 212—214, 1872 c; Bull. XC, XCI—XCII, XCIV, (1872) 1873.
— (Chasse des Microlépidoptères.) Petites Nouv. ent., **1** (1869—75), 232, 1872 d.
— Notes pour la récolte et la préparation des Microlépidoptères. Petites Nouv. ent., **1** (1869—75), 256—257, 1872 e; Notes sur la récolte . . . 265—266, 273—274, 277—278; Note sur la récolte des Microlépidoptères. 290; Note sur la récolte des chenilles de Microlépidoptères (*Coleophora*). 302, 306, 338, 345—346, 349—350; Notes sur la récoltes . . . 353, 1873; Notes sur les Microlépidoptères. 448, 451; Note sur les chenilles de Microlépidoptères. 456—457, 1874; Notes sur les Microlépidoptères. 460—461, 463; Notes sur les chenilles des Microlépidoptères. 492, 496, 1875.
— siehe Peyerimhoff, Henri de & Ragonot, Émile Louis 1872.
— (Note sur l'*Oecophora luctuosella.*) Ann. Soc. ent. France, (5) **3**, Bull. LXXXIV—LXXXV (= Bull. Soc. . . ., **1873**, Nr. 3, 8—9), 1873 a.
— (Espèces du genre *Coleophora*, observées aux environs de Paris.) Ann. Soc. ent. France, (5) **3**, Bull. CIX—CXI (= Bull. Soc. . . ., **1873**, Nr. 5, 5—7), 1873 b; (5) **4**, Bull. CLXXXVIII (= Bull. Soc. . . ., **1874**, 214—215), 1874.
— (*Yponomeute malinella* attaquée par l'*Eurygaster pomariorum* & *Y. pruni* attaqués par le *Campoplex sordidus.*) Ann. Soc. ent. France, (5) **3**, Bull. CXLV —CXLVI (= Bull. Soc. . . ., **1873**, Nr. 8, 11—12), 1873 c.
— (Note sur la vie évolutive *Coriscium cuculipennellum.*) Ann. Soc. ent. France, (5) **3**, Bull. CLXVI—CLXVIII (= Bull. Soc. . . ., **1873**, Nr. 10, 11), 1873 d.
— siehe Laboulbène, Alexandre & Ragonot, Émile Louis 1873.
— (Note sur une chenille de *Cataclysta lemnalis.*) Ann. Soc. ent. France, (5) **4**, Bull. LXXIX (= Bull. Soc. . . ., **1874**, 92—93), 1874 a.
— (Chenilles de la *Coleophora meliloti* Scott.) Ann. Soc. ent. France, (5) **4**, Bull. CLXXXVII (= Bull. Soc. . . ., **1874**, 213—214), 1874 b.
— Microlépidoptères nouveaux ou peu connus. 1. partie: Tineina. Ann. Soc. ent. France, (5) **4**, Bull. CLXXI—CLXXIII (= Bull. Soc. . . ., **1874**, 194—196), 1874 c; 579—604, Farbtaf. 11, (1874) 1875; . . . 2. partie. (5) **6**, 401—422, Farbtaf. 6, 1876; [Berichtigung.] (5) **5**, Bull. XCV (= Bull. Soc. . . ., **1875**, 98), 1875.
— Larva from Paris. Sci. Gossip, (**10**), 238—239, 1874 d.
— (Note sur les espèces composant le genre *Bryophaga.*) Ann. Soc. ent. France, (5) **4**, Bull. CCXLII—CCXLIII (= Bull. Soc. . . ., **1874**, 271), (1874) 1875 a; (Note

sur la manière de vivre de la chenille de la *Pempelia gallica.*) (5) **5**, Bull. XV, 1875.

— (Liste de Lépidoptères déterminent des galles ou des Boursouflures.) Ann. Soc. ent. France, (5) **4**, Bull. CCXLIII—CCXLV (= Bull. Soc. ..., **1874**, 271—274), (1874) 1875 b.

— (Description de deux nouvelles espèces de Microlépidoptères *Coleophora Giraudi* et *Tischeria aurifrontella.*) Ann. Soc. ent. France, (5) **4**, Bull. CCLXI—CCLXII (= Bull. Soc. ..., **1874**, 295—296), (1874) 1875 c.

— (Note géographique sur la *Nothris declaratella*, Lép.) Ann. Soc. ent. France, (5) **5**, Bull. XXV—XXVI (= Bull. Soc. ..., **1875**, 34—35), 1875 d.

— (*Lita* (*Gelechia*) *solanella*, Lép.) Ann. Soc. ent. France, (5) **5**, Bull. XXXV—XXXVII (= Bull. Soc. ..., **1875**, 46—47), 1875 e.

— (Note relative à la *Simaethis Diana* et *Acantia* (*Choreutes lascivalis*) Lép.) Ann. Soc. ent. France, (5) **5**, Bull. XLII—XLIII (= Bull. Soc. ..., **1875**, 44—45), 1875 f.

— (Chenille de la *Grapholita caecimaculana*, Lèp.) Ann. Soc. ent. France, (5) **5**, Bull. CXXI (= Bull. Soc. ..., **1875**, 134—135), 1875 g.

— (Microlépidoptères nouveaux ou peu connus (*Crambus, Teras, Tortrix, Lophoderus, Grapholitha, Oecophora, Lithocolletis, Leioptilus*).) Ann. Soc. ent. France, (5) **5**, Bull. LXXI—LXXV (= Bull. Soc. ..., **1875**, 78—79), 1875 h.

— (Notes sur diverses Tinéites (*Symmeca, Gelechia, Argyresthia, Paedisca*).) Ann. Soc. ent. France, (5) **5**, Bull. CXLV—CXLVI (= Bull. Soc. ..., **1875**, 154—155), 1875 i.

— Note sur la teigne des Pommes de terre (Microlépidoptères) *Gelechia solanella*, Boisd. très-nuisible aux Pommes de terre en Algérie. Bull. Soc. Acclim. Paris, (3) **2**, 223—229, 1875 j.

— Notes on Tortrices of the genus *Cochylis*. Entomol. monthly Mag., **12**, 87—88, (1875—76) 1875 k.

— Sur la nomenclature entomologique. Petites Nouv. ent., **1** (1869—75), 507, 1875 l.

— (*Symmeca nigromaculella*, sp. nov., Lép.) Ann. Soc. ent. France, (5) **5**, Bull. CXCIV—CXCV (= Bull. Soc. ..., **1875**, 219—220), (1875) 1876 a.

— (*Oedematophorus Constanti*, Lép.) Ann. Soc. ent. France, (5) **5**, Bull. CCV (= Bull. Soc. ..., **1875**, 230—231), (1875) 1876 b.

— (Deux nouvelles espèces de Microlépidoptères: *Grapholitha, Nemophora.*) Ann. Soc. ent. France, (5) **6**, Bull. LXV—LXVI (= Bull. Soc. ..., **1876**, 70—71), 1876 c.

— (La description d'une nouvelle espèce de Microlépidoptère: *Crambus palustrellus*. nov. sp.) Ann. Soc. ent. France, (5) **6**, Bull. LXXVIII—LXXIX (= Bull. Soc. ..., **1876**, 82), 1876 d.

— (Remarques sur *Grapholitha bicinctana.*) Ann. Soc. ent. France, (5) **6**, Bull. LXXXIII—LXXXV (= Bull. Soc. ..., **1876**, 103—104), 1876 e.

— (*Carpocapsa pomonella*, Lép.) Ann. Soc. ent. France, (5) **6**, Bull. LXXXV (= Bull. Soc. ..., **1876**, 93), 1876 f.

— (Quelques recherches aux environs du château de Donos près de Lézignan.) Ann. Soc. ent. France, (5) **6**, Bull. CLIII—CLV (= Bull. Soc. ..., **1876**, 166—167), 1876 g.

— (Description d'une nouvelle espèce de Microlépidoptères: *Depressaria rubrociliella* Rag.) Ann. Soc. ent. France, (5) **7**, Bull. CXXIV—CXXV (= Bull. Soc. ..., **1877**, 172—173), 1877 a.

— (Résultat de quelques-unes de ses chasses de cette année, relativement aux Microlépidoptères.) Ann. Soc. ent. France, (5) **7**, Bull. CXXXVII—CXXXVIII (= Bull. Soc. ..., **1877**, 189—190), 1877 b.

— (*Gelechia* (*Rhinosia*) *flavella*, Lép.) Ann. Soc. ent. France, (5) **8**, Bull. CXX (= Bull. Soc. ..., **1878**, 162), 1878 a.

— (*Ascalaphus longicornis*, Névr.) Ann. Soc. ent. France, (5) **8**, Bull. CXX (= Bull. Soc. ..., **1878**, 162), 1878 b.

— (*Gelechia pinguinella*, Lép.) Ann. Soc. ent. France, (5) **8**, Bull. CXXI (= Bull. Soc. ..., **1878**, 162), 1878 c.

— Synonymical notes on the Species of *Swammerdamia*. Entomol. monthly Mag., **15**, 229—231, (1878—79) 1879 a.

— Depressariae feeding on carrot. Entomol. monthly Mag., **16**, 136, (1879—80) 1879 b.

— siehe Lafaury, Clement & Ragonot, Émile-Louis 1879.

— (*Tortrix striolana*, Lép.) Ann. Soc. ent. France, (5) **9**, Bull. CXXXII (= Bull. Soc. ..., **1879**, 179—180), (1879) 1880 a.

— (*Eudemis helichrysana*, Lép.) Ann. Soc. ent. France, (5) **9**, Bull. CXXXII (= Bull. Soc. ..., **1879**, 179), (1879) 1880 b.

— (Description de trois nouvelles espèces de Microlépidoptères: *Symmoca, Oecophora, Bucculatrix.*) Ann. Soc. ent. France, (5) **9**, Bull. CXL—CXLII (= Bull. Soc. ..., **1879**, 190—192), (1879) 1880 c.

— (*Gelechia tabacella*, Lép.) Ann. Soc. ent. France, (5) **9**, Bull. CXLVI—CXLVII (= Bull. Soc. ..., **1879**, 196—198), (1879) 1880 d.

— (*Euzophera Lafauryella*, Lép.) Ann. Soc. ent. France, (5) **9**, Bull. CLV—CLVI (= Bull. Soc. ..., **1879**, 208—209), (1879) 1880 e.

— (*Grapholitha prunivorana*, Lép.) Ann. Soc. ent. France, (5) **9**, Bull. CXXXII—CXXXIII (= Bull. Soc. ..., **1879**, 180), (1879) 1880 f.

— Notes on unknown or little-known larvae of Micro-Lepidoptera. Entomol. monthly Mag., **16**, 152—155, 271—273, (1879—80) 1880 g; **17**, 15—17, (1880—81) 1880.

— (*Butalis binotiferella, ericivorella, fasciatella* (sp. n.), Lép.) Ann. Soc. ent. France, (5) **10**, Bull. CXX—CXXII (= Bull. Soc. ..., **1880**, 173—174), (1880) 1881 a.

— (Une espèce de Microlépidoptère attachées à des Graminées dans le sud de la Russie (*Coleophora*).) Ann. Soc. ent. France, (6) **1**, Bull. XIV—XV, 1881 b.

— in Eaton, Alfred Edwin [Herausgeber] (1880—87) 1881.

— (Descriptions de quatre espèces nouvelles de Microlépidoptères d'Espagne: *Stemmatophora, Asarta, Psecadia* et *Laverna.*) Ann. Soc. ent. France, (6) **2**, Bull. LXV—LXVII (= Bull. Soc. ..., **1882**, 75—77), 1882 a.

— (Description d'une nouvelle espèce française de Tinéite: *Goniodoma Millierella.*) Ann. Soc. ent. France, (6) **2**, Bull. CXLIX—CL (= Bull. Soc. ..., **1882**, 192—193), 1882 b.

— (Description d'un nouveau genre et d'une nouvelle espèce de Microlépidoptères: *Schistotheca canescens.*) Ann. Soc. ent. France, (6) **2**, Bull. CLXXIV—CLXXV (= Bull. Soc. ..., **1882**, 239—240), (1882) 1883.

— (Une note sur divers Microlépidoptères: *Conchylis*

Manniana F. v. R. et les espèces voisines.) Ann. Soc. ent. France, (6) **3**, Bull. CXVIII—CXIX (= Bull. Soc. . . ., **1883**, 172—173), (1883) 1884 a.
— (Description de deux nouvelles espèces de Microlépidoptères: *Aglossa* et *Homoeosoma*.) Ann. Soc. ent. France, (6) **4**, Bull. VI—VII (= Bull. Soc. . . ., **1884**, 6—7), 1884 b.
— Buckler, William, décédé. Ann. Soc. ent. France, (6) **4**, Bull. XIV (= Bull. Soc. . . ., **1884**, 18), 1884 c.
— (Diagnose d'un nouveau genre de Tortricidae: *Pseudogalleria*.) Ann. Soc. ent. France, (6) **4**, Bull. L—LI (= Bull. Soc. . . ., **1884**, 68—69), 1884 d.
— (Remarques sur diverses chenilles de Microlépidoptères (*Yponomeuta*).) Ann. Soc. ent. France, (6) **4**, Bull. LXXX—LXXXI (= Bull. Soc. . . ., **1884**, 109—110), 1884 e.
— (La question du Phylloxera.) Ann. Soc. ent. France, (6) **4**, Bull. XCIV—XCVI (= Bull. Soc. . . ., **1884**, 138—140), 1884 f.
— (*Pempelia palumbella* F.) Ann. Soc. ent. France, (6) **4**, Bull. CVII (= Bull. Soc. . . ., **1884**, 154), 1884 g.
— (*Zophodiopsis hyaenella*.) Ann. Soc. ent. France, (6) **5**, Bull. XLII—XLIII, 1885 a.
[Siehe:] Fromholz, Carl: Berl. ent. Ztschr., **27**, 9—14, 1883; **30**, 138, 1886.
— (Descriptions de deux nouvelles espèces de Tinéites: *Glyphypteryx*.) Ann. Soc. ent. France, (6) **5**, Bull. LVI, 1885 b.
— (Insectes nuisibles à la culture du tabac: *Lita tabacella* Rag. et la *Lita solanella* Bdv.) Ann. Soc. ent. France, (6) **5**, Bull. CXI—CXII, 1885 c.
— (Excursion entomologique faite dans les environs de l'Isle-Adam. [Mit Angaben von Lethierry, Poujade, Ragonot und Bourgeois.]) Ann. Soc. ent. France, (6) **5**, Bull. CXIV—CXVI, 1885 d.
— (*Hypotia tamaricalis*.) Ann. Soc. ent. France, (6) **5**, Bull. CXX, 1885 e.
— Ducoudré, décédé. Ann. Soc. ent. France, (6) **5**, Bull. CLXXIII, 1885 f.
— Lambin, Charles décédé. Ann. Soc. ent. France, (6) **5**, Bull. CLXXIII, 1885 g.
— (*Coleophora melilotella* Scott et *Laverna phragmitella* Stainton.) Ann. Soc. ent. France, (6) **5**, Bull. CXXIII—CXXIV, 1885 h.
— (*Bucculatrix maritima*. Stt.) Ann. Soc. ent. France, (6) **5**, Bull. CL, 1885 i.
— (Description d'une nouvelle espèce de Phycite, de Ceylan: *Salebria minutella*.) Ann. Soc. ent. France, (6) **5**, Bull. CL—CLI, 1885 j.
— Lacerda, Antonio de, décédé. Ann. Soc. ent. France, (6) **5**, Bull. CLXXIII, 1885 k.
— Tappes, Gabriel, décédé. Ann. Soc. ent. France, (6) **5**, Bull. CLXXIII, 1885 l.
— Revision of the British species of Phycitidae and Galleridae. Entomol. monthly Mag., **22**, 17—32, 52—58, (1885—86) 1885 m.
— *Coleophora amethystinella* Rag. Naturaliste, **3**, 167—168, 1885 n.
— (Une nouvelle espèce française de Microlépidoptère: *Coleophora amethystinella*.) Ann. Soc. ent. France, (6) **5**, Bull. CLXXXI, (1885) 1886 a.
— (Description d'une nouvelle espèce de Microlépidoptère: *Cledeobia oculatalis*.) Ann. Soc. ent. France, (6) **5**, Bull. CCI, (1885) 1886 b.
— (Une note sur une nouvelle espèce de Tinéite gallicole: *Amblypalpis Olivierella*.) Ann. Soc. ent. France, (6) **5**, Bull. CCVIII—CCIX, (1885) 1886 c.
○ Diagnoses of North American Phycitidae and Galleriidae. 20 S., Paris, 1887 a.
— (*Anosia plexippus* Linné (*Danais archippus* Fabr.).) Ann. Soc. ent. France, (6) **6**, Bull. CLXXXII—CLXXXIII, (1886) 1887 b.
— Note sur la *Coleophora amethystinella* Rag. et sur les espèces de son groupe. Ann. Soc. ent. France, (6) **7**, 222—224, Farbtaf. 5 (Fig. 2—3), 1887 c.
— Diagnoses d'espèces nouvelles de Phycitidae d'Europe et des pays limitrophes. Ann. Soc. ent. France, (6) **7**, 225—260, 1887 d.
— (Diagnoses de diverses espèces inédites de Microlépidoptères provenant de Gabés (Tunisie): *Dattina, Constantia, Libya* et *Actaenia*.) Ann. Soc. ent. France, (6) **7**, Bull. CXXXVII—CXXXIX, 1887 e.
— *Coleophora Mühligiella*. [Mit Angaben von H. T. Stainton.] Entomol. monthly Mag., **24**, 41—42, (1887—88) 1887 f.
— siehe Demaison, Louis & Ragonot, Émile-Louis 1887.
— Nouveaux genres et espèces de Phycitidae & Galleriidae. 8°, 52 S., Paris, Selbstverl. (impr. Grandremy & Henon), 1888 a.
○ [Span. Übers., z. T., von] Guillermo Bartlett Calvert: Microlepidópteros chilenos descritos, Lepidopteros chilenos. An. Univ. Chile, **88**, 370—373, 1895.
— (*Gracilaria simploniella* F.-R. pris à Lardy.) Ann. Soc. ent. France, (6) **7**, Bull. CLXXXV, (1887) 1888 b.
— (Description d'une nouvelle espèce de Microlépidoptère provenant de Gabès (Tunisie): *Phtheochroa syrtana*.) Ann. Soc. ent. France, (6) **8**, Bull. LXXXVIII, 1888 c.
— Note on *Dioryctria decuriella* and its allies. Entomol. monthly Mag., **24**, 224, (1887—88) 1888 d.
— (*Lithocolletis platani* Stgr. et *Tortrix rosana* L.) Ann. Soc. ent. France, (6) **8**, Bull. CXIII, (1888) 1889 a.
— (Diagnoses de cinq espèces nouvelles de Microlépidoptères de Porto-Rico: *Tetralopha scabridella, T. insularella, Phidotricha erigens, Piesmopoda rufulella* et *Oligochroa pellucidella*.) Ann. Soc. ent. France, (6) **8**, Bull. CXXVIII—CXL, (1888) 1889 b.
— (Description de six nouvelles espèces d'Epipaschiidae (Pyralites) du nord de l'Amerique: *Epipaschia interruptella, Tetralopha humerella, T. fuscolotella, Pococera variella, P. melanographella* et *P. texanella*.) Ann. Soc. ent. France, (6) **8**, Bull. CL—CLII, (1888) 1889 c.
— (Descriptions de diverses espèces nouvelles de Microlépidoptères de France et d'Algérie: *Cochylis, Nemotois, Depressaria, OEcophora, Elachista* et *Eriocephala*.) Ann. Soc. ent. France, (6) **9**, Bull. CV—CVII, 1889 d.
— Phycitidae and Galleriidae of North America. Some New Species and a General Catalogue. Ent. Amer., **5**, 113—117, 1889 e.
[Siehe:] Hulst, George Duryea: 155—156.
— siehe Joannis, Léon de & Ragonot, Émile-Louis 1889.
— (Description de deux nouvelles espèces de Microlépidoptères trouvés en Espagne: *Amphysa* et *Pleurota*.) Ann. Soc. ent. France, (6) **9**, Bull. CXXX—CXXXI, (1889) 1890 a.
— (Diagnoses de huit espèces inédites de Phycites prisés à Port-Moresby (Nouvelle-Guinée): *Piesmopoda, Palibothra, Salebria, Laodamia, Sigmarthria* et *Papua*.) Ann. Soc. ent. France, (6) **9**, Bull. CCXVIII—CCXX, (1889) 1890 b.
— (Description de quatre nouveaux genres et d'une

espèce de Phycites de l'Amérique septentrionale: *Ulophora, Glyptocera, Laodamia* et *Laetilia*.) Ann. Soc. ent. France, (6) **10**, Bull. VII—VIII, 1890 c.
— (Notes sur les Pyralites: *Paraponyx, Stemmatophora, Cledeobia, Asopia, Massilialis* et *Xestula*.) Ann. Soc. ent. France, (6) **10**, Bull. XCII—XCIII, 1890 d.
— (Diagnoses de quelques espèces nouvelles de Phycites récoltées en Algérie: *Myelois, Pristophora, Salebria, Hypographia, Heterographis* et *Staudingeria*.) Ann. Soc. ent. France, (6) **10**, Bull. CIX—CXI, CXIX, 1890 e.
— (Notes on Phycitidae.) Ent. Amer., **6**, 64, 1890 f.
— (Diagnoses de plusieurs espèces nouvelles de Phycites: *Rhodophaea, Piesmopoda, Tephris, Heterographis* et *Critonia*.) Ann. Soc. ent. France, (6) **10**, Bull. CCXII—CCXIV, (1890) 1891 a.
— Essai sur la classification des Pyralites. Ann. Soc. ent. France, (6) **10**, 435—546, Taf. 5, 7—8 (5 Farbtaf.), (1890) 1891 b; **60**, 15—114, 1891; 599—662, Taf. 16, (1891) 1892.
— (Descriptions de trois espèces inédites de Microlépidoptères (Tinéites): *Tinea, Psecadia* et *Ptocheuusa*.) Ann. Soc. ent. France, **61**, Bull. LXXXII—LXXXIII, 1892 a.
— (Une Pyrale nouvelle pour la faune française: *Botys perlucidalis*.) Ann. Soc. ent. France, **61**, Bull. CLXIII, 1892 b.
— (Les diagnoses d'un genre nouveau et de deux espèces nouvelles de Phycites: *Cnephidia* et *Cremnophila*.) Ann. Soc. ent. France, **61**, Bull. CCXXXV—CCXXXVI, (1892) 1893 a.
— (*Ephestia kuehniella* Zeller. [Mit Angaben von François Decaux.]) Ann. Soc. ent. France, **61**, Bull. CCLXXIV, (1892) 1893 b; **62**, Bull. XII—XIII, 1893.
— Monographie des Phycitinae et des Galleriinae. Mém. Lép., **7** 1 (unn.) + LVI + 658 + 1 (unn.), 23 Taf. (20 Farbtaf.), 1893 c.
[Ref.:] Hering, Eduard: Stettin. ent. Ztg., **54**, 387—411, 1893.
— (Diagnose d'une espèce nouvelle de Phycite provenant des îles Séchelles: *Heterographis insularella*.) Ann. Soc. ent. France, **62**, Bull. CCXCIV—CCXCV, (1893) 1894 a.
— Notice nécrologique sur H. T. Stainton. Ann. Soc. ent. France, **62**, 405—408, (1893) 1894 b.
— Lethierry, Lucien-François, décédé. Ann. Soc. ent. France, **63**, Bull. XCVIII, 1894 c.
— Description d'une nouvelle espèce de Tinéite (*Trichophaga coprobiella*) provenant d'Obock (mer Rouge). Ann. Soc. ent. France, **63**, 120—124, 1 Fig., 1894 d.
— Notes synonymiques sur les Microlépidoptères et descriptions d'espèces peu connues ou inédites. Ann. Soc. ent. France, **63**, 161—226, Farbtaf. 1, 1894 e.
[Ital. Übers. S. 182] von E(nrico) R(agusa): Natural. Sicil., **13** (1893—94), 205—206, 1894.
[Siehe:] Barrett, Charles G.: Entomol. monthly Mag., (2) **7** (**32**), 135—137, 1896.
— Lefèvre, Édouard, décédé. Ann. Soc. ent. France, **63**, Bull. CLXIX—CLXXI, (1894) 1895 a.
— (Descriptions d'un genre et de deux espèces inédites de Pyralites provenant d'Espagne: *Hercynodes Miegi* et *Botys* (*Phlyctaenia*) *murcialis*.) Ann. Soc. ent. France, **64**, Bull. XXII—XXIII, 1895 b.
— (Deux descriptions de Microlépidoptères d'Espagne: *Tinea* et *Coleophora*.) Ann. Soc. ent. France, **64**, Bull. XXXIX—XL, 1895 c.
— Microlépidoptères de la Haute-Syrie récoltés par M. Ch. Delagrange et descriptions des espèces nouvelles. Ann. Soc. ent. France, **64**, Bull. XCIV—CIX, 1895 d.
— Note sur *Stygiochroa*, n. g. (*Aporodes*) *austautalis* Oberthür (Microlép.). Ann. Soc. ent. France, **64**, Bull. CLXXI, 1895 e.
— Description d'un genre nouveau et d'une espèce inédite de Tinéite (Microlép.) [*Paranarsia*]. Ann. Soc. ent. France, **64**, Bull. CXCV—CXCVI, 1895 f.
— Deux Microlépidoptères très nuisibles à la Canne à sucre: *Diatraea saccharalis* Fabr. (*obliteratellus* Z.), d'Amérique, et *D. striatalis* Snell., de Java, de l'île Maurice et de la Réunion. Ann. Soc. ent. France, **64**, Bull. CCXXI—CCXXIII, CCXXXIX, 1895 g.
— Fallou, Jules-Ferdinand, décédé. Ann. Soc. ent. France, **64**, Bull. CCLXX—CCLXXII, 1895 h.
— siehe Brown, Robert-François & Ragonot, Émile-Louis 1895.
— Künckel d'Herculais, Jules & Ragonot, Émile-Louis 1895.

Ragusa, Enrico

geb. 29. 8. 1849 in Palermo, gest. 19. 9. 1924 in Palermo?, Besitzer d. Hotel des Palmes in Palermo. — Biogr.: (J. Rambousek) Acta Soc. ent. Čechosl., **21**, 61, 1924; Bull. Soc. ent. Ital., **56**, 113, 1924; Bull. Soc. ent. France, **1924**, 149, 1924; (E. Turati) Commemor. Soc. Ital. Sci. nat., 8—11, 1925; (A. de Gregori) Natural. Sicil., 24 ((N. S.) 4), 124—125, (1923—29) 1926.

— [*Bruchus scutellaris* trouvé en Sicile.] Petites Nouv. ent., **1** (1869—75), 22, 1869.
— Descrizione di due nuove specie di coleotteri trovate in Sicilia. Bull. Soc. ent. Ital., **2**, 315—316, (1870) 1871 a.
— Altre due nuove specie di Coleotteri trovate in Sicilia. Bull. Soc. ent. Ital., **3**, 195—196, 1871 b.
— Descrizione di una nuova specie d'*Attalus* della Sicilia. Bull. Soc. ent. Ital., **3**, 282—283, 1871 c.
— *Haplocnemus trinacriensis*. Bull. Soc. ent. Ital., **4**, 83, Taf I (Fig. 1), 1872 a.
— Breve escursione entomologica fatta sulle Madonie e ne'boschi di Caronia. Bull. Soc. ent. Ital., **3**, 366—380, (1871) 1872 b.
[Siehe:] Kalchberg, Adolfo: 4, 119, 1872.
— Notizie sulla Fauna lepidotterologica della Sicilia. Tratte da un articolo del Sig. Kalchberg [Stett. ent. Ztg., **33**, 403—412, 1872]. Bull. Soc. ent. Ital., **5**, 31—33, 1873 a.
— *Rhodocera Cleopatra* L. ermafrodita. Bull. Soc. ent. Ital., **5**, 50, 1873 b.
— Escursioni fatte sul Monte Pellegrino presso Palermo. Bull. Soc. ent. Ital., **5**, 170—179, 1873 c.
— Di un nuovo *Georyssus* e *Calomicrus* trovati in Sicilia. Bull. Soc. ent. Ital., **5**, 233—234, (1873) 1874 a.
— Note sinonimiche. Bull. Soc. ent. Ital., **5**, 235—236, (1873) 1874 b.
[Siehe:] Desbrochers des Loges, Jules: **6**, 225—226, 1874.
— Sul *Trimium siculum* nov. sp. di De Saulcy. Bull. Soc. ent. Ital., **5** (1873), 264—266, 1874 c.
— Calendario coleotterologico per Palermo e dintorni. Bull. Soc. ent. Ital., **6**, 302—312, 1874 d.
— Sulla sinonimia dell' *Omophlus fallaciosus* Rottenberg e dell' *Haplocnemus Koziorowiczi* Desbrochers. Bull. Soc. ent. Ital., **6**, 313—314, 1874 e.
— [*Microtilus ragusae* et *Cossyphus tauricus*.] Abeille, **14**, XXI, (1876) 1875 a.
— Nota Necrologica. [Arturo di Rottenberg.] Bull. Soc. ent. Ital., **7**, XIX, 1875 b.

— Gita entomologica all'isola di Pantelleria. Bull. Soc. ent. Ital., 7, 238—256, 1875 c.
[Darin:]
Millière, Pierre: [Neubeschreibung von *Eupithecia*-Arten.] 253—254.
Puton, Auguste: [Neubeschreibung der *Dieuches ragusae*.] 255—256.
○ Liste des Carabidae de Sicile. 8°, 8 S., Palermo, 1880; Addenda Carabidae, Dytiscidae, Gyrinidae, Hydrophilidae, Staphylinidae, Pselaphidae, Clavigeridae et Silphidae Siciliae. 9—24, 1881 a.
— Coleotteri nuovi o poco conosciuti della Sicilia. Natural. Sicil., **1** (1881—82), 5—9, Taf. I (Fig. 1—8); 42—44, Farbtaf. III (Fig. 5—7); 62—64, (1882) 1881 b; 226—231, 248—251, 1882; **2** (1882—83), 302—304, 1883; **3** (1883—84), 316—318, 332—335, Farbtaf. III (Fig. 6, 8), 1884; **5** (1885—86), 119—122, 1886; **6** (1886—87), 214—216, 1887; **7** (1887—88), 25—28, (1888) 1887; 272—273, 1888; **8** (1888—89), 11—12, 36—37, (1889) 1888; 234—236, 1889; **9** (1889—90), 10—11, (1890) 1889; **11** (1891—92), 164—169, 253—256, 1892; **12** (1892—93), 26—31, (1893) 1892; 240—243, 1893; **13** (1893—94), 21—25, (1894) 1893; 73—75, 1894; (N. S.) **1** (**15**), 138—142, 1896; (N. S.) **2**, 257—260, 1897.
— Un *Papilio machaon* Lin. Lillipuziano. Natural. Sicil., **1** (1881—82), 24, Taf. I (Fig. 9), (1882) 1881 c.
— Note su alcuni Lepidotteri Siciliani. Natural. Sicil., **1** (1881—82), 36—38, Farbtaf. III (Fig. 1—3), (1882) 1881 d.
— in Bucca, Lorenzo 1881.
— Nuovo Catalogo dei Coleotteri di S. A. de Marseul. Natural. Sicil., **1** (1881—82), 192, 1882 a.
— Sulla *Sesia cruentata* Mann. Natural. Sicil., **1** (1881—82), 223—224, 1882 b.
— *Malachius Heydeni* Ab. Natural. Sicil., **1** (1881—82), 240, 1882 c.
[Siehe:] Abeille de Perrin, E.: 110—115.
— Elenco delle specie di *Apion* di Sicilia da me raccolti e posseduti. Natural. Sicil., **1** (1881—82), 254, 1882 d.
— Strana aberrazione di *Syntomis phegea* B. Natural. Sicil., **1** (1881—82), 278—279, Farbtaf. XI (Fig. 6), 1882 e.
— Storia di un *Pentodon* di Sicilia. Natural. Sicil., **1** (1881—82), 279—280, Farbtaf. XI (Fig. 5), 1882 f.
— *Apion* di Sicilia. Natural. Sicil., **1** (1881—82), 280, 1882 g.
— Un'anomalia di *Oryctes Grypus* Ill. Natural. Sicil., **1** (1881—82), 280, 1882 h.
— Descrizione di una *Silpha granulata* Oliv. mostruosa. Natural. Sicil., **1** (1881—82), 281, Farbtaf. XI (Fig. 7), 1882 i.
— Elenco di alcuni Coleotteri raccolti al lago di Lentini. Natural. Sicil., **1** (1881—82), 283, 1882 j.
— Due nuovi Sphenophori di Sicilia. Natural. Sicil., **2** (1882—83), 44—45, (1883) 1882 k.
— Nota sulla *Apocheima Flabellaria* Heeger, Her. Sch. Natural. Sicil., **2** (1882—83), 136—137, (1883) 1882 l.
— siehe Preudhomme de Borre, Alfred & Ragusa, Enrico 1882.
— Catalogo ragionate dei Coleotteri di Sicilia. Natural. Sicil., **2** (1882—83), 169—174, 193—199, 241—247, 275—280, 1883 a; **3** (1883—84), 57—60, (1884) 1883; 129—132, 193—196, 249—252, 273—276, 301—304, 1884; **4** (1884—85), 1—6, (1885) 1884; 73—75, 121—126, 153—157, 181—185, 209—213, 257—261, 281—285, 1885; **5** (1885—86), 1—6, (1886) 1885; 97—102, 157—160, 1886; **6** (1886—87), 107—109, 139—142, 201—210, 221—228, 1887; **7** (1887—88), 1—8, 41—43, 257—267, 1888; **8** (1888—89), 259—264, 1889; **10** (1890—91), 133—148, 149—166, 213—231, 237—255, 1891; **11** (1891—92), 73—88, 122—143, 185—209, 258—269, 1892; **12** (1892—93), 1—19, (1893) 1892; 201—205, 233—239, 265—271, 289—307, 1893; **13** (1893—94), 2—14, 37—47, (1894) 1893; 61—69, 1894; (N. S.) **1** (**15**), 69—106, 1896; (N. S.) **2**, 105—130, 197—237, 1897.
— *Lygistopterus anorachilus* nov. sp. [Abb. wahrscheinlich in: **3** (1883—84) Farbtaf. III (Fig. 7).] Natural. Sicil., **2** (1882—83), 251, 1883 b.
— Osservazioni al Catalogus Coleopterum Europae et Caucasi del Dr. von Heyden, E. Reitter e J. Weise. Natural. Sicil., **2** (1882—83), 289, 1883 c.
— Nota sui *Brachinus Joenius* e *Siculus* di M. Zuccarello Patti. Natural. Sicil., **3** (1883—84), 13—16, (1884) 1883 d.
— *Agabus fusco-aenescens* e *chalconotus*. Natural. Sicil., **3** (1883—84), 38—39, (1884) 1883 e.
— *Nychiodes Bellieraria* nov. sp. Natural. Sicil., **3** (1883—84), 352, Farbtaf. III (Fig. 2), 1884 a.
— Note lepidotterologiche. Natural. Sicil., **4** (1884—85), 30—32, (1885) 1884 b; 271—274, Farbtaf. IV; 299—300, 1885; **6** (1886—87), 236—238, 1887; **8** (1888—89), 221—229, 257—258, 1889; **9** (1889—90), 3—8, (1890) 1889; 87—90, 277—279, 1890; **10** (1890—91), 93—96, 1891; **12** (1892—93), 206—207, 1893; **13** (1893—94), 17—21, 47—51, (1894) 1893.
— *Agonum numidicum* var. *Reitteri*. Natural. Sicil., **4** (1884—85), 190, 1885 a.
— *Blechrus confusus* Ch. Bris. Natural. Sicil., **4** (1884—85), 267, 1885 b.
— Un nuovo *Helophorus* di Sicilia. Natural. Sicil., **5** (1885—86), 205—206, 1886 a.
— Emitteri Siciliani. Natural. Sicil., **6** (1886—87), 38, (1887) 1886 b.
— Emitteri raccolti in Sicilia. Natural. Sicil., **6** (1886—87), 119—125, 153—157, 183—187, 1887.
— Tavola sinottica dei *Gyrinus* di Sicilia. Natural. Sicil., **9** (1889—90), 9, (1890) 1889.
— Emitteri nuovi per la Sicilia. Natural. Sicil., **10** (1890—91), 206—209, 1891.
— Necrologia [C. A. Dohrn]. Natural. Sicil., **11** (1891—92), 184, 1892 a.
— Breve gita entomologica all'Isola di Lampedusa. Natural. Sicil., **11** (1891—92), 234—238, 1892 b.
— Coleotteri di Sicilia esistenti nel Museo Zoologico della R. Università di Napoli. Natural. Sicil., **13** (1893—94), 35—36, 51—56, (1894) 1893; 70—73, 1894.
— Un nuovo *Tychius* di Sicilia. Natural. Sicil., **14** (1894—95), 27, (1895) 1894.
— Note sinonimiche [Coleoptera]. Natural. Sicil., **14** (1894—95), 159—160, 1895; (N. S.) **1** (**15**), 64—65, 1896.
— Note entomologiche [Lepidoptera & Coleoptera]. Natural. Sicil., (N. S.) **1** (**15**), 63—65, 1896.
— Per la sinonimia. Natural. Sicil., (N. S.) **2**, 75, 1897 a.
[Siehe:] Grouvelle, A.: (N. S.) **1** (**15**), 120, 1896.
— Emitteri nuovi per la Sicilia. Natural. Sicil., (N. S.) **2**, 246—249, 1897 b.

Raibaud-l'Ange, H . . .
Réponse à une communication précédente de

M. Béchamp [102—105]. C. R. Acad. Sci. Paris, 67, 301—302, 1868.
○ [Conseils d'élevage du ver à soie.] Bull. Soc. Agric. Dép. Lozère, **20**, 188, 486—490, 1869.
○ Grainages par sélection microscopique. Système Pasteur. Monit. Soie, **9**, 5, 1870 a.
○ Norme pratiche per l'allevamento dei bachi. Riv. settim. Bachicolt., **2**, 58, 1870 b. — [Abdr.?:] Giorn. Indust. serica, **4**, 121—122, 1870.

Raiberti, Lazare
Guide de Saint-Martin-Vésubie de ses environs et de ses montagnes. Excursions d'un touriste. 8°, 200 S., 1 Karte, Nice, typ. L. Martin Père & fils, 1891.

Railliet, Alcide
geb. 1852, gest. 1930. — Biogr.: Journ. Parasit., **17**, 166, 1931.
○ Mouche et ver du Cayor. [Nach: Arch. Vét. Paris, 9, Nr. 6.] Arch. Tierheilk., **11**, 122, 1885.
— Elements de Zoologie Medicale et Agricole. 8°, 1053 S. (= 1—800, 1885; 801—1053, 1886), 1885—86. — 2. Aufl. Traité de ... XV + 1303 S., 892 Fig., Paris, Libr. Asselin & Houzeau, 1895.
— Les parasites du Chabin et l'Oesophagostome des petits Ruminants. Bull. Soc. zool. France, **13**, 216—218, 1888.
— siehe Blanchard, Raphaël & Railliet, Alcide 1891.
— Recherches sur l'origine des larves d'Oestridés de l'estomac du Chien. C. R. Mém. Soc. Biol. Paris, (10) **1** (**46**), C. R. 541—543, 1894 a.
○ Sur la présence de l'*Hypoderma lineata* (de Villers) en France. Recu. méd. vét. Paris, Nr. 10, 1894 b. [Ref.:] Zbl. Bakt. Parasitenk., **18**, Abt. 1, 145, 1895.
— Sur quelques parasites du Dromadaire. C. R. Mém. Soc. Biol. Paris, (10) **3** (**48**), C. R. 489—492, 1896.

Railliet, Alcide & **Lucet,** A ...
L'accouplement des puces. Naturaliste, (2) **3**, 136—137, 1 Fig., 1889.

Raimann, E ...
○ Ueber das Fett der Cochenille. Mh. Chem., **6**, 891—898, 1886.

Raimbert, A ...
Recherches expérimentales sur la transmission du charbon par les mouches. C. R. Acad. Sci. Paris, **69**, 805—812, 1869.
[Ref.:] Rev. Mag. Zool., (2) **21**, 393, 1869.

Rainaud, A ...
(Soumet au jugement de l'Académie un procédé pour la destruction du Phylloxera, au moyen des résidus des moulins à huile d'olive.) C. R. Acad. Sci. Paris, **75**, 772, 1872.

Rainbow, William Joseph
geb. 1856 in Yorkshire, gest. 21. 11. 1919 in Sidney, Entomol. am Austral. Mus. — Biogr.: (J. J. Fletcher) Proc. Linn. Soc. N. S. Wales, **45**, 5, 1920; (A. Musgrave) Rec. Austral. Mus., **13**, 87—91, 1920; Nature London, **105**, 208, 1920; (T. Steel) Austral. Natural., **4**, 128, 1920; (A. B. Musgrave) Bibliogr. Austral. Ent., 263—264, 1932; (P. Bonnet) Bibliogr. Araneorum, **1**, 47, 1945 m. Porträt.
— in Atoll of Funafuti Ellice Group 1896—1900.
— Description of Two New Australian Phasmas, together with a Synopsis of the Phasmidae in Australia. Rec. Austral. Mus., **3**, 34—37, Taf. IX—X, (1897—1900) 1897 a.
— Catalogue of the Described Phasmidae of Australia. Rec. Austral. Mus., **3**, 37—44, (1897—1900) 1897 b.
— Description of the Larva of *Pseudoterpna percomptaria*, Gn. [(Geometridae)]. Rec. Austral. Mus., **3**, 81—82, Taf. XVIII, (1897—1900) 1898.
— Descriptions of two beetles from Mount Kosciusko. Rec. Austral. Mus., **3**, 147—149, 2 Fig., (1897—1900) 1899 a.
— Larva and Pupa of *Batocera Wallacei*, Thoms. Rec. Austral. Mus., **3**, 150, (1897—1900) 1899 b.

Raine, Frederic
Are Bees injurious to Fruit? Entomologist, **4**, 136, (1868—69) 1868.
— *Vanessa Antiopa* at Castle Eden. Entomologist, **4**, 250, (1868—69) 1869 a.
— *Acherontia Atropos* in Durham. Entomologist, **4**, 322, (1868—69) 1869 b.

Raine, W ... T ...
Ocneria dispar, Malformed. Entomologist, **21**, 322, 1888.

Raineri, Eug ...
○ Educazione di esperimento. Giorn. Indust. serica, **3**, 140, 1869.

Rainery,
○ Ver à soie de l'ailante. Éducation. (II.)[1] Rev. Séricicult., **1864**, 53—56, 1864.

Rainhart,
○ Versuche über die Uebertragung des Milzbrandes durch Mücken. [Nach: Journ. de médecine vétérinaire, 437, 1869.] Österr. Vjschr. wiss. Veterinärk., **33**, 54—57, 1870.

Rains, W ... T ...
Plusia chrysitis. Entomologist, **22**, 74—75, 1889.

Rakorivz,
Mittel gegen den Winterspanner (Frostschmetterling). (*Acidalia brumata*.) Ill. Mh. Obst- u. Weinbau, (N. F.) **10**, 177—178, 1874.

Ralfe, Thomas Humble
Vanessa Antiopa at Wimbledon. Entomologist, **13**, 217, 1880.
— *Apatura Iris*. Entomologist, **14**, 178, 1881 a.
— *Sphinx convolvuli* at Notting Hill. Entomologist, **14**, 225, 1881 b.
— Does Food produce Variation? Entomologist, **14**, 234, 1881 c.
— [Notes on Lepidoptera.] Trans. ent. Soc. London, **1885**, Proc. XXII—XXIII, 1885.

Ralph, Thomas S ...
On the *Coccus* affecting the Orange. Trans. Proc. R. Soc. Victoria, **6** (1861—64), 10—13, 1865.

Ramage, George
Notes on a Visit to Fernando Noronha. Proc. R. phys. Soc. Edinb., **9** (1885—88), 426—438, Taf. XIX, 1888.

Ramann, Gustav
Die Schmetterlinge Deutschlands und der angrenzenden Länder in nach der Natur gezeichneten Abbildungen nebst erläuterndem Text. 4°, 471 + 4 (unn.) S., 72 Taf. (66 Farbtaf.), Arnstadt, Selbstverl.; Berlin, Ernst Schotte & Co. (in Comm.), [1872—75].
— Der Schmetterlingssammler, eine praktische Anleitung für Schmetterlingsfang und Zucht, mit eingehender Schilderung des Schmetterlingslebens, der Anatomie, Physiologie etc. Herausgeb. E. Ramann.

[1]) Anfang vor 1864.

4°, 3 (unn.) + 83 + 4 (unn.) S., 6 Taf., Leipzig, [Hugo Voigt] (?), 1875.

Ramat, Jacques
siehe Princeteau, Paul & Ramat, Jacques 1875.

Rambert, Eugène
○ Les moeurs des fourmis. Arch. Sci. phys. nat., **81** ((N. S.) **55**), 41—69, 261—303, 407—443, 1876.

Rambur, Pierre-Jules
geb. 21. 7. 1801 in Ingrandes b. Chinon, gest. 10. 8. 1870 in Genf, Arzt in Fontainebleau. — Biogr.: Abeille, **7**, LXXII, (1869—70) 1870; (A. R. Wallace) Trans. ent. Soc. London, **1871**, Proc. LIII, 1871; (A. de Graslin) Ann. Soc. ent. France, (5) **2**, 297—306, 1872 m. Schriftenverz.; (P. Mabille) Ann. Soc. ent. France, (5) **2**, 307—312, 1872; (A. Fauvel) Annu. ent. Caen, **2**, 122, 1874; (H. Crosse) Journ. Conchyl. Paris, **25**, 96, 1877.
— (Plusieurs espèces de Lépidoptères Nocturnes inédites ou mal connues: *Triphaena, Cerastis, Cerigo, Valeria* (?), *Thysanodes*.) Ann. Soc. ent. France, (4) **10**, Bull. XXX—XXXI, LXVIII, 1870.
— Description de plusieurs espèces de Lépidoptères nocturnes inédits ou mal connus. Ann. Soc. ent. France, (5) **1**, 315—325, 1871.

Ramé, A . . .
(Guêpes cartonnières.) Bull. Insectol. agric., **6**, 72—74, 1881.
— Kermés de l'Oranger, du Myrte, et du Laurier-rose. *Lecanium lauri*, ou *Aspidiotus nerii* (Bouché) ou gallinsecte du Laurierrose. *Lecanium hesperidum* (*Chermes hesperidum*, Linn.), gallinsecte (pou ou punaise) de l'oranger qui attaque aussi les myrtes. Bull. Insectol. agric., **8**, 59—63, 1883 a.
— Attacus de l'ailante ordre des Lépidoptères (métamorphoses complètes). Lépidoptères hétérocères. — Tribu des Attaciens. G. *Attacus, Attacus cynthia*, Drury, *vera*, Guérin Méneville. Bull. Insectol. agric., **8**, 169—172, 1 Fig., 1883 b.
— Maladies des vers à soie en Chine. Bull. Insectol. agric., **9**, 77—78, 1884 a.
— Note sur la sériciculture. Extrait d'un rapport du vice-consul de France expédié de Philadelphia le 27 mai 1884. Bull. Insectol. agric., **9**, 142—144, 1884 b.
— (L'éclosion d'une grande quantité d'*Attacus* en papillons à l'arrière-saison.) Bull. Insectol. agric., **9**, 184—185, 1884 c.
— Éducation de vers à soie en divers pays. Elevage en Russie. Bull. Insectol. agric., **10**, 139—141, 1885.
— Voeu relatif à l'échenillage et au hannetonnage. Bull. Insectol. agric., **14**, 188, 1889.

Ramel, P . . .
L'Abeille ligurienne à Melbourne. [Nach: Ycoman and Australian Acclimatiser.] Bull. Soc. Acclim. Paris, (2) **1**, 442—443, 1864.

Ramello, A . . .
○ Un nuovo nemico delle piante fruttifere (*Tenthredo adumbrata* Klug). Ann. Accad. Agric. Torino, **29**, 1887.

Ramírez, José
Las semillas brincadoras. Apuntes relativos à la *Carpocapsa saltitans* y a las Euforbias en que vive. Naturaleza, (2) **1** (1887—90), 54—59, Taf. VII (7 Fig.), (1891) 1888.
— Nuevos datos para la historia de las „Semillas brincadoras." Naturaleza, (2) **2**, 408—419, (1891—96) 1894.
— Raices de vid atacadas por la filoxera. Bol. Agric. Min. Indust. Mexico, **4**, Nr. 10, 8—13, 1895.

Ramirez, José & **Sosa,** E . . .
Enfermedad del pulgon del cafeto. Bol. Agric. Min. Indust. Mexico, **4**, Nr. 10, 3—7, 1895.

Ramirez, R . . .
○ Los dipteros desde el punto de vista de la higiene. Bol. Cons. sup. Salubr. México, **4**, 159—162, 1898.

Ramm, W . . .
Vertilgung der Maulwurfsgrille. Dtsch. Gärtn. Ztg. Erfurt, **6**, 214, 1891.
— Der Rüsselkäfer *Hypera murina* als Schädling der Luzerne. Dtsch. landw. Pr., **23**, 630—631, 3 Fig., 1896.

Ramón y Cajal, Santiago Dr.
geb. 1. 5. 1852 in Petilla de Aragón (Dep. Zaragoza), gest. 17. 10. 1934. — Biogr.: (Carlos E. Porter) Revista Chilena Hist. nat., **38**, 249—274, 1934.
○ Observations sur la texture des fibres musculaires des pattes et des ailes des insectes. Journ. Anat. Hist., **5**, 205—232, 253—276, Taf. XIX—XXII, 1888.
— Coloration par la méthode de Golgi des terminaisons des trachées et des nerfs dans les muscles des ailes des insectes. Ztschr. wiss. Mikr., **7**, 332—342, 3 Fig., Taf. II, 1890.
○ [Span. Übers., z. T.:] Sobre la terminacion de los nervios y tráqueas en los musculos de los insectos. Barcelona, 1890.

Ramos, Manuel Medina siehe Medina y Ramos, Manuel

Ramoszyński, J . . .
○ [Grundzüge der Bienenzucht.] Zasady pszczolnictwa, obejmujące w sobie naukę o zycin pszczoły etc. 8°, 240 S., 12 Taf., Warszawa, Gebethner & Wolff, 1871.

Rampton, Calixte
○ Les ennemis de l'agriculture. 8°, 408 S., 140 Fig., Paris, Berger-Levrault & Cie, 1898.
[Ref.:] Thiele, R . . .: Ill. Ztschr. Ent., **4**, 223—224, 1899.

Ramsbotham, R . . . H . . .
Wasp, *Tipula*, and Spider. [Mit Angaben von W. L. Distant.] Zoologist, (4) **1**, 475—476, 1897.

Ramsden, Hildebrand
gest. 1899. — Biogr.: (G. H. Verrall) Trans. ent. Soc. London, **1899**, Proc. XXXVII, 1899.
— (On *Pyrophorus causticus*.) Trans. ent. Soc. London, **1880**, Proc. XXXI, 1880.
— Remarks upon the ‚Entomologist' synonymic List of British Lepidoptera. Entomologist, **18**, 10—11, 1885.
[Siehe:] South, Richard: 11—13.

Ramsey, F . . . A . . .
Striped Hawk-moth (*D[eilephila] livornica*). Sci. Gossip, (4) (1868), 65, 1869.

Ramstedt, G . . .
siehe Wermelin, Johan Hendrik; Aurivillius, Christopher & Ramstedt, G . . . 1900.

Randoin,
4 Fälle von Phthiriasis der Augenbrauen. [Nach: Progrès méd., Nr. 39, 40.] Jahresber. Leist. Fortschr. Med., **30** (1895), Bd. 2, 567, 1896.

Rane, F . . . W . . .
Notes on the Fertilization of Muskmelons by Insects. (Proceedings of the tenth annual meeting of the Asso-

ciation of Economic Entomologists.) Bull. U. S. Dep. Agric. Ent., (N. S.) Nr. 17, 75—76, 1898.

Ranfft,
Über das gemeinschaftliche Auftreten des *Curculio pini* und *Strophosomus coryli.* Forstl. Bl., (N. F.) 5, 61—62, 1876.

Ranse, F . . .
○ [Puntura di una vespa nell'esofago seguita da fenomeni generali e da una eruzione confluente d'orticaria.] Gazette méd., **1875**, 18 sept., 1875.
[Ref.:] Grazi,: Sperimentale, 37, 302—303, 1876.

Ransom, Arthur
siehe Stapley,; Mackenzie, A . . . & Ransom, Arthur 1882.

Ransom, Edward
gest. 19. 12. 1946 in Suffolk?. — Biogr.: Trans. Suffolk Natural. Soc., 6 (1946—48), LXV, 1947.
— Notes on Wasps during 1893. Entomologist, **27**, 137, 1893.
— Scarcity of Butterflies. Sci. Gossip, (N. S.) **1**, 175, 1894.
— The Goat-Moth. Sci. Gossip, (N. S.) **2**, 125, 1895 a.
— Entomological Notes. Sci. Gossip, (N. S.) **2**, 240, 1895 b.
— Tenacity of Life in Insects. [Col.] Entomologist, **29**, 20—21, 1896.
— Uniformity in Pinning and Setting Lepidoptera. Entomologist, **30**, 77—78, 1897 a.
— *Acherontia atropos* in Suffolk. Entomologist, **30**, 269, 1897 b.
— *Sphinx convolvuli* in Suffolk. Entomologist, **30**, 270, 1897 c.
— *Colias edusa* in Suffolk. Entomologist, **31**, 264, 1898 a.
— (*Leucoma salicis* at Sudbury.) Entomol. Rec., **10**, 278, 1898 b.
— (Abundance of *Choerocampa elpenor.*) Entomol. Rec., **10**, 278, 1898 c.
— Pupation of *Cossus ligniperda.* Entomologist, **32**, 71, 1899 a.
— *Phlogophora meticulosa* in Winter Months. Entomologist, **32**, 134—135, 1899 b.
— (*Macroglossa stellatarum* in Suffolk and Essex.) Entomol. Rec., **11**, 345—346, 1899 c.
— (Abundance of larvae of *Choerocampa elpenor.*) Entomol. Rec., **11**, 346, 1899 d.
— (*Sphinx convolvuli* in Suffolk.) Entomol. Rec., **11**, 346, 1899 e.
— (Oviposition of *Lasiocampa quercifolia.*) Entomol. Rec., **11**, 346, 1899 f.
— *Vanessa atalanta* and *V. io* abundant at Sudbury, Suffolk, in 1899. Entomologist, **33**, 13, 1900.

Ransom, Edward & **Walker,** A . . . P . . .
Acherontia atropos in Suffolk and Somerset. Entomologist, **32**, 255—256, 1899.

Ransom, Edward; **Colthrup,** C . . . W . . . & **Laddiman,** Robert
Acherontia atropos in 1899. Entomologist, **33**, 13, 1900.

Ranson, John
Wasps in Yorkshire. Entomologist, **2**, 119—120, (1864—65) 1864.
— Crickets and Cockroaches. Entomologist, **2**, 146—147, (1864—65) 1865 a. — [Abdr.:] Sci. Gossip, **1865**, 42; [Mit Angaben von Edward Newman; Barnes; Charles Stanley & H. D. C.] 66, 1866.
— Fecundity of the Burying Beetle (*Necrophorus vespillo*). Naturalist London, **1** (1864—65), 192, 1865 b.
— Note on Wasps. Zoologist, **23**, 9824, 1865 c.
— Note on Earwigs. Zoologist, **23**, 9835, 1865 d.
— Scarcity of Wasps. Entomologist, **3**, 28, (1866—67) 1866.

Ranson, R . . . W . . .
Sphinx Convolvuli at Sproughton. Entomologist, **4**, 148, (1868—69) 1868 a.
— Beautiful Variety of *Smerinthus Populi.* Entomologist, **4**, 148, (1868—69) 1868 b.
— *Vanessa Antiopa* at Sproughton, near Ipswich, Suffolk. Entomologist, **4**, 161—162, (1868—69) 1868 c.

Raoult, Ch . . .
De l'emploi de l'acide sulfureux. Rev. Ent. Caen, **1**, 68—70, 1882.

Raoux,
○ Nouvelle maladie de la vigne. Bull. Soc. Agric. Hortic. Vaucluse, **1868**, 283—288, 1868.
[Ref.:] Messag. agric. Midi, **9**, 346, 1868.

Rasch, H . . . C . . .
Läusekrankheit der Hühner. Ackerbau-Ztg., **3**, Nr. 81, 5, 1875. — [Abdr.?:] Hannov. land- u. forstw. Ver.bl., **14**, 123—124, 1875.

Rasch, W . . .
Vom Rhein. [*Agrotis aquilina, Eumolpus vitis.*] Weinlaube, **3**, 266—267, 1871.

Raschke, E . . . Walther
Die Larve von *Culex nemorosus.* Ein Beitrag zur Kenntniss der Insekten-Anatomie und Histologie. Arch. Naturgesch., **53**, Bd. 1, 133—163, Taf. V—VI, 1887 a.
— Zur Anatomie und Histologie der Larve von *Culex nemorosus.* Zool. Anz., **10**, 18—19, 1887 b; Entgegnung auf Herrn Fr. Meinert's Protest. **11**, 562—564, 1888.
[Siehe:] Meinert, Fr.: Zool. Anz., **11**, 111—113, 1888.

Rasell, F . . . J . . .
Apatura Iris in Northampton. Entomologist, **15**, 159, 1882.

Rashleigh, Arthur
Early appearance of *Lycaena argiolus.* Entomologist, **26**, 162, 1893 a.
— *Colias edusa* in April. Entomologist, **26**, 162, 1893 b.
— *Colias edusa* in Cornwall. Entomologist, **31**, 242, 1898.

Rasleigh, A . . . S . . .
○ On the relation of insects to plants. Trans. Clifton Coll. scient. Soc., **2**, part 3, 24—31, 1880.

Raspail, Eug[ène]
○ [Lettre au sujet des ravages commis par le phylloxera.] Messag. Midi, **1869**, 5 Juillet, 1869.

Raspail, Xavier
geb. 1840, gest. 1926. — Biogr.: (L. Petit) Bull. Soc. zool. France, 52, 33, 1927.
— Remarques sur l'*Acherontia atropos.* Naturaliste, **3**, 182, 1885.
— Note rectificative sur l'histoire de la Chique (*Sarcopsylla penetrans*). Bull. Soc. zool. France, **14**, 366—369, 1889.

— Sur la destruction des oeufs du *Liparis dispar* par un Acarien. [Mit Angaben von P. Mègnin.] Bull. Soc. zool. France, **15**, 94—96, 1890 a.
— Note sur la Mouche parasite des plantes potagères de genre *Allium*. Bull. Soc. zool. France, **15**, 147—148, 1890 b.
— Erreur des sens chez des Insectes de la famille des Dytiscides. [Mit Angaben von R. Blanchad & Géron-Royer.] Bull. Soc. zool. France, **16**, 202—205, 1891 a.
— Remarques sur le développement du Hanneton (*Melolontha vulgaris*) et son séjour sous terre à l'état d'Insecte parfait. Bull. Soc. zool. France, **16**, 271—275, 1891 b.
— La destruction des oiseaux insectivores autorisée dans plusieurs départements. Bull. Soc. zool. France, **17**, 96—101, 1893 a.
— Contribution à l'histoire naturelle du Hanneton (*Melolontha vulgaris*). Moeurs et reproduction. Mém. Soc. zool. France, **6**, 202—213, 1893 b.
— Observations complémentaires sur la ponte et les moeurs du Hanneton. Mém. Soc. zool. France, **9**, 331—348, 1896.
[Ref.:] Sch[enkling], Sigismund: Über die Biologie des Maikäfers. Ill. Wschr. Ent., **2**, 271, 1897.
— Le Hanneton (*Melolontha vulgaris*) au point de vue de sa progression dans les années intermédiaires de ses cycles. Bull. Soc. Acclim. Paris, **47**, 177—186, 1900.

Rassl, Gust . . .
Abwendung der Schäden von Maikäferlarven in Pflanzgärten. Oesterr. Forst-Ztg., **6**, 239, 1888.

Ratcliff, S . . .
Phibalapteryx lapidata in Ireland. Entomologist, **5**, 215—216, (1870—71) 1870.

Rath, Otto vom
gest. 1901.
— siehe Müller, & Rath, Otto vom 1873.
— Über die Hautsinnesorgane der Insecten. Vorläufige Mittheilung. Zool. Anz., **10**, 627—631, 645—649, 1887.
— Ueber die Hautsinnesorgane der Insekten. Ztschr. wiss. Zool., **46**, 413—454, Taf. XXX—XXXI, 1888.
— Ueber die Reduction der chromatischen Elemente in der Samenbildung von *Gryllotalpa vulgaris* Latr. Ber. naturf. Ges. Freiburg i. Br., **6**, 62—64, (1892) 1891.
— siehe Ziegler, Heinrich Ernst & Rath, Otto vom 1891.
— Zur Kenntniss der Spermatogenese von *Gryllotalpa vulgaris*. Latr. Mit besonderer Berücksichtigung der Frage der Reductionstheilung. Arch. mikr. Anat., **40**, 102—132, Taf. V, 1892.
— Ueber abnorme Zustände im Bienenstock. Ber. naturf. Ges. Freiburg i. Br., **8**, 142—151, 1894.
— Zur Conservirungstechnik. Anat. Anz., **11**, 280—288, (1896) 1895 a.
— Ueber die Nervenendigungen der Hautsinnesorgane der Arthropoden nach Behandlung mit der Methylenblau- u. Chromsilbermethode. Ber. naturf. Ges. Freiburg i. Br., **9**, 137—164, Taf. II, 1895 b.
— Zur Kenntnis der Hautsinnesorgane und des sensiblen Nervensystems der Arthropoden. Ztschr. wiss. Zool., **61**, 499—539, Taf. XXIII—XXIV, 1896.

Ráthay, Emerich
geb. 1844?, gest. 1900.
— Ueber die Resistenz der Reblauseier gegen den Schwefelkohlenstoff. Weinlaube, **7**, 290—291, 1875.
○ *Otiorhynchus giraffa*, ein Rebenschädling. Österr. landw. Wbl., **1877**, Nr. 26, 1877 a.
○ *Epicometis hirtella*, ein Roggenfeind. Österr. landw. Wbl., **1877**, Nr. 35, 1877 b.
— *Atychia ampelophaga* Hb., ein Rebenschädling. Weinlaube, **9**, 180—181, 1877 c.
— Über nectarabsondernde Trichome einiger *Melampyrum*arten. SB. Akad. Wiss. Wien, **81**, Abth. I, 55—77, 1 Taf. (unn.), 1880.
— Untersuchungen über die Spermogonien der Rostpilze. Denkschr. Akad. Wiss. Wien, **46**, Abt. 2, 1—51, 2 Tab., 1883.
[Ref.:] Müller, Hermann: Eine neue Classe von Wechselbeziehungen zwischen Pflanzen und Insekten. Kosmos, **12** (1882—83), 363—364, 1882.
— Das Auftreten der Gallenlaus im Versuchsweingarten zu Klosterneuburg im Jahre 1887. Verh. zool.-bot. Ges. Wien, **39**, 47—88, 1 Fig., Farbtaf. II—III, 1889 a.
— Ueber extraflorale Nectarien. Verh. zool.-bot. Ges. Wien, **39**, SB. 14—21, 1889 b.
— Die Blattgallen der Rebe. Wien. ill. Gartenztg., **14** (22), 107—110, 3 Fig., 1889 c.
— Ueber myrmekophile Eichengallen. Bot. Zbl., **49**, 12—13, 1892.
— Ueber ein schädliches Auftreten von *Eudemis botrana* in Nieder-Oesterreich. Oesterr. landw. Wbl., **22**, 306—308, 1 Fig., 1896.

Ráthay, Emerich & **Haas**, B . . .
Über *Phallus impudicus* (L.) und einige *Coprinus*-Arten. SB. Akad. Wiss. Wien, **87**, Abth. I, 18—44, 1 Tab., 1883.

Rathlin Island siehe Fauna Rathlin Island & Ballycastle 1897.

Rathon, S . . . S . . .
The Colorado Beetle. Sci. Gossip, (**11**), 230—231, 1875.

Rathouis, C . . .
○ Étude sur le Coccus pé-la. Mém. Hist. nat. Chinois, **1**, 39—55, 2 Taf., 1880.

Rathvon, Simon Snyder
geb. 24. 4. 1812 in Marietta (Pennsylv.), gest. 19. 3. 1891 in Lancaster? — Biogr.: (F. W. Goding) Pennsylv. State Hortic. Ass. Official Doc., Nr. 4, 8—10, 1890 m. Porträt; Ent. News, **2**, 80, 1891; Period. Bull. Dep. Agric. Ent. (Ins. Life), **3**, 428—429, 1891; (P. P. Calvert) Ent. News, **41**, 234—236, 1930; (L. O. Howard) Hist. appl. Ent., 1930; (H. Osborn) Fragm. ent. Hist., 1937.
— Bag-worms alias Basket-worms alias Drop-worms (*Thyridopteryx ephemeraeformis*). [Mit Bemerkungen von B. D. Walsh.] Pract. Entomol., **2**, 53—54, (1866—67) 1867 a.
— The Wheat Hidge. Pract. Entomol., **2**, 99—101, (1866—67) 1867 b.
— Cicada Notes. Amer. Entomol., **2**, 51, (1870) 1869 a.
— Hatching of the Seventeen-year Cicada. Amer. Natural., **3**, 106, (1870) 1869 b.
— The Drop-worm again. Amer. Entomol., **2**, 81, (1870) 1869—70 a.
— Rocky Mountain Grasshopper cannot live in Pennsylvania. Amer. Entomol., **2**, 88, (1870) 1869—70 b.

— A new bean-weevil. — [*Bruchus obsoletus*, Say.] Amer. Entomol., **2**, 118—119, 1870 a.
— Luminous (?) Leaf-hopper. Amer. Entomol., **2**, 371, 1870 b.
— Periodical Cicada not in Kreutz-Creek Valley. [Mit Angaben von C. V. Riley.] Amer. Entomol., **2**, 372, 1870 c.
○ Elm leaf beetle. (*Galeruca xanthomelaena*.) Field and Forest, **2**, 96—98, 1876—77 a.
○ *Doryphora decemlineata*. Field and Forest, **2**, 114—116, 1876—77 b.
○ Insect longevity. Field and Forest, **2**, 156—158, 1876—77 c.
○ *Trox scaber*. Field and Forest, **2**, 164, 1876—77 d.
○ The „wheel-bug" (*Reduvius novenarius*). Field and Forest, **3**, 108—109, 1877—78 a.
○ Mandibular power of insects. Field and Forest, **3**, 130—131, 1877—78 b.
○ Northern Lady-Bird, *Epilachna borealis*. Garden. monthly Philadelphia, **28**, 372, 1886.

Ratier,
(*Attacus Yama-Mai*.) Bull. Soc. Acclim. Paris, (3) **5** (25), 844—846, 1878.

Ratkovszky, Károly
Hasznos bogár. Rovart. Lapok, **5**, 188—189; [Dtsch. Zus.fassg.:] (*Laemophloeus ater*). (Auszug) 24, 1898.

Ratkovszky, Károly & **Jablonowski,** Josef
A tölgy paizstetüjéröl. Rovart. Lapok, **6**, 70—73; [Dtsch. Zus.fassg.:] Die Eichen-Schildlaus. (Auszug) 7, 1899.

Ratte, A . . . Félix
gest. 1889?

Ratte, A . . . Félix & **Manuf,**
On the larvae and larva-cases of some australian Aphrophoridae. Proc. Linn. Soc. N. S. Wales, **9** (1884), 1164—1169, Taf. 69—70, (1885) 1884.

Rattet,
(Ravages causés au bois de Boulogne par la chenille processionnaire.) Ann. Soc. ent. France, (4) **5**, Bull. XXVII—XXVIII, 1865.

Rattray, John & **Mill,** Hugh Robert
○ International Forestry Exhibition, 1884. Forestry and Forest Products. Prize Essays of the . . . Exhibition. 8°, XLIV + 569 S., ? Fig., 10 Taf., Edinburgh, 1885. [Darin:]
Alexander, J . . .: Notes on the ravages of tree and timber destroying Insects.
Cannon, David: Economical Pine Planting, with remarks on Pine nurseries, and on Insects and Fungi destructive to Pines.

Rattray, R . . . H . . .
The breeding of moths. Journ. Bombay nat. Hist. Soc., **12**, 219, 1898.

Rátz, Stefan von
Tierische Parasiten als Krankheitserreger bei Tieren. [In:] Ergebnisse der allgemeinen Pathologie und pathologischen Anatomie des Menschen und der Tiere. Abtlg. 1, Ergebnisse der allgemeinen Ätiologie der Menschen und Tierkrankheiten. Herausgeb. O. Lubarsch & R. Ostertag. 929—950, 1896.

Ratzeburg, Julius Theodor Christian
geb. 16. 2. 1801 in Berlin, gest. 24. 10. 1871 in Berlin, Prof. an d. Forstakad. in Eberswalde. — Biogr.: (A. R. Wallace) Trans. ent. Soc. London, **1871**, LIII, 1871; (G. Kraatz) Berl. ent. Ztschr., **15**, VIII, 1871; (W. Str[icker]) Zool. Garten Frankf. a. M., **12**, 380, 1871; Petites Nouv. Ent., **4**, 197—198, 1872; (F. E. Guérin-Méneville) Rev. Mag. Zool., (2) **23**, 157—158, 1871—72; (B. Danckelmann) Ztschr. Forst- u. Jagdwes., **4**, 307—323, 1872; (C. Dohrn) Stettin. ent. Ztg., **33**, 81, 1872; (A. R. Wallace) Entomologist, **6**, 55—56, 1872; Jahresber. Schles. Ges. vaterl. Kultur, **49** (1871), 352—357, 1872; (T. C. Ratzeburg) Forstwiss. Schriftsteller-Lex., 421—429, 1874; (C. Schenkling-Prévôt) Insektenbörse, 13, 239—241, 1896 m. Porträt.
— *Tortrix histrionana* Fröl. und *rufimitrana* Herrich-Schäffer. Forstl. Bl., **8**, 122—131, 1 Taf., 1864 a.
— Ungewöhnliche Polyphagie eines Insektes. Krit. Bl. Forst- u. Jagdwiss., **46**, H. 2, 255—258, 1864 b.
— Die Ichneumonen in den Winterraupen des Kiefernspinners. Forstl. Bl., **9**, 143—159, 1865 a.
— Neue Beobachtungen über die Ichneumonen des Kiefernspinners. Forstl. Bl., **10**, 145—152, 1865 b.
— Die Waldverderbniss oder dauernder Schade welcher durch Insektenfrass, Schälen, Schlagen und Verbeissen an lebenden Waldbäumen entsteht. Zugleich ein Ergänzungswerk zu der Abbildung und Beschreibung der Forstinsekten. 2 Bde. 4°, Berlin, 1866—68.
1. Einleitung, Kiefer und Fichte. X + 298 S., 17 Fig., 33 Taf. (14 Farbtaf.), 1 Karte, Nicolai (G. Parthey), 1866 a.
2. Tanne, Lärche, Laubhölzer, und entomologischer Anhang. XV + 1 (unn.) + 464 S., 23 Fig., 26 Taf. (12 Farbtaf.), Nicolai (A. Effert & L. Lindtner), 1868. [Autorref.:] Ztschr. Forst- u. Jagdwes., **1**, 159—165, 1869.
— Forstinsektensachen. Forstl. Bl., **11**, 96—116, 1866 b.
— Eichen-Beschädigung durch Schildläuse (*Coccus*). Tharandt. forstl. Jb., **20**, 187—194, 3 Fig., 1870 a.
— Ueber die Esche und den Eschenborken-Käfer (*Hylesinus Fraxini*) und über die Angriffe der Laubholz-Borkenkäfer überhaupt. Verh. bot. Ver. Brandenburg, **12**, 80—87, 1870 b.
— Neue Beobachtungen über den Fraß der Nonne. Ztschr. Forst- u. Jagdwes., **2**, 144—149, 1870 c.
— Neue, die Forleule (*N. piniperda*) betreffende Erfahrungen aus der Provinz Preußen. Ztschr. Forst- u. Jagdwes., **2**, 288—300, 1870 d.
— (Ueber Indication der Theer-Ringe zur Vertilgung des Kieferspinners.) SB. Ges. naturf. Fr. Berlin, **1871**, 1, 1871 a.
— (Ueber Anwendung von Oel als Zerstörungsmittel der Eiernester des Buchenspinners.) SB. Ges. naturf. Fr. Berlin, **1871**, 22—23, 1871 b.
— [Ueber die Erfolge der Teerringe gegen den Raupenfrass im Jahre 1870 und 1871.] SB. Ges. naturf. Fr. Berlin, **1871**, 29, 1871 c.
— (Über *Bombyx Pini* als schädliches Forstinsekt und dessen Vertilgung durch das Theeren der Bäume.) SB. Ges. naturf. Fr. Berlin, **1870**, 72—73, 1871 d.
— Abfälle an Kiefern. Wschr. Ver. Beförd. Gartenb. Berlin, **14**, 313—314, 1871 e.
— Eine Pflanzschule für Forstinsecten. Forstentomologische Skizze. Ztschr. Forst- u. Jagdwes., **3**, 396—402, 1871 f.
— Ein Fall von ungewöhnlicher Verbreitung des Rüstern-Borkenkäfers, des *Scolytus destructor* Ol. (*Eccoptogaster Scolytus* Herbst) und *S. multistriatus* Marsh. Ztschr. Forst- u. Jagdwes., **3**, 403—407, 1871 g.
— Über die künstliche Vermehrung der Hügelameise. Ztschr. Forst- u. Jagdwes., **3**, 433—434, 1871 h.

— Über Verpflanzung und Vermehrung der Maulwürfe. Ztschr. Forst- u. Jagdwes., **3**, 434—437, 1871 i.
— Forstwirtschaftliches Schriftsteller-Lexikon. (Herausgeb. Philipp Phoebus.) 4°, X + 1 (unn.) + 516 S., Berlin, Nicolai (Stricker), 1874.

Ratzel, Friedrich
geb. 1844, gest. 1904.
— Aus Amerika. Ver.bl. Westfäl.-Rhein. Ver. Bienen- u. Seidenzucht, **28**, 55—56, 1877.

Ratzky, Otto
○ Aufzucht der Seidenraupe mit *Sonchus oleraceus*. Mitt. Mähr.-Schles. Ges. Ackerb., **1866**, 5, 1866. [Ref.:] Lotos, **17**, 69, 1867.

Rau, L . . .
Die Wurzellaus des Rebstocks (*Phylloxera vastatrix*), eine neue Rebkrankheit. Ann. Önol., **2**, 79—87, 10 Fig., (1872) 1871 ?.

Rauhut, G . . .
Der Apfelblütenstecher. Aus der Heimat, **11**, 57—59, 1898.

Raulin, G . . .
Sur les résultats obtenus, dans le midi de la France, pour l'éducation des vers à soie, par le procédé de M. Pasteur. C. R. Acad. Sci. Paris, **73**, 345—346, 1871.

Raulin, Jules
siehe Pasteur, Louis & Raulin, Jules 1872.
○ Note sur la confection de la graine, au point de vue de la flacherie. Atti Mém. Congr. bacol. int., **3**, 589—597, 1873 a.
○ Mémoire sur les éducations de Vers à soie en vue du grainage. [Nach: Bull. Soc. Agric. France, 1873.] Bull. Soc. Acclim. Paris, (2) **10**, 662—671, 1873 b.
— Sur la maladie des vers à soie. C. R. Acad. Sci. Paris, **76**, 471—473, 1 Fig., 1873 c.
○ Examen d'une note de M. Guérin-Méneville. Journ. Agric. prat. Paris, **37**, Bd. 1, 453—455, 1873 d.
○ Dell' allevamento dei bachi da seta per la riproduzione. Riv. settim. Bachicolt., **5**, 37—38, 41, 45—46, 49—50, 1873 e.
○ Dell' influenza propria della stazione sul fenomeno della flaccidezza. Riv. settim. Bachicolt., **5**, 61—62, 65—66, 73—74, 77—78, 1873 f.
○ Note sur l'influence spéciale de l'humidité. Act. Mém. Congr. séricic. int., 4 (1874), 174, 1875 a.
○ Sur les organismes de l'air des magnaneries. Act. Mém. Congr. séricic. int., **4** (1874), 211, 1875 b.
○ De l'influence propre de la saison sur le phénomène de la flacherie. Act. Mém. Congr. séricic. int., **4** (1874), 212—231, 1875 c.
○ Observations sur la flacherie. Méthode pour étudier cette maladie. Act. Mém. Congr. séricic. int., **4** (1874), 252—269, 1875 d.
○ Osservazioni sulla flaccidezza. Riv. settim. Bachicolt., **9**, 174—175, 177—178, 182—183, 185—186, 189—190, 193—194, 197—198, 205—206, 1877.
— Du sommeil de la chrysalide comparé au sommeil de l'oeuf chez diverses espèces de *Bombyx*. Ann. Soc. Agric. Lyon, (5) **1** (1878), 885—892, 1879.
○ Del sonno della crisalide confrontato col sonno dell' uovo nelle diverse specie di Bombici. Bacologo Ital., **2**, 268—269, 275—276, 1879—80. — [Abdr.?:] Riv. settim. Bachicolt., **11**, 185—186, 189—190, 1879.
— De l'art d'élever les vers à soie. Ann. Soc. Agric. Lyon, (5) **8** (1885), 295—300, 1886.
— in Leger, Alfred 1888.
— Action de diverses substances toxiques sur le *Bombyx mori*. Ann. Soc. Agric. Lyon, (6) **5** (1892), 383—397, 1893. — [Kurzfassg.:] C. R. Acad. Sci. Paris, **114**, 1289—1291, 1892. — Journ. Pharm. Chim., (5) **26**, 179, 1892.
— Relations entre les propriétés des cocons du *Bombyx mori*. Ann. Soc. Agric. Lyon, (7) **1** (1893), 495—516, 1894 a.
— Note sur les résultats au point de vue des qualités de la soie de l'action de quelques gaz sur les vers à soie. Ann. Soc. Agric. Lyon, (7) **1** (1893), 517—520, 1894 b.
— Des circonstances qui influent sur les qualités industrielles du cocon du *Bombyx mori*. Expériences de 1894. Ann. Soc. Agric. Lyon, (7) **4** (1896), 267—275; Étude des qualités . . . *mori*. En 1895. 277—286, 1897.

Raumer, E . . . von
siehe Rees, M . . .; Kellermann, Ch . . . & Raumer, E . . . von 1878.

Rauschenfels, Andrä von (de)
○ Spigolature apistiche. Boll. Com. agr. Emilia, **4**, 270—275, 1871—72. — [Abdr.?:] Boll. Com. agr. Parma, 5, 63—68, 1872. [Ref.?:] Coltiv. Valsesiano, **4**, 51, 59—60, 1872.
— siehe Sartori, Luigi & Rauschenfels, Andrä de 1878.

Rauterberg, F . . .
List of Lepidoptera of the County of Milwaukee. Bull. Wisconsin nat. Hist. Soc., (N. S.) **1**, 23—30, 111—126, 1900.

Rauwald, Moritz
[*Plusia moneta* an Gartenrittersporn.][1] Isis Magdeburg, **10**, 7, 1885.
— Beiträge zur Macro-Lepidopteren-Fauna. Korr.bl. ent. Ver. Halle, **1**, 10—11, 33—34, 1886.
— Winterzucht. Insektenbörse, **12**, 54, 1895 a.
— [Überwinterung der Raupe von *Bombus quercus*.] [Mit Angaben von St. Isemann, Schlegel u. a.] Insektenbörse, **12**, 62, 93—94, 1895 b.
— *Bombyx quercus* betr. Insektenbörse, **12**, 86, 1895 c.
— *Danais chrysippus*. Insektenbörse, **12**, 140, 1895 d.
— *Deilephila euphorbiae*. [Mit Angaben von A. Watzke.] Insektenbörse, **12**, 140, 157, 1895 e.

Rauward,
Beitrag zur Kenntniß von *Plusia moneta*. Isis Magdeburg, **10**, 246, 1885.

Rauwenhoff, N . . . W . . . P . . . & **Vries**, Hugo de
Rapport over de Verhandeling van den Heer Dr. M. W. Beyerinck, getiteld: „Beobachtungen über die ersten Entwickelungsphasen einiger Cynipidengallen." Versl. Meded. Akad. Wetensch. Amsterdam, Afd. Natuurk., (2) **17**, Versl. 260—266, 1882.

Ravel, Oscar
Excursione al Monte Vergine (Partenio). Riv. Ital. Sci. nat., **18**, 27—31, 1898 a.
— Nota entomologica [*Anoxia australis*]. Riv. Ital. Sci. nat., **18**, Boll. 37, 1898 b.

Raveret-Wattel, Casimir
○ Les papillons indigènes, leur description et leurs moeurs. Avec un manuel pratique du chasseur et du collectioneur de ces insectes. 12°, 303 S., 80 Fig., Paris, Hachette & Co, 1868.

[1]) vermutl. Autor

— Note sur les Mélipones. Bull. Soc. Acclim. Paris, (2) **9**, 420—429, 1872.
— De l'utilité d'introduire la sériciculture à la Nouvelle-Calédonie. Bull. Soc. Acclim. Paris, (3) **1**, 729—737, 1874.
— [Ref.] siehe Munn, William Augustus 1874.
— [Ref.] siehe Ulrichs, Karl Heinrich 1874?.
— Rapport sur les Mélipones. Bull. Soc. Acclim. Paris, (3) **2**, 732—759, 1875 a.
○ La sériciculture au Japon. Bull. Soc. Agricult. Dép. Lozère, **26**, 45—46, 1875 b.
— Éducation de l'*Attacus Yama-mai* du Japon. D'après les notes de M. F. — O. Adams, secrétaire de la légation britannique, à Yédo. Bull. Soc. Acclim. Paris, (3) **3**, 665—670, 1 Fig., 1876 a.
— Les auxiliaires du Ver à soie dans l'extrême Orient. Bull. Soc. Acclim. Paris, (3) **3**, 713—714, 1876 b.
— (Rôle actif des insectes dans la fécondation des fleurs.) [Mit Angaben von d'Éprémesnil.] Bull. Soc. Acclim. Paris, (3) **6** (**26**), 194, 1879.
— Insectes utiles et insectes nuisibles à la pisciculture. Bull. Insectol. agric., **14**, 29—32, 39—45, 52—54, 1889.

Ravizza, F . . .
○ Relazione sulla invasione fillosserica a Valmadrera e ad Agrate-Brianza nell' agosto 1879. 8°, 8 S., Asti, tip. G. Vinassa, 1879.
— Dove passa l'inverno la tignola dell'uva. [Nach: „Gazzetta delle campagne" di Torino.] Riv. Ital. Sci. nat., **10**, Boll. 1—2, 1890.

Ravoux, A . . .
siehe Tholin, A . . .; Ravoux, A . . . & Carret, 1884.

Rawack,
○ Über die Seidenraupenkrankheit. Allg. Seidenbau-Ztg., **4**, 23—24, 31, 1867.
— [Ref.] siehe Landois, Hermann 1867.
— [Ref.] siehe Pasteur, Louis 1867.
— Zur Seidenbaufrage. [Neuere Literatur.] Ann. Landw. Wbl., **8**, 220—222, 230—231, 246—248, 1868.
— Neuere Untersuchungen im Seidenbau. [Sammelref.] Ann. Landw. Berlin, **53**, 365—379, 1869 a.
— Seidenzucht. [Sammelref.] Ann. Landw. Berlin, **54**, 77—80, 1869 b.

Rawack,
[Ref.] siehe Delprino, M . . . 1867.

Rawton, de
Remarques sur le miel. [Nach: Journ. des Campagnes.] Journ. Pharm. Chim., (5) **1**, 360, 1880.

Ray, Jules
geb. 2. 7. 1815 in Troyes, gest. 19. 12. in Troyes. — Biogr.: (C. Jourdheuille) Ann. Soc. ent. France, (6) **3**, 565—569, 1883 m. Schriftenverz.
— siehe Jourdheuille, Camille & Ray, Jules 1865.
○ L'ammoniaca e la malattia dei morti passi. Riv. settim. Bachicolt., **2**, 3, 1870.

Raybaud-Lange,
Sur la maladie des morts-flats et sur le moyen de la combattre. C. R. Acad. Sci. Paris, **68**, 1275—1276, 1869.

Raymond, G . . .
Observations sur l'organisation et les moeurs du *Nematus ribesii* Scopoli. Ann. Soc. ent. France, (6) **2**, 287—312, 1882. — ○ [Abdr.?:] Mém. Soc. Sci. nat. Seine-et-Oise, **13**, 237—272, 1886.

Raynal, A . . . L . . .
○ Le Phylloxera dans la Dordogne. Ann. Soc. Agric. Dordogne, **36**, 520—521, 1875.
○ La Commission départementale du Phylloxera. Bull. Soc. acad. Agric. Poitiers, **1876**, 192—199, 1876.
○ Moeurs et habitudes du phylloxéra. Conférence faite au cercle agricole de Poitiers le 28 janvier 1877. 8°, 23 S., Poitiers, impr. Oudin frères, 1877.
○ De quelques points mal compris dans la question du Phylloxera. Bull. Soc. Acad. Agric. Poitiers, **1879**, 137—165, 1879 a.
○ Le refoulement progressif du Phylloxera en France jusqu'à l'anéantissement et à la reconstitution de nos vignobles en cépages français. Bull. Soc. Acad. Agric. Poitiers, **1879**, 229—243, 249—277, 1879 b. [Sonderdr.?:] Du refoulement . . . 8°, 87 S., Poitiers, Blanchier, 1880.

Rayner, C . . . H . . .
○ On Light, as a mean of capturing Insects. Yorksh. Natural. Record, **1872**, Nr. 1, 8—10, 1872.

Raynier,
○ Rapport de la Commission de viticulture sur la maladie du phylloxera. Journ. Soc. Agric. Aude, **1870**, 129—139, 1870.

Raynor, C . . . L . . .
Dysthymia luctuosa in Hampshire. Entomologist, **5**, 172, (1870—71) 1870.
— *S[coria] dealbata* in Hertfordshire. Entomologist, **5**, 264, (1870—71) 1871.
— *Agrotis cinerea.* Entomologist, **6**, 362, (1872—73) 1873 a.
— *Limacodes Asellus* and *Zygaena Filipendulae.* Entomologist, **6**, 457, (1872—73) 1873 b.
○ On the different modes of concealment and defense practised by insects. Rep. Winchester Coll. nat. Hist. Soc., **2**, 50—55, 1873 c.
○ On the different methods of obtaining Lepidoptera[1]). Rep. Winchester Coll. nat. Hist. Soc., **2**, 34—38, 1873 d.

Raynor, Gilbert Henry
geb. 1854 in Totternhoe b. Dunstable (Bedsh.), gest. 8. 8. 1929 in Brampton (Huntingdonsh.). — Biogr.: (N. D. Riley) Entomologist, **62**, 239—240, 1929; (C. R. N. Burrons) Entomol. Rec., **41**, 139—140, 1929.
— Early Appearance of *Platypteryx lacertula.* Entomologist, **5**, 147, (1870—71) 1870 a.
— *C[olias] Hyale* at Dover. Entomologist, **5**, 213—214, (1870—71) 1870 b.
— *Choerocampa Celerio* and *Phlogophora empyrea* at Battle. Entomologist, **5**, 214—215, (1870—71) 1870 c.
— Early appearance of *Anthocharis Cardamines*, &c. Entomologist, **5**, 293, (1870—71) 1871 a.
— *Vanessa C-album* at Cambridge. Entomologist, **5**, 294, (1870—71) 1871 b.
— The Genus *Platypteryx.* Entomologist, **5**, 455—456, (1870—71) 1871 c; **6**, 5—6, (1872—73) 1872.
— *Eremobia ochroleuca* in Kent and Essex. Entomologist, **6**, 31, (1872—73) 1872 a.
— *Sesia Apiformis* feeding on Cork. Entomologist, **6**, 79, (1872—73) 1872 b.
— Captures at light at Tonbridge in 1871. Entomologist, **6**, 79—80, (1872—73) 1872 c.
— *A[leucis] Pictaria* at Danbury. Entomologist, **6**, 128, (1872—73) 1872 d.

[1]) vermutl. Autor, lt. Text C. L. Rayner

— *Pieris Daplidice* in Cambridgeshire. Entomologist, **6**, 215, (1872—73) 1872 e.
— Interbreeding of *Vanessa Polychloros* and *V. Urticae.* Entomologist, **6**, 221, (1872—73) 1872 f.
— *Orgyia Gonostigma* and *Papilio Machaon* at Maldon. Entomologist, **6**, 223—224, (1872—73) 1872 g.
— Late Appearance of *T[imandra] amataria.* Entomologist, **6**, 264, (1872—73) 1872 h.
— *Grapta C-Album* and *Thecla Betulae* in Essex. Entomologist, **6**, 264, (1872—73) 1872 i.
— *Deilephila Livornica* at Bournemouth. Entomologist, **6**, 316, (1872—73) 1873 a.
— Mites. [Mit Angaben von Edward Newman.] Entomologist, **6**, 319, (1872—73) 1873 b.
— *A[nisopteryx] Aescularia* on the 14th of February. Entomologist, **6**, 360, (1872—73) 1873 c.
— *Xylomiges Conspillaris* at Danbury. Entomologist, **6**, 427, (1872—73) 1873 d.
— *Demas Coryli* and *Ligdia Adustata* Doublebrooded. Entomologist, **6**, 487—488, (1872—73) 1873 e.
— Description of the Larva of *Macrogaster Arundinis.* Entomologist, **7**, 21—22, 1874 a.
— Notes on *Trichiura Crataegi.* Entomologist, **7**, 228—229, 1874 b.
— *Eupithecia consignata* at Cambridge. Entomologist, **8**, 132, 1875 a.
— Moths at Cotoneasters. Entomologist, **8**, 164—165, 1875 b.
— *Cosmia pyralina.* Entomologist, **8**, 230, 1875 c.
— *Sphinx Convolvuli* at Hazeleigh, Essex. Entomologist, **8**, 276, 1875 d.
— *Colias Hyale* abundant, and *C. Edusa,* near Maldon. Entomologist, **8**, 300, 1875 e.
— *Xanthia gilvago* a Cannibal. Entomologist, **9**, 158, 1876.
— *Choerocampa nerii* at Crieff. Entomologist, **13**, 162, 1880.
— *Aplecta occulta,* &c., in Essex. Entomologist, **14**, 116—117, 1881 a.
— Food-plants of *Acidalia immutata.* Entomologist, **14**, 212, 1881 b.
— Range of *Coremia quadrifasciaria* in the Eastern Counties. Entomologist, **14**, 229—230, 1881 c.
— *Argynnis Adippe* at Wicken. Entomologist, **15**, 88—89, 1882 a.
— *Argyrolepia Schreibersiana* re-discovered. Entomol. monthly Mag., **19**, 44, (1882—83) 1882 b.
— Notes on *Ellopia fasciaria.* Entomologist, **16**, 16—17, 1883.
— Irregular Emergence of Lepidoptera. Entomologist, **17**, 39, 1884 a.
— *Colias edusa* near Maldon. Entomologist, **17**, 251, 1884 b.
— The Macro-Lepidoptera of the District around Maldon, Essex. Trans. Essex Field Club, **3** (1882—83), 30—47, 1884 c.
— *Eupithecia linariata* and *Acidalia virgularia* double-brooded. Entomologist, **18**, 51—52, 1885 a.
— Abundance of *Tortrix* Larvae. Entomologist, **18**, 194—195, 1885 b.
— *Ocneria dispar* at Maidenhead. Entomologist, **18**, 243, 1885 c.
— *Colias edusa* and *C. hyale.* Entomologist, **18**, 315—316, 1885 d.
— Variety of *Cabera pusaria.* Entomologist, **19**, 42—43, 1886 a.
— *Heliothis peltigera* at Maidenhead. Entomologist, **19**, 128, 1886 b.
— Rapid Hatching of Lepidopterous Ova. Entomologist, **19**, 209, 1886 c.
— The Micro-lepidoptera of South Devon. Entomologist, **21**, 92—93, 1888 a.
— The Codlin Moth in Tasmania. Entomologist, **21**, 159—160, 1888 b.
— Food of *Vanessa polychloros.* Entomologist, **21**, 255—256, 1888 c.
— (Killing Lepidoptera.) Entomol. Rec., **1**, 41—43, (1890—91) 1890.
— *Hybernia defoliaria* in February. Entomologist, **24**, 99, 1891 a.
— Assembling of *Brephos parthenias.* Entomologist, **24**, 123, 1891 b.
— Notes on *Asthena luteata.* Entomologist, **24**, 217, 1891 c.
— (Sugaring in 1890.) Entomol. Rec., **1**, 335, (1890—91) 1891 d.
— (*Trichiura crataegi.*) Entomol. Rec., **1**, 346, (1890—91) 1891 e.
— (*Colias hyale* in the Spring.) Entomol. Rec., **2**, 17, 1891 f.
— (Cannibalism of *Cosmia affinis* Larvae.) Entomol. Rec., **2**, 113, 1891 g.
— (Times of Emergence.) Entomol. Rec., **2**, 114, 1891 h.
— „Assembling" in Lepidoptera. Entomologist, **25**, 121, 1892 a.
— *Macroglossa bombyliformis* in Lincolnshire. Entomologist, **25**, 195, 1892 b.
— *Emmelesia albulata* Double-brooded. Entomologist, **25**, 289—290, 1892 c.
— (*Sphinx convolvuli* in Lincolnshire.) Entomol. Rec., **3**, 212, 1892 d.
— (Foodplant of *Cosmia pyralina.*) Entomol. Rec., **3**, 300—301, 1892 e.
— (Early Appearance of *Poecilocampa populi.*) Entomol. Rec., **3**, 301, 1892 f.
— (*Nonagria hellmanni* in Lincolnshire.) Entomol. Rec., **4**, 248, 1893.
— siehe Hall, E . . . V . . .; Taylor, John & Raynor, Gilbert Henry 1896.
— *Colias edusa* in Essex. Entomologist, **30**, 269, 1897 a.
— (*Porthetria dispar* as a British insect.) Entomol. Rec., **9**, 21, 1897 b.
— Occurrence of *Coremia quadrifasciaria* in Mid Lincolnshire. Naturalist London, **1897**, 58, 1897 c.
— *Eremobia ochroleuca* at Sugar. Entomologist, **31**, 241, 1898.
— *Cosmia pyralina* near Maldon. Entomologist, **32**, 237, 1899 a.
— (Lepidoptera at Hazeleigh.) Entomol. Rec., **11**, 194, 1899 b.
— Entomology at Hazeleigh (Essex). Entomol. Rec., **11**, 204—207, 1899 c.
— (Entomological Pins.) Entomol. Rec., **11**, 345, 1899 d.
— Early Occurrence of *Anisopteryx aescularia.* Entomologist, **33**, 91, 1900 a.
— *Coremia quadrifasciaria* in Essex. Entomologist, **33**, 225, 1900 b.
— *Spilodes sticticalis* near Maldon. Entomologist, **33**, 272, 1900 c.
— (*Aventia flexula* and *Hypena rostralis.*) Entomol. Rec., **12**, 135, 1900 d.
— (Assembling of *Arctia villica.*) Entomol. Rec., **12**, 218, 1900 e.

— *Spilosoma lubricipeda*, etc. Trans. City London ent. nat. Hist. Soc., **9** (1898—99), 6, 1900 f.

Raynor, Gilbert Henry & **Pitman**, M ... A ...
(Food-plants of *Trichiura crataegi*.) Entomol. Rec., **11**, 51—52, 1899.

Raynor, L ... G ... S ...
Colias hyale and *C. edusa* in Sussex. Entomologist, **30**, 269, 1897.

Rea, C ...
The Plague of Flies. Sci. Gossip, **28**, 23, 1892.

Rea, Carleton
○ Rareties in the County Flora and Fauna. Trans. Worcester Natural. Club, **2**, 6—11, 1899.

Read, Homer Y ... & **Fletcher**, James
(*Pyrameis caryae*.) Ent. News, **11**, 412, 472, 1900.

Read, Reginald Bligh
Lepidoptera having the Antlia Terminal in a Teretron or Borer. Proc. Linn. Soc. N. S. Wales, **3**, 150—154, Taf. 14, 1879.

Reading, J ... J ...
○ A Catalogue of the Lepidoptera of Devon and Cornwall. Part I. Rep. Trans. Plymouth Inst., **1** (1861—65), 41—64; ... Part II. 89—122; ... Part III. 51—115, 1865.

Reakirt, Tryon
Contributions towards a monograph of the genus *Crocota*. Proc. ent. Soc. Philadelphia, **2** (1863—64), 371—373, 1864 a.
— Descriptions of three new species of *Limacodes*. Proc. ent. Soc. Philadelphia, **3**, 250—252; [Communications.] 441, 1864 b.
— Notes upon Exotic Lepidoptera, chiefly from the Philippine Islands, with descriptions of some new species. Proc. ent. Soc. Philadelphia, **3**, 443—504, 1864 c.
— Observations upon some American Pierinae. Proc. ent. Soc. Philadelphia, **4**, 216—222, 1865 a.
— Descriptions of some new species of Danainae. Proc. ent. Soc. Philadelphia, **5**, 217—223, 1865 b.
— Descriptions of some new species of *Eresia*. Proc. ent. Soc. Philadelphia, **5**, 224—227, 1865 c.
— Descriptions of some new species of Diurnal Lepidoptera. Proc. Acad. nat. Sci. Philadelphia, **1866**, 238—249; ... Series II. 331—345, 1866 a; ... Series III. **1868**, 87—91, 1868.
— Coloradian Butterflies. Proc. ent. Soc. Philadelphia, **6** (1866—67), 122—151, (1866—67) 1866 b.

Rebau, Heinr[ich]
○ Käfer-Büchlein oder Beschreibung der schönsten, nützlichsten und schädlichsten in- und ausländischen Käfer. Nebst einer kurzen Anweisung, Käfer zu fangen und so, nebst ihren Eiern, Larven und Puppen für Sammlungen herzurichten. Für Knaben, die sich in ihren Freistunden gern angenehm und nützlich beschäftigen wollen, sowie für Landwirthe, Forstmänner und Gartenbesitzer. 3. Aufl. 4°, XVI + 61 S., 5 Taf., Reutlingen, Fleischhauer & Spohn, 1867 a. — ○ 4. Aufl. XVI + 60 S., 1877.
○ Schmetterlingsbüchlein oder Beschreibung der schönsten und schädlichsten bei uns am häufigsten vorkommenden Tag-, Dämmerungs- und Nachtfalter. Nebst einer kurzen Anweisung Schmetterlinge zu fangen und sie, nebst ihren Eiern, Raupen und Puppen für Sammlungen herzurichten und abzudrucken. Für Knaben, die sich in ihren Freistunden gern angenehm und nützlich beschäftigen wollen. 3. Aufl. 4°. VIII + 56 S., 6 Farbtaf., Reutlingen, Fleischhauer & Spohn, 1867 b. — ○ 4. Aufl. 1877.

Rebec, J ... N ...
(Rectifications [Lépidoptères].) Petites Nouv. ent., **2** (1876—79), 57, 61—62, 1876 a.
— (Note sur la *Melitaea Parthenie*.) Petites Nouv. ent., **2** (1876—79), 82, 1876 b.
— siehe Parent, Fic & Rebec, J ... N ... 1876.
— (Renseignements. [*Odezia tibiale* et *Aspilates sanguinaria* signalée en France.]) Petites Nouv. ent., **2** (1876—79), 138, 1877.

Rebeillard, & **Marchal**, Ch ...
Sur quelques insectes nuisibles aux viandes fraîches ou salées. Bull. Soc. Hist. nat. Autun, **7**, Proc.-Verb. 186—189, 1894.

Rebel, Hans
siehe Habich, Otto & Rebel, Hans 1883.
— [Ref.] siehe Meyrick, Edward 1884.
— Eine biographische Skizze über Johann von Hornig. Verh. zool.-bot. Ges. Wien, **37**, SB. 42—46, 1887.
— [Ref.] siehe Gumppenberg, Carl von 1887.
— Beiträge zur Microlepidopteren-Fauna Oesterreich-Ungarns. Verh. zool.-bot. Ges. Wien, **39**, 293—326, Taf. VIII, 1889.
— [Ref.] siehe Austaut, Jules Léon 1889.
— [Ref.] siehe Meyrick, Edward 1890.
— Beitrag zur Microlepidopteren-Fauna Dalmatiens. Verh. zool.-bot. Ges. Wien, **41**, 610—639, 1891.
— Ueber *Cidaria Tempestaria* HS. Jahresber. Wien. ent. Ver., **2** (1891), 51—54, 1892; Nachträgliches über *Cidaria* ... **3** (1892), 49—50, 1893.
— [Ref.] siehe Meyrick, Edward 1892.
— [Ref.] siehe Rühl, Fritz & Bartel, Max 1892—95.
— Neue oder wenig gekannte Microlepidopteren des palaearktischen Faunengebietes. Stettin. ent. Ztg., **54**, 37—59, 1893 a.
— Beitrag zur Lepidopteren-Fauna Südtirols, insbesondere der Umgebung Bozens. Verh. zool.-bot. Ges. Wien, **42** (1892), 509—536, 2 Fig., 1893 b; Zweiter Beitrag zur Lepidopteren-Fauna Südtirols. **49**, 158—185, Farbtaf. IV, 1899.
— Ueber *Ellopia Cinereostrigaria* Klemensiewicz. Verh. zool.-bot. Ges. Wien, **43** (1893), SB. 14—15, 1894.
[Siehe:] Klemensiewicz, Stanislaus: **42**, SB. 67—69, 1893.
— in Baumann, Oscar 1894.
— Publicationen über Lepidopteren. Referate von Büchern und Arbeiten aus entomologischen Zeitschriften. Verh. zool.-bot. Ges. Wien, **45**, 82—88, 113—124, 1895; **47**, 38—44, 347—350, 422—430, 573—575, 1897; **49**, 5—7, 254—255, 486—492, 1899.
— Zwei Macrolepidopteren neu für Oesterreich-Ungarn. Verh. zool.-bot. Ges. Wien, **45** (1895), 22—24, 1896 a.
— *Argema Besanti*, eine neue Saturnide aus Ostafrika. Verh. zool.-bot. Ges. Wien, **45** (1895), 69—70, 1896 b.
— Eine neue *Tenaris*-Form von den Salomo-Inseln. Verh. zool.-bot. Ges. Wien, **45** (1895), 106—108, 1896 c.
— Zwei neue Microlepidopteren aus Marocco. Verh. zool.-bot. Ges. Wien, **46**, 174—176, 1896 d.
— Eine Heteroceren-Ausbeute aus der Sahara. Verh. zool.-bot. Ges. Wien, **45** (1895), 347—352, 1896 e.

— Verzeichniss der von Dr. R. Sturany im Jahre 1895 in Croatien gesammelten Lepidopteren. Verh. zool.-bot. Ges. Wien, **45** (1895), 390—392, 1896 f.
— Ueber das Auftreten einiger Lepidopteren-Raupen als Schädlinge im Jahre 1895. Verh. zool.-bot. Ges. Wien, **45** (1895), 428—429, 1896 g.
— Ueber drei Parnassier-Zwitter. Jahresber. Wien. ent. Ver., **7** (1896), 51—53, Farbtaf. II, 1897 a.
— Uj adatok a magyar lepke-faunához. Rovart. Lapok, **4**, 157; [Dtsch. Zus.fassg.:] (Neue Daten für die ungarische Lepidopteren-Fauna.) (Auszug) 14, 1897 b.
— Bericht über eine lepidopterologische Reise nach Bosnien und der Hercegovina. Ann. naturhist. Hofmus. Wien, **13**, Notizen 54—56, 1898 a.
— Fossile Lepidopteren aus der Miocänformation von Gabbro. SB. Akad. Wiss. Wien, **107**, Abth. I, 731—745, Farbtaf. I, 1898 b.
— Über eine Rhopaloceren-Ausbeute aus Deutsch-Neu-Guinea. Természetr. Füz., **21**, 368—380, Farbtaf. XVI—XIX, 1898 c.
— [Über neue Fundorte von Lepidopteren.] Verh. zool.-bot. Ges. Wien, **48**, 1—2, 1898 d.
— (Über das Vorkommen einer Geometride (*Zonosoma Quercimontanaria* Bastelberger) in der Umgebung Wiens.) Verh. zool.-bot. Ges. Wien, **48**, 97—98, 1898 e.
[Ref.:] Prinz, Johann: Jahresber. Wien. ent. Ver., **9** (1898), 4—5, 1899.
— Über die biologische Bedeutung der Färbung im Thierreiche. Schr. Ver. Verbr. naturw. Kenntn. Wien, **38** (1897—98), 261—285, 1898 f.
— Dr. M. Standfuss' experimentelle zoologische Studien mit Lepidopteren. Zool. Anz., **21**, 504—509, 1898 g.
— Zur Kenntniss der Respirationsorgane wasserbewohnender Lepidopteren-Larven. Zool. Jb. Syst., **12**, 1—26, Taf. 1, (1899) 1898 h.
[Ref.:] Wasserbewohnende Schmetterlinge. Ztschr. Naturw., **71**, 363—365, 1898; Schg. [Schenkling]: Zur Kenntnis der Atmungsorgane wasserbewohnender Raupen. Natur Halle, (N. F.) **25** (**48**), 286—287, 1899.
— [Ref.] siehe Eimer, Gustav Heinrich Theodor (1888—97) 1898.
— Diagnosen neuer Lepidopteren aus Südarabien und von der Insel Sokotra. Anz. Akad. Wiss. Wien, **36**, 359—361, 1899 a.
— Ueber den gegenwärtigen Stand der Lepidopteren-Systematik. Dtsch. ent. Ztschr. Iris, **11**, 377—391, (1898) 1899 b.
[Siehe:] Gauckler, H.: **12**, 263—264, 1899.
— Ueber einige heimische Arten der Gattung *Elachista* Tr. Verh. zool.-bot. Ges. Wien, **49**, 523—526, 1899 c.
— Ueber die systematische Stellung einiger ostpaläarktischer Heteroceren. Dtsch. ent. Ztschr. Iris, **13**, 105—108, 1900 a.
— Zur Auffassung der Lemoniiden als selbstständige Lepidopterenfamilie. Ent. Nachr., **26**, 49—51, 1900 b.
— *Cledeobia Hampsoni*, eine neue paläarktische Pyralidine. Verh. zool.-bot. Ges. Wien, **50**, 304—305, 1900 c.
— *Acidalia Metohiensis* nov. spec. Verh. zool.-bot. Ges. Wien, **50**, 451—452, 1900 d.

Rebel, Hans & **Kohl,** Franz Friedrich
Bericht über den entomologischen Theil der Expedition von Prof. Oscar Simony nach Südarabien. Anz. Akad. Wiss. Wien, **36**, 52—53, 1899.

Rebel, Hans & **Rogenhofer,** Alois Friedrich[1])
Beitrag zur Microlepidopterenfauna des canarischen Archipels. Ann. naturhist. Hofmus. Wien, **7**, 241—284, Taf. XVIII, 1892; Zur Lepidopterenfauna der Canaren. **9**, 1—96, Farbtaf. I, 1894; Dritter Beitrag ... **11**, 102—148, Farbtaf. III, 1896; Vierter ... **13**, 361—381, 1 Fig., 1898.
— Zur Kenntnis des Genus *Parnassius* Latr. in Oesterreich-Ungarn. Jahresber. Wien. ent. Ver., **3** (1892), 51—70 + 2 (unn., Taf. Erkl.), Farbtaf. I, 1893.

Reber (= **Reber-Tschumper**), D ...
Die Honigbiene (*Apis mellifica* L.). Ber. naturw. Ges. St. Gallen, **1881—82**, 119—164, 1883.
— siehe Kubli, R ... & Reber, D ... 1886
— Die Feinde der Honigbiene in der Tier- und Pflanzenwelt. Ber. naturw. Ges. St. Gallen, **1895—96**, 118—176, 1897.

Rebeur-Paschwitz, E ... von
Canarische Insekten (*Blepharis mendica* und *Hypsicorypha Juliae*). Berl. ent. Ztschr., **40**, 265—276, 1 Fig., Taf. II + 1 (unn.) Taf., 1895.

Rebholz, F ...
Beitrag zur Vertilgung der Werre. [Nach: Mitt. d. S. f. O. = u. G.] Dtsch. Forstztg., **4**, 223, (1889—90) 1889.
— Die hauptsächlichsten Ursachen der diesjährigen geringen Obst-Ernte-Aussichten, oder die wichtigsten Baumschädlinge aus dem Jahr 1896, ihre Lebensweise und Bekämpfung. Pomol. Mh., **42**, 207—215, 8 Fig., 1896.

Rebmann,
siehe Bolley, P ...; Kint, & Rebmann, 1872.

Reboul, J ...
Eléments figurés du sang. Bull. Soc. Sci. nat. Nîmes, **16**, 9—21, 1888.

Recherches Faune Madagascar
Recherches sur la faune de Madagascar et de ses dépendances, d'après les découvertes de François P. L. Pollen et D. C. van Dam. 5 Teile.[2]) 4°, Leyde, J. K. Steenhoff, 1868—77.
○ 1. Pollen, François P ... L ...: Relation de voyage 240 S., Fig., 48 Taf. (? Farbtaf.), 3 Kart.
5. (1 Lief.)[3]). Snellen van Vollenhoven, Samuel Constant & Sélys Longchamps, Michel Edmond de: Insectes. 25 S., 2 Farbtaf., 1869.
[Darin:]
Liste des insectes rapportés de l'île de la Réunion, des îles Comores et de Madagascar par MM. Pollen et van Dam. 1—14.
Sélys Longchamps, Michel Edmond de: Odonates recueillis a Madagascar, aux iles Mascareignes et Comores, déterminés et décrits. 15—20.
Énumeration des odonates de Madagascar et des iles Comores et Mascareignes. 21—25.

Redclyffe, J ... N ... Kenward
Effect of the Hot Summer on Lepidoptera. Entomologist, **17**, 280—281, 1884.

Redden, Laura C ...
Culture of the orange and citron. Rep. Comm. Agric. Washington, **1867**, 147—154, 1 Fig., 1868.

[1]) Zweiter Beitrag mit A. Rogenhofer.
[2]) Nur z. Teil entomol.
[3]) 2. und 3. Lief. nicht entomol.

Redemann, G . . .
Der Apfelwickler „*Carpocapsa-pomonana*". Schaden, Lebensweise und Vertilgungsmittel. Soc. ent., **13**, 89—90, (1898—99) 1898 a.
— Unfehlbares Mittel zur Ausrottung und Vertilgung der schädlichen Wespen „*Vespa vulgaris*". Soc. ent., **13**, 106—107, (1898—99) 1898 b.

Redier, A . . .
○ Le Phylloxera et les moyens de la combattre. 8°, 32 S., Paris & Cavaillon, impr. Mistal, o. J.

Redikorzew, Wladimir
Untersuchungen über den Bau der Ocellen der Insekten. Ztschr. wiss. Zool., **68**, 581—624, 7 Fig., Taf. XXXIX—XL, 1900.

Redlich, Hermann Julius Albert
geb. 18. 9. 1842 in Guben, gest. 3. 2. 1903 in Guben?, Postsekretär. — Biogr.: (P. Hoffmann) Ent. Ztschr., **16**, 85, (1902—03) 1903; **17**, 5, (1903—04) 1903 m. Porträt; Festschr. 50jähr. Bestehen int. ent. Ver. Frankfurt, 2—5, 1934.
— Gedanken über die Zuchtwahl. Korr.bl. int. Ver. Lep. Col. Sammler, **1**, 12, 18—19, 29—30, 1884 a.
— [*Arctia villica*-Raupen aus unbefruchteten Eiern?] Korr.bl. int. Ver. Lep. Col. Sammler, **1**, 21, 1884 b.
— Die Raupenzucht im Zwinger. Korr.bl. int. Ver. Lep. Col. Sammler, **1**, 36—37, 41—42, 1884 a.
— Eine Idee. Korr.bl. int. Ver. Lep. Col. Sammler, **1**, 44, 1884 b.
— Entomologische Studie. Korr.bl. int. Ver. Lep. Col. Sammler, **1**, 75, 82—83, 1885 c.
— Wink für angehende Dipterologen. Insekten-Welt, **2**, 5—6, 1885 d.
— Das Ködern und der Nachtfang. Insekten-Welt, **2**, 31, 1885 e; **3**, 46—47, 1886.
— Zur Zucht von *Endromis versicolora*. Insekten-Welt, **2**, 41—42, 1885 f.
— Lepidopterologische Erfahrungen. Insekten-Welt, **2**, 76—77, 1885 g.
— Entwicklung angestochener *Nänia* [*Naenia*] *typica* Raupen zu normalen Puppen. Insekten-Welt, **3**, 6, 1886 a.
— [Falter aus angestochener *Vanessa antiopa*-Raupe.] Insekten-Welt, **3**, 18, 1886 b.
— Entomologisches Schiedsamt. Insekten-Welt, **3**, 38—39, 1886 c.
— [Mittel, um von Noctuen Eier zu erhalten.] Insekten-Welt, **3**, 65, 1886 d.
— (Puppen am besten zu überwintern.) Insekten-Welt, **3**, 106, 1886 e.
— [Ref.] siehe Holmgren, August Emil 1886.
— Biologische Sammlungen und microscopische Präparate. Ent. Ztschr., **1**, 1—2, 1887 a.
— [Eiablage in der Puppenhülle.] Ent. Ztschr., **1**, 8, 1887 b.
— *Pte*[*rogon*] *Oenotherae*. Ent. Ztschr., **1**, 14, 1887 c.
— *Actias Luna*. Ent. Ztschr., **1**, 21, 1887 d.
— Hüpfender Samen [*Cynips saltorius*]. Insekten-Welt, **3**, 135, 1887 e.
— Die Zucht von *Hyp*[*erchiria*] *Io* ex ovis. Insekten-Welt, **4**, 50, 1887 f.
— Abnormität von *Lasiocampa Pini*. Insekten-Welt, **4**, 65, 1887 g.
— *Colias Palaeno*. Ent. Ztschr., **1**, 68—69, 1888 a.
— Bestes Verfahren, um trockene Falter in kürzester Frist für das Aufspannen aufzuweichen. Ent. Ztschr., **2**, 106, 1888 b.
— Etwas über die Zucht von *Spilosoma* v. *Zatima*. Ent. Ztschr., **2**, 134, 1889 a.
— (Versendung von Eiern in Blechröhren.) Ent. Ztschr., **3**, 34, 1889 b.
— *Laria L. nigrum*. Ent. Ztschr., **3**, 56, 1889 c.
— Das Ködern. Ent. Ztschr., **2**, 135—136, 1889; **3**, 2, 1889 d.
— Nachtfang bei Magnesiumlicht. Ent. Ztschr., **3**, 57, 1 Fig., 1889 e.
— Etwas über Raupenkasten. Ent. Ztschr., **3**, 105, 1889 f.
— Entomologische Kunst. Ent. Ztschr., **3**, 113, 1889 g.
— *Acherontia Atropos* und seine Stimme. Ent. Ztschr., **3**, 130—131, 1890 a.
— Aus der Praxis. Ent. Ztschr., **4**, 30—31, 1890 b.
— Ueber häufiges Vorkommen seltener Arten in einzelnen Jahren. Ent. Ztschr., **4**, 113—114, 1890 c.
— Intelligenz bei den Insekten. Ent. Ztschr., **5**, 2—3, 1891 a.
— [Raupensammelschachteln von Blech ungeeignet.] Ent. Ztschr., **5**, 55, 1891 b.
— [Ameisenfalle zum Schutz von Raupen-Zuchten.] Ent. Ztschr., **5**, 72, 1891 c.
— *Pleretes Matronula* L. Ent. Ztschr., **5**, 133—134, 1891 d.
— Einige Bemerkungen zu vorstehendem Artikel behufs Anregung zu weiterer Klarstellung der Mimicry-Theorie. Ent. Ztschr., **6**, 91—92; Nochmals: Einige . . . Artikel. 98—99, 1892.
[Siehe:] Morin, H.: 89—91, 97—98.
— Die Diarrhoe der Schmetterlingsraupen und ihre Ursachen. Ent. Ztschr., **7**, 3—4, 9—10, 1893 a.
— Zum Kapitel „Eierablage der Falter in der Gefangenschaft." Ent. Ztschr., **7**, 161—162, 1893 b.
— Ein Excursions-Tötungsinstrument. Ent. Ztschr., **7**, 205—206, 1894 a.
— Electrische Köderlampe betreffend. Ent. Ztschr., **8**, 23, 1894 b.
— Electrische Köderlampe. Ent. Ztschr., **8**, 66, 1894 c.
— Die Zucht und Pflege der Raupen. Ent. Ztschr., **8**, 79—80, 1894 d.
— Das Ködern. Ent. Ztschr., **8**, 88, 1894 e.
— Zur Zucht von *L*[*asiocampa*] *populifolia*. Ent. Ztschr., **8**, 104, 1894 f.
— (Dreieckige Insektennadeln.) Ent. Ztschr., **9**, 141, 1895.
— [Copula von *Lasiocampa pruni*.] Ent. Ztschr., **10**, 68, (1896—97) 1896.
— Das Einpacken der Puppen bei Versendungen. Ent. Ztschr., **10**, 182, (1896—97) 1897 a.
— [Heydenreich †.] Ent. Ztschr., **11**, 38, (1897—98) 1897 b.
— *Ornithoptera dohertyi* (Rothsch.). Ent. Ztschr., **12**, 124, (1898—99) 1898.
— [Präparation der durch Tropenfäule mazerierten Insekten.] Ent. Ztschr., **14**, 117, (1900—01) 1900.

Redmayne, Mary B . . .
(*Listrodromus quinqueguttatus*, Grav., bred from *Cyaniris argiolus*.) Entomol. Rec., **12**, 164, 1900 a.
— (*Callophrys rubi* in Sutton Park.) Entomol. Rec., **12**, 191, 1900 b.

Redondo, J . . .
○ Apiculture ó tratado de las abejas y sus labores. De las colmenas, colmenar y colmenero. De los enemigos de las abejas y de las enfermedades que éstas padecen. 8°, 200 S., Madrid, Tejado y otras, 1876.

Redon-Neyrèneuf, L . . .
Le Lautaret et le Grand Galibier. Compte-rendu d'excursion lu à la Société Linnéenne de Lyon le 11 Novembre 1889. Échange, **6**, 117—119, 1890.

Redtenbacher, Josef
Zur Kenntnis der Myrmeleoniden-Larven. Wien. ent. Ztg., **2**, 289—296, 1883.
— Übersicht der Myrmeleoniden-Larven. Denkschr. Akad. Wiss. Wien, **48**, 335—368, Taf. I—VII, 1884 a.
○ Die Lebensweise der Ameisenlöwen. Progr. commun. Oberrealsch. Wien, **1884**, 1—27, 1 Taf., 1884 b.
— Vergleichende Studien über das Flügelgeäder der Insekten. Ann. naturhist. Hofmus. Wien, **1**, 153—231, Taf. IX—XX, 1886.
— siehe Brauer, Friedrich & Redtenbacher, Josef 1888.
— Die Dermapteren und Orthopteren (Ohrwürmer und Geradflügler) des Erzherzogthums Österreich, mit Berücksichtigung einiger Arten aus benachbarten Ländern. Gumpendorfer Jahresber. Ober-Realsch. Wien, **1889**, 66 + 3 (unn.) S., 1 Taf. (unn.), 1889 a.
— Beitrag zur Orthopteren-Fauna von Turkmenien. Wien. ent. Ztg., **8**, 23—32, 1889 b.
— siehe Brauer, Friedrich; Redtenbacher, Josef & Ganglbauer, Ludwig 1889.
— Monographie der Conocephaliden. Verh. zool.-bot. Ges. Wien, **41**, 315—562, Taf. III—IV, 1891.
○ Über Wanderheuschrecken. Jahresber. Dtsch. Staats-Realsch. Budweis, **1893**, [42 S.], 1893 a.
— Monographische Uebersicht der Mecopodiden. Verh. zool.-bot. Ges. Wien, **42** (1892), 183—224, Taf. III, 1893 b.
— Die Dermatopteren und Orthopteren (Ohrwürmer und Geradflügler) von Österreich-Ungarn und Deutschland. 8°, 1 (unn.) + 148 S., 1 Taf., Wien, Carl Gerold's Sohn, 1900.

Redtenbacher, Ludwig Dr. med.
geb. 10. 7. 1814 in Kirchdorf b. Wels, gest. 8. 2. 1876 in Wien, Direktor d. Hofnaturaliencabinets in Wien. — Biogr.: Entomol. monthly Mag., **12**, 238, 1875—76; (G. Kraatz) Ent. Mbl., **1**, 31, 1876; (G. Kraatz) Dtsch. ent. Ztschr., **20**, X, 1876; Ent. Nachr., **2**, 46, 1876; Stettin. ent. Ztg., **37**, 205, 1876; (J. O. Westwood) Trans. ent. Soc. London, **1876**, XLIII—XLIV, 1876; (F. Katter) Ent. Kal., **2**, 69—70, 1877; (L. Ganglbauer) Festschr. zool. bot. Ges. Wien, 350, 1900; (A. Musgrave) Bibliogr. Austral. Ent., 265, 1932.
— in Reise Novara 1857—59 (1864—75) 1867.
— Fauna austriaca. Die Käfer. Nach der analytischen Methode bearbeitet. 3. Aufl.[1]) 2 Bde. 8°, Wien, Carl Gerold's Sohn, 1872—74.
1. 564 S., 1872—74.
2. CLIII + 571 + 1 (unn.) S., 2 Taf., 1874.
[Franz. Übers. [Auszug]: Tables dichotomiques pour servir à la détermination des familles et de genres de Coléoptères d'Europe d'après L. Redtenbacher. 8°, 146 S., Bruxelles, typ. M. Weissenbruch, 1878.

Reece, E . . . T . . . B . . .
Dasychira (Orgyia) pudibunda in October. Entomologist, **31**, 267, 1898 a.
— Lepidoptera in 1899. Entomologist, **33**, 93—94, 1900 b.

Reed, Edmund Baynes
geb. 1837, gest. 18. 11. 1917 in Victoria. — Biogr.: (C. J. S. Bethune) Rep. ent. Soc. Ontario, **33**, 127—128, 1902 m. Porträt; (C. J. S. Bethune) Canad. Entomol., 35, 51—53, 1903 m. Porträt; (C. J. S. Bethune) Canad. Entomol., **49**, 37—39, 1917 m. Porträt & Schriftenverz.
— A visit to Amherstburg, Ontario. Canad. Entomol., **1**, 19—20, (1869) 1868 a.
— A New *Thecla*. Canad. Entomol., **1**, 21, (1869) 1868 b.
— A musical larva. Canad. Entomol., **1**, 40—41, (1869) 1868 c. — [Abdr.:] Entomologist, **4**, 329—330, (1868—69) 1869.
[Darin:]
Bethune, Charles James Stewart: 41.
— Coleoptera taken in the neighbourhood of London, Ont., during the season of 1868. Canad. Entomol., **1**, 69—70, 1869 a.
— Captures. Canad. Entomol., **1**, 107—108, 1869 b.
— Entomology at Hellmuth College. Canad. Entomol., **2**, 29—30, (1870) 1869 c.
— Description of larva of *Catocala polygama*, Guen. Canad. Entomol., **2**, 30—31, (1870) 1869 d.
— Captures — *Eudamus tityrus*, Sm. Abb. Canad. Entomol., **2**, 37—38, (1870) 1869 e.
— Accentuated list of Canadian Lepidoptera. Canad. Entomol., **2**, 121—123, 149—150, 1870; **3**, 95—96, 1871.
— The plum Sphinx moth. *Sphinx drupiferarum* (Smith & Abbott). Canad. Entomol., **3**, 5—7, 1 (unn.) Taf., 1871 a.
— New enemies of the Colorado Potato Beetle. Canad. Entomol., **3**, 169—171, 2 Fig., 1871 b.
— Notes on *Megachile brevis*, Say. Canad. Entomol., **3**, 210—211, 1 Fig., 1871 c.
— siehe Saunders, William & Reed, Edmund Baynes 1871.
— *Pieris vernalis*. Canad. Entomol., **4**, 240, 1872 a.
○ Insects affecting the plum. Rep. ent. Soc. Ontario, **1871**, 22—26, ? Fig., 1872 b.
○ Insects injurious to the potatoe. Attacking the foliage only. Rep. ent. Soc. Ontario, **1871**, 65—81, 1872 c; Addenda to the Report of 1870. **1872**, 48—50, ? Fig., 1873.
○ Insects attaching the Cucumber; Melon, Pumskin and Squask. Rep. ent. Soc. Ontario, **1871**, 89—92, ? Fig., 1872 d.
○ Insects infesting maple trees. Rep. ent. Soc. Ontario, **1872**, 35—43, 1873 a.
○ Insects affecting the peaches. Rep. ent. Soc. Ontario, **1872**, 44—47, 1873 b.
— On some Common Insects which affect the Horse, the Ox and the Sheep. Rep. ent. Soc. Ontario, **1873**, 34—41, 7 Fig., 1874.
— in Common Insects (1873—75) 1874.
— Entomological contributions. Rep. ent. Soc. Ontario, **1874**, 11—16, 5 Fig., 1875.
— *Cupes capitata*. Canad. Entomol., **13**, 176, 1881. — [Abdr.:] Rep. ent. Soc. Ontario, **12** (1881), 31, 1882.
— *Goniloba (Eudamus) Tityrus*, Fab. Canad. Entomol., **14**, 160, 1882 a.
— Sphingidae-Hawk Moths. Rep. ent. Soc. Ontario, **12** (1881), 48—70, 19 Fig., 1882 b.
— Damage caused by ants. Canad. Entomol., **15**, 140, 1883 a. — [Abdr.:] Rep. ent. Soc. Ontario, **1883**, 38, 1884.
— Diptera. — Two-winged flies. Rep. ent. Soc. Ontario, **1882**, 45—53, 37 Fig., 1883 b.
— The cotton worm. (*Aletia xylina* Say.) Canad. Entomol., **22**, 20, 1890.

[1]) 2. Aufl. 1858.

Reed, Edwyn Carlos
geb. 7. 11. 1841 in Bristol (England), gest. 5. 11. 1910 in Concepcion. — Biogr.: (C. E. Porter) Revista Chilena Hist. nat., 7, 137—141, 1903 m. Porträt & Schriftenverz.; Revista Chilena Hist. nat., **15**, 18—21, 1911; (L. O. Howard) Hist. appl. Ent., 1930; (C. E. Porter) Revista Chilena Hist. nat., **45**, 117—129, (1943) 1941; (C. A. Lizer y Trelles) Curso Ent., **1**, 24—25, 1947.
— (Stray Notes from the Brazils.) Proc. Bristol Natural. Soc., (N. S.) **3**, 66—67, 1868.
— Catálogo de las especies chilenas de la familia de las Buprestideas. An. Univ. Chile, **38**, 405—429, 1871 a.
— La *Psyche chilensis.* An. Univ. Chile, **39**, 197—198, 1871 b.
— Notes on some Chilian Cicindelae, with description of a new species. Entomol. monthly Mag., **8**, 76—77, (1871—72) 1871 c.
○ Observaciones sobre los Coleópteros chilenos descritos por el señor doctor Redtenbacher. An. Univ. Chile, **1872**, 190—196, 1872 a.
○ [Descripcion de tres especies nuevas.] An. Univ. Chile, **1872**, 354, 1872 b.
— Descriptions of new species of Coleoptera from Chili. Entomol. monthly Mag., **9**, 207—209, (1872—73) 1873.
○ Catalogo de los insectos chilenos. An. Univ. Chile, **1874**, 335—356, 1874 a.
— On the Coleoptera Geodephaga of Chile. Proc. zool. Soc. London, **1874**, 48—70, Taf. XIII (z. T. farb.), 1874 b.
[Siehe:] Chaudoir, Maximilien de: Ann. Soc. ent. Belg., **19**, 105—124, 1876.
○ Las especies chilenas del jenero *Carabus.* An. Univ. Chile, **1875**, 219—226, 1875.
○ Catalogo de los Coleópteros de Chile; segunda parte. An. Univ. Chile, **1876**, 274—295, 1876.
○ Catalogo de los Insectos Dipteros de Chile. An. Univ. Chile, **73**, 1888.
[Sonderdr.:] V + 46 S., 1888.
— Entomologia chilena. Sinonimia. Act. Soc. scient. Chili, **1** (1891), 66—69, 1892 a.
— (Sobre la invasion de la langosta en Chile.) — [*Acridium paranense.*] Act. Soc. scient. Chili, **2**, LII—LIII, 1892 b.
— Revision de las Abejas chilenas descritas en la obra de Gay. Act. Soc. scient. Chili, **2**, 223—240, 1892 c.
— Sinópsis de las avispas chilenas pertenecientes a la familia Odyneridae. An. Univ. Chile, **84**, 873——897, 1893 a.
— Introduccion al estudio de los Insectos Himenópteros de Chile. An. Univ. Chile, **85** (1893—94), 401—412, 1 Taf. (unn.), 1893 b.
○ [Sonderdr.:] Entomolojina chilena. Introduccion ... de Chile. 14 S., Santiago, 1894.
— Los fosores o avispas cavadoras. An. Univ. Chile, **85** (1893—94), 599—653, 1893 c.
○ [Sonderdr.:] Entomolojia chilena. Los Fosores o avispas cavadoras Chile. 57 S., Santiago, 1894.
— On the Chilian Hymenoptera of the Family Odyneridae. Proc. zool. Soc. London, **1893**, 685—690, 1893 d.
— (Notes on the Migratory Locust of the Argentine Republic.) Trans. ent. Soc. London, **1893**, Proc. XXI—XXIV, 1893 e.
○ On the Coleopterous genus (or subgenus) *Ceroglossus.* Proc. Bristol Natural. Soc., (N. S.) **7**, 161—164, 1894.
— (A New Chilean Vine-destroying Insect.) Ent. News, **6**, 85—86, 1895.
— Revision de las „Mutillarias" de la obra de Gay. Revista Chilena Hist. nat., **2**, 1—4, 1898 a.
— Sinopsis de los Hemípteros de Chile.[1] Revista Chilena Hist. nat., **2**, 47—52, 65—68, 80—87, 110—113, 128—138, 153—160, 1898 b; **3**, 5—14, 37—49, 1899; **4**, 93—101, 121—126, 141—146, 157—160, 173—181, 1900.
[Siehe:] Berg, Carlos: An. Mus. nac. Buenos Aires, **7**, 81—91, 1900.
— Cuatro especies de Himenópteros nuevas a la fauna de Chile. Revista Chilena Hist. nat., **4**, 85, 1900.

Reed, J . . . H . . .
○ *Troglodytes aëdon,* house wren, building in a hornet's nest. Auk, **6**, 339—340, 1889.
○ The use of hornets' nests by birds. Auk, **15**, 193, 1898.

Reed, Lawrence Baynes
Captures. [Lep.] Canad. Entomol., **15**, 216, 1883.
— Notes on larvae of *Mallota posticata.* Rep. ent. Soc. Ontario, **17**, 11, 1887.

Reed, Walter; **Carroll,** James; **Agramonte,** A . . . & **Lazear,** Jesse W . . .
○ Etiologia de la fiebre amarilla. Revista Med. trop. Habana, **1**, 49—64, 2 Fig., 1900.

Reehten, E . . .
Antherea Pernyi. Ent. Ztschr., **5**, 48, 1891.
— Aberratio oder var. ? [*Apatura ilia* ab.]. Ent. Ztschr., **12**, 51, (1898—99) 1898.

Reeker, Adolf
geb. 31. 12. 1868 in Münster (Westf.), gest. 25. 1. 1942 in Stralsund, Zolldirektor. — Biogr.: (A. R. Paul) Stettin. ent. Ztg., **103**, 155—157, 1942.
— Beiträge zur Käferfauna Westfalens. Jahresber. Westfäl. Prov. Ver. Münster, **15** (1886), 65—69, 1887.

Reeker, Hermann
Die Tonapparate der Dytiscidae. Arch. Naturgesch., **57**, Bd. 1, 105—112, Taf. VI, 1891.
— [Ref.] siehe Wasmann, Erich 1891.
— Fortschritte der Naturforschung. Zoologie. [Sammelref.][2] Natur Halle, (N. F.) **18** (**41**), 89—92, 462—464, 1892; (N. F.) **19** (**42**), 175—177, 1893; (N. F.) **20** (**43**), 79—81, 1894.
— Naturgeschichte der Eichenlaus, *Phylloxera quercus.* Jahresber. Westfäl. Prov. Ver. Münster, **21** (1892—93), 14—15, 1893.
— [Ref.] siehe Escherich, Karl 1893.
— [Ref.] siehe Verhoeff, Carl 1893.
— Fossile Küchenschabe. (*Periplaneta orientalis* fossilis.) Jahresber. Westfäl. Prov. Ver. Münster, **22** (1893—94), 15, 1894 a.
— Zur Lebensweise der Afterskorpione. Jahresber. Westfäl. Prov.-Ver. Münster, **22** (1893—94), 103—108, 1894 b.
— Allerlei Zoologisches. [Sammelref.][2] Natur Halle, (N. F.) **20** (**43**), 151—152, 283—285, 355—356, 460—462, 523—524, 1894 c.
— Ueber Mimikry im engeren und weiteren Sinne. Natur Halle, (N. F.) **20** (**43**), 426—428, 436—438, 1894 d.
— Fliegen und Pilze. Jahresber. Westfäl. Prov. Ver. Münster, **23** (1894—95), 30—32, 1895 a.

[1]) Fortgesetzt nach 1900.
[2]) nur z. T. entomol.

— Alkoholfreunde aus dem Thierreiche. Natur Halle, (N. F.) **21** (**44**), 327—328, 1895 b.
— Die Schutzmittel des Harlekins. Natur Halle, (N. F.) **21** (**44**), 367—369, 1895 c.
— Über den Honigtau. Jahresber. Westfäl. Prov. Ver. Münster, **24** (1895—96), 21—24, 1896 a.
— Die Spinnfähigkeit der Ameisen. Jahresber. Westfäl. Prov. Ver. Münster, **24** (1895—96), 46—48, 1896 b.
— Alkoholfreunde in der Tierwelt. Jahresber. Westfäl. Prov. Ver. Münster, **24** (1895—96), 64—69, 1896 c.
— Fritz Westhoff. [Nekrolog.] Jahresber. Westfäl. Prov. Ver. Münster, **25** (1896—97), 31—37, 1897.
— [Ref.] siehe Verrill, Addison Emore 1897.
— Über die Eiablage des Maikäfers. Jahresber. Westfäl. Prov. Ver. Münster, **26** (1897—98), 17, 1898 a.
— Wie ziehen die Blumen die Insekten an? Eine Kritik und Widerlegung der bezüglichen Versuche Plateaus. Zool. Garten Frankf. a. M., **39**, 105—118, 136—150, 193, 1898 b.
[Siehe:] Plateau, Félix: Bull. Acad. Belg. (Cl. Sci.), (3) **30**, 466—488, 1895.
— Nächtliche Schutzfärbung in der Tierwelt. Jahresber. Westfäl. Prov. Ver. Münster, **27** (1898—99), 18—21, 1899 a.
— Fortpflanzungsverhältnisse der Honigbiene. Jahresber. Westfäl. Prov. Ver. Münster, **27** (1898—99), 39—43, 1899 b.
— Zur Fortpflanzung der Honigbiene. Natur Halle, (N. F.) **25** (**48**), 128—129, 1899 c.
— Verbreitung des Sandflohs in Africa. Jahresber. Westfäl. Prov. Ver. Münster, **28** (1899—1900), 29—30, 1900.

Reeks, Henry
Larva of *Agrotis exclamationis.* Entomologist, **2**, 68, (1864—65) 1864.
— Preservation of Larvae. Entomologist, **2**, 161—162, 178, (1864—65) 1865 a.
— Pill-box versus Laurel-box. Entomologist, **2**, 174—175, (1864—65) 1865 b.
— Note on *Vespa norvegica.* Entomologist, **3**, 13, (1866—67) 1866.
— Mosquitoes in England. Entomologist, **4**, 279, (1868—69) 1869 a.
— White Butterflies, &c., at Thruxton. Entomologist, **4**, 321—322, (1868—69) 1869 b.
— The Ladybirds and Wall-fruit. Entomologist, **4**, 327, (1868—69) 1869 c.
— Ravages of *Haltica fuscicornis* at Grately, near Andover. Entomologist, **5**, 318, (1870—71) 1871 a.
— The Hornet gnawing the smooth bark of Elm. Entomologist, **5**, 320—321, (1870—71) 1871 b.
— A new Insect-enemy of Turnips and Rape. Entomologist, **5**, 331, (1870—71) 1871 c. — [Abdr.:] Canad. Entomol., **3**, 98—99, 1871.
— *Limenitis Sibylla.* Entomologist, **5**, 409, (1870—71) 1871 d.
— *Anticlea sinuata* near Newbury. Entomologist, **5**, 444, (1870—71) 1871 e.
— Query about Bees. Sci. Gossip, (**6**) (1870), 213, 1871 f.
— *Lithosia rubricollis.* Entomologist, **6**, 141, (1872—73) 1872 a.
— Variety of *Limenitis Sibylla.* Entomologist, **6**, 171, (1872—73) 1872 b.
— Scarcity of Insects generally; abundance of Hybernated Specimens of *Pyrameis Cardui.* Entomologist, **6**, 171—172, (1872—73) 1872 c.
— The Genus *Cionus.* [Mit Angaben von Edward Newman.] Entomologist, **6**, 460—461, (1872—73) 1873.
— Butterflies in Newfoundland at Christmas. Entomologist, **7**, 89, 1874 a.
— Migration of Butterflies. Entomologist, **7**, 110—112, 1874 b.
— Our Common Wasps. Entomologist, **7**, 222—224, 1874 c.
— Death from the Sting of a Hornet. Entomologist, **7**, 231—232, 1874 d.
— On *Polydrosus sericeus.* Entomologist, **8**, 165—166, 1875.
— On the Immense Flight of *Terias Lisa* in the Bermudas. Entomologist, **9**, 86—87, 1876.
— *Colias Edusa.* Entomologist, **13**, 217, 1880 a.
— Abundance of Wasps and Ichneumonidae. Entomologist, **13**, 224, 1880 b.

Rees, G . . .
The Bee and the Willow. Sci. Gossip, **25**, 165, 1889.
— The Murder of a Spider by Ants. Sci. Gossip, **28**, 165, 1892.

Rees, J . . . van
○ Over de post-embryonale ontwikkeling van *Musca vomitoria.* Maandbl. Natuurw. Genootsch. Natuurk. Amsterdam, **12**, 67—77, 1885; **14**, 85—90, 1887.
— Beiträge zur Kenntniss der inneren Metamorphose von *Musca vomitoria.* Zool. Jb. Anat., **3**, 1—134, 15 Fig., Taf. I—II, (1889) 1888.

Rees, M . . .; **Kellermann,** Ch . . . & **Raumer,** E . . . von
○ Vegetationsversuche an *Drosera rotundifolia* mit und ohne Fleischfütterung. Bot. Ztg., **1878**, 209—218, 225—229, 1878.

Rees, T . . . Alfred W . . .
Brown Hairstreak and Clouded Yellow. Sci. Gossip, **28**, 238, 1892 a.
— The Clouded Yellow. Sci. Gossip, **28**, 243—244, 1892 b.
— Butterflies in Mid-Wales. Sci. Gossip, (N. S.) **1**, 103, 1894.

Reese, W . . . P . . .
○ The Cotton Caterpillar again. Rur. Carol., **5**, 565—566, 1874.

Regaldi, G . . .
○ Sulla coltivazione estiva dei bachi da seta. Giorn. Indust. serica, **3**, 235—236, 1869 a.
○ Alcuni cenni sull' attuale coltivazione dei bachi da seta. Giorn. Indust. serica, **3**, 276—277, 1869 b.

Regehly,
○ Bienenwirthschaftliches. Landwirt Breslau, **5**, 400—401, 1869.

Regel, Fritz
Thüringen. Ein geographisches Handbuch. 2 Teile.[1]) 8°, Jena, Gustav Fischer, 1894—95.
2. Erstes Buch: Pflanzen- und Tierverbreitung. VI + 379 + 1 (unn.) S., 6 Fig., 1894.
[Darin:]
Schmiedeknecht, Otto: (Charakteristik der Hymenopteren-Fauna.) 261—267.
—: (Charakteristik der Dipteren-Fauna.) 269—270.
Gerbing, R . . .: Uebersicht der bei Schnepfenthal,

[1]) nur z. T. entomol.

Friedrichroda und im nordwestlichen Thüringerwald besonders am Inselsberg beobachteten Fliegen (Brachycera) (nebst einigen Angaben von H. A. Frank in Erfurt über interessante Fliegen bei Erfurt und im Solgraben bei Artern). 270—278.
Schmiedeknecht, Otto: Notizen über die Rhynchoten-Fauna Thüringens. 282—284.
Kellner, Aug . . .: Die in Thüringen beobachteten Heteroptera. 284—285.
Krieghoff, Edmund: Verzeichnis der bis jetzt in Thüringen gefundenen und beobachteten Wanzen, Cikaden und Pflanzenläuse. 285—292.

Regelsperger,
(Sur la présence dans la Charente-Inférieure du *Caloptenus italicus.*) Act. Soc. Linn. Bordeaux, (5) **2** (42), LX, 1888.

Régimbart, Maurice Auguste Dr.
geb. 1852, gest. 22. 9. 1907 in Avreux, Chefarzt d. Hospitals in Avreux. — Biogr.: (Ph. Zaitzer) Rev. Russe Ent., 7, 174—175, 1907 m. Schriftenverz.; (P. Lesne) Bull. Soc. ent. France, **1907**, 229, 1907; (W. Horn) Dtsch. ent. Ztschr., **1908**, 158, 1908; Wien. ent. Ztg., 27, 58, 1908; (Ph. Zaitzer) Rev. Russe Ent., **12**, 371—375, 1912; (A. Musgrave) Bibliogr. Austral. Ent., 265—266, 1932.
— Observation sur la ponte du *Dytiscus marginalis.* Feuille jeun. Natural., **1**, 46—47, (1870—71) 1870 a.
— La charité enseignée par les insectes. Feuille jeun. Natural., **1**, 49, (1870—71) 1870 b.
— Les *Ilybius* des environs d'Evreux. Feuille jeun. Natural., **1**, 85—86, (1870—71) 1871.
— Généralités sur les Hydrocanthares. Feuille jeun. Natural., **2**, 69—71, 77—78, (1871—72) 1872.
— Moeurs et métamorphoses de l'*Odynerus rubicola.* Feuille jeun. Natural., **4**, 89—91, (1873—74) 1874.
— Observations sur la ponte du *Dytiscus marginalis* et de Quelques autres insectes aquatiques. Ann. Soc. ent. France, (5) **5**, 201—206, Taf. 4 (Nr. III), 1875 a.
— Note sur les *Phytonomus rumicis* et *tigrinus.* Feuille jeun. Natural., **5**, 100—101, (1874—75) 1875 b.
— (Quelques Coléoptères rares pris autour de Paris.) Ann. Soc. ent. France, (5) **6**, Bull. CVI—CVII (= Bull. Soc. . . ., **1876**, 119—120), 1876.
— (*Laccobius pallidus* Col., *Saprinus nannetensis*, Col., *Bembidium fumigatum*, Col.) Ann. Soc. ent. France, (5) **6**, Bull. CCVIII (= Bull. Soc. . . ., **1876**, 219), (1876) 1877 a.
— (*Colymbetes pustulatus*, Col.) Ann. Soc. ent. France, (5) **6**, Bull. CCVIII (= Bull. Soc. . . ., **1876**, 219), (1876) 1877 b.
— (*Enhydrus atratus* et *tibialis*, Col.) Ann. Soc. ent. France, (5) **6**, Bull. CCXV (= Bull. Soc. . . ., **1876**, 233—234), (1876) 1877 c.
— Monographie du genre *Enhydrus* Casteln. (groupe des *Epinectes* Eschsch.) et du Genre *Porrhorhynchus* Castelnau. Ann. Soc. ent. France, (5) **7**, 105—114, Taf. 6 (Fig. 1—5), 1877 d.
— Recherches sur les organes copulateurs et sur les fonctions génitales dans le genre *Dytiscus.* Ann. Soc. ent. France, (5) **7**, 263—274, Taf. 6 (Fig. 6—12), 1877 e.
— (Une espèce nouvelle pour la faune française, le *Gyrinus Suffriani* Scriba.) Ann. Soc. ent. France, (5) **7**, Bull. VIII, 1877 f.
— (Description de nouvelles espèces d'Hydrocanthares recueillies à Manille: *Hydaticus, Copelatus, Laccophilus, Hydrocanthus, Hydrovatus, Hydroporus, Hyphydrus.*) Ann. Soc. ent. France, (5) **7**, Bull. LXXVIII—LXXX (= Bull. Soc. . . ., **1877**, 99—100, 122—123), 1877 g.
— (Quelques espèces de Coléoptères nouvelles ou peu connues pour la faune parisienne.) Ann. Soc. ent. France, (5) **7**, Bull. XCIX—C (= Bull. Soc. . . ., **1877**, 133), 1877 h.
— (Description d'une nouvelle espèce d'Hydrocanthares: *Hydroporus duodecimmaculatus.*) Ann. Soc. ent. France, (5) **7**, Bull. CXXXIII—CXXXIV (= Bull. Soc. . . ., **1877**, 185), 1877 i.
— (Description d'une espèce nouvelle française du genre *Hydroporus.*) Ann. Soc. ent. France, (5) **7**, Bull. CXXXIX—CXL (= Bull. Soc. . . ., **1877**, 194—195), 1877 j.
— [Coléoptères.] Ann. Soc. ent. France, (5) **7**, Bull. CXL (= Bull. Soc. . . ., **1877**, 195), 1877 k.
— Caractères spécifiques des *Dytiscus* d'Europe. Feuille jeun. Natural., **7**, 113—115, Taf. 3, (1876—77) 1877 l.
— Énumération des Dytiscides et Gyrinides recueillis par Ch. Piochard de la Brûlerie dans ses voyages en Orient. Ann. Soc. ent. France, (5) **7**, 347—354, (1877) 1878 a.
— Descriptions de Dytiscides nouveaux de Manille. Ann. Soc. ent. France, (5) **7**, 355—362, (1877) 1878 b.
— (Description d'un Dytiscide nouveau: *Cybister distinctus.*) Ann. Soc. ent. France, (5) **7**, Bull. CLVII—CLVIII (= Bull. Soc. . . ., **1877**, 217—218), (1877) 1878 c.
— (Description d'une espèce nouvelle européenne du genre *Agabus.*) Ann. Soc. ent. France, (5) **7**, Bull. CXLVIII—CXLIX (= Bull. Soc. . . ., **1877**, 203—204), (1877) 1878 d.
— (Description d'une nouvelle espèce exotique de Dytiscides: *Cybister Simoni.*) Ann. Soc. ent. France, (5) **7**, Bull. CLI—CLII (= Bull. Soc. . . ., **1877**, 210—211), (1877) 1878 e.
— Étude sur la classification des Dytiscidae. Ann. Soc. ent. France, (5) **8**, 447—466, Taf. 10, 1878 [1879]a.
[Dtsch. Übers. S. 449—455:] Régimbart's Versuch einer neuen Classification der Dytisciden. Ent. Nachr., **5**, 125—129, 1879.
— (*Saprinus virescens*, Col.) Ann. Soc. ent. France, (5) **9**, Bull. XCV—XCVI (= Bull. Soc. . . ., **1879**, 130), 1879 b.
— The new Dytiscidae and Gyrinidae collected during the recent scientific Sumatra-Expedition. Notes Leyden Mus., **2**, 209—216, 1880.
— Description d'une nouvelle espèce du genre *Hydrovatus.* Ann. Mus. Stor. nat. Genova, **16** (1880—81), 620, (1880) 1881 a.
— (Sur l'habitat du *Dryophilus anobioides* Chevrolat.) Ann. Soc. ent. France, (6) **1**, Bull. CXIX (= Bull. Soc. . . ., **1881**, 158), 1881 b.
— Gyrinides nouveaux de la collection du Musée Civique de Gênes. Ann. Mus. Stor. nat. Genova, **18** (1882—83), 70—74, (1883) 1882 a.
— Essai monographique de la famille des Gyrinidae. Ann. Soc. ent. France, (6) **2**, 379—400, 1882 b; 401—458, Taf. 10—12, (1882) 1883; . . . (6) **3**, 121—190, Taf. 6, 1883; 381—482, Taf. 11—14, (1883) 1884; . . . 1. Supplément. (6) **6**, 247—272, Taf. 4 (Fig. 5—17), 1886; . . . 2. Supplément, **60**, 663—752, Taf. 18—19, (1891) 1892.
— Description d'une nouvelle espèce de *Gyrinus* de

Sicile. Natural. Sicil., **1** (1881—82), 225—226, 1882 c.
— New species of Gyrinidae in the Leyden Museum. Notes Leyden Mus., **4**, 59—71, 1882 d.
— Les Gyrinides d'Europe. Mém. Soc. Linn. Nord France, **5** (1878—83), 107—120, 1883 a.
— Dytiscides nouveaux de la collection du Musée Royal de Leyde. Notes Leyden Mus., **5**, 225—234, 1883 b.
— (Description d'une nouvelle espèce de Coléoptère: *Agabus* (*Gaurodytes*) *Merkli*.) Ann. Soc. ent. France, (6) **4**, Bull. XIX—XXI (= Bull. Soc. . . ., **1884**, 23—25), 1884 a.
— Description d'une nouvelle espèce de Gyrinide du Musée de Leyde. Notes Leyden Mus., **6**, 165—166; Correction. VI, 1884 b.
— Description d'une espèce nouvelle de Haliplides. Notes Leyden Mus., **7**, 55—56, 1885.
— Dytiscides et Gyrinides nouveaux de la collection du Musée de Leyde. Notes Leyden Mus., **8**, 139—144, 1886.
— Dytiscidae et Gyrinidae collectés dans le royaume de Scioa (Abyssinie), par Mr. le Dr. Ragazzi en 1885. Ann. Mus. Stor. nat. Genova, (2) **4** (**24**), 636—641, (1886) 1887 a.
— Description d'un Dytiscide nouveau. Notes Leyden Mus., **9**, 244, 1887 b.
— Remarques sur trois espèces de Gyrinides. Notes Leyden Mus., **9**, 245—246, 1887 c.
— Description de deux Dytiscides nouveaux. Notes Leyden Mus., **9**, 267—268, 1887 d.
— Description d'un Gyrinide nouveau. Notes Leyden Mus., **9**, 269—270, 1887 e.
— in Veth, Pieter Jan [Herausgeber] (1881—92) 1887.
— siehe Viaggio Leonardo Fea Birmania (1887—1900) 1888.
— Enumération des Haliplidae, Dytiscidae et Gyrinidae recueillis par Mr. le Prof. L. Balzan dans l'Amérique méridionale et description de quelques autres espèces voisines. Ann. Mus. Stor. nat. Genova, (2) **7** (**27**), 256—268, 1889 a.
— Notice nécrologique sur Eugène Bellier de la Chavignerie. Ann. Soc. ent. France, (6) **8**, 449—452, (1888) 1889 b.
— (Une note sur les *Hydroporus* du groupe du *pyrenaeus*.) Ann. Soc. ent. France, (6) **9**, Bull. XLI—XLII, 1889 c.
[Siehe:] Fauvel, Albert: LXXI.
— Dytiscidae et Gyrinidae nouveaux ou rares de la collection du Musée Royal de Leyde. Notes Leyden Mus., **11**, 51—63, 1889 d.
— Description d'un Dytiscide nouveau. Notes Leyden Mus., **11**, 112, 1889 e.
— in Fleutiaux, Edmond [Herausgeber] (1889—97) 1889.
— in Simon, Eugène [Herausgeber] (1889—1900) 1889.
— in Voyage Alluaud Assinie (1889—93) 1889.
— (Deux captures intéressantes aux environs de Nice: *Haliplus rubidus* Perris et *Hydroporus* (*Deronectes*) *Sansi* Aubé.) Ann. Soc. ent. France, (6) **10**, Bull. CCXX—CCXXI, (1890) 1891 a.
— Quatre espèces nouvelles de Gyrinides du genre *Orectogyrus*. Notes Leyden Mus., **13**, 191—195, 1891 b.
— in Viaggio Leonardo Fea Birmania (1887—1900) 1891.
— Description de deux *Hydrocoptus* (Dytiscidae) nouveaux. Notes Leyden Mus., **14**, 11—12, 1892.
— in Insectes Bengale (Occidental) (1890—96) 1892.
— siehe Viaggio Loria Papuasi Orientale (1890—1900) 1892.
— Deux espèces nouvelles de Dytiscides du Musée de Leyde. Notes Leyden Mus., **15**, 105—106, 1893 a.
— Liste des Dytiscidae, Gyrinidae, Hydrophilidae et Dryopidae recueillis par M. le Dr Théod. Barrois en Syrie. Rev. Biol. Nord France, **5**, 362—365, (1892—93) 1893 b.
— in Voyage Simon Ceylan (1893—1900) 1893.
— in Simon, Eugène [Herausgeber] (1894—98) 1894.
— Note sur les Larves des *Hydroporus semirufus* Germ. et *sanmarki* Gyll. Ann. Soc. ent. France, **64**, 317—320, Taf. 8 (Fig. 1—2), 1895 a.
— Dytiscides trouvés dans les Tabacs par les soins de M. Antoine Grouvelle. Ann. Soc. ent. France, **64**, 321—348, Taf. 8 (Fig. 3—18), 1895 b.
— Revision des Dytiscidae et Gyrinidae d'Afrique, Madagascar et îles voisines en contribution à la faune entomologique du Congo. Mém. Soc. ent. Belg., **4**, 1—244, 82 Fig., 1895 c.
— in Esplorazione Giuba 1895.
— Liste des Coléoptères appartenant aux familles de Dytiscidae, Gyrinidae et Hydrophilidae recueillis en Indo-Chine et offerts au Muséum par M. Pavie. Bull. Mus. Hist. nat. Paris, **2**, 245, 1896.
— Dytiscides recueillis à Mascate par M. Maurice Maindron [*Hydroporus*, *Laccophilus* et *Prodaticus*]. Bull. Soc. ent. France, **1897**, 206—208, 1897 a.
— Dytiscides nouveaux recueillis par M. Ch. Alluaud aux Séchelles et à l'île Maurice [*Bidessus* et *Copelatus*]. Bull. Soc. ent. France, **1897**, 208—210, 1897 b.
— *Hydroporus* (*Deronectes*) *Bucheti* n. sp. Abeille, **29**, 89—90, (1896—1900) 1898 a.
— Captures de divers Dytiscides de France, et des Alpes [Col.] [*Hydroporus*, *Agabus* et *Dytiscus*]. Bull. Soc. ent. France, **1898**, 317—319, 1898 b.
— Description d'un *Laccobius* (Hydrophilide) nouveau des îles Baléares [Col.]. Bull. Soc. ent. France, **1898**, 350—351, 1898 c.
— Dytiscidae et Gyrinidae nouveaux du Musée Civique de Gênes. Ann. Mus. Stor. nat. Genova, (2) **20** (**40**), 193—198, 1899 a.
— Revision des Dytiscidae de la région indosino-malaise. Ann. Soc. ent. France, **68**, 186—367, 72 Fig., 1899 b.
— Diagnoses d'espèces nouvelles de Dytiscidae de la Région malgache [Col.] [*Haliplus*, *Bidessus*, *Hydrovatus*, *Laccophilus*, *Copelatus* et *Rhantus*]. Bull. Soc. ent. France, **1899**, 371—374, 1899 c.
— in Liste des Coléoptères Madagascar 1899.
— in Viaggio Borelli Chaco Boliviano Argentina (1896—99) 1899.
— in Viaggio Festa Ecuador Regioni Vicine (1897—1900) 1899.
— Sur quelques Dytiscides nouveaux de l'Amerique méridionale. Ann. Mus. Stor. nat. Genova, (2) **20** (**40**), 524—530, (1899) 1900 a.
— Coléoptères aquatiques capturés dans l'île d'Aldabra, près des Comores, par le Dr. Voeltzkow, de Strasbourg, et communiqués par le Dr. Bergroth. Bull. Soc. ent. France, **1900**, 49—52, 1900 b.
— Description d'un Dytiscide nouveau de Perse [Col.] [*Platambus Escalerai*]. Bull. Soc. ent. France, **1900**, 121, 1900 c.
— in Contribution Faune Sumatra 1899—1900.

Regimbeau, M . . .
Les forêts de chêne-vert et le *Coroebus trifasciatus:* L'agriculture et les insectes nuisibles. Bull. Soc. Sci. nat. Nîmes, **5**, 17—24, 38—40, 1877.
○ [Sonderdr.:] 8°, 11 S., Nîmes, impr. Clavel-Ballivet, 1877.

Regis, G . . . & **Bosco,** O . . .
○ Del baccimento delle piaghe nei cavalli. Giorn. Anat. Fisiol., **4**, 249—253, 1872.
[Ref.:] Über Würmer (Larven) in Wunden. Repert. Tierheilk., **34**, 187—188, 1873.

Regnard, P . . .
siehe Dubois, Raphael & Regnard, P . . . 1884.
— Sur la qualité de l'air contenu dans les cocons de vers à soie. C. R. Mém. Soc. Biol. Paris, (8) **5** (**40**), C. R. 787—788, 1888.
— Sur l'activité vitale des chrysalides. C. R. Mém. Soc. Biol. Paris, (9) **1** (**41**), C. R. 57—60, 2 Fig., 1889.

Regnart, H . . . C . . .
Acherontia atropos in 1896. Entomologist, **30**, 18, 1897.

Regnault, F[élix]
Excursion au Pic du Midi. Visite à l'Observatoire météorologique du général de Nausouty. Bull. Soc. Hist. nat. Toulouse, **14**, 217—232, 1880.
[Darin:]
Delherme de Larcenne, Evariste: Entomologie.
— De l'élevage des Hyménoptères. Naturaliste, (2) **8**, 95—96, 1 Fig., 1894.
— Des sentiments chez les animaux. Naturaliste, (2) **12**, 92—93, 1898 a.
— La causes des actes chez les Insectes. Naturaliste, (2) **12**, 163—164, 1898 b.

Regnault, Félix & **Lajard,**
Pourquoi chez les Abeilles les Reines ne piquent pas. Naturaliste, (2) **9**, 188, 1895.

Regner, Alfr[ed] von
○ Der Lehrkurs über die *Phylloxera vastatrix* in Klosterneuburg bei Wien. Weinbau, **1**, 196—197, 1875 a; *Phylloxera*-Curs in Klosterneuburg. **2**, 243, 1876.
○ Das weitere Umsichgreifen der Phylloxera in der Umgebung von Klosterneuburg. Weinbau, **1**, 203—204, 1875 b.
○ Gesetzliche Massnahmen gegen die Verbreitung und Einschleppung der Reblaus in Österreich. Weinbau, **1**, 138—140, 159—160, 1875 c.
○ Der gefährlichste Feind des Weinberges, die Reblaus, (*Phylloxera vastatrix*). Zur Belehrung für Weingartenbesitzer und für Schulen leichtfasslich dargestellt. 8°, 48 S., 6 Fig., Wien, Hartleben, 1876.

Regner, Richard von
Der praktische Bienenzüchter. Eine leichtfassliche und vollständige Anleitung zur rationellen und einträglichen Bienenzucht in allen gebräuchlichen Stockformen von einem erfahrenen Imker. 8°, 80 S., Reutlingen, Ensslin & Laiblin, 1879.
— Zur Bekämpfung der Reblaus in Steiermark. Oesterr. landw. Wbl., **20**, 37, 1894.

Reguis, J . . . F . . . Marius
geb. 1850.
— (*Cynips Derbesii.*) Bull. Soc. Sci. nat. Nîmes, **5**, 34, 1877.

Regula, Josef
Getreideschädlinge auf dem Schüttboden. Oesterr. landw. Wbl., **22**, 203—204, 1896.

Reh, Ludwig Heinrich Prof. Dr.
geb. 17. 4. 1867 in Dieburg (Hessen), gest. 3. 11. 1940 in Bergedorf b. Hamburg, Leiter d. Schädlingsabt. am Zool. Staatsinstitut u. Museum in Hamburg. — Biogr.: (Weidner) Anz. Schädlingsk., **13**, 45—47, 1937; Arb. morphol. -taxon. Ent., **4**, 161, 1937; Der Biologe, **6**, 172, 1937; Ztschr. angew. Entomol., **24**, 655, 1938; Zool. Anz., **132**, 195, 1940; (K. Escherich u. a.) Anz. Schädlingsk., **16**, 133, 1940; (F. Heikertinger) Col. Rdsch., **26**, 93, 1940; (Weidner) Verh. Ver. naturw. Heimatforschung Hamburg, **28**, XI, (1939) 1940—41; Arb. physiol. angew. Ent., **8**, 68—69, 1941; (Klatt) Mitt. Hamburg. zool. Mus., **50**, 3, 1950 m. Porträt.
— Biologische Beobachtungen an brasilianischen Ameisen. Ill. Wschr. Ent., **2**, 600—603, 612—616, 1897 a.
— Lästige Gäste aus der Insektenwelt. Umschau, **1**, 511—516, 1897 b.
— [Ref.] siehe Schilling, Heinrich von 1897.
— Schildläuse auf Obst. Ill. Ztschr. Ent., **3**, 345—346, 1898 a.
— Auftreten der Weiden-Schildlaus an Linde. Ill. Ztschr. Ent., **3**, 376, 1898 b.
— Vogelschutz oder Insectenschutz. Natur Halle, **47**, 123—124, 1898 c.
— Schädigung der Landwirthschaft durch Thierfrass. Naturw. Wschr., **13**, 364—368, 1898 d.; . . . Thierfrass im Jahre 1898. **14**, 561—656, 1899; . . . Thierfrass im Jahre 1899. **15**, 349—356, 1900.
— Unsere Tierwelt im Winter. Umschau, **2**, 131—137, 1898 e.
— Die Pflanzenläuse. Umschau, **2**, 567—569, 3 Fig., 1898 f.
— [Ref.] siehe Schnücke, R . . . 1898.
— Ueber Asymmetrie und Symmetrie im Tierreiche. Biol. Zbl., **19**, 625—652, 1899 a.
— Massenhaftes Auftreten von *Orygia antiqua* L. Ill. Ztschr. Ent., **4**, 10, 1899 b.
— Die häufigsten auf amerikanischem Obste eingeschleppten Schildläuse. Ill. Ztschr. Ent., **4**, 209—211, 1 Fig.; 245—247, 2 Fig.; 273—276, 2 Fig., 1899 c.
— Europäische Schildläuse auf Obst. Ill. Ztschr. Ent., **4**, 347; . . . II. 361, 1899 d.
— Untersuchungen an amerikanischen Obst-Schildläusen. Jb. Hamburg. wiss. Anst., **16** (1898), Beih. 2 (= Mitt. naturhist. Mus. **16**), 123—141, 1899 e.
[Engl. Übers., z. T., von] Eugen Amandus Schwarz: Scale Insects on American Fruit Imported in to Germany. Bull. U. S. Dep. Agric. Ent., (N. S.) Nr. 22, 79—83, 1900.
— Neues über amerikanische Schildläuse. Naturw. Wschr., **14**, 381—385, 1899 f.
— Ueber einheimische Obst-Schildläuse. Naturw. Wschr., **14**, 602—604, 1899 g.
○ Der Maikäfer. Ratgeber Obst- u. Gartenbau, **11**, Nr. 2, 7—11, 1899 h.
— [Ref.] siehe Chittenden, Frank Hurlbut 1899.
— Einige Bemerkungen zu der Besprechung von Frank-Krüger's „Schildlausbuch" durch Th. Kuhlgatz in Nr. 9 des Biol. Centralblattes 1900. Biol. Zbl., **20**. 493—496, 1900 a.
— Versuche über die Widerstandsfähigkeit von Diaspinen gegen äussere Einflüsse. Biol. Zbl., **20**, 741—751, 799—815, 1900 b.
— Periodicität bei Schildläusen. Ill. Ztschr. Ent., **5**, 161—162, 1900 c.
— Zucht-Ergebnisse mit *Aspidiotus perniciosus* Comst.

Jb. Hamburg. wiss. Anst., **17** (1899), Beih. 3 (= Mitt. bot. Mus. **17**), 237—257, 1 Fig., 1900 d.
— Ueber *Aspidiotus ostreaeformis* Curt. und verwandte Formen. Jb. Hamburg. wiss. Anst., **17** (1899), Beih. 3 (= Mitt. bot. Mus. **17**), 259—271, 1 Fig., 1900 e.
— Die Beweglichkeit von Schildlaus-Larven. Jb. Hamburg. wiss. Anst., **17** (1899), Beih. 3 (= Mitt. bot. Mus. **17**), 273—278, 2 Fig., 1900 f.
— Der Winterkampf gegen die tierischen Schädlinge unserer Gartengewächse. Natur u. Haus, **8** (1899—1900), 141—143, 157—159, 1900 g.
— Über Schildbildung und Häutung bei *Aspidiotus perniciosus* Comst. (Vorläufige Mittheilung.) Zool. Anz., **23**, 502—504, 1900 h.
— Über *Aspidiotus ostreaeformis* Curt. und A. *Pyri* Licht. (Vorläufige Mittheilung.) Zool. Anz., **23**, 497—499, 1900 i.
— Insekten-Wanderungen zwischen Deutschland und den Vereinigten Staaten von Nordamerika, mit besonderer Berücksichtigung der San José-Schildlaus. Ztschr. Pflanzenkrankh., **10**, 120—126, 1900 j.
[Siehe:] Krüger, Leopold: 235—241.
— [Ref.] siehe Frank, Albert Bernhard 1900.

Rehberg, A . . .
Bericht über zoologische Excursionen im Kreise Marienwerder. Schr. naturf. Ges. Danzig (Ber. Westpreuss. bot.-zool. Ver.), (N. F.) **5**, H. 4, 18—25, (1881—83) 1883.
— Ueber die Entwicklung des Insektenflügels. Jahresber. Gymn. Marienwerder, Nr. 36 (1885—86), 1—12, 1 Taf. (unn.), 1886.

Rehberg, Herm[ann]
Systematisches Verzeichnis der um Bremen gefangenen Gross-Schmetterlinge. Abh. naturw. Ver. Bremen, **6**, 455—488, (1880) 1879.

Rehder, A . . .
Vertilgung der Lärchenmotte. Dtsch. Gärtn. Ztg. Erfurt, **13**, 278, 1898 a.
— Schutz der Herbarien gegen Insekten. Dtsch. Gärtn. Ztg. Erfurt, **13**, 510, 1898 b.

Rehn, James A . . . G . . .
(M. E. P.) Ent. News, **61**, 85—88, 1950 m. Porträt.
— *Melanoplus differentialis* in New Jersey and Pennsylvania. Canad. Entomol., **32**, 28, 1900 a.
— Notes on the Distribution of *Podisma variegata* Scudder. Ent. News, **11**, 630—631, 1900 b.
— A Plea for a Proper Regard of Faunal Boundaries. Ent. Student, **1**, 6, 1900 c.
— February Orthoptera. Ent. Student, **1**, 10, 1900 d.
— A Late Capture. Ent. Student, **1**, 12, 1900 e.
— Notes on Mexican Orthoptera, with descriptions of new species. Trans. Amer. ent. Soc., **27**, 85—99, (1900—01) 1900 f.

Reiber, Ferdinand
geb. 1849? in Strassburg, gest. 8. 9. 1892 in Strassburg. — Biogr.: Leopoldina, H. 28, 163, 1892; (Max Wildermann) Jb. Naturw., 8 (1892—93), 538, 1893.
— Les insectes de la Promenade Lenôtre à Strasbourg. Contribution à l'histoire des insectes du tilleul. Bull. Soc. Hist. nat. Colmar, **14—15** (1873—74), 467—474, 1874 a.
— Coléoptères nouveaux ou rares pour l'Alsace et les Vosges. Bull. Soc. Hist. nat. Colmar, **14—15** (1873—74), 475—489, 1874 b.
— Des régions entomologiques de l'Alsace et de la chaîne des Vosges. Bull. Soc. Hist. nat. Colmar, **18—19** (1877—78), 61—80, 1878 a.
— Promenade entomologique à l'île du Rhin, prés de Strassbourg. Bull. Soc. Hist. nat. Colmar, **18—19** (1877—78), 81—95, 1878 b.
— Coléoptères nouveaux ou intéressants pour l'Alsace et la chaîne des Vosges. Bull. Soc. Hist. nat. Colmar, **20—21** (1879—80), 443—446, 1880 a.
— Insectes divers recueillis en Alsace. Bull. Soc. Hist. nat. Colmar, **20—21** (1879—80), 446—447, 1880 b.
— Aperçu des progrès de l'entomologie en Alsace, et notes sur les collections et les collectionneurs d'insectes de cette province, suivis d'une notice sur le Phylloxera en Alsace-Lorraine. Bull. Soc. nat. Hist. Colmar, **24—26** (1883—85), 505—554, 1885.
— Aberration de *Liparis dispar*. Feuille jeun. Natural., **21**, 78, (1890—91) 1891.

Reiber, Ferdinand & **Puton,** Auguste
Catalogue des Hémiptères-Hétéroptères de l'Alsace et de la Lorraine. Bull. Soc. Hist. nat. Colmar, **16—17** (1875—76), 51—88, 1876.
— Catalogue des Hemiptères-Homoptères (Cicadines et Psyllides) de l'Alsace et de la Lorraine, et Supplément au Catalogue des Hémiptères-Hétéroptères. Bull. Soc. Hist. nat. Colmar, **20—21** (1879—80), 49—80, 1880.

Reibisch,
[Beobachtungen der letzten Metamorphose von *Simulia reptans.*] SB. naturw. Ges. Isis Dresden, **1864**, 56, 1865.

Reibisch, Th . . .
siehe Kiesenwetter, Ernst August Hellmuth von & Reibisch, Th . . . 1876.

Reich, Heinrich Boehnke siehe Boehnke-Reich, Heinrich

Reich, Louis
○ Sur le prix de reveint de la submersion en Carmargue. Messag. Midi, **1876**, 413, 1876 a.
○ Über *Phylloxera vastatrix.* (Brief an Blankenhorn.) Weinbau, **2**, 11, 1876 b.
○ La question des vignes américaines. Journ. Agric., **2**, 293—295, 1878 a.
— Über das angebliche Verschwinden der Phylloxera. Weinbau, **4**, 19—21, 1878 b.
○ Quantité d'eau employée par hectarée en moyenne à la submersion des vignes du domaine de l'Armeillère pendant l'hiver de 1878 à 1879. Messag. agric. Midi, **1879**, 360—361, 1879.

Reichardt, Heinrich Wilhelm
geb. 1835, gest. 1885.
— Miscellen: 1. Die in den Werken von Clusius enthaltenen Nachrichten über Gallen und Pflanzenauswüchse.[1]) Verh. zool.-bot. Ges. Wien, **16**, 489—493, 1866.
— (*Rhicnoptila Wodzickii.*) Verh. zool.-bot. Ges. Wien, **17**, SB. 123—124, 1867.
[Siehe:] Nowicki, Max: 337—354.

Reiche, Louis Jerome
geb. 20. 12. 1799 in Gerinchen (Holland), gest. 16. 5. 1890 in Neuilly-sur-Seine, Kaufmann in Paris. — Biogr.: Entomol. monthly Mag., (2) **1** (**26**), 163, 1890; (C. Brisout de Barneville) Ann. Soc. ent. France, (6) **10**, 559—562, 1890 m. Porträt; Leopoldina, **26**, 165, 1890; Zool. Anz., **13**, 408, 1890; Bull. Soc. ent. France, (6) **10**, LXXXVII—CX, 1890; Ent. Jb., 196, 1892; (E. O. Essig) Hist. Ent., 738, 1931; (A. Musgrave) Bibliogr. Austral. Ent., 266, 1932.

---
[1]) andere nicht entomol.

— Espèces nouvelles de Coléoptères d'Algérie. Ann. Soc. ent. France, (4) 4, 233—246, 1864 a.
— Description de trois espèces nouvelles de Coléoptères français. Ann. Soc. ent. France, (4) **4**, 247—249, 1864 b.
— Note sur les *Carabus latus, complanatus, brevis* et *helluo* de Dejean. Ann. Soc. ent. France, (4) **4**, 661—662, 1864 c.
— (*Anchomenus ruficollis* Ménétr. A cette espèce doit être rapporté l'*A. ruficollis*, Gautier des Cottes.) Ann. Soc. ent. France, (4) **4**, Bull. VIII—IX, 1864 d.
— (Rectification géographique relative au *Telephorus bilunatus.*) Ann. Soc. ent. France, (4) **4**, Bull. XXXI, 1864 e.
[Siehe:] Marseul, S. A. de: Abeille, **1**, 1—108, 1864.
— siehe Lucas, Hippolyte & Reiche, Louis 1864.
— Étude des espèces de Mylabrides de la collection de L. Reiche, suivie d'une note sur le genre *Trigonurus* Mulsant et description d'une espèce nouvelle. Ann. Soc. ent. France, (4) **5**, 627—642, 1865 a.
— (*Pogonocherus hispidus* dans les branches mortes.) Ann. Soc. ent. France, (4) **5**, Bull. XXXV, 1865 b.
— siehe Doüé, Pierre Achille Augustin; Lucas, Hippolyte & Reiche, Louis 1865.
— Quelques remarques sur la monographie du genre *Anthaxia* publiée par M. de Marseul dans l'Abeille, 1865, pages 210 et suivantes. Ann. Soc. ent. France, (4) **6**, 577—580, 1866 a.
— (Note sur le *Bradybatus subfasciatus.*) Ann. Soc. ent. France, (4) **6**, Bull. XXXV, 1866 b.
— (Note sur le *Dytiscus latissimus* rencontré en grand nombre.) Ann. Soc. ent. France, (4) **6**, Bull. LIX, 1866 c.
— (*Telephorus* (*Rhagonicha*) *melanurus* (La morsure du) produirait, di-on, l'Ergot du seigle.) [Mit Angaben von Laboulbène & Aubé.] Ann. Soc. ent. France, (4) **7**, Bull. XXVI—XXVII, 1867.
— (Note sur les *Morpho Cypris, Papilio Montrouzieri, Psiloptera squamosa* etc. qui remplacent ou sont mêlés aux fleurs artificielles préparées pour les riches parures des dames.) [Mit Angaben von H. Lucas.] Ann. Soc. ent. France, (4) **8**, Bull. L, 1868 a.
— (Note sur la *Phytaecia canaliculata* nouvelle pour la faune française.) Ann. Soc. ent. France, (4) **8**, Bull. CXV, 1868 b.
— Observations sur quelques Carabiques. Col. Hefte, **3**, 1—3, 1868 c; Réponse à MM. de Kiesenwetter et Kraatz. **5**, 120—122, 1869.
[Siehe:] Kraatz: **4**, 94—95, 1868.
— siehe Leprieur, Charles Eugène & Reiche, Louis 1868.
— [Notes synonymiques sur les Carabiques.] Abeille, **7**, VI—VII, (1869—70) 1869 a.
— Notes sur quelques espèces du genre *Athous* des Coléoptères Élatérides. Ann. Soc. ent. France, (4) **9**, 379—387, 1869 b.
— Notice nécrologique sur Auguste-Simon Paris. Ann. Soc. ent. France, (4) **9**, 599—600, 1869 c.
— (Lettres relatives à une excursion Entomologique en Palestine par M. Piochard de la Brûlerie.) Ann. Soc. ent. France, (4) **9**, Bull. XXI—XXII, XXXVI, 1869 d.
— (Note sur les chasses Entomologiques faites en Espagne par M. Crotch.) Ann. Soc. ent. France, (4) **9**, Bull. XXXV, 1869 e.
— (Note sur un *Brachycerus Pradieri* et *Orthochaetes insignis* rencontré dans l'île de Ré par M. A. Bonnaire.) Ann. Soc. ent. France, (4) **9**, Bull. XLI, 1869 f.
— (Extrait suivant d'une lettre de M. de la Brûlerie, en date de Damas 10 décembre 1869.) Ann. Soc. ent. France, (4) **9**, Bull. LXXXI, 1869 g.
— siehe Giraud, Joseph-Etienne & Reiche, Louis 1869.
— Examen de quelques espèces de Cétonides d'Europe et pays limitrophes et description de quatre espèces nouvelles. Ann. Soc. ent. France, (5) **1**, 83—87, 1871 a.
— Quelques mots sur le Catalogue général des Coléoptères de MM. Gemminger et Harold. Ann. Soc. ent. France, (5) **1**, 88—90, 1871 b.
— Quelques mots sur le 6e Cahier du Bulletin de la Société Suisse d'Entomologie 1870. Mitt. Schweiz. ent. Ges., **3**, 426—428, (1872) 1871 c.
— (Note sur la *Timarcha sinuatocollis.*) Ann. Soc. ent. France, (5) **2**, Bull. XLVII, 1872.
— (Note synonymiques sur divers Coléoptères: *Aphodius & Anoxia.*) Ann. Soc. ent. France, (5) **3**, Bull. CLX—CLXI (= Bull. Soc. ..., **1873**, Nr. 10, 5—6), 1873.
— (Une note sur l'*Anthrenus verbasci* Linné.) Ann. Soc. ent. France, (5) **4**, Bull. XCIV—XCV (= Bull. Soc. ..., **1874**, 106—108), 1874.
— Examen de l'ouvrage institulé: Voyage en Norwége par J.-C. Fabricius, 1779. Ann. Soc. ent. France, (5) **4**, 541—543, (1874) 1875 a.
— Description d'une nouvelle espèce de Coléoptères de la famille des Carabiques. Ann. Soc. ent. France, (5) **4**, 544, (1874) 1875 b.
— (*Triaena* (*Amara*) *damascena* (*impunctata*) et *refulgens,* Col.) Ann. Soc. ent. France, (5) **5**, Bull. CLXXIX—CLXXX (= Bull. Soc. ..., **1875**, 202——203), (1875) 1876 a.
— (*Meloe tuccius* et *Mylabris tenebrosa,* Col.) Ann. Soc. ent. France, (5) **6**, Bull. CLXIII—CLXIV, CLXXIV (= Bull. Soc. ..., **1876**, 177—178, 185), 1876 b.
— (*Crioceris asparagi,* Col.) Ann. Soc. ent. France, (5) **6**, Bull. CLXXVIII (= Bull. Soc. ..., **1876**, 194), (1876) 1877 a.
— (*Carabus repercussus* Drapiez = *C. Ulrichii* Germar et *Harpalus episcopus* Drapiez = *Pristonychus terricola* Herbst.) Ann. Soc. ent. France, (5) **7**, Bull. XXX—XXXI (= Bull. Soc. ..., **1877**, 27), 1877 b.
— (*Sphodroides Deneveui* Fairm. trouvé près d'Alger.) Ann. Soc. ent. France, (5) **7**, Bull. CXVIII (= Bull. Soc. ..., **1877**, 164), 1877 c.
— (Une race particulière de *Rosalia alpina.*) Ann. Soc. ent. France, (5) **7**, Bull. CXVIII (= Bull. Soc. ..., **1877**, 164), 1877 d.
— (*Cerambyx intricatus* Fairmaire et *miles* Bonelli.) Ann. Soc. ent. France, (5) **7**, Bull. CXXII (= Bull. Soc. ..., **1877**, 170), 1877 e.
— (Description d'une nouvelle espèce de Coléoptères de la famille des Longicornes: *Molorchus plagiatus* Reiche.) Ann. Soc. ent. France, (5) **7**, Bull. CXXII (= Bull. Soc. ..., **1877**, 171), 1877 f.
— (Descriptions de trois nouvelles espèces de Coléoptères de la famille des Longicornes: *Phytoecia.*) Ann. Soc. ent. France, (5) **7**, Bull. CXXXV—CXXXVII (= Bull. Soc. ..., **1877**, 187—189), 1877 g.
— (Description de deux nouvelles espèces de Longicornes: *Phytoecia.*) Ann. Soc. ent. France, (5) **7**, Bull. CXL—CXLI (= Bull. Soc. ..., **1877**, 195—196), 1877 h.
— (Description de deux nouvelles espèces de Longi-

cornes.) Ann. Soc. ent. France, (5) 7, Bull. CXLIX (= Bull. Soc. . . ., **1877**, 204), (1877) 1878 a.
— (Description de deux nouvelles espèces de *Oberea.*) Ann. Soc. ent. France, (5) 7, Bull. CXLIX—CL (= Bull. Soc. . . ., **1877**, 204), (1877) 1878 b.
— (Un nouveau genre de la famille des Cérambycides: *Jebusaea.*) Ann. Soc. ent. France, (5) 7, Bull. CLIII—CLIV (= Bull. Soc. . . ., **1877**, 211—212), (1877) 1878 c.
— (Rectifications de synonymies sur divers Coléoptères: *Dorcadion involvens.*) Ann. Soc. ent. France, (5) 7, Bull. CLXV (= Bull. Soc. . . ., **1877**, 234), (1877) 1878 d.
— (Descriptions de quatre nouvelles espèces de Buprestides: *Julodis.*) Ann. Soc. ent. France, (5) 7, Bull. CLIX—CLXI (= Bull. Soc. . . ., **1877**, 220—221), (1877) 1878 e.
— Notice nécrologique sur Thibesard. Ann. Soc. ent. France, (5) **8**, 175—176, 1878 f.
— (*Eros longicornis* et *abdominalis*, Col.) Ann. Soc. ent. France, (5) **8**, Bull. XXVII—XXVIII (= Bull. Soc. . . ., **1878**, 26—27), 1878 g.
— (*Hemidendroides Peyroni* et *Criolis Mulsanti*, Col.) Ann. Soc. ent. France, (5) **8**, Bull. LXXIII—LXXIV (= Bull. Soc. . . ., **1878**, 90), 1878 h.
— (*Xenoscelis costipennis* = *Pediacus costipennis, Pristoscelis deplanatus, Xenoscelis deplanatus, Diochares depressus*, Col.) Ann. Soc. ent. France, (5) **8**, (Bull. CXXXIV (= Bull. Soc. . . ., **1878**, 179—180), 1878 i.
— Espèces nouvelles de Téléphorides. Ann. Soc. ent. France, (5) **8**, 383—384, 1878 [1879]a.
— Descriptions de quelques nouvelles espèces de Géorissides, Parnides et Hétérocérides propres à la faune européenne. Ann. Soc. ent. France, (5) **9**, 237—239, 1879 b.
— Deux nouvelles espèces de Curculionides d'Orient. Ann. Soc. ent. France, (5) **9**, 240, 1879 c.
— (*Xestobium tessellatum* (dégâts), Col.) [Mit Angaben von L. Bedel.] Ann. Soc. ent. France, (5) **10**, Bull. LXXIV (= Bull. Soc. . . ., **1880**, 107), 1880.
— Notice biographique sur Félix de Saulcy. Ann. Soc. ent. France, (5) **10**, 413—416, (1880) 1881 a.
— (*Agapanthia asphodeli* Latreille et *acutipennis* Mulsant.) Ann. Soc. ent. France, (6) **1**, Bull. CXXVII—CXXVIII (= Bull. Soc. . . ., **1881**, 179), 1881 b.
— Javet, Charles-Georges, décédé à Passy-Paris. Ann. Soc. ent. France, (6) **2**, Bull. XCIX—C (= Bull. Soc. . . ., **1882**, 122), 1882.
— Notice nécrologique sur Auguste Chevrolat. Ann. Soc. ent. France, (6) **4**, 357—360, (1884) 1885.

Reiche, Louis & **Bedel,** Louis
(*Dolichosoma viridi-caeruleum*, Col.) Ann. Soc. ent. France, (5) **8**, Bull. CLX—CLXI, CLXIX (= Bull. Soc. . . ., **1878**, 218, 234), (1878) 1879.

Reiche, Louis & **Lallemant,** Charles
Catalogue des Coléoptères de l'Algérie et contrées voisines avec descriptions d'espèces nouvelles; avec la collaboration principale de M. Lallemant et l'aide de plusieurs entomologistes. Mém. Soc. Linn. Normandie, **15** (1865—69), (Nr. 4), 1—44, 1869.
[Darin:]
Fauvel, Albert: [Staphylinides du Nord de l'Afrique.] Fußnoten auf S. 28—32, 34—35, 37—43.
Pandellé, Louis: [*Tachyporus signifer* n. sp.] 32.
Sonderdr.: 4°, 3 (unn.) + 44 S., Caen, typ. Blanc-Hardel, 1872.

Reiche, Louis & **Saulcy,** Félicien de
(*Boreaphilus Henningianus*. A cette espèce doivent être rapportés les *Boreaphilus velox* Heer et *angulatus* Fairm.) [Mit Angaben von Tappes.] Ann. Soc. ent. France, (4) **6**, Bull. XXIII, LVIII, 1866.
— (Note sur une plaque membraneuse recouvrant les deux derniers segments abdominaux du *Dytiscus latissimus.*) Ann. Soc. ent. France, (4) **7**, Bull. III, IX—X, 1867.
— (*Dineutes subspinosus* Klug.) Ann. Soc. ent. France, (5) **3**, Bull. CXXVII (= Bull. Soc. . . ., **1873**, Nr. 7, 1—2), 1873.

Reiche, Louis & **Tappes,** Gabriel
(*Cryptocephalus stragula* Rossi.) Ann. Soc. ent. France, (5) **3**, Bull. CXXVIII, CXXXVII (= Bull. Soc. . . ., **1873**, Nr. 7, 2; 8, 3) 1873 a.
— [Remarks sur le *Cryptocephalus stragula* Rossi et le *Cr. Perrieri.*] Ann. Soc. ent. France, (5) **3**, Bull. CXXVIII, CXXXVII (= Bull. Soc. . . ., **1873**, Nr. 7, 2, Nr. 8, 3), 1873 b.

Reichel, Alois
○ Über *Bombyx Yama-Maÿ.* Allg. Seidenbau-Ztg., **2**, 26—27, 37—38, 75—76, 1865.

Reichelt, Carl Fr . . .
(Die Biene.) Ill. Gartenztg. Erfurt, **9**, 70, 1895 a.
— Das bienenreichste Land der Welt. Oesterr. landw. Wbl., **21**, 142, 1895 b.

Reichelt, K . . .
Über Schutz der Obstbäume gegen schädliche Insekten im Frühling. Pomol. Mh., (N. F.) **11** (**31**), 94—96, 2 Fig., 1885.
— Neuere Erfahrungen über die Blutlaus und die Mittel zu ihrer Vertilgung. Pomol. Mh., (N. F.) **12** (**32**), 97—110, 1 Taf. (unn.), 1886.
— Neuere Erfahrungen über die Vertilgung schädlicher Insekten. Pomol. Mh., (N. F.) **14** (**34**), 19—23, 43—46, 1888.

Reichenau, Adolph siehe Planta (-Reichenau), Adolph von

Reichenau, Wilhelm von
geb. 1847.
— *Pteromalus puparum*, die Weisslingspuppenwespe. Ent. Nachr. Putbus, **4**, 214—217, 1878 a.
— Biologische Notizen. Ent. Nachr. Putbus, **4**, 241—243, 1878 b.
— Saison-Dimorphismus bei einheimischen Schmetterlingen. Ent. Nachr. Putbus, **4**, 253—255, 1878 c.
— Einiges über Insectenfeinde. Ent. Nachr. Putbus, **4**, 284—286, 1878 d.
— Das Thierreich, vom Gesichtspunkte der Anpassungsähnlichkeit. (Ein Beitrag zum 14. Kapitel von Darwin's „Entstehung der Arten".) Kosmos, **3**, 133—147, 1878 e.
— Welche Bedeutung haben die geweihartigen Kiefer und Hörner der Blatthorn-Käfer? Kosmos, **4**, 56—57, (1878—79) 1878 f.
— Beiträge zur Biologie und Psychologie. I. Ueber die Erscheinungen individueller und ererbter Erfahrung. Ent. Nachr., **5**, 93—95; . . . II. Vermischtes: Witterungs- oder Bodeneinfluss, Ueberwinterung und Mordraupen bei Schmetterlingen. 137—139, 1879 a; . . . III. Reizungs- u. Vertheidigungsorgane, Geschlechtstrieb und Gefühllosigkeit bei Insecten, insbesondere Schmetterlingen. **6**, 203—206, 1880.

— Als Mittel gegen Raubinsecten. Zool. Anz., **2**, 573—574, 1879 b.
— Beiträge zur Phaenologie der auffälligeren Insecten um Mainz; betreffend das Jahr 1879 im Vergleiche mit seinen drei vorhergegangenen Jahren (1878, 1877, 1876). Ent. Nachr., **6**, 41—45, 76—81, 1880 a.
— Der Duftapparat von *Sphinx ligustri.* Ent. Nachr., **6**, 141, 1880 b.
[Siehe:] Bertkau, Philipp: 206.
— Die Duftorgane des männlichen Ligusterschwärmers (*Sphinx Ligustri*). Kosmos, **7**, 387—390, 9 Fig., 1880 c.
— Zur Kenntniss der Feinde schädlicher Krautraupen. Ent. Nachr., **7**, 50—51, 1881 a.
— Biologische Notizen über Macrolepidopteren. Ent. Nachr., **7**, 323—326, 1881 b.
— Ueber den Ursprung der secundären männlichen Geschlechtscharaktere, insbesondere bei den Blatthornkäfern. Kosmos, **10** (1881—82), 172—194, Taf. 5, 1881 c.
— Zur Physiognomie des Mainzer Sandes. Jb. Nassau Ver. Naturk., **35**, 21—61, 1882 a.
— Die Züchtung des Nesselfalters (*Vanessa urticae* L.), ein Beweis für den directen Einfluss des Klimas. Kosmos, **12** (1882—83), 46—49, 1 Fig., 1882 b.
— Streifzüge in die heimische Thierwelt. Aus dem Leben des Ligusterschwärmers (*Sphinx Ligustri* L.). Natur Halle, (N. F.) **18** (**41**), 217—221, 1 Fig.; 229—231, 1892.
— Streifzüge in die einheimische Thierwelt. Winterliches Thierleben am Mittelrheine. Natur Halle, (N. F.) **19** (**42**), 49—51, 61—63, 78—80, 88—89, 1893.

Reichenbach, E . . .
(Über eine japanische Seidenraupe.) SB. naturw. Ges. Isis Dresden, **1864**, 201—202, 1865.
○ Über Seidenraupenzucht und Cultur des Maulbeerbaumes in China, aus einer englischen Übersetzung chinesischer Originalwerke ins Deutsche übertragen nebst einer Abhandlung über die Zusammensetzung der Maulbeerblätter und ihre Beziehung zur Seidenraupenkrankheit. Mit einem Vorwort von Justus v. Liebig. 8°, XXXI + 97 S., 8 Fig., München, Literarisch-artist. Anstalt, 1867 a.
— Untersuchungen über die Zusammensetzung der Maulbeerblätter in besonderer Beziehung auf die Seidenraupen-Krankheit. Ann. Chem. Pharm., (N. R.) **67** (**143**), 83—97, 1867 b.
— Die Maulbeerblätter und die Seidenraupenkrankheit. Aus der Natur, **41** ((N. F.) **29**), 615—619, 1867 c.
— Ueber Maulbeerblätter aus Turkestan. Ann. Chem. Pharm., (N. R.) **82** (**158**), 92—96, 1871. — [Abdr.:] Dinglers polytechn. Journ., (4) **50** (**200**), 326—329, 1871.
[Siehe:] Liebig, Justus von: 96—104.

Reichenbach, Heinrich Gottlieb Ludwig
geb. 8. 1. 1793 in Leipzig, gest. 17. 3. 1879 in Dresden, Prof. d. Naturgesch. d. Naturalien-Kabinettes in Dresden. — Biogr.: Nat. Novit. Berlin, Nr. 7—8, 92, 1879; Zool. Anz., **2**, 192, 1879; SB. naturw. Ges. Isis Dresden, **1879**, 97—104, 1880; Amer. Journ. Sci., **19**, 77, 1880; Leopoldina, **17**, 19—22, 34—36, 50—54, 1881 m. Schriftenverz.
— Allgemeines über Sinnesorgane. Ber. Senckenb. naturf. Ges., **1878—79**, 127—156, 1879.
○ Wie die Insekten sehen. Daheim, **16**, 284—286, ? Fig., 1880.
— Philipp Theodor Passavant † [Nekrolog]. Ber. Senckenb. naturf. Ges., **1893** (1892—93), CXXVII—CXXVIII, 1893.
— Eine Sklavenjagd am Grafenbruch. Ber. Senckenb. naturf. Ges., **1894** (1893—94), 99—104, 1894 a.
— Ameisenstudien im Frankfurter Wald. Ber. Senckenb. naturf. Ges., **1894** (1893—94), LXXXIV—LXXXV, 1894 b.
— Bilder aus dem Leben der Ameisen. (Nach eigenen Beobachtungen.) Ber. Senckenb. naturf. Ges., **1896**, XCII—XCV, 1896.
— Über lebende Ameisenkolonien in künstlichen Nestern. Ber. Senckenb. naturf. Ges., **1899** (1898—99), XCV—XCVI, 1899 a.
— Ueber Ameisen. Naturw. Wschr., **14**, 177—179, 1 Fig., 1899 b.

Reichenow, Anton
geb. 1847.
○ Eine Hummelart in Zaunkönignestern. Orn. Zbl., **5**, 4, 1880.

Reichert, Alexander Julius
geb. 25. 1. 1859 in Leipzig, gest. 1. 7. 1939 in Leipzig, Graveur. — Biogr.: (F. von Emden u. a.) Ztschr. wiss. Insektenbiol., **24**, 1—10, 1929 m. Porträt & Schriftenverz.; Arb. morphol. taxon. Ent., **6**, 69, 1939; (E. Möbius) Dtsch. ent. Ztschr. Iris, **57**, 16 (1—27), 1943.
— Eine neue Auslage für Insektenkästen. Insekten-Welt, **3**, 75, 1886. — [Abdr.:] Insektenbörse, **4**, Nr. 21, 1887.
— Ueber die Ablage und Unterschiede der Eier von *Cheimatobia Brumata* L. u. *Boreata* Hb. Ent. Ztschr., **3**, 120, 1890.
— *Raphidia*, ein Schmarotzer. Ent. Ztschr., **4**, 131, 1891.
— Ein merkwürdiger Fund. Ent. Jb., (**1**), 167—168, 1892.
— Begattung und Eier von *Rhipiphorus paradoxus* L. Ent. Ztschr., **7**, 4—6, 1 Fig., 1893.
— *Velleius dilatatus* F. bezw. *Vespa vulgaris* L. Ent. Ztschr., **8**, 111, 1894.
— Das Ausgraben von Wespennestern. Ent. Jb., **4**, 212—214, 1895.
— Schmarotzer bei entwickelten Insekten. Ent. Jb., **5**, 113—114, 1896 a.
— Praeparatio a posteriori. Ent. Jb., **6**, 210—211, 1896 b.
— Ein Wink für Hymenopterensammler. Ent. Jb., **6**, 212, 1896 c.
— Über Coccinelliden und ihre Varietäten. Ill. Wschr. Ent., **1**, 26—30, 44 Fig., 1896 d.
— *Myrmecoleon formicarius.* Ill. Wschr. Ent., **1**, 83, 1896 e.
— *Aeschna cyanea* Müll. und *Formica rufa* L. Ent. Jb., **7**, 190, 1897 a.
— *Deilephila euphorbiae.* Ill. Wschr. Ent., **2**, 159—160, 1897 b.
— Über Cetoniden, ihre Lebensweise und ihr Vorkommen in der Umgegend von Leipzig. Ill. Wschr. Ent., **2**, 167—173, 1897 c.
— (Vorkommen von *Sphex maxillosa* in Norddeutschland.) Berl. ent. Ztschr., **44**, (25), 1899 a.
— Auffallendes Vorkommen von Hummelnestern. I. Ill. Ztschr. Ent., **4**, 283; . . . II. 296—297, 1899 b.
— Anpassung eines Volkes von *Vespa vulgaris* L. an eine veränderte Umgebung. Ill. Ztschr. Ent., **4**, 362, 1899 c.

— Die Gross-Schmetterlinge des Leipziger Gebietes.[1]) Herausg. Entom. Ver. Fauna zu Leipzig, [Mitarbeiter:] Max Fingerling und Ernst Müller. 3. Aufl.[2]) XXII + 81 S., Leipzig, Selbstverl. des Vereins, 1900.

Reid, A . . . M . . .
Lycaena corydon at Beckenham. Entomologist, **20,** 230, 1887 a.
— *Lycaena boetica* in France. Entomologist, **20,** 302, 1887 b.

Reid, Niel H . . .
Sphinx convolvuli in France. Entomologist, **20,** 230, 1887 a.
— Abundance of *Sphinx convolvuli* in France. Entomologist, **20,** 304—305, 1887 b.

Reid, Percy C . . .
(Strange resting-place of *Asphalia flavicornis.*) Entomol. Rec., **10,** 132, 1898 a.
— (Lepidoptera in the Norfolk Broads.) Entomol. Rec., **10,** 231, 1898 b.
— *Xanthia ocellaris* at Kelvedon. Entomol. monthly Mag., (2) **10 (35),** 92, 1899.
— (Food-plants of *Cucullia lychnitis.*) Entomol. Rec., **12,** 248, 1900 a.
— (*Glypta lugubrina,* supposed to be parasitic on *Hecatera dysodea.*) [Mit Angaben von Claude Morley.] Entomol. Rec., **12,** 293—294, 1900 b.

Reid, S . . . J . . .
(*Choerocampa nerii* in Kent.) Entomol. Rec., **12,** 303, 1900.

Reid, Savile G . . .
Plusia moneta in Hants. Entomologist, **25,** 220, 1892.
— Notes from North-east Hampshire [Lep.]. Entomologist, **26,** 360—361, 1893.
— Sugaring in January. Entomologist, **27,** 106, 1894.
— Glowworms in October. Entomologist, **29,** 24, 1896 a.
— Captures at Lamp-light. [Lep.] Entomologist, **29,** 335, 1896 b.
— *Choerocampa nerii* in Kent. Entomologist, **33,** 305, 1900.

Reid, Savile G . . .; **Wood,** F . . . H . . . & **Lathy,** Percy I . . .
Spring Lepidoptera. [Mit Angaben von D. P. Turner; Henry D. Sykes; T. H. Briggs u. a.] Entomologist, **26,** 160—162, 195—200, 1893.

Reid, William
Ypsipetes elutata. Entomologist, **16,** 62—63, 1883.
— *Sphinx convolvuli* in Aberdeenshire. Entomologist, **19,** 249, 1886.
— (*Melanippe fluctuata* var. *neapolisata.*) Entomol. Rec., **1,** 177—178, (1890—91) 1890 a.
— (*Agrotis pyrophila* in Aberdeenshire.) Entomol. Rec., **1,** 214, (1890—91) 1890 b.
— (*Crambus myellus* near Pitcaple.) Entomol. Rec., **1,** 215, (1890—91) 1890 c.
— siehe Frohawk, Frederick William; Biddle, F . . . W . . . & Reid, William 1890.
— List of the Lepidoptera of Aberdeenshire and Kincardineshire. Brit. Natural., **1,** 66—70, 93—94, 138—140, 162—164, 1891 a; **2,** 80—81, 94—96, 115—119, 141—145, 1892; **3,** 8—10, 1893.
— *Heliothus Scutosa* in Kincardineshire. Brit. Natural., **1,** 75, 1891 b.
— Aberdeenshire. Brit. Natural., **1,** 76, 1891 c.
— *Ypipsipetes Ruberata* in Aberdeenshire. Brit. Natural., **1,** 248, 1891 d.
— *Sphinx convolvuli* in Aberdeenshire. Brit. Natural., **1,** 248, 1891 e.
— *Melanippe fluctuata* var. *neapolisata,* Mill. Entomologist, **24,** 75, 1891 f.
— (Retarded development of wings.) Entomol. Rec., **2,** 15, 1891 g.
— (Aneurism.) Entomol. Rec., **2,** 56, 1891 h.
— (*Larentia multistrigaria* vars.) Entomol. Rec., **2,** 57, 1891 i.
— (Northern Range of *Hemerophila abruptaria.*) Entomol. Rec., **2,** 92, 1891 j.
— (Meteorological Influences and Sugaring.) [Mit Angaben von E. W. Brown.] Entomol. Rec., **2,** 113—114, 1891 k.
— (*Hadena porphyrea* (*satura*).) Entomol. Rec., **2,** 293—294, 1891 l.
— (*Eupithecia expallidata, Noctua sobrina* and *Acherontia atropos* in Aberdeenshire.) Entomol. Rec., **1,** 337, (1890—91) 1891 m.
— (Life-History of *Agrotis pyrophila.*) Entomol. Rec., **1,** 337—338, (1890—91) 1891 n.
— (Uncertain appearance of certain Lepidoptera.) Entomol. Rec., **1,** 341, (1890—91) 1891 o.
— (Note on *Viminia myricae.*) Entomol. Rec., **1,** 346, (1890—91) 1891 p.
— *Acronycta myrica* in Elginshire. Brit. Natural., **2,** 175, 1892 a.
— *Vanessa antiopa* at Forres. Brit. Natural., **2,** 175, 1892 b.
— *Hadena satura* in the far North. Entomologist, **25,** 94, 1892 c.
— Collecting in Aberdeenshire. Entomologist, **25,** 123—124, 1892 d.
— (Variation of *Arctia plantaginis,* etc.) Entomol. Rec., **3,** 57—58, 1892 e.
— (Variation of Lepidoptera in Aberdeenshire.) Entomol. Rec., **3,** 125, 1892 f.
— The Crambi of Scotland. Ann. Scott. nat. Hist., **1893,** 80—88, 1893 a.
— (Micro-Lepidoptera in the North of Scotland in 1892.) Entomol. Rec., **4,** 80—85, 1893 b.
— *Biston hirtaria* and *Cleora viduaria* in Scotland. Entomologist, **27,** 136, 1894.
— siehe King, James John Francis Xavier; Bright, Percy May & Reid, William 1896.
— *Taeniocampa gracilis* (Fb.) in Scotland. Ann. Scott. nat. Hist., **7,** 119, 1898.
[Ref.:] . . . in Perthshire. Entomologist, **31,** 138, 1898.
— (Varieties of *Taeniocampa gothica.*) Proc. S. London ent. Soc., **1898,** 108—109, [1899].

Reid, William & **Harker,** George A . . .
(Times of flight of the species in the genus *Crambus.*) Entomol. Rec., **3,** 16—17, 1892.

Reid, William & **Kane,** William Francis de Vismes
(*Caenonympha davus* vars.) Entomol. Rec., **2,** 108, 1891.

Reid, William & **Richardson,** Nelson Moore
(Breeding Solenobiae.) Entomol. Rec., **3,** 186—187, 1892.

[1]) 1. Aufl. siehe: Die Macrolepidopteren der Umgegend von Leipzig. Zusammengestellt vom Entomologischen Verein „Fauna" in Leipzig. 1880.
2. Aufl. siehe: Die Gross-Schmetterlinge des Leipziger Gebietes 1889.
[2]) Nachtrag 1906.

Reignier, H . . .
○ Des eaux de la mer en vue de la destruction du phylloxéra. 8°, 15 S., Saint-Jean-d'Angély, impr. Bonnin, 1875.

Reihlen, Ad . . .
Zucht des japanischen Eichen-Seidenspinners, *Bombyx Yama-mayu.* Ztschr. Akklim. Berlin, (N. F.) **11**, 55—57, 1873.

Reimers, Th . . .
Schlauchartige und insektenfressende Pflanzen. Gartenflora Berlin, **40**, 382—384, 1 Fig., 1891.

Rein, J . . . J . . .
○ Der gegenwärtige Stand des Seidenbaues. 8°, 50 S., Frankfurt a. M., Auffarth, 1868.
[Ref.:] Allg. Dtsch. Ztschr. Seidenbau, **3**, 21—22, 69—70, 76—77, 1869.
— Der japanesische Seidenspinner. [*Sericaria mori.*] Allg. Dtsch. Ztschr. Seidenbau, **3**, 87, [1869].
— siehe Fritsch, Karl Wilhelm Georg von & Rein, J . . . J . . . 1873.
○ Über Zucht und Bedeutung der *Antherea* (*Bombyx*) *Yama-Mai* in Japan. SB. Ges. Naturw. Marburg, **1877**, 60—68, 1877.

Reinberger, Gust[av]
Falter mit fehlender Körperbehaarung. Ill. Ztschr. Ent., **4**, 202, 1899.
— Beitrag zum „Treiben der Schmetterlingspuppen". I. Ill. Ztschr. Ent., **5**, 370; . . . II. 382, 1900.

Reincke, J . . . J . . .
[Ref.] siehe Kraepelin, Karl 1886.

Reineck, Georg
Beitrag über Missbildungen bei Käfern. Ill. Ztschr. Ent., **4**, 284, 1 Fig., 1899.
— siehe Gaude, Benno & Reineck, Georg 1899.
— Missbildungen bei *Carabus clathratus* L. und *Oberea oculata* L. (Col.). Ill. Ztschr. Ent., **5**, 136, 1900.

Reineck, R . . .
siehe Wadzeck, Hans & Reineck, R . . . 1899.

Reinecke, Ottomar
geb. 26. 11. 1840 in Sondershaven, gest. 26. 11. 1917 in Buffalo. — Biogr.: Etn. News, **29**, 240, 1918.
— siehe Zesch, Frank H . . . & Reinecke, Ottomar 1881.
— Additional List of Coleoptera. Bull. Buffalo Soc. nat. Sci., 4 (1881—83), 55, (1883) 1882.
— Longevity of Beetles. Bull. Brooklyn ent. Soc., **6**, 36, (1883—84) 1883.
— (An invasion of *Phytonomus opimus*, Lec.) Bull. Brooklyn ent. Soc., **7**, 76, (1884—85) 1884.
— (Westward.) Ent. News, **8**, 13—14, 1897.

Reinecke, W . . .
[Espe als *Apatura iris*-Futter.] Ent. Ztschr., **11**, 80—81, (1897—98) 1897.
— *Bombyx neustria.* Ill. Ztschr. Ent., **3**, 138, 1898.

Reinhard, Hermann
Die Hypothesen über die Fortpflanzungsweise bei den eingeschlechtigen Gallwespen. Berl. ent. Ztschr., **9**, 1—13, 1865.
— Zur Entwicklungsgeschichte des Tracheensystems der Hymenopteren mit besonderer Beziehung auf dessen morphologische Bedeutung. Berl. ent. Ztschr., **9**, 187—218, Taf. I—II, (1865) 1866 a.
— Beiträge zur Kenntniss einiger Braconiden-Gattungen.[1]) Berl. ent. Ztschr., **9**, 243—267, Taf. III (Fig. 6—7), (1865) 1866 b; **11**, 351—374, (1867) 1868; Dtsch. ent. Ztschr., **24**, 353—370, 1880; **25**, 33—52, 1881.
— *Diastrophus Mayri*, eine neue Gallwespe. Verh. zool.-bot. Ges. Wien, **26** (1876), SB. 11—12, 1877.
[Siehe:] Mayr, G. 1874.
— Beiträge zur Gräber-Fauna. Verh. zool.-bot. Ges. Wien, **31** (1881), 207—210, 1882.
[Siehe:] Reitter, Edmund: SB. 28.
[Ref.:] Fauvel, Albert: De la faune sépulcrale. Rev. Ent. Caen, **1**, 279—280, 1882.
— Zwei seltene Giraud'sche Hymenopterengattungen. Verh. zool.-bot. Ges. Wien, **34** (1884), 131—134, 1885.

Reinier,
○ L'arte d'allevare i bachi da seta a bozzoli gialli. 4°, 18 S., Asti, tip. Dresco, 1877.

Reinsch, H . . .
Einfaches und sicheres Mittel zur Vertilgung der Reblaus. [Schwefelkohlenstoff.] Dtsch. landw. Pr., **3**, 657, 1876.

Reis, Antonio Batalha siehe Batalha Reis, Antonio

Reischel, G . . .
Das Wesen der Irrlichter. Natur Halle, (N. F.) **24** (47), 193—196, 1898.

Reise Novara 1857—59
○ Reise der Österreichischen Fregatte Novara um die Erde in den Jahren 1857, 1858, 1859 unter den Befehlen des Commodore B. von Wüllerstorf-Urbair. Herausgeb. Akademie d. Wissenschaften Wien. Wien, Karl Gerold's Sohn, 1864—75.
Scherzer, Karl von: Beschreibender Teil. 3 Bde.
2. Aufl.[2]) 8°, 1864—1866 (?).
2. Aufl. (Volksausgabe). 2 Bde.
1. X + 2 (unn.) + 600 S., 4 Beilagen, 4 Kart., 12 Taf., zahlr. Fig., 1864.
2. VI + 2 (unn.) + 642 S., 4 Beil., 20 Taf., 4 Kart.. zahlr., Fig., 1866.
5. Aufl. (Volksausgabe). 2 Bde. 1877.
Zoologischer Teil. 2 Bde.[3]) 4°, 1864—75.
2. [Wirbellose Tiere]. 3 Abteilungen.
I. Abt. A. 1868.
Redtenbacher, Ludwig: Coleopteren. IV + 249 + 5 (unn., Taf. Erkl.) S., 5 Taf. (1868) 1867.
Saussure, Henri de: Hymenoptera. Familien der Vespiden, Sphegiden, Pompiliden, Crabroniden und Heterogynen. 138 + 4 (unn., Taf. Erkl.) S., 4 Taf.
Sichel, Jules: Suppl. Hymenoptera fossoria et Mellifera. S. 141—156.
Mayr, Gustav L . . .: Formicidae. 119 + 5 (unn., Taf. Erkl.) S., 4 Taf.
Brauer, Friedrich: Neuropteren. 104 + 3 (unn., Taf. Erkl.) S., 2 Taf.
I. Abt. B. 1868.
Schiner, Ignaz Rudolf: Diptera.[4]) VI + 388 + 4 (unn., Taf. Erkl.) S., 4 Taf.

[1]) Anfang vor 1864.
[2]) 1. Aufl. vor 1864.
[3]) nur z. T. entomol.
[4]) Bezüglich Priorität von Schiner zu Thomson, Carl in Kongliga Svenska fregatten Eugenies resa vertritt Verall (Zool. Rec., **1870**, 427) die Ansicht, dass Thomsons's Arbeit erst 1869 erschienen sei und daher sich viele Synonyme gegenüber Schiner (1868) ergeben würden (s. auch Huckett, Journ. N. Y. Soc., 44, Sept. 1936).

Mayr, Gustav L . . .: Hemiptera. 204 + 5 (unn., Taf. Erkl.) S., 5 Taf.
II. Abt. Lepidoptera. 5 Hefte. 1864—75.
1. Felder, Cajetan & Felder, Rudolf: Rhopalocera Papilionidae. 1 (unn.) + 136 S., 21 Farbtaf., 1864.
2. —: Rhopalocera. 1 (unn.) + 137—378 S., 26 Farbtaf., 1865.
3. —: Rhopalocera. (Schluss:) 1 (unn.) + 379—548 + 1 (unn.) S., 27 Farbtaf., 1866—67.
4. Felder, Rudolf & Rogenhofer, Alois F . . .: Atlas der Heterocera Sphingida-Noctuida. 15 (unn., z. T. Taf. Erkl.) S., 46 Farbtaf., 1874.
5. —: (Schluss). Atlas der Heterocera, Geometrida, Pterophorida. VI + 20 + 23 (unn., Taf. Erkl.) S., 20 Taf., 1875.
[Siehe:] Harold, Edgar von: Col. Hefte, **3**, 93—95, 1868; Butler, Arthur Gardiner: Trans. ent. Soc. London, **1870**, 119—122, 1870; Stretch, Richard Harper: Cistula ent., **2**, 11—19, (1875—82) 1875; Brauer, Friedrich: Verh. zool.-bot. Ges. Wien, **14**, 159—164, 1864 ff.
[Ref.:] Hopffer, Heinrich Carl: Felder's Lepidoptera. (1., 2. u. 3. Heft.) Stettin. ent. Ztg., **26**, 382—398, 1865; **30**, 427—453, 1869.

Reisen, Franz
Die Legewespen. Fauna Ver. Luxemburg, **3**, 23—26, 1893.

Reisen, Th . . .
Über das Leben und Treiben der Maulwurfsgrille. Fauna Ver. Luxemburg, **2**, 26—29, 1892.

Reisenbichler, G . . . F . . .
Verbesserung für Insekten-Sammlungen. Isis Magdeburg (Berlin), **5**, 54, 1880.

Reisenegger, Hermann
Mittheilungen über hervorragende Feinde des Kiefernwaldes. Allg. Forst- u. Jagdztg., (N. F.) **65**, 296—300, 335—339, 1889.

Reiser, Othmar
Zur Vogelschutzfrage. Oesterr. Forst-Ztg., **10**, 13, 1892.

Reiset, J . . .
Mémoire sur les dommages causés à l'agriculture par le hanneton et sa larve; mesures à prendre pour la destruction de cet insecte. C. R. Acad. Sci. Paris, **65**, 1125—1140, 1867. — ○ [Abdr.?:] Ann. Soc. Agric. Dép. Indre-Loire, (2) **47**, 204—212, 1868. — ○ [Abdr.?:] Dommages causés à . . . Bull. Ass. scient. France, **3**, 137—141, 1868.
[Dtsch. Übers.:] Über Maikäferverwüstung und das Mittel dagegen. Ann. Landw. Wbl., **8**, 174—176, 1868.
[Darin:]
Blanchard, Emile: (Remarques au sujet.) 1138.
Chevreul,: (Réponse à des remarques de M. Blanchard.) 1138—1140.
— Mémoire sur les dommages causés à l'Agriculture par le hanneton et sa larve; mesures prises pour la destruction de cet insecte; suites et résultats. C. R. Acad. Sci. Paris, **108**, 835—841, 1889.

Reiset, M . . . T . . .
„Hanneton". [Nach: Cosmos Paris, 1868.] Amer. Natural., **2**, 209, (1869) 1868.

Reiß,
Fraß des Kiefernspinners. Allg. Forst- u. Jagdztg., (N. F.) **55**, 151—152, 1879.

Reissig,
Die Lerchenmotte, *Coleophora laricella* Hb., *Tin. laricinella* Bchst. Ztschr. Forst- u. Jagdwes., **1**, 129—137, 1869.

Reist, Nathan E . . .
Notes on the Cicindelidae of Central Pennsylvania. Ent. Student, **1**, 15, 1900.

Reitlechner,
Der internationale Weinbau-Congreß zu Colmar im Elsaß. Weinlaube, **7**, 368—370, 1875.

Reitter, Edmund
geb. 22. 10. 1845 in Müglitz (Mähren), gest. 15. 3. 1920 in Paskau, Inhaber einer entomologischen Handlung in Paskau. — Biogr.: (K. Letzner) Ztschr. Ent. Breslau, (N. F.) **10—16**, Beil. XXIV, 1891; (E. Reitter) Wien. ent. Ztg., **12**, 1—22, 185—213, 1893 m. Schriftenverz.; (A. Hetschko) Wien. ent. Ztg., **22**, 157—170, 181—200, 1903 m. Schriftenverz.; **34**, 221—270, 1915 m. Schriftenverz.; **41**, 158—162, 1924 m. Schriftenverz.; (R. Formanek) Ent. Bl., **4**, 1—3, 1908; (T. Wanka) Wien. ent. Ztg., **34**, 215—218, 1915 m. Porträt; (A. Fleischer) Wien. ent. Ztg., **34**, 219—220, 1915; (H. B.) Ent. Bl., **11**, 262, 1915; Acta Mus. Dzieduszyckilini, **5—6**, 236, 1919—20; (W. Hubenthal) Ent. Bl., **16**, 144—145, 1920 m. Porträt; Entomol. monthly Mag., **56**, 113, 1920; Ent. News, **31**, 210, 1920; (F. Heikertinger) Wien. ent. Ztg., **38**, 1—20, 1920 m. Porträt & Schriftenverz.; (A. Codina) Butll. Inst. Catalana Hist. nat., 140—149, 1920; (F. Heikertinger) Verh. zool.-bot. Ges. Wien, **70**, (105)—(107), (1920) 1921; (R. P. L. Navas) Bol. Soc. ent. España, **4**, 44—46, 1921 m. Porträt; (F. Heikertinger) Col. Rdsch., **9**, 30—32, 1921; (L. W. Rothschild) Trans. ent. Soc. London, **1921**, Proc. CXXX, 1921; (K. Hedwig) Jh. Ver. Schles. Insektenk. Breslau, **13**, 21—23, 1921; (A. Fleischer u. a.) Ent. Nachr.bl., **3**, 1—2, 1929 m. Porträt; (A. Hetschko) Ent. Nachr.bl., **3**, 38—41, 1929; (O. Meissner) Ent. Ztschr., **43**, 1—2, 1929; (A. Musgrave) Bibliogr. Austral. Ent., 266—267, 1932; (Emmerich Reitter) Die Geschichte des entomologischen Institutes. 19 S., Troppau, Selbstverl., 1941.
— *Trechus spelaeus* nov. sp. Berl. ent. Ztschr., **13**, 361—364, (1869) 1870 a.
— Beschreibung zweier neuer deutscher Pselaphiden. Berl. ent. Ztschr., **14**, 213—216, Taf. I (Fig. 6—7), 1870 b.
— Uebersicht der Käfer-Fauna von Mähren und Schlesien. Verh. naturf. Ver. Brünn, **8**, H. 2, I—VII + 1—195, (1869) 1870 c.
[Siehe:] Leder, Hans: **10** (1871), 86—139, 1872.
— Eine Excursion in's Tatragebirge im Jahre 1869. Verh. naturf. Ver. Brünn, **8** (1869), 3—25, 1870 d.
— Ueber *Oomorphus concolor* Sturm. Berl. ent. Ztschr., **14**, 230, Taf. I (Fig. 8), (1870) 1871 a.
— Revision der europäischen *Meligethes*-Arten. Verh. naturf. Ver. Brünn, **9** (1870), 39—169, Taf. I—VI, 1871 b; Erster Nachtrag zur Revision . . . Berl. ent. Ztschr., **16**, 125—134; Zweiter Nachtrag . . . 265—269, Taf. VII, 1872; Nachträge zur Revision . . . **11** (1872), 53—62, 212, 1873.
[Ital. Übers., z. T., veränd. von] F[erdinando] P[iccioli]: Entomologia descrittiva. Bull. Soc. ent. Ital., **4**, 403—411, 1872.
— Neue Käferarten von Oran, gesammelt von Hans Leder. [Mit Angaben von G. Kraatz.] Berl. ent. Ztschr., **16**, 167—186, 1872 a.
— Die südafrikanischen Arten der Nitidulinen-Gattung *Meligethes* nach dem Material der Herren Chevrolat, Dr. Fritsch und Anderer bearbeitet. Berl. ent. Ztschr., **16**, 241—264; Nachtrag zu den südafrikani-

schen Arten der Nitidulinen-Gattung *Meligethes.* 269—270, 1872 b.
— (Geänderte Namen.) Col. Hefte, **11**, 146, 1873 a; **13**, 185, 1875.
— Revision der europäischen *Epuraea*-Arten. Verh. naturf. Ver. Brünn, **11** (1872), 3—25, 1 Taf. (unn.); Addenda. Corrigenda. 211—212, 1873 b.
— Die Rhizophaginen, monographisch bearbeitet. Verh. naturf. Ver. Brünn, **11** (1872), 27—48; Berichtigung. 212, 1873 c.
— Neue *Meligethes*arten. Verh. naturf. Ver. Brünn, **11** (1872), 49—52, 1873 d.
— Beitrag zur Kenntniss der Gattung *Pria* Kirby. Verh. naturf. Ver. Brünn, **11** (1872), 63—67; Berichtigung. 212, 1873 e.
— Systematische Eintheilung der Nitidularien. Verh. naturf. Ver. Brünn, **12** (1873), H. 1, 5—194, 1874 a. [Ref.:] Kraatz, Gustav: Berl. ent. Ztschr., **18**, 238—240, 1874.
— Drei Beschreibungen neuer Rüsselkäfer aus Oran. Verh. naturf. Ver. Brünn, **12** (1873), H. 2, 11—13, 1874 b.
— Diagnosen der bekannten *Cybocephalus*-Arten. Verh. naturf. Ver. Brünn, **12** (1873), H. 2, 1—10, 1874 c; Diagnosen neuer *Cybocephalus*-Arten als Nachtrag zu der gleichnamigen Abhandlung in den Verhandlungen des Naturhistorischen Vereins in Brünn 1873. Col. Hefte, **13**, 55—56, 1875. [Franz. Übers., z. T.:] Abeille, **13**, CXCI—CXCII; Synopse du genre *Cybocephalus.* CXCIII—CXCIV, (1875) 1874.
— Beitrag zur Kenntniss der japanesischen Cryptophagiden. Verh. zool.-bot. Ges. Wien, **24**, 379—382, 1874 d.
— Beschreibung neuer Käfer-Arten nebst synonymischen Notizen. Verh. zool.-bot. Ges. Wien, **24**, 509—528, 1874 e.
— *Microctilodes* neues Genus der Carpophilinae. Col. Hefte, **13**, 27—30, 1875 a.
— Beitrag zur Kenntniss der aussereuropäischen Cryptophagidae. Col. Hefte, **13**, 73—87, 1875 b.
— Ueber eine neue Gattung der Thorictidae. Col. Hefte, **14**, 45—46, 1875 c.
— (*Iphidia integra* Wankow.) Col. Hefte, **14**, 211, 1875 d.
— Synonymische Bemerkungen [Coleoptera]. Dtsch. ent. Ztschr., **19**, 434, 1875 e; **21**, 189—191, 1877; **22**, 96, 1878.
— Die bekannten *Telmatophilus*-Arten, übersichtlich dargestellt. Dtsch. ent. Ztschr., **19**, H. 1, 225—228, 1875 f.
— *Meligethes prioides* Reitter nov. spec. Dtsch. ent. Ztschr., **19**, H. 2, 393, 1875 g.
— Die europäischen Nitidularien mit kurzer Charakteristik der Gattungen und Bemerkungen über schwierige Arten verzeichnet. Dtsch. ent. Ztschr., **19**, H. 3, 1—30; Nachtrag zu den europäischen Nitidularien. 87—88, 1875 h.
— Revision der europäischen Cryptophagiden. Dtsch. ent. Ztschr., **19**, H. 3, 1—86, 1875 i.
— Revision der europäischen Lathridiidae. Stettin. ent. Ztg., **36**, 297—340, 410—445, 1875 j; Nachtrag zur Revision . . . **37**, 50—52, 1876. [Franz. Übers. von] Maurice Perrot des Gozis: Révision des Lathridiidae d'Europe par Edmond Reitter. Traduit de l'allemand par M. des Gozis accompagnée de généralités sur l'histoire, les moeurs, la distribution géographique, la bibliographie de cette tribu avec addition des espèces extra européennes de l'Ancien-Mondes. Abeille, **18** ((3) **6**), 1—178, 1881.
— Revision der Gattung *Trogosita* Oliv. (*Temnochila* Westw.). Verh. naturf. Ver. Brünn, **13** (1874), 3—44, 1875 k. — [Abdr.:] Dtsch. ent. Ztschr., **19**, H. 4, 1—44, 1875.
— Darstellung der mit *Epuraea* verwandten Gattungen. Verh. naturf. Ver. Brünn, **13** (1874), 53—64, Taf. I, 1875 l. — [Abdr.:] Dtsch. ent. Ztschr., **19**, H. 4, 45—58, Taf. I, 1875.
— Die Süd- und Mittel-Amerikanischen Arten der Gattung *Tenebrioides* Pill. et Mitterp. (*Trogosita* Strm., Er., Redt., Thoms., Horn), diagnostisch dargestellt. Verh. naturf. Ver. Brünn, **13** (1874), 65—79, 1875 m. — [Abdr.:] Dtsch. ent. Ztschr., **19**, H. 4, 59—75, 1875.
— Beschreibungen neuer Nitidulidae aus der Sammlung der Herren Deyrolle in Paris. Verh. naturf. Ver. Brünn, **13** (1874), 99—122, 1875 n. — [Abdr.:] Dtsch. ent. Ztschr., **20**, Beil. (Col. H. 4) 1—26, 1876.
— siehe Putzeys, Jules; Reitter, Edmund; Saulcy, Louis Felix de & Weise, Julius 1875.
— Neue Gattungen und Arten aus der Familie der Cucujidae. Col. Hefte, **15**, 37—64, 1876 a.
— Die Arten der Gattung *Cathartus* Reiche. Col. Hefte, **15**, 125—130, 1876 b.
— Neue transcaucasische Coleopteren, gesammelt von Hans Leder. Dtsch. ent. Ztschr., **20**, 289—294, 1876 c; Neue caucasische Coleopteren . . . **21**, 289—296, 1877.
— Revision der Monotomidae (sensu Le Conte). Dtsch. ent. Ztschr., **20**, 295—391, 1876 d.
— Revision der *Philothermus*-Arten. Dtsch. ent. Ztschr., **20**, 301—303, 1876 e.
— *Rhipidonyx* Reitter. Novum genus Mycetophagidarum. Dtsch. ent. Ztschr., **20**, 304, 1876 f.
— Neue Peruanische Nitidularier der Kirsch'schen Sammlung. Dtsch. ent. Ztschr., **20**, 305—308, 1876 g.
— Neue Nitidularier der Dohrn'schen Sammlung. Dtsch. ent. Ztschr., **20**, 308—311, 1876 h.
— *Orthoperus punctulatus* n. sp. Dtsch. ent. Ztschr., **20**, 312, 1876 i.
— Uebersicht der europäischen *Cerylon*-Arten. Dtsch. ent. Ztschr., **20**, 313—314, 1876 j.
— Revision der *Cerylon*-Arten aus Europa und den angrenzenden Ländern. Dtsch. ent. Ztschr., **20**, 385—394, Taf. II, 1876 k.
— *Atomaria Uhagoni.* — [n. sp.] Ent. Mbl., **1**, 10, 1876 l.
— Über *Camptodes vittatus* Er. Stettin. ent. Ztg., **37**, 206—208, 1876 m.
— Neue exotische Nitidulidae. Stettin. ent. Ztg., **37**, 317—320, 1876 n.
— Neue Clavicornien. Stettin. ent. Ztg., **37**, 363—368, 1876 o.
— Systematische Eintheilung der Trogositidae. (Familia coleopterorum.) Verh. naturf. Ver. Brünn, **14** (1875), 3—69, Taf. I—II, 1876 p. — [Abdr.:] Dtsch. ent. Ztschr., **20**, Beil. (Col. H. 4) 27—95, Taf. I—II, 1876.
— Description des espèces d'Europe des genres *Sacium* Lec. et *Arthrolips* Woll. Abeille, **16**, 1—12, (1878) 1877 a.
— Ueber die geographische Verbreitung einiger Käferarten. Dtsch. ent. Ztschr., **21**, 175—176, 1877 b.
— Uebersicht der *Discoloma* Er.-Arten. Dtsch. ent. Ztschr., **21**, 176, 1877 c.

— *Atritomus* nov. gen. Tritomidaru. Dtsch. ent. Ztschr., **21**, 384, 1877 d.
— Ueber die europäischen Arten der Gattung *Byturus*. Ent. Nachr. Putbus, **3**, 69—70, 1877 e.
— Ueber *Merophysia* Luc., *Coluocera* Motsch. und *Reitteria* Leder. Mitt. München. ent. Ver., **1**, 1—6, 1877 f.
— Ueber die Gattungen *Platamus* und *Telephanus* Er. Mitt. München. ent. Ver., **1**, 7, 1877 g.
— Neue Arten aus der Gattung *Sitophagus* Muls. Mitt. München. ent. Ver., **1**, 8—11, 1877 h.
— Neue Arten aus den Familien der Cucujidae, Nitidulidae, Colydiidae und Cryptophagidae. Mitt. München. ent. Ver., **1**, 22—28, 1877 i.
— Beiträge zur Kenntniss aussereuropäischer Coleopteren. Mitt. München. ent. Ver., **1**, 126—140, 1877 j.
— Beitrag zur Kenntniss der Colydier. Stettin. ent. Ztg., **38**, 323—356, 1877 k.
— *Hapalips*, neue Gattung der Rhizophagidae. Verh. naturf. Ver. Brünn, **15** (1876), H. 1, 122—128, Taf. II, 1877 l.
— Bemerkungen über die Arten der Gattung *Monotoma*. Ztschr. Ent. Breslau, (N. F.) **6**, 1—7, 1877 m.
— in Kraatz, Gustav [Herausgeber] (1877—79) 1877.
— Nachträge und Ergänzungen zur Bearbeitung der Cioiden von H. V. Kiesenwetter. [Naturgeschichte der Insekten Deutsch. **5**, Lief. 1.] Dtsch. ent. Ztschr., **22**, 21—30, 1878 a.
— *Lobogestoria* nov. gen. Latrididarum. Dtsch. ent. Ztschr., **22**, 31—32, 1878 b.
— Beitrag zur Coleopteren-Fauna der Carpathen. Unter Mitwirkung der Herren Dr. Eppelsheim, F. de Saulcy und J. Weise. Dtsch. ent. Ztschr., **22**, 33—64, 1878 c.
— (Neue japanische Käfer: *Strongylus literatus* n. sp., *Agathidium punctato-seriatum* n. sp. (Anisotomidae), *Caenocara rufitarsis* n. sp. Dtsch. ent. Ztschr., **22**, 89—90, 1878 d.
— Neue Käfer-Arten aus Algier und dem Orient. Dtsch. ent. Ztschr., **22**, 91—95, 1878 e.
— *Hadrotoma quadriguttata* n. sp. Dtsch. ent. Ztschr., **22**, 95, 1878 f.
— Neue Colydiidae des Berliner Museums. Dtsch. ent. Ztschr., **22**, 113—125, 1878 g.
— *Sericoderus Revelierei* n. sp. europaea. Dtsch. ent. Ztschr., **22**, 126, 1878 h.
— *Henoticonus* nov. gen. Cryptophagidarum. Dtsch. ent. Ztschr., **22**, 127—128, 1878 i.
— Ueber die europäischen *Orthoperus*-Arten. Dtsch. ent. Ztschr., **22**, 199—202, 1878 j.
— *Cychramptodes* nov. gen. Nitidulidarum. Dtsch. ent. Ztschr., **22**, 383—384, 1878 k.
— Neue Cioidae. Mitt. München. ent. Ver., **2**, 32—37, 1878 l.
— Beiträge zur Kenntniss aussereuropäischer Coleopteren. Stettin. ent. Ztg., **39**, 314—322, 1878 m.
— Coleopterorum species novae. Verh. zool.-bot. Ges. Wien, **27** (1877), 165—194, 1878 n.
— in Schneider, Oscar & Leder, Hans (1878—81) 1878.
— Neue Nitiduliden des Museo Civico di Storia Naturale in Genua. Ann. Mus. Stor. nat. Genova, **15** (1879—80), 124—128, (1880) 1879 a; 454—460, 1880.
— Verzeichniss der von H. Christoph in Ost-Sibirien gesammelten Clavicornier etc. Dtsch. ent. Ztschr., **23**, 209—226, 1879 b.
— [Über Zählebigkeit einer *Cetonia aurata*.] Ent. Nachr., **5**, 60, 1879 c.
— (*Xylostylon Lederi* n. sp.) Ent. Nachr., **5**, 82—83, 1879 d.
— Neue Cucujidae des königl. Museums in Berlin. Verh. zool.-bot. Ges. Wien, **28** (1878), 185—195, 1879 e.
— Beitrag zur Kenntniss der Lyctidae. Verh. zool.-bot. Ges. Wien, **28** (1878), 195—199, 1879 f.
— Die Arten der Gattungen *Sphindus* und *Aspidophorus* analytisch dargestellt. Verh. zool.-bot. Ges. Wien, **28** (1878), 200—202, 1879 g.
— [Ref.] siehe Horn, George Henry 1879.
— [Herausgeber] Bestimmungs-Tabellen der europäischen Coleopteren.[1]) [42 Hefte. 1879—1900 ff.].
1. Reitter, Edmund: Enthaltend die Familien: Cucujidae, Telmatophilidae, Tritomidae, Mycetaeidae, Endomychidae, Lyctidae und Sphindidae. Verh. zool.-bot. Ges. Wien, **29** (1879), 71—100, (1880) 1879; Berichtigungen zu den Bestimmungs-Tabellen ... I. Theil. **31** (1881), 95—96, (1882) 1881. 2. Aufl. 8°, 45 S., Mödling, Edmund Reitter, 1885. [Franz. Übers. S. 74—100 von] Françisque Guillebau: Tableaux analytiques pour déterminer les Coléoptères européens. Ier cahier contenant les familles des Cucujidae, Telmatophilidae, Tritomidae, Mycetidae, Endomychidae, Lyctidae et Sphindidae. Échange, **1**—**2**, [Beil.] 1—33, 1885—86.
2. Weise, Julius: Coccinellidae. Ztschr. Ent. Breslau, (N. F.) **7**, 88—156, 1879; Nachträge zu den Bestimmungstabellen II der Coccinellidae. Dtsch. ent. Ztschr., **25**, 165—166, 1881. — ○ 2. Aufl. 8°, 83 S., Mödling, Edmund Reitter, 1885. [Siehe:] Sajó, Karl: Ent. Mbl., **2**, 159—160, 1880. [Franz. Übers. der 2. Aufl. von] A. Sicard: Coccinellidae d'Europe et du nord d l'Asie. [Mit Supplément von L. Bedel.] Abeille, **28**, 1—48, (1892—96) 1892; 49—84; Supplément aux Coccinellidae de Weise. 85—96, 1893.
3. Reitter, Edmund: Enthaltend die Familien: Scaphididae, Lathridiidae, Dermestidae. Verh. zool.-bot. Ges. Wien, **30** (1880), 41—94, (1881) 1880; Berichtigungen zu den Bestimmungs-Tabellen ... III. Theil. **31** (1881), 96, (1882) 1881. — 2. Aufl. 8°, 75 S., Mödling, Edmund Reitter, 1887.[2])
[Franz. Übers. der 2. Aufl. S. 40—74 von] C.-E. Leprieur: Les Dermestides d'Europe et circa. Par Edm. Reitter. Rev. Ent. Caen, **7**, 384—413, 1888.
4. —: Enthaltend die Familien: Cistelidae, Georryssidae und Thorictidae. Verh. zool.-bot. Ges. Wien, **31** (1881), 67—95, Taf. II, (1882) 1881.
4a. Ganglbauer, Ludwig: Oedemeridae. Verh. zool.-bot. Ges. Wien, **31** (1881), 97—116, (1882) 1881. [Franz. Übers., mit Zusätzen, von] Silvain Augustin de Marseul: Synopse des Oedéméridae de l'Ancien Mondes. Abeille, **25** ((5) **1**), 1—38, (1888) 1887.
5. Reitter, Edmund: Enthaltend die Familien: Paussidae, Clavigeridae, Pselaphidae und Scydmaenidae. Verh. zool.-bot. Ges. Wien, **31** (1881), 443—592, Taf. XIX, 1832.
[Franz. Übers., mit Zusätzen, von] Charles

[1]) durchgehender Titel der Separate, die z. T. unberücksichtigt blieben, sonst nur z. T vorhanden.
[2]) Nach Innentitel Erscheinungsjahr 1886!

Eugène Leprieur: Tableaux synoptiques des Paussides, Clavigerides, Pselaphides et Scydménides. Abeille, **21** ((4) **3**), 1—216, 1883.

6. —: Enthaltend die Familien: Colydiidae, Rhysodidae, Trogositidae. Verh. naturf. Ver. Brünn, **20** (1881), 113—149, 1882.
[Franz. Übers. von] E. Olivier: Tableaux analytiques pour déterminer les Coléoptères d'Europe. II. Colydiides, Rhysodides, Trogositides. Rev. scient. Bourb. Centre France, **4**, Suppl. IV + 39 S., 1891.

7. Ganglbauer, Ludwig: Cerambycidae. Verh. zool.-bot. Ges. Wien, **31** (1881), 681—757, Taf. XXII, 1882.
[Franz. Übers. von] Alphonse Dubois: Les Longicornes gallo-rhénans. Tableaux traduits de l'allemand et abrégés des Cerambycidae de L. Ganglbauer, avec notes et Catalogue supplémentaires. [Mit Angaben von Albert Fauvel.] Rev. Ent. Caen, **3**, 163—239; . . . gallo-rhénans (Suite). 317—390, 1884.
[Darin:]
Fauvel, Albert: Catalogue. 317—390.
[Siehe:] Fauvel, Albert: **6**, 234—243, 1887.
[Ref.:] Kolbe, Hermann Julius: Ludwig Ganglbauer's Classification der Cerambyciden. Berl. ent. Ztschr., **28**, 394, 1884.

8. —: Cerambycidae. (Schluss.) Mit Berücksichtigung der Formen Algiers und des paläarktischen Asiens, exclusive jener von Japan. Verh. zool.-bot. Ges. Wien, **33** (1883), 437—586, 2 Fig., 1884.

9. Stierlin, Gustav: Curculionidae. Mitt. Schweiz. ent. Ges., **6**, 403—645, (1884) 1883; Errata et addenda zur Bestimmungstabelle der Curculioniden. 698—699, 1884.
[Franz. Übers. von] C. Marchal: Tableaux analytiques pour la détermination des Coléoptères européens. IX. Curculionides. Misc. ent., **2**, Beil. 1—23, 1894; **3**, Beil. 25—48, 1895; **4**, Beil. 49—64, 1896; **5**, Beil. 65—80, 1897; **6**, Beil. 81—96, 1898; **7**, Beil. 97—104, 1899; **8**, Beil. 105—128, 1900; **10**, Beil. 129—152, 1902.

10. Reitter, Edmund: Nachtrag zu dem V. Theile, enthaltend: Clavigeridae, Pselaphidae und Scydmaenidae. Verh. zool.-bot. Ges. Wien, **34** (1884), 59—94, (1885) 1884.
[Franz. Übers., z. T., veränd., von] C. E. Leprieur: X. Tableaux de détermination des Coléoptères d'Europe. Supplément au tableau V, comprenant les tribus des Clavigerides, Pselaphides und Scydmaenides. [Mit Angaben von S. M. de Marseul.] Abeille, **25** ((5) **1**), Nr. II, 1—64, 1888.

11. —: Bruchidae (Ptinidae). Verh. naturf. Ver. Brünn, **22** (1883), 295—323, 1884.

12. —: Necrophaga. (Platypsyllidae, Leptinidae, Silphidae, Anisotomidae und Clambidae.) Verh. naturf. Ver. Brünn, **23** (1884), 3—122, 1885.
[Franz. Übers. von] Ernest Olivier: Tableaux analytiques pour déterminer les Coléoptères d'Europe. I. Nécrophages. Rev. scient. Bourb. Centre France, **1890**, Suppl. 120 S., 1890.
[Ref.:] Fauvel, Albert: Rev. Ent. Caen, **4**, 313—316, 1885; **9**, 345—348, 1890.

13. Stierlin, Gustav: Bestimmungs-Tabellen europäischer Rüsselkäfer. II. Brachyderidae. Mitt. Schweiz. ent. Ges., **7**, 57—98, (1887) 1884; 99—158, (1887) 1885.

14. Schmidt, Johannes: Tabellen zur Bestimmung der europäischen Histeriden. Berl. ent. Ztg., **29**, 279—330, 1885.
[Franz. Übers. S. 279—299 von] C. E. Leprieur: Tableaux analytiques pour déterminer les Coléoptères d'Europe. Histeridae. Coléoptériste, **1**, 219—234, (1890—91) 1891.
[Franz. Übers., veränd. von] M. P. des Gozis: Les Histerides Gallo-Rhénans. Tableaux traduits et abrégés de l'allemand de Joh. Schmidt. Avec catalogue supplémentaire [185—213] par Albert Fauvel. Rev. Ent. Caen, **5**, 152—213, 1886.
Fauvel, Albert: Supplément aux Histerodes Gallo-Rhénans. **8**, 77—81, 1889.

15. Seidlitz, Georg: Bestimmungs-Tabelle der Dytiscidae und Gyrinidae des europäischen Faunengebietes. Verh. naturf. Ver. Brünn, **25** (1886), 3—136, 1887.
[Franz. Übers. S. 3—36, z. T., von] C. E. Leprieur: Tableaux synoptiques des Sous-Familles, Groupes et Genres des Dytiscides et Gyrinides. Coléoptériste, **1**, 203—218, (1890—91) 1891.
[Franz. Übers. S. 3—38 von] Eugène Barthe: Tableaux synoptiques des Dytiscidae et Gyrinidae de la faune européenne. Misc. ent., **8**, 32—41, 53—65, 97—103, 128—137, 1900.[1])

16. Reitter, Edmund: Enthaltend die Familien: Erotylidae und Cryptophagidae. Verh. naturf. Ver. Brünn, **26** (1887), 3—56, 1888.
[Franz. Übers. von] C. E. Leprieur: Tableaux synoptiques des Coléoptères européens. (XVIe cahier) Erotylides et Cryptophagides. Coléoptériste, **1**, 163—202, (1890—91) 1891.

17. Flach, Carl: Familie Phalacridae. Verh. naturf. Ver. Brünn, **27** (1888), 54—79, Taf. I, 1889.
[Sonderdr.:] . . . Coleopteren. XVII. Heft. Enthaltend die Familie der Phalacridae. 8°, 28 S., 1 Taf., Brünn, Edmund Reitter, 1888.
[Franz. Übers., z. T., veränd., von] M. de Gozis: Les Phalacrides d'Europe. Tableaux traduits et abrégés de l'allemand. Rev. Ent. Caen, **8**, 13—32, 1889.

18. Flach, Carl: Bestimmungstabelle der Trichopterygidae des europäischen Faunengebietes. Verh. zool.-bot. Ges. Wien, **39**, 481—532, Taf. X—XIV, 1889.
[Sonderdr.:] Bestimmungs-Tabellen der europäischen Coleopteren. Enthaltend die Familie der Trichopterygidae. 8°, 54 S., 5 Taf., Wien, Edmund Reitter, 1889.

19. Kuwert, August Ferdinand: Bestimmungs-Tabelle der Hydrophiliden Europas, Westasiens und Nordafrikas. Verh. naturf. Ver. Brünn, **28** (1889), 3—121, 1890.
[Sonderdr.:] Bestimmungs-Tabellen der europäischen Coleopteren. Enthaltend die Familie der Hydrophilidae. I. Abtheilung: Hydrophilini. 8°, 121 S., Brünn, Edmund Reitter, 1890.

20. —: . . . . Nordafrikas. Verh. naturf. Ver. Brünn, **28** (1889), 159—328, Taf. I—IV, 1890.
[Sonderdr.:] Bestimmungs-Tabellen der Coleopteren. Enthaltend die Familie der Hydrophilidae. II. Abtheilung: Sphaeridiini und Helophorini. 8°, 172 S., 4 Taf. Brünn, Edmund Reitter, 1890.

21. —: Bestimmungstabelle der Parniden Europas, der Mittelmeerfauna, sowie der angrenzenden

[1]) Fortsetzung nach 1900.

Gebiete. Verh. zool.-bot. Ges. Wien, **40**, 15—54, 1899.
[Sonderdr.:] Bestimmungs-Tabellen der europäischen Coleopteren. Enthaltend die Familie der Parnidae. 8°, 42 S., Wien, Edmund Reitter, 1890.

22. —: Bestimmungstabelle der Heteroceren Europas und der angrenzenden Gebiete, soweit dieselben bisher bekannt wurden. Verh. zool.-bot. Ges. Wien, **40**, 517—548, 18 Fig., 1890.
[Sonderdr.:] Bestimmungs-Tabellen der europäischen Coleopteren. Enthaltend die Familie der Heteroceridae. 8°, 34 S., 18 Fig., 1890.
[Franz. Übers. von] A. Barthe: Tableaux analytiques pour la determination des Coléoptères européens. XXII. Heterocerides. Misc. ent., **4**, 139, 1896; **6**, 45—53, 64—70, 75—81, 96, 100—102, 1898.
[Ref.:] Kraatz, Gustav: Bestimmungstabellen der europäischen Coleopteren. XXII. Heft. Heteroceridae, bearbeitet von A. Kuwert. Dtsch. ent. Ztschr., **1891**, 131—133, 1891.

23. Horn, Walther & Roeschke, Hans: Monographie der paläarctischen Cicindelen. Analytisch bearbeitet mit besonderer Berücksichtigung der Variationsfähigkeit und geographischen Verbreitung. Dtsch. ent. Ztschr., Beih. IX + 199 S., Taf. I—VI, 1891.

24. Reitter, Edmund: Bestimmungs-Tabelle der Lucaniden und coprophagen Lamellicornen des palaearctischen Faunengebietes. Verh. naturf. Ver. Brünn, **30** (1891), 141—262, 1892; **31** (1892), 3—109, 1893.
[Sonderdr.:] . . . Lamellicornen. 8°, 230 S., Brünn, Edmund Reitter, 1892.
Košančikov, Dmitrij D . . .: Einige Bemerkungen zu Reitter's „Bestimmungs-Tabelle der Lucaniden und coprophagen Lamellicornen." Horae Soc. ent. Ross., **28** (1893—94), 100—102, 1894.
Reitter, Edmund: Nachträge und Berichtigungen zu meiner Bestimmungs-Tabelle der coprophagen Lamellicornen. Ent. Nachr., **20**, 183—190, 1894.

25. Reitter, Edmund: Bestimmungs-Tabelle der unechten Pimeliden aus der palaearctischen Fauna. Verh. naturf. Ver. Brünn, **31** (1892), 201—250, 1893.

26. Zoufal, Vladimir: Bestimmungs-Tabelle der Bostrichidae aus Europa und den angrenzenden Ländern. Wien. ent. Ztg., **13**, 33—42, 1894.

27. Reitter, Edmund: Analytische Übersicht der europäischen Arten der Coleopteren-Gattung *Epuraea* Er. Verh. naturf. Ver. Brünn, **32** (1893), 18—36, 1894.
[Sonderdr.:] Bestimmungs-Tabelle der europäischen Coleopteren: Nitidulidae. I. Theil. Genus *Epuraea* Er. 8°, 21 S., Brünn, Edmund Reitter, 1894.

28. —: Bestimmungs-Tabelle der Coleopteren-Familie der Cleriden, des palaearctischen Faunengebietes. Verh. naturf. Ver. Brünn, **32** (1893), 37—89, 1894.
[Sonderdr.:] . . . Cleriden. 8°, 53 S., Brünn, Edmund Reitter, 1894.

29. —: Cantharidae. 1. Theil. Drilini. 8°, 8 S., Paskau, Edmund Reitter, 1894.

30. Procházka, Johann: Revision der Coleopteren-Gattung *Danacaea* Laporte aus der palaearctischen Fauna. Verh. naturf. Ver. Brünn, **33** (1894), 7—35, Taf. I, 1895.
[Sonderdr.:] Cantharidae. II. Theil: Genus *Danacaea*. 8°, 35 S., 1 Taf., Brünn, Edmund Reitter, 1894.

31. Reitter, Edmund: Bestimmungs-Tabelle der Borkenkäfer (Scolytidae) aus Europa und den angrenzenden Ländern. Verh. naturf. Ver. Brünn, **33** (1894), 36—97, 1895.

32. —: Meloidae. I. Theil: Meloini. 8°, 13 S., Paskau, Edmund Reitter, 1895.
[Ital. Übers. von] Vittorio Ronchetti: Tabelle per la determinazione dei Meloidi propriamente detti di Europe e dei paesi limitrofi. Riv. Ital. Sci. nat., **19**, 101—107, 133—135, 1899.

33. —: Curculionidae. 3. Theil: (Stierlin's 20. Gruppe Coryssomerini und 28. Baridiini.) 8°, 31 S., Paskau, Edmund Reitter, 1895.

34. —: Enthaltend Carabidae. 1. Abtheilung: Carabini, gleichzeitig mit einer systematischen Darstellung sämtlicher Subgenera der Gattung *Carabus* L. Verh. naturf. Ver. Brünn, **34** (1895), 36—198, 1896.
Anhang zur Bestimmungs-Tabelle der Carabidae. I. Abtheilung: Carabini. 8°, 13 + 1 (unn.) S., Paskau, Edmund Reitter, 1897.
[Ref.:] Kraatz, Gustav: Bestimmungstabelle 34 der europäischen Coleopteren. Carabidae. I. Abtheilung Carabini. Dtsch. ent. Ztschr., **1896**, 330—336, (1896) 1897.
[Ital. Übers., z. T., von] Vittorio Ronchetti: Le varietà europee del *Carabus violaceus* L. dalle Bestimmungs-Tabellen di Reitter. Riv. Ital. Sci. Nat., **20**, 117—120, 1900.

35. Meyer, Paul: Curculionidae, 4 Theil: (Die palaearctischen Cryptorrhynchiden.) 8°, 56 S., Paskau, Edmund Reitter, 1896.
Eine Vorarbeit für eine Tabelle der palaearctischen Cryptorrhynchiden. Wien. ent. Ztg., **14**, 293—295, 1895; Bemerkungen und Zusätze zu meinen Vorarbeiten für . . . **15**, 213—214, 1896; Notizen zu meiner Tabelle . . . **16**, 208—211, 1897.

36. Escherich, Karl: Revision der palaearctischen Zonitiden, einer Unterfamilie der Meloiden. Verh. naturf. Ver. Brünn, **35** (1896), 96—133, 1897.
[Sonderdr.:] Meloidae. II. Theil. Zonitidae. 8°, 1 (unn.) + S. 96—133, 1897.

37. Reitter, Edmund: Bestimmungs-Tabelle der Curculioniden-Abtheilung: Cossonini und Calandrini aus der europäischen Fauna im weiteren Sinne. Verh. naturf. Ver. Brünn, **37** (1898), 3—20, 1899.
[Sonderdr.:] Bestimmungs-Tabelle der europäischen Curculionidae. V. Theil: (Stierlin's 29. und 30. Gruppe.) Cossonini und Calandrini. 8°, 20 S., Paskau, Edmund Reitter, 1898.

38. —: Bestimmungs-Tabelle der Melolonthidae aus der europäischen Fauna und den angrenzenden Ländern, enthaltend die Gruppen der Dynastini, Euchirini, Pachypodini, Cetonini, Valgini und Trichiini. Verh. naturf. Ver. Brünn, **37** (1898), 21—111, 1899.
[Sonderdr.:] . . . Trichiini. 8°, 93 S., Brünn, Edmund Reitter, 1898.

39. Fleischer, Antonín: Tabulky k určovaní fauny palaearktické obsahující z čeledi „Carabidae" oddíl „Scaritini". Věstn. Klub. Přirod. Prostějove, **2**, 24—56, 1899.
[Dtsch. Übers. vom Autor:] Enthaltend: Carabidae: Abtheilung: Scaritini. 8°, 38 S., Paskau, Edmund Reitter, 1899.

[Siehe:] Roeschke: Dtsch. ent. Ztschr., **1896**, 337—347, (1896) 1897.

40. Pic, Maurice & Pic, Therèse: Enthaltend: Hylophilidae (früher Euglenini und Xylophilini). 8°, 21 S., Paskau, Edmund Reitter, 1900.

41. Reitter, Edmund: Enthaltend: Carabidae. Abtheilung: Harpalini. Verh. naturf. Ver. Brünn, **38** (1899), 33—155, 1900.
[Sonderdr.:] Enthaltend Carabidae. Abtheilung: Harpalini und Licinini. 8°, 1 (unn.) + S. 33—155, Brünn, Edmund Reitter, 1900.

42. —: Bestimmungs-Tabelle der Tenebrioniden-Abtheilungen: Tentyrini und Adelostomini aus Europa und den angrenzenden Ländern. Verh. naturf. Ver. Brünn, **39** (1900), 82—197, 1901.
[Sonderdr.:] ... angrenzenden Gebieten. 8°, 1 (unn.) + S. 82—197, Paskau, Edmund Reitter, 1900.

— Neue *Lagria*-Arten aus Africa und Ostindien. Dtsch. ent. Ztschr., **24**, 253—257, 1880 a.
— 60 Synonymische Bemerkungen. Ent. Mbl., **2**, 85—88, 1880 b.
— Drei neue Scydmaeniden aus Abyssinien. Ent. Mbl., **2**, 166—167, 1880 c.
— Zwei neue Scydmaeniden aus Algier. Ent. Mbl., **2**, 168, 1880 d.
— *Chevrolatia Maroccana* n. sp. Ent. Mbl., **2**, 169, 1880 e.
— *Scaphidium nigromaculatum* Reitter, n. sp. Ent. Mbl., **2**, 170, 1880 f.
— (Entgegnung.) Ent. Nachr., **6**, 240—241, 1880 g.
[Siehe:] Pipitz, Franz Ernst: 190—191.
— Descriptions of three new species of Coleoptera collected during the recent scientific Sumatra-Expedition. Notes Leyden Mus., **2**, 41—44, 1880 h.
— Die Gattungen und Arten der Coleopteren-Familie: Scaphidiidae meiner Sammlung. Verh. naturf. Ver. Brünn, **18** (1879), 35—49, 1880 i.
— Neun neue Clavicornier (Coleoptera). Verh. naturf. Ver. Brünn, **18** (1879), 1—6, 1880 j.
— Einige neue Coleopteren. Verh. naturf. Ver. Brünn, **18**, 29—33, (1879) 1880 k; Mitt. München. ent. Ver., **5**, 139—141, 1881.
— Beiträge zur Käferfauna von Neu-Zeeland. Verh. naturf. Ver. Brünn, **18** (1879), 165—183, 1880 l.
— Coleopterologische Ergebnisse einer Reise nach Croatien und Slavonien. Unter Mitwirkung der Herren Dr. Eppelsheim und Dr. von Heyden. Verh. zool.-bot. Ges. Wien, **29** (1879), 35—56, 1880 m.
— Beitrag zur Synonymie der Coleopteren. Verh. zool.-bot. Ges. Wien, **29** (1879), 507—512, 1880 n.
— Beitrag zur Kenntniss europäischer Pselaphidae und Scydmaenidae. Verh. zool.-bot. Ges. Wien, **29** (1879), 533—542, 1880 o.
— Neue Coleopteren aus dem südöstlichen Russland, aufgefunden von Herrn J. Faust aus Helsingfors. Verh. zool.-bot. Ges. Wien, **29** (1879), 543—546, 1880 p.
— Ueber *Spelaeodytes* Mill. Verh. zool.-bot. Ges. Wien, **29** (1879), 547—548, 1880 q.
— in Käfer Aschanti-Gebiet 1880.
— Eine neue *Trogoderma* aus Neuholland. Dtsch. ent. Ztschr., **25**, 232, 1881 a.
— *Carabus emarginatus* var. *Bohatschi* Rttr. Dtsch. ent. Ztschr., **25**, 269, 1881 b.
— Description of a new species of the genus *Chelonarium* from Java. Notes Leyden Mus., **3**, 73—74, 1881 c.
— Two new species of Coleoptera collected during the recent scientific Sumatra-Expedition. Notes Leyden Mus., **3**, 75—76, 1881 d.
— Die aussereuropäischen Dermestiden meiner Sammlung. Mit 70 Diagnosen neuer Arten. Verh. naturf. Ver. Brünn, **19** (1880), 27—60, 1881 e.
— Coleopterologische Ergebnisse einer Reise nach Croatien und der Herzegowina im Jahre 1879. Unter Mitwirkung von E. Eppelsheim und L. Miller. Verh. zool.-bot. Ges. Wien, **30** (1880), 201—228, 1881 f.
— [Ref.] siehe Brisout de Barneville Henri 1881.
— siehe Heyden, Lucas von & Reitter, Edmund 1881.
— Ueber die verschiedenen Forceps-Bildungen der europäischen *Cistela-(Byrrhus-)*Arten. Dtsch. ent. Ztschr., **26**, 121—122, Taf. I, 1882 a.
— Neue Pselaphiden und Scydmaeniden aus Brasilien. Dtsch. ent. Ztschr., **26**, 129—152, Taf. V, 1882 b.
— Beitrag zur Kenntniss der Pselaphiden und Scydmaeniden von Westafrika. Dtsch. ent. Ztschr., **26**, 177—195, Taf. VIII—IX, 1882 c.
— Bemerkungen zu Herrn Maurice de Gozis Synonymische Rectificationen mehrerer Genera und Species französischer Coleopteren (Ann. Soc. ent. France 1881. III. Bull. CXII.) Dtsch. ent. Ztschr., **26**, 296, 1882 d.
— *Dapsa Acuticolle* nov. sp. Natural. Sicil., **1** (1881—82), 231, 1882 e.
— I Scydmaenidi d'Abissinia. Natural. Sicil., **1** (1881—82), 241—247, 269—274, 1882 f.
— Description of a new genus and species of the Coleopterous family Colydidae. Notes Leyden Mus., **4**, 55—57, 1882 g.
— Versuch einer systematischen Eintheilung der Clavigeriden und Pselaphiden. Verh. naturf. Ver. Brünn, **20** (1881), 177—211, 1882 h.
— Zur Pselaphiden- und Scydmaeniden-Fauna Syriens. Verh. zool.-bot. Ges. Wien, **31** (1881), 331—336, 1882 i.
— Zwei neue caucasische Caraben. Wien. ent. Ztg., **1**, 25—28, 1882 j.
— Ueber *Malthodes brachypterus* Kiesw. Wien. ent. Ztg., **1**, 28—31, 4 Fig., 1882 k.
— *Troglorrhynchus myops* n. sp. Wien. ent. Ztg., **1**, 31—32, 1882 l.
— Zur Namengebung der Varietäten. Wien. ent. Ztg., **1**, 65—67, 1882 m.
— Synonymische Notizen. Wien. ent. Ztg., **1**, 67—68, 1882 n.
— Coleopterologische Notizen. Wien. ent. Ztg., **1**, 167—170, 197—199, 1882 o; **2**, 95—96, 178, 1883; **3**, 33—37, 83—84, 142—144, 249, 1884; **4**, 58—59, 81—83, 116, 220, 228, 273—276, 313—317, 1885; **5**, 99—100, 151—152, 254, 331—332, 347—351, 1886; **6**, 28—29, 76—77, 104—107, 171—173, 214—215, 224—228, 254—256, 303—306, 1887; **7**, 41—42, 104—105, 133—134, 1888; **8**, 125—128, 163, 230—231, 1889; **9**, 13—15, 100—102, 118—120, 142—146, 210—213, 264—267, 1890; **10**, 56—58, 226—228, 256—257, 1891; **11**, 25—27, 136, 186—188, 239—240, 1892; **12**, 73, 260—261, 1893; **13**, 15—16, 64, 115—117, 191—192, 251—254, 311—312, 1894; **14**, 163—164, 1895; **15**, 17—18, 77—78, 282—283, 1896; **16**, 48—49, 77—80, 217—220, 241—242, 1897; **17**, 54—56, 140, 173—174, 1898; **18**, 52—56, 162, 1899; **19**, 11—13, 130—132, 242—243, 1900.
[Siehe:] Heyden, Lucas von: **10**, 52, 1891; Kraatz,

Gustav: **10**, 135—136, 1891; Pic, Maurice: **16**, 240, 1897.
[Franz. Übers. zu **5**, 348—349 von] Ferd. Reiber: Tableau analytique du genre *Orchesia*. Rev. Ent. Caen, **6**, 9—10, 1887.
[Franz. Übers. zu **5**, 359—351 von] Ferd. Reiber: Tableau analytique du genre *Dryops* (*Parnus*). Rev. Ent. Caen, **6**, 10—11, 1887.
— *Carpophilus bipustulatus* Heer und *quadrisignatus* Er. Wien. ent. Ztg., **1**, 189—190, 1882 p.
— Zwei neue *Otiorrhynchus*-Arten aus dem Kaukasus. Wien. ent. Ztg., **1**, 222, 1882 q.
— Ueber die systematische Stellung von *Pleganophorus bispinosus* Hampe. Wien. ent. Ztg., **1**, 255—257, 1882 r.
— Berichtigung. Verh. zool.-bot. Ges. Wien, **31** (1881), SB. 28, 1882 s.
[Siehe:] Reinhard, Hermann: 207—210.
— in Erichson, Wilhelm Ferdinand (1868—1900 ff.) 1882.
— [Ref.] siehe Schaufuss, Ludwig Wilhelm 1882.
— (Diverses remarques synonymiques: *Paramecosoma, Anophthalmus, Gonatocerus, Bryaxis, Metaxoides, Gamba* et *Jubus*.) Ann. Soc. ent. France, (6) **3**, Bull. VIII—X (= Bull. Soc. . . ., **1883**, 10—12), 1883 a.
[Siehe:] Schaufuss, L.-W.: (6) **2**, Bull. CXVII—CXVIII, 1882.
— (Observations synonymiques sur des Psélaphides.) Ann. Soc. ent. France, (6) **3**, Bull. LXXIV—LXXVI (= Bull. Soc. . . ., **1883**, 106—108), 1883 b.
[Siehe:] Schaufuss, L. W.: (6) **2**, Bull. CLXVI—CLXVII, (1882) 1883.
— Beitrag zur Kenntniss der Clavigeriden, Pselaphiden und Scydmaeniden von Westindien. Dtsch. ent. Ztschr., **27**, 33—46, 1883 c.
— Beitrag zur Kenntniss der Pselaphiden-Fauna von Valvidia. Dtsch. ent. Ztschr., **27**, 47—54, Taf. I, 1883 d; **29**, 321—332, 339 (Taf. Erkl.), Taf. II (Fig. 1—15), 1885.
— Beitrag zur Kenntniss der mit *Carabus Stählini* Adams verwandten Arten. Dtsch. ent. Ztschr., **27**, 55—59, 4 Fig., 1883 e.
— Ueber die Verbreitung des *Necrophorus nigricornis* Fald. Dtsch. ent. Ztschr., **27**, 60, 1883 f.
— Ueber das Vorkommen von *Cartodera elegans* Aubé. Dtsch. ent. Ztschr., **27**, 60, 1883 g.
— Uebersicht der bekannten *Litophilus*-Arten. Dtsch. ent. Ztschr., **27**, 61—64, 1883 h.
— Coleopterologische Notizen. Dtsch. ent. Ztschr., **27**, 74—75, 1883 i.
— Ueber *Feronia regularis* Fisch. und die ihr verwandten Arten. Dtsch. ent. Ztschr., **27**, 76—80, 1883 j.
— Ueber die Gattung *Sphenophorus* Schönh. Dtsch. ent. Ztschr., **27**, 231—235, 1883 k.
[Siehe:] Stierlin, G.: Mitt. Schweiz. ent. Ges., **6**, 398—402, (1884) 1882.
— Revision der *Alexia*-Arten. Dtsch. ent. Ztschr., **27**, 236—242, 393—394, 1883 l.
— *Aubeonymus granicollis* n. sp. Dtsch. ent. Ztschr., **27**, 394, 1883 m.
— Zwei neue Ost-indische Coleopteren. Notes Leyden Mus., **5**, 9—10, 1883 n.
— Neue Coleopteren aus Russland und Bemerkungen über bekannte Arten. Rev. mens. Ent., **1**, 40—44, 70—74, 111—117, 1883 o.
— Beitrag zur Pselaphiden- und Scydmaeniden-Fauna von Java und Borneo. Verh. zool.-bot. Ges. Wien, **32**, 283—302, 1883 p; **33** (1883), 387—428, Taf. XX, 1884.
— Neue Pselaphiden und Scydmaeniden aus Central- und Südamerika. Verh. zool.-bot. Ges. Wien, **32** (1882), 371—386, 1883 q.
— Ein neuer *Carabus* aus Bosnien. Wien. ent. Ztg., **2**, 1—2, 1883 r.
— Revision der europäischen *Amblystomus*-Arten. Wien. ent. Ztg., **2**, 139—143, 1883 s.
[Ungar. Übers.:] Az európai *Amblystomus*-fajok átnézete. Rovarászati Lapok, **1**, 119—124, 1883.
— Diagnosen neuer Histeriden aus Europa. Wien. ent. Ztg., **2**, 143—144, 1883 t.
— Ueber *Tanythrix Heydeni* und *Tapinopterus punctatostriatus*. Wien. ent. Ztg., **2**, 180—181, 1883 u.
— Ueber die deutschen *Anommatus*-Arten. Wien. ent. Ztg., **2**, 195—197, 1883 v.
— Ein neuer *Pterostichus* aus Montenegro. Wien. ent. Ztg., **2**, 224—225, 1883 w.
— Tabelle zur Bestimmung der *Tanythrix*-Arten. Wien. ent. Ztg., **2**, 255—257, 1883 x.
— Zwei neue Heteromeren-Genera aus Europa. Wien. ent. Ztg., **2**, 307—310, Taf. IV (Fig. 4—6), 1883 y.
— in Catalogus Coleopterorum Europae 1883.
— Sechs neue Coleopteren aus Italien, gesammelt von Herrn Agostino Dodero. Ann. Mus. Stor. nat. Genova, (2) **1** (**21**), 369—372, 1884 a.
— Revision der caucasischen *Meleus*-Arten. Dtsch. ent. Ztschr., **28**, 9—15, 1884 b.
— Resultate einer coleopterologischen Sammel-Campagne während den Monaten Februar bis April 1883 auf den jonischen Inseln. Dtsch. ent. Ztschr., **28**, 101—122, 1884 c.
— Revision der europäischen *Mycetochares*-Arten. Dtsch. ent. Ztschr., **28**, 241—250, 1884 d.
— Neue Coleopteren aus Syrien und Marocco. Dtsch. ent. Ztschr., **28**, 251—254, 1884 e.
— Einige neue Coleopteren aus Süd-Europa. Dtsch. ent. Ztschr., **28**, 255—259, 1884 f.
— Ueber die syrischen Arten der Gattung *Anemia* Lap. Dtsch. ent. Ztschr., **28**, 259—260, 1884 g.
— *Platychorodes*, nov. gen. Nitidulidarum. Dtsch. ent. Ztschr., **28**, 261—262, 1884 h.
— *Inoplectus Beraneki* n. sp. Dtsch. ent. Ztschr., **28**, 263, 1884 i.
— Ueber die bekannten Clavigeriden-Gattungen. Dtsch. ent. Ztschr., **28**, 167—168, 1884 j.
— Diagnosen neuer Coleopteren aus Lenkoran. Verh. naturf. Ver. Brünn, **22** (1883), 3—10, 1884 k.
— Coleopterologisches. *Tribatus creticus* n. sp. *Abraeus convexus* n. sp. Wien. ent. Ztg., **3**, 8, 1884 l.
— *Platypsylla castoris* Rits. als Vertreter einer neuen europäischen Coleopteren-Familie. Wien. ent. Ztg., **3**, 19—21, 1884 m.
— *Paederus Pelikani*, eine neue Art von den jonischen Inseln. Wien. ent. Ztg., **3**, 43—45, 1884 n.
— Bestimmungs-Tabelle der europäischen *Acupalpus*-Arten. Wien. ent. Ztg., **3**, 74—79, 1884 o.
— Einfaches Mittel, um langbehaarte, in Spiritus verdorbene Insecten, besonders Coleopteren, wieder in ihrer ursprünglichen Schönheit herzustellen. Wien. ent. Ztg., **3**, 79—80, 1884 p.
[Franz. Übers., veränd., von] C.-E. Leprieur: Moyen facile de rendre leur première fraîcheur aux Insectes à longs poils, Coléoptères principalement, détériorés par un séjour prolongé dans l'alcool. Ann. Soc. ent. France, (6) **4**, Bull. CX—CXI (= Bull. Soc. . . ., **1884**, 157—158), 1884.

— Bestimmungs-Tabelle der mit *Tachys* verwandten Coleopteren. Wien. ent. Ztg., **3**, 116—124, 1884 q.
— Bemerkungen zur neuesten Ausgabe des „Catalogus Coleopterorum Europae et Caucasi". Wien. ent. Ztg., **3**, 239—244, 1884 r.
— Die Nitiduliden Japans. Wien. ent. Ztg., **3**, 257—272, 299—302, Taf. IV, 1884 s; **4**, 15—18, 39—44, 75—80, 101—104, 141—142, 173—176, 1885.
— siehe Brenske, Ernst & Reitter, Edmund 1884.
— Uebersicht der Arten der Gattung *Cerocoma* Geoff. Dtsch. ent. Ztschr., **29**, 12—14, 1885 a.
— Bemerkungen zu der Arbeit: „Die Scydmaeniden Nordost-Afrika's, der Sunda-Inseln und Neu-Guinea's im Museo Civico di Storia Naturale zu Genova" von Dr. L. W. Schaufuss. Dtsch. ent. Ztschr., **29**, 152—160, 1885 b.
— Coleopterologische Ergebnisse einer Excursion nach Bosnien im Mai 1884. Dtsch. ent. Ztschr., **29**, 193—
— Abbildungen und Bemerkungen zu wenig gekannten
216, 1885 c.
Pselaphiden-Gattungen mit Beschreibungen neuer Arten. Dtsch. ent. Ztschr., **29**, 333—339, Taf. II—III (II: Fig. 16—20), 1885 d.
— Zwei neue *Tachys*-Arten. Dtsch. ent. Ztschr., **29**, 340, 1885 e.
— Neue Coleopteren aus Europa und den angrenzenden Ländern, mit Bemerkungen über bekannte Arten. Dtsch. ent. Ztschr., **29**, 353—392, 1885 f; **30**, 67—72, 1886; ... Europa, den angrenzenden Ländern und Sibirien, mit .... **31**, 241—288, 497—528, 1887; **1888** (**32**), 417—432, 1888; **1889**, 17—44, 273—288, 369—376, 1889; **1890**, 145—164, 165—176, 385—396, 1890; **1891**, 17—36, 1891.
[Siehe:] Heyden, Lucas von: **1891**, 368, (1891) 1892.
— Uebersicht der *Phyllopertha*-Arten aus Europa und den angrenzenden Ländern. Dtsch. ent. Ztschr., **29**, 393—397, 1885 g.
— Uebersicht der bekannten *Laena*-Arten. Dtsch. ent. Ztschr., **29**, 398—402, 1885 h.
— Ueber *Chevrolatia insignis* Duv. Ent. Nachr., **11**, 96, 1885 i.
— Uebersicht der bekannten *Dasytiscus*-Arten. Ent. Nachr., **11**, 241—247, 1885 j.
— Coleopterologische Fragmente. Insekten-Welt, **2**, 17—18, 1885 k.
— Zur specifischen Umgrenzung der *Procerus*-Arten. Korr.bl. int. Ver. Lep. Col. Sammler, **1**, 66—67, 1885 l.
— Dr. Clemens Hampe. Ein Nachruf. Wien. ent. Ztg., **4**, 1—2, 1 Frontispiz, 1885 m.
— Ueber den Gattungsnamen *Plectes* Fischer. Wien. ent. Ztg., **4**, 27, 1885 n.
— Bemerkungen zu den Catalogs-Berichtigungen des Herrn A. Fauvel in der Revue d'Entomologie (1884). Wien. ent. Ztg., **4**, 151—157, 2 Fig., 1885 o.
— Analytische Uebersicht der bekannten europäischen Arten der Coleopterengattung *Leistus* Fröhl. Wien. ent. Ztg., **4**, 213—219, Taf. III, 1885 p.
— Ueber *Acupalpus longicornis* Schaum und *A. quarnerensis* Reitt. Wien. ent. Ztg., **4**, 251—253, 1885 q.
— [Abdr.:] Insekten-Welt, **2**, 83—84, 1885.
— in Heyden, Lucas von & Stierlin, Wilhelm Gustav (1881) 1885.
— in Heyden, Lucas von (1884) 1885.
— Sechs neue Coleopteren aus Italien, gesammelt von Herrn Agostino Dodero. Bull. Soc. ent. Ital., **18**, 30—32, 1886 a.
— Revision der mit *Stenosis* verwandten Coleopteren der alten Welt. Dtsch. ent. Ztschr., **30**, 97—144, 1886 b.
[Franz. Übers., z. T., von] Sylvain Augustin de Marseul: Révision des Coléoptères de l'Ancien-Monde alliés aux „*Stenosis*". Abeille, **26**, 1—50, 1889.
— Ueber eine Fauvel'sche Recension [zu: Bestimmungstabellen der europäischen Coleopteren. Heft XII: Necrophaga. 1885]. Dtsch. ent. Ztschr., **30**, 219—224, 1886 c.
— Das Insectensieb, dessen Bedeutung beim Fange von Insecten, insbesondere Coleopteren und dessen Anwendung. Wien. ent. Ztg., **5**, 7—10, 45—56, 1886 d.
[Franz. Übers. von] C. E. Leprieur: Le tamis à insectes, son utilité pour la recherche des insectes (surtout coléoptères) et de ses emplois. Coléoptériste, **1890**, 12—15, 28—30, 45—46, 60—62, 74—78, 1891.
— Entgegnung auf obige Bemerkungen des Herrn A. Fauvel. Wien. ent. Ztg., **5**, 75—77, 1886 e.
[Siehe:] Fauvel, Albert: 75.
— Ueber eine neue europäische *Allecula*. Wien. ent. Ztg., **5**, 140, 1886 f.
— Ueber die *Ochthebius*-Arten aus der Gruppe des *O. Lejolisii* Muls. Wien. ent. Ztg., **5**, 156—157, 1886 g.
— Uebersicht der bekannten *Tapinopterus*-Arten. Wien. ent. Ztg., **5**, 170—174, 1886 h.
— Beitrag zur Kenntniss der Coleopteren-Gattung *Calobius*. Woll. Wien. ent. Ztg., **5**, 197—199, 1886 i.
— Ein neuer *Bythinus* aus Südfrankreich. Wien. ent. Ztg., **5**, 236, 1886 j.
— Ueber die mit *Abraeus* Leach verwandten Coleopteren-Gattungen. Wien. ent. Ztg., **5**, 271—274, 1886 k.
— Beitrag zur Systematik der Grotten-Silphiden. Wien. ent. Ztg., **5**, 313—316, 1886 l.
— Drei neue Elmiden von Sumatra. Notes Leyden Mus., **8**, 213—214, 1886 m.
— Ueber die Coleopteren-Gattung *Dendrodipnis*, Woll. aus Sumatra. Notes Leyden Mus., **8**, 215—218, 1886 n.
— Drei neue *Chelonarium*-Arten von Sumatra. Notes Leyden Mus., **8**, 219—221, 1886 o.
— in Radde, Gustav [Herausgeber] 1886.
— Beitrag zur Kenntniss der europäischen *Rhyncholus*-Arten. Dtsch. ent. Ztschr., **31**, 123—127, 1887 a.
— Zur Species-Kenntniss der Maikäfer aus Europa und den angrenzenden Ländern. Dtsch. ent. Ztschr., **31**, 529—542, 1887 b.
[Siehe:] Kraatz, Gustav: 543—544.
— Una nuova *Epuraea* di Sicilia. Natural. Sicil., **6** (1886—87), 83—84, 1887 c.
— Sulle specie del genere di Coleotteri *Tetratoma* Fabricius. Natural. Sicil., **6** (1886—87), 84—85, 1887 d.
— *Zuphium faillae* nov. sp. Natural. Sicil., **7** (1887—88), 9—10, (1888) 1887 e.
— Nachtrag zu dem Heimaths-Certificat des *Carabus Weisei*, ausgestellt durch Herrn Vincenz Gaiger in Zara. Stettin. ent. Ztg., **48**, 310—312, 1887 f.
— Bemerkungen zu der Arbeit: Beschreibung neuer Pselaphiden aus der Sammlung des Museums Ludwig Salvator; von Dr. L. W. Schaufuss. Tijdschr. Ent., **30** (1886—87), 316—342, 1887 g.
[Siehe:] Schaufuss, L. W.: **29**, 241—296, 1886; **30**, 91—165, 1887; **32**, 73—78, 1889.
— Eine neue europäische Curculioniden-Gattung aus der Gruppe der Acalyptini Bedel. Wien. ent. Ztg., **6**, 17—18, 1887 h.
— Uebersicht der bekannten Arten der Coleopteren-

Gattung *Clidicus* Casteln. Wien. ent. Ztg., **6**, 64, 1887 i.
— Tabelle zur Bestimmung der europäischen Arten der Coleopteren-Gattung *Homaloplia* Steph. Wien. ent. Ztg., **6**, 135—139, 1887 j.
[Franz. Übers. S. 135—138 von] F. Guillebeau: Synopsis des espèces européennes de coléoptères du genre *Homaloplia* Stephens. Échange, **9**, 54—57, 1893.
— Revision der Gattung *Scydmaenus* Latr. (*Eumicrus* Lap. et auct.) aus Europa und den angrenzenden Ländern. Wien. ent. Ztg., **6**, 140—145, 1887 k.
[Franz. Übers. von] C. E. Leprieur: Révision du genre *Scydmaenus* Latr. (*Eumicrus* Lap. et Auct.) d'Europe et des contrées limitrophes par M. Reiter de Modling. Abeille, **25** ((5) **1**), 65—72, 1888.
— Ein neuer *Carabus* aus Tscherkessien. Wien. ent. Ztg., **6**, 184—187, 1887 l.
— Neue Borkenkäfer aus Europa und den angrenzenden Ländern. Wien. ent. Ztg., **6**, 192—198, 1887 m.
— Ueber *Elater*-Arten aus der Verwandtschaft des *E. ochropterus* Eschsch. Wien. ent. Ztg., **6**, 211—213, 1887 n.
— Uebersicht der mir bekannten *Pedius*-Arten. Wien. ent. Ztg., **6**, 257—258, 1887 o.
— Uebersicht der mir bekannten Arten der Coleopteren-Gattung *Dromius* Bon. aus Europa und den angrenzenden Ländern. Wien. ent. Ztg., **6**, 285—288, 1887 p.
— in Insecta Przewalskii Asia Centrali (1887—90) 1887.
— in Veth, Pieter Jan [Herausgeber] (1881—82) 1887.
— Einiges über den Werth mehrerer Coleopteren-Gattungen und über deren Prioritäts-Berechtigung. Dtsch. ent. Ztschr., **1888** (**32**), 97—109, 1888 a.
[Siehe:] Seidlitz, G.: 168—172, 301—302.
— Neue, von Herrn Lothar Hetschko um Blumenau im südlichen Brasilien gesammelten Pselaphiden. Dtsch. ent. Ztschr., **1888** (**32**), 225—259, 1888 b.
— Ueber einige mit *Pimelia* nahe verwandte Coleopteren-Gattungen. Dtsch. ent. Ztschr., **1888** (**32**), 329—331, 1888 c.
[Siehe:] Sénac, Hippolyte: Ann. Soc. ent. France, (6) **8**, Bull. CCIII—CCIV, (1888) 1889.
— Coleopterologische Miscellen. Dtsch. ent. Ztschr., **1888** (**32**), 331, 1888 d.
— Entgegnung auf Herrn H. J. Kolbe's Auslassungen über *Dermestes vorax* und *Gibbium scotias* (Entomol. Nachrichten 1887 pg. 341). Ent. Nachr., **14**, 57—61, 1888 e.
— Ueber *Gibbium psylloides* Czenp. und *Boieldieui* Levr. Ent. Nachr., **14**, 252—254, 1888 f.
— Uebersicht der Arten der Coleopteren-Gattung *Phyllopertha* Kirby, aus Europa, den angrenzenden Ländern, Sibirien mit Central-Asien. Ent. Nachr., **14**, 289—294, 1888 g.
— Coleopteren aus Circassien, gesammelt von Hans Leder im Jahre 1887. Wien. ent. Ztg., **7**, 19—26, 81—90, 143—156, 169—180, 207—214, 231—238, 259—274, 279—288, 317—321, 1888 h; **8**, 63—70, 93—94, 1889.
— Vier neue Coleopteren. Wien. ent. Ztg., **7**, 68—71, 1888 i.
— Ueber als Adjectivum gebildete Gattungsnamen. Wien. ent. Ztg., **7**, 106—108, 1888 j.
— Synonymisches über europäische Nitiduliden. Wien. ent. Ztg., **7**, 255—258, 1888 k.
— Uebersicht der Arten der Coleopterengattung *Alexia* Steph. aus Europa und den angrenzenden Ländern. Wien. ent. Ztg., **7**, 322—326, 1888 l.
— Drei neue Silphiden aus Italien. Ann. Mus. Stor. nat. Genova, (2) **7** (**27**), 293—294, 1889 a.
— Bemerkungen zu der Arbeit „Ueber Pselaphiden und Scydmaeniden des Königl. zoologischen Museums zu Berlin von Dr. Schaufuss" (Berliner Entomol. Zeitschr., Bd. XXXI, 1887, Heft II, p. 287—320). Berl. ent. Ztschr., **32**, 465—482, (1888) 1889 b.
— Uebersicht der Arten der Coleopteren-Gattung *Anisoplia* aus Europa und den angrenzenden Ländern. Dtsch. ent. Ztschr., **1889**, 99—111, 1889 c.
— Eine neue bayerische *Liodes*-Art. Dtsch. ent. Ztschr., **1889**, 111, 1889 d.
— Bestimmungstabelle der flachen, kaukasischen *Carabus*- oder *Tribax*-Arten. Dtsch. ent. Ztschr., **1889**, 241—250, 1889 e.
— Bemerkungen zu europäischen *Elater*-Arten. Dtsch. ent. Ztschr., **1889**, 260, 1889 f.
— Weitere Mittheilungen über die Coleopteren-Gattung: *Sympiezocnemis* Solsky und *Urielina* Reitt. Dtsch. ent. Ztschr., **1889**, 261—263, 1889 g.
— Ueber den Gattungsnamen *Scydmaenus* und *Eumicrus*. Dtsch. ent. Ztschr., **1889**, 264—266, 1889 h.
[Siehe:] Seidlitz, G.: **1888** (**32**), 168—172, 301—302, 1888.
— Uebersicht der palaearctischen *Chrysanthia*-Arten. Dtsch. ent. Ztschr., **1889**, 266, 1889 i.
— Uebersicht der bekannten *Scraptia*-Arten der palaearctischen Fauna. Dtsch. ent. Ztschr., **1889**, 267—268, 1889 j.
— Bemerkungen und Berichtigungen zu den Clavicornen in der Fauna Baltica 2. Aufl. und Fauna Transsylvanica von Dr. G. Seidlitz. Ein Beitrag zur Lösung strittiger, coleopterologischer Fragen. Dtsch. ent. Ztschr., **1889**, 289—318, 1889 k.
— Uebersicht der Arten der mit *Oxythyrea* Muls. verwandten Gattungen, aus Europa und den angrenzenden Ländern. Ent. Nachr., **15**, 37—40, 1889 l.
— Uebersicht der mir bekannten *Elater*-Arten der palaearktischen Fauna. Ent. Nachr., **15**, 110—116, 1889 m.
— Uebersicht der bekannten Arten der Coleopteren-Gattung *Paederus* Grav. aus Europa und den angrenzenden Ländern. Ent. Nachr., **15**, 169—171, 1889 n.
— Uebersicht der mir bekannten *Adoretus*-Arten der palaearktischen Fauna. Ent. Nachr., **15**, 267—270, 1889 o.
[Siehe:] Semenow, Andreas von: Wien. ent. Ztg., **9**, 1—7, 1890.
— Revision der Arten der Coleopteren-Gattung *Triodonta* Muls. aus der palaearctischen Fauna. Ent. Nachr., **16**, 65—69, 1889 p.
— Neue Coleopteren aus dem Leydener Museum. Notes Leyden Mus., **11**, 3—9, 1889 q.
— Coleopterologische Ergebnisse der im Jahre 1886 und 1887 in Transcaspien von Dr. G. Radde, Dr. A. Walter und A. Konchin ausgeführten Expedition. [3 Bestimmungen von Julius Weise.] Verh. naturf. Ver. Brünn, **27** (1888), 95—133, 1889 r.
— Analytische Tabelle zur Bestimmung der europäischen *Throscus*-Arten. Wien. ent. Ztg., **8**, 35—37, 1889 s.
— Ueber die Sexual-Unterschiede bei der Coleopteren-Gattung *Throscus* Latr. Wien. ent. Ztg., **8**, 37—39, 1889 t.
— Neue Coleopteren aus Circassien, gesammelt von A. Starck. Wien. ent. Ztg., **8**, 97—104, 1889 u.

— Zwei neue *Meloë*-Arten aus Syrien und Armenien. Wien. ent. Ztg., **8**, 106—107, 1889 v.
— Zwei neue Trogositiden aus Japan. Wien. ent. Ztg., **8**, 217, 1889 w.
— Beschreibung der bekannten Tritomiden Japans mit Berücksichtigung der neuen Sammelergebnisse des Herrn George Lewis in den Jahren 1880—1881. Wien. ent. Ztg., **8**, 245—249, 1889 x.
— Uebersicht der mir bekannten Coleopteren-Gattungen der Melolonthini im Erichson'schen Sinne, aus der paläarctischen Fauna. Wien. ent. Ztg., **8**, 275—279, 1889 y.
— Die bekannten Cryptophagiden Japans, mit Beschreibungen neuer, in den Jahren 1880 und 1881 von George Lewis gesammelten Arten. Wien. ent. Ztg., **8**, 299—304, 1889 z.
— Uebersicht der mir bekannten Arten der Coleopteren-Gattung *Triodonta* Muls. Wien. ent. Ztg., **8**, 283—285, 1889 aa.
— Zwei neue Coleopteren-Gattungen aus Transkaukasien. Wien. ent. Ztg., **8**, 289—292, Taf. IV, 1889 ab.
— Eine neue, interessante *Rybaxis* aus Valdivia. Wien. ent. Ztg., **8**, 292, 1889 ac.
— Eine neue *Alexia* aus Algier. Wien. ent. Ztg., **8**, 304, 1889 ad.
— Verzeichniss der Cucujiden Japans mit Beschreibungen neuer Arten. Wien. ent. Ztg., **8**, 313—320, 1889 ae.
— in Insecta Potanin China Mongolei (1887—90) 1889.
— in Oertzen, Eberhard von [Herausgeber] (1888—89) 1889.
— Neue analytische Uebersicht der bekannten Arten der Coleopteren-Gattung *Omophlus*. Dtsch. ent. Ztschr., **1890**, 33—52, 1890 a.
— Analytische Revision der Coleopteren-Gattung *Amphicoma*. Dtsch. ent. Ztschr., **1890**, 53—64, 1890 b.
[Franz. Übers. von] Paul de Peyerimhoff: Révision analytique des Coléoptères du genre *Amphicoma*. Abeille, **29**, 1—8, (1896—1900) 1896; 9—11, (1896—1900) 1897.
[Siehe:] Champenois, A.: Abeille, **29**, 12—20, (1896—1900) 1897.
— Uebersicht der bekannten *Meleus*-Arten aus Europa. Dtsch. ent. Ztschr., **1890**, 94—96, 1890 c.
— Analytische Uebersicht der bekannten *Lethrus*-Arten. Dtsch. ent. Ztschr., **1890**, 289—295, 1890 d.
— Revision der Arten der Coleopteren-Gattung *Hoplia* Ill. aus der palaearctischen Fauna. Dtsch. ent. Ztschr., **1890**, 375—383, 1890 e.
— Uebersicht der bekannten kaukasischen *Deltomerus*-Arten. Dtsch. ent. Ztschr., **1890**, 383—384, 1890 f.
— Zur Synonymie einiger *Polyphylla*-Arten. Ent. Nachr., **16**, 185—189, 1890 g.
— Uebersicht der bekannten Arten der Coleopteren-Gattung *Athous* aus dem Kaukasus. Ent. Nachr., **16**, 241—247, 1890 h.
— Eine neue mit *Athous* verwandte Elateriden-Gattung aus russisch Armenien. Ent. Nachr., **16**, 247—248, 1890 i.
— Ein neuer *Athous* aus Montenegro. Ent. Nachr., **16**, 249, 1890 j.
— Uebersicht der trispinosen *Sphenoptera*-Arten aus Europa und dem Kaukasus. Ent. Nachr., **16**, 276—283, 1890 k.
— Uebersicht der mir bekannten Arten der Coleopteren-Gattung *Acmoeodera* Eschsch. aus Europa und den angrenzenden Ländern. Ent. Nachr., **16**, 337—347, 1890 l.
— Ueber *Bythinus Baudueri, latebrosus* und *blandus*. Wien. ent. Ztg., **9**, 16—17, 1890 m.
[Siehe:] Croissandeau, J.: Rev. ent. Caen, **8**, 12, 1889.
— Uebersicht der Arten der Coleopterengattung *Polyphylla* Harr. aus der paläarctischen Region. Wien. ent. Ztg., **9**, 21—22, 1890 n.
— Uebersicht der Arten der Coleopteren-Gattung *Anoxia* Lap. aus Europa und den angrenzenden Ländern. Wien. ent. Ztg., **9**, 105—107; Zusätze und Ergänzungen zu meiner „Uebersicht ...". 173—176, 1890 o.
— Eine neue behaarte *Meloë*-Art aus Turkestan. Wien. ent. Ztg., **9**, 152, 1890 p.
— Beschreibungen neuer Coleopteren aus Europa, dem Kaukasus, Russisch-Armenien und Turkestan. Wien. ent. Ztg., **9**, 189—198, 1890 q.
— Uebersicht der mir bekannten *Mallosia*-Arten. Wien. ent. Ztg., **9**, 241—243, 1890 r.
— Uebersicht der mir bekannten *Cartodera*-Arten aus Europa und den angrenzenden Ländern. Wien. ent. Ztg., **9**, 243—246, 1890 s.
— Ueber die mit *Toxotus meridianus* Panz. verwandten Coleopteren-Arten. Wien. ent. Ztg., **9**, 249—250, 1890 t.
[Siehe:] Heller, K. M.: Wien. ent. Ztg., **10**, 62—63, 1891.
— Ueber *Silvanus surinamensis* L. und Verwandte. Wien. ent. Ztg., **9**, 255—256, 1890 u.
[Siehe:] Guillebeau, F.: Rev. Ent. Caen, **9**, 220—224, 1890.
— Uebersicht der *Cteniopus*-Arten aus Europa und den angrenzenden Ländern, soweit mir dieselben in natura bekannt sind. Wien. ent. Ztg., **9**, 256—258, 1890 v.
— Uebersicht der bekannten *Hymenoplia*-Arten. Wien. ent. Ztg., **9**, 259—263, 1890 w.
[Franz. Übers.:] Révision des espèces d'*Hymenoplia* connues. Misc. ent., **7**, 52—56, 1899.
[Siehe:] Heyden, Lucas von: Dtsch. ent. Ztschr., **19**, 377—384, 1875.
— in Heyden, Lucas von 1890.
— in Heyden, Lucas von & Kraatz, Gustav (1881) 1890.
— Darstellung der echten Cetoniden-Gattungen und deren mir bekannte Arten aus Europa und den angrenzenden Ländern. Dtsch. ent. Ztschr., **1891**, 49—74, 1891 a.
[Franz. Übers. von] C. A. Grouzelle: Essai sur les vrais Cétonides d'Europe et des contrées limitrophes. Abeille, **28**, 109—135, (1892—96) 1893.
[Darin:]
[Anhang:] Bedel, Louis: Table alphabétique des Cétonides vrais. Abeille, **28**, 135—136, (1892—96) 1893; 137—138, (1892—96) 1894.
— Drei neue Coleopteren. Wien. ent. Ztg., **10**, 33—34, 1891 b.
— Uebersicht der europäischen Arten der Coleopteren-Gattung *Hylobius* Sch. Wien. ent. Ztg., **10**, 97—98, 1891 c.
— Zur Prioritätsfrage der Coleopteren-Gattungen *Lasiopsis* und *Lachnota*. Wien. ent. Ztg., **10**, 107—109, 1891 d.
[Siehe:] Brenske, L.: Ent. Nachr., **17**, 4—6, 1891.
— Noch einige Worte über *Cyphonotus* und *Microphylla*. Wien. ent. Ztg., **10**, 137, 1891 e.
— Erster Beitrag zur Coleopteren-Fauna des russischen Reiches. Wien. ent. Ztg., **10**, 138—142; Zweiter ... 195—199; Dritter ... 221—224; Vierter ... 233—240, 1891 f; Fünfter ... **11**, 59—68; Sechster ... 133

—135; Siebenter ... 151—154, 1892; Achter ... **12**, 109—114; Neunter ... 219—224, 1893; Zehnter ... **13**, 122—128; Elfter ... 238—248, 1894; Zwölfter ... **14**, 149—162, 1895; Dreizehnter ... **15**, 64—77, 1 Fig.; Vierzehnter ... **15**, 285—291, 1896; Fünfzehnter ... **16**, 121—127, 1897; Sechzehnter ... **17**, 17—22; Siebzehnter ... 109—127, 1898.

— Uebersicht der Arten der Coleopteren-Gattung *Aeolus* Esch. aus Europa und Russisch-Asien. Wien. ent. Ztg., **10**, 145—148, 1891 g.
[Franz. Übers. von] Louis Bedel: Synopsis des espèces du genre *Aeolus* Esch. d'Europe et de la Russie d'Asie. Abeille, **27**, 157—160, (1890—92) [1891].

— Uebersicht der mir bekannten *Foucartia*-Arten. Wien. ent. Ztg., **10**, 214—216, 1891 h.

— Uebersicht der *Onthophagus*-Arten aus dem nächsten Verwandtschaftskreise des *O. Amyntas* Ol. Wien. ent. Ztg., **10**, 241, 1891 i.

— Erster Beitrag zur Coleopteren-Fauna von Europa und den angrenzenden Ländern. Wien. ent. Ztg., **10**, 246—249; Zweiter ... 259—262, 1891 j; Dritter ... **12**, 172—176, 1893; Vierter ... **13**, 101—107; Fünfter ... 299—306, 1894; Sechster ... **14**, 199—204, 1895; Siebenter ... **15**, 225—227; Achter ... 265—272, 1896; Neunter ... **16**, 45—47; Zehnter ... 203—206, 1897; Elfter ... **18**, 155—161, 1899.

— Ueber die mit *Mendidius* Er. verwandten Gattungen. Wien. ent. Ztg., **10**, 253—255, 1891 k.

— Zur Synonymie des *Leptodes insignis* Haag. Wien. ent. Ztg., **10**, 273—274, 1891 l.
[Siehe:] Semenow, Andreas von: 268—272.

— in Catalogus Coleopterorum Europae 1891.

— Zwei neue *Triplax*-Arten. Natural. Sicil., **11** (1891—92), 257, 1892 a.

— Bestimmungs-Tabelle der Lucaniden und coprophagen Lamellicornen des palaearctischen Faunengebietes. Verh. naturf. Ver. Brünn, **30** (1891), 141—262; **31**, 3—109, 1892 b; Nachtrag. Ent. Nachr., **20**, 183—190, 1894.

— Ueber den angeblichen Umsturz in der Entomologie der Gegenwart. Wien. ent. Ztg., **11**, 1—10, 1892 c.

— Ueber die Arten der Coleopteren-Gattung *Leptodes* Sol. Wien. ent. Ztg., **11**, 93—96, 1892 d.

— Ueber eine *Lasiopsis*-Art aus dem Kaukasus. Wien. ent. Ztg., **11**, 101, 1892 e.
[Siehe:] Bergroth, E.: Wien. ent. Ztg., **11**, 98—100, 1892.

— Uebersicht der bekannten Arten der Coleopteren-Gattung *Apotomus* Illig. aus der paläarctischen Fauna. Wien. ent. Ztg., **11**, 137—138, 1892 f.

— Uebersicht der Arten der Coleopteren-Gattung *Monotropus* Er. Wien. ent. Ztg., **11**, 142, 1892 g.

— Ueber einen neuen Beitrag zur Systematik der Geotrupini. Wien. ent. Ztg., **11**, 272—278, 1892 h.
[Siehe:] Jacobson, Georg: Horae Soc. ent. Ross., **26**, 245—257, 1892.

— Revision der Arten der Coleopteren-Gattung *Prosodes* Esch. Dtsch. ent. Ztschr., **1893**, 261—312, 1893 a.

— Ueber die Genus-Charaktere der Gattungen *Blaps* Fr., *Prosodes* Eschsch. und Verwandten. Dtsch. ent. Ztschr., **1893**, 313—316, 1893 b.

— Drei neue *Plectes* aus Circassien. Ent. Nachr., **19**, 380—383, 1893 c.

— Bestimmungs-Tabelle der unechten Pimeliden aus der palaearctischen Fauna. Verh. naturf. Ver. Brünn, **31** (1892), 201—250, 1893 d.

— Repertorium meiner coleopterologischen Publicationen bis zum Schlusse des Jahres 1892. Wien. ent. Ztg., **12**, 1—22, 185—213, 1893 e.

— Zwei neue *Anthracus-(Balius-)*Arten. Wien. ent. Ztg., **12**, 43—44, 1893 f.

— Uebersicht der Arten des Subgen. *Menas* Motsch. *Cymindis* Latr. sectio. Wien. ent. Ztg., **12**, 65—67, 1893 g.

— Uebersicht der mir bekannten schwarzen *Necrophorus*-Arten. Wien. ent. Ztg., **12**, 147, 1893 h.

— Zwei neue *Trichodes*-Arten. Wien. ent. Ztg., **12**, 258, 1893 i.

— Uebersicht der bekannten Arten der Coleopteren-Gattung *Omphreus* Dej. Wien. ent. Ztg., **12**, 259—260, 1893 j.

— Ueber die *Crioceris*-Arten aus der Verwandtschaft der *Crioceris merdigera* L. mit rothem oder theilweise rothem Kopfe. Wien. ent. Ztg., **12**, 302, 1893 k.

— Ein neuer *Trichodes* aus der Verwandtschaft des *Trichodes spectabilis*. Wien. ent. Ztg., **12**, 303—304, 1893 l.

— Uebersicht der mir bekannten *Ammobius*-Arten. Wien. ent. Ztg., **12**, 315, 1893 m.

— Uebersicht der Arten der Coleopteren-Gattung *Cerambyx* L. und einer Darstellung der mit dieser zunächst verwandten Genera der palaearctischen Fauna. Ent. Nachr., **20**, 353—356, 1894 a.

— Analytische Uebersicht der europäischen Arten der Coleopteren-Gattung *Epuraea* Er. Verh. naturf. Ver. Brünn, **32** (1893), 18—36, 1894 b.

— Bestimmungs-Tabelle der Coleopteren-Familie der Cleriden, des palaearctischen Faunengebietes. Verh. naturf. Ver. Brünn, **32** (1893), 37—89, 1894 c.

— Uebersicht der mir bekannten palaearctischen Arten der Coleopteren-Gattung *Trichius* F. Wien. ent. Ztg., **13**, 5—6, 1894 d.

— Uebersicht der mit *Anthaxia grammica* Lap. et *fulgurans* Schrnk. verwandten Arten. Wien. ent. Ztg., **13**, 13, 1894 e.

— Ein neuer *Lathridius* aus Ostgalizien. Wien. ent. Ztg., **13**, 14, 1894 f.

— Uebersicht der Arten der Coleopteren-Gattung *Morimus* Serv. Wien. ent. Ztg., **13**, 43—44, 1894 g.

— Ueber einige bekannte und neue Borkenkäfer. Wien. ent. Ztg., **13**, 45, 1894 h.

— Die Coleopteren-Gattung *Podistrina* Fairm. und deren Arten. Wien. ent. Ztg., **13**, 48, 1894 i.

— Die Verwandten des *Ophonus sabulicola* Panz. Wien. ent. Ztg., **13**, 61, 1894 j.

— Einige neue Coleopteren von der Insel Malta. Wien. ent. Ztg., **13**, 81—83, 1894 k.

— Neue Pselaphiden und Scydmaeniden aus der europäischen Türkei. Wien. ent. Ztg., **13**, 113—115, 1894 l.

— Bemerkungen zur vorstehenden Notiz über die Bestimmungs-Tabelle der Bostrychidae. Wien. ent. Ztg., **13**, 120, 1894 m.
[Siehe:] Heyden, Lucas von: 118—120.

— Uebersicht der metallisch-blauen und grünen Arten der Coleopteren-Gattung *Agapanthia* Sv. Wien. ent. Ztg., **13**, 144—146, 1894 n.

— Ueber *Pseudotribax* Kr. Wien. ent. Ztg., **13**, 147—148, 1894 o.
[Siehe:] Kraatz, Gustav: Dtsch. ent. Ztschr., **38**, 95—96, 1894.

— Zwei neue *Bythinus*-Arten. (Coleoptera, Pselaphidae.) Wien. ent. Ztg., **13**, 149—150, 1894 p.

— Ueber die bekannten Arten der Coleopteren-Gattung *Zonoptilus* Motsch. Wien. ent. Ztg., **13**, 177—178, 1894 q.

— Ueber die Coleopteren-Gattung *Absidia* und *Podistra*. Wien. ent. Ztg., **13**, 185—188, 1894 r.
[Siehe:] Krauss, Herm.: 180—185.

— Ueber die mit *linearis* Oliv. verwandten Arten der Coleopteren-Gattung *Dromius* mit geriefter Stirn. Wien. ent. Ztg., **13**, 190—191, 1894 s.

— Neue Revision der Coleopteren-Gattung *Zonoptilus* Motsch. Mit theilweiser Benützung einer Arten-Uebersicht von Dr. E. Eppelsheim. Wien. ent. Ztg., **13**, 291—292, 1894 t.

— Revision der europäischen Arten der Coleopteren-Gattung *Alophus* Schh., mit der Beschreibung einer neuen Art aus der Mongolei. Wien. ent. Ztg., **13**, 307—311, 1894 u.

— Uebersicht der Arten der Gattung *Dryops* Oliv. Wien. ent. Ztg., **13**, 313, 1894 v.

— Ueber *Omias forticornis* Boh. und Verwandte (*Rhinomias* Reitt.). Wien. ent. Ztg., **13**, 314—316, 1894 w.

— in Hauser, Friedrich 1894.

— [Ref.] siehe Kliment, Josef 1894.

— [Ref.] siehe Semenow, Andreas 1894.

— Einiges über bekannte und neue *Thorictus*. Dtsch. ent. Ztschr., **1895**, 295—296, 1895 a.
[Siehe:] Wasmann, E.: 41—44.

— Uebersicht der mir bekannten Arten der Coleopteren-Gattung *Magdalis* Germ. Dtsch. ent. Ztschr., **1895**, 297—302, 1895 b.

— *Ephiphanops* nov. gen. Curculionidarum. Dtsch. ent. Ztschr., **1895**, 303—304, 1895 c.

— *Plinthus* (*Meleus*) *Rosti* n. sp. Dtsch. ent. Ztschr., **1895**, 304, 1895 d.

— Uebersicht der mir bekannten Arten der Coleopteren-Gattung *Strophomorphus* Seidl. Dtsch. ent. Ztschr., **1895**, 305—309, 1895 e.

— *Anisoplia Koenigi* n. sp. Dtsch. ent. Ztschr., **1895**, 309—310, 1895 f.

— *Atomaria myrmecophila* n. sp. Dtsch. ent. Ztschr., **1895**, 310, 1895 g.

— Uebersicht der mir bekannten Arten der Coleopteren-Gattung *Pholicodes* Schönh. Dtsch. ent. Ztschr., **1895**, 311—314, 1895 h.

— Uebersicht der *Hypnoidus*-Arten aus der Verwandtschaft des *quadriguttatus* Cast. der palaearctischen Fauna (Subgen. *Zorochrus* Thoms.). Ent. Nachr., **21**, 87—91, 1895 i.

— Uebersicht der mir bekannten Arten der Coleopteren-Gattung *Phthora* Germ. (*Cataphronetis* Lucas). Ent. Nachr., **21**, 147—149, 1895 j.

— Uebersicht der Arten der Coleopteren-Gattung *Necrophorus* Fabr. aus der palaearctischen Fauna. Ent. Nachr., **21**, 323—330, 1895 k.

— Bestimmungs-Tabelle der Borkenkäfer (Scolytidae) aus Europa und den angrenzenden Ländern. Verh. naturf. Ver. Brünn, **33** (1894), 36—97, 1895 l.

— Neue Curculioniden aus der asiatisch-palaearctischen Fauna. Wien. ent. Ztg., **14**, 21—31, 1895 m.

— Uebersicht der trispinosen *Sphenoptera*-Arten (*Oplistura* und *Chrysoblemma*) aus der palaearctischen Fauna. Wien. ent. Ztg., **14**, 32—42, 1895 n.

— Ueber *Catops Bugnioni* Tourn. Wien. ent. Ztg., **14**, 43—44, 1895 o.

— Beschreibung neuer oder wenig gekannter Coleopteren aus der Umgebung von Akbes in Syrien. Wien. ent. Ztg., **14**, 79—88, 3 Fig., 1895 p.
[Siehe:] Pic, Maurice: Ann. Soc. ent. France, **64**, Bull. CCXXIV—CCXXV, 1895.

— Eine Serie neuer *Carabus*-Arten aus Asien. Wien. ent. Ztg., **14**, 104—110, 1895 q.

— Synoptische Uebersicht der *Chrysobothris*-Arten mit Gruben auf den Flügeldecken, aus der palaearctischen Fauna. Wien. ent. Ztg., **14**, 127—130, 1895 r.

— Uebersicht der mir bekannten Arten der Coleopteren-Gattung: *Vesperus* Latreille. Wien. ent. Ztg., **14**, 130—132, 1895 s.

— Nachträgliches über *Cyphonotus* Fisch. und Beschreibung einer neuen Art aus Transkaspien. Wien. ent. Ztg., **14**, 205—207, 1895 t.
[Siehe:] Brenske, E.: Stett. ent. Ztg., **55**, 264—272, 1894.

— Einige neue Coleopteren aus Korea und China. Wien. ent. Ztg., **14**, 208—210, 1895 u.

— Uebersicht der mir bekannten Arten der Coleopteren-Gattung *Rhinoncus* Steph. aus Europa und den angrenzenden Ländern. Wien. ent. Ztg., **14**, 210—211, 1895 v.

— Uebersicht der mir bekannten Arten der Coleopteren-Gattung *Balaninus* Germ. aus Europa und den angrenzenden Ländern. Wien. ent. Ztg., **14**, 253—255, 1895 w.

— Uebersicht der Elateriden-(Coleopteren-)Arten aus der Verwandtschaft des *Limonius* (*Pheletes*) *aeneoniger* Deg. aus der palaearctischen Fauna. Wien. ent. Ztg., **14**, 256, 1895 x.

— Die palaearctischen Arten der Coleopt.-Gattung *Bangasternus* Gozis (*Coelosthetus* Cap.). Wien. ent. Ztg., **14**, 257, 1895 y.

— Uebersicht der europäisch-kaukasischen Arten der Carabicinen-Gattung *Ocys* Steph. Wien. ent. Ztg., **14**, 258, 1895 z.

— Beschreibungen mit Abbildungen neuer Coleopteren, gesammelt von Herrn Hans Leder bei Urga in der nördlichen Mongolei. Wien. ent. Ztg., **14**, 280—286, Taf. II, 1895 aa.

— Beschreibungen neuer Coleopteren aus dem russischen Reiche. Dtsch. ent. Ztschr., **1896**, 33—48, 1896 a.

— Uebersicht der bekannten Arten der Coleopteren-Gattung: *Adrastus* Esch. aus Europa und den angrenzenden Ländern. Dtsch. ent. Ztschr., **1896**, 157—159, 1896 b.

— Uebersicht der Arten der Coleopteren-Gattung *Heterophylus* Muls. Dtsch. ent. Ztschr., **1896**, 159—160, 1896 c.

— *Loberoschema*, nov. gen. Cryptophagidarum. Dtsch. ent. Ztschr., **1896**, 160, 1896 d.

— Uebersicht der mir bekannten, mit *Penthicus* Fald. verwandten Coleopteren-Gattungen und Arten aus der paläarctischen Fauna. Dtsch. ent. Ztschr., **1896**, 161—172, 1896 e.

— Zwei neue *Seminolus*-Arten aus Ostsibirien. Dtsch. ent. Ztschr., **1896**, 172, 1896 f.

— Beitrag zur Kenntniss der Platysceliden. Dtsch. ent. Ztschr., **1896**, 173—176, 1896 g.

— *Rhyncolus angusticollis* Reitter n. sp. Dtsch. ent. Ztschr., **1896**, 188, 1896 h.

— *Tribax certus* und *Cetonia chrysosoma*, n. sp. Ent. Nachr., **22**, 4—5, 1896 i.

— Dichotomische Uebersicht der bekannten Arten der Coleopteren Gattung *Capnisa* Lac. = *Gnathosia* Fisch. Ent. Nachr., **22**, 129—135, 1896 j.

— Uebersicht der mir bekannten, palaearctischen Arten

der Coleopteren-Gattung *Crypticus* Latreille. Ent. Nachr., **22**, 145—151, 1896 k.
— Uebersicht der mit *Pterostichus pulchellus* Falderm. verwandten Coleopteren-Arten, = Subgen. *Agonodemus* Chaud. Ent. Nachr., **22**, 211—215, 1896 l.
— Beitrag zur Kenntniss der Arten und Varietäten der Coleopteren-Gattung *Cetonia* L. Ent. Nachr., **22**, 241—246, 1896 m.
— Uebersicht der bekannten palaearctischen Arten der Coleopteren Gattung *Brachyleptus* Motsch. Ent. Nachr., **22**, 293—296, 1896 n.
— Uebersicht der mir bekannten *Gnathoncus* Arten der palaearctischen Fauna. Ent. Nachr., **22**, 306—308, 1896 o.
— Bemerkungen zur Monographie der „Scydmaenidae européens et circa-mediterranéens" von J. Croissandeau in den Annales de la Société Entomologique de France 1893. Wien. ent. Ztg., **15**, 19—26, 1896 p.
— Uebersicht der mir bekannten palaearctischen, mit der Coleopteren-Gattung *Serica* verwandten Gattungen und Arten. Wien. ent. Ztg., **15**, 180—188, 1896 q.
— Namensänderung der Coleopteren-Gattung *Caloenas* Reitt. in *Calydus*. Wien. ent. Ztg., **15**, 192, 1896 r.
— Uebersicht der kaukasischen Pterostichen aus der Verwandtschaft des *Pt. caucasicus* Fald. Wien. ent. Ztg., **15**, 201—203, 1896 s.
— Abbildungen mit Beschreibungen zehn neuer Coleopteren aus der palaearctischen Fauna. Wien. ent. Ztg., **15**, 233—240, Taf. III, 1896 t.
— Uebersicht der Arten der Coleopteren-Gattung *Asclera* Schm. [In:] Festschrift 50jähr. Bestehen Verein Schles. Insektenkunde Breslau, 37—39, Breslau, Maruschke & Behrendt (in Comm.), 1897 a.
— Ueber die Arten der Coleopteren-Gattung: *Anemia* Cast., aus der palaearctischen Fauna. [In:] Festschrift 50jähr. Bestehen Verein Schles. Insektenkunde Breslau, 40—43, Breslau, Maruschke & Behrendt (in Comm.), 1897 b.
— *Psammocryptus rugiceps* Reitter n. sp. aus Turkestan. Dtsch. ent. Ztschr., **1896**, 311, (1896) 1897 c.
— Uebersicht der Arten der Coleopteren-Gattung: *Liparus* Oliv. (*Molytes* Schönh.). Dtsch. ent. Ztschr., **1896**, 319—323, (1896) 1897 d.
[Siehe:] Kraatz, Gustav: 323—324.
— Ueber einige *Carabus*-Arten, ihr System und systematische Artengruppen. Erwiderung auf Hrn. Dr. Roeschke's kritische Bemerkungen zu Reitter's Bestimmungstabelle der Carabini. D. E. Z. 1896, 337—347. Dtsch. ent. Ztschr., **1897**, 17—25, 1897 e.
[Siehe:] Roeschke, Hans: 77—79.
— Coleopterologische Streitfragen. Dtsch. ent. Ztschr., **1897**, 26—30, 1897 f.
— *Dromius opacicolor* n. sp. Dtsch. ent. Ztschr., **1897**, 30, 1897 g.
— Neue Revision der europäischen Arten der Coleopteren-Gattung *Plinthus* Germ. Dtsch. ent. Ztschr., **1897**, 65—75, 1897 h.
— *Aphodius Deubeli* n. sp. Dtsch. ent. Ztschr., **1897**, 76, 1897 i.
— Revision der *Omias*-Arten mit der Länge nach gestricheltem Kopfe. Dtsch. ent. Ztschr., **1897**, 200—202, 1897 j.
— Dreissig neue Coleopteren aus russisch Asien und der Mongolei. Dtsch. ent. Ztschr., **1897**, 209—228, 1897 k.
— Analytische Revision der Coleopteren-Gattung *Microdera* Esch. Dtsch. ent. Ztschr., **1897**, 229—235, 1897 l.
— *Lethrus* (*Microlethrus*) *inermis* Reitter n. sp. & *Dorcadion nigrosuturatum* Reitter n. sp. Dtsch. ent. Ztschr., **1897**, 235—236, 1897 m.
— Ergänzungen zu meiner Uebersicht der Arten der Coleopteren-Gattung *Liparus* Ol. (*Molytes* Schönh.). Dtsch. ent. Ztschr., **1897**, 237—243, 1897 n.
— *Mesostylus Bangi* Reitter n. sp. Dtsch. ent. Ztschr., **1897**, 243, 1897 o.
— Zwei neue *Thamnurgus*-Arten (Coleoptera). Dtsch. ent. Ztschr., **1897**, 244, 1897 p.
— Vier neue *Urodon*-Arten. Dtsch. ent. Ztschr., **1897**, 245—246, 1897 q.
— *Dircaea subtilis* n. sp. Dtsch. ent. Ztschr., **1897**, 246, 1897 r.
— Dichotomische Uebersicht der mir bekannten Gattungen aus der Tenebrioniden-Abtheilung: Tentyrini. Dtsch. ent. Ztschr., **1896**, 297—303, (1896) 1897 s.
— *Deltomerus andalusicus* n. sp. Dtsch. ent. Ztschr., **1896**, 304, (1896) 1897 t.
— Uebersicht der Arten der Coleopteren-Gattung: *Calyptopsis* Sol. Dtsch. ent. Ztschr., **1896**, 305—311, (1896) 1897 u.
— 2 neue russische *Meligethes*. Dtsch. ent. Ztschr., **1896**, 312, (1896) 1897 v.
— Uebersicht der mir bekannten Arten der Coleopteren-Gattung: *Dailognatha* Stev. Dtsch. ent. Ztschr., **1896**, 313—317, (1896) 1897 w.
— *Sicardia* nov. gen. Aphodinidarum. Dtsch. ent. Ztschr., **1896**, 318, (1896) 1897 x.
— Uebersicht der mir bekannten Centralasiatischen *Neodorcadion*-Arten. Ent. Nachr., **23**, 177—184, 1897 y.
— Die Arten der Coleopteren-Gattung *Notiophilus* Dumeril aus Europa und den angrenzenden Ländern. Ent. Nachr., **23**, 361—364, 1897 z.
— Verschiedenes über Aphodinen. Wien. ent. Ztg., **16**, 73—76, 1897 aa.
[Siehe:] d'Orbigny, H.: Abeille, **28**, 197—271, 1896.
— Ueber die mit *Pachydema* Lap. verwandten Coleopteren-Gattungen und Uebersicht der *Hemictenius*-Arten. Wien. ent. Ztg., **16**, 221—225, 1897 ab.
— Ueber die nächsten Verwandten von *Ips* (*Tomicus*) *curvidens* Germ. Wien. ent. Ztg., **16**, 243—245, 1897 ac.
— Abbildungen mit Beschreibungen acht neuer Coleopteren aus der palaearctischen Fauna. Wien. ent. Ztg., **16**, 246—252, Taf. III, 1897 ad.
— Nachschrift [zu Kraatz, Gustav: Ueber *Carabus* (*Megodontus*) *Deubeli* Reitt. S. 283]. Wien. ent. Ztg., **16**, 283, 1897 ae.
— Neue Coleopteren aus Europa und den angrenzenden Ländern. Dtsch. ent. Ztschr., **1898**, 337—360, 1898 a.
— Drei neue *Mycetocharina*-Arten. (Coleoptera, Alleculidae.) Ent. Nachr., **24**, 65—66, 1898 b.
— Uebersicht der europaeischen *Pissodes*-Arten. (Coleoptera: Curculionidae.) Ent. Nachr., **24**, 66—68, 1898 c.
— Ueber *Cryptophagus baldensis* Er. Ent. Nachr., **24**, 68—70, 1898 d.
— Uebersicht der Coleopteren-Gattung *Megapenthes* Kiesw. aus Europa und dem Kaukasus. Ent. Nachr., **24**, 180—181, 1898 e.
— Übersicht der blauen oder grünen *Lebia*-Arten, aus der Verwandtschaft der *L. festiva* Fald., der palaearctischen Fauna. (Subgen. *Omalophora* Motsch. part., Coleoptera.) Ent. Nachr., **24**, 224, 1898 f.

— Analytische Uebersicht der *Scaphosoma*-Arten aus der palaearctischen Fauna. (Coleoptera, Scaphididae.) Ent. Nachr., **24**, 314—315, 1898 g.
— Eine Decade neuer Coleopteren aus der Buchara. Wien. ent. Ztg., **17**, 10—16, 1898 h.
— Ueber die nächsten Verwandten der *Corticaria fulva* Com. und einige Arten aus anderen Gruppen. Ein coleopterologischer Beitrag. Wien. ent. Ztg., **17**, 28—32, 1898 i.
— Uebersicht der bekannten Arten der Coleopterengattung *Scleropatrum* Seidl. aus der palaearctischen Fauna. Wien. ent. Ztg., **17**, 36—39, 1898 j.
— Neue *Cyrtoplastus* und Agathidien (Coleoptera, Anisotomidae) aus der Türkei und Russisch-Asien. Wien. ent. Ztg., **17**, 51—53, 1898 k.
— Ueber die Gattungen: *Apolites* Duv. und *Anisocerus* Fald. (Coleopt. Tenebrionidae). Wien. ent. Ztg., **17**, 105—106, 1898 l.
— Ueber die bekannten und einige neue palaearctische *Agapanthia*-Arten. (Coleoptera.) Wien. ent. Ztg., **17**, 130—135, 1898 m.
— Die europäisch-kaukasischen Arten der Coleopteren-Gattung: *Hedobia* Strm. Wien. ent. Ztg., **17**, 137—139, 1898 n.
— Zur Kenntniss der Coleopteren aus der nächsten Verwandtschaft der *Leptura dubia* Scop. aus der palaearctischen Fauna. Wien. ent. Ztg., **17**, 192—195, 1898 o.
— Beitrag zur Coleopteren-Fauna des russischen Reiches und der angrenzenden Länder. Dtsch. ent. Ztschr., **1899**, 193—209, 1899 a.
— Uebersicht der mir bekannten, palaearctischen Arten der Coleopteren-Gattung *Leichenum* Blanch. Ent. Nachr., **25**, 83—86, 1899 b.
— Zur weiteren Kenntniss der Coleopteren-Gattung *Mycetochara* Berthold. Ent. Nachr., **25**, 155—159, 1899 c.
— Ueber einige Coleopteren aus der palaearctischen Fauna und aus Japan. Ent. Nachr., **25**, 216—220, 1899 d.
— Übersicht der Arten der Coleopteren-Gattung *Deporaus* Samou. aus Europa und dem Kaukasus. Ent. Nachr., **25**, 306—307, 1899 e.
— Bestimmungs-Tabelle der Curculioniden-Abtheilungen: Cossonini und Calandrini aus der europäischen Fauna im weiteren Sinne. Verh. naturf. Ver. Brünn, **37** (1898), 3—20, 1899 f.
— Bestimmungs-Tabelle der Melolonthidae aus der europäischen Fauna und den angrenzenden Ländern, enthaltend die Gruppen der Dynastini, Euchirini, Pachypodini, Cetonini, Valgini und Trichiini. Verh. naturf. Ver. Brünn, **37** (1898), 21—111, 1899 g.
— Die Arten der Coleopteren-Gattung *Orthochaetes* Germ. (*Styphlus* Schönh.) aus Europa und den angrenzenden Ländern, nebst einer Uebersicht der mit ihr zunächst verwandten Gattungen. Wien. ent. Ztg., **18**, 1—11, 1899 h.
— Abbildungen und Beschreibungen neuer oder wenig gekannter Coleopteren aus der palaearctischen Fauna. Wien. ent. Ztg., **18**, 282—287, Taf. IV, 1899 i.
— siehe Tschitschérine, Tichon Sergeevič; Reitter, Edmund & Bedel, Louis 1899.
— Neue Coleopteren aus Europa und den angrenzenden Ländern, russisch Asien und der Mongolei. Dtsch. ent. Ztschr., **1899**, 273—281, (1899) 1900 a.
— Weitere Beiträge zur Kenntniss der Coleopteren-Gattung *Laena* Latr. Dtsch. ent. Ztschr., **1899**, 282—286, (1899) 1900 b.
— *Dryocoetes baikalicus* nov. sp. Dtsch. ent. Ztschr., **1899**, 286, (1899) 1900 c.
— Einige neue Coleopteren von der dalmatinischen Insel Meleda gesammelt von Hrn. Forstrath A. Gobanz. Dtsch. ent. Ztschr., **1899**, 287—288, (1899) 1900 d.
— Beitrag zur Coleopteren-Fauna des russischen Reiches. Dtsch. ent. Ztschr., **1900**, 49—59, 1900 e.
— Uebersicht der Arten der Curculioniden-Gattung *Myllocerus* Schönh. und *Corigetus* Desbr. der centralasiatischen Fauna. Dtsch. ent. Ztschr., **1900**, 60—68, 1900 f.
— Beitrag zur Coleopteren-Fauna von Europa und den angrenzenden Ländern. Dtsch. ent. Ztschr., **1900**, 81—88, 1900 g.
— Über zwei neue Sammelmethoden, kleine Insekten im Hochgebirge zahlreich aufzufinden. Ent. Jb., **9**, 194—196, 1900 h.
— Uebersicht der mir bekannten Arten der Coleopteren-(Elateriden-)Gattung *Pleonomus* Mèn. aus Central-Asien. Ent. Nachr., **26**, 87—89, 1900 i.
— Uebersicht der mir bekannten Arten der Coleopteren-Gattung *Dila* Fisch. Ent. Nachr., **26**, 295—296, 1900 j.
— Uebersicht der mit *Erodius* verwandten palaearktischen Coleopteren-Genera. Ent. Nachr., **26**, 298—300, 1900 k.
— Uebersicht der bekannten Arten der Coleopteren-Gattung *Ammozoum* Sem. Ent. Nachr., **26**, 300—301, 1900 l.
— Uebersicht der bekannten zwei Arten der neuen Coleopteren-Gattung *Diaphanidus* Reitt. Ent. Nachr., **26**, 301—302, 1900 m.
— Coleoptera, gesammelt im Jahre 1898 in Chin. Central-Asien von Dr. Holderer in Lahr. Wien. ent. Ztg., **19**, 153—166, Taf. I, 1900 n.
— Eine neue Art der Coleopteren-Gattung *Acanthocinus* aus Bosnien. Wien. ent. Ztg., **19**, 177—178, 1900 o.
— Neue, von Herrn Dr. John Sahlberg auf seinen Reisen in Corfu, Palästina und Centralasien gesammelte Coleopteren. Wien. ent. Ztg., **19**, 217—220, 1900 p.
— Beschreibung und Abbildung von neun neuen Coleopteren der palaearctischen Fauna. Wien. ent. Ztg., **19**, 225—232, Taf. II, 1900 q.
— in Bodemeyer, August Rudolf Eduard von 1900.

Reitter, Edmund & **Croissandeau,** F . . .
Conspectus Scydmaenidarum quas Lotharius Hetschko in Brasilia meridionali prope Blumenau collegit. Natural. Sicil., **9** (1889—90), 216—220, 1890.

Reitter, Edmund & **Simon,** Hans
Monographische Bearbeitung der Scydmaeniden-Gattung *Leptomastrax*. Dtsch. ent. Ztschr., **25**, 145—164, Taf. IV—V, 1881.

Reitter, Edmund; **Saulcy,** Felicien de & **Weise,** Julius
Coleopterologische Ergebnisse einer Reise nach Südungarn und in die Transsylvanischen Alpen. Verh. naturf. Ver. Brünn, **15** (1876), 3—30, Taf. I, 1877.

Rejou, Raimond
(Emploi des feuilles de tabac pour combattre le *Phylloxera*.) C. R. Acad. Sci. Paris, **77**, 666, 1873 a.
—○ [Abdr.?:] Journ. Agric. prat. Paris, **38**, Bd. 2, 262—263, 1874.
— A propos du phylloxera. Journ. Agric. prat. Paris, **37**, Bd. 2, 296—300, 1873 b.

— Destruction du phylloxera. Journ. Agric. prat. Paris, **37**, Bd. 2, 380—382, 1873 c.
— Emploi du tabac pour détruire le phylloxera. Journ. Agric. prat. Paris, **37**, Bd. 2, 507—508, 1873 d. [Ref.:] Mschr. Ver. Beförd. Gartenb. Berlin, **1873**, 453, 1873.

Rekalo, E . . . L . . .
○ Die Heuschrecke in Bessarabien in den Jahren 1884 und 1885. [Russ.] 50 S., Kischinew, Tip. Grosman, 1885.
○ Über die schädlichen Tiere und Pflanzen Bessarabiens im Jahre 1888. [Russ.] 44 Seiten, Kischinew, Tip. A. S. Stepanow, 1888.
○ Über pflanzenschädliche Insekten und Tiere in Bessarabien, im Jahre 1890. [Russ.] 19 S., 1890?.

Remy, A . . .
○ Le phylloxera au congrès de Beaume. Journ. Agric., **1869**, 666—668, 1869.

Renard, Ed . . .
Ver à soie du mûrier. Graines provenant du Japon. Rev. Séricicult. comp., **1865**, 33—34, 1865.
— La sériciculture dans l'extrême Orient. Bull. Insectol. agric., **2**, 125—128, 149—156, 1877.
○ I bachi da seta ed i bachi selvaggi in generale. Bacologo Ital., **2**, 377—378, 385—386, 1879—80.

Rénard, P . . .
○ Le *Phylloxera vastatrix.* Ann. Soc. Agric. Dordogne, **41**, 782—784, 1880.

Renaud, Georges
○ De la Sériculture en France. 8°, 23 S., Paris, Guillaumin & Co., 1865.

Renaud, J . . . B . . .
Tableau pour la détermination des espèces du genre *Donacia* appartenant au groupe de la *D. bidens.* Échange, **2**, Nr. 16, 2, 1886.

Renault, Bernard
geb. 1836, gest. 1904.
— Sur quelques parasites des Lépidodendrons du Culm. C. R. Acad. Sci. Paris, **118**, 365—367, 1894.
— Charles Naudin. Bull. Soc. Hist. nat. Autun, **12**, part. 2, Séance 114—129, 1 Taf. (unn.), 1899.
— Notice biographique sur Alphonse Milne-Edwards, Directeur du Muséum d'histoire naturelle. Bull. Soc. Hist. nat. Autun, **13**, 371—404, 1 Taf. (unn.), 1900.

Renaut, F . . . H . . .
[Ref.] siehe Fermi, Claudio & Lumbau, S . . . 1900.

Renaux, A . . .
○ Traitement des vignes phylloxérées par l'engrais-insecticide. 8°, 23 S., Toulon, typ. Ch. Mohière & Co., 1875.

Renaux, A . . . & **Peyras,** G . . .
(Un moyen de combattre le *Phylloxera.*) [Mit Angaben von L. Pons, Nogues, Heurteloup u. a.] C. R. Acad. Sci. Paris, **79**, 461—462, 1874.

Rendall, Percy J . . .
Argynnis dia at Epping. Entomologist, **16**, 112—113, 1883.
— Early appearance of *Epione advenaria.* Entomologist, **17**, 92, 1884 a.
— *Laphygma exigua* near Basingstoke. Entomologist, **17**, 261—262, 1884 b.
— Urticating by *Liparis chrysorrhoea.* Entomologist, **17**, 275, 1884 c.
— Abnormal appearance of *Cucullia verbasci.* Entomologist, **18**, 22, 1885 a.
— *Acronycta alni* at sugar. Entomologist, **18**, 218, 1885 b.
— Pairing of *Epinephele ianira* and *E. hyperanthes.* Entomologist, **19**, 230, 1886 a.
— Enemies to the Entomologist. Entomologist, **19**, 234, 1886 b.
— *Vanessa antiopa* with Yellow Borders. Entomologist, **20**, 156, 1887 a.
— Notes on Lepidoptera observed in London. Entomologist, **20**, 198—202, 1887 b.
— *Lycaena corydon* near Hounslow. Entomologist, **20**, 229, 1887 c.
— Curious habit of *Macroglossa stellatarum.* Entomologist, **20**, 271, 1887 d.
— London Lepidoptera. Entomologist, **20**, 280—281, 1887 e.
— A rational method of setting the under sides of Rhopalocera. Entomologist, **20**, 320—322, 1 Fig., 1887 f.
— *Phigalia pedaria* in January. Entomologist, **21**, 91, 1888.
— Stridulation of Cicadidae. Zoologist, (4) **1**, 520, 1897.

Rendlesham,
Sphinx pinastri in Suffolk. Entomologist, **25**, 244, 1892; **26**, 224, 1893; **28**, 232, 1895.

Rendu, Victor
○ Éducation des vers à soie à Paillerols. Journ. Agric. prat. Paris, **31**, Bd. 2, 716—717, 1867.
— Moeurs pittoresques des insectes. Bibliothèque rose illustrée. 8°, VIII + 324, 12 Taf., Paris, Libr. Hachette & Co., 1870. — 2. Aufl. 1872. — 3. Aufl. 1879.
— Les abeilles, leurs moeurs, leur industrie, leur culture. 12°, 116 S., 15 Fig., Paris, Hachette & Co., 1873.
— Les insectes nuisibles à l'agriculture aux jardins et aux forêts de la France. 8°, 267 S., 47 Fig., Paris, Hachette & Co., 1876.
○ [Bienen und Wespen.] Pszoły i osy. Tygodnik rol., **6**, 94—95, 109, 127, 157—158, 1878.

René, Eug . . .
A propos des feuilles du mûrier. Journ. Agric. prat. Paris, **43**, Bd. 2, 759, 1879.

Rengel, C . . .
Ueber die Veränderung des Darmepithels bei *Tenebrio molitor* während der Metamorphose. Ztschr. wiss. Zool., **62**, 1—60, Taf. I, (1897) 1896.
— Ueber die periodische Abstossung und Neubildung des gesammten Mitteldarmepithels bei *Hydrophilus, Hydrous* und *Hydrobius.* Ztschr. wiss. Zool., **63**, 440—455, Taf. XXIII, 1898.

Rennard, Ed . . .
○ Ueber das wirksame Princip des wässrigen Destillates der Canthariden. N. Jb. Pharm., **38**, 32, 1872. [Ref.:] Chem. Zbl., (3) **3**, 568, 1872.

Renne, Ferd . . .
Die für den Wald nützlichen Säugethiere und Vögel. (Ein auf der Forstakademie zu Neustadt-Eberswalde gehaltener Vortrag.) Natur u. Offenbar., **12**, 254—263, 289—298, 1866.
— Über einige wichtige forstschädliche Insekten. Jahresber. Westfäl. Prov. Ver. Münster, **2**, 46—48, 1874.
— Eichenwickler-Kalamität. Ztschr. Forst- u. Jagdwes., **22**, 555—557, 1890.

— Altum und sein Leben. Jahresber. Westfäl. Prov. Ver. Münster, **28** (1899—1900), 56—65, 1900.

Renner, T... C...
(*Phytolacca Decandra* for the Destruction of Cockroaches.) [Nach: The Popular Science Monthly, July, 1874.] Boston med. surg. Journ., **91**, 141, 1875.

Rennie, James Prof.
geb. 1787, gest. 1867 in Sydney, Prof. d. Zool. am King College in London. — Biogr.: Entomol. monthly Mag., 4, 191, (1867—68) 1868.
○ Insect architecture (Bohn's illustr. lib.) 8°, XV + 439 S., ∾ 200 Fig., London, Bell & Daldy, 1869.

Rennie, R... W...
Mounting insects without pressure. Canad. Entomol., **27**, 112—114, 1895.
— Notes on Insects of the Year. — Division No. 5, London District. Rep. ent. Soc. Ontario, **29** (1898), 91—92, 2 Fig., 1899.

Renshaw, Alfred George
Ants and Bees. Nature London, **11** (1874—75), 306—307, 1875.

Renshaw, Graham
Satyrus ianira, var. Entomologist, **24**, 266, 1891 a.
— *Acronycta alni* Larva near Manchester. Entomologist, **24**, 267, 1891 b.
— Note on Lycaenidae. Entomologist, **24**, 267, 1891 c; A Correction. **25**, 173, 1892.
— Rhopalocera at Llandudno. Entomologist, **30**, 272, 1897.
— Entomology at Interlaken. [Lep.] Entomologist, **31**, 120—121, 1898.

Renshaw, J...
Vanessa atalanta near Manchester. Entomologist, **26**, 253, 1893.

Renshaw, S...
Vanessidae in Lancashire. Entomologist, **25**, 243, 1892.
— *Nyssia zonaria* in Lancashire. Entomologist, **26**, 200, 1893 a.
— *Gnophria rubricollis.* Entomologist, **26**, 297, 1893 b.
— Captures in the Lake District. [Lep.] Entomologist, **26**, 303, 1893 c.

Renton, Robert
Jottings from my Note-book: Lepidoptera. Scott. Natural., **5**, 116—117, (1879—80) 1879 a.
— Notes on Lepidoptera. Scott. Natural., **5**, 160—161, (1879—80) 1879 b.

Report International Polar Expedition Alaska
○ Report of the International Polar Expedition to Point Barrow, Alaska. 8 Teile.[1]) 4°, 695 S., 21 Taf., 2 Kart., Washington, 1885.
IV, 4. Murdoch, J... & Riley, Charles Valentine: Insects. 133—135.

Report Irish Field Club Excursion 1895
Report of the Conference and Excursion held at Galway, July 11th to 17th, 1895. Irish Natural., **4**, 225—272, 4 Taf. (unn.), 1895.
[Darin:]
Praeger, Robert Lloyd: General Account. 225—235.
Carpenter, George Herbert: Collembola and Thysanura. 257.
—: Hymenoptera, Orthoptera, and Neuroptera. 257—258.
Halbert, James Nathaniel: Hemiptera. 258.
—: Coleoptera. 259—262.
Carpenter, George Herbert: Diptera. 263.
Kane, William Francis de Vismes: Lepidoptera 263—264.

[1]) nur z. T. entomol.

Report Zoological Collections Indo-Pacific Ocean Voyage Alert 1881—82
○ Report on the Zoological Collections made in the Indo-Pacific Ocean during the voyage of H. M. S. Alert, 1881—82. 8°, XXV + 684 S., 54 Taf., London, 1884.
[Darin:]
Coppinger, Richard William: Summary of the Voyage.
Waterhouse, Charles Owen: Coleoptera.
Butler, Arthur Gardiner: Lepidoptera.

Reports on the Dredging Operations off the West Coast of Central America to the Galapagos, to the West Coast of Mexico, and in the Gulf of California, in Charge of Alexander Agassiz... siehe Agassiz, Alexander [Herausgeber] 1892—1900.

Reports Explorations Surveys West Hundreth Meridian
Reports of the geographical and geological Explorations and Surveys West of the Hundreth Meridian. Herausgeg. von George Montagne Wheeler. 7 Bde.[1]) 4°, Washington, 1874—89.
○ **3.** Stevenson, J[ohn] J[ames]: Geology.
White, Charles Abiathar: Appendix. — Report on the carboniferous invertebrate fossils. 420 + XXVIII S., 4 Taf., 1874—75.
○ **4.** White, Charles Abiathar: Palaeontology. Report upon the invertebrate fossils. 12 + 219 S., 21 Taf., 1881.
5. Zoology. 16 Kapitel. 1021 S., ? Fig., 45 Taf. (28 Farbtaf.), 1875.
7. Cresson, Ezra Townsend: Report upon the collections of Hymenoptera made in portions of Nevada, Utah, Colorado, New Mexico, and Arizona, during the years 1872, 1873, and 1874. 707—736, 2 Farbtaf.
[Darin:]
Norton, Edward: List of Formicidae. 729—736, 2 Farbtaf.
8. Mead, Theodore L...: Report upon the collections of diurnal Lepidoptera made in portions of Colorado, Utah, New Mexico, and Arizona, during the years, 1871, 1872, 1873, and 1874, with notes upon all species known to inhabit Colorado and a list of all species collected by William H. Edwards. 737—794, 6 Farbtaf.
9. Stretch, Richard Harper: Report upon new species of Zygaenidae and Bombycidae collected in portions of California and Arizona during the years 1871, 1872, and 1873. 795—802.
10. Osten Sacken, Charles Robert: Report upon the collection of Diptera made in portions of Colorado and Arizona during the year 1873. 803—807, 3 Fig.
11. Ulke, Henry: Report upon the collections of Coleoptera made in portions of Nevada, Utah, California, Colorado, New Mexico, and Arizona, during the years 1871, 1872, 1873, and 1874. 809—827, 1 Farbtaf. — [Abdr. S. 811—

[1]) nur z. T. entomol.

813:] Bull. Brooklyn ent. Soc., **4**, 41—42, (1881—82) 1882.
12. Uhler, Philip Reese: Report upon the collections of Hemiptera made in portions of Nevada, Utah, California, Colorado, New Mexico, and Arizona during the years 1871, 1873, and 1874. 828—842, 1 Taf.
13. Thomas, Cyrus: Report upon the collections of Orthoptera made in portions of Nevada, Utah, California, Colorado, New Mexico, and Arizona, during the years 1871, 1872, 1873, and 1874. 843—908, 3 Taf. (2 Farbtaf.).
14. Hagen, Hermann August: Report upon the collections of Neuroptera and Pseudo-Neuroptera, made in portions of Colorado, New Mexico, and Arizona, during the years 1872, 1873, and 1874. 909—922.
Index to reports upon insects. 1001—1015.

Requijo, Federico & **Estrada,** Francisco
○ Instrucciones prácticas para el reconocimiento y defensa de la plaga filoxérica. 4°, 27 S., Zamora, 1880.

R[esch], F . . .
Neuigkeiten aus verschiedenen Theilen der Naturwissenschaften. (Pflanzenverwüster.) Natur u. Offenbar., **20**, 285—286, 479, 1874; **21**, 93—94, 285—287, 3 Fig.; Mittheilungen aus . . . 381, 1875.
— Pathologie der Gewächse in Wort und Bild. Natur u. Offenbar., **23**, 1—23, 16 Fig.; 65—71, 7 Fig.; 129—135, 2 Fig., 1877.

[**Rešetin,** N . . .] **Решетин,** Н . . .
[Über eine nachahmende (mimische) Form von *Oedipoda coerulans* L.] Об одной подражающей мимичной форме *Oedipoda coerulane* L. [Trudy Russ. ent. Obšč.] Труды Русс. энт. Общ., **11**, 195—199, 1880 a.
— (Mittheilungen über einige Organe des Mehlwurms (*Tenebrio molitor*). Horae Soc. ent. Ross., **15** (1879), XVII, 1880 b.

Res Ligusticae
Res Ligusticae. [32 Teile.][1]) Ann. Mus. Stor. nat. Genova, [1886—1900].[2])
3. Gestro, Raphael: Gli *Anophthalymus* trovati finora in Liguria. (2) **5** (**25**), 487—508, 2 Fig., (1887—88) 1887.
5. Ferrari, Pietro Mansueto: Psillide raccolte in Liguria. (2) **6** (**26**), 74—77.
6. Parona, Corrado: Collembole e Tisanuri finora riscontrate in Liguria. 133—154, 1 Fig., Taf. I—II, 1888.
16. Dodero, Agostino: Nota sul genere *Trogaster*, Sharp. (*Heteronyx*, Saulcy). (2) **10** (**30**), 665—668, (1890—91) 1891.
19. Ferrari, Pietro Mansueto: Elenco dei Rincoti ligustici (Emitteri e Cicadarii) fin'ora osservati. (2) **12** (**32**), 549—576, 1892.
23. Gestro, Raphael: Nuove osservazioni sugli *Anophthalmus*. (2) **16** (**36**), 11—13, 1896.
29. —: Due nuovi Anoftalmi. (2) **19** (**39**), 15—19.
30. Mantero, Giacomo: Materiali per un Catalogo degli Imenotteri Liguri. 146—160, 1 Fig., 1898.
31. —: . . . (2) **20** (**40**), 199—214, 1899.
32. Dodero, Agostino (fu Giust.): Nuovo *Leptotyphus* del Genovesato. (2) **20** (**40**), 573—574, (1899) 1900.

[1]) nur z. T. entomol.
[2]) Forts. nach 1900.

Reston, A . . .
Notes upon the capture of Coleoptera during flight. Entomol. monthly Mag., **23**, 39—40, (1886—87) 1886.

[**Retovskij,** Otton Ferdinandovič] **Ретовский,** Оттон Фердинандович
geb. 18. 11. 1849 in Danzig, gest. 11. 1. 1925. — Biogr.: (A. Bogdanov) Material. Gesch. Zool. Russland, **3**, 2 (unn.) S., 1891 m. Porträt & Schriftenverz.
— Ueber *Elytrodon bidentatum* Stev. Wien. ent. Ztg., **1**, 69—70, 1882.
— Eine Sammelexkursion nach Abchasien und Tscherkessien. Ber. Senckenb. naturf. Ges., **1883—84**, 126—143, 1884.
— Ein neuer *Plectes* aus dem Kaukasus. Wien. ent. Ztg., **4**, 3—4, 1 Fig., 1885 a.
— *Otiorrhynchus* (*Tournieria*) *Starcki* n. sp. Wien. ent. Ztg., **4**, 10, 1885 b.
— Neue Curculioniden aus der Krim und dem Kaukasus, nebst Bemerkungen über einige schon bekannte Arten. Wien. ent. Ztg., **6**, 130—134, 1887.
— Die kaukasischen *Cychrus*. Wien. ent. Ztg., **7**, 243—244, 1888.
— Zusammenstellung der von mir auf meiner Reise von Konstantinopel nach Batum gesammelten Coleopteren. Ber. Senckenb. naturf. Ges., **1888—89**, 207—216, 1889 a.
— Verzeichnis der von mir auf meiner Reise von Konstantinopel nach Batum gesammelten Orthopteren. Ber. Senckenb. naturf. Ges., **1888—89**, 217—223, 1889 b.
— Beiträge zur Orthopteren-Kunde der Krim. Bull. Soc. Natural. Moscou, (N. S.) **2** (1888), 402—415, 1889 c.

Retz, de
État de sériciculture en France. Bull. Insectol. agric., **7**, 132—135, 1882.

Reuss,
Zum Stande der Nonneninvasion im Brdy-Walde 1895. Oesterr. Forst-Ztg., **14**, 68, 1896.

Reuss, Hermann
Der Waldfeldbau im Dienste des Forstculturbetriebes. Zbl. ges. Forstwes., **15**, 289—302, 354—371, 1889.

Reuss, K . . .
Die Harzer Schneebrüche im December 1883. Ztschr. Forst- u. Jagdwes., **16**, 378—390, 409—440, 1884.

Reuter, Enzio Rafael
geb. 30. 3. 1867 in Åbo, gest. 11. 2. 1951 in Helsingfors. — Biogr.: (R. Trey) Notul. ent. Helsingfors, **31**, 1—2, 1951; (Esko Snomaleinen) Ann. ent. Fenn., **17**, 49—51, 1951; Nors. ent. Fenn., **9**, 108, 1953; (P. Palmgren) Soc. scient. Fenn. Årsbok, **31** (1952—53), C, Nr. 1, 11 S., 1953 m. Porträt.
— Monographia Anthocoridarum orbis terrestris. Acta Soc. scient. Fenn., **14**, 555—758, 1875.
— (Några för fauna nya macrolepidoptera.) Medd. Soc. Fauna Flora Fenn., **13**, 240—241, 1886.
— Über den „Basalfleck" auf den Palpen der Schmetterlinge. (Vorläufige Mittheilung.) Zool. Anz., **11**, 500—503, 1888.

— (Några intressanta nattjärilar.) Medd. Soc. Fauna Flora Fenn., **15**, 209—210, (1888—89) 1889 a.
— (Tvenne för Finska fjärilfaunan nya nattfjärilar: *Mamestra Genistae* Bkh. och *Dryobota Protea* Bkh.) Medd. Soc. Fauna Flora Fenn., **15**, 217—218, (1888—89) 1889 b.
— (En för finska fjärilsamlingen ny art, *Hadena gemina* Hb.) Medd. Soc. Fauna Flora Fenn., **15**, 218, (1888—89) 1889 c.
— Nya fjärilaberrationer. Ent. Tidskr., **11**, 201—202, 2 Fig., 1890 a.
— Nykomlingar för Ålands och Åbo skärgårdars Macrolepidopterfauna. Medd. Soc. Fauna Flora Fenn., **17**, 29—47, (1890—92) 1890 b.
— *Bombyx lanestris* L. var. *Aavasaksae* Teich och dess utvecklingshistoria. Medd. Soc. Fauna Flora Fenn., **17**, 48—54, (1890—92) 1890 c.
— Ueber den Farbenunterschied der *Machaon*-Puppen. Ent. Nachr., **17**, 6—8, 1891.
— (För finska fjärilfaunan nya arter och aberrationer.) Medd. Soc. Fauna Flora Fenn., **18**, 162—164, (1891—92) 1892 a.
— (En lepidopterologisk forskningsresa till Åland.) Medd. Soc. Fauna Flora Fenn., **18**, 185—189, (1891—92) 1892 b.
— (*Bombyx lanestris* L.) Medd. Soc. Fauna Flora Fenn., **18**, 195—196, (1891—92) 1892 c.
— (Tvenne för finska faunan nya nattfjärilar.) Medd. Soc. Fauna Flora Fenn., **18**, 202, (1891—92) 1892 d.
— (*Arsilonche albovenosa* Göze.) Medd. Soc. Fauna Flora Fenn., **18**, 227, (1891—92) 1892 e.
— (För finska fjärilfaunan nya mikrolepidopterer.) Medd. Soc. Fauna Flora Fenn., **18**, 234—235, (1891—92) 1892 f.
— Förteckning öfver Macrolepidoptera funna i Finland efter år 1869. Acta Soc. Fauna Flora Fenn., **9**, Nr. 6, 1—85, (1893—94) 1893 a.
[Ref.:] B(uckell), Francis John: Entomol. Rec., **5**, 276—277, 1894.
— (Nya vecklarefjärilar.) Medd. Soc. Fauna Flora Fenn., **19** (1891—92), 15, 20—21; Dtsch. Übersicht. 166—167, 1893 b.
— (Aberrationer af vecklarefjärilar.) Medd. Soc. Fauna Flora Fenn., **19** (1891—92), 24—25; Dtsch. Übersicht. 166, 1893 c.
— *Tortrix Paleana* Hb. En ny fiende till våra änger och åkrar. Bidrag till Artens naturalhistoria. Medd. Soc. Fauna Flora Fenn., **19** (1892—93), 82—94; Dtsch. Übersicht. 167, 1893 d.
— (Nya fjärilar.) Medd. Soc. Fauna Flora Fenn., **19** (1892—93), 111—113, 1893 e.
— Om de finska arterna af bombycidsläktet *Nola* Leach. Medd. Soc. Fauna Flora Fenn., **19** (1892—93), 119—125, 1893 f.
— (*Orthosia iris* från St. Michel.) Medd. Soc. Fauna Flora Fenn., **19** (1892—93), 144—145; Dtsch. Übersicht. 166, 1893 g.
— [Ref.] siehe Rostrup, E . . . 1893.
— [Ref.:] siehe Schøyen, Wilhelm Maribo 1893.
○ Insektologiska uppgifter. Finska Forstfören. Medd., **1894**, 285—289, 1894 a.
○ Berättelse öfver med understöd af Landtbruksstyrelsen sommaren 1894 värkstälda undersökningar beträffande ängsmasken och andra skadeinsekter. Landtbruksstyr. Medd. Helsingfors, Nr. 7, 1—46, 1894 b; Berättelse öfver skadeinsekters uppträdande i Finland under åren 1895 och 1896. Nr. 21, 1—53, 1 Fig., 1897; . . . Finland år 1897. Nr. 23, 1—70, 1 Fig., 1898; . . . år 1898. Nr. 26, 1—68, 1899; . . . år 1899. Nr. 32, 1—44, 1900.[1])
[Autorref.:] In Finnland im Jahre 1897 aufgetretene schädliche Insekten. Ztschr. Pflanzenkrankh., **9**, 237—239, 1899.
— (*Hadena amica* Tr. från Sjundeå.) Medd. Soc. Fauna Flora Fenn., **20** (1893—94), 2—3; Dtsch. Übersicht. 118, 1894 c.
— Om några för finska faunan nya macrolepidoptera. Medd. Soc. Fauna Flora Fenn., **20** (1893—94), 21—24; Dtsch. Übersicht. 117, 1894 d.
— (Tvenne nya noctuider.) Medd. Soc. Fauna Flora Fenn., **20** (1893—94), 43; Dtsch. Übersicht. 117, 118, 1894 e.
— (*Ancistrocerus parietinus*.) Medd. Soc. Fauna Flora Fenn., **20** (1893—94), 95; Dtsch. Übersicht. 117, 1894 f.
— Zwei neue Cecidomyinen. Acta Soc. Fauna Flora Fenn., **11**, Nr. 8, 1—15, Taf. I—II, 1895 a.
— (*Cecidomyia* härjande *Alopecurus*.) Medd. Soc. Fauna Flora Fenn., **21** (1894—95), 33—34; Dtsch. Übersicht. 134—135, 1895 b.
— *Coleophora laricella* härjande lärkträd. Medd. Soc. Fauna Flora Fenn., **21** (1894—95), 44—45; Dtsch. Übersicht. 134—135, 1895 c.
— Om ett fynd af larven till dödskallefjärilen (*Acherontia atropos* L.). Medd. Soc. Fauna Flora Fenn., **21** (1894—95), 69—70; Dtsch. Übersicht. 135—136, 1895 d.
— (Sällsynta parasitsteklar.) Medd. Soc. Fauna Flora Fenn., **21** (1894—95), 85; Dtsch. Übersicht. 134, 1895 e.
— Tvänne hittills föga beaktade skadeinsekter å gräsväxten. Uppsats. prakt. Ent., **5**, 88—95, 1895 f.
— (*Chionaspis salicis* L.) Medd. Soc. Fauna Flora Fenn., **22** (1895—96), 21; Dtsch. Übersicht. 108, 1896 a.
— (*Asopia glaucinalis* från Åland.) Medd. Soc. Fauna Flora Fenn., **22** (1895—96), 26—27; Dtsch. Übersicht. 107, 1896 b.
— (Tre nya vecklarefjärilar.) Medd. Soc. Fauna Flora Fenn., **22** (1895—96), 51—52; Dtsch. Übersicht. 107, 1896 c.
— Über die Palpen der Rhopaloceren. Ein Beitrag zur Erkenntnis der verwandtschaftlichen Beziehungen unter den Tagfaltern. Acta Soc. scient. Fenn., **22**, Nr. 1, XVI + 1—577 + 7 (unn.) S., Taf. I—VI, 1897.
— (Om entomologiska försöksstationer.) Ent. Tidskr., **19**, 122—123, 1898 a. — [Abdr.:] Uppsats. prakt. Ent., **8**, 72—73, 1898. — ○ [Abdr.?:] Förh. Naturf. Möt. Stockholm, **15**, 283—284, 1899.
— On a New Classification of the Rhopalocera. Entomol. Rec., **10**, 25—26, 75—77, 95—98, Taf. I, 1898 b.
— En för Finland ny Psyllod *Trioza dispar* F. Lw. Medd. Soc. Fauna Flora Fenn., **23** (1896—97), 54—55; Dtsch. Übersicht. 191, 1898 c.
— (*Dasytoma salicella* Hb.) Medd. Soc. Fauna Flora Fenn., **23** (1896—97), 81; Dtsch. Übersicht. 191, 1898 d.
— Bidrag till kännedomen om Microlepidopterfaunan i Ålands och Åbo skärgårdar. I.[2]) Pyralidina, Tortricina. Acta Soc. Fauna Flora Fenn., **15**, Nr. 5, 1—79, (1898—99) 1899 a.
— A serious attack on the apple fruit by *Argyresthia conjugella* (Zell.) in Europe. Canad. Entomol., **31**, 12—14, 1899 b.

[1]) Fortgesetzt nach 1900.
[2]) II. nach 1900 (Bd. 26).

— The systematic position of *Pseudopontia.* Entomol. Rec., **11**, 8—10, 1899 c.
— *Argyresthia conjugella,* Zell., a new enemy to the apple fruit. Entomol. Rec., **11**, 37—39, 1899 d.
— En ny konkurrent till äpplevecklaren. Ent. Tidskr., **20**, 71—76, 1899 e. — [Abdr.:] Uppsats. prakt. Ent., **9**, 71—76, 1899.
— Lebenszähigkeit der *Ephydra*-Larven. Ill. Ztschr. Ent., **4**, 122—123, 1899 f.
— [Ref.] siehe Rostrup, E . . . 1899.
— Über die Weissährigkeit der Wiesengräser in Finland. Ein Beitrag zur Kenntnis ihrer Ursachen. Acta Soc. Fauna Flora Fenn., **19**, Nr. 1, 1—136, Taf. I—II, 1900 a.
[Darin:]
Kriechbaumer, Josef: Anhang. *Glypta paleanae* Krchb. nov. sp. 121—122.
— *Orthotaelia sparganella* Thnbg. Medd. Soc. Fauna Flora Fenn., **24** (1897—98), 13; Dtsch. Übersicht. 186, 1900 b.
— (För finska fjärilfaunan nya geometriden *Himera pennaria* L.) Medd. Soc. Fauna Flora Fenn., **25** (1898—99), 36; Dtsch. Übersicht. 136, 1900 c.
— (Coleopter-larver från Tjusterby i Pärnå.) Medd. Soc. Fauna Flora Fenn., **25** (1898—99), 69; Dtsch. Übersicht. 135, 1900 d.
— Nunnan (*Lymantria monacha* L.) funnen i Finland. Medd. Soc. Fauna Flora Fenn., **26** (1899—1900), 41—42; Dtsch. Übersicht. 218, 220, 1900 e.
— (Ny för finska fjärilfaunan: *Mamestra persicariae* L.) Medd. Soc. Fauna Flora Fenn., **26** (1899—1900), 78—79; Dtsch. Übersicht. 220, 1900 f.
— (För Finlands och Skandinaviens fauna nya dagfjärilen *Lycaena Baton* och sällsynta *Colias hyale.*) Medd. Soc. Fauna Flora Fenn., **26** (1899—1900), 191, 1900 g.

Reuter, Lina & **Reuter,** Odo Morannal
Collembola and Thysanura, found in Scotland in the summer of 1876. Scott. Natural., **5**, 204—208, (1879—80) 1880.

Reuter, Odo Morannal
geb. 28. 4. 1850 in Åbo, gest. 2. 9. 1913 in Åbo, Prof. d. Zool. an d. Univ. Helsingfors. — Biogr.: (O. M. Reuter) Verzeichnis d. zool. Publikationen bis 1907. 8°, 29 S. Helsingfors, 1907; (E. B.) Entomol. monthly Mag., **49**, 230—231, 1913 m. Porträt; (H. Rowland-Brown) Entomologist, **46**, 296, 1913; (G. Joannis) Bull. Soc. ent. France, **1913**, 357, 1913; (B. Oshanin) Rev. Russe ent., **13**, (3—4), I—VIII, 1913; Ent. News, **25**, 48, 1914; (O. Heidemann) Proc. ent. Soc. Washington, **16**, 76—78, 1914 m. Schriftenverz.; (J. A. Palmén) Acta Soc. scient. Fenn., **45**, 1—44, 1914; (J. Sahlberg) Ent. Tidskr., **38**, 62—96, 1917; (A. Musgrave) Bibliogr. Austral. Ent., 267—268, 1932.
— Öfversigt af Sveriges Berytidae. Öfv. Vetensk. Akad. Förh. Stockholm, **27** (1870), 597—603, 1871 a.
— Pargas sockens Heteroptera förtecknade. Notis. Sällsk. Fauna Flora Fenn., **11** ((N. S.) **8**), 309—326, Taf. I, 1871 b.
— Skandinaviens och Finlands Acanthiider. Öfv. Vetensk. Akad. Förh. Stockholm, **28** (1871), 403—429, 1872 a.
— Acanthiidae americanae. Öfv. Vetensk. Akad. Förh. Stockholm, **28** (1871), 557—567, Taf. VII, 1872 b.
— Ameisen-Aehnlichkeit unter den Hemiptern. Mitt. Schweiz. ent. Ges., **4**, 156—159, (1877) 1873 a.
— Die Stridulations-Methode des *Coranus subaterus* De Geer (*Coliocoris pedestris* Wolff, Fieb.). Mitt. Schweiz. ent. Ges., **4**, 159—160, (1877) 1873 b.
— Skandinaviens och Finlands Aradider. Öfv. Vetensk. Akad. Förh. Stockholm, **29** (1872), Nr. 5, 47—62, 1873 c.
— Skandinaviens och Finlands Reduviider. Öfv. Vetensk. Akad. Förh. Stockholm, **29** (1872), Nr. 6, 59—66, 1873 d.
— Skandinaviens och Finlands Nabider. Öfv. Vetensk. Akad. Förh. Stockholm, **29** (1872), Nr. 6, 67—77, 1873 e.
— Nabidae novae et minus cognitae. Bidrag till Nabidernas kännedom. Öfv. Vetensk. Akad. Förh. Stockholm, **29** (1872), Nr. 6, 79—96, Taf. VIII, 1873 f.
— (För den europeiska norden egendomliga *Acanthia*-arter.) Notis. Sällks. Fauna Flora Fenn., **13** ((N. S.) **10**), 454—455, (1871—74) 1874 a.
— [*Metatropis rufescens* H. Sch. sittande på de frukterna af *Linnaea borealis.*] Notis. Sällks. Fauna Flora Fenn., **13** ((N. S.) **10**), 455, (1871—74) 1874 b.
— (*Xiphidium dorsale* och *Chrysochraon dispar* från Pargas.) Notis. Sällks. Fauna Flora Fenn., 13 ((N. S.) **10**), 458, (1871—74) 1874 c.
— Revisio critica capsinarum, praecipue Scandinaviae et Fenniae. Försök till de europäiska capsinernas naturenliga uppställning jämte kritisk öfversigt af de skandinaviskt-finska arterna. Akademisk afhandling, hvilken med tillstånd af Filosofiska Fakulteten vid Kejserliga Alexanders-Universitetet i Finland. 8°, 1 (unn.) + 101 + 190 S., Helsingfors, J. S. Frenckell & Son, 1875 a.
— Hemiptera Gymnocerata Scandinaviae et Fenniae. Pars I Cimicidae (Capsina). Acta Soc. Fauna Flora Fenn., **1**, 1—206, Taf. I, (1875—77) 1875 b.
— Remarques synonymiques sur quelques Hétéroptères. Ann. Soc. ent. France, (5) **4**, 559—566, (1874) 1875 c.
— Remarques sur le polymorphisme des Hémiptères. Ann. Soc. ent. France, (5) **5**, 225—236, 1875 d.
— Bidrag till Nordiska Capsiders Synonymi. Notis. Sällks. Fauna Flora Fenn., **14**, 1—25, 1875 e.
— En ny *Haemonia*-art. Notis. Sällks. Fauna Flora Fenn., **14**, 326—327, 1875 f.
— Heteropterorum novorum species. Notis. Sällks. Fauna Flora Fenn., **14**, 328—333, 1875 g.
— Bidrag till Ålands och Åba skärgårds Heteropterfauna. Notis. Sällks. Fauna Flora Fenn., **14**, 334—344, 1875 h.
— Sur la Nomenclature entomologique. Petites Nouv. ent., **1** (1869—75), 501, 1875 i.
— Notes synonymiques sur quelques Hémipteres. Petites Nouv. ent., **1** (1869—75), 527, 1875 j.
— Nouvelles espèces de Capsines. Petites Nouv. ent., **1** (1869—75), 539, 1875 k.
— Rectification. [*Ischnocoris hemipterus* Sahlb.] Petites Nouv. ent., **1** (1869—75), 540, 1875 l.
— Hémiptères nouveaux. Petites Nouv. ent., **1** (1869—75), 544—455, 1875 m.
— Deux espèces du genre *Orthotylus.* Petites Nouv. ent., **1** (1869—75), 551, 1875 n.
— Genera Cimicidarum Europae. Bih. Svenska Akad., **3**, Nr. 1, 1—66, (1875—76) 1875 o.
— Nya Svenska Capsider. Öfv. Vetensk. Akad. Förh. Stockholm, **31** (1874), Nr. 4, 45—49, 1875 p.
— (Stridulationsfähigkeit der Falter.) Ent. Mbl., **1**, 53—54, 1876 a.
[Engl. Übers.:] On sounds produced by Lepidoptera. Entomol. monthly Mag., **13**, 229—230, (1876—77) 1877.

— Diagnosis of a new species of *Psallus* (Hemiptera-Heteroptera). Entomol. monthly Mag., **13**, 154, (1876—77) 1876 b.
— British Hemiptera-Heteroptera — Additional species. Entomol. monthly Mag., **13**, 85—86, (1876—77) 1876 c; **14**, 76—78, (1877—78) 1877.
— Note on a variety of *Megaloceraea* (*Trigonotylus*) *ruficornis*, Fall. Entomol. monthly Mag., **13**, 87, (1876—77) 1876 d.
— Note on *Agalliastes Wilkinsoni*, Doug. & Scott. Entomol. monthly Mag., **13**, 87, (1876—77) 1876 e.
— Catalogus Psyllodearum in Fennia hactenus lectarum. Medd. Soc. Fauna Flora Fenn., **1**, 69—77, 1876 f.
— Catalogus praecursorius Poduridarum Fenniae. Medd. Soc. Fauna Flora Fenn., **1**, 78—86, 1876 g.
— (*Cerandria cornuta* från Finnland.) Medd. Soc. Fauna Flora Fenn., **1**, 121, 1876 h.
— För finska faunan nya Coleoptera ur den Pippingskölska samlingen. Medd. Soc. Fauna Flora Fenn., **1**, 130—131, 1876 i.
— Sällsynta Orthoptera från Åbo-trakten. Medd. Soc. Fauna Flora Fenn., **1**, 131—132, 1876 j.
— Om stridulationsförmågan hos Lepidoptera. Medd. Soc. Fauna Flora Fenn., **1**, 133—134, 1876 k.
— Maskerade Hemipterer. Medd. Soc. Fauna Flora Fenn., **1**, 136—137, 1876 l.
— Nya finska Hemiptera Heteroptera. Medd. Soc. Fauna Flora Fenn., **1**, 137—138, 1876 m.
— *Nereis* (*Hediste*) *diversicolor* (Müll.) Malmgr. från Abe skärgård. Medd. Soc. Fauna Flora Fenn., **1**, 138—139, 1876 n.
— Diagnose d'une espèce nouvelle d'Hémiptères de la famille des Capsines. Petites Nouv. ent., **2** (1876—79), 5, 1876 o.
— Sur le *Capsus 4-guttatus* Kirschb. [*Omphalonotus* n. g.] Petites Nouv. ent., **2** (1876—79), 26, 1876 p.
— Hemiptera Heteroptera Austriaca, mm. Maji-Augusti 1870 a J. A. Palmén collecta. Verh. zool.-bot. Ges. Wien, **25** (1875), 83—88, 1876 q.
— Bidrag till kännedom om några Hemipterers Dimorphism. Öfv. Vetensk. Akad. Förh. Stockholm, **32** (1875), Nr. 5, 49—58, 1876 r.
— Capsinae ex America boreali in Museo Holmiensi asservatae. Öfv. Vetensk. Akad. Förh. Stockholm, **32** (1875), Nr. 9, 59—92, 1876 s.
— Diagnoses praecursoriae. Petites Nouv. ent., **2** (1876—79), 21—22; ... praecursoriae Hemipterorum-Heteropterorum. 33—34, 54—55, 1876 t; 181, 1877.
— Species europaeae generis *Phytocoris* Fall., auct. Ann. Soc. ent. France, (5) **7**, 13—34, Farbtaf. 2, 1877 a.
— Neue Phytocorarien diagnostisch beschrieben. Dtsch. ent. Ztschr., **21**, 25—32, 1877 b.
— Remarks on some British Hemiptera-Heteroptera. Entomol monthly Mag., **14**, 11—14, 32—34, 60—62, 127—131, (1877—78) 1877 c; 242—245, (1877—78) 1878; **15**, 66—67, (1878—79) 1878; **16**, 12—15, (1879—80) 1879; 172—175, (1879—80) 1880; **17**, 10—15, (1880—81) 1880.
— Notes synonymiques. Petites Nouv. ent., **2** (1876—79), 149—150, 1877 d.
— Note sur une nouvelle espèce d'Hémiptère. Ann. Soc. ent. France, (5) **8**, 144, 1878 a.
— (*Camelocapsus* (gen. nov.) *oxycarenoïdes*, Hém.) Ann. Soc. ent. France, (5) **8**, Bull. CV (= Bull. Soc. ..., **1878**, 140), 1878 b.
— Captures of Hemiptera-Heteroptera in Scotland. Entomol. monthly Mag., **14**, 186—187, (1877—78) 1878 c.
— Note on *Trioza aegopodii*, Löw. Entomol. monthly Mag., **14**, 277, (1877—78) 1878 d. [Siehe:] Löw, Franz: 228—230.
— Obituary. Carl Stål. Entomol. monthly Mag., **15**, 94—96 ,(1878—79) 1878 e.
— Is „*Cyllocoris flavonotatus*," Boh., a *Globiceps* or a *Cyllocoris*? Entomol. monthly Mag., **15**, 113—115, (1878—79) 1878 f.
○ Från Shetland och Orkney. Finsk Tidskr., **3**, 112—120, 250—262; **5**, 126—136, 1878 g.
○ Carl Stål. Finsk Tidskr., **5**, 160—162, 1878 h.
— *Actinocoris*, novum Hemipterorum genus e Fennia australi. Medd. Soc. Fauna Flora Fenn., **2**, 194—197, 1878 i.
— (*Sitones lineatus* härjande i Abo-trakten.) Medd. Soc. Fauna Flora Fenn., **3**, 172, 1878 j.
— (Varietät af *Libellula quadrimaculata* från Ispois.) Medd. Soc. Fauna Flora Fenn., **3**, 193, 1878 k.
— in Mäklin, Friedrich Wilhelm 1878 [1877?].
— (Renseignements géographiques sur quelques espèces d'Hémiptères.) Ann. Soc. ent. France, (5) **9**, (Bull. XLI—XLIII (= Bull. Soc. ..., **1879**, 53—54), 1879 a.
— Note on *Gerris thoracica*. [Mit Angaben von J. W. Douglas.] Entomol. monthly Mag., **16**, 67—68, (1879—80) 1879 b.
— Diagnoses Hemipterorum novorum. Öfv. Finska Vetensk. Soc. Förh., **21** (1878—79), 30—41, 1879 c; **22** (1879—80), 9—24, 1880.
— De Hemipteris e Sibiria orientali nonnullis adnotationes criticae. Öfv. Finska Vetensk. Soc. Förh., **21** (1878—79), 42—63, 1879 d.
— Till en djurgeografisk fråga, ett litet bidrag. Öfv. Finska Vetensk. Soc. Förh., **21** (1878—79), 64—82, 1879 e.
— Till kännedomen om mimiska Hemiptera och deras lefnads histoira. Öfv. Vetensk. Soc. Förh., **21** (1878—79), 141—198, 1879 f.
— Capsidae Turkestanae. Diagnoser öfver nya Capsider från Turkestan. Öfv. Finska Vetensk. Soc. Förh., **21** (1878—79), 199—206, 1879 g.
— Diagnoser öfver nya Thysanoptera från Finland. Öfv. Finska Vetensk. Soc. Förh., **21** (1878—79), 207—223, 1879 h.
○ Nagra blad ur naturens bok. Djurens maskering, särskildt med hänsyn till nordens fauna. Finsk Tidskr., **6**, 381—398, 463—475; **7**, 32—49, 1879 i.
— Finlands och den skandinaviska halföns Hemiptera Heteroptera. Ent. Tidskr., **1**, 113—145; [Franz. Zus.fassg.:(Les Hétéroptères de la Finlande et de la Scandinavie.) 211, 1880 a; **2**, 61—93, 115, 1881; **3**, 65—81; [Franz. Zus.fassg.:] Hémiptères hétéroptères ... 103, 1882; **3**, 105—121, 163—172, 160, 205, 1882; **5**, 173—185, 225, 1884.
— Till *Gastrodes Abietis* (Linn.) lefnadshistoria. Ent. Tidskr., **1**, 185—188; [Franz. Zus.fassg.:] Contribution à la biologie de *Gastrodes Abietis* (Linn.). 213, 1880 b.
— Från Dalarö i September (1880). Entomologisk skizz. Ent. Tidskr., **1**, 201—208; [Franz. Zus.fassg.:] De Dalarö en septembre (1880). 216—217, 1880 c.
— Nya bidrag till Åbo och Ålands skärgårds Hemipterfauna. Medd. Soc. Fauna Flora Fenn., **5**, 160—236, 1880 d; Rättelser till nya ... **7**, 190—191, 1881.
— Anteckningar om *Coriscus lineatus* Dahlb. Öfv.

Finska Vetensk. Soc. Förh., 22 (1879—80), 25—32, 1880 e.
— A new Thysanopterous Insect of the genus *Phloeothrips* found in Scotland and described. Scott. Natural., 5, 310—311, (1879—80) 1880 f.
— Hemiptera. Zool. Jahresber., **1879**, 488—543, 1880 g; **1880**, Abt. 2: Arthropoda, 123—177, 1881; **1881**, Abt. 2: Arthropoda, 250—292, 1882.
— siehe Reuter, Lina & Reuter, Odo Morannal 1880.
— in Spangberg, Jacob 1880.
— Acanthosomina et Urolabidina nova et minus cognita. Berl. ent. Ztschr., **25**, 67—86, 1881 a.
— Analecta hemipterologica. Zur Artenkenntniss, Synonymie und geographischen Verbreitung palaearktischer Heteropteren. Berl. ent. Ztschr., **25**, 155—196, 1881 b.
— Diagnoses Quatuor Novarum Pentatomidarum. Entomol. monthly Mag., **17**, 233—234, (1880—81) 1881 c.
— Till kännedomen om Sveriges Psylloder. [Inhaltsverz.:] Till kännedom om Skandinaviens Psylloder. Ent. Tidskr., **2**, 145—172, 3 Fig.; [Franz. Zus.fassg.:] Matériaux pour servir à la connaissance des Psyllodées de la Suède. 175—176, 1881 d.
○ Darwin och Darwinismen. Finsk Tidskr., **12**, 403—423, 1881 e; **13**, 15—32, 83—105, 1882.
— (*Eurydema oleracea* såsom skadeinsekt på kål och löfkojor.) Medd. Soc. Fauna Flora Fenn., **6**, 187, 1881 f.
— (För den skandinaviskt-finska faunan nya hemiptera.) Medd. Soc. Fauna Flora Fenn., **6**, 189, 1881 g.
— (*Trioza cerastii* ny för Finland, *Tr. aegopodii* icke finsk.) Medd. Soc. Fauna Flora Fenn., **6**, 194, 1881 h.
— (Podurider.) Medd. Soc. Fauna Flora Fenn., **6**, 203—205, 1881 i.
— (*Blennocampa aethiops* Fabr.) Medd. Soc. Fauna Flora Fenn., **6**, 213, 1881 j.
— (För finska faunan nya Hemiptera.) Medd. Soc. Fauna Flora Fenn., **6**, 213—214, 1881 k.
— (En insekt af Cicadariernas grupp, *Oliarus leporinus* L.) Medd. Soc. Fauna Flora Fenn., **6**, 215, 1881 l.
— (Nordiska arter af hemiptersläget *Aradus* & *Cidaria*.) Medd. Soc. Fauna Flora Fenn., **6**, 216, 1881 m.
— (Nya Hemiptera Heteroptera.) Medd. Soc. Fauna Flora Fenn., **6**, 217—218, 1881 n.
— (För den finska faunan nya hemiptera.) Medd. Soc. Fauna Flora Fenn., **6**, 232—233, 1881 o.
— En ny art *Aradus* från Lappland. Medd. Soc. Fauna Flora Fenn., **7**, 139—143, 1881 p.
— (För Finland nya species af insektgruppen Psyllodeae.) Medd. Soc. Fauna Flora Fenn., **6**, 242, 1881 q.
— (*Heliothrips Dracaenae* Heeg. fran Helsingfors.) Medd. Soc. Fauna Flora Fenn., **6**, 242—243, 1881 r.
— Om anomala kopulationsförhållanden hos insekterna och i sammanhang dermed stående frågor. Öfv. Finska Vetensk. Soc. Förh., **23** (1880—81), 1—30, 1881 s.
— (Description d'une nouvelle espèce d'Hémiptère: *Orthosteira subtilis*.) Ann. Soc. ent. France, (6) **2**, Bull. CXXX (= Bull. Soc. . . ., **1882**, 161), 1882 a.
— Verzeichniss Palaearctischer Hemipteren, beschrieben v. Dezember 1875 bis Januar 1879. Ent. Nachr., **8**, 105—116, 1882 b.
— Hemipterologiska meddelanden. Ent. Tidskr., **3**, 63—64, 191—194; [Franz. Zus.fassg.:] Communications hémiptérologiques. 102—103, 208—209, 1882 c.
○ Djur och växter i Kalevala. Finsk Tidskr., **12**, 241—257, 338—359, 1882 d.
— Entomologiska Exkursioner under januari 1882 i södra Finland. Medd. Soc. Fauna Flora Fenn., **9**, 72—77, (1883) 1882 e.
— Några ord om de europeiska arterna af slägtet *Anthocoris* Fall., Fieb. Medd. Soc. Fauna Flora Fenn., **9**, 78—81, (1883) 1882 f.
— Om anomala kopulationsförhållenden hos insekterna och i sammanhang dermed stående frågor. Öfv. Finska Vetensk. Soc. Förh., **23**, 1—30, 1882 g.
— Om myrornas s. k. instinkt med särskild hänsyn till de nyaste undersökningarna rörande densamma. Öfv. Finska Vetensk. Soc. Förh., **24** (1881—82), 136—164, 1882 h.
[Dtsch. Übers. von] W. Kaiser: Der sogenannte „Instinkt" der Ameisen. Natur Halle, (N. F.) **9** (**32**), 474—476, 483—485, 497—500, 1883.
[Siehe:] Dohrn, C. A.: Stettin. ent. Ztg., **4**, 350, 1884.
— Note sur le *Malacotes Mulsanti* Reut. Rev. Ent. Caen, **1**, 136—137, 1882 i.
— Sur le genre *Schizoptera* Fieb. Rev. Ent. Caen, **1**, 162—164, 1882 j.
— *Labops Putoni* n. sp. Capsidarum e Gallia. Rev. Ent. Caen, **1**, 277—278, 1882 k.
— Genera nova Hemipterorum. Wien. ent. Ztg., **1**, 89—91, 111—112, 1882 l; **3**, 1—3, 1 Fig.; 218—219, 1 Fig., 1884.
— Eine neue *Eusarcoris*-Art aus dem Caucasus. Wien. ent. Ztg., **1**, 113—114, 1882 m.
— Ueber die Gattungsnamen *Cimex* und *Acanthia*. Wien. ent. Ztg., **1**, 301—306, 1882 n.
— Eine neue *Cimex*-Art aus der Wiener-Gegend. Wien. ent. Ztg., **1**, 306—307, 1882 o.
— *Heegeria* nov. gen. Alydinorum europaeorum. Verh. zool.-bot. Ges. Wien, **31** (1881), 211—214, Taf. XIV, 1882 p.
— *Tetrodontophora* n. g. (Subf. Lipurinae Tullb.) SB. Akad. Wiss. Wien, **86**, Abt. 1, 184, 1882 q.
— Études sur les Collemboles. Acta Soc. scient. Fenn., **12**, 1—21, 1 Taf. (unn.), 1883 a.
— Ad cognitionem Reduviidarum mundi antiqui. Acta Soc. scient. Fenn., **12**, 269—339, 1883 b.
— Monographia generis *Oncocephalus* Klug proximeque affinium. Acta Soc. scient. Fenn., **12**, 673—758, Taf. I—III, 1883 c.
— Minnestal öfver Fredrik Wilhelm Mäklin. Acta Soc. scient. Fenn., **14**, 1—16, (1885) 1883 d.
— Två nya *Piezostethus*-arter från Sverige och Finland. Ent. Tidskr., **4**, 135—138; [Franz. Zus.fassg.:] Deux nouvelles espèces de *Piezostethus* de la Suède et de la Finlande. 226, 1883 e.
— The british species of *Dicyphus*. Entomol. monthly Mag., **20**, 49—53, (1883—84) 1883 f.
— Om kopulationen hos en del Collembola. Forh. Skand. Naturf., **12** (1880), 514—516, 1883 g.
— Om ventraltubens funktioner hos Collembola. Forh. Skand. Naturf., **12** (1880), 516—517, 1883 h.
— Om bastardbildning bland insekterna. Forh. Skand. Naturf., **12** (1880), 545—547, 1883 i.
— (Tva för Finland nya Hemiptera och *Orthops cervinus* från Åbo-trakten.) Medd. Soc. Fauna Flora Fenn., **9**, 122—123, 1883 j.
— (Missbildningar pa *Cerastium triviale*, orsakade af larver till *Trioza cerastii* Loew.) Medd. Soc. Fauna Flora Fenn., **9**, 126, 1883 k.

— [Tre för Finland nya Tenthredinider.] Medd. Soc. Fauna Flora Fenn., **9**, 139, 1883 l.

— (Europeiska *Dicyphus*-arter, besläktade med *D. pallidus* H. Sch.) Medd. Soc. Fauna Flora Fenn., **9**, 148—149, 1883 m.

— (*Schizoneura Ulmi* L., och i dess bladrullar lefvande insekter.) Medd. Soc. Fauna Flora Fenn., **9**, 153, 1883 n.

— Ad cognitionem Heteropterorum Africae occidentalis. Öfv. Finska Vetensk. Soc. Förh., **25** (1882—83), 1—43, 1883 o.

— Trois nouvelles espèces de Capsides de France. Rev. Ent. Caen, **2**, 251—254, 1883 p.

— Hemiptera Gymnocerata Europae. Hémiptères Gymnocérates d'Europe, du bassin de la méditerranée et de l'Asie russe. Acta Soc. scient. Fenn., **13**, 1—188, Taf. I—VIII (II—VIII Farbtaf.); 189—312, Taf. I—V (II—V Farbtaf.); 313—568, Taf. I—V (II—IV Farbtaf.), 1884 a; **23**, Nr. 1, 1—179, Taf. I—VI (II—VI Farbtaf.); Nr. 2, 1—392, Taf. I—X (III—IX Farbtaf., X z. T. farb.), 1897.
[Sonderdr.:] 5 Bde. 4°, Helsingfors, impr. Société Finlandaise de Littérature, 1878—96.
1. 188 S., 8 Taf. (7 Farbtaf.), 1878.
2. S. 189—312, 5 Taf. (1 Farbtaf.), 1879.
3. S. 313—568 [Suppl. **1**—**3**: S. 497—568], 5 Taf. (3 Farbtaf.), 1883.
4. 179 [Suppl. **4**: S. 153—179] S., 6 Taf. (5 Farbtaf.), 1891.
5. 392 [Suppl. **5**: S. 345—392] S., 10 Taf. (8 Farbtaf.), 1896.
[Ref.:] Schlechtendal, Dietrich Herrmann Reinhard von: Ztschr. Naturw., (4. F.) **3** (**57**), 625—639, 1884.

— Hemiptera duo nova e Fennia. Medd. Soc. Fauna Flora Fenn., **11**, 164—167, (1885) 1884 b.

— Species Capsidarum quas legit expeditio danica Galateae. Ent. Tidskr., **5**, 195—200; [Franz. Zus.fassg.:] Species Capsidarum quas legit expeditio danica Galateae. 229, 1884 c.

— *Monomorium Pharaonis* Linné, en ny fiende till vår husro. Öfv. Finska Vetensk. Soc. Förh., **26** (1883—84), 1—21, 1884 d.

— Sibiriska Hemiptera. Öfv. Finska Vetensk. Soc. Förh., **26** (1883—84), 22—35, 1884 e.

— De nyaste upptäckterna inom insekternas utvecklingshistoria. Öfv. Finska Vetensk. Soc. Förh., **26** (1883—84), 223—250, 1884 f.
Ungar. Übers.: A legujabb felfedezesek a rovarok fejlödéstanában. Rovart. Lapok, **2**, 25—29, 49—55, 65—71, 89—95; [Franz. Zus.fassg.:] Les plus récentes découvertes sur l'histoire du développement des Insectes. **2**, Suppl. III—IV, VI—VII, IX—XI, XIV—XVII, 1885.

— Description d'une espèce nouvelle du genre *Eurydema* et quelques mots sur la synonymie de trois autres espèces. Rev. Ent. Caen, **3**, 67—69, 1884 g.

— *Phloeothrips albosignata* n. sp. ex Algeria. Rev. Ent. Caen, **3**, 290—291, 1884 h.

— Synonymisches über Hemipteren. Rev. mens. Ent., **1**, 131—135, 1884 i.

— Ad cognitionem Aradidarum palaearcticarum. Wien. ent. Ztg., **3**, 129—137, 1884 j.

— *Sminthurus Poppei* n. sp. Abh. naturw. Ver. Bremen, **9**, 214, 1 Fig., 1885 a.

— Species Capsidarum Regionis Palaearcticae. Ann. Soc. ent. Belg., **29**, C. R. XLII—XLVIII, 5 Fig., 1885 b.

— Synonymische Bemerkungen über Hemipteren. Berl. ent. Ztschr., **29**, 39—47, 1885 c.

— Ueber einige russische Hemipteren. Berl. ent. Ztschr., **29**, 158—159, 1885 d.

— Thysanoptera Fennica. Bidr. Finn. Natur Folk, **40**, 1—26, 1885 e.

— *Oligobiella*, novum genus Capsidarum. Entomol. monthly Mag., **21**, 201—202, (1884—85) 1885 f.

— The European Species of the genus *Clinocoris*, Hahn, Stål. [Mit Angaben von J. W. D.] Entomol. monthly Mag., **22**, 37—39, 1 Fig., (1885—86) 1885 g.

— Ad cognitionem Lygaeidarum palaearcticarum. Rev. Ent. Caen, **4**, 199—233, 1885 h.

— Kleine Berichtigung zur Kenntniss der alpinen Capsiden Tirols. Wien. ent. Ztg., **4**, 124, 1885 i.
[Siehe:] Dalla Torre, K. W. von: Ber. naturw. Ver. Innsbruck, **12** (1881—82), 32—73, (1882) 1881.

— Noch Einiges über paläarctische Aradiden. Wien. ent. Ztg., **4**, 147—151, 1885 j.

○ De lägre djurens själslif. Förra afdelningen. Artvanor och Instinkter. Ur de sociala arternas lif. Ur Vår Tids Forskning Nr. 34 & 35. 8°, 92 + 139 S., 17 Fig., Stockholm, 1886 a; .... själslif. Andra Afdelningen. Individen. Samhället. ... Forskning Nr. 36. 131 + VII S., 8 Fig., 1888.

— (Tre nykomlingar till Hemipterfauna.) Medd. Soc. Fauna Flora Fenn., **13**, 170—171, 1886 b.

— (Art af slägtet *Acanthia* (*Salda*).) Medd. Soc. Fauna Flora Fenn., **13**, 171, 1886 c.

— (Om *Monomorium Pharaonis* och *Lasius flavius* var. *minor* i Finland.) Medd. Soc. Fauna Flora Fenn., **13**, 179, 1886 d.

— (Några bidrag till kännedomen om Podurider.) Medd. Soc. Fauna Flora Fenn., **13**, 179—180, 1886 e.

— (En för Finland ny *Nabis*-Art.) Medd. Soc. Fauna Flora Fenn., **13**, 181—182, 1886 f.

— [Notiser om två finska Capsider.] Medd. Soc. Fauna Flora Fenn., **13**, 182—183, 1886 g.

— (*Atractotomus morio* J. Sahlb. från vestra Sibirien.) Medd. Soc. Fauna Flora Fenn., **13**, 183, 1886 h.

— (En finska fauna ny Capsid *Psallus lapponicus* Reut.) Medd. Soc. Fauna Flora Fenn., **13**, 187, 1886 i.

— (En art af Capsid slägtet *Lygus*.) Medd. Soc. Fauna Flora Fenn., **13**, 196, 1886 j.

— (På Åland insamlade insekter.) Medd. Soc. Fauna Flora Fenn., **13**, 199—202, 211—212, 1886 k.

— (Tvänne för Finland nya Psyllider.) Medd. Soc. Fauna Flora Fenn., **13**, 206, 1886 l.

— (Tvänne nykomlingar för Finlands Insektsfauna.) Medd. Soc. Fauna Flora Fenn., **13**, 229, 1886 m.

— (Hemiptera heteroptera.) Medd. Soc. Fauna Flora Fenn., **13**, 233—234, 1886 n.

— Notes synonymiques [Hemiptera]. Rev. Ent. Caen, **5**, 120—122, 1886 o.

— Ad cognitionem Heteropterorum madagascariensium. Ent. Tidskr., **8**, 77—109, 1887 a.

— Reduviidae novae et minus cognitae descriptae. Rev. Ent. Caen, **6**, 149—167, 1887 b.

— in Fedčenko, Aleksej Pavlovič [Herausgeber] (1874—87) 1887.

— Nya Tillägg till Professor Schiödtes „Fortegnelse over de i Danemark levende Taeger". Ent. Medd., **1**, 101—113, 1887—88a.

— Några ord om Hydrometridernas öfvervintring. Ent. Medd., **1**, 123—124, 1887—88 b.

— Revisio Synonymica Heteropterorum palaearcticorum quae descripserunt auctores vetustiores (Linnaeus 1758 — Latreille 1806). Synonymische Revision der von den älteren Autoren (Linné 1758 — Latreille 1806) beschriebenen Palaearktischen Heteropteren.

Acta Soc. scient. Fenn., **15**, 241—313, 443—812, 1888 a.
[Sonderdr.:] 2 Teile. 4°, Helsingfors, Druck Finnische Litteratur-Gesellschaft, 1888.
1. 1—73.
2. S. 74—458.
— Nya rön om myrornas omtvistade medlidande och hjälpsamhet. Ent. Tidskr., **9**, 55—90; [Franz. Zus.-fassg.:] Experiences psychologiques sur la Fourmi rousse (*Formica rufa*). 91—95, 1888 b.
— Descriptio speciei nova sicilianae generis *Plagiognathus* (Hemiptera, Capsidae). Natural Sicil., **7** (1887—88), 236, 1888 c.
— Description d'une nouvelle espèce du genre *Dicyphus* Fieb., Reut. Notes sur quelques Capsides de la Dobroudja. Rev. Ent. Caen, **7**, 61—63, 1888 d.
— Hemiptera sinenysia. Enumeravit ac novas species descripsit. Rev. Ent. Caen, **7**, 63—69, 1888 e.
— Notes additionnelles sur les Hémiptères-Hétéroptères des environs de Gorice (Illyrie). Rev. Ent. Caen, **7**, 57—61, 1888 f.
— Heteroptera nova in Graecia a Do. E. V. Oertzen lecta. Rev. Ent. Caen, **7**, 223—228, 1888 g.
— *Calocoris Costae* n. sp. Wien. ent. Ztg., **7**, 99—100, 1888 h.
— siehe Autran, Eugène & Reuter, Odo Morannal 1888.
○ På gränsen till det olösbara. Ett blad ur insekternas biologi. Finsk Tidskr., **26**, 105—116, 1889 a.
— En ny *Ceratocombus* från Finland. Medd. Soc. Fauna Flora Fenn., **15**, 154—157, (1888—89) 1889 b.
— (En för Finlands fauna ny microlepidopter: *Schoenobius gigantellus* Schiff.) Medd. Soc. Fauna Flora Fenn., **15**, 217, (1888—89) 1889 c.
○ Sextus Otto Lindberg. Kal. Svenska Folksk. Vänner, **1889**, 169—176, 1889 d.
— Collembola in caldariis viventia enumeravit novasque species descripsit. Medd. Soc. Fauna Flora Fenn., **17**, 17—28, 1 Taf. (unn.), (1890—92) 1890 a.
— Capsidae Sicilianae novae et minus cognitae. Natural. Sicil., **10** (1890—91), 1—4, (1891) 1890 b.
— Description d'un Lygeide nouveau appartenant à la division Lethaearia. Rev. Ent. Caen, **9**, 192, 1890 c.
— Notes géographiques sur les Hétéroptères paléarctiques. Rev. Ent. Caen, **9**, 237—245, 1890 d.
— Capsidae novae e Rossia meridionali. Rev. Ent. Caen, **9**, 246—248, 1890 e.
— Adnotationes hemipterologicae. Rev. Ent. Caen, **9**, 248—254, 1890 f.
— Capsidae novae ex Africa boreali. Rev. Ent. Caen, **9**, 255—260, 1 Fig., 1890 g.
— Notes sur quelques Hémiptères de Madère. Rev. Ent. Caen, **9**, 260—262, 1890 h.
— Conspectus specierum generis *Mustha* (Hemiptera, Pentatomidae). Rev. Ent. Caen, **9**, 262—264, 1890 i.
— Ad cognitionem Nabidarum. Rev. Ent. Caen, **9**, 289—309, 5 Fig., 1890 j.
— De skandinaviskt-finska *Acanthia*-(*Salda*-)arterna af *saltatoria*gruppen. Medd. Soc. Fauna Flora Fenn., **17**, 144—160, (1890—92) 1891 a.
— Thysanoptera, funna i finska orangerier. Medd. Soc. Fauna Flora Fenn., **17**, 161—167, (1890—92) 1891 b.
— Hemiptera Heteroptera från trakterna kring Sajanska bärgskedjan, insamlade af K. Ehnberg och R. Hammarström. Öfv. Finska Vetensk. Soc. Förh., **33** (1890—91), 166—208, 1891 c.
— Podurider från nordvestra Sibirien, samlade af J. R. Sahlberg. Öfv. Finska Vetensk. Soc. Förh., **33** (1890—91), 226—229, 1891 d.
— Species novae generis *Acanthia* F., Latr. Rev. Ent. Caen, **10**, 21—27, 1891 e.
— Ad cognitionem Capsidarum. Rev. Ent. Caen, **10**, 130—136; 1891 f; **13**, 128—152, 1894; **14**, 131—142, 1895.
[Siehe:] Pic, Maurice: **14**, 177—178, 1895.
— Hétéroptères de Suez. Rev. Ent. Caen, **10**, 137—142, 1891 g.
— Ein falscher und ein echter *Sthenarus* (Capsidae). Wien. ent. Ztg., **10**, 49—51, 1891 h.
[Siehe:] Puton, A.: Rev. Ent. Caen, **7**, 362—368, 1888 & Cat. Hém. faune pal. 1886.
○ Djurens industrier. Efter bästa källor. Skr. Svenska Folksk. Vänner, **25**, 91 S., 14 Fig., 1891 i.
[Finn. Übers.:] Eläinten elinkeinot ja teollistoimet. Parhaitten lähteitten mukaan. Suom. Hilja [Hahnsson]. Tuhansille kodeille Tuhatjärvien maassa, 5—6, 104 S., 1892.
— Griechische Heteroptera gesammelt von E. v. Oertzen und J. Emge. Berl. ent. Ztschr., **36** (1891), 17—34, (1891) 1892 a.
— A new species of *Helopeltis*. Entomol. monthly Mag., (2) **3** (**28**), 159—160, 1892 b.
— Species Capsidarum et Anthocoridarum Madagascarienses. Entomol. monthly Mag., (2) **3** (**28**), 185—187, 1892 c.
— (Tvenne för Finlands fauna nya mätare.) Medd. Soc. Fauna Flora Fenn., **18**, 206, (1891—92) 1892 d.
— (Beträffande i botaniska trädgårdens orangerier funna Collembola.) Medd. Soc. Fauna Flora Fenn., **18**, 212, 225—227, 249, (1891—92) 1892 e.
— (En för Finland ny nattfjäril *Agrotis grisescens* Tr.) Medd. Soc. Fauna Flora Fenn., **18**, 230, (1891—92) 1892 f.
[Insekter lefvande pa *Crambe maritima* L.] Medd. Soc. Fauna Flora Fenn., **18**, 230—231, (1891—92) 1892 g.
— (Finska Collembola af familjerna Sminthuridae och Templetoniidae (exclusive genus *Isotoma*).) Medd. Soc. Fauna Flora Fenn., **18**, 231—232, (1891—92) 1892 h.
— (För den finska faunan nya hemiptera.) Medd. Soc. Fauna Flora Fenn., **18**, 248—249, (1891—92) 1892 i.
— Ängsmasken och medlen att bekämpa dess härjningar. Kal. Svenska. Folksk. Vänner, **1892**, 10—42, 4 Fig., 1892 j.
○ Zur Kenntniss der geographischen Verbreitung der Graseule in Finnland. Fennia, **5**, Nr. 12, 1892 k.
[Sonderdr.:] 8°, 10 S., 1 Karte, [1892].
○ Ängsmasken, dess härjningar i Finland och medlen till deras bekämpande. Pa uppdrag af k. Finska Hushållningssällskapet. 8°, 62 Taf., 1 Karte, Åbo, 1892 l; Ängsmasken. II. Berättelse öfver en på K. Finska Hushållningssällskapets bekostnad sommaren 1892 företagen resa i och för studium af ängsmasken och de naturenliga medlen till dess Atrotande. 28 S., 1893; Ängsmasken III. . . . sommaren 1893 . . . 38 S., 1894.
[Finn. Übers.:] Niittymato, sen tuhotyöt Suomessa ja keinot niiden ehkäisemiseksi. 8°, 64 S., 1 Karte, Turku, 1892; Niittymato II. Kertomus eräästä matkasta, jonka K. Suomen Talousseuran kustannuksella niittymadon ynnä sen luonnonmukaisten käsityskeinojen tutkimista varten kesällä 1892 teki. 30 S., 1893; Niittymato III. Kertomus niittymaton ja sen hävittämiskeinoja koskevista tutkimuksista, joita

IV. Suomen Talousseuran kustannuksella kesällä 1893 teki. (Suom Erik Emil Ekman.) 40 S., 1894. [Ref.:] Lampa, Sven: Uppsats. prakt. Ent., 3, 81—91, 1893.
— in Simon, Eugène [Herausgeber] [1889—1900] 1892.
— Corrodentia Fennica. I. Psocidae. Förteckning och beskrifning öfver Finlands Psocider. Acta Soc. Fauna Flora Fenn., 9, Nr. 4, 1—49, 1 Taf. (unn.), (1893—94) 1893 a.
— Neuroptera Fennica. Förteckning och beskrifning öfver Finlands Neuropterer. Acta Soc. Fauna Flora Fenn., 9, Nr. 8, 1—36, (1893—94) 1894 b.
— Monographia generis *Holotrichius* Burm. Acta Soc. scient. Fenn., 19, Nr. 3, 1—39 + 1 (unn.) S., 2 Taf. (unn.), 1893 c.
— Monographia generis *Reduvius* Fabr., Lam. Acta Soc. scient. Fenn., 19, Nr. 15, 1—35 + 1 (unn.) S., 1893 d.
— Monographia Ceratocombidarum orbis terrestris. Acta Soc. scient. Fenn., 19, Nr. 6, 1—27 + 1 (unn., Taf. Erkl.) S., 1 Taf. (unn.), 1893 e.
— Conspectus specierum generis *Trigonotylus*, Fieb. Entomol. monthly Mag., (2) 4 (29), 110—111, 1893 f.
— A singular genus of Capsidae. Entomol. monthly Mag., (2) 4 (29), 151—152, 1 Fig., 1893 g.
— A new mimetic genus of Lygaeidae. Entomol. monthly Mag., (2) 4 (29), 252—253, 1893 h.
— (*Pedicia rivosa* L.) Medd. Soc. Fauna Flora Fenn., 19 (1891—92), 24; Dtsch. Übersicht. 168, 1893 i.
— (Sällsynta hemiptera.) Medd. Soc. Fauna Flora Fenn., 19 (1892—93), 53; Dtsch. Übersicht. 168, 1893 j.
— (*Chionaspis sorbi* i Ilmola och Pargas.) Medd. Soc. Fauna Flora Fenn., 19 (1892—93), 66—68; Dtsch. Übersicht. 168, 1893 k.
— *Blitophaga opaca* Linné härjande våra kornåkrar. Öfv. Finska Vetensk. Soc. Förh., 25 (1892—93), 87—92, 1893 l.
— Lygaeidae tres palaearcticae. Rev. Ent. Caen, 12, 214—216, 1893 m.
— Die äthiopischen Arten der Nabiden-Gattung *Phorticus*. Wien. ent. Ztg., 12, 316—320, 1893 n.
— *Sitodrepa panicea* L. förtärande lakrits. Medd. Soc. Fauna Flora Fenn., 20 (1893—94), 5; Dtsch. Übersicht. 118, 1894 a.
— Om massvis förekomst af *Coccinella*-arter. Medd. Soc. Fauna Flora Fenn., 20 (1893—94), 5—7; Dtsch. Übersicht. 118—119, 1894 b.
— Species nova generis Poduridarum *Sira* Lubb. Wien. ent. Ztg., 14, 114, 1894 c.
— Patogena bakterier landtbrukets tjänst. Öfv. Finska Vetensk. Soc. Förh., 36, 243—279, 1894 d.
— Apterygogenea Fennica. Finlands Collembola och Thysanura. Acta Soc. Fauna Flora Fenn., 11, Nr. 4, 1—35, Taf. I—II, 1895 a.
— Species palaearcticae generis *Acanthia* Fabr., Latr. Acta Soc. scient. Fenn,. 21, Nr. 2, 1—58, 1 Taf. (unn.), 1896 b.
— Zur Kenntniss der Capsiden-Gattung *Fulvius* Stål. Ent. Tidskr., 16, 129—154; *Fulvius Heidemanni*, eine Berichtigung. 254, 1895 c.
— Species quatuor novae familiae Anthocoridarum. Entomol. monthly Mag., (2) 6 (31), 170—172, 1895 d.
○ Myrornas relationer till växtvärlden. Finsk Tidskr., 39, 244—256, 328—340, 1895 e.
— Anteckningar om finska Neuroptera. Medd. Soc. Fauna Flora Fenn., 21 (1894—95), 62—64; Dtsch. Übersicht. 136, 1895 f.
— Species nova generis Capsidarum *Allodapus* Fieb. Wien. ent. Ztg., 14, 115, 1895 g.
— Species nova generis *Harpactor*. Wien. ent. Ztg., 14, 116, 1895 h.
— [Ref.] siehe Dalla Torre, Karl Wilhelm von 1895.
— Insekter, importerade med utländska mjölförsändelser. Medd. Soc. Fauna Flora Fenn., 22 (1895—96), 32—33; Dtsch. Übersicht. 106, 1896 a.
— *Periplaneta americana* L. [Mit Angaben von J. A. Palmén.] Medd. Soc. Fauna Flora Fenn., 22 (1895—96), 33—34; Dtsch. Übersicht. 108, 1896 b.
— Dispositio generum palaearcticorum divisionis Capsaria familiae Capsidae. Öfv. Finska Vetensk. Soc. Förh., 38 (1895—96), 156—171, 1896 c.
— Die Capsiden-Gattung *Grypocoris*. Wien. ent. Ztg., 15, 254—257, 1896 d.
○ Sinnrika utvägar. Finsk Tidskr., 42, 421—438, 13 Fig., 1897 a.
○ Skadeinsekter i våra fruktträdgårdar. Kal. Svenska Folksk. Vänner, 22, 153—166, 5 Fig., 1897 b.
— Beschreibung zwei neuer Capsarien, nebst Bemerkungen über zwei früher bekannte Arten dieser Gruppe. Wien. ent. Ztg., 16, 197—200, 1897 c.
○ Myrornas gäster. Atheneum, 1898, 483—492, 1898 a.
— (Insektlarver i salt: *Prophila casei*.) Medd. Soc. Fauna Flora Fenn., 23 (1896—97), 21, 55; Dtsch. Übersicht. 191, 1898 b.
— Collembola pa snö. Medd. Soc. Fauna Flora Fenn. Soc., 23 (1896—97), 44—46, 1 Fig.; Dtsch. Übersicht. 192, 1898 c.
— (*Trioza remota*.) Medd. Soc. Fauna Flora Fenn., 23 (1896—97), 55; Dtsch. Übersicht. 191, 1898 d.
— Thysanoptera Fennica. Förteckning och beskrifning öfver Finska Thysanoptera. Acta Soc. Fauna Flora Fenn., 17, Nr. 2, 1—67 + 2 (unn.) S., 3 Fig., (1898—99) 1899 a.
— Anteckningar om Finska Psocider. Acta Soc. Fauna Flora Fenn., 17, Nr. 3, 1—7, (1898—99) 1899 b.
○ Forntida gudomligheter. Nyupptäckta under inom insektvärlden. Atheneum, 5, 290—305, ? Fig., 1900 a.
— Description d'une espèce et d'une variété nouvelles du genre *Acanthia* Latr. [Hém. Héter.]. Bull. Soc. ent. France, 1900, 156—157, 1900 b.
— Quelques Hémiptères du Maroc. Bull. Soc. ent. France, 1900, 186—189, 1900 c.
— En för Finland ny snö-podurid. Medd. Soc. Fauna Flora Fenn., 24 (1897—98), 127—130; Dtsch. Übersicht. 186—187, 1900 d.
— Notiser om tre finska *Sminthurus*-arter. Medd. Soc. Fauna Flora Fenn., 25 (1898—99), 53—55; Dtsch. Übersicht. 137, 1900 e.
— Anteckningar om Finska Heteroptera. Medd. Soc. Fauna Flora Fenn., 26 (1899—1900), 124—130, 8 Fig.; Dtsch. Übersicht. 220—221, 1900 f.
— De finska arterna af *Aradus lugubris*-gruppen. Medd. Soc. Fauna Flora Fenn., 26 (1899—1900), 131—139; Dtsch. Übersicht. 221—222, 1900 g.
— Ett förbisedt arbete öfver Collembola [von C. L. Koch, Regensburg 1840]. Medd. Soc. Fauna Flora Fenn., 26 (1899—1900), 140—143; Dtsch. Übersicht. 222—223, 1900 h.
— Capsidae novae mediterraneae. Öfv. Finska Vetensk. Soc. Förh., 42 (1899—1900), 131—162, 259—267, 1900 i.
— Heteroptera palaearctica nova et minus cognita.

Öfv. Finska Vetensk. Soc. Förh., **42** (1899—1900), 209—239, 9 Fig.; 268—281, 1900 j.
— Hemiptera Gymnocerata in Algeria meridionali a D. D. Dr H. Kraus et Dr J. Vosseler collecta enumeravit novasque species descripsit. Öfv. Finska Vetensk. Soc. Förh., **42** (1899—1900), 240—258, 1900 k.
○ Nyheter om en gammal bekant [*Geotrupes*]. Kal. Svenska Folksk. Vänner, **15**, 114—118, 1900 l.
○ Drag ur djurens lif I.[1]) Skr. Svenska Folksk. Vänner, **46**, 62, ? Fig., 1900 m.

Reuther, E . . . Dr.
Seminaroberlehrer in Auerbach.
— Herrmann's Raupen- und Schmetterlingsjäger. Enthaltend die hauptsächlich in Deutschland vorkommenden Raupen und Schmetterlinge. 2. Aufl. gänzl. umgearb. u. vermehrt von E. Reuther. 8°, VI + 158 S., 13 Taf. (12 Farbtaf.), Leipzig, Gustav Gräbner, 1878.

Reutti, Carl (= Karl)
geb. 29. 12. 1830 in Villingen, gest. 12. 1. 1895 in Karlsruhe, Gerichtsnotar in Karlsruhe. — Biogr.: (E. Hering) Stettin. ent. Ztg., **55**, 305—307, 1894; Leopoldina, **31**, 58, 1895; Ent. Ztschr., **8**, 178, 1895; (Max Wildermann) Jb. Naturw., **11** (1895—96), 542, 1896; (F. Guth) Arch. Insektenk. Freiburg, **1**, 193—196, 1925.
— (Über das Vorkommen von Schmetterlingen im Winter.) Verh. naturw. Ver. Karlsruhe, **10** (1883—88), SB. 53—55, 1888.
— Lepidopteren-Fauna des Grossherzogthums Baden. Ent. Ztschr., **3**, 104, 1889; 117, 1890.
[Siehe:] Disqué, Heinrich: Mitt. Bad. zool. Ver., Nr. 1—8 (1899—1900), 126—135, 1900.
— Ueber die *Hypenodes*-Arten.[2]) Stettin. ent. Ztg., **56**, 209—212, 1895.
— Übersicht der Lepidopteren-Fauna des Grossherzogtums Baden [und der anstossenden Länder]. Zweite[3]) Ausgabe des in den Beiträgen zur rheinischen Naturgeschichte erschienenen gleichnahmigen Werkes. Nach des Verfassers Tode im Auftrage des naturwissenschaftlichen Vereins zu Karlsruhe gemeinschaftlich mit Adolf Meess überarbeitet und herausgegeben von Arnold Spuler. Verh. naturw. Ver. Karlsruhe, **12**, I—XII + 1—361, 1 Tab., 1898.
[Sonderdr.:] 2. Aufl. herausgegeben von Adolf Meess & Arnold Spuler. 8°, XII + 361 + 3 (unn.) S., 1 Tab., Berlin, Gebrüder Borntraeger, 1898.

Reuvens,
siehe Snellen, Pieter Cornelius Tobias & Reuvens, 1900.

Revel, Enrico
○ La Fillossera: lettura fatta alla Società di letture scientifiche in Genova (con intervento del Comizio agrario). [Nach: Atti Com. agr. Genova.] 8°, 18 S., Genova, tip. del R. Istit. dei Sordo-muti, 1876.

Revelière, Eugène
geb. 12. 11. 1822 in Saumur (Maine-et-Loire), gest. 1. 2. 1892 in Porto-Vecchio. — Biogr.: Insektenbörse, 9, 9 (unn.) S., 1892; (C. Rey) Échange, **8**, 31—32, 1892.
— [Moeurs des Histérides.] Abeille, **9**, CLXIII—CLXIV, (1872—73) 1872.
— (Observations sur les moeurs des Cébrions.) Ann. Soc. ent. France, (5) **4**, Bull. CL—CLI (= Bull. Soc. . . ., **1874**, 173—174), 1874.
[Siehe:] Chevrolat, Louis Alexandre Auguste: 9—38.

[1]) Forts. 1901
[2]) postum veröffentlicht.
[3]) 1. Ausgabe 1853.

Revelière, J . . .
La Mante religieuse. Feuille jeun. Natural., **30**, 72, (1899—1900) 1900.

Reverchon, P . . .
Excursion à Chaumont (11 août 1872). Bull. Soc. Étud. scient. Angers, **2** (1872), 60—63, 1873.

Reverchon-Chamussy
○ La mort du Phylloxera. Ann. Soc. Agric. Dordogne, **35**, 804—807, 1874.

Révoil, Georges
geb. 1852.
— Faune et Flore des Pays-Çomalis (Afrique orientale). 10 Teile.[1]) 8°, Paris, impr. Bouchard-Huzard, 1882.
8. Fairmaire, Léon; Lansberge, Johan von & Bourgeois, Jules: Coléoptères recueillis par M. G. Révoil chez les Çomalis. IV + 104 S., 1 Farbtaf.

Revon, Louis
○ Les chasseurs des hannetons. Rev. Savois., **18**, 61—62, 1877.

Rexès, F . . . G . . .
○ Le Phylloxéra détruit et la vigne regénerée par l'emploi rationel de la potasse, dont l'action, comme insecticide et comme engrais, est demonstrée expérimentalement et par voie de déductions scientifiques d'apriori. 8°, 31 S., Montdidier, impr. A. Radenez, 1876.

Rey, Claudius
geb. 8. 9. 1817 in Lyon, gest. 31. 1. 1895 in Lyon. — Biogr.: (F. Guillebeau) Échange, **11**, 13—15, 1895; (G. Kraatz) Dtsch. ent. Ztschr., **39**, 7—8, 1895; (F. Guillebeau) Ann. Soc. ent. France, **64**, 127—130, 1895 m. Porträt; (R. Meldola) Trans. ent. Soc. London, **1895**, Proc. LXXII, 1895; Entomol. monthly Mag., (2) **6 (31)**, 122—123, 1895; (E. Barthe) Misc. ent., **3**, 13, 1895.
— siehe Mulsant, Étienne 1864—75.
— siehe Mulsant, Étienne & Rey, Claudius 1864—89.
— siehe Mulsant, Étienne & Rey, Claudius 1866.
— siehe Mulsant, Étienne & Rey, Claudius 1868.
— siehe Mulsant, Étienne & Rey, Claudius 1872.
— siehe Mulsant, Étienne & Rey, Claudius 1874.
— siehe Mulsant, Étienne & Rey, Claudius 1875.
— siehe Mulsant, Étienne & Rey, Claudius 1876.
— siehe Mulsant, Étienne & Rey, Claudius 1878.
— Notes entomologiques. Ann. Soc. Linn. Lyon, (N. S.) **28** (1881), 127—134, 1882 a.
— Note sur le *Ceuthorhynchus Bertrandi*, Perris constituant un genre nouveau. Rev. Ent. Caen, **1**, 186—189, 1882 b.
— Note sur le *Tachys bistriatus* et espèces affines. Rev. Ent. Caen, **1**, 236—238, 1882 c.
— Note sur l'*Isometopus mirificus*. Rev. Ent. Caen, **1**, 278—279, 1882 d.
— Quelques mots sur le *Vesperus xatarti* — Mulsant —. Ann. Soc. Linn. Lyon, (N. S.) **29** (1882), 138—140, 1883 a.
— Description de la larve de l'*Anthicus floralis* Linné. Ann. Soc. Linn. Lyon, (N. S.) **29** (1882), 141—142, 1883 b.
— Description de la larve de la *Lamprorhiza Mulsanti*. Ann. Soc. Linn. Lyon, (N. S.) **29** (1882), 143—145, 1883 c.

[1]) nur z. T. entomol.

— Notes synonymiques sur plusieurs espèces du genre *Stenus* de la tribu des Brévipennes. Ann. Soc. Linn. Lyon, (N. S.) **29** (1882), 146—149, 1883 d.
— Note sur la *Platyola fusicornis.* Ann. Soc. Linn. Lyon, (N. S.) **29** (1882), 150—152, 1883 e.
— Notes synonymiques sur quelques espèces du genre *Micropeplus* et description d'une espèce nouvelle. Ann. Soc. Linn. Lyon, (N. S.) **29** (1882), 364—366, 1883 f.
— Note sur le *Stethoconus mamillosus* Flor. Ann. Soc. Linn. Lyon, (N. S.) **29** (1882), 385—386, 1883 g.
— Notices entomologiques. Rev. Ent. Caen, **2**, 84—91, 1883 h.
[Siehe:] Sharp, David: 117.
— Note sur l'*Acupalpus luridus* Dejean. Rev. Ent. Caen, **2**, 118, 1883 i.
— Révision des genres *Disopus, Pachybrachys* et *Stylosomus.* Rev. Ent. Caen, **2**, 257—285, 289—306, 313—326, 1883 j.
— Quelques exemples de monstruosités chez les Coléoptères et Hémiptères. Ann. Soc. Linn. Lyon, (N. S.) **30** (1883), 423—424, 1884 a.
— Note sur les premiers états de l'*Anthicus quisquilius* Thomson. Ann. Soc. Linn. Lyon, (N. S.) **30** (1883), 425—430, Taf. I, 1884 b.
— Énumeration d'insectes remarqués sous les feuilles malades du tilleul — *Tilia platyphylla,* Scopoli —. Ann. Soc. Linn. Lyon, (N. S.) **30** (1883), 440—442, 1884 c.
— Comparaison entre plusieurs larves de divers genres d'Élatérides. Ann. Soc. Linn. Lyon, (N. S.) **30** (1883), 443—446, 1884 d.
— Notices sur les Palpicornes et diagnoses d'espèces nouvelles ou peu connues. Rev. Ent. Caen, **3**, 266—271, 1884 e.
— Descriptions de Coléoptères nouveaux ou peu connus de la tribu des Palpicornes. Ann. Soc. Linn. Lyon, (N. S.) **31** (1884), 13—32, 1885 a.
— Énumération des Coléoptères qu'on peut rencontrer dans un clos de 5 hectares. Échange, **1**, Nr. 2, 1—2; Nr. 3, 1; Nr. 4, 1—2; Nr. 5, 1—2; Nr. 6, 2; Nr. 7, 1; Nr. 8, 1—2; Nr. 9, 1; Nr. 10, 1—2, 1885 b.
— Note sur le *Philonthus carbonarius* Gyllenhal. Rev. Ent. Caen, **4**, 233—235, 1885 c.
— Note sur le *Dorcadion fuliginator* et espèces affines. Rev. Ent. Caen, **4**, 235—238, 1885 d.
— Supplément à la Révision des *Stylosomus.* Rev. Ent. Caen, **4**, 274—275, 1885 e.
— Note sur la *Leptura maculicornis* Degéer, Mulsant. Rev. Ent. Caen, **4**, 275—277; Nouvelle note sur la *Leptura maculicornis* Degéer. 324—326, 1885 f.
— Remarques en passant. Échange, **2**, Nr. 17, 1—2; Nr. 18, 1—2; Nr. 19, 1; Nr. 20, 1—2; Nr. 21, 2—3; Nr. 22, 1—2; Nr. 23, 1—2; Nr. 24, 1—2, 1886 a; **3**, Nr. 26, 2—3; Nr. 27, 1—2; Nr. 28, 1—2; Nr. 34, 1—2; Nr. 36, 1—2, 1887; **4**, Nr. 37, 5; Nr. 38, 3—4; Nr. 39, 4; Nr. 41, 4; Nr. 42, 4; Nr. 45, 5—6; Nr. 46, 3; Nr. 47, 4; Nr. 48, 5, 1888; **5**, Nr. 49, 4—5; Nr. 50, 3—4; Nr. 51, 3—4; 27—29, 35—36, 43—44, 53—55, 58—59, 66—67, 1889; **6**, 163—164, 171—172, 1890; **7**, 4—5, 19—20, 26—27, 50, 68, 85—86, 101—102, 114—115, 130—131, 1891; **8**, 2—3, 17, 30—31, 41—42, 53—54, 65, 77, 89—90, 101, 113—114, 137—138, 1892; **9**, 3, 25—26, 37, 49, 73—74, 85, 97, 109, 121, 133, 1893; **10**, 1, 13—14, 29—31, 45—46, 63—64, 74—75, 89—90, 97—98, 109—110, 117—118, 130, 137—139, 1894; **11**, 1—4, 25—26, 37—38, 49—50, 61—62, 74, 1895.
— *Macronychus 4-tuberculatus* Müller. Feuille jeun. Natural., **16**, 74, (1885—86) 1886 b.
— Description de deux genres nouveaux de Tachyporiens. Rev. Ent. Caen, **5**, 252—256, 3 Fig., 1886 c.
— (Synonymie de *Ernobius Mulsanti* Kiesenwetter et *Ernobius angusticollis* Redtenbacher.) [Mit Angaben von de Marseul.] Ann. Soc. ent. France, (6) **7**, Bull. LXXIV, LXXXII, 1887 a.
— (*Hister stigmosus* de Marseul.) Ann. Soc. ent. France, (6) **7**, Bull. LXXXVII, 1887 b.
— Essai d'études sur certaines larves de Coléoptères et descriptions de quelques espèces inédites ou peu connues. Ann. Soc. Linn. Lyon, (N. S.) **33** (1886), 131—260, Taf. I—II, 1887 c; Essai . . . Coléoptères. Échange, **4**, Nr. 47, 4—5; Larves de Coléoptères. Nr. 48, 3—5, 1888; **5**, Nr. 49, 3—4, 5, 1889.
— *Tachys brevicornis* Chd. Feuille jeun. Natural., **17**, 42—43, (1886—87) 1887 d.
— (Description de la larve de l'*Ostoma Yvani* Allibert.) Ann. Soc. ent. France, (6) **8**, Bull. XXXVIII—XXXIX, 1888 a.
— Recherches sur l'Etymologie du mot *Anobium* F. Échange, **4**, Nr. 43, 3, 1888 b.
— Description d'une nouvelle espèce de Curculionide. Échange, **4**, Nr. 45, 4—5, 1888 c.
— Notes sur quelques Hémiptères et descriptions d'espèces nouvelles ou peu connues. Rev. Ent. Caen, **7**, 91—103; Notes sur quelques Hémiptères-Hétéroptères et . . . 189—198, 5 Fig., 1888 d.
— siehe Jacquet, Ernst & Rey, Claudius 1888.
— (Description d'une espèce d'Homalien nouvelle ou peu connue: *Hypopycna subrugata.*) Ann. Soc. ent. France, (6) **8**, Bull. CXIX—CXX, (1888) 1889 a.
— Quelques mots sur les dénominations de tribu et de race. Échange, **5**, 52—53, 1889 b.
— Enumération d'insectes recueillis en Provence pendant l'hiver 1888—89. Échange, **5**, 82—83, 1889 c; **6**, 108—109, 117, 123—125, 149—150, 1890; **7**, 68—69, 1891.
— (Description de deux espèces nouvelles ou peu connues de Buprestides du genre *Cylindromorphus.*) Ann. Soc. ent. France, (6) **9**, Bull. CLX—CLXII, (1889) 1890 a.
— (Description de la larve et de la nymphe du *Dermestes vulpinus* Fabr.) Ann. Soc. ent. France, (6) **9**, Bull. CCXXVI—CCXXVIII, (1889) 1890 b.
— Du sens de l'Olfaction chez les insectes. Échange, **6**, 116, 1890 c.
— La chenille ou larve a-t-elle un sexe? Échange, **6**, 140, 1890 d.
— Observations sur quelques Hémiptères. Et descriptions d'espèces nouvelles ou peu connues. Rev. Ent. Caen, **9**, 29—32, 2 Fig., 1890 e.
— Note sur le genre *Phaleria.* Rev. Ent. Caen, **9**, 327—329, 1890 f; Nouvelle note . . . **10**, 83—86; Troisième note sur le genre *Phaleria* et description d'une espèce nouvelle ou peu connue. 236—239, 1891.
— Observations sur quelques Hémiptères-Homoptères et descriptions d'espèces nouvelles ou peu connues. Rev. Ent. Caen, **10**, 240—256, 1891.
— (Description de la larve de *Tachinus laticollis* Gr.) Ann. Soc. ent. France, **61**, Bull. CLXXXII—CLXXXIII, 1892 a.
— Dégats des Scolytides. Échange, **8**, 18, 1892 b.
— Notice sur Eugène Revelière. Échange, **8**, 31—32, 1892 c.
— Note sur le *Rhyncolus filum* R. Échange, **8**, 42—43, 1892 d.

○ Sur le *Melanotus rufipes* Hbst. [Nach: Rev. Linn. 15 août, 1891.] Rev. Sci. nat. Ouest, **2**, 89, 1892 e.
— (Descriptions de deux espèces nouvelles ou peu connues de Coléoptères: *Hydraena* et *Barypithes*.) Ann. Soc. ent. France, **62**, Bull. IX—XI, 1893 a.
— Note sur le mot parasite et ses diverses significations. Échange, **9**, 13—15, 1893 b.
— Énumération d'insectes trouvés en compagnie des Pucerons de l'Orme. Échange, **9**, 62—63, 1893 c.
— (La description de la larve de *Cryptophilus integer* Heer.) Ann. Soc. ent. France, **62**, Bull. CCCXXIX—CCCXXX, (1893) 1894.

Rey, Eugène Dr. phil.
geb. 17. 2. 1838 in Berlin, gest. 30. 8. 1909 in Leipzig, Chemiker, später Privatgelehrter. — Biogr.: (E. Möbius) Dtsch. ent. Ztschr. Iris, **57**, 18 (1—27), 1943.
— Apparate zur schnellen Tödtung großer Insecten. Ent. Nachr. Putbus, **2**, 93—94, 1876.
— in Martin, Philipp Leopold 1882—84.
— Eulen-Köderfang im Jahre 1892. (Von Mitte Juni bis Mitte September.) Ent. Jb., (2), 207, 1893.

Rey, Henri
siehe Berger, Charles & Rey, Henri 1874.
— Des maladies parasitaires suivant les races et les climats. Ann. Hyg. Méd. Paris, (3) **3**, 489—525, 1880.
— Contributions à la géographie médicale. Le Tonkin. Arch. Méd. nav., **48**, 29—55, 122—151, 1 Fig.; 161—177, 297—310, 321—362, 401—421, 1887.

Rey, Jean Edouard Eugène (= Eugen)
geb. 8. 2. 1866 in Halle, gest. 3. 4. 1941 in Berlin, Angestellter bzw. Besitzer Naturw. Handlungen. — Biogr.: Insektenbörse, **53**, Nr. 5, 1936; Arb. morphol.-taxon. Ent., **3**, 63, 1936; Arb. morphol.-taxon. Ent., **8**, 287, 1941.
— (Über die Einschleppungsgefahr der San-Jósé-Schildlaus, *Aspidiotus perniciosus*.) Berl. ent. Ztschr., **45**, (13), 1900 a.
— [Zucht von *Deilephila euphorbiae, gallii* u. a. Mit Angaben von W. Dönitz, Thurau, Petersdorf u. a.] Berl. ent. Ztschr., **45**, (19)—(20), 1900 b.
— (Ameisenlöwen aus der Nähe von Friedrichshagen.) Berl. ent. Ztschr., **45**, (49), 1900 c.
— (Frühjahrs- und Sommergeneration von *Vanessa c-album*.) Berl. ent. Ztschr., **45**, (51), 1900 d.
— (Saisondimorphismus bei Schmetterlingen.) [Mit Angaben von Stichel & Thieme.] Berl. ent. Ztschr., **45**, (52), (58)—(59), 1900 e.

Rey, Jean Edouard Eugen & **Stichel,** Hans
[Mimikry bei Lepidopteren.] Berl. ent. Ztschr., **45**, (52—(53), (55)—(56), (60)—(61), 1900.

Rey, Toussaint
○ Situation séricicole dans la Haute-Savoie, année 1866 et 1867. Rev. Séricicult., **2**, 554—559, 1868.
— (Note sur éducations de Vers à soie.) Bull. Soc. Acclim. Paris, (2) **6**, 482—484, 1869.

Reye de Marande,
○ Plui d'insectes à Araches (Haute-Savoie). Bull. Ass. scient. France, **5**, 242, 1869.

Reyher, C . . .
○ Die grosse Kiefern-Raupe. Ihre Geschichte, ihre Schädlichkeit und ihre Vertilgung vornehmlich durch den L. Mützel'schen Raupenleim. Eine Mahnung für die Besitzer und Verwalter von Kiefernwaldungen. 8°, 32 S., Stuttgart, Johannssen, 1872.
[Ref.:] Danckelmann, Bernhard: Ztschr. Forst- u. Jagdwes., **5**, 123, 1873.

Reymond, J . . . B . . .
Experiments with Woolly *Aphis*, or American Blight. Agric. Gaz. N. S. Wales, **8** (1897), 120—121, 1898.

Reymond, M . . .
Das neue Laienbrevier des Häckelismus. Genesis oder die Entwickelung des Menschengeschlechts. 8°, 178 S., 4 Taf., 1 Frontispiz, Bern, Georg Frobeen & Cie., 1877.

Reymond, R . . . du Bois siehe Bois-Reymond, R . . . du

Reynaud, G . . .
siehe Kermorgant, A . . . & Reynaud, G . . . 1900.

Reynaud, Lucien
Note sur l'emploi du Patchouly pour la conservation des collections entomologiques. Feuille jeun. Natural., **3**, 107—108, 121—122, (1872—73) 1873.
— siehe Rouast, Georges & Reynaud, Lucien 1877.

Reynell, Herriette E . . .
Bupalus piniaria and *Eupithecia togata* in Co. Meath. Irish Natural., **3**, 176, 1894.
— *Colias edusa* in Co. Westmeath. Irish Natural., **8**, 228, 1899.

Reynolds, Edwin
Experiments with the potato bug. Rep. Comm. Agric. Washington, **1868**, 433, 1869.

Rhodius, E . . .
○ Über die *Phylloxera vastatrix* und die Widerstandsfähigkeit der amerikanischen Rebsorten. Weinbau, **1**, 14, 1875.

Ribaga, Costantino
Sopra un organo particolare delle cimici dei letti (*Cimex lectularius* L.). Riv. Patol. veg., **5** (1896—97), 343—353, 4 Fig., Farbtaf. XVI, 1897.
— Descrizione di un nuovo genere e di una nuova specie di Psocidi trovato in Italia. Riv. Patol. veg., **8**, 156—159, Taf. VII, (1901) 1899.
— Una specie nuova di Psocide trovata in Italia. Riv. Patol. veg., **8** (1899—1900), 364—366, 1 Fig., (1901) 1900 a.
— Osservazioni sull'anatomia del *Trichopsocus Dalii* M'Lachl. Riv. Patol. veg., **8** (1899—1900), 370—374,(1901) 1900 b.
— Contributo alla conoscenza dei Psocidi Italiani. Riv. Patol. veg., **8** (1899—1900), 375—386, (1901) 1900 c.

Ribaut
Distinction des *Aphodius foetens* F. et *fimetarius* L. Bull. Soc. Hist. nat. Toulouse, **32** (1898—99), X—XII, 1899 a.
— [Les deux espèces françaises *Epicometis hirtella* et *E. squalida*]. Bull. Soc. Hist. nat. Toulouse, **32** (1898—99), XII—XIII, 1899 b.
— (Coléoptères et Hémiptères récoltés à la forêt de Bouconne, le 28 mai.) Bull. Soc. Hist. nat. Toulouse, **32** (1898—99), XV—XVI, 1899 c.
— (Remarques sur les *Geotrupes stercorarius* L. et *spiniger* Marsh.) Bull. Soc. Hist. nat. Toulouse, **33**, 10—11, 1900 a.
— Hémiptères-hétéroptères recueillis en août et septembre dans la vallée de la Garonne, entre Saint-Béat et la frontière espagnole. Bull. Soc. Hist. nat. Toulouse, **33**, 50—52, 1900 b.

Ribbe, Carl
geb. 12. 11. 1860 in Berlin, gest. 27. 8. 1934 in Radebeul b. Dresden, Inhaber einer Naturalienhandlung in Radebeul b. Dresden. — Biogr.: (K. M. Helles) Dtsch. ent. Ztschr. Iris, **48** (1934), 138—143, (1934—35) 1934; (K. M. H.) Ent. Rdsch., **51**, 229—231, 1934; (W. Horn) Arb. morphol. taxon. Ent., **1**, 310, 1934; Col. Rdsch., **21**, 57, 1935; (E. Möbius) Dtsch. ent. Ztschr. Iris, **57**, 18 (11—27), 1943.
— Beitrag zur Kenntniss der Lepidopteren-Fauna der Aru-Inseln. Korr.bl. Iris, **1**, 73—90, (1884—88) 1886.
— Beitrag zur Kenntniss der Lepidopteren-Fauna von Batjan. Korr.bl. Iris, **1**, 203—205, (1884—88) 1887.
— Zwei neue Tagschmetterlinge aus Afrika. Dtsch. ent. Ztschr. Iris, **2**, 181—182, Farbtaf. IV (Fig. 1—2), 1889 a.
— Einige neue Schmetterlinge von Banggaja. Dtsch. ent. Ztschr. Iris, **2**, 183—185, Taf. III, 1889 b.
— Beiträge zur Lepidopteren-Fauna von Gross-Ceram. Dtsch. ent. Ztschr. Iris, **2**, 187—265, Taf. V. 1889 c.
— Anleitung zum Käfersammeln. kl. 8°, 12 S., Berlin, Emil Pilger, 1890 a. — [Abdr.:] ... Käfersammeln in tropischen Ländern. Ent. Ztschr., **4**, 136—137, 143—144, 156—157, 166, 1891. — [Dasselbe:] Berl. ent. Ztschr., **37** (1892), 125—138, (1893) 1892.
— Einige Beobachtungen über die Lebensweise von *Ornithoptera.* Dtsch. ent. Ztschr. Iris, **3**, 37—44, Farbtaf. I (Fig. 1—3), 1890 b.
— Ein Sammeltag am Wasserfall von Maros (genannt Bantimurang). Ent. Jb., (2), 170—181, 1893.
— Einige noch nicht bekannte Raupen und Puppen von Schmetterlingen aus dem deutschen Schutzgebiet in der Südsee. Dtsch. ent. Ztschr. Iris, **8**, 105—115, Farbtaf. I—III (I: Fig. 3—6; III: ohne Fig. 16), 1895.
— Eine entomologische Sammelreise im deutschen Schutzgebiete der Neu Guinea Companie. Insektenbörse, **14**, 103—104, 121—122, 157—158, 164—165, 170—171, 194—195, 223—224, 248—249, 254, 259—260, 1897.
— Noch nicht bekannte Raupen und Puppen von Schmetterlingen aus dem deutschen Schutzgebiete der Neu-Guinea-Compagnie in der Süd-See. Dtsch. ent. Ztschr. Iris, **10**, 245—248, Farbtaf. VII—VIII, (1897) 1898 a.
— Beiträge zur Lepidopteren-Fauna des Bismarck- und Salomon-Archipels in der Süd-See. Dtsch. ent. Ztschr. Iris, **11**, 35—133, Taf. III[1])—IV (III Farbtaf.), 1898 b; **12**, 219—260, 2 Fig., Farbtaf. IV, 1899.
— Anleitung zum Sammeln von Schmetterlingen in tropischen Ländern. Insektenbörse, **15**, 216—217, 2 Fig.; 222—223, 1 Fig.; 228—229, 235—236, 240—241, 1898 c; **16**, 4—5, 15, 26—27, 32, 1899.
— Neue Lepidopteren aus dem Schutzgebiete der Neu-Guinea-Compagnie Bismark und Salomo Archipel. Soc. ent., **12**, 153—154, 161—162, 171—172, 177—178, (1897—98) 1898 d.
— Kurze Anleitung zum Käfersammeln in tropischen Ländern. Insektenbörse, **16**, 206—208, 2 Fig.; 211—213, 218—219, 223—224, 1899.
— [Ref.] siehe Pagenstecher, Arnold 1899—1900.
— Neue Lepidopteren aus der Süd-See und einige Bemerkungen. Dtsch. ent. Ztschr. Iris, **12**, 407—409, (1899) 1900 a.
— Das Fangnetz von Graf-Krüsi. Insektenbörse, **17**, 52, 1900 b.

[1]) Farbtaf. III 1899 erschienen.

— Ortner's Tödtungsgläser. Insektenbörse, **17**, 68, 3 Fig., 1900 c.
— Neue Lepidopteren aus Neu-Guinea. Insektenbörse, **17**, 308, 329—330, 346, 1900 d.

Ribbe, Carl & **Kühn,** Heinrich
Excursionen im Ostindischen Archipel. Korr.bl. Iris, **1**, 4—10, (1884—88) 1884. — [Abdr.:] in 2. Aufl. 1888.

Ribbe, Heinrich
geb. 13. 6. 1832 in Berlin, gest. 19. 1. 1898 in Oberlössnitz b. Dresden, Insektenhändler in Dresden-Blasewitz, Sammelreisender. — Biogr.: (C. Schaufuss) Insektenbörse, **15**, 19, 1898 m. Porträt; (E. Schopfer) Dtsch. ent. Ztschr. Iris, **11**, 401, 1898; Soc. ent., **12**, 165, (1897—98) 1898.
— Abweichungen und Zwitter aus der Sammlung des Herrn Gustav Bornemann in Magdeburg. Dtsch. ent. Ztschr. Iris, **2**, 185—186, Farbtaf. IV (Fig. 3—5), 1889; **3**, 45—46, Farbtaf. II, 1890.

Ribbing, S ...
Malaria och mosquitos. [Dissertation.] Acta Univ. Lund, **36**, Afd. 2, [Beitrag 10], 1—23, 1900.

Ribeaucourt, C ... de
○ Manuel d'apiculture rationnelle. 64 S., 14 Fig., 1871. — 2. Aufl. 88 S., Fig., Paris & Neuchâtel, J. Sandoz, [1876]. — 3. Aufl. 126 S., Paris; Neuchâtel & Genève, J. Sandoz, 1880.
[Engl. Übers. von:] Arthur F. C. Leveson Gower: A manual of rational bee-keeping. 108 S., London, Bogue, 1879.
○ Les moeurs des abeilles. Journ. Agric. Suisse, **1**, 143—144, 1879.

Ribeiro, A ... de Miranda siehe Miranda Ribeiro, A ... de

Riboldi, G ...
Probabilità dei giudizî circa il seme dei bachi da seta. Atti Soc. Ital. Sci. nat., **14**, 265—291, 1871.

Ribouleau, Frédéric
Ver à soie du chêne. Expériences faites. Rev. Séricicult. comp., **1865**, 270—272, 1865.

Riboulet,
Vers à soie du murier. Tentatives de guérison de la maladie du mûrier. Rev. Séricicult. comp., **1864**, 69, 1864.

Ricardo, Gertrude K ...
Spilomyia speciosa in the New Forest. Entomol. monthly Mag., (2) **7** (**32**), 181, 1896; (2) **8** (**33**), 234, 1897.
— Notes on the Pangoninae of the Family Tabanidae in the British Museum Collection. Ann. Mag. nat. Hist., (7) **5**, 97—121, 167—182, Taf. I, 1900 a.
— Notes on Diptera from South Africa (Tabanidae and Asilidae). Ann. Mag. nat. Hist., (7) **6**, 161—178, 1900 b.
— Description of Five new Species of Pangoninae from South America. Ann. Mag. nat. Hist., (7) **6**, 291—294, 1900 c.

Ricasoli, Voncenzo
Aumento nei prodotti ed economia nelle spese. [Nach: Il Bacologo Italiano.] Atti Soc. agr. Gorizia, **17** ((N. S.) 3), 282—290, 1878.

Ricasoli Firidolfi, Giovanni
La Fillossera a Brolio (Gaiole). Ricordi e notizie sulla sua scoperta, e sulle due campagne fillosseriche 1888

e 1889. Atti Accad. agr. Georg. Firenze, (4) **13** (68), 29—60, 1 Karte, 1890.
[Siehe:] Targioni-Tozzetti, Adolfo: 102—115.

Riccardi, Paolo
La *Grillotalpa vulgaris.* Annu. Soc. Natural. Modena, (2) **9**, 70—80, 1875 a.
— La *Doryphora 10-lineata,* Say. Annu. Soc. Natural. Modena, (2) **9**, 155—198, Taf. II—III, 1875 b.

Ricci, Hermann Robert de
On the Culture of the Japanese Oak-feeding Silkworm, *Bombyx Yama-mai.* Journ. R. Dublin Soc., **5**, 172—177, 1870.

Ricciardi, Leonardo
○ La Fillossera in Riesi. Ann. Accad. Agric. Torino, **23** (1880), 71—82, 1881.

Rice, M . . . E . . .
Notes on *Entilia sinuata.* Period. Bull. Dep. Agric. Ent. (Ins. Life), **5** (1892—93), 243—245, 1 Fig., 1893.

Richard, (du Cantal)
○ Le hanneton et sa larve. Journ. Agric. prat. Paris, **31**, Bd. 1, 54—55, 1867.

Richard, A . . .
○ Aperçu sur le *Phylloxera vastatrix,* sur les causes de son apparition et sur sa destruction. 8°, 15 S., Dax, Selbstverl. (impr. Herbert & Cie), 1875.
— Notes d'entomologie algérienne. Fourmis moissonneuses. Feuille jeun. Natural., **19**, 19—20, (1888—89) 1888 a.
— Trait de moeurs d'un *Ditomus.* Feuille jeun. Natural., **19**, 20, (1888—89) 1888 b.
— Variété du espèce nouvelle *Poecilonota Conspersa* var. P. *albae.* Échange, **5**, 6, 1889 a.
— Notes d'Entomologie Agricole Algérienne. Échange, **5**, Nr. 49, 6—7, 1889 b.
— Notes d'entomologie algérienne. — Trois ennemis de nos arbres. Feuille jeun. Natural., **19**, 50—51, (1888—89) 1889 c.

Richard, Jules
siehe Guerne, Jules de & Richard, Jules 1889.
— siehe Blanchard, Raphael & Richard, Jules 1897.

Richard, Jules & **Neuville,** H . . .
Sur l'histoire de l'île d'Alboran. Mém. Soc. zool. France, **10**, 75—87, 1897.

Richards, Percy
Ochsenheimeria vacculella common at Brockley. [Mit Angaben von C. G. B.] Entomol. monthly Mag., (2) **8** (33), 234, 1897.

Richardson, Erving L . . .
Ants and Sunflowers. Amer. Natural., **21**, 296—297, 1887.

Richardson, George
Pachetra leucophaea in Kent. Entomologist, **27**, 246, 1894.

Richardson, John & **Gray,** John Edward [Herausgeber]
○ The Zoology of the voyage of H. M. S. Erebus and Terror, under the command of Capt. Sir J. C. Ross during 1839—43. 2 Bde.[1]) 4°, London, 1844—75. 2. 4. Insects.[2])
Butler, Arthur Gardiner: 25—52, 4 Taf., 1874.

[1]) nur z. T. entomol.
[2]) Beginn vor 1864.

Richardson, John D . . .
Capture of *Argynnis Lathonia* at Dover. Entomol. monthly Mag., **2**, 132, (1865—66) 1865.

Richardson, Nelson Moore
geb. 1855 in Swansea, gest. 8. 6. 1925 in Montevideo b. Weymouth, Gerichtsbeamter. — Biogr.: (W. G. Sheldon) Entomologist, **58**, 174—175, 200, 1925; Entomol. monthly Mag., **61** ((3) **11**), 207—208, 1925.
— Wood Ants. Sci. Gossip, (**9**) (1873), 283, 1874.
— Note on *Zygaena Filipendulae.* Entomologist, **8**, 21, 1875 a.
○ On Ants. Rep. Winchester Coll. nat. Hist., **3**, 20—26, 1875 b.
○ [List of Lepidoptera hitherto noted as occurring at Winchester.] Rep. Winchester Coll. nat. Hist. Soc., **3**, 122—132, 1875 c.
— *Zygaena Filipendulae.* Nature London, **16**, 361, 1877.
— Habits and description of the larva of *Chelaria conscriptella.* [Mit Angaben von H. T. S.] Entomol. monthly Mag., **19**, 114—115, (1882—83) 1882 a.
— *Peronea perplexana* and *Eupoecilia Mussehliana* in Carmarthenshire. Entomol. monthly Mag., **19**, 115, (1882—83) 1882 b.
— Habits and description of the larva of *Tortricodes hyemana.* Entomol. monthly Mag., **21**, 252—253, (1884—85) 1885.
— Description of a species of *Epischnia* (*Bankesiella*) new to science, from Portland. Entomol. monthly Mag., **25**, 63—64, (1888—89) 1888.
— Substitution of a wing for a leg in *Zygaena filipendulae* and notes on the yellow variety of that species. [Mit Angaben des Herausgebers.] Entomol. monthly Mag., **25**, 289—290, (1888—89) 1889 a.
○ Description of a species of *Epischnia* (*bankesiella*) new to science, from Portland. Proc. Dorset nat. Hist. Club, **10**, 192—196, ? Taf., 1889 b.
— On the variation of *Heliophobus hispidus* at Portland. Entomologist, **23**, 60—61, 1890 a.
— The Violet tinge in *Heliophobus hispidus.* Entomologist, **23**, 384, 1890 b.
— Description of a *Gelechia* (*Portlandicella*) new to science from Portland. Entomol. monthly Mag., (2) **1** (26), 29—30, 1890 c.
— Description of a *Nepticula* (*Auromarginella*) new to science from near Weymouth. Entomol. monthly Mag., (2) **1** (26), 30—31, 1890 d.
— Variation of *Phycis dilutella,* Hüb. Entomol. monthly Mag., (2) **1** (26), 139—140, 1890 e.
— Description of the mine of *Lithocolletis anderidae,* Fletcher. Entomol. monthly Mag., (2) **1** (26), 243, 1890 f.
— Re-occurrence of *Epischnia Bankesiella* at Portland. Entomol. monthly Mag., (2) **1** (26), 256—257, 1890 g.
— Occurrence in Dorset of *S*[*teganoptycha*] *subsequana,* Haw., and *M*[*ixodia*] *rufimitrana,* H.-S. Entomol. monthly Mag., (2) **1** (26), 257—258, 1890 h.
— *Nepticula* larvae in osier near Weymouth. Entomol. monthly Mag., (2) **1** (26), 298—299, 1890 i.
— Notes on *Eupoecilia notulana* and *Halonota cirsiana.* Entomol. monthly Mag., (2) **1** (26), 299—300, 1890 j.
— (Foodplant of *Eupoecilia notulana.*) Entomol. Rec., **1**, 184, (1890—91) 1890 k.
— Occurrence at Portland of *Tinea subtilella,* Fuchs, a species new to the British Fauna. [Mit Angaben von H. T. S.] Entomol. monthly Mag., (2) **2** (27), 14—15, 1891 a.

— Description of the larva of *Lithocolletis anderidae*, Fletcher. Entomol. monthly Mag., (2) **2** (**27**), 22, 1891 b.
— Variation of *Aporophyla australis* at Portland. Entomol. monthly Mag., (2) **2** (**27**), 119—120, 1891 c.
— The larva of *Eupoecilia Geyeriana*. Entomol. monthly Mag., (2) **2** (**27**), 239—240, 1891 d.
— *Nothochrysa capitata* near Weymouth. Entomol. monthly Mag., (2) **2** (**27**), 249,1891 e.
— Life-history of *Hypsipetes ruberata*. Entomol. monthly Mag., (2) **2** (**27**), 296—298, 1891 f.
— Life-history of *Plutella annulatella*, Curt. Entomol. monthly Mag., (2) **2** (**27**), 317—319, 1891 g.
— (Two forms of *Spilonota roborana*.) Entomol. Rec., **1**, 283, (1890—91) 1891 h.
— (*Zygaena filipendulae* vars.) [Mit Angaben von Sydney, Webb & W. Reid.] Entomol. Rec., **1**, 330—331, (1890—91) 1891 i.
— [Notes on Lepidoptera.] Trans. ent. Soc. London, **1891**, Proc. X, 1891 j.
— (*Steganoptycha subsequana* and *Tinagma betulae*.) Entomol. Rec., **3**, 137, 1892 a.
— (Keeping Micro Pupae during the Winter.) Entomol. Rec., **3**, 242, 1892 b.
○ On some of the chief peculiarities in the Lepidopterous fauna of Portland. Proc. Dorset nat. Hist. Club, **11**, 46—63, 1 Farbtaf., 1892 c.
○ On a case of apparent substitution of a wing for a leg in a Moth. Proc. Dorset nat. Hist. Club, **11**, 61—73, 1892 d.
○ Notes on Dorset Lepidoptera in 1891. Proc. Dorset nat. Hist. Club, **11**, 168—177, 1892 e.
— siehe Reid, William & Richardson, Nelson Moore 1892.
— *Blabophanes Heringi* at Portland: distinct from *B. ferruginella*?. Entomol. monthly Mag., (2) **4** (**29**), 14—15, 1893 a.
— On some members of the *instabilella* group of the genus *Lita (Gelechia*, partim), with descriptions of *L. suaedella*, n. sp., and *L. instabilella*, Douglas. Entomol. monthly Mag., (2) **4** (**29**), 241—248, 1893 b.
— *Plusia ni* bred from Portland. Entomologist, **27**, 349, 1894 a.
— *Solenopsis fugax*, Latr,. &c., near Weymouth. Entomol. monthly Mag., (2) **5** (**30**), 213, 1894 b.
— Occurrence of *Tinea vinculella*, H.-S., at Portland, with notes on its life history. Entomol. monthly Mag., (2) **6** (**31**), 61—65, 1895 a.
— *Sphinx convolvuli* in the larva state in Dorset. Entomol. monthly Mag., (2) **6** (**31**), 280, 1895 b.
— Dorset localities for species of *Pericoma*. Entomol. monthly Mag., (2) **7** (**32**), 65, 1896 a.
— (The dark form of *Hypsipetes elutata* on sallow.) Entomol. Rec., **7**, 231, (1895—96) 1896 b.
— (*Agrotis lucernea* not an insect that comes to sugar.) Entomol. Rec., **7**, 233—234, (1895—96) 1896 c.
— Practical Hints. Entomol. Rec., **8**, 43, 1896 d.
○ *Tinea vinculella* H. S., a species of Lepidoptera new to the British fauna, with other entomological notes of season of 1894. Proc. Dorset nat. Hist. Club, **16**, 81—91, 1 Taf., 1896 e.
○ A List of Portland Lepidoptera. Proc. Dorset nat. Hist. Club, **17**, 146—191, 1 Taf., 1896 f.
— (Collecting at Portland, etc.) Entomol. Rec., **9**, 19, 1897 a.
○ Dorset Clothes-Moths and their Habits. Proc. Dorset nat. Hist. Club, **18**, 138—149, 1897 b.
— *Choerocampa nerii*, *Acherontia Atropos* and *Sphinx convolvuli*, near Weymouth. Entomol. monthly Mag., (2) **11** (**36**), 260, 1900 a.
— (*Sphinx convolvuli* and *Acherontia atropos* at Weymouth.) Entomol. Rec., **12**, 302, 1900 b.
— (*Choerocampa nerii* near Weymouth.) Entomol. Rec., **12**, 303, 1900 c.

Richardson, William D . . .
gest. 1923.
— Notes on *Lema sayi*. Proc. ent. Soc. Washington, **2** (1890—92), 240, (1893) 1892.

Riche, E . . . le siehe Le Riche, E . . .

Richelmann, Georg
geb. 17. 3. 1851 in Zeitz, gest. 22. 2. 1924 in Berlin, Oberstleutnant. — Biogr.: (A. Schulze) Dtsch. ent. Ztschr. Iris, **38**, 273—278, 1924.
— Die Verbreitung der Rhopalocera in den verschiedenen Faunengebieten und einige Eigenthümlichkeiten derselben. Tagebl. Vers. Dtsch. Naturf., **61** (1888), 66—69, 1889.
— [Anklänge der ostafrikanischen Lepidopterenfauna an Deutschland.] Insektenbörse, **7**, Nr. 5, 1890 a.
— (Mimetische Formen in Ost-Afrika.) Insektenbörse, **7**, Nr. 11, 1890 b.

Richemond, L . . . de
De l'usage des antennes chez les insectes. Ann. Soc. Charente-Inf., Nr. 18 (1881), 67—74, 1882.

Richer,
J. Garnier [Nekrolog]. Bull. Soc. Linn. Nord France, **9**, 67—70, 1888—89.

Richer, Clément
siehe Pierrat, D . . . & Richter, Clément 1889.

Riches, J . . .
geb. 1848?, gest. 1928, Gärtner. — Biogr.: Naturalist London, **1928**, 93—94, 1929.
— Localities for *Noctua ditrapezium*. Trans. City London ent. nat. Hist. Soc., **1898** (1897—98), 10, [1899].
— *Abraxas grossulariata*. [Mit Angaben von Bate u. Clark.] Trans. City London ent. nat. Hist. Soc., **9** (1898—99), 17, 1900.

Richlý, Vilém
○ [Über die Nonne und das Fällen der Wälder.] O mnišce (*Liparis monacha*) a Kaceni lesův. Vesmir, **22**, 75—76, 1893.

Richmond, David C . . .
Bericht an das Haus der Repräsentanten über den Colorado-Käfer. Jahresber. Ohio Ackerbaubehörde, **26** (1871), 526—530, 1872.
— Der Colorado-Käfer. Jahresber. Ohio Ackerbaubehörde, **27** (1872), 550—559, 1873.

Richter,
Ueber die Aufzucht der japanesischen Seidenraupen. Dinglers polytechn. Journ., (5) **15** (**215**), 473—474, 1875.

Richter,
Zwei neue Buprestiden aus dem malaischen Archipel. Berl. ent. Ztschr., **35**, 133—134, 1890 a.
— *Agestrata lata* n. sp. Berl. ent. Ztschr., **35**, 138, 1890 b.

Richter, Aug . . .
Ueber den *Lucanus turcicus* St. Soc. ent., **1**, 181—182, 1887.

Richter, Dan . . .
○ Die Entlaubung eines Waldes durch Heuschrecken. Österr. Mschr. Forstwes., **16**, 658—661, 1866.

Richter, Gustav
Ueber die Kaffee-Kultur in Ostindien, speciell in Kury. Verh. naturw. Ver. Karlsruhe, H. 7, 232—250, 1876.
— Nochmals über die Ueberwinterung des Himbe[e]r-Spinners. Isis Magdeburg (Berlin), **9**, 408, 1884.
— Einiges über die „Pappelglucke". (*Lasiocampa populifolia* Esp.) Korr.bl. ent. Ver. Halle, **1**, 58—59, 1886.
— *Lophopteryx Carmelita.* Esp. Ent. Ztschr., **3**, 91—92, 1889.

Richter, H . . . C . . .
A New Insect from Ceylon. Sci. Gossip, (5) (1869), 84, 1 Fig., 1870.
— On some New Parasites. [Corrections of errors in the precedent note.] Monthly micr. Journ., **6**, 107, 1871 a.
[Siehe:] Ponton, T. Graham: 8.
— Eggs of Bird Parasites. Sci. Gossip, (6) (1870), 132—133, 1 Fig., 1871 b.
— A New Form of Parasite. [*Idolocoris* Walk.] Sci. Gossip, (7) (1871), 131—132, 1 Fig., 1872 a.
— The new Elephant Parasite (*Idolocoris elephantis,* Walker). Sci. Gossip, (7) (1871), 211, 1872 b.

Richter, Johann Anton
Systematisches Verzeichniß der Schmetterlinge des Kronlandes Salzburg (Macrolepidoptera) mit Nachweisung ihrer Fundorte, ihrer Flugzeit und der Nahrungspflanzen der meisten ihrer Raupen. Mitt. Ges. Salzburg. Landesk., **15**, Mitt. 57—94, 1875; **16**, 452—479, 1876.
— Der Schmetterlings-Selbstfangapparat von Heinr. Schirl. Ent. Nachr. Putbus, **2**, 26—29, Taf. II, 1876.
— Wie sollen Schmetterlingssammlungen angelegt werden? Insektenbörse, **7**, Nr. 8 u. 9, 1890.

Richter, P . . .
Préparations microscopiques d'Aphidiens. Journ. Microgr., **6**, 472—473, 1882.
— Ein neuer *Saprinus.* Ent. Nachr., **15**, 124, 1889.

Richter, R . . .
Ein schädliches Insekt. Ztschr. ges. Naturw., **27**, 134—136, 1866.

Richter von Binnenthal, Friedrich
Die Feinde der Rosen aus dem Thier- und Pflanzenreiche. Mitt. Gartenbau-Ges. Steierm., **25**, 22—26, 46—49, 70—72, 89—94, 107—110, 127—135, 151—155, 165—173, 1899.

Richters, Ferd[inand]
Ueber die Wechselbeziehungen zwischen Blumen und Insekten. Ber. Senckenb. naturf. Ges., **1883—84**, 83—102, 1884.

Richtsfeld, J . . .
Lebensverhältnisse von *Melolontha vulgaris* und *hippocastani* in Niederbayern. Ill. Wschr. Ent., **1**, 244, 1896.
— Verzeichnis von Pflanzen, auf denen einzelne Käferarten ausschliesslich oder doch vorzugsweise leben. Ber. bot. Ver. Landshut, **15** (1896—97), 141—154, 1898.

Rickard, J . . . C . . .
Observations on *Plusia moneta.* Entomologist, **28**, 261—262, 1895.
— Fungi parasitic on butterflies. Entomologist, **29**, 170—173, 229—231, 1896 a; **30**, 1—4, 4 Fig., 1897.
[Siehe:] Smith, John Bernhard: 50.
— The Androconia of *Callidryas florella.* Entomologist, **29**, 302—303, 1896 b.
— *Choerocampa celerio* in Cambridge. Entomologist, **30**, 270, 1897.

Ricketts, M . . .
Ennomos autumnaria. Entomologist, **14**, 257, 1881.
— Notes on the rearing of *Chelonia plantaginis.* Entomologist, **16**, 113, 1883.

Ricksecker, E . . . J . . . (& **Schaupp,** Franz G . . .)
On the occurrence of *Amphicoma.* Bull. Brooklyn ent. Soc., **5**, 83, (1882—83) 1883.

Ricksecker, Lucius Edgar
geb. 14. 1. 1841 in Nazareth (Pennsylv.), gest. 30. 1. 1913 in San Diago (Calif.), Ingenieur. — Biogr.: Ent. News, **24**, 144; (H. C. Fall) 249—250, 1913; (E. O. Essig) Hist. Ent., 738—741, 1931 m. Porträt.
— [Lignivorous beetles.] Ent. Amer., **1**, 96—98, (1885—86) 1885.
— *Pleocoma Fimbriata,* Lec. Ent. Amer., **2**, 201—202, (1886—87) 1887; **3**, 212, (1887—88) 1888.
— Note on *Cybister.* Zoe, **1**, 304—305, 2 Fig., 1890.
— On a new cyanide bottle. Ent. News, **7**, 230, 1896.

Rico Jimeno, Tomás
○ La filoxera, su descripcion, vida, costumbres, propagacion, daños y medios de combatirla. 32 S., Coruña, 1879.

Ricque,
○ Des accidents déterminés par les piqûres de mouches. Recu. Mém. Méd. Paris, (3) **14**, 472—480, 1865.

Ricque de Monchy
De l'utilité de la créosote dans les éducations de Vers à soie. Rev. Mag. Zool., (2) **19**, 242—244, 1867.

Ridder, P . . . de
L'abeille et l'hiver. [Nach: Ciel et Terre.] Cosmos Paris, (N. S.) **37** (46), 360—361, 1897.

Ridge, Harry
Grey Flies. Sci. Gossip, (9) (1873), 94, 1874.

Riding, William S . . .
Catoptria parvulana in Isle of Wight. Entomologist, **13**, 141, 1880.
— A month at Morthoe, North Devon. [Lep.] Entomologist, **16**, 246—249, 1883.
— Notes on the larva of *Stilbia anomala.* Entomologist, **18**, 1—3, 1885 a.
— Notes from Cornwall [Lep.]. Entomologist, **18**, 287—288, 1885 b.
— A month in North Cornwall [Lep.]. Entomologist, **19**, 291—293, 1886.
— Aberration of *Dianthoecia nana.* Entomologist, **24**, 45, 1891 a.
— (Protective colour variation of *Dianthoecia conspersa.*) Entomol. Rec., **2**, 275, 1891 b.
— (Habits of the Larva of *Emmelesia unifasciata.*) Entomol. Rec., **3**, 18, 1892 a.
— (Attractiveness of Flowers.) Entomol. Rec., **3**, 84, 1892 b.

— *Epinephele hyperanthes.* Entomologist, 26, 318, 1893 a.
— Life history of *Dasycampa rubiginea.* Entomol. Rec., 4, 1—3, 1893 b.
— (Embryonic development of *Xanthia aurago.*) Entomol. Rec., 4, 172, 1893 c.
— (Prior Emergence of Male Lepidoptera.) Entomol. Rec., 4, 175, 1893 d.
— (Notes on rearing *Dasycampa rubiginea.*) Entomol. Rec., 4, 292, 1893 e.
— On an Additional Method for Determining the Species of certain Lepidoptera. Entomol. Rec., 5, 8—10, 1894 a.
— A contribution to the Knowledge of the Earlier Stages in the Life-history of *Agrotis agathina.* Entomol. Rec., 5, 169—172, 1894 b.
— (On hybernation in the egg stage.) Entomol. Rec., 5, 198, 1894 c.
— (Variation in *Ephyra annulata.*) [Mit Angaben von J. W. Tutt.] Entomol. Rec., 5, 221, 1894 d.
— Notes on a Specimen of *Orrhodia erythrocephala* var. *glabra*, recently taken in Devonshire. Entomol. Rec., 6, 51—53, 1895 a.
— (A pale variety of *Hadena protea.*) Entomol. Rec., 7, 61, (1895—96) 1895 b.
— (On the double-broodedness of *Cidaria silaceata* and *Ephyra omicronaria* (*annulata*). Entomol. Rec., 7, 109, (1895—96) 1895 c.
— (*Hypsipetes sordidata* ab. *infuscata*, Stdgr., on Sallow.) [Mit Angaben von J. W. Tutt.] Entomol. Rec., 7, 143, (1895—96) 1895 d.
— Some Stray Entomological Notes of 1895. Entomol. Rec., 7, 151—153, (1895—96) 1895 e.
— (*Scoparia crataegella* and *S. mercurella.*) Entomol. Rec., 7, 183, (1895—96) 1896 a.
— (*Therisitis mucronella* at ivy.) Entomol. Rec., 7, 183, (1895—96) 1896 b.
— (Do East Devon Insects emerge late?) Entomol. Rec., 7, 184, (1895—96) 1896 c.
— (The varieties of *Leucophasia sinapis* which occur in Britain.) Entomol. Rec., 7, 201—202, (1895—96) 1896 d.
— (*Acidalia aversata* and its aberration *spoliata.*) Entomol. Rec., 7, 202, (1895—96) 1896 e.
— (Distribution of *Acidalia humiliata* in Britain.) Entomol. Rec., 7, 234, (1895—96) 1896 f.
[Siehe:] Prout, Louis Beethoven & Tutt, James William: 124—126.
— The Resting Habit of Insects as exhibited in the Phenomena of Hybernation and Aestivation. Entomol. Rec., 7, 243—246, (1895—96) 1896 g.
— (Variation in the psi-like mark of *Acronycta psi* and *A. tridens.*) [Mit Angaben von N. M. Richardson.] Entomol. Rec., 7, 256—257, (1895—96) 1896 h.
— (The hybernating stage of *Tiliacea* (*Xanthia*) *citrago.*) Entomol. Rec., 8, 42, 1896 i.
— (Variation in what has hitherto been considered a critical mark of distinction between *Triaena tridens* and *T. psi.*) Entomol. Rec., 8, 109—110, 1896 j.
— (*Brotolomia meticulosa.*) [Mit Angaben von N. M. Richardson, J. W. Tutt.] Entomol. Rec., 8, 115—116, 1896 k.
— (Partial third brood of *Tephrosia bistortata*, and partial second brood of *Spilosoma lubricipeda.*) Entomol. Rec., 8, 189, 1896 l.
— (Notes from East Devon.) Entomol. Rec., 8, 241—244, 1896 m.
— (Ivy in Devonshire.) Entomol. Rec., 9, 19—20, 1897 a.
— (On the protective covering of eggs in *Tephrosia bistortata.*) Entomol. Rec., 9, 118—119, 1897 b.
— Some further notes re *T. bistortata* and *T. crepuscularia* (*biundularia*). Entomol. Rec., 9, 149—150, 1897 c.
— (Red-coloured aberrations of *Smerinthus tiliae.*) [Mit Angaben von Sydney Webb, J. W. Tutt.] Entomol. Rec., 9, 150—151, 1897 d.
— (Egg of *Grammesia trigrammica* ab. *bilinea*, Hb.) Entomol. Rec., 9, 238, 1897 e.
— A description of the ova and larvae of *T. bistortata*, *T. biundularia* and its var. *delamerensis*, and some further notes on their interbreeding. Entomol. Rec., 9, 243—246, 277—279, 1897 f.
— Some further notes re the *Tephrosia* hybrids. Entomol. Rec., 9, 319—320, 1897 g.
— (The ovum and young larva of *Cirrhoedia xerampelina.*) Entomol. Rec., **10**, 135—136, 1898 a.
— Final notes on the *Tephrosia* hybrids of 1897, with a further account of ab. *delamerensis* (York). Entomol. Rec., 10, 143—145, 1898 b.
— (Rearing and Pairing of *Tephrosia bistortata.*) Entomol. Rec., 10, 155, 1898 c.
— (On the differentiation of the larvae of *Tephrosia bistortata* and *T. biundularia.*) Entomol. Rec., 10, 199, 1898 d.
— On a recurring aberration of *Zonosoma annulata.* Entomol. Rec., 10, 239—240, 1898 e.
— Stray Entomological Notes from East Devon. Entomol. Rec., 10, 262—264, 1898 f.
— (Eggs of Lepidoptera.) Entomol. Rec., **11**, 56, 1899 a.
— Some further notes *Zonosoma annulata* var. *obsoleta.* Entomol. Rec., **11**, 212—213, 1899 b.
— Some notes on *Acidalia emarginata* and its sexual dimorphism. Entomol. Rec., **11**, 264—265, 1899 c.
— Notes from East Devon. Entomol. Rec., **11**, 288—290; (The food-plant of *Cabera rotundaria* — Erratum.) 349, 1899 d.
— (Spread of certain species of Lepidoptera.) Entomol. Rec., **11**, 350, 1899 e.
— (Parallel colour variation in larvae and pupae.) Entomol. Rec., **12**, 80, 1900.

Riding, William S . . . & **Tutt**, James William
(*Hypermecia angustana* var. *crusiana.*) Entomol. Rec., 7, 257, (1895—96) 1896 a.
— (The habit of larvae of *Boarmia roboraria* in spring, in nature: a query.) Entomol. Rec., 7, 280—281, (1895—96) 1896 b.

Ridley, Henry Nicholas
geb. 1855.
— *Sphinx Convolvuli* at Gravesend. Entomologist, **8**, 223, 1875.
— *Hemerobius* in Winter. Entomologist, 9, 48, 1876.
— Coleoptera-hunting in 1877. Entomologist, **11**, 22—23, 1878 a.
— *Acronycta alni* at Hereford. Entomologist, **11**, 230, 1878 b.
— Notes on the larva of *Chrysopa.* Entomologist, 13, 21—23, 1880 a.
— A new species of *Lipura.* Entomol. monthly Mag., 17, 1—2, (1880—81) 1880 b.
— A new species of *Machilis.* Entomol. monthly Mag., 17, 2—3, (1880—81) 1880 c.

— A new species of *Degeeria.* Entomol. monthly Mag., **17**, 270—271, (1880—81) 1881 a.
[Siehe:] Meade, Richard Henry & McLachlan, Robert: **18**, 19, 43, (1881—82) 1881.
— Notes on Thysanura collected in the Canaries and Madeira. Entomol. monthly Mag., **18**, 14, (1881—82) 1881 b.
— *Carabus glabratus,* Payk. Entomol. monthly Mag., **20**, 214, (1883—84) 1884 a.
— *Pachytylus cinerascens,* F., in Kerry. Entomol. monthly Mag., **20**, 215, (1883—84) 1884 b.
— Report on the Destruction of Coco-nut Palms by Beetles. Journ. Straits Asiat. Soc., Nr. 20, 1—11, 1889.
— On the method of fertilization in *Bulbophyllum macranthum,* and allied Orchids. Ann. Bot. London, **4**, 327—336, Taf. XXII A, (1889—91) 1890 a.
— Notes on the Zoology of Fernando Noronha.[1]) Journ. Linn. Soc. (Zool.), **20**, 473—570, 4 Fig., Taf. 30, 1890 b.
[Darin:]
Kirby, William Forsell: Insecta, excepting Coleoptera. 530—548.
Waterhouse, Charles Owen: Coleoptera. 548—556.
Ridley, Henry Nicholas: Thysanura and Collembola. 556—560.
— On the habits of the Caringa. (*Formica gracilipes,* Gray.) Journ. Straits Asiat. Soc., **22**, 345—347, 1890 c.
— A day at Christmas Island. Journ. Straits Asiat. Soc., **23**, 123—140, 1891 a.
— The Keringga. Journ. Straits Asiat. Soc., **23**, 147, 1891 b.
— A large Beetle caught in the Pitcher of a *Nepenthes.* Journ. Straits Asiat. Soc., **25**, 172, 1894 a.
— Stick-insects destroying Orchids. Journ. Straits Asiat. Soc., **26**, 204, 1894 b.
— (Remarks on *Formica smaragdina.*) Trans. ent. Soc. London, **1894**, Proc. XXXIII, 1894 c.

Ridley, Philip W . . .
Notes from Brockenhurst. [Lep.] Entomologist, **24**, 196—197, 1891.
— A Fortnight in the New Forest. [Lep.] Entomologist, **25**, 169—170, 1892 a.
— Notes from Bath. [Lep.] Entomologist, **25**, 246—247, 1892 b.
— Captures at Ivy Blossom. Entomologist, **26**, 18, 1893.
— *Vanessa cardui.* Entomologist, **32**, 39, 1899.

Ridolfi, Cosimo
Nota sull' allevamento del Bombice dell' Ailanto (*Saturnia Cynthia*), e sulla filatura del suo bozzolo. Atti Accad. agr. Georg. Firenze, (N. S.) **11**, 78—83, 1864.

Ridolfi, Lorenzo
siehe Pestellini, Ippol . . .; Cioni, Luigi & Ridolfi, Lorenzo 1878.

Ridsdale, E . . . L . . . J . . .
Notes on Madagascar Insects. Nature London, **56**, 566, 1897.

Riebel,
○ *Melolontha vulgaris.* Ztschr. landw. Ver. Bayern, **62**, 482—483, 1872.

Riebl, E . . .
Vanessa polychloros L. Ill. Ztschr. Ent., **3**, 91, 1898.

[1]) nur z. T. entomol.

Riecke, C . . . F . . .
○ Guide pratique de l'éducateur de vers à soie de races japonaises soit acclimatées, soit d'importation immédiate. 8°, Valréas, Selbstverl., 1865. — 3. Aufl. 14 S., 1 Taf., Valréas, impr. Jabert, 1866.
○ Rapport à Son Excellence M. le Ministre de l'agriculture . . . sur les graines de vers à soie de l'Amerique du Sud. Rev. Séricicult., **2**, 545—548, 1868.

Riedel, Karl Julius Max
geb. 1862 in Dippoldiswalde, gest. 21. 10. 1937, Oberlehrer. — Biogr.: Arb. morphol. taxon. Ent., **5**, 72, 1938.
— Gallen und Gallwespen. Aus der Heimat, **9**, 38—112, 5 Fig., 1896.
[Sonderdr.:] 8°, 75 S., 5 Taf., Stuttgart, Süddeutsch. Verlagsinst., 1896.
[Ref.:] Dalla Torre, Wilhelm Karl von: Zool. Zbl., **4**, 497, 1896; Natur Halle, **46**, 10—11, 1896.
— Beiträge zur Kenntniss der sächsischen Cynipiden und ihrer Gallen. Flora Dresden, (N. F.) **2** (1897—98), 61—92, 1 Taf. (unn.), 1898.

Riedel, Max Paul
geb. 19. 2. 1870 in Magdeburg, gest. 27. 3. 1941 in Frankfurt a. O., Postamtmann u. Rechnungsrat. — Biogr.: Arb. morphol. taxon. Ent., **7**, 27, 1940; (H. Sachtleben) Arb. morphol. taxon. Ent., **8**, 76, 1941; (C. P. Alexander) Ent. News, **52**, 268, 1941; (C. P. Alexander) Rev. Ent., **12**, 417, 1941; Mitt. Dtsch. ent. Ges., **10**, 53, 1941.
— Beitrag zur Käferfauna der Provinz Posen. Ent. Ztschr., **6**, 106—107, 1892.
— Aus meinem Tagebuche. Ent. Jb., (**2**), 182—185, 1893 a.
— Beitrag zur Käferfauna der Provinz Posen. Ent. Nachr., **19**, 345—349, 1893 b.
— Ueber *Velleius dilatatus* F. Ent. Ztschr., **7**, 10—12, 1893 c.
— Auch eine Harzreise. Ent. Jb., (**3**), 299—301, 1894.
— Über das Sammeln der Diptera (Fliegen). Ent. Jb., **4**, 207—209, 1895 a.
— Diptera pupipara. Soc. ent., **10**, 35—36, (1895—96) 1895 b.
— Menschenfressende Fliegen. Ill. Wschr. Ent., **1**, 49, 1896.
— Über entomologisches Sammeln. Ill. Wschr. Ent., **2**, 716—718, 1897 a.
— Ein Beitrag zur Kenntnis der Dipterenfauna des Königreichs Sachsen. SB. naturf. Ges. Leipzig, **22—23** (1895—96), 215—231, 1897 b.
— [Ref.] siehe Smithers, 1897.
— Unsere Syrphiden. Ent. Jb., **8**, 203—206, 1898 a.
— Schmarotzer von*Acherontia atropos* L. Ill. Ztschr. Ent., **3**, 55—57, 1898 b.
— *Neottiophilum praeustum* Meigen. (Ein seltenes Dipteron.) Ill. Ztschr. Ent., **3**, 117—119, 1898 c.
— Optische Täuschung durch Mückenschwärme. [Nach: Neue Hinterpommersche Zeitung. 11. Aug., 1898.] Ill. Ztschr. Ent., **3**, 268, 1898 d.
— Innige Kopulation bei *Callimorpha dominula.* Ill. Ztschr. Ent., **3**, 281, 1898 e.
— Nestbau von *Bembex rostrata.* Ill. Ztschr. Ent., **3**, 347, 1898 f.
— Beiträge zur Kenntnis der Dipterenfauna Hinterpommerns. Ill. Ztschr. Ent., **4**, 276—278, 1899.
— Insekten auf *Polyporus.* [*Ditomyia.*] Ill. Ztschr. Ent., **5**, 9, 1900 a.
— Licht- und Schatten-Fliegen. Ill. Ztschr. Ent., **5**, 56, 1900 b.

— *Ernoneura argus* Zett. (Dipt.). Ill. Ztschr. Ent., **5**, 154, 1900 c.

Riedel, P . . .
Erörterung der Frage: Ist ein Oeffnen, bzl. Lostrennen der Puppenumhüllungen den darin ruhenden Puppen und somit dem zukünftigen Falter schädlich oder nicht? Isis Magdeburg, **12**, 19—20, 29—30, 1887 a.
— Ueber die Abänderung der Schmetterlingsraupen. Isis Magdeburg, **12**, 269—271, 1887 b.
— Die den Schmetterlingen, Raupen und Puppen eingenthümlichen Schutzmittel. Isis Magdeburg, **13**, 130—131, 1888.
— Dürfen Schmetterlings-Puppenhüllen ohne Gefahr für den Falter geöffnet werden? Naturalien-Cabinet, **10**, 195—197, 1898.

Riederer,
○ Über eine angeblich neue Krankheit des Weinstockes. Ztschr. landw. Ver. Bayern, **60** ((N. F.) 4), 296—300, 1870.

Riederer, Ludwig
The Compound Eye of *Vanessa Io*, L. Journ. N. York micr. Soc., **3**, 27—29, Taf. 8, 1887.
— Organs of sense in the palpus of *Pieris oleracea*, Harris. Journ. N. York micr. Soc., **4**, 161, 1888.
— Ovipositors of *Rhyssa atrata* and *Cryptus samiae*. Journ. N. York micr. Soc., **5**, 71 (Taf. Erkl.), 74—76, Taf. 18, 1889.
— The Ovipositor of *Cryptus samiae* Pack. Journ. N. York micr. Soc., **6**, 99—101, Taf. 25, 1890.
— Pollen in honey of the Hive-bee, *Apis mellifica* L. Journ. N. York micr. Soc., **7**, 109, 1891.

Rieffel, Jules
Le taupin des moissons. Feuille jeun. Natural., **10**, 161, (1879—80) 1880.

Riehm, G . . .
○ Repetitorium der Zoologie zum Gebrauch für Studierende der Medizin und Naturwissenschaft. Göttingen, 1887.

Riehm, Gottfried
Die insektenfressenden Vögel. Natur Halle, (N. S.) **24** (47), 104, 1898.

Riehmer, E . . .
Einige Beobachtungen über Mimicry bei einheimischen Tieren. Aus der Heimat, **11**, 82—84, 1898.

Ries, Georg
Unsere Fanggürtel. Mbl. Obstbau, **7**, 99—100, 1899.

Riesen, August
geb. 9. 7. 1840 in Poppelsdorf b. Bonn, gest. 2. 11. 1910 in Berlin, Oberstleutnant. — Biogr.: (F. Ziegler) Berl. ent. Ztschr., **55**, 264, 1910.
— Lepidopterologische Mittheilungen aus Ostpreussen. Stettin. ent. Ztg., **48**, 42—46, 1887; **49**, 233—238, 1888; **50**, 3—11, 333—343, 1889.
— Ueber Macrolepidopteren-Fang bei der Lampe. Stettin. ent. Ztg., **50**, 12—15, 1889 a.
— Abart oder Varietät in Bezug auf *Agrotis Cursoria* ab. *Obscura Stgr.* und var. *Sagitta* Hb. Stettin. ent. Ztg., **50**, 346—347, 1889 b.
— Sammel-Reminiscenzen. Stettin. ent. Ztg., **51**, 203—205, 1890.
— Zum Heimaths-Nachweis von *Erebia glacialis* Esp. und *Arctia Cervini* Fallou. Stettin. ent. Ztg., **52**, 12—13, 1891 a.
[Siehe:] Wackerzapp, Omar: **51**, 161, 1890.
— Zur systematischen Stellung von *Lycaena roboris* Esp. und *Cidaria badiata* Hb. Stettin. ent. Ztg., **52**, 14, 1891 b.
— Zur systematischen Stellung der Gattung *Namangana* Stgr. Stettin. ent. Ztg., **52**, 14—15, 1891 c.
[Siehe:] Staudinger, O.: **49**, 1—65, 1888.
— Lokal-Faunistisches. Stettin. ent. Ztg., **52**, 15—16, 1891 d.
— Ein Vorschlag zur Vereinfachung der Bezeichnung der Schmetterlings-Varietäten. Stettin. ent. Ztg., **52**, 17—18, 1891 e.
— Einiges über Winterschlaf und Winterlager der ostpreussischen Carabicinen. Stettin. ent. Ztg., **52**, 75—80, 1891 f.
— Zur Lepidopteren-Fauna der Provinzen Ost- und Westpreussen. Stettin. ent. Ztg., **52**, 356—381, 1891 g; **58**, 314—324, 1897; Berichtigung und Nachtrag zur Lepidopteren-Fauna. **59**, 248, 1898.
— *Argynnis Laodice*, aberratio. Ent. Ztschr., **5**, 167; Nochmals *Argynnis Laodice*. 175, 1892 a.
— Mimicry oder nicht? Ent. Ztschr., **6**, 92—93, 1892 b.
— Bemerkungen zu einigen Stellen des Seitz'schen Referates über die Mimicry-Untersuchungen von Dr. Haase. Stettin. ent. Ztg., **54**, 29—30, 1893.
— *Cheimatobia brumata* L. Soc. ent., **13**, 185, (1898—99) 1899.

Riess, Karl
geb. 1813, gest. 26. 3. 1883 in Hermannstadt (Siebenbürgen), Verwalter d. Pfandleihanstalt in Hermannstadt.
— Beitrag zur Käferfauna Siebenbürgens. Verh. Mitt. Siebenbürg. Ver. Naturw., **27**, 92—97, 1877.

Riesselmann, A . . .
Insektenfressende Pflanzen. Natur u. Offenbar., **43**, 740—745, 1897.

Rietsch,
○ Étude sur la formation du blastoderme et des feuillets germinatifs chez les insectes. Analyse. [Nach: Bobretzky.] Rev. Sci. nat. Montpellier, (2) **2**, Nr. 1, 54—60, 1880. — [Abdr.?:] Journ. Microgr., **4**, 151—155, 1880.

Rieu, Jules
Ver à soie du mûrier. Race du Japon suivie. Rev. Séricicult. comp., **1864**, 135—136, 1864.
— Vers à soie du mûrier. Race du Japon acclimatée. Rev. Séricicult. comp., **1865**, 58—59, 1865.
— [Éducation des vers à soie en plein air.] Bull. Soc. Vaudoise Sci. nat., **9** (1866—68), 197—198, [1866].
○ [Dangers qui menacent la sériciculture.] Bull. Soc. Agric. Orange, **1867**, C. R. 6—8, 1867.

Riffarth, Heinrich H . . .
geb. 12. 8. 1860 in München-Gladbach, gest. 21. 1. 1908 in Berlin, Inhaber einer photochem. Anstalt. — Biogr.: (W. Horn) Dtsch. ent. Ztschr., **1908**, 426—427, 1908 m. Porträt; Ent. Wbl., **25**, 57, 1908; Ent. Ztschr., **21**, 241, 1908.
— Ueber *Agrias*-Arten. Stettin. ent. Ztg., **56**, 204—206, 1895.
— [Einige *Agrias* — und *Callithea*-Arten.] Berl. ent. Ztschr., **42** (1897), (23)—(24), (1898) 1897.
— siehe Fruhstorfer, Hans & Riffarth, Heinrich 1898.
— Neue *Heliconius*-Formen. Berl. ent. Ztschr., **43** (1898), 405—408, 1899.
— Die Gattung *Heliconius* Latr. Neu bearbeitet und Beschreibung neuer Formen. Berl. ent. Ztschr., **45**, 183—214, 1900.

Rigby, Frederick
Pea Weevil. [Mit Angaben von E. Newman.] Entomologist, 5, 117—118, (1870—71) 1870.

Riggenbach-Stehlin, F . . .
Die Macrolepidoptern der Bechburg. Mitt. Schweiz. ent. Ges., 4, 597—621, (1877) 1876.
— Verschiedene Beiträge zur schweizerischen Insekten-Fauna [Lep.]. Mitt. Schweiz. ent. Ges., 7, 45—48, (1887) 1884.

Riggio, Giuseppe
Sull' *Oryctes grypus* Ill. Lettera al signor Enrico Ragusa. Natural. Sicil., 2 (1882—83), 16—17, (1883) 1882.
— Una nuova fase della questione delle piante carnivore. Natural. Sicil., 3 (1883—84), 27—30, (1884) 1883.
— Materiali per una fauna entomologica dell'isola d'Ustica. Prima contribuzione. Natural. Sicil., 5 (1885—86), 25—31, 52—56, (1886) 1885 a; 85—91, 1886; 7 (1887—88), 292—298, 1888; 8 (1888—89), 20—22, (1889) 1888; 115—121, 1889.
— Contribuzione alla Fauna Lepidotterologica della Sicilia. Natural. Sicil., 4 (1884—85), 49—54, (1884) 1885 b.
— Appunti e note di Ortotterologia siciliana. Natural. Sicil., 7 (1887—88), 28—32, 54—59, 73—74, (1888) 1887; 95—101, 110—113, 308—311, Taf. I (Fig. 1—2), 1888; 8 (1888—89), 69—71, (1889) 1888; 11 (1891—92), 1—6, (1892) 1891.
— [Ref.] siehe Krauss, Hermann 1887.
— Alcune notizie sui progressi attuali dell' Entomologia in Sicilia. — Considerazioni sull' ordine degli Ortotteri e scoperta di alquante specie novelle di quest' ordine in Sicilia. Atti Accad. Sci. Palermo, (N. S.) 10 (1887—88), [Sci. nat. Nr. 2], 1—41 + 1 (unn., Taf. Erkl.) S., 1 Taf. (unn.), 1889.
— Corrispondenze scientifiche moderne degli animali figurati nel Pamphyton Siculum del Cupani. Natural. Sicil., 11 (1891—92), 45—50, (1892) 1891; 157—164, 1892.

Riggio, Giuseppe & **De Stefani-Perez,** Teodosi
Sopra alcuni imenotteri dell' Isola d'Ustica. Natural. Sicil., 7 (1887—88), 145—150, Taf. I (Fig. 3—5), 1888.

Riggio, Giuseppe & **Pajno,** Ferdinando
Primo saggio di un Catalogo metodico degli Ortotteri sinora osservati in Sicilia. Natural. Sicil., 6 (1886—87), 23—27, 43—46, (1887) 1886; 47—50, 63—69, 1887.

Riley, Charles Valentine
geb. 18. 9. 1843 in Chelsea (England), gest. 14. 9. 1895 in Washington, Entomologist am U. S. Dep. of Agric. — Biogr.: (F. W. Goding) Rep. State hortic. Soc. Missouri, 31, 265—269, 1888; Colman's rur. World St. Louis, 12 May 1892; Canad. Entomol., 26, 174—175, 1894; Ent. News, 6, 241—243, 1895 m. Porträt; Entomol. Rec., 7, 72, 1895; Psyche Cambr. Mass., 7, 308, 1895; (L. O. Howard) Bull. phil. Soc. Washington, 13, 412—416, 1895; (J. Fletcher) Canad. Entomol., 27, 273—274, 1895 m. Porträt; (R. MacLachlan) Entomol. monthly Mag., 31, 269—270, 1895; (R. Meldola u. a.) Trans. ent. Soc. London, 1895, Proc. XXVI—XXX, LXVIII—LXIX, 1895; (A. S. Packard) Rep. ent. Soc. Ontario, 26, 95—100, 1895 m. Porträt; (A. S. Packard) Science, (N. S.) 2, 745—751, 1895; Wien. ent. Ztg., 14, 304, 1895; Leopoldina, 31, 218, 1895; Zool. Anz., 18, 436, 1895; Ent. Nachr., 21, 335, 1895; (F. Lataste) Act. Soc. scient. Chili, 5, CXIII, 1895; Amer. Journ. Sci., (3) 50 (150), 356, 432—434, 1895; Proc. ent. Soc. Washington, 3, 293—298, 1896 m. Porträt; (G. B. Goode) Science, (N. S.) 3, 217—225, 1896; (Max Wildermann) Jb. Naturw., 11 (1895—96), 543, 1896; (V. Mayet) Ann. Soc. ent. France, 65, 630—640, 1896 m. Porträt u. Schriftenverz.; (F. Starr) Pop. Sci. monthly, 52, 640—641, 1898 m. Porträt; Nat. Cyclop. Amer. Biogr., 9, 443—444, 1907 m. Porträt; (J. B. Smith) Pop. Sci. monthly, 76, 476—477, 1910; (W. R. Walton) Proc. ent. Soc. Washington, 23, 92—93, 1921; (L. O. Howard) Rev. Smithson. Inst., 388—391, 1930; (L. O. Howard) Hist. appl. Ent., 1930; (E. O. Essig) Hist. Ent., 741—746, 1931 m. Porträt; (D. C. Peatice) Nature Mag., 23, 136—137, 1934; Arxius Escola agr., (N. S.) 1, 599—601, 1934—35; Proc. ent. Soc. Washington, 38, 131, 1936; (D. Miller) Pan-Pacific Entomol., 22, 28—30, 1946; (J. E. Remington) Lepidopt. News, 1, 56, 1947.
○ The cut-worm. Prairie Farmer, (N. S.) 13 (19), 169, 1864 a.
○ Entomological. Prairie Farmer, (N. S.) 13 (29), 361, 1864 b; (N. S.) 17 (33), 192, 2 Fig., 1866.
○ The grass-bug and its habits: Currant-worms. Cultiv. Country Gentl., 26, 98, 1865 a. — [Abdr.?:] Boston Cultiv., 37, 259, 1865.
○ Le Ver armée, army worm (*Leucania unipunctata*), Noctuelle nuisible aux prairies. Prairie Farmer, 1865, 15. July, 1865 b.
○ Apple-borers. Prairie Farmer, (N. S.) 15 (31), 21, 5 Fig., 1865 c.
○ Peach-tree borers. Prairie Farmer, (N. S.) 15 (31), 122—123, 6 Fig., 1865 d.
— Entomology. Prairie Farmer, (N. S.) 15 (31), 306, 1865 e.
○ Flea-beetles and Curculio. Prairie Farmer, (N. S.) 15 (31), 418, ? Fig., 1865 f.
○ Apple-tree caterpillars. Prairie Farmer, (N. S.) 15 (31), 437—438, 1865 g; (N. S.) 22 (38), 194, 1868.
○ Curculio catcher. Prairie Farmer, (N. S.) 15 (31), 457, ? Fig., 1865 h.
— The army-worm. Prairie Farmer, (N. S.) 16 (32), 3—4, 3 Fig., 1865 i; (N. S.) 17 (33), 432, 1866.
○ The currant- worm. Prairie Farmer, (N. S.) 16 (32), 27, 4 Fig., 1865 j.
○ Swallows. Prairie Farmer, (N. S.) 16 (32), 27, 1865 k.
○ Singular caterpillar. Prairie Farmer, (N. S.) 16 (32), 50, 1865 l.
○ Another insect friend. Prairie Farmer, (N. S.) 16 (32), 50, 1865 m.
○ Collecting and preserving insects. Prairie Farmer, (N. S.) 16 (32), 101—102, ? Fig., 1865 n.
○ Seventeen-year locust. Prairie Farmer, (N. S.) 16 (32), 127, 1865 o.
○ Apple plant-louse. Prairie Farmer, (N. S.) 16 (32), 127, 1865 p.
○ Tobacco-worm. Prairie Farmer, (N. S.) 16 (32), 165, 1865 q.
○ The Chinch-Bug. Prairie Farmer, (N. S.) 16 (32), 190, 1865 r; (N. S.) 17 (33), 133, 1866. — [Abdr.?:] Pract. Entomol., 1, 47—48, (1865—66) 1866. — ○ [Abdr.?:] Amer. Agricult., 40, 476, 3 Fig., 1881. — [Abdr.?:] Amer. Natural., 15, 820—821, 1881.
○ The sheep gad-fly. Prairie Farmer, (N. S.) 16 (32), 288—289, 6 Fig., 1865 s.
○ Chinch-bug not in seed grain. Prairie Farmer, (N. S.) 16 (32), 308, 1865 t.
○ Lice on calves. Prairie Farmer, (N. S.) 17 (33), 24, 1865 u.

- ○ The bee-moth. Cultiv. Country Gentl., **27**, 399, 1866 a.
- ○ The wire-worm. Cultiv. Country Gentl., **28**, 414, 1866 b.
- ○ Black-knot once more. Garden monthly Philadelphia, **8**, 331—332, 1866 c.
- ○ Practical entomology in reality. Maine Farmer, **1866**, 2. Aug., 1866 d.
- ○ The worm question. Ohio Farmer, **15**, 209, 1866 e.
- ○ Le Puceron de la Vigne, *Pemphigus vitifolii — Phylloxera vastatrix*, descr., moeurs et developpement. Prairie Farmer, **1866**, 4. August, 1866 f.
- ○ Der neue Kartoffel-Käfer. Prairie Farmer, **1866**, August, 2 Fig., 1866 g.
- ○ Les Sauterelles (criquets). Ravages du *Caloptenus spretus* dans le Kansas et les Etats de l'Ouest. Prairie Farmer, **1866**, 3. Nov., 1866 h.
- ○ Wire-worms. Prairie Farmer, (N. S.) **17** **(33)**, 133, 2 Fig., 1866 i.
- ○ „Bug" on melon, etc. Prairie Farmer, (N. S.) **17** **(33)**, 229, 1866 j.
- ○ Bark-lice remedy. Prairie Farmer, (N. S.) **17** **(33)**, 229, 1866 k.
- ○ Warbles. Prairie Farmer, (N. S.) **17** **(33)**, 276, 1866 l.
- ○ The ailanthus silk-worm. Prairie Farmer, (N. S.) **17** **(33)**, 289, ? Fig., 1866 m.
- ○ Lice on pigs. Prairie Farmer, (N. S.) **17** **(33)**, 292, 1866 n.
- ○ Novel facts about cut-worms. Prairie Farmer, (N. S.) **17** **(33)**, 371—372, 6 Fig., 1866 o.
- ○ The canker-worm. Prairie Farmer, (N. S.) **17** **(33)**, 412, 1866 p.
- ○ Large fish-fly. Prairie Farmer, (N. S.) **17** **(33)**, 412, 1866 q.
- ○ The potato-bug. Prairie Farmer, (N. S.) **17** **(33)**, 432, 1866 r.
- ○ White willow insects. Prairie Farmer, (N. S.) **17** **(33)**, 452, 1866 s.
- ○ Still they come. [*Doryphora decemlineata.*] Prairie Farmer, (N. S.) **17** **(33)**, 452, 1866 t.
- ○ Army-worm and canker-worm wisdom. Prairie Farmer, (N. S.) **18** **(34)**, 38, 1866 u.
- ○ [*Attacus cecropia.*] Prairie Farmer, (N. S.) **18** **(34)**, 40, 1866 v.
- ○ [*Cantharis cinerea.*] Prairie Farmer, (N. S.) **18** **(34)**, 40, 1866 w.
- ○ White willow-worm. Prairie Farmer, (N. S.) **18** **(34)**, 73, 1866 x.
- ○ [*Edema albifrons.*] Prairie Farmer, (N. S.) **18** **(34)**, 73, 1866 y.
- ○ [*Clytus speciosus.*] Prairie Farmer, (N. S.) **18** **(34)**, 73, 1866 z.
- ○ Grape-leaf louse. Prairie Farmer, (N. S.) **18** **(34)**, 73, 1866 aa.
- ○ Insects in timber. Prairie Farmer, (N. S.) **18** **(34)**, 73, 1866 ab.
- ○ Cicadas and walking-sticks. Prairie Farmer, (N. S.) **18** **(34)**, 136, 1866 ac.
- ○ Locust-borer. Prairie Farmer, (N. S.) **18** **(34)**, 140, 1866 ad.
- ○ Apple-tree caterpillars. Prairie Farmer, (N. S.) **18** **(34)**, 152, 1866 ae.
- ○ Joint-worm. Prairie Farmer, (N. S.) **18** **(34)**, 152, 1866 af.
- ○ [*Nematus ventralis.*] Prairie Farmer, (N. S.) **18** **(34)**, 152, 1866 ag.
- ○ Ten-lined potato-beetle. Prairie Farmer, (N. S.) **18** **(34)**, 152, 1866 ah.
- ○ Locusts. Prairie Farmer, (N. S.) **18** **(34)**, 290, 1866 ai.
- ○ Caterpillars on the pine. Prairie Farmer,(N. S.) **18** **(34)**, 301, 1866 aj.
- ○ Elm- and pear-tree borer. Prairie Farmer, (N. S.) **18** **(34)**, 301, 1866 ak.
- ○ Grasshoppers and locusts. Prairie Farmer, (N. S.) **18** **(34)**, 333, 1866 al.
- ○ Brimstone for borers. Prairie Farmer, (N. S.) **18** **(34)**, 365, 1866 am.
- ○ The chinch-bug once more. A reply to D. H. Sherman. Waukegan Gazette, **16**, Nr. 18, 4; . . . more. Nr. 28, 4, 1866 an.
- ○ Cut-worm. Fall and spring plowing. Moore rur. N. Yorker, **1867**, 1867 a.
- ○ La Tenthrède du Pin. Description moeurs et métamorphoses de *Lophyrus Abbotii.* Prairie Farmer, **1867**, 25. Mai, 1867 b.
- ○ Tilden tomato and the tobacco-worm. Prairie Farmer, (N. S.) **19** **(35)**, 5, 1867 c.
- ○ Remarks on *Saperda, Chrysobothris, Carpocapsa,* and *Conotrachelus.* Prairie Farmer, (N. S.) **19** **(35)**, 23, 1867 d.
- ○ Bark-lice. Prairie Farmer, (N. S.) **19** **(35)**, 24, 1867 e; (N. S.) **20** **(36)**, 389, 1867; (N. S.) **21** **(37)**, 100, 201, 1868.
- ○ Salt and vinegar for insects. Prairie Farmer, (N. S.) **19** **(35)**, 37; Correction. 69; The critic criticised. 169, 1867 f.
- ○ Insects in the flower garden. A troublous time. Prairie Farmer, (N. S.) **19** **(35)**, 37, 1867 g.
- ○ Hickory bark borer, *Scolytus caryae,* n. sp. Prairie Farmer, (N. S.) **19** **(35)**, 68—69, 6 Fig., 1867 h.
- ○ Dahlia and aster stalk-borer, *Gortyna nitela* Guenée. Prairie Farmer, (N. S.) **19** **(35)**, 116, 2 Fig., 1867 i.
- ○ Borers and canker-worms. Prairie Farmer, (N. S.) **19** **(35)**, 151; Note. 332, 1867 j.
- ○ [*Solenobia.*] Prairie Farmer, (N. S.) **19** **(35)**, 169, 1867 k.
- — Bark-lice. Their history, together with sundry remedies. Prairie Farmer, (N. S.) **19** **(35)**, 184, 1867 l. — [Abdr.?:] The imported Apple-Tree Barklouse. (*Aspidiotus conchiformis.*) Pract. Entomol., **2**, 81—82, (1866—67) 1867. — ○ [Abdr.?:] Cultiv. Country Gentl., **29**, 334, 1867.
- ○ The phlox-worm. Prairie Farmer, (N. S.) **19** **(35)**, 219, 2 Fig., 1867 m.
- ○ Meadow-worms. Prairie Farmer, (N. S.) **19** **(35)**, 219, 1867 n.
- ○ The potato-beetle. Prairie Farmer, (N. S.) **19** **(35)**, 219, 1867 o.
- ○ Clover-worms. Prairie Farmer, (N. S.) **19** **(35)**, 260—261, 10 Fig.; 279, 1867 p.
- ○ Scarred apple-trees. Prairie Farmer, (N. S.) **19** **(35)**, 279, 1867 q.
- ○ The apple-leaf crumpler. Prairie Farmer, (N. S.) **19** **(35)**, 279, 4 Fig., 1867 r; (N. S.) **21** **(37)**, 117, 1868.
- ○ Cocoons on the flowering ash. Prairie Farmer, (N. S). **19** **(35)**, 279, 1867 s.
- ○ Aphides. Prairie Farmer, (N. S.) **19** **(35)**, 332, 1867 t.
- ○ Tree-cricket. Prairie Farmer, (N. S.) **19** **(35)**, 332, 381, 1867 u.
- ○ White-pine worm: *Lophyrus abbotii.* Prairie Farmer, (N. S.) **19** **(35)**, 348, 7 Fig., 1867 v.

○ Stag-beetle. Prairie Farmer, (N. S.) **19** (**35**), 348, 1867 w.
○ The strawberry-worm, *Emphytus maculatus* Norton. Prairie Farmer, (N. S.) **19** (**35**), 348, 9 Fig., 1867 x.
○ The Curculio. Prairie Farmer, (N. S.) **19** (**35**), 368, 1867 y.
○ Apple-tree borer. Prairie Farmer, (N. S.) **19** (**35**), 381, 1867 z.
○ Cherry Aphis. Prairie Farmer, (N. S.) **19** (**35**), 381, 1867 aa.
○ Fifteen-spotted lady-bird. Prairie Farmer, (N. S.) **19** (**35**), 381, 1867 ab.
○ Insects affecting apple-tree roots. Prairie Farmer, (N. S.) **19** (**35**), 397, 1867 ac.
○ A chapter on cut-worms. Prairie Farmer, (N. S.) **19** (**35**), 413—414, 7 Fig., 1867 ad.
○ Strawberry-worm. Prairie Farmer, (N. S.) **19** (**35**), 414, 1867 ae.
○ Bark-louse. Prairie Farmer, (N. S.) **20** (**36**), 1867 af.
○ Smith's patent Curculio trap. Prairie Farmer, (N. S.) **20** (**36**), 21, 1867 ag.
○ Potato-beetle. Prairie Farmer, (N. S.) **20** (**36**), 21, 1867 ah; **21** (**37**), 117, 397, 1868.
○ Insects stripping the bur-oak. Prairie Farmer, (N. S.) **20** (**36**), 21, 1867 ai.
○ Borers. Prairie Farmer, (N. S.) **20** (**36**), 21, 1867 aj.
○ Currant-bush borer. Prairie Farmer, (N. S.) **20** (**36**), 69, 1867 ak.
○ *Mantis carolina*. Prairie Farmer, (N. S.) **20** (**36**), 69, 1867 al.
○ Lappet caterpillars on the apple. Prairie Farmer, (N. S.) **20** (**36**), 69, 1867 am.
○ Apple-bark lice on pears. Prairie Farmer, (N. S.) **20** (**36**), 69, 1867 an.
○ [*Aphis ribis*.] Prairie Farmer, (N. S.) **20** (**36**), 69, 1867 ao.
○ Apple-leaf crumpler. Prairie Farmer, (N. S.) **20** (**36**), 69, 1867 ap.
○ Tomato-stalk borer. Prairie Farmer, (N. S.) **20** (**36**), 69, 1867 aq.
○ [Root-borer.] Prairie Farmer, (N. S.) **20** (**36**), 148, 1867 ar.
○ A nuisance made useful. Prairie Farmer, (N. S.) **20** (**36**), 148, 1867 as.
○ Bark-lice on the pear. Prairie Farmer, (N. S.) **20** (**36**), 148, 1867 at.
○ Curculio. Prairie Farmer, (N. S.) **20** (**36**), 148, 1867 au.
○ Hop-vine caterpillars. Prairie Farmer, (N. S.) **20** (**36**), 148, 1867 av.
○ Wheat-worms. Prairie Farmer, (N. S.) **20** (**36**), 148, 1867 aw.
○ An unknown worm. Prairie Farmer, (N. S.) **20** (**36**), 212, 1867 ax.
○ False caterpillars on the pine. Prairie Farmer, (N. S.) **20** (**36**), 212, 1867 ay.
○ Strawberry leaf-roller. Prairie Farmer, (N. S.) **20** (**36**), 212, 1867 az.
○ Editorial excursion to the Rocky Mountains. Prairie Farmer, (N. S.) **20** (**36**), 353—354, 1867 ba.
○ The Colorado potato-beetle. Prairie Farmer, (N. S.) **20** (**36**), 389, 1867 bb.
○ Root Aphis. Prairie Farmer, (N. S.) **20** (**36**), 389, 1867 bc.
○ Entomology. Prairie Farmer Ann., **1** (1868), 53—59, 6 Fig., 1867 bd; **2** (1869), 30—41, 6 Fig., 1868.
— Answers to correspondents. [Enthalten biologische Angaben und Angaben über schädliche Insekten.][1] Amer. Entomol., **1**, 19, 1 Fig.; 37—40, 3 Fig.; 57—60, 79—80, 3 Fig., 1868 a; 99—100, 1 Fig.; 119—120, 146—148, 166—168, 2 Fig.; 186—188, 3 Fig.; 205—208, 7 Fig.; 223—228, 9 Fig.; 245—252, 6 Fig., (1868) 1869; **2**, 24—32, 11 Fig.; 59—64, 7 Fig., (1870) 1869; 96, (1870) 1869—70; 126—128, 7 Fig.; 159—160, 1 Fig.; 179—182, 4 Fig.; 212—214, 7 Fig.; 244—246, 3 Fig.; 275—276, 306—309, 8 Fig.; 339—341, 3 Fig.; 373—374, 1 Fig., 1870; **3** ((N. S.) **1**), 22—24, 1 Fig.; 50—51, 1 Fig.; 77—78, 107—108, 129—132, 3 Fig.; 152—155, 5 Fig.; 179—182, 5 Fig.; 200—205, 4 Fig.; 229—230, 1 Fig.; 254, 1 Fig.; 278, 297—298, 3 Fig., 1880.
— Potato bugs. Amer. Entomol., **1**, 21—27, 10 Fig.; 41—49, 16 Fig., 1868 b. — [Abdr. S. 41—49:] The Colorado Potato Bug. (*Doryphora 10-lineata*, Say.) Trans. Wisconsin agric. Soc., **9** (1870), 326—344, 16 Fig., 1871.
○ Grape-vine hoppers. Colman's rur. World, **1868**, 1868 c.
○ Canker-worm. Colman's rur. World, **1868**, 1868 d.
○ The apple-worm or codling-moth. Colman's rur. World, **1868**, 1868 e.
○ Remedy for the apple-borer. Colman's rur. World, **1868**, 1868 f.
○ The potato-beetle. Cultiv. Country Gentl., **31**, 378, 1868 g.
○ What becomes of bumble-bees? Cultiv. Country Gentl., **32**, 18, 1868 h.
○ The May-beetle; white grub. Journ. Agric., **1868**, 4 Fig., 1868 i.
○ Le Puceron du Houblon (*Phorodon humuli*). Prairie Farmer, **1868**, 21. March, 1868 j. — ○ [Abdr.:] Scient. Amer., **1887**, 24. Sept., 1887.
○ Métamorphose d'une Altise nuisible à la Vigne (*Haltica chalybea*). Prairie Farmer, **1868**, 18. July, 1868 k.
○ Apple-root blight. Prairie Farmer, (N. S.) **21** (**37**), 117, 1868 l.
○ Apple-tree plant-lice. Prairie Farmer, (N. S.) **21** (**37**), 117, 1868 m.
○ Tree-cricket. Prairie Farmer, (N. S.) **21** (**37**), 164, 1868 n.
○ Egg-masses and cocoons on apple-trees. Prairie Farmer, (N. S.) **21** (**37**), 164, 1868 o.
○ Hop insects; Hop Aphis. Prairie Farmer, (N. S.) **21** (**37**), 184, 1868 p.
○ Maple-bark lice. Prairie Farmer, (N. S.) **21** (**37**), 201, 1868 q.
○ Oak-tree borer. Prairie Farmer, (N. S.) **21** (**37**), 201, 1868 r.
○ Supposed eggs of the preying Mantis. Prairie Farmer, (N. S.) **21** (**37**), 201, 1868 s.
○ Eggs of tree-cricket in raspberry canes. Prairie Farmer, (N. S.) **21** (**37**), 201, 1868 t.
○ Dahlia-stalk borer. Prairie Farmer, (N. S.) **21** (**37**), 201, 1868 u.
○ Eggs of the katydid. Prairie Farmer, (N. S.) **21** (**37**), 201, 1868 v.
○ Apple-worm. Prairie Farmer, (N. S.) **21** (**37**), 201, 1868 w.
○ Bark-lice again; the native species. Prairie Farmer, (N. S.) **21** (**37**), 201, 1868 x.
○ False caterpillars on the Scotch and Austrian pines. Prairie Farmer, (N. S.) **21** (**37**), 285, ? Fig., 1868 y.

[1]) vermutl. Herausgeb.

○ White worms in wells. Prairie Farmer, (N. S.) **21** (**37**), 301, 1868 z.
○ Peach-borer. Prairie Farmer, (N. S.) **21** (**37**), 301, 1868 aa.
○ Prevention of bark-lice. Prairie Farmer, (N. S.) **21** (**37**), 301, 1868 ab.
○ Tanzy for borers. Prairie Farmer, (N. S.) **21** (**37**), 301, 1868 ac.
○ Black grape-vine caterpillars. Prairie Farmer, (N. S.) **21** (**37**), 301, 1868 ad.
○ Beetles in stomach of meadow-lark. Prairie Farmer, (N. S.) **21** (**37**), 301, 1868 ae.
○ Beetle on sugar-maple. Prairie Farmer, (N. S.) **21** (**37**), 301, 1868 af.
○ Honey-locust seed-weevil. Prairie Farmer, (N. S.) **21** (**37**), 397, 1868 ag.
○ Will unimpregnated eggs hatch? Prairie Farmer, (N. S.) **21** (**37**), 410, 1868 ah.
○ Wire-worms: Experiments in killing. Prairie Farmer, (N. S.) **21** (**37**), 410, 1868 ai.
○ [Pear-slug and currant-worm.] Prairie Farmer, (N. S.) **21** (**37**), 410, 1868 aj.
○ Large moth on apple-tree. Prairie Farmer, (N. S.) **21** (**37**), 410, 1868 ak.
○ The seventeen-year Cicada. Prairie Farmer, (N. S.) **22** (**38**), 2, 1868 al.
○ Large gray straight-horned snout-beetle. Prairie Farmer, (N. S.) **22** (**38**), 2—3, ? Fig., 1868 am.
○ Bag-worms. Prairie Farmer, (N. S.) **22** (**38**), 10, 1868 an; Amer. Entomol., **2**, 246, 1870.
○ Apple-borer and root Aphis. Prairie Farmer, (N. S.) **22** (**38**), 10, 1868 ao.
○ Oak and rose galls. Prairie Farmer, (N. S.) **22** (**38**), 10, 1868 ap.
○ Evergreen plant-lice. Prairie Farmer, (N. S.) **22** (**38**), 10, 1868 aq.
○ Raspberry canes dying. Prairie Farmer, (N. S.) **22** (**38**), 10, 1 Fig., 1868 ar.
○ Bark-lice again. Prairie Farmer, (N. S.) **22** (**38**), 18, 2 Fig., 1868 as.
○ Larvae of grape-vine flea-beetle. Prairie Farmer, (N. S.) **22** (**38**), 18, 1868 at.
○ A corn Curculio. Prairie Farmer, (N. S.) **22** (**38**), 26, 1868 au.
○ Driving potato-beetles. Prairie Farmer, (N. S.) **22** (**38**), 50, 1868 av.
○ Bugs on grape-vines. Prairie Farmer, (N. S.) **22** (**38**), 50, 1868 aw.
○ Large worm on apple-tree. Prairie Farmer, (N. S.) **22** (**38**), 50, 1868 ax.
○ Gregarious walnut caterpillars. Prairie Farmer, (N. S.) **22** (**38**), 50, 1868 ay.
○ Ephemera flies; a hard story. Prairie Farmer, (N. S.) **22** (**38**), 50, 1868 az.
○ Corn-worms. Prairie Farmer, (N. S.) **22** (**38**), 50, 1868 ba.
○ Swarms of butterflies. Prairie Farmer, (N. S.) **22** (**38**), 98, 1868 bb.
○ White-pine trees killed by borers. Prairie Farmer, (N. S.) **22** (**38**), 98, 1868 bc.
○ Worms feeding on the hawthorn. Prairie Farmer, (N. S.) **22** (**38**), 98, 1868 bd.
○ Oil beetles. Prairie Farmer, (N. S.) **22** (**38**), 194, 1868 be.
— Twigs punctured by periodical Cicada. Prairie Farmer, (N. S.) **22** (38) 194, 1868 bf.
○ Twig borers, sack-bearers, etc. Prairie Farmer, (N. S.) **22** (**38**), 194, 1868 bg.
○ Report of committee on entomology. Trans. Illinois hortic. Soc., (N. S.) **1**, 105—107, 8 Fig. 1868 bh.
— siehe Walsh, Benjamin Dann & Riley, Charles Valentine 1868.
— Insects injurious to the Grape-vine. [No. 1.] Amer. Entomol., **1**, 231—234, 5 Fig., (1868) 1869 a; . . . No. 2. **2**, 22—24, 5 Fig.; . . . No. 3. 54—55, 3 Fig., (1870) 1869; . . . No. 4. 89—90, 2 Fig., (1870) 1869—70; . . . No. 5. 123—124, 2 Fig.; . . . No. 6. 150—153, 3 Fig.; . . . No. 7. 173—174, 3 Fig.; . . . No. 8. 208—209, 1 Fig., . . . No. 9. 234—235, 1 Fig.; . . . No. 10. 272—273, 1 Fig.; . . . No. 11. 295, 1 Fig.; . . . No. 12, 327—328, 2 Fig.; . . . No. 13. 353—359, 2 Fig., 1870.
— The Bag-worm, alias Basket-worm, alias Drop-worm. (*Thyridopteryx ephemeraeformis*, Haw.) Amer. Entomol., **2**, 35—38, 1 Fig., (1870) 1869 b; Remedies. 38, 1870.
○ The seed-corn maggot, *Anthomyia zeas*, Riley. Destroying the seed after it is planted. Moore rur. N. Yorker, **20**, June, ? Fig., 1869 c.
○ That venomous potato-worm! Moore rur. N. Yorker, **20**, 20. Nov., 1869 d.
○ The saddle-back caterpillar. Moore rur. N. Yorker, **20**, 4. Dec., 1869 e.
○ The American Meromyza, *Meromyza americana*, Fitch. Attacking wheat just before it ripens. Moore rur. N. Yorker, **20**, 71, ? Fig., 1869 f.
○ Eggs of the *Mantis* or rear-horse. Moore rur. N. Yorker, **20**, 234, 2 Fig., 1869 g.
○ The canker-worm, *Anisopteryx vernata* Peck. Moore rur. N. Yorker, **20**, 345, ? Fig., 1869 h.
○ Gooseberry span-worms. Moore rur. N. Yorker, **20**, 443, 1869 i.
○ Cherry-tree plant-lice. Moore rur. N. Yorker, **20**, 443, 1869 j.
○ Gooseberry span-worms. Moore rur. N. Yorker, **20**, 443, 1869 k.
○ A strange bug. Moore rur. N. Yorker, **20**, 555, 1869 l.
○ Larva of the grape-vine flea-beetle. Moore rur. N. Yorker, **20**, 555, 1869 m.
○ Rose-bug. Moore rur. N. Yorker, **20**, 555, 1869 n.
○ Large green caterpillar on the apple. Moore rur. N. Yorker, **20**, 555, 1869 o.
○ Conical galls on leaves of wild grape-vine. [*Cecidomyia vitis-viticola*.] Moore rur. N. Yorker, **20**, 555, Taf. 3—4, 1869 p.
○ Currant-worms and black-currants. Moore rur. N. Yorker, **20**, 555, 1869 q.
○ Cut-worm eggs. Prairie Farmer, **1869**, 1869 r.
○ Potato bugs. Prairie Farmer, **1869**, 1869 s.
○ Curculio. Prairie Farmer, (N. S.) **23** (**39**), 122, 1869 t; Moore rur. N. Yorker, **20**, 555, 1869.
○ Cherry-tree borers. Prairie Farmer, (N. S.) **23** (**39**), 122, 1869 u.
○ Native bark-lice on apple-trees. Prairie Farmer, (N. S.) **23** (**39**), 122, 1 Fig., 1869 v.
○ White-grub fungus. Prairie Farmer, (N. S.) **23** (**39**), 154, 1869 w.
○ Apple-leaf crumpler mistaken for Curculio. Prairie Farmer, (N. S.) **24** (**40**), 218, ? Fig., 1869 x.
○ Peach-tree borer. Prairie Farmer, (N. S.) **24** (**40**), 218, 1869 y.
○ To protect plums from Curculio. Prairie Farmer, (N. S.) **24** (**40**), 218, 1869 z.

○ Unknown corn pest. Prairie Farmer, (N. S.) **24** (**40**), 274, 1869 aa.
○ White-grub; information wanted. Prairie Farmer, (N. S.) **24** (**40**), 274, 4 Fig., 1869 ab.
○ Supposed bark-lice eggs in Missouri. Prairie Farmer (N. S.) **24** (**40**), 282, 1869 ac.
○ New York weevil on apple-trees. Prairie Farmer, (N. S.) **24** (**40**), 282, 3 Fig., 1869 ad.
○ Larva of the imperial moth. Prairie Farmer, (N. S.) **24** (**40**), 322, 1869 ae.
○ Apple snout-beetle or four-humped Curculio. Prairie Farmer, (N. S.) **24** (**40**), 322, 1869 af.
○ The borers. West. Rur., **1869**, Sept., 1869 ag.
— siehe Walsh, Benjamin Dann & Riley, Charles Valentine 1869.
— The Harlequin Cabbage-bug. (*Strachia histrionica,* Hahn.) Amer. Entomol., 2, 79—80, 1 Fig., (1870) 1869—70 a.
— Poisonous qualities of the Colorado Potato Bug. Amer. Entomol., **2**, 85—86, (1870) 1869—70 b.
— Toads vs. bugs. Amer. Entomol., **2**, 91, (1870) 1869—70 c.
— The Tomato-worm again. Amer. Entomol., **2**, 91—92, (1870) 1869—70 d.
— A State Entomologist for Minnesota. Amer. Entomol., **2**, 94, (1870) 1869—70 e.
— The Cecropia Moth. — (*Attacus Cecropia,* Linn.) Amer. Entomol., **2**, 97—102, 9 Fig.; The Cecropia Chalcis Fly — (*Chalcis mariae* N. Sp.). 101—102, 2 Fig., 1870 a.
— Report of the committee on entomology. Amer. Entomol., **2**, 106—109, 1870 b.
— Silk-worm Eggs. Amer. Entomol., **2**, 109, 1870 c.
— Imported insects and native American insects. Amer. Entomol., **2**, 110—112, 4 Fig., 1870 d.
— The trumpet grape-gall. (*Vitis citicola,* O. S.) Amer. Entomol., **2**, 113—114, 1 Fig., 1870 e.
— The goat-weed butterfly. (*Paphia glycerium,* Doubleday.) Amer. Entomol., **2**, 121—123, 3 Fig., 1870 f.
— Mr. Walsh's portrait. Amer. Entomol., **2**, 129, 1870 g.
— The Plum Curculio. (*Conotrachelus nenuphar,* Herbst.) Amer. Entomol., **2**, 130—137, 1 Fig., 1870 h.
— Is any knowledge useless? Amer. Entomol., **2**, 164—166, 1870 i.
— Tomato fruit-worm. Amer. Entomol., **2**, 172, 1870 j.
— The death web of young trout. Amer. Entomol., **2**, 174, 211, 227—228, 2 Fig., 1870 k.
— „Scab" in apple vs. apple-tree plant-lice. Amer. Entomol., **2**, 178, 1870 l.
— The Periodical Cicada, alias the 17-year and 13-year Locust. Amer. Entomol., **2**, 211, 1870 m.
— Great discovery-*Curculio* extermination possible! Amer. Entomol., **2**, 225—227, 1870 n.
— The Apple *Curculio.* Amer. Entomol., **2**, 243, 1 Fig., 1870 o.
— The new Curculio remedy. Amer. Entomol., **2**, 243, 1870 p.
— The White-lined Morning Sphinx. (*Deilephila lineata,* Fabr.) Amer. Entomol., **2**, 257—258, 3 Fig., 1870 q.
— Descriptive entomology. Amer. Entomol., **2**, 258——261, 1870 r.
— The Tent-caterpillar of the forest. Amer. Entomol., **2**, 261—266, 4 Fig., 1870 s.
— The Ransom Curculio remedy. Amer. Entomol., **2**, 268—271, 1870 t.
— The Walsh entomological cabinet. Amer. Entomol., **2**, 275, 1870 u.
— The Currant worm! Amer. Entomol., **2**, 275, 1870 v.
— The onward march of the Colorado Potato Beetle. A word to our canadian neighbors. Amer. Entomol., **2**, 289—291, 1 Fig., 1870 w.
— Osage orange for the mulberry silk-worm. Amer. Entomol., **2**, 293, 373, 1870 x.
— The slug on pear and cherry trees. Amer. Entomol., **2**, 296, 1870 y.
— Entomology indeed run mad! Amer. Entomol., **2**, 305, 1870 z.
— The Codling Moth. (*Carpocapsa pomonella,* Linnaeus.) Amer. Entomol., **2**, 321—322, 1870 aa.
— The Fall Army Worm. Amer. Entomol., **2**, 328—329, 2 Fig.; . . . *Prodenia autumnalis,* n. sp. 363—365, 3 Fig., 1870 ab.
— The Rape Butterfly; our new cabbage pest. Amer. Entomol., **2**, 338, 1870 ac.
— Paris green for the Curculio. Amer. Entomol., **2**, 338, 1870 ad.
— The so-called web-worm of young trout. — [*Simulium piscidium* n. sp.] Amer. Entomol., **2**, 365—367, 1870 ae.
— Hybrid between a Grape-vine and a Hickory! Amer. Entomol., **2**, 373, 1870 af.
○ That glow-worm. Cultiv. Country Gentl., **35**, 5, ? Fig., 1870 ag. — [Abdr.?:] Amer. Entomol., (N. S.) **1** (**3**), 254, ? Fig., 1880.
— How to distinguish between *Limenitis Disippus*-Godt., and *L. Ursula,* Fabr., in their preparatory states. [Mit Angaben von C. J. S. Bethune.] Canad. Entomol., **3**, 52—53, 1 Fig., 1871 a.
— Friendly Notes. [Lep.] Canad. Entomol., **3**, 117—119, 1871 b.
— Acorn Weevils. Canad. Entomol., **3**, 137—138, 1871 c.
— Cocoons Made by Snout-beetles. Canad. Entomol., **3**, 158, 1871 d.
— Inquilinous Moth Larva in Oak Galls. Canad. Entomol., **3**, 195—196, 1871 e.
○ The American Entomologist. Cultiv. Country Gentl., **36**, 809, 1871 f. — ○ [Abdr.?:] Garden. monthly Philadelphia, **14**, 23, 1872. — [Abdr.?:] Canad. Entomol., **4**, 19, 1872.
○ Friendly criticism. Garden. monthly Philadelphia, **13**, 341, 1871 g.
○ Canker-worms; not army-worms. Moore rur. N. Yorker, **23**, 393, 1871 h.
○ Bark-lice on rose bushes. Moore rur. N. Yorker, **23**, 393, 1871 i.
○ Snout-beetles injurious to fruits. Trans. Illinois hortic. Soc., (N. S.) **4**, 89—124, 11 Fig., (1870) 1871 j.
○ The apple maggot-fly, *Trypeta pomonella* Walsh. Amer. Agricult., **31**, 263—264, 2 Fig., 1872 a.
○ Eggs in grape-canes and apple-twigs. Amer. Agricult., **31**, 302, 7 Fig., 1872 b.
○ Thomas Wier's apple-worm trap. Amer. Entomol., **31**, 142—143, 1 Fig., 1872 c.
— The Acorn Moth. *Holcocera glandulella.* N. sp. Canad. Entomol., **4**, 18—19, 1872 d.
— „Polyhistor?" Canad. Entomol., **4**, 38—39, 1872 e.
— Stridulation of *Orthosoma cylindricum.* Fabr. Canad. Entomol., **4**, 139—140, 1872 f.
— *Vanessa Antiopa,* or *Papilio Antiopa?* Canad. Entomol., **4**, 218, 1872 g.

○ Cut-worm lion. Colman's rur. World, **1872**, 15. June, 1872 h.
○ Flat-headed apple tree-borer in horse chestnut. Colman's rur. World, **1872**, 22. June, 1872 i.
○ Worms on Dutchman's pipe. Colman's rur. World, **1872**, 3. Aug., 1872 j.
○ Apple-leaf worm. The apple-leaf skeletonizer. Colman's rur. World, **1872**, 10. Aug., ? Fig., 1872 k.
○ Cut-worms. Cultiv. Country Gentl., **37**, 392, 1872 l.
○ Codling-moth; jarring down infested fruit. Cultiv. Country Gentl., **37**, 422, 1872 m.
○ Borers in evergreens. Garden. monthly Philadelphia, **14**, 373, 1872 n.
○ Remarkable parasitic fungus. Scient. Amer., (N. S.) **26** (**40**), 347, 1872 o.
○ A new insect. West. Planter, **1872**, 29. June, 1872 p.
— L'Entomologie et son importance en agriculture. Travail comprenant la liste des Insectes et des Plantes nuisibles introduits en Amérique. Trans. Kansas State Board Agric., **1872**, 292—325, 18 Fig., 1872—73.
○ The codling-moth. Weir's trap. Amer. Agricult., **32**, 184, ? Fig., 1873 a.
— Controlling Sex in Butterflies. Amer. Natural., **7**, 513—521, 1873 b. — [Abdr.:] Entomologist, **6**, 553—561, (1872—73) 1873.
[Siehe:] Treat, Mary: 129—132.
— On the Oviposition of the Yucca Moth. Amer. Natural., **7**, 619—623, 1873 c. — [Abdr., z. T., veränd.:] Trans. Acad. St. Louis, **3** (1868—77), 208, (1878) 1873; 209—210, (1878) 1874.
— Notes on *Hyperchiria Io* (Fabr.). Canad. Entomol., **5**, 109, 1873 d.
○ Entomological correction. Cultiv. Country Gentl., **38**, 149, 1873 e.
— *Vanessa Antiopa*. Entomol. monthly Mag., **9**, 195, (1872—73) 1873 f.
○ Influence of extreme cold on the Curculio. Garden. monthly Philadelphia, **15**, 137—139, 1873 g.
○ *Phylloxera:* correction. Garden. monthly Philadelphia, **15**, 342, 1873 h.
○ Curculios on pears. Illinois Journ. Agric., **1873**, 1873 i.
○ [To destroy the cotton-worm.] Illinois Journ. Agric., **1873**, June, 1873 j. — [Abdr.?:] Colman's rur. World 1873. — [Abdr.?:] Rur. Alabamian, **2**, 289—293, 1873. — [Abdr.?:] Mobile Register, 1873. — [Abdr.?:] Farmer's Advocate, 1873.
○ New York without a State entomologist. Moore rur. N. Yorker, **1873**, 5. May, 1873 k.
○ Apple-tree borer. Punctured grape-canes. Tentcaterpillar of the forest. N. York Tribune, **1873**, 23. May, 1873 l.
○ Tent-caterpillar of the forest. N. York Tribune, **1873**, 23. Mai, 1873 m.
○ Enemies of the elm. N. York Tribune, **1873**, 7. Aug., 1873 n. — ○ [Abdr.?:] Garden. monthly Philadelphia, **18**, 246, 1876.
○ Entomological information. N. York Tribune, **1873**, 16. Aug., 1873 o.
○ Agricultural editorial excursion. Prairie Farmer, **44**, 241, 248, 256, 265, 273, 281, 1873 p. — [Abdr.?:] Colman's rur. World, **1873**, 2., 9., 16., 23., u. 30. Aug., 6. u. 13. Sept., 1873.
— On a new Genus in the Lepidopterous Family Tineidae, with Remarks on the Fertilization of Yucca. Trans. Acad. Sci. St. Louis, **3** (1868—77), 55—64, 2 Fig., (1878) 1873 q.
— Supplementary Notes on *Pronuba Yuccasella.* Trans. Acad. Sci. St. Louis, **3** (1868—77), 178—180, 1 Fig., (1878) 1873 r; Further Remarks on *Pronuba yuccasella,* and on the Pollination of Yucca. 568—573, (1878) 1877.
— Hackberry Butterflies. Descriptions of the early Stages of *Apatura Lycaon,* Fabr., and *Apatura Herse,* Fabr.; with Remarks on their Synonymy. Trans. Acad. Sci. St. Louis, **3** (1868—77), 193—208, 4 Fig., (1878) 1873 s.
— [Imported plants and insects.] Trans. Acad. Sci. St. Louis, **3** (1868—77), XLII—XLIII, (1878) [1873]t.
— [Mimicry and protective resemblances.] Trans. Acad. Sci. St. Louis, **3** (1868—77), XLIV—XLV, (1878) [1873]u.
— [Silk-worms fed with osage orange.] Trans. Acad. Sci. St. Louis, **3** (1868—77), XLVII, (1878) [1873]v.
— [Insects affecting the Ailanthus.] Trans. Acad. Sci. St. Louis, **3** (1868—77), LIII—LIV, (1878) [1873]w.
— [Posthumous papers by B. D. Walsh, „Descriptions of North American Hymenoptera."] Trans. Acad. Sci. St. Louis, 3 (1868—77), LXXVII, (1878) [1873]x.
— Remarks on *Simulium piscicidium.*] Trans. Acad. Sci. St. Louis, **3** (1868—77), LXXIX, (1878) [1873]y.
— [On galls growing on wild sage.] Trans. Acad. Sci. St. Louis, **3** (1868—77), LXXXIV, (1878) [1873]z.
— [On a larva of *Scenopinus* sp. from the human lungs.] Trans. Acad. Sci. St. Louis, **3** (1868—77), XC, (1878) [1873]aa.
○ Economic entomology. Trans. Kansas Acad. Sci., **1872**, 292—325, 18 Fig., 1873 ab.
— A New (?) Aegerian Maple Borer. Amer. Natural., **8**, 123—124, 1874 a.
— Entomology in Missouri. [Mit Angaben von A. S. Packard.] Amer. Natural., **8**, 181—188, 1874 b.
— Economic Entomology. Amer. Natural., **8**, 189—190, 1874 c.
— The Habits of *Polistes* and *Pelopaeus.* Amer. Natural., **8**, 229—231, 1874 d.
○ Rose chafers on grape-vines. Colman's rur. World, **1874**, ? Fig., 20. June, 1874 e.
— Les espèces américaines du genre *Phylloxera.* C. R. Acad. Sci. Paris, **79**, 1384—1388, 1874 f.
— Pitcher-plant insects. Hartford Daily Courant, **38**, No. 195, 1, 1874 g. — ○ [Abdr.?:] N. York Tribune, Lecture and Letter series No. 21, 56—58, ? Fig., 1874. — [Abdr.?:] Nature London, **10**, 463—465, 2 Fig., 1874.
○ On the habits and transformations of *Canthon hudsonias,* Forst.; the common „tumbledung". Hartford Daily Courant, **38**, Nr. 197, 2, 1874 h. — ○ [Abdr.?:] N. York Tribune, Lecture and Letter Series, Nr. 21, 75—76, 1874.
○ On the larval habits of the cantharid genera *Epicausta* and *Henous.* Hartford Daily Courant, **38**, Nr. 197, 2, 1874 i. — ○ [Abdr.?:] N. York Tribune, Lecture and Letter Series, Nr. 21, 76, 1874.
— [On the capture of moths by *Physianthus albens.*] Moore rur. N. Yorker, **30**, 140, 1874 j. — [Abdr.:] Trans. Acad. Sci. St. Louis, **3** (1868—77), CXV, (1878) [1875].
○ Humming-bird moths caught by the tongue. Moore rur. N. Yorker, **30**, 140, 1874 k.
○ The Colorado potato-beetle abroad. N. York Tribune, **1874**, 1. April, 1874 l.

○ Apply soap. Cabbage-lice. Meadow enemy. Peach-borers. N. York Tribune, **1874**, 8. April, 1874 m.

○ A remedy for the cotton-worm. N. York Tribune, **1874**, 22. April, 1874 n. — ○ [Abdr.?:] Vicksburg Herald, **1874**, 1. May, 1874.

○ The apple-worm; natural history; remedies. N. York Tribune, **1874**, 20 May, 1874 o.

○ Confounding friend with foe. Large willow-worm. Scale insects on magnolia. The Colorado potato-beetle in New York. N. York Tribune, **1874**, 15. July, 2 Fig., 1874 p.

○ Black blister-beetles on potatoes. Cockscomb elm-gall. Pear-tree slug. The plug-ugly theory. N. York Tribune, **1874**, 22. July, 1874 q.

○ „Walking-sticks or specters" becoming injurious. N. York weekly Tribune, **1874**, 11. Nov., 1874 r.

○ The plum Curculio; natural history and how to catch him. N. York semi-weekly Tribune, **1874**, 1. May, 1874 s. — ○ [Abdr.?:] Cultiv. Country Gentl., **39**, 310, 1874. — ○ [Abdr.?:] N. England Farmer, (N. S.) **29** (**53**), 1, 1874.

○ Length of thread of the silk-worm. Pop. Sci. monthly, **4**, 508, 1874 t.

○ The Grape Phylloxera. Pop. Sci. monthly, **5**, 1—16, 7 Fig., 1874 u.

○ More about the Grape-vine Pest. Pop. Sci. monthly, **5**, 158—170, 10 Fig., 1874 v.

— Descriptions and Natural History of two Insects which brave the Dangers of *Sarracenia variolaris*. Trans. Acad. Sci. St. Louis, **3** (1868—77), 235—240, 2 Fig., (1878) 1874 w.

— Descriptions of two new Moths. Trans. Acad. Sci. St. Louis, **3** (1868—77), 240, (1878) 1874 x; 241—242, 2 Fig., (1878) 1875.

○ [Discussion on entomology.] Trans. Illinois hortic. Soc., (N. S.) **7** (1873), 100—104, 1874 y.

○ Note on leaf-hopper. Trans. Illinois hortic. Soc., (N. S.) **7** (1883), 138, 1874 z.

○ [Notes on the strawberry crown borer.] Trans. Illinois hortic. Soc., (N. S.) **7** (1873), 147, 1874 aa.

○ Lecture on Entomology. Trans. Illinois hortic. Soc., (N. S.) **7** (1873), 172—178, 3 Fig., 1874 ab. — ○ [Abdr.?:] Rep. State pomol. Soc. Michigan, **3** (1873), 443—448, 1874.

— (Sur l'emploi de certaines variétés de vignes indigènes d'Amérique qui résistent au Phylloxera, Hém.) Ann. Soc. ent. France, (5) **5**, Bull. CXLI—CXLII (= Bull. Soc. . . ., **1875**, 151—152), 1875 a.

— (Sur l'indentité spécifique du *Phylloxera quercus* Fonsc., Hém.) Ann. Soc. ent. France, (5) **5**, Bull. CXLII—CXLIII (= Bull. Soc. . . ., **1875**, 152—153), 1875 b.

— (*Caloptenus spretus*, Orth.) Ann. Soc. ent. France, (5) **5**, Bull. CXLIV (= Bull. Soc. . . ., **1875**, 153), 1875 c.

○ The hickory bark-borer, *Scolytus caryae*. Colman's rur. World, **1875**, 6. Febr., 1875 d.

○ Apple-tree plant-lice. Swellings on roots of *Ampelopsis*. Colman's rur. World, **1875**, 5. June, 1875 e.

○ [*Torrubia elongata*, the white-grub fungus.] Colman's rur. World, **1875**, 12. June, 1875 f.

○ Entomological. Apple-tree borers; timber encourages them; new bag-worm. Colman's rur. World, **1875**, 13. Nov., 1875 g.

○ How to destroy locusts. Colman's rur. World, **1875**, 23. Dec., 1875 h.

○ Bud-eating insects. Cultiv. Country Gentl., **40**, 183, 1875 i.

○ The grape-leaf gall. Cultiv. Country Gentl., **40**, 567, 1875 j.

○ Flying locusts in Illinois. Cultiv. Country Gentl., **40**, 679, 744, 1875 k.

○ What are army-worms? N. York semi-weekly Tribune, **1875**, 6 Febr., 1875 l.

○ The ways of bag-worms. N. York semi-weekly Tribune, **1875**, 14. April, 1875 m.

○ Grubs and guess-work. N. York semi-weekly Tribune, **1875**, 12. Nov., 1875 n.

○ Codling-moth heresies. N. York Tribune, **1875**, 2. Jan., 1875 o.

○ Shall we scrape our trees? N. York Tribune, **1875**, 6. Febr., 1875 p.

○ Genuine vs. bogus chinch-bugs. Newest facts of grape Phylloxera. Remedies for Phylloxera. N. York Tribune, **1875**, 10. Febr., 1875 q.

○ Notes of Phylloxera. N. York Tribune, **1875**, 4. March, 1875 r.

○ The climate for Doryphora. N. York Tribune, **1875**, 2. April, 1875 s.

○ [Poisonous qualities of the Colorado potato-beetle.] N. York Tribune, **1875**, 14. April, 1875 t.

○ Cure for canker-worm. N. York Tribune, **1875**, 21. April, 1875 u.

○ Paris green: Its effects on plants and soils, and through them on man. N. York Tribune, **1875**, 12. May, 1875 v.

○ Locusts vs. chinch-bugs. N. York Tribune, **1875**, 4. Aug., 1875 w.

○ No locust injury in Kansas and Missouri this fall. N. York Tribune, **1875**, 1. Sept., 1875 x.

○ White-grub fungus. N. York Tribune, **1875**, 6. Oct., 1875 y.

○ The army-worm; an important point yet to ascertain in its history. How it comes and goes; its natural enemies; preventive measures. N. York Tribune, **1875**, 16. Nov., 8 Fig., 1875 z.

○ Not the Hessian-fly. N. York Tribune, **1875**, 15. Dec., 1875 aa.

○ Paris green as an insect destroyer. N. York Tribune, **1875**, 28. Dec., 1875 ab.

○ Is the Colorado beetle poisonous? N. York weekly Tribune, **1875**, 17. Febr., 1875 ac.

○ The Colorado potato-beetle abroad. N. York weekly Tribune, **1875**, 17. March, 1875 ad.

— On the Inects more particularly associated with *Sarracenia variolaris* (Spotted Trumpet-leaf). Proc. Amer. Ass. Sci., **23** (1874), part 2, 18—25, 2 Fig., 1875 ae. — [Abdr.:] Canad. Entomol., **6**, 207—214, 2 Fig., 1874.

— On the Summer Dormancy of the Larva of *Phyciodes Nycteis* (Doubleday), with Remarks on the Natural History of the species. Proc. Amer. Ass. Sci., **23** (1874), part 2, 108—112, 1875 af.

— Description of a new species of *Agrotis*. Proc. Boston Soc. nat. Hist., **17** (1874—75), 286—288, 1875 ag.

○ Prof. Riley and the locusts. St. Louis Daily Globe-Democrat, **1**, Nr. 108, 3, 1875 ah.

○ The Colorado potato-beetle, *Doryphora decemlineata*. The Garden, **8**, 71—72, 5 Fig., 1875 ai.

— Remarks on Canker-worms and Description of a new genus of Phalaenidae. Trans. Acad. Sci. St. Louis, **3** (1868—77), 273—280, 8 Fig., (1878) 1875 aj.

— Notes on the Natural History of the Grape Phylloxera (*Phylloxera vastatrix,* Planchon). Trans. Acad. Sci. St. Louis, **3** (1868—77), 281—287, 1 Fig., (1878) 1875 ak.
— [On *Antheraea yama-mai* as a silk-producer.] Trans. Acad. Sci. St. Louis, **3** (1868—77), LXXXIV, (1878) [1875]al.
— [On an *Acridium* eaten out by ants.] Trans. Acad. Sci. St. Louis, **3** (1868—77), CII, (1878) [1875]am.
— [On regulating sex in insects.] Trans. Acad. Sci. St. Louis, **3** (1868—77), CVIII, (1878) [1875]an.
— [On the peculiarities of *Physianthus albens.*] Trans. Acad. Sci. St. Louis, **3** (1868—77), CIX, (1878) [1875] ao.
— [On the peculiarities of the Mexican honeyant.] Trans. Acad. Sci. St. Louis, **3** (1868—77), CIX, (1878) [1875]ap.
— [On the Yucca borer.] Trans. Acad. Sci. St. Louis, **3** (1868—77), CXXXIX, 1878 [1875]aq.
— (Some new biological facts regarding the Grape Phylloxera.] Trans. Acad. Sci. St. Louis, **3** (1868—77), CXLVII—CXLVIII, (1878) [1875]ar.
— [On the connection of locust invasions with the occurrence of drought.] Trans. Acad. Sci. St. Louis, **3** (1868—77), CLXIII, (1878) [1875]as.
— [Remarks on habits of *Caloptenus spretus,* Rocky Mountain locust.] Trans. ent. Soc. London, **1875**, Proc. XVIII, 1875 at.
○ [Address on entomology.] Trans. Illinois hortic. Soc., (N. S.) **8** (1874), 103—111, 1875 au.
○ Discussion of the honey-bee. Trans. Illinois hortic. Soc., (N. S.) **8** (1874), 131—132, 1875 av.
○ Notes on locusts. Trans. Illinois hortic. Soc., (N. S.) **8** (1874), 136—137, 1875 aw.
○ The hateful or Rocky Mountain locust, *Caloptenus spretus.* Trans. Kansas State hortic. Soc., **4** (1874), 172—176, 1875 ax.
○ Prairie fires and hateful locusts: is there any connection between them? Trans. Kansas Acad. Sci., **4** (1874—75), 176—180, 1875 ay.
○ Les Insectes parasites de la Pomme de terre: *Doryphora 10-lineata, D. juncta, Gortina nitela, Trichobaris trinotata, Protoparce celeus, Epicauta vittata, E. pensylvanica, E. cinerea, Macrobasis unicolor, Lema trilineata, Crepidodera cucumeris, Coptocycla clavata.* 108 S., 49 Fig., New York, Orange Judd Co., 1876 a.
○ The Rocky Mountain locust or grasshopper, being the report of proceedings of a conference of the Governors of several Western States and Territories, together with several other gentleman, held at Omaha, Nebr., on the 25th and 26th day of October, 1876, to consider the locust problem; also a summary of the best means now known for counteracting the evil. 3+58 S., 8 Fig., St. Louis, 1876 b.
— Potatos Pests. Being an Illustrated Account of the Colorado Potato-beetle and the other Insect Foes of the Potato in North America. With suggestions for their repression and methods for their destruction. 12°, 108 S., 49 Fig.,[1]) New York, Orange Judd Co., 1876 c.
○ [Niederl. Übers.?:] De plaag der aardappelen. Der *Doryphora decemlineata* kever uit Colorado. (Uitgave van het min. v. binnenl. zaken.) 8°, 1 Karte, Brussel, Ad. Mertens; Amsterdam, J. Noordendorp, 1878. [Ref.:] Garden. Chron., (N. S.) **7**, 183—184, 1877; Cultiv. Country Gentl., **42**, 25; Reply to review. 78, 1877.
○ [Wheat insects.] Blair (Nebr.) Times, **1876**, 20. July, 1876 d.
○ The apple-bark louse. Canad. Farmer, **1876**, 15. Dec., 1876 e.
○ Nonsence about the Phylloxera. Colman's rur. World, **1876**, 12. Jan., 1876 f.
○ *Ailanthus* silk-worm in Missouri. Cause of smut in wheat. Small borer in apple-twig. Worms on cottonwood. Colman's rur. World, **1876**, 26. Jan., 1876 g.
○ Honey locust weevil. Colman's rur. World, **1876**, 26. April, 1876 h.
○ Apple and peach borers. Colman's rur. World, **1876**, 9. May, 9. Aug., 1876 i.
○ Notes on the codling-moth. Colman's rur. World, **1876**, 17. May, 1876 j.
○ Is the Colorado potato-beetle poisonous? Colman's rur. World, **1876**, 7. June, 1876 k.
○ Ditching for young locusts. Colman's rur. World, **1876**, 14. June, 1876 l.
○ Specific for Colorado potato-beetle. Colman's rur. World, **1876**, 28. June, 1876 m.
○ Swallows; bed bugs. Colman's rur. World, **1876**, 5. July, 1876 n.
○ Chinch-bug; bee-moth. The grape-root borer, *Aegeria polistiformis.* Colman's rur. World, **1876**, 26. July, 2 Fig., 1876 o.
○ Cottony scale-insect on maples. Eggs of the angular-winged katydid. Experience with the Colorado potato-beetle. Hickory vs. locust borer. Large saw-fly. Stag-beetle. Colman's rur. World, **1876**, 9. Aug., 1876 p.
○ Entomological works wanted. Grape-leaf gall. Grape-leaf Phylloxera enemy. Colman's rur. World, **1876**, 20. Sept., 1876 q.
○ *Cecropia* worm on elder. New locust theory wanted. Colman's rur. World, **1876**, 27. Sept., 1876 r.
○ The harlequin cabbage-bug. Colman's rur. World, **1876**, 4. Oct., 1876 s.
○ The Rocky Mountain Locust. Colman's rur. World, **1876**, 30. Oct., 6. Nov., 13. Nov., 1876 t. — ○ [Abdr.?:] Kansas Farmer, **1876**, Nov., 1876. — ○ [Abdr.?:] N. York Tribune, **1876**, Oct., 1876.
○ The dog-day harvest fly. Colman's rur. World, **1876**, 15. Nov., 1876 u.
○ Entomological notes; confounding friend with foe. Locust injury next spring. The territory in Missouri that will probably suffer therefrom. Colman's rur. World, **1876**, 20. Dec., 1876 v. — ○ [Abdr.?:] Industrialist, **2**, 4, 1877.
○ A new enemy of the grasshopper. [Nach: Lawrence Journal.] Industrialist Manhattan, **2**, Nr. 30, 2, 1876 w.
○ Legislation in regard to insects injurious to agriculture. Nation, **22**, 208, 1876 x.
○ Silk culture in Kansas. Nationalist, **1876**, 10. Nov., 1876 y.
○ Periodical Cicada, „17-year locust". N. York semi-weekly Tribune, **1876**, 23. June, 3 Fig., 1876 z.
○ An elm enemy. N. York semi-weekly Tribune, **1876**, 11. Aug., 1876 aa.
○ The war on „corn-worms". N. York semi-weekly Tribune, **1876**, 18. Aug., 1876 ab.
○ The apple maggot; a formidable enemy. N. York semi-weekly Tribune, **1876**, 15. Dec., 1876 ac.

[1]) Fig. 1 ist Karte.

○ Colorado potato-beetle's native home. N. York Tribune, **1876**, 9. Febr., 1876 ad.
○ Cocoons of silk worms. N. York Tribune, **1876**, 7. June, 1876 ae.
○ Persian insect powder. N. York Tribune, **1876**, 7. June, 1876 af.
○ Berry and cherry twigs. N. York Tribune, **1876**, 5. July, 1876 ag.
○ A new enemy of wheat. N. York Tribune, **1876**, 21. July, 1876 ah.
○ Wheat-midge; „rue-worms". N. York Tribune, **1876**, 2. Aug., 1876 ai.
○ The locust in 1876. N. York Tribune, **1876**, 16. Aug., 1876 aj.
○ Cottonwood borers. N. York Tribune, **1876**, 23. Aug., 1876 ak.
○ Locust prospects. N. York Tribune, **1876**, 6. Sept., 1876. — ○ [Abdr.?:] Prairie Farmer, **47**, 298, 1876 al.
○ Butterfly chrysalis. N. York Tribune, **1876**, 13. Oct., 21. Oct., 1876 am.
○ Domesticated katydid. N. York Tribune, **1876**, 18. Oct., 21. Oct., 1876 an.
○ Unjust accusation? N. York Tribune, **1876**, 21. Oct., 1876 ao.
○ Canker-worms at the West. N. York Tribune, **1876**, 31. Oct., 1876 ap.
○ Locusts again. N. York Tribune, **1876**, 22. Nov., 1876 aq.
○ Bee killers: *Asilus* flies. N. York weekly Sun, **1876**, 15. Nov., 1876 ar.
○ Rose-bug remedy. N. York weekly Tribune, **1876**, 17. May, 1876 as.
○ Potato-beetle; progress. N. York weekly Tribune, **1876**, 17. May, 1876 at.
○ Plums and cotton. N. York weekly Tribune, **1876**, 17. May, 1876 au.
○ Smut in wheat. N. York weekly Tribune, **1876**, 17. May, 1876 av. — ○ [Abdr.?:] Colman's rur. World, **1876**, 14. June, 1876.
○ Three worms and their work. N. York weekly Tribune, **1876**, 12 July, 2 Fig., 1876 aw.
○ Sweet-potato beetles; „beautiful bugs". N. York weekly Tribune, **1876**, 26. July, 3 Fig., 1876 ax.
○ Those centennial insects. N. York weekly Tribune, **1876**, 26. July, 1876 ay.
○ Harmless insects. N. York Weekly Tribune, **1876**, 23. Aug., 1876 az.
○ Spined soldier-bug. Ohio Farmer, **50**, 118, 1876 ba.
○ An entomological question. Prairie Farmer, **47**, 68, 76, 1876 bb.
— Locusts as Food for Man. Proc. Amer. Ass. Sci., **24** (1875), part. 2, 208—214, 1876 bc.
— The Locust Plague; How to avert it. Proc. Amer. Ass. Sci., **24** (1875), part 2, 215—222, 1876 bd.
○ The locust pest. Scient. Amer., (N. S.) **35** (**49**), 9, 1876 be.
○ „Potato-pest poison". Scient. Amer., (N. S.) **35** (**49**), 116, 1876 bf.
○ Some notes on potato-beetles. Scient. Amer., (N. S.) **35** (**49**), 164, 1876 bg. — ○ [Abdr.:] Ohio Farmer, **50**, 179, 1876.
○ The army-worm; its natural history complete. Scient. Amer., (N. S.) 35 (49), 372, 4 Fig., 1876 bh. — [Abdr.:] Proc. Amer. Ass. Sci., **25** (1876), 279—283, 2 Fig., 1877.
○ Insect ravages. An interesting letter from Prof. C. V. Riley. How to protect our agricultural interests; legislation, wise and otherwise; the duty of Congress. St. Louis Daily Globe-Democrat, **1**, 4. March, 3, 1876 bi.
○ Entomology. An interesting lecture on the insect world. The subject considered both practically and scientifically. St. Louis Daily Globe-Democrat, **1**, 25. March, 3, 1876 bj. — ○ [Abdr., z. T.?:] Ware's Valley monthly, **1876**, 281—289, 1876.
— The insect world. A practical subject for fruit-growers. St. Louis Republican, **1876**, 26. March, 1876 bk.
○ Bag-worms and borers. How to protect our shade-trees and insure their growth. How to render shade-trees healthy. Letter from the State entomologist. St. Louis Republican, Nr. 16843, 3 S., 3 Fig., 1876 bl.
— Notes on the Yucca Borer, *Megathymus yuccae* (Walk.). Trans. Acad. Sci. St. Louis, **3** (1868—77), 323—344, 7 Fig., (1878) 1876 bm; Additional Notes on *Megathymus yuccae*. 566—568, (1878) 1877. — [Abdr.:] Entomologist, **9**, 82—86, 108—114, 1876.
— Jumping seeds and galls. Trans. Acad. Sci. St. Louis, **3** (1868—77), CXC—CXCI, (1878) [1876]bn. — [Abdr.?:] Amer. Natural., **10**, 216—218, 1876. — ○ [Abdr.?:] Garden. monthly Philadelphia, **20**, 213—214, 1878.
— siehe Pillsbury, John S . . .; Riley, Charles Valentine & Pusey, Pennock 1876.
— The locust plague in the United States. Being more particularly a treatise on the Rocky Mountain Locust or so-called grasshopper, as it occurs east of the Rocky Mountains, with practical recommendations for its destruction, 8°, 3 (unn., Kart. Erkl.) + 236 S., 42 Fig., 3 Kart., Chicago, Rand; McNally & Co., 1877 a.
○ [Franz. Übers.:] Le fléau des Sauterelles aux Etats-Unis. 236 S., 42 Fig., Chicago, Mc. Nally & Co., 1877.
— The Colorado beetle. With suggestions for its repression and methods of destruction. 8°, VI+123 S., 1 Taf. (unn.), London, George Routledge & Sons, 1877 b.
[Franz. Übers., z. T.:] Le fléau de la pomme de terre. Le *Doryphora decemlineata*, coléoptère du Colorado. 18°, 72 S., 7 Fig., 1 Karte, Bruxelles, impr. Ad. Mertens, 1877.
○ The Rocky Mountain Locust. Amer. Natural., **11**, 663—673, 1877 c.
— The United States Entomological Commission. Canad. Entomol., **9**, 81—84, 1877 d. — [Abdr.] Rep. ent. Soc. Ontario, **1877**, 14—16, 1877.
○ The 'hopper in Iowa. Chicago Daily Tribune, **32**, 3, 1877 e.
○ Are the locusts hatching? Mistaken identity. Colman's rur. World, **1877**, 14. Febr., 2 Fig., 1877 f.
○ Condition of locust eggs: Inquiries answered. Colman's rur. World, **1877**, 21. Febr., 1877 g.
○ Tarred paper for fruit trees. Colman's rur. World, **1877**, 7. March, 1877 h.
○ Prof. Riley's report to the Governor of Kansas: The grasshopper question: Interesting information. Commonwealth Topeka, Nr. 2500, 2, 1877 i. — ○ [Abdr.?:] St. Louis Daily Globe-Democrat, **2**, Nr. 359, 3, 1877.
○ The grasshopper. Considered practically and scientifically with a retrospective and prospective glance at his history. Daily Rocky Mount. News, **18**, 4, 1877 j. — ○ [Abdr.?:] Colorado Farmer, **9**, Nr. 31, 4, 1877. — ○ [Abdr.?:] Chicago Daily Tribune, **32**, 7, 1877.

○ Insect on the grape. Garden. monthly Philadelphia, **19**, 90, 1877 k.

○ The strawberry leaf-roller, *Anchylopera fragariae.* Garden. monthly Philadelphia, **19**, 143—144, ? Fig., 1877 l.

○ The grape leaf-folder. The rascal leaf-crumpler. The Hessian-fly. Journ. and Farmer, **1877**, 14. June, 1877 m.

○ Locust prospects in southwest Missouri this fall. Journ. and Farmer, **1877**, 27. Sept., 1877 n.

○ Insect enemies. N. York Tribune, **1877**, 16. June, 1877 o.

○ Fighting the Hessian-fly. N. York Tribune, **1877**, 18. July, 1877 p. — ○ [Abdr.?:] Colman's rur. World, **1877**, 5. Dec., 1877.

○ Strawberry worm and remedy. N. York Tribune, **1877**, 18. July, 1877 q.

○ Mistaken identity. N. York Tribune, **1877**, 12. Sept., 1877 r.

○ Injured orchard. N. York Tribune, **1877**, 12. Sept., 1877 s.

○ The stalk-borer. N. York Tribune, **1877**, 12. Sept., 1877 t.

○ [White-grub fungus.] N. York Tribune, **1877**, 4. Oct., 1877 u.

○ Wheat rust and Hessian fly. N. York Tribune, **1877**, 19. Dec., 1877 v.

○ [Round-headed apple-tree borer.] N. York Tribune, **1877**, 26. Dec., 1877 w.

○ [Maggots in sauce.] N. York Tribune, **1877**, 26. Dec., 1877 x.

○ In reference to wheat-worms. Prairie Farmer, **1877**, 11. Aug., 1877 y.

— On the Curious egg-mass of *Corydalus cornutus* (Linn.) and on the eggs that have hitherto been referred to that species. Proc. Amer. Ass. Sci., **25** (1876), 275—279, 1 Fig., 1877 z.

— Biological Notes on the Army Worm (*Leucania unipuncta* Haw.). Proc. Amer. Ass. Sci., **25** (1876), 279—283, 3 Fig., 1877 aa.

— Hibernation of *Amphipyra pyramidoides.* Psyche Cambr. Mass., **1**, 152, (1876) 1877 ab.

— [The eggs of *Corydalis cornutus.*] [Mit Angaben von Morris, Hagen, Lintner, Scudder, Saunders.] Rep. ent. Soc. Ontario, **1876**, 15, 1877 ac.

○ The cussed red-leg. Rep. Kansas State Board Agric., **1877**, 32—41, 1877 ad. — [Abdr.?:] Amer. Natural., **11**, 663—673, 1877. — [Abdr.?:] Canad. Natural., **8**, 363—374, 1877.

○ Is this a grasshopper year? Prof. Riley's opinion concerning the prospect for bugs. It all depends on the kind of weather we have during February. St. Louis Daily Globe Democrat, **2**, Nr. 263, 3, 1877 ae. — ○ [Abdr.?:] Industrialist Manhattan, **2**, 1, 4, 1877.

○ Bots. Scient. Amer., (N. S.) **36** (**50**), 9—10, 1877 af.

○ Important observations on the Rocky Mountain locust or grasshopper pest of the West. Scient. Amer., (N. S.) **36** (**50**), 260—261, 5 Fig., 1877 ag.

○ Experiments with locust eggs and conclusions therefrom. Scient. Amer., (N. S.) **36** (**50**), 276—277, 1877 ah.

○ Locust prospects. Scient. Amer., (N. S.) **36** (**50**), 369, 1877 ai. — ○ [Abdr.?:] Colman's rur. World, **1877**, 3. Jan., 1877.

○ The hellgrammite [*Corydalus cornutus*]. Scient. Amer., (N. S.) **36** (**50**), 392—393, 3 Fig., 1877 aj.

○ The locusts in Kansas. Scient. Amer., (N. S.) **37** (**51**), 164, 1877 ak.

○ A satisfactory grasshopper-machine. Scient. Amer., (N. S.) **37** (**51**), 169, 1877 al.

○ The Colorado potato-beetle in Europe. German thoroughness. Scient. Amer., (N. S.) **37** (**51**), 198, 1877 am.

— On the Larval Characters and Habits of the Blister-beetles belonging to the Genera *Macrobasis* Lec. and *Epicauta* Fabr.; with Remarks on other Species of the Family Meloidae. Trans. Acad. Sci. St. Louis, **3** (1868—77), 544—562 + 1 (unn., Taf. Erkl.) S., 5 Fig., Taf. V, (1878) 1877 an. — [Abdr. S. 549—558:] On the Life-History of some Blister Beetles. Entomol. monthly Mag., **14**, 169—175, (1877—78) 1878.

— On a remarkable new Genus in Meloidae infesting Masonbee Cells in the United States. Trans. Acad. Sci. St. Louis, **3** (1868—77), 563—565, 1 Fig., (1878) 1877 ao.

— On the Differences between *Anisopteryx pometaria,* Harr. and *Anisopteryx aescularia,* W.-V., with Remarks on the Genus *Paleacrita.* Trans. Acad. Sci. St. Louis, **3** (1868—77), 573—577, (1878) 1877 ap.

— A new Oak-gall on Acorn Cups. Trans. Acad. Sci. St. Louis, **3** (1868—77), 577—578, (1878) 1877 aq.

— Locust Flights East of the Mississippi. [Mit Angaben von Nipher & Engelmann.] Trans. Acad. Sci. St. Louis, **3** (1868—77), CCXXI—CCXXVIII; CCXXX—CCXXXIII, (1878) [1877]ar.

○ The periodical Cicada. West. Farmer Almanac, **1878**, 48, 1877 as. — ○ [Abdr.?:] Colman's rur. World, **1877**, 28. Nov., 1877.

○ Clothes-Moths [Tineidae], and how to get rid of them. Amer. Journ. Micr. N. York, **3**, 137—138, 1878 a.

— On the Transformations of the Red Mites. Amer. Natural., **12**, 139—146, 6 Fig., 1878 b.

— On the Transformations and Habits of the Blister-Beetles. Amer. Natural., **12**, 213—219, 2 Fig.; 282—290, 3 Fig., Taf. I, 1878 c.
[Siehe:] Trans. Acad. Sci. St. Louis, **3**, 544—565, 1877.

— *Pieris vernalis* and *P. protodice.* Canad. Entomol., **10**, 39, 1878 d.

— Egg-feeding mites. Canad. Entomol., **10**, 58—59, 1878 e.

○ Cotton-worm. Daily Constit. Atlanta, **11**, Nr. 73, 1, 1878 f.

— Clothes-Moths: Life-history, and how to Destroy them. Entomologist, **11**, 212—213, 1878 g.

○ On the larval characteristics of *Corydalus* and *Chauliodes,* and on the development of *Corydalus cornutus.* Kansas City Rev. Sci. Indust., **2**, 354, 1878 h. — [Abdr.?:] Canad. Entomol., **11**, 96—98, 1879. — [Abdr.?:] Proc. Amer. Ass. Sci., **27** (1878), 285—287, 1879.

○ Biological Notes on the Gall-making Pemphiginae. Kansas City Rev. Sci. Indust., **2**, Nr. 6, 380, 1878 i. — [Abdr.?:] Proc. Amer. Ass. Sci., **27** (1878), 288—289, 1879. — [Abdr., z. T.:] Nature London, **19**, 75, 1878. — [Abdr., z. T.?:] Scient. Amer., (N. S.) **39** (**53**), 266, 1878.

○ Silk-culture; a new source of wealth to the United States. Kansas City Rev. Sci. Indust., **2**, 419—423, 1878 j. — [Abdr.?:] A New . . . Proc. Amer. Ass. Sci., 27 (1878), 277—283, 1879.

○ Buggy beans. N. York Tribune, **1878**, 20. Febr., 1878 k.

○ Of *Doryphora.* N. York Tribune, 1878, 26. June, 1878 l.
○ Bad work of the grain *Aphis.* N. York Tribune, **1878**, 26. June, 1878 m.
○ Inquiring friends. N. York Tribune, **1878**, 24. July, 1878 n.
○ The raspberry saw-fly. N. York Tribune, **1878**, 24. July, 1878 o.
○ The apple-tree borer. N. York Tribune, **1878**, 24. July, 1878 p.
○ Attractive but untruse. N. York Tribune, **1878**, 31. July, 1878 q.
○ Locusts eat the castor bean. N. York Tribune, **1878**, 14. Aug., 1878 r.
○ A new insect foe to green corn. N. York Tribune, **1878**, 9. Oct., 1878 s.
○ „The carpet bug". N. York Tribune, **1878**, 1. Dec., 1878 t.
○ A bug that eats bees. N. York Tribune, **1878**, 4. Dec., 1878 u. — ○ [Abdr.?:] Prairie Farmer, **50**, 3, 1879.
○ Hessian-fly. N. York Tribune, **1878**, 4. Dec., 1878 v.
○ Tomato worm. N. York Tribune, **1878**, 4. Dec., 1878 w.
○ Worm snake. N. York Tribune, **1878**, 4. Dec., 1878 x.
○ Corn worm. N. York Tribune, **1878**, 4. Dec., 1878 y.
○ Carpet pests. N. York Tribune, **1878**, 4. Dec., 1878 z.
○ Apple-worm. N. York Tribune, **1878**, 4. Dec., 1878 aa.
○ New facts about the round-head apple-tree borer. N. York weekly Tribune, **1878**, 20. Febr., 1878 ab. — ○ [Abdr.?:] Colman's rur. World, **1878**, 20. March, 1878.
○ The stalk-borer. N. York weekly Tribune, **37**, 1878 ac.
○ That „fatherless and motherless race". The basket worm, alias drop. worm, alias bag-worm, *Thyridopteryx ephemeraeformis.* Scient. Amer., Suppl. 28. Sept., 2 S., ? Fig., 1878 ad; Some further facts regarding that . . . 30. November, 1878.
○ Clothes moths. Scient. Amer., (N. S.) **38** (**52**), 177, 1878 ae.
○ Migratory butterflies. Scient. Amer., (N. S.) **38** (**52**), 215, ? Fig., 1878 af. — [Abdr.?:] Amer. Entomol., (N. S.) **1** (**3**), 102, 1 Fig., 1880.
○ The horn-bug. Scient. Amer., (N. S.) **38** (**52**), 249, 1 Fig., 1878 ag.
○ That hundred and fifty million dollars. Scient. Amer., (N. S.) **39** (**53**), 117, 1878 ah.
— Silk-worm breeding. Scient. Amer., (N. S.) **39** (**53**), 119, 1878 ai.
○ Notes from the South. Facts about the cotton-worm. Scient. Amer., (N. S.) **39** (**53**), 312—313, 1878 aj.
○ Gall-making Plant-lice. Scient. News, **1**, Nr. 12, 184—186, 1878 ak.
— Bemerkungen über *Pronuba yuccasella* und über die Befruchtung der *Yucca*-Arten. Stettin. ent. Ztg., **39**, 377—382, 1878 al.
— Further Remarks on *Pronuba yuccasella* and on the Pollination of Yucca. Trans. Acad. Sci. St. Louis, 3 (1868—77), 568—573, 1878 am.
— (The imitation of *Danais archippus* by *Limenitis disippus.*) Trans. Acad. Sci. St. Louis, 3 (1868—77), XLIV—XLV, 1878 an.
— [*Ailanthus* and Osage Orange (*Maclura aurianthica*) very free from insects. (Mit Angaben von Curtmann).] Trans. Acad. Sci. St. Louis, **3** (1868—77), LIII—LIV, 1878 ao.
— [*Scenopinus* larva coughed up from the lungs of a patient]. Trans. Acad. Sci. St. Louis, **3** (1868—77), XC, 1878 ap.
— [Flowers of *Physianthus albus* held captive Sphinx moths.] Trans. Acad. Sci. St. Louis, **3** (1868—77), CXV, 1878 aq.
— (Biological facts regarding the Grape *Phylloxera.*) Trans. Acad. Sci. St. Louis, **3** (1868—77), CXLVII—CXLVIII, 1878 ar.
— (Correspondence of Mayor Brown on the subject of the Colorado Potato-beetle.) Trans. Acad. Sci. St. Louis, **3** (1868—77), CLXX—CLXXII, 1878 as.
— [On the ravages of young locusts in western Missouri.] Trans. Acad. Sci. St. Louis, **3** (1868—77), CLXXIX—CLXXX, 1878 at.
— [Lecture on the Rocky Mountain locust.] Trans. Acad. Sci. St. Louis, **3** (1868—77), CLXXX, 1878 au.
— [On changes in vegetation caused by locusts.] Trans. Acad. Sci. St. Louis, **3** (1868—77), CLXXXVIII, 1878 av.
— [On the use of Paris green as an insecticide.] Trans. Acad. Sci. St. Louis, **3** (1868—77), CXCIII, 1878 aw.
— New use for the american Agave. Trans. Acad. Sci. St. Louis, **3** (1868—77), CXCV—CXCVI, 1878 ax.
— [Food of insectivorous plants. *Sarracenia.*] Trans. Acad. Sci. St. Louis, **3** (1868—77), CCI—CCII, 1878 ay.
— (The oviposition of *Leucania unipuncta,* or the Army-worm Moth.) [Nach: Colman's Rur. World, 7. Juni 1876.] Trans. Acad. Sci. St. Louis, **3** (1868—77), CCXI, 1878 az.
— [Parasites found upon bees in California.] Trans. Acad. Sci. St. Louis, **3** (1868—77), CCXII, 1878 ba.
— Mite Parasites of the Colorado Potato-beetle. [Nach: Mirror and Farmer, **28**, 2, 1876.] Trans. Acad. Sci. St. Louis, **3** (1868—77), CCXIX, 1878 bb.
— New Wheat Destroyer. Trans. Acad. Sci. St. Louis, **3** (1868—77), CCXIX, 1878 bc.
— Centennial insects. Trans. Acad. Sci. St. Louis, **3** (1868—77), CCXX—CCXXI, 1878 bd.
— Parasites on Eggs of *Caloptenus spretus.* Trans. Acad. Sci. St. Louis, **3** (1868—77), CCXXVI, 1878 be.
— (Geographical Range of Species.) [Mit Angaben von George Engelmann.] Trans. Acad. Sci. St. Louis, **3** (1868—77), CCXXX—CCXXXIII, 1878 bf.
— [Japanese mode of packing silk-worm eggs.] Trans. Acad. Sci. St. Louis, **3** (1868—77), CCXXXVI, 1878 bg.
— [Anticipated locust injury next summer.) Trans. Acad. Sci. St. Louis, **3** (1868—77), CCXXXVI, 1878 bh.
— [Contributions on Systematic and Economic Entomology in North America. Presidential Adress.] [Nach: St. Louis Times, 16. Januar 1877.] Trans. Acad. Sci. St. Louis, **3** 1868—77), CCXLI—CCXLV, 1878 bi.
— Locust experience. Trans. Acad. Sci. St. Louis, **3** (1868—77), CCLXVII, 1878 bj.
— [Ravages of *Termes flavipes.*] Trans. Acad. Sci. St. Louis, **3** (1868—77), CCLXIX, 1878 bk.
— [*Mygale hentzii* and *Pepsis formosa.*] Trans. Acad. Sci. St. Louis, **3** (1868—77), CCLXIX, 1878 bl.
— On the oviposition of *Saperda bivittata* Say. Trans. Acad. Sci. St. Louis, **3** (1868—77), CCLXIX—CCLXX, 1878 bm.

— On migratory butterflies. Trans. Acad. Sci. St. Louis, **3** (1868—77), CCLXXIII—CCLXXIV, 1878 bn.

○ The locust swarms that devastate the trans-Mississippi country; their source, movements, and eastern limit. West. Farmer Almanac, **1879**, 48—50, 1878 bo.

— The Westward Progress of the Imported Cabbage-worm. Amer. Natural., **13**, 393, 1879 a.

— Notes on the Apple-worm. Amer. Natural., **13**, 523—524, 1879 b.

— The Shedding of the Tracheae and Double Cocoons. Amer. Natural., **13**, 652, 1879 c.

— Pupation of the Nymphalidae. (Abstract.) Bull. phil. Soc. Washington, **3**, 41—43, (1878—80) 1879 d. — [Abdr.?:] Psyche Cambr. Mass., **2**, 249—251, (1883) 1879.

— Notes on the Life-history of the Blister-beetles and on the Structure and Development of *Hornia.* Canad. Entomol., **11**, 30—31, 1879 e. — [Abdr.:] Proc. Amer. Ass. Sci., **27** (1878), 284—285, 1879.

— Parasites of the Cotton Worm. Canad. Entomol., **11**, 161—162, 1879 f.

— [*Dapsilia rutilana* injurious to junipers.] Canad. Entomol., **11**, 177, 1879 g.

— [Spread of *Pieris rapae* into Alabama.] Canad. Entomol., **11**, 196, 1879 h.

○ Missouri entomological reports. Colman's rur. World, **1879**, 19. Febr., 1879 i.

○ [The seventeen year Cicada.] [Nach: N. York Tribune, 1879.] Colman's rur. World, **1879**, 25. June, 1879 j.

○ A new insect pest. Colorado Farmer, **12**, Nr. 15, 6, 1879 k.

○ The imported carpet-beetle, *Anthrenus scrophulariae* L. Farmer Rev., **1879**, 1 Fig., 1879 l. — [Abdr.?:] Amer. Entomol., (N. S.) **1** (**3**), 54, 1 Fig., 1880.

○ Entomological notes. The chinch-bug. Farmer Rev., **1879**, Februar, 2 Fig., 1879 m.

○ The rice-weevil. Serious injury to stored and to cribbed corn. Farmer Rev., **1879**, ? Fig., March, 1879 n.

○ The imported cabbage-worm in the South. Farmer Rev., **1879**, Sept., 1879 o.

○ The cotton-worm. Letter from Prof. C. V. Riley on some recent cotton-worm articles in the News. Galveston Daily News, **38**, Nr. 185, 2; Reply. Nr. 191, 4, 1879 p.

○ Mr. Henderson's experiments. Garden. monthly Philadelphia, **21**, 120—121, 1879 q.

○ The Croton bug as a library pest. Library Journ., **4**, 376, 1879 r.

○ The bee-moth. N. York Tribune, 1879 s. — ○ [Abdr.?:] Farmer Rev., **1880**, 3. Jan., 1880.

○ Michigan apples and codling-moth. N. York Tribune, **1879**, 15. Jan., 1879 t.

○ [Plant-lice on potatoes.] N. York Tribune, **1879**, 12. Febr., 1879 u.

○ Preventing rot in plums. N. York Tribune, **1879**, 9. April, 1879 v.

○ Insect powders and their use. N. York Tribune, **1879**, 14. May, 1879 w.

○ Insects affecting clover. N. York Tribune, **1879**, 14. May, 1879 x.

○ [*Oecanthus niveus.*] N. York Tribune, **1879**, 14. May, 1879 y.

○ The grasshopper prospect. N. York Tribune, **1879**, 14. May, 1879 z.

○ Lures for moths. N. York Tribune, **1879**, 28. May, 1879 aa.

○ The currant-worm. N. York Tribune, **1879**, 11. June, 1879 ab.

○ Sweet-potato beetle. N. York Tribune, **1879**, 11. June, 1879 ac.

○ The cheese-skipper. N. York Tribune, **1879**, 2. July, 1879 ad.

○ Other insects affecting cheese. N. York Tribune, **1879**, 9. July, 1879 ae. — ○ [Abdr.?:] West. Rur., **17**, Nr. 32, 250, 1879.

○ Leaf-galls on the grape-vine. N. York Tribune, **1879**, 1. Oct., 1879 af.

— Philosophy of the Pupation of some Butterflies. Nature London, **20**, 594—595, 1879 ag. — ○ [Abdr.?:] Philosophy of the Pupation of Butterflies. Scient. Amer., Suppl. Nr. 193, 3069, 3 Fig., 1879. — ○ [Abdr.?:] Sci. News, **1**, 346—350, 1879. — [Abdr.:] Phylosophy of the Pupation of Butterflies and particularly of the Nymphalidae. Proc. Amer. Ass. Adv. Sci., **28** (1879), 455—463, 6 Fig., 1880. — [Abdr.:] Philosophy of ... Amer. Entomol., **3** ((N. S.) **1**), 162—167, 6 Fig., 1880.
[Dtsch. Übers.:] Riley's Untersuchungen über die Verpuppung gewisser Schmetterlinge. Kosmos, **6**, 313—318, (1879—80) 1880.

— Grape-scale insect, new species. Pacific rur. Press, **1879**, 16. Aug., 1879 ah.

○ The Philosophy of the Movements of the Rocky Mountain Locust. [*Caloptenus spretus.*] Proc. Amer. Ass. Sci., **27** (1878), 271—277, 1879 ai.

— The Nervous System and Salivary Glands of Phylloxera. Psyche Cambr. Mass., **2**, 225—226, (1883) 1879 aj.

— Report of the Entomologist. Rep. Comm. Agric. Washington, **1878**, 207—257 + 1 (unn., Taf. Erkl.) S., Taf. I—VII, 1879 ak; **1881—82**, 61—214 + 1—3 (Taf. Erkl.) S., Taf. I—XX (I—IV Farbtaf.), 1882.
[Darin:]
Hubbard, Henry Guernsey: Scale Insects of the Orange. Remedies and their Application. 106—126.
Comstock, John Henry: Report on Miscellaneos Insects. 195—214, Taf. XIV—XX.
Report ... **1883**, 99—180 + I—II (Taf. Erkl.) S., Taf. I—XIII (I—III Farbtaf.), 1883.
[Darin:]
Packard, Alpheus Spring: Report on the causes of destruction of evergreen forest in Northern New England and New York. 138—151, Taf. III + XIII.
Hubbard, Henry Guernsey: Report of Progress in Experiments on scale-insects, with other practical suggestions. 152—159.
Report ... **1884**, 285—418 + 1—2 (Taf. Erkl.), Taf. I—X (I Farbtaf.), 1884.
[Darin:]
Packard, Alpheus Spring: Second Report on the causes of the destruction of the evergreen and other forest trees in Northern New England and New York. 374—383, Taf. V—VII (V: Fig. 3; VI: Fig. 1; VII: Fig. 1).
Webster, Francis Marion: Insects affecting fall wheat. 383—393.
Smith, John Bernhard(t): Report upon insects affecting the hop and the cranberry. 393—398, Taf. IX (Fig. 6).

Bruner, Lawrence: Notes from Nebraska. 398—403.

Report... **1885**, 207—343 + (1)—(2) (Taf. Erkl.) Taf. I—IX (1 Farbtaf.), 1 Karte, 1885.
[Darin:]

Coquillett, Daniel William: Report on the locusts of the San Joaquin Valley, California. 289—303.
Bruner, Lawrence: Report on the abundance of the Rocky Mountain locust in 1885. 303—307.
Koebele, Albert: Notes on locusts at and about Folsom, Cal. 308—311.
Webster, Francis Marion: Insects affecting fall wheat. 311—319.
Packard, Alpheus Spring: Third Report on the causes of destruction of the evergreen and other forest trees in Northern New England. 219—333, Taf. IX.
McLain, Nelson W...: Report on experiments in apiculture. 333—343.

Report... **1886**, 459—592, 1 Fig., Taf. I—XI (I Farbtaf.), 1887.
[Darin:]

Coquillett, Daniel William: Report on Remedies for the cottony cushion-scale. 552—557.
Koebele, Albert: Report upon supplementary experiments on the cottony cushionscale; followed by a report on experiments on the red scale. 558—572.
Webster, Francis Marion: Insects affecting small Grains and Grasses. 573—582.
McLain, Nelson W...: Report on experiments in Apiculture. 583—591.

Report... **1887**, 48—179, Taf. I—VIII (I—II Farbtaf.), 1888.
[Darin:]

Howard, Leland Ossian: The Chinch-Bug. (*Blissus leucopterus*, Say.) Order Hemiptera; family Lygaeidae. 51—88, Taf. I+III.
—: The Codling moth. (*Carpocapsa pomonella*, L.) Order Lepidoptera; family Tortricidae. 88—115, Farbtaf. II.
Walker, Philip: Silk culture-Report of the year's operations. Made to the Entomologist. 115—122, Taf. VII—VIII.
Coquillett, Daniel William: Report on the gas treatment for scale-insects. 123—142.
Koebele, Albert: Report on experiments agains scale-insects. 143—147.
Webster, Francis Marion: Report on the season's observations, and especialy upon corn insects. 147—154.
Osborn, Herbert: Report upon the insects of the season in Iowa. 154—164.
Bruner, Lawrence: Report on the season's observations in Nebraska. 164—170.
McLain, Nelson W....: Report on experiments in Apiculture. 170—178.

Report... **1888**, 53—144, Taf. I—XII (I—IV Farbtaf.), 1889.
[Darin:]

Riley, Charles Valentine & Howard, Leland Ossian: Miscellaneous Insects. The plum curculio. (*Conotrachelus nenuphar*, Herbst.) Order Coleoptera; family Curculionidae. 57—77, Taf. I + XII.
Webster, Francis Marion: Experiments in rearing the plum Curculio (*Conotrachelus nenuphar*) from plums and other fruits. 78—79.
Alwood, William B...: Report on experiments with remedies against the hoplouse. 102—111.
Walker, Philip: Silk-Culture — Report of the years operations. Made to the entomologist. 111—123.
Coquillett, Daniel William: Report on various methods for destroying scale-insects. 123—133.
Murtfeldt, Mary Esther: Entomological notes of the season of 1888. 133—139.
Bruner, Lawrence: Report on Nebraska insects. 139—141.
Tracy, S... M...: Experiments on the boll worm injuring tomatoes. 141—142.

Report... Rep. Secr. Agric. Washington, **1**, 331—361, Taf. I—VI (I—II Farbtaf.), 1889; **1890**, 237—264, Taf. I—VII, 1890; **1891**, 231—266, 1892; **1892**, 153—180, Taf. I—XII, 1893; **1893**, 199—226, Taf. I—IV (I—II Farbtaf.), 1894.

○ The Ailanthus silkworm, *Attacus* (*Samia*) *Cynthia*. Sci. News, **1**, 377—383, 1879 al. — [Abdr.,: z. T.?:] Amer. Entomol., ((N. S.) **1**) **3**, 56—58, 1 Fig., 1880. — ○ [Abdr.?:] Farmer Rev., **4**, 8. Jan., 1880.

○ The thick-thighed walking-stick. Scient. Amer., (N. S.) **41** (**55**), 7—8, ? Fig., 1879 am. — [Abdr.:] Rep. U. S. ent. Comm., **1878**, 241—245, Taf. 3, 1879.

○ Fire-flies. Scient. Amer., (N. S.) **41** (**55**), 49, 1879 an.

○ Dragon-flies. Scient. Amer., (N. S.) **41** (**55**), 113, 1879 ao.

— Failure of tea roses. Habits of Fuller's rose beetle, *Aramigus fulleri* Horn. Scient. Amer., (N. S.) **41** (**55**), 129, ? Fig., 1879 ap.— O [Abdr.?:] Garden. monthly Philadelphia, **21**, 310—311, ? Fig., 1879. — [Abdr., m. Zusätzen:] Rep. U. S. ent. Comm., **1878**, 255—257, Taf 17 (Fig. 2), 1879.

○ The „Devil's darning needle." Scient. Amer., (N. S.) **41** (**55**), 148, 194, 1879 aq.

— The Silkworm; being a brief manuel of Instructions for the production of Silk. Spec. Rep. Dep. Agric. Washington, Nr. 11, 1—31, 8 Fig., 1879 ar. — [Abdr.:] Rep. Comm. Agric. Washington, **1878**, 215—237, 1879. — ○ 2. Aufl. 8°, 37 S., 8 Fig., Washington, 1882. — ○ 3. Aufl. 1883. — 6. Aufl. Bull. U. S. Dep. Agric. Ent., Nr. 9, I—VII+1—65, 29 Fig., Taf. I—II, 1886.

— The Migrations and Hibernations of *Aletia argillacea*. Washington World, **1879**, 10. May, 1879 as; Sci. News, **1**, 230—232, 119—120, 1879; Scient. Amer., (N. S.) **40** (**54**), 375, 1879; Galveston Daily News, **38**, 2, 1879. — [Abdr., z. T.?:] Amer. Natural., **13**, 726, 1879. — [Abdr.?:] Farmer Rev., **1879**, Sept., 1879.

— The Grape *Phylloxera* in California. Amer. Entomol., **3** ((N. S.) **1**), 3, 1880 a.

— On the hibernation of the Cotton Worm. *Aletia argillacea*, Hübn. [Abdruck aus: Bull. U. S. ent. Comm., **3**, 24—31, 1880.] Amer. Entomol., **3** ((N. S.) **1**), 6—11, 3 Fig., 1880 b.

— [Ravages of moths in cushions.] Amer. Entomol., **3** ((N. S.) **1**), 20, 1880 c.

— Large white scale on acacias, etc. Amer. Entomol., **3** ((N. S.) **1**), 20, 1880 d.

— Hessian Fly Notes. Amer. Entomol., **3** ((N. S.) **1**), 21, 1880 e.

— Abnormal Prevalence of Blow-flies. Amer. Entomol., **3** ((N. S.) **1**), 21—22, 1880 f.

— Resistance of American Vines to *Phylloxera*. Amer. Entomol., **3** ((N. S.) **1**), 25, 1880 g.

— The 17-year Cicada in Iowa. Amer. Entomol., 3 ((N. S.) 1), 25—26, 1880 h.
— Aniseed and Grain Weevils. Amer. Entomol., 3 ((N. S.) 1), 26, 1880 i.
— Fuller's Rose-beetle in California. Amer. Entomol., 3 ((N. S.) 1), 26, 1880 j.
— *Lepidium* vs. Bed-bugs. Amer. Entomol., 3 ((N. S.) 1), 26, 1880 k.
— Two valuable insecticides. (London Purple. Pyrethrum Powder.) [Abdruck aus: Bull. U. S. ent. Comm., 3, 60—65, 1880.] Amer. Entomol., 3 ((N. S.) 1), 41—45, 1880 l.
— Use of Buckwheat to destroy insects. Amer. Entomol., 3 ((N. S.) 1), 48, 1880 m.
— Scientific Symbols. [♂♀.] Amer. Entomol., 3 ((N. S.) 1), 49, 1880 n.
— Beetles supposed to be feeding on Wheat. Amer. Entomol., 3 ((N. S.) 1), 50, 1880 o.
— Russian Remedy for Hydrophobia. Amer. Entomol., 3 ((N. S.) 1), 50, 1880 p.
— *Tipula* Eggs in Stomach of Cat-bird. Amer. Entomol., 3 ((N. S.) 1), 24, 50, 1880 q.
— The Apple-twig Borer. Amer. Entomol., 3 ((N. S.) 1), 50—51, 1880 r.
— A new genus of Proctrotrupidae. Amer. Entomol., 3 ((N. S.) 1), 52, 1880 s.
— Trapping the Carpet-beetle. Amer. Entomol., 3 ((N. S.) 1), 53—55, 1 Fig., 1880 t.
— Silkworm Eggs: Silk Culture. Amer. Entomol., 3 ((N. S.) 1), 55, 1880 u.
— The Hickory *Scolytus* (*S. 4-spinosus* Say). Amer. Entomol., 3 ((N. S.) 1), 58, 1880 v.
— The cotton worm. Habits and characters of the moth or imago. [Abdruck aus: Bull. U. S. ent. Comm., 3, 13—15, 1880.] Amer. Entomol., 3 ((N. S.) 1), 67—68, 2 Fig., 1880 w.
— (Tenacity of life.) Amer. Entomol., 3 ((N. S.) 1), 68, 1880 x.
— [Local form (*Danais archippus*).] Amer. Entomol., 3 ((N. S.) 1), 73, 1880 y.
— Reports of the U. S. Entomological Commission. Amer. Entomol., 3 ((N. S.) 1), 73, 1880 z.
— Butterflies at Sea. Amer. Entomol., 3 ((N. S.) 1), 74, 1880 aa.
— [Habits of the Cotton-moth.] Amer. Entomol., 3 ((N. S.) 1), 74, 1880 ab.
— [Queen bees in the mails.] Amer. Entomol., 3 ((N. S.) 1), 75, 1880 ac.
— Moths and Butterflies caught by the tongue. Amer. Entomol., 3 ((N. S.) 1), 75, 1880 ad.
— Food habits of Ground-beetles. Amer. Entomol., 3 ((N. S.) 1), 75, 1880 ae.
— *Bucculatrix* Cocoons. Amer. Entomol., 3 ((N. S.) 1), 76, 1880 af.
— Cotton Moth or *Aletia*. Amer. Entomol., 3 ((N. S.) 1), 77, 1880 ag.
— A new leaf-hopper injurious to small grain. Amer. Entomol., 3 ((N. S.) 1), 78, 1880 ah.
— The Cotton Worm in the United States. Amer. Entomol., 3 ((N. S.) 1), 93—95, 1880 ai. — [Abdr.:] Proc. Amer. Ass. Sci., 28, 464—466, (1879) 1881. — ○ [Abdr.?:] Sci. News, 1, 230—232, 1880.
— The migrations of butterflies. Amer. Entomol., 3 ((N. S.) 1), 100—102, 2 Fig., 1880 aj.
— Effects of cold applied to the chrysalides of butterflies. Amer. Entomol., 3 ((N. S.) 1), 110—111, 1880 ak.
— Moth issuing from a Larva. Amer. Entomol., 3 ((N. S.) 1), 114, 1880 al.
— The Rose-slug. (*Selandria rosae* Harris.) Amer. Entomol., 3 ((N. S.) 1), 115—116, 2 Fig., 1880 am.
— Dr. Asa Fitch [Nekrolog]. Amer. Entomol., 3 ((N. S.) 1), 121—123, 1880 an.
— Flea-beetle on Young Tobacco Plants. Amer. Entomol., 3 ((N. S.) 1), 123, 1 Fig., 1880 ao.
— Technical Names. [Aus Lancaster Farmer.] Amer. Entomol., 3 ((N. S.) 1), 123—124, 1880 ap.
— Notes on South American Lepidoptera. Amer. Entomol., 3 ((N. S.) 1), 125—126, 1880 aq.
— Floating Apiaries. Amer. Entomol., 3 ((N. S.) 1), 126—127, 1880 ar.
— Probable Parthenogenesis in the Hessian Fly. Amer. Entomol., 3 ((N. S.) 1), 127, 1880 as.
— American Staphylinidae wanted. Amer. Entomol., 3 ((N. S.) 1), 127, 1880 at.
— Raspberries destroyed by Weevils. Amer. Entomol., 3 ((N. S.) 1), 127, 1880 au.
— Cotton culture and the insects affecting the plant at Bahia, Brazil. [Mit Angaben von A. Edes.] Amer. Entomol., 3 ((N. S.) 1), 128—129, 1880 av.
— Larvae in stomach of Black Bass. Amer. Entomol., 3 ((N. S.) 1), 130, 1880 aw.
— *Luperus brunneus* (Crotch). Amer. Entomol., 3 ((N. S.) 1), 132, 1880 ax.
— Notes on our commoner insects. The Isabella Tiger-moth (*Arctia* [*Pyrrharctia*] *isabella*, Smith). Amer. Entomol., 3 ((N. S.) 1), 133—134, 2 Fig., 1880 ay.
— The White Grub fungus. Amer. Entomol., 3 ((N. S.) 1), 137—140, 3 Fig., 1880 az.
— The true and the Bogus Yucca Moth; with remarks on the pollination of Yucca. Amer. Entomol., 3 ((N. S.) 1), 141—145, 1880 ba.
— Intermittance of Phosphorescence in Fireflies. Amer. Entomol., 3 ((N. S.) 1), 146, 1880 bb.
— Mold and *Phylloxera*. Amer. Entomol., 3 ((N. S.) 1), 147, 1880 bc.
— Continued Destruction of Tobacco Plants by Flea-beetles. Amer. Entomol., 3 ((N. S.) 1), 147, 1880 bd.
— Grain Aphis vs. Rust. Amer. Entomol., 3 ((N. S.) 1), 147, 1880 be.
— [May beetles swarming in Alabama.] Amer. Entomol., 3 (N. S.) 1), 148, 1880 bf.
— Fungus in Cicada. Amer. Entomol., 3 ((N. S.) 1), 148, 1880 bg.
— Infecting *Phylloxera* with Fungus Disease. Amer. Entomol., 3 ((N. S.) 1), 148, 1880 bh.
— Death of Mules caused by Insects. Amer. Entomol., 3 ((N. S.) 1), 148, 1880 bi.
— Fungus Diseases of Beneficial Insects. Amer. Entomol., 3 ((N. S.) 1), 149, 1880 bj.
— Necrological. [Ernest August Helmuth von Kiesenwetter; S. C. Snellen van Vollenhoven & Francis F. de Laporte.] Amer. Entomol., 3 ((N. S.) 1), 150, 1880 bk.
— Effects of Severe Cold on Insects. Amer. Entomol., 3 ((N. S.) 1), 150, 1880 bl.
— [*Vanessa cardui* on the island of Hawaii.] Amer. Entomol., 3 ((N. S.) 1), 150, 1880 bm.
— *Odontota scutellaris*, Oliv., bad on a variety of trees. Amer. Entomol., 3 ((N. S.) 1), 151, 1880 bn.
— On a new Tineid genus allied to *Pronuba*, Riley. Amer. Entomol., 3 ((N. S.) 1), 155—156, 1880 bo. [Siehe:] Chambers, V. T.: 177—178.

— A parasite on *Prodoxus decipiens.* Amer. Entomol., **3** ((N. S.) **1**), 156, 1880 bp.
— A foe to cottonwood. The Streaked Cottonwood Beetle. Amer. Entomol., **3** ((N. S.) **1**), 159—161, 4 Fig., 1880 bq.
— Phylloxera-proof vines. Amer. Entomol., **3** ((N. S. **1**), 162, 1880 br.
— The northern Army Worm. Amer. Entomol., **3** ((N. S.) **1**), 170—171, 4 Fig., 1880 bs.
— The Periodical Cicada. Amer. Entomol., **3** ((N. S.) **1**), 172—173, 1880 bt.
— Use of Guano for Grape Phylloxera. Amer. Entomol., **3** ((N. S.) **1**), 173, 1880 bu.
— Grape Phylloxera not at the Cape. Amer. Entomol., **3** ((N. S.) **1**), 176, 1880 bv.
— (France affected by the Phylloxera.) [Aus:] Farmer's Review. Amer. Entomol., **3** ((N. S.) **1**), 176, 1880 bw.
— [Habits of a mud-wasp.] [Aus:] Grange Bulletin. Amer. Entomol., **3** ((N. S.) **1**), 176, 1880 bx.
— Development of the Eyes and Luminosity in the Fireflies. Amer. Entomol., **3** ((N. S.) **1**), 176, 1880 by.
— [Bill providing for the extermination of insects.] [Nach: Pacific Rural Press.] Amer. Entomol., **3** ((N. S.) **1**), 176—177, 1880 bz.
— Further remarks on the differences between *Pronuba* and *Prodoxus.* Amer. Entomol., **3** ((N. S.) **1**), 182, 1880 ca.
— The Grapevine Flea-beetle (*Graptodera chalybea* Illig.). Amer. Entomol., **3** ((N. S.) **1**), 183—184, 1 Fig., 1880 cb.
— Further Notes and Observations on the Army Worm. Amer. Entomol., **3** ((N. S.) **1**), 184—185, 214—215, 1880 cc. — ○ [Abdr.?, z. T.:] Scient. Amer., **57** ((N. S) **43**), 152, 1880.
— Sprinklers and atomizers. Amer. Entomol., **3** ((N. S.) **1**), 185—189, 12 Fig.; 211—214, 7 Fig., 1880 cd.
— The use of Pyrethrum. Amer. Entomol., **3** ((N. S.) **1**), 193—195, 1880 ce.
— [Colorado potato-beetle in New Hampshire.] Amer. Entomol., **3** ((N. S.) **1**), 195, 1880 cf.
— Retardet development in a blister beetle. Amer. Entomol., **3** ((N. S.) **1**), 196, 1880 cg.
— Ox-eye daisy as an insecticide. Amer. Entomol., **3** ((N. S.) **1**), 196, 1880 ch.
— State Entomologist for New York. Amer. Entomol., **3** ((N. S.) **1**), 197—198, 1880 ci.
— Economic Investigations in the South and West. Amer. Entomol., **3** ((N. S.) **1**), 198, 1880 cj.
— [Number of entomologists in Europe.] Amer. Entomol., **3** ((N. S.) **1**), 198, 1880 ck.
— Carnivorous propensity of plant-feeders. Amer. Entomol., **3** ((N. S.) **1**), 200, 1880 cl.
— Supplementary instructions to agents of the U. S. E. C. Amer. Entomol., **3** ((N. S.) **1**), 218, 1880 cm.
— Dimorphism in locusts (Acrididae). Amer. Entomol., **3** ((N. S.) **1**), 219—220, 1880 cn.
— A Scale-insect on Maple, hitherto unobserved by American Entomologists. Amer. Entomol., **3** ((N. S.) **1**), 220—221, 1880 co.
— How flight in insects is directed. [Ref.: nach Jousset de Bellesme.] Amer. Entomol., **3** ((N. S.) **1**), 221, 1880 cp.
— Entomological Legislation. Amer. Entomol., **3** ((N. S.) **1**), 222, 1880 cq.
— Entomological Work at the Department of Agriculture. Amer. Entomol., **3** ((N. S.) **1**), 222, 1880 cr.
— Destroying Codling Moth. [Nach: A. C. Cook, New York Tribune.] Amer. Entomol., **3** ((N. S.) **1**), 222—223, 1880 cs.
— Entomologists at Boston. Amer. Entomol., **3** ((N. S.) **1**), 223, 1880 ct.
— Winged Phylloxera in California. Amer. Entomol., **3** ((N. S.) **1**), 224—225, 1880 cu.
— Worm infesting Meal Sacks. Amer. Entomol., **3** ((N. S.) **1**), 229, 1880 cv.
— Hesperid Larva Feeding on Canna. Amer. Entomol., **3** ((N. S.) **1**), 229, 1880 cw.
— Grape-vine Apple-gall. Amer. Entomol., **3** ((N. S.) **1**), 229, 1 Fig., 1880 cx.
— Apple-tree Plant-lice in Oregon. Amer. Entomol., **3** ((N. S.) **1**), 229—230, 1880 cy.
— Phylloxera Work. — Wood-lice on Grape-vine Roots. Amer. Entomol., **3** ((N. S.) **1**), 230, 1880 cz.
— New hickory galls made by *Phylloxera.* Amer. Entomol., **3** ((N. S.) **1**), 230, 1880 da.
— Food habits of the Longicorn beetles or Wood Borers. Amer. Entomol., **3** ((N. S.) **1**), 237—239, 270—271, 1880 db.
— Additional experiments with Pyrethrum. Amer. Entomol., **3** ((N. S.) **1**), 242, 1880 dc.
— A new enemy to the Strawberry. Amer. Entomol., **3** ((N. S.) **1**), 242—243, 1 Fig., 1880 dd.
— The use of Paris Green. [Nach: Farmers-Review.] Amer. Entomol., **3** ((N. S.) **1**), 244, 1880 de.
— Insecticides now in use in the South for the protection of Cotton. Amer. Entomol., **3** ((N. S.) **1**), 245—247, 1880 df.
— A New Enemy to Corn. — The long-horned *Diabrotica.* Amer. Entomol., **3** ((N. S.) **1**), 247, 1880 dg.
— Migrations of Potato-beetles. Amer. Entomol., **3** ((N. S.) **1**), 247, 1880 dh.
— Phylloxera Congress in Spain. Amer. Entomol., **3** ((N. S.) **1**), 247, 1880 di.
— Shower of Water-Beetles. Amer. Entomol., **3** ((N. S.) **1**), 248, 1880 dj.
— The Grape Phylloxera not Permanently Destructive. Amer. Entomol., **3** ((N. S.) **1**), 248, 1880 dk.
— [Death of S. S. Haldeman.] Amer. Entomol., **3** ((N. S.) **1**), 248, 1880 dl.
— (Sale of silk-worm eggs.) Amer. Entomol., **3** ((N. S.) **1**), 248, 1880 dm.
— Insect Enemies of Growing Rice. Amer. Entomol., **3** ((N. S.) **1**), 253, 1880 dn.
— White waxy Secretion on Stems of Bitter Sweet. Amer. Entomol., **3** ((N. S.) **1**), 254, 1880 do.
— Glow-worm. Amer. Entomol., **3** ((N. S.) **1**), 254, 1 Fig., 1880 dp. — [Abdr.:?] Cult. Country Gentl., 35, 5, Fig.?, 1870.
— Prickly Ash Larva: Tachinid Eggs. Amer. Entomol., **3** ((N. S.) **1**), 254, 1880 dq.
— Worms on Cabbage: Boll Worm Feeding on Leaf. Amer. Entomol., **3** ((N. S.) **1**), 254, 1880 dr.
— Blind-eyed *Smerinthus.* Amer. Entomol., **3** ((N. S.) **1**), 254, 1880 ds.
○ Buggy Peas. Amer. Entomol., **3** ((N. S.) **1**), 254, 1880 dt.
— The use of funges growths to destroy insects. Amer. Entomol., **3** ((N. S.) **1**), 269—270, 1880 du.
— New Species of Scale Insects. Amer. Entomol., **3** ((N. S.) **1**), 275—276, 1880 dv.
— Pyrethrum for the Screw Worm. Amer. Entomol., **3** ((N. S.) **1**), 276, 1880 dw.

— Oviposition in the Tortricidae. Amer. Entomol., 3 ((N. S.) 1), 276, 1880 dx.
— Remedy for Cabbage-worms. Amer. Entomol., 3 ((N. S.) 1), 276, 1880 dy.
— About *Phora* being merely a Scavenger and not a true Parasite. Amer. Entomol., 3 ((N. S.) 1), 277, 1880 dz.
— Gall on Solidago Leaves. [*Cecidomyia carbonifera.*] Amer. Entomol., 3 ((N. S.) 1), 278, 1880 ea.
— Insects from Stomach of Lark, Robin, and Sun Fish. Amer. Entomol., 3 ((N. S.) 1), 278, 1880 eb.
— Oak Gall: *Cynips q-decidua* Bass. Amer. Entomol., 3 ((N. S.) 1), 278, 1880 ec.
— Supposed hibernating *Aletia* Chrysalis. Amer. Entomol., 3 ((N. S.) 1), 278, 1880 ed.
— On the natural history of certain Bee-flies (Bombyliidae). Amer. Entomol., 3 ((N. S.) 1), 279—283, 5 Fig., 1880 ee.
— On a new Pyralid infesting the seed pods of the Trumpet vine. Amer. Entomol., 3 ((N. S.) 1), 286—288, 2 Fig., 1880 ef.
— Experiments with yeast ferment on various insects. Amer. Entomol., 3 ((N. S.) 1), 289—290, 1880 eg.
— Notes on the imported Elm leaf-beetle. Amer. Entomol., 3 ((N. S.) 1), 291—292, 1880 eh.
— The bug in the pea. Amer. Entomol., 3 ((N. S.) 1), 292, 1880 ei.
— Synonyms of parasites: mistakes corrected. Amer. Entomol., 3 ((N. S.) 1), 293, 1880 ej.
— „A Mystery in reference to *Pronuba yuccasella.*" Amer. Entomol., 3 ((N. S.) 1), 293, 1880 ek.
— Excessive Injury by a Beetle in Russia. Amer. Entomol., 3 ((N. S.) 1), 294, 1880 el.
— Chemical Change in the Color of Butterflywings. Amer. Entomol., 3 ((N. S.) 1), 294, 1880 em.
— Mandible of *Lithocolletis guttifinitella.* Amer. Entomol., 3 ((N. S.) 1), 294, 1 Fig., 1880 en.
[Siehe:] Chambers, V. T.: 255—262.
— Fungus Foes. Amer. Entomol., 3 ((N. S.) 1), 297, 1880 eo.
— The Twig-Girdler. Amer. Entomol., 3 ((N. S.) 1), 297, 2 Fig., 1880 ep.
— Honey producing Oak-Gall. Amer. Entomol., 3 ((N. S.) 1), 298, 1880 eq.
— The Bedeguar of the Rose. Amer. Entomol., 3 ((N. S.) 1), 298, 1 Fig., 1880 er.
— Minute Borers in Cherry, Peach, and Plum Trees. Amer. Entomol., 3 ((N. S.) 1), 298, 1880 es.
— Smilax injured by Cut-worms. Amer. Entomol., 3 ((N. S.) 1), 298, 1880 et.
— The Cotton Worm. Summary of its natural history, with an account of its enemies, and the best means of controlling it; being a report of progress of the work of the commission. Bull. U. S. ent. Comm., 3, I—VI + 1—144, 84 Fig., Farbtaf. I, 1880 eu. — Neue Aufl. The Cotton Worm, together with a chapter on the Boll Worm. Rep. U. S. ent. Comm., I—XXXVIII + 1—399 S., 45 Fig., 64 Taf. (12 Farbtaf.); Appendix I—VIII, Notes, Index. [1]—[147] S., 1885.
[Darin]:
Burgess, Edward & Minot, Charles Sedgwick: On the Anatomy of *Aletia.* 45—58.
Smith, Eugene A...: The cotton belt. 59—80.
Barnard, W... S...: Machinery and devices for the destruction of the worm. 191—321.
Appendices:
Hubbard, Henry Guernsey: Report. [5]—[16].
Jones, R... W...: Report. [17]—[23].
Stelle, J... Parish: Report. [25]—[35].
Anderson, E... H...: Reports. [37]—[48].
Branner, John C...: Cotton caterpillars in Brazil. [49]—[54].
Jones, William J...: Report. [55]—[57].
— Dr. Hagen's mystery [*Prodoxus decipiens*]. Canad. Entomol., 12, 263—264, 1880 ev.
○ How to manage the cotton-worm: Suggestions to cotton planters. Farmer Rev., 1880, 8. July, 1880 ew.
○ London purple, as an insecticide. Farmer Rev., 4, 5, 1880 ex.
○ The bird question dispassionately considered. Farmer Rev., 4, 211, 1880 ey.
○ The cotton destroyers. N. Orleans Democrat, 5, Nr. 276, 8, 1880 ez. — ○ [Abdr.?:] Selma Times, 1880, 29. Sept., 1880. — ○ [Abdr.?:] South Enterprise, 5, 77—82, 1880. — [Abdr.?, z. T., veränd.:] Proc. Amer. Ass. Sci., 29 (1880), 642—649, 1881. — [Abdr.?:] Scient. Amer., (N. S.) 43 (57), 241, 1880. — [Abdr.?:] Amer. Entomol., (N. S.) 1 (3), 245—247, 1880. — ○ [Abdr.?:] Prairie Farmer, 51, Nr. 44, 2, 1880.
○ On army-worms. N. York weekly Sun, 1880, 20. June, 1880 fa.
○ The Cotton Worm Investigation. Selma Morning Times, 55, Nr. 190, 3, 1880 fb. — [Abdr.?:] Amer. Entomol., 3 ((N. S.) 1), 197, 1880.
○ Cotton-caterpillars. Selma Times, 1880, 25. June, 1880 fc.
○ Silk-culture in the United States. Condensed account of the silk-worm and how to inaugurate a new source of wealth. West. Farmer Almanac, 1881, 35—39, 4 Fig., 1880 fd.
— [Ref.] siehe Jousset de Bellesme, George Louis 1880.
— [Ref.] siehe MacLachlan, Robert 1880.
○ The periodical Cicada. Amer. Agricult., 40, 132, 5 Fig., 1881 a.
○ The Rocky Mountain locust alias Western grasshopper. Amer. Agricult., 40, 283—284, 6 Fig., 1881 b.
○ The chinch-bug. Amer. Agricult., 40, 515, 4 Fig., 1881 c.
— Larval Habits of Bee-flies (Bombyliidae). Amer. Natural., 15, 143—145, 3 Fig., 1881 d.
— Experiments with Pyrethrum: Safe Remedies for Cabbage Worms and Potato-Beetles. Amer. Natural., 15, 145—147, 1881 e.
— Insect Enemies of the Rice Plant. Amer. Natural., 15, 148—149, 1881 f.
— The „Yellow Fever Fly". Amer. Natural., 15, 150, 1881 g.
— Notes on the Grape *Phylloxera* and on laws to prevent its introduction. [Mit Angaben von Bush, Isidor.] Amer. Natural., 15, 238—241, 1881 h.
— Pyrethrum Seed. Amer. Natural., 15, 245, 1881 i.
— Legislation to control Insects injurious to Vegetation. [Nach Farmer's Review, 20. Jan. 1881.] Amer. Natural., 15, 322—323, 1881 j. — ○ [Abdr.?:] Indiana Farmer, 1881, 16. April, 1881.
— On some Interactions of Organisms. Amer. Natural., 15, 323—324, 1881 k.
— Plant-feeding Habits of Predaceous Beetles. Amer. Natural., 15, 325—327, 1881 l.
— Notes on *Papilio philenor.* Amer. Natural., 15, 327—329, 3 Fig., 1881 m.
— Exuviation in Flight. Amer. Natural., 15, 395, 1881 n.

— The Rascal Leaf-crumpler in Georgia. Amer. Natural., **15**, 400, 1881 o.
— Insects Affecting the China Tree. Amer. Natural., **15**, 401—402, 1881 p.
— Galls and Gall-insects. Amer. Natural., **15**, 402—403, 1881 q.
— Larval Habits of Bee-Flies. Amer. Natural., **15**, 438—447, Taf. VI, 1881 r.
— The Periodical Cicada, alias „Seventeenyear Locust." Amer. Natural., **15**, 479—482, 1 Fig.; Erratum. 578, 1881 s.
○ The „Water-weevil" of the Rice Plant. Amer. Natural., **15**, 482—483, 1881 t.
— A new species of Oak Coccid mistaken for a Gall. Amer. Natural., **15**, 482, 1881 u.
— The impregnated egg of *Phylloxera vastatrix*. Amer. Natural., **15**, 483—484, 1881 v. — ○ [Abdr.?:] Amer. Vine Grape Grower, **3**, 104, 1881.
— Works on North American Micro-Lepidoptera. Amer. Natural., **15**, 484—486, 1881 w.
— Moths Mistaken for *Aletia*. Amer. Natural., **15**, 486—487, 1881 x.
— Specific Value of *Apatura alicia* Edw. Amer. Natural., **15**, 487, 1881 y.
— Scale Insect on Raspberry. Amer. Natural., **15**, 487, 1881 z.
— Dimorphism in Cynipidae. Amer. Natural., **15**, 566, 1881 aa.
— Blepharoceridae. Amer. Natural., **15**, 567—568, 748, 1881 ab.
— The Cultivation of Pyrethrum and Manufacture of the Powder. Amer. Natural., **15**, 569—572, 744—746, 817—819, 1881 ac.
— Hudson bay Lepidoptera. [Nach Weir z. T.] Amer. Natural., **15**, 572—573, 1881 ad.
— Promotion of Silk-culture in California. Amer. Natural., **15**, 749, 1881 ae.
— A New Imported Enemy to Clover. Amer. Natural., **15**, 750—751; The New Imported Clover Enemy. 912—914, 1881 af.
— Another Enemy of the Rice Plant. Amer. Natural., **15**, 751, 1881 ag.
— Trade in Insects. Amer. Natural., **15**, 573, 1881 ah.
— Ants Injurious in Arizona. Amer. Natural., **15**, 573—574, 1881 ai.
— Covering of Egg-puncture mistaken for *Dorthesia*. Amer. Natural., **15**, 574, 1881 aj.
— [*Dolerus unicolor*.] Amer. Natural., **15**, 574, 1881 ak.
— Supposed Army Worm in New York and other Eastern States. Amer. Natural., **15**, 574—577, 1881 al.
— Migration of Butterflies. Amer. Natural., **15**, 577, 1881 am.
— Carrying out the Law. Amer. Natural., **15**, 578, 1881 an.
— The Caterpillar Nuisance in Cities: How to Suppress it. Amer. Natural., **15**, 747—748, 1 Fig., 1881 ao.
— Remarkable Case of Retarded Development. Amer. Natural., **15**, 748—749, 1881 ap.
— Locust Flights in Dakota. Amer. Natural., **15**, 749—750, 1881 aq.
— The genuine army-worm in the West. Amer. Natural., **15**, 750, 1881 ar.
— The Hessian Fly. Amer. Natural., **15**, 750, 1881 as.
— Canker Worms. Amer. Natural., **15**, 751, 1881 at.
— Notes on *Hydrophilus triangularis*. Amer. Natural., **15**, 814—817, 2 Fig., 1881 au.
— Migration of Plant Lice from one Plant to another. Amer. Natural., **15**, 819—820, 1881 av.
— Phylloxera Laws. Amer. Natural., **15**, 821, 1881 aw.
— One half the Vine area of France affected by *Phylloxera*. Amer. Natural., **15**, 821, 1881 ax.
— London Purple and Paris Green. Amer. Natural., **15**, 821, 1881 ay.
— Entomologist for the Pacific Coast. Amer. Natural., **15**, 821—822, 1881 az.
— Odor in Butterflies. Amer. Natural., **15**, 822, 1881 ba.
— Locusts in Nevada. Amer. Natural., **15**, 822, 1881 bb.
— The Permanent Subsection of Entomology at the recent meeting of the A. A. A. S. Amer. Natural., **15**, 909—912, 1008—1011, 1881 bc.
— *Crambus vulgivagellus*. Amer. Natural., **15**, 914—915, 1881 bd.
— Larval Habits of Sphenophori that attack Corn. Amer. Natural., **15**, 915—916, 1881 be.
— Effect of Drought on the Hessian Fly. Amer. Natural., **15**, 916, 1881 bf.
— *Simulium* from Lake Superior. Amer. Natural., **15**, 916, 1881 bg.
[Siehe:] Entomological Notes. 330.
— Coleopterous Cave Fauna of Kentucky. [Nach Hubbard.] Amer. Natural., **15**, 916—917, 1881 bh.
— Severe Cold and Hibernating Apple-worms. [Nach A. J. Cook.] Amer. Natural., **15**, 917, 1881 hi.
— Entomology in Buffalo, N. Y. Amer. Natural., **15**, 917, 1881 hj.
— Retarded development in insects. Amer. Natural., **15**, 1007—1008, 1881 bk. — [Abdr.:] Proc. Amer. Ass. Sci., **30** (1881), 270—271, 1882.
— Another Herbivorous Ground-beetle. Amer. Natural., **15**, 1011, 1881 bl.
— A Disastrous Sheep Parasite. Amer. Natural., **15**, 1011, 1881 bm.
— *Phylloxera* not at the Cape. Amer. Natural., **15**, 1011—1012, 1881 bn.
— Resistance of Grape-vines to *Phylloxera* in sandy Soil. [Nach Farmer's Review.] Amer. Natural., **15**, 1012—1013, 1881 bo.
— Locusts in the West. Amer. Natural., **15**, 1013, 1881 bp.
— Insect Collection for Sale. [C. Trabant.] Amer. Natural., **15**, 1014, 1881 bq.
— *Antigaster* vs. *Eupelmus*. Canad. Entomol., **13**, 114, 1881 br.
○ The periodical Cicada alias „seventeen year locust". Farmer Rev., **6**, 370, 1881 bs.
○ Directions for cultivating pyrethrum for insect powder. Garden. monthly Philadelphia, **23**, 172—173, 1881 bt.
— Sur le *Phylloxera* et les lois destinées à empêcher son introduction dans les localités non infestées. Journ. Microgr., **5**, 186—188, 1881 bu.
○ Locusts and locusts. N. York Tribune, **1881**, 22. June, 1881 bv.
— Lepidopterological notes. Papilio, **1**, 106—110, 1881[1]); Amer. Natural., **15**, 751—752, 1881[2]) bw.
○ Further Notes on the Pollination of Yucca and on *Pronuba* and *Prodoxus*. Proc. Amer. Ass. Sci., **29** (1880), 617—639, 16 Fig., 1881 bx.

[1]) Vor dem Druck des ganzen Bull. U. S. Ent. Comm., **6**, erfolgte Veröffentlichung der S. 56—58, 82—83 aus Riley „General Index and Supplement to the nine Reports . . . 1881.
[2]) desgl. S. 55—56.

— Some recent Practical Results of the Cotton Worm [*Aletia argillacea.* Hübn.]. Inquiry by the U. S. Entomological Commission. Proc. Amer. Ass. Sci., **29** (1880), 642—649, 1881 by.
— The hitherto unknown Life-habits of two genera of Bee-flies (Bombyliidae.). Proc. Amer. Ass. Sci., **29** (1880), 649, 1881 bz.
○ Peach-tree bark-borer. Rur. N. Yorker, **40**, 866, 1881 ca.
○ A remarkable case of retarded development. Scient. Amer., (N. S.) **45 (59)**, 116, 1881 cb.
○ Cotton-worms and Cicadas. Prof. Stelle's logic! Selma Times, **1881**, 19. July, 1881 cc.
— Notes on North American Microgasters, with descriptions of New species. Trans. Acad. Sci. St. Louis, **4** (1878—86), 296—315, 9 Fig., [1881] cd.
— [Ref.] siehe Fedarb, J . . . 1881.
— [Ref.] siehe Hagen, Herman August 1881.
— [Ref.] siehe Horn, George Henry 1881.
— [Ref.] siehe Lintner, Joseph Albert 1881.
— [Ref.] siehe Mik, Josef 1881.
— On the Oviposition of *Prodoxus decipiens.* Amer. Natural., **16** (1881), 62—63, 1882 a. — [Abdr.:] Proc. Amer. Ass. Sci., **30** (1881), 272, 1882.
— Clover Insects. Amer. Natural., **16**, 63, 1882 b.
— New Insects Injurious to agriculture. Amer. Natural., **16**, 151—152, 1882 c. — [Abdr.:] Proc. Amer. Ass. Sci., **30** (1881), 272—273, 1882.
— New entomological periodicals. Amer. Natural., **16**, 152—153, 1882 d.
— Locust probabilities for 1882. Amer. Natural., **16**, 153, 1882 e.
— List of North America Cynipidae. Amer. Natural., **16**, 246, 1882 f.
— A new depredator infesting wheat-stalks. Amer. Natural., **16**, 247—248, 1 Fig., 1882 g.
— Further notes on the imported Cloverleaf Weevil (*Phytonomus punctatus*). Amer. Natural., **16**, 248—249, 1882 h.
— Silk-worm Eggs; Prices and where obtained. Amer. Natural., **16**, 249—250, 1882 i.
— Possible Food-plants for the Cotton-worm. Amer. Natural., **16**, 327—329, 1882 j.
— Lichtenstein's Theory as to Dimorphic, asexual Females. Amer. Natural., **16**, 409, 1882 k.
— Naphthaline Cones for the protection of Insect Collections. Amer. Natural., **16**, 409—410, 1882 l.
— *Sarcophaga lineata* destructive to Locusts in the Dardanelles. Amer. Natural., **16**, 410—411, 1882 m.
— Habits of *Cybocephalus.* Amer. Natural., **16**, 514, 1882 n.
— One Effect of the Mississippi floods. Amer. Natural., **16**, 514—515, 1882 o.
— *Doryphora 10-lineata* in England. Amer. Natural., **16**, 515, 1882 p.
— Dr. Dimmock's inaugural dissertation. Amer. Natural., **16**, 515, 1882 q.
— The Triungulin of Meloidae. Amer. Natural., **16**, 515, 1882 r.
— Hibernation of the Army Worm. Amer. Natural., **16**, 516, 1882 s.
— Repelling Insects by Malodorants. Amer. Natural., **16**, 596, 1882 t.
— Habits of *Coscinoptera dominicana.* Amer. Natural., **16**, 598, 1882 u.
— Change of Habit; two new ennemies of the Egg-plant. Amer. Natural., **16**, 678—679, 1882 v.
— Notes on Microgasters. Amer. Natural., **16**, 679—680, 1882 w.
[Siehe:] Packard, Alpheus Spring: Proc. Boston Soc. nat. Hist., **21**, 18—38, 1881.
— Probable Sound Organs in Sphingid Pupae. Amer. Natural., **16**, 745—746, 1882 x.
— Is *Cyrtoneura* a Parasite or Scavenger? Amer. Natural., **16**, 746—747, 1882 y.
— *Dinoderus pusillus* as a Museum pest. Amer. Natural., **16**, 747, 1882 z.
— Habits of *Polycaon confertus* Lec. Amer. Natural., **16**, 747, 1882 aa.
— Myrmecophilous Coleoptera. Amer. Natural., **16**, 747—748, 1882 ab; *Hymenorus rufipes* as a myrmecophilous species. **17**, 1176, 1883.
— Discontinuance of Publication. [Revue coléoptérologique.] Amer. Natural., **16**, 748, 1882 ac.
— Buffalo Tree-hopper [*Ceresa bubalus* F.] injurious to Potatoes. Amer. Natural., **16**, 822—823, 1882 ad.
— Moths Attracted by Falling Water. Amer. Natural., **16**, 826, 1882 ae.
— The Buckeye Leaf stem Borer. Amer. Natural., **16**, 913—914, 1882 af.
— Efficacy of Chalcid egg-parasites. Amer. Natural., **16**, 914—915, 1882 ag.
— On the Biology of *Gonatopus pilosus* Thoms. Amer. Natural., **16**, 915, 1882 ah.
— Species of Otiorhynchidae injurious to Cultivated Plants. Amer. Natural., **16**, 915—916, 1882 ai.
— A Butterfly Larva injurious to Pine Trees. Amer. Natural., **16**, 1015—1016, 1882 aj.
— The Army-Worm in 1882. Amer. Natural., **16**, 1017, 1882 ak.
— The Wheat-stalk worm on the Pacific coast. Amer. Natural., **16**, 1017—1018, 1882 al.
○ Orange insects and the cottonworm; how the orange insect operates and the cure for its ravages; the hibernations of the cotton-worm; settlement of a mooted question. Florida daily Times, **1882**, 29. March, 1882 am.
○ Prof. C. V. Riley and the Yucca moth. Garden. monthly Philadelphia, **24**, 92, 1882 an.
○ *Cicada septendecim.* Garden. monthly Philadelphia, **24**, 274—275, 1882 ao.
○ The silk-worm. No. 1—3. National Farmer, **1882**, 13., 20., 27. July, 1882 ap.
— The Utilisation of Ants in Horticulture. Nature London, **26**, 126, 1882 aq. — [Abdr.?:] Garden. Chron., **17**, 805, 1882.
— The hibernation of *Aletia xylina* (Say), in the United States, a settled fact. Nature London, **27**, 214, 1882 ar. — [Abdr.:] Proc. Amer. Ass. Sci., **31** (1882), 468—469, 1883. — [Abdr.:] Amer. Natural., **17**, 420—421, 1883. — [Abdr.?:] Scient. Amer., **48**, 68, 1883.
— The Noctuidae in the Missouri Entomological Reports. Papilio, **2**, 41—44, 1882 as.
— *Xylina cinerea.* Papilio, **2**, 101—102, 1882 at.
○ The house-fly. Prairie Farmer, **1882**, 13. May, 1882 au. — ○ [Abdr.?:] Colman rur. World, 15. June, 1882. — ○ [Abdr.?:] Times-Democrat N. Orleans, 24. June, 1882.
— Darwin's work in entomology. Proc. biol. Soc. Washington, **1** (1880—82), 70—80, 1882 av.[1])
○ The wheat *Isosoma.* A new depredator infesting wheatstalks. Rur. N. Yorker, **41**, 4. March, 1882 aw.

---

[1]) laut Umschlagbl. 1883.

○ Chinch-bug and army-worm prospects. Rur. N. Yorker, **41**, 27. May, 1882 ax.

○ The army-worm vs. the clover hay-worm. Remedies for the army-worm. Rur. N. Yorker, **41**, 10. June, 1882 ay. — ○ [Abdr.?:] National Farmer, **1882**, 22. June, 1882. — ○ [Abdr.?:] Lancaster Farmer, **1882**, July, 1882. — ○ [Abdr.:] Home and Farm, **1882**, 1. July, 1882.

○ Remarkable felting caused by a beetle. [Mit Angaben von Henry Hales.] Rur. N. Yorker, **41**, 699—700, 1882 az. — [Abdr., veränd.:] Amer. Natural., **16**, 1018—1019, 1882.

○ The bean-weevil. Rur. N. Yorker, **41**, 835, 1882 ba.

○ Little known facts about well known animals. A lecture delivered in the national Museum, Washington, D. C., April 8, 1882 bb. Saturday Lectures, **1882**, Nr. 5, 1—32, 15 Fig., 1882.

○ Silk-culture in the United States. Scient. Amer., (N. S.) **46** (**60**), 193, 1882 bc.

○ Successful management of the insects most destructive to the orange. Scient. Amer., (N. S.) **46** (**60**), 335—336, 5 Fig., 1882 bd.

— Descriptions of some New Tortricidae (Leaf-rollers). Trans. Acad. Sci. St. Louis, **4** (1878—86), 316—324, [1882] be.

○ The cotton-worm. West. Farmer Almanac, **1883**, 40, 1882 bf. — ○ [Abdr.?:] Times Democrat N. Orleans, **1882**, 4, 1882.

○ Pyrethrum, an important insecticide. West. Farmer Almanac, **1883**, 41—42, 1882 bg.

— siehe Bush, ... & Riley, Charles Valentine 1882.

— [Ref.] siehe Chambers, Victor Toucey 1882.

— siehe Lockwood, Samuel & Riley, Charles Valentine 1882.

— siehe Meade, Richard Henry & Riley, Charles Valentine 1882.

— New Lists of North American Lepidoptera. Amer. Natural., **17**, 80—82, 1883 a.

— The „Cluster Fly". Amer. Natural., **17**, 82—83, 1883 b. — ○ [Abdr.?:] Prairie Farmer, **54**, 7, 1882.

— Naphthaline Cones. Amer. Natural., **17**, 83—84, 1883 c.

— Natural Sugaring. Amer. Natural., **17**, 197—198, 1883 d. — [Abdr., z. T.:] Entomologist, **16**, 239, 1883. — ○ [Abdr.?:] Country Gentl. **48**, 31. May 1883.

— *Trogoderma tarsale* as a Museum Pest. Amer. Natural., **17**, 199, 1883 e.

— *Phylloxera* in California. Amer. Natural., **17**, 199—200, 1883 f.

— Food-habits of *Megilla maculata.* Amer. Natural., **17**, 322—323, 1883 g.

— Damage to Silver Plate by Insects. Amer. Natural., **17**, 420, 1883 h.

— Possible Food-plants of the Cotton-worm. Amer. Natural., **17**, 421—422, 1883 i.

— *Agrotis messoria* Harr. vs. *Agrotis scandens* Riley. Amer. Natural., **17**, 422, 2 Fig., 1883 j.

— Prevalence of the Screw-worm in Central America. Amer. Natural., **17**, 423, 1883 k.

— Dried Leaves as food for Lepidopterous Larvae. Amer. Natural., **17**, 423—424, 1883 l.

— Obituary [G. W. Belfrage & F. W. Maeklin]. Amer. Natural., **17**, 424, 1883 m.

— Lepidopterological Notes. Amer. Natural., **17**, 424, 1883 n.

— Insects as Food for Man. [Nach: Buchner, Max: Das Ausland, 8. Januar, S. 23, 1883.] Amer. Natural., **17**, 546—547, 1883 o.

— Numbers of Molts and Length of Larval Life as influenced by Food. Amer. Natural., **17**, 547—548, 1883 p.

— Mosquitos vs. Malaria. [Nach A. F. A. King.] Amer. Natural., **17**, 549, 1883 q.

— A pretty and unique gall-making Tortricid. Amer. Natural., **17**, 661, 1 Fig., 1883 r.

— *Simulium* feeding on other Insects. Amer. Natural., **17**, 661—662, 1883 s.

— Death of Professor Zeller. Amer. Natural., **17**, 663, 1883 t.

— Protection of Insect Collections. Amer. Natural., **17**, 663—664, 1883 u.

— The Chigoe in Africa. [Nach Burton & Cameron: „To the Gold Coast for Gold".] Amer. Natural., **17**, 664, 1883 v.

— A unique and beautiful Noctuid. Amer. Natural., **17**, 788—790, 1 Fig., 1883 w.

— Insects affecting stored Rice. Amer. Natural., **17**, 790, 1883 x. — [Abdr.:] Entomologist, **17**, 167—168, 1884.

— Hypermetamorphoses of the Meloidae. Amer. Natural., **17**, 790—791, 1883 y.

— The old, old question of Species. Amer. Natural., **17**, 975, 1883 z.

— *Myrmecophila.* Amer. Natural., **17**, 975—976, 1883 aa.

— Salt-water Insects used as Food. Amer. Natural., **17**, 976—977, 1883 ab.

— Food-plants of *Samia cynthia.* Amer. Natural., **17**, 977, 1883 ac.

— Bitten by an Aphid? Amer. Natural., **17**, 977, 1883 ad.

— *Steganoptycha claypoleana.* Amer. Natural., **17**, 978, 1883 ae. — [Abdr.:] Papilio, **3**, 191, 1883.

— Entomology at Minneapolis. Amer. Natural., **17**, 1068—1070, 1169—1174, 1883 af.

○ (Notes on *Paedisca Scudderiana.*) Amer. Natural., **17**, 1069—1070, 1883 ag. — [Abdr.?:] Canad. Entomol., **15**, 170, 1883.

— A Myrmicophilous Lepidopteron. Amer. Natural., **17**, 1070, 1883 ah.

— Enemies of the Egg-plant. Amer. Natural., **17**, 1070, 1883 ai.

— Habits of *Murmidius.* Amer. Natural., **17**, 1071, 1883 aj.

— Economic Notes. Amer. Natural., **17**, 1073—1074, 1883 ak.

— Remarks on *Arzama obliquata.* [Mit Angaben von Kellicott.] Amer. Natural., **17**, 1169, 1883 al.

— *Cantharis nuttalli* injuring wheat. Amer. Natural., **17**, 1174, 1883 am.

— Rare Monstrosities. Amer. Natural., **17**, 1175, 1883 an.

— Saw-fly Larvae on the Quince. Amer. Natural., **17**, 1289, 1883 ao.

— The Growth of Insect Eggs. Amer. Natural., **17**, 1289, 1883 ap.

○ Insect plagues. Boston Herald, **1883**, 22. July, 1883 aq.

— Notice of an „Illustrated Essay on the Noctuidae of North America." Bull. Brooklyn ent. Soc., **5**, 77—79, (1882—83) 1883 ar.

— On a gall-making genus of Apioninae. Bull. Brooklyn ent. Soc., **6**, 61—62, (1883—84) 1883 as.

— [Herausgeber] Reports of experiments, chiefly with kerosene, upon the insects injuriously affecting the orange tree and the cotton plant. Bull. U. S. Dep. Agric. Ent., Nr. 1, 1—62, [17. April] 1883 at.
[Darin:]
Hubbard, Henry Guernsey: Miscellaneous notes on orange insects. 9—18.
Voyle, Joseph: Experiments upon Scale-insects affecting the orange. 19—30.
Wal, J... C...: Report of observations and experiments. 31—45.
Jones, R... W...: Report of observations and experiments on the Cotton-worm (*Aletia xylina*). 47—51.
Johnson, Judge Lawrence: Report upon the Cotton-Worm, Boll-Worm, and other insects. 53—58.

— [Herausgeber] Reports of observations on the Rocky Mountain Locust and the Chinch Bug, together with extracts from the correspondence of the division on miscellaneous insects. Bull. U. S. Dep. Agric. Ent., Nr. 2, 1—36, [17. April] Sec. Edit. [16. Sept], 1883 au.
[Darin:]
Bruner, Lawrence: Report of observations in the northwest on the Rocky Mountain Locust. 7—22, 29.
Forbes, Stephen Alfred: Experiments on Chinch Bugs. 23—25.
Hubbard, Henry Guernsey: The aid of spiders in the spread of scale insects. 30—31.
Forshay, Simon: The seventeen-year cicada in New York. 31—32.
Voyle, Joseph: The effect of frost upon scale-insects. 33.

— [Herausgeber] Reports of observations and experiments in the practical work of the division. Bull. U. S. Dep. Agric. Ent., Nr. 3, 1—75, Taf. I—III (Taf. I—II farb.), [8. Dez.] 1883 av.
[Darin:]
Packard, Alpheus Spring: Notes on forest-tree insects. 24—30.
Anderson, E... H...: Report upon the Cotton Worm in South Texas in the spring and early summer of 1883. 31—38.
Barnard, William Stebbing: Experimental tests of machinery designed for the destruction of the Cotton Worm. 39—48.
Bailey, James Spencer: On some of the North American Cossidae, with facts in the life history of *Cossus centerensis* Lintner. 49—55, Farbtaf. I—II.
McMurtrie, William: Report on the examination of raw silks. 56—71, Taf. III.

— Dipterous enemies of the *Phylloxera vastatrix*. Canad. Entomol., **15**, 39, 1883 aw.

— Circular of inquiry concerning Canker-worms. Canad. Entomol., **15**, 114—115, 1883 ax.

— Hackberry Psyllid galls. Canad. Entomol., **15**, 157—159, 2 Fig., 1883 ay.

— [Notes on *Helia americalis* and *Arsame obliquata*.] Canad. Entomol., **15**, 171, 1883 az.

— [The various methods of imaginal exit in stem-boring Lepidoptera.] Canad. Entomol., **15**, 175—176, 1883 ba.

○ The „lignified snake of Brazil". Evening Star Washington, **61**, 2, 1883 bb. — ○ [Abdr.?:] Scient. Amer., Suppl., 17. Febr., 1883.

○ [Raspberry canes punctured by *Orchelimum glaberrimum*.] Fruit Record. Purdy, **15**, 1. Dec., 1883 bc.

○ Observations on the fertilization of Yucca and on structural and anatomical peculiarities in *Pronuba* and *Prodoxus*. Garden. monthly Philadelphia, **25**, 118—119, 1883 bd. — [Abdr.?:] Proc. Amer. Ass. Sci., **31** (1882), 467—468, 1883.
[Ref.:] Amer. Natural., **17**, 197, 1883.

○ Concerning canker-worms. Indiana Farmer, **1883**, 3. March, 1883. — ○ [Abdr.?:] Prairie Farmer **1883**, 3. March, 1883 be. — ○ [Abdr.?:] Pacific rur. Press, **1883**, 10. March, 1883. — ○ [Abdr.?:] Garden. monthly Philadelphia, **25**, 1883.

— The capitalizing of specific names. Papilio, **3**, 62; Capitalizing specific names. 105, 164—166, 1883 bf.

— Townend Glover [Nekrolog]. Papilio, **3**, 167—168, 1883 bg.

○ Entomological notes of the year. Prairie Farmer, **55**, 24. Nov., 1883 bh.

— The hibernation of *Aletia xylina*, Say, in the United States, a settled fact. Proc. Amer. Ass. Sci., **31** (1882), 468—469, 1883 bi. — [Abdr.:] Nature London, **27** (1882—83), 214, (1883) 1882.

— Emulsions Petroleum and their value as insecticides. Proc. Amer. Ass. Sci., **31** (1882), 469—470, 1883 bj. — ○ [Abdr.?:] Kansas City Rev. Sci. Indust., **7**, 447—448, 1883.

— Jumping Seeds and Galls. Proc. U. S. nat. Mus., **5** (1882), 632—635, 1 Fig., 1883 bk.

○ Fostering the study of economic entomology. Rur. N. Yorker, **41**, 12. Febr., 1883 bl. — [Abdr.?:] Amer. Natural., **17**, 420, 1883.

○ Diseases of the chinch-bug. Rur. N. Yorker, **42**, 17. Febr., 1883 bm.

○ The potato-stalk borer. Rur. N. Yorker, **42**, 12. May, 20. Oct., 1883 bn.

○ The corn-root *Diabrotica*. Rur. N. Yorker, **42**, 9. June, 1883 bo.

○ Egg-punctures on raspberry- and grape-vines, etc. Rur. N. Yorker, **42**, 30. June, 1883 bp.

○ Silk culture in the United States. Rur. N. Yorker, **42**, 14. July, 1883 bq.

○ Extermination and restriction of *Phylloxera* in Switzerland. Rur. N. Yorker, **42**, 25, Aug., 1883 br.

○ A parasite of the cabbage-worm. Rur. N. Yorker, **42**, 6. Oct., 1883 bs.

○ The handmaid moth. Rur. N. Yorker, **42**, 13. Oct., 1883 bt.

○ A satisfactory remedy for melon bugs, flea-beetles, etc. Rur. N. Yorker, **42**, 3. Nov., 1883 bu.

○ The Phylloxera in sandy soil. Rur. N. Yorker, **42**, 1. Dec., 1883 bv.

— Larval stages and habits of the bee-fly *Hirmoneura*. Science, **1**, 332—334, 3 Fig.; Nemestrinidae. 513, 1883 bw.

— Elephantiasis, or Filaria disease. Science, **1**, 419—421, 1 Fig., 1883 bx.

— The grape Phylloxera in France. Science, **1**, 576—578, 1883 by.

— Some recent discoveries in reference to Phylloxera. Science, **2**, 336—337, 1883 bz. — [Abdr.:] Proc. Amer. Ass. Sci., **32** (1883), 320, 1884. — [Abdr.:] Amer. Natural., **17**, 1288, 1883.

— The Psyllidae of the United States. Science, **2**, 337, 1883 ca. — [Abdr.:] Proc. Amer. Ass. Sci., **32** (1883), 319, 1884.

○ Improved Method of Spraying Trees for protection against Insects. Science, **2**, 378, 1883 cb. — [Abdr.:] Proc. Amer. Ass. Sci., **32** (1883), 466—467, 1884.
— The chinch-bug in New York. Science, **2**, 621, 1883 cc. — ○ [Abdr.?:] Scient. Amer., **49**, 384, 1883. — [Abdr.?:] Amer. Natural., **18**, 79—80, 1884.
○ Utilization of ants in horticulture. Scient. Amer., (N. S.) **48** (**62**), 49, 1883 cd.
○ Elm-leaf beetle. Scient. Amer., **48**, 16. June, 1883 ce.
○ Bacterial disease of the imported Cabbage-Worm. Scient. Amer., **49**, 337, 1883 cf. — [Abdr.?:] Amer. Natural., **18**, 80, 1884.
○ *Lucilia macellaria.* Scient. Amer., **49**, 373, 1883 cg.
○ Dipterous larvae in the human body. Scient. Amer., **49**, 385, 1883 ch.
○ Economic entomology of Iowa. Scient. Amer., **49**, 14. July, 1883 ci.
○ The imported orchard *Scolytus* (*Scolytus rugulosus* Ratz.). Thomasville Times, **1883**, 10. Nov., 1883 cj.
— [Ref.] siehe Fischer, Ernst 1883.
— [Ref.] siehe Hagen, Herman August 1883.
— [Ref.:] siehe Saunders, Sidney Smith 1883.
— [Ref.] siehe Scudder, Samuel Hubbard 1883.
○ Quelques mots sur les insecticides aux États-Unis et proposition d'un nouveau remède contre le Phylloxera. Communication faite à la Société d'Agriculture de l'Hérault à la séance du 30 Juin, 1884. 1 (unn.) + 8 S., Montpelier, 1884 a. — ○ [Abdr.:] Messag. agric. Midi, (3) **5**, 255—265, 1884. — ○ [Abdr.:] Vigne Amer., **8**, 207, 1884.
[Ungar. Übers.:] Ujabb rovarirtó szerek. Rovart. Lapok, **1** 157—165; [Franz. Zus.fassg.:] Sur quelques Insecticides nouveaux. **1**, Suppl. XIX—XXII, 1884.
— Department of Agriculture. Bureau of Entomology. Catalogue of the Exhibit of Economic Entomology at the World's Industrial and Cotton Centennial Exposition, New Orleans, 1884—85. 8°, 95 S., Washington, 1884 b.
— Osage Orange vs. Mulberry for the Silkworm. [Nach: Virion des Lauriers.] Amer. Natural., **18**, 78—79, 1884 c.
— Bacterial Disease of the imported Cabbage-worm. Amer. Natural., **18**, 80, 1884 d.
— The Hessian Fly. Amer. Natural., **18**, 194—195, 1884 e.
— *Acronycta betulae*, N. Sp. Bull. Brooklyn ent. Soc., **7**, 2—3, 1 Fig., (1884—85) 1884 f.
— A new insect injurious to Wheat. Bull. Brooklyn ent. Soc., **7**, 111—112, (1884—85) 1884 g. — [Abdr.:] Ann. Mag. nat. Hist., (5) **15**, 356, 1885.
— [Herausgeber] Reports of observations and experiments in the practical work of the division, made under the direction of the entomologist, together with extracts from correspondence on miscellaneous insects. Bull. U. S. Dep. Agric. Ent., Nr. 4, 1—102, 4 Fig., [3. Mai] 1884 h.
[Darin:]
Smith, John Bernhard: Report upon Cranberry and Hop Insects. 9—50, 4 Fig.
Bruner, Lawrence: Observations on the Rocky Mountain Locust during the summer of 1883. 51—62.
Branner, John Casper: Preliminary Report of Observations upon Insects Injurious to Cotton, Orange, and Sugar Cane in Brazil. 63—69.
Voyle, Joseph: Report on the Effects of Cold upon the Scale Insects of the Orange in Florida. 70—73.
— Habits of *Grapholitha olivaceana.* Entomol. monthly Mag., **21**, 67, (1884—85) 1884 i.
— On the Dimorphism of *Teras Oxycoccana*, Pack. Papilio, **4**, 71—72, 1884 j.
— Remedies for various insects. Prairie Farmer, **56**, 470, 1884 k.
○ Recent advances in economic entomology. Proc. phil. Soc. Washington, **7**, 10—12, 1884 l. — ○ [Abdr.?:] Kansas City Rev. Sci. Indust., **1884**, 13—15, 1884.
○ Recent outbreaks of the army-worm. Rur. N. Yorker, **43**, 19, 1884 m.
○ The harlequin cabbage-bug, etc. Rur. N. Yorker, **43**, 70, 1884 n.
○ Oviposition of the round-headed apple-tree borer. Rur. N. Yorker, **43**, 132, 1 Fig., 1884 o.
○ The apple-root borer. Rur. N. Yorker, **43**, 831, 1884 p.
— Entomography of *Hirmoneura.* Science, **3**, 488, 1884 q.
— *Rhyssa* not lignivorous. Science, **4**, 486, 1884 r.
— The insects of the year. Science, **4**, 565—568, 1884 s.
○ Maple-tree insects. Scient. Amer., **59**, 325, 1884 t.
○ General Truths in Applied Entomology. Essay. Trans. Georgia State Agric. Soc., **1884**, 153—159, 1884 u. — [Abdr.?:] Rep. U. S. Comm. Agric., **1884**, 323—330, 1884. — [Abdr.?:] Garden. Chron., **23**, 785—786, 1885.
○ Fruit culture in the South. Washington Post, **1884**, 26. Febr., 1884 v.
— [Ref.] siehe Wyckoff, William C . . . 1884.
— siehe Fitch, Edward Arthur & Riley, Charles Valentine 1884.
○ The periodical or seventeen-year Cicada. Amer. Grange Bull., **1885**, 11. June, 1885 a.
— The Chinch Bug. Amer. Natural., **15**, 820—821, 1885 b.
— The Periodical Cicada. An account of *Cicada septendecim* and its *tredecim* race, with a chronology of all broods known. Bull. U. S. Dep. Agric. Ent., Nr. 8, 1—46, 7 Fig., 1885 c.
○ [Silk-worm eggs.] Circ. U. S. Dep. Agric. Ent., No. 9, 1 S., 1 Fig., 1885 d. — ○ [Abdr.?:] Pacific rur. Press, **29**, 469, 1885. — ○ [Abdr.?:] Weekly Times Democrat (N. Orleans), **1885**, 23. May 1885. — ○ [Abdr.?:] Rur. Calif., **80**, 122, 1885. — ○ [Abdr.?:] Scient. Amer., **19**, Suppl. 7859, 1885.
○ The probabilities of locust or „grass-hopper" injury in the near future, and a new method of counteracting their injury. Colman's rur. World, **38**, 348, 1885 e. — [Abdr.?:] Proc. Amer. Ass. Sci., **34** (1885), 519—520, 1886. — ○ Proc. Soc. Promot. agric. Sci., **6**, 38—39, 1886. — ○ [Abdr.?:] Michigan Christ. Herald, **1885**, 3. Sept., 1885. — ○ [Abdr.?:] Prairie Farmer, **57**, 669, 1885. — ○ [Abdr.?:] Amer. Grange Bull. **1885**, 5. Nov., 1885.
○ Beetles in the corn-fields. Daily Gate City Keokuk (Iowa), **1885**, 23. June, 1885 f.
— [Collections of the National Museum.] Ent. Amer., **1**, 55, (1885—86) 1885 g.
— The Influence of Climate on *Cicada septendecim.* Ent. Amer., **1**, 91, (1885—86) 1885 h.
— [*Euphanessa mendica*, etc.] Ent. Amer., **1**, 170, (1885—86) 1885 i.
— Notes on the principal Injurious Insects of the year. Ent. Amer., **1**, 176—178, (1885—86) 1885 j.

- ○ The periodical or seventeen-year Cicada. Harper's weekly, **29**, 363, 4 Fig., 1885 k.
- ○ The imported elm-leaf beetle. Harper's weekly, **29**, 463, 1 Fig., 1885 l.
- ○ An entomological breakfast. N. York Times, **1885**, 2. June, 1885 m.
- ○ The Chester onion pest. Orange County Farmer **1885**, 2. July, 1885 n. — ○ [Abdr.?:] Rur. N. Yorker, **44**, 829, 1885.
- — On the hitherto unknown mode of oviposition in the Carabidae. Proc. Amer. Ass. Sci., **33** (1884), 538—539, 1885 o.
- — The Present Status and Future Prospects of Silk Culture in the United States. Proc. Amer. Ass. Sci., **34**, 518—520, 1885 p. — [Abdr.:] Ent. Amer., **1**, 139—140, (1885—86) 1885.
- — Notes on North American Psyllidae. Proc. biol. Soc. Washington, **2** (1882—84), 67—79, 1885 q.
- — Remarks on the Bag-worm — *Thyridopteryx ephemeraeformis.* Proc. biol. Soc. Washington, **2** (1882—84), 80—83, 3 Fig., 1885 r.
- — Department of insects. [Report on National Museum. Insect collection.] Rep. Board Smithson. Inst., **1883**, 239—244, 1885 s; . . . Entomology, **1886**, 44—45, 1889.
- — Report of the curator of the department of insects in the U. S. national Museum for 1884. Rep. U. S. nat. Mus., **1884**, 185—188, 1885 t.
- ○ A new remedy for the imported cabbage-worm. Rur. N. Yorker, **44**, 132, 1885 u.
- ○ Ants and aphides. Rur. N. Yorker, **44**, 171, 1885 v.
- ○ Destroying Cicadas: Scurfy apple bark-louse. Rur. N. Yorker, **44**, 353, 1885 w.
- ○ Ridding the ground of cut-worms. Rur. N. Yorker, **44**, 368, 1885 x.
- ○ Notes on joint Worms. Rur. N. Yorker, **44**, 418, 4 Fig., 1885 y.
- ○ Destructive insects of the year. Rur. N. Yorker, **44**, 464, 1885 z.
- ○ [Grasshopper ravages in California.] Rur. N. Yorker, **44**, 470, 1885 aa.
- ○ Pests of the strawberry. Rur. N. Yorker, **44**, 484, 1885 ab.
- ○ The cyclone nozzle. Rur. N. Yorker, **44**, 567, 1885 ac.
- ○ A new remedy against the destructive Locusts. Rur. N. Yorker, **44**, 577 (?), 1885 ad.
- ○ Enemies of the black-walnut and willow. Rur. N. Yorker, **44**, 632, 1885 ae.
- ○ The grain moth. Rur. N. Yorker, **44**, 744, 1885 af.
- ○ Profits of silk-culture. Rur. N. Yorker, **44**, 885, 1885 ag.
- — On the care of entomological museums. Science, **5**, 25, 1885 ah.
- — The collection of insects in the National Museum. Science, **5**, 188—189, 1885 ai.
- — The Periodical Cicada. Science, **5**, 518—521, 1885 aj.
  [Dtsch. Übers., z. T., m. Zusätzen:] Natur Halle, (N. F.) **11**, 387—390, 1885.
- — Premature appearance of the Periodical Cicada. Science, **6**, 3—4, 1885 ak. — ○ [Dasselbe, m. Zusätzen:] Scient. Amer., **20**, Suppl. 8021, 1885.
- — Periodical Cicada in Massachusetts. Science, **6**, 4, 1885 al.
- — The song-notes of the Periodical Cicada. Science, **6**, 264—265, 1885 am.
- ○ Red-ants. Scient. Amer., **52**, 183, 1885 an.
- ○ Expected advent of the locust. Scient. Amer., **52**, 320, 1885 ao. — ○ [Abdr.?:] Farmer Home Journ., **1885**, 13. June, 1885. — ○ [Abdr.?:] Orange Co. Farmer, **1885**, 28. May, 1885.
- ○ The winged pests of the West. St. Louis Globe-Democrat, **1885**, 9. June, 1885 ap.
- — in Kingsley, John Sterling [Herausgeber] 1885.
- — in Report International Polar Expedition Alaska 1885.
- — A carnivorous butterfly Larva — Plant-lice feeding Habit of *Fenesica* [*Feniseca*] *tarquinius.* Amer. Natural., **20**, 556—557, 1886 a.
- — [Herausgeber] Reports of experiments with various insecticide substances, chiefly upon insects affecting garden crops. Bull. U. S. Dep. Agric. Ent., Nr. 11, 1—34, [Febr., 26] 1886 b.
  [Darin:]
  Webster, Francis Marion: Report of experiments at La Fayette, Indiana. 9—22.
  Osborn, Herbert: Report of experiments at Ames, Iowa. 23—26.
  Bennet, Thomas: Report of experiments at Trenton, New Jersey. 27—34.
- — [Herausgeber] Miscellaneous notes on the work of the division of entomology for the season of 1885. Bull. U. S. Dep. Agric. Ent., Nr. 12, 1—46, Taf. I, (13. Juli) 1886 c.
  [Darin:]
  Coquillett, Daniel William: Production and manufacture of Buhach. 7—16.
  Packard, Alpheus Spring: Additions to the third report on the causes of the destruction of the evergreen and other forest trees in northern New England. 17—23, Taf. I.
  Butler, Amos W . . .: The Periodical Cicada in southeastern Indiana. 24—31.
- — Notes on *Fenesica tarquinius,* Fabr. Canad. Entomol., **18**, 191—193, 1886 d.
- ○ Entomology. Professor Riley to Dr. Shaffer. Daily Globe Keokuk (Iowa), **1886**, 2. May, 1886 e.
- — (The pear Cecidomyid.) Ent. Amer., **1**, 210, (1885—86) 1886 f.
- ○ Thrips — Leaf-hoppers. Garden. monthly Philadelphia, **28**, 174, 1886 g.
- — Some popular fallacies and some new facts regarding *Cicada septendecim* L. Proc. Amer. Ass. Sci., **34** (1885), 334, 1886 h.
- — [Habitat of *Mezium americanum.*] Proc. ent. Soc. Washington, **1** (1884—89), 14, (1890) 1886 i.
- — [Arctic insects.] Proc. ent. Soc. Washington, **1** (1884—89), 14—15, (1890) 1886 j.
- — [Insects attracted to light.] Proc. ent. Soc. Washington, **1** (1884—89), 15—16, (1890) 1886 k.
- — [*Scenopinus* infesting a blanket.] Proc. ent. Soc. Washington, **1** (1884—89), 17, (1890) 1886 l.
- — Annual address of the president. [Injurious Insects etc.] Proc. ent. Soc. Washington, **1** (1884—89), 17—27, (1890) 1886 m.
- — [Gall-making moths.] Proc. ent. Soc. Washington, **1** (1884—89), 30, (1890) 1886 n.
- — [Synonymical remarks on *Sphida,* Grote.] Proc. ent. Soc. Washington, **1** (1884—89), 30, (1890) 1886 o.
- — [Food of *Calopteron* and *Photinus.*] Proc. ent. Soc. Washington, **1** (1884—89), 31, (1890) 1886 p.
- — On the parasites of the Hessian Fly. Proc. U. S. nat. Mus., **8** (1885), 413—422, Taf. XXIII, 1886 q.

[Ref.:] Amer. Natural., 19, 1104—1105, 1885; Proc. Amer. Ass. Sci., 34 (1885), 332—334, 1886.

— Report of department of insects. Rep. U. S. nat. Mus., **1885**, 47—48, 113—116, 1886 r; **1886**, 18—19, 1889.

— A carnivorous butterfly larva. Science, **7**, 394, 1886 s.

— Der Gesang der Cicaden. Stettin. ent. Ztg., **47**, 158—160, 1886 t.

— siehe Howard, Leland Ossian & Riley, Charles Valentine 1886.

— [Ref.] siehe Philippi, Rodulfo Amando 1886.

— Remarks on the insect defoliators of our shade trees. 12 S., New York, Print Globe Stationery & Printing Co., 1887 a.

— Our shade trees and their insect defoliators, being a consideration of the four most injurious species which affect the trees of the capital; with means of destroying them. Bull. U. S. Dep. Agric. Ent., Nr. 10, 1—69, 27 Fig., 1887 b. — 2. Aufl. 1—75, 27 Fig., 1888.

— [Herausgeber] Reports of observations and experiments in the practical work of the division. Bull. U. S. Dep. Agric. Ent., Nr. 14, 1—62, 2 Fig., Taf. I, [3. Aug.] 1887 c.

[Darin:]

Ashmead, William Harris: Report on insects injurious to garden crops in Florida. 9—29.

Webster, Francis Marion: Report on Buffalo-Gnats. 29—39.

Wier, D . . . B . . .: The native plums — how to fruit them —they are practically *Curculio* proof. 39—52.

Walker, Philip: The Serrell automatic silk reel. 52—59, 2 Fig., Taf. I.

— [Herausgeber] Reports of observations and experiments in the practical work of the division. Bull. U. S. Dep. Agric. Ent., Nr. 13, 1—78, 4 Fig., [3. Juni] 1887 d.

[Darin:]

Bruner, Lawrence: Report on Locusts in Texas during the spring of 1886. 9—19.

Packard, Alpheus Spring: Fourth report on insects injurious to forest and shade trees. 20—32, 4 Fig.

Bruner, Lawrence: Report on Nebraska insects. 33—37.

Alwood, William B . . .: Tests with insecticides upon garden insects. 38—47.

—: Report on Ohio insects. 48—53.

Webster, Francis Marion: A record of some experiments relating to the effect of the puncture of some hemipterous insects upon shrubs, fruits, and grains, 1886. 54—58.

Murtfeldt, Mary Esther: Notes from Missouri for the season of 1886. 59—65.

McLain, Nelson W . . .: Apicultural experiments. 66—75.

— The Icerya or Fluted Scale, otherwise known as the Cottony Cushion-Scale. [Reprint of some recent articles by the entomologist and of a report from the Agricultural Experiment Station, University of California.] Bull. U. S. Dep. Agric. Ent., Nr. 15, 1—40, 1887e.

○ [Californian orange insects.] Daily Herald Los Angeles, **1887**, 9. April, 1887 f.

— Mr. Hulst's observations on *Pronuba yuccasella*. Ent. Amer., **2**, 233—236, (1886—87) 1887 g.

— [Various classifications of Insects. (Mit Bemerkg. von J. B. Smith).] Ent. Amer., **3**, 102, (1887—88) 1887 h.

— [*Pronuba* and its connection with the pollination of Yucca.] Ent. Amer., **3**, 107—108, (1887—88) 1887 i.

— Variable moulting in *Orgyia*. Entomol. monthly Mag., **23**, 274, (1886—87) 1887 j.

[Siehe:] Chapman, Thomas Algernon: 224—227.

— Pedigree Moth-breeding. Entomol. monthly Mag., **23**, 277—278, (1886—87) 1887 k.

— On the luminous larviform females of the Phengodini. Entomol. monthly Mag., **24**, 148—149, (1887—88) 1887 l.

— The problem of the hop-plant louse fully solved. Garden. Chron., (3) **2**, 501, 1887 m. — [Abdr.?:] Mark Lane Expr., **57**, 135—137, 1887.

○ The Hessian-fly in England; its origin; its past; its future. London Times, **1887**, 17. Oct., 1887 n.

○ Strawberry borers. Pacific rur. Press, **33**, 559, 1887 o.

○ Life-history of the *Icerya*. Pacific rur. Press, **33**, 565, 1887; **34**, 9, 1887 p.

○ Cut-worms. Pacific rur. Press, **33**, 578, 1887 q.

○ [Remedies and appliances.] Press and Hortic., **1887**, 16. Apr., 1887 r.

— The problem of the Hop-plant Louse (*Phorodon humuli*) in Europe and America. Rep. Brit. Ass. Sci., **1887**, 750—753, 1887 s. — [Abdr.:] Nature London, **36**, 566—567, 1887. — [Abdr.:] Garden. Chron., (3) **2**, 333—334, 1887.

○ Bumble-bees vs. red-clover. Rur. N. Yorker, **46**, 270, 1887 t.

○ Fruit pest extermination. S. Diego Mirror, **1887**, 5. Apr., 1887 u.

○ Our bugs. S. Francisco Daily Exam., **1887**, 16. Apr., 1887 v.

○ Young grasshoppers. S. Francisco Daily Exam., **1887**, 25. Apr., 1887 w.

○ Two useful lives. Scient. Amer., **56**, 64, 1887 x.

○ A new apple pest. Scient. Amer., **56**, 384, 1887 y. — ○ [Abdr.?:] Colman's rur. World, **40**, 185, 1887. — ○ [Abdr.?:] Garden. monthly Philadelphia, **29**, 216, 1887.

○ Some important discoveries in the life-history of the hop-plant louse (*Phorodon humuli* Schrank). Soc. Prom. Agric. Sci., **1**, Nr. 9, 205, 1887 z. — ○ [Abdr.?:] Scient. Amer., **24**, Suppl. 9781, 1887. — ○ [Abdr.?:] Garden. monthly Philadelphia, **1887**, 309—311, 1887.

— Beschreibung einer den Birnen schädlichen Gallmücke (? *Diplosis nigra* Meig.). Wien. ent. Ztg., **6** 201—206, 3 Fig., 1887 aa.

— siehe Verrall, George Henry & Riley, Charles Valentine 1887.

— An enumeration of the published synopses, catalogues, and lists of North American insects; together with other information intended to assist the student of American entomology. Bull. U. S. Dep. Agric. Ent., Nr. 19, 3—77, 1888 a.

— The Hessian Fly an imported insect. Canad. Entomol., **20**, 121—127, 1888 b.

○ The British pest. Worthlessness of the sparrow as an insect-killer. National Trib., **1888**, 26. April, 1888 c.

○ Elm-tree depredators. Newark Press and Register, **1888**, 10. May, 1888 d.

○ On the original habitat of *Icerya purchasi.* Pacific rur. Press, **35**, 425, 1888 e.
— The Willow-shoot Saw-fly. (*Phyllaecus integer* Norton.) Period. Bull. Dep. Agric. Ent. (Ins. Life), **1** (1888—89), 8—11, 1 Fig., (1888—89) 1888 f.
— The Morelos Orange Fruit-worm. (*Trypeta ludens* Loew.) [Order Diptera: Family Trypetidae.] Period. Bull. Dep. Agric. Ent. (Ins. Life), **1** (1888—89), 45—47, 1 Fig., (1888—89) 1888 g.
— Kerosene Emulsion as a Remedy for White Grubs. Period. Bull. Dep. Agric. Ent. (Ins. Life), **1** (1888—89), 48—50, (1888—89) 1888 h.
— Injury done by Roaches to the Files in the Treasury at Washington. Period. Bull. Dep. Agric. Ent. (Ins. Life), **1** (1888—89), 67—70, (1888—89) 1888 i.
— Further notes on the Hop Plant-louse (*Phorodon humuli*). Period. Bull. Dep. Agric. Ent. (Ins. Life), **1** (1888—89), 70—74, (1888—89) 1888 j.
— The Parsnip Web-worm. (*Depressaria heracliana* De G.) Period. Bull. Dep. Agric. Ent. (Ins. Life), **1** (1888—89), 94—98, 1 Fig., (1888—89) 1888 k.
— A Lady-bird parasite. Period. Bull. Dep. Agric. Ent. (Ins. Life), **1** (1888—89), 101—104, 2 Fig., (1888—89) 1888 l; Additional Note on the *Megilla* Parasite. 338—339, (1888—89) 1889.
— The Orchid *Isosoma* and a Remedy for its Injury. Period. Bull. Dep. Agric. Ent. (Ins. Life), **1** (1888—89), 121, (1888—89) 1888 m.
— The Habits of *Thalessa* and *Tremex.* Period. Bull. Dep. Agric. Ent. (Ins. Life), **1** (1888—89), 168—179, 4 Fig., Taf. I, (1888—89) 1888 n.
— The buffalo-gnat problem in the lower Mississippi Valley. Proc. Amer. Ass. Sci., **35** (1887), 262, 1888 o.
— [Girdling habits of *Paedisca obfuscata.*] Proc. ent. Soc. Washington, **1** (1884—89), 33, (1890) 1888 p.
— [Larval habits of *Lixus.*] Proc. ent. Soc. Washington, **1** (1884—89), 33, (1890) 1888 q.
— [Food-habits of *Feniseca tarquinius.*] Proc. ent. Soc. Washington, **1** (1884—89), 37, (1890) 1888 r.
— [Early stages of *Aphorista vittata* and *Epipocus punctatus.*] Proc. ent. Soc. Washington, **1** (1884—89), 37, (1890) 1888 s.
— Notes on *Phengodes* and *Zarhipis.* Proc. ent. Soc. Washington, **1** (1884—89), 62—63, (1890) 1888 t.
— Color-variation in the Larva *Agraulis vanillae.* Proc. ent. Soc. Washington, **1** (1884—89), 85, (1890) 1888 u.
— Notes on the Life-Habits of Aegeriidae. Proc. ent. Soc. Washington, **1** (1884—89), 85, (1890) 1888 v.
— Miscellaneous Insects. Proc. ent. Soc. Washington, **1** (1884—89), 86, (1890) 1888 w.
— Further Notes on *Phengodes* and *Zarhipis.* Proc. ent. Soc. Washington, **1** (1884—89), 86—87, (1890) 1888 x.
— Notes on the Eversible Glands in Larvae of *Orgyia* and *Parorgyia,* with Notes on the Synonymy of Species. Proc. ent. Soc. Washington, **1** (1884—89), 87—89, (1890) 1888 y.
— [*Syntomeida* at Cocoanut Grove.] Proc. ent. Soc. Washington, **1** (1884—89), 89, (1890) 1888 z.
— The Problem of the Hop-plant Louse (*Phorodon humuli,* Schranck) in Europe and America. Rep. Brit. Ass. Sci., **57** (1887), 750—753, 1888 aa. — [Abdr.:] Nature London, **36**, 566—567, 1887.
— On *Icerya purchasi,* an insect injurious to Fruit Trees. Rep. Brit. Ass. Sci., **57** (1887), 767, 1888 ab.
○ Systematic relations of *Platypsyllus,* as determined by the larva. Scient. Amer., **25**, Suppl. 10356—10358, 4 Fig., 1888ac.
○ [Scale on *Eunoymus latifolia?*] Scient. Amer., **58**, 27, 1888 ad.
○ Insectivorous habits of the English Sparrow. In: Walter Bradford Barrows: The English sparrow (*Passer domesticus*) in North America, especially in its relation tc agriculture [1—405]. Bull. U. S. Dep. Orn. Mammal., Nr. 1, 111—133, 1889 a.
— Sur l'importation artificielle des parasites et ennemis naturels des insectes nuisibles aux végétaux. C. R. Congr. int. Zool., [1], 323—326, 1889 b.
— Insecticide appliances. Modifications of the Riley or Cyclone Nozzle. Period. Bull. Dep. Agric. Ent. (Ins. Life), **1** (1888—89), 243—249, 4 Fig.; 263—268, 6 Fig., (1888—89) 1889 c.
— Burning the Stubble for Hessian Flies. Period. Bull. Dep. Agric. Ent. (Ins. Life), **1** (1888—89), 294—295, (1888—89) 1889 d.
— Locusts in Algeria. [Nach: Petit Journal, Paris, 19. Juni 1889.] Period. Bull. Dep. Agric. Ent. (Ins. Life), **2** (1889—90), 59—60, (1889—90) 1889 e.
— On the causes of variation in organic forms. Proc. Amer. Ass. Sci., **37** (1888), 225—273, 1889 f.
— Notes on *Pronuba* and *Yucca* Pollination. Proc. ent. Soc. Washington, **1** (1884—89), 150—154, (1890) 1889 g. — [Abdr.:] Period. Bull. Dep. Agric. Ent. (Ins. Life), **1** (1888—89), 367—372, (1888—89) 1889.
— Two Brilliant and Interesting Micro-Lepidoptera New to Our Fauna. Proc. ent. Soc. Washington, **1** (1884—89), 155—159, (1890) 1889 h.
— in Scudder, Samuel Hubbard 1889.
— [Herausgeber] Reports of observations and experiments in the practical work of the division. Bull. U. S. Dep. Agric. Ent., Nr. 22, 1—110, 2 Fig., [~März] 1890 a.
[Darin:]
Coquillett, Daniel William: Report on various Methods for destroying the Red Scale of California. 9—17.
Osborn, Herbert: Report on insects of the Season in Iowa. 18—41.
Webster, Francis Marion: Report of Observations upon Insects affecting Grains. 42—72, 2 Fig.
Murtfeldt, Mary Esther: Entomological notes from Missouri for the Season of 1889. 73—84.
Koebele, Albert: Report on California Insects. 85—94.
Bruner, Lawrence: Report on Nebraska Insects. 95—106.
— *Platypsyllus* — Egg and Ultimate Larva — Dr. Horn's Reclamation. Ent. Amer., **6**, 27—30, 1 Fig., 1890 b. — [Abdr. S. 27—29:] Period. Bull. Dep. Agric. Ent. (Ins. Life), **2** (1889—90), 244—246, 1 Fig., (1889—90) 1890.
— An Australian Hymenopterous Parasite of the Fluted Scale. Period. Bull. Dep. Agric. Ent. (Ins. Life), **2** (1889—90), 248—250, 1 Fig., (1889—90) 1890 c.
— The Rose-Chafer. (*Macrodactylus subspinosus,* Fabr.) Period. Bull. Dep. Agric. Ent. (Ins. Life), **2** (1889—90), 295—302, 2 Fig.; Colonel Pearson on the Rose Chafer. 387, (1889—90) 1890 d.
— (The manner of „Thalessa".) Proc. ent. Soc. Washington, **1** (1884—89), 181, 1890 e.
— [Difficulties in separating species of *Microgaster.*]

[Mit Angaben von Smith, Marx.] Proc. ent. Soc. Washington, **1** (1884—89), 205—206, 1890 f.
— [Swarms and peculiar flight.] [Mit Angaben von Smith u. Schwarz.] Proc. ent. Soc. Washington, **1** (1884—89), 206—207, 1890 g.
— [Migration of *Danais archippus.*] [Mit Angaben vom Lugger, Thaxter, Howard.] Proc. ent. Soc. Washington, **1** (1884—89), 258, 1890 h.
— [Piercing ovipositors in the Trypetidae.] Proc. ent. Soc. Washington, **1** (1884—89), 263, 1890 i.
— [*Eristalis* larvae in the human rectum.) Proc. ent. Soc. Washington, **1** (1884—89), 264, 1890 j.
— Tribute to the memory of John Lawrence LeConte. Psyche Cambr. Mass., **4**, 107—110, (1883) 1890 k.
— Report of the Entomologist. Rep. Secr. Agr. Washington, **1889**—**90**, 331—361, Taf. I—VI (I—II farb.), 1890 l; **1890** (1890—91), 237—264, Taf. I—VII, 1890; **1891** (1891—92), 231—266, 1892.
— [Ref.] siehe Lowne, Benjamin Thompson 1890—95.
— The Imported Elm Leaf-beetle, its habits and natural history, and means of counteracting its injuries. Ed. 2 [Ed. 1 1885]. Bull. U. S. Dep. Agric. Ent., Nr. 6, 1—21, 1 Fig., Taf. I, 1891 a.
— [Herausgeber] Reports of observations and experiments in the practical work of the division. Bull. U. S. Dep. Agric. Ent., Nr. 23, 1—83, [~ März] 1891 b.
[Darin:]
Bruner, Lawrence: Report on Nebraska Insects. 9—18.
Coquillett, Daniel William: Report on various Methods for destroying Scale Insects. 19—36.
Koebele, Albert: Report of Experiments with Resin Compounds on Phylloxera, and general notes on California Insects. 37—44.
Murtfeldt, Mary Esther: Entomological notes for the Season of 1890. 45—56.
Osborn, Herbert: Report on work of the Season. 57—62.
Webster, Francis Marion: Report on some of the Insects affecting Cereal Crops. 63—79.
— Destructive Locusts. A popular consideration of a few of the more injurious Locusts (or „Grasshopper") of the United States, together with the best means of destroying them. Bull. U. S. Dep. Agric. Ent., Nr. 25, 1—62, 11 Fig., Taf. I—XII, 1 Karte, [~ Juni] 1891 c.
— The Hop Plant-louse and the remedies to be used against it. Circ. U. S. Dep. Agric. Ent., (2) Nr. 2, 1—7, 5 Fig., Taf. I, 1891 d.
— The Outlook for Applied Entomology. Period. Bull. Dep. Agric. Ent. (Ins. Life), **3** (1890—91), 181—211, 1891 e. — [Abdr. S. 185—189:] Agric. Gaz. N. S. Wales, **2** (1891), 259—262, (1892) 1891.
— Report of a discussion of the Gypsy Moth. Period. Bull. Dep. Agric. Ent. (Ins. Life), **3** (1890—91), 368—379, 1891 f.
— The Rhinoceros Beetle in a Woodshed. Period. Bull. Dep. Agric. Ent. (Ins. Life), **3** (1890—91), 395—396, 1891 g.
— Economic Value of the Study of Insects. Period. Bull. Dep. Agric. Ent. (Ins. Life), 3 (1890—91), 397—398, 1891 h.
— A viviparous Cockroach. Period. Bull. Dep. Agric. Ent. (Ins. Life), **3** (1890—91), 443—444, 2 Fig., 1891 i.
— Kerosene Emulsion and Pyrethrum. Period. Bull. Dep. Agric. Ent. (Ins. Life), **4** (1891—92), 32—33, (1892) 1891 j.
— On the habits and Life-History of *Diabrotica 12-punctata* Oliv. Period. Bull. Dep. Agric. Ent. (Ins. Life), **4** (1891—92), 104—108, 1 Fig., (1892) 1891 k.
— A new Herbarium Pest. Period. Bull. Dep. Agric. Ent. (Ins. Life), **4** (1891—92), 108—113, 6 Fig., (1892) 1891 l.
— Further Notes on *Panchlora.* Period. Bull. Agric. Ent. (Ins. Life), **4** (1891—92), 119—120, 1 Fig., (1892) 1891 m.
— Notes on the larva of *Platypsyllus.* Proc. ent. Soc. Washington, **2** (1890—92), 27—28, (1893) 1891 n.
— (Discussion of Sex in insects.) Proc. ent. Soc. Washington, **2** (1890—92), 38, (1893) 1891 o.
— (Method of labeling presented by Mr. Schwarz.) [Mit Angaben von Mann, Marx, Schwarz.] Proc. ent. Soc. Washington, **2** (1890—92), 50—51, (1893) 1891 p.
— (The silk of the common bag-worm.) Proc. ent. Soc. Washington, **2** (1890—92), 57—58, (1893) 1891 q.
— On the difficulty of dealing with *Lachnosterna.* Proc. ent. Soc. Washington, **2** (1890—92), 58—60, (1893) 1891 r.
— [Scolytids and Cultivated trees.] [Mit Angaben von Fernow.] Proc. ent. Soc. Washington, **2** (1890—92), 64—65, (1893) 1891 s.
— [*Sphecius speciosus* as an enemy of Cicadas.] [Mit Angaben von Schwarz.] Proc. ent. Soc. Washington, **2** (1890—92), 71—72, (1893) 1891 t.
— A viviparous Cockroach. Proc. ent. Soc. Washington, **2** (1890—92), 129—130, (1893) 1891 u.
— [Insects associated with the Beaver.] Proc. ent. Soc. Washington, **2** (1890—92), 130—131, (1893) 1891 v.
— On the time of transformation in the genus *Lachnosterna.* Proc. ent. Soc. Washington, **2** (1890—92), 132—134, (1893) 1891 w.
— The Kerosene Emulsion, its Origin, Nature and Increasing Usefulness. Proc. Soc. Promot. agric. Sci., **1891**, 83—98, 1891 x.
— [Ref.] siehe Craw, Alexander 1891.
— [Herausgeber] Reports of observations and experiments in the practical work of the division. Bull. U. S. Dep. Agric. Ent., Nr. 26, 1—95, 1 Fig., [~ März] 1892 a.
[Darin:]
Bruner, Lawrence: Report upon Insect Depredations in Nebraska for 1891. 9—12.
Coquillett, Daniel William: Report on the Scale-insects of California. 13—35.
Murtfeldt, Mary Esther: Entomological notes for the Season of 1891. 36—44.
Mally, Frederick William: Report of progress in the Investigation of the Cotton boll Worm. 45—56.
Osborn, Herbert: Insects of the Season of Iowa. 57—62.
Webster, Francis Marion: Report of Entomological Work of the Season of 1891. 63—74.
Henshaw, Samuel: Report upon the Gypsy Moth in Massachusetts. 75—82, 1 Fig.
Cook, Albert John: Report of Apicultural Experiments in 1891. 83—92.

— [Herausgeber] Reports on the damage by destructive Locusts during the Season of 1891. Bull. U. S. Dep. Agric. Ent., Nr. 27, 1—64, [~ März] 1892 b.
[Darin:]
Bruner, Lawrence; Waldron, C... B... & Lugger, Otto: Report on Destructive Locusts. 9—33.
Coquillett, Daniel William: Report on the Locust Invasion of California in 1891. 34—57.
Osborn, Herbert: Report of a trip to Kansas to Investigate reported Damages from Grasshoppers.[1]) 58—64.
— Directions for collecting and preserving insects. Bull. U. S. nat. Mus., **39**, part F, I—IV + 1—147, 139 Fig., 1 Taf., 1892 c.
[Darin:]
Schwarz, Eugen Amandus: (Collecting Coleoptera.) 43—50.
— The first larval or post-embryonic stage of the Pea and Bean Weevils. Canad. Entomol., **24**, 185—186, 1892 d.
— Some notes on the Margined Soldier-Beetle (*Chauliognathus marginatus*). Canad. Entomol., **24**, 186—187, 1892 e.
— *Galeruca xanthomelaena* polygoneutic at Washington. Canad. Entomol., **24**, 282—286, 1892 f.
— An additional note on the Bean Weevil. Canad. Entomol., **24**, 291—292, 1892 g.
— The Larger Digger-wasp. Period. Bull. Dep. Agric. Ent. (Ins. Life), **4** (1891—92), 248—252, 7 Fig., 1892 h.
— The Ox Bot in the United States. Habits and Natural History of *Hypoderma lineata*. Period. Bull. Dep. Agric. Ent. (Ins. Life), **4** (1891—92), 302—317, 9 Fig., 1892 i.
— Some Interrelations of Plants and Insects. Period. Bull. Dep. Agric. Ent. (Ins. Life), **4** (1891—92), 358—378, 19 Fig., 1892 j.
— Rose Saw-flies in the United States. Period. Bull. Dep. Agric. Ent. (Ins. Life), **5** (1892—93), 6—11, 2 Fig., (1893) 1892 k; Further illustrations of the Rose Slugs. 273—274, 3 Fig., 1893.
— New Injurious Insects of a Year. Period. Bull. Dep. Agric. Ent. (Ins. Life), **5** (1892—93), 16—19, (1893) 1892 l.
— Further Notes on the new Herbarium Pest. Period. Bull. Dep. Agric. Ent. (Ins. Life), **5** (1892—93), 40—41, (1893) 1892 m.
— An Australian *Scymnus* established and described in California. Period. Bull. Dep. Agric. Ent. (Ins. Life), **5** (1892—93), 127—128, (1893) 1892 n.
— Note on the life habits of *Megilla maculata*. Proc. ent. Soc. Washington, **2** (1890—92), 168—169, (1893) 1892 o.
— On the larva and some peculiarities of the cocoon of *Sphecius speciosus*. Proc. ent. Soc. Washington, **2** (1890—92), 170—172, (1893) 1892 p.
— Mexican Jumping Bean. The Determination of the Plant. [Lep.] Proc. ent. Soc. Washington, **2** (1890—92), 178—181, (1893) 1892 q.
— [Anomalies of wing and antenna.] [Mit Angaben von Schwarz.] Proc. ent. Soc. Washington, **2** (1890—92), 181, (1893) 1892 r.
— On the insects affecting the Agave. Proc. ent. Soc. Washington, **2** (1890—92), 210—211, (1893) 1892 s.
— A probable *Microgaster* Parasite of *Eleodes* in the imago state. Proc. ent. Soc. Washington, **2** (1890—92), 211, (1893) 1892 t.
— Our American Ox Warbles. Proc. ent. Soc. Washington, **2** (1890—92), 212—213, (1893) 1892 u.
— Further note on *Carpocapsa saltitans* and on a new *Grapholitha* producing jumping beans. Proc. ent. Soc. Washington, **2** (1890—92), 213—214, (1893) 1892 v.
— Fig insects in Mexico. Proc. ent. Soc. Washington, **2** (1890—92), 214—215, (1893) 1892 w.
— [Verdigris after pinning.] [Mit Angaben von Schwarz, Howard, Fernow, Austin.] Proc. ent. Soc. Washington, **2** (1890—92), 222—224, (1893) 1892 x.
— [Development of the young in the abdomen of *Panchlora viridis*.] Proc. ent. Soc. Washington, **2** (1890—92), 239, (1893) 1892 y.
— On certain peculiar structures of Lepidoptera. Proc. ent. Soc. Washington, **2** (1890—92), 305—312, 2 Fig., (1893) 1892 z.
— New species of Prodoxidae. Proc. ent. Soc. Washington, **2** (1890—92), 312—319, 7 Fig., (1893) 1892 aa.
— Coleopterous larvae with so-called dorsal pro-legs. Proc. ent. Soc. Washington, **2** (1890—92), 319—324, 2 Fig., (1893) 1892 ab.
— [Introduction of natural enemies of Scolytidae.] [Mit Angaben von Howard, Marlatt.] Proc. ent. Soc. Washington, **2** (1890—92), 353—354, (1893) 1892 ac.
— The Yucca Moth and Yucca Pollination. Rep. Missouri bot. Gard., **3**, 99—158, Taf. 34—43, 1892 ad.
— The Number of Broods of the Imported Elmleaf Beetle. Science, **120**, 16; [Rectification.] 47, 1892 ae.
— [Ref.] siehe Forbes, Stephen Alfred 1892.
— [Ref.:] siehe Giard, Alfred 1892.
— Some injurious insects of Maryland. Bull. Maryland agric. Exp. Stat., Nr. 23, 71—93, 24 Fig., 1893 a.
— [Herausgeber] Reports of observations and experiments in the practical work of the division. Bull. U. S. Dep. Agric. Ent., Nr. 30, 1—67, [~ Juni] 1893 b.
[Darin:]
Coquillett, Daniel William: Report on some of the Beneficial and Injurious Insects of California. 9—33.
Bruner, Lawrence: Report upon Insect Injuries in Nebraska during the Summer of 1892. 34—41.
Osborn, Herbert: Report on Insects of the Season in Iowa. 42—48.
Murtfeldt, Mary Esther: Entomological Notes for the Season of 1892. 49—56.
Larrabee, J... H...: Experiments in Apiculture, 1892. 57—64.
— Catalogue of the exhibit of economic entomology at the World's Columbian Exposition, Chicago, Ill., 1893. Bull. U. S. Dep. Agric. Ent., Nr. 31, 1—121, 1893 c.
— The Genus *Dendrotettix*. Period. Bull. Dep. Agric. Ent. (Ins. Life), **5** (1892—93), 254—256, 1893 d.
— Further Notes on Yucca Insects and Yucca Pollination. Period. Bull. Dep. Agric. Ent. (Ins. Life), **5** (1892—93), 300—310, 1 Fig., Taf. II, 1893 e.
— Parasitic and predaceous Insects in applied Entomology. Period. Bull. Dep. Agric. Ent. (Ins. Life), **6** (1893—94), 130—141, (1894) 1893 f. — [Abdr.:] Rep. ent. Soc. Ontario, **14** (1893), 76—84, 4 Fig., 1894 [1893].

[1]) Abdr. aus Period. Bull. Dep. Agric. Ent. (Ins. Life), 4 (1891—92), 49—56, (1892) 1891.

— Is *Megastigmus* phytophagic? Proc. ent. Soc. Washington, **2** (1890—92), 359—363, 1893 g.
— Note on *Galeruca xanthomelaena.* Proc. ent. Soc. Washington, **2** (1890—92), 364—365, 1893 h.
[Darin:]
Smith, John Bernhard. 365.
— [Oak forests damaged by *Elaphidion.*] Proc. ent. Soc. Washington, **2** (1890—92), 365, 1893 i.
— Parasitism in insects. Proc. ent. Soc. Washington, **2** (1890—92), 397—431, 1893 j.
— Periodical Cicada. Science, **22**, 86, 1893 k.
— The Systematic Position of Diptera. Science, **22**, 260, 1893 l.
— [Ref.] siehe Danysz, Jean 1893.
— in Death Valley Expedition 1893.
— in Lintner, Joseph Albert (1883) 1893.
— [Herausgeber] Reports of observations and experiments in the practical work of the division. Bull. U. S. Dep. Agric. Ent., Nr. 32, 1—59, [~ Juli] 1894 a.
[Darin:]
Bruner, Lawrence: Report on Injurious Insects in Nebraska and Adjoining Districts. 9—21.
Coquillett, Daniel William: Report on some of the Injurious Insects of California. 22—32.
Koebele, Albert: Report on Entomological Work in Oregon and California; notes on Australian Importations. 33—36.
Murtfeldt, Mary Esther: Notes on the Insects of Missouri for 1893. 37—45.
Osborn, Herbert: Insects of the Season in Iowa in 1893. 46—52.
Packard, Alpheus Spring: Report on Insects Injurious to Forest Trees. 53—56.
— The Insects occurring in the foreign Exhibits of the World's Columbian Exposition. Period. Bull. Dep. Agric. Ent. (Ins. Life), **6** (1893—94), 213—227, 1894 b.
— Bees. Period. Bull. Dep. Agric. Ent. (Ins. Life), **6** (1893—94), 350—360, 3 Fig., 1894 c.
— Further notes on *Lachnosterna.* Proc. ent. Soc. Washington, **3** (1893—96), 64—65, (1896) 1894 d.
— Notes on Coccidae. Proc. ent. Soc. Washington, **3** (1893—96), 65—71, (1896) 1894 e.
— Scientific results of the U. S. eclipse expedition to West Africa, 1889—90. Report upon the Insecta, Arachnida, and Myriopoda. Proc. U. S. nat. Mus., **16** (1893), No. 951, 565—590, 13 Fig., Taf. LXX, 1894 f.
[Darin:]
Calvert, Philip Powell: Order Pseudoneuroptera. 582—586, 11 Fig.
— The San José Scale. Bull. Maryland agric. Exp. Stat., Nr. 32, 87—111, 6 Fig., 1895 a.
— The Senses of Insects. Period. Bull. Dep. Agric. Ent. (Ins. Life), **7** (1894—95), 33—41, 5 Fig., 1895 b. — [Dasselbe:] Nature London, **52**, 209—212, 5 Fig., 1895.
— Notes upon *Belostoma* and *Benacus.* Proc. ent. Soc. Washington, **3** (1893—96), 83—88, 2 Fig., (1896) 1895 c.
— The eggs of *Ceresa bubalus* Fab. and those of *C. taurina* Fitch. Proc. ent. Soc. Washington, **3** (1893—96), 88—92, 5 Fig., (1896) 1895 d.
— [Habits of *Chrysobothris femorata* and *Trochilium syringae.*] [Mit Angaben von Schwarz u. Ashmead.] Proc. ent. Soc. Washington, **3** (1893—96), 92—93, (1896) 1895 e.
— Longevity in insects, with some unpublished Facts concerning *Cicada septendecim.* Proc. ent. Soc. Washington, **3** (1893—96), 108—125, (1896) 1895 f.
— (Breeding of perfect females of *Margarodes.*) Proc. ent. Soc. Washington, **3** (1893—96), 172, (1896) 1895 g.
— [Food-habits of *Odynerus.*] [Mit Angaben von Ashmead u. Schwarz.] Proc. ent. Soc. Washington, **3** (1893—96), 173, (1896) 1895 h.
— [Species of *Lymexylon sericeum* and *L. navale* not congeneric.] [Mit Angaben von Schwarz.] Proc. ent. Soc. Washington, **3** (1893—96), 181—182, (1896) 1895 i.
— [A Curculionid, *Stenopelmus rufinasus,* injuring aquatic Plants.] Proc. ent. Soc. Washington, **3** (1893—96), 184—185, (1896) 1895 j.
— Notes from California: Results of Mr. Koebele's second mission to Australia. Proc. ent. Soc. Washington, **3** (1893—96), 250—252, (1896) 1895 k.
— On oviposition in the Cynipidae. [Mit Angaben von Marlatt & Ashmead.] Proc. ent. Soc. Washington, **3** (1893—96), 254—263, (1896) 1895 l.
— siehe Sharp, David & Riley, Charles Valentine 1895.
— Temperature Experiments as affecting received Ideas on the Hibernation of Injurious Insects. Rep. ent. Soc. Ontario, **28** (1897), 89—91, 1898.

[**Riley**, Charles Valentine & **Cook**,]
[A Noctuid larva, which injures stored grains?.] Ent. Amer., **1**, 210, (1885—86) 1886.

Riley, Charles Valentin & **Howard**, Leland Ossian
The Corn-feeding Syrphus-fly. Period. Bull. Dep. Agric. Ent. (Ins. Life), **1** (1888—89), 5—8, 1 Fig., (1888—89) 1888 a.
— The Garden Web-worm (*Eurycreon rantalis*) re-appears. Period. Bull. Dep. Agric. Ent. (Ins. Life), **1** (1888—89), 13—14, (1888—89) 1888 b.
— An Enemy to the Date Palm in Florida. Period. Bull. Dep. Agric. Ent. (Ins. Life), **1** (1888—89), 14 (1888—89) 1888 c.
— A Virginia *Simulium* called „Cholera Gnat." Period. Bull. Dep. Agric. Ent. (Ins. Life), **1** (1888—89), 14, 15, (1888—89) 1888 d.
— An Application for Buffalo Gnat-Bites. Period. Bull. Dep. Agric. Ent. (Ins. Life), **1** (1888—89), 15, (1888—89) 1888 e.
— Kerosene Emulsion and the Cabbage Maggot. Period. Bull. Dep. Agric. Ent. (Ins. Life), **1** (1888—89), 15, (1888—89) 1888 f.
— The Black-polled Titmouse destroying Canker Worms. Period. Bull. Dep. Agric. Ent. (Ins. Life), **1** (1888—89), 15, (1888—89) 1888 g.
— More Testimony on the Buckwheat Remedy for Cutworms. Period. Bull. Dep. Agric. Ent. (Ins. Life), **1** (1888—89), 15, (1888—89) 1888 h.
— After Effect of the Oviposition of the Periodical Cicada. Period. Bull. Dep. Agric. Ent. (Ins. Life), **1** (1888—89), 15, (1888—89) 1888 i.
— Probably a new Enemy to Pear from Oregon. Period. Bull. Dep. Agric. Ent. (Ins. Life), **1** (1888—89), 16, (1888—89) 1888 j.
— Lime and Tobacco for Currant worm. Period. Bull. Dep. Agric. Ent. (Ins. Life), **1** (1888—89), 17, (1888—89) 1888 k.
— Some Notes from Mississippi. Period. Bull. Dep. Agric. Ent. (Ins. Life), **1** (1888—89), 17, (1888—89) 1888 l.
— The Privet Web-worm. (*Margarodes quadristigmalis*

Gn.) Period. Bull. Dep. Agric. Ent. (Ins. Life), 1 (1888—89), 22—26, 1 Fig., (1888—89) 1888 m.

— The Chinch Bug in California. Period. Bull. Dep. Agric. Ent. (Ins. Life), **1** (1888—89), 26—27, (1888—89) 1888 n.

— Kerosene Emulsion against the Cabbage-Worms. [Mit Bemerkg. von Riley, C. V. & Howard, L. O.] Period. Bull. Dep. Agric. Ent. (Ins. Life), **1** (1888—89), 27—28, (1888—89) 1888 o.

— German *Phylloxera* Laws. Period. Bull. Dep. Agric. Ent. (Ins. Life), **1** (1888—89), 27, (1888—89) 1888 p.

— Swarming of Hackberry Butterflies. Period. Bull. Dep. Agric. Ent. (Ins. Life), **1** (1888—89), 28—29, (1888—89) 1888 q.

— Southward Spread of the Asparagus-Beetle. Period. Bull. Dep. Agric. Ent. (Ins. Life), **1** (1888—89), 29, (1888—89) 1888 r.

— Caterpillars stopping Trains. — a newspaper Exaggeration. Period. Bull. Dep. Agric. Ent. (Ins. Life), **1** (1888—89), 30, (1888—89) 1888 s.

— Injury by the Rocky Mountain Locust. Period. Bull. Dep. Agric. Ent. (Ins. Life), **1** (1888—89), 30—31, (1888—89) 1888 t.

— The Periodical Cicada in 1888. Period. Bull. Dep. Agric. Ent. (Ins. Life), **1** (1888—89), 31, (1888—89) 1888 u.

— Increase and divergent of *Cryptocephalus venustus*. Period. Bull. Dep. Agric. Ent. (Ins. Life), **1** (1888—89), 32, (1888—89) 1888 v.

— The Hessian Fly half-way around the world. — [New Zealand.] Period. Bull. Dep. Agric. Ent. (Ins. Life), **1** (1888—89), 32, (1888—89) 1888 w.

— Eau celeste for the Rose Beetle. Period. Bull. Dep. Agric. Ent. (Ins. Life), **1** (1888—89), 32, (1888—89) 1888 x.

— The Sweet-potato Saw-fly. (*Schizocerus ebenus* Norton.) [Order Hymenoptera; family Tenthredinidae.] Period. Bull. Dep. Agric. Ent. (Ins. Life), **1** (1888—89), 43—45, 2 Fig., (1888—89) 1888 y.

— A New Tomato Enemy in Georgia. Period. Bull. Dep. Agric. Ent. (Ins. Life), **1** (1888—89), 50, (1888—89) 1888 z.

— Precursors of Brood V of the Periodical Cicada, 1871—1888. Period. Bull. Dep. Agric. Ent. (Ins. Life), **1** (1888—89), 50, (1888—89) 1888 aa.

— The Streaked Cottonwood Leaf-beetle in the East. Period. Bull. Dep. Agric. Ent. (Ins. Life), **1** (1888—89), 51—52, (1888—89) 1888 ab.

— Hibernation of Mosquitoes. Period. Bull. Dep. Agric. Ent. (Ins. Life), **1** (1888—89), 52, (1888—89) 1888 ac.

— Leaf Hoppers and the „Die-back" of the Orange. Period. Bull. Dep. Agric. Ent. (Ins. Life), **1** (1888—89), 52—54, (1888—89) 1888 ad.

— The Barnacle Scale Injuring Persimmon. Period. Bull. Dep. Agric. Ent. (Ins. Life), **1** (1888—89), 54—55, (1888—89) 1888 ae.

— *Euryomia Melancholica* vs. Cotton Bolls. Period. Bull. Dep. Agric. Ent. (Ins. Life), **1** (1888—89), 55, (1888—89) 1888 af.

— A Peach Fruit-worm in Japan. Period. Bull. Dep. Agric. Ent. (Ins. Life), **1** (1888—89), 55—56, (1888—89) 1888 ag.

— Hibernation of the Two-spotted Lady-bird. Period. Bull. Dep. Agric. Ent. (Ins. Life), **1** (1888—89), 56—57, (1888—89) 1888 ah.

— Prior issuing of the Male Sex of *Cimbex*. Period. Bull. Dep. Agric. Ent. (Ins. Life), **1** (1888—89), 57, (1888—89) 1888 ai.

— Work of the Bronzy Cut-worm in Missouri. Period. Bull. Dep. Agric. Ent. (Ins. Life), **1** (1888—89), 57, (1888—89) 1888 aj.

— The Bamboo *Sinoxylon*. Period. Bull. Dep. Agric. Ent. (Ins. Life), **1** (1888—89), 57, (1888—89), 1888 ak.

— The Western Cricket in 1887. Period. Bull. Dep. Agric. Ent. (Ins. Life), **1** (1888—89), 57—58, (1888—89) 1888 al.

— *Dicerca* a Poplar-feeder. Period. Bull. Dep. Agric. Ent. (Ins. Life), **1** (1888—89), 58, (1888—89) 1888 am.

— An Enemy to Young Carp. Period. Bull. Dep. Agric. Ent. (Ins. Life), **1** (1888—89), 58, (1888—89) 1888 an.

— The Twelve-spotted *Diabrotica* injuring Fruit Trees. Period. Bull. Dep. Agric. Ent. (Ins. Life), **1** (1888—89), 58—59, (1888—89) 1888 ao.

— Economic Entomology in India. Period. Bull. Dep. Agric. Ent. (Ins. Life), **1** (1888—89), 60, (1888—89) 1888 ap.

— Buffalo-Gnats attacking Man. Period. Bull. Dep. Agric. Ent. (Ins. Life), **1** (1888—89), 60—61, (1888—89) 1888 aq.

— New European natural Enemies of the Asparagus Beetle. Period. Bull. Dep. Agric. Ent. (Ins. Life), **1** (1888—89), 61—62, (1888—89) 1888 ar.

— Concerning the Uji Parasite of the Silkworm. Period. Bull. Dep. Agric. Ent. (Ins. Life), **1** (1888—89), 62, (1888—89) 1888 as.

— Outlook for Locust or Grasshopper Injury. Period. Bull. Dep. Agric. Ent. (Ins. Life), **1** (1888—89), 63, (1888—89) 1888 at.

— Importation of Insect Parasites. Period. Bull. Dep. Agric. Ent. (Ins. Life), **1** (1888—89), 64—65, (1888—89) 1888 au.

— *Graptodera punctipennis* injuring Nursery Stock. Period. Bull. Dep. Agric. Ent. (Ins. Life), **1** (1888—89), 85, (1888—89) 1888 av.

— The Strawberry Weevil in Pennsylvania. Period. Bull. Dep. Agric. Ent. (Ins. Life), **1** (1888—89), 85, (1888—89) 1888 aw.

— *Lachnosterna hirticula* injuring Poplars and Oaks. Period. Bull. Dep. Agric. Ent. (Ins. Life), **1** (1888—89), 85—86, (1888—89) 1888 ax.

— Insects Confounded with the Hessian Fly prior to the Revolution. Period. Bull. Dep. Agric. Ent. (Ins. Life), **1** (1888—89), 86, (1888—89) 1888 ay.

— Injury from non-migratory Locusts in Michigan. Period. Bull. Dep. Agric. Ent. (Ins. Life), **1** (1888—89), 86—87, (1888—89) 1888 az.

— Australian Letter on *Icerya*. Period. Bull. Dep. Agric. Ent. (Ins. Life), **1** (1888—89), 87, (1888—89) 1888 ba.

— A destructive Cricket in Louisiana. [Nach: Florida Dispatch, June 20, 1887, vol. 7, 576.] Period. Bull. Dep. Agric. Ent. (Ins. Life), **1** (1888—89), 87—88, (1888—89) 1888 bb.

— A new Enemy to Honey Bees. Period. Bull. Dep. Agric. Ent. (Ins. Life), **1** (1888—89), 88, (1888—89) 1888 bc.

— An unpublished Habit of *Allorhina nitida*. Period. Bull. Dep. Agric. Ent. (Ins. Life), **1** (1888—89), 88—89, (1888—89) 1888 bd.

— A new Remedy against the Woolly Apple-louse. [Nach Revue Horticole, 1888.] Period. Bull. Dep. Agric. Ent. (Ins. Life), **1** (1888—89), 89, (1888—89) 1888 be.
— Oviposition of the Plum Gouger. Period. Bull. Dep. Agric. Ent. (Ins. Life), **1** (1888—89), 89—90, 1 Fig., (1888—89) 1888 bf.
— Recent Swarmings of Insects. Period. Bull. Dep. Agric. Ent. (Ins. Life), **1** (1888—89), 90—91, (1888—89) 1888 bg.
— An inexpert Defense. Period. Bull. Dep. Agric. Ent. (Ins. Life), **1** (1888—89), 91, (1888—89) 1888 bh.
— Insect Damage to the Corks of Wine bottles. Period. Bull. Dep. Agric. Ent. (Ins. Life), **1** (1888—89), 91—92, (1888—89), 1888 bi.
— Locusts in Algeria. [Nach Revue Horticole for July, 1888.] Period. Bull. Dep. Agric. Ent. (Ins. Life), **1** (1888—89), 92, (1888—89) 1888 bj.
— The Purslane Caterpillar. (Larva of *Copidryas gloveri*, Grote & Robinson.) Period. Bull. Dep. Agric. Ent. (Ins. Life), **1** (1888—89), 104—106, 5 Fig., (1888—89) 1888 bk.
— Remarks on the Hessian Fly. Period. Bull. Dep. Agric. Ent. (Ins. Life), **1**, 107—108, (1888—89) 1888 bl.
— A *Stomoxys* Injuring Stock in Oregon. Period. Bull. Dep. Agric. Ent. (Ins. Life), **1** (1888—89), 109, (1888—89) 1888 bm.
— The Colorado Potato-beetle in Nova Scotia. Period. Bull. Dep. Agric. Ent. (Ins. Life), **1** (1888—89), 109, (1888—89) 1888 bn.
— 1888 Damage by Chinch Bug in Missouri. Period. Bull. Dep. Agric. Ent. (Ins. Life), **1** (1888—89), 109—110, (1888—89) 1888 bo.
— The Green-Striped Maple Worm. Period. Bull. Dep. Agric. Ent. (Ins. Life), **1** (1888—89), 111, (1888—89) 1888 bp.
— Wheat Saw-Flies. Period. Bull. Dep. Agric. Ent. (Ins. Life), **1** (1888—89), 111—112, (1888—89) 1888 bq.
— Was it an Accident, or a Wily Milkman? Period. Bull. Dep. Agric. Ent. (Ins. Life), **1** (1888—89), 112, (1888—89) 1888 br.
— Epidemic diseases of the Chinch Bug in Illinois. Period. Bull. Dep. Agric. Ent. (Ins. Life), **1** (1888—89), 113, (1888—89) 1888 bs.
— Notes on the Chinch Bug in Minnesota. Period. Bull. Dep. Agric. Ent. (Ins. Life), **1** (1888—89), 113, (1888—89) 1888 bt.
— Synonymy of the Mealy Bug of the Orange. Period. Bull. Dep. Agric. Ent. (Ins. Life), **1** (1888—89), 118, (1888—89) 1888 bu.
— Entomology in Chili. Period. Bull. Dep. Agric. Ent. (Ins. Life), **1** (1888—89), 118—119, (1888—89) 1888 bv.
— The Larva of the Clover Stem borer, *Languria Mozardi* Latr., as a Gall maker. Period. Bull. Dep. Agric. Ent. (Ins. Life), **1** (1888—89), 119, 1 Fig., (1888—89) 1888 bw.
— The Pear *Diplosis* in England. Period. Bull. Dep. Agric. Ent. (Ins. Life), **1** (1888—89), 120—121, (1888—89) 1888 bx.
— False Report of *Phylloxera* in Australia. [Nach: Adelaide Garden and Field for July, 1888.] Period. Bull. Dep. Agric. Ent. (Ins. Life), **1** (1888—89), 121—122, (1888—89) 1888 by.
— Value of dead Locusts as Manure. Period. Bull. Dep. Agric. Ent. (Ins. Life), **1** (1888—89), 122, (1888—89) 1888 bz.
— The Insidious Flower-bug. Period. Bull. Dep. Agric. Ent. (Ins. Life), **1** (1888—89), 122, (1888—89) 1888 ca.
— [The treatment of fruit trees for Codling Moth and Plum Curculio.] Period. Bull. Dep. Agric. Ent. (Ins. Life), **1** (1888—89), 123—124, (1888—89) 1888 cb.
— Danger to Human Beings from Use of Paris Green. Period. Bull. Dep. Agric. Ent. (Ins. Life), **1** (1888—89), 142, (1888—89) 1888 cc.
— The Clover Seed-midge in Ohio. Period. Bull. Dep. Agric. Ent. (Ins. Life), **1** (1888—89), 142—143, (1888—89) 1888 cd.
— The Acid Secretion of *Notodonta Concinna.* Period. Bull. Dep. Agric. Ent. (Ins. Life), **1** (1888—89), 143, (1888—89) 1888 ce.
— Formula for a Buffalo Gnat Application. Period. Bull. Dep. Agric. Ent. (Ins. Life), **1** (1888—89), 143, (1888—89) 1888 cf.
— Out-of-door Hibernation of *Lecanium hemispaericum* in Pennsylvania. Period. Bull. Dep. Agric. Ent. (Ins. Life), **1** (1888—89), 144, (1888—89) 1888 cg.
— A House infested with Psocidae. Period. Bull. Dep. Agric. Ent. (Ins. Life), **1** (1888—89), 144—145, (1888—89) 1888 ch.
— Remarkable Abundance of the *Cecropia* Silk-worm. Period. Bull. Dep. Agric. Ent. (Ins. Life), **1** (1888—89), 155, (1888—89) 1888 ci.
— The Rear-horse domesticated. Period. Bull. Dep. Agric. Ent. (Ins. Life), **1** (1888—89), 156, (1888—89) 1888 cj.
— A Point in Favor of the English Sparrow. Period. Bull. Dep. Agric. Ent. (Ins. Life), **1** (1888—89), 156, (1888—89) 1888 ck.
— The Clover-root Borer. Period. Bull. Dep. Agric. Ent. (Ins. Life), **1** (1888—89), 156, (1888—89), 156, (1888—89) 1888 cl.
— A California Enemy to Walnuts. Period. Bull. Dep. Agric. Ent. (Ins. Life), **1** (1888—89), 156—157, (1888—89) 1888 cm.
— The Hosts of a few larger Ichneumonids. Period. Bull. Dep. Agric. Ent. (Ins. Life), **1** (1888—89), 161, (1888—89) 1888 cn.
— Recent California Work against the Fluted Scale. Period. Bull. Dep. Agric. Ent. (Ins. Life), **1** (1888—89), 163—164, (1888—89) 1888 co.
— [A „patent" on the process of fumigation with gas.] Period. Bull. Dep. Agric. Ent. (Ins. Life), **1** (1888—89), 164, (1888—89) 1888 cp.
— Introduction of living Parasites: Success of the Mission to Australia. Period. Bull. Dep. Agric. Ent. (Ins. Life), **1** (1888—89), 164—165, (1888—89) 1888 cq.
[Darin:]
Koebele, Albert: [Larvae feeding upon the eggs of *Icerya.*] 165.
— Credit to whom Credit is due. — [The discovery of *Lestophonus iceryae.*] Period. Bull. Dep. Agric. Ent. (Ins. Life), **1** (1888—89), 166—167, (1888—89) 1888 cr.
— A Sandwich Island Sugar-cane Borer. (*Sphenophorus obscurus* Boisd.) Period. Bull. Dep. Agric. Ent. (Ins. Life), **1** (1888—89), 185—189, 2 Fig., (1888—89) 1888 cs.

— The „Red Bug" injuring Oranges again. Period. Bull. Dep. Agric. Ent. (Ins. Life), **1** (1888—89), 190, (1888—89) 1888 ct.
— A Tineid on Carpets in Texas. Period. Bull. Dep. Agric. Ent. (Ins. Life), **1** (1888—89), 191, (1888—89) 1888 cu.
— Beetles supposed to have been passed by a Patient. Period. Bull. Dep. Agric. Ent. (Ins. Life), **1** (1888—89), 191, (1888—89) 1888 cv.
— Leaf-stripping Ants in Arizona. Period. Bull. Dep. Agric. Ent. (Ins. Life), **1** (1888—89), 191—192, (1888—89) 1888 cw.
— Stinging Caterpillar of *Lagoa opercularis*. Period. Bull. Dep. Agric. Ent. (Ins. Life), **1** (1888—89), 192, (1888—89) 1888 cx.
— Grain Insects in Australia. Period. Bull. Dep. Agric. Ent. (Ins. Life), **1** (1888—89), 193—194, (1888—89) 1888 cy.
— Rebuttal of Wier's Statements regarding the Plum Curculio. Period. Bull. Dep. Agric. Ent. (Ins. Life), **1** (1888—89), 193, (1888—89) 1888 cz.
— Further concerning the Locust War in Algeria. Period. Bull. Dep. Agric. Ent. (Ins. Life), **1** (1888—89), 194—195, (1888—89) 1888 da.
— The Peach-twig Moth and its Parasite. Period. Bull. Dep. Agric. Ent. (Ins. Life), **1** (1888—89), 196—197, (1888—89) 1888 db.
— Two abnormal Honey-bees. Period. Bull. Dep. Agric. Ent. (Ins. Life), **1** (1888—89), 197, (1888—89) 1888 dc.
— Re-appearance of *Lachnus platanicola*. Period. Bull. Dep. Agric. Ent. (Ins. Life), **1** (1888—89), 197—198, (1888—89) 1888 dd.
— Two alien Pests of the Greenhouse. Period. Bull. Dep. Agric. Ent. (Ins. Life), **1** (1888—89), 198, (1888—89) 1888 de.
— The Food-habits of North American Calandridae. Period. Bull. Dep. Agric. Ent. (Ins. Life), **1** (1888—89), 198—199, (1888—89) 1888 df; 231, (1888—89) 1889.
— A remarkable Insect Enemy to Live Stock. Period. Bull. Dep. Agric. Ent. (Ins. Life), **1** (1888—89), 199, (1888—89) 1888 dg.
— Further on the Importation of *Lestophonus*. Period. Bull. Dep. Agric. Ent. (Ins. Life), **1** (1888—89), 199—200, (1888—89) 1888 dh.
— [National organisation of workers in economic entomology.] Period. Bull. Dep. Agric. Ent. (Ins. Life), **1** (1888—89), 201; The proposed Entomologist's Union. 359, (1888—89) 1889 a.
— Kerosene Emulsion — An Error corrected. Period. Bull. Dep. Agric. Ent. (Ins. Life), **1** (1888—89), 202, (1888—89) 1889 b.
— [The collection of W. J. Holland, Pittsburg, Pa.] Period. Bull. Dep. Agric. Ent. (Ins. Life), **1** (1888—89), 202—203, (1888—89) 1889 c.
— On the Emasculating Bot-fly. (*Cuterebra emasculator* Fitch.) Period. Bull. Dep. Agric. Ent. (Ins. Life), **1** (1888—89), 214—216, 1 Fig., (1888—89) 1889 d.
— Larva of *Hyperchiria io* on Saw Palmetto in Florida. Period. Bull. Dep. Agric. Ent. (Ins. Life), **1** (1888—89), 217, (1888—89) 1889 e.
— *Acanthacara similis* injuring Pineapple in Florida. Period. Bull. Dep. Agric. Ent. (Ins. Life), **1** (1888—89), 217—218, (1888—89) 1889 f.
— *Hylesinus trifolii* in Ohio. Period. Bull. Dep. Agric. Ent. (Ins. Life), **1** (1888—89), 218, (1888—89) 1889 g.
— Beetles boring in an Opium Pipe from China. Period. Bull. Dep. Agric. Ent. (Ins. Life), **1** (1888—89), 220, (1888—89) 1889 h.
— Two Species of *Anomala* injurious to the Vine in the South. Period. Bull. Dep. Agric. Ent. (Ins. Life), **1** (1888—89), 220, (1888—89) 1889 i.
— A Grape-vine Flea-beetle in the Southwest. Period. Bull. Dep. Agric. Ent. (Ins. Life), **1** (1888—89), 220—221, (1888—89) 1889 j.
— The „Voice" of *Vanessa antiopa*. Period. Bull. Dep. Agric. Ent. (Ins. Life), **1** (1888—89), 221, (1888—89) 1889 k.
— A *Phylloxera* on the Pecan. Period. Bull. Dep. Agric. Ent. (Ins. Life), **1** (1888—89), 221—222, (1888—89) 1889 l.
— *Anthrenus* destroying Whalebone. Period. Bull. Dep. Agric. Ent. (Ins. Life), **1** (1888—89), 222, (1888—89) 1889 m.
— Notes on *Pteromalus puparum*. Period. Bull. Dep. Agric. Ent. (Ins. Life), **1** (1888—89), 225, (1888—89) 1889 n.
— Geographical Range of the Chinch Bug. Period. Bull. Dep. Agric. Ent. (Ins. Life), **1** (1888—89), 226, (1888—89) 1889 o.
— Another Human Bot-fly. Period. Bull. Dep. Agric. Ent. (Ins. Life), **1** (1888—89), 226, (1888—89) 1889 p.
— Damage to Fruit by the Adult of *Allorhina*. Period. Bull. Dep. Agric. Ent. (Ins. Life), **1** (1888—89), 226—227, (1888—89) 1889 q.
— The Imbricated Snout-beetle. Period. Bull. Dep. Agric. Ent. (Ins. Life), **1** (1888—89), 227, (1888—89) 1889 r.
— Notes on Acrididae in Los Angeles, Cal. Period. Bull. Dep. Agric. Ent. (Ins. Life), **1**, 227—228, (1888—89) 1889 s.
— *Chloridea rhexia* injuring Tobacco. Period. Bull. Dep. Agric. Ent. (Ins. Life), **1** (1888—89), 228—229, 1 Fig., (1888—89) 1889 t.
— Birds and the White Grub. Period. Bull. Dep. Agric. Ent. (Ins. Life), **1** (1888—89), 229, (1888—89) 1889 u.
— The second Shipment of *Icerya* Parasites. Period. Bull. Dep. Agric. Ent. (Ins. Life), **1** (1888—89), 231—232, (1888—89) 1889 v.
— A secondary *Icerya* Parasite. Period. Bull. Dep. Agric. Ent. (Ins. Life), **1** (1888—89), 232; The secondary . . . 262, (1888—89) 1889 w.
— The Red Bug or Cotton Stainer. Period. Bull. Dep. Agric. Ent. (Ins. Life), **1** (1888—89), 234—241, 3 Fig., (1888—89) 1889 x.
— *Balaninus nasicus* in granulated Sugar. Period. Bull. Dep. Agric. Ent. (Ins. Life), **1** (1888—89), 253, (1888—89) 1889 y.
— Sap-Beetles in injured Figs. Period. Bull. Dep. Agric. Ent. (Ins. Life), **1** (1888—89), 253—254, (1888—89) 1889 z.
— Notes on the Cochineal Insect. Period. Bull. Dep. Agric. Ent. (Ins. Life), **1** (1888—89), 258—259, (1888—89) 1889 aa.
— The Beet Carrion-beetle. Period. Bull. Dep. Agric. Ent. (Ins. Life), **1** (1888—89), 259, (1888—89) 1889 ab.
— An African Lady-bird introduced into New Zealand. Period. Bull. Dep. Agric. Ent. (Ins. Life), **1**, 259—260, (1888—89) 1889 ac.
— Successful spraying with Paris Green for Codling

Moth. Period. Bull. Dep. Agric. Ent. (Ins. Life), **1** (1888—89), 260, (1888—89) 1889 ad.
— The Red-legged Flea-beetle injuring Peach Orchards. Period. Bull. Dep. Agric. Ent. (Ins. Life), **1** (1888—89), 280, (1888—89) 1889 ae.
— The Hay Worm in Kentucky. Period. Bull. Dep. Agric. Ent. (Ins. Life), **1** (1888—89), 283—284, (1888—89) 1889 af.
— Beetles infesting Yeast Cakes. Period. Bull. Dep. Agric. Ent. (Ins. Life), **1** (1888—89), 284, (1888—89) 1889 ag.
— A Rose-bud *Cecidomyia.* Period. Bull. Dep. Agric. Ent. (Ins. Life), **1** (1888—89), 284, (1888—89) 1889 ah.
— Insects at Electric Lamps. Period. Bull. Dep. Agric. Ent. (Ins. Life), **1** (1888—89), 285, (1888—89) 1889 ai.
— Bees versus Fruit. Period. Bull. Dep. Agric. Ent. (Ins. Life), **1** (1888—89), 285—286, (1888—89) 1889 aj.
— Winter Appearance of the *Cecropia* Moth. Period. Bull. Dep. Agric. Ent. (Ins. Life), **1** (1888—89), 292, (1888—89) 1889 ak.
— Insects upon the Coffee and Tea Plants in Ceylon. Period. Bull. Dep. Agric. Ent. (Ins. Life), **1** (1888—89), 292—293, (1888—89) 1889 al.
— Immunity of Southern Dakota from the Chinch Bug. Period. Bull. Dep. Agric. Ent. (Ins. Life), **1** (1888—89), 294, (1888—89) 1889 am.
— Mr. Koebele's Mission concluded. Period. Bull. Dep. Agric. Ent. (Ins. Life), **1** (1888—89), 297—298, (1888—89) 1889 an.
— The Periodical Cicada in 1889. Period. Bull. Dep. Agric. Ent. (Ins. Life), **1** (1888—89), 298, (1888—89) 1889 ao.
— Buffalo Gnats on the Red River. Period. Bull. Dep. Agric. Ent. (Ins. Life), **1** (1888—89), 313—314, (1888—89) 1889 ap.
— The new Flour Moth in England. Period. Bull. Dep. Agric. Ent. (Ins. Life), **1** (1888—89), 314—315, (1888—89) 1889 aq.
— The Bean Weevil in California. Period. Bull. Dep. Agric. Ent. (Ins. Life), **1** (1888—89), 316, (1888—89) 1889 ar.
— Grass Cut Worms. Period. Bull. Dep. Agric. Ent. (Ins. Life), **1** (1888—89), 317, (1888—89) 1889 as.
— Two Chinch Bug Appearances the past Year. Period. Bull. Dep. Agric. Ent. (Ins. Life), **1** (1888—89), 318, (1888—89) 1889 at.
— The Texas Heel-fly. Period. Bull. Dep. Agric. Ent. (Ins. Life), **1** (1888—89), 318—319, (1888—89) 1889 au.
— A Boll-worm Letter. Period. Bull. Dep. Agric. Ent. (Ins. Life), **1** (1888—89), 320, (1888—89) 1889 av.
— A remarkable Theory. [A cricket inside the grashopper's skin.] Period. Bull. Dep. Agric. Ent. (Ins. Life), **1** (1888—89), 320—321, (1888—89) 1889 aw.
— Fungicides as Insecticides. Period. Bull. Dep. Agric. Ent. (Ins. Life), **1** (1888—89), 323, (1888—89) 1889 ax.
— New Food-Plant for the Scurfy Bark-Louse. Period. Bull. Dep. Agric. Ent. (Ins. Life), **1** (1888—89), 324, (1888—89) 1889 ay.
— Obituary. (Samuel Lowell Elliott.) Period. Bull. Dep. Agric. Ent. (Ins. Life), **1** (1888—89), 324, (1888—89) 1889 az.
— Precursors of Brood VIII of the Periodical Cicada. Period. Bull. Dep. Agric. Ent. (Ins. Life), **1** (1888—89), 324, (1888—89) 1889 ba.
— A Spider-egg Parasite. Period. Bull. Dep. Agric. Ent. (Ins. Life), **1** (1888—89), 324, (1888—89) 1889 bb.
— Spraying Fruit Trees. Period. Bull. Dep. Agric. Ent. (Ins. Life), **1** (1888—89), 324—325, (1888—89) 1889 bc.
— The Box-elder Bug. Period. Bull. Dep. Agric. Ent. (Ins. Life), **1** (1888—89), 325, (1888—89) 1889 bd.
— The Florida Wax-Scale in California. Period. Bull. Dep. Agric. Ent. (Ins. Life), **1** (1888—89), 325—326, (1888—89) 1889 be.
— Australien Enemies of *Icerya* in California. Period. Bull. Dep. Agric. Ent. (Ins. Life), **1** (1888—89), 327, (1888—89) 1889 bf.
— *Thrips tritici* injuring Orange Blossoms. Period. Bull. Dep. Agric. Ent. (Ins. Life), **1** (1888—89), 340, (1888—89) 1889 bg.
— Trumpet-creeper injured by *Lygaeus reclivatus.* Period. Bull. Dep. Agric. Ent. (Ins. Life), **1** (1888—89), 340, (1888—89) 1889 bh.
— White Ants in Australia. Period. Bull. Dep. Agric. Ent. (Ins. Life), **1** (1888—89), 340—341, (1888—89) 1889 bi.
— White Grub Injury to Strawberries. Period. Bull. Dep. Agric. Ent. (Ins. Life), **1** (1888—89), 341—342, (1888—89) 1889 bj.
— A Lac Insect on the Creosote Bush. Period. Bull. Dep. Agric. Ent. (Ins. Life), **1** (1888—89), 344—345, (1888—89) 1889 bk.
— A Rhizococcus on Grass in Dakota. Period. Bull. Dep. Agric. Ent. (Ins. Life), **1** (1888—89), 345, (1888—89) 1889 bl.
— Saw-fly on *Polygonum dumetorum.* Period. Bull. Dep. Agric. Ent. (Ins. Life), **1** (1888—89), 345—346, (1888—89) 1889 bm.
— Ants destroying young Maples in Nebraska. Period. Bull. Dep. Agric. Ent. (Ins. Life), **1** (1888—89), 346, (1888—89) 1889 bn.
— *Oscinis* sp. on Chrysanthemum. Period. Bull. Dep. Agric. Ent. (Ins. Life), **1** (1888—89), 346, (1888—89) 1889 bo.
— *Uropoda americana* on *Euphoria inda.* Period. Bull. Dep. Agric. Ent. (Ins. Life), **1** (1888—89), 349, (1888—89) 1889 bp.
— Swarms of a Gnat in Iowa. Period. Bull. Dep. Agric. Ent. (Ins. Life), **1** (1888—89), 351, (1888—89) 1889 bq.
— The European Ribbon-footed Corn-fly. Period. Bull. Dep. Agric. Ent. (Ins. Life), **1** (1888—89), 351—352, (1888—89) 1889 br.
— *Hermetia mucens* infesting Bee-hives. Period. Bull. Dep. Agric. Ent. (Ins. Life), **1** (1888—89), 353—354, (1888—89) 1889 bs.
— The Chinch Bug this Year. Period. Bull. Dep. Agric. Ent. (Ins. Life), **1** (1888—89), 354, (1888—89) 1889 bt.
— Paris Green for the Garden Web-worm. Period. Bull. Dep. Agric. Ent. (Ins. Life), **1** (1888—89), 354, (1888—89) 1889 bu.
— Codling Moth Destruction in Tasmania. Period. Bull. Dep. Agric. Ent. (Ins. Life), **1** (1888—89), 354, (1888—89) 1889 bv.
— Gas Lime for the Onion Maggot. Period. Bull. Dep. Agric. Ent. (Ins. Life), **1** (1888—89), 354, (1888—89) 1889 bw.

— *Phylloxera* in Asia Minor. Period. Bull. Dep. Agric. Ent. (Ins. Life), **1** (1888—89), 354—355, (1888—89) 1889 bx.
— Bark Lice on the Cocoa-nut. Period. Bull. Dep. Agric. Ent. (Ins. Life), **1** (1888—89), 355, (1888—89) 1889 by.
— Codling Moth Notes. Period. Bull. Dep. Agric. Ent. (Ins. Life), **1** (1888—89), 356, (1888—89) 1889 bz.
— Australian Entomology. Period. Bull. Dep. Agric. Ent. (Ins. Life), **1** (1888—89), 359, (1888—89) 1889 ca.
— A Case of *Lachnosterna* damage. Period. Bull. Dep. Agric. Ent. (Ins. Life), **1** (1888—89), 365—367, (1888—89) 1889 cb.
— The Mole Cricket as a Harbinger of Spring. Period. Bull. Dep. Agric. Ent. (Ins. Life), **1** (1888—89), 375, (1888—89) 1889 cc.
— First injurious Appearance of the Army Worm in Florida. Period. Bull. Dep. Agric. Ent. (Ins. Life), **1** (1888—89), 375—376, (1888—89) 1889 cd.
— The Camellia Scale. Period. Bull. Dep. Agric. Ent. (Ins. Life), **1** (1888—89), 376—377, (1888—89) 1889 ce.
— The Australian Lady-Bird. Period. Bull. Dep. Agric. Ent. (Ins. Life), **1** (1888—89), 377, (1888—89) 1889 cf.
— *Valgus canaliculatus* a Quince Enemy. Period. Bull. Dep. Agric. Ent. (Ins. Life), **1** (1888—89), 377—378, (1888—89) 1889 cg.
— *Lasioderma serricorne* injuring Cigarettes. Period. Bull. Dep. Agric. Ent. (Ins. Life), **1** (1888—89), 378—379, (1888—89) 1889 ch.
— *Dryocampa imperialis* on Elm and Linden. Period. Bull. Dep. Agric. Ent. (Ins. Life), **1** (1888—89), 379, (1888—89) 1889 ci.
— Larvae of *Tenebrio molitor* in a Woman's Stomach. Period. Bull. Dep. Agric. Ent. (Ins. Life), **1** (1888—89), 379—380, (1888—89) 1889 cj.
— Another Note on the retarded Development of *Caloptenus apretus* Eggs at Manhattan, Kans. Period. Bull. Dep. Agric. Ent. (Ins. Life), **1** (1888—89), 380, (1888—89) 1889 ck.
— The Destructive Leaf-hopper injuring Timothy. Period. Bull. Dep. Agric. Ent. (Ins. Life), **1** (1888—89), 381, (1888—89) 1889 cl.
— *Pieris rapae* and *protodice* in Colorado. Period. Bull. Dep. Agric. Ent. (Ins. Life), **1** (1888—89), 382, (1888—89) 1889 cm.
— The Scurfy Bark-louse upon the Currant. Period. Bull. Dep. Agric. Ent. (Ins. Life), **1** (1888—89), 383, (1888—89) 1889 cn.
— *Phylloxera* at the Cape of Good Hope. Period. Bull. Dep. Agric. Ent. (Ins. Life), **1** (1888—89), 383, (1888—89) 1889 co.
— The Rhizococcus on Grass. Period. Bull. Dep. Agric. Ent. (Ins. Life), **1** (1888—89), 385, (1888—89) 1889 cp.
— The Phylloxera in Colorado. Period. Bull. Dep. Agric. Ent. (Ins. Life), **1** (1888—89), 385, (1888—89) 1889 cq.
— A new Grape Pest in the Southwest. Period. Bull. Dep. Agric. Ent. (Ins. Life), **1** (1888—89), 385—386, (1888—89) 1889 cr.
— A Corn Root-worm in South Carolina. Period. Bull. Dep. Agric. Ent. (Ins. Life), **1** (1888—89), 386, (1888—89) 1889 cs.
— An *Aleurodes* on Tobacco. Period. Bull. Dep. Agric. Ent. (Ins. Life), **1** (1888—89), 386, (1888—89) 1889 ct.
— A Deer Bot fly. Period. Bull. Dep. Agric. Ent. (Ins. Life), **1** (1888—89), 386—387, (1888—89), 1889 cu.
— The Shield Method for Leaf-hoppers. Period. Bull. Dep. Agric. Ent. (Ins. Life), **1** (1888—89), 387, (1888—89) 1889 cv.
— *Sciapteron robiniae* in Cottonwood in Washington Territory. Period. Bull. Dep. Agric. Ent. (Ins. Life), **2** (1889—90), 18, (1889—90) 1889 cw.
— A Fodder Worm in the South. Period. Bull. Dep. Agric. Ent. (Ins. Life), **2** (1889—90), 18—19, (1889—90) 1889 cx.
— Colonel Pearson's Method of fighting Rose Beetles. Period. Bull. Dep. Agric. Ent. (Ins. Life), **2** (1889—90), 19, (1889—90) 1889 cy.
— *Lyctus* sp. in Bamboo. Period. Bull. Dep. Agric. Ent. (Ins. Life), **2** (1889—90), 19—20, (1889—90) 1889 cz.
— The Boll Worm in Texas. Period. Bull. Dep. Agric. Ent. (Ins. Life), **2** (1889—90), 20—21, (1889—90) 1889 da.
— A cosmopolitan Flour Pest. Period. Bull. Dep. Agric. Ent. (Ins. Life), **2** (1889—90), 21, (1889—90) 1889 db.
— Letter on the proposed „American Entomologist's Union." Period. Bull. Dep. Agric. Ent. (Ins. Life), **2** (1889—90), 22, (1889—90) 1889 dc.
— Swarming of *Urania boisduvalii* in South America. Period. Bull. Dep. Agric. Ent. (Ins. Life), **2** (1889—90), 22, (1889—90) 1889 dd.
— The Potato Beetle in the South. Period. Bull. Dep. Agric. Ent. (Ins. Life), **2** (1889—90), 22, (1889—90) 1889 de.
— Two local Outbreaks of Locusts. Period. Bull. Dep. Agric. Ent. (Ins. Life), **2** (1889—90), 27, (1889—90) 1889 df.
— Tent Caterpillar in Arkansas. Period. Bull. Dep. Agric. Ent. (Ins. Life), **2** (1889—90), 27—28, (1889—90) 1889 dg.
— The Thistle Caterpillar in Washington Territory. Period. Bull. Dep. Agric. Ent. (Ins. Life), **2** (1889—90), 28, (1889—90) 1889 dh.
— The *Cecropia* Silk-worm again. Period. Bull. Dep. Agric. Ent. (Ins. Life), **2** (1889—90), 28—29, (1889—90) 1889 di.
— The Dingy Cut-worm (*Agrotis subgothica* Haw.). Period. Bull. Dep. Agric. Ent. (Ins. Life), **2** (1889—90), 29, (1889—90) 1889 dj.
— Spraying for the Elm Leaf-beetle. Period. Bull. Dep. Agric. Ent. (Ins. Life), **2** (1889—90), 29, (1889—90) 1889 dk.
— The European White Grub. Period. Bull. Dep. Agric. Ent. (Ins. Life), **2** (1889—90), 30, (1889—90) 1889 dl.
— The Grain Louse. Period. Bull. Dep. Agric. Ent. (Ins. Life), **2** (1889—90), 31, (1889—90) 1889 dm.
— *Pieris rapae* in California. Period. Bull. Dep. Agric. Ent. (Ins. Life), **2** (1889—90), 46, (1889—90) 1889 dn.
— Blackbirds vs. Boll-worms. Period. Bull. Dep. Agric. Ent. (Ins. Life), **2** (1889—90), 47, (1889—90) 1889 do. — [Abdr.:] Rep. ent. Soc. Ontario, **20** (1889), 89, 1890.
— Further on American Insecticides in India. Period. Bull. Dep. Agric. Ent. (Ins. Life), **2** (1889—90), 47—48, (1889—90) 1889 dp.

— New Food-plant and Enemy of *Icerya*. Period. Bull. Dep. Agric. Ent. (Ins. Life), **2** (1889—90), 49, (1889—90) 1889 dq.

— The Tarnished Plant-bug on Pear and Apple. Period. Bull. Dep. Agric. Ent. (Ins. Life), **2** (1889—90), 49—50, (1889—90) 1889 dr.

— *Walshia amorphelia* and the Loco Weed. Period. Bull. Dep. Agric. Ent. (Ins. Life), **2** (1889—90), 50, (1889—90) 1889 ds.

— *Icerya purchasi* not in Florida. Period. Bull. Dep. Agric. Ent. (Ins. Life), **2** (1889—90), 55, (1889—90) 1889 dt.

— Doings of *Agrotis cupidissima*. Period. Bull. Dep. Agric. Ent. (Ins. Life), **2** (1889—90), 56—57, (1889—90) 1889 du.

— The Army Worm in Indiana. Period. Bull. Dep. Agric. Ent. (Ins. Life), **2** (1889—90), 56, (1889—90) 1889 dv.

— The Disappearance of *Icerya* in New Zealand. Period. Bull. Dep. Agric. Ent. (Ins. Life), **2** (1889—90), 57, (1889—90) 1889 dw.

— Caterpillars stopping Trains. Period. Bull. Dep. Agric. Ent. (Ins. Life), **2** (1889—90), 58—59, (1889—90) 1889 dx.

— The New Cattle-fly or Horn Fly. Period. Bull. Dep. Agric. Ent. (Ins. Life), **2** (1889—90), 60, (1889—90) 1889 dy.

— The Japanese Peach Fruit-worm. Period. Bull. Dep. Agric. Ent. (Ins. Life), **2** (1889—90), 64—66, (1889—90) 1889 dz.

— Enemies of *Diabrotica*. Period. Bull. Dep. Agric. Ent. (Ins. Life), **2** (1889—90), 74, (1889—90) 1889 ea.

— Chinch Bug Remedies. Period. Bull. Dep. Agric. Ent. (Ins. Life), **2** (1889—90), 75, (1889—90) 1889 eb.

— Cut-worms. Period. Bull. Dep. Agric. Ent. (Ins. Life), **2** (1889—90), 75—76, (1889—90) 1889 ec.

— An Army-Worm Note from Indiana. Period. Bull. Dep. Agric. Ent. (Ins. Life), **2** (1889—90), 76—77, (1889—90) 1889 ed.

— Some Pacific Coast Habits of the Codling Moth. Period. Bull. Dep. Agric. Ent. (Ins. Life), **2** (1889—90), 84, (1889—90) 1889 ee.

— The effect of arsenical Insecticides upon the Honey Bee. Period. Bull. Dep. Agric. Ent. (Ins. Life), **2** (1889—90), 84—85, (1889—90) 1889 ef.

— Another Leaf-hopper Remedy. Period. Bull. Dep. Agric. Ent. (Ins. Life), **2** (1889—90), 86, (1889—90) 1889 eg.

— Does the Wheat-stem Maggot, *Meromyza americana*, discriminate between different Varieties of Wheat? Period. Bull. Dep. Agric. Ent. (Ins. Life), **2** (1889—90), 87, (1889—90) 1889 eh.

— The Association of Official Economic Entomologists. Period. Bull. Dep. Agric. Ent. (Ins. Life), **2** (1889—90), 87—88, (1889—90) 1889 ei.

— The Entomological Club of the American Association for the Advancement of Science. Period. Bull. Dep. Agric. Ent. (Ins. Life), **2** (1889—90), 88—89, (1889—90) 1889 ej.

— *Dynastes tityus* in Indiana. Period. Bull. Dep. Agric. Ent. (Ins. Life), **2** (1889—90), 89, (1889—90) 1889 ek.

— The field Cricket destroying Strawberries. Period. Bull. Dep. Agric. Ent. (Ins. Life), **2** (1889—90), 89, (1889—90) 1889 el.

— The Plum Curculio Scare in California. Period. Bull. Dep. Agric. Ent. (Ins. Life), **2** (1889—90), 90, (1889—90) 1889 em.

— *Lachnus longistigma* on the Linden in Washington. Period. Bull. Dep. Agric. Ent. (Ins. Life), **2** (1889—90), 90, (1889—90) 1889 en.

— Rosin Wash for Red Scale. Period. Bull. Dep. Agric. Ent. (Ins. Life), **2** (1889—90), 92, (1889—90) 1889 eo.

— The Horn-Fly. (*Haematobia serrata* Robineau-Desvoidy.) Period. Bull. Dep. Agric. Ent. (Ins. Life), **2** (1889—90), 93—103, 5 Fig., (1889—90) 1889 ep.

— The Spread of the Australian Lady-bird. Period. Bull. Dep. Agric. Ent. (Ins. Life), **2** (1889—90), 112, (1889—90) 1889 eq.

— Wasps in India. Period. Bull. Dep. Agric. Ent. (Ins. Life), **2** (1889—90), 113, (1889—90) 1889 er.

— Injurious Insects in New Mexico. Period. Bull. Dep. Agric. Ent. (Ins. Life), **2** (1889—90), 113—115, (1889—90) 1889 es.

— The Corn-feeding *Syrphus*-fly. Period. Bull. Dep. Agric. Ent. (Ins. Life), **2** (1889—90), 115, (1889—90) 1889 et.

— Larvae of *Cephenomyia* in a Man's Head. Period. Bull. Dep. Agric. Ent. (Ins. Life), **2** (1889—90), 116, (1889—90) 1889 eu.

— The Cabbage *Plutella* in New Zealand. Period. Bull. Dep. Agric. Ent. (Ins. Life), **2** (1889—90), 121, (1889—90) 1889 ev.

— Cannibalism with *Coccinella*. Period. Bull. Dep. Agric. Ent. (Ins. Life), **2** (1889—90), 121—122, (1889—90) 1889 ew.

— Rhode Island popular Names for *Corydalus cornutus*. Period. Bull. Dep. Agric. Ent. (Ins. Life), **2** (1889—90), 122, (1889—90) 1889 ex.

— Southern Spread of the Colorado Potato-beetle. Period. Bull. Dep. Agric. Ent. (Ins. Life), **2** (1889—90), 122, (1889—90) 1889 ey.

— The Gas Process for Scale insects. Period. Bull. Dep. Agric. Ent. (Ins. Life), **2** (1889—90), 122, (1889—90) 1889 ez.

— Injury by *Xyleborus dispar* in England. Period. Bull. Dep. Agric. Ent. (Ins. Life), **2** (1889—90), 145, (1889—90) 1889 fa.

— Insect Pests in Colorado in 1889. Period. Bull. Dep. Agric. Ent. (Ins. Life), **2** (1889—90), 145—146, (1889—90) 1889 fb.

— Spraying for Black Scale in California. Period. Bull. Dep. Agric. Ent. (Ins. Life), **2** (1889—90), 146, (1889—90) 1889 fc.

— The Australian Ladybird in New Zealand. Period. Bull. Dep. Agric. Ent. (Ins. Life), **2** (1889—90), 146—147, (1889—90) 1889 fd.

— A Museum Pest attacking Horn Spoons. Period. Bull. Dep. Agric. Ent. (Ins. Life), **2** (1889—90), 147, (1889—90) 1889 fe.

— Some Notes from England. Period. Bull. Dep. Agric. Ent. (Ins. Life), **2** (1889—90), 147, (1889—90) 1889 ff.

— *Nezara* puncturing Bean Buds. Period. Bull. Dep. Agric. Ent. (Ins. Life), **2** (1889—90), 147—148, (1889—90) 1889 fg.

— Beetles in a Pin-cushion. Period. Bull. Dep. Agric. Ent. (Ins. Life), **2** (1889—90), 148, (1888—90) 1889 fh.

— Abundance of *Datana angusti*. Period. Bull. Dep. Agric. Ent. (Ins. Life), **2** (1889—90), 149—150, (1889—90) 1889 fi.

— The Bot-fly of the Ox, or Ox Warble. Period. Bull. Dep. Agric. Ent. (Ins. Life), **2** (1889—90), 156—159, 2 Fig., (1889—90) 1889 fj.
— The Weeping-Tree Mystery. Period. Bull. Dep. Agric. Ent. (Ins. Life), **2** (1889—90), 160—161, (1889—90) 1889 fk.
— An early Occurrence of the Periodical Cicada. Period. Bull. Dep. Agric. Ent. (Ins. Life), **2** (1889—90), 161—162, (1889—90) 1889 fl.
— The so-called Mediterranean Flour moth. (*Ephestia kühniella* Zeller.) Period. Bull. Dep. Agric. Ent. (Ins. Life), **2** (1889—90), 166—171, 3 Fig., (1889—90) 1889 fm.
[Siehe:] Patton, W. Hampton: **3** (1890—91), 158—159, (1891) 1890.
— The Ox Warble. (*Hypoderma bovis* De Geer.) Period. Bull. Dep. Agric. Ent. (Ins. Life), **2** (1889—90), 172—177, 5 Fig., (1889—90) 1889 fn.
— The Mediterranean Flour-moth. Period. Bull. Dep. Agric. Ent. (Ins. Life), **2** (1889—90), 187—189, (1889—90) 1889 fo.
— Scent in Dung-beetles. Period. Bull. Dep. Agric. Ent. (Ins. Life), **2** (1889—90), 189, (1889—90) 1889 fp.
— Beetles from Stomach of a „Chuck-wills-widow." Period. Bull. Dep. Agric. Ent. (Ins. Life), **2** (1889—90), 189, (1889—90) 1889 fq.
— Harvest-mite Destroying the Eggs of the Potato-beetle. Period. Bull. Dep. Agric. Ent. (Ins. Life), **2** (1889—90), 189, (1889—90) 1889 fr.
— Damage to dead Trunks of Pine by *Rhagium lineatum.* Period. Bull. Dep. Agric. Ent. (Ins. Life), **2** (1889—90), 190, (1889—90) 1889 fs.
— Supposed Injury to Grass from *Gastrophysa polygoni.* Period. Bull. Dep. Agric. Ent. (Ins. Life), **2** (1889—90), 190, (1889—90) 1889 ft.
— Some *Vedalia* Letters. Period. Bull. Dep. Agric. Ent. (Ins. Life), **2** (1889—90), 190—191, (1889—90) 1889 fu.
— On *Haematobia serrata.* Period. Bull. Dep. Agric. Ent. (Ins. Life), **2** (1889—90), 191, (1889—90) 1889 fv.
— Vertebrate Enemies of the White Grub. Period. Bull. Dep. Agric. Ent. (Ins. Life), **2** (1889—90), 195, (1889—90) 1889 fw.
— New Method of destroying Scale-insects. Period. Bull. Dep. Agric. Ent. (Ins. Life), **2** (1889—90), 195, (1889—90) 1889 fx.
— Eugène Maillot [Nekrolog]. Period. Bull. Dep. Agric. Ent. (Ins. Life), **2** (1889—90), 196, (1889—90) 1889 fy.
— Dr. Franz Löw [Nekrolog]. Period. Bull. Dep. Agric. Ent. (Ins. Life), **2** (1889—90), 196, (1889—90) 1889 fz.
— The imported Gipsy Moth. (*Ocneria dispar* L.) Period. Bull. Dep. Agric. Ent. (Ins. Life), **2** (1889—90), 208—211, 4 Fig., (1889—90) 1890 a.
— A Grub supposed to have traveled in the human Body. — [*Hypoderma.*] Period. Bull. Dep. Agric. Ent. (Ins. Life), **2**, 238—239, 1 Fig., (1889—90) 1890 b.
— The Dogwood Saw-fly. *Harpiphorus varianus* Norton. Period. Bull. Dep. Agric. Ent. (Ins. Life), **2** (1889—90), 239—243, 1 Fig., (1889—90) 1890 c.
— The Orchid *Isosoma* in America. Period. Bull. Dep. Agric. Ent. (Ins. Life), **2** (1889—90), 250—251, (1889—90) 1890 d.
— Abundance of *Aegeria acerni.* Period. Bull. Dep. Agric. Ent. (Ins. Life), **2** (1889—90), 251—252, (1889—90) 1890 e.
— Ant Hills and Slugs. Period. Bull. Dep. Agric. Ent. (Ins. Life), **2** (1889—90), 252, (1889—90) 1890 f.
— A Ivy Scale-insect. Period. Bull. Dep. Agric. Ent. (Ins. Life), **2** (1889—90), 252, (1889—90) 1890 g.
— Hessian Fly in California. Period. Bull. Dep. Agric. Ent. (Ins. Life), **2** (1889—90), 252, (1889—90) 1890 h.
— A curious Case of insect Litigation. Period. Bull. Dep. Agric. Ent. (Ins. Life), **2** (1889—90), 252—253, (1889—90) 1890 i.
— Work of White Ants. Period. Bull. Dep. Agric. Ent. (Ins. Life), **2** (1889—90), 253, (1889—90) 1890 j.
— Two interesting Parasites. Period. Bull. Dep. Agric. Ent. (Ins. Life), **2** (1889—90), 253, (1889—90) 1890 k.
— Importation of Orange Pests from Florida to California. Period. Bull. Dep. Agric. Ent. (Ins. Life), **2** (1889—90), 253—254, (1889—90) 1890 l.
— On some Dung Flies. Period. Bull. Dep. Agric. Ent. (Ins. Life), **2** (1889—90), 254, (1889—90) 1890 m.
— Insects affecting Salsify. Period. Bull. Dep. Agric. Ent. (Ins. Life), **2** (1889—90), 255—256, (1889—90) 1890 n.
— An Egyptian Mealy bug. Period. Bull. Dep. Agric. Ent. (Ins. Life), **2** (1889—90), 256, (1889—90) 1890 o.
— A case of excessive Parasitism. Period. Bull. Dep. Agric. Ent. (Ins. Life), **2** (1889—90), 256—257, (1889—90) 1890 p.
— Some hitherto unrecorded Enemies of Raspberries and Blackberries. Period. Bull. Dep. Agric. Ent. (Ins. Life), **2** (1889—90), 257—258, (1889—90) 1890 q.
— A Podurid which destroys the Red Rust of Wheat. Period. Bull. Dep. Agric. Ent. (Ins. Life), **2** (1889—90), 259—260, (1889—90) 1890 r.
— Insecticide litigation. Period. Bull. Dep. Agric. Ent. (Ins. Life), **2** (1889—90), 260, (1889—90) 1890 s.
— Effects of the open Winter. Period. Bull. Dep. Agric. Ent. (Ins. Life), **2** (1889—90), 260—261, (1889—90) 1890 t.
— Honey Bees and Arsenicals used as Sprays. Period. Bull. Dep. Agric. Ent. (Ins. Life), **2**, 261, (1889—90) 1890 u.
— Injury to Grass from *Gastroidea polygoni.* Period. Bull. Dep. Agric. Ent. (Ins. Life), **2** (1889—90), 275, (1889—90) 1890 v.
— Resin Wash against Mealy Bug and Woolly Aphis. Period. Bull. Dep. Agric. Ent. (Ins. Life), **2** (1889—90), 276, (1889—90) 1890 w.
— *Dryocampa rubicunda.* Period. Bull. Dep. Agric. Ent. (Ins. Life), **2** (1889—90), 276, (1889—90) 1890 x.
— Combined Spraying for Bark-lice and Codling Moth. Period. Bull. Dep. Agric. Ent. (Ins. Life), **2** (1889—90), 276—277, (1889—90) 1890 y.
— *Euphoria* damaging green Corn. Period. Bull. Dep. Agric. Ent. (Ins. Life), **2** (1889—90), 277, (1889—90) 1890 z.
— Greenhouse Pests. Period. Bull. Dep. Agric. Ent. (Ins. Life), **2** (1889—90), 277, (1889—90) 1890 aa.
— The Indian-meal Moth in Kansas. Period. Bull. Dep. Agric. Ent. (Ins. Life), **2** (1889—90), 277—278, (1889—90) 1890 ab.
— A Cocoanut Pest to be guarded against. Period. Bull. Dep. Agric. Ent. (Ins. Life), **2** (1889—90), 278, (1889—90) 1890 ac.
— Food of the Scydmaenidae. Period. Bull. Dep.

Agric. Ent. (Ins. Life), **2** (1889—90), 278, (1889—90) 1890 ad.
— Larval Habits of *Xyleborus dispar.* Period. Bull. Dep. Agric. Ent. (Ins. Life), **2** (1889—90), 279—280, (1889—90) 1890 ae.
— Insects from Iowa. Period. Bull. Dep. Agric. Ent. (Ins. Life), **2** (1889—90), 280—281, (1889—90) 1890 af.
— A Grasshopper Letter from Utah. Period. Bull. Dep. Agric. Ent. (Ins. Life), **2** (1889—90), 281—282, (1889—90) 1890 ag.
— The „Katy-did" Call. Period. Bull. Dep. Agric. Ent. (Ins. Life), **2** (1889—90), 282, (1889—90) 1890 ah.
— Another Insect impressed in Paper. Period. Bull. Dep. Agric. Ent. (Ins. Life), **2** (1889—90), 283, (1889—90) 1890 ai.
— Notes of the Season from Mississippi. Period. Bull. Dep. Agric. Ent. (Ins. Life), **2** (1889—90), 283, (1889—90) 1890 aj.
— Tasmanian Ladybirds and the „American Blight." Period. Bull. Dep. Agric. Ent. (Ins. Life), **2** (1889—90), 287, (1889—90) 1890 ak.
— Flies on Apple Twigs in New Zealand. Period. Bull. Dep. Agric. Ent. (Ins. Life), **2** (1889—90), 288, (1889—90) 1890 al.
— Plant Importation into Italy. Period. Bull. Dep. Agric. Ent. (Ins. Life), **2** (1889—90), 289, (1889—90) 1890 am.
— Soot as a Remedy for Wooly Apple-louse. Period. Bull. Dep. Agric. Ent. (Ins. Life), **2** (1889—90), 290, (1889—90) 1890 an.
— Metamorphoses of Fleas. Period. Bull. Dep. Agric. Ent. (Ins. Life), **2** (1889—90), 290—291, (1889—90) 1890 ao.
— The *Phylloxera* Problem abroad as it appears to-day. Period. Bull. Dep. Agric. Ent. (Ins. Life), **2** (1889—90), 310—311, (1889—90) 1890 ap.
— The Pine *Lachnus* as a Honey-maker. Period. Bull. Dep. Agric. Ent. (Ins. Life), **2** (1889—90), 314, (1889—90) 1890 aq.
— A Fuchsia *Aleurodes.* Period. Bull. Dep. Agric. Ent. (Ins. Life), **2** (1889—90), 315, (1889—90) 1890 ar.
— The Skein Centipede and Silver Fish. Period. Bull. Dep. Agric. Ent. (Ins. Life), **2** (1889—90), 315—316, (1889—90) 1890 as.
— A Guava Scale. Period. Bull. Dep. Agric. Ent. (Ins. Life), **2** (1889—90), 316, (1889—90) 1890 at.
— The Tile-horn Borer. Period. Bull. Dep. Agric. Ent. (Ins. Life), **2** (1889—90), 316—317, (1889—90) 1890 au.
— The Boll Worm. Period. Bull. Dep. Agric. Ent. (Ins. Life), **2** (1889—90), 317, (1889—90) 1890 av.
— Feather Felting by Dermestids. Period. Bull. Dep. Agric. Ent. (Ins. Life), **2** (1889—90), 317—318, (1889—90) 1890 aw.
— Extreme Ravages of Cut-Worms. Period. Bull. Dep. Agric. Ent. (Ins. Life), **2** (1889—90), 318—319, (1889—90) 1890 ax.
— Migrations of Plants as affecting those of Insects. Period. Bull. Dep. Agric. Ent. (Ins. Life), **2** (1889—90), 319—320, (1889—90) 1890 ay.
— Hymenopterous Parasite of *Icerya* in Australia. Period. Bull. Dep. Agric. Ent. (Ins. Life), **2** (1889—90), 320—321, (1889—90) 1890 az.
— *Proconia undata* Injuring the Vine. Period. Bull. Dep. Agric. Ent. (Ins. Life), **2** (1889—90), 321, (1889—90) 1890 ba.
— A *Rhizococcus* on Grass in Indiana. Period. Bull. Dep. Agric. Ent. (Ins. Life), **2** (1889—90), 326—327, (1889—90) 1890 bb.
— Two Parasites of the Garden Web-Worm. Period. Bull. Dep. Agric. Ent. (Ins. Life), **2** (1889—90), 327—328, 1 Fig., (1889—90) 1890 bc.
— An *Aphis* attacking Carrots. Period. Bull. Dep. Agric. Ent. (Ins. Life), **2** (1889—90), 328—329, (1889—90) 1890 bd.
— More Insects injuring the Tea-Plant in Ceylon. Period. Bull. Dep. Agric. Ent. (Ins. Life), **2** (1889—90), 329—330, (1889—90) 1890 be.
— New Insect Legislation. Period. Bull. Dep. Agric. Ent. (Ins. Life), **2** (1889—90), 330—331, (1889—90) 1890 bf.
— A Test Case under the Horticultural Law. Period. Bull. Dep. Agric. Ent. (Ins. Life), **2** (1889—90), 331, (1889—90) 1890 bg.
— New injurious Insects in Colorado. Period. Bull. Dep. Agric. Ent. (Ins. Life), **2** (1889—90), 332, (1889—90) 1890 bh.
— An *Icerya* in Florida. Period. Bull. Dep. Agric. Ent. (Ins. Life), **2** (1889—90), 333, (1889—90) 1890 bi.
— Florida Orange Scales in California. Period. Bull. Dep. Agric. Ent. (Ins. Life), **2** (1889—90), 341—342, (1889—90) 1890 bj.
— Some of the bred parasitic Hymenoptera in the National Collection. Period. Bull. Dep. Agric. Ent. (Ins. Life), **2** (1889—90), 348—353, (1889—90), 1890 bk; **3** (1890—91), 15—18, 57—61, 151—158, (1891) 1890; 460—464, 1891; **4** (1891—92), 122—126, (1892) 1891.
— *Anthrax* parasitic on Cut-worms. Period. Bull. Dep. Agric. Ent. (Ins. Life), **2** (1889—90), 353—354, 1 Fig., (1889—90) 1890 bl.
— The Tulip Tree Leaf Gall-fly. *Diplosis liriodendri* O. S. Period. Bull. Dep. Agric. Ent. (Ins. Life), **2** (1889—90), 362—363, (1889—90) 1890 bm.
— The Scale Question in Florida. Period. Bull. Dep. Agric. Ent. (Ins. Life), **2** (1889—90), 367—368, (1889—90) 1890 bn.
— A Palm leaf Scale in Trinidad. Period. Bull. Dep. Agric. Ent. (Ins. Life), **2** (1889—90), 368, (1889—90) 1890 bo.
— The Cigarette Beetle. Period. Bull. Dep. Agric. Ent. (Ins. Life), **2** (1889—90), 368—369, (1889—90) 1890 bp.
— A Curious Case. [*Buprestis striata.*] Period. Bull. Dep. Agric. Ent. (Ins. Life), **2** (1889—90), 369, (1889—90) 1890 bq.
— Beneficial Beetles infested with Mites. Period. Bull. Dep. Agric. Ent. (Ins. Life), **2** (1889—90), 369, (1889—90) 1890 br.
— Flea Beetle Injury to Strawberries. Period. Bull. Dep. Agric. Ent. (Ins. Life), **2** (1889—90), 369—370, (1889—90) 1890 bs.
— *Lecanium hesperidum.* Period. Bull. Dep. Agric. Ent. (Ins. Life), **2** (1889—90), 370, (1889—90) 1890 bt.
— Flies in an exhumed Corpse. Period. Bull. Dep. Agric. Ent. (Ins. Life), **2** (1889—90), 370—372, (1889—90) 1890 bu.
— The May Beetle and the White Grub. Period. Bull. Dep. Agric. Ent. (Ins. Life), **2** (1889—90), 372—374, (1889—90) 1890 bv.
— *Parorgyia* on Cranberry in Wisconsin. Period. Bull.

Dep. Agric. Ent. (Ins. Life), **2** (1889—90), 374, (1889—90) 1890 bw.

— *Helomyza* sp. found in Mayfield Cave, Ind. Period. Bull. Dep. Agric. Ent. (Ins. Life), **2** (1889—90), 374, (1889—90) 1890 bx.

— Potato Stalk-borer in Corn and Rag-weed. Period. Bull. Dep. Agric. Ent. (Ins. Life), **2** (1889—90), 375—376, (1889—90) 1890 by.

— Cut-worms and Carnations. Period. Bull. Dep. Agric. Ent. (Ins. Life), **2** (1889—90), 376, (1889—90) 1890 bz.

— The Melon Worm. Period. Bull. Dep. Agric. Ent. (Ins. Life), **2** (1889—90), 376, (1889—90) 1890 ca.

— The Plant-feeding Lady-bird and the Potato Stalk-beetle. Period. Bull. Dep. Agric. Ent. (Ins. Life), **2** (1889—90), 376—377, (1889—90) 1890 cb.

— Intrusion of the Elm Leaf-beetle in Houses. Period. Bull. Dep. Agric. Ent. (Ins. Life), **2** (1889—90), 377, (1889—90) 1890 cc.

— Boiling Water for Peach Borer. Period. Bull. Dep. Agric. Ent. (Ins. Life), **2** (1889—90), 378, (1889—90) 1890 cd.

— Testimonial to Mr. Koebele. Period. Bull. Dep. Agric. Ent. (Ins. Life), **2** (1889—90), 378—379, (1889—90) 1890 ce.

— A Paradox. Period. Bull. Dep. Agric. Ent. (Ins. Life), **2** (1889—90), 379, (1889—90) 1890 cf.

— A rare Sphingid. Period. Bull. Dep. Agric. Ent. (Ins. Life), **2** (1889—90), 379—380, (1889—90) 1890 cg.

— A new Apple Pest. Period. Bull. Dep. Agric. Ent. (Ins. Life), **2** (1889—90), 380, (1889—90) 1890 ch.

— American Vines in France and the Phylloxera. Period. Bull. Dep. Agric. Ent. (Ins. Life), **2** (1889—90), 380—381, (1889—90) 1890 ci.

— A new Australian Vine Pest. Period. Bull. Dep. Agric. Ent. (Ins. Life), **2** (1889—90), 381, (1889—90) 1890 cj.

— A Peach Pest in Bermuda. (*Ceratitis capitata* Wied.) Order Diptera: Family Trypetidae. Period. Bull. Dep. Agric. Ent. (Ins. Life), **3** (1890—91), 5—8, 2 Fig., (1891) 1890 ck.

— A Rose Pest. Period. Bull. Dep. Agric. Ent. (Ins. Life), **3** (1890—91), 19, (1891) 1890 cl.

— A Parasite of *Agrilus.* — The Lady-bird Parasite. Period. Bull. Dep. Agric. Ent. (Ins. Life), **3** (1890—91), 19—20, (1891) 1890 cm.

— The Tent Caterpillar. Period. Bull. Dep. Agric. Ent. (Ins. Life), **3** (1890—91), 20—21, (1891) 1890 cn.

— The Horn Fly. Period. Bull. Dep. Agric. Ent. (Ins. Life), **3** (1890—91), 21, (1891) 1890 co.

— A Jack Rabbit Parasite. Period. Bull. Dep. Agric. Ent. (Ins. Life), **3** (1890—91), 21, (1891) 1890 cp.

— Supposed Bed-bugs under Bark of Trees. Period. Bull. Dep. Agric. Ent. (Ins. Life), **3** (1890—91), 21—22, (1891) 1890 cq.

— The Orchid *Isosoma* again. Period. Bull. Dep. Agric. Ent. (Ins. Life), **3** (1890—91), 22, (1891) 1890 cr.

— *Eristalis* in Well Water. Period. Bull. Dep. Agric. Ent. (Ins. Life), **3** (1890—91), 22—23, (1891) 1890 cs.

— Florida Orange Scales in California. Period. Bull. Dep. Agric. Ent. (Ins. Life), **3** (1890—91), 23—25, (1891) 1890 ct.

— The Larva of the Ox Bot-fly. Period. Bull. Dep. Agric. Ent. (Ins. Life), **3** (1890—91), 25, (1891) 1890 cu.

— The Fuchsia Beetle. Period. Bull. Dep. Agric. Ent. (Ins. Life), **3** (1890—91), 25—26, (1891) 1890 cv.

— Effects of London Purple on Foliage. Period. Bull. Dep. Agric. Ent. (Ins. Life), **3** (1890—91), 28, (1891) 1890 cw.

— The Tulip-tree Scale-insect. Period. Bull. Dep. Agric. Ent. (Ins. Life), **3** (1890—91), 28—29, (1891) 1890 cx.

— A new Enemy to Rye. Period. Bull. Dep. Agric. Ent. (Ins. Life), **3** (1890—91), 29—30, (1891) 1890 cy.

— The new Vine Pest in New South Wales. Period. Bull. Dep. Agric. Ent. (Ins. Life), **3** (1890—91), 30—31, (1891) 1890 cz.

— A Remedy for Cabbage Worms. Period. Bull. Dep. Agric. Ent. (Ins. Life), **3** (1890—91), 31, (1891) 1890 da.

— London Purple. Period. Bull. Dep. Agric. Ent. (Ins. Life), **3** (1890—91), 31—32, (1891) 1890 db.

— A little-used Bibliography. Period. Bull. Dep. Agric. Ent. (Ins. Life), **3** (1890—91), 32, (1891) 1890 dc.

— A social *Papilio* Larva. Period. Bull. Dep. Agric. Ent. (Ins. Life), **3** (1890—91), 32—33, (1891) 1890 dd.

— Codling Moth Remedies. Period. Bull. Dep. Agric. Ent. (Ins. Life), **3** (1890—91), 40—41, (1891) 1890 de.

— A Japanese Parasite of the Gipsy Moth. Period. Bull. Dep. Agric. Ent. (Ins. Life), **3** (1890—91), 41—42, (1891) 1890 df.

— The Oviposition of the Horn Fly. Period. Bull. Dep. Agric. Ent. (Ins. Life), **3** (1890—91), 42—43, (1891) 1890 dg.

— Sending Codling Moth Enemies from the United States to New Zealand. Period. Bull. Dep. Agric. Ent. (Ins. Life), **3** (1890—91), 43, (1891) 1890 dh.

— *Chilo saccharalis:* Its Injury to Corn in Virginia, and to Cane and Sorghum in Louisiana. Period. Bull. Dep. Agric. Ent. (Ins. Life), **3** (1890—91), 64—65, (1891) 1890 di.

— Another Beetle destructive to Carpets. Period. Bull. Dep. Agric. Ent. (Ins. Life), **3** (1890—91), 65, (1891) 1890 dj.

— Other Insects under Carpets. Period. Bull. Dep. Agric. Ent. (Ins. Life), **3** (1890—91), 65—66, (1891) 1890 dk.

— A beneficial Beetle on Orange Trees. Period. Bull. Dep. Agric. Ent. (Ins. Life), **3** (1890—91), 68, (1891) 1890 dl.

— *Aspidiotus perniciosus.* Period. Bull. Dep. Agric. Ent. (Ins. Life), **3** (1890—91), 68—69, (1891) 1890 dm.

— The Clover *Phytonomus.* Period. Bull. Dep. Agric. Ent. (Ins. Life), **3** (1890—91), 70—71, (1891) 1890 dn.

— California Notes. Period. Bull. Dep. Agric. Ent. (Ins. Life), **3** (1890—91), 71, (1891) 1890 do.

— Ants and Melons. [*Aphis cucumeris.*] Period. Bull. Dep. Agric. Ent. (Ins. Life), **3** (1890—91), 71, (1891) 1890 dp.

— A Parasite of the Vine *Aspidiotus.* Period. Bull. Dep. Agric. Ent. (Ins. Life), **3** (1890—91), 72, (1891) 1890 dq.

— Some Insects from Kansas. Period. Bull. Dep. Agric. Ent. (Ins. Life), **3** (1890—91), 72—73, (1891) 1890 dr.

— The Joint Worm in northern New York. Period. Bull. Dep. Agric. Ent. (Ins. Life), **3** (1890—91), 73, (1891) 1890 ds.

— The Grain *Toxoptera* in Tennessee. Period. Bull.

Dep. Agric. Ent. (Ins. Life), **3** (1890—91), 73, (1891) 1890 dt.

— Prevalence of the Grain *Toxoptera* in Texas. Period. Bull. Dep. Agric. Ent. (Ins. Life), **3** (1890—91), 73—76, (1891) 1890 du.

— Legislation against the Gipsy Moth. Period. Bull. Dep. Agric. Ent. (Ins. Life), **3** (1890—91), 78—79, (1891) 1890 dv.

— Pyrethrum in Australia and South Africa. Period. Bull. Dep. Agric. Ent. (Ins. Life), **3** (1890—91), 79, (1891) 1890 dw.

— The Yellow Hammer and the Codling Moth. Period. Bull. Dep. Agric. Ent. (Ins. Life), **3** (1890—91), 79—80, (1891) 1890 dx.

— Name of the Oyster-shell Bark-louse of the Apple. Period. Bull. Dep. Agric. Ent. (Ins. Life), **3** (1890—91), 89—90, (1891) 1890 dy.

— Some new Iceryas. Period. Bull. Dep. Agric. Ent. (Ins. Life), **3** (1890—91), 92—106, 14 Fig., (1891) 1890 dz.

— The Bermuda Peach Maggot and Orange Rust. Period. Bull. Dep. Agric. Ent. (Ins. Life), **3** (1890—91), 120—121, (1891) 1890 ea.

— The New Mexican *Epilachna.* Period. Bull. Dep. Agric. Ent. (Ins. Life), **3** (1890—91), 121—122, (1891) 1890 eb.

— Two Grape Pests in Alabama. Period. Bull. Dep. Agric. Ent. (Ins. Life), **3** (1890—91), 123, (1891) 1890 ec.

— London Purple and Paris Green for the Boll Worm. Period. Bull. Dep. Agric. Ent. (Ins. Life), **3** (1890—91), 123—124, (1891) 1890 ed.

— An *Orthesia* on Coleus. Period. Bull. Dep. Agric. Ent. (Ins. Life), **3** (1890—91), 124—125, (1891) 1890 ee.

— The Cottony Maple Scale in Oregon. Period. Bull. Dep. Agric. Ent. (Ins. Life), **3** (1890—91), 125, (1891) 1890 ef.

— The Wheat Straw *Isosoma* in the State of Washington. Period. Bull. Dep. Agric. Ent. (Ins. Life), **3** (1890—91), 125, (1891) 1890 eg.

— Supposed Enemy under Pear Bark. Period. Bull. Dep. Agric. Ent. (Ins. Life), **3** (1890—91), 125—126, (1891) 1890 eh.

— Damage by *Toxoptera graminum.* Period. Bull. Dep. Agric. Ent. (Ins. Life), **3** (1890—91), 126, (1891) 1890 ei.

— An Experience with the Gipsy Moth. Period. Bull. Dep. Agric. Ent. (Ins. Life), **3** (1890—91), 126—127, (1891) 1890 ej.

— Remedies for the Harlequin Cabbage-Bug. Period. Bull. Dep. Agric. Ent. (Ins. Life), **3** (1890—91), 127, (1891) 1890 ek.

— Economic Entomology in New South Wales. Period. Bull. Dep. Agric. Ent. (Ins. Life), **3** (1890—91), 133, (1891) 1890 el.

— Notes upon *Ephestia interpunctella.* Period. Bull. Dep. Agric. Ent. (Ins. Life), **3** (1890—91), 134—135, (1891) 1890 em.

— Maple-tree Borers. Period. Bull. Dep. Agric. Ent. (Ins. Life), **3** (1890—91), 161, (1891) 1890 en.

— A Bot-fly infesting Hogs. Period. Bull. Dep. Agric. Ent. (Ins. Life), **3** (1890—91), 161—162, (1891) 1890 eo.

— A Peach-tree Leaf-beetle. Period. Bull. Dep. Agric. Ent. (Ins. Life), **3** (1890—91), 162, (1891) 1890 ep.

— A Beetle in Stramonium. Period. Bull. Dep. Agric. Ent. (Ins. Life), **3** (1890—91), 163, (1891) 1890 eq.

— The Pear-slug on Plum. Period. Bull. Dep. Agric. Ent. (Ins. Life), **3** (1890—91), 163—164, (1891) 1890 er.

— The Black-locust *Hispa.* Period. Bull. Dep. Agric. Ent. (Ins. Life), **3** (1890—91), 164, (1891) 1890 es.

— Importation of Hessian Fly Parasites. Period. Bull. Dep. Agric. Ent. (Ins. Life), **3** (1890—91), 164, (1891) 1890 et.

— Fighting the Rose Chafer. Period. Bull. Dep. Agric. Ent. (Ins. Life), **3** (1890—91), 165—166, (1891) 1890 eu.

— Wire-worm Damage to Onions. Period. Bull. Dep. Agric. Ent. (Ins. Life), **3** (1890—91), 166, (1891) 1890 ev.

— Orange-tree Bark-borers. Period. Bull. Dep. Agric. Ent. (Ins. Life), **3** (1890—91), 166—167, (1891) 1890 ew.

— *Rhizococcus* on grass. Period. Bull. Dep. Agric. Ent. (Ins. Life), **3** (1890—91), 167, (1891) 1890 ex.

— The Grape Curculio. Period. Bull. Dep. Agric. Ent. (Ins. Life), **3** (1890—91), 167, (1891) 1890 ey.

— Scale-insects in California. Period. Bull. Dep. Agric. Ent. (Ins. Life), **3** (1890—91), 167—169, (1891) 1890 ez.

— Household Pests. Period. Bull. Dep. Agric. Ent. (Ins. Life), **3** (1890—91), 169—170, (1891) 1890 fa.

— The Rose Chafer on Clay Lands. Period. Bull. Dep. Agric. Ent. (Ins. Life), **3** (1890—91), 170, (1891) 1890 fb.

— Tomato Worm. Period. Bull. Dep. Agric. Ent. (Ins. Life), **3** (1890—91), 171, (1891) 1890 fc.

— The Pear-slug on Quince. Period. Bull. Dep. Agric. Ent. (Ins. Life), **3** (1890—91), 171, (1891) 1890 fd.

— Destructive Locusts in Mesopotamia. Period. Bull. Dep. Agric. Ent. (Ins. Life), **3** (1890—91), 172—173, (1891) 1890 fe.

— Bird Enemies of the Colorado Potato-beetle. Period. Bull. Dep. Agric. Ent. (Ins. Life), **3** (1890—91), 174—175, (1891) 1890 ff.

— Silk-worm Disease in China. Period. Bull. Dep. Agric. Ent. (Ins. Life), **3** (1890—91), 175—176, (1891) 1890 fg.

— Fumigating for Scale Insects. Period. Bull. Dep. Agric. Ent. (Ins. Life), **3** (1890—91), 176, (1891) 1890 fh.

— Swarming of a Cricket and a Ground beetle in Texas. Period. Bull. Dep. Agric. Ent. (Ins. Life), **3** (1890—91), 176—177, (1891) 1890 fi.

— A Parasite of the Willow *Cimbex.* Period. Bull. Dep. Agric. Ent. (Ins. Life), **3** (1890—91), 177, (1891) 1890 fj.

— The *Mantis* not poisonous. Period. Bull. Dep. Agric. Ent. (Ins. Life), **3** (1890—91), 294, 1891 a.

— A Rose Cecidomyiid. Period. Bull. Dep. Agric. Ent. (Ins. Life), **3** (1890—91), 294—295, 1891 b.

— *Schizoneura tessellata.* Period. Bull. Dep. Agric. Ent. (Ins. Life), **3** (1890—91), 295, 1891 c.

— Woodpeckers vs. the Tussock Moth. Period. Bull. Dep. Agric. Ent. (Ins. Life), **3** (1890—91), 295—296, 1891 d.

— Abnormal Oviposition of the Angular-winged Katydid. Period. Bull. Dep. Agric. Ent. (Ins. Life), **3** (1890—91), 296, 1891 e.

— Dimorphism in Butterflies and Miscellaneous Notes.

Period. Bull. Dep. Agric. Ent. (Ins. Life), **3** (1890—91), 296, 1891 f.
— A Fig Leaf beetle in Australia. Period. Bull. Dep. Agric. Ent. (Ins. Life), **3** (1890—91), 297—298, 1891 g.
— A Grape vine Pest. Period. Bull. Dep. Agric. Ent. (Ins. Life), **3** (1890—91), 298, 1891 h.
— Tin Cans vs. Crickets. Period. Bull. Dep. Agric. Ent. (Ins. Life), **3** (1890—91), 298, 1891 i.
— Will Ramie support the Silkworm of Commerce. Period. Bull. Dep. Agric. Ent. (Ins. Life), **3** (1890—91), 301, 1891 j.
— Obituary. (E. T. Atkinson.) Period. Bull. Dep. Agric. Ent. (Ins. Life), **3** (1890—91), 303—304, 1891 k.
— The Hessian Fly attacking Grasses in California. Period. Bull. Dep. Agric. Ent. (Ins. Life), **3** (1890—91), 306—307, 1891 l.
— Introduction of *Icerya* into Honolulu and its Extermination through the *Vedalia.* Period. Bull. Dep. Agric. Ent. (Ins. Life), **3** (1890—91), 307, 1891 m.
— Some odd Lepidoptera. Period. Bull. Dep. Agric. Ent. (Ins. Life), **3** (1890—91), 310—311, 1891 n.
— List of Coleopterous Larvae sent by C. V. Riley to F. Meinert of Copenhagen, for the University Museum, in exchange for European Specimens from the Schiödte Collection. Period. Bull. Dep. Agric. Ent. Ins. Life), **3** (1890—91), 330—332, 1891 o.
— Beetles and Moths infesting Stored Corn in Venezuela. Period. Bull. Dep. Agric. Ent. (Ins. Life), **3** (1890—91), 333—334, 1891 p.
— Sweet Potato Root-borer. Period. Bull. Dep. Agric. Ent. (Ins. Life), **3** (1890—91), 334, 1891 q.
— A Borer in a Tree Fungus. Period. Bull. Dep. Agric. Ent. (Ins. Life), **3** (1890—91), 335, 1891 r.
— Migration of *Callidryas eubule.* Period. Bull. Dep. Agric. Ent. (Ins. Life), **3** (1890—91), 335—336, 1891 s.
— The Brassy Flea Beetle injuring Corn. Period. Bull. Dep. Agric. Ent. (Ins. Life), **3** (1890—91), 336, 1891 t.
— The Banded Sand Cricket. Period. Bull. Dep. Agric. Ent. (Ins. Life), **3** (1890—91), 336, 1891 u.
— A curious Bedbug find. Period. Bull. Dep. Agric. Ent. (Ins. Life), **3** (1890—91), 336—337, 1891 v.
— Carnivorous Habits of Locusts. Period. Bull. Dep. Agric. Ent. (Ins. Life), **3** (1890—91), 338—339, 1891 w.
— *Citheronia* injuring Cotton. Period. Bull. Dep. Agric. Ent. (Ins. Life), **3** (1890—91), 339, 1891 x.
— *Gelechia cerealella* in Virginia. Period. Bull. Dep. Agric. Ent. (Ins. Life), **3** (1890—91), 339, 1891 y.
— Appearance of wheat infested with Hessian fly. Period. Bull. Dep. Agric. Ent. (Ins. Life), **3** (1890—91), 339—340, 1891 z.
— Nigth Swarming of Lace-wing Flies. Period. Bull. Dep. Agric. Ent. (Ins. Life), **3** (1890—91), 340, 1891 aa.
— House-fly Parasites. Period. Bull. Dep. Agric. Ent. (Ins. Life), **3** (1890—91), 340, 1891 ab.
— Feeding Habits of the Bee moth. Period. Bull. Dep. Agric. Ent. (Ins. Life), **3** (1890—91), 342, 1891 ac.
— The Codling Moth as a Friend. Period. Bull. Dep. Agric. Ent. (Ins. Life), **3** (1890—91), 346—347, 1891 ad.
— A Winter Wash for Scale Insects. Period. Bull. Dep. Agric. Ent. (Ins. Life), **3** (1890—91), 347, 1891 ae.
— The Tarnished Plant bug damaging Celery. Period. Bull. Dep. Agric. Ent. (Ins. Life), **3** (1890—91), 348, 1891 af.
— Oviposition in *Adoxus vitis.* Period. Bull. Dep. Agric. Ent. (Ins. Life), **3** (1890—91), 348—349, 1891 ag.
— Collections of Coleoptera — a recent important Scale. Period. Bull. Dep. Agric. Ent. (Ins. Life), **3** (1890—91), 350—351, 1891 ah.
— Insect Wax. Period. Bull. Dep. Agric. Ent. (Ins. Life), **3** (1890—91), 352, 1891 ai.
— *Coccinella Nova-Zealandica* a Synonym. Period. Bull. Dep. Agric. Ent. (Ins. Life), **3** (1890—91), 352, 1891 aj.
— A new Phylloxera Station in Brazil. Period. Bull. Dep. Agric. Ent. (Ins. Life), **3** (1890—91), 353—354, 1891 ak.
— Obituary. (Frazer S. Crawford.) Period. Bull. Dep. Agric. Ent. (Ins. Life), **3** (1890—91), 354, 1891 al.
— The Australian „Fly-bug." Period. Bull. Dep. Agric. Ent. (Ins. Life), 3 (1890—91), 355—356, 1891 am.
— Importation of Hessian Fly Parasites. Period. Bull. Dep. Agric. Ent. (Ins. Life), **3** (1890—91), 367, 1891 an.
— The Quicksilver Remedy for Phylloxera. Period. Bull. Dep. Agric. Ent. (Ins. Life), **3** (1890—91), 391—392, 1891 ao.
— The California Peach-tree Borer. Period. Bull. Dep. Agric. Ent. (Ins. Life), **3** (1890—91), 392—393, 1891 ap.
— A Codling Moth Larva in March. Period. Bull. Dep. Agric. Ent. (Ins. Life), **3** (1890—91), 396, 1891 aq.
— Dipterous Larvae Vomited by a Child. Period. Bull. Dep. Agric. Ent. (Ins. Life), **3** (1890—91), 396—397, 1891 ar.
— Ducks and the Colorado Potato-beetle. Period. Bull. Dep. Agric. Ent. (Ins. Life), **3** (1890—91), 398, 1891 as.
— Damage to Geranium by *Heliothis*; Cannibalistic Habit of this Larva. Period. Bull. Dep. Agric. Ent. (Ins. Life), **3** (1890—91), 399, 1891 at.
— A Case of Stomach Bots in Hogs. Period. Bull. Dep. Agric. Ent. (Ins. Life), **3** (1890—91), 401, 1891 au.
— Fertilization of Red Clover by Bumble Bees. Period. Bull. Dep. Agric. Ent. (Ins. Life), **3** (1890—91), 402, 1891 av.
— *Nezara* again Injuring Plants. Period. Bull. Dep. Agric. Ent. (Ins. Life), **3** (1890—91), 403, 1891 aw.
— Mosquitoes in Boreal Latitudes. Period. Bull. Dep. Agric. Ent. (Ins. Life), **3** (1890—91), 403—404, 1891 ax.
— The Sweet-potato Root-borer. Period. Bull. Dep. Agric. Ent. (Ins. Life), **3** (1890—91), 404, 1891 ay.
— Parasites of the Apple-tree *Saperda.* Period. Bull. Dep. Agric. Ent. (Ins. Life), **3** (1890—91), 404—405, 1891 az.
— Museum Pests. Period. Bull. Dep. Agric. Ent. (Ins. Life), **3** (1890—91), 405, 1891 ba.
— *Passalus* for Ear-ache: Gall Insects. Period. Bull. Dep. Agric. Ent. (Ins. Life), **3** (1890—91), 405, 1891 bb.
— Phorodon Notes from Oregon. Period. Bull. Dep. Agric. Ent. (Ins. Life), **3** (1890—91), 405—406, 1891 bc.
— A Southern Roach in a Northern Greenhouse. Period. Bull. Dep. Agric. Ent. (Ins. Life), **3** (1890—91), 406—407, 1891 bd.

— The Grape-root *Prionus*. Period. Bull. Dep. Agric. Ent. (Ins. Life), **3** (1890—91), 407, 1891 be.
— A New Native Currant Worm. Period. Bull. Dep. Agric. Ent. (Ins. Life), **3** (1890—91), 407, 1891 bf.
— Insects from Montserrat, West Indies. Period. Bull. Dep. Agric. Ent. (Ins. Life), **3** (1890—91), 407—408, 1891 bg.
— The Desirability of Importing the *Blastophaga* for the Smyrna Fig in California. Period. Bull. Dep. Agric. Ent. (Ins. Life), **3** (1890—91), 408—409, 1891 bh.
— An Orange Plant-bug from Australia. Period. Bull. Dep. Agric. Ent. (Ins. Life), **3** (1890—91), 410, 1891 bi.
— Abundance of Bombardier Beetles. Period. Bull. Dep. Agric. Ent. (Ins. Life), **3** (1890—91), 411—412, 1891 bj.
— Some New Parasites from California. Period. Bull. Dep. Agric. Ent. (Ins. Life), **3** (1890—91), 412, 1891 bk.
— A Tomato Root-louse. Period. Bull. Dep. Agric. Ent. (Ins. Life), **3** (1890—91), 413, 1891 bl.
— Flights of Dragon Flies. Period. Bull. Dep. Agric. Ent. (Ins. Life), **3** (1890—91), 413—414, 1891 bm.
— Fig Beetles. Period. Bull. Dep. Agric. Ent. (Ins. Life), **3** (1890—91), 414—415, 1891 bn.
— The Weeping Tree Phenomenon. Period. Bull. Dep. Agric. Ent. (Ins. Life), **3** (1890—91), 415, 1891 bo.
— Injury to Asters by the Black Blister Beetle. Period. Bull. Dep. Agric. Ent. (Ins. Life), **3** (1890—91), 416, 1891 bp.
— *Isosoma* Notes from Washington State. Period. Bull. Dep. Agric. Ent. (Ins. Life), **3** (1890—91), 416, 1891 bq.
— The Texas Mule-killer Again. Period. Bull. Agric. Ent. (Ins. Life), **3** (1890—91), 416, 1891 br.
— Orange-tree Borers. Period. Bull. Dep. Agric. Ent. (Ins. Life), **3** (1890—91), 418, 1891 bs.
— Notes from New Mexico. Period. Bull. Dep. Agric. Ent. (Ins. Life), **3** (1890—91), 418—419, 1891 bt.
— Migratory Locusts in Australia. Period. Bull. Dep. Agric. Ent. (Ins. Life), **3** (1890—91), 419—420, 1891 bu.
— Oviposition of *Dectes spinosus*. Period. Bull. Dep. Agric. Ent. (Ins. Life), **3** (1890—91), 421, 1891 bv.
— The Flour Moth in Canada. Period. Bull. Dep. Agric. Ent. (Ins. Life), **3** (1890—91), 421—422, 1891 bw.
— A Cherry-tree Borer in Maine. Period. Bull. Dep. Agric. Ent. (Ins. Life), **3** (1890—91), 422, 1891 bx.
— The Egyptian *Icerya*. Period. Bull. Dep. Agric. Ent. (Ins. Life), **3** (1890—91), 423—424, 1891 by.
— A New Zealand Frog-hopper. Period. Bull. Dep. Agric. Ent. (Ins. Life), **3** (1890—91), 424, 1891 bz.
— The Green Beetle Pest in Australia. Period. Bull. Dep. Agric. Ent. (Ins. Life), **3** (1890—91), 424—425, 1891 ca.
— Locusts Ravages of the Present Year. Period. Bull. Dep. Agric. Ent. (Ins. Life), **3** (1890—91), 438, 1891 cb.
— Some *Icerya* and *Vedalia* Notes. Period. Bull. Dep. Agric. Ent. (Ins. Life), **3** (1890—91), 439—441, 1 Fig., 1891 cc.
— Experiments with a Date-Palm Scale. Period. Bull. Dep. Agric. Ent. (Ins. Life), **3** (1890—91), 441—443, 1891 cd.
— Willow Hedges Injured by Saw-flies. Period. Bull. Dep. Agric. Ent. (Ins. Life), 3 (1890—91), 466—467, 1891 ce.
— Oak Furniture Damaged by Borers. Period. Bull. Dep. Agric. Ent. (Ins. Life), **3** (1890—91), 467, 1891 cf.
— A Lampyrid infested with Mites. Period. Bull. Dep. Agric. Ent. (Ins. Life), **3** (1890—91), 468, 1891 cg.
— *Diabrotica* injuring Corn in California. Period. Bull. Dep. Agric. Ent. (Ins. Life), **3** (1890—91), 468, 1891 ch.
— The Pear-blight Beetle and Plum Plant-louse. Period. Bull. Dep. Agric. Ent. (Ins. Life), **3** (1890—91), 468—469, 1891 ci.
— Caterpillars and Spiders migrating in Midwinter. Period. Bull. Dep. Agric. Ent. (Ins. Life), **3** (1890—91), 469, 1891 cj.
— The Grape-vine Plume-moth. Period. Bull. Dep. Agric. Ent. (Ins. Life), **3** (1890—91), 469—470, 1891 ck.
— Parasite of Forest Tent-caterpillar. Period. Bull. Dep. Agric. Ent. (Ins. Life), **3** (1890—91), 470, 1891 cl.
— An Anthomyiid injuring Sugar Beets. Period. Bull. Dep. Agric. Ent. (Ins. Life), **3** (1890—91), 470, 1891 cm.
— Remedies against Sand-flies and Mosquitoes. Period. Bull. Dep. Agric. Ent. (Ins. Life), **3** (1890—91), 470, 1891 cn.
— The Horn Fly in Virginia. Period. Bull. Dep. Agric. Ent. (Ins. Life), **3** (1890—91), 471, 1891 co.
— A Plague of Grasshoppers in Idaho. Period. Bull. Dep. Agric. Ent. (Ins. Life), **3** (1890—91), 471, 1891 cp.
— Pacific Coast Termites. Period. Bull. Dep. Agric. Ent. (Ins. Life), **3** (1890—91), 471—472, 1891 cq.
— Massachusetts Laws and Regulations against the Gypsy Moth. Period. Bull. Dep. Agric. Ent. (Ins. Life), **3** (1890—91), 472—474, 1891 cr.
— The Extermination of the Gypsy Moth. Period. Bull. Dep. Agric. Ent. (Ins. Life), **3** (1890—91), 474, 1891 cs.
— Hot Water for the Rose Chafer. Period. Bull. Dep. Agric. Ent. (Ins. Life), **3** (1890—91), 474—476, 1891 ct.
— New Horticultural Laws from California. Period. Bull. Dep. Agric. Ent. (Ins. Life), **3** (1890—91), 476—477, 1891 cu.
— Insects stopping Trains — A true story. Period. Bull. Dep. Agric. Ent. (Ins. Life), **3** (1890—91), 477—478, 1891 cv.
— Silk Nest of a Mexican Social Larva. Period. Bull. Dep. Agric. Ent. (Ins. Life), **3** (1890—91), 482—483, 1891 cw.
— Tent Caterpillars in Eastern Connecticut. Period. Bull. Dep. Agric. Ent. (Ins. Life), **3** (1890—91), 483, 1891 cx.
— Paris Green for Cabbage Worms. Period. Bull. Dep. Agric. Ent. (Ins. Life), **3** (1890—91), 483, 1891 cy.
— A Experiment against White Grubs. Period. Bull. Dep. Agric. Ent. (Ins. Life), **3** (1890—91), 483—484, 1891 cz.
— Germination of Weeviled Peas. Period. Bull. Dep. Agric. Ent. (Ins. Life), **3** (1890—91), 485, 1891 da.
— The Devastating Locust in California. Period. Bull. Dep. Agric. Ent. (Ins. Life), **3** (1890—91), 485—486, 1891 db.

— Made Insane by Destroying Caterpillars. Period. Bull. Dep. Agric. Ent. (Ins. Life), **3** (1890—91), 487, 1891 dc.
— New Entomological Society. Period. Bull. Dep. Agric. Ent. (Ins. Life), **3** (1890—91), 487, 1891 dd.
— Obituary. Henry Edwards. Period. Bull. Dep. Agric. Ent. (Ins. Life), **3** (1890—91), 489—490, 1891 de.
— Obituary. Edward Burgess. Period. Bull. Dep. Agric. Ent. (Ins. Life), **3** (1890—91), 490, 1891 df.
— A New Sawfly Enemy to Sweet Potatoes. Period. Bull. Dep. Agric. Ent. (Ins. Life), **4** (1891—92), 74, (1892) 1891 dg.
— Reappearance of the Wheat Straw-worm in Kansas. Period. Bull. Dep. Agric. Ent. (Ins. Life), **4** (1891—92), 75, (1892) 1891 dh.
— *Allorhina* Injuring Oaks. Period. Bull. Dep. Agric. Ent. (Ins. Life), **4** (1891—92), 75, (1892) 1891 di.
— Imbricated Snout-beetle injuring Apple Trees. Period. Bull. Dep. Agric. Ent. (Ins. Life), **4** (1891—92), 77, (1892) 1891 dj.
— A Longicorn Pine-borer injuring Shoes. Period. Bull. Dep. Agric. Ent. (Ins. Life), **4** (1891—92), 77, (1892) 1891 dk.
— Blister Beetles on Cabbage. Period. Bull. Dep. Agric. Ent. (Ins. Life), **4** (1891—92), 77, (1892) 1891 dl.
— The European Leopard Moth injuring Maples. Period. Bull. Dep. Agric. Ent. (Ins. Life), **4** (1891—92), 77—78, (1892) 1891 dm.
— A Phycitid Moth attacking Pecan Buds. Period. Bull. Dep. Agric. Ent. (Ins. Life), **4** (1891—92), 78, (1892) 1891 dn.
— A Corn Crambus in Delaware. Period. Bull. Dep. Agric. Ent. (Ins. Life), **4** (1891—92), 78, (1892) 1891 do.
— Treatment for the Horn Fly. Period. Bull. Dep. Agric. Ent. (Ins. Life), **4** (1891—92), 79, (1892) 1891 dp.
— A New Enemy to Currants. Period. Bull. Dep. Agric. Ent. (Ins. Life), **4** (1891—92), 79, (1892) 1891 dq.
— A California *Thrips* on the Potato. Period. Bull. Dep. Agric. Ent. (Ins. Life), **4** (1891—92), 79, (1892) 1891 dr.
— Rocky Mountain Locust in North Dakota. Period. Bull. Dep. Agric. Ent. (Ins. Life), **4** (1891—92), 79—80, (1892) 1891 ds.
— Habits of *Mantispa.* Period. Bull. Dep. Agric. Ent. (Ins. Life), **4** (1891—92), 80, (1892) 1891 dt.
— Lead-boring Insects. Period. Bull. Dep. Agric. Ent. (Ins. Life), **4** (1891—92), 81, 1 Fig., (1892) 1891 du.
— Locusts in the Vilayet of Aleppo, Syria. Period. Bull. Dep. Agric. Ent. (Ins. Life), **4** (1891—92), 82, (1892) 1891 dv.
— A new Radish Enemy in California. Period. Bull. Dep. Agric. Ent. (Ins. Life), **4** (1891—92), 83, (1892) 1891 dw.
— Destroying the Rose Chafer. [Nach: Country Gentleman of July 2, 1891.] Period. Bull. Dep. Agric. Ent. (Ins. Life), **4** (1891—92), 84, (1892) 1891 dx.
— Quassia for the Hop Aphis. Period. Bull. Dep. Agric. Ent. (Ins. Life), **4** (1891—92), 84, (1892) 1891 dy.
— Silk Nests of Mexican Social Larvae. Period. Bull. Dep. Agric. Ent. (Ins. Life), **4** (1891—92), 84—85, (1892) 1891 dz.
— A Strange Story. Period. Bull. Dep. Agric. Ent. (Ins. Life), **4** (1891—92), 85, (1892) 1891 ea.
— Was he Crazed by Mosquitoes or by Heat? Period. Bull. Dep. Agric. Ent. (Ins. Life), **4** (1891—92), 85—86, (1892) 1891 eb.
— The true Male of *Pocota grandis.* Period. Bull. Dep. Agric. Ent. (Ins. Life), **4** (1891—92), 86, (1892) 1891 ec.
— The three Pear tree Psyllas. Period. Bull. Dep. Agric. Ent. (Ins. Life), **4** (1891—92), 127—128, (1892) 1891 ed.
— Fall-Web-worm Parasites in Indian Territory. Period. Bull. Dep. Agric. Ent. (Ins. Life), **4** (1891—92), 133—134, (1892) 1891 ee.
— Notes on California Insects; the *Vedalia* and other Ladybirds. Period. Bull. Dep. Agric. Ent. (Ins. Life), **4** (1891—92), 134—135, (1892) 1891 ef.
— An injurious Flea-beetle in Utah. Period. Bull. Dep. Agric. Ent. (Ins. Life), **4** (1891—92), 135, (1892) 1891 eg.
— A new Enemy to Pear Leaves. Period. Bull. Dep. Agric. Ent. (Ins. Life), **4** (1891—92), 135, (1892) 1891 eh.
— Abundance of Colorado Potato Beetle in Georgia. Period. Bull. Dep. Agric. Ent. (Ins. Life), **4** (1891—92), 135, (1892) 1891 ei.
— A Grapevine Flea-beetle of New Mexico. Period. Bull. Dep. Agric. Ent. (Ins. Life), **4** (1891—92), 135—136, (1892) 1891 ej.
— Notes on the Palm Weevil. Period. Bull. Dep. Agric. Ent. (Ins. Life), **4** (1890—91), 136—137, (1892) 1891 ek.
— *Rhynchites bicolor* injuring Cultivated Roses. Period. Bull. Dep. Agric. Ent. (Ins. Life), **4** (1891—92), 137, (1892) 1891 el.
— Remedies for Squash Borer. Period. Bull. Dep. Agric. Ent. (Ins. Life), **4** (1891—92), 138—139, (1892) 1891 em.
— Forest Injury of the Oak *Edema.* Period. Bull. Dep. Agric. Ent. (Ins. Life), **4** (1891—92), 139, (1892) 1891 en.
— On the Treatment of Tent Caterpillars. Period. Bull. Dep. Agric. Ent. (Ins. Life), **4** (1891—92), 139, (1892) 1891 eo.
— The Catalpa *Sphinx.* Period. Bull. Dep. Agric. Ent. (Ins. Life), **4** (1891—92), 139—140, (1892) 1891 ep.
— Peach Trees injured by *Gortyna nitela.* Period. Bull. Dep. Agric. Ent. (Ins. Life), **4** (1891—92), 140, (1892) 1891 eq.
— Hair Worm Parasite of the Codling Moth. Period. Bull. Dep. Agric. Ent. (Ins. Life), **4** (1891—92), 140, (1892) 1891 er.
— False Chinch Bug in Wyoming. Period. Bull. Dep. Agric. Ent. (Ins. Life), **4** (1891—92), 140—141, (1892) 1891 es.
— Note on a Leaf-hopper. Period. Bull. Dep. Agric. Ent. (Ins. Life), **4** (1891—92), 142, (1892) 1891 et.
— A Parasite of the Cottony Maple Scale. Period. Bull. Dep. Agric. Ent. (Ins. Life), **4** (1891—92), 142, (1892) 1891 eu.
— The Purple Scale of the Orange in Montserrat. Period. Bull. Dep. Agric. Ent. (Ins. Life), **4** (1891—92), 143, (1892) 1891 ev.
— Notes on Buffalo Gnats. Period. Bull. Dep. Agric. Ent. (Ins. Life), **4** (1891—92), 143—144, (1892) 1891 ew.

— The Horn-fly in Kentucky. Period. Bull. Dep. Agric. Ent. (Ins. Life), 4 (1891—92), 144, (1892) 1891 ex.
— Non-migratory Locust Devastations in Nevada. Period. Bull. Dep. Agric. Ent. (Ins. Life), 4 (1891—92), 144—145, (1892) 1891 ey.
— The Grasshopper Plague in Michigan. Period. Bull. Dep. Agric. Ent. (Ins. Life), 4 (1891—92), 145—146, (1892) 1891 ez.
— A Flight of White Ants. Period. Bull. Dep. Agric. Ent. (Ins. Life), 4 (1891—92), 146, (1892) 1891 fa.
— The Malodorous Lace-wing. Period. Bull. Dep. Agric. Ent. (Ins. Life), 4 (1891—92), 146—147, (1892) 1891 fb.
— A Ground Squirrel Parasite. Period. Bull. Dep. Agric. Ent. (Ins. Life), 4 (1891—92), 147, (1892) 1891 fc.
— Chrysomelid Larvae in Ants'Nests. Period. Bull. Dep. Agric. Ent. (Ins. Life), 4 (1891—92), 148—149, (1892) 1891 fd.
— A novel Mode of using Disease Germs. Period. Bull. Dep. Agric. Ent. (Ins. Life), 4 (1891—92), 152, (1892) 1891 fe.
— A Argument against Spraying for Scale-insects. Period. Bull. Dep. Agric. Ent. (Ins. Life), 4 (1891—92), 154, (1892) 1891 ff.
— New Means against Orange Pests. Period. Bull. Dep. Agric. Ent. (Ins. Life), 4 (1891—92), 155, (1892) 1891 fg.
— The Reported Death of M. Künckel d'Herculais. Period. Bull. Dep. Agric. Ent. (Ins. Life), 4 (1891—92), 156, (1892) 1891 fh.
— Some of our Insects in Jamaica. Period. Bull. Dep. Agric. Ent. (Ins. Life), 4 (1891—92), 157, (1892) 1891 fi.
— Bad Work by Yellow Jackets. Period. Bull. Dep. Agric. Ent. (Ins. Life), 4 (1891—92), 159, (1892) 1891 fj.
— Death from a Bee Sting. Period. Bull. Dep. Agric. Ent. (Ins. Life), 4 (1891—92), 159, (1892) 1891 fk.
— Hickory Herned Devil injuring Cotton. Period. Bull. Dep. Agric. Ent. (Ins. Life), 4 (1891—92), 160, (1892) 1891 fl.
— A New Food-plant of the Fluted Scale. Period. Bull. Dep. Agric. Ent. (Ins. Life), 4 (1891—92), 160, (1892) 1891 fm.
— Temperature of Weevil-infested Peas. Period. Bull. Dep. Agric. Ent. (Ins. Life), 4 (1891—92), 160—161, (1892) 1891 fn.
— Reappearance of *Icerya Purchasi*. Period. Bull. Dep. Agric. Ent. (Ins. Life), 4 (1891—92), 161, (1892) 1891 fo.
— The Pear Midge in New York. Period. Bull. Dep. Agric. Ent. (Ins. Life), 4 (1891—92), 161, (1892) 1891 fp.
— Mr. Koebele's second Trip to Australia. Period. Bull. Dep. Agric. Ent. (Ins. Life), 4 (1891—92), 163—164, (1892) 1891 fq.
— *Vedalia* in Demand. Period. Bull. Dep. Agric. Ent. (Ins. Life), 4 (1891—92), 164—165, (1892) 1891 fr.
— Gall on a common Weed. Period. Bull. Dep. Agric. Ent. (Ins. Life), 4 (1891—92), 203, (1892) 1891 fs.
— A Clerid Beetle found in Plush. Period. Bull. Dep. Agric. Ent. (Ins. Life), 4 (1891—92), 203, (1892) 1891 ft.
— A Twig-girdler of Fig Trees. Period. Bull. Dep. Agric. Ent. (Ins. Life), 4 (1891—92), 204, (1892) 1891 fu.
— An old Enemy of the Colorado Potato Beetle. Period. Bull. Dep. Agric. Ent. (Ins. Life), 4 (1891—92), 204, (1892) 1891 fv.
— Do Ground-beetles destroy Peach-tree Borers? Period. Bull. Dep. Agric. Ent. (Ins. Life), 4 (1891—92), 204, (1892) 1891 fw.
— The Tin Can Remedy for Cut-worms. Period. Bull. Dep. Agric. Ent. (Ins. Life), 4 (1891—92), 205—206, (1892) 1891 fx.
— A *Sphinx* Larva feeding on Mints. Period. Bull. Dep. Agric. Ent. (Ins. Life), 4 (1891—92), 206, (1892) 1891 fy.
— The Clover-hay Worm. Period. Bull. Dep. Agric. Ent. (Ins. Life), 4 (1891—92), 206, (1892) 1891 fz.
— The Red-humped Caterpillar killed by Parasites. Period. Bull. Dep. Agric. Ent. (Ins. Life), 4 (1891—92), 207, (1892) 1891 ga.
— Treatment of Grain infested with Angoumois Moths. Period. Bull. Dep. Agric. Ent. (Ins. Life), 4 (1891—92), 207—208, (1892) 1891 gb.
— Treatment of the Boll Worm. Period. Bull. Dep. Agric. Ent. (Ins. Life), 4 (1891—92), 208—209, (1892) 1891 gc.
— The Strawberry Leaf-roller. Period. Bull. Dep. Agric. Ent. (Ins. Life), 4 (1891—92), 209, (1892) 1891 gd.
— The Electric-light Bug. Period. Bull. Dep. Agric. Ent. (Ins. Life), 4 (1891—92), 209—210, (1892) 1891 ge.
— The Woolly Root-louse of the Apple. Period. Bull. Dep. Agric. Ent. (Ins. Life), 4 (1891—92), 210—212, (1892) 1891 gf.
— The Grape *Phylloxera* in the United States. Period. Bull. Dep. Agric. Ent. (Ins. Life), 4 (1891—92), 212, (1892) 1891 gg.
— Mites on a Maple Aphid. Period. Bull. Dep. Agric. Ent. (Ins. Life), 4 (1891—92), 212, (1892) 1891 gh.
— Scales from Tahiti. Period. Bull. Dep. Agric. Ent. (Ins. Life), 4 (1891—92), 213, (1892) 1891 gi.
— Plant-louse on Celery. Period. Bull. Dep. Agric. Ent. (Ins. Life), 4 (1891—92), 213, (1892) 1891 gj.
— The Rose *Diaspis.* Period. Bull. Dep. Agric. Ent. (Ins. Life), 4 (1891—92), 213, (1892) 1891 gk.
— Scale Insects from Trinidad. Period. Bull. Dep. Agric. Ent. (Ins. Life), 4 (1891—92), 214, (1892) 1891 gl.
— A Vegetarian Mosquito. Period. Bull. Dep. Agric. Ent. (Ins. Life), 4 (1891—92), 214, (1892) 1891 gm.
— Gregarious „Snake-worms." Period. Bull. Dep. Agric. Ent. (Ins. Life), 4 (1891—92), 214—215, (1892) 1891 gn.
— *Vedalia* and *Icerya* in New Zealand. Period. Bull. Dep. Agric. Ent. (Ins. Life), 4 (1891—92), 215—216, (1892) 1891 go.
— The Chinese Insect-fungus Drug. Period. Bull. Dep. Agric. Ent. (Ins. Life), 4 (1891—92), 216—218, 2 Fig., (1892) 1891 gp.
— The Difficulty of Disinfecting imported Plants. Period. Bull. Dep. Agric. Ent. (Ins. Life), 4 (1891—92), 218, (1892) 1891 gq.
— Fumigating at Night not necessary. Period. Bull. Dep. Agric. Ent. (Ins. Life), 4 (1891—92), 219, (1892) 1891 gr.
— Hemlock Damage by the Larch Saw-fly. Period. Bull. Dep. Agric. Ent. (Ins. Life), 4 (1891—92), 219, (1892) 1891 gs.

— A Clematis Root-borer. (*Acalthoë cordata.*) Period. Bull. Dep. Agric. Ent. (Ins. Life), 4 (1891—92), 219—220, 1 Fig., (1892) 1891 gt.
— The Spread of the Gypsy Moth. Period. Bull. Dep. Agric. Ent. (Ins. Life), 4 (1891—92), 220—221, (1892) 1891 gu.
— *Micropteryx:* A remarkable Lepidopterous Larva. Period. Bull. Dep. Agric. Ent. (Ins. Life), 4 (1891—92), 221, (1892) 1891 gv.
— Damage to Apple Trees near London. Period. Bull. Dep. Agric. Ent. (Ins. Life), 4 (1891—92), 221—222, (1892) 1891 gw.
— An Enemy of the Tussock Moth. Period. Bull. Dep. Agric. Ent. (Ins. Life), 4 (1891—92), 222, (1892) 1891 gx.
— The „Black Vine-weevil" — A Hot-house Pest. Period. Bull. Dep. Agric. Ent. (Ins. Life), 4 (1891—92), 222—223, (1892) 1891 gy.
— Hemp as a Protection against Weevils. Period. Bull. Dep. Agric. Ent. (Ins. Life), 4 (1891—92), 223, (1892) 1891 gz.
— Cave Glow-worms of Tasmania. Period. Bull. Dep. Agric. Ent. (Ins. Life), 4 (1891—92), 223, (1892) 1891 ha.
— The best Mosquito Remedy. Period. Bull. Dep. Agric. Ent. (Ins. Life), 4 (1891—92), 223—224, (1892) 1891 hb.
— The *Phylloxera* in France and the American Vine. Period. Bull. Dep. Agric. Ent. (Ins. Life), 4 (1891—92), 224—225, (1892) 1891 hc.
— Abundance of the Pear-tree *Psylla* in New York. Period. Bull. Dep. Agric. Ent. (Ins. Life), 4 (1891—92), 225, (1892) 1891 hd.
— Professor Smith's European Trip. Period. Bull. Dep. Agric. Ent. (Ins. Life), 4 (1891—92), 227—228, (1892) 1891 he.
— A useful Beetle Mite. Period. Bull. Dep. Agric. Ent. (Ins. Life), 4 (1891—92), 228, (1892) 1891 hf.
— Popular Lectures on Insects. Period. Bull. Dep. Agric. Ent. (Ins. Life), 4 (1891—92), 237—238, 1892 a.
— Testimony concerning the Value of Entomological Work. Period. Bull. Dep. Agric. Ent. (Ins. Life), 4 (1891—92), 238, 1892 b.
— The Potato-tuber Moth. (*Lita solanella* Boisd.) Period. Bull. Dep. Agric. Ent. (Ins. Life), 4 (1891—92), 239—242, 1 Fig., 1892 c.
— A Genus of *Mantis* Egg-parasites. Period. Bull. Dep. Agric. Ent. (Ins. Life), 4 (1891—92), 242—245, 4 Fig., 1892 d.
— Insect Pests in Bermuda. Period. Bull. Dep. Agric. Ent. (Ins. Life), 4 (1891—92), 267, 1892 e.
— Insect Injury to Cocoanut Palms. Period. Bull. Dep. Agric. Ent. (Ins. Life), 4 (1891—92), 267—268, 1892 f.
— Remedies for Wireworms. Period. Bull. Dep. Agric. Ent. (Ins. Life), 4 (1891—92), 269, 1892 g.
— Coleopterous Larvae in a Cistern. Period. Bull. Dep. Agric. Ent. (Ins. Life), 4 (1891—92), 269, 1892 h.
— A Longicorn Borer in Apple Roots. Period. Bull. Dep. Agric. Ent. (Ins. Life), 4 (1891—92), 269—270, 1892 i.
— The Rice Weevil in dry Hop Yeast. Period. Bull. Dep. Agric. Ent. (Ins. Life), 4 (1891—92), 270, 1892 j.
— The Box-elder Bug attacking Fruit in Washington State. Period. Bull. Dep. Agric. Ent. (Ins. Life), 4 (1891—92), 273, 1892 k.
— Notes on the „Blood-sucking Cone-nose". Period. Bull. Dep. Agric. Ent. (Ins. Life), 4 (1891—92), 273—274, 1892 l.
— The Orange-leaf *Aleyrodes.* Period. Bull. Dep. Agric. Ent. (Ins. Life), 4 (1891—92), 274, 1892 m.
— Orange *Chionaspis* in Florida. Period. Bull. Dep. Agric. Ent. (Ins. Life), 4 (1891—92), 274—275, 1892 n.
— A southern Cricket destructive to the Strawberry. Period. Bull. Dep. Agric. Ent. (Ins. Life), 4 (1891—92), 276, 1892 o.
— Insanity caused by Mosquito Bites — Hibernation of Mosquitoes. Period. Bull. Dep. Agric. Ent. (Ins. Life), 4 (1891—92), 277, 1892 p.
— More International Exchanges of *Vedalia.* Period. Bull. Dep. Agric. Ent. (Ins. Life), 4 (1891—92), 279, 1892 q.
— A European White Grub Fungus. Period. Bull. Dep. Agric. Ent. (Ins. Life), 4 (1891—92), 281—282, 1892 r.
— The Colorado Potato Beetle in Nova Scotia. Period. Bull. Dep. Agric. Ent. (Ins. Life), 4 (1891—92), 283, 1892 s.
— Mosquito Larvae as supposed internal Parasites. Period. Bull. Dep. Agric. Ent. (Ins. Life), 4 (1891—92), 285, 1892 t.
— Lepidoptera whose Females are wingless. Period. Bull. Dep. Agric. Ent. (Ins. Life), 4 (1891—92), 287, 1892 u.
— Insect Diseases of the Mediterranean Orange. [Nach: Mediterranean Naturalist.] Period. Bull. Dep. Agric. Ent. (Ins. Life), 4 (1891—92), 287—288, 1892 v.
— Spraying for the Codling Moth. Period. Bull. Dep. Agric. Ent. (Ins. Life), 4 (1891—92), 288, 1892 w.
— A new Locality for *Icerya purchasi.* Period. Bull. Dep. Agric. Ent. (Ins. Life), 4 (1891—92), 288, 1892 x.
— The Use of Vaseline with Carbon Bisulphide. Period. Bull. Dep. Agric. Ent. (Ins. Life), 4 (1891—92), 288—289, 1892 y.
— Mr. Koebele's recent Sendings. Period. Bull. Dep. Agric. Ent. (Ins. Life), 4 (1891—92), 289—290, 1892 z.
— The Locust or Grasshopper Outlook. Period. Bull. Dep. Agric. Ent. (Ins. Life), 4 (1891—92), 321—323, 1892 aa.
— Destruction of Plant-lice in the Egg State. Period. Bull. Dep. Agric. Ent. (Ins. Life), 4 (1891—92), 327—328, 1892 ab.
— Remedies for Leaf-cutting Ants. Period. Bull. Dep. Agric. Ent. (Ins. Life), 4 (1891—92), 328, 1892 ac.
— Life-history of and Remedies against the Mosquito — The House Fly. Period. Bull. Dep. Agric. Ent. (Ins. Life), 4 (1891—92), 329—330, 1892 ad.
— Is the Ground-beetle, *Scarites subterraneus,* herbivorous? Period. Bull. Dep. Agric. Ent. (Ins. Life), 4 (1891—92), 330, 1892 ae.
— A Sesiid Pest of the Persimmon. Period. Bull. Dep. Agric. Ent. (Ins. Life), 4 (1891—92), 332, 1892 af.
— A Cayenne Pepper Feeder. Period. Bull. Dep. Agric. Ent. (Ins. Life), 4 (1891—92), 332, 1892 ag.
— An early Use of Kerosene. Period. Bull. Dep. Agric. Ent. (Ins. Life), 4 (1891—92), 332—333, 1892 ah.
— Bumble-bees and the Production of Clover Seed. Period. Bull. Dep. Agric. Ent. (Ins. Life), 4 (1891—92), 334—335, 1892 ai.
— Insects on the Surface of Snow. Period. Bull. Dep.

Agric. Ent. (Ins. Life), 4 (1891—92), 335—336, 1892 aj.
— *Vedalia* in South Africa. Period. Bull. Dep. Agric. Ent. (Ins. Life), 4 (1891—92), 336—337, 1892 ak.
— Legislation against Insects in California. Period. Bull. Dep. Agric. Ent. (Ins. Life), 4 (1891—92), 337—339, 1892 al.
— *Raphidia* in New Zealand. Period. Bull. Dep. Agric. Ent. (Ins. Life), 4 (1891—92), 339, 1892 am.
— *Icerya rosae* in Jamaica. Period. Bull. Dep. Agric. Ent. (Ins. Life), 4 (1891—92), 340, 1892 an.
— The *Phylloxera* at the Cape of Good Hope. Period. Bull. Dep. Agric. Ent. (Ins. Life), 4 (1891—92), 340, 1892 ao.
— A new Tree Band. Period. Bull. Dep. Agric. Ent. (Ins. Life), 4 (1891—92), 340, 1892 ap.
— The Japanese Peach Moth. Period. Bull. Dep. Agric. Ent. (Ins. Life), 4 (1891—92), 341, 1892 aq.
— A new West Indian Sugar-cane Enemy. Period. Bull. Dep. Agric. Ent. (Ins. Life), 4 (1891—92), 342, 1892 ar.
— The Hop Louse in the extreme Northwest. Period. Bull. Dep. Agric. Ent. (Ins. Life), 4 (1891—92), 342—343, 1892 as.
— More California Notes. Period. Bull. Dep. Agric. Ent. (Ins. Life), 4 (1891—92), 343, 1892 at.
— A Honey Bee Enemy in California. Period. Bull. Dep. Agric. Ent. (Ins. Life), 4 (1891—92), 343, 1892 au.
— The Angoumois Grain Moth in Pennsylvania. Period. Bull. Dep. Agric. Ent. (Ins. Life), 4 (1891—92), 344, 1892 av.
— The South African Ladybird Enemy of *Icerya*. Period. Bull. Dep. Agric. Ent. (Ins. Life), 4 (1891—92), 344, 1892 aw.
— Abundance of *Attagenus piceus* in Illinois. Period. Bull. Dep. Agric. Ent. (Ins. Life), 4 (1891—92), 345—346, 1892 ax.
— Quassia vs. Petroleum for the Hop Louse. Period. Bull. Dep. Agric. Ent. (Ins. Life), 4 (1891—92), 346, 1892 ay.
— A western Enemy of the White-marked Tussock Moth. Period. Bull. Dep. Agric. Ent. (Ins. Life), 4 (1891—92), 346, 1892 az.
— A new Cotton-stainer in Jamaica. Period. Bull. Dep. Agric. Ent. (Ins. Life), 4 (1891—92), 346, 1892 ba.
— Additions to the Insect Collection of the American Museum. Period. Bull. Dep. Agric. Ent. (Ins. Life), 4 (1891—92), 346—347, 1892 bb.
— The Use of Electricity against Migratory Locusts. Period. Bull. Dep. Agric. Ent. (Ins. Life), 4 (1891—92), 347, 1892 bc.
— Another imported Scale-insect. Period. Bull. Dep. Agric. Ent. (Ins. Life), 4 (1891—92), 347—348, 1892 bd.
— The Twin-screw Mosquito. Period. Bull. Dep. Agric. Ent. (Ins. Life), 4 (1891—92), 348, 1892 be.
— Living Vedalias at Last Reach Egypt. Period. Bull. Dep. Agric. Ent. (Ins. Life), 4 (1891—92), 349, 1892 bf.
— North American Tachinidae. Period. Bull. Dep. Agric. Ent. (Ins. Life), 4 (1891—92), 350, 1892 bg.
— The first larval Stage of the Pea Weevil. Period. Bull. Dep. Agric. Ent. (Ins. Life), 4 (1891—92), 392, 1892 bh.
— On some of the Insects described by Walsh. Period. Bull. Dep. Agric. Ent. (Ins. Life), 4 (1891—92), 393, 1892 bi.
— A Chalcid Fly in a new Role; Is it parasitic on the Clothes Moth? Period. Bull. Dep. Agric. Ent. (Ins. Life), 4 (1891—92), 393—394, 1892 bj.
— On Figs grown without Caprification. Period. Bull. Dep. Agric. Ent. (Ins. Life), 4 (1891—92), 394, 1892 bk.
— On the Beaver Parasite. Period. Bull. Dep. Agric. Ent. (Ins. Life), 4 (1891—92), 394—395, 1892 bl.
— Blister Beetles in Texas. Period. Bull. Dep. Agric. Ent. (Ins. Life), 4 (1891—92), 395, 1892 bm.
— The Twelve-spotted Asparagus Beetle. Period. Bull. Dep. Agric. Ent. (Ins. Life), 4 (1891—92), 395—396, 1892 bn.
— A Wood-borer mistaken for a Household Pest. Period. Bull. Dep. Agric. Ent. (Ins. Life), 4 (1891—92), 396, 1892 bo.
— A new Fruit-Pest — *Syneta albida* Lec. Period. Bull. Dep. Agric. Ent. (Ins. Life), 4 (1891—92), 396, 1892 bp.
— The East Indian Sugar-cane Borer. Period. Bull. Dep. Agric. Ent. (Ins. Life), 4 (1891—92), 397, 1892 bq.
— Florida Wax Scale on LeConte Pear. Period. Bull. Dep. Agric. Ent. (Ins. Life), 4 (1891—92), 397—398, 1892 br.
— The Horn Fly in the South. Period. Bull. Dep. Agric. Ent. (Ins. Life), 4 (1891—92), 398, 1892 bs.
— A new Owl Parasite. Period. Bull. Dep. Agric. Ent. (Ins. Life), 4 (1891—92), 398, 1892 bt.
— The new Herbarium Pest. Period. Bull. Dep. Agric. Ent. (Ins. Life), 4 (1891—92), 399, 1892 bu.
— A Quarantine Decision in California. Period. Bull. Dep. Agric. Ent. (Ins. Life), 4 (1891—92), 400, 1892 bv.
— A Clothes Moth as a Museum Pest. Period. Bull. Dep. Agric. Ent. (Ins. Life), 4 (1891—92), 400, 1892 bw.
— The Box-elder Bug a Household Pest. Period. Bull. Dep. Agric. Ent. (Ins. Life), 4 (1891—92), 400, 1892 bx.
— Importation of Scale-insect Parasites. Period. Bull. Dep. Agric. Ent. (Ins. Life), 4 (1891—92), 400, 1892 by.
— Hop Aphis Remedies. Period. Bull. Dep. Agric. Ent. (Ins. Life), 4 (1891—92), 401, 1892 bz.
— Early Appearance of *Haltica carinata*. Period. Bull. Dep. Agric. Ent. (Ins. Life), 4 (1891—92), 401, 1892 ca.
— The Asparagus Beetle in New Hampshire. Period. Bull. Dep. Agric. Ent. (Ins. Life), 4 (1891—92), 401, 1892 cb.
— Destructive Locusts Reported. Period. Bull. Dep. Agric. Ent. (Ins. Life), 4 (1891—92), 401, 1892 cc.
— A new Peach Pest. Period. Bull. Dep. Agric. Ent. (Ins. Life), 4 (1891—92), 401, 1892 cd.
— Additional Note on the Sugar-cane Pin-borer. Period. Bull. Dep. Agric. Ent. (Ins. Life), 4 (1891—92), 402, 1892 ce.
— Damage to Boots and Shoes by *Sitodrepa panicea*. Period. Bull. Dep. Agric. Ent. (Ins. Life), 4 (1891—92), 403—404, 1892 cf.
— Feather Felting. Period. Bull. Dep. Agric. Ent. (Ins. Life), 4 (1891—92), 404—405, 1892 cg.
— Damage to Carnations by the Variegated Cut-worm.

Period. Bull. Dep. Agric. Ent. (Ins. Life), **4** (1891—92), 405, 1892 ch.

— A Larch Enemy. Period. Bull. Dep. Agric. Ent. (Ins. Life), **4** (1891—92), 405, 1892 ci.

— Hessian Fly in New Zealand. Period. Bull. Dep. Agric. Ent. (Ins. Life), **4** (1891—92), 405—406, 1892 cj.

— Increase of the Wheat Straw-worm. Period. Bull. Dep. Agric. Ent. (Ins. Life), **4** (1891—92), 406, 1892 ck.

— Great Damage by Buffalo Gnats. [Nach: Jowa State Register for May 15.] Period. Bull. Dep. Agric. Ent. (Ins. Life), **4** (1891—92), 406, 1892 cl.

— Food-plant and new Habitat of the Montserrat *Icerya.* Period. Bull. Dep. Agric. Ent. (Ins. Life), **4** (1891—92), 407, 1892 cm.

— Fungus Disease of the Migratory Locust. Period. Bull. Dep. Agric. Ent. (Ins. Life), **4** (1891—92), 408, 1892 cn.

— Another Instance of the Value of Spraying Fruit Trees. Period. Bull. Dep. Agric. Ent. (Ins. Life), **4** (1891—92), 409, 1892 co.

— A new Insecticide. Period. Bull. Dep. Agric. Ent. (Ins. Life), **4** (1891—92), 409, 1892 cp.

— The Ibis as a Locust Destroyer. Period. Bull. Dep. Agric. Ent. (Ins. Life), **4** (1891—92), 409, 1892 cq.

— A Scale-eating Mouse. Period. Bull. Dep. Agric. Ent. (Ins. Life), **4** (1891—92), 410, 1892 cr.

— On the Nomenclature and on the Oviposition of the Bean Weevil. (*Bruchus obtectus* Say.) Period. Bull. Dep. Agric. Ent. (Ins. Life), **5** (1892—93), 27—33, (1893) 1892 cs.

— The Australian Enemies of the Red and Black Scales. Period. Bull. Dep. Agric. Ent. (Ins. Life), **5** (1892—93), 41—43, (1893) 1892 ct.

— On the first Use of Paris Green for the Potato-beetle. Period. Bull. Dep. Agric. Ent. (Ins. Life), **5** (1892—93), 44, (1893) 1892 cu.

— A Vineyard Pest, *Anomala marginata,* in North Carolina. Period. Bull. Dep. Agric. Ent. (Ins. Life), **5** (1892—93), 44—45, (1893) 1892 cv.

— A „White Grub" Pest of Sugar Cane in Queensland. Period. Bull. Dep. Agric. Ent. (Ins. Life), **5** (1892—93), 45—46, (1893) 1892 cw.

— A Snout-beetle, *Otiorhynchus ovatus,* under Carpets. Period. Bull. Dep. Agric. Ent. (Ins. Life), **5** (1892—93), 46—47, (1893) 1892 cx.

— The Grape-seed Weevil. Period. Bull. Dep. Agric. Ent. (Ins. Life), **5** (1892—93), 47, (1893) 1892 cy.

— A new Enemy of Cotton. Period. Bull. Dep. Agric. Ent. (Ins. Life), **5** (1892—93), 47, (1893) 1892 cz.

— Silk Gut from native Silk-worms. Period. Bull. Dep. Agric. Ent. (Ins. Life), **5** (1892—93), 48, (1893) 1892 da.

— A Leaf-roller on Shade Trees in Colorado. Period. Bull. Dep. Agric. Ent. (Ins. Life), **5** (1892—93), 49, (1893) 1892 db.

— Coloring Matter of the Plant-louse of the Golden Rod. Period. Bull. Dep. Agric. Ent. (Ins. Life), **5** (1892—93), 49, (1893) 1892 dc.

— Spread of the Horn Fly. Period. Bull. Dep. Agric. Ent. (Ins. Life), **5** (1892—93), 49, (1893) 1892 dd.

— Extraordinary Abundance of the Oak Pruner. Period. Bull. Dep. Agric. Ent. (Ins. Life), **5** (1892—93), 50, (1893) 1892 de.

— The Colorado Potato-beetle in the South. Period. Bull. Dep. Agric. Ent. (Ins. Life), **5** (1892—93), 50, (1893) 1892 df.

— Further Success of *Vedalia* in Egypt. Period. Bull. Dep. Agric. Ent. (Ins. Life), **5** (1892—93), 50, (1893) 1892 dg.

— A unusual Occurrence of *Cicada.* Period. Bull. Dep. Agric. Ent. (Ins. Life), **5** (1892—93), 50, (1893) 1892 dh.

— Tent Caterpillars on Hop in Washington. Period. Bull. Dep. Agric. Ent. (Ins. Life), **5** (1892—93), 50, (1893) 1892 di.

— The Rascal Leaf-crumpler in Texas. Period. Bull. Dep. Agric. Ent. (Ins. Life), **5** (1892—93), 50, (1893) 1892 dj.

— The Stalk-borer on Cotton. Period. Bull. Dep. Agric. Ent. (Ins. Life), **5** (1892—93), 50, (1893) 1892 dk.

— A new Locality for *Gossyparia ulmi.* Period. Bull. Dep. Agric. Ent. (Ins. Life), **5** (1892—93), 51, (1893) 1892 dl.

— Sugar-cane Pin-borer and Cane Disease. Period. Bull. Dep. Agric. Ent. (Ins. Life), **5** (1892—93), 51, (1893) 1892 dm.

— An Exploded Remedy for the Plum Curculio. Period. Bull. Dep. Agric. Ent. (Ins. Life), **5** (1892—93), 53, (1893) 1892 dn.

— Good Work of the Twice-stabbed Ladybird. Period. Bull. Dep. Agric. Ent. (Ins. Life), **5** (1892—93), 53, (1893) 1892 do.

— Notes on Ohio Coleoptera. Period. Bull. Dep. Agric. Ent. (Ins. Life), **5** (1892—93), 53—54, (1893) 1892 dp.

— The Clover-leaf Weevil in Ohio. Period. Bull. Dep. Agric. Ent. (Ins. Life), **5** (1892—93), 54, (1893) 1892 dq.

— The Japanese Gypsy Moth and its Parasite. Period. Bull. Dep. Agric. Ent. (Ins. Life), **5** (1892—93), 54, (1893) 1892 dr.

— A new Sugar-beet Pest. Period. Bull. Dep. Agric. Ent. (Ins. Life), **5** (1892—93), 55, (1893) 1892 ds.

— The larval Habits of *Thalpochares cocciphaga.* Period. Bull. Dep. Agric. Ent. (Ins. Life), **5** (1892—93), 55—56, (1893) 1892 dt.

— Locusts in Algeria. Period. Bull. Dep. Agric. Ent. (Ins. Life), **5** (1892—93), 56, (1893) 1892 du.

— Changes of Color in *Schistocerca peregrina* Ol. Period. Bull. Dep. Agric. Ent. (Ins. Life), **5** (1892—93), 56—57, (1893) 1892 dv.

— „Grasshoppers" in the East. Period. Bull. Dep. Agric. Ent. (Ins. Life), **5** (1892—93), 57—58, (1893) 1892 dw.

— The Bot-fly of Human Beings. Period. Bull. Dep. Agric. Ent. (Ins. Life), **5** (1892—93), 58—59, (1893) 1892 dx.

— The Mealy Bug damaging Coffee in Mexico. Period. Bull. Dep. Agric. Ent. (Ins. Life), **5** (1892—93), 60, (1893) 1892 dy.

— Ticking of the Book Louse. Period. Bull. Dep. Agric. Ent. (Ins. Life), **5** (1892—93), 60, (1893) 1892 dz.

— The Hop Plant-louse in Washington. Period. Bull. Dep. Agric. Ent. (Ins. Life), **5** (1892—93), 60, (1893) 1892 ea.

— A new *Simulium.* Period. Bull. Dep. Agric. Ent. (Ins. Life), **5** (1892—93), 61, (1893) 1892 eb.

— A curious Chrysalis. Period. Bull. Dep. Agric. Ent. (Ins. Life), **5** (1892—93), 131, (1893) 1892 ec.

— Notes from Missouri. Period. Bull. Dep. Agric. Ent. (Ins. Life), **5** (1892—93), 135—136, (1893) 1892 ed.
— Parasite of *Ceratomia* on Elm; Oak Edema in Michigan Forests. Period. Bull. Dep. Agric. Ent. (Ins. Life), **5** (1892—93), 136, (1893) 1892 ee.
— Success of the Carbon Bisulphide Remedy a against the Cabbage Maggot. Period. Bull. Dep. Agric. Ent. (Ins. Life), **5** (1892—93), 136, (1893) 1892 ef.
— The Grape-vine Leaf-roller in Texas. Period. Bull. Dep. Agric. Ent. (Ins. Life), **5** (1892—93), 137, (1893) 1892 eg.
— Damage to Cattle Hides by the Ox Bot. Period. Bull. Dep. Agric. Ent. (Ins. Life), **5** (1892—93), 137, (1893) 1892 eh.
— The Rabbit Bot. Period. Bull. Dep. Agric. Ent. (Ins. Life), **5** (1892—93), 137—138, (1893) 1892 ei.
— Parasites of the Harlequin Cabbage Bug. Period. Bull. Dep. Agric. Ent. (Ins. Life), **5** (1892—93), 138, 1893) 1892 ej.
— Successful Colonization of *Vedalia* in Egypt. Period. Bull. Dep. Agric. Ent. (Ins. Life), **5** (1892—93), 139, (1893) 1892 ek.
— Notes on some bred Species of California parasitic Hymenoptera. Period. Bull. Dep. Agric. Ent. (Ins. Life), **5** (1892—93), 140—141, (1893) 1892 el.
— A Silk-covered Walnut. Period. Bull. Dep. Agric. Ent. (Ins. Life), **5** (1892—93), 141, (1893) 1892 em.
— Damage by Codling Moth in Nebraska. Period. Bull. Dep. Agric. Ent. (Ins. Life), **5** (1892—93), 141—142, (1893) 1892 en.
— Success of a *Vedalia* Importation. Period. Bull. Dep. Agric. Ent. (Ins. Life), **5** (1892—93), 142—143, (1893) 1892 eo.
— Quails versus Potato Bugs. Period. Bull. Dep. Agric. Ent. (Ins. Life), **5** (1892—93), 143, (1893) 1892 ep.
— Newspaper Entomology again. Period. Bull. Dep. Agric. Ent. (Ins. Life), **5** (1892—93), 144, (1893) 1892 eq.
— Widespread Trouble from the Horn Fly. Period. Bull. Dep. Agric. Ent. (Ins. Life), **5** (1892—93), 144—145, (1893) 1892 er.
— The Female Rear-horse versus the Male. Period. Bull. Dep. Agric. Ent. (Ins. Life), **5** (1892—93), 145, (1893) 1892 es.
— The Tannin in a Sumach Plant-louse Gall. Period. Bull. Dep. Agric. Ent. (Ins. Life), **5** (1892—93), 145, (1893) 1892 et.
— The Glassy-winged Sharp-shooter. (*Homalodisca coagulata* Say.) Period. Bull. Dep. Agric. Ent. (Ins. Life), **5** (1892—93), 150—154, 1 Fig., 1893 a.
— Food-plants of North American Species of *Bruchus*. From our own records. Period. Bull. Dep. Agric. Ent. (Ins. Life), **5** (1892—93), 165—166, 1893 b.
— An interesting Water-bug. (*Rheumatobates rileyi* Bergroth.) Period. Bull. Dep. Agric. Ent. (Ins. Life), **5** (1892—93), 189—194, 3 Fig., 1893 c.
— Further Notes on the Japanese Gypsy Moth and its Parasites. Period. Bull. Dep. Agric. Ent. (Ins. Life), **5** (1892—93), 194—195, 1893 d.
— House Ants of Mexico. Period. Bull. Dep. Agric. Ent. (Ins. Life), **5** (1892—93), 196, 1893 e.
— The Stony Acorn Gall. Period. Bull. Dep. Agric. Ent. (Ins. Life), **5** (1892—93), 196, 1893 f.
— Destructive Appearance of the Roller Worm. Period. Bull. Dep. Agric. Ent. (Ins. Life), **5** (1892—93), 196, 1893 g.
— An Anthicid Beetle reported as injurious to Fruit. Period. Bull. Dep. Agric. Ent. (Ins. Life), **5** (1892—93), 197, 1893 h.
— Swarming of the *Archippus* Butterfly. Period. Bull. Dep. Agric. Ent. (Ins. Life), **5** (1892—93), 197, 205—206, 1893 i.
— Injury to Hammer-handles. Period. Bull. Dep. Agric. Ent. (Ins. Life), **5** (1892—93), 197—198, 1893 j.
— On Remedies for the „Cigarette Beetle". Period. Bull. Dep. Agric. Ent. (Ins. Life), **5** (1892—93), 198, 1893 k.
— Correspondence on the Mosquito Remedy. Period. Bull. Dep. Agric. Ent. (Ins. Life), **5** (1892—93), 199, 1893 l.
— Note on the Drone Fly. Period. Bull. Dep. Agric. Ent. (Ins. Life), **5** (1892—93), 200, 1893 m.
— Another irregular Appearance of the Periodical Cicada. Period. Bull. Dep. Agric. Ent. (Ins. Life), **5** (1892—93), 200, 1893 n.
— The New York Pear-tree *Psylla*. Period. Bull. Dep. Agric. Ent. (Ins. Life), **5** (1892—93), 200—201, 1893 o.
— Remedies for White Ants in Fruit Trees. Period. Bull. Dep. Agric. Ent. (Ins. Life), **5** (1892—93), 201, 1893 p.
— A Tropical Cockroach in a New Orleans Greenhouse. Period. Bull. Dep. Agric. Ent. (Ins. Life), **5** (1892—93), 201, 1893 q.
— A Swarm of Spring-tails. Period. Bull. Dep. Agric. Ent. (Ins. Life), **5** (1892—93), 202, 1893 r.
— A new Bark-louse on Orange. Period. Bull. Dep. Agric. Ent. (Ins. Life), **5** (1892—93), 202, 1893 s.
— Damage to Cigars in Brazil and the West Indies. Period. Bull. Dep. Agric. Ent. (Ins. Life), **5** (1892—93), 202—203, 1893 t.
— Dark-colored Cattle most subject to Horn Fly Attack. Period. Bull. Dep. Agric. Ent. (Ins. Life), **5** (1892—93), 203, 1893 u.
— Scale-insects not poisonous. Period. Bull. Dep. Agric. Ent. (Ins. Life), **5** (1892—93), 203, 1893 v.
— A Beetle destroying Smuts in Herbarium. Period. Bull. Dep. Agric. Ent. (Ins. Life), **5** (1892—93), 203, 1893 w.
— *Junonia caenia* on Block Island. Period. Bull. Dep. Agric. Ent. (Ins. Life), **5** (1892—93), 203, 1893 x.
— The Saddle-back on *Helianthus*. Period. Bull. Dep. Agric. Ent. (Ins. Life), **5** (1892—93), 203, 1893 y.
— Damage to Cocoa in Trinidad. Period. Bull. Dep. Agric. Ent. (Ins. Life), **5** (1892—93), 203, 1893 z.
— „June Bugs" making Mischief in California Nurseries. Period. Bull. Dep. Agric. Ent. (Ins. Life), **5** (1892—93), 203, 1893 aa.
— Orange Scale-insects in Bermuda. Period. Bull. Dep. Agric. Ent. (Ins. Life), **5** (1892—93), 203, 1893 ab.
— On the Habits of the „Variegated Cone-nose." Period. Bull. Dep. Agric. Ent. (Ins. Life), **5** (1892—93), 203—204, 1893 ac.
— New Food-plant for *Sphingicampa bicolor*. Period. Bull. Dep. Agric. Ent. (Ins. Life), **5** (1892—93), 204, 1893 ad.
— The Horn Fly in Oklahoma. Period. Bull. Dep. Agric. Ent. (Ins. Life), **5** (1892—93), 204, 1893 ae.
— Another „Weeping Tree". Period. Bull. Dep. Agric. Ent. (Ins. Life), **5** (1892—93), 204, 1893 af.
— The Leopard Moth and its European Enemies. Pe-

riod. Bull. Dep. Agric. Ent. (Ins. Life), **5** (1892—93), 204, 1893 ag.

— Injury to Sorghum Tips. Period. Bull. Dep. Agric. Ent. (Ins. Life), **5** (1892—93), 204, 1893 ah.

— Unusual abundance of Butterfly Larvae. Period. Bull. Dep. Agric. Ent. (Ins. Life), **5** (1892—93), 207, 1893 ai.

— Some imported Australian Parasites. Period. Bull. Dep. Agric. Ent. (Ins. Life), **5** (1892—93), 207, 1893 aj.

— A new Parasite of the Red Scale. Period. Bull. Dep. Agric. Ent. (Ins. Life), **5** (1892—93), 207—208, 1893 ak.

— A Scale insect on the Karoo Bush. Period. Bull. Dep. Agric. Ent. (Ins. Life), **5** (1892—93), 210, 1893 al.

— An Insect Transmitter of Contagion. Period. Bull. Dep. Agric. Ent. (Ins. Life), **5** (1892—93), 210, 1893 am.

— The Orange Aleyrodes. (*Aleyrodes citri* n. sp.) Period. Bull. Dep. Agric. Ent. (Ins. Life), **5** (1892—93), 219—226, 2 Fig., 1893 an.

— The Pear-tree *Psylla.* Period. Bull. Dep. Agric. Ent. (Ins. Life), **5** (1892—93), 226—230, 5 Fig., 1893 ao.

— Color of a Host and its Relation to Parasitism. Period. Bull. Dep. Agric. Ent. (Ins. Life), **5** (1892—93), 256, 1893 ap.

— Fowls and Toads vs. Garden Insects. Period. Bull. Dep. Agric. Ent. (Ins. Life), **5** (1892—93), 256—257, 1893 aq.

— Bisulphide of Carbon against Grain Pests; Additional Correspondence. Period. Bull. Dep. Agric. Ent. (Ins. Life), **5** (1892—93), 257—258, 1893 ar.

— A tropical Honey Bee. Period. Bull. Dep. Agric. Ent. (Ins. Life), **5** (1892—93), 258, 1893 as.

— A honey-producing Ant. Period. Bull. Dep. Agric. Ent. (Ins. Life), **5** (1892—93), 258—259, 1893 at.

— The Jumping Bean again. Period. Bull. Dep. Agric. Ent. (Ins. Life), **5** (1892—93), 259, 1893 au.

— A Corn Ear-Worm Crusher. Period. Bull. Dep. Agric. Ent. (Ins. Life), **5** (1892—93), 259—260, 1893 av.

— Wax Moths in a Cupboard. Period. Bull. Dep. Agric. Ent. (Ins. Life), **5** (1892—93), 260, 1893 aw.

— On the Habits of some Blister-beetles. Period. Bull. Dep. Agric. Ent. (Ins. Life), **5** (1892—93), 260—261, 1893 ax.

— The Sweet-potato Root-weevil. Period. Bull. Dep. Agric. Ent. (Ins. Life), **5** (1892—93), 261, 1893 ay.

— A Weevil in Mullein Seeds. Period. Bull. Dep. Agric. Ent. (Ins. Life), **5** (1892—93), 261—262, 1893 az.

— A new Enemy to Cypress Hedges in California. Period. Bull. Dep. Agric. Ent. (Ins. Life), **5** (1892—93), 262, 1893 ba.

— Another vegetarian Mosquito. Period. Bull. Dep. Agric. Ent. (Ins. Life), **5** (1892—93), 262—263, 1893 bb.

— The Cluster Fly Household Pest. Period. Bull. Dep. Agric. Ent. (Ins. Life), **5** (1892—93), 263, 1893 bc.

— Chrysanthemums and the Drone-fly. Period. Bull. Dep. Agric. Ent. (Ins. Life), **5** (1892—93), 263—264, 1893 bd.

— The Orange Fruit-fly in Malta. Period. Bull. Dep. Agric. Ent. (Ins. Life), **5** (1892—93), 264, 1893 be.

— Plant-Bugs injuring Oranges in Florida. Period. Bull. Dep. Agric. Ent. (Ins. Life), **5** (1892—93), 264—265, 1893 bf.

— Screw Worms and the man-infesting Bot in Brazil. Period. Bull. Dep. Agric. Ent. (Ins. Life), **5** (1892—93), 265—266, 1893 bg.

— The smallest Insect known to Entomologists. Period. Bull. Dep. Agric. Ent. (Ins. Life), **5** (1892—93), 267, 1893 bh.

— The Rose *Icerya* on *Lignum Vitae.* Period. Bull. Dep. Agric. Ent. (Ins. Life), **5** (1892—93), 267, 1893 bi.

— An naturalized *Panchlora.* Period. Bull. Dep. Agric. Ent. (Ins. Life), **5** (1892—93), 268, 1893 bj.

— Eucalyptus vs. Mosquito. Period. Bull. Dep. Agric. Ent. (Ins. Life), **5** (1892—93), 268, 1893 bk.

— A serious Case of Bee Sting. Period. Bull. Dep. Agric. Ent. (Ins. Life), **5** (1892—93), 268, 1893 bl.

— The edible Qualities of Ants. Period. Bull. Dep. Agric. Ent. (Ins. Life), **5** (1892—93), 268, 1893 bm.

— A new popular Name for the Blood-sucking Conenose. (Monitor Bug.) Period. Bull. Dep. Agric. Ent. (Ins. Life), **5** (1892—93), 268, 1893 bn.

— Additional Damage by Walking-sticks. Period. Bull. Dep. Agric. Ent. (Ins. Life), **5** (1892—93), 268, 1893 bo.

— An Insect Enemy of Chocolate. Period. Bull. Dep. Agric. Ent. (Ins. Life), **5** (1892—93), 268—269, 1893 bp.

— *Sitodrepa panicea* again. Period. Bull. Dep. Agric. Ent. (Ins. Life), **5** (1892—93), 269, 1893 bq.

— Dipterous Larvae infesting a Turtle. Period. Bull. Dep. Agric. Ent. (Ins. Life), **5** (1892—93), 269, 1893 br.

— On the Habits of three California Coleoptera. Period. Bull. Dep. Agric. Ent. (Ins. Life), **5** (1892—93), 269, 1893 bs.

— An Enemy of the Screw Worm Fly. Period. Bull. Dep. Agric. Ent. (Ins. Life), **5** (1892—93), 269, 1893 bt.

— The *Archippus* Butterfly eaten by Mice. Period. Bull. Dep. Agric. Ent. (Ins. Life), **5** (1892—93), 270, 1893 bu.

— Notes on some Insect Pests of the Fiji Islands. Period. Bull. Dep. Agric. Ent. (Ins. Life), **5** (1892—93), 270—271, 1893 bv.

— Local Names for common Insects. Period. Bull. Dep. Agric. Ent. (Ins. Life), **5** (1892—93), 271—272, 1893 bw.

— The Mediterranean Flour Moth in California. Period. Bull. Dep. Agric. Ent. (Ins. Life), **5** (1892—93), 276, 1893 bx.

— A Vine Pest in Australia. Period. Bull. Dep. Agric. Ent. (Ins. Life), **5** (1892—93), 277, 1893 by.

— Westward Spread of the Clover-leaf Weevil. [Nach: Indiana Farmer, 14. Januar.] Period. Bull. Dep. Agric. Ent. (Ins. Life), **5** (1892—93), 279, 1893 bz.

— Introduction of the Long Scale into California. [Nach: California Fruit Grower, 10. Dezember 1892.] Period. Bull. Dep. Agric. Ent. (Ins. Life), **5** (1892—93), 281; The Long Scale not brought from Mexico to California. 361—362, 1893 ca.

— Imported Scales in California. Period. Bull. Dep. Agric. Ent. (Ins. Life), **5** (1892—93), 281—282, 1893 cb.

— A new Enemy of the Tomato. Period. Bull. Dep. Agric. Ent. (Ins. Life), **5** (1892—93), 282, 1893 cc.

— A curious Parasite of the Pelican. Period. Bull. Dep. Agric. Ent. (Ins. Life), **5** (1892—93), 284—285, 1893 cd.
— A curious Seed-pod Deformation. Period. Bull. Dep. Agric. Ent. (Ins. Life), **5** (1892—93), 286—287, 1893 ce.
— The Zebra Caterpillar on the Pacific Coast. Period. Bull. Dep. Agric. Ent. (Ins. Life), **5** (1892—93), 287, 1893 cf.
— Legislation Against Insects. Period. Bull. Dep. Agric. Ent. (Ins. Life), **5** (1892—93), 291—292, 1893 cg.
— The Present Year's Appearances of the Periodical Cicada. Period. Bull. Dep. Agric. Ent. (Ins. Life), **5** (1892—93), 298—300, 1893 ch.
— The Cocoanut and Guava Mealy-wing. (*Aleurodicus cocois* Curtis.) Period. Bull. Dep. Agric. Ent. (Ins. Life), **5** (1892—93), 314—317, 3 Fig., 1893 ci.
— The Sugar-beet Web-worm. (*Loxostege sticticalis* L.). Period. Bull. Dep. Agric. Ent. (Ins. Life), **5** (1892—93), 320—322, 4 Fig., 1893 cj.
— The Red-legged Flea-beetle. (*Crepidodera rufipes* L.). Period. Bull. Dep. Agric. Ent. (Ins. Life), **5** (1892—93), 334—342, 1 Fig., 1893 ck.
[Darin:]
Schwarz, Eugen Amandus: [Injury to Orchard Trees in Maryland and Virginia.] 334—338.
— The „Overflow Bug" or „Grease Bug" a Plague in California. Period. Bull. Dep. Agric. Ent. (Ins. Life), **5** (1892—93), 342, 1893 cl.
— Is the English Sparrow instrumental in suppressing the Horse Bot-fly? Period. Bull. Dep. Agric. Ent. (Ins. Life), **5** (1892—93), 342—343, 1893 cm.
— An Intruder in California Vineyards. Period. Bull. Dep. Agric. Ent. (Ins. Life), **5** (1892—93), 343—344, 1893 cn.
— Living Insects in the Human Ear. Period. Bull. Dep. Agric. Ent. (Ins. Life), **5** (1892—93), 344, 1893 co.
— Eucalyptus vs. Mosquitoes. Period. Bull. Dep. Agric. Ent. (Ins. Life), **5** (1892—93), 344—345, 1893 cp.
— Another vegetarian Mosquito. Period. Bull. Dep. Agric. Ent. (Ins. Life), **5** (1892—93), 345, 1893 cq.
— Insect Injury to Cactus Plants. Period. Bull. Dep. Agric. Ent. (Ins. Life), **5** (1892—93), 345—346, 1893 cr.
— The Tomato Worm in the Leeward Inslands. Period. Bull. Dep. Agric. Ent. (Ins. Life), **5** (1892—93), 349, 1893 cs.
— In Favor of the English Sparrow. Period. Bull. Dep. Agric. Ent. (Ins. Life), **5** (1892—93), 349, 1893 ct.
— The Indian Meal Moth. Period. Bull. Dep. Agric. Ent. (Ins. Life), **5** (1892—93), 349, 1893 cu.
— The Horn Fly in Southwestern Texas. Period. Bull. Dep. Agric. Ent. (Ins. Life), **5** (1892—93), 349—350, 1893 cv.
— A North American Chalcidid in England and the West Indies. Period. Bull. Dep. Agric. Ent. (Ins. Life), **5** (1892—93), 350, 1893 cw.
— The Jamaica *Ephestia.* Period. Bull. Dep. Agric. Ent. (Ins. Life), **5** (1892—93), 350, 1893 cx.
— A New Enemy to Prune Trees in California. Period. Bull. Dep. Agric. Ent. (Ins. Life), **5** (1892—93), 350, 1893 cy.
— A California Scarabaeid on Plum. Period. Bull. Dep. Agric. Ent. (Ins. Life), **5** (1892—93), 350, 1893 cz.
— Larvae supposed to have fallen during a Shower. Period. Bull. Dep. Agric. Ent. (Ins. Life), **5** (1892—93), 350, 1893 da.
— Damage by May Beetles. Period. Bull. Dep. Agric. Ent. (Ins. Life), **5** (1892—93), 350, 1893 db.
— Birds Eating the Catalpa Sphinx. Period. Bull. Dep. Agric. Ent. (Ins. Life), **5** (1892—93), 350, 1893 dc.
— The Cherry-tree *Tortrix.* Period. Bull. Dep. Agric. Ent. (Ins. Life), **5** (1892—93), 351, Taf. III, 1893 dd.
— Insects said to Forecast the Weather. Period. Bull. Dep. Agric. Ent. (Ins. Life), **5** (1892—93), 352, 1893 de.
— What Constitutes a Species. Period. Bull. Dep. Agric. Ent. (Ins. Life), **5** (1892—93), 352—353, 1893 df.
— The Ravages of Book Worms. Period. Bull. Dep. Agric. Ent. (Ins. Life), **5** (1892—93), 353, 1893 dg.
— Further on Bee Stings and Rheumatism. Period. Bull. Dep. Agric. Ent. (Ins. Life), **5** (1892—93), 353, 1893 dh.
— The Mediterranean Flour Moth again. Period. Bull. Dep. Agric. Ent. (Ins. Life), **5** (1892—93), 353—354, 1893 di.
— Cut-worm damage to Grapes in California. Period. Bull. Dep. Agric. Ent. (Ins. Life), **5** (1892—93), 354—355, 1893 dj.
— Southern Range of the Colorado Potato-beetle. Period. Bull. Dep. Agric. Ent. (Ins. Life), **5** (1892—93), 356, 1893 dk.
— A Banana Borer in Trinidad. [Nach: Journ. Trinidad Field Natural. Club, 1893.] Period. Bull. Dep. Agric. Ent. (Ins. Life), **5** (1892—93), 356, 1893 dl.
— The Spotted Bean Beetle. Period. Bull. Dep. Agric. Ent. (Ins. Life), **5** (1892—93), 356—357, 1893 dm.
— The Palm Weevil in British Honduras. Period. Bull. Dep. Agric. Ent. (Ins. Life), **5** (1892—93), 357—358, 1893 dn.
— Alum for Rose Chafers. Period. Bull. Dep. Agric. Ent. (Ins. Life), **5** (1892—93), 358, 1893 do.
— A Mosquito Exterminator. Period. Bull. Dep. Agric. Ent. (Ins. Life), **5** (1892—93), 359, 1893 dp.
— Carbon bisulphide for Hen Lice. Period. Bull. Dep. Agric. Ent. (Ins. Life), **5** (1892—93), 361, 1893 dq.
— The Egyptian *Icerya* in India. Period. Bull. Dep. Agric. Ent. (Ins. Life), **5** (1892—93), 361, 1893 dr.
— Insect legislation in Massachusetts. Period. Bull. Dep. Agric. Ent. (Ins. Life), **5** (1892—93), 365, 1893 ds.
— Borers in Fig Trees. Period. Bull. Dep. Agric. Ent. (Ins. Life), **5** (1892—93), 365—366, 1893 dt.
— Food of *Tarantula* in confinement. Period. Bull. Dep. Agric. Ent. (Ins. Life), **5** (1892—93), 366, 1893 du.
— An Important Predatory Insect. (*Erastria scitula* Rambur.) Period. Bull. Dep. Agric. Ent. (Ins. Life), **6** (1893—94), 6—10, 1 Fig., (1894) 1893 dv.
— The Corn-Root Plant-Louse. Period. Bull. Dep. Agric. Ent. (Ins. Life), **6** (1893—94), 32, (1894) 1893 dw.
— A Peculiar Gad-fly. Period. Bull. Dep. Agric. Ent. (Ins. Life), **6** (1893—94), 34—35, (1894) 1893 dx.
— Termites Swarming in Houses. Period. Bull. Dep. Agric. Ent. (Ins. Life), **6** (1893—94), 35, (1894) 1893 dy.
— Carbolic Acid for Rose Chafers. Period. Bull. Dep.

Agric. Ent. (Ins. Life), **6** (1893—94), 35—36, (1894) 1893 dz.
— Abundance of Tent Caterpillars. Period. Bull. Dep. Agric. Ent. (Ins. Life), **6** (1893—94), 36, (1894) 1893 ea.
— An Alfalfa Worm in Wyoming. Period. Bull. Dep. Agric. Ent. (Ins. Life), **6** (1893—94), 36, (1894) 1893 eb.
— Tansy and the Plum Curculio. Period. Bull. Dep. Agric. Ent. (Ins. Life), **6** (1893—94), 36, (1894) 1893 ec.
— A Handsome Blister Beetle. Period. Bull. Dep. Agric. Ent. (Ins. Life), **6** (1893—94), 36—37, (1894) 1893 ed.
— Tasmanian Insects. Period. Bull. Dep. Agric. Ent. (Ins. Life), **6** (1893—94), 37, (1894) 1893 ee.
— The Plum Curculio in Door County, Wis. Period. Bull. Dep. Agric. Ent. (Ins. Life), **6** (1893—94), 37—38, (1894) 1893 ef.
— The Juniper Bark-borer in Nebraska. Period. Bull. Dep. Agric. Ent. (Ins. Life), **6** (1893—94), 38, (1894) 1893 eg.
— A new Scale Insect in Florida. Period. Bull. Dep. Agric. Ent. (Ins. Life), **6** (1893—94), 39, (1894) 1893 eh.
— New Food Plant of *Pseudococcus yuccae.* Period. Bull. Dep. Agric. Ent. (Ins. Life), **6** (1893—94), 40, (1894) 1893 ei.
— A new Food Plant for *Papilio turnus.* Period. Bull. Dep. Agric. Ent. (Ins. Life), **6** (1893—94), 40, (1894) 1893 ej.
— Cigarette Beetle eating Silk. Period. Bull. Dep. Agric. Ent. (Ins. Life), **6** (1893—94), 40, (1894) 1893 ek.
— Another predaceous Lepidopteron. Period. Bull. Dep. Agric. Ent. (Ins. Life), **6** (1893—94), 41, (1894) 1893 el.
— An Army Worm occurrence. Period. Bull. Dep. Agric. Ent. (Ins. Life), **6** (1893—94), 41, (1894) 1893 em.
— *Vedalia* at the Cape of Good Hope. Period. Bull. Dep. Agric. Ent. (Ins. Life), **6** (1893—94), 41, (1894) 1893 en.
— Army Worm in New Mexico. Period. Bull. Dep. Agric. Ent. (Ins. Life), **6** (1893—94), 41, (1894) 1893 eo.
— A new Hopperdozer. Period. Bull. Dep. Agric. Ent. (Ins. Life), **6** (1893—94), 41, (1894) 1893 ep.
— The Blattariae of Australia and Polynesia. Period. Bull. Dep. Agric. Ent. (Ins. Life), **6** (1893—94), 43, (1894) 1893 eq.
— An Injurious Hawaiian Beetle. Period. Bull. Dep. Agric. Ent. (Ins. Life), **6** (1893—94), 43, (1894) 1893 er.
— The Carnation „Twitter." Period. Bull. Dep. Agric. Ent. (Ins. Life), **6** (1893—94), 45, (1894) 1893 es.
— A Mealy Bug Enemy to Sugar Cane in the West Indies. Period. Bull. Dep. Agric. Ent. (Ins. Life), **6** (1893—94), 45—46, (1894) 1893 et.
— Another emasculating Bot. Period. Bull. Dep. Agric. Ent. (Ins. Life), **6** (1893—94), 46, (1894) 1893 eu.
— The Egyptian *Icerya* in India. Period. Bull. Dep. Agric. Ent. (Ins. Life), **6** (1893—94), 46, (1894) 1893 ev.
— The Pennsylvania Louse Story abroad. Period. Bull. Dep. Agric. Ent. (Ins. Life), **6** (1893—94), 48, (1894) 1893 ew.
— The Mosquito in England. Period. Bull. Dep. Agric. Ent. (Ins. Life), **6** (1893—94), 49, (1894) 1893 ex.
— Leeward Island Coccidae. Period. Bull. Dep. Agric. Ent. (Ins. Life), **6** (1893—94), 50—51, (1894) 1893 ey.
— The Gypsy Moth in Cambridge. Period. Bull. Dep. Agric. Ent. (Ins. Life), **6** (1893—94), 53, (1894) 1893 ez.
— Silk Culture in Helena. Period. Bull. Dep. Agric. Ent. (Ins. Life), **6** (1893—94), 54, (1894) 1893 fa.
— Damage by Chinch Bugs. Period. Bull. Dep. Agric. Ent. (Ins. Life), **6** (1893—94), 54, (1894) 1893 fb.
— Economic importance of *Chalceola aurifera.* Period. Bull. Dep. Agric. Ent. (Ins. Life), **6** (1893—94), 54—55, (1894) 1893 fc.
— The Purple Scale in California. Period. Bull. Dep. Agric. Ent. (Ins. Life), **6** (1893—94), 56, (1894) 1893 fd.
— Insects in the Human Ear. Period. Bull. Dep. Agric. Ent. (Ins. Life), **6** (1893—94), 56—57, (1894) 1893 fe.
— Note on *Ceuthophilus* eating Curtains and other Fabrics. Period. Bull. Dep. Agric. Ent. (Ins. Life), **6** (1893—94), 58, (1894) 1893 ff.
— Quarantine against injurious Insects. Period. Bull. Dep. Agric. Ent. (Ins. Life), **6** (1893—94), 207—208, 1894 a.
— Pyralidina of the Death Valley Expedition. Period. Bull. Dep. Agric. Ent. (Ins. Life), **6** (1893—94), 254—255, 1894 b.
— Syrian Book-worms. Period. Bull. Dep. Agric. Ent. (Ins. Life), **6** (1893—94), 265—266, 1894 c.
— A Cat Warble. Period. Bull. Dep. Agric. Ent. (Ins. Life), **6** (1893—94), 266, 1894 d.
— The Cheese Skipper Injuring Hams. Period. Bull. Dep. Agric. Ent. (Ins. Life), **6** (1893—94), 266, 1894 e.
— The Blood-sucking Cone-nose again. Period. Bull. Dep. Agric. Ent. (Ins. Life), **6** (1893—94), 267, 1894 f.
— Leaf-hopper Damage to Winter Grain. Period. Bull. Dep. Agric. Ent. (Ins. Life), **6** (1893—94), 267—268, 1894 g.
— Kerosene and Animal Parasites. Period. Bull. Dep. Agric. Ent. (Ins. Life), **6** (1893—94), 270, 1894 h.
— Larvae in a Child's Face. Period. Bull. Dep. Agric. Ent. (Ins. Life), **6** (1893—94), 270, 1894 i.
— Larval Food of *Euxesta notata.* Period. Bull. Dep. Agric. Ent. (Ins. Life), **6** (1893—94), 270, 1894 j.
— Abundance of the Purslane Caterpillar. Period. Bull. Dep. Agric. Ent. (Ins. Life), **6** (1893—94), 270, 1894 k.
— A new Food-habit of a Clothes Moth. Period. Bull. Dep. Agric. Ent. (Ins. Life), **6** (1893—94), 270—271, 1894 l.
— Some Jamaica Insects. Period. Bull. Dep. Agric. Ent. (Ins. Life), **6** (1893—94), 274, 1894 m.
— Grain Insects in Sugar. Period. Bull. Dep. Agric. Ent. (Ins. Life), **6** (1893—94), 274—275, 1894 n.
— Ants and the Fruit-grower. Period. Bull. Dep. Agric. Ent. (Ins. Life), **6** (1893—94), 277, 1894 o.
— For Plant-lice in Greenhouses. Period. Bull. Dep. Agric. Ent. (Ins. Life), **6** (1893—94), 278—279, 1894 p.
— Obituary. [Dr. Herman August Hagen. Wilhelm Juelich.] Period. Bull. Dep. Agric. Ent. (Ins. Life), **6** (1893—94), 280—281, 1894 q.

— The San José Scale in the East. Period. Bull. Dep. Agric. Ent. (Ins. Life), **6** (1893—94), 286, 1894 r.
— A new and destructive Peach-tree Scale. Period. Bull. Dep. Agric. Ent. (Ins. Life), **6** (1893—94), 287—295, 6 Fig., 1894 s.
— The Control of *Phylloxera* by Submersion. Period. Bull. Dep. Agric. Ent. (Ins. Life), **6** (1893—94), 315—318, 1 Fig., 1894 t.
— *Icerya montserratensis* in Colombia. Period. Bull. Dep. Agric. Ent. (Ins. Life), **6** (1893—94), 327, 1894 u.
— *Danais archippus* in Chile. Period. Bull. Dep. Agric. Ent. (Ins. Life), **6** (1893—94), 327, 1894 v.
— Kerosene against Mosquitoes. Period. Bull. Dep. Agric. Ent. (Ins. Life), **6** (1893—94), 327, 1894 w.
— Two more Cases of Bots attacking Cats. Period. Bull. Dep. Agric. Ent. (Ins. Life), **6** (1893—94), 327, 1894 x.
— The Azalea Scale in Michigan. Period. Bull. Dep. Agric. Ent. (Ins. Life), **6** (1893—94), 327, 1894 y.
— Wireworm in the Burrow of an Apple-tree Borer. Period. Bull. Dep. Agric. Ent. (Ins. Life), **6** (1893—94), 327, 1894 z.
— Persimmon Root-borer. Period. Bull. Dep. Agric. Ent. (Ins. Life), **6** (1893—94), 327—328, 1894 aa.
— Box-elder Plant-bug in Houses. Period. Bull. Dep. Agric. Ent. (Ins. Life), **6** (1893—94), 328, 1894 ab.
— Clover-leaf Beetle in Maryland. Period. Bull. Dep. Agric. Ent. (Ins. Life), **6** (1893—94), 328, 1894 ac.
— Galls on the Roots of Poison Ivy. Period. Bull. Dep. Agric. Ent. (Ins. Life), **6** (1893—94), 328, 1894 ad.
— A Walnut Scale on Pear. Period. Bull. Dep. Agric. Ent. (Ins. Life), **6** (1893—94), 328, 1894 ae.
— Legislation against Insects in Massachusetts. Period. Bull. Dep. Agric. Ent. (Ins. Life), **6** (1893—94), 329—330, 1894 af.
— Coffee Insects in Hawaii. [Nach: The Planters' Monthly for December, 1893, Honolulu.] Period. Bull. Dep. Agric. Ent. (Ins. Life), **6** (1893—94), 334, 1894 ag.
— A striking Instance of retarded Development. Period. Bull. Dep. Agric. Ent. (Ins. Life), **6** (1893—94), 336, 1894 ah.
— An unusual Experience with Cabinet Beetles. Period. Bull. Dep. Agric. Ent. (Ins. Life), **6** (1893—94), 336—337, 1894 ai.
— Insect Damage to Beer-casks in India. Period. Bull. Dep. Agric. Ent. (Ins. Life), **6** (1893—94), 337—338, 1894 aj.
— The Cacao Bug of Java. Period. Bull. Dep. Agric. Ent. (Ins. Life), **6** (1893—94), 339—340, 1894 ak.
— Bed-bugs and Red Ants. Period. Bull. Dep. Agric. Ent. (Ins. Life), **6** (1893—94), 340—341, 1894 al.
— The Orange Fly in Malta. Period. Bull. Dep. Agric. Ent. (Ins. Life), **6** (1893—94), 341, 1894 am.
— The Carnation Twitter. Period. Bull. Dep. Agric. Ent. (Ins. Life), **6** (1893—94), 343—344, 1894 an.
— Does the Horn Fly attack Horses? Period. Bull. Dep. Agric. Ent. (Ins. Life), **6** (1893—94), 344, 1894 ao.
— A legal Case in California. Period. Bull. Dep. Agric. Ent. (Ins. Life), **6** (1893—94), 345, 1894 ap.
— The Phylloxera in Turkey. Period. Bull. Dep. Agric. Ent. (Ins. Life), **6** (1893—94), 346, 1894 aq.
— The San José or Pernicious Scale. Period. Bull. Dep. Agric. Ent. (Ins. Life), **6** (1893—94), 360—369, 4 Fig., 1894 ar.
— A new Chrysomelid on Apple in California. Period. Bull. Dep. Agric. Ent. (Ins. Life), **6** (1893—94), 373, 1894 as.
— Potato-tuber Moth. Period. Bull. Dep. Agric. Ent. (Ins. Life), **6** (1893—94), 373, 1894 at.
— Abundance of the Peach-twig Borer in Washington. Period. Bull. Dep. Agric. Ent. (Ins. Life), **6** (1893—94), 373, 1894 au.
— Grashopper Damage in Minnesota. Period. Bull. Dep. Agric. Ent. (Ins. Life), **6** (1893—94), 373, 1894 av.
— Cooperative work against Insects. [Nach: American Cultivator, 26. Mai 1894.] Period. Bull. Dep. Agric. Ent. (Ins. Life), **6** (1893—94), 374, 1894 aw.
— Notes from Illinois. Period. Bull. Dep. Agric. Ent. (Ins. Life), **6** (1893—94), 374—375, 1894 ax.
— Cutworms and their Hymenopterous Enemies. Period. Bull. Dep. Agric. Ent. (Ins. Life), **6** (1893—94), 376, 1894 ay.
— Bran and Paris green for Cutworms. Period. Bull. Dep. Agric. Ent. (Ins. Life), **6** (1893—94), 376, 1894 az.
— Notes on the European Leopard Moth. Period. Bull. Dep. Agric. Ent. (Ins. Life), **6** (1893—94), 377, 1894 ba.
— A Leaf-chafer attacking Petunias. Period. Bull. Dep. Agric. Ent. (Ins. Life), **6** (1893—94), 377—378, 1894 bb.
— Cicada Eggs. Period. Bull. Dep. Agric. Ent. (Ins. Life), **6** (1893—94), 378, 1894 bc.
— A New Remedy for *Chermes.* Period. Bull. Dep. Agric. Ent. (Ins. Life), **6** (1893—94), 378, 1894 bd.
— A severe *Conorhinus* bite. Period. Bull. Dep. Agric. Ent. (Ins. Life), **6** (1893—94), 378, 1894 be.
— Kerosene Emulsion as a Deterrent against Grasshoppers. Period. Bull. Dep. Agric. Ent. (Ins. Life), **6** (1893—94), 379, 1894 bf.
— Report of Committee on Cooperation among Station Entomologists. Period. Bull. Dep. Agric. Ent. (Ins. Life), **7** (1894—95), 112—114, (1895) 1894 bg.
— A New Pear Insect. [*Agrilus sinuatus* Ol.] Period. Bull. Dep. Agric. Ent. (Ins. Life), **7** (1894—95), 258—260, 1 Fig., (1895) 1894 bh.
— An Ortalid Fly Injuring Growing Cereals. (*Chaetopsis aenea* Wied.) Period. Bull. Dep. Agric. Ent. (Ins. Life), **7** (1894—95), 352—354, 1 Fig., 1895 a.
— The Gray Hair-streak Butterfly and its Damage to Beans. (*Uranotes melinus* Hübn.) Period. Bull. Dep. Agric. Ent. (Ins. Life), **7** (1894—95), 354—355, 1 Fig., 1895 b.

Riley, Charles Valentine & **Lichtenstein,** Jules
(Les Phylloxères Hém., sont des Aphidiens et non des Coccidiens.) [Mit Angaben von V. Signoret.] Ann. Soc. ent. France, (5) **5**, Bull. CXLIII—CXLIV, CLVI—CLVII (= Bull. Soc. . . ., **1875**, 165—166, 172—173), 1875.

Riley, Charles Valentine & **Lintner,** Joseph Albert
[Noctuid larvae difficult to raise.] Ent. Amer., **1**, 210, (1885—86) 1886.

Riley, Charles Valentine & **Marlatt,** Charles Lester
Wheat and Grass Saw-flies. Period. Bull. Dep. Agric. Ent. (Ins. Life), **4** (1891—92), 168—179, 3 Fig., (1892) 1891.

Riley, Charles Valentine & **Monell,** Joseph
Notes on the Aphididae of the United States, with descriptions of species occurring West of the Mississippi. Bull. U. S. geol. geogr. Surv. Territ., **5**

(1879—80), 1—32 + 2 (unn., Taf. Erkl.) S., Taf. I—II, (1880) 1879.

Riley, Charles Valentine; **Ashmead,** William Harris & **Howard,** Leland Ossian

Report upon the Parasitic Hymenoptera of the Island of St. Vincent. Journ. Linn. Soc. (Zool.), **25,** 56—254, (1896) 1894.

[Darin:]

Riley, Charles Valentine: Introduction. 56—61.

Ashmead, William Harris: Report on the Parasitic Cynipidae, part of the Braconidae, the Ichneumonidae, the Proctotrypidae, and part of the Chalcididae. Part I. 61—78; ... Part II. 108—188; ... Part III. 188—254.

Howard, Leland Ossian: Report on the Chalcidinae of the Subfamilies Chalcidinae, Euchrinae, Perilampinae, Encyrtinae, Aphelininae, Pereninae, Elasminae, and Elachistinae. 79—108.

Riley, Charles Valentine, **Packard,** Alpheus Spring & **Thomas,** Cyrus

Destruction of the young of unfledged Locusts. Bull. U. S. ent. Comm., **1,** 1—12, 1877 a.

— On the natural history of the Rocky Mountain Locust, and on the habits of the young or unfledged insects as they occur in the more fertile country in which they will hatch the present year. Bull. U. S. ent. Comm., **2,** 1—15, 11 Fig., 1 Karte, 1877 b.

— The Rocky Mountain Locust and the best methods of preventing its injuries and of guarding against its invasions, in pursuance of an appropriation made by Congress for this purpose. Rep. U. S. ent. Comm., **1** (1877), I—XVI + 1—477 S., 112 Fig., 3 Kart.; Appendix I—XXVII, Index & Errata. 1—295 + 5 (unn., Taf. Erkl.) S., 5 Taf., 1878.

[Darin:]

Whitman, Allan: Report from Minnesota. [3]—[12].

Aughey, Samuel: Notes on the nature of the food of the birds of Nebraska. [13]—[62].

Boll, Jacob: Texas data for 1877. [63]—[82].

Gaumer, George F...: Kansas data for 1877. [85]—[103].

Holly, William: Colorado data for 1877. [111]—[116].

Aughey, Samuel: Nebraska data for 1877. [117]—[133].

Mann, Benjamin Pickman: Bibliography on the Locusts of America. [273]—[279]. — [Abdr. S. 212—220, 222—236:] The Rocky Mountain locust, or Grasshopper of the West. Rep. Comm. Agric. Washington, **1877,** 264—282 + 1 (unn., Taf. Erkl.) S., Taf. I—XII, 1 Karte, 1878.

— The Rocky Mountain Locust, and the Western Cricket and treating of the best means of subduing the Locust in its permanent breeding grounds, with a view of preventing its migrations into the more fertile portions of the Trans-Mississippi country, in pursuance of appropriations made by congress for this purpose. Rep. U. S. ent. Comm. **2** (1878—79), I—XVIII + 1—322 + 18 (unn., Taf. Erkl.) S., 10 Fig., 16 Taf. (1 Farbtaf.), 9 Kart.; Appendix I—VIII & Index. 80 + 1 (unn., Taf. Erkl.) S., 1 Taf., 1880.

[Darin:]

Minot, Charles Sedgwick: Histology of the Locust (*Caloptenus*) and the Cricket (*Anabrus*). 183—222, 3 Fig., 7 Taf.

Appendices:

Scudder, Samuel: List of the Orthoptera collected by Dr. A. S. Packard in the western United States in the summer of 1877. [23]—[28].

Marten, John: Report. [29]—[32].

Mann, Benjamin Pickman: Bibliography of some of the literature concerning destructive Locusts. [33]—[56].

Lucretiis, Gaetano de: On the flight of Locusts. [Übers., z. T., von S. T. Stofford aus: Sulle locuste, dette volgarmente Bruchi. Atti R. Ist. Incorrag. Sci. nat. Napoli, **1,** 233—269, 1811.] [63]—[66].

Bowles, W...: Of the Locusts which desolated various provinces of Spain from the year 1754 until 1757. [Übers., z. T., von F. P. Spofford von der ital. Übers. von F. Milizia aus: Introduzione alla Storia Naturale e alla Geografia Fisica di Spagna. Bd. 2, S. 1—24, Parma, 1783.] [66]—[68].

— The Rocky Mountain Locust, the Western Cricket, the Army Worm, Canker Worms, and the Hessian Fly; together with descriptions of larvae of injurious forest insects, studies on the embryological development of the Locust and of other insects, and on the systematic position of the Orthoptera in relation to other orders of insects. Rep. U. S. ent. Comm., **3,** XIV + 347 + 12 (unn., Taf. Erkl.) S., 51 Fig., 63 Taf., 4 Kart.; Appendix I—IX, Index & Corrigenda. 92 S., 3 Fig., 1883.

[Darin:]

Bruner, Lawrence: The Rocky Mountain Locust in Montana in 1880. 8—20.

—: ... in Wyoming, Montana, ect., in 1881. 21—52.

—: Notes on other Locusts, and on the Western Cricket. 53—64.

Swinton, A[rchibald] H[enry]: Data obtained from solar physics and earthquake commotions applied to elucidate Locust multiplication and migration. 65—85.

Appendices:

Loew, Hermann: Description of the rye gallgnat. [Engl. Übers., z. T., von C. F. Gissler aus: Die neue Kornmade und die Mittel, welche gegen sie anzuwenden sind. 1859.] [6]—[8].

Wagner, Balthasar: Observations on the new crop gall-gnat. [Engl. Übers., z. T., von C. F. Gissler aus: Untersuchungen über die neue Getreide-Gallmücke. 4°, 41 S., 1 Taf., Fulda, 1861.] [8]—[38].

Cohn, Ferdinand: The Hessian Fly in Silesia in 1869. [Engl. Übers., z. T., von C. F. Gissler aus: Untersuchungen ueber Insectenschaden auf den schlesischen Getreidefeldern im Sommer 1869.] [39]—[40].

(Köppen, F... T...): Koeppen's account of the Hessian Fly. [Engl. Übers., z. T., von C. F. Gissler aus: Die schaedlichen Insekten Russlands. St. Petersburg, 1880.] [41]—[42].

Hagen, Herman August: The Hessian Fly not imported from Europe. [43]—[49].

Marten, John: Report on the Rocky Montain Locust in 1880. [50]—[54].

Chipman, A... J...: Report of notes. [55]—[56].

Howell, Martin A...: Experience with the spring Canker Worm. [82]—[85].

Rille, Joh . . .
Ueber eine neue parasitäre Hauterkrankung. Ber. naturw.-med. Ver. Innsbruck, **25** (1889—1900), VIII—X, 1900.

Rimann, Carl
Fleischfressende Pflanzen und ihre Cultur. Garten-Mag., **48**, 369—373, 386—388, 1895.

Rimbach, A . . .
Durch Wanzen verursachte Schädigung des Cacao im Küstenlande von Ecuador. Ztschr. Pflanzenkrankh., **5**, 321—324, 1895.

Rimpau, W . . .
[Ref.] siehe Ritzema Bos, Jan 1891.

[**Rinaldini**, Ant . . .]
Der Pinien-Processionspinner. Zbl. ges. Forstwes., **9**, 350, 1883.

Rindfleisch,
Zuchtversuch mit *Saturnia Pernyi*. Verh. naturhist. Ver. Dessau, **31** (1872—73), 23—28, 1874.

Ringselle, Gustaf Alfred
geb. 1868, gest. 1944. — Biogr.: (E. Klefbeck) Ent. Tidsskr., **66**, 65—67, 1945.
— (Nytt fynd i Sverige: *Tropideres (Enedreutes) undulatus* Panz. = *Edgreni* Fåhreus.) Ent. Tidskr., **20**, 211, 1899.

Rinonapoli-Volpe, Luigi
Mostruosità di una *Polyphylla Ragusae* Kraatz. Riv. Ital. Sci. nat. (Boll. Natural. Siena), **17**, Boll. 112, 1897.

Riols, E . . . Santini de siehe Santini de Riols, E . . .

Rippel, Hans
Die Ameisenpflanzen. Wien. ill. Gartenztg., **14** (22), 257—270, 3 Fig., 1889.

Rippon, Robert H . . . F . . .
○ Icones Ornithopterorum: a monograph of the Rhopalocerous genus *Ornithoptera*, or bird-wing butterflies. Part I—II. London, 1890; . . . Part 3—4. 1891; . . . Part V. 1892; . . . Part 6—9. 1895; . . . Part 10. 3 Taf., 1896; . . . Part 11. 4 Taf., 1897; . . . Part 12—13. 7 Taf., 1898.
— Description of a new Species of *Ornithoptera*, of the *Priamus* Group, in the Collection of the Hon. L. Walter Rothschild. Ann. Mag. nat. Hist., (6) **10**, 193—196, 1892.
— Description of a new Transitional Form of *Ornithoptera* belonging to the Subgenus *Priamoptera*. Ann. Mag. nat. Hist., (6) **11**, 294—299, 1893.

Ris, Friedrich Dr.
geb. 8. 1. 1867 in Glarus, gest. 30. 1. 1931 in Rheinau, Direktor d. Irrenanstalt in Rheinau. — Biogr.: (O. Schneider-Orelli) Verh. Schweiz. naturf. Ges., **1931**, 396—407, 1931 m. Porträt u. Schriftenverz.; (O. Schneider-Orelli) Vjschr. naturf. Ges. Zürich, 1931; Bol. Soc. ent. Españ., **14**, 181—191, 1931 m. Porträt; (F. Ricklin) Psychiatr. neurol. Wschr., **33**, Nr. 12, 1931; (A. von Schulthess) Mitt. Schweiz. ent. Ges., **15**, 65—66, 1931 m. Porträt; (G. Kummer) Schaffhaus. Tagebl., Nr. 27, 2. Febr., 1931; (K. J. Morton) Entomol. monthly Mag., **67**, 65—66, 1931; (Ph. Calvert) Ent. News, **42**, 181—191, 1931 m. Porträt; (E. Bleuler) Schweiz. Arch. Neurol. Psychiatrie, 27, H. 1, 3 S., 1931; (A. Uehlinger) Mitt. naturf. Ges. Schaffhausen, **10**, 1931; (P. Navas) Bol. Soc. ent. Españ., **14**, 47—48, 1931; (K. J. Valle) Notul. ent., **12**, 28—31, 1932 m. Porträt; (J. J. Davis) Ann. ent. Soc. Amer., **25**, 251, 1932; (A. Musgrave) Bibliogr. Austral. ent., 269, 1932; (E. Handschin) Mitt. Schweiz. ent. Ges., **31**, 109—120, 1958 m. Porträt.
— in Fauna Insectorum Helvetiae (1885—1900) 1885.
— (Über das Vorkommen von *Leucorrhinia albifrons, Cordulia arctica* und Veränderlichkeit der *Anax Parthenope*.) Mitt. Schweiz. ent. Ges., **7**, 208—209, (1887) 1886.
— Beiträge zur Kenntniss der schweizerischen Trichopteren. Mitt. Schweiz. ent. Ges., **8**, 102—145, (1893) 1889.
— Notizen über schweizerische Neuropteren. Mitt. Schweiz. ent. Ges., **8**, 194—207, (1893) 1890.
— [Ref.] in Standfuss, Max 1891.
— Neuroptera. Ent. Jb., (**2**), 4, 13, 21—22, 31—32, 42—43, 55—56, 67, 81—82, 92—93, 102, 111, 1893 a.
— Eine neue schweizerische Phryganide. Mitt. Schweiz. ent. Ges., **9**, 53—56, 3 Fig., (1897) 1893 b.
— Vier schweizerische Hydroptiliden. Mitt. Schweiz. ent. Ges., **9**, 131—134, 3 Fig., (1897) 1894 a.
— Neuropterologischer Sammelbericht 1893. Mitt. Schweiz. ent. Ges., **9**, 134—142, (1897) 1894 b.
— Ein letztes Wort in Sachen „E. Fischer, Transmutation der Schmetterlinge etc." Ent. Ztschr., **9**, 33—34, 1895 a.
— Neue Phryganiden der schweizerischen Fauna. Mitt. Schweiz. ent. Ges., **9**, 239—241, 2 Fig., (1897) 1895 b.
— Dr. Standfuss' Experimente über den Einfluss extremer Temperaturen auf Schmetterlingspuppen. Mitt. Schweiz. ent. Ges., **9**, 242—260, (1897) 1895 c.
— Die schweizer. Arten der Perlidengattung *Dictyopteryx*. Mitt. Schweiz. ent. Ges., **9**, 303—313, 6 Fig., (1897) 1896 a.
— Lepidopterologische Hybridationsexperimente [von M. Standfuss]. Verh. Schweiz. naturf. Ges.; Act. Soc. Helvet. Sci. nat., **79**, 156—158, 1896 b.
— Untersuchung über die Gestalt des Kaumagens bei den Libellen und ihren Larven. Zool. Jb. Syst., **9**, 596—624, 13 Fig., (1897) 1896 c.
— Note sur quelques Odonates de l'Asie centrale. Ann. Soc. ent. Belg., **41**, 42—50, 1897 a.
— Neuropterologischer Sammelbericht 1894—96. Mitt. Schweiz. ent. Ges., **9**, 415—442, 8 Fig., 1897 b.
— Neue Libellen vom Bismarck-Archipel. Ent. Nachr., **24**, 321—327, 1898.
— Einige Neuropteren aus dem Jouxthal. Mitt. Schweiz. ent. Ges., **10**, 196—197, 1899 a.
— Necrolog. Prof. Gustav Schoch, geb. 11. Sept. 1833, † 27. Febr. 1899. Mitt. Schweiz. ent. Ges., **10**, 211—217, 1899 b.
— Libellen vom Bismarck-Archipel gesammelt durch Prof. Friedr. Dahl. Arch. Naturgesch., **66**, Bd. 1, 175—204, Taf. IX—X, 1900 a.
— Die Geradflügler Mitteleuropas. Von Dr. R. Tümpel. Eisenach, M. Wilkens 1898/99. Lieferungen 1 bis 4 (Odonata, Ephemerid.). Mitt. Schweiz. ent. Ges., **10**, 231—235, 1900 b.

Riscal, de
[*Antherea Yama-maï*.] Bull. Soc. Acclim. Paris, (3) **7** (**27**), 25—26, 1880.
— Éducation du Ver à soie du chêne (*Attacus Yama-Maï*). Bull. Insectol. agric., **6**, 56—64, 84—88, 116—119, 167—171, 1881. — [Abdr.:] Bull. Soc. Acclim. Paris, (3) **8** (**28**), 9—26, 1881.

Riscal, de & **Perez de Nueros**, Federico
(*Attacus Yama-mai* et *Pernyi*.) Bull. Soc. Acclim. Paris, (3) **8** (**28**), 230—231, 1881.

Risler, E . . .
○ Rapport sur l'Arrachage et le traitement des vignes phylloxéres de Pregny adressée à Mr. le Conseiller d'État chargée du Département de l'Interieur du Canton de Genève. 8°, 14 S., Genève, Benois & Cie, 1875.
— siehe Sachs, J . . . & Risler, E . . . 1875.

Riston, V . . .
Le plateau de Malzeville, près Nancy. Feuille jeun. Natural., **10**, 31—32, (1879—80) 1880.

Ritchie, A . . . S . . .
geb. in Pettenween (Küste von Fifeshire), gest. 1870 in Montreal. — Biogr.: Canad. Entomol., **2**, 155—156, 1870; Canad. Entomol., **3**, 177, 1871 m. Schriftenverz.
— On the Coleoptera of the Island of Montreal. Canad. Natural., (N. S.) **4**, 27—36, 1869 a.
— The Toad as an Entomologist. Canad. Natural., (N. S.) **4**, 174—178, 1869 b. — [Abdr.:] Amer. Natural., **5**, 329—334, 1871.
— Notes on the small cabbage Butterfly, *Pieris rapae*. Canad. Natural., (N. S.) **4**, 293—300, 1869 c.
— Why are Insects attracted by artificial lights? Canad. Natural., (N. S.) **5**, 61—66, 1870 a.
— Butterfly Parasite. Canad. Natural., (N. S.) **5**, 115—116, 1870 b.

Ritsema, Conrad Cz. (= Conrad zoon)
geb. 13. 4. 1846 in Haarlem, gest. 9. 1. 1929 in Wageningen, Kustos d. Mus. in Leiden. — Biogr.: Insecta, **2**, 22, 1912 m. Porträt.
— Over eene nieuwe soort van het geslacht *Pulex*, Linn. Tijdschr. Ent., **11** ((2) **3**), 173—176, Taf. 7, 1868.
— (Sur le parasite de Castor.) Petites Nouv. ent., **1** (1869—75), (23), (38), 1869 a.
— (Sur le puceron de l'Erable.) Petites Nouv. ent., **1** (1869—75), (26), (35), 1869 b.
— (Sur l'*Enoicycla pusilla* Burm., espèce de Phryganides.) Petites Nouv. ent., **1** (1869—75), (42), 1869 c.
— (De levenswijs van *Anthomyia inanis* Fall.) Tijdschr. Ent., **12** ((2) **4**), 185—187, Taf. 7 (Fig. 3—4), 1869 d.
— [Over de leefwijze van *Meigenia bombivora* v.d.W.] Tijdschr. Ent., **12** ((2) **4**), 187, 1869 e.
— [Over de bevruchting van hommel wijfjes.] Tijdschr. Ent., **12** ((2) **4**), 187—188, 1869 f.
— (Dragen van stuifmeel door een ♂ *Bombus*.) Tijdschr. Ent., **12** ((2) **4**), 188, 1869 g.
— (Afwijkingen in het verloop der vleugeladeren bij bladwespen.) Tijdschr. Ent., **12** ((2) **4**), 188—189, Taf. 7 (Fig. 5), 1869 h.
— Lijst der Hymenoptera, 26 Juli 1868, op de algemeene excursie aan de Water-Meerwijk bij Nijmegen gevangen. Tijdschr. Ent., **12** ((2) **4**), Versl. 30, 1869 i.
— [*Periphyllus Testudo* v. d. H., een afwijkende larvenworm van *Aphis Aceris*.] Tijdschr. Ent., **13** ((2) **5**), 22—24, 181—182, (1870) 1869 j; **14** ((2) **6**), 147—148, 1871.
— Lijst der op de algemeene Excursie van 1 Aug. 1869 op Molencate bij Hattem gevangen Hymenoptera en Diptera. Tijdschr. Ent., **13** ((2) **5**), 52—53, (1870) 1869 k.
— De *Enoicyla pusilla* Burm. in hare verschillende toestanden. Tijdschr. Ent., **13** ((2) **5**), 111—121, Taf. 5 (z. T. farb.), (1870) 1869 l.
— (Aberratie in het aderbeloop bij *Selandria socia* Kl.) Tijdschr. Ent., **13** ((2) **5**), 182, 1 Fig., (1870) 1869 m.
— (Nestbouw der *Megachile*-soorten.) Tijdschr. Ent., **13** ((2) **5**), 182—183, (1870) 1869 n.
— (Levenswijze van het geslacht *Trypoxylon* Latr.) Tijdschr. Ent., **13** ((2) **5**), 183—185, (1870) 1869 o.
— Over den oorsprong en de verdere ontwikkeling van den *Periphyllus Testudo* v.d.H. Versl. Meded. Akad. Wetensch. Amsterdam, Afd. Natuurk., (2) **4**, 263—268, 1870.
[Engl. Übers. von S. W. Dallas:] On the Origin and Development of *Periphyllus testudo*, van der Hoeven. Ann. Mag. nat. Hist., (4) **6**, 93—96, 1870.
[Franz. Übers.:] Sur l'origine et le développement du *Periphyllus testudo* v.d.H. Arch. Néerl. Sci. exact. nat., **5**, 265—270, 1870.
— Gall of *Ammophila arundinacea*. Entomologist, **5**, 264, (1870—71) 1871 a.
— (Over *Acentropus niveus* Oliv.) Tijdschr. Ent., **14** ((2) **6**), 34—35, 1871 b.
— Lijst der Hymenoptera op de algemeene excursie van 19 Junij 1870 in de Wassenaarsche duinen gevangen. Tijdschr. Ent., **14** ((2) **6**), 48, 1871 c.
— [Insect uit de gallen van de helm enz. *Eurytoma longipennis*.] Tijdschr. Ent., **14** ((2) **6**), 148—149, 1871 d.
— Iets over de natuurlijke geschiedenis van de vloo. Album Natuur, **1872**, 65—82, 6 Fig., 1872 a.
— Een inval van houtluisjes. Album Natuur, **1872**, 255—256, 1872 b.
— New Names for a long-known Lepidoptera. Ann. Mag. nat. Hist., (4) **10**, 228—229, 1872 c.
— On *Crinodes Sommeri* and *Tarsolepis remicauda*, in answer to Mr. Butler's Remarks. Ann. Mag. nat. Hist., (4) **10**, 446—448, 1872 d.
— New names for a long known Lepidopteron. Entomol. monthly Mag., **9**, 94—95, (1872—73) 1872 e.
[Siehe:] Butler, Arthur Gardiner: 111—112.
— Description of a new genus and two new exotic species of the family Larridae (Hymenoptera). Entomol. monthly Mag., **9**, 121—123, 1 Fig., (1872—73) 1872 f.
— Note on *Crinodes Sommeri* and *Tarsolepis remicauda*. Entomol. monthly Mag., **9**, 164—166, (1872—73) 1872 g.
[Siehe:] Butler, Arthur Gardiner: 111—112, 198—199, (1872—73) 1873.
— (Note sur le genre *Acentropus*.) Petites Nouv. ent., **1** (1869—75), 200, 1872 h.
— Geschiedkundig overzigt van het geslacht *Acentropus* Curt. Tijdschr. Ent., **14** ((2) **6**), 157—172, 1872 i; Aanvulsel tot het geschiedkundig overzigt van het geslacht *Acentropus* Curt. **16** ((2) **8**), 16—25, (1873) 1872; Tweede aanvulsel . . . **19** (1875—76), 1—22, 1876.
— [Zwerm van *Musca corvina* F.] Tijdschr. Ent., **15** ((2) **7**), LX, 1872 j.
— [Vindplaatsen van *Enoicyla pusilla* Burm.] Tijdschr. Ent., **15** ((2) **7**), LX—LXI, 1872 k.
— [Gallen aan het kweekgras, door *Eurytoma Abrotani* veroorzaakt.] Tijdschr. Ent., **16** ((2) **8**), XVIII, (1873) 1872 l.
— (Een paar zeldzame soorten van het geslacht

Salda.) Tijdschr. Ent., **16** ((2) **8**), XXI, (1873) 1872 m.

— (Metamorphose van *Hesperia lineola.*) Tijdschr. Ent., **16** ((2) **8**), XXII, (1873) 1872 n.

— (Mededeeling betreft de orde der Suctoria of Aphaniptera.) Tijdschr. Ent., **16** ((2) **8**), LXIV—LXVII, (1873) 1872 o.

— Lijst van in Nederland waargenomen soorten van Suctoria of Aphaniptera. Tijdschr. Ent., **16** ((2) **8**), Bijlage 3, LXXXIV—LXXXV, (1873) 1872 p.

— Description et figure d'un mâle, jusqu'ici presque inconnu, du genre *Xylocopa* Latr. Tijdschr. Ent., **16** ((2) **8**), 221—223, Taf. 10 (Farbfig. 1—2), (1873) 1872—73 a.

— Beschrijving van een nieuw Hymenopterengenus uit de Onder-Familie der Andrenidae Acutilingues. Tijdschr. Ent., **16** ((2) **8**), 224—228, Taf. 10 (Fig. 4—10, z. T. farb.), (1873) 1872—73 b.

— *Enoicyla pusilla* Burm., ihre Lebensweise und Fundorte. Korr.bl. zool. min. Ver. Regensburg, **27**, 92—95, 1873.

— Description of a new african species of the genus *Ischiodontus,* Cand. (Coleoptera: Fam. Elateridae). Entomol. monthly Mag., **10**, 223, (1873—74) 1874 a.

— Versuch einer chronologischen Uebersicht der bisher beschriebenen oder bekannten Arten der Gattung *Pulex* Linn, mit Berücksichtigung ihrer Synonymen. Korr.bl. zool. min. Ver. Regenburg, **28**, 76—80, 1874 b. — [Neue Aufl.?:] Ztschr. ges. Naturw., (3. F.) **5** (**53**), 181—185, 1880.

— Diptères, parasites des Hyménoptères aiguillonnés. Petites Nouv. ent., **1** (1869—75), 367—368, 1874 c.

— Description et figures de deux espèces nouvelles du Genre *Anthidium,* Fab., Provenant de l'Archipel des Indes-Orientales. Rev. Mag. Zool., (3) **2** (**37**), 111—115, Farbtaf. 9, 1874 d; [Correction.] Petites Nouv. ent., **1** (1869—1875), 479, 1875.

— Aanteekeningen betreffende eene kleine collectie Hymenoptera van Neder-Guinea, en beschrijving van de nieuwe soorten. Tijdschr. Ent., **17**, 175—211, Farbtaf. 11, 1874 e.

— (Levenswijze van het geslacht *Zodion* Latr.) Tijdschr. Ent., **17**, LXVIII—LXX, 1874 f.

— [Een nieuw geslacht van Vespiden (*Parevaspis*).] Tijdschr. Ent., **17**, LXX—LXXIII, 1874 g.

— (Synonymie van *Pulex Talpae* Curt.) Tijdschr. Ent., **17**, LXXIII—LXXV, 1874 h.

— (*Synapsis Ritsemae* Lansbrg.) Col. Hefte, **14**, 211—212, 1875 a.

— Description de deux espèces nouvelles de Microlépidoptères. Petites Nouv. ent., **1** (1869—75), 479, 1875 b.

— Aanteekeningen over en beschrijvingen van eenige Coleoptera van Neder-Guinea. (Zuid-Westkust van Afrika.) Tijdschr. Ent., **18** (1874—75), 121—149, 1875 c.

— *Acentropus niveus* Oliv. in zijne levenswijze en verschillende toestanden. Tijdschr. Ent., **18** (1874—75), XXIV—XXVI, 1875 d; **19** (1875—76), XCIX—C, 1876; **21** (1877—78), 81—114, Taf. 5—6 (z. T. farb.), 1878.

— [Overbrenging van insecten door scheepvaart.] Tijdschr. Ent., **18** (1874—75), XC, 1875 e.

— [Gallen van *Cynips calicis* Burgsd. bij Arnhem gevonden.] Tijdschr. Ent., **18** (1874—75), XC—XCI, 1875 f.

— [*Cassida equestris* in menigte levende op eene sierplant uit N. Amerika ingevoerd.] Tijdschr. Ent., **18** (1874—75), XCI, 1875 g.

— [*Cryptocephalomorpha,* een nieuw geslacht der Carabiciden.] Tijdschr. Ent., **18** (1874—75), XCI—XCIV, 1875 h.

— Description of two new exotic Aculeate Hymenoptera, of the families Thynnidae and Crabronidae. Entomol. monthly Mag., **12**, 185—186, 1 Fig., (1875—76) 1876 a.

○ Schorskevers (Xylophaga). Landbouw Courant, **1876**, 34, 1876 b.

— *Paussus Woerdeni,* eine neue Art aus Congo (West-Afrika). Stettin. ent. Ztg., **37**, 42—43, 1876 c.

— Bijdrage tot de kennis der Insecten-Fauna van het noordelijkste gedeelte van Sumatra. Tijdschr. Ent., **19** (1875—76), 43—50, 1876 d.

— Eene nieuwe Pausside van Congo. (Zuid-Westkust van Afrika.) Tijdschr. Ent., **19** (1875—76), 58—60, 2 Fig., 1876 e.

— Opgave van beschreven *Xylocopa*-soorten, die noch als zelfstandige soorten noch als synoniemen door F. Smith in zijne monographie over dit geslacht zijn opgenomen. Tijdschr. Ent., **19** (1875—76), 61—64, 1876 f.
[Siehe:] Smith, Frederick: Trans. ent. Soc. London, **1874**, 247—300, 1874.

— Acht nieuwe Oost-indische *Xylocopa*-soorten. Tijdschr. Ent., **19** (1875—76), 177—185, 1876 g.

— [Nymph van *Monanthia* F.] Tijdschr. Ent., **19** (1875—76), XLIII—XLIV, 1 Fig., 1876 h.

— [Het bijengeslacht *Cyathocera* Smith = *Steganomus* Rits.] Tijdschr. Ent., **19** (1875—76), XLIV—XLV, 1876 i.
[Siehe:] Smith, Frederick: Trans. ent. Soc. London, **1875**, 33—51, 1875.

— [Het kevergeslacht *Synapsis* Hope.] Tijdschr. Ent., **19** (1875—76), XLV—XLVI, 1876 j.

— [Het vlooijengeslacht *Hectopsylla.*] Tijdschr. Ent., **19** (1875—76), XLVI—XLVIII, 1876 k.

— [Oost-Ind. soorten van *Xylocopa.*] Tijdschr. Ent., **19** (1875—76), XCVIII, 1876 l.

— (Levensgeschiedenis van *Acentropus niveus* Oliv.) Tijdschr. Ent., **19** (1875—76), XCVIII—C, 1876 m.
[Engl. Übers.:] Notes on *Acentropus.* Entomol. monthly Mag., **12**, 257—258, (1875—76) 1876.

— (*Anaspis testacea* Voll. = *A. maculata* Geoffr. en *A. assimilis* Voll. = *A. frontalis* L.) Tijdschr. Ent., **20** (1876—77), XV—XVI, 1877.

— On a new species of the genus *Paussus, Paussus Andreae,* from Java. Notes Leyden Mus., **1**, 44—45, 1879 a.

— On a new species of the genus *Apatetica, Apatetica brunnipes,* from Sumatra. Notes Leyden Mus., **1**, 46—47, 1879 b.

— On a new species of Buprestide, *Catoxantha purpurascens,* from Borneo. Notes Leyden Mus., **1**, 48—49, 1879 c.

— On five new species of the genus *Ichthyurus,* Westw. Notes Leyden Mus., **1**, 75—85, 1879 d.

— On a new species of Lucanide, *Nigidius Lichtensteinii,* from Celebes. Notes Leyden Mus., **1**, 129—130, 1879 e.

— On a new species of Cetonide, *Glycyphana rugipennis,* from Sumatra. Notes Leyden Mus., **1**, 153—154, 1879 f.

— On two new species of Buprestides from Sumatra. Notes Leyden Mus., **1**, 155—157, 1879 g.

— On two new species of the genus *Ischiopsopha*, Gestro. Notes Leyden Mus., **1**, 185—187, 1879 h.
— On a new species of the Lucanoid genus *Figulus* from the Malayan Archipelago. Notes Leyden Mus., **1**, 189—191, 1879 i.
— On the new Cetoniidae collected during the recent scientific Sumatra-Expedition. Notes Leyden Mus., **1**, 233—241, 1879 j.
— Naamlijst der tot heden in Nederland waargenomen soorten van Plooivleugelige Wespen (Hymenoptera Diploptera). Tijdschr. Ent., **22** (1878—79), 186—199, LXXXVI—LXXXVII, 1879 k.
— [*Rhyssa antipodum* Smith = *Rh. fractinervis* Voll.] Tijdschr. Ent., **22** (1878—79), LXXXVIII, 1879 l.
[Siehe:] Smith, Frederick: Trans. ent. Soc. London, **1876**, 473—487, 1876.
— Naamlijst der tot heden in Nederland waargenomen Bijen-soorten (Hymenoptera Anthophila). Tijdschr. Ent., **22** (1878—79), 21—57, XIX—XX, 1879 m; Eerste supplement op de Naamlijst der Nederlandsche Hymenoptera Anthophila. **23** (1879—80), XXIV—XXIX, 1880; Tweede supplement . . . **24** 1880—81), CXXIII—CXXVIII, 1881.
— *Adelotopus marginatus* = *Cryptocephalomorpha Gaverei.* Tijdschr. Ent., **22** (1878—79), LXXXVII—LXXXVIII, 1879 n.
[Siehe:] Waterhouse, Charles Owen: Trans. ent. Soc. London, **1877**, 1—13, 1877.
— Descriptions of a new species of the Lucanoid genus *Figulus.* Notes Leyden Mus., **2**, 217—219, 1880 a.
— Descriptions of three new exotic species of the Hymenopterous genus *Xylocopa.* Notes Leyden Mus., **2**, 220—224, 1880 b.
— On two new exotic species of Fossorial Hymenoptera. Notes Leyden Mus., **2**, 225—226, 1880 c.
— On two new species of the genus *Lomaptera* from the Timor Group. Notes Leyden Mus., **2**, 241—245, 1880 d.
— Description of a Sumatran species of the Longicorn genus *Calloplophora*, Thoms. Notes Leyden Mus., **2**, 246—248, 1880 e.
— A new species of the Coleopterous genus *Platyrhopalus* from Java. Notes Leyden Mus., **2**, 249—250, 1880 f.
— [Verschijning in grooten getale van *Vanessa cardui* en *Plusia gamma.* Mit Angaben von Snellen, Oudemans u. a.] Tijdschr. Ent., **23** (1879—80), XVI—XVII, 1880 g.
— [De geographische verspreiding van *Rhomborrhina resplendens* Swartz. en synonymische opmerkingen om Buprestiden en Scarabaeiden, bescrifven af Mr. J. W. van Lansberge.] Tijdschr. Ent., **23** (1879—80), XCIV—XCVI, 1880 h; **26** (1881—82), CXLII, 1882.
— [Synonymie van eenige Oost-Ind. kevers.] Tijdschr. Ent., **23** (1879—80), XCIV—XCVI, 1880 i.
[Siehe:] Lansberge, Johan Wilhelm van: Ann. Soc. ent. Belg., **22**, C. R. CXLVII—CLX, 1879.
— [Ref.] siehe Smith, Frederick 1880.
— On a new species of Cetonide from the Aru Islands. Notes Leyden Mus., **3**, 1—4, 1881 a.
— Description of a new species of the Longicorn genus *Cereopsius*, Thoms. Notes Leyden Mus., **3**, 5—6, 1881 b.
— A new species of the Longicorn genus *Bacchisa*, Pasc. Notes Leyden Mus., **3**, 7—9, 1881 c.
— Synonymical remarks about two species of Longicorn Coleoptera in the collections of the Leyden Museum. Notes Leyden Mus., **3**, 10, 1881 d.
— On a new genus of Longicorn Coleoptera belonging to the group of the Batoceridae. Notes Leyden Mus., **3**, 11—14, 1881 e.
— Description of a new species of the Longicorn genus *Praonetha*, Pasc. Notes Leyden Mus., **3**, 15—16, 1881 f.
— Description of a new species of the Coleopterous family Elateridae. Notes Leyden Mus., **3**, 29—30, 1881 g.
New species of *Pachyteria*, a genus of Longicorn Coleoptera. Notes Leyden Mus., **3**, 31—38, 1881 h.
— Description of a new species of the Longicorn genus *Melanauster*, Thoms. Notes Leyden Mus., **3**, 39—40, 1881 i.
— Description of a new species of the Coleopterous genus *Bothrideres*, Erichs. Notes Leyden Mus., **3**, 77—78, 1881 j.
— Two new species of the Coleopterous genus *Helota*, Mac Leay. Notes Leyden Mus., **3**, 79—81, 1881 k.
— Synonymical remarks about certain Coleoptera and a Heterocerous Lepidopteron. Notes Leyden Mus., **3**, 82—84, 1881 l.
— The species of the Rhynchophorous genus *Eupholus* Guér. Notes Leyden Mus., **3**, 85—88, 1881 m.
— Four new species and a new genus of Longicorn Coleoptera. Notes Leyden Mus., **3**, 145—150, 1881 n.
— Three new species of Sumatran Longicorn Coleoptera from the collections of the Sumatra-Expedition. Notes Leyden Mus., **3**, 151—157, 1881 o.
— Description of a new species of the Dynastid genus *Trichogomphus*, Burm. Notes Leyden Mus., **3**, 158—160, 1881 p.
— Nieuwe Naamlijst van Nederlandsche Suctoria met eene tabel voor het bestemmen der inlandsche geslachten en soorten, naar aanleiding van Dr. O. Taschenberg's Monographie. Tijdschr. Ent., **24** (1880—81), LXXXI—LXXXVIII, 1881 q.
— (Wijden verspreidingskring van eene Bij en eene Graafwesp.) Tijdschr. Ent., **24** (1880—81), CX, 1881 r.
— (Hermaphrodiet van *Bombus mastrucatus* Gerst., en van *Nomada succincta* Panz.) Tijdschr. Ent., **24** (1880—81), CXI, 1881 s.
— Two new species of Lucanoid Coleoptera from Sumatra. Notes Leyden Mus., **4**, 163—166, 1882 a.
— Two new species of the Dynastid genus *Dichodontus*, Burm. Notes Leyden Mus., **4**, 167—170, 1882 b.
— On an undescribed Cetoniid belonging to the genus *Chalcothea*, Burm. Notes Leyden Mus., **4**, 171—172, 1882 c.
— A new genus of the Cetonid group Macronotidae. Notes Leyden Mus., **4**, 173—174, 1882 d.
— A new species of the Buprestid genus *Chrysochroa* from Sumatra. Notes Leyden Mus., **4**, 175—176, 1882 e.
— On three new species of Rhynchophorous Coleoptera from Sumatra. Notes Leyden Mus., **4**, 177—180, 1882 f.
— Six new species of the Rhynchophorous genus *Oxyrrhynchus*, Schönh. Notes Leyden Mus., **4**, 181—187, 1882 g.

— A new species of the Brenthid genus *Stratiorrhina,* Pascoe. Notes Leyden Mus., **4**, 188—189, 1882 h.
— Description of a new Sumatran species of the Anthribid genus *Xylinades,* Latr. Notes Leyden Mus., **4**, 190—192, 1882 i.
— Three new species of the Brenthid genus *Diurus,* Pascoe. Notes Leyden Mus., **4**, 210—216, 1882 j.
— Remarks about certain species of the Anthribid genus *Xylinades,* Latr. Notes Leyden Mus., **5**, 7—8, 1883 a.
— On a new species of the Coleopterous genus *Ichthyurus,* Westw. Notes Leyden Mus., **5**, 248, 1883 b.
— (Voor de Narcissen-bollen zeer schadelijk insect.) Tijdschr. Ent., **26** (1882—83), XXIII—XXIV, 1883 c.
— Four new species of Malayan Cetoniidae. Notes Leyden Mus., **6**, 1—6, 1884 a.
— A new genus and species of the Hymenopterous family Larridae. Notes Leyden Mus., **6**, 81—83, 1884 b.
— Synonymical remarks on Coleoptera. Notes Leyden Mus., **6**, 134, 1884 c; **7**, 16, 1885; **18**, 130, (1896—97) 1896.
— A new species of the Longicorn genus *Demonax,* Thomson. Notes Leyden Mus., **6**, 181—182, 1884 d.
— Synonymical remarks about certain Hymenoptera Aculeata. Notes Leyden Mus., **6**, 200, 1884 e.
— Bijdrage tot de kennis der Coleopteren-Fauna van het eiland Saleijer en van het naburige eilandje Poeloe-Katela. Tijdschr. Ent., **27** (1883—84), 253—264, 1884 f.
— (*Platypsyllus Castoris.*) Tijdschr. Ent., **24** (1883—84), LXXXV—LXXXVI, 1884 g.
— (Gebruik van spiritus.) Tijdschr. Ent., **27** (1883—84), LXXXVI—LXXXVII, 1884 h.
— (*Leptinus testaceus* Müll.) Tijdschr. Ent., **27** (1883—84), XCI, 1884 i.
— Description of a new species of the Nitidulid genus *Platynema,* Rits. (*Orthogramma,* Murray) nec Guenés. Notes Leyden Mus., **7**, 29—30, 1885 a.
— Four new species of exotic Coleoptera. Notes Leyden Mus., **7**, 39—46, Farbtaf. 3 (Fig. 1—4), 1885 b.
— Remarks on Hymenoptera and Coleoptera. Notes Leyden Mus., **7**, 54, 1885 c.
— Three new species of exotic Coleoptera. Notes Leyden Mus., **7**, 123—127, Taf. 4 (Farbfig. 4—5), 1885 d.
— Remarks on Longicorn Coleoptera. Notes Leyden Mus., **7**, 128, 1885 e.
— Aanteekeningen op Snellen van Vollenhoven's opstel „Les Batocérides du Musée de Leide". (Tijdschrift voor Entomologie. Deel XIV (1871) p. 211—220.) Tijdschr. Ent., **28** (1884—85), 101—107, 1885 f.
— (Over onze inlandsche Gyriniden.) Tijdschr. Ent., **28** (1884—85), XIX—XXI, 1885 g.
— (Trekken van *Libellula quadrimaculata* L.) Tijdschr. Ent., **28** (1884—85), XXI—XXIII, 1885 h.
— (Over *Horia senegalensis* Casteln.) Tijdschr. Ent., **28** (1884—85), XXIII, 1885 i.
— (Over een 10-tal Coleoptera-soorten van de Sangireilanden.) Tijdschr. Ent., **28** (1884—85), CII—CIII, 1885 j.
[Siehe:] Oberthür, René: Ann. Mus. Stor. nat. Genova, **14**, 566—572, 1879.
— siehe Maitland, & Ritsema, Conrad Cz. 1886.
— A new species of the Longicorn genus *Chloridolum,* Thoms. Notes Leyden Mus., **9**, 127—128, 1887 a.
— On a few Coleoptera from the island of Riouw. Notes Leyden Mus., **9**, 213—216, 1887 b.
— Alphabetical list of the described species of the Longicorn genus *Batocera,* Cast. with indication of the synonyms. Notes Leyden Mus., **9**, 219—222, 1887 c.
— in Veth, Pieter Jan [Herausgeber] (1881—92) 1887.
— The species of the Rhynchophorous genus *Ectatorhinus,* Lacord. Notes Leyden Mus., **10**, 168, 1888 a.
— Description of a new species of the Buprestid genus *Endelus* H. Deyr. Notes Leyden Mus., **10**, 175—176, 1888 b.
— On five new and two unsufficiently known species of the Longicorn genus *Pachyteria.* Notes Leyden Mus., **10**, 177—192; Correction. VI, 1888 c.
— Description of two new species of the Longicorn group Callichromini. Notes Leyden Mus., **10**, 193—197, 1888 d.
— Two synonymical remarks about Longicorn Coleoptera. Notes Leyden Mus., **10**, 198, 1888 e.
— Description of three new species of the Longicorn group Agniini. Notes Leyden Mus., **10**, 201—206, 1888 f.
— Description of a new species of the Longicorn genus *Bacchisa,* Pascoe. Notes Leyden Mus., **10**, 253—254, 1888 g.
— On the male sex of *Lamia grisator,* Fabr. Notes Leyden Mus., **10**, 272, 1888 h.
— Lijst der Entomologische Geschriften van Mr. J. W. van Lansberge, gevolgd door eene opgave der daarin beschreven nieuwe geslachten, ondergeslachten en soorten. Tijdschr. Ent., **31** (1887—88), 201——234, 1888 i.
— (Verzameling van Cetoniden.) Tijdschr. Ent., **31** (1887—88), LXXX—LXXXI, 1888 j.
— Description of a Sumatran species of the Lucanoid genus *Nigidius.* Notes Leyden Mus., **11**, 1—2, 1889 a.
— On a new species of the Longicorn genus *Zonopterus,* Hope. Notes Leyden Mus., **11**, 10, 1889 b.
— On an overlooked East-Indian species of the genus *Chelonarium,* Fabr. (Coleoptera: fam. Byrrhidae). Notes Leyden Mus., **11**, 47—48, 1889 c.
— A new species of the Longicorn genus *Pachyteria,* Serv. Notes Leyden Mus., **11**, 49—50, Taf. 10 (Fig. 2) 1889 d.
— Preliminary descriptions of new species of the Coleopterous genus *Helota,* Macleay. Notes Leyden Mus., **11**, 99—111, 1889 e.
— On the Longicorn genus *Orion,* Guér. Notes Leyden Mus., **11**, 144, 1889 f.
— The species of the Malacoderm genus *Ichthyurus,* Westw. Notes Leyden Mus., **11**, 159—160, 1889 g.
— On an undescribed species of the Coleopterous genus *Helota,* Macleay. Notes Leyden Mus., **11**, 189—190, 1889 h.
— On *Aegus capitatus* Westw. Notes Leyden Mus., **11**, 229—232, 1889 i.
— The species of Lucanoid Coleoptera hitherto known as inhabiting the island of Sumatra. Notes Leyden Mus., **11**, 233—236, 1889 j; Additions and corrections to the list of Sumatran Lucanidae. **14**, 143—144, 1892.
— A new Javanese species of the Buprestid genus *Aphanisticus,* Latr. Notes Leyden Mus., **11**, 237—238, 1889 k.

— On some Sumatran Coleoptera with description of a new genus and species of Longicorn. Notes Leyden Mus., **11**, 241—246, 1889 l.
— (*Iphias Vossii* Maitl.) Tijdschr. Ent., **32** (1888—89), XVIII—XIX, 1889 m.
— Chronologische Naamlijst der beschreven soorten van de Cerambyciden-genera *Zonopterus, Pachyteria* Serv. en *Aphrodisium* Thoms. Tijdschr. Ent., **32** (1888—89), XXIX—XXXII, 1889 n; Supplementary list of the described species of the Longicorn genera *Zonopterus, Pachyteria* and *Aphrodisium.* Notes Leyden Mus., **12**, 175—176, 1890; Second supplementary . . . **16**, 168, 1895.
— (Het kevergeslacht *Helota* MacL.) Tijdschr. Ent., **32** (1888—89), CXXXVI, 1889 o.
— On the specific distinctness of *Rhomborrhina resplendens* Swartz and *gigantea* Kraatz. Notes Leyden Mus., **12**, 9—11, 1890 a.
— A new African *Myodites*-species. Notes Leyden Mus., **12**, 12, 1890 b.
— On *Lucanus elaphus,* Herbst. Notes Leyden Mus., **12**, 28, 1890 c.
— Contributions towards the knowledge of the Coleopterous fauna of West-Sumatra. Notes Leyden Mus., **12**, 29—40, 1890 d.
— Description of three new species of Malayan Longicornia. Notes Leyden Mus., **12**, 135—139, 1890 e.
— On some species of the genus *Pachyteria* from the old collection of Thomson. Notes Leyden Mus., **12**, 163—173, 1890 f.
— On *Zonopterus flavitarsis,* Hope. Notes Leyden Mus., **12**, 174, 1890 g.
— On *Cyriocrates zonator,* Thoms. Notes Leyden Mus., **12**, 180, 1890 h.
— Three new Malayan Longicorn Coleoptera. Notes Leyden Mus., **12**, 247—252, 1890 j.
— Aanteekening over *Phyllopteryx elongata* Snell. (Tijdschr. v. Entom. Dl. XXXII, p. 13, pl. 1 Fig. 5). Tijdschr. Ent., **33** (1889—90), 260—261, 1 Fig., 1890 j.
— [Over *Aphanisticus Krügeri* Rits.] Tijdschr. Ent., **33** (1889—90), XXII—XXIII, 2 Fig., 1890 k; **34** (1890—91), CXIV, 1891.
[Ref.:] Natur u. Offenbar., **36**, 632, 1890.
— *Leptinus testaceus* Müll. Tijdschr. Ent., **33** (1889—90), CXI, 1890 l.
— siehe Bos, Hemmo & Ritsema, Conrad Cz. 1890.
— A new genus of Calandrinae. Notes Leyden Mus., **13**, 147—150, 1891 a.
— A new species of *Rhynchophorus.* Notes Leyden Mus., **13**, 151—153, 1891 b.
— Two synonymical remarks about Curculionidae. Notes Leyden Mus., **13**, 154, 1891 c.
— Two new species of the genus *Helota* from Borneo. Notes Leyden Mus., **13**, 197—201, 1891 d.
— Synopsis and alphabetical list of the described species of the Coleopterous genus *Helota* McL. Notes Leyden Mus., **13**, 223—232, 1891 e; Supplementary list of the described species of the genus *Helota.* **15**, 160, 1893.
— Two new species of the Lucanoid genus *Cyclommatus,* Parry. Notes Leyden Mus., **13**, 233—238, Taf. 10, 1891 f.
— A new oriental species of the Coleopterous genus *Chelonarium.* Notes Leyden Mus., **13**, 249—250, 1891 g.
— Further contributions to the knowledge of the *Helota*-species of Burma. Notes Leyden Mus., **13**, 251—254, 1891 h.
— Alphabetische Naamlijst der beschreven soorten van het Melolonthiden-genus *Apogonia* Kirby. Tijdschr. Ent., **34** (1890—91), XCIII—XCVII, 1891 i; Supplementary list of the described species of the Melolonthid genus *Apogonia.* Notes Leyden Mus., **18**, 55—57, (1896—97) 1896.
— (Over een Lampyride-larve.) Tijdschr. Ent., **34** (1890—91), CXIV—CXV, 1891 j.
— in Viaggio Leonardo Fea Birmania (1887—1900) 1891.
— Description of a new species of the Lucanoid genus *Cyclommatus,* and list of the described species. Notes Leyden Mus., **14**, 1—6, 1892 a.
— A new Lucanoid beetle from Java. Notes Leyden Mus., **14**, 31—32, 1892 b.
— A new Longicorn beetle. Notes Leyden Mus., **14**, 38, 1892 c.
— *Cyclommatus squamosus,* a new species of Lucanid from Borneo. Notes Leyden Mus., **14**, 45—48, 1892 d; on *Cyclommatus squamosus* Rits. **16**, 110, (1895) 1894.
— On two genera described by James Thomson in his „Systema Cerambycidarum". Notes Leyden Mus., **14**, 54, 1892 e.
— The species of Lucanoid Coleoptera hitherto known as inhabiting the island of Java. Notes Leyden Mus., **14**, 139—142, 1892 f.
— *Prosopocoelus tarsalis,* a new Lucanid. Notes Leyden Mus., **14**, 191—192, 1892 g.
— Three new species of the Longicorn genus *Pachyteria.* Notes Leyden Mus., **14**, 213—220, 1892 h.
— Two new species of the Longicorn genus *Glenea.* Notes Leyden Mus., **14**, 221—224, Taf. 1 (Fig. 5—6), 1892 i.
— in Veth, Pieter Jan [Herausgeber] (1881—92) 1892.
— in Voyage Alluaud Assinie (1889—93) 1892.
— Note on *Helota gemmata,* Gorh., and *Helota fulviventris,* Kolbe. Entomologist, **26**, 183, 1893 a.
— Descriptions of new species of the Longicorn genus *Glenea.* Notes Leyden Mus., **15**, 1—12, Taf. 1 (Fig. 1—4), 1893 b.
— A new species of the Longicorn genus *Pachyteria.* Notes Leyden Mus., **15**, 13—16, 1893 c.
— A new *Helota* from West-Java. Notes Leyden Mus., **15**, 111—112, 1893 d.
— Explanation of Plate 2. Notes Leyden Mus., **15**, 128, Taf. 2, 1893 e.
— Five new species of the genus *Helota* from Sikkim and Darjeeling. Notes Leyden Mus., **15**, 131—140, 1893 f.
— Description of a new species of the Cetonid genus *Thaumastopeus,* Kraatz. Notes Leyden Mus., **15**, 141—143, 1893 g.
— A new species of the Rutelid genus *Spilota.* Notes Leyden Mus., **15**, 171—173, 1893 h.
— Two new species of the genus *Helota* from Burma. Notes Leyden Mus., **16**, 97—106, (1895) 1894 a.
— A new species of the Longicorn genus *Zonopterus.* Notes Leyden Mus., **16**, 107—109, (1895) 1894 b.
— On a collection of Helotidae from Kurseong. Notes Leyden Mus., **16**, 111—118, (1895) 1894 c.
— Two new species of exotic Longicorn Beetles. Notes Leyden Mus., **16**, 157—160, 1895 a.
— Two new species of the Longicorn genus *Pelargoderus.* Notes Leyden Mus., **17**, 33—35, (1895—96) 1895 b.

— A new species of the genus *Helota* from Thibet. Notes Leyden Mus., **17**, 49—50, (1895—96) 1895 c.
— Liste des espèces des genres *Zonopterus* et *Pachyteria* (Coléoptères Longicornes) de la collection du Muséum d'histoire naturelle de Paris. Bull. Mus. Hist. nat. Paris, **2**, 329—332; Supplément à la liste des . . . 376—377, 1896 a.
— The species of Lucanoid Coleoptera hitherto known as inhabiting the island of Borneo. Notes Leyden Mus., **17**, 141—144, (1895—96) 1896 b.
— A new species of the Melolonthid genus *Apogonia.* Notes Leyden Mus., **17**, 207—208, (1895—96) 1896 c.
— On an undescribed Malaisian species of *Apogonia.* Notes Leyden Mus., **18**, 53—54, (1896—97) 1896 d.
— Description of a new *Helota* from Sumatra. Notes Leyden Mus., **18**, 131—133, (1896—97) 1896 e.
— Two new species of the Longicorn genus *Thermonotus,* Gahan. Notes Leyden Mus., **18**, 205—207, (1896—97) 1896 f.
— in Dutch Scientific Expedition Central Borneo (1896—97) 1896.
— Liste des espèces du genre *Helota* (Coléoptères) de la collection du Muséum d'histoire naturelle de Paris. Bull. Mus. Hist. nat. Paris, **3**, 287—288, 1897 a.
— On *Coenochilus maurus,* Fabr. (Coleoptera: Cetoniidae). Notes Leyden Mus., **18**, 223—224, (1896—97) 1897 b.
— On *Macroma insignis* Gestro (Coleoptera: Cetoniidae). Notes Leyden Mus., **19**, 115—116, 1897 c.
— Six new species of the Melolonthid genus *Apogonia.* Notes Leyden Mus., **19**, 117—124, 1897 d.
— A new species of the genus *Aphanisticus* (Coleoptera: Buprestidae). Notes Leyden Mus., **19**, 125—126, 1897 e.
— *Apogonia tuberculiventris,* n. sp. from North Borneo. Notes Leyden Mus., **19**, 131—132, 1897 f.
— Description of a new species of the Longicorn genus *Glenea.* Notes Leyden Mus., **19**, 133—134, 1897 g.
— Two new species of Lucanoid Coleoptera. Notes Leyden Mus., **19**, 185—188, 1897 h.
— On Sumatran Lucanidae. Notes Leyden Mus., **19**, 234, 1897 i.
— Three new species of the Melolonthid genus *Apogonia.* Notes Leyden Mus., **20**, 29—32, (1898—99) 1898 a.
— A new species of the Longicorn genus *Pelargoderus.* Notes Leyden Mus., **20**, 33—34, (1898—99) 1898 b.
— Two new species of the Longicorn genus *Apriona.* Notes Leyden Mus., **20**, 87—88, (1898—99) 1898 c.
— On the pupa of *Allotopus Rosenbergii* (Voll.) (Coleoptera: Lucanidae). Notes Leyden Mus., **20**, 162, Taf. 1 (Fig 3—4), (1898—99) 1898 d.
— Descriptions of two Sumatran species of the Lucanoid genus *Cyclommatus* in the Genoa Civic Museum. Ann. Mus. Stor. nat. Genova, (2) **19** (**39**), 620—624, 1 Fig., (1898) 1899 a.
— A new *Helota*-species from Sumatra. Notes Leyden Mus., **20**, 199—200, (1898—99) 1899 b.
— Three new species of the genus *Helota.* Notes Leyden Mus., **20**, 249—254, (1898—99) 1899 c.
— [Versenden van insecten in spiritus in de tropen.] Tijdschr. Ent., **41** (1898), Versl. 77—79, 1899 d.
— Two new species of the genus *Helota* from British Bhotan. Notes Leyden Mus., **22**, 27—32, (1900—01) 1900.

Ritsema Cz., Conrad & **Piepers**, Murinus Cornelius
(Het trekken van Libelluliden. Mit Angaben von Mr. W. Albarda und heer Fokker.) Tijdschr. Ent., **33** (1889—90), XVIII—XXII, 1890.

Ritsema Cz., Conrad & **Wrbata**, Jos[ef]
○ Bericht über die Borkenkäferverheerungen im Böhmerwalde. Landbouw Courant, **1874**, H. 1, 89—93, 1874.

Ritter, C . . .
siehe Moritz J . . . & Ritter, C . . . 1894.

Ritter, C . . . & **Rübsaamen**, Ewald Heinrich
○ Die Reblaus und ihre Lebensweise. 8°, 31 S., 17 Taf., Berlin, 1900.

Ritter, Richard
Die Entwicklung der Geschlechtsorgane und des Darmes bei *Chironomus.* Ztschr. wiss. Zool., **50**, 408—427, Farbtaf. XVI, 1890.

Ritter, Wilhelm von
○ La sériciculture en Autriche. Monit. Soie, **9**, 23 juillet, 4; 30 juillet, 4, 1870.
○ Come si possa impedire la diffusione di sementi infette. Riv. settim. Bachicolt., **3**, 145—146, 150—151, 165, 1871 a.
○ Proposte riguardanti la possibilitá di impedire la diffusione di sementi infette. Sericolt. Austriaca, 3, 121—124, 135—136; [Dtsch. Fassg.:] Vorschläge zur Hintanhaltung der Verbreitung schlechter Grains. Österr. Seidenbau-Ztg., **3**, 121—123, 135—136, 1871 b.

Ritterhoff, H . . .
Die Schmetterlinge an den Weidenkätzchen. Ent. Ztschr., **6**, 10—11, 1892 a. — [Abdr.?:] Mitt. naturw. Ver. Düsseldorf, H. 2, 42—43, 1892.
— Unsere Bläulinge. Mitt. naturw. Ver. Düsseldorf, H. 2, 44—45, 1892 b.

Rittinger, Eduard
○ Über den Springwurmwickler resp. dessen Vernichtung. Dtsch. Wein-Ztg., **15**, 154, 1878.

Rittmeyer,
Die Lärchenminirmotte *Tinea* (*Coleophora*) *laricella.* Zbl. ges. Forstwes., **15**, 282—283, 1889.

Rittmeyer, R . . .
Ueber die Nonne (*Liparis monacha*). Naturw. Wschr., **8**, 83—85, 2 Fig.; 105—107, 1 Fig., 1893.

Ritzema Bos, Jan
geb. 27. 7. 1850 in Groningen, gest. 6. 4. 1928 in Wageningen, Prof. f. Phytopathol. an d. Univ. in Amsterdam & Direktor d. Inst. f. Phytopathol. d. Univ. Amsterdam in Wageningen. — Biogr.: (L. O. Howard) Journ. econ. Ent., **21**, 636—637, 1928; (N. van P. Poerteren) Anz. Schädlingsk., **4**, 115, 1928; Tijdschr. Plantenziekten, 34, 123—124, 1928 m. Porträt; (T. A. C. Schoevers) Maandbl. Nederl. Genootsch. Landbouw. Weetenschap., **40**, 201—204, 1928; (R. F.) Tribune Hortic. Brussels, **13**, 256, 1928; (H. J. Lovink u. a.) Tijdschr. Plantenziekten, **35**, 1—2, 1929.
— Bijdrage tot de kennis van de Entomologische Fauna der Noordzee-Eilanden. Tijdschr. Ent., **16** ((2) **8**), 248—256, (1873) 1872—73.
— siehe Hondius, G . . .; Pitsch, O . . . & Ritzema Bos, Jan 1875.
— Een paar monstrositeiten bij insecten. Tijdschr. Ent., **22** (1878—79), 206—209, Taf. 11 (Fig. 1—5), 1879 a.

— De muziekorganen van *Ephippigera Vitium* Serv. Tijdschr. Ent., **22** (1878—79), 210—216, Taf. 11 (Fig. 6—10), 1879 b.
— Landbouwdierkunde. Nuttige en schadelijke dieren van Nederland. 2 Bde.[1]) 4°, Groningen, J. B. Wolters, 1879—82.
2. 15 + 575 + 2 (unn.) S., 312 Fig., 1882.
— De mosterdtor of het Sophiahaantje (*Colaspidema* (*Colaphus*) *Sophiae* F.). Tijdschr. Ent., **23** (1879—80), 139—151, Taf. 9; Rectificatie. 251, 1880.
— *Lasioderma laeve* Illiger, in zijne verschillende ontwikkelingstoestanden. Tijdschr. Ent., **24** (1880—81), 115—124, Taf. 13 (z. T. farb.), 1881 a.
— Über *Phyllotoma.* Tijdschr. Ent., **24** (1880—81), XVI—XVII, 1881 b.
— *Phyllotoma Aceris* Kalt. in hare gedaantewisseling en levenswijze beschreven. Tijdschr. Ent., **25** (1881—82), 7—16, Taf. 3 (z. T. farb.), 1882.
— (Het zoogenaamde „Rot" der Narcissen door *Merodon's* veroorzaakt.) Tijdschr. Ent., **26** (1882—83), XXVI—XXVII, 1883 a.
— (Excursie in de liefelijke omstreken van Wageningen.) Tijdschr. Ent., **26** (1882—83), XXVIII—XXXII, 1883 b.
— Mededeelingen omtrent de Narcisvlieg (*Merodon equestris*). Herausgeb. Algemeene Ver. Bloembollencultuur Haarlem. 8°, 1—23 + 1 (unn.) S., 15 Fig., Haarlem, Druck W. H. Woest, 1884.
— La mouche du Narcisse (*Merodon equestris* F.), ses métamorphoses, ses moeurs, les dégats causés par ses larves et les moyens proposés pour la détruire. Arch. Mus. Teyler, (2) **2**, 45—96, Taf. I—II (z. T. farb.), (1886) 1885 a.
— Beiträge zur Kenntniss landwirthschaftlich schädlicher Thiere. Untersuchungen und Beobachtungen. Landw. Versuchs-Stat., **31**, 85—95, 1885 b.
— Futteränderung bei Insekten. Biol. Zbl., **7** (1887—88), 321—331, (1888) 1887 a.
[Siehe:] Karsch, Ferdinand: 521—523.
— Die Schaffliege (*Lucilia sericata* Meigen). Biol. Zbl., **7** (1887—88), 632—633, (1888) 1887 b.
[Siehe:] Karsch, Ferdinand: 521—523.
— Tierische Schädlinge und Nützlinge für Ackerbau, Viehzucht, Wald- und Gartenbau; Lebensformen, Vorkommen, Einfluss und die Massregeln zu Vertilgung und Schutz. 8°, XVI + 876 S., 477 Fig., Berlin, Paul Parey, 1891.
[Ref.] Rimpau, Wilhelm: Dtsch. landw. Pr., **17**, 787, 10 Fig., 1890; A Compendium of Economic Zoology. Period. Bull. Dep. Agric. Ent. (Ins. Life), **4** (1891—92), 149—150, (1892) 1891.
— Animaux, Cryptogames et autres végétaux nuisibles. Tijdschr. Ent., **35** (1891—92), XLVIII—LXVII, 1892 a.
— Die minierende Ahornafterraupe (*Phyllotoma Aceris* Kaltenbach), und die von ihr verursachte Beschädigung. Ztschr. Pflanzenkrankh., **2**, 9—16, Taf. I, 1892 b.
— Die Pharao-Ameise (*Monomorium Pharaonis*). Biol. Zbl., **13**, 244—255, 1893 a.
— Futteränderung bei einem Laufkäfer. Biol. Zbl., **13**, 255—256, 1893 b.
— Tentoongestelde verzameling van schadelijke dieren en van planten, ziek door de werking van parasieten en door andere oorzaken. Handeling. Nederl. Natuurk. Congr., **4**, stuk 2, 222—235, 1893 c.
— *Phytomyza affinis* Fall., as a Cause of Decay in *Clematis.* Period. Bull. Dep. Agric. Ent. (Ins. Life), **6** (1893—94), 92—93, (1894) 1893 d.
— Wovon lebt die Werre (*Gryllotalpa vulgaris*)? Ztschr. Pflanzenkrankh., **3**, 26—28, 1893 e.
— (Eenige insecten, die door de schade deden spreken.) Tijdschr. Ent., **37** (1893—94), XXVII, 1894 a.
— (Loopkevers schadelijk door het opeten van de rijpe aardbeien.) Tijdschr. Ent., **37** (1893—94), XXVII—XXVIII, 1894 b.
— (Reuzenbladwesp *Cimbex lucorum* Kl.) Tijdschr. Ent., **37** (1893—94), XXVIII, 1894 c.
— (Een paar insecten-ziekten.) Tijdschr. Ent., **37** (1893—94), XXVIII—XXIX, 1894 d.
— Kurze Mitteilungen über Pflanzenkrankheiten und Beschädigungen in den Niederlanden in den Jahren 1892 und 1893. Ztschr. Pflanzenkrankh., **4**, 94—100, 144—150, 218—229, 1894 e; ... Niederlanden im Jahre 1894. **5**, 286—290, 342—349, 1895.
— siehe Brandt, A... van den; Rossum, van & Ritzema Bos, Jan 1894.
— Mittel zur Bekämpfung der *Lophyrus*-Arten. Forstl.-naturw. Ztschr., **4**, 175—176, 1895 a.
— Het phytopathologisch onderzoek in Nederland, en het phytopathologisch laboratorium Willie Commelin Scholten te Amsterdam. Tijdschr. Plantenziekten, **1**, 1—12, 1895 b.
— Bestrijding van de Dennenbastaardrupsen. Tijdschr. Plantenziekten, **1**, 13—18, 1895 c.
— De beukengalmug (*Cecidomyia Fagi* Hartig). Tijdschr. Plantenziekten, **1**, 112—117, 3 Fig., 1895 d.
— De ziektenleer der planten en hare beteekenis voor de praktijk en voor de beoefening der biologische wetenschappen. Rede, uitgesroken bij de aanvaarding van het ambt van Buitengewoon Hoogleeraar aan de Universiteit van Amsterdam op 29 November 1795. Tijdschr. Plantenziekten, **1**, 121—152, 1895 e.
— De veenmol (*Gryllotalpa vulgaris*). Tijdschr. Plantenziekten, **2**, 4—5, 1 Fig., 1896 a.
— De Amerikaansche Kakkerlak, schadelijk in plantenkassen; en een middel ter bestrijding. Tijdschr. Plantenziekten, **2**, 22—27, 5 Fig., 1896 b.
— De „Pal injecteur Gonin", en de inspuiting van benzine in den bodem als middel tegen schadelijke insekten. Tijdschr. Plantenziekten, **2**, 28—43, 6 Fig., 1896 c; Nog eens de „Pal injecteur". **3**, 157—160, 1897.
— De „worm" in de wormstekige appelen en peren, en de middelen om hem te bestrijden. Tijdschr. Plantenziekten, **2**, 52—74, 16 Fig., 1896 d.
— De glasvleugelige vlinders (*Sesia*). Tijdschr. Plantenziekten, **3**, 49—59, 2 Fig., 1897 a.
— De Appelbloesemkever (*Anthonomus pomorum* L.). Tijdschr. Plantenziekten, **3**, 65—68, 1 Fig., 1897 b.
— De wilgenspinner (*Liparis Salicis* L.). Tijdschr. Plantenziekten, **3**, 165—167, 1897 c.
— siehe Lovink, H... J... & Ritzema Bos, Jan 1897.
○ Ziekten en Beschadigingen der Kultuurgewassen. 2 Bde.[1]) 8°, Groningen, J. B. Wolters, 1898 a.
2. Ziekten en Beschadigingen, veroorzaakt door Dieren. XII + 148 S., 71 Fig.

[1]) Bd. 1 nicht entomol.

[1]) Bd. 1 nicht entomol.

— Het laboratorium voor plantenziekten en beschadigingen te Hamburg. Tijdschr. Plantenziekten, **4**, 129—135, 1898 b.
— Het tijdig ploegen der stoppels, en de invloed daarvan op zekere ziekten van onze halmgewassen. Tijdschr. Plantenziekten, **4**, 135—146, 1898 c.
— Die Vertilgung im Boden befindlicher Schädlinge durch Einspritzung von Benzin oder Schwefelkohlenstoff. Ztschr. Pflanzenkrankh., **8**, 42—46, 2 Fig.; 113—121, 1898 d.
— Kártékony bogarak. Rovart. Lapok, **6**, 214; [Dtsch. Zus.fassg.:] (Käfer-Schädlinge (*Silpha*).) (Auszug) 20, 1899 a.
— Aanteekeningen betreffende de leefwijze en de schadelijkheid der *Cetonia's*. Tijdschr. Plantenziekten, **5**, 12—23, 1899 b.
— De San José-Schildluis. — Wat wij van haar te duchten hebben, en welke maatregelen met 't oog daarop dienen te worden genomen. Tijdschr. Plantenziekten, **5**, 33—127, 145—167, 31 Fig., 1 Karte, 1899 c.
— Verdelging van slakken en andere schadelijke dieren door eenden en kippen. Tijdschr. Plantenziekten, **5**, 169—170, 1899 d.
— De San José schildluis, en het verbod van invoer in Europeesche landen, van gewassen en vruchten van Amerikaanschen oorsprong. Tijdschr. Plantenziekten, **6**, 152—159, 1900.

Ritzema Bos, Jan & **Mayer**, Ad . . .
○ Erwtenkever, *Bruchus pisi*. Landbouw Courant, **1878**, Nr. 82, 1878.

Riva,
siehe Canali, & Riva, 1891.

Riva, E . . .
○ Associazione dell'industria e del commercio delle sete in Italia. Assembla generale del 10 gennaio 1880. Bacologo Ital., **2**, 316—317, 322—324, 1879—80.

Rivas Mateos, Marcelo
(Una excursión á la sierra de Béjar (provincias de Cáceres, Salamanca y Ávila).) An. Soc. Hist. nat. Españ., (2) **6** (**26**), Actas 204—210, 1897.

Rivaz, V . . . C . . . de
Nemosoma elongata. Entomol. monthly Mag., **1**, 76, (1864—65) 1864 a.
— *Odontoeus mobilicornis*. Entomol. monthly Mag., **1**, 139, (1864—65) 1864 b.
— Assemblage of Beetles. Entomol. monthly Mag., **4**, 17—18, (1867—68) 1867.

Riveau, Ch . . .
Voracité des Carabides. Feuille jeun. Natural., **12**, 61, (1881—82) 1882 a.
— Migration des Libellules. Feuille jeun. Natural., **12**, 123, (1881—82) 1882 b.

Rivers, James John
geb. 6. 1. 1824 in Winchester (England), gest. 16. 12. 1913 in Santa Monica (Cal.), Curator of organ. nat. Hist. d. Univ. von Calif. — Biogr.: (F. Grinnell) Bull. Brooklyn ent. Soc., **9**, 72—73, 1914; (F. Grinnell Jr.) Ent. News, **25**, 143—144, 1914; (E. O. Essig) Hist. Ent., 746—747, 1931 m. Porträt.
— Another Herbivorous Ground-beetle. Amer. Natural., **15**, 1011, 1881.
— *Aegeria hemizoniae*. Hy. Edw. Papilio, **3**, 26, 1883 a.
— *Melitaea chalcedon*. Bdv. Papilio, **3**, 26, 1883 b.
— Rare Sphingidae. Papilio, **3**, 65, 1883 c.
— Description of the Form of the Female in a Lampyrid (*Zarhipis riversi* Horn). Amer. Natural., **20**, 648—650, 1886 a.
— A New Species of Californian Coleoptera. Bull. Calif. Acad. Sci., **2** (1886—87), 61—63, 4 Fig., (1887) 1886 b.
— Contributions to the Larval History of Pacific Coast Coleoptera. Bull. Calif. Acad. Sci., **2** (1886—87), 64—72, (1887) 1886 c.
○ The Oaks of Berkeley and some of their Insect Inhabitants. 12 S., Sacramento, 1887 a.
— Phengodini. Amer. Natural., **21**, 1118, 1887 b. [Siehe:] Atkinson, G. F.: 853—856.
— Note upon *Aegeria impropria*, H. E., and a description of the ♀. Ent. Amer., **4**, 99, 1888 a.
— A new Genus and Species of N. A. Scarabaeidae. Proc. Calif. Acad. Sci., (2) **1** (1888), 100—102, 6 Fig., (1889) 1888 b.
— A new Species of Californian Lepidoptera. Proc. Calif. Acad. Sci., (2) **1** (1888), 103—105, (1889) 1888 c.
— Notes upon the Habit of *Pleocoma*. Ent. Amer., **5**, 17, 1889 a.
— A New *Pleocoma*. Ent. Amer., **5**, 17—18, 1889 b.
— (Note on the season of *Pleocoma behrensii* Lec.) Ent. Amer., **6**, 70, 1890 a.
— Description of a new *Cychrus*. Ent. Amer., **6**, 71, 1890 b.
— Three new species of Coleoptera. Ent. Amer., **6**, 111—112, 1890 c.
— The Argynnides of North America. Psyche Cambr. Mass., **5**, 328—329, (1891) 1890 d. [Siehe:] Elwes, Henry John: 308—317.
— Habits in the life history of *Pleocoma behrensii*. Zoe, **1**, 24—26, 1890 e.
— Descriptions of the Larva of *Dascyllus Davidsonii* Lec., and a Record of its Life History. Proc. Calif. Acad. Sci., (2) **3** (1890—92), 93—96, Taf. II, (1893) 1891 a.
— New Species of Scarabaeidae. Proc. Calif. Acad. Sci., (2) **3** (1890—92), 97—98, (1893) 1891 b.
— A new *Gastropacha*. Canad. Entomol., **25**, 144, 1893 a.
— The species of *Amblychila*. Zoe, **4**, 218—223, Taf. XXVIII—XXIX, (1893—94) 1893 b.
— *Chariessa lemberti*. Zoe, **4**, 396, (1893—94) 1894.
— Some facts in the life-history of *Hypopta bertholdi* Grote. Psyche Cambr. Mass., **8** (1897—99), 10, (1899) 1897.
— A New *Metrius* from California. Ent. News, **11**, 389, 1900.

Rivière, A . . .
○ De la teigne de la pomme de terre (*Bryotropha solanella* Boisd.). 8°, 12 S., Paris, impr. Donnaud, 1876.

Rivière, Charles
Les progrès de l'Apiculture en Algérie. [Traveaux du Dr. Reisser.] Bull. Soc. Acclim. Paris, **45**, 116—119, 1898.

Rivière, Gustave
Le Phylloxera. Bull. Soc. Linn. Bruxelles, **24**, Nr. 7—8, 11—15; Nr. 9, 2—6, 1899.

Rivoli,
○ [Über die Notwendigkeit und die Mittel zur Ver-

tilgung des Maikäfers und des Engerlings.] O potrzebie i sposobach tapienia chrabąszeza i jego pędraka. Ziemianin, **1869**, 389—390, 397—398, 1869.

Rivolta, Sebastiano
○ Sull' estro nasale delle pecore (*Caephalemia ovis*). Giorn. Anat. Fisiol., **1874**, 291—299, ? Fig., 1874.
○ Intorno ad una forma di „micosi" del baco da seta. Bacologo Ital., **3**, 65—66, 1880—81.

Rix, Herbert
siehe Swan, William; Rix, Herbert & Shaw, J... 1882.

Rizzardi, Umberto
Contributo alla Fauna tripolitana. Bull. Soc. ent. Ital., **28**, 13—22, 1896.

Rizzi, Domenico
○ Istruzione pratica popolare sull'apicultura. 8°, 20 S., Treviso, tip. G. Longo, 1864.

Robbe, Henri
(Lépidoptères rapportés de Bornéo et de Sumatra par M. Platteeuw.) Ann. Soc. ent. Belg., **34**, C. R. XXXII, 1890.
— *Papilio Machaon* (Lin.) var. *Marginalis* (Robbe). Ann. Soc. ent. Belg., **34**, C. R. CCCXCV—CCCXCVI, 1891.
— Lépidoptères du Congo. Description de deux nouvelles espèces et de deux nouvelles variétés. Ann. Soc. ent. Belg., **36**, 132—134, 1892 a.
— (Captures de Lépidoptères indigènes.) Ann. Soc. ent. Belg., **36**, 256, 480, 513, 1892 b.
— (Note sur une femelle aptère de *Biston hirtarius.*) Ann. Soc. ent. Belg., **36**, 514—515, 1892 c.
— in Insectes Bengale Occidental (1890—96) 1892.

Robbins, Raudolph William
geb. 1871, gest. 1941. — Biogr.: (J. A. S. u. a.) London Natural., **1941**, 2—11, 1942.
— (*Polyommatus virgauraea* near Beachy Head.) Entomol. Rec., **2**, 293, 1891.

Robecchi,
○ Mercato del seme bachi da seta a Yokohama nel 1869. Riv. settim. Bachicolt., **2**, 109—111, 114—115, 118—119, 122—123, 126—127, 1870.
○ Notizie ufficiali intorno ai cartoni seme bachi al Giappone. Giorn. Indust. serica, **5**, 91—92, 1871 a.
○ Sul mercato del seme di bachi a seta al Giappone. Giorn. Indust. serica, **5**, 266—269, 274—277, 1871 b.
○ Mercato semenzario al Giappone. Riv. settim. Bachicolt., **3**, 118, 122, 125—127, 130—131, 1871 c.

Robert,
(Capture de *Myrmedonia humeralis* et *M. similis.*) Bull. Soc. zool. France, **24**, 221, 1899.

Robert, Eugène
L'emploi de l'alcool camphré pour détruire les insectes. Cosmos Paris, (2) **2**, 226—227, 1865.
— Sur l'intervention d'une espèce d'*Aphis* dans la maladie qui affecte les vignobles du midi de la France. C. R. Acad. Sci. Paris, **67**, 767—768, 1868.
— siehe Guérin-Méneville, Félix Édouard & Robert, Eugène 1868.
○ État actuel de la sériciculture. Journ. Agric. prat. Paris, **33**, Bd. 2, 145—150, 1869.
— (Lettre concernant l'emploi du cuivre contre le *Phylloxera vastatrix.*) C. R. Acad. Sci. Paris, **74**, 1602—1603, 1872.
— Du *Cossus.* Bull. Insectol. agric., **1**, 23—27, 1 Fig., 1875.
— siehe La Blanchère, Pierre de & Robert, Eugène 1876.
○ Entomologie et botanique. Les Mondes, **47**, 430—432, 1879.
— Altises, Fourmis et Pucerons. Bull. Insectol. agric., **6**, 105—107, 1881.
— [Danse des petits diptères dans les bois.] Bull. Insectol. agric., **7**, 15—16, 1882.

Robert, W...
Death's-head Moth (*Acherontia atropos*). Sci. Gossip, **1865**, 208, 1866.

Roberts, Christopher H...
gest. 29. 9. 1916.
— (Collecting Elmidae.) Bull. Brooklyn ent. Soc., **7**, 68, (1884—85) 1884 a.
— (Collecting Coleoptera at Manchester, Vt.) Bull. Brooklyn ent. Soc., **7**, 77—79, (1884—85) 1884 b.
— On some species of *Anthaxia.* Ent. Amer., **2**, 16—17, (1886—87) 1886.
— Notes on Water Beetles. Ent. Amer., **5**, 82—83, 1889 a.
— Collecting *Lachnosterna.* Ent. Amer., **5**, 100, 1889 b.
— The species of *Dineutes* of America North of Mexico. Trans. Amer. ent. Soc., **22**, 279—288, Taf. V—VI, 1895.

Roberts, George
Note on the Turnip Grub. Zoologist, **23**, 9553—9554, 1865.
— Wasps. Sci. Gossip, **(4)** (1868), 21, 1869.
— Entomology Two Hundred Years Ago. Zoologist, (2) **6** (**29**), 2787—2793, 1871.
— Larva feeding on the Roots of *Oenanthe crocata.* [Mit Angaben von Edward Newman.] Entomologist, **6**, 432, (1872—73) 1873.

Roberts, I... P...
Act of 1887 establishing agricultural experiment stations. Rep. Cornell agric. Exp. Stat., **9** (1896), 13—19, 1897.
— An effort to help the farmer. Bull. Cornell agric. Exp. Stat., Nr. 159, 241—268, 1899.

Roberts, I... P... & **Clinton**, L... A...
Second Report on Potato Culture. Bull. Cornell agric. Exp. Stat., Nr. 140, 385—406, 4 Fig., 1897.

Roberts, Richard
Cannibal dragon flies. Journ. Bombay nat. Hist. Soc., **9**, 225—226, 1894.

Roberts, T... Vaughan
Note on *Calathus micropterus* and *Miscodera arctica.* Entomol. monthly Mag., **4**, 82—83, (1867—68) 1867.

Robertshaw, Arthur
Macroglossa stellatarum at Luddenden Foot. Entomologist, **32**, 283, 1899.
— *Vanessa io* in Yorkshire. Entomologist, **33**, 304, 1900 a.
— *Saturnia pavonia* cocoons. Trans. City London ent. nat. Hist. Soc., **9** (1898—99), 17, 1900 b.

(**Robertson**,)
Japanese vegetable and bees' wax. Pharm. Journ. London, (3) **5** (1874—75), 584—585, 1875.

Robertson, C . . . Hope
○ Notes on Butterflies. Pop. Sci. Rev., **10**, 52—57, 1871.
○ [Dtsch. Übers., z. T.?:] Über den Bau einiger Gliedmassen der Tagfalter. Ausland, **44**, 319—322, ? Fig., 1871.

Robertson, Charles W . . .
geb. 12. 6. 1858 in Carlinville (Ill.), gest. 17. 6. 1935 in Carlinville (Ill.). — Biogr.: (H. B. Parks) Bull. Brooklyn ent. Soc., **30**, 163—164, 1935; (H. B. Parks) Bios, **7**, 85—96, 1936 m. Schriftenverz.; Ent. News, **47**, 228, 1936; (H. Osborn) Fragm. ent. Hist., 184, 1937; (J. Ch. Bradley) Trans. Amer. ent. Soc., **85**, 291, 1960.
— Flowers and Insects. I. Bot. Gazette, **14**, 120—126; . . . II. 172—178; . . . III. 297—304, 1889 a; . . . IV. **15**, 79—84; . . . V. 199—204, 1890; . . . VI. **16**, 65—71, 1891; . . . VII. **17**, 65—71; . . . VIII. 173—179; . . . IX. 269—276; Flowers and Insects — Umbelliferae. Trans. Acad. Sci. St. Louis, **5** (1886—91), 449—460; . . . Insects, Asclepiadaceae to Scrophulariceae. 569—598, 1892; Flowers and Insects. X. Bot. Gazette, **18**, 47—54; . . . XI. 267—274, 1893; . . . XII. **19**, 103—112, 1894; Flowers and Insects —
— Rosaceae and Compositae. **6**, 101—131, 435—480, (1895) 1894; Flowers and Insects. XIII. Bot. Gazette, **20**, 104—110; . . . XIV. 139—149, 1895; . . . XV. **21**, 72—81; . . . XVI. 266—274; . . . XVII. **22**, 154—165, 1896; . . . Insects. Contributions to an account of the ecological relations of the entomophilous flora and the anthophilous insect fauna of the neighborhood of Carlinville, Illinois. Trans. Acad. Sci. St. Louis, **7**, 151—179, (1894—97) 1896; Flowers and Insects. XVIII. Bot. Gazette, **25**, 229—245, 1898; . . . XIX. **28**, 27—45, 1899.
— Synopsis of North American species of the genus *Oxybelus.* Trans. Amer. ent. Soc., **16**, 77—85, 1889 b.
— Notes on *Bombus.* Ent. News, **1**, 39—41, 1890 a.
— New North American bees of the genera *Halictus* and *Prosopis.* Trans. Amer. ent. Soc., **17**, 315—318, 1890 b.
— Descriptions of new species of North American Bees. Trans. Amer. ent. Soc., **18**, 49—66, 1891.
— Descriptions of New North American Bees. Amer. Natural., **26**, 267—274, 1892 a.
— (Note on *Tachytes.*) Ent. News, **3**, 263, 1892 b.
— Notes on Bees, with Descriptions of New Species. Trans. Amer. ent. Soc., **20**, 145—149, 273—276, 1893; . . . Species. — Third Paper. **22**, 115—128, 1895.
— The Philosophy of Flower Seasons, and the Phaenological Relations of the Entomophilous Flora and the Anthophilous Insect Fauna. Amer. Natural., **29**, 97—117, Taf. VIII—X, 1895.
— Notes on bees of the genus *Prosopis,* with descriptions of new species. Canad. Entomol., **28**, 136—138, 1896.
— Seed-Crests and Myrmecophilous Dissemination in certain Plants. Bot. Gazette, **23**, 228—289, 1897 a.
— On the Mexican bees of the genus *Augochlora.* Canad. Entomol., **29**, 63—64, 1897 b.
— Further notes on sections of *Augochlora.* Canad. Entomol., **29**, 176, 1897 c.
— North American Bees. Descriptions and Synonyms. Trans. Acad. Sci. St. Louis, **7**, 315—356, (1894—97) 1897 d.
— Cockerell on *Panurgus* and *Calliopsis.* Canad. Entomol., **30**, 101, 1898 a.
— New or little known North American bees. Trans. Acad. Sci. St. Louis, **8**, 43—54, 1898 b.
— On the classification of bees. Canad. Entomol., **31**, 338—343, 1899.
— *Nomada Sayi* and two related new species. Canad. Entomol., **32**, 293—295, 1900 a.
— Homologies of the Wing Veins of Hymenoptera. Science, (N. S.) **11**, 112—113, 1900 b.
— Some Illinois Bees. Trans. Acad. Sci. St. Louis, **10**, 47—55, 1900 c.

Robertson, Dav
○ *Sirex gigas* and other Insect Pests of Conifers. Garden Chron., (3) **19**, 486—487, 1896.

Robertson, Duncan
Petasia nubeculosa. Entomologist, **10**, 162, 1877.

Robertson, Edward H . . .
My Garden Pets. Sci. Gossip, **21**, 81—83, 110—111, 135—137, 274—275, 1885.
— The Development of the Colours of Flowers through Insect Selection. Sci. Gossip, **25**, 108—112, 1889. [Siehe:] Tansley, A. G.: 160.

Robertson, G . . . S . . .
Early Occurrence of *Hybernia defoliaria.* Entomologist, **27**, 295, 1894.

Robertson, James
The Stridulation of *Corixa.* Irish Natural., **4**, 319, 1895.

Robertson, John
The Male Gall-Fly (*Cynips quercus-folii*). Sci. Gossip, **1865**, 137, 1866.

Robertson, R . . . Bowen
geb. 1860, gest. 1919, Major. — Biogr.: (W. Lucas) Entomologist, **53**, 96, 1920.
— *Pieris rapae* in January. Entomologist, **20**, 40, 1887 a.
— *Abraxas grossulariata,* Var. Entomologist, **20**, 278, 1887 b.
— (Abundance of *Hybernia leucophaearia* and other Spring Moths.) Entomol. Rec., **1**, 22—23, (1890—91) 1890 a.
— (Notes on *Dasycampa rubiginea.*) Entomol. Rec., **1**, 107—108, (1890—91) 1890 b.
— (Black variety of *Tephrosia biundularia.*) Entomol. Rec., **2**, 157, 1891 a.
— (Light at Swansea.) Entomol. Rec., **2**, 212—213, 1891 b.
— (*Sphinx convolvuli* in Wales.) Entomol. Rec., **2**, 295, 1891 c.
— (Dark Varieties of *Diurnaea fagella.*) Entomol. Rec., **3**, 127, 1892 a.
— (*Plusia orichalcea.*) Entomol. Rec., **3**, 212—213, 1892 b.
— (*Sphinx convolvuli.*) Entomol. Rec., **3**, 301, 1892 c.
— Lepidoptera at Light. Entomologist, **26**, 61, 1893 a.
— Lepidoptera taken and bred in neighbourhood of Swansea, 1892. Entomologist, **26**, 130—133, 1893 b.
— (Lepidoptera taken and bred in Swansea District in 1892.) Entomol. Rec., **4**, 44—49, 1893 c; . . . district in 1893.) **6**, 40—41, 1895.
— (Dark Variety of *Phigalia pilosaria.*) Entomol. Rec., **4**, 112, 1893 d.

— Lepidoptera at Light in Swansea District. Entomologist, **27**, 324—325, 1894.
— (Lepidoptera in the Cheltenham district.) Entomol. Rec., **6**, 239—240, 1895 a.
— (Partial double-broodedness of *Pericallia syringaria.*) Entomol. Rec., **7**, 149, (1895—96) 1895 b.
— (Autumnal captures.) Entomol. Rec., **7**, 205, (1895—96) 1896 a.
— (Painting cabinet drawers.) [Mit Angaben T. W. Hall, E. F. Studd, J. W. Tutt.] Entomol. Rec., **8**, 18—19, 1896 b.
— (A day at Swansea.) Entomol. Rec., **8**, 143, 1896 c.
— (*Tephrosia bistortata* (*crepuscularia*) and *T. crepuscularia* (*biundularia*).) Entomol. Rec., **8**, 168, 1896 d.
— (*Deilephila celerio* at Cheltenham.) Entomol. Rec., **8**, 245, 1896 e.
— (*Tethea retusa* in Wales.) Entomol. Rec., **8**, 310, 1896 f.
— (*Cirrhoedia xerampelina* in Gloucestershire.) Entomol. Rec., **8**, 310, 1896 g.
— (Captures during July and August near Cheltenham.) Entomol. Rec., **8**, 310, 1896 h.
— (Aberration of *Eupithecia abbreviata.*) Entomol. Rec., **9**, 181, 1897 a.
— (*Dasypolia templi* at Swansea.) Entomol. Rec., **9**, 181, 1897 b.
— (Hybernating larvae.) [Mit Angaben von T. Maddison.] Entomol. Rec., **9**, 326, 1897 c.
— On the occurrence of *Tephrosia bistortata* and *T. crepuscularia* in Wales. [Mit Angaben von H. W. Vivian, Allan Nisbitt, Robert Stafford.] Entomol. Rec., **10**, 32—34, 1898 a.
— (Lepidoptera in Wales: Milford Haven and Swansea.) Entomol. Rec., **10**, 232, 1898 b.
— (Lepidoptera at Cheltenham.) Entomol. Rec., **11**, 25, 1899 a.
— (Pupa-digging in November.) Entomol. Rec., **11**, 51, 1899 b.
— (Note on *Poecilocampa populi.*) Entomol. Rec., **11**, 111, 1899 c.
— (The New Forest in spring.) Entomol. Rec., **11**, 224, 1899 d.
— (Lepidoptera of Bournemouth, 1899.) Entomol. Rec., **11**, 301—303, 1899 e.
— (Emergence of *Stauropus fagi* in November.) Entomol. Rec., **12**, 131, 1900 a.
— (Lepidoptera at Boscombe and in the New-Forest.) Entomol. Rec., **12**, 300, 1900 b.

Roberz, M . . . J . . .
Wirkliche und eingebildete Hindernisse eines erfolgreichen Seidenbaues. Ver.bl. Westfäl.-Rhein. Ver. Bienen- u. Seidenzucht, **20**, 167—174, 1869.
○ Anregungen zum Seidenbau. Ver.bl. Westfäl.-Rhein. Ver. Bienen- u. Seidenzucht, **25**, 100—103, 133—135, 1874; **26**, 70—72, 86—87, 163—167, 1875.

Robin, Charles Phillippe
geb. 4. 6. 1821 in Jasseron (Ain), gest. 6. 10. 1885 b. Jasseron, Arzt u. Prof. d. Histol. in Paris. — Biogr.: (A. Laboulbène) Ann. Soc. ent. France (6) **5**, 467—472, (1885) 1886; Psyche Cambr. Mass., **5**, 36, 1888.
— siehe Laboulbène, Alexandre & Robin, Charles 1874.
— siehe Laboulbène, Alexandre & Robin, Charles 1879.

Robin, Charles & **Dumas**, . . .
Sur le parasitisme et la contagion. C. R. Acad. Sci. Paris, **79**, 16—20, 1874.

Robin, Charles & **Laboulbène**, Alexandre
Sur les organes phosphorescents thoraciques et abdominal du Cocuyo de Cuba (*Pyrophorus noctilucus, Elater noctilucus*, L.). C. R. Acad. Sci. Paris, **77**, 511—517, 1873. — [Abdr.:] Journ. Anat. Physiol. Paris, **9**, 593—600, 1873. — [Abdr.:] Journ. Zool. Paris, **2**, 380—387, 1873.
○ The Phosphorescent Organs of *Elater noctilucus.* Pop. Sci. Rev., **13**, 107, 1874.
— Sur les dégâts causés au Maïs et au Chanvre par les Chenilles du *Botys nubilalis* Hübner. Ann. Soc. ent. France, (6) **4**, 5—16, Farbtaf. 1 (Fig. 1—4), 1884.

Robin, J . . . E . . .
○ Le Phylloxera et les vignes américaines. Guide pratique du vigneron. 8°, Lapeyrouse-Mornay (Drôme), Selbstverl., 1875.
○ Sur les moyens de combattre le Phylloxera. Cultiv. Rég. Lyon, **4**, Nr. 8, 229 ,1876.

Robineau-Desvoidy, André Jean Baptiste Dr. med.
geb. 1. 1. 1799 in Saint Sauveur, gest. 26. 6. 1857 in Paris, Arzt in Saint Sauveur (Yonne). — Biogr.: (C. R. Osten-Sacken) Berl. ent. Ztschr., **38**, 380—386, (1893) 1894; (M. Royer) Bull. Ass. Natural. Vallée Loing, **14**, 44—48, 1931 m. Porträt.
○ Observations sur les balanciers des Diptères. Bull. scient. Dép. Nord, (2) **1**, 217—219, 1878.

Robinet, Stephan
geb. 6. 12. 1796 in Paris, gest. 1869, Apotheker. — Biogr.: (W. Horn & S. Schenkling) Ind. Litt. ent., 1002, 1928.
○ Sériciculture.[1]) Journ. Agric. prat. Paris, **31**, Bd. 1, 194—198, 1867.

Robinot-Bertrand, C . . .
La Brûleuse de Papillons (Sonnet). Ann. Soc. acad. Nantes, (5) **8**, 196, 1878.

Robins, C . . . E . . .
○ The Fossil Insects of Colorado. Kansas City Rev. Sci. Indust., **2**, Nr. 5, 276, 1882.
[Ref.:] Geol. Rec., **1878**, 340, 1882.

Robinsohn, Isak
Ueber die Drehung von Staubgefässen in den zygomorphen Blüten einiger Pflanzengruppen und deren biologische Bedeutung. Österr. bot. Ztschr., 46, 393—401, Taf. VII, 1896.

Robinson, Arthur
geb. 1866?, gest. 9. 4. 1948 in Scone (Perthsh.). — Biogr.: (H. M. Edelsten) Entomologist, **81**, 288, 1948; (C. B. Williams) Proc. R. ent. Soc. London, (C) 13, 68, 1948.
— *Plusia interrogationis* at light. Entomologist, **18**, 299, 1885.
— (Varieties of *Agrotis.*) [Mit Angaben von Tugwell.] Proc. S. London ent. Soc., **1888—89**, 130—131, [1890].
— (*Clostera curtula* vars.) Entomol. Rec., **2**, 36, 1891 a.
— (Meteorological Influences and Sugaring.) Entomol. Rec., **2**, 88—89, 1891 b.
— (*Sesia sphegiformis* in birch.) Entomol. Rec., **2**, 186, 1891 c.
— (Variation of *Nonagria cannae.*) Entomol. Rec., **2**, 272, 1891 d.
— (Assembling with *Sesia sphegiformis.*) Entomol. Rec., **2**, 296—297, 1891 e.

[1]) vermutl. Autor

— (Two specimens of a *Pygaera*[1]) [Mit Angaben von Tugwell, Carrington, Tutt & R. South.] Proc. S. London ent. Soc., **1890—91**, 109, 111, [1892].
— (Cannibalism in larvae of *Callimorpha hera.*) Entomol. Rec., **4**, 174, 1893 a.
— (Variation of *Callimorpha hera.*) Entomol. Rec., **4**, 243, 1893 b.
— (Food-plant of *Lasiocampa callunae.*) Entomol. Rec., **9**, 89, 1897.

Robinson, Arthur & **Maddison**, T . . . (A)
(Flight of *Callimorpha hera.*) Entomol. Rec., **4**, 9, 1893.

Robinson, C . . . J . . .
The Cockroach. Nature London, **2**, 435, 1870.

Robinson, Coleman Townsend
geb. 1838 in Putnam County (N. York), gest. 1. 5. 1872 in New York, Börsenmakler in New York. — Biogr.: (A. R. Grote) Canad. Entomol., **4**, 109—111, 118, 1872 m. Schriftenverz.; Entomol. monthly Mag., **9**, 96, 1872; (J. O. Westwood) Trans. ent. Soc. London, **1872**, Proc. LI, 1872; (H. S.) Ent. News, **36**, 309, 1925 m. Porträt.
— siehe Grote Augustus Radcliffe & Robinson, Coleman Townsend 1865.
— siehe Grote, Augustus Radcliffe & Robinson, Coleman Townsend 1867.
— siehe Grote, Augustus Radcliffe & Robinson, Coleman Townsend 1868.
— Notes on American Tortricidae. Trans. Amer. ent. Soc., **2**, 261—288, Taf. I, IV—VIII, (1868—69) 1869.
— siehe Grote, Augustus Radcliffe & Robinson, Coleman Townsend 1869.
— Lepidopterological Miscellanies. Ann. Lyc. nat. Hist. N. York, **9**, 152—158; . . . Miscellanies. Nr. 2. 310—316, Taf. 1, 1870.
— siehe Grote, Augustus Radcliffe & Robinson, Coleman Townsend 1870.

Robinson, E . . . K . . .
Vanessa Antiopa at Cheltenham. Entomologist, **9**, 201, 1876 a.
— Rearing the Larva of *Bombyx Rubi.* Entomologist, **9**, 205—206, 1876 b.
— The time of Appearance of Pseudo Bombyces. Entomologist, **9**, 206, 1876 c.
— Causes of melanism in Lepidoptera. Entomologist, **10**, 131—132, 1877 a.
— Naphthaline for Killing Mites. Entomologist, **10**, 260, 1877 b.
— *Vanessa Antiopa, Triphaena subsequa,* and other captures, near Hastings. Entomologist, **10**, 299, 1877 c.
— Parasite of *Bombyx rubi.* [Mit Angaben von E. A. Fitch.] Entomologist, **10**, 301—302, 1877 d.
— Captures near Petersfield, Hants [Lep.] Entomologist, **10**, 303, 1877 e.
— Female Moths attracting Males. Entomologist, **11**, 21—22, 1878 a.
— *Camptogramma fluviata.* Entomologist, **11**, 70, 1878 b.

Robinson, F . . . C . . . Dr. med.
Seventeen-year Cicada in Pennsylvania. Amer. Entomol., **3** ((N. S.) **1**), 178, 1880.

[1]) vermutl. Autor

Robinson, Frank Edward
gest. 1886 in Indien. — Biogr.: (R. McLachlan) Trans. ent. Soc. London, **1886**, Proc. LXVIII, 1886.
○ On White Ants. Rep. Dulwich Coll. scient. Soc., **1880**, 41—43, 1880.

Robinson, F . . . J . . .
Captures at West Wickham. [Lep.] Entomologist, **26**, 224, 1893 a.
— *Catocala promissa* at West Wickham. Entomol. monthly Mag., (2) **4** (**29**), 261, 1893 b.

Robinson, Henry
Food-plant of *Org[y]ia gonostigma.* Entomologist, **7**, 204, 1874.

Robinson, Isaac
Plusia Interrogationis in Lincolnshire. Entomologist, **6**, 516, (1872—73) 1873.
— *Cirrhoedia xerampelina* at Grantham. Entomologist, **8**, 228—229, 1875.

Robinson, James F . . .
○ British Bee-Farming: its profits and pleasures. 8°, XIII + 206 S., London, Chapman Hall, 1880.

Robinson, Oliver S . . .
Mosquitos and malaria. *Anopheles* in Singapore. Brit. med. Journ., **1900**, Bd. 1, 1441, 1900.

Robinson, S . . .
Sirex juvencus in London. Entomologist, **21**, 282—283, 1888.
— Hybernating Larvae. Entomologist, **22**, 113, 1889 a.
— *Sirex juvencus* in London. Entomologist, **22**, 117, 1889 b.
— *Lithosia quadra* at King's Cross. Entomologist, **24**, 221, 1891.

Robinson, T . . .
Sirex gigas. Entomologist, **22**, 237, 1889.

Robinson, W . . . Douglas
Satyrus Tithonus a Scotch Insect. Entomologist, **4**, 17, (1868—69) 1868 a.
— *Gonopteryx Rhamni* in Scotland. Entomologist, **4**, 93, (1868—69) 1868 b.
— *Papilio Podalirius* on damp ground. Entomologist, **4**, 159, (1868—69) 1868 c.
— White Butterflies, &c. Entomologist, **4**, 321, (1868—69) 1869 a.
— *Cilix spinula* and *Notodonta trepida* in Kircudbrightshire. Entomol. monthly Mag., **5**, 299, (1868—69) 1869 b.
— Lepidoptera of Kircudbrightshire. Entomologist, **5**, 218—220, (1870—71) 1870 a; 230—232, (1870—71) 1871.
— *Deilephila galii* near Kilmarnock. Entomol. monthly Mag., **7**, 111, (1870—71) 1870 b.
— Some notes on the young larva of *Deilephila galii.* Entomol. monthly Mag., **7**, 187—188, (1870—71) 1871.
— Note on the Habits of *Crymodis exulis.* Scott. Natural., **1**, 266, (1871—72) 1872 a.
— Notes on an entomological visit to Braemar. Entomol. monthly Mag., **8**, 185—187, (1871—72) 1872 b.

Robinson, William
Colias Hyale at Ramsgate and Croydon. Entomologist, **4**, 131, (1868—69) 1868.

— Locusts on a Balloon. [Mit Angaben von Edward Newman.] Entomologist, **6**, 525, (1872—73) 1873.
— *Vanessa Antiopa* near Scarborough. Entomologist, **10**, 191, 1877.

Robinson-Douglas, W . . . D . . .
Pieris Napi. Entomologist, **7**, 162, 1874 a.
— Variety of *Pieris Rapae.* Entomologist, **7**, 162, 1874 b.
— Do some of the Larvae of *Saturnia Carpini* Hybernate? Entomologist, **7**, 227, 1874 c.
— New Localities for some Local Scottish Lepidoptera. Scott. Natural., **2**, 300, (1873—74) 1874 d.
○ Notes on Lepidoptera in Kirkcudbrightshire. Scott. Natural., **2**, 359—360, (1873—74) 1874 e.
— Entomological Notes of a Tour in Egypt and Syria. Entomol. monthly Mag., **14**, 135—136, (1877—78) 1877.
— *Oxyporus rufus*, L., in Scotland. Entomol. monthly Mag., **25**, 37, (1888—89) 1888.
— *Rhizophagus cribratus*, Gyll., at Orchardton, Castle Douglas, N. B. Entomol. monthly Mag., (2) **1** (**26**), 160, 1890 a.
— *Geotrupes Typhaeus* near Castle Douglas. Entomol. monthly Mag., (2) **1** (**26**), 219, 1890 b.
— *Creophilus maxillosus*, var. *ciliaris*, Steph., in Ireland. Entomol. monthly Mag., (2) **2** (**27**), 305, 1891 a.
— Notes on some Scottish Coleoptera. Entomol. monthly Mag., (2) **2** (**27**), 305, 1891 b.
— *Cionus scrophulariae* on Buddlea. Entomol. monthly Mag., (2) **7** (**32**), 179, 1896.

Robles, José
○ La filoxera en Perpiñan. An. Agric. Argent., **2**, 168, 1878.

Robson, Charles
Larvae and Ichneumons. Sci. Gossip, (**9**) (1873), 143, 1874.
— Natural History Jottings for 1881. Sci. Gossip, **18**, 102—104, 1882.
— Oviposition and Description of the Ivy Aphis. Sci. Gossip, **19**, 105—107; Further Observations on the Ivy Aphis and its attendant Ants. 150—151, 1883.
— On Wasps, chiefly. Sci. Gossip, **21**, 15—17, 41—42, 1885; **23**, 209—211, 219—220, 1887.
— *Sirex gigas* and *S. juvencus*. Sci. Gossip, **23**, 21, 1887.
— Natural History Jottings. — The Green Tortoise Beetle (*Cassida viridis*). Sci. Gossip, **24**, 106—107, 137—138, 150—151, 1888.
— On the Leaf-Stalk Glands of the Common Guelder-Rose and Wild Cherry: and the Relations of Insects thereto. Sci. Gossip, **26**, 5—7, 1890 a.
— Scarcity of Wasps (Vespae). Sci. Gossip, **26**, 263, 1890 b.
— *Vespa austriaca*, a Cuckoo-wasp. Sci. Gossip, (N. S.) **5**, 69—73, 1898.

Robson, E . . . W . . .; **Barrett**, Charles Golding & **Bowell**, Ernest W . . .
Vanessa c-album, var. *hutchinsonii*. [Mit Angaben von E. S. Hutchinson & R. South.] Entomologist, **29**, 357—358, 1896.

Robson, G . . .
The Predaceous Water Beetles (Hydrodephaga) of Leicestershire. Midl. Natural., **2**, 57—60, 1879 a.
— Mounting and Preserving Larvae. Sci. Gossip, **15**, 90, 1879 b.

Robson, H . . .
Eupithecia venosata and *Dianthoecia cucubali* at Balham. Entomologist, **31**, 221, 1898.

Robson, John Emmerson
geb. 1833, gest. 28. 2. 1907 in Hartlepool. — Biogr.: Leopoldina, **43**, 55, 1907; (C. O. Waterhouse) Trans. ent. Soc. London, **1907**, Proc. XCV—XCVI, (1907—08) 1908.
— *Chaerocampa celerio* near Hartlepool. Entomol. monthly Mag., **2**, 184, (1865—66) 1866.
— *Zygaena Lonicerae* and *Z. Trifolii.* Entomologist, **6**, 486, (1872—73) 1873 a.
— Curious Variety of *Rumia crataegata.* Entomologist, **6**, 516, (1872—73) 1873 b.
— Larvae of the Small Eggar (*Eriogaster lanestris*). Sci. Gossip, (**8**) (1872), 190, 1873 c.
— Irritating Effects of Caterpillars' Hairs. Sci. Gossip, (**8**) (1872), 190, 1873 d.
— Forcing Pupae. Sci. Gossip, (**9**) (1873), 142, 1874.
— *Heliothis armigera* near Hartlepool. Entomologist, **10**, 288, 1877.
— Captures near Hartlepool. [Lep.] Entomologist, **12**, 19, 1879 a.
— Variety of the larvae of *Abraxas grossulariata.* Entomol. monthly Mag., **15**, 205—206, (1878—79) 1879 b.
○ Abundance of Species [of Lepidoptera] in 1879 [near London]. Young Natural. London, **1**, 36—37, 1879—80 a.
○ [*Hybernia rupicapraria* and *progemmaria* on Febr. 21.] Young Natural. London, **1**, 139, 1879—80 b.
— Collecting at Hartlepool. Young Natural. London, **1**, 165—170, 171—172, 183—184, 191—192, 196—198, 1879—80 c.
○ British Butterflies. Young Natural. London, **1**, 212—215, 218—220, 234—236, 253—255, 268—269, 279, 283—284, 293, 302—303, 307—308, 315—316, 326—327, 334—335, 341—342, 348—349, 357—358, 375, 404—405, 7 Taf. (1 Farbtaf.), 1879—80 d.
○ [Variety of] *O.[smia] bidentata.* Young Natural. London, **1**, 243, 1879—80 e.
○ *S[elenia] illuminaria* [not double brooded in West Hartlepool]. Young Natural. London, **1**, 300, 1879—80 f.
○ *Heliothis peltigera* [at Hartlepool]. Young Natural. London, **1**, 323, 1879—80 g.
○ *Vanessa urticae*, at Thistles. Young Natural. London, **1**, 339, 1879—80 h.
○ *Monochamus sutor* [near Hartlepool]. Young Natural. London, **1**, 355, 1879—80 i.
○ Difficulties for Beginners. Nr. 1. *Caradrina alsines* and *blanda.* Young Natural. London, **1**, 391, 1879—80 j; . . . Nr. 2. *Cucullia umbratica* and *chamomillae* **2**, 7, 1880.
○ A swarm of Butterflies. Young Natural. London, **2**, Nr. 57, 29—30, 1880.
— Abundance of *Plusia gamma* at Hartlepool. Entomol. monthly Mag., **20**, 69, (1883—84) 1883 a.
— *Plusia gamma* and *Vanessa cardui* at Hartlepool. Entomol. monthly Mag., **20**, 69, (1883—84) 1883 b.
— *Heliothis peltigera* in the North. Naturalist London, **10** (1884—85), 393, 1885.
— On the specific distinctness of *Tephrosia crepuscularia*, W. V., and *biundularia*, Esp. Entomol. monthly Mag., **23**, 111—112, (1886—87) 1886.
— On the flight and pairing of *Hepialus hectus* and

humulis. Entomol. monthly Mag., **23**, 186—187, (1886—87) 1887 a.
— On the flight and pairing of *Hepialus sylvinus* and *lupulinus.* [Mit Angaben der Herausgeber.] Entomol. monthly Mag., **23**, 214—215, (1886—87) 1887 b.
— White Butterflies. Entomol. monthly Mag., **24**, 112, (1887—88) 1887 c.
— *Miania strigilis* and *fasciuncula.* Brit. Natural., **1**, 6—8, 1891 a.
— Larvae of *A[rctia] caja* hibernating. Brit. Natural., **1**, 9, 1891 b.
— Aberration of *Liparis Chrysorrhoea.* Brit. Natural., **1**, 33—34, 1891 c.
— Variety of *Arctia Mendica.* Brit. Natural., **1**, 50, 1891 d.
— Foreign Parcels by Sample Post. Brit. Natural., **1**, 176—177, 1891 e.
— *Sphinx convolvuli* at Hartlepool. Brit. Natural., **1**, 248, 1891 f.
— An Entomological Myth. — [*Cucullia scrophulariae.*] Entomologist, **24**, 145—146, 1891 g.
— Variation of *Zygaena filipendulae.* Entomologist, **24**, 296, 1891 h.
— The flight and pairing of the genus *Hepialus.* Entomol. monthly Mag., (2) **2** (**27**), 197, 1891 i.
— (*Polia chi* and its Varieties.) Entomol. Rec., **2**, 84, 1891 j.
— The shape of the wing in *Noctua festiva.* Brit. Natural., **2**, 18—19, 1892 a.
— Varieties of *Abraxas grossulariata.* Brit. Natural., **2**, 19—20, 1892 b.
— *Noctua conflua.* Brit. Natural., **2**, 57, 1892 c.
— Sallows at Hartlepool. Brit. Natural., **2**, 103, 1892 d.
— *Nyssia zonaria* at Liverpool. Brit. Natural., **2**, 104—105, 1892 e.
— Variety of *Arctia mendica.* Brit. Natural., **2**, 125, 1892 f.
— Random notes on british Lepidoptera. Brit. Natural., **2**, 165—168, 193—197, 240—244, 1892 g; **3**, 17, 1 Fig.; 190, 1893.
— (*Hepialus lupulinus* larva.) Entomol. Rec., **3**, 153, 1892 h.
— [*Abraxas pantaria* and other Asiatic forms varieties of one species.] Trans. City London ent. nat. Hist. Soc., **1891**, 10, [1892] i.
— Is moisture the cause of melanism? Brit. Natural., **3**, 61—71, 1893 a. — [Abdr.:] Trans. City London ent. nat. Hist. Soc., **1893**, I—X, [1894].
— A proposal for united observation. Brit. Natural., **3**, 77—78, 1893 b.
— The Genus *Hepialus.* Trans. City London ent. nat. Hist. Soc., **1892**, 14—22, [1893] c. — [Abdr.:] Entomol. Rec., **3**, 52—53, 77—79, 100—101, 1892.
— Aberration of *Polyommatus phloeas.* Entomologist, **27**, 272, 1894.
— *Tephrosia biundularia* and *crepuscularia.* [Mit Angaben von Chas. G. Barrett.] Entomol. monthly Mag., (2) **7** (**32**), 266—268, 1896 a.
— *Coenonympha tiphon* (*davus*) at Home. Entomol. Rec., **7**, 265—267, (1895—96) 1896 b.
— *Tephrosia crepuscularia* and *biundularia.* [Mit Angaben der Herausgeber.] Entomol. monthly Mag., (2) **8** (**33**), 77—79, 1897 a.
— Hints on rearing *Bombyx rubi.* Entomol. monthly Mag., (2) **8** (**33**), 199—201, 1897 b.
— (*Chariclea umbra* (*Heliothis marginata*) abundant in 1896.) Entomol. Rec., **9**, 63, 1897 c.
— Habits of *Abraxas sylvata* (*ulmata*). Entomol. Rec., **10**, 69—70, 1898 d.
— A catalogue of the Lepidoptera of Northumberland, Durham, and Newcastle-upon-Tyne. 1. Macro-Lepidoptera. Part I. Papilionina, Sphingina, Bombycina and Noctuina.[1]) Nat. Hist. Trans. Northumb., **12**, I—IV + 1—195, 1899.

Robson, John Emmerson & **Tutt,** James William
(Double-broodedness of *Cidaria silaceata.*) Entomol. Rec., **2**, 297—298, 1891.

Robson, M . . . A . . .
The Salmon Disease and its Cause. Amer. monthly micr. Journ., **1**, 103—107, 1880.

Robson, M . . . H . . .
On the Development of the House-fly and its Parasite. Sci. Gossip, **15**, 7—9, 4 Fig.; 94, 1879.
— On the Development of a Flea's Egg. (*Pulex irritans.*) Sci. Gossip, **21**, 252—254, 11 Fig., 1885.

Robson, S . . .
Notes on *Argynnis niphe,* Linnaeus, a nymphalid butterfly. Journ. Bombay nat. Hist. Soc., **8**, 151—152; Note by Mr. de Nicéville. 153—154, 1893.
— Notes on *Callerebia nirmala,* Moore, a Satyrid butterfly. Journ. Bombay nat. Hist. Soc., **8**, 551—553, 1894.
— Life-history of *Rapala schistacea,* Moore, a lycaenid butterfly. Journ. Bombay nat. Hist. Soc., **9**, 337, 1895 a.
— Life-history of *Athyma opalina,* Kollar, a nymphaline butterfly. Journ. Bombay nat. Hist. Soc., **9**, 338—339, 1895 b.
— Life history of *Camena cleobis,* Godart, a lycaenid butterfly. Journ. Bombay nat. Hist. Soc., **9**, 339—340; [With a] note by Mr. de Nicéville. 340—342, 1895 c.
— Description of the larva of *Papilio cloanthus* Westwood. Journ. Bombay nat. Hist. Soc., **9**, 497, 1895 d.
— Life-history of *Papilio glycerion,* Westwood. Journ. Bombay nat. Hist. Soc., **9**, 497—498, 1895 e.

Roch, H . . .
○ Referat über den Verlauf des Raupenfrasses im Gohrischen Forstrevier in den Jahren 1877—1879. Tharand. forstl. Jb., **30**, 312—321, 1880.
[Siehe:] Nitsche, Hinrich: 321—324.

Rochan, Paul
○ Einige Erfahrungen in der Behandlung des japanischen Eichenspinners Ja-ma-mai. Jahresber. Mähr. Seidenbau-Ver., **3** (1866—67), 38—41, 1868.

Roche, F . . .
○ Le phylloxéra dans les deux Charentes. 12°, 12 S., Rocheford, impr. Triaud & Guy, 1876.

Roche, Manuel Vincente de la siehe La Roche, Manuel Vincente de

Rochebrune, Alphonse Trémeau de
geb. 1834.
— Cri de l'*Acherontia atropos.* Rectification. Petites Nouv. ent., **1** (1869—75), 472, 1875.
— Diagnoses d'Arthropodes nouveaux propres à la Sénégambie. Bull. Soc. philom. Paris, (7) **7** (1882—83), 167—182, 1883 a.

[1]) Fortgesetzt nach 1900.

— Sur une espèce nouvelle du genre *Mylabris.* Bull. Soc. philom. Paris, (7) **7** (1882—83), 182—188, Taf. III (Fig. 1 + 8 farb.), 1883 b.

Rochester, Geo[rge] E...
House-flies. Sci. Gossip, (4) 1868), 117, 1869.

Rocheterie, de la siehe La Rocheteri, de

Rochette, de la
(Destruction du phylloxéra au moyen de la dynamite.) Ann. Soc. Agric. Lyon, (4) **10** (1877), XLVI, 1878.

Rochette, G...
[Ref.] siehe Moggridge, John Traherne 1873.

Rochfort, W... C...
Cirrhoedia xerampelina at Catford Bridge, near London. Entomologist, **4**, 364, (1868—69) 1869.

Rockett, C... E...
Black-Veined White Butterfly. Sci. Gossip, **28**, 21, 1892.

Rockstroh, Edwin
Die Fauna des Rilo Dagh. SB. naturw. Ges. Isis Dresden, **1874**, 31—34, (1875) 1874.

Rockstroh, Heinrich
Buch der Schmetterlinge und Raupen, nebst Mittheilungen über die Eier, Raupen und Puppen der Schmetterlinge, über Fang und Zucht von Schmetterlingen und Raupen, sowie Anleitung zur Anlage von Sammlungen und deren Behandlung. 4. Aufl.[1]) bearb. von E. Heyn. 8°, 7 (unn.) + 159 + 1 (unn.) S., 12 Farbtaf., Leipzig, Carl Cnobloch, 1869. — 5. Aufl. X + 156 S., 16 Farbtaf., Halle, Hermann Genesius, 1876. — 7. Aufl. bearb. v. E. L. Taschenberg. VIII + 135 S., 16 Farbtaf.

Rockwood, C... G... jr.
An Insect-Fight. Science, **10**, 94—95, 1887.

Rocquigny-Adanson, Guillaume Charles de
geb. 1852, gest. 1904. — Biogr.: (Pierre Abbé) Rev. scient. Bourb. Centre France, **17**, 141—143, 1904.
— Accouplement de Lépidoptères de genres différents. Feuille jeun. Natural., **24**, 174, (1893—94) 1894 a.
— Passage à Moulins de *Vanessa Cardui* L. Rev. scient. Bourb. Centre France, **7**, 126—127, 1894 b.
— Le *Saturnia pyri* Borkh. Rev. scient. Bourb. Centre France, **7**, 135—136, 1894 c; **8**, 180—182, 1895; **9**, 108—110, 1896.
— *Thecla betulae* L. Rev. scient. Bourb. Centre France, **7**, 189—190, 1894 d.
— *Colias Edusa* L. Rev. scient. Bourb. Centre France, **8**, 191—192, 1895.
— Limite septentrionale d'extension de *Saturnia pyri* Borkh. Feuille jeun. Natural., **26**, 121, (1895—96) 1896 a.
— Hibernation des papillons. Rev. scient., (4) **6**, 156—157, 1896 b.
— *Calocampa exoleta* L. Rev. scient. Bourb. Centre France, **9**, 141—142, 1896 c.
— Géonémie de *Saturnia pyri* Schiff. Limite septentrionale de son extension en France. Feuille jeun. Natural., **27**, 130—134, 1 Fig., (1896—97) 1897 a.
— Géonémie de *Rhodocera Cleopatra* L. Feuille jeun. Natural., **27**, 153, 1896—97) 1897 b.

[1]) 3. Aufl. 1833 mit Titel: Wie Schmetterlinge gefangen, ausgebreitet, geordnet, bewahrt und wie ihre Raupen und Puppen erkannt werden.

— *Bombyx rubi* L. Rev. scient. Bourb. Centre France, **10**, 202—203, 1897 c.
— *Plusia Chrysitis* L. Rev. scient. Bourb. Centre France, **10**, 216—217, 1897 d.
— *Rhodocera rhamni.* Feuille jeun. Natural., **28**, 67—68, (1897—98) 1898 a.
— Altitude d'habitat de *Saturnia pyri* Schiff. Feuille jeun. Natural., **28**, 103—105, (1897—98) 1898 b.
— Géonémie de *Rhodocera Cleopatra.* Feuille jeun. Natural., **28**, 131, (1897—98) 1898 c.
— Géonémie de *Saturnia pyri.* Limite septentrionale de son extension en Russie. Feuille jeun. Natural., **29**, 23—26, 1 Fig., (1898—99) 1898 d.
— Sur les papillons attardés. Rev. scient., (4) **9**, 90, 1898 e.
— *Anthocharis Belia* Cr. Rev. scient. Bourb. Centre France, **11**, 98—100, 215—217, 1898 f.
— Instinct de la chrysalide de *Pararge moera* L. [Lép.]. Bull. Soc. ent. France, **1899**, 178—179, 1899 a.
— *Pieris rapae* L. — *Vanessa C. album* L. Feuille jeun. Natural., **29**, 94, (1898—99) 1899 b.
— Apparition précoce de Lépidoptères. Feuille jeun. Natural., **29**, 126, (1898—99) 1899 c. — [Dasselbe:] Apparitions précoces de... Rev. scient. Bourb. Centr. France, **12**, 114, 1899.
— Variété de *Pararge moera* L. Feuille jeun. Natural., **29**, 160—161, (1898—99) 1899 d.
— *Smerinthus ocellata* L. Rev. scient. Bourb. Centre France, **12**, 24—25, 1899 e.
— *Pieris rapae* L. Rev. scient. Bourb. Centre France, **12**, 76—77, 1899 f.
— *Pararge Moera* L. (Le Némusien et l'Ariane d'Engramelle.) Rev. scient. Bourb. Centre France, **12**, 154—157, 1899 g.
— *Acherontia Atropos* L. Rev. scient. Bourb. Centre France, **12**, 246—248, 1899 h.
— Moeurs et habitudes des Lépidopteres. Feuille jeun. Natural., **30**, 49—50, 68—69, 87—89, (1899—1900) 1900 a.
— *Vanessa Antiopa* L. Feuille jeun. Natural., **30**, 132, (1899—1900) 1900 b.
— Géonémie de *Saturnia pyri* Schiff. Limite septentrionale de son extension en Suisse. Feuille jeun. Natural., **30**, 140—144, 1 Fig., (1899—1900) 1900 c; (4) **1** (**31**), 18—24, 1 Fig., (1900—01) 1900.
— Envergure de *Saturnia pyri* Schiff. Feuille jeun. Natural., **30**, 224, (1899—1900) 1900 d.
— *Aporia Crataegi.* Feuille jeun. Natural., (4) **1** (**31**), 26—27, (1900—01) 1900 e.
— [Accouplement de *Epinephele janira* ♂ et *Vanessa urticae* ♀.] Rev. scient. Bourb. Centre France, **13**, 137, 1900 f.
— *Zeuzera pyrina* L. Rev. scient. Bourb. Centre France, **13**, 176—177, 1900 g.
— *Saturnia pavonia* L. Rev. scient. Bourb. Centre France, **13**, 242—243, 1900 h.

[**Rodd**, E... G...] **Родд**, Е... Г...
[Beobachtungen über das Leben der Borkenkäfer im Kaukasus.] Наблюдения над жизнью короедов на Кавказе. [Trudy Russ. ent. Obšč.] Труды Русс. энт. Общ.; Horae Soc. ent. Ross., **31** (1896—97), XXXIII—XXXIX, 1897.

Rodd, Edward Hearle
Calosoma Syc(h)ophanta near Penzance. Entomologist, **6**, 176, (1872—73) 1872 a.

— Second occurrence of *Calosoma sycophanta* near Penzance. Entomologist, **6**, 224, (1872—73) 1872 b.

Rode, A ...
Apatura Iris (2te Generation). Soc. ent., **9**, 43, (1894—95) 1894.

Rodenstein, Heinrich
Aus dem Leben einer Raupe. Natur u. Offenbar., **21**, 38—42, 2 Fig., 1875 a.
— Die Befruchtung der Blüthen von *Vinca major.* Natur u. Offenbar., **21**, 385—391, 4 Fig., 1875 b.
— Darwin's Insektenfressende Pflanzen. Natur u. Offenbar., **22**, 362—366, 1876.

Rodet, H ...
Mutilla marginata. Feuille jeun. Natural., **28**, 156, (1897—98) 1898.

Rodger, Alex ... M ...
○ Note on an Insect Case. Rep. Proc. Mus. Ass., **10**, 50, 1900.

Rodgers, C ... A ... E ...
Larvae of *Choerocampa porcellus.* Entomologist, **29**, 94—95, 1896.

Rodgers, J ... T ...
Sirex juvencus at Oldham. Entomologist, **20**, 308, 1887.
— *Amphidasys betularia*, var. Entomologist, **22**, 49—50, 1889.

Rodhe, O ...
(För Sverige nya skalbaggar, *Dictyoptera rubens* Gyll. och *Ptilium Sahlbergi* Flach.) Ent. Tidskr., **18**, 60—61, 1897.

Rodiczky, Eugen (= Jéno) von
Zur Geschichte der Wanderheuschreckenplage. Fühlings landw. Ztg., **25**, 651—657, 1876.
○ [Theoretische und praktische Bienenzucht. I. Bd. Unsere Kenntnisse über die Biene und Theorie der Bienenzucht.] Elméleti és gyakorlati méhészet. I. Kötet. A méhröl való ismereteink s a méhészeti elmélet. 8°, VIII + 143 S., Maygar-Ovár, nyomt Czéh Sándor, 1876.

Rodon, G ... S ...
Indian Termites. Journ. Bombay nat. Hist. Soc., **13**, 363—364, 1900.

Rodrich, J ... E ...
○ Über die Präparation der Insecten, Spinnen und Krustenthiere. Ztschr. Mikr. Berlin, **1**, 16—25, 45—47, (1877—78) 1877.
[Siehe:] Przeschinsky, R.: **1**, 55—60, 1877.
[Franz. Übers. von] W. P.: De la préparation des insectes, araignées et crustacés. Ann. Soc. Belge micr., **4**, LXXVIII—LXXXVII, CXXV—CXXXI, (1877—78) 1878.

Rodriguez Ferrer, Miguel
Las avispas vegetantes. An. Soc. Hist. nat. Españ., **4**, 52—53, 1875.

Rodriguez siehe Venus Expeditions Kerguelen & Rodriguez 1879.

Rodriguez Luna, Juan J ...
geb. 1840, gest. 22. 12. 1916 in Guatemala City. — Biogr.: Ent. News, **28**, 335—337, 1917; (G. C. Champion) Entomol. monthly Mag., **53**, 68, 1917; Sciene, **45**, 112, 1917; (A. Lameere) Ann. Soc. ent. Belg., **59**, 141, 1920.

— Description of a new species of Arctiidae belonging to the genus *Anaxita*, Walk. Entomol. monthly Mag., (2) **4** (**29**), 182, 1893.

Rodway, L ...
On a new *Cordiceps.* Pap. Proc. R. Soc. Tasmania, **1898—99**, 100—102, 1 Taf. (unn.), 1900.

Rodzianko, W ... siehe Rodzjanko, Vladimir Nikolaevič

[Rodzjanko, Vladimir Nikolaevič] **Родзянко**, Владимир Николаевич
geb. 4. 6. 1868, gest. 1919.
— (Sur les Odonates des gouvernements de Poltawa et de Kharkow.) Къ сведениямъ объ одонатологической фауне Харьковской и Полтавской губерний. [Russ.] [Trudy. Obšč. Prirod. Charkov] Труды Общ. Природ. Харьков; Trav. Soc. Natural. Charkow, **22** (1888), 209—223, 1889 a.
— (Notes sur les insectes Orthoptères.) Заметки о прямокрылыхъ насекомыхъ. [Russ.] [Trudy Obšč. Prirod. Charkov] Труды Общ. Природ. Харьков; Trav. Soc. Natural. Charkow, **22** (1888), 257—264, Taf. II, 1889 b; **26** (1891—92), 39—44, 1892.
— (Note sur les Myrmeleontides trouvés dans le gouvernement de Kharkow.) Заметка о муравьиныхъ львахъ (Myrmeleontidae), найденныхъ въ Харьковской губернии. [Russ.] [Trudy Obšč. Prirod. Charkov] Труды Общ. Природ. Харьков; Trav. Soc. Natural. Charkow, **24** (1890), I—IV, 1891.
— Sur la nourriture des Orthoptères appartenant aux genres *Locusta, Decticus* et *Platycleis.* О пище кузнечиковъ изъ родовъ *Locusta, Decticus* и *Platycleis.* [Russ.] [Zap. Kievsk. Obšč. Estest.] Зап. Киевск. Общ. Естест., **14**, 91—94, 1895 a.
— Remarques sur quelques grillon, mantes et blattes du midi de la Russie. Заметки о некоторыхъ сверчкахъ (Gryllidae), богомолахъ (Mantidae) и тараканахъ (Blattidae) Южной России. [Russ.] [Zap. Kievsk. Obšč. Estest.] Зап. Киевск. Общ. Естест., **14**, 107—115, 1895 b.
— [Zur Naturgeschichte von *Tortrix Grotiana*, Fabr.] Къ естественной историi *Tortrix Grotiana*, Fabr. Bull. Soc. Natural. Moscou, (N. S.) **10** (1896), 96—99, 1897 a.
— [Zur Vermehrungsgeschichte der Heuschrecken (Acridiidae).] Къ историi размноженiя саранчевыхъ (Acridiidae). Bull. Soc. Natural. Moscou, (N. S.) **10** (1896), 99—102, 1897 b.
— О паразитизме личинок мухи *Roeselia antiqua* Meigen внутри личинок уховертки *Forficula tomis* Kolenati. Ueber den Parasitismus der Larven von *Roeselia antiqua* Meigen im Innern der Larven von *Forficula tomis* Kolenati. [Russ. & Dtsch.] [Trudy Russ. ent. Obšč.] Труды Русс. энт. Общ.; Horae Soc. ent. Ross., **31** (1896—97), 72—86, (1898) 1897 c.
— Forficulidarum species novas. Wien. ent. Ztg., **16**, 153—154, 1897 d.
— [Observations sur *Tortrix Grotiana*, Fabr.] Некорыя данныя о *Tortrix Grotiana*, Fabr. Bull. Soc. Natural. Moscou, (N. S.) **12** (1898), Protok. 15—19, 1899 a.
— [Sur la méthode de formation des coques ovigères des Acridiidae.] О способе возникновения яйцевыхь коконовь у некоторыхь саранчевыхь (Acridiidae). Bull. Soc. Natural. Moscou, (N. S.) **12**, 457—466, 1899 b.

— [Faune des Orthoptères des gouvernements de Poltava et de Kharkoff.] Фауна Orthoptera Полтавской и Харьковской губернии. Bull. Soc. Natural. Moscou, (N. S.) [13][1] (1899), 107—109, 1900.

Röber, Johannes Karl Max
geb. 6. 3. 1861 in Döbeln, gest. 28. 11. 1942 in Dresden?. — Biogr.: (E. Urbahn) Stettin. ent. Ztg., **104**, 182, 1943; (E. Möbius) Dtsch. ent. Ztschr. Iris, **57**, 18 (1—27), 1943.
— (Hermaphroditen von *Argynnis Paphia* L.) Korr.bl. Iris, **1**, 3, (1884—88) 1884. — [Abdr. in] 2. Aufl. 1888.
— Drei neue Schmetterlinge der Dresdner Gegend (*Psyche Viciella* Schiff., *Mesogona Oxalina* Hb. und *Catephia Alchymista* Schiff.). Korr.bl. Iris, **1**, 18, (1884—88) 1885 a.
— Zur ostindischen Schmetterlings-Fauna. Korr.bl. Iris, **1**, 19—23, Farbtaf. I (Fig. 2—4), (1884—88) 1885 b.
— Ein paar neue Heterocera von Süd-Celebes. Korr.-bl. Iris, **1**, 29—30, Farbtaf. I (Fig. 5—7), (1884—88) 1885 c.
— *Papilio Alcidinus*. Korr.bl. Iris, **1**, 30—31, Farbtaf. I (Fig. 1), (1884—88) 1885 d.
— Eine Monstrosität von *Limenitis Populi*. Korr.bl. Iris, **1**, 31, (1884—88) 1885 e.
— Ein neuer Nachtschmetterling von Ceram. Korr.bl. Iris, **1**, 40, Taf. II (Fig. 10), (1884—88) 1886 a.
— Neue Tagschmetterlinge der indo-australischen Fauna. Korr.bl. Iris, **1**, 45—72, Taf. II—V (II: Fig. 1—7; III: Fig. 6—7), (1884—88) 1886 b.
— Ueber das Aufweichen grosser Schmetterlinge. Korr.bl. Iris, **1**, 108—109, (1884—88) 1886 c.
— Neue Schmetterlinge aus Indien. Korr.bl. Iris, **1**, 185—202, Taf. VII—IX, (1884—88) 1887.
— Zwei neue Ornithopteren. Ent. Nachr., **14**, 369—370, 1888 a.
— Ueber die Berechtigung einiger *Glaucopis*-Arten. Korr.bl. Iris, **1**, 338—340, (1884—88) 1888 b. [Siehe:] Butler, Arthur Gardiner: Trans. ent. Soc. London, **1888**, 109—115, 1888.
— Eine neue Eulen-Form aus Sachsen. Korr.bl. Iris, **1**, 340, Taf. XII (Fig. 13), (1884—88) 1888 c.
— Beitrag zur Kenntniss der Indo-Australischen Lepidopterenfauna. Tijdschr. Ent., **34** (1890—91), 261—334, 1891; Erklärung der Abbildungen. **35** (1891—92), 85—86; Berichtigung der sinnstörenden Druckfehler im Texte. 86, 1892.
— in Staudinger, Otto & Schatz, Ernst 1892.
— Ueber *Charaxes Athamas* und *Hebe* und deren Verwandten. Ent. Nachr., **20**, 290—295, 1894 a.
— Ueber neue und wenig bekannte Schmetterlinge aus Deutsch-Neu-Guinea und Nias. Ent. Nachr., **20**, 360—366, 1894 b.
— Ueber eine neue *Euschema*-Art aus Java. Ent. Nachr., **21**, 34—35, 1895 a.
— Ueber neue *Charaxes* aus Indien. Ent. Nachr., **21**, 63—67, 1895 b.
— Neue Eryciniden. Ent. Nachr., **21**, 149—151, 1895 c.
— Ein neuer *Trypanus* aus dem palaearktischen Gebiete. Ent. Nachr., **22**, 3—4, 1896 a.
— Neue Schmetterlinge aus dem cilicischen Taurus. Ent. Nachr., **22**, 81—84, 1896 b.
— Neue *Clerome*-Arten. Ent. Nachr., **22**, 171—172, 1896 c.

[1]) lt. Orig. Bd. 14

— Zwei neue Papilioniden aus Deutsch-Neuguinea. Ent. Nachr., **22**, 289—293, 1896 d.
— Eine neue *Cyrestis*-Art. Ent. Nachr., **22**, 305—306, 1896 e.
— *Opsiphanes fruhstorferi* n. sp. Ent. Nachr., **22**, 323—324, 1896 f.
— Neue Schmetterlinge aus Java. Ent. Nachr., **23**, 5—7, 1897 a.
— Neue Schmetterlinge aus Celebes und Java. Ent. Nachr., **23**, 99—101, 1897 b.
— *Papilio fruhstorferi*. Ent. Nachr., **23**, 223—224, 1897 c.
— Die Schmetterlings-Fauna des Taurus. Ent. Nachr., **23**, 257—288, 1897 d.
— Ueber *Papilio zalmoxis* Hew. Ent. Nachr., **24**, 185—187, 1898.
— Neue Schmetterlinge. Ent. Nachr., **26**, 199—204, (1899—1900) 1900 a.
[Engl. Übers., z. T., von Thomas Bainbrigge Fletcher:] (*Triphaena janthina* var. *latimarginata*, Röber.) Entomol. Rec., **12**, 297, 1900.
— Bemerkungen über eine zweite Generation von *Arctia*-Arten. I. Ill. Ztschr. Ent., **5**, 39—40; . . . II. 56, 1900 b.
— Prophylaxis? (Ent. gen.). [*Arctia hebe* L.] Ill. Ztschr. Ent., **5**, 153, 1900 c.
— Werden fliegende Schmetterlinge von Vögeln verfolgt? Ill. Ztschr. Ent., **5**, 383, 1900 d.

Roebuck, William Denison
geb. 1851, gest. 15. 2. 1919. — Biogr.: (J. W. Taylor) Monogr. Land- & Freshwater Mollusca Br. Isles 1905; (G. T. Porritt) Entomol. monthly Mag., ((3) **5**) 55, 91—92, 1919; (J. W. Taylor) Journ. Conch. London, **16**, 37—39, 1919.
○ Locusts in Yorkshire; with special reference to the flight of 1876. Naturalist London, (N. S.) **2**, 129—137, 145—150, 1876—77.
— Locusts in Yorkshire. Entomol. monthly Mag., **13**, 179—180, 216, (1876—77) 1877.
○ The second brood of *Colias edusa* in Yorkshire. Naturalist London, (N. S.) **3**, 39—40, 1877—78 a.
○ On the study and collecting of Hymenoptera. Naturalist London, (N. S.) **3**, 149—154, 1877—78 b.
— *Chrysomela fulgida*, L. Naturalist London, (N. S.) **5**, 140—141, (1879—80) 1880.
— The Yorkshire Catalogue of Lepidoptera. Entomol. monthly Mag., **19**, 233, (1882—83) 1883.
— siehe Clarke, William Eagle & Roebuck, William Denison 1883.
— *Abia sericea* L. in Wensleydale. Naturalist London, **10** (1884—85), 246, 1885.
— Lepidoptera, 1892. (Bibliography.) Naturalist London, **1896**, 211—232, 1896 a.
— Hemiptera, 1889 to 1893. (Bibliography.) Naturalist London, **1896**, 305—308, 1896 b.
— Hymenoptera, 1890 to 1892. (Bibliography.) Naturalist London, **1897**, 159—166, 1897.
— *Rhagium bifasciatum* on the Summit of Helvellyn. Naturalist London, **1900**, 215, 1900 a.
— *Cordulegaster annulatus* on the summit of Beinn Mhor, Mull. Ann. Scott. nat. Hist., **1900**, 252, 1900 b.

Roebuck, William Denison[1]); **Bairstow**, Samuel Denton & **Wilson**, Thomas
Yorkshire Hymenoptera: report on present state of knowledge, and first list of species. Trans. Yorksh.

[1]) 1. & 2. Forts. nur von William Denison Roebuck.

Natural. Union, **1877**, Ser. D, 23—60, 1877; ... Hymenoptera in 1878 and second list of ... **1878**, Ser. D, 62—70, 1878; ... Hymenoptera: third list of species, based upon observations made in 1879, 1880 and 1881. **1879**, Ser. D, 92—111, 1879.

Roeckinghausen, Th ...
Zwei Bienenzüchter aus dem sechzehnten und siebenzehnten Jahrhundert. Ver.bl. Westfäl.-Rhein. Ver. Bienen- u. Seidenzucht, **21**, 108—109, 137—146, 155—162, 1870.

Roedel, Hugo
Ueber das vitale Temperatur-Minimum wirbelloser Thiere. Ztschr. Naturw., (4. F.) **5** (59), 183—214, 1886.
— Nachrichten-Beförderung durch die Bienen. Natur Halle, (N. F.) **18** (**41**), 52—53, 1892 a.
— Deutsche Wasserwanzen und Wasserläufer. Natur Halle, (N. F.) **18** (**41**), 388—390, 1 Fig., 1892 b.
— [Ref.] siehe Fischer-Sigwart, Hermann 1892.
— Schutzeinrichtungen der Insekten gegen Kälte. Mit besonderer Rücksicht auf Prof. Bachmetjews Untersuchungen über die Temperatur der Insekten. Helios, **17**, 69—78, 1900.

Röder, Victor von
geb. 13. 7. 1841 in Harzgerode, gest. 26. 12. 1910 in Hoym/Anhalt. — Biogr.: Wien. ent. Ztg., **30**, 80, 1911; (P. Kuhnt) Dtsch. ent. Ztschr., **1911**, 234, 1911; (A. I. Musgrave) Bibliogr. Austral. Ent., 270, 1932.
— Subhercynische Orthopteren. Ztschr. ges. Naturw., **32**, 15—16, 1868.
— Zur Kenntniss von *Anthomyia ruficeps* Meigen. Ztschr. ges. Naturw., **33**, 92, 1869.
— Ueber *Bittacus Hageni* Brauer. Berl. ent. Ztschr., **13**, 446, (1869) 1870.
— Sammelberichte. Strand-Dipteren auf Helgoland. Berl. ent. Ztschr., **16**, 162, 1872 a.
— Verzeichniss andalusischer Diptera, bei Granada von Herrn Ribbe gesammelt. Berl. ent. Ztschr., **16**, 191—192, 1872 b.
— Ueber die Zusammengehörigkeit der beiden Arten der Gattung *Sphecomyia* Latreille. Ent. Nachr., **5**, 96—98, 1879.
— Dipterologische Notizen. Berl. ent. Ztschr., **25**, 209—216, 1881 a.
— Ueber *Pangonia longirostris* Hardw. Stettin. ent. Ztg., **42**, 384—386, 1881 b.
— *Aphestia chalybaea* n. sp. Stettin. ent. Ztg., **42**, 386—387, 1881 c.
— Ueber einige selten vorkommende Dipteren. Berl. ent. Ztschr., **26**, 384—386, 1882 a.
— Zur Synonymie von *Hyalomyia aurigera* Egg. Berl. ent. Ztschr., **26**, 386, 1882 b.
— Dipterologica. Stettin. ent. Ztg., **43**, 244—245, 1882 c.
— Zur Synonymie einiger Chilenischer Dipteren. Stettin. ent. Ztg., **43**, 510—511, 1882 d.
— Ueber *Cyphipelta* Big. Wien. ent. Ztg., **1**, 61—62, 1882 e.
— Dipterologische Separata.[1]) 8°, 9 S., Quedlinburg, Selbstverl. (Druck H. Röhl), 1883 a.
[Darin:]
Ueber *Oncodes fumatus* Er. und *Oncodes pallipes* Latr. 7.
— Ueber *Mydaea ancila* Meigen. Mitt. Schweiz. ent. Ges., **6**, 687—688, (1884) 1883 b.

[1]) Neudrucke von Arbeiten des Autors, nur S. 7 Orig.

— Bemerkungen über *Dolichogaster brevicornis* Wied. und *Nemestrina albofasciata* Wied. Stettin. ent. Ztg., **44**, 426—427, 1883 c.
— Ueber *Tipula rufina* Meig. Wien. ent. Ztg., **2**, 56, 1883 d.
— Dipteren von den Canarischen Inseln. Wien. ent. Ztg., **2**, 93—95; Nachtrag. 123, 1883 e.
[Siehe:] Brauer, Friedrich: 114.
— Ueber die Gattung *Brachyrrhopala* Mcq. Wien. ent. Ztg., **2**, 273—276, 1883 f.
— Ueber von Herrn Dr. Schmiedeknecht in Spanien, bei Elche, Ibiza und auf Mallorca gesammelte Dipteren. Ent. Nachr., **10**, 253—257, 1884 a.
— Nekrolog. (Arnold Förster.) Ent. Nachr., **10**, 363—364, 1884 b.
— Dipteren von der Insel Sardinien. Wien. ent. Ztg., **3**, 40—42, 1884 c.
— Dipterologisch-synonymische Bemerkungen. Wien. ent. Ztg., **3**, 290—293, 1884 d.
[Siehe:] Bigot, Jacques-Marie-Frangile; Ann. Soc. ent. France, (6) **4**, Bull. CXV—CXVI, 1884; (6) **5**, Bull. XII, 1885.
— Ueber die systematische Stellung der Dipteren-Gattung *Tetanura* (*pallidiventris*) Fall. Berl. ent. Ztschr., **29**, 131—132, 1885 a.
— Ueber die Dipteren-Gattung *Ceratitis* Mac Leay. Berl. ent. Ztschr., **29**, 132—137, 1885 b.
— Bemerkungen über 2 Dipteren. Berl. ent. Ztschr., **29**, 137, 1885 c.
— Ueber die Dipteren-Gattungen *Agapophytus* Guérin und *Phycus* Walk. Berl. ent. Ztschr., **29**, 137—141, Taf. IV A, 1885 d.
— Ueber die Dipteren-Gattung *Mochlonyx* Lw. und *Tipula* (*Corethra*) *culiciformis* De Geer. Ent. Nachr., **11**, 217—218, 1885 e.
— Ueber *Dasypogon japonicum* Bigot und *Laphria rufa* n. spec. aus Japan. Mitt. Schweiz. ent. Ges., **7**, 192—193, (1887) 1885 f.
— Dipteren von der Insel Portorico, erhalten durch Herrn Consul Krug in Berlin. Stettin. ent. Ztg., **46**, 337—349, 1885 g.
— Ueber drei neue Gattungen der Notacanthen. Ent. Nachr., **12**, 137—140; Nachschrift. 201, 1886 a.
— Uebersicht der in der Umgegend von Dessau durch Herrn G. Amelang gesammelten Dipteren. Korr.-bl. ent. Ver. Halle, **1**, 11—12, 20—21; Nachtrag zu der Übersicht der in der Umgegend von Dessau gesammelten Dipteren. (Gesammelt von Herrn E. Engel-Dessau.) 25—26, 1886 b.
— Dipteren von den Cordilleren in Columbien. Gesammelt durch Herrn Dr. Alphons Stübel. Stettin. ent. Ztg., **47**, 257—270; Nachschrift zu den Dipteren ... 307, 1886 c.
— Ueber die nordamerikanischen Lomatiina von Mr. Coquillett in dem „Canadien Entomologist" [**18**, 81—87, 1886]. Wien. ent. Ztg., **5**, 263—265, 1886 d.
— Uebersicht der beim Dorf Elos bei Kisamos auf der Insel Kreta von Herrn E. v. Oertzen gesammelten Dipteren. Berl. ent. Ztschr., **31**, 73—75, 1887 a.
— Eine neue *Exoprosopa* aus Syrien. Berl. ent. Ztschr,. **31**, 75—76, 1887 b.
— Ueber die Gattungen *Doryclus* Jaen. und *Megapoda* Mcq. Berl. ent. Ztschr., **31**, 76—78, 1887 c.
— Ueber *Gonia fasciata* Mg. und *Gonia Försteri* Mg. Ent. Nachr., **13**, 87—89, 1887 d.
— Ueber *Dinera cristata*, Mg., und verwandte Arten. SB. Naturf. Ges. Dorpat (Jurjeff), **8**, 227—233, (1889) 1887 e.

— *Rhamphomyia argentata* n. spec. Wien. ent. Ztg., **6**, 113—114, 1887 f.
— Eine neue Art der Gattung *Melanochelia* Rond. Wien. ent. Ztg., **6**, 115—116, 1887 g.
— *Asyndulum montanum* n. spec. Wien. ent. Ztg., **6**, 116, 1887 h.
— Ueber eine neue Art der Gattung *Gnoriste* Mg. Wien. ent. Ztg., **6**, 155—156, 1887 i.
— Analytische Tabelle der Hemerodrominae mit Einschluss der Gattung *Synamphotera* Lw. Wien. ent. Ztg., **6**, 169, 1887 j.
— Ueber eine mehrfach benannte und beschriebene Art aus der Dipterenfamilie der Phoriden. Wien. ent. Ztg., **6**, 288, 1887 k.
— Bemerkungen über das Vorkommen zweier Neuropteren und einer Diptere. Ent. Nachr., **14**, 20—21, 1888 a.
— Ueber eine Abnormität von *Callidium violaceum* L. und die Parasiten dieser Art. Ent. Nachr., **14**, 219—220, 1888 b.
— *Doritis Mnemosyne* L. im Harz. Ent. Nachr., **14**, 316, 1888 c.
— Ueber die Gattung *Hammerschmidtia* Schummel. Ein dipterologischer Beitrag. Ztschr. Ent. Breslau, (N. F.) **13**, 1—3, 1888 d.
— Dipterologische Beiträge. Wien. ent. Ztg., **7**, 95—96, 1888 e; Berichtigungen der Synonymie von *Exorista pavoniae* Zett. **8**, 231, 1889.
— Bemerkungen zur Dipteren-Gattung *Exoprosopa* Macq. Wien. ent. Ztg., **7**, 97—98, 1888 f.
— Bemerkungen zu *Rhinophora* (*Tachina*) *lepida* Mg. Wien. ent. Ztg., **7**, 253, 1888 g.
— in Fauna Insectorum Helvetiae (1885—1900) 1888.
— Ueber *Oscinis rapta* Haliday. Ent. Nachr., **15**, 53—54, 1889 a.
— *Psilopa* (*Ephygrobia*) *Girschneri* n. sp. Ent. Nachr., **15**, 54—56, 1889 b.
— Ueber *Eutarsus aulicus* Mg. Ent. Nachr., **15**, 57; Ueber . . . ein Nachtrag. 127—128, 1889 c.
— Ueber die Dipteren-Gattung *Clitodoca* Lw. Ent. Nachr., **15**, 291, 1889 d.
— Ueber *Tachina florum* Walk. Wien. ent. Ztg., **8**, 4, 1889 e.
— Ueber *Myopa clausa* Lw. Wien. ent. Ztg., **8**, 5, 1889 f.
[Siehe:] Bigot, Jaques Marie Frangile: Ann. Soc. ent. France, (6) **7**, 203—208, 1887; (6) **9**, Bull. XLVIII, 1889.
— Ein neuer *Conops* aus Klein-Asien. Wien. ent. Ztg., **8**, 6, 1889 g.
— *Anacanthaspis*, nov. gen. der Coenomyidae. Dipterologischer Beitrag. Wien. ent. Ztg., **8**, 7—10, 1889 h.
— Eine neue *Timia*. Wien. ent. Ztg., **8**, 186, 1889 i.
— Ueber *Asilus chinensis* Fabr. Ent. Nachr., **16**, 88—89, 1890 a.
— Ueber *Asilus fasciatus* Fabr. Ent. Nachr., **16**, 109—110, 1890 b.
— Ueber *Ornithomyia turdi* Latr. Ent. Nachr., **16**, 311—313, 1890 c.
— Ueber den Autor von *Bibio anglicus*. Ent. Nachr., **16**, 313—314, 1890 d.
— Zwei neue nordamerikanische Dipteren. Wien. ent. Ztg., **9**, 230—232, 1890 e.
— Ueber das ♂ von *Thereva* (*Dialineura*) *microcephala* Lw. Ztschr. Ent. Breslau, (N. F.) **16**, 17—19, 1891 a.
— Ueber *Syrphus tarsalis* Schummel. Ztschr. Ent. Breslau, (N. F.) **16**, 20, 1891 b.
— Dipteren auf der Insel Zante (Griechenland) gesammelt durch Herrn Dr. O. Schmiedeknecht in Blankenburg (Thüringen). Ent. Nachr., **17**, 81—83, 1891 c.
— Ueber *Orellia Schineri* Lw. Ent. Nachr., **17**, 209—210, 1891 d.
— Ueber *Chiastocheta* (*Aricia*) *trollii* Zett. Ent. Nachr., **17**, 228—230, 1891 e.
— Dipteren, gesammelt von Herrn F. Grabowsky in der Bielshöhle und neuen Baumannshöhle (Tropfsteinhöhlen) im Harz. Ent. Nachr., **17**, 346—347, 1891 f.
— Bemerkungen zu dem dipterologischen Beitrage von Prof. Mik in der Wiener Entomologischen Zeitung, Jahrg. 1890, pag. 251, über *Toxotrypana curvicauda* Gerst. Wien. ent. Ztg., **10**, 31—32, 1891 g.
○ Dipteren gesammelt in den Jahren 1868—1877 auf einer Reise durch Süd-Amerika von Alphons Stübel. 16 S., 1 Taf., Berlin, 1892 a.
— Ein neuer Fundort der Dipteren *Neottiophilum praeustum* Mg. und *Acyglossa diversa* Rond. Ent. Nachr., **18**, 204—206, 1892 b.
— Ueber *Apogon Dufourii* Perr. nebst einer Berichtigung zu Schiner's Fauna (die Fliegen). Ent. Nachr., **18**, 248—249, 1892 c.
— Bemerkung über *Acyglossa diversa* Rond. Ent. Nachr., **18**, 365—366, 1892 d.
— *Brachyceraea* nov. gen. novum genus Conopidarum (Diptera). Ent. Nachr., **18**, 366, 1892 e.
— Ueber *Medoria* (*Morinia*) *corvina* Mg. Ent. Nachr., **18**, 374—376, 1892 f.
— Ueber die Dipteren-Gattung *Lyroneurus* Löw nebst Beschreibung einer neuen Art. Soc. ent., **7**, 81, (1892—93) 1892 g.
— Drei neue Dipteren aus der Sendung des Herrn Baron von Müller in Melbourne (Australia) an das Königliche Naturalien-Cabinet in Stuttgart. Stettin. ent. Ztg., **53**, 241—244, 1892 h.
— Ein neuer Fundort des *Leptomorphus Walkeri* Curt. Wien. ent. Ztg., **11**, 170, 1892 i.
— Einige Bemerkungen zu *Bolbodimyia bicolor* Big. Wien. ent. Ztg., **11**, 237, 1892 j.
[Siehe:] Bigot, Jaques Marie Frangile: 161—162.
— Ueber die Dipteren-Gattung *Platyna* Wied. Wien. ent. Ztg., **11**, 271—272, 1892 k.
— Ueber die Dipteren Gattung *Stylogaster* Mcq. Wien. ent. Ztg., **11**, 286—288, 1892 l.
— Ueber eine Berichtigung des novum genus *Brachyceroea* = *Brachyceraea* im Nomenclator Zoologicus von Graf von Marschall und Scudder, II Universal Index to Genera in Zoology. Ent. Nachr., **19**, 62, 1893 a.
— Enumeratio Dipterorum, quae H. Fruhstorfer in parte meridionali insulae Ceylon legit. Ent. Nachr., **19**, 234—236, 1893 b.
— *Leptopa filiformis* Zett. Wien. ent. Ztg., **12**, 81—82, 1893 c.
[Siehe:] Schiner, Rudolph Ignaz: Fauna Austriaca, **2**, 1864.
— Nachträge zu den Coenosien mit unverkürzter sechster Längsader, welche Herr Ferd. Kowarz in dieser Zeitung, XII. Jahrgang (1893), pag. 138 et sequ. beschrieb. Wien. ent. Ztg., **12**, 181, 1893 d.
— in Stuhlmann, Franz [Herausgeber] (1891—1901) 1893.

— Genus *Caenophanes* Lw. Ent. Nachr., **20**, 173—174, 1894 a.
— Eine neue Diptere aus Kleinasien. Ent. Nachr., **20**, 202—204, 1894 b.
— Ueber *Trypeta amabilis* Lw. Wien. ent. Ztg., **13**, 97—100, 1 Fig., 1894 c.
— *Chaetosargus* nov. gen. Dipterorum. Wien. ent. Ztg., **13**, 169, 1894 d.
— Ueber *Mydas fulvipes* Walsh. Wien. ent. Ztg., **13**, 169—170, 1894 e.
[Siehe:] Walsh, Benjamin Dann: Proc. Boston Soc. nat. Hist., **9**, 286—318, 1865.
— Neue Fundorte der Diptere *Neottiophilum praeustum* Meig. Wien. ent. Ztg., **14**, 270, 1895.
— Ueber das Wohnthier der Nycteribidae: *Strebla* Wied. und *Megistopoda* Macq. Ent. Nachr., **22**, 321, 1896 a.
— *Spongostylum flavipes* nov. spec. Dipt. Wien. ent. Ztg., **15**, 273, 1896 b.
— Noch einige Bemerkungen über die europäischen *Stratiomyia*-Arten mit rothgefärbten Fühlern. Wien. ent. Ztg., **15**, 274, 1896 c.
[Siehe:] Bezzi, Mario: 215—217.
— Ueber die Dipteren-Gattung „*Gymnomus* Löw". Gehört dieselbe zu den Höhlen-Insecten? (In welcher Stellung befindet sich dieselbe zu den übrigen Helomyzidae). [In:] Festschrift 50jähr. Bestehen Verein schles. Insektenkunde Breslau, 85—89, Breslau, Maruschke & Behrendt in Comm., 1897.
— (Über Dipteren.) Jahresber. Ver. Naturw. Braunschweig, **11** (1897—99), 194—198, 1899.
— *Triclioscelis* nov. gen. Dasypogoninorum (Diptera). Stettin. ent. Ztg., **61**, 337—340, 1900.

Roehl, Ernst Carl Gustav Wilhelm von
geb. 1. 5. 1825 in Breslau, gest. 18.? (19.?) 9. 1882. — Biogr.: (W. von der Marck) Verh. naturhist. Ver. Preuss. Rheinl., **39**, Korr.bl., 53—55, 1882.
— Über *Palingenia longicauda*.) Verh. naturhist. Ver. Preuss. Rheinl., **38**, SB. 164, 1881.

Röhrig, G . . .
Insekten auf Schnee. Dtsch. landw. Pr., **22**, 88, 1895 a.
— Käfer in Wohnräumen. Dtsch. landw. Pr., **22**, 527, 1895 b.

Roelofs,
(Exposé et appréciation des idées de MM. G. Koch et A. Murray relatives à la Faune européenne.) Ann. Soc. ent. Belg., **16**, C. R. XXV—XXIX, 1873.

Roelofs, Paul J . . .
Essai de catalogue des Staphylinini (Fauvel) de la province d'Anvers. Ann. Soc. ent. Belg., **32**, C. R. XXXI—XXXIII, 1888 a.
— Essai de catalogue des Lathridiidae, Histeridae, Galerucini & Halticini de la province d'Anvers. Ann. Soc. ent. Belg., **32**, C. R. XCII—XCVI, 1888 b.

Roelofs, Willem
gest. 1897 auf einer Reise von Haag nach Brüssel, Maler. — Biogr.: Entomol. monthly Mag., (2) **8 (33)**, 186, 1897; (C. Kerremans) Ann. Soc. ent. Belg., **41**, 163, 1897; (A. F. Leesberg) Tidskr. Ent., **40**, Versl. 32, 1897; (R. Trimen) Trans. ent. Soc. London, **1897**, Proc. LXXIII, 1897; (A. Musgrave) Bibliogr. Austral. Ent., 271, 1932.
— Notice sur un nouveau genre de Curculionides d'Australie. Ann. Soc. ent. Belg., **10**, 243—248, Farbtaf. I, 1866 a.
[Siehe:] Lacordaire, Jean Theódore: 249—250.
— Description d'un nouveau genre de Curculionides de Monte-video. Ann. Soc. ent. Belg., **10**, 251—252, 1866 b.
— Lijst van te Nunspeet aan het strand der Zuiderzee in de maand September 1865 gevangen Carabici. Tijdschr. Ent., **10** ((2) **2**), 51—52, 1867.
— Notice sur le genre *Acroteriasus*. Ann. Soc. ent. Belg., **11**, 75—77, Farbtaf. II (Fig. 1—3), 1867—68 a.
— Note sur le *Georhynchus Mortetii*. Ann. Soc. ent. Belg., **11**, 78, Farbtaf. II (Fig. 4), 1867—68 b.
— Variabilité des caractères sexuels secondaires chez les Curculionides et les Anthribides. Ann. Soc. ent. Belg., **11**, 79—82, 1867—68 c.
— Observations sur la Monographie du Genre *Rhinochenus*. Ann. Soc. ent. Belg., **15**, C. R. XLVII—XLVIII, 1871—72 a.
— (Excursion entomologique à trois des îles Néerlandaises de la Mer du Nord.) Ann. Soc. ent. Belg., **15**, LXXVII—LXXVIII, 1871—72 b.
— [Carabidae van Texel, Vlieland en ter Schelling.] Tijdschr. Ent., **16** ((2) **8**), XIX—XXI, (1873) 1872.
— Curculionides recueillis au Japon par M. G. Lewis. Ann. Soc. ent. Belg., **16**, 154—193, Taf. II—III, 1873; **17**, 121—176; **18**, 149—194, Taf. I—III, 1875.
— Note sur les Curculionides recueillis par M. Purves à l'île d'Antigua. Ann. Soc. ent. Belg., **18**, C. R. XXV—XXVI, 1875 a.
— Diagnoses d'espèces nouvelles de Curculionides. Ann. Soc. ent. Belg., **18**, C. R. XXXVIII, 1875 b.
— (*Gloeodema spatula* Wollast. var. *bipustulata*.) Ann. Soc. ent. Belg., **18**, C. R. CVI—CVII, 1875 c.
— Curculionides recueillis par M. J. Van Volxem au Japon et en Chine. Ann. Soc. ent. Belg., **18**, C. R. CXXVIII—CXXXV, 1875 d.
— Description de quatre nouvelles espèces de Curculionides prises par M. J. Van Volxem à Ceylan aux Iles Philippines. Ann. Soc. ent. Belg., **19**, C. R. V—VIII; [Additions.] XII—XIII, 1876.
— [Ref.] siehe Leconte, John Lawrence & Horn, George Henry 1876.
— [Notice sur l'*Otiorhynchus sulcatus* reçu de Tasmanie.] Ann. Soc. ent. Belg., **20**, C. R. XXXIV—XXXV, 1877.
— [Notes sur la coloration des Curculionides.] Ann. Soc. ent. Belg., **21**, C. R. CCLXVI—CCLXXII, 1878.
— Diagnoses de nouvelles espèces de Cyphides. Ann. Soc. ent. Belg., **22**, C. R. LII, 1879 a.
— Diagnoses de nouvelles espèces de Curculionides, Brenthides, Anthribides et Bruchides du Japon. Ann. Soc. ent. Belg., **22**, C. R. LIII—LV, 1879 b.
— Description de quatre nouvelles espèces de Curculionides et d'un nouvel Anthribide du Japon, recueillis par Mr. Hiller. Dtsch. ent. Ztschr., **23**, 297—303, 1879 c.
— (Note nécrologique sur le Dr. Snellen van Vollenhoven.) Ann. Soc. ent. Belg., **23**, C. R. XLV—XLVI, 1880 a.
— Description de deux nouvelles espèces de Cholides et de deux nouvelles espèces de Cryptorhynchides. Ann. Soc. ent. Belg., **23**, C. R. XXXIX—XLV, 1880 b.
— Description de quatre nouvelles espèces du groupe des Cyphides. Ann. Soc. ent. Belg., **24**, 32—36, 1880 c.
— Note sur le genre *Xerodermus* Motsch. Ann. Soc. ent. Belg., **24**, 146, 1880 d.
— Description d'une nouvelle espèce du genre *Ecta-*

torhinus Lacord. Dtsch. ent. Ztschr., **24**, 141—142, 1880 e.
— *Pimelocerus cinctus* (Dej. Cat.) nov. gen. et. sp. Curcul. Dtsch. ent. Ztschr., **24**, 143—144, 1880 f.
— Description of a new genus and species of Ecelonerides (family Anthribidae) from Sumatra. Notes Leyden Mus., **2**, 203—205, 1880 g.
— Descriptions of a new Sumatran species of the genus *Myllocerus*. Notes Leyden Mus., **2**, 207—208, 1880 h.
— Description of two new species of the Rhynchophorous genus *Apoderus*. Notes Leyden Mus., **2**, 227—230, 1880 i.
— On a new species of the genus *Ectatorhinus*, *Ectatorhinus Hasselti*. Notes Leyden Mus., **2**, 231—234, 1880 j.
— Description of a new species of the Rhynchophorous genus *Oxyrhynchus*. Notes Leyden Mus., **2**, 235—236, 1880 k.
— Description of a new species of the family Anthribidae. Notes Leyden Mus., **2**, 237—239, 1880 l.
— A new species of the genus *Rawasia*, Roel. (Ecelonerides, Fam. Anthribidae). Notes Leyden Mus., **3**, 161—162, 1881.
— Deux espèces de Curculionides trouvées dans des Orchidées de l'Équateur. Ann. Soc. ent. Belg., **29**, 9—10 [bis], 1885.
— Curculionides d'Angola determinés. Jorn. Sci. Acad. Lisboa, [**12**], 48—56, (1887—88) 1887.
— in Veth, Pieter Jan [Herausgeber] (1881—92) 1887.
— (Overzicht van de Japansche Coleoptera-fauna.) Tijdschr. Ent., **32** (1888—89), XIX—XX, 1889 a.
— De japansche Curculioniden-Fauna vergeleken met die van andere Landen. Tijdschr. Ent., **32** (1888—89), 20—28, 1889 b.
— Description d'une espèce nouvelle du genre *Ectatorhinus*. (Coleoptera: fam: Curculionidae.) Notes Leyden Mus., **12**, 207—208, 1890 a.
— Description de deux espèces nouvelles du genre *Poteriophorus*, Schh. de la famille des Curculionides. Notes Leyden Mus., **12**, 238—240, 1890 b.
— Description de nouvelles espèces de Curculionides. Notes Leyden Mus., **13**, 115—120, Taf. 8 (Fig. 4), 1891 a.
— Description d'un Curculionide nouveau. Notes Leyden Mus., **13**, 145—146, Taf. 8 (Fig. 5), 1891 b.
— Genre nouveau et espèces nouvelles du groupe des Oxyopisthen. Notes Leyden Mus., **13**, 167—175, 1891 c.
— Description d'une espèce nouvelle du genre *Eugithopus*. Notes Leyden Mus., **14**, 7—8, 1892 a.
— Observations sur les espèces du genre *Oxyopisthen* et des genres voisins. Notes Leyden Mus., **14**, 33—37, 1892 b.
— Description de deux nouvelles espèces du genre *Onychogymnus*, Quedenfeldt. Notes Leyden Mus., **14**, 49—53, 1892 c.
— Observations sur les *Stenophida Linearis*, Pasc. et *Oxyopisthen suturale*, Roel. (*Stenophida trilineata*, Auriv.) Notes Leyden Mus., **14**, 133—135, 1892 d.
— Description d'un nouveau genre et d'une nouvelle espèce de Curculionides de la tribu des Ulomascides. Notes Leyden Mus., **14**, 136—138, 1892 e.
— Deux nouveaux genres et deux nouvelles espèces du groupe des Rhynchophorides. Notes Leyden Mus., **14**, 207—212, 1892 f.
— Description d'une nouvelle espèce du genre *Dinorrhopala* pasc. *D. cardoni*. Ann. Soc. ent. Belg., **37**, 497—498, 1 Fig., 1893 a.
— Description d'une nouvelle espèce du genre *Stenophida*, Pasc. Notes Leyden Mus., **15**, 129—130, 1893 b.
— Observations sur quelques espèces du genre *Oxyopisthen* et description d'espèces appartenant au même groupe. Notes Leyden Mus., **15**, 240—243, 1893 c.
— Description du male de l' *Iphthimorphinus australasiae*, Roel. Notes Leyden Mus., **15**, 244—245, 1893 d.
— Observations sur les caractères sexuels du genre *Poteriophorus* Schh. et description d'une espèce nouvelle. Notes Leyden Mus., **15**, 246—247, 1893 e.
— Quelques nouvelles espèces et un nouveau genre de Curculionides des îles Phillippines. Tijdschr. Ent., **36** (1892—93), 28—40, 1893 f.

Roelofs, William; **Jacobs**, Jean Charles & **Weinmann**, Rodolphe
[Les collections de la Société et les Coléoptères de la collection de feu Putzeys.] Ann. Soc. ent. Belg., **29**, C. R. LXV—LXVI, 1885.

Römer,
Die Hessenfliege (*Cecidomyia destructor*). Landwirt Breslau, **15**, 395, 1879 a.
— Die Wintersaat-Eule (*Agrotis segetum*). Landwirt Breslau, **15**, 421, 1879 b.

Roemer, Carl Ferdinand
geb. 5. 1. 1818 in Hildesheim, gest. 14. 12. 1891 in Breslau, Prof. d. Geol. u. Mineral. u. Direktor d. mineral. Mus. in Breslau. — Biogr.: (C. Struckmann) Leopoldina, H. 28, 31—32, 43—46, 63—67, 1892.
— Über die ältesten Formen des organischen Lebens auf der Erde. Sammlg. wiss. Vortr., **4** (1869—70), 755—790, 1869.
— Notiz über ein Vorkommen von fossilen Käfern (Coleopteren) im Rhät bei Hildesheim. Ztschr. Dtsch. geol. Ges., **28**, 350—353, 3 Fig., 1876.

Römer, Fritz
geb. 1866, gest. 1909. — Biogr.: (A. Brauer) Fauna Arctica, **5**, I—III, 1910.

Römer, Fritz & **Schaudinn**, Fritz
[Herausgeber]
Fauna Arctica. Eine Zusammenstellung der arktischen Tierformen, mit besonderer Berücksichtigung des Spizbergen-Gebietes auf Grund der Ergebnisse der Deutschen Expedition in das Nördliche Eismeer im Jahre 1898. 6 Bde.[1]) 4°, Jena, Gustav Fischer, 1900 ff.
1. 4 (unn.) + 540 + 10 (unn., Taf. Erkl.) S., 50 Fig., 10 Taf., 2 Kart., 1900.
[Darin:]
Römer, Fritz & Schaudinn, Fritz: Einleitung. Plan des Werkes und Reisebericht. 1—84, 12 Fig., 2 Kart.
Schäffer, Caesar: 235—258.

Römer, J. . .
Die Blumen und ihre Gäste. Natur u. Haus, **2** (1893—94), 321—322, 336—337, 352—354, 365—367, 379—381, 1894.

Römer, Julius
(*Melolontha vulgaris*, Verkümmerung des vorder-

[1]) Bd. 2—6 nach 1900.

sten Beinpaares.) Verh. Mitt. Siebenbürg. Ver. Naturw., 29, 108, 1879.
— (Lebenszähigkeit einer Zackeneule, *Scoliopterix Libatrix.*) Verh. Mitt. Siebenbürg. Ver. Naturw., **32**, 119, 1882 a.
— (Massenhaftes Auftreten von *Tribolium ferrugineum* und *Silvanus surinamensis.*) Verh. Mitt. Siebenbürg. Ver. Naturw., **32**, 119—121, 1882 b.

Römmele,
○ Rindviehkrankheiten durch Canthariden veranlasst. [Nach: Tierärztl. Mitt., Nr. 6 1866.] Österr. Vjschr. wiss. Veterinärk., **27**, Analecten 49, 1867.

Rönnenkamp,
○ Die Engerlingsplage. Mschr. Gärtnerei- u. Pflanzenk., **1880**, 147, 1880.

Rörig,
Die Weidenblattkäfer. Ill. Wschr. Ent., **2**, 657—661, 1897.

Rörig, Georg Prof. Dr.
geb. 31. 10. 1864 in Glogau, gest. 26. 5. 1941 in Görlitz, Leiter d. Zool. Labor. d. Biol. Abt. d. Gesundheitsamtes in Berlin. — Biogr.: Arb. physiol. angew. Ent., **8**, 212, 1941.
— *Oscinis frit* (*vastator* Curt.) und *Oscinis pusilla.* Ein Beitrag zur Kenntniß der kleinen Feinde der Landwirthschaft. Ber. physiol. Labor. landw. Inst. Univ. Halle, **2**, H. 10, 1—33, Farbtaf. I—II (I z. T. farb.), 1893.
— Leitfaden für das Studium der Insekten und Entomologische Unterrichtstafeln. 8°, 3 (unn.) + 43 + 1 (unn.) S., 8 Taf., Berlin, R. Friedländer & Sohn, 1894.
— *Cecidomyia avenae* Marchal — ein neuer Feind des Hafers. Dtsch. landw. Pr., **22**, 531, 1895.
— Spargelschädlinge. Dtsch. landw. Pr., **23**, 281, 1 Farbtaf. (unn.), 1896.
— siehe Frank, Albert Bernhard & Rörig, 1896.
— Untersuchungen über den Nahrungsverbrauch insektenfressender Vögel und Säugetiere. Ber. landw. Inst. Univ. Königsberg i. Pr., Nr. 1 (= Mitt. landw.-physiol. Labor.), 1—20, 1898 a.
[Darin:]
Gutzeit, Ernst: Analysen der zur Verwendung gelangten Futtermittel. 17—20.
[Abdr.:] Orn. Mschr., **23**, 337—348, 366—376, 1800.
[Darin:]
Gutzeit, Ernst: 372—376.
— Magenuntersuchungen land- und forstwirtschaftlich wichtiger Vögel. Ber. landw. Inst. Univ. Königsberg i. Pr., Nr. 1 (= Mitt. landw.-physiol. Labor.), 21—34, 1898 b.
— Untersuchungen über die Nahrung der Krähen. Ber. landw. Inst. Univ. Königsberg i. Pr., Nr. 1 (= Mitt. landw.-physiol. Labor.), 35—104 + I—LXV, 1898 c.
— Die Entomologen und der Vogelschutz. Orn. Mschr., **23**, 274—279, 1898 d.
— Ansammlungen von Vögeln in Nonnenrevieren. Orn. Mschr., **24**, 42—51, 1899.
— Die Aufgaben des zoologischen Laboratoriums der biologischen Abteilung für Land- und Forstwirtschaft am Kaiserl. Gesundheitsamte. Dtsch. landw. Pr., **27**, 391—393, 1900 a.
— Magenuntersuchungen land- und forstwirthschaftlich wichtiger Vögel. Arb. biol. Abt. Land- u. Forstw. Gesundheitsamt, **1**, 1—85, 1900 b.
— Ein neues Verfahren zur Bekämpfung des Schwammspinners. Arb. biol. Abt. Land- u. Forstw. Gesundheitsamt, **1**, 255—260, 2 Fig., 1900 c.
— Die Krähen Deutschlands in ihrer Bedeutung für Land- und Forstwirthschaft. Arb. biol. Abt. Land- u. Forstw. Gesundheitsamt, **1**, 285—400 + (1)—(151), 5 Fig., 2 Kart., 1900 d.

(Rösch,)
○ Ameisen als Rebfeinde. [Nach: Tirol. landw. Blätter.] Ill. Gartenztg. Erfurt, **8**, 346, 1894.

Roeschke, Hans Dr. med.
geb. 27. 11. 1867 in Berlin, gest. 4. 11. 1934 in Berlin, Arzt. — Biogr.: (W. Horn) Arb. morphol.-taxon. Ent., **1**, 310, 1934; Kol. Rdsch., **21**, 57, 1935; Ent. Bl., **32**, 12—13, 1936.
— in Reitter, Edmund [Herausgeber] (1879—1900 ff.) 1891.
— siehe Horn, Walther & Roeschke, Hans 1891.
— Ein neuer *Carabus.* Ent. Nachr., **22**, 113—114, 1896.
— Reitter's Bestimmungstabelle der Carabini. Dtsch. ent. Ztschr., **1897**, 77—79, 1897 a.
[Siehe:] Reitter, Edmund: 17—25.
— *Carabus tauricus* n. sp. *C. bessarabici* variatio? & *Carabus tibialis.* Dtsch. ent. Ztschr., **1897**, 79—80, 1897 b.
— Einige kritische Bemerkungen zu Reitter's Bestimmungs-Tabelle der Carabini. Dtsch. ent. Ztschr., **1896**, 337—347, (1896) 1897 c.
— *Procerus scabrosus* und seine Varietäten. Dtsch. ent. Ztschr., **1896**, 348, (1896) 1897 d.
— Ein neuer Carabus aus China. Ent. Nachr., **23**, 116—117, 1897 e.
— Carabologische Notizen I. Ent. Nachr., **24**, 121—126; ... II. 162—165; ... III. 283—285, 1898; ... IV. **25**, 357—358, 1899; ... V. **26**, 57—63; ... VI. 68—72; ... VII. 162—163, 1900.

Röse, A ...
geb. 27. 8. 1821 in Tabarz (Thüringen), gest. 24. 9. 1873 in Schnepfenthal, Lehrer.
— Ueber die Oestriden (Dasselfliegen) und die Beobachtung derselben in zoologischen Gärten. Zool. Garten Frankf. a. M., **6**, 255—266, 5 Fig., 1865; Weitere Beobachtungen über die Oestriden. **7**, 416—420, 1866.
[Siehe:] Brauer, Friedrich: **8**, 76, 1867.
○ Zur Oestridenforschung. Mschr. Forst- u. Jagdwes., **1866**, 73—74, 1866.
— Über die Dassel- oder Biesfliegen (Oestriden) der Hausthiere. Fühling's landw. Ztg., **16** ((N. F.) **4**), 11—15, 49—51, 111—114, 137—138, 1867 a.
— Die bunte Kleinzirpe (*Typhlocyba picta* F.), als schädliches Insekt für junge Saaten. Fühling's landw. Ztg., **16** ((N. F.) **4**), 270—272, 1867 b.
— Die Bedeutung der Eulen für Forst- und Landwirthschaft. Mschr. Forst- u. Jagdwes., **1867**, 338—345, 1867 c.
○ Die Östriden (Dassel- oder Biesfliegen). Erg.bl. Kenntn. Gegenwart, **3**, 42—46, Taf. 1, 1868.

Roese, H ...
Vertilgung der Schildläuse von Palmen und Cycadeen. Dtsch. Gärtn. Ztg. Erfurt, **5**, 33, 1890.

Roesler, Leonhard Prof. Dr.
geb. 19. 5. 1839 in Nürnberg. — Biogr.: (Maria Ulbrich) Das Weinland, Nr. 6, 3 S., 1939.
— Die kleinen Feinde des Weinstockes. Weinlaube, **4**, 219—221, 1872 a.

— Beiträge zur Kenntniß der gegen *Phylloxera vastatrix* empfohlenen Mittel. Weinlaube, **4**, 265—266, 1872 b.
— Ein weiterer Beitrag zu den gegen *Phylloxera vastatrix* empfohlenen Mitteln. Weinlaube, **4**, 320—321, 1872 c.
○ Memoria sulla *Phylloxera vastatrix* nelle viti. 8°, 16 S., Urbino, tip. del Metauro, 1874 a.
— Istruzioni del Dott. Rössler Direttore della Stazione enologica di Klosterneuburg sulla *Phylloxera vastatrix* estesa nell'Austria. Agricoltore Lucca, **10**, 80—85, 1874 b.
— Zwei neue Mittel gegen die *Phylloxera vastatrix*. Ann. Önol., **4**, 546—555, (1874) [1875] a.
— Ein Beitrag zur Beantwortung der heute in Frankreich besonders ventilirten Fragen über *Phylloxera vastatrix* auf Grund der in Klosterneuburg bei Wien gemachten Erfahrungen. Ann. Önol., **4**, 459—467, (1874) [1875] b.
[Sonderdr.:] 8°, 12 S., Heidelberg, C. Winter, 1875.
[Ref.:] ○ [Communication sur le phylloxera.] C. R. Congr. vitic. int., **1874**, 179—182, 1875.
— Kurze Zusammenstellung der Resultate, welche im Jahre 1872 bei Anwendung einer grossen Anzahl von zumeist in Frankreich empfohlenen Mitteln gegen die *Phylloxera vastatrix* in Klosterneuburg erhalten wurden. Ann. Önol., **4**, 468—470, (1874) [1875] c.
— (Sur le *Phylloxera*.) C. R. Acad. Sci. Paris, **80**, 29, 1875 d.
○ Belehrung über das Auftreten der Reblaus. Landw. Ztschr. Kassel, **1875**, 60—61, 86—88, 144—145, 1875 e. — ○ [Abdr.?:] Steirisch. Landbote, **1874**, 169, 177, 194, 1874.
○ Die *Phylloxera vastatrix*. Österr. landw. Wbl., **1**, 4—5, 15—16, 29—30, 41—42, ? Fig., 1875 f.
○ Die *Phylloxera vastatrix* in der Schweiz. Schweiz. landw. Ztschr., **3**, 1—8, 1 Taf., 1875 g.
○ Istruzione popolare sulla *Phylloxera vastatrix*. 8°, 30 S., Undine, tip. Gius. Seitz, 1875 h. — [Abdr., z. T.:] Storia e descrizione della fillossera; natura e manifestazioni del malore che cagiona alla vite. Atti Soc. agr. Gorizia, **19** ((N. S.) **5**), 17—27, 8 Fig., 1880.

Rößler,
Über die Zucht exotischer Schmetterlinge. Ent. Jb., (**1**), 122—132, 1892.

Rössler, Adolf Dr.
geb. 6. 4. 1814 in Usingen, gest. 31. 8. 1885 in Wiesbaden, Appellationsgerichtsrat. — Biogr.: (A. Pagenstecher) Jb., Nassau Ver. Naturk., **38**, 149—153, 1885 m. Schriftenverz.; (A. Pagenstecher) Stettin. ent. Ztg., **47**, 19—22, 1886 m. Schriftenverz.
— Ueber die neue neben *Platyptilus ochrodactylus* H.-S. einzureihende Art. Wien. ent. Mschr., **8**, 53—54, 1864 a.
— Lepidopterologische Mittheilungen. Wien. ent. Mschr., **8**, 131—132, 1864 b.
— Ueber *Pterophorus serotinus* Zeller. Wien. ent. Mschr., **8**, 201, 1864 c.
— Verzeichniß der Schmetterlinge des Herzogthums Nassau, mit besonderer Berücksichtigung der biologischen Verhältnisse und der Entwicklungsgeschichte. Jb. Nassau Ver. Naturk., **19—20**, 99—442, 13 Fig., (1864—66) 1866—67.
[Sonderdr.:] 8°, 1 (unn.) + 342 S., 13 Fig., Wiesbaden, Julius Niedner, (1866) 1866—67.
[Siehe:] Fuchs, August: **21—22**, 203—260, 1867—68.
— Ueber *Cleodora striatella* SV. und *Cleodora tanacetella* Schrank. Stettin. ent. Ztg., **31**, 258—261, 1870.
— Beobachtungen über einige in Gärten vorkommende Kleinschmetterlinge. Jb. Nassau Ver. Naturk., **25—26**, 424—426, 1871—72 a.
— Zur Naturgeschichte von *Agrotis Tritici* Lihn. = *fumosa* L. und *obelisca* S. V. Jb. Nassau Ver. Naturk., **25—26**, 427—432, 1871—72 b.
— Lepidopterologisches. Stettin. ent. Ztg., **33**, 309—311, 1872.
— *Grapholitha Fuchsiana* und *Coleophora Sarothamni*, zwei neue Arten aus dem unteren Rheingau. Stettin. ent. Ztg., **38**, 75—78, 1877 a.
— Verzeichniss um Bilbao gefundener Schmetterlinge. Stettin. ent. Ztg., **38**, 359—380, 1877 b.
— Versuch, die Grundlage für eine natürliche Reihenfolge der Lepidopteren zu finden. Jb. Nassau Ver. Naturk., **31—32**, 220—231, 1878—79 a.
— Ueber Nachahmung bei lebenden Wesen (Organismen), insbes. den Lepidopteren, mit einer Betrachtung über die Abstammungslehre. Jb. Nassau Ver. Naturk., **31—32**, 232—244, 1878—79 b.
— Ueber Studien zur Descendenztheorie. Dtsch. ent. Ztschr., **24**, 249—252, 1880.
— Die Schuppenflügler (Lepidopteren) des Kgl. Regierungsbezirks Wiesbaden und ihre Entwicklungsgeschichte. Jb. Nassau Ver. Naturk., **33—34**, 1—393, 1880—81.
[Engl. Übers., z. T., von] William Warren: On the probable identity of the species known as *Agrotis tritici, aquilina, obelisca,* and *nigricans.* Entomol. monthly Mag., **19**, 278—280, (1882—83) 1883.
[Ref.] Möschler, Heinrich Benno: Stettin. ent. Ztg., **43**, 492—508, 1882.
— Ueber Diptern in Schmetterlingsleibern. Stettin. ent. Ztg., **42**, 389—390, 1881.
— Welches ist das beste System der Lepidopteren. Stettin. ent. Ztg., **44**, 244—248, 1883.
— Die Behandlung der für Sammlungen bestimmten Schmetterlinge und ihre Erhaltung. Stettin. ent. Ztg., **45**, 105—108; Errata in dem Artikel S. 105; Nachtrag zu Seite 108. 144, 1884 a. — [Abdr.:] Ent. Nachr., **10**, 61—65, 1884.
— Das Weibchen von *Papilio Zalmoxis* Hew. Stettin. ent. Ztg., **45**, 142—144, 1884 b.
[Siehe:] Staudinger, Otto: 298—299.
— Ueber einige Arten der Gattung *Attagenus* Str. Soc. ent., **4**, 163—164, (1889—90) 1890; ... *Attagenus* Latr., **5**, 12, (1890—91) 1890.
— Wie erkennt man eine Eule am Verlauf der Flügelrippen. Ent. Ztschr., **11**, 165—166, 3 Fig., (1897—98) 1898.

Rössler, Ervin
[Odonata Fabr. mit besonderer Berücksichtigung von Kroatien, Slavonien und Dalmatien.] Odonata Fabr. s osobitim obzirom na Hrvatsku, Slavoniju i Dalmaciju. Glasnik Naravosl. društ., **12**, 1—99, 8 Fig., 1900.

Rössler, Richard
Die verbreitetsten Schmetterlinge Deutschlands. Eine Anleitung zum Bestimmen der Arten. 8°, X + 2 (unn.) + 170 S., 2 Taf., Leipzig, B. G. Teubner, 1896.

[Ref.:] Dönitz, Friedrich Karl Wilhelm: Berl. ent. Ztschr., **41**, 295—297, 1896.
— Die Raupen der Grosschmetterlinge Deutschlands. Eulen und Spanner mit Auswahl. Eine Anleitung zum Bestimmen der Arten. 8°, XVI + 170 S., 2 Taf., Leipzig, B. G. Teubner, 1900.

Röthel, B...
○ Beobachtungen über das Auftreten des grünköpfigen Kiefernspanners (*Geom.* [*Bupalus*] *piniaria*) im Jahre 1871 und 72. Mschr. Forst- u. Jagdwes., **1875**, 168—172, 1875.

Röttelberg, Rud...
siehe Limpert, Ed... & Röttelberg, Rud... 1879.
— siehe Limpert, Ed. & Röttelberg, Rud... 1893.

Röttgen, Carl Franz
geb. 19. 4. 1859 in Bonn, gest. 26. 8. 1925 in Koblenz, Amtsgerichtsrat u. Geheimer Justizrat. — Biogr.: Verh. naturhist. Ver. Preuß. Rheinl., **83**, 206—208, 1926.
— Beitrag zur Käferfauna der Rheinprovinz. Verh. naturhist. Ver. Preuss. Rheinl., **51**, 178—195, 1894; Zweiter Beitrag zur ... **56**, 146—155, 1899.

Röttger, R...
Die südamerikanische Ameise (Saúba) und ihre Verwüstungen. Natur Halle, (N. F.) **13** (**36**), 409—411, 1887.

Rogalewicz, Ant...
○ [Über den Seidenbau in unserem Lande.] O jedwabnictwie w naszym kraju. Kronika rodzinna, **1**, 233—236, 1867.

Rogenhofer, Alois Friedrich
geb. 22. 12. 1831 in Wien, gest. 15. 1. 1897 in Wien, Custos d. entomol. Sammlungen d. Mus. in Wien. — Biogr.: Entomol. monthly Mag., (2) **8** (**33**), 108, 1897; Ent. News, **8**, 120, 1897; (J. Mik) Wien. ent. Ztg., **16**, 44, 1897; (R. Trimen) Trans. ent. Soc. London, **1897**, Proc. LXXIV, 1897; Leopoldina, 33, 52, 1897; Zool. Anz., **20**, 192, 1897; Jahresber. Wien. ent. Ver., **7** (1896), 21, 1897; (F. S. Feindachner) Ann. naturhist. Hofmus. Wien, **13**, Jahresber. 1897, 2, 1898; (Max Wildermann) Jb. Naturw., **13** (1897—98), 508—509, 1898; Jahresber. Wien. ent. Ver., **30** (1919), 17—24, 1924 m. Porträt & Schriftenverz.; (A. Musgrave) Bibliogr. Austral. Ent., 271, 1932.
— Fünf Schmetterlings-Zwitter. Verh. zool.-bot. Ges. Wien, **15**, 513—516, 1865.
— Zur Lepidopteren-Fauna Oesterreichs. Verh. zool.-bot. Ges. Wien, **16**, 999—1000, 1866.
— Ueber Zwitter von *Rhodocera* B. Verh. zool.-bot. Ges. Wien, **19**, 191—192, 1869 a.
— Lepidopterologische Mittheilungen. 1. Die ersten Stände von *Earias vernana* Hüb. 2. Lautäusserung des Männchens von *Thecophora fovea* Tr. 3. Beiträge zur Kenntniss der geographischen Verbreitung der Lepidopteren in Oesterreich. Verh. zool.-bot. Ges. Wien, **19**, 917—920, 1869 b.
— Ueber die Synonymie und die früheren Stände von *Earias insulana* B. (*siliquana* H. Sch.) und Beschreibung einer neuen Art. Verh. zool.-bot. Ges. Wien, **20**, 869—874, 1870.
— Mittheilungen über massenhaft beobachtetes Auftreten von Insekten im Jahre 1871. *Corisa hieroglyphica* Duf.; *Plusia gamma* L.; *Cassida nebulosa* L. Verh. zool.-bot. Ges. Wien, **21**, SB. 65, 1871.
— [Über Insekten aus der Umgebung von Görz, die für die österreich. u. deutsche Fauna neu sind]. Verh. zool.-bot. Ges. Wien, **22**, SB. 45, 1872.
— in Reise Novara 1857—59. (1864—75) 1874.
— in Reise Novara 1857—59. (1864—75) 1875.
— Notiz zur Mimicry. Verh. zool.-bot. Ges. Wien, **25** (1875), SB. 23, 1876 a.
— Die ersten Stände einiger Lepidopteren. Verh. zool.-bot. Ges. Wien, **25** (1875), 797—802, 1876 b; 34 (1884) 153—158, 1885.
— *Tinea vastella* Zeller als Zerstörerin afrikanischer Büffelhörner. Verh. zool. bot. Ges. Wien, **26** (1876), SB. 13, 1877 a.
— Beschreibung der Raupe von *Endagria ulula* Bkh. Verh. zool.-bot. Ges. Wien, **26** (1876), SB. 86—87, 1877 b.
— (Lebenszähigkeit von *Cychrus*.) Tagebl. Vers. Dtsch. Naturf., **51**, 88, 1878.
— siehe Mann, Josef & Rogenhofer, Alois 1878.
— Über massenhaftes Auftreten des Distelfalters. Verh. zool.-bot. Ges. Wien, **29** (1879), SB. 40—41, 1880.
— Beschreibung eines Gelechiden *Teleia Wachtlii* n. sp. Verh. zool.-bot. Ges. Wien, **30** (1880), SB. 48—49, 1881.
— *Sarothripa nilotica* m. Eine neue Nycteolide aus Egypten. Verh. zool.-bot. Ges. Wien, **31** (1881), SB. 26, 1882.
— [Über eine fünfflügelige *Zygaena Minos* S. V. (*pilosella Esp.*) und eine anormale *Penthina salicella* L.] Verh. zool.-bot. Ges. Wien, **32** (1882), SB. 34—35, 1 Fig., 1883.
— Ernest Marno. Nekrolog. Verh. zool.-bot. Ges. Wien, **33** (1883), SB. 21—22, 1884 a.
— [Beschreibung von *Colias Marnoana* m., *Doratopteryx* nov. gen. und *D. afra* n. sp.] Verh. zool.-bot. Ges. Wien, **33** (1883), SB. 22—25, 2 Fig., 1884 b.
— Ueber *Chimaera* (*Atychia*) *radiata* O. Verh. zool.-bot. Ges. Wien, **34** (1884), 563—566, 1885.
— in Möschler, Heinrich Benno 1885.
— in Becker, Moritz Alois [Herausgeber] (1886—88) 1886.
— [Ref.] siehe Gumppenberg, Carl von 1886.
— Lepidopteren auf hoher See. Ann. naturhist. Hofmus. Wien, **2**, 131, 1887 a.
— Mittheilung über das bis jetzt in Europa noch nicht beobachtete Auftreten der Noctuide *Heliothis armiger* Hb. als Schädling. Verh. zool.-bot. Ges. Wien, **37**, SB. 63—64, 1887 b.
— Ueber *Polia senex* Geyer. Verh. zool.-bot. Ges. Wien, **37**, 201—204, 1887 c.
— (Charakter und die Unterschiede der Lepidopteren-Fauna von Ost- und West-Afrika.) Verh. zool.-bot. Ges. Wien, **38**, SB. 47, 1888 a.
— *Pedoptila Staudingeri* spec. nov. Verh. zool.-bot. Ges. Wien, **38**, SB. 61—62, 1888 b.
— Über die bisher beobachteten Fälle von Bastardirungen bei Schmetterlingen. Verh. zool.-bot. Ges. Wien, **38**, SB. 73—74, 1888 c.
— Eduard Kreithner (Nekrolog). Wien. ent. Ztg., **7**, 116, 1888 d.
— Afrikanische Schmetterlinge des k. k. naturhistorischen Hofmuseums. Ann. naturhist. Hofmus. Wien, **4**, 547—554, Farbtaf. XXIII; 1889 a; **6**, 455—465, Farbtaf. XV, 1891.
— Josef Johann Mann (Nachruf). Ann. naturhist. Hofmus. Wien, **4**, Notizen 79—81, 1889 b. — [Abdr.:] Wien. ent. Ztg., **8**, 241—244, 1 Taf. (unn.), 1889.

— Interessante Erwerbung der Sammlung von Lepidopteren. Ann. naturhist. Hofmus. Wien, **4**, Notizen 87, 1889 c.
— Das Sammeln und Beobachten von Insecten auf Hochtouren. Mitt. Sekt. Naturk. Österr. Tour.-Club, **1**, 29, 1889 d.
— Lepidopteren-Fauna Tenerife's. Mitt. Sekt. Naturk. Österr. Tour.-Club, **1**, 46—47, 1889 e. — [Abdr., z. T.:] Übersicht der Lepidopteren... Verh. zool.-bot. Ges. Wien, **39**, SB. 35—36, 1889.
— *Papilio Hageni*, eine neue Art aus Sumatra. Verh. zool.-bot. Ges. Wien, **39**, SB. 1—2, 1889 f.
— Lepidopteren aus Ceylon und Indien. Verh. zool.-bot. Ges. Wien, **39**, SB. 60—61, 2 Fig., 1889 g. [Siehe:] McLachlan, Robert: Entomol. monthly Mag., **25**, 362, (1888—89) 1889.
— Diagnose eines neuen Tagfalters der Nymphaliden-Gruppe aus Ostafrika. Verh. zool.-bot. Ges. Wien, **39**, SB. 76, 1889 h.
— Apollofalter. Mitt. Sekt. Naturk. Österr. Tour.-Club, **2**, 28, 1890 a.
— (Über den Charakter der Lepidopterenfauna von Madagaskar.) Verh. zool.-bot. Ges. Wien, **39**, 78, 1890 b.
— Ueber die Anpassung der Färbung der Schmetterlinge und Raupen an ihre Umgebung. Verh. zool.-bot. Ges. Wien, **40**, SB. 39—42, 1890 c.
— (Über den Charakter der Lepidopteren-Fauna aus dem Kilima-Ndjaro-Gebiete.) Verh. zool.-bot. Ges. Wien, **40**, SB. 45, 1890 d.
— Die Befruchtung der Blumen durch Insecten und das Festhalten der letzteren durch sogenannte Klemmkörper. Verh. zool.-bot. Ges. Wien, **40**, SB. 67—68, 1890 e.
— Dr. Franz Loew. Ein Nachruf. Verh. zool.-bot. Ges. Wien, **40**, 165—167, 1890 f.
— Ueber den Einfluss der Entomologie auf die Erziehung. Jahresber. Wien. ent. Ver., **1891**, 11—14, 1891 a. — [Abdr.:] Ent. Jb., (**1**), 92—94, 1892. — [Abdr.:] Mitt. naturw. Ver. Troppau, **1**, 4—5, 1895.
— Massenhaftes Auftreten von kleinen Blattläusen.[1]) Mitt. Sekt. Naturk. Österr. Tour.-Club, **3**, 79, 1891 b.
— (Beschreibung neuer Varietäten von Spinner-Arten aus Syrien.) Verh. zool.-bot. Ges. Wien, **41**, SB. 85—86, 1891 c.
— Diagnosen neuer Schmetterlinge des k. k. naturhistorischen Hofmuseums. Verh. zool.-bot. Ges. Wien, **41**, 563—566, 1891 d.
— in Baumann, Oscar 1891.
— in Höhnel, Ludwig von [Herausgeber] 1892.
— siehe Rebel, Hans & Rogenhofer, Alois Friedrich 1892.
— Neue Lepidopteren des k. k. naturhistorischen Hofmuseums. Verh. zool.-bot. Ges. Wien, **42** (1892), 571—575, 6 Fig., 1893 a.
— Ueber die taschenförmigen Hinterleibsanhänge der weiblichen Schmetterlinge der Acraeiden. Verh. zool.-bot. Ges. Wien, **42** (1892), 579—581, 1893 b.
— siehe Rebel, Hans & Rogenhofer, Alois Friedrich 1893.
— Dr. Cajetan Freiherr v. Felder†. Dtsch. ent. Ztschr. Iris, **7**, 363, 1894 a.
— *Bupalus piniarius* L. Stettin. ent. Ztg., **55**, 132, Farbtaf. V (Fig. 2), 1894 b.
— in Baumann, Oscar 1894.

[1]) vermutl. Autor, lt. Text C. Rogenhofer

— Vincenz Dorfmeister. Ein Nachruf. Jahresber. Wien. ent. Ver., **6** (1895), 25—27, 1896.

Rogenhofer, Alois & **Dalla Torre**, Karl Wilhelm von
Die Hymenopteren in I. A. Scopoli's Entomologia Carniolica und auf den dazugehörigen Tafeln. Verh. zool.-bot. Ges. Wien, **31** (1881), 593—604, 1882.

Rogenhofer, Alois & **Mann**, Josef
Neue Lepidopteren gesammelt von Herrn J. Haberhauer. Verh. zool.-bot. Ges. Wien, **23**, 569—574, 1873.

Rogenhofer, Anton
○ Massenhaftes Auftreten von *Corixa hieroglyphica* L. D. Bl. Ver. Landesk. Niederösterr., (N. F.) **2**, 125—126, 1868.

Roger, H...
Les ennemis des récoltes en 1894. Bull. Soc. Linn. Nord France, **12**, 121—127, 1894—95.

Roger, J...
Liste des Carabiques récoltés dans le département de Vaucluse. Échange, **15**, 10—12, 58—60, 91—92, 1899 a.
— Coléoptère nouveau de la famille des Carabiques. Échange, **15**, 56, 1899 b.
— Nouvelles espèces de Buprestidae du genre *Trachys*, Fabricius. Échange, **16**, 32, 1900.

Roger, Otto
Das Flügelgeäder der Käfer. Zugleich ein fragmentärer Versuch zur Auffassung der Käfer im Sinne der Descendenztheorie. 8°, 1 (unn.) + IV + 90 S., Erlangen, Eduard Besold, 1875.
[Ref.:] Ent. Nachr. Putbus, **1**, 85—88, 93—94, 1875; Kraatz, Gustav: Dtsch. ent. Ztschr., **19**, 444—445, 1875.

Rogers,
(A curious caterpillar from Rio de Janeiro.) Mem. Manchester lit. phil. Soc., **41** (1896—97), XXV, 1897.

Rogers, A... G...
Pea-green Moth (*Tortrix viridana*). Sci. Gossip, **17**, 184—185, 1881.

Rogers, Bertram Mitford Heron [Herausgeber]
○ Handbook to Bristol and the neighbourhood. 8°, 237 S., 1 Karte, Bristol, 1898.
[Darin:]
Hudd, Alfred Edmund: Insects of the Bristol District. 204—206.

Rogers, Henry
Immense Swarms of *Syrphus Pyrastri*. [Mit Angaben von Edward Newman.] Zoologist, **22**, 9254—9255, 1864.
— *Sterrha Sacraria* in the Isle of Wight. Entomologist, **3**, Nr. 45, I, (1866—67) 1867 a. — [Abdr.:] [Mit Angaben von E. Newman.] **3**, 347—348, (1866—67) 1867.
— Rare Lepidoptera in the Isle of Wight. Entomologist, **9**, 231, 1876.
— *Ebulea stachydalis* in the Isle of Wight. Entomologist, **16**, 46, 1883.

Rogers, J... Innes
Colours of British Butterflies. Nature London, **23** (1880—81), 435—436, 1881.

Rogers, J... T...
Vanessa antiopa in Kent. Entomologist, **21**, 273, 1888.

Rogers, Leonard
The relationship of drinking water; water-logging and the distribution of *Anopheles* Mosquitos, respectively to the prevalence of Malaria North of Calcutta. Proc. Asiat. Soc. Bengal, **1900**, 90—98, (1901) 1900.
[Ref.:] Indian med. Gazette, **1900**, 345, 1900.

Rogers, R... Vashon
New branch of the Entomological Society at Kingston, Ont. Canad. Entomol., **2**, 155, 1870.
— *Strangalia luteicornis.* Canad. Entomol., **4**, 119, 1872 a.
— Female Decoys. [*Platysamia cecropia.*] Canad. Entomol., **4**, 138—139, 1872 b.
— *Danais Archippus.* Canad. Entomol., **4**, 199—200, 1872 c.
— *Diapheromera femorata*, Say, or *Spectrum femoratum*, Harris. Canad. Entomol., **4**, 200, 1872 d.
— *Doryphora 10-lineata* [in Kingston, Ont.]. Canad. Entomol., **4**, 200, 1872 e.
— *Reduvius raptatorius.* Canad. Entomol., **5**, 155, 1873.
— in Common Insects (1873—75) 1874.
— The Luna Moth. (*Actias luna.*) Canad. Entomol., **7**, 199—200, 1875 a.
— (*Pterophorus periscelidactylus.*) Canad. Entomol., **7**, 218, 1875 b.
— in Common Insects (1873—75) 1875.
— On some of our common insects. The Luna Moth (*Actias luna*, Linn.). Rep. ent. Soc. Ontario, **1875**, 43—44, 1876.
— in Entomology for Beginners (1879—85) 1880.
— in Entomology for Beginners (1879—85) 1883.

Rogers, Rob...
Phenolocigal Observations, taken in the Neighbourhood of Castle Ashby, Northamptonshire. Midl. Natural., **3**, 203—204, 1880.

Rogers, T...
Bugs. Sci. Gossip, (4) (1868), 46, 1896.

Rogers, Thomas
(*Torrubia gracilis* growing out of a chrysalis.) Mem. Manchester lit. phil. Soc., **41** (1896—97), XXXIII, 1897.

Rogers, W... H...
Wasps. Garden. Chron., (3) **2**, 199, 1887.

Rogers, William Frederik
How to Mount the Proboscis of the Blow-fly. Sci. Gossip, (2) (1866), 20, 1867.

Rogner, Ed...
Ein Beitrag zur Lebensweise der *Phorodesma pustulata* Hfngl. = *Bajularia* S. V. Soc. ent., **2**, 137—138, 1887.

Rogner, Karl
Die Agassitz Association in New-York. Soc. ent., **1**, 28, 1886.

Rohart, F...
Attaque du Phylloxera. Journ. Agric. prat. Paris, **37**, Bd. 2, 834—838, 1873; ○ **38**, Bd. 1, 26—27, 1874.
— (Action exercée par les terres sur les gaz insecticides.) [Mit Angaben von Delfan, A. Richard, Gauthier u. a.][1]) C. R. Acad. Sci. Paris, **79**, 571—573, 1874 a.

[1]) vermutl. Autor, laut Text P. Rohart.

○ La destruction du Phylloxera. Journ. Agric. prat. Paris, **38**, Bd. 1, 866—868, 1874 b; Bd. 2, 57, 1874; **39**, Bd. 1, 215—218, 595, 1875; Bd. 2, 59—60, 219—222, 325—326, 1875.
○ Destruction pratique du Phylloxéra. Preuves à l'appui d'après les constatations officielles de MM. M. Girard, Boutin, Mouillefert, Truchot..., et de M. de Laage de Saluce. 8°, 8 S., Paris, typ. A. Michels, 1875 a.
○ Destruction du phylloxéra. Premier procès-verbal de constatations communiqué à l'Académie des Sciences, à la Société des Agriculteurs de France, à la Société centrale d'Agriculture de Paris et à la Société d'Encouragement de l'Industrie nationale. 8°, 15 S., Paris, impr. Michels, 1875 b.
[Ref.:] Rohart's Apparat zur Zerstörung der Phylloxera. Ill. landw. Ztg., **37** ((N. F.) **12**), 337—339, 1875.
○ État de la question du phylloxéra. Moyens de prolonger les vignes atteintes. La submersion. Régénération par les semis. Des cépages américains. L'asphyxie souterraine; applications pratiques, le fouissement de Bois injectes au sulfure de carbone. Conséquences agricoles et commerciales de la destruction du phylloxéra. 12°, 160 S., 16 Taf., Paris, Librairie agricole de la maison rustique, 1875 c.
○ La brochure de M. Fabre sur la question des cépages américains. Journ. Agric. prat. Paris, **39**, Bd. 2, 776—780, 1875 d.
— Destruction du Phylloxera. Monit. scient., **17** ((3) 5), 740—742, 1875 e.
○ Question du Phylloxera. Rapports officiels de l'association viticole de Libourne sur l'emploi et les résultats obtenus à l'aide des bois injectés au sulfure de carbone. Procédé F. Rohart. Renseignements utiles et instructions à l'appui etc. 8°, Usine spéciale de la Librairie [Rohart], 42 S., [Paris, impr. Lecomte], 1876 a.
○ Le Phylloxera sous la neige et dans la glace. Journ. Agric. prat. Paris, **40**, Bd. 1, 95, 1876 b.
○ Les prix de revient de la destruction du phylloxera et la question des cépages américains. Journ. Agric. prat. Paris, **40**, Bd. 1, 296—298, 1876 c.
○ Action des phénates alcalins contre le phylloxera. Journ. Agric. prat. Paris, **40**, Bd. 1, 359, 1876 d.
○ Destruction des charançons [*Calandra granaria*] et des insectes nuisibles. Journ. Agric. prat. Paris, **40**, Bd. 1, 558—560, 1876 e.
○ Destruction des insectes nuisibles à l'agriculture. Journ. Agric. prat. Paris, **40**, Bd. 1, 685—687, 1876 f.
○ Le Phylloxera dans la Charente. Journ. Agric. prat. Paris, **40**, Bd. 2, 148—149, 1876 g.
○ Destruction des Charançons, des fourmis et des taupes. Journ. Agric. prat. Paris, **40**, Bd. 2, 343—344, 1876 h.
○ Ou en est question phylloxéra. Journ. Agric. prat. Paris, **40**, Bd. 2, 721—726, ? Fig., 1876 i.
○ Le Phylloxera sous la neige et dans la glace. Les Mondes, **39**, 222—223, 1876 j.
○ Conservation assurée des vignes françaises. Mode d'emploi des cubes Rohart. Nouvelle réduction de leur volume et augmentation de richesse en sulfure de carbone etc. 8°, 72 S., Paris, impr. Lecomte, 1877 a.
○ Solution pratique de la question Phylloxera par l'emploi des cubes Rohart. Réferences viticoles, applications réalisées et résultats obtenus, etc. 8°, 32 S., Paris, impr. Lecomte, 1877 b.

○ Le Phylloxera. Coup d'oeil général sur la situation. Ann. Soc. Agric. Dép. Charente, **5**, 177—182, 1877 c.
○ Le sulfure de carbone et les vignes malades. Journ. Agric., **1877**, Bd. 1, 460—463, 1877 d.
○ La replantation des vignes en terrains phylloxerés. Journ. Agric., **1877**, Bd. 2, 58—59, 1877 e.
○ Sur un nouvel état du sulfure de carbone. Journ. Agric., **1877**, Bd. 3, 146—147, 1877 f.
○ Le sulfure de carbone et la viticulture. Journ. Agric., **1877**, Bd. 3, 342, 1877 g.
○ Le Phylloxera. Coup d'oeil général sur l'état de la question. Journ. Agric., **1877**, Bd. 4, 69—71, 143—147, 190—193, 229—233, 268—271, 350—352, 1877 h.
○ Le Phylloxera, le Médoc, les Médocains. Journ. Agric. prat. Paris, **41**, Bd. 1, 54—55, 1877 i.
○ L'arrachage des vignes phylloxérées. Journ. Agric. prat. Paris, **41**, Bd. 1, 428—429, 1877 j. — [Abdr.?:] Journ. Agric., **1877**, Bd. 2, 30—33, 1877.
○ L'industrie du sulfure de carbone et le phylloxera. Journ. Agric. prat. Paris, **41**, Bd. 1, 502—504, 1877 k. — [Abdr.?:] Journ. Agric., **1877**, Bd. 2, 151—152, 217—219, 1877.
○ Le Phylloxera, coup d'oeil général sur la situation. Journ. Agric. prat. Paris, **41**, Bd. 2, 473—475, 1877 l.
○ Le Phylloxera et le sulfure de carbone. Journ. Agric. prat. Paris, **41**, Bd. 2, 723—724, 1877 m. — [Abdr.?:] Journ. Agric., **1877**, Bd. 1, 311—313; Bd. 3, 61—62, 1877.
○ Conservation assurée des vignes françaises. Mode d'emploi des cubes Rohart. 8°, 32 S., Paris, impr. Lecomte, 1878 a.
○ Conservation des vignes françaises. Preuves régulières de destruction du Phylloxera pendant trois années consécutives par l'emploi des cubes Rohart et augmentation de leur richesse en sulfure de carbone. 8°, 24 S., Paris, impr. A. Michels, 1878 b.
○ La destruction pratique du phylloxera, conférence autorisée au palais du Trocadéro. Ann. Génie civil., **7**, 513—533, 1878 c.
[Sonderdr.:] 8°, 26 S., ? Fig., Paris, Lacroix, 1878.
○ Les vignes phylloxérées. Économie de la question. Journ. Agric., **1878**, Bd. 1, 28, 1878 d.
○ L'emploi de la gélatine pour emprisonner le sulfure de carbone. Journ. Agric., **1878**, Bd. 1, 106—109, 1878 e.
— La question du phylloxera. Journ. Agric. prat. Paris, **42**, Bd. 2, 246—247, 1878 f.
— A propos du projet de loi sur le phylloxera. Journ. Agric. prat. Paris, **42**, Bd. 1, 337—339, 1878 g.
— Les bonnes nouvelles du phylloxera. Journ. Agric. prat. Paris, **42**, Bd. 1, 568—569, 1878 h.
— Prix de revient du traitement des vignes phylloxérées. Journ. Agric. prat. Paris, **42**, Bd. 1, 696, 786—787, 1878 i.
— Action sur la vigne du sulfure de carbone à dégagement lent et prolongé. C. R. Acad. Sci. Paris, **89**, 575, 1879 a. — [Abdr.?:] Journ. Agric. prat. Paris, **43**, Bd. 2, 566—567, 1879.
○ La disparition naturelle du phylloxera. Journ. Agric., **1879**, Bd. 2, 499—501, 1879 b.
○ Attaque du phylloxera au moment de son apparition. Journ. Agric., **1879**, Bd. 3, 237, 1879 c.
— (Traitement administratif de nouvelles taches phylloxériques constatées dans l'Aude et les Pyrénées-Orientales; emploi du sulfure de carbone à dégagement méthodique et fumiers.) Journ. Agric. prat. Paris, **43**, Bd. 2, 8—9, 1879 d.
○ Traitement des vignes phylloxérées dans l'Hérault. Journ. Agric., **1880**, Bd. 1, 34, 1880 a.
— Destruction de la pyrale. Réponse à des questions posées. Journ. Agric. prat. Paris, **44**, Bd. 1, 93—94, 407—408, 1880 b.
— Destruction des courtilières. Réponse à des questions posées. Journ. Agric. prat. Paris, **44**, Bd. 1, 698, 1880 c.
— Destruction des courtilières et des fourmis. Journ. Agric. prat. Paris, **44**, Bd. 1, 806—808, 1880 d.
— (Destruction des scarabées.) [Mit Angaben von Laurent, Félicien.] Journ. Agric. prat. Paris, **44**, Bd. 2, 238—239, 1880 e.
— Destruction des insectes. Journ. Agric. prat. Paris, **44**, Bd. 2, 346—347, 1880 f. — [Abdr.?:] Les Mondes, **50**, 417—419, 1879.

Rohde,
siehe Streckfuss Adolf & Rohde, 1892.

Rohde, G . . .
siehe Miller, W . . . von & Rohde, G . . . 1893.

Rohleder, F . . .
[*Spinx convolvuli* an Petunien.] Ent. Ztschr., **1**, 9, 1887.

Rohlfs, Friedrich Gerhard
geb. 1831, gest. 1896.
— Quer durch Afrika. Reise vom Mittelmeer nach dem Tschad-See und zum Golf von Guinea. 2 Bde. 8°, Leipzig, Brockhaus, 1874—75.
1. X + 352 S., 1 Karte, 1874.
2. VIII + 298 + 2 (unn.) S., 1 Karte, 1875.
○ Kufra. Reise von Tripolis nach der Oase Kufra. Ausgeführt im Auftrage der Afrikanischen Gesellschaft in Deutschland. 8°, VIII + 559 S., 7 Taf., 3 Kart., Leipzig, 1881.
[Darin:]
Abth. 2, Nr. 6.
Karsch, Ferdinand: Gliederthiere der Expedition nach Kufra. 370—385, 1 Fig.

Rohrbeck,
Zur Vertilgung des Kiefernspanners. Ztschr., Forst- u. Jagdwes., **19**, 307—309, 1887.

Rohweder, J . . .
Instinct? Zool. Garten Frankf. a. M., **19**, 93—94, 1878.

Roi, G . . . le siehe Le Roi, G . . .

Rojas, Carlos
Observaciones entomologicas. Vargasia, **1**, 36—38, 1868.

Rojas, Marco-Aurèlio de Dr. med.
geb. 10. 4. 1831 in Caracas (Venezuela), gest. 17. 6. 1866 in New York. — Biogr.: (A. Sallé) Ann. Soc. ent. France, (4) **6**, 600—602, 1866.
— Études entomologiques [Coleoptera]. Ann. Soc. ent. France, (4) **6**, 229—235, 1866 a.
— Catalogue des Longicornes de la province de Caracas République de Vénézuéla avec quelques observations sur leurs habitudes. Ann. Soc. ent. France, (4) **6**, 236—248, 1866 b.

Rokos, Julie
○ Beobachtungen der Natur des Eichenspinners (*Bombyx Yama-May*) und über dessen Benutzung im

Grossen. Allg. Seidenbau Ztg., **1868**, 2, 7—8, 1868.

Roland, A . . .
○ On the production of silkworm graine. Proc. Rep. zool. Acclim. Soc. Victoria, **2**, 324—351, 1873.

Roland, F . . .
Melolontha fullo. Feuille jeun. Natural., **10**, 82, 161, (1879—80) 1880 a.
— *Rhynchites betuleti* var. bleus et verts. Feuille jeun. Natural., **10**, 161, (1879—80) 1880 b.
— Voracité des Hydrocanthares. Feuille jeun. Natural., **11**, 74, (1880—81) 1881.

Roland-Brown, H . . . siehe Brown, H . . . Rowland

Rolfe, Eustace Neville siehe Neville-Rolfe, Eustace

Rolfe, Humble J . . .
On the Rearing of *Leucania obsoleta* from the Larva. Entomologist, **14**, 179—180, 1881.

Rolfe, Robert Allen
geb. 1855.
— *Pieris Rapae* var. *Aurea.* Entomologist, **9**, 199—201, 1876.
— *Acherontia atropos* at Welbeck Abbey. Entomologist, **10**, 253, 1877.
— Notes on Oak-galls in the Quercetum of the Royal Botanic Garden, Kew. Entomologist, **14**, 54—58, 1881.
— Notes on Oak-galls at Kew. Entomologist, **16**, 29—32, 1883.

Rolfs, Mary C . . .
Notes on the pollination of some Liliaceae and a few other plants. Proc. Iowa Acad. Sci., **1** (1893), part 4, 98—100, 1894.

Rolfs, Peter Henry
geb. 1865, gest. 1944, Präsident d. Agric. Coll. von Minas Geraes in Vicosa (Brasil.). — Biogr.: (H. Osborn) Fragm. ent. Hist., 223—224, 1937; (J. R. Watson u. a.) Florida Ent., 27, 1—4, 1944; (H. Osborn) Fragm. ent. Hist., 2, 107—108, 1946 m. Porträt.
— (Development of *Dibolia aerea.*) Ent. News, **2**, 13, 1891.
— The horn fly. (*Haematobia Serrata.*) Bull. Florida agric. Exp. Stat., Nr. 17, 12—14, 1 Fig., 1892 a.
— The Horn Fly in Florida. Period. Bull. Dep. Agric. Ent. (Ins. Life), **4** (1891—92), 398, 1892 b.
— The San Jose Scale. Bull. Florida agric. Exp. Stat., Nr. 29, 91—111, 2 Taf. (unn.), 1895.
— A fungus disease of the San Jose Scale. (*Sphaerostilbe coccophila,* Tul.) Bull. Florida agric. Exp. Stat., Nr. 41, 517—542, Taf. I—II, 1897.

Rolland, Alfred
Traité pratique d'éducation en plein air sur le Mûrier et en Magnanerie. Bull. Soc. Acclim. Paris, (2) **10**, 446—459, 1873.

Rollason, William Alfred
geb. 1863, gest. 23. 4. 1911 in Truro?, Lehrer d. Techn. Schule in Truro. — Biogr.: Entomol. monthly Mag., **47**, 141, 1911; (G. Wheeler) Entomol. Rec., **23**, 232, 1911; (F. D. Morice) Trans. ent. Soc. London, **1911**, CXXII—CXXIII, 1911.
— *Colias edusa,* &c., in Cornwall. Entomologist, **30**, 320, 1897.

Rollaston, Mark A . . .
Stilbia anomala in North Wales. Entomologist, **33**, 14, 1900.

Rollat, Victor
○ Methode pratique contre les maladies des vers à soie. 8°, 20 S. Perpignan, Ch. Latrobe, 1875 a.
○ Étude sur la sériciculture. Journ. Agric. prat. Paris, **39**, Bd. 1, 513—518, 1875 b.
— Expériences sur les oeufs des vers à soie du mûrier, race annuelle. C. R. Acad. Sci. Paris, **119**, 612—614, 1894.

Rollett, Alexander
geb. 1834, gest. 1903.
— Zur Kenntniss des Zuckungsverlaufes quergestreifter Muskeln. SB. Akad. Wiss. Wien, **89**, Abth. III, 346—353, 1 Taf. (unn.), 1884.
— Untersuchungen über den Bau der quergestreiften Muskelfasern. I. Theil. Denkschr. Akad. Wiss. Wien, **49**, Abt. 1, 81—132, Taf. I—IV, 1885; . . . II. Theil. **51**, Abt. 1, 23—68, Taf. I—IV (Taf. IV: Fig. 21—28 farb.), 1886.
— Beiträge zur Physiologie der Muskeln. Denkschr. Akad. Wiss. Wien, **53**, Abt. 1, 193—256, Taf. I—XI, 1887.
— Ueber Wellenbewegung in den Muskeln. Biol. Zbl., **11**, 180—188, 1891 a.
— Untersuchungen über Contraction und Doppelbrechung der quergestreiften Muskelfasern. Denkschr. Akad. Wiss. Wien, **58**, 41—98, Farbtaf. I—IV (einz. Fig. nicht farb.), 1891 b.

Rollin, Jules Félissis siehe Félissis-Rollin, Jules

Rolph, William Henry
geb. 26. 8. 1847 in Berlin, gest. 1. 8. 1883 in Berlin, Privatdozent f. Zool. in Leipzig. — Biogr.: (G. Kraatz) Dtsch. ent. Ztschr., **28**, 239, 1884; (G. v. Gizycki in W. H. Rolph) Biol. Probleme, 2. Aufl., IV—V, Leipzig, W. Engelman, 1884.
— Beitrag zur Kenntniss einiger Insektenlarven. Dissertation Leipzig. 8°, 1 (unn.) + 40 + 1 (unn.) S., 1 Taf., Bonn, Druck Carl Georgi, 1873. — [Abdr.:] Arch. Naturgesch., **40**, Bd. 1, 1—40, Taf. I, 1874.
— Ueber die genealogischen Systeme Haeckels, besonders die sog. Gastraeatheorie. Berl. ent. Ztschr. **18**, 433—441, Taf. I (Fig. 7—9), 1874.
— Ueber *Pimelia Fairmairei* Kraatz. [Mit Nachträgen von:] G. Kraatz & Georg Haag. Dtsch. ent. Ztschr., **20**, 349—352, 1876.
— Biologische Probleme, zugleich als Versuch einer rationellen Ethik. 8°, IV + 1 (unn.) + 174 S., Leipzig, Wilhelm Engelmann, 1882. — 2. Aufl. . . . Versuch zur Entwicklung einer . . . Herausgeb. G. v. Gizycki. VI + 1 (unn.) + 238 S., 1884.

Romá, Narciso Fages de siehe Fages de Romá, Narciso

Romagnolo, Giuseppe
○ Relazione sul Congresso ed Esposizione apistica di Milano. Boll. Com. agr. Alessandria, **5**, 199—208, 1871. — ○ [Abdr.?:] Boll. Com. agr. Camerinese, **5**, 3—10, 1872. — ○ [Abdr.?:] Boll. Com. agr. Chiavari, **4**, 17—26, 1872.
[Ref.?:] Boll. Com. agr. Amilia, 4, 207—211, (1871—72) 1872.

Roman, L . . .
○ Manuel du magnanier. Application des théories de M. Pasteur à l'éducation des vers à soie. 12°, VII + 136 S., 6 Taf., Paris, Gauthier-Villars, 1876.

Romanes, G . . .
Arrival of Beetles on the North-east Coast. Entomologist, **5**, 98—99, (1870—71) 1870.

Romanes, George John Prof.
geb. 1848, gest. 1894. — Biogr.: Entomol. Rec., 5, 176, 1894.
— Sense of Hearing in Birds and Insects. Nature London, **15**, 177, (1877) 1876. — ○ [Abdr.?:] Field and Forest, **2**, 162—163, 1876—77.
— [Ref.] siehe Büchner, Ludwig 1876.
○ The Darwinian Theory of Instinct. Proc. R. Inst. Great Britain, **9**, 131—146, 1885.

Romanin-Jacur, Emanuele
○ Sul disseccamento artificiale delle farfalle. Atti Mem. Congr. bacol., **2**, 231—239, 1872.
— siehe Keller, Antonio & Romanin-Jacur, Emanuele 1873.
○ Per diminuire gli scarti nel prodotte dei bozzoli. Riv. settim. Bachicolt., **12**, 82—83, 1880.

Romanis, Robert
Observation on the Termites of Rangoon. Entomologist, **16**, 214—215, 1883.

Romanoff, Nicolai Michailovič Großfürst
geb. 1859, gest. 1919.
— Quelques observations sur les Lépidoptères de la partie du Haut-Plateau Arménien, comprise entre Alexandropol, Kars et Erzéroum. Horae Soc. ent. Ross., **14** (1878), 483—495, Taf. III, (1879) 1877.
— Une nouvelle *Colias* du Caucase. [Trudy Russ. ent. Obšč.] Труды Русс. энт. Общ.; Horae Soc. ent. Ross., **17** (1882), 127—134, Farbtaf. IV—V, (1882—83) 1882.

Romans, F... de
○ Catalogue des Coléoptères de l'Anjou trouvés par MM. H. de la Perraudière et F. de Romans. Ann. Soc. Linn. Dép. Maine-et-Loire, **7**, 203—226, 1865.[1])

Romant, E...
○ Quelques considérations théoriques et pratiques sur les causes de la maladie de la vigne. C. R. Soc. scient. Alais, **3**, 81—104, 1871.
○ Nouvelles considérations sur le Phylloxera. Voies de Transmission; moyens préservatifs. C. R. Soc. scient. Alais, **4**, 216—233, 1872.

Rombouts, J... E...
○ De dieren van Nederland. Eene handleiding tot het Determineeren der Inlandsche Dieren. 8°, X + 255 + XVI S. (= I—X + 1—192, 1874; 193—255 + I—XVI, 1875)[2]), 421 Fig., Haarlem, Kruseman & Tjeenk Willink, 1874—75.
— De la faculté qu'ont les mouches de se mouvoir sur le verre et sur les autres corps polis. Arch. Mus. Teyler, (2) **1**, 185—200, 4 Fig., 1883.
[Ref.:] La Nature, **12**, Sem. 1, 34—38, 4 Fig., 1883; Der Klettermechanismus der Fliegen. Natur Halle, (N. F.) **10** (**33**), 19—20, 1884.
— Über die Fortbewegung der Fliegen an glatten Flächen. Zool. Anz., **7**, 619—623, 1884.
— [Vangsten van Neuroptera.] Tijdschr. Ent., **29** (1885—86), XXIV—XXXVI, 1886 a.
— (Over *Anthonomus recticornis* L. (= *druparum* L.).) Tijdschr. Ent., **29** (1885—86), XXXIII, 1886 b.
— (Vangst van Coleoptera.) Tijdschr. Ent., **29** (1885—86), XXXIV, 1886 c.

[1]) Anfang vor 1864.
[2]) Nach D. MacGillavry: Bibliographische bijdrage IX: Ent. Ber., **10**, 248—250, (1938—41) 1940.

Romeo,
○ Sui provedimenti presi dal Governo per la distruzione della fillossera nella contrada di Riesi. Interrogazione al Ministro di agricoltura e commercio svolta alla Camera dei deputati nella tornata del 14 aprile 1880. 8°, 16 S., Roma, tip. Eredi Botta, 1880.

Romer, Z...
○ Włocznik kartozlowy (*Doryphora decemlineata*, Kartoffelkäfer). 1875.
○ [Das Präparieren der Entwicklungsstadien der Insekten.] Sposób przyrządzania okazów owadniczych w ich stanach przechodowych. Kosmos Lwów, **1**, 167—169, ? Fig., 1876.

Rommier, Alph...
Sur l'emploi des alcalis du goudron de houille à la destruction du *Phylloxera*. C. R. Acad. Sci. Paris, **78**, 958—959, 1874 a.
— Sur les nouveaux points attaqués par le *Phylloxera* dans le Beaujolais. C. R. Acad. Sci. Paris, **79**, 648—649, 1874 b.
— Expériences faites à Montpellier sur des vignes phylloxérées, avec le coaltat de M. Petit. C. R. Acad. Sci. Paris, **79**, 775—777, 1874 c.
— Note sur la tache phylloxérée de Mancey (Saône-et-Loire). C. R. Acad. Sci. Paris, **83**, 386—388, 1876 a.
— Expériences relatives au traitement des vignes phylloxérées par l'acide phénique et les phénates alcalins. C. R. Acad. Sci. Paris, **83**, 960—961, 1876 b.
○ Le phylloxera ailé dans le Mâconnais. Journ. Agric. prat. Paris, **40**, Bd. 2, 210—211, 538—540, 1876 c; **41**, Bd. 1, 654—656, 1877.
○ Nouveau remède contre le phylloxera. Journ. Agric. prat. Paris, **40**, Bd. 1, 333—334, 1876 d.
○ Les divers procédés essayés jusqu'à présent pour combattre le phylloxera. Journ. Agric. prat. Paris, **40**, Bd. 2, 762—766, 856—857, 1876 e.
○ Le phylloxéra dans le Mâconnais. Traitement des vignes par le sulfure de carbone. 8°, 4 S., Paris, impr. Donnaud, 1877 a.
○ Note sur le traitement des vignes phylloxérées par le goudron de houille. 8°, 4 S., Paris, impr. Donnaud, 1877 b.
— Nouvelles expériences à tenter pour combattre le *Phylloxera* des racines. C. R. Acad. Sci. Paris, **84**, 380—381, 1877 c.
○ Traitement des vignes par la destruction de l'oeuf d'hiver du phylloxera. Journ. Agric. prat. Paris, **41**, Bd. 1, 20—51, 1877 d.
○ Phylloxera, vigne et traitement en 1878. 8°, 15 S., Paris, impr. E. Donnaud, 1878.
— Limite de la résistance de la vigne aux traitements sulfocarboniques. Journ. Agric. prat. Paris, **43**, Bd. 2, 516—520, 1879.
— Sur l'influence toxique que le mycélium des racines de la vigne exerce sur le Phylloxera. C. R. Acad. Sci. Paris, **90**, 512—515, 1880 a. — [Abdr. S. 512:] Guide Natural., **2**, 136, 1880.
[Darin:]
Pasteur, Louis: Obervations verbales. 512—513.
Blanchard, Emile: Oberservations à l'occasion d'une Note de M. Rommier sur l'influence toxique... 513—514.
Pasteur, Louis: Réponse de M. Pasteur à M. Blanchard. 514—515.
— Le phylloxera dans la Bourgogne en 1880. Journ. Agric. prat. Paris, **44**, Bd. 2, 748—751, 786—790, 1880 b.

— Sur l'emploi de la solution aqueuse de sulfure de carbone pour faire périr le Phylloxera. C. R. Acad. Sci. Paris, **99**, 695—697, 1884.
— Sur l'emploi du sulfure de carbone dissous dans l'eau, pour combattre le Phylloxera. C. R. Acad. Sci. Paris, **112**, 1330—1333, 1891.

Rompel, Jos . . .
Zur Bestäubung der Blüte von *Victoria regia* Lindl. Natur u. Offenbar., **46**, 449—457, 1900.

Ronchetti, O . . .
Insetti e Aracnidi epizoi del *Lepus cuniculus* L. Riv. Ital. Sci. nat., **14**, Boll. 134—135, 1894.

Ronchetti, Vittorio
Insolito effetto di una puntura d'ape. Natural. Sicil., (N. S.) **2**, 98—99, 1897 a.
— Un ottimo metodo per la preparazione dei micro-coleotteri. Riv. Ital. Sci. nat. (Boll. Natural. Siena), **17**, Boll. 40—41, 1897 b.
— Anomalie nella striatura delle Elitre nei coleotteri. Riv. Ital. Sci. nat. (Boll. Natural. Siena), **17**, Boll. 132—133, 1897 c.
— Coleotteri dei dintorni di Bormio. Riv. Ital. Sci. nat., **18**, 45—47, 77—81, 1898 a.
— Noterelle Coleotterolighe al Rocciamelone. Riv. Ital. Sci. nat., **18**, Boll. 72—73, 1898 b.
— Catalogo topografica delle specie italiane del genere *Meloe*. Riv. Ital. Sci. nat., **19**, 135—138, 1899.
— Le Blatte. Riv. Ital. Sci. nat., **20**, Boll. 1—2, 1900.

Rondani, Camillo Prof.
geb. 1807 in Parma, gest. 18. 9. 1879 in Parma, Prof. f. Naturwiss. d. Kgl. College & Direktor d. Techn. Inst. in Parma. — Biogr.: Bull. Soc. ent. Ital., **2**, 297—300, 1870; (R. H. Meade) Entomol. monthly Mag., **16**, 138—139, 1879; Zool. Anz., **2**, 600, 1879; Naturaliste, **1**, 143, 1879; Nat. Novit., Nr. 21, 207, 1879; (E. A. Fitch) Entomologist, **13**, 120, 1880; (M. Lessona) Ann. Accad. agr. Torino, **23**, 129—153, 1881; Verh. zool. bot. Ges. Wien, **31**, 337—344, 1882; (C. R. Osten-Sacken) Bull. Soc. ent. Ital., **17**, 149—162, 1885; Verh. zool. bot. Ges. Wien, **34**, 117—118, 1885; (C. R. Osten-Sacken) Rec. Life Work Ent., 144—153, 1903; (L. O. Howard) Hist. appl. Ent., 1930; Bibliogr. Austral. Ent., 272, 1932.
— Dipterorum species et genera aliqua exotica revisa et annotata novis nonullis descriptis. Arch. Zool. Anat. Fisiol., **3**, 1—99, Taf. V, 1864 a.
— Sopra tre insetti bialati che rodono il culmo dei cereali. Atti Soc. Ital. Sci. nat., **7**, 187—190, 1864 b.
— Caso di malattia di petto con espulsione di larve d'insetti. Atti Soc. Ital. Sci. nat., **7**, 191—195, 1864 c.
○ Sulla campagna di quantita straordinaria d'insetti volanti in Parma [*Ephemera albipennis*]. Bull. Com. agr. Parma, **1864**, 3, 1864 d.
○ Di alcune specie d'insetti damnosi ai cereali. Giorn. Agrofili Ital. Bologna, **1864**, [12 S.], 1864 e.
— Alcune osservazioni sulla Nota dei professori Generali e Canestrini sui parassiti della cecidomia del frumento. Atti Soc. Ital. Sci. nat., **8**, 150—153, 1865.
— Dipterologiae italicae prodomus.[1]) 8 Bde.[2]) (= Bd. I—VI + Pars VII + [Bd. VIII (= Stirps XXI—XXV)]), 1865—80.

VI. Fasc. I. Oestridae-Syrphidae-Conopidae. Diptera Italica non vel minus cognita descripta vel annotata observationibus nonnullis additis. Atti Soc. Ital. Sci. nat., **8**, 127—146.
Fasc. II. Muscidae. Diptera . . . 193—231, 1865.
Dipterorum Stirps XVII. Anthomyinae italicae collectae distinctae et in ordinem dispositae. **9**, 68—217, 1866.
Fasc. III. Diptera italica non vel minus cognita descripta vel annotata observationibus nonnullis additis. **11**, 21—54, 1868.
Fasc. IV. Addenda Anthomyinis. Prodr. Vol. VI. Diptera . . . descripta aut annotata. Bull. Soc. ent. Ital., 2 317—338, 1870. — Neue Aufl. Specis italicae ordinis dipterorum. Ordinatum dispositae, methodo analitica distincta, et novis vel minus cognitis descriptis. Pars. 5. Stirps XVII. Anthomyinae. 304 S., Parmae, Typis Societatis, 1877.

VII. Fasc. I. Dipterorum Stirps XVIII. Scatophaginae Rndn. Scatophaginae italicae collectae distinctae et in ordinem dispositae. Atti Soc. Ital. Sci. nat., **10**, 85—135, 1867.
Fasc. II. Dipterorum Stirps XIX. Sciomyzinae Rndn. Sciomyzinae italicae collectae, distincta et in ordinem dispositae. Atti Soc. Ital. Sci. nat., **11**, 199—256, 1868. — [Revision:] Species italicae ordinis dipterorum (*Muscaria* Rnd.). Stirpis XIX. Sciomyzinarum. Annu. Soc. Natural. Modena, (2) **11**, 7—79, 1877.
Fasc. 3. Dipter. Stirps XX. Ortalidinae Rndn. Ortalidinae italicae collectae, distinctae et in ordinem dispositae. Bull. Soc. ent. Ital., **1**, 5—37, 1869.
Fasc. 4. Ortalidinae . . . **2**, 5—31, 105—133, 1870; **3**, 3—24, 161—188,[1]) 1871.

[VIII.] Stirps. XXI. — Tanipezinae Rnd. collectae et observatae. Species italicae ordinis dipterorum (*Muscaria* Rndn.). Bull. Soc. ent. Ital., **6**, 167—182, 1874; (Stirps XXII. Loncheinae Rndn.) Species . . . 243—274, 1874; (Stirps XXIII. Agromyzinae.) . . . **7**, 166—191, 3 Fig., 1875; (Stirps XXIV. Chylizinae Rndn.) . . . **8**, 187—198, 1876; (Stirps XXV. Copromyzinae Zett.) . . . **12**, 3—45, 1880.

— Nota sugl' Imenotteri parassiti della *Cecidomya frumentaria*. Annu. Soc. Natural. Modena, **1**, 21—24, 1866 a.
— Note entomologiche. Arch. Zool. Anat. Fisiol., **4**, 189—196, Taf. VII, 1866 b.
○ Sul filugello Giapponese della Quercia. Gazetta Parma, **1866**, [4 S.], 1866 c.
○ Alcune parole sull' Acaro dell' ape osservato da Duchemin. Giorn. Agric. Regno Italia, **3**, Bd. 6, 182—183, 1866 d.
— De speciebus duabus Dipterorum generis Asphondyliae et de duobus earum parasitis. Annu. Soc. Natural. Modena, **2**, 37—40, 1867 a.
○ Di un insetto che impedisce la frutificazione dei pruni e di suo parassito. [*Asphondylia pruniperda* n. sp. e *Lopodytes*, n. gen. Chalcid.] Giorn. Agric. Ital. Bologna, 1867 b.
[Sonderdr.:] 9 S., 7 Fig., 1867.
— Larva e parassito della *Tischeria complanella* Lin.

[1]) Nähere Angaben siehe Curtis W. Sabrosky, Ann. ent. Soc. Amer., **54**, 827—831, 1961.
[2]) Bd. 1—5 = Stirps I—XVI vor 1864.

[1]) mit Pars VII, Fasc. I bezeichnet

Annu. Soc. Natural. Modena, **3**, 20—24, Taf. 4, 1868 a.
[Ref.?:] The Larva of *Tischeria complanella* and its Parasite. Ann. Mag. nat. Hist., (4) **4**, 359—360, 1869.
— Diptera aliqua in America meridionali lecta a Prof. P. Strobel annis 1866—67. Annu. Soc. Natural. Modena, **3**, 24—40, 1868 b.
— Specierum Italicarum ordinis dipterorum Catalogus notis geographicis auctus. Atti Soc. Ital. Sci. nat., **11**, 559—603, 1868 c.
— Di alcuni insetti Dipteri che aiutano la fecondazione in diversi perigonii. Arch. Zool. Anat. Fisiol., (2) **1**, 187—192, 1869 a.
○ Specierum Italicarum ordinis dipterorum Catalogus notis geographicis auctus. Atti Riun. Soc. Ital. Sci. nat., **1868**, 227—271, 1869 b.
— Sul genere *Trigonometopus* degli insetti Dipteri. Bull. Soc. ent. Ital., **1**, 102—104, 1869 c.
○ Sopra tre specie di Imenotteri utili all' agricoltura. Arch. Zool. Anat. Fisiol., (2) **2**, 10—16, 1 Taf., 1870 a.
○ Note sugli insetti parassiti della Galleruca dell' ulmo. Bull. Com. agr. Parma, **3**, 137—142, 1 Taf., 1870 b.
— Sull' insetto Ugi. [*Ugimyia sericariae.*] Bull. Soc. ent. Ital., **2**, 134—137, 1870 c. — ○ [Abdr.?:] Giorn. Indust. serica, **4**, 187—188, 1870. — ○ [Abdr.?:] Bull. Com. agr. Parma, **1870**, [4 S.], 1870.
○ Nota sugli insetti produttori della paralisea del frumento e del riso [*Thrips*]. Bull. Com. agr. Parma, **4**, 25—30, 1871 a.
— Degli insetti parassiti e delle loro vittime. Enumerazione con mote. Bull. Soc. ent. Ital., **3**, 121—143, 217—243, 1871 b; **4**, 41—78, 229—258, 321—342, 1872; Repertorio degli ... **8**, 54—70, 120—138, 237—258, 1876; **9**, 55—66, 1877; **10**, 9—33, 91—112, 161—178, 1878.
○ Gli uccelli e gl'insetti dannosi all'agricoltura. Boll. Com. agr. Parma, **5**, Nr. 7, 129—133; Nr. 8, 144—146, 1872 a.
[Sonderdr.:] 8°, 11 S., [Parma, 1872?].
○ Il bruco lignivoro dei Verzieri [*Zeuzera aesculi*]. Bull. Com. agr. Parma, **5**, 27—29, 1872 b.
○ Nota sopra un insetto che ha danneggiato i frumenti in erba nell' anno agrario 1871—72. [*Chlorops lineatus.*] Bull. Com. agr. Parma, **5**, 82—86, 1872 c.
— Sulle specie italiane del genere *Culex* Lin. Bull. Soc. ent. Ital., **4**, 29—31, 1872 d.
— Nuova specie del genere *Phytomyptera* Rndn. Bull. Soc. ent. Ital., **4**, 107—108, 1872 e.
— Degli insetti nocivi e dei loro parassiti enumerazione con note. Bull. Soc. ent. Ital., **4**, 137—165, 1872 f; **5**, 3—30, 133—165, 1873; 209—232, (1873) 1874; **6**, 43—68, 1874.
— Sopra alcuni Vesparii parassiti. Bull. Soc. ent. Ital., **4**, 201—208, 1872 g.
— Sopra alcuni Muscarii parassiti. Bull. Soc. ent. Ital., **4**, 209—214, 1872 h.
○ Nota sul *Chlorops lineata* of Fabricius [*Chlorops lineatus*]. Giorn. „La Campagna" Parma, **1872**, [2 S.], 1872 a.
— Muscaria exotica Musei Civici Januensis observata et distincta. Ann. Mus. Stor. nat. Genova, **4**, 282—300, 10 Fig., 1873 a; ... **7**, 421—464, 5 Fig., 1875; **12**, 150—170, 2 Fig., 1878.
○ Un nuovo roditore dei frumenti [*Camarota cerealis*]. Bull. Com. agr. Parma, **6**, 103—105, ? Fig., 1873 b.
○ Un altro nemico delle biade [*Camarota cerealis* n. sp.]. Giorn. „La Campagna" Parma, 1873 c.
— Nota sulle specie italiane del genere *Xylocopa* Latr. (Ord. Imenopteri — Vesparii Rndn.). Bull. Soc. ent. Ital., **6**, 103—105, 1874 a.
— Nuove osservazioni sugli insetti fitofagi e sui loro parassiti fatte nel 1873. Bull. Soc. ent. Ital., **6**, 130—136, 1874 b.
— Alcune parole sulla *Doryphora decemlineata* Say. [Nach: Bull. Com. agr. Parma, **8**, Nr. 1, 5—8, 1875.] Agricultura Ital., **1**, 196—199, 1875 a.
○ Nota sul moscerino dell' uva (*Drosophila uvarum*). Bull. Com. agr. Parma, **8**, 145—148, 1875 b. — ○ [Abdr.?:] Nota sul moscerino dell' uva (*Drosophila uvarum* Rndn.) e sul suoi parasiti (*Pteromalus vindemiae* Rndn., *Xistus musei* Rndn.). Giorn. „La Campagna" Parma, **1876**, [3 S.], 1876.
○ Il nemico della tignuola della cera (*Galleria cereana*). Bull. Com. agr. Parma, **9**, 38—40, ? Fig., 1876 a.
○ Sulla tignuola minatrice delle foglie della vite [*Antispila rivilella*]. Bull. Com. agr. Parma, **9**, 133—136, 1876 b.
— Papilionaria aliqua microsoma nuper observata. Bull. Soc. ent. Ital., **8**, 19—24, Taf. I, 1876 c.
— Diagnosi di tre Vesparii microsomi insetticidi. Bull. Soc. ent. Ital., **8**, 83—86, 1876 d.
— Vesparia parasita non vel minus cognita. Bull. Soc. ent. Ital., **9**, 166—213, Taf. I—IV (= III—VI), 1877 a.
— *Antispila Rivillella* et ejusdem parassita. Bull. Soc. ent. Ital., **9**, 287—291, Taf. IX, 1877 b.
○ Nota sul *Lecanium vitifolium.* Bull. Com. agr. Parma, **12**, 84—87, 1879 a.
— Hippoboscita italica in familias et genera distributa. Bull. Soc. ent. Ital., **11**, 3—28, 3 Fig., 1879 b.

Rondani, Luigi
○ L'acaro del baco da seta e l'acaro del gelso. Giorn. Agric. Regno Italia, **8**, 1870.
[Sonderdr.?:] 8°, 7 S., Bologna, tip. Agrofili italiani, 1870.

Rondon, P ...
Captures intéressantes [Lepidoptera]. Misc. ent., **5**, 40, 1897.

Rondot, Natalis
geb. 1821.
○ Produzione della seta in China. Riv. settim. Bachicolt., **7**, 126, 129—130, 1875.
○ L'art de la soie. 2. Aufl. 2 Bde. 1885.
1. VIII + 484 S.
2. 604 S.

Ronermann, Wilh[elm]
Ansichten des grossen Aristoteles über die Naturgeschichte der Bienen. Ver.bl. Westfäl.-Rhein. Ver. Bienen- u. Seidenzucht, **21**, 213—220, 221—225, 1870.

Ronin, Lucien
○ Une éducation de vers à soie. Journ. Agric. prat. Paris, **36**, Bd. 2, 198—199, 1872.
[Ref.:] Zbl. Agrik.-Chem., **2**, 287—288, 1872.

Ronna,
[Sur la maladie de la vigne.] Journ. Agric. prat. Paris, **1869**, Bd. 1, 672, 1869.

Roo, la Perre de siehe La Perre de Roo,

Roo van Westmaas, E . . . A . . . de
Le ver à soie de l'ailante en Hollande. Rev. Séricicult. comp., **1864**, 94—95, 1864 a.
— Vers à soie du chêne et de l'ailante. Observations. Rev. Séricicult. comp., **1864**, 218—222, 1864 b.
— Première éducation du ver à soie du chêne, *Bombyx (Antheraea) Yama-Maï* Guér. Mén., en Neërlande. Tijdschr. Ent., **7**, 75—110, Taf. 4—6 (z. T. farb.), 1864 c.
— [Twee parasiten van *Bombyx Cynthia*.] Tijdschr. Ent., **8**, 14, 1865.
— [Ref.] siehe Snellen, Pieter Cornelius Tobias 1867—82.
— Iets over het dooden en zuiver bevaren van Insekten, voornamelijk van vlinders. Tijdschr. Ent., **12** ((2) **4**), 128—133, 1869.
— siehe Vollenhoven, Samuel Constantin Snellen van [Herausgeber] 1869—1900.

Roo van Westmaas, E . . . A . . . & **Backer**, J . . . sen.
Kweeking van *Antheraea Yama-mayi*. [Mit Angaben von Cl. Mulder, N. H. de Graaf & M. C. Verloren.] Tijdschr. Ent., **9** ((2) **1**), 24—34, 1866.

Root, Amos I . . .
geb. 1839, gest. 1923. — Biogr.: (F. C. Pellett) Amer. Bee Journ., **63**, 292, 1923; (E. Gleanings) Bee Culture, **6**, 377, 411, 1923; (K. L. Pellett) Ohio Farmer, **177**, 321, 1936.
○ The A B C of bee culture: a cyclopedia of every thing pertaining to the honey bee: bees, honey, hives, implements, honey plants, etc. etc.: compiled from facts gleaned from the experience of thousands of bee-keepers all over our land, and afterward verified by practical work in our own apiary. 265 S., ? Fig., Medina (Ohio), A. J. Root, 1879.

Root, Lyman C . . .
geb. 1840, gest. 1928. — Biogr.: Amer. Bee Journ., **68**, 497, 1928.
○ Quinby's new bee-keeping: mysteries of bee-keeping explained; combining results of fifty years experience, with latest discoveries and inventions, and presenting most approved methods; forming complete guide to successful bee-culture. 1866. — ○ 2. Aufl. 270 S., New York, Orange Judd & Co., 1879.

Rooy, Alexander Benjamin van siehe Medenbach de Rooy, Alexander Benjamin van

Rope, H . . . J . . .
Abundance of *Colias Hyale* in Suffolk. [Nach: „Field"] Entomologist, **8**, 270, 1875.

Roper-Curzon, Edwin siehe Curzon, Edwin Roper

Roquette, A . . . de la
Éducation des Vers à soie en Syrie. [Nach Michel Miederer: Sur l'éducation du Ver à soie en Syrie.] Bull. Soc. Acclim. Paris, (2) **10**, 820—825, 1873.

Rosa, A . . . F . . .
A list of butterflies observed in Switzerland in July, 1899. Entomologist, **33**, 33—37, 1900.

Rosa, Daniele
La riduzione progressiva della variabilità. Turin, C. Clausen, 1899.
[Dtsch. Übers.:] Heinrich Bosshard: Die Progressive Reduktion der Variabilität und ihre Beziehungen zum Aussterben und zur Entstehung der Arten. 8°, 1 unn. 1—105 + 1 unn. S., Jena, Gustav Fischer, 1903.

Rosa, Gabriele
○ L'economia della bachicoltura. Giorn. Indust. serica, **3**, 316—317, 1869. — ○ [Abdr.?:] Bacologo Ital., **3**, 201—202, 1880—81. — [Abdr.?:] Riv. settim. Bachicolt., **12**, 162—163, 1880.
○ La coltura dei bachi nella provincia di Brescia nel 1870. Giorn. Indust. serica, **4**, 305—307, 313—315, 1870 a; **5**, 299—302, 1871.
○ L'industria della seta tra l'Adda ed il Mincio. Giorn. Indust. serica, **5**, 361—362, 1871.
○ La bachicoltura attuale nella China, nel Giappone e nell' Indostan. Giorn. Indust. serica, **6**, 132—133, 1872.
○ I bachi da seta nel 1874. Riv. settim. Bachicolt., **5**, 202, 1873.
— La bachicultura in Italia. Agricoltura Ital., **1**, 9—15, 411—413, 1875.
○ Il commercio dei bozzoli italiani. Riv. settim. Bachicolt., **8**, 38—39, 1876.
○ La sericoltura nell' Europa. Riv. settim. Bachicolt., **10**, 25, 1878.
○ La bachicoltura Bresciana nel 1878. Bacologo Ital., **1**, 147—149, 1878—79 a; . . . nel 1879. **2**, 137—138, 1879—80; . . . nel 1880. Riv. settim. Bachicolt., **12**, 125, 1880.
○ Le fonti della seta gialla. Bacologo Ital., **2**, 169, 1879—80 b.
○ La bachicoltura nel 1880. Bacologo Ital., **2**, 337—338, 362—363, 1879—80 c; **3**, 43—44, 1880—81.

Rosa, Gumersindo de la
○ Generalidades sobre la patalogia de la vid, Historia de la plaga filoxérica y sus estragos en los paises viticolas de Europa. Medidas preventivas que en nuestras localidades (Jerez de la Frontera) deben tomarse. Revista Montes, **1880**, 15. Oct., 1. Nov. 1880.

Rosa Libertini, G . . . la
La prima pagina del mio album entomologico. Natural. Sicil., **1** (1881—82), 281—283, 1882.

Rosch, Fr . . .
Hydroecia leucographa und *Harpyia* var. *phantoma*. Insektenbörse, **9**, Nr. 22, 1892.
— *Hydroecia leucographa*. Insektenbörse, **10**, 224, 1893.

Roscher, R . . .
Colias palaeno L. Ent. Jb., **6**, 201—206, 1896.

Rościszewski, Z . . .
○ [Die Schildlaus oder die polnische Cochenille.] Czerwiec czyli Koszenila polska. Ziemianin, **1870**, 376—377, 1870.

Rose, A . . . G . . .
(A variety of *Epinephele hyperanthes*, L.) Proc. S. London ent. Soc., **1886**, 29, [1887].

Rose, Arthur J . . .
Sphinx convolvuli at Putney. Entomologist, **10**, 286, 1877.
— Variety of *Lycaena Alexis*. Entomologist, **11**, 209, 1878.
— *Cossus* at Sugar. Sci. Gossip, **15**, 143, 1879.
— Varieties of *Limenitis sibylla* and *Argynnis Paphia* in the New Forest. Entomologist, **13**, 186, 1880.
— Probable Extermination of *Hesperia Actaeon* at Lulworth. Entomologist, **14**, 297—298, 1881.
— The Macro-lepidoptera of Epping Forest in july. Entomologist, **16**, 151—155, 1883 a.

— A week at Witherslack [Lep.] Entomologist, **16**, 223—225, 1883 b.
— Variety of *Epinephele hyperanthes*. Entomologist, **19**, 176, 1886.

Rose, Arthur J ... & **Goldthwaite**, Oliver C ...
Nine days at Rannoch. Entomologist, **18**, 131—136, 1885.

Rosel, J ... B ...
○ Las vides americanas. An. Agric., **3**, 321—327, 1879.

Roselle,
Note sur l'inconstance de la conformation de la 4. cellule postérieure de l'aile du genre *Thereva* Latreille (Dipt.). Mém. Soc. Linn. Nord France, **9** (1892—98), 72—75, 5 Fig., 1898.

Rosenberg, W ... F ...
Some New Species of Coleoptera in the Tring Museum. Novit. zool., **5**, 92—95, 1898.

Rosenberg-Lipinsky,
○ Beitrag zur Geschichte der Weizenmade [*Diplosis tritici*]. Schles. landw. Ztg., **5**, 156, 1864.

Rosenberger, J ...
Ein neuer Groß-Schmetterling unserer Fauna. SB. Naturf. Ges. Dorpat (Jurjew), **5** (1878—80), 32—33, (1881) 1879.

Rosenberger, O ... F ...
Neue Eulen unserer Fauna. Korr.bl. Naturf. Ver. Riga, **21**, 43—45, 1875 a.
— Ueber den Nachtfang der Eulen (Noctuen). Korr.-bl. Naturf. Ver. Riga, **21**, 56—63, 1875 b.

Rosenhauer, Wilhelm Gottlieb Dr. med. & Dr. phil.
geb. 11. 9. 1813 in Wunsiedel, gest. 13. 6. 1881 in Erlangen, Prof. an d. Univ. Erlangen. — Biogr.: (C. A. Dohrn) Stettin. ent. Ztg., **42**, 488, 1881; (F. Katter) Ent. Nachr., **7**, 231—232, 1881; (G. Kraatz) Dtsch. ent. Ztschr., **25**, 342—343, 1881; Leopoldina, **17**, 157, 1881; Zool. Anz., **4**, 364, 1881; Zool. Jahresber., **1881**, 5, 1882; (S. A. de Marseul) Abeille, **4**, 190—191, 1887.
— (Entwicklungsphasen mehrerer Seidenspinner.) Verh. phys.-med. Soc. Erlangen, H. 1 (1865—67), 24—29, 1867.
— Entomologische Mittheilungen. Stettin. ent. Ztg., **32**, 408—413, 1871.
— *Thamnurgus Characiae*, ein neuer Borkenkäfer aus Spanien. Korr.bl. zool. min. Ver. Regensburg, **32**, 162—164, 1878.
— Ueber eine Fundstelle und Fangweise des *Ditylus laevis* Fabr. Korr.bl. zool. min. Ver. Regensburg, **33**, 37—38, 1879.
— Käfer-Larven.[1]) Stettin. ent. Ztg., **43**, 3—32, 129—171, 1882.

Rosenhayn, Max
○ Über die Befruchtung der Pflanzen durch Insekten. Hannov. land.- u. forstw. Ver.bl., **4**, 383—386, 1865.

(Rosenkranz,)
○ (Läusesucht der Volksschulen.) [Nach: Ztschr. Schulgesundheitspfl., 371, 1896.] Dtsch. Vjschr. Gesundheitspfl., **29**, Suppl. 447, 1897.

Rosenmeyer, Ludwig
Über Pediculosis palpebrarum. München. med. Wschr., **33**, 145—146, 1886.

[1]) Postum veröffentlicht

Rosenstock, Rudolph
On the Synonymy of some Heterocerous Lepidoptera. Ann. Mag. nat. Hist., (5) **14**, 63—65, 1884.
— Notes on Australian Lepidoptera, with Descriptions of new Species. Ann. Mag. nat. Hist., (5) **16**, 376—385, 421—443, Taf. XI, 1885.

Rosenthal, Isidor
geb. 1836.
— Emil du Bois-Reymond. Gedächtnisrede, gehalten am 22. Januar 1897 in der gemeinsamen Sitzung der Physikalischen und der Physiologischen Gesellschaft zu Berlin. Arch. Anat. Physiol., Physiol. Abt., **1897**, VII—XXVI, 1897.

Rosevear, J ... B ...
Vanessa urticae at the Watch-night Service. Trans. City London ent. nat. Hist. Soc., **1896** (1895—96), 9, [1897].

Rosi, R ...
○ Notizie sull' allevamento dei bachi di razza gialla nel' Anconitano. Bacologo Ital., **1**, 162—163, 1878—79.

Rosillo, J ... Hocejo y siehe Hocejo y Rosillo, J ...

Rosny, Léon Louis Lucien de
geb. 1837.
— Le Ver à soie du Chêne du Japon. [Extrait du „Traité de l'éducation des vers à soie au Japon".] Bull. Soc. Acclim. Paris, (3) **3**, 711—712, 1876.

Rosoman, P ...
(The very best larvae-breeding cage.) Natural. Gazette, **2**, 87—88, 1890.

Ross, Alexander Milton
geb. 1832, gest. 1897.
○ A Classified Catalogue of the Lepidoptera of Canada. 8°, 9 S., Toronto, Rowsell & Hutchinson, 1872.
○ The Butterflies and Moths of Canada; with descriptions of their color, seize and habits, and the food and metamorphoses of their larvae. 8°, XI + 93 S., ? Fig., 1873.

Ross, H ... J ...
Trebizond Honey. Garden. Chron., (3) **2**, 748, 1887.

Ross, Hermann
siehe Massalongo, Caro & Ross, Hermann 1898.
— Die rote und weiße Holzraupe. Prakt. Bl. Pflanzenschutz, **2**, 33—36, 3 Fig., 1899.

Ross, J ... G ...
Leucania vitellina in the New Forest. Entomologist, **9**, 183, 1876 a.
— Capture of *Leucania vitellina* in the New Forest. Entomol. monthly Mag., **13**, 64, (1876—77) 1876 b.
— Abundance of *Lithosia quadra* in the New Forest. Naturalist London, (N. S.) **5**, 60, (1879—80) 1879.
— *Vanessa Antiopa* near Claverton. Entomologist, **13**, 310, 1880.

Ross, Ronald
geb. 1857 in Indien, gest. 16. 9. 1932 in London, Beamter im Indien Med. Service. — Biogr.: (L. O. Howard) Hist. appl. Ent., 1930; Ent. News, **43**, 252, 1932; Ann. trop. Med. Parasit., **27**, 1933 m. Porträt & Schriftenverz.; (C. Bonne) Geneesk. Tijdschr. Nederl.-Indie, **72**, 1330, 1932.
— Observations on a condition necessary to the transformation of the Malaria crescent. [Nach: Brit. med.

Journ., 30 Jan. 1897.] München. med. Wschr., **44**, 147, 1897.
○ Report on the cultivation of *Proteosoma Cabbé* in grey mosquitoes. 8 Taf., Kalkutta Office of the Superintendent of Government Printing, [1898] a.
[Ref.:] Jahresber. Fortschr. pathog. Mikroorg., **14** (1898), 676, 682, 1900.
— The role of the mosquito in the evolution of the malarial parasite. Lancet, **76**, Bd. 2, 488—489, 1 Fig., 1898 b.
— Du rôle des moustiques dans le paludisme. Ann. Inst. Pasteur, **13**, 136—144, 1899 a.
— Mosquitos and Malaria. The Infection of Birds by Mosquitos. Brit. med. Journ., **1899**, Bd. 1, 432—433, 3 Fig., 1899 b.
[Ref.:] Zbl. Bakt. Parasitenk., **25**, Abt. 1, 671—672, 1899.
— Inaugural lecture on the possibility of extirpating malaria from certain localities by a new method. Brit. med. Journ., **1899**, Bd. 2, 1—4, 1 Fig., 1899 c.
[Ref.:] Hyg. Rdsch. Berlin, **10**, 341—342, 1899.
— An outbreak of fever attributed to mosquitos. Brit. med. Journ., **1899**, Bd. 2, 208, 1899 d.
— Life-history of the Parasites of Malaria. Nature London, **60**, 322—324, 1899 e.
— The Cause and Prevention of Malaria. Nature London, **60**, 357—358, 1899 f.
— Moskitos als Malaria-Erreger. Nerthus, **1**, 448, 1899 g.
— siehe Daniel, Karl & Ross, Ronald 1899.
— Malaria parasites in dew. [Mit Angaben von H. Laing Gordon.] Brit. med. Journ., **1900**, Bd. 1, 320, 1441, 1900 a.
— Malaria and mosquitoes. Nature London, **61**, 522—527, 1900 b.
[Franz. Übers.:] Rev. scient., (4) **13**, 769—780, 1900.

Ross, Ronald & **Macleod**, Herbert W... G...
The resting position of *Anopheles*. Brit. med. Journ., **1900**, Bd. 2, 1345, 1900.

Rosse,
Wasps. Nature London, **9** (1873—74), 161, 1874.

Rosse, J... C...
○ Malaria and mosquitos. Boston med. surg. Journ., June 14, 1900.

Rosset,
○ Contributions à la faune entomologique du Valais. Insectes rares capturés sur le Simplon. Bull. Soc. Murith. Valais, **9**, 36—38, (1880) 1879.

Rossfelder, Paul
(*Lasius brunneus*.) Feuille jeun. Natural., **14**, 148, (1883—84) 1884 a.
— *Acherontia atropos*. Feuille jeun. Natural., **16**, 62, (1885—86) 1886 b.

Rossi, Agostino
Sul modo di terminare dei Nervi nei muscoli dell' Organo Sonoro della Cicada comune. [*Cicada plebeja* Lat.] Mem. Accad. Sci. Bologna, (4) **1**, 661—665, 1 Taf. (unn.), 1880.

Rossi, Giacomo
Un caso di mimetismo dovuto al bruco *Acherontia atropos* L. Boll. Soc. Rom. zool., **1**, 180—182, 1892.

Rossi, Gustav de
Tauschverkehr und Tauschvereine. Ent. Nachr. Putbus, **1**, 176—179, 1875.
— [Wasserbassin der Gasbehälter als Insectenfalle.] Ent. Nachr. Putbus, **2**, 22, 1876 a.
— [Über eine unbekannte Insektenlarve.] Ent. Nachr. Putbus, **2**, 30—31, 1876 b.
[Siehe:] **4**, 5, 1878.
— [Notiz über *Lucanus cervus* und *Platycerus caraboides*.] Ent. Nachr. Putbus, **2**, 95—96, 1876 c.
— [*Dromicus*-Arten im Winter.] Ent. Nachr. Putbus, **2**, 126, 1876 d.
— Der Fang der coprophagen Coleopteren. Ent. Nachr. Putbus, **2**, 142, 1876 e.
— Sammelgläser. Ent. Nachr. Putbus, **2**, 157—159, 1876 f.
— Fundorte einiger *Amara*arten. Ent. Nachr. Putbus, **3**, 59—60, 1877 a.
— Winterquartiere. Ent. Nachr. Putbus, **3**, 110—112, 1877 b.
— Ein Stelzfuss. [*Ceratopogon*.] Ent. Nachr. Putbus, **3**, 172—173, 1877 c.
— Zur Naturgeschichte des Hirschkäfers. Ent. Nachr. Putbus, **4**, 227—228, 1878 a.
— Postalisches. Ent. Nachr. Putbus, **4**, 229—230, 1878 b.
— Das Imprägniren der Arthropodensammlungen. Ent. Nachr., **5**, 20—22, 33—38, 1879.
— [Copulation von *Agelastica halensis* L. ♂ u. *Chrysomela Brunsvicensis* Grav. ♀.] Ent. Nachr., **6**, 57, 1880.
— Zur Behandlung der Minutien. Ent. Nachr., **8**, 10—12, 1882 a.
— (*Coccinella 10-punctata* v. *10-pustulata* L. und *Adalia bipunctata* v. *6-pustulata* L. in Copula.) Ent. Nachr., **8**, 12, 1882 b.
— Zur Lebensweise der *Lepisma saccharina* L. Ent. Nachr., **8**, 22—23, 1882 c.
— (Missbildung von *Melasoma cupreum* Fb.) Ent. Nachr., **8**, 23, 1882 d.
— *Ctenophora atrata* Linné. Ent. Nachr., **8**, 296—297, 1882 e.
— On the habits of *Lepisma saccharina*. Entomol. monthly Mag., **19**, 22, (1882—83) 1882 f.
— Die Käfer der Umgegend von Neviges. Verh. naturhist. Ver. Preuss. Rheinl., **39**, 196—215, 1882 g.
— Zwei neue Käfervarietäten: *Trichius abdominalis* var. *Heydeni*. *Leptura sexguttata* var. *Landoisi*. Jahresber. Westfäl. Prov. Ver. Münster, **19** (1890), 44, 1891.
— Kleine entomologische Mitteilungen. (1.—8.) Jahresber. Westfäl. Prov. Ver. Münster, **22** (1893—94), 98—103, 1894.
— Eine Wespe auf der Jagd. Ent. Jb., **5**, 115—120, 1896 a.
— Beobachtungen über die Lebensweise des *Abax parallelus* Duft. Ent. Jb., **5**, 191—195, 1896 b.
— Die Anwendung des Weingeistes beim Töten und Aufbewahren von Gliedertieren. Ent. Jb., **6**, 115—123, 1896 c.
— Mitteilungen über Mimikry, Schutzfärbung etc. Ent. Jb., **6**, 128—136, 1896 d.
— [Überwinterung von *Carabus granulatus* in Kellern.] Ill. Wschr. Ent., **1**, 68, 1896 e.
— Ameisen und Schmetterlinge. Ill. Wschr. Ent., **1**, 83, 1896 f.
— (Postembryonale Entwicklung von *Tiresias serra* Fab.) Jahresber. Westfäl. Prov. Ver. Münster, **27** (1898—99), 51—52, 1899 a.
— Bemerkungen und Nachträge zur Käferfauna West-

falens. Jahresber. Westfäl. Prov. Ver. Münster, 27 (1898—99), 53—69, 1899 b.
— Neue Arten und Varietäten der Lepidopterenfauna Elberfelds. Jahresber. Westfäl. Prov. Ver. Münster, 27 (1898—99), 70—71, 1899 c. — [Abdr.:] Naturalien-Cabinet, 12, 2—3, 1900.
— Beobachtungen über Änderungen in der Ernährungsweise der Insekten. I. Ill. Ztschr. Ent., 5, 40—41; ... II. 55; ... III. 76, 1900 a.
— Entwickelung von *Tiresias serra* Fb. (Col.) Ill. Ztschr. Ent., 5, 185, 1900 b.
— *Leria serrata* L. (Dipt.). Ill. Ztschr. Ent., 5, 203, 1900 c.
— Abnormitäten bei Käfern. I. Ill. Ztschr. Ent., 5, 298; Coleopteren-Monstrositäten. II. 313—314, 1900 d.
— Lange Überwinterung der *Vanessa urticae* L. (Lep.). Ill. Ztschr. Ent., 5, 348, 1900 e.
— *Cercopis sanguinolenta* L. vel *vulnerata* Ill. (Hem.). Ill. Ztschr. Ent., 5, 369—370, 1900 f.
— Wespenzucht im Hause. Ill. Ztschr. Ent., 5, 385, 1900 g.

Rossi, Michele Stefano de
Note biografiche intorno al Cav. Prof. Vincenzo Diorio. Atti Accad. Pontificia „N. Lincei", **29**, 402—405, 1876.

Rossi, T...
Cicale alla fine d'ottobre. Boll. Natural. Siena (Riv. Ital. Sci. nat.), **5**, 59, 1885.

Rossignol, Léon
Notes sur la chasse de quelques *Carabus*. Feuille jeun. Natural., **10**, 49, (1879—80) 1880 a.
— *Lomechusa paradoxa* Grav. Er. Feuille jeun. Natural., **10**, 49, (1879—80) 1880 b.
— *Philonthus marginalis*. Feuille jeun. Natural., **10**, 49, (1879—80) 1880 c.
— Notes de Chasse. Col. Échange, **1**, Nr. 3, 1—2, 1885.

Rossmässler, Emil Adolf
geb. 3. 3. 1806 in Leipzig, gest. 7. 4. 1867 in Leipzig, Prof. d. Naturgesch. an d. Forstakad. in Tharandt. — Biogr.: Zool. Garten Frankf. a. M., **8**, 199—200, 1867; (O. Ule) Natur Halle, **16**, 188—190, 193—195, 217—220, 1867 m. Porträt; (A. Schmidt) Malako-zool. Bl., **14**, 183—190, 1867; Natur Halle, **19**, 220—223, 1870; (W. Horn & S. Schenkling) Ind. Litt. ent., 1018—1019, 1929.
— siehe Brehm, Alfred Edmund & Roßmäßler, Emil Adolf 1867.
— Die wirbellosen Thiere des Waldes. Neue Ausgabe.[1] 8°, VIII + 482 + 1 (unn.) S., 97 Fig., 3 Taf., Leipzig & Heidelberg, C. F. Winter, 1880.

Rossum, Arend Johan van Dr. phil.
geb. 26. 4. 1842 in Huissen, gest. 28. 1. 1909, Chemiker u. Lehrer. — Biogr.: (J. Th. Oudemans) Tijdschr. Ent., **53**., 1—7, 1910 m. Porträt.
○ Über die Flüssigkeit der *Cimbex*-Larven. Ztschr. Chem., (N. F.) **7**, 423—424, 1871. [Ref.:] Chem. Zbl., (3) **3**, 36, 1872.
— Sur le liquide des larves de *Cimbex*. Arch. Néerl. Sci. exact. nat., **7**, 381—384, 1872.
○ Liquid emitted by the larva of a species of *Cimbex*. Pop. Sci. Rev., **12**, 110, 1873.
— (Over *Cimbex*-larven.) Tijdschr. Ent., **34** (1890—91), XXXVII—XXXVIII, 1891 a; **35** (1891—92), XIX—XXI, 1892; **36** (1892—93), XXIV, 1893; **37** (1893—94), XXXV—XXXVII, LVII—LVIII, 1894; **39**, XLIII—XLVI, LXXI—LXXV, CXVIII—CXXV, 1896; **40**, Versl. 42—48, 1897; **41** (1898), Versl. 6—12, 71—76, 1899.
— (Eene excursie naar den kant van Groesbeek.) Tijdschr. Ent., **34** (1890—91), XXXIX—XL, 1891 b.
— (Nieuwe vindplaats voor *Endromis versicolora* L.) Tijdschr. Ent., **36** (1892—93), XXIV, 1893.
— (*Deilephila Euphorbiae* L. bij Wienrode in den Harz op *Euphorbia dulcis* gevonden.) Tijdschr. Ent., **37** (1893—94), LVII, 1894.
— siehe Brandt, A... van den; Rossum, Arend Johan van & Ritzema Bos, Jan 1894.
— (Twee larven van bladwespen uit Hintham.) Tijdschr. Ent., **38**, [Zomervergad.] XLIV—XLV, 1895 a. (Over *Cimbex saliceti* Zadd.) Tijdschr. Ent., **38**, [Wintervergad.] XVI—XVIII, 1895 b.
— (*Haltica quercetorum* Foudr. (= *erucae* Ol.).) Tijdschr. Ent., **38**, [Wintervergad.] XIX, 1895 c.
— (Excursie in de omstreken van Lochem.) Tijdschr. Ent., **39**, CXLVII, CXLIX—CLI, 1896 a.
— (Excursie bij Winterswijk.) Tijdschr. Ent., **39**, CXLVIII—CXLIX, 1896 b.
— Influisteringen van de ongedetermineerde vlieg. Gedicht, voorgedragen aan den feestmaaltijd der Nederlandsche Entomologische Vereeniging op 6 Juli 1895. Tijdschr. Ent., **39**, Beil. 1—6, 1896 c.
— (Over *Trichiosoma vitellinae* L.) Tijdschr. Ent., **40**, Versl. 48—49, 1897 a; **41** (1898), Versl. 12, 1899.
— (Eenige minder algemeen voorkomende rupsen.) Tijdschr. Ent., **40**, Versl. 49, 1897 b.
— siehe Haar, Dirk ter & Rossum, Arend Johan van 1897.
— siehe Groll, & Rossum, Arend Johan van 1899.
— [Over parthenogenetische Hymenoptera.] Tijdschr. Ent., **42** (1899), Versl. 6—14, 59—67, 1900 a; **43** (1900), Versl. 51—56, (1901) 1900.
— (Eene rups van *Bomb. pini* L.) Tijdschr. Ent., **42** (1899), Versl. 14—15, 1900 b.
— Bladwesplarven op een *Spiraea*-plant.) Tijdschr. Ent., **43** (1900), Versl. 14—15, (1901) 1900 c.
— (Parthenogenetische larven van *Cimbex connata* Schr.) Tijdschr. Ent., **43** (1900), Versl. 16—17, (1901) 1900 d.
— (De kweek der larven van *Cimb. lutea*.) Tijdschr. Ent., **43** (1900), Versl. 17—20, (1901) 1900 e.
— [Over *Papilio Machaon* L.] Tijdschr. Ent., **43** (1900), Versl. 47—48, (1901) 1900 f.
— [Over *Cimbex lutea*.] Tijdschr. Ent., **43** (1900), Versl. 58—59, (1901) 1900 g.

Rossum, Arend Johan van & **Wulp**, Frederik Mauritz van der
(Over *Haematopota pluvialis* L.) Tijdschr. Ent., **37** (1893—94), LVIII—LIX, 1894.

Rost, B...
○ Ein neuer Feind der Landwirthschaft. [*Jassus* = *Cicadula sexnotata*.] Hannov. land- u. forstw. Ver.-bl., **8**, 207, 1869.

Rost, Carl
geb. um 1859, gest. 1918 in Berlin, Sammler u. Insektenhändler.
— Ueber die Varietäten von *Plectes protensus* Schaum. Dtsch. ent. Ztschr., **1889**, 423, 1889.
— Ueber *Plectes Biebersteini* und *Steveni* Mén. Dtsch. ent. Ztschr., **1890**, 256, 1890.

[1]) Erste Ausgabe siehe A. E. Brehm & E. A. Roßmäßler 1867.

— *Leistus elegans* n. sp. Dtsch. ent. Ztschr., **1891**, 126, 1891.
— *Brachyta bifasciata* Ol. var. *caucasica* Rost. Dtsch. ent. Ztschr., **1891**, 309, (1891) 1892 a.
— Bestimmungstabelle der *Aphaonus*-Arten. Dtsch. ent. Ztschr., **1891**, 313, (1891) 1892 b.
— *Harpalus abasinus* Rost nov. sp. Dtsch. ent. Ztschr., **1891**, 314, (1891) 1892 c.
— *Plectes protensus* Schaum var. *Plasoni* Ganglb. Dtsch. ent. Ztschr., **1891**, 314, (1891) 1892 d.
— *Plectes Reitteri* Ret. var. *fallax* Rost. Dtsch. ent. Ztschr., **1891**, 315, (1891) 1892 e.
— *Plectes Starckianus* Ganglb. und *imperator* Starck = *obtusus*. Dtsch. ent. Ztschr., **1891**, 346, (1891) 1892 f.
— *Plectes circassicus* Ganglb. Dtsch. ent. Ztschr., **1891**, 357, (1891) 1892 g.
— Ueber *Plectes platessa* Motsch. Dtsch. ent. Ztschr., **1892**, 142, 1892 h.
— *Plectes Biebersteini* var. *adelphus* Rost. Dtsch. ent. Ztschr., **1892**, 142, 1892 i.
— *Plectes polychrous* Rost n. sp. Dtsch. ent. Ztschr., **1892**, 401—402, 1892 j.
— *Drapetes sulcatus* Rost n. sp. Dtsch. ent. Ztschr., **1892**, 402, 1892 k.
— *Otiorrhynchus abchasicus* Rost n. sp. Dtsch. ent. Ztschr., **1892**, 402, 1892 l.
— *Brachyta bifasciata* Oliv. v. *caucasica* Rost. Ent. Nachr., **18**, 81, 1892 m.
— Neue oder wenig bekannte caucasische Coleopteren. Ent. Nachr., **19**, 338—344, 1893.

Rostagno, Fortunato
geb. 1847, gest. 1934 in Oricola. — Biogr.: (E. Turati) Bull. Soc. ent. Ital., **66**, 182, 1934.
— Classificazione descrittiva del Lepidotteri italiani. Boll. Soc. zool. Ital., (2) **1** (**9**), 117—140, 222—239, 1900.[1])

Roster, Dante Alessandro
Contributo all'anatomia ed alla biologia degli Odonati. Bull. Soc. ent. Ital., **17**, 256—268, Taf. III—IV, 1885.
— Cenno Monografico degli Odonati del gruppo Ischnura. Bull. Soc. ent. Ital., **18**, 239—258, Taf. II—VI (III—V z. T. farb.; VI: Farbtaf.), 1886.
— Contributo allo studio delle forme larvali degli Odonati. Cenno iconografico delle larve-ninfe dei Caudobranchiati. Bull. Soc. ent. Ital., **20**, 159—170, Taf. I—IV, 1888.

Roster, Giorgio
Di alcuni mezzi ed apparati destinati a riprodurre in disegno e immagini microscopiche, applicabili in special modo alle minute investigazioni entomologiche. Bull. Soc. ent. Ital., **1**, 306—315, 5 Fig., 1869.

Rostock, Michael
geb. 17. 4. 1821 in Ebendörfel b. Bautzen, gest. 17. 9. 1893 in Gaussig, Lehrer in Dretschen b. Gaussig i. S. — Biogr.: (K. Richter) Bautzen. Nachr., **1926**, Beil. 161—163, 1926.
○ Die Wegwespe. [*Pompilus viaticus*.] Mitt. Voigtl. Ver. Naturk. Reichenbach, H. 1, 52—58, 1866.
— Verzeichniss sächsischer Neuropteren. Berl. ent. Ztschr., **12**, 219—226, (1868) 1869.
○ Beitrag zur Neuropteren-Fauna Sachsens. Mitt. Voigtl. Ver. Naturk. Reichenbach, H. 2, 71—76, 1870.

[1]) Forts. 1901

— Neuropterologische Mittheilungen. SB. naturw. Ges. Isis Dresden, **1873**, 9—25, (1874) 1873; Berichtigungen und Zusätze. 85, 1874.
— Ueber *Baëtis aurantiaca* und *B. reticulata* Burm. Dtsch. ent. Ztschr., **19**, H. 2, 333—334, 1875.
— Psocidenjagd im Hause. Ent. Nachr. Putbus, **2**, 190—192, 1876.
— Die Ephemeriden und Psociden Sachsens mit Berücksichtigung der meisten übrigen deutschen Arten. Jahresber. Ver. Naturk. Zwickau, **1877**, 76—100, 1878.
— Ueber eine besondere nordrussische *Psocus*-Art. Ent. Nachr., **5**, 129—130, 1879 a.
— Einige Bemerkungen über die Arbeit von Wallengren, die Linnéischen Arten der Gattung *Phryganea* betreffend. SB. naturw. Ges. Isis Dresden, **1879**, 68—70, (1880) 1879 b.
— Die Netzflügler Sachsens. SB. naturw. Ges. Isis Dresden, **1879**, 70—91, (1880) 1879 c.
— Verzeichniss der Neuropteren Deutschlands (1), Oesterreichs (2) und der Schweiz (3). Ent. Nachr., **7**, 217—228; Zusätze und Berichtigungen zum Verzeichniss der Neuropteren. 285, 1881.
— *Capnodes Schilleri*, eine neue deutsche Perlide. Berl. ent. Ztschr., **37** (1892), 1—6, Taf. I, (1893) 1892.

Rostock, Michael & **Kolbe**, Hermann Julius
Neuroptera germanica. Die Netzflügler Deutschlands mit Berücksichtigung auch einiger ausserdeutschen Arten nach der analytischen Methode unter Mitwirkung von H. Kolbe bearbeitet. Jahresber. Ver. Naturk. Zwickau, **1887**, 1—198 + 2 (unn.) S., Taf. 1—10, 1888.

Rostrup, E . . .
○ Oversigt over de i 1892 indlöbne Forespörgsler angaaende Sygdomme hos Kulturplanter samt Meddelelse om Sygdommenes Optraeden hos Markens Avlsplanter over hele Landes. Nr. 9 und 10. Tidsskr. Landökon., **1893**, [20 S.], 1893; Oversigt over Landbrugsplanternes Sygdomme i 1893, Nr. 10. Tidsskr. Landbr. Planteavl., **2**, 1894; . . . i 1894, Nr. 11. 1895; . . . over Sygdommenes Optraeden hos Landbrugets Avlsplanter i Aaret 1895, Nr. 12, **3**, 123—150, 1896; . . . i 1896, Nr. 13. **4**, 1897; Oversigt over Landbrugsplanternes sygdomme i 1898. Nr. 15, 18 S., 1899.
[Ref.:] Klebahn: Ztschr. Pflanzenkrankh., 4, 282—286, 1894; Klebahn,: In Dänemark aufgetretene Krankheiten. Ztschr. Pflanzenkrankh., **6**, 151—155, 1896; Reuter, Enzio: In Dänemark beobachtete Krankheitserscheinungen. Ztschr. Pflanzenkrankh., **7**, 155—159, 1897; **8**, 278—280, 1898; **10**, 293—295, 1900.

Rostrup, Sofie
geb. 7. 8. 1857 in Sønderholm (Nord-Jütland), gest. 25. 1. 1940 in Kopenhagen, Leiterin d. zool. Abt. d. Dänischen Pflanzenpath. Inst. in Lyngby. — Biogr.: (Thomsen) Anz. Schädlingsk., **3**, 9, 99—101, 1927 m. Porträt; (L. O. Howard) Hist. appl. Ent., 1930; Ent. Medd., **20**, 65—66, 1938; Arb. physiol. angew. Ent., **7**, 80, 1940; (Mathias Thomsen) Tidsskr. Landøkon., H. 3, [4 S.], 1940; (Prosper Bovien) Ent. Medd., **20**, 593—596, 1940 m. Porträt; Norsk ent. Tidsskr., **6**, 48—49, 1941; (H. Sachtleben) Notul. ent. Helsingfors, **23**, 59, 1943.
— Danske Zoocecidier. Vidensk. Medd. naturhist. Foren. Kjøbenhavn, **1896**, 1—64, 1897.

Roth,
○ Die praktische Bienenzucht oder leichtfassliche Anleitung, wie man auf die neueste, einfachste und vortheilhafteste Weise die Bienenzucht betreiben soll. Unter Berücksichtigung der Dzierzonschen und anderen Methoden. Nebst einem Bienenkalender und verschiedenen nützlichen Anweisungen für Bienenzüchter. 142 S. Berlin, S. Woda, o. J. — 2. Aufl. 1866.

Roth, Bernhard
Ueber Ameisengäste. Soc. ent., **4**, 121, (1889—90) 1889.

Roth, Carl David Emanuel
geb. 13. 8. 1831 in Köpinge, gest. 24. 8. 1898 in Lund?, Konservator am Zool. Inst. in Lund. — Biogr.: (F. Trybom) Ent. Tidskr., **19**, 187—189, 1898 m. Porträt.
— Om stridulationen hos *Acherontia Atropos* Lin. Ent. Tidskr., **13**, 250, 1892 a.
— Ytterligare om *Sitodrepa panicea* Lin. Ent. Tidskr., **13**, 254, 1892 b. — [Abdr.:] Uppsats. prakt. Ent., **2**, 93—94, 1892.
— Nytt sätt att genom utkläckning erhålla imagines af Buprestider, Longicorner och flera andra trägnagare. Ent. Tidskr., **14**, 299—300, 1893 a.
— Några ord om strykninets förhållande till insekter. Ent. Tidskr., **14**, 297—298, 1893 b.
— Bidrag till en bild af Skånes insektfauna. Ent. Tidskr., **17**, 273—278, 1896; **18**, 127—138, 1897.

Roth, C . . . W . . .
○ Handbuch der bienenwirthschaftlichen Pflanzensammlung, enthaltend 200 Pflanzen, von denen die Bienen vorzugsweise ihre nöthigen Stoffe entnehmen. 8°, 133 S., Echte bei Northeim, Selbstverl., 1866.

Roth, E . . .
[Ref.] siehe Hoeck, Fernando 1884.
— Über insektenfressende Pflanzen. Sammler, **9** (1887—88), 373—374, 393—395, 1888.
— Ueber die Abhängigkeit der Raupenzeichnung von der Farbe der Umgebung. Natur Halle, (N. F.) **20** (**43**), 483—484, 1894.
— Ueber leuchtende Thiere. Natur Halle, (N. F.) **21** (**44**), 37—40, 1895.

Roth, Emil
○ Der Sauerwurm (*Tortrix ambiguella* Taschenberg). Rheingau. Weinbl., **2**, 11—12, 17—19, 1878 a.
○ Der Springwurmwickler (*Pyralis vitana*). Rheingau. Weinbl., **2**, 21—22, 1878 b.
○ Der Rebenstecher (*Rhynchites betuleti*) sein Vorkommen, seine Vertilgung. Rheingau. Weinbl., **2**, 235—236, ? Fig., 1878 c.

Roth, Eugen
Ueber die Generationen von *Deilephila Tithymali* Boisd. Soc. ent., **5**, 66, (1890—91) 1890.

Roth, Filibert
geb. 1858.
— siehe Mohr, Charles & Roth, Filibert 1897.

Roth, Filibert & **Fernow,** Bernhard Edward
Timber: An elementary discussion of the characteristics and properties of wood. Bull. U. S. Dep. Agric. Div. Forest, Nr. 10, 1—88, 49 Fig., 1895.

Roth, Henry Ling
geb. 3. 2. 1855 in England, gest. 12. 5. 1925 in England, Keeper am Bankfield Mus. in Halifax (Yorksh.). — Biogr.: (A. C. Haddon) Nature London, **115**, 844, 1925; (A. Musgrave) Bibliogr. Austral. Ent., 272, 1932.
○ On the animal parasites of the sugar-cane. 15 S., London, 1885 a; Addenda, Index. 4 S., Manchester, 1886.
— Notes on the Habits of some Australian Hymenoptera Aculeata. [Mit Angaben von W. F. Kirby.] Journ. Linn. Soc. (Zool.), **18**, 318—328, 4 Fig., 1885 b.
— Enemies of the Frog. Zoologist, (3) **10**, 340, 1886.

Roth, J . . . M . . .
Badische Imkerschule. Leitfaden für den bienenwirtschaftlichen Unterricht bei Imkerkursen, zugleich Handbuch der rationellen Bienenzucht. 8°, Karlsruhe, J. J. Reiff, 1894. — 2. Aufl. XIX + 316 S., 135 Fig., 1 Frontispiz, 1897. — 3. Aufl. o. J. [1897?].

Roth, Ludwig
Zopherus mexicanus Griff. = *variolosus* Mus. Ber. Soc. ent., **5**, 93, (1890—91) 1890.
— Ueber die Erziehung der *Agrotis*-Raupen aus dem Ei. Soc. ent., **7**, 65—66, (1892—93) 1892.

Rothe,
[Schwarze Raupe des Labkrautschwärmers (*Deilephila galii*).] Isis Magdeburg (Berlin), **7**, 42, 1882.

Rothe, A . . .
Die Korb-Bienenzucht. Eine kurze und deutliche Anweisung, die Bienen in Strohkörben naturgemäss und vorteilhaft zu behandeln, alle Arten von Strohstöcken sowohl für ein Volk, als auch für mehr Völker, mit ganz besonderer Berücksichtigung der Dzierzon'schen Methode, anzufertigen und die Bienenkolonien auf einfache fast kunstlose und doch sichere Weise mit Erfolg zu vermehren, nebst kurzen Andeutungen der Beschäftigungen des Bienenzüchters in jedem Monat des Jahres. 3. Aufl.[1]) 8°, XII + 342 S., 84 Fig., Glogau, Flemming, 1866. — 4. Aufl. VIII + 309 S., 87 Fig., 1874.

Rothe, Karl (= Carl)
Käfer-Etiketten. 8°, 67 + 5 (unn.) S., Wien, Pichler's Witwe & Sohn, o. J.
— Vollständiges Verzeichnis der Schmetterlinge Oesterreich-Ungarns, Deutschlands und der Schweiz. Nebst Angabe der Flugzeit, der Nährpflanzen und der Entwicklungszeit der Raupen. Für Schmetterlingssammler. 8°, 46 S., Wien, A. Pichler's Witwe & Sohn, 1886.

Rothe, Ludwig
○ Die Grossschmetterlinge Ober-Schützens. Progr. Schulanst. Oberschützen, **1867**, (27)—(31), 1867.
— Verzeichniß der Coleopteren, welche in der Umgegend Oberschützens gefunden wurden. [Umschlagtitel:] Die Käfer Oberschützens. Progr. Schulanst. Oberschützen, **1867—68**, 20—32, 1868.

Rothe, O . . .
Trieblinge ohne Königin. Ver.bl. Westfäl.-Rhein. Ver. Bienen- u. Seidenzucht, **21**, 22—23, 1870.

Rothenburg, von
Zur Kenntniss des *Odontolabis sommeri* Parry.

[1]) 1. u. 2. Aufl. vor 1864.

Ent. Ztschr., **14**, 1, 51—52, 59—60, (1900—01) 1900 a.
— *Odontolabis waterstradti*, species nova. Ent. Ztschr., **14**, 84—85, (1900—01) 1900 b.
— Zur Kenntniss des *Odontolabis leuthneri* Boileau. Ent. Ztschr., **14**, 92—93, (1900—01) 1900 c.
— *Odontolabis rufonotatus*, species nova. Ent. Ztschr., **14**, 93, (1900—01) 1900 d.
— Eine neue Varietät des *Lucanus cervus* L. *Lucanus* var. *longipennis* var. nova. Ent. Ztschr., **14**, 99—100, (1900—01) 1900 e.

Rother,
„Halali" gegen Kakteen-Ungeziefer. [Mit Angaben von Roth.] Mschr. Kakteenk., **9**, 139—140, 157—158, 1899.

Rother, A . . .
Beitrag zur Kenntniss des Ursprunges des Seidenbaues. Ztschr. Akklim. Berlin, (N. F.) **2**, 102—120, 1864 a.
— Auszug aus dem Bericht des Professor Dr. Carl Palmstedt in Stockholm, über Maulbeerplantagen und Seidenzucht in Schweden. Ztschr. Akklim. Berlin, (N. F.) **2**, 271—280, 1864 b.
— Über den gegenwärtigen Zustand des Seidenbaues und der Seiden-Industrie, mit besonderer Beziehung auf Deutschland. [Nach: Dtsch. Seidenbau-Ztg., **1**, 71—72, 1861.] Ver.bl. Westfäl.-Rhein. Ver. Bienen- u. Seidenzucht, **16**, 155—156, 168—172, 1865.

Rother, R . . .
○ Persian insect powder. Druggist Circ. chem. Gazette, 1876. — [Abdr.?:] Pharm. Journ. London, (3) **7** (1876—77), 72—73, (1877) 1876.
[Ref.:] G. V.: Chemische Bestandtheile des persischen Insecten-Pulvers. Arch. Pharm., (3) **11** (**211**), 348—349, 1877.

Rothera, G . . . B . . .
Oak-leaf Hairy Galls (*Spathegaster tricolor*). Entomologist, **12**, 23—24, 1879.
— On the Aetiology and Life-History of some vegetal galls and their inhabitants. Nat. Sci., **3**, 353—366, 1893.

Rotheram-Websdale, Charles, G . . .
Note on *Meloë cyaneus*, Muls.[1]) Entomol. monthly Mag., **8**, 288, (1871—72) 1872.

Rothke, Max
Pieris Napi Aberratio. Ent. Ztschr., **7**, 8, 1893 a.
— [Färbung von *Papilio machaon* — Puppen.] Ent. Ztschr., **7**, 141—142, 1893 b.
— Ueber *Metrocampa margaritaria* L. Soc. ent., **8**, 139, (1893—94) 1893 c.
— Einige Schmetterlings-Aberrationen aus der Fauna Crefelds. Stettin. ent. Ztg., **55**, 303—305, 1894.
— Mitteilungen über *Bombyx alpicola* Stgr. Ill. Wschr. Ent., **1**, 619—621, 1896 a.
— Lepidopterologische Mitteilungen aus der Fauna Crefelds. Jahresber. Ver. naturw. Sammelwes. Crefeld, **1895—96**, 11—29, 1896 b.
— Lepidopterologische Mittheilungen aus der Fauna Crefelds. Naturalien-Cabinet, **8**, 230—231, 257—259, 275—277, 289—290, 305—307, 1896 c.
— Die Grossschmetterlinge von Krefeld und Umgebung. Jahresber. Ver. Naturk. Krefeld, **3** (1896—98), 34—105, 1898.

[1]) wahrscheinlich identisch mit C. G. Websdale

— Zu *Amphidasis betularius* L. ab. *doubledayaria* Mill. Ent. Ztschr., **12**, 142, 150—151, (1898—99) 1899.

Rothney, George Alexander James
geb. 1849, gest. 31. 1. 1922. — Biogr.: Ent. News, **33**, 255, 1922; (E. B. P.) Entomol. monthly Mag., **58** ((3) **8**), 113—114, 1922; (L. W. Rothschild) Trans. ent. Soc. London, **1922**, CXXI, 1922.
— *Stylops* emerging five months after the Death of the Bee. Entomologist, **3**, 262, (1866—67) 1867. — [Abdr.:] Entomol. monthly Mag., **3**, 235, (1866—67) 1867.
— A phase in the history of *Ampulex compressum*, the destroyer of the common Cockroach. Entomol. monthly Mag., **13**, 87—88, (1876—77) 1876.
— Squirrel versus Hornet. Entomol. monthly Mag., **13**, 254—255, (1876—77) 1877 a.
— Notes on the habits of *Chlorion lobatum* and two species of wasps in India. Entomol. monthly Mag., **14**, 91—92, (1877—78) 1877 b.
— On Insects destroyed by Flowers. Trans. ent. Soc. London, **1880**, Proc. IX—X, 1880.
[Siehe:] Slater, John W.: **1879**, Proc. IX—X, 1879.
— Notes on captures of British Aculeate Hymenoptera. Entomol. monthly Mag., **18**, 262, (1881—82) 1882 a.
— A list of the butterflies captured in Barrackpore Park during the months of September, 1880, to August, 1881. Entomol. monthly Mag., **19**, 33—36, (1882—83) 1882 b.
— Notes on Indian ants. Trans. ent. Soc. London, **1889**, 347—374, Proc. XI, 1889. — [Abdr.:] Journ. Bombay nat. Hist. Soc., **5**, 38—64, 1890.
— (Notes on Flowers avoided by Bees.) Trans. ent. Soc. London, **1890**, Proc. III—IV, 1890.
— Scarcity of Aculeate Hymenoptera in South Devon. Entomol. monthly Mag., (2) **2** (**27**), 78—79, 1891 a.
— [A small sand wasp and a spider mimicked an ant.] Trans. ent. Soc. London, **1891**, Proc. X—XI, 1891 b.
— *Formica sanguinea* at Shirley. Entomol. monthly Mag., (2) **3** (**28**), 50—51, 1892 a.
— (*Aphaenogaster longiceps, Camponotus nigriceps, Leptomyrmex erythrocephalus* and other species from Australia.) Trans. ent. Soc. London, **1892**, Proc. III, 1892 b.
— Two Indian ants: *Myrmicaria subcarinata* and *Aphaenogaster barbarus* var. *punctatus*.) Trans. ent. Soc. London, **1892**, Proc. IV—VI, 1892 c.
— (Collection of Indian ants.) Trans. ent. Soc. London, **1892**, Proc. VIII—X, 1892 d.
— (Ants from Calcutta.) Trans. ent. Soc. London, **1892**, Proc. XII—XIII, 1892 e.
— *Formica sanguinea*, &c., at Shirley. Entomol. monthly Mag., (2) **4** (**29**), 67—68, 1893 a.
— *Methoca ichneumonides*, Latr., at Bexhill. [Mit Angaben von R. McLachlan.] Entomol. monthly Mag., (2) **4** (**29**), 262—263, 1893 b.
— Notes on Indian Ants. Trans. ent. Soc. London, **1895**, 195—211, 1895.
— Aculeate Hymenoptera at Stoborough Heath, Dorset. Entomol. monthly Mag., (2) **9** (**34**), 41, 1898 a.
— Aculeate Hymenoptera at Newquay, North Cornwall. Entomol. monthly Mag., (2) **9** (**34**), 41—42, 1898 b; (2) **10** (**35**), 14, 1899.

— Aculeate Hymenoptera at Stoborough Heath and Wareham, Dorset. Entomol. monthly Mag., (2) **11** (**36**), 13, 1900.

Rothschild, J . . . [Herausgeber]
Musée entomologique illustré. Histoire naturelle iconographique des insectes. 3 Bde. 4°, Paris, J. Rothschild, 1876—78.
1. Les coléoptères. Organisation, moeurs, chasse, collections, classification. Iconographie et histoire naturelle des coléoptères d'Europe. 4 (unn.) + 1 (unn.) S., 335 Fig., 48 Farbtaf., 1876.
2. Les papillons. Organisation . . . des papillons de l'Europe par A. Depuiset. 2 Teile. 2. Aufl.[1]) VIII 326 + 1 (unn.) S., 242 Fig., 50 Farbtaf., 1877.
1. Organisation, moeurs, chasse, collections, classification. 3—208, 242 Fig.
2. Depuiset, Louis Marie Alphonse: Genera des lépidoptères. Histoire naturelle des papillons d'Europe et de leurs chenilles. 209—326, 50 Farbtaf.
3. Les insectes. Organisation . . . des orthoptères, nevroptères, hyménopteres, hémipteres, diptères, aptères, etc. VIII + 424 S., 455 Fig., 24 Farbtaf., 1878.

Rothschild, Lionel Walter
geb. 8. 2. 1868 in London, gest. 27. 8. 1937 in Tring Park, Begründer d. Zool. Mus in Tring. — Biogr.: (A. Musgrave) Bibliogr. Austral. Ent., 272—273, 1932; (J. J. Walker) Entomol. monthly Mag., **73**, 236—237, 1937; (N. D. Riley) Entomologist, **70**, 217—220, 1937; Arb. morphol. taxon. Ent., **4**, 241, 1937; (H. Turner) Entomol. Rec., **49**, 149—150, 1937; (A. D. Imms) Proc. R. ent. Soc. London, (6) **2**, 62, 1937; (L. Fremet) Ann. Soc. ent. Belg., **77**, 325, 1937; (K. Jordan) Nature, **140**, 574, 1937; (M. A. C. Hinton) Proc. Linn. Soc. London, 334—337, 1937—38; (K. Jordan) Novit. zool., **41**, 1—41, 1938 m. Porträt & Schriftenverz.; (E. Zimmermann) Proc. Hawai. ent. Soc., **10**, 19, 1938; (L. R. N.) Norsk ent. Tidsskr., **5**, 43, 1938.

— Notes on a Collection of Lepidoptera made by William Doherty in Southern Celebes during August and September, 1891. Part I, Rhopalocera. Dtsch. ent. Ztschr. Iris, **5**, 429—442, Farbtaf. IV—VII, 1892 a.
— On a little-known species of *Papilio* from the Island of Lifu, Loyalty Group. Trans. ent. Soc. London, **1892**, 141—142, Farbtaf. IV, 1892 b.
— (Lepidoptera from Celebes.) Trans. ent. Soc. London, **1892**, Proc. XIV—XVII, 1892 c.
— (Notes on Rhopalocera collected in Timor, Puba, Sumba &c.) Trans. ent. Soc. London, **1892**, Proc. XXII—XXIII, 1892 d.
— siehe Butler, Arthur Gardiner & Rothschild, Walter 1892.
— Zwei neue *Charaxes*-Formen Dtsch. ent. Ztschr. Iris, **6**, 348—350, 1893; Novit. zool., **2**, Farbtaf. VIII (Fig. 1—2), 1895.
— On a new Species of the Hepialid Genus *Oenetus*. Ann. Mag. nat. Hist., (6) **13**, 440, 1894 a.
— Descriptions of new Sphingidae in the collection of Dr. Otto Staudinger. Dtsch. ent. Ztschr. Iris, **7**, 297—302, Taf. V—VII, 1894 b; Novit. zool., **2**, Farbtaf. IX (Fig. 7), 1895.
— Notes on Sphingidae, with Descriptions of New Species. Novit. zool., **1**, 65—98, Farbtaf. V—VII; Additional Notes on Sphingidae. 541—543, 664—665, 1894 c; **2**, Farbtaf. VIII (Fig. 8) + IX (Fig. 2—6, 8, 10—11), 1895.
— Some New Species of Lepidoptera. Novit. zool., **1**, 535—540, Farbtaf. XII (Fig. 7—10), 1894 d; **2**, Farbtaf. X (Fig. 8—10), 1895.
— On Five New *Delias* collected by William Doherty in the East. Novit. zool., **1**, 661—662, 1894 e.
— On some New Local Races of *Papilio vollenhovii* Feld. and *Papilio hipponous* Feld. Novit. zool., **1**, 685—687, 1894 f.
— On a New Genus and Species of Butterfly. Novit. zool., **1**, 687, 1894 g.
— Description of a new local form of *Troides victoriae* (Gray) from Bougainville Island, Solomon Group. Entomologist, **28**, 78—79, 1895 a.
— On a New Species of the Family of Sphingidae. Novit. zool., **2**, 28, 1895 b.
— Notes on Saturnidae; with a preliminary revision of the family down to the genus *Automeris*, and descriptions of some new species. Novit. zool., **2**, 35—51, Farbtaf. X (Fig. 1—7), 1895 c.
— Two New Species of Rhopalocera from the Solomon Islands. Novit. zool., **2**, 161—162, Farbtaf. VIII (Fig. 6—7), 1895 d.
— A New Species of *Theretra* from the D'Entrecasteaux Islands. Novit. zool., **2**, 162, Farbtaf. IX (Fig. 9), 1895 e.
— A Revision of the Papilios of the Eastern Hemisphere, exclusive of Africa. Novit. zool., **2**, 167—463, 1 Fig., Taf. V + Farbtaf. VIII (Fig. 3—4); Some Notes on my Revision . . . 503—504, 1895 f; Further Notes on . . . **3**, 63—68, 1896.
[Ref.:] Seitz, Adalbert: Zool. Zbl., **3**, 248—250, 1896.
— On Two New Moths and an Aberration. Novit. zool., **2**, 482, 1895 g.
— On *Milionia* and some Allied Genera of Geometridae. Novit. zool., **2**, 493—498, Farbtaf. VII, 1895 h.
— Note on *Copaxa multifenestrata* (H.-S.). Novit. zool., **2**, 504, 1895 i.
— siehe Jordan, Karl & Rothschild, Walter 1895.
— On two new *Charaxes* from the Lesser Sunda-Islands. Entomologist, **29**, 308—309, 1896 a.
— New Lepidoptera. Novit. zool., **3**, 91—99, 322—328, 1896 b.
— Some Undescribed Lepidoptera. Novit. zool., **3**, 231—232, 1896 c.
— On Some New Subspecies of *Papilio*. Novit. zool., **3**, 421—425, 1896 d.
— Descriptions of Some New Species of Lepidoptera, with Remarks on Some Previously Described Forms. Novit. zool., **3**, 600—603, Farbtaf. XIII—XV, 1896 e.
— On a new species of *Papilio* from Uganda. Entomologist, **30**, 165, 1897 a.
— Descriptions of some New Species and Subspecies of Lepidoptera. Novit. zool., **4**, 179—184, 1897 b.
— Some New Species of Heterocera. Novit. zool., **4**, 307—313, Farbtaf. VII, 1897 c.
— On some New Butterflies and Moths. Novit. zool., **4**, 507—513, 1897 d.
— (Specimens of *Eudaemonia brachyura* and *E. argiphontes*.) Trans. ent. Soc. London, **1897**, Proc. XXXIII—XXXIV, 1897 e.
— On Some New or Rare Lepidoptera of the Old-World Regions. Novit. zool., **5**, 96—102, 1898 a.
— Some New Lepidoptera from the East. Novit. zool., **5**, 216—219, 602—605, 4 Fig., 1898 b.

[1]) 1. Aufl. siehe Sand, Maurice & Depuiset, A. 1866.

— Some New Lepidoptera from Obi. Novit. zool., **5**, 416—418, 1898 c.
— Two new species of *Charaxes.* Entomologist, **32**, 171—172, 1899 a.
— Some New Eastern Lepidoptera. Novit. zool., **6**, 67—71, 1899 b.
— Description of the hitherto unknown Female of *Oenetus mirabilis* Rothsch. Novit. zool., **7**, 24, 1900 a.
— Some New or recently described Lepidoptera. Novit. zool., **7**, 274—276, Farbtaf. V, 1900 b.

Rothschild, Lionel Walter & **Jordan**, Karl
On Two new Species of the Genus *Enoplotrupes*, Lucas. Ann. Mag. nat. Hist., (6) **12**, 36—38, 1893 a.
— On some new or little-known Species of Coleoptera from the East. Ann. Mag. nat. Hist., (6) **12**, 452—455, 1893 b.
— Two new Species of Lepidoptera from German New Guinea. Ann. Mag. nat. Hist., (6) **12**, 455—457, 1893 c; Novit. zool., **1**, Farbtaf. XIII (Fig. 15), 1894; **2**, Farbtaf. IX (Fig. 12), 1895.
— Six New Species of *Plusiotis* and One New *Anoplostethus.* Novit. zool., **1**, 504—507, Farbtaf. XIII (Fig. 13), 1894.
— Notes on Heterocera, with Descriptions of New Genera and Species. Novit. zool., **3**, 21—62, 185—208, Taf. IV, 1896; **4**, 314—365, Farbtaf. IV, 1897;
— A Monograph of *Charaxes* and the Allied Prionopterous Genera. Novit. zool., **5**, 545—601, 40 Fig., Taf. V—XIV A (Taf. V—VII Farbtaf.), 1898; **6**, 220—286, 4 Fig., Taf. VII, 1899; **7**, 281—524, Farbtaf. VIII [in **6**], Taf. VI—XII (XI—XII Farbtaf.), 1900.
— On some New Lepidoptera from the East. Novit. zool., **6**, 429—444, 1 Fig., 1899.

Rothschild, Nathaniel Charles
geb. 9. 5. 1877, gest. 12. 10. 1923 in Ashton Wold. — Biogr.: (E. E. Austen) Nature London, **112**, 697, 1923; (K. Jordan) Ent. Ztschr., **37**, 39, (1923—24) 1923; (I. I. Walker) Entomol. monthly Mag., **59** ((3) **9**), 262, 279—280, 1923; (F. W. Frohawk) Entomologist, **56**, 284—286, 1923; (H. Skinner) Ent. News, **35**, 76, 1924; (A. Musgrave) Bibliogr. Austral. Ent., 273—274, 1932.
— Description of an aberrant *Smerinthus tiliae.* Entomologist, **27**, 50, 1 Fig., 1894.
— siehe Bonhote, J... Lewis & Rothschild, Nathaniel Charles 1895.
— Nomenclature of the „Bee Hawk-moths." Entomologist, **29**, 124, 1896.
— A new British Flea (*Typhlopsylla pentacanthus*). Entomol. Rec., **9**, 55, 1897 a.
— A New British Flea (*Tryphlopsylla dasycnemus*, sp. nov.). Entomol. Rec., **9**, 159, Taf. IV, 1897 b.
— (A hitherto unrecorded specimen of *Deiopeia pulchella.*) Entomol. Rec., **10**, 132, 1898 a.
— A new British flea: *Typhlopsylla spectabilis*, sp. nov. Entomol. Rec., **10**, 250, 1 Fig., 1898 b.
— Contributions to the Knowledge of the Siphonaptera. Novit. zool., **5**, 533—544, 1 Fig., Taf. XV A—XVII, 1898 c.
— (Capture of *Chrysoclista bimaculella.*) Entomol. Rec., **11**, 222, 1899 a.
— (*Tinea simpliciella* in North Kent.) Entomol. Rec. **11**, 248, 1899 b.
— (*Colias edusa* in Herts.) Entomol. Rec., **11**, 278, 1899 c.
— Irish Fleas. Irish Natural., **8**, 266, 1899 d.
— *Lycaena bellargus* in Hertfordshire. Entomologist, **33**, 352, 1900 a.
— *Colias edusa* and *C. hyale* in Hertfordshire. Entomologist, **33**, 353, 1900 b.
— (A new British Flea.) Entomol. Rec., **12**, 19—20, 1900 c.
— Some new Exotic Fleas (with plate). Entomol. Rec., **12**, 36—38, Taf. II, 1900 d.
— The Giant Flea: *Hystrichopsylla talpae* (with plate). Entomol. Rec., **12**, 257—258, Taf. X, 1900 e.
— Notes on *Pulex avium* Taschb. Novit. zool., **7**, 539—543, Taf. IX, 1900 f.

Rothschild, Nathaniel Charles; **Claxton**, W... & **Lucas**, William John
Colias edusa in 1894. [Mit Angaben von St. W. Bell-Marley und Robert Adkin.] Entomologist, **27**, 297—298, 1894.

Rothschild, Walter siehe Rothschild, Lionel Walter

Rothschütz, E... von
○ Über die Bienenzucht. Schles. landw. Ztg., **11**, 2, 1870.
○ Aus den Vorlesungen über Bienenzucht. Schles. landw. Ztg., **12**, 70—71, 1871.
○ Die Bienenzucht Österreich-Ungarns nach statistischen Materialien 1869 und 70. Wien. landw. Ztg., **1872**, 158, 183, 1872.
○ Die Bienenzucht in Oesterreich-Ungarn im Vergleich mit derselben in Deutschland. [Nach: Schles. landw. Ztg., **14**, 50, 1873.] Landw. Jb., **3**, 39, 1874.
○ Illustrierter Bienenzuchts-Betrieb. Ein Hilfs- und Handwörterbuch für Schule und Haus. Vorarbeiten in Theorie und Praxis. 8°, XXIII + 462 S., 400 Fig., Wien, Faesy & Frick, 1875.
○ Illustrierter Bienenzuchtsbetrieb. Nachschlags- und Handwörterbuch in allen die Bienenzucht betreffenden Fragen. Alphabetisch geordnet unter Erklärung eines jeden Wortes, Begriffes oder Gegenstandes. 8°, 443 S. Wien, W. Frick (in Comm.), 1896.

Rothschütz, Ph... von
○ Wie die Bienenzucht im Grossen betrieben wird auf dem Krainer Handelsbienenstande des Freiherrn von Rothschütz zu Weixelburg in Krain (Österreich). Landwirt Breslau, **5**, 11, 1869.

Rothschuh, Ernst
Tropenmedicinische Erfahrungen aus Nicaragua. Arch. Schiffs- u. Tropenhyg., **2**, 69—92, 1898.

Rotky, Hans
Einiges über die Behandlungsweise von *Acherontia atropos* Puppen. Ent. Ztschr., **11**, 9, (1897—98) 1897.

Rottenberg, Arthur Leopold Albert Maria Freiherr von (Baron?)
geb. 10. 11. 1843 in Breslau, gest. 13. 5. 1875 in Mühlgast b. Raudten in Schlesien, Landwirt & Rittergutsbesitzer. — Biogr.: (E. Ragusa) Bull. Soc. ent. Ital., **7**, XIX, 1875; (von Kiesenwetter) Dtsch. ent. Ztschr., **19**, 439—440, 1875; (G. Kraatz) Dtsch. ent. Ztschr., **19**, 437—438, 1875; (F. Katter) Ent. Kal., 81, 1876.
— in Heyden, Lucas von 1864.
— Eine Excursion nach Albendorf in der Grafschaft Glatz. Berl. ent. Ztschr., **8**, 394—395, (1864) 1865.
— Sammelbericht. Eine Excursion nach der Babia Gora [Coleoptera]. Berl. ent. Ztschr., **11**, 408—411, (1867) 1868 a.

— Sammelbericht aus Schlesien. [Coleoptera.] Berl. ent. Ztschr., **11**, 411—415, (1867) 1868 b.
— Beiträge zur Coleopteren-Fauna von Sicilien. Berl. ent. Ztschr., **14**, 11—40, 1870 a; 235—260, Taf. II, (1870) 1871; **15**, 225—247, Taf. VIII, (1871) 1872. — [Abdr., z. T.:] Bull. Soc. ent. Ital., **3**, 83—94, 1871; **5**, 117—120, 1873.
— *Troglorhynchus Camaldulensis* n. sp. Berl. ent. Ztschr., **14**, 40, 1870 b.
— *Mastigus Heydenii* nov. spec. Berl. ent. Ztschr., **14**, 233—234, (1870) 1871.
— Synonymische Bemerkungen [Coleoptera]. Berl. ent. Ztschr., **15**, 247, (1871) 1872 a; **17**, 217, 1873; **18**, 331, 1874.
— *Cryptocephalus princeps* n. sp. Berl. ent. Ztschr., **15**, 248, (1871) 1872 b.
— Zwei neue Coleopteren aus Schlesien. Berl. ent. Ztschr., **17**, 203—205, 1873.
— Revision der europäischen *Laccobius*-Arten. Berl. ent. Ztschr., **18**, 305—324, 1874 a.
— Beschreibung neuer Carabiden. Berl. ent. Ztschr., **18**, 325—330, 1874 b.
— *Lathrimaeum fratellum* nov. spec. Berl. ent. Ztschr., **18**, 330—331, 1874 c.

Rottler, F . . .
○ Auftreten des Springwurmwicklers (*Pyralis vitana*). Weinbau, **2**, 210—211, 1876.

Rottoa,
○ Der Fruchtkäfer (schwarzer Kornwurm, *Curculio granarius*). Badisch. landw. Wbl., **1864**, 157, 1864.

Rottok, in Forschungsreise Gazelle 1874-76. (1899-90) 1889.

[**Rotvand**, S . . . Ju . . .] **Ротванд**, С. Ю.
[Über die Phagozytose und Perikardialzellen bei den Larven von *Epitheca bimaculata*. Vorläufige Mitteilung.] О фагоцитозе и перикардиальных клетках личинок стрекоз. Предварительное сообщение. [Rab. Labor. zool. Kab. Varšava] Раб. Лабор. зоол. Каб. Варшава, **1898**, 1 (unn. S), 1899.

Rouanet, Jules
Destruction de la colaspe noire et ses larves. Bull. Insectol. agric., **8**, 141—144, 155—160, 172—176, 177—179, 1883.
— Puissance musculaire des insectes. Bull. Insectol. agric., **9**, 30—32, 36—38, 1884.

Rouast, Georges
geb. 1851?, gest. 30. 12. 1898 in Lyon. — Biogr.: (E. L. Bouvier) Bull. Soc. ent. France, **1899**, 153, 1899.
— Des Lépidoptères. Feuille jeun. Natural., **3**, 113—120, (1872—73) 1873; **4**, 21—24, (1873—74) 1873; 54—57, (1873—74) 1874.
— *Nemeophila plantaginis*. Feuille jeun. Natural., **4**, 33, (1873—74) 1874 a.
— Les Psyché. Feuille jeun. Natural., **4**, 33—34, (1873—74) 1874 b.
— *Euprepia* (*chelonia*) *Pudica*. Feuille jeun. Natural., **4**, 76, (1873—74) 1874 c.
— Excursion à la Grande-Chartreuse, près Grenoble [Lepidoptera]. Feuille jeun. Natural., **4**, 139—141, (1873—74) 1874 d.
— On collecting and rearing the Psychidae. Entomol. monthly Mag., **12**, 112—113, (1875—76) 1875 a.
— *Lycaena Baetica*. Feuille jeun. Natural., **5**, 38, (1874—75) 1875 b.
— De la recherche et de l'éducation des Psyche. Feuille jeun. Natural., **5**, 121—122, 129—130, (1874—75) 1875 c.
— Les chenilles connues des Psychides. Notes recueillies d'après les auteurs. (Ordre du catalogue Staudinger.) Feuille jeun. Natural., **7**, 1—3, 13—18, Farbtaf. 1, (1876—77) 1876 a.
— *Acidalia Reynaldiata* G. Rouast. Petites Nouv. ent., **2** (1876—79), 1, 1876 b.
— Les Arctiidae (Stph.) & les plantes dont elles se nourrissent. Feuille jeun. Natural., **7**, 128—131, (1876—77) 1877.
[Siehe:] Lelièvre, Ernest: **7**, 141, (1876—77) 1877; Ebrard, Sylvain: **8**, 10—11, (1877—78) 1877.
○ Geometrae, leurs chenilles connues, leurs époques d'apparition et les plantes, dont elles se nourissent. Bull. Soc. Étud. scient. Paris, **1878**, 16—19, 32—36, 1878.
— *Diphtera ludifica*. Feuille jeun. Natural., **11**, 115, (1880—81) 1881.
— Catalogue des chenilles européennes connues. Ann. Soc. Linn. Lyon, (N. S.) **29** (1882), 251—363, 1883; (N. S.) **30** (1883), 70—152, 1884.
○ [Sonderdr.:] 194 S., Lyon, impr. Pitrat, 1884.
[Ref.:] Feuille jeun. Natural., **14**, 120, (1883) 1884.

Rouast, Georges & **Reynaud**, Lucien
(Une note sur deux Lépidoptères rares pour la faune française: *Deilephila* et *Psyche.*) Ann. Soc. ent. France, (5) **7**, Bull. LXXXIV—LXXXV (= Bull. Soc. . . ., **1877**, 108—109), 1877 a.
— Études sur les Psyche. Feuille jeun. Natural., **7**, 97—99, (1876—77) 1877 b; **8**, 146—148, 155—156, (1877—78) 1878.

Rouchy,
Découvertes de perforations de larves fossiles. Petites Nouv. ent., **1** (1869—75), 551—552, 1875 a.
— Chasse à la Croisée. Petites Nouv. ent., **1** (1869—75), 553, 1875 b.
— La naturaliste au Mont-Dore. Feuille jeun. Natural., **6**, 152—153, (1875—76) 1876 a.
— [Procédés de chasse aux Coléoptères.] Petites Nouv. ent., **2** (1876—79), 30, 1876 b.
— (Remarques Lépidoptériques [*Vanessa Polchloros*].) Petites Nouv. ent., **2** (1876—79), 58, 1876 c.

Rougemont, Fréderic de
geb. 1838, gest. 1917. — Biogr.: Bull. Soc. Neuchâtel. Sci. nat., **42**, 3—6, 1916—17.
— Découverte d'un nouveau diptère. Bull. Soc. Neuchâtel. Sci. nat., **26** (1897—98), 128—137, 417, 2 Fig., 1898 a.
[Darin:]
Becker, Theodor: *Chilosia Dombressonensis* n. sp. 132—135.
— (Diptères et lépidoptères inédits de la faune neuchâteloise.) Bull. Soc. Neuchâtel. Sci. nat., **26** (1897—98), 417—421, 1898 b.
— Causerie entomologique. Arch. Sci. phys. nat. Genève, (4) **8**, 422—423, 1899. — [Abdr.:] Bull. Soc. Neuchâtel. Sci. nat., **27**, 290, 1899.

Rougemont, Philipp Albert de Dr. phil.
geb. 17. 4. 1850 in St. Aubin, gest. 27. 5. 1881 in Neuchâtel, Prof. d. Zool. d. Akad. Neuchâtel. — Biogr.: (M. de Tribolet) Bull. Soc. Neuchâtel Sci. nat., **12**, 380, 1881; Zool. Anz., **4**, 388, 1881; Amer. Natural., **15**, 844, 1881; (F. Katter) Ent. Nachr., **8**, 231, 1882; (Maurice de Tribolet) Mitt. Schweiz. ent. Ges., 6 (1880—84), 257—261, 1882; Zool. Jahresber., **1881**,

5, 1882; (Tribolet) Notice biographique, 15 S., Neuchâtel, 1882.
— (Lettre sur une pluie de podurelles.) Bull. Soc. Neuchâtel. Sci. nat., **8** (1867—70), 430—431, 1870.
— Sur la parthénogénèse des abeilles. Bull. Soc. Neuchâtel. Sci. nat., **10** (1874—76), 70—80, 1876.
— Ueber *Helicopsyche.* Zool. Anz., **1**, 393—394, 1878.
— Observations sur l'organe détonant du *Brachinus crepitans* Oliv. Bull. Soc. Neuchâtel. Sci. nat., **11** (1877—78), 471—478, 1 Taf. (unn.), 1879 a.
[Ref.:] Bull. Soc. ent. Ital., **11**, 229—230, 1879.
— (L'insecte parfait de l'*Helicopsyche Fannii.*) Verh. Schweiz. naturf. Ges.; Act. Soc. Helvét. Sci. nat., **61** (1877—78), 136—139, 1879 b.
— Observations sur l'organe detonant du *Brachinus crepitans* Oliv. Mitt. Schweiz. ent. Ges., **6**, 99—105, (1884) 1881.

Rouget,
Note synonymique. Naturaliste, **2**, 87—88, 1882.

Rouget,
Oeufs de puce chique. Journ. Mal. cutan. syph., (5) **12**, 31—32, 1900.

Rouget, Auguste
geb. 1818?, gest. 29. 5. 1886 in Dijon?. — Biogr.: (J. Bourgeois) Ann. Soc. ent. France, (6) **6**, Bull. LXXXIX, 1886.
— (Recherches sur le *Metaecus paradoxus,* parasite de la *Vespa germanica.*) Ann. Soc. ent. France, (4) **5**, Bull. LXI, 1865.
— (Détails sur la *Tettigometra laeta* vivant avec la *Formica erratica.*) Ann. Soc. ent. France, (4) **7**, Bull. LXXXIII—LXXXIV, 1867 a.
— Observations sur la nidification des Vespides. Petites Nouv. ent., **1** (1869—75), 268—269, 1867 b.
— (Note sur une éclosion de *Quedius* (*Valleius*) *dilatatus.*) Ann. Soc. ent. France, (4) **9**, Bull. XXXII, 1869 a.
○ A propos du Eumolpe et du *Phylloxera vastatrix.* Bull. Soc. Agric. Poligny, **10**, 287—288, 1869 b.
— (Note sur l'*Orchestes lonicerae.*) Ann. Soc. ent. France, (4) **10**, Bull. XLVIII, 1870 a.
— (Note sur les métamorphoses de l'*Agapanthia angusticollis.*) [Mit Angaben von Tappes.] Ann. Soc. ent. France, (4) **10**, Bull. XLVIII—XLIX, 1870 b.
— (Note sur la *Tettigometra obliqua* Panz. vivant avec des Fourmis.) [Mit Angaben von V. Signoret.] Ann. Soc. ent. France, (4) **10**, Bull. LXXVI—LXXVII, 1870 c.
○ *Phylloxera vastatrix* et la vigne. Bull. Soc. Agric. Poligny, **11**, 307—310, 1870 d; **12**, 83—85, 1871.
○ Destruction du puceron lanigère. Bull. Soc. Agric. Poligny, **12**, 191, 1871.
— [*Calodera Bonnairei* Fauv. près de Dijon.] Abeille, **8**, CXI, (1871) 1872 a.
○ Destruction du Phylloxera par l'emploi de la suie. Bull. Soc. Agric. Poligny, **13**, 115, 1872 b.
— Sur les coléoptères parasites des vespides. Mém. Acad. Dijon, Sect. Sci., (**17**) [(3) **1**] (1872—73), 161—288, 1873 a.
— Observations sur les Vespides et les insectes qui se rencontrent dans leurs nids. Petites Nouv. ent., **1** (1869—75), 335—336, 1873 b.
— Conservation des nids des Guêpes. Petites Nouv. ent., **1** (1869—75), 348—349, 1873 c.
— Note sur les variétés du *Rhipiphorus Paradoxus.* Petites Nouv. ent., **1** (1869—75), 351—353, 1873 d.
— (Procédé de capture du *Metoecus paradoxus.*) Ann. Soc. ent. Belg., **17**, C. R. VII, 1874.
— (Sur la nomenclature.) Petites Nouv. ent., **2** (1876—79), 73, 83, 1876.
— (*Cryptophagus? striatus,* Col.) Ann. Soc. ent. France, (5) **6**, Bull. CCVII—CCVIII (= Bull. Soc. . . ., **1876**, 218—219), (1876) 1877.
○ La lutte contre le phylloxéra. Bull. Soc. Agric. Poligny, **20**, 310—311, 1879.

Rouget, Ch . . .
Note sur la terminaison des nerfs moteurs chez les Crustacés et les Insectes. C. R. Acad. Sci. Paris, **59**, 851—853, 1864.

Rouillé-Courbe,
○ Rapport sur le procédé Onesti. Ann. Soc. Agric. Dép. Indre-Loire, **43**, 219—221, 1864 a.
○ Rapport général sur la sériciculture, la viticulture et l'horticulture du département d'Indre-et-Loire. La sériciculture. Bull. Soc. Agric. Dép. Indre-Loire, **43**, 263—266, 1864 b; . . . La sériciculture 1869. **49**, 116, 1870.
○ Commission de sériciculture de 1865. Ann. Soc. Agric. Dép. Indre-Loire, **44**, 43—45, 1865; **45**, 461—463, 1866.
○ Aux éducateurs du département d'Indre-et-Loire. Instruction pratique sur l'éducation des vers Japonais, vivant sur le mûrier, le chêne ou sur l'ailante. 8°, 43 S., Tours, impr. Ladevèze, 1866.
○ De la flacherie. Ann. Soc. Agric. Dép. Indre-Loire, (2) **48**, 303—306, 1869.

Roujon,
○ Une éducation de vers à soie dans le Gers. Journ. Agric. prat. Paris, **32**, Bd. 2, 208, 1868.

Roule, Louis
geb. 1861.
— La Phagocytose normale. Rev. gén. Sci. pur. appl., **6**, 586—593, 6 Fig., 1895.

Rouleaux, J . . .
○ La bachicoltura nel Caucaso. Riv. settim. Bachicolt., **9**, 194, 1879.

Roulet,
Notice sur le parasitisme accidentel de larves de muscides sur l'homme (Myasis). Bull. Soc. Neuchâtel. Sci. nat., **8** (1869—70), 248—249, 1870.

Roulin,
Histoire de la Chique (*Pulex penetrans*). C. R. Acad. Sci. Paris, **70**, 792—796, 1870.

Roullet, A . . .
Les Longicornes sont-ils susceptibles d'hibernation? Rev. Ent. Caen, **4**, 34—35, 1885.

Roussanne, L . . .
○ Sur les éducations séricicoles en plein air. Ann. Soc. Agric. Dordogne, **31**, 878—900, 1870 a.
○ Éducations séricicoles en plein air. Cosmos Paris, **19** ((2) **7**), 242—243, 1870 b.

Rousse,
○ Le phylloxera, ses transformations, ses divers modes de reproduction, l'oeuf d'hiver; procédés de destruction de l'oeuf d'hiver; vignes américaines. 20 S., 1 Taf., Saint-Étienne, impr. Théolier fréres, 1879.

Rousseau,
Emploi, contre le *Phylloxera,* des résidus d'enfer des moulins à huite. C. R. Acad. Sci. Paris, **79**, 150—151, 1874.

Rousseau, Ch . . .
Chasses d'hiver. Feuille jeun. Natural., **9**, 67, (1878—79) 1879.
— *Macroglossa stellatarum.* Feuille jeun. Natural., **11**, 114, (1880—81) 1881.

Rousseau, Ernest Dr.
geb. 27. 5. 1872 in Ixelles, gest. 13. 11. 1920, Leiter d. Station biol. Overmeine & Konservator am Mus. R. Hist. nat. Brüssel. — Biogr.: (J. A. Leslage) Bull. ent. Soc. Belge, **3**, 35—41, 1921 m. Porträt & Schriftenverz.; (P. P. Calvert) Ent. News, **33**, 158—159, 1922.
— (Coléoptères capturés à la Baraque-Michel.) Ann. Soc. ent. Belg., **33**, C. R. CL, 1889 a.
— Quelques Coléoptères rares capturés en Belgique en 1889. Ann. Soc. ent. Belg., **33**, C. R. CLXVIII—CLXIX, 1889 b.
— Note sur quelques Coléoptères monstrueux. Ann. Soc. ent. Belg., **33**, C. R. CLXX; . . . 2. note. CLXXV—CLXXVII, 1889 c.
— Essai sur les Malacodermes de Belgique. Ann. Soc. ent. Belg., **34**, 136—182, 1890.
— Notes sur les Coléoptères Malacodermes indigènes. Ann. Soc. ent. Belg., **34**, C. R. CCCCXXIV—CCCCXXV, 1891.
— Essais sur l'histologie des insectes. Ann. Soc. ent. Belg., **42**, 383—390, 1898; Entretiens sur . . . **43**, 561—583, 52 Fig., 1899.
— [Curculionides rares en Belgique.] Ann. Soc. ent. Belg., **43**, 38, 1899 a.
— Sur un procédé permettant l'étude de l'anatomie interne des insectes sans dissection (communication préliminaire). Ann. Soc. ent. Belg., **43**, 151—152, 1899 b. — [Abdr.:] Natural. Canad., **27** ((2) 7), 156—158, 1900.
— (Capture nombreuse de l'*Agrilus biguttatus* Fabr.) Ann. Soc. ent. Belg., **43**, 210, 1899 c.
— Diagnoses d'insectes recueillis par l'expédition antarctique belge. — Carabidae. Ann. Soc. ent. Belg., **44**, 108, 1900 a.
— Contribution à l'étude des Carabides de l'Afrique centrale. Ann. Soc. ent. Belg., **44**, 410—423, 1900 b.

Rousseau, Lucien
○ Destruction et utilisation des hannetons. Journ. Agric. prat. Paris, **32**, Bd. 2, 371—372, 1868.

Roussel, A . . .
Le Moucheron voyageur. Mém. Soc. hist. litt. scient. Cher, (2) **1**, 375—376, 1868.

Roussel, Napoléon
○ Dieu dans l'univers. Les abeilles. 12°, Paris, Grassart, 1867.
○ Les Papillons. 12°, Paris, Grassart, 1869.

Rousselier, J . . .
Traitement des vignes phylloxérées à Aimargues (Gard); emploi d'un projecteur souterrain, pour la distribution du liquide insecticide. C. R. Acad. Sci. Paris, **83**, 434—437, 1 Fig., 1876 a.
— Traitement des vignes phylloxérées par un mélange de sulfure de carbone, d'huile lourde et d'huile de résine. C. R. Acad. Sci. Paris, **83**, 1219—1220, 1876 b.

Rousset,
La vigne et le phylloxera. Journ. Agric. prat. Paris, **44**, Bd. 2, 414—415, 1880. — [Abdr.] La vigna e la fillossera. Atti Soc. agr. Gorizia, **19** ((N. S.) **5**), 321, 1880.

Rousset, A . . .
○ Osservazioni sopra un allevamento esperimentale di bachi da seta effettuato a Nizza nel 1874 dalla Società d'agricoltura delle Alpi marittime. Riv. settim. Bachicolt., **6**, 125—126, 129—130, 146—147, 154, 166, 1874.

Roussin, A . . .
Album de l'Ile de la Réunion. Recueil de dessins représentant les sites les plus pittoresques et lew principaux monuments de la Colonie. Études de Fruits et de Fleurs, Histoire naturelle, Types et Physionomies, Portraits Historiques. 4 Bde.[1]) 4°, Saint-Denis (Ile de la Réunion), typ. Gabriel & Gaston Lahuppe, Paris, libr. Léon Vanier. 2. Aufl.
2. 3 (unn.) + 213 + 2 (unn.) S., 54 Taf. (9 Farbtaf.), 1880.
3. 3 (unn.) + 197 + 2 (unn.) S., 66 Taf. (11 Farbtaf.), 1883.
[Darin:]
Coquerel, Charles: La Monandroptère agrippante (*Monandroptera inuncans*, Serville). La Mante pustulée (*Mantis pustulata*, Stoll.). Le Papillon Chrysippe (*Danaïs Chrysippus*, L.). Le Papillon Bolina (*Diadema Bolina*, L.). 6—11, 2 Farbtaf.
1. Aufl. 3 (unn.) + 250 + 1 (unn.) S., 83 Taf. (14 Farbtaf.), 1867.
[Darin:]
Coquerel, Charles: Types nouveaux ou peu connus du Muséum de Saint-Denis. 65—68, 1 Farbtaf.
Monforand, P . . . de: Le Cancrelas et la Mouche Cantharide. 69—72, 1 Farbtaf.

Routledge, George Bell
geb. 1864, gest. 19. XII. 1934 in Nord-England. — Biogr.: (F. H. D.) North-Western Natural., **10**, 145—148, 1935; Naturalist London, **1934**, 21, 1935; (F. H. D.) Entomol. Rec., **47**, 11—12, 1935; (W. Horn) Arb. morphol. taxon. Ent., **2**, 63, 1935.
— (*Spilosoma fuliginosa*.) Entomol. Rec., **4**, 49—50, 1893.
— Larvae of *Pieris brassicae* in November. Entomologist, **27**, 106—107, 1894.
— (*Acherontia atropos* larvae feeding on privet.) Entomol. Rec., **11**, 268, 1896.
— (Collecting in the Brampton district (Cumberland), 1897.) Entomol. Rec., **9**, 333, 1897.
— (*Hydrilla palustris* ♀ from Carlisle.) Trans. ent. Soc. London, **1898**, Proc. IV, 1898.

Routledge, Mary G . . .
Hecatera dysodea in Northumberland. Entomologist, **14**, 230, 1881.
— *Phigalia pedaria* in Autumn. Entomologist, **20**, 64, 1887.
— Sugaring near Carlisle. [Lep.] Entomologist, **21**, 212, 1888 a.
— Lepidoptera in Cumberland. Entomologist, **21**, 280, 1888 b.
— *Deilephila livornica* near Carlisle. Entomologist, **25**, 169, 1892.

Routledge, Mary G . . .; **Eales**, Christopher & **Dutton**, Robert
Sphinx convolvuli [in England]. [Mit Angaben von J. Howard Hall; Chas. E. Stott; W. T. Raine u. a.]

[1]) Bd. 1 vor 1864 erschienen

Entomologist, **20**, 272—274, 303—304, 324—325, 1887; **22**, 258—259, 280, 1889; **31**, 265—267, 1898.

Rouvel, W . . .
siehe G(öroldt), F . . . & Rouvel, W . . . 1867.

Rouvière,
○ Un remède préventif pour la vigne. Journ. Lunel, 8 août, 1871.

Rouville, Étienne de
Sur la genèse de l'épithélium intestinal. C. R. Acad. Sci. Paris, **120**, 50—52, 1895.

Roux,
○ La dynamite dans les vignes phylloxérées. Ann. Soc. Agric. Dordogne, **40**, 196—200, 1870. — ○ [Abdr.:] Journ. Agric., **1**, 257—258, 1879.
○ *Le Phylloxera vastatrix.* Journ. Lunel, 23 mai, 1871.
— (Vitalité du phylloxera.) Bull. Soc. Vaudoise Sci. nat., **15**, Proc. verb. 120—121, (1879) 1878.

Roux, Fréd . . .
Observations sur quelques maladies de la vigne. Verh. Schweiz. naturf. Ges. Bern, **61** (1878—79), 220—226, 1879.

Rouyer, E . . .
○ Le Phylloxera et l'arrachage des vignes. Journ. Agric. prat. Paris, **38**, Bd. 2, 78—79, 1874.

Rouzsky, Michail siehe Ruzskij, Michail

Rovara, Friedrich
Ungeziefer auf Zuckerrüben. Dtsch. landw. Pr., **18**, 615, 1891.
— Vertilgung der Blattläuse bei ausgedehntem Rübensamenbau. Dtsch. landw. Pr., **20**, 567, 1893.
○ Der Rübenkäfer (*Cleonus punctiventris* Germ.). [Nach: Köztelek.] 8°, 45 S., 1 Frontispiz, Pressburg, 1896.
[Ref.:] Oesterr. landw. Wbl., **22**, 180, 1 Fig., 1896.

Rovasenda, Giuseppe
○ L'interesse dei vitticoltori italiani di fronte al pericolo d'invasione della filossera. Memoria. Ann. Accad. Agric. Torino, **21** (1878), 59—72, 1 Taf., 1879.
○ [Sonderdr.:] 8°, Roma, Löscher, 1878.

Rove, J . . . Brooking
○ On the occurrence of *Calosoma sycophanta* in Devonshire. Rep. Trans. Devonsh. Ass. Sci., **6**, 270—271, 1873—74.

Rovelli, G[iuseppe]
○ Alcune ricerche sul tubo digerente degli Atteri, Ortotteri e pseudo Neurotteri. Una nuova specie di Lepismide. 8°, 15 S., Como, 1884.
[Ref.:] Arch. Ital. Biol., **7** (1885), XXXIV, (1886) 1887.
— siehe Grassi, Giovanni Battista & Rovelli, G[iuseppe] 1889.

Row, Fred . . .
A new collecting bottle. Sci. Gossip, **16**, 136, 1 Fig., 1880.

Rowe, J . . . Brooking
Deilephila Galii and *D. lineata* at Plymouth. Entomologist, **5**, 180—181, (1870—71) 1870.
— *Calosoma sycophanta* at Plymouth. Entomol. monthly Mag., **9**, 117, (1872—73) 1872. — [Dasselbe:] Entomologist, **6**, 224, (1872—73) 1872.

Rowe, W . . . J . . .
Colymbetes fuscus infested by a Fungus. Entomologist, **2**, 195, (1864—65) 1865.

Rowlett, William
Ants. Garden. Chron., (2) **19**, 605, 1883.

Rowley, F . . . R . . .
Chaerocampa Celerio (the Silver-Striped Hawk-Moth) at Leicester. Sci. Gossip, **21**, 263, 1885.

Rowley, George Dawson
geb. 1822, gest. 1878.
— Immense abundance of *Bibio Marci* at Brighton. Entomologist, **6**, 143, (1872—73) 1872.
— *Deiopeia pulchella* at Brighton. Entomol. monthly Mag., **13**, 163, (1876—77) 1876.

Rowley, R[obert] R . . .
Cases of long pupal periods among Lepidoptera. Canad. Entomol., **22**, 123, 1890.
— Wholesale destruction of *Colias philodice.* Canad. Entomol., **23**, 92, 1891 a.
— Observations on the butterfly, *Paphia troglodita.* Ent. News, **2**, 43—46, 1891 b.
— *Callidryas eubule* in Missouri. Ent. News, **2**, 117—118, 1891 c.
— Notes on *Colias caesonia.* Ent. News, **2**, 133—135, 1891 d.
— (Variation in *Colias caesonia.*) Entomol. Rec., **2**, 271—272, 1891 e.
— Notes on Arkansas Lepidoptera. Ent. News, **3**, 13—14, 1892.
— Movements of pupae and activity of imagos. Ent. News, **4**, 264—265, 1893.
— Notes on the Sphinges of Missouri. Ent. News, **5**, 176—178, 1894.
— Interesting collecting near home. Ent. News, **9**, 34—37, 1898 a.
— Notes on Missouri Sphinges. Ent. News, **9**, 189—191, 1898 b.
— Notes of Missouri Sphingidae. Ent. News, **10**, 10—12, 1899.

Rowntree, James H . . .
Colias Edusa at Scarborough. Entomologist, **4**, 145, (1868—69) 1868 a.
— Hermaphrodite Specimen of *Lycaena Alexis.* Entomologist, **4**, 147, (1868—69) 1868 b.
— *Liparis dispar.* [Mit Angaben von E. Newman.] Entomologist, **5**, 197—198, (1870—71) 1870.
— Variation in Butterflies, *Deilephila Galii.* Entomologist, **5**, 264—265, (1870—71) 1871 a.
— *Erebia Ligea.* [Mit Angaben von Edward Newman.] Entomologist, **5**, 278, (1870—71) 1871 b.
— siehe Taylor, George; Rowntree, James H . . . & Moore, J . . . 1872.
— *Acronycta alni* near Scarborough. Entomologist, **20**, 275, 1887.
— *Catocala fraxini* at Scarborough. Entomologist, **29**, 368, 1896 a.
— Capture of Clifden Nonpareil at Scarborough. Naturalist London, **1896**, 354, 1896 b.
— *Vanessa antiopa* in Yorkshire. Entomologist, **30**, 269, 1897 a.
— *Vanessa antiopa* near Scarborough. Naturalist London, **1897**, 308, 1897 b.
— *Vanessa antiopa* in Yorkshire. Entomologist, **32**, 256, 1899 a.
— *Vanessa antiopa* at Scarborough. Naturalist London, **1899**, 298, 1899 b.

Roxburgh, Thomas J . . .
Deilephila lineata in the Isle of Man. Entomologist, **5**, 214, (1870—71) 1870.
— *Spilodes palealis.* Entomologist, **9**, 278, 1876.

Roy, Deckermann siehe Deckermann-Roy,

Roy, Elias
De la vitalité des insectes. Natural. Canad., **26** ((2) **6**), 85—87, 1899 a.
— Nouvelles entomologiques. Natural. Canad., **26** ((2) **6**), 115—117; Notes entomologiques. 177—178, 1899 b.

Roy, J . . . H . . . Dehermann siehe Dehermann-Roy, J . . . H . . .

Roy, Jean
Considérations sur l'acclimatation du *Bombyx arrindia* (ver à soie du ricin). Rev. Séricicult. comp., **1864**, 108—111, 143—151, 172—174, 1864. — [Abdr.?:] Bull. Soc. Acclim. Paris, (2) **1**, 38—45, 133—140, 188—195, 270—281, 1864.

Roye, le siehe Le Roye,

Royer, Héron siehe Héron-Royer,

Royer, Ch . . .
Nouvelle espèce appartenant à la faune française. [*Otiorrynchus hungaricus* Germ.] Petites Nouv. ent., **2** (1876—79), 5, 1876.
— Conservation des Collections. Petites Nouv. ent., **2** (1876—79), 217—218, 1878.
— Variétés. Naturaliste, **3**, 142—143, 166, 1885.

Royer, Maurice
○ Un nouvel insect capturé dans le bassin de la Seine. Ann. Natural. Levallois-Perret, **5**, 10, 1899.
○ Note sur la Capture de *Rhynchites giganteus* Kryn. [Col.]. Ann. Natural. Levallois-Perret, **6**, 16, 1900 a.
○ Note sur le mode d'apparation du pigment noir chez *Pyrrochoris apterus* L. Ann. Natural. Levallois-Perret, **6**, 19, 1900 b.
— siehe Chabanaud, Paul & Royer, Maurice 1900.

Royère, Jean
Conservation des insectes. Feuille jeun. Natural., **26**, 36, (1895—96) 1895.
[Ital. Übers.?:] Riv. Ital. Sci. nat. (Boll. Natural. Siena), **16**, Boll. 8, 1896.

Royet,
Le *Bombyx Pernyi.* Ann. Soc. Agric. Lyon, (5) **8** (1885), 237—242, 1886.
— [Sur un parasite des vers à soie, l'*Oestrus bombycis.*] Ann. Soc. Agric. Lyon, (6) **1** (1888), XXV, LII—LIII, 1889.
— (Notes d'entomologie domestique et économique. La préservation des objets par le froid.) Ann. Soc. Agric. Lyon, (7) **5** (1897), XLII—XLV, 1898.

Royle,
○ On the production of wild silks in India. Journ. R. Soc. Arts, **30**, 823—826, 1882.

Royston-Pigott, G . . . W . . .
On High-power Definition: with illustrative Examples. Monthly micr. Journ., **2**, 295—305, 1 Fig., Taf. XXXIII, 1869; The Markings on the Podura Scale, being a Postscript to a paper on High Power Definition. **3**, 13—14; Further Remarks on High-power Definition. 192—194, 1870.
— On the Spherules which compose the Ribs of the Scales of the Red Admiral Butterfly (*Vanessa Atalanta*), and the *Lepisma Saccharina.* Monthly micr. Journ., **9**, 59—65, 1873.
— Microscopical Researches in High Power Definition. Preliminiary Note on the Beaded Villi of Lepidoptera-Scales as seen with a power of 3,000 Diameters. Proc. R. Soc. London, **31**, 505—506, 1881.
— Note on the Structure of the Scales of Butterflies. Amer. monthly micr. Journ., **5**, 230—233, 1885.
— The Villi and Beading Discovered on Butterfly and Moth Scales. Journ. Micr. nat. Sci., (N. S.) **1** (**7**), 167—169, Taf. 14, 1888. — [Abdr.?:] Notes on Villi on the scales of Butterflies and Moths. Journ. Quekett micr. Club, (2) **3**, 205—207, (1887—89) 1888.
— Microscopical Imagery. (Part 3.)[1] Journ. Micr. nat. Sci., (N. S.) **2** (**8**), 205—209, Taf. 20, 1889.

[**Rozov**, A . . .] **Розов**, A
[Gefahr, welche der Bienenzucht im Sosnitzkischen Bezirke des Uernik. Gouv. von Seiten einer gewissen Fliege droht.] Опасность, угрожающая пчеловодству въ Сосницкомъ уезде Уерниг. губ. отъ мухъ особаго рода. [Zap. Kievsk. Obšč. Estest.] Зап. Киевск. Общ. Естест.; Mem. Soc. Natural. Kiew, **4**, 64, 1875—76.

Rózsay, Emil
○ Catalogus coleopterorum Posonii et Cassoviae inventorum.[2] Schulprogr. Presburg, **1868**, 13—20, 1868.
○ [Verzeichnis der Macrolepidopteren von Pressburg und Umgebung.] Pozsony és környéke nagy lepkéinek jegyzéke. Értesitö kath. Fogymn. Pozsony, **1877—78**, 3—14, 1878.
— Enumeratio Coleopterorum Posoniensium. Adalék Pozsony rovar-faunájának ismeretéhez összeállita. Verh. Ver. Naturk. Presburg, (N. F.) **3** (1873—75), 25—54, 1880 a.
— (Über die Reblaus.) Verh. Ver. Naturk. Presburg, (N. F.) **3** (1873—75), 129—137, 1880 b.
[Siehe:] Mednyanszky, Dionys: 137—145.

Rózsay, Rezsö
Torzképzödmények a bogaraknál. Rovart. Lapok, **4**, 56—57, 3 Fig.; [Dtsch. Zus.fassg.:] Missbildungen bei Käfern. (Auszug) 5, 1897.

Rożyński, Fr . . .
○ [Mittel gegen die Vernichtung der Bäume durch die Raupen eines Schmetterlings, bekannt unter dem Namen Fichtenspinner.] Srodki zaradcze przeciw niszczenin drzew przez gąsienice motyla znanego pod nazwą „Wełnica". Ziemianin, **28**, 116, 1878.

Rubattel, R . . .
Variété de *Satyrus Circe.* Feuille jeun. Natural., **10**, 48, (1879—80) 1880.
— Quelques observations lépidoptérologiques. Feuille jeun. Natural., **11**, 74—75, (1880—81) 1881.

Rubens,
Die Blut-, Woll- oder Rindenlaus. [Nach: Landw. Centralblatt f. d. Berg. Land.] Hannov. land- u. forstw. Ver.bl., **13**, 230, 1874.

Rubens,
○ Der Frostnachtschmetterling [*Cheimatobia brumata*]. Landw. Zbl. Elberfeld, **1878**, Nr. 43, 1878.

[1] andere Teile nicht entomol.
[2] vermutl. Autor

Rubens, F...
○ Schädliche Insekten für Obst- und Weinbau. 8°, IV + 64 S., Berlin, Wigandt; Hempel & Parey, 1872.

Rubio, F...
○ Modo de tratar el pedículo. Siglo méd. Madrid, **26**, 338—344, 1879.

Rubio, Ricardo
○ La filoxera en el Ampurdan y los procedimiendos para su extincion. Gaceta agric. Fomento, **16**, 294—302, 1880. — [Abdr.?:] An. Agric. Argent., **4** ((2) 1), 425—430, 1880.

Rudd, W... R...
○ The Phylloxera and its ravages among the vines of France. Rep. Proc. Sci. Gossip Club Norwich, **1877**, 20—22, 1878.

Rudeloff,
Zur subcutanen Tötung von Lepidopteren. Ent. Ztschr., **7**, 199—200, 1894.

Rudolphi, Joh...
○ Skandinaviska fjärilar. Häftet 1.[1]) 7 S., 4 Taf., Hudiksvall, Selbstverl., 1887.

Rudow, Ferdinand Prof. Dr. phil.
geb. 2. 4. 1840 in Eckartsberge, gest. 3. 9. 1920 in Naumburg a. S., Studienrat am Realgymnasium in Perleberg. — Biogr.: Progr. Realsch. Perleberg, Nr. 84, 25—26, 1877; Ent. Ztschr., **34**, 57—58, 1920.
— Sechs neue Haarlinge. Ztschr. ges. Naturw., **27**, 109—112, Taf. V—VII, 1866 a.
— Charakteristik neuer Federlinge. Ztschr. ges. Naturw., **27**, 465—477, 1866 b.
— Beitrag zur Kenntniss der Mallophagen oder Pelzfresser. Neue exotische Arten der Familie Philopterus. Dissertation Leipzig. 8°, 47 S., Halle, Druck Wilh. Plötz, 1869 a.
— Einige neue Pediculinen. Ztschr. ges. Naturw., **34**, 167—171, 1869 b.
— [Verheerungen durch *Dasychira pudibunda*.] Ztschr. ges. Naturw., **34**, 357—358, 1869 c.
— Neue Mallophagen. Ztschr. ges. Naturw., **34**, 387—407, 1869 d.
[Siehe:] (N. F.) **1** (**35**), 272—302, 1870.
— Beobachtungen über die Lebensweise und den Bau der Mallophagen oder Pelzfresser, sowie Beschreibung neuer Arten. Ztschr. ges. Naturw., (N. F.) **1** (**35**), 272—302, 1870; (N. F.) **2** (**36**), 121—143, 1870 a.
[Siehe:] 34, 387—407, 1869.
— Einige Beobachtungen über die Lebensweise der Heuschrecken. Ztschr. ges. Naturw., (N. F.) **2** (**36**), 306—330, 1870 b.
— Die Tenthrediniden des Unterharzes, nebst einigen neuen Arten anderer Gegenden. Stettin. ent. Ztg., **32**, 381—395, 1871 a.
— Einige Pupiparen auf Chiropteren schmarotzend. Ztschr. ges. Naturw., (N. F.) **3**, 121—124, 1871 b.
[Engl. Übers.:] On some Pupipara parasitic upon Chiroptera. Ann. Mag. nat. Hist., (4) **9**, 407—408, 1872.
— Revision der *Tenthredo*-Untergattung *Allantus* im Hartig'schen Sinne. Stettin. ent. Ztg., **33**, 83—94, 137—142, 1872 a.
— Zwei neue Blattwespen. Stettin. ent. Ztg., **33**, 217—218, 1872 b.

[1]) mehr nicht erschienen.

— Die Hymenoptera anthophila (Blumenwespen) des Unterharzes. Stettin. ent. Ztg., **33**, 414—429, 1872 c.
— Systematische Uebersicht der Orthopteren Nord- und Mitteldeutschlands. Ztschr. ges. Naturw., (N. F.) **8** (**42**), 281—317, 1873.
— Die Pflanzengallen Norddeutschlands und ihre Erzeuger. Arch. Ver. Naturgesch. Mecklenb., **29**, 1—96, 1 Taf. (unn.), 1875 a.
— Das Präpariren der Orthopteren, Neuropteren und Hemipteren. Ent. Nachr. Putbus, **1**, 80—83, 1875 b.
— Uebersicht der Gallenbildungen, welche an *Tilia, Salix, Popolus, Artemisia* vorkommen, nebst Bemerkungen zu einigen andern Gallen. Ztschr. ges. Naturw., (N. F.) **12** (**46**), 237—287, 1875 c.
— Die Faltenwespen, mit Berücksichtigung der in Norddeutschland vorkommenden Arten. Arch. Ver. Naturgesch. Mecklenb., **30**, 188—238, Taf. III, 1876 a.
— Bemerkungen über die sog. Wanderheuschrecke. Ent. Nachr. Putbus, **2**, 29—30, 1876 b.
— Sammelbericht aus der Märkischen Schweiz. Ent. Nachr. Putbus, **2**, 169—170, 1876 c.
— Massenhaftes Auftreten von Insecten. Ent. Nachr. Putbus, **3**, 158—160, 1877 a.
— Hymenopterologische Beobachtungen aus der Mark Brandenburg. Progr. Realsch. Perleberg, **1877**, Nr. 84, 1—24, 1877 b. — [Abdr.:] Naturalien-Cabinet, **10**, 161—162, 177—178, 193—195, 209—210, 225—227, 241—243, 257—258, 273—274, 327—328, 353—354, 370—371, 1898; **11**, 3—4, 36—37, 52—54, 65—66, 81—83, 132—133, 162—163, 1899.
— Nachtrag zur Uebersicht der mecklenburger Insecten. Arch. Ver. Naturgesch. Mecklenb., **31** (1877), 113—119, 1878 a.
[Siehe:] Raddatz, A.: **27**, 1—22, 1873; **28**, 49—98, 1874.
— Theilung der Arbeit. [Bestimmungssendungen.] Ent. Nachr. Putbus, **4**, 107—108, 1878 b.
— Schädliche Mücken in der Mark. Ent. Nachr. Putbus, **4**, 213—214, 1878 c.
— Biologische Mittheilungen. [*Myrmecoleon formicalynx; Hylurgus piniperda; Melolontha vulgaris*-Abnormität.] Ent. Nachr. Putbus, **4**, 272—273, 1878 d.
— Hymenopterologische Mittheilungen. Ztschr. ges. Naturw., (3. F.) **3** (**51**), 231—244, 1878 e.
— Unregelmässiges Flügelgeäder bei Hymenopteren. Ent. Nachr. **5**, 209—211, 1879 a.
— Pflanzenmißbildungen hervorgebracht durch die niedere Thierwelt. Natur Halle, (N. F.) **5** (**28**), 148—150, 2 Fig.; 160—163, 13 Fig.; 185—188, 10 Fig., 1879 b.
— Zur Entwickelung von *Nematus gallarum* Htg. = *viminalis L.* und *Vallisnierii* Htg. Ent. Nachr., **7**, 78—79, 1881 a.
— Die mitteleuropäischen *Dasypoda*-Arten, besonders der westlichen Länder. Ent. Nachr., **7**, 80—83; Verbesserung 114, 1881 b.
— Eine Missbildung von *Musca domestica.* Ent. Nachr., **7**, 84, 1881 c.
— Einige neue Pimplarier. Ent. Nachr., **7**, 309—312, 1881 d.
— Die Kaprifikation der Feigen. Natur Halle, (N. F.) **7** (**30**), 218—221, 7 Fig., 1881 e.
— Die Nester der europäischen Bienenarten. Natur

Halle, (N. F.) **7** (**30**), 253—257, 16 Fig.; 397—400, 9 Fig.; ... Bienenarten und Ameisen. 434—437, 7 Fig., 1881 f.

— Einige neue Ichneumoniden. Ent. Nachr., **8**, 33—35, 1882 a.

— Einige neue Hymenoptera. Ent. Nachr., **8**, 279—289, 1882 b.

— Die Birke und ihre Feinde. Natur Halle, (N. F.) **8** (**31**), 252, 1882 c.

— Der Lege-Apparat bei den Insekten. Natur Halle, (N. F.) **8** (**31**), 456—458, 6 Fig.; 480—482, 19 Fig., 1882 d.

— Einige neue Hymenoptera. Ent. Nachr., **9**, 57—64, 1883 a.

— Neue Ichneumoniden. Ent. Nachr. Putbus, **9**, 232—247, 1883 b; Einige neue ... **14**, 83—92, 120—124, 129—136, 1888.

— Entgegnung. Ent. Nachr., **9**, 258—261, 1883 c. [Darin:]
  Katter, Friedrich: Bemerkung der Redaction. 260—261.

— Die Feinde des Weinstockes. Natur Halle, (N. F.) **9** (**32**), 342—343, 8 Fig.; 353—355, 8 Fig., 1883 d.

— Nonnulli Pteromalini a. D. de Stefani-Perez in Sicilia lecti. Natural. Sicil., **5** (1885—86), 265—268, 1886 a.
  [Siehe:] De-Stefani, Teodosio: **6** (1886—87), 9—10, (1887) 1886.

— Neue Ichneumoniden. Soc. ent., **1**, 6—7, 11—12, 17—18, 27—28, 33—34, 41—42, 1886 b.

— Beobachtungen aus einigen Bienennestern. Soc. ent., **1**, 76, 83—84, 1886 c; Weitere Beobachtungen über Bienennester. 157, 164, 170—171, 1887.

— Neue *Cryptus*. Soc. ent., **1**, 98—99, 107, 115, 1886 d.

— Einige practische Mittheilungen. Ent. Ztschr., **1**, 13—14, 1887 a.

— Die Schmarotzer der deutschen Schmetterlinge. Ent. Ztschr., **1**, 19—20, 31—33, 1887 b; 41—43, 54—55, 1888.

— *Cheimatobia brumata* L. und ihre Feinde. Insekten-Welt, **4**, 21—22, 25—26, 1887 c.

— Beobachtungen an Bienennestern. Soc. ent., **2**, 33, 43—44, 52; Weitere Beobachtungen ... 100, 105, 122—123, 131, 1887 d; 145, 155—156, 171—172, 179—180, 1888.

— Faunistisches. [Dipt., Neur.] Ent. Nachr., **14**, 148, 1888 a.

— (Conservirung der Käfer.) Ent. Ztschr., **1**, 44, 1888 b.

— [*Bruchus pisi* in Norddeutschland.] Ent. Ztschr., **1**, 45, 1888 c.

— Die Schmarotzer der deutschen Käfer. Ent., Ztschr., **1**, 55—56, 68; **2**, 2—3, 1888 d.

— Ueber Aufbewahrung von wanzenartigen Insekten für Sammlungen. Ent. Ztschr., **2**, 27—28, 1888 e.

— Ueber Sammlungen von Hautflüglern, Hymenopteren. Ent. Ztschr., **2**, 61—62, 1888 f.

— Warnung vor dem Kornkäfer. Ent. Ztschr., **2**, 81—82, 1888 g.

— Bestimmungstabelle der Orthopteren Nord- und Mittel-Europas. Ent. Ztschr., **2**, 100—101, 1888 h; 111—112, 122—123, 134—135, 1889; **3**, 3—4, 17—18, 25—26, 1889.

— Einige merkwürdige Orthoptera und Neuroptera. Ent. Ztschr., **2**, 105, 1888 i; 110, 1889.

— Einige Insektenbauten und andere Mittheilungen. Soc. ent., **3**, 10, 18, 27, 35, 43, (1888—89) 1888 j.

— Ueber Bienennester. Soc. ent., **3**, 49—50, 59, (1888—89) 1888 k.

— Beobachtungen an Bienennestern. Soc. ent., **3**, 90—91, 106—107, (1888—89) 1888 l.

— Einige Beobachtungen an Odonaten und Neuropteren. Soc. ent., **3**, 124, 137—138, (1888—89) 1888 m; 147, (1888—89) 1889.

— Einige Bemerkungen über Libellen. Ent. Ztschr., **3**, 99—100, 1889 a.

— Einige entomologische Bemerkungen [*Mantispa; Osmylus; Drepanopteryx*]. Soc. ent., **4**, 87—89, (1889—90) 1889 b.

— Einige kleine Beobachtungen [Heter., Hom.]. Soc. ent., **4**, 135, (1889—90) 1889 c; 153, 161—162, (1889—90) 1890.

— Einige Bienennester. Soc. ent., **3**, 170—171, (1888—89) 1889 d.

— Insektenplagen. Ent. Ztschr., **4**, 43, 1890 a.

— Die Libellen Deutschlands. Ent. Ztschr., **4**, 57—59, 80—81, 115—116, 1890 b.

— Etwas über Wespen. Ent. Ztschr., **4**, 95, 108, 1890 c.

— Entwickelung einiger Bienengattungen. Naturfr. Eschweiler, **1**, 2—6, 1890 d.

— Einige Riesen der Insektenwelt. Naturfr. Eschweiler, **1**, 36—39, 1890 e.

— Merkwürdige Insektenplage. Naturfr. Eschweiler, **1**, 53—54, 1890 f.

— Ungleichheit in der Anzahl der Geschlechter bei den Hautflüglern. Naturfr. Eschweiler, **1**, 54—56, 1890 g.

— Ein entomologischer Ausflug nach der Insel Usedom im Juli 1890. Naturfr. Eschweiler, **1**, 86—88, 1890 h.

— *Polyphylla fullo* L. Naturfr. Eschweiler, **1**, 94, 1890 i.

— Die Riesen der Insektenwelt. Naturfr. Eschweiler, **1**, 152—155, 1890 j.

— Einige Beobachtungen an Phryganidengehäusen. Soc. ent., **5**, 65; ... Beobachtungen an ... 74—75, (1890—91) 1890 k.

— Ueber Bienennester. Soc. ent., **5**, 115, (1890—91) 1890 l.

— Schädigung von Kirschen-, Birnen- und Pflaumenbäumen durch *Eriocampa adumbrata* Klg. Soc. ent., **5**, 140—141, (1890—91) 1890 m.

— [*Raphidia*-Larve räuberisch bei *Odynerus*-Arten.] Ent. Ztschr., **5**, 46—47, 1891 a.

— Aus der Käferpraxis. Ent. Ztschr., **5**, 62—63, 1891 b.

— Beschädigungen der Pflanzen durch Insekten (*Corylus*.) Naturfr. Eschweiler, **2**, 17—19, 1891 c.

— Ueber einige weniger bekannte Formen der Geradflügler. Naturfr. Eschweiler, **2**, 41—43, 56—60, 2 Taf. (unn.), 1891 d.

— Die Schmarotzer einiger Insektenordnungen. Soc. ent., **6**, 18—19, 33—34, (1891—92) 1891 e.

— Aechte Schmarotzer der Honigbiene. Soc. ent., **6**, 131—132, (1891—92) 1891 f.

— Einige Worte über die Gifte, welche die Entomologen zum Tödten der Insecten verwenden. Ent. Ztschr., **6**, 138—139, 1892.

— Einige Beobachtungen an Ameisennestern. Insektenbörse, **10**, 83—84, 94—95, 1893 a.

— Die Nester der Faltenwespen (Vespiden). Insektenbörse, **10**, 175—176, 186—188, 1893 b.

— Die Nestbauten der honigsammelnden Bienen, Blumenbienen, Anthophiliden. Insektenbörse, **10**,

210—212, 222—224, 247—248, 1893 c; **11**, 4—5, 1894.
— Über die Kunstfertigkeit einiger Hautflügler. Jahresber. Realgymn. Perleberg, **31** (1892—93), Nr. 109, 1—24, 1893 d.
— Nächtlicher Insektenfang. Soc. ent., **7**, 171—172, 180—181, (1892—93) 1893 e.
— Einige Beobachtungen an Wespennestern. Soc. ent., **8**, 59—61, (1893—94) 1893 f.
— Einige Beobachtungen an Insekten. Soc. ent., **8**, 84—85, 91—92, (1893—94) 1893 g.
— Ueber einige gallenbildende Insekten. Soc. ent., **8**, 123—124, 129—130, (1893—94) 1893 h.
— Feinde und Bewohner der Rosensträucher. Ent. Jb., (**3**), 119—122, 1894 a.
— Beobachtungen an Ameisennestern. Ent. Jb., (**3**), 138, 1894 b.
— Das Sammeln von Zweiflüglern im Kreislaufe des Jahres. Ent. Jb., (**3**), 220—231, 1894 c.
— *Sitophilus granarius* L. Ent. Ztschr., **7**, 202—203, 1894 d.
— *Tinea granella* L. Ent. Ztschr., **7**, 211—212, 1894 e.
— Beitrag zur Lebensgeschichte von *Retinia resinana* Fbr. — *resinana* L. Ent. Ztschr., **8**, 64—66, 71—72, 1894 f.
— Beitrag zur Entwicklungsgeschichte der *Retinia buoliana* Fröl. Ent. Ztschr., **8**, 117—118, 1894 g.
— Die Wohnungen der Blatt- und Holzwespen, Tenthrediniden und Siriciden nebst einiger anderer Hautflügler. Insektenbörse, **11**, 16, 26, 37, 47—48, 1894 h.
— Die Wohnungen der Phryganidenlarven. Insektenbörse, **11**, 60—61, 71, 83—84, 1894 i.
— Die Kiefer, ihre Bewohner und Feinde. Insektenbörse, **11**, 104, 112—113, 129—131, 1894 j.
— Die Feinde und Bewohner der Birke. Insektenbörse, **11**, 165—166, 184—185, 201—202, 1894 k.
— Einige Bienennester. Soc. ent., **9**, 35, (1894—95) 1894 l.
— Merkwürdige Fussbildungen bei Hymenopteren. Soc. ent., **9**, 57—58, 66—67, (1894—95) 1894 m.
— Einige merkwürdige Insektenbauten. [Hym.] Soc. ent., **9**, 83—84, 90—91, (1894—95) 1894 n.
— Ein Ausflug ins Gebirge. Soc. ent., **8**, 185—187, (1893—94) 1894 o.
— Vorkommen von lebenden Larven im menschlichen Körper. Ent. Jb., **4**, 206, 1895 a.
— Die Sammelfahrt nach Klausen in Tirol. Ent. Ztschr., **9**, 81—82, 1895 b.
— [*Epuraea aestiva* L. in Gerstengraupen.] Ent. Ztschr., **9**, 99, 1895 c.
— Die Feinde unserer Getreidearten. Insektenbörse, **12**, 11—13, 22, 28—29, 1895 d.
— Die Feinde des Weinstockes. Insektenbörse, **12**, 52—53, 67—69, 1895 e.
— Ueber gallenartige Missbildungen an Pflanzen, hervorgebracht durch die Gliederthiere. Insektenbörse, **12**, 83—84, 100—101, 110—111, 116—117, 139—140, 146—147, 153—154, 162—163, 169—170, 177—179, 191—192, 1895 f.
— Insektenleben im Winter. Soc. ent., **10**, 11—12, 18—20, (1895—96) 1895 g.
— Kleine Mittheilungen. [*Retinia bonoliana* — Schäden; *Calopteryx virgo* L.; Schwärme von *Simulia reptans*.] Soc. ent., **10**, 60, (1895—96) 1895 h.
— Einige entomologische Beobachtungen. Soc. ent., **10**, 90—92; Berichtigung. 108, (1895—96) 1895 i.
— Mißbildung oder Zwitterbildung? Ent. Jb., **5**, 120, 1896 a.
— Fadenwurm als Schmarotzer. Ent. Jb., **5**, 133, 1896 b.
— Die Wohnungen der Hautflügler (Hymenoptera). Ent. Jb., **5**, 207—227, 1896 c.
— *Sitophilus granarius* L. Ent. Ztschr., **10**, 52, (1896—97) 1896 d.
— *Anobium paniceum* L. Ent. Ztschr., **10**, 59, (1896——97) 1896 e.
— [Schaden durch *Retinia resinana* und *buoliana*.] Ent. Ztschr., **10**, 61—62, (1896—97) 1896 f.
— Massenhaftes Vorkommen einiger Insekten. Ent. Ztschr., **10**, 84, (1896—97) 1896 g.
— [Insektenpräparate.] Ent. Ztschr., **10**, 100, (1896—97) 1896 h.
— Die Faulbrut der Honigbienen. Ill. Wschr. Ent., **1**, 17—18, 1896 i.
— Entwickelung einer *Tachina*-Art aus einem brasilianischen Bockkäfer. Ill. Wschr. Ent., **1**, 18, 1896 j.
— Über einige weniger bekannte Schmarotzerinsekten. Ill. Wschr. Ent., **1**, 41—48, 20 Fig., 1896 k.
— Die Schmarotzer in Insekteneiern. Ill. Wschr. Ent., **1**, 65—66, 1896 l.
— Einige Bemerkungen über die Puppen von Braconiden. Ill. Wschr. Ent., **1**, 123—126, 17 Fig., 1896 m.
— Einige seltene Insekten, gefunden in der Mark Brandenburg. Ill. Wschr. Ent., **1**, 325—330, 344—349, 1896 n.
— Kiefernbeschädigungen in Südtirol [*Cnethocampa pityocampa*]. Ill. Wschr. Ent., **1**, 386, 1896 o.
— Über die Lebensweise einiger die Nutzbäume schädigenden Blattwespen. [*Lyda*.] Ill. Wschr. Ent., **1**, 389—394, 1 Farbtaf. (unn.), 1896 p.
— Einige Ameisenwohnungen. Ill. Wschr. Ent., **1**, 473—475, 3 Fig., 1896 q.
— Eine grosse Nestkolonie von *Halictus*. Ill. Wschr. Ent., **1**, 513—514, 1896 r.
— Eine grosse Nestkolonie von *Polistes diadema* Ltr. Ill. Wschr. Ent., **1**, 604—606, 1 Fig., 1896 s.
— Die Caprification der Feigen. Ill. Wschr. Ent., **1**, 624—625, 1896 t.
— Die Riesen unter den Insekten. Insektenbörse, **13**, 11—12, 19—20, 34—35, 1896 u.
— Die Töne, welche Insekten hervorbringen. Insektenbörse, **13**, 79—81, 1896 v.
— Einige Worte über die wissenschaftlichen Namen der Insekten. Insektenbörse, **13**, 103—104, 204—205, 245—246, 1896 w.
— Die Eichen und ihre wichtigsten Bewohner und Feinde. Insektenbörse, **13**, 142—143, 152—153, 161—162, 166—167, 1896 x.
— Die gesellig lebenden Hautflügler und ihre Feinde aus der Ordnung der Gliederthiere. Insektenbörse, **13**, 170, 173—174, 179, 1896 y.
— Eine Sammelreise nach Tirol. Insektenbörse, **13**, 190, 1896 z.
— Ueber einen grossen Zug von Weisslingen. Insektenbörse, **13**, 200, 1896 aa.
— Wespen-Friedhof. Insektenbörse, **13**, 206, 1896 ab.
— Zwitterbildung. Ent. Jb., **5**, 258—259, 1896 ac.
— Einige Betrachtungen über die Geradflügler, Orthoptera. Insektenbörse, **13**, 275—276, 279—280, 1896 ad.
— Was sich alles in einem alten Birnbaume vorfand. Insektenbörse, **13**, 292, 1896 ae.

— Einige Sammelbeobachtungen. [Südtirol; Hym., Salt., Hom., Het., Odon.] Soc. ent., **11**, 68—70, 77, (1896—97) 1896 af.
— *Anthidium strigatum.* Soc. ent., **11**, 85, (1896—97) 1896 ag.
— Betrachtungen über einige Gespinste anfertigende Insekten. Ent. Jb., **7**, 105—113, 1897 a.
— Massenhaftes Erscheinen einiger Insektenarten. Ent. Jb., **7**, 120—126, 1897 b.
— (Springbohnen.) Ent. Ztschr., **10**, 152, (1896—97) 1897 c.
— (Die sogenannten Springbohnen.) Ent. Ztschr., **10**, 166—167, (1896—97) 1897 d.
— [Ueber *Apion pomonae.*] Ent. Ztschr., **11**, 37, (1897—98) 1897 e.
— [Italienische Honigbiene von *Cordiceps cinerea* Lacc. parasitiert.] Ent. Ztschr., **11**, 55—56, (1897—98) 1897 f.
— Massenhaftes Auftreten von Insekten. Ent. Ztschr., **11**, 78—79, (1897—98) 1897 g.
— Einige Insektenbauten. Insektenbörse, **14**, 205—206, 1897 h.
— Brombeerstengel und ihre Bewohner. Ill. Wschr. Ent., **2**, 209—213, 12 Fig.; 235—238, 1897 i.
— Einige Bemerkungen über Entwickelungszustände der Blattwespen. Ill. Wschr. Ent., **2**, 263—266, 14 Fig., 1897 j.
— Die Waffen der Insekten. Insektenbörse, **14**, 2—3, 7—8, 14—16, 1897 k.
— Pflanzen und Insekten. Eine kleine Plauderei. Insektenbörse, **14**, 31—32, 39—40, 1897 l.
— Einige Ameisenbauten. Insektenbörse, **14**, 67—69, 1897 m.
— Meine Sammlungen. Eine kleine entomologische Plauderei. Insektenbörse, **14**, 109—110, 116—117, 122—124, 1897 n.
— Bewohner von Himbeerstengeln. Insektenbörse, **14**, 145—146, 1897 o.
— [Fliegenlarven beschädigen gesammelte Insekten.] Insektenbörse, **14**, 226, 1897 p.
— (Ueber die schädliche Wirkung der Fliegenstiche.) Insektenbörse, **14**, 231—232, 1897 q.
— Die Lebensgewohnheiten der Crabronen. Insektenbörse, **14**, 255, 261, 1897 r.
— Einige Beobachtungen an Insektencolonien. Insektenbörse, **14**, 272—273, 277—278, 1897 s.
— Einige Kunstbauten von Faltenwespen. Ill. Wschr. Ent., **2**, 321—326, 15 Fig., 1897 t.
— *Apis ligustica* Ltr. mit merkwürdigem Kopfschmuck. Ill. Wschr. Ent., **2**, 429, 2 Fig., 1897 u.
— Die Gehäuse der deutschen Köcherfliegen, Phryganiden. Ill. Wschr. Ent., **2**, 451—456, 26 Fig., 1897 v.
— *Lyda campestris* L. in Tirol. Ill. Wschr. Ent., **2**, 639, 1897 w.
— Einige merkwürdige Gallenbildungen, hervorgebracht durch Insekten. Ill. Wschr. Ent., **2**, 645—649, 1897 x.
— *Magdalinus aterrimus* in Weiden. Ill. Wschr. Ent., **2**, 672, 1897 y.
— Beobachtungen an Bauten und Nestern von Hymenopteren. Ill. Wschr. Ent., **2**, 680—683, 1897 z.
— Einige Lebensthätigkeiten der Termiten. Ill. Wschr. Ent., **2**, 715—716, 1897 aa.
— Reisebriefe aus Brasilien und Argentinien. Soc. ent., **12**, 33—35, (1897—98) 1897 ab.
— Der Pflaumenknospenstecher (*Magdalinus pruni* L.). Ent. Jb., **8**, 88, 1898 a.
— Wie man oft zufällig zu schönen Insekten kommt. Ent. Jb., **8**, 136—137, 1898 b.
— Einige Beiträge zur Bienenfauna der Stilfser Jochstraße und Südtirols. Ent. Jb., **8**, 212—220, 1898 c.
— Das Leben von *Trichiosoma* (*Cimbex*) *lucorum* Fabr. und ihre Schmarotzer. Ent. Jb., **8**, 225—230, 1898 d.
— Einige Kiefern-Schädlinge. Ill. Ztschr. Ent., **3**, 14—15, 1898 e.
— Einige ausländische Nester von Hautflüglern. Ill. Ztschr. Ent., **3**, 24—26, 1898 f.
— Aufzählung der bis jetzt gefundenen Bauten und Nester von Hautflüglern (Hymenoptera). Insektenbörse, **15**, 3—4, 7—9, 15—16, 21—22, 1898 g.
— Zur Ueberwinterung von *Polistes.* Insektenbörse, **15**, 33, 1898 h.
— Einige ausländische Bienennester. Insektenbörse, **15**, 69, 80—81, 1898 i.
— Triumph der Züchtung. Insektenbörse, **15**, 74, 1898 j.
— Bemerkungen zur Orthopteren-Fauna Südtirols. Insektenbörse, **15**, 135—136, 140, 1898 k.
— Diesjährige Zuchten von Hautflüglern aus Baumzweigen. Insektenbörse, **15**, 182—183, 1898 l.
— Beobachtungen bei Ameisen. Insektenbörse, **15**, 223—224, 1898 m.
— Das Verhältniss der Geschlechter bei einigen Hymenopteren. Insektenbörse, **15**, 252—253, 1898 n.
— [Metall angreifende Insekten.] Insektenbörse, **15**, 265, 1898 o.
— Einige Bemerkungen über Fang und Zubereitung der Gerad- und Netzflügler. Naturalien-Cabinet, **10**, 179—181, 1898 p.
— Entomologische Notizen. [Hym.] Soc. ent., **13**, 83, (1898—99) 1898 q.
— Entgegnung. [Kritik F. W. Konow.] Soc. ent., **13**, 84—85, (1898—99) 1898 r.
— Entomologische Notizen. [Hym.] Soc. ent., **13**, 98—100, (1898—99) 1898 s.
— Einige Bemerkungen zu den Buckelzirpen. Soc. ent., **13**, 121—123, (1898—99) 1898 t.
— Schädliche Harzwickler. Ent. Jb., **8**, 157, 1899 a.
— Meine vorjährige Sammelreise nach Tirol. Ent. Ztschr., **13**, 1—2, 33—34, (1899—1900) 1899 b.
— [*Globiceps cinereus* Tusl. am Rüssel von *Cucullia umbratica* L.] Ent. Ztschr., **13**, 59—60, (1899—1900) 1899 c.
— Nachtrag zum Verzeichniss der Insektennester. Insektenbörse, **16**, 32—33, 1899 d.
— Einige ausländische Bienenbauten. Insektenbörse, **16**, 69—70, 74—76, 1899 e.
— Einige entomologische Beobachtungen. Insektenbörse, **16**, 128, 1899 f.
— Eine Nistkolonie im Rohrdache. Insektenbörse, **16**, 152—153, 1899 g.
— Kleinere Mittheilungen. [Insektenbauten, Kleinheit von südeuropäischen Insekten, Heuschreckenparasiten (*Gordius*).] Insektenbörse, **16**, 242—243, 1899 h.
— Weitere Mittheilungen über massenhaftes Vorkommen mancher Käferlarven. Naturalien-Cabinet, **11**, 213—214, 1899 i.
— Massenhaftes Vorkommen von Käfern. Soc. ent., **13**, 162—163, (1898—99) 1899 j.
— Neue Beobachtungen an Insektenbauten [Hym.]. Soc. ent., **14**, 41—43, (1899—1900) 1899 k.
— Einige merkwürdige Bienenbauten. I. Ill. Ztschr.

Ent., **4**, 154—155; . . . II. 188—189; . . . III. 251—252, 1899 l.
— Die Wohnungen der Hautflügler Europas mit Berücksichtigung der wichtigen Ausländer.[1] Berl. ent. Ztschr., **45**, 269—296, 1900 a.
— [Vorkommen von *Globiceps cinereus* an Insekten.] Ent. Ztschr., **13**, 155, (1899—1900) 1900 b.
— Ursache und Wirkung. Ent. Ztschr., **14**, 11—13, (1900—01) 1900 c.
— Ueber die Grössen-Variation bei Insekten. Insektenbörse, **17**, 10—11, 1900 d.
— Einige Bauten von Hautflüglern. Insektenbörse, **17**, 42—43, 1900 e.
— Weiterer Beitrag zum Grössenverhältniss der Insekten verschiedener Breitengrade. Insektenbörse, **17**, 83—84, 1900 f.
— Weiterer Beitrag zu den Grössenverhältnissen der Insekten. Insektenbörse, **17**, 188—189, 1900 g.
— Bemerkungen über Vertheilung der Geschlechter bei Hautflüglern. Insektenbörse, **17**, 330—332, 1900 h.
— Einige Beobachtungen an Insektennestern. Insektenbörse, **17**, 394—395, 1900 i.
— Insectenschmarotzer. [*Stylops*.] Naturalien-Cabinet, **12**, 81—82, 1900 j.
— Massenerscheinungen einiger Insectenarten. Naturalien-Cabinet, **12**, 289—291, 1900 k.

Rue, Nicolas
○ (Description des nombreux insectes fossiles provenant du terrain tertiaire d'Aix.) [Nach: La Géologie à l'exposition universelle.] Bull. Soc. Sci. Hist. nat. Yonne, **44** ((3) **14**), 14—15, 1890.

Rübesamen,
Eine Sammelreise nach Tyrol. Ent. Ztschr., **5**, 112—113, 117—119, 1891.
— [*Argynnis paphia* var. *valesina*.] Ent. Ztschr., **8**, 168, 1895.
— [Fluggebiete der gelben und roten Formen von *Nemeoph. plantaginis*.] Ent. Ztschr., **10**, 100, (1896—97) 1896.

Rübsaamen, Ewald Heinrich
geb. 20. 5. 1857 in Haardt a. d. Sieg, gest. 17. 3. 1918 in Metternich b. Koblenz, Leiter d. Reblausbekämpfung in d. Rheinprovinz. — Biogr.: (H. Hedicke) Dtsch. ent. Ztschr., **1919**, 233, 1919; (E. Schaffnit) Ztschr. angew. Ent., **13**, 210—217, (1927) 1927—28 m. Porträt u. Schriftenverz.; (A. Musgrave) Bibliogr. Austral. Ent., 274, 1932.
— Ueber Gallmücken und Gallen aus der Umgebung von Siegen. Berl. ent. Ztschr., **33**, 43—70, 1889 a.
— Ueber Gallmücken aus mykophagen Larven. Ent. Nachr., **15**, 377—382, 1889 b.
— Beschreibung neuer Gallmücken und ihrer Gallen. Ztschr. Naturw., (4. F.) **8** (**62**), 373—382, 1889 c.
— Die Gallmücken und Gallen des Siegerlandes. Verh. naturhist. Ver. Preuss. Rheinl., **47**, 18—58, 231—264, Taf. I—III + VIII, 1890 a.
— *Cecidomyia Pseudococcus* Thomas. Imago und Puppe. Verh. zool.-bot. Ges. Wien, **40**, 307—310, Taf. VI (Fig. 6—10), 1890 b.
— Beschreibung einer an *Sanguisorba officinalis* aufgefundenen Mückengalle und der aus dieser Galle gezogenen Mücken. Wien. ent. Ztg., **9**, 25—28, 1890 c.
— Mitteilungen über Gallmücken aus dem Kreise Siegen. Berl. ent. Ztschr., **36** (1891), 1—10, Taf. I, (1892) 1891 a.

[1]) Forts. nach 1900

— Drei neue Gallmücken. Berl. ent. Ztschr., **36** (1891), 43—52, 8 Fig., (1892) 1891 b.
— Ueber die Zucht und das Praeparieren von Gallmücken. Ent. Nachr., **17**, 353—359, 1891 c.
— Ueber Gallmücken aus zoophagen Larven. Wien. ent. Ztg., **10**, 6—16, 2 Fig., Taf. I, 1891 d.
— Ueber Gallmückenlarven. Berl. ent. Ztschr., **36** (1891), 381—392, Taf. XIV, 1892 a.
— Neue Gallmücken und Gallen. Berl. ent. Ztschr., **36** (1891), 393—406, 1892 b.
— Die Gallmücken des Königl. Museums für Naturkunde zu Berlin. Berl. ent. Ztschr., **37** (1892), 319—411, Taf. VII—XVIII, (1893) 1892 c.
— Mittheilungen über neue und bekannte Gallmücken und Gallen. Ztschr., Naturw., (5. F.) **2** (**64**), 123—156, 3 Fig., Taf. 3, 1892 d.
— Vorläufige Beschreibung neuer Cecidomyiden. Ent. Nachr., **19**, 161—166, 1893 a.
— Mittheilungen über Gallmücken. Verh. zool.-bot. Ges. Wien, **42** (1892), 49—62, 13 Fig., Taf. II, 1893 b.
— Eine neue Gallmücke, *Asphondylia capparis* n. sp. Berl. ent. Ztschr., **38**, 363—366, 8 Fig., (1893) 1894 a.
— Die aussereuropäischen Trauermücken des Königl. Museums für Naturkunde zu Berlin. Berl. ent. Ztschr., **39**, 17—42, 3 Fig., Taf. I—III, 1894 b.
— Ueber australische Zoocecidien und deren Erzeuger. Berl. ent. Ztschr., **39**, 199—234, Taf. X—XVI, 1894 c.
— Bemerkungen zu Giard's neuesten Arbeiten über Cecidomyiden. Ent. Nachr., **20**, 273—279, 1894 d.
— Ueber Grasgallen. Ent. Nachr., **21**, 1—17, 24 Fig., 1895 a.
— Cecidomyidenstudien [I.]. Ent. Nachr., **21**, 177——194; . . . II. 257—263, 1895 b.
— Ueber Cecidomyiden. Wien. ent. Ztg., **14**, 181—193, Taf. I, 1895 c.
— Ueber russische Zoocecidien und deren Erzeuger. Bull. Soc. Natural. Moscou, (N. S.) **9** (1895), 396—488, 9 Fig., Taf. XI—XVI, 1896 a.
— Zurückweisung der Angriffe in J. J. Kieffer's Abhandlung: Die Unterscheidungsmerkmale der Gallmücken. Ent. Nachr., **22**, 119—127, 154—158, 181—187, 202—211, 1896 b.
— Über Gallen, das Sammeln und Konservieren derselben und die Zucht der Gallenerzeuger. Ill. Ztschr. Ent., **3**, 67—69, 81—84, 1898.
— in Zoologische Ergebnisse Grönlandsexpedition 1898.
— Ueber die Lebensweise der Cecidomyiden. Biol. Zbl., **19**, 529—549, 561—570, 593—607, 8 Fig., 1899 a.
— Mitteilungen über neue und bekannte Gallen aus Europa, Asien, Afrika und Amerika. Ent. Nachr., **25**, 225—282, 18 Fig., Taf. I—II, 1899 b.
— Wie präpariert man Cecidozoën? Ill. Ztschr. Ent., **4**, 34—36, 65—66, 99—101, 129—131, 1899 c.
— Eine Galle an *Quercus sessiliflora*. Naturw. Wschr., **14**, 400, 2 Fig., 1899 d.
— Ueber Gallmücken auf *Carex* und *Iris*. Wien. ent. Ztg., **18**, 57—76, 4 Fig., Taf. I, 1899 e.
[Siehe:] Kieffer, Jean Jacques: 165—169.
○ Die Reblaus und ihre Lebensweise. 31 S., ? Fig., 17 Taf., Berlin, 1900 a.
— Noch einmal: Insekten auf *Polyporus* (Ent. gen.). Ill. Ztschr. Ent., **5**, 136, 1900 b.

— Über Zoocecidien von der Balkan-Halbinsel. Ill. Ztschr. Ent., **5**, 177—180, 5 Fig.; 194—197, 6 Fig.; 213—216, 4 Fig.; 230—232, 4 Fig.; 245—248, 3 Fig., 1900 c.
— siehe Ritter, C... & Rübsaamen, Ewald Heinrich 1900.

Rückhard, Rabl siehe Rabl-Rückhard,

Rüdiger, Eduard
○ Die Stubenfliege [*Musca domestica*] in ihrem Verhältniss zur Menschen- und Vogelwelt. Gefied. Welt, **8**, 218—220, 1879.
— Schlimme Gäste. Die Nonne (Bombyt monacha) [*Bombyx monacha*]. Natur Halle, (N. F.) **16** (**39**), 558—560, 1890.
— Thierwelt-Fruchtbarkeit. Natur Halle, (N. F.) **17** (**40**), 522—523, 1891.
— Saugwerkzeuge verschiedener Thiere. Natur Halle, (N. F.) **21** (**44**), 529—531, 1895 a.
— Tierphänologie. Natur u. Haus, **3** (1894—95), 99—101, 1895 b.

Rüdiger, Max
Einiges über die Schildläuse und über *Dorthesia urticae* im Besonderen. Helios, **12**, 120—123, (1895) 1894.

Ruegger, E...
Orthoptères de la vallée du Léman. Qui se trouvent dans la collection de feu Alexandre Yersin. Bull. Soc. Vaudoise Sci. nat., **9**, 648—651, (1866—68) 1868.

Rühe,
Lepidopterologisches. [*Euprepia*-Arten bei Landsberg.] Ent. Nachr. Putbus, **1**, 26—27, 1875.

Rühl, Fritz
geb. 14. 12. 1836 in Ansbach, gest. 30. 6. 1893 in Zürich, Verleger u. Redakteur d. Societas Entomologica. — Biogr.: Insektenbörse, **10**, 129, 1893 m. Porträt; Ent. News, **4**, 280, 1893; Soc. ent., **8**, 49, 1893; (M. Rühl) **8**, 65, 1893; (J. Mik u. a.) Wien. ent. Ztg., **12**, 288, 1893; Leopoldina, **29**, 160, 1893; Zool. Anz., **16**, 324, 1893; (Max Wildermann) Jb. Naturw., **9** (1893—94), 515, 1894; (E. Möbius) Dtsch. ent. Ztschr. Iris, **57**, 18 (1—27), 1843.
— Die Larven der *Scymnus*-Arten und ihre Lebensweise. Korr.bl. int. Ver. Lep. Col.-Sammler, **1**, 11—12, 1884 a.
— Die Staphylinen und ihr Fang. Korr.bl. int. Ver. Lep. Col.-Sammler, **1**, 17—18, 1884 b.
— Lepidopterologisches. Korr.bl. int. Ver. Lep. Col.-Sammler, **1**, 25—26, 1884 c.
— Zur *Hyponomeuta*-Frage. Korr.bl. int. Ver. Lep. Col.-Sammler, **1**, 33—34, 1884 d.
— *Ocneria monacha* L. Ein Beitrag zu ihrer Geschichte. Korr.bl. int. Ver. Lep. Col.-Sammler, **1**, 50—52, 1884 e.
— Zur Gattung *Baridius* Schhr. = *Baris* Germ. Korr.-bl. int. Ver. Lep. Col.-Sammler, **1**, 57—58, 1884 f.
— Lepidopterologisches aus der Schweiz. Insekten-Welt, **2**, 2, 11, 1885 a.
— *Rhizotrogus solstitialis* L. Insekten-Welt, **2**, 3—4, 1885 b.
— Beiträge zur Raupenzucht aus dem Ei. Insekten-Welt, **2**, 23—25, 1885 c.
— Darwinistisches. Insekten-Welt, **2**, 27—28, 1885 d.
— *Cnethocampa processionea* L. Insekten-Welt, **2**, 64—65, 1885 e.
— Beiträge zur Aufzucht der *Geometrae*-Raupen. Insekten-Welt, **2**, 75—76, 1885 f.
— *Antheraea Cynthia* Drury und *Antheraea Arindia* Miln. Edw. Insekten-Welt, **2**, 78—79, 1885 g.
— Zur Gattung *Grapholitha* F. Insekten-Welt, **2**, 87—88, 1885 h.
— Die Hacmatopinen [Haematopinen]. Insekten-Welt, **2**, 89—90, 1885 i.
— Zur Gattung *Lophyrus*. Latr. Hymenopterologische Skizze. Insekten-Welt, **2**, 95—96, 1885 j.
— Zur Begattung ungleichartiger Species. Insekten-Welt, **2**, 99—100, 1885 k.
— *Apion parpanensis* mihi. Insekten-Welt, **2**, 100, 1885 l.
— Untersuchungen der *Fritillum*-Gruppe. [*Hesperia* F.] Korr.bl. int. Ver. Lep. Col.-Sammler, **1**, 73—74, 81—82, 1885 m.
— Ueber die Flugzeiten und Flugstellen des Apollo. Korr.bl. int. Ver. Lep. Col.-Sammler, **1**, 75—76, 1885 n.
— Die Wanderheuschrecke. (*Pachytitus migratorius* L.) Sammler, **7**, 241—244, 1885 o.
— Der Köderfang der europäischen Macrolepidopteren nebst Anweisung zur Raupenzucht. kl. 8°, 71 S., Zürich, Druck Aschmann & Bollmann, 1886 a.
— Dipterologisches. Ueber die Artberechtigung der *Ctenophora ruficornis* Mg. Insekten-Welt, **2**, 111—112, 1886 b.
— Ueber das Vorkommen der Milben in unsern Insektensammlungen. Insekten-Welt, **2**, 114—115, 1886 c.
— Ueber den „Höllenwurm" oder die *Furia infernalis*, L. Isis Magdeburg, **11**, 58—59, 1886 d.
— Ueber das Wachsen der Eier nach geschehener Ablage bei manchen Insektenarten. Isis Magdeburg, **11**, 281—282, 1886 e.
— Die Gallmücken. Natur Halle, (N. F.) **12** (**35**), 158—159, 1886 f.
— Über den Nutzen des Sammelns im Knabenalter. Natur Halle, (N. F.) **12** (**35**), 271—272, 1886 g.
— Einige Worte zur Insekten-Fauna der Schweiz. Natur Halle, (N. F.) **12** (**35**), 486—487, 1886 h.
— Ueber die Lebensdauer der europäischen Makrolepidopteren (Grossschmetterlinge). Sammler, **7**, 321—323, 1886 i.
— Zur Biologie von *Sphinx atropos*. Soc. ent., **1**, 7, 13, 20—21, 1886 j.
— Die Zucht von *Pellonia vibicaria*. Cl. Soc. ent., **1**, 14, 1886 k.
— *Argynnis Dia*. Z. Soc. ent., **1**, 21—22, 1886 l.
— Ein Feind der Camellien. Soc. ent., **1**, 26—27, 1886 m.
— Beiträge zur Raupenzucht. Soc. ent., **1**, 28—29, 45, 1886 n.
— Antwort auf die Anfrage wegen der *Phyllobius*-Arten. Soc. ent., **1**, 30, 1886 o.
— *Acherontia Atropos* betreffend. Soc. ent., **1**, 30, 1886 p.
— Zur Erziehung von *Panolis piniperda*. Panz. Soc. ent., **1**, 33, 1886 q.
— Ueber die Einwirkungen verschiedenfarbigen Lichtes auf die Raupen und deren Verhalten während schwerer Gewitter. Soc. ent., **1**, 36—37, 1886 r.
— De Coire jusqu'à Silvaplana. Notices lépidoptérologiques. Soc. ent., **1**, 42—43, 49—50, 1886 s.
— Zu *Acherontia Atropos*. Soc. ent., **1**, 45, 1886 t.
— Zur Gruppirung der Cicindelinae. Soc. ent., **1**, 50, 61—62, 1886 u.

— *Necrophorus sepulcralis* Heer. Soc. ent., **1**, 53—54, 1886 v.
— Ein Erläuterungsversuch [Unbefruchtete Lep.-Eier]. Soc. ent., **1**, 58—59, 1886 w.
— *Gastrophilus equi* Fabr. Soc. ent., **1**, 60, 1886 x.
— Ueber die Manipulationen zur Erziehung der Eierablage von Seiten der Rhopalocera's. Soc. ent., **1**, 66, 74—75, 1886 y.
— Einige Notizen zu meiner heurigen Alpenexcursion. Soc. ent., **1**, 69—70, 1886 z.
— *Setina aurita* Esp. und *Setina ramosa* Fab. Soc. ent., **1**, 77, 1886 aa.
— Aus dem Geschlechtsleben der Coleopteren. Soc. ent., **1**, 85—86, 1886 ab.
— *Lycaena Aegon* Borkh. und *Lycaena Argus* L. Soc. ent., **1**, 90—92, 106—107, 1886 ac; Einige nachträgliche Notizen zu *Lycaena Aegon* und ... 147—148, 1887.
— Motto: Per observationes ad recognitionem. [Insektenfühler.] Soc. ent., **1**, 101—102, 108—109, 115; Per observationes ... 122, 133, 1886 ad; 148, 156—157, 162, 173—174, 1887.
— Untersuchungen üb. die Leuchtfähigkeit der *Lampyris noctiluca*. Soc. ent., **1**, 132—133, 1886 ae.
— Einige Worte über die Erebiae (Mohrenfalter) des Tieflands und ihr Verhältniß zu denen der Alpen. Isis Magdeburg, **12**, 27—29, 34—37, 1887 a.
— Zur Kenntniß der Familie Physopoda (Blasenfüße). Isis Magdeburg, **12**, 100—101, 1887 b.
— Entomologische Plauderei. Isis Magdeburg, **12**, 107—108, 1887 c.
— Die Gruppe der Dickkopffalter (Hesperidae). Isis Magdeburg, **12**, 163—165, 171—172, 1887 d.
— Beobachtungen aus dem Raupen- und Pflanzenleben. Isis Magdeburg, **12**, 195—197, 1887 e.
— Ein Beitrag zur Bestimmung der Käfer. Isis Magdeburg, **12**, 317—318, 1887 f.
— Ueber animalische Koleopteren-Nahrung. Natur Halle, (N. F.) **13** (**36**), 20, 1887 g.
— Die Vorkehrungen im 14. und 15. Jahrhunderte gegen Insekten-Schäden. Natur Halle, (N. F.) **13** (**36**), 89—90, 1887 h.
— Ueber die Verhältnisse des Prothorax bei den Käfern. Natur Halle, (N. F.) **13** (**36**), 284, 1887 i.
— Ueber die Lebens-Dauer der Käfer. Natur Halle, (N. F.) **13** (**36**), 543, 1887 j.
○ Eine Seuche unter den Afterraupen der Kiefernblattwespe (*Lophyrus pini* L.). Österr. Forst-Ztg., **5**, 125, 1887 k. — [Abdr.?:] Isis Magdeburg, **12**, 51—52, 1887.
— Über auffallende Verschiedenheiten der Coleopteren im männlichen und weiblichen Geschlecht. Sammler, **9** (1887—88), 2—3, (1888) 1887 l.
— *Cephus pygmaeus* L. Getreidehalm-Wespe. Sammler, **9** (1887—88), 125—126, (1888) 1887 m.
— Die Familie der „Diebe" Ptinidae (Bohrkäfer). Sammler, **9** (1887—88), 221—222, (1888) 1887 n.
— Zur Biologie der *Forficula*-Arten. Mitt. Schweiz. ent. Ges., **7**, 309—312, 1887 o.
— Eine noch unbeschriebene Raupe. Soc. ent., **1**, 138—139, 1887 p.
— Zur Kenntniss der Familie Psyche. Soc. ent., **1**, 163—164, 171—172, 182—183; **2**, 13, 28—29, 53, 60, 69, 107, 1887 q; 147, 154—155, 172—173, 180, 1888; **3**, 11—12, (1888—89) 1888.
— Ueber *Carabus helveticus* Heer. Soc. ent., **1**, 170, 1887 r.
— Zur Parthenogenesis der Blattwespen. Soc. ent., **1**, 179—180, 1887 s. — [Abdr.:] Insekten-Welt, **4**, 52—53, 1887.
— Die Zucht der Raupen von *Arctia Flavia*. Soc. ent., **2**, 10—11, 1887 t.
— Ueber die Verheerungen des Buchenspinners *Dasychira pudibunda* auf der Insel Rügen. Soc. ent., **2**, 30, 33—34, 45, 1887 u.
— Lepidopterologisches. Soc. ent., **2**, 35—36, 42—43, 1887 v.
— Ueber die Raupenorgane. Soc. ent., **2**, 66—67, 84—85, 1887 w.
— Ueber eine merkwürdige Copula. Soc. ent., **2**, 73, 1887 x.
— Beitrag zur Coleopteren-Fauna des Averser-Thales. Soc. ent., **2**, 90—91, 1887 y.
— Die Begründung der Artrechte von *Plusia Pulchrina* Haw. Soc. ent., **2**, 99—100, 1887 z.
— Zur Ueberwinterung der Raupen. Soc. ent., **2**, 116—117, 1887 aa.
— Ein Beitrag zur Käferfauna der Rocca bella. Soc. ent., **2**, 123—124, 129—130, 1887 ab.
— Ueber die Beschleunigung der Entwicklung überwinternder Puppen durch erhöhte Temperatur. Soc. ent., **2**, 138—139, 1887 ac; 145—146, 1888.
— Zur Verbreitung der Federlinge (Docophoridae). Isis Magdeburg, **13**, 19—20, 1888 a.
— Von den Gallmücken. Isis Magdeburg, **13**, 74—75, 1888 b.
— Die Veränderlichkeit des gemeinen Bläulings (*Lycaena Icarus*). Isis Magdeburg, **13**, 148, 1888 c.
— Die Veränderlichkeit der Schmetterlinge. Isis Magdeburg, **13**, 282—283, 298—299, 324—325, 330—331, 1888 d.
— Beitrag zur Diptern-Fauna der Schweiz. Mitt. Schweiz. ent. Ges., **8**, 61—63, (1893) 1888 e.
— Aus dem Haushalte der Natur oder Eine Welt im Kleinen. Natur Halle, (N. F.) **14** (**37**), 8, 1888 f.
— Zur Schmetterlings-Gattung *Eupithoecia*. Natur Halle, (N. F.) **14** (**37**), 68, 1888 g.
— Eine Welt im Kleinen. [*Teras terminalis*.] Sammler, **9** (1887—88), 469—470, 1888 h.
— Ein Beitrag zur Gattung *Dytiscus*. Soc. ent., **2**, 170—171, 1888 i.
— Ueber *Harpyia vinula*. Soc. ent., **2**, 178, 1888 j.
— Die Kennzeichen der männlichen und weiblichen Lepidopteren-Puppen. Soc. ent., **2**, 185, 1888; **3**, 5, (1888—89) 1888 k.
— Ueber den Misserfolg bei der Copula an Lepidopteren. Soc. ent., **3**, 18—19, (1888—89) 1888 l.
— Mittheilungen über die Eierablage von *Harpyia vinula*. Soc. ent., **3**, 21, (1888—89) 1888 m.
— Mittheilungen über *Asteroscopus nubeculosus*. Soc. ent., **3**, 27—28, (1888—89) 1888 n.
— Beitrag zur Charakteristik der Lamellicornien. Soc. ent., **3**, 43—44, 52—53, 60, 73—74, 90, 107—108, 116—117, 129—130, (1888—89) 1888 o; 146—147, 171—172, (1888—89) 1889 ; **4**, 59—60; ... der Lamellicornien. 67; ... der Lamellicornien. 74—75, 89—90, 98, (1889—90) 1889; **5**, 172—173, 186—187, (1890—91) 1891; **6**, 3, 19—20, 53, 60—61, 67—68, 82, 108—109, 124, (1891—92) 1891; 164—165, 173, (1891—92) 1892.
— Zum Genus *Zygaena*. Soc. ent., **3**, 50, 65—67, (1888—89) 1888 p.
— Internationale entomologische Zusammenkunft in Bergün 17. und 18. Juli 1888. Soc. ent., **3**, 81—82, (1888—89) 1888 q.

— Beitrag zum Köderfang. Soc. ent., **3**, 91—92, 99—100, (1888—89) 1888 r.
— Die Macrolepidopterenfauna von Zürich und Umgebung. Soc. ent., **3**, 98, 105—106, 114—115, 121—122, 138—139, (1888—89) 1888 s; 148—149, 154, 169—170, 179, (1888—89) 1889; **4**, 3, 50—51, 56, 63, 73, 79—80, 87, 111, 120—121, (1889—90) 1889; 169, 185—186, (1889—90) 1890; **5**, 28, 41—42, 50—51, 81—82, (1890—91) 1890; 153—154, 161—162, 170—171, 178—179, (1890—91) 1891; **6**, 3—4, 13, 19, 36, 44—45, 51—52, 59—60, 66—67, 73, 84—85, 91—92, 114, 122, 139—140, (1891—92) 1891; 163, 173, 181, (1891—92) 1892; **7**, 18, 26—27, 34—35, 42, 50—51, 58—59, 69, 75—76, 84—85, 94—95, 116, 142, (1892—93) 1892; 166—167, 174, 179—180, (1892—93) 1893; **8**, 3, 11—12, 19, 27, 36, 43—44, 59, 76—77, 82—83, 92, 97—98, 105—106, 114, 121, 131, (1893—94) 1893; 171, 178—179, 187—188, (1893—94) 1894; **9**, 2—3, 12, 18—19, 27—28, 42—43, 51—52, 60, 68, 84, 91—92, (1894—95) 1894.
— Ueber die Raupen von *Nemeophila plantaginis.* Soc. ent., **3**, 110, (1888—89) 1888 t.
— Ueber eine neue Varietät der *Melitaea Athalia* Rott. *Melitaea* var. *helvetica* m. Soc. ent., **3**, 137, (1888—89) 1888 u.
— Einige Worte über die Lebensweise gewisser Dipteren (Fliegen) -Larven. Entomol. Genev., **1**, 118—119, (1889—90) 1889 a.
— Einige Erläuterungen zu der Mycetophilissen-Gruppe in der Ordnung „Diptera". Entomol. Genev., **1**, 182—184, (1889—90) 1889 b.
— Die Winterausbeute an Ichneumodien um Zürich. Entomol. Genev., **1**, 228—229, (1889—90) 1889 c.
— Betrachtungen über das Verhältniß der Käfer zum übrigen Thierreich. Isis Magdeburg, **14**, 27—28, 1889 d.
— Über den Nachtfang der Insekten. Isis Magdeburg, **14**, 98—99, 1889 e.
— Instinkt oder geistige Thätigkeit in der Ordnung der Käfer (Coleopteren)? Isis Magdeburg, **14**, 107, 130—131, 145—147, 154—155, 163—164, 170—171, 1889 f.
— Beobachtungen an Insekten. Isis Magdeburg, **14**, 249—250, 1889 g.
— Über *Harpyia furcula,* L. (Graubinden-Gabelschwanz) und *Harpyia bifida,* H. (kleiner Gabelschwanz). Isis Magdeburg, **14**, 282—283, 1889 h.
— Die Insektenarmuth im Hochgebirge 1889. Natur Halle, (N. F.) **15** (**38**), 587—588, 1889 i.
○ Zur Familie der Netzflügler. Sammler, **11**, 229—230, 1889 j.
— Die Insektenfühler als Sitz der Geruchsorgane. Sammler, **11**, 297—299, 1889 k.
— Noch einige Worte zur Eierablage der Schmetterlinge. Soc. ent., **3**, 148, (1888—89) 1889 l.
— Zur Vertilgung schädlicher Insekten. Soc. ent., **3**, 163—164, (1888—89) 1889 m.
— Eine noch unbeschriebene Varietät der *Zygaena pilosellae* Esp.-*Minos* S. V. Soc. ent., **3**, 188, (1888—89) 1889 n. — [Abdr.:] Ent. Ztschr., **12**, 117, (1898—99) 1898.
— Der Staller-Berg und seine coleopterologische Ausbeute im Juli 1888. Soc. ent., **4**, 47—48, (1889—90) 1889 o.
— Ueber *Saturnia Caecigena.* Soc. ent., **4**, 71, (1889—90) 1889 p.
— Die Raupen von *Thais Cerisyi* Boisd. Soc. ent., **4**, 96—97, (1889—90) 1889 q.
— Beitrag zur kritischen Sichtung der Melitaeen-Gruppe *Athalia* Rott., *Parthenie* Bork. und *Aurelia* Nick. Soc. ent., **4**, 104—105, 114—115, 121—122, 129—130, 136—137, (1889—90) 1889 r; 176, (1889—90) 1890; **5**, 11, 35—36, 44—45, 52, 59, 68—69, 93—94, 106, 114—115, 130—131, (1890—91) 1890; Nachtrag zu dem Artikel „Beitrag zur . . ." 149, 1891.
— In infallibilitatem. [Hym.] Ent. Nachr., **16**, 223—224, 1890 a.
— Einige Worte über den Melanismus der Schmetterlinge. Natur Halle, (N. F.) **16** (**39**), 536—537, 1890 b.
— Ueber eine neue Varietät der *Thalpochares rosea* Hb. Soc. ent., **5**, 34, (1890—91) 1890 c.
— Ueber die heurigen Bergüner Conferenzen und die Insektenausbeute in den Bündner Hochalpen. [Lep.] Soc. ent., **5**, 84—85, 90—91, 97—98, 122, (1890—91) 1890 d; 147—148, (1890—91) 1891.
— *Colias* aberr. *Illgneri* ♀. Soc. ent., **5**, 89, (1890—91) 1890 e.
— Die Wirkungen von Licht und Temperatur auf die Jugendstadien einzelner Insekten. Natur Halle, (N. F.) **17** (**40**), 464, 1891 a.
— *Melitaea Aurinia* et *Melitaea* var. *Merope.* Soc. ent., **5**, 156—157, (1890—91) 1891 b.
— Nachtrag zur heurigen Lepidopteren-Ausbeute in Graubünden. Soc. ent., **5**, 157, (1890—91) 1891 c.
— Eine neue schweizerische *Agrotis.* Soc. ent., **6**, 42—43, (1891—92) 1891 d.
— Ueber eine neue weibliche Form von *Lycaena Cyllarus* Rott. Lyc. ab. *Andereggi* ♀. Soc. ent., **6**, 51, (1891—92) 1891 e.
— Zur Raupenzucht. Soc. ent., **6**, 58—59, (1891—92) 1891 f.
— Lepidopterologische Mittheilungen aus Graubünden. Soc. ent., **6**, 84, (1891—92) 1891 g.
— *Endromis versicolora* Hermaphrodit. Soc. ent., **6**, 98—99, (1891—92) 1891 h.
— Eine neue Aberration der *Zygaena angelicae* O. Z. ab. *Doleschalli.* Soc. ent., **6**, 105—106, (1891—92) 1891 i.
— Einige für die Schweiz noch neue Lepidopteren. Mitt. Schweiz. ent. Ges., **8**, 367, (1893) 1892 a.
— Ein Sklavenstaat. Natur Halle, (N. F.) **18** (**41**), 591—592, 1892 b.
— Neue europäische Dasypolien. Soc. ent., **6**, 169—171, (1891—92) 1892 c.
— Ueber eine zweifelhafte *Eupithecia.* Soc. ent., **6**, 187—188, (1891—92) 1892 d.
— Zur Schreibweise der Species-Namen. Soc. ent., **7**, 28—29, (1892—93) 1892 e.
— Hermaphrodit von *Aglia tau* var. *nigerrima.* Soc. ent., **7**, 36—37, (1892—93) 1892 f.
— Die im Mittelalter gegen Insektenschäden angewendeten Vorkehrungen. Soc. ent., **7**, 53, 61—62, (1892—93) 1892 g.
— Einige kurze lepidopterologische Mittheilungen. Soc. ent., **7**, 85—86, 93, (1892—93) 1892 h.
— Eine lepidopterologische Excursion im Juli 1892 in Graubünden. Soc. ent., **7**, 81—83, 90—92, 98—99, 115, 133—134, (1892—93) 1892 i.
— *Parnassius Delius* Esp. ab. *Leonhardi* n. ab. ♂. Soc. ent., **7**, 105—106, (1892—93) 1892 j.
— Nachtrag. [Die Vorkommen von *Colias edusa* ab. *Helice.*] Soc. ent., **7**, 106—107, (1892—93) 1892 k.

— *Argynnis Pales* Schiff. ab. *Killiasi* n. ab. Soc. ent., 7, 113—114, (1892—93) 1892 l.
— Ueber *Dasypolia templi* Thbg. Soc. ent., 7, 139, (1892—93) 1892 m.
— Ueber *Bombyx lanestris* L. und *Bomb. arbusculae* Frr. Soc. ent., 7, 140—142, (1892—93) 1892 n; ... *L.* und *Bx. arbusculae* Frr. 151—152, 158, 173, 182—183, 187—188, (1892—93) 1893.
— Zur Raupenkunde. Ent. Jb., (2), 208—210, 1893 a.
— Über die Fliegengattung *Bombylius.* Ent. Jb., (2), 235—236, 1893 b.
— Naturwissenschaftliche Mittheilungen. Ein Beitrag zur Bestimmung der Käfer. Naturalien-Cabinet, 5, 354, 1893 c.
— *Melitaea Parthenie* Borkh. ab. und v. *Jordisi* m. Soc. ent., 7, 164—165, (1892—93) 1893 d.
— *Lycaena Pheretes* Hb. ab. *maloyensis* n. ab. Soc. ent., 7, 181, (1892—93) 1893 e.
— *Lycaena Corydon* ab. *Sohni* n. ab. Soc. ent., 7, 190, (1892—93) 1893 f.
— Ueber *Lasiocampa Trifolii* und var. *medicaginis.* Soc. ent,. 8, 37, 44—45, (1893—94) 1893 g.
— Ueber das Vorkommen von Fliegenlarven im menschlichen Körper. Soc. ent., 8, 46, (1893—94) 1893 h.

Rühl, Fritz & **Bartel**, Max
Die palaearktischen Grossschmetterlinge und ihre Naturgeschichte. Fortgesetzt von Alexander Heyne. 2 Bd. 8°, Leipzig, Ernst Heyne, 1892—1900.
1. Tagfalter. (Lief. 1—16.) 2 (unn.) + 857 S., 7 Fig., 1892—95.
2. Nachtfalter. 1. Abt. (Lief. 17—21 (1—5).) 336 S., 1899—1900.[1])
[Ref.:] Rebel, Hans: Stettin. ent. Ztg., 53, 349—354, 1892; Dönitz, Friedrich Karl Wilhelm: Berl. ent. Ztschr., 37 (1892), 508—510, 1893.

Rühl, Marie
geb. 10. 3. 1868 in Ansbach (Bayern), gest. 29. 5. 1930, Redaktorin d. Societas Entomologica u. Angestellte am Concilium Bibliographicum in Zürich. — Biogr.: (E. Fischer) Soc. ent., 45, 29, 1930.
— Zu der Notiz des Herrn M. Selmons über *Lucanus cervus.* Soc. ent., 10, 77, (1895—96) 1895.
— Die Gruppe der Dickkopffalter (Hesperidae)[2]). Naturalien-Cabinet, 8, 290—292, 307—308, 1896.

Rühl, Marie & **Heyne**, Alexander
Ueber die palaearctischen Schmetterlingsformen *Pyrameis indica* und *vulcanica.* Naturalien-Cabinet, 6, 209—210, 1894.

Rühl-Heyne,
Grapta progne. Naturalien-Cabinet, 7, 81, 1895 a.
— Ueber *Vanessa charonia* Drury. Naturalien-Cabinet, 7, 211—212, 1895 b.
— *Vanessa-Pyramais Jole.* Naturalien-Cabinet, 7, 262—263, 1895 c.

Rümker, K... von
Das landwirthschaftliche Versuchswesen und die Thätigkeit der landwirthschaftlichen Versuchsstationen Preussens im Jahre 1892. Landw. Jb., 22, Ergbd. III, I—IV + 1—244, 1 Tab., 1893; ... Jahre 1893. 24, Ergbd. I, 4 (unn.) S. + 1—347, 1 Tab., 1895; Das landwirtschaftliche Versuchswesen und die Thätigkeit der landwirthschaftlichen ... Jahre 1894. 25, Ergbd. II, I—X + 1—480, 1 Tab., 1896; ... Jahre 1895. 26, Ergbd. III, I—VIII + 1—710, 3 Taf., 1 Tab., 1897.
[Siehe:] Immendorf, H.: 27 (Ergbd.), 1898 — 29 (Ergbd.), 1900.

[1]) Forts. nach 1900.
[2]) vermutl. Autorin

Rümpler,
Der Stachelbeerspanner (*Zerene grossulariata*). Dtsch. landw. Pr., 8, 321, 1 Fig., 1881.

Rüst,
Eine einfache Käferfalle. Ent. Nachr., 6, 84—85, 1880 a.
— Macrolepidopterologische Notizen dieses Jahres aus dem Lüneburgischen. Ent. Nachr., 6, 281—287, 1880 b.

Ruetimeyer, Carl Ludwig
geb. 1825, gest. 1895.
— Die Grenzen der Thierwelt. Eine Betrachtung zu Darwin's Lehre, Herrn Dr. Karl Ernst von Baer, Ehrenmitglied der Akademie der Wissenschaften zu St. Petersburg zugewidmet. 8°, 72 S., Basel, Schweighauserische Verlagsbuchhandlung (Hugo Richter), 1868 a.
— Ludwig Imhoff. Verh. Schweiz. naturf. Ges., 52, 229—240, 1868 b.
— Erinnerung an Dr. Ludwig Imhoff. Verh. naturf. Ges. Basel, 5, 353—367, 1869.
— Erinnerung an Andreas Bischoff-Ehinger. Verh. naturf. Ges. Basel, 6, 549—554, 1877.
— siehe Lotz, Th ... & Rütimeyer, Carl Ludwig 1897.

R[ützou], S[ophus]
(Til Herbariets Bevaring for Insekter har vaeret foreslaaet og anvendt forskjellige Midler.) Medd. bot. Foren. København, 2, 52—53, 1887—91.

Ruge,
Tetracha Horni Ruge n. sp. Dtsch. ent. Ztschr., 1892, 130, 1892.

Ruhmer, G ... Wilh[elm]
Die Uebergänge von *Araschnia levana* L. zu var. *prorsa* L. und die bei der Zucht anzuwendende Kältemenge. Ent. Nachr., 24, 37—52, 1898 a.
— Wie entsteht *Araschnia levana* ab. *porima* O. in der Natur? Ent. Nachr., 24, 353—359, 1898 b.

Ruiz, Juan Dondé siehe Dondé Ruiz, Jean

Ruiz, Manuel Cazurro siehe Cazurro y Ruiz, Manuel

Ruiz Madrid, Luis
(Excursiones á la parte baja del Escorial.) An. Soc. Hist. nat. Españ., 6, Actas 67—68, 1877.
— (Excursion en el puerto de Navacerrada y en los alrededores de la Granje). An. Soc. Hist. nat. Españ., 7, Actas 59, 1878.

Ruland, F...
Beiträge zur Kenntnis der antennalen Sinnesorgane der Insekten. Ztschr. wiss. Zool., 46, 602—628, Taf. XXXVII, 1888.

Rumpf, Johann
Zur Erinnerung an Dr. Sigmund Aichhorn. Mitt. naturw. Ver. Steierm., 1892, (H. 29), 246—261, 1 Taf. (unn.), 1893.

Rumsey, William Earl
geb. 9. 9. 1865 in Van Etten (N. Y.), gest. 16. 2. 1938, Staatsentomol. in W.-Virginia. — Biogr.: (H. Osborn) Fragm. ent. Hist., 200, 1937; (L. Peiars) Journ. econ. Ent., 31, 463, 1938; (H. Osborn) Fragm. ent. Hist., 2, 108, 1946.

— Photographs without shadows. Canad. Entomol., **28**, 84—85, 2 Fig., 1896.

Runge, Wilhelm
Der Bernstein in Ostpreussen. Sammlg. wiss. Vortr., **3**, 221—290, 8 Fig., 1 Taf. (unn., = S. 221), (1868—69) 1868.

Rupertsberger, Matthias
geb. 29. 3. 1843 in Langenpeuerbach b. Peuerbach (Oberösterreich), gest. 31. 5. 1931 in St. Florian, Pfarrer in Ebelsberg b. Linz. — Biogr.: Jahresber. Oberösterr. Musealver. Linz, **84**, 1932; Kol. Rdsch., **18**, 216, 1932; (F. von Heikertinger) Kol. Rdsch., **19**, 79—80, 1933 m. Porträt.
— Notiz über den Kohlweissling. Verh. zool. bot. Ges. Wien, **18**, SB. 25, 1868.
— Berichte über schädlich aufgetretene Insekten. Verh. zool.-bot. Ges. Wien, **19**, SB. 6, 1869.
— Biologische Beobachtungen. Coleopteren. Verh. zool.-bot. Ges Wien, **20**, 835—842, 1870.
— Beiträge zur Lebensgeschichte der Käfer. Verh. zool.-bot. Wien, **22**, 7—26, 1872 a.
— Zwei neue Carabiden-Larven. Verh. zool.-bot. Ges. Wien, **22**, 573—576, 1872 b.
— Die Eier der Käfer. Natur u. Offenbar., **20**, 385—397, 3 Fig.; 433—442, 3 Fig., 1874 a.
[Franz. Übers. von] Henri Gadeau: Les oeufs des Coléoptères. Rev. Ent. Caen, **1**, 154—161, 169—179, 1882.
— Lebensverhältnisse der Elateriden. Verh. zool.-bot. Ges. Wien, **24**, SB. 5, 1874 b.
[Franz. Übers. von] Michel Dubois: Notes sur les moeurs de différents Elatérides. Bull. Soc. Linn. Nord France, **4**, 372—374, 1878—79.
— Die Larven der Käfer. Natur u. Offenbar., **21**, 522—528, 11 Fig.; 569—578, 2 Fig., 1875; **24**, 9—14, 7 Fig.; 73—80, 4 Fig., 1878.
— Bemerkungen über die Käfer-Fauna des Mühlviertels. Jahresber. Ver. Naturk. Linz, **7**, [Nr. 3], 1—10, 1876 a.
— Die Schildkäfer. Natur u. Offenbar., **22**, 129—137, 4 Fig.; 275—281, 374—380, 397—402, 1 Taf. (unn.), 1876 b.
— Schädliche Thiere. Natur u. Offenbar., **22**, 686—699, 1876 c.
— Unter Ameisen. Jahresber. Ver. Naturk. Linz, **9**, Nr. 2, 1—11, 1878.
— Catalog der bekannten europäischen Käfer-Larven. Stettin. ent. Ztg., **40**, 211—236, 1879.
— Biologie der Käfer Europas. Eine Uebersicht der biologischen Literatur gegeben in einem alphabetischen Personen- und systematischen Sach-Register nebst einem Larven-Cataloge. 4°, XII + 295 S., Linz, Selbstverl. (Druck Kath. Pressverein Linz), 1880; [Forts.:] Die biologische Literatur über die Käfer Europas von 1880 an. Mit Nachträgen aus früherer Zeit und einem Larven-Cataloge. 8°, VIII + 308 + 2 (unn.) S., Linz & Niederfana, Selbstverl., 1894.
[Ref.:] Fauvel, Albert: Rev. Ent. Caen, **14**, 15—17, 1895.
— Biologische Notizen. Wien. ent. Ztg., **2**, 62—63, 1883.
[Siehe:] Brauer, Friedrich: 86—87.
— Coleopterologische Kleinigkeiten aus meinem Tagebuche. Wien. ent. Ztg., **12**, 215—216, 247—249, 289—291, 1893.
— Aus dem Leben des *Dorcadion fulvum* Scop. Ill. Wschr. Ent., **2**, 87—88, 1897 a.
— Ein verkannter Schädling *Anthonomus cinctus* Redt. Ill. Wschr. Ent., **2**, 406—407, 1897 b.
— Eilegen der *Labidostomis humeralis* Schneid. Ill. Ztschr. Ent., **3**, 305—306, 1898 a.
— *Eustrophus dermestoides* F. Ill. Ztschr. Ent., **3**, 358—359, 1898 b.
— *Adoxus obscurus* L. Lebensweise. Ill. Ztschr. Ent., **4**, 181—182, 1899 a.
— Die Larve des *Lucanus cervus* L., *Osmoderma eremita* Scop. und *Potosia floricola* Herbst. Ill. Ztschr. Ent., **4**, 235, 1899 b.
— Die Eier der *Galerucella viburni* Payk. (Coleopt.). Ill. Ztschr. Ent., **5**, 340—342, 1900.

Rupprecht,
Der Schreibkäfer (*Adoxus Eumolpus vitis*). Oesterr. landw. Wbl., **22**, 300, 1896.

Ruschpler, A . . . Gerhard siehe Gerhard-Ruschpler, A . . .

Ruser,
Ueber das Vorkommen von *Oestrus*larven im Rükkenmarkskanal des Rindes. Ztschr. Fleisch- u. Milchhyg., **5**, 127—129, 1895.
— Zur Entwickelungsgeschichte der *Oestrus*larven. (Nachweis der Larven im Schlunde.) Ztschr. Fleisch- u. Milchhyg., **6**, 127—129, 1896.

Rusk, Jeremiah MacLain
geb. 1830, gest. 1893.
— Report of the Secretary of Agriculture. Rep. Secr. Agric. Washington, **1**, 7—45, 1889; **1890**, 7—58, 1890; **1891**, 7—63, 1892.
— Reports upon the operations of the Women's Silk Culture Association of the United States and of the Ladies' Silk Culture Society of California, and upon experiments made in the District of Columbia with silk-reeling machinery. Letter from the Secretary of Agriculture. Execut. Doc. House Represent., **51** (1889—90), Sess. 1, Nr. 110, 1—30, 1890.

Ruspini, Frank Orde
Oncomera femorata at Silverdale, near Lancaster. Entomol. monthly Mag., **7**, 182, (1870—71) 1871 a.
— Contributions towards a knowledge of *Anthophila* (Hymenoptera Aculeata) in the Mersey Province. Proc. lit. phil. Soc. Manchester, **10** (1870—71), 59—64, 1871 b.

Russ, Karl
○ Die Muffel- oder Samenkäfer. [*Bruchus*.] Schles. landw. Ztg., **5**, 84—85, 1864 a.
○ Springer oder Heuschrecken. Schles. landw. Ztg., **5**, 120—124, 1864 b.
○ Die Gallmücke und ihre Genossen. Der Weizenverwüster. Die Weizengallmücke. Der Getreideschänder. Die Roggen- und Gerstenfliege. Die Birn-, Erbsen- und Kieferngallmücke und die grünäugige Fliege. Schles. landw. Ztg., **5**, 127—128; Erklärung. 148; Letztes Wort. 160, 1864 c.
○ Die Schlupfwespen und ihre Verwandten. Schles. landw. Ztg., **5**, 163—164, 167—168, 1864 d.
○ Die dem Raps schädlichen Kerbthiere. Landw. Intell. Bl., **8**, Nr. 7, 1865 a.
○ Der schwarze Kornwurm. Landw. Intell. Bl., **8**, Nr. 13, 1865 b.
— Die Rüsselkäfer. Schles. landw. Ztg., **6**, 98—99, 101, 105—106, 1865 c.

— Die Getreideverwüster. Westermann Mh., **19** ((N. F.) **3**) (1865—66), 299—305, 1866.
○ Die Schlupfwespen. Ein Bild aus dem Naturleben. Carinthia, **57**, 531—537, 1867.
— (Diesjährige Insekten-Wanderzüge.) Isis Magdeburg (Berlin), **6**, 200, 1881.
— [Kiefernraupe und Kiefernblattwespe im Regierungsbezirk Potsdam.] Isis Magdeburg (Berlin), **8**, 95, 1883 a.
— [Apfelwickler (*Tortrix pomona*).] Isis Magdeburg (Berlin), **8**, 248, 1883 b.
— (Die Raupe des größten europäischen Schmetterlings, des Todtenkopfs.) Isis Magdeburg (Berlin), **9**, 389, 1884.
— [Bekämpfung von Motten in Rehgehörnen.] Isis Magdeburg, **10**, 7, 1885 a.
— Die Getreide-Gallmücke. Isis Magdeburg, **10**, 269—270, 1885 b.
— Blattläuse an Rosen. Isis Magdeburg, **11**, 405, 1886.
— Bierbrauende Bäume. Isis Magdeburg, **12**, 97, 1887 a.
— Die auf unseren Koniferen lebenden Großschmetterlings-Raupen. Isis Magdeburg, **12**, 211—212, 219—221; ... unseren Nadelholzgewächsen lebenden ... 229—230, 252—254, 259—262, 1887 b.
— Anregung zur möglichst vortheilhaften Ausnutzung des Weißwurmfutters. Isis Magdeburg, **12**, 244—245, 1887 c.
○ Das heimische Naturleben im Kreislauf des Jahres. Ein Jahrbuch der Natur unter Mitwirkung hervorragender Fachgelehrten und Kenner. 569 + XXV S., Berlin, Robert Oppenheim, 1892?
[Ref.:] Ztschr. Naturw., (5) **2** (**64**), 86—87, 1892.

Russ, Percy H ...
Plusiidae in County Sligo. Entomologist, **14**, 259, 1881.
— *Acherontia Atropos* in Co. Sligo. Entomologist, **15**, 261, 1882.
— Notes on the Season of 1882 in Co. Sligo. [Lep.] Entomologist, **16**, 132—134, 1883 a.
— Lepidoptera in Sligo. Entomologist, **16**, 256—257, 1883 b.
— *Epunda lutulenta* and vars. Entomologist, **17**, 143, 1884.
— Lepidoptera in North-west Ireland. Entomologist, **19**, 105—106, 1886.
— (*Lycaena alexis* with a row of Black Spots on margin of Hind Wings.) [Mit Angaben von W. Reid, Sydney Webb.] Entomol. Rec., **1**, 282, (1890—91) 1891 a.
— (Flowers attractive to moths.) Entomol. Rec., **1**, 340—341, (1890—91) 1891 b.
— (*Agrotis pyrophila* at Sligo.) Entomol. Rec., **2**, 212, 1891 c.
— (*Eupithecia dodoneata* at Sligo.) Entomol. Rec., **2**, 257, 1891 d.
— (The Eupitheciae in County Sligo.) Entomol. Rec., **2**, 298, 1891 e.
— (Species from the West of Ireland.) [Mit Angaben von South, Fenn, Tutt u. a.] Proc. S. London ent. Soc., **1890—91**, 146—148, [1892].

Russell,
[Note on a beetle (*Meloe*).] Trans. ent. Soc. London, **1868**, Proc. XXV, 1868.

Russell, A ...
(*Sphinx convolvuli* at Nunhead.) Entomol. Rec., **10**, 279, 1898.
— Notes on the Habits of the larvae of *Eriogaster lanestris.* Entomol. Rec., **11**, 283—284, 1899 a.
— (*Porthesia chrysorrhoea* larvae at Felixstowe.) Entomol. Rec., **11**, 307, 1899 b.
— (*Colias hyale* in Kent.) Entomol. Rec., **11**, 307, 1899 c.
— (*Acherontia atropos* in Kent.) Entomol. Rec., **11**, 307, 1899 d.
— (Late emergences of *Pyrameis atalanta* and *Aglais urticae.*) Entomol. Rec., **11**, 307, 1899 e.
— (Composite cocoons and emergence of *Lachneis lanestris.*) Entomol. Rec., **12**, 138—139, 1900 a.
— (Aberration of *Lachneis lanestris.*) Entomol. Rec., **12**, 165, 1900 b.
— (Rearing *Macroglossa stellatarum.*) Entomol. Rec., **12**, 275, 1900 c.
— (*Acherontia atropos* in Kent.) Entomol. Rec., **12**, 275—276, 1900 d.
— (Change of colour in pupa of *Apatura iris* just before emergence.) Entomol. Rec., **12**, 294, 1900 e.
— (Notes on *Acherontia atropos.*) Entomol. Rec., **12**, 344—345, 1900 f.
— (Late larvae of *Cerura furcula.*) Entomol. Rec., **12**, 357, 1900 g.
— siehe Saxby, J ... L ... & Russell, A ... 1900.

Russell, Canon
Chalcid-fly's Wing with peculiar Rings in the Fork of the Stigma. Irish Natural., **6**, 47—48, 1897.

Russell, G ... M ...
Aberration of *Epinephele tithonus.* Entomologist, **31**, 293—294, 1898.

Russell, George
Notes on the Nepenthaceae, or Pitcher-plants. Proc. Trans. nat. Hist. Soc. Glasgow, (N. S.) **2** (1886—88), 303—308, 1890.

Russell, J ...
Breeding *Cossus Ligniperda* and *Zeuzera Aesculi.* Entomologist, **5**, 456—457, (1870—71) 1871.
— Economy of *Aeneana.* Entomologist, **6**, 31—32, (1872—73) 1872 a.
— *Sesia Chrysidiformis.* Entomologist, **6**, 170—171, (1872—73) 1872 b.
— *Lithosia quadra.* Entomologist, **6**, 195, (1872—73) 1872 c.
— Early Appearance of *Cidaria corylata.* Entomologist, **15**, 90, 1882.

Russell, J ... W ...
Sterrha sacraria near Brighton. Entomol. monthly Mag., **4**, 131, (1867—68) 1867.
— *Argynnis Lathonia* and *Colias Hyale* at Southend.[1]) Entomologist, **4**, 160, (1868—69) 1868.
— The Early Season. [Lep.] Entomologist, **4**, 233, (1868—69) 1869.

Russell, Sydney George Castle
geb. 15. 8. 1866 in Redan Hill (Aldeshot), gest. 28. 5. 1955, Ingenieur. — Biogr.: Entomol. Rec., **65** 97, 1953; (E. A. C.) Entomologist, **88**, 192, 1955; (S. H. Kershaw) Entomol. Rec., **70**, 1—4, 37—41, 94—100, 156—160, 1958 m. Porträt; (V. R. Burkhardt) Entomol. Rec., **70**, 283—284, 1958.

[1]) vermutl. Autor, lt. Text J. Russell.

— (Colour Variation in the pupae of *Lasiommata megaera* and *L. aegeria*.) Entomol. Rec., **4**, 243, 1893.
— (*Colias edusa* in Surrey.) Entomol. Rec., **5**, 253—254, 1894.
— The Rhopalocera of Fleet (North Hants) and district. Entomologist, **28**, 194—195, 1895 a.
— Varieties of *Argynnis selene*. Entomol. Rec., **6**, 269—270, 2 Fig., 1895 b.
— Habits of Larva and Pupa of *Thecla pruni*. Entomol. Rec., **8**, 104, 1896 a.
— (On a larval habit of *Coenonympha pamphilus*.) Entomol. Rec., **8**, 107, 1896 b.
— (On the emergence of *Coenonympha pamphilus*.) Entomol. Rec., **8**, 107, 1896 c.

Rust, J . . .
Bees in the Peach-house. Garden. Chron., (N. S.) **13**, 182, 1880.
— Starlings and Flies. Garden. Chron., (3) **2**, 378, 1887.

Ruston, Alfred Harold
geb. 1856 in Chatteris, gest. 19. 11. 1929, Rechtsanwalt. — Biogr.: (J. C. F. Fryer) Entomologist, **63**, 24, 1930.
— *Oenistis Quadra*. Entomologist, **7**, 185, 1874.
— Variety of *Lycaena Phlaeas*. Entomologist, **8**, 86—87, 1875 a.
— *Acronycta Alni* at Chatteris. Entomologist, **8**, 228, 1875 b.
— *Acronycta Alni*. Entomologist, **9**, 204, 1876 a.
— *Acronycta strigosa*. Entomologist, **9**, 204, 1876 b.
— Occurrence of *Tinea fenestratella* (Heyden) in Britain. Entomol. monthly Mag., **15**, 238—239, (1878—79) 1879.

Rutherford, D . . . Greig
Notes regarding some rare Papiliones. Entomol. monthly Mag., **15**, 5—9, 28—31, (1878—79) 1878 a.
— [On cocoons of a species of *Bombyx* allied to *Anaphe Panda* Bdv. With remarks of Mr. M'Lachlan, Mr. Wood-Mason and Mr. H. T. Stainton.] Trans. ent. Soc. London, **1878**, Proc. XXIII—XXIV, 1878 b.
— (Hermaphrodite specimen of *Papilio Cynorta*.) Trans. ent. Soc. London, **1878**, Proc. XXIV, 1878 c.
— [*Cryptus formosus* parasitic on *Anaphe Panda*.] Trans. ent. Soc. London, **1878**, Proc. XLII, 1878 d.
— Specimens of *Aterica Meleagris* showing local protective colouring.) [With remarks of Mr. Weir, Mr. Wood-Mason, Major Elwes a. o.] Trans. ent. Soc. London, **1878**, Proc. XLII—XLIII, 1878 e.
— (*Palophus Centaurus* from Mount Camaroons.) Trans. ent. Soc. London, **1878**, Proc. XLIV, 1878 f.
— (A variety of *Romaleosoma ruspina*.) Trans. ent. Soc. London, **1878**, Proc. L, 1878 g.
— Description of a new Goliath beetle from Tropical West Africa. Trans. ent. Soc. London, **1879**, 169—170, Farbtaf. I, 1879.

Rutherford, William
Notes on the Fertilisation of Orchids. Edinb. phil. Journ., (N. S.) **19**, 69—73, 1864. — [Abdr.?:] Trans. bot. Soc. Edinb., **8**, 15—19, (1866) 1864.

Rutt, Frederick
Larva in Sea-water. Sci. Gossip, **22**, 167, 1886.

Rutz, Johann siehe Müller-Rutz, Johann

Ruys, J . . . Mar . . .
Ziekten van dieren door planten veroorzaakt. Album Natuur, **1894**, 165—186, 1894.

(Ruyter,)
Der Drahtwurm. Dtsch. landw. Pr., **18**, 523, 2 Fig., 1891.

[Ruzskij, Michail Dmitrievič] **Рузскій**, Михаиль Дмитріевичь
geb. 19. 9. 1864 in Osmin (Gouvern. St. Petersburg), gest. 1936. — Biogr.: (A. Bogdanov) Material. Gesch. Zool. Russland, **3**, 2 (unn.) S., 1891 m. Porträt & Schriftenverz.; (R. P. Berezhkov) Trav. Inst. Sci. Biol. Tomsk, **4**, 1—6, 1937.
— Faunistische Untersuchungen im östlichen Russland (1894). Фаунистическія изслѣдованія въ восточной Россіи. [Russ.] [Trudy Obšč. Estest. Kazan. Univ.] Труды Общ. Естест. Казан. Унив., **28**, Lief. 5, 1—64, 1895.
— Verzeichniss der Ameisen des östlichen Russlands und des Uralgebirges. Berl. ent. Ztschr., **41**, 67—74, 1896.

[Ruzski, Michail Dmitrievič & **Gordjagin**, A . . .]
Рузкій, Михаиль Дмитріевичь & **Гордягин**, А . . .
Études sur les fourmis de la Russie orientale. Некоторыя данныя о фаунѣ муравьевъ восточной Россіи. [Russ.] [Trudy Obšč. Estest. Kazan. Univ.] Труды Общ. Естест. Казан. Унив., **27**, Lief. 2, 1—33, 1894.

Ryan, C . . . A . . .
Extraordinary Tenacity of Life in Caterpillars. Sci. Gossip, **(8)** (1872), 165, 1873.

Ryan, Claude
The „Emperor" Moth. (*Saturnia Pavonia-minor*.) Sci. Gossip, **(8)** (1872), 230—231, 1873.
— Flat v. Rounded Setting-boards for Lepidoptera. Sci. Gossip, **(9)** (1873), 23, 1874 a.
— Difference between Larvae of *A[rctia] caja* and *A. villica*. Sci. Gossip, **(9)** (1873), 90, 1874 b.
— On Preparing Lepidoptera for the Cabinet. Sci. Gossip, **(9)** (1873), 158, 1874 c.

Rybakow, G . . .
Neue Käfer-Art aus Turkestan. [Trudy Russ. ent. Obšč.] Труды Русс. энт. Общ.; Horae Soc. ent. Ross., **18** (1883—84), 135—136, 1884 a.
— Neue *Cassida*-Art von Ost-Sibirien. [Trudy Russ. ent. Obšč.] Труды Русс. энт. Общ.; Horae Soc. ent. Ross., **18** (1883—84), 136, 1884 b.
— in Insecta Przewalskii Asia Centrali (1887—90) 1889.

Rybinski, Michael
geb. 1846, gest. 7. 3. 1905, techn. Inspizient d. Karl-Ludwigsbahn, später Konservator d. physiogr. Kommiss. d. Akad. d. Wiss. in Krakau. — Biogr.: Wien. ent. Ztg., **24**, 118, 1905; Insekten-Börse, **22**, 62, 1905.
— [Verzeichnis für die galizische Fauna neuer Käfer.] Wykaz chrzaszczów nowych dla fauny galicyjskiej. Spraw. Kom. Fizjogr., **32** (1896), 46—62, 1897.
[Ref.:] (Ausweis neuer Käferarten für die galizische Fauna.) Anz. Akad. Wiss. Krakau, **1897**, 82—84, 1897.

Ryder, C . . .
Den østgrønlandske Expedition udført i Aarene 1891—92. 3 Teile.[1]) Medd. Grönland, 1895—96.
3. III. Østgrønlandske Insekter. **19**, 95—120, 1896.
[Darin:]
Deichmann, H . . .: Korte Bemaerkringer over Insektlivet. 97—104.

[1]) nur z. T. entomol.

Lundbeck, William: Fortegnelse over de indsamlede Insekter. 105—120.

Ryder, John Adam
geb. 29. 2. 1852 in Franklin Country (b. London), gest. 1895. — Biogr.: (Harrison Allen) Proc. Acad. nat. Sci. Philadelphia, **1896**, 222—239, 1897 m. Portr.; (H. F. Moore) Proc. Acad. nat. Sci. Philadelphia, **1896**, 239—256, 1897 m. Schriftenverz.
— Description of a new Species of *Smynthurus*. Proc. Acad. nat. Sci. Philadelphia, **1878**, 335, 1 Fig., 1879.
— The Development of *Anurida maritima* Guerin. Amer. Natural., **20**, 299—302, 10 Fig., 1886.

Rydon, A... H...
Setting Relaxed Lepidoptera. Entomologist, **32**, 307, 1899; ... Relaxed Insects. **33**, 43, 1900.
— (*Hipparchia semele* at Treacle.) Entomol. Rec., **12**, 248, 1900.

Rydzewski, von [Herausgeber]
Mit welchem Organe verursacht der Todtenkopf-Schwärmer Töne? [Abdr. einer Arbeit von Alexander von Nordmann in Bull. scient. Acad. Sci. Pétersbourg, **3**, 164—168, 1838, mit Angaben des Herausgebers.] Natur Halle, (N. F.) **12** (**35**), 63—65, 1886.

Rye, Bertram George
geb. 24. 9. 1872 in Putney b. London, gest. 7. 11. 1936. — Biogr.: (Niels F. Wolff) Ent. Medd., **20**, 103—105, (1937—40) 1939.
— (Black variety of *Homaloplia ruricola* from Sussex.) Trans. ent. Soc. London, **1892**, Proc. XXVI, 1892.
— (Description of *Hippodamia variegata* var. *englehardi*.) Entomol. Rec., **4**, 243—244, 1893.
— (Rare or local species of Coleoptera.) Trans. ent. Soc. London, **1894**, Proc. XXXII, 1894.
○ A handbook of the British Macro-Lepidoptera. 8°, 32 S., 8 Taf., London, 1895 a.
[Ref.:] Entomol. Rec., **6**, 118—119, 1895.
— Captures of Coleoptera during the past twelve months. Entomol. monthly Mag., (2) **8** (**33**), 105—106, 1897 b.
— Some Remarks on the Characters of *Adalia*, Muls., and *Coccinella*, Linn. Entomol. monthly Mag., (2) **8** (**33**), 245, 1897 c.
○ Notes on the varieties of the British Coccinellidae. Trans. Leicester lit. phil. Soc., **3**, 477—482, Taf. I, 1895 d.
— (Coleoptera in 1897.) Entomol. Rec., **10**, 103—104, 1898.
— En Naturforskers Rejser i Østaustralien. En Beretning om mine naturhistoriske Undersøgelser i New South Wales og Queensland. Flora og Fauna, **2**, 131—136, 1900.[1]

Rye, Bertram George & **Skinner**, Percy F...
Coleoptera in 1894. Entomol. monthly Mag., (2) **5** (**30**), 276—277, 1894.

Rye, Edward Caldwell
geb. 10. 4. 1832 in London, gest. 7. 2. 1885 in Stockwell. — Biogr.: Entomol. monthly Mag., **21**, 238—240, 1885; (G. Dimmock) Psyche Cambr. Mass., **4**, 266, 1885; (R. McLachlan) Trans. ent. Soc. London, **1885**, Proc. XLI—XLII, 1885; (G. Kraatz) Dtsch. ent. Ztschr., **29**, 23, 1885; (J. T. Carrington) Entomologist, **18**, 79—80, 1885; Wien. ent. Ztg., **4**, 128, 1885; Leopoldina, **21**, 210, 1885; Zool. Anz., **8**, 280, 1885.
— New british species, corrections, &c., noticed since the publication of the Entomologist's Annual, 1863. (Coleoptera.) Entomol. Annual London, **1864**, 30—86, 1 Taf. (unn., Fig. 8), 1864 a; ... corrections of nomenclature, &c. ..., 1864. **1865**, 37—80, 1865; ..., 1865. **1866**, 47—121, 1 Taf. (unn., Fig. 5—8), 1866; ..., 1866. **1867**, 43—126, 1 Taf. (unn., Fig. 1—4), 1867; ..., 1867. **1868**, 54—80, 1 Taf. (unn., Fig. 5—8), 1868; ..., 1868. **1869**, 1—64, 1 Taf. (unn., Fig. 5—8), 1869; ..., 1869. **1870**, 31—120, 1 Taf. (unn., Fig. 4—7), 1870; ..., 1870. **1871**, 18—54, 1 Taf. (unn., Taf. 5—7), 1871; ..., 1871. **1872**, 23—92, 1 Taf. (unn., Fig. 1—2, 7—8), 1872; ..., 1872. **1873**, 1—33, 1 Taf. (unn., Fig. 4—7), 1873; ..., 1873. **1874**, 52—113, 1 Taf. (unn., Fig. 4—8), 1874. — [Abdr. **1864**, S. 73—84;] Zoologist, **22**, 9002—9009, 1864.
— Descriptions of the British species of *Stenus*. Entomol. monthly Mag., **1**, 6—11, 1 Fig.; 36—43, 59—65, 86—92, 108—112, (1864—65) 1864 b.
— New British *Oxytelus*. *Oxytelus speculifrons*, Kraatz, Ins. Deutschl. ii., 862 (note). Entomol. monthly Mag., **1**, 21, (1864—65) 1864 c.
— *Oxytelus speculifrons*. Entomol. monthly Mag., **1**, 47, (1864—65) 1864 d.
— New British *Epuraea*. *Epuraea oblonga*, Herbst; Erichson, Nat. der Ins. Deutsch. iii, 153, 17. Entomol. monthly Mag., **1**, 48, (1864—65) 1864 e.
— Occurrence of an *Aphthona* new to Britain. Entomol. monthly Mag., **1**, 117, (1864—65) 1864 f.
— Occurrence of a *Liodes* new to Britain. Entomol. monthly Mag., **1**, 118, (1864—65) 1864 g.
— Description of a species of *Ceuthorhynchideus* new to science. Entomol. monthly Mag., **1**, 137, (1864—65) 1864 k; — Corrections in the genus *Ceuthorhynchideus*. **2**, 63—64, (1865—66) 1865.
— Descriptions of the British Species of *Bolitobius*. Entomol. monthly Mag., **1**, 155—160, (1864—65) 1864 i.
— Alterations in Nomenclature. *Anisotoma ornata*, and *Tychius brevicornis*. Entomol. monthly Mag., **1**, 167—168, (1864—65) 1864 j; ...; *Anisotoma litura* and *Tychius brevicornis*. 237, (1864—65) 1865.
— *Hylastes angustatus* taken in England. Zoologist, **22**, 8904, 1864 k.
— *Hydnobius Perrisii* taken in England. Zoologist, **22**, 8921—8922, 1864 l.
— „On some New or Rare British Coleoptera." Zoologist, **22**, 9059—9064, 1864 m.
— Description of a species of *Oxypoda* new to science. Entomol. monthly Mag., **1**, 212, (1864—65) 1865 a.
— Note on *Sitones cinerascens*, recorded as British by M. Allard. Entomol. monthly Mag., **1**, 256, (1864—65) 1865 b.
— Occurrence of *Choleva longula* in Britain. Entomol. monthly Mag., **1**, 257—258, (1864—65) 1865 c.
— Occurrence of *Anisotoma Triepkii* in Britain. Entomol. monthly Mag., **1**, 258—259, (1864—65) 1865 d.
— *Anisotoma silesiaca*. Entomol. monthly Mag., **1**, 259, (1864—65) 1865 e.
— Note on *Carpophilus sexpustulatus*, a dubious British species. Entomol. monthly Mag., **1**, 259, (1864—65) 1865 f.
— Description (not hitherto published) of *Ceuthorhynchideus minimus*, Walton. Entomol. monthly Mag., **2**, 11—12, (1865—66) 1865 g.
— Occurrence of a species of *Scaphisoma* new to Britain. Entomol. monthly Mag., **2**, 139—141, (1865—66) 1865 h.

[1]) Forts. n. 1900

— Occurrence of a *Bembidium* new to Britain. Entomol. monthly Mag., **2**, 155—156, (1865—66) 1865 i.
— Note on a species of *Atomaria* new to the British lists. Entomol. monthly Mag., **2**, 156, (1865—66) 1865 j.
— Note on a species of *Trachyphloeus* new to the British lists. Entomol. monthly Mag., **2**, 156—157, (1865—66) 1865 k.
— British beetles. An introduction to the study of our indigenous Coleoptera. 8°, XV + 280 + 16 (unn.) S., 11 Fig., 16 Farbtaf., London, Lovell Reeve & Co., 1866 a.
— Note on *Stenolophus derelictus* Daws. Entomol. monthly Mag., **2**, 63, (1865—66) 1866 b.
— Note on *Dyschirius extensus*, Putzeys. Entomol. monthly Mag., **2**, 87, (1865—66) 1866 c.
— Observations on *Otiorhynchus fuscipes* and *O. ambiguus*, &c. Entomol. monthly Mag., **2**, 181—182, (1865—66) 1866 d.
— Description of a species of *Bledius* new to science. Entomol. monthly Mag., **2**, 154—155, (1865—66) 1866 e.
— Note on *Stenus debilis*. Entomol. monthly Mag., **2**, 258, (1865—66) 1866 f.
— Occurrence of *Hylurgus pilosus*. Entomol. monthly Mag., **2**, 258—259, (1865—66) 1866 g.
— Note on *Orchestes rufus*. Entomol. monthly Mag., **2**, 259, (1865—66) 1866 h.
— Occurrence of *Stenus glacialis*, Heer; a species new to Britain. Entomol. monthly Mag., **3**, 21—22, (1866—67) 1866 i.
— Note on *Meligethes Kunzei*, a species not included in the British list of Coleoptera. Entomol. monthly Mag., **3**, 47, (1866—67) 1866 j.
— Notes on Coleoptera at Loch Rannoch; including two species new to Britain, and description of a new *Oxypoda*. Entomol. monthly Mag., **3**, 63—67, (1866—67) 1866 k.
— Description of a new species of *Cryptophagus;* and note on the occurrence of another species of that genus new to Britain. Entomol. monthly Mag., **3**, 101—102, (1866—67) 1866 l.
— Descriptions of new species, &c., of Brachelytra. Entomol. monthly Mag., **3**, 121—125, (1866—67) 1866 m.
— Note on *Philonthus tenuicornis*, Muls.; a species not previously recorded as British. Entomol. monthly Mag., **3**, 139, (1866—67) 1866 n.
— Capture of *Acidota cruentata* at Chelsea. Entomol. monthly Mag., **3**, 163—164, (1866—1867) 1866 o.
— Note on *Thiasophila inquilina*, Märk. Entomol. monthly Mag., **3**, 189—190, (1866—67) 1867 a.
— Winter captures of Coleoptera at Wimbledon. Entomol. monthly Mag., **3**, 214, (1866—67) 1867 b.
— Notes on the un-named species in Mr. Waterhouse's Catalogue of British Coleoptera (1861). Entomol. monthly Mag., **3**, 231—235, (1866—67) 1867 c.
— Occurrence of *Eros affinis*, a species new to Britain. Entomol. monthly Mag., **3**, 251, (1866—67) 1867 d.
— Description of a new species of *Elater*. Entomol. monthly Mag., **3**, 249—250, (1866—67) 1867 e.
— Note on *Xyloterus quercus*, Eich. Entomol. monthly Mag., **3**, 250, (1866—67) 1867 f.
— Coleoptera at West Wickham. Entomol. monthly Mag., **4**, 64—66, (1867—68) 1867 g.
— Note on some species of *Ceuthorhynchus* frequenting *Sisymbrium officinale*. Entomol. monthly Mag., **4**, 66—67, (1867—68) 1867 h.
— Coleoptera taken in Coombe Wood. Entomol. Rec., **4**, 83—85, (1867—68) 1867 i.
— Notes on Coleoptera taken at Putney. Entomol. monthly Mag., **4**, 164—165, (1867—68) 1867 j.
○ Highland Insects. Intell. Observ., **10**, 124—135, ? Fig, 1867 k.
○ Parasitic Beetles. Intell. Observ., **10**, 409—421, 1867 l.
— Note on *Tomicus (Ips) fuscus*, Marsham. Entomol. monthly Mag., **4**, 187—189, (1867—68) 1868 a.
— Note on *Tomicus flavus*, Wilkin, Wat. Cat. Entomol. monthly Mag., **4**, 189, (1867—68) 1868 b.
— Note on *Myllaena minima*, Ktz., a species new to our lists. Entomol. monthly Mag., **4**, 189, (1867—68) 1868 c.
— Note on *Lebia (Lamprias) chrysocephala*, Motschulsky. Entomol. monthly Mag., **4**, 190, (1867—68) 1868 d.
— Descriptions of the British species of Protinides. Entomol. monthly Mag., **4**, 205—210, (1867—68) 1868 e.
— Descriptions of *Patrobus Napoleonis*, Reiche, and *Ocypus Saulcyi*, Reiche. Entomol. monthly Mag., **4**, 232—233, (1867—68) 1868 f.
— Observations on the British species of *Heterothops*. Entomol. monthly Mag., **4**, 256—259, (1867—68) 1868 g.
— Note on *Galesus caecutiens*, Marshall. Entomol. monthly Mag., **4**, 259, (1867—68) 1868 h.
— Note on *Gyrophaena strictula*, Er., a species apparently new to Britain. Entomol. monthly Mag., **4**, 259, (1867—68) 1868 i.
— Note on *Bruchus pisi*. Entomol. monthly Mag., **5**, 20, (1868—69) 1868 j.
— Occurrence of a genus of Coleoptera new to Britain. Entomol. monthly Mag., **5**, 44, (1868—69) 1868 k.
— Further notes on Coleoptera, &c., near Putney. Entomol. monthly Mag., **5**, 45—47, (1868—69) 1868 l.
— *Cathormiocerus socius* a true British species. Entomol. monthly Mag., **5**, 68—69, (1868—69) 1868 m.
— Live *Clytus arietis* in Museums. Entomol. monthly Mag., **5**, 123—124, (1868—69) 1868 n.
— Curious capture of *Lucanus*. Entomol. monthly Mag., **5**, 124, (1868—69) 1868 o.
— Description of a new species of *Thyamis*. Entomol. monthly Mag., **5**, 133—134, (1868—69) 1868 p; Addition to the description of *Thyamis agilis*, Rye. **8**, 160, (1871—72) 1871.
— On difference in shape of thorax in sexes of *Hydroporus elegans*, &c. Entomol. monthly Mag., **5**, 169, (1868—69) 1868 q.
— Habitat of *Epuraea*. Entomol. monthly Mag., **5**, 169, (1868—69) 1868 r.
○ Remarks on sexual differences in Insects. Natural. Note Book, **1868**, 127—129, 1868 s.
○ Notes on the Coleoptera at Darenth Wood. Natural. Note Book, **1868**, 159—161, 1868 t.
○ On Coleoptera at Mickleham. Natural. Note Book, **1868**, 191—193, 1868 u.
○ Observations in connection with the eggs of insects. Natural. Note Book, **1868**, 260—262, 1868 v.
— Notes on (Motschulskian) British Coleoptera, &c. Entomol. monthly Mag., **5**, 197—198, (1868—69) 1869 a.

— Note on *Balaninus cerasorum* and *B. rubidus.* Entomol. monthly Mag., **5**, 218, (1868—69) 1869 b.
— Occurrence in Britain of *Homalota rufotestacea,* Kraatz. Entomol. monthly Mag., **5**, 218, (1868—69) 1869 c.
— Note on the *Donacia geniculata* and *D. laevicollis* of Thomson. Entomol. monthly Mag., **5**, 218—219, (1868—69) 1869 d.
— Notes upon Gemminger and Von Harold's „Catalogus Coleopterorum," Tom ii. Entomol. monthly Mag., **5**, 247—250, (1868—69) 1869 e.
— Note on *Saprinus* (*Gnathoncus*) *punctulatus,* Thoms. Entomol. monthly Mag., **5**, 250—251, (1868—69) 1869 f.
— Note on *Apion scrobicolle,* Gyll. Entomol. monthly Mag., **5**, 276, (1868—69) 1869 g.
— Additions, &c., to the list of British Coleoptera, with description of a new species of *Ochthebius.* Entomol. monthly Mag., **6**, 2—6, (1869—70) 1869 h.
— Notes on Coleoptera at Folkestone. Entomol. monthly Mag., **6**, 58—59, (1869—70) 1869 i.
— Occurrence of *Mordellistena brevicauda,* Boh., in Britain. Entomol. monthly Mag., **6**, 86—87, (1869—70) 1869 j.
— Note on new British species of *Anthonomus.* Entomol. monthly Mag., **6**, 87—88, (1869—70) 1869 k.
— Note on *Psylliodes nigricollis.* Entomol. monthly Mag., **6**, 88, (1869—70) 1869 l.
— Note on *Bledius fuscipes,* Rye. Entomol. monthly Mag., **6**, 88—89, (1869—70) 1869 m.
— Occurrence in Britain of *Epuraea silacea,* Hbst. Entomol. monthly Mag., **6**, 106—107, (1869—70) 1869 n.
— Occurrence in Britain of *Mycetophagus fulvicollis,* Fab. Entomol. monthly Mag., **6**, 107, (1869—70) 1869 o.
— Occurrence in Britain of *Myllaena glauca,* Aubé. Entomol. monthly Mag., **6**, 159—160, (1869—70) 1869 p.
— Note on *Phytonomus Julinii,* Sahlberg. Entomol. monthly Mag., **6**, 160—161, (1869—70) 1869 q.
— On the Effect of the Recent High Temperature upon Insect Life. Intell. Observ., [N. S.] **2**, 180—189, 1869 r.
— On Collecting and Mounting Coleoptera. Sci. Gossip, (4) (1868), 73—78, 1869 s.
— Large Cabbage Butterfly. Sci. Gossip, (4) (1868), 209, 1869 t.
— Wood-borer from Ceylon. Sci. Gossip, (4) (1868), 213, 1869 u.
— Note on *Microptinus* (*Niptus*) *gonospermi.* Entomol. monthly Mag., **6**, 182—183, (1869—70) 1870 a.
— Hemiptera at Folkestone. Entomol. monthly Mag., **6**, 183, (1869—70) 1870 b.
— Occurrence in Britain of *Calodera rubens,* Er. Entomol. monthly Mag., **6**, 229, (1869—70) 1870 c.
— Observations on *Ceuthorhynchus distinctus,* Bris. Entomol. monthly Mag., **6**, 229, (1869—70) 1870 d.
— *Cryptocephalus bipustulatus* a good species. Entomol. monthly Mag., **6**, 229—230, (1869—70) 1870 e.
— *Dryoecetes alni,* Georg. Entomol. monthly Mag., **6**, 256—257, (1869—70) 1870 f.
— Additions to the list of British Coleoptera. Entomol. monthly Mag., **6**, 257; Additions, &c., to ... 282—284, (1869—70) 1870 g; **7**, 205—207, 1870—71) 1871; Additions, &c., ..., with descriptions of three new species. **9**, 5—11; Additions to ... &c., including description of a new species of *Thyamis.* 156—158, (1872—73) 1872.
— Descriptions of new species, &c., of Coleoptera from Britain. Entomol. monthly Mag., **7**, 6—9, (1870—72) 1870 h.
— On the synonymy of certain Coptoderides from the Amazons. Entomol. monthly Mag., **7**, 10, (1870—71) 1870 i.
— Description of a new species of *Bythinus* from Great Britain. Entomol. monthly Mag., **7**, 33—34, (1870—71) 1870 j.
— Note on varieties of British Coleoptera. Entomol. monthly Mag., **7**, 36, (1870—71) 1870 k.
— *Ceuthorhynchus vicinus,* Brisout. Entomol. monthly Mag., **7**, 36, (1870—71) 1870 l.
— Note on *Donacia comari (aquatica,* Wat. Cat.). Entomol. monthly Mag., **7**, 59, (1870—71) 1870 m.
— Note on *Drilus flavescens,* ♀. Entomol. monthly Mag., **7**, 59, (1870—71) 1870 n.
— Note on some ambiguously British species of Coleoptera. Entomol. monthly Mag., **7**, 59, (1870—71) 1870 o.
— Note on the occurrence in Britain of *Trachyphloeus myrmecophilus,* Seidlitz (Die Otiorhynch. s. str., 1868, p. 124; Berl. Ent. Zeitschr., 12 Jahrg., Beiheft), with observations on a second British species of *Cathormiocerus,* and on the value of that genus. Entomol. monthly Mag., **7**, 149—151, (1870—71) 1870 p.
— Observations on *Homalium Heerii.* Entomol. monthly Mag., **7**, 152, (1870—71) 1870 q.
— Observations on *Homalium brevicorne,* Er., and *H. gracilicorne,* Fairm. Entomol. monthly Mag., **7**, 153, (1870—71) 1870 r.
— Note on *Trogophloeus foveolatus,* Sahlb. Entomol. monthly Mag., **7**, 153—154, (1870—71) 1870 s.
— Capture of *Lamproplax Sharpi,* D. & S. (? *Megalonotus piceus,* Flor), in the south of England. Entomol. monthly Mag., **7**, 157, (1870—71) 1870 t.
— Note on two species of *Anisotoma* new to the British Lists. Entomol. monthly Mag., **7**, 180—181, (1870—71) 1871 a.
— Observations on *Feronia* (*Pterostichus*) *puncticeps* and *pauciseta,* Thoms. Entomol. monthly Mag., **7**, 228—229, (1870—71) 1871 b.
— Note on a new species of *Amara* (*Celia*) from Belgium. Entomol. monthly Mag., **7**, 229, (1870—71) 1871 c.
— Note on further British examples of *Cryptophagus Schmidtii.* Entomol. monthly Mag., **7**, 229, (1870—71) 1871 d.
— Note on the flight of *Cynips.* Entomol. monthly Mag., **7**, 255, (1870—71) 1871 e.
— Note on *Scydmaenus* (*Eumicrus*) *rufus,* Müll. and Kunze, a species new to the British lists. Entomol. monthly Mag., **7**, 273—274, (1870—71) 1871 f.
— Note on *Cryptophagus Waterhousei,* Rye. Entomol. monthly Mag., **7**, 274—275, (1870—71) 1871 g.
— Note on a species of *Corticaria* new to the British lists. Entomol. monthly Mag., **7**, 274, (1870—71) 1871 h.
— Note on a variety of *Deleaster dichrous.* Entomol. monthly Mag., **8**, 15, (1871—72) 1871 i.
— Notes on some recently described species of *Oxytelus* allied to *O. depressus.* Entomol. monthly Mag., **8**, 37—38, (1871—72) 1871 j.